海底科学与技术丛书

微板块构造

MICROPLATE TECTONICS

李三忠/著

科学出版社
北京

内 容 简 介

《微板块构造》一书以地球系统科学思想为指导，综合回顾了板块构造理论的发展历史和核心内涵，重点介绍了微板块的概念、分类、起源、生消过程与机制，大力拓展和发展了传统板块构造理论。本书是首部系统介绍微板块几何学、运动学和动力学及其构造范式的专著；从多圈层相互作用、全球构造格局演变，通过海陆耦合、深浅耦合、古今耦合、有机无机耦合，全面深入探讨了微洋块与洋底动力过程、微陆块与大陆动力过程以及微幔块与地幔动力过程及其效应；最后，聚焦探索了微板块起源与前板块构造体制、早期俯冲启动与微板块进化以及微板块、大板块与超大陆聚散旋回等关键基础科学问题。

本书资料系统、图件精美、内容深入浅出，适合从事海底科学与探测技术研究的专业人员和大专院校师生阅读，也适合从事交叉科学研究的专业人员应用，部分前沿知识也可供对海洋地质学、海洋地球物理学、地球化学、构造地质学、层析大地构造学、地球动力学等领域感兴趣的广大科研人员、地球科学爱好者参考。

审图号：GS 京(2024)2172 号

图书在版编目(CIP)数据

微板块构造 / 李三忠著. 北京 ：科学出版社，2024. 10. -- (海底科学与技术丛书）. -- ISBN 978-7-03-079608-0

Ⅰ. P541

中国国家版本馆 CIP 数据核字第 2024KW1570 号

责任编辑：周　杰 / 责任校对：樊雅琼

责任印制：徐晓晨 / 封面设计：无极书装

科 学 出 版 社 出版

北京东黄城根北街 16 号

邮政编码：100717

http://www. sciencep. com

北京汇瑞嘉合文化发展有限公司印刷

科学出版社发行　各地新华书店经销

*

2024 年 10 月第　一　版　开本：787×1092　1/16

2024 年 10 月第一次印刷　印张：57

字数：1 350 000

定价：700. 00 元

序

板块构造理论提出至今已经50年有余，其间取得了辉煌成就，但是也面临三大科学难题：板块起源、板内形变、板块动力。地球驱动力问题始终是地质论争的焦点。在近3000年人类认识地球的历史讨论中，人们对这个问题的认知几经历史转变和外在干扰，发生过唯物论与唯心论、固定论与活动论、主动论与被动论等的激烈斗争，至今板块驱动力的本源和本质问题依然存留。围绕板块构造理论三大难题，众多地质学家基于现今认识，从早期地球、陆壳起源、前板块构造、俯冲起始、俯冲引擎、岩石流变、超大陆聚散、板内变形机制、宜居地球等角度进行了大量思考和拓展研究，取得了一些重要进展。构造思维也从当初的平面结构构造解析拓展到三维空间物质运动，乃至四维地球演化；构造分析技术上，从传统的几何学分析拓展到了基于超算技术的数值模拟和基于地球大数据同化的深时全球板块动态重建；研究对象也从固体地球圈层运行机制的探索拓展到了深部多圈层相互作用和流固耦合机制的探寻，以及深空比较行星地质学的对比；探测手段上，也从传统的野外构造地质观测与解析转变为浅部结构或运动学的遥感和GPS技术、深海海底多波束测深技术等对地观测手段，以及深部结构与运动学的层析成像等地球物理手段；模拟方法上，从常规温压到高温高压的物理模拟转变到多物理场和多参数的数值模拟；研究深度上，从以往现象描述深入到了内在本质揭示。在这些领域深化与开拓过程中，新一代构造地质工作者还从地球系统动力学高度开启了构造地质学新思考，为推动构造地质学新发展做出了巨大努力和贡献，也展现了年轻一代构造地质学研究人员在现代科技背景下的开拓能力和宽阔视野。

板块构造学说吸收了1912年提出的大陆漂移学说和1963年提出的海底扩张学说的成就，于1968年提出之初就将地球划分为六个或七个大板块。随后50多年，国际上基于古地磁的全球板块重建也长期侧重全球这几个“大板块”的分析，使人们对赖以居住的地球从一级构造层面有了深刻认知。但是，随着现今新一代探测技术和海量地学信息的爆发、地质调查的深入开展，全球构造板块划分得越来越细。例如，该书划分了近千个微板块，一些“微板块”自板块构造理论诞生之初就曾有零星报道，而今报道的“微板块”增加了几百个。“微板块”构造研究不断催生很多的学术新思想，集中体现了其发展趋势。正如章太炎所言：析狗至微而无狗。人们将“大板块”逐渐深入、精细划分出大量“微板块”时，发现很多微板块等地质单元不具有传统意义上的“大板块”行为（这里统称为“微板块”），确切地说，拓展到早期地球时可称为“微地块”。根据物质组成，微板块可进一步分为微陆块、微洋块和微幔块，既可活跃于现代板块构造运行机制下，也可活跃于非板块或前板块构造体制下，有的还在地球或类地行星演化不同时期的深地幔内部运动，因而，也可用于探讨类地行星或天体卫星的构造演化。可见，微板块构造研究也是行星构造理论探讨，其研究对象和空间范畴得到了巨大拓展。

前人早就意识到，中国地质的一个显著特征就是“块体小、造山带多”。中国拥有得天独厚的微板块构造研究地域优势，应当在此领域做出中国贡献，提出中国理论，对传统板块构造理论三大难题作出中国解答。该书围绕不同类型“微板块”，从全球视野，海陆兼顾，以地球系统理念，系统总结岩石圈层次的伸展裂解系统、俯冲消减系统、洋脊增生系统、深海盆地系统、碰撞造山系统的微板块等，也深入探讨非岩石圈层次的深部地幔的微幔块，地域涉及之广泛，圈层涉及之多，令人耳目一新。微板块构造研究明确追求的科学目标就是解决前述板块构造理论三大难题，这不仅是洋底动力学要关注的科学目标，也是大陆动力学要集中攻关的研究目标，乃至行星动力学应重视的对象。特别是，前寒武纪板块构造体制何因、何时、何地起始问题，是一个长期论争而不得其解的难题。对陆壳起源难题，微板块构造理论也做出了有益尝试，提供了微幔块、微洋块到微陆块进化的新途径，也提出随着地球热演化阶段不同，从非板块体制，经初始板块构造体制，到现代板块构造体制的转换机制。将微板块构造理论推广到深时地球系统中的构造问题应当是一个重大理论突破，也必将成为未来研究的行动指南。李三忠教授带领团队另辟蹊径，经过多年深入研究，在微板块构造理论框架方面，取得了一些原创性重大突破，提出了一系列新概念，激发了一系列新思考，很大程度上突破了传统板块构造理论的局限，值得引起大家重视。

传统板块构造观点认为，大洋板块经历了从洋中脊生成、侧向增生和渐进式生长壮大，直到俯冲带消亡的历程。但是，随着人们对深海构造地质问题的日益重视，加之新一代高精度海底重磁测量和多波束测深技术等强有力手段的发展，精细海底构造地貌受到越来越多的关注。近十年来，国内外关于海洋磁异常研究的前沿成果揭示，大洋盆地生长演化过程并非传统的瓦因–马修斯–莫雷假说所能完全或简单概括，一些复杂的生长方式形成了由海底一系列微板块镶嵌式构成的洋底结构；对板块消亡，相关研究也不再停留在简单地阐述俯冲作用和过程，而是提出了更多的复杂过程，如碎片化、板片窗、环向流等多种俯冲过程。

传统认为被动大陆边缘是板内构造环境，但是大量深水油气勘探不断揭示被动陆缘发育拆离断层，是活动而非稳定的，这从根本上改变了传统被动陆缘长期稳定的地质认知，因此被动陆缘或洋陆转换带也可以称为离散型板块边界。类似地，东非大裂谷以往曾被认为是非洲板块的板内环境，近些年国际上的板块重建论文也都视其为微板块边界。此外，20 世纪 90 年代以来大量调查发现，洋中脊作为典型的离散型板块边界，也发育不少拆离断层控制的海洋核杂岩。因此，拆离型微板块可进一步划分为被动陆缘的拆离微陆块和洋中脊的拆离型微幔块，分别对应了陆缘和洋内拆离断层作用的结果。这些认识都大大地丰富且推动了对离散型板块边界的深入认识，拓展了微板块构造理论内涵。

现今太平洋海底的洋脊增生系统中显著发育了一些微板块，揭示了叠接性洋中脊拓展过程所致的微小板块，称为延生型微板块。基于延生型微板块相关的物理模拟和数值技术，前人对其起源、生长、演变和死亡过程已有深刻认识，也发现一些延生型微板块具有非威尔逊旋回的生长模式。已有研究显示，裂谷拓展、洋中脊跃迁以及洋中脊-地幔柱相互作用都可导致一些微小板块形成，称为跃生型微地块，但其还未随着洋盆的威尔逊旋回经历俯冲或碰撞过程就已经死亡而不活动。可见，大洋岩石圈内部很多微板块生消循环还没有得到更完全的认识。

转换断层是传统板块构造理论的基石，也是其原创成就之一，是合理解释洋中脊不同段扩张速率不同的关键机制，但人们不仅对洋中脊-洋中脊型转换断层认识非常有限，而且威尔逊提出的其他转换断层类型也被长期忽视。随着海底精细地形地貌等资料积累，人们发现受大陆型或大洋型转换断层（或破碎带）所围限和控制形成的微陆块或微洋块也普遍存在，该书称其为转换型微板块。转换断层（或破碎带）并非简单的板块转换边界，而是具有一定结构特征的板块生消地带，对其研究不仅有利于完善板块生消、旋回、裂解、拼贴和增生机理，而且可以明确板块运动史、发育史和演化史，为微板块重建提供精准约束。

通常来说，大型大洋板块必然以俯冲消减的方式不断消亡，会不断缩小，或被分割为多个微小板块。这种大洋板块消减过程中由大板块转变成的微板块，该书称之为残生型微洋块，一般位于俯冲消减系统的俯冲盘，为活动或死亡的洋中脊、海沟及转换断层所围限。据此，残生型微洋块的形成与演化，与洋中脊、俯冲系统、板片窗形成及三节点的转变密不可分。当然，随着大洋板块俯冲，其内部一些大火成岩省或增生拼贴到陆缘，形成增生型微洋块，其动力学机制也具有多样性：正向增生型、基底增生型、底垫增生型以及弧后增生型等，其成因模式研究可为探索大陆板块起源和动力提供参考。

大地构造上，中国发育古亚洲洋构造体系、特提斯洋构造体系、（古）太平洋构造体系。东亚环形俯冲动力系统则介于其间，地处“两洋一带”（西太平洋、印度洋、洋陆过渡带），该区带广泛发育微板块，是中国开展相关研究的天然优越条件。该书认为，首先，西太平洋发育双俯冲系统，俯冲作用和弧后裂解可导致仰冲盘形成微板块，如“沟-弧-盆”体系中弧后扩张形成的马里亚纳微洋块、马努斯微洋块及北斐济海盆内部的裂生型微板块都是经典实例。此外，太平洋洋陆过渡带微板块的作用也控制着该区广泛发育的含油气盆地，这些盆地的起源、发生、发展受控于陆缘不同时期构造过程，值得深入探讨。其次，大陆碰撞造山作用也可触发相对独立的碰生型微板块形成。其中，远程碰撞触发模型为研究碰撞造山的非相邻地质体之间的盆-山耦合效应研究奠定了基础，也可为研究“板内”变形机制提供新依据、新思路。中亚造山带、秦岭-大别-苏鲁造山带、青藏高原等的大量微陆块中的岩浆岩、沉积序列以及变质变形特征等详细研究，也可揭示出这些微陆块与周边构造单元不同的复杂演化历史。可见，如今位于陆内环境的这些微小块体也随着古亚洲洋或特提斯洋等大洋的扩张打开与俯冲以及随后碰撞拼合、拼接而产生，并且演变为增生型微板块，微板块的性质或类型也将随着演化而不断演变和转换。

总之，我很高兴看到地学新理念下组织的《微板块构造》出版。微板块构造研究是区域构造解析与大地构造或板块构造研究的桥梁和纽带，不仅可以增强在全球视野分析区域构造的能力，而且可以密切构造解析与全球板块重建的联系，从而弥补过往研究工作的不足和脱节现象。这对于发展板块构造、重新审视大洋、推动精细深入的全球构造研究、探索“一带一路”的资源环境灾害效应等前沿科学问题都很有意义，重要且必要。该书提出了很多新概念、新观点、新认识、新思路，会有诸多启发和思考与争议，故推荐与读者分享讨论。

中国科学院院士

2023 年 9 月 10 日

引　言

中国屹立于地球东方，具有灿烂辉煌且唯一连续的中华文明，是四大文明古国之一，但其现代科学发端有些落后于地球西方。尽管东、西方科学有着自身的起源和历程，东、西方文明之间也存在长期复杂的互鉴历史，但现代科学的早期源头因人类长期战争而未遗存，难以完整考究。迄今，人类科技文明记录，肇始于4600多年前，自远古古埃及文明的草纸数学手卷（公元前2040～公元前1720年）、两河流域文明中苏美尔时期的陶泥板数学（公元前2600～公元前2004年）及古巴比伦时期的二次方程式数学（公元前1894～公元前1595年），到古希腊文明和古中华文明处于轴心时代（最早追溯到公元前550年左右，通常认为是公元前600～公元前300年，也有人说公元前800～公元前200年）。关于自然哲学的浩瀚原创著作，再经中世纪的阿拉伯翻译运动（750～1000年），传递到了伊斯兰世界。随着476年西罗马帝国的覆灭，西方进入并处于中世纪宗教“黑暗时代”（500～1200年）的桎梏下，虽然在公元8～9世纪曾发生“加洛林文艺复兴”，在科学继绝存亡上起了一定作用，但也没有给西方科学带来进一步发展机会；反而，中古时期的伊斯兰文明承载了科学传承、复兴与创新的使命，经欧洲翻译运动（1085～1190年），科技文明的火种才正式传递到欧洲，推动了欧洲以科学为核心的“十二世纪文艺复兴”运动，这个过程持续了200多年。在此期间，格罗斯泰特（1168～1253）到布里丹（1295～1358）开拓引领的中古科学走向了一个与古希腊科学不同的发展方向，数学和理性观念虽然仍然重要，但实际证据也获得同等重要性，这就是现代科学精神的开端了。最后，这触发了欧洲以古代文学和艺术为标志的14～15世纪“文艺复兴”运动。14～15世纪文艺复兴运动之后，西方科学反转而超越中国古代的东方科学，依然以欧洲为中心进入近代科学发展阶段（15～19世纪），并在肇始于18世纪60年代英国、于19世纪30年代遍布全球的工业革命推动下，引领近代科学发展了两百年。人类于19～20世纪进入科技飞速发展的现代科学时代，二次世界大战后现代科学中心转移到了美国。

科学发展的历程就是人类认识自身和地球的历程。对于“我们从哪里来”的哲学命题，涉及人类起源的时间和地点。在人类科技文明记录出现之前，西方基督教

《圣经》第一卷《创世纪》(出自摩西之手）认为，上帝在创世的第六“天”（准确说是一个不同于现今“天”的不确定时长单位）造出了亚当（在《圣经·新约》中改为是第一个犹太人，不是人类的第一个)。这一认识影响持续到科学巨匠伽利略和牛顿生活的时代，使得大部分西方世界的民众、宗教信仰者都长期认为：人类出现于地球最早期，人类历史就是地球历史。《圣经》没有给出上帝造人的具体时间，而人们迫切想知道人类最早的起始时间，考证大洪水中幸存的诺亚一家之前的世界。最早讨论此事始于1644年，剑桥大学校长莱特富特（John Lightfoot，1602～1675）就提出过一个神创世界的准确日期；随后17世纪50年代的爱尔兰历史学家、大主教詹姆斯·厄谢尔（James Ussher，1581～1656，也有人翻译为乌雪）精确计算出，上帝创世的那个星期为公元前4004年10月23日星期天。尽管现今知道这是个大错误，但他开创性地采用了历史学家常用的编年史方法，将地球历史划分为与人类历史类似的地质“纪元”(即后来的“纪”或“时代”的用法）联系。据此，人们开始探讨《圣经》中“诺亚洪水”（Noah Flood）发生的具体时间和准确地点，然而随着研究积累，产生了大洪水与大冰期之争，大洪水论者之间还存在全球性（全人类灾难）和局地性（黑海地区灾难）之争。然而，地球科学发展之初的永恒主义者支持宗教信仰，同样认为，人类历史就是地球历史，地球（和宇宙）从来就没有过不存在人类的过去，未来也将不会没有人类存在。17世纪德国天主教耶稣会学者珂雪（Athanasius Kircher，1601. 5. 2～1680. 11. 27）在其1668年出版的《地下世界》一书中，将有形的地球描述为一个复杂的、动态的系统。他一直探讨火山这类地表可见的特征如何与不可见的地球内部结构发生关联。尽管他认为，地球被上帝创造以来没有发生任何实质性重大转变，也没提到地球有其自身历史，但也承认地球的地貌因大洪水发生过重大变革，大洪水之前的陆地在大洪水退却之后已经沉入水中（如亚特兰蒂斯)，总体处于动态平衡中变化。这可视为后文固定论中“槽台”垂直运动的最早认知。此外，他还最早在其墨卡托地图上展示了当时鲜为人知的澳大利亚，将其作为相对更大的南极洲或地球“南部未知大陆”的一部分，这可视为后来Edward Suess（1831. 8. 20～1914. 4. 16）提出的南方古大陆（即冈瓦纳古陆）的最早表述（Rudwick，2014)。

如今，众所周知宇宙大爆炸发生在138亿年前，银河系诞生于120亿年前，太阳系开始于45. 67亿年前，地球有45. 4亿年历史，灵长类始于6000万年前左右，最早的人科动物出现于大约1000万年前，其中，智人在20万年前起源于非洲大裂谷（最早智人化石由利基夫妇于1948年发现于坦桑尼亚奥杜威峡谷)，即现代人类诞生于地球历史的最后“一刻”。距今340万年～公元前3300年人类处于石器时代，石器时代分旧石器时代和新石器时代，其中，旧石器时代以打制石器、天然取火为特征，其早期、中期和晚期大体上分别相当于人类体质进化的能人和直立人阶段、早期智人阶段、晚期智人阶段；而以磨制石器、人工取火为主的新石器时代大约从1万年前开始，结束于公元前3300年（Bell，2019）。距今12 000年前末次冰消期以来只是地球自然历史的短暂一瞬，但却是人类快速认识地球的飞跃阶段。人类从距今10 000～7000年前开启农业活动以来，就开始了农作物种植、动植物驯化、发酵生产酒精等，并不断关注和认识自然，探索日月星辰运行、宇宙天地结构。公元前4500～公元前1900年，苏美尔人在新月沃土这个文明摇篮创造了地球上最早的文明，但对农业依赖的土壤开展科学研究却一直等到1870年俄罗斯地质学家瓦西里·杜库恰耶夫提出土壤学，土壤才成为一种自然资源和管理对象。公元前3300～公元前1200年为青铜时代，留存至今的文明标志如公元前3000年的巨石阵、纽格兰奇墓、三石牌坊、陶拉石等及公元前2500年的金字塔等；紧接着为铁器时代（公元前1200～公元前500年），人类认识和改造世界的能力大大增强，例如，罗马渡槽的建设、中国长城的构筑。时间上，人类早期朴素而直觉地认识到，时间是周而复始循环的，年复一年，月复一月，周行不殆，并非现代科学认知的时间方向具有不可逆性，直观的四季变化也强化了这种时间循环和“稳态”观念，进而认为人类历史和地球历史都没有起点。轴心时代的毕达哥拉斯是最早认识到地球是圆球的学者之一，亚里士多德和柏拉图等古希腊哲学家甚至提出宇宙（包括人类和地球）没有任何被创造的开始，也不会有最终的完结。这威胁到了当时基于上帝创世的道德和社会根基，令人不安。空间上，从人类赖以生存的地球在宇宙中的位置、形状及其运行规律的观测，阿里克西曼德和阿里斯塔克斯也分别提出了地心说、日心说等，但古人对地球是平坦的还是圆球的在此时依然莫衷一是，如中国的平天说、浑天说和宣夜说之争；从其物质组成，亚里士多德、留基伯（或说与德谟克利特共同）分别提出了“四元素”说、原子论和大虚空观念（与此前100多年老子提出的“道”类似）等，推动人类认知从求助神祇化身转向探索实体“原质”，从原始宗教转向理性思维解释自然万象；从自然现象观测角度，与毕达哥拉斯同时代的百岁高龄的色诺芬（公元前570～公元前470年），早于宋朝的沈括1500多年提出了宇宙无生无灭，生命离不开水，海洋是风云雨水的故乡，并据陆地上的海洋生物化石推断海洋–陆地互为消长循环。可见，其宇宙观已经非常接近现代科学成就。当然，17世纪珂雪认为宇宙是有限的，这与其前人认识相比，无疑是个认知倒退。

从生存与生产角度，人类开展种植活动、动植物驯化过程中，不断摆脱自然表象、幻象、假象，揭示自然真相，也开启了采矿、冶炼等利用和改造自然的活动。例如，南非斯威士兰王国的恩圭尼亚铁矿有4万年历史，相关红色赭石也被当地桑人用作岩石绘画（Bell，2019）。如今，地球上最为丰富的长石和石英分别被中国及美国开发利用，长石风化来的黏土（铝土矿）被中国先人用于烧制陶瓷，高纯度石英被美国硅谷的科学家用于制造芯片等高科技产品。最早在亚里士多德时代，其弟子狄奥弗拉斯图（公元前 371 ~ 公元前 286 年）就留下了一部《矿物学》著作；亚里士多德另一位弟子狄西阿库斯（公元前 350 ~ 公元前 285 年）留有《地理学》，被尊为地理学之父，他绘制的世界地图也是经纬度网络的滥觞；特别是，博斯多尼乌（公元前 135 ~ 公元前 51 年）撰写了一部地理学著作《海洋》，普林尼（23 ~ 79 年）流传后世的巨著《自然史》被称为古代自然知识百科全书，其中与地质有关的是：万国地理志、金属与矿冶、石材与珠宝；伊斯兰炼金术的开山鼻祖札贝尔（ ~ 721 ~ 815 年）提出了金属组成和转化、变质理论，之后的拉齐（866 ~ 925 年）同为冶炼大师，改进了札贝尔的矿物分类；阿维森纳（980 ~ 1037 年）的《矿物学》一书提出了动植物在压力和高温下可变为化石的原理，这直接影响了文艺复兴时期的达芬奇和 16 ~ 17 世纪的古生物学家。人类就是这样在认识地球的过程中，创造了上述古代科技文明历史。

特别是，人类自有历史记录且有东方渊源的第一位科学家泰勒斯（约公元前 624 年 ~ 公元前 546 年）鲜明地举起自然哲学的科学旗帜以来，历经了 2500 多年的科学火种传递，先后从埃及、希腊、阿拉伯、欧洲到美国，涌现了毕达哥拉斯、埃拉托色尼、芝诺、亚里士多德、斯特拉托、柏拉图、阿基米德、欧几里得、托勒密、阿维森纳、达芬奇、哥白尼、伽利略、笛卡儿、牛顿、莱布尼茨、高斯、洪堡、莱伊尔、查尔斯·达尔文、阿加西、门捷列夫、米兰科维奇、孟德尔、魏格纳、爱因斯坦、普朗克、伽莫夫、哈勃、曼德布罗、图佐·威尔逊、霍金等千千万万彪炳千古的科学开拓者或集大成者，他们推动了多次划时代意义的科学革命（陈方正，2022）。科学革命以科学的新发现和崭新的科学基本概念与理论的确立为标志，进而导致了科学知识体系的根本变革，人类认识领域为之面貌一新。人类认知革命也是科学理论体系的根本改造和科学思维方式的变革，从而把科学对客观世界的认识提高到一个新水平，并提出种种认识客观世界的新原则与研究自然规律的新范式。科学革命本质上是科学思维方式的革命，科学思维方式的重大变革是科学革命的实质。

在人类社会发展的历史上，科学革命常常是社会革命的先驱。如果说科学就是理性认知，那么理性化革命始于亚里士多德开启的全然理性观念，可视为首次科学革命。不过，人们除了对科学革命起始时间仍有争议外，对近现代科学革命起始时间也莫衷一是，有人认为萌芽于 14 世纪，有人认为不同学科起始时间不同，如近现代化学和生物学革命始于 18、19 世纪，近现代物理学革命始于 20 世纪。但多数科学史专家认为，近现代科学革命大约始于 1543 年，因为这一年尼古拉·哥白尼出版了著作《天体运行论》、安德烈·维萨留斯出版了《人体构造》等。当前，人们普遍将近现代科学革命分为四次。

第一次科学革命发生于 16 ~ 17 世纪，以哥白尼的“日心说”为代表，初步形成了与西方中世纪（指古希腊、古罗马世界覆灭到文艺复兴之间的1000年，即公元500～1500年）神学与经验哲学完全不同的新兴科学体系，经开普勒、伽利略、牛顿为代表的一大批科学家的推动，建立了近代自然科学体系，标志着近代科学的诞生。欧洲进入文艺复兴时期后，随着工业的发展和对矿产资源的需求，矿物学和岩石学的知识有了发展。意大利的达芬奇（Leonardo da Vinci，1452～1519）对化石做了正确的解释，认为它们是被沉积物掩埋的生物残骸，特别是他对地表系统开启了系统论证。撒克逊人阿格里科拉（George Agriccla，1494～1555）对矿物学和金属矿脉做了大量研究，他的矿物特征描述为矿物学树立了典范，其著作《金属矿》总结了当时地质学、矿物学和采矿学及冶金学知识，因而他被誉为“矿物学之父”。实际上，现今的学者依然立足地表的岩石，将其当作地球深部动力的探针，去揭示地球深部奥秘。此后，数学家与哲学家笛卡儿（Descartes，1596～1650）提出地球的分层结构，并提出了地球起源和内部结构假说。随后，莱布尼茨（Leibuniz，1646～1716）发展了笛卡儿的地球观，并于1693年提出原始地块成因有水、火两个来源动因，包括大洋水体、山脉和峡谷都主要是地球冷却收缩所致，是最早的收缩说、原始海洋说的缔造者。此前，1669年丹麦解剖学和地质学先驱斯丹诺（Nicolaus Steno，1638～1687）提出陆地沉入海洋，其驱动力是地球重心变动所致，他的这种认知几乎与珂雪的认识同期，但作出了更为科学的解释，是现今地球物理学中重力均衡模式的滥觞。

实际上，直到17世纪中叶，欧洲的地质学思想依然处在宗教的严格束缚之下。当时，教会主张天地是在公元前4004年由上帝创造的，而诺亚洪水泛滥则发生在公元前2349年，因此，提出现存的地表形态都是大洪水灾变所形成的。这种思想钳制地质学的发展一百多年（17世纪中叶到18世纪末），被巴涅特（Burnet T.，1635～1715）发挥到极致并系统化为洪水论。这个时期地质学发展处于唯心主义主导和统治之下，以自我为中心的学说认为地球是宇宙世界的中心，如地球中心说，这很符合当时的宗教需求。在此期间，地质学和其他科学一样，在同宗教思想的斗争中逐步得到发展，丹麦医生斯丹诺和意大利学者瓦利斯内里（Antonio Vallisneri，1661～1730）对层状岩石和褶皱构造进行了研究，认为岩层是一层一层先后水平沉积的；特别是，斯丹诺因1669年率先在 *Dissertationis Prodromus* 一书中提出了著名的“叠覆律”“水平律”“连续律”“交切律”，以及晶体的“面角恒定律”，被誉为地质学之父或地层学之父。这些地层成因和矿物成因机制成为地层学和矿物学基础。同期，哥白尼（Nikolaj Kopernik，1473.2.19～1543.5.24）逐渐认识到地球并不是宇宙的中心，这改变了人类宇宙观。他在去世当天才正式发表日心说，却动摇了人类以自我为中心的圣神地位。

应当说，这个时期尽管人们意识到地球是活动的，如海陆变迁、地震火山、风雨雷电等，但还没有从动力学层面来认识这些现象，哪怕是局部动力机制，更别提涉及全球的固体地球动力学问题，总体还处于认知地球表层一些现象、表象、幻象乃至假象的层面。但不得不佩服前人的深邃思想，如发表于1712年的地球模型很类似现今人们对地球圈层结构的认识（图0-1），和当今的地幔柱构造模式、板块构造模式在形态上没有大区别（李三忠等，2019b，2019c，2019d）。我们不清楚他们是如何知道地球核心是个球，就连核幔边界、地幔、大陆、高山、海洋（区分了太平洋、大西洋、北冰洋、南极洲）在图中也很清楚表达了，也不知道他们如何划分出了连接火山的岩浆源区，还有类似地幔柱的通道。这种地球分层结构与动力学讨论相结合的开端，无疑含有笛卡儿的巨大贡献。笛卡儿早在1644年的《哲学原理》一书中对地球进行了分析，其多重世界论认为地球不是位于宇宙正中心的独一无二的天体，任何类地行星由炽热物质（但他推测行星之前由恒星变化而来）组成的初始状态，遵循自然法则而随时间演化，在某个时间点，外壳可能会粉碎并解体，其

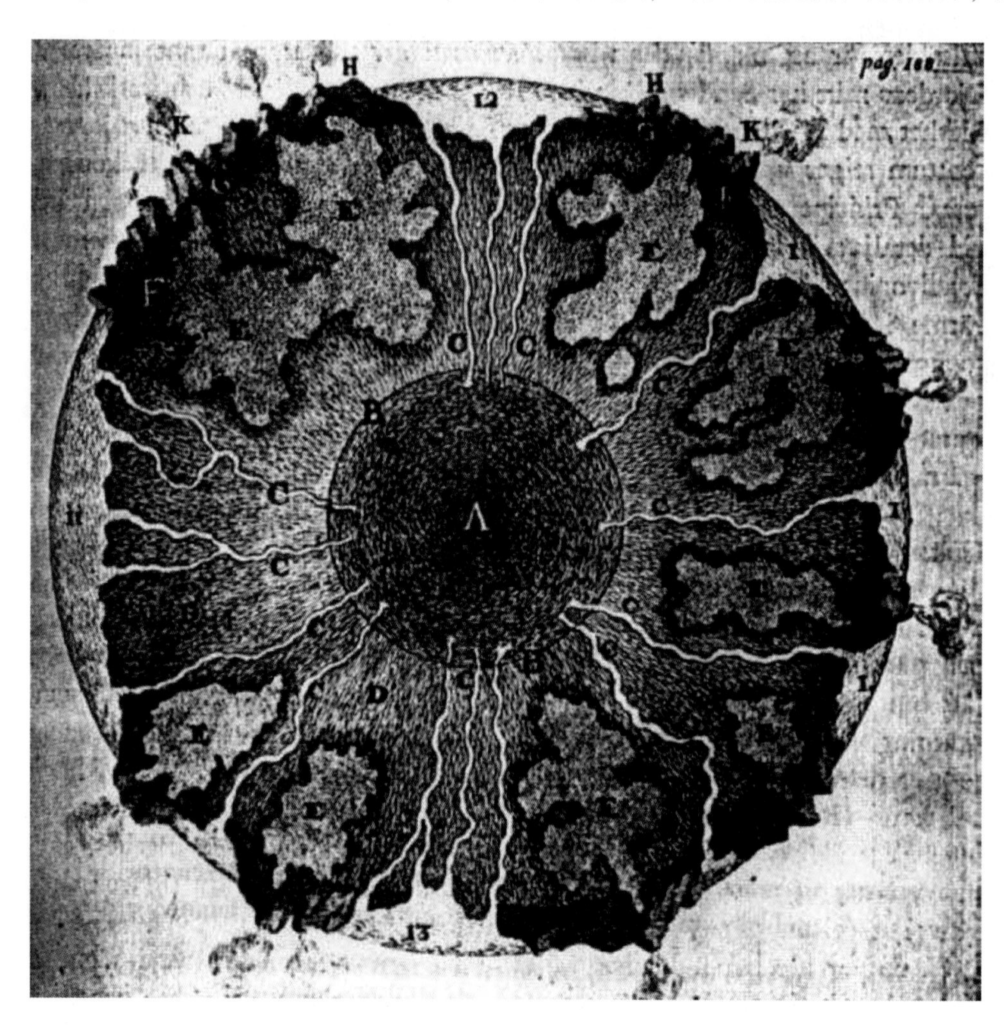

图0-1　Urban Hiärne的水成地球模型（转引自Holmiae，1712）

中一部分坍塌为地层的液态层，而另外一部分隆升并上升为气态层，并形成不规则地表。他不仅绘制了地球圈层结构（Rudwick，2014），而且提出了地球大气圈、水圈和岩石圈成因模式。然而，要科学证实这个地球内部圈层结构，还要等到1909年克罗地亚地震学家莫霍洛维奇（Mohorovicic）发现地壳与地幔分界面（即莫霍面）、1914年巴雷尔同时提出并命名的岩石圈（厚100～400km）和软流圈（即岩石圈之下，后来称为地幔过渡带的410～660km之上的地幔层位）、1936年由莱曼（Inge Lehmann，1888～1993）通过地震波揭示出地核可分为液态外核和固态内核。从圈层结构形成时间上，也要等到19世纪之后，现今认为核幔分离形成于45亿年前一颗火星大小的小行星“忒伊亚”撞击原始地球而发生两核融合所致。2023年甚至有报道认为，现今核幔边界的两个横波低速异常区（LLSVP）也是这次大撞击所致。

第二次科学革命发生于19世纪，以化学、物理学、生物学重大理论的突破为标志。能量守恒与转化定律、细胞学说和进化论被称为19世纪自然科学的三大发现，形成了整个物理学、生物学、心理学等实验科学体系。此时，地球科学继承了18世纪的成就，洪积论、水成论占主导统治地位，而康德（Immanual Kant，1724～1804）提出，理性是由主观观念所指导。尽管他是一种典型的唯心主义与唯物主义的调和者，但他1754年对驱动地球自转的动力提出了新认识，继承牛顿的认识，也认为地球自转受潮汐摩擦而减缓。法国著名博物学家布封（Buffon George Leclerc，1707～1788）是唯物主义论者，他否定了圣经的《创世纪》中上帝创造自然的教义，于1749年最早提出地球撞击理论，认为一颗大型彗星撞击太阳导致一大团炽热物质抛出并凝结形成了一连串行星，其中包括地球，所以地球曾经是一个旋转的流体（称为火球地球）。这观点现今看虽然不对，但也开创了现代地质学研究的先河。他是水成论者，还认为地球处于动态平衡的“稳定状态”中，新生命的起源归结为某种“自发产生”的自然进程，而不是从其他形态的生命进化而来。他描述的地球历史不具有方向性，不具备发展特征，不是真正的历史。但其另一个贡献是：发现几乎全部的地球和生命历史都是没有人类存在的，人类可能是这个故事的高潮，是最后一幕，提出了“时代”（epoch）概念；他依据冷却速率推测地球有1000万年历史，并可能从火球变为雪球（即现代概念的雪球地球），这一观点也被百年之后的物理学家约瑟夫·傅里叶（Joseph Fourier，1768.3.21～1830.5.16）等阐述。无独有偶，英国学者赫顿（James Hutton，1726～1798）在其1788年《地球理论》中也曾提出，地壳运动中起主导作用的是垂直运动，其中地球内热的上升力最为重要，是一个缓慢的自然进程。在该书中，他提出角度不整合之间存在巨大的时间间隔，代表地层沉积的不连续性。他首次提出“深时”概念，并依然坚持渐变论，认为角度不整合具有周期性。此前的1777年，他还认为山脉隆升是火山作用造成的，是火成论者。他最伟大的贡献是第一次提出了“解释地质现象，只能求助于现在仍可观察到的那些自然力的作用”，即将今论古的地质学原则，“现代是认识过去的钥匙”（今天改变地球表面的过程与很久以前是一样的）。但这一表述实际是日内瓦气象学家德吕克（Jean-André Deluc）提出的，“地质学”一词也是德吕克提出的。尽管赫顿也有此类似表述，但他是个英国至上主义者，导致其声誉不好，而德吕克被誉为地质学之父之一。此外，赫顿所获医学学位的主题是血液循环，故他讨论水循环时，提出了类似血液循环的且与现代认知相同的水循环过程，还用类似语言论述了地壳隆升、风化剥蚀、土壤形成、沉积源汇、海平面升降等一体化的循环过程，阐述并提出了另一种地球的稳态循环系统。他将这个系统比作当时发明的内燃机，是智能设计的地球机器，通过无限连续的循环，将不同的宜居“世界”（即当时认识到的不同化石所在的层位）链接为一个自然系统。特别是1785年，他公开称之为“适宜居住的地球系统”。这可视为现代概念的“宜居地球”和地球系统的最早表述，但认为这一稳定的动态系统最终目的是确保地球适宜人类居住，而不是所有生命。尽管他的连续“世界”在时间长河中形成了一系列无穷尽的续发事件，但这并不是真正的地球历史，一如行星不停围绕轨道运行也无法构成太阳系的真正历史（Rudwick，2014）。与赫顿不同，德吕克认为，两个鲜明的“世界”被一个独特而重大的自然“革命事件”分离，摆脱了永恒主义桎梏，所以他还认为，回顾过去也难以预测未来，故其理论不涉及未来。但后来地球生物自然地理分布随时代变迁而变化的事实，意味着赫顿推测性的地球稳态“系统”可能比德吕克具有定向性而又变动强烈的历史系统更符合现实，其变化只是局部变化而非全球突发事件。不管如何，将今论古的地质学原则完全摆脱了神创论的桎梏（吴凤鸣，2011），因此，第一场地学革命被公认为是唯物主义地球观战胜唯心主义地球观。

进入19世纪，地球科学领域有四场著名学术论争：水成论与火成论之争、固定论与活动论之争、渐变论与突变论之争、收缩说与膨胀说及脉动说之争。其中，水成论与火成论之争肇始于18世纪末。争论的焦点在于岩石的形成理论，一方以德国科学家魏纳（Abraham G. Werner，1749. 9. 25 ~ 1817. 6. 30）为代表，强调形成岩石过程中水的作用；另一方以英国学者科学家赫顿为代表，强调火的作用。现今已经知道，岩石主要由三大类构成，除了水成为主的沉积岩和火成为主的岩浆岩，还存在一类变质岩。水成过程和火成过程在岩石的形成中都扮演了重要角色。

18世纪是一个收集化石标本的伟大时代，深史（deep history）比深时（deep time）要重要得多。蓬勃发展的煤炭工业推动了地质学发展，人们不再认为所有化石都是短暂的和猛烈的大洪水期间“洪积”事件造成的。同类化石在全球的广泛发现，也说明局地大洪水事件不能合理给出解释，一些没有化石的岩石也被认为形成于生命起源之前。德国地质学家魏纳将位于第一系之上含化石的地层命名为过渡层。魏纳是水成论者，认为地壳中所有的岩石，包括玄武岩和花岗岩都是在原始海洋中沉淀和结晶而成的，火山是煤层的燃烧。魏纳对地质学的贡献是第一次对矿物和岩石进行了分类，创造了鉴定方法等。1785年（乾隆五十年）赫顿发表《地球的学说》，提出了火成论，认为玄武岩和花岗岩不是水成的，是由地球内部火成岩浆冷凝而成，片岩、片麻岩等则是受地球内部热力影响而变质的水成岩。他指出了火成岩岩脉穿插水成地层以及水成地层被火成岩接触时烤焦的现象。实际上，在此之前，法国博物学家德马雷（Nicolas Desmarest）于1775年声称玄武岩绝对是熔岩。此外，赫顿还认为，沉积物是大陆岩石被风化和侵蚀的产物，它们被流水带入海洋形成水成岩，然后又上升到海平面以上，开始新的侵蚀–沉积旋回；地形不是“洪水泛滥”以后一成不变，它们在地质作用下不断地发生变化。他还指出，地球的存在是极其长久的，既看不到它的开始，也看不到它的终结；地质作用的规律和强度，在地质历史时期是一样的，“今天是认识过去的钥匙”。他的这些观点被称为均变论。火成学派的观点受到了水成学派的强烈反对。但现今看来，实际上赫顿并未否认水成岩的存在和形成过程，只是包容了其内容基础上，提出了新的成因类型，却为已成权威的水成论者所不容。

如今的地质理论中无不认为火、水分别作为内、外动力在地质过程中的同等重要性，水循环驱动了地表地质过程，气、液和固态水共同塑造着地球表面；但上地幔条件下，榴辉岩转变为玄武质岩浆，或玄武质岩浆转变为榴辉岩的过程都存在巨大的密度变化，这对全球岩浆作用和构造作用也是至关重要的。然而，学者们依然在追求唯一的统一地球动力学理论，争论的焦点尽管变化，但追求的动力起源这个实质问题没变。

灾变论（也称突变论）与渐变论（也称均变论）之争更多关注的是地质过程的争论，发生在19世纪早期。持灾变论观点的学者认为，地球历史上曾发生过多次大灾难，是灾难导致了旧物种灭绝和新物种再生。持渐变论观点的学者认为，物种演化的动力来自于微弱的地质作用在地球演变过程中的长期积累，不依靠大灾难也能够发生。赫顿不仅不认同布封提出的一系列独特的“时代”，也反对德吕克所谓的剧烈的“革命”性事件；相反，他声称地球是一个平稳运行的自然“机器”，不停重复循环相似的“世界”，从永恒到永恒，在早期生命史中出现的任何明显的系列性时间，都可能是由于对当今世界认识不足而出现的假象。

然而，1812年法国古生物学家居维叶（Georges Cuvier，1769～1832）根据对巴黎盆地“第三纪”地层古脊椎动物化石的研究，提出了灾变论。他认为地层中所表现的古生物突变现象是超自然的巨大灾变的结果，而新的生物群在每次大灾变之后又被创造出来。居维叶将地球历史与天文学和宇宙学进行对比，并与资助他的法国最伟大宇宙学家、物理学家和数学家拉普拉斯（Pierre Laplace，1749～1827）讨论，认为宇宙学家“突破了空间极限”，地球历史也可以“突破时间的极限”，“人类若能知道如何突破时间限制，就可以通过观察相关事物重建世界历史，并再现人类自身产生之前发生的一系列重大事件”（这是深时、深空的最早表达之一）。类似当时人们的认知，他认为化石记录的物种可能存活到了人类出现之后，是人类活动导致了它们的灭绝，就像渡渡鸟那样。灾变论直到1980年才被美国地质学家阿尔瓦雷斯和其诺贝尔奖获得者、核物理学家的父亲因发现一层铱元素异常才一锤定音。至此，渐变过程中确实存在突变事件才被广泛接受。居维叶的这种突变或灾变观点受到当时的大科学家拉马克（Larmarck J. B.，1744～1829，也被认为是进化论先驱）的批判。但拉马克提出的缓慢转变学说，即用进废退、获得性遗传，强调生物演变的外因，也遭到了居维叶的激烈反对。居维叶认为，每个物种都是一个“动物机器”，每个器官结合在一起造就出一个特定的生命模式；任何身体构造方面的缓慢转变都会改变物种适宜存活的状态，物种也会因此而灭亡，因为它作为新物种没有足够时间发展出新的适宜存活的状态，从而无法适应新的、变化了的生活方式（但现代观点来看，大多数动物都非常精准地适应了特定的环境）。居维叶还认为，物种是真正的自然单位，在生命形态和生活习惯上必然是稳定的，除非它们生存环境突然遭毁灭而灭绝（Rudwick，2014）。拉马克也在同一地区研究无脊椎动物体系，认为环境对生物的发展起重要作用。两人对古生物学的贡献是，使得根据不同的化石特点对比来划分不同时代的地层有了可能。英国“外行”的地质学者史密斯（Smith W.，1769～1839）此时也根据地层中不同生物化石特征对比了英国不同地区的地层，于1815年（嘉庆二十年）编制出了第一张《英国地图》，这张图提出15年后为其赢得了英国地质学之父的称号。1830年，英国地质学家莱伊尔（Charles Lyell，1797～1875）发表《地质学原理》一书，其坚定信念是：地球历史无比悠久，而现有进程在无比漫长的“深时”中可以发挥最大效用。他不仅采纳了赫顿先前的稳态系统观点，也借用了德国历史学家卡尔·冯霍夫（Karl von Hoff）汇编的论据资料，论证了潜在的进程一直处于动态平衡状态，变化是周期性循环出现的，从长远来看，地球保持着稳定状态。其现实主义原则要比此前的严格得多，使得均变论得到了进一步发展，成为地质学的一条基本原理，一直影响到现在。莱伊尔还提出过新气候理论或大洪水中冰山“坠石”的漂移理论，主要是讨论当时热烈争论的冰川砾岩成因问题，但遭到同时代学者的极力反对。反对者认为瑞士土木工程师伊尼亚斯·维纳茨（Ignace Venetz，1788～1859）的山脉冰川“漂砾”理论才合理，因为那里没有发生大洪水，并被地质学家让·德沙彭迪耶（Jean de Charpetier，1786～1855）推广，认为其胜于洪积理论和漂移理论。但是，1837年7月，瑞士鱼类古生物学家阿加西斯（Louis Agasiz，1807～1873）提出一个惊人理论：大冰期地球非常寒冷，以致一大片静态的雪或冰覆盖了整个北半球或者至少向南一直覆盖到北非的阿特拉斯山脉，甚至可能延伸到了热带地区。此外，他还首次提出了冰室期概念。

现今人们知道，冰室期对应暖室期，两者都可进一步分为若干更短周期的冰期和间冰期。阿加西斯之后，人们将这个“冰川理论”与莱伊尔的漂移理论结合，称为“大冰期假说”。冰川理论强化了灾变论者一直强调的更深刻的意义，即地球历史从根本上来说具有偶然性，因此即使回顾历史也具有不可预测性。但是，这个结论也有些夸大，问题出在看待问题的时间尺度还不够长。现在人们知道，这次大冰期事件和随后的大洪水事件毕竟是2万年前的末次冰期事件和随后的12 000～7000年前冰消期季风最盛期事件，地球历史更早这类事件确实周期性重复发生，总体是可预测的。但是，“大冰期假说”后来催生了20世纪90年代至21世纪初被称为“雪球地球”的理论（1989年Joseph L. Kirschvink提出该术语，并非哈佛大学的权威Paul Hoffman），最为显著的是新元古代全球性冰期事件。在此期间，海洋几乎全部被冰山覆盖，冰筏沉积甚至直接扩展到了赤道附近的海底，所有大陆都保存了当时的冰碛岩。随后，人们依据冰川覆盖程度，将雪球地球（snowball Earth）分为“硬雪球”和“软雪球”，后来又根据厚薄，提出雪泥地球（slush Earth）。可见，早期地质知识还主要是来自陆地观察和调查的积累，后来一些古老学术思想能够起死回生、创新发展，主要源于古今海底的大发现。

地球探索历史上，有无数探险家进行过史诗般的长途跋涉，穿越大陆，攀登高山，横跨冰原，划过雪地，驰骋大洋，但直到19世纪，人们对深海内部或洋底的探索还极少。15世纪人们虽然发明了浮潜和潜水钟，19世纪军事潜艇也研制出来，但多数涉及水深属浅海。值得指出的是，1832年国际编码语言“莫尔斯电码”的发明，电报业务随之诞生，间接地促进了人们对浅海海底世界的探索。因为长距离即时通讯必须在浅海海底铺设电缆，世界上第一条电缆终于在1852年铺设完成，但只是跨越了英伦半岛链接了法国。第一条跨大西洋的电缆对当时的技术提出了巨大挑战，1853～1857年美国和英国为确定电缆铺设位置，根据地形情况开展了大规模的深海海底地质钻探和取样活动，遵循每隔100km进行取样的原则，目的是避开海底土质松软地带，开启了深海海底地质研究的先河，也为1968年DSDP（深海钻探计划）奠定了基础，海底世界才逐渐展露其面纱。直到1858年8月14日，第一条跨大西洋的电缆才铺设完成，维多利亚女王给时任美国总统布坎南（Buchanan）发出了具有象征意义的第一封电报。如今，海底光缆大量布设，节点上安插大量先进传感器，全球性海底观测网建设，也成为未来监测全球海底活动变化、水体目标移动的关键基础设施。

应当看到，水、火之争期间，地质学并未独立成为一个学科，那时，化学知识快速增加，人们在当时的科学技术条件下用化学知识认识地球，产生的争论也不免具有时代烙印。进入19世纪，生物学知识发展了，新的知识面对新的科学发现，引发了从生物演进的角度争论地球驱动力是快速灾变动力还是慢速渐进动力。而这在当今地球系统模拟技术快速发展的阶段，依然是开展地球系统多圈层相互作用的动力学模拟时跨不同时间尺度、跨圈层动力学耦合的障碍，且必须面对的学术思想问题。不可否认，地表系统运行如此之快，而深部地幔的运行在人类个体寿命尺度内难以察觉，不同时空尺度动力过程存在相对快慢，渐变与突变过程同在，量变与质变过程交织，难以分割。可见现代地质学依然难以摆脱或漠视渐变与突变之争。

正如《圣经》认为，地球的地形在“洪水泛滥”以后一成不变，这是固定论的起点。但正如火成论者赫顿所说，地形不是“洪水泛滥”以后一成不变，是渐变的，似乎是活动论观点的起始。但是，其当时论战的主题是运动方式之争：大陆和海洋位置是否变化（注意：承认“变化”不一定是活动论，因为固定论也承认地表存在垂向的上下运动）的问题，或地壳运动性质是以水平运动还是垂直运动占主导的问题。但这些争论的本质或焦点应当不是变化，而是变位或如何变位。

固定论的代表学说为地槽学说和地台学说。地槽学说思想始于 1859 年霍尔（Hall J.，1811 ~ 1898）基于北美纽约州地质（阿巴拉契亚山脉北部）的地向斜成果而提出，当时并没有这个名字。这个地区有四大特征，即巨厚沉积层（12 000m）、浅水相（砂岩等）、沉积序列经历了褶皱作用、部分沉积层发生变质，因此，他假定这是一个巨大的向斜轴（synclinal axis），是由于巨厚沉积荷载导致的下拗。他的想法很快遭到一些地球收缩说的著名权威，如 Hunt（1861，1873）、Leconte（1872，1873）和 Dana（1866，1873）的猛烈抨击（转引 Abouin，1965），因为那时人们的兴趣在于讨论后来流行的引起地壳收缩的驱动力源问题，也就是本书的变形驱动力问题。后来丹纳（Dana J. D.，1813 ~ 1898）在 1873 年仔细分析后认为，这些特征确实存在，但他不愿意接受向斜轴的重力荷载成因，而归结为地球收缩说中因地壳收缩产生的切应力所致，并将这个沉降带称为 geosynclinal，英语改为 geosyncline（地向斜）。该带是逐渐抬升区域（geoanticline，地背斜）的外带，抬升作用正好和地向斜这个沉降带的沉降作用平衡，沉降带褶皱作用是侧向力挤压的结果。这也是现今沉积学领域时髦的盆-山耦合机制研究的最早例子，也是当前讨论热烈的前板块构造体制的拗沉作用（sagduction）的早期版本。他后来进一步拓展理念，提出大陆的起源是褶皱山链不断向大洋边缘连续拓展-增生形成的，这个观念影响了地质学几十年，也是现今“增生造山带”理念的最早概括。后来，他的思想被欧洲学者奥格（Haug，1861 ~ 1927）采纳，但有所不同，因而形成了两派地槽学说：北美学派认为地向斜形成于大陆边缘，为浅水沉积区，不是一个深水槽；而欧洲学派认为地向斜位于两个大陆之间，具有巨厚深水沉积序列，是个深水槽。

后来，施蒂勒（Wilhelm Hans Stille，1876 ~ 1966）于 1913 年论证发现，荷载下拗作用不能产生如此厚大的沉积厚度，进而提出必须长期连续沉降才可以达到该厚度，而邻区必须连续抬升以提供物源。后来他还发现一些地向斜会发生抬升，因此认为这是褶皱作用所致，为了区别地背斜（如 Alps），给其命名为正地槽（orthogeosynclines），而命名德国地区的叫准地槽（parageosynclines），1936 年又改称后者为 Kraton（德语克拉通）。逐渐地，他认识到地槽具有革命性的一面，也即造陆现象，进而提出造山和造陆交替旋回发生。这可能成为 20 世纪 50 年代黄汲清（1904.3.30～1995.3.22）的多旋回学说的源头。在非造山阶段（地向斜阶段）的火山作用形成硅镁质岩浆，形成绿岩带或蛇绿岩（Ophiolit），进而区分地向斜为优地槽（eugeosynclines，有蛇绿岩发育）、冒地槽（miogeosynclines，缺乏蛇绿岩）；在地向斜演化到中期阶段出现中性的安山岩等，被花岗岩、花岗闪长岩和闪长岩侵入，演化的最后阶段会出现造山后硅镁质岩浆作用。施蒂勒遵循科博（Kober）于 1923 年提出的这个固化并稳定化的过程，在 1936 年命名为 Kratogen（德语克拉通化），稳定的地壳就叫克拉通。1940 年，他又区分出高克拉通（德语 Hochkraton，硅铝壳）和深克拉通（德语 Tiefkraton，硅镁壳）。随后，1942～1951 年，更多复杂概念产生了，M. Kay 对这些分类和术语做了系统总结，地槽学说逐渐清晰（转引 Abouin，1965）。

与此对应，地台（platform）一词由奥格于 1900 年提出，但也有人认为是奥地利地质学家修斯（Eduard Suess，1831～1914 年）1883 年在其《地球的外貌》一书中提出了地台一词，其思想始于丹纳及贝特朗（Marcel Alexandre Bertrand，1847.7.2～1907.2.13）分别于 1873 年和 1887 年规范化后。苏联学者坚决反对前述地台逐渐生长的模式，因为里菲期前的地台比现今的更为宽广，称泛地台（pan-platform），后来才转变为地向斜。著名苏联大地构造学家别洛乌索夫（Beloussov V. V.，1907～2017）于 1951 年称为泛地槽（pan-geosyncline）（转引 Abouin，1965）。

至此，地槽学说和地台学说逐渐形成对立，在此期间 3 个学派之间的术语不断创新，对比逐渐困难，因为这里面包涵对这些构造单元动力成因的不同认识。这两个理论合称槽台学说，是现今主导性的板块构造理论建立之前近 100 年的主导性地学理论。它之所以归类为固定论，是因为它强调垂直运动，不仅仅陆地永远是陆地，海洋永远是海洋，而且强调各地质单元的地理位置永远不变（即不发生变位），只做上下的垂直运动。

这段历史中实际存在很多关于地球垂直运动的动力学机制探讨，遗憾的是在板块构造理论建立初期被全盘忽视。例如，最早霍尔认为是重力荷载，后来丹纳认为是地壳收缩的侧向收缩，还有 1926 年加拿大地质学家戴利（Reginald Aldworth Daly，1871.5.19～1957.9.19）提出的深部断裂作用（也就是现代地质概念的拆沉作用），类似现代的俯冲模式。而今，人们还在执着探讨乃至用最先进的超算开展垂直构造（Vertical Tectonics）的动力学机制模拟，称为动力地形研究，认为垂直隆升是长波长的，与地幔对流或深部地幔中板片过程有关（Liu，2014，2015），如美国大盆省沉积沉降中心的迁移不是岩石圈变形水平运动所致，而是深部地幔中俯冲板片发生迁移的表现。实际上，从后文板块构造理论建立后的理论发展史可知，这些早期研究非常仔细而具体地讨论了在板块构造体制或理论下现今人们认为难以理解的克拉通盆地演化和板内变形的动力学问题，只不过认为动力来自地球浅层作用而不是来自地幔深部过程。看来，现代的人们是受到了板块构造理论认为的“板块内部是刚性”这个理论信条的约束，实际上对比前人认识，这是科学理论似乎前进的过程中科学家群体性“认可”的退步内容。

现今，人们开展板块重建时依然摆脱不了固定什么、移动什么的做法。选择固定参照系才可能认识运动的绝对性或相对性。固定中的相对活动，活动中的相对固定，在时空上变化万千，这必然涉及不同尺度的驱动力问题，特别是多尺度地球系统动力学不得不面对的历史难题。但是，在固定论之前，早就有活动论想法，达芬奇很早就注意到海岸线不是固定不变的，并提出“沧海桑田”之变是地壳运动的结果。这似乎也说明达芬奇很早就已经认识到地球表层系统的面貌是由地球深部动力所控制。

固定论者很早意识到地球可能是不断收缩的，也就是后来人们在探索地球形成起源过程中意识到的“地球在不断发生热衰减”有关。收缩说（theory of contraction）是指地球由于不断变冷而收缩的大地构造假说，由艾利·德·博蒙（Elie de Beaumont，1798～1874）于1829年提出，以解释地壳和岩石褶皱及逆冲现象。随后，有人根据收缩说来计算地球年龄，爱尔兰物理学家、地球物理学先驱开尔文（Kelvin，原名William Thomson，1824～1907.12.17）提出了地球冷凝的物理模式，并不断修正基于这个冷却模型计算的地球结果，1861年认为地球总年龄在2亿～10亿年，1862年又改为9800万年，1863年再次改为2000万～4亿年，1866年还反对达尔文和莱伊尔基于剥蚀速率计算的3亿年，1881年甚至将地球可能年龄的上限降低到5000万年，1897年再次将这个结果减少到4000万年，同时认为最可能为2400万年。类似他的计算，爱尔兰地质学家和物理学家约翰·乔利（John Joly）基于盐分通过河流到海洋的速率及地球原始的地壳冷却到足以让水在其表面凝结为海洋之后的时间，得出海洋年龄为9000万年～1亿年（但现今看，这实际不是地球年龄，而是早期地球从岩浆海冷却出现海洋的时长，如2001年发表在*Nature*的论文中提出，锆石中包裹体确定的证据表明水在44亿年前就已经存在于地表）。与此同时，19世纪下半叶以来，丹纳提出地槽是在地球收缩形成的拗陷基础上演化的解释，修斯对全球刚性地块和柔性地带构造变动的成功解释，尤其是欧美各地推覆构造的发现，使收缩说思潮大为高涨，与地槽-地台学说一并成为19世纪末到20世纪中叶的主要大地构造学说。

实际上，收缩说思想始于大约在16世纪的莱布尼茨，当时有人将地球表面褶皱的山脉比作苹果干瘪的表皮皱褶，认为其道理相同。在19世纪艾利·德·博蒙提出收缩说后，杰弗里斯对此说加以了表述。18世纪康德–拉普拉斯的星云说（Kant-Laplace nebular theory）问世后，许多地质学家接受这一观点，并把它应用到解释地球的许多问题。当时认为，地球最初是一团灼热的气体，后来因散热从外向内逐渐冷缩而变成熔融状态（现今人们还认为地核是由内向外冷却而逐渐长大的）。再进一步冷却后，在地球外表便形成一层坚硬的固体外壳，这就是地壳。但在地壳下的熔融物质继续冷却收缩，于是地壳和以下的熔融体之间出现了空隙。地壳因重力作用下陷（笛卡儿的模型），地壳必然受到强大的水平挤压力，因而使地壳发生褶皱，形成山脉。内部的熔融物体也顺着地壳下陷或褶皱产生的裂缝和断裂带侵入地壳或喷出地表，这就是岩浆活动和火山活动。实际上，地质学全球化也是这个时期，一个突出例子就是奥地利地质学家爱德华·休斯（Edward Suess）的著作《地球的面貌》(*Daz Antlitz der Erde*)，解决了地球上最宏伟的山脉是如何起源的这个难题，针对阿尔卑斯推覆构造进行了一项世界性创新，设想坚固的地壳不时会被揉皱适应地球较深部的稳定收缩，类似干瘪的苹果，提出了“收缩”理论。实际上，这也类似此前的莱伊尔和达尔文的模型，不同的是，休斯不认同无休止的上升和下沉运动，而是存在急剧的局部水平运动模型。这个学说曾一度得到许多人的支持，并根据此说论证地槽的成因，或用侧向挤压及模拟试验说明山脉的发生和发展，故收缩说对大地构造学的发展曾起了推动作用，这意味着地球热冷却是地球形变的根本驱动力，遗憾的是其水平运动观点没有得到槽台学说的继承和发扬。

收缩说认为，地球由于放热变冷而导致不断收缩。在这个模式中，几百千米以下的地球内部仍然接近于地球形成初期的温度。而最外部的圈层，包括现今所指的岩石圈和上地幔，已经变得相对较冷。这样，在最外部圈层之下的部分由于迅速变冷收缩而向地球内部分离（即现今理念的脱耦与拆沉作用）。分离所留下的空间由最外部圈层在重力作用下向内收缩来充填，这一收缩充填作用使地球最外部的圈层处在一种横向挤压的状态中。收缩说首次提出了具有明确物理基础的全球性地球变形的动力起因，较之以前各学派对地壳运动的本质认知上出现了一次明显进步，这在于它揭示了地壳水平运动的存在，是属于活动论范畴。

但是，收缩说从提出开始就遇到难以克服的困难，主要是无法证实地球表面的构造确实是由收缩造成的，它对广泛分布的由正断层表现的张性区域也无法给出解释。它也不能解释地壳运动的时空规律，例如，地球上的山脉为什么具有定向性而不是杂乱无章的？构造运动为什么具有周期性，而且有时候强有时候弱？强烈的地壳运动为什么具有区域性？地壳为什么存在大规模的升降运动？为什么存在世界范围的张性大裂谷？等等。据此看，收缩说总体上又属于固定论范畴，对这些现象都不能作出圆满的解释。

第三次科学革命是19世纪末到20世纪初，X射线、电子、天然放射性、DNA双螺旋结构等的发现，使人类对物质结构的认识由宏观领域进入微观领域。相对论和量子力学的建立使物理学理论和整个自然科学体系以及自然观、世界观都发生了颠覆性重大变革。相对论的基本假设是相对性原理，即物理定律与参照系的选择、物体质量扭曲时空引导物体行进方向；量子论给人们提供了新的关于自然界的表述方法和思考方法，揭示了微观物质世界的基本规律；DNA双螺旋结构的提出开启了分子生物学时代，使遗传研究深入到分子层次，“生命之谜”被打开，进而有机化学、分子生物学与基因工程、生物技术、微电子与通信技术飞速发展，标志着科学发展进入了现代科学时期。

1895年伦琴发现“X射线”，1896年贝克勒尔发现铀射线。放射性射线发现后，法国物理学家皮埃尔·居里（Pierre Curie）1903年发现放射性物质可以持续不断地产生热量，其夫人玛丽·居里命名了放射性（radio-activity）。1905年，新西兰籍英国物理学家卢瑟福（Ernest Rutherford）利用玛丽·居里发现的新元素镭同位素衰变成氦的可测量速率（视为“自然钟”）测定一块样品年龄为5亿年；之后，物理学家瑞利（Lord Rayleigh）测得另一样品不低于24亿年，并在1922年提出，地球具备适合生命存活的条件可能已长达数十亿年。同时，英国地质学家和物理学家亚瑟·霍姆斯（Arthur Holmes）计算泥盆纪地层年龄为3.7亿年，并估计地球年龄不低于14.6亿年，但可能不超过30亿年。直到1953年，美国化学家克莱尔·帕特森（Clair Paterson）利用更多放射性证据，得到现今大家认可的45.67亿年地球年龄（实际为太阳系年龄）。至此，一个《圣经》中的“年轻地球”，终于被科学确认为“古老地球”。总之，20世纪20年代中期以来，人们进一步认识到，地壳中同位素衰变放热可能导致地球（或地壳）热胀。冰期和间冰期的发现和证实，也表明地球表面可变冷也可变热。地球内部放射性热源发现以后，可以起着和收缩相反的作用，即地球内部过程不是单一的由热变冷，也可以由冷变热，这对收缩说提出了严重的挑战。据此，20世纪20～30年代，林迪曼（Lindman B.）和希尔根贝格（Hilgenberg O. C.）分别提出了地球膨胀假说，这能很好解释除褶皱造山之外的大规模裂解断陷的动力问题，作为对大陆崩裂机制的解释。20世纪30年代以后，由于地球膨胀说尤其是60年代海底扩张说的提出和证实，收缩说走向衰落。

实际上，19世纪70年代，印度地质学家认为非洲、澳大利亚和印度曾经是一个巨大陆地的一部分，这个令人震惊的想法在得到休斯的支持后获得了广泛的认可。休斯将这个被普遍接受的超级大陆命名为“冈瓦纳古陆”。随后，南半球的这个超级大陆得到越来越多证据，这些成果已经揭示了现今分散的大陆是经历了膨胀而分离，可惜当时的地质学家坚持“陆桥”假说解释这个超级大陆上的古生物化石相似性。林迪曼于1927年指出地球表面的拉张裂谷和大洋的形成都是地球受热膨胀，其直径不断增大导致地壳拉伸、破裂。膨胀说根据物质相变，即在一定温度和压力条件下，地壳下层物质与地幔上部物质可以互相转化的原理，提出当地壳底部增温时，由于体积膨胀，引起地壳上升，隆起成山。上升地区遭受剥蚀，破坏物质搬运至沉积区，此处地壳下部压力加大，物质增多发生相变而变重，导致地壳下降。这个相变机制也为霍姆斯1929年采纳。相变也是Anderson（2007）提出的榴辉岩化驱动机制的根本所在。由于沉积岩是不良导体，地内热量不易散失，逐渐积累，温度升高，引起物质相变，地幔体积再次膨胀，地壳受到张力，进而破裂形成洋中脊或大陆裂谷。此说与当代板块构造学说观点相似，只不过现今对地球内部物质的依赖温度和压力的黏塑性性状有了深入研究，两者思想上并无二致，只是后者立论的依据得到现代高温高压实验的充实。

20世纪50年代以来，膨胀说重新引起了研究者的兴趣，70年代以后成为与板块构造学说并列或与之相补充的大地构造学说，又取得新的发展。膨胀说提出后，引发了估计地球膨胀速率的研究，首先是从天体物理学提出万有引力常数随时间的推移在变小，从而引起地球重力加速度的变化而致地球膨胀。1956年，埃吉德（Ejide L.）根据古地理图上显生宙面积的扩大得出地球半径以0.5mm/a的速率增大；1958年，凯里（Carey S. W.）在研究泛大陆或联合古陆和古太平洋的重建时，得出地球膨胀率自古生代末期以来约为4.5mm/a；1965年，霍姆斯根据一天的时间每一百年增长1/50万秒的数据，估计出地球膨胀率在0.24～0.6mm/a；20世纪60年代，希尔根贝格的研究得出二叠纪以来地球膨胀率为7.6～9.4mm/a；1977年，又有人根据海底扩张和俯冲速率估计出自1.35亿年前至今地球平均膨胀速率为5.2mm/a。

膨胀说的地球驱动力是放射性生热导致的热膨胀作用。但是，膨胀说也不能解释地表褶皱收缩这个现象，因此，乔利（John Joly，1857～1933）于1925年提出脉动说（pulsation hypothesis），这是认为地球既有收缩又有膨胀、呈周期性的交替发展的一种学说，是以此解释地壳运动机制的大地构造假说。尽管乔利早在1925年就指出，放射性蜕变能引起热量的周期性积累和玄武岩壳的热化，但是也有人认为，1933年美国学者布歇尔（Bucher W. H.）最早提出地壳脉动说。布歇尔试图协调统一地球收缩说和膨胀说两种对立观点，因为脉动说似乎可以解释两者各自独立难以解释的地质现象。

脉动说认为，地球在膨胀期，地壳受到引张作用，产生大规横的隆起与坳陷、大型裂谷和岩浆喷溢；地球在收缩期，地壳受到挤压作用，产生了褶皱山系，并伴有岩浆活动。1936年葛利普（Grabau A. W.，1870～1946）根据古生物发育研究提出，古生代期间海平面升降运动使得有节奏地反复进行海进、海退的现象，也属脉动说。1940年他著有《脉动学说》一书。1943年，施耐德罗夫（Shneiderov A. J.）

试图用地球脉动说解释全球大地构造的发展，认为地球急剧膨胀使地壳引张而成大洋，缓慢收缩使地球挤压而成山脉，每次收缩都比上次膨胀幅度小，螺旋式发展。进入21世纪，杨巍然等（2018）倡导的开合构造大体与此类似，现今称为开合旋构造体系。杨巍然等（2018）将地球的驱动力归结为两类力的对抗统一或转换：热力与重力。这两种力单独或联合都可以解释20世纪80年代发现的大陆深俯冲现象，不能笼统简化的对抗统一，只有热膨胀才是正重力的对抗、热衰减才是负重力的对抗，反之则是统一。

对于地球周期性胀缩脉动的原因有着不同的解释。一种观点与乔利一致，认为可从地球内部放射性热量聚集与消散来解释，聚热过程对应地球的膨胀过程，耗热过程对应地球的收缩过程。另一种则从地球最初是冷的和固态的观点来解释，认为组成地球的微粒因冷而收缩，彼此吸引，导致微粒的较快运动；运动激化又使温度上升，物体发热，引起地球膨胀；在能量消耗后，地球内部的压实作用又占据了主导地位，再次产生收缩。迄今还有学者提出，地球冰期脉动变异韵律的产生同太阳这个巨大天体本身辐射强度的脉动变异状态存在着重要联系，故用脉动说来解释地球冰期起源，在漫长的地球历史发展进程中，存在着冰期和间冰期的脉动交替，温暖期和寒冷期的脉动变异。可见这后一个观点认为地球脉动的驱动力来自地球外部的太阳辐射脉动，是从宇宙天体角度来寻求地球表层系统驱动机制的最早论述（除月球驱动海洋的潮汐论之外）。脉动说最不能解释的就是地球上往往同时发生张裂和汇聚，如超大陆聚散，这两类构造事件不具有全球的同时性或同步性。

实际上，进入20世纪以来，传统的固定论进受到了一种新兴的地球观——活动论的长期挑战。在大陆漂移学说、海底扩张学说、板块构造学说提出以前，膨胀说学派是极少数活动论者的重要代表，膨胀说一开始就是作为大陆分裂机制的解释而提出的。但是，按照最早提出的地球膨胀模式，石炭纪以后地球半径需要增长2000 km以上，而热力学、相变理论和引力常数随时间变小的假说都认为这在理论上不可能。地质历史上大量事件也难以用地球单纯膨胀来解释。从收缩说的衰落和膨胀说的困难中，人们逐渐认识到，企图用单一的某种地球内部动力过程来说明全球一切大地构造问题不现实，也不合理。20世纪70年代以来，大多数地球科学家转而寻求较为全面的动力解释，对可以解释地球矛盾动力的地幔对流说等机制表现出较大的兴趣。

通古鉴今，从以上学术观念聚焦的研究对象和学术观点的演变，都可以看出人类早期对地球的认知是肤浅的，先是受神话世界启发，将地球或地球系统的驱动力归结为水、火两种动力起源；随后，多数争论是针对地球外貌的观察、描述与分类，以地表的山脉成因、沉积层成因、矿物岩石成因为线索进行动力学思考还是很粗浅的，很多动力学争论不能说是带有想象，但应当说，要么带有浓烈的哲学推理，要么带有与之相反的宗教色彩。甚至在1990年之后，固定论学派还大有继承者在，比如，Meyerhoff等（1996），其1992年提出的涌动构造学说（surge tectonics）吸收了部分板块构造概念，虽然也承认流动存在水平运动，但坚持海陆格局始终固定不动，将涌动通道置于岩石圈内部，而不是软流圈内。在他们的认识里，印度大陆志留纪—泥盆纪就已经在现今的位置，但这和现今古地磁等大量地质地球物理资料完全相左。

20世纪初期，最显眼的活动论地球学说莫过于大陆漂移学说，但其思想根源并非始于20世纪。地球活动论的萌芽源于培根（Francis Bacon，1561～1626）1620年记录的大西洋两岸的相似性。但当时培根对大陆为何漂移没做任何解释，这个本应提出活动论的机会让给了近400年后的人们。培根的这个想法也需要物质基础，这个基础就是其前人探险活动对地理制图的不断完善，最能体现大西洋两岸岸线互补的最早地图是马丁·瓦尔德泽米勒在1507年制作的地图（卡罗琳·弗赖伊，2022），这幅图首次命名了美洲；当然，也可能是现藏于巴黎国家图书馆的、制作于1531年的芬尼心形世界图（陈方正，2022），或1545年标注有麦哲伦环球航行路线的地图（卡罗琳·弗赖伊，2022），还可能是1569年墨卡托发明圆柱投影方法后的一张墨卡托投影地图或1573年亚伯拉罕·奥特利乌斯绘制的地图（卡罗琳·弗赖伊，2022），但此前或1492年哥伦布开始航海发现北美洲之前所制作的地图基本没有标注美洲。至于达芬奇和培根两人在1620年参考的是其中的哪幅地图作出非洲和南美洲海岸相似性的发现的，现在无从考证，但此前16世纪的地图学家亚伯拉罕·奥特利乌斯（Abraham Ortelius，1527.4.14～1598.7.4）已经怀疑陆地并非始终固定在其现今位置，并提出了美洲曾经与欧洲和非洲相连，只是后来被洪水和地震拖曳走了（Robert，2009）。更为可惜的是，1658年普拉塞（Placet R. P. F.）对达芬奇和培根的发现给予了解释，认为大西洋两岸的相似性是《圣经》中提到的大洪水所致，进而，他提出大洪水的动力学成因模式可解释这个几何相似性。这一认识也可说是固定论中的水成论。与此不同的是，百年以后的1782年，富兰克林（Benjiamin Franklin，1706.1.17～1790.4.17）认为，全球固体表面可能在地球液态的内部之上“游泳”（swim）（Robert，2009）。这也是地幔对流的最早想象。然而，“大洪水”机制的认识依然根深蒂固，延续了几个世纪。直到北拉丁美洲的伟大先驱洪堡（Alexander von Humboldt，1769～1859，近代地理学创始人之一）还进一步明确，大西洋是诺亚洪水事件形成的巨型河谷。这本来能产生活动论理论的发现却落入了或没有跳出固定论的范畴。

直到1858年，反洪水论的地球动力学模式才由法国地理学家施莱德·佩莱格里尼（Antonio Snider Pellegrini，1802～1885）基于北美和欧洲的煤层与植物化石的相似性研究而提出。实际上，1859年施莱德·佩莱格里尼解释了非洲和南美洲海岸的相似性（图0-2），提出了地球内部物质推动这两个大陆发生分离的可能。1859年之后的几年，英国生物地理学开拓者爱德华·福布斯（Edward Forbes，1815.2.12～1854.11.18）也注意到北大西洋两侧软体动物的相似性及两侧岸线的连续性（Robert，2009）；随后到1881年，英国地质学家奥斯蒙德·费希尔（Osmond Fischer，1817.11.17～1914.7.12）提出，固体地壳漂浮（float）在一个黏性地幔之上（Robert，2009），这种思想已经很接近后来霍姆斯1929年的地幔对流（当时叫“壳下对流”）模型了，可能与霍姆斯不同的是：固体地壳的漂浮具有主动性，是动体；而偏偏这个观点与板块驱动了地幔对流的现代认识一致。又过了半个世纪，在大量资料总结基础上，泰勒（Frank B. Taylor，1860～1938）和贝克（Howard B. Baker）两人于1908～1910年各自独立提出了大陆漂移的观念，但他们将驱动力归结为潮汐力。然而，无独有偶，就在1910年圣诞节，魏格纳（Alfred Wegener，1880～1930）也基于南美洲和非洲开启了同样的研究，于1912年正式发表他的专著*Die Entstehung der Kontinente und Ozeane*。他提出大陆漂移的驱动力为潮汐力和地球自转的离极力，但他最大的贡献是提出了泛大陆［Pangaea，Gaea即大地母亲盖娅（Gaia）］这个术语，且其科学寻找对比证据的论证方法依然被现今超大陆（supercontinent）重建或板块重建所采用。至此，活动论的大陆漂移学说正式诞生，活动论经历了近350年的演变才脱胎成型。

图0-2　1859年施莱德·佩莱格里尼重建的超大陆

大陆漂移说认为：较轻的花岗岩质（sial）大陆是在较重的玄武岩质（sima）海底上发生漂移。大陆漂移有两个明显的方向性：一是从两极向赤道的离极运动，是由地球自转所产生的离心力引起的。东西向的阿尔卑斯山脉、喜马拉雅山脉等，就是大陆壳受到从两极向赤道挤压的结果。二是从东向西的运动，是日月对地球的引力所产生的潮汐（摩擦力）作用引起的。虽然这个地球自转的大陆漂移动力机制被诟病，但地球自转的周期性确实给前南斯拉夫气象学家米兰科维奇（Milankovitch，1879.5.28～1958.12.12）1920年提出冰河期天文理论或气候旋回理论，乃至现今古海洋、古气候研究或深时地球系统研究带来了福音。此前，地球围绕太阳旋转并自旋的力学机制也早已为艾萨克·牛顿（Isaac Newton，1643.1.4～1727.3.31）所解决，他提出的万有引力定律不仅提供给基于观测发现的日心说以力学基础，而且通过倾斜旋转轴的地球南北极差异动量给予地球自旋以合理力学解释，而地轴倾斜则缘起于忒伊亚撞击原始地球。而此后，爱因斯坦（Albert Einstein，1879.3.14～1955.4.18）于1915年提出的广义相对论则进一步将地球绕太阳旋转的轨道成因，解释为太阳巨大的质量导致的时空弯曲。

言归正传，大陆漂移学说最初是依据大西洋两侧的地质研究提出的，而对于太平洋这类两侧不对称的洋盆成因解释，大陆漂移学说依然存在巨大挑战，但是，对此也不无开拓者。李四光对大陆漂移学说研究很深入，于1926年提出大陆车阀说，这很好地解释了美洲西岸的经向山脉，如科迪勒拉山脉和安第斯山脉，这些山脉就是美洲大陆向西漂移受到硅镁层阻挡，被挤压褶皱形成的；亚洲大陆东缘的岛弧群、小岛，是陆地向西漂移时留下来的残块。然而，此前对于太平洋洋盆成因，查尔斯·达尔文（Charles Darwin，1809～1882）的儿子乔治·达尔文（George Darwin，1845～1912）于1878年提出了月球甩出说（也称为分裂说），认为月球在地球还是熔融状态时，因地球–月球系统之间的潮汐摩擦力，被太阳的引力从地球拖拉出去的，并在地球上留下了太平洋这个低洼地区。1882年，英国地质学家费舍尔（Osmond Fischer）支持太平洋就是月球被甩出去留下的疤痕。但20世纪第二次世界大战后，人们对海底认识越来越多，例如海底年轻而不古老，关于月球成因的探索基本否定了这个学说，可另外提出了“捕获说”“共生说”（也称同源共生说）等。现今也有一些学者依然坚持提出了“甩出说”的改进版，即“撞击说”“大碰撞说”，这涉及地球更早期的吸积增生历史，认为冥古宙45亿年左右一颗火星大小的叫“Theia”（忒伊亚，月亮之神Selene的母亲）的小行星撞击原始地球，导致月球物质从太平洋甩出（Halliday and Wood，2007）。可是，人们并没有在太平洋周边发现撞击常见的柯石英等高压矿物，进而该学说迄今也存在论争。特别是，关于太平洋的成因还有待大陆漂移学说之后的海底扩张学说和板块构造理论给予解释。

大陆漂移学说在提出后的半个世纪内经历坎坷，很快遭到了汉斯·斯蒂尔（Hans Stille）、张伯伦（Chamberlain）、舒赫特（Schuchert）、哈尔曼（Haarmann）、杰弗里斯（Jeffreys）、别洛乌索夫（B. B. Бверлоусов，1907～2017）等一大批权威的固定论者反对。当然，在这个学说处于艰难的时期，英国地质学家、地球物理学家霍姆斯于1929年提出地壳下层（地幔）的对流假说，有力地支持了大陆漂移学说。但当时这一成就因未被活动论者注意而搁置，反而被固定论者所利用，直到20世纪90年代的固定论代表Meyerhoff（1996）还在利用他的地幔对流原初模型来反对已被广泛接受的活动论。实际上，霍姆斯还最早提出了榴辉岩是玄武岩的高压相，然而，这一成就直到2007年才被著名地球科学家Anderson（2007）用于固体地球驱动力的探讨（见后文）。

此外，不能忘记的是奥地利构造地质学家安普费尔（Ampferer O.，1875～1947），他早在大陆漂移学说正式被提出之前，即1906年提出其山脉成因假说时，就提出了“地质对流”的概念。这可以说是对流理念用于地质学解释的先例，比霍姆斯的地幔对流概念（准确说为“壳下对流”）要早二十多年。他认为：地壳下物质的流动使物质发热、膨胀和上升，从而导致地壳隆起，上升流在地壳下横向流动产生下降流。他不仅以这种对流理论来解释花岗岩的侵入、推覆体和平卧褶皱的成因，而且在大陆漂移学说提出后以此论证了大陆漂移的可能性。如今，他的这个“底流说”的构造，被称为下地壳流动构造、下地壳深熔相伴的形变或“渠道流”（channel flow），依然是当前大陆流变学研究的前沿课题。可见，本应是大陆流变学推动大陆漂移学说进一步发展，但这个机会让给了非地质学家。直到安普费尔离世后的20世纪50年代，古地磁技术得到快速应用，特别是海底磁条带的发现催生了海底扩张学说，活动论才逐渐回归，大陆可以发生漂移才再次被广泛接受。

可见，大陆漂移学说遭到反对也在于其视野不够开阔。地球的已知现象，如褶皱等，其动力起因归结于大陆漂移，而大陆漂移的驱动力又简单归结为地球自转和离极力。对其运动方式，魏格纳认为陆壳漂浮在洋壳上滑动。当时，这难以为地球物理学家所接受，因为硅铝壳和硅镁壳之间的摩擦阻力实在太大而难以发生相对运动。

尽管魏格纳不是第一个注意到大西洋两侧海岸线几何轮廓凹凸相合的人，但他以此为出发点，在1910～1912年采用地质和古生物、古冰川证据，系统论证并提出了大陆漂移设想，通过物理学原理科学合理地驳斥了修斯提出的“陆桥说”中的固定论观点。“陆桥说”认为，陆块只是发生上升和下沉的垂直运动。他指出，如果那些陆块只是上升和下降，那么相关的重力异常应该可以显著地被观测到。尽管地质证据充分，他的大陆漂移观点还是被人反对，尤其是著名地球物理学家哈罗德·杰弗里斯（Harold Jeffreys）。但后来，哈罗德·杰弗里斯在1976年承认当时对固体相关属性知之甚少，并且他没有充分理解当时地质上的很好讨论，特别是他没能理解地表缓慢的垂直运动必然意味着地幔要发生变形这个问题，因而坚决反对大陆可以漂移这个理念。随着20世纪末期大陆流变学的研究，人们发现大陆地壳内部存在很多近水平的滑脱层，莫霍面也应当是一个构造界面，固体岩石的流变性是可以在地史时间尺度上发生极其缓慢的流动的，这也难怪魏格纳时代的杰弗里斯难以理解固态流变学知识。

20 世纪重要的活动论地球学说是海底扩张学说。海底扩张学说提出之前，人们对海底认识太少，因而，关于地球的驱动力问题探讨都是围绕可直接观测到的大陆山脉或峡谷如何形成而展开。海底大发现始于 19 世纪，英国替代先后为海洋强国的葡萄牙、西班牙成为海上霸主。由于出海远航需要，加强了对海洋、化学和物理特征的探索，海洋科学开始兴起。尤为重要的是，19 世纪上半叶的 1831 ~ 1836 年，查尔斯·达尔文随着“小猎犬”号考察船进行环球考察，受其导师查尔斯·莱伊尔（Charles Lyell）所著的《地质学原理》启发，达尔文基于“均变论”或地球稳态模型，认为地壳巨大，永远缓慢地上下摆动（并非现代板块构造理论所言的那样水平运动），提出了珊瑚礁形成假说，早期认为珊瑚生长在海洋中升起的陆地上。尽管这与 1669 年地质学先驱斯丹诺的“陆地沉入海洋”假说相反，观点比较新颖，但这样升起的陆地会使得珊瑚死亡，该假说还存在问题。他于 1836 年告诉莱伊尔他的发现后，摒弃了其早期假说，根据考察期间观察到的海岛火山喷发和海底地震，提出了新的珊瑚礁形成理论，认为随着珊瑚礁生存的火山海岛因热衰减而慢慢下沉，珊瑚礁逐渐呈现不同形态。这是第一次人类认识到海底可发生垂直运动的理论，但要证明珊瑚礁形成理论和海底垂直运动理论，还得 120 多年后的马绍尔群岛核试验；而海底水平运动的证实还要等到瓦因-马修斯提出的海底磁条带成因理论。1842 年，他制作了太平洋与印度洋海域珊瑚礁和活火山分布图（图 0-3）。达尔文也是生物进化论的创始人，于 1859 年出版了《物种起源》。与其前辈拉马克不同，达尔文强调生物进化的内因，物竞天择或自然选择，适者生存。实际上，进化论同样可以用在本书的微板块进化研究。达尔文后来还撰写了另一本著作，提出人类是从某种猿类

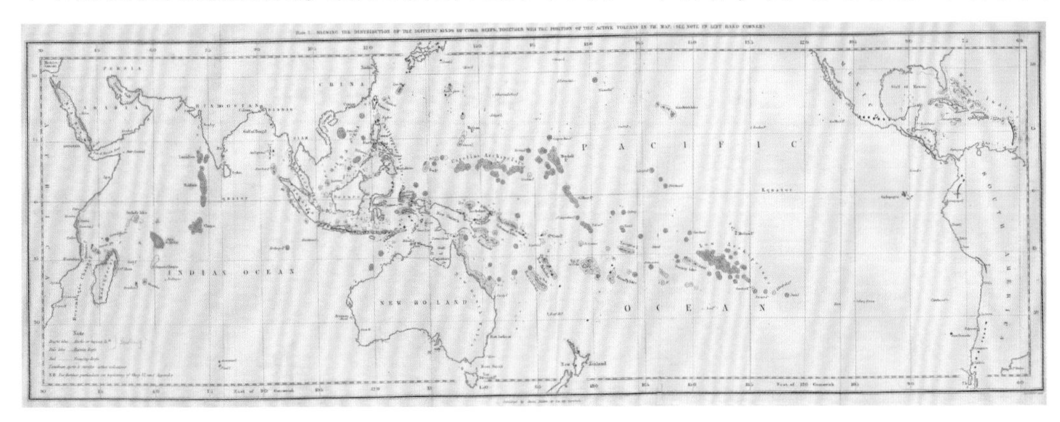

图 0-3　1842 年达尔文制作的太平洋和印度洋海域珊瑚礁和活火山分布图（转引自 Fry，2022）

进化而来，这威胁了当时很多人坚持的“人的尊严不能降低”的观点，而到后来又被社会达尔文主义无限制地用于解释社会或人种。

与达尔文发现的远离大陆的岛屿上生物存在地理隔离一样，1943 年美国亚利桑那州–新墨西哥州南部与墨西哥奇瓦瓦州–索拉诺州北部的边界附近的沙漠地带，马德雷山脉近 60 座孤立的高山上，动植物也随着海拔而急剧变化。孤立高耸的山峰犹如孤立的海洋岛屿（称为空中岛），类似火山环礁反映了海底垂直沉降、海平面变化，也可能是研究气候变化、冰川融化或陆地山脉抬升的天然实验室（Bell，2019）。

19 世纪下半叶，英国海洋生物学家汤姆森（Thomson C. W.，1830 ~ 1882）在 1869 年进行深海探测时，不仅提出了大洋环流说［尽管现今人们认为 Wallace S. Broecker（1931 ~ 2019）是大洋传送带（Great Ocean Conveyor Belt）的提出者，这也可能是人们对历史的再次遗忘所致］，而且于 1872 ~ 1876 年担任大西洋、太平洋、南极洲“挑战者”号科学考察负责人。他根据温度变化，首先发现大西洋深处存在一条水下山脉或“高达 3400m 的山脊”（图 0-4）——大西洋洋中脊，当时他称之为大西洋海隆（rise）。这次环球海上考察成果影响深远，汤姆森于 1873 年出版了《海洋的深度》一书，该书被认为是第一部关于海洋深处的科学著作。其中，海底地形详图（图 0-4）由“挑战者”号考察队前队员约翰 · 默里（John Murry）爵士和挪威渔业主任约翰 · 约尔特（Johan Hjort）博士绘制。这次远航将海洋生物、水

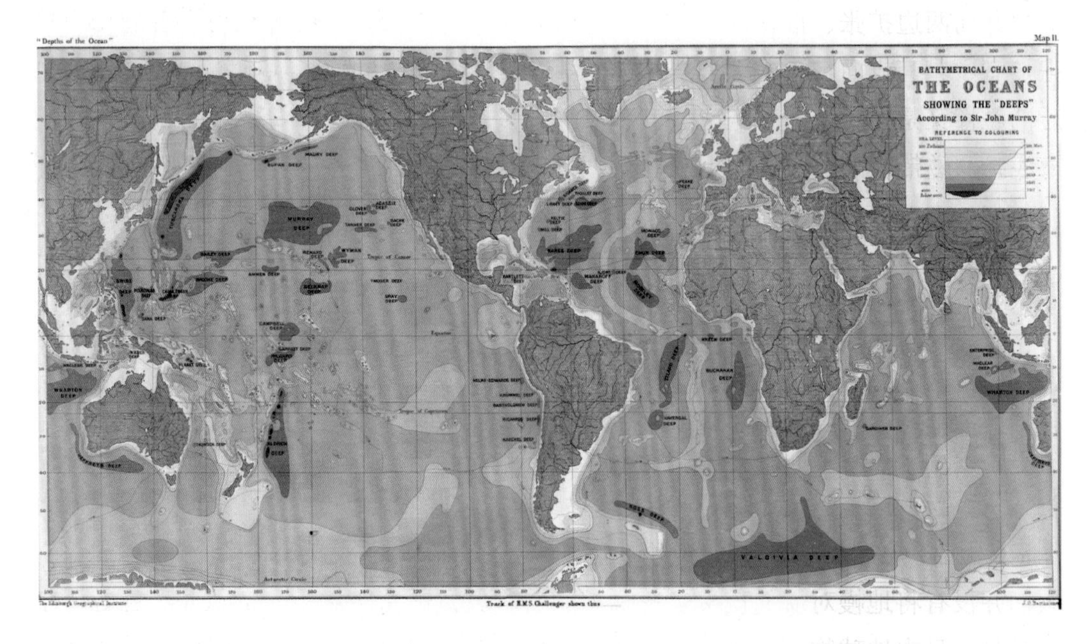

图 0-4　1873 年出版的第一张揭示洋中脊的世界海洋水深图（转引自 Viotte and Dufourneaud，2022）

这张图同时吸收了 1200 ~ 1800 年大量探险家在陆地上的测绘成果，全球河流水系和山脉地形轮廓基本清晰，为 50 年后的全球大地构造编图提供了坚实的科学依据，如李四光 1926 年的全球构造体系图

化学和海底地形等相关研究紧密联系起来，这也促使20世纪初期，美国斯克里普斯海洋研究所的哈拉尔·斯维尔德鲁普（Haroald Sverdrup）等发表了《海洋：物理、化学和生物科学》一文，将海洋科学定义为一门统一学科。随后，第二次世界大战期间，德国U型潜艇对盟军舰艇造成巨大威胁，猎潜需要催生了先进的海洋探测技术，促进了海洋科学的发展，也为后来的海底扩张学说和板块构造学说起源于海洋科学奠定了坚实的海底知识基础。

直到第二次世界大战结束后，海底巨大山脉的这一发现被更多海底调查数据支持，进一步肯定其具有全球性，同时被证实这条海底山脉不仅热流值较高，而且发育与其平行且对称的海底磁条带，它们都被加拿大地球物理学家威尔逊（Wilson T. J., 1908～1989）于1965年命名的转换断层所切割。20世纪50年代后期，科学家在船上测定了海底古地磁，发现洋中脊两侧的磁条带和多次反转的地磁极性。至此，人们进一步弄清了洋中脊形态、海底地热流分布异常、海底地磁条带异常、海底地震带及震源分布、岛弧及与其伴生的深海沟、海底年龄及其对称分布、地幔上部的软流圈等。

为了解释这些事实，瓦因（Vine F. J., 1939.7.27～）和马修斯（Matthews D. H., 1931.2.5～1997.7.20）1963年提出一个假说，用对称的海底扩张作用和交替的地磁场倒转来解释海底对称磁条带成因，并认为洋壳是因软流圈上升物质从洋中脊上涌，并向两边扩张、推动洋壳向洋中脊两侧运动所生成。洋壳岩石在冷凝过程中获得热剩磁，其方向与当时的地磁场方向一致。由于地磁场频繁倒转而海底岩石固结后的磁性又是相对稳定，所以在扩张的海底保存记录为正、负相间的磁条带。可见，海底犹如磁带，详细记录了地磁场变化和海底扩张的信息。但是，也有人认为赫斯（Hess H. H., 1906～1969）和迪茨（Deitz R. S., 1914～1995）于1960～1962年首先提出海底扩张说。因为美国地质学家赫斯在1960年不仅提出了大洋中脊假说，而且系统论证了地球内部地幔对流产生新洋底的基本理论。1961年迪茨基于霍姆斯地幔热对流理论、洋中脊假说，进一步论证了海底扩张，并提出海底沿海沟消亡、海底边生长边消亡和大陆漂移的2亿年旋回、有横向断裂的大洋盆地等新认识。后两个贡献可惜他当时没有命名，故分别被后人当作是威尔逊的贡献而称为威尔逊旋回，或被威尔逊自己论证后改称横向断裂为转换断层。而且，特别要注意的是，当时理解的地幔对流只是洋壳或陆壳下（或莫霍面下）的地幔对流，当时也称为壳下对流，人们并没有将地幔对流的理解上升到可能是“软流圈层次对流”的认知。还有一个遗憾是，日本地球物理学家和达清夫20世纪20年代提出，并被美国地震学家贝尼奥夫于1949年进一步发展的和达-贝尼奥夫带，没有被海底扩张学说吸收。因为海底扩张学说当时过于关注洋中脊的海底扩张，没有彻底解决海底洋壳消亡后的去向和归宿，而这个海沟地带被板块构造理论称为俯冲带，进而板块构造理论提出了周而复始的板块循环机制。

尽管如此，海底扩张学说的提出，彻底解决了大陆漂移驱动力的难题，即大陆漂移是被动漂移，是硅铝壳的大陆被硅镁壳的洋壳驮载着发生运动，而不是大陆漂移学说最初认为的大陆主动在洋壳上滑动，而且这个学说潜在地隐含着陆壳下面是洋壳的推论。1963 年海底扩张学说提出之初到 1968 年板块构造理论建立期间，学者们毫不犹豫地接受并强调，洋中脊热物质上涌是板块的主导推动力，这加速了洋中脊的调查和研究进程，后来还形成了一个国际计划——InterRidge 计划。此后，也因为洋中脊研究调查的深入，发现洋中脊扩张速率存在巨大差异，一些慢速、超慢速扩张脊及紧密相关的海洋核杂岩（1988 年提出）等被发现，说明洋中脊推动力并不是沿所有洋中脊处处生效。可见，研究计划项目否定了自己的目标和结论，进而质疑：岩浆供应不足的洋中脊还能否推动巨大的板块运动？接着人们认识到新的难题：类似太平洋板块这么大的板块如何被时不时间断、空间上也不连续且数量上属小股（尽管是岩浆供应充足）的岩浆驱动？尽管提出了大轮带小轮的传送带地幔对流模型，但依然不能说明大洋板块内部复杂海山群的岩浆成因，因此，有人提出弥补措施：板内小尺度对流模型，但这同样不能解决大板块运动的驱动力问题。

特别是，这个学说认为，海底在海沟处消亡的驱动力就是洋中脊推力，因此，当洋中脊推力被否定时，板块俯冲消亡的驱动力也就成为未解之谜，因而当今人们又热衷认知俯冲引擎。尽管人们还是相信地幔对流对海底有拖曳作用，可以使得海底消亡，但当时已经测定了海底扩张速率，但不知道地幔流动速率。随着后来人们发现地幔流动速率比浅表的海底扩张速率低一个数量级时，一个快速运动的海底块体怎么可能被一个慢速的地幔流动拖曳？这应当在板块下面产生黏滞阻力才对，进而人们否定地幔对流可以驱动板块运动。实际上，人们此时集体遗忘了霍姆斯 1929 年在提出热对流假说同时提出的相变理论。

作为 20 世纪第三次科学革命的伟大成就之一的板块构造理论（plate tectonics），是 1968 年提出的一种新的全球构造学说，与相对论、量子论、分子生物学并称为二十世纪四大自然科学理论成就。板块构造理论是 20 世纪人类对客观认识世界的一次质的飞跃，推动了一场地学革命，对人类社会能源资源勘探、防灾减灾实践、环境生态保护产生了巨大影响。这场地学革命对社会发生的积极影响表现在两个方面：一方面，在新的全球构造理论——传统板块构造理论的基础上，产生了多平台对地观测等无人化新技术、能源和矿产勘探等智能化新工具，并发明了大洋钻探等体系化新工艺，从而使社会生产力发展到一个新的阶段；另一方面，地学革命所孕育的科学新思想、思维新方式和探索新精神作为巨大的文化力量，深刻地影响着人类的精神生活和社会文化进步，传统板块构造理论深入到寻常百姓的日常生活、小学课堂、大学教育，与其他自然科学交融交叉，激发了更多领域的创新创造，甚至使人类的好奇与视野拓展到了其他星球，推动地球科学进入到探索宜居星球的新阶段。

板块构造理论是大陆漂移说和海底扩张说的进一步发展。简单但严格的最初假设是：刚性和弹性岩石圈之下均为塑性软流圈，岩石圈可划分为少数几个大板块，板块严格按照 Euler 定理做球面运动，板块俯冲和扩张是完全相补的运动，因而地球体积保持不变。地球体积不变这一认识直接否定了早期的收缩说、膨胀说和脉动说。板块构造理论继承了地幔对流的思想，但与以前认为的地幔对流发生在地壳之下不同，它认为：岩石圈板块运动的直接条件是软流圈中的地幔对流作用，进而将板块驱动力本源下移到更深部的软流圈。但软流圈这个概念也不是板块构造理论创造的，而是由巴雷尔（Barrel J.）1914 年命名。他基于强度将地球内部分成三圈，由上而下为岩石圈（Lithosphere）、软流圈（Asthenosphere）及中心圈（Centrosphere）。

加拿大的威尔逊于 1965 年提出了两个全新的概念：一是转换断层，它是板块构造模式中几个最重要的特点之一；二是板块构造（plate tectonics），是板块构造理论名称的由来。但实际上，他在 1965 年 *Nature* 原文中称之为地块（block）。英国剑桥大学的麦肯齐（Mekenzie D. P.，1942 ~）和帕克（Parker R. G.）才是“板块”（plate）一词的提出者。1966 年，他们对地幔黏度及对流胞模式开展了研究，完善了板块在球面上的欧拉运动研究。随后，美国普林斯顿大学的摩根（Morgan J. W.，1935. 10. 10 ~ 2023. 7. 31）1967 年勾勒完成现代板块构造理论的基本轮廓，继而法国的勒皮雄（Le Pichon X.）于 1968 年率先明确划分了全球六大板块（当时也叫地块，block）。最后，他们把海底扩张学说的基本原理扩大到整个岩石圈，并总结提高为对岩石圈的运动和演化总体规律的认识。1968 年，这种学说被命名为板块构造学说或新全球构造理论。但直到 1977 年，板块构造学说的实践还是主要集中在海底。特别是，美国海洋学家玛丽·萨普（Marie Tharp，1920. 7. 30 ~ 2006. 8. 23）和她导师希曾（Bruce Heezen，1924. 4. 11 ~ 1977. 6. 21）1977 年出版的海底地形手绘全图（图 0-5），形象地体现了海底构造要素的全貌，成为板块构造学说的标志性成果之一。

尽管软流圈地幔对流普遍默认是岩石圈板块驱动力，但是否真的以及如何验证，迄今依然是举世瞩目的科学难题。很早有人设想在地壳或岩石圈下存在着热对流现象，并且有多个对流中心，上升流导致板块分裂，热幔物质涌出，冷却固结形成新洋壳。下降流导致板块俯冲，最后使板块消亡。至于热对流的形式，有人提出全地幔深对流模式（Orowan，1969），有人提出软流圈浅对流模式（Boll et al.，1971）等。连赫赫有名的物理学家薛定谔（Shutingen E. S.，1887. 8. 12 ~ 1961. 1. 4）和海森堡（Heisonberg W. K.，1901. 12. 5 ~ 1976. 2. 1）等都同时用量子力学原理论述过板块运动的力学机制。量子力学实际是描述微观粒子运动规律的物理学分支，地

图 0-5　萨普 1977 年出版的海底地形全图

其中，大西洋部分最早发表于 1952 年，北大西洋全图发表于 1957 年，支持了大陆漂移学说；而 1977 年版本则支持了海底扩张学说和板块构造理论

球内部热的产生虽然是基本粒子相互作用决定的，但从地质视角，其效应可能不如重力或引力效应，引力效应是量子力学尚无法解释的。可见，要将宇宙宏观机制与量子微观机制结合并运用于地质解释，依然像爱因斯坦遇到的“统一场理论”难题一样难以克服。进入 21 世纪，这类利用现代物理手段的探索依然在持续，人们还提出、实施并利用中微子（neutrino）来探测核幔边界结构构造。

板块构造理论的核心内容之一是：板块内部是刚性的，变形主要集中在板块边缘。但实际上，这个认识也不是板块构造理论建立才提出，而是修斯在论述地球收缩说时，最早论述“当地球冷缩时，引起地壳侧向挤压，刚性地块很少形变，柔性地带因受刚性地块挤压而褶皱成山脉”（吴凤鸣，2011）。

板块构造理论初期，人们认为洋中脊推力是板块运动的直接推动力，被长期认可。但作为板块边缘，除洋中脊受到重视外，俯冲带研究也广泛而爆发式展开。俯冲带双变质作用的研究和 20 世纪 80 年代后榴辉岩的发现，揭示了大陆和大洋俯冲板片的相变过程，板片俯冲期间密度会加大，并因其重力作用拖曳板片俯冲到150 ~ 300km。尽管板块构造理论最初并不知晓洋壳俯冲后的去向和后续过程、命运如何，也难以说明密度小的陆壳如何初始俯冲到密度大的地幔中，但 20 世纪 90 年代层析成像技术的飞速发展，清晰揭示出俯冲板片可进一步深达地幔过渡带，乃至核幔边界。这不仅终结了早期是双层还是全地幔对流型式的论争，而且使得多数人普遍接受全地幔对流循环模式，至21世纪初人们明确提出俯冲拖曳力是固体地球圈层的主导驱动力以及“俯冲黑洞”或“俯冲引擎”假说。然而，这个认识也并非新观点，俯冲拖曳力作为板块驱动力早在1975年就已经被美国科学院和法国科学院外籍院士、日本地球物理学家上田成野（Uyeda Seiya，1929.11.28～2023.1.19）提出。

20世纪90年代也是计算机技术成熟的时代，数值模拟逐步兴起，更是强化了俯冲拖曳力主导性的这个理念。相对早期洋中脊推力是主导力而言，这是一种新的颠覆性思维。与大陆漂移学说命运不同的是，这次得到广泛而热情的响应，进而，俯冲起始的探讨变得热门起来。然而，多数研究是数值模拟的探索。数值模拟揭示，俯冲作用实际在板块构造体制出现之前的前板块构造阶段就可以发生，但那种俯冲是热俯冲，是对称地幔对流驱动的，现代板块构造体制必须是冷俯冲和不对称地幔对流驱动。有人从物理知识推论，横向密度差是俯冲启动的起因，这种密度差最大的构造部位就是被动陆缘。然而，现今大洋的被动陆缘尚未见现实的正在转变为活动大陆边缘的例子。因为探索俯冲起始问题不仅是解决板块驱动力问题，还可能是揭示板块构造起源的“一箭双雕”的重要问题，因而在持续发展。这里要回答：冷俯冲的拖曳力是地史的哪个阶段开始运行的，亦即探讨现今板块驱动力的起源问题。人们根据板块驱动力演变的不同阶段，划分出初始板块构造体制、早期板块构造体制与现代板块构造体制。特别是近年来，数值模拟强调岩石圈作为冷板块边界的作用，进而淡化核幔边界热边界层的作用，引起了是Top Down（顶向下驱动，冷驱）还是Bottom Up（底向上驱动，热驱）的论争，这也挑战着依然坚持热膨胀力和重力这两种反向力联合驱动地球运转的一些现代学说。

20世纪70年代以来，关于板块驱动力的问题，陆续有一些新的论点被提出，也有学者避开强调地幔对流的作用，认为地幔柱（mantle plume）可能是重要的板块驱动力，特别是在新太古代及其以前。但是，这里面论争就显得更为复杂。实际上，板块构造理论提出不久，威尔逊首先发现夏威夷岛链可能是深部一个固定不动的热点间隔性“烧穿”上覆运动的板块所致，原初理念是板块是主动运动的，热点是固定的和被动的。摩根于1970年发展了这个思想，提出热点（hotspot）是地幔深部地幔柱的地表表达。实际上当年并没有去讨论它是板块的驱动力，更没提地幔柱是主动驱动板块的认识。

但是，1972年，摩根根据卫星资料发现，在全球重力图上，重力高的地方往往是板块生长和活火山分布的地方，这也是后来安德森（Anderson Don L.，1933～2014.12.2）于1982提出的非洲和南太平洋两个大地测量重力异常低的区域（Anderson，2000），亦即大地水准面高的区域。后来，有人认为这是两个“超级地幔柱”（Li and Zhong，2009；Condie，2011）。摩根设想从近地核处有深部物质上升形成上升流，并把这种上升流称为地幔柱。据重力值推测，地幔柱的直径可达几百千米，深部密度较大的物质被热流向上带到软流圈，在那里像蘑菇云一样向四周横向扩散并驱动板块移动。地幔柱有时冲破岩石圈，向上拱起形成巨大的地形穹窿，形成放射状基性岩墙群（前寒武纪比较发育），并具有相当高的热流值，这可以解释板内热点问题。地幔柱中熔融的岩浆喷出地表就形成火山。这些热流值高的隆起点和火山热点，或者说热点就是地幔柱冲破岩石圈的地方。热点相连形成洋中脊，如冰岛正好位于大西洋洋中脊的一个热点上。这些形成于洋中脊附近的活火山，随着海底扩张向两侧移动，形成对称分布的死火山链，且离热点越远，火山年龄越老。因此，火山链被认为是地幔柱或热点随海底扩张留下的痕迹。

尽管如此，一些地质学家研究发现，大西洋打开是递进式张裂过程（Foulger et al., 2019），一系列洋陆转换带、火山岩海倾反射楔的研究成果似乎与并联式地幔柱同时活动导致大西洋打开的传统观点相左。此外，地幔柱尺度较小，难以驱动大型板块运动，而且板块在地表是镶嵌式拼接，运动方向并不是无定向的辐射状，因此，地幔柱作为板块驱动力也难以被人接受。更为难协调的是，地幔柱或者所谓的“超级地幔柱”发生作用的时间都很短暂，且具有幕式活动特点（Condie, 2011），这难以解释板块相对稳定而有规律的运动速度场。

1994 年，日本大地构造学家丸山茂德（Maruyama Sigernori，1949 ~ ）等发表地幔柱相关的系统性论述，提出板块俯冲消减和重力拆沉形成冷地幔柱（cold plume），核幔边界物质上涌形成热地幔柱（hot plume）。冷、热地幔柱的运动是地幔中物质运动的主要形式，构成全球尺度的物质循环。它控制或驱动了板块运动，导致岩浆活动、地震发生和磁极倒转，影响着全球性大地水准面变化、全球气候变化及生物灭绝与繁衍。热地幔柱上升可以导致大陆破裂、大洋开启；冷地幔柱的回流则引起洋壳和陆壳深俯冲和板块碰撞。至此，地幔柱构造学说算是正式成为系统的构造理论。尽管迄今它还不是共识，但也是当今重要的地球动力学模式之一，甚至更有利于解释前板块体制下的太古宙变形和科马提岩成因。

但是，值得澄清的是，地幔柱构造理论的原初想法也不是 1994 年才有的理念。早在固定论发展时期，1932 年的造陆理论或地壳升降理论（Undation Theory）中就有记载，只不过叫“地幔底辟”(mantle diapirism)。罗马尼亚地质学家穆拉塞克（Mpasek N.，1867 ~ 1944）是底辟理论（Diapil-Theory）创始人，1968 年被马克斯威尔（Maxwell W. G. H.）发展为地幔底辟假说，认为底辟作用是构造活动的驱动力，诸如火山活动、岩浆侵入和变质作用等都是底辟的结果。再往前追溯，乃至 1712 年之前的地质学萌芽阶段就有这个观念。地幔底辟的直接驱动力实际是密度差或重力倒转，根本驱动力可能是热或者成分差异。如今，人们发现地幔柱构造理论确实还存在很多问题，因而，最近比较行星学和地球动力学模拟专家提出热管（heat pipe）

构造、黏浆盖（plutonic-squishy lid）、滞留盖或停滞盖（stagnant lid）、幕式盖（episodic lid）、活动盖（mobile lid）、脊状盖（ridge-only）构造等体系化地球构造体制的演进系列。

在地幔柱构造模式中，大火成岩省是热地幔柱活动的产物，上下地幔之间存在物质传输，上地幔是均一和亏损的；而在板块构造模式中，大火成岩省是浅表过程（如伸展降压熔融）的产物，上下地幔没有物质交换，上地幔是非均一的。

从以上历史回顾可以清晰看出，人们思想上始终摆脱不了“一个”终极驱动力的问题，非此即彼，争论不休，难以接受存在“多个”驱动力（或多解）的可能性，万物起源归一的理念不仅在哲学界的本源问题中争论了上千年［如春秋时期老子（公元前571年~公元前472年）的《道德经》中所说“道生一，一生二，二生三，三生万物”，万有源于空无，也就是说，一切物质起源于非物质，而可能是无极的能量（钱旭红，2023），无形的能量是波而不是物质粒子，因而是传统物质意义上的“空无”］，而且在现代地质学、物理学、宇宙学中也体现得淋漓尽致，如宇宙大爆炸起源于一个奇点。实际上，在追求一种终极驱动力时，人们也常常发现，这种追求往往超越了本学科范畴，落入了另一个学科的难题，因而对本学科学术交流基本就落于“难以证实”。

在构造地质的动力学分析过程中，针对各地区域构造特征建立了成千上万的构造动力学模型，上述某种主驱动力也可能确实是某个区域主导的变形机制，这实际都是正确的。但是，当把地球作为整体一个系统去分析动力学时，人们不免根据自己区域构造动力学分析的经验或结果去构架全球的构造动力学体制机制，用地球系统内部的局部机制去代替全局机制或系统机制，这就落入了以偏概全的方法论错误中。

实际上，整体系统的分析最终不能采用“庖丁解牛”式的研究，这就是宏观上的“析狗至微而无狗”。地球系统动力学分析方法的建立显得非常重要和紧迫，一个系统内部存在跨相态、跨时长、跨尺度、跨圈层、跨海陆等不同子动力学之间的物质和能量串级交换及在整体系统内的守恒。由其机制复杂性而知，揭示各种子动力系统之间、动力学机制之间的关联机制才是地球系统动力学当前要解决的，其他的都可交给区域或子系统动力学去构架。

总之，传统板块构造理论的建立不是一蹴而就的，它继承了人类至少7000年来生产实践中对地球的所有正确认知，历经唯心论与唯物论（第一场地学革命）、水成论与火成论、固定论与活动论、主动论与被动论之争，吸收了20世纪之初大陆漂移说和1963年海底扩张说的活动论进步思想与优秀成果。它是在20世纪前半叶海洋地质、海底地貌和海洋地球物理等学科大量调查研究成果的基础上，与1968年对全球地壳或岩石圈活动方式作出的概括和总结。传统板块构造理论是在洋壳同陆壳相结合研究基础上提出的一个全新的全球板块运动模式。这个模式展示了统一以往各种大地构造假说或理论的前景，开创了人类对地球史认识的新阶段，被认为是地球科学的第二场地学革命。但是，作为地球科学的一个分支，还远未达到成熟的地步，还有许多问题，诸如：陆壳和板块是何时、何地、何因起源？两者的起始是独立事件还是同时性事件？驱动板块运动的动力及板块自身究竟是什么且如何随着地球热历史而演化？前板块构造体制是什么？浅部板块与深部地幔如何耦合驱动和协同发展？地球构造体制如何塑造了生机勃勃的宜居地球和有机生命？地球系统中岩石圈与其他圈层的跨时空尺度耦合机制和演化途径如何？等等，这些基础理论问题还有待于进一步研究探索、原始创新。

尽管存在这些问题，通过半个多世纪的迅速发展，传统板块构造理论已经较为彻底地动摇了传统槽台学说的固定论地质理论。其最初简单、合理而严格的假设依然得以继承：刚性和弹性岩石圈之下均为塑性软流圈，将岩石圈划分为少数几个大板块，严格按照 Euler 定理运动着的这些板块间三种力学行为相互作用，板块俯冲与扩张被视为完全相互补偿和成对耦合的运动，以使地球体积保持不变。随着这个运动学理论的发展与完善，全球动态板块重建越来越精细，特别是早前寒武纪板块重建也不断得到突破，微板块发现越来越多。这一学科内涵的演变史正是地学界这些年来发展成就的浓缩。同时，传统板块构造理论自身存在的许多不足和难以验证的特点也逐渐暴露。特别是，软流圈地幔对流主动驱动板块运动的动力学认知尚存巨大争论，这说明，传统板块构造理论有必要进行一定程度的修正和扩展，以迎接构建动力学理论的新发展阶段。

进入 21 世纪，人类迈入了复杂科学的新时代，迎接第四次科学革命。第四次科学革命是依托系统科学、新老三论与超级计算机、量子计算机、人工智能、纳米化学、生物医药、信息科学、数据科学等科学的技术集成与方法整合，从而形成了完整的实验与系统二维度的科学体系。对于处于这个科技背景下的地球科学来说，从定性向定量快速发展，地球系统科学也得到高度重视，将不仅关注阿伦尼乌斯 1896 年首次推测化石能源燃烧会导致大气二氧化碳增多从而引发“全球变暖”的现今地球系统，而且深时地球系统中全球环境巨变与微板块运动耦合性的知识也必将得到拓展，碳构造必将成为地球系统科学的候选理论（李三忠等，2023）。

为此，本书的初心是：立足深时地球系统的理论构建，以系统论观点，试图构建超越板块构造理论、体现四维固体地球理念的新地学知识体系——微板块构造理论（Microplate Tectonics）。微板块构造理论并不是板块构造理论的救赎，而是需要众多学者共同推动的板块构造理论一次巨大拓展和一场范式变革，必将推动人类精细、准确利用地球一切可利用的，服务人类需求的方方面面，从防震减灾、气候变化、关键矿产、能源供给、资源利用、环境健康、工程建设、交通航运，等等。人类求存于地球的需求和欲望，更需要准确预测人类世地球的短周期行为和环境，必将使“触角”深入到地球的每个“毛孔”和“缝隙”，“吸尽”一切可利用的人类“营养”。特别是，深海勘探、深海开发同时，占地球表面三分之二的海洋应开发与保护并举，因为正如美国环保主义者西尔维娅·厄尔所言“如果海洋有麻烦，我们就会有麻烦”。唯有开发与保护并举，人类优秀文明成果才可确保长久安全，而不会像地史期间 5 次生物大灭绝那样消失。布鲁诺于 1584 年在《论无限的宇宙和世界》一书中指出：地球只是有人居住的行星中的一个。这被视为当今探索无限宇宙中“宜居地球”的起点，人类也开始为实现永存而探索移居其他“宜居行星”，而不是等到地球像现今的火星那样海枯石烂、地幔固结、磁场消失、大气逃逸，才开始思索人类未来。无论未来是否离开地球，人类对地球运行构造体制及其应用的探索永远不会停歇，地球微板块构造理论或其他行星构造理论的深化发展就永远不会停止。据预测，未来 3 亿年后，一个终极超大陆将形成，大量微陆块会再次聚合；未来 10 亿年后，太阳将膨胀，地球海洋将蒸发，蒸气弥漫，海底也将真的沙漠化。在此事件发生之前的 5 亿年，气候变暖，二氧化碳会大量固结为碳酸盐岩，植物没有足够光合作用所需的二氧化碳，人类也因食物链崩溃，而可能已经移居其他宜居星球（或许是火星）；未来 20 亿 ~ 30 亿年后，地球液态外核将固结，地幔对流减弱，板块构造运动停止，地球将没有磁场保护，太阳风将驱散大气圈，地球变得像如今的火星，但（微）板块构造几何格局依然可以凝固而保存；未来 50 亿年后，太阳变成红巨星，膨胀 250 倍，吞噬包括地球在内的内行星，爆炸形成行星状星云（Bell，2019），那时地球上已经死亡的残留微板块也随着这种激烈的方式轮回归“空”，其物质有待宇宙事件触发凝聚为下一个恒星系统形成。

本书初稿始于 2019 年，呕心沥血，历时 5 年整，由李三忠完成理论框架构建、系统整体、撰写全书、不断更新和修改完稿，索艳慧、刘博、周洁等协助清绘了大部分图件并负责整理和统一了全部图件，孙国正通读了全稿。

为了全面反映微板块构造理论核心内容，本书有些部分引用了前人优秀的论文、书籍中的图件成果，精选、整合并重绘了 500 多幅图件，涉及内容庞大，编辑时非常难统一风格，也难免有未能标注清楚的。有些部分为了阅读的连续性，删除了一些繁杂的引用，请多多谅解。在本书即将付梓之时，笔者感谢为此书做了大量内容初期整理工作、后期图件清绘的团队青年教师和研究生们，尤其是，索艳慧、曹现志、刘琳、朱俊江等教授，陈龙、郭玲莉、关庆彬、胡军、李晓辉、刘洁、刘鹏、刘晓光、刘泽、孙国正、王光增、周洁、王玺、王誉桦、王鹏程、张正一、赵淑娟、钟世华、钟源等副教授，刘金平、程浩昊、占华旺、董昊、王亮亮等博士生，韩续、宋双双、田子晗、刘秋玲、邓丁山、王鹤达等硕士生们。同时，感谢专家及周杰编辑的仔细校改和提出的许多建设性修改建议，他们仔细一一校对，万分感激。在此，也感谢我家人的长期鼓励和支持，没有家人们的鼓励和帮助，笔者不可能全身心投入理论构架中。

特别感谢很多同事、同行长期的支持和鼓励，本书以地球系统的理念，极力消化前人地球理论的优秀成果，重构了人类对地球探索的核心知识，特别是针对洋底动力学领域的知识。前几年曾和同事整理、编著了《海底科学与技术》一系列教学参考书，这些教学参考书概括了板块构造理论近60年来的核心成就和基础知识，是本书的重要补充和延伸阅读。本书作者也以此书奉献给100年庆典的中国海洋大学以及国内外同行，这里面也有他们的默默支持、大量辛劳、历史沉淀和学术结晶。本书也消化了当代国际上部分最先进相关成果，吸收其精要纳入本书，以飨广大地球科学的研究人员。由于作者知识水平有限，不足之外在所难免，引用遗漏也可能不少，敬请读者及时指正、谅解，本书作者将继续不断提升和完善。

最后，要感谢以下项目联合对本书出版给予的资助：国家自然科学基金（42121005）、山东省泰山学者攀登计划（TSPD20210305）、崂山实验室科技创新项目（LSKJ202204400）、深海圈层与地球系统教育部前沿科学中心重点项目（202172003）、国家自然科学基金委员会国家杰出青年基金项目（41325009）等。

著者

2023年9月3日

目　录

第 1 章　传统板块构造理论

板块构造理论与相对论、分子生物学和量子论共誉为 20 世纪四大自然科学理论，它改变了人们对地球的认知，推动了一场深刻的地学革命，彻底地将大地构造思想从固定论推向了活动论，是人类认知地球的思想变革。板块、大陆、海洋和生命，曾被认为是太阳系乃至银河系识别人类家园——地球的标志，是地球系统的整体涌现性（emergence）。然而，随着视野不断向深空拓展，人们发现迄今唯有生命才是地球的识别标志。地球板块构造逐渐被应用到火星、欧罗巴星上的一些构造现象解释，海洋也存在于欧罗巴星上，近期报道的花岗质陨石、月球花岗质岩石的发现，使得陆壳核心组成的花岗岩也被排除在地球的独特性之外。传统板块构造理论在 1968 年之后，特别是近十年来在深海、深地、深空、地球系统宜居性领域得到了快速拓展和广泛应用。围绕传统板块构造理论的天空中飘忽的三朵“乌云”，即板块起源、板内变形、板块动力三大难题，人们开展了深入探索，取得了一系列理论和思想上的突破。为此，本章先回顾传统板块构造理论成就和进展，之后，深入解剖其理论中的三大难题，为下一步开拓创新提供背景知识。

1.1　板块构造基本原理

Wilson（1963）在其发表的一篇 *Nature* 文章中首次提到“地幔流可以将大陆地壳裂解为几个地块”，尽管他没称“地块”（blocks）为“板块”（plate），但这依然被认为是板块构造的先声。随后，Wilson（1965）发表在 *Nature* 另一文章中提出了“转换断层”概念，同样全文并没有“板块”（plate）一词，但该文被认为是板块构造理论的“第一声啼哭”。同年，在伦敦地质学会“大陆漂移”学术研讨会上，Bullard（1965）展示了刚性地块在球面上运动的计算机拟合检验，所以 1965 年才是“板块构造”被学界认可的正式开端。

实际上，“板块”（plate）一词最早由 Mckenzie 和 Parker（1967）的在 *Nature* 上发表的一篇文章中提出。该文明确认为地壳可视为一些刚性板块（rigid plate，但当时并不是指岩石圈尺度的），而且还首次使用了“太平洋板块”（Pacific Plate）一词。此后，Le Pichon（1968）将全球地壳划分为 6 个地块（blocks），尽管该文也引用了 Mckenzie 和 Parker（1967）的“太平洋板块”（Pacific Plate）一词，但显然偏向采用 Wilson（1963）的“地块”概念。同样，Morgan（1968）对 Le Pichon（1968）的划分进行了定量检验，进一步将全球地壳划分为由“连续的活动带网络”分隔的 12 个“刚性地块”（rigid block），还指出东亚应划分出更多次级地块（sub-blocks）。这显然是板块有级别之分的最早论述。至此，Bullard（1965）的几何学拟合检验，连同 Le Pichon（1968）、Morgan（1968）的“地块”运动学检验，都无疑证实了板块构造运行的有效性。这些密切相关的成果，使得越来越多的人认可板块构造理论正式诞生于 1968 年，理论创立者主要是 Wilson、Mckenzie、Le Pichon 和 Morgan 四位。

板块运动学的检验还取决于对当时已知的三种基本边界已进行的独立确认：①Dietz（1961）和 Hess（1962）的海底扩张假设不仅通过磁异常进行了检验，而且还表明海底扩张是对称的，并在百万年的时间尺度上以几乎恒定的速率发生（Vine and Matthews，1963；Vine，1966；Pitman and Heirtzler，1966；Heirtzler et al.，1968）。②Sykes（1967）利用震源机制解，检验了 Wilson（1965）关于转换断层作用的观点，使人们了解了破碎带，即一系列不同于海洋平均水深的长条形陡崖，是一种宏观海底地形。③尽管早期曾对岛弧下方存在海底俯冲作用有着各种形式的假设，但一个岩石圈板块俯冲到另一个岩石圈板块下方的现象已得到证实。例如，Plafker（1965）认识到，在 1964 年阿拉斯加地震期间，阿拉斯加南部的太平洋海底发生了俯冲；再如，Oliver 和 Isacks（1967）则据汤加弧下方中、深源地震倾斜带的地震波传播，进一步推断存在深俯冲的岩石圈，而不仅仅是地壳。至此，沿洋中脊、转换断层、俯冲带三种边界进行的运动，就统一到了刚性板块在球面上做相对运动的板块构造理论框架下，且早期不明确的地壳层次“地块”也有必要改称为岩石圈层次的“板块”。

传统板块构造理论认为：岩石圈的基本构造单元是板块；板块边界是洋中脊、转换断层、俯冲带和缝合线；由于软流圈地幔对流，板块在洋中脊扩张生长、分离，在俯冲带和缝合线俯冲、消亡；全球岩石圈最初被分为欧亚、美洲、非洲、太平洋、印度-澳大利亚、南极洲六大板块；全球地壳构造变形和运动的根本原因是板块间相互作用；板块内部强度很大并相对稳定，板块边缘是构造运动最剧烈的地带，即主要变形集中于板块边缘。

板块构造理论阐明了地球基本面貌的形成和发展，非常简单且引人入胜，解释了一系列相关联的全球构造现象。例如，红海、东非裂谷和加利福尼亚海湾所在的大陆正不断裂解，孕育着新的洋盆；大西洋在不断成熟、扩大，而太平洋在不断缩小、消亡；亚洲东侧一系列岛孤、美洲西侧的巨大安第斯山系和科迪勒拉山系是大陆板块被大洋板块挤压变形而成；青藏高原是印度板块和欧亚板块碰撞产物，印度板块俯冲到欧亚板块之下使岩石圈叠覆增厚，喜马拉雅山是两者挤压而迅速隆起所致，等等。

板块是被切割岩石圈的深大断裂分割的、相对统一的刚性岩石圈块体，可通过构造效应、岩性影响以及岩浆特性等，对地表产生非常重要的影响。由断裂作用和火山作用引起的构造效应可改变地球表面的轮廓。岩石圈板块的厚度介于100~300km，由地壳和地幔顶部（即岩石圈地幔）构成，宏观上可区分软流圈之上发生漂移的七大板块和众多微小板块（图1-1），它们构成了固体地球的浅部动力系统（详见《海底构造系统》上、下册）。

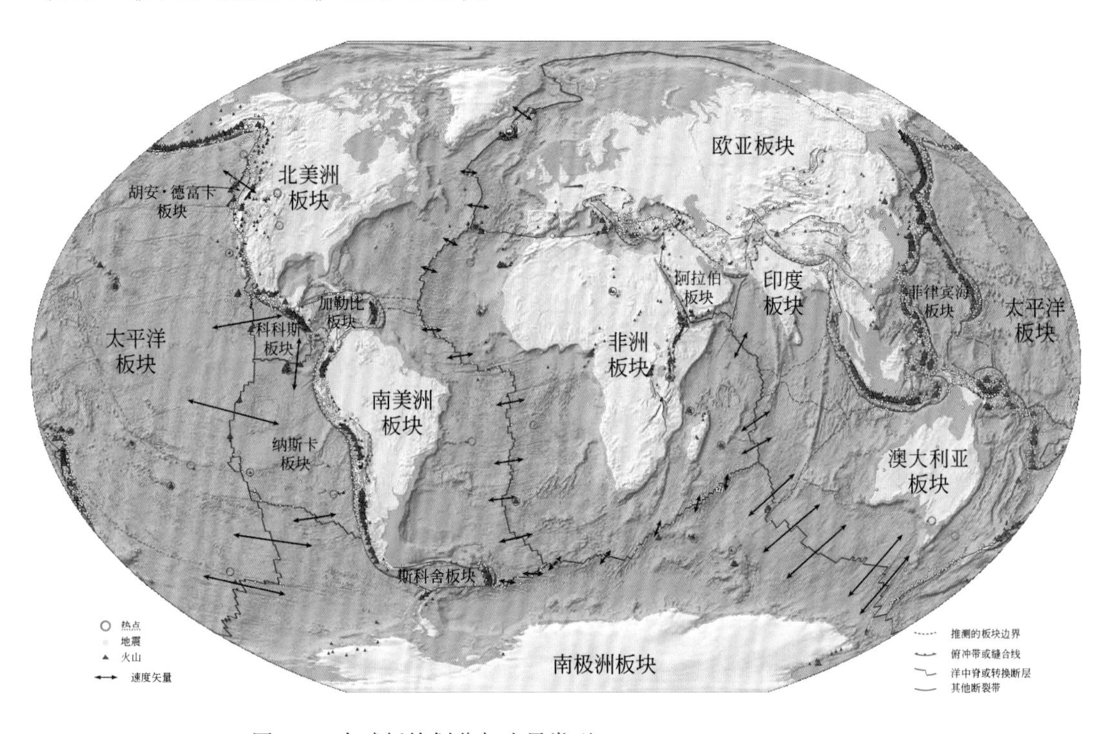

图1-1　全球板块划分与边界类型（Garrison and Elis，2014）

板块构造理论在其正式确立之时是集成创新的典范，但也并非完全令人耳目一新。因为在该理论提出之前，岩石圈、软流圈、地幔对流、板块、转换断层、俯冲带等一系列概念要么早已提出，要么刚刚诞生，并不属于该理论的原始创新。例如，岩石圈（lithosphere）、软流圈（asthenosphere）等是1914年由Barrel首先依据力学强度差异划分的；地幔对流是1929年首先由Holmes提出并命名的，原本是用来解释槽台学说中地壳垂直运动的机制问题，但在板块构造理论集成创新的过程中，对其内涵进行了重新释义：①地幔对流层次由Holmes所认为的位于莫霍面之下，改为了现今所认为的岩石圈之下；②地幔对流由解决垂直运动的机制，变为了解决水平运动的机制（Conrad and Lithgow-Bertelloni，2002）。如今，板块构造理论中的“岩石圈板块”概念也是在人们认知过程中由早期具体含义为地壳层次“地块”的概念演变而来，与之前的理解相比，最为显著的变化就是意识到岩石圈厚度介于100~300km，由地壳和地幔顶部（岩石圈地幔）构成，宏观上可区分软流圈之上发生漂移的七大板块和众多微小板块（图1-1）。虽然传统板块构造理论至今没有一个统一概述，但总体可以简单概括为以下几点。

1）几何学：垂向上，地球表层由刚性的大陆岩石圈和大洋岩石圈构成，上覆于其深部的软流圈之上；平面上，全球表面被洋中脊、转换断层、俯冲带（及缝合线）三种板块边界网络状分割为7~13个镶嵌的板块。

2）运动学：刚性板块围绕欧拉极在地球表面作小圆和水平运动。

3）变形性：板块内部是刚性的，变形主要集中在板块边缘。

4）周期性：大洋盆地/板块在洋中脊生成、俯冲带消亡，循环往复，遵循Wilson循环的生消旋回。

5）活动论：大陆漂移是被动的，海底扩张是主动的。

6）动力学：地幔对流驱动了板块运动。

其中，传统板块构造理论的核心是：地幔对流驱动了板块间的相对运动，且洋中脊发育的年轻洋中脊玄武岩是地幔对流的直接证据。板块运动造成的变化表现为：大西洋洋中脊两侧以每年1cm的速率发生背向分离运动，因此美国与英国之间的距离从1776年的美国独立宣言至今已经增加了近5m，并且每年还以2cm的速率持续增加（Bowler and Harry，2001）。东太平洋海隆具有更大的运动速率（10cm/a），太平洋东部相对于加利福尼亚以6cm/a的速率向北运动。刚性块体的这些水平运动（速率通常在1~14cm/a）还体现在：地震和活动构造主要发生在板块边界处。共有三种板块边界类型（图1-1）：①离散型板块边界，如大西洋洋中脊；②转换型板块边界，如圣安德烈斯断裂；③汇聚型板块边界，如马里亚纳海沟。

然而，板块构造理论提出后，近60年的地质实践发现，该理论还存在很多问题。例如，板块构造理论早期并没有赋予Wilson旋回2亿年的周期，而是将Wilson旋回阐述为一个理想洋盆的演化历程，并不是板块生消旋回。实际上，即使是具体的洋盆之间，其Wilson旋回的时限也有所不同。特别是，早期的板块重建主要是围绕大板块展开的，板块重建结果很难精准解释区域地质问题。20世纪90年代以来，基于海洋地质调查建立的传统板块构造理论，在应用到早前寒武纪地质、大陆内部地质的过程中，也遇到不少新问题，这两个领域相关的核心问题分别简称为“板块起源”和“板块登陆”问题。加上“板块动力”难题，板块构造理论迄今依然面对着三大公认的难题，即板块起源、板块登陆和板块动力。作为应对这些难题的方案，特别是为了弥补传统板块构造理论对大陆变形行为理解上的不足，大陆流变学成为大陆动力学研究的核心，其目标就是全面认识大陆岩石圈的流变学行为（金振民和姚玉鹏，2011；张国伟等，2013；郑永飞等，2015；Liu and Hasterok，2016），试图解决“板块登陆”难题。

但是，现今解决“板块登陆”难题的方案，大多依然是“头痛医头、脚痛医脚”的做法，实际上对于“板块登陆”问题，如克拉通盆地问题、板内变形、板内火山、板内地震问题，其研究思路可能不完全在大陆板块自身（如大陆流变学等），而在大陆板块自身之外，如大陆板块之下的深部过程；但“头痛医头、脚痛医脚”的做法，归根结底还是将这些问题当作了大型大陆板块内部自身产生的形变问题。“板块登陆”难题的问题根源在于三点：一是，传统板块构造理论规定“板内”是刚性的，不可变形的，因为这个理论自身的规定，给自身在解决问题时带来了不可逾越的障碍。二是，大板块划分粗略且足够大，以至于包罗万象，模糊了“大板块”内部的其他次级微小块体的差别，通过人为的板块划分“消除”或“隐藏”了内部微小板块的差异，人为使得本来属于微小板块行为的板缘过程转变为了“大板块”的“板内变形”过程，从而产生了难题。三是，克拉通盆地挠曲-均衡沉降机制、板内裂解或走滑等板内变形机制，可能来自大陆“大板块”之下更深部相关的地幔对流过程，而非“大板块”的大陆部分自身内部形变所致。总之，板块构造理论的最大问题在于其划分的板块太“大”，即前述三个难题都可能归结于一个空间尺度上的“大板块”问题。

为了便于区分或把握本书涉及的复杂术语体系，本章首先从传统板块构造理论最基本的六个方面详细回顾一下板块构造的基本概念和最新进展。

（1）几何学

A. 地球垂向分层

相对于地球表层系统的大气圈、水圈、冰冻圈、土壤圈而言，地球深部系统（现今也简称为深地系统）是指地球地表以下的固体圈层系统，垂向上主要分为地壳（陆壳和洋壳）、地幔（上地幔、下地幔）、地核（外核和内核）三个基本圈层，或板块构造理论中分为岩石圈、软流圈、下地幔、外核和内核。其中，地壳和上地幔顶部构成岩石圈（平面上可划分为多个板块），位于软流圈（为上地幔下部）之上，通常软流圈之下则为下地幔。但是，现今众多地质证据表明，地球深达下地幔也可能参与了对流循环，这种循环是全地幔的、物质的和运动的，不只局限在软流圈。除了少量拆沉的下地壳、俯冲的洋壳外，循环的组成主要是地幔，因而本书也将整个地球内部地幔尺度的循环圈层称为对流圈。除对流圈外，上述这些分层之间的界面可以通过地表检测地震产生的内部弹性波反演获得。在平面上，地壳可简单分为三个不同的基本构造单元：克拉通、盆地、造山带，它们的地震波速变化显著不同。基于地震波速随深度、密度的变化，可以清晰地揭示地球深部圈层结构

（图 1-2）。地幔和地核之间的核幔边界（古登堡面）在 2850～2900km 深度。这个界面以下为外核，其地震波速下降，横波波速为零，密度突增。

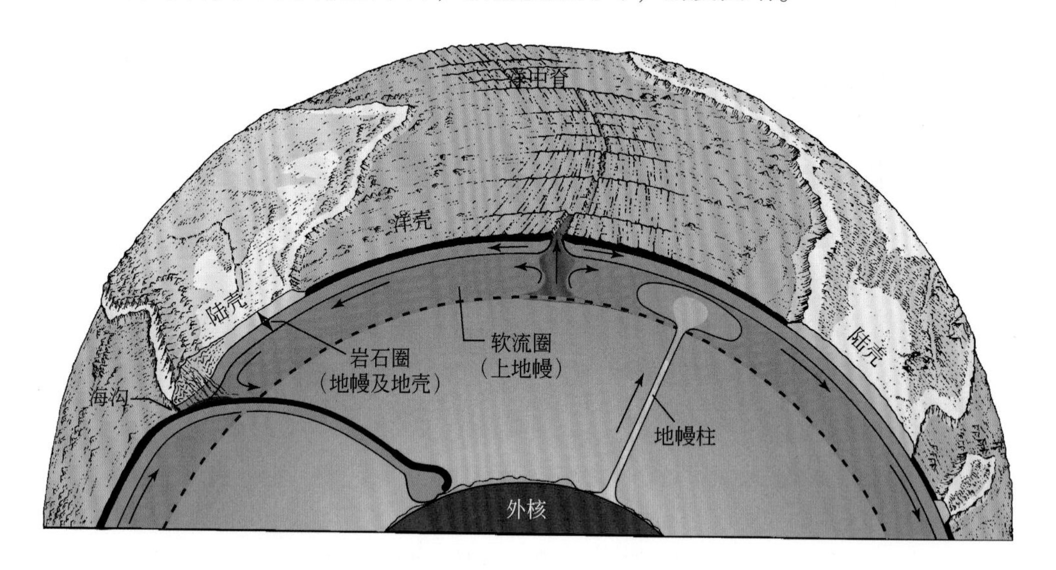

图 1-2　地幔、地壳（陆壳和洋壳）、岩石圈相对尺度大小和内部结构

B. 岩石圈平面分块

1968 年勒皮雄（Le Pichon）根据各方面资料，率先将全球岩石圈划分成六大“地块”（即现今称为的板块），即太平洋板块、欧亚板块、印度–澳大利亚板块、非洲板块、美洲板块和南极洲板块。除太平洋板块几乎完全是洋壳外（现今发现也不完全是由洋壳组成，如下加利福尼亚就是岛弧型陆壳），其余五大板块既包括大面积陆壳，又包括大片洋壳。随着研究工作的进展，又有人在六大板块中进一步划分出许多中、小板块。如美洲板块细分为北美洲板块和南美洲板块，印度–澳大利亚板块细分为印度板块、摩羯座板块和澳大利亚板块，东太平洋单独划分为多个板块，如胡安·德富卡、科科斯、纳斯卡等，欧亚板块中分出东南亚板块、菲律宾海板块、阿拉伯板块、安纳托利亚板块、爱琴海板块等中、小板块。目前，大板块划分方案多数采用的是 13 分方案（图 1-1）。

C. 板块边界及类型

作为岩石圈活动带的板块边界，从挤压、拉张、剪切作用的力学角度可以归纳为三种基本类型：拉张型板块边界、挤压型板块边界和剪切型板块边界（图 1-3）。

1）拉张型板块边界，又称离散型板块边界，主要以洋中脊（或海隆、海岭）为代表。它是大洋岩石圈板块的生长场所，也是海底扩张的中心地带。其主要特征是岩石圈发生张裂作用，基性岩浆沿其轴部上涌，并伴随有高热流值及浅源地震，地震一般小于 4 级。例如，大西洋洋中脊、东太平洋海隆等都属于此种类型。在常见的洋中脊两侧或分布有直线排列的火山（带状成层的煎饼式溢流玄武岩堆叠）或

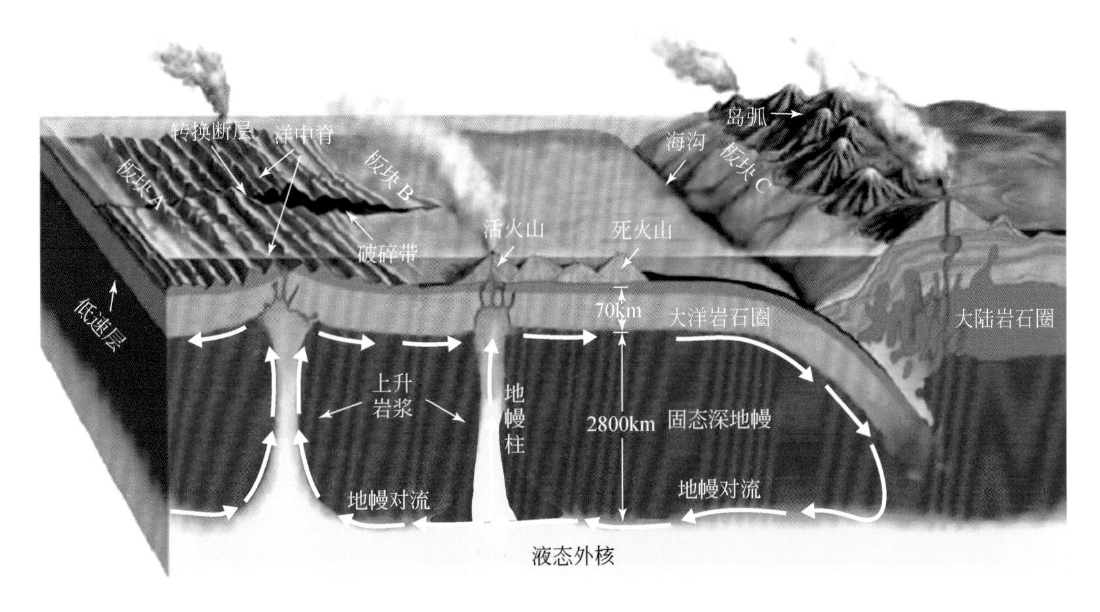

图 1-3　板块三类边界

平顶海山，它们的年龄（百万年尺度）与离洋中脊的距离成正比，深部为单边冷却的基性岩墙群，在深部为岩浆房下部堆晶形成的洋幔（图 1-4）。平顶海山原先为洋中脊形成的火山锥，但其顶部被经年累月的海浪侵蚀作用削截而形成平顶形态，并逐渐向两侧推移，顶部海水深度也随着远离洋中脊的距离而加深，有时上部被数千米厚的珊瑚礁所覆盖，是大洋板块地层（OPS- Oceanic Plate Stratigraphy）的重要组成部分。在西太平洋和南太平洋分布着许多这类平顶海山。

板块构造理论建立之初，大陆裂谷属于板内环境，不属于板块边界类型。但是，现今认为大陆裂谷也属于拉张型板块边界。绝大多数裂谷为复式地堑构造，中间下陷最深，两侧为一系列台阶状高角度正断层。典型的裂谷位于隆起区顶部，如东非大裂谷等，断层垂直断距可达数千米。裂谷火山活动比较频繁，浅源地震比较活跃。一般认为，早期岩浆作用占主导的裂谷为主动裂谷，早期沉积作用占主导的裂谷为被动裂谷。裂谷常具有明显的高热流异常，可以达 2HFU 以上。有一部分大陆裂谷可持续演化为胚胎时期的洋中脊，如红海，出现新生的洋壳。

2）挤压型板块边界，又称汇聚型板块边界或消亡带，包括两种类型：俯冲带和碰撞带（造山带及缝合线）。俯冲带也称为贝尼奥夫带，主要以岛弧–海沟为地貌特征，一般位于大洋板块与大陆板块或另一个大洋板块相互作用的地带。这种型式在西太平洋最为典型，海沟为其地貌表征，如日本岛弧–海沟、千岛岛弧–海沟、汤加岛弧–海沟、马里亚纳海沟等。这里是两个板块相向移动、挤压、对冲或俯冲的地带。大洋板块汇聚向下俯冲的弯曲部分称为外缘隆起带，此处表层处于拉伸状

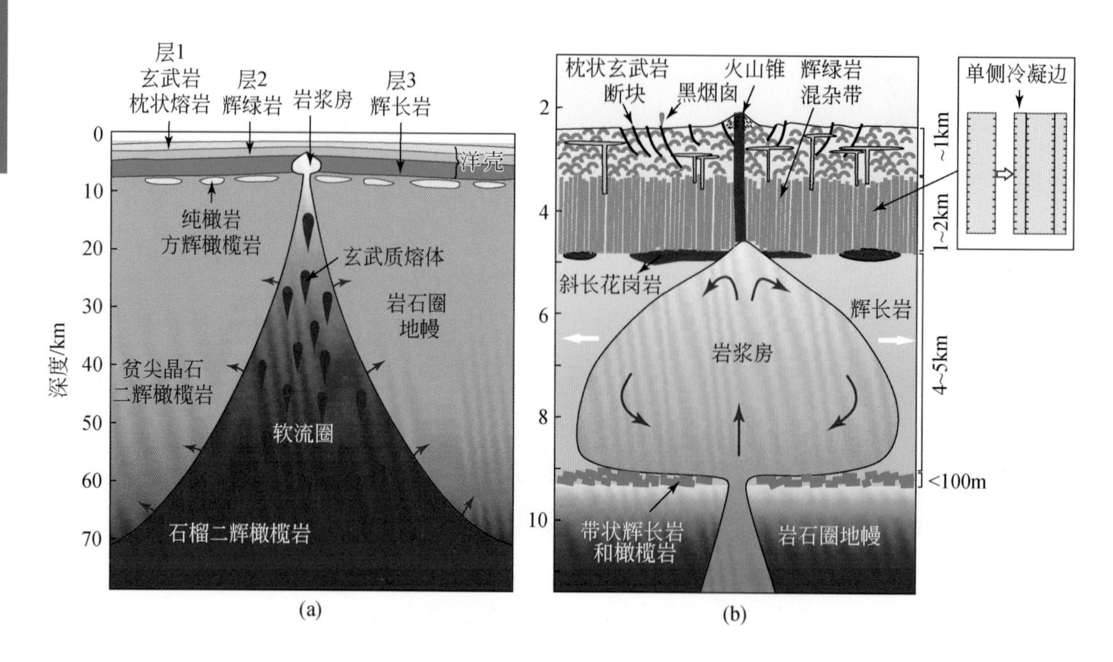

图 1-4　标准的大洋岩石圈剖面模型（Frisch et al.，2011）

（a）玄武质熔体（basaltic melt）源自软流圈的方辉橄榄岩（lherzolite），洋壳形成后，玄武质岩浆抽吸后的橄榄岩残余体是亏损的方辉橄榄岩和二辉橄榄岩（harzburgite），分别形成了大洋岩石圈地幔的顶部和底部。（b）从软流圈来的上升熔体供给岩浆房，岩浆房供给上方的辉绿岩墙（dolerite dikes）和枕状熔岩形成的熔体，熔体侧向固结形成辉长岩（gabbro），它们都具有相似的化学组成，岩浆房顶部的斜长花岗岩（plagiogranite）和底部的橄榄岩（peridotite）熔体分异（化学成分变化）形成

态，在下行俯冲过程中发育形成一系列正断层，所以海沟外侧的外缘隆起带附近是浅震多、热流相对较高的地方，也是使俯冲板块“香肠化”的地带。“香肠化”过程就是弹性挠曲使得刚性岩石圈的弹性核发生缩颈作用，进而大洋岩石圈弹性厚度减小的过程。俯冲盘板块继续向下俯冲，俯冲断离的部分就称为板片；另一侧仰冲盘或上覆板块则向上仰冲。正断层到深处因俯冲板片的浮力而转变为逆断层，板块间受到强烈的挤压、摩擦，积累了大量应变能，这种能量常以地震形式突然释放出来，特别是在俯冲带上下盘锁定部位因周期性俯冲脱水，导致上覆板块上千公里的板内也发生短周期震颤（wobbling）。由于大洋俯冲带通常向大陆方向倾斜，因此由海到陆形成从浅震到深震有规律的地震分布。当板片俯冲到深处完全被地幔熔化，不再发生摩擦作用，因此也就不会再有深源地震发生，但也不排除相变产生深源地震的可能。当前，已知最大震源深度为 720km，据此认为这是板片俯冲的最大深度，在此深度以下，板片已经全部熔化、消亡，但层析成像揭示，总有一些例外会滞留或下沉到 1000km 甚至更深的下地幔。

大洋岩石圈板块沿着消亡带俯冲到 150 ~ 200km 深度，由于板块摩擦所产生的热和随深度而增加的热，使洋壳局部脱水或熔融形成岩浆，这些高温熔融物质的密度相对较低，再加上强大的挥发分所产生的内压力，促使岩浆从不同深度底辟上升、分异，形成成分略有差异的火山，火山相连形成岛弧，但也有一部分会沿着岛弧莫霍面发生横向拓展。若消亡带的倾角为45°左右，则火山岛弧带距离海沟应为150～200km，并在岛弧与海沟之间形成50～100km宽的无火山带，这个地带也是板缘力学过程所能波及的最远板缘形变范围。除此之外，还有另一种型式，如在南美洲西侧，西侧为海沟，东侧为安第斯山，叫作山弧-海沟型或陆缘弧-俯冲带类型，相关造山带称为增生造山带。

如果是两个大陆板块汇合相撞，则出现另一种型式，一侧是高山，一侧是缝合线，叫作山弧-缝合线型，相关造山带称为碰撞造山带。碰撞造山带中的缝合线传统上认为是“死亡”的板块边界，沿此，两个板块愈合为一个刚性板块，不再具有构造活动性，因此，以往研究新构造时，常当作板内环境。阿尔卑斯-喜马拉雅褶皱带，特别是它的东段喜马拉雅山脉北面的雅鲁藏布江一带，是典型的代表。两个大陆板块相向移动，它们的前缘因碰撞而强烈变形，形成褶皱山脉，使原来分离的两个板块愈合起来，其出露地表的接触线，就称为缝合线。

增生造山带和碰撞造山带长期被认定是唯二的造山带类型（Windley，1997），但21世纪以来逐渐被认可的第三种造山带类型是陆内造山带。造山带变形具有层次性，称为构造变形层次。一般而言，造山带深部构造层次（～15km以深到莫霍面）以塑性和流变变形为主，主导变形机制为韧性剪切和压扁作用，形成相似褶皱、无根褶皱，发育角闪岩相轴面片理或麻粒岩相片麻理，局部强变形带可能出现Q/S带（第二期片理），经中、高级变质作用，伴随强烈深熔作用，形成条带状片麻岩或混合岩；中部构造层次（12～15km深度）以弹塑性变形为主导变形，韧性逆冲推覆与褶皱作用强烈，发育各种绿泥石相板劈理、绿片岩相千枚理、褶劈理等轴面构造；浅部构造层次（8～12km深度）为脆塑性变形，褶皱随深度变浅而变得越来越宽缓，且由无轴面的等厚褶皱、扇形轴面破劈理发育的相似褶皱逐渐变为无劈理发育的弯滑褶皱，脆性双重逆冲推覆断层发育，先前剥露至此层次的片岩或原本就位于此层次的泥质和粉砂质互层岩石，可能叠加不对称或共轭的膝折构造；表层构造层次（4～8km及4km以浅）主要表现为脆性断层变形，造山带中为前进式或后退式叠瓦逆冲推覆及坡坪式逆冲推覆和伴生的断弯、断滑、断展褶皱为特征，伸展盆地中则为地堑式、地垒式、多米诺式正断层组合控制的伸展断陷为特征（图1-5）。这里要注意区分，构造变形层次与构造变形期次是不同的，例如，在造山作用晚期，造山带水平收缩到极限时，一般会出现走滑断层调节造山带内部不同地段的应变差异，但走滑断层深部层次可能为韧性剪切带，而浅部为脆性走滑断层，造山带中这类晚期构造是跨构造层次的。但是，造山带过程中不均一的抬升与剥蚀共同作用下，造山带不同部位或地段深浅构造层次变形岩石的剥露程度不同，且深部构造层次岩石在剥露过程中不断叠加浅部构造层次变形，会导致造山带三个层次变形都出露地表，尽管早期浅部构造层次的记录常因风化侵蚀而被移除，但造山带中晚期浅部构造层次变形通常叠加在早期深部构造层次变形之上，这有利于全面开展造山带构造解析研究，结合野外地质交切和叠加关系，建立俯冲-碰撞事件序列，进而探索板块间相互作用过程和机制。

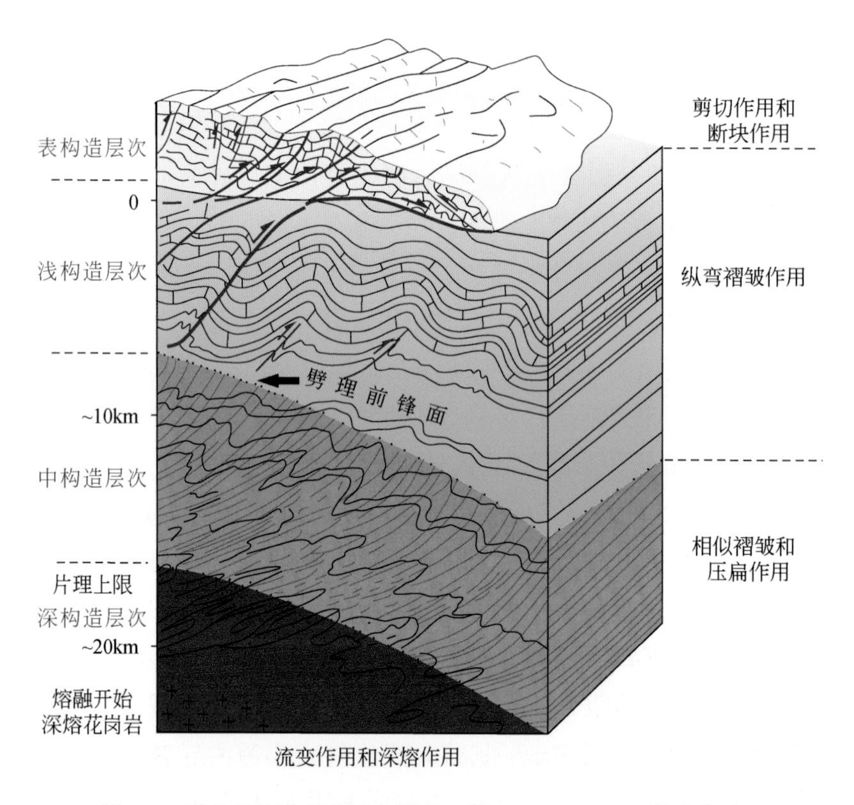

图 1-5　造山带构造变形层次模型（据 Mattauer，1980 补充修改）

挤压型板块边界的特点表现在地形上，以无海沟为标志，表现为高峻的山脉或高原。这种边界的两侧，都是又厚又轻的陆壳。有人认为，两个大陆板块相遇，只能在碰撞带压缩增厚；也有人认为，这类碰撞带同样有俯冲和仰冲现象，或者两种情况兼而有之。以喜马拉雅山为例，大家普遍认为是印度板块和欧亚板块互相碰撞的结果，但由于这一带山脉都有比较发育的中、新生代海相地层，据此断定在碰撞成山之前，两个大陆板块之间存在一片海洋，这就是古地中海（又称特提斯洋）。由于这种情况，有人认为缝合线是海沟发展末期的产物，即洋壳全部俯冲消亡，洋盆封闭消失，跟随在后面的大陆板块继续移动，于是出现陆壳与陆壳或大陆岩石圈与大陆岩石圈相撞的现象。实际上也可能是俯冲盘大陆岩石圈地幔（洋陆转换带）与另一侧仰冲盘的陆壳先碰撞，而二者之间的洋盆并未消失。若此，地质上也应当是陆-陆碰撞了。对于缝合线的位置，也有不同看法。有人认为，喜马拉雅山就是缝合线，但大多数地质学家认为，缝合线应该在该山脉北侧的雅鲁藏布江一带或者更北的地方。

3）剪切型板块边界，又称平移型板块边界，这种边界是岩石圈既不生长，也不消亡，只有剪切错动的边界，称为守恒型板块边界。传统上认为，转换断层就属于这种性质的边界。转换断层是威尔逊于1965年提出的一种新型断层，它构成了板块构造模式的典型特点之一。洋中脊常被垂直于它的断层所错开，并常切成许多段。后来，转换断层又划分为大陆型和大洋型两类，前者如加利福尼亚的圣安德烈斯断裂、新西兰的阿尔派恩断裂。大洋型转换断层介于相邻两段洋中脊之间，转换断层在洋中脊外侧的对应不活动段落，称为破碎带（fracture zone）（图1-3）。

转换断层是构建板块构造理论最重要的一块基石。正如1664～1665年是牛顿奇迹年、1905年是爱因斯坦奇迹年一样，1963～1966年是威尔逊奇迹年，他先后提出了板块［他称为地块（block），后来被Mckenzie和Parker（1967）改称板块（plate）］、板块构造、热点［由Morgan（1972）升级为地幔柱］、Wilson旋回［由Burke（1975）命名］、转换断层。Wilson（1965）的转换断层（transform fault）原始定义是：位移突然消失或运动型式和方向突变的一种断层，不同于横向断层（faults in which the displacement suddenly stops or changes form and direction are not true transcurrent fault）的独特水平剪切断层（horizontal shear fault）。按照其原文，该水平剪切断层两端突然终止却貌似很大的位移。这里，其“貌似很大的位移”意味着：Wilson（1965）意识到转换断层两侧板块之间的运动是视运动，即可能无真实的位移或运动，此外，他也没说明转换断层是否必须切割岩石圈，所以其原始定义中也没有限定转换断层两侧板块之间有无地震发生、震源深度多少（当时没有系统的研究）。沿转换断层有地震分布、切割岩石圈是后人补充增加以分别区分破碎带、走滑断层的标志（图1-6）。事实表明，这个补充可能是画蛇添足。此外，Wilson（1965）的水平剪切断层（shear fault）两端之间由一对半剪切组成（each may be thought of as a pair of half-shears joined end to end）。据此，后来绝大多数学者错误地将转换断层理解为局限于洋中脊之间，且相邻板块必然发生运动，或将其与走滑断层进行类比，如Searle（2005）在*Encyclopedia of Geology*中的转换断层定义，描述其运动时，甚至陈述为“Transform boundaries are characterized by strike-slip faulting and earthquakes with strike-slip mechanisms”；著名大地构造学家Şengör（2016）更是简单而直白地陈述为“Transform faults are strike-slip faults”；直到2018年Martin还定义为“Transforms link offsets of different segments of mid-ocean ridges. Rocks on either side of the fault offsetting adjacent ridge segments move horizontally in opposite directions relative to each other，just as they do in strike-slip faults”。这些不同时期的新定义都没有正确理解Wilson（1965）的“半剪切”（half-shears）含义。半剪切作用并非“strike-slip faulting”（走滑断层作用），更不是“strike-slip mechanisms”（走滑机制）

下发生的。Wilson（1965）的 shear 并不类似，也不是 strike-slip，因为走滑断层两侧不仅存在只可反向的相对运动而且两盘运动速率必定相同。尽管 Wilson（1965）那个时代并不知道转换断层的两侧板块运动速率不同，但后来很多研究揭示其运动速率可以不同，然而这个新认知依然符合 Wilson（1965）的“半剪切”概念约束。

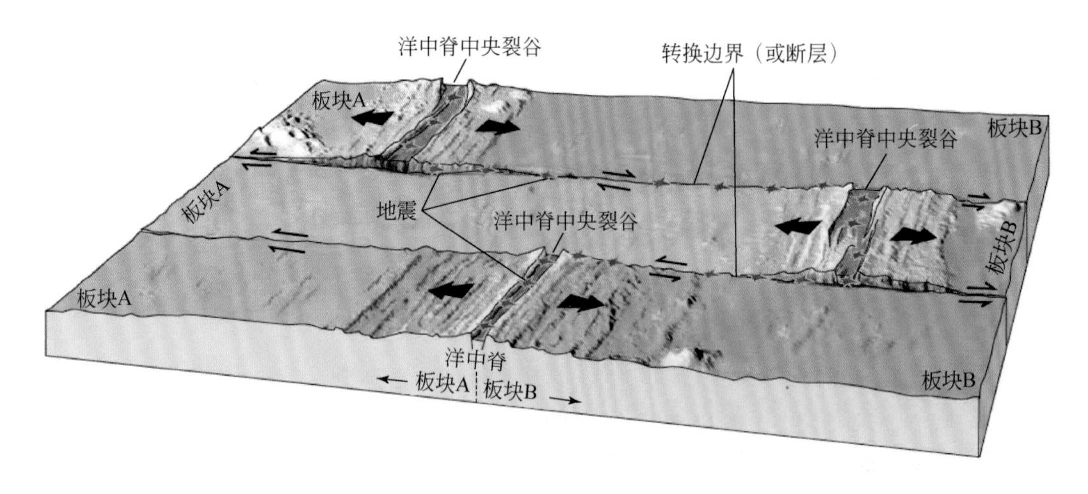

图 1-6　转换断层立体示意（Plummer et al.，2016）

除了这些对“半剪切”的误解之外，还有三点也常被歪曲：第一，转换断层是否必须为板块边界？中国《地球科学大辞典》编委会（2006）也强调了两盘的运动，将其定义为：相邻板块作相对平移运动的边界；Harff 等（2016）编撰的 *Encyclopedia of Marine Geosciences* 中，Şengör（2016）同样将其定义为“A transform fault is a plate boundary along which plate motion is parallel with the strike of the boundary. Along such a boundary，ideally，crust is neither generated nor destroyed”。可是，Wislon（1965）的原始定义并没有规定转换断层一定是板块边界。第二，转换断层两侧板块是否必须存在运动？尽管包括 Wilson（1965）在内的所有定义都强调转换断层两端运动方向相反，但现今观测表明，很多转换断层不仅两端可以反向同时后撤或前进，而且两端也可以同向运动，甚至转换断层的两侧板块本身并未发生相对运动或水平剪切运动。这种转换断层的两侧板块没有相对运动或彼此之间无位移（他解释中的“貌似很大的位移”可能是这个情况）又被排除在 Wilson（1965）的原始概念之外。因为转换断层的两侧板块之间没有相对运动，是两个板块间的转换断层两端的俯冲带或洋中脊等构造要素在发生背离、同向或相向的迁移，使得转换断层被动变长或变短，但转换断层部分段落本身无运动。第三，转换断层是否必须是守恒边界？Plummer 等（2016）在教科书中将转换断层定义为“The third type of boundary，a transform boundary，occurs where two plates slide horizontally past each other，rather than toward or away from each other.”按照 Plummer 等（2016）的定义，转换断层两侧的板块是彼此水平错动的，运动不是背离的也不是相向的。但正如前文所述，这个定义也是不完整的，因为后来很多事实表明，两个板块之间不仅可以横压也可以横张运动，而且两个板块之间可以发生物质增生和消减，并不守恒。

尽管如上各种定义明确表明，多数研究没有透彻理解 Wilson（1965）的原始定义以及 Wilson（1965）的原始定义自身存在一点问题，但随着调查和研究的深入，在误解中对转换断层的认知还是取得了巨大进步。人们从不同角度提出了种种转换断层类型，转换断层类型有宽窄、长短、守恒与渗漏、运动同向和反向、活动与否、与洋中脊正交或斜交、侵蚀与充填与否、发育于大陆上还是大洋中之分，因而转换断层又有活动或石化转换断层、守恒或泄漏转换断层、大陆型或大洋型转换断层、长或短转换断层、宽或窄转换断层、斜交或正交转换断层、左旋或右旋转换断层、横张或横压转换断层、快滑和慢滑转换断层、侵蚀型或充填型转换断层等称谓。可见，转换断层的含义比 Wilson（1965）的原始定义具有更多更丰富的内涵，也可见转换断层具备断层的所有属性。虽然 Wilson（1965）的原始定义得到不断完善，但是也确实有必要区分一些与转换断层相似的名词术语，例如，破碎带（fracture zone）、变换带（transfer zone）、变换断层（transfer fault）、调节断层（accomodation fault）、走滑断层（strike slip fault）、侧向断层（lateral fault）、横向断层（transverse fault）、撕裂断层（tear fault）等。实际上，这些术语不能视同转换断层的同义词，其本质区别还是非常显著的。区别它们的根本标志在于两盘块体属性、位移、速率、地震活动性、标志物运动和性质等。

Wilson（1965a）除了首次提出转换断层概念外，还划分了 7 种转换断层类型：洋中脊-洋中脊型、洋中脊-凹弧型、洋中脊-凸弧型、凹弧-凹弧型、凹弧-凸弧型、凸弧-凸弧型（图 1-7 右），外加一种伸展向收缩的点转换断层（图 1-7 左）。这里，Wilson（1965）并没有区分凸弧或凹弧是俯冲带、裂谷带还是造山带。但是，自 Wilson（1965）提出转换断层以来，几乎 90% 的研究只关注洋中脊-洋中脊型，特别是一些文献和教科书，甚至百科全书，都简单定义转换断层为与洋中脊垂直的两板块间发生彼此滑动的断层（图 1-6），其余这些涉及凸弧或凹弧的转换断层基本很少涉及，甚至 Wilson（1965）所定义 7 种类型中的一些转换断层被后人命名为“破碎带”（fracture zone），如中大西洋的 Gloria 破碎带，实际是 Wilson（1965）原始定义的洋中脊-凹弧型转换断层类型。可见，这不仅歪曲了 Wilson（1965）的原意，也导致了对其他转换断层类型的漠视或忽视，很多人在听到“转换断层”这个术语时，直觉反应是只有洋中脊-洋中脊型转换断层，而且也含混了转换断层与其他断层的显著区别。特别是，Wilson（1965）一文中尽管也提到了洋中脊-洋中脊型转换断层的延伸部分为破碎带，但并没有对“破碎带”给出明确定义，他本人对“破碎带”的理解也很模糊，其 7 种转换断层类型中确实包含“破碎带”，这些“破碎带”

也确实符合他的转换断层原始定义，可是有一些也确实又不符合，需要具体放置到大地构造组合中去分析。

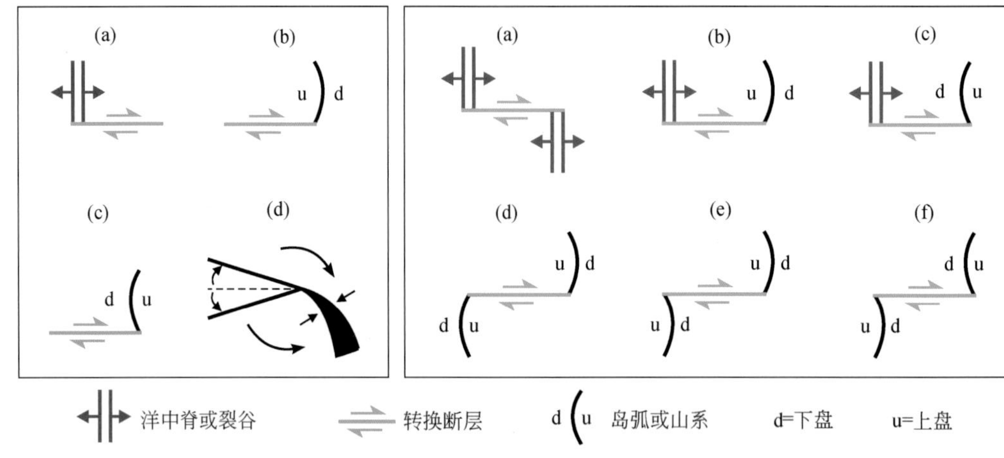

图 1-7　四种可能的右旋转换类型及其六种组合（Wilson，1965）

左图：（a）洋中脊连右旋半剪切转换断层，（b）右旋半剪切转化对凸弧，（c）右旋半剪切转化对凸凹弧，（d）洋中脊对右旋弧）；右图为 6 种右旋转换断层类型：（a）洋中脊-洋中脊型，（b）洋中脊-凸弧型，（c）洋中脊-凹弧型，（d）凸弧-凸弧型，（e）凹弧-凹弧型，（f）凹弧-凸弧型

Wislon（1965）指出，转换断层虽有终端，但活动没有终结，而是转换为其他构造类型或构造带，这些构造带进而链接为一个全球网络（图 1-8），这些网络将地球表层划分为若干个刚性块体，即板块。理论上，通过这些网络，板块可发生全球联动（Wan et al.，2020），但反之，全球联动也不等于板块构造体制启动（Tackley，2023）。事实上，板块构造体制启动从局部开始的可能性更大，何况因转换断层的调节功能，全球联动实际是极其罕见的。可见，转换断层与其他构造单元之间组合的研究更为重要，更具有全球意义。

洋中脊与转换断层并非总是垂直相交，也存在斜交（图 1-9）。前者多数出现在快速扩张洋中脊，而后者往往见于慢速、超慢速扩张洋中脊。不同岩浆供应（magma supply）下的洋中脊与转换断层相互作用时，能量供给差别很大。形成转换断层的过程是一个能量耗散的过程，能量充足时不会形成转换断层，这是早期地球可能不存在转换断层的原因之一。但能量消耗太大，转换断层又难以在走向上保持与洋中脊的垂直关系。为了保持这种垂直关系，就需要形成转换断层消耗的能量与新补充的能量保持平衡。

为此，Tuckwell 等（1999）推导出了转换断层-洋中脊-转换断层（FRF）组合下的能量耗散方程

$$\frac{\mathrm{d}P_{R_i}}{\mathrm{d}\theta_i}+\frac{\mathrm{d}P_{T_i}}{\mathrm{d}\theta_i}+\frac{\mathrm{d}P_{T_i+1}}{\mathrm{d}\theta_l}=0$$

式中，P_{R_i} 为第 i 段洋中脊的能量耗散；P_{T_i} 为第 i 段转换断层的能量耗散；P_{T_i+1} 为第

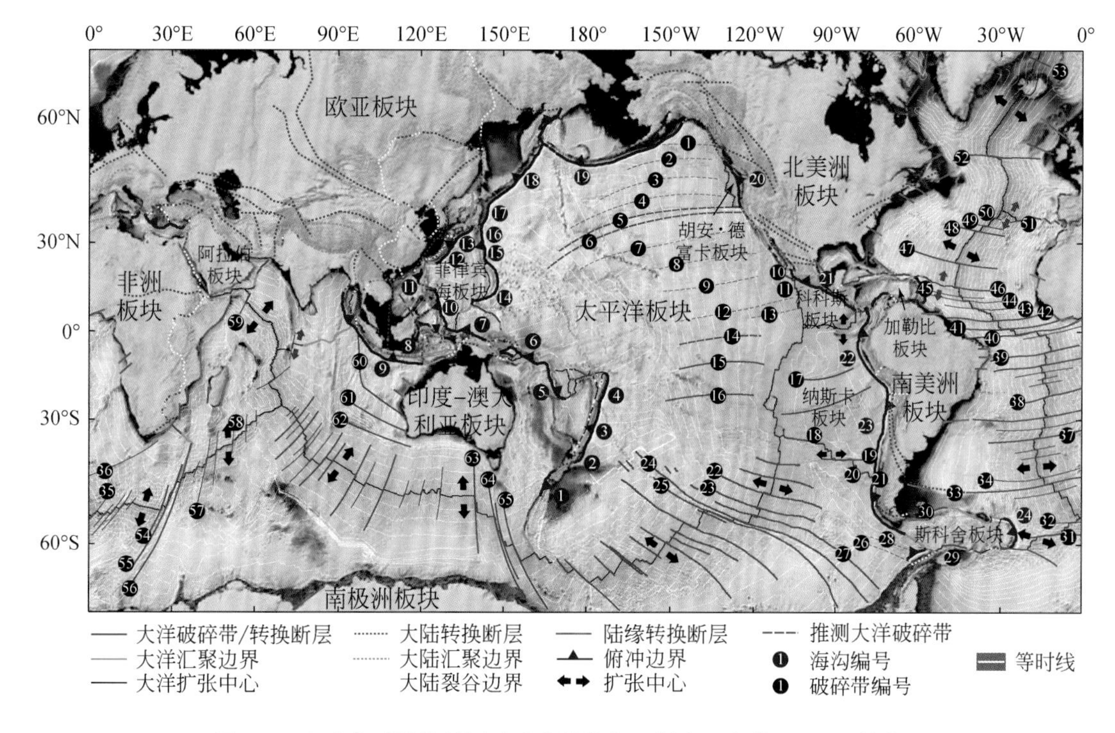

图 1-8　全球主要转换断层及破碎带分布（据李三忠等，2018b 补充）

破碎带或转换断层编号：1-Aja，2-Sila，3-Sedna，4-Surveyor，5-Mendocino，6-Pioneer，7-Murrey，8-Molokai，9-Clarion，10-Rivera，11-Orozco，12-Clipperton，13-Siqueiros，14-Galápagos，15-Marquesas，16-Australa，17-Mendana，18-Challenger，19-Valdivia，20-Guafo，21-Taitao，22-Menaro，23-Heezen，24-Tharp，25-Eltania，26-Humboldt，27-Tula，28-Hero，29-Shackleton，30-Tehuelche，31-Bullaro，32-Cored，33-Falkland，34-Gough，35-Bouvet，36-Agulhas，37-Rio Grande，38-St. Hlena，39-Ascension，40-One South，41-Romanche，42-Saint Paul，43-Four North，44-Sierraleone，45-Vema，46-fifteen Twenty，47-Kane，48-Atlantis，49-Hayes，50-Oceanographer，51-Pico，52-Charlie Gibbs，53-Jan Mayen，54-Mozambique，55-Du Toit，56-Prince Edward，57-Indomed，58-Gallieni，59-Owen，60-Investigator，61-Naturaliste，62-Diamantina，63-George，64-Tasman，65-Balleny。其他未列举的大陆型转换断层可参见Şengör（2016）的图2；而大洋型转换断层参见专门网页：http://www. geology. wisc. edu/ ~ chuck/MORVEL/trf_flts. html。海沟：1-Puysegun，2-Hikurangi，3-Kermadec，4-Tonga，5-New Hebrides，6-New Britain，7-New Guinea，8-North Sulawesi，9-Suntra，10-Philippine，11-Manila，12-Ryukyu，13-Nankai，14-Mariana，15-Bonin，16-Izu，17-Japan，18-Kuril，19-Aleutian，20-Cascadia，21-Middle America，22-Peru，23-Chile，24-South Sandwich

i+1段转换断层的能量耗散。其他参数同图 1-9。

基于形成转换断层的最小能耗方程，推导得出

$$R_\sigma=\frac{\sigma_{T_i}+\sigma_{T_i+1}}{2\sigma_{R_i}}=2\tan\theta_i$$

这里，σ_{T_i}、σ_{T_i+1}、σ_{R_i}分别为第 i 段转换断层，第 i+1 段转换断层和第 i 段洋中脊处的应力。R_σ 值为转换断层–洋中脊长度比。θ_i 为 0 时，能量消耗最小，转换断层可以自由而稳定地生长。θ_i 任何的增加，都会导致转换断层边界能耗不是最低，消耗的能量用于沿转换断层的形变，进而使得转换断层与洋中脊之间出现斜交。R_σ 增大对应洋中脊脊轴部位扩张作用阻力减弱，而边界转换断层滑移阻力增加，因而强烈的伸展不仅使得洋中脊内侧角发生撕裂，会出现拆离断层、海洋核杂岩，转换

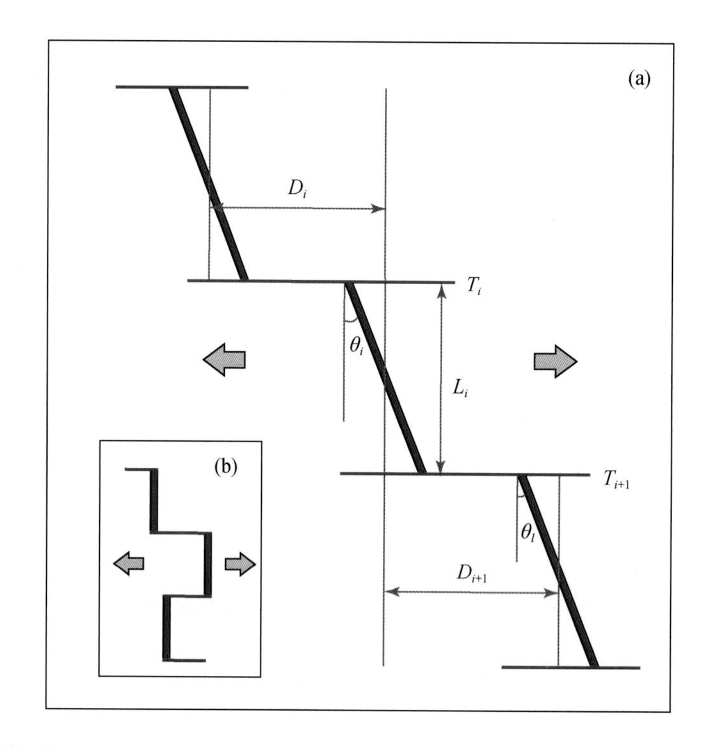

图 1-9　转换断层–洋中脊–转换断层组合板块边界几何特征（a）及转换断层围限的反向阶步的洋中脊段（b）（Tuckwell et al.，1999）

L_i 为相邻转换断层之间的最短距离；θ_i、θ_l 分别为第 i、l 段洋中脊的倾斜度

断层受滞而难以适应快速变化的洋中脊运动而发生歪斜，两者几何关系难以调整，会保持斜交。

统计表明，洋中脊扩张速率越大，或转换断层越长，寿命越长，R_σ 越小，这都意味着快速扩张洋中脊与转换断层走向越近于垂直关系。因此，岩浆供给充足的快速洋中脊经常可见正向扩张现象。实际上，从能量学和系统论出发，转换构造系统是个耗散系统，R_σ 越小，洋中脊扩张阻力越大，转换断层阻力越小，加之快速扩张洋中脊岩浆供应充足，补充了洋中脊耗散的能量，因此快速扩张洋中脊与转换断层容易调整为垂直关系，保持能量守恒，耗散能量最小，维持这种关系就更持久，转换断层因此会发育得更长。由此可见，转换断层的形成是受岩浆供应控制的，洋中脊岩浆的喷发量则受深部地幔熔融程度控制。这似乎表明转换断层的力学行为是受深部热状态制约，但实际是深部熔融程度并非热状态控制，受洋底减压程度和方向制约。洋底减压程度和方向则完全受洋陆过渡带是处于俯冲增生还是碰撞挤压构造过程制约。总之，转换断层的形成是被动过程，其诱因不在洋中脊，而在洋陆过渡带的俯冲过程或碰撞过程。

例如，在中–快速滑移的大洋型转换断层上，岩石圈热而薄，外部因素导致作用于转换断层上的受力方向发生变化，原本稳定的平移运动变化为伸展，形成裂隙，诱发减压熔融，熔体向上挤出，形成所谓的“渗漏型”转换断层，最终形成拉分盆地，并形成转换断层内部新的扩张中心，新的洋中脊出现，使得该转换断层系统演化出多个微洋块；在慢速滑移的大洋型转换断层上，岩石圈厚而冷，伸展形成正断层，海水易于沿张裂隙下渗，诱发大洋地幔橄榄岩水化，进而出现拆离断层，演化出海洋核杂岩或微幔块（见第 9 章）。此外，大洋型转换断层可以分为一系列平行–近平行的亚段，这些亚段之间通过断阶、伸展盆地或者转换断层内部扩张中心来进行横向偏移。可见，大洋型转换断层的构造分段性也是对板块运动方向主动变化的被动响应，这种变化也使得大洋型转换断层不断拓展延伸。从洋看陆，这是研究主动板缘消亡事件的关键，可以用于检验陆地上记录的俯冲系统事件。

基于以上转换断层定义的种种问题和误解，有必要提出转换断层系统、陆缘型转换断层等新概念，依据转换断层系统概念或转换断层的大地构造组合，笔者提出并分析了 20 种典型转换断层系统的成因与演化。动力学分析表明，绝大多数转换断层是被动成因的，受两端相连的构造带（洋中脊、俯冲带、碰撞带、裂谷带等）控制。转换断层也是区分板块构造（plate tectonics）体制与活动盖构造（mobile lid tectonics）体制的标志。没有转换断层的构造体制就不是板块构造体制，因为活动盖构造体制下也可以存在俯冲带和洋中脊全球联动的构造网络系统，因此也不能简单认为板块发生全球联动是判断板块构造体制起始的标准。最后，笔者将转换断层重新定义为：板块/微板块之间在几何学上两端位移突然消失且全段有位移，或两端或任意一端皆有位移且全段无位移，运动学上两端或任意一端运动型式和方向突变，动力学上两侧板块间半剪切–近水平滑动，或仅两端增生或消减所致的一种近直立调节性构造边界。

（2）运动学

转换断层的发现改变了板块运动方式的传统认知，从表面看，它们非常像平移断层或走滑断层，但经过地震发震机制等研究，它又与平移断层有许多差异。其主要区别如下。

1）洋中脊被平移断层错开（如图 1-10 从洋中脊错位排列看，貌似左旋），由于在错开后洋中脊持续扩张，使断层的运动方向与洋中脊错开的方向相反（如图 1-10 实为右旋），而一旦跨越洋中脊进入破碎带段落，两盘位移或错动的方向即改为同向同步或同向不同步。若为走滑断层，以洋中脊为标志判断，就是左旋走滑断层，这显然与现实观测不一致，特别是这里隐含了一个假设：洋中脊原来在一条线上，尽管这也是可能的。

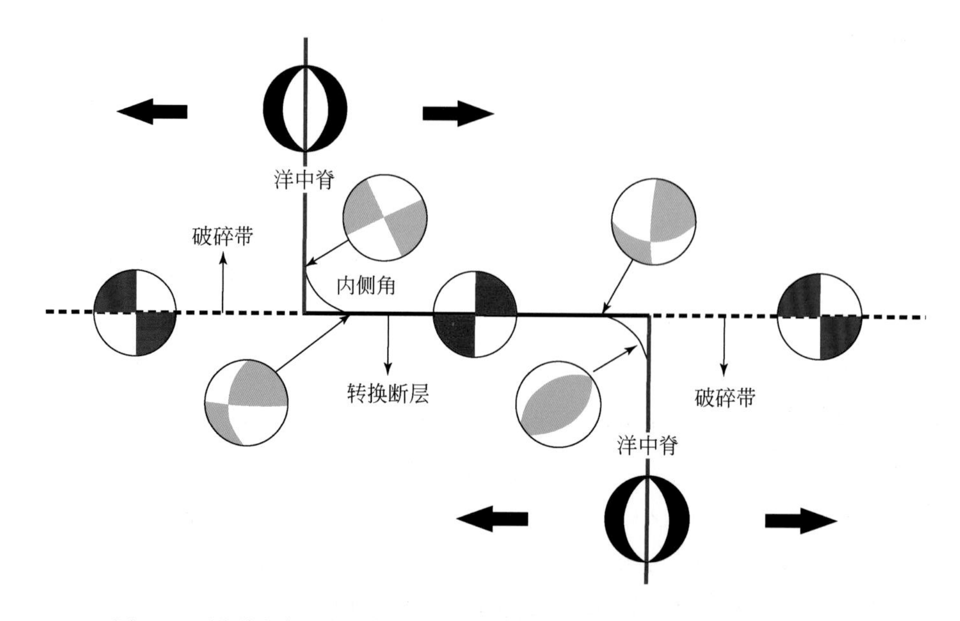

图 1-10　沿洋中脊-洋中脊型转换断层地震活动的震源机制（Das，2021）

黑色箭头指示相对板块运动，红线为活动板块边界，黑线为内侧角边界，其拉张型地震的震源机制用黑色瓜皮图表示。值得注意的是：内侧角边界会随时间产生一系列相似地形，是与转换断层运动同期的构造，因而不能视为转换断层运动之前的构造标志发生了被动牵引。若被动牵引形成的构造标志被看作转换断层之前的构造，就会导致该转换断层是左行的错误判断。红色为典型的右旋活动转换断层震源机制；紫色为洋中脊的震源机制；蓝色断线为破碎带（即转换断层延续的不活动部分，可通过水深调查揭示）。如果破碎带有地震发生，也是活动的，则蓝色瓜皮图为破碎带中极少数发生的地震震源机制解，具有与活动转换断层相反的走滑机制；若转换断层为压扭性，在内侧角常见走滑型和逆冲型地震的震源机制，用绿色瓜皮图表示

2）随着断层持续发展，走滑断层两盘位移会增加，但被转换断层错开的两侧板块运动速率一致时洋中脊之间的距离一般并不增加。所以，被错开的洋中脊之间的距离是否保持不变，还要看转换断层错开段落的两段洋中脊的扩张速率是否相同。若为平移断层，则随着两盘错移，两侧速率应当一致，断距会不断增加，如洋中脊作为标志物，其错开距离也应增加。但事实上，转换断层两侧的运动速率可以不同，这也是 Wilson（1965）称为“半剪切”的原因，尽管那时他并不知道这个事实。

3）转换断层只有在洋中脊之间的地段才有浅震分布（图 1-10）；若为平移断层，则在整个走滑断层线上都有浅震分布。当然，现今调查研究发现转换断层的延伸段——破碎带也可以发育地震，但破碎带不同于走滑断层的关键，也在于上述两点，而不在有无地震。

正是由于海底扩张，导致断层两侧块体的运动方向和特点发生了转换，所以称为转换断层。转换断层的推断和证实，曾经在海底磁条带被发现之后在地球物理学界再一次引起震动，并为海底扩张学说增加了新的依据，从而使现代活动论在地球科学领域居于主流地位。张扭性转换断层在海底常形成一些深沟，水平断距可达数百千米。著名的美国西部圣安德烈斯断层为一右旋大陆型转换断层，其西盘向北移

动达 1100km，是著名的地震带，以往被认为是一条平移走滑断层，但地磁资料证实它是一条转换断层。

由于板块构造理论是以球面板状岩石圈块体而不是平面壳的观点来分析岩石圈的运动，因而已超出了海底扩张学说的平面运动的概念。岩石圈板块沿球面的运动主要是由 Morgan（1968）和 Le Pichon（1968）提出，他们发现，转换断层及其延伸部分的破裂带，可以用两板块相对运动所绕旋转极的一组小圆精确地标记下来。这组小圆的法线焦点即为旋转极（图 1-11 左图），因此，旋转极位置可通过测定垂直于转换断层的大圆的交点来确定，通常这是首选的简便方法。从图 1-11 可知，同一个板块，其靠近旋转极位置的线速度小于其远离旋转极位置的线速度，这是板内变形速率唯一变化的原因。除了第一种方法在球面作垂线求交点的方法之外，第二种方法是如果已知两条转换断层的坐标位置和走向方位，根据球面三角中的正弦和余弦定理，也可以求出旋转极的地理坐标位置。第三种方法是利用震源机制解得出的滑动向量方位，即板块在某点的运动方向，求旋转极。滑动向量在水平面上的投影应相当于欧拉纬线。但是，地震台的布设密度不够时，常难以准确确定震源的坐标位置，或者由于地震台记录到的地震初动资料不足，不能确定出压缩象限和拉张象限，所以震源机制确定的滑动向量方位可以有 10°～20°的误差。第四种方法是，根据线速度的递变求旋转极，作为一种旋转运动，板块边界上各点移动的线速度随着远离旋转极而逐渐增大，在旋转极为零，在旋转赤道达到最大，与相应的欧拉纬度的余弦呈正比关系。

第一种方法是利用扩张脊轴（即洋中脊）及磁异常条带往往与破碎带或转换断层的垂直关系（尽管个别是斜交的），从而扩张脊轴的延伸线可与旋转极相交。随着扩张方向的改变，扩张脊与破碎带的展布方位相应变化，并保持垂直关系。显然，板块旋转极的位置也将随着板块运动方向的改变而迁移。原则上，同期活动且不相邻的板块可以有不同的旋转极。

由于板块是刚性的，而且拉张型板块边界增生的岩石圈和挤压型板块边界消亡的岩石圈大体相等，即地球表面积长期维持不变，或者说地球半径基本不变，所以，岩石圈板块的运动就应遵循球面几何中的欧拉定理。图 1-11 左侧是两个刚性板块在同一球面上相对运动的例子，图 1-11 右侧是三个刚性板块在同一球面上相对运动的例子。随着旋转极和旋转弧线之间距离的增加，相邻两板块间的相对运动也增加，分离程度增加，板块之间运动的相对差异沿转换断层得到了调整。当板块 B 旋转 ω 角度时，新的表面就对称地增生于洋中脊轴线附近的 A、B 两板块上，板块 B 的表面则因消亡作用而在板块 C 的下面潜没（图 1-11 右侧图）。地球有多个（微）板块，每个（微）板块都有自身的旋转极，这些旋转极在板块重建 Gplates 软件中由旋转文件规定。

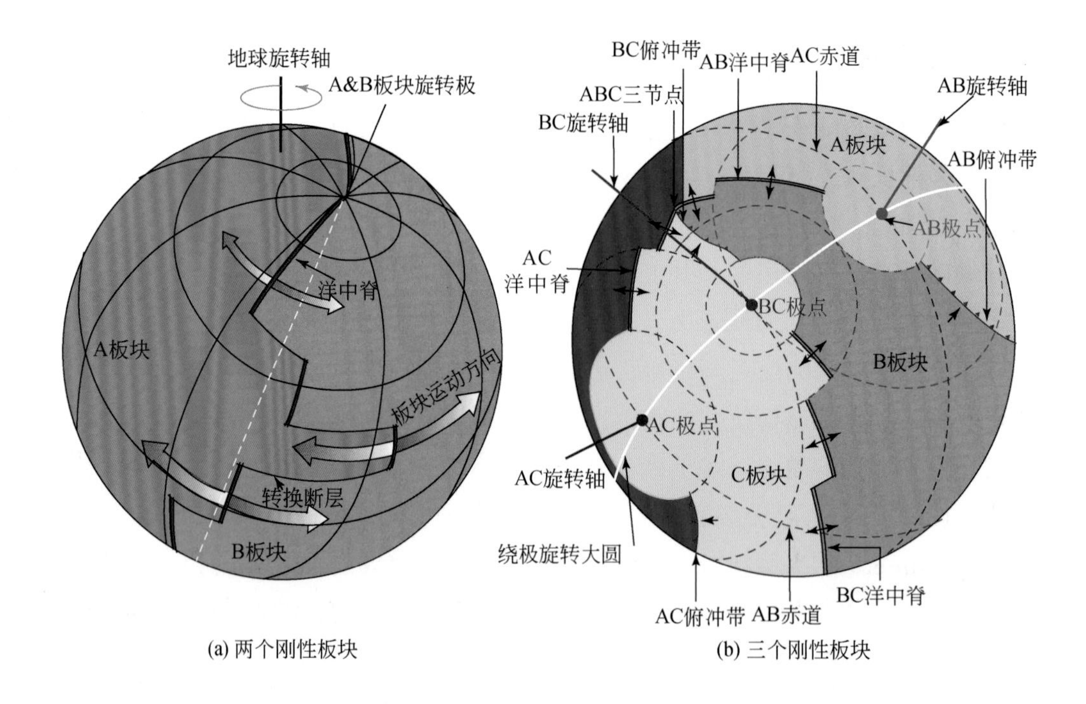

图 1-11　两个或三个刚性板块在球面上的相对运动（Karson et al.，2015；Frisch et al.，2011）

左图为一对弯曲的岩石圈板块因与旋转极相关的运动而分离。扩张中心（红色）位于过旋转极的大圆上（类似于地理经线，称为欧拉经线）。转换断层发生错移（黑线）并位于以旋转极为中心的小圆（纬度线）上（Morgan，1968），请注意扩张速率随远离旋转极的距离而增加。右图为三个板块围绕三个三节点的几何关系（Deway and Bird，1972）。三个板块组成的三对板块的三个旋转极均共同位于一个大圆（白线）上。因为边界在三节点处相交的三对板块的旋转极具有共同的几何关系，即三对板块的角速度 ω 具有以下关系：${}_A\omega_B+{}_B\omega_C+{}_C\omega_A=0$，因此若知道两个旋转轴的方向和角速度，第三个轴的方向和角速度就可以用矢量方程计算获得

全球所有板块的运动都在一定程度上相互依存，一个板块运动速率与方向的变化，必然由其他板块的运动变化反映出来，因此板块运动都是相对的，刚性板块间可以是全球联动的。瞬时板块运动的模式已成功地用于预测板块相对运动的速率与方向，并用多种方法进行了试验，这对现代板块构造运动与格局的认识提供了巨大帮助。

以上是板块间的相对运动，板块的绝对运动是指板块相对于地球上某一固定参照系的运动。如果某一系统在某地质时期相对于地球自转轴的位置固定不变，该系统即可作为板块绝对运动的参照物。但迄今尚不能完全确认绝对运动的固定参照系，因而有关板块的绝对运动还处于探索阶段。热点假说提出后，不少学者认为，热点的岩浆起源于岩石圈之下的深部地幔物质（热地幔物质呈柱状上涌），或者说热点植根于深部地幔中，它相对于地球的自转轴位置大体上是固定的，通过研究板块相对于热点的运动，便可以确定板块绝对运动的轨迹。

（3）动力学

是什么力量驱动板块发生运动？这是举世瞩目的科学谜题。1912 年魏格纳论证的大陆漂移学说因大陆水平运动的动力学难题而被搁置了近 50 年，直到 1963 年海底扩张学说确立。在此期间，大陆位置固定不动的槽台学说广为权威学者接受，固定论依然盛行。但就在这样的背景下，Holmes（1929）就曾设想，地壳下存在着热对流现象［图 1-12（a）］。特别是，Holmes（1945）进一步完善了地幔对流理论，提出地幔中有多个对流中心，在对流上升的地方，“板块”（当时不叫板块）分裂，地幔物质涌出，并冷却固结形成新洋壳；在对流下降的地方，“板块”俯冲，并最后消亡［图 1-12（b）］。后来，1968 年板块构造学说确立，地表运动的块体从地壳层次的地块扩展到岩石圈层次的板块。因而，针对热对流的型式，有人设定深地幔对流（Orowan et al.，1969）应下移到地幔中，即整个地幔发生对流。但是也有人坚持浅地幔对流模式（Schubert and Turcotte，1972），即仅在软流圈中发生对流（见本节“驱动力”部分）。

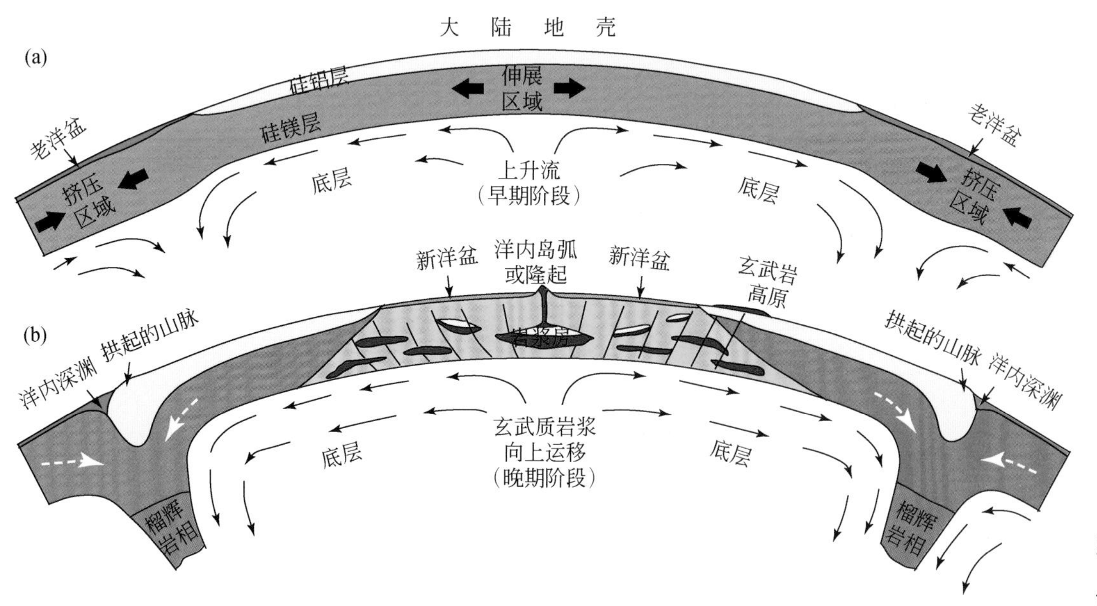

图 1-12　Holmes 早在海底扩张学说之前提出的“工程式”大陆漂移的一种纯粹假设机制（Holmes，1945）

（a）地壳下流体为早期对流环，（b）的对流环变得非常激烈而活跃，拖曳原始大陆向两侧分离，老的洋底和陆壳在运动的前缘下降流的部位伴随造山运动，新的洋底形成于上升流的空档处。实际上，（a）是 Holmes 1929 年提出的地幔对流假说，（b）是他 1944 年的改进版本并作为（a）进一步演化的结果。在这个改进版本中，Holmes 不仅提出了相变是驱动“板块”（当时不叫板块）运动的因素之一，而且他潜意识关注到了现今探讨热烈的“俯冲启始”问题，这种观念已经非常接近 1963 年才确立的海底扩张学说模式大陆漂移说提出者魏格纳（Wegener）(图 1-13）虽不是“大陆漂移”的最早发现者，但他却是基于古生物、古冰川等证据科学论证大陆漂移的第一人。他在 1912 年认为大陆是在潮汐力和地球自转的离极力下主动发生漂移，但这些力太小而难以克服大陆底部的巨大摩擦阻力，大陆难以发生水平滑动。其动力学模式被以 Jeffery 为代表的地球物理学权威极力反对。直到 1953 年大量古地磁证据表明，大陆确实可以在地球表面发生长距离水平运动。随后，1963 年海底磁条带的发现，说明海底也曾经发生了大规模水平扩张运动。至此，大陆漂移的动力机制被重新提上议事日程，活动论重新抬头。

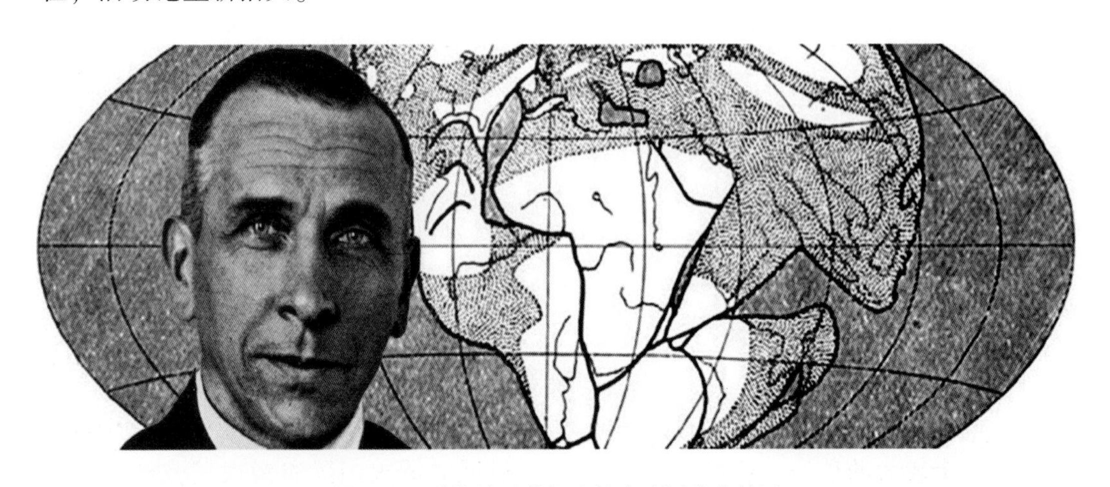

图 1-13　魏格纳及其提出的大陆漂移成果图

海底扩张学说和板块构造理论是 20 世纪 60 年代活动论的代表，继承了在此前 30 多年陆壳位于洋壳之上的认识［（图 1-12（a）］，但认为大陆漂移是被洋壳驮载着运动的被动过程，即同一个“板块”上的陆壳依附在洋壳上，洋壳从主动扩张的洋中脊形成，并浮在软流圈上，随着对流而被动移动，软流圈像传送带一样驼载着带有陆壳和洋壳的板块运移到海沟，之后洋壳俯冲进入地幔，并局部熔融，最终消失于软流圈中，构成一个封闭的循环系统。因此，从洋中脊到海沟，“板块”可经历数百到数千千米的水平运动。大规模水平运动的提出，打破了槽台学说为代表的固定论坚持的“大陆只作垂向的上下运动，而位置不发生变动”的认知。但是，当时由于技术条件的限制，既不能推导证实是否存在这种水平对流，也不能用实验方法制造出来这种规模的对流。有人认为，软流圈的面积很大，而厚度不大，即使能产生对流，也只能产生半径很小的对流，根本无法推动宽度达数千千米的板块发生水平运动。当时还有人认为，地幔是固体，热传递形式只有热传导，就像加热铁块一样，这不可能产生对流。还有一种看法认为，地幔物质黏度太大，阻滞力太强，难以发生对流。

20世纪70年代以来，关于板块驱动力的问题，学界陆续提出一些新的论点。1972年，摩根根据卫星资料发现，在全球重力图上，重力高的地方往往是板块生长和活火山分布的地方。为什么这些地方重力值较高呢？他当时设想从近地核处（实际是现今广泛探讨的核幔边界两个LLSVP）有深部物质上升形成上升流，他把这种上升流称为地幔柱（mantle plume）。这是地幔柱构造理论的萌芽，后来地幔柱构造理论由日本大地构造学家丸山茂德（Maruyama）系统化而得以完善。据重力值推测，地幔柱的直径可达几百千米，它把深部密度较大的物质和热量向上带到软流圈，在那里像蘑菇云一样向四面八方横向扩散，从而驱动板块移动。地幔柱有时冲破岩石圈，向上拱起形成巨大的穹隆，并具有相当高的热流值。地幔柱中熔融的岩浆喷出地表就形成火山。这些热流值高的隆起点和火山，称为"热点"（hotspot），或者说热点就是地幔柱冲破岩石圈的地方。这里值得注意的是，热点是Wilson（1963）提出的概念，但Morgan（1972）认为热点来源于较深的地幔，称为地幔柱，而Maruyama等（1994）将Morgan（1972）上升的地幔柱称为热幔柱，并对应提出下降的冷幔柱（cold mantle plume）概念，冷、热地幔柱构成地球全地幔物质循环，进而驱动板块运动。据统计，全球发现的现今热点已达122处。同时期活动的热点相连，会导致这些热点上方形成的三叉裂谷发生部分相连，进而可以形成线性展布的洋中脊。如冰岛正好位于大西洋洋中脊的一个热点上，那里喷出的熔岩较多，就形成了一个较大的岛屿。这些形成于洋中脊附近的活火山随着海底扩张向两侧移动，形成对称分布的死火山链，且沿此海山链越远，火山年龄越老。这类火山链被认为是地幔柱或热点随海底扩张留下的痕迹，称为热点轨迹。通过这些热点轨迹的追踪，人们可以探索其所在板块的运动历史和深部动力学机制。

后来，有人试图用重力作用代替对流来解释板块运动。1975年，Harper认为，洋中脊地形相对两侧深海盆地较高，板块因地势差异而由洋中脊向两侧滑动，还因板块前缘冷却、加重，引起并加强下沉。近期有人称这个因重力驱动下的板块汇聚中心为"重力黑洞"或"俯冲黑洞"（实际是TTT型三节点，见后文）。这种设想的根据是，发生于海沟的浅震，已证明是由正断层所引起。这些正断层有人用板块弯曲的外缘隆起带发生张裂来解释。根据这一事实，有人认为，板块之所以能够俯冲，不是被一种力量推下去的，而是被一种力量拉下去的，其理由是：①冷却的板块密度增大；②下插的板片因压力增加，发生物质相变转换，使矿物岩石密度变大；③地形上洋中脊高、海沟低，板块会像滑坡一样从洋中脊向海沟滑动。总之，由于这些原因可以把板块或板片给拖下去。Harper计算的下沉拖曳力比洋中脊的推挤力大7倍。计算结果表明，这种下拉力对板块俯冲贡献了70%的力量。但所有这些设想的力，可能实际是存在的，但同样不能得到直接证据和可靠数理模拟的验证。Forsyth和上田成野（1975）认为，板块运动是作用在板块上的8种力综合作用的结果。但他们也认为板片俯冲时，向下的拉力起了重要作用。这种思想显然可以追踪到 Holmes（1945）提出的相变和重力驱动大陆漂移的认识。此外，Anderson（2007）也注意到了全球二阶球谐重力异常中两个巨大的异常，他也特别强调俯冲带的岩石榴辉岩化相变是板块运动的根本驱动力，并认为是上层板块运动驱动了地幔对流，即“自上而下”的板块运动驱动机制，而非传统板块构造理论认为的“自下而上”地幔对流为板块的驱动机制。

（4）变形性

根据传统槽台学说的固定论概念，一条地槽由于长期下沉，接受巨厚的沉积。后来经过地槽回返，沉积岩层受挤压褶皱，形成褶皱带。如果是年轻的褶皱带，则在地貌上表现为高耸的山系。但对于地槽何以长期下沉和突然回返的机制，该理论并没有说明，只是强调了原位侧向挤压力的作用。

板块构造理论认为，地槽可以发育在板块的不同部位，或海陆的不同部位，其所处部位不同，地槽类型和性质也不同。如在美洲东部陆缘沉积了相当厚的地层，因其所处部位西边是美洲大陆，东边是大西洋，按照板块构造理论同属于一个板块，海陆之间没有俯冲带，也没有火山和地震带，属于槽台学说中的冒地槽性质，称为大西洋型地槽。又如，在南美洲西部陆缘，东侧是纵贯南北的安第斯山，西侧是深的海沟，位于两个板块的挤压带上，火山和地震频发，沉积物中多火山碎屑物，在大陆坡及海沟中常形成浊流沉积，沉积物因受板块俯冲影响，常发生变形，属于槽台学说中的优地槽性质，称之为安第斯山型地槽。再如，在太平洋西部岛弧地带，其大陆架较窄，沉积物中多为陆源碎屑夹火山碎屑及熔岩，间有侵入岩，在远海地带形成碳酸盐岩。这类槽台学说中的地槽称为岛弧型地槽。此外，还有日本海型地槽、地中海型地槽等。槽台学说认为，地槽类型可以在一定条件下发生转化，如日本海型地槽指发育在大陆与岛弧之间的海盆中的地槽，其中常形成三角洲沉积、浅海沉积、浊流沉积等。如果“板块”或大陆移动变慢，沉积速度变快，海盆便可被沉积物填满，甚至覆盖住岛弧，这样沉积作用便可向海洋方向扩展推进，使日本海型地槽转化为大西洋型地槽。后来，板块构造理论将冒地槽称为被动陆缘，将优地槽称为活动陆缘，且认为板块变形主要集中在板块边界的活动陆缘一定范围之内，但对被动陆缘的变形依然无法解释。因为板块构造理论规定，被动陆缘属于板块内部，板块内部是刚性的。活动陆缘的变形性主要表现为以下几点。

A. 岩浆活动

如果把全球火山分布同全球板块边界作对比，可以发现二者有基本一致的分布规律。火山主要分布在以下三个地带：一是沿着洋中脊分布，如冰岛火山等，随着洋壳不断产生和扩展而外移，活火山逐渐变为死火山，并密集成群地对称排列于洋中脊两侧。二是沿着大陆裂谷分布，如东非大裂谷北段曾有多期岩浆喷发活动，形成了埃塞俄比亚熔岩高原，而乞力马扎罗火山（5895m）、肯尼亚山（5199m）等都是世界著名的火山，是赤道附近少有的具有山地冰川的山峰。三是沿着板块俯冲带分布，如环太平洋火山带（图1-14）及地中海火山带，它们构成了世界最主要的火山带。在环太平洋板块俯冲带，外侧（地质上向海为外，向陆为内）是海沟，内侧是岛弧火山带，其分界线称为安山岩线，它的外侧为大洋型地壳，以贫 K_2O 的拉斑玄武岩为主；它的内侧（即靠近大陆一侧）则过渡为大陆型地壳，以喷发成因的大量安山岩、火山碎屑岩为主，或喷出成因的富 K_2O 碱性玄武岩，或侵入成因的花岗闪长岩侵入体，构成著名的环太平洋火山圈（图1-14）。日本的富士山、菲律宾的

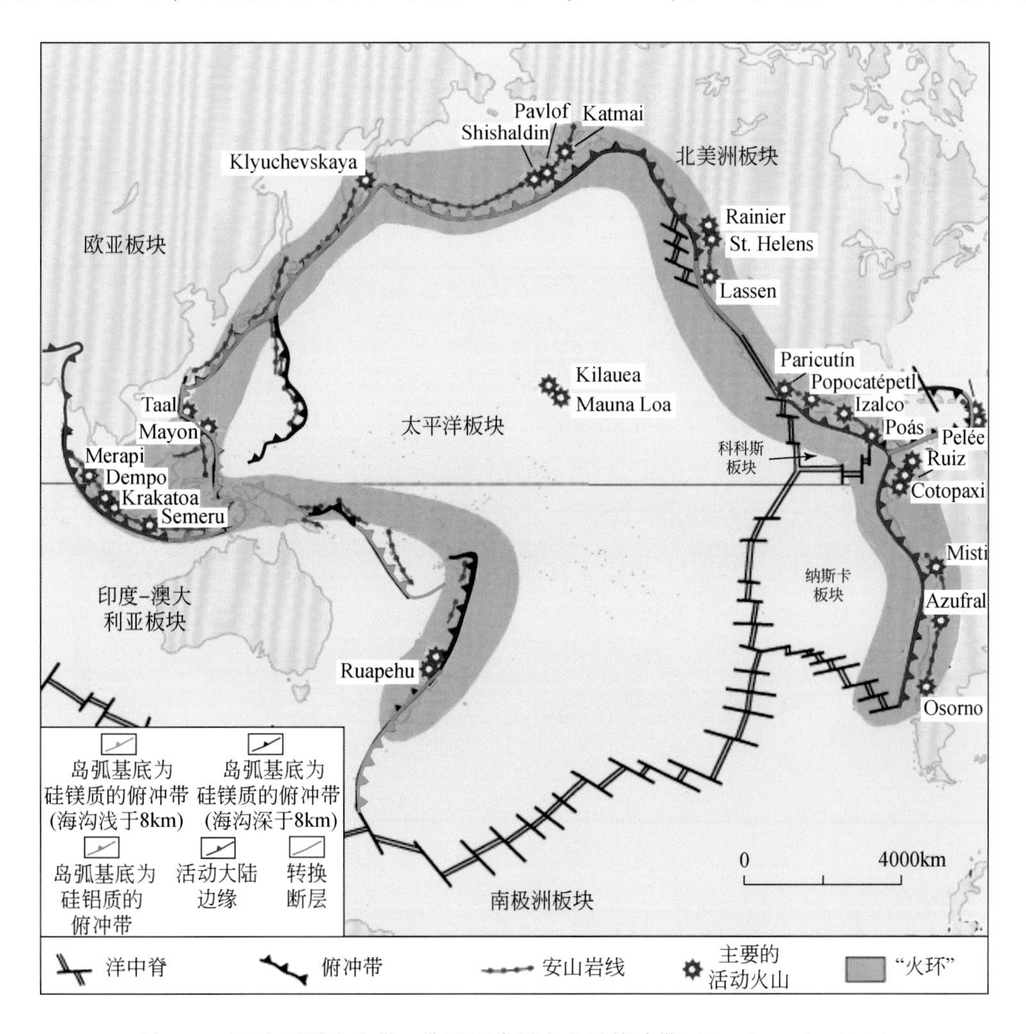

图1-14　环太平洋火山带、典型现代活火山及俯冲带（Frisch et al.，2011）

Mayon-马荣，Klyuchevskaya-克柳切夫，Taal-塔阿尔，Merapi-默拉皮，Dempo-登波，Krakatoa-喀拉喀托，Semeru-塞梅鲁，Kilauea-基拉韦亚，Mauna Loa-冒纳罗亚，Osorno-奥索尔诺，Azufral-阿苏夫拉尔，Misti-米斯蒂，Cotopaxi-科托帕克西，Ruiz-鲁伊斯，Pelée-培雷，Poás-波阿斯，Izalco-伊萨尔科，Popocatépetl-波波卡特佩特，Paricutín-帕里库廷，Lassen-拉森，St. Helens-圣海伦斯，Rainier-雷尼尔，Katmai-卡特迈，Pavlof-巴甫洛夫，Shishaldin-希沙尔丁

皮纳图博火山、印度尼西亚的喀拉喀托火山等都是这一带的知名火山，其喷发的火山灰可进入平流层，持久影响地球气候。

B. 地震活动

地震的分布规律和成因机制，大体可概括为以下几点：①沿着洋中脊、转换断层、俯冲带或贝尼奥夫带、大陆裂谷、缝合线分布。②世界上的中、深源地震，特别是深源地震，主要分布于俯冲带倾向大陆的一侧（图 1-15）。③发生于洋中脊、大陆裂谷的地震主要由拉张所产生，震级一般小于 5.5 级；发生于转换断层带的地震主要由错动所产生；发生于俯冲带、缝合线的地震主要由挤压、逆冲构造所产生，但发生于海沟附近，如外缘隆起带的浅源地震，有许多是因张裂形成。④按照板块构造理论规定，板块内部是刚性，因而地震应该较少，但现今的青藏高原、华北平原都属于欧亚板块的内部，可是在这里 8 级地震也常见，这是传统板块构造理论面对的难题。除此之外，在中印度洋大洋板内也曾发生 8 级大地震（图 1-16），对此，板块构造理论因为理论局限，也无法解决。

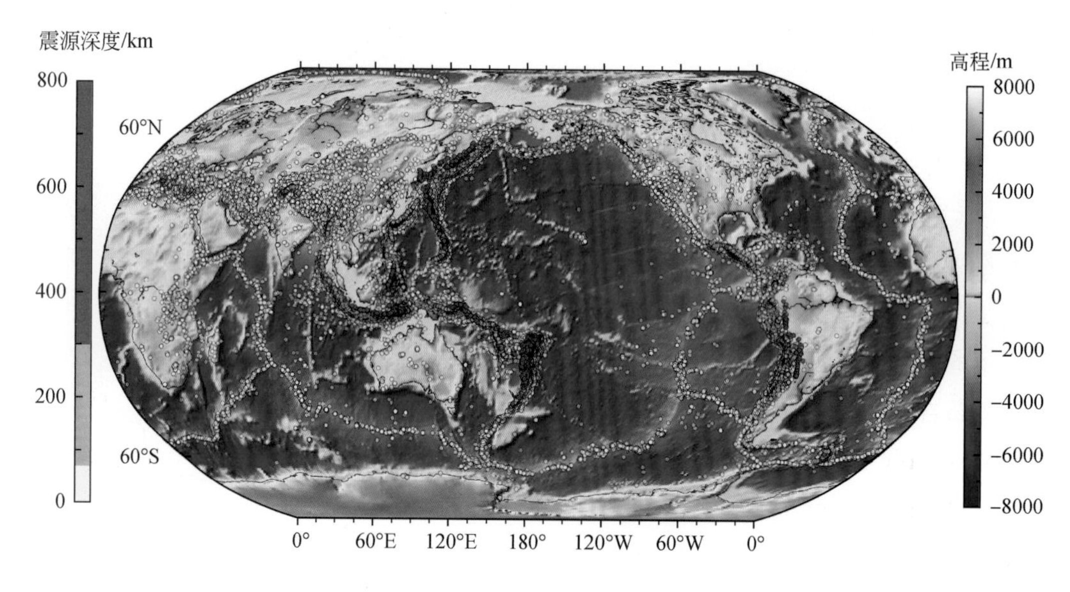

图 1-15　全球地震分带与震源深度

C. 混杂堆积

在固定论的槽台学说认定的地槽区，常形成一些特殊的沉积建造，如复理石建造。地槽学说认为，它属于地槽型浅海陆屑建造，是在垂直升降运动相持阶段，即在上下振荡运动情况下，形成的巨厚、韵律性明显的建造。而板块构造理论则认为，它是板块俯冲带的一种典型沉积建造。在板块俯冲带形成深海沟，并在大陆坡上因震动、滑动、重力等原因，形成富含悬浮泥砂的高密度水流，在深海盆边缘及近海沟形成浊流沉积，其代表岩石就是复理石建造。然而，实际上这种建造主要位

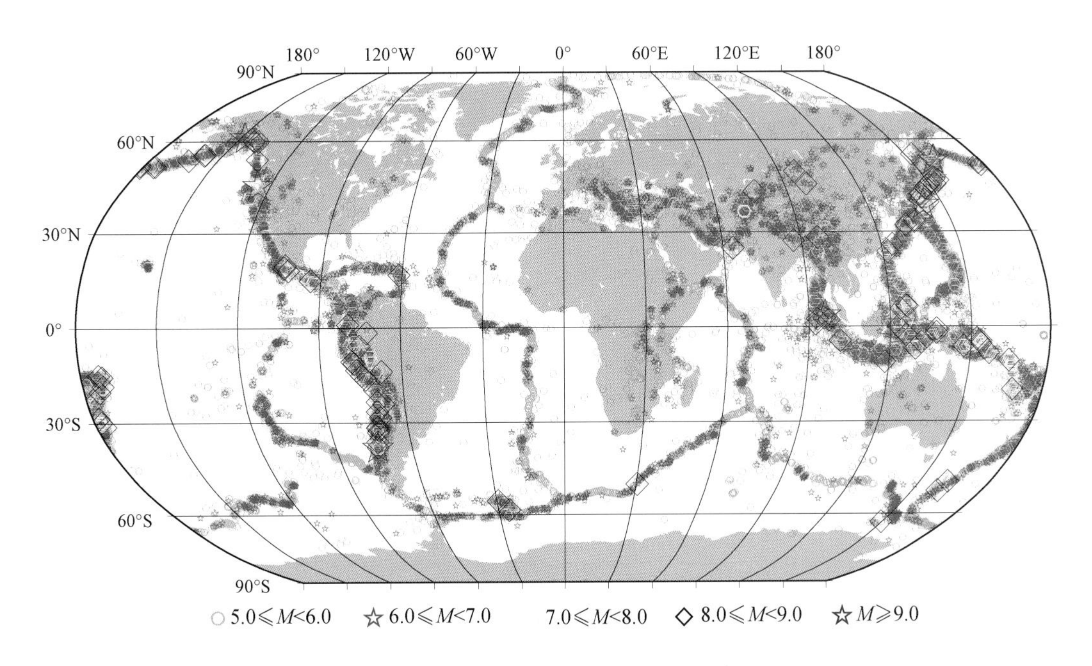

图 1-16　全球地震分带与地震级别

于被动陆缘，而被动陆缘在板块构造理论中归属板内环境，因而在层序地层学中，这种旋回建造常归因为长期的天文旋回或海平面变化。

在大陆的缝合线地带，还常发现一种特殊的岩石，即在某些地层中含有很多大大小小的外来岩块，岩块最大可达数千米，其成分不同（包括沉积岩、火成岩、变质岩）、时代不同、原始产地也不同，混杂堆积在一起，这种堆积体称为混杂岩或混杂堆积（图 1-17）。混杂堆积体（chaotic）是重力作用下快速滑塌成因的无序地质体，与“混杂岩”（mélange）有着本质区别。“混杂岩”一词由 1919 年英国地质学家 Edward Greenly 创造，指由构造作用成因的不规则岩块凌乱散布于片岩/砂岩基质（block-in-matirx）中具构造混杂特征的地质体。板块构造理论认为，板块相向移动，彼此前缘相碰，一方面俯冲板块上的沉积物被刮削下来，堆积在接触线附近；另一方面仰冲板块上也有破碎的岩块滑落下来，形成杂乱无章的沉积堆积物。也有学者认为板块向下俯冲时，由于受到对方板块的阻力，致使下部的地层发生翻转，从而形成在较新地层中混杂有许多外来古老地层的岩块。Festa 等（2022）进一步将混杂岩划分为沉积混杂岩、底辟混杂岩、构造混杂岩（图 1-17）。特别是，大洋板块地层最近得到高度重视（图 1-18），被认为是识别大洋板块俯冲带的标志。因此，混杂岩或混杂堆积也是确定大陆缝合线的重要标志之一。中国西藏、秦岭、川西、台湾（图 1-19）等地区都发育有混杂岩，说明这些地区存在不同地质历史时期的缝合线。

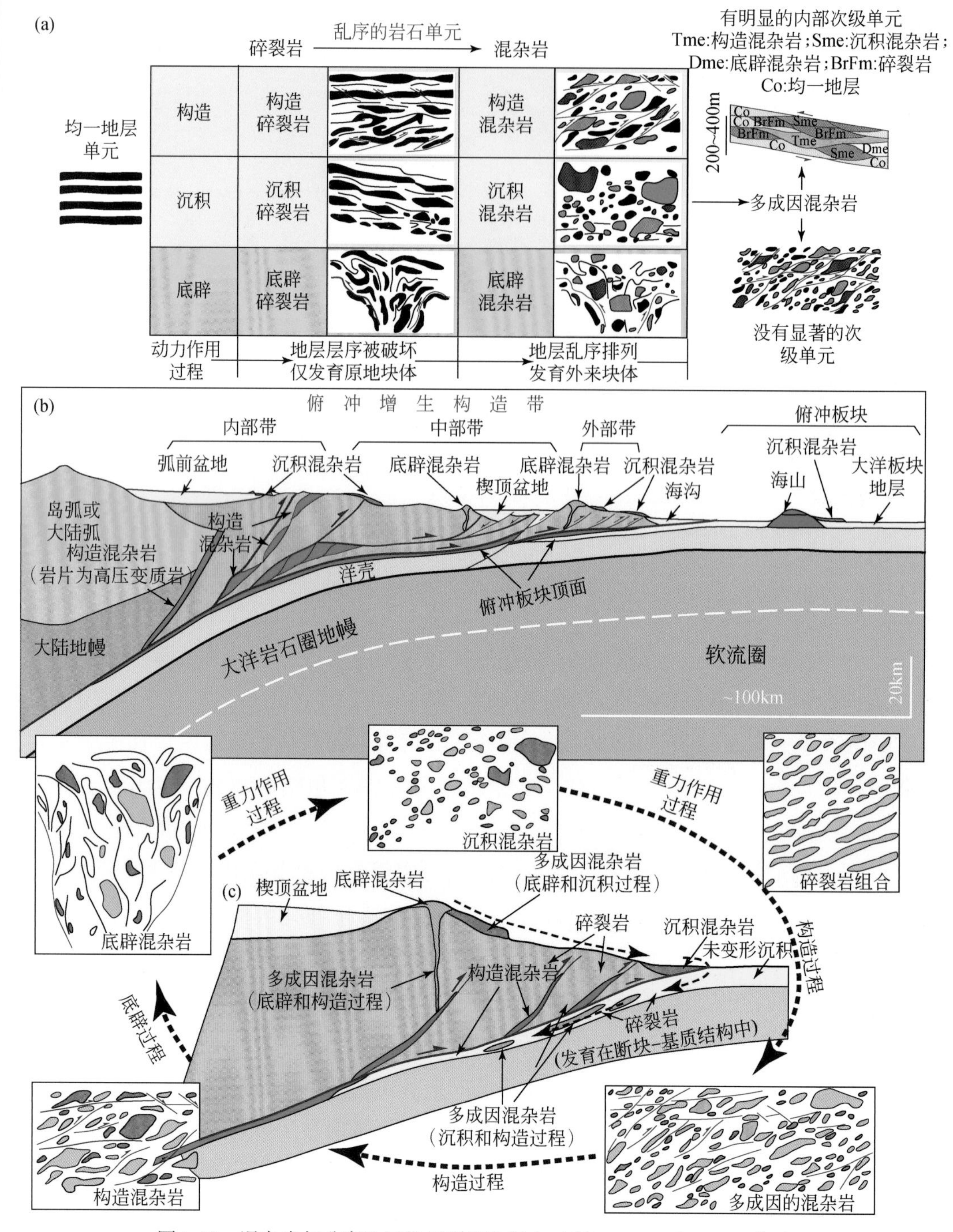

图 1-17　混杂岩与乱序地层的区别对比标志（据 Festa et al., 2022 修改）

图中表示了连续岩石地层单元（或序列）在俯冲构造演化过程中（b）转换为混杂岩（a）的多成因过程。根据构造、沉积和底辟的不同过程，不同机制（地层破碎或混杂作用）和块体性质（原地或外来）共同形成了不同类型的破碎地层或混杂岩。多成因混杂岩代表了不同过程相互作用和叠加的产物。与混杂岩相反，破碎地层保留了它们的地层特征，代表正式或非正式的岩石地层单位。(c）展示了构造、沉积、底辟、多因混杂和破碎地层的内部组构特征和发育部位

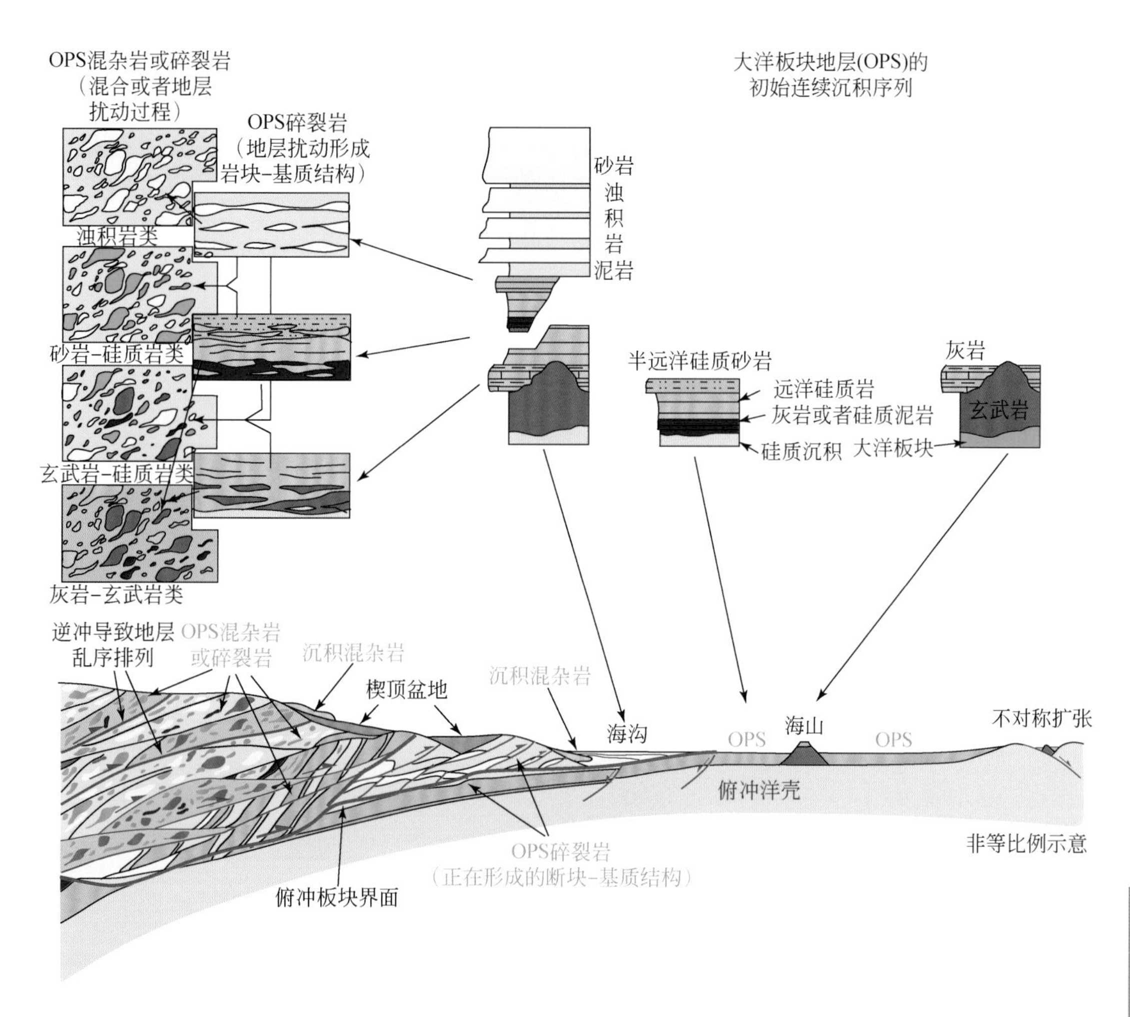

图 1-18 非均质大洋板块地层（ocean plate stratigraphy，OPS）概念模型（Festa et al.，2022）

图中表示了汇聚陆缘的俯冲和增生形成 OPS 混杂岩和破碎地层过程中的构造继承性。OPS 逐渐被破坏和碎片化，形成破碎地层（变形的早期阶段），然后随着构造变形的增强，形成破碎地层和/或混杂岩。这取决于 OPS 卷入变形的多寡和混杂程度，只有经历了混杂作用的才可称为混杂岩

D. 蛇绿岩套

蛇绿岩套（图 1-20 ~ 图 1-22）沿缝合线发育，为一套特有的岩石组合，最初被认为是由超基性岩、玄武岩和上覆远洋沉积岩的“三位一体”岩石组合构成（Steinman，1927）。人们很早就发现，在一些强烈变形的褶皱带或深大断裂常分布有基性-超基性岩带。一般都认为，它是顺着切穿岩石圈的深断裂从地幔涌上来的岩浆物质所形成的岩石，但是这些岩体的围岩一般没有热侵位的接触变质带或烘烤现象那样应具有的接触变质现象，因而这些岩块应是构造冷侵位的产物。20 世纪 60 年代的深入研究表明，这种岩块的成分相当复杂，并且具有一定的层序。其层序自下而上往往是超基性岩（橄榄岩或辉长岩等）、基性深成岩（席状辉绿岩墙群）、基性熔岩（枕状玄武岩）、深海沉积岩（如含放射虫硅质岩或灰岩等），同时，其中的

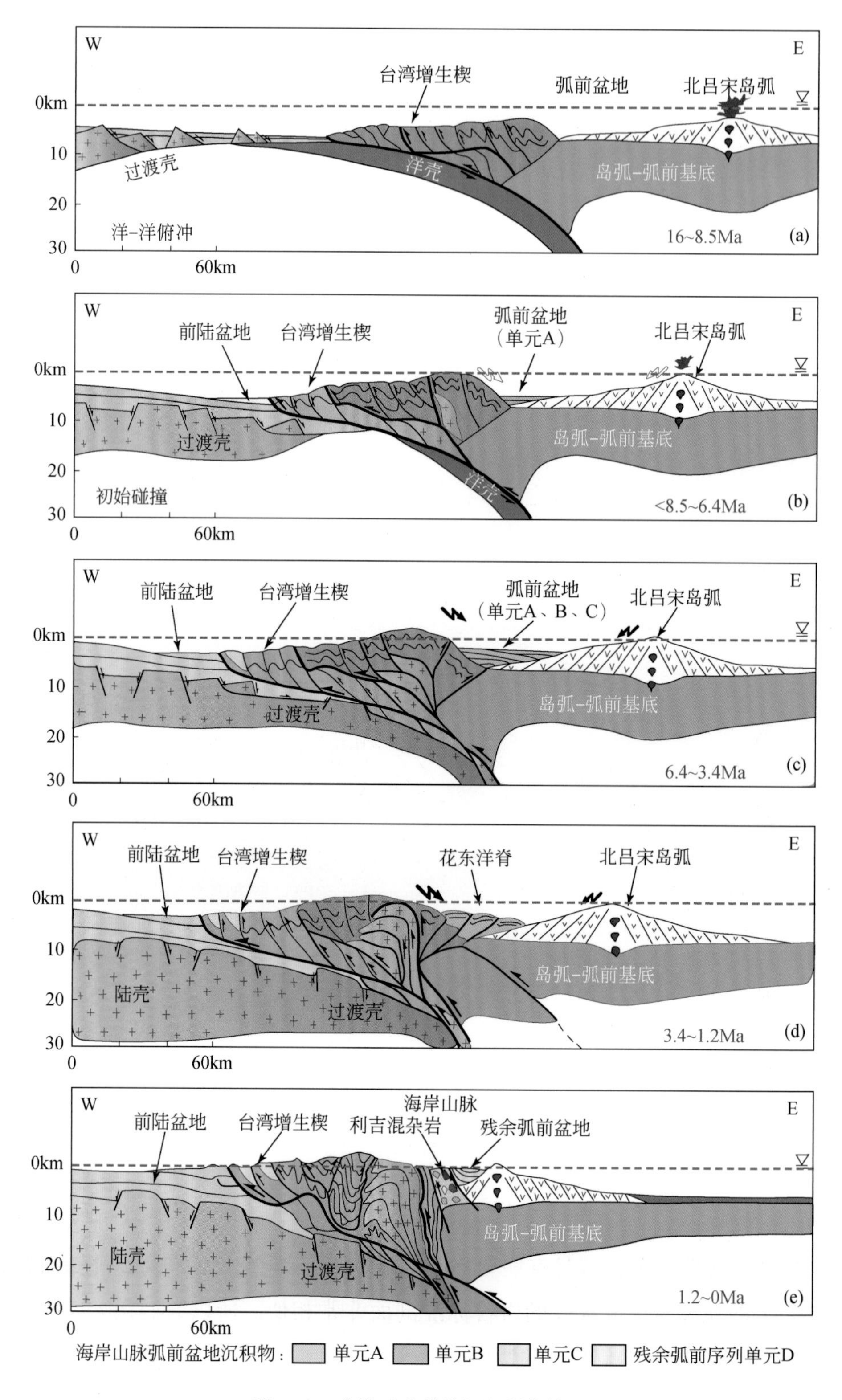

图 1-19　台湾造山带的沉积混杂堆积

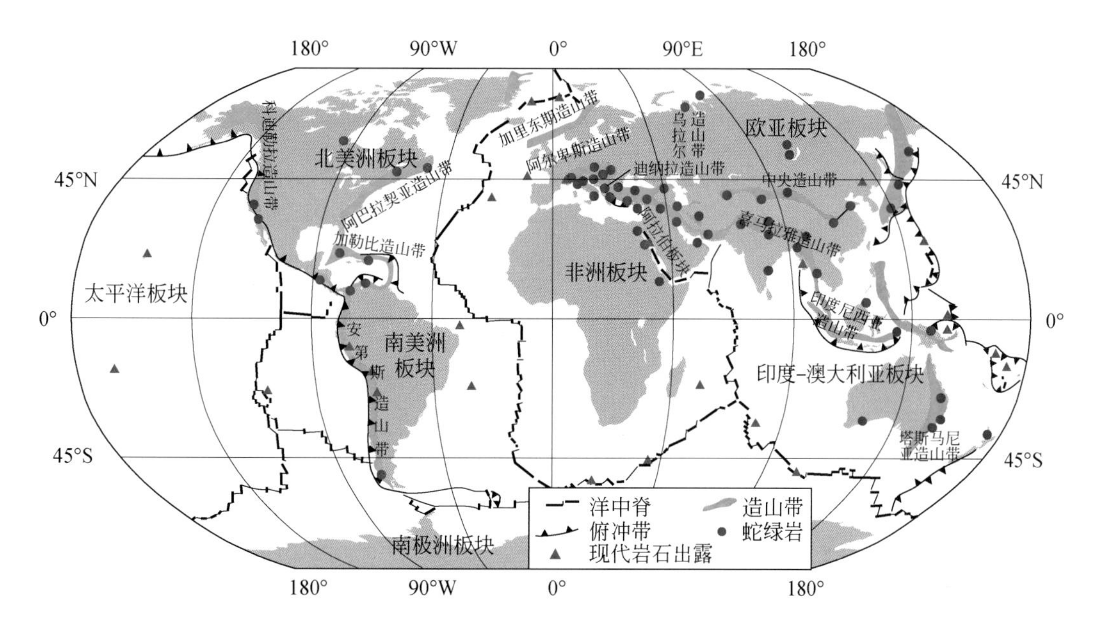

图 1-20　全球蛇绿岩分布与造山带关系（Saccani，2014）

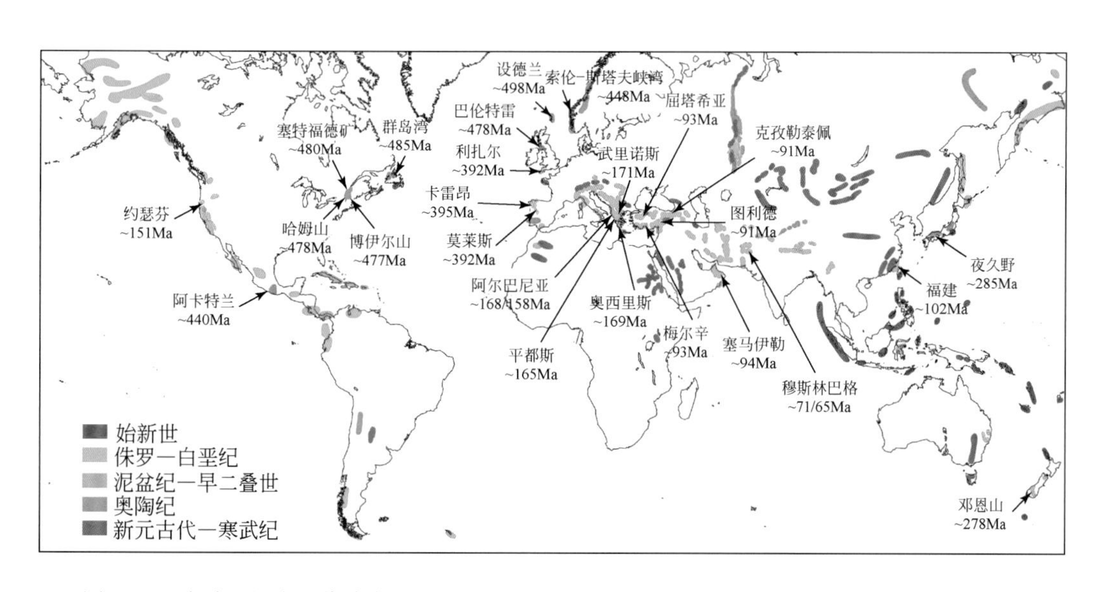

图 1-21　全球蛇绿岩时代分布与造山带关系（Vaughan and Scarrow，2003；Echevarria，2018）

基性-超基性岩多已蚀变为含绿泥石、蛇纹石等的绿色矿物组合，故命名为蛇绿岩套，因构造变形强烈而组成复杂，所以也称为蛇绿混杂岩。后来，通过深海钻探发现，陆壳上的蛇绿岩套和洋壳的岩石标准剖面非常相似，所以人们认为，蛇绿岩套是沿板块碰撞带被推挤上来的古老海底（即洋壳或洋幔），并作为缝合线的另一种重要识别标志。例如，在西藏沿雅鲁藏布江谷地出露超基性岩带，东西延伸达数百千米，就是由蛇绿岩套所组成的蛇绿岩带，而这个地带就是古板块的缝合线，代表

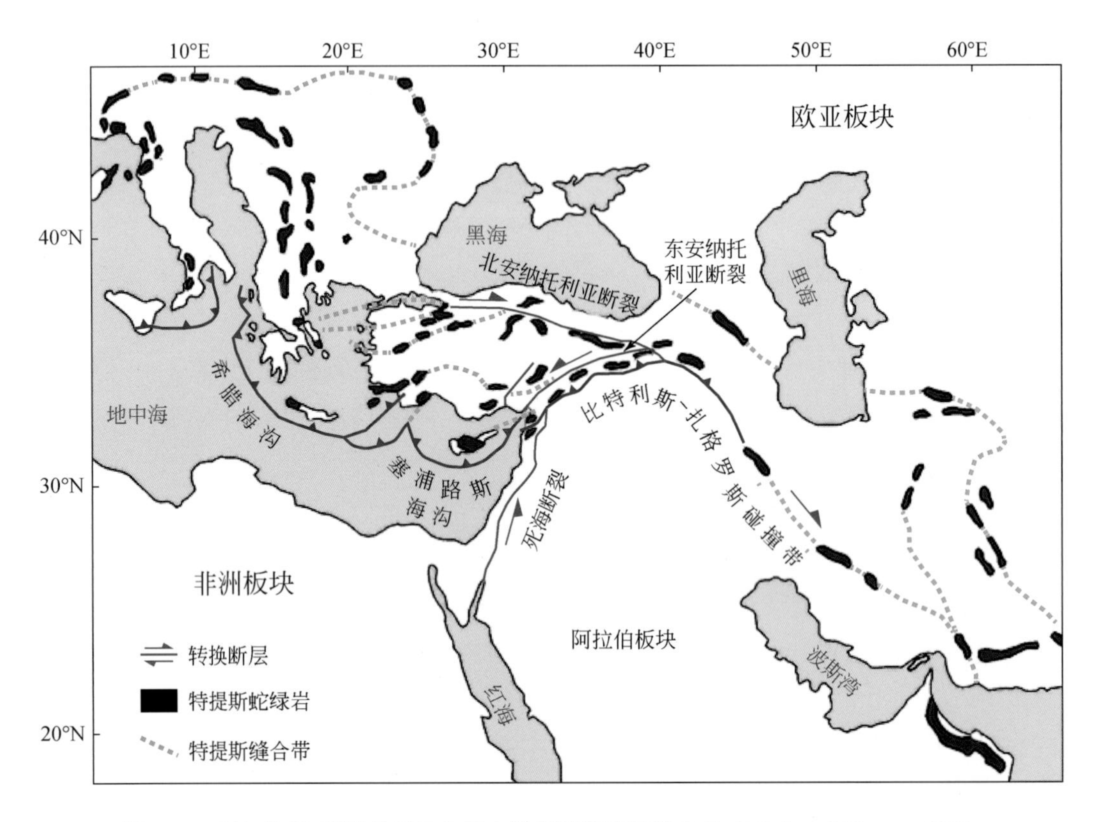

图 1-22　阿尔卑斯-喜马拉雅造山带中特提斯洋蛇绿岩分布（Dilek and Flower，2003；Attarzadeh et al.，2017）

消失的大洋。

蛇绿岩套和混杂岩带是增生混杂岩的重要组成部分。增生混杂岩主要由大洋板块地层（OPS）混杂岩带和蛇绿混杂岩两部分组成，而大洋板块地层包含海沟复理石、远洋-半远洋沉积岩及洋壳上部火成岩（多数为玄武岩）等若干端元组分（图 1-18）；构造变形方面，增生楔以发育叠瓦式逆冲断层、双重逆冲推覆构造及紧闭-倒转褶皱等典型变形特征（图 1-19），同时伴有密集破劈理、片理、小型无根褶皱与膝折等次级构造。

车自成等（2016）提出蛇绿岩可分为：缝合带型蛇绿岩和裂陷型蛇绿岩两类。缝合带型代表板块边界，两侧在基底结构、岩相建造、古生物演化、岩浆与变质作用等方面显著不同，蛇绿岩、花岗岩、火山岩和高压-超高压变质岩等是其主要鉴别标志。裂陷型蛇绿岩的主要特征是不沿结晶地块边缘产出，而是夹在同一或相近时代的地层中，与围岩或整合（变质变形相呈现过渡特征）或为韧性剪切带接触，混杂现象不强烈，常见断块混杂，但断块内部本身具有连续层序。不少学者主张裂陷型蛇绿岩形成于小洋盆环境，不存在俯冲海沟、岛弧岩浆相关记录。实际上，裂陷型蛇绿岩是裂谷被动开合所致，是陆内造山带的识别标志之一。

E. 双变质带

双变质带又称成对变质带。板块构造理论认为，两个板块俯冲-碰撞过程中，在俯冲盘的顶面和仰冲盘的底面，或者说在海沟的靠陆一侧，由于海沟热流、温度较低，板块携带着冷的岩石发生俯冲，再加上俯冲下潜的压力很大，常常形成以蓝闪石片岩为代表的蓝片岩带。其中，夹杂有大量变玄武岩和蛇纹岩，称为高压低温变质带。在仰冲板块的一侧，相应的岛弧或陆缘的火山岩带，其下俯冲板片因摩擦生热而熔融，导致岩浆的形成、侵入或喷出，并常在侵入岩的接触带附近形成低压高温变质带，也就是常见的区域变质带。双变质带被认为是板块聚合或板块俯冲带的典型标志（图 1-23）。此外，现在也将超高压带、超高温变质带作为识别更古老板块边界的重要标志（图 1-24）。

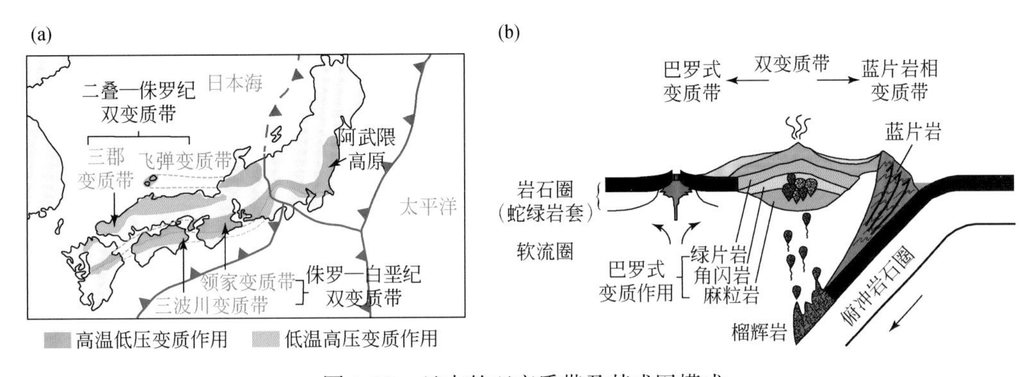

图 1-23　日本的双变质带及其成因模式

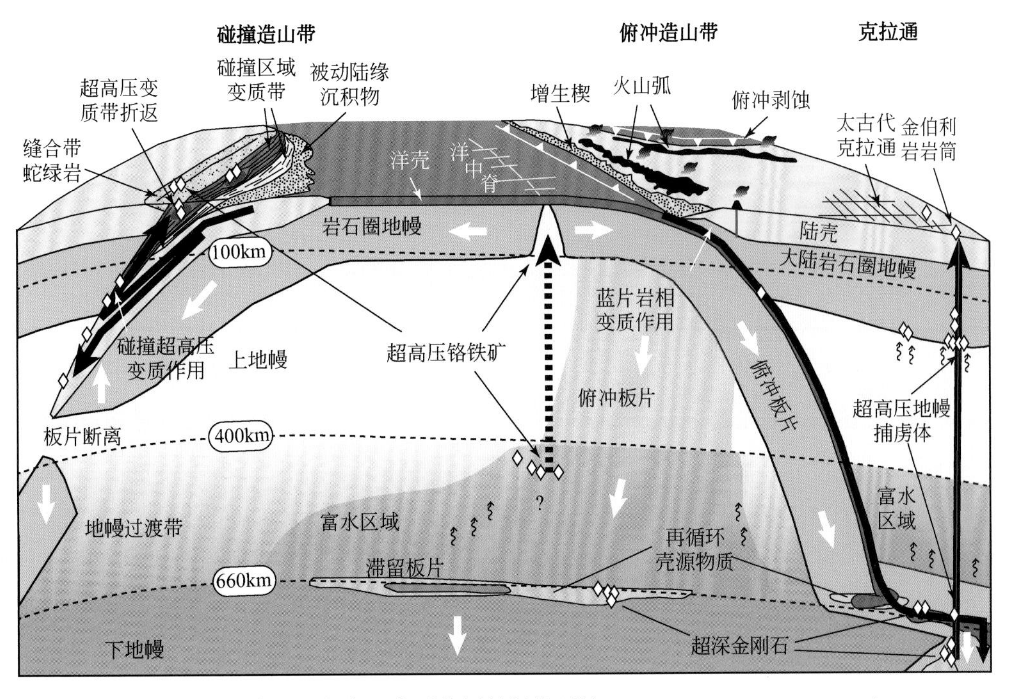

图 1-24　超高温、超高压变质作用的板块环境（Liou and Tsujimori，2013）

F. 造山作用

两个大板块碰撞会产生很大的挤压力，使一个大板块相对另一个大板块向下俯冲或向上仰冲，从而使沉积地层发生褶皱和断裂，地壳增厚，在重力均衡作用下形成山脉。例如，欧洲的阿尔卑斯山是逆冲推覆构造的典型代表，自南向北先后经历了四幕变形而形成大规模逆冲推覆体，这是非洲板块和欧亚板块碰撞的结果。与此类似，台湾造山带虽然不是陆-陆碰撞造山带，是弧-陆碰撞的典型，但其造山带结构也类似阿尔卑斯山式推覆造山带结构［图1-25（a）］。再如，喜马拉雅山脉、大别-苏鲁造山带也都是两个大板块碰撞的结果。在强大的陆-陆碰撞背景下，介于两个大板块之间的中、小、微陆块易于发生深俯冲，发生高压-超高压变质，形成榴辉岩。但榴辉岩快速折返过程会导致造山带一侧出现正向伸展滑脱［类似图1-25（b）］，形成的结构不完全等同于阿尔卑斯山式推覆造山带的结构。当然，榴辉岩也可以形成于大洋俯冲带，如印度尼西亚等地。

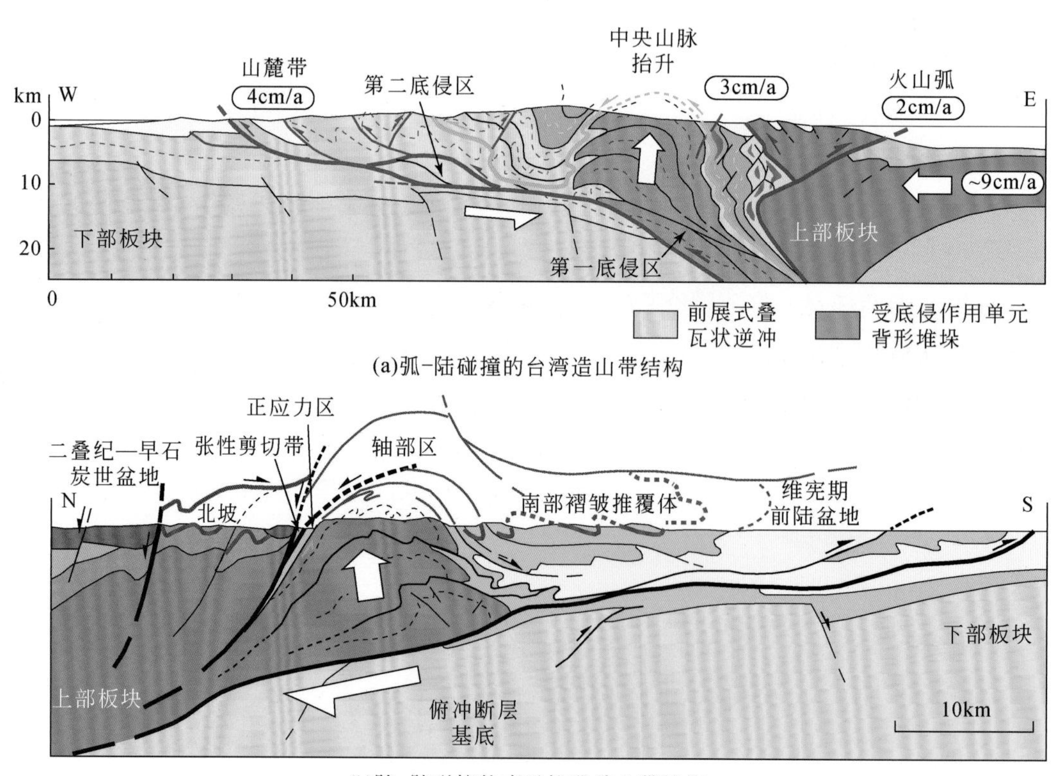

(a)弧-陆碰撞的台湾造山带结构

(b)陆-陆碰撞的喜马拉雅造山带结构

图1-25　碰撞造山带的两类结构（Konstantinovskaya and Malvieille，2011）

（5）周期性

板块都是活动的、旋回演化的，相关洋盆则遵循威尔逊旋回。“威尔逊旋回”

一词由 Kevin Burke 于 1975 年命名，但威尔逊旋回的过程或阶段划分确实是威尔逊在 1966 年发表的 *Nature* 一文中首次提出（Wilson，1966）。这个过程建立于 Wilson（1966）发现大西洋是在早期一条缝合线基础上打开的事实，这条缝合线可能是古大西洋（即后来命名的亚匹特斯洋等）闭合产生的，因而古大西洋和大西洋洋盆在同一空间位置的时间演化存在旋回性。其原始概念确实指的是“一个”地带先后两个大洋盆地演化的历史再现，因此，将威尔逊旋回用中国学者提出的开合构造（杨巍然等，2016，2018；李舜贤等，2019）来描述是最准确不过的了。但后人却从“多个”盆地演化史试图拼凑出“一个”标准的、放之四海而皆准的威尔逊旋回。特别是，有人依据太平洋板块历史推断，从东太平洋海隆扩张脊新生长出来的洋壳，以平均 5cm/a 的速度向西移动，2 亿年内可移动 1 万 km。从东太平洋海隆至马里亚纳俯冲带正好为约 1 万 km，而马里亚纳及其附近海底最老岩石年龄也正好为 2 亿年左右。这似乎合理地说明太平洋洋底大约每 2 亿年更新一次，由此，后人又得出了“威尔逊旋回是 2 亿年一个周期”的错误认识。

按照传统板块构造理论，不仅在海洋中有洋壳发生分裂、地幔物质涌出、新洋壳的生长，而且在大陆上也有同样的现象，大陆裂谷强烈伸展到一定程度就是这样的地带。东非大裂谷正处于陆壳开始裂离阶段，即大洋发展的胚胎期。若裂谷继续发展，海水侵入其间，就像红海和亚丁湾一样，进入了大洋发展的幼年期。如果再继续扩张，基性岩浆不断侵入和喷出，新洋壳把老洋壳向两侧推移，扩张速率以 5cm/a 计，大约经过 1 亿年就会形成一个新的“大西洋”。板块构造理论认为，大西洋正处于大洋发展的成年期；太平洋的年龄比大西洋要老，它正处于大洋发展的衰退期；地中海是宽阔的特提斯洋（古地中海）经过长期发展演化的残留部分，代表大洋发展的终了期；印度次大陆长期北移，最后和欧亚板块相撞，二者碰撞在一起形成了巍峨的喜马拉雅山脉以及缝合线的形迹，缝合线代表大洋盆地发展的遗痕。

据上所述，大洋盆地从开始形成到封闭，可以归纳为下列过程：大陆裂谷——红海型窄洋盆——大西洋型开阔大洋——太平洋型收缩海洋——地中海型残留海洋——缝合线。这一过程被称为洋盆发展旋回或“威尔逊旋回”（图 1-26），这是 Kevin Burke 为了纪念 Wilson 的贡献而命名的。威尔逊 1966 年研究的对象是大西洋的开合历史，确实是美洲大陆与非洲和欧洲大陆之间的一个完整的旋回性演化过程。但近年来的深入研究发现，两个大陆碰撞后，一个大陆板块还可持续俯冲到另外一个大陆板块之下，两个大陆之间距离持续缩短，最后经过风化剥蚀，逐渐稳定进入克拉通化阶段。随后，在某种远程因素或深部因素触发下，该克拉通可以进入新一轮裂解阶段。这一系列后续过程并没有被包含在传统威尔逊旋回之中，因此，另外一个叫 Wilson 的学者于 2019 年提出了一种新的威尔逊旋回模式（图 1-27）。但是，地史期间，这个传统威尔逊旋回或新的威尔逊旋回依然是少见的，多数为非威

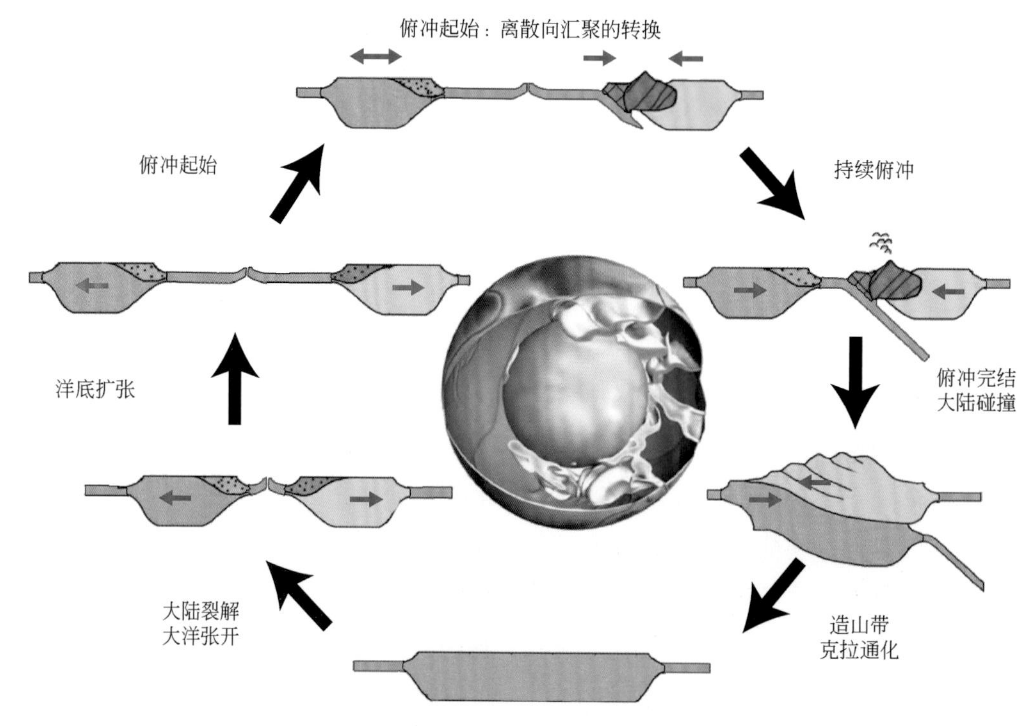

图 1-26　传统的威尔逊旋回盆地演化历程

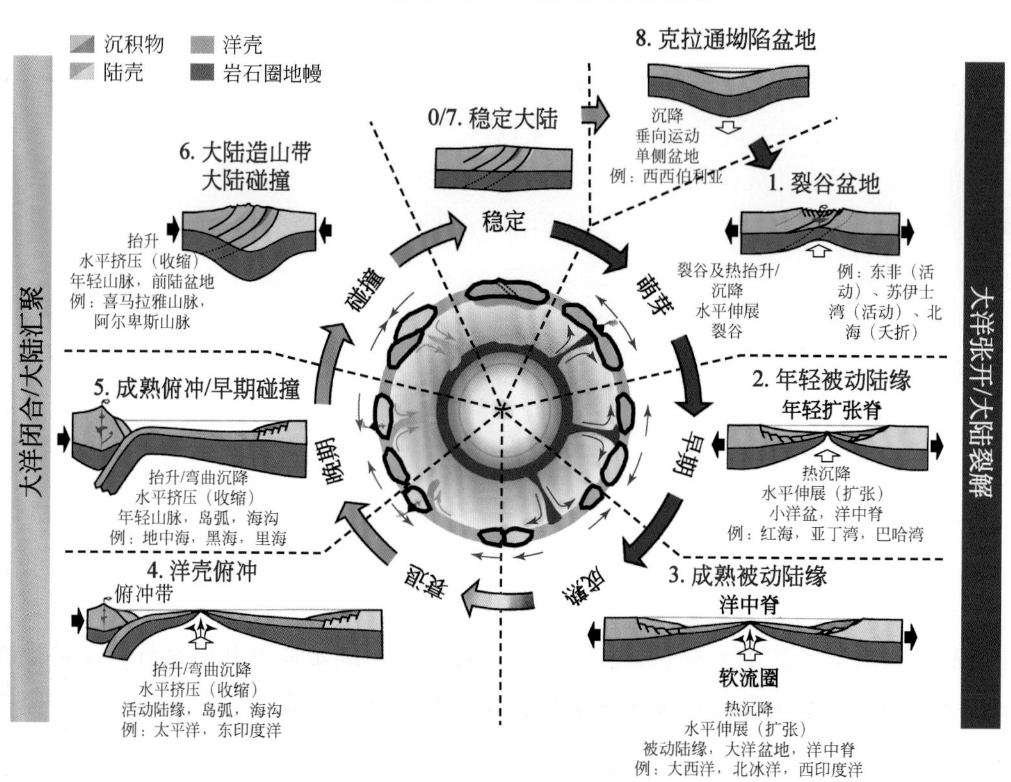

图 1-27　新的威尔逊旋回板块演化历程（Wilson，2019）

尔逊旋回（见第十章）。实际上，正如 Duarte 等（2013）认为的：威尔逊旋回是板块构造理论中一个范式概念，描述了大西洋型洋盆演化的三个阶段：①打开和扩张；②被动陆缘自发式俯冲启动和新俯冲带的形成；③消减和关闭。因此，其他阶段的演化都不宜扩大或纳入传统威尔逊旋回。如果要像 Wilson（2019）那样去补充完善传统威尔逊旋回的话，传统威尔逊旋回的每个阶段都可补充很多细节过程。

（6）驱动力

传统板块构造理论最初认为，驱动板块运动的动力来自软流圈内主动的地幔对流，但如今对地幔对流依然存在众多争论，不仅有浅地幔、深地幔、全地幔、双层地幔对流多种模式（图 1-28），而且有学者直接认为并非地幔对流驱动了板块运动，而是岩石圈板块运动驱动了地幔对流，是板块自身推动自身发生运动，这又回归到了主动的“大陆漂移”观念。这些尚存的争论，不仅表明地幔对流还存在主动与被动之争，而且说明板块驱动力机制依然没有解决。

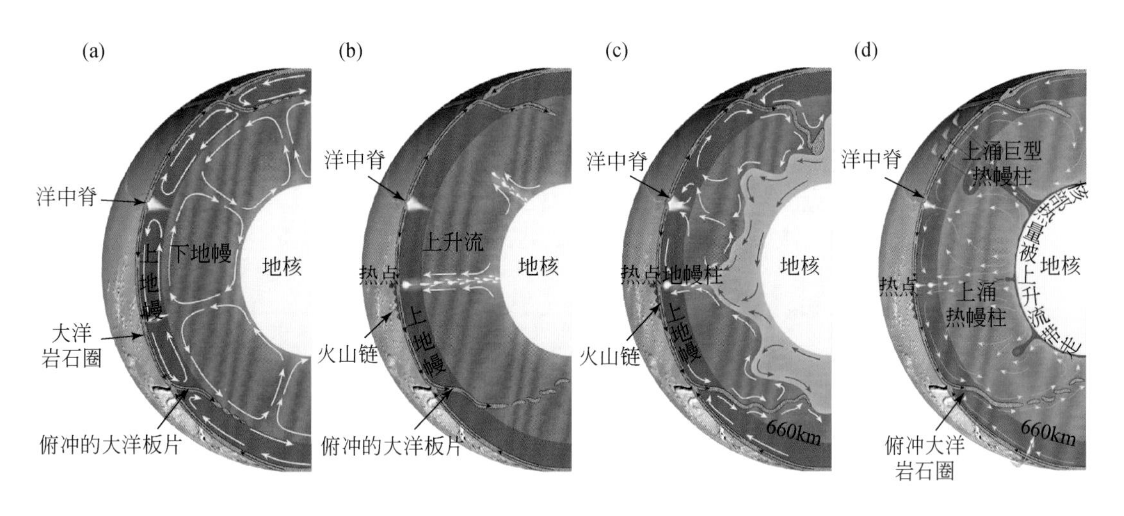

图 1-28　四种可能的地幔热对流模式

（a）双层地幔对流模型，即一个 660km 以上、岩石圈之下的薄对流层和下部地幔一个厚对流层；（b）单层全地幔的深部对流模型，与早期上地幔软流圈单层的浅部对流模式不同，随机热幔柱向地表传输热量，核幔边界无 LLSVP；（c）耦合核幔边界的单层全地幔深部对流模式，即地幔类似下部有个熔岩池（实际为 LLSVP）在运行，地球热导致这些对流层缓慢上隆或复杂形式的收缩，且不存在物质混合，下部物质以地幔柱形式或地表张裂诱导深熔岩浆向上流动；（d）耦合地幔柱的全地幔对流模式，即冷的大洋岩石圈处于对流环的下降侧，然而上升的地幔柱从核–幔边界携带热物质运聚到地表

无论板块运动的动力机制有多少解释，首先必须满足以下几个条件：①能产生足够大的力；②必须合乎物理学（流体力学、热力学等）基本原理；③符合根据地球物理观测得出的地球内部性质；④驱动力所产生的效应要与现代岩石圈的性状和动态相一致。总之，必须能自圆其说以解释观察到的各种地质现象。赫斯的海底扩张学说认为，洋中脊是地幔对流上升的场所，地幔物质不断从这里上涌，冷却固结

成新的洋壳，随后涌出的岩浆又将先前形成的洋壳向外推移，自洋中脊向两侧每年以0.5～5cm的速率扩展增生，这被认为是地幔对流主动驱动板块的一种假说。除了地幔对流驱动板块机制以外，人们还提出了俯冲板片拖曳机制、板块重力作用下顺坡下滑机制等。它们之间最大的不同是：地幔对流模式中软流圈运动是主动的，岩石圈运动是被动的；相反，其他几种模式中软流圈运动是被动的，岩石圈运动是主动的。这些争论的本质实质是重力与热力之间谁才是根本驱动力的问题。正如前文所说，相变和其产生的重力可能是根本，而热力是次要的，因为热力在岩浆海阶段就存在，且对称的地幔对流就可能已经存在，即使在这个岩浆海阶段，重力也是驱动地球运转的关键机制。

现在看来，不对称地幔对流的探讨，才是解决现代板块构造体制起始的关键。如果岩石圈板块俯冲驱动地幔对流，那就要解释板块何以先于不对称的地幔对流起源；如果是地幔对流驱动板块运动，那就要说明不对称地幔对流是怎样起源和演变的。尽管已有证据表明，地表板块构造可以通过3D地幔对流自发产生（Tackley，1998），但对板块几何形状和板块速率随时间变化的驱动力是否更为重要，仍然存在争议。实际上，板块运动的驱动力问题确实是尚未解决的关键科学问题（Maddox，1998）。相对来说，确定主要作用力是简单的（图1-29），但是解决单类作用力驱动板块破裂和运动的重要性可能影响更为持久而现实（Bott，1982）。

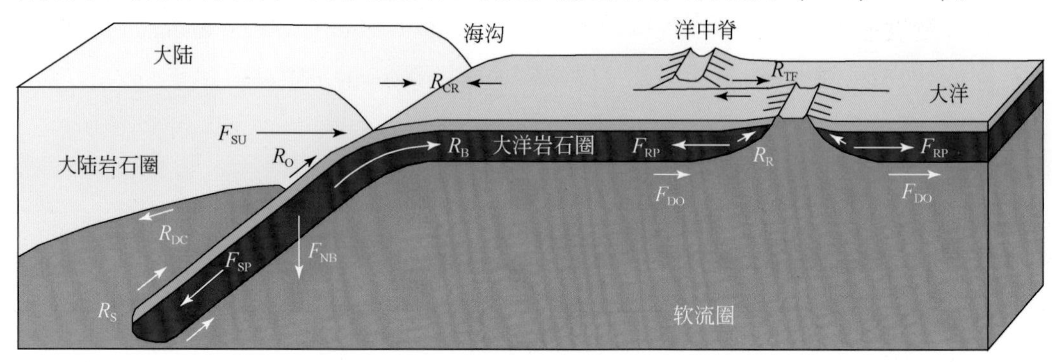

图1-29　板块受力分析（Bott，1982）

因为岩石圈下面的软流圈很弱，所以岩石圈板块有部分与软流圈地幔是解耦的，然而板块可能至少部分被对流地幔施加的力所驱动。例如，如果岩石圈板块被运动速度更快的软流圈携带，那么沿着大洋板块底面力可以被视为大洋板块的驱动力，即图中的 F_{DO}，这有助于板块发生移动。相反，如果朝板块运动方向，甚至在相反的方向上，软流圈比板块运动得慢，那么大洋板块底面力就是大洋板块运动的阻力，即 R_{DO} 阻碍板块运动。大陆岩石圈比大洋岩石圈厚，所以大陆岩石圈几乎总是有一个向下突出的“龙骨”，大陆板块下方的运动阻力可能比大洋板块的更大。因此，大陆板块可能与图中的额外大陆板块阻力 R_{DC} 有关，相应地，作用在大陆板块底部的阻力将是图中大洋板块和大陆板块阻力 $R_{DO}+R_{DC}$ 的总和。图中 F 为推力，R 为阻力。F_{SU}-海沟吸引力，F_{SP}-俯冲拖曳力，F_{RP}-洋中脊推力，F_{DO}-大洋板块底面拖曳力，F_{NB}-板片负浮力；R_{CR}-碰撞阻力，R_{TF}-转换断层阻力，R_R-洋中脊阻力，R_O-仰冲板块阻力，R_B-挠曲阻力，R_S-俯冲阻力，R_{DO}-大洋板块底面阻力，R_{DC}-大陆板块底面阻力

Ziegler（1993a，1993b）认为板块底面剪切拖曳力（basal shear traction）是引

起板块运动的主导作用力。其他学者则认为，岩石圈和软流圈之间的耦合较弱，尽管这种耦合程度和横向变化仍然未知，岩石圈底面剪切也可能仅发挥很小的作用。Forsyth 和 Uyeda（1975）、Carlson 等（1983）和 Richardson（1992）认为，板块边界作用力才是板块运动的主要驱动机制。沿板块边界作用的力可能是驱动板块运动的主要动力，这是因为洋中脊处热软流圈的热浮力上升以及海沟处冷岩石圈的深俯冲所致。究竟哪个边界力发挥着最重要的作用，仍然是一个热点问题。

A. 洋中脊推力

尽管一些学者认为，洋中脊推力相对于其他力来说是次要的（Forsyth and Uyeda，1975；Carlson et al.，1983），但是洋中脊推力以往常被认为是主要的板块驱动机制（Meijer and Wortel，1992；Richardson，1992；Coblentz and Richardson，1995）。洋中脊推力源自于压力梯度（即体力），该压力梯度垂直洋中脊走向作用于整个板块，由远离洋中脊的大洋岩石圈冷却和致密化过程中发生均衡沉降而产生（Wilson，1993）。

B. 板片拉力

板片拉力来自俯冲带处下行的大洋岩石圈相变而密度加大产生的负浮力，并且与冷板片的多余质量（相对于较热地幔的质量而言）成正比（Spence，1987）。从橄榄石到密度更高的尖晶石的相变也可以增加密度差，进而增强俯冲板片的能量，俯冲板片密度差先增加，早于周围地幔密度差的增加（Bott，1982；Spence，1987）。负浮力板片在穿过地幔时，会引起地幔对流，进而通过板片底部剪切牵引力，驱动岩石圈板块运动（Lithgow-Bertelloni and Richards，1998；Conrad and Lithgow-Bertelloni，2004）。由于俯冲作用引起地幔流向下输运物质，因此，这些牵引力导致附近的板块向俯冲带运动（Lithgow-Bertelloni and Richards，1998；Conrad and Lithgow-Bertelloni，2004）。

C. 碰撞力

碰撞力不会起到驱动板块运动的作用，反而会起到阻碍作用。碰撞力沿着板块的边界起作用，由两个碰撞板块之间的摩擦力而产生。在耦合较强的俯冲带，俯冲板块和仰冲板块之间会形成摩擦应变能，之后，这些能量通过地震和地壳变形释放出来或传递出去。在涉及大陆板块碰撞的情况下，板块动量产生的能量损失还会转化为多余的重力势能，并且导致地壳增厚，进而多余的重力势能储存在增厚的地壳中（Bott，1982）。例如，印度板块和欧亚板块碰撞力导致形成高耸的喜马拉雅造山带，转换为地壳增厚的能量与板块驱动力的数量级应相同，因碰撞板块动能损失，故而碰撞板块的运动速率在碰撞时会变慢（Sandiford et al.，1995）；或者导致受碰撞的一些刚性块体沿着滑移线场发生侧向挤出（extrusion）或逃逸（escape），诱发岩石圈尺度大规模走滑断层作用；也可导致复杂镶嵌结构的、未克拉通化的受碰撞块体之间多条古老造山带发生陆内抬升或缝合线发生陆内活化，如印度板块与欧亚板块碰撞导致已经处于陆内的印支期天山造山带在新生代活化隆升。

D. 底面剪切拖曳力

板块底部剪切力作用，是地幔对流以构造“传送带”（tectonic conveyor belt）形式驱动板块运动的关键作用力。尽管这种观点在过去很流行，但它已不如其他板块驱动机制得到的支持广泛，因为传统观点是地幔对流驱动板块运动，而不是上覆板块拖曳并驱动地幔对流。虽然对潘吉亚超大陆而言，底面剪切力可能相对重要，占主导地位（Ziegler，1993），但对于离散板块而言，可能只起次要作用。

Stoddard 和 Abbott（1996）认为，克拉通下岩石圈根部可起到龙骨（keel）或铆钉的作用，并穿透快速对流的地幔。这种与快速对流地幔的相互作用，将驱动板块运动。这种情况则符合传统地幔对流驱动板块运动的认识。但是，由于缺乏对岩石圈与对流地幔耦合程度的了解（Coblentz et al.，1995），因此，很难量化底面剪切力相对于其他作用力的重要程度。

实际上，板块在不同部位、不同阶段，其底面剪切力可能差异巨大，有些起着牵引作用，有些起着阻碍作用，如俯冲带中的俯冲板片，在折返阶段可能板片上下界面皆为向上的俯冲阻碍力；板片俯冲时，可能只有上表面受向上的俯冲剪切阻力。

1.2 传统板块构造难题

板块构造理论虽然比较完美地描述了大陆板块动力学的裂解漂移和聚合机制、大洋板块动力学的海底扩张和俯冲机制，但在解释早期陆壳更为复杂的物质增生与消减过程中却遇到了相当大的困难。近年来研究认为，大陆地区与大洋地区，至少在上地幔深度范围内，存在巨大的动力学差异，现有的板块构造理论不能简单地应用于解释大陆动力学过程。大陆动力学过程不仅涉及板块构造理论所阐明的岩石圈尺度动力学，乃至板块构造理论难以阐明的前板块构造动力学过程，还可能涉及软流圈及更深部地幔，甚至地核的长期变化。从近代科学诞生之初，特别是地球科学出现以来，大陆演化与动力学问题就一直是地球科学家特别关注的焦点，大陆动力学研究已成为地质学、地球物理学、地球化学的一个重要发展战略方向，其中，大陆流变学成为大陆动力学研究的核心，目标就是全面认识大陆岩石圈的流变学行为，以弥补板块构造理论对大陆形变认识上的不足（金振民和姚玉鹏，2004；张国伟等，2013；郑永飞等，2015）。

1968 年板块构造理论诞生，50 多年来该理论取得了辉煌科学成就，其中，地幔对流是板块驱动力、岩石圈板块是刚性为板块构造理论的核心。板块构造理论提出之初就认为驱动板块运动的终极动力源是地幔对流，从而突破了大陆漂移学说未能解决大陆漂移驱动动力的缺陷，也符合海底扩张学说提出的洋中脊岩浆上涌主动推动海底扩张、大陆被动漂移的动力学机制，特别是瓦因-马修斯-莫雷磁条带成因假说推动了海底扩张学说被普遍接受，从而使地幔对流驱动板块也得到了广泛接受。但是，板块构造理论迄今依然遗留了三大难题：板块起源、板内变形和板块动力。早在 2000 年，Pratt（2000）就提出警告“板块构造：一个受到威胁的范式”。2010 年，李三忠等（2010）提出构造地质学的“四深”发展，展望人们将提出行星大地构造的全新理论。时隔 13 年，一批国际著名地质学家、地球物理学家、地球化学家、前寒武纪地质学家、地球动力学家等（Duarte et al.，2023）发出了同样的呼唤，认为现今正处于新的理论呼之欲出的前夜，“板块构造 2.0”即将诞生，并且可以自豪地肯定，我们正经历着固体地球科学的第三次地学革命。其原话为“This integrated dynamic theory of plate tectonics and mantle convection can，in my view，be regarded as a third revolution in the solid Earth sciences. Or at least，a second major step in the theory of plate tectonics. Some colleagues even named it Plate Tectonics 2.0. Whatever it is，we are just passing through it. It may seem pretentious to affirm that we are going through a revolution”（Duarte et al.，2023）。板块构造理论遗留的三大难题正是这场地学革命的源头。

（1）板块起源

板块构造理论正式提出以来的 50 多年中，一些尚未解决的板块构造本质性问题一直是深化发展板块构造的研究前沿。例如，板块构造理论难以解释的板内变形机制。大陆构造难以用板块构造理论完美解释，板块构造理论也难以解释板块构造自身何时、何地、何因、何种机制起源，为何地球独有板块构造而有别于其他行星，早期地球在板块构造出现前的构造体制是什么，即前板块构造体制是什么，为何和如何从前板块构造体制转变为板块构造体制，这种转变经历了哪些阶段，等等。尽管存在这些问题，迄今几乎所有研究一致认为，现代板块构造体制起源于前寒武纪，然而对其具体起始时间、启动条件和发生机制还存在争论。

随着 20 世纪 70～80 年代板块构造理论兴起，大量前寒武纪构造研究开始探索板块构造理论在前寒武纪的适用性（Kröner，1981），并曾经一度辉煌。诸多研究发现，板块构造理论难以完全理解早前寒武纪的构造过程，但后来因其技术瓶颈和理论障碍问题使得在 20 世纪 90 年代相关研究一度停滞。2002 年以后，随着距今 21 亿～18 亿年集结的 Columbia 超大陆的提出（Zhao et al.，2002），以及计算机模拟技术和高精度微区分析技术的发展，突破板块构造理论桎梏开启新的前寒武纪地球动力学研究已成为可能。前寒武纪研究再度走向地学前沿，板块构造起源等一系列问题逐渐看到曙光并逐步得到破解。

A. 板块构造启动时间

地球距今 45. 6 亿 ~40 亿年一般称为冥古宙，40 亿 ~5. 41 亿年为前寒武纪。前寒武纪又以 18 亿年或 16 亿年划分，之前的前寒武纪（太古代和古元古代）称为早前寒武纪，之后的称为晚前寒武纪（中元古代和新元古代）。板块构造机制起源于前寒武纪的何时、何地、何因，是前寒武纪地球动力学尚未解决的地球构造演化的前沿关键核心问题。尽管持板块构造观点的学者占多数，但他们主要依据全球现存岩石记录或矿物记录（图 1-30），对板块构造启始的具体时间进行的界定还存在巨大差异（图 1-31）。

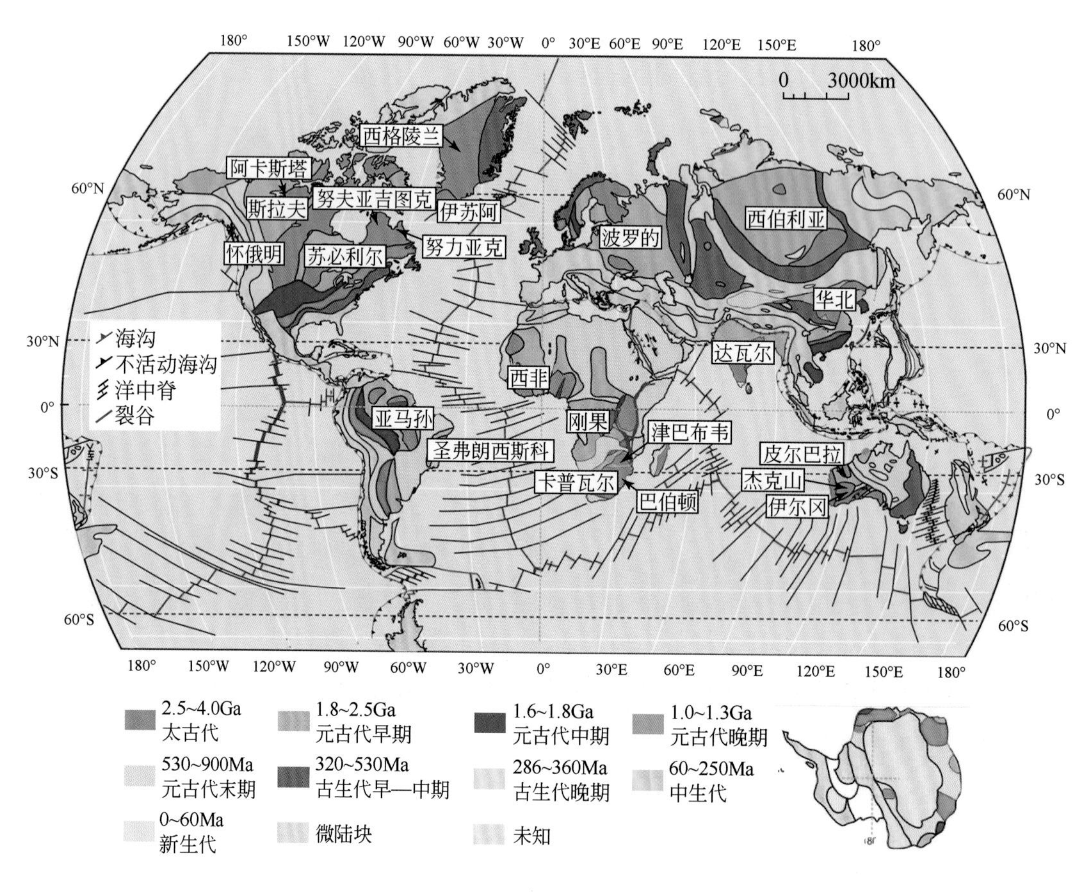

图 1-30 全球前寒武纪地质构造简图（Windley et al.，2021）

图中表示了始太古代露头和其他各种年龄地壳的主要分布位置

板块构造机制启动是地球系统演化过程中的重大事件，因为板块构造调控了地球随后的大气圈、水圈、冰冻圈、生物圈、土壤圈、岩石圈和软流圈，乃至下地幔的演化。特别是，对现代板块构造启动的时间、地点和机制，迄今仍然分歧较大。关于现代板块构造体制启动时间，大体有 9 种观点（图 1-31）。

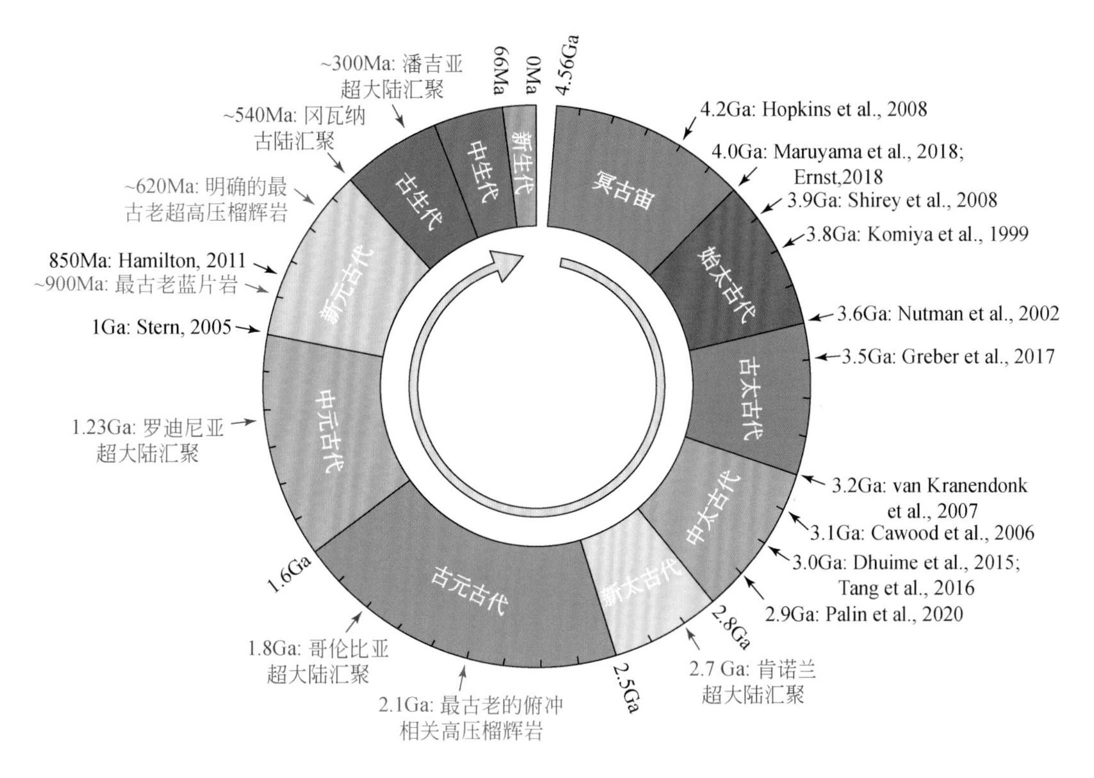

图 1-31　关于板块构造体制起始时间的一些代表性观点（Palin et al., 2020）

1）距今44亿~40亿年（Ernst et al., 2007, 2017）。因为44.5亿年的大轰击事件后岩浆海固结很快，有人估计只需要1000年左右便可固结（Elkins-Tanton, 2008, 2018），但现今也有人估计需要10万年。随后较薄的原始地壳（有可能是科马提质岩石、斜长岩、超基性岩、基性玄武岩）出现，因冥古宙地球的极端热状态和盖子效应，难以形成大板块，大量微板块出现，且微板块之间可能发生广泛的平板-热俯冲（Abbott D et al., 1994; Abbott L D et al., 1994）。

2）距今38亿~37亿年。西南格陵兰俯冲构造背景和岛弧型增生的地壳生长可追溯到3.8Ga（2023年也有人报道发现了4.0Ga的陆壳），因其相关的依苏阿（Isua）表壳岩产出的构造背景不确定（Komiya et al., 1999），只能说明此时俯冲作用已经发育，但可能并不同时满足现代板块构造体制所需的刚性岩石圈、不对称俯冲和水平运动三个必要条件。

3）距今32亿~30亿年的某个时期（Cawood et al., 2018）。因为3.2Ga之前，金伯利岩的金刚石中的包体主要为橄榄石，而之后主要为榴辉岩包体，且3.2Ga以后的岩石还记录了3.9Ga以来首次出现初生亏损地幔物质添加到地壳。这意味着转入现代板块构造体制下形成的初生地壳时期，高度亏损的岩石圈地幔也开始形成于3.0Ga。

4）距今30亿~25亿年（Laurent et al.，2014；Tang et al.，2016；Condie，2018）。因为3.0~2.4Ga大陆地壳生长方式类似冈瓦纳古陆内部造山带中的泛非期地壳生长模式，而且3.2~2.5Ga出现了成对的双变质带（Gerya，2014），西南格陵兰和俄罗斯科拉半岛还发现中-新太古代榴辉岩。

5）距今27亿年开始，延续到25亿年前。其间两幕全球性地壳快速增生事件也应当表明了一种全球新体制的出现，且随着地球内部放射性产热元素的整体衰减，允许2.5Ga之前的平板-热俯冲转变为之后的高角度冷俯冲（Abbott D et al.，1994；Sun et al.，2021）。

6）李三忠等（2013，2015b）依据华北克拉通卵形构造最终定型时间与线性裂谷或构造带初始出现时间，以及随后相关的大规模线性高压麻粒岩带、退变榴辉岩和典型的现代岛弧型火山岩带出现，证实了赵国春（2007）提出的华北克拉通板块构造起源最早时间为距今25.6亿年，并且这个转变可能是个渐变过程，介于距今25.6亿~22亿年。这与Laurent等（2014）的全球结果基本一致，但时间范围大大缩小，也与Kusky团队（Ning et al.，2022）提出的华北板块构造起始时间一致。

7）距今21亿~18亿年。Brown（2020a，2020b）认为，现代板块构造体制启动始于2.1~1.8Ga，因为板块构造启动之后，将会导致双变质作用的发育，这是大洋扩张和板块俯冲导致大规模水平运动的结果。因为在哥伦比亚超大陆形成之前无任何双变质作用记录，他认为这样的水平运动应该没有发生。随着地质时代的推移，变质岩的温度与压力比值（T/P）表现出明显变化（图1-32）。

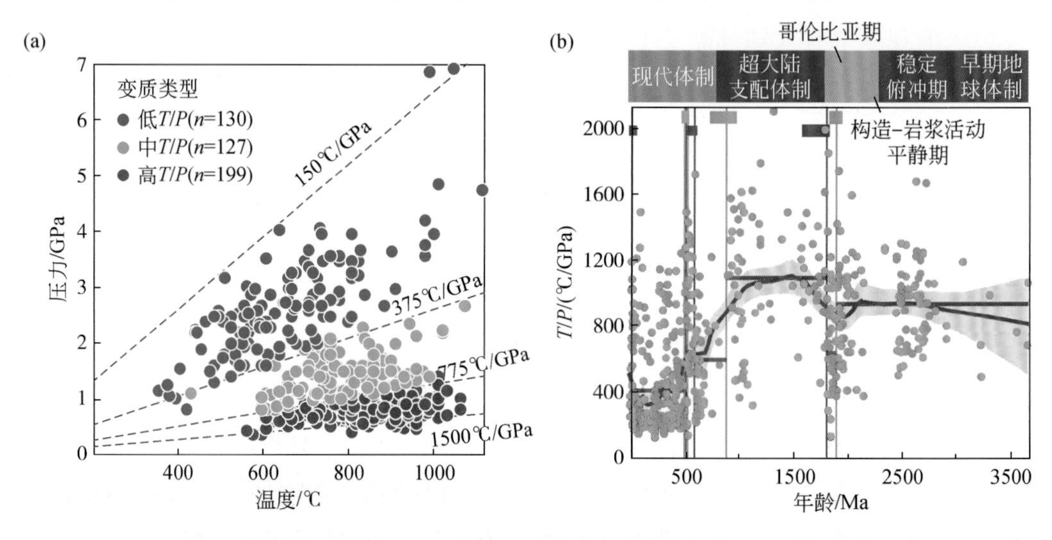

图1-32　变质温压类型（a）及温压比值（T/P）随地质时代的变化关系（b）（Brown et al.，2020a，2020b）

图（b）中标注了可能的构造体制（由新到老）：现代体制、超大陆支配体制、哥伦比亚期、构造-岩浆平静期、稳定俯冲期、早期地球体制

8）直到距今10亿年才出现现代板块体制（Condie，2001）。这个时期以全球发育可靠的蓝片岩、蛇绿岩、现今不对称的地幔对流型式等为标志。

9）Piper（2013）依据古地磁资料，提出地球诞生8亿年或6亿年后才出现现代板块构造体制，之前都处于停滞盖构造演化阶段。该观点还认为，尽管古地磁资料也证明在现代板块构造体制之前也出现过快速移动，但快速的运动要么是停滞盖的局部运动，要么是停滞盖的整体运动。

总之，这种差异观点植根于不同的现代板块构造体制启动标志。甚至有人认为，地幔对流和板块构造是一个系统、孪生兄弟，因为板块是地幔循环的上部冷的热边界层（Kerrich and Polat，2006；Davies，2011），所以板块构造体制甚至在45.4亿年前地球诞生之初就可能出现了。由于缺乏岩石记录，40亿年前的地球历史一直充满争议。当前，对早期地壳研究的认识大都来源于澳大利亚西部Jack Hills地区距今44亿~33亿年的碎屑锆石。如何确定这些碎屑锆石的源岩类型是目前国际研究的热点，因为这不但可以约束早期地球陆壳组成和构造体制，同时对认识早期地球宜居性也具有重要意义。然而，尽管对澳大利亚西部Jack Hills地区的研究已持续了二十多年，这一问题仍旧争论不休，存在巨大的分歧。早期主流观点认为，这些碎屑锆石来源于镁铁质熔体或陨石撞击产生的熔体，但这些成因很难解释Jack Hills锆石的许多成分特征，因此这些观点逐渐被遗弃。考虑到距今40亿~25亿年的太古宙时期整个陆壳以TTG（奥长花岗岩-英云闪长岩-花岗闪长岩）成分为主，许多学者坚信，40亿年前出现的最早陆壳长英质岩石应当也是TTG，因此认为Jack Hills地区的碎屑锆石来源于TTG岩石。不过，来自美国的一批学者通过长期对Jack Hills碎屑锆石中包裹体类型和成分的研究，提出它们可能来源于I型和S型花岗岩。虽然TTG、I型花岗岩和S型花岗岩均属于长英质岩类，但它们代表截然不同的构造环境，使得早期地球构造体制之争仍在继续。

最近，基于以上科学问题，Zhong S H等（2023）在国际上首次运用大数据分析和人工智能手段，开展了Jack Hills锆石源岩类型研究。他们利用机器学习手段，首先建立了能够识别I型、S型和TTG成因锆石的机器学习方法，然后运用该机器学习方法对Jack Hills锆石进行分类。研究结果显示，尽管一些Jack Hills锆石的确可能来源于TTG岩石，但是大部分（高达70%）被识别为I型和S型成因锆石。考虑到I型和S型岩石通常出现于现今地球的汇聚板块边缘，Jack Hills地区保留的大量I型和S型成因锆石记录很难被垂向运动的“停滞盖”构造体制解释；相反，研究结果支持“类似现今板块构造的活动盖构造体制在40亿年前就已启动”，因而本书强调微板块构造体制至少起始于40亿年前，但不一定是全球性的，正如Zhang等（2023）通过Si-O同位素分析发现，加拿大西北部40亿年前无表壳物质再循环，因而也不存在板块俯冲。

B. 现代板块构造启动条件

早在20世纪80年代，一般认为，现代板块构造体制启动的两个不可或缺的标志是：俯冲作用发生和刚性块体存在（Ernst et al.，2008）。但实际上，还应当有一个必要因素：存在不对称的地幔对流循环。当然，也有人强调威尔逊旋回的重要性，Tackley（2023）更强调转换断层涌现的必要性。

1）刚性岩石圈起源。早期岩石圈地幔起源和成因，与原始地壳成因和组成一样，存在巨大争论，而且两者密切相关。40亿年前地球的原始岩石圈可能没有大洋岩石圈和大陆岩石圈之分，因而也不存在大洋岩石圈板块和大陆岩石圈板块之分，因而现代板块构造体制不可能存在（Ernst et al.，2008）。地壳和地幔的分离导致原始地幔发生分异，岩浆抽提后的原始地幔上部经冷却，出现上地幔和下地幔的分异演化，这个原始上地幔可能不同于现今的大陆岩石圈地幔。大陆岩石圈地幔还得更晚形成，这个过程得到现今大陆地壳与亏损微量元素的大陆上地幔在地球化学上恰好互补的印证。

计算模拟表明，早期岩浆海经历不到百万年的冷却后，浅表先会形成相对较薄且脆性的原始地壳（图1-33），这个原始地壳成分上可能是超基性、基性的岩石，深部依然是紊乱而对称的对流岩浆海，随着其快速冷却，较薄且脆性的原始地壳下部不断积累的热量会导致原始地壳出现弥散性裂隙，这些裂隙将原始地壳分割为大量微板块。沿着微板块间这些裂隙或三节点，出现广泛的火山喷发作用，早期地球进入热管（heat-pipe）构造演化阶段（图1-33），对称对流胞的位置稳定性决定了火山喷发场所的稳定性，进而使得火山喷发场所的原始地壳变厚，而深部残留的岩浆海彻底冷凝，仅局部保存活力。反之，变厚的原始地壳对热的封堵能力增强，封堵能力增强的厚地壳使得地表火山作用减弱，进而原始岩石圈增厚，只有能量来源更深的强大地幔柱才能突破这个较厚原始岩石圈的封堵效应，使得早期地球进入地幔柱主导的构造体制。最终，这个反馈循环使得早期地球从浅表的热管构造系统转变为深层的地幔柱构造系统。

随后，地幔柱对浅部岩石圈的侵蚀作用触发岩石圈或早期地壳发生滴坠（dripping），一些对称的俯冲过程启动。但因为大量对流胞的互斥性和热分布的弥散性，此时浅表冷的地壳可能破碎为大量微板块。这些微板块还没有跨越其下伏对流胞发生水平运动迁移到其他对流胞的能力，故而地球构造体制依然以垂直构造体制为主，微板块的水平运动极其有限，地球表层可能处于停滞盖构造（stagnant lid tectonics）体制下。但由于岩石圈的增厚和相变，开始出现拆离（delamination）、滴坠等构造，首先形成较热地幔中的微小块体（即后文的微幔块，图1-33），这个较热的地幔出现几次翻转（数值模拟表明是4次），一些浅表水化的基性/超基性岩石进入较热的地幔内部并发生熔融，逐渐出现TTG等原始长英质陆壳，位于该陆壳相

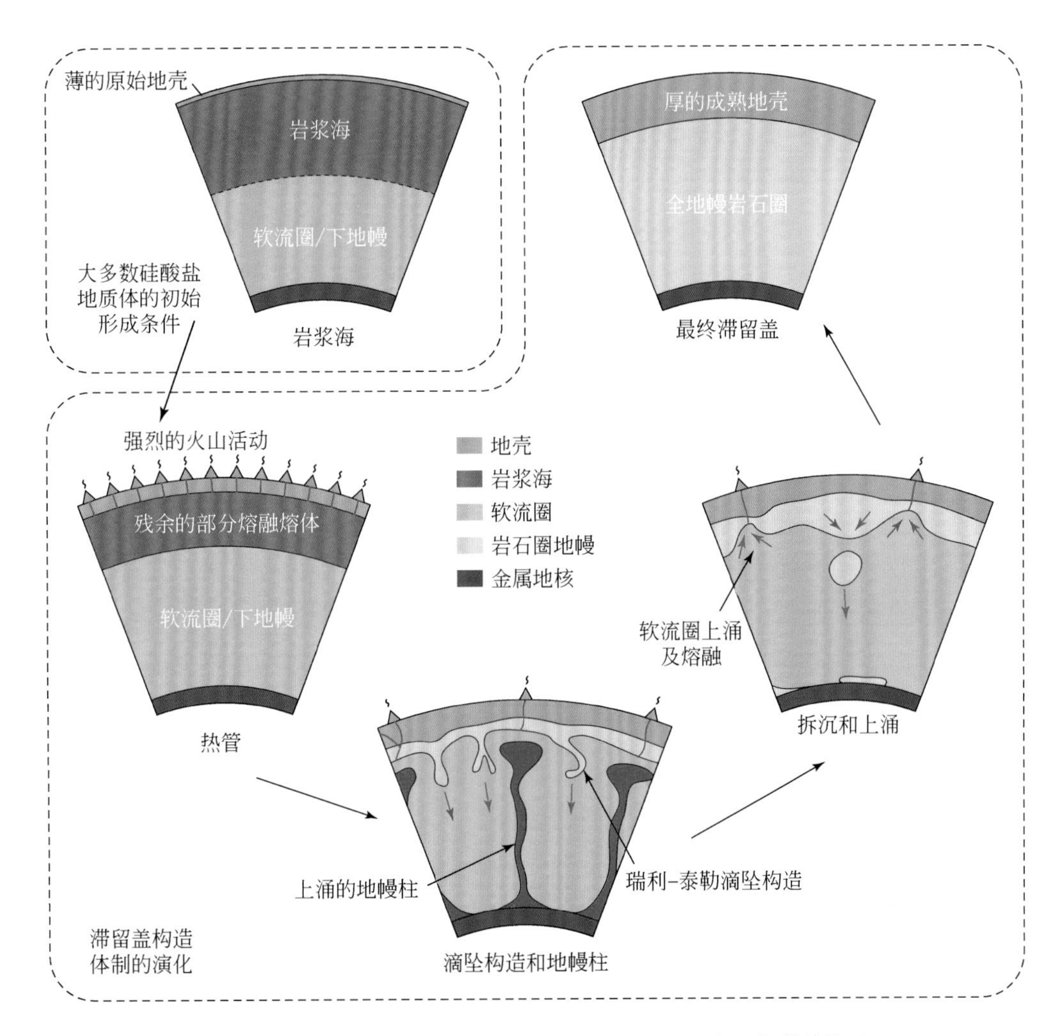

图 1-33　经历岩浆海阶段后岩质行星典型的不同类型停滞盖构造（stagnant lid tectonics）及刚性岩石圈的出现（Stern et al.，2018）

对深部位的 TTG 与其上覆基性围岩由于重力不稳定性而发生拗沉（sagduction），形成现代板块构造体制下难见的穹脊（dome-and-keel）构造，构成了典型的太古宙花岗-绿岩带。地壳进而逐渐成熟，出现陆壳和洋壳之分。可见，不仅陆壳和洋壳起源早于现代板块构造体制启动，而且刚性岩石圈出现也要早于现代板块构造体制启动。

大陆岩石圈刚性化最为直接的岩石学标志是巨型放射状基性岩墙群，最早出现在 27 亿年前（Condie，2011）。变质岩石学标志也可以揭示刚性板块何时出现，高压变质岩多数是刚性大洋板块俯冲的产物，但地球直到大约 0.8Ga 和 530Ma 才出现高压低温蓝片岩相变质作用（Condie，2011），而且迄今还没有在太古宙发现可靠的现代板块构造体制的这类标志性地质记录（Stern，2005，2008）。此外，太古宙没有典型蛇绿岩套和相关岩石地层组合，也没有稳定台地的沉积建造、典型岛弧火山岩、活动陆缘的钙碱性火山-侵入岩套，也没有可靠的超高压（低温榴辉岩）变质岩报道（Condie，2011）。然而，若以距今28亿~25亿年的超高温麻粒岩相变质作用与中温榴辉岩相变质作用为标志（Brown and White，2008），则现代板块构造体制启动于太古宙末—古元古代初。同时，这也意味着成规模的刚性岩石圈可能起源于距今28亿~25亿年，但全球不同克拉通的克拉通化或刚性化过程是穿时的。依据全球岩石学标志综合判断，最早的刚性大陆岩石圈最可能出现在距今27亿~25亿年。

现今大洋岩石圈形成于洋中脊，总体以侧向增生的方式生长，且通常2亿年一个循环周期，地史上仅个别洋盆或许可长期存在15亿年以上。大洋岩石圈可通过俯冲、滴坠、拆沉或移离重新回返到地幔中。相对大洋岩石圈而言，大陆岩石圈的起源就要复杂得多。比较大陆地壳和洋中脊玄武岩的微量元素丰度发现，大陆地壳中不相容元素的富集刚好与洋中脊玄武岩中不相容元素的亏损对应互补，这就引出地幔地球化学的基本概念：上地幔是亏损的，且起源于陆壳从上地幔中分离的结果，之后这个亏损的上地幔就成为洋中脊玄武岩的源区，因而大陆和大洋岩石的微量元素互补（牛耀龄，2013）；大洋玄武质岩浆或原始地幔中水抽提后的残留地幔，在力学上会产生硬化或刚性化（唐户俊一郎，2005），冷却后便是大洋岩石圈地幔或原始岩石圈地幔，因而最早的原始岩石圈地幔可能是刚性化的大洋岩石圈地幔，其形成可能早于刚性化的大陆岩石圈地幔，并显著不同于大陆岩石圈地幔。而大陆岩石圈地幔还需要经历多旋回的TTG抽提、分离后才能形成，因而，刚性的大陆岩石圈形成也可能在距今27亿~25亿年大规模TTG抽提之后。

现今岩石圈的命运取决于其垂向和侧向的地幔动力学过程。大陆岩石圈多数形成并稳定于距今27亿~25亿年。但有的太古宙岩石圈后期遭到破坏，如华北克拉通岩石圈的去根作用发生在中生代期间（吴福元等，2014）。当然，有些太古宙岩石圈在其形成期间就遭受了减薄，其机制如地幔底部的拖曳作用和大尺度短周期对流循环、小尺度侧向对流循环或边缘对流（edge convection），都可导致岩石圈地幔移离（lithospheric mantle removal）过程。但是，因为太古宙较高的地幔温度，太古宙地幔黏度相比现今的要低1~2个数量级，所以岩石圈地幔的底部移离作用相对现今较弱，这有利于太古宙大陆岩石圈和大陆地壳长期保存（Artemieva，2011）。

2）不对称地幔对流起源。地幔对流循环起源有三种认识：①地幔对流产生于45.4亿年前的偶然撞击事件；②地幔对流首先起源于地幔下部而不是地幔上部；③地幔对流循环起源于核幔边界。前两种观点完全相反，后两种观点接近。实验表明，300GPa下的地核温度可高达6200K，这是密排六方结构铁的熔点，但高温高压下铁的固态结构还存争议，所以，也不清楚外核液态铁是密排六方铁，还是体心立方铁，抑或是两者固相共存。地核中心温度甚至高达6800℃，如此高温的地核，似乎有利于地幔对流循环起源于核幔边界或者地幔下部的认识。但 Davies（2011）指出，从深部激发地幔对流是不现实的，数值模拟表明，要产生地幔对流的热不均一性，还应当起源于地幔对流层内部（convection layer，即全地幔的对流圈，而非上地幔的软流圈）。

在刚性岩石圈出现后，按流变性质划分，地球上层应分为上部刚性岩石圈和下部塑性软流圈。软流圈中的地幔物质由于2%的部分熔融具有类流体性质，称为固流体。在有限厚度“流体层”中由密度差（或温差）驱使的热对流一般呈蜂窝状结构，每个蜂窝中都有上升流、下降流和水平流，它们构成一个完整而对称的对流单元。因此，二维问题中的对流单元一般为近圆形的对流胞（convection cell）。

根据深源地震资料以及地幔相变域和流变参数的估算，多数学者认为，地幔对流圈的最大深度为660km左右，因为这个界面以下的下地幔黏度高出上地幔20倍，而且这个界面也是地幔橄榄岩由尖晶石相转变为钙钛矿相的一个相变面，地震波速也发生显著变化。现今探测还揭示，现实软流圈中的对流环（circulation）一般呈长方形，这要求在一个大的板块下面就要有几个甚至十几个理论上呈圆形的对流胞协同作用。因为相邻对流胞中的流动方向相反，对浮于其上的岩石圈板块的拖动力方向也相反，这会造成拖曳力互相抵消，从而产生地幔对流研究中的所谓“纵横比矛盾”。有人认为，把地幔对流限定在660km深的上地幔内的根据是不充分的，因而主张全地幔对流，将对流层（convection layer）的深度扩展到核幔边界（2850km，图1-28）。如此，板块水平尺度与对流层深度之比为1的量级，纵横比的矛盾就可以得到解决。所以，至20世纪70年代末80年代初，全地幔对流研究十分活跃，包括探讨全地幔对流的特征及其与地表观测数据的联系，特别是已开始考虑三维效应。但是全地幔对流假说是否成立，还要由它能否解释各种地球物理观测资料来判定。深俯冲的大洋岩石圈如何滞留于660km界面，或如何突破660km界面进入下地幔，也还需要深入研究；是深俯冲的浅部物质相变后突破660km界面，还是深部下地幔物质增温或密度翻转而进入上地幔，尚不清楚。

早期地幔中重力分异形成相变面（图1-34A），这可能会导致地幔对流的分层作用，早期地幔温度较高，黏度比现今低两个数量级，早期地幔对流强度大可能决定了幕式分层、长期分层、无分层几种对流型式。一般来说，初始分层地幔会逐渐变得不稳定，进而通过地幔翻转发生幕式循环。地球早期的地幔翻转可导致岩浆和构造过程发生振荡，地幔温度总体以幂指数衰减的过程中也出现振荡变化。随着整体地幔冷却到一定程度后，下沉地幔能力增强，穿透了相变面，使得对流转变为全地幔循环（Davies，2011）。先存层化地幔的温度变化模拟结果表明，上地幔早期降温明显，而下地幔却发生增温。但是也有不同观点，认为地幔冷却是先从下地幔开始的，特别是岩浆海阶段如此。27亿年前，因放射性热衰减，导致出现4幕周期较长的地幔翻转；之后，冷却板块刚性增强，突破相变面，导致分层地幔对流转为全地幔对流，使得地幔温度变化频率增大（Davies，2011）。据此，地幔对流也是在27亿年发生重大变化。

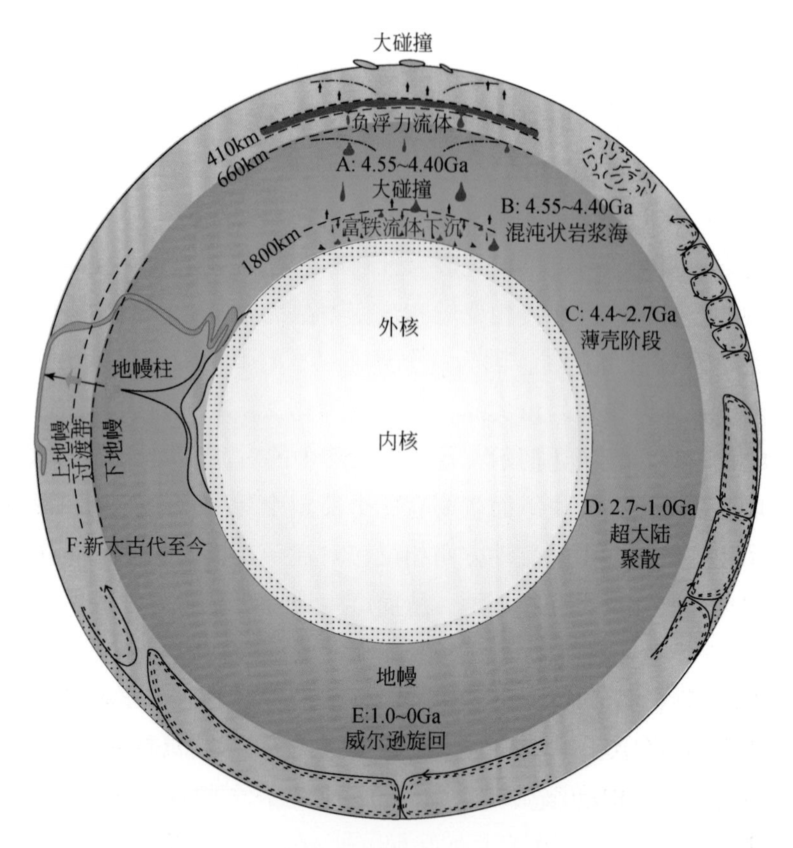

图1-34 原始地核形成机制（A）、地幔对流起源与演变过程（B到F）（李三忠等，2015b）

总体上，地幔对流循环（mantle circulation）模式也可能经历了不同的演化阶段，其形成过程是漫长的，可划分为以下四个阶段：①4.5～4.4Ga，4.5Ga核幔分离后，地幔表现为早期混沌状的岩浆海循环，包括短暂的前板块构造体制（图1-34B）。②4.4～2.7Ga，至少约44亿年前，岩浆海已经固结，深部地核也逐渐冷却增大，内核为固态，而外核为液态。浅部则在4.2Ga左右形成较薄的原始地壳，伴随微小“大洋”和“大陆”幼板块（platelets）形成生长（图1-34C）。它们都通过垂向构造过程回返到了老于40亿年的地幔中。表层的幼板块在增大，并连续不断地增生合并有地壳的岩石圈，垂向对流胞将地核降温，使得3.8Ga左右地核达到现今大小。此时只要有两个对称对流胞合并，就会在全球启动不对称地幔对流，地表微地块就会发生水平运动；③2.7～1.0Ga，克拉通围绕着超级的大陆块体而聚集（图1-34D），地表水平运动逐渐占主导，指示大规模不对称地幔对流循环已出现。④1.0Ga至今，现代层流型式的软流圈被具有威尔逊旋回的岩石圈板块限定或圈闭（图1-34E）。随着地球热衰减，越来越冷的大洋岩石圈的负浮力不断增加，大洋岩石圈增厚使得重力不稳定性，地球外层随后发生翻转，深部软流圈循环以及岩石圈漂移、浅部软流圈回流的尺度和动力学随着地球逐渐冷却而演变（Ernst et al.，2008）。总之，地幔对流循环是从表层的初始紊流，逐渐出现小的对流胞，随后随着地球冷却，地幔对流循环尺度加深、加大并规则化、进一步不对称化，伴随着的“大龟裂”（切割岩石圈的深大断裂）也逐渐加深和逐步减少，最为显著的就是现今洋中脊。

岩石圈板块在洋中脊由热地幔物质上涌产生，在海沟处俯冲消减返回地幔，因而水平运动的岩石圈板块是地幔对流的组成部分。因此，对流系统应当同时包含不同流变性质的岩石圈和软流圈物质。初步模拟结果表明，岩石圈在对流系统中出现，也使对流环的纵横比更为合理。现今，这方面的研究工作还在不断推进，以期得到与地表观测更符合的结果。例如，长期以来一直认为，对流环由主动的上升流和被动的下降流组成，但如今多数人开始否定洋中脊推动板块运动或上升流、地幔对流的主动性，认为俯冲带下行板块的相变拖曳力是导致地幔被动对流的根源。这些认识也涉及板块俯冲起源问题，即初始俯冲如何从非板块边界或传统板块构造理论认为的板内环境（如被动陆缘）起源。

3）现代俯冲体制起源。现代板块构造机制启动的最传统和最可靠的三个岩石学标志是：蛇绿岩、超高压变质岩（榴辉岩）、蓝片岩。而这三者在全球可靠的发现普遍都在距今10亿年左右。迄今，发现的最老超高压变质岩为距今27亿～25亿年，华北克拉通中部带的退变榴辉岩形成于19亿年前（Zhao et al.，2002），最老的可靠蛇绿岩年龄也为19亿年（波罗的地块）（Artemieva，2011），最老的高压麻粒岩在华北克拉通胶-辽-吉带和中部带都有发现。特别是胶-辽-吉带泥质高压麻粒岩的发现，标志着陆壳深俯冲的发生（Li S Z et al.，2012），但这些在全球都非常罕见。10亿年之前的蓝片岩、超高压变质岩较少，可能是因为太古宙—古中元古代俯冲带较热、地温梯度较高（Condie，2011）。此外，太古宙洋壳可能相对现今的要厚，洋壳的深部为层状辉长岩、超基性堆晶岩，易于俯冲到地幔中，而难以增生到陆壳上，以致现今地表残存较少；仰冲的洋壳更可能导致中下地壳发生拆沉，而只保存上部有枕状熔岩的火山型地壳。鉴于此，有必要在太古宙绿岩带中甄别、寻找太古代洋壳记录（Condie，2011）。

Turner等（2014）提出，象征现代俯冲机制启动的伊豆-小笠原-马里亚纳（IBM）前弧的火山地层序列，与魁北克的Nuvvuagittuq绿岩的火山地层序列完全可以比照，后者的同位素模式年龄为44亿～43亿年（O'Neill and Debaille，2014），而形成年龄可能为38亿年。魁北克的Nuvvuagittuq绿岩起始于弧前玄武岩，与岩石圈初始破裂、软流圈减压熔融相关，以平坦的稀土配分模式为特征；随着俯冲启动，初始释放的流体穿过难熔的亏损地幔（如上覆岩石圈），导致产生强烈亏损 HFSE-REE 的玻安岩以及相关的 BIF（图 1-30）或热液矿床（IBM）；随着俯冲作用成熟，软流圈地幔楔形成，火山岩演化为典型的钙碱性岩石（IBM 为岛弧安山岩，Nuvvuagittuq 为低 Ti 富集型基性岩石）。若果真如此，那么最显著的地质意义是，这个据称是冥古宙的露头，即使不是一条俯冲带的印记，也记录了一次俯冲事件，一个理论上在显生宙都十分罕见的事件。这也可能说明，在太古宙，即使成熟的俯冲带不是普遍的，初始俯冲事件也是比较普遍的，这与 Moyen 和 van Hunen（2012）或 O'Neill 等（2007）的太古宙幕式、短期性俯冲的结论一致。简言之，冥古宙—古太古代还尚未发育现代俯冲体制。

地球化学和同位素研究也表明，古太古代就开始了地壳物质循环回返到地幔的过程，也就是俯冲产生了，被称为 A 型俯冲，以区别于新元古代以来的 B 型俯冲。南非和西澳皮尔巴拉克拉通的视极移曲线表明，30 亿年前就出现了差异块体（微陆块）的刚性水平运动。但是，岩石大地构造组合、被动陆缘序列和俯冲带标志性产物的双变质带最早出现在 27 亿年前。层析成像也揭示，太古宙克拉通的下地壳内保存了俯冲带的构造遗迹。有人根据这些标志提出，现代板块构造体制至少出现在距今 30 亿～27 亿年。

然而，太古宙的构造样式总体具有对称性，这完全可以由对称的地幔对流导致，这样也可以导致“俯冲”产生，现在称为“拗沉”［sagduction，因为 sag 在油田勘探领域指几何形态上的“凹陷”，sagduction 这个英文单词是新创造的，强调类似 subduction（俯冲作用）的沉降作用或下沉过程，因而将“凹”译为描述动作行为的“拗”］。但不对称性构造的出现，必然意味着不对称的地幔对流体制出现，这才是现代板块构造体制启动所必需的地幔对流型式。

Sizova 等（2010）开展了一系列高精度二维岩石–热力学的洋–陆俯冲作用的数值实验（图 1-35），系统调查了活动陆缘构造–变质–岩浆机制与上地幔温度、地壳放射性产热率、流体和熔体对岩石圈强度弱化的依存关系。其实验结果再现了无俯冲（no-subduction）构造体制向前俯冲（pre-subduction）机制，并最终到现代俯冲体制（modern subduction）的一级转变过程。这个一级转变是个渐变过程，其上地幔温度比现今的高 250～200℃。然而，二级转换是突发的，出现在前寒武纪上地幔与现今上地幔温差为 160～175℃的阶段。地质观测和数值模拟实验证实，现代板块构造体制完全可以出现在中太古代—新太古代时期（～3.2～2.5Ga）的某个阶段。在前俯冲构造体制下（上地幔温度比现今高 175～250℃），地幔楔中所含熔体的渗流作用（泄漏的地幔楔）强烈地弱化了岩石圈板块，因此，汇聚作用难以形成自我维持的单侧俯冲，而是表现为两侧岩石圈下坠与浅部大洋板块向大陆板块下的双向俯冲［图 1-35（b）］。上地幔温度差（高于现今 250℃）进一步增高，构造体制会转换为无俯冲机制，小规模可变形板块（deformable plate）内部吸收了应变［图1-35（a）］，在汇聚作用增强的背景下，底冲作用也不会出现。因此，数值模拟表明，控制构造体制的关键参数是岩石圈弱化程度，这个弱化作用是由岩石圈以下的熔体进入岩石圈而诱发的。在上地幔温度比现今的高出160～170℃时，低通量

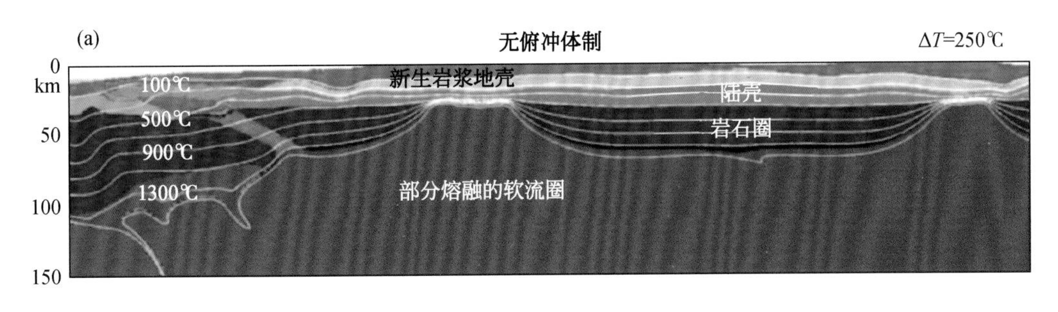

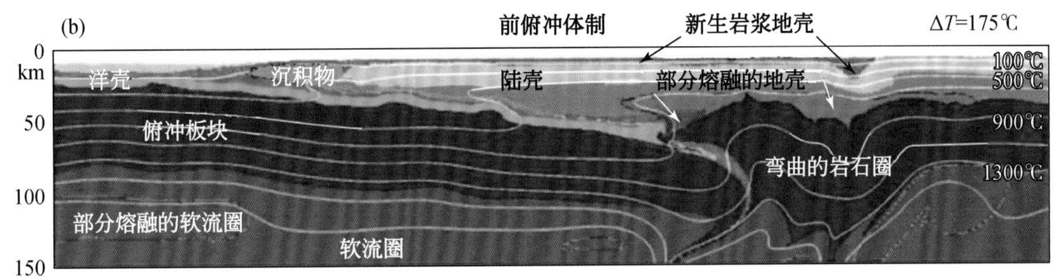

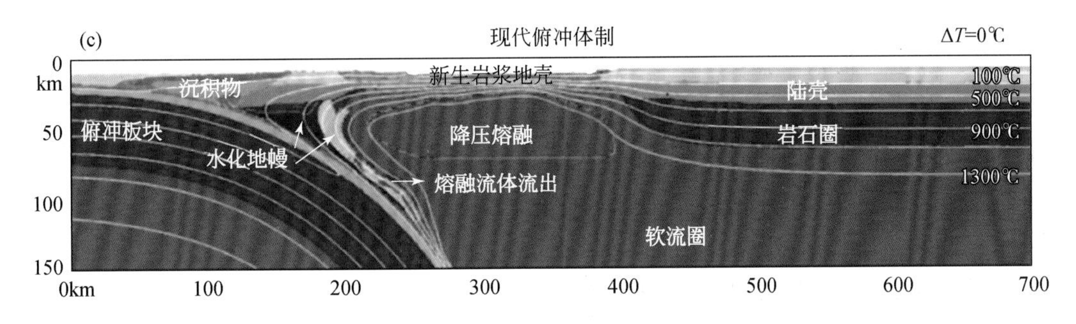

图1-35　与现今地幔温度差（ΔT）环境下活动陆缘的高精度数值模拟（Sizova et al.，2010）

的熔体导致熔体相关的低程度岩石圈弱化，即岩石圈强度增加，随后尽管地幔温度差还是很高，但板块的刚性变强［图1-35（c）］，因而现代俯冲样式得以稳定运行（Sizova et al.，2010）。

C. 板块构造机制的起始

板块构造起源研究，也称为板块构造启动机制研究，主要是寻求刚性板块、单侧俯冲启动、不对称对流循环三者协同或同时涌现的苛刻条件：地幔对流循环的顶部冷的热边界层（即岩石圈）如何形成强度较弱和形变较快的狭窄构造边界，并被该边界分割为宽阔的板状刚性块体（简称板块），且这些块体可以发生各种水平运动（包括单侧俯冲）（Bercovici and Karato，2003）。事实上也是，板块的起源晚于早期地

幔对流循环的起源，因为早期地幔对流循环系统不一定存在顶部冷的热边界层（即岩石圈），如岩浆海阶段的。微板块则不同于大板块，既可以出现在对称的，又可以出现在不对称的地幔对流循环系统。但是，只有不对称的地幔对流循环系统才可能诱发现代板块构造体制，即不对称的地幔对流循环与现代板块构造体制同时诞生。

地幔对流循环系统发生转变的关键在于前寒武纪双向俯冲体制如何转变为现代单侧俯冲体制，即不对称地幔对流型式的出现和不对称俯冲机制的启动（Gerya，2014）。为了使模型中的俯冲过程启动并稳定运行，数值模拟也采用了特定的假设，比如，预设（微）板块速度和先存薄弱带。不过，前寒武纪板块构造样式的数值模拟最终还是为了模拟和理解自发式俯冲启动过程。Ueda 等（2012）模拟了热化学地幔柱相关的俯冲启动（图 1-36），这对太古宙构造研究尤为重要。这个模拟采用了二维热力学模型，以说明相变和一个薄的黏塑性大洋岩石圈受到部分熔融的热化学

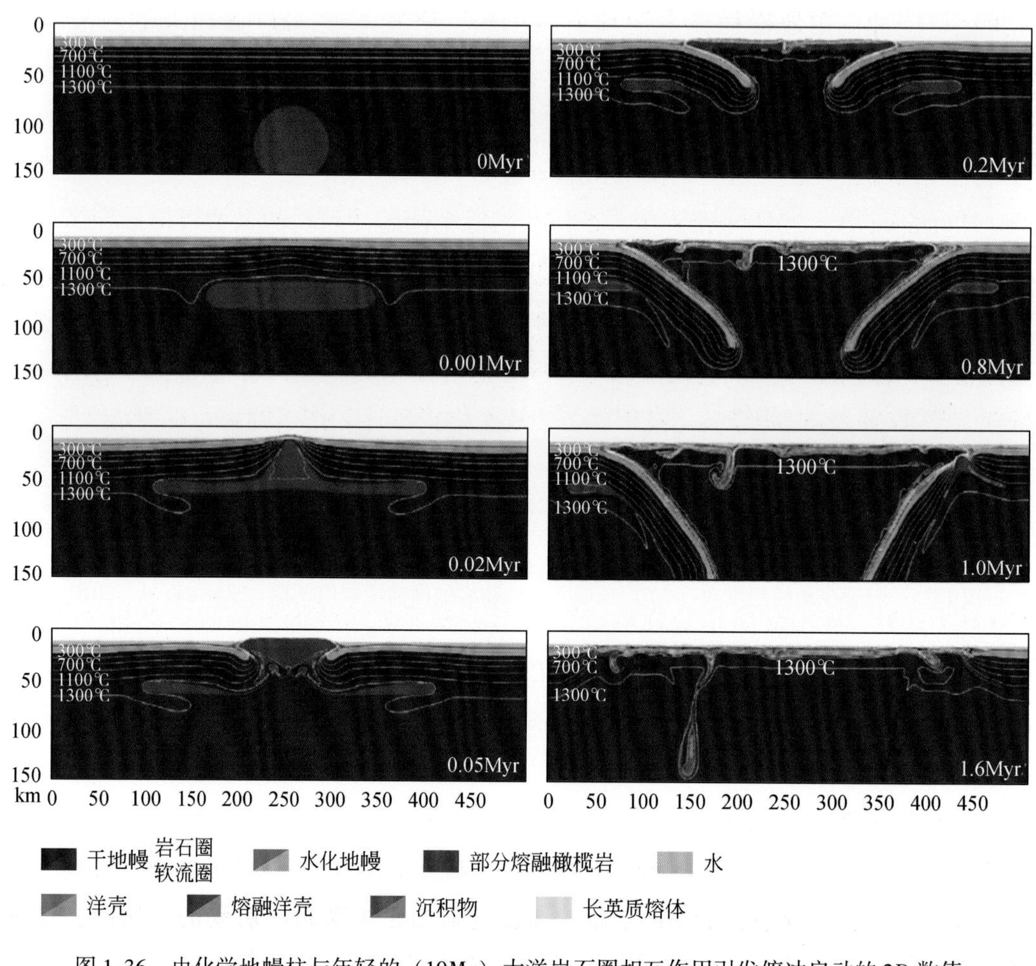

图 1-36 由化学地幔柱与年轻的（10Ma）大洋岩石圈相互作用引发俯冲启动的 2D 数值模拟（Ueda et al.，2012）

地幔柱为地幔中水化的部分熔融岩石（红色圆圈）

或纯热地幔柱的冲击。研究表明，假如一个地幔柱向表层通过熔体渗漏引起岩石圈物质到达局部弱化一个临界点时，地幔柱可以破坏岩石圈，并启动自我维持的俯冲作用。必要的弱化强度取决于地幔柱体量、地幔柱浮力和岩石圈厚度。浮力最小的纯热地幔柱使弱化作用更为显著。另外一个必要条件就是：在俯冲板片界面出现的高压流体，会大大降低有效摩擦系数（图 1-36 右侧）。模拟结果表明，太古宙地幔对流期间，席状的不稳定性（图 1-36 左侧）可能启动地球上的俯冲作用（图 1-36 右侧），在太古宙地球上，假如地幔柱（地幔席）富水和熔体，大洋岩石圈表现为弱稳定的构造环境，这可显著改变地幔柱之上岩石圈的有效摩擦系数（Ueda et al., 2012）。实际上，在模拟实验中观察到频繁（1.0Myr①）的板片断离（slab break-off），这表明了流变学上弱化的（微）板块主动俯冲具有非稳定和幕式运动特性。Burov（2010）的数值模拟表明，地幔柱-岩石圈相互作用也可能触发大陆岩石圈地幔的拆沉与俯冲，在地幔柱撞击大陆岩石圈时，诱发深达 300 ~ 500km 的自发下冲（downthrusting），随后俯冲板片的演化就受相变和周边地幔相互作用所控制（Burov，2010）。但有人认为，这种情景在前寒武纪可能是有限的，因为原始大陆岩石圈地幔在流变学上比现今的要弱（Cooper et al.，2006）。

Nikolaeva 等（2010）开展了一个被动陆缘单侧俯冲启动的数值模拟，探讨了陆缘几何形态驱动的自发式陆缘垮塌，模型中设定了一个相对厚（20 ~ 35km）的低密度大陆/岛弧地壳，侧向边界为高密度的大洋岩石圈。他们采用自洽式二维黏-弹-塑性模型，该模型可实现流动率标定，该标定可用来分析侧向浮力变化驱动的陆缘过程（图 1-37）。在陆缘演化过程中，当这个侧向密度差产生的力足够克服大陆/岛弧地壳强度时，陆壳开始在洋壳上发生蠕变（图 1-37，0.3Myr）。这个过程会导致大洋岩石圈发生破裂，并与大陆/岛弧岩石圈发生拆离（图 1-37，0.3 ~ 1.9Myr），因此触发后退式俯冲过程（图 1-37，1.9 ~ 3.2Myr）。通过二维模拟，Nikolaeva 等（2010）分析了被动陆缘稳定性的控制因素，发现被动陆缘可出现三种构造体制：稳定陆缘、仰冲作用（overthrusting）和俯冲作用（subduction）。稳定陆缘向仰冲体制转变主要受控于大陆下地壳的韧性强度。仰冲向俯冲体制的转换主要受控于大陆岩石圈地幔的韧性强度及其与大洋岩石圈地幔因成分差异产生的密度差。Nikolaeva 等（2010）证明，有利于被动陆缘大陆岩石圈俯冲启动的条件是其具有化学浮力（亏损）、薄和热（地幔温度>660℃）的物理特性。对于现今地球而言，诸如裂谷作用和/或热化学地幔柱活动的外部过程强迫施加在未来俯冲启动的区域时，这种状态才可能产生。然而，在前寒武纪，较高的地幔温度、更为剧烈的地幔对流循环

① 本书中，Myr 表示时间段，与 Ma 区分。

和强大的地幔柱活动可能非常普遍（Condie，2011；Davies，2011），反而可能易于诱发被动陆缘的俯冲启动。

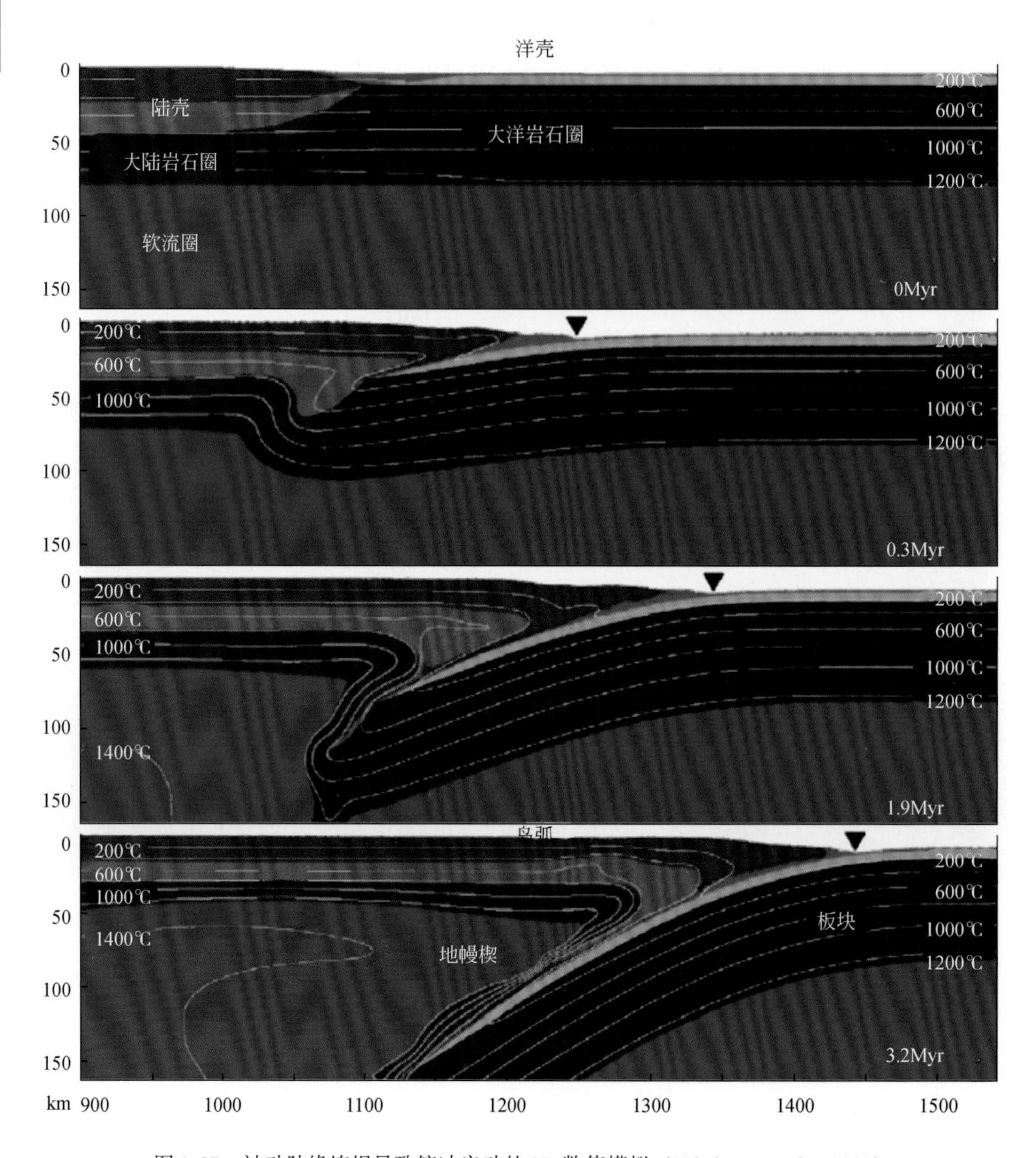

图 1-37　被动陆缘垮塌导致俯冲启动的 2D 数值模拟（Nikolaeva et al.，2010）

近年来，大陆边缘在全球板块构造启动过程中的关键作用得到广泛关注。Rolf 和 Tackley（2011）基于三维球形地幔循环模式，模型中同时有自洽的板块构造、流变学上强干的活动大陆岩石圈。模拟发现，稳定克拉通通过热封隔和陆缘应力集中而影响对流机制；通过陆缘增强的对流应力集中而促进俯冲带形成。可见，板块构造可以出现在较高屈服强度的背景下，但最终对流循环机制取决于克拉通的侧向发展和大陆/大洋岩石圈厚度比。假如屈服强度已知，大陆/大洋岩石圈更大的厚度比值有助于出现板块状行为，其中等的比值倾向于幕式行为，其较小的比值则导致出现大陆岩石圈的停滞盖构造机制（Rolf and Tackley，2011）。由此可见，太古宙流变学上强干而较厚的克拉通根部，对全球板块构造体制启动也是至关重要的。这一点也表明，陆壳起源可能早于板块构造体制起源，但（微）板块起源不一定晚于陆壳起源。相反，地球早期阶段的大陆板块较薄，因而板块构造可能以幕式盖构造（episodic lid tectonics）为特征，即地球可能需要经过非板块的活动盖构造（mobile lid tectonics）体制与板块构造体制的几个交替轮回，之后才可能进入稳定的板块构造运行阶段。这个推断与Nikolaeva等（2010）的数值模拟似乎是矛盾的，这个模拟要求在自发俯冲启动时，大陆边缘为相对薄且热的大陆岩石圈，但因为地质的约束是太古宙克拉通被广泛分布的、流变学上弱的活动带围绕，所以这个矛盾得到了部分解决。进一步的研究表明，自由边界条件、真实岩石流变的高精度数值模拟，无论是对全球尺度还是区域尺度调和野外地质约束的不同模型都是非常必要的。

地质观测数据积累使得地质界现今公认全球现代板块构造体制毫无疑问出现在新元古代。新元古代的一个显著和特殊的岩浆事件是块状斜长岩、花岗岩及酸性火山岩的同时侵位，年龄主要在距今16亿~12亿年，且绝大多数斜长岩都分布在两条全球性地带，每条长达6000km。斜长岩侵位于距今30亿~6亿年，但年龄峰期在13亿年左右，这也是Columbia超大陆彻底瓦解的时间。斜长岩主要形成于地壳深部，与麻粒岩相的高级变质岩共生。这些地质事实表明，块状斜长岩的大规模发育与地球特定的显著冷却时期吻合，与现代板块构造体制的真正转换期吻合（Goodwin，1981）。

（2）板内变形

迄今，板块构造理论对俯冲启始、板缘形变给予了合理解释。传统上认为，只有在板块边缘，岩石圈板块伸展作用、俯冲作用和碰撞作用才可形成火山、地震、裂谷、岛弧及褶皱山脉等现象。后来，人们在现今板块内部发现了很多以古老或不活动断层为边界的地质体，这些地质体与其相邻区域相比，显示出具有显著不同的地质构造、沉积建造、生物化石群落、地质演化历史等，但却不具有活动伸展、俯冲或碰撞的痕迹，而只显示出曾经是从遥远距离迁移（或漂移）而来的与原地地质体拼贴或联结在一起的特征。这种独立于邻区的外来体称为地体（terrane），或称为构造地层地体。简言之，地体就是通过不同途径拼贴或联结在活动陆缘或褶皱带边缘的外来岩石圈碎块或岩片（图1-38）。地体构造学说采用传统板块构造理论中的“板缘变形”，合理解释了现今位于板块内部的一些古老变形构造。

1972年“地体”概念的提出，是板块构造理论“登陆”解释板内变形现象的

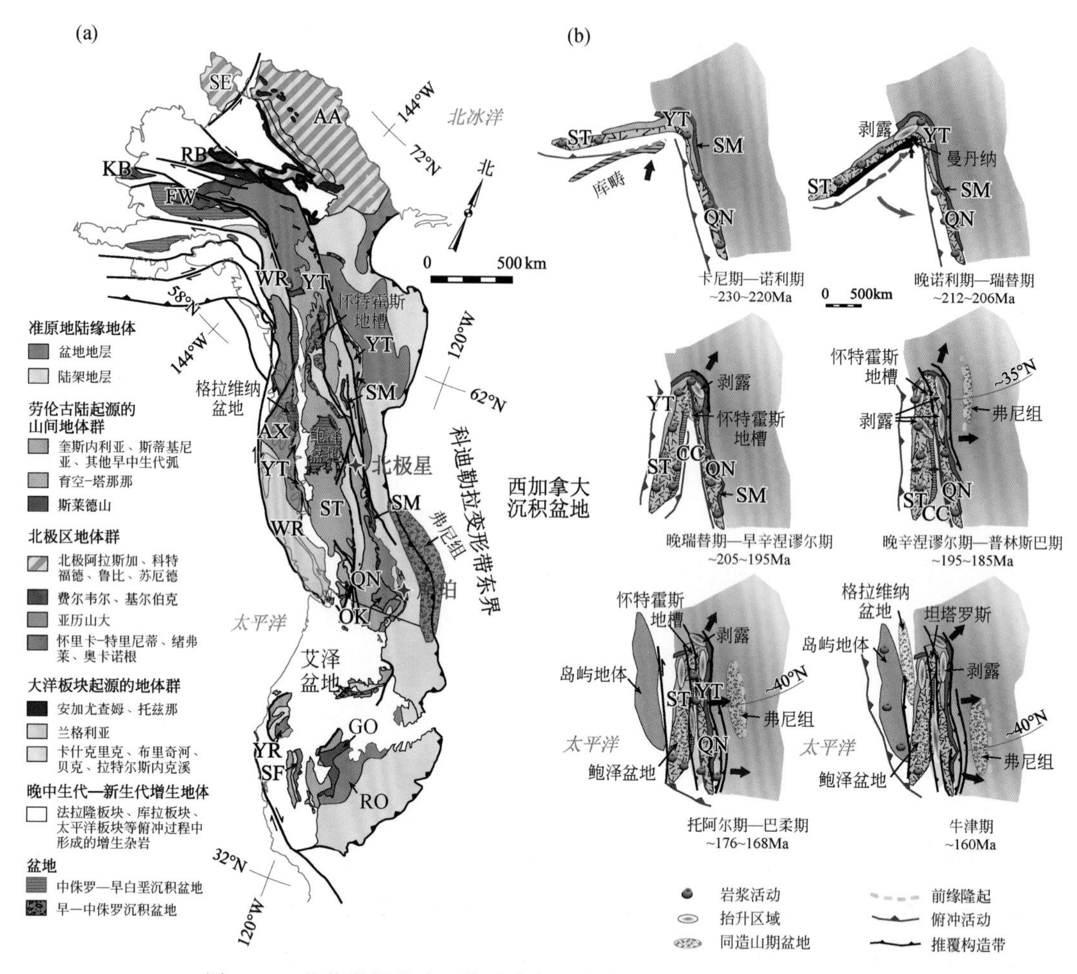

图 1-38　北美微板块或地体分布与演化模式（Colpron et al., 2015）

(a) 图中展示了北美科迪勒拉古生代—早中生代地体和侏罗纪沉积盆地（Colpron and Nelson, 2011）。中侏罗世—早白垩世鲍泽盆地为参考。红星为北极星杂岩和库珀岩体位置。地体名称缩写如下：AA-北极阿拉斯加；AX-亚历山大；FW-费尔韦尔；KB-基尔伯克；OK-奥卡诺根；QN-奎斯内利亚；RB-鲁比；SF-绪弗莱（Shoo Fly）；SM-斯莱德山；ST-斯蒂基尼亚；WR-兰格利亚；YR-怀里卡-特里尼蒂；YT-育空-塔那那。(b) 图为加拿大科迪勒拉北部晚三叠世—侏罗纪构造演化图，按照 Mihalynuk 等（1994, 2004）的弯山构造模式（oroclinal enclosure model）的微板块重建，证据是 Yukon 的 Whitehorse 北部海槽与科迪勒拉北部俯冲启动同时，且侏罗纪俯冲向南拓展。值得注意的是，依据动物化石组合，山间地体相对前陆盆地（Fernie 组）逐渐向北发生了迁移（Smith et al., 2001）

第一次尝试，合理解释了美国西部加利福尼亚州克拉马斯山中—晚古生代地层和中生代三叠—侏罗纪地层拼贴在一起的现象。首先，在美国阿拉斯加和加拿大西部，发现古生代岛弧岩石组合和中生代地层的拼合特征，建立了北美大陆地体拼贴带中的第一个典型实例——兰格利亚（Wrangellia）地体。至 11 年后的 1983 年 8 月，在美国斯坦福大学召开的环太平洋地体会议上，环太平洋地区已划分出了 300 多个地体。特别是，地体拼贴模式是现代岩石圈板块俯冲、碰撞构造模式一种补充，即除了俯冲和碰撞造山形式外，还有无俯冲、无碰撞的地体拼贴这种块体相互作用模式，揭示出板缘变形机制的复杂性。但是，如图 1-38 所示，这些地体之间最根本的过程依然是俯冲、碰撞作用，这些过程依然是地史时期的板缘构造；对真正位于现今板块内部的活动断裂和褶皱作用或活动升降运动，即所谓的真正“板内变形”，地体拼贴模式和板块构造模式依然没有给出合理解答。尽管如此，地体概念在20世纪80～90年代得到高度重视，因其在现今活动陆缘的古老构造解析方面取得的巨大成功，直至上升为移置地体构造理论。

但是，对地体的含义，曾经还有不同的认识。琼斯（1983）认为，地体是为断层所围限、具有区域性延伸的地质统一体，具有与毗邻地区不同的地质发展史，地体的规模尺度可大至仅次于大陆，也可以小至仅有几平方千米。豪威尔（1983）和郭令智等（1984）认为，地体既是板块的一部分，也是推覆体的一部分。本书非常认同这一观点，并认为绝大多数地体是微板块的残余，从发展的观点，板块、微板块、地体、推覆体不存在互斥关系。然而，这曾一度被斥之为“泛地体化”（葛肖虹和马文璞，2014）。地体可以是从母体岩石圈板块裂离的一些地壳层次或岩石圈层次的碎片，板块和地体的区别就在于：板块是植根于地幔的“有根”块体，而地体可以源自板块，经漂移拼贴在异地陆缘上，实际已脱离了其母体板块的原位深部基底。地体也可以通过巨大推覆体或滑移体的形式发生大规模逆冲或滑脱，成为具有叠瓦构造的一系列紧密相关岩片。无论是哪种形式的地体，它们都是外来系统，和原地系统在岩石、构造、古生物化石、古生态等方面有本质的区别，而且古地磁位置、同位素年龄等也有极大差异。地体拼贴形成增生构造，往往改变了原来地壳或板块的平衡状态，诱发新的俯冲运动；或者使增生的地体再剪切成碎片而进一步分散，形成更多的离散地体。地体的增生和离散，都发生在一定的地质时代和一定的地区，同特定的构造事件或地壳运动密切相关。总之，移置地体构造理论是板块构造理论“登陆”的一个重要尝试，也是板块构造理论的重要补充，解释了宽阔和古老板缘的一些变形难题。

中国许多地区都发育地体构造，有人将华南加里东造山带划分了16个地体（郭令智等，1984），有的将中国划分出成分属于（古）太平洋或特提斯构造域的33个外来地体（葛肖虹和马文璞，2014）。随着研究程度越来越高，人们发现其中不少为典型的微板块，如浙江西北部和东南部被一条NE—SW向大断裂所分割，这两部分呈现明显的地质不连续现象，二者基底也迥然不同，其东南一块被认为是拼贴上来的地体。又如，天山褶皱带或中亚造山带也发现有许多地体拼贴构造。但是，也有一些依据不足的地体，例如，根据白垩纪岩石样品的古地磁测定，海南岛当时位于现今北部湾地区，与华南陆块连在一起，因白垩纪晚期地壳伸展拉张作用，海南岛向南漂移到了现今位置，仅凭古地磁就将海南岛作为一个地体，其依据显然不足，但海南岛作为一个新生代以来的裂离型微板块（见后文）是可以的。除此之外，台湾岛西侧部分也不是从大陆型大板块分离出去的离散地体，其实质没有脱离华南母体，但与海南岛一样，可视为新生代以来的裂离型微板块，于新生代初迁移到现今位置。

板块构造理论是综合多学科成果而建立起来的大地构造学说，是当代地学的最重要理论成就，并被认为是地球科学的一场革命。它最初从大量海洋地质调查实际材料出发，对洋壳的形成和演化过程作了详尽论证，获得最近两亿年来地壳变化的理论范式，从侧面丰富了地质学和地球物理学的理论。特别是，它以地球整个岩石圈的活动方式为依据，建立了世界范围的构造运动模式，所以板块构造理论又称全球构造学说，这是其他以大陆范围内的各种地质现象为依据而建立的各种大地构造学说所无与伦比的。

尽管如此，板块构造理论毕竟是以海洋地质和洋壳为基础建立起的大地构造学说，洋壳上的沉积物年龄不超过 2 亿年，而陆壳的岩石年龄可以高达 38 亿年，个别甚至超过 40 亿年，岩浆活动、构造事件、变质作用也复杂得多。当前，板块构造理论对现今板块边界和大陆边缘等活动情况已了解很多，但是对板块内部（简称板内）及大陆地质长期历史演化过程的认识尚有不足。如何利用板块构造理论来予以解释板内变形，仍然是一个难题。这些板内变形体现在现今“大板块”内部的地震触发机制、克拉通盆地挠曲沉降机制、角度不整合面复杂的时空迁移、板内裂解成盆机制、克拉通破坏、大陆再造、陆内震颤机制、板内岩浆活动、板内古老造山带的复活、板内盆山关系等方面。尤其是，陆壳垂直生长的机制，主要依据地幔物质对流增生或侵蚀、热地幔柱、岩浆底侵等过程予以解释，而所有这些动力学机制当前无法通过实验或令人信服的方式予以论证。

除了大陆板内存在这些难题以外，大洋板内也还有一些难以解释的矛盾现象，如已知洋中脊是地幔物质上升形成新洋壳的场所，海沟和岛弧是洋壳俯冲消亡的地带，但在东太平洋北部发现这两种情况在一个地方同时存在，虽然现今一些研究通过板片窗模式，从深浅部耦合角度来协同这些矛盾的地质过程，但大洋板内先存结构如何影响大陆板内构造依然存在很多值得探索的问题。再如，中印度洋板内发育的 8 级大地震，其震源机制也令人迷惑，特别是中印度洋板内的俯冲启动机制也没有得到解决。特别是，洋壳厚度很小，最薄处只有 5 ~ 6km，却不曾发生褶皱而只作刚性运动，这明显不同于厚度可达数十千米的陆壳可发生非常复杂的褶皱变形，类似的差异现象也未能阐述清楚。

综上所述，无论是板块构造理论，还是地体构造理论，在解释板缘变形方面取得了巨大成功，但都难以解释板内变形。特别是涉及板内伸展变形时，其理论认为，“被动陆缘”也属于板内环境，且板内环境应当是刚性而稳定的。然而，事实表明，被动陆缘存在大量伸展滑脱构造，是强烈活动的，对于这样一个环境为何会发生伸展变形，人们一直避而不谈。不仅如此，“被动陆缘”还可以转换为“主动陆缘”（图 1-39），这在板块构造理论提出的第二年就被美国国家科学院院士 Dewey（1969）给予了很好图示。这个“被动陆缘”向“主动陆缘”转换的机制，其本质也是板内变形问题，在 21 世纪初依然被广泛关注，被认为是解决板块构造启动机制——俯冲初始启动机制的关键所在。

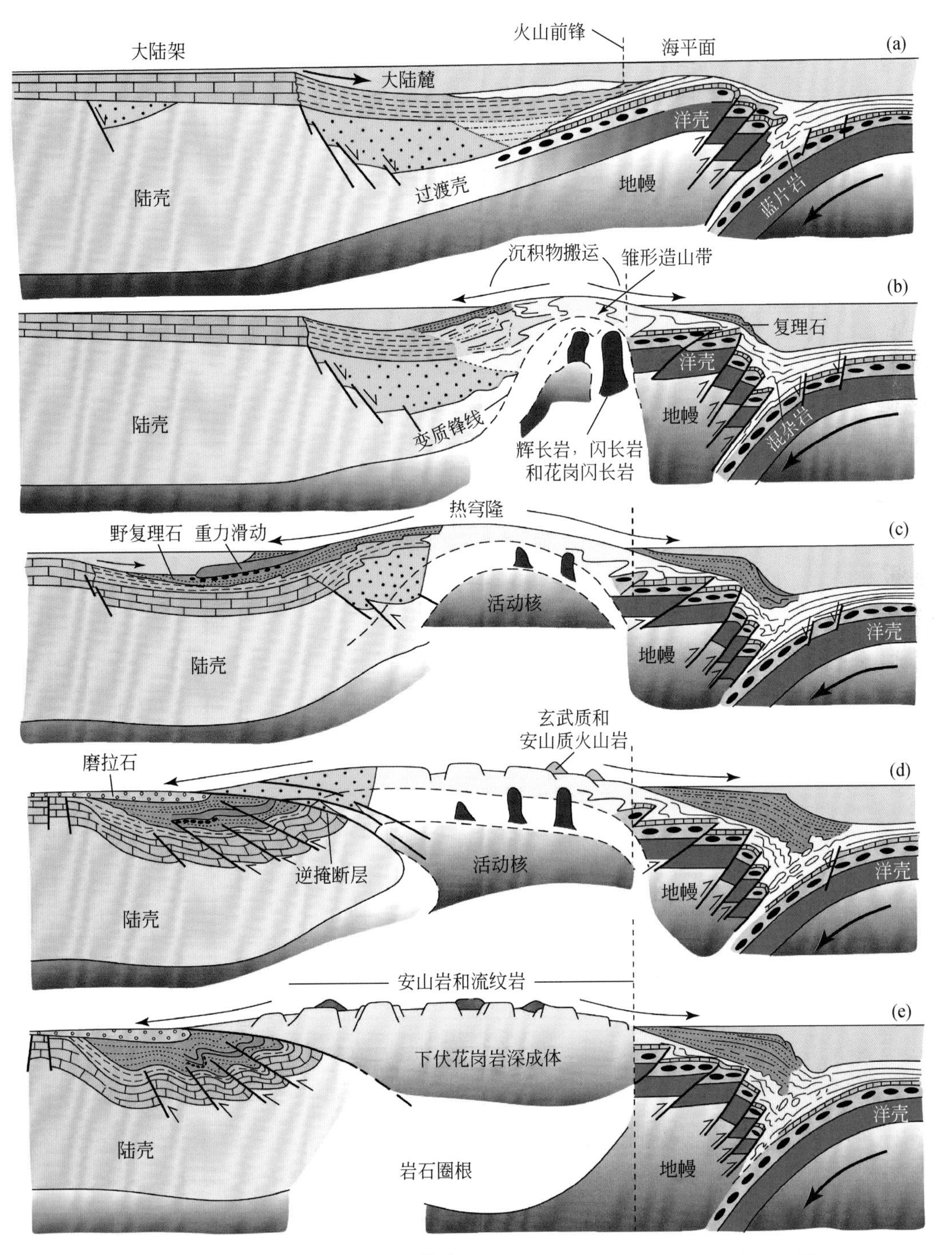

图 1-39 安第斯型大陆边缘形成模式（Dewey，1969；Dewey and Bird，1970）

(3)板块动力

板块驱动力的地幔对流模型来自当年通过类比烧杯中沸水循环而获得的灵感，沸水对流环的纵横比应当为1，但地幔对流环似乎很难符合这个比例，尽管这个地幔对流迄今没有得到地质上的证实。因此，如何证实地幔对流是板块的主动驱动力并确定其纵横比就显得尤为重要。

1968年8月11日是深海钻探计划（DSDP）开启的日期，深海钻探计划的最初目的是1957年梦想实现钻穿莫霍面而倡议的莫霍计划（MOHOLE）的持续，但1968年提出的板块构造理论十分耀眼，因此，DSDP站在科学前沿的高度，将钻探目标转变为检验板块构造理论在动力学上的合理性。然而，50多年过去了，DSDP、ODP到后续两个IODP计划很难说已经实现这个目标，只能说在板块运动学检验上取得一些成就。因此，人们普遍认为，板块构造理论只是一个运动学理论（Le Pichon，2019），而非动力学理论。如今，进入E级超算时代，人们以为大量的地幔动力学数值模拟完全证实了地幔对流动力问题，各种动态模拟结果也很炫酷，甚至用上了虚拟现实、增强现实、全息仿真、人工智能、数字孪生等现代信息技术。但板块驱动力的本质问题并没有随着技术飞跃而取得实质突破，没有从根本上阐明为什么地球具有板块构造或驱动地球运行的基本动力学机制是什么。

板块驱动力到底是什么，或地球运行机制是什么，人类对这个问题的思考，历经上千年。本书“引言”对板块构造理论诞生之前的这些认识进行了梳理，从中可以看出，这个根本问题迄今仍然处在激烈而旷日持久的争论中。尽管板块构造理论诞生以来，人们持续提出了类型繁多的板块驱动力机制，从当初的地幔对流的黏滞拖曳力、洋中脊推力，到后来的俯冲拖曳力、相变、地幔柱驱动、地幔上涌、小尺度对流、榴辉岩化引擎、岩浆引擎等。这些驱动力模型都只能解释局部现象，难以解释全球板块运动整体机制，尤其是，其他类地行星也存在岩浆作用，为何没有诱发板块构造，这就是岩浆引擎驱动力机制的障碍。此外，还有一些学者强调外动力，如陨石撞击是板块运动的诱因等，这同样不仅让人质问：其他行星遭受了比地球更多的陨石撞击，为何没有板块构造运行？为此，这里试图进一步梳理板块驱动力问题本身的来龙去脉，重点探讨这个问题的本源、本质和未来趋势。

板块构造理论提出之初，其认知领域仅局限于地球表层的上地幔，而未涉及更深的区域；板块在扩张中心（洋中脊）形成、在俯冲带消亡，这个认识也只是停留在表面现象，也未说明更深处的下地幔是否控制洋中脊的水平位置变化，是否与洋中脊岩浆类型和供给有着关联，从而也难以深度揭示板块驱动力机制。但是，可喜的是，早期一些认识已经向地球更深部拓展了，在板块构造理论提出之前的1954年，Gutenberg和Richter（1954）就发现，最深的地震可发生在约700km；在板块构造理论提出当年，Isacks 等（1968）研究表明，中、深源地震可发生在岩石圈板块内。这些地震并不像 Benioff（1949，1954）所说的那样，只是反映了延伸到地幔深处的巨型逆冲断层上的逆冲滑动。重要的是，Isacks 等（1968，1969）得出结论，深源地震期间最大收缩方向 P 轴平行于汤加或日本地震带的倾向，这一结果在随后的全球研究中得到证实（Isacks and Molnar，1969，1971）。尽管 Utsu（1971）在解释观测结果时不如 Isacks、Oliver 和 Sykes 大胆，但证实了俯冲于日本下方岩石圈的图像。因为俯冲的岩石圈板块比周围软流圈更强，表现为“应力诱导”（Elsasser，1969），因此在约 700km 深处似乎遇到了阻力。

尽管大多数人认为，板块构造是地幔热对流的一种表现形式，但关于板块运动的驱动力，现今普遍的观点是：它们是“自发驱动”的，即“板块在下沉到温暖的岩石圈地幔之下时，被冷而致密的岩石圈拉向俯冲带；而板块在远离洋中脊时，被大洋岩石圈增厚所推动”（Lithgow-Bertelloni and Richards，1998）。因此，很显然，岩石圈板块的俯冲起着主导作用。水平温差控制着对流流速和板块运动速率，现今这些板块具有最大的水平温度梯度时，其流体基本（无量纲）方程（Richter，1973a）：

$$\nabla'^4\psi' = -Ra\frac{\partial T'}{\partial x'} \tag{1-1}$$

式中，$\nabla' = d\nabla$，d 为对流层厚度；$\psi' = \psi/\kappa$，这里 ψ 为流函数，κ 为热扩散系数；$x' = x/d$，这里 x 为水平位置；$T' = T/\Delta T$，这里 T 为温度，ΔT 为对流层温度差；Ra 为瑞利数：

$$Ra = \frac{\rho\alpha\Delta Tg\,d^3}{\kappa\eta} \tag{1-2}$$

式中，ρ 为密度；α 为热膨胀系数；g 为重力加速度；η 为黏度。

式（1-1）表明，对流的活力（由作用于流函数的双调和算子量化）取决于温度的水平梯度。板片每单位长度的大部分力通过俯冲板片下沉的阻力来平衡，这在 20 世纪 70 年代就很明了，但今天似乎被忽视了。两个事实表明了：首先，大洋岩石圈中大多数板内地震的震源机制解显示出逆冲断层作用，因此，板块不会“感觉”下行板片的“拉力”（Mendiguren，1971；Sykes and Sbar，1973）；其次，力平衡研究表明，下行板片的拉力和俯冲阻力都很大，因此即使它们的差异不小于“脊推力”，但大小也相当（Forsyth and Uyeda，1975；Chapple and Tullis，1977）。Backus 等（1981）的研究也表明，“拉力”和阻力之间的差异问题无法解决。

同样重要的是，在板块构造及其相关对流过程对上地幔限制的假定中，要同时证明，上地幔是相变分层的，在相变中，密度以几千米厚的步长增加了几个百分点（Anderson，1967）。地震阵列不仅可以确定地震波行程时间 t，t 作为距离震源 Δ 的函数，还可以精确估计时间梯度：$dt/d\Delta$。Johnson（1967）指出，这种旅行时间梯度要求 P 波速度在深度约 410km 和约 660km 时突然增加。与此同时，其他学者（Engdahl and Flinn，1969；Whitcomb and Anderson，1970）发现了 P 波的前兆，P 波穿过地核，从地球表面反射，然后通过地核返回到距离震源只有几十度的台站：PKPPKP 或 P′P′相的前兆。这些前兆信号的到达时间，意味着它们已从 ~410km 或 ~660km 深度反射。Richards（1972）揭示了纵波速度突变的地质体厚度，因此，发生相关相变的地质体厚度可能只有几千米；P′P′相的短周期需要这个突变的界面。热力学计算表明，较低程度的相变应该是吸热过程（Ahrens and Syono，1967），因此在下降的冷物质中，比在其周围物质中发生相变的深度更大，这个相变过程可以阻止冷物质进一步下降（Schubert et al.，1975）。尽管其流动幅度有限，但除非在相变的克拉珀龙斜率为负值，且高达-6MPa/K（Christensen amd Yuen，1984）时，相变不会阻止其穿过地幔过渡带发生流动（Richter，1973b）。地震学和地幔矿物学资料证实，上地幔约 700km 以浅的相变界面，将会限制板片跨越该界面发生对流。但 21 世纪以来，相变的克拉珀龙斜率估计相对较低，仅为-2MPa/K（Katsura et al.，2003；Fei et al.，2004），因而这个相变深度估计还存在一些不确定性。实际上，这个深度早前就存在争论。Bullen（1947，1963）曾在地球垂向结构的 413 ~984km 划分出一个“过渡区”（transition region）。Birch（1952）采纳了这一观点，但他认为过渡区在 200 ~900km 的区域，因为在该区域的成分或矿物必然发生相变。Haskell（1935）在分析了黏度结构之后则认为，上地幔应延伸到 1000km 深度。

板块构造理论提出 50 多年后的今天，随着计算能力的提高，人们可以结合下地幔横向非均质性地震学证据进行板块驱动力的分析。由此发现，下地幔横向非均质性可能与上地幔岩石圈的下行板片有关，下地幔的密度异常对板块运动的受力平衡起着关键作用。有些研究将下地幔密度异常纳入地幔动力学模型，提升了计算与观测的板块运动拟合度，发现在某些情况下，下地幔密度异常比上地幔密度异常更为重要（Becker and O’Connell，2001；Conrad and Lithgow-Bertelloni，2002，2004；Faccenna et al.，2013，2017；Lithgow-Bertelloni and Richards，1998）。

假如将地幔流动受阻界面修正到 ~1000km 深度处，那么这个修正模式可简化现今许多人描绘的板块构造，且更像四五十年前人们对它的理解。洋中脊“推”，俯冲带“拉”，软流圈上方的板块运动产生了额外的阻滞拖曳力，当较厚的大陆岩石圈覆盖在薄而黏的软流圈上时，其阻滞拖曳力大于大洋岩石圈下方的。冷的下行板片仍然会保持最大的横向温度梯度，因此，除在扩张中心附近和构造高部位下部之外，作用在板片上额外的重力将在每单位长度上产生最大的拉力，并驱使板块运动，但下行板片附近的阻力也会相当巨大，因此板片会遭受水平压缩（Mendiguren，1971；Sykes and Sbar，1973）。如此，板块运动就是地幔对流的一部分，下地幔对流所起的作用也就不能忽略。由此可见，20 世纪 70 年代在数值模型可以模拟下地幔 1000km 边界处（而不是660km处）的过程之前，所讨论的板块运动很多都是想象的（Isacks and Molnar，1969，1971；McKenzie，1969，1972；Frank，1972；Forsyth and Uyeda，1975；Chapple and Tullis，1977；Richter and McKenzie，1978；Backus et al.，1981；Hager and O'Connell，1981）。

当前，现今板块构造驱动力问题基本集中在两个主流新认识：俯冲驱动和1000km为上下地幔对流分割界面。特别是，跨洋中脊的大地电磁探测（图1-40）进一步证实，洋中脊推力是被动的（Key et al.，2013）。这一点印证了俯冲作用驱动板块运动的现代主流观点。

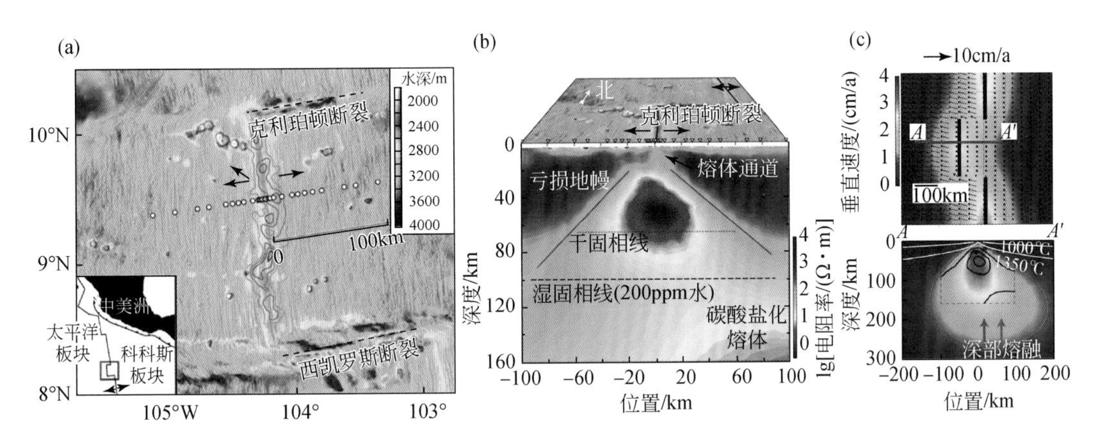

图1-40　跨东太平洋海隆快速扩张脊的大地电磁测量位置及电阻率剖面（Key et al.，2013）

左图为中美洲西南约1000km处跨9°30′N洋中脊轴线部署的29个海底大地电磁观测站（白色圆圈），插图中红色框为研究区。太平洋和科科斯板块对称分离（黑色箭头），而整个洋脊增生系统相对于固定热点参考系向西北移动（灰色箭头）。Clipperton和Siqueiros转换断层（TF）位于该洋中脊脊段北部和南部。地震层析成像发现，地幔最顶部几千米的地震P波低速等值线（速度7.6km/s）大部分沿着洋中脊冠部分布，但其在大地电磁剖面附近向东偏移。色标显示了海底地形，100km比例尺表示大地电磁阵列的半径。中图为大地电磁揭示的东太平洋海隆（EPR）下地幔上升流的电阻率图像。顶部为海底地形的平面视图。主图板的颜色显示垂向上的lg［电阻率（Ω·m）］，可从海底大地电磁台站的非线性反演数据中获得（地表视图中的白色倒三角形）。绿色到红色表示上升流地幔中产生的部分熔体具有高导电性（低电阻率）。干湿橄榄岩的固相线深度如水平线所示。右图为EPR运动学的三维被动流模拟，包括洋中脊偏移、海底扩张以及Clipperton和Siqueiros转换错断。（a）中显示太平洋和科科斯板块施加的绝对板块运动方向（黑色箭头）和150km深度的模拟上升流垂直速度（彩色区）。（b）沿剖面A-A′［图（a）中］的垂直速度横截面，该剖面［图（b）］于大地电磁剖面相同位置横穿洋中脊脊轴。洋红线的轮廓为1cm/a的垂直速度，突出了向东（右）的深度不对称性。黑线描绘了大地电磁反演模型的0.1Ω·m、1Ω·m和10Ω·m电阻率等值线。白线显示了半空间冷却模型的等温线

此外，讨论板块构造起源问题，还需要考虑板块构造体制出现之前的陆壳起源、地球驱动机制（图1-41）。这也涉及前板块构造体制或不同构造体制的驱动力（图1-42）。目前，板块驱动力问题不仅涉及现今地球系统运行的最根本驱动力探索，而且延伸到早期地球的地球系统运行的最根本驱动力探索。据此，人们才可以探索全地史整体地球系统运行的最根本驱动力问题。因此，板块驱动力可能只是地球处于板块构造演化阶段固体圈层的阶段性驱动力，但也可能是板块地球系统的一级控制因素。

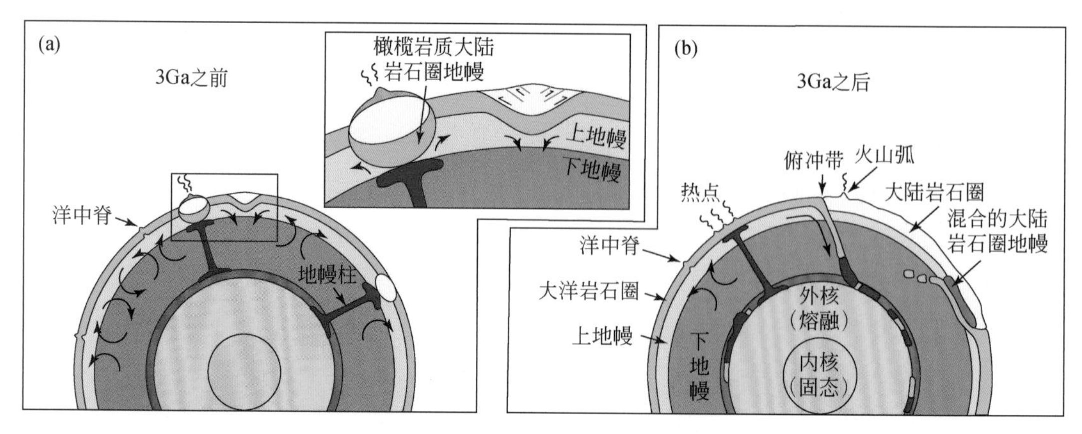

图1-41　板块构造体制下的陆壳形成模式对比（van Kranendonk，2011）

分别表示了早期地球（3Ga之前）（a）和年轻地球（3Ga之后）（b）的不同地壳形成模式。在早期地球中，地壳形成于两种环境：①整理上涌的热地幔之上，在那里形成较厚地壳，并具有一个亏损橄榄岩组成的大陆岩石圈地幔（SCLM）根；②形成于下行地幔区，大洋岩石圈叠瓦并强烈熔融，形成高级片麻岩地体。而拥有大板块的年轻地球中，全地幔对流循环诱发深俯冲，大洋岩石圈可回返到地幔中，地壳通过俯冲产生的岛弧型岩浆作用或通过热点型岩浆作用而增生。大洋岩石圈进入大陆岩石圈底部，导致其与大陆岩石圈地幔的橄榄岩和榴辉岩成分发生混合

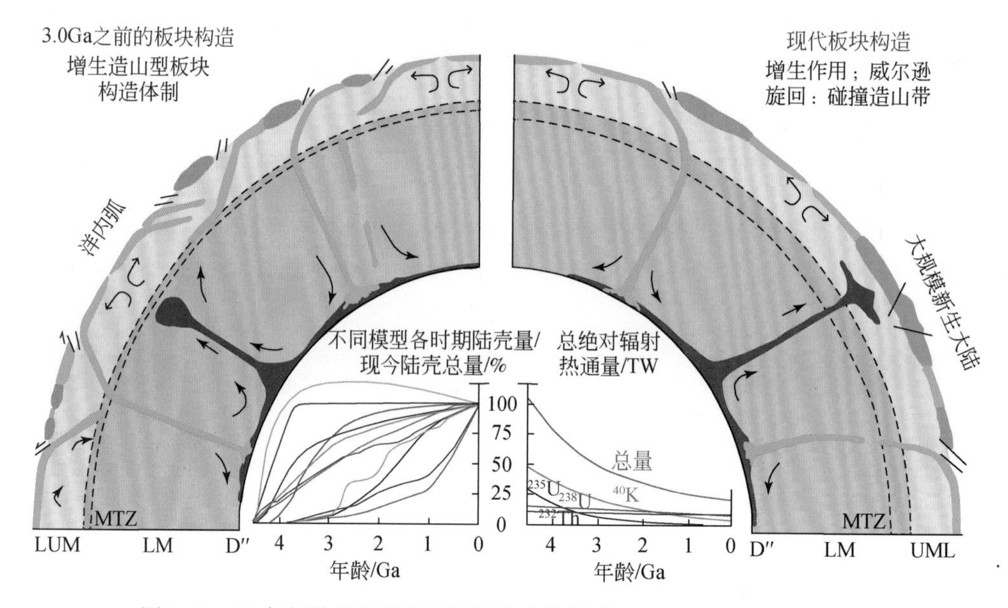

图1-42　30亿年前的和现代的板块构造体制对比（Windley et al.，2021）

3.0Ga前，构造上以洋内弧和增生造山带占主导，称为增生造山型板块构造体制；2.7～2.5Ga之后，为现代板块构造体制，包括增生造山型和威尔逊旋回性构造体制。地球早期板块体制主要由大洋扩张中心的初生地壳和初生洋弧以及一些俯冲场所的增生造山带主导。此时，增生造山带发育大洋沉积物增生、大洋岩石圈上部层位的增生，伴随俯冲侵蚀、板片和沉积物熔融和地幔楔水化熔融的岛弧岩浆作用。岛弧逐渐生长，聚合形成多岛弧，之后，由于板片脱水、地幔楔熔融以及更老地壳物质参与，这些多岛弧长大到足够形成陆缘弧，至3.2～2.0Ga，大陆岩浆作用逐渐增强，这在卡普瓦尔（Kaapvaal）克拉通的地质记录中表现最为清晰。大量陆壳物质主体出现在2.7～2.5Ga，首次出现广泛的裂谷型被动陆缘建造，大型陆块（超大陆?）裂解，这些裂离的大陆碎片（微陆块）再沿阿尔卑斯型碰撞造山带发生碰撞，进而启动了威尔逊旋回型板块构造体制。在现今构造体制中，增生造山型板块构造体制和威尔逊旋回型板块构造体制并存。插图中据Hawksworth等（2020）总结的来自不同学者的陆壳生长模式，总热流通量来自Arevalo等（2009）。L-岩石圈，UM-上地幔，MTZ-地幔过渡带（现今划在410～660km，3.0Ga时划在430～640km），LM-下地幔，D-为核幔边界。注意：这里认为3.0Ga以前的地幔过渡带（MTZ）较薄，是因为目前还无法约束其到底有多厚

目前，板块构造理论的建立有着众多的科学依据和测量数据，其科学基础是坚实而深厚的。随着日新月异的科学手段的应用、调查领域广度和深度的日益开拓，相信将会获得越来越多的科学资料，以解决板块构造三大难题。

在深空领域，人们利用卫星监测等“上天”技术获得和积累了各种地球信息资料，特别是，各种探测卫星收集的海量全球地球物理异常特征，为全面快速了解行星地球从浅到深的整体结构状态提供了科学依据。卫星重力异常的二阶球谐函数方法，不仅揭示了核幔边界两个 LLSVP 的存在，而且有助于快速获取海底的精细地貌异常。InSAR 等技术则不断提高了人们对重要活动断裂带的监测能力，为防灾减灾提供实时数据。特别是，对其他行星或天然卫星的探测，为板块构造起源等问题的解决提供了对比行星科学的基础。

在深地领域，人们利用“入地”技术，即采用超深钻的办法，向地球深部进军。俄罗斯已经在摩尔曼斯克附近的科拉半岛上钻探了超过 12km 的深井，取出了迄今为止最深的岩芯。德国也尝试过在邻近捷克斯洛伐克边境的上普法尔茨小城温迪施埃申巴赫打世界最深的钻孔，最终目标是钻 12km，甚至 14km，但在 8km 多的深处停钻。“上天容易入地难”，因为钻至 10km 以后，地温将升至 300℃，压力将超过 2500Pa，其压力相当一个汽车轮胎内压力的 1000 倍。当前人们已经具有在这种极端条件下的尖端钻井技术。作为地球深部的“窥望镜”或“探针”，即使可能获得更深的样品，钻探也只能揭示地球表层很浅薄的地带。为了获得更多的深部信息，20 世纪 70 年代以来特别强调国际多学科合作，并建立相关组织和制定合作研究计划，如在国际科学联合会理事会（ICSU）下建立的“联合会间岩石圈委员会”（ICL）便是其中之一。至 1991 年，62 个国家和地区已参加到国际岩石圈计划的工作，中国是最早参与国之一。1990 年以来，多个岩石圈研究计划已经实施，以全球变化的地球科学、当代动力学和深部过程、大陆岩石圈、大洋岩石圈等为主题，从更深层广泛深入开展板块构造研究。

在深海领域，深钻方面，50 多年来，尽管人们利用 DSDP 到 IODP 等深海钻探技术检验了板块运动的真实性，但是即使在当今“下海”探测技术飞速发展的背景下，也还未钻透洋壳莫霍面。深网方面，美国、日本和欧盟等发达国家及地区持续近 30 年投入，建设了几代海底观测网，从初始的 NEPTUNE、MARS、VENUS、ARENA 到升级的 ORION、ESONET、DONET 等区域海底观测网，再到全球性的 GOOS、OOI 全海深观测系统（李三忠等，2009），不仅揭示了现今海底板块运动特征，而且在海底地震、地震海啸、海底灾害等应用领域取得了巨大成功。深蓝（指高技术）方面，随着一系列新的技术，如高精度近底重磁探测技术、多波束技术、三维海底反射地震技术、海底大地电磁技术到层析成像技术不断被应用，人们探明了全球各大洋板块的整体图像和结构。深潜方面，日本海洋科技中心不仅研制出深水 6500m 级载人潜水调查船，而且还研制出能够潜到水深 11 000m 的无人探测装置，可以在 1.1×10^9Pa 的极端条件下进行海沟近底探测工作。无人深海探测装置的第一个探测目标是世界最深的海斗深渊——马里亚纳海沟（−11 034m）。目前，这种探测装备可以在任何水深的海底深潜航行，成为地球科学领域等深海研究的重要“武器”。中国的“蛟龙”号、“奋斗者”号也实现了这些目标，其技能位居世界先进行列。这些技术和装备的投入，必将增强人们对洋底动力学和深部物质循环的深刻认知。

此外，从地球系统科学角度，人们开始探索“自上而下”的板块驱动机制，人们不仅认识到，地球表层系统的风化剥蚀过程也可能是地球内部动力系统的驱动机制，甚至开始探讨生物圈如何塑造地球宜居性，研究生物圈与深部地幔之间相互作用的眼光，不再局限在以磁场为媒介的过程，而是穿透性地看到有机质深俯冲对深部动力系统的影响。

总之，前人大量研究主要侧重全球大板块几何学、运动学的探索，对于微板块的探索很有限。但经过 50 多年的逐渐积累，人们也发现微板块的动力学行为与大板块的可能存在巨大的不同。因此，以板块大小差异为切入点，聚焦微板块构造，在新的科技发展背景下，采用新一代先进探测和模拟技术，可望解决板块构造理论的三大难题，从深空、深海、深地、深时、地球系统多个维度不断深入探索，有望发展、拓展乃至革新传统板块构造理论。

第 2 章　大板块与微板块

大板块必然存在一个由小到大的生长过程，而微板块可以是大板块早期生长的前身，也可以是大板块后期破碎的结果。了解微板块的起源、生长、夭折、残留、保存和消亡过程对研究板块构造起始、生消、聚散、深浅循环等具有重要意义，不仅可以为国家急需的关键金属矿产、油气水合物、海底氢能勘探带来新思路，而且为解决传统板块构造理论三大国际性难题提供了新机遇、新途径、新认识。这些微板块研究不仅对解释大陆内部一些微板块成因具有启发性，而且还可以丰富大陆造山带、陆内、洋内、板内、幔内和陆缘构造的研究内容，使得造山带演化、板内变形和地幔过程研究更为精细化，甚至可推广到早前寒武纪早期的前板块构造机制和生命起源研究，还可为开拓深海大洋精细化构造重建工作提供参考。

根据岩石组成，微板块可划分为微陆块、微洋块、微幔块（其定义见后文相应章节，Li et al.，2018）。岩石组成上，微陆块主要由陆壳或大陆岩石圈组成，微洋块主要由洋壳或大洋岩石圈组成，微幔块主要由大陆岩石圈地幔（简称陆幔）或大洋岩石圈地幔（简称洋幔）组成。基于微板块的这个成分分类，本章将进一步开展微板块的成因分类，重点阐述拆离型微板块、裂生型微板块、转换型微板块、延生型微板块、跃生型微板块、残生型微板块、增生型微板块、碰生型微板块和拆沉型微板块 9 种类型。其次对不同类型微板块边界进行系统界定，对其成因进行系统讨论。这些微板块边界类型，包括活动的或死亡的拆离断层、俯冲带、洋中脊、转换断层、破碎带、切割岩石圈的断裂、假断层、洋内汇聚带、叠接扩张中心、非叠接扩张中心、洋脊断错等，其成因的关键研究在于对三节点稳定性进行分析。最后，对大板块与微板块的关系进行探讨。

2.1　现今全球板块构造级别划分

传统板块构造理论提出之初，人们依据地震、火山为显著标志的构造活动带，将全球岩石圈分割成许多刚性板状块体（block）（Wilson，1965），即板块（plate）（Meckenzie and Parker，1967）。与此同时，Morgan（1968）最早提出刚性块体（rigid block）可以分为多个级别，现今按照面积大小，板块被分为大、中、小、微四级（李学伦，1997）。Le Pichon（1968）最早提出全球六大板块划分方案，随后Morgan（1968）进一步将全球岩石圈应划分为20个左右的板块。进入21世纪后，Bird（2003）根据现代地震分布，将全球划分出52个活动板块，但其划分的一些活动板块边界和传统板块边界差异较大。近10年来，微板块划分越来越细致，Wilhem等（2012）和Stampfli等（2013）分别将中亚造山带和特提斯构造域划分了大量微板块（图2-1），后来Stampfli团队还对大板块内部或克拉通内部做了更细致的全球划分（Vérard，2021）；Harrison（2016）则将全球划分出159个板块，并对各个板块的现今面积进行了统计，其中，面积最小的为273km^2，面积小于10万km^{2}的有72个；Vérard（2021）基于GPlates板块重建软件，绘制了全球大陆上的更多微小块体，而海底则以磁条带来表现其构造特征，遗憾的是该方案没有系统构造理念指导；至2022年，出现了全球陆地上899多个更精细构造单元的划分方案，包含54个微板块（Hasterok et al.，2022），但该方案未包含海底的大量微板块；与此同时，李三忠等（2022）将全球岩石圈划分为861个微板块，该方案包含海底的大量微板块。尽管每个微板块的面积大小不等，但其内部在构造上必须是相对稳定的区域，统计学上微板块的面积大多数在百万平方千米左右。Dijik（2023）报道了第二份全面对全球海陆岩石圈进行划分的成果，共划分了1180个微板块/地体，其微板块划分尽管历经10年编图且相对比较细致，虽然其中很多边界依然不准确，但这依然不失为一份努力。总之，现今全球板块构造格局划分趋势，呈现出在地质、地球物理和地球化学多要素综合约束下愈来愈精细化、数字化的编图特点。

（1）大板块或巨板块

大板块或巨板块即规模（范围）巨大的板块，也可视为一级板块。全球大板块划分有多种方案：①六分方案，即板块构造理论初创时期Le Pichon（1968）最早提出的六大板块方案。这六大板块分别是欧亚板块、太平洋板块、美洲板块、非洲板块、印度–澳大利亚板块（常简称印澳板块）和南极洲板块，这六大板块属于一级大板块，它们决定了全球板块运动的基本特征（图1-1）。②七分方案，后来的研究大都倾向于把美洲板块细分为北美洲板块和南美洲板块，这样全球岩石圈被分割为七大板块。这些划分方案中，大板块一般既包括陆壳，也包括洋壳，如太平洋板块、非洲板块，岩石组成复杂。特别是，板块构造理论建立之初，不少学者认为太平洋板块单纯由大洋岩石圈构成，但根据全球地震带的分布可看出，太平洋板块虽然绝大部分地壳为洋壳，但也包括北美圣安德烈斯断裂以西的陆壳，即加利福尼亚半岛等岛弧型陆壳；非洲板块虽然主体由陆壳组成，但其周边被动陆缘之外基本由洋壳组成。大板块这种复杂岩石构成必然导致其内部不同区域的流变学结构不同，进而在相同外部作用力强迫下，不同部位发生的响应也不尽一致。大板块每年都在

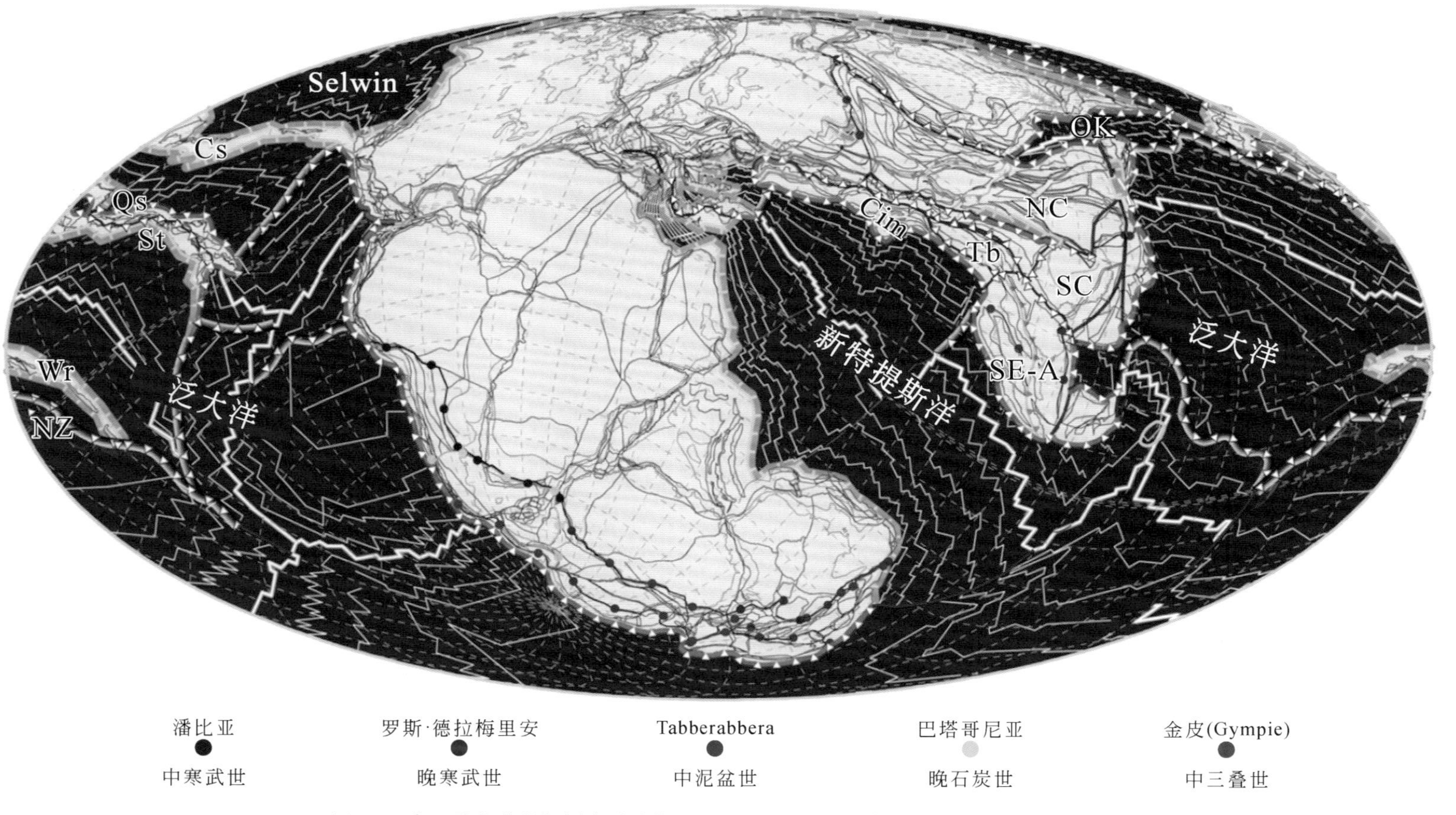

图2-1　晚三叠世诺利期板块重建的Mollweide全球投影（Stampfli et al.，2013）

源自冈瓦纳古陆澳大利亚一侧的Wrangelia地体和Stikinia地体在晚石炭世形成了单一微板块。它们迁移到劳伦古陆的过程中，Wrangelia地体被遗弃，很快就与在新西兰发现的洋内弧块体碰撞。Wrangelia地体还包括大型洋底高原（Peninsular和Kamutsen地体）。石炭—二叠纪期间，Stikinia地体和Quesnellia地体之间正在消失的大洋板块位于泛大洋或Cache Creek洋中。无论何时，泛大洋总是被洋中脊和洋内俯冲带分隔为几个大洋板块，常见弧-弧碰撞，就像这张图中Stikinia地体和Quesnellia地体之间的情形。Cim-基梅里地体群；Cs-凯撒（Cassiar）地体；NC-华北地块；NZ-新西兰地体，OK-鄂霍次克地体；Qs-Quesnellia地体；SE-A-东南亚地体群；SC-华南地块；St-Stikinia地体；Tb-青藏高原的地块（不是基梅里地体群中的南拉萨地体）；Wr-Wrangelia地体。图中显示了冈瓦纳古陆泛大洋一侧的主要缝合线以指甲生长速度发生运动，宏观或长期效应上，其运动方向的变化同样比较缓慢，短则每隔几百万年发生调整，长则上亿年才发生显著变化（图 2-2），其板缘一些地

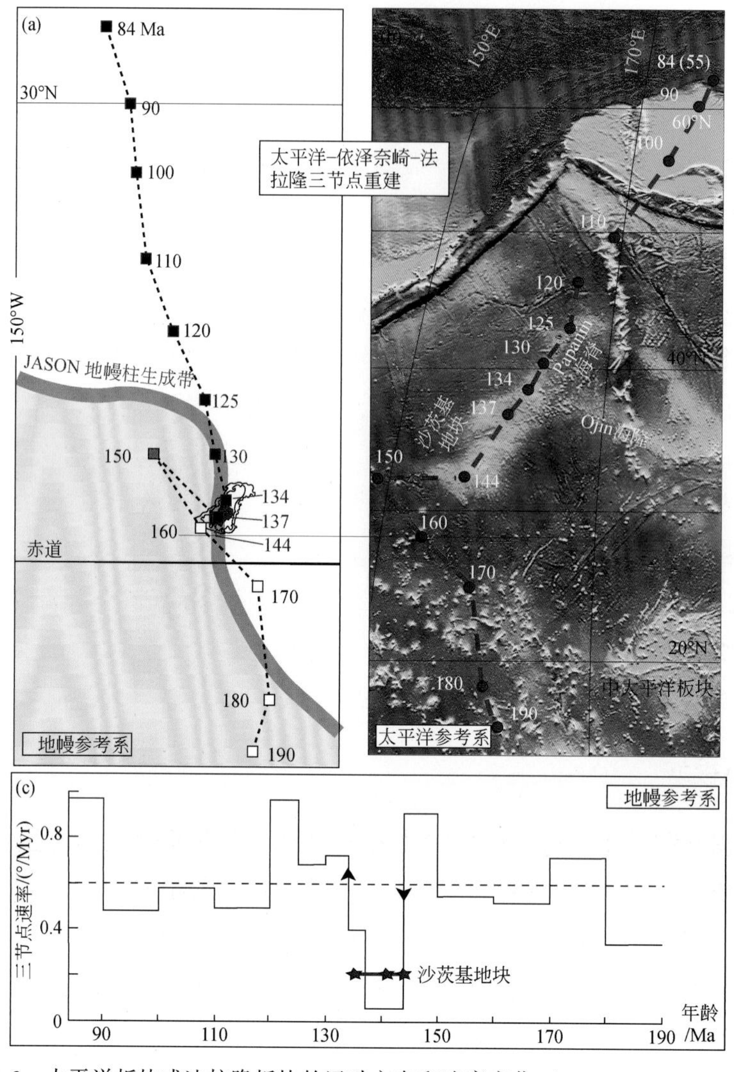

图 2-2　太平洋板块或法拉隆板块的运动方向和速率变化（Torsvik et al.，2019）

（a）地幔参考系中太平洋-依泽奈崎-法拉隆三节点的模式运动。基于 GMHRF-3 参考系，结合模型 R，从 83.5Ma 扩展到 150Ma。这里使用了 Matthews 等（2016）改进的动态板块多边形。在 150Ma 前，使用 Matthews 等（2016）的板块旋转模型，其中，菲尼克斯、依泽奈崎和法拉隆板块是通过相对于 190Ma 前固定太平洋板块的板块回路重建的。由于该模型中的太平洋板块根本没有移动（只是在增生），因而太平洋-依泽奈崎-法拉隆三节点不断向北移动，从 190Ma（太平洋板块的诞生时刻）到 84Ma（太平洋-依泽奈崎-法拉隆三节点俯冲消亡的时间）绕球面大圆运动的总累积量为 63°（~7000km）。注意：该三节点在 55Ma 左右开始俯冲。粉红色粗线代表 JASON 地幔柱生成带（PGZ）。蓝色细线显示了重建至 144Ma 的沙茨基南部≤4000m 的水深等值线。红色阴影为塔穆地块（沙茨基以南）。（b）太平洋-依泽奈崎-法拉隆三节点［如图（a）所示］在当前坐标（相对于太平洋板块）下的运动。图中绘制了 4000m（突出沙茨基地块和 MPM-中太平洋地块；黑线）和 5000m（突出 Papanin 洋脊和 Ojin 海隆；白线）的水深等值线。背景图像数据来自 ETOPO1。注意：190~150Ma 的轨迹代表太平洋板块运动的轨迹，150~144Ma 的三节点轨迹变化是三节点跃迁所致，正是这次跃迁，使得沙茨基海隆坐落到了太平洋-法拉隆洋中脊之上，所以 144~84Ma 的三节点轨迹不是太平洋板块运动的轨迹，更不是依泽奈崎板块运动的轨迹，而更可能是法拉隆板块的运动轨迹。（c）地幔参考系中计算出的三节点运动速率，平均约为 0.6°/Ma。请注意，沙茨基海隆侵位期间的速率下降，这可能反映出三节点暂时被锁定在相对稳定的地幔柱通道上方

球动力作用的时间亦是如此。地球总面积为 5.1 亿 km^2，从统计学角度，地球上七大板块面积范围可分别界定在 3000 万～7000 万 km^2。

（2）中板块

中板块是比大板块规模小、比小板块大的刚性岩石圈板块。中板块既可以独立存在，多个中板块也可以组合为一个大板块，全球中板块划分也有多种方案：①十二分方案，即含较小的 5 个中板块，它们分别是纳斯卡板块、科科斯板块、加勒比板块、菲律宾海板块和阿拉伯板块（图 1-1）。从图 1-1 可以看出它们与其他板块被现今地震带分隔的情况。纳斯卡板块、科科斯板块和菲律宾海板块为纯粹的大洋板块，其余两个既有陆壳，也有洋壳。中板块一般夹于大板块之间或位于前进的大板块边缘，其位移和视转动（并非真正自转）取决于大板块的运动方向及旋转极位置。中板块的运动方向在几百万年或几千万年内即可发生显著变化。②十四分方案，有些学者还进一步从大板块中划分出若干中板块，如从非洲板块中划分出索马里板块，从欧亚板块中划分出中国板块和南海板块等，但由于缺乏连贯围绕它们的活动地震带，其中一些未被认可。③十六分方案，又增加了 2 个中板块，即被广泛认可的摩羯板块、索马里板块，它们是从大板块中心分离出来的。从统计学角度，地球上中板块面积范围可界定为 500 万～1000 万 km^2。

（3）小板块

前人根据面积大小，将尺度相对较大的大板块或中板块进一步细分为更小的小板块和微板块。小板块最初指面积相当于 10 万 km^2或更小的板块，它们往往出现于陆–陆或陆–弧的碰撞带中。由于在这类碰撞带中，地震带非常宽广，小板块的进一步划分很难单纯依据现今地震分布特征进行。一般通过地震震源机制的研究，如果发现沿某一断裂带反复发生的地震都具有一致的错动方向，则可确认这条断裂带应为紧邻小板块的边界。据此，欧亚板块、非洲板块与阿拉伯板块之间就可以进一步区分出土耳其、爱琴海、亚德里亚、伊朗等小板块（图 1-1）；同样，太平洋板块与澳大利亚板块之间可进一步划分出新赫布里底和汤加等小板块。小板块的运动一般不受地幔对流的驱动，主要受控于大板块而被动运动，相对于紧邻的大板块，其位移不显著。它们在全球板块运动中处于被动状态，但在区域构造研究中是不可忽视的变形因素。现今从统计学角度，小板块面积介于 100 万～500 万 km^2。

（4）微板块

微板块为目前全球板块划分中的最小构造单元（本书的定义见本章 2.2 节），最早是板块构造理论研究板内构造时提出的，但并没有明确的定义。借助于精细的 4

级以下现今地震分布、高分辨率重磁异常、高精度卫星照片、海底多波束地形、区域性大地测量数据、长期 GPS 速度场、地幔内部 P 波高速异常、精确的古地磁资料、关键的同位素年代、长期地热流变化以及大量岩石地球化学数据等主要资料，人们可以进行微板块划分、形成与发展过程的研究。微板块在大陆上通常以克拉通块体为核心，周边残存有被动或活动陆缘及板块活动的遗迹，且有别于周边地质体的构造-热演化历史。由许多较小的微板块组合可形成相对较大的联合或复合型微板块，但它们在复合前具有各自独立的物质组成和早期演化历史，拼合后可作为一个统一的板块运动，如现今地球上许多克拉通基本都形成于早前寒武纪，各自由一系列古老的微陆块或微陆核拼贴、聚合而成，但显生宙期间每个克拉通内的微陆块或微陆核都随着所在显生宙板块整体运动。

Bird（2003）从现今活动构造角度，依据现今地震分布，发布了一个全球现今板块边界模型（PB2002 模型）数据库（图 2-3），该板块边界文件被广泛应用。其中，一小部分边界界定是根据地形、火山作用或者现今地震活动新确定的，并考虑了地磁异常决定的板块移动速率、矩张量以及大地测量等因素。但大部分板块边界来自前人界定，例如，NUVEL-1A 板块运动模型所描述的 14 个大中型板块（非洲、南极洲、阿拉伯、澳大利亚、加勒比海、科科斯、欧亚、印度、胡安·德富卡、北美洲、纳斯卡、太平洋、菲律宾海、南美洲）。PB2002 模型还包括 38 个小板块（鄂霍次克、阿穆尔、扬子、冲绳、巽他、缅甸、马鲁古海、班达海、帝汶、伯兹角、毛克、加罗林、马里亚纳、北俾斯麦、马努斯、南俾斯麦、所罗门海、伍德拉克岛、赫布里底群岛、康韦礁、巴尔莫勒尔礁、富图纳、纽阿福欧、汤加、克马德克、里韦拉、加拉巴哥群岛、伊斯特尔、胡安·费尔南德斯、巴拿马、北安第斯、阿尔蒂普拉诺、设德兰群岛、斯科特、桑威治、爱琴海、安纳托利亚、索马里），一共 52 个现今活动板块。这个模型并没有试图将阿尔卑斯-波斯-喜马拉雅造山带、菲律宾岛、秘鲁安第斯山脉、潘佩阿纳斯山脉、内华达右旋转换拉伸区划分为板块，相反它们被定义为“造山带”，宽的造山带作为板块边界并不是十分精确，因为这些造山带内包含有大量微陆块。这个模型的板块累计数目/面积分布，遵循板块的幂律分布特征，即介于 0.002 和 1 个球面度之间的范围；但窄板块边界违反这个尺度比例，说明未来工作有可能在造山带内识别出更多微小板块。这个模型包括四种文件：板块边界分段、板块形态、造山带轮廓和数字化板块边界特征的表格。根据相对速度矢量估计，微板块边界包括 7 种类型：大陆汇聚边界、大陆转换断层、大陆裂谷、大洋扩张脊、大洋转换断层、大洋汇聚边界、俯冲带。其中，大陆裂谷、大洋汇聚边界是传统板块构造理论中没有涉及的板块边界类型。PB2002 模型还分别计算了边界总长度、平均速度和总区域板块生长/消亡率，全球板块总的生长/消亡率

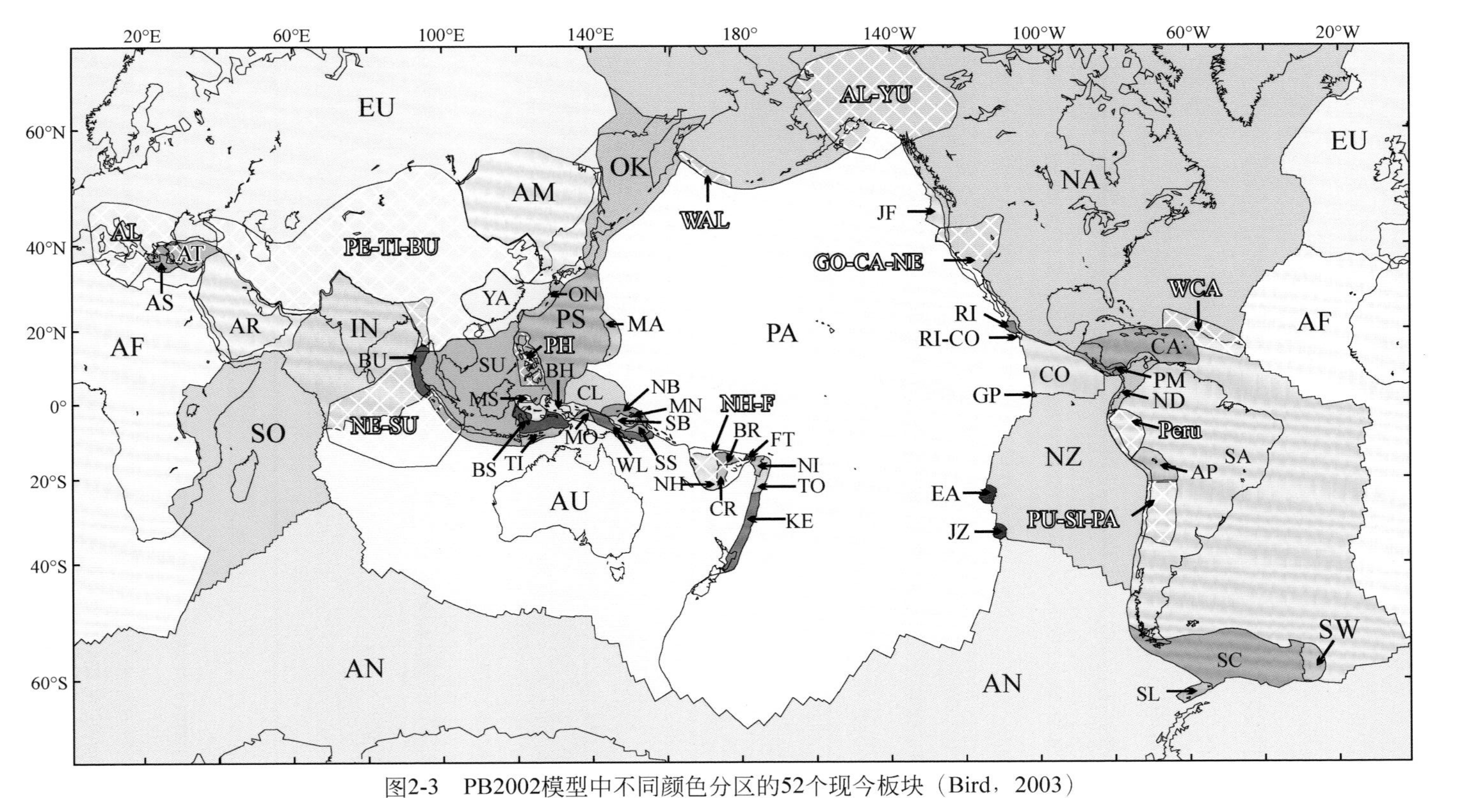

图2-3　PB2002模型中不同颜色分区的52个现今板块（Bird，2003）

白色网格区为造山带。造山带简称：AL-阿尔卑斯（Alps），AL-YU-阿拉斯加–育空（Alaska-Yukon），GO-CA-NE-戈尔达-加利福尼亚-内华达（Gorda-California-Nevada），NE-SU-东经九十–苏门答腊（Ninety East-Sumtra），NH-F-新赫布里底–斐济（New Hebrides-Fiji），Peru-秘鲁，PE-TI-BU-波斯–青藏–缅甸（Persia-Tibet-Burma），PH-菲律宾（Philippines），PU-SI-PA-普纳–塞拉斯–潘佩阿纳斯（Puna-Sierras-Pampeanas），WAL-西阿留申（West Aleutians），WCA-中大西洋西侧（West central Atlantic）。纯色填充区为板块。板块简称如下：AF-非洲（Arica），AM-阿穆尔（Amur），AN-南极洲（Antarctica），AP-Altiplano高原（Altiplano），AR-阿拉伯（Arabia），AS-爱琴海（Aegean Sea），AT-安纳托利亚（Anatolia），AU-澳大利亚（Australia），BH-伯兹角（Birds Head），BR-巴尔莫勒尔礁（Balmoral Reef），BS-班达海（Banda Sea），BU-缅甸（Burma），CA-加勒比（Caribbean），CL-加罗琳（Caroline），CO-科科斯（Cocos），CR-康威礁（Conway Reef），EA-复活节岛（Easter），EU-欧亚（Eurasia），FT-富图纳（Futuna），GP-加拉帕哥斯（Galápagos），IN-印度（India），JF-胡安·德富卡（Juan de Fuca），JZ-费尔南德斯（Juan Fernandez），KE-克马德克（Kermadec），MA-马里亚纳（Mariana），MN-马努斯，MO-毛克（Maoke），MS-马鲁古海（Molucca Sea），NA-北美洲（North America），NB-北俾斯麦（North Bismarck），ND-北安第斯（North Andes），NH-新赫布里底（New Hebrides），NI-纽阿福欧（Niuafo'ou），NZ-纳斯卡（Nazca），OK-鄂霍次克（Okhotsk），ON-冲绳（Okinawa），PA-太平洋板块，PM-巴拿马（Panama），PS-菲律宾海（Philippine Sea），RI-里韦拉（Rivera），SA-南美洲（South America），SB-南俾斯麦（South Bismarck），SC-斯科舍（Scotia），SL-设得兰（Shetland），SO-索马里（Somalia），SS-所罗门海（Solomon Sea），SU-巽他（Sunda），SW-南桑威奇（Sandwich），TI-帝汶岛（Timor），TO-汤加（Tonga），WL-伍德拉克（Woodlark），YA-扬子（Yangtze）

为0.108m²/s，这个比值比之前的模型要高，这是因为考虑了弧后盆地扩张的因素。

如果按照Mallard等（2016）基于地球动力学模拟的结果（图2-3），将微板块面积界定为1万～50万km^2，早前寒武纪克拉通内可能拥有近100个微陆块。但实际上远不只这些，因为在现今深海盆地及其陆缘已知的微陆块就不只100个。Mallard等（2016）得出现今有100个微板块（图2-4）的原因还在于其数值模拟模型中首先设定了现今大板块和小板块的面积-频率分布的统计规律。但理论上，微板块个数可能随岩石圈冷却增厚而减少，地球早期显示极端热状态，微板块数量可能更多。此外，与现今地球相比，早前寒武纪早期地壳或岩石圈的稳定性要差得多。尽管如此，很多早前寒武纪微板块还保存在现今大陆板块内部，晚前寒武纪以后，它们长期处于不活动或稳定的冷却状态（图2-5），最好的例子就是加拿大西苏必利尔省太古宙微板块群（图2-6）(Percival et al.，2006)。由此可见，微板块个数可能从来就没减少过，而只是处于活动或死亡的不同状态，有些微板块群稳定地镶嵌并构成了现今某个大板块或克拉通的主体（图2-7），而多数现今活动的微板块处于大板块边缘的俯冲带和洋中脊（图2-7），因此，不能简单地将俯冲带或洋中脊只是当作地质图上的一条线（图2-8），它们应当是一条有一定宽度和“生命”（活动性）的微板块生消地带。

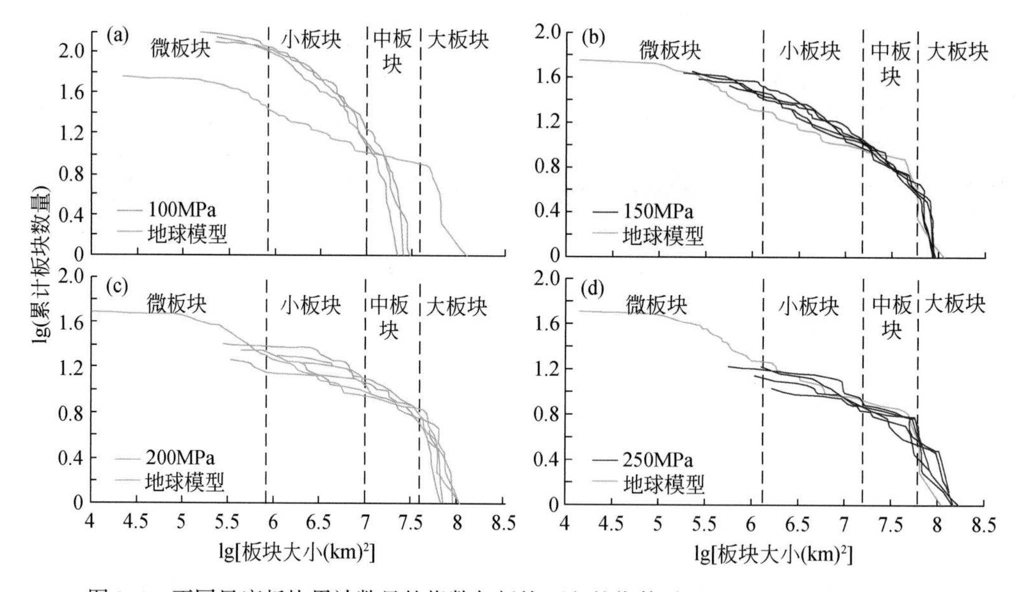

图2-4　不同尺度板块累计数目的指数与板块面积的指数对照（Mallard et al.，2016）

累计板块数目代表了超过某个假定面积的板块数量，曲线包括了代表100MPa屈服应力的3个数组或其他屈服应力的5个数组，以及地球板块大小分布的数据（Bird，2003）。(a) 1MPa屈服应力模型的曲线表明了微、小板块为主体，中板块较少，无大板块存在；(b) 应力模型的曲屈服应力模型曲线表明了大板块和小板块分布之间的显著差异，分布跃迁界线处板块大小为$10^{7.8}km^2$（63 100 000km^2）；(c) 63 MPa屈服应力模型的曲线显示了少量小板块，中板块和大板块的分布显著，其分界线为大约$10^{7.6}km^2$（39 800 000km^2）；(d) 39 MPa屈服应力模型的曲线只表明了中板块和大板块的分布。(b) 和 (c) 大、中、小、微板块分界对应着大、中、小、微板块的拟合斜坡的交点

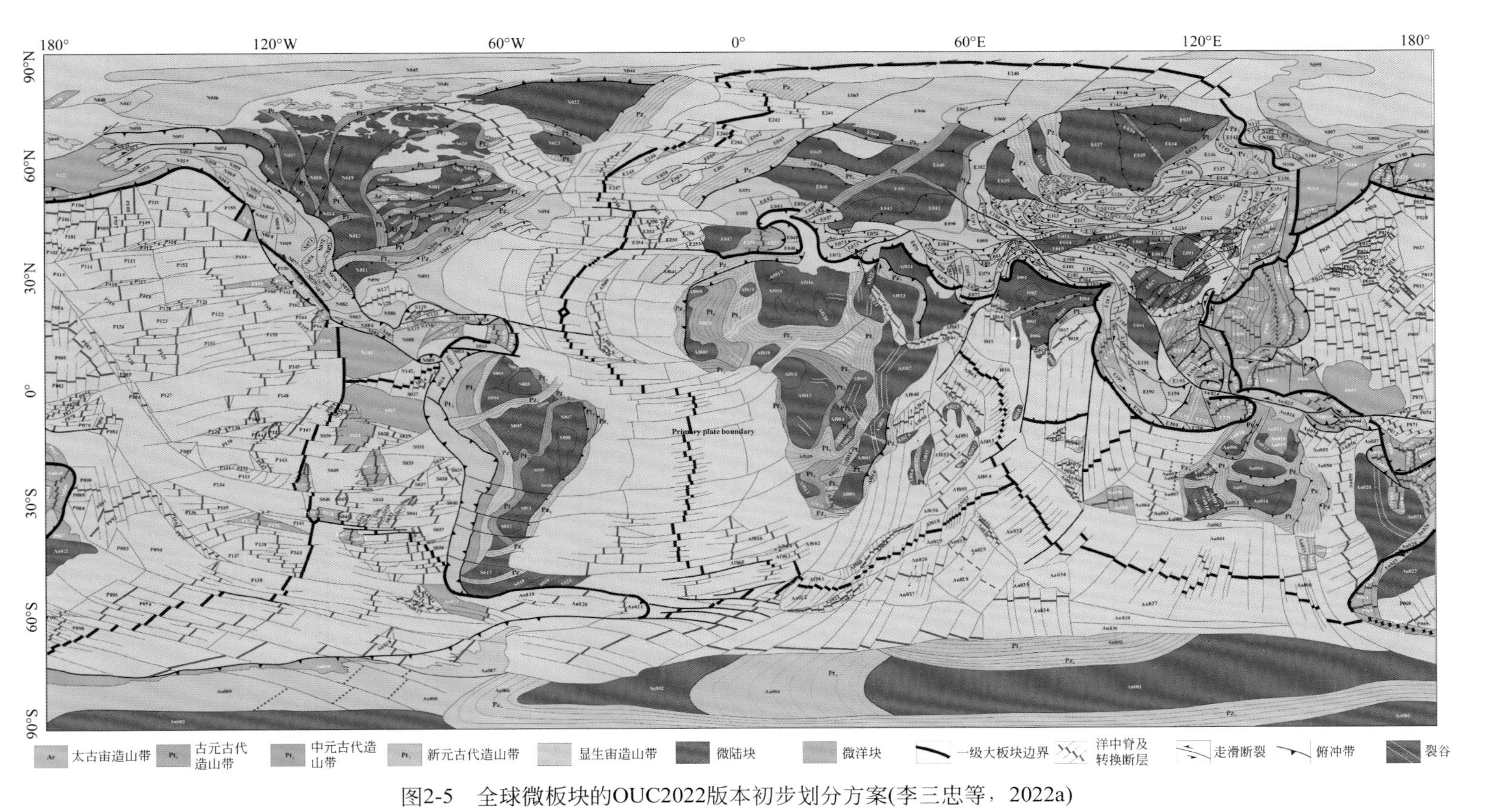

图2-5　全球微板块的OUC2022版本初步划分方案(李三忠等，2022a)

微板块编号方案采用：先八大板块的英文名称首（或前两个）字母加999（Af999-非洲板块，An999-南极洲板块，Au999-澳大利亚板块，E999-欧亚板块，I999-印度板块，N999-北美洲板块，P999-太平洋板块，S999-南美洲板块），构成现今八大板块各自内部的微板块可根据自老到新顺序依次编号为除999之外自001到998的某个3位数字。例如，非洲板块内部的最为古老微地块（或克拉通）编号为Af001，依次编下去。全球而言，这种编号法可容纳7992个微板块，应当足够满足对地球形成以来微板块或微地块动态重组的描述需求，这样也比目前GPlates软件中板块编号更合乎微板块的自然演化历史。对于同一个大板块内部微板块的编号还有一个原则：先陆后海，即先微陆块，再编该大板块内部的微洋块。对于微陆块，则先编该大板块内的中间最老的，再编其边上年轻的。对于以大洋为主的大板块，如太平洋板块，其内部编号规则则与大陆为主的大板块的相反，先编靠近俯冲带下盘的微洋块，其次再编偏向大板块内部的微洋块，最后编号洋中脊附近的微洋块。对于邻近俯冲带上盘的实际属于邻区大板块，通常在邻区大板块中属于裂解型微陆块，对此应最后进行编号。图中全球克拉通构成的微陆块用粉红色区分，实际上一些克拉通还可细分为多个微陆块，如皮尔巴拉、伊尔冈克拉通可分别划分为5个、9个不同微地块（前人称为地体），北美克拉通可划分为16个以上微地块；分割微陆块的不同时期造山带用不同的绿色辅以形成地质时代的代号；全球海域已命名的微洋块统一用深蓝色，其余正常海域未命名的用浅蓝色。此图中编号的板块或微板块具体名称在此省略，一共861个微板块：E-234个，Au-72个，Af-66个，I-18个，S-46个，An-39个，P-174个，N-142个

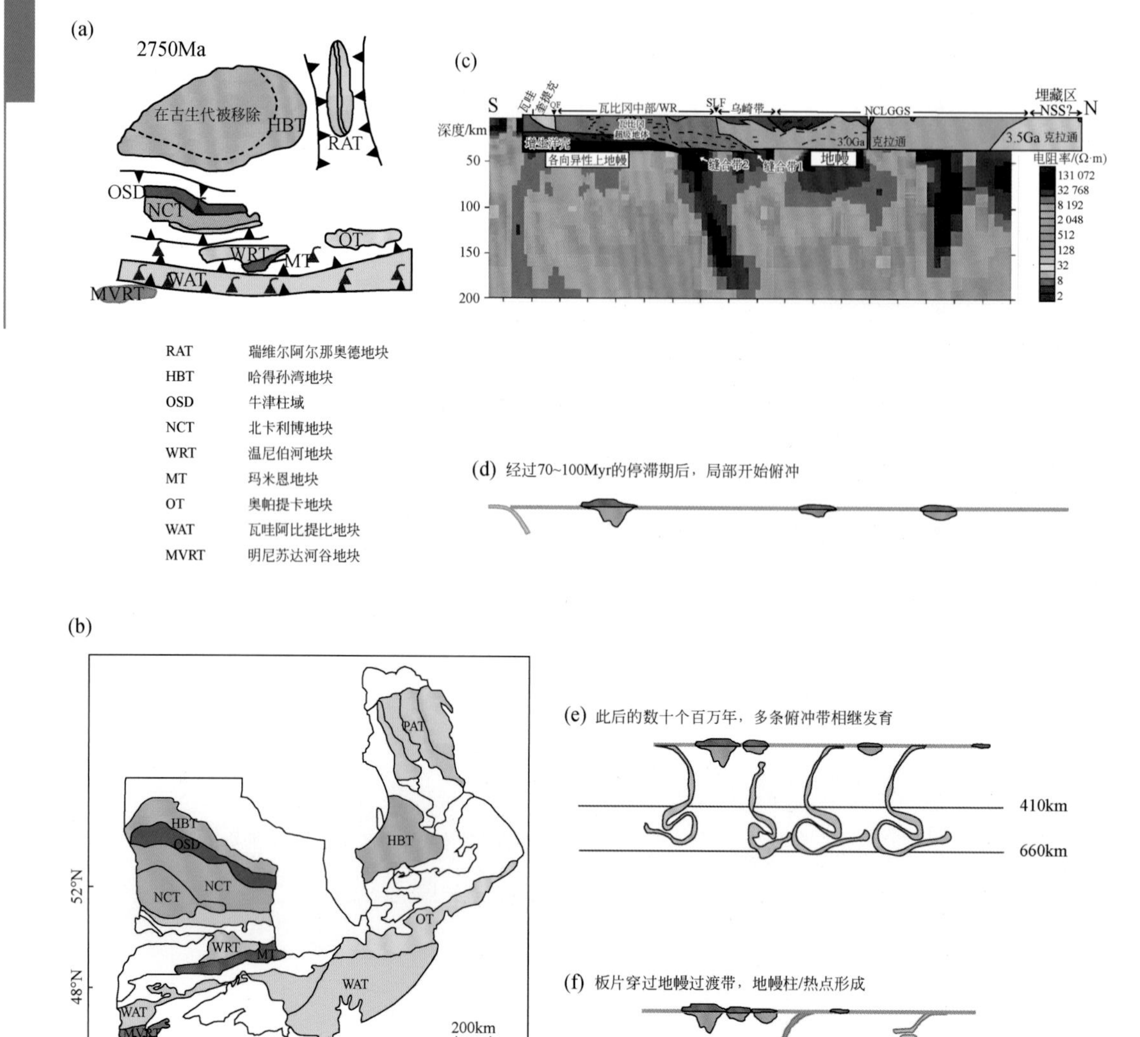

图 2-6 加拿大西苏必利尔省太古宙微板块群分布、结构与动力机制（Wyman，2018）

(a) 依据最终事件性增生的俯冲带位置、已知地质年龄和 Percival 等（2012）总结的野外证据，确定了 2750Ma 苏必利尔省克拉通微陆块间的相对位置。(b) 为现今苏必利尔省克拉通内微陆块的相应位置。(c) 为 Craven 等(2004) 的大地电磁剖面，叠加了苏必利尔克拉通西南部地壳结构的解释，还依据地震剖面解释确定了可能的缝合线深部位置，显示了中太古代克拉通脊状或龙骨（keel）构造附近的新太古代俯冲。(d) 为基于苏必利尔省“局部”新太古代地球动力学模型模拟的关键事件，左侧为“北部”。(d) 俯冲开始发生在停滞盖构造之后一段时期，这可能影响了地幔热量和对流以及长英质和镁铁质地壳的物理性质。(e) 70Myr 之后的初始俯冲事件可能是一个“混沌”事件，但大范围俯冲应在图的中心部分开始，最迟不早于 2750Ma（前一停滞盖构造事件开始后的 100 ~ 150Myr）。(f) 一个新的地幔柱必然孕育产生，模型中最年轻的岛弧下地幔柱上升应该在几千万年后发生

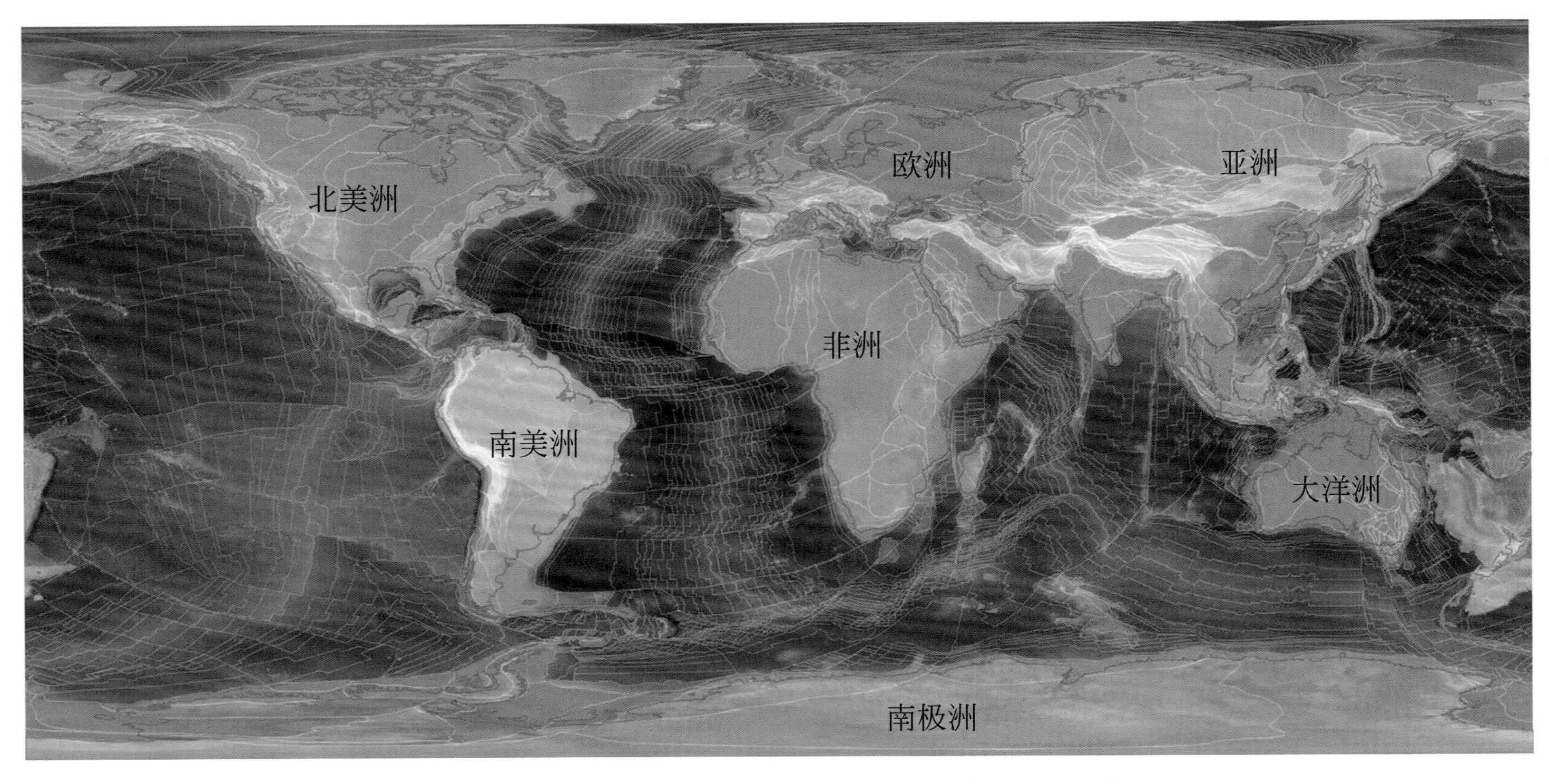

图2-7 PANALESIS模式不同构造域中的“构造要素”（Vérard，2021）

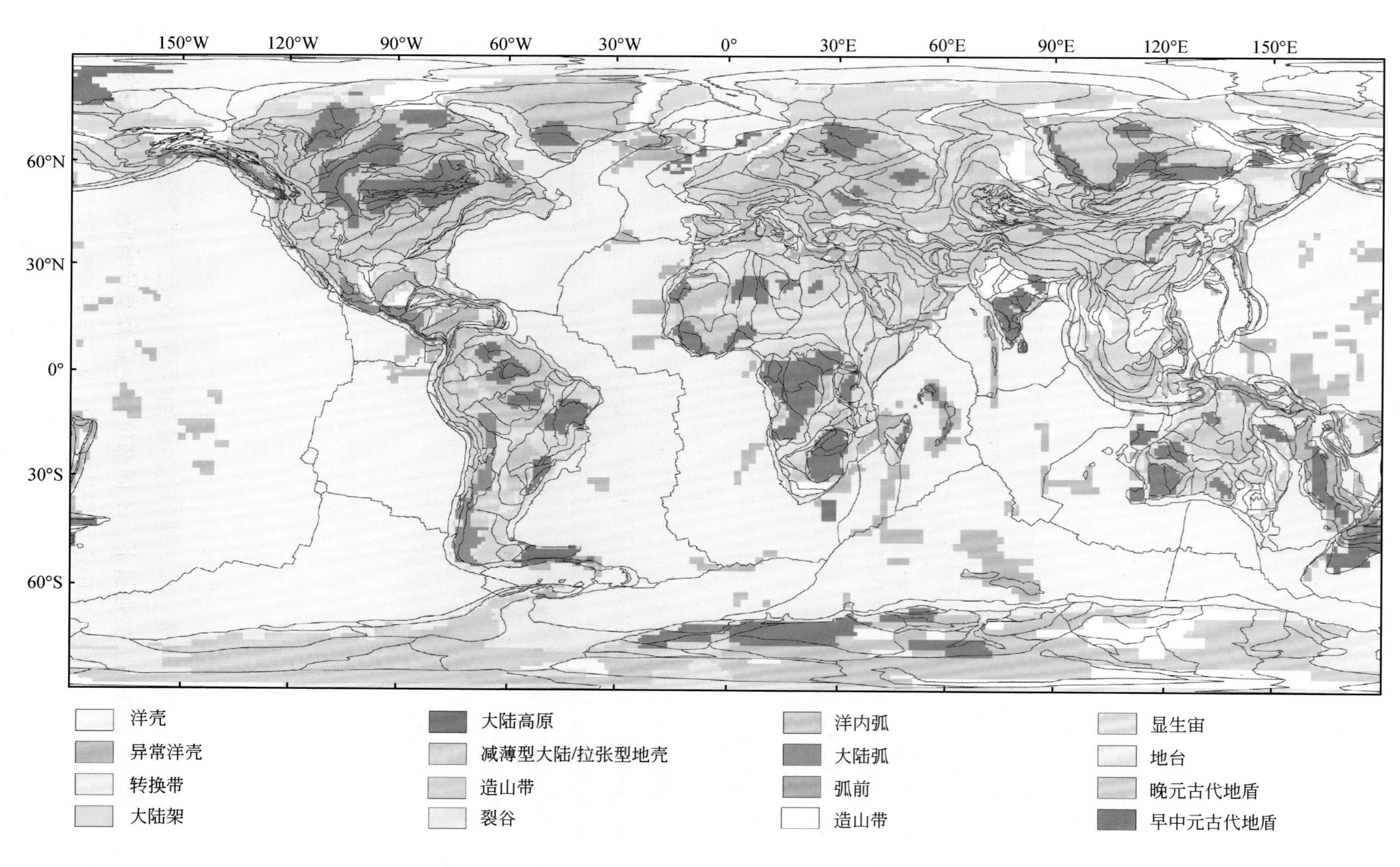

图2-8 基于Laske等（2013）的Crust1.0模型和Mooney等（1998）的地壳类型划分的899个全球地质省（Hosterok et al.，2022）

2.2 现今全球微板块类型

随着全球板块重建研究的深入，显生宙以来的大板块格局变迁虽已初步确定（Seton et al., 2012；Stampfli et al., 2013；Matthews et al., 2016），但是近几年来，地球岩石圈层面的小块体在板块重建中显得非常棘手。球面上这些小块体包括前人提出的微洋块（oceanic microplate）、海洋核杂岩（ocean core complex）、部分洋底高原（oceanic plateau）、增生楔或杂岩（accretionary wedge or complex）、弧地体（arc terrane）、地体（terrane）、超级地体或地体群（superterrane）、拼贴体（collage）、微陆块（micro-continent）、大陆碎片（continental fragment）、大陆板条（continental sliver）、地块（massif）、微板块（microplate）、亚板块（sub-plate）、幼板块（platelet）、陆核（cratonic nuclei）、地盾（shield）。在地幔内部，最近10年来层析成像揭示出拆沉的大量地幔小块体，它们曾被Anderson（2007）地质解释为地幔斑点（blob）、地幔斑块（patch）等，也被广泛称为正俯冲的板片（subducting slab）、已俯冲的板片（subducted slab）、拆沉板片（delaminated slab）、滴坠体（drip）、滞留板片（stagnant slab）等，所有这些即为李三忠等（2018a）和Li S Z等（2018a）统一定义的微幔块。无论是微陆块、微洋块还是微幔块，这些微小块体的成因机制、演化过程等研究逐步得到重视并成为科学前沿。按照现今状态，这里将这些小块体统称为微板块（microplate）或微地块（micro-block）。这些早期的不同称谓是微板块某个阶段状态的描述，如地体可理解为微板块演化的最终结果，这可参考前人关于这些术语之间异同的讨论（郭令智等，2000）。

微板块这一系列的别名，都是在传统板块构造理论框架下，基于微板块局限于岩石圈的认识而产生的。然而，地球化学、地球物理研究揭示，微板块可以跨越岩石圈在不同固体圈层之间不断循环、转换。现今很多学者也意识到，微板块可以以多种方式进入深部地幔，并在不同圈层独立运行，他们依然称之为各种板片（slab）或P波高速体、地幔斑块（patch），然而，板片通常还连着母体板块，对于脱离母体板块的断离板片，采用微幔块的称谓最为合适。为了术语统一起见，本书认为，微板块的界定必须满足以下5个条件。

1）相对统一的岩石组成和结构。大板块通常由不同流变学行为的陆壳、洋壳、陆幔、洋幔等复杂岩石组成，大板块内部岩石组成的复杂性和流变学结构差异的显著性，会导致大板块在外力强迫下，不同部位发生显著差异响应，表现出不均一动力学行为，因此，为了更准确确定微板块统一行为，按照流变学结构和岩石组成的相对统一要求，有必要将微板块划分为微陆块、微洋块和微幔块。

2）相对统一的刚性块体，但微板块内部是可变形的（deformable）。因为现今大板块的边界动力可影响板缘大概 200km 范围的变形，而微板块长宽平均在 400km，在两侧边界条件适当的时期，这个阶段边界作用力完全可波及微板块内部。但长期看，微板块又可以表现为相对刚性的块体，作整体一致性运动。

3）具有统一的运动学行为。在 GPS 测量的短期速度场、板块重建的长期速度场或计算的地幔流场中，微板块作为一个整体的运动速度应当相对一致。但是，从微板块的球面运动考虑，在两个（微）板块之间相对运动的速度场中，微板块内部的速度场可能是规律递变的，这取决于微板块离其旋转极位置的远近，微板块离旋转极越近的部分线速度越小，越远的部分线速度越大，但这并不否定微板块内部是相对刚性的特性。微板块在统一运动过程中也可以发生形变，其几何形态也可以变化。例如，微幔块可能是拆沉的板片，这个板状微幔块可以在深地幔高温对流场中发生塑性扭曲、折叠、堆垛等，但不排除其在软流圈或更深地幔中边变形、边下沉或边水平漂移。

4）平面上或球面上，微板块面积相对微小。统计表明，绝大多数微板块面积为 10 万～100 万 km^2，最小的也可以是几百平方千米，个别最大的也可以达 150 万 km^2。

5）具有统一的动力学起因。微板块可因地球不同演化阶段的陨石撞击、板片俯冲、各种碰撞、拆沉、岩浆底侵、海底扩张、地幔柱上涌、块体旋转、重力拗沉（sagduction，主要是上部荷载诱发拗陷作用）、密度反转、重力滴坠（dripoff，主要是深部相变诱发）、转换走滑、裂谷拓展、构造跃迁等内外动力作用诱发而诞生，但不同微板块之间具有成因多样性，甚至一个微板块可同时或可先后受多种动力学机制制约而形成。尽管如此，一个微板块成因常常受一种机制主导，因此可以依据其主导成因机制进行微板块的成因分类。

2.2.1　微板块活动性分类

微板块的最早研究始于太平洋板块研究，迄今已有 40 多年历史。这得追溯到前人称为的微板块（microplate）或幼板块（platelet）研究。微板块的形成与洋中脊的拓展（propagation）相关，随后，在海底扩张过程中，洋中脊（mid-ocean ridge）或中央裂谷（rift valley）的跃迁（jumping）或拓展（propagation）、叠接（overlapping）可以导致微板块的原始岩石圈核从一个主板块或大板块转嫁或增生到邻近的另一个主板块或大板块。洋中脊或中央裂谷的拓展性生长更容易捕获刚性的岩石圈块体，形成微板块。但是，在板块构造理论刚建立时，微板块并没有严格定义，最早定义微板块的是 Mammerickx 和 Klitgord（1982），他们称微板块为被两条活动的洋中脊或中央裂谷所围限的、相对周围大板块而独立旋转或运动的刚性岩石圈块体。这个概念最早被严格限定在洋内的洋中脊环境。这些微板块活动随着海底扩张逐渐变弱，直至在洋中脊某一端或中央裂谷某一分支停止活动，导致其从扩张轴脱离，并慢慢转嫁为某个相邻主板块的一部分。可见，微板块由两部分组成：被捕获的大洋型或大陆型老岩石圈块体（原始岩石圈核）和洋中脊或裂谷在两条双向拓展或单条单向拓展过程中新增生的岩石圈块体。

后来，基于东南太平洋的星期五（Friday）微板块研究，Tebbens 等（1997）认为，洋中脊在持续扩张、不发生死亡的情况下，也会形成微板块。星期五微板块是太平洋-纳斯卡-南极洲三节点从 12Ma 开始，在阶段式跃迁过程中形成的。连接三节点的一支叫智利（Chile）洋中脊，即纳斯卡-南极洲洋中脊，不断向其北部的纳斯卡板块拓展，在其两侧分别形成具有负重力异常的星期五（Friday）和克鲁索（Crusoe）两条假断层。这两条标志微板块边界的假断层在洋中脊两侧不对称分布，证实了微板块在形成过程中曾发生旋转。由此，根据洋中脊的活动性，微板块被划分为活动型和死亡型两种（Matthews et al.，2016）。

这种依据洋内微板块活动性的划分，也可以拓展应用到陆内环境。现今很多克拉通或大陆型大板块是由很多已死亡或石化（fossil）的微板块多期增生、碰撞、拼合、镶嵌而成，现今这些微板块处于大板块或克拉通内部。然而，有些大板块中的貌似愈合或复合到一体的微板块死亡了，但在一定的外力作用下，大板块内部的一些微板块边界依然可能活化。例如，青藏高原大量微板块早已并入到欧亚板块中了，但印度板块碰撞依然可诱发沿一些微板块之间的古老缝合线的地震活动。因此，微板块的活动性是相对的，对此要灵活判断。只有拼贴在一起的微板块经历了统一的克拉通化之后，彼此之间的相对运动才会终止，形成具有统一运动学行为的新板块。

除了从微板块边界的活动性角度，微板块可分为活动微板块和死亡微板块之外，也可以依据组成微板块的地壳或岩石圈类型进行划分。

2.2.2 微板块组成类型

“微陆块”术语在板块构造理论诞生之初，就被广泛应用，但也无人给出准确的概念，所以迄今英文文献中依然存在多种表达：microcontinental plate、microcontinent、continental fragment、continental sliver、continental microplate，这里采用后者。当然，在板块构造理论发展的历程中，类似的构造单元还有多种表达，例如，地体（terrane）等。为此，**这里定义微陆块为：陆内或洋底出露的孤立陆壳或大陆岩石圈组成的微小块体，也可以是经长期演化残存于造山带内陆壳组成的地体。**

尽管 Mammerickx 和 Klitgord（1982）率先提出的微板块本质上全是洋壳组成，属于微洋块，但“微洋块”术语最早是由 Wells 和 Heller 于 1988 年提出的，他们称之为

oceanic microplate，这一术语直到2007年依然被Komiya和Maruyama（2007）采用。但在1988～2007年，Mints于1996年曾使用过micro-ocean tectonics，准确说，micro-ocean tectonics不应当是微洋块，而是指小洋盆的构造。Mints（1996）也是最早将微板块构造推广到太古宙的学者。由此可见，迄今无人对“微洋块”给出明确定义，使该术语成为概念。李三忠等（2018a）最早使用中文明确表达了“微洋块”概念，当时并没注意到这个术语早有对应的英文oceanic microplate（Wells and Heller，1988；Komiya et al.，2007；Mathews et al.，2016），但为了将板块构造推向早前寒武纪，并使“微洋块”概念依然有用，就采用了oceanic micro-block一词，事实上，非板块构造体制下的微地块也符合微板块的定义，因此微洋块也可以发育于非板块构造体制下，无论其处于非板块构造体制下还是板块构造体制下，oceanic microplate也可以直接使用。**这里定义微洋块为：洋盆内部或海底出露的洋壳或大洋岩石圈组成的孤立微小块体，也可以是经长期演化残存于造山带内相对较大或可填图的独立洋壳块体。**

同时，Li S Z等（2018a）还提出了“微幔块”（mantle micro-block）术语，这是国际上首次提出微幔块概念，后来为了与continental microplate和oceanic microplate统一，英文就采用了mantle microplate（李三忠等，2023b）。当然，为了描述层析成像揭示出来的地幔内大量微小块体，前人也曾经使用过其他名称，如已俯冲的板片（subducted slab）、正俯冲的板片（subducting slab）、拆沉块体（delaminated body）、滞留板片（stagnant slab）、滴坠体（drip）、地幔斑块（mantle patch）或地幔斑点（mantle blob）（Anderson，2007）等。然而，微幔块不只是发育于地幔内部的孤立地幔小块体，还可以是剥露于海底的海洋核杂岩（ocean core complex）、洋陆转换带（ocean-continent transition zone，OCT）等微小地幔块体（exhumed mantle）。为了包含这种出露海底的微幔块，乃至造山带内的一些残存地幔块体，**本书将微幔块定义为：地幔内部或海底剥露的孤立岩石圈地幔组成的微小块体，或经长期演化残存于造山带内相对较大或可填图的洋幔型或陆幔型超基性岩块。**

最终，李三忠等（2018a）和Li S Z等（2018a）将这些散乱而不成体系的概念，以其主体物质组成为依据，统一为一个微板块概念下的描述体系：微陆块、微洋块和微幔块，即微板块岩石组成的三分方案。从视野角度，这种划分超越了传统上囿于岩石圈层次微板块的局限，可用于探索地史期间因滴坠、拆沉或俯冲到地幔深部并脱离母体板块或岩石圈的板片、俯冲板片、拆沉板片或断离板片的微小地幔块体，尽管也有一些微幔块以海洋核杂岩等形式直接出露海底，或以地体等形式长期残存于造山带。

综上所述，微板块按照物质组成性质或岩石圈归属可以划分为微陆块（continental microplate）、微洋块（oceanic microplate）和微幔块（mantle microplate）（图2-9）。本书不认为存在化学组成上的过渡地壳，因此不采用板块构造理论中的

“过渡性地壳”这类术语。微板块是一种在现今空间尺度上相对刚性、演化历史不同于且现今孤立于周边地质体的微小地质块体，如果其处于板块构造体制下且围限边界可明确为板块边界的，本书则沿袭前人概念，称其为微板块。此外，还需要用动态发展的眼光看待微板块，因此本书不反对采用地体、微地块等术语。

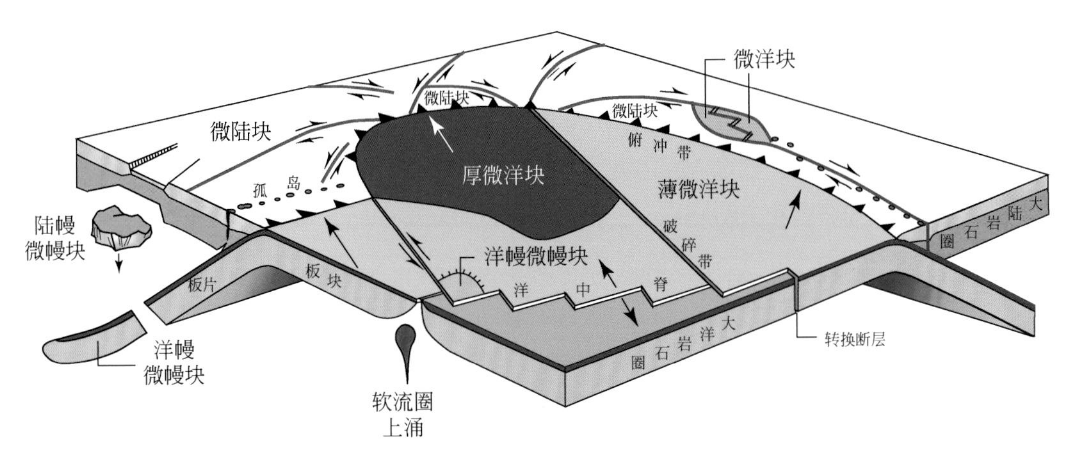

图 2-9 基于岩石组成的微板块三分方案（修改自 Li et al., 2023）

微陆块、微洋块和微幔块都可以出露或存在于造山带内，在其地史演化过程中不一定不是大板块的残余，也可能原本就是微小块体。现今活动的微洋块在未来演化中也未必不会发展为大板块，或未必不会俯冲消亡到地幔深部成为微幔块。例如，现今最大的太平洋板块就是以大洋岩石圈组成为主体的大洋型大板块，从一个微小的三角形微洋块生长壮大而来（Seton et al., 2012；Boschman and van Hinsbergen, 2016），并且在后期演化过程中卷入了一些微陆块，如下加利福尼亚微陆块。普遍认为“铁板”一块的太平洋板块内部，实际还镶嵌着大量微洋块，像一块打了众多“补丁”的布块。从其复杂结构可推测，在其生长历史期间，相应的深部地幔对流型式可能更为复杂，这些深部地幔对流型式并不是前人所认为的是一个大对流环或全地幔对流，而是逐步演化的或不断调整的，且可能更多的是被动对流，这也得到了“板内”小尺度对流理论的证实（Ballmer et al., 2007）。这将在未来更精细网格化的全球地幔动力学模拟中得到检验。

（1）微洋块

微洋块是指主体由洋壳或大洋岩石圈组成的、相对刚性的微小块体。它们可以发育于现今洋底的不同构造部位，也可能因一些古老洋盆消亡而拼贴到了现今活动陆缘或卷入并残存于现今陆内古老造山带中。

太平洋板块和太平洋东侧有沙茨基（Shatsky）、鲍尔（Bauer）、里韦拉（Rivera）、数学家（Mathematician）、胡安·费尔南德斯（Juan Fernandez）、复活节

(Easter)、加拉帕戈斯(Galápagos)、星期五(Friday)、特立尼达(Trinidad)、麦哲伦(Magellan)、科伊瓦(Coiba)和马佩洛(Malpelo)(这后两者也被划归为纳斯卡中板块的组成)以及加利福尼亚湾西侧的瓜拉卢普(Gualalupe)和马格达莱纳(Magdalena)等微洋块。太平洋周边陆缘或板缘微洋块更为发育,有些以往被称为地体(terrane)或微板块(microplate),但经现今深入研究,多数可确定为本书所称的微洋块,比如菲律宾岛弧的东菲律宾(西菲律宾主体为微陆块)、马里亚纳等微洋块,新几内亚地区的所罗门海(Solomon Sea)、伍德拉克(Woodlark)等,加勒比海地区戈纳夫(Gonave)、巴拿马–乔科(Panama-Choco)等。大西洋一侧也广泛发育一些微洋块,如安的列斯(Antilles)、巴巴多斯(Barbados)、亚速尔(Azore)等。印度洋内也发育马默里克、凯尔盖朗高原北部等微洋块(Matthews et al., 2016)。

此外,中亚造山带内部也拼贴增生了古亚洲洋的图瓦–蒙古弧(Tuva-Mongol Arc)、阿尔泰弧(Altay Arc)、东准噶尔弧(East Junggar Arc)、巴尔喀什–西准噶尔弧(Balkash-West Junggar Arc)、哈力克弧(Harlik Arc)、中天山弧(Central Tianshan Arc)、哈萨克斯坦弧(Kazakhstan Arc)、成吉思弧(Chingiz Arc)、科克切塔夫–北天山弧(Kokchetav-North Tianshan Arc)、穆戈贾尔(Mugodzhar)等很多微洋块(即前人称为的洋内“弧地体”, Xiao W J et al., 2014)。

(2)微陆块

微陆块是指主体由陆壳或大陆岩石圈组成的、相对刚性的微小块体。微洋块或微陆块都可能在某个演化阶段并入大陆内部,所以不是在陆内的都是微陆块,如中亚造山带内就保存有大量洋内弧组成的微洋块。微陆块可以发育于现今陆内不同构造部位,或随着古老洋盆消亡、两个大陆型大板块碰撞而夹持到或保存在大陆内部,也可能因一些洋盆打开而裂离并进入到现今的边缘海盆地或大洋盆地内部。现今洋内微陆块的大量发现曾是传统板块构造理论面临的难题,或是板块构造理论范式的威胁(Pratt, 2000),因此近二十年来,人们高度重视现今洋内微陆块的分布,其研究程度比之前的粗糙了解(图 2-10)要细致。

大陆上微陆块的研究近十年来取得巨大进展,微陆块的识别和划分越来越细致。例如,现今中国中央造山带内部原属原特提斯洋的北秦岭、南秦岭、陇西、中祁连、欧龙布鲁克(全吉)、中阿尔金、柴达木等微陆块,位于青藏高原内部且属于古特提斯洋的南羌塘、北羌塘、南拉萨、北拉萨、保山、腾冲以及滇缅马苏等微陆块,还有增生于中亚造山带内部属于古亚洲洋的科克切塔夫、阿尔泰、伊犁、准噶尔、图瓦(Tuva)、斯坦诺夫(Stanov)、额尔古纳(Erguna)、兴安、松辽、布列亚(Bureya)、佳木斯、兴凯(Khanka)等微陆块(图 2-11)(Li J Y, 2006; Chen N H et al., 2017; Safonova et al., 2017),以及现今华力西造山带或西特提斯造山带中的

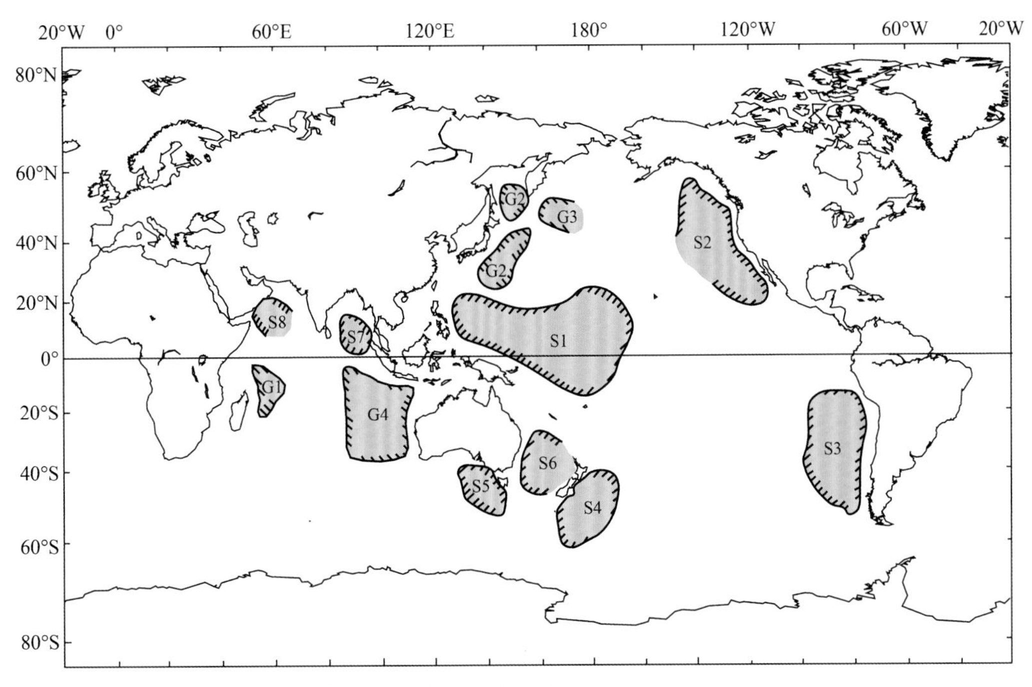

图 2-10 现今印度洋和太平洋内微陆块分布区域（Pratt，2000）

图中橘色只显示了那些当时认为有微陆块实质性证据存在的海域，但这些微陆块的确切轮廓和完整范围尚不清楚。G1-塞舌尔（Seychelles）地区；G2-Great Oyashio 古大陆；G3-奥布鲁切夫（Obruchev）海隆；G4-利莫里亚（Lemuria）；S1-翁通爪哇（Ontong-Java）洋底高原、麦哲伦海山和中太平洋海山群地区（但现今证明这些都无陆壳组成）；S2-东北太平洋；S3-东南太平洋；S4-西南太平洋，包括查塔姆（Chatham）海隆和坎贝尔（Campbell）高原；S5-包括南塔斯曼（Tasman）海隆在内的区域；S6-东塔斯曼海隆和豪勋爵（Lord Howe）海隆起；S7-东北印度洋；S8-西北印度洋

地体，如阿瓦隆尼亚（Avalonia）、阿莫里卡（Amorica）、阿德里亚（Adria）、庞迪（Pondtides）、希腊（Hellenic）、陶瑞德（Taurides）、三丹台（Sanandai）、西北伊朗（NW Iran）、中伊朗（Central Iran）、赫尔曼德（Helmand）等，以及伊比利亚（Iberian）、中陆（Central）、阿莫里卡（Armorican）、波西米亚（Bohemian）、莱茵河（Rhenish）等微陆块群。

太平洋周边陆缘微陆块更为发育（图 2-12），有些以往被称为地体（terrane）或微板块（microplate），经过现今深入研究，多数可确定为本书所称的微陆块，比如，日本的北上（Kitakami）、西北海道（Hokkaido）、西北和中部本州（Honshu）、关东（Kanto）、舞鹤（Maizuru）、黑濑川（Kurosegawa）等，菲律宾地区的吕宋微陆块等，东南亚的东爪哇（East Java）、巴韦安（Bawean）、佩特诺斯特（Paternoster）、忙卡利赫特（Mangkalihat）、西苏拉威西（West Sulawesi）、塞米陶（Semitau）、北康（Luconia）、凯拉比-龙王湾（Kelabit- Longbowan）、南沙群岛（Spratly Islands）-南沙（Dangerous Ground）、礼乐滩（Reed Bank）、北巴拉望（North Palawan）、西沙群岛（Paracel Islands）、中沙群岛（Macclesfield Bank）、东苏

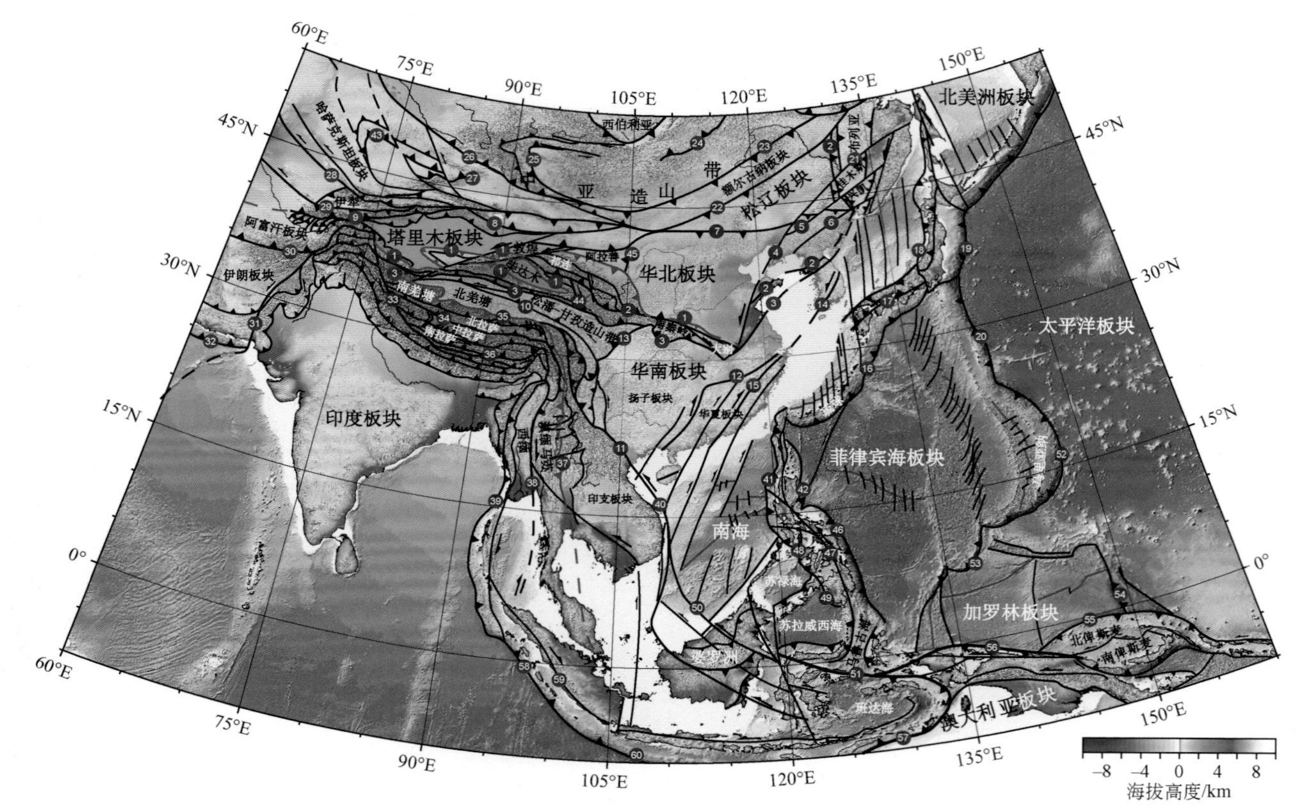

图2-11　东亚构造格局及微板块划分（刘金平，2023）

红色线条表示原特提斯洋南界和北界断裂，黑色粗线表示板块或微板块间分划性断裂，黑色细线表示其他重要断裂。断裂名称:1-古洛南−栾川断裂及其东西延伸；2-商丹带；3-勉略带及其延伸；4-郯庐断裂；5-敦化−密山断裂；6-鸭绿江断裂；7-索伦断裂；8-博罗科努断裂；9-南天山断裂；10-金沙江断裂；11-哀牢山-红河断裂；12-江绍断裂；13-龙门山断裂；14-韩国湖南断裂；15-吴川−四会断裂；16-琉球俯冲带；17-日本中央断裂；18-千岛俯冲带；19-日本俯冲带；20-马里亚纳俯冲带；21-伊兰−伊通断裂；22-贺根山断裂；23-南蒙古−锡林浩特断裂；24-鄂霍次克缝合带；25-图瓦−蒙古弯山构造；26-额尔齐斯断裂；27-达尔布特断裂；28-北天山断裂；29-那拉提断裂；30-Paropamisus断裂；31-欧文转换断层及其陆地延伸；32-莫克兰俯冲带；33-喀喇昆仑断裂；34-班公湖−怒江断裂；35-龙木错−双湖断裂；36-雅鲁藏布−澜沧江断裂；37-昌宁−孟连断裂；38-实皆断裂；39-苏门答腊−安达曼−巽他俯冲带；40-越东断裂；41-马尼拉俯冲带；42-东吕宋海沟；43-哈萨克斯坦弯山构造；44-哇洪山；45-贺兰山断裂；46-菲律宾海沟；47-菲律宾大断裂；48-内格罗斯海沟；49-哥打巴托海沟；50-廷贾断裂；51-索伦断裂；52-马里亚纳海沟；53-雅浦海沟；54-穆绍海沟；55-马努斯海沟；56-新几内亚海沟；57-帝汶海槽；58-巽他海沟；59-苏门答腊断裂；60-爪哇海沟

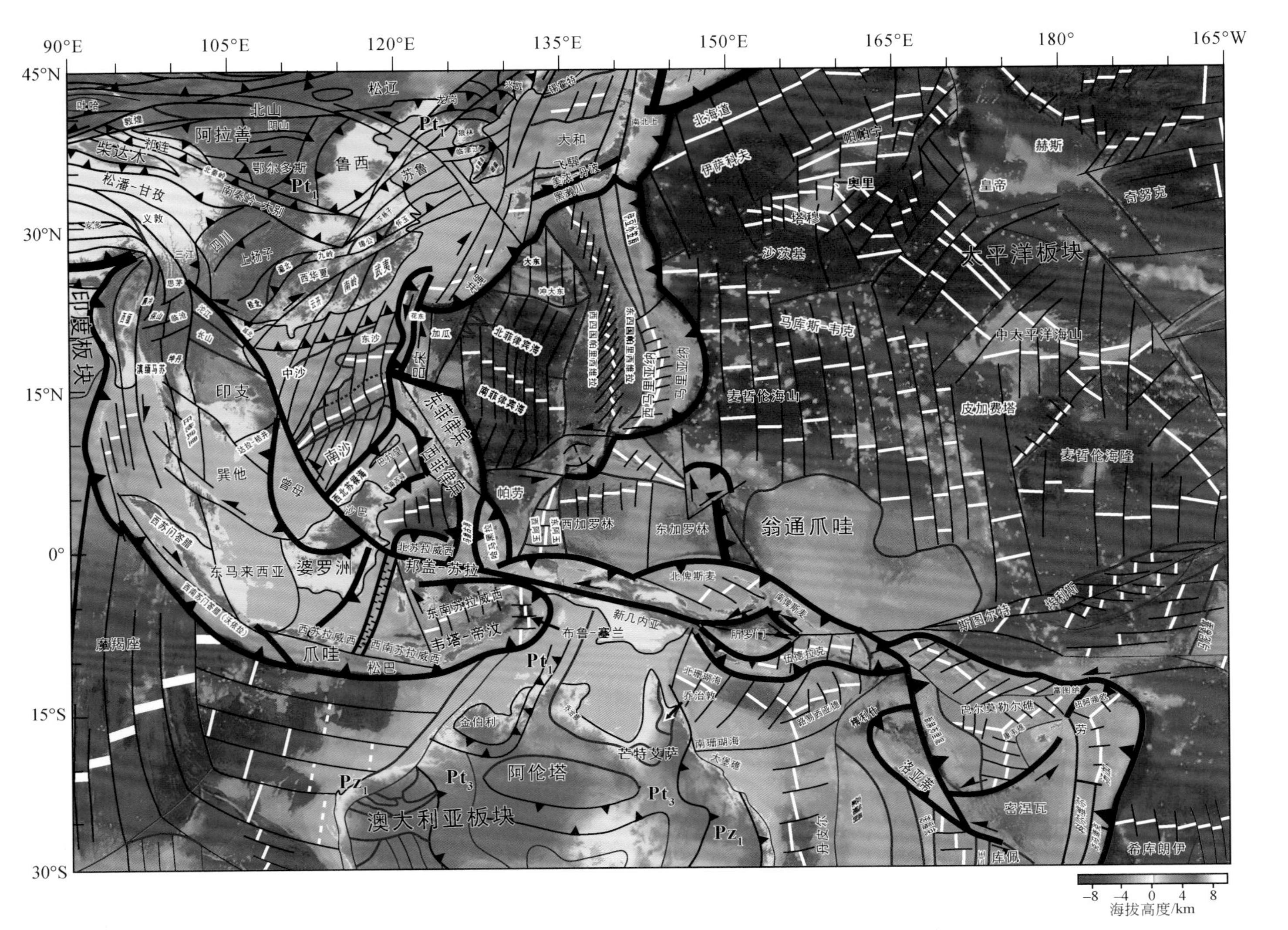

图2-12　东印度洋-西太平洋陆缘微陆块与微洋块划分（李三忠等，2022）

拉威西（East Sulawesi）、班加伊–苏拉（Bangai- Sula）、布通（Buton）、奥比巴肯（Obi-Bacan）、西伊里安贾亚（West Irian Jaya）、尖竹汶（Chanthaburi）和临沧等（Metcalfe，2017），新几内亚地区的北俾斯麦（North Bismarck）、南俾斯麦（South Bismarck）等，澳大利亚东缘的路易西亚德（Louisiade）、中豪勋爵岛隆起（Lord Hawe Rise）、塔斯马尼亚（Tasmania）等，加勒比海地区尼科亚（Nicoya）、乔蒂斯（Chortis）、马德雷山脉（Sierra Madre）、密斯特克（Mixteca）、奥克斯奎亚（Oaxaquia）、格雷罗（Guerrero）。大西洋内也发育大量微陆块，如扬马延（Jan Mayen）、罗曼什（Lomache）等，斯科舍地区的圣·乔治（San Jorge）、桑德维奇（Sandwich）、东富克兰（Falkland）和西富克兰、富克兰高原、莫里斯·尤因浅滩（Maurice Ewing Bank）等。

现今印度洋的内部也发育一些微陆块，包括塞舌尔（Seychelles）、马达加斯加（Madagascar）、莫桑比克（Mozambique）、厄加勒斯（Agulhas）、埃朗浅滩（Elan Bank）、博物学家（Naturaliste）、巴达维亚（Batavia）、古尔登·德拉克（Gulden-Draak）（图2-13）等，这些微陆块通常被认为是澳大利亚板块陆缘或冈瓦纳古陆裂解且依然滞留洋内所致；而发育在东南亚陆缘的巽他群岛，则是从冈瓦纳古陆裂解而后增生到东南亚陆缘的一系列增生型微陆块，例如，西缅、西南苏门答腊（Sumatra）、爪哇（Java）、松巴（Sumba）、布鲁–斯兰（Buru- Seram）、韦塔（Wetar）、帝汶（Timor）、苏巴瓦–弗洛雷斯（Subawa-Flores）等（Torsvik and Cocks，2017）。

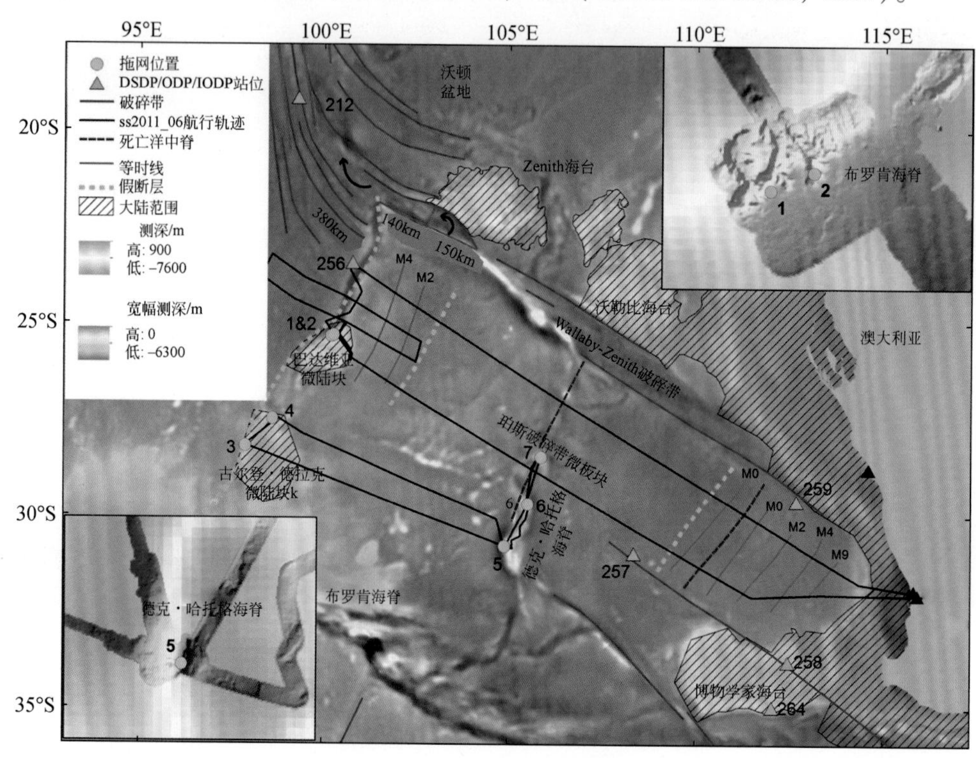

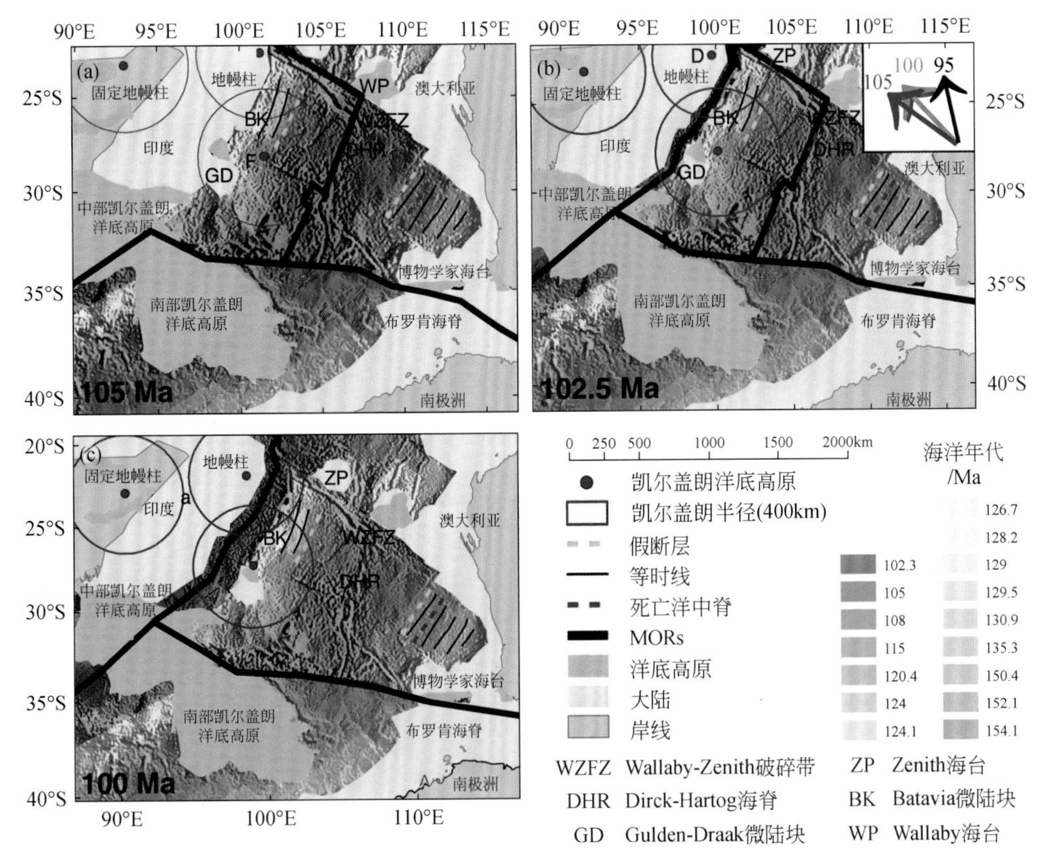

图 2-13　东印度洋洋内微陆块分布（Wittaker et al., 2016）

上图大体南北走向的红线为 100Ma 后的破碎带重组趋势，弯曲的蓝色破碎带与红线交接处扩张重组停止，插图拖网位置 DR1 和 DR2（右侧）和 DR5（左侧）的放大。下图为微陆块形成前期（a）105Ma、同期（b）102.5Ma 和后期（c）100Ma 的板块重建。插图箭头为印度–澳大利亚 105Ma（红）、100Ma（绿）、95Ma（黑）的相对运动矢量。105Ma 相对运动变化增强了 Wallaby-Zenith 破碎带的压扭作用。所有重建是固定澳大利亚为参照系，地幔柱位置据：D 据 Doubrovine 等（2012），F-固定地幔柱，据 Müller 等（1993），O 据 O'Neill 等（2005）

（3）微幔块

正如前文所述，微幔块是指主体由大陆岩石圈地幔或大洋岩石圈地幔组成的、相对刚性的独立微小地幔块体，它们可以以洋中脊海洋核杂岩、洋陆转换带剥露地幔形式发育于现今洋内不同构造部位，也可以因古老洋盆消亡而残存保留于陆内古老造山带。

洋内微幔块不仅可以出露于大洋盆的洋底，也发育于小洋盆的海底。例如，在一些边缘海盆地靠近被动陆缘一侧，因不对称伸展形成的大陆岩石圈地幔剥露于海底，这是陆幔型微幔块，其岩石组成为大陆岩石圈地幔岩石，以蛇纹石化橄榄岩为主；微幔块也可能发育于不对称洋中脊扩张期间，多数位于洋中脊内侧角部位，这是洋幔型微幔块，其岩石组成为大洋岩石圈地幔岩石，以蛇纹石化橄榄岩为主，如帕里西维拉海盆。不同类型的微幔块需要采用不同的方法来识别。

同样，地幔内部的微幔块组成也可以分为两类，即陆幔型微幔块、洋幔型微幔块。陆幔型微幔块可形成于地史不同阶段的拆沉、底侵、滴坠、陆陆碰撞等不同过程，而洋幔型微幔块可以是地史不同阶段的大洋板片俯冲撕裂、断离、拆沉等过程所致，现今层析成像揭示了一系列这样的微幔块（图 2-14）。

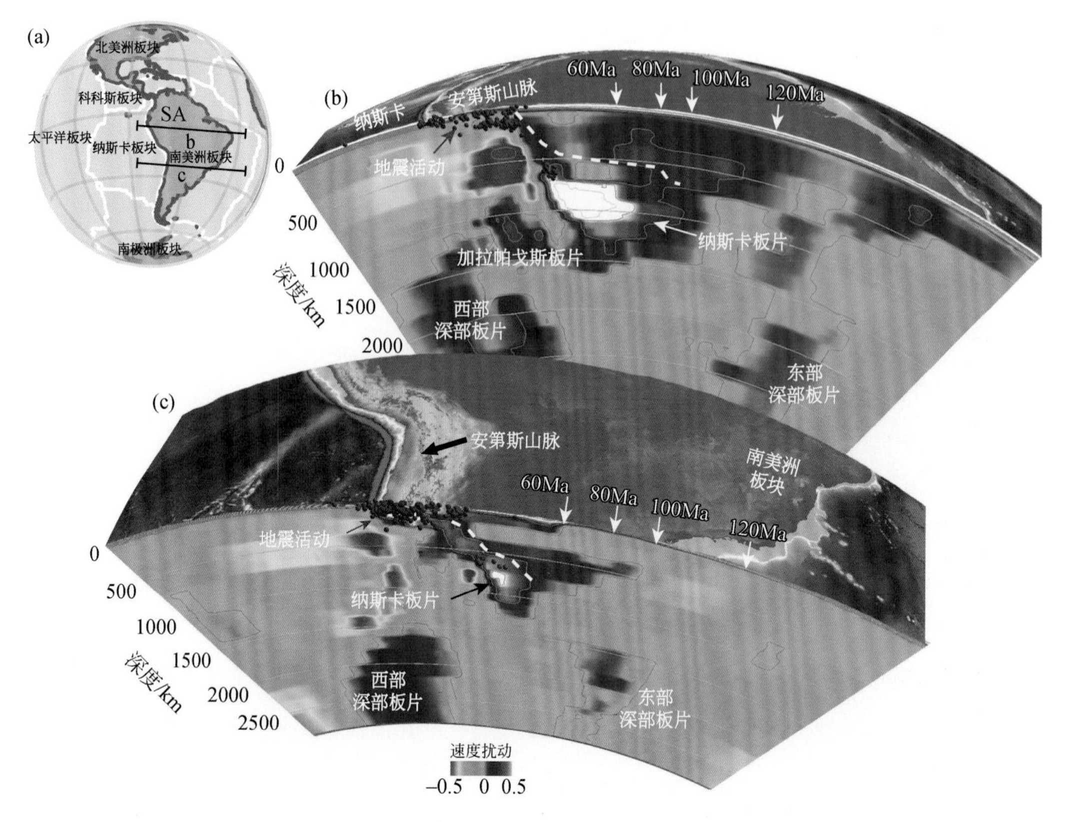

图 2-14　层析成像揭示的纳斯卡板块俯冲形成的微幔块（Chen et al.，2019）

（a）现今东南太平洋的构造背景。纳斯卡板块正俯冲于安第斯山脉下。（b）（c）自 MITP08 层析成像剖面（b）（c）中沿纳斯卡俯冲板片的层析成像。色阶表示 MITP08 中 P 波速度的扰动。白色虚线所示为先前成像较差的区域，这里将其排除在外。红点表示贝尼奥夫带的地震活动。标记了重建的 120Ma、100Ma、80Ma 和 60Ma 纳斯卡海沟位置。在这两条剖面中，纳斯卡板片和东部深部板片之间都有一个缺口，这是白垩纪晚期宽阔的安第斯陆缘板块重组导致的。图中的板片多为本书的“微幔块”

2.2.3　微板块成熟度类型

上述微陆块、微洋块或残留保存在地幔内或洋底的微幔块，分别记录了现今陆内、陆缘、洋内板块格局或地幔内部的历史变迁，成为研究陆内、陆缘、洋内或地幔内部构造机制的关键对象，对研究大陆板块聚散方式、大洋板块生消机制、深部地幔对流型式尤为重要。这些微板块现今不仅分布在裂谷带、大陆边缘、深洋盆、洋中脊、俯冲带和造山带等，而且在洋盆板内和大陆板内同样也可以发育或保存。

因此，研究洋内或陆内微板块演化历史就是动态研究或恢复一个大洋板块增生到消亡的完整过程、一个大陆板块的聚散过程或一个克拉通的克拉通化过程。

为了简化，本书将微板块、微地块、地体等统称为广义的微板块。正如前文依据活动性或现今活动状况，微板块可分为石化或死亡的微板块、活动的微板块。针对活动性不同的微板块类型，需要采用不同的识别方法。例如，活动的微板块可以依据活火山、地震分布、活动构造来界定其边界，而死亡的微板块也可遵循传统板块边界识别方法。此外，人们还可以根据微板块成熟度将微板块划分为幼板块（platelet）和成熟微板块（microplate）。这可以依据地史时期岩石成熟度来判断，比如由钠质 TTG 组成的微陆块相对于现今陆壳组成的微陆块，其成熟度就较低；而洋岛岩石组成的微洋块相对于洋壳岩石组成的微洋块，其成熟度就较高。

2.2.4 微板块成因类型

上述依据岩石组成划分的三类微板块组成类型，从其形成的构造机制角度分析，可能具有不同成因，也可能具有相同成因。因此，这里简要讨论微板块的成因分类，更多的成因类型会随着研究程度增高而涌现。

从直接控制其形成的主导构造作用类型角度，微板块成因包括洋中脊或裂谷中心跃迁模型、洋中脊或裂谷中心拓展模型、洋底高原裂解模型、地幔柱触发模型、超大陆裂解模型（产物实际多数为微陆块，但整体位于大洋内）、铲形伸展拆离（detachment）模型、弧后裂解模型、俯冲增生模型、远程碰撞触发模型、拆沉（delamination）断离模型、转换走滑模型、板片撕裂模型、地体拼贴模型等不同模型，这些复杂过程说明大陆或洋底构造演变以及对应的深部地幔对流过程的复杂性。因此，根据这些微板块的形成机制，可将它们进一步划分为拆离型微板块、裂生型微板块、转换型微板块、延生型微板块［包括洋中脊拓展和 Foulger 等（2019）的渐进裂谷拓展］、跃生型微板块、残生型微板块、增生型微板块、碰生型微板块和拆沉型微板块；同时，可依据其组成属性进一步细分，如增生型微陆块、增生型微洋块，或裂生型微陆块、裂生型微洋块，或拆沉型微幔块、撕裂型微幔块、洋幔型微幔块、陆幔型微幔块，等等。这些不同类型微板块之间还可以互相转换。所有这些微板块最根本成因可能是不同地球热状态或某种动力背景下的浅部三节点非稳定性，或深部地幔动力不对称性和热-化学成分扰动。

本书主要列举一些陆内、陆缘、洋内、洋缘和幔内微板块类型，分别阐述目前识别出的微板块成因机制和边界类型。大陆克拉通内部或造山带内部存在的微板块有待深入研究，在此不做赘述。

（1）拆离型微板块（detachment-derived microplate）

洋陆转换带（Continent-Ocean Transition Zone）是大陆与大洋相互作用的关键区域，是陆壳向洋壳转换的一个伸展构造带，常见于被动陆缘远端带，对于理解和认识大洋和大陆之间的地球动力过程和机制尤为关键，一直是国际地学研究的前沿，也是海底氢能勘探的主要目标。洋陆转换带最早由大洋钻探计划（Ocean Drilling Program，ODP）的103和104航次在20世纪80年代提出（Boillot et al.，1987），伊比利亚-纽芬兰陆缘为洋壳和陆壳之间的过渡带并非一个截然的界面，而是一个过渡区域，宽170～200km。在这个区域中，地幔岩被减薄的陆壳覆盖或直接出露海底，其表现既非正常洋壳，又非正常陆壳，称为洋陆转换带。

地球上被动陆缘的总长度大约有105 000km，比俯冲带和洋中脊的长度要长很多。全球众多的被动陆缘，均存在类似的洋陆转换带（图2-15），如南大西洋、北-中大西洋、红海-亚丁湾、印度陆缘和澳大利亚陆缘等。此外，在阿尔卑斯造山带还发现了由于新生代挤压造山作用而出露地表的中生代特提斯洋被动陆缘的洋陆转换带露头（任建业等，2015）。至此，人们意识到洋陆转换带作为超强伸展（hyper-extension）的陆壳和正常的洋壳之间重要的过渡和衔接，是被动陆缘普遍发育的一个具有特殊结构的构造单元，蕴含有大陆岩石圈伸展、减薄、破裂过程的丰富信息。

拆离型微板块在洋陆转换带广泛发育，按其组成可分为微陆块、微洋块和微幔块。微陆块分布在大西洋的大陆伸展裂解系统中（图2-16），是大陆板块沿着岩石圈尺度的铲形拆离断层（detachment fault）伸展裂解，直到陆壳断块与大陆壳母体发生断离（breakoff）所致，并孤立出现在深海盆地中的残存细小陆块，也有人称之为伸展外来体（extensional allochthon）。其拆离面以下基底岩石圈通常是减薄的大陆岩石圈地幔，也可能有新生的大洋岩石圈地幔，形成拆离断层围限的微幔块。因此，围限这类微陆块或微幔块的边界基本是拆离断层或铲形正断层（图2-16）。但是，这个地带并非如此简单，可能存在洋壳增生在大陆岩石圈地幔上的情形，也可能出现陆壳因为扩张中心跃迁而与大洋岩石圈地幔水平并置或上下叠覆。

由于被动陆缘的过度伸展或超强伸展，拆离型微陆块可以作为伸展式“飞来峰”，深部以拆离断层为分割面，漂移在极度减薄的母体大陆岩石圈地幔或陆幔型微幔块上，也可能漂移到新生的大洋岩石圈之上，或者经历几幕洋中脊跃迁后，脱离大陆岩石圈地幔直接水平运移到了大洋岩石圈地幔之上，这取决于大陆母板块的岩石圈流变学结构和厚度（图2-17）。严格意义上说，围限这类微陆块的拆离断层最终是切割岩石圈的板块边界新类型，因而这类微陆块已经脱离母板块，尽管它可能表现为地壳层次的块体，但它无疑是一个独立的微板块。如果将岩石圈尺度拆离断层作为传统板块构造理论中板块边界的第五种类型，那么现今的被动陆缘，至少

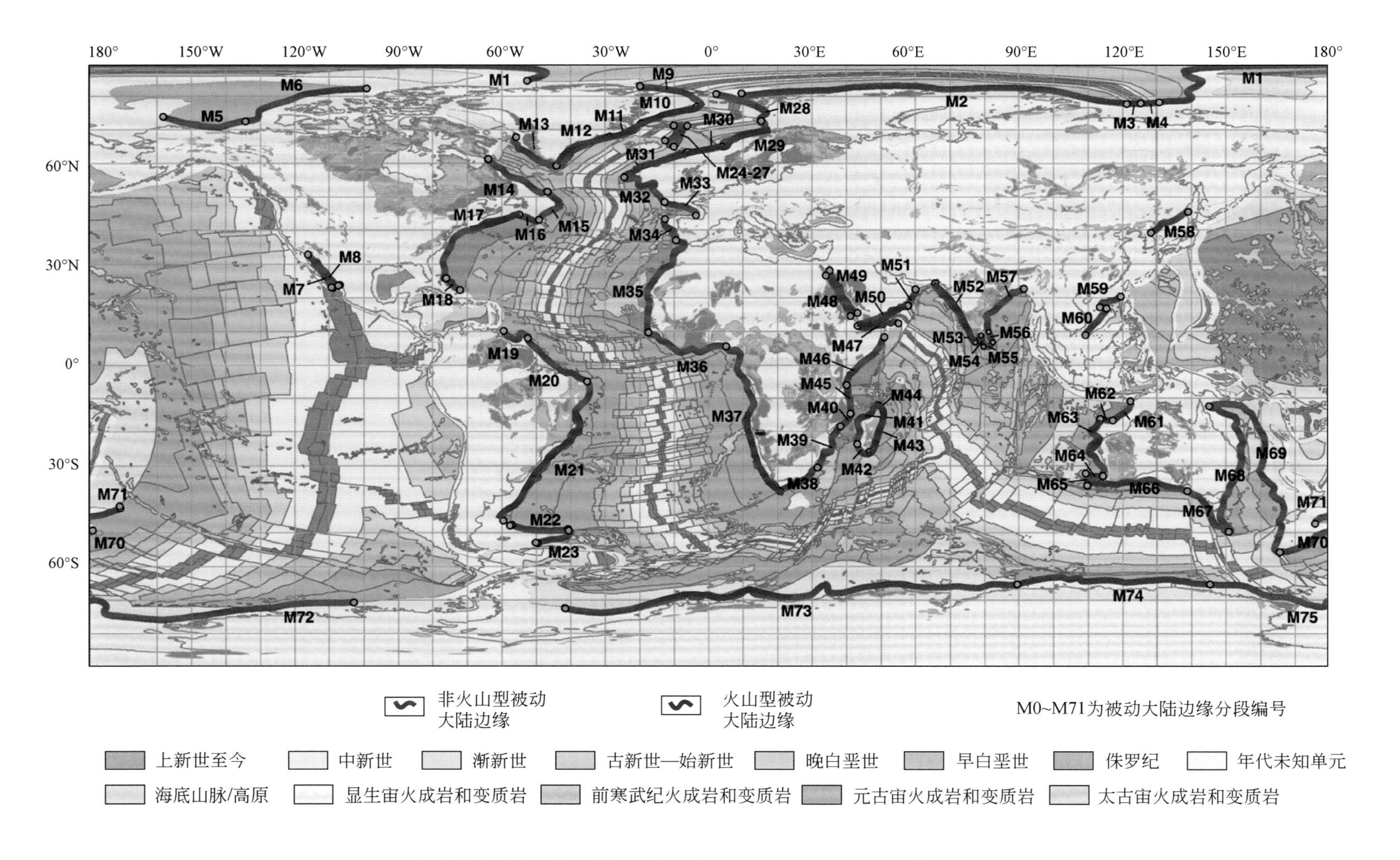

图2-15　全球被动陆缘分布地带也往往是拆离型微陆块分布地带（Bradley，2008）

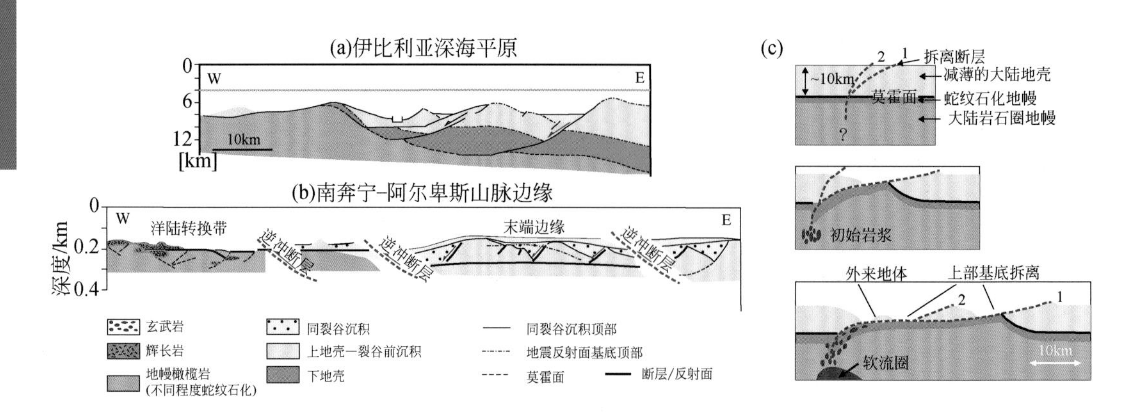

图 2-16　伊比利亚深海盆地洋陆转换带（a）发育的微陆块以及重建的厄尔-普拉塔（Err-Platta）推覆体的洋陆转换带原型（b）与过程（c）（Manatschal et al.，2001）

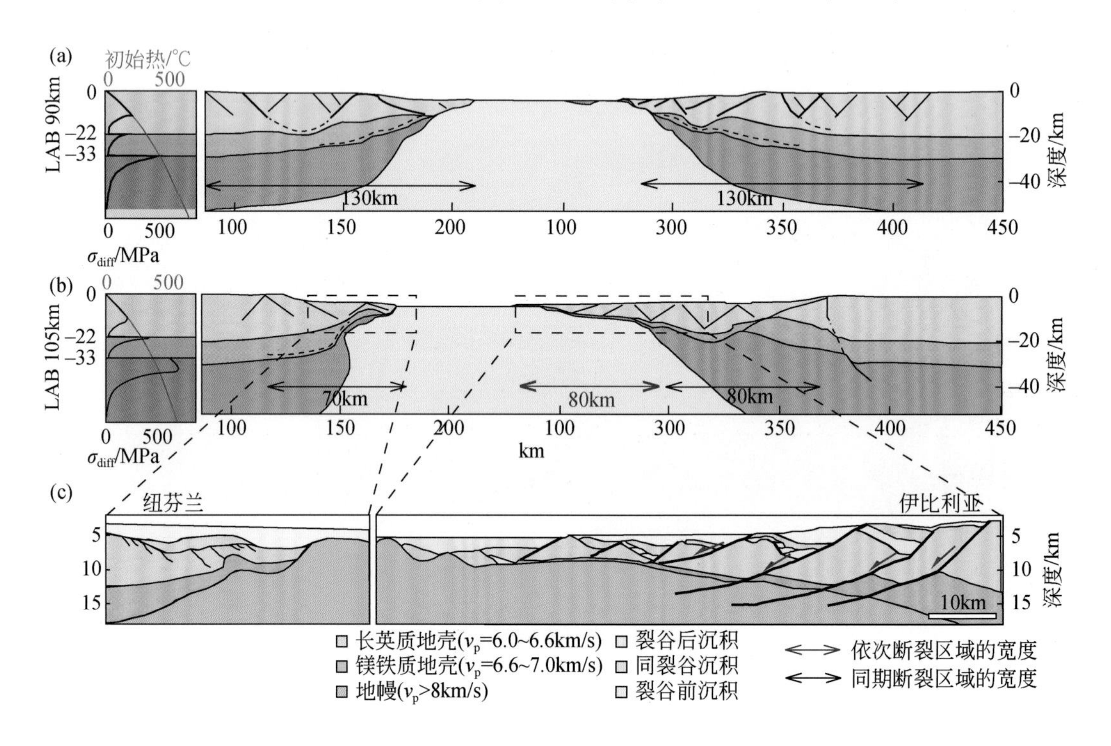

图 2-17　不同初始热剖面的最终陆缘宽度（Brune et al.，2014）

（a）90km 厚热岩石圈的情景。由于壳幔解耦，对称裂谷作用发生在裂谷无迁移的情况下。（b）105km 厚的岩石圈产生了一个明显的裂谷迁移阶段。黑色箭头表示同期断裂区域的宽度，蓝色箭头表示依次断裂区域。模型 b 中与（c）中的伊比利亚-纽芬兰共轭陆缘相似。这条地质剖面的垂直比例尺没有放大，右下角的比例尺长 10km

洋陆转换带，被误解为板块内部环境的认识，可能需要改变。

拆离型微板块多数分布在中速到慢速扩张洋中脊的大洋盆地中，大西洋内发现的大量拆离微陆块曾是反板块构造理论学者的重要依据（任纪舜等，2015），但现今看来其成因依然符合板块构造理论。拆离型微陆块也往往伴随洋陆转换带的微洋块、微幔块发育。此外，在慢速–超慢速扩张脊附近，还发育拆离型微洋块，这类拆离型微洋块则往往伴生海洋核杂岩微幔块。

目前，被动陆缘有多种成因模式，如对称纯剪模式、不对称单剪模式、分层剪切模式等（Lister et al., 1986）（图 2-18），因而拆离型微板块的拆离模式也不同。对称纯剪拆离模式常使得微陆块原地与母板块并置或叠置，而不对称单剪拆离模式和分层剪切拆离模式可使得微陆块偏离原地，甚至脱离母板块（图 2-19、图 2-20）。

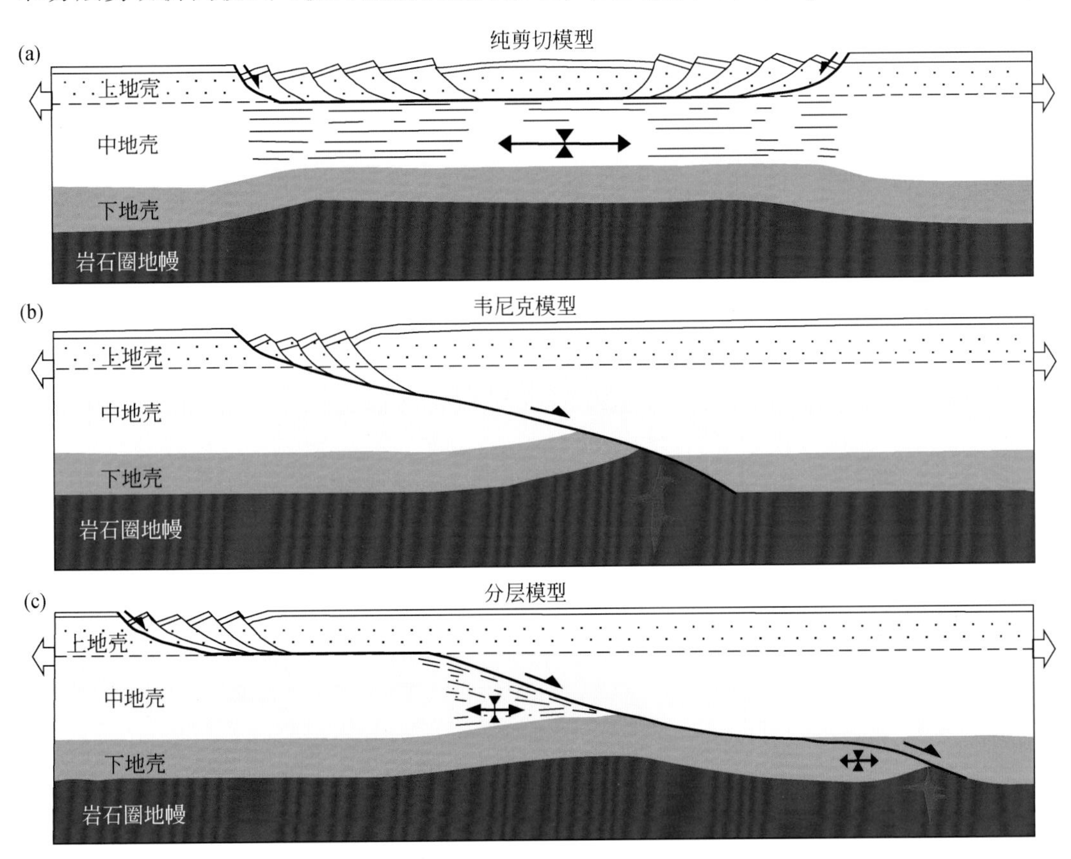

图 2-18　拆离型微板块形成初始阶段模式（Lister et al., 1986）

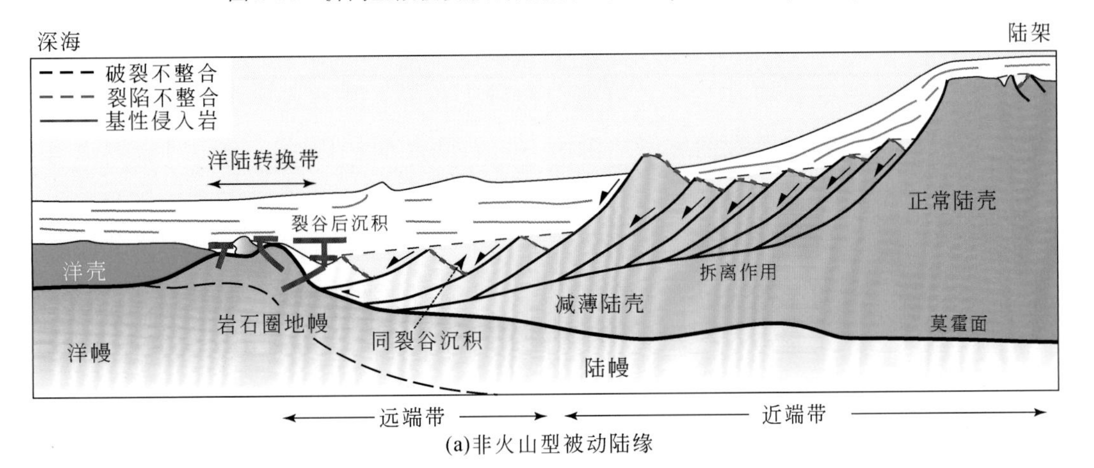

(a)非火山型被动陆缘

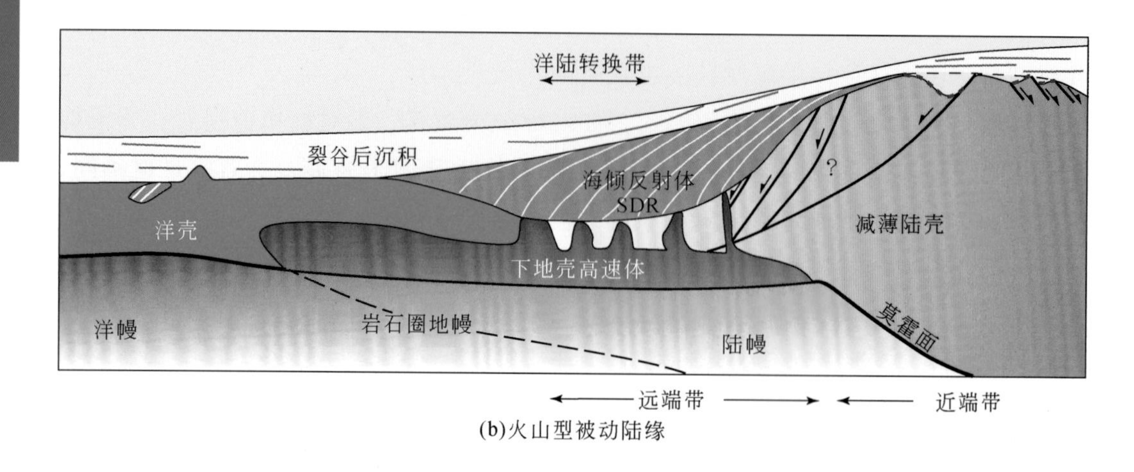

(b)火山型被动陆缘

图 2-19　被动陆缘洋陆转换带类型和拆离型微陆块及微幔块特征（Franke，2013）

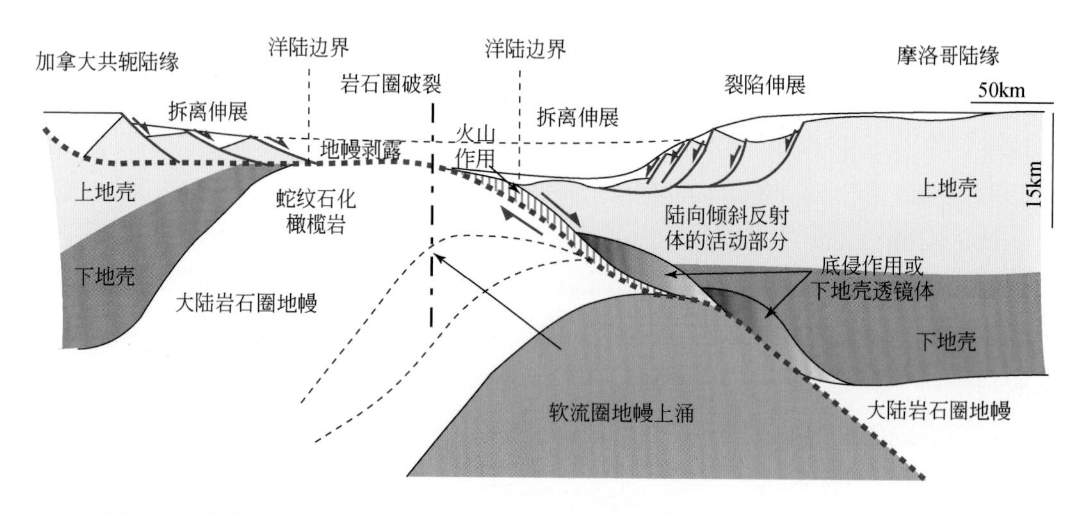

图 2-20　非火山型被动陆缘伸展破裂及陆幔型微幔块成因模式（Maillard et al.，2006）

根据火山岩的喷发规模，被动陆缘还可分为火山型被动陆缘（如纳米比亚陆缘）、非火山型被动陆缘（如安哥拉陆缘）、剪切型被动陆缘（如加纳陆缘）。不同类型的被动陆缘洋陆转换变形形式可能存在巨大差异，既有浅层次的伸展、挤压、走滑和旋转等，也有深层次的底侵、拆沉、岩石圈底面热侵蚀或循环对流剥离等，也可能因深部底侵等规模和底侵物质形态差异而出现多样性（李三忠等，2014）。

通过地球物理反演，洋陆转换带在磁异常上一般表现为振幅比较低且不连续，地壳 P 波速度结构明显不同于典型洋壳或陆壳结构。如图 2-19 所示，在火山型被动陆缘，由于地幔柱活动使得大陆岩石圈裂解，其洋陆转换带由深部的岩浆岩高速体及地表熔岩流所组成，地震剖面上可见大型的海倾反射体（Seaward Dipping Reflection，SDR）（Geoffroy，2005）。非火山型被动陆缘以伸展断块为特点，岩浆活动微弱，洋陆转换带由减薄的陆壳和正常洋壳之间的“异常地壳”所组成。地震P波速度在7.0~7.7km/s。正常的陆壳被拉伸变薄或破裂之后，在近海底的浅层或海底与海水之间的水岩相互作用下，原始P波速度为8km/s的地幔橄榄岩会转变为蛇纹石化橄榄岩，这导致其P波速度小于8km/s。蛇纹石化程度越高，含水量就越高，P波速度也就越低（Funck et al.，2003）。

大陆岩石圈的伸展和破裂是大洋扩张、被动陆缘形成和演化、拆离型微板块成因的核心问题之一。火山型被动陆缘和非火山型被动陆缘分别起源于火山裂谷和沉积裂谷。

火山型被动陆缘形成模式显示，一个比正常地幔热的地幔（如地幔柱）会通过热侵蚀作用来减薄岩石圈。由于岩石圈减薄时地幔压力会持续减小，且其速率会随时间而增加，因而会发生绝热的地幔熔融。其形成可分为两个阶段：①溢流玄武岩阶段，同期发生很弱的地壳拉张，火山作用早于沉积作用，因而常为主动裂谷；②裂离阶段，形成火山型被动陆缘，这个阶段火山作用减弱，而以沉积作用为主。裂离过程相对于岩石圈变薄有关的拉张力来说是连续的。抬升作用和显著的地壳均衡发生在火山型被动陆缘形成之前，并伴随其形成过程。热沉降发生于裂离阶段之后，其幅度取决于新形成的火成岩地壳的厚度和热异常的持续时间。

非火山型被动陆缘伸展破裂方式有纯剪切-简单剪切-岩浆作用的综合模式（图2-18、图2-20）（Sutra and Manatschal，2012），在被动陆缘的裂谷作用下，地壳首先经纯剪切伸展形成均匀分布的断陷盆地群，然后上盘以简单剪切方式沿大型拆离断层滑脱，发育不对称箕状断陷盆地，一旦拆离断层面沿地壳底界面发育，上覆地壳被完全剥离，进而下盘的下伏地幔直接剥露到海底，形成蛇纹石化地幔橄榄岩。同时，与岩石圈伸展相关的地幔减压熔融产生大量岩浆，这些岩浆加入伸展的岩石圈，会影响岩石圈的伸展流变行为和变形方式，在岩石圈裂解形成正常的大洋扩张中心后，洋中脊型岩浆发生侧向增生，集中控制和调节了岩石圈的伸展变形。这个过程中，沉积作用早于火山作用，所以非火山型被动陆缘形成过程始于被动裂谷作用。

大陆岩石圈的伸展和破裂不是一个瞬时过程，而是经历了横向上从陆到洋，纵向上从地表到莫霍面，最终到岩石圈底界破裂的变形过程，岩石圈变形机制也经历了均一纯剪切变形到不对称的简单剪切变形，岩石圈地壳层次中的断层发育也从小尺度高角度的正断层、中等规模的铲式断层逐渐转变为低角度的大型拆离断层，最后再到以洋中脊岩墙侵位作用为特征的对称扩张过程，最终导致了岩石圈破裂增生了洋壳。

洋陆转换带是地球固体圈层物质和能量交换和传输最为激烈的地带之一。传统的沉积学、层序地层学主要侧重盆地内部沉积环境研究或小范围盆-山系统源-汇过程的揭示。现今洋陆转换带是岩石圈、软流圈到水圈、生物圈之间的界面，无疑是全球尺度物质变异的界面，是物质输运、转换需要跨越的一个地带，特别是流体在全球尺度垂向和侧向物质传输及转变中的源-汇效应。因此，洋陆转换带属性的确定尤为重要，需要大力加强对洋陆转换带及其微板块形成机制的研究。解决了这个科学难题，才能明确传统板块构造理论中被动陆缘的洋壳与陆壳过渡和耦合问题，进而系统揭示该区多圈层相互作用机制。

（2）裂生型微板块（rifting-derived microplate）

裂生型微板块是指可能的地幔柱、地幔上涌诱发大陆内部裂解、弧后扩张导致陆缘弧或洋内弧裂解、洋中脊中央裂谷拓展围限，进而发生稳定运动或漂移的新生微小地块或微板块。其基底地壳属性可以是陆壳（含陆块、陆缘弧）或洋壳（含洋内弧），因而也可分为裂生型微陆块、裂生型微洋块。其中，洋中脊中央裂谷拓展围限的微板块多数为延生型微洋块，但也可以归为裂生型微洋块。裂生型微板块边界必有一侧为离散型板块边界，其余边界可复杂多样，有死亡的、有活动的，有俯冲带、转换断层、深大断裂、裂谷轴、洋陆转换带、洋中脊等，常见于俯冲消减系统的上盘。其中，马里亚纳微洋块、北俾斯麦微陆块、新赫布里斯微陆块和格雷罗微陆块都属于这一大类，但后者不同的是随着俯冲带死亡，斜向俯冲的洋中脊导致加利福尼亚湾发育的走滑断层转变形成大陆型转换断层，洋中脊继续向陆内拓展，进而将部分岛弧裂离而变成现今太平洋板块的一部分（Fletcher et al.，2007；Bennett et al.，2013）。再如，马里亚纳微洋块（图2-21）位于马里亚纳海沟和马里亚纳海槽之间，伊豆火山弧西侧的早期扩张脊（25°N以北）现今仍以低速率在活动。Eguchi（1984）和Otsuki（1990）则认为，弧后扩张被限制在太平洋板块上的两条海山链或海脊（加罗林海脊和小笠原海台）与马里亚纳海沟的交点所在的纬度之间。

马里亚纳海槽北端和南端的特征及打开速度不同，说明其并不是以东西向对称打开的，而是南部打开更快，马里亚纳微洋块绕北端的欧拉极（MA-PS）相对于菲律宾海板块旋转。在这种假设之下，其南部海槽的净扩张（net spreading）是斜向的，因此，比垂直于其北段走向测得的海槽宽度要更大。如果以上所述需要吻合一个单独的马里亚纳-菲律宾海板块欧拉极，那么这个欧拉极应位于25.4°N，141.4°N附近，旋转速度为2.11°/Ma。这个结果与已知的扩张速率（2~8mm/a）是吻合的。

马里亚纳微洋块的形状最初由Martínez等（2000）提出。然而，他们并没有具体指出这个微洋块的北部边界是什么、终止于何处。根据板块构造理论，马里亚纳-菲律宾海板块边界必须连接到其他板块边界上，在24°N附近（马里亚纳弧后盆地北端）垂直切过岛弧，并在马里亚纳海沟处连接到马里亚纳/太平洋板块边界上。这条跨岛弧的边界相对于上面计算的马里亚纳-菲律宾海欧拉极来说是一条北东走

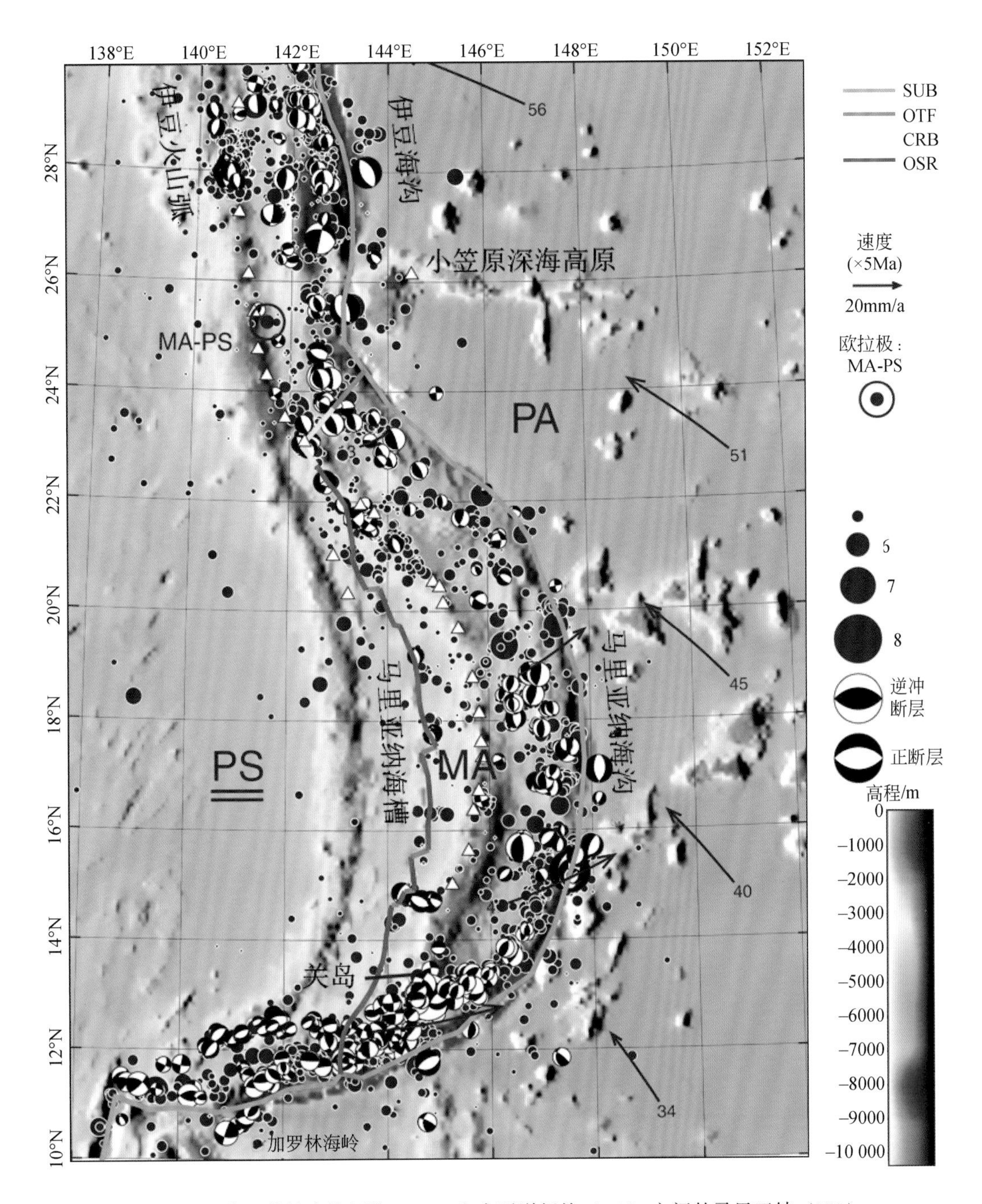

图 2-21　位于菲律宾海板块（PS）和太平洋板块（PA）之间的马里亚纳（MA）微洋块边界（加粗的彩色线）（Bird，2003）

CRB-大陆裂解边界（此图不是大陆裂解，实为洋岛裂解）；OTF-大洋转换断层；CCB-大陆汇聚边界；SUB-俯冲带；OSR-大洋扩张脊。图中数字为 GPS 速度（mm/a）

向的边界，位于岛弧内发生左行张扭的部位。这条边界相应纬度的一系列浅源地震印证了这条板块边界的存在。

马里亚纳微洋块的形成是一个洋内弧连续裂解的经典例子。最初，50Ma 左右九州-帕劳洋内弧形成，之后 34～17Ma 因为伊豆-小笠原-马里亚纳海沟不断逆时针旋转并向洋的 NE 向后撤，导致四国-帕里西维拉弧后盆地打开，东侧为伊豆-马里亚纳岛弧，随后 8Ma 左右伊豆-马里亚纳岛弧因马里亚纳海沟向东俯冲后撤，马里亚纳海槽打开，分裂出去马里亚纳岛弧。

典型的裂生型微陆块有洋内的扬马延和马达加斯加微陆块、陆内的维多利亚微陆块、陆缘的 Danakil 微陆块和罗武马微陆块。维多利亚微陆块形成于东非裂谷系，东非裂谷系是努比亚板块和索马里板块之间新形成的离散型板块边界（图 2-22）。该板块边界系统包括几支大陆裂谷臂和多个较小的微板块。根据 GPS 数据（Saria et al.，2014），索马里和其他微板块相对于努比亚板块顺时针旋转，而维多利亚微陆块则逆时针旋转。

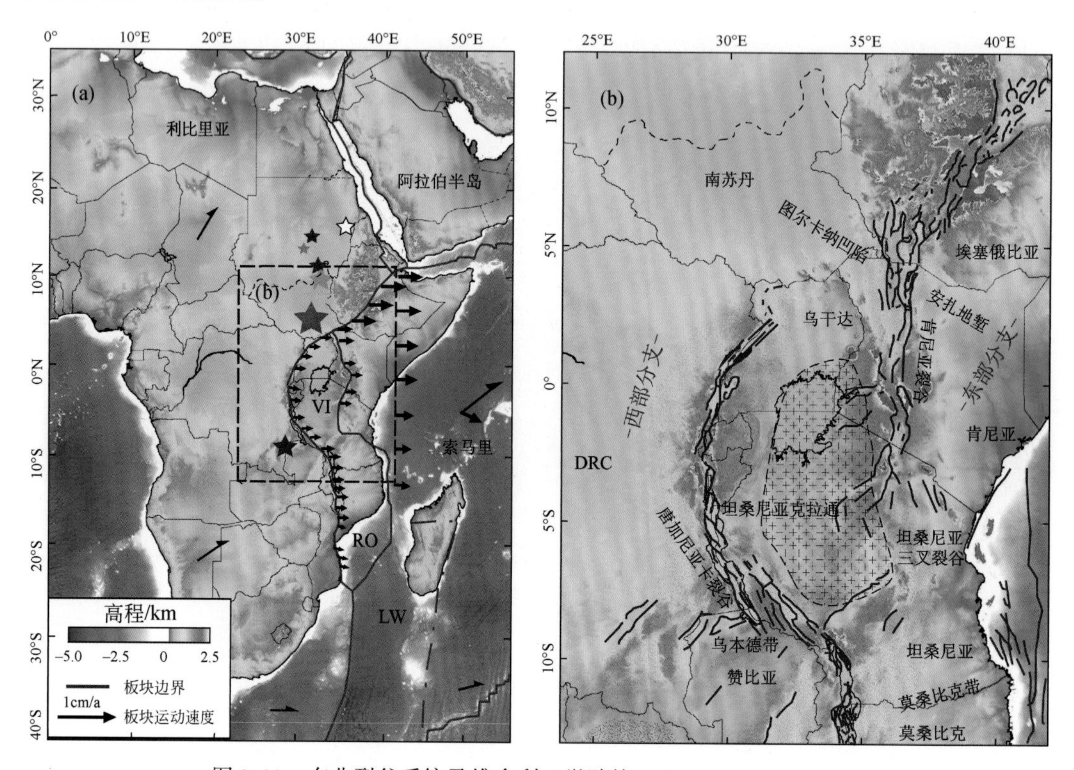

图 2-22　东非裂谷系统及维多利亚微陆块（Glerum et al.，2020）

（a）图总体显示维多利亚微陆块（VI）、罗伍马（Rovuma，RO）和卢旺达（Lwandle，LW）微陆块（实际包括部分洋壳，但本书将凡带有陆壳的微板块都归为微陆块）的边界系统。黑色全箭头矢量显示相对速度，而黑色半箭头矢量表示全球移动热点参考系中的绝对板块运动（Kremer et al.，2014）。（b）图为放大的研究区域和数值模型区域，红色线显示东非裂谷系统的单条断层（据 GEM 活动断层数据库）、弱化的流变活动带（点区域）和坦桑尼亚克拉通（虚线框中的十字符号区）

先前的假设表明，这种独特的旋转由地幔柱与微陆块的克拉通龙骨和裂谷系统的相互作用驱动（Calais et al.，2006；Koptev et al.，2015，2016）。虽然地幔柱可以促使不均一地壳和岩石圈发生应变局部化（Beniest et al.，2017），但在时间相关的3D数值模拟帮助下，Glerum等（2021）提出，岩石圈强度的强弱配置是控制微陆块旋转的主导因素，尤其是维多利亚微陆块旋转的。

在东非裂谷系统中，元古代活动带，如莫桑比克带（图2-22），决定了裂谷臂的应变局部化位置和扩展过程。活动带力学上较弱的特定结构，决定了裂谷系统东支和西支的弯曲、叠接方式。同时，流变学上更强的区域，由不活动的安扎（Anza）裂谷和坦桑尼亚克拉通组成，裂谷东支在此处分叉。在这种特殊配置的岩石圈强度条件下，主板块的东西向伸展作用，沿着更强的区域传递到微陆块，诱导维多利亚微陆块发生自转。

Glerum等（2020）采用东非裂谷系统模型的通用数值模型，证明了较大微陆块的边缘驱动（edge-driven）机制（Schouten et al.，1993）。他们发现部分叠接活动带的特定几何形状可导致最快的旋转——东非裂谷系统为椭球形状。基于带有活动带的东非裂谷系统模型（图2-23），他们随后研究了强度大于平均值的岩石圈对微陆块旋转的附加影响，以及南向伸展速度逐渐降低的附加影响，如东非裂谷系统所示[图2-23（a）中的黑色箭头]。基于东非裂谷系统构造配置、更强的克拉通和死亡

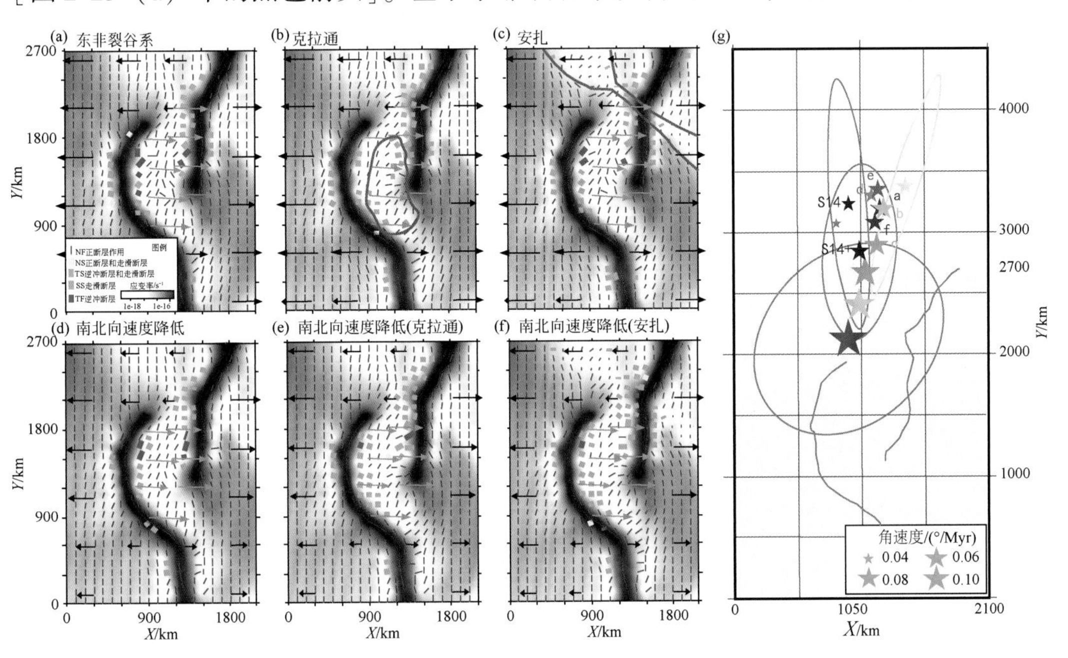

图2-23　维多利亚微陆块旋转机制的数值模拟

（a）~（f）速度、应变率和最大水平压应力方向的数值模型预测俯视图，根据断裂机制着色（红色：NF正断层作用，黄色：NS正断层和走滑断层作用，绿色：SS走滑断层作用，紫色：TS逆冲断层和走滑动断层作用，蓝色：TF逆冲断层作用）。（g）预测的维多利亚微板块旋转极（棕色五星）与通过全球导航卫星系统数据块建模获得的旋转极（紫色五星）。S14：Saria等（2014）基于GPS速度的极点。S14+：Saria等（2014）基于GPS速度、地震滑动矢量和地质标志获得的极点。修改自Glerum等（2021）

裂谷区以及速度逐渐下降的组合［图2-23（f）］，可预测到模型中维多利亚微陆块的旋转极，该旋转极接近Saria等（2014）基于GPS数据以及地震滑动方向和其他地质指标［图2-23（g）］获得的旋转极。

Glerum等（2021）的应力预测与世界应力图比较表明，预测和观测到的维多利亚微陆块旋转极点之间匹配度良好（Heidbach et al.，2016）［图2-24（a）(c)］。二

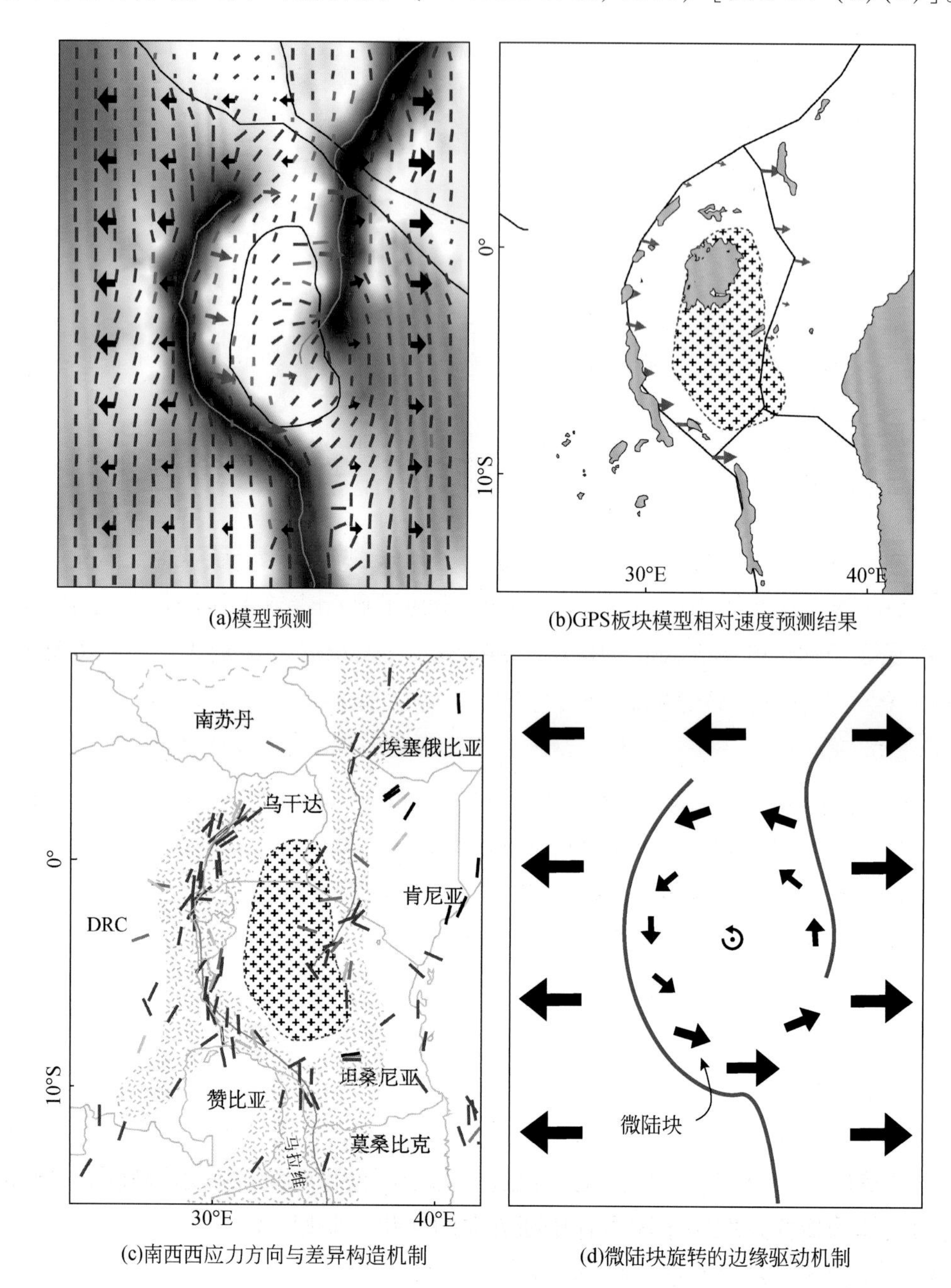

图2-24　微陆块自转的假设、观测、预测和模型（Heidbach et al.，2016）

(a) 模型预测［图2-23（f）］，褐色矢量显示了相对于微陆块西侧的相对速度。(b) 根据Saria等（2014）通过板块重建所获欧拉极相对微陆块西侧预测的相对速度。(c) 彩色线条为根据世界应力图（Heidbach et al.，2016）中差异构造机制［见图2-23（a）的图例］的最大水平应力方向。(d) 微陆块旋转的边缘驱动机制

者都主要表现为正断层作用，最大水平压应力方向沿着弯曲的裂谷臂走向变化。值得注意的是，斜向活动带（相对于整体伸展方向）和诱导的旋转导致局部偏离了东西向区域伸展应力方向预期的南北走向，仅在裂谷西侧最斜向段落预测到了走滑断层的瞬态滑移。

这个模拟的演化模型可用来检验东非裂谷系统的几种运动学解释（Morley，2010；Chorowicz，2005；Delvaux et al.，2012）：沿岩石圈薄弱带的部分叠接弧形裂谷臂在整体东西向伸展作用下，主板块沿微板块能干性较强一侧的拖曳，导致裂谷段的局部 NWW—SEE 伸展。因此，在斜向段落，正断层作用方向与裂谷和先存薄弱带走向成小角度相交，因而伴有一些走滑运动。然而，这些走滑运动主要由正断层作用所调节。基底局部组构特征等也可以局部偏转应力场（Morley 2010），以致无叠接和斜交的 Tanganyika-Rukwa-Malawi 段总体在正断层作用下也会发生变形。

以上裂生型微板块的成因分析表明，该类微板块基本是被动成因，也作被动运动，其运动取决于周边主板块的运动，其动力来源于周边板块的俯冲后撤或诸如地幔柱的深部动力。

（3）转换型微板块（transform-derived microplate）

转换型微板块主要是受大陆型、陆缘型或大洋型转换断层或假断层控制而形成的微板块。现今这些控制性边界可能已经转换为了破碎带或走滑断层。典型实例是北美陆缘的下加利福尼亚（Baja California）微陆块、西缅微陆块以及默里（Murray）和克利伯顿破碎带附近长菱形的磁条带和地形异常区域。转换断层系统最为有趣的现象就是其响应大板块相对运动方向的过程。图 2-25 为洋内转换断层在平面几何学上的变化过程，图中的阶段 1 ~ 3 为洋中脊稳定扩张期间，转换断层形成的平行直线型（在球面上为同心小圆）破碎带。当扩张方向发生变化时（阶段 3 ~ 4），破碎带或转换断层带为适应新的扩张方向变宽，即大洋内部沿转换断层处大洋岩石圈可以生长，这有别于洋中脊的生长，形成一个洋内菱形盆地；其他转换断层会变窄，构成蝴蝶结构造，即大洋内部的汇聚带或挤压带，理论上部分洋壳或大洋岩石圈可沿此带消亡，然而实际上在此处洋壳无消亡、无增生，没有新的岩浆供给以形成新的洋壳。这一宽一窄两者之间的总面积依然保持不变，因此大洋内部的汇聚带或挤压带并不是力学上的，而只是质量守恒背景下几何形式上的协同。这类微洋块的生消方式或洋内盆地演化过程完全不同于传统的威尔逊旋回。微洋块最终的具体构造样式取决于洋中脊错断方向的变化（阶段 7）。

在东北太平洋和中大西洋的转换断层存在很大的错断（offset），它们的宽度以类似图 2-25 的行为变化。例如，在东北太平洋的磁条带 33R 弯曲处，这种宽度变化特别显著，莫洛凯（Molokai）和门多西诺–保罗–先驱者（Mendocino-Pau-Pioneer）

转换断层系统从东向西变得非常宽，同时，默里和克拉里恩（Clarion）转换断层系统则变得非常窄。一些细微的宽度变化从西向东（从老到新）横跨静磁带也可以发现，在其他带也可以作出类似发现或推断，这些变化可为板块相对运动提供重要约束。在这个过程中，假断层和破碎带、转换断层及洋中脊围限了一系列微洋块，这些微洋块在洋内往往成对出现，因为其与转换断层作用密切相关，因此本书称之为转换型微洋块。根据分割这些微洋块的新洋中脊，可以推断邻近洋底覆盖区对应的死亡洋中脊位置，从而揭示更多相关微洋块的分布格局。

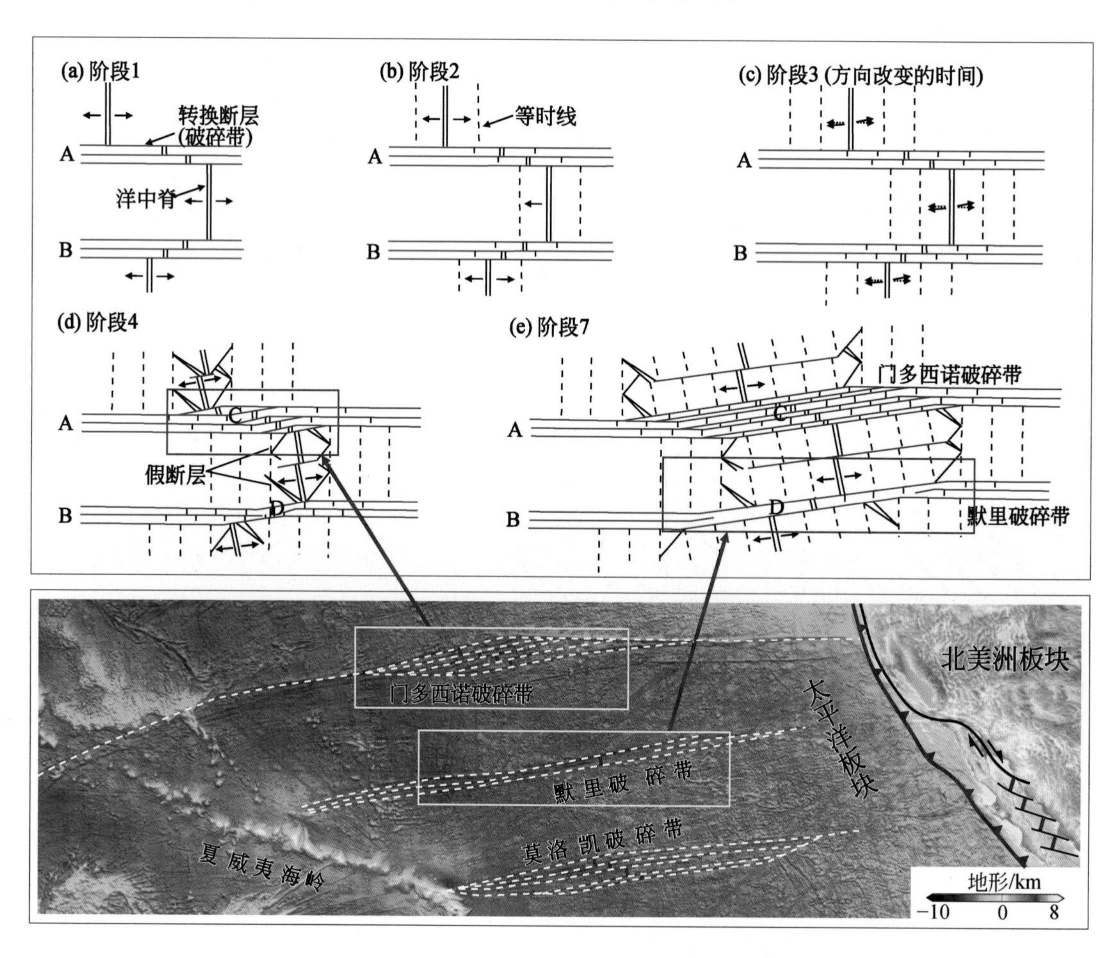

图 2-25 两组多条转换断层系统（A 和 B）受大板块相对运动方向的一次突然变化后诱发大量微洋块生消的理论构造样式（Atwater et al.，1985）

黑色双线为活动扩张中心（洋中脊），红色细线为活动转换断层或破碎带，垂直的断线为海底等时线，数目代表等时阶段数，阶段 1 ~ 3 扩张为稳定的东西向，阶段 3 大板块间相对运动方向变化了 10°，为 SWW—NEE 向。阶段 3 ~ 4 扩张中心和转换断层调整到新方向；随后，A、B 组转换断层变窄，间隔压缩，逐渐建立了垂直新方向的扩张中心，在它们停顿时形成新的转换断层（即破碎带 C 和 D ）。以新的扩张方向、稳定的扩张作用在阶段 5 ~ 7 持续，直到最后阶段 7

很多转换断层都是被动成因的。以大洋型转换断层为例，大洋型转换断层长期被视为与相邻板块运动方向平行的构造线，但现今发现转换断层及其延伸的破碎带也不总是保持一条直线，而是会不断发生弯曲转折，有些地段是抑制性（restraining）边界，有些地段则是释压性（releasing）边界，有些为假断层（pseudofault）。这可能有两个原因：①与两侧板块相对运动方向随时间的转变［图 2-26（a）］；②洋中

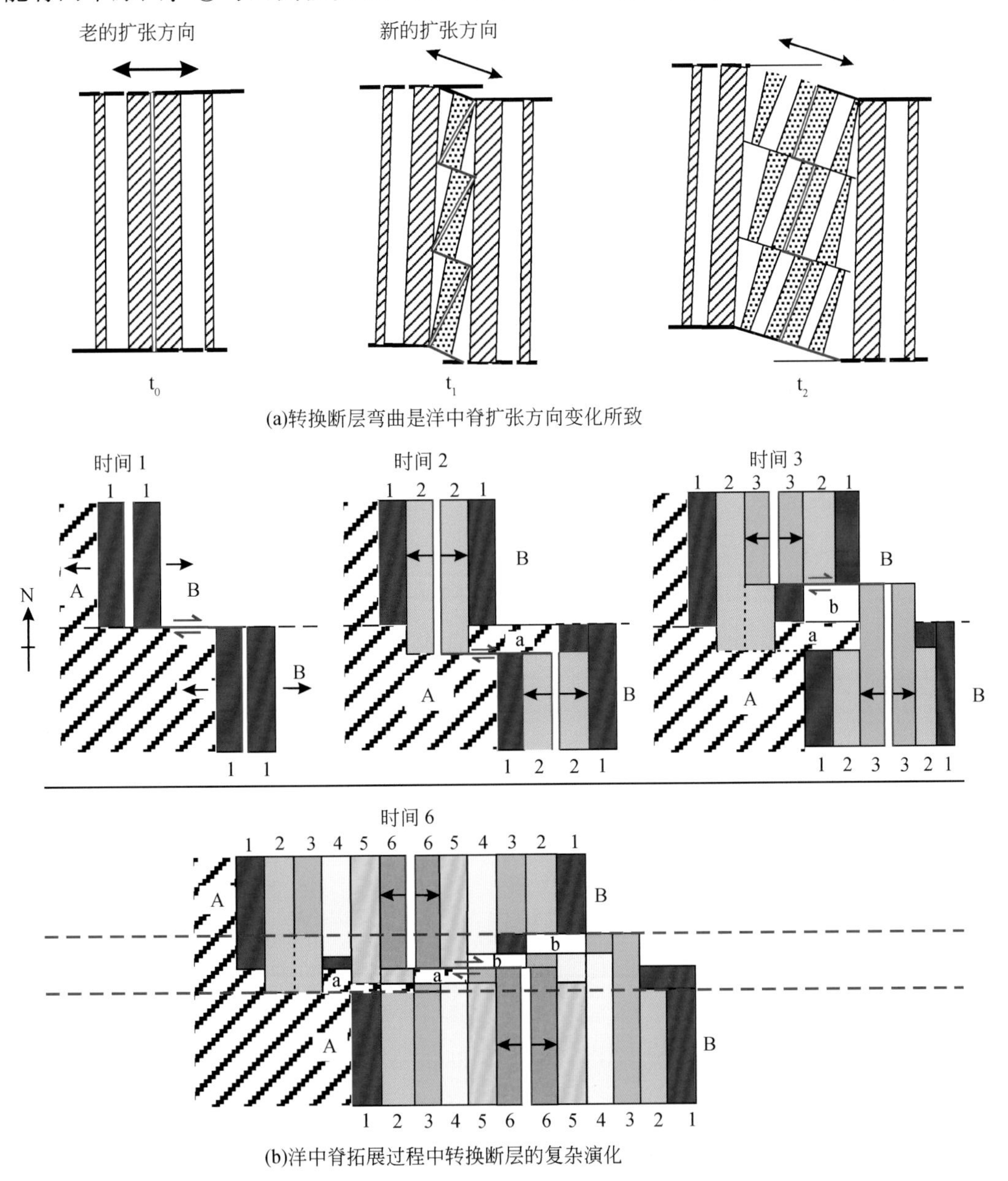

图 2-26　洋中脊交替拓展或方向变化导致转换断层方向变化及微洋块的被动成因模式

（Atwater，1968；Karson，2016）

（a）洋中脊扩张方向变化导致的转换断层弯曲；（b）洋中脊拓展方向变化导致的转换断层的复杂演化：时间 1-初始状态；时间2-北侧洋中脊向南拓展；时间3-南侧洋中脊向北拓展；时间6-最终图像。可见，岩石圈从一个大板块被置换到相邻的另一个大板块中，当交替发生拓展时，被置换到另一个大板块中的岩石圈又会回到其母板块（即其形成时的初始板块），这样就会导致转换断层成为一个岩石圈尺度的具有一定宽度的构造带，同时，该区带由活动的和死亡的洋中脊及转换断层、破碎带围限成很多微洋块，在这个带内洋壳年龄可以极其复杂

脊的拓展（propagation）与连接（linkage）过程所致［图2-26（b）］。因此，尽管转换断层两侧相邻板块存在平行相对运动，也不代表转换断层两侧相邻板块的绝对运动方向永远不发生变化，而且决定相邻大板块绝对运动方向变化的因素不在转换断层本身，而是在与其相关的大地构造组合中的其他大地构造单元（如三节点、裂谷带、洋中脊、俯冲带、造山带、碰撞带等）。但是，转换断层边界围限的微洋块成因可能受洋中脊拓展变化控制。例如，图2-26（a）中这些微洋块因洋中脊交错拓展变化而形成，这里存在4个微洋块，且相对其两侧大板块，这些微洋块的归属不断变化，这里台阶形或锯齿形的转换断层弯曲是洋中脊扩张方向变化和拓展洋中脊所致（Karson，2016）。当然，对于新的转换断层及洋中脊与早期的磁条带所围限的微洋块，其成因可能受新、老洋中脊扩张方向变化控制，但也可能是转换断层响应大板块运动方向变化而形成在先、洋中脊形成在后［图2-26（a）］。无论如何，都与转换断层密切相关，故这里还是将这种微洋块也归为转换型微洋块。例如，图2-26（a）中部图版的红双线（洋中脊）两侧6个三角形区域就是各自独立的微洋块，但随着时间演化，红双线两侧各自3个微洋块会因为转换断层变为破碎带（细黑线），进而愈合为一个更大的微洋块，而同侧原始的3个微洋块变成了一个更大的微洋块内部的、被破碎带分割的3个内部地块。这种微洋块由小到大的生长或扩大方式，也不是简单或传统的洋中脊两侧对称增生的大板块生长方式。如果再沿着这个思路出发，以与转换断层密切相关的加利福尼亚湾小洋盆成因为例，其演化史表明，这个小洋盆是多个拉分盆地连通并合而来。这些实例表明，传统威尔逊旋回中的一个大型洋盆或成熟洋盆，未必是单一独立小洋盆逐渐变宽而来，而可能是多个小洋盆合并而来。因此，传统威尔逊旋回所基于的单一洋盆的旋回史对此不适用。由此还可以发现，传统的威尔逊旋回中6个大阶段的每个阶段都是复杂的，可进一步划分为很多细节过程。要对这些细节过程进行精确研究，必须开展微板块分析。

大洋型转换断层不只是控制大洋盆地内部的微洋块形成，也可以控制大洋盆地内部的微陆块形成。例如，罗曼什型构造组合现今为活动洋中脊-横压型大洋转换断层-活动洋中脊组合［图2-27（a）］。该构造组合独特之处在于大洋型转换断层带或破碎带内夹持有外来微陆块。其演化过程如下：在120Ma左右［图2-27（b）］，潘吉亚超大陆沿其前身的一条构造薄弱带（可能为走滑断层）发生破裂，非洲板块与南美洲板块分离时，该构造薄弱带发生张扭走滑，沿线出现一系列拉分盆地。至110Ma左右［图2-27（c）］，其中两个可能发育出小洋盆，两者洋中脊之间的构造带最早阶段为大陆型转换断层，此时转换断层两侧不是经典的纯粹洋壳，而是两种组合：洋壳对陆壳、陆壳对陆壳。如此，这条转换断层实际上既难以称为大陆型转

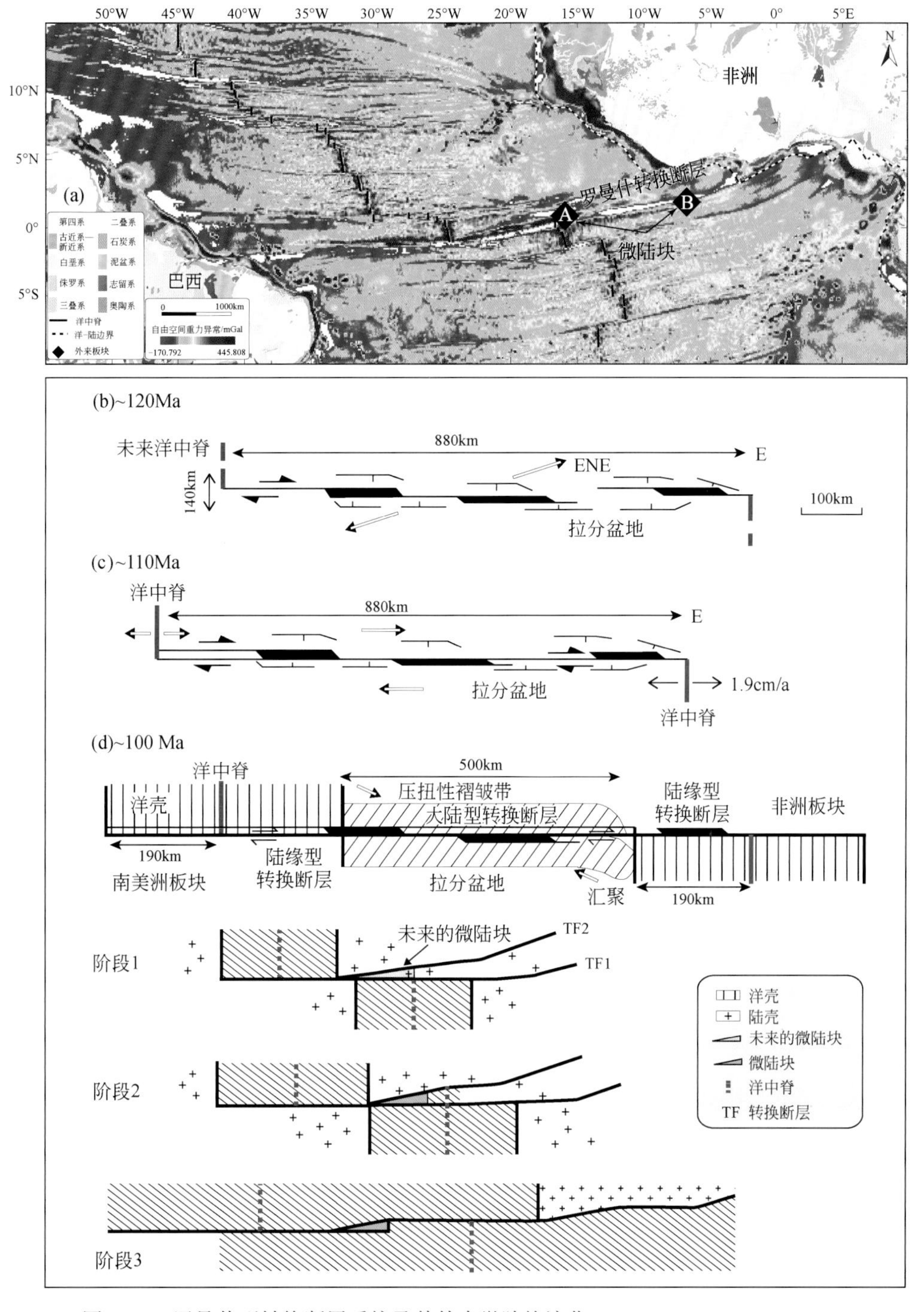

图 2-27　罗曼什型转换断层系统及其外来微陆块演化（Davison et al., 2016）

从阶段1和2的演化可以看出，活动的洋中脊之间不一定全部是大洋岩石圈对应大洋岩石圈，此时陆缘型转换断层必然是转换型陆缘边界，也就是大洋岩石圈板块与大陆岩石圈板块之间的边界。按照传统板块构造理论，这也就陆缘型转换断层为“大板块”边界，然而，不是所有陆缘型转换断层都为“大板块”边界，如转换型陆缘的陆缘型转换断层死亡了，变得不活动了（有人称之为破碎带，有人称之为死亡转换断层），这条转换型陆缘属于被动陆缘一部分，为“大板块”的板内环境。可见，传统板块构造理论自身产生了“转换型陆缘既属于板缘环境也是板内环境”的悖论。但在微板块构造框架下，陆缘型转换断层就是转换型陆缘的微板块边界，转换型陆缘就是微板块边缘，而无论其死活换断层，又不是纯粹的大洋型转换断层，因而只可称为陆缘型转换断层。至100Ma左右［图2-27（d）］，该转换断层转变为横压或压扭型转换断层，随着洋中脊拓展，南侧洋中脊拓展进入非洲陆缘，转换断层发生分叉，老的转换断层死亡，新的转换断层延伸进入非洲陆内，将部分非洲板块陆壳碎片分割到南美洲板块一侧。随着洋中脊扩张，非洲板块陆壳和南美洲板块陆壳彻底分离，进而该转换断层进入图2-27（d）的第三个演化阶段，此时大西洋洋中脊之间的转换断层性质彻底转变为大洋型转换断层，非洲板块陆壳碎片进入该转换断层带内发育为洋内微陆块。这是微陆块进入大洋盆地中心的机制之一。

假如这样带有微陆块的洋盆进入俯冲带，且转换断层垂直俯冲带消亡，这个平行转换断层或破碎带的微陆块也必将垂直俯冲带被俯冲，这无疑也是俯冲带地震、成矿、岩浆等分段性的原因之一。地史期间这种情况难免发生，只不过大家研究较多的是洋底海脊或洋脊（有时也称海岭）垂直俯冲带的情况，如中美洲西侧科科斯板块上的卡耐基海岭、科科斯海岭及南美洲智利海沟西侧纳斯卡板块上很多垂直海沟的海脊正发生俯冲。这种垂直海沟俯冲的条状微陆块、海脊或洋脊[①]是陆缘成矿、成山、成灾等分段的控制因素，值得今后深入分析。

（4）延生型微板块（propagation-derived microplate）

狭义的延生型微板块指裂谷中心或洋中脊拓展过程中圈闭形成的微板块，通常指长宽100～500km的微板块，一般形成于洋脊增生系统或伸展裂解系统的中心，并相对邻近大板块快速旋转。以往认为延生型微板块是自发成因，然而多数延生型微板块受控于附近洋中脊的拓展活动，也是被动成因。由于这些微板块是由大陆裂谷中轴或洋中脊中央裂谷拓展延长（ridge propagation）和非转换断层错移或断错（non-transform offset）或走滑断层的联合作用形成，因此本书将其称为延生型微板块，也可分为延生型微洋块、延生型微陆块。陆内两条切割岩石圈的断裂相向拓展也可围限出一个微陆块，例如，东非大裂谷中部维多利亚微陆块也可以归为此类，因其与拓展型大陆裂谷作用相关，因而也可归入裂生型微陆块，或裂生与延生微板块的过渡类型。延生型微洋块常位于洋内两条叠接扩张中心交接部位，因此它也曾被称为交生型微洋块（张国伟和李三忠，2017），其边界必然有活动的或死亡的洋中脊，其余可能为假断层、转换断层、大洋汇聚边界等（图2-28）。现今东太平洋

① 这里注意，本书中的洋脊或海脊指的是类似转换断层控制的东经九十度海岭那样的火山脊，它不是扩张中心形成的洋中脊，这也是本书作者始终反对在中文中将真正的“洋中脊”缩写为“洋脊”的原因，但“洋脊”与其他术语搭配并特指某个对象或组成一个专有术语时例外，如本书洋脊增生系统中的“洋脊”指的是真正的“洋中脊”。

海隆上的加拉帕戈斯、复活节和胡安·费尔南德斯微洋块都是典型例子（图 2-28）。

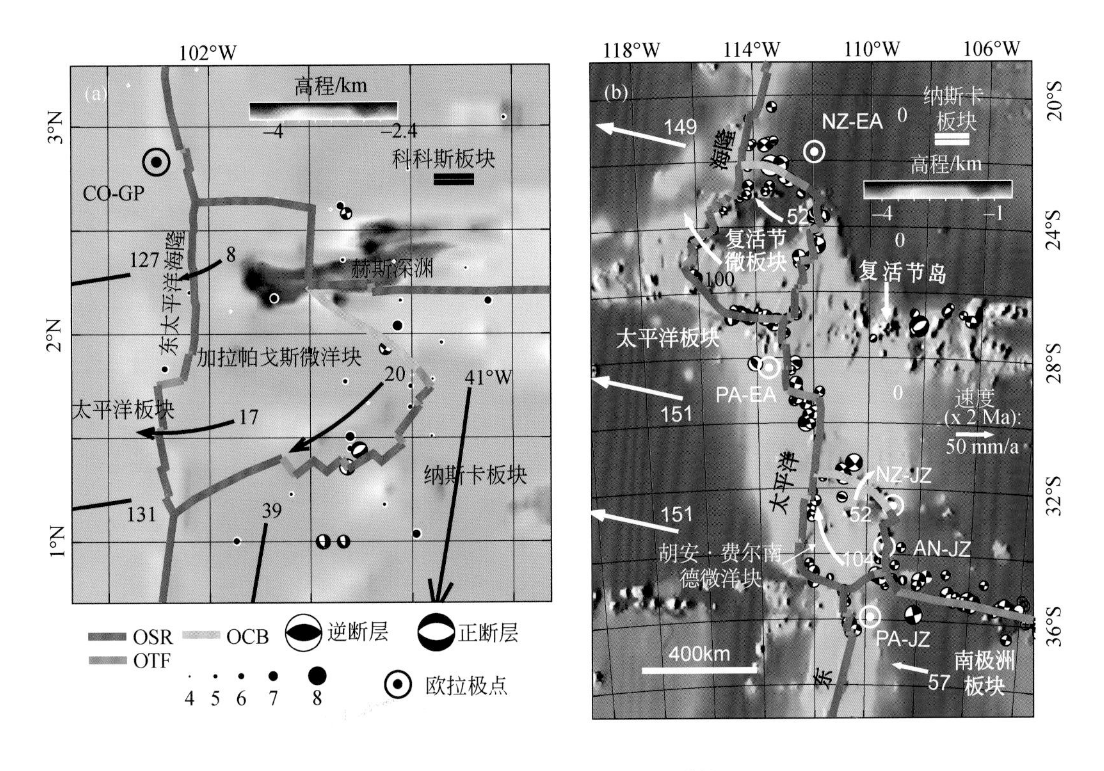

图 2-28 太平洋海隆洋中脊拓展导致的微洋块（Bird，2003）

（a）加拉帕戈斯（GP）微洋块的边界（加粗的彩色线），周围被太平洋板块（PA）、科科斯板块（CO）和纳斯卡板块（NZ）所包围。（b）复活节（EA）和胡安·费尔南德斯（JZ）微洋块的板块边界（加粗的彩色线），周围板块为太平洋板块、南极洲板块（AN）和纳斯卡板块。OSR-大洋扩张脊，CO-GP 为科科斯板块绕加拉帕戈斯微板块的旋转极，图中数字为扩张速率（单位：mm/a）

Lonsdale（1988）在东太平洋海隆 2°N 的位置发现一个约 120km 宽的微洋块，这个区域之前被认为包括了一个太平洋、科科斯和纳斯卡板块之间的三节点［图 2-28（a）］。根据海洋地质界的一贯传统，以其最靠近的岛屿（尽管加拉帕戈斯岛在其东部约 1100km 处）命名，将其称为加拉帕戈斯微板块或微洋块。Lonsdale 等（1992）随后确定了加拉帕戈斯-科科斯板块的边界，绘出了一个年轻的扩张脊，该扩张脊与其他两支扩张脊相交于 2°40′N 处，形成科科斯-太平洋-加拉帕戈斯 RRR 型三节点。

复活节微洋块是位于东太平洋海隆分叉处的一个微洋块（550km ×410km），位于 22°S ~ 27°S，其西部是太平洋板块，东部为纳斯卡板块［图 2-28（b）］，取名于复活节岛，但范围并不局限于复活节岛。这个微板块是 Herron（1972）基于磁异常和地震数据发现的。Engeln 和 Stein（1984）使用地震、滑动矢量、测深和磁异常数据确定了这个板块的主要边界，并确定了其相对于邻近板块运动的欧拉极位置。

胡安·费尔南德斯微洋块是位于东太平洋海隆分叉处的另一个微洋块（410km×270km），位于32°S～35°S，其西侧是太平洋板块，东北侧是纳斯卡板块，东南侧是南极洲板块。该微洋块以位于其东部2800km的岛命名。Craig等（1983）绘制了其东部和西部扩张脊的水深图，Anderson-Fontana等（1986）结合水深、磁异常、地震和滑动矢量确定了这个微板块的边界及其相对于邻近板块运动的欧拉极位置［图2-28（b）］。

延生型微洋块内部构造地貌组构（fabric）复杂，可见多组马尾状断裂轨迹，与周边大洋板块的总体海底地貌差异明显。例如，菲律宾海板块死亡洋中脊靠近琉球海沟的部位，出现很多这种微洋块控制的微地貌，迄今还无人对此进行精细解剖。但是在磁条带上，一些延生型微洋块也可能体现不出海底地貌的这种差异，原因可能是这些微洋块形成速率快于磁极反转速率，如菲律宾海板块内部及一些磁静期形成的洋壳内部。

（5）跃生型微板块（ridge jumping-derived microplate）

上述四类微板块边界均有活动构造带，此外还有一类微板块边界包括死亡的洋中脊或假断层。跃生型微板块由洋中脊或裂谷中心发生远距离的跃迁或脊跳（ridge jump）或三节点跃迁（jumping）所致，现今多数不再活动，常残存于深海盆地板内系统。典型例子是西太平洋的沙茨基海隆或麦哲伦洋底高原海域的微洋块以及西北印度洋、东北印度洋内的一系列微陆块。其中，沙茨基海隆以西的沙茨基微洋块是三节点向东跃迁800km导致的，但是沙茨基海隆覆盖区还存在很多的微洋块（Sager et al.，2019），是地幔柱-洋中脊相互作用背景下三节点和洋中脊同时发生跃迁所致（图2-29）。

西北太平洋海区的磁条带给出了三节点演化与洋底高原及微洋块形成之间关联的有力证据。此外，西北太平洋水深和磁异常似乎暗示着该区发生过地幔柱-洋中脊相互作用。一些洋底高原和微洋块沿着太平洋-法拉隆-依泽奈崎三节点及太平洋-法拉隆-菲尼克斯三节点的轨迹或在其附近形成（图2-29）。而且，这些洋底高原中有许多是位于洋中脊重组位置的附近。例如，在沙茨基海隆区域，磁条带显示一个几何学上稳定的RRR型或RRF型（太平洋-法拉隆-依泽奈崎）三节点在M22（150Ma）之前向北西方向移动。在M21（147Ma）时，该三节点开始重组，太平洋-依泽奈崎磁线理发生了30°的旋转，导致现今沙茨基微洋块的形成，同时三节点向东跃迁了800km，到达了塔穆地块（或微洋块）的位置（图2-29）。之后直到M3（126Ma），沙茨基海隆沿三节点轨迹才逐渐形成。在这期间，因地幔柱影响，三节点不停地跃迁，至少发生了9次［图2-29（b）］。在磁条带M1之后，这个三节点的位置不清楚，这是因为白垩纪磁静期缺少磁条带。然而，根据东北太平洋中

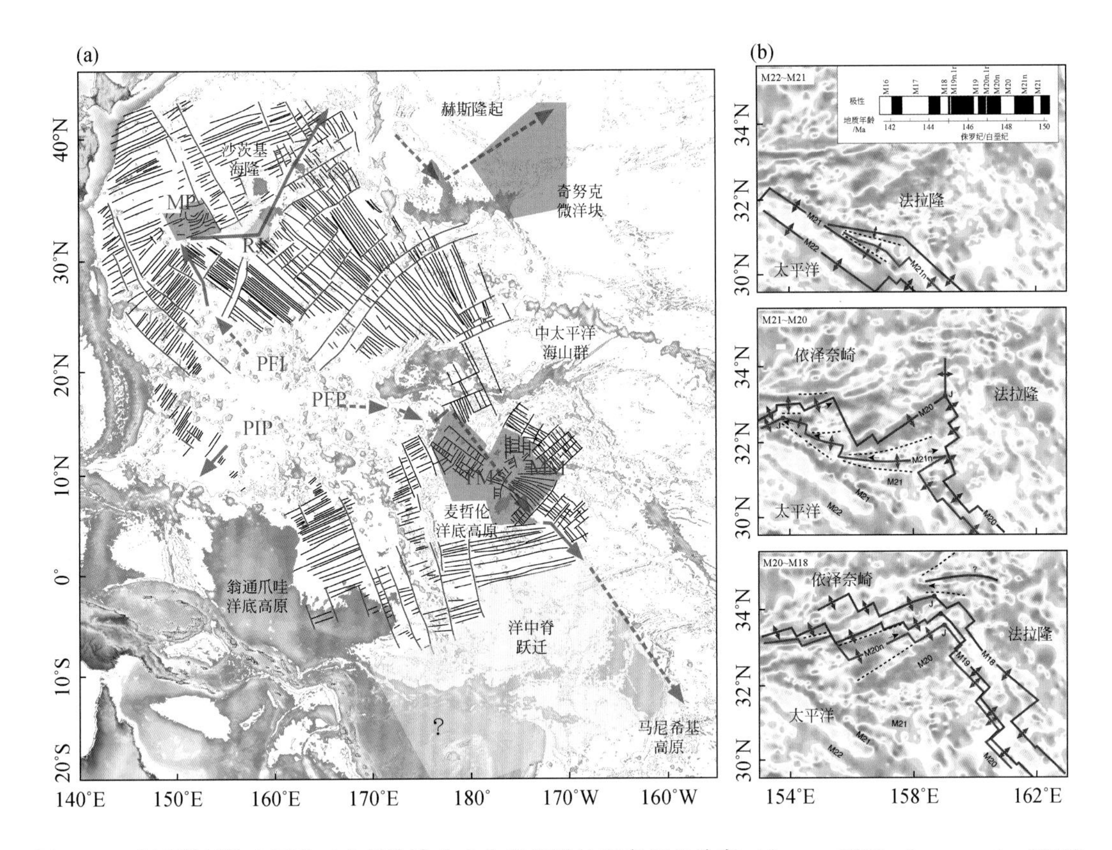

图 2-29　太平洋板块内两条三点节轨迹上中生代微洋块和高原的分布（Sager，2005；Sager et al.，2019）

（a）图为 Shatsky 海隆附近微洋块成因模式（Sager 等，2019）。（b）图中红色细实线代表转换断层或破碎带，黑色细实线代表磁条带或磁线理，蓝色粗实线代表三节点的迁移轨迹，蓝色粗虚线代表推测的三节点迁移或跃迁；红色区域和黄色区域分别代表洋中脊跃迁形成的微洋块和岩石圈块体。MM：麦哲伦微洋块，MP：未命名的微洋块；TM：特立尼达微洋块；RJ：洋中脊跃迁；PFI：太平洋-法拉隆-依泽奈崎三节点；PFP：太平洋-法拉隆-菲尼克斯三节点；PIP：太平洋-依泽奈崎-菲尼克斯三节点

晚白垩世磁条带结合破碎带方向进行回溯，揭示出在 100Ma 时三节点位于赫斯海隆附近，同时该三节点跃迁导致在其附近形成了一个奇努克（Chinook）微洋块，但后来的研究对该微洋块的存在与否还有一些质疑。

同样，太平洋-法拉隆-菲尼克斯三节点也留下了微洋块和洋底高原的轨迹（图 2-29）。在 M20 ~ M14（149 ~ 136Ma）期间，沿这个三节点轨迹，形成了特立尼达（Trinidad）微洋块、麦哲伦隆起及北麦哲伦隆起微洋块；随后，在 M14 ~ M11（136 ~ 131Ma）期间，麦哲伦微洋块形成于三节点附近。进一步来说，马尼希基洋底高原（为微洋块，原本属于菲尼克斯板块，后期演化导致嵌入太平洋板块内部）附近的白垩纪磁静区及高原的年龄，说明在白垩纪磁静期发生了一次大跨度的洋中脊跃迁，这次跃迁将三节点突发性地移动到了马尼希基洋底高原附近。因此，正如其对应的北部，太平洋-法拉隆-菲尼克斯三节点也留下了一系列洋底高原、微洋块和洋中脊跃迁轨迹。

洋中脊附近形成的微洋块与洋中脊的拓展或跃迁密切相关，其复杂性也表现在现今的印度洋内。从图 2-30 的板块重建中可以发现，留尼汪地幔柱处于活动板块边

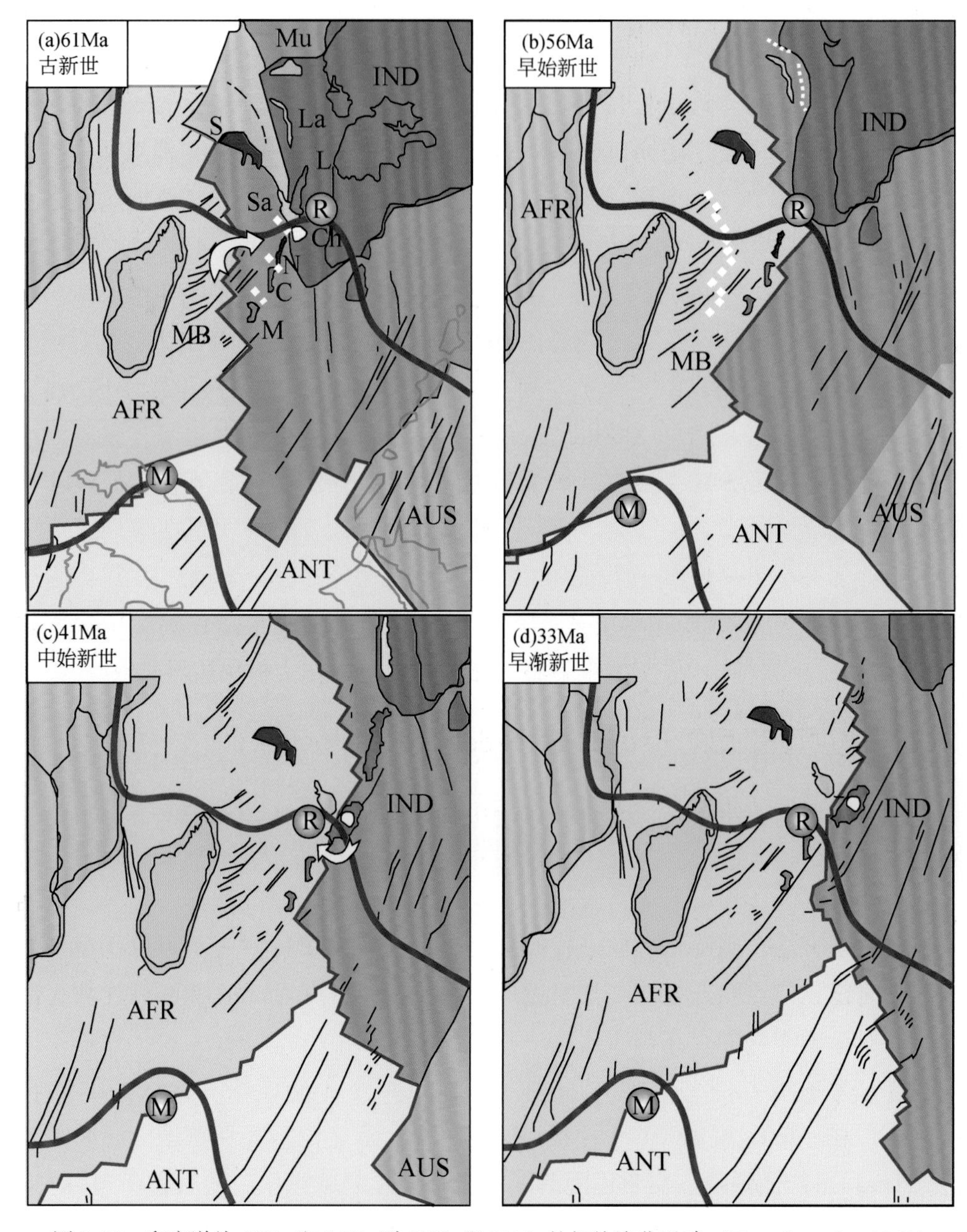

图 2-30　印度洋从 61Ma 和 56Ma 到 41Ma 和 33Ma 的板块演化重建（Torsvik et al.，2013）

马里昂（M）和留尼汪（R）热点的预测位置用紫色圆圈表示，主要的火山岩台地和火成岩省形态也用紫色表示。主板块之间的洋底组构和扩张方向由解释的破碎带表示。主要的板块边界用粗红线表示。不同微陆块之间死亡的扩张脊用粉色断虚线表示。(a)（c）中黄色箭头指示板块边界向最近的热点发生重新定位的方向。AFR-非洲板块；ANT-南极洲板块；AUS-澳大利亚板块；C-卡加多斯-卡拉若斯群岛微陆块（或大陆碎片）；Ch-查戈斯微陆块；IND-印度板块；L-拉克代夫微陆块；La-拉克希米（Laxmi）海脊微陆块；M-毛里求斯微陆块；Mu-默里海脊微陆块；MB-马斯克林（Mascarene）盆地；N-拿撒勒微陆块；S-塞舌尔微陆块；Sa-塞舌尔-卡拉若斯群岛浅滩微陆块

界突出部位时，洋中脊向南西发生多次跃迁（至少5次），这期间生成了多个微陆块，直到61Ma［图2-30（a）］时，洋中脊位于马达加斯加和印度次大陆的中间。图2-30（a）中黄色箭头指示，板块边界向最近的留尼汪热点朝北东方向发生重新定位，因而导致56Ma时［图2-30（b）］洋中脊向北东方向跃迁，并位于印度次大陆南部。此时，原属“印度板块”的塞舌尔群岛，地质上对应塞舌尔微陆块（灰色花岗岩、品红色花岗岩、花岗斑岩）、萨亚德马哈（Saya de Malha）浅滩微陆块、卡加多斯-卡拉若斯群岛（Cargados Carajos）微陆块、毛里求斯微陆块、拿撒勒（Nazareth）微陆块等，转嫁成了非洲板块东北缘的组成部分。41Ma时［图2-30（c）］，正扩张的洋中脊偏离留尼汪热点，洋中脊被热点吸引而发生向西的漂移，导致直线的转换断层发生弯曲，这表现在90°E海岭附近还出现“W”型的假断层。

这些板块重建成果表明，地史期间洋中脊附近应当存在大量微洋块或微陆块。它们的成因不仅与岩石圈尺度的板块运动有关，还与深部的地幔柱（其表层对应为热点，深部链接着LLSVP边缘的地幔柱生成带）有关，脊-柱相互作用导致洋中脊不断跃迁，不断形成微陆块或微洋块，一些微板块归属反复在相邻两个大板块之间变动。这种变动导致人们交流时非常困难，例如，不同学者的概念中的“非洲板块”或“印度板块”准确边界并不相同。这主要是人们不将死亡的洋中脊、破碎带、拆离断层、假断层、叠接扩张中心、洋中脊断错等作为板块边界所致。

（6）残生型微板块（subduction-derived microplate）

残生型微板块是指俯冲过程中由大板块不断俯冲缩小而形成的微板块，常见于俯冲消减系统的俯冲盘（图2-31），由转换断层、洋中脊、俯冲带等边界复杂组合而围限成的大中型板块在俯冲过程中被分解、残存为多个小微洋块；或者指俯冲消减作用末期因陆-陆碰撞而卷入造山带中并残留保存下来的、与相邻大板块演化历史不同的微板块（可以是大洋岩石圈和大陆岩石圈碎片）。后者常见于碰撞造山系统，例如，中国中央造山带中北秦岭、中祁连、中阿尔金、柴达木、欧龙布鲁克（全吉）、南秦岭等大量微陆块。由此可见，残生型微板块既可以是微洋块，也可以是微陆块，甚至包括造山带中残存的微幔块。其边界类型多样，经历了复杂的运动学调整过程，对于俯冲消减系统而言，其边界原型可以是俯冲带、洋中脊、转换断层等，如戈达（Gorda）微洋块、胡安·德富卡微洋块和里韦拉微洋块。而对于碰撞增生系统，边界原型可以是不同时期形成的多条俯冲带，先表现为缝合线、后期深大走滑断裂或强烈弯曲的弧形构造或弯山构造所围限，如柴达木微陆块，其与增生型微陆块（见下文）不同在于现今边界没有海沟或俯冲带。

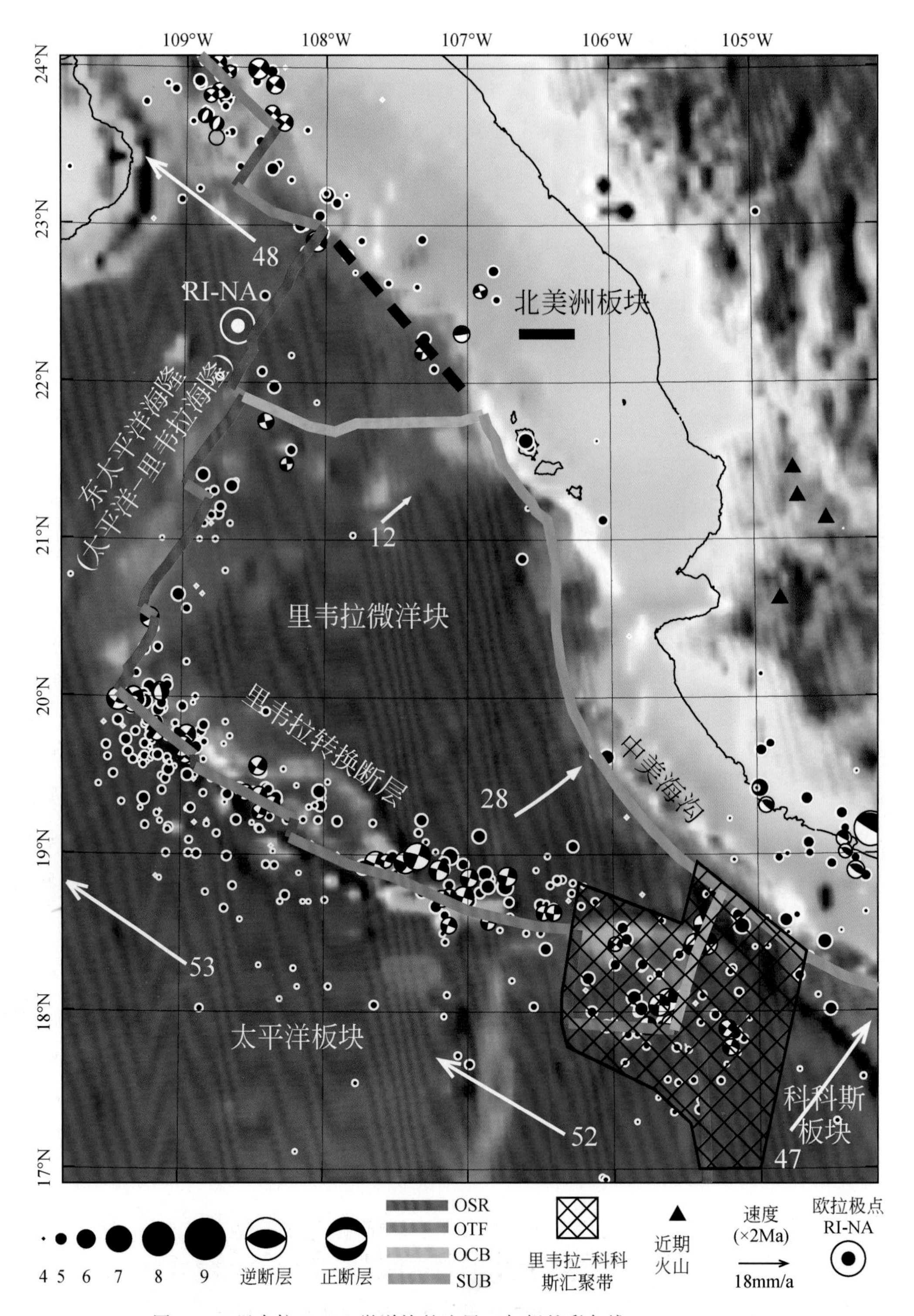

图 2-31　里韦拉（RI）微洋块的边界（加粗的彩色线）（Bird，2003）

其周围被北美洲（NA）、太平洋（PA）和科科斯（CO）板块所包围；网格区域是里韦拉-科科斯造山带。黑色虚线指示早期的里韦拉-北美洲板块边界。OTF-大洋转换断层；OCB-大洋汇聚边界；SUB-俯冲带。图中 RI-NA 为里韦拉微洋块相对北美洲板块的旋转极位置，数字为板块运动速率。黑色圆圈表示欧拉极的位置，旋转极点命名中前面的板块相对于后面的板块作逆时针旋转胡安·德富卡和里韦拉微洋块是典型的残生型微洋块例子。以里韦拉微洋块为例，其位于东太平洋海隆（太平洋-里韦拉海隆）东侧，里韦拉转换断层北侧，中美海沟西南侧。尽管里韦拉微洋块的南部在7.2～2.2Ma于洋内的科科斯汇聚带发生了变形，但目前该微洋块的南部边界主体是里韦拉转换断层。然而，里韦拉微洋块的最北部在3.6～1.5Ma发生了转变，并沿图2-31的黑色虚线与北美洲板块紧密联系在一起，现今活动的里韦拉-北美洲板块边界变为如图2-31所示的大洋汇聚边界（粉色实线）；在东部，里韦拉-科科斯板块边界很清楚是左行的，但其准确位置还无法确定。

法拉隆板块向北美洲板块之下俯冲的过程中，随着分段的太平洋-法拉隆洋中脊系统（即东太平洋海隆）的持续俯冲，法拉隆板块规模减小，并分裂成北法拉隆板块（胡安·德富卡）和南法拉隆板块，南法拉隆板块之后又裂解成科科斯板块和纳斯卡板块。据此可以推测，随着科科斯和纳斯卡板块的持续俯冲，这些微洋块可能进一步分裂、缩小，演化成新的残生型微洋块，其几何形态与洋中脊-转换断层组合样式和三节点跃迁或平移相关。

（7）增生型微板块（accretion-derived microplate）

增生型微板块是俯冲增生作用（subduction accretion）过程中形成的相对独立的微板块，通常为大火成岩省或洋底高原（部分可能为地幔柱柱头）、洋内微陆块等运移到俯冲带或堵塞海沟，并可使得新的俯冲带跳跃形成于大火成岩省或微陆块的后缘或靠海一侧。其边界有一侧是新或老的俯冲带（缝合线），其余可能类型多样，可以是转换断层、深大走滑断层、逆冲推覆带等，因而增生型微板块常见于俯冲消减系统的仰冲盘，但早期可位于俯冲盘。

最典型的例子有鄂霍次克微板块、尼科亚（Nicoya）微洋块（Madrigal et al., 2016）和一系列日本的增生地体（其原型有微陆块、微洋块），尽管鄂霍次克微板块基底是洋壳、陆壳还是地幔柱柱头或洋内大火成岩省（Yang Y T, 2013; Niu et al., 2017）尚存争论，而且是原地还是异地也不确定。在早期的14个板块划分模型中，北美洲板块被认为延伸跨过白令海，并包括了堪察加半岛、鄂霍次克海和本州北部。这个细长的北美洲板块受到两种力的控制作用，一种是其西边界与欧亚板块在萨哈林岛（Sahkalin）附近的挤压力，另一种是其东边界与太平洋板块在千岛海沟处的弱伸展及挤压的联合作用力。除非这些力平衡，否则，显著的偏应力和强烈的断层作用会导致北美洲板块发生颈缩作用，其颈缩位置就位于北鄂霍次克海和北堪察加（图2-32）。Savostin等（1982，1983）提出了“鄂霍次克板块”的概念，代表切尔斯基（Cherskii）山内一串小型沉积盆地南部的区域，这些小型沉积盆地开始被解释为伸展的鄂霍次克板块和北美洲板块之间的活动地堑。但Cook等

（1986）研究了该区一系列中级地震（$5<M_b<6$）后，发现鄂霍次克板块和北美洲板块边界的震源机制解指示的是左行压扭，反驳了之前活动地堑的观点。Cook 等（1986）使用滑动矢量估计鄂霍次克板块–北美洲板块欧拉极位置（72.4°N，169.8°E）位于西伯利亚东部，但不能确定相对运动的速率。基于局部地震的滑动矢量可以确定鄂霍次克板块向南延伸到了日本本州中部，所以东日本海的主要地震发生在欧亚（其东部有人称为阿穆尔）–鄂霍次克板块边界上（图 2-32）。此外，沿北堪察加东海岸的逆冲事件也说明，北美洲板块并没有延伸到鄂霍次克海中，而只与鄂霍次克板块发生汇聚。大型海山正向或斜向堵塞海沟的过程应当在相关洋中脊部位有正向或斜向的响应（图 2-33），即张裂带–俯冲带对偶系统的普遍性和两者之间动力学关联性（郑永飞，2023），可以用于检验板块重建的合理性。但遗憾的是，这种陆缘过程迄今还没有开展板块重建的相关检验。

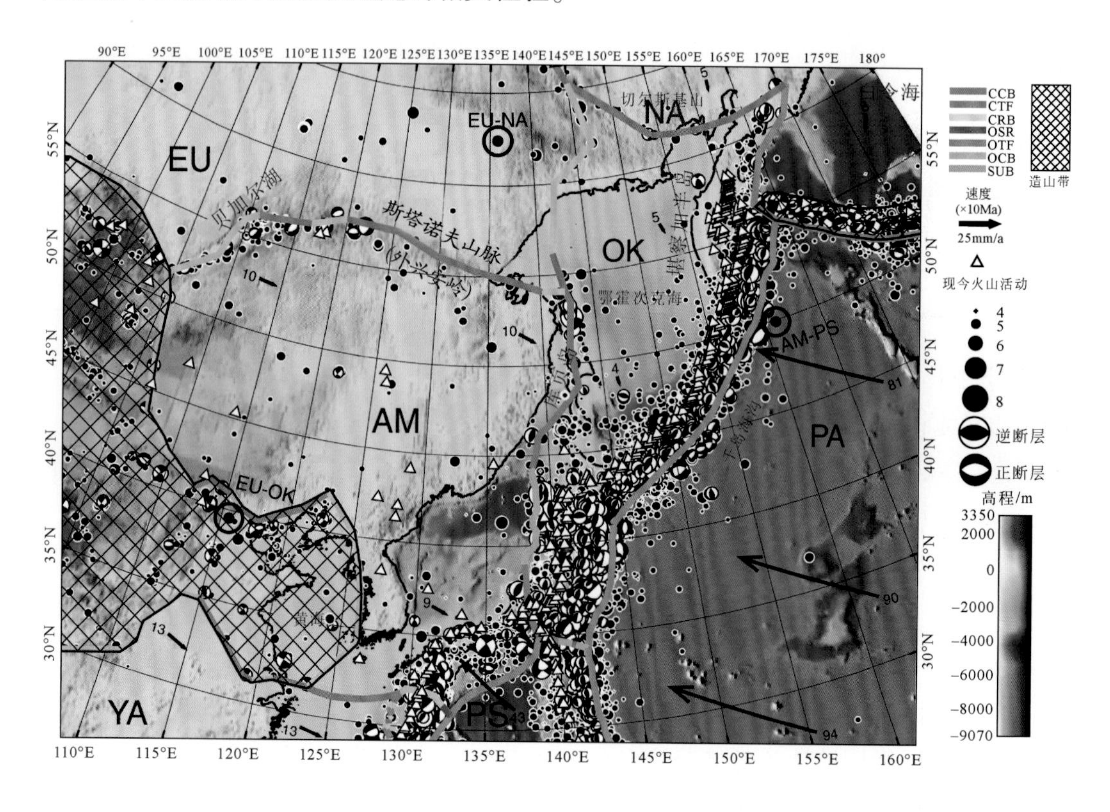

图 2-32　鄂霍次克微板块的边界（加粗的彩色线）（Bird，2003）

周围板块包括欧亚（EU）、北美洲（NA）、太平洋（PA）、阿穆尔（AM）、鄂霍次克（OK）、菲律宾海（PS）及扬子（YA）板块（Bird，2003）。边界类型：CRB-大陆裂谷边界；OSR-大洋扩张脊；CTF-大陆转换断层；OTF-大洋转换断层；CCB-大陆汇聚边界；OCB-大洋汇聚边界；SUB-俯冲带。网格区域是挤压区。色标指示 ETOPO5 的高程。实点是 1964～1991 年震中深度小于 70km 的地震；瓜皮球表示 1977～1998 年浅源矩心矩张量的双力矩部分的下半球投影。白色三角表示陆上的活火山。黑色矢量箭头表示该模型的俯冲速度（单位为 mm/a）。黑色圆圈表示欧拉极的位置，旋转极点命名中前面的板块相对于后面的板块作逆时针旋转

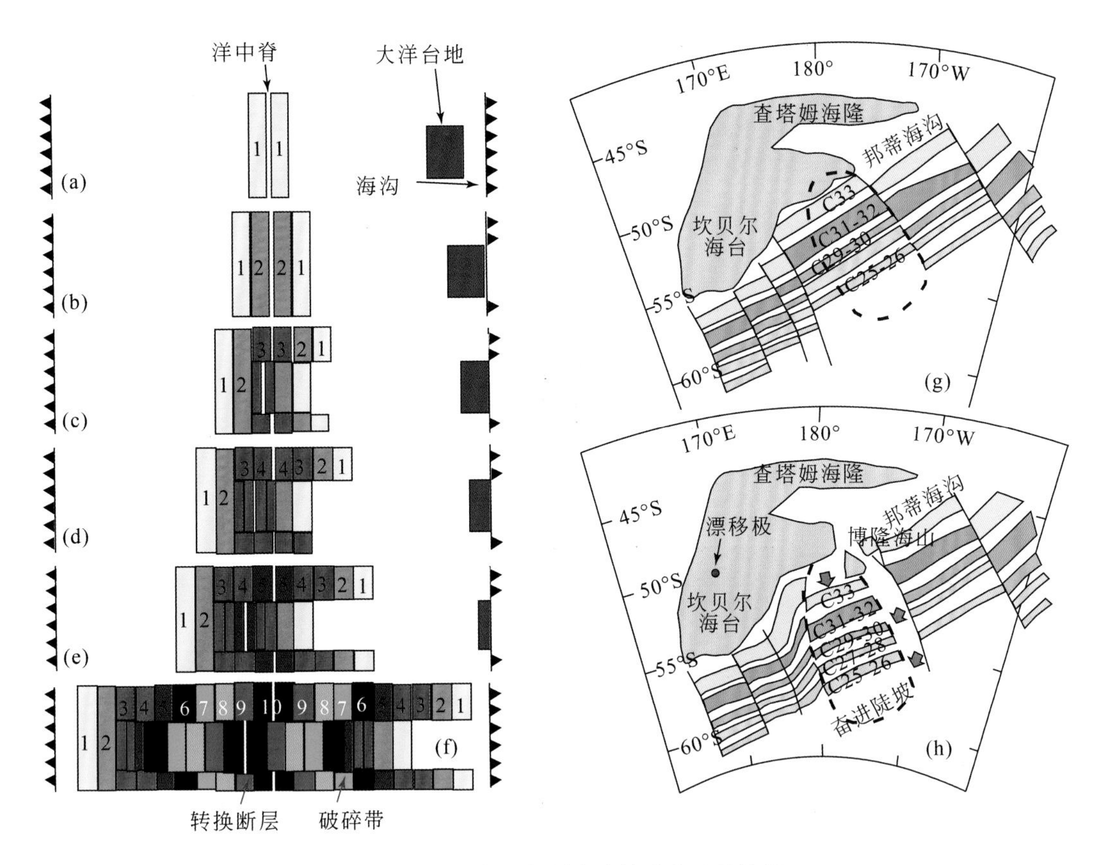

图 2-33　陆缘构造与洋中脊构造的远程关联

左图（a）~（f）为陆缘正向增生与洋中脊过程的远程关联关系图解，海山增生使得俯冲作用减速，使得洋中脊向左偏移（Nur and Ben-Avraham，1989）；右图为新西兰南部海域 Endeavour 滑移体（微洋块）形成过程举例（Korsch and Wellman，1988）。右图（h）表示博隆（Bollons）海山和大洋磁条带现今的形态，（g）为将 Endeavour Slide 移回原位，可见博隆海山和坎贝尔（Campbell）海台（现今重建认为起源于冈瓦纳古陆裂解出来的微陆块）东端相连。注意（h）中这个滑移（slide）作用应当造成了滑移体东侧的异常缺口和西侧 Endeavour 隆起内海底的皱起（rucking up），这些细节可能都是起源于坎贝尔海台与澳大利亚板块东侧的碰撞

（8）碰生型微板块（collision-derived microplate）

碰生型微板块是指受大陆碰撞造山所触发的洋内或陆内相对独立的微小板块或块体。其边界可以是转换断层、假断层、切割岩石圈的走滑断层、活化的缝合线、洋中脊等，视情况而定，这可以通过洋底精细的多波束资料、GPS 资料反映的构造组构（tectonic fabrics）或控制的陆内地震来识别。这类微板块的形成也是关联大陆构造与海底构造的桥梁之一。最典型的例子就如马默里克（Mammerickx）微洋块（图 2-34）（Matthews et al.，2011，2016）。在印度–南极洲洋中脊形成的微板块北界为死亡的洋中脊，南界为假断层，其共轭的部分位于凯尔盖朗海台北部。多波束资料揭示的不对称假断层和旋转的深海丘陵组构表明其发生过独立旋转。磁异常捡取和据已知扩张速率的年龄估计表明，其发生在磁条带 21o（约 47. 3Ma）时期。板块

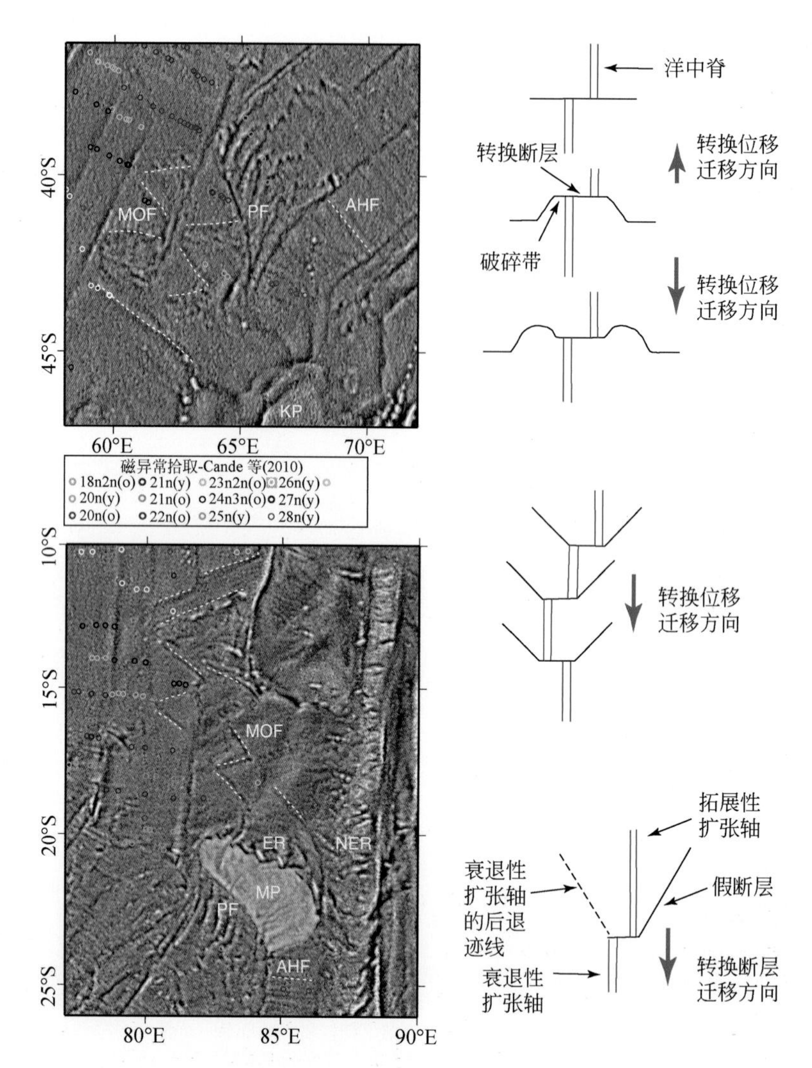

图 2-34　印度洋重力垂直梯度（vertical gravity gradient，VGG）数据揭示的洋底构造（Matthews et al.，2011，2016）

（a）凯尔盖朗洋底高原北部微洋块；（b）马默里克微洋块；（c）不连续的波状轨迹起源于转换断层平行于洋中脊方向的摆动；（d）V 形结构，可能发育多组，指向洋中脊迁移方向；（e）拓展的洋中脊沿拓展方向，在正生长的拓展性扩张脊处形成假断层（pseudofault），在正衰亡的洋中脊处形成死亡的扩张脊轨迹（extinct ridge lineation）。AHF-深海丘陵组构，ER-死亡洋中脊，KP-凯尔盖朗洋底高原；MOF-洋中脊发生迁移形成断错组构（migrating offset fabric）的轨迹（由洋中脊拓展作用在空间上前后移动而形成 W 形，用白色虚线表示，表现为负的 VGG 异常），MP-马默里克微洋块（绿色透明区块），NER-90°E 海岭，PF-假断层

重组（plate reorganization）可以触发洋中脊拓展和微洋块形成。Matthews 等（2016）认为，马默里克微洋块的形成与印度-欧亚板块的初始软碰撞相关，这次碰撞导致了印度-南极洲洋中脊的应力场变化，随后形成的新转换断层导致洋中脊分段性和拓展作用的改变。在微洋块形成前，印度-南极洲快速扩张洋中脊和凯尔盖朗地幔柱活动可以通过薄而弱的岩石圈产生，从而促使洋中脊拓展，但这两种情形在印度洋已经运行了几千万年，因此不太可能触发这次短暂的事件。在印度-欧亚板块碰

撞前，快速扩张作用和地幔柱活动联合作用形成了该微洋块北侧广大海域的波状海底和“W”形假断层，“W”形假断层说明当时洋中脊向前和向后发生了拓展过程，按照微板块构造理论，这些假断层也是微洋块边界，因而其附近还可以划分出大量微洋块。马默里克微洋块的形成提供了一个确定印度–欧亚大陆初始碰撞时间的精确方法，这一初始碰撞时间的约束完全独立于大陆地质研究，也是对基于大陆地质研究而确定碰撞时间的重要补充。

（9）拆沉型微板块（delamination-derived microplate）

层析成像揭示，现今大陆和大洋岩石圈下的深部地幔还存在大量微小的 P 波高速异常体，被周边低 P 波速度的地幔包绕（图 2-35），因而其边界不规则。这种不规则性可能是拆沉板片从岩石圈到软流圈地幔或下地幔的过程中经历复杂塑性变形的结果，也可能反映俯冲板片、岩石圈地幔根拆沉体或撕裂板片的原始边界不规则性。这个 P 波高速异常通常被解释为拆沉的微小地幔块体，简称微幔块，据其组成可分为陆幔型（图 2-36）和洋幔型微幔块。微幔块的岩石组成主体为地幔岩（橄榄岩、二辉橄榄岩、方辉橄榄岩、纯橄岩、尖晶石橄榄岩、石榴石橄榄岩等的统称）或榴辉岩。这些微幔块通常与造山带下大陆岩石圈山根的拆沉（delamination）、破

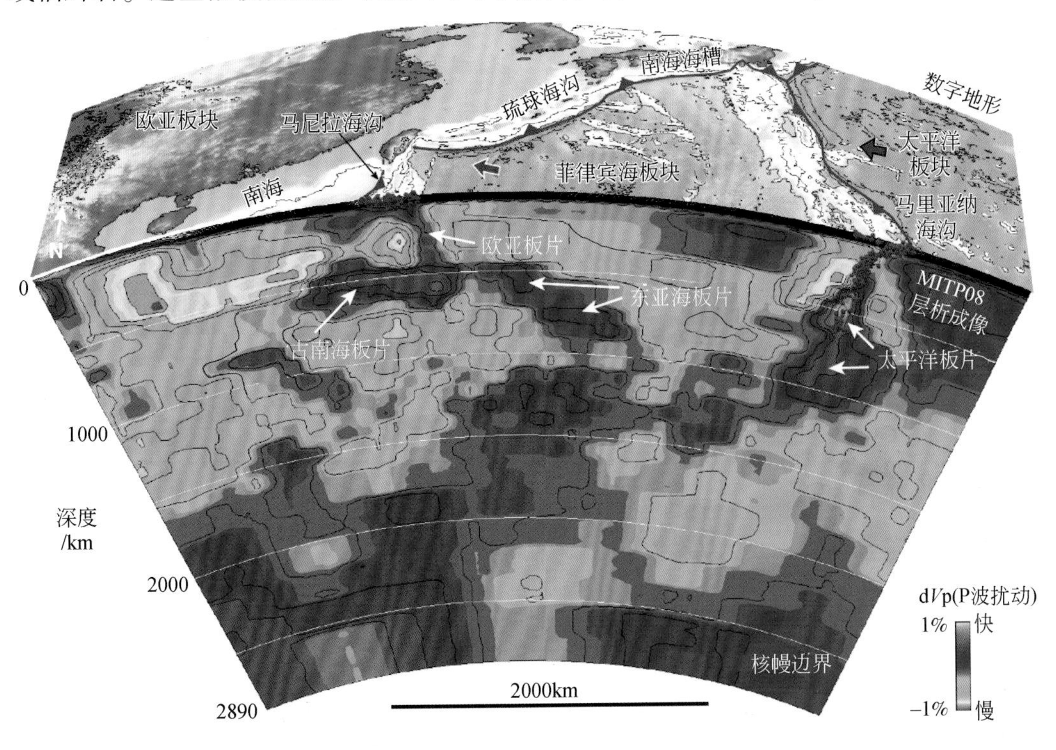

图 2-35 层析成像揭示西太平洋俯冲带的俯冲板片断离形成了众多洋幔型微幔块（Wu et al., 2016）

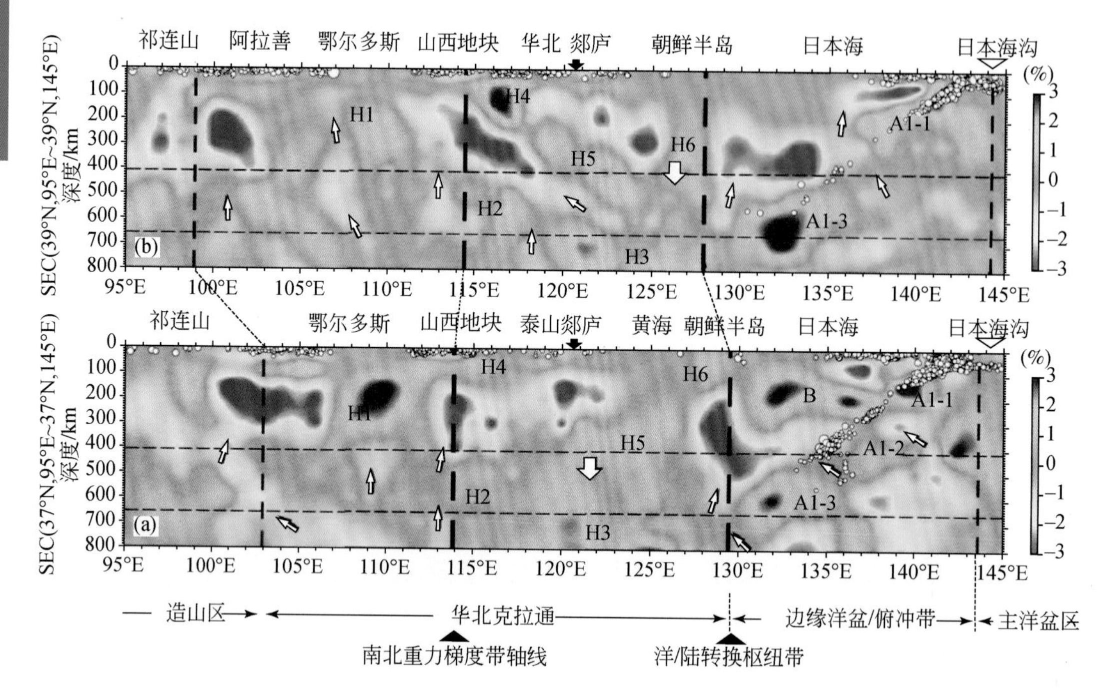

图 2-36 层析成像揭示出华北克拉通根部拆沉到软流圈内的陆幔型微幔块（郭慧丽等，2014）

红蓝色分别代表一维速度初始模型的负、正扰动；白色圆圈为距离剖面 50km 内的地震震中位置的投影；箭头代表速度异常体的运动方向，速度剖面中的分割线代表不同构造单元的地表分界位置。A1-1 ~ A1-3 代表西太平洋的俯冲板片高速体；H1 ~ H6 表示与岩石圈拆沉有关的高速体。上、下层析剖面位置分别对应 39° 和 37°N

坏的克拉通岩石圈地幔拆沉（图 2-37）或沿俯冲带俯冲的大洋岩石圈地幔的断离（breakoff）或拆沉密切相关，因而统称为拆沉型微幔块，因而微幔块可据其组成分为陆幔型微幔块和洋幔型微幔块。

拆沉型微幔块的研究打破了传统板块构造理论认为的俯冲带是帘状俯冲的认识，不仅可对造山带深浅部过程的分段差异作出合理解释，也可以对大洋俯冲带的分段俯冲差异作出判断，同时也可以推广应用到早期地球岩石圈发生拗沉（sagduction）进入

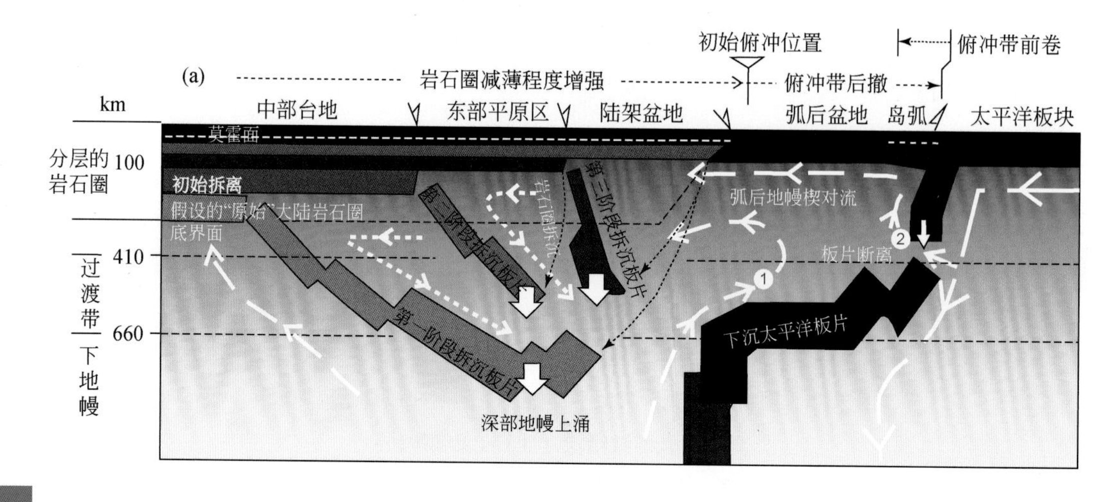

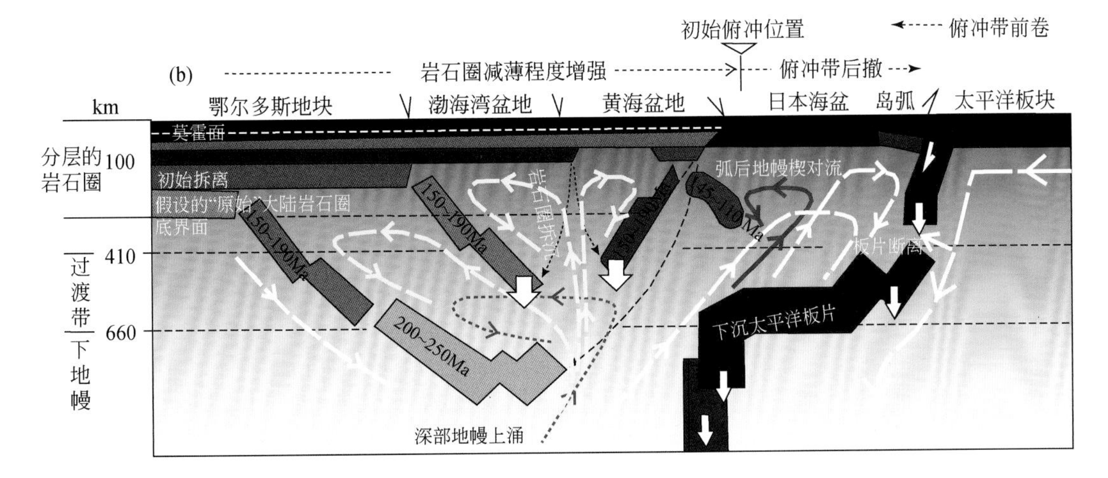

图 2-37　华北克拉通去根过程与微幔块形成

新生代太平洋板块的俯冲与华北克拉通及邻区中生代岩石圈的拆沉减薄模型及大地幔楔年龄结构解释的示意图［（a），解释据郭慧丽等（2014）］和其年代学、动力学解释［（b）为本书结合岩石学、年代学的新解释，大地幔楔中红色流线代表印支晚期的地幔楔对流环，黄色为燕山早中期对流环，蓝色为燕山晚期对流环，白色为新生代对流环，构成现今的小地幔楔，标注的时限为拆沉作用发生的时间，不是被拆沉对象的年龄］

深部地幔的激烈垂向运动场景，还可揭示地幔柱与岩石圈地幔的相互作用机制。当前，这个方面的研究是突破板块构造理论桎梏的前沿领域，不仅可以解决板内的多旋回沉积层序间断和板内角度不整合时空迁移，而且也是创新开拓早期地球深部过程研究的关键。

多学科交叉综合的精细数值模拟和层析成像技术为这个领域研究提供了强有力的科学工具，如果能探测微幔块内部或外部地震波各向异性或橄榄石优选方位，那就不仅可以揭示微幔块从拆沉起始到滞留深度所发生的构造过程和深部地幔物质循环途径，弥补当前对这些过程认知的空白，检验相关数值模拟模型，而且可以结合岩石地球化学成分极性、年龄分带、构造迁移、四维地球动力学研究成果，揭示复杂的地幔楔四维对流样式、流变学不连续面形成过程以及上覆板块或陆块响应的多样性，如板内盆地沉积沉降中心的时空迁移（图 2-38）。

此外，越来越多的地质和地球物理观测表明，克拉通岩石圈根（lithospheric root）拆沉形成微幔块的决定因素很多（图 2-39），其中，克拉通岩石圈的流变学结构和性质受各种因素影响会发生变化是一个重要因素。地史上，克拉通经历过很多近周期性的大规模抬升与沉降，包括距离俯冲带很远的克拉通盆地内同时的隆拗现象，很难完全通过大尺度深部地幔对流产生的动力地形来解释。Wang 等（2022b）指出，克拉通岩石圈地幔平均密度比周围软流圈要高出 0.5%~1.2%。全球的大地水准面也进一步显示，这些高密度物质应该存在于克拉通岩石圈的下半部分（Wang et al.，2022a）。克拉通岩石圈垂向密度分层是深部岩石圈地幔可以发生拆沉的动因，

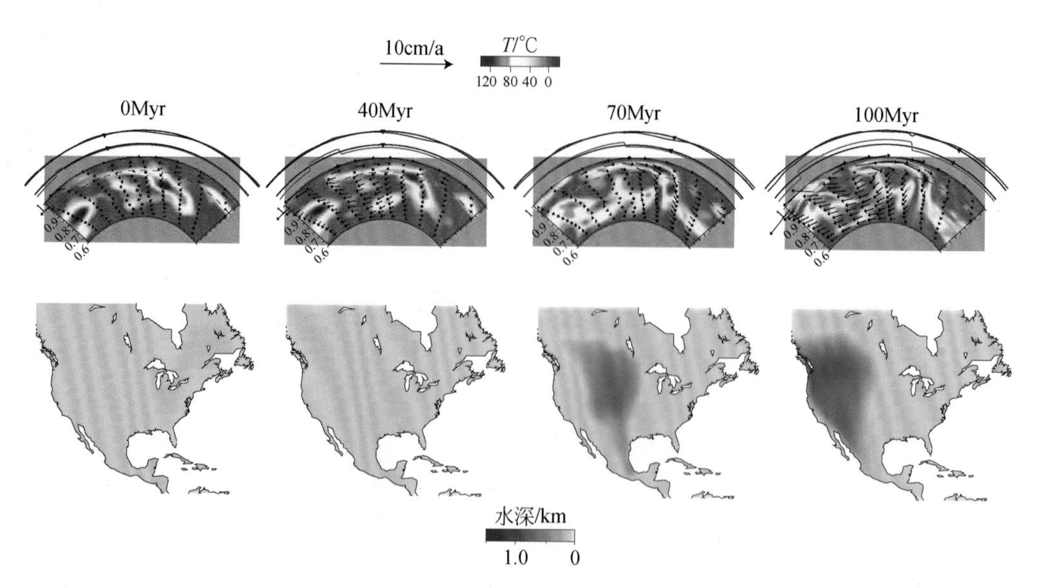

图 2-38　由现今地幔流循环模式回溯到不同地史阶段的微幔块结构及板内地表响应

（Spasojevic et al.，2009）

数字化对流模拟结果显示了计算的北美洲板块之下温度场和速度场（上部图版）及其100Myr以来相应的动力地形演化（下部图版）。上部图版中，蓝色曲线为模式预测的动力地形剖面（位置见下部图版），可以看出地表隆拗变化；红色曲线为模式预测的水平表面速度（板块运动）剖面，可以看出速度在板块边界的突变

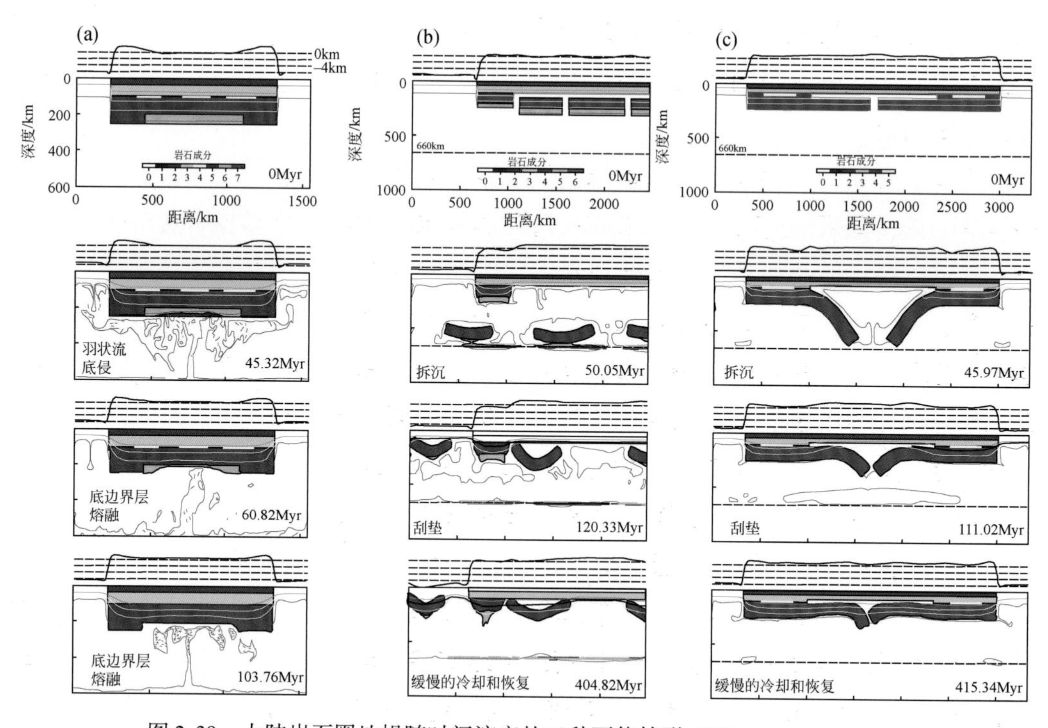

图 2-39　大陆岩石圈地幔随时间演变的三种可能情形（Wang et al.，2023）

（a）模型1：热地幔柱使底部镁铁质层熔融，导致地表隆起和岩石圈减薄。背景颜色代表成分：0-周围地幔；1-洋壳；2-克拉通地壳；3-大陆岩石圈地幔（SCLM）上部（<100km）；4-岩石圈中部不连续面（MLD）；5-大陆岩石圈地幔（SCLM）下部，密度差高达0.3%；6-底部镁铁质层，密度差高达3%；7-熔体。叠绘的橙色线是不断演变的200℃增量地热线。每个面板顶部的剖面显示了地表地形。（b）模型2：大陆岩石圈地幔下部完全拆沉，其组成与A中的相同，但没有岩石圈中部不连续面。（c）模型3：两段大陆岩石圈地幔的部分拆沉

因为克拉通岩石圈内部的高密度组分，如石榴子石或榴辉岩等高密度岩石圈地幔拆沉可诱发地表隆升和剥蚀，故减薄的岩石圈地幔应该对应减薄的克拉通地壳。

岩石圈地幔拆沉导致其变形，并沿岩石圈中部不连续面与岩石圈上部解耦，这会进一步加剧不同深度克拉通岩石圈垂向的各向异性，使得岩石圈下部发生垂向变形，因而深部岩石圈出现快波垂向极化，而浅部却表现为水平极化，这些现象可用来揭示拆沉的可能期次。例如，自罗迪尼亚超大陆至今的地质观测表明，大部分克拉通都经历过类似的反复抬升和沉降，这个垂向运动历史在空间上紧随罗迪尼亚和潘吉亚超大陆的聚散，而这两个超大陆的转换期正是很多克拉通位于地幔柱上方的时期，因此，地幔柱应该加速了岩石圈拆沉的过程（图 2-40）。该结果直接支持克拉通岩石圈曾发生多次拆沉和刮垫（relamination）复原。地球动力学模拟定量地证

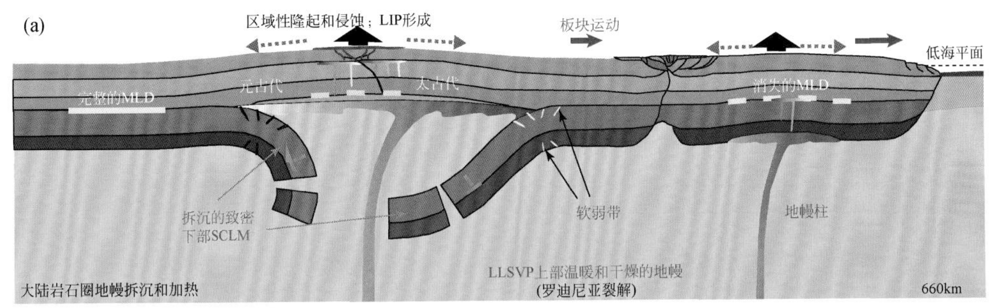

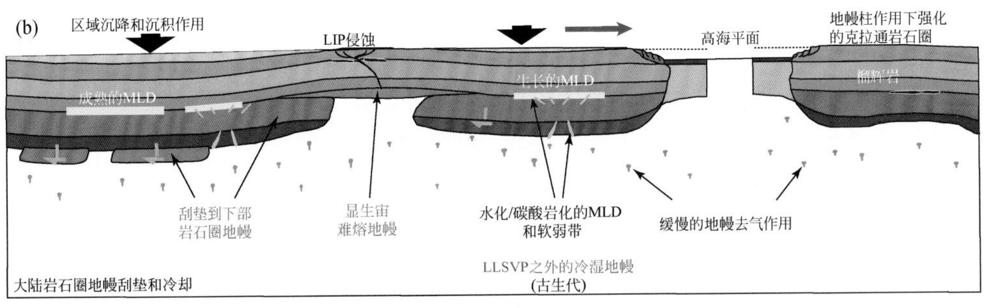

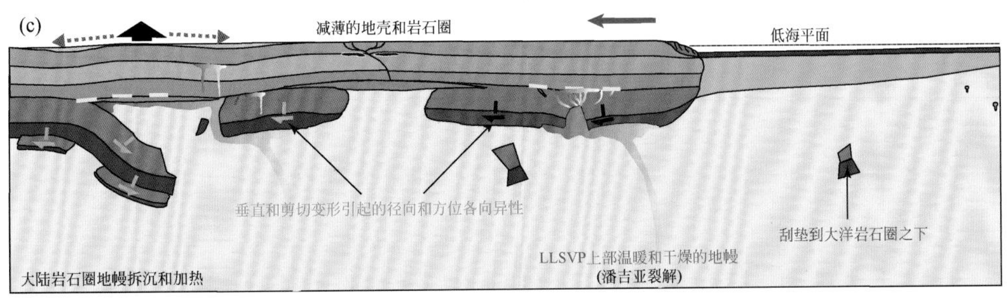

图 2-40 克拉通岩石圈自罗迪尼亚超大陆形成以来的反复变形历史（Wang et al.，2023）

（a）罗迪尼亚超大陆晚期，地幔柱使得克拉通岩石圈地幔内的“岩石圈中部不连续面”失稳，致密的克拉通岩石圈地幔下部拆沉，伴随岩浆喷发、地表抬升以及地壳减薄；（b）超大陆裂解后，扰动的岩石圈逐渐恢复稳定，伴随地温梯度减小、地形下降和岩石圈地震波各向异性变化，原本拆沉的大陆岩石圈地幔或其他来源的岩石圈地幔被向上或侧向地幔流携带底垫在新的岩石圈地幔下，这个过程称为刮垫；（c）潘吉亚超大陆晚期再次出现岩石圈拆沉和相应的地质活动。MLD-岩石圈中部不连续面；LLSVP-大型横波低速异常省

实该过程为：拆沉导致地表快速抬升，而拆沉的岩石圈地幔在下沉过程中逐渐升温而变轻，最后又折返回到岩石圈底部，造成地表进一步抬升；回返的岩石圈物质逐渐冷却变重，伴随克拉通的稳定性增加，其地表再次沉降。这个过程可以伴随超大陆周期性演化（Wang et al., 2023）。因此，如果集结众多地球化学研究揭示的地史时期不同阶段拆沉过程，拆沉的周期性可能与超大陆周期性同步或略微滞后。由此进一步推断，拆沉型微幔块按照其岩石年龄（即组成的年龄）或非工作年龄（即拆沉过程发生的年限）进行划分，会得到更多次级类型的拆沉型微幔块。

2.3 现今微板块与大板块关系

2.3.1 微板块生长为大板块的途径

微陆块、微洋块和微幔块属不同物质组成类型的微板块（microplate），自然具有不同的长大方式。

第一种途径是微陆块聚集为大板块（megaplate）及克拉通，乃至超大陆及超级克拉通。晚古生代以来，微板块变成大板块的实例有很多，最为显著的就是潘吉亚超大陆是古特斯洋闭合后完全由陆块组成的一个单一大板块，潘吉亚超大陆北部的劳亚古陆是由一系列微板块与北部的劳俄古陆（Laurussia）南部边缘拼贴形成的，潘吉亚超大陆南部的冈瓦纳古陆在其南部、北部陆缘也发生了微陆块的增生、拼贴与碰撞，最终潘吉亚超大陆才由劳亚古陆与冈瓦纳古陆集结而成。进一步追溯至地史早期可以发现，很多古老的克拉通也是由很多微陆块拼合、增生、碰撞而形成，例如，北美超级克拉通（图 2-41）就是由怀俄明、大奴（或斯拉夫）、赫恩、莱恩、苏必利尔等克拉通于 18 亿年左右拼合组成，而苏必利尔克拉通又是通过 8~9 个次级克拉通陆核在 27 亿年前拼合而成（图 2-6）。

第二种途径是微洋块聚集为大板块，像太平洋板块这样绝大部分由洋壳组成的大洋型大板块，其内部也存在死亡的镶嵌式微洋块，这些不同的微洋块实际是洋中脊跃迁（ridge jump）而不断死亡，镶嵌式微洋块变成了大板块的一部分，并逐渐趋向形成具有统一行为的复合式大板块（李三忠等，2019a；Li S Z et al., 2017, 2019a）。虽然太平洋板块起源于大洋内部的法拉隆、菲尼克斯、依泽奈崎三大板块之间 RRR 型稳定三节点转化而来的 FFF 型不稳定三节点（Boschman and van Hinsbergen, 2016），但后期太平洋板块边缘也有大量微陆块构成，例如，下加利福尼亚微板块可能是岛弧基底构成的微陆块，类似地在巴布亚新几内亚一带、新西兰南部坎贝尔高原等地，也存在一些微陆块。此外，地幔柱-洋中脊相互作用也可以

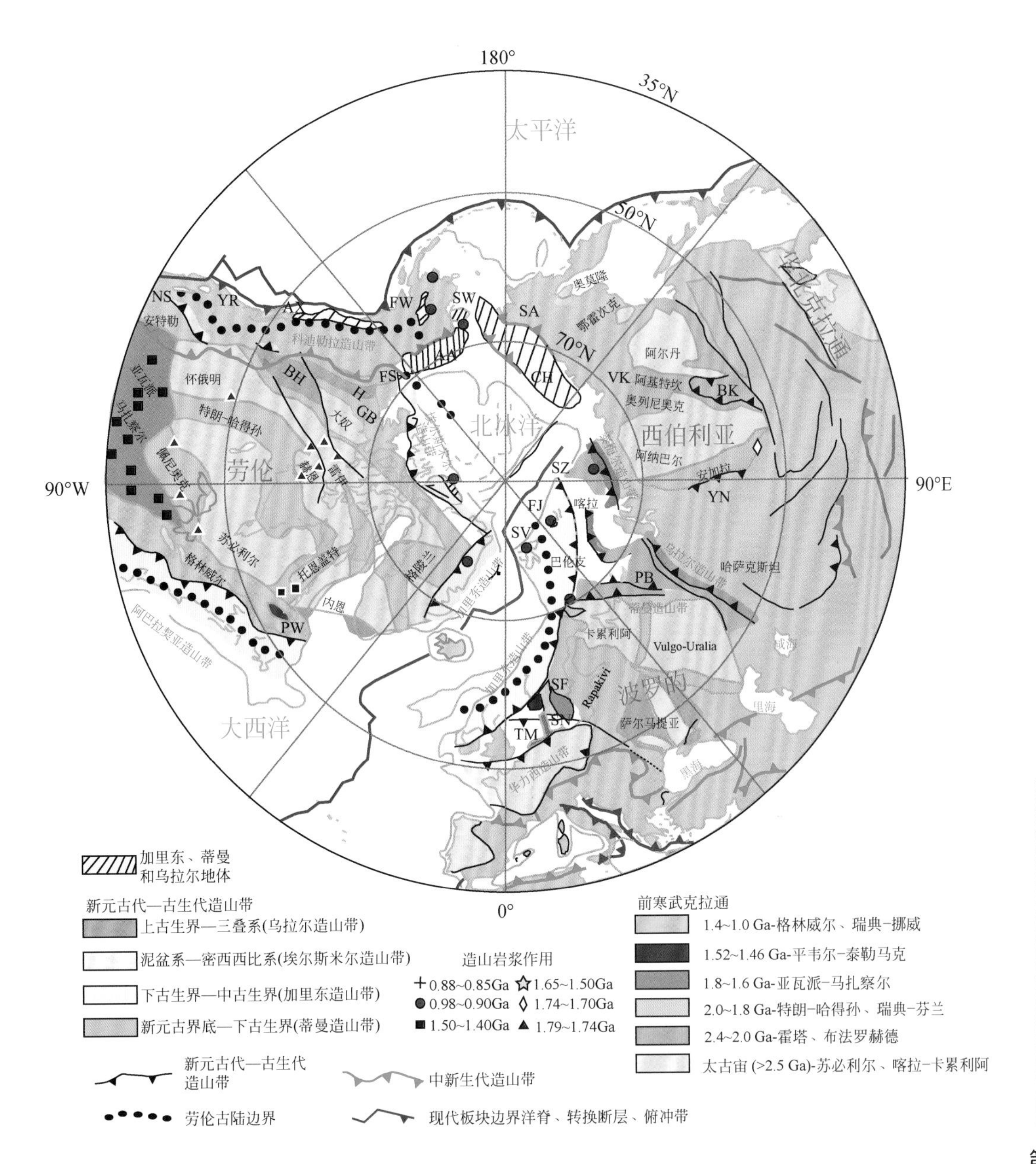

图 2-41　环北极克拉通与造山带分布（Calpron and Nelson，2011）

图为极坐标投影，灰色区为古生代和更年轻盖层岩石和中新生代造山带。缩写为：前寒武纪克拉通-BH，Buffalo Head；FS，Fort Simpson；GB，Great Bear；H，Hottah；PW，Pinware；SF，Svecofennian；SN，Sveconorwegian；TM，Telemark。其他缩写为：AA，Arctic-Alaska 地体（即本书微陆块）；AX，Alexander 地体；BK，Baikal-Vitim 造山带；CH，Chukotka；FJ，Franz Josef Land；FW，Farewell 地体；NS，Northern Sierra 地体；PB，Pechora 盆地；SA，South Anyui 带；SV，Svalbard；SW，Seward 半岛；SZ，Severneya Zemlya；VK，Verkhoyansk 造山带；YN，Yenisey 海脊；YR，Yreka 地体

导致大板块边缘出现微洋块，如 Shatsky 海隆附近的洋中脊三节点发生了 9 次显著跃迁，每次跃迁都形成多个微洋块（图 2-29）（Sager et al.，2019）。再如，希库朗伊

和马尼希基微洋块可能分别属于菲尼克斯板块和 Bicoe 板块的一部分，如今都属于太平洋板块的组成。可见，太平洋板块不仅几何学上表现为镶嵌式，而且岩石组成上也是镶嵌而成的，即如今的部分太平洋板块是原始太平洋板块与其他相邻大板块在“土地”竞争过程中“掠夺”而来的微洋块。

第三种途径是微板块从一个大板块转“嫁”入其现今所在的板块，使得原来所在的大板块变小，而其现今所在的板块相对变大，如卡尔斯伯格洋中脊两侧因地幔深部大型横波低速异常区[①]边缘地幔柱生成带与迁移演化中的洋中脊发生深浅部耦合作用而产生一些微洋块和微陆块的归属变化。非洲板块与印度板块大小消长的情况也类似（图 2-30）（Burke et al.，2008；Torsvik et al.，2010），最终导致原本属于印度板块的一些微板块并入到非洲板块，而原本属于非洲板块的一些微板块进入了印度板块。可见，尽管传统威尔逊旋回中的陆陆碰撞阶段之后的构造演化过程得到重视，补充了一些陆内环节（Wilson et al.，2019），但传统威尔逊旋回中的大洋盆地扩张阶段的构造演化过程也存在很多复杂环节，这些洋内过程应予补充完善。无论是传统威尔逊旋回中的陆内环节，还是洋内环节，都与传统的陆壳无深俯冲模式或对称洋中脊增生模式不同，而是要么受陆壳深俯冲或拆沉，要么受地幔柱-洋中脊相互作用等复杂深浅部耦合机制控制。

第四种途径是微幔块在地幔过渡带或核幔边界附近堆垛为地幔内部的“塑性”大块体（可称为大幔块，图 2-35，图 2-42），地幔内部也本不应当存在完全刚性的“大板块”，因此对此最为合适的称谓应为“大幔块”（及 LLSVP）。这里注意，微幔块作为一类特殊的微板块，已经不属于岩石圈层次的地质组成或构造单元，而是属于软流圈及之下地幔层次的独特地质体或构造单元。这些微幔块可以以碎片化的形式，在地幔内部再次聚集为“大幔块”（mantle megaplate）。例如，华北克拉通下部的地幔过渡带实际可能是一系列晚中生代—新生代的微幔块聚集而成，因为其厚度超过了正常大洋岩石圈的近 3 倍。

以上所述都是现代板块构造体制下的微板块向大板块转变的各种机制，实际上，早期地球或早前寒武纪前板块构造体制下微板块向大板块转变的机制可能更多，且随着地球整体热演化趋势而变化，还有待更多研究去挖掘。从地球早期的微板块初始出现，到衍生出各种各样成因的微板块，正如《道德经》中所言“道生一、一生二、二生三、三生万物”。对于微板块而言，这个“道”可能就是重力，这里的“一”最可能就是微幔块，之后微幔块衍生出两个：微陆块和微洋块，微陆

---

① LLSVP，该术语由 Kevin Burke 于 2008 年提出，原文为 Large-scale Low Shear-wave Velocity Province；他还提出了 TANYA 等术语，TANYA 指“The Anomalous Near Yellowstone Area”，以纪念 Tanya Atwater 的贡献，也可以称为“大幔块”，即大型地幔块体。

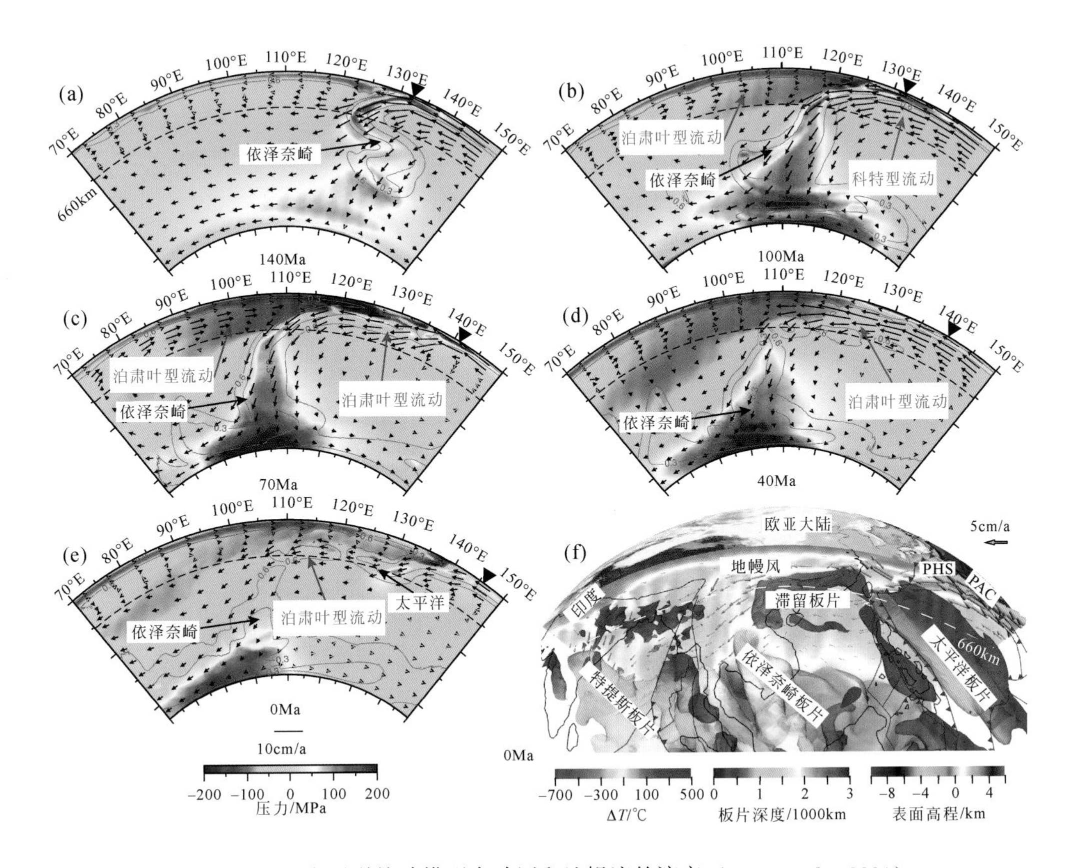

图 2-42　西太平洋俯冲模型中动压和地幔流的演变（Peng et al.，2021）

(a)～(e) 140Ma、100Ma、70Ma、40Ma 和现今沿 43°N 的动压和速度。品红色等值线显示 0.3（-400℃）和 0.6（-100℃）时的无量纲地热。黑色三角形为海沟位置。箭头显示了不同的流动模式，并显示了东亚陆缘下部地幔流动模式从白垩纪晚期 Couette 型向新生代 Poiseuille 型的转变。(f) 现今板片的三维视图、速度和观测到的地形。按深度着色的板片表示为无量纲温度低于 0.45（-250℃）的等体积体（微幔块）。垂向剖面显示了温度

块和微洋块长大为大板块，大板块又通过拆沉、俯冲等不同过程，衍生出“三”(代表众多) 的更多类型。众多的微板块之间相互作用类型也丰富多彩，可谓一片混沌，最终衍生出各种各样的地质现象。

2.3.2　大板块向微板块的转换模式

(1) 大板块碎裂转变为微板块

微洋块常增生于大洋岩石圈离散型板块边缘，如太平洋板块东侧的东太平洋海隆，一些微洋块的核部洋块最初可能因洋中脊拓展、叠接而裂离了太平洋板块，变成了独立的微洋块，并最终可能贴向法拉隆板块或科科斯、纳斯卡小板块的西缘。此外，一些微洋块也形成于汇聚型板块边缘，如法拉隆板块或科科斯、纳斯卡小板

块随着向北美洲板块下不断俯冲消亡，又可缩小而转换为一些微洋块；而洋-洋俯冲型马里亚纳沟-弧-盆体系中基本都为微洋块，如马里亚纳微洋块（洋内岛弧组成，图2-43）。

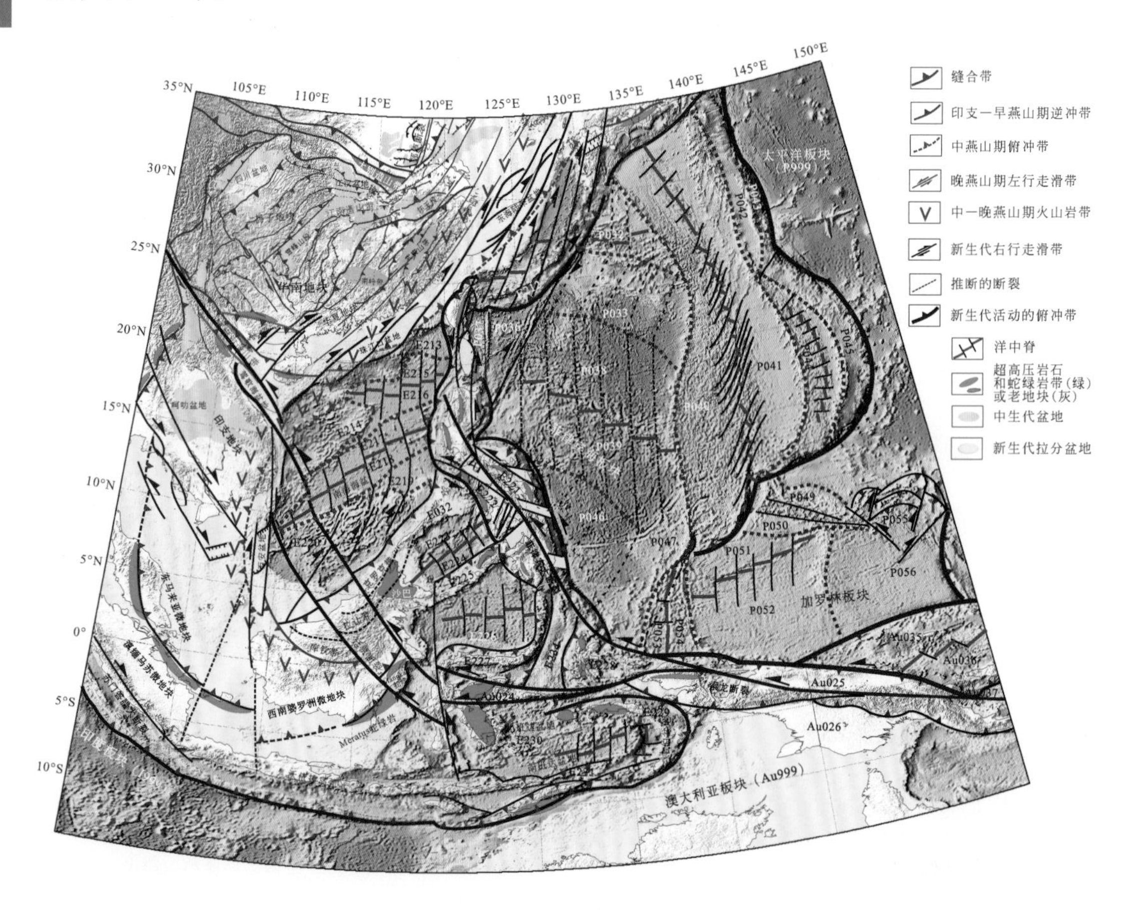

图2-43　传统菲律宾海板块在新的微板块构造理论框架下的微板块划分方案

图中涉及的微板块编号（与图2-5是一致的）及名称：E212-琉球微陆块，E213-东沙微幔块（洋陆转换带），E214-西沙或中沙微陆块，E220-南沙微陆块，P033-东北菲律宾海微洋块，P038-北菲律宾海微洋块，P039-南菲律宾海微洋块，P046-西南菲律宾海微洋块，P040-西四国-帕里西维拉微洋块，P041-东四国-帕里西维拉微洋块，P044-西马里亚纳微洋块，P045-马里亚纳微洋块，P053-西雅浦微洋块，P054-东雅甫微洋块

对于微陆块，它们不仅因伸展拆离作用出现在被动陆缘，也常见于大陆岩石圈俯冲型板块边缘，大陆型大板块常常因为俯冲作用而发生碎片化，形成一系列的微陆块（包含Proto-microcontinent，原微陆块；continental fragment，大陆碎片等），例如珊瑚海、南海、中地中海、斯科舍海、加利福尼亚湾等地（图2-44）（van den Broek and Gaina，2020）。这些微陆块都经历了复杂的构造演化，并对先存构造有所继承，常位于弧后，与母大陆板块发生了分离，并发生过斜向运动或旋转作用，其动力学成因难以一以概之，但常与复杂而快速的俯冲动力变化有关。因为微陆块常出现在年轻的弧后位置，因而也是短寿命的，但后期必将重新增生、集结到或集结

为新的大陆型大板块。例如，在西太平洋的日本洋-陆俯冲型沟-弧-盆体系中，弧后扩张产生了大量新的微陆块，如琉球、南沙、中沙、西沙等微陆块，主体为陆壳组成，也带有部分洋壳组成，裂离自欧亚板块东缘（图 2-43），少数可为纯粹的微洋块或微幔块（如洋陆转换带部位）。

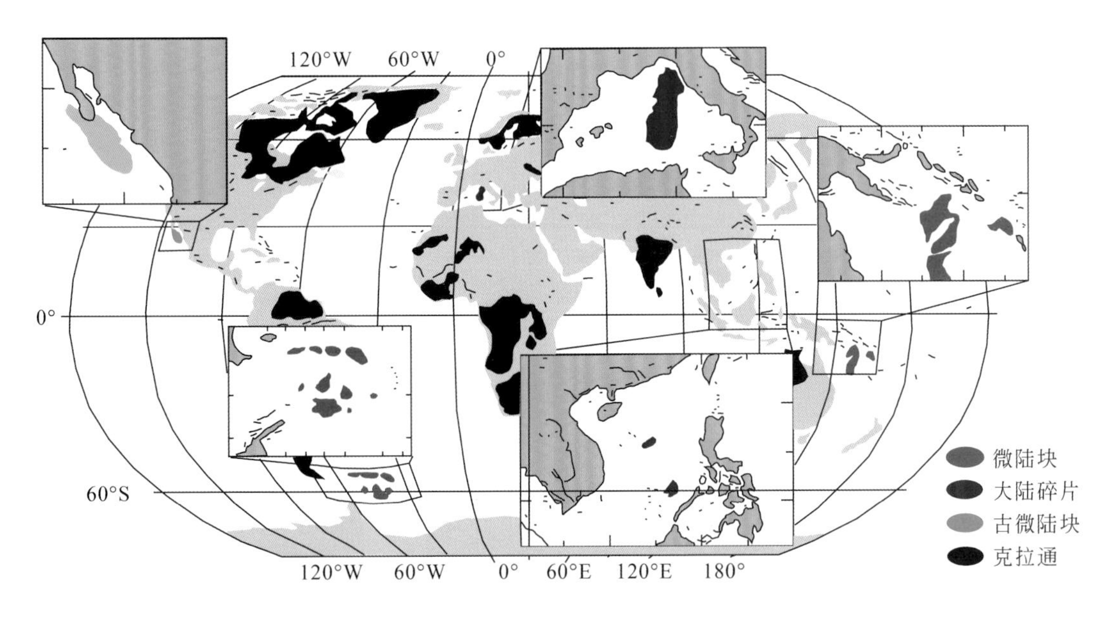

图 2-44　全球现今海洋中与俯冲相关的微陆块分布（van den Broek and Gaina，2020）

（2）大板块破坏转变为微幔块

上述过程展示了平面上大板块转变为微洋块和微陆块的过程，实际上，这个过程也经常在剖面上或垂向上观察到，特别是，大洋型大板块作为弹性薄板，在其进入俯冲带之前，于外缘隆起带会发生弹性挠曲，发育一系列脆性正断层，从而使海水下渗到大洋岩石圈地幔，这不仅使得俯冲盘大洋岩石圈地幔水化、蛇纹石化，而且会使得俯冲盘大洋板块出现双震带，特别是使得俯冲盘大洋岩石圈的弹性厚度减小，进而下部弱化而缩颈化、香肠化、分段化（图 2-45），最终使得大板块碎裂为一系列的微幔块。

大板块转变为微幔块的最显著区域就是太平洋板块西缘，沿着伊豆-小笠原-马里亚纳海沟俯冲的太平洋板片正陆续脱离太平洋板块（图 2-46），发生撕裂、指裂（图 2-47）、拆沉，转变为微幔块，并坠入软流圈，直至滞留在 410～660km 深处的地幔过渡带（Avdeiko et al.，2007）。可见，“俯冲板片”是还连着正俯冲的板块母体的部分。但微幔块不同于板片，是由俯冲板片脱离其母体板块后落入地幔内部的独立部分。实际上，在新特提斯洋消亡过程中，类似的微幔块现今已经滞留在这些特提斯造山带下部的地幔过渡带内，有的已经坠入地幔 1000km 处或更深处（Jovilet

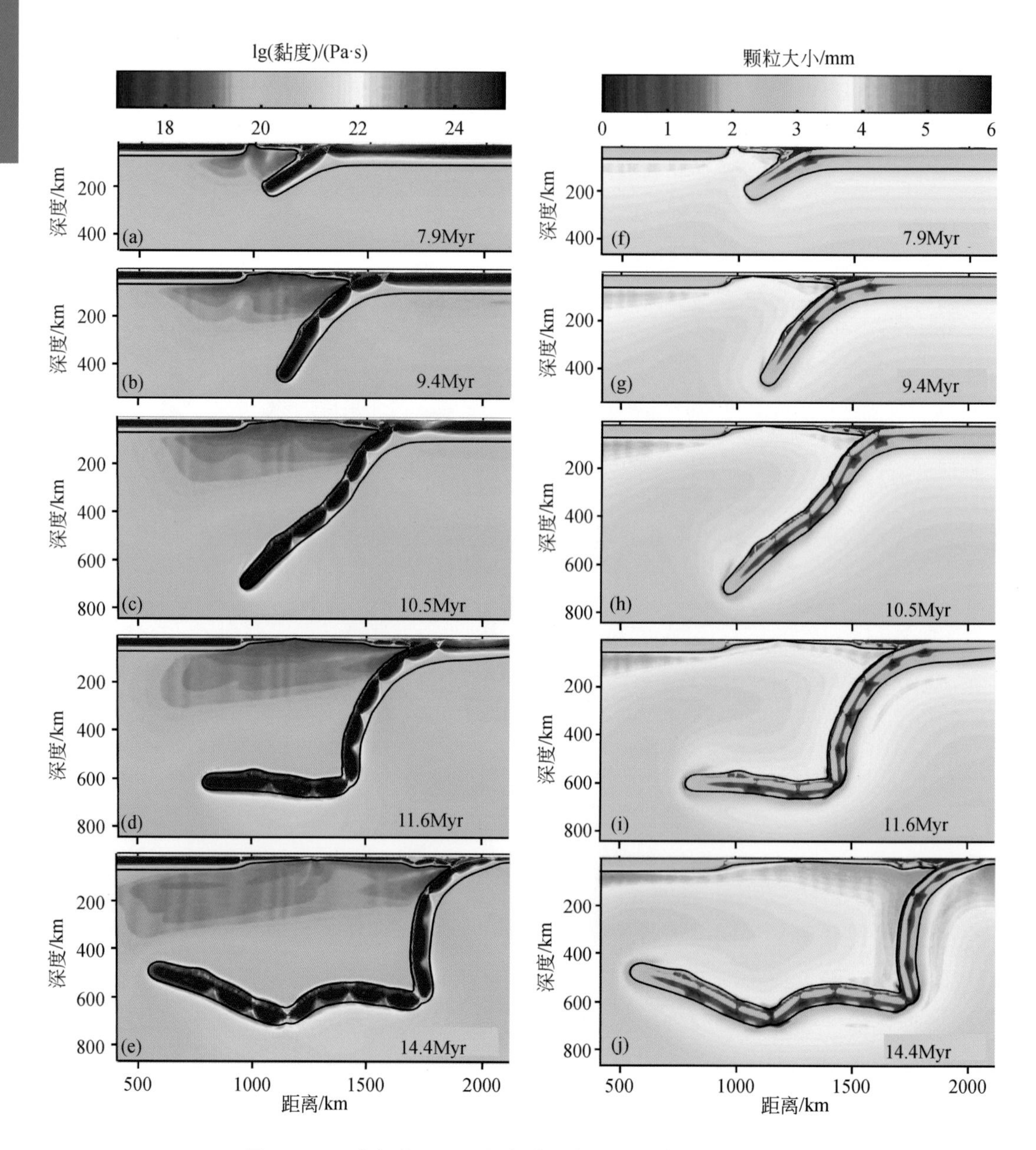

图 2-45 一个年龄 40Myr 的大洋型大板块俯冲和板片香肠化分段的动力学过程模拟（Gerya et al., 2021）

模型由处于现今地幔温度条件下的 8km 厚洋壳组成。(a)～(e)，有效黏度演化；(f)～(j)，地幔组成的颗粒大小演化。实线指示 1225℃ 地温线位置

et al., 2016；van Hinsbergen, 2022）。类似微幔块现象在斐济岛弧下面也很显著，在这里，微幔块还表现为很显著的上下叠置关系。这是第一类微幔块，即大洋型大板块俯冲转变成的洋幔型微幔块。

第二类微幔块为大陆型或克拉通型大板块的岩石圈地幔部分发生拆沉，转变成陆幔型微幔块。最为典型的例子就是中生代作为欧亚板块组成部分的华北克拉通，

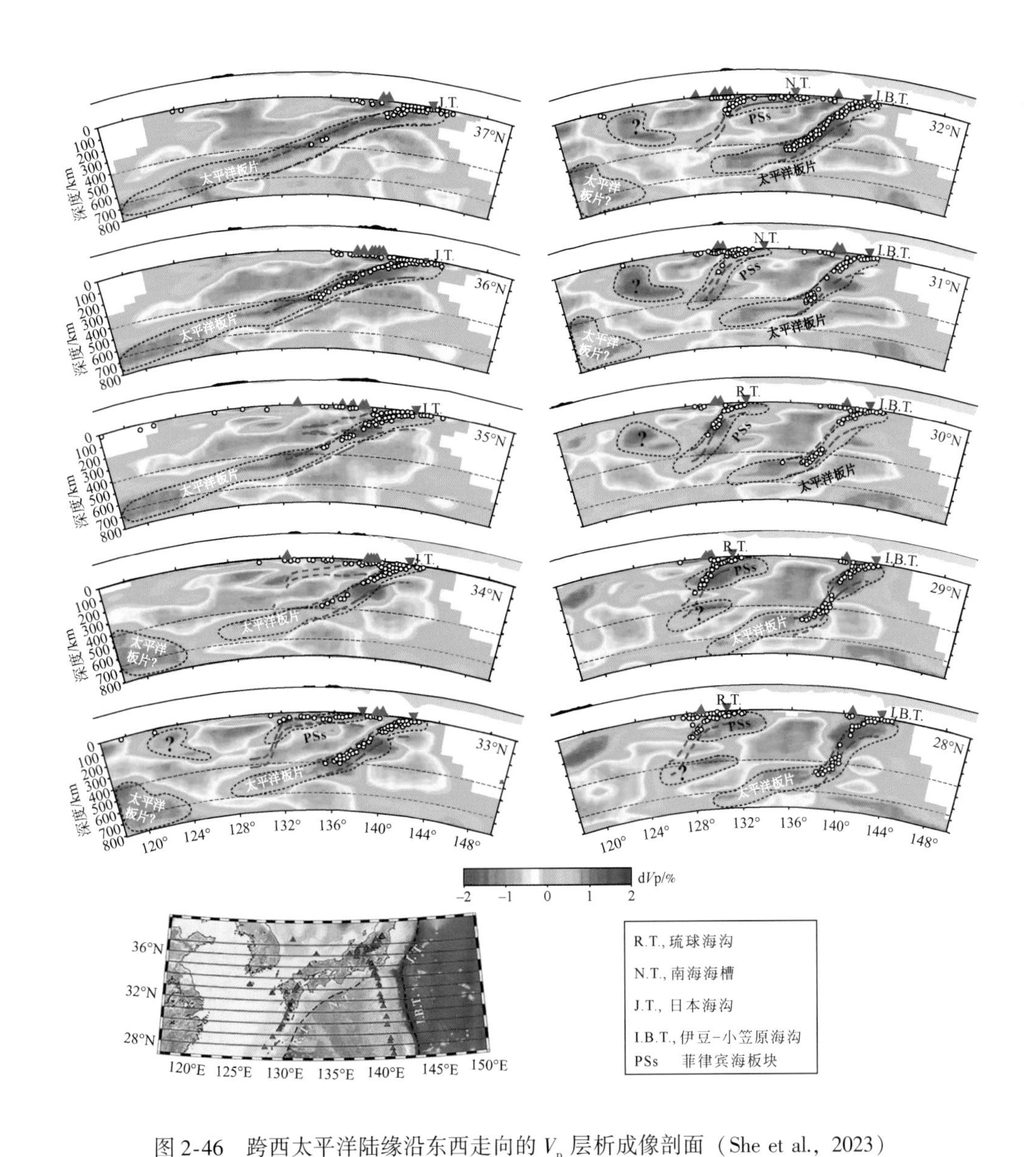

图 2-46 跨西太平洋陆缘沿东西走向的 V_p 层析成像剖面（She et al.，2023）

白色圈为剖面 50km 范围内的地震，两条虚线分别为 410km 和 660km 深度的地幔不连续面，黑色点线为板片几何轮廓，背景红色和蓝色分别为 V_p 低速异常和高速异常，红色三角为活火山，各剖面位置见下面图板红线

其大陆岩石圈地幔在古太平洋板块俯冲脱水影响下，诱发了稳定的大陆岩石圈地幔下部发生去根、撕裂、侵蚀或拆沉而明显减薄，并形成了一系列拆沉成因的陆幔型微幔块（图 2-36，图 2-37）（Li S Z et al.，2019b）。再如，大陆型印度板块俯冲发生指状撕裂，常导致一系列同位素地球化学异常、地震分段性和成矿分段性、专属性（图 2-48）（侯增谦等，2006；Hou et al.，2023）。

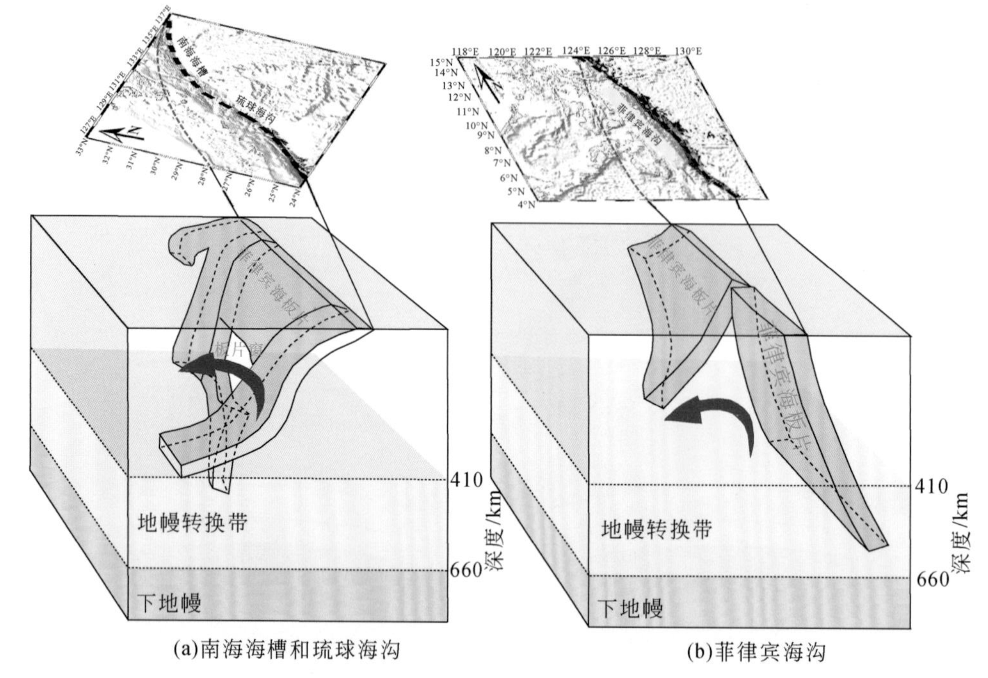

(a)南海海槽和琉球海沟　　(b)菲律宾海沟

图 2-47　俯冲的菲律宾海板片常见形态立体图解（She et al.，2023）

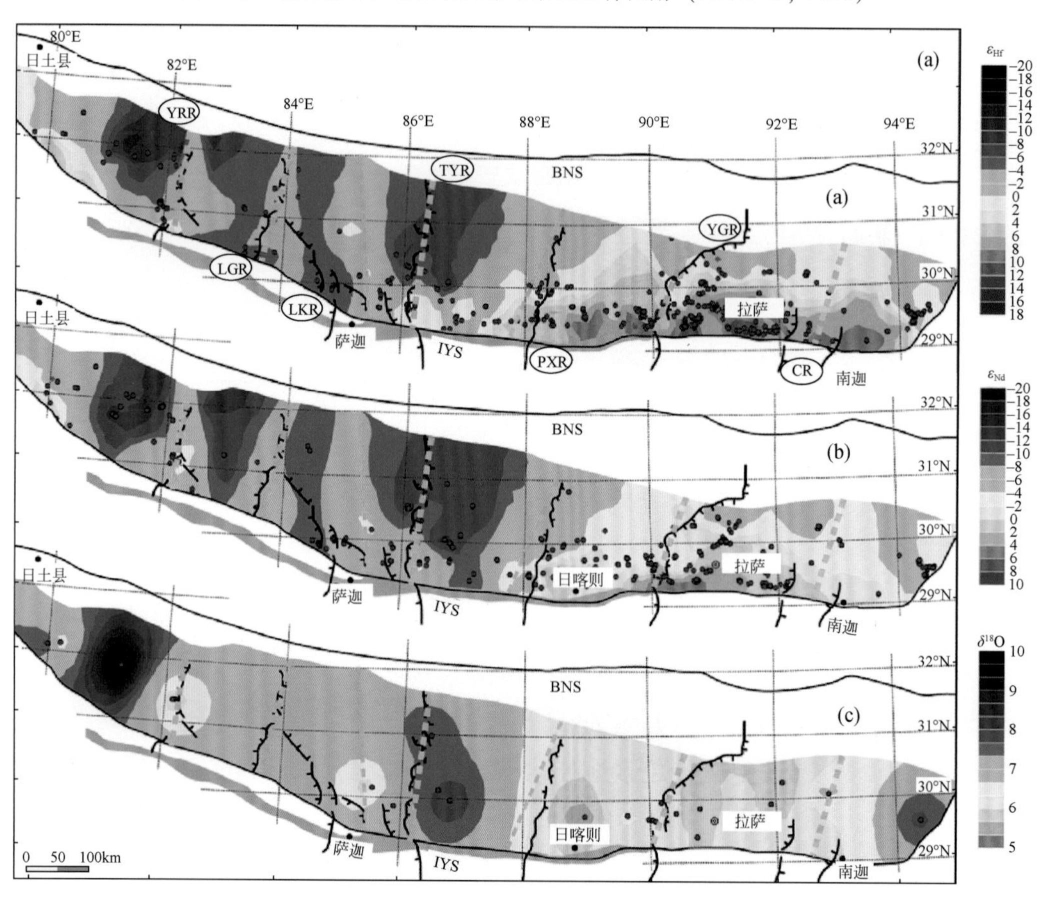

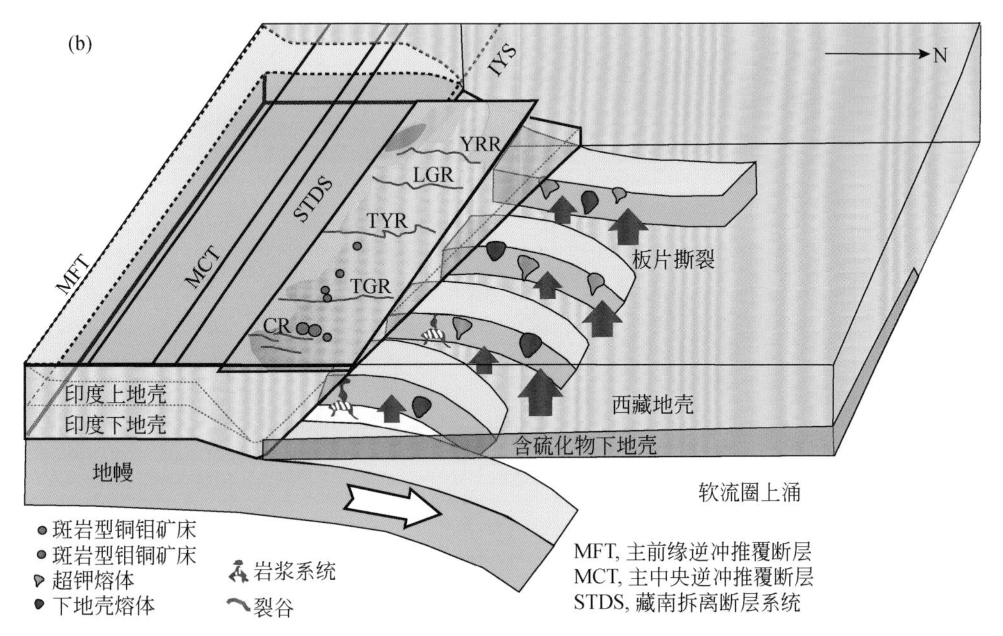

图 2-48 印度板块的俯冲板片指状撕裂（指裂）导致的相关地球化学异常与成矿专属性（Hou et al., 2023）

YRR-雅里裂谷；LGR-隆格尔裂谷；TYR-当雄错裂谷；YGR-亚东古鲁裂谷；CR-科米裂谷；LKR-罗波岗日（LopuKangri）裂谷；PXR-朋曲-申扎裂谷；IYS-印度-雅鲁藏布缝合带；BNS-班公湖-怒江缝合带

（3）大板块碰撞诱发微陆块

大板块碰撞是一个激烈的地质事件，最为典型的例子莫过于特提斯构造域的印度板块与欧亚板块碰撞、阿拉伯板块与欧亚板块碰撞（Li et al., 2018b；吴福元等, 2020；朱日祥等, 2022）。印度板块与欧亚板块碰撞导致欧亚板块内部出现一些块体沿着活化的古老断裂带或新生断裂带发生走滑、挤出、逃逸和旋转运动（Molnar and Tapponnier, 1975；Tapponnier, 1982；Wang et al., 2014）。例如，东侧的印支地块向东逃逸、滇缅马苏（Sibumasu）微陆块，西侧的赫尔曼德（Helmand）微陆块（也称阿富汗西微陆块）、伊朗的卢特（Lut）微陆块向西挤出。阿拉伯板块与欧亚板块碰撞在东侧形成了中北部伊朗微陆块和中东部伊朗微陆块［后者含亚兹德（Yazd）和塔巴斯（Tabas）等次级微陆块］向东的逃逸，在西侧形成了安纳托利亚微陆块向西的挤出。这些过程现在还在持续发生，从 GPS 速度场就能识别（图 2-49）。类似的过程也可以导致形成一些碰撞谷，如欧洲的莱茵等一些中生代裂谷，是冈瓦纳古陆裂离的非洲板块与劳亚古陆中的欧亚板块西段碰撞产生的裂解，这些裂谷中心在传统的板块构造理论中属于欧亚板块的板内环境，但在微板块构造理论框架中，则属于微陆块的离散型边界。

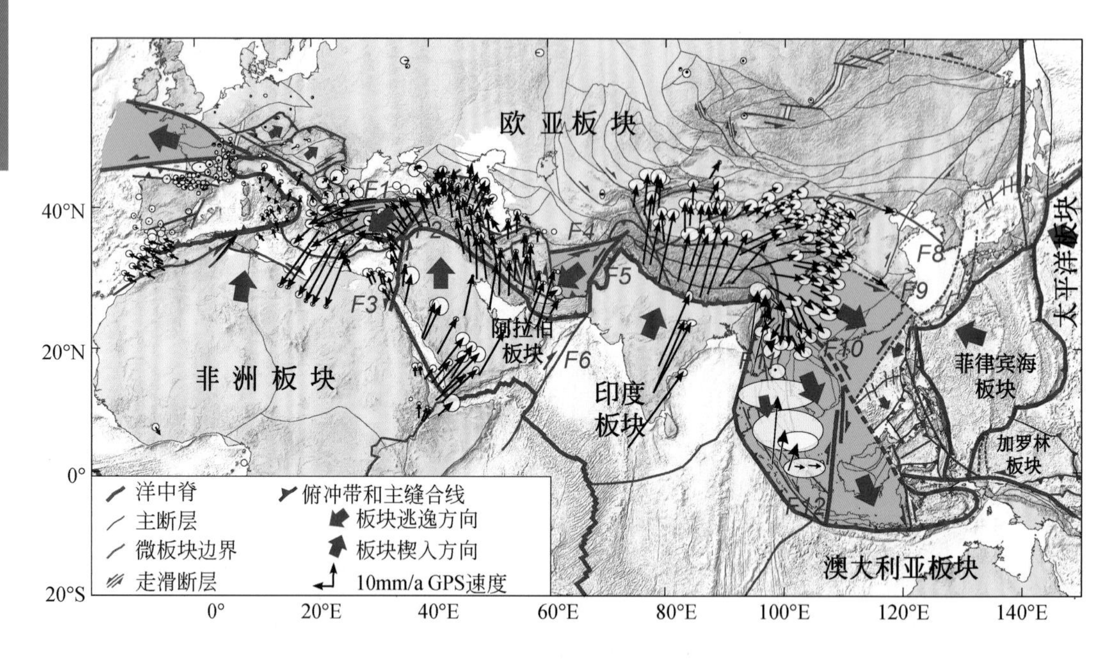

图 2-49　欧亚板块南缘由两个大陆型大板块之间碰撞诱发的微陆块及其挤出构造（Li S Z et al., 2023）
箭头为 GPS 速度方向，其长短表示挤出速率大小（GPS 数据主要据 Vernant，2015 修改，有补充）

（4）大板块裂解转变为微板块

大板块通过裂解作用转变为微板块的例子也比较常见。例如，超大陆作为一个完整的全球性超级大陆板块，在地幔柱作用或长期热屏蔽效应下，可以分裂为大量陆壳型中、小板块或微陆块；陆壳为主的大板块也可能因为地幔柱作用诱发三叉裂谷，三叉裂谷中的两支裂谷往往可发育形成小洋盆，从而将该大板块分裂为微、小陆块，如阿法尔（Afar）地幔柱导致非洲板块分裂出北侧的阿拉伯板块、东侧的索马里板块、西侧的努比亚板块和这三者之间的达纳基勒（Danakil）等微陆块，且东非裂谷东支和西支的裂谷中轴断裂也是微板块边界，进而将坦桑尼亚克拉通（即维多利亚湖的基底）也围限为一个微陆块，即维多利亚微陆块。这些微板块现今仍然是活动的，因此按照微板块构造理论，非洲板块就不是传统板块构造理论定义的一个完整刚性板块，而是由一系列活动型微板块组成，其内部的裂谷则处于传统板块构造理论认为的“板内”环境。此外，洋壳型大板块同样可能因为地幔柱的破坏而分裂为多个微洋块，如菲尼克斯板块 125Ma 左右因翁通爪哇（Ontong-Java）地幔柱上涌而裂解为四个微洋块，后期部分微洋块并入了太平洋板块。特别是，在早期地球的地幔极端热状态下，地幔柱相对较发育，这可能是前板块构造体制下微陆块、微洋块广泛发育的重要原因。

2.3.3 大板块与微板块的演替

地体（terrane）是经过长距离迁移并脱离起源地或母板块的板条（sliver）或板块碎片（fragment），是这些微板块经演化而形成的最终产物。目前围限它的边界多数不是初始分割板条或板块碎片的岩石圈断裂，而是遭受岩石圈地幔脱耦、去根作用后残存于地壳层次的现今断裂。不可否认的是，地体长距离迁移期间必然是岩石圈尺度上的迁移，这些地壳层次围限它的现今断裂多数是继承自岩石圈尺度的早期断裂，因此某种程度上地体不仅是微板块演化的最终结果，也可以是微板块的特殊类型之一。由此可见，微板块涵盖了地体内涵。然而，“地体构造学说”却只关注其组成和终结过程、方式、时代，而很少深入揭秘其起源、演化等信息，且“地体构造学说”也将这些微板块演化阶段简化地看成了其相邻大板块的边缘演化部分或组成部分，而实际上，这些微板块和相邻大板块可能还真没有任何共同运动、演化历史，故不能当作该大板块的边缘组成部分。

板块首先是岩石圈尺度断裂围限的，区别于地体，微板块的边界也可以与大板块的边界类型相同和深切程度相当，因而，某种尺度上，微板块也涵盖了大板块内涵，但也不可否认，有一些围限微板块的边界断裂切割并不深。因而，其按照岩石圈尺度大小和其边界断裂切割深度不同，板块可分为大板块、中板块、小板块和微板块。大板块可由微板块发展壮大而来，甚至在微板块（microplate）萌芽阶段，它可称为幼板块（platelet）或极微板块（miniplate）。从构造演化角度出发，微板块还可以用于非板块构造体制下的早期地球，因而微板块的概念外延已经超越了传统板块构造理论中的板块概念，非板块构造体制下的微板块也可以称为微地块，地球演化后期的大板块也可以理解为由早期地球的微地块随着地球总体热衰减而拼合演化的产物。

微板块是与大板块、地体两者之间演替的一个初始起点或中间环节，因此，其边界类型可以包括地体边界、大板块边界的全部类型，还可以将破碎带、假断层、非转换间断或断错（non-transform offset）、叠接扩张中心（overlapping spreading center）等作为微板块边界。微板块可逐渐增生形成小板块，小板块继而可发育成大板块，大板块则驮载一些未来“地体”（或初始微板块）的组成进而俯冲增生到大陆边缘。简言之，微板块既可以出现在由大板块向地体演变的起点，又可以是介于大板块演化到地体之间的中间环节，甚至还可以代表某个大板块最终演化阶段的产物。

相反，大板块也可以发生微小化、碎片化，一个大板块可以分裂出许多微板块。比如，冈瓦纳古陆是一个距今5.6亿~1.3亿年长期稳定的陆块，可以称为一个大板块。冈瓦纳古陆大板块可以先分裂为几个中板块，但更多见的是瑞克洋-古特提斯洋、新特提斯洋打开时，分别分裂出南欧、青藏高原、东南亚很多的小、微板块（图 2-50）。这些小、微板块都来自冈瓦纳古陆大板块的北缘，历经分裂、长距离漂移，最终集结到了欧亚板块南缘，有的已经和欧亚板块拥有了长期而稳定的共同演化历史，有的还处于相依停靠（docking）或堵塞（blocking）的接触状态，尚未从构造上整体融入欧亚板块演化的统一运动行为或进程中。如果按照传统板块构造理论，接触就是融合到一体，两者应属于同一板块，那就简化了地质过程的复杂性。因此，人们认为传统威尔逊旋回不能简单把“碰撞”作为该旋回的终结。实际这个“碰撞”过程极其复杂，这也就是“软碰撞”之所以被很多人接受的原因，也是新威尔逊旋回得以补充了两个过程的出发点（Wilson et al.，2019）。当然，这里也存在对老威尔逊旋回的误解和原意的歪曲，老威尔逊旋回原意不是指两个板块间相互作用的旋回，而是指两个板块间同一盆地（裂谷—小洋盆—大洋盆—残留洋）的演化旋回。虽然一个洋盆两侧陆-陆碰撞而关闭的过程大量存在，但有两种情形不符合老威尔逊旋回原意：其一，这个洋盆关闭不是当初该洋盆打开时两侧的那两个板块相互作用所致，目前只有 Wilson（1966）提出的大西洋与亚匹特斯洋之间的威尔逊旋回是真正的威尔逊旋回；其二，很少出现沿某条陆-陆碰撞带再次打开形成裂谷，并进入下一轮威尔逊旋回演化的现象，更何况裂解作用还存在成功的裂解和夭折的裂解两种演化趋势，原地“开合”可以出现真威尔逊旋回，但极其少见，原地“开合”也不等于夭折的裂解，夭折的裂解不会演化出洋盆，因而不是威尔逊旋回的一个环节过程，而成功的裂解又往往因各种因素导致外来微陆块或板块介入原本裂解的两侧板块之间，这是非威尔逊旋回大量存在的根源。尽管可以理解“新威尔逊旋回”为裂谷—小洋盆—大洋盆—残留洋—前陆盆地—克拉通盆地—陆内裂谷这样一个不同性质的盆地演替旋回，但遗憾的是，这并不是新威尔逊旋回对老威尔逊旋回作出补充的初衷。而且，如果一个洋盆要经历老威尔逊旋回的演化完整，其最大难题在于这个洋盆的被动陆缘要发生自发的俯冲启动，而被动陆缘自发的俯冲启动目前还是一个没有彻底解决的问题，即使大西洋与亚匹特斯洋之间的威尔逊旋回也是诱发的。

大量研究成果中的构造模式图或演化图，展示的是含混了不同洋盆、不同板块之间经复杂相互作用的假“威尔逊旋回”，体现的是基于理想化建立的一种“标准化威尔逊旋回”在构造上的错误拼凑。例如，按照基于中国中部商丹带的大量研究成果，华北板块与大华南板块自新元古代以来空间上就一直是南北关系。但实际上，这种空间格局关系是 270Ma 之后才逐渐形成（图 2-50），古地磁和板块重建表明，在此之前，华北板块与大华南板块在空间展布上可能是东西格局（图 2-51），因为南秦岭微陆块上的古生界没有经历加里东期变形和变质，而北秦岭和华北南缘经历了这期变形变质，特别是，之间的刘岭群是一套泥盆纪沉积的砾岩、砂岩和泥岩建造，与南秦岭微陆块上的古生界为印支期的逆冲构造接触，其经历了强烈变形，而其中的砾石表现为水平拉伸的杆状，更是说明刘岭群在印支旋回期间随着华北板块发生了大规模水平迁移运动。可见，华北板块与大华南板块之间不是加里东期和印支期反复原地“开合”所致。

无论如何理解，新、老威尔逊旋回都只考虑了大板块之间相互作用的旋回，这没有意识到微板块介入两个大板块之间相互作用的复杂性。很多地体也可能是大陆边缘初始裂解，脱离大陆母板块形成的微陆块，这些微陆块没有与母体板块一致的行为，因而，有时大陆裂谷中心也被视为微陆块边界类型之一，如维多利亚微陆块；随着演化进行，在某种特殊情况（如大陆岩石圈地幔伸展率大于地壳伸展率）下，微陆块周边也可增生演化为保存有这个原始微陆块的大洋型大板块，就像太平洋板块带有少量微陆块，但太平洋板块的主体为洋壳决定其为一个大洋型大板块。如此，就会使得微陆块像马达加斯加微陆块一样，孤立残存于周边大洋岩石圈之内，此时的微板块（或微陆块）就是地体转化为洋内大板块的中间环节，地体构造学说称其为碎裂地体。可见，微板块也可以作为中间产物出现于大板块—微板块—地体演化序列中段的转化环节，反之亦然。

总之，微板块携带了地体和母体大板块的某些属性或“基因”。在整个地球生长、演化到死亡过程中，微板块构造要么具备地块构造的特性，要么具备板块构造的特性，要么具备地体构造的特性，从而记录了地球不同演化阶段、不同演化形式、不同演化机制、不同深度的全部过程。

相比大板块或地体，微板块具有如下特性。

1）长期保持相对稳定性。陆核、地盾或地台可因温度结构、化学组成或力学结构中一者或多者的稳定性而长期稳定保存，与相邻构造块体相比，具有相对独立的演化历史，某个时期具有相对的刚性特征，即在强变形过程中或强变形带中可作为弱变形域，表现为一定的弹塑性体，这种相对刚性特征使得它不仅可以适用于分析大陆流变学结构的板内分层、分区、分带、分段，或整体的水平或垂向构造（vertical tectonics），而且可以探讨其在早前寒武纪乃至早期地球的迁移演变历史。

2）组成的相对单一性和独立性。组成一般不是微陆块，就是微洋块或微幔块，且前两者在部分俯冲或拆沉后可形成单一的微幔块，即成分组成三元化，即按整体或主体岩石组成可划为微陆块、微洋块和微幔块。但在演化过程中也可出现带有少量陆壳组成的微洋块或带有少量洋壳的微陆块，以及主体为陆幔组成的微幔块或主体为洋幔的微幔块。

3）垂向几何结构的层圈性和变形性。微板块可以被岩石圈不同深度的软弱层或低速层分割为多个层块结构，即微板块之间或微板块与大板块之间可以出现上下叠置的空间关系，不同深度层次的微板块之间因耦合性不同而变形行为不同，即所谓

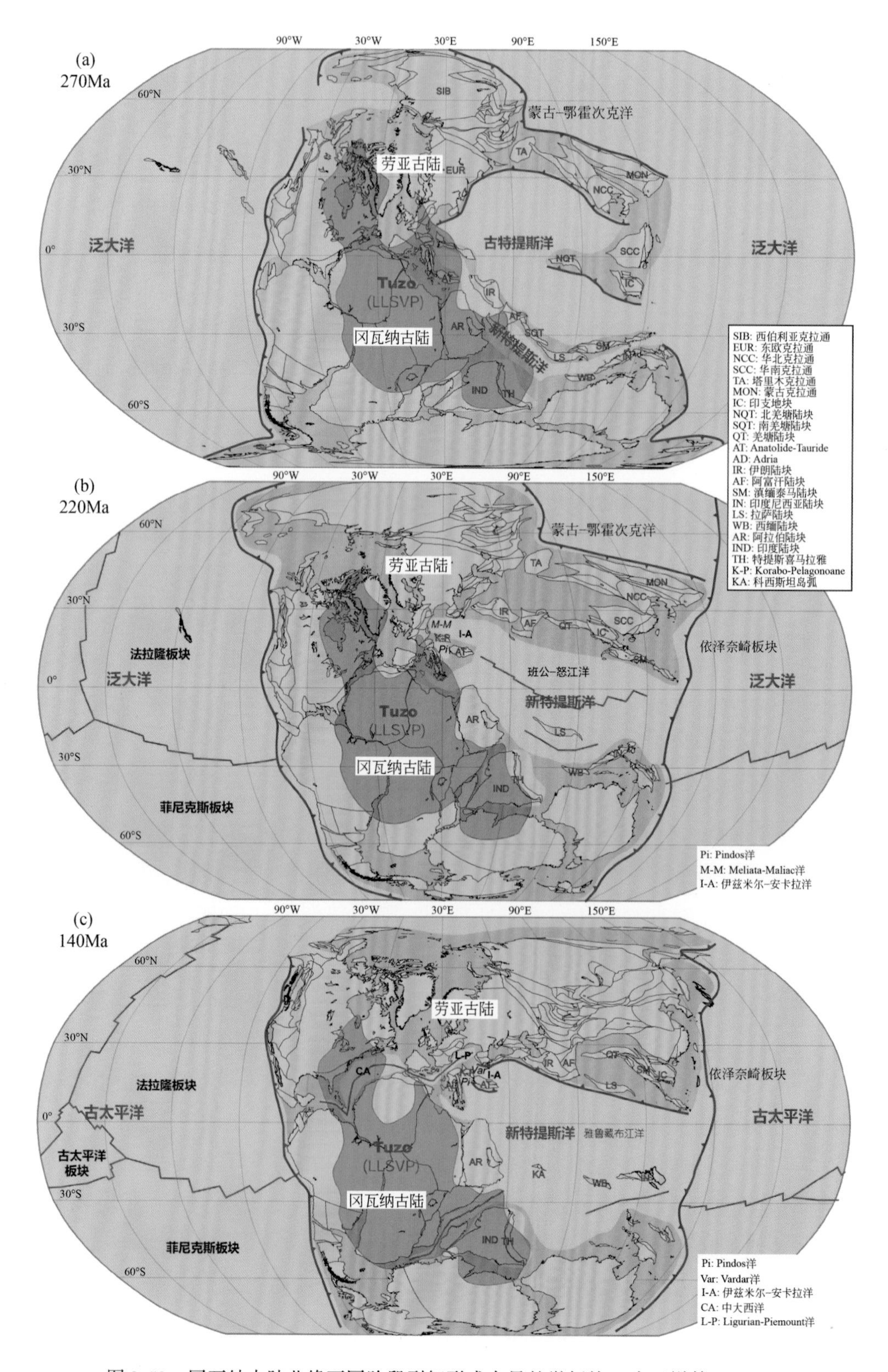

图 2-50　冈瓦纳古陆北缘不同阶段裂解形成大量的微板块（朱日祥等，2022）

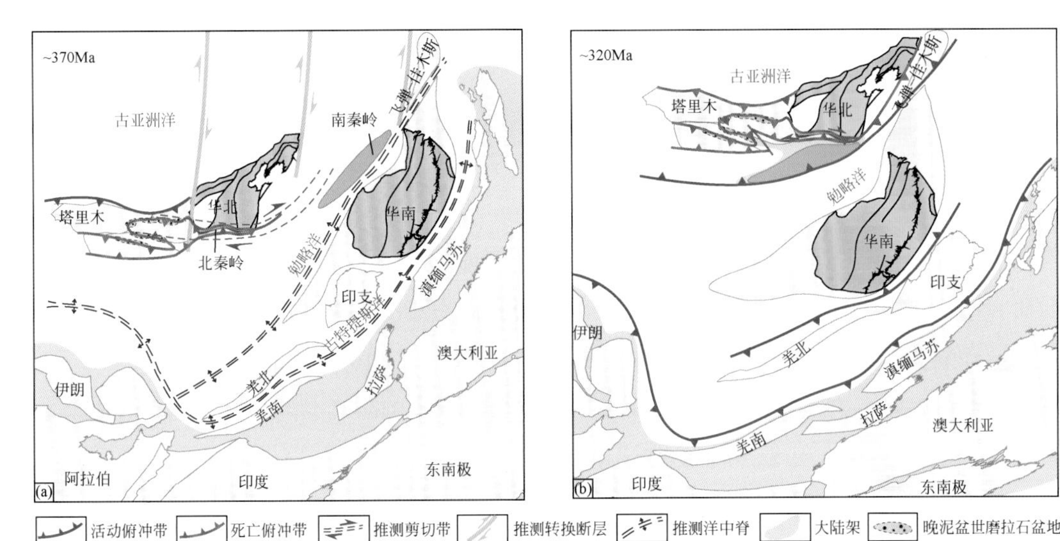

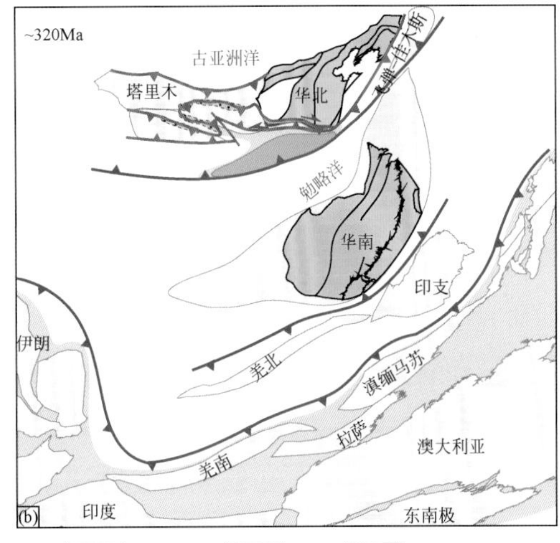

图 2-51 东亚陆块/微陆块晚古生代（印支旋回期间）拼合过程（赵淑娟等，2016）

(a) 勉略洋和古特提斯洋打开，多个微陆块沿转换断层向北运动，在华北板块与大华南板块间形成右行剪切活动；(b) 华北板块与南秦岭微陆块呈东早西晚的剪刀式拼合，导致北秦岭微陆块向西挤出，洛南-栾川和商丹剪切带分别表现为右行和左行走滑运动

的层块构造。微板块也不只是涉及岩石圈尺度的构造变形，例如，板片拆沉成因的微幔块可以出现在核幔边界，这一点与传统的板块构造理论的变形研究被约束在岩石圈尺度或涉及最深层次只到软流圈尺度不同，这有助于开拓地球系统科学的跨圈层相互作用研究。

4）边界性质的多样性。边界类型可以是大板块边界类型，如洋中脊、俯冲带、转换断层、缝合线，也可以是深大走滑断裂、变换断层、假断层、非转换断错（间断）、破碎带、拆离断层、岩石圈地幔内的深部盲断层（blind fault）、软流圈及以下地幔中的流变学不连续面、大洋汇聚边界等，力学上可以是张、压、剪（单剪、纯剪、混合剪）、张扭（transtension）、压扭（transpression）、流变学不连续面（rheological unconformity 或 interface）等。

5）运动速度的层圈差异性。远离旋转极时，同一微板块的水平或三维运动的速度方向和大小应当相对一致或一致变化，但同期不同微板块的水平运动速度方向和大小可存在显著差异，同期不同深度层次的微板块也可存在水平运动速度差异，GPS 监测可以揭示这种不同深度层次微板块的速度差异。此外，微板块研究也注重垂向运动的研究，微板块可以发生显著的垂向运动，既可参与造山、造貌、成盆、成山中多尺度的垂向运动，也可以在大板块框架下参与长波长动力变形。在运动学这一点上，微板块构造兼容并包地吸收了槽台理论和地幔柱理论的垂向运动观，以及板块构造理论和地体构造学说的水平运动观，也兼顾了波浪镶嵌学说两大动力学波系的叠加复合联合的大陆流变学体系下长波长变形过程、断块学说的各种断块体与大板块的局地运动特点。

6）起源的多样性。微板块可以形成于地球形成层圈结构以来的任何地史时期，形成环境宽泛，可以在（超）大陆裂解、裂离、俯冲、洋中脊扩张和拓展、对流、地幔垮塌、地幔上涌、地幔沉降、拆沉、断离、滑脱、增生、碰撞、圈层脱耦、底侵、滴坠、陨石撞击等一种过程或多种并发过程中形成，正是这种起源的多源性，因而今后研究中没有必要去讨论微板块起源的唯一性，而只要去识别或建立其具体的起源类型，从而解决了传统板块构造理论中“板块起源和驱动力唯一性”的难题。

7）大板块-微板块-地体转化的灵活性。三者之间的转化取决于其边界性质的转换、断层切割深度和独立运动距离的远近。这有助于实现与传统板块构造理论和地体构造学说的统一化，也意味着大板块也可以转换或分裂为多个独立的微板块。例如，伸展拆离作用可形成海洋核杂岩式和洋陆转换带式的微幔块；俯冲的大板块在俯冲带发生分段撕裂之后或沿碰撞带折返和拆沉之后，大洋俯冲板片的折返部分依然可以是微洋块，而俯冲陆壳经折返形成的依然是微陆块；拆沉部分的大洋或大陆岩石圈地幔可以彻底下沉，形成深部地幔内部的洋幔型或陆幔型微幔块，少数还可以是俯冲的部分大洋或大陆岩石圈地幔折返形成剥露地表的微幔块。

8）驱动力的复杂耦合性。驱动微板块形成的力可能很单一，也可能很复杂，可以是重力（包括早期地球41亿~39亿年所遭受的陨石撞击作用或晚期大轰击事件，因木星运行过程中或木星与土星对齐而产生共振背景下将附近小行星和彗星分别向其内外侧排斥所诱发）、地球自转、地幔涡旋（含地幔柱内部涡旋等各种地幔上涌以及俯冲系统中冷幔柱等地幔下降与板片扭转）、大小尺度的地幔对流，但最终动力起源是热不均一性，尽管不同地史时期因热状态、热结构、物质成分和密度组成存在不均一性差异，这些驱动力有所变化，但都可以得以确定，因此不用像传统板块构造理论那样因追求终极的或统一的唯一性板块驱动力而给理论自身带来挑战。

9）生长过程的旋回性和方式的多样性。微板块可以以多种方式生长壮大为大板块，如新生洋壳的侧向添加，与其他微板块的拼合碰撞和焊接、造山过程等，也可以完整或不完整地经历威尔逊旋回或超大陆旋回的各阶段。

10）微板块的大小、形态和厚度特性。其大小一般在几十万平方千米左右或以下，但极少数也有100万km^2左右或以上的，总体符合正态分布；微板块的三维形态可以很复杂，取决于其与周边环境的黏度差异，三维形态可以是透镜体、长方体、立方体、近球形、近椭球形等，虽然不可能完全是柏拉图理想化认为的世界只有五种正多面体构成——正四面体、正八面体、正方体（六面）、正十二面体、正二十面体，真实的微板块因为构造过程的复杂性，难以满足正多面体的每一个顶点必须是相同数目边棱的相交点这个苛刻条件。同样，尽管五种柏拉图正多面体中的三个分别是由二维形态的正三角形、正四方形、正五边形所组成，但实际也可以出现六角等边形等微板块几何形态，甚至还可以出现更复杂的不规则形态，这是因为构造变形过程和条件变化的复杂性所致，但常见板条（sliver）、碎块（fragment）、板舌等；微板块厚度变化不仅取决于决定其运动特征的软弱层深度及其与其他软弱层的耦合性，更取决于其岩石组成是洋壳、陆壳还是岩石圈地幔。

2.3.4 微板块与超大陆的转变

迄今，普遍认为太古宙早期地幔较现今更热，对流循环更剧烈，构造-热事件更活跃，火山活动和可能的“板块”边界运动速率更高，这有利于早期大陆物质在球面空间上呈弥散状大量产生，并漂浮于紊流状态的热地幔之上。随着地球冷却，原始大陆或陆核固结为黏度比周边大的一些微陆块，例如，现今全球分散保存了约35个大小不等的以古老陆核为核心的微陆块。在距今36亿~33亿年，理论上可能有一些微陆块增生、拼合并形成了地球上第一个构造上更稳定的超大陆或超级克拉通（supercraton）Vaalbara，时代上略早于距今34.5亿~31亿年集结的Ur。

依据各克拉通稳定盖层出现的时间，克拉通化全球过程应当是一个穿时的稳定化过程，从距今30亿年持续到距今24亿年，有的甚至晚到距今8亿年，如扬子克拉通，但全球陆壳生成和克拉通化的顶峰在距今27亿~26亿年。依据不同克拉通上放射状基性岩墙关系及古地磁资料的重建，通常认为，太古代末期（25亿年）可能存在另一个超大陆——肯诺兰（Kenorland），或称为Superia或Sclavia，比Ur和Vaalbara更大，并可能在赤道附近稳定了1亿~2亿年。该超大陆在24亿年左右因其深部热屏蔽导致地幔柱触发该超大陆破裂，使其内部形成了一系列大规模放射状基性岩墙群，伴随大规模非造山型岩浆爆发，释放大量CO_2进入大气圈，随后藻类勃发，出现首次大氧化事件，至23亿年前后的增氧作用导致了首次雪球事件。

板块构造体制出现之前，微板块不一定表现为微陆块，而可能是微幔块、微洋块，早期微陆块也不一定是板块构造体制的产物，而可能在前板块构造体制下已经经历了长期缓慢演化，并逐渐发展壮大，最终碰撞拼合形成超大陆或超级克拉通，其整体构造过程与古生代以来的地体增生过程十分相似（图2-52）。微陆块的聚散导致了地表系统的剧变，其中，新太古代是一个重要的构造转折时期，大板块或现代板块构造体制开始出现，并随着地球进一步冷却，逐渐演化为现今所见的7个稳定运行的大板块，而微板块数量逐渐减少。

实际上，非板块构造体制下，最早形成的微板块不一定是微陆块。理论上，地幔分异出地壳前，最早出现的微板块可能是微幔块，在地球早期重力分异阶段就可能出现浅部拗沉构造作用（sagduction，是一种壳内构造体制）和深部滴坠构造作用

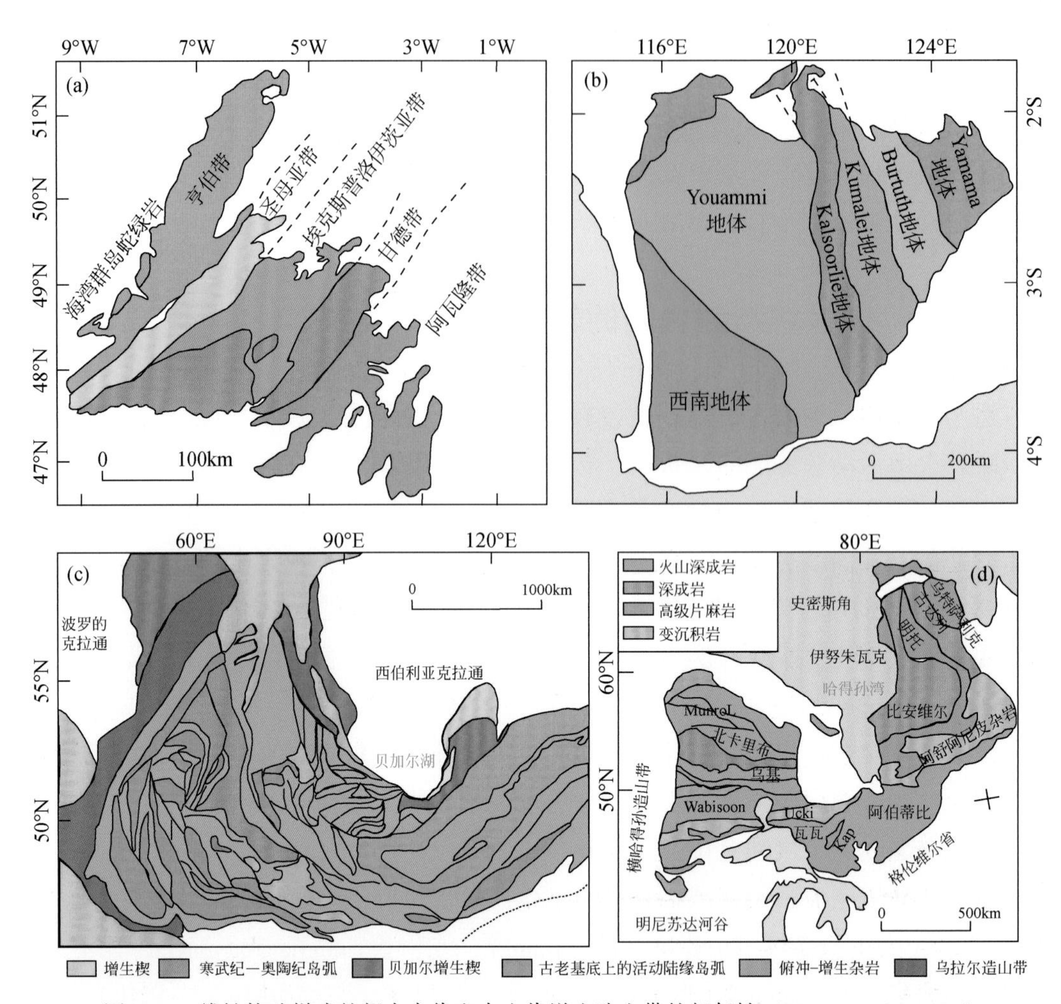

图 2-52　线性构造样式的新太古代和古生代增生造山带的相似性（Kusky et al., 2021）

(a) 古生代纽芬兰-阿巴拉契亚山脉，与（b）太古宙伊尔冈克拉通相比。(c) 新元古代—古生代中亚造山带（又称阿尔泰造山带）与（d）太古宙苏必利尔克拉通的对比。注意：尽管新太古代的构造样式与显生宙的构造样式有根本的不同，这一点毋庸置疑，但太古宙和古生代造山带的岩石组成和地体类型以及线性带的规模非常相似

(dripping，是一种地幔内部构造体制)，由早期地球极端地幔热状态下，其表层弥散性的不均一冷却过程导致了对称的拗沉和滴坠过程，并诱发一系列下坠的微幔块，进而广泛触发了对称上涌的地幔柱。冷的微幔块进入热的地幔对流环中，其不规则运动触发不对称地幔对流，经过一段深浅部热交换的时期后，地球表层圈层冷却为一系列由刚性的、基性-超基性地壳组成的“微洋块”。“微洋块”在不对称的地幔对流背景下小幅度水平运动，地史上最早的、真正意义上的初始俯冲开始出现。因为“微洋块”水平运动有限，岩浆近原地的溢流或喷发，使得这些“微洋块”可能较厚，“微洋块”携带水分经过几轮不对称的俯冲或对称的拗沉，其基性-超基性板片经历榴辉岩化、深熔等过程，逐渐产生中酸性地壳（TTG），至此，微陆块才首次出现。因此，陆壳起源问题便变成了微陆块起源问题，微陆块起源问题与非板块体

制下微幔块、微洋块的进化相关，微陆块并不是最早的微板块。由此可见，微板块构造不仅为解决陆壳起源问题提供了一个新途径，而且也为探讨前板块构造体制起源提供了新路径；甚至可以推断，板块构造体制起源可能与陆壳起源无关，而与微洋块起源相关。

板块构造体制出现后，微板块的生消环境被动地受到大板块格局的制约。例如，最为显著的是早古生代原特提斯洋中存在的不断裂离或增生的大量微陆块。该大洋始于新元古代罗迪尼亚超大陆裂解，是早古生代期间发育于滇缅马苏/保山微陆块以北、塔里木-华北陆块以南的一个复杂成因的洋盆。原特提斯构造域的北界为古洛南—栾川缝合线（或宽坪缝合线）及其直至西昆仑的西延部分，南界为龙木错-双湖-昌宁-孟连缝合线。原特提斯洋北部的华北-阿拉善-塔里木板块于泥盆纪向南俯冲并与冈瓦纳古陆北缘拼合，原特提斯洋南部分支也可能在泥盆纪闭合，使得包括羌北、若尔盖、扬子、华夏、布列亚-佳木斯等在内的大华南板块、印支板块等也向南俯冲与冈瓦纳古陆北缘发生了聚合，最终形成了一个原潘吉亚（Proto-Pangea）超大陆（Li S Z et al.，2018）。

随后，晚古生代华北和大华南板块先后裂离冈瓦纳古陆北缘，调整并向北漂移，最终于距今2.5亿年左右与北部的劳伦古陆拼合，形成劳亚古陆。此时，劳亚古陆和冈瓦纳古陆构成潘吉亚超大陆（图2-53）。可见，微、小陆块在超大陆重建过程中极其重要，认清这些微陆块才能确定原初的超大陆起始时期、演化过程和终结机制。180Ma之后，冈瓦纳古陆开始再次裂解，周边继续裂解出一系列微陆块（图2-50），大量微陆块再次单向朝北，向欧亚大陆聚合，继续朝2.5亿年后新的亚美超大陆演进。但对于亚美超大陆形成的方式还存在三种不同认识，即争论是大西洋关闭（内侧洋）、北冰洋关闭（正则洋）还是太平洋关闭（外侧洋）（图2-53）。俯冲后撤是一种常见现象，也是相变驱动俯冲的自发而可持续的长久过程，俯冲后撤不仅驱动了现今北美洲板块不断向西迁移，而且驱动了欧亚板块随着太平洋板块俯冲后撤的向东迁移。从这个运动学趋势分析，未来最可能关闭的大洋是现今太平洋，即外侧洋。同时，起源于太平洋的俯冲带会通过加勒比海、斯科舍海正发生的俯冲迁移，从太平洋一侧转移到西大西洋被动陆缘，并向南北蔓延；或像正消失的地中海俯冲作用向西拓展到东大西洋被动陆缘那样，可能触发现今的内侧洋（即大西洋）启动关闭过程，但这个关闭过程必然晚于太平洋的完全关闭。沿此推断，等到大西洋开始关闭时，大西洋已变成了外侧洋，因此亚美超大陆之后的那个超大陆聚合依然还是外侧洋关闭。因此，从现今板块系统推断，外侧洋关闭形成超大陆的过程可能是一个常规运作模式。图2-54进一步展示了现今板块体制下外侧洋（即太平洋）关闭形成新潘吉亚（即亚美）超大陆的四个阶段。然而，地球动力学模拟结果（图2-55）显示，伴随超大陆的聚散，深部微幔块是极其发育的，超大陆旋回可

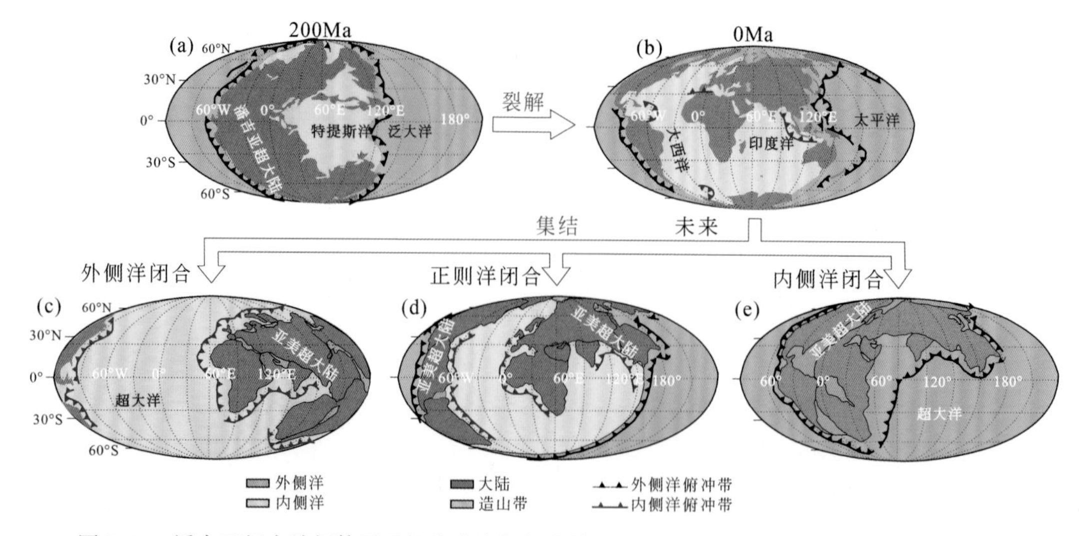

图 2-53　潘吉亚超大陆解体后重组为未来超级大陆［Amasia（a）和（b）］的三种可能方式

（c）外侧洋闭合，（d）正则洋闭合，（e）内侧洋闭合（Huang et al.，2022）

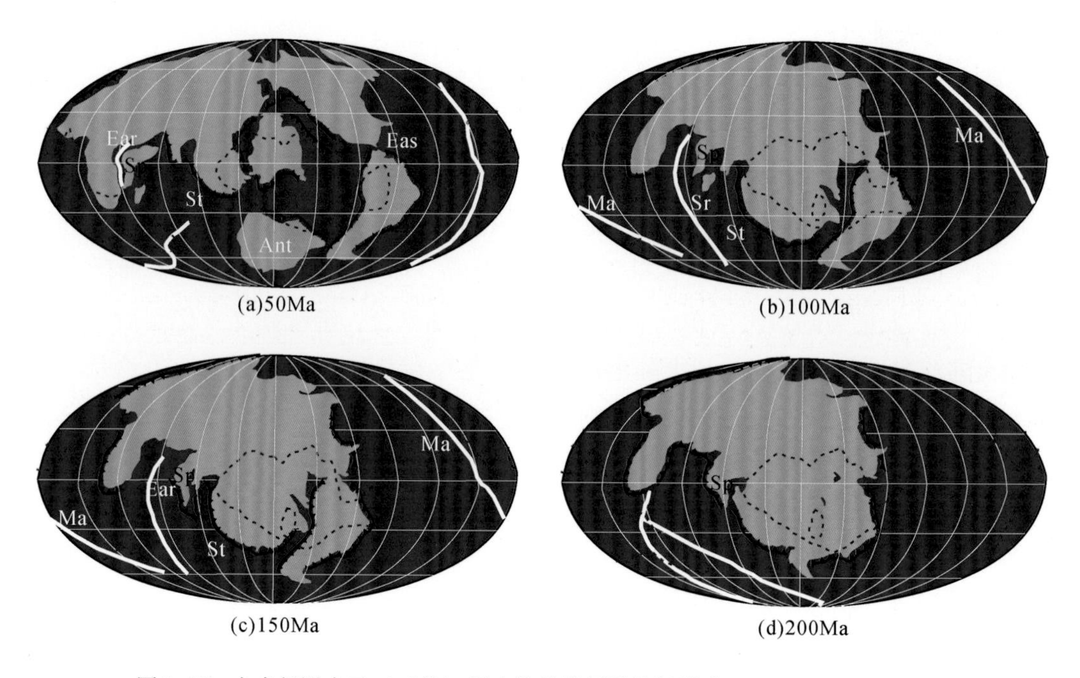

图 2-54　未来新潘吉亚（亚美）超大陆的外侧洋关闭模式（Davies et al.，2018）

推测的俯冲带和洋中脊分别用红色和白色表示。黄色代表了 Torsvik 等（2016）中的 LLSVP 范围。重建图像的中心点位于国际日期线（180°）上。Ear-东非裂谷；Sp-索马里板块；St-苏门答腊海沟；Ant-南极洲板块；Eas-美洲东部俯冲带；Ma-大西洋洋中脊。图中标注了太平洋、大西洋和新非洲的主要海洋，省略了其他海洋

能与微幔块旋回具有同步性，但超大陆以三种大洋关闭方式中的何者还取决于大洋岩石圈强度。Huang 等（2022）的模拟表明，较强的大洋岩石圈强度往往导致内侧洋关闭，相反，导致外侧洋关闭。依据这个模拟结果，地球长期冷却过程会导致洋

中脊岩浆供给量降低，使得洋壳厚度变薄，大洋岩石圈强度降低，这意味着前寒武纪之后出现外侧洋关闭的可能性最大，而前寒武纪之前出现内侧洋关闭的可能性最大。这些超大陆聚合方式，也决定了微板块的数目、分布、发育和生长方式。

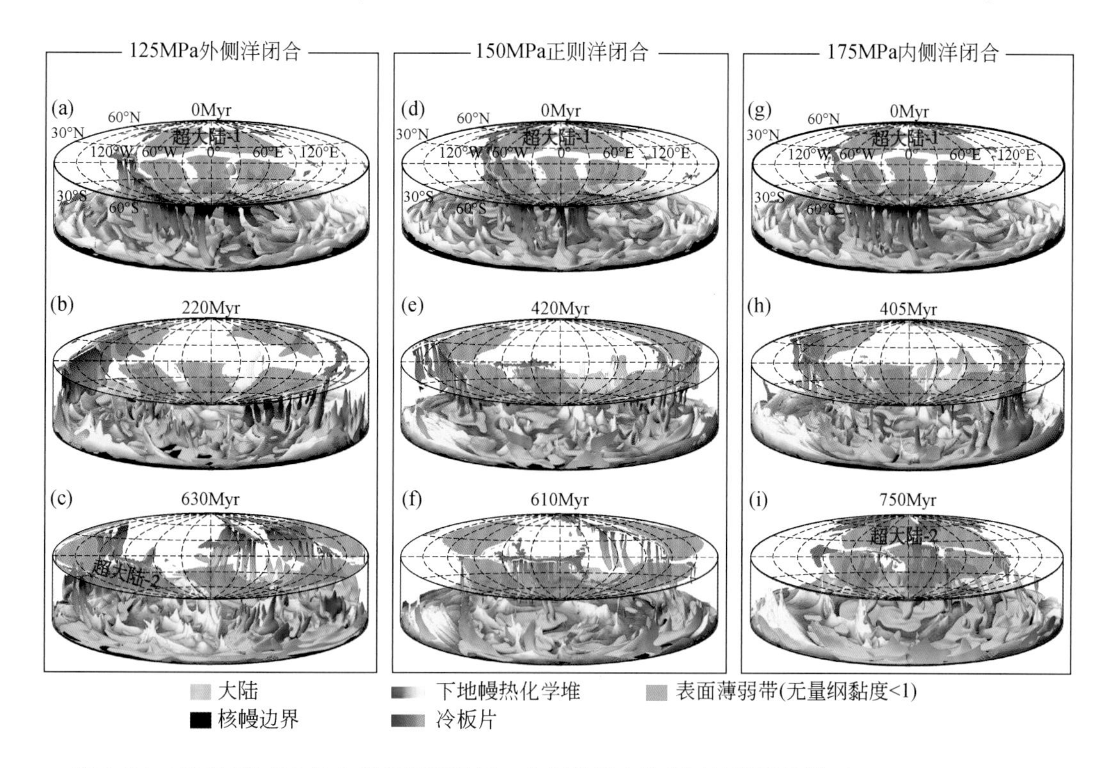

图 2-55 不同屈服应力的大洋岩石圈经历一个完整超大陆旋回的模拟结果（Huang et al.，2022）

（a）~（c）外侧洋闭合的超大陆聚合模式（情况 1）在（a）0Myr、（b）220Myr 和（c）630Myr 时的演化场景，最低屈服应力为 125MPa。（d）~（f）中间屈服应力为 150MPa 的过渡性（正则洋闭合?）超大陆聚合模式（情况 2）。（g）~（i）最高屈服应力为 175MPa 的内侧洋闭合的超大陆聚合模式（情况 3）。三个模型的所有其他参数都相同。冷俯冲板片（可理解为本书的微幔块）表示为无量纲地幔残余温度的-0.1 等线（顶部 300km 为-0.05）。所有计算都是在三维球面几何中进行的，结果先展开在笛卡儿坐标中，然后转换为每个深度的 Hammer 投影以便于可视化

第3章 微板块几何学

3.1 微板块几何结构

3.1.1 微板块几何边界类型

Bird（2003）提出的PB2002模型将现今地球划分为52个板块，包括14个大中型板块及38个小板块或微板块，其中，大多数小、微板块位于太平洋周缘。这种小、微板块的划分是通过现今震源机制解的研究提出来的，即如果某一断裂带上反复发生的地震都具有一致的错动方向，则可确认这一断裂带为小、微板块的边界。因而，他划分的这些微板块边界通常是活动的构造边界。

对于不活动和隐伏性微板块边界的识别，卫星测高计算的垂向重力梯度（vertical gravity gradient，VGG）是一种重要的快速检测手段（Matthews et al.，2011）。例如，借助这种手段已揭示出东北印度洋海底的一系列古近纪特殊线状构造，如死亡的印度-南极洲洋中脊、假断层和马默里克微洋块等，水平分辨精度可高达6km。大洋中的隐伏和不活动微板块边界基本分布在深海盆地沉积覆盖区域，但海底多数地区沉积物覆盖少，其地貌基本就是构造地貌，能很好地反映近2亿年来的海底微板块格局。亚米级全海深多波束方法可精细分辨海底构造地貌差异，因而也是快速精细化确定微洋块边界的强有力手段。此外，海底线性磁条带的年龄变化，不仅可以很好限定微洋块边界，还有助于恢复深海洋盆的区域构造演化历史。

与海底微板块边界的厘定相比，陆上微板块边界的厘定要复杂得多，因为大陆地壳记录了至少38亿年的长期微板块演化历史。要分辨这些年龄不同的微板块边界，最好的办法就是地质综合识别，利用已有的一切地质、地球物理和地球化学资料，特别是精细的地质构造填图、地质年代学成果，通过人工智能、大数据、大模型等先进技术进行厘定。

与海底、陆地浅表微板块边界的厘定相比，地幔深部微幔块边界的划分更难、更依赖技术手段。一般来说，微幔块常常是异常冷的岩石圈地幔拆沉或断离，掉入周边地幔温度更高的环境中所致，其比周边地幔温度低约 250℃。这个温差也是橄榄石发生高温塑性流变的温差。该温度差异界面可通过精细的层析成像分析和横波分裂技术得到识别。因此，这些技术可以揭示微幔块的几何学结构，并结合地幔动力学模拟或简单的剖面平衡技术，恢复俯冲板片的工作年龄结构（见第九章）。

本书将 Bird（2003）和 Sandwell 等（2014）的微板块（microplate）概念外延到现今可能不具有刚性板块特征的“地块”范畴，可称其为微地块（micro- block），并划分为微陆块、微洋块、微幔块三类。与传统板块构造理论相似，两个微板块之间的边界基本类型可按照力学属性划分，分为四大类。

1）挤压型边界：两个微板块汇聚边界，可以是切割岩石圈的俯冲带、切割 Moho 面的逆冲推覆带、大洋汇聚边界、碰撞带、造山带、缝合线等。

2）拉张型边界：两个微板块离散边界，可以是洋中脊、拆离断层（detachment fault）、切割岩石圈的正断层、裂谷、叠接扩张中心（overlapping spreading center）。

3）剪切型边界：可以是转换断层（包括大陆型、大洋型和陆缘型）、深大走滑断裂、假断层、洋中脊断错、破碎带（fracture zone）、部分变换断层（transfer fault）。

4）流塑性边界：微板块与周边环境的边界为流变学不连续面（discontinuity）或应变不连续带，在某些情况下，可包括不同深度的不连续面（图 3-1），如岩石圈底面、岩石圈中部不连续面（MLD）、壳内低速带或滑脱层、Moho 面、调节带（accomodation zone）。特别是，微幔块边界包括岩石圈底界面或其他不连续面等。不同深度岩石圈的岩石流变行为与内在性质（矿物、粒度、流/熔体等）和外在条件（温度、压力、应力、流/熔体等）之间具有函数关系，其中熔体既是岩石圈物质组成，又是流变的介质条件，直接制约岩石流变性质。深熔作用可导致不同深度层次流变学不连续面形成熔体，并通过熔体连通、聚集、迁移，动态影响岩石流变行为，而岩石流变又同时制约熔体聚集和迁移。固体岩石圈和软流圈之间存在一过渡层，即为流变边界层，其厚度主要由软流圈黏度控制，而很少受固体岩石圈厚度及热状态影响。

虽然这些边界概念中没完全明确赋予其板块属性，但是如果微板块边界完全具备了传统板块构造体制下大板块边界的属性，也可分别称为汇聚型板块边界、离散型板块边界和转换型板块边界。诸如俯冲带、洋中脊、岛弧之类的名词概念，随着 50 多年传统板块构造的实践研究，早已超越了传统板块构造理论创立之初的范畴，因而在微板块构造理论中依然可以继承和借用，现今甚至在太古代早期地质研究中也常提及，因为在尚不确定有无板块构造体制的始太古代或中太古代也可以存在俯冲作用及相关岛弧型岩浆作用、洋中脊增生作用等过程，因此，单纯讨论被动陆缘俯冲启动机制来确定板块构造体制起源是不严谨的（李三忠等，2015）。

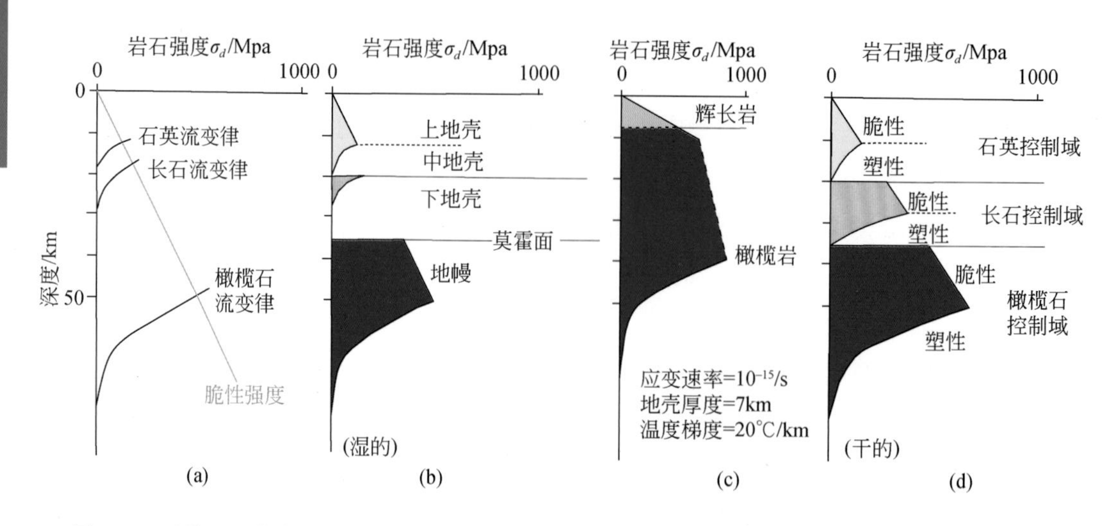

图 3-1　石英（石英岩）、长石（辉绿岩）和橄榄石（纯橄榄岩）脆性摩擦定律和塑性流动定律组合的大洋和大陆岩石圈流变学分层性（据 Fossen，2016 修改）

脆性–塑性转变发生在脆性（摩擦）和塑性流动定律相交的地方。强度剖面取决于矿物学和岩性分层。通过选择石英–长石–橄榄石分层，大陆岩石圈中可得到三个脆塑性转变。(b)(c) 分别为大陆岩石圈和大洋岩石圈湿岩石的流变学结构，(d) 为大陆岩石圈干岩石的流变学结构。注意：大陆岩石圈干岩石 (d) 比湿岩石 (b) 强得多，可以承受更高的差异应力。其中，大陆岩石圈内部普遍存在一个或多个强度低、塑性强的非能干层，与具有脆性破裂特征的高强度能干层在垂向上相间组合，构成分层式的多层流变结构，这种流变学结构可进一步分为：奶油蛋糕型、果冻三明治型和焦糖布丁型等多种次级类型

以上所述是两个微板块之间的边界类型，但三个微板块之间相互作用时边界组合类型更为复杂。每三个板块之间的交接点称为三节点，板块构造理论中的三节点都是平面三节点，但微板块构造理论中可能存在三维三节点，且七大板块彼此交接形成的三节点数目比更多微板块彼此交接形成的更少，那么微板块之间存在三节点的个数和类型就比传统板块构造理论中的复杂得多。特别是，如果突破传统板块构造理论在岩石圈层面的板块平面划分，进而考虑微板块数目和类型的三维空间划分，那么还可以预见会出现四节点、五节点、六节点等情形。例如，三维状态下三个微板块之间可出现 6 个三节点，而非平面上的三个大板块之间只有 1 个三节点；相同微板块数量时，三节点越多，会极大增加微板块稳定性分析的难度，因此，相对于大板块而言，微板块必然是非常不稳定的。尽管分析中常见的依然是三节点，但“多节点”可能会更符合，也能更全面地描述自然微板块的三维状况。

3.1.2　微板块三维几何结构样式

微板块是立体的，存在于地球除地核和大气圈、海洋水圈之外的其他各个固体圈层。也就是说，微板块可以表现为垂向叠置，而大板块发生垂向叠置的情形只有在两个大板块间发生低角度碰撞或平板俯冲的情形下。微板块垂向叠置不同，还可

以出现在非碰撞、非俯冲环境中，如深部的拆沉（delamination）、底侵（underplating）冷却、刮垫（relamination），浅部的拆离（detachement）、伸展滑脱（decollement）等；也可以出现接触式的、非接触式的垂向关联，例如，微幔块（即断离的俯冲板片）可以隔着大地幔楔、软流圈，与其顶部岩石圈板块通过热交换发生非接触的相互作用，这也是传统板块构造理论未能涉及的领域。

为此，可以预见微板块三维几何形态及微板块相互作用的复杂性及其相互之间几何关系、边界接触关系的复杂性、多样性。这里借用三维镶嵌体模型或凸面镶嵌理论来描述微板块三维形态，探讨微板块三维几何样式、格局，求解其可能的节点数、节点类型等，因为节点的稳定性决定微板块的稳定性及其发展演化方向。这些都与传统板块构造理论有着巨大差别，分析难度也更大，但更为有利于描述微板块（下文镶嵌体的一种）的三维结构与行为。这里的几何学方法甚至可以直接描述到岩石碎片尺度，有利于从颗粒尺度到微板块尺度构造作为连续体的跨尺度一体化研究，也有利于将微观变形机制与宏观地质效应建立关联。

镶嵌体模型的思想始于2500年前，柏拉图把地球构筑之砖想象成正立方体，这种情形在人工建筑中常见，但在自然界中却很少见。在太阳系，到处都散布着扭曲的多面体，由无处不在的碎裂化产生的岩石和冰碎片组成。因此，这里可以应采用凸面镶嵌理论描述从泥裂到地球构造大板块、微板块的形态。其自然二维碎片的平均几何结构有两种吸引子：“柏拉图式”（Plutonic）四边形和“沃罗诺伊式”（Voronoi）六边形。值得注意的是，在三维空间中，柏拉图吸引子占主导地位，天然岩石碎片的平均形状是长方体。当通过凸面镶嵌角度来分析时，自然碎片或板片确实是柏拉图形体的几何投影。模拟显示，通用二进制分解将所有镶嵌推向柏拉图吸引子，可解释长方体平均数的普遍性。二元断裂的偏差可产生更多与应力场相关的奇异模式，由此可以为二维和三维碎片、板片、微板块的计算，建立彼此链接的通用“样式生成器”（Domokos et al., 2020）。

当不断增长的裂纹网络穿透到固体材料中时，固体材料受力就可能达到其临界破裂点。碎片化的裂缝在工业界可能是灾难性的（图3-2），但这一过程也可以被工业界所利用。例如，可增加基性-超基性岩石的裂缝数目，在裂缝中注入水和二氧化碳，以实现“双碳”（碳达峰、碳中和）的增汇、负排放目标；在油田部门，可通过各种压裂技术，增加缝、洞、孔之间的连通性，进而提高油气采收率。当然，这一过程也可以用来分析微板块格局成因。此外，岩石和冰的碎裂在行星壳层更为普遍，并最终产生粒状物质，这些物质实际上是整个太阳系行星表面和行星环的组成部分（图3-2）。

柏拉图假设地球构筑之砖的理想形式是一个正面体，是唯一填满空间的柏拉图式实体。现在人们知道，几何学上允许有一系列多面体与碎片化作用有关（图3-3）。然

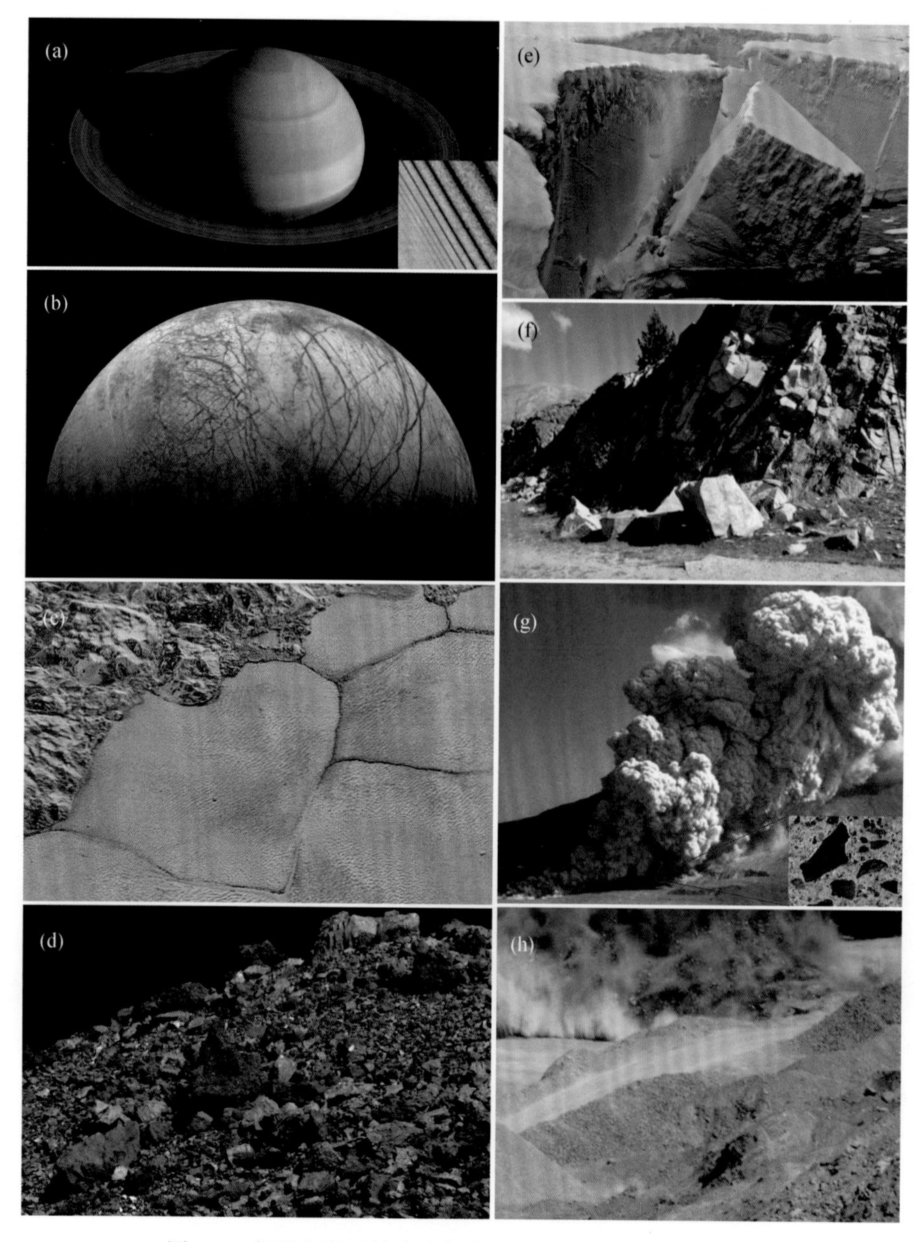

图 3-2 行星和岩石的跨尺度碎片（Domokos et al., 2020）

（a）~（b）显示行星表面和行星环，（a）土星环由冰组成（插图）；（b）木星的卫星（木卫二）显示出破裂的行星外壳；（c）泥裂；（d）小行星 Bennu 的表面；（e）崩解的冰山；（f）落石堆；（g）火山喷发产生火山碎屑流，形成角砾岩矿床（插图）；（h）矿井爆破物

而，观察到的碎片物质和形状的分布是自相似的。模型表明，在产生这些分形分布特征时，几何结构（尺寸和维度）比能量输入或物质成分更重要。碎片也明显表现在地球表面镶嵌着的马赛克或镶嵌式多面体（即板块或微板块）。岩体中的节理分割多面体为三维（3D）多面体，通常通过露头处的二维（2D）平面就可观察到（图 3-3）。这些多面体的形状和大小可能非常规则，甚至接近柏拉图的正面体，或

者类似于一组随机相接的平面；或者准2D模式，例如柱状节理，有时形成于火山岩凝固过程中。

这些模式已通过泥浆和面团等裂缝实验得到了重现，在2D模型破碎系统中，观察到以下情况：快速干燥产生强大的张力，驱动主（全局）裂缝的形成，主（全局）裂缝纵横交错，并形成“X”形连接（图3-4）；缓慢干燥可形成终止于“T”形接合处的二次裂纹；“T”形连接重新排列为“Y”形连接，以最大限度释放能量，使裂纹穿透主裂缝，或在湿润/干燥循环之间重新打开与愈合（图3-4）。无论是在岩石、冰盖还是土壤、板块和微板块中，受应力作用切割成的裂缝多面体（图3-2）形成了集中式流体流动、溶解、熔融和侵蚀的通道，这些物理的或化学的过程进一步侵蚀或分解这些物质并重新组织镶嵌体的几何格局。例如，岩石中的断裂模式不仅决定了河网系统宏观样式，还决定了河流源区沉积物初始颗粒的微观粒度。

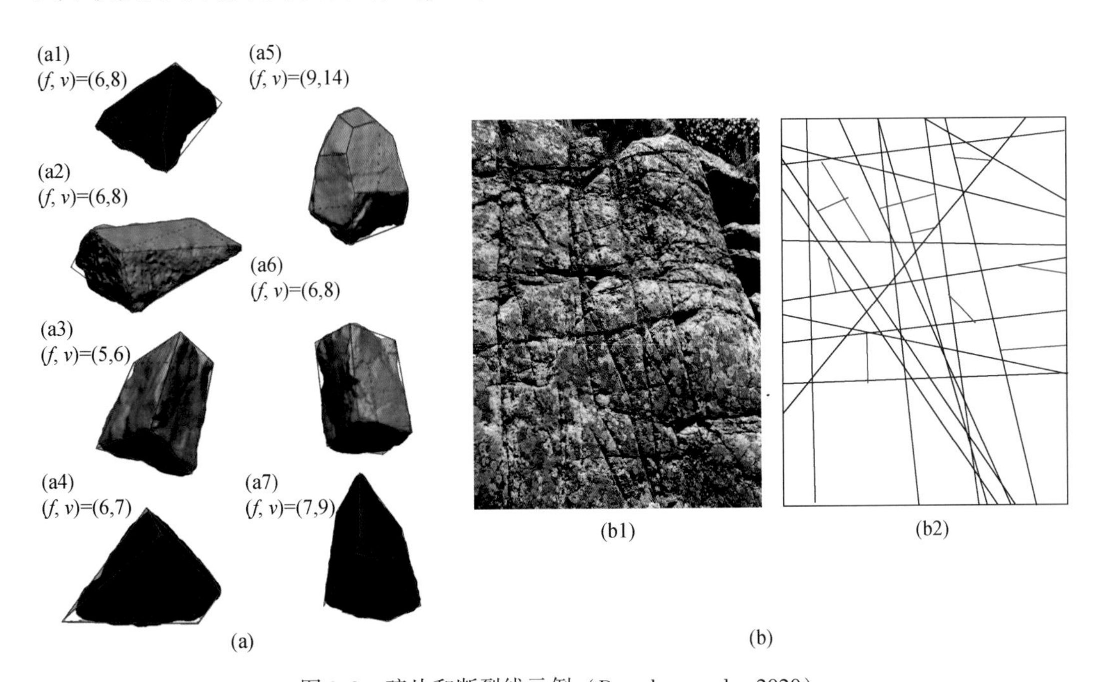

图3-3　碎片和断裂线示例（Domokos et al.，2020）

（a）由凸多面体近似的自然碎片；（b1）花岗岩脉显示的整体裂缝，（b2）通过规则初始镶嵌体（黑线）及其不规则二次裂纹（红线）的碎片化型式近似。f为围限多面体的交面数，v为三节点数

实验和模拟提供的事实证据表明，裂缝镶嵌体的几何结构与其形成的应力场有成因关系。然而，很难确定不同系统之间裂缝模式的相似性是否超过表面深度。首先，不同的学者使用不同的度量来描述裂缝镶嵌体和碎片，从而限制了系统和模式之间的比较。其次，人们不知道不同的裂缝模式是代表不同的普遍性类别，还是仅应用于连续体模式的描述性类别。再次，还不清楚2D系统是否可以及如何映射到3D。

岩石圈总体是个弹性体，其碎片化过程是构造作用力所致。这里将凸面镶嵌体理论的数学框架引入碎片化或微板块化问题。这种方法依赖于两个关键原则：首先，碎片或微板块形状可以很好地近似为凸形多面体［2D 多边形和 3D 多面体，图 3-3（a）］；其次，因为碎片或微板块是由固体分解形成的，所以这些形状必须填充满空间而不留空隙。在不失一般性的情况下，这里选择了忽略裂缝界面的局部纹理。如此，碎片或微板块可以被视为凸面镶嵌体的“细胞”，它可以通过三个参数进行统计表征。单元度（$\bar{\boldsymbol{v}}$）是多面体顶点的平均数（或理解为描述平面上某个微板块边界的条数），节点度（$\bar{\boldsymbol{n}}$）是在节点处相交顶点的平均数（或理解为描述平面上某个节点处微板块的个数）：这里称［$\bar{\boldsymbol{n}}$，$\bar{\boldsymbol{v}}$］为符号平面。第三个参数 $0 \leqslant p = N_R/(N_R+N_I) \leqslant 1$ 定义为镶嵌体的规则性。N_R是规则节点的数量，其中，单元顶点仅与其他顶点重合，在 2D 中，$n=4$ 和 3 分别对应“X”形和“Y”形连接。N_I是顶点沿其他单元的边（2D）或面（3D）分布的不规则节点数，在 2D 镶嵌体中，$n=2$ 对应“T”形连接［图 3-3（b）］。正则表达式和不规则镶嵌体分别定义为 $p=1$ 和 $p=0$。对于 3D 镶嵌体，这里还引入作为面的平均数量。与断裂网络的其他描述不同，这里的框架没有描述确定性镶嵌的随机性，因为由随机或周期性（即重复性）裂缝形成的网络可能具有相同的参数值（图 3-4）。该理论提供了符号平面中几何相容的二维

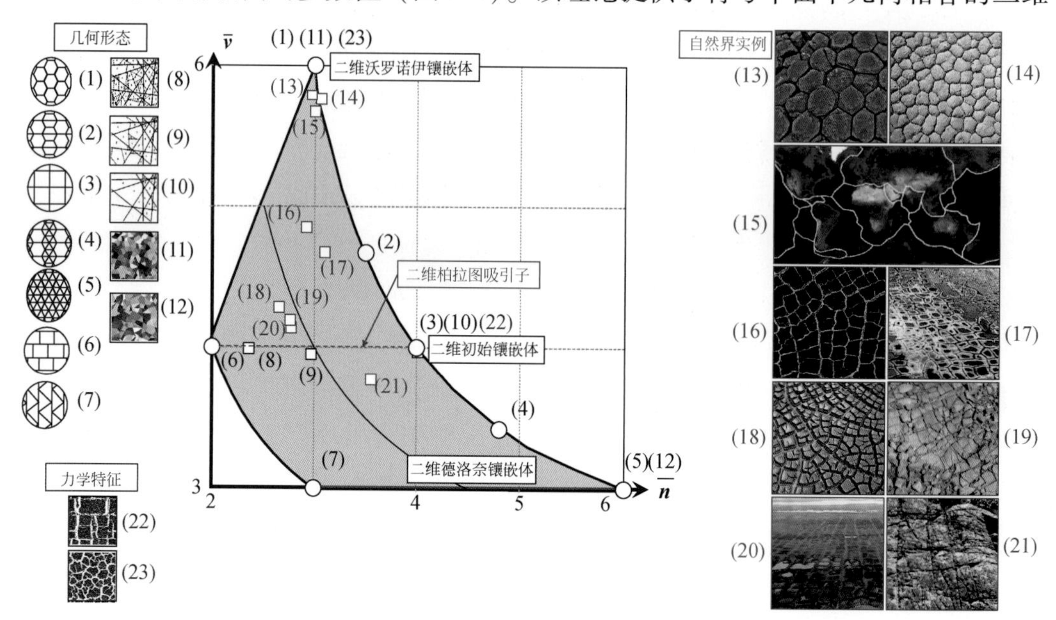

图 3-4　二维镶嵌体全局图（Domokos et al., 2020）

左图为符号平面［$\bar{\boldsymbol{n}}$，$\bar{\boldsymbol{v}}$］，几何相容域［定义在下文式（3-1）中］为灰色阴影。用黑圈标记的样式 1 到 7 是确定的周期样式。样式 8 到 12 是随机镶嵌体的几何模拟：8 为规则初始镶嵌体；9 和 10 为高级（不规则）初始镶嵌体；11 为泊松-沃罗诺伊镶嵌体；12 为泊松-德洛奈（Delaunay）镶嵌体。右图为红色方框（13～21）对应于所示的自然 2D 镶嵌体图像：13 为柱状节理；14 为干裂；15 为构造板块；16 为火星表面；17 为永久冻土；18 为泥裂；19 为白云岩露头；20 为冻土；21 为花岗岩表面。样式 22 和 23 由通用离散单元法（DEM）模拟生成的镶嵌体：22 为具有特征值的一般应力状态$\sigma_1>\sigma_2$；23 的各向同性应力状态为$\sigma_1=\sigma_2$

和三维镶嵌体的全局图。虽然这里重点关注裂缝（或微板块）形成的镶嵌体，但这些全局图表包括所有几何上可能的镶嵌体，包括人造镶嵌体。

在这里，通过测量各种自然二维裂缝镶嵌和三维岩石碎片的几何结构，发现它们在全局图表中形成了簇。值得注意的是，最重要的簇对应于“柏拉图吸引子”：具有长方体平均值的碎片。断裂力学的离散单元法（DEM）模拟表明，在最常见的应力场下，原生裂缝或断裂产生长方体平均值。几何模拟显示了二次分裂产生的二次碎片化如何将任何初始镶嵌体推向长方体平均值。

（1）理论上的自然二维镶嵌体

二维凸面镶嵌体的几何理论基本上是完备的，由下式给出

$$\bar{\boldsymbol{v}}=\frac{2\,\bar{\boldsymbol{n}}}{\bar{\boldsymbol{n}}-p-1} \tag{3-1}$$

该公式描绘了［$\bar{\boldsymbol{n}}$，$\bar{\boldsymbol{v}}$］符号平面内（图3-4）凸面镶嵌体的相容域，即全局整体样式。全局图表上的边界由以下内容给出：①$p=1$ 和 $p=0$ 线；②整体约束规则节点和单元的最小度为3，而不规则节点的最小度为2。这里构建了一系列随机和确定性镶嵌体的几何模型，以说明全局图表中包含的连续模式（图3-4）。

此处描述了两种重要的镶嵌体类型，它们有助于组织自然的2D样式。首先是初始的镶嵌体，由域的二次分割形成的样式。如果解剖是全局的，这里有规则的初始镶嵌体（$p=1$），完全由直线组成，根据定义，它将整个对象平分。这些镶嵌体占据了符号平面中的点［$\bar{\boldsymbol{n}}$，$\bar{\boldsymbol{v}}$］=［4，4］。在自然界中，这些直线为主要的整体裂缝。接下来，考虑一个规则的初始镶嵌体单元，局部依次平分，创建的不规则（T形）节点会导致 p 逐渐减小（$p\to0$），伴随$\bar{\boldsymbol{n}}$减少（$\bar{\boldsymbol{n}}\to2$），朝向不规则的初始镶嵌体变化。然而，在这个过程中，值$\bar{\boldsymbol{v}}=4$ 不变（图3-4），因此在极限情况下，可得到［$\bar{\boldsymbol{n}}$，$\bar{\boldsymbol{v}}$］=［2，4］。自然界中，这些局部二等分过程对应于二次破裂，原发性和继发性碎片化产生的碎片无法区分。此外，受单元二次分裂影响的任何初始镶嵌体将在一定限度内产生$\bar{\boldsymbol{v}}=4$ 的碎片。因此，期望与全局图中的线$\bar{\boldsymbol{v}}=4$ 相关联的初始镶嵌体是2D碎片中的吸引子（attractor），并且期望平均角度是直角（图3-3），这里称之为柏拉图吸引子。另一方面，3D初始镶嵌体（如岩石露头）的平面部分本身就是2D初始镶嵌体（图3-3）。

第二类重要的样式是沃罗诺伊镶嵌体，在平均意义上是六边形［$\bar{\boldsymbol{n}}$，$\bar{\boldsymbol{v}}$］=［3，6］。它们占据了2D全局图表的峰值（图3-4）。通过测量各种自然2D镶嵌体，它们都位于上述等式允许的全局图表范围内。接近柏拉图式（$\bar{\boldsymbol{v}}=4$）线的镶嵌体包括已知或怀疑在主要和/或次要断裂下出现的样式：岩石节理、泥裂缝、多边形冻土。值得注意的是，沃罗诺伊吸引子附近的镶嵌体包括泥裂缝，还有地球的构造板块、微板块。

众所周知，六边形镶嵌体出现在受反复破裂和愈合循环影响的系统极限内（图3-4）。因此，这里认为沃罗诺伊镶嵌体是2D中的第二个重要吸引子。柱状节理的水平切面也属于该几何类别。然而，正如下面讨论的，它们的演化自然是3D的。

众所周知，地球的构造板块、微板块几乎只在“Y”形交界处相遇。然而，关于这种“构造镶嵌”是完全由地表或板块碎裂形成，还是包含了地幔动力学的结构特征，仍存在争议。这里将构造板块、微板块结构视为二维凸面镶嵌体，将地壳视为薄壳，可以发现［$\bar{n}$，$\bar{v}$］=［3.0，5.8］，这些数字非常接近沃罗诺伊镶嵌体。事实上，［$\bar{n}$，$\bar{v}$］=［3.0，5.8］与［$\bar{n}$，$\bar{v}$］=［3，6］的微小偏差是因为地球表面是一个球面，而不是平面。虽然该分析无法解决地表/地幔耦合问题，但构造镶嵌体的几何结构与由脆性断裂和愈合事件组成的演化或通过热膨胀产生的开裂是相一致的。

其他自然2D镶嵌体投影在柏拉图吸引子和沃罗诺伊吸引子之间（图3-4）。这些景观模式或样式可能包括泥和多年冻土的裂缝，要么最初形成规则的初始镶嵌体，要么处于朝向沃罗诺伊吸引子演化的不同阶段；或者是通过次级断裂或裂缝向柏拉图吸引子演化的沃罗诺伊镶嵌体。然而，对于多年冻土中的镶嵌体，除断裂或裂缝作用以外的其他机制（如对流）也可能起了作用。

（2）向3D镶嵌体的扩展

没有类似于上述方程式中定义全局图表的$p=1$线的3D凸面镶嵌体公式。然而，存在一个具有强大数学基础的猜想，目前这个猜想只适用于规则镶嵌体。这里将调和度定义为$\bar{h}=\bar{n}\bar{v}/(\bar{n}+\bar{v})$。推测是$d<\bar{h}\leqslant 2^{d-1}$，其中$d$是系统维度。对于二维镶嵌体，得到了已知的结果$\bar{h}=2$，与上述等式中替换项的$p=1$一致。

在3D中，该猜想相当于$3<\bar{h}\leqslant 4$，预测所有规则3D凸面镶嵌体位于符号［$\bar{n}$，$\bar{v}$］平面的窄带内（图3-5）。绘制各种经过充分研究的周期性和随机3D镶嵌体，可确认所有这些镶嵌体确实局限于预测的3D全局图（图3-5）。与2D情况不同，这里无法在大多数自然3D系统中直接测量。然而，可以测量多面体单元（碎片）：面和顶点的平均数。［$\bar{f}$，$\bar{v}$］的值可以绘制在称之为欧拉平面的地方，在这里，包围相容域的线对应于简单多面体（图3-5左上），其中顶点与三条边和三个面相邻，它们的双多面体具有三角面（图3-5左下）。简单多面体作为镶嵌体单元出现，其中的交点是普遍性的，即最多三个平面在一个点相交，这不允许$\bar{v}$为奇数值。

与二维一样，三维规则初始镶嵌体是通过相交全局平面创建的。这些镶嵌体占据了3D全局图（图3-5）上的点［$\bar{n}$，$\bar{v}$］=［8，8］。规则初始镶嵌体的单元具有长方体平均值［$\bar{f}$，$\bar{v}$］=［6，8］。这是柏拉图吸引子，在全局图中用$\bar{v}=8$红色虚线表示。3D与2D沃罗诺伊镶嵌体相似，与一些随机过程定义的沃罗诺伊镶嵌体细分相

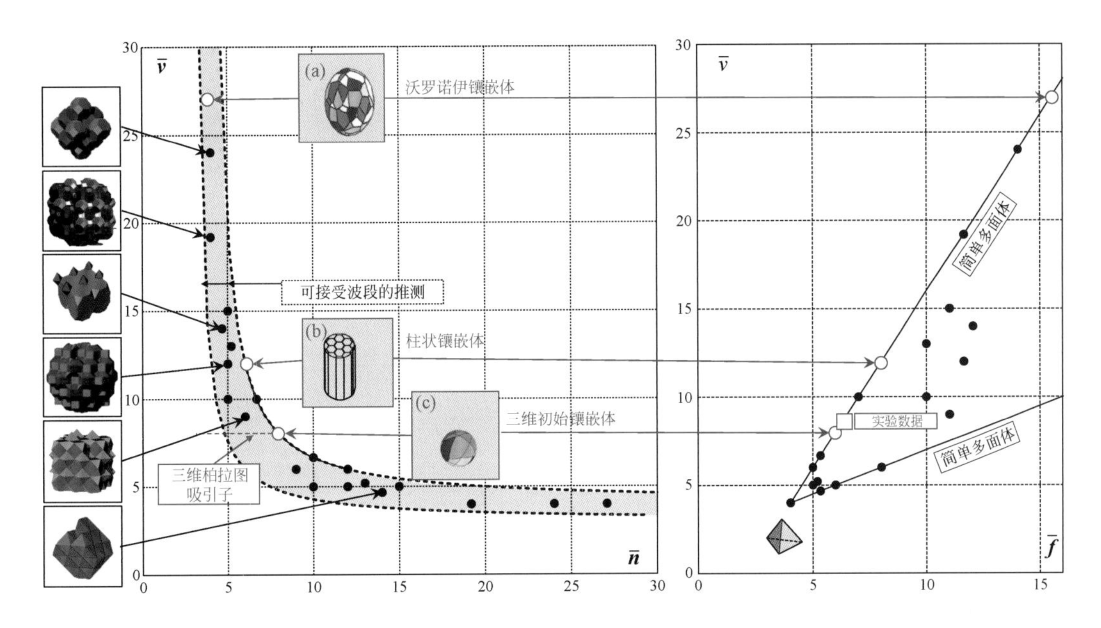

图 3-5　三维镶嵌体全局图（Domokos et al., 2020）

共有 28 个均匀蜂巢，它们的对偶、泊松-沃罗诺伊、泊松-德洛奈和初始随机镶嵌体绘制在参数平面上。左图为 $[\bar{n}, \bar{v}]$ 平面，其中，连续的黑线对应于棱柱镶嵌体。灰色阴影区标记了基于推测 $d<\bar{h}\leqslant 2^{d-1}$ 的预测域。右图为 $[\bar{f}, \bar{v}]$ 平面，其中黑色直线对应于简单多面体（顶部）及其对偶体（底部）；对于四面体 $[\bar{f}, \bar{v}]=[4, 4]$，这两者是相同的。图 3-5 中突出显示的镶嵌体在两个图版上都用红色圆圈标记：3D 沃罗诺伊镶嵌体（a），柱状镶嵌体（b），三维初始镶嵌体（c）

关联。如果后者是泊松过程，那么得到 $[\bar{n}, \bar{v}]=[4, 27.07]$，$[\bar{f}, \bar{v}]=[15.51, 27.07]$（图 3-5）。

棱柱镶嵌体可通过将二维样式为底面沿法线方向延伸来创建。由 2D 初始镶嵌体构建的棱柱镶嵌体具有长方体的平均值，在统计上等同于 3D 初始镶嵌体。从 2D 沃罗诺伊底面创建的棱柱状镶嵌体就是所说的柱状镶嵌体，它具有不同的统计特性：$[\bar{n}, \bar{v}]=[6, 12]$，$[\bar{f}, \bar{v}]=[8, 12]$。因此，两种主要 2D 样式的三种自然延伸主要是 3D 初始镶嵌体、3D 沃罗诺伊镶嵌体和柱状镶嵌体。

规则初始镶嵌体似乎是脆性材料初始破裂产生的主要 3D 样式。动态脆性破裂在二次破碎化过程中产生二次破碎，推动 3D 平均值 $[\bar{f}, \bar{v}]$ 朝向柏拉图吸引子演变，如自然界最常见的岩石破裂（图 3-3 和图 3-5）。另外，两个 3D 镶嵌体似乎需要更特殊的条件才能在自然界中形成，如由大型玄武岩岩体冷却形成的柱状节理（图 3-6B），似乎对应于柱状镶嵌体，在这个系统中，六边形排列和向下（正常）穿透裂缝是能量释放最大化的结果。所知 3D 镶嵌体的唯一潜在例子是间隔节点，如著名的 Moeraki 巨砾（图 3-5），其内部胶结作用具有复杂的生长和压实历史，并包含与表面相交的内部裂缝。与初始镶嵌体类似，3D 镶嵌体与曲面的交面是 2D 镶嵌体。

(3)初始破裂模式与应力场

假设初始破裂模式或多或少与不同的应力场有成因联系。在二维均匀应力场中，可以用特征值$|\sigma_1| \geqslant |\sigma_2|$描述应力张量，并用无量纲参数$\mu = \sigma_2/\sigma_1$和$i = \mathrm{sgn}$($\sigma_1$)表征应力状态，其相容域为$\mu \in [-1, 1]$(由于$i = \pm1$，它被双重覆盖的)。在3D中，这对应于特征值$|\sigma_1| \geqslant |\sigma_2| \geqslant |\sigma_3|$，应力状态$\mu_1 = \sigma_2/\sigma_1$，$\mu_2 = \sigma_3/\sigma_1$，$i = \mathrm{sgn}$($\sigma_1$)，域$\mu_1$，$\mu_2 \in [-1, 1]$，$|\mu_1| \geqslant |\mu_2|$(由于$i = \pm1$，故它是双倍覆盖的，图3-6)。从这些应力场参数到全局图表中合成裂缝镶嵌的位置有一个独特的图，这里，$\bar{\boldsymbol{v}}(\mu, i)$称之为力学样式生成器(结果可等效于构造地质学中常用的弗林图)。二维样式生成器由单个标量函数$\bar{\boldsymbol{v}}(\mu, i)$(和$\bar{\boldsymbol{n}}$可从上述等式计算)描述，即使是在2D中计算全样式生成器超出了这里的范围，三维样式生成器也可由标量函数$\bar{\boldsymbol{n}}(\mu_1, \mu_2, i)$、$\bar{v}(\mu_1, \mu_2, i)$、$\bar{f}(\mu_1, \mu_2, i)$描述。相反，可以对一系列场景或样式进行通用离散单元法模拟，以解释上述重要的主要镶嵌样式。

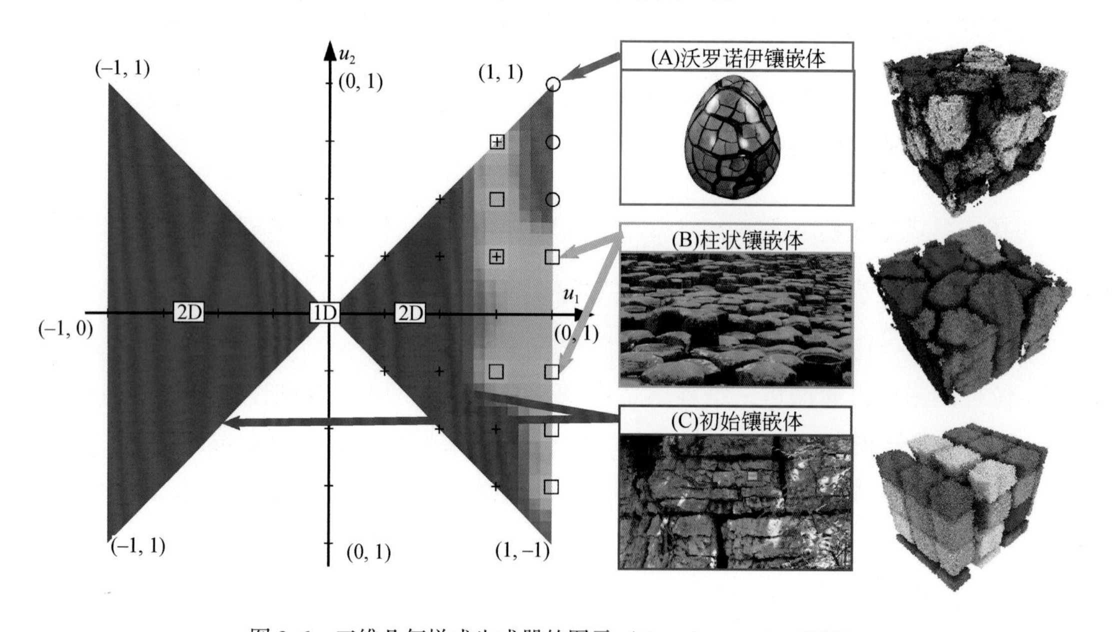

图3-6 三维几何样式生成器的图示(Domokos et al., 2020)

左图[μ_1, μ_2]平面的$i=1$象限内，颜色(符号)表示74个离散单元法模拟中观察到的样式，标记的晶格点与多个模拟关联；蓝色区+为初始的；绿色区方形为柱状；红色区圆圈为沃罗诺伊镶嵌体。重叠区颜色(符号)表示中间镶嵌体样式。右图中为模拟和现场示例，(A)在$\mu_1 = \mu_2 = i = 1$处的3D沃罗诺伊型镶嵌体，显示了所有水平截面上符合二维沃罗诺伊型镶嵌体的表面样式以及所示间隔节点的表面样式；(B)柱状镶嵌体在$\mu_1 = 1$，$\mu_2 = 0$，$i = 1$时，平面样式为二维沃罗诺伊型镶嵌体，而平行垂直线垂直于表面延伸，这两条线与所示玄武岩柱状节理的观察结果一致；(C)$\mu_1 = -0.5$，$\mu_2 = -0.25$，$i = 1$时的三维初始镶嵌体，注意所有剖面样式与2D初始镶嵌体一致，也与图示岩石上的裂缝样式一致

在2D中，发现纯剪切产生规则的初始镶嵌体(图3-4)，这意味着$\bar{\boldsymbol{v}}$(-1, ±1)≈4，这对应于柏拉图吸引子。相反，静水张力产生规则的沃罗诺伊马赛克(图3-4)，使

得 $\bar{v}$（1，1）≈6，为沃罗诺伊吸引子。两者都符合期望。

在3D中，首先在［μ_1，μ_2］对应于剪切、均匀2D拉伸和均匀3D拉伸的位置对强硬材料进行离散单元法模拟（［−0.5，−0.25］，［1，−0.2］和［1，1］）。由此产生的镶嵌体显示了脆性材料的预期破裂模式：初始镶嵌体、柱状镶嵌体和沃罗诺伊镶嵌体（图3-6）。为了获得3D样式生成器的全局图（尽管是近似的），必须开展附加的离散单元法模拟，在9×9（$\Delta\mu=0.25$）网格上对 $i=+1$ 和 $i=-1$ 的应力空间均匀采样。构造样式生成器在应力状态空间中划分了三种主要破裂模式的边界（图3-6）。这一空间的大部分被初始镶嵌体占据，这也是在负体积应力下产生的唯一样式。这种压应力条件在天然岩石中普遍存在。就出现频率而言，柱状镶嵌体是次要的；它们在应力空间中占据一条狭窄的条带。最罕见的是沃罗诺伊镶嵌体，它只出现在应力空间的一个角落（图3-6）。对于使用较软材料模拟，分隔三种样式的边界有所改变，但其排序没有改变。这些初始裂缝镶嵌体作为次生裂缝的初始条件。虽然离散单元法模拟没有模拟二次破裂，但二次破裂将任何初始镶嵌体推向具有长方体平均值的不规则初始镶嵌体，强化了柏拉图吸引子的强度。

（4）自然3D碎片的几何结构

基于样式生成器（图3-6）预计，自然3D碎片的平均应具有长方体属性，［$\bar{f}$，$\bar{v}$］=［6，8］。为了验证这一点，Domokos 等（2020）从岩石露头收集了556颗风化白云石（图3-7），并测量了它们的 $\bar{f}$ 和 $\bar{v}$ 值，确认了其物质和附加形状描述符，并发现了惊人的一致性：测量的平均值［$\bar{f}$，$\bar{v}$］=［6.63，8.93］在理论预测的12%范围内，f 和 v 的分布集中在理论值周围。此外，v 的奇数值远低于偶数值，说明天然碎片近似于简单多面体（图3-7）。这些结果可视为对假设的直接确证，同时，由此也可见到天然数据显著的可变性。

为了更好地理解碎片形状的完整分布，这里使用规则和不规则初始镶嵌体的几何模拟。切割（cut）模型通过将初始立方体与全局平面相交，将规则初始镶嵌体模拟为主要破裂样式（图3-7），而破碎（break）模型模拟了次级破碎过程产生的不规则初始镶嵌体。使用三个参数将这两个模型与形状描述符的数据进行拟合：一个用于材料分布的截止值，另外两个用于解释实验方案中的不确定性。对应于中等不规则初始镶嵌的最佳拟合模型产生的拓扑形状分布，非常接近自然碎片的拓扑形状分布（平均值［$\bar{f}$，$\bar{v}$］=［6.58，8.74］）。Domokos 等（2020）还分析了先前收集的一个更大数据集（3728个颗粒），其中包含各种材料和形成条件。尽管前人未报道 f 和 v 的值，但经典形状描述符的测量值可用于拟合切割模型和破碎模型。其非常好的一致性（R^2>0.95）进一步证明天然3D碎片主要由二次分裂形成。最后，在切割模型中，当产生更多碎片时，3D初始破裂镶嵌体表现出向柏拉图吸引子的渐近收敛（图3-7）。

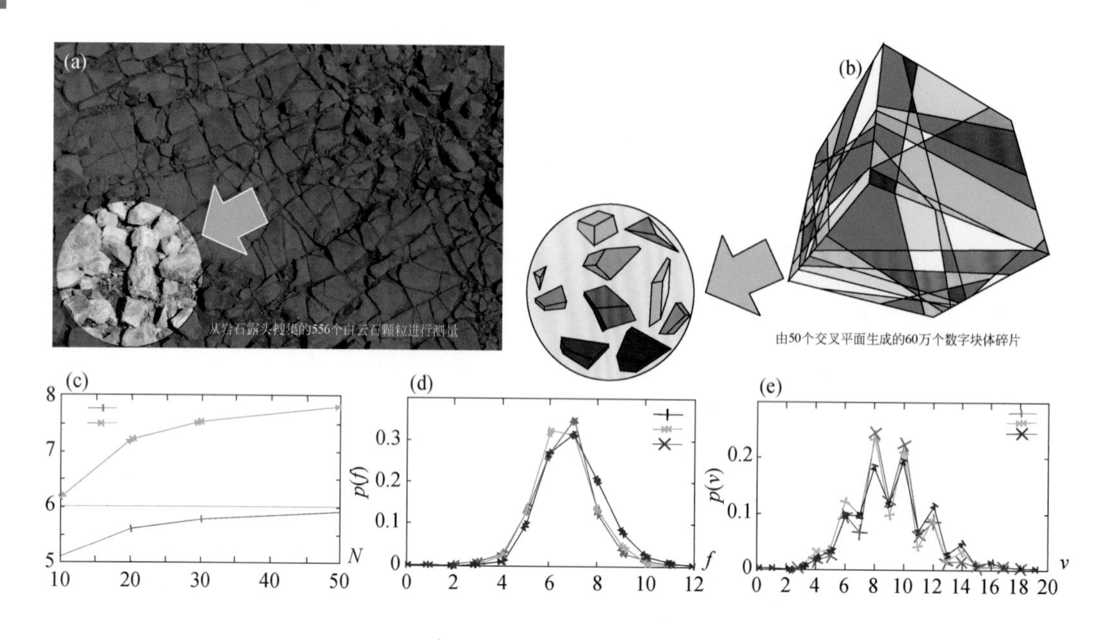

图3-7 天然岩石碎片和几何建模（Domokos et al.，2020）

（a）匈牙利Hrmashatrhegy的白云石岩石露头，从中取样并测量其底部堆积的天然碎片；（b）为切割模型中有N=50个相交平面和从所产生的600 000个碎片中提取的数字化碎片（插图）；（c）表示了随着N的增加，平均面数和顶点数（f和v）的演化分别向8和6的长方体值收敛；（d和e）为天然白云石碎片的f和v的概率分布以及切割和破碎模型的拟合

凸面镶嵌体理论的应用和扩展提供了一个窗口，可将所有破裂镶嵌体及其产生的碎片组织成一个几何全局图。在这张全局图表中，有些吸引子，是由破碎机制产生的。柏拉图吸引子在自然界中占主导地位，因为二次分裂是最普遍的切割机制，在2D中，产生对应于总体为四边形的单元；在3D中，产生对应于总体为长方体的单元，这也是微板块常见的形态。值得注意的是，随机相交平面的几何模型可以准确地再现天然岩石或地质体碎片的完整形状分布。这些发现说明了柏拉图立方体地球模型的非凡预见性。然而，人们不能直接“看到”柏拉图的立方体；相反，它们的映射出现在许多碎片的统计平均值中。自然界中，其他镶嵌体样式的相对稀少，表明这一规律还有例外。沃罗诺伊镶嵌体是2D系统中的第二类重要吸引子，如泥裂缝，其中，静水张力或裂缝愈合形成六角形单元。这种情况在自然3D系统中很少见。因此，柱状镶嵌体仅在特定应力场下出现，该应力场与定向冷却下经历收缩的标志性玄武岩柱状节理一致。3D沃罗诺伊镶嵌体需要非常特殊的应力条件，3D静水张力，可能描述罕见且不为人所知的间隔节点。

研究表明，地球构造镶嵌体的几何结构与已知的与板块构造有关的碎片化过程（图 3-4）是一致的。这打开了从观察到的破裂镶嵌以约束应力历史的可能性。深空探测正在积累越来越多的来自不同行星的2D 和3D 破裂镶嵌图（图3-2）。表面镶嵌的几何分析可能会为行星动力学提供信息，如冥王星的多边形表面［图 3-2（c）］是脆性破裂还是剧烈对流的结果。另一个潜在应用是，使用 2D 露头来估计岩体中节理网络的 3D 统计数据，这可能会增强对落石危险和流体流动的预测。

以上所述都是碎片的形状分析，但凸面镶嵌理论也能够预测碎片产生的粒度分布，这可应用到更为广泛的地球物理问题中去。例如，沉积颗粒的生命周期是自然界几何学的显著表现。此外，宇宙中碎片化的小行星视为一个立方体，在沿着轨道的运动过程中变圆，尽管不如预期圆，但其鹅卵石形状表现出 gömböc 演化趋势（图 3-8）。这些理想化形状之间的数学联系，以及它们在自然界中的反映，既在意

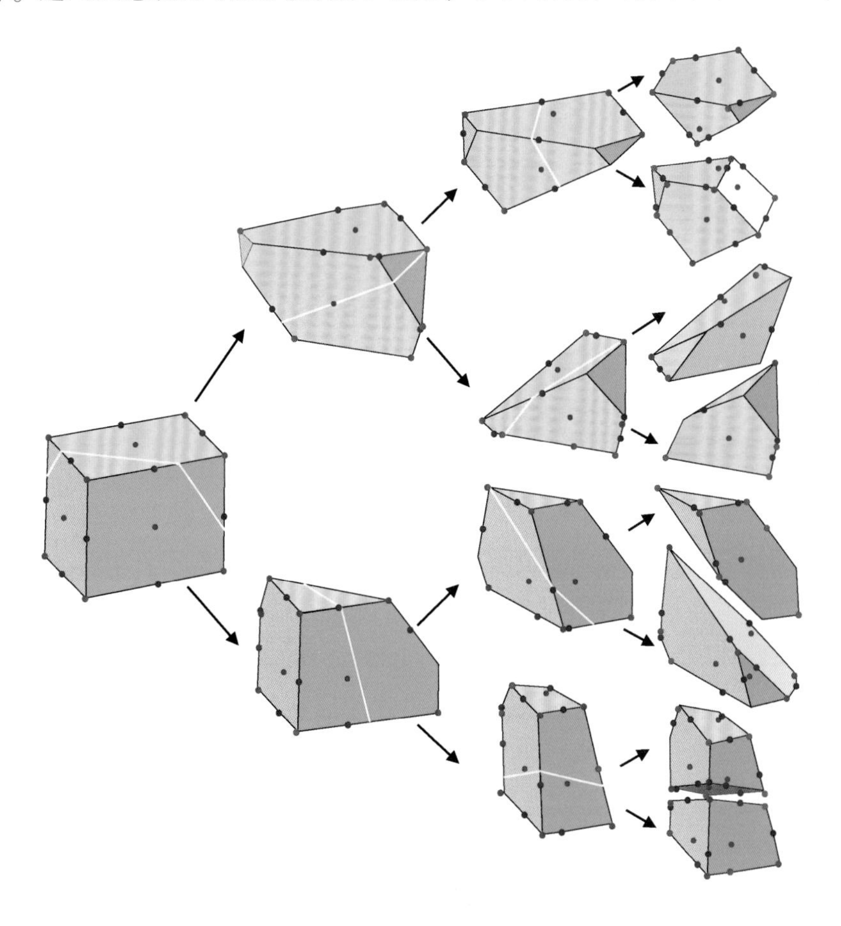

图 3-8　扩展模型（多面体模型）的破裂机制（Domokos et al.，2020）

该图显示了三步分割过程的算法。多面体碎片总是沿着穿过物体质心的裂纹平面以随机方向断裂成两块。不同类型的平衡性标注为特征的不同颜色：红色表示稳定点在凸多面体的面中间，而紫红色代表顶点中的不稳定点，在边棱中间的蓝色点称为鞍点

料之中，又出乎意料。对这些关联的进一步研究可能有助于深刻洞察自然界几何形态的本质。

(5) 镶嵌体复杂性与形成机制

固体破碎产生的碎片形状是各种问题的核心，这些问题涉及微板块形成、巨砾沉积地貌演变到环绕地球的空间碎片形成。尽管碎片物质的统计数据显示了普遍的尺度缩放行为，但碎片形状的综合表征仍然是一个基本挑战。通过对缓慢风化和由于爆炸和锤击而快速破碎的各种材料进行实验研究，Domokos 等（2015）证明，无论物质组成和加载条件如何，碎片形状都有惊人的共性，与碎片大小具有相同的普适演化规律，但存在一个临界尺寸，低于该尺寸的碎片具有各向同性形状；且随着尺寸的增加，指数收敛到一个独特的拉长形态。一块离散碎片的随机模型只需调整一个参数，即可再现碎片的大小和形状，从而增强了标度定律的普遍有效性。形状选择机制的关键依赖碎片线性延伸的裂缝平面方向概率。

非均质脆性材料的破碎过程发生的时间尺度宽泛，从缓慢老化的风化剥蚀到岩石快速崩碎。这两种情况下，控制裂纹的机制有很大不同，但是，它们都会导致具有锐边的多面体形状的碎片。实验表明，在所研究的最大尺寸范围内，碎片的质量和形状具有惊人的共性；碎片的质量分布具有临界指数的幂律函数形式。测量的指数与定义这些过程普遍性类别的三维裂纹分支聚合情景一致。碎片形状的尺寸依赖性表现出从小碎片的各向同性形状，向大碎片的各向异性形状的一般指数收敛。在特征尺寸以上，所有碎片的整体形状可以通过尺寸为 1 : 1.56 : 2.32 的矩形很好地近似。在自然界中，碎裂过程是岩石破裂的主要机制，然后，由于风化或碰撞引起的磨损（如河床），碎片经历了长期的形状演化，为全面了解观察到的卵石和巨砾的形状及其统计数据，需要详细了解演化的初始形态。根据这个发现，具有幂律分布质量的初始构型碎片中磨损过程的实验和建模方法，都应考虑总体纵横比的设置。通过研究碎片稳定和不稳定平衡的统计数据，Domokos 等（2015）发现，除了整体几何特征外，还可以定量地掌握多面体碎片形状的复杂性。所得标度定律的有效范围一方面通过碎片的临界延伸给出，另一方面通过统计碎片大小范围给出。产生更细粒度或更大碎片的破碎过程，可能具有更高的几何复杂性。这项研究中，材料具有脆性机械响应和介观尺度的高度无序性，这决定了碎片形状的普遍性类型。

Domokos 等（2015）的实验仅限于三维块状固体，对封闭壳体（如火箭燃料容器）产生空间碎片的破裂过程，预测了碎片的自仿射形状，即较大的碎片更细长，伴随着不同形状的壳体碎片出现频率呈现为幂律衰减。Domokos 等（2015）没有发现任何自相似性的痕迹。此外，统计数据证明碎片形状具有指数衰减规律。将三维块状固体与局部二维壳体进行比较表明，碎片形状的选择机制受到碎片对象几何结构和嵌入空间维数的强烈影响。Domokos 等（2015）提出的这个碎片简单随机模型，很好地定量描述了所有实验结果，甚至包括碎片平衡点的统计。在常见情形下，结果的一致性意味着其具有广泛的有效性和影响力。在该模型中，碎片的所有几何特征均由单个参数 a 控制，即根据主体的线性延伸选择裂纹平面方向的概率 pc 的幂律指数。多面体模型证明 $a=1$ 是物理相关指数，而 a 的其他值仅补偿了由碎片几何定义线性延伸的偏差。总之，某个微板块可能因几何形态的复杂性、演化过程的长久性，及其与周边多个微板块或大板块之间存在的多种复杂相互作用，实际的微板块三维几何形态可能非常复杂。开展微板块构造三维描述的过程中，每个微板块形状越复杂，边界就会越多，可能会遇到多个微板块相互制约的动力学问题，也会遇到多个立体三节点或多节点稳定性问题，值得深入探讨。

3.2 微板块边界类型

3.2.1 传统板块构造边界类型

(1) 两个板块之间的三种边界

整个板块体系作为地球岩石圈尺度一级构造单元，总体在软流圈之上滑动，其底面或侧面边界发生应变，大部分应变能会集中在板块边界，并通过地震过程释放出来，在传递力的同时，成为控制地质事件中的重要角色。同时，板块在其边界或板缘会诱发深熔作用、流岩反应、岩浆活动、成矿聚集、变质变形、地震灾害及独特地貌格局等。

震源激发的地震波本身就携带着关于一个板块相对于另一个板块运动方向的重要信息。分析由全球标准地震台网记录的地震信息，可得到板块之间相互作用的三种运动形式：离散、汇聚和相互之间的转换或走滑平移。这三种作用方式对应的主导应力分别是拉张、挤压和剪切力（李学伦，1997）（图 3-9）。因此，根据板块边界上的应力分布特征，参考其地质、地貌、地球物理及构造活动特点，两个板块之间的边界传统上划分为三种基本类型（图 3-9）。

1）拉张型板块边界。地球上的巨型张裂带构成的全球裂谷系统，按其所处位置，可进一步分为大陆裂谷和洋中脊裂谷（或称中央裂谷）。传统板块构造理论只认为洋中脊裂谷是板块边界，而在微板块构造理论中，大陆裂谷有时也可看作微板块边界。从运动学角度，由于两板块之间受拉张力的作用，一般发生伸展作用，两板块相背分离运动，故这类板块边界又称为离散型或分离型板块边界；洋中脊中央

板块边界类型	拉张型	挤压型	剪切型
板块运动类型	扩张	俯冲	走向滑动
构造效应	建设性的(洋壳增生)	破坏性的(洋壳消亡)	物质守恒(既无增生也无消减的岩石圈)
地形特征类型	洋中脊/裂谷(Ridge, R)	海沟(Trench, T)	无显著特征(Fault, F)
火山活动类型	是	是	否

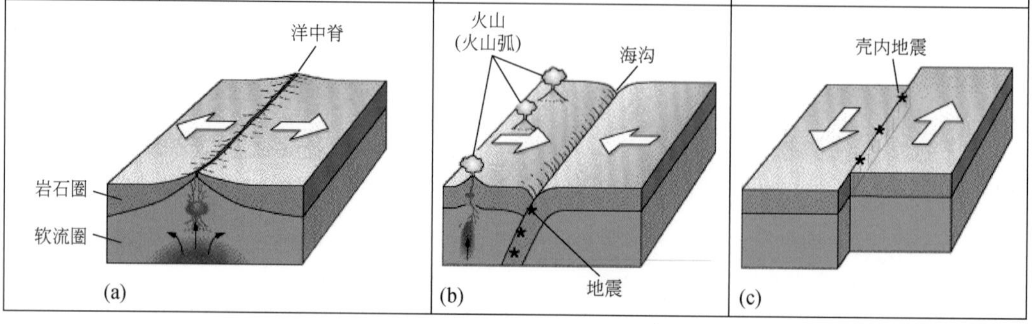

图 3-9　传统板块构造边界的三大类型

裂谷带是两个板块离散即分离扩张的中心，当两侧岩石圈分离、拉开，地幔物质上涌，基性–超基性岩浆不断补给、冷凝，形成新的大洋岩石圈，继而添加到向两侧分离运动的板块后缘，因而这类板块边界也可称为板块增生边界或建设性板块边界；岩浆增生作用使两侧板块的面积反对称扩展增大，因此这类板块边界亦可称为扩展型板块边界［图 3-9（a）］。

2）挤压型板块边界。从力学角度，挤压型边界两侧的板块之间以挤压作用为主。从运动学角度，边界两侧的板块相向运动，向一起聚集、汇合，故这类边界又称汇聚型或聚敛型板块边界。由于自拉张型板块边界形成的新生岩石圈，经远距离运动后，会沿汇聚型板块边界消亡，故这类边界又称为消亡型或破坏型板块边界［图 3-9（b）］。在挤压力作用下，板块两两聚合也会触发地震，地震活动以逆掩断层型为主，构造活动强烈、过程复杂、作用的板块对象变化，决定了这类板块边界的复杂性。为了区分这些细节，该类型边界也可进一步分为两个亚类：若大洋板块在海沟处俯冲，潜没于另一大陆或大洋板块之下，这类作用边界称为俯冲型边界，即俯冲带，现代俯冲型边界主要分布在太平洋周缘；随着大洋板块俯冲殆尽，两侧大陆板块靠近，并最终相遇汇聚，进而碰撞，这类作用边界称为碰撞型边界，即缝合线。

3）剪切型板块边界。剪切型板块边界指两个板块相互剪切滑动的边界，相邻两板块沿此边界彼此向相反方向滑动，其应力场以剪切作用为主，包括转换断层和深大走滑断层两大类。在传统板块构造理论中，走滑断层不被认为是板块边界，但在微板块构造理论中，切割岩石圈的走滑断层可以为微板块边界，如新生代期间右行错断华北和华南板块的郯庐断裂、新生代期间左行错断印支板块和华南板块的红河断裂，等等。转换断层是一种切穿岩石圈，并协调相邻板块间运动的断层。它们多数垂直并分割洋中脊，在地貌上，表现为长而平直的破裂地带和“地堑型”谷地。传统上认为，在这类边界处，既没有物质的增生，也没有物质的消减［图 3-9(c)］，因而也称为守恒型板块边界。然而，研究表明，转换断层两侧不仅仅地质体年龄略有差别，而且沿其断层处也有岩浆泄漏与增生。正如第一章所述，一些转换断层两侧板块不一定发生相对运动，这与传统认识也有巨大出入，即某些转换断层不控制地震，没表现出活动性，只是转换断层两端的其他构造单元演化导致其形成，尽管如此，其依然是分割性板块边界。

（2）三个板块之间的边界组合类型与三节点

除上述两个板块之间的边界类型外，在板块分布图上还可看到三条板块边界相交于一点的现象，这一个交点叫作板块三节点，也有人称为三联点。相接于三节点的板块边界可以是 R、T 或 F 边界（图 3-9）的不同组合，三个板块相交的三条边界实际上存在多种差异组合，因而，理论上应存在 27 种三节点，但常见的有 16 种组合关系（表 3-1）。考虑到三节点的稳定性，现今板块构造中只出现了 7 类：RRR、TTT、TTF、FFR、FFT、RTF 和 RRT，不稳定的三节点多数被消除了。板块三节点在（微）板块构造运动学研究中具有重要价值。正如前文所述，若从三维角度和微板块构造角度，未来还可能面临多节点问题，例如四节点（quadrupule junction）(Hey and Milholland，1979)。

微板块边界类型丰富，可达 20 种，如此，理论上应存在 $20\times20\times20=8000$ 种三节点，筛除一些重复的类型，还是远远大于大板块之间三节点类型数目的 27 种，这必将决定微板块运动学的多样性比大板块运动学的多样性要丰富。这些微板块之间除了作水平上的背离、汇聚和剪切运动外，也可以发生水平旋转和垂向升降等运动。在力学上，除了拉张、挤压和剪切应力外，微板块之间也可处于压扭、张扭等应力状态。在成分上，微板块边界既可以是力学界面、成分界面，也可以是相变面和化学界面等。鉴于微板块边界结构和组成的多样性和复杂性，难以从单一角度建立其划分标准。本书只侧重主体组成成分，即从微板块三大组成类型角度出发，讨论两两微板块之间的独特边界类型，对于 R、T 和 F 三种传统板块边界不予赘述；对于可能的上千种微板块三节点，因其过于复杂，且篇幅有限，本书也不予讨论。

表 3-1　三个（微）板块间的 16 种三节点类型

类型	几何形状	速度矢量	稳定性	举例	类型	几何形状	速度矢量	稳定性	举例
RRR	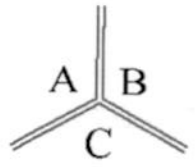	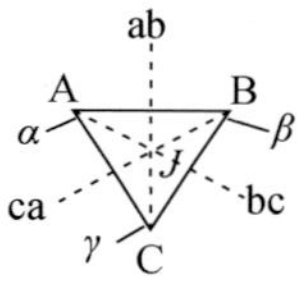	各个方向都稳定	东太平洋海隆，加拉帕戈斯隆起区，东北太平洋太磁弯	TTR(c)		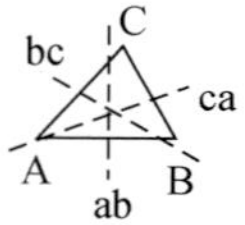	当 ab，bc，ac 之间的夹角相等或 ac，bc 成一直线时将会达到稳定	
TTT(a)	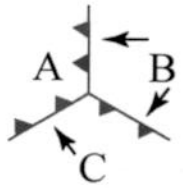	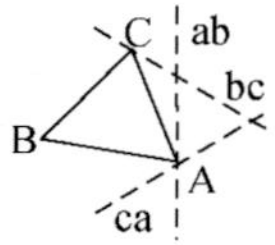	如果 ab，ac 成一直线或 bc 平行与滑动向量 CA 将会稳定	日本中部	TTF(a)		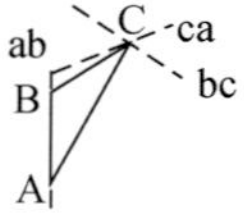	如果 ac，ba 成一直线或 C 位于 ab 上将会达到平衡	秘鲁-智利海沟和西智利海脊的交汇处
TTT(b)	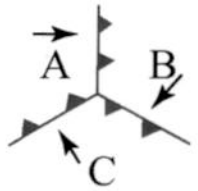	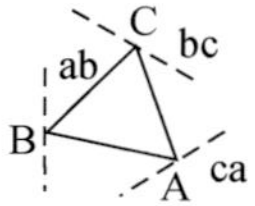	如果 ab，bc，ac 交于一点将达到稳定		TTF(b)		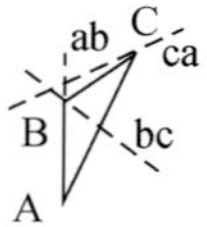	如果 bc，ab 成一直线或 ac 经过 B 将会达到稳定	
FFF		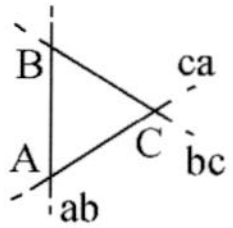	不稳定		TTF(C)		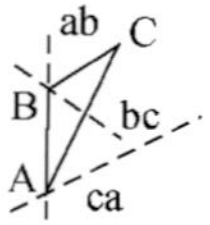	如果 ab，ac 或 ab，bc 成一直线时将会达到稳定	
RRT		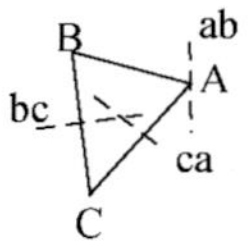	ab 一定通过三角形 ABC 的重心		FFR	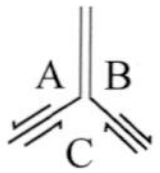	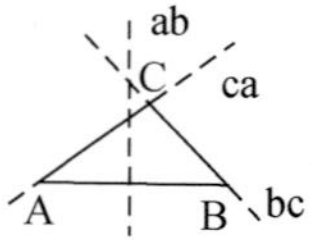	如果 C 位于 ab 上或 ac，bc 成一直线将会达到稳定	欧文断裂带与贾斯珀海脊、西智利海脊和东太平洋海岭

续表

类型	几何形状	速度矢量	稳定性	举例	类型	几何形状	速度矢量	稳定性	举例
RRF		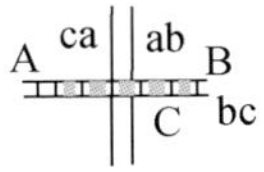	不稳定：演化到FFR		FFT	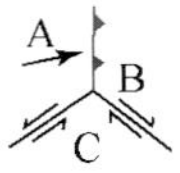	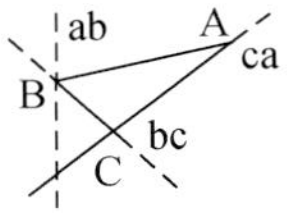	如果 ab，ac 或 ac，bc 成一直线将会达到稳定	圣安德烈斯断层和门多西诺破碎带
TTR(a)	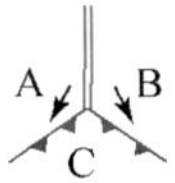	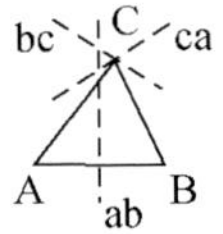	如果 ab 通过 C 或者 ac，bc 还成一直线将达到稳定		RTF(a)	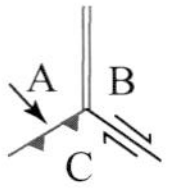	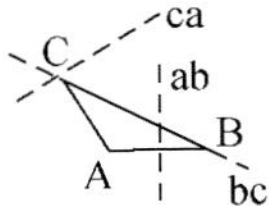	如果 ab 经过 C 或 ac，bc 成一直线时将会达到稳定	加利福尼亚湾
TTR(b)	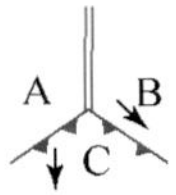	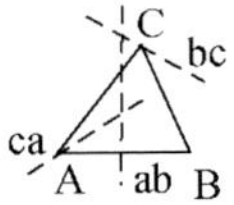	如果 ab，bc，ca 交于一点将达到稳定		RTF(b)	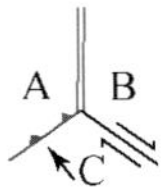	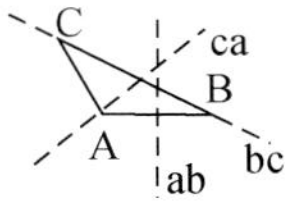	如果 ac，ab 与 bc 相交时将会达到稳定	

注：板块空间、边界几何空间、速度空间作图方法和步骤如下：第一步，从板块空间中引出平行线，用虚线画出两两板块（如 A、B 板块）之间的 T、F 或 R 边界，并标记为两两板块之间的边界代号（如 ab），形成边界几何空间；第二步，在边界几何空间中，叠加速度空间（即速度三角形），首先在几何空间中，根据两两板块的相对速度方向和大小，在速度空间中，用实线画出两两板块（如 A、B 板块）之间的速度线段，并命名端点（如 A 板块向 B 板块运动，则 A 点为板块 A 的运动起点，B 点为 A 板块相对于静止板块 B 的运动终点），依此类推，形成一个速度三角形，速度三角形的夹角为三个板块两两之间相对速度方向之间的夹角，注意，不是板块边界之间的夹角；第三步，在几何空间和速度空间叠合图中，调整板块几何边界位置，对于俯冲带 T，将板块几何边界的虚线挪到速度三角形的每条速度线段的运动终点（即相对静止的板块标记符号），但对于洋中脊 R，应将板块几何边界虚线垂直挪到速度三角形的相应速度线段（大体平分线位置），对于转换断层 F，应将板块几何边界虚线与速度三角形的相应速度线段平行重合。

资料来源：Mckenzie and Morgan，1969

3.2.2 微陆块和微洋块边界类型

根据定义，微陆块和微洋块隶属于岩石圈层次的微小板块。其边界类型，除 R、T 和 F 三种传统板块边界外，还包括切割岩石圈的拆离断层和走滑断层、变换断层、假断层、破碎带、叠接扩张中心、非叠接扩张中心、非转换断错等多种类型。

（1）拆离断层

拆离断层（detachment fault）是 20 世纪 70 年代末至 80 年代初，在北美西部科迪勒拉造山带中发现的一类特殊伸展构造。拆离断层又称滑脱断层或剥离断层，是指在区域伸展作用下沿不整合面滑脱，尤其是沿基底与盖层之间不整合面滑脱而形成的大型平缓正断层。这种断层与一般正断层不同，其主断面产状平缓，沿断层面常常发育糜棱岩系；断层上盘多是年轻的沉积岩和浅变质岩，以正断层分割的叠瓦式或多米诺骨牌式脆性断块组合为主，断层下盘由塑性变形的基底变质岩和侵入岩等组成。这套构造组合在陆内或陆缘称之为变质核杂岩（metamorphic core complex），在海底称之为海洋核杂岩（oceanic core complex），两者除岩石物质组成和变质程度、变形机制差异外，几何结构完全相似。如果洋脊增生系统的海洋核杂岩作为微幔块的话，受控于拆离断层的变质核杂岩也应当是拆离型微陆块的一种类型，但后者一般不予考虑划分为微陆块，而相关的远距离脱离母体陆块的地质体可划归微陆块。

当前，除在诸多碰撞造山系统中已发现了和北美科迪勒拉区相似的变质核杂岩外，在全球多数俯冲消减系统内也发现了此类构造，从而被认为是后造山伸展的代表性构造（Whitney et al.，2013）。可见，拆离断层控制的拆离型微板块可以出现于各种构造环境。

A. 碰撞造山系统的伸展型韧性剪切带或拆离断层

对于全球造山带变质核杂岩的大量研究表明，它们常形成于造山带地壳增厚背景下，造山带的后期伸展活动伴随着下地壳流动或重力垮塌（Teyssier et al.，2005；Tirel et al.，2008）。典型的造山带变质核杂岩也称为科迪勒拉型（Cordillera-type）变质核杂岩，不同流动体制的脆性上地壳与韧性的中-下地壳之间有一条系统的分界，沿伸展型韧性剪切带或拆离断层出现，最终，伸展运动与均衡隆升共同作用使中-下地壳剥露地表，并实现上地壳的完全拉断（图 3-10）。这种大规模、远距离伸展作用可导致上盘多米诺式断块沿拆离断层与母体陆块发生脱离，进而形成造山带内拆离型微陆块，如阿尔卑斯造山带科西嘉（Corsica）、Err-Platta 微陆块等（Fournier et al.，1991）。

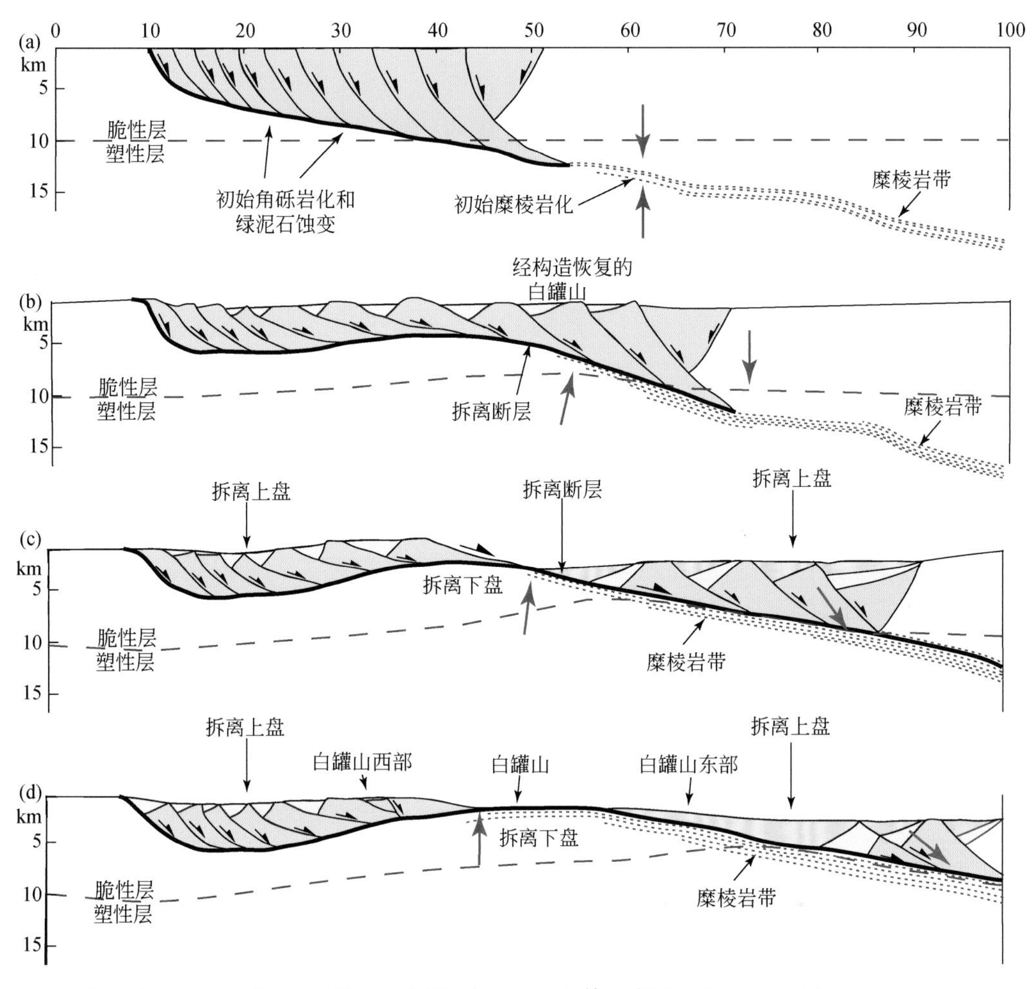

图 3-10　科西嘉微陆块同造山剥露历史和后造山伸展变形过程（Fournier et al.，1991）

这种在伸展或重力作用下引起的地质体大规模滑移，也称为滑覆构造，与碰撞造山带典型的上老下新的逆冲推覆构造或飞来峰式微陆块不同。滑覆作用形成的陆内上盘拆离型微陆块或洋底上盘微洋块及下盘微幔块，分别受造山后伸展作用或洋中脊拆离断层作用控制，但大多还保留有前期同造山或同扩张作用的构造形迹。这些伸展韧性剪切带或拆离断层先后经历了由晶质塑性经韧性流动与颗粒破裂作用至纯碎裂变形，甚至在断层光滑面上涂抹形成了一种薄层超微观尺度（尺寸小于 100nm）纳米构造。这些纳米构造呈有规律排布的球粒状、纤维状或片状等形貌，进而通过润滑作用使断层滑动弱化，通过反馈作用使断层滑动强化。这反映了抬升过程中岩石流动机制对温度与围压的依赖关系。例如，在北美科迪勒拉变质核杂岩中，下部岩板角闪岩相韧性糜棱岩的变质温度约为 550℃，其全岩 $\delta^{18}O$ 值及糜棱岩与其母岩间矿物对的 $\delta^{18}O$ 分馏结果显示，它是一个封闭体系；糜棱岩及其母岩的主微量元素丰度值也表明，它是等化学体系。在同一个地区，拆离作用可能多期发生，下盘的一些变质基底或地幔组成在第二期或之后会转为上盘的断块，如同样脱离母体，则形成第二个世代的拆离型微陆块、微洋块或微幔块。

此外，造山带代表消失的大洋，其挤压环境往往还残留一些岩石组合及构造变形特征，类似于海洋核杂岩（OCC）或伸展拆离型微洋块（敖松坚等，2017）尚有残存。其保存的拆离断层带发育糜棱岩化蛇纹岩带，同时发育强烈变形的辉绿岩、细粒辉长岩和碳酸岩。该拆离断层的上盘则发育玄武岩和辉绿岩。由此不难推测，大洋俯冲消亡之前，洋底曾发生过大规模的拆离断层作用，大洋消亡之后，相关古拆离型微洋块保存在现今造山带中。因此，造山带内拆离型微洋块的构造解析，可为造山带变形（通常为3期）之前的历史恢复提供新途径。

B. 伸展裂解系统的拆离断层

拆离断层还常见于非火山型被动陆缘的洋陆转换带（OCT，ocean-continent transition），并被划分出上地壳内拆离、壳间拆离和壳幔拆离3种不同构造层次（庞雄等，2021）。其中，上地壳低角度拆离断层通常发育在被动陆缘的近端带，并受到先存断裂控制或岩浆侵位的改造；壳间拆离多位于被动陆缘的缩颈化带；壳幔拆离则发育于被动陆缘超伸展（hyper-extensional）区的远端带。在远端带，地壳总体上呈楔形减薄，且向洋减薄至零，整体表现为脆性形变特征，并伴生断块掀斜、旋转；以壳幔拆离断层为通道，深浅部物质联通，流体异常活跃，从而使上地幔发生水化而形成蛇纹石化地幔（张翠梅等，2021）。在局部地区，由于强烈的应变集中和拆离薄化，壳幔拆离断层会导致陆壳断块与母体陆壳发生分离，形成拆离型微陆块，使之以“外来体”或者“滑来峰”形式，孤立出现在减薄的大陆岩石圈或蛇纹石化大陆岩石圈地幔（图3-11）或新生的大洋岩石圈（图2-17）之上（李三忠等，2018；张翠梅等，2021）。其典型代表有北大西洋伊比利亚–纽芬兰非火山被动陆缘的罗科尔浅滩、哈顿浅滩、弗莱米什海角等（图3-11），其远端带是形成海底氢气藏的良好构造环境。

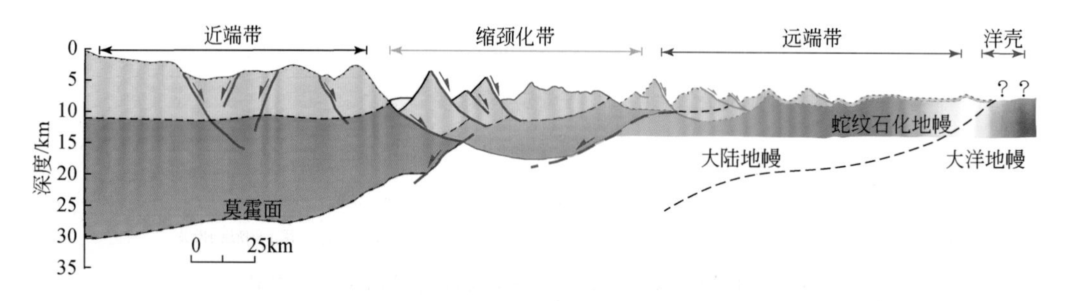

图3-11 洋陆转换带拆离断层控制的微陆块（张翠梅等，2021）

例如，北大西洋格陵兰–挪威火山型被动陆缘发育一个受拆离断层控制的微陆块，即扬马延微陆块。其拆离断裂体系呈NE—SE走向展布，与挪威西部陆架盆地中生界拆离断裂体系具有相似性。盆地内部构造受岩浆侵入及火山喷出等强烈影响，发育海倾反射体（seaward dipping reflection，SDR）及溢流相火山沉积建造。已有研究揭示，古生代—中生代期间，扬马延微陆块与格陵兰古陆和波罗的古陆为统一的地质体，依次经历了古生代—中生代陆内碰撞、弱伸展到陆内裂谷和陆内热沉降后，受北大西洋打开影响，随后经历了古近纪和新近纪火山型被动陆缘远端带的形成演化过程：在55Ma第一次洋中脊扩张期间，与波罗的古陆挪威陆缘盆地分离；在25Ma第二次洋中脊跃迁时期，新生洋中脊扩张和渐进式拓展导致扬马延微陆块与格陵兰古陆分离，扬马延微陆块的沉积与构造开始与北大西洋火山型被动陆缘盆地产生显著分异。最终，扬马延微陆块成为孤立在洋壳上的一个陆壳“弃子”（Foulger et al.，2020；姜烨等，2021）。

此外，在现今造山带环境中，常见一种以伸展型外来体形式存在的古拆离型微陆块。这种微陆块为拆离系统中的无根残块。最具代表性的是位于阿尔卑斯山脉中部的塔斯纳（Tasna）微陆块。该构造的前身为古老的塔斯纳洋陆转换带，剥露地表的洋陆转换带千米级地幔露头一直被作为研究非火山型被动陆缘的最佳对象（Manatschal，2004；Reston，2009）（图3-12）。塔斯纳微陆块符合现代洋陆转换带拆离型微陆块的基本特征，出露好、规模较大，以拆离断层面与下伏剥露出来的地幔岩石呈构造接触。值得注意的是，很多伸展型外来体很容易被误认为是推覆体。

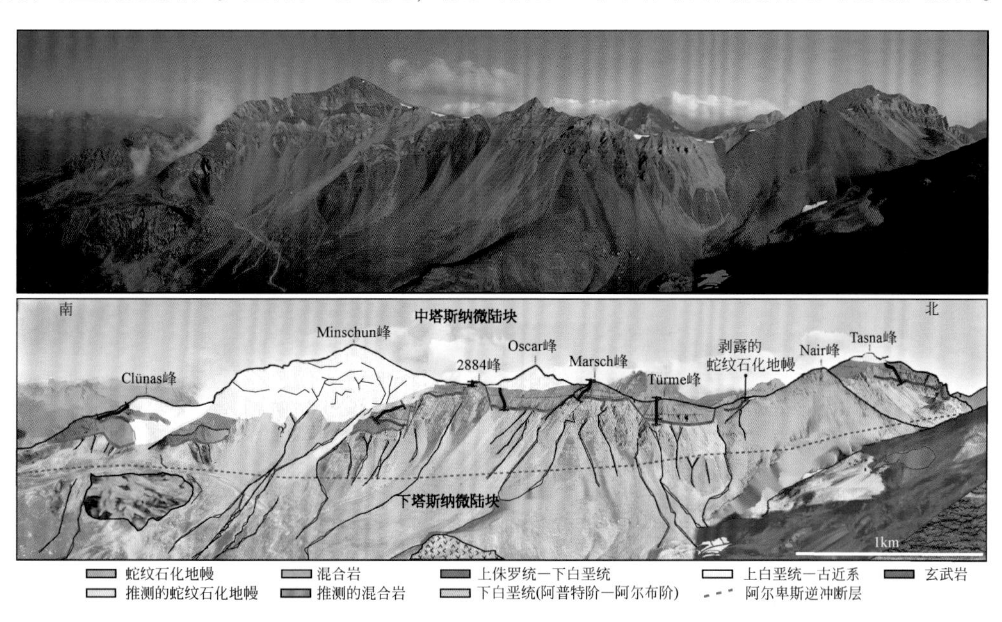

图3-12　塔斯纳微陆块的野外露头特征（Ribes et al.，2019）

可见，伸展裂解系统的洋陆转换带其实是一种近水平产出的微板块边界类型（图3-12）。因此，需要重新认识传统板块构造理论所定义的洋陆转换带“板内”环境这一概念。

C. 洋脊增生系统的拆离断层

洋脊增生系统的拆离断层，指发育于不对称扩张的慢速-超慢速扩张脊内侧角、大规模（断距>10km）低角度正断层。它将洋壳深部和上地幔的物质拆离、剥露到海底表面，形成海洋核杂岩。活动的拆离断层所处的洋壳年龄较年轻（0～10Ma），可延伸至洋中脊轴的下部（图 3-13 右图），产生的伸展量高于慢速-超慢速扩张脊全扩张速率的 50%（Escartín et al.，2008），因此，可作为全球板块边界系统的组成部分（Baines et al.，2008）。该类拆离断层往往与其邻近洋中脊共同围限了拆离型微洋块、微幔块的分布，如大西洋亚特兰蒂斯、凯恩微洋块和微幔块等。

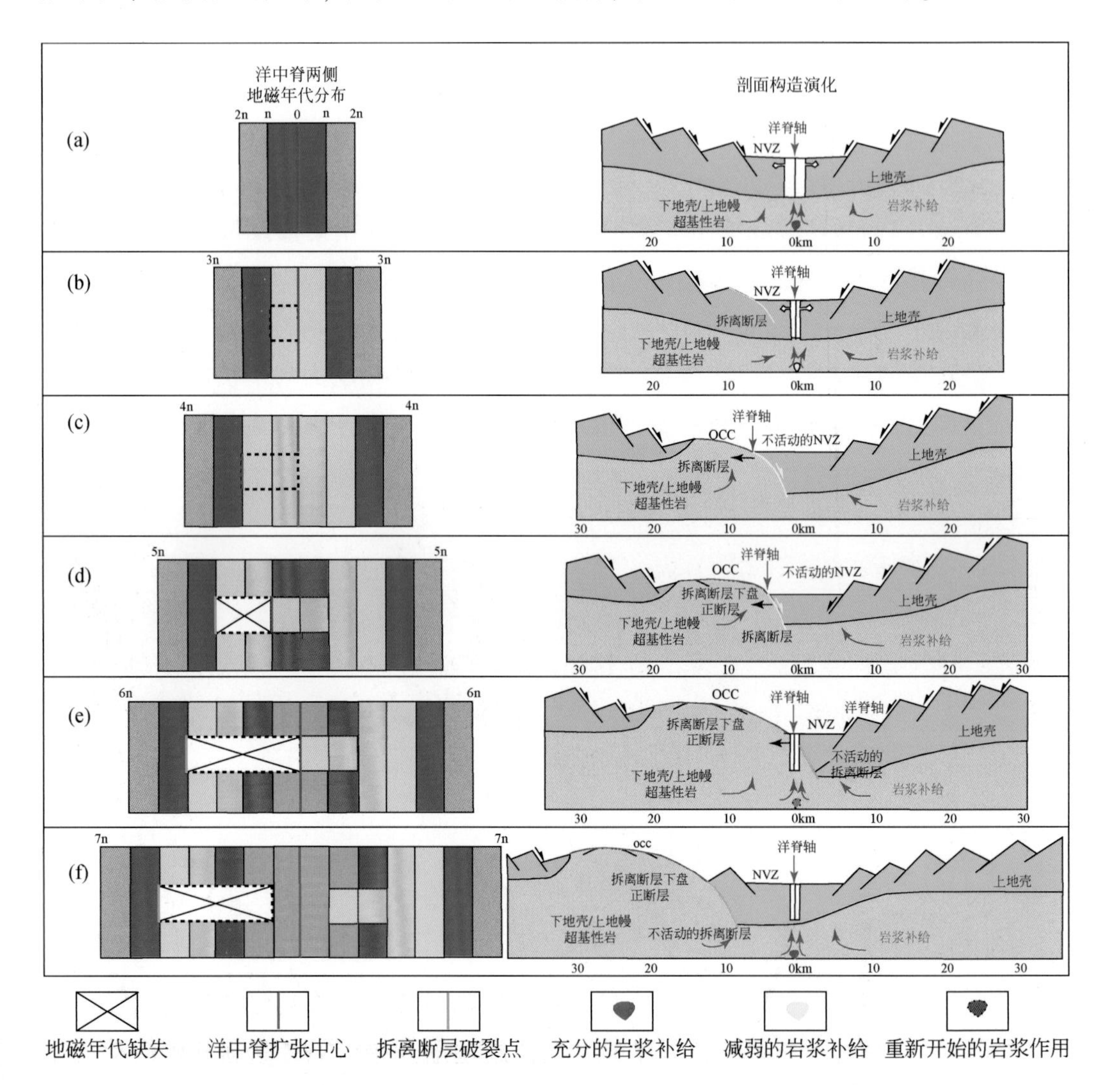

图 3-13 洋脊增生系统拆离断层控制的微洋块［左图（e）和（f）中洋中脊右侧的黄色和灰色方块］和微幔块［左图（d）（e）和（f）中洋中脊左侧的白色长方块］形成过程（范庆凯等，2018）

左图从阶段 b 开始，两侧分别被拆离断层和洋中脊围限的微洋块就已经形成。到阶段 e，微洋块已经从母体板块拆离增生到与之共轭的板块上。从阶段 f 开始，受控于新的拆离断层的微洋块循环开始洋脊增生系统拆离断层的形成与演化，起源于洋中脊中央裂谷间歇性的岩浆作用。其活动时间可以持续 1～3Myr（Tucholke et al.，1998），其规模和位置会随自身演化而变化，并影响到洋中脊扩张中心及其控制的拆离型微洋块的位置变化。依据洋中脊扩张中心位置的离轴迁移规律，洋脊增生系统拆离断层的演化过程可以划分为 6 个阶段（范庆凯等，2018）（图 3-13）。

阶段 a：拆离断层发育前期，洋中脊处岩浆作用相对较强，洋中脊两侧以连续对称发育的高角度正断层为特征，这些正断层为拆离断层的先存断层，洋中脊两侧对称扩张，扩张量主要受控于岩浆供给量，扩张中心处于新生火山岩区（NVZ），两侧地形类似于快速和中速扩张脊的［图 3-13（a）］。

阶段 b：洋中脊轴向岩浆供给量减少，具备大规模低角度拆离断层发育的基本条件，中央裂谷岩浆供给量相对较少一侧的边界正断层开始离轴旋转，形成铲形拆离断层，拆离断层使洋中脊发育一定程度的不对称扩张，其上盘的扩张速率所占比例增加，而洋中脊扩张中心的位置尚未发生变化。这里，中央裂谷两侧岩浆供给量的多寡对比取决于上覆板块运动方向，上覆板块作为主动运动盘，会引导热物质一起朝其运动方向迁移［图 3-13（b）］。这类似于俯冲后撤过程中与俯冲带平行的岛弧下方小地幔楔，会伴随该俯冲带同步向新海沟发生迁移的过程。在该阶段，拆离断层上盘新生洋壳的两侧分别被拆离断层和洋中脊围限，拆离型微洋块开始出现［图 3-13（b）］。

阶段 c：NVZ 逐渐停止活动，拆离断层持续活动、离轴旋转，下地壳和上地幔辉长岩、橄榄岩经拆离断层作用作为下盘出露至海底，并形成穹隆状地形隆起，海洋核杂岩的构造岩石组合出现，海洋核杂岩的核部即为出露的微幔块（也可能是有根的大幔块，实质为与微洋块所处大板块的对跖大板块根部）。这一阶段，洋中脊无熔体的存在（Ildefonse et al.，2007），海底扩张作用的角色基本由拆离断层作用替代，但位于拆离断层下的岩浆活动仍然较活跃，拆离断层出露海底的位置（终止线）逐渐变为实质的扩张中心，故上一阶段形成的拆离型微洋块已经从母体板块拆离增生到与之共轭的板块上［图 3-13（c）］。

阶段 d：拆离断层继续活动、规模扩大（5～10km），逐渐发育成熟。作为实际的扩张中心，其上下盘的相对运动，使拆离断层出露海底的位置逐步向对侧移动，拆离断层下盘开始被少量的新生高角度正断层切割、破坏［图 3-13（d）］。

阶段 e：洋中脊中央裂谷新一轮的岩浆作用逐渐开始，NVZ 重新开始活动，并再次成为实际扩张中心。拆离断层处于衰亡期，其终止线继续移动，直至或越过原扩张中心的位置，海洋核杂岩（即剥露海底的微幔块）被新生正断层切割。与拆离断层和海洋核杂岩伴随的不对称扩张，将导致拆离断层向中央裂谷移动或穿越中央裂谷，中央裂谷下部岩浆作用最终刺穿上覆海洋核杂岩，使其停止活动（Cheadle et al., 2012)，并产生离轴位移［图 3-13（e）］。在该阶段，拆离型微洋块已经完全拼贴到与之共轭的大板块上。

阶段 f：新的洋中脊中央裂谷岩浆活动逐步增强。此时，洋底扩张和洋壳增生主要由 NVZ 的岩浆作用完成，拆离断层停止活动，并逐渐远离洋中脊，洋中脊两侧继续发育连续对称的高角度正断层，并开始新一轮拆离断层的发育循环［图 3-13（f）］。被新的拆离断层与洋中脊围限的新拆离型微洋块和微幔块开始形成。因此，发育拆离断层的慢速-超慢速扩张脊往往是由一系列微洋块、微幔块构成的复杂板块边界。

此外，不同于造山带拆离断层，大洋拆离断层下盘和拆离断层带的构造岩通常经历了快速的冷却过程。例如，在亚特兰蒂斯浅滩，下盘中的辉长岩以 ~800℃/Myr（John et al., 2004）的冷却速率从 ~850℃冷却到 350℃以下。Grimes 等（2011）根据 U-Pb 年龄（高封闭温度，800 ~ 850℃）和（U-Th）/He 锆石年龄（低封闭温度，~210℃）之间的差异，计算了大西洋 15°20′N 转换断层附近以及亚特兰蒂斯地块拆离断层下盘岩石的冷却速率为 1000 ~ 2000℃/Myr，同样反映了快速的冷却过程。

D. 板内裂解系统的拆离断层

大陆岩石圈内部拆离断层控制的变质核杂岩不是板内微陆块的一种表现型式。首先，海洋核杂岩除拆离断层和洋中脊之外，其两侧还由转换断层分割为孤立块体，而变质核杂岩没有转换断层分割；其次，变质核杂岩并没有远距离脱离母体板块，只是风化剥蚀原因导致其剥露地表。有别于经典的造山带核杂岩，大陆岩石圈内部的变质核杂岩是强烈伸展与岩浆活动共同作用的产物，其出露地表后，通常处于平原附近的山区，导致地形高差显著。大陆变质核杂岩代表了陆壳拉伸最强烈的产物，其发育过程中将上地壳拉断，剥露中-下地壳发育的低角度或平缓伸展型韧性剪切带。地壳浅部的拆离断层上盘则发育一系列脆性正断层，控制了上叠盆地的发展。

大陆变质核杂岩多伴生花岗岩，其均衡隆升对中-下地壳的最终剥露具有重要贡献，抬升过程中，伸展型韧性剪切带逐渐被拆离断层所叠加（Whitney et al., 2013；Platt et al., 2015；Brun et al., 2018）。变质核杂岩一般发育单条伸展韧性剪切带与拆离断层，呈不对称结构。少数情况下，变质核杂岩也可以发育两条倾向相反的伸展韧性剪切带与拆离断层，呈对称结构，称为双向变质核杂岩（图 3-14）。该类型构造在整个东亚地区（尤其是中国东部）广泛发育，空间分布表现出一定的规律性。最具有代表性的就是分布在华北克拉通北缘的呼和浩特变质核杂岩、云蒙山变质核杂岩、瓦子峪变质核杂岩、辽南与万福变质核杂岩和南缘的小秦岭变质核杂岩等。

远离洋脊增生系统、位于大洋岩石圈内部的死亡拆离断层，也可以控制古拆离型微洋块、微幔块的形成。大西洋内发现的大量拆离型微陆块，曾是反板块构造理论学者的重要依据（李阳等，2018），但如今运用传统板块构造理论和微板块构造理论都是可以合理解释的。

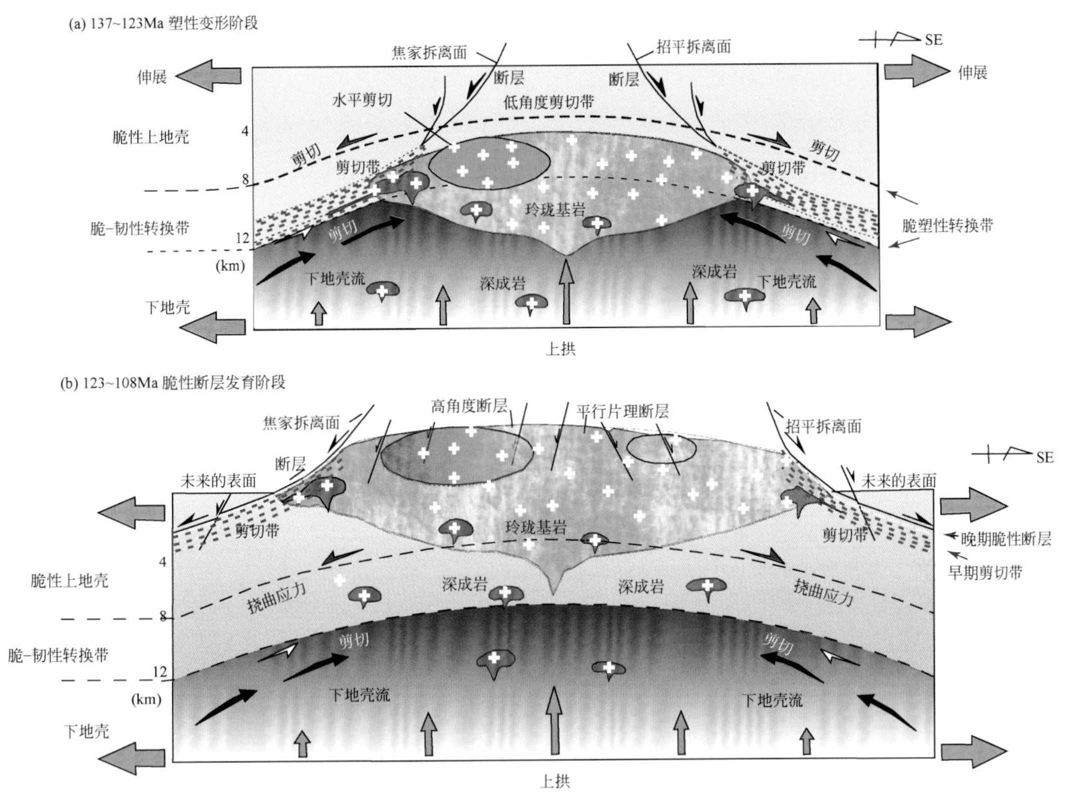

图 3-14　玲珑变质核杂岩发育过程（Zhu et al.，2019）

(2) 切割岩石圈的走滑断层

按其运动学性质，走滑断层可分为纯走滑型、张扭型、压扭型和复合型。压扭型走滑断层常见于斜向汇聚的构造背景，其来源为斜向汇聚系统沿平行于海沟或造山带方向的应变分解作用。该背景下的走滑断层可将大板块切割出一块或多块，并与邻近俯冲带或缝合线一起围限出独立运动的条带状板条（sliver），从而形成单个甚至一系列微板块。这些微板块的运动方向与斜向汇聚的板块运动方向可以保持一致，也可能不同，从而赋予压扭型走滑断层左行或右行的运动学性质［图 3-15（a）和（b）］，但若这些走滑断层组合为右行右阶、左行左阶时，叠接部位也会形成拉分盆地，这些拉分盆地的主控断裂与主走滑断裂带共同构成微板块的边界，如安达曼海扩张轴与实皆、苏门答腊大断裂构成西缅微陆块的东边界就是典型实例。当然，也有人将这些走滑断裂归属为转换断层，两端分别链接造山带、洋中脊，或洋中脊、俯冲带。

喜马拉雅造山带内部和巽他俯冲带附近发育很多陆内走滑断层为微陆块边界的典型实例。沿喜马拉雅造山带，自北向南发育了金沙江、班公湖-怒江、雅鲁藏布江缝合线，这些缝合线在陆内演化阶段均具有右行压扭性质或者发育右行压扭型走滑断层，这些走滑断裂不宜归属转换断层。青藏高原被这些古老的缝合线划分成北羌塘、南羌塘、东拉萨、中拉萨、西拉萨和喜马拉雅等古微陆块或死亡微陆块，但在陆内演化阶段，青藏高原被走滑断层划分成范围大体与古微陆块或死亡微陆块类似的活动型微陆块。可见，活动型微陆块对古微陆块具有显著的继承性或叠加性。沿巽他俯冲带，印度-澳大利亚板块斜向俯冲于欧亚板块，自北向南产生了实皆、西安达曼、贝蒂-苏门答腊等一系列右行压扭型走滑断层，从而控制了西缅、明打威（Mentawai）和亚齐（Aceh）等条带状微陆块的形成（Moeremans and Singh，2015）［图3-15（c）］。

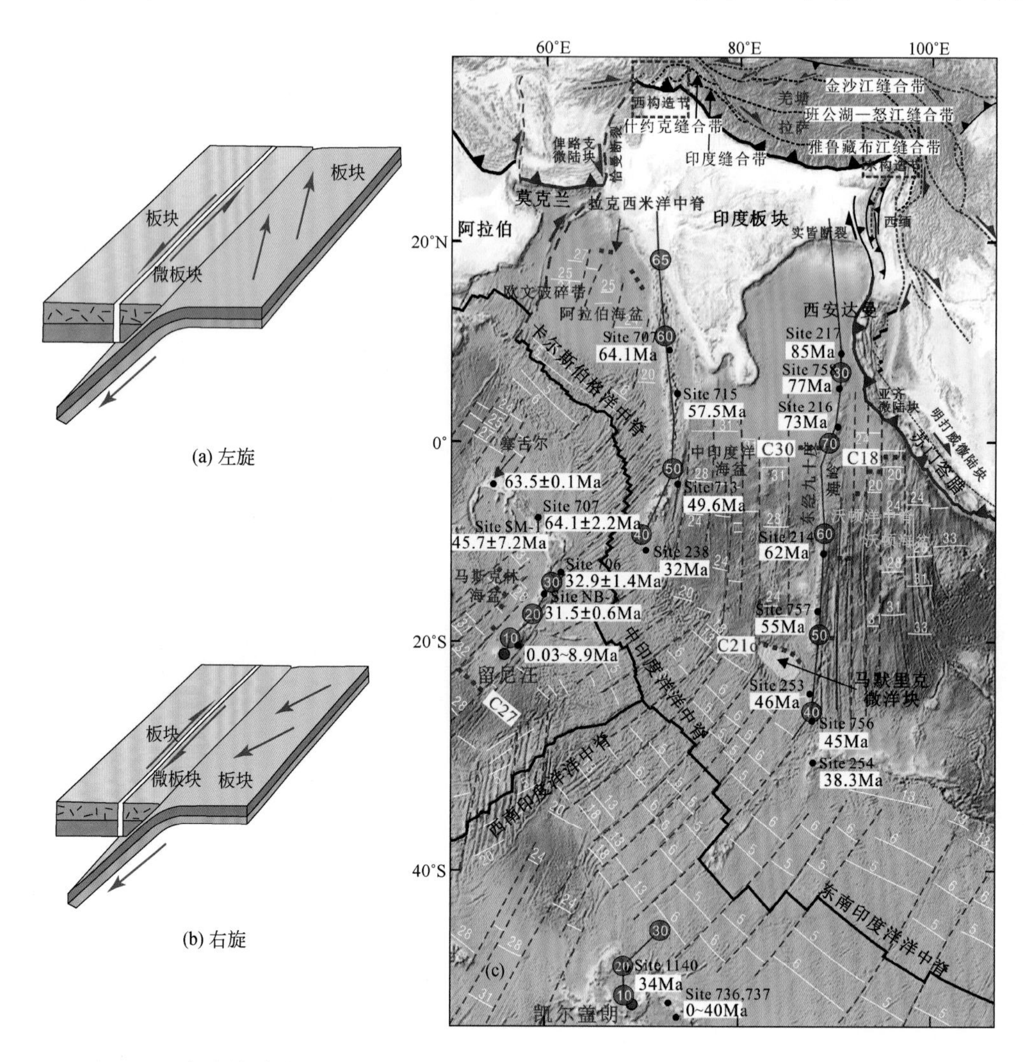

图3-15　斜向俯冲背景下压扭型走滑断层控制的条带状微板块（a、b）及其在印度洋周缘发育的实例（c）（Suo et al.，2020）

张扭型走滑断层控制的微板块常见于弧后扩张环境。受板块构造背景的约束，弧后斜向扩张中心的转换断层往往是陆域走滑断层向海域的延伸，这一现象普遍存在于西太平洋边缘海（Zhang et al.，2016）（图3-15）。这种沿巨型走滑剪切带附近的岩石圈被撕裂，从而触发海底扩张过程，是弧后盆地形成的一个普遍过程。如南海海盆继承了邻区华南板块裂解陆缘的走滑断层，从而发育一系列受 NE 向右行张扭走滑断层、死亡洋中脊和洋陆转换带（OCT）共同控制的微幔块、微洋块或微陆块。此外，南海北部陆缘也发育一系列受 NE 向右行张扭走滑断层控制的菱形微陆块（图 3-16）。

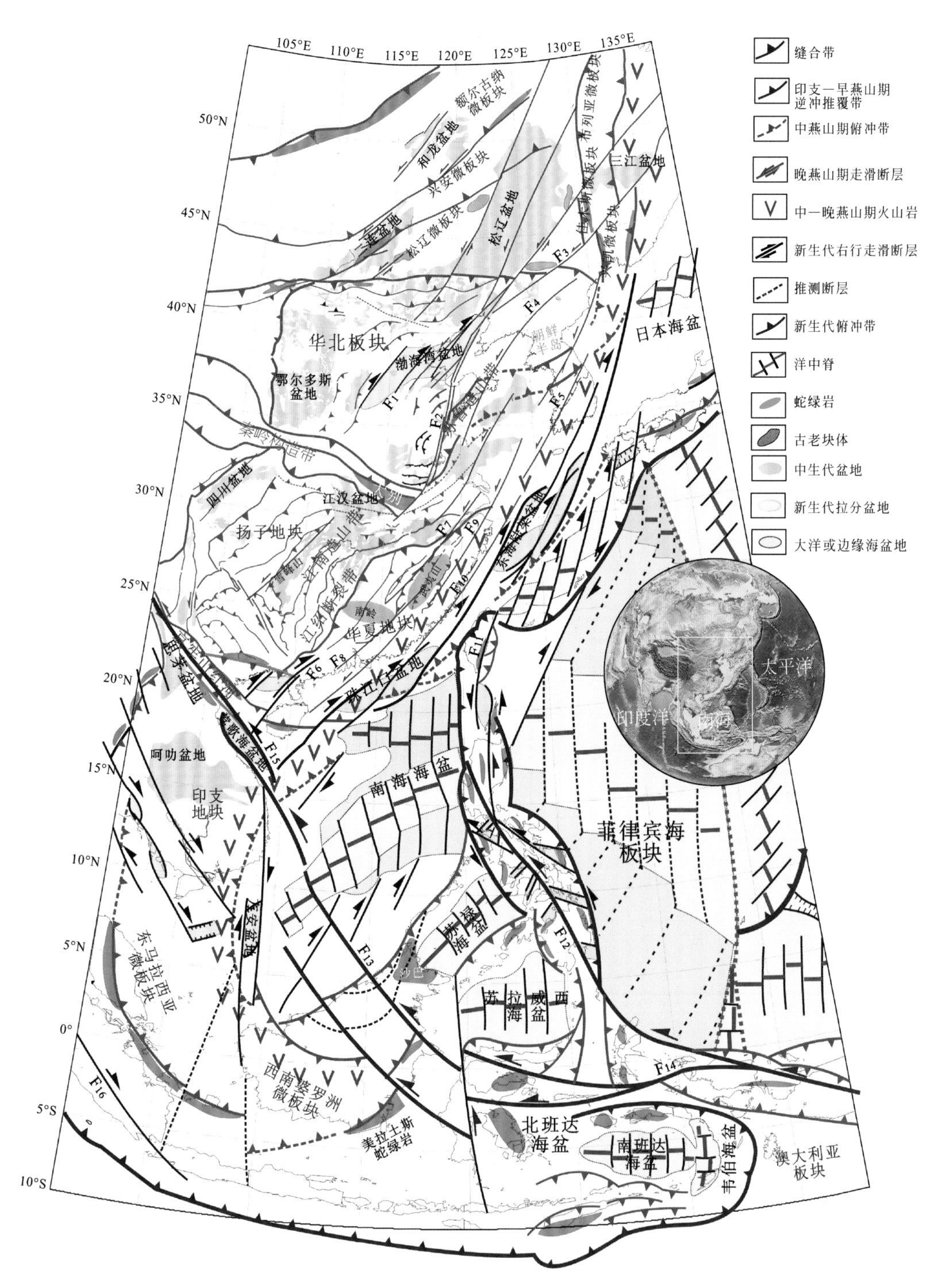

图 3-16 东亚洋陆过渡带及邻区中新生代构造格架（李三忠等，2019）

复合型走滑断层的运动学性质和所处的构造背景均比较复杂，一端表现为张扭性质的构造组合，而另一端表现为压扭性质的构造组合，故复合型走滑断层其实是一种调节构造。以恰曼左行复合走滑断层为典型。恰曼左行复合走滑断层北东段为帕米尔挤压构造，而西南端与欧文破碎带交接［图 3-15（c）］。此外，中亚造山带和特提斯构造带中大量微陆块后期都被走滑断层分割为更小的微陆块，并以其为边界（图 3-17）。此类型的走滑断层与其两端的构造体系共同围限了微陆块的形成。

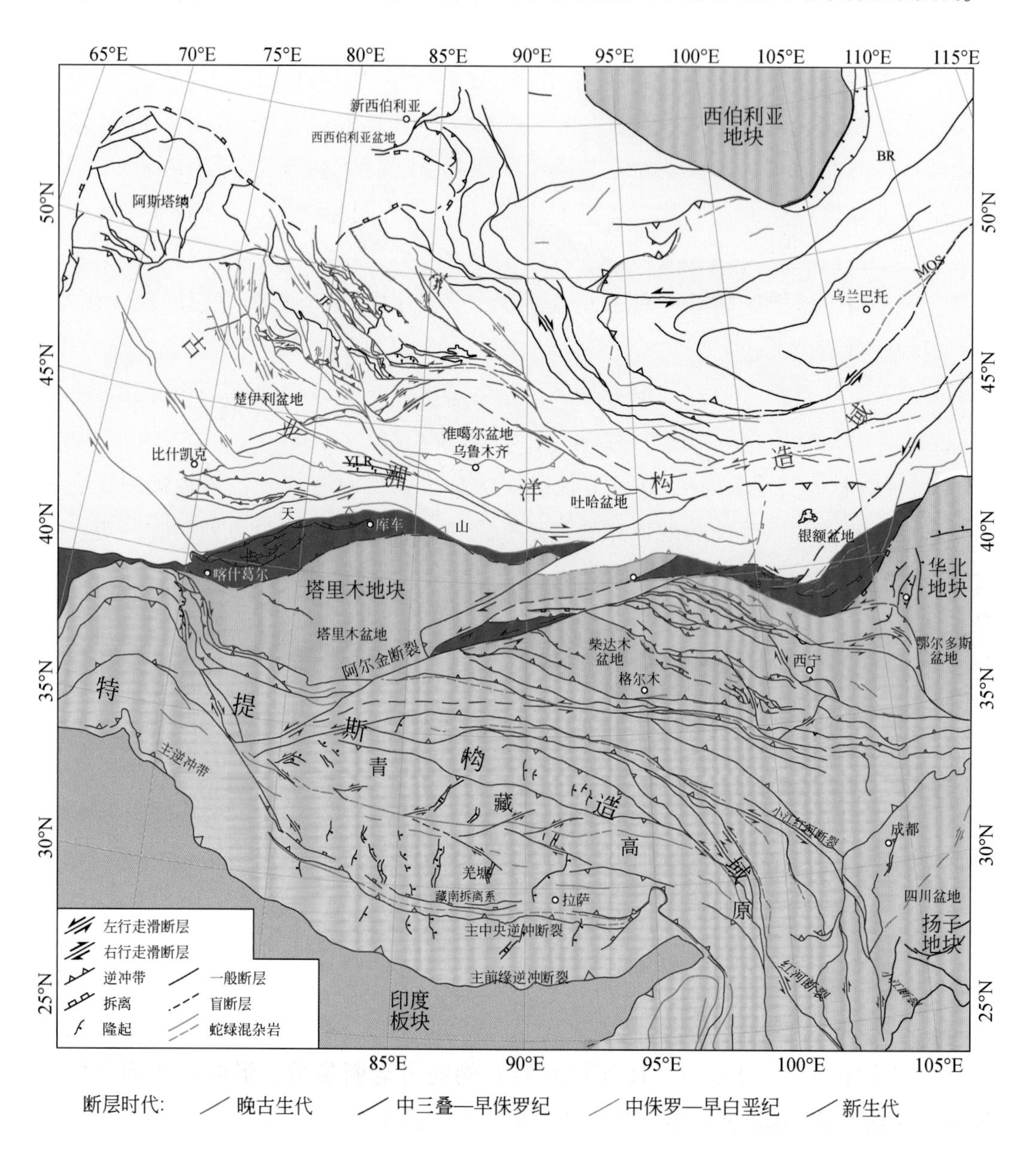

图 3-17　东亚大汇聚背景下压扭型走滑断层边界控制的陆内微板块（Li et al., 2023）

（3）撕裂断层

撕裂断层（tear fault），也称捩断层，由 Gill（1935）提出，随后被定义为调节某一外来体内或与外来体相邻构造单元之间差异位移的断层（Christie-Blick and Biddle，1985），此后也用来描述与逆冲断层突然终止相关的走滑断层（Twiss and Moores，1992；Mueller and Talling，1997；Escalona and Mann，2006）。中国学者将撕裂断层定义为在逆冲断层系统中的横向或斜向断层，并与逆冲断层的位移过程有关的、具有走滑位移性质的断层（刘和甫，1999，2004；漆家福等，2006）。撕裂断层与复合型走滑断层有些类似，都起到构造调节作用，但撕裂断层只局限于单一构造环境，并在造山带、被动陆缘等各种环境都有发育。如恰曼断层其实也可以被认为是一种撕裂断层，它的北端终止了喜马拉雅造山带的西向延伸，从而围限了俾路支等微陆块的分布［图 3-15（c）］。而位于被动陆缘的撕裂断层，往往是由于泥底辟、重力滑动等圈闭构造的侧翼剪切所致，不足以形成岩石圈规模的深大断裂，也不能构成微板块的边界断裂。

近年来，随着层析成像技术的发展，越来越多俯冲板片的撕裂结构陆续被揭示（图 2-47、图 2-48）。板片的撕裂结构有两种表现形式。

1）板片被不完全撕裂，呈布丁状或蛇状分段。当俯冲板片进入地幔时，它会突然向下弯曲，使其冷而脆的挠曲部位破裂而出现平行于俯冲带方向的大裂缝，但板片形态基本完好无损，其剖面只是像一条紧身蛇一样被折叠、扭曲和分段，在自身重力作用下仍会继续被拖曳俯冲（Gerya et al.，2021）［图 3-18（a）］，这种情况下，微板块貌似没有形成，但正在形成过程中，也可以视为板片向微板块的过渡类型。

2）板片被完全撕裂，呈指状。相邻板片往往具有不同的俯冲角度，二者之间的边界表现为大概平行于俯冲方向的张扭型走滑断层，但又不同于传统定义的张扭型走滑断层。撕裂板片之间的这种走滑断层具有向后缘板内、单向拓展生长的特点，某种程度上可能受控于俯冲板块先存转换断层或走滑断裂，也受控于不同段落之间的俯冲角度差异。由于其位于撕裂板片边缘，故本书借用“撕裂断层”的概念来形容这一断层。在岩石圈层次，撕裂断层与邻近俯冲带共同围限了俯冲盘的深部指状板片以微洋块或微陆块形式存在［图 3-18（b）］。青藏高原南部发育的一系列近南北向裂谷就被认为是下伏印度大陆岩石圈板片的指状撕裂断层的浅表响应（卞爽等，2021），连同切割岩石圈的古老断裂带，形成一系列新的活动性微陆块，这些活动性微陆块与同空间的古老微陆块之间存在“同地异时”的微陆块叠加关系。

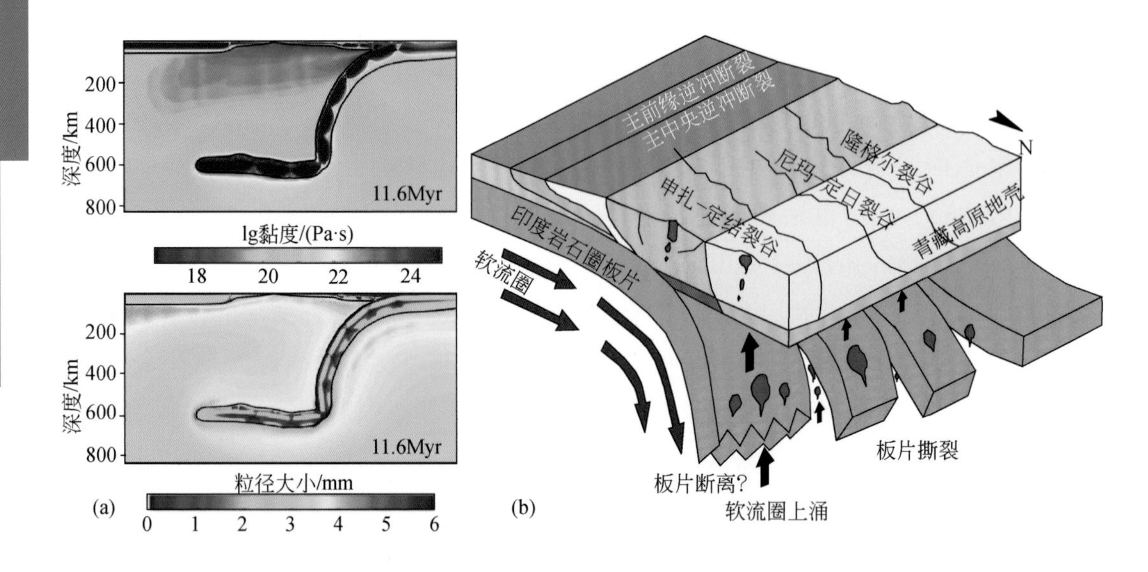

图 3-18　大陆和大洋府冲板片撕裂方式

（a）数值模拟揭示的不完全撕裂的板片蛇状分段结构，板片俯冲持续时间 11.6Myr（Gerya et al., 2021）；（b）青藏高原下伏的印度大陆岩石圈的板片指状撕裂模型（Chen et al., 2015）

（4）大规模（推覆距离>5km）逆冲断层

逆冲推覆构造是由低缓的逆冲断层（倾角<30°）及上盘推覆体或逆冲岩席构成的外来岩块（推覆距离>5km）组成的、上老下新的构造。推覆体更多表现为规模大、运移远的外来岩体；而逆冲岩席的规模可大可小，且多呈平板状产出。逆冲推覆构造为碰撞造山带的典型构造型式。推覆体可以与根带相连，也可以与根带脱离形成以逆冲断层为边界的微陆块，区域构造上也称为飞来峰构造。但其形成不只是内力作用结果，外力侵蚀作用也不可忽视。逆冲推覆体遭受强烈侵蚀切割，呈孤岛状分布在逆冲断层或原地地块之上，即为断层圈闭的外来岩块，从而形成以飞来峰形式存在的微陆块（图 3-19）。飞来峰形式的微陆块在阿尔卑斯、喜马拉雅、东准噶尔等典型造山带中尤为常见，其形成通常经历了从逆冲推覆到风化剥蚀两大过程。通常而言，飞来峰已经清晰描述了这种类型的“微陆块”，何况其还有未脱离母体或原地的可能，因而一般不宜作为微陆块来讨论。

（5）叠接扩张轴

20 世纪 80 年代以来，随着全海深多波束自动成像技术、3D 多道反射地震等高新技术在海洋调查中的广泛应用，人们发现了一种洋中脊轴向不连续的海底扩张构造（Macdonald and Fox，1983），即叠接扩张轴，也有人称其为雁列式叠接扩张轴，指沿中速、快速扩张中心，两条扩张轴的自由端彼此相向弯曲、部分叠接的分叉现

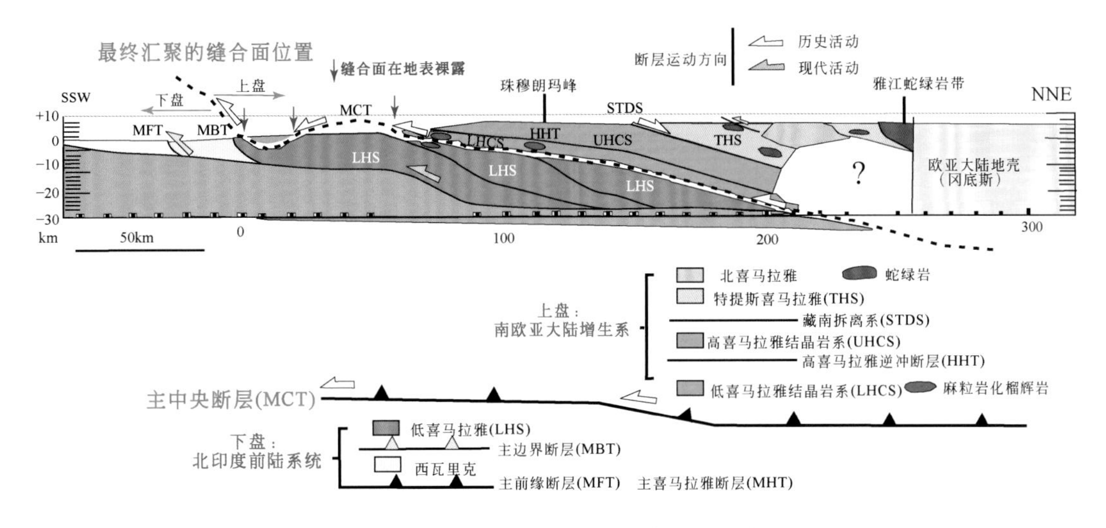

图 3-19　喜马拉雅造山带剖面揭示的以飞来峰形式存在的微陆块（Xiao et al.，2017）

象，即两段洋中脊轴带的端部相互错开，其间没有转换断层连接。一般，叠接扩张轴的宽度为 1 ~ 15km，叠接部分长度为 3 ~ 35km，叠接扩张轴分叉量相当于 1 ~ 15km，叠接扩张轴的长宽比大致固定，一般为 3 : 1。在叠接的两条扩张轴之间有个叫“深孔”的深渊，其物质组成可视为捕获的邻近大板块的“碎片”，其洋壳年龄为 0 ~ 0.25Ma（根据岩石圈厚度–年龄关系换算）（图 3-20 上图）。

叠接扩张轴的两条扩张轴自由端不断相向拓展生长，以其围限的深渊“碎片”为核心、逐步从相邻大板块之上剥离，从而形成被两条洋中脊所围限、围绕周围大板块独立旋转或被动运动的刚性岩石圈块体，即延生型微洋块（图 3-20 下图）。延生型微洋块现今常被用来指长宽为 100 ~ 500km，由洋中脊拓展过程诱发形成于洋脊增生系统的扩张中心，并相对于邻近板块做快速旋转的微板块（Li et al.，2018；李三忠等，2018；赵林涛等，2018）。由于两条叠接扩张轴之间的新生洋壳不断增生使得微板块可以不断生长（Searle et al.，1993；Eakins and Lonsdale，2003），延生型微洋块的物质组成由捕获自大板块的“碎片”和后期增生洋壳两部分组成。如其周围有热点或地幔柱活动，则其成分更为复杂，可能有下地幔甚至更深源的物质混合。在地貌上，由于延生型微洋块在形成过程中发生旋转，呈多个马尾状组合，与周边大洋板块的总体海底地貌有明显差异。现今，这类微洋块主要集中于东太平洋海隆及周边区域，典型的有复活节（Easter）、胡安·费尔南德斯（Juan Fernandez）微洋块。

随着演化，延生型微洋块最终会脱离正在活动的扩张中心，嵌入到相邻大板块内，从而形成不活动的或者死亡的离轴延生型微洋块，甚至逐渐迁移到现今的大洋型大板块内部，如东太平洋的鲍尔（Bauer）、塞尔柯克（Selkirk）、门多萨

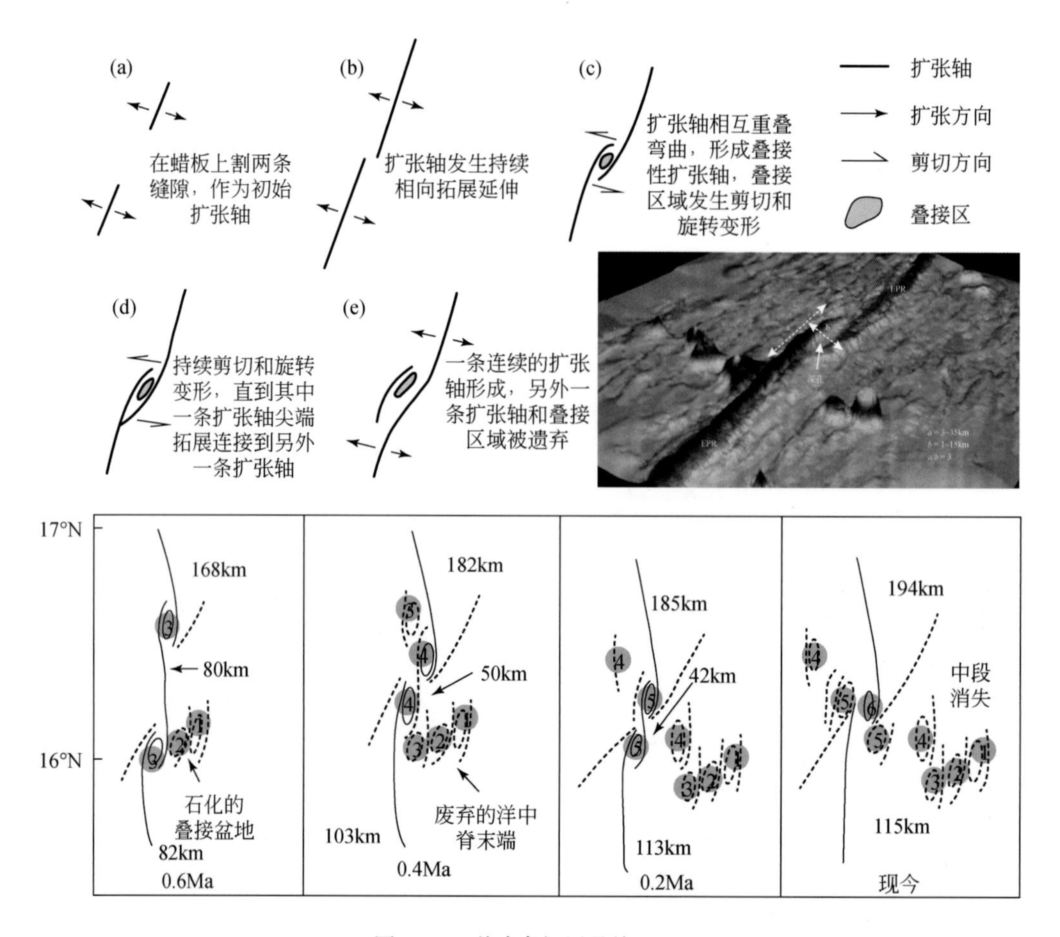

图 3-20　洋冲脊拓展叠接过程

上图为东太平洋海隆（EPR）的叠接扩张轴；中图为叠接扩张轴围限的延生型微洋块演化模型；下图为东太平洋海隆（EPR 16°20′N 附近）近 0.6Ma 以来的叠接扩张轴演化及延生型微洋块成因序列（数字越小，微洋块越老）（赵林涛等，2018）

（Mendoza）微洋块，因此，离轴延生型微洋块的边界也变得复杂化，可以是死亡洋中脊、海底断裂带、假断层等（详情见下文）。

（6）拓展扩张轴和假断层

20 世纪 80 年代，对洋底磁异常条带的详细分析发现，一些以转换断层为界的洋中脊段，其端部可以伸长或退缩。其中，不断向前拓展并同时向两翼伸展的扩张轴，称为前展或拓展扩张轴；向后退缩的扩张轴，称为衰退或退缩扩张轴。如图 3-21 右侧所示，扩张轴 AB 和 CD 被转换断层 BC 错开。不同于正常的洋中脊-转换断层连接形式，扩张轴 AB 以恒定的速率向上拓展生长、长度不断增加，新生成的洋壳向两侧分离、扩展。这种扩展进入转换断层另一侧板块，其长度随时间增加的扩张轴 AB 就称为拓展（或前展）扩张轴。因新生成的岩石圈保持刚性的特点，另一条扩张轴 CD 的长度逐渐缩短而向后退缩，扩张轴 CD 称为衰退扩张轴。CF 就是衰退扩张轴后退的迹线（也称夭折裂谷）。拓展扩张轴的生长迹线 BE 和 BF，称为假断层。假断层 BF 或 BE 将拓展性扩张轴 AB 新生的洋壳与邻近大洋板块隔离，构成一个由假断层和拓展扩张轴围限的延生型微洋块。而转换断层 BC 和夭折裂谷 CF 围限的剪切变形带 BCF，则为一个死亡的微洋块［图 3-21（c）］。

拓展扩张轴通常是适应扩张轴两侧板块之间相对运动方向变化的结果，其走向与板块扩张方向垂直，而衰退扩张轴则与此时板块扩张方向斜交［图 3-21（c）］。如果板块运动方向发生变化，那么就可能通过适应板块运动方向的新扩张轴向前拓展的方式，来调节整个扩张轴的走向。如果在地质历史时期，拓展扩张轴的拓展方向来回发生变动，则其洋中脊断错或假断层则会形成 W 形构造形迹（Matthews et al.，2011），这在现今洋底尤为常见（图 2-34 右侧）。

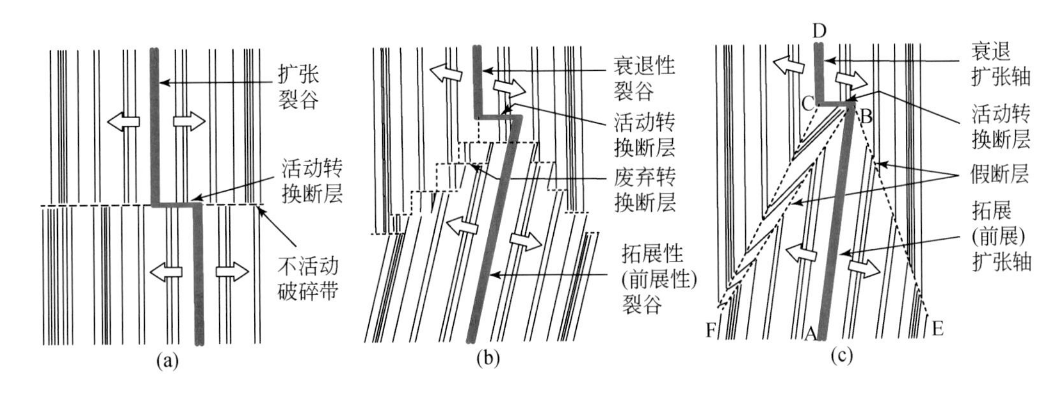

图 3-21　拓展性洋中脊扩张模式及微洋块形成（Hey and Wilson，1982）

AB-拓展扩张轴，CD-退缩扩张轴，BC-转换断层，BEBF-假断层，CF-夭折裂谷，BCF-剪切变形带。箭头指示扩张方向

（7）死亡洋中脊

地质历史时期，正在活动的洋中脊为了适应板块运动格局的重大变化，会被动地通过轴向突变、平移或长距离跳跃等方式，进行重新就位，并开始新的海底扩张；原来的洋中脊终止活动，并在原地残留，形成死亡洋中脊（又称化石洋中脊、废弃洋中脊等）。死亡洋中脊多保持其原有中央裂谷、转换断层和非转换断层错断等几何组合形态，规模大小不一，最长可延伸上千千米。现今可能被深海沉积物掩埋，从而表现为负重力异常等特征（Sandwell et al.，2014）。死亡洋中脊记录了构造格局变动之前的板块边界，其通常会和邻近转换断层、假断层等共同围限形成现今的板内或离轴微洋块（图 3-22）。

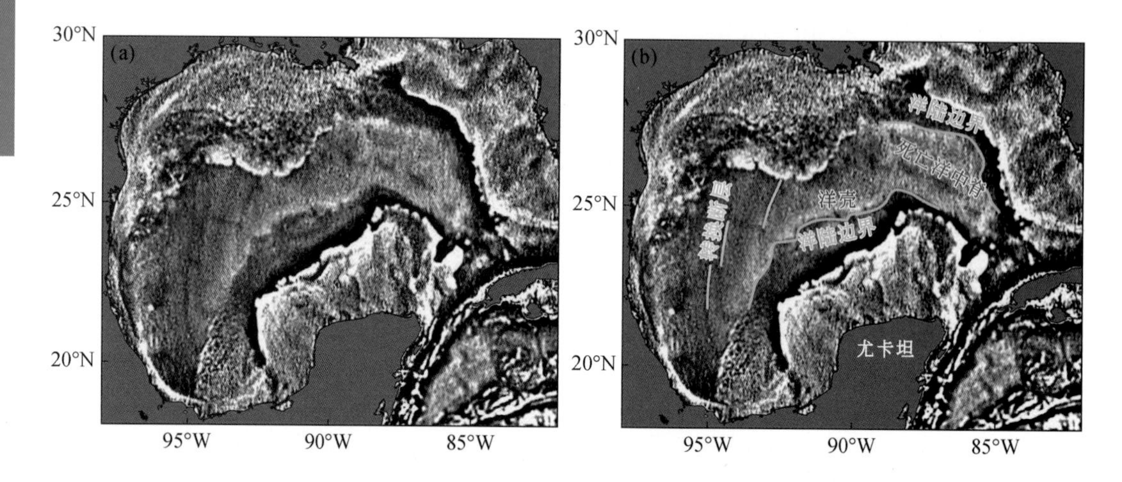

图 3-22　墨西哥湾 VGG 重力数据揭示的死亡洋中脊构造形迹（Matthews et al., 2011）

由于 ~ 140Ma、~ 100Ma、~ 60Ma、~ 40Ma、~ 10Ma 全球重大构造格局变动事件（马宗晋等，1998），洋底死亡洋中脊及其围限的微洋块极为常见，如东北印度洋马默里克微洋块、大西洋内被里约热内卢海隆（Rio Grande Rise）和沃尔维斯洋脊（Walvis Ridge）围限的微洋块等。

3.2.3　流变学不连续面

流变学（Rheology）是研究固体、流体和气体力学性质的科学。岩石在长时间尺度下也会表现出流体的行为。如果将岩石中断裂、裂缝、孔洞、颗粒边界等非均一因素剔除，将其视为连续介质，并考虑物理性质不变或均匀变化，则可在连续介质力学的框架内用简单的数学公式和物理模型描述及分析岩石变形。描述应力和应变或应变速率关系的数学公式称为本构方程（constitutive law）。岩石对应力简单理想的响应有三种基本方式：弹性、黏性和塑性。但实际岩石组成是复杂的，其行为一般不是理想的这三种。例如，弹塑性体（普朗特材料）、黏塑性体（宾汉姆材料、开尔文材料、麦克斯韦尔材料）、弹性体（牛顿材料）等。因此，不同岩石构成或不同环境下相同组成的地质体之间，必然存在流变学不连续面。

不是所有流变学不连续面都是微板块边界，但微板块边界特别是拆离型微板块和微幔块边界，多数是流变学不连续面。流变学不连续面通常伴随深熔作用，尽管它也可以出现在板内，但最常见于板缘应变局部化地带，因此深熔作用与微板块边界过程密切相关，是微板块边界塑性变形过程常伴生的现象。深熔-流变关系是岩石圈、板片和微幔块流变学研究的核心和关键。

深熔作用导致岩石圈、板片和微幔块，特别是陆壳中形成大量熔体。例如，碰撞边界泥质麻粒岩的相平衡模拟表明，岩石在约 650℃便开始熔融，熔体体积比一般小于 3vol.%，750℃为 3vol.%～10vol.%，800～850℃时最高可达 50vol.%（White et al.，2001）。随着深熔作用的发展，地壳岩石可相继经历发育粒间熔体（出现）—形成熔体网络（连通）—失去固相格架（聚集）的熔体连通性转换过程。随着熔体体积比的增加，地壳岩石的变形机制随之发生位错蠕变（<2vol.%）—扩散蠕变（>2vol.%）—黏性流动（>6vol.%）的转变。熔体几何也是影响岩石流变的重要因素。研究表明，熔体集中在晶体三节点部位（熔体的二面角≥60°）时，岩石强度降低有限；如果熔体的二面角较小（<10°），熔体就能产生显著的熔致弱化。因此，变形作用对熔体几何的改造能正向反馈，进一步促进熔致弱化。

此外，当熔体连通、聚集到一定程度，还能沿断裂带或穹隆上升、透入性运移等不同方式发生迁移并与残余岩石分离，从而动态改变岩石变形机制和流变学性质。熔体开始从熔融岩石分离的临界值（渗漏阈值，melt percolation threshold）为 5vol.%～8vol.%，在高应变率下，1vol.%～2vol.%的渗漏阈值就会导致熔体分离，深熔形成浅色体。浅色体是从熔融的母岩中分离出来的产物，可发生迁移，也可以近原位就地圈闭，而残余体即为暗色体。熔体聚集会弱化岩石，熔体萃取会强化岩石，熔体的连通和聚集会使岩石变形机制由位错蠕变向扩散蠕变和黏性流动转变。

微板块边界中重要的一类就是剪切带。剪切带与深熔岩石之间有明显的时空关系。相当一部分的剪切带在发育熔体的下地壳成核，并且初步发展成为深部熔体上升至浅表通道。因此，可通过有限应变运动学和流变学参数（成分、温度、压力、应力、流/熔体比例等）分析，厘定流变学不连续面的变形特征和规律。

流变学不连续面往往也是岩石相变面，是不同岩石、矿物、流体等物质的交换或隔离界面。例如，俯冲板片断离滞留的地幔过渡带，在该界面上，林伍德石脱水分解诱发地幔部分熔融，因此林伍德石脱水分解具有阻止水和碳等元素深入到下地幔发挥作用的可能，那么目前所知的更深部地幔中的水和金刚石等是如何从地表进入下地幔的？是流变学不连续面的隔离作用下被包裹卷入进去的？这些领域的研究都将有助于厘清全地幔物质循环途径，对深刻理解地表环境下大气、海洋循环以及与深部过程的关联至关重要，还有助于理解深部流变学不连续面过程对地表环境的塑造。

（1）单矿物岩石颗粒损坏

流变学不连续面更多常见于地幔内，地幔内的地幔岩主要是橄榄岩，可视为由橄榄石组成的单矿物岩石。这类单矿物岩石的流变行为由其在偏应力下变形的蠕变机制决定。脆性的（摩擦的）上地壳将遵循 Byerlee 定律，决定上地壳环境下破裂发生的应力大小。但在岩石圈较深的韧性部分，岩石主要通过扩散和位错蠕变而变形。主要的蠕变机制通常是诱导最快应变或最有效释放应力的机制；在仅给定扩散和位错蠕变的情况下，假设岩石各向同性行为，则遵循复合流变定律，其中，每种蠕变机制的应变速率可级数相加：

$$\dot{e}=\left(A\,\tau^{n-1}+\frac{B}{R^{m}}\right)\tau=A\,\tau^{n-1}\left(1+\frac{R_F^{m}}{R^{m}}\right)\tau \tag{3-2}$$

式中，$\dot{e}$ 和 τ 分别为应变速率张量和应力张量；$\tau^2=1/2\tau$：τ 是应力张量的第二不变量；B 和 A 是扩散和位错蠕变顺应性；m 和 n 分别是晶粒尺寸和应力指数；R 是岩石样品的平均粒度（典型参数值见表 3-2）。此外，流变场边界晶粒尺寸可描述为

$$R_{\mathrm{F}}=\left(\frac{B}{A\,\tau^{n-1}}\right)^{1/m} \tag{3-3}$$

此处设两种蠕变机制相关的应变速率相等，在给定应力下，小于 R_{F} 的晶粒主要通过扩散蠕变变形，大于 R_{F} 的晶粒通过位错蠕变变形。黏度 μ 的传统概念定义为 $\tau=2\mu$情况下由式（3-2）推出：

$$\mu=\frac{\tau^{1-n}}{2A\left(1+\frac{R_{\mathrm{F}}^{m}}{R^{m}}\right)} \tag{3-4}$$

当扩散蠕变占主导地位（即对于 $R\ll R_{\mathrm{F}}$）时，μ 对晶粒尺寸 R 敏感，晶粒尺寸减小导致软化。当位错蠕变占主导地位（$R\gg R_{\mathrm{F}}$）时，黏度对晶粒尺寸不敏感，但对 $n\neq1$，具有应力依赖性；对于岩石蠕变，$n>1$，因此应力的增加也会导致软化。

岩石的黏度也强烈地受到温度控制，温度通过流变顺应性 B 和 A 体现（表 3-2）。根据不同蠕变机制的激活能，几百摄氏度的冷却可以导致黏度增加几个数量级。韧性岩石圈的峰值强度是岩石圈变形和板块边界形成的主要瓶颈，位于800～1400K 的温度范围内（Kohlstedt et al.，1995）。岩石圈是地幔中最冷的圈层，这也使其成为最强干的圈层，在很大程度上，板块边界的生成消除了所谓的热硬化。

对流地幔冷却起到发动机的作用，提供使岩石圈变形的机械功。对于复合流变定律［式（3-2）］，岩石变形功的速率为

$$\Psi=\dot{e}:\tau=2A\,\tau^{n+1}\left(1+\left(\frac{R_{\mathrm{F}}}{R}\right)^{m}\right) \tag{3-5}$$

变形功可以通过两种方式积累：作为不可循环的能量，功以热量形式耗散并有助于熵增；作为可回流的能量，功在新晶粒和亚晶粒形成时作为新晶界（或表面）能量存储。晶粒分裂成较小的新晶粒是动态重结晶过程（DRX）的一部分，通过位错迁移和积累来形成新晶界，最终导致平均晶粒尺寸的减小。将机械功作为新的表面能存储在晶界上，这被称为晶粒损伤，因为只要岩石通过晶粒尺寸敏感（GSS）机制（如扩散蠕变）变形，它就会通过晶粒减小弱化岩石。当变形功通过损伤来减小晶粒尺寸时，它会被粗化或晶粒生长过程或最小净晶界表面能的趋势所抵消。具

体地说，晶粒生长是因为较小晶粒比较大晶粒具有更大的边界曲率和表面张力，并且可有效地受压而承受更高的压力，从而产生内能（即化学势）。这种压差，或者等效的能量差，导致质量从较小晶粒向较大晶粒的扩散转移，导致平均晶粒尺寸的净增加。这种正常晶粒生长的过程也被称为愈合（healing），因为它消除了一些机械损伤，并使材料变硬，同时受扩散蠕变的支配。

因此，晶粒大小通过晶粒生长和晶粒减少之间的竞争或愈合和损伤之间的竞争而演变。更普遍地说，颗粒进化是通过颗粒大小分布的变化和不同大小颗粒群体之间的相互作用而发生的。为了简化晶粒度演变的分析，Rozel 等（2011）用自相似的对数正态函数近似晶粒度分布，该函数随着时间的推移保持相同的形状，使得其平均值、方差和振幅由一个特征晶粒度 R 唯一确定（用于晶粒度演化的完整分析）。由此产生的连续体中晶粒尺寸演化的理论模型是从非平衡热力学框架中导出的，其中，由与晶粒生长和晶粒损伤相关的力驱动的物质通量总是满足熵增的正反馈，即热力学第二定律；当简化为具有自相似对数正态晶粒度分布的模型时，这导致晶粒度演化定律：

$$\frac{\mathrm{d}R}{\mathrm{d}t}=\frac{G}{pR^{p-1}}-\frac{2\lambda f\,R^{2}A\,\tau^{n+1}}{3\gamma} \tag{3-6}$$

式（3-6）右侧的第一项描述了晶粒生长，其中，G 是与温度相关的粗化系数，p 是晶粒生长指数。式（3-6）右侧的第二项描述了损伤导致的晶粒尺寸减小，其中，γ 是晶界表面张力（表 3-2），$\lambda=\exp$（）特定于对数正态晶粒尺寸分布（无量纲方差 σ 通常设置为 0.8），$2fA\tau^{n+1}$ 是产生新晶界面积和能量的机械功大小。通过动态重结晶产生新的晶界，其中，位错合并形成亚晶粒并最终形成新晶粒。动态重结晶只能发生在晶粒中，其中，应变主要由位错蠕变调节。因此，在式（3-5）的总机械功 Ψ 中，只有位错蠕变所做的功（$2A\tau^{n+1}$）可以用来形成新的晶粒，而在这项功中，只有一个分数 f，称为损伤分配系数，用于创建新的晶界区域和能量。当系统上没有进行变形功时（即 $\Psi=0$），恢复了标准静态晶粒生长关系，并且已经通过实验确定了 G 和 p 的值域（表 3-2）。当粗化速率和损伤速率平衡时，晶粒尺寸达到动态平衡。如式（3-6）所推断，稳态晶粒度是变形功率的函数，因此可以用作古瓦特计（paleowattmeter）：也就是说，基于上述理论考虑，测量的晶粒度可以转换为功率。类似地，根据经验推导的晶粒尺寸与应力之间的相关性，可以将观测到的晶粒尺寸转换为驱动应力，从而用作古压力计（paleopiezometer）。此外，在不同的应力和温度条件下，将观察到的稳态晶粒尺寸与晶粒损伤模型预测的晶粒尺寸进行比较，可以用来确定 f 的可能值域（Mulyukova and Bercovici，2017；Rozel et al.，2011）。功率系数 f 与温度有关，并且对于 800K 的最冷温度，f 从大约 0.1 开始，随着温度增加到 1600K，功率系数 f 降低了几个数量级，这取决于晶粒生长和流变顺

表 3-2　岩石流变学属性参数取值与定义

参数	符号	数值/定义	单位
气体常数	R_G	8.314 459 8	J/(K·mol)
剪切模量	G	70	GPa
伯格斯矢量长度	b	0.50	nm
表面张力	γ	1	J/m^2
相容积分数[a]	ϕ_i	$\phi_1=0.4$，$\phi_2=0.6$	
相空间分布函数[a]	η	$3\phi_1\phi_2\approx0.72$	
位错蠕变[b]	$\dot{e}_{disl}=A\tau^n$		
活化能	E_{disl}	530	kJ/mol
前因子	A_0	1.1×10^5	$1/(MPa^n\cdot s)$
应力指数	n	3.5	
可塑性	A	$A_0\exp\left(-\frac{E_{disl}}{R_GT}\right)$	$1/(MPa^n\cdot s)$
扩散蠕变[b]	$\dot{e}_{diff}=Br^{-m}\tau$		
活化能	E_{diff}	300	kJ/mol
前因子	B_0	13.6	$\mu m^m/(MPa\cdot s)$
晶粒尺寸指数	m	3	
可塑性	B	$B_0\exp\left(-\frac{E_{diff}}{R_GT}\right)$	$\mu m^m/(MPa\cdot s)$
晶粒生长[c]			
活化能	E_G	200	kJ/mol
前因子	G_0	2×10^4	$\mu m^p/s$
指数	p	2	
晶粒生长速率	G_G	$G_0\exp\left(-\frac{E_G}{R_GT}\right)$	$\mu m^p/s$
界面粗化[d]指数	q	4	
界面粗化速率	G_I	$\frac{q}{p}(\mu m)^{q-p}\frac{G_G}{250}$	$\mu m^q/s$

a 相分布方程据 Bercovici and Ricard（2012），假设40%辉石和60%橄榄石混合组成的橄榄岩。

b实验测定的橄榄石蠕变律的代表性流变学参数模式值（Karato and Wu，1993；Hirth and Kohlstedt，2003）。

c 据 Kameyama 等（1997）引用的 Karato（1989）橄榄石生长律；注意 EG 值尚有争论（Evans et al.，2001）。

d Bercovici 和 Ricard（2013）的界面粗化律

应性等假定的活化能。如前所述，晶粒损伤引起的剪切局部化需要正反馈，由此晶粒尺寸减小引起弱化，从而变形集中，进而加速晶粒尺寸减小等。然而，在单矿物材料中，晶粒尺寸减小发生在位错蠕变期间，由于晶粒尺寸敏感黏度引起的弱化也必然发生在扩散蠕变期间。这两种蠕变机制在某种程度上是排他性的（除了在流变场边界附近的狭窄晶粒尺寸范围内，例如通过位错调节的晶界滑动），排除了晶粒减小和自弱化的共存，从而排除了导致糜棱岩的局部化反馈。然而，实际的岩石圈岩石至少由两个矿物相（橄榄石和辉石）组成，已知次要矿物相的存在对粒度演化和由此产生的材料强度有重大影响。此外，野外调查表明，糜棱岩化优先发生在多矿物域，尤其是上地幔橄榄岩。为此，Bercovici 和 Ricard（2012）发展了两相晶粒损伤理论，以推断矿物相之间的相互作用如何促进晶粒减小、抑制愈合和增强剪切局部化。

（2）多矿物岩石颗粒损坏

岩石圈中两个主要矿物相是橄榄石和辉石，并有效地保留了微量副矿物；从本质上讲，橄榄石占岩石圈体积的60%，辉石占其余40%的大部分。因此，这里将多矿物岩石圈视为两相介质。两相颗粒连续体的物理描述包括每个相的体积分数 ϕ_i 和平均晶粒尺寸 R_i，其中下标 $i=1$ 或 2 表示单个相。例如，$i=1$ 表示辉石等次要矿物相，$i=2$ 表示橄榄石等主要矿物相，这两个参数都是空间和时间的函数。当矿物相未混合时，分离它们的界面是光滑的，这意味着它具有很大的曲率半径 r（r 也被称为界面粗糙度），并且界面面积最小化。当矿物相充分混合时，其中一个矿物相很好地分散在另一个矿物相中，界面更粗糙，曲率半径 r 较小。两相晶粒损伤理论跟踪界面粗糙度 r 和每个相 i 的晶粒尺寸 R_i 的耦合演化（Bercovici and Ricard，2012）：

$$\frac{\mathrm{d}r}{\mathrm{d}t}=\frac{\eta G_I}{qr^{q-1}}-\frac{f_I r^2}{\gamma_I \eta}\bar{\Psi} \tag{3-7}$$

$$\frac{\mathrm{d}R_i}{\mathrm{d}t}=\frac{G_i}{pR_i^{p-1}}Z_i-\frac{\lambda R_i^2}{3\gamma_i}f_G 2A_i\tau_i^{n+1}Z_i^{-1} \tag{3-8}$$

式中，$G_I(G_i)$ 和 $q(p)$ 分别是界面（晶界）粗化的速率和指数；$\gamma_I(\gamma_i)$ 分别是界面（晶界）表面能；Z_i是 Zener 钉扎因子。相位分布函数 $\eta=3\phi_1\phi_2$确保界面面积在 $\phi_i\to 0$ 或 1 的极限内消失。分配系数f_1和f_G分别决定了有多少变形功被分配到新界面和晶界区域，其中产生更多晶界区域的功被限制为位错蠕变。产生更多界面面积的功是从总功率的相体积平均值（$\Psi=\Sigma i\phi_i\Psi_i$）中获得的，因为任何变形模式都会通过拉伸、撕裂或混合导致界面变形。Bercovici 和 Ricard（2016）以及 Mulyukova 和 Bercovicy（2017）通过将理论预测的稳态晶粒度与不同应力和温度条件下的实验及野外晶粒度进行比较，确定了f_1和f_G的可能范围。如前所述，因子 λ 特定于对数正态粒度分布。

式（3-8）中的Zener钉扎因子 Z_i 将晶粒大小和界面粗糙度演变耦合起来，定义为（Bercovici and Ricard，2012）：

$$Z_i = 1 - \lambda^* (1 - \phi_i) \left(\frac{R_i}{r} \right)^2 \tag{3-9}$$

式中，$\lambda^* = 0.87$ 取决于假设的晶粒尺寸分布形状（Bercovici and Ricard，2012）。式（3-8）给出的各相中晶粒尺寸的演变规律与单相的演变规律相似，只是它们也受到相之间界面的两种影响。首先，界面阻碍晶界迁移，从而阻碍晶粒生长［图3-23（a）］。具体而言，如果一个晶粒只能通过将自身包裹在障碍物（即不同相的晶粒）周围，或通过将自身楔入相反矿物相的两个晶粒之间来生长，那么相关的晶界畸变涉及晶界面积的增加，这需要额外的表面能，因此在能量上不再有利。界面对晶粒生长的阻碍也被称为Zener钉扎：对于小 R_i/r，钉扎可以忽略不计（$Z_i \approx 1$），但随着 R_i/r 变大，Z_i 接近0，如式（3-9）所示。钉扎阻碍粗化［式（3-8）中的第一项］，这是Zener钉扎理论的经典推断。

如Bercovici和Ricard（2012）所示，Zener钉扎对晶粒尺寸演变的第二个影响是，当 Z_i 减少时，损伤导致的晶粒尺寸减小会被放大。特别是，由于钉扎体引起的晶界畸变，在两相介质中分裂晶粒所需的能量比在单相介质中更少［图3-23（b）］。

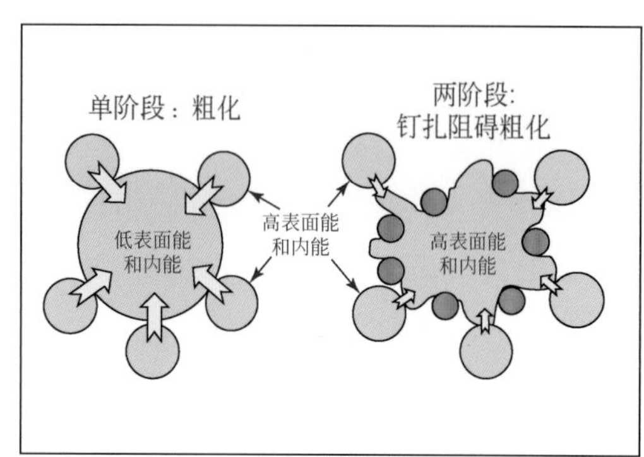

(a)钉扎变形减缓晶粒生长

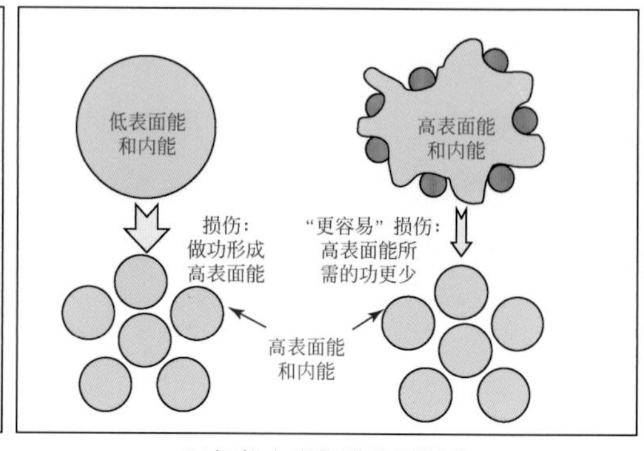

(b)钉扎变形促进晶界损伤

图3-23　Zener钉扎变形增加大晶粒的平均曲率、表面能和内能从而阻碍由能量差驱动的晶粒生长（a）或促进晶界损伤（b）的方式（Mulyukova and Bercovici，2023）

总之，式（3-7）和式（3-8）表明，在多矿物介质中，晶粒损伤以两种形式表示，晶界损伤（即 R_i 的减少）和界面损伤（即 r 的减少）。具体而言，当岩石变形时，通过界面的撕裂、拉伸和搅拌，功的一部分既可以作为给定矿物相中的晶界能（如单矿物情况）存储，也可以作为矿物相之间的界面能存储。相之间的界面发生畸变，其曲率半径 r 减小，而其面积和能量增加以消耗变形功为代价。

重要的是，功可以转化为界面损伤，而不考虑蠕变机制，因为这种损伤只需要介质以某种方式变形。因此，界面的粗糙度 r 或钉扎体的尺寸，可以收缩到低于场边界晶粒尺寸，进入晶粒尺寸敏感扩散蠕变状态。收缩的钉扎体通过双齐纳（Zener）钉扎效应降低晶粒尺寸，即使对于小晶粒，也会增强动态重结晶的损伤并抑制晶粒生长［式（3-8）］。因此，界面损伤允许晶粒尺寸减小和晶粒尺寸敏感流变共存，为多矿物岩石的自弱化提供了正反馈机制。式（3-7）和式（3-8）中的变形功率使用与复合流变学［式（3-2）］相似的流变关系，但对于每个阶段 i：

$$\dot{e} = A_i \tau_i^n + B_i \frac{\tau_i}{R_i^m} \tag{3-10}$$

式中，A_i 和 B_i 分别是位错和扩散蠕变的流变顺应性或可塑性；$\dot{e}_i$ 和 τ_i 分别是应变速率和应力张量的第二不变量的平方根；R_i 是平均晶粒尺寸，假设每个矿物相中的晶粒尺寸为对数正态分布。如果假设给定点处的相位没有相对运动，那么它们的速度和应变率 i 是相同的，因此这近似等效于均匀应变。如果由于矿物相混合而存在矿物相的相对运动，则这种假设无效。

粒度在一定程度上决定了岩石的流变特性，因为它决定了蠕变状态［式（3-3）］和岩石在晶粒尺寸敏感状态下的黏度。因此，粒度演化的微观物理机制影响着岩石变形的宏观过程。同时，晶粒尺寸演化规律（在单相［式（3-6）］和两相［式（3-7）和式（3-8）］岩石中）取决于由连续尺度过程控制的物理条件（如应力和温度）。在描述岩石变形的完整方程组中，微观和宏观过程通过流变关系将控制连续体方程（包括质量、动量和能量守恒）与晶粒尺寸演化定律（对于单矿物［式（3-6）］或多矿物［式（3-7）和式（3-8）］岩石）相耦合而连接。完整的耦合方程组可以应用于以晶粒损伤为特征的地球动力学模型。总之，对这些流变学不连续面的微观变形机制研究有助于理解微幔块在地幔内的宏观变形行为。

（3）板块俯冲起始与被动陆缘

岩石圈岩石变形的物理模型可以用来解释板块构造的几个重要问题。地球表面的运动除了被镶嵌成相对运动的宽阔而坚固的板块外，其独特之处在于速度场的极向流和环向流分量包含相当数量的动能。极向流分量与地幔对流运动有关，并显著不同于地表板块汇聚和离散的流场，这两种流场调节着地幔的上涌和下降。环向流对地表板块运动的巨大贡献体现在走滑剪切（以及少量的微板块旋转），这更为神秘，因为它没有直接的能量来源（如对流释放的引力势能）。地幔对流产生类似板块的运动，需要非线性岩石流变间接地将环向流与地幔对流运动耦合，并减少地幔和岩石圈流场中的黏滞耗散。根据两相颗粒损伤理论，损伤对多矿物岩石流变学的强烈局部化效应，与单矿物岩石中标准位错蠕变或颗粒损伤的较弱局部化效应相反，已明显导致具有类似环向和极向分量的表面变形（Bercovici and Ricard，2013）。

板块边界的寿命也是板块构造模式下地幔对流的一个重要表征。特别是，薄弱带寿命很长，可以随着其下伏地幔流的变化而死亡或活化。这一特征并不能用基于无记忆瞬时流动定律的大量板块生成模型来解释，例如，那些具有黏塑性响应的模型。粒度变化引起的岩石圈强度变化会保存很长一段时间，并可能影响后期变形。Bercovici 和 Ricard（2014）使用一个由时变压力场驱动的岩石圈变形的简单模型（即参数化的板拉力）证明，当岩石圈继承一个又一个受损的薄弱带时，它最终可以形成一个局部薄弱带网络，这些薄弱带构成整个构造板块边界，包括被动的扩张中心、被动的走滑型边界以及主动的俯冲带。Bercovici 和 Ricard（2014）的模型提供了一种机制，这种机制下，从俯冲起始到板块边界和板块镶嵌成全球网络之间，存在约 1Gyr 的时间滞后。

岩石圈的热力学和微观结构演化，以及它对应变局部化的敏感性，是通过几个相互作用的过程发生的，包括行星向太空的热扩散而冷却、重力作用引起的黏性蠕变以及岩石适应不断变化的温压时晶粒尺寸演化。例如，当一个新的大洋岩石圈在洋中脊形成时，它会随着时间的推移而冷却和变硬。然而，较冷的岩石需要更长时间来恢复它可能已经受到的任何结构损伤，例如，通过晶粒生长逆转晶粒损伤。而如果它仍然是热的，不久之后，它就会侵位到地表。特别是，如果洋中脊下的地幔在开始扩张之前就已经被大陆隔热，其积累的浮力和由此产生的剧烈流动，会对新形成的板块产生巨大的阻力，从而在岩石圈还年轻的时候产生重大破坏。随后的冷却和延迟愈合有助于保持岩石圈受损部分的脆弱性。此外，随着增厚的板块远离洋中脊，它会经历与洋中脊推动相关的越来越高的应力。热硬化、缓慢愈合和洋中脊推力增强的综合效应，决定了大洋板块发生应变局部化和弱化的时间长短。弱化的板块更有可能屈服于重力、被动陆缘垮塌和自发俯冲。在现今地球条件下，晶粒损伤理论预测，被动陆缘垮塌要么需要 100Myr，要么根本不会坍塌，这与现今许多被动陆缘年龄超过 100Myr 的观测结果一致。

被动陆缘垮塌也可能有助于颗粒损伤的增强、岩石圈岩石中的矿物相之间发生混合。如前所述，这种混合由非均质岩石的成分梯度以及岩石圈的应力状态驱动。在开阔洋盆中，由于洋中脊推力作用施加的横向压应力，可以发生厘米级的混合和弱化带，变得直立，并在大约 100Myr 后波及大部分岩石圈（Bercovici and Mulyukova，2021）。这些混合和弱化带导致岩石圈中的各向异性黏性强于侧向作用力，但弱于弯曲和下沉，从而极大地促进了被动陆缘垮塌和俯冲启动。

（4）板片拆离与位错动力学

地质记录以及现今地表变形的观测表明，构造板块运动的变化速度，比缓慢地幔流所预期的要快得多。最显著的例子是，大约 50Myr 前，太平洋板块运动的快速变化导致夏威夷–皇帝海山链大拐弯。俯冲作用是板块运动的主要驱动力，板块动力学的快速变化可以引起板块俯冲速率和/或方向的剧烈变化。例如，板片与其母体板块的缩颈和随后的拆离，可能会导致板块的运动和/或隆起发生突变。

这种导致板片缩颈和拆离的快速应变局部化，发生在简单的板片模型和包括晶粒损伤自弱化在内的更复杂数值模型中。晶粒损伤弱化导致的板片突然断离，也会加剧海沟后撤，正如板片回卷和断离简单耦合模型所证明的那样（Bercovici et al., 2019），从而改变了板块尺寸和运动的演变。最后，较深韧性岩石圈中的晶粒损伤与较浅岩石圈或地壳中的脆性行为相结合，导致了周期性的板块分段化，例如，海沟附近落差大的正断层就是其特征（Gerya et al., 2021）。

了解固体地球现象，包括构造板块边界的形成和演化，需要深入了解这些现象所处地质环境的物理条件（如应力）。特别是，通过实验和理论推导的位错密度和应力之间的关系，即所谓的位错密度压力计（piezometer），在野外通常用于推断岩石所经历的差异应力。位错密度压力计，类似于前面讨论的晶粒尺寸压力计，这两个压力计不是独立的，应该结合使用，以提供一个独特的应力度量。

岩石变形过程中，位错可以成核或伸长，通过滑移或攀爬在晶粒中移动并湮灭。位错动力学取决于材料的晶体结构、外部物理条件（如应力和温度）、位错密度本身以及晶粒尺寸。每体积所有位错的总长度，称为位错密度，这里用 ω 表示，单位为 m^{-2}。导致 ω 增加或减少的微观物理过程，分别被称为位错源和位错汇，这些过程之间的竞争决定了 ω 的演化，正如 Mulyukova 和 Bercovici（2019，2022）的一个模型所做的那样。其中，一个来源是 Frank-Read 机制，在该机制中，钉在相距距离 l 的两点之间的位错弯曲并延长，以响应施加的差异应力 τ。长度 l 取决于钉扎点的性质，钉扎点可以是其他位错（在这种情况下为 $l\sim 1/\sqrt{\omega}$）或晶界（在这种情形下为 $l\sim R$）。此外，Frank-Read 机制必须具有 $l>Gb/\tau$ 才能运行（Ranalli，1995），其中，G 是剪切模量，b 是伯格斯（Burgers）矢量的长度（表 3-2）。

晶界也是几何必要位错（GND）的成核位置，其产生使得多面体晶粒可以相对于彼此移动，而不出现任何间隙或重叠（即保持应变兼容性）。几何必要位错源可以用表面密度 $\overline{\omega}$ 进行量化，每个区域的数量或 m^{-2} 的维度，并限制在 $0\leqslant\overline{\omega}\leqslant 1/b^2$ 的范围内（Mulyukova and Bercovici，2022）。晶界也起到了汇的作用，位错在塑性应变调节过程中被吸收到汇中。最后，具有反平行伯格斯矢量的边缘位错，可以相互吸引并湮灭。由此产生的位错下沉，称为偶极子的合并，并且只有当位错攀爬主导位错运动时（即高温蠕变期间）才有效。所有上述源和汇相结合，会产生以下位错密度演化模型：

$$\dot{\omega}=-Rv_{\mathrm{C}}\omega^{2}+\left(\frac{\tau}{G}\right)\left(\frac{R}{b}\right)\bar{v}\omega^{3/2}-\frac{3}{R}\bar{v}\omega+\frac{3}{R}\bar{v}\bar{\omega} \tag{3-11}$$

式中，v_{C}和 $\bar{v}$ 分别是位错攀爬速度以及攀爬和滑移的平均值。

式（3-11）的解对于给定应力 τ 下的稳态位错密度 ω_{ss}，设置$\dot{\omega}=0$，产生所谓的位错密度压力计。先前的实验和理论研究提出了 ω_{ss} 和 τ 之间的幂律关系，如$\omega_{\mathrm{ss}}\sim\tau^{2}$。对于一系列不同晶粒尺寸，尤其是对于较大晶粒尺寸和较高应力值，理论预测压力计得到了相同的幂律关系。然而，理论也做出了另一个预测，即对于在较低应力下变形的岩石，因为存在另一个较低位错密度的稳态分支，故压力计结果可能是不唯一的。此外，该式后一项与应力无关，而是取决于晶界处的位错源密度（即 $\omega_{\mathrm{ss}}=\bar{\omega}$）。两种可能的压力项可能在一系列应力上共存，晶粒大小决定了变形岩石中表现出的ω_{ss}分支。因此，虽然使用正则幂律压力计会表明，不同尺寸和不同位错密度的两个相邻晶粒，具有非常不同的应力，但模型表明，这两个晶粒可能具有相同或相似的应力，分别位于两个不同的压力项上。

在变形岩石中，位错密度和晶粒尺寸同时变化并相互作用，它们也可以耦合演化。Mulyukova 和 Bercovici（2019）提出了一个位错密度演化的简化模型，与前述模型相比，其中单个位错源和位错汇的计算不如式（3-11）中详细。然而，这两个模型的主要特征相似，例如，预测的稳态位错密度的应力和晶粒尺寸依赖性。Mulyukova 和 Bercovici（2019）的耦合模型预测，当 R 和 ω 同时演化时，出现的不同行为完全由两个参数决定，即位错能量和动力学，其中，后者是位错速度的简化近似值。

使用应力和晶粒尺寸耦合效应的简单参数化，变形岩石晶粒中位错密度 i 的变化率，可以通过以下无量纲方程来描述：

$$\dot{\omega}_{i}=-\beta\,\omega_{i}^{3/2}+\left(\frac{\tau}{Gb}\right)\left(\frac{R_{i}/R_{\mathrm{c}}}{1+R_{i}/R_{\mathrm{c}}}\right)\beta\,\omega_{i} \tag{3-12}$$

式中，下标 i 表示单个晶粒；β 是一个取决于位错速度的无量纲参数；R_{c} 定义位错密度变为晶粒尺寸敏感的晶粒尺寸；G 和 b 分别是无量纲剪切模量和伯格斯（Burgers）矢量长度（其大小值见表 3-2）。式（3-12）中的简化模型与式（3-11）中的多个位错源和位错缺陷完整模型相比，具有单个位错源和单个位错缺陷，但在这两个模型中，源（以及稳态位错密度）与晶粒尺寸和应力有关。Mulyukova 和 Bercovici（2019）使用仅由两种晶粒组成的简单系统模型揭示了其相互作用，以说明与位错密度 ω_i和晶界曲率 $2/R_i$变化相关的力之间的相互作用，其中 R_i还是晶粒尺寸，下标 $i=1$ 或 2 指代单种晶粒。然而，正如 Mulyukova 和 Bercovici（2022）所证明的那样，潜在的物理过程对于具有几乎无限数量晶粒的系统来说才是普遍的。晶粒的生长或收缩取决于其尺寸（即晶界能量）和相对于邻近晶粒的位错密度。在双晶粒系统中，相邻晶粒之间的能量差产生了晶界迁移的驱动力。此外，因为一个晶粒的大小可以从质量守恒中推断出来，所以只需要跟踪其中另一个晶粒（如 R_1）的演化。假设晶粒之间只有扩散质量交换（即没有晶粒分裂或聚结），结合晶粒尺寸变化的连续和不连续过程，R_1 的演变由无量纲下列方程给出（Mulyukova and Bercovici，2019）：

$$\dot{R}_1 = R_1^{p-2} R_2^{p} [(R_2^{-1} - R_1^{-1}) + \alpha (\omega_2 - \omega_1)] \tag{3-13}$$

式中，$\alpha \equiv \gamma d / \gamma R_s$ 是位错能量 γd（即每单位位错长度的能量）与晶界表面能 γ 之比，其中，R_s 是标度晶粒尺寸，如 Mulyukova 和 Bercovici（2019）设 $R_s = 1\text{mm}$；指数 p 通常设置为 $p=2$，这对应于正常的晶粒生长行为（Ricard 和 Bercovici，2009）。参数 α 在晶粒尺寸和位错密度的耦合演化中起着重要作用，对于较小的 α，粗化或多或少通过晶粒生长正常进行，而对于较大的 α，晶粒生长可能停滞甚至发生振荡。对式（3-12）和式（3-13）的理论分析表明，大晶粒比小晶粒具有更高的稳态位错密度，这有助于阻止和稳定晶粒生长。具体地说，由大晶粒和小晶粒之间的晶界曲率引起的内部能量差，被位错能量差所抵消，从而阻碍了晶粒的正常生长。位错在相反晶粒生长中的影响，意味着通过晶粒损伤产生岩石圈薄弱带所需的变形功较少。此外，晶粒生长的延迟增加了薄弱带的寿命，即使在变形停止后，构造板块边界也能持续更长时间。扩散驱动的晶界迁移过程［式（3-13）］和位错动力学过程［式（3-12）］具有不同的特征时间尺度，对晶粒尺寸和位错密度变化的响应存在时滞。因此，当晶粒尺寸和位错密度朝着其微观结构稳态发展时，晶粒系统可能会发生振荡。当岩石在晶粒尺寸敏感蠕变状态下变形（如扩散蠕变）时，晶粒尺寸的振荡会导致瞬态流变增强或削弱。在岩石圈中，振荡的时间尺度为 1～10a，类似于震后蠕变等快速构造过程。这表明，微观结构演化和晶粒损伤，可能会在震间应力积累、释放和恢复的序列过程中增加独特的周期循环。因此，位错动力学的晶粒损伤理论，不仅在更深变形层次上，而且在影响人类的时间尺度上，为深入理解板块构造开辟了新方向。

3.2.4 微幔块边界

不同于微洋块和微陆块的岩石圈刚性环境，微幔块常指滞留在岩石圈之下、不同地幔深度的微小地幔块体，其变形时所处环境为高温高压的深部地幔环境。但也有例外，正如前文所述的海洋核杂岩、洋陆转换带的地幔剥露区中也有微幔块直接出露海底，可能会叠加一些浅部变形层次的形变。断离或拆沉的微幔块进入深部地幔后，随着周围温度和压力的升高，微幔块会通过相变、塑性变形、位错蠕变等宏观和微观方式发生黏滞结构及化学成分的变化，从而不再保持刚性状态，其边界也转变为一种密度异常界面。

目前，浅部海底的微幔块主要通过多波束成像资料进行识别，深部地幔内的微幔块主要通过地震层析成像资料进行识别。通过地幔内部地震波速（P 波和 S 波）的各向异性，层析成像资料可以揭示地幔物质的密度变化及地幔结构等特征。在区域性的空间尺度上，地震层析成像的结果，虽然有很大的不确定性，但以下的基本结论被普遍接受。

1）很多俯冲带的地震波高速异常体，即冷的、密度大的地幔物质通常是俯冲板片，可从上地幔延伸到下地幔，乃至核幔边界；俯冲板片在上、下地幔之间的地幔过渡带（410～660km）由垂向或斜向俯冲变成了水平俯冲（van der Meer et al., 1991）；在这些水平俯冲块体之下的下地幔，高速异常体依然存在。这些地震波高速异常体或正异常即为微幔块。

高速异常的区域主要与分布广泛的古俯冲带（古俯冲板片）、岩石圈根部高速异常、克拉通盆地底部的高速异常有关。因此，依据地幔波速异常和空间位置，全球微幔块可以划分为四类：古俯冲带（古俯冲板片）、岩石圈底部或克拉通盆地底部高速异常体、地幔过渡带的高速异常体和下地幔内部的高速异常体。

2）区域性的慢速异常体一般被称为热的、密度小的热地幔柱构造，存在于从上地幔到下地幔甚至核幔边界等不同的深度。但对低速的热地幔柱构造的层析成像比对快速的微幔块成像会更困难（钟时杰，2021）（图 3-24）。随着深地、深海探测技术和研究程度的提高，除了一些在地幔中漂移的非地幔柱热物质逐渐被识别出来之外，同样，微幔块边界一些地震波速度相对较低的异常也能够得以识别，因为微幔块边界可能是低速异常和高速异常之间差异对比显著的边界。此外，俯冲板片拆离形成的微幔块可能带有水（H^+、OH^-），水对地幔岩流变强度的影响极大，在地质应变速率范畴下，湿橄榄岩比干橄榄岩的流动强度要高 300～700 倍，这有助于微幔块的下沉运动。

水存在于晶格点缺陷中，对矿物塑性变形影响巨大：①大幅提高位错滑移和攀爬效率；②有利于位错增殖；③加速晶内和晶间扩散；④促进颗粒边界迁移；⑤大幅降低地幔岩石固相线的温度。这些差异必然导致微幔块边界发生差异变形行为，成为流变学不连续面。实验表明，位错蠕变和扩散蠕变的转变可能就发生在上地幔深度，热的浅部上地幔岩石以位错蠕变方式流动，上地幔岩石圈剪切带变形局部化的主要变形机制就是粒间滑动相伴的位错蠕变，5% 左右熔体也可以使得地幔岩石力学强度明显弱化，熔/流体强化了矿物颗粒边界滑移和动态重结晶作用，含少量熔体的液-固两相系统的上地幔岩石变形机制以高温位错蠕变为主。深部冷地幔岩石或浅部冷上地幔岩石以扩散蠕变方式流动，扩散蠕变不随应力变化，黏度是温度的函数，与周边地幔相比应当表现为刚性、强干性；而微幔块周边正常

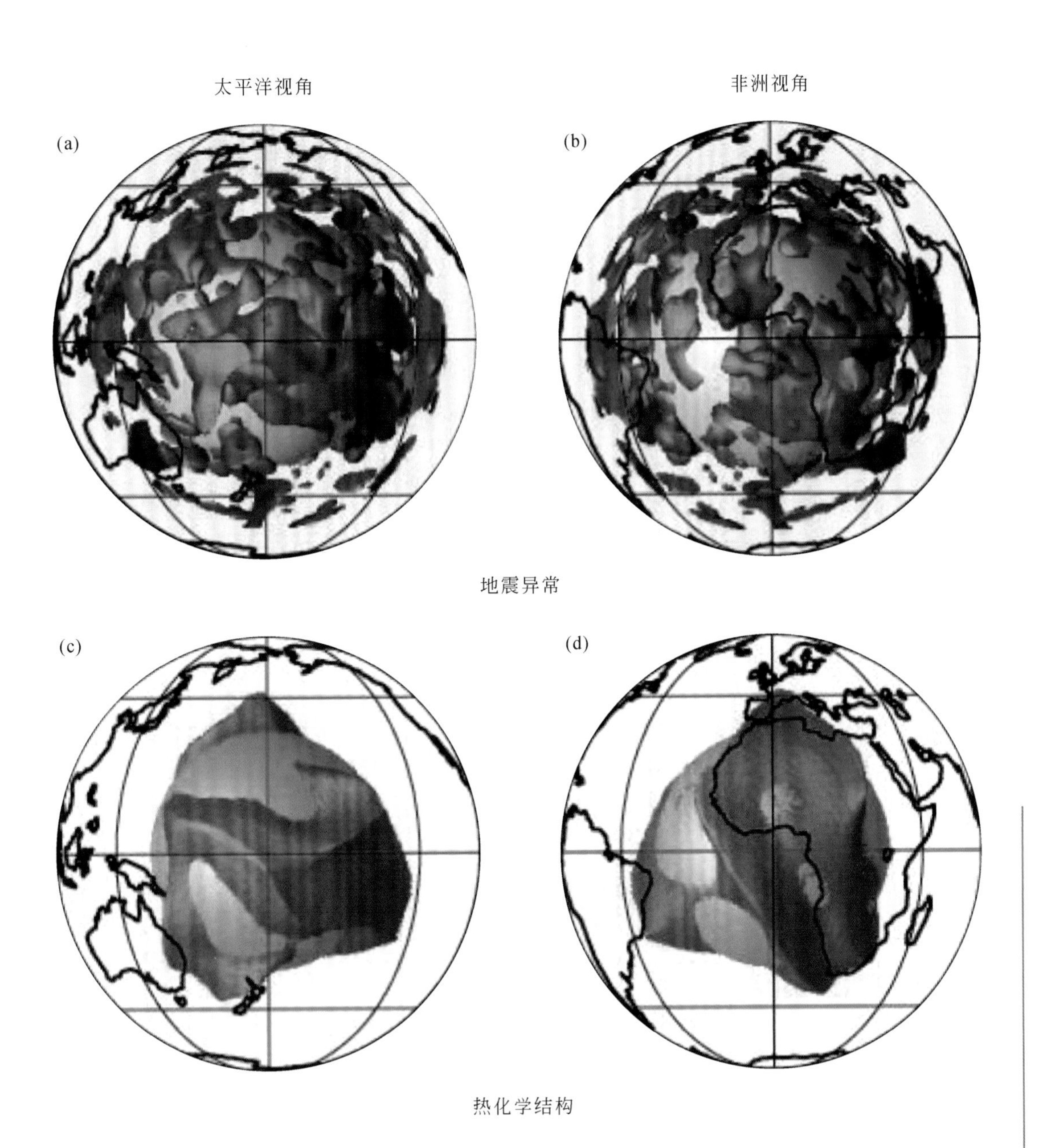

图 3-24 地幔 S 波波速异常（Reitsema et al.，2011）

上图为太平洋（a）和非洲（b）半球的地震层析异常，下图为太平洋（c）和非洲（d）半球的现今地幔的热和化学结构，由过去 1.2 亿年板块运动历史的地幔对流模型计算得到。蓝色代表地核，红色代表横波低速异常的大幔块

的对流地幔一般以位错蠕变方式为主，所以正常的对流地幔岩石在一定温度范围内，其黏度随应力而变化。总之，位错蠕变是高应力、高温环境下的主导机制，扩散蠕变是低应力、低温环境下的主导机制，因为扩散蠕变的应力不敏感性，所以高应力、低温环境下深部地幔的微幔块可能还是以扩散蠕变为主导，而其周边对流地幔可能以位错蠕变为主导。这些认识目前主要是基于上地幔的研究获得的，

对于下地幔相关研究目前较少，例如，超临界金属态氢的存在对微幔块行为会产生何种效应，目前尚不清楚。

3.3 微板块边界确定

（1）地形地貌标志

卫星照片和地形大数据可以揭示板块构造在地球表面上表现出的精细地貌标志和整体几何图像，无论是大板块边界还是微板块边界，其最典型特征均为突变的线状地形。

1）传统大板块的汇聚型板块边界，陆-陆碰撞的缝合带常表现为弯曲分布的楔状巨型突起，如珠穆朗玛峰为地球表面上最高的地形，发育于雅鲁藏布江缝合线附近，且常伴随山脉水系分布异常以及河谷错位，如在帕米尔-兴都库什区，印度河、塔里木河等呈急剧膝状弯曲与放射状分布；在东喜马拉雅区，雅鲁藏布江、伊洛瓦底江、嵋公河、长江等向东和向南的河谷，呈离心式宽阔扇形展布。洋-陆俯冲的俯冲带一般表现为弧形弯曲的负地形（图3-25），如地球表面上最深的马里亚纳海沟。在与海沟相邻的外缘隆起区，常见与弹性板块挠曲作用有关的一系列平行于海沟方向的平缓隆起和盆地系统微地貌，高差可达400～600m。此外，一些板块边界的一级地貌与板块汇聚方向无明确关系，表现出一种无序特征。其邻域次级山脊-洼地地貌，可以作为该边界处碰生型、增生型、拆离型、残生型等微板块的识别标志。

2）离散型板块边界表现为一系列裂谷盆地地貌，长达6.4万km、平均高出洋底～2.5km的全球洋中脊最具代表性。其内部又可识别出轴向火山或脊峰、轴部或中央裂谷、断层崖、卵形构造等微地貌。总体地形起伏较大，轴部裂谷落差可达2～3km。这种类型板块边界的地形地貌走向总体大致平行于洋中脊。该边界的卵形构造地貌可作为延生型微洋块的识别标志。

3）剪切型板块边界常表现为位于大陆和大洋之间转换断层带的巨大起伏地形系统，常见水下裂缝和峡谷、火山等微地貌（表3-3）。位于该地形系统内部的转换型微洋块，通常整体表现为菱形形态，两两镜像出现于新的洋中脊两侧（王光增等，2019）。

4）位于传统大板块板内环境的其他微板块边界，则表现为盆-山地貌与构造线或水深走向明显的大规模旋转、移位，具体还需要结合古地理、岩石学、地形地貌等证据加以判定。不同级别的地貌对应不同级别的微板块或板块边界（图3-26）。

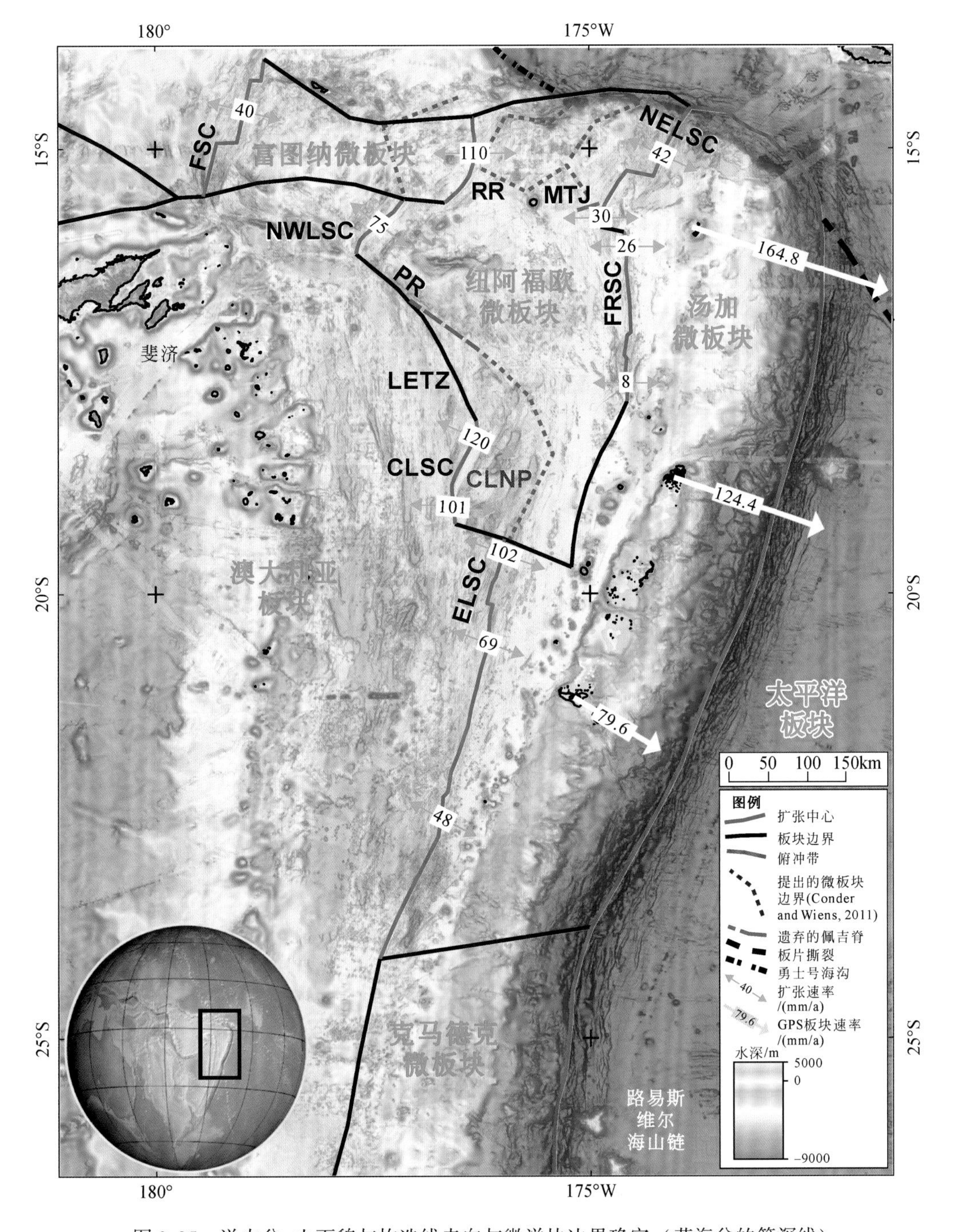

图 3-25 洋内盆-山面貌与构造线走向与微洋块边界确定（劳海盆的等深线）

图中显示了微板块边界和活动扩张中心（Bird，2003），还显示了 Conder 和 Wiens（2011）拟议的微板块边界和其他区域特征。图中显示了汤加微板块 GPS 速率（mm/a）和方位角（白色箭头），澳大利亚板块固定（Phillips，2003）。罗坎博裂谷（RR）和劳海盆西北支扩张中心（NWLSC）的扩张率（mm/a）和扩张中心（绿色箭头）来自 Lupton 等（2015）和 Bird（2003）。劳海盆中央扩张中心（CLSC）、福努阿莱裂谷和扩张中心（FRSC）、劳海盆东部扩张中心（ELSC）、瓦卢法脊（VFR）、曼加托鲁三节点（MTJ）和劳海盆东北支扩张中心（NELSC）的扩张速率引自 Sleeper 和 Martinez（2016）及 Baker 等（2019）。富图纳（Futuna）扩张中心（FSC）的扩张速率引自 Pelletier 等（2001）。CLNP，劳海盆中央微板块（Conder and Wiens，2011）；PR-LETZ，猪背脊-劳海盆伸展转换断层带。插图地球仪显示了劳海盆在西南太平洋的位置（Baxter et al.，2020）

表 3-3 板块边界的地貌特征

板块边界类型	大洋和大陆扩张带的建设型或离散板块边界	大陆、大洋及陆内缝合带中的破坏型或汇聚板块边界	滑动的守恒型板块边界或转换断层
宏观地形	裂谷盆地、洋中脊（发育于6万多千米长的中央裂谷带，可分四种地貌亚区）	岛弧、深海沟、外缘隆起、火山带、大陆弧	位于大洋和大陆转换断层的巨大起伏地形系统
中等地形	规则地形：(a) 喷出岩地形；(b) 张裂带；(c) 正断层；(d) 与构造应力轴接近平行的张性地堑。可分四种地貌亚区	不规则地形，与逆掩断层、叠置构造、冰川群和平移断层有关，山脊及洼地的轴向与构造应力方向无明确关系	海底断裂和峡谷，火山，与构造应力方向斜交的山脉台阶

图 3-26 陆内盆-山面貌与构造线走向与微陆块边界确定

(2) 岩浆和变质作用标志

处于非造山环境下的微陆块边界，可以是岩石圈深大拆离断层或大陆裂谷中切割岩石圈的主控断裂，其伴随的岩浆活动产生的岩石组合有两种：火山岩岩石组合以溢流玄武岩或双峰式火山为特征（二者同时出现或者仅有其一）；侵入岩可包括超基性岩块和岩墙群、金伯利岩、基性侵入体等。

对于造山环境下的微陆块，其板块边界伴随的岩浆活动形成的岩石类型也主要有两种：同碰撞期，发育高级变质和变形的变质岩和伴生的S型花岗岩；碰撞期后，经常有地幔物质参与岩浆作用，发育大量未变形的A型和高钾钙碱性I型花岗岩。由于前者经常呈面状、区域性分布，故需要通过其他地质证据来辅助，追踪精确的微板块边界位置。

被洋中脊、叠接扩张轴、拓展扩张轴、转换断层所围限的微洋块，其板块边界的岩石组合以洋中脊拉斑玄武岩最为典型。蛇绿岩套是一组由蛇纹石化橄榄岩、基性侵入杂岩和基性熔岩以及海相沉积物构成的岩套，其岩石组合类型等同于洋壳，常被认为是古洋壳残片。蛇绿岩套分为MORB型和SSZ型，前者形成于洋中脊、弧后盆地的扩张中心环境，其出露位置标志了地质历史时期古洋中脊型的板块边界；后者形成于洋壳初始俯冲阶段的弧前环境，其出露位置标志了地质历史时期古俯冲带或缝合线型的板块边界。

俯冲带作为板块边界可依据岩浆弧与海沟关系来判断，岩浆弧是强烈的火山活动区，其岩浆活动范围较广，形成于距离海沟轴150～300km的范围，取决于俯冲角度大小。从海沟到岛弧，其岩石系列从岛弧拉斑玄武岩系列，过渡到钙碱性系列和碱性系列；其岩石类型以中酸性岩为主，特别是安山岩为主。埃达克岩是一类中酸性岩浆岩。新生代火山弧环境中，俯冲洋壳在榴辉岩相条件下发生部分熔融形成的埃达克质岩石，属于狭义的埃达克岩（或O型埃达克岩），主要出现于环太平洋火山弧区（洋内弧、大陆弧、陆缘弧），其空间分布受深部俯冲板片的板片窗（slab window）几何形态控制，故也可以用来约束深部俯冲板片的边界。而在新生代碰撞加厚背景下，大陆地壳根部部分熔融形成了广义上的埃达克质岩石（或C型埃达克岩），主要出现在特提斯-青藏高原碰撞带，同样也粗略标记了古板块边界。

沿俯冲型板块边界，往往会出现双变质带。双变质带是指并排平行分布的、地质时代相近的、成对出现的高压低温变质带（特征变质矿物是蓝闪石）和高温低压变质带（特征变质矿物是红柱石）。陆-陆碰撞型板块边界，由于沿其高压变质作用和后期的折返过程，往往会出现榴辉岩、超高压麻粒岩等（图3-27）。Hasterok等（2022）依据主体岩石组成，将全球大陆岩石圈划分成899个地质省（geological provinces）（图3-28）；van Dijk（2023）则对海底也做了全面划分，对全球总共划分了1180个大大小小的构造地体（tectonic terrane）。

图 3-27　微板块边界两侧具有差异显著的岩石类型

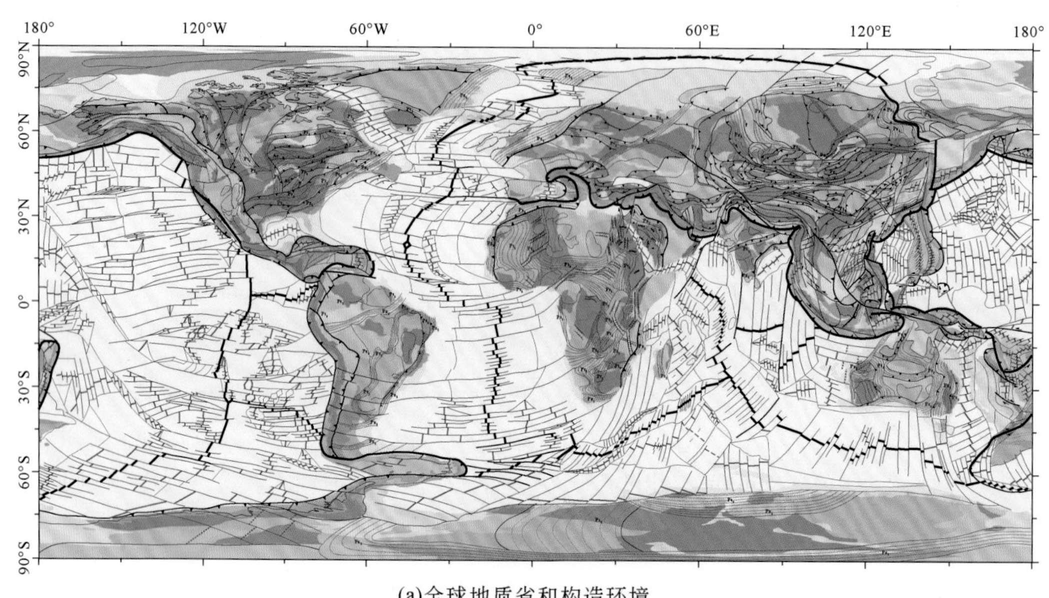

(a)全球地质省和构造环境

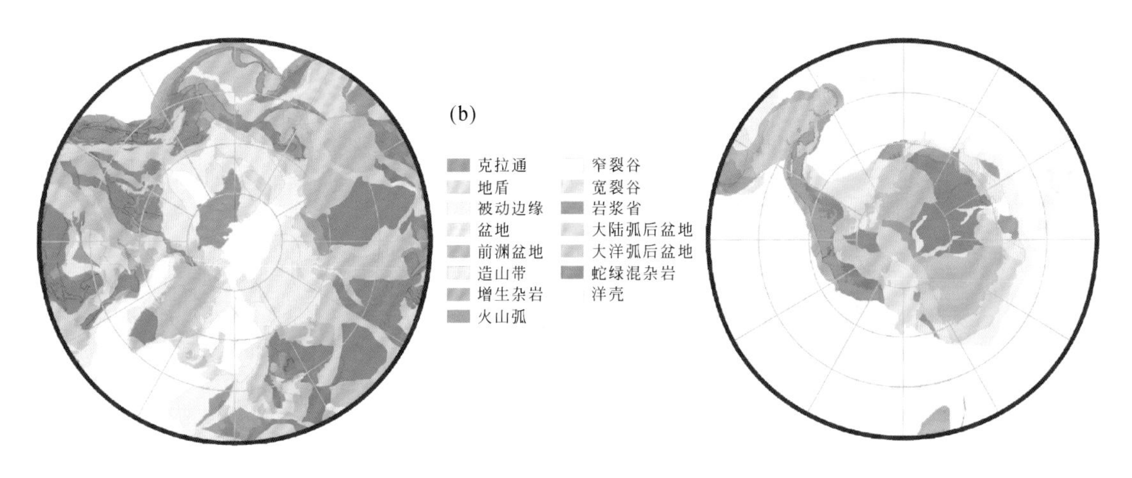

图 3-28　具有近似成分组成和构造历史的全球地质省分布（修改自 Hasterok et al.，2022）

地质省颜色指示其主要构造环境，尽管构造环境会随时间变化，但地质省由其内部主体岩石主导；图中微板块边界据李三忠等（2022）

（3）地震活动标志

全球地震活动主要与板块边界活动有关。传统三大板块边界的地震机制有显著差异（图 3-29），如洋中脊地震通常震级较小，表现为张性；而俯冲带地震震级较大，表现为挤压、压扭；活动的转换断层震级也较小，以张扭或压扭机制为主，死亡的转换断层或破碎带一般比较稳定，无地震发生（Bodmer et al.，2015）。一些活动的转换断层自身并无活动，活动的是其两端，因此，地震活动也主要发生在转换断层两端，如新西兰的阿尔派恩断裂。但是，因为微板块较小，在一些微板块内部也可以发生 8 级地震，如东北太平洋的戈达（Gorda）微洋块内部。有趣的是，其地震分布规律与海底构造解析结合，可很好说明俯冲带是主动驱动板块运动的根源。

其中，汇聚型板块边界的俯冲带地震分布特征十分有规律：以深海沟为边界的俯冲板块俯冲下插的倾角越平缓，在平面上地震带分布的宽度越大，不同震源深度地震显示的分带性越清晰；自海沟向大陆一侧，依次会出现浅源地震亚带、中源地震亚带和深源地震亚带；反之，地震带的宽度越窄，地震基本上不显示分带性。对于同一条深海沟，沿着它的走向或倾向均由于地质体的不均匀性而会发生不同程度的挠曲。沿深海沟俯冲到另一大陆或大洋板块下方的俯冲板片也是一个具有不同挠曲程度的板状体。挠曲造成的倾角变化会在地震震源深度和分带性、分段性上反映出来。因此，通过震源分布，可以探明显著负地形边界是俯冲带还是存在断距的走滑断层。若在大陆边缘向陆一侧的深部分布有平行边界的地震活动，则可以判断为俯冲带。

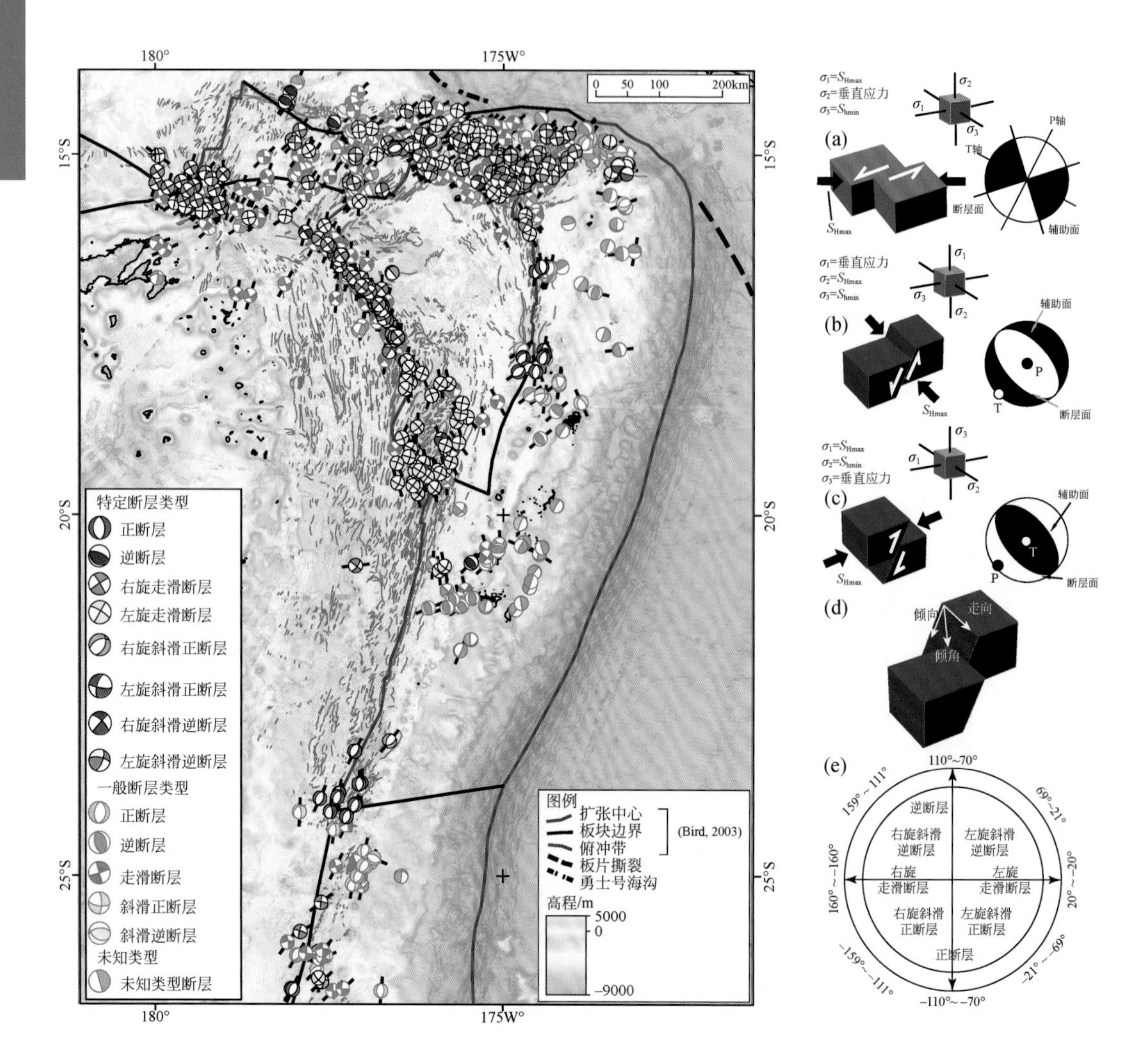

图 3-29　基于 692 个震源机制解或质心力矩张量（CMT）位置确定的整个劳海盆构造单元（Baxter et al.，2020）

CMT 的压缩象限根据关键断裂类型进行了颜色编码。确定的断层类型对应于 CMT 的震源面，这些震源面与映射的线性构造最为接近。如果未选择清晰的震源面，则使用两个震源面的倾角（rake）值指定一个常见断裂类型。使用 ArcBeachball 工具（v. 2. 2）绘制 CMT 和 Shmax 方向（短黑线）。可根据断裂作用类型和主应力方向对质心矩张量（CMT）作出解释。(a) 断层平面的块体模型和走滑断层的 Shmax 方向（黑色箭头），三个主应力方向的方向显示在单元模型和代表性 CMT 中。(b) 断层平面的块体模型和正断层的 Shmax 方向（黑色箭头），以及单元模型和代表性 CMT 中三个主应力方向的产状。(c) 断层面的块体模型和反向断层的 Shmax 方向（黑色箭头），以及单元模型和代表性 CMT 中三个主应力方向的产状。(d) 显示断层走向、倾角和倾向的块体模型。(e) 用于断层分类的 rake 值

由于传统大板块边界的地震带非常宽广，如欧亚板块的青藏高原、伊朗高原（图 3-30），很难单纯依据地震分布进一步识别出其邻域微板块。但是，镶嵌为大板块的古老微陆块在后期作用力下活化时，沿古老微板块的边界也会发生地震。因此，放大比例尺开展地震分析，依然可以识别微板块边界。一般通过地震震源机制研究，如果发现沿传统大板块边界或者板内某一断裂带反复发生的地震都具有一致

的错动方向，则可确认这一断裂带为微洋块或微陆块的边界（图 3-29、图 3-31、图 3-32）。而对于滞留在下地幔的微幔块，由于不再保持刚性特征，其边界无地震发生，即使地震被检测到，那也可能是相变导致的。

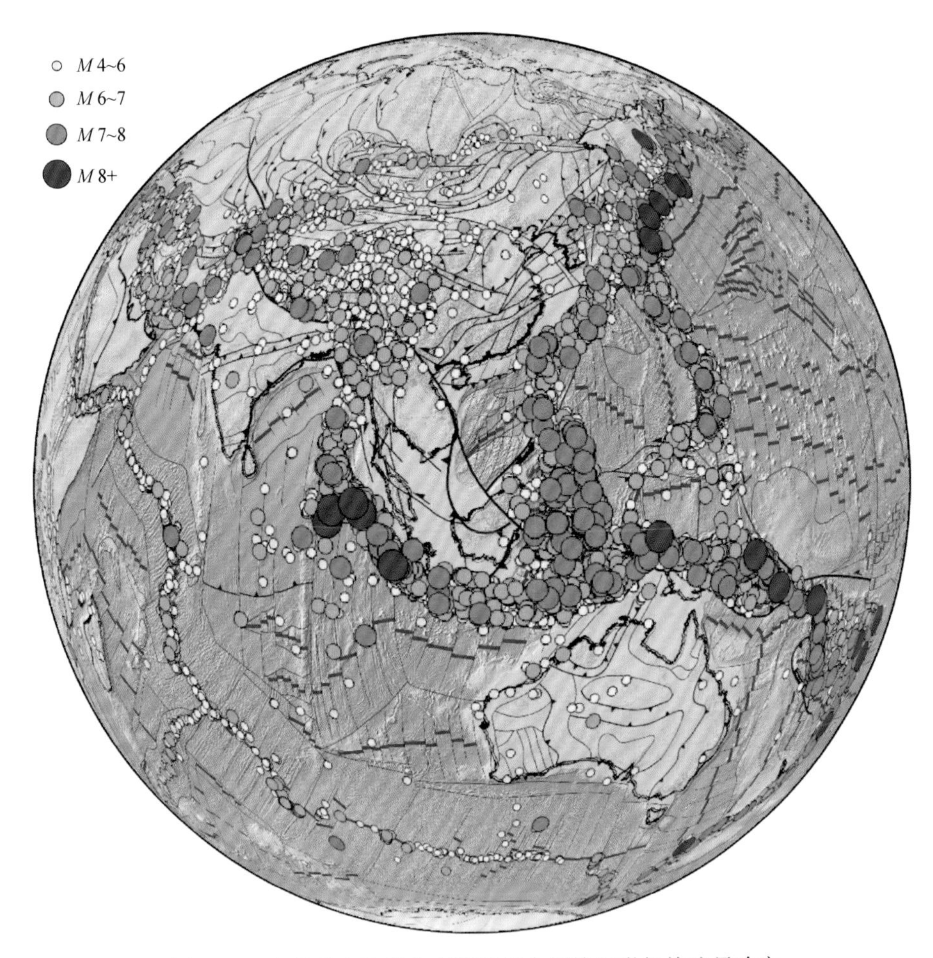

图 3-30　全球现今地震分布特征与大板块和微板块边界确定

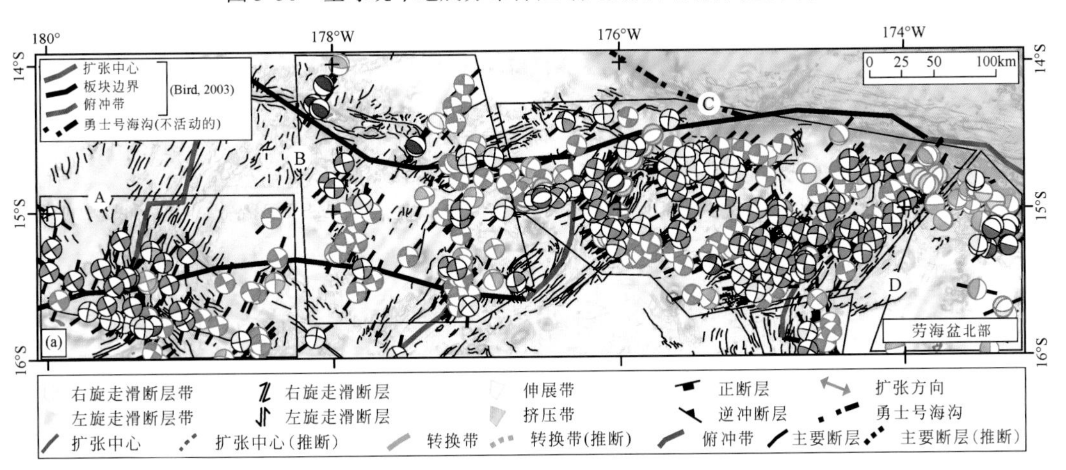

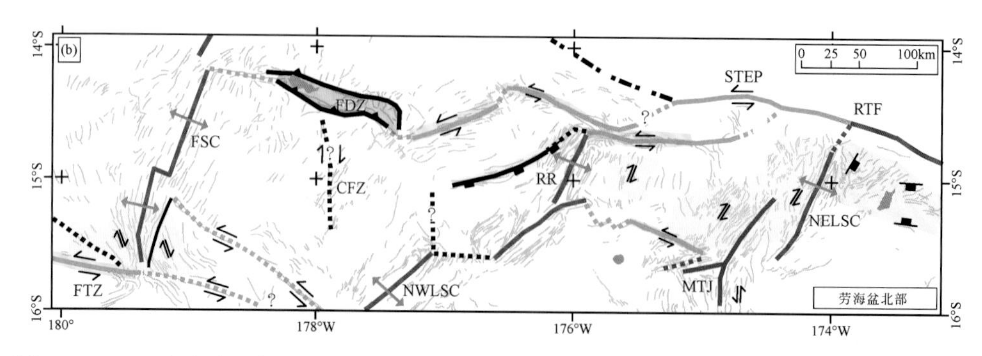

图 3-31 （a）劳海盆北部的大比例尺图与（b）带线描背景的线性构造图（Baxter et al.，2020）

图中显示了 375 个质心力矩张量（CMT）的位置，概括了不同应力状态的 CMT 分组：（A）斐济（Fiji）东北部，（B）富图纳（Futuna）中部，（C）劳（Lau）海盆北部，（D）劳海盆北部和汤加台地北部。微板块边界采用了 Bird（2003）的方案。CMT 使用图 3-29 中的分类方案进行着色。仅根据一般类型分类的断裂为半透明的。微板块边界段采用颜色编码。线描的变形区域高亮显示为半透明多边形。CFZ，富图纳中心区；FDZ，富图纳变形带；FSC，富图纳扩张中心；FTZ，斐济转换带；MTJ，Mangatolu 三节点；NELSC，劳海盆东北扩张中心；NWLSC，劳海盆西北扩张中心；RR，罗尚博（Rochambeau）裂谷；RTF，洋中脊-海沟-断层三节点；STEP，俯冲-转换边缘扩张带。劳海盆北部主要受弥散性变形带内的右旋转换作用控制，并沿显著地壳规模板块边界断层的左旋转换作用控制。从地震分布分析，大量地震主要发生在转换断层两端的构造单元，沿转换断层发育的地震较少

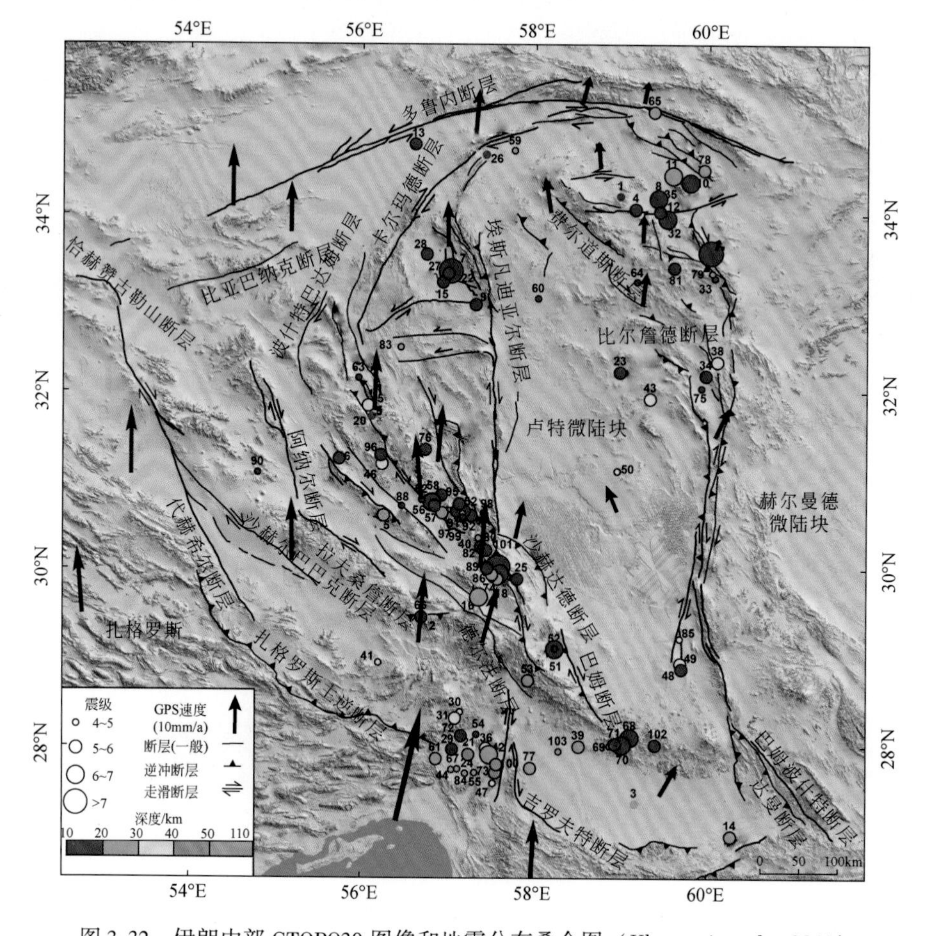

图 3-32 伊朗中部 GTOPO30 图像和地震分布叠合图（Khorrami et al.，2019）

图中显示了微板块的主边界断裂和地震活动性。箭头指示了以稳定欧亚大陆为参考系的 GPS 速度场。数字为地震事件编号

（4）应力场或速度场标志

传统三大板块边界附近的应力场由两部分构成：一部分是板块运动的动力驱动机制直接相关的力，如洋中脊推力、大陆碰撞挤压力、板片拖曳力等，称为应力场的长波分量，通常反映大板块边界特征；另一部分是局部构造活动直接相关的力，如局部岩石圈挠曲、局部横向密度差异以及横向岩石强度差异等，称为应力场的短波分量，反映局部构造单元和微板块边界特征。

对于全球大板块的绝大部分地区来说，长波分量与短波分量对观测应力场的贡献程度相当。对于微板块而言，局部构造活动对观测应力场的贡献起到重要作用，短波分量对观测应力场的贡献较大，并控制着地震孕育与发生。例如，在斯堪的纳维亚半岛、爱尔兰、阿尔卑斯山脉，由于冰期后地质体的弹性回跳，使得其应力场短波分量明显大于长波分量；在青藏高原、圣安德烈斯断层带、东非裂谷等地区，局部构造活动引起的重力异常、地壳物质不均匀，导致局部应力场贡献大于长波应力场的贡献，微板块边界特征极其明显。

DeMets 等（1990）基于全球板块相对运动模型 NUVEL1 给出了全球板块边界相对运动欧拉矢量，推算出全球板块边界附近观测应力场的长波分量，从观测应力场中减去长波分量，可以得到应力场短波分量的方向及其大小的下限。计算结果表明，短波分量对观测应力场的相对贡献与板块边界类型有较强的相关性。典型的汇聚型板块边界，如南美-纳斯卡、太平洋-澳大利亚板块边界等，其短波分量的相对最小贡献都在 50% 以下；而典型离散型板块边界，如东太平洋海隆、大西洋洋中脊等，短波分量的相对最小贡献占到观测应力场的 65%～80%；对于陆-陆碰撞边界，比如印度-欧亚板块边界，短波分量与长波分量的贡献相当。

基于该结果分析，俯冲板片拖曳力应该是驱动板块运动主要动力来源，在主导板块应力场形态方面起着重要作用，其所产生的应力场反映为板块构造的长波分量，相应的短波分量对观测应力场的贡献相对次要。俯冲板片拖曳力要比洋中脊地区的洋中脊推力大几倍，仅仅依靠洋中脊推力不能主导板块的应力场形态，其他来源的力必定占据观测应力场剔除长波分量之后的剩余部分，反映了板块局部构造信息的短波分量（黄玺瑛和魏东平，2004）。

此外，微板块与周边板块的速度场也可能不同，如青藏高原、伊朗高原，两侧挤出的微板块边界上速度场具有巨大差异（图 3-33），因而其可以用来识别微板块边界。类似地，在板块重建速度场中（图 3-34），微板块也是调节不同块体之间运动速度差异的重要因素。因此，可以依据速度场突变来判断微板块边界所在位置。

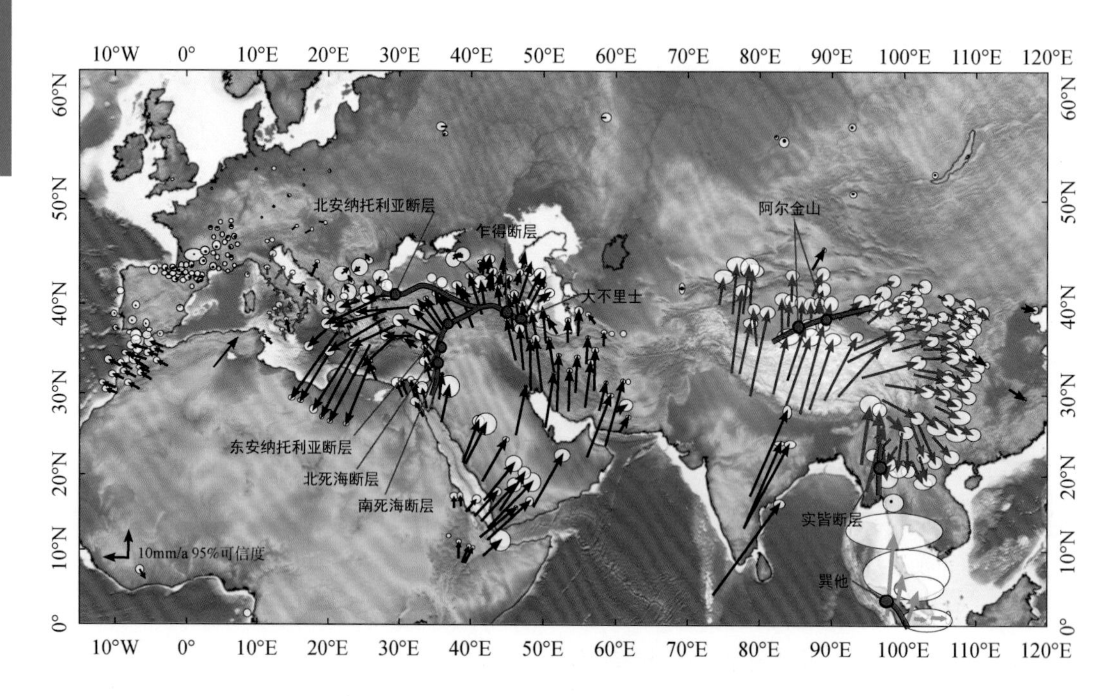

图 3-33　GPS 测定的现今青藏高原和伊朗高原微板块运动速度（Vernant，2015）

欧亚大陆为固定参照系，不同颜色箭头来自不同

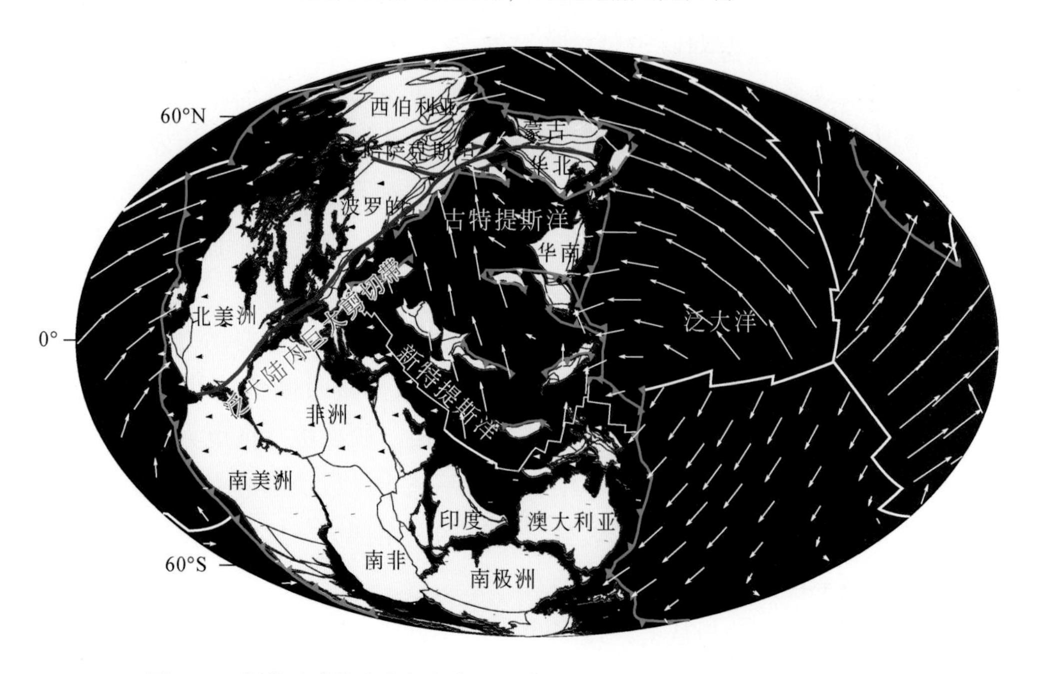

图 3-34　板块重建的速度场变化可用来识别微板块边界（Li et al.，2023）

（5）自由空间重力异常标志

海底重力测量是地球重力测量学研究的重要组成部分，可用来研究深地物质的

密度分布，从而了解和推断地球的结构构造、岩石圈和软流圈的性质和行为等（Cochran and Talwani，1979）。自由空间重力异常值对地表物质的质量分布十分敏感，碰撞隆升区域和岩浆活动频繁的区域异常值通常较高。微洋块边界的物质组成或地壳厚度存在显著差异，因而在重力异常上也表现显著，如在洋中脊的通常表现为显著的重力高，而在俯冲带的表现为显著的重力低，转换断层直线型线性重力异常明显。

自由空间重力异常可以显示高地形与低地形的对比效果，即相邻高、低地形的对比更明显，这也反映了局部地形变化对自由空间重力异常的影响。如青藏高原、喜马拉雅山系及其两侧，由于该地区的地形起伏异常突出，在自由空间重力异常值上，分别表现为正异常和负异常，反差十分明显。而平原或丘陵等地形起伏相对平缓的地区异常值变化对比则不太明显，仅表现出该区与测量基准水平面的高差影响。

在全球微板块自由空间重力异常图上基本保留了以前经典地球模型中已经反映的一些主要特征，如斯里兰卡以南的印度洋是全球最大、最强烈的负异常区，加拿大北部为负异常区，苏门答腊–菲律宾–所罗门群岛为正异常带，安第斯山脉为正异常带等。总之，自由空间重力异常可反映一些构造边界不同的重力特征（图3-35）。整个环太平洋地区呈现结构清晰的高正异常带，包括全球主要岛弧–海沟地区以及深源地震带，与太平洋板块边界对应良好。在环太平洋正异常带的东、西两侧各有一条长度巨大的负异常带。一条从哈得孙湾沿大西洋西部向南延伸到大西洋西南地区；另一条从西伯利亚向南延伸到印度洋，与全球最大的负异常带连接，然后向东南延伸到澳大利亚西南地区。这两条负异常带在北半球相连接，南半球仅在南美洲南端被正异常隔断。总的来看，环太平洋正异常带的外侧包围着一圈负异常带。这一正一负的双重环带结构是全球自由空气异常场的主要特征。

聚焦东南亚地区（图3-35），菲律宾岛弧为物质汇聚增生地带，区域性重力高被走向明显的深大断裂分割，这些深大断裂控制了岛弧带内的频发地震。菲律宾岛弧中央发育一条南北向左旋走滑断裂带——菲律宾大断层，一系列NW走向平行展布的左旋走滑断层自北向南在菲律宾大断层的东西两侧相间发育，将菲律宾大断层与两侧俯冲带连接，使菲律宾岛弧被进一步切割为更小的微板块。

（6）布格重力异常标志

布格重力异常考虑了地形的影响，即以全球大地水准面（海平面）作为基准面进行了数据校正。理论上认为，高于或者低于该基准面的质量需要分别进行消除和补偿，因此布格重力异常显示地球深部的密度组成特征（Lowrie and William，2004）（具体处理方法参考李三忠等编著的《全球微板块重磁图集》）。全球有三处布格重力负异常区，即青藏高原–喜马拉雅山、科迪勒拉山系以及南极洲。这三处的布格

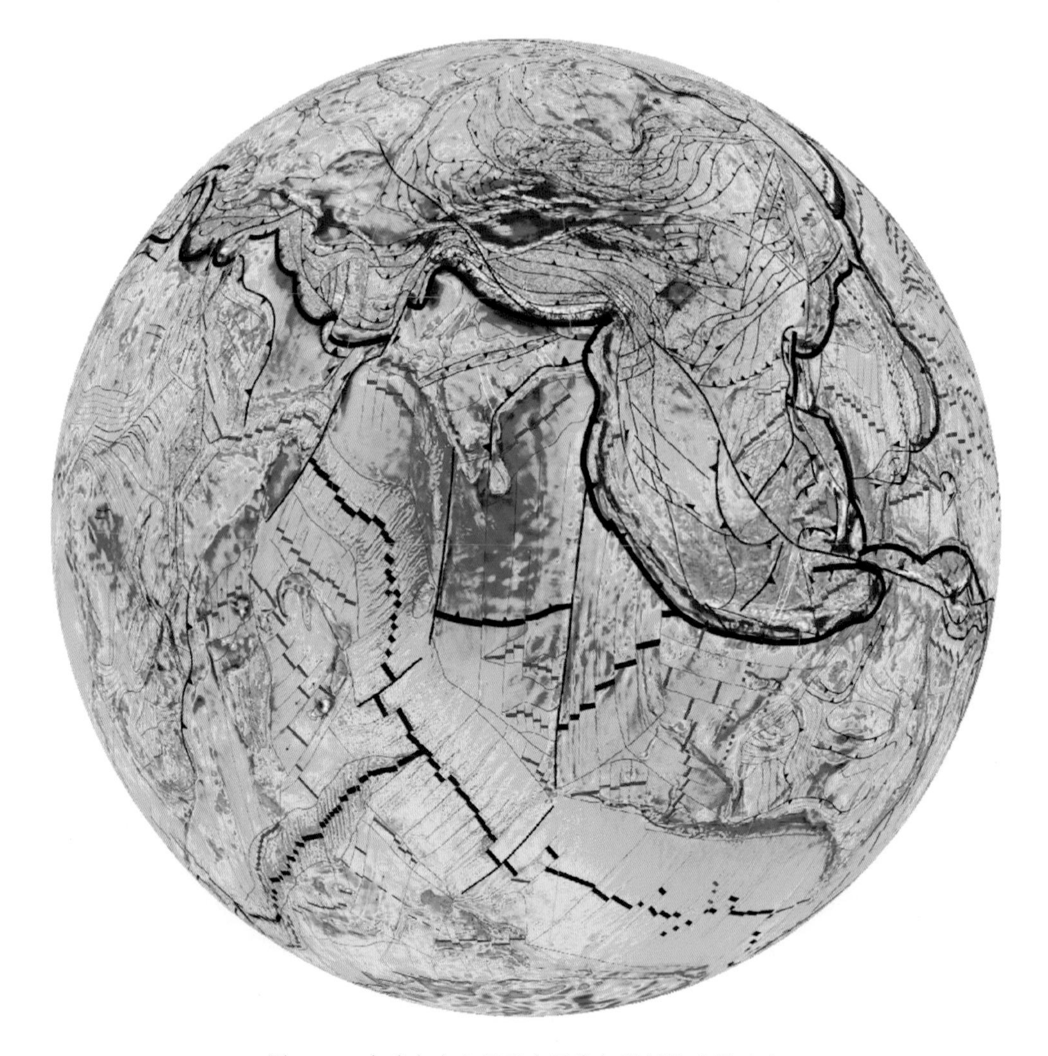

图 3-35　全球自由空间重力异常与微板块边界确定

重力异常区对应自由空间重力正异常和高地形地貌。由于海底地形均在布格重力异常校正的大地水准面之下，因此均属于补偿校正区，表现为布格重力负异常。海底高原、海岭、海山以及洋中脊等海底高地形区域，补偿值较小，其相对应的布格重力负异常值也比较小（图 3-36）。

（7）磁异常标志

全球磁异常分布和异常样式（图 3-37）提供了地壳组成和结构的重要磁性信息。在大陆地壳中，磁异常通常对应构造带、火山岩带、高级变质基底、金属成矿带等平面分布特征。在洋壳内，磁异常条带分布平行于洋中脊两侧的洋壳年龄等时线，这可揭示洋壳的增生和迁移等时空演化过程。全球磁异常也可以用来刻画特定构造的分布区域。如线性条纹的图案、洋壳区域与陆地格架，识别陆上和海底的大

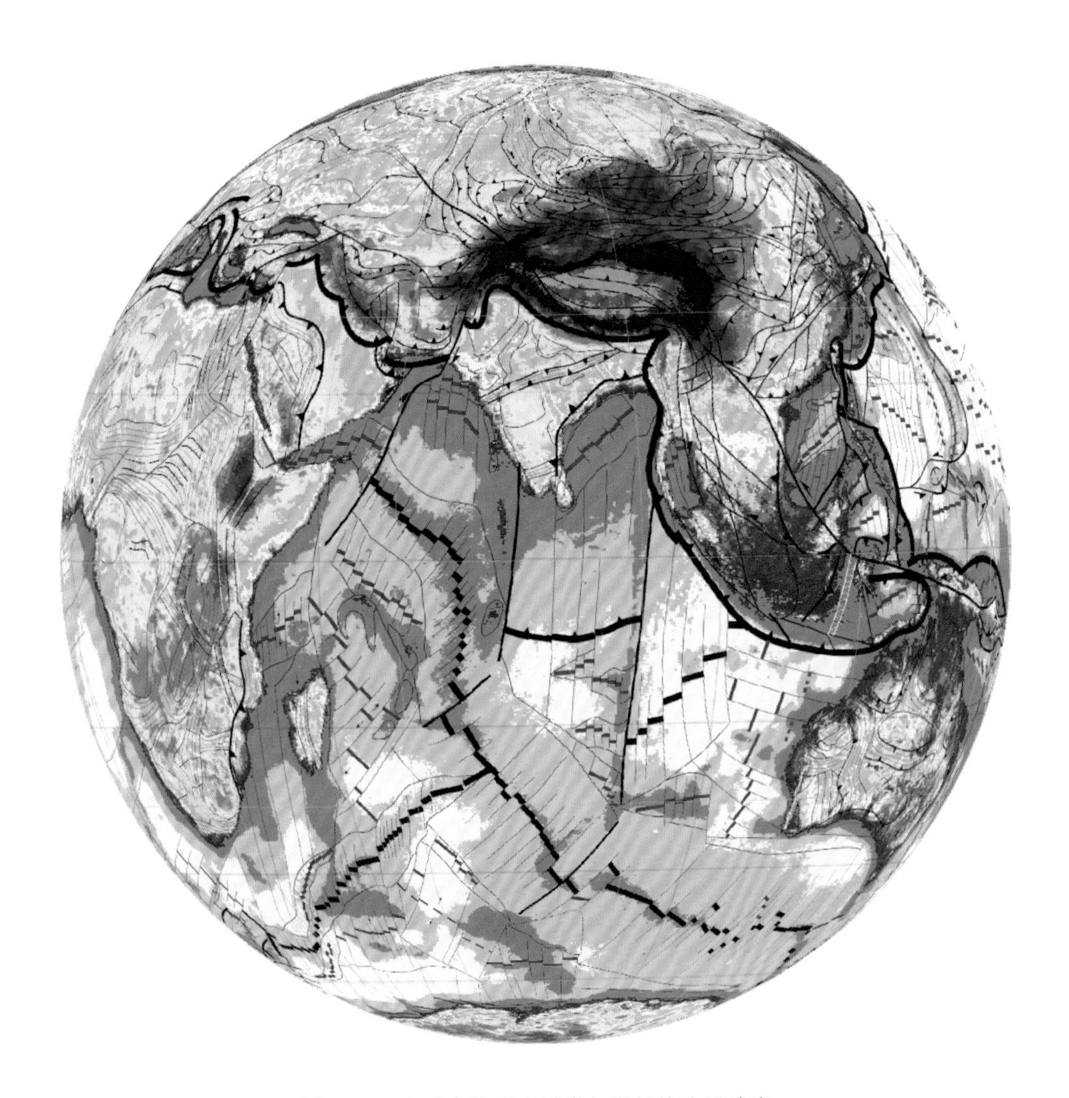

图 3-36　全球布格重力异常与微板块边界确定

火成岩省（高磁振幅）（Golynsky，2002），并确定和分析体现在长波磁异常上的区域大地构造特征。例如，碰撞缝合带的位置、大火成岩省、克拉通地区。磁异常也反映地壳整体磁异常的区域性变化，勾勒出海洋、大陆及不同组成地质体的构造特征，如古老地盾、沉积盆地和俯冲带等。磁异常能够很明显地表现出陆地上重要的大型克拉通的平面分布特征，包括西伯利亚克拉通、中欧克拉通、华北克拉通、塔里木克拉通、北美克拉通以及澳大利亚克拉通，其磁异常表现为磁性较为稳定和较强的斑块状特征，并与周围区域有明显的磁异常差异（图 3-37）。海域磁异常呈条带状分布，平行于洋脊轴以及洋壳年龄等时线，称之为海底磁异常条带，反映了洋壳的增生、扩张过程的时空演变（图 3-37）。

图 3-37　全球磁力异常与微板块边界确定

（8）地壳厚度异常识别特征

通常，陆壳平均厚度在 35km 左右，变化于 20 ~ 77km，最厚处位于青藏高原（图 3-38）；而洋壳平均厚度 6km，变化于 0 ~ 14km，靠近赤道的大西洋中部中央裂谷的洋壳只有 1. 6km 厚。海洋核杂岩或洋陆转换带是地球上地壳最薄的地方，洋壳厚度接近为零。即使在同一个大板块内，其地壳厚度也是变化的，这些差异主要是大板块由不同微板块长期聚合而产生的，除了这种初始不同地壳厚度的岩石圈微板块聚合导致的同一大板块内部地壳厚度的不均一性之外，地壳或岩石圈较薄或增厚也可以是其他原因。例如，洋盆中地幔柱或洋中脊岩浆供给充分可使得洋壳厚达 20km，而微幔块在深部漂移到洋中脊中部的冷却效应导致岩浆供应不足，也可能使得洋壳厚度减薄；再如，大陆岩石圈破坏可诱发陆壳伸展减薄，而陆-陆碰撞可导致高原隆升、陆壳增厚。总体上，地壳厚度急剧变化的地带基本对应微板块或板块边界。

一般来说，地壳厚度越偏离正常厚度，对应的微板块越年轻，微板块边界形成越晚或稳定程度越低，而经过长期稳定化的克拉通内部的微板块之间地壳厚度差异不大。

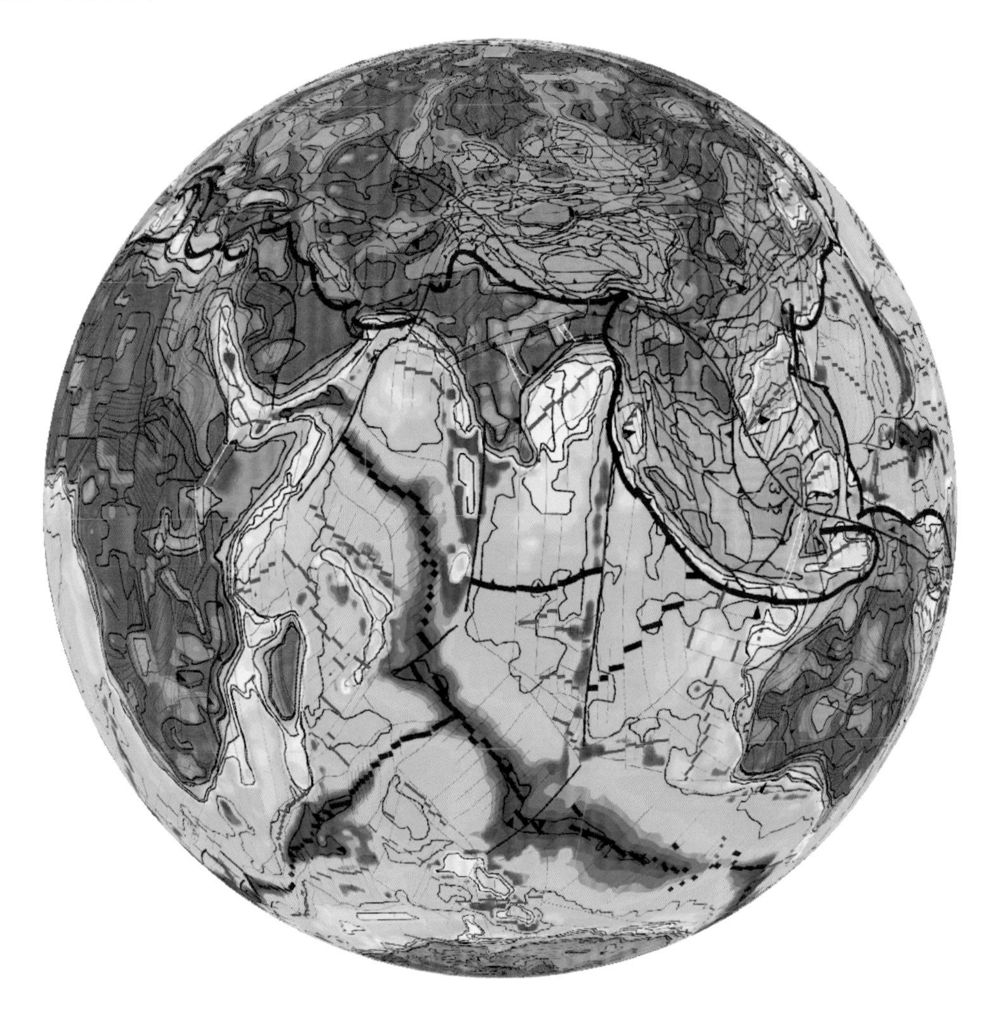

图 3-38　全球地壳厚度异常与微板块边界确定

地壳是固体地球分异产生的最外部的刚性硬壳，地壳厚度（图 3-38）也受物质组成影响，主要由富含大离子亲石元素的岩石组成，可分为硅铝型陆壳和硅镁质洋壳，其底面皆为莫霍面。物质组成是地壳厚度变化的主控因素。此外，地壳年龄大小也是地壳厚度的重要约束因素，对陆壳而言，克拉通越古老越趋近于平均陆壳厚度，造山带的陆壳厚度通常大于克拉通的陆壳厚度，一些卷入造山带的微陆块厚度则受深部拆沉等动力因素影响较大；反之，遭受俯冲破坏或伸展断陷的克拉通内部裂陷盆地的陆壳厚度较薄。对洋壳而言，洋壳越古老越趋近于平均洋壳厚度，但卷入大火成岩省的微洋块厚度则受深部地幔柱等动力因素影响较大，超快速、快速扩张洋中脊形成的洋壳厚度往往大于慢速、超慢速扩张洋中脊形成的洋壳厚度。

（9）层析速度异常识别特征

很多学者构建了全球P波和S波层析成像模型，目前，全球P波层析成像模型主要有MIT-P08（Li et al.，2008a，2008b）、LLNL-G3Dv3（Simmons et al.，2012）、GAP_P4（Obayashi et al.，2013）、DETOX-P2/P3（Hosseini et al.，2020）等，全球S波层析成像模型有S40RTS（Ritsema et al.，2011）和SP12RTS（Koelemeijer et al.，2016）等。

依据层析成像的模型结果，可以绘制不同深度的层析切片或者垂直剖面，从而详细分析地幔内部物质的波速异常变化，通过全球尺度、区域尺度和局部模型结果，与一维地球参考模型PREM或ak135进行比较，获取不同区域的地幔P波和S波的波速异常变化。地幔波速高、低异常主要反映地幔物质冷、热异常的空间分布，地幔波速高、低异常分界大致可用来圈定微幔块的边界。微幔块主要表现为高速异常分布的区域，包括广泛分布的古俯冲带（古俯冲板片）、岩石圈根部高速异常、克拉通盆地底部的高速异常、地幔内部孤立的高速异常等（图3-39）。

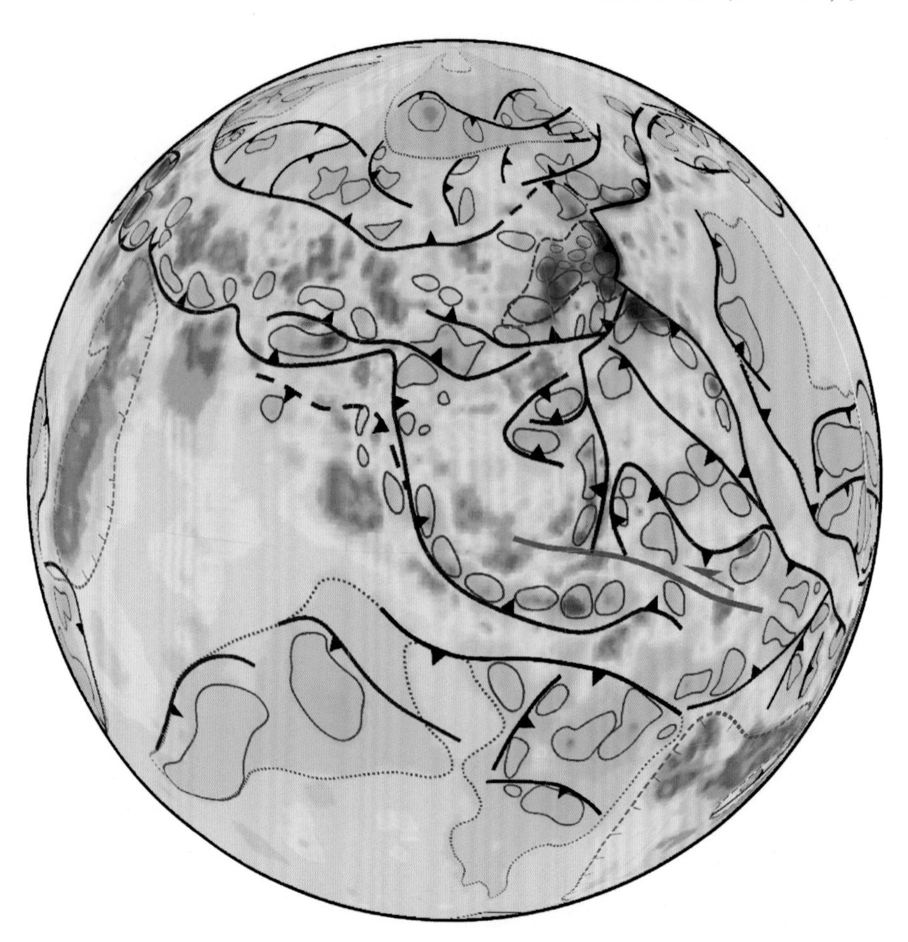

图3-39　全球层析成像资料揭示的可能微板块

100km或150km以深的高速异常多数为微幔块分布

地幔深部层析成像中高、低速异常界面揭示的微幔块几何形态，可以通过区域岩石圈微板块精细重建，结合地幔动力学模拟，进而建立微陆块和微洋块演化历史与现今地幔内部微幔块几何形态之间的联系（图 3-40），这就是层析大地构造（tomotectonics）研究的核心内容。

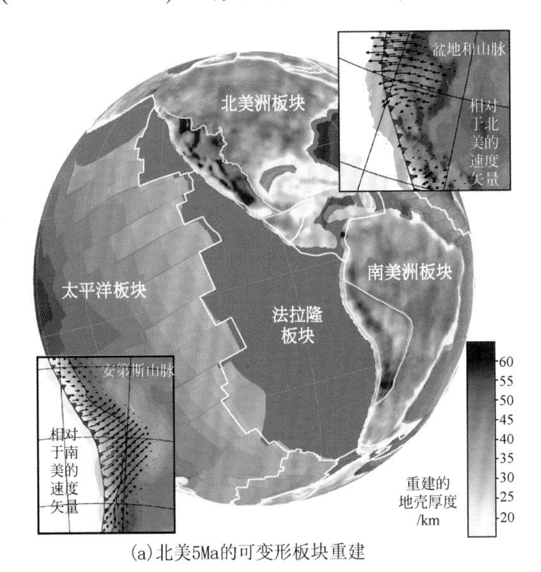

(a) 北美5Ma的可变形板块重建

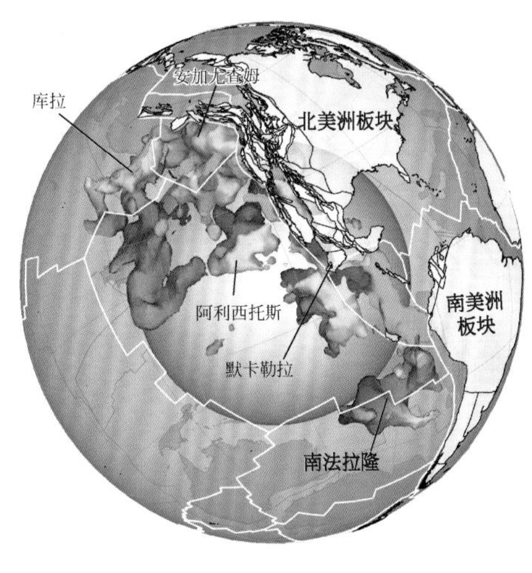

(b) 北美100Ma的层析构造重建

图 3-40　区域层析成像资料和区域板块重建与模拟联合刻画的微幔块分布（Seton et al.，2023）

（a）图为新生代 35Ma 可变形板块重建，洋底为灰色区，已俯冲消亡的洋底为深灰色，从大陆变形模型获得地壳厚度估计值。黄色实线表示了变形带的外侧边界，白色线为板块边界网络。插图为北美和南美西部的安第斯陆缘演化轨迹。（b）图为层析成像揭示的北美洲和南美洲板块 100Ma 时期俯冲消亡的板片物质（即本书所指的微幔块，用彩色斑块表示）及其与重建的古洋盆的关系，这展示了层析大地构造重建方法的优越性。白线为大、中型板块边界，底图由 GPlates 生成。可变形（deforming）模式和层析大地构造（tomotectonics）模式等板块重建模拟方法的先进性有力揭示了南、北美的变形和俯冲历史

（10）热边界层与热流异常标志

板块和微板块边界往往是地球内部物质或能量的泄漏或汇聚区带，因此，岩浆作用、地球化学异常分带、地幔内黏度异常和热异常都可作为板块和微板块边界的识别标志。板块尺度和运动过程与地幔对流尺度和流动过程有紧密的关联：俯冲带是地幔对流的下降流，洋中脊附近是地幔对流的上升流，所以板块尺度对地幔对流尺度起决定性的作用，即板块及板块运动本身是地幔对流的一部分，板块边界可视为地幔对流的表面热边界层（Davies，1999）（图 3-41）。小地幔对流驱动着微板块的水平运动，小地幔对流的表面热边界层也标志着微板块边界。但是，微板块运动也可能是被动的，完全可能受大一级尺度的地幔对流驱动。地幔对流循环也可以反映在地表热流异常上，地表热流异常不仅受深部薄弱带结构与构造差异过程控制，而且也是其直接结果，因此，全球或区域海底和地表热流异常是识别微板块边界的重要标志之一。

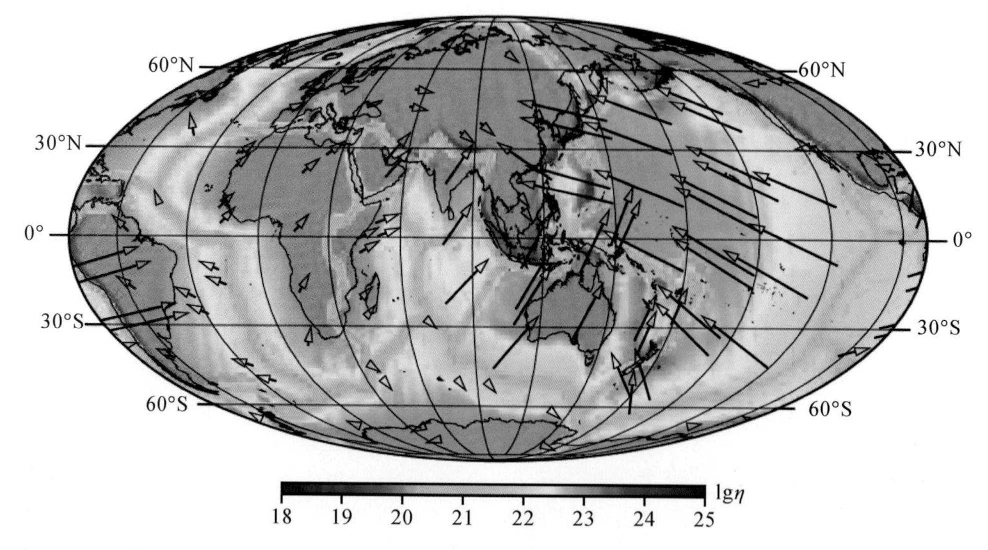

图 3-41 现今地球大中尺度黏度结构及大板块及中板块结构与运动速度（Mao and Zhong，2021）

浅蓝色代表弱的板块边界，其他颜色代表深部（80km 左右深度）岩石圈的黏性

（11）低黏性不连续面识别特征

黏性是描述岩石流动强弱的参数，黏性越高，岩石越强干（图 3-42）。岩石圈变形不是黏性变形，而是发生在板块边界附近的脆性摩擦变形，比如地震变形。脆性屈服变形机制是黏滑和破裂，可用 Byerlee 定律来描述（Byerlee and Wyss，1978），即剪切强度（或屈服强度）和正压力成正比，比例系数叫摩擦系数。虽然脆性屈服变形在数学描述上可以用“有效”黏性来表达，但是脆性屈服变形与由蠕变造成且由温度（热活化能）控制的黏性变形有本质的差别（Mei et al.，2010）。

早期的地幔对流研究表明，如果在地幔对流模型中用低黏性（“弱区”）来模拟板块边界，用高黏性（或温度相关的黏性）来模拟板块内部，就可以有效地在地幔对流的上边界层产生类似于观测的板块运动（即板块以一个均匀的速率运动，变形集中在板块边界）和板块俯冲（图 3-42）（King et al.，1992）。这些模型得到一些有意义的结果，比如，岩石圈对流运动产生板块俯冲的一个重要条件是屈服应力小于几十兆帕（Zhong et al.，1998）或摩擦系数小于 0.1（Moresi and Solomatov，1998）。但这个方法也有它的局限，低黏性“薄弱带”板块边界的位置一般是预先确定的，而且它的形成机制也不确定。

基于颗粒破损理论的模型，可以尝试在理论上解决上述板块边界的历史继承性问题。这个理论的基本思路是，物质或岩石变形会导致地幔物质颗粒随时间变小（破损）、变弱，而愈合却会导致颗粒随时间变大（粗化）、变强。因为愈合是一个与时间相关的过程，所以在这个理论模型中，薄弱的板块边界一旦形成后，即使局

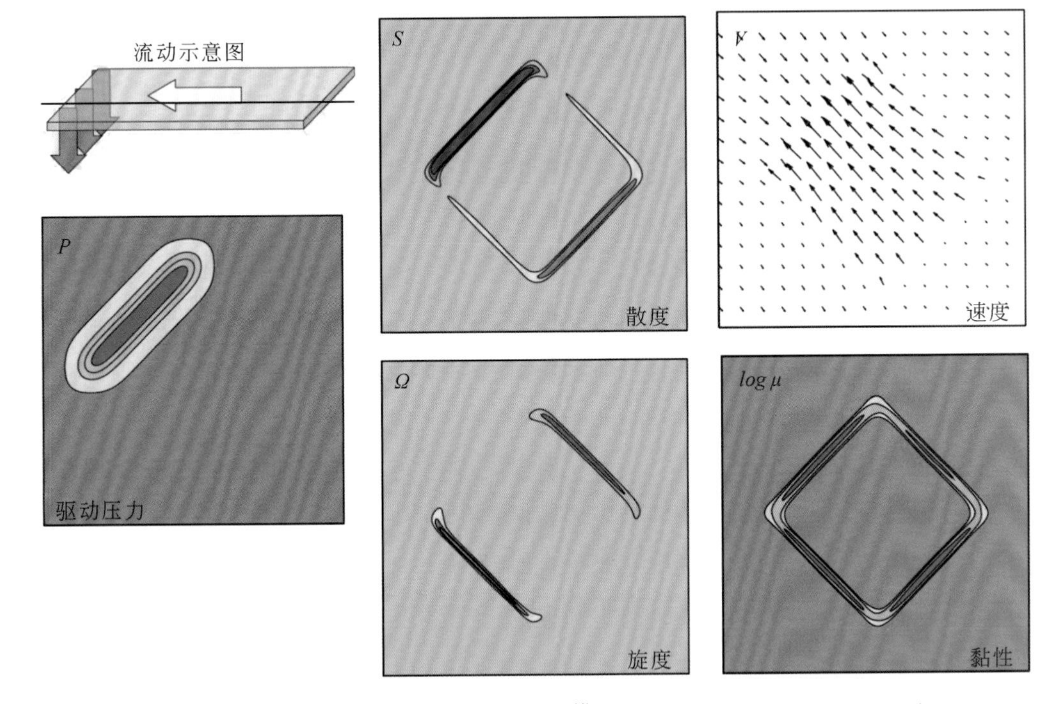

图 3-42　颗粒破损理论中板块边界起源的模型（Bercovici and Richard，2014）

这是一个二维平面模型，其驱动力是压力差，由此引起了表面的速度、散度、旋度和黏性分布。从速度和黏性分布可以看出，弱的板块边界已经产生，变形只发生在板块边界上。这个模型的一个特性是由破损形成的板块边界弱区有一定的“记忆”，在应力消失后，依然会比较弱

部应力消失了，在一定的时间内依然是薄弱的（图 3-42）。这个理论是一个新的尝试，但是基本上还是基于黏性流体的，如何把这个理论和脆性屈服变形，特别是相关的观测联系起来，依然是一个需要解决的问题。

第4章 微板块运动学

地球表面被各种类型的新老构造边界分割为一系列的微板块，这些微板块在岩石圈层次水平运动、不断演变，使得构造板块镶嵌拼合历史复杂多变。这些微板块边界也为生物和非生物过程的地表系统演化，限定了边界条件。进入21世纪以来，人们正基于超算、天基、空基、地基、船基、海底基等先进平台，采用遥感图像、反射地震、地质填图等地表调查方法，开拓地震层析、层析大地构造、层析地球化学等深地手段，结合机器学习、人工智能和动力学模拟，将地球地表和生物地球化学系统模型与深地动力系统紧密联系起来，耦合地球系统多圈层相互作用过程和机理，发现岩石圈尺度微板块运动场有助于约束和塑造其地球地幔内部的动力学机制。因而，微板块的运动学不再局限于岩石圈水平运动，也必然包括了跨圈层的垂向运动。

通过古生物学、古气候、地质年代学、岩石地球化学、地球动力学和地震层析等不同学科成果，建立微板块运动的时间线，重建微板块构造运动史，可反演四维时空维度的地球演化规律。然而，不同学科对微板块运动重建虽然存在多样性和复杂性，但可能会减小一些重建方案的局限性。板块重建开源软件，如GPlates，已经带来了研究范式的重大转变，不仅为专业研究人员，也为非专业人员，提供了基于各种数据库和专业知识开发及整合微板块运动重建的工具。然而，没有“一劳永逸”的完美方法，软件用户还需要进行数据选择和条件假设，乃至专业代码编写，必须考虑现实一些的方式，简化微板块运动的重建过程，由此会构建出不同的、相互竞争的微板块运动重建模型。特别是，在解释这些微板块重建结果时，应避免循环推理。尽管深时微板块运动重建还有很多问题仍未解决，但通过模型之间互校和不确定性量化消除，无疑是未来实现下一代精细板块重建的重要途径（Seton et al.，2023）。

4.1 微板块水平运动

第二章所述9类岩石圈内的微板块是常见的成因类型，但因为大陆和海底构造的复杂性，这些类型不一定全面，因此更多的成因类型还有待未来进一步发现。由于微板块成因类型不同及相关三节点的稳定性差异，其运动学特征也必然存在差异。

（1）微板块平面运动与三节点稳定性

三个板块或地块之间的交点称为三节点，常见于洋内板块之间或陆缘板块之间。前人依据三种板块边界划分了 16 种三节点类型（表 3-1），但是如果微板块边界类型多于 3 种，乃至增加到了近 20 种时，三节点类型的数目也会大大增加。无论增加多少类型，三节点的稳定性决定了三节点附近微板块的运动学演化具有两种趋势。

1）在稳定状态下就此固化而愈合，使得原本要解体的大板块内部形成了紧邻的三个或两个不同微板块的镶嵌体。

2）在非稳定状态下继续形成新的微板块，其中，某些可生长壮大，某些则可能未经历完整的威尔逊旋回即停滞死亡。

一般来说，微板块的三节点类型分析方法，类似于传统板块构造理论中三节点的分析方法（图 4-1）。三节点附近经历了复杂而不均一的变形和演化，这些变形是局部边界条件变化或区域内（包括深部）潜在不稳定性的敏感响应。这种潜在的三节点不稳定性，可能是对主板块或大板块运动和板块边界方向不相容性的响应。正则化处理（normalization process）可以用来确定（微）板块运动和（微）板块边界在三节点附近何处是不相容的，以及什么非刚体过程导致这个物理系统的进一步演化。通常，不相容性的可能解并不唯一，但结合岩石地球化学演化结果，可确定其可能的端元。

正则化过程如下：假定（微）板块边界已知，并控制了不均一分布的变形，这条（微）板块边界可规则化为线性无限宽的经典板块边界类型，其变形遵守经典板块构造理论。这些（微）板块边界可以粗略地通过相邻主板块的相对运动及它们的边界产状获得。然后，正则化的边界就可以用来分析假定的三节点处相邻（微）板块间相互作用的稳定性（Makenzie and Morgan，1969）。假如这些三节点不稳定，那么正则化分析时消除这种弥散性不均一变形就是试图容纳系统中潜在不稳定性的过程。通常，这个系统响应正则化过程的不相容方式有 4 种：（微）板块聚合事件、（微）板块分离事件、（微）板块相对速度变化事件和（微）板块侧向变形事件。它们都可能卷入了非唯一的构造事件或过程，且这些过程不符合稳定态的经典板块构造系统。在这些事件中，地球表面的微板块也可以在有限区域内绕垂直轴容纳持续的变形，如微板块逃逸、俘获、弯山、旋转过程。

这种概略的正则化分析的重要性在于：它使得利用非唯一过程的 4 个端元来分析岩石地球化学特征成为可能，进而可以识别主（微）板块间潜在的不相容性，最终揭示已知事件或过程的非唯一解的系统本质。与此不同的是，依据经典板块构造理论的偏差分析，只可能用来分析局部边界条件效应，例如，汇聚边界处楔入块体的碰撞。必要时，这里的正则化分析可以非常方便地应用到任意的表观三节点场景。下面以加勒比板块西北角的特定三节点场景加以详细说明。

正则化或归一化分析遵循4个基本步骤。

第一步，定义一个运动的双切线欧几里得参照系（R），在这个参照系中，可以沿唯一或非唯一多条流线［图4-1(a)(b)(c)］，计算和对比特定兴趣点的相对运动速度和位移。

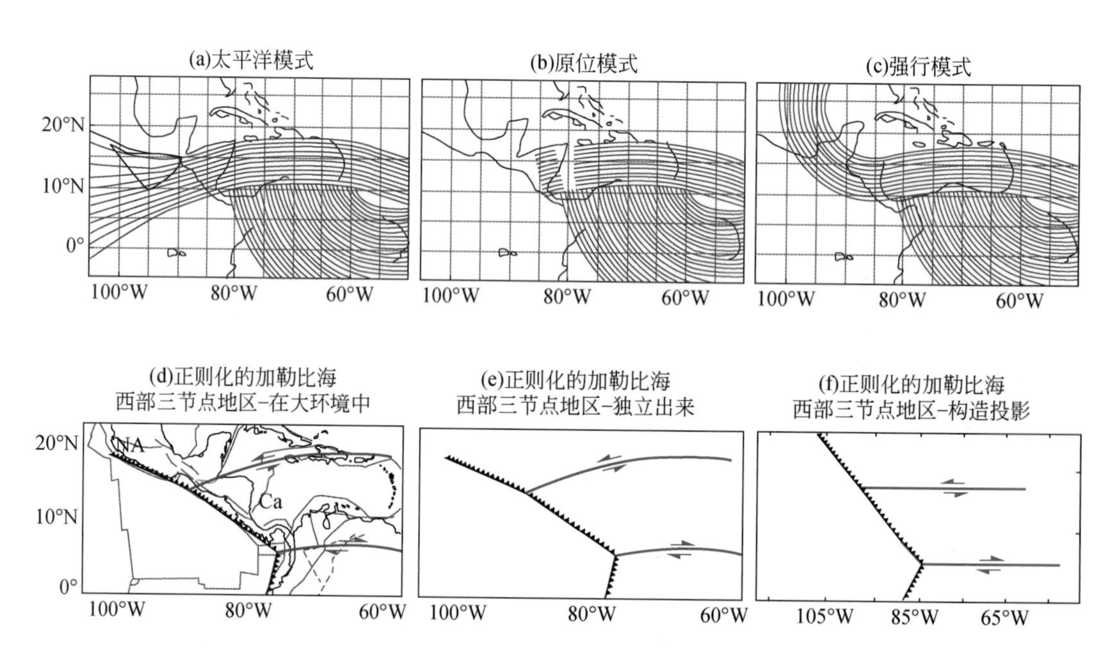

图4-1　加勒比西部端元板块运动模型和归一化（正则化）步骤（Keppie，2014）

物质流线代表推断的加勒比岩石圈西部随时间的运动轨迹：（a）太平洋模式，流线为推断的西部加勒比岩石圈从西向东的运动轨迹，因为加勒比海台驮在Chortis微板块之上，故推断加勒比岩石圈南北向变窄；（b）原位模型，流线在地壳伸展减薄的地带中断，岩浆可能在加勒比海西部和中部侵入；（c）强行模式（pirate model），流线表示推断的西部加勒比岩石圈运动，但加勒比岩石圈俘获自东墨西哥/西墨西哥的西湾区。所有模型都考虑了南美岩石圈进入加勒比海西南地区的顺时针旋转流动，但顺时针流线在强行模式中只是一个预测特征，强行模式就是构造上将加勒比海视为一个主板块俘获的岩石圈；（d）正则化的加勒比海西部三节点及大陆边界和板块边界；（e）没有定性设定的欧几里得坐标系（即球面坐标系）下的相同场景；（f）为投影到NA-Ca直角坐标系下的构造情形，突出欧几里得坐标系下的相同空间关系

第二步，在R中为三节点场景构建一个参考模型（M，可以认为是一个运动块体），包括主板块间相对运动及其共有边界的延伸。这样做主要是为了正则化主板块间的变形，这个变形在无限宽边界上可能是复杂的、分布式的（弥散的）和不均一的，但这条边界对应经典板块边界类型。

第三步，在R中对M使用McKenzie和Morgan（1969）创立的稳定性分析方法进行评估。假如M稳定，就可以认定所有复杂、分布式不均一变形都只是与局部板块边界条件相关。如果M不稳定，那么相邻板块间的复杂、分布式不均一变形就可能是响应正则化过程的不稳定性或不相容性的系统体系。

第四步，定量构建端元场景，在这个场景中一个不稳定的 M 可以通过整体系统的响应来达到稳定。要注意的是，这些响应包括块体聚合、分离、速度变化或局部构造运动中的独立事件或多个事件。

严格遵循上述方法，对加勒比板块边界及其西北角区域分析如下：将加勒比板块边界和加勒比西南角区域略作修改并正则化或规则化、归一化。无限半空间的流线选作近似加勒比板块边界，这里选择北美洲板块（NA）–加勒比板块（Ca）之间的净构造流线，大体对应 55.9Ma 沿马拉开波（Maracaibo）微板块［图 4-1(d) 中右下方的三角形虚线］北缘的右行断层系统的古位置。以这种方式模拟南美洲板块边界，就可以确定加勒比西南角三节点的可能情形。这个运动要早于南美洲板块（SA）相对于北美洲板块的顺时针旋转。利用相同的移动方式，对整个加勒比地区在切线参照系下进行三节点分析，对比西加勒比不同构造模式中［图 4-1(a)(b)(c)］不同点沿变化的物质流线的速度和位移（Keppie，2014）。这里应考虑加勒比西部［图 4-1(d)(e)(f)］非稳定构造演化的 3 种可能模式［图 4-1(a)(b)(c)］。图 4-2 为一些可能的结果以及与加勒比西部大地构造模式的组合。

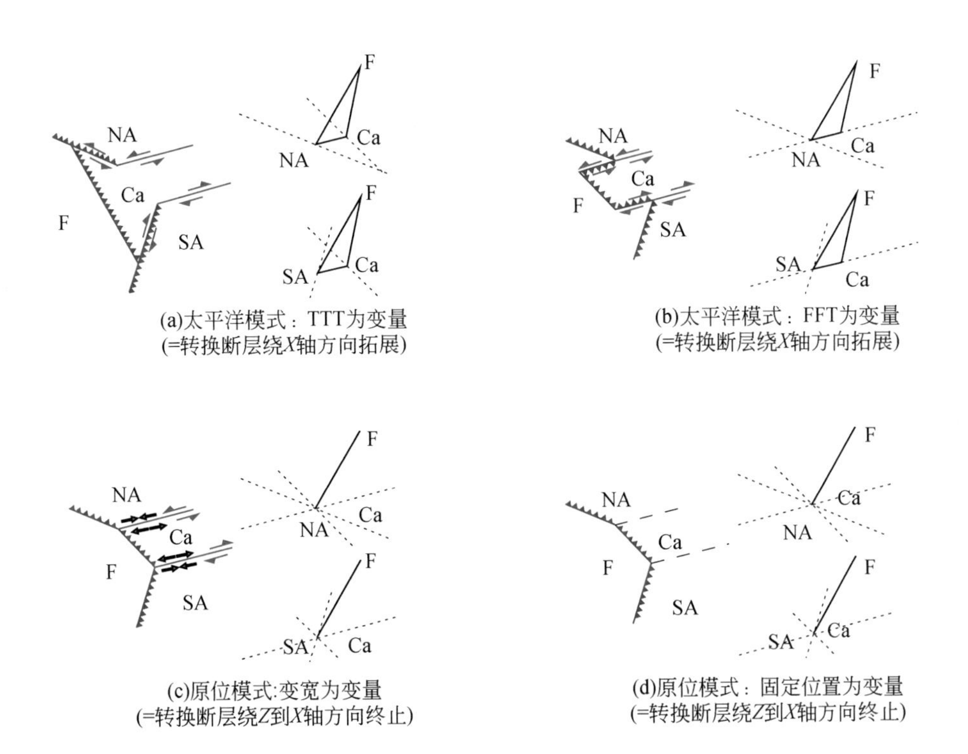

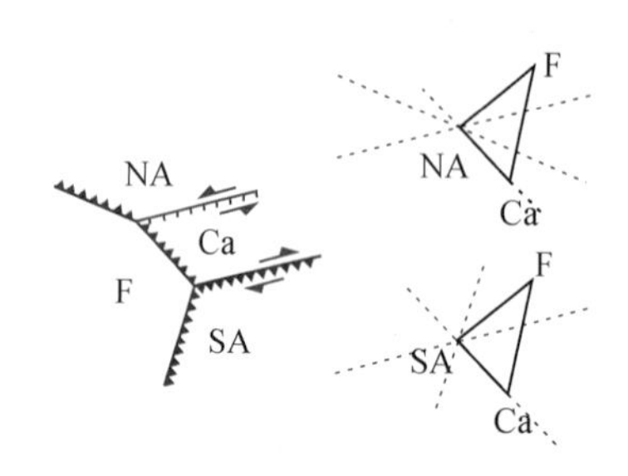

(e)强行模式：主板块为变量
(=转换断层绕Y到X轴方向反转)

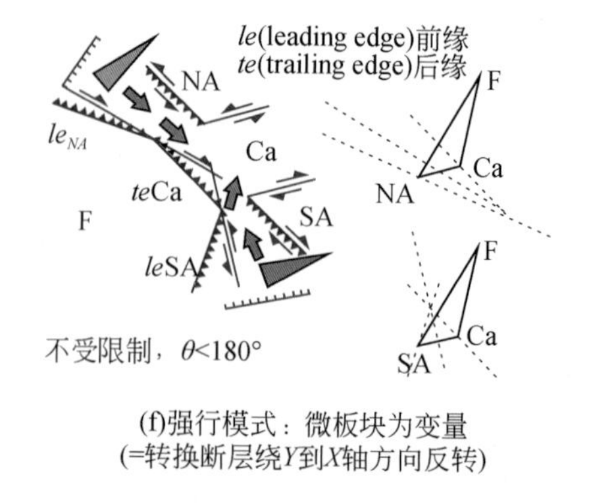

(f)强行模式：微板块为变量
(=转换断层绕Y到X轴方向反转)

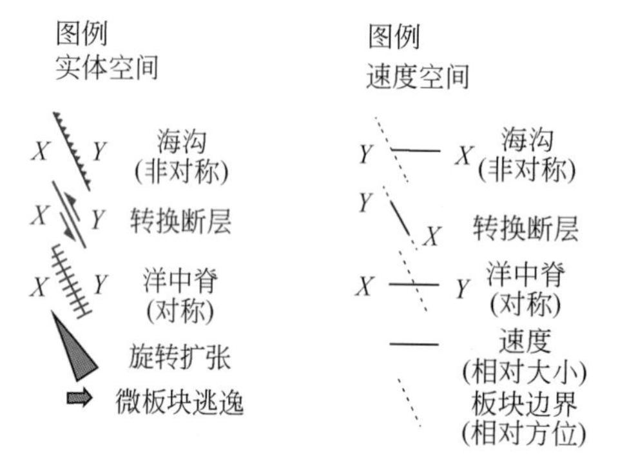

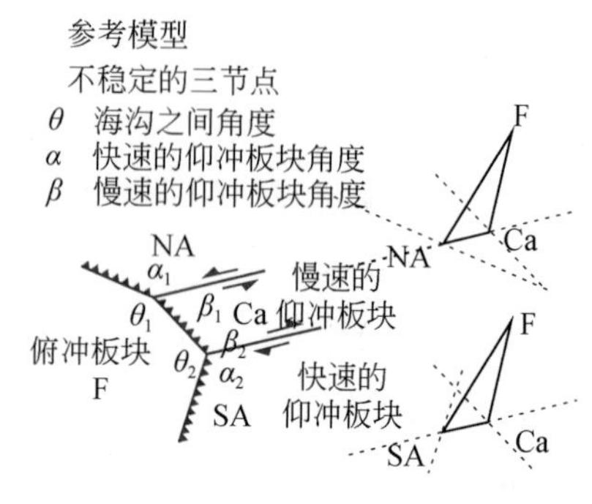

图 4-2 加勒比地区西部可能的构造演化简化理论模型（Keppie，2014）

（a）太平洋模式，TTT 三节点可变；（b）太平洋模式，FFT 三节点可变；（c）原位模式，拓宽可变；（d）原位模式，固定位置可变；（e）强行模式，主板块可变；（f）强行模式，微板块可变。图中 Z 轴垂直纸面

（2）三节点与微板块动态演化

这里有必要讨论一下板块驱动力问题，诸如太平洋板块，如此大的板块要主动地发生运动转向（实际为作用力方向突变）或“自旋”运动，在动力学上是极其困难的。因此，大板块不能主动绕自身轴（即旋转极在板块内部的旋转轴）转向，而是被动响应边界条件的受力方向突变。因为边界受力方向可以快速变化，如俯冲带方向变化诱发俯冲方向突变。据此可进一步推断，这种岩石圈板块运动方向的快速变化决定了其下部地幔对流是被动的，因为慢速的地幔对流不可能瞬间响应快速的板块运动变化，这似乎否定了地幔对流是板块驱动力。

现今很多板块重建模型再现了这种快速的板块转向（Seton et al.，2012），让人们更坚信这种转向就是板块运动主动转向了，但这并非动力学模拟的结果，而是根据磁条带、海山链等发生弯曲得出的板块主动运动的假象（索艳慧等，2017）。因为导致任何板块具有同一运动特征的作用力不是唯一解，所以真实的板块运动驱动力还要从整体联动的板块系统进行解剖。例如，多数板块运动并不像传统板块构造理论中所述两两板块间垂直洋中脊或平行转换断层走向的相对运动，这是因为某个板块不只有这两个板块之间的一条边界，其运动方向是多个板块间多条边界上受力的合力方向。在两个板块之间的运动参照系中，从磁条带只能得出某个板块相对平行磁条带的边界中的某条洋中脊的相对运动方向或受力方向；在热点参照系中，海山链转向也是假定热点固定不动前提下的相对板块运动，但往往是热点所在板块的真实或绝对运动方向，所以热点轨迹从来不是曲线，多见折线，热点轨迹拐弯表达的是板块所受合力方向的突变和持续时间。因此，各种板块运动参照系下板块运动方向或转向的意义实际不尽相同，但在讨论板块运动方向时，研究者们却很少说明自己的参照系是什么，导致了许多不必要的争论。

海山链也可能并未转向，而是热点相关的深部地幔柱在“地幔风”(mantle wind) 中发生偏移，或者因热点相关的环向流（toroidal circulation）或地幔柱旋转导致的“地幔涡”（mantle eddy）所致。举个例子，假如将下面肥皂膜（图 4-3）(Jia，2014）视为可变形板块，旋转柱体比作地幔柱，那么可变形板块的运动方向未变，只是地幔柱旋转，也可导致海山轨迹发生偏移［图 4-3（a）和（b）中的柱体］。显然，不能根据这些实验室中位置稳定的柱体旋转产生的肥皂泡拐弯轨迹，来说明整个肥皂膜（可变形板块）发生了运动转向。因此，要整体描述这个系统的运动学特征，不能选择运动体本身作为自己的运动参照系来讨论其行为，而应当选择不运动的“造泡”装置。

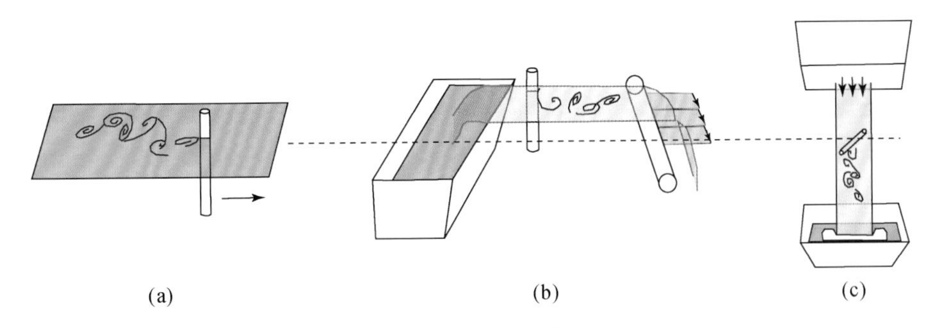

图 4-3　肥皂膜生成涡旋机制的实验装置（Jia，2014）

（a）肥皂膜在一个长方形框内，垂直柱相当于地幔柱，沿直线发生水平移动时产生的涡流情形；（b）肥皂膜被水流驱动，垂直柱不动相当于地幔柱固定地点，水平轴相当于俯冲带；（c）肥皂膜被重力驱动

地球系统作为一个整体运动系统，其板块运动学参照系应当选择为核-幔边界（热边界层）的地幔柱生成带（Plume Generation Zone，Burke et al.，2008），但这还不够，因为 LLSVP 也在做缓慢运动（曹现志等，2023），还需要整体多方位看待这个运动系统。以往，板块重建都是先建立板块树（plate tree），因为非洲板块近 7 亿年来的绝对运动量极小，故 7 亿年以来的板块重建将非洲定为零纬度，作为全球古地磁参照系（GPRF）的起点，用全球移动热点参照系（GMHRF），比照匹配板块所在时期的非洲经度，调整古地磁参照系下的所有经度到匹配者，之后重复上述过程，以恢复更老时期的经度差，最后采用真极移（TPW）校正，即校对来自匹配者

所在时期的所有古地磁的欧拉极，并采用经过经度调整的某个TPW极，作为全球板块重建的参照系，该参照系称为全球混合地幔参照系（GHMRF）。但是，目前这种GHMRF参照系只是适用于250Ma之后的全球板块重建。

近年来，人们逐渐意识到320Ma以来地表和壳-幔边界之间的关联性，认识到真极移（TPW）的迁移规律，因而基于TPW校正，采用古地磁来约束古纬度和旋转运动，配合地质信息，如造山带、裂谷带、沉积相、化石和古气候等地质记录，结合板块构造原理，首先可得到真实的全球运动图像。目前，对于250～540Ma的全球板块重建，是先利用大火成岩省和金伯利岩来计算微板块经度，进而形成一个全球古地磁参照系（GPRF）下全球古地磁背景的板块重建图像。以往的重建都忽略了可能的TPW变化和地幔柱漂移问题，因而，在GPRF模型中利用获得的TPW旋转，进一步评估TPW，并校正古地理重建，就形成了全球地幔参照系（GMRF）下的板块重建。由于TPW校正普遍会降低大火成岩省和金伯利岩与地幔柱生成带之间的吻合程度，在古地磁参照系下的经度就需要再细化，以获得TPW校对后的最优匹配，形成了基于经度计算的古地磁参照系的二次接近。整个TPW分析和经度细化需要重复6次，直到TPW校对的参照系不再变化（Torsvik and Cock，2017），这个参照系才逼近真实的全球地幔参照系。

运动学上，微板块比大板块灵活多变，可以水平运移，也可以绕垂直轴旋转，还容易在周边挤压下发生增厚隆升或深层根部榴辉岩化而拆沉，发生“板内”环境的垂向运动；深部微幔块的水平运动还可触发岩石圈乃至克拉通的隆拗变迁及其表层盆地中沉积沉降中心迁移，这些迁移属于远离板块边界的垂向及水平运动。微板块这种运动学上的灵活性，不仅包容了传统板块构造理论的水平运动，而且合理解释了槽台学说强调的垂直运动的事实，还丰富了传统板块构造理论所难以解释的自身旋转运动，这与其三节点的多样性不无关系。

关于微板块的旋转作用，在东北印度洋海岭西侧（约90°E，21.5°S），垂向重力梯度异常（VGG）揭示出洋壳年龄为47.3～43.4Ma的死亡型马默里克微洋块的存在（图2-34）。马默里克微洋块北部边界为一条近NWW—SEE向、长度超过500km的死亡洋中脊，这条死亡的洋中脊由一系列30～70km长、左阶排列的次级脊段组成，总体表现为垂向重力梯度（VGG）负异常；其南部边界为一条NW—SE向、长350km的假断层，总体表现为VGG低异常（图2-34）。两条边界均与现今一系列南北向展布的转换断层斜交。马默里克微洋块北侧年龄大于49.3Ma的洋壳内，其北侧为“W”形假断层构造形迹，被推测为洋中脊反复向前或向后的跃迁行为所导致（Morgan and Sandwell，1994）。马默里克微洋块最东部南北两侧、年龄为49.2～43.4Ma的洋壳内，均识别出海底丘陵地貌（AHF）：南侧近东西向、垂直于磁条带展布；北侧海底丘陵地貌的走向相对于南部逆时针旋转了25°且不垂直于洋中脊或磁条带分布，这说明北侧海底丘陵地貌在形成后或形成过程中，微洋块发生了逆时针旋转。微洋块旋转期间，三节点类型不断变化，以协调微洋块旋转导致的不稳定性。此外，在海山剩余均方根高度（root mean square，RMS）异常上，微洋块常出现在正负过渡区（如图 4-4 所示的太平洋微洋块分布）。

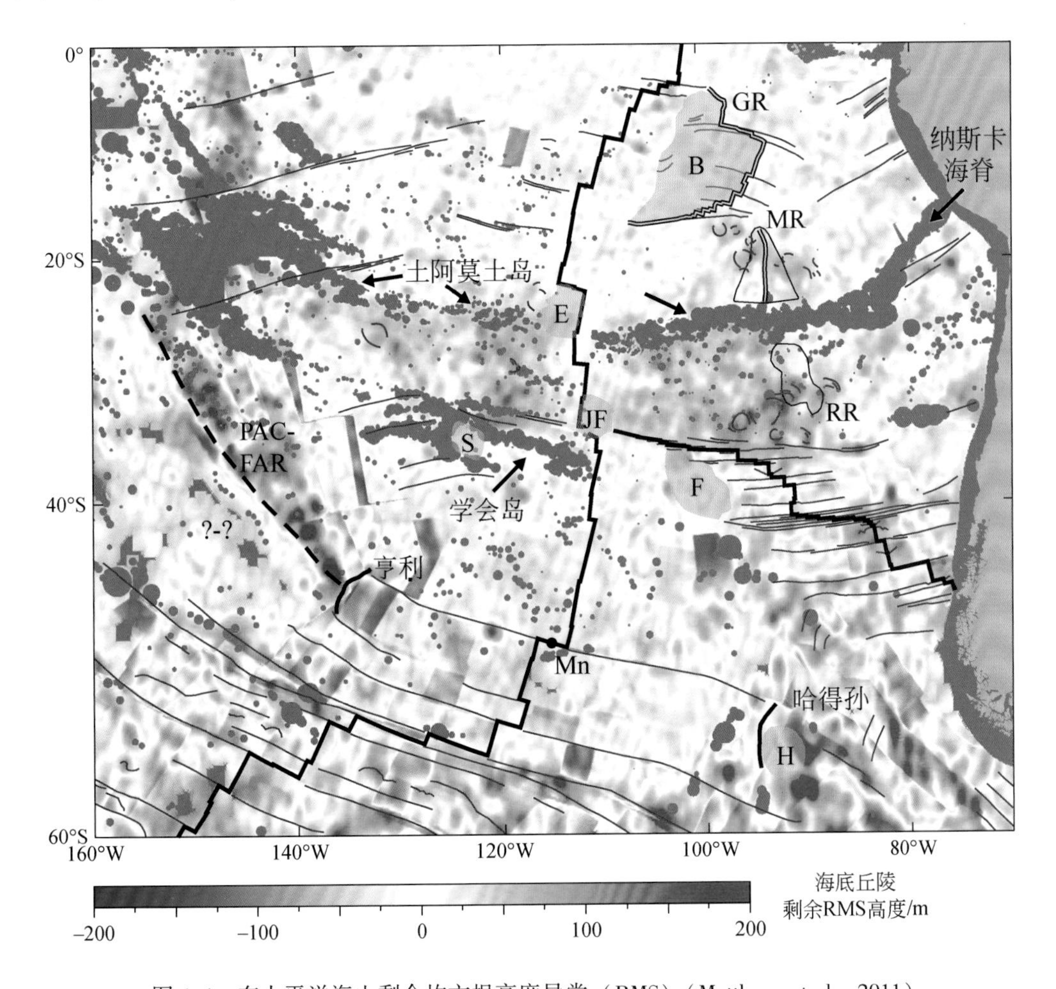

图 4-4　东太平洋海山剩余均方根高度异常（RMS）（Matthews et al.，2011）

绿色斜线区块标识了正活动或者死亡的微洋块。死亡微洋块：B. 鲍尔，F. 星期五，H. 哈得孙，M. 数学家，S. 塞尔扣克（Selkirk）；正活动的微洋块：E. 复活节，JF. 胡安·费尔南德斯。Tr. 海槽（实际为假断层所致）。GR. 加拉帕戈斯脊；MR. 门多萨（Mendoza）海隆；RR. 罗赫芬（Roggeveen）海隆；Mn. 梅达德（Medard）破碎带。PAC-FAR. 太平洋-法拉隆洋中脊。SYG. 萨拉·Y·戈麦斯（Sala Y Gomez）扩张脊

在南极洲板块内部、凯尔盖朗高原北侧，同样识别出一条 NW—SE 向、VGG 低异常的假断层和年龄大于 49.3Ma 的洋壳内的“W”形构造形迹（图 2-34）。这些构造形态与印度板块内部识别出来的构造形态相对于东南印度洋洋中脊对称分布，假断层的东端分别起始于同一条转换断层（图 4-5 的 E1 和 E2）的南、北两端，走向与之垂直。这说明这些对称的构造形迹是在东南印度洋洋中脊扩张之前形成的，东南印度洋洋中脊于 43.4Ma 沿假断层平行于破碎带 E1 和 E2 方向开始扩张，因而假

断层等构造形迹在东南印度洋洋中脊两侧呈镜像分布。马默里克微洋块的形成过程如图 4-6 所示。

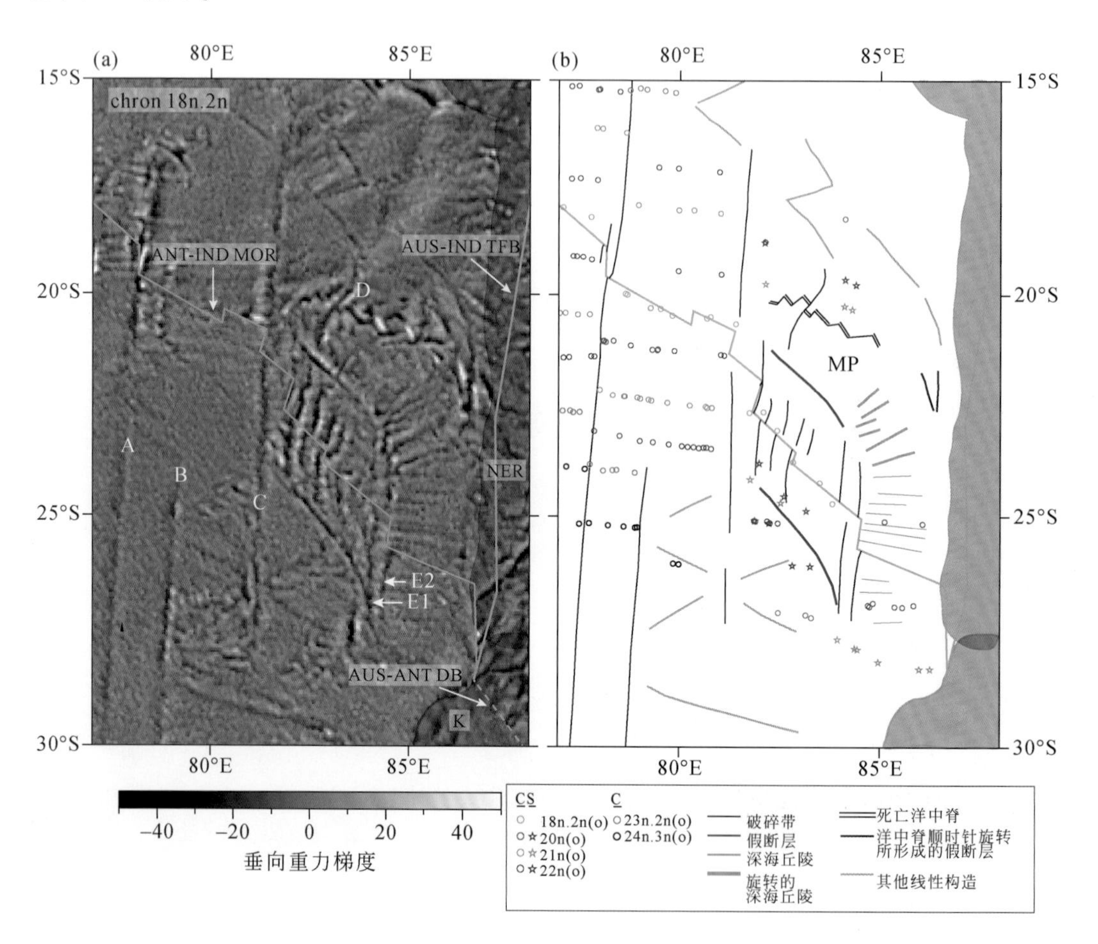

图 4-5　18n. 2n（40. 1Ma）时马默里克微洋块重建方案（Matthews et al.，2016）

（a）VGG 数据；（b）构造解释方案。ANT-IND MOR 为南极洲-印度板块之间的洋中脊；AUS-ANT DB 为推测的澳大利亚-南极洲板块边界；AUS-IND TFB 为澳大利亚-印度板块间转换断层边界；K 为凯尔盖朗高原；NER 为 90°E 海岭；MP 为微洋块。A、B、C、E1、E2 分别为破碎带（图 4-6）

板块运动方向的改变（Schouten et al.，1993；Bird and Naar，1994；Eakins，2002）和热点-快速扩张脊的相互作用（Hey et al.，1985；Hey，1986；Bird and Naar，1994），一般是洋中脊拓展和微板块形成的触发或驱动机制。前人认为，位于热点之上的洋中脊形成热、薄、弱的洋壳（现今统计表明可能相反），应力相对集中，沿此洋中脊更容易发生应力场和板块运动方向的改变，如复活节（Easter）和马默里克微洋块。在马默里克微洋块形成之前，位于凯尔盖朗地幔柱之上的印度-南极洲洋中脊已经快速扩张了几十个百万年，巨大的凯尔盖朗高原也早已存在，因此，传统的热点-快速洋中脊相互作用似乎不能触发马默里克微洋块的形成，但其对洋底复杂的地貌形态产生了重要影响。Matthews 等（2016）推测，印度-欧亚板块的

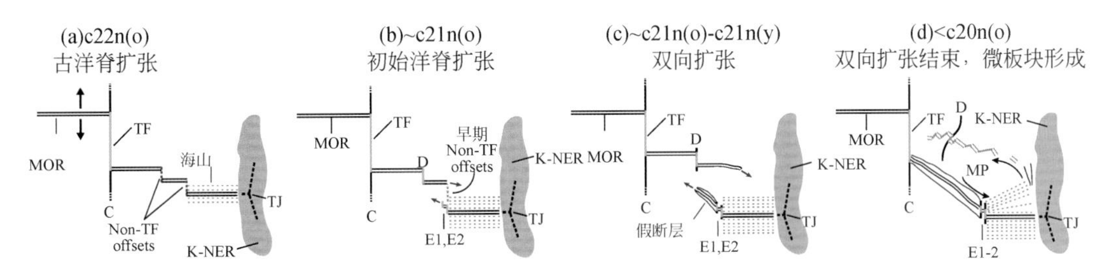

图 4-6　马默里克（MP）微洋块形成演化模式（Matthews et al., 2016）

(a) c22n(o)(49.3Ma)：印度-南极洲洋中脊南北向扩张，自西向东依次被转换断层 C、两条非转换断层错断，东段向西拓展性生长、两侧发育海底丘陵地貌。在此之前，印度-南极洲洋中脊被非转换断层错断的脊段反复的、向前或向后的跃迁，在年龄大于 49.3Ma 的洋壳内，形成 W 形构造形迹。(b) c21n(o)(47.3Ma)：两条非转换断层分别发展为破碎带 D、E1 和 E2，洋中脊东段（破碎带 E2 以东）继续向西拓展性生长、海底丘陵地貌继续发育。(c) 洋中脊东段越过破碎带 E1 和 E2 继续向西拓展性生长、形成假断层，被破碎带错断的洋中脊北段（D-E1 或 E2 段）向东持续拓展一段时间（47.3～45.7Ma），此时洋中脊双拓展行为出现、马默里克微洋块开始形成。D-E1 或 E2 段沿南东方向绕微洋块中心弯曲伸长并逐渐死亡，破碎带 D 和微洋块也随之发生逆时针旋转行为。(d) c20n(o)(43.4Ma)：洋中脊双扩张停止、微洋块从印度板块拆离出来。伴随着微洋块的旋转，洋中脊北侧的深海丘陵也发生了逆时针旋转。之后，东南印度洋洋中脊沿假断层位置开始扩张，假断层和 W 形构造形迹在东南印度洋洋中脊两侧对称分布。红色区块为凯尔盖朗地幔柱成因的凯尔盖朗高原和东经 90°海岭（K-NER），转换断层或破碎带（TF）用绿线表示，非转换断层断错（Non-TF offsets）用桃红色虚线表示，灰色双线表示死亡的洋中脊。MOR 为洋中脊；TJ 为印度-南极洲-澳大利亚板块间三节点

软碰撞导致了先存的非转换断层断错生长为转换断层，触发了印度-南极洲洋中脊向西的拓展性生长和马默里克微洋块的形成。然而，这些可能都不是微洋块形成的唯一驱动力。从三维角度和整体系统分析，浅层微洋块演变的驱动力虽然还是来自平面上三节点的非稳定性，但还可能存在未曾考虑过的垂向上热点或地幔柱与上覆板块间垂向交点的非稳定性，因此最为根本的驱动力应当是地幔内部热结构的非稳定性。这种热结构非稳定性植根于核-幔边界（热边界层）地幔柱生成带（Burke et al., 2008）作为上升流的多变性以及外部冷边界层的非稳定性，后者体现在岩石圈或壳层尺度的减压带组合型式的多变性，更重要的是其冷、热边界层之间更为复杂的对流循环过程或相互作用。

如果说马默里克微洋块形成的根本动力就是远场的印度-欧亚板块碰撞所致，那么这里再选择麦夸里（Macquarie）三节点附近微洋块的形成过程来深入探讨（图 4-7）。地理上，这个三节点位于太平洋南部，其命名来自于附近的麦夸里岛；构造上，麦夸里三节点处于印度-澳大利亚、太平洋和南极洲三大板块交接部位。这里不受碰撞作用的影响，目前是一个稳定的洋中脊-转换断层-转换断层型三节点。

该区域磁线理和破碎带重建揭示，该三节点形成于 47.91Ma，对应 c21n(o)。图 4-7（a）的板块重建始于 33.3Ma，对应磁线理 13°。该三节点相对澳大利亚板块向南东 120°方位迁移了大约 1100km，这个整体迁移主要受南极洲-太平洋转换断层驱动。

33.3Ma 时，麦夸里三节点为稳定的洋中脊-转换断层-转换断层型三节点；在 33.3～20.1Ma，该处澳大利亚-太平洋板块之间的边界，发生了洋中脊向转换断层的转变，在 20.1Ma 时，变成了压扭汇聚带［图 4-7（b）］；随后于 10.9Ma，由于澳

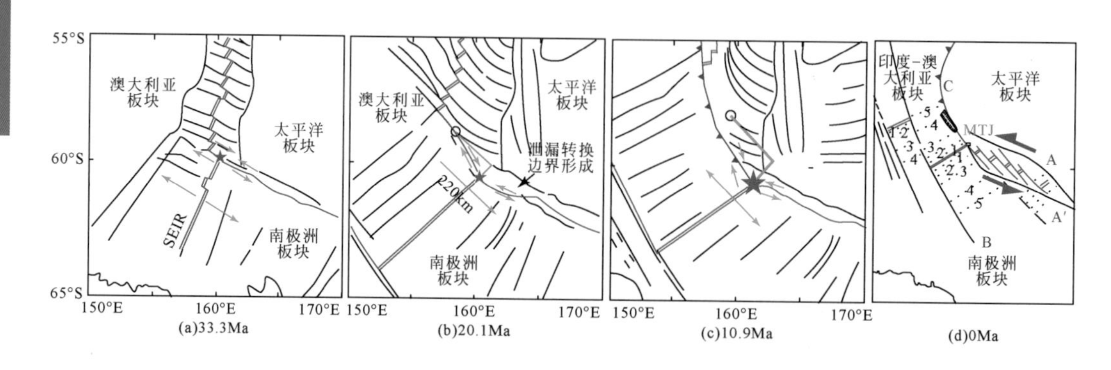

图 4-7　麦夸里三节点（MTJ）现今分布（d）和 33.3Ma（a）、20.1Ma（b）以及 10.9Ma（c）的三节点演化重建

绿色线为两个间断时期迁移距离，现今麦夸里三节点（MTJ）处于三条大洋板块边界：一为破碎带为区域 A 与 A′之间一条泄漏的转换断层；二为位于该三节点以西的东南印度洋洋中脊（SEIR），被 Balleny 破碎带［图 4-7（d）中 B］分割；三为 Hjort 海沟［图 4-7（d）中标为 C］

大利亚–太平洋之间的边界运动发生调整，该三节点演化为洋中脊–海沟–转换断层型三节点［图 4-7（c）］。斜向汇聚边界诱发了麦夸里脊杂岩的顺时针旋转，形成了 Hjort 海沟和大量破碎带，该旋转作用使得麦夸里三节点相对澳大利亚板块向南东 150°方位迁移；在 5.9～2.6Ma，随着 Hjort 海沟汇聚作用的减弱和南极洲—太平洋洋中脊再次转变为转换断层，该三节点重新回归到洋中脊—转换断层—转换断层型三节点。由此可见，该处两个微洋块的形成是近场大板块运动方向调整的结果，受麦夸里泄漏型转换断层控制。

实际上，与该泄漏型转换断层对照，早期地球的泄漏型转换边界可能更多，因而推测那时的停滞盖构造效应（lid tectonics）应当有限，微板块数量可能众多。基于现今微板块数量众多推断，在地球演化至今的各个地史阶段，微板块数量可能并未减少，所以，前人提出的停滞盖效应减弱也值得质疑。但有一点是清晰无疑的，停滞盖越来越厚、越来越大，即岩石圈在不断变厚和变大，活动的微板块边界在减少，大板块数量在增多，停滞盖的封盖能力在增强，同时，地球内部热衰减总体在减弱，但内部热结构越来越复杂；大板块数量增多到某个阈值后可能会减少；当地球热衰减彻底枯竭时，地球表层可能变为厚重而刚性的唯一板块。因此，地球上部决定下部的驱动力机制在逐渐增强。

微板块的大尺度水平运动特征也可以通过古地磁资料得到很好约束，如青藏高原的一些微陆块获得了较高质量的大量地球物理数据（图 4-8）。但整体而言，目前微板块的古地磁数据积累还是太少，大量微板块的水平运动特征还未得到很好约束。

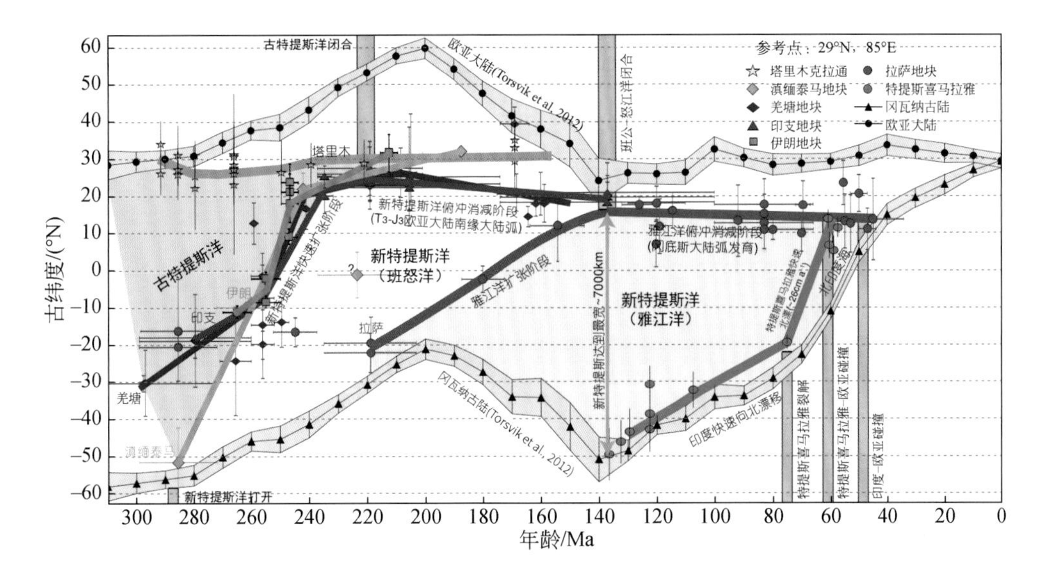

图 4-8 冈瓦纳古陆北缘裂解的各微陆块在晚石炭世—新生代期间古纬度变化（朱日祥等，2022）

基梅里微陆块群位于冈瓦纳古陆北缘的南半球中纬度地区。早二叠世起，基梅里微陆块群从冈瓦纳北缘裂解，新特提斯洋打开。晚二叠世—早三叠世，基梅里微陆块群快速向北漂移，随新特提斯洋快速扩张，于晚三叠世与欧亚大陆发生碰撞，最终导致古特提斯洋闭合。拉萨微陆块三叠纪稳定位于20°S～16°S，随后逐渐向北漂移，随新特提斯洋（雅江洋）扩张，于早白垩世早期与欧亚大陆发生碰撞，最终导致班怒洋闭合。此时，新特提斯洋达到其最大宽度～7000km。随后，俯冲带跃迁至拉萨微陆块南侧，雅江洋进入俯冲消减阶段。至早白垩世早期，印度次大陆或印度板块快速向北漂移，特提斯喜马拉雅构造带在～75Ma从印度板块北缘裂解，快速向北漂移，致使其南侧打开了北印度海；至～61Ma，与拉萨微陆块南缘发生碰撞；随后，在～50Ma左右，印度板块与欧亚板块南缘发生碰撞，新特提斯洋南侧分支（北印度海）最终闭合，形成了现今欧亚大陆

4.2 微板块垂向运动

(1) 表面驱动的微板块垂向运动

垂向运动是地球运动的重要一环，是早在固定论盛行时期就被广泛接受的地球运动基本范式。现今，根据太古宙卵形构造样式和直立线理产状为主的构造特征，人们认识到：25亿年前地球表面运动以垂向运动为主，而且因地球早期地幔比现今的热很多，因而早期岩石圈强度相对较弱，地幔黏度相对较小，高大山脉可能很难形成，所以，在太古宙地质记录中，人们很少见到砾岩沉积。然而，这里存在一个认知误区，卵形构造只是地壳层次的构造，人们常用太古宙地壳层次的垂向构造体制，完全否定了太古宙岩石圈层次存在水平运动体制的可能，并将太古宙陆壳内部观测到的垂向构造体制，以偏概全，无限扩大为太古宙洋底的构造范式，进而否定了太古宙洋底存在水平构造体制的可能。此外，即使当时的岩石圈以下以垂向运动的地幔柱为主，也难以否定太古宙岩石圈存在主导性水平运动的可能。可见，地球

早期岩石圈运动是否以垂向运动占主导，通过浅部岩石记录和地球化学识别是难以判断的，还要通过数值模拟来揭示太古宙不同圈层之间深浅部构造耦合状态，以体现、表征、确认太古宙岩石圈尺度运动确实以垂向运动为主。

固体地壳或岩石圈的稳定垂直运动是内外力地质作用（如冰川荷载、风化剥蚀、均衡调整、沉积充填、冷微幔块下沉、岩浆侵入、火山喷发、热地幔柱上涌、热衰减、构造变形或地幔对流的动力地形等深、浅部动力学过程）相互作用的综合结果。测量这些垂向运动可揭示地球在各种载荷下的行为，提供有关作用力来源和强度的关键信息，并可用于估计深部地幔物质组成的材料和流变特性。多种长期过程驱动这些运动，例如，冰川均衡调整（GIA）驱动大尺度的地表垂直运动，其速率和模式可约束地幔黏性，并对海平面上升产生重要影响，进而可影响到沿海居民的正常生产生活；大地震后的震后隆起可辅助约束地壳和地幔黏性、孔隙度和断层摩擦特性等关键参数；沿着断层，尤其是沿地球俯冲带，应变累积产生的弹性隆起模式和速率，制约了断层的分布和闭锁程度，并决定了发生地震和海啸潜力。

尽管山脉可能会因构造作用而稳定垂向抬升，但现代大地测量的微弱垂向隆升速率或信号可能会被局地更强的隆升速率或更短、更频的非构造信号叠加，所以，在揭示稳定的垂向构造隆升之前，有必要识别和去除这些信号或噪音。不太稳定的垂向过程包括同震断层滑动、震后快速变形、地下水位下降、水体重力荷载、沉积荷载和岩浆侵位膨胀等。例如，测量表明，美国西部的垂向运动可归因于地面蓄水量的季节性和年际性变化；类似地，垂向表面运动也可以用来定位和示踪岩浆运动。

但是，利用测量技术获得地表垂直速度场的综合模型（类似于水平运动的应变率图）还存在一些挑战。这主要是因为震级较小产生的垂直速度也较小（以mm/a为测量单位，与水平速度的cm/a相比小一个数量级），不仅具有更大的噪声和系统误差，而且难以在板块边界附近累积增加。此外，时间序列中垂直分量的非线性、敏感性特征，常为全球定位系统（GPS）卫星的孤立干扰事件或GPS接收站非常局部地面运动的影响，很难系统和客观地消除。为此，美国西部GPS网络不断得到扩展（图4-9），提供了前所未有的数据量，以减轻观测噪音。

Hammond等（2016）提出了一种称为GPS成像的分析方法，该方法使用稳健和无偏估计，来处理信号噪声和不确定性，以增强固体地球中的岩石圈挠曲和地幔流动信号。该方法通过数据的稳定插值，有更好的视觉效果且便于解释性，对地球动力学调查更重要、更具有效用。使用MIDAS趋势估计器可获得输入速度，可减少步骤和位置无记录的时间序列中季节性异常值的影响（Blewitt et al., 2016），然后，将类似原则应用于空间位置的估算，可定义一种与地质统计克里金分析类似的过滤和插值方法。然而，关键是GPS成像不同于传统的克里金法，它不使用最小二乘法来表示空间相关性，而是使用加权中值对孤立异常值不敏感的评估点进行估计。在时间域和空间域中，使用中值统计可

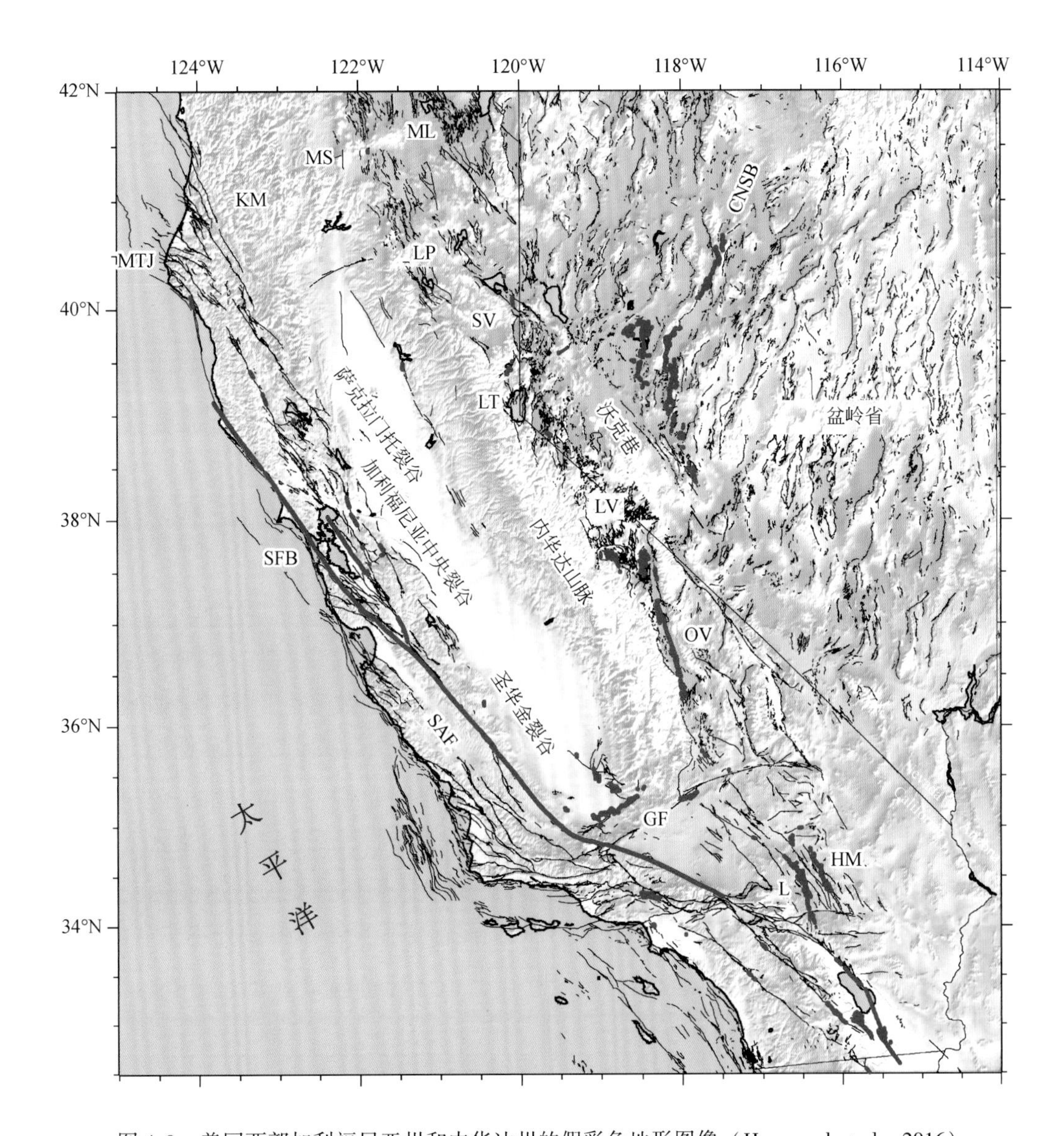

图 4-9　美国西部加利福尼亚州和内华达州的假彩色地形图像（Hammond et al.，2016）

历史地表破裂包括内华达州中部地震带（CNSB）、圣安德烈斯断层（SAF）、欧文斯谷（OV）、赫克托矿（HM）和兰德斯（L）的地表破裂，用红线表示。红色点为火山中心，其位置缩写为：ML. 梅迪辛湖（Medicine Lake），MS-沙斯塔山（Mount Shasta），LP-拉森峰（Lassen Peak），LV-长谷（Long Valley）。其他位置标注为：MTJ-门多西诺三节点，SFB-旧金山湾区（San Francisco Bay Area），KM-克拉马斯山脉（Klamath Mountains），LT-塔霍湖（Lake Tahoe），SV-Sierraville，GF-Garlock 断层

确保 GPS 成像反映大多数数据趋势的速度场，同时容忍数据中可能存在的短暂性或局地性的潜在影响。该技术计算效率高，可以集成数千个站点，这是 GPS 观测数据以指数增长时代数据处理的一项必要功能。Hammond 等（2016）应用 GPS 成像，评估了美国西部加利福尼亚州和内华达州的垂向隆起信号，结合加利福尼亚州南部垂直 GPS 时间序列的先前分析和解释，重点探索了内华达山脉的垂向隆起过程（图 4-9）。

通过将 MIDAS 算法（Blewitt et al.，2016）应用于垂向坐标的时间序列，获得用作该分析输入的站位速度。该算法是泰尔-森（Theil-Sen）非参数中值趋势估值的一种变体（Theil，1950；Sen，1968），修改为使用步长 1 年的时间序列中的几组数据，使其对季节变化和时间序列异常值不敏感。中间估计速度基本上是这些年斜率分布的中位数，如果其频率足够低，即使这些步长没有记录且发生在未知时期，也对时间序列中的步长影响不敏感。它是稳健和无偏的，因此适合于垂向分量趋势的估计。MIDAS 提供了基于残余散度绝对偏差的无量纲中值的不确定性，因此，如果时间序列具有更大的分散性或弱线性，则速度不确定性会增加。不确定性是不可避免的，所以通常不需要做进一步处理。在使用插入未知阶跃函数的合成数据进行的盲测中，MIDAS 在 5% 精度范围内优于所有其他 20 种测试的自动算法（Blewitt et al.，2016）。MIDAS 速度的文件现在可以在线获取（http://geodesy. unr. edu）。该网站每周会更新内华达大地测量实验室处理的所有台站数据。

为了确保使用最高质量的地面运动垂向速度数据，如果测站的 MIDAS 垂向速度不确定性大于 5mm/a 或时间序列持续时间小于 5a，相关数据将被剔除。图 4-9 总共使用了 1232 个站点的垂向速度，其范围内站点的垂向速度中位数接近于零；86% 的站点在 -2 ~ 2mm/a，92% 的站点在 -3 ~ 3mm/a；最大速度为 7. 3mm/a，最小速度为 -299mm/a。这个快速下降的测站（CRCN）位于加利福尼亚州维萨利亚附近的圣华金河谷（SJV-San Joaquin Valley）农业区（图 4-10），它可能受到浅层和/或地下水水文效应的影响，其测得的速度是速度场中一个异常值。与最小二乘估计类似，垂向速度的不确定性会随着所在测站的时间序列变长而减小，81% 的垂向速度不确定性小于 1. 0mm/a，中值不确定性为 0. 6mm/a。垂向速度如图 4-11 所示（Hammond et al.，2016）。

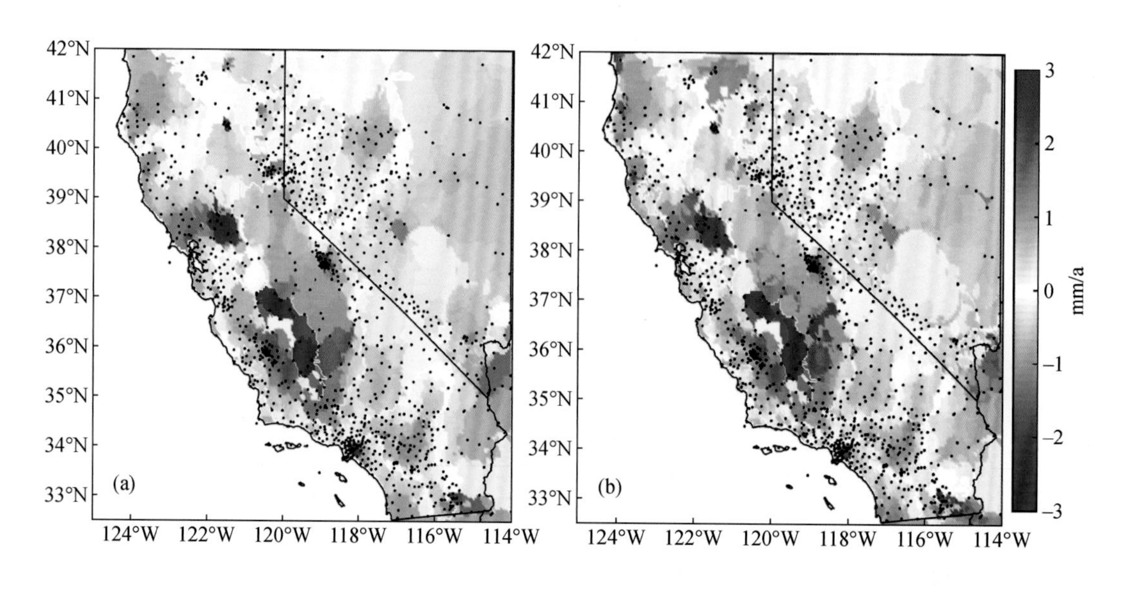

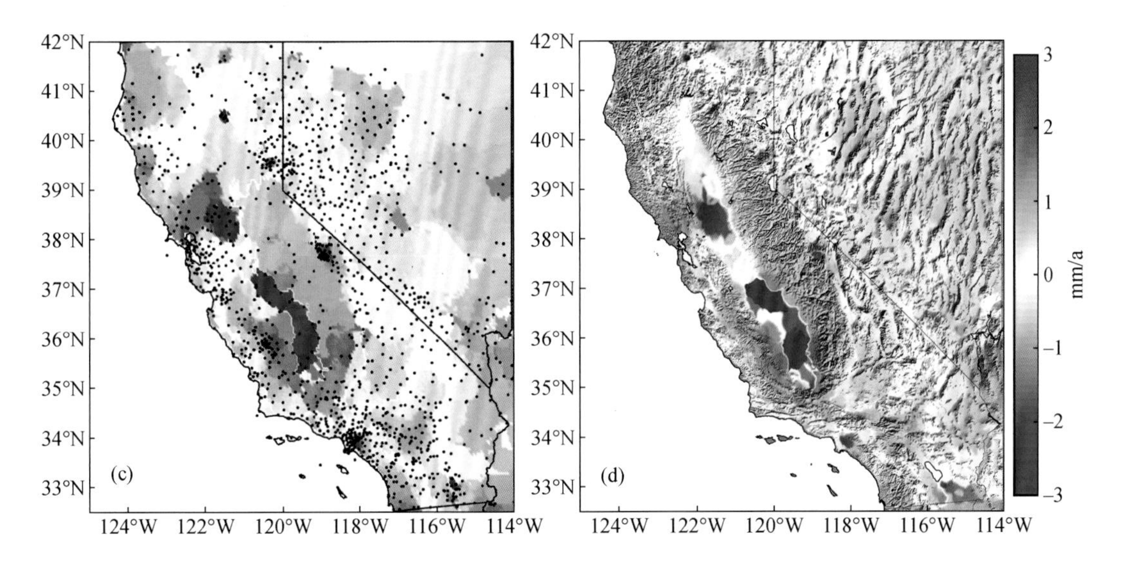

图 4-10　美国西部 MIDAS 垂向速度场处理结果

（a）使用中值空间滤波 MIDAS 速度对垂向速度场进行 GPS 成像的结果。黑点表示 GPS 接收站。正极（红色）为向上隆升，负极（蓝色）为向下沉降，在色标限制下饱和。（b）在未应用初步中值空间滤波的情况下，对原始 MIDAS 垂向速度的垂向速度场进行 GPS 成像的结果。黑点表示 GPS 接收站。正极（红色）为向上隆升，负极（蓝色）为向下沉降。（c）与（a）中相同，但最小时间序列持续时间截止值为 2.5a。（d）与（a）中相同，只是在地形上绘制了垂向速率，以说明成像和地理特征之间的相关性（Hammond et al.，2016）

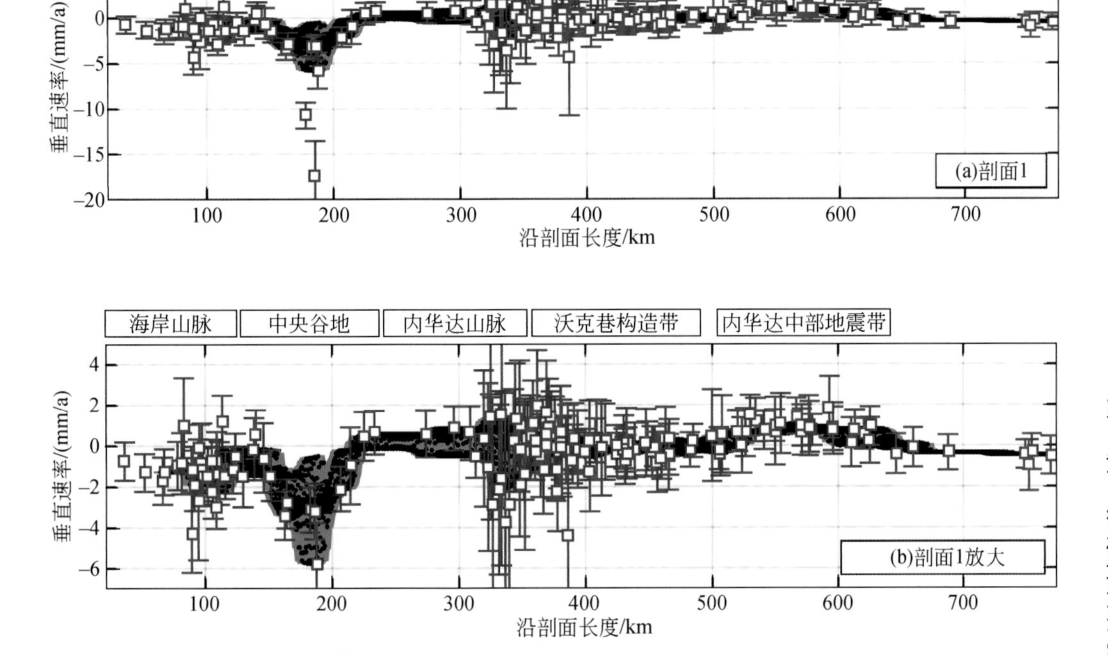

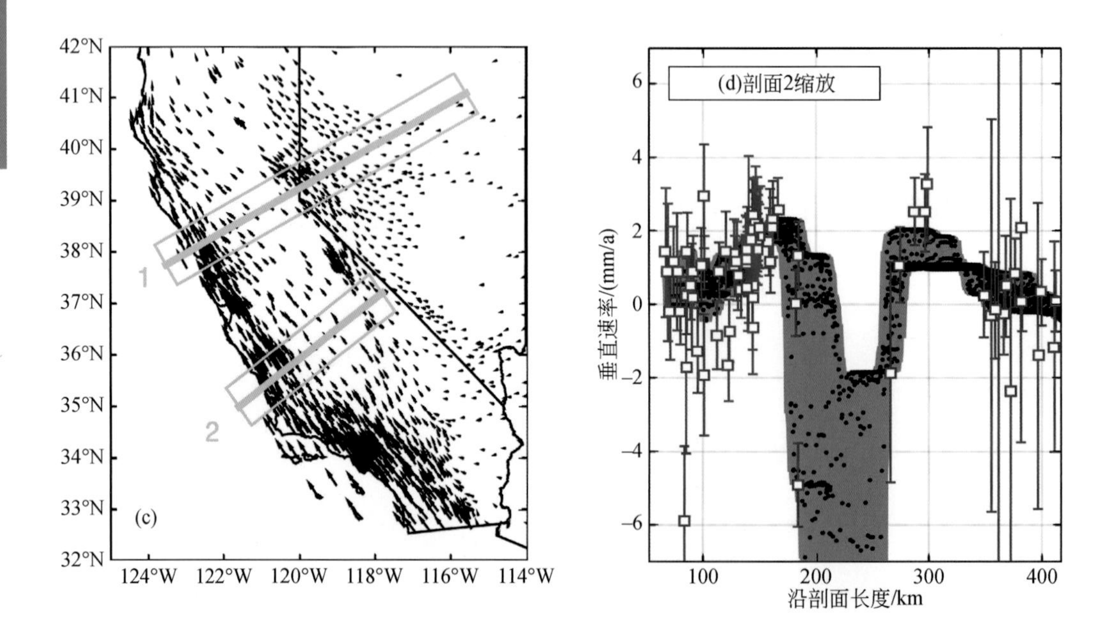

图 4-11　跨加利福尼亚州和内华达州 GPS 垂向速度剖面（Hammond et al., 2016）

剖面 1 显示了关键构造单元的位置；（b）纵轴放大剖面 1，以更好地揭示数据、不确定性和 GPS 成像模型的细节，垂直线段表示不确定性，灰色区是 GPS 成像结果的包络带（黑点），其宽度可归因于成像速率中的横截面变化；（c）为水平 GPS 速度，显示了剖面序号和位置；（d）剖面 2 的纵轴放大，以显示图像和数据之间的关系

上述例子展示了现今 GPS 直接测量的地面短时间尺度垂向运动速率。对于地史时期长时间尺度的垂向运动速率，一些低温热年代学方法很有效。结果对比发现，地史时期的地面年均垂向运动速率范围与现今 GPS 直接测量的相同。造山带隆升与垮塌时限一般持续 20～50Myr，造山带隆升主要是岩石圈板块俯冲消减、碰撞挤压所致，造山带垮塌多数是深部拆沉、浅部伸展等因素影响。这两个过程之间，不同流变学结构的岩石圈其垂向运动会产生显著差异，且岩石圈的持续均衡作用不可忽视，长期地表侵蚀过程也可能起着关键作用（Wolf et al., 2022）（图 4-12）。总之，地表垂向运动是地球内外圈层相互作用的综合表征。

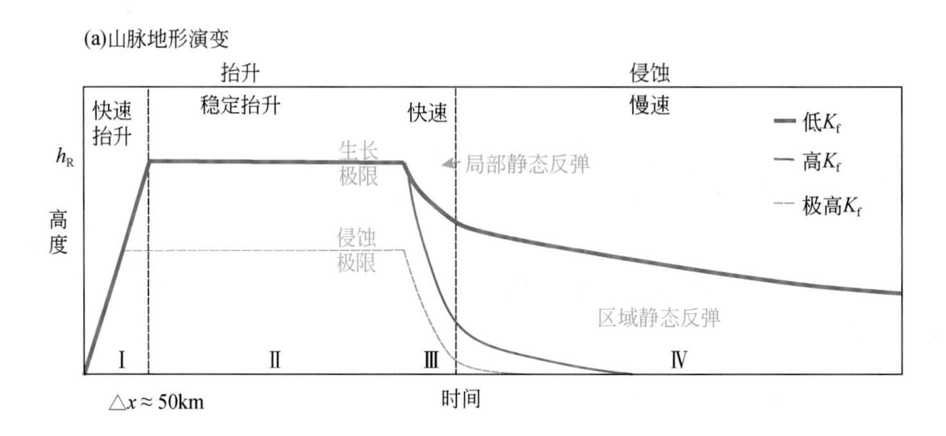

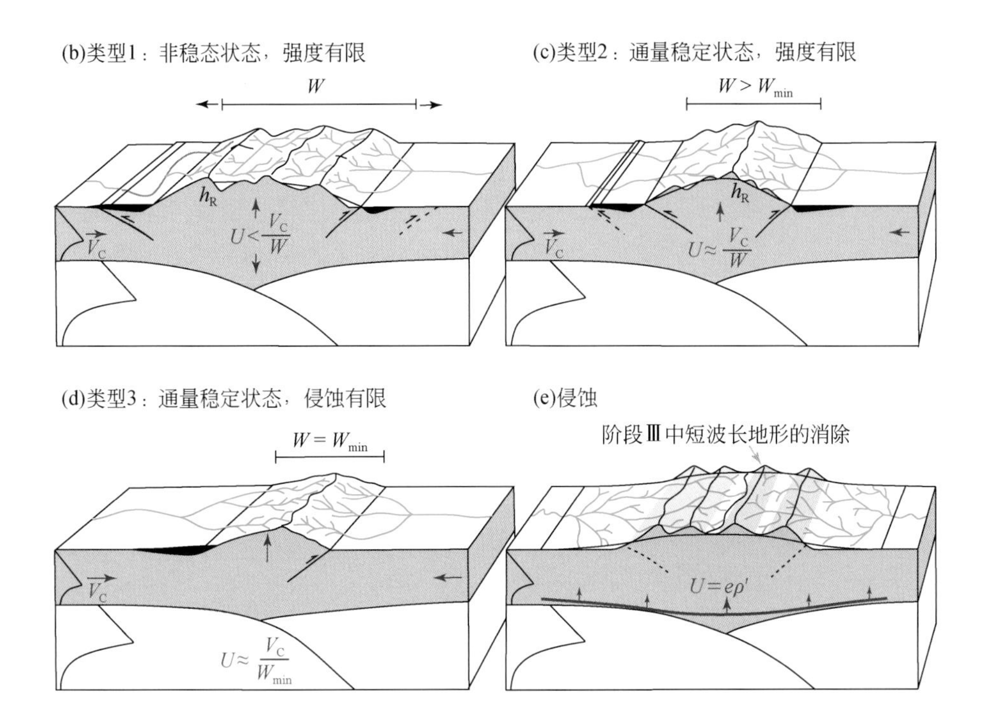

图 4-12　山脉的特征演化（Wolf et al., 2022）

（a）描述山脉地形演变及其控制因素的高程-时间简图。h_R是地形极限，它取决于地壳强度。（b）~（d）表示类型 1［非稳态状态，强度有限，Bm>0.5（b）］、类型 2［通量稳定状态，强度有限，Bm≈0.4~0.5（c）］和类型 3［通量稳定态，侵蚀有限，Bm<0.4（d）］生长造山带。U为抬升速率，V_c为收敛速率，e为侵蚀速率；W_{min}是一个地壳尺度逆冲岩席的宽度。（e）显示衰退的造山带主要特征的框图。该图最能代表低K_f设置。抬升速率取决于侵蚀速率、地壳与岩石圈地幔密度之比以及均衡补偿因子ρ'中所包含的区域均衡补偿程度。在阶段Ⅲ中短波长地形被快速消除，然后在阶段Ⅳ中长波长地形被缓慢消除

（2）深部驱动的微板块升降运动

微板块的表面运动可能是上述局地表层抽水等人为因素所致，也可能是自然风化剥蚀、沉积荷载、冰后回弹等差异性外动力因素所致，但也不乏深部的内动力因素，如俯冲相变、俯冲或碰撞导致的榴辉岩化、岩石圈地幔的拆沉、地幔对流产生的动力地形、冷微幔块的冷却效应、热地幔柱的热胀效应。

传统板块构造理论认为，现今的地形可以通过地球表层移动的构造板块之间的复杂相互作用来解释。然而，越来越多证据表明，地球地形的很大一部分受控于下地幔内流动产生的黏滞应力，而不只是由板块水平移动产生的（图 4-13）。这种动力地形是瞬态的，随着地幔流的变化而变化，其特征是振幅小、波长长。因此，它经常被水平构造运动引起的更明显的地形异常所掩盖或混淆。然而，小幅度大范围的动力地形可以影响很多地表过程，如河湖流系变迁、沉积源汇过程、板内盆地沉积沉降等，这些地表过程的演替信息可保存在地质记录中。例如，它

在亚马孙流域模式的建立中发挥了作用。反之，地表过程，如地形的异常侵蚀，甚至可能会影响深部的地幔流动。这种新的动力地形观点表明，作为地表变形驱动因素的板块构造概念需要扩展，以包括地幔和地表之间的垂向耦合。结合各种模型和地质记录，解开这种耦合机制，为理解壳幔动力学体制提供了前所未有的新机遇（Braun，2010）。

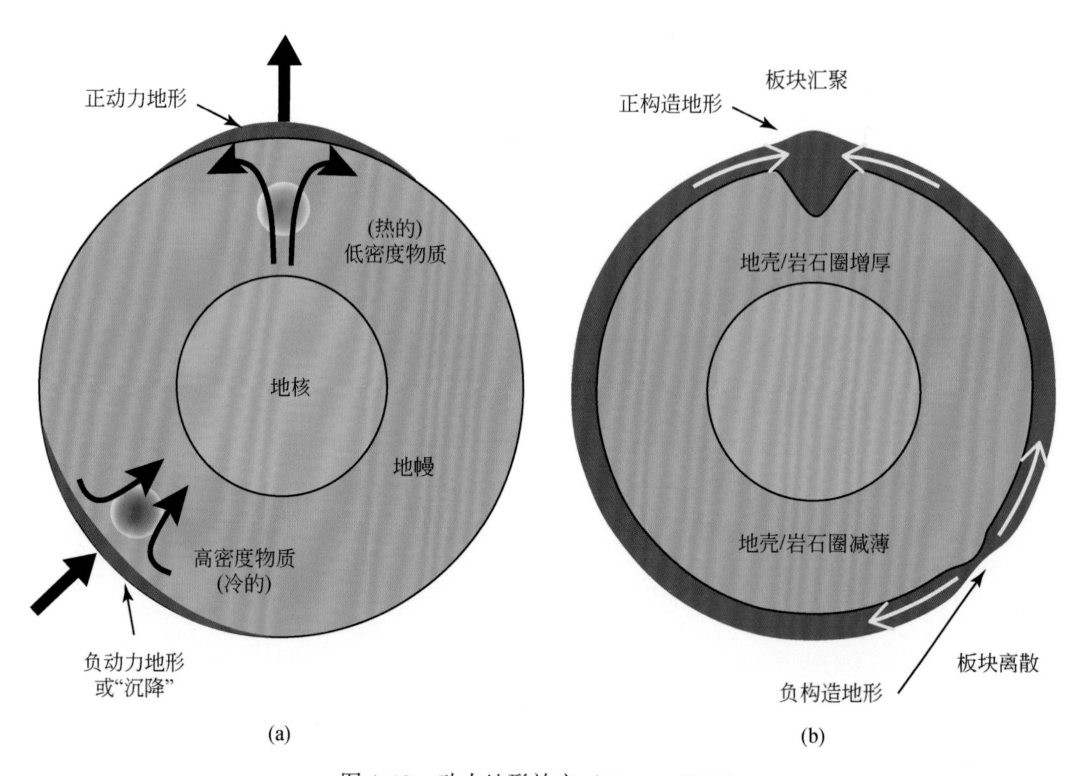

图 4-13　动力地形效应（Braun，2010）

（a）地幔流动产生地表动力地形的简图。红色和蓝色圆圈代表地幔中的低（热）和高（冷）密度异常，高密度异常即为微幔块；黑色箭头表示诱导地幔流；图中还显示了由此产生的动力地形。（b）均衡补偿的正常构造地形是由地壳和岩石圈因构造板块运动（黄色箭头）而变薄或增厚而形成的。板块汇聚的地方，地壳增厚，形成山脉（或正地形）；板块分离的地方，地壳变薄，形成盆地。请注意，两张图都高度夸大了地表和地壳的高度，真实地球的地表地形高差只有几千米，与地球半径的 6700km 相比非常小

海沟是地球上水深较深的狭窄区域，随着俯冲板片发生榴辉岩相相变，随下插板片密度变大，诱发向下的板片拖曳力使得海沟部位地形较低。从俯冲带附近的地幔等温线可以看出，俯冲板片的冷却效应显著，随着板片断离、撕裂，相对于周边地幔温度较低的微幔块形成，微幔块的冷却效应（图 4-13）可导致弧后盆地水深比同年龄的洋中脊形成的洋壳水深更深，微幔块沿着俯冲带的侧向迁移，也会体现为弧后水深加深部位侧向变化，或附近陆架盆地内的沉积角度不整合出现侧向的时空递变。

热地幔柱活动也具有显著的地形效应，地幔柱柱头上部的构造变形、运动状态与周边区域的显著不同，可能使地表分裂成一个或几个孤立的微板块。此外，地幔

柱柱头上部的最终地形还取决于各种因素，如地幔柱上升速率、岩石圈流变学结构效应、远程应力场叠加效应等（图4-14）。若地幔柱周边岩石圈地幔发生滴坠或拆沉，还会形成微幔块。当其作用在大陆岩石圈下时，形成的是陆幔型微幔块；当其遇到大洋板内岩石圈地幔时，形成的是洋幔型微幔块。

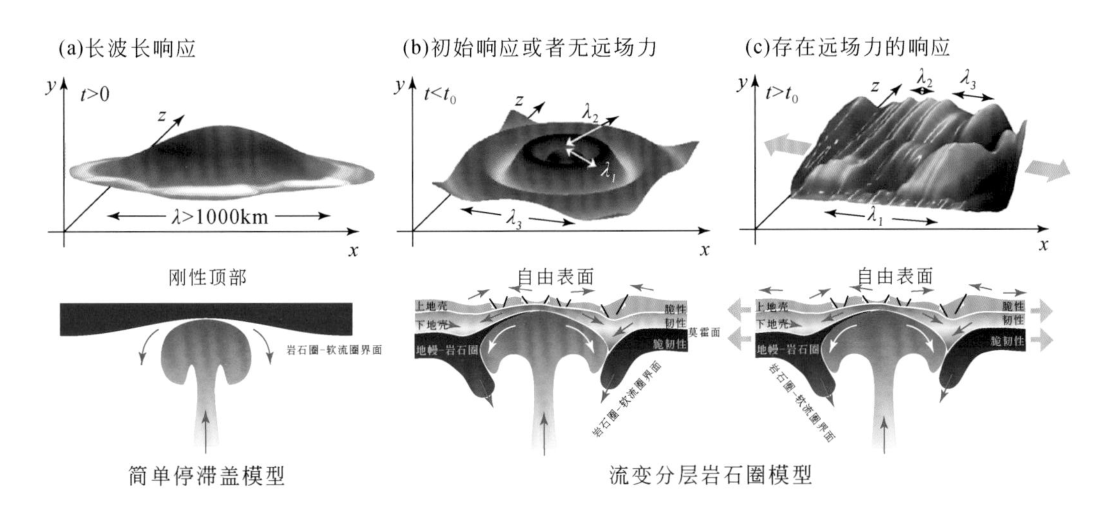

图4-14　地幔柱-岩石圈相互作用和动力地形（Burov and Gerya，2014）

对地幔流引起的地球表面变形的评估（动力地形）通常并不简单，而是基于一些附加假设；这里展示了表面形貌（顶行）和相应的概念模型（底行）。传统观点（a）上，地幔上升流（地幔柱）只能在地表产生长波长（波长大于1000km）的轴对称地形隆起；在相应的模型中，岩石圈通常代表被动平顶的黏性停滞盖，地形是根据假设局部均衡的地幔流动模式计算的。相反，这里的方法［(b)(c)］考虑了流变分层的脆性-韧性岩石圈的自由表面响应，其可能表现出几个短波长谐波，而韧性下地壳（LC）中的长波长变形受到抑制。实际表面波长 λ_i（例如，波长30～50km，波长100～150km，波长250～350km）由强上地壳（UC）、下地壳（LC）和地幔-岩石圈（ML）层的厚度控制。在触发各向异性应变局部化（c）且极弱的远场构造应力作用下，初始地形（b）可能在一段短时间 t_0 后变得强烈不对称。底行中红色箭头和白色箭头分别表示岩石圈和地幔上升流的运动方向。黑线表示断层，白色半箭头表示断层面上的运动方向

地幔对流是极向流，也是地表动力地形的主要驱动力。地幔流动除了传统的极向流之外，还有环向流。环向流可能很少产生动力地形，但会使得微板块发生旋转。地幔流动除了有对流和涡流等类型差异外，对流胞的大小也存在差异。这些差异导致了地表动力地形的复杂性和多样性。动力地形的演化也随着深部地幔对流格局的变化而变化，通常表现为大尺度缓慢的过程。深部微幔块的运动会复杂化这个区域性动力地形，而浅表微板块格局对复杂的深部地幔对流不仅具有放大效应，而且还会使得地表动力地形的差异响应进一步多样化。

总之，地球表面地形是地球动力学的直接物理表现。大部分岩石圈处于均衡状态，由地壳和岩石圈内的厚度和密度变化控制，但还有一部分由地幔流动施加的力引起。这种动力地形直接将地表环境的演变（外力地质作用）与地球内部深部过程（内力地质作用）联系起来，但地幔流动模拟的预测往往与地质记录不一致，对其

空间模式、波长和振幅几乎尚未达成共识。Davies 等（2019）证明，先前预测模型和观测约束之间的对比，因主观选择而有偏差，并使用海洋剩余地形测量以及球谐分析的分层贝叶斯方法，得到了海洋剩余地形功率谱的稳健估计。研究表明，在长波（~10^4km）下，水荷载功率为 0.5±0.35km^2，峰值振幅高达 ~0.8±0.1km；在短波（~10^3km）下，峰值振幅降低约一个数量级。因此，只有将岩石圈结构及其对地幔对流的影响纳入其中，地球动力学模拟才能与实际的地质观测相吻合。这表明深（长波）和浅（短波）过程都是至关重要的，意味着动力地形与地球岩石圈的结构和演化密切相关。

4.3 微板块旋转运动

大板块几乎不可旋转，更不会主动自旋，但可绕欧拉极在球面做旋转运动。从理论模拟和实际观测上，板块运动速率比地幔流动速率快一个数量级，如果大板块快速主动旋转，那么地幔流场是难以快速响应的，这在物理学上是不可能发生的，因为地幔流与岩石圈板块之间的黏滞阻力，足以强大到阻止上覆板块的快速主动旋转。然而，微板块则不同，微板块旋转是一种普遍现象，但都是被动旋转，将其称为旋转构造（rotation tectonics），常见的有微板块旋转、孤立块体旋转、弯山构造等多种弯曲方式，受其他动力过程所控制，形成复杂多样的旋转构造特征，具体表现在地形地貌、重力异常、磁力异常、GPS 速度场等方面，因此旋转现象后面的机制是千差万别的，下面介绍几种典型大地构造背景下微板块的旋转运动特征。

（1）裂谷拓展诱发的微陆块旋转

裂谷带是微板块构造理论中的边界类型之一。按照传统板块构造理论，大陆裂谷作用一旦启动，就会遵循威尔逊旋回，不断持续演化，难以自我终止，因此裂谷不可自我闭合。在大陆裂谷中，两侧板块不断裂解，最终会形成新的洋壳，新的洋盆会不断在海底扩张作用下持续扩大。由于大陆地壳组成和流变学结构非常不均匀，且受正断层控制，因而裂谷很少表现为笔直的直线。在某些情况下，单支裂谷段沿走向和垂直走向与另一支裂谷段相距数百千米，随着这些裂谷段的生长，它们会发生相互作用并彼此连接，进而在传统板块构造理论认为的“板内”或“陆内”环境形成孤立的微陆块。“陆内”微陆块可以旋转，如非洲裂谷系统中的维多利亚微陆块（图 2-22）；微陆块也可以出现在陆缘，如日本岛弧的对开门模式（double saloon door）、南美洲东部桑托斯（Santos）盆地裂解形成的圣保罗（Sao Paulo）高原微陆块（图 4-15）及加拿大东缘奥芬（Orphan）盆地东部的 Flemish Cap 微陆块

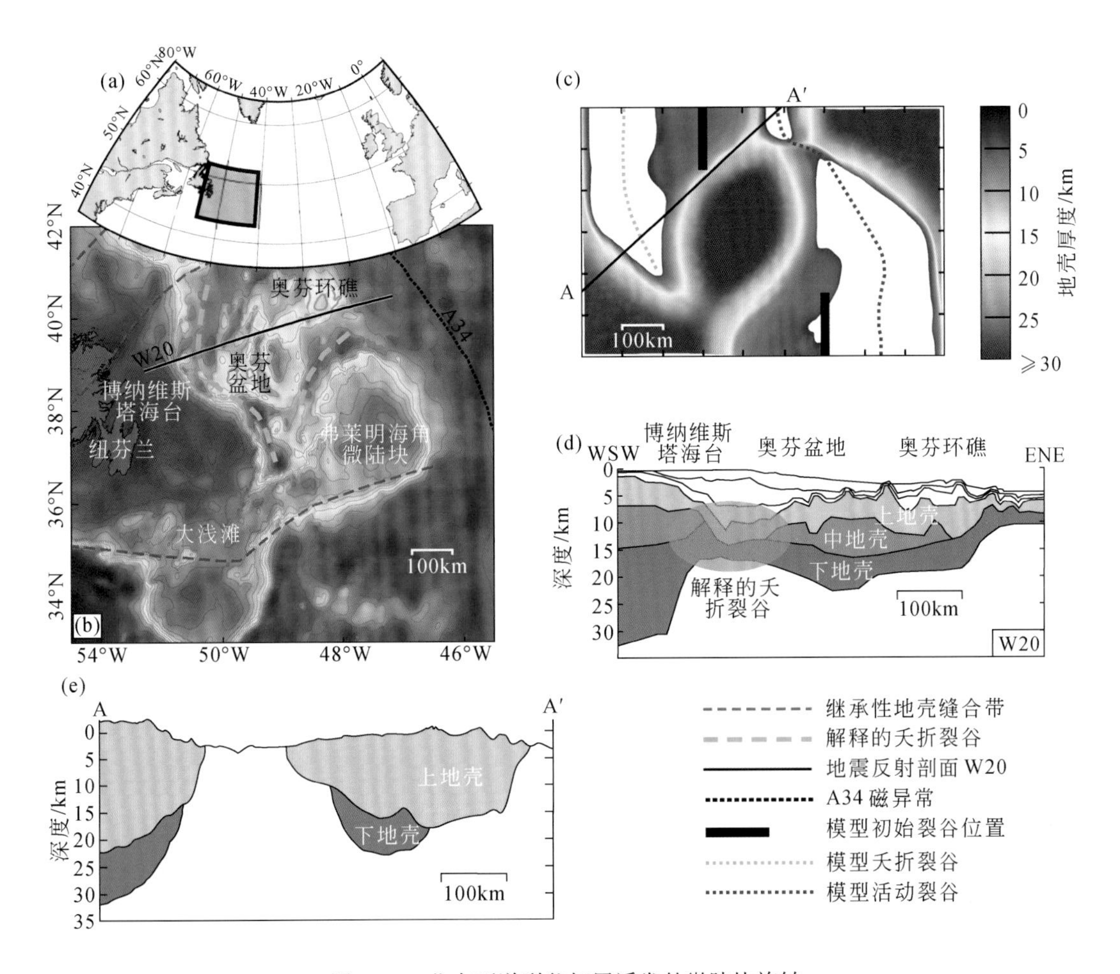

图 4-15　北大西洋裂谷拓展诱发的微陆块旋转

(a) 北大西洋微陆块研究区，紫色显示为 (b) 的范围；(b) 根据三维重力约束反演得出的纽芬兰近海陆缘地壳厚度 (Welford et al., 2012)；(c) 具有顺时针旋转的镜像微陆块模型模拟的裂谷连接；(d) Welford 等 (2020) 的简化地壳模型，强调了奥芬 (Orphan) 盆地西部已解释出的废弃裂谷，从 Srivastava 等 (1990) 获得的磁异常 A34；(e) 通过模型微陆块的截面 A-A′

(图 4-16) (Neuharth et al., 2021)。

微陆块常见于大板块活动陆缘或板内被动陆缘附近，伸展和挤压背景下皆可以发育。本节关注的是大陆裂谷环境中微陆块的形成及其时间演变。对此，Neuharth 等 (2021) 曾使用地球动力学有限元软件 ASPECT 进行了裂谷启始到大陆破裂过程的岩石圈尺度三维数值模型。其研究发现，裂谷段通过以下四种机制之一连接或相互作用：①斜向裂谷；②转换断层；③微陆块旋转；④裂谷跃迁。裂谷连接过程主要受垂直走向的偏移 (图 4-17) 和地壳强度 (图 4-18) 的控制。在较小偏移处，它们通过裂谷段斜向连接；在中等偏移处，它们形成转换断层；在弱地壳中的大偏移处，它们重叠并旋转成为微陆块的中心块体，即在强度弱到中等的地壳中，在偏移量>200km 处，形成旋转的微陆块。微陆块演化的动力学从最初的裂谷拓展演变为

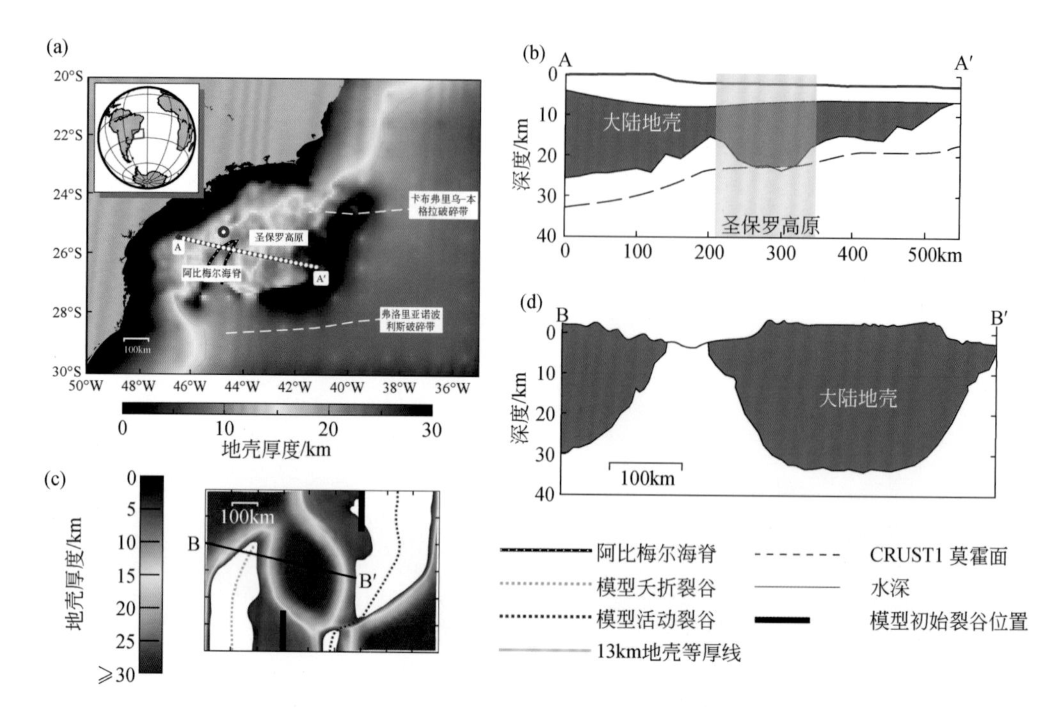

图 4-16 南大西洋裂谷拓展诱发的微陆块旋转

(a) 桑托斯盆地区按陆壳厚度着色的视图（基于壳牌公司数据，合并了重采样的 10km 分辨率 CRUST1），标注了圣保罗高原（SPP）和死亡的 Abimael 洋中脊拓展体（AR）的位置，红点表示 Merluza 地堑的大致位置。红线为剖面位置，标记间距为 20km。黄色等高线显示地壳厚度为 13km。CFB，卡布弗里乌-本格拉（Cabo Frio Benguela）破碎带；FFz，弗洛里亚诺波利斯（Florianopolis）破碎带。(b) A-A′剖面中的基底顶面是从重采样的 CRUST1 数据中提取的（下部沉积物层的底面），下部实心黑线是地壳的底面，通过将地壳厚度估计值添加到重采样的 CRUST1 下部沉积物层底面来计算。蓝色细线为水深（分辨率为 10km 的 SRTM15+V2.1）。灰色框突出显示了 SPP（Sao Paulo 高原）微陆块沿剖面的范围。(c) 参考微陆块模型模拟的裂谷连接。(d) 通过模型模拟的微陆块 B-B′截面

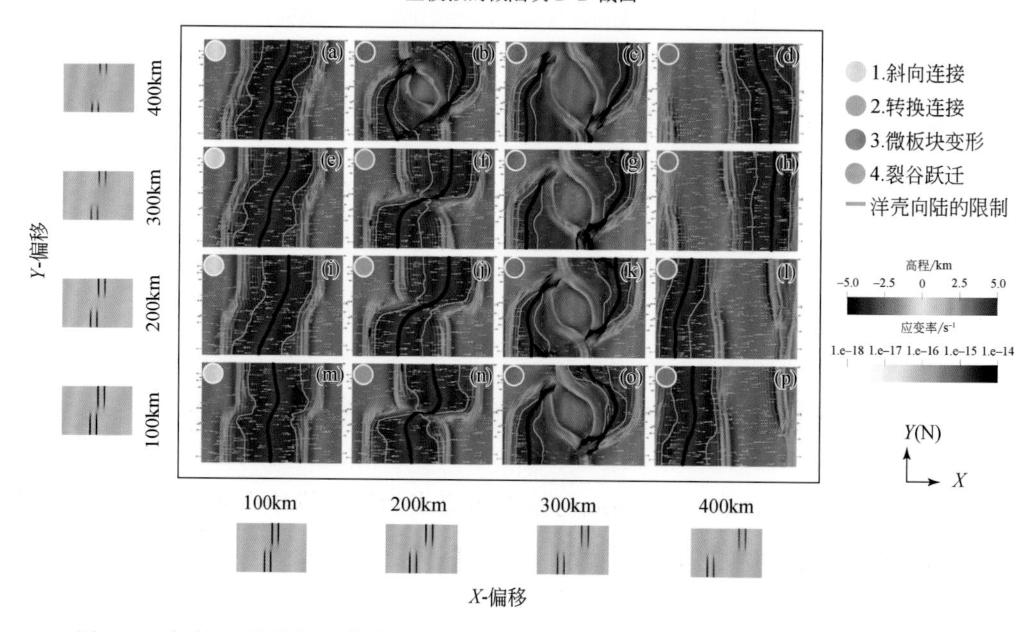

图 4-17 初始 X-偏移和 Y-偏移发生改变时的区域裂谷连接类型（Neuharth et al., 2021）

俯视图中显示的模型始于 25Myr，并根据海拔和应变速率进行着色，橙色线代表洋陆边界极限（>70% 的软流圈物质）。模型图像左上角彩色点显示模型类型

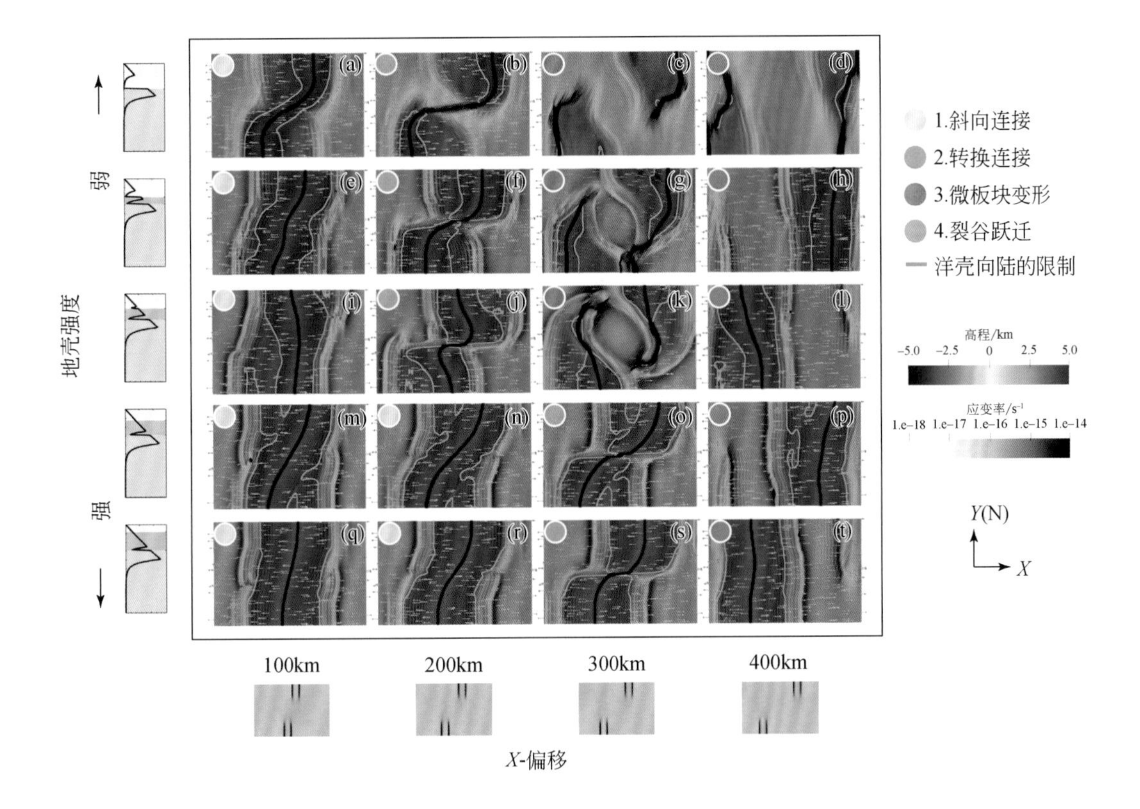

图 4-18　当改变上地壳与下地壳比例以及初始 X-偏移时的区域裂谷连接类型（Neuharth et al., 2021）

俯视图中显示的模型模式年龄为 25Myr，并根据海拔和应变速率进行着色，橙色线代表洋陆边界极限（>70% 的软流圈物质）。左边显示了强度包络，包括上部（浅灰色）和下部（深灰色）地壳以及岩石圈地幔（蓝色）的组成。模型图像右上角彩色点显示模型类型

板块叠接、绕直立轴旋转，最后使大陆板块裂解出微陆块。这些过程可解释世界各地在大陆裂谷作用期间形成的微陆块规模和运动学特征。

（2）洋中脊拓展诱发的微洋块旋转

洋中脊拓展是形成微洋块的重要途径之一。在东太平洋海隆发育几个现今还活动的微洋块，如复活节微洋块、胡安·费尔南德斯微洋块（图 4-19）。因这些微洋块内部的磁条带总体与两侧大洋型大板块的磁条带之间呈垂直或锐角相交，这些几何特征表明其绕自身轴发生了显著的旋转，但这种旋转不是微洋块主动旋转，而是受控于洋中脊拓展作用发生的被动旋转。微洋块内部的东西走向磁条带由现今近南北走向的洋中脊拓展形成，其原始或初始走向应当为现今洋中脊走向，但其现今走向却与后者垂直，因而旋转是微洋块核心块体在后期洋中脊拓展过程中自身旋转所致，最终旋转导致了微洋块内部磁条带的帚状几何组合特征。

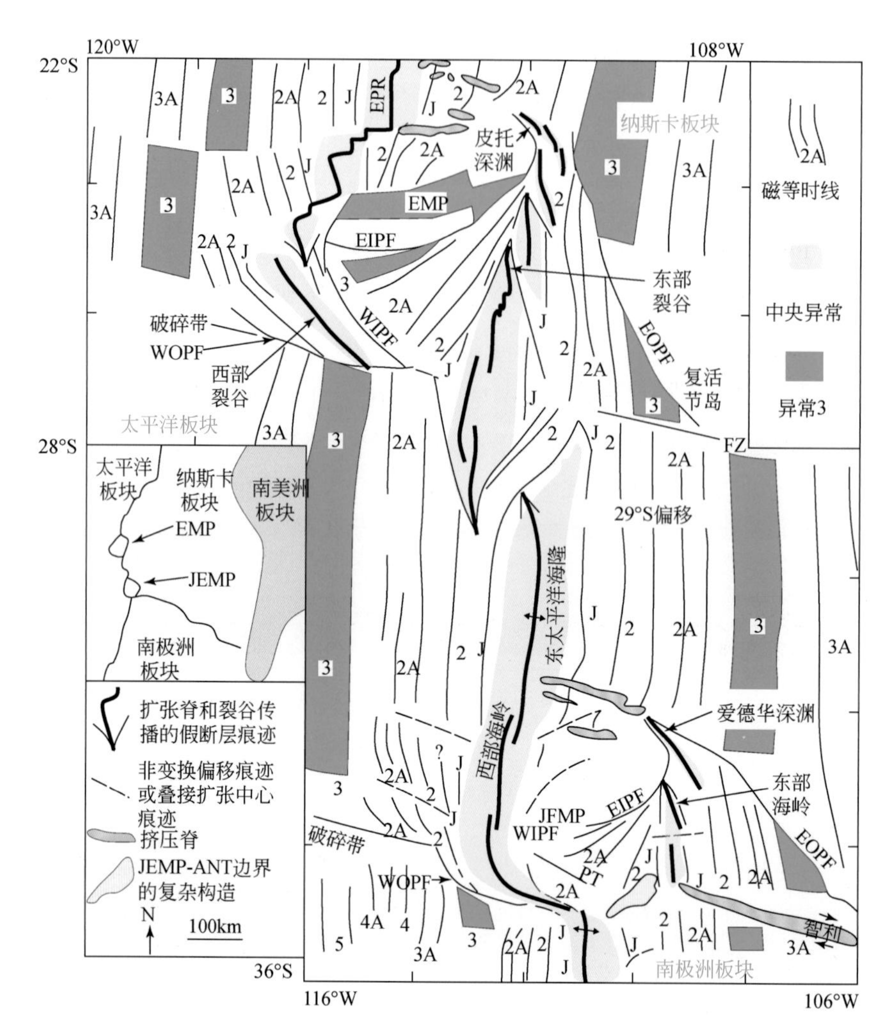

图 4-19 复活节微板块（EMP）和胡安·费尔南德斯微洋块（JFMP）的旋转

EPR-东太平洋海隆；PT-古转换断层。WOPF，WIPF，EOPF，EIPF 分别是西部外缘和内部、东部外缘和内部的假断层。数字（如 2，2A）指示磁场反转时间标度的磁异常条带，J 是 Jaramillo 反转在 ~1Ma

一般来说，洋中脊这种微洋块 400km×400km 是离散型大板块边界所能波及的最大范围，超过此范围，活动洋中脊一般会出现跃迁，进而微洋块整体跃迁并镶嵌到大洋型大板块内部。但其下部地幔对流格局如何，目前依然不清楚，而两侧大板块之下的对流环是离散式背离洋中脊的极向流是肯定的。这些微洋块的位置不是固定不动的，会随着主导性洋中脊的迁移而迁移；但某些时候由于俯冲带远程效应，洋中脊会发生跃迁，因而这些微洋块会嵌入到相邻的某个大板块中，之后变得不再活动和旋转，即失活，最终变成了其所并入大板块的一部分，并随着该大板块的运动而运动。

（3）俯冲带后撤诱发的微陆块旋转

当一个大陆型大板块分裂成两个中板块或多个微板块，并围绕旋转极彼此分离时，如果初始运动被岩石圈伸展所吸收，随后的软流圈突破、洋壳增生就会在应力或释压诱导下指向旋转极不断拓展。将这种拓展裂谷模型应用于位于中心的初始裂谷，该裂谷会演变为两个沿相反方向拓展的裂谷。由此形成的菱形盆地，最初完全位于变薄的大陆地壳之下，这与地中海西部瓦伦西亚（Valencia）海槽和利古罗-普罗旺斯（Liguro-Provencal）盆地的渐新世至布尔迪加尔期（Burdigalian）弧后演化非常相似。现有的油井和地震地层数据证实，裂谷确实起源于狮子湾（Gulf of Lion），并向西南延伸至瓦伦西亚海槽。同样，地震折射、重力和热流数据表明，巴伦西亚海槽/利古罗-普罗旺斯盆地内的最大伸展发生在靠近北巴利阿里（Balearic）破碎带的轴向位置。反向拓展裂谷的模型应用于利古罗-普罗旺斯盆地和阿尔及利亚（Algerian）盆地内弧后洋壳增生时（图4-20），预测到Burdigalian/Langhian事件相同的许多特征，这些特征由现有的地质和地球物理数据，特别是地磁数据所证实。

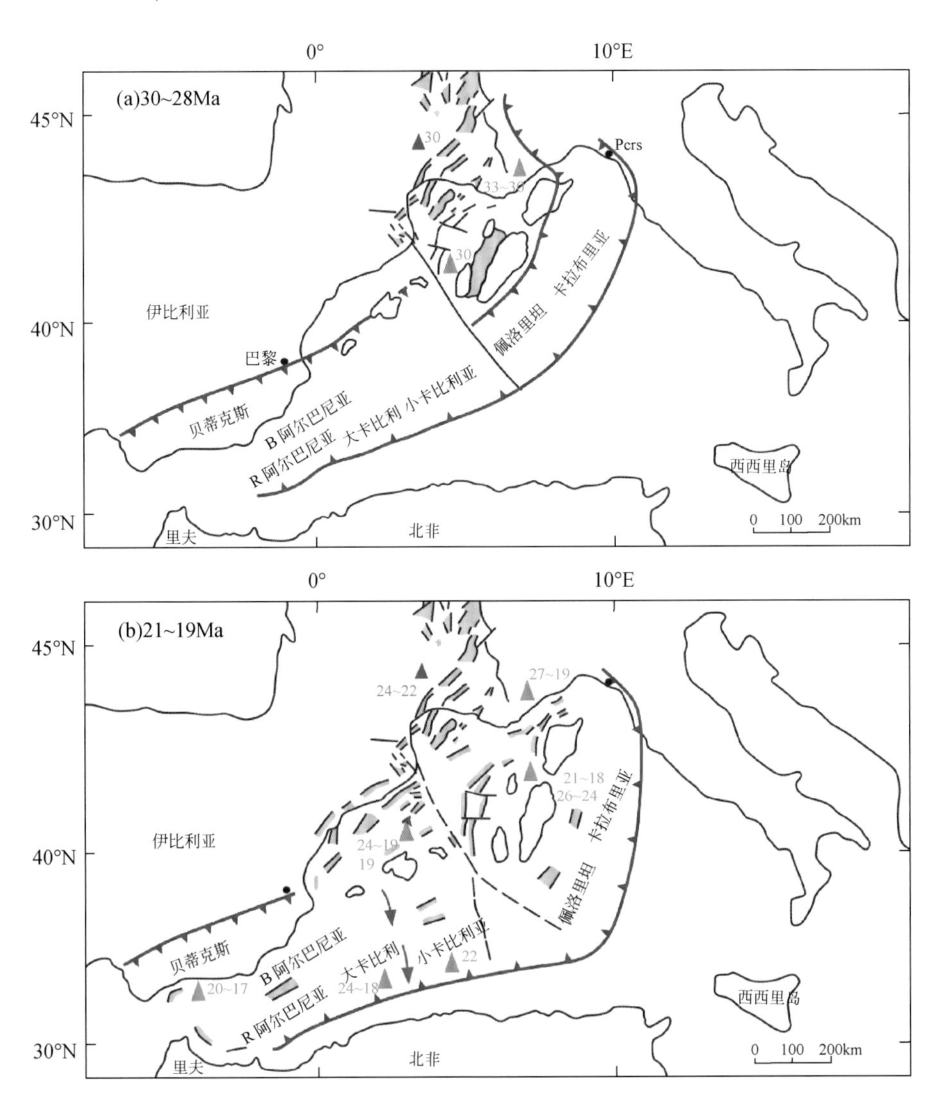

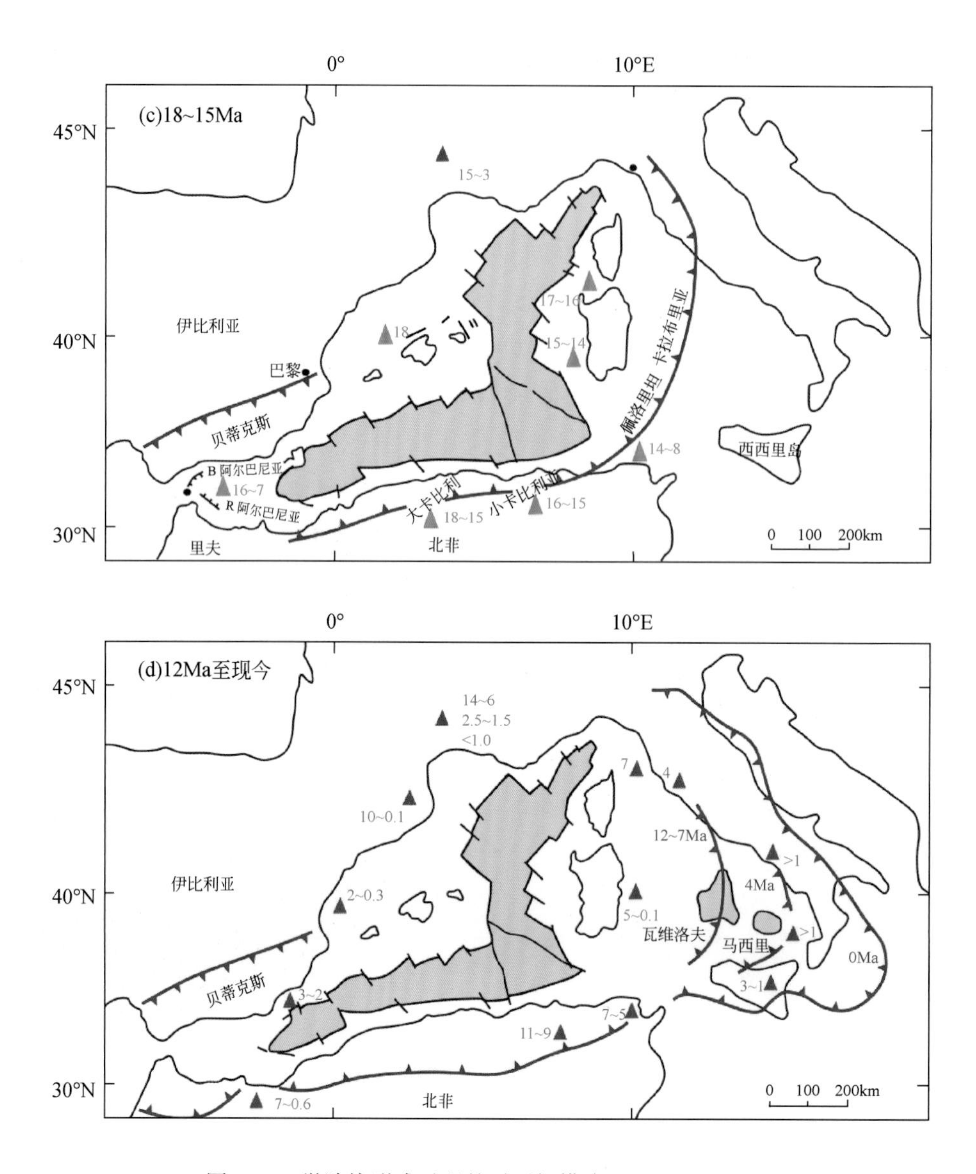

图 4-20 微陆块形成过程的对开门模式（Martin，2006）

（a）30～28Ma 时地中海西部的重建，裂谷盆地（橙色阴影）始于狮子湾。巴利阿里半岛（Balearic Peninsula）和梅诺卡海角（Minorca Promontory），绕 39°N、1°W（PBP）旋转极发生 15°逆时针旋转与西班牙陆缘完全闭合；而科西嘉岛/撒丁岛（Corsica/Sardinia）微陆块相对于利古里亚陆缘，绕 44°N、10°W（PC/S）极点发生 40°顺时针旋转而完全闭合。带深蓝色三角形的线代表重建的俯冲带。绿色为钙碱性火山岩，洋红色为碱性火山岩以及阿尔博兰地体 Betic 和 Rif 部分的火山岩，附近的数字为年龄（单位 Ma）。（b）21～19Ma 的重建。阿尔沃兰（Alborán）地体位于卡比利亚地体的西南。巴利阿里半岛顺时针旋转 15°，为了对称，科西嘉/撒丁岛微陆块也旋转了 15°，逆时针旋转至其布尔迪加尔期早期的位置。裂谷向西南拓展进入瓦伦西亚海槽，向东北拓展进入利古罗-普罗旺斯盆地，但洋壳的广泛增生尚未发生。在巴利阿里半岛南部的卡比利亚和卡拉布利亚地体中形成裂谷，如卡比利亚斯、Peloritan 和卡拉布利亚地体被渐新世—中新世沉积充填所示。阿尔沃兰地体的贝蒂奇里夫地体以及阿尔沃兰盆地南北向伸展的主要阶段发生在 22～18Ma。（c）一旦阿尔及利亚/利古罗-普罗旺斯盆地的洋壳侵位，大卡比利亚和小卡比利亚地体与北非对接，就在 18～15Ma 进行重建。阿尔及利亚盆地洋壳的几何形状以及阿尔沃兰地体中的裂谷，表明阿尔沃兰地体 Rif 部分和卡比利亚（Kabylies）地块相对于阿尔沃兰地体 Betic 部分的旋转极（PAK）应位于直布罗陀（Gibraltar）海峡附近。（d）12Ma 至今，从撒丁岛到卡拉布里亚的俯冲带向东和东南迁移的重建，图中显示了中新世晚期至最近的碱性火山活动，而俯冲带位置是基于钙碱性火山活动确定的其中，包括两个盆地中近平行的磁异常，近平行磁异常为海底扩张等时线；这两个盆地分别为北巴利阿里断裂带西南方向的西部断裂带凹陷、东北方向的东部断裂带凹陷。撒丁岛（Sardinia）西南部NW向海底扩张等时线构成球面三角形区域，该三角形区域内中心（最年轻的?）磁异常进一步朝NW向延伸，与该区域裂谷向西北拓展的模型预测一致，在利古罗-普罗旺斯盆地中，中心连续（更年轻）的磁异常终止在靠近旋转极的变薄陆壳处。后者表明，至少在利古罗-普罗旺斯盆地的洋壳增生发育阶段，裂谷也向北东方向拓展。在Burdigalian/Langhian晚期，沿北非陆缘发生的俯冲板片断离，实际可能为板块撕裂作用的反向拓展。由此产生的菱形板片断离，在时空上，与阿尔及利亚/利古罗普罗旺斯盆地的菱形形态存在密切的相关性（Martin，2006）。这种构造被称为对开门模式（图4-20、图4-21），也可以很好地解释日本海盆的打开以及东、西冈瓦纳古陆及古地中海一些弧后盆地的裂解（图4-22）。

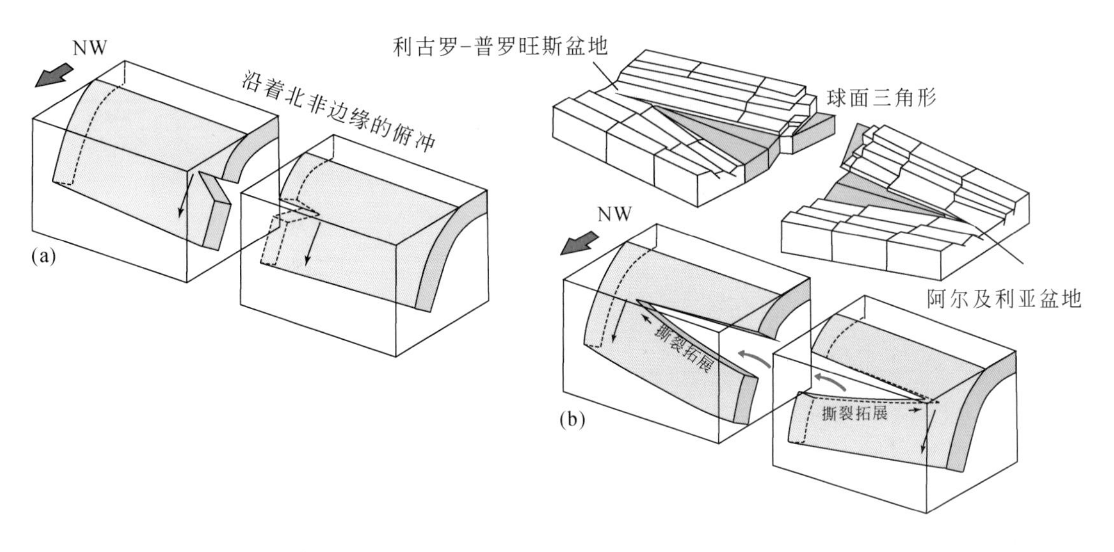

图4-21　对开门模式形成微幔块的过程（Martin，2006）

（a）改自Wortel和Spakman（2000）的板片脱离（slab detachment）模型。与仅在一个方向上延拓的撕裂相反，这里设想从中心位置开始撕裂，然后撕裂在两个方向上拓展。该场景基于现有重建，假设18～15Ma北非海岸的板片断离，而中新世晚期之前板片一直附着在贝蒂奇里夫（Betic Rif）岛弧下，并且可能仍然附着在卡拉布里亚岛弧下。（b）更极端情况下，其中俯冲板片的菱形间隙随着撕裂拓展进行而变宽。图中还显示了21～18Ma、19～16Ma或21～15Ma上覆板块中裂谷反向拓展形成的菱形洋盆。板块拉力和俯冲回卷力集中在板片仍然附着的部分（黑色箭头）。这意味着，在没有施加板片拉力的情况下，板片间隙会慢慢变宽。红色箭头表示软流圈上升流

斜向俯冲或碰撞也经常导致微陆块发生旋转。巴布亚新几内亚（PNG）的构造史包括中生代至现今复杂的岛弧和澳大利亚大陆碰撞、俯冲、微板块旋转、大陆裂谷和海底扩张过程。基于中新世晚期至最近形成的400km长的艾于勒-莫尔兹比（Aure Moresby）褶皱冲断带及其继承性艾于勒-莫尔兹比前陆盆地研究揭示，艾于勒-莫尔兹比前陆盆地主要位于巴布亚湾东部海域。基于该盆地油气勘探资料的解释，其变形事件和前陆盆地形成是伍德拉克（Woodlark）微板块于中新世晚期到现

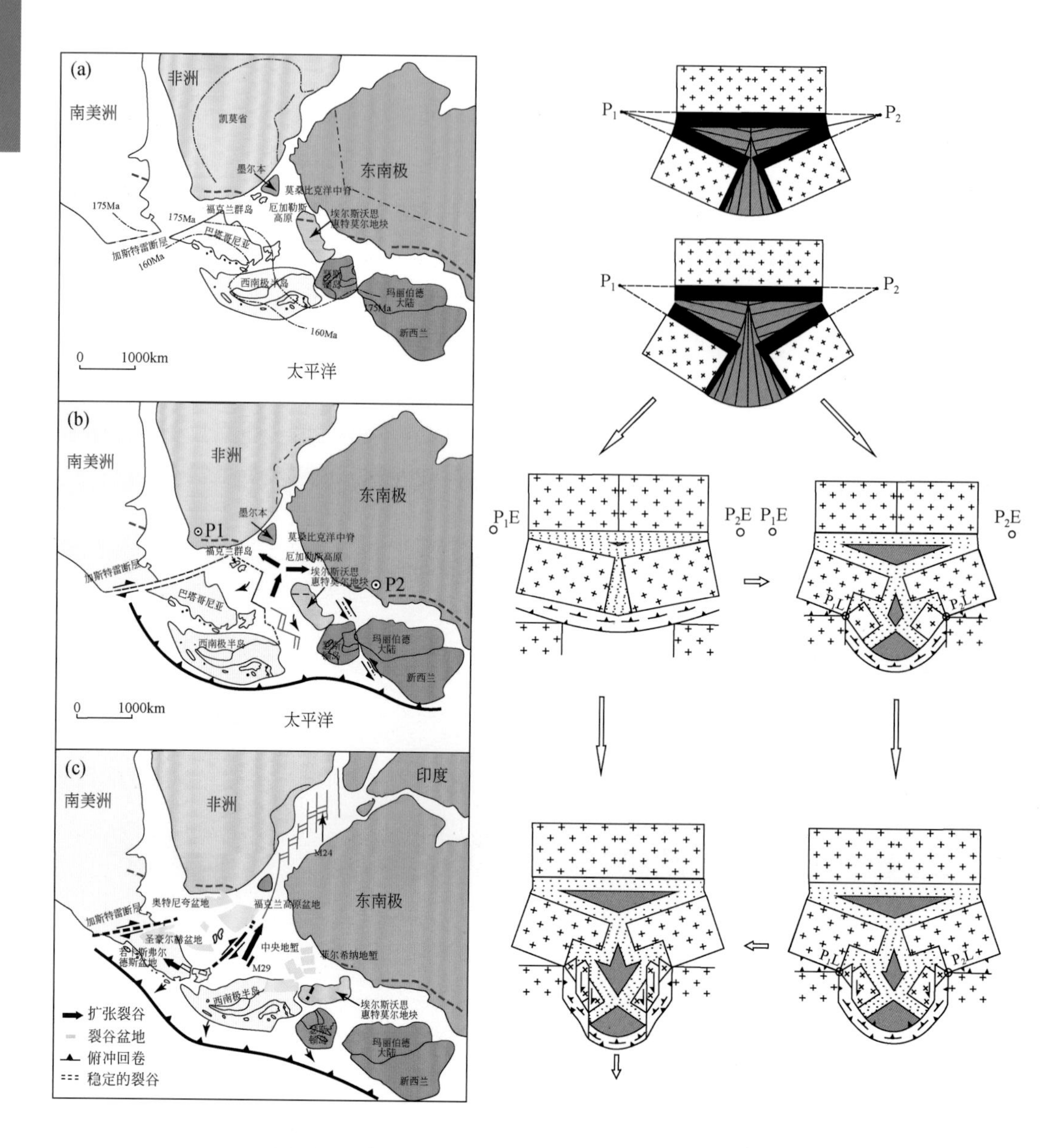

图 4-22　东西冈瓦纳古陆裂解产生微陆块群的（左图）

对开门式模式（右图据 Martin，2006）

（a）裂解前（190Ma 前）冈瓦纳古陆的重建表明，将南美洲文本纳山脉（Sierra de la Ventana）、南非开普褶皱带（Cape Fold Belt）并穿过福克兰群岛（Falkland Islands）的二叠纪—三叠纪褶皱冲断带（粗深蓝色虚线）在它们的位置旋转，并将埃尔斯沃斯-怀特莫尔地体（Ellsworth- Whitmore）在其位置旋转，对齐跨南极洲山脉（TransAntarctic Mountains）、南极洲西部半岛（West Antarctic Peninsula）和瑟斯顿岛（Thurston Island）的位置。巴塔哥尼亚南部（Patagonia）沿加斯特雷断层（Gastre Fault）向东位移至其冈瓦纳古陆裂解前的位置。南极洲东部靠近莱邦博火山线（Lebombo）和莫里斯尤因浅滩（Maurice Ewing Bank）东南面。难以约束的是厄加勒斯高原（Agulhas Plateau）和莫桑比克南部洋脊（Mozambique Ridge）古位置。点划线勾勒出非洲卡鲁大火成岩省，延伸至南极洲东部的毛德皇后地（Dronning Maud Land）和南极洲东部的费勒（Ferrar）省。冈瓦纳古陆西南部 175Ma 和 160Ma 的点划线将 Chon-Aike 大火成岩省的三个分区（188～178Ma、172～162Ma 和 157～153Ma）分开，并表明火山活动随时间向太平洋迁移。（b）190～175Ma 重建及模式。（c）150～134Ma 重建及模式今逆时针旋转的结果，伍德拉克微板块是巴布亚新几内亚东南部至新不列颠海沟 355 000km^{2}的主要海底区域（图4-23），该区的压扭变形与南部伸展陆缘、伍德拉克盆地、微板块北部正俯冲的陆缘和新不列颠海沟之间存在区域相关性（图4-23）。为约束伍德拉克微板块西部陆缘压扭区的年代学和运动学，利用GPS和石油探井相关的地震反射数据进行建模，与巴布亚新几内亚东南部的前期工作相结合，结果表明，艾于勒–莫尔兹比褶皱冲断带和艾于勒–莫尔兹比前陆盆地位于巴布亚新几内亚的巴布亚湾东部，它们形成于中新世晚期，是355 000km^{2}伍德拉克微板块大规模逆时针旋转的结果。对旋转的伍德拉克微板块西缘的挤压构造、地层学和变形年龄研究表明，中新世晚期艾于勒–莫尔兹比褶皱–冲断带是一条400km长的北西走向褶皱带，出露于巴布亚新几内亚，倾向南东，其连续褶皱和倾向北东的逆冲可通过层析成像追踪到250km以深。沿巴布亚半岛西南海岸和近海地区的艾于勒–莫尔兹比褶

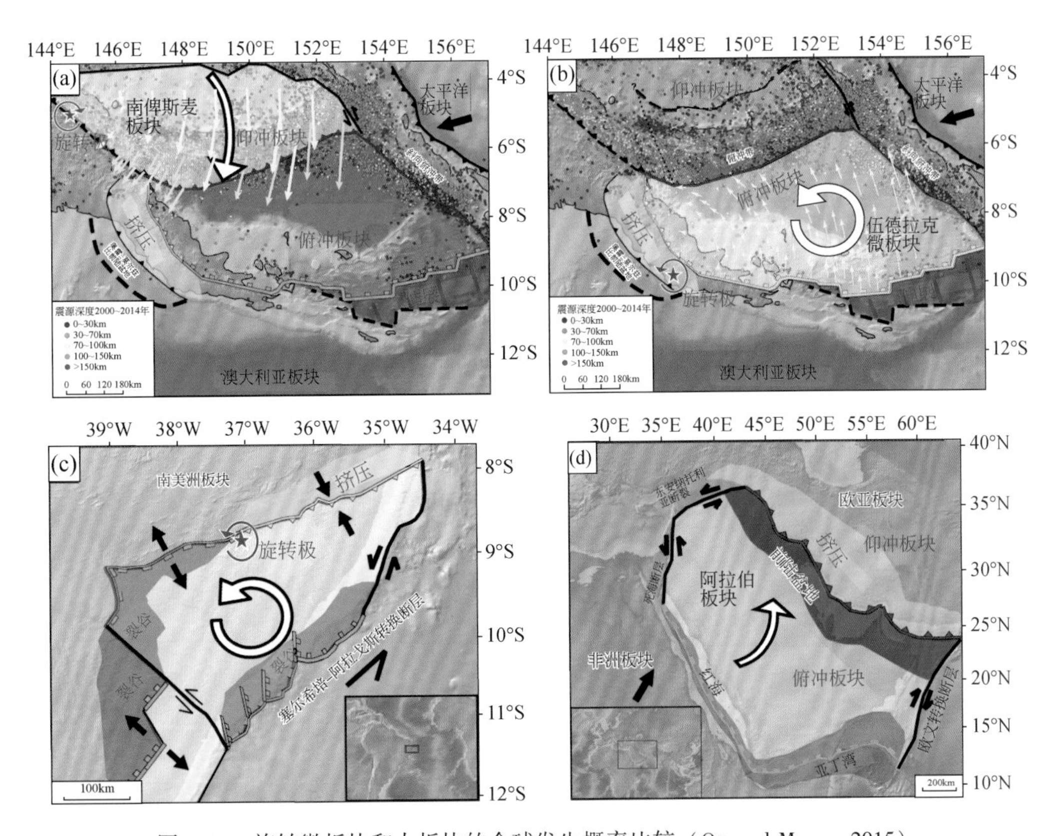

图4-23　旋转微板块和大板块的全球发生概率比较（Ott and Mann，2015）

（a）300 000km^2 的北俾斯麦（Bismarck）微板块围绕霍恩（Huon）半岛附近旋转极的活动顺时针旋转以及模拟速度场。注意，这里的微板块旋转是一个上部或前弧板块，推测受霍恩半岛上约300km宽的碰撞接触带驱动；驱动力被设想为在新不列颠岛弧和霍恩半岛之间的局部碰撞点处的旋转力。AMFB，艾于勒–莫尔兹比（Aure-Moresby）前陆盆地。（b）伍德拉克微板块的活动逆时针旋转可能是由新不列颠海沟的板拉力驱动的，图中标注了旋转极和模拟速度场。注意，355 000km^2 的伍德拉克微板块形成了新不列颠弧下方俯冲板片；驱动力可能为沿700km长新不列颠北部海沟的板拉力（俯冲的新不列颠板片超过600km长）。（c）巴西东部115 000km^2 的塞尔希培（Sergipe）古微板块，在南大西洋白垩纪裂谷作用期间形成并发生旋转。这种微板块是由斜向裂谷作用产生的边缘驱动力（edge-driven forces）驱动的。（d）4 500 000km^2 的阿拉伯板块主动逆时针旋转，推测是由欧亚板块下方非洲岩石圈沿阿拉伯板块东北缘的板拉力和回卷作用驱动的。这些力沿着红海和亚丁湾板块西南缘驱动了活跃的裂谷作用和海底扩张，并沿着板块西北缘和东南缘驱动走滑运动

皱冲断带的弧形走向，与邻近近海艾于勒–莫尔兹比前陆盆地的形状以及沿巴布亚半岛中心欧文–斯坦利（Owen Stanley）左旋断裂带（OSFZ）压扭段的走向相平行。随着 OSFZ 在 148°E 以东变得更具张性，沿半岛南部海岸的艾于勒–莫尔兹比褶皱冲断带的褶皱变得不那么明显，相邻艾于勒–莫尔兹比前陆盆地过渡为无变形的新生代被动陆缘环境。这些与沿艾于勒–莫尔兹比褶皱冲断带汇聚和左旋向变形的观测结果一致：①从区域 GPS 研究中已知的伍德拉克微板块的逆时针旋转；②中新世晚期伍德拉克盆地南缘的同期打开；③沿其北缘的新不列颠海沟快速俯冲。因此，伍德拉克微板块的旋转运动学是由主动俯冲的微板块北缘板拉力所驱动。

（4）碰撞带挤出诱发的微陆块旋转

在特提斯构造带，自西向东，由于非洲板块、阿拉伯板块、印度板块分别与欧亚板块碰撞，常见挤出和旋转的微陆块。例如，土耳其安纳托利亚微陆块的逃逸和旋转、伊朗卢特（Lut）等微陆块的挤出与旋转（图 4-24）和青藏高原内部及周边一些微陆块的挤出与旋转（图 4-25、图 4-26）。

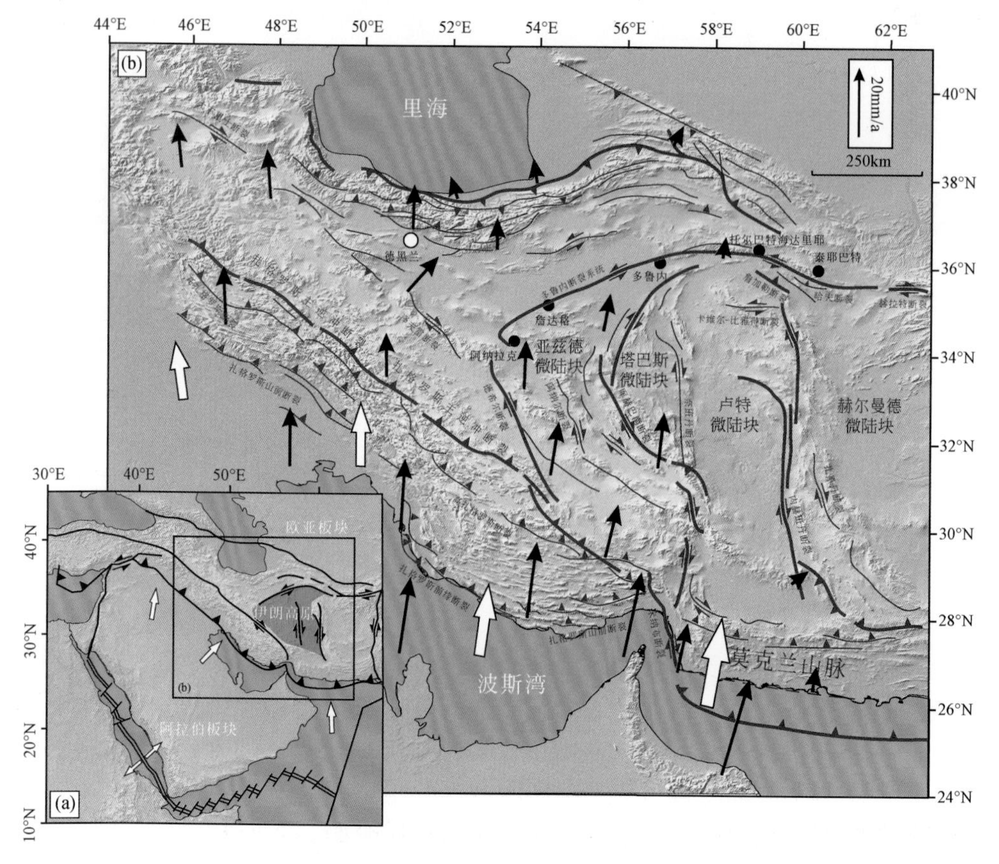

图 4-24　伊朗板块内部一系列镶嵌式微陆块在阿拉伯板块和欧亚板块碰撞时的旋转过程

白色空箭头为板块总体运动方向，黑色箭头为 GPS 速度场，红色构造线分别为逆断层（带锯齿线）和走滑断层

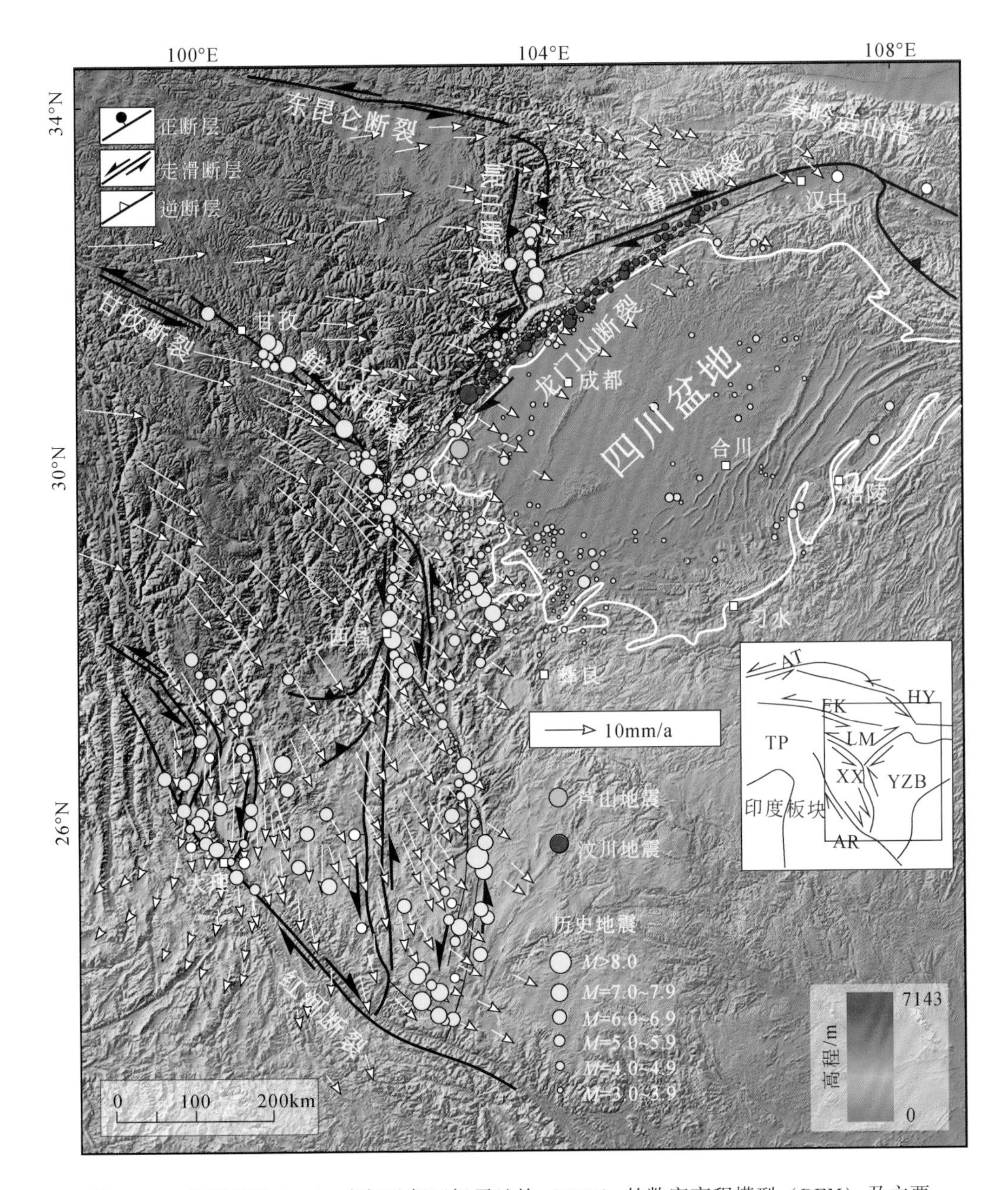

图 4-25　青藏高原（TP）东部及邻区扬子地块（YZB）的数字高程模型（DEM）及主要活动构造（Wang E et al.，2014）

白色箭头是 GPS 测量值。历史地震数据标注为不同颜色和大小的圆圈。XX，鲜水河-小江断裂；AR，哀牢山-红河剪切带；LM，龙门山断裂带；EK，东昆仑断裂；AT，阿尔金断裂；HY，海原断裂

青藏高原现今的横向运动被三条主要的左旋走滑断层划分为三个区域：北部区域沿阿尔金断裂北东向移动，中部高原区域沿东昆仑断裂东向移动，东南区域沿鲜水河-小江断层向东南移动（图 4-25）。GPS 和地震资料表明，青藏高原东南缘具有构造和地震活动性。这种活动是由于川滇地块（碰生型微陆块）向东南挤压造

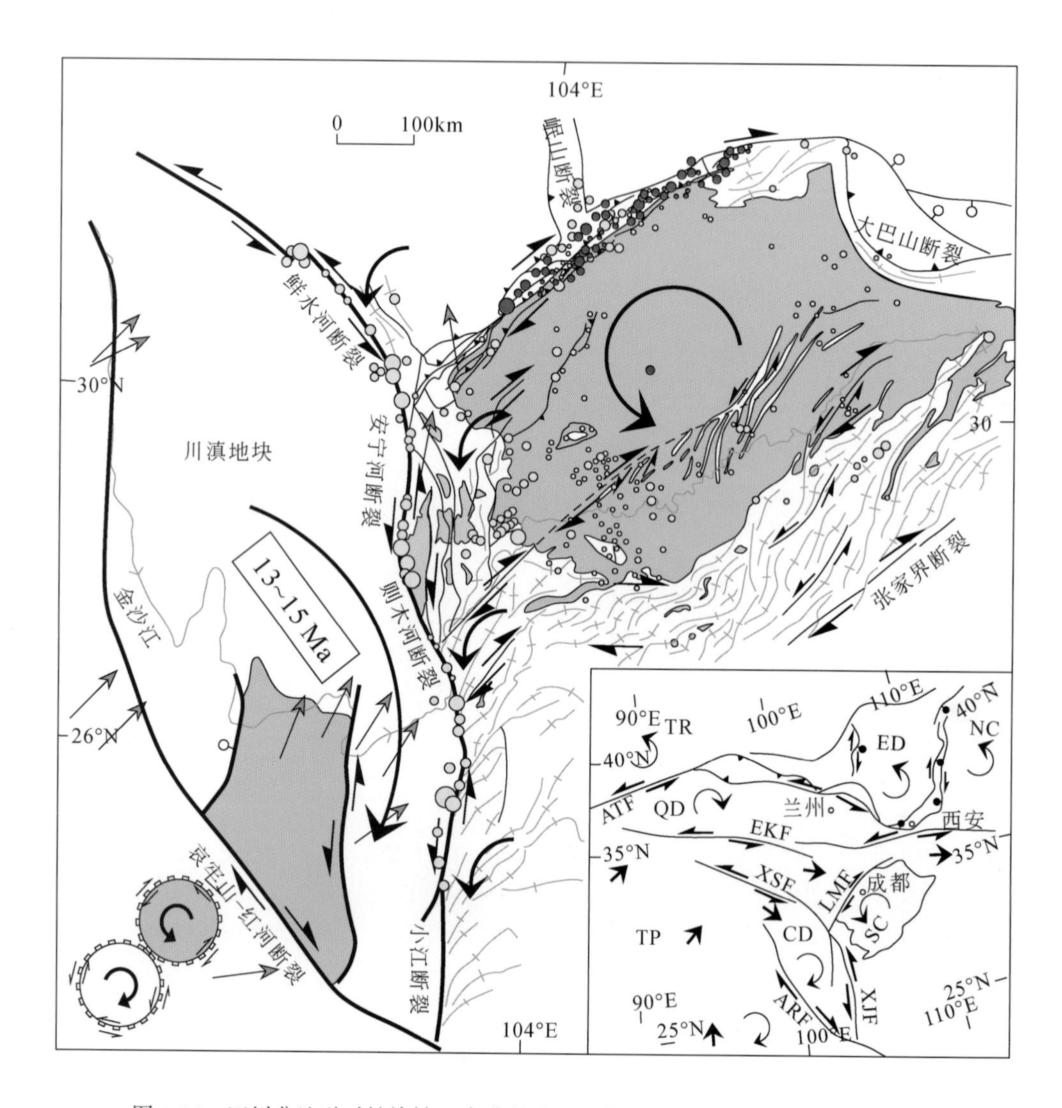

图 4-26 四川盆地逆时针旋转（弯曲箭头）的构造模型（Wang E et al., 2014）

响应川滇地块沿鲜水河–小江断裂向南挤压，四川盆地逆时针旋转。四川盆地周围和盆地内震中分布是旋转应变的进一步证据。齿轮（左下角）显示了川滇地块和四川盆地之间的动态耦合运动。粉红色箭头代表白垩纪岩石的磁偏角。地震符号见图 4-25（汶川地震及其余震以红圈表示）。插图显示了青藏高原内部和周围的旋转运动：ED，鄂尔多斯地块；NC，华北地块；QD，柴达木盆地；TP，青藏高原；TR，塔里木盆地；ATF，阿尔金断裂；EKF，东昆仑断裂；SC，四川盆地；CD，川滇地块

成的，川滇地块是一个围绕喜马拉雅山脉东北构造结顺时针旋转的大型地壳块体。该地块的东部边界断裂为鲜水河–小江断裂的左旋断裂，截断了扬子地块的四川盆地。地质证据表明，四川盆地沿其边缘，包括龙门山断裂带，经历了右旋剪切，表现为大量的叠加变形特征，包括 S 形和 Z 形褶皱及断层，呈雁列式排列。假设四川盆地在鲜水河断裂带左旋运动的牵引下经历逆时针旋转，这种压扭旋转正是 2008 年 5 · 12 汶川大地震的根本原因（Wang E et al., 2014）。在旋转过程中，四

川盆地内沿着一条三叠纪含石膏和含煤岩层发育的近水平滑脱层解耦，平均深度约5000m，在该滑脱层之下，古生代岩石经历了比上覆中生代岩石更强烈的变形，表明盆地下部相对于盆地上部经历了更大规模的旋转（图4-26）。根据四川盆地西缘和鲜水河断裂沿线的热年代学数据，四川盆地的逆时针弯曲/旋转应始于新生代晚期（~13Ma）。

（5）地幔内拆沉诱发的微幔块旋转

潘诺尼亚（Pannonian）盆地位于中欧东部，是阿尔卑斯造山系的一部分。阿尔卑斯山脉、喀尔巴阡（Carpathian）和狄那里克（Dinaric）山脉环绕着这个新近纪—第四纪伸展盆地。广阔的地中海地区（图4-27）是欧亚板块和非洲板块之间的一个广泛交汇区。由于两个大板块之间复杂的运动学特征，自大西洋打开以来，该地区具有多期变形历史，这些变形主导控制了整个阿尔卑斯造山带的形成。

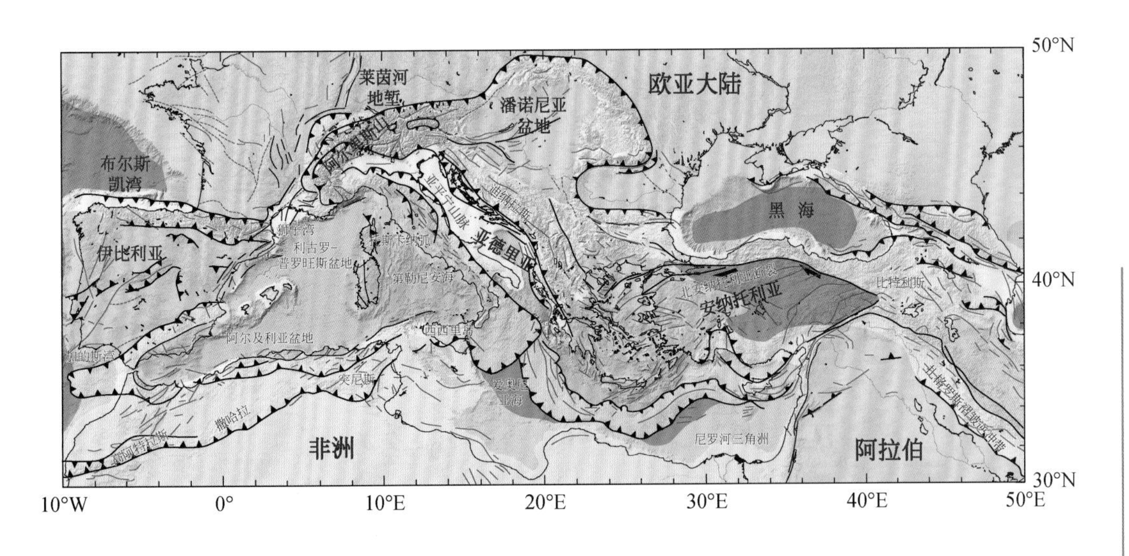

图4-27　地中海及邻区的微板块构造背景（Feccenna et al., 2014）

地中海及邻区微板块的一个显著特征是：整体挤压环境下，大量伸展盆地叠加在前期造山带内的微陆块或地体上，并与造山带内部块体的平移和造山带弯曲有关（图4-28）。从西向东，这些盆地依次是阿尔沃兰（Alboran）盆地、利古里亚（Ligurian）盆地、第勒尼安（Tyrrhenian）盆地、潘诺尼亚（Pannonian）盆地和爱琴海（Aegean）盆地［图4-28（a）］。尽管它们的形成年龄、深层结构和构造，表现出显著差异，但在其形成和演化过程中，表现出几个共同特征。例如，一种普遍特性就是：它们都曾经或仍然位于活跃的俯冲带附近。其他重要的地球动力学过程包括：重力不稳定造山楔的伸展垮塌和内部地体（微陆块）的侧向逃逸和旋转（图4-29）。地中海同时发生了平行造山带的伸展和垂直造山带的挤压，伸展塌陷与挤出过程相互关联，它们发生在构造逃逸期间，就像阿尔卑斯-喜马拉雅山脉带的亚洲段一样。这意味着挤压不是一个连贯块体的横向位移（平移），而是发生了强烈的内部变形。根据挤压地体（碰撞型微陆块）的流变分层，这些变形涉及脆性断层作用和韧性流动作用。

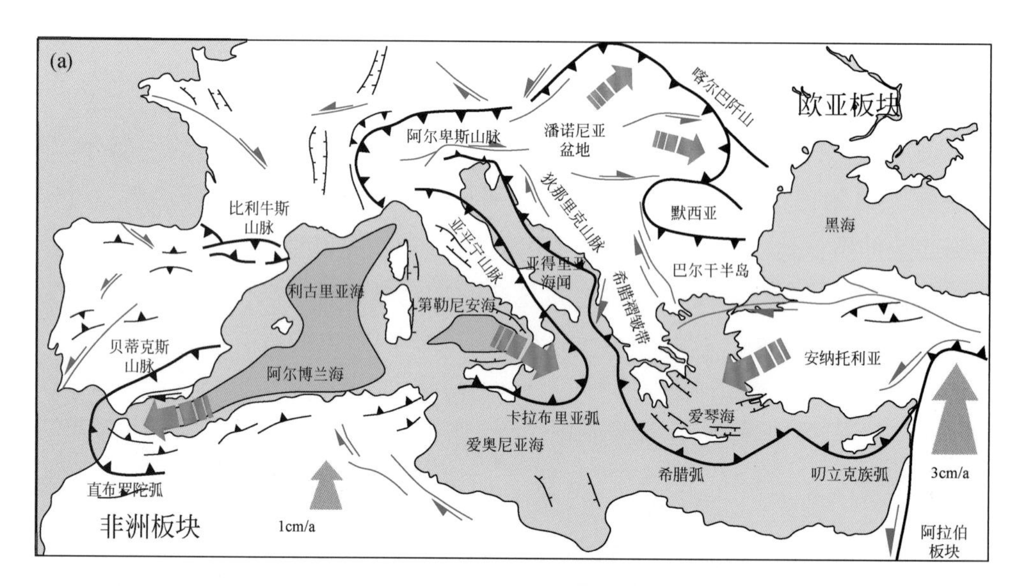

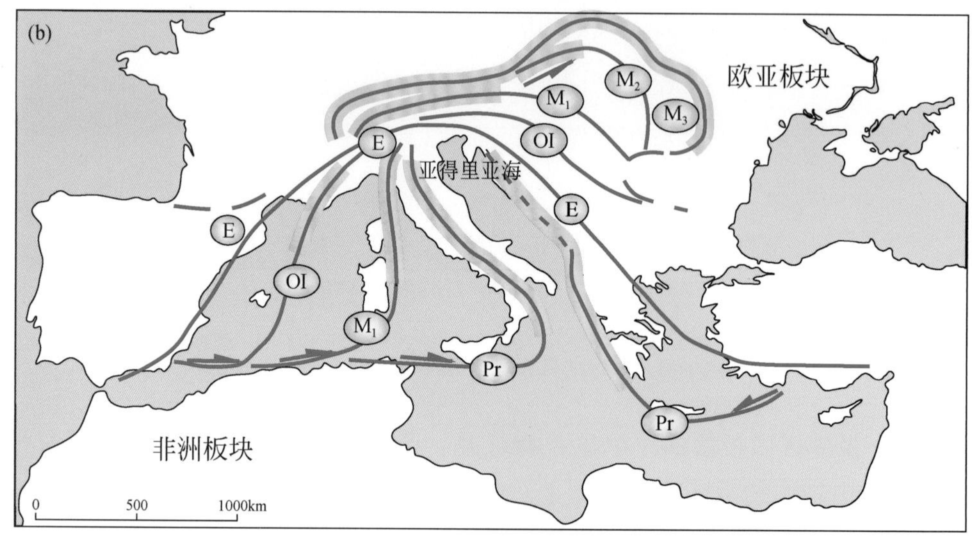

图 4-28　地中海及邻区现今构造和新生代晚期构造特征［（a）Horvath et al.，2006）］及新生代动力学演化模型［（b）Wortel and Spakman，2000］

俯冲带上覆板块经历了刚体旋转、平移和伸展，形成了一组弧后盆地。深色阴影表示洋壳。实线表示活动俯冲区域；粗灰色线表示在给定的时间间隔内已经发生板片拆离（slab detachment）的区域。E，始新世；OI，渐新世；M_1，早中新世；M_2，中新世中期；M_3，中新世晚期；Pr，现今

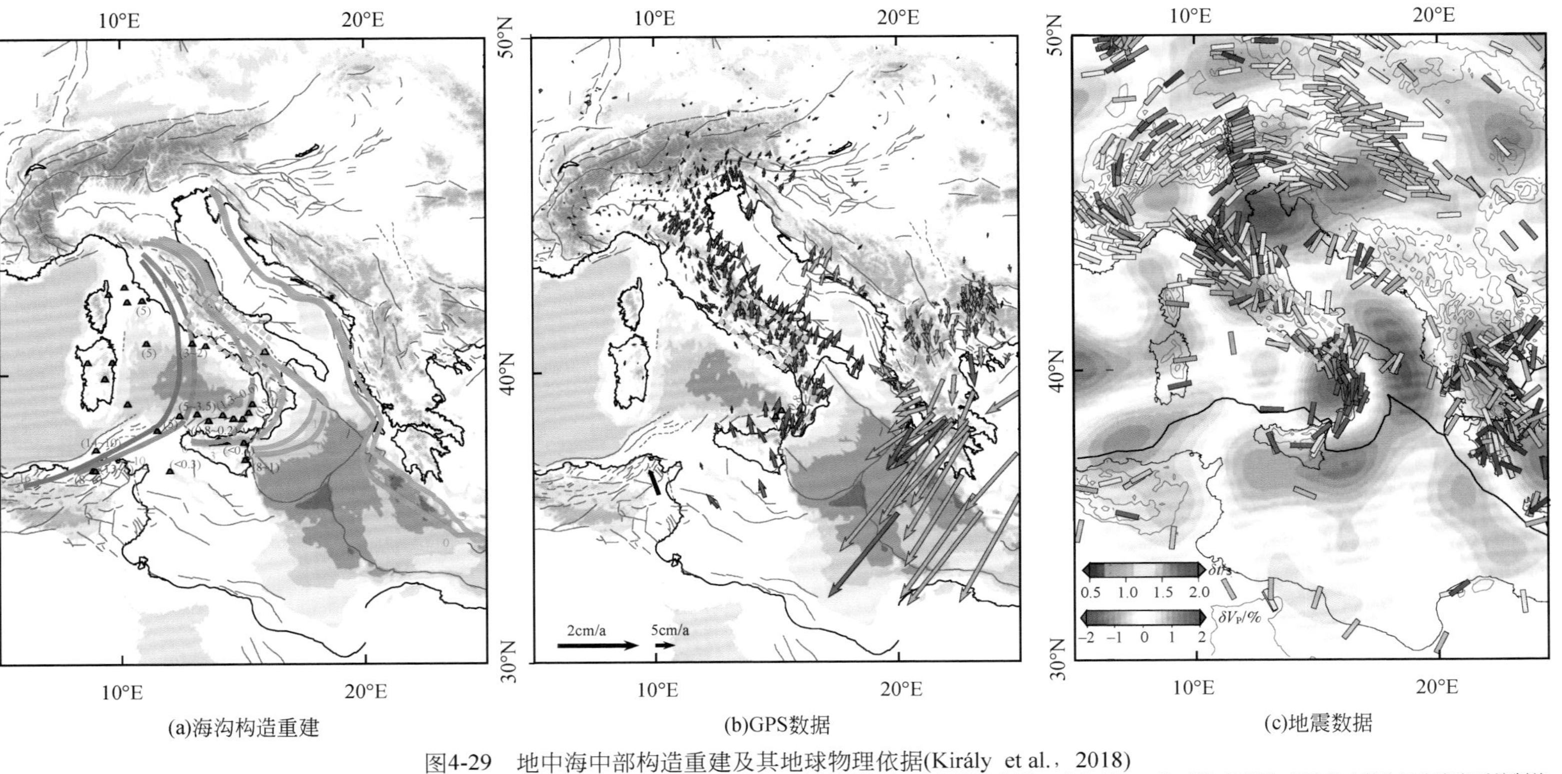

(a)海沟构造重建

(b)GPS数据

(c)地震数据

图4-29　地中海中部构造重建及其地球物理依据(Király et al., 2018)

根据Faccenna等（2014）的构造重建，绿线显示了从16Ma以来亚平宁（Apenninic）一侧和从3Ma以来狄那里克一侧的海沟位置。（b）是Serpelloni等（2013）以欧亚大陆为固定参考系编制的大地测量水平速度。（c）上地幔顶部的地震层析成像叠合了剪切波分裂产生的方位各向异性，叠加了Faccenna等（2014）汇编的SKS波分裂的测量结果，并用Subašić等（2017）的数据进行了补充。线段方向为快速轴的方向，而其颜色代表延迟时间。在底图上，也表示了区域P波层析成像的平滑模型（Piromallo and Morelli，2003），即速度异常为100~400km深度范围内的平均值。进一步的层析成像数据，如横剖面，可以参考Piromallo和Morelli（2003）以及Šumanovac等（2017）。在每个面板中，蓝色虚线框显示了板片窗的最近位置（Király et al.，2018）

Wortel 和 Spakman（2000）在总结三维地震层析成像数据的基础上，为地中海地区新生代的演化提供了新的深部约束条件（图 4-30），并为解释弧后盆地的形成和变形做出了贡献。层析成像图像清楚地揭示出：弧后盆地下方隆起的软流圈物质和岩石圈板片俯冲到这些岩石圈坳陷下方。俯冲板片的几何形状尤其重要，在地中海地区差异显著。沿着希腊岛弧，一个连续板片向下插入到了 1000 多千米的下地幔深处，正好位于爱琴海盆地下方，只有在这个长板片上部的 200km 区域显示出地震

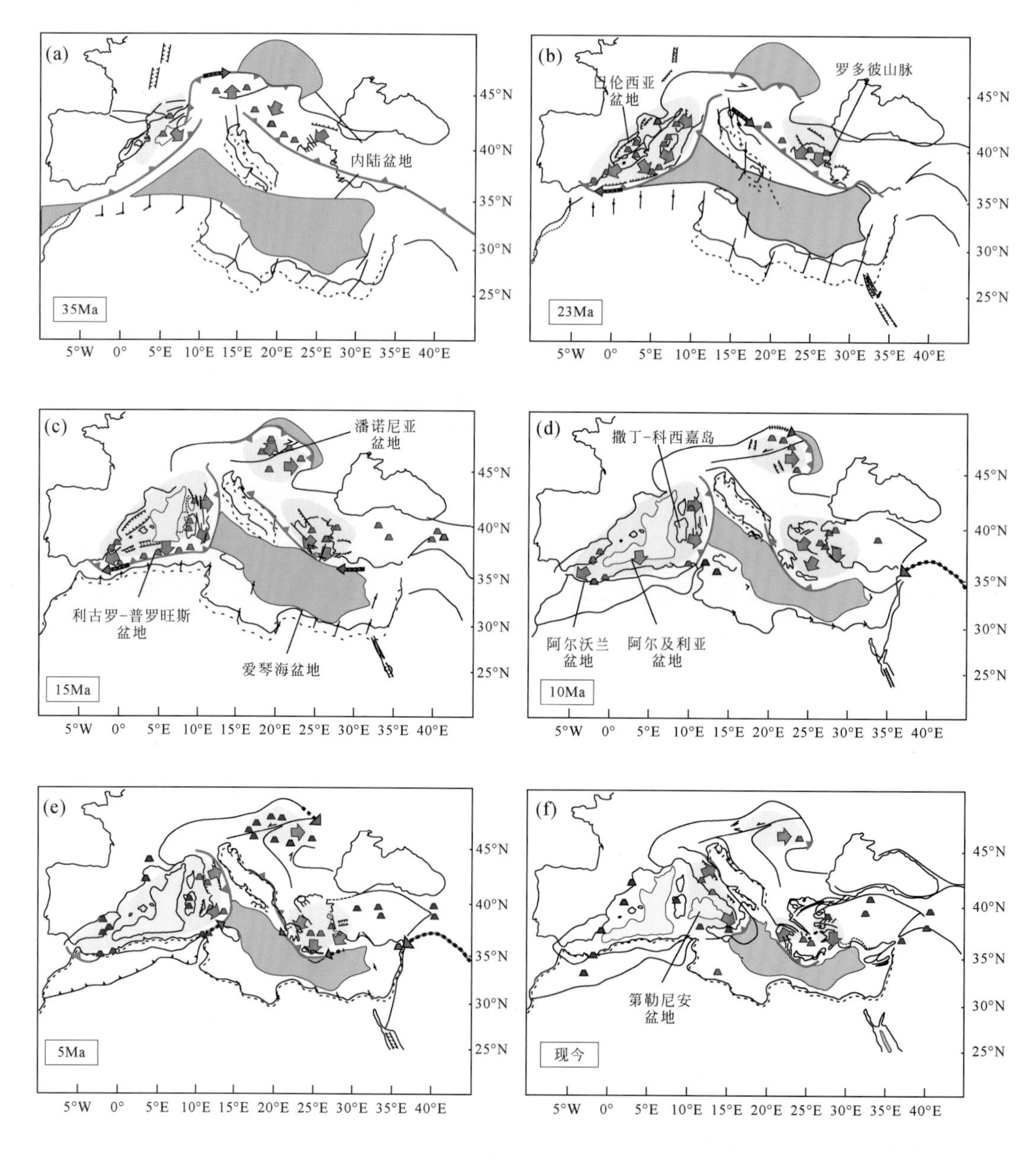

图 4-30 地中海地区构造演化的五阶段模式（Feccenna et al.，2014）

红线为活动俯冲带，红色和蓝色火山口分别表示钙碱性和非造山型火山，黄色区为伸展区，箭头指示伸展方向

活动。在其他地方，板片从俯冲带向弧后盆地内部倾斜，然后在 410～660km 的地震不连续面之间堆垛（图 4-31）。这种几何形状与渐进的俯冲板片后退、岛弧后撤和微陆块旋转与挤出完全一致。

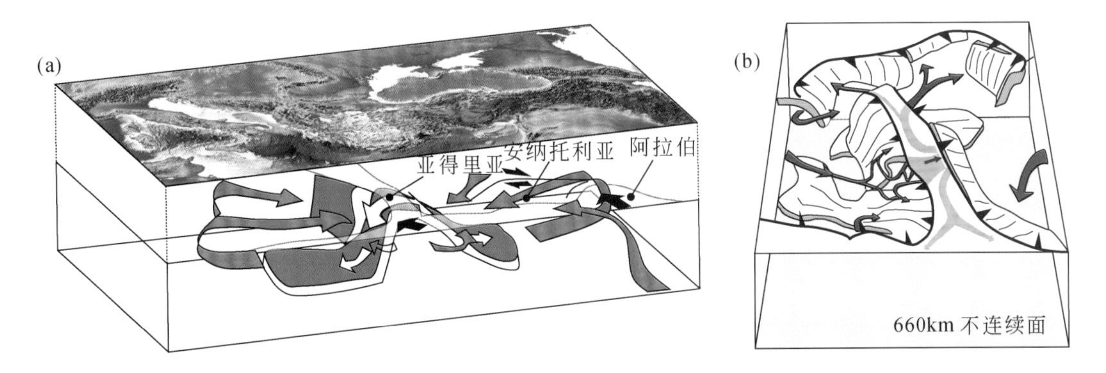

图 4-31　地中海中段的层析成像和 SKS 数据所揭示的微幔块（左据 Faccenna et al., 2014；右据 Király et al., 2018）

红色或黄色箭头表示解释的地幔流流向，一些俯冲板片在复杂地幔流场中即将脱落为洋幔型微幔块

在活动俯冲带中，板片在浅表似乎更加连续；而在非活动俯冲区中，断离的俯冲板片残余在上地幔中。当厚而高浮力的大陆岩石圈进入海沟时，在板片自身的重力作用下，板片断离作用持续发生；当大陆岩石圈的浮力与已俯冲大洋岩石圈施加的下行力相等时，俯冲过程就会终止。板片拆离作用的横向迁移导致集中在岛弧的张力连续衰减，这经常导致沟–弧系统逐渐加速后撤。该过程导致了地中海渐新世至近代岛弧的迁移和弯曲以及弧后盆地的形成，并形成了 Betics Rif、Calabrields-Apennines 和 Hellenides 的弧形造山链（Faccenna et al., 2014），即弯山构造。渐新世的喀尔巴阡山弧和潘诺尼亚盆地形成于类似的构造背景下。由于欧洲前陆可俯冲岩石圈的完全消耗，该盆地已迅速进入成熟演化阶段，伸展作用已结束。因此，与其他地中海弧后盆地不同，自上新世晚期以来，潘诺尼亚盆地系统的应力场从伸展到挤压的转变和正反转构造作用一直在持续进行中。

地中海为研究复杂活动带内构造变形、微板块聚散的驱动力，提供了一个天然的实验室（图 4-27）。在这里，岩石圈动力学受到两个缓慢移动的大板块碰撞和板片回卷的影响，迫使大陆和大洋岩石圈碎片（微陆块和微洋块）之间发生相互作用。该相互作用可通过不断丰富且完善的地质重建、大地测量数据以及地震层析成像的地壳和上地幔非均质性加以约束。地表变形机制和定量化过程也可通过地球动力学数值模型模拟，以阐明地幔对流对地表地质地形的作用。研究表明，该区存在两个几乎对称的上地幔对流单元。下降流以地中海为中心，与第勒尼安（Tyrrhenian）板片和希腊（Hellenic）板片的沉降有关。在板块汇聚期间，这些板片相对于上层欧亚板块向后迁移，导致软流圈从弧后区域向俯冲带回流。这种流动可以影响到远距俯冲带的地方，目前表现为安纳托利亚（Anatolia）和伊比利亚（Iberia）东部下方存在的两股上升流。该对流系统解释了地中海地震各向异性的整体模式、安纳托利亚和亚得里亚（Adria）微板块的一阶运动学特征，以及安纳托利亚、伊比利亚东部等几乎无变形地区的高海拔地貌。简言之，地中海的例子阐明了上地幔小尺度对流如何导致特提斯碰撞带最西端的板内变形和复杂板块边界的重新配置。

第5章 微板块动力学

5.1 微板块生消的环境多样性

(1) 微板块生消与板块旋回

板块旋回不等同于老或新的威尔逊旋回。老威尔逊旋回是针对一个盆地演化旋回而言，即大陆板块首先伸展裂解形成一个裂谷盆地（东非裂谷阶段），随后持续裂解形成小洋盆（红海-亚丁湾阶段），之后假设初始洋壳形成后这个扩张过程不中断，小洋盆进而长大成为大洋盆（大西洋阶段），这三个过程为威尔逊旋回的扩张阶段。后续还有三个阶段，即威尔逊旋回的萎缩阶段，依次为俯冲消减阶段（太平洋阶段）、残留洋阶段（地中海阶段），最终陆-陆碰撞、洋盆彻底消失，形成缝合线（喜马拉雅阶段）（图1-26）。因为“陆-陆碰撞”阶段的两个大陆板块常常不再是最初裂谷阶段裂谷两侧的那两个大陆板块，因此，后人很多“老威尔逊旋回”的6个阶段并不属于一个特定盆地演化或两个特定大陆板块之间相互作用的旋回，而是全球多个不同类型盆地演化过程的拼凑或综合，不能用来讨论某个区域的构造演化旋回。按照系统论中的旋回，这是不符合某个特定盆地旋回过程的，只能算是演化过程的理想旋回。新威尔逊旋回只是将最后一个阶段扩充为3个阶段，变成了8阶段旋回，即补充了克拉通化、岩石圈破坏两个过程，最后再次进入裂谷阶段（图1-27）。新威尔逊旋回似乎合理，但实际上最后这个阶段的大陆裂解也不是前一个旋回的那个大陆裂解，严格来说不符合系统论中作用对象不变的“旋回”。

在地质事实中，常见一个个微陆块（群）分批次单向裂离母体大陆板块的现象，如特提斯洋中的匈奴（Hunic）、基梅里（Cimmerian）等微陆块群，依次裂离冈瓦纳古陆北缘，向北漂移并与劳亚古陆拼合（图5-1）。如果这些微陆块群再依次从劳亚古陆裂离，向南汇聚到冈瓦纳古陆，这才是真正意义上的旋回。

板块或微板块旋回的概念则与此不同。从平面格局演替上分析，一个微板块从萌芽诞生到发展壮大为大板块，之后这个大板块可再次破碎为多个微板块。对这个起始的特定（微）板块演化史来说，这是符合数学或物理意义上的（微）板块旋

(a)早志留世时期(435Ma)

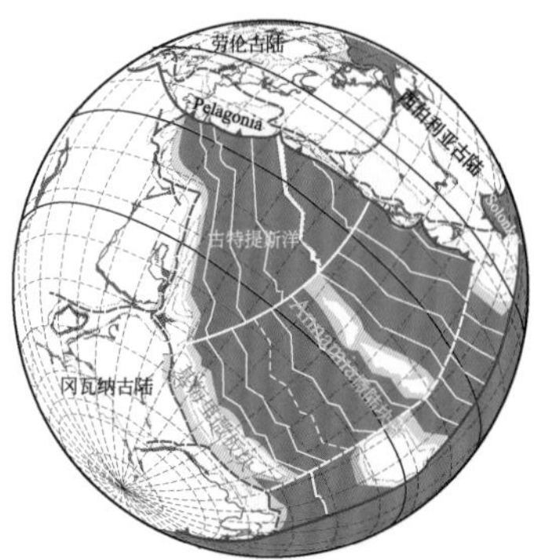

(b)石炭纪—二叠纪时期(290Ma)

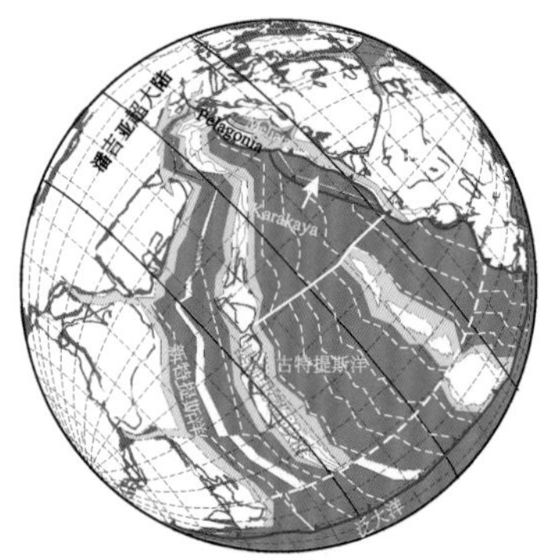

(c)二叠纪—三叠纪时期(248Ma)

图 5-1　古生代期间冈瓦纳古陆北缘不同阶段裂解形成过大量微板块（Stampfli et al.，2013）

回，其生消是一个演化回路。但是，在这个回路中，数量上，从开始的一个微板块到结束的多个微板块，不符合系统论中严格的“旋回”；在对象上，最终的多个微板块都可能不包括开始的那个微板块，这也不符合系统论中严格的“旋回”概念。

从垂向演化路径上分析，以一个微洋块为例，一个微洋块可以长大为大洋型大板块，这个大洋型大板块进入俯冲带前，会不断缩小为多个或一个微洋块（甚至是原始的那个）。特别是，在外缘隆起带，镶嵌有这些或这个微洋块的大洋型大板块再次发生破碎，进入俯冲带发生香肠化，并断离为一系列微幔块。这些微幔块进而随着地幔流发生多路径横向迁移，部分可迁移到其他洋中脊下方发生减压熔融，最终转换为新的岩浆进入洋中脊就位，其物质组成构成了新的微洋块。在这个演化路径中，虽然微洋块实体没有在几何学上保持稳定，甚至转变为微幔块，但这正如一个盆地演化过程中其盆地类型不断演变，“微板块”身份类型发生了转换，但从组成的物质循环路径上确实构成了一个演化旋回或闭环。这里称这个旋回为微板块旋回。因此，微板块构造理论框架下，微板块旋回是超越岩石圈层次的过程。

此外，传统板块构造体制下，微板块—板块—地体可以发生复杂的转化，这种单向构造演化过程不构成回路，这里将这个单向有规律演化的构造过程序列称为微板块演化路径。微板块演化阶段不一定是相邻大板块的边缘演化部分或组成部分，甚至这个地体（微板块的演化结果）和当下其相邻的大板块可能还没有共同的运动、演化历史，所以不能简单当作该大板块的边缘组成部分。这些都不能构成板块旋回，因为这个过程作用的对象已不再是最初相互作用的那两个板块，而是途中介入或加入了其他（微）板块。

以上分析表明，微板块生消旋回或板块旋回不同阶段，指的是同一个（微）板块在不同动力学驱动机制下的演化序列。这个（微）板块演化序列具有普适性才可称为（微）板块旋回，而非多个（微）板块演化片段拼凑而成的一个演化“规律”或“旋回”。

（2）微板块生消过程与超大陆旋回

自从 1858 年 Antonio Snider-Pellegrini 绘制了第一个“超大陆”（Supercontinent）以来，人们逐渐认识到地球历史中存在多个超大陆。超大陆旋回指的是地球上所有大陆块体（微板块或板块）分离和重新聚合为一体的周期性、全球性构造过程。理论上，第一个超大陆应该先经历了弥散性微陆块的克拉通化过程，克拉通化的全球过程是全球陆壳穿时的稳定化过程。现有岩石记录表明，36 亿～40 亿年前，已有一些微陆块增生（万渝生等，2023）。可能在 32 亿年前，微陆块拼合并形成了地球上第一个构造稳定的“超大陆”或超级克拉通 Vaalbara（Nance et al.，2014），即形成时代略早于 3.45～3.1Ga 集结的 Ur（Nance et al.，2014）。克拉通化的微陆块在 3.0～2.5Ga 持续长大，并在 2.7～2.6Ga 达到巅峰（Kröner，1981），其标志为大量中酸性岩浆活动，且体现为陆壳成分的突变，即从钠质的 TTG 逐渐转变为富钾的花岗岩类，但这种成分转变的机制尚不清晰。

现有地质证据表明，在太古代末期（2.5Ga）可能存在一个超大陆肯诺兰（Kenorland）（Williams et al.，1991），或称为 Superia 或 Sclavia（Nance et al.，2014），其规模比 Ur 和 Vaalbara 大，可能位于赤道附近，该超大陆稳定了 1 亿～2 亿年。在 2.4Ga 前后，该超大陆破裂，形成了一系列大规模放射状基性岩墙群，并伴随大规模岩浆爆发。在古元古代（2.3Ga 左右），地球首次出现大氧化事件、雪球事件（Condie，2011）。此后，大量的地质事实表明，地史期间的超大陆还有 1.8Ga 的哥伦比亚（Columbia，也有人称 Nuna）超大陆（Zhao et al.，2002，2005）、1.1Ga 的罗迪尼亚（Rodinia）超大陆（Li Z X et al.，2008）、0.4Ga 的原潘吉亚（Proto-Pangea）超大陆（Li S Z et al.，2016）及未来 3 亿年后的可能出现的亚美超大陆（Davies et al.，2018）。这些超大陆表现出一个大约 7 亿年周期的旋回演化规律（Li S Z et al.，2016），这个旋回也体现在地史期间不同岩浆事件的周期性上（图 5-2）（Li Z X et al.，2023）。

超大陆聚合与裂解过程的时限大体分别需要持续 3.5 亿年，一般常见的现象是：超大陆是一系列微陆块围绕两个或几个大陆型大板块不断发生单向聚合；或一个超大陆先裂解为两个或几个大陆型大板块，之后这些大陆型大板块再裂解为一系列微陆块，相对某个大陆型大板块也具有单向裂解的趋势。由此可见，板块构造体制出现之前，早期微陆块经历长期缓慢演化，逐渐壮大，进而碰撞拼合形成超大陆或超级克拉通。在板块构造体制出现后，微板块的生消过程受到大板块格局的制约，最为显著的是特提斯洋中存在的不断单向裂离或增生的大量微陆块（图 5-1）。

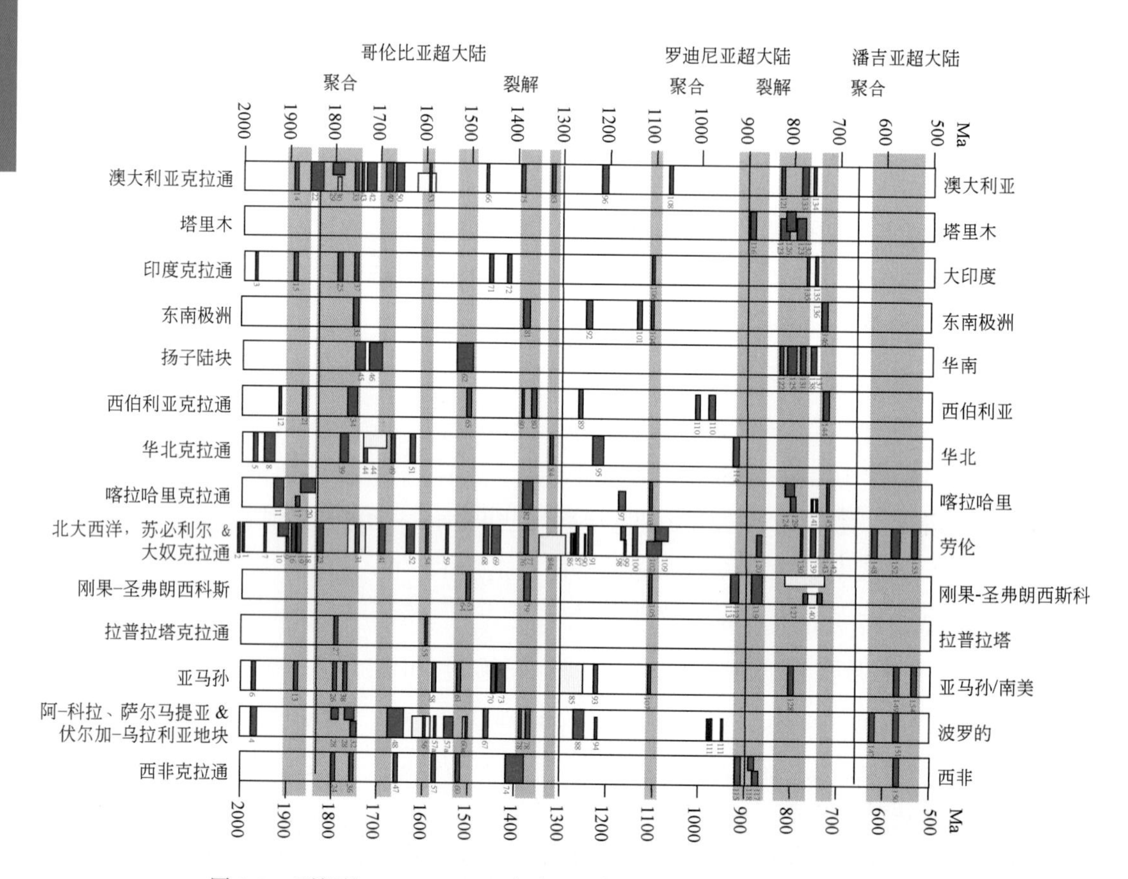

图 5-2　更新的 2010～530Ma 全球 LIP 条形码图（Li Z X et al.，2023）

红色方框对应 LIP 事件，淡黄色方框表示具有较大年龄不确定的 LIP 事件，红色数字说明请参见原文

围绕某个大陆型大板块这种微陆块的单向聚散过程，自新太古代以来就很普遍且周期性出现，又受控于深部二阶动力学过程（图 5-3）。以原特提斯洋为例，该大洋始于新元古代罗迪尼亚（Rodinia）超大陆的裂解，是早古生代期间发育于滇缅马苏/保山微陆块以北、塔里木–华北陆块以南的一个复杂成因的洋盆。原特提斯构造域的北界为古洛南–栾川缝合线（宽坪缝合线）及其直至西昆仑的西延部分，南界为龙木错–双湖–昌宁–孟连缝合线。原特提斯洋北部的华北–阿拉善–塔里木陆块于泥盆纪向南俯冲并与冈瓦纳古陆北缘拼合，原特提斯洋南部分支也可能在泥盆纪闭合，使得包括羌北、若尔盖、扬子、华夏、布列亚–佳木斯等在内的大华南陆块、印支陆块等也向南俯冲与冈瓦纳古陆北缘发生了聚合，最终形成了一个原潘吉亚超大陆（Li S Z et al.，2018b）。

随后，晚古生代华北和大华南陆块先后单向裂离冈瓦纳古陆，经历一个简单的调整后，和北部劳伦古陆拼合，形成劳亚古陆；到 250Ma 左右，劳亚古陆和冈瓦纳古陆构成潘吉亚（Pangea）超大陆，即魏格纳于 1912 年率先科学论证的超大陆，但

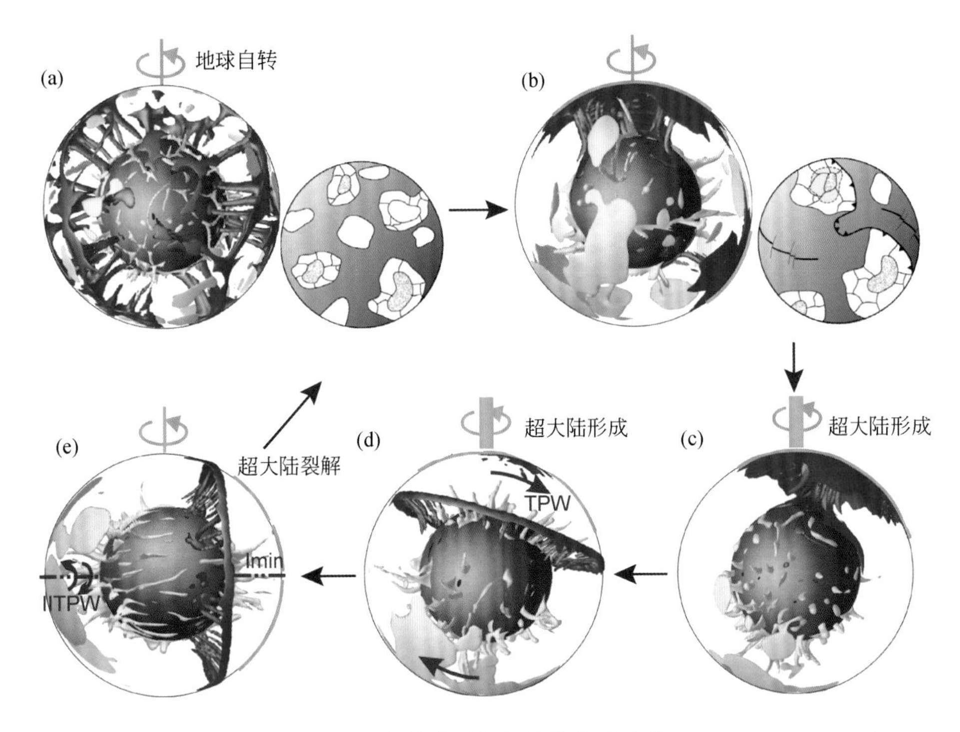

图 5-3 太古代地幔对流模式与构造系统的演化关系示意（Li Z X et al., 2023）

（a）太古代有许多克拉通和较小规模的对流单元。（b）太古宙—古元古代多个超级克拉通出现，其特征是克拉通数量减少，地幔对流胞也减少。（c）古元古代以来超大陆循环开始，其特征是地幔下降流之上发生微陆块聚合而形成超大陆。（d）环超大陆的俯冲带最终将（c）中超大陆下部的下降流转变为上升流（包括下地幔 LLSVP，此处未显示），从而触发超大陆再次破裂。（d）（e）中，如果地球的最小惯性矩（I_{min}）轴，即由两个对跖上升流定义的长水准面的长轴，不与赤道相交，此时，地球自转力将导致整个硅酸盐地球旋转，成为高达 90° 的真正极移（TPW）事件。（d）将 I_{min} 连同对跖超级上升流和破裂的超大陆带到赤道上（e）；一旦到达赤道，I_{min} 周围可能会发生振荡惯性交替的真极漂移（IITPW）

潘吉亚超大陆可能只是原潘吉亚超大陆的一个演化、调整阶段，并不是一个全新超大陆的原初表现。因此，微、小陆块在超大陆聚散过程中也表现出生消的旋回性，只有认清这些微陆块，才能确定原初超大陆的起始时期、演化过程和终结机制。

目前学界普遍认为，太古代地幔较现今更热，地幔对流循环剧烈（图 5-3），构造运动活跃，火山活动和可能的“板块”边界活动速率较大，这有利于早期大陆物质的大量产生，并漂浮于紊流状态的地幔之上。随着地球冷却，原始陆壳固结为一些微陆块，即全球约 35 个大小不等的陆核。这些微陆块的生消旋回可能比较短暂，甚至可能与微幔块、微洋块旋回密切相关，但细节迄今并不清楚。

（3）微板块生消环境与跨圈层构造过程

传统板块构造理论难以回答全球第一个板块形成于何种环境及如何形成的，令人难以理解的是：探讨板块构造起源时，人们会毫不犹疑地认定被动陆缘俯冲启动为板块构造体制启动的标志。微板块不像大板块，其诞生环境则可以复杂多样，至少自板块构造体制诞生以来如此，微板块的生长和地壳生长一样，主要发生在以下5种大地构造环境中：俯冲消减系统（包括俯冲带和弧盆系统）、洋脊增生系统、拆离断层系统、转换走滑系统（包括走滑带和转换断层）和碰撞造山系统。微板块的消亡也“叶落归根”式或“客死他乡”式发生在这5种环境中。

1）第一种环境，微板块生消于俯冲带。板块构造理论阐明了地球表面如何分裂-愈合为紧密镶嵌的、大小类似且联动的七大板块和一群中板块、小板块、微板块，且这些板块的面积还遵循分形分布规律。200Ma以来的全球板块重建表明，这种状况可能是地球长期演化的结果。但是，长期控制板块运动的驱动力始终不清楚，早期研究基于板块分布的统计规律，始终未能解决板块大小如何受岩石圈特性和下伏地幔对流的控制。Mallard等（2016）开展了地幔对流的三维球模型的板块大小-频率分布研究，这个模型能自动生成与观察结果一致的板块大小-频率分布。其结果表明，俯冲几何形态驱动板块碎片化过程，这证明地球的板块格局取决于地幔对流和岩石圈强度之间的动态反馈，俯冲板片之间的空间间隔决定了大板块格局；海沟处挠曲作用引起的应力决定了大板块破碎为更小板块碎片（或微板块）的过程。这些结果不仅可说明微板块为何出现在俯冲带两侧，还可解释弧后小板块的快速演化能反映板块重大重组事件期间板块运动显著变化的原因。这个方法也开辟了一个利用具板块行为的地幔对流模拟揭示全球构造与地幔对流之间跨圈层动态关联的新途径（Mallard et al.，2016）。俯冲带附近的微板块消亡方式有两种：①通过仰冲而成为大陆板块的一部分，如阿曼蛇绿岩构成阿拉伯板块的一部分并叠置其上；②通过俯冲消亡、拆沉而滞留在地幔过渡带，或转化为更深部的微幔块。

2）第二种环境，微板块生消环境为洋中脊。大火成岩省作为深部地幔过程的地表响应，对认识地球行星演化至关重要。Madrigal等（2016）分析了太平洋内所有大火成岩省增生到陆缘的相关地体的地球化学特征和喷发时代，重建了古太平洋中侏罗世—早白垩世地幔柱上涌的脉动历史和它们与深部地幔柱生成带（如JASON）等之间的关系。通过岩石学模拟和地球化学数据揭示，要生成现今依然保存的大体量洋底高原，深部地幔柱上涌和洋中脊之间需以10～20Myr的时间间隔发生相互作用（图5-4）。这个脉动过程也释放了大量二氧化碳，进而冲击海洋生物圈，导致海洋幕式缺氧和生物群体灭绝事件。正如图5-5所示，洋中脊与地幔柱的脊-柱相互作用过程中产生大量微板块，因为这些微板块不是随机生成的，所以它们都是被动成因的。可见，微板块形成通常是迫于要消除深部地幔异常热演化与洋中脊扩张过程之间的不协调性，或者迫于俯冲带过程，抑或是迫于洋中脊的分裂方式而作出的一种被动调整。

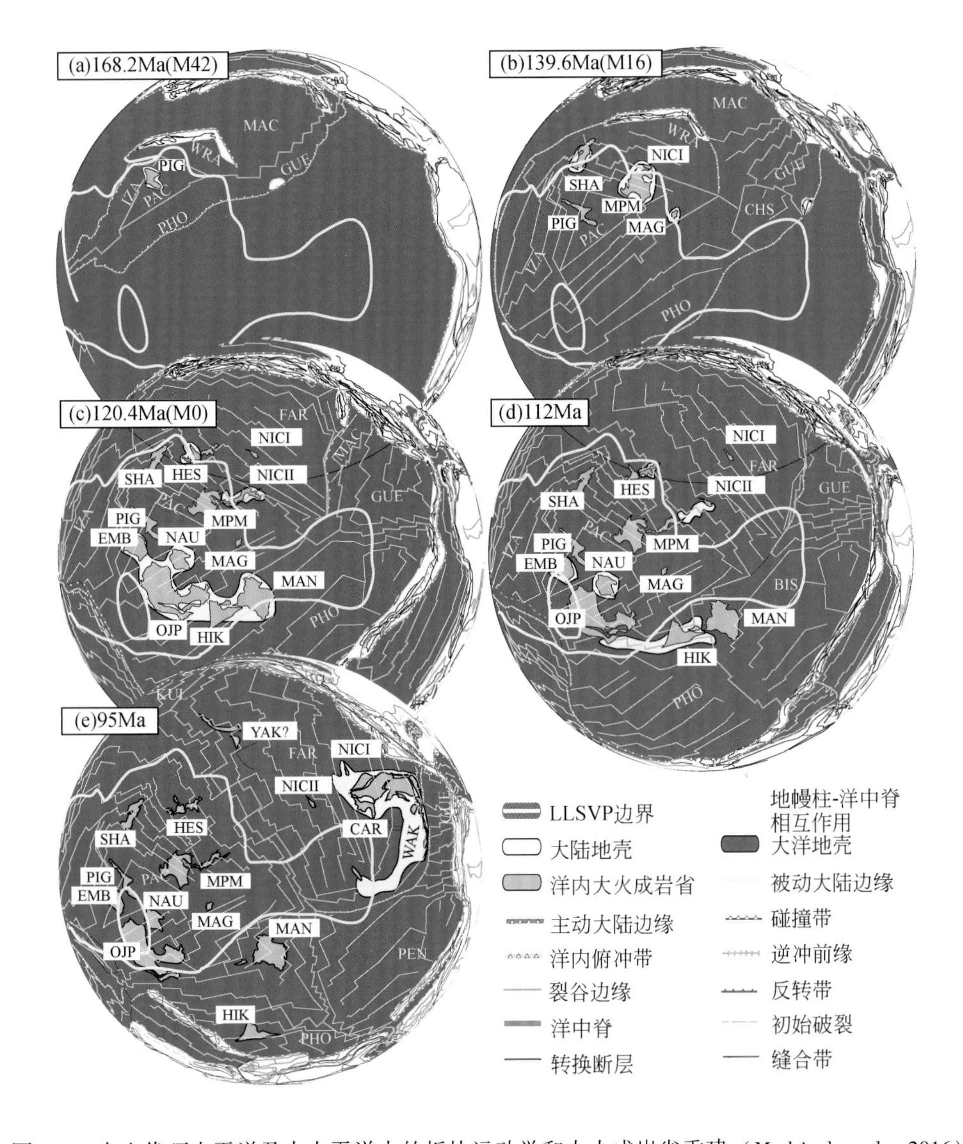

图 5-4　中生代环太平洋及古太平洋内的板块运动学和大火成岩省重建（Madrigal et al.，2016）

天蓝色细线指重建的磁条带，黄绿色曲线圈定了太平洋下地幔低速区（LLSVP），洋中脊用浅蓝色粗线表示，磁线理用天蓝色细线表示。（a）168.2Ma（M42）太平洋板块初始形成，同时皮加费塔（Pigafetta）盆地（PIG）形成。（b）139.6Ma（M16）为太平洋下地幔低速区北北东部边缘的活动上涌时期，太平洋板块东北侧脊-柱相互作用触发了沙茨基海隆（SHA）于大约144Ma形成，尼科亚Ⅰ（NICⅠ）海台和中太平洋海山群（MPM）形成于大约140Ma，麦哲伦海隆（MAG）形成于大约135Ma。（c）120.4Ma（M0）为一个新的活动上涌时期，太平洋板块南侧脊-柱相互作用，激发了翁通爪哇海台（OJP）、马尼希基（MAN）和希库朗伊海台（HIK）形成事件。尼科亚Ⅱ（NICⅡ）海台也属于这次事件，其喷发发生在太平洋下地幔低速区北部边缘脊-柱交接区。还是这次事件，中太平洋海山群再次活跃，形成了几个具有OIB典型特征的次级水下海山。同时，太平洋下地幔低速区西缘附近的东马里亚纳海盆（EMB）先后发生了127Ma和120Ma的板内岩浆脉冲事件。（d）112Ma太平洋下地幔低速区南缘依然活动，并与洋中脊相互作用，形成了希库朗伊海台、瑙鲁海盆（NAU）和东马里亚纳海盆。（e）95Ma太平洋下地幔低速区最东缘变得活跃，在与洋中脊相互作用的地区形成了加勒比海台（CAR）。板块名称缩写如下：BIS（比斯科），CHS（乔诺斯），FAR（法拉隆），GUE（格雷罗），IZA（依泽奈崎），KUL（库拉），MAC（Mackinley），PAC（太平洋），PEN（佩尼亚斯），PHO（菲尼克斯），WAK（Washikemba），WRA（弗兰格尔）和YAK（亚库塔特）

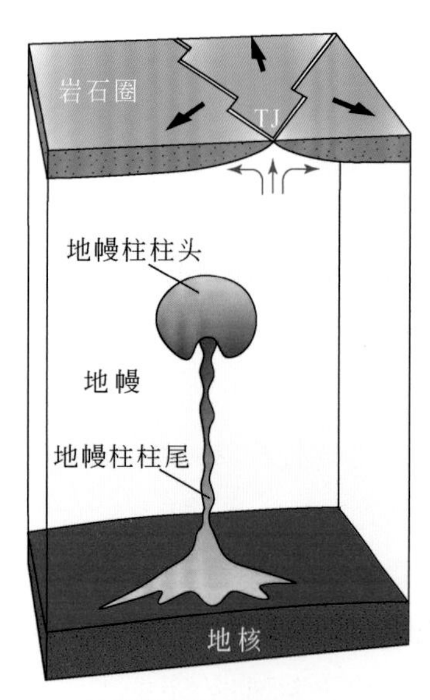

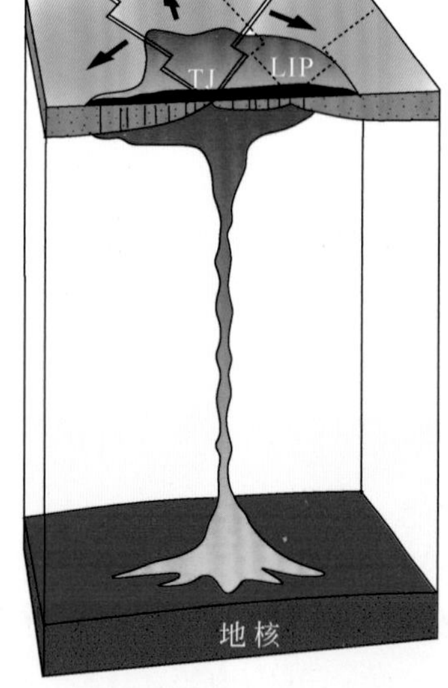

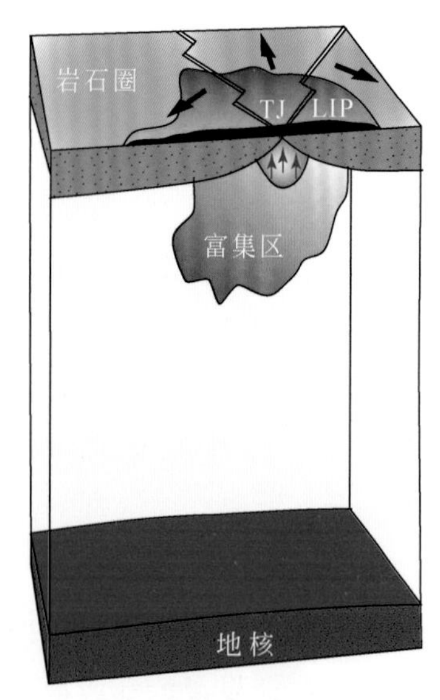

(a)地幔柱柱头模式(A1)　(b)地幔柱柱头模式(A2)　(c)富集地幔模式

图 5-5　沙茨基海隆大火成岩省及微洋块不同成因模式（Sager et al.，2016）

（a）地幔柱柱头模式（Richards et al.，1989；Duncan and Richards，1991；Coffin and Eldholm，1994）中一个巨大的泡泡状热物质从核幔边界产生，上浮穿过地幔（A1），微洋块形成在地幔柱柱头影响前。（b）当其到达岩石圈时，引发大量的喷发（A2）。大洋中形成洋底高原（LIP），岩石圈表面的双线和箭头分别为洋中脊和板块运动方向；上地幔的箭头为洋中脊下地幔上涌方向；点线为消亡的洋中脊，对比可见三节点（TJ）相对地幔柱头的位置变化；地幔柱柱头使得洋中脊跃迁形成新的微洋块。（c）富集地幔模式（fertile mantle model）（Foulger，2007；Anderson and Natland，2014），分离的板块边界运动到一个降压熔融的上地幔部位，离散作用导致大量减压熔融，微洋块形成与地幔降压熔融同时。图件未按比例绘制

3）第三种微板块生消环境为伸展拆离系统或伸展裂解系统。本书不称其为被动陆缘，因为并非所有的被动陆缘都能发育微板块，只有在洋陆转换带那些切割岩石圈的拆离断层附近和/或经历向陆的洋中脊跳跃过程时，微洋块和微陆块才有可能形成，特别是大洋内部的微陆块；而在拆离断层面围限区域，形成剥露在海底的海洋核杂岩（即微幔块）。此外，同属伸展裂解系统的大型裂谷内，切割岩石圈的断裂也可以围限出新的微陆块（图 2-22）。

4）第四种微板块生消环境为转换走滑系统，包括深大走滑断层作用发育的洋陆过渡带或大陆型转换断层，或者洋中脊的大洋型转换断层和大洋板内破碎带（fracture zone）。这种方式出现在大板块演化的某个阶段，是将大板块微小化的重要过程。但这种过程主要还是受俯冲板块动力影响或因板块受力方向变化所致。这不仅在太平洋东、西两岸很清楚，而且在太平洋一些泄漏的破碎带也很常见。特别是，一些微陆块可以随着转换断层的延长而进入大洋盆地内部，周边为洋壳所围限，如大西洋罗曼什型转换断层系统中的微陆块（图 2-25 ~ 图 2-27）。

5）第五种微板块生消环境为碰撞造山系统，造山带可保存地史演化期间形成的很多微板块（微陆块、微洋块、微幔块或三者皆有），也可新形成一些微板块，

新的、活动的微板块格局可以切割或重组老的、死亡的微板块格局，使得造山带构造格局表现出多期微板块的叠加态。例如，碰撞可导致新的岩石圈尺度断裂的形成，大块体分裂为多个刚性小块体，并发生差异逃逸、挤出、旋转，形成某个时期运动学上相互独立的微板块，但当动力消失时，这些微板块也就地失去活力。这种环境包括地体拼贴过程，如北美科迪勒拉宽阔的造山带内存在50多个大小不同的微板块（前人称为地体），它们经历了不同的演化历史，被深大断裂切割，而且经历过长距离漂移。例如，前人在北美科迪勒拉这些地体中发现了特提斯域海相化石，表明其原始位置在低纬度海域；再如，阿尔卑斯-喜马拉雅新特提斯造山带内发育的很多微板块，在强烈的造山过程中也发生过挤出、平移、旋转、垂向叠置。

综上所述，通过五种地构造环境下微板块生消过程的系统对比可以看出，俯冲系统环境下微板块的形成最为普遍，俯冲系统是三类微板块（微陆块、微洋块和微幔块）最为发育的地带，控制了块体下伏地幔的复杂对流，因而俯冲带似乎是驱动板块运动的重要动力源区，并非洋中脊。这与动力学数值模拟结果吻合，表明地球随时间演化整体在逐渐冷却，浅部冷却是一个自主过程，不受任何因素控制，因而岩石圈层次的冷却差异是控制微板块形成的一级控制要素，这必将导致浅部密度和组成的不均一性，进而触发深部次生的差异过程。如此来看，地球系统运行过程是上部圈层决定下部圈层（top-down），而软流圈物质上涌只是下部圈层对上部圈层的一种响应，不是下部圈层决定上部圈层（bottom-up）。

5.2 微板块生消的非威尔逊旋回

准确地说，传统板块构造理论的威尔逊旋回指的是同一个洋盆的演化循环。但后来多数人没有区分多个邻近洋盆的不同演化阶段，而将这些阶段完美拼凑为“一个”或“一个盆地”的威尔逊旋回。此外，也有人将威尔逊旋回理解为“板块”的构造旋回，认为陆-陆碰撞后还有俯冲盘大陆板块的持续俯冲，称为陆内俯冲阶段，一直到稳定化或克拉通化为统一行为的新板块。之后，人们又试图将陆内构造过程，如克拉通盆地演化到稳定大陆板块内部裂解阶段纳入到传统的威尔逊旋回，并作为一个长期稳定化之后不稳定或活化、破坏性的陆内演化阶段，即所谓的克拉通破坏。这就是新威尔逊旋回的总体设想。然而，不管实质是洋盆闭合的老威尔逊旋回，还是增加陆-陆碰撞后续过程的新威尔逊旋回，都难以全面概括地球上微板块之间复杂的循环演化过程。为此，本章暂时简单总结为以下三种微板块循环模式，详细实例分析见第十章。

（1）微洋块洋内循环模式

微洋块的生成方式多样：有洋内裂解（rifting）、洋内裂离（break-up）、洋内拆离（detatchment）、洋内跃迁（jumping）、洋中脊拓展（ridge propagation）、转换（transformation）、旋转（rotation）、活化（reactivation）、地幔柱诱发（mantle plume-derived）、大火成岩省（LIP）触发、大洋板块边缘俯冲的远程效应（subduction）、陆–陆碰撞的远程洋内效应（collision）、俯冲残余（subducted remnants）等。因此，微洋块如果存在旋回演化的话，那起点也是多种多样的，而老威尔逊旋回的起点只局限于裂谷作用。

微洋块的拼合发育方式多样：停靠（docking）、洋中脊拓展（propagation）、愈合镶嵌（mosaic）、旋转（rotation）、洋内碰撞（collision）、远程俯冲拖曳（slab drag）、远程碰撞（far-field collision）、地幔柱增厚（mantle plume-derived thickening）、冷微幔块触发岩浆供给不足而减薄。因此，微洋块的演化终结方式也是多种多样的，而老威尔逊旋回只终止于碰撞作用或俯冲作用。

微洋块的演化路径复杂：大洋块（大洋型大板块）两侧洋中脊拓展叠接可衍生微洋块、弧后裂解可形成微洋块、微洋块因洋中脊跃迁可裂离大洋块、微洋块之间边界活动性消失而镶嵌为小洋块（小型大洋板块）、微洋块停靠或拼贴到小洋块成中板块、微洋块转移到中板块变成大板块、大洋块转换裂解成微洋块。由此可见，微洋块的任何一种起始方式都可能随机对应微洋块的多种终结方式，演化路径多样。

（2）微陆块聚散循环模式

微陆块的生成方式也极其多变，包括裂解（rifting）、裂离（break- up）、拆离（detatchment）、跃迁（jumping）、裂谷中心拓展叠接（propagation、overlapping）、走滑（transcurrent）、旋转（rotation）、活化（reactivation）等。微陆块如果存在旋回演化的话，那起点同样是多种多样，而不只是老威尔逊旋回的起点始于裂谷作用。

微陆块的拼合发育方式多样，有停靠（docking）、增生（accretion）、碰撞（collision）、深俯冲（deep subduction）。微陆块的演化终结方式也是多种多样的，而老威尔逊旋回只终止于陆–陆碰撞作用或弧–陆碰撞作用。

微陆块的演化路径复杂：微陆块裂离大陆块（大陆型大板块）、微陆块之间聚合为小板块、微陆块聚合到小板块成中板块、微陆块聚合到中板块变成大板块、大陆块裂解成微陆块。因此，任何一种特定的微陆块起始方式也都可能随机对应一种特定的微陆块终结方式，其演化路径不只是单调的老威尔逊旋回。

（3）微幔块幔内循环模式

微幔块的生成方式多变：地球自诞生之初就可能存在微幔块，只是微幔块的岩石组成随着地球的演化而变化巨大，如早期地球核幔、壳幔分异成层阶段，微幔块的主体可能为铁滴，随后在板块构造体制下可能为大陆岩石圈地幔或大洋岩石圈地幔。不同组成的微幔块，其生成方式自然也差异巨大，可以是滴坠（dripping）、大陆岩石圈拆沉（delamination）、大陆岩石圈刮垫（relamination，类似所谓的岩石圈地幔下部再生长或置换，不同于底侵）、大洋岩石圈俯冲断离（break-off）或拆沉、洋底海洋核杂岩拆离（detachment）、洋陆转换带不对称超强伸展（hyper-extension）、俯冲指裂（fringering）等。综上，微幔块如果存在旋回演化，它的起点同样多种多样，而新、老威尔逊旋回都囿于岩石圈层次，没有跨越地球内部的不同圈层。

微幔块的拼合发育方式多样：微幔块的运动并非完全孤立，不同微幔块之间也存在相互作用，微幔块运动的环境是软流圈地幔或下地幔内部，地幔内部存在多个流变学不连续面，这些界面对微幔块的运动发挥着不同的作用，导致有的微幔块会在地幔过渡带长久滞留（stagnant），或者在核幔边界增生（CMB accretion）、堆垛（piling），也可能随着向下或向上的地幔汇聚流（convergent mantle flow）而在某个深度发生向下或向上的堵塞（jamming），从而在不同深度因深俯冲堆垛（deep subduction-derived piling）或上浮而堵塞。所有这些过程都会导致微幔块逐渐长大。

微幔块的演化路径复杂：微幔块可以起始于上部，也可以起始于地幔底部，若存在循环，其起始位置截然不同，其终止位置也可以是地幔内部的某个流变学不连续面。在地球的不同演化阶段，其演化路径和方式都显著不同，如起始的不同包括早期地球微幔块滴坠、后期碎片化大洋板块俯冲断离、碰撞造山带岩石圈根拆沉、克拉通破坏导致的陆幔拆沉。从地球全地幔物质循环角度看，微幔块的研究意义重大，人们可以用难熔的锆石作为矿物“探针”来追踪微幔块的行为。例如，在现今西南印度洋洋中脊年轻的辉长岩中发现了来自非洲克拉通的太古代锆石，这个锆石的循环路径必然是其所在微幔块的运动路径，只不过这个微幔块在循环途中物质发生了转换。理论上，一个微幔块要完全转化为其他物质还是很困难的，总有一些信息遗留在其演化或运动路径上，被演化过程中起源于这个微幔块的其他岩石所记录，这个过程可通过相关地球化学手段揭示。

5.3 微板块消亡的方式多样性

5.3.1 板片撕裂形成微幔块

俯冲的大洋岩石圈板片发生撕裂、断离或拆沉可形成微幔块。在典型的俯冲消减系统中，板块汇聚方向与海沟走向近垂直。但直布罗陀弧系是一个例外（图5-6），其狭窄的俯冲弧为南北走向，并受到努比亚和伊比利亚之间NNW—SSE构造汇聚的斜向“挤压”。此时，板块在多大程度上仍然与地表耦合，以及它如何与周围地幔主动相互作用，是一个充满争议的问题。通过分析密集 GPS 台阵数据以及地壳和地幔地震观测数据，可以更好地了解其板块运动学、板块动力学和地幔流关系。前人研究发现，在直布罗陀岛弧下方的俯冲，目前正处于板片断离的中间阶段，其中，部分板片已经断离，而其他部分还与地表板块紧密耦合着。特别是，板片似乎在直布罗陀海峡以北断离，一小部分仍然附着在表面上，或在 Betics 海峡下方正发生断离。在直布罗陀海峡南部，尽管俯冲作用似乎非常缓慢甚至停止，但板片仍然与上覆板块耦合。板片断离部分周围的地幔物质流动，导致大部分地表隆起和残余地形的正异常。这表明，板块动力学、地幔流和板块汇聚之间的相互作用，可用来解释观测到的大部分残余地形、地表运动、地震活动、火山分布和地幔结构（Civiero et al.，2020）。

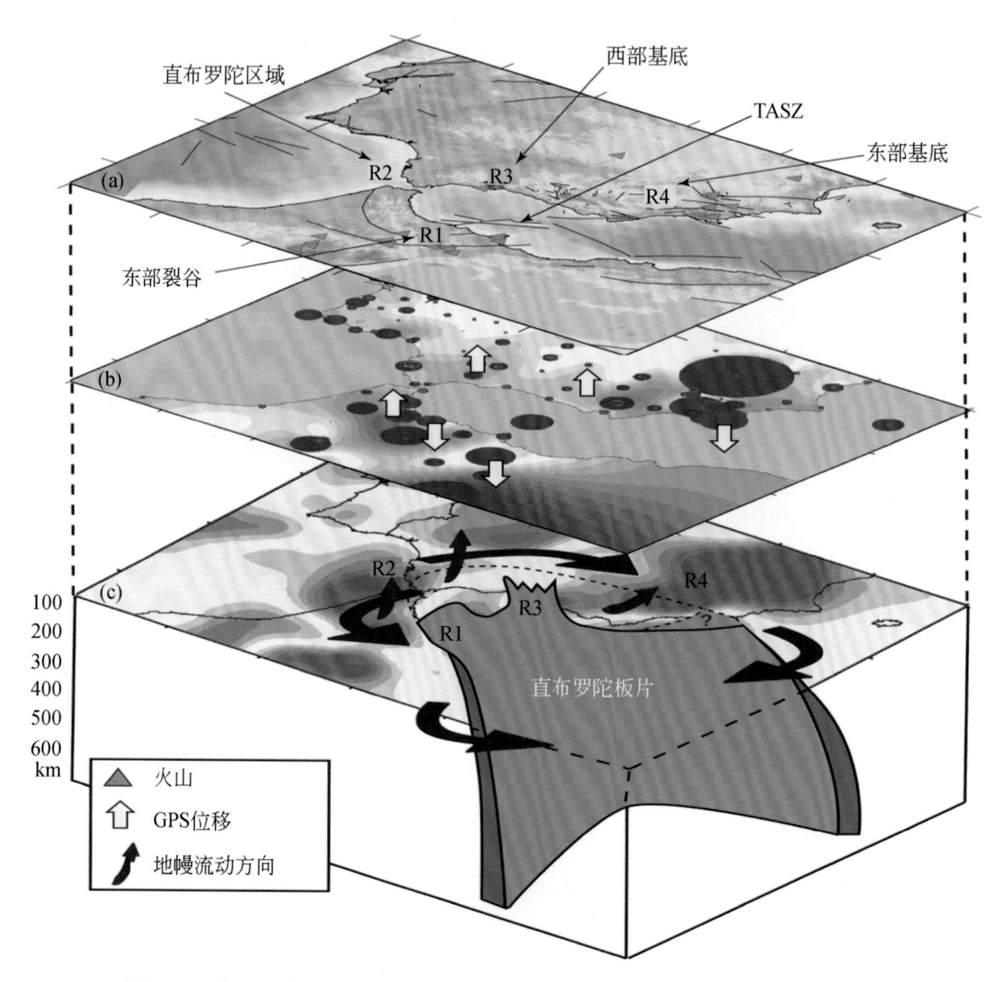

图 5-6　直布罗陀板片可能的几何结构和动力学示意（Civiero et al.，2020）

（a）直布罗陀弧系地形。岛弧分区分别以蓝色（R1 和 R3，这些分段仍与地表相连或正在发生拆沉）和棕色（R2 和 R4，这些分段已发生了拆沉）表示。橙色三角形表示火山作用。黑色为 TASZ 和其他主断裂。（b）白色箭头表示 GPS 垂向运动，指示最显著的隆起和沉降区域。（c）IBEM-P18 模型中 100km 深度以下的简化三维板片几何结构。红色箭头表示地幔流将软流圈物质推向板片侧翼并穿过板片窗

5.3.2 板片拆沉形成微幔块

（1）太平洋板块碎片化俯冲与微幔块形成

随着下地幔结构成像分辨率的不断提高和对地幔动力学理解的不断深入，结果依然与传统板块构造理论主导时代的认识一样，上地幔和下地幔可能很少发生物质和能量交换。尽管 ~660km 处的相变是在地幔内可识别的地震学上最清晰的界面（图 5-7 的跨日本岛弧层析剖面），但 1000（±100）km 处的界面可能对地球动力学更为重要（图 5-7 的跨汤加岛弧层析剖面）。从层析剖面可以看出，一些俯冲板片

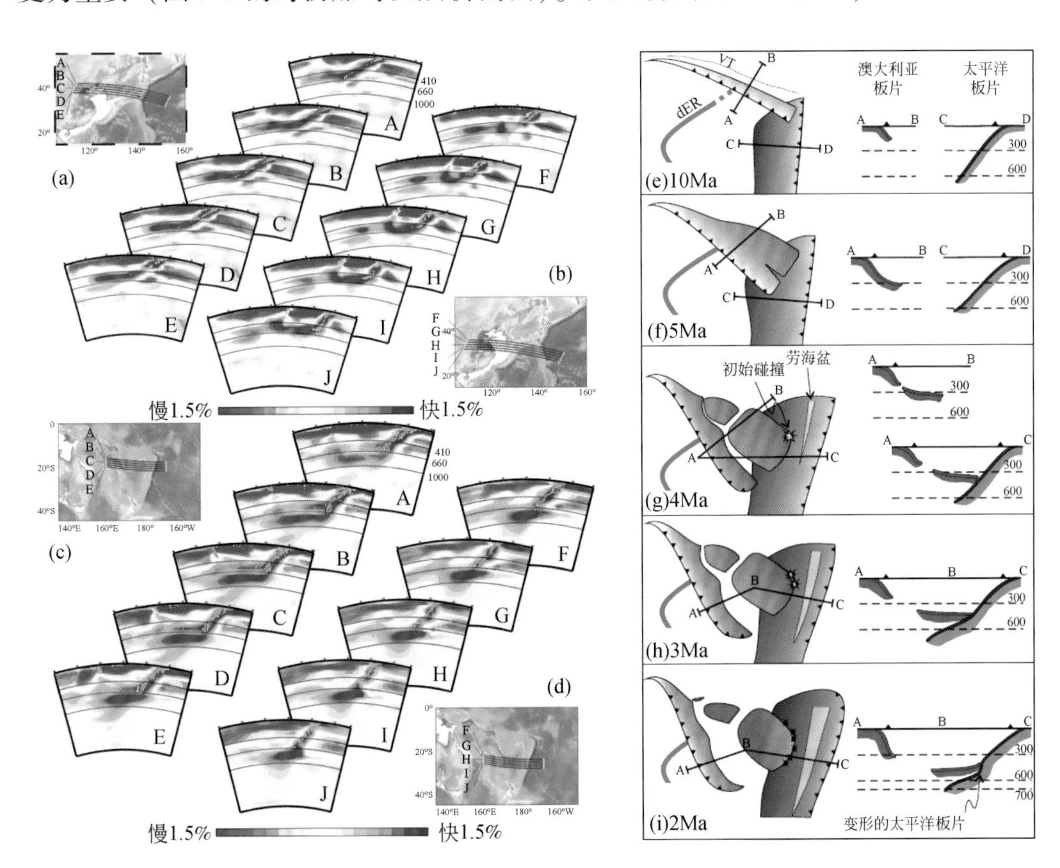

图 5-7 跨日本岛弧及邻区（左图）、汤加-克马德克地区（右图）的 P 波速度异常剖面

（Fukao and Obayashi，2013；Molnar，2019）

剖面中三条黑线分别表示 410km、660km 和 1000km 深度，注意 P 波高速区意味着大洋岩石圈的下行板片在某些地区掉入到 660km，而另外一些地区落入 1000km 深度。右侧立体和剖面示意图表达了汤加-克马德克俯冲带西侧双向俯冲导致的微幔块与俯冲板片空间关系随时间的演化，该演化剖面（E）还揭示出侧面迁移来的微幔块可以垂向叠置在俯冲板片之上，因此微板块构造理论框架中，微板块存在垂向空间上的叠置，但在传统板块构造理论中，板块之间的空间几何关系决定板块只能发生水平相互作用

发生了断离，形成了微幔块，表现在其P波速度不连续、地震间隙等方面。据此还可以看到，俯冲板片断离形成微幔块的深度可以不同，这取决于板块俯冲速率、俯冲角度、俯冲板片年龄等因素。此外，地幔过渡带滞留板片的实际厚度往往是正常大洋板块厚度的3～4倍，这表明它们不再是原始板片，而可能是一系列板片堆垛、聚合或褶皱的结果，因而，这里将其称为微幔块或微幔块群。

上地幔和下地幔之间的密度差和黏度差，可能会限制物质通过上地幔和下地幔之间的界面发生交换。然而，强有力的证据表明，下地幔化学组分不均一，具体表现为，从核幔边界附近上涌的一些高能地幔柱，以及缓慢演化的、化学性质差异悬殊的物质所组成的大型化学-热物质堆积体（即LLSVP）或大幔块。其中，这些大型堆积体在10亿年的时间尺度上，几乎不会发生变形或移动。上述异常表明，微幔块的驱动力可能是其自身随着深度发生的相变，是化学过程驱动的物理运动，而其在地幔内部的水平漂移，则可能受地幔风等物理过程控制。因此，微幔块的运动实际主体上也是被动的，下地幔中的对流也可能制约上地幔中地幔流的某些特征。例如，地幔柱和热点的位置以及超大陆的分裂，诱发岩石圈破裂为一系列的微板块（可能是微陆块、微洋块、微幔块，这取决于岩石圈类型），但不是随机的，因此地幔柱和热点的位置以及超大陆的分裂实质也是被动的；下地幔中的对流也可以推动下沉的微幔块再次上浮，甚至再次贴近岩石圈地幔的底面，是岩石圈地幔从底部增生或再生长，从而使克拉通变得长期稳定。但是，至少在现今地球状态下，地幔柱对板块移动速度和方向的贡献几乎可以忽略不计，地幔柱运动的信息多数是被动记录在视觉上主动运动的板块上。因此，Molnar（2019）总结认为，对地幔对流的深入理解并没有推翻50年前的简单图像，即板块“自我驱动”，在扩张中心每单位长度的力将板块推开，下行板片中额外的重力将板块往下拉入地幔，板块底部以及俯冲带顶部的黏滞阻力阻碍着板块运动。因此，未来的挑战就是确定下地幔对流如何影响地质历史，反过来利用地质历史约束下地幔动力学。

（2）新特提斯洋俯冲消减与印欧陆-陆碰撞

印度-欧亚大陆碰撞造成了雅鲁藏布江洋的消亡和青藏高原南部隆升，但碰撞时间与方式尚无定论，不同学者研究得出的碰撞时间从70Ma到15Ma不等（Chen et al.，2010；Sun et al.，2010；Tan et al.，2010；Zhu et al.，2015；Hu et al.，2016；肖文交等，2017；Meng et al.，2020）。多数人认为，碰撞时间主要集中在古新世-始新世，其碰撞方式也存在争论，包含单阶段碰撞和多阶段碰撞多种模型。单阶段碰撞包括自西向东的剪刀式闭合（Suo et al.，2019）、自东向西的剪刀式闭合（Patriat and Achache，1984；Yin and Harrison，2000），以及先中间后两侧的碰撞（Ding et al.，2016）等；多阶段碰撞包括先弧-陆后陆-陆碰撞（Aitchison et al.，2000；

Kapp and Decelles, 2019）以及两阶段陆-陆碰撞（van Hinsbergen et al., 2012；Yuan et al., 2021）。因此，经综合考虑，图 5-8 的微板块重建模型继承了 Earthbyte 团队全球模型的始新世多阶段碰撞模式。

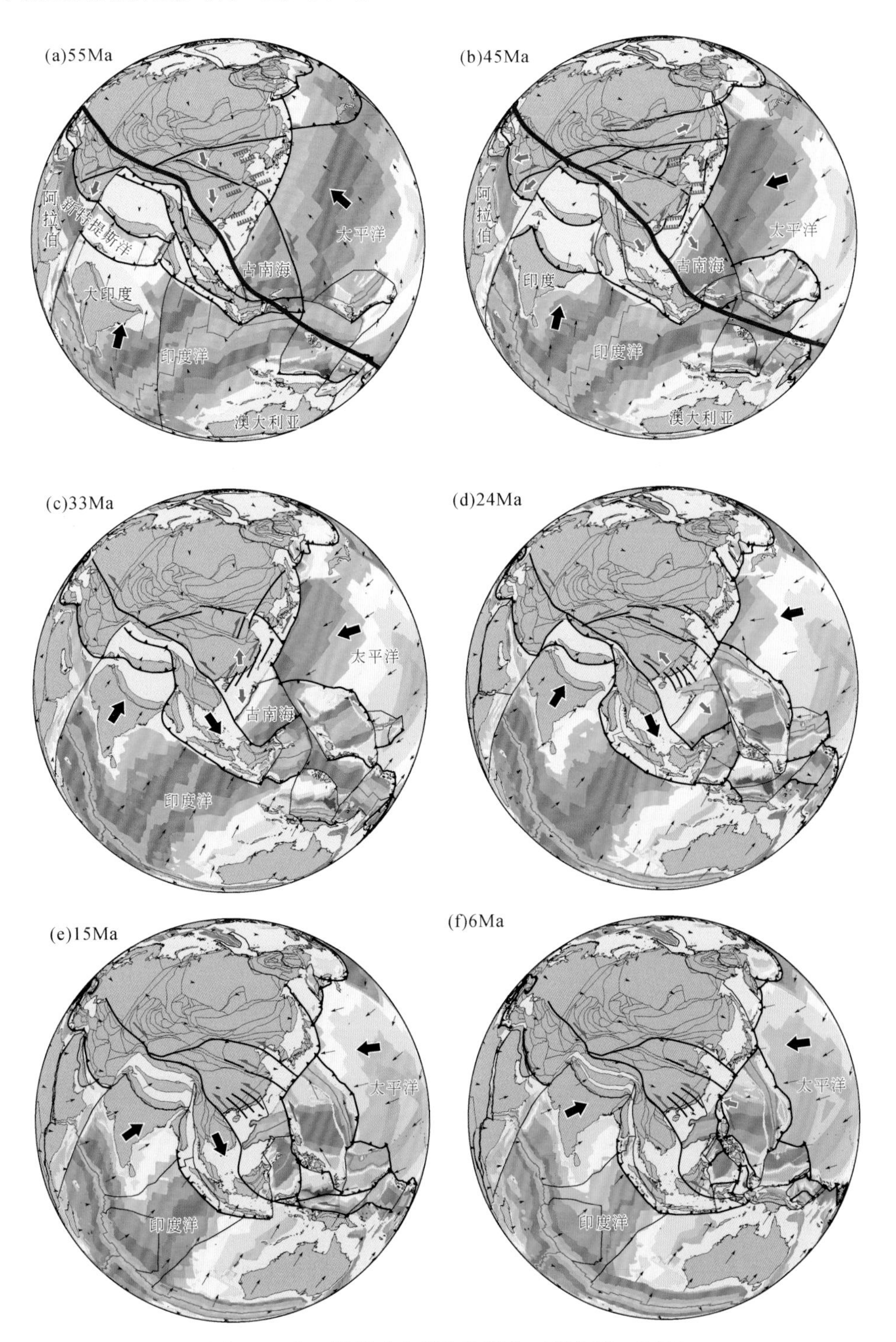

图 5-8　东亚陆缘喜山期构造演化（刘金平，2023）

新生代早期，印度-澳大利亚板块北部的新特提斯洋，沿着东亚大陆南缘的雅鲁藏布江缝合带和巽他-爪哇-苏禄海沟持续向北俯冲（图5-8）。中始新世，印度大陆与欧亚大陆南缘发生碰撞，新特提斯洋最终闭合。中国西藏地区发生强烈的褶皱变形和岩石圈挤压隆升，出现东西走向的叠瓦状推覆体构造，并伴有花岗质岩浆的侵入作用和火山活动，青藏高原逐渐隆起。此外，现今一些大型的地震活动，依然发育于青藏高原微板块之间的一系列主断裂带，这表明这些微板块并没有完全愈合为一个统一的刚性块体，即青藏高原迄今还没有发生克拉通化、稳定化，微板块之间一系列主断裂带依然是活动的板块边界。因此，现今 GPS 测量表明，在喜马拉雅造山带或青藏高原的这些早已拼合的微陆块之间，依然可保持相对独立的运动学特征。由于这些微陆块的宽度小于 400km，其内部也可以变形，吸收一些应变，边界运动速度在微陆块内部可能有所衰减，但在微陆块之间，GPS 速度场中依然可见显著变化。由此可见，这些微陆块在几何形式上虽然拼合为欧亚板块的一部分，但行为上并没有愈合为欧亚板块这个刚性大板块的整体。因此，微板块构造理论可以解决传统板块构造理论中的“板内变形”难题。此外，由于地球物理探测的分辨率不足，目前对于青藏高原岩石圈地幔深部的状态尚不清楚，但陆-陆碰撞导致的一系列微幔块依然可以识别，详见第九章，这里不再赘述。

5.4　微板块的驱动力

1968 年传统板块构造理论诞生，50 多年来该理论取得了辉煌的科学成就。其中，地幔对流是板块驱动力、岩石圈板块为刚性的，是传统板块构造理论的核心。该理论在提出之初就认为驱动板块运动的终极动力源是地幔对流，从而突破了大陆漂移学说未能解决大陆漂移驱动力的根本缺陷，也符合海底扩张学说提出的洋中脊岩浆上涌促进海底扩张、大陆被动漂移的动力学机制，特别是，瓦因-马修斯-莫莱磁条带成因假说，推动了海底扩张学说被普遍接受，从而也使地幔对流驱动板块得到了广泛接受。但是，传统板块构造理论也遗留了三大难题：板块起源、板内变形和板块动力（李三忠等，2019d）。针对这三大难题，近年来取得了一些突破，新的板块构造理论也逐渐呈现，例如，郑永飞（2023a）提出的 21 世纪板块构造理论以及 Duarte（2023）提出的板块构造理论 2.0。

传统板块构造理论认为，板块的终极驱动力本质为主动的地幔对流。该模型是当年通过类比烧杯中沸水循环而获得的灵感，尽管这个地幔对流现今得到很多地球动力学数值模拟的支持，但其主动性没有得到地质观测的证实。因此，如何证实板块驱动力的主动性就显得非常重要。正是由于传统板块构造理论追求终极驱动力，导致该理论陷入自我桎梏。空间上，微板块构造的驱动力复杂多样；时间上，微板块构造驱动力的演替也变化多端。如果要追求一个终极驱动机制，那么物质组成变化及其所处的地球动力学环境和演化，就显得尤为重要，因此，微板块的最根本驱动力就是重力和热力（郑永飞等，2021），具体表现为以下两个方面。

5.4.1 瑞利–泰勒不稳定性与重力驱动

早在地质学水火之争的19世纪，前人就意识到，水循环驱动地球表层地质地貌过程，塑造地球面貌。近年来的研究发现，俯冲板片脱水、脱碳等触发的岩浆等过程，同样对地球面貌的塑造发挥着重要作用。在上地幔环境中，玄武岩可以转变为榴辉岩，榴辉岩部分熔融也可形成玄武质岩浆，这些过程伴随着显著的密度变化，有助于理解全球岩浆作用和构造演化。实际上，水（脱水）火（岩浆）之争不是不可协调的，这两个过程的根本在于相变，相变可调节“水”“火”不相容的过程。上地幔基性物质成分的相变效应，要远远大于热膨胀效应，它们共同驱动榴辉岩引擎（eclogite engine）（Anderson，2007）（图5-9）。换句话说，物质转换过程中的化

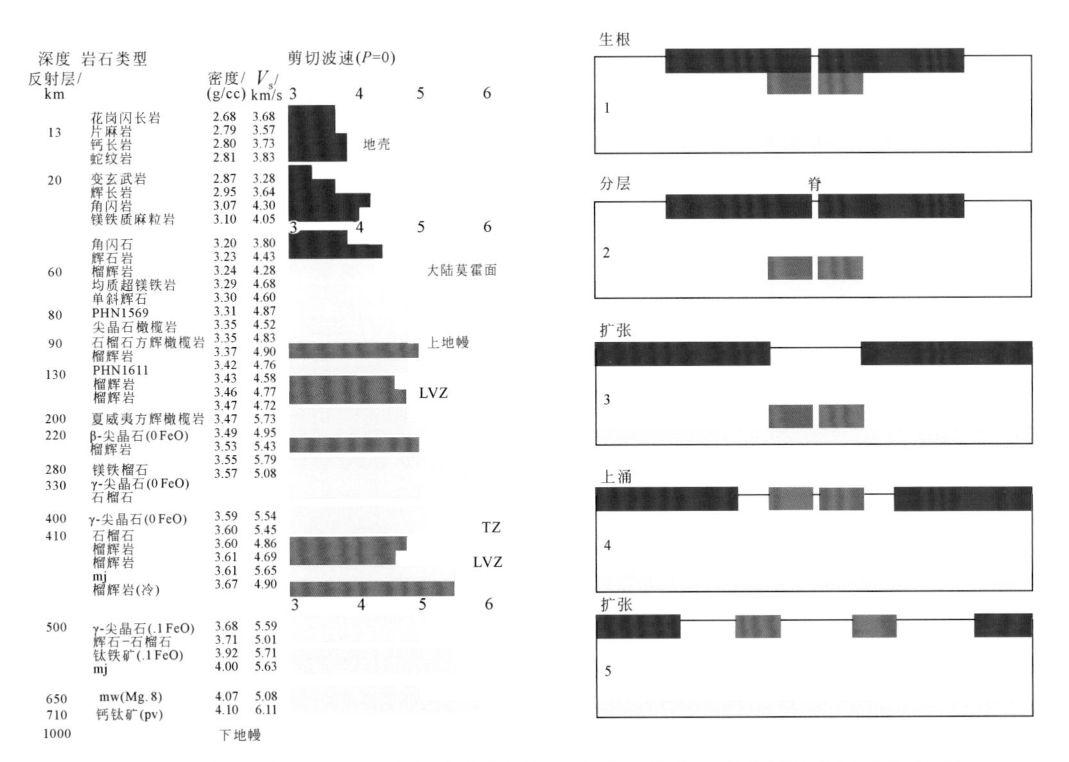

图5-9　地壳和地幔的密度与剪切波速分层性（左图）及榴辉岩化拆沉旋回的地球系统驱动力机制（右图）（Anderson，2007）

TZ为过渡带，LVZ为低速层。PHN 1569和PHN 1569是莱索托金伯利岩筒中的两个橄榄岩捕掳体，mj（majorite，镁橄榄石），pv（perovskite，钙钛矿）是具有该矿物的结构，而不是代表相应的矿物名称；mw（magnesiowustite，方镁铁矿，（Mg，Fe）O）

学相变，也是物理机械运动的驱动机制，而传统的思维定式只是从物理学的力学角度考虑一种力驱动另一种力。

地幔发生大规模熔融有三种基本途径：一是深部物质绝热上升直到熔融，相当于减压熔融；二是在地幔中加入低熔点的富集组分，相当于加热熔融，如拆沉的岛弧下地壳，这也可以导致地幔加热上升；三是通过俯冲系统携带的含水矿物或地层中的孔隙水进入地幔，导致地幔橄榄岩的固相线温度明显降低，即加水熔融。这三种机制都可导致岩浆或大火成岩省形成。因为拆沉的岛弧下地壳物质比俯冲的冷洋壳开始变热要早，且不会沉入地幔太深，所以，第二种途径相比第三种途径，受热和循环所需的时间周期更短。

岩浆生成的标准岩石学模式是均匀地幔岩之间有少量辉石岩脉，或者有再循环洋壳物质的添加。目前，人们越发清晰地意识到，地幔中的大型榴辉岩块体（微幔块）可能也是一个重要的富集组分来源。拆沉的陆壳在很多方面都不同于循环的洋中脊玄武岩。由于它没有经历俯冲带和海底过程，因而比洋中脊玄武岩更容易变热，进而形成更大的榴辉岩斑块（blobs，即本书的微幔块），同时，也不会出现等量的亏损的方辉橄榄岩。图 5-9 展示了下地壳的拆沉循环过程。大陆地壳因构造和岩浆过程而增厚，下地壳转变成致密的榴辉岩，由于重力不稳定，榴辉岩拆沉进入地幔，到达中性浮力层并开始加热，随后它将上升，最后，在地幔中形成热的富集斑块（blobs）。如果上覆陆壳已经移离，结果形成一个板内（mid- plate）岩浆省（Anderson，2007）。

在简单的流体对流过程中，热膨胀是浮力的主要动力来源；但在地幔中，相变则更加重要。因此，简单的热力因素不是板块运动的主因，何况从力学角度，也难以合理解释小尺度地幔柱活动如何驱动大尺度板块运动，因此，板块自身的重力就成为主动驱动板块运动的不二选择。当玄武岩转变为榴辉岩或熔体时，密度都会发生变化，这种变化远远胜过热膨胀引起的变化。致密下陆壳的拆沉作用是板块构造俯冲带和洋中脊动力学过程的重要补充。这会引起抬升和岩浆作用，并使不同物质进入低熔点、致密的富集地幔。发生拆沉后，榴辉岩化下地壳沉入比正常地幔橄榄岩熔点和地震波速都相对低的周围地幔（图 5-9）。这些富集的基性块体沉入到不同的地幔深度，并加热、熔融再回返到表面，这个地区就会表现出熔融异常，经常为洋中脊部位。在洋中脊附近或轴部和三节点部位，大型熔融异常可能就是诸如拆沉的富集型陆壳或陆幔块（微幔块）形态的地表响应，西南印度洋洋中脊太古代锆石的发现就是很好的佐证。这种现象往往在前一个超大陆的“被动陆缘”周边比较常见。例如，布维、凯尔盖朗、布罗肯脊、克洛泽、莫桑比克脊、马里昂、百慕大、里奥格兰德和瓦尔维斯洋脊，这些洋底高原玄武岩的同位素地球化学特征都指示下地壳组分的加入（Anderson，2007）。

（1）榴辉岩循环

板块构造和拆沉过程不断使冷洋壳和热陆壳进入地幔。这些地壳物质在高于其初始温度但低于正常地幔温度的条件下发生熔融，通过热传导再从周围地幔中吸热增温；它们不管多冷，都依然是富集型斑块（blobs）。随着海沟和大陆在地表的“漂移”，冷洋壳俯冲和热陆壳拆沉不断进入地幔使下伏地幔不断富集；相反，洋中脊也在地表迁移，使其移置到部位的下伏地幔不断减压熔融，抽取和夹带着其下伏的地幔组成。当洋中脊运动到这个富集的下伏地幔之上时，洋中脊玄武岩就表现为富集型的 MORB（E-MORB）；当洋中脊运动到这个亏损的下伏地幔之上时，洋中脊玄武岩就表现为亏损型的 MORB（N-MORB）。有时迁移的洋中脊骑跨在软流圈内富集的热点上，一个熔融异常就会紧接发生一个岩浆间断。洋中脊和海沟也可在任何地方消亡和转换。

上述这种对流型式，不同于地球动力学家常规认识的模式，而与施肥和割草模式更为类似。深部地幔不只是从海沟对流循环到洋中脊，浅部海沟和洋中脊也在富集程度不同的地幔区域巡游漂移。富集的高密度斑块（微幔块）沉降，或多或少进入地幔，并停歇在浮力均衡地带，在这里受热增温并发生熔融。它们相对上覆板块和板块边界，或多或少相对稳定，但化学组成上与“正常”地幔显著不同。榴辉岩并不是单一的岩石类型，其密度和化学成分跨度很大，可形成于地幔不同深度（Anderson，2007）。因此，真实的地幔对流不是地球动力学数值模型中设定的均一组分的地幔对流，并非简单的一锅水发生热对流，而更像是一锅八宝粥发生热对流，其中的米粒或其他谷物颗粒就像微幔块在地幔中循环运动。

（2）地幔分层性

地壳与地幔矿物和岩石的密度及剪切波速是分层的，假如时间足够长，地幔将演化为中等密度的分层地幔。在整个地壳和大陆岩石圈地幔中，这个密度分层也非常清晰。本书将该分层视为流变学不连续面。然而，在上地幔中，即使这个分层清晰，那也是暂时的。尽管冷榴辉岩处于熔点以下，但榴辉岩在比周围地幔橄榄岩温度低时也可发生熔融。随着榴辉岩通过热传导从周边地幔中吸热增温，它将发生熔融并上浮，这个过程是一种“起起落落”的构造型式（yo-yo tectonics）（Anderson，2007）或微幔块的刮垫过程。

随着榴辉岩通过热传导吸热增温，再通过绝热降压，更多熔体形成，它们要么喷发，引起一个熔融异常；要么底侵在岩石圈板块下部，这取决于岩石圈板块的应力状态。榴辉岩有复杂的特性，这取决于石榴石端元种类和 Fe、Na 含量。在浅层，榴辉岩比橄榄岩地震波速更高；在更深层，榴辉岩则形成低速层。冷而致密的下沉榴辉岩可能会导致低速特征，而这个特征反而通常被误认为是热的上升地幔柱，或认为是热物质。随着榴辉岩熔融程度增加，它甚至会导致更低的剪切波速。榴辉岩有两个成因，一个为俯冲的洋壳，另一个为岩基和岛弧处拆沉的厚地壳（arclogites，弧长岩，即下地壳堆晶岩）。玄武岩和辉长岩之间、榴辉岩和岩浆之间的密度差，与热膨胀和正常成分效应引起的密度变化相比，要大得多。如果没有“榴辉岩引擎”（eclogite engine）的限制，地球外层的动力学将受热膨胀的强烈影响（Anderson，2007）。

（3）洋壳循环与地幔不均一性

如果按照现今洋壳循环速率运行10亿年，俯冲洋壳总量大概仅占地幔的2%，这在地幔中只可形成70km厚的一层。令人惊讶的是，为保持物质守恒，绝大多数俯冲洋壳并不需要通过再循环方式进入下地幔。下地壳堆晶岩（arclogites）的循环速率表明，约一半的陆壳每6亿~25亿年才循环一次，所以地幔可长期保持其不均一性。与洋壳相比，被拆沉和俯冲侵蚀的陆壳物质，不可能永久或长期滞留在地幔中，也不可能保存在地幔深处，这必然会对全球岩浆作用和浅地幔的成岩、成矿、成灾不均一性产生深远影响。不同的地幔岩浆源区可能受沉积物、交代洋壳、大洋岩石圈和拆沉陆壳及陆幔（陆幔型微幔块）的显著影响，如洋中脊玄武岩、洋岛玄武岩、大陆溢流玄武岩等。然而，这些循环的组分不可能有效将不同类型玄武岩的地幔源区搅拌均匀，而熔融作用和喷发过程却是很好的均化器（Anderson，2007）。

5.4.2 冷的热边界层对流与相变驱动

20世纪50年代后期，因为地磁极移观测取得的突破，大陆漂移假说回归大众视野，但它依然没有立即得到广泛认同。第二次世界大战后，海底猎潜探测发现了在陆地上未曾发现过的现象，如长达数千千米的洋中脊山脉系统及大量的破碎带具有全球性。尽管这个重大海底发现并非始于两次世界大战，而是始于1872~1876年汤姆森领导英国“挑战者”号环球考察，当时通过绳测就已经发现了海底大山脉；反过来，这些发现和思想的产生，或许可以解释当时争论激烈的地球膨胀和大陆漂移问题。最终，这些海底证据使得迪茨（1961）和赫斯（1962）分别独立提出了“海底扩张”的设想。在他们的观念中，海沟处必须发生海底俯冲，但支持他们观点的论证大多是来自海沟之外的洋底旁证，因为当时俯冲带的概念尚未提出。

地幔对流是这一时期探索思考最多的内容，有趣的是，地幔对流的某些方面又是一个理解障碍。例如，Heezen（1960）对非洲以南的大西洋洋中脊如何进入印度洋进行了追踪，并发现了问题。因为洋中脊进入陆地的任何地方都处于伸展状态，洋中脊的冠部或脊部与伸展地堑的运动学行为一致，一般都发育有沟槽，因此洋中脊也被推断为地壳发生水平伸展的地方，如冰岛和红海附近。假如大西洋和印度洋洋中脊都正在扩张，那么对 Heezen 来说，非洲应该是正在遭受挤压缩短，但是没有地质证据支持非洲当时正在遭受挤压缩短，反而是以东非大裂谷这类伸展构造为主导。因此，Heezen 对这个问题的解释是，地球一定正在膨胀。

Heezen 和当时的大多数地质学家一样，是在“对流胞”的范围内考虑地幔对流，即一侧为活跃的上升流，而另一侧必为活跃的下降流［图 5-10（a）］。图 5-10（a）也示意了大陆和洋中脊的位置，洋中脊的位置在这个“对流胞”模式中是固定的，美洲西侧的下降调节了东太平洋的上涌和大西洋洋中脊的扩张，所以看上去是合理的［图 5-10（a）左侧］。但是，在大西洋洋中脊和印度洋洋中脊之间并没有下降流（即后来所说的俯冲），同时非洲也没有同时期的挤压构造，因此洋中脊之间的扩张一定会导致它们之间的面积加大［图 5-10（a）右侧］。Heezen 由此推断，既要吸纳这些扩张增大的洋壳面积，又要解释非洲、大西洋洋中脊和印度洋洋中脊的同期伸展，地球一定处于膨胀状态。总之，在海底扩张假说提出初期，人们秉持膨胀论认知的残余观念，并不认可地球总体体积长期保持不变，因而与后来提出的传统板块构造理论存在根本性的认知偏差。

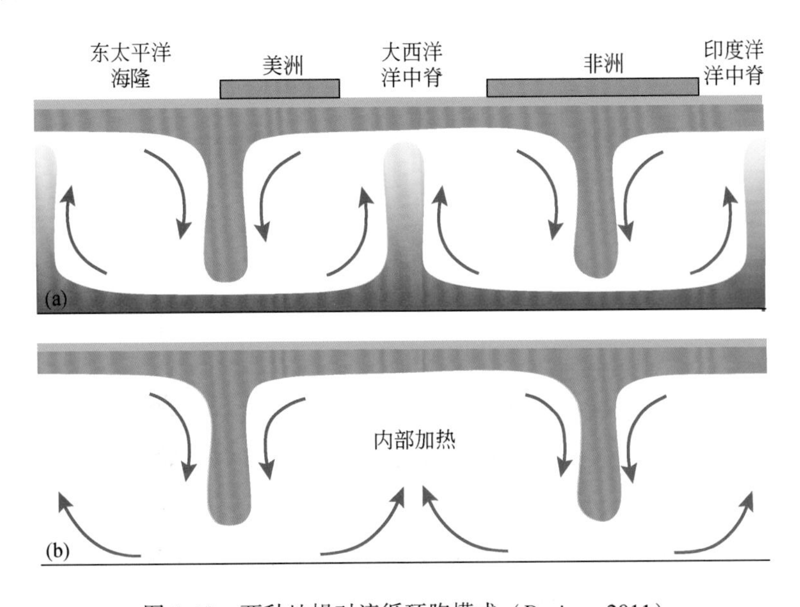

图 5-10　两种地幔对流循环胞模式（Davies，2011）

（a）Heezen 的洋中脊下部对流胞循环模式；（b）内部加热的循环模式，由主动下降流和被动上升流构成，因此，洋中脊在强迫的上升流作用下可自由移动

还有一种可能是洋中脊之间正在彼此相对运动，即印度洋洋中脊正与大西洋洋中脊逐渐彼此远离或都在远离非洲。然而 Heezen 认为，这个模式看上去不太可能，他推测在洋中脊下有热的、主动的上升流，并且如果洋中脊移动，它就会脱离上涌

区并且停止扩张，海底扩张过程就难以维持。解决这个困惑的方法是地幔对流不再是图5-10（a）中教科书式的“对流胞”形式。因为这种形式只有当流体在下部受热，且受热不是太强烈、产生热上涌时才会出现。如果受热强烈，上升流和下降流倾向于来回摆动。重要的是，如果流体内部受热（这可能是地幔更精确的实际情况），那就没有固定的热上升流［图5-10（b）］。虽然在主动的下降流之间一定有上升流，但只是被动地被下降流取代而产生。如果没有热的主动上升流，那么洋中脊就可能出现在任何位置，或者来回水平移动。如此，岩石圈板块的运动就如Anderson（2007）提出的“割草机”模式在做水平运动。

对比这两种软流圈对流模式，不难发现，图5-10（b）中的驱动力机制是上部的下降流在主动地驱动地球运转。如今这个争论拓展到了整体地幔对流循环模式，转变成是冷的热边界层驱动的Top-down机制，还是热的热边界层驱动的Bottom-up机制的争论。当前，人们接受地幔对流环的上升流Bottom-up是起源于固定的热源。但是，正如上述分析，地幔对流环位置不是固定不动的，会随着上覆板块的主动运动而被动迁移，岩石圈中的洋中脊和俯冲带可以在地表自由移动，这导致地幔对流环中的上升流随之发生迁移，当地幔流滞后于洋中脊或俯冲带迁移时，俯冲带就会发生主动后撤或洋中脊发生被动跃迁以调整地幔流。因此，Top-down机制成为固体地球圈层运行的主导机制，被学界广泛接受，其根本驱动力来源于俯冲带俯冲物质的相变。相变使得浅部俯冲到深部的岩石因密度增加、重量不稳定而下沉，所以，对于冷的热边界层的板块，其运动的动力本质是重力驱动。同样，冷的热边界层中的微陆块和微洋块的运动，总体上也受这个一级控制因素制约。

现今的一些地幔动力学数值模拟发现，上地幔中确实存在一些大面积的热物质，其运动要快于正常的地幔对流速率，也快于正常的板块运动速率，因而，在某种程度上，一些学者认为不能完全否定地幔对流是板块驱动力。实际上，从微板块构造理论框架出发，对流地幔内部的物质存在运动速率差异是正常的，因而地幔内部必须划分出相对冷的微幔块。冷的微幔块的运动速率不一定慢于正常的对流地幔，地幔内热物质的运动速率不一定低于板块运动速率。如此一来，传统意义上的“地幔对流”（mantle convection）含义就更为灵活，最好称为“地幔流动”（mantle flow），这可以解答“慢速的地幔对流如何驱动快速的板块运动”的疑惑或难题，这其中最为关键的是地幔中“双向”相变机制的调制作用，即榴辉岩化和熔融作用。再者，地幔流动有极向流和环向流之分，而地幔对流只是指极向流。

5.4.3 微板块区域动力与复合驱动

微板块的类型不同，其驱动力也差异巨大，驱动力机制也存在级别上的差异，这里不一一论述。本节仅关注与区域构造相关的微板块驱动力机制，为此，以北太平洋陆缘的构造演化历史为例，进行不同类型和大小微板块所处不同阶段、不同级别区域动力和复合机制的综合解析。

太平洋地区构造演化史上的一个重大事件是：发生在约50Ma的板块重组。这次重组是更广泛的全球板块运动联合调整事件的一部分，包括澳大利亚、南美洲、加勒比和印度板块的绝对板块运动变化。对于太平洋板块，夏威夷-皇帝海山链的大拐弯，可追溯到约47Ma前的绝对板块运动变化。然而，有人基于数值模拟结果认为，相对于持续移动的太平洋板块，这个大拐弯可能是由地幔柱的绝对运动变化所引起的。皇帝海山的古地磁数据表明，80～47Ma夏威夷热点确实可能向南漂移，但小小地幔柱能驱动硕大的太平洋板块发生运动方向变化也令人不解，对此，Torsvik等（2017）的研究证明，如果太平洋板块在47Ma左右的绝对板块运动没有显著变化，就无法解释夏威夷-皇帝海岭的形成。这意味着夏威夷热点轨迹只是太平洋板块绝对运动的被动记录。

始新世板块重组事件为板块构造运动背后的驱动机制提供了重要的启示，因此被广泛研究。目前的板块重建模型认为，太平洋板块发生绝对运动变化，是其沿现代西部的板块边界——东亚陆缘俯冲起始的结果，包括伊豆-小笠原-马里亚纳群岛以及阿留申和千岛-堪察加海沟。Faccenna等（2012）也推测，太平洋板块绝对运动变化的主要驱动力是太平洋板块西部沿东亚陆缘俯冲起始后，来自（古）太平洋板块的板拉力。这种俯冲必然是：①沿转换断层边界始于一个未知板块的自发式俯冲，该板块的遗迹现保存在菲律宾海板块中；②发生在与太平洋板块西北部磁异常共轭的依泽奈崎板块完全消亡之后；③发生在奥柳托尔斯基-东萨哈林-根室（Olyutorsky-East Sakhalin-Nemuro）岛弧与东北亚碰撞诱发的俯冲极性反转之后。

Domeier等（2017）提出，该岛弧形成于依泽奈崎-太平洋洋中脊85～80Ma洋内俯冲开始时的太平洋板块一侧。85～80Ma的这一事件，是另一次广泛的太平洋板块重组的一部分，包括库拉-太平洋洋中脊和太平洋-南极洲洋中脊的形成。这些重大板块重组事件形成了一系列的洋内微洋块、陆缘裂解的或外来增生的微陆块，而在俯冲板片断离过程中，形成了大量微幔块。太平洋板块西侧保存的最年轻海洋磁异常，通常被解释为太平洋西缘依泽奈崎板块的共轭部分，其年龄为早白垩世，这应是依泽奈崎板块俯冲启动的最晚时间，而不是最早时间。而太平洋板块西北部，所有较年轻的岩石圈都已俯冲消失殆尽，残留的反而是较老部分的太平洋板块。因此，依泽奈崎板块俯冲启动的最早时间和依泽奈崎-太平洋洋中脊俯冲的最早时间不得不通过间接推断获得。

例如，Seton等（2015）推断，55～50Ma至43～42Ma，韩国和日本西南部的岛弧岩浆活动中断，以及55～43Ma，日本西南部Shimanto带的增生间断，都可能是依泽奈崎–太平洋洋中脊的俯冲和东亚陆缘下方板片窗的形成所导致。由此推断，沿东亚陆缘向堪察加半岛发生了同步的洋中脊俯冲事件。虽然日本增生楔很好地约束了整个显生宙期间日本大部分地区的下方持续西向俯冲过程（Isozaki et al.，2010），但堪察加、萨哈林和北海道以东，也保存了长期公认的晚白垩世至始新世西北太平洋活动陆缘地质体记录，即奥柳托尔斯基–东萨哈林–根室洋内弧的残余和蛇绿岩（图 5-11、图 5-12），现今表现为出露于陆缘的微洋块。古地磁数据表明，这些岛弧岩石形成于比预期的欧亚大陆和北美洲古纬度低得多的地区，这表明这些微洋块一定是外来的。这些岛弧形成于西北太平洋内东南倾的洋内俯冲带之上，随后，在始新世发生了向北西倾的俯冲极性反转。Domeier 等（2017）指出，一些太平洋板块运动变化的板块模型没有考虑这种洋内俯冲，但地质资料表明，奥柳托尔斯基岛弧在 55 ~ 45Ma 仰冲至堪察加半岛以及在中始新世萨哈林岛南部的东亚陆缘。这显然很接近夏威夷–皇帝海山链大拐弯的时间，因此，Domeier 等（2017）提出，这种随俯冲极性反转和 50 ~ 45Ma 现代千岛–堪察加俯冲带向西的俯冲起始，是始新世板块重组和夏威夷–皇帝海山链大拐弯的潜在触发因素。这也意味着，该区一系列微板

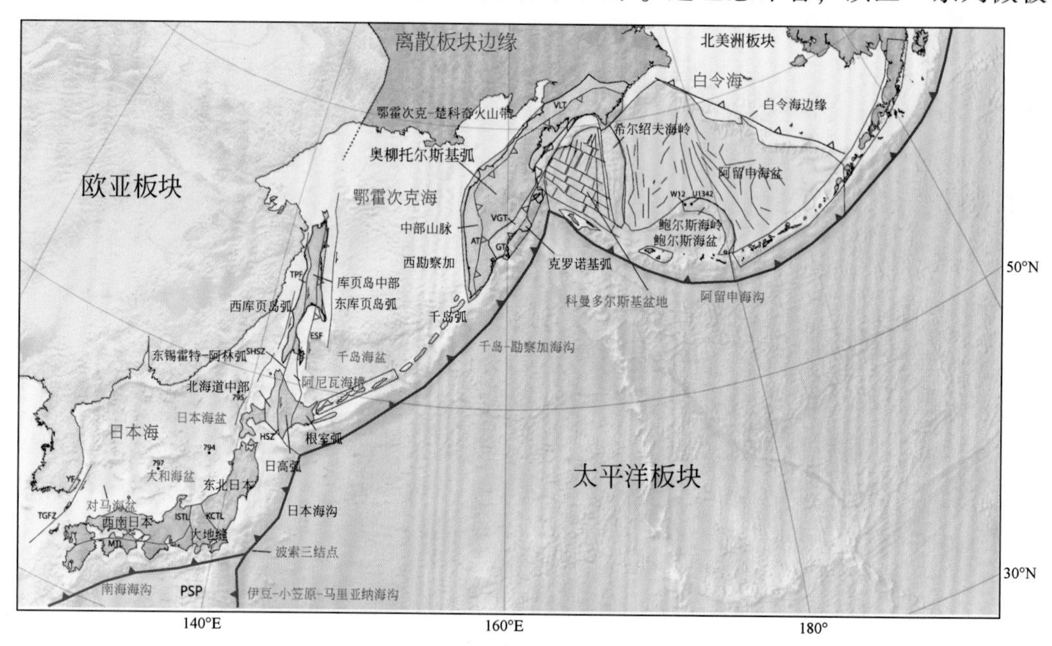

图 5-11　西北太平洋地区的大地构造简图（Vaes et al.，2019）

主要构造板块以大写字母表示。彩色多边形表示重建中使用的构造块体划分。带填充三角形的粗红线表示现今俯冲带。细红线为主断层。红色和黑色的空三角形表示关键的碰撞缝合线和死亡俯冲带。细黑线为科曼多尔斯基盆地和阿留申盆地的海洋磁异常，构造地层图来自 Nokleberg 等（1996）。黑点表示钻井位置，并标注了钻井编号/代码。缩写：AT-安德里亚诺夫卡（Andrianovka）逆冲断层；ESF-东萨哈林（East Sakhalin）断层；GT-格雷奇什金（Grechishkin）逆冲断层；HSZ-日高（Hidaka）剪切带；ISTL-丝鱼川–静冈（Itoigawa-Shizuoka）构造线；KCTL-柏崎–朝鲜（Kashiwazaki-Choshi）构造线；MTL-日本中央构造线（Median Tectonic Line）；PSP-菲律宾海板块；SHSZ-萨哈林–北海道（Sakhalin-Hokkaido）剪切带；TGFZ-津岛–五岛（Tsushima-Goto）断裂带；TPF-Tym-Poronaysk 断层；VGT-Vetlovsky-Govena 地体；VLT-Vatyn-Lesnaya 断层；YT-阳山（Yangsan）断层

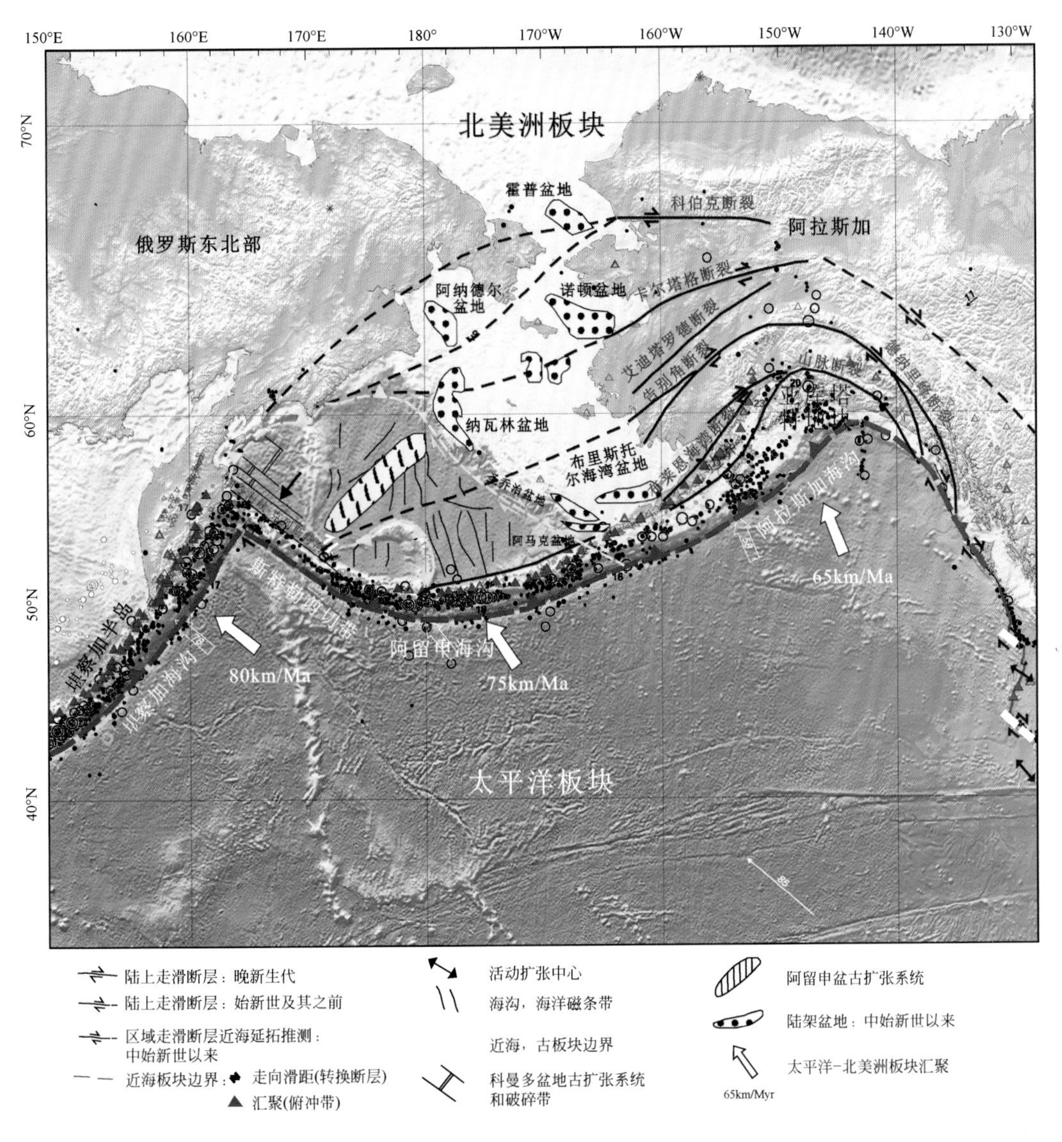

图 5-12　环北太平洋及阿留申-白令海近海地区和北太平洋盆地的主要构造要素（Eichelberger et al.，2007）

图示活动和非活动走滑断层（F）和剪切带（SZ）以及主要的白令陆架盆地（B）

块（包括微陆块、微洋块和微幔块）的形成时间大体是 55～45Ma，并且该区俯冲过程决定了这些微板块的形成。

因此，详细恢复包含奥柳托尔斯基-东萨哈林-根室弧的晚白垩世—始新世板块运动学历史，是评估太平洋板块是否在始新世发生了西向俯冲起始的关键，也是分析微板块动力驱动机制的关键。然而，未来的运动学重建还需要考虑以下几个重要的地质观测。首先，阿留申俯冲带北部残余的奥柳托尔斯基（Olyutorsky）弧继续延伸到了堪察加半岛北部（图 5-12），并与北美科迪勒拉一系列微板块增生诱发的西向挤出逃逸的转换型微板块相连（图 5-12）。根据阿留申群岛最古老的岛弧火山岩，阿留申俯冲带俯冲也开始于约 50Ma。这次俯冲起始导致阿留申盆地下方捕获了一块洋壳碎片（微洋块），该微洋块仍位于奥柳托尔斯基岛弧以东的白令海下方（图 5-11），可能与奥柳托夫斯基弧下方的地壳来源于同一板块。这些信息为恢复西北太平洋板块运动史提供了线索。在白令海，鲍尔斯海脊和希尔绍夫海脊（被认为是洋内弧残余），以及科曼多尔斯基（Komandorsky）盆地和鲍尔斯（Bowers）盆地，其运动学历史仍然是个谜。奥柳托尔斯基弧为西北古太平洋内形成于 85Ma 的洋内弧，死亡于约 40Ma，与堪察加半岛于 10～5Ma 发生碰撞，目前在奥柳托尔斯基弧下方的层析结构上依然可见（图 5-13、图 5-14）。在堪察加半岛和日本之间，鄂霍次克海-千岛弧后盆地在始新世弧-陆碰撞后打开，并破坏了增生的奥柳托尔斯基-东萨哈林-内穆罗弧。对于日本海弧后盆地成因，人们提出了两个相互竞争的模型：日本弧的正向伸展和弯山模式，以及日本相对于欧亚大陆南向张扭打开模式。后一种模型如果正确，将对内穆罗弧的恢复产生重大影响。

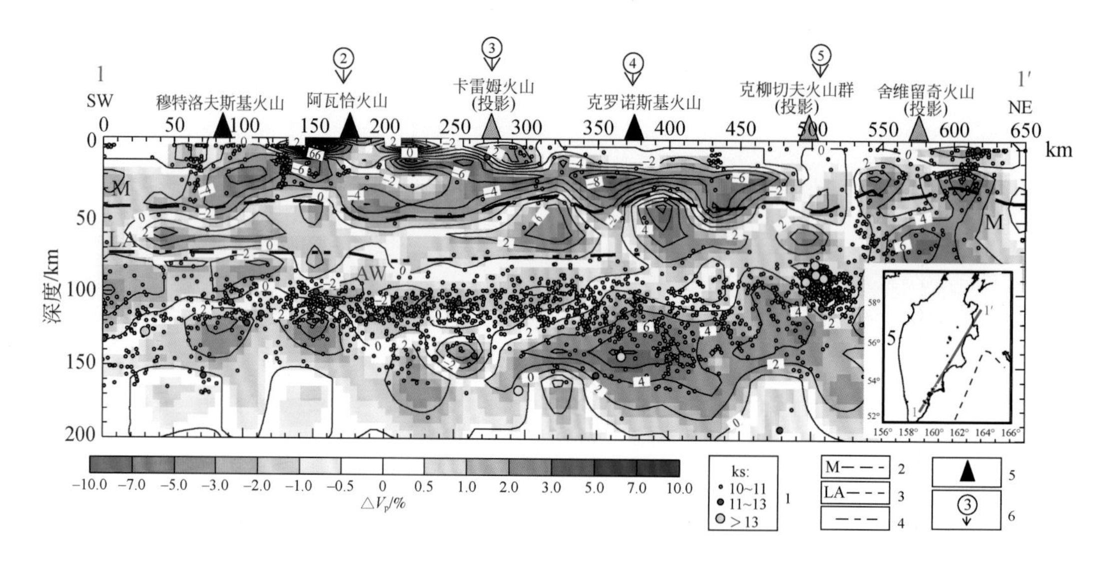

图 5-13　沿堪察加半岛东海岸跨东堪察加半岛火山带的剖面 1（Eichelberger et al.，2007）

层析成像结果以 P 波速度相对百分比变化的方式显示。1-地震的能量等级；2-莫霍面（M）；3-岩石圈-软流圈界面（LA）；4-推断的板片范围；5-火山，6-垂直于 SFZ 的垂向剖面位置。AW-软流圈楔

为了定量分析西北太平洋板块运动，首先，应恢复奥柳托尔斯基-东萨哈林-内穆罗弧由于弧后盆地形成而产生的增生后变形运动学特征，并建立其与白令海淹没地壳的关联。然后，使用岛弧的古地磁数据来进一步检验岛弧是太平洋板块的一部分（Domeier et al.，2017），还是太平洋内某个邻近板块的部分。此外，还要恢复克罗诺茨基（Kronotsky）弧的演化，并对白令海地区的运动学演化进行重建，包括希尔绍夫海脊和鲍尔斯海脊的历史，以及科曼多尔和鲍尔斯盆地洋壳的扩张历史。据

此重建的区域板块模型，应涵盖从日本到阿拉斯加西部的西北太平洋地区（图 5-11）。最后，将板块重建推断的俯冲演化与地幔中俯冲板片的位置进行比较（图 5-13、图 5-14），据此讨论太平洋地区构造演化历史，重点是依泽奈崎–太平洋洋中脊的命运、约 50Ma 的西北太平洋弧–陆碰撞和极性反转及其驱动太平洋板块重组触发微板块形成的可能性。

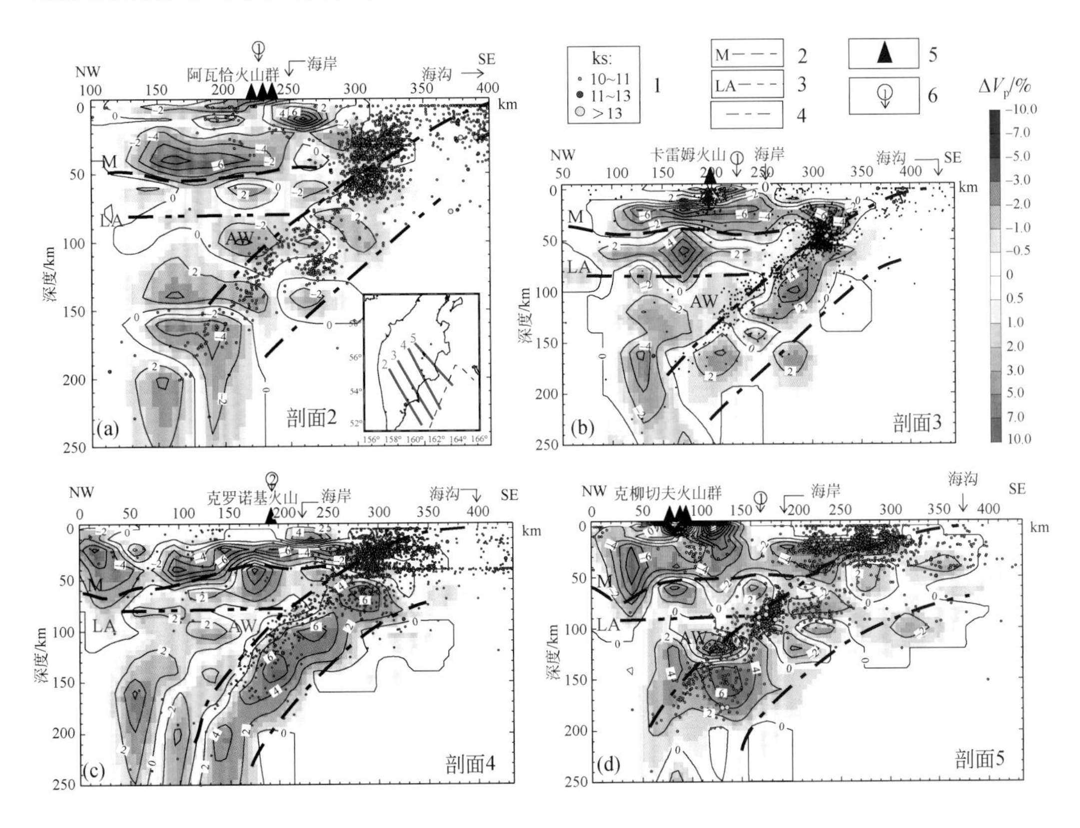

图 5-14　垂直 SFZ 垂向剖面的地震层析成像结果（Eichelberger et al., 2007）

剖面 2 穿过阿瓦恰（Avachinsky）火山群，剖面 3 穿过卡雷姆（Karymsky）火山，剖面 4 穿过克罗诺斯基（Kronotsky）火山，剖面 5 穿过克柳切夫（Klyuchevskoy）火山群。1. 地震的能量等级；2-莫霍面（M）；3-岩石圈–软流圈界面（LA）；4-推断的板片范围；5-火山，6-剖面 1 位置。AW-软流圈楔

从日本到阿拉斯加的西北太平洋地区有一条位于日本、千岛（Kuril）、堪察加半岛和阿留申海沟的连续俯冲系统（图 5-11）。这些海沟在俯冲的大洋型太平洋板块与欧亚板块和北美洲板块的大陆和大洋岩石圈之间形成了一个连续的汇聚板块边界，它们与西伯利亚东北部的维尔霍扬斯基–科雷马（Verkhoyansk-Kolyma）造山带同为一条弥散性板块边界（图 5-11）。目前的这种板块构造格局建立于始新世时期（50～40Ma）。在此之前的早—中白垩世，古太平洋北半部分主要被依泽奈崎、法拉隆和太平洋板块所占据，这些板块被洋中脊分隔。太平洋板块上保存的磁异常表明，在约 83Ma 或之前，存在一个新的大洋板块，即库拉板块，由以前属于太平洋、

依泽奈崎和法拉隆板块的岩石圈碎片组成。磁异常表明，库拉板块和太平洋板块之间的扩张作用一直持续到约 40Ma（Wright et al., 2016）。依泽奈崎板块、法拉隆板块和库拉板块现在几乎完全消失在俯冲带内。

西北太平洋与强烈变形区分割的稳定欧亚或北美洲板块之间被现今的海沟分隔开，这些变形区包括边缘海、部分洋盆、增生造山带、蛇绿岩带以及活动和非活动火山弧。该区包括三个主要的边缘盆地：日本海、鄂霍次克海和白令海（图 5-11）。日本群岛位于日本海弧后盆地与南开和日本海沟之间（图 5-12），由日本增生楔组成，该增生楔不连续发育海洋沉积岩、火山岩以及前陆盆地沉积物。增生楔顶部是活动的日本火山弧，与两条海沟下方的俯冲有关。日本最北端的大岛——北海道（Hokkaido），主要由增生楔单元组成，其地质结构为中生代增生楔单元，包括蛇绿岩、高压低温变质岩和较厚的弧前盆地沉积物。北海道中部的基底为沿南北走向俯冲带与俯冲相关的地体（微板块），向北延伸到萨哈林（Sakhalin）岛（库页岛）。白垩纪—古新世东锡霍特-阿林（Sikhote-Alin）岛弧，形成了北海道和萨哈林岛下部俯冲相关的火山弧，构造上可解释为欧亚大陆的单元，或由走滑断层与欧亚大陆分割的北海道单元（图 5-15），是在北海道东部和萨哈林东部发现的晚白垩世至早古近纪东萨哈林-内穆罗（Sakhalin-Nemuro）岛弧单元；而千岛火山弧则与千岛海沟下部太平洋板块的俯冲有关，从北海道东部延伸至堪察加半岛（图 5-12），其最古老的岩浆岩形成年代为早渐新世。

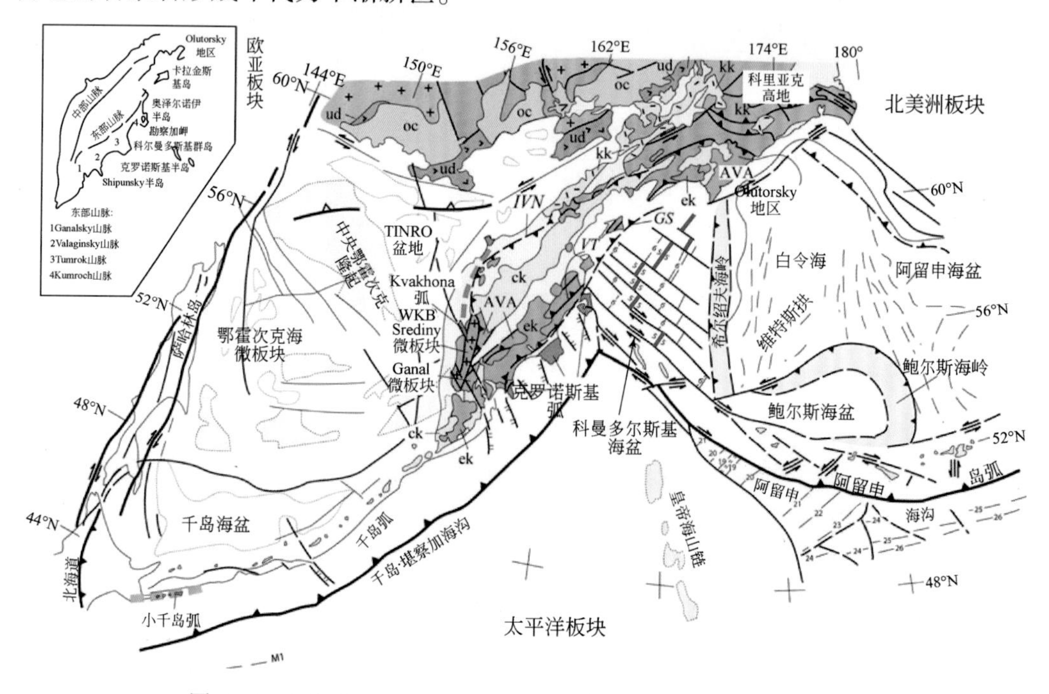

图 5-15　北海道-白令海峡精细构造（据 Konstantinovskaia, 2001）

ek，东堪察加；ck，中堪察加；kk，科里亚克-堪察加；oc，鄂霍次克-楚科塔；ud-乌达-Murgal 火山带；AVA，Achaivayam-Valagina 弧；IVN，Iruney-Vatyna 推覆体；GS，格列奇什金缝合线千岛弧后面是楔形的海洋型千岛盆地（图 5-11）。千岛盆地以北是伸展型鄂霍次克（Okhotsk）盆地，位于鄂霍次克边缘海之下。鄂霍次克海与萨哈林岛东端的东萨哈林–内穆罗岛弧单元被一条右旋走滑系统所分隔。在东部，堪察加半岛由增生楔和活动火山弧组成，与太平洋板块沿堪察加海沟的俯冲有关。堪察加半岛的基底主要由白垩纪蛇绿岩和奥柳托尔斯基弧的上白垩统—下古近统岛弧岩石组成，这些岩石构造上位于西伯利亚东北部西端的基底岩石之上。在东部，奥柳托尔斯基岛弧地体构造上推覆于 Vetlovsky-Govena 地体的古近系增生楔上。在堪察加半岛东部的 Vetlovsky-Govena 地体下方发现了第二条洋内弧的遗迹，即晚白垩世—始新世的克罗诺斯基弧。堪察加半岛东部是白令海地区，该区与太平洋盆地之间被阿留申弧分隔（图 5-11）。

阿留申弧从堪察加半岛以东约 200km 的西部堪察加海峡延伸至东部的阿拉斯加。白令海由三个海盆组成：新近纪科曼多尔斯基海盆、阿留申海盆和鲍尔斯海盆（图 5-11）。重要的是，阿留申盆地和鲍尔斯盆地下部洋壳的确切年龄仍然未知，盆地东北以鲍尔斯和希尔绍夫海脊为界。通过运动学约束，可重建该区晚白垩世从南到北（东）的构造历史（图 5-16）。

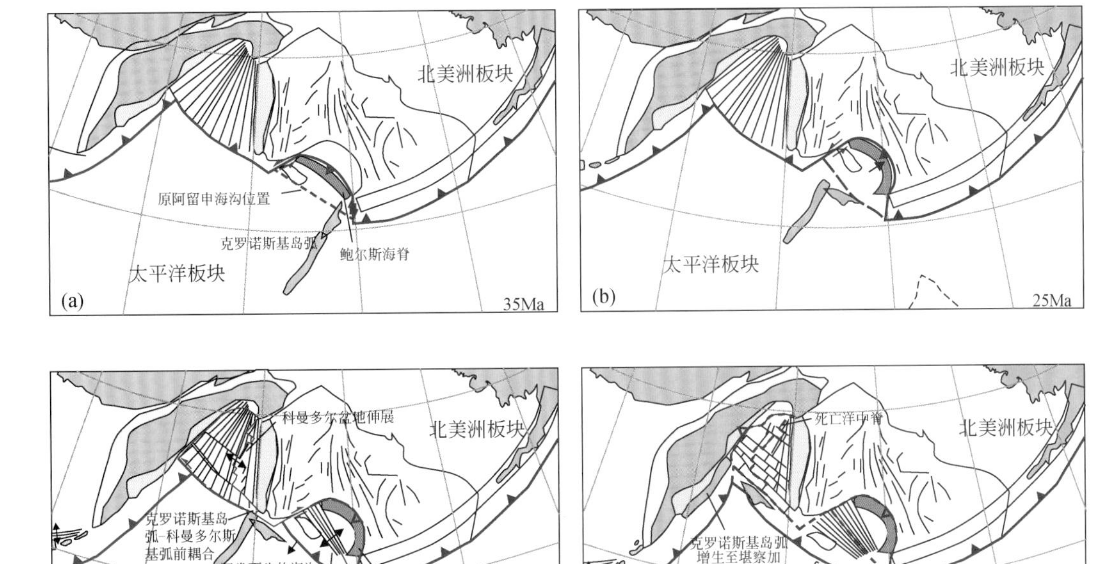

图 5-16　白令海地区（a）35、（b）25、（c）20 和（d）10Ma 相对于固定北美洲板块的板块运动学重建快照（Vaes et al., 2019）

黑色虚线代表太平洋板块岩石圈边缘的重建位置，该岩石圈目前正俯冲到堪察加东南的千岛–堪察加和阿留申海沟下方。红色虚线表示已死亡的板块边界。红色填充/空三角形表示活动/死亡的俯冲带由图5-16可知，该区不同时期处于太平洋板块整体向西或向北俯冲的大区域俯冲动力背景下，形成了大量多类微板块，有的为新形成的洋内俯冲带圈围老洋壳而形成的捕获型微洋块，有的为弧后裂解形成的微洋块，有的为俯冲增生到陆缘的增生型微洋块。具体微洋块的形成机制各不相同，但更高层次统一的驱动机制都是俯冲作用。

这里提出了一个融合多种板块边界作用力的模型，以建立阿留申-白令海海域和堪察加-阿留申的构造连接。图5-17（a）为堪察加-科里亚克陆缘的俯冲带（SZ）堵塞模型；图5-17（b）为白令海陆缘的板块边界挤压模型，即太平洋岩石圈

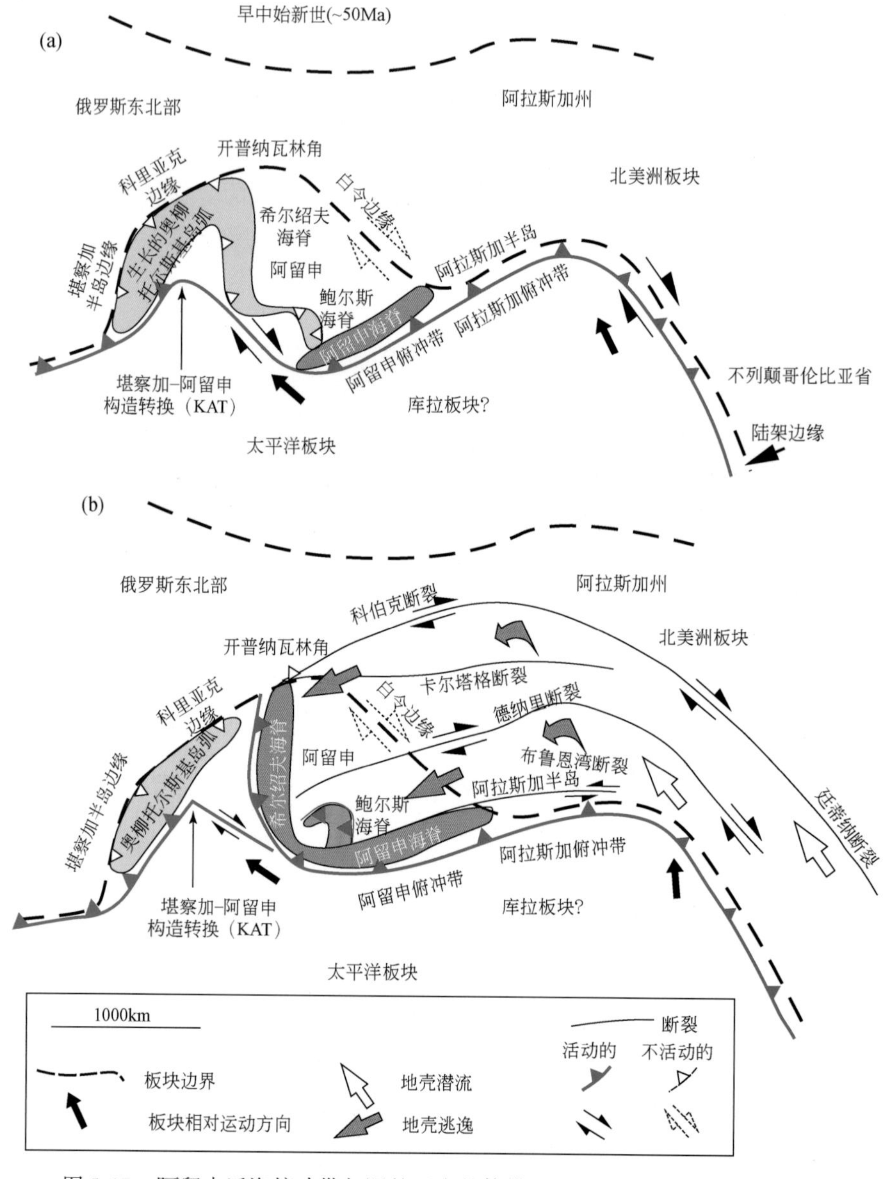

图5-17　阿留申近海俯冲带起源的两个整体模型（Eichelberger et al.，2007）

(阿留申）的一部分向北美洲板块的增生，由此导致图 5-17（a）中阿留申-白令海地区太平洋盆地（相对白令海具有外来特征）的增生，以及堪察加半岛-科里亚克陆缘，奥柳托尔斯基-希尔绍夫-鲍尔斯岛弧杂岩（Olyutorsky-Shirshov-Bowers）堵塞了太平洋西北缘的俯冲带，迫使阿留申群岛在近海形成。然而，图 5-17（b）中板块边界驱动的太平洋东北缘地壳横向流动和挤出逃逸，形成了一系列转换型微陆块，迫使近海阿留申-希尔绍夫-鲍尔斯俯冲系统原地形成。

图 5-18 表明，白垩纪中期的洋壳缺乏磁异常数据，位于明治（Meiji）角的下方。在皇帝海山链的西侧，其南部记录了较古老的中生代早期或 M 系列磁异常。海山链以东是晚白垩世和古近纪的磁异常（黑色数字 33 至 20），图 5-18 中细红线为破碎带。带有 0Myr、5Myr、10Myr 和 20Myr 时间刻度的粉色线（白色数字），为过去 20Myr 期间太平洋板块向堪察加俯冲带的北西西向运动轨迹。在约 20Myr 前，位于皇帝海山以东的水深高地形包括 Stalemate 破碎带、皇帝海槽以及它们之间的未命

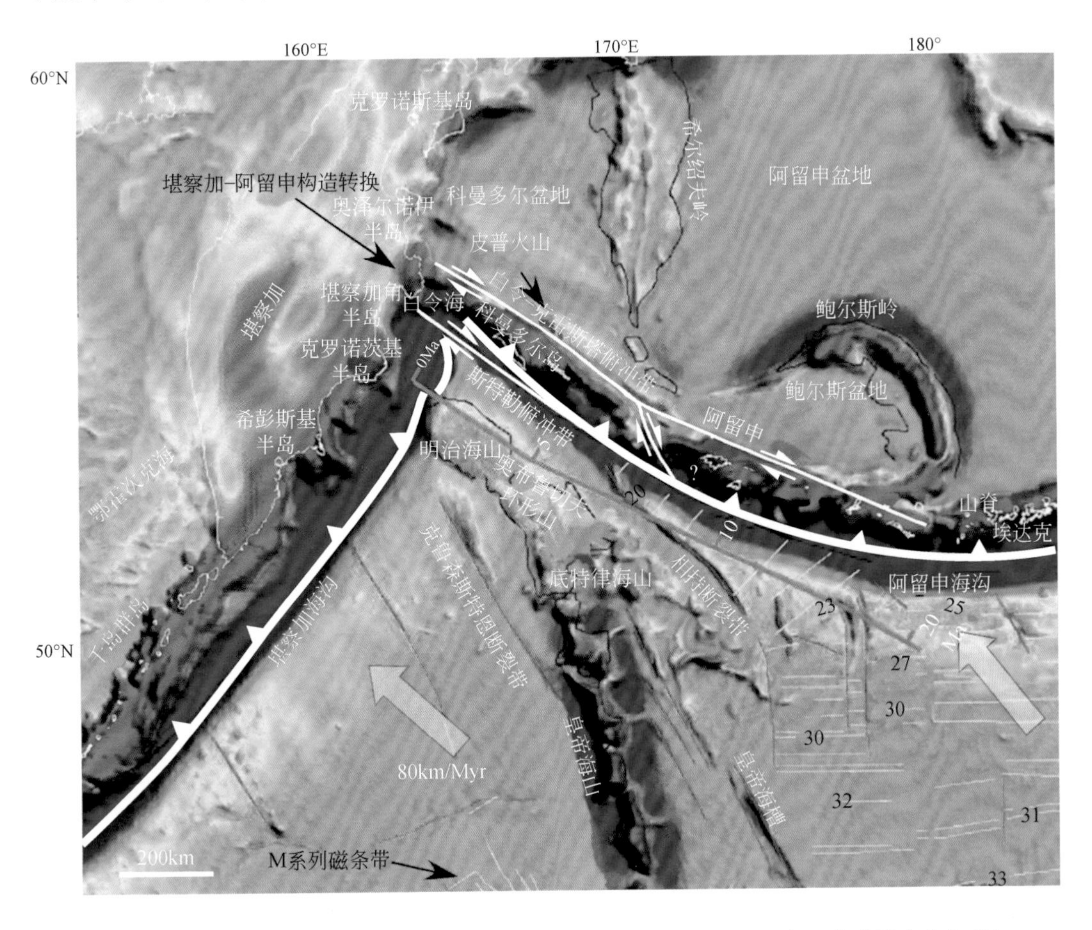

图 5-18　太平洋盆地西北部或明治（Meiji）角的重力指数（低为蓝色，高为橙色和红色）和磁异常（白线）

名海山群，开始斜向俯冲进入阿留申俯冲带的西段，形成了阿留申海脊（Vallier et al., 1992, 1996），导致或促成了岛弧型微板块的进一步碎裂和微板块向堪察加海沟的快速运动，以及 Near 海脊和科曼多尔群岛部分下方太平洋板块的撕裂（图 5-13、图 5-14）（Yogodzinski et al., 2001）。高地形微板块进入俯冲带西段，也可能促使科曼多尔盆地在 20～10Ma 发生弧后扩张（Baranov et al., 1991；Valyashko et al., 1993）。

图 5-19 展示了阿留申岛弧型微陆块，在太平洋板块斜向俯冲作用下，变形分解为一系列的旋转微陆块或地块群。图 5-19（a）是向堪察加俯冲带移动的岛弧地体

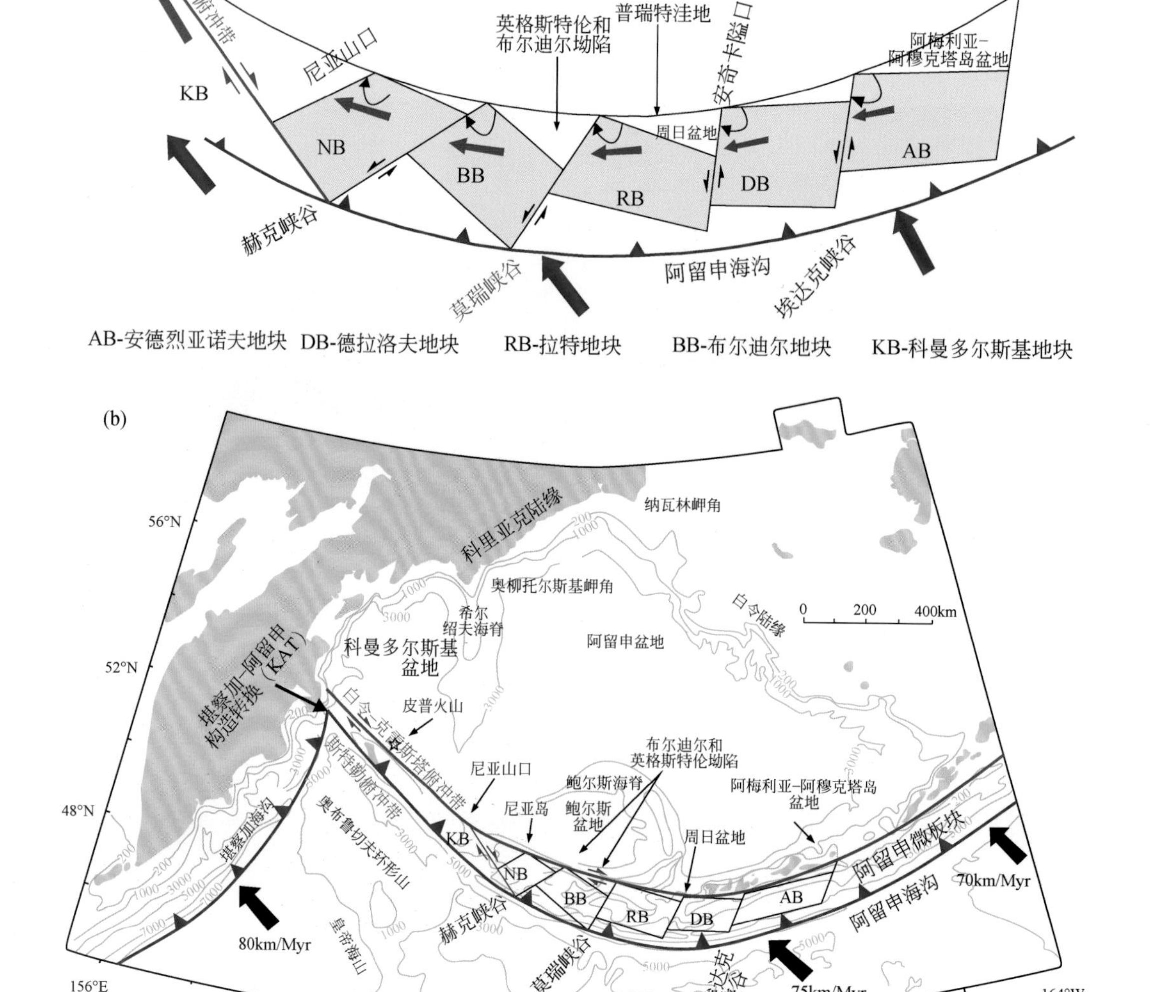

图 5-19 阿留申海脊的地理位置和构造背景（Eichelberger et al., 2007）

顺时针旋转和向西平移的图解模型。旋转块体（微陆块）沿其北侧远离陆缘盆地（Amlia-Amukta 盆地、Sunday 盆地、Buldir 坳陷），并沿着其东侧撕裂成大型峡谷［埃达克（Adak）、默里（Murray）和赫克（Heck）峡谷］。实际上，远端西部微陆块或科曼多尔斯基微陆块随着太平洋板块向西北方向移动。图 5-19（b）显示，白令-克雷斯塔（Bering-Kresta）剪切带位于科曼多尔斯基微陆块白令海一侧底部，沿此剪切带，阿留申微陆块向西移动，并被牵引至堪察加-阿留申，或于当前堪察加角半岛的阿留申-堪察加构造处（KAT）与堪察加发生碰撞。

图 5-20（a）描绘了高纬度东北太平洋早始新世大地构造背景下北太平洋边缘造山带（NPRS）的逆时针方向流动，实际是阿留申俯冲板片向南回卷、俯冲带向南后撤所致。该造山带流动沿白令微陆块陆缘挤出，Resurrection 微洋块及其末端的库拉-Resurrection 洋中脊向东和向北俯冲，以及西北太平洋的奥柳托尔斯基岛弧杂岩

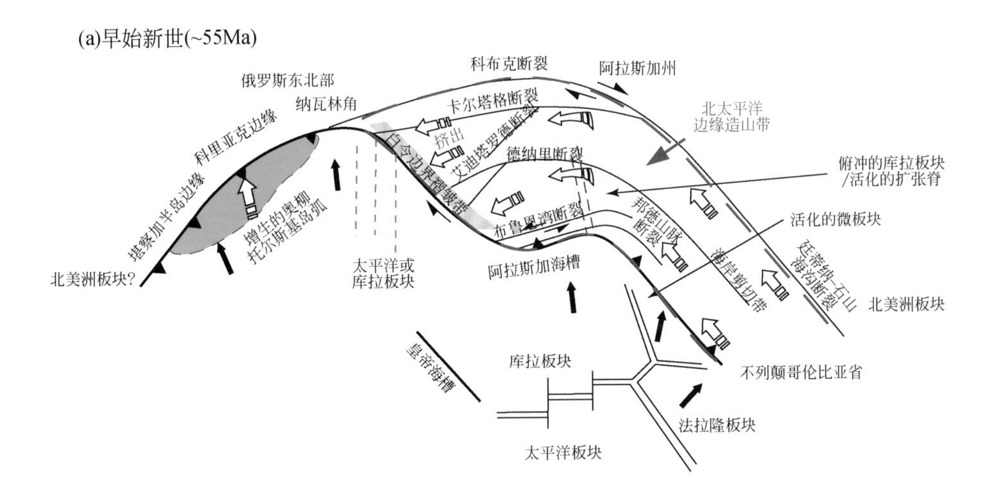

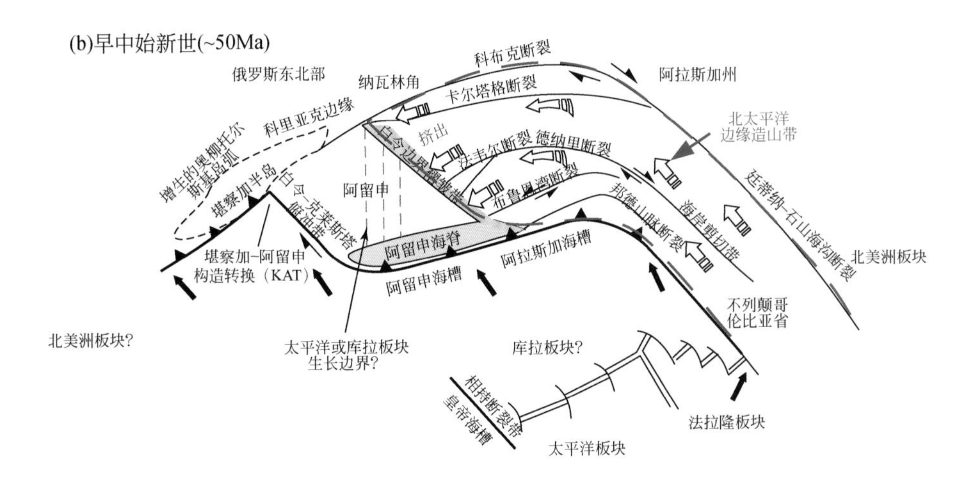

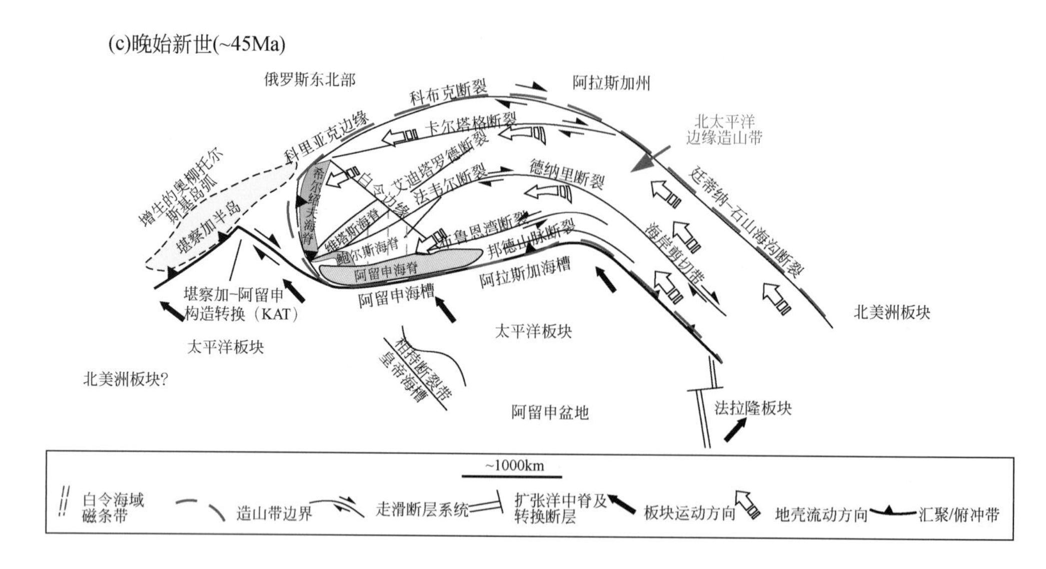

图 5-20 阿留申-白令海起源以及堪察加半岛和阿留申俯冲带之间 KAT 构造连接的耦合或综合场景（Eichelberger et al., 2007）

向堪察加半岛-科里亚克陆缘的增生。库拉-Resurrection 洋中脊在晚白垩世/古近纪产生的南北磁异常可能位于太平洋盆地西北部的纳瓦林角（Cape Navarin）。图 5-20（b）显示奥柳托尔斯基岛弧的增生堵塞了科里亚克（Koryak）俯冲带，并迫使阿留申俯冲带在近海形成，作为阿拉斯加老俯冲带的向海延伸。在图 5-20（c）中，NPRS 向白令陆缘的持续挤出迫使希尔绍夫海脊和鲍尔斯海脊的近海俯冲带原地形成。因此，阿留申-白令海区域的形成，与外来弧地体（Olyutorsky 弧）向太平洋盆地西北角的增生，以及从其东北角向白令海区域几乎同时由板块边界驱动的西南向 NPRS 推挤存在关联。

图 5-21 表明，岛弧火山作用可能发育在渐新世晚期或中新世早期，由于未知原因，在希尔绍夫和鲍尔斯俯冲带结束，两条海脊的岛弧型微陆块在波基面下侵蚀，

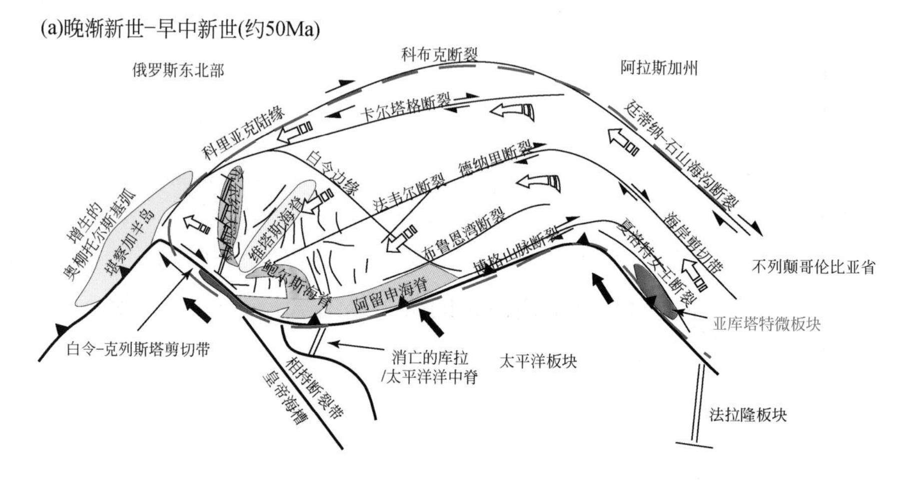

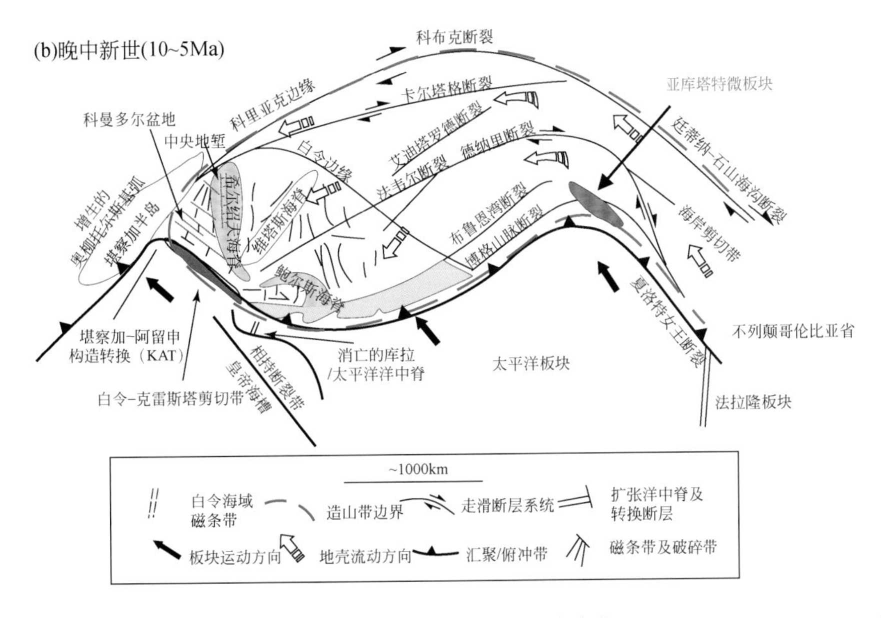

图 5-21　北太平洋陆缘造山带及阿留申俯冲带的微板块演化（Eichelberger et al.，2007）

沉降至 1500 ~ 2000m 深处。这些海脊处的俯冲停止，将北太平洋陆缘造山带的西南边界转移到阿留申俯冲带，从而包括 Mackey 等（1997）和 Fujita 等（2002）提出的整个白令微陆块。这次转移将允许 KAT 连接处的碰撞构造运动向南移动到东堪察加半岛，可能从卡拉金（Karaginsky）岛到奥泽尔诺（Ozernoy）半岛到达堪察加角半岛。图 5-21（a）显示，平行于白令-克里斯塔剪切带走向的 ~ 20Ma 弧后扩张始于科曼多尔斯基盆地，并可能取代了阿留申群岛较老的地壳，阿留申群岛则向西俯冲到堪察加半岛北部下方（Baranov et al.，1991；Hochstaedter et al.，1994）。沿希尔绍夫前弧开始的扩张与海脊的纵向伸展和断裂作用有关（Baranov et al.，1991）。扩张作用可能是由堪察加-科里亚克陆缘的堵塞、始新世废弃俯冲带下方太平洋板片暖化和榴辉岩化洋壳的下沉引起（图 5-22、图 5-23）。采用 Vallier 等（1992，1996）的观点，推测水深高地形斜向进入阿留申俯冲带西段，破坏了岛弧型微陆块（图 5-21），并开始朝西向堪察加俯冲带推动顺时针旋转的次级微陆块，这个过程可能导致白令-克里斯塔剪切带下方板片窗的打开，该剪切带仍然是科曼多尔斯基盆地中新世扩张、地壳置换的残余表现（Yogodzinski et al.，1995）。沿着太平洋盆地的对侧或东北缘，随着造山流向北移动的 Yakutat 微陆块进入阿拉斯加俯冲带的东端，显著地收紧了所谓的阿拉斯加“弯山”（orocline）的弯曲程度，并增强了阿拉斯加西部和白令海域一系列微陆块向阿留申俯冲带的挤出逃逸（Eberhart，2006；Eichelberger et al.，2007）。

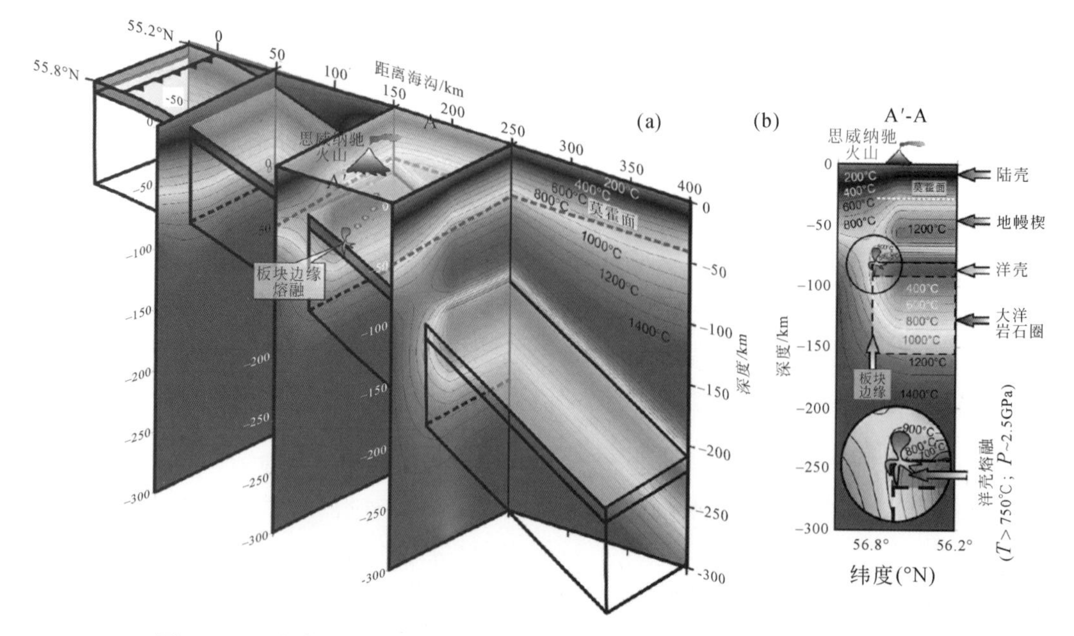

图 5-22 阿留申-堪察加交界处下方较热的软流圈内部 3D 俯冲板片边缘的热结构（a）及垂直于 Shiveluch 火山所在的模型主横截面（A′-A）（b）

注意 ~70km 处的高温（T>750℃），这代表了 Shieveluch 记录的洋壳发生熔融并产生埃达克岩浆的适宜条件

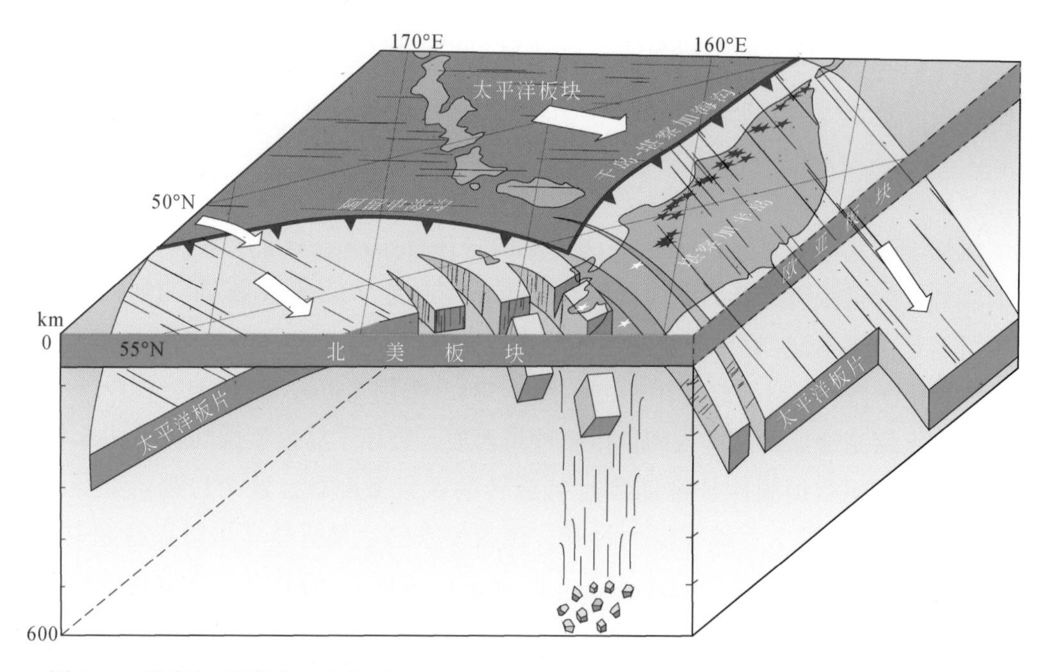

图 5-23 堪察加-阿留申三节点形成微幔块的地球动力学三维模型（Eichelberger et al., 2007）

注意立体图的视角是从西北方向看。红星为活火山。白星为死火山，位于太平洋板块边缘一定距离的纳奇金斯基（N-Nachikinsky）和凯鲁拉（K-Khailula）。K-科曼多斯卡亚（Komandorskaya）微板块，与北美洲板块相邻。由于与北美洲板块的相互作用（破坏性作用），太平洋板块边缘的一些岩石圈块体被撕裂。这些块体具有负浮力，下沉到地幔中（即微幔块），进而被加热，也有个别可以产生小型地幔柱

第6章 微板块构造范式

范式（paradigm）的概念和理论由美国著名科学哲学家托马斯·库恩（Thomas Kuhn）提出，并在《科学革命的结构》一书（1962）中给予了系统阐述。范式是一个由基本定律、理论、应用以及相关的仪器设备等构成的整体，给科学家提供了一个研究纲领；是一种公认的模型或模式；是一种理论体系、理论框架。在体系框架之内，该范式的理论、法则、定律都被人们普遍接受。

范式是科学研究过程中可模仿的成功先例。在库恩的范式论里，范式归根到底是一种理论体系，范式的突破将导致科学革命，从而使科学获得一个全新的面貌。例如，日心说对地心说就是范式革命，地质学中的板块构造范式、地幔柱构造范式、古海洋学范式、层序地层学范式也分别革新了此前坚守的长期模式、旧有理论体系，先后推动了多次地学革命，使学科面貌焕然一新。

1）板块构造革命。1968年正式诞生的板块构造理论，植根于第二次世界大战期间的大量资料积累和海洋地质、海洋地球物理的系统调查，源于海底科学和技术的发展，简单而科学地解释了固体地球系统纷繁复杂的现象，克服了大陆漂移学说、海底扩张学说遗留的根本性难题，使得地质学研究彻底摆脱了统治地质学发展五十多年的固定论——槽台学说的桎梏。

2）古海洋学革命。20世纪70年代中期，在大洋钻探计划（DSDP）基础上建立的古海洋学，其中心问题是古海洋环流发展史和全球变化记录，它将地表系统相关的岩石圈、水圈、生物圈和大气圈的研究结合起来，是地球多圈层相互作用研究的先驱，可视为地球系统科学发展的早期阶段；至1983年，与大气科学和海洋科学等一起直接催生了地球系统科学。

3）层序地层学革命。1987年在地震地层学的基础上发展起来的层序地层学，强调沉积地层形态和时空组合关系在地质历史中的周期性，有效结合了影响流固界面之间沉积层序的四大控制因素：气候变化、海平面变化、沉积物供给和构造运动。这直接推动了深时地球系统科学发展，特别是，层序地层学将实现四维盆地动力学模拟，必将革新传统勘探技术体系，推动实现智能感知、精准勘探、数字预测的新勘探范式变革。

海底科学（Marine Geosciences）是一门以海底固体圈层（海洋岩石圈、软流圈、下地幔）及其与水圈、冰冻圈、生物圈界面乃至地磁圈为研究对象的新兴系统科学，是海洋科学的重要分支。其基本任务是揭示海底结构构造和物质组成的基本特征、运动过程、变化规律与动力学机制，阐明海底结构构造和物质组成演化与资源、能源、环境、灾害效应的关系，为国家海洋权益维护、国土安全守护、能源安全开发、军事活动保障、海底资源利用、环境可持续发展，提供有效的科学理论依据。海底科学从海洋地质学、海洋地球物理学、海洋地球化学等逐渐发展而来，成为多学科高度融合与交叉、以海底结构构造和物质组成演变及其综合效应为理论基础、相关高新技术为主要研究手段的综合性学科。早期的海底科学推动了板块构造理论的建立。

随着传统板块构造理论五十多年的深入研究，陆地和海底大量死亡的和活动的微板块或微陆块划分越来越详细，加之层析成像揭示出大量非岩石圈构造层次的深部地幔微小块体（微幔块类型之一），有望通过深部热地幔内冷微幔块与岩石圈板块遥相关的研究，突破大陆动力学自身难以解释的克拉通盆地成因等问题。这一系列学科交叉成果确实超越了局限于岩石圈层次的传统板块构造理论范畴，为此，学界迫切需要拓展传统板块构造理论，以面对“板块起源、板块动力、板块登陆”三大难题。这三大难题犹如飘在传统板块构造理论天空中的三朵乌云，而解决这三大难题的突破口，可能就在于探索微板块与大板块在行为上是否一致。基于这个背景，新近提出的微地块构造理论或微板块构造理论（李三忠等，2018a；Li S Z et al.，2018a，2019）试图探索和升华、继承和拓展传统板块构造理论，以推动一场新的地学范式变革。

6.1 微板块构造原理

板块构造理论问题的根源在于板块的尺度、规模太“大”，未来有必要从细微角度入手分析可能的解决方案。在板块构造体制下，除了大小不同的差异，“大地构造学”中的微板块或微地块与大板块总体是类似的，必须满足以下 4 个条件，以区别于“构造地质学”中的一般构造单元。

1）平面几何上，相对大板块而言，微板块面积微小，其面积可以介于 $10^5 \sim 10^6$ km^2级，长宽 400～1000km，甚至可宽泛到定义为“可填图”的大地构造单元，有的仅有几百平方千米。

2）微板块是相对统一的运动块体，具有一致的运动学行为，作为整体在 GPS 现今速度场、板块重建的速度场上或地幔流场中具有相对一致的运动速率。微板块可以是刚性一体化的，但极端环境下（如时间上的早期地球、空间上的深部地幔）也是可变形的；不同微板块之间的同时运动可以具有空间联动性，也可以相对独立运动。

3）动力学上具有成因多样性，一个微板块具有统一的主导成因，如拗沉、滴坠、俯冲、碰撞、拆沉、底侵、地幔柱、旋转、转换、走滑等构造。在一个微板块的演化过程中，其驱动力可构成成因链。

4）与周边地质体相比，微板块各自具有相对独立的长期构造-热演化历史。

为了便于学术交流，这里先对比区分一下容易与“微板块”术语混淆的一些大地构造术语。

1）克拉通（craton），是指陆壳上早期发生过强烈变质变形后长期保持稳定的构造单元，即大陆结晶基底中长期不受后期造山运动影响，可能受造陆运动影响的相对稳定部分，可以有长期稳定而未变形的沉积盖层，也可以没有沉积盖层。与之相反的活动单元为造山带（orogenic belt）。但华北克拉通例外，其在中元古代至三叠纪期间形成的稳定沉积盖层在印支—燕山期发生了强烈褶皱、逆冲等变形。

2）地台（plateform），又称陆台，是陆壳的一部分，其上部覆盖着水平的或缓倾斜的岩层（主要是未变质或轻微变质的沉积岩），其下伏岩石是早期变形、变质程度不同并固结稳定的结晶基底，故具有双层结构，下层为褶皱基底，上层为沉积盖层。华北克拉通有时称为华北地台，但因其在印支—燕山期发生了强烈变形而与标准的地台还存在差异，所以也称准地台。

3）地盾（Shield），是指克拉通或地台中大面积基底岩石出露的核心地区，它长期稳定隆起，遭受剥蚀，通常具有平缓的地形，没有盖层，或只在局部坳陷中有较薄的盖层沉积，常被有盖层的地台所环绕。世界上著名的地盾有加拿大地盾、波罗的地盾等。地盾区的所有岩石都是早前寒武纪的。

4）陆核（nuclei），是长久稳定的地盾中古老而稳定的陆壳组成，地盾和陆核基本为同义词。

5）大板块（megaplate），是指内部刚性、边缘可变形的，具有统一运动学行为的大型岩石圈块体。全球一般划分为六至八大板块。现今全球“大板块”很多划分方案中，传统意义上的“被动陆缘”不作为其边界，而是“大板块”的板内环境。

6）微板块（microplate），是指满足上述4个条件的岩石圈、地壳或地幔块体。车自成等（2016）也将其理解为“小板块”，并认为以克拉通为主体，周边残存被动或活动边缘等板块活动的遗迹，有不同于周边的独立演化史；活动陆缘组成也可起源于洋底高原并在后期洋壳俯冲-碰撞过程中镶嵌进陆缘造山带中。从其定义来看，本书认为微板块不应当受“克拉通”约束，因为微板块除了可以完全由变质或未变质的陆壳组成外，还可以完全由变质或未变质的洋壳或地幔组成。实际上，几乎所有克拉通都是地球早期由很多微板块集结而成，例如伊尔冈克拉通由7个微板块、苏必利尔克拉通由9个以上微板块拼合而成（图2-51）。此外，在面积大小上，微板块还是明显小于“小板块”。

李继亮等（1999）认为，微板块有的保存有显生宙的沉积盖层，有的盖层却被剥蚀殆尽，或者沉积盖层很薄；他们还认为，在碰撞造山带中，微板块内不应当有岩浆弧成因的火山岩或侵入岩，如果有，则称为弧，不再叫微板块。这里所说的弧，即李继亮等（1999）定义的“增生弧”，是岩浆弧与混杂带的共同体。他们还明确了大洋岛弧的概念，认为它在岩石组成和构造上与一般前缘弧没有太大区别，只是完全没有或者几乎没有陆壳结晶基底。

然而，Bird（2013）等认为，以弧后盆地与主大陆分离，并以海沟与大洋盆地分离的岛弧，都符合微板块的定义。有无岩浆弧或岛弧成因的火山岩和侵入岩，不应当作为否定微板块属性的标志，而且微板块是构造上的定义，虽然可以根据岩石学证据加以识别，但不是仅仅依靠岩石学成因就可以界定的。此外，大洋岛弧一般与俯冲相关，现在基本上称其为洋内弧，洋内弧一般是微洋块，很少有经典陆壳或陆壳结晶基底组成。此外，李继亮等（1999）的“增生弧”也不同于常说的增生楔，既然可分为岩浆弧与混杂带，直接分称这两个不同单元即可，而不用考虑其产状是否伴生。

7）地块（block），是应用最为混乱的地质构造术语。地块是具有一定综合结构形态、属于一定构造体系的刚性地质块体。地块在大小上的理解差异悬殊，但通常指具有独立性又与相邻块体关联运动的较小地质体，常由地壳物质组成且地壳结构构造具有均一性，并具有明确的界线，所以既可以指小型的陆壳块体，也可以指小型的洋壳块体。本书一般指微板块级别以下的内部刚性块体，或者不能上升为微板块的相对独立运动的或在一个共同构造体系下关联运动的一个或多个地质块体。车自成等（2016）的观点与此不同，认为从大小差异上，地块大可达到板块一级。但本书严格将地块定义为小于微板块的地质体［图 5-19（a）］，最多可称其为次级微板块，可以小到作为大比例尺地质图的填图单元。这些地块之间除了被构造边界划分外，组成等其他特征和运动历史都可以相同。

8）陆块（continental block），是指主体由陆壳或大陆岩石圈组成的大型地质体，大小上一般比地块大。但杨巍然等（2012）认为，对面积大、发育盖层和上叠盆地或成为陆源碎屑供给区的才可称为陆块，被卷入造山带的基底称为地块，还认为后者即古隆起。但是，地块是构造术语，古隆起是古地理术语，本书不建议将两者等同。此外，地块可以完全是洋壳块体，即洋块（oceanic block）组成，如被同一微洋块内破碎带分割的一系列洋块。

本书作者曾使用过的“微地块”（micro-block）并非指比前述定义的“地块”微小的地块，而是指非板块构造体制下的“微板块”，因为“微板块”中的“板块”两个字容易使大家辩驳为什么“非板块构造体制”下还称“板块”。但实际上，非板块构造体制下的“微地块”完全符合“微板块”定义，因此本书也统称为微板块。这种术语的统一性也方便将微板块构造理论拓展到地球早期前板块构造体制下或非板块构造体制下的动力学演化，有助于建立地球全历史的地球构造理论。为了避免这种无谓的争论，本书也认可非板块构造体制下的微板块可称为微地块。

9）地体（terrane），原意是移置地体（allochthonous terrane），指外来的、经过长距离漂移而拼贴到现今位置的地质体。后来，地体又延伸出一系列新类型，出现各种划分原则不一的地体术语，如地层地体、变质地体、原地地体、复合地体等。无论何种地体，本书认为它们一般都是微板块演化的最终结果，或微板块的残余保存。当强调其演化过程时，现今依然可称为微板块；当强调其演化结果时，本书也不反对称其为地体，但也依然可以称为微板块。

10）岩块（rock block），是指一些露头尺度上与周边地质单元不同的外来岩性或岩石组合相对统一的岩石块体，一般是在露头尺度或填图尺度，与周围基质原岩年代不同或相同的、具有相同变质变形特征的地质体。实际上，一些岩块演化历史未必简单，例如一些缝合带内部的基性-超基性蛇绿岩块可能是残存于造山带的微幔块。

基于“大制不割，大道至简”的原则，总体可以将微板块构造（李三忠等，2018a；Li S Z et al.，2018a）的基本理论框架简单概括为以下几点：

1）几何学：垂向上，微板块是壳-幔系统的重要独立微小构造单元，不但可以发育于岩石圈层次，而且可以发育于地幔深部，在岩石圈层次上可分为微陆块、微洋块（局部也可以伴生出露的微幔块），深部地幔层次全为微幔块；平面上，现今地球表层可被二十多种活动的或死亡的微板块边界分割为上千个微陆块、微洋块及微幔块，深部地幔还有大量微幔块发育；几何学上不同于传统板块构造理论的是，微板块之间不仅存在水平的碰撞、增生和拼贴关系，而且可以存在垂向的叠置关系。

2）运动学：微洋块或微陆块（即不包括微幔块在内的微板块）不仅可围绕欧拉极在地球表面做小圆、刚性、水平运动和自轴旋转运动，垂向上还可做跨圈层的上下运动。运动学上不同于板块构造理论的是，微板块不只局限于岩石圈运动，还可以跨圈层运动。微幔块在深部地幔可随地幔流做水平“漂移”运动，也可做上升下沉运动。微板块内部速度应具有一致性或规律性，并与周边环境速度场相比具有独立性或明显不同。

3）变形性：微板块内部可以是刚性的，但相对“大板块”内部距离力源较远而言，微板块内部距离力源要近，所以其内部也具有可变形特性，但多数时期变形主要集中在微板块边缘。变形性方面不同于传统板块构造理论的是，微板块短期变形行为是刚性的，长期变形行为是可变形的，而深部微幔块长期行为和短期行为可能都是塑性的；微板块边界可以是活动的，也可以是稳定的。

4）周期性：微板块可在任何构造部位生消，具有相对独立的演化史，形成演化遵循非 Wilson 或 Wilson 旋回，周期时限不等，循环路径复杂多样。周期性方面不同于传统板块构造理论的是，微板块周期具有非线性特征，这取决于不同尺度的驱动力系统的非线性行为。但像传统板块构造理论中所述，微洋块也可对称生长于洋中脊，微陆块也可形成于俯冲带；微陆块-微幔块之间、微洋块-微幔块之间的转换可以是突变事件，也可以是渐变事件；超越板块边缘局限，微板块可活动或死亡于所在更大级别构造单元的各个部位。

5）活动史：微板块处于地球板块体制下可以称为微板块，非板块构造体制下也可以称为微地块，其演化过程中可以曾经是大板块。微板块的运动多数是被动的，可以通过建立地球上组成现今不同大板块的“微板块”生命树，追踪各“大板块”起源。微板块在非板块体制下或前板块体制下也可发育，甚至在地球壳幔分层时期的壳层就可出现，且数量更多，随着壳层或岩石圈增厚，微板块数量逐渐减少。

6）转换性：微洋块可以增生镶嵌为大洋型大板块，大洋型大板块又可碎片化并转换为微幔块或微洋块，微洋块也可以增生拼贴于陆缘而转换为大陆型板块组成。大陆型“大板块”边界向内千千米，可在碰撞过程中碎片化，并转换为微陆块，或微陆块通过深俯冲转换为微幔块。大陆型“大板块”可在裂解过程中碎片化为微陆块。大陆型“大板块”岩石圈地幔及部分下地壳可以通过拆沉形成深部微幔块，浅部可伴随碎片化的微陆块生成。大陆型“大板块”还可在裂解过程中碎片化为微陆块；大陆型“大板块”的岩石圈地幔及部分下地壳还可以通过拆沉形成深部微幔块，其浅部可伴生碎片化的微陆块生成。微陆块与微洋块之间除组成成分不可转换之外，这两者之间海陆分布或古地理属性都可以相互转换，即微陆块可以出现在洋底，微洋块可以残存于陆内；微陆块、微洋块可以通过岩石圈地幔拆沉等过程，跨圈层转换为深部微幔块，转换方式或机制多种多样；微幔块也可以通过深俯冲折返到地表，但陆幔型和洋幔型微幔块之间组成成分不可转换。

7）动力学：微板块的驱动力机制可以是地幔对流，但形成方式和驱动机制更具有多样性。微板块之间的作用可以是板块式的接触作用，也可以非接触的遥相关作用。微板块的驱动力机制具有多样性、关联性、联动性，也可以具有与周边环境不同的独立性，但终极驱动力的自驱动机制为瑞利-泰勒不稳定性（热力、重力或两者的联合），而终极驱动力的其他驱动机制可以为渐变性的邻近块体相互作用或者灾变性的撞击作用（统称为外力）。

如果要将微板块构造理论拓展到早前寒武纪的前板块构造体制下，或拓展到超越岩石圈的更深层地幔中，完全可以摆脱“板块”之类的术语约束，直接将微板块称为微地块（也包括微陆块、微洋块、微幔块），以避免人为术语的规定导致理论的缺陷。但不同地史时期，微洋块的物质组成可能是演变的，例如，微洋块早期不一定是现今的由钙质软泥、硅质岩、玄武岩、辉绿岩墙、辉长岩组成的标准洋壳和洋幔，而更可能类似现今月球的月壳，由辉长岩、斜长岩、苏长岩组成，或者可能因早期地球地幔温度超过1500℃而表现为科马提质的微洋块，等等。此外，还有研究表明，不同时期微洋块厚度也可能存在巨大差异。

总之，微板块构造的提出有助于解决传统板块构造理论遗留的大量疑难问题。例如，大板块的同一条边界上发生的边界过程相同，但是同时产生的矿床类型沿该大板块边界的不同段落却存在巨大差异。对此，从微板块构造理论角度看，虽然大板块具有同样的边界过程，但该大板块因由不同微板块组成，故沿此该大板块边界的不同段落，实际是不同微板块的边界，使得同属一条“大板块边界”的成矿差异性（曾普胜等，2021）、控制矿种类型的因素是完全不同的。这种同属一条“大板块边界”的成矿差异性，实质是组成该大板块的先存微板块物质组成、边界类型和边界过程差异的体现。

（1）几何学

传统板块构造理论中，板块之间的空间关系总体上只能是水平并置关系。但微板块构造理论中，微板块之间可以出现垂直空间上的紧密接触式叠置关系，还可以出现垂向空间上无接触的遥相关相互作用关系。这种遥相关的相互作用，不是以传统认知的力学方式，而是通过热效应方式进行的。

传统板块构造理论中，地球体积保持不变情况下，一个板块俯冲到另一个板块之下是一个基本的空间消亡过程，不仅与大陆生长过程不可分割，而且弥补了海底新增生洋壳所需的容纳空间。一般来说，俯冲进入地幔的多数过程密度更大的大洋板片，而浮力更大的大陆板块则多数保留在地表，这些在岩石圈中保留下来的板块只能是水平并置的关系。

然而，现今地震层析研究结果表明，垂向空间上无接触的遥相关深部微幔块-浅表微板块相互作用比较常见，特别是俯冲消减系统中。例如，在印度尼西亚东南部的巽他-班达地区（图6-1，图6-2），欧亚板块和澳大利亚板块的汇聚导致班达火山弧和澳大利亚大陆的碰撞。地震台站记录的信号表明，由于澳大利亚板块向北运动，海沟和火山弧之间的一条大陆前弧（可称为微陆块）被俯冲到并间夹在上覆大陆板块下方、俯冲大洋板块上方。结果表明，俯冲弧前物质可能导致陆壳物质对火山作用的混染。局部地震层析成像揭示的巽他-班达弧过渡带，其三维地震 P 波速度模型显示：①大洋岩石圈向北俯冲，与澳大利亚板块和巽他岛弧的汇聚有关，作为一条高速带向下延伸至约 200km 深度；②存在两个不同的低速区，一个位于板片正上方，可能是部分熔融区，另一个位于 0 ~ 40km 深度范围，可能是与上方活火山相关的岩浆房；③一条北倾的高速带将两个低速异常一分为二，这里，将其解释为大陆成因的俯冲弧前板条（sliver），即正俯冲的微陆块。火山的$^{3}He/^{4}He$ 同位素比值揭示，岩浆从俯冲的微陆块下方熔融区域上升时，可与俯冲的微陆块（即弧前板条）发生相互作用而受到混染。

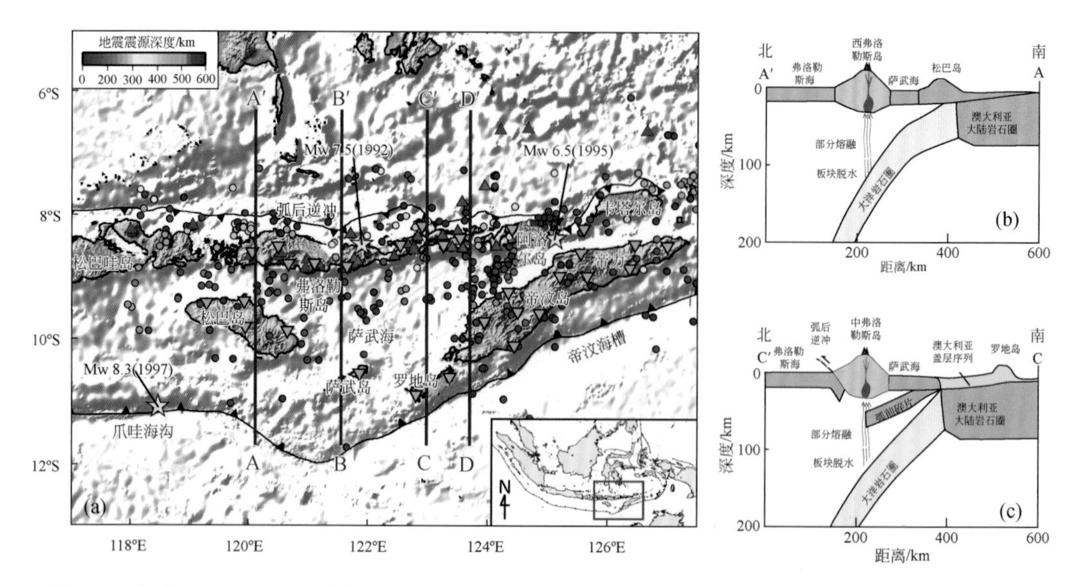

图 6-1　印度尼西亚地区活动断裂、地震和活火山分布及巽他-班达弧过渡地带的俯冲带层析成像结构解释（Supendi et al.，2020）

左图中绿色倒三角形表示 YS 地震台站；红色到蓝色的圆圈代表2014 年3 月至2016 年3 月期间地震的震中，为震源深度的函数；红色和品红三角形是火山；品红色火山表明$^3He/^4He$ 比值异常低，较低的$^3He/^4He$ 比值表示陆壳混染，即火成岩样品中存在熔融陆壳物质；（a）图中标注了弧后逆冲断层、海沟和海槽。黄色星形表示破坏性海啸地震位置，颜色编码未按深度区分；线 A-A′、B-B′、C-C′和 D-D′标记了图 6-2 右侧中所示垂直剖面的位置。右图中（b）与图 6-2（g）相对应的层析剖面，（c）与图 6-2（i）相对应的层析成像剖面；请注意地表高程未按比例

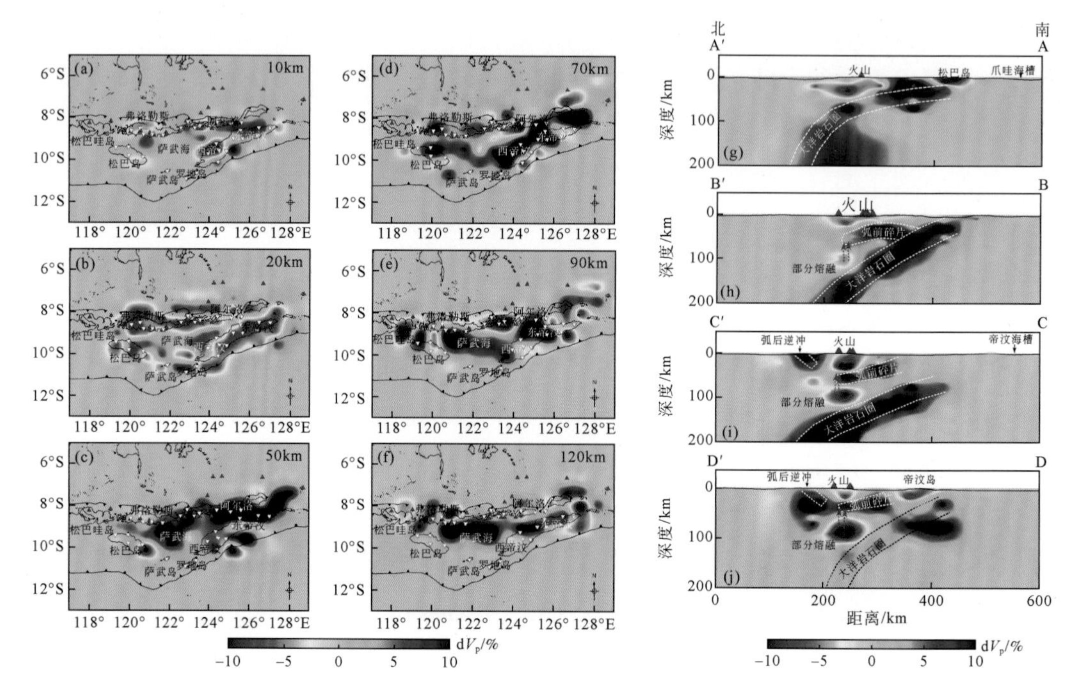

图 6-2　左侧（a）10km，（b）20km，（c）50km，（d）70km，（e）90km 和（f）120km 深度处的 V_p 模型及右侧为 V_p 模型沿（g）A′-A，（h）B′-B，（i）C′-C 和（j）D′-D 的垂直剖面

模型以±10% 的扰动比例绘制。蓝色和红色分别表示正异常和负异常。垂直剖面的位置如图 6-1 所示（Supendi et al.，2020）

（2）运动学

微板块在地史不同阶段可以有不同的主导运动形式，运动学与构造体制不可分。地球早期构造运动以垂向运动为主。当时，地球处于极端热的岩浆海阶段，地表为黏滞盖（粥状盖，plutonic-squishy lid）构造［图6-3（d）］，地球表层可能广泛覆盖着较薄的微板块，而基本未分异的地幔以对称对流为主，浅部因重力分异以滴坠（dripping）构造为主。深部因内外热差异以热幔柱（hot plume）构造为主。随着地球逐渐冷却，地幔冷却面越来越深，浅表进入热管构造（heat-pipe）演化阶段［图6-3（e），图6-4］。在太阳系中，地球表层系统纬度分带冷热的不对称性和多变性，可能导致固体圈层冷却的初始不均一性，进而导致地表固体圈层封盖效应的差异，诱发以垂向运动为主的各种深熔片麻岩穹隆或基性地壳脊状下沉（拗沉作用，sagduction），进而演变为地壳层次的穹脊构造（dome-and-keel），之下更深部的滴坠构造也逐渐减弱，形成冷的微幔块（冷幔柱，cold plume）。此时，微板块的水平运动有限，还不足以产生调节性的转换断层，呈现为非板块体制的活动盖（mobile lid）构造［图6-3（a）］。这个阶段末期的地球整体可能处于停滞盖构造体制下

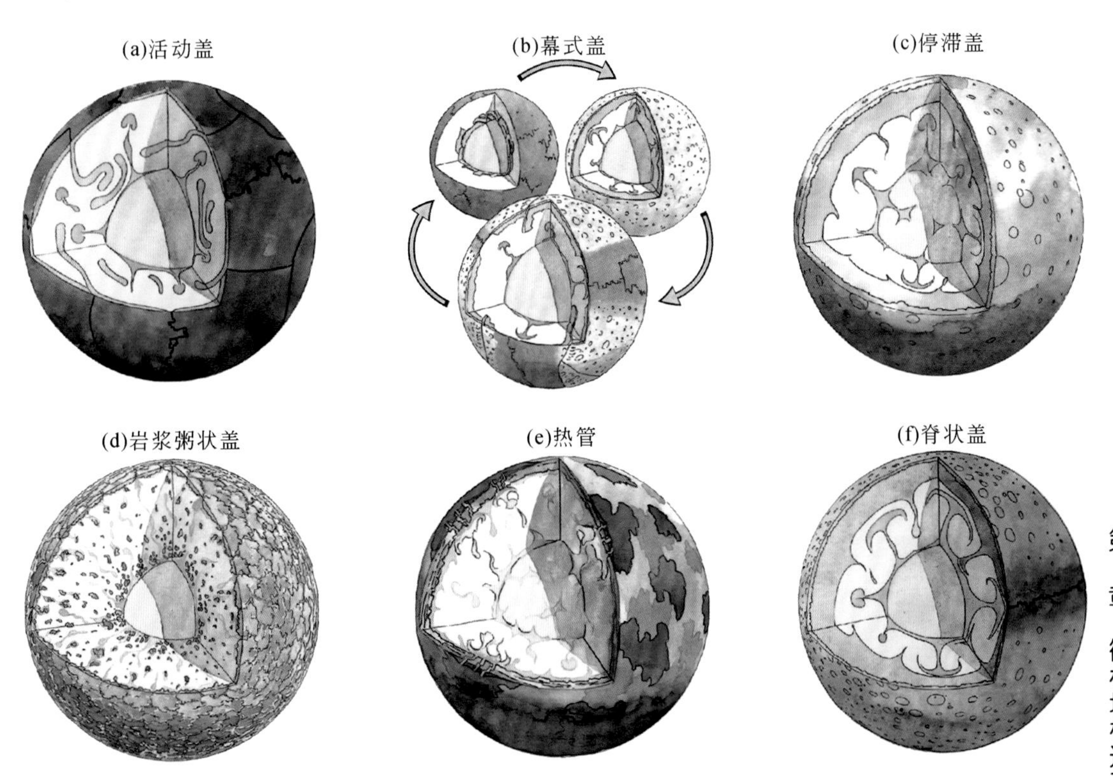

图6-3　不同构造体制下岩石圈和地幔的全球框架（Lourenco and Rozel，2023）

中部黄色圈为地核，橙色为源自核幔边界的地幔柱或上升流，白色为变化的地幔物质，绿色代表岩石圈，紫色为玄武岩地壳，越深的紫色意味着地壳越年轻

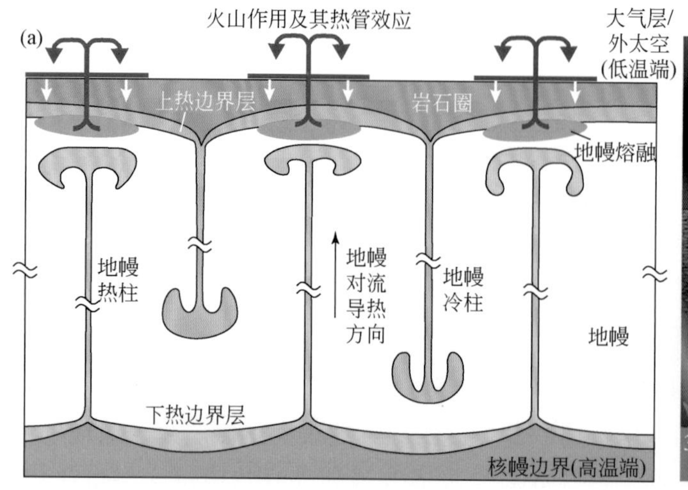

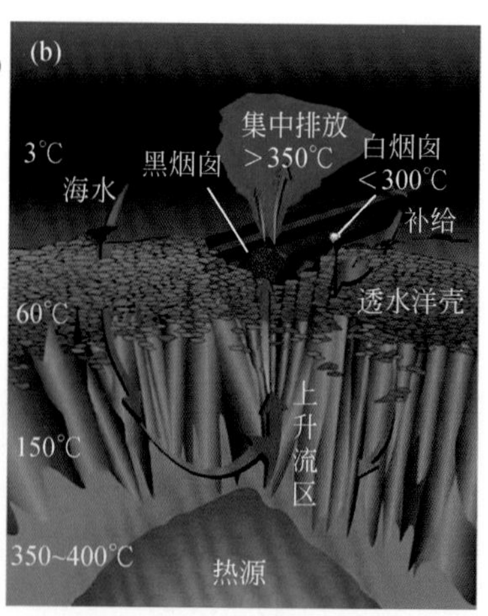

图 6-4　岩浆海之后的热幔柱、滴坠、热管构造之间可能的关系模式（据章清文和刘耘，2020 修改）及热管局部放大的可能立体图像

[图 6-3（c）]。停滞盖（stagnant lid）构造（此时刚性程度还不够）相比活动盖构造体制出现时间更晚，应力强度和热衰减是其重要决定因素。经过几幕活动盖构造向停滞盖构造交替转换的幕式盖（episodic lid）构造［图 6-3（b）］演化后，停滞盖构造开始占主导，而热管构造逐渐变得局部化。

地球演化中期，平面上的冷热分异使深部地幔出现不对称对流，因此地球表层的非均一冷却导致对流系统的不稳定性或非对称性，使微板块之间产生了复杂的水平运动。起先可以出现汇聚型、离散型对偶的微板块边界，此时为活动盖构造。活动盖构造虽然以水平运动为主导，但并不是板块构造体制，因为这种体制下很少出现转换断层，也就是说微板块水平运动的距离有限，特别是不同微板块之间水平移动距离的差异还没有大到需要出现转换断层来调节。然而，随着地球表面冷却，岩石圈刚性程度变得更高，板块逐渐长大，水平移动距离增大，板块间运动距离的差异需要一种调节的断裂构造，因而转换断层在全球涌现。从此，地球进入了现代板块构造体制，其边界可以根据力学性质划分为汇聚型、离散型和剪切型三大类，以水平运动为主，地幔柱等垂向运动隐退到更深部的地幔中。

地球演化晚期，地球进入整体冷却阶段，偶发的地幔柱可能导致浅部微板块出现旋转运动，最终可能变成一个没有板块运动的“死亡”星球，地球进入由不具活动性的各级地块镶嵌的“单一”板块演化阶段，发育行星演化常见的末期脊状盖（ridge only）构造［图 6-3（f）］（Lourenco and Rozel，2023）。当然，目前对这个地球构造体制演化途径还存在一些争论。Lourenco 和 Rozel（2023）认为，活动盖构造就是板块构造。然而，Tackley（2023）则认为，活动盖构造不是板块构造，因为没有板块构造体制下标志性的转换断层形成（图 6-5）。光有全球联动、没有转换断层不是现代板块构造体制；没有板块构造，也可以有洋中脊玄武岩、岛弧型岩浆作用，因此，仅从岩石地球化学角度也难以解决板块构造体制的启动问题。

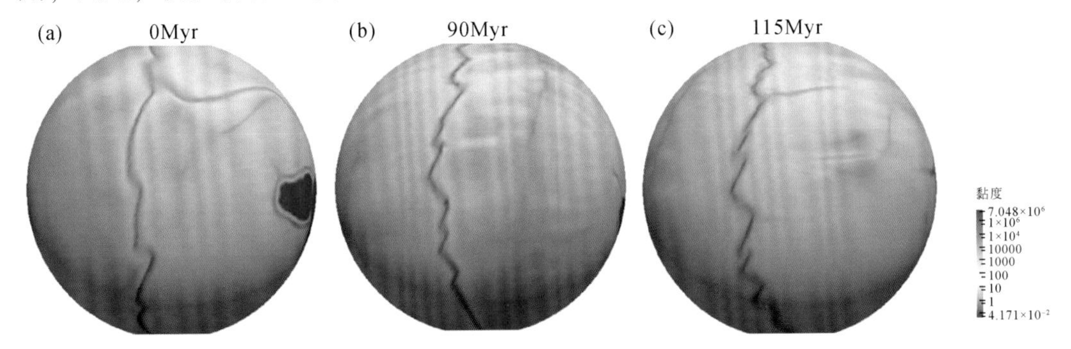

图 6-5　地球对流模型中大陆岩石圈较弱边缘形成转换断层状剪切带的三维场景（Coltice，2023）

这里的大陆岩石圈边缘较弱是指其黏度和屈服应力不及地幔的十分之一，这些边缘在对流系统中很容易被再循环和拉伸，从而再次到达地表

（3）动力学

微板块的动力学机制是随着地球热演化而变化的，正如图 6-3 所示，不同阶段具有不同的动力学体制，不具有统一的动力学机制，即使都是对流驱动，对流型式在不同阶段也存在显著差异，驱动对象也发生了剧变。这些动力学构造体制之间存在一定转换关系（图 6-6），但如何转换目前还不清楚。从现今板块构造演化阶段的三维角度分析，表层微板块演变的驱动力是来自常见的平面三节点的不稳定性，但也有曾被忽略的垂向上热点或地幔柱与上部板块或地块之间的交点不稳定性。而三节点不稳定性的驱动力之一应当是地幔内部热结构或热状态的不稳定性，这种热的不稳定性近 7 亿年来植根于核幔边界（热边界层）的地幔柱生成带上升流的多变性；驱动力之二是外部冷的热边界层的不稳定性，即岩石圈或壳层尺度的减压带（如各种断裂带）组合型式的多变性；驱动力之三是冷的、热的热边界层之间更为复杂的对流循环过程或相互作用；驱动力之四也可能是最根本的驱动力，来自冷的热边界层的下降运动，如俯冲作用、拆沉作用。

（4）变形性

不同于微板块的变位运动特征（如水平运动、垂直运动、旋转运动等），微板块的变形性是指微板块自身的形变作用，而不是微板块作为整体的水平或垂向位置变化。微板块不仅边缘可变形，而且内部也可变形（伸展、挤压、剪切、隆升、沉降等），因为微板块长宽范围介于 400 ~ 1000km，因而据现今俯冲作用可影响大板块边缘 200km 左右推断，微板块在单侧或周边俯冲作用下，其内部完全可以发生褶

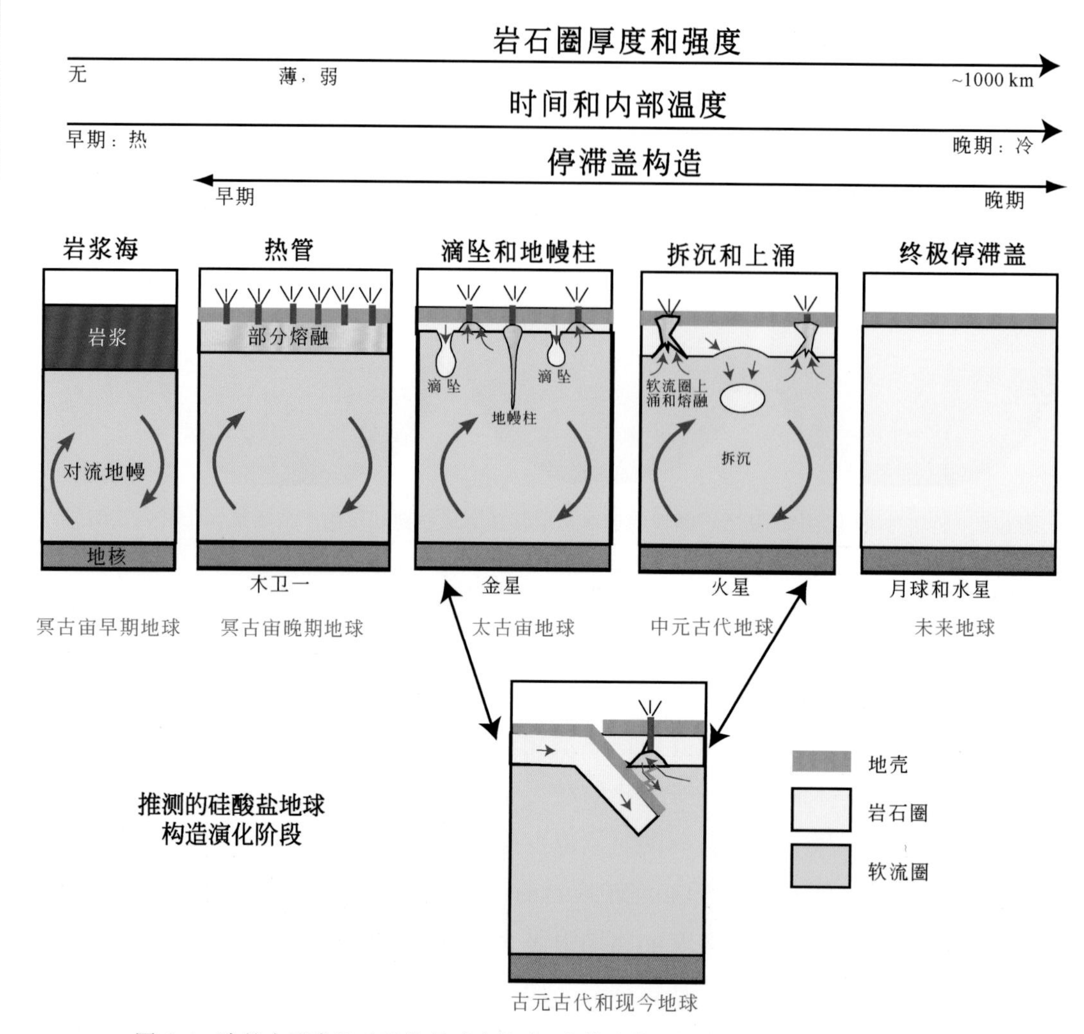

图 6-6　冷的大型类地硅酸盐星球内构造-岩浆演化可能模式（据 Stern，2020 改）

对比太阳系活跃的天体木卫一、金星和火星表明，冷却作用导致地壳和岩石圈地幔形成，地壳和岩石圈地幔随着时间增厚增强，内部驱动的地幔循环强度由箭头曲线的粗细体现，当地幔冷却并变得更黏稠时，地幔对流强度也变弱。板块构造要求岩石圈密度和强度达到一定量级才会出现。板块构造可能随着不同样式的停滞盖构造出现。最后一个面板是类似月球或水星的“死亡”天体

皱-逆冲推覆形变及同期或随后的伸展（图 6-7），包括陆内变质核杂岩的形成。这一点与大板块特性截然不同。因此，微板块构造理论可以将“大板块”划分为诸多微板块，以解决“大板块”的板内水平变形问题。

微板块构造理论还可以解释板内垂向变形。“大板块”内部的克拉通盆地沉降形成及内部角度不整合随时间演化的侧向水平迁移，例如北美克拉通，这可能与微幔块在软流圈地幔或更深部地幔的水平运动相关（图 6-8）。在晚白垩世，沿着塞维尔造山带莫哈韦地区的最大地壳增厚轴部，以及北部的爱达荷州-犹他州-怀俄明州地区腹地，伸展、加热、深熔、岩浆作用和可能的岩石隆升广泛存在。类似的过程可能在半岛山脉、锡耶伦、莫哈韦西部和中生代科迪勒拉弧的萨利尼安段也很活

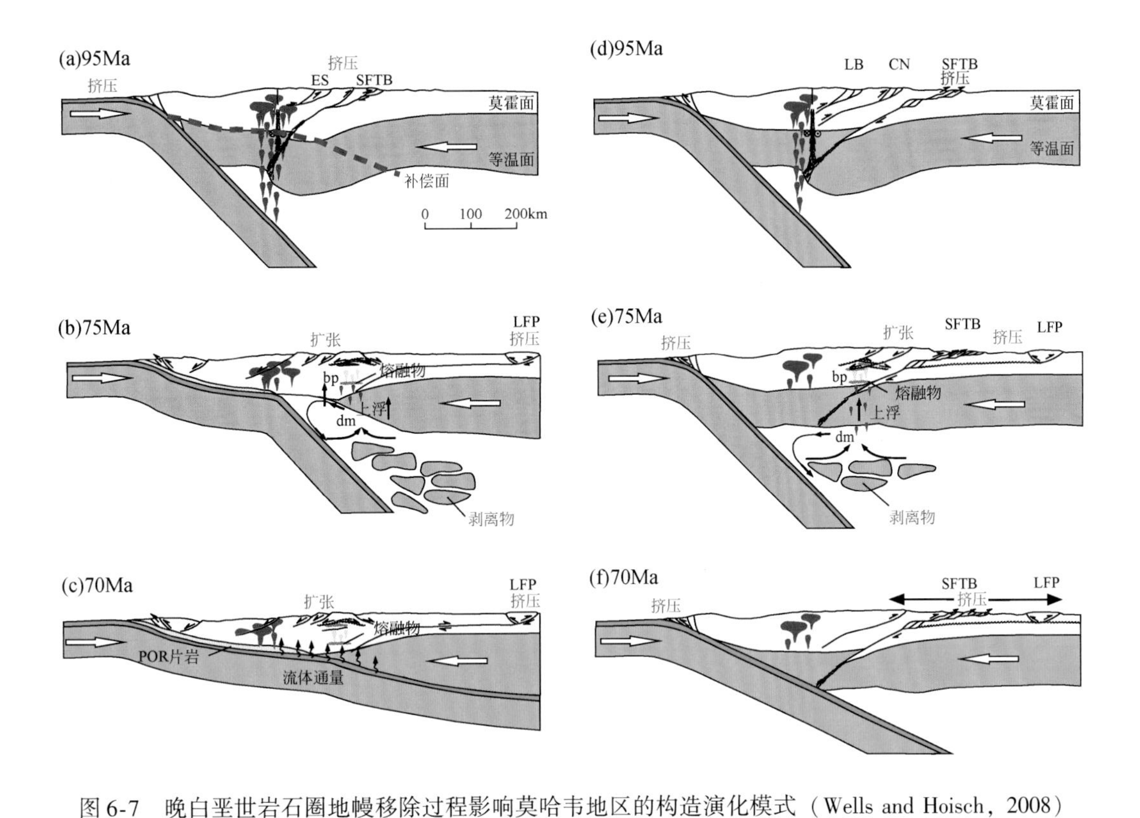

图 6-7 晚白垩世岩石圈地幔移除过程影响莫哈韦地区的构造演化模式（Wells and Hoisch，2008）

（a）（d）95Ma，塞维尔造山运动期间形成岩石圈地幔的一个重要根源——重力均衡（应变相容性）要求岩石圈地幔缩短，其幅度相当于中生代弧后褶皱冲断带中的地壳缩短量。拆沉之前，地壳增厚导致重力势能增加，可能被岩石圈地幔的补偿增厚所抵消。（b）（e）75Ma，增厚的岩石圈地幔不稳定性导致拆沉，触发软流圈的减压部分熔融；玄武质岩浆侵入，引起下地壳加热和变薄岩石圈的传导加热、地壳深熔和岩浆作用、浮力驱动的隆起和重力驱动的伸展。拆沉可能是弥散的，可能由密度反转和软流圈逆流牵引力驱动，或由这些因素加上端部载荷整体驱动（莫哈韦），且沿着岛弧中长英质岩基底部的低黏度地壳拆离。（c）（f）70Ma，莫哈韦沙漠地区的持续伸展可能由从拉勒米板片流出的流体导致大盆地区腹地再次缩短。dm-减压熔融；bp-玄武岩池；CN-内华达州中部逆冲带；ES-东Sierran逆冲系统；LB-鲁宁（Luning）逆冲带；LFP-拉勒米前陆省；SFTB-塞维尔褶冲带

跃。这种板块汇聚和造山过程中的伸展构造得到了广泛认可，但这种与汇聚同期的伸展作用的成因仍然存在较大争议。实际上，多数大板块宽阔的陆缘主体是由复杂的微板块镶嵌而成，是最不稳定的构造带，该区岩石圈地幔拆沉模式或可解释伸展作用与汇聚同期的矛盾现象，通过加热、流体交代和部分熔融降低下地壳的黏度，使地壳与地幔脱耦（decoupling），进而脱耦触发拆沉，从而解释了变质作用、岩浆活动以及晚白垩世美国西部塞维尔-拉勒米（Sevier Laramide）造山带的运动学历史。这些过程是均衡补偿山脉下地幔岩石圈拆沉后上覆地壳的热、流变和动力学状态的结果。拉勒米造山运动伊始，拆沉发生在法拉隆板片低角度俯冲作用向东拓展之前；拆沉之后，北美洲地壳的伸展和深熔得益于从低角度法拉隆板片中局部释放的流体（图 6-7）。由此可见，岩石圈拆沉可能有助于板片深度变浅，形成低角度俯冲几何结构。拆沉作用在造山运动末期或晚期大陆岩石圈增厚的地区很常见。例

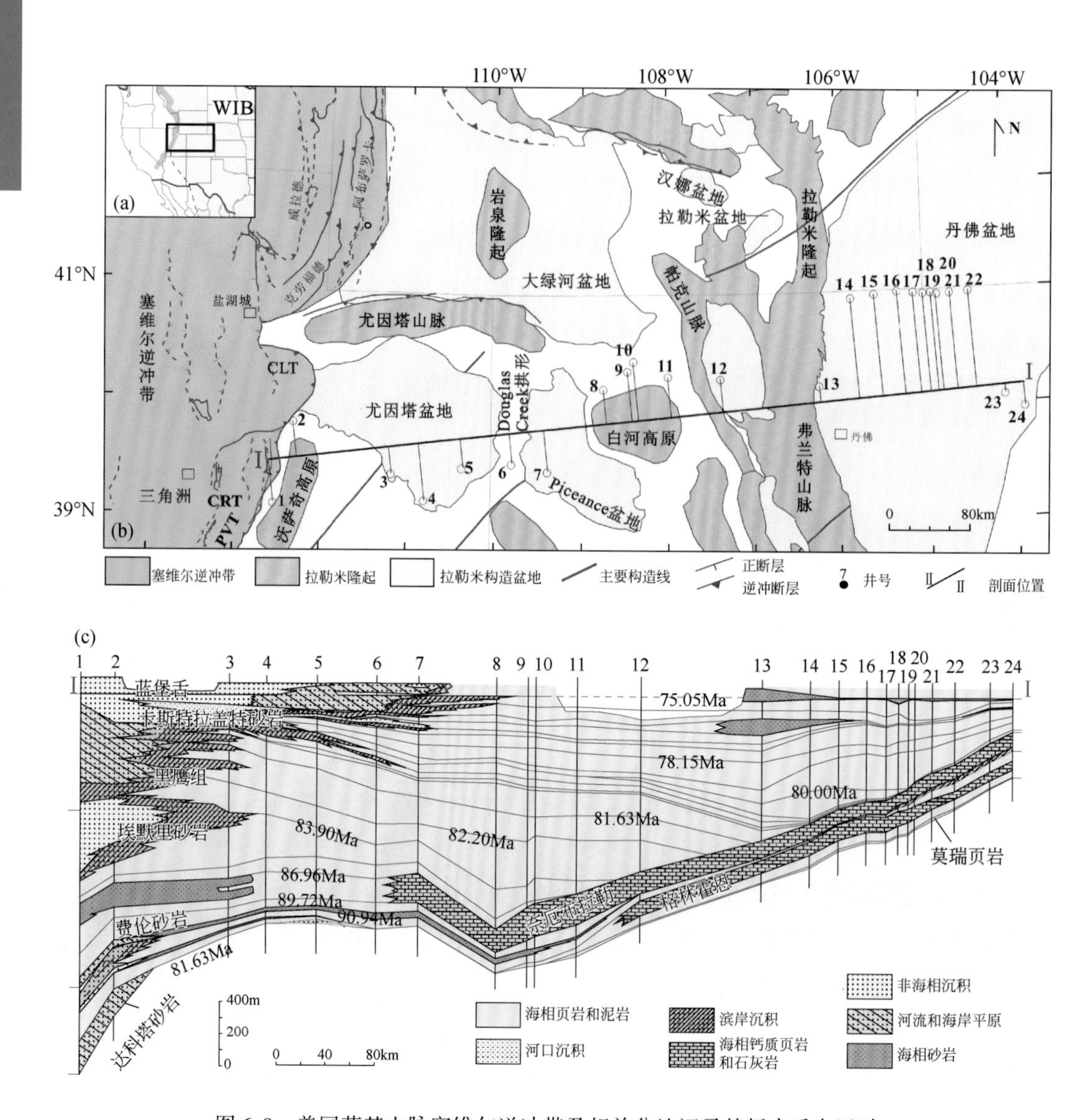

图 6-8　美国落基山脉塞维尔逆冲带及相关盆地记录的板内垂向运动

上图为美国落基山脉中部塞维尔逆冲带及其相关盆地的分段性，显示了犹他州-科罗拉多州和怀俄明州地层剖面 I-I 和 II-II，以及位于犹他州中部和犹他州北部（怀俄明州最西部）横跨塞维尔逆冲带东部的构造剖面 A-A 和 B-B。下图为基于 I-I 剖面沿线的 24 口测井，建立的犹他州中部和科罗拉多州区域晚白垩世地层剖面（Liu SF et al.，2011）。CRT-大峡谷岭（Canyon Range）逆断层；PVT-帕万特（Pavant）逆断层；CLT-查尔斯顿（Charleston）逆断层；WIB-西部内陆盆地

如，塞维尔-拉勒米造山带晚白垩世拆沉作用发生在持续板块汇聚期间，塞维尔-拉勒米造山带与造山带外部的持续缩短同步（Wells and Hoisch，2008）。这是塞维尔-拉勒米造山带垂向运动受板缘作用力控制的机制。

此外，美国西部内陆盆地最为经典地记录了深部地幔对流等过程产生的长波长垂向变形规律，横跨犹他州中部、科罗拉多州和怀俄明州南部的晚白垩世地层序列的回剥剖面（图 6-8）（Liu et al.，2011）显示，除了塞维尔逆冲带和相关沉积物载

荷驱动的沉降外，还存在持续演化的长波长残余沉降的组成部分。基于定量反演模型的层析成像重建发现，这种最大残余沉降速率的轨迹于98～74Ma期间向东移动，与法拉隆板片自西向东的迁移路径相同且同步，也表现在盆地东部上超面不断向东迁移。这些沉降资料与俯冲模型结合，证实了美国西部内陆盆地的动力沉降来源。此外，沉降率的区域变化表明，科罗拉多州下方的板片内部可能缺少负浮力（地幔载荷），这支持了增厚板片代表俯冲的洋底高原这一假设。图6-8反映了白垩纪地层所记录的法拉隆板片俯冲过程中下伏地幔过程的时间、模式和位置，还揭示了美国西部拉勒米造山运动起始的构造模式（Liu et al.，2011）。

（5）周期性

地球历经了45.4亿年的演化。44.5亿年前大遭受撞击后，短期内地球硅酸盐地幔整体熔化，此时不存在微板块；但随后在重力分异作用下形成地壳、地幔和地核的内部圈层结构。随着地球表层快速冷却，其表层冷却固体层“龟裂”[图6-3(d)]，进而出现大量微板块，微板块个数取决于地球冷却固体层厚度的力学特性。其岩石组成可能主要是岩浆分异程度较低的基性-超基性岩石，断裂切割深度或层次较浅，不存在俯冲与碰撞增厚，因而很少形成中酸性岩石。随着地球整体冷却，微板块所在固体层增厚并长大，活动的微板块数量也越来越少，冷却的不均一性导致微板块大小和厚度出现差异，微板块厚度达到大陆地壳形成的基本条件。

当44亿年前原始陆壳形成之后，微板块细分为微陆块（陆核或克拉通）、微洋块和微幔块。原始/早期微板块构造体制的出现是一个渐进过程，先经历了克拉通化、对称热俯冲（对称浅地幔对流/地幔柱）、无转换断层出现、水平运动有限；在距今32亿年左右，地球整体演变到出现刚性岩石圈板块，小、中板块逐渐增多，并最终演变为有限的几个活动大板块，小、中、大板块的边界断裂也可能逐渐深入地壳或地幔（冷却固体层）；最终进入现代板块构造体制（<1Ga），体现为刚性化板块俯冲、不对称的冷俯冲（不对称深地幔对流/洋中脊处被动地幔上涌），以出现转换断层和水平运动为特征（图6-9）（Rao et al.，2021）。

微板块存在生命旋回。微陆块之间的汇聚也可使其增生壮大。距今44亿～39亿年地球逐渐冷却，可能是极少量微陆块稳定形成的阶段，以重力驱动的垂向分异对流为主。距今38亿～32亿年为稳定的、刚性的克拉通生长阶段，地幔以对称对流型式为主导，克拉通内以垂向运动为主，拗沉构造、卵形构造、穹脊构造发育，热俯冲开始启动但处于次要地位，表现为造山带出现局部老陆核（微陆块）可聚合为超级克拉通（supercraton）。距今32亿～25亿年为刚性化微陆块逐渐形成阶段，其中，距今30亿年左右同位素演化突变，地幔以不对称对流为主导，进入以垂向运动为辅、水平运动为主的阶段。黏度较低的地幔使得板块以低角度俯冲为主，全球

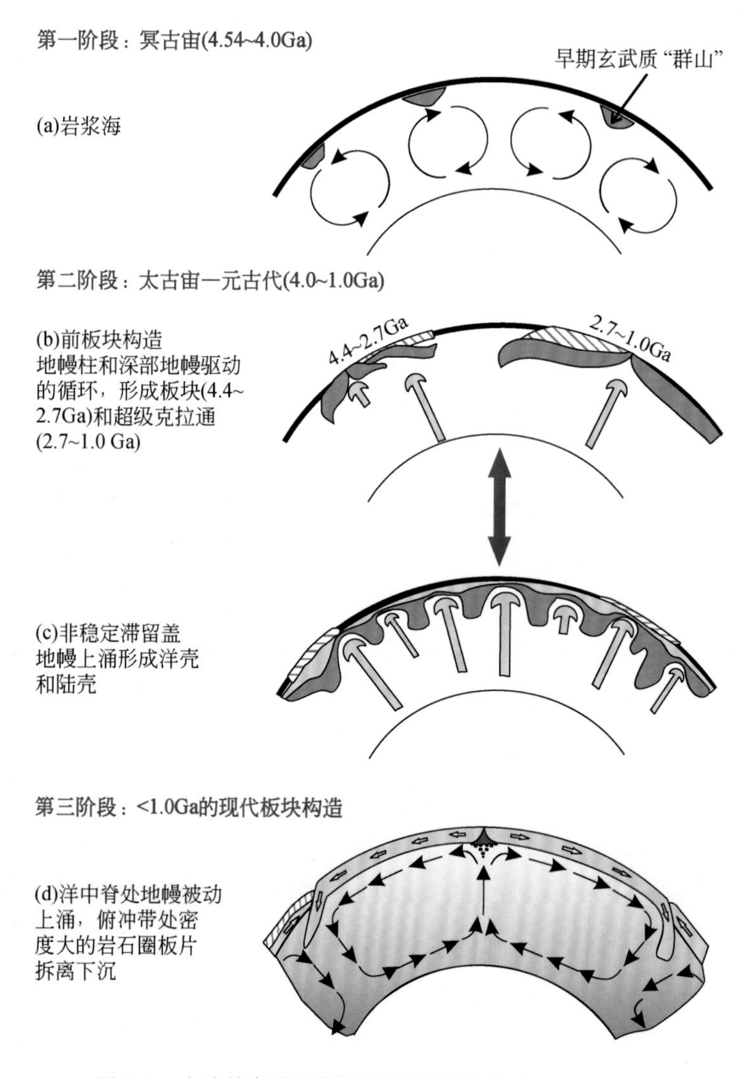

图 6-9　全球前寒武纪板块构造演化系列（Stern，2008）

洋内弧及增生造山带广泛发育，导致岩石圈和大陆地壳显著增厚和增长。距今 27 亿年前后，上地壳基本组成为大规模集中式生成的钠质 TTG 岩石及夹持其间的少量绿岩带，岩石圈分异强烈，局部增厚到可出现榴辉岩相变质。

直到 25 亿年前，微陆块聚合为肯诺兰超大陆，发育大规模基性岩墙群和钾质花岗岩，最终达到稳定状态。距今 24 亿 ~ 18 亿年，地球同时具备刚性板块、不对称对流、不对称线性裂谷作用和冷俯冲作用的条件，进入现代板块构造体制，俯冲成因的榴辉岩发育，不对称宽阔的碰撞造山带出现。此时，不对称地幔对流为主导驱动机制。距今 23 亿年左右，全球地表系统进入首次雪球地球阶段，出现大氧化事件。距今 18 亿年，全球微陆块最终聚合为哥伦比亚（Columbia）超大陆。

距今 17 亿 ~ 11 亿年地球外部岩石圈进一步冷却，发育以蓝片岩为代表的不对称冷俯冲，狭窄的不对称碰撞造山带出现，不对称地幔对流占主导。11 亿年前开始，罗迪尼亚超大陆进入聚合峰期。距今 10 亿～4 亿年出现以大量蓝片岩为代表的不对称冷俯冲，大量冷的岩石圈通过板片消减作用进入地幔，距今 7 亿年左右形成现今状态的核-幔热边界层，并出现 TUZO 和 JASON 两个稳定的 LLSVP 及其地幔柱生成带，地表系统呈现雪球地球，狭窄的不对称碰撞造山带出现，陆壳深俯冲开始启动，陆壳俯冲成因的榴辉岩出现，不对称地幔对流占主导。

距今 5.7 亿年左右，大规模陆块出现，北半球为劳伦古陆和波罗的古陆，南半球为冈瓦纳古陆。距今 5.4 亿年左右寒武纪生物大爆发。距今 4.2 亿年左右北半球发生加里东运动，劳伦古陆与波罗的古陆聚合形成劳俄古陆，同时地表系统变得对宏体生物宜居，动植物逐渐登陆。4 亿年前北方劳俄古陆与南方冈瓦纳古陆初始碰撞，形成原潘吉亚超大陆。4 亿年前到未来的 3 亿年间，在 250Ma 左右原潘吉亚超大陆南部的冈瓦纳古陆北缘一些微陆块（如华北和华南）裂离，向北半球的劳俄古陆聚集，经过这个微小调整，形成北半球劳亚古陆和南半球新的冈瓦纳古陆，两者碰撞演变为潘吉亚“超大陆”。但它本质上不是一个新生的超大陆，而是原潘吉亚超大陆的老年阶段。160Ma 年左右潘吉亚超大陆开始解体，东亚出现超级汇聚。预计未来 3 亿年将出现一个新的超级大陆——亚美超大陆（图 2-51、图 2-52）。

根据以上地球演化的重大特征性事件可知，地球存在约 7 亿年的周期性巨变，3.2Ga 开始出现的超大陆也具有 7 亿年旋回，在每个旋回期间，全球微陆块可聚合为单一的超大陆；而微洋块可以同时大量形成，一些可能通过增生长大为超大洋板块。但超大洋旋回不同于超大陆旋回，超大洋旋回周期一般是超大陆旋回的两倍。目前，超大洋旋回还没有明确的定义，超大陆旋回也明显不同于威尔逊旋回。

总之，微板块构造理论可以视为传统板块构造理论和地体构造学说这两大理论的统一，与更早期的槽台理论、大陆漂移学说、海底扩张学说等，在地质事实上都不存在矛盾，而地幔柱构造可视为微幔块构造的一种扰动或响应。微板块构造理论不仅可以运用到现今陆内、洋内，还可拓展应用到早前寒武纪，乃至陆壳起源、陆核或克拉通初始形成阶段及之前，贯穿整个地球演化历史，是地球板块构造理论的发展，而且是跨学科建立跨海陆、跨圈层、跨相态、跨时间、跨距离、全地史、跨行星的统一行星构造理论。

“微板块”的概念很早就有人提出，但数量始终被认为不超过 100 个，然而实际现今大陆和大洋中识别出的微板块可能有上千个。这里粗略按照地史期间地球表面积不变，为 5.1 亿 km^2，基于 Mallard 等（2016）界定的屈服应力为 100MPa（符合 30 亿年以来的状况，因为地幔中发现的大量金刚石始于 3Ga，这意味那时岩石圈厚度大体与现在相当），微板块的面积范围可界定在 1 万～100 万 km^2，这里取其平均值为 50 万 km^2，那么 30 亿年以来地球上应存在 1000 个左右的微板块。现今认定的大板块，应当都是不同时期微板块的集合体，但由于其中的微板块识别难度较大且分辨率不够，现有的微板块研究依然没有得到足够重视或仍处于起步阶段，随着观测和探测技术、分析测试手段、超算技术和数值模拟手段的发展，以及全球大数据的广泛应用，未来一定会有越来越多的发现与积累，期盼那时微板块构造理论得到进一步完善与发展。

（6）微板块的早期驱动力

微板块的驱动力问题的根本在于探讨其最初的驱动力及地球构造体制的转换。这必然涉及微板块中微幔块、微洋块、微陆块三者中，何者最早在地球上出现。微板块构造理论认为，微幔块可能起源最早，因为地球早期重力分异阶段的瑞利-泰勒不稳定性，决定了微幔块已经产生，并在引力或向心力作用下，坠向地球内部。在早期地球阶段，这种滴坠是弥散性的、无空间选择性的，因而也是全球性的。这种广泛而不具有自持性的滴坠的微幔块，导致本来均一化的全地幔产生了热不均一性，不仅使得原始地幔出现层结，而且触发了广泛的地幔柱活动。多个周期的地幔柱活动使得原始地壳由可能的科马提质、辉长质、斜长质、苏长质等岩浆岩组成逐渐向原始玄武质洋壳组成转变。在弥散性地幔柱活动的背景下，早期的全球玄武质洋壳很难发生水平运动，但局部俯冲作用可以已经触发或启动。俯冲启动后，对流循环逐渐导致地幔发生亏损和富集的分异，诱发陆壳起源，最终出现微陆块。由此可见，微板块驱动力是随着微板块组成成分的演变而变化的。但最为关键的转变过程是地球上俯冲作用的启动。

但是，俯冲和板块构造何时以何种方式在地球上启动的，以及早期地球的结构构造是什么，一直是一个未解决的谜团。以下几个因素阻碍了人们对俯冲启动和板块构造启动的理解与认识：在全球板块构造启动之前，俯冲启动过程一定与现今的明显不同，因为大多数现今的俯冲启动机制需要板块作用力和岩石圈先存薄弱区，这两者都是板块构造的结果。然而，如果没有板块构造的协助，地幔柱引发的俯冲活动可能会形成全球第一条岩石圈薄弱带—俯冲带。

高分辨率三维热力学数值模型揭示，三个关键物理因素共同触发了自持式俯冲：①大洋岩石圈的强大负浮力；②地幔柱上方岩石圈的集中式岩浆弱化和变薄；③地壳水化对板块界面的润滑。此外，研究还表明，地幔柱引起的俯冲只对早期地球上的年老大洋板块可行。相比之下，年轻的大洋板块更倾向于幕式的岩石圈滴坠（lithospheric drips），而不是自我持续（自持式）的俯冲和全球性板块构造。

板块构造涉及岩石圈板块的独立运动，主要由致密岩石圈沿俯冲带的下沉提供驱动力。因此，要了解板块构造体制是如何启动的，就需要了解第一条俯冲带是如何形成的。反之，这又需要解决大洋岩石圈浮力强度的这个悖论：岩石圈随着冷却和增厚、年龄增长而变得更加致密（倾向于下沉）和更加刚性（阻碍破裂）。被动陆缘陆壳的重力拓展，可能是较热的早期地球全球性板块构造的关键启动因素，但早期陆壳是如何形成的，以及如果没有板块构造，厚度大而重力不稳定的大型陆块是否会形成，这一点仍存在争议。可见，陆壳是否是俯冲启动的先决条件尚不清楚，因为新生代大多数俯冲带还可起源于大洋岩石圈。

另一个悖论是，岩石圈弱化是启动俯冲所必需的，今天这种弱化是由正在进行的板块构造所产生的。然而，地球和其他岩质行星早期陨击作用较强，所以有人认为，陨石撞击等外部过程是火星俯冲启动的触发机制（图 6-10）。与此不同的是，在地球历史中，足以使岩石圈破裂的高能撞击可能只发生于地球最早期阶段，而且此时地幔对流激烈，通过对流下降区滞留岩石圈的韧性破坏，薄弱的原板块边界的

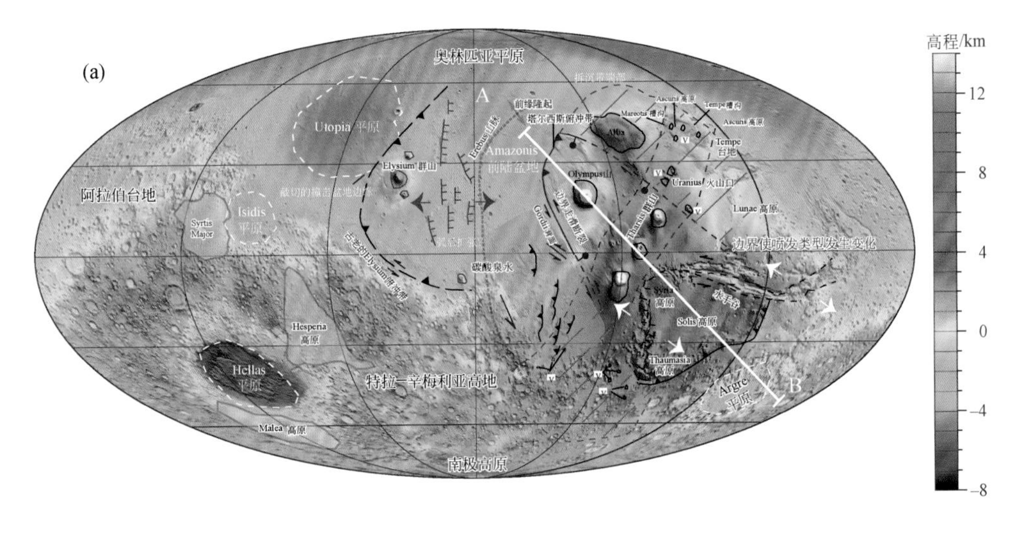

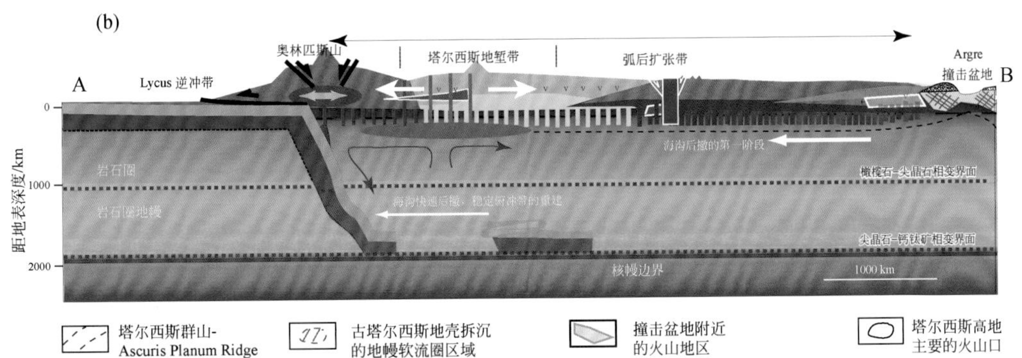

图 6-10　火星上微板块构造体制的灾变起源（据 Yin，2012a，2012b 修改）

Yin（2012a，2012b）认为，奥林匹斯（Olympus）山一线的 3 个火山锥，是俯冲初始启动的标志；而触发俯冲启始的可能是天外大型陨石斜向撞击形成的微板块运动及俯冲回卷过程所致。这个俯冲启动过程，灾难性地打破了火星全球单一一个板块（停滞盖）的构造格局，开启了火星全球微板块形成与演化的新阶段。可见，这是一种灾变性微板块构造成因机制，而不像 Ernst（2007）提出的缓慢或渐变式微板块构造起源机制。然而，火星上这个微板块构造演化过程可能因为没有足够的能量维持，而很快夭折或终结

自组织过程可能是板块构造启动的一种方式。

不过，以上假设并没有涉及俯冲启动本身，俯冲启动是板块构造启动的先决条件。加勒比大火成岩省（CLIP）是由 95～100Ma 的大型地幔柱柱头形成的，可能引发了新的俯冲带形成，这一认识激发人们探索是否有类似的机制导致了前寒武纪（>542Ma）的俯冲作用和板块构造。之前已经通过二维（2D）热力学建模，进行了地幔柱诱发初始俯冲的研究，但目前地幔柱诱发的俯冲启动依然不清楚。二维热力学建模是否可信值得怀疑，因为地幔柱-岩石圈相互作用本质上是一个三维过程，对于指状和蘑菇状的纯粹热幔柱，其最关键的三维（3D）效应是围绕地幔柱柱头形成的圆形板片的环形边界，除非环形破裂，否则板片进一步下沉到地幔中将受阻。前寒武纪地球的地幔柱-岩石圈相互作用和相关的现今俯冲启动有何差异，目前仍不确定，因为那时上地幔温度更高，熔融程度更高，大洋岩石圈性质，特别是，地壳厚度、密度和上地幔流变学性质，都与现今地球的完全不同。对此，3D 高分辨率地幔柱-岩石圈相互作用模型允许新板块边界发生自组织，同时考虑了熔体提取和地幔柱的向上输运、岩石圈在熔体渗透下的流变学弱化以及岩浆过程引起的地壳生长。

导致自持俯冲的典型模式，分为五个演化阶段（图 6-11 左图）：①地幔柱柱头到达岩石圈底部并在地表溢流形成洋底高原；②在洋底高原边缘形成一条初始海沟和一个近乎圆形的下降板片；③圆形板片在其自重作用下发生撕裂；④形成几条自我维持的后撤俯冲带；⑤在后撤俯冲带之间新形成的岩石圈逐渐冷却和扩张。在第一阶段［图 6-11（a）］，洋底高原形成的岩浆过程与下伏岩石圈的流变学弱化和变薄有关，从而允许地幔柱向地表拓展。这种地幔柱拓展，通过减压熔融的方式，增强了岩浆生成和供给，增加了地幔柱柱头的地壳生长速率，进而导致洋底高原的快速增厚和隆起。地幔柱的穿透能力和洋底高原的生长在洋底高原边缘引起了显著的横向密度差。这种密度差类似重力不稳定性，是俯冲启动的有利条件。而重力不稳定性触发了沿大洋转换边界的俯冲作用，反映在老的、冷的、负浮力的先存大洋岩石圈和年轻的、热的、正浮力的洋底高原变厚的岩石圈发生并置。

在第二阶段［图 6-11（b）］，洋底高原开始垮塌，并在周围较冷的大洋板块上向外呈辐射状拓展。该大洋板块逐渐挠曲并进入到地幔中，从而形成一个初始的近圆筒形的岩石圈板片。板片下降越来越受到环绕板片底部的环形边界的阻碍。

在第三阶段［图 6-11（c）］，通过板片撕裂来克服环形限制。由于应力集中使撕裂尖端扩展，再加上非牛顿应变削弱了黏塑性地幔流变学，撕裂变得自我维持。板片撕裂在最初近圆筒形的俯冲系统中产生了俯冲和对流的不对称性，将其分裂成几个具有不同方向和倾角的独立后撤段落。

在第四阶段［图 6-11（d）］，俯冲变得自我维持，并向模型的边界后撤。在后撤俯冲带之间形成的大洋岩石圈仍在加宽和冷却区域内拓展时，最初抬高的、较厚

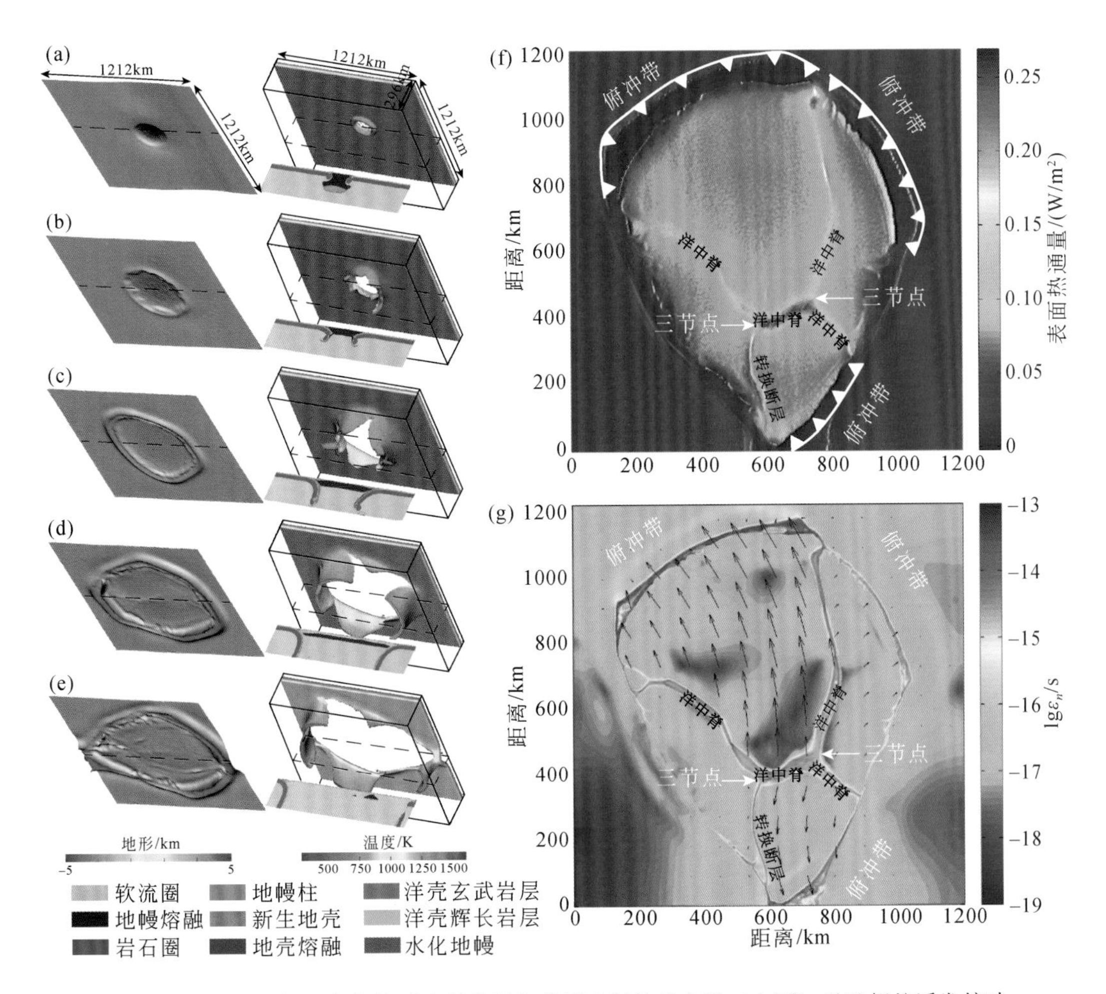

图6-11　现今地幔温度条件下地幔柱引起的俯冲起始动力学（左图）及地幔柱诱发俯冲的初始阶段由扩张中心（洋中脊）、三节点和转换断层分隔的镶嵌式胚胎板块起始和发展（右图）（Gerya et al.，2015）

左图用于模拟的模型是“bsayea”，（a）洋底高原发育（模型时间为0.07Myr）；（b）初始海沟和近圆筒形板片的形成（0.56Myr）；（c）圆筒形板片的撕裂（3.79Myr）；（d）后撤俯冲带的形成（9.43Myr）；（e）扩张中心和转换边界的发展（25.63Myr）；左图的左栏和右栏分别显示了地形和俯冲岩石圈的形态以及投影的板片表面温度，虚线表示2D横截面的位置（颜色的意义位于左图底部）。右图模拟模型为25.63Myr的“bsayea”，（f）表面热通量投影在模型表面地形上，显示出扩张中心的样式（带三角形的白线表示后撤俯冲板片的倾向）；（g）20km深度处第二应变速率不变量（其中过量表示随时间的变化）的空间分布（箭头显示年轻的非俯冲板块相对正在后撤的俯冲板片之间水平移动速度）

的洋底高原发生垮塌。

最后的第五阶段［图6-11（e）］，在不断扩大的洋壳区域形成了一个几乎独立移动、生长和冷却的小型、年轻、非俯冲板块的镶嵌体。这些板块正朝着各条后撤的俯冲带前进［图6-11（g）］。板块被扩张中心（洋中脊）、三节点和转换断层分隔开，因此，新形成的多板片俯冲系统作为一个初始板块构造“对流胞”开始运作。

影响地幔柱诱导俯冲启动可行性的关键参数是地幔柱上方岩石圈被岩浆弱化

($\lambda_{熔体}$)程度的大小。这控制了地幔柱穿透岩石圈的能力，从而产生初始重力不稳定性。当熔体引起的弱化不足时，地幔柱柱头难以穿透岩石圈，而是在岩石圈-软流圈界面扩展，上升流停止。地幔柱柱头产生增厚的地壳和抬升的洋底高原，但不会引发俯冲。在这种情况下，即使在岩浆弱化强度降低时，地幔柱长期向岩石圈底部供应热地幔物质，也有利于岩石圈变薄，从而为俯冲启动创造了有利条件。通过增加地幔柱柱头的大小和温度，也可以获得类似的效果，这增加了地幔柱柱头的浮力，从而在上覆岩石圈中产生更大的应力。

大洋板块的年龄对俯冲启动有更复杂的影响。一方面，非常年轻（<20Myr）的岩石圈不利于自我持续的俯冲起始，因为这些板块的负浮力不足以提供必要的拖曳力；另一方面，非常古老（>80Myr）的板块，因为又冷且刚性强，地幔柱柱头更难穿透岩石圈而启动俯冲。因此，较老的岩石圈需要更大、更热的地幔柱才能启动俯冲作用。

俯冲的可持续性还需要顶部流变性较弱且水化的洋壳，从而润滑初始俯冲界面。在没有这种洋壳的情况下，俯冲将很快就会冻结。假设地幔柱或先存大洋岩石圈组成的浮力具有更强的干流变性，也可以出现类似的俯冲冻结效应，这是由熔体提取引起的脱水和贫化。然而，这种冻结效应可以通过假设板块年龄更大（>30Myr），或俯冲释放的流体更快地水化（弱化）地幔楔来克服。太古代地幔温度比现代地幔温度高 100 ~ 300 K，这将产生具有 10 ~ 30km 厚的洋壳和成分上亏损的浮力岩石圈。这种地壳厚度大大增加了浮力，从而降低了大洋岩石圈的“可俯冲性”。此外，壳-幔界面（Moho 面）变得更深、更热，这降低了该界面处岩石的黏度，并导致板块发生流变弱化。Gerya 等（2015）发现了两类太古宙大洋板块：①一类年轻、热的、正浮力和弱化的板块，不利于俯冲；②一类古老、冷的、负浮力的和强干的板块，有利于俯冲。

地幔柱与年轻岩石圈的相互作用导致洋底高原的形成，随后，会诱发增厚下地壳榴辉岩化，驱动近圆形帘状或席状岩石圈“滴坠”（drips），并因下沉的大洋岩石圈的浅圆筒形颈缩（断离）而终止。初始圆筒形滴坠的表面表征与真正的俯冲启动相似，具有明显的海沟和垮塌的洋底高原；然而，榴辉岩的滴坠是短暂的，并不会产生连贯的板块后撤。反复的滴坠（微幔块）会迅速移除先存的岩石圈地幔，从而使热的镁铁质增厚地壳上覆在正在对流的软流圈上。然后，壳幔之间发生了强烈的热交换和物质交换：随着榴辉岩化下地壳拆沉进入地幔并重新熔化，地幔产生的熔体会增加，这有助于地壳的进一步生长。

相比之下，地幔柱与年老的岩石圈相互作用会导致自持俯冲，由于其榴辉岩化，厚洋壳的强烈致密化进一步助推了自持俯冲。这一观察结果表明，如果当时的大洋岩石圈足够古老，并且冷却充分，具有强干和负浮力的特征，那么在太古代热地幔的条件下，可能会使地幔柱诱发俯冲作用的启动。虽然并不排除具有厚地壳的亏损太古代大洋岩石圈的成分浮力触发俯冲的可能性，但与现今的地幔温度条件（>10～30Myr）相比，此时的板块俯冲需要更大的冷却年龄（>60～70Myr）。

最新的研究结果表明，足够大、足够热、周期足够长的地幔柱可能会削弱强大而致密的负浮力大洋岩石圈，从而产生新的自持俯冲带，这是板块构造启动所必需的。此外，需要一个全球板块镶嵌体来启动具有各种板块边界同时作用的现代板块构造，而地幔柱引起的俯冲启动可以形成这种板块镶嵌体。地幔柱柱头上方新形成的大洋岩石圈构成了第一个矩形板块［图6-11（d）］，甚至是一个胚胎期板块镶嵌体（图6-11右图），而多个板块也可以通过以下至少三个互补的机制形成。

首先，它们可能是在地幔活动增强期间由几个同时出现的地幔柱产生的多条俯冲带相互作用产生的，可能对应于幔源物质添加形成初生地壳的峰期。其次，地壳和岩石圈厚度的不均匀性可能是由于俯冲启动事件的失败造成的，这些事件产生了多个具有增厚地壳和变薄岩石圈地幔的高地形洋底高原，随后，这可能导致了板块应力局部化，并形成俯冲带。再次，如果这些事件在某个中间阶段终止，并且没有导致全球岩石圈停滞盖（lithospheric lid）重新形成，过去试图发生俯冲作用（图6-11）和/或岩石圈滴坠过程的流变学薄弱俯冲带、扩张中心和转换断层就可以"冻结"保存于岩石圈。由于这些与变形相关的损伤尚未完全愈合，这些边界可以在俯冲重新启动后再次被激活。这些边界将是第一个可以利用的板块构造岩石圈薄弱带，允许形成更多的俯冲带、扩张中心和转换断层，并逐渐影响到整个岩石圈停滞盖。

这个假设在被接受之前，还有几个问题需要解决。最重要的问题是，为什么形成大火成岩省（LIP）的其他海洋地幔柱柱头的上升并没有导致它们周围形成新的俯冲带。加勒比海是中生代和新生代8个洋底高原中唯一一个被认为在其边缘引发俯冲的海区。

尽管周围大洋岩石圈的垮塌需要一个大的地幔柱柱头，但地幔柱柱头的大小似乎并不是地幔柱触发侧翼俯冲带的唯一控制因素。大陆大火成岩省（CLIP）的其他三个方面有利于俯冲起始：①年龄较大（>40Myr），因此之前的大洋岩石圈负浮力较大；②地幔柱-岩石圈相互作用的周期长（持续时间至少为56Myr）；③非常高的地幔柱温度（如Gorgona科马提岩的形成温度高达1620℃）。与此前相比，中生代海洋热点和LIP的周期更长，地幔柱温度也更高，因此导致岩石圈的熔体通量更大，这有利于岩石圈的强烈弱化。与CLIP相比，其他典型的海洋型LIP，如翁通爪哇洋底高原和沙茨基海隆，是在更年轻（<20Myr）和更温暖的大洋岩石圈上形成的。根据三维模拟实验，这种温暖的岩石圈要么根本不发生俯冲，要么在没有自持俯冲的情况下产生岩石圈滴坠。

Gerya等（2015）的数值模拟实验结果证实，只有具有较高额外温度的高能地幔柱才能弱化岩石圈，从而引发俯冲。这种地幔柱可能存在于更热的太古代地幔中，并可能产生巨厚的洋底高原，还可能引发全球性现代板块构造的启动。尽管地球的热演化表明，过去的地幔柱活动可能不如现在这么强烈，但地质记录表明，早前寒武纪的地幔柱活动水平相当高。但在岩石记录中，哪些证据支持早前寒武纪俯冲启动与地幔柱存在关联，还有待进一步探讨。

与火星不同，金星上观察到了大型圆形表面结构（冠状）的地幔柱引起了类似俯冲的特征，但地球缺乏未受扰动的前寒武纪地壳记录。因此，必须使用地质和地球化学数据来求证。Dhuime 等（2015）研究了不同年龄锆石中 Hf-O 同位素的系统变化，揭示了再造地壳和初生地壳随时间演化的相对比例。他们的研究表明，早前寒武纪几次非常强烈的地幔活动对应于初生地壳生长的峰值，其中，最大的一次发生在太古代构造体制向板块构造体制转换之前。在现代板块构造之前，可能主导地壳生长的地球动力学过程包括一系列类似金星的活动停滞盖行为，如地幔柱、岩石圈拆沉和滴坠，“板内”岩石圈伸展或地幔上涌。这些动力学过程与 Gerya 等（2015）对热地幔温度和年轻岩石圈板块的数值模拟结果一致。综合地质、地球化学、数值模拟推断，太古宙中大型地幔柱来源的洋底高原形成可能诱发了俯冲作用和板块构造的启动。

这里所提出的物理机制，类似于地幔柱诱导的俯冲启动，并暗示了不断增长的洋底高原发生重力垮塌，可导致岩石圈沿洋底高原边缘俯冲。与 Gerya 等（2015）的数值模型一样，俯冲启动将出现在洋底高原边缘和其他板块构造结构的边缘，如扩展区的扩张中心和转换断层产生岛弧型岩浆。前寒武纪绿岩带的地球化学资料表明，岛弧型和地幔柱型岩浆岩的地球化学信息之间存在密切的时空关联。这一证据特别表明，短暂的（5～10Myr）非连续俯冲事件，叠加在了地幔柱活动背景上。

尽管岛弧型岩浆岩的特征并不局限于俯冲带，并且一些太古代绿岩带中的岛弧型火成岩成因还存在不同解释，但从地幔柱为主导到岛弧型地壳生长的明显短暂演化，为早前寒武纪地幔柱活动和俯冲启动之间的关系提供了有力的地质证据。根据岩石圈强度的不同，这种地幔柱–岛弧相互作用可能反映了地幔柱诱导的自持俯冲，或地幔柱引发的幕式滴坠，这是年轻岩石圈相关模拟的预期结果。无论哪种情况，这些事件都是短暂的，导致了短暂的俯冲消减事件。从全球地幔柱停滞盖构造（具有地幔柱诱导的短暂岩石圈滴坠、胚胎期俯冲带），到全球现代板块构造的地球动力学体制转变，反映了岩石圈的增厚、强化和致密化是上地幔长期冷却的结果。随着上地幔温度的降低，大洋岩石圈的强度和负浮力增加，这不仅促进了持久的自持俯冲、岩石圈非均质性和薄弱带的积累以及地幔柱诱导的大陆生长，也可能决定了从短暂的太古宙地幔柱–俯冲带相互作用到现代板块构造的转变时间以及机制。

6.2 微板块构造理论与传统板块构造理论的异同

（1）适用范围

通过微板块构造角度的上述分析后认为，发展板块构造理论，需从内涵到外延不断拓展其研究的时空领域；弥补包括板块构造理论在内的各种理论缺憾，解决板块构造理论目前面临的三大难题：板块起源、板内变形、板块动力；统一各种差异理论中的各种基本地质事实，例如槽台理论的垂直运动、板块构造理论的水平运动，还在于理念突破和概念创新。因此，李三忠等提出并建立了微板块构造理论框架，以拓宽构造研究的高度、广度、精度和深度，推进包括深海大洋、深时大洋、地外星球构造领域在内的精细构造研究（李三忠等，2018a；Li S Z et al.，2018a）。

A. 丰富造山带构造研究内涵

微板块大量残存于造山带内，一些蛇绿岩套或基性-超基性岩块可能就是微洋块或微幔块的残余，如阿曼蛇绿岩套，如果确定其边界都是断裂，蛇绿岩套尺寸较大，和一般的蛇绿岩套小块体不同，且洋壳或洋幔组成齐全，则可以称之为特提斯造山带内的微洋块。即使没有地壳组成，只有大洋或大陆岩石圈地幔也可以构成单独的微幔块。这样一来，不仅可以推进开展精细化的造山带前期历史研究，而且造山带的形成也不再如传统板块构造理论简单到只考虑俯冲、碰撞、造山、折返，而是要考虑大洋消亡前内部结构构造的演化与重建，进而恢复大洋消失洋底曾经的更多复杂微板块演化历史。因此，对造山带内残留的蛇绿岩套或微洋块、微幔块、微陆块也要更加细致地研究，不再局限于发现蛇绿岩套，划定一条缝合线，而是要深入分析其内部成分、年龄、结构的差异，因为“这个”蛇绿岩套或基性-超基性岩块保存的是消失的“那个”大洋内部年代复杂、组成复杂的复合体（complex）。也就是说，在微板块构造体制下，一个大洋内部洋壳的年代差异可以极其悬殊，但最终都可聚合到一条缝合带内。这样也许可以解决很多蛇绿岩带或缝合带内洋壳测年结果的悬殊差异而引发的大洋生长时代、扩张时限、开合期次、聚散演化之争。实际上，“这个”蛇绿岩套或基性-超基性岩块可能保存的就是这么一个含有复杂微洋块、微幔块的单一大洋，一条蛇绿岩带可以保存同一洋盆内不同时代的不同微洋块、微幔块。例如，大地构造分析表明，中国秦岭造山带内勉略带放射虫化石等支持其代表晚古生代古特提洋北部分支，于中泥盆世打开、中晚三叠世闭合，但在该缝合线复杂的形成过程中不能完全排除可以保存有与其相通的新元古代其他大洋的微洋块。再如，也不能完全排除古老大洋中曾存在大火成岩省、微陆块等，在两个大陆型大板块汇聚过程中，它们也可以在复杂的俯冲极性背景下聚集到同一条造山带中；甚至不能完全排除俯冲增生时期，古老大洋内存在统一的微板块，但在持续的俯冲作用和随后陆–陆碰撞阶段这个微板块可能被变形分解为多个次级微板块（图 6-12）。因此，随着造山带研究的深入，这些复杂过程会被逐渐揭示，以往简化的单一俯冲极性的两个板块俯冲–碰撞模式必将得到进一步完善。

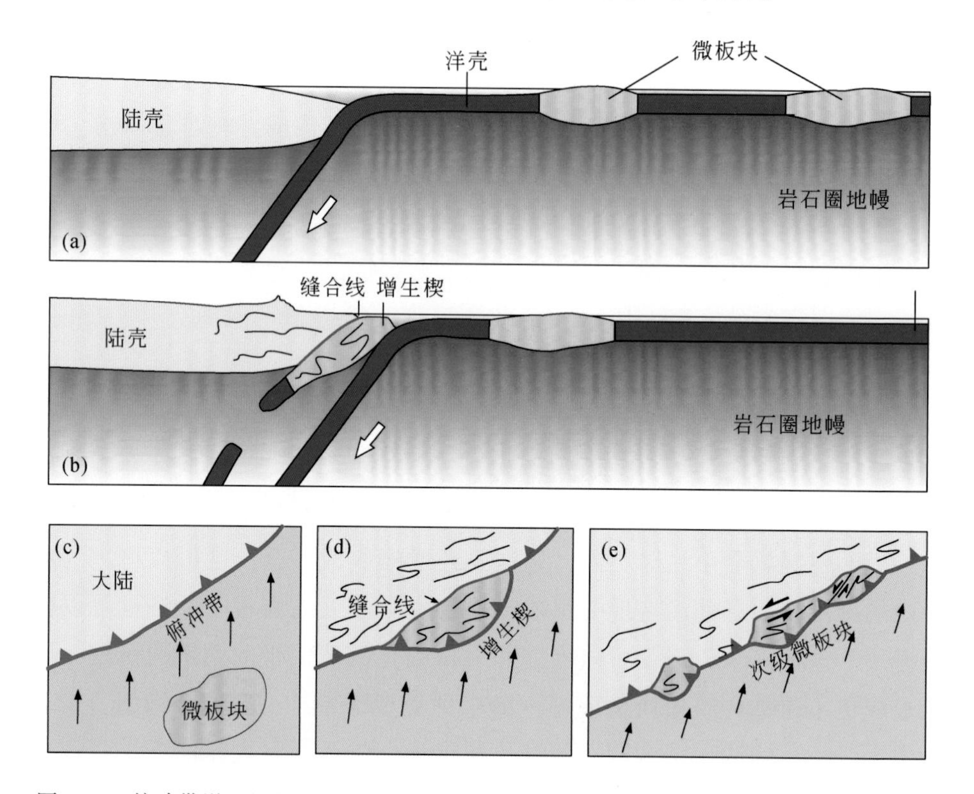

图 6-12　俯冲带增生的微板块被变形分解作用（deformation partitioning）分裂为两个次级微板块（Frisch，2011）

平面图和剖面图显示微板块或地体增生过程中的变化。一个地体通过间隔洋底的俯冲而接近大陆板块，最终碰撞导致了地体的挤压俯冲和增生，然后俯冲带向海一侧跃迁到地体外侧。在增生期间和之后，地体可能因斜向俯冲而发生变形分解，沿着大陆型大板块的板缘破碎并离散为多个微板块

B. 丰富盆地构造研究内涵

当前沉积盆地构造研究主流是在板块构造体制下进行，从地球系统角度进行盆地分类研究，构建地球深部过程与浅部地表系统响应之间关联的盆地分类等，尚处于起步阶段。传统板块构造体系下的盆地分类研究主要关注不同大地构造背景下的力学成因，如划分为挤压挠曲、伸展断陷、走滑拉分盆地，或离散、板内、聚敛、转换、混合型盆地，但这种分类并没彻底解决盆地成因难题，如板内克拉通内盆地的成因机制尚未给予合理解释（图 6-8）；对洋陆过渡带成盆，简单的挤压、伸展和剪切三种浅部力学驱动机制也难以完美解释盆地内部复杂的沉积沉降中心、角度不整合面、动力地形沉降等时空迁移。这些浅部成盆异常的深部驱动机制较少得到关

注和制约。

一些盆地的成因也没追溯到其根本成因，例如，一些活动陆缘出现的拉分盆地，在板块构造体系下归因为转换型的走滑伸展盆地。然而，这并不准确，因为同样构造背景下其他地方也可以不存在这类盆地（图 6-13），因而走滑伸展并不是其

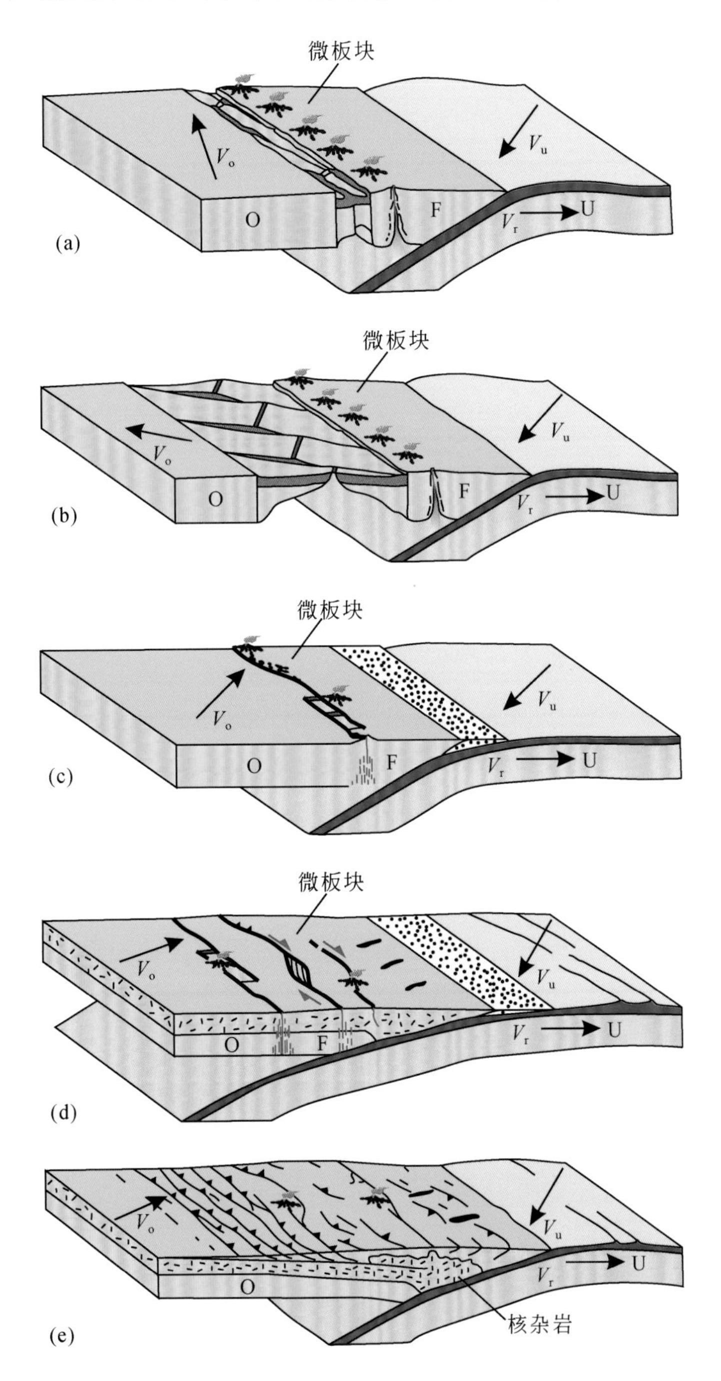

图 6-13　活动陆缘俯冲触发的 5 种盆地类型（转引自 Miall，1999）

V_o 为上覆板块（O）速度，V_u 为俯冲板块（U）速度，V_r 为俯冲枢纽的迁移速度，F 为岛弧的前弧

成盆的根本原因。这时解决方案可以考虑其他板块的作用，比如俯冲板块一盘的效应。以洋中脊斜向俯冲为例，它可导致上覆板块的深部出现板片窗、俯冲板片的侧向撕裂和拓展，引发上覆岩石圈板块上出现走滑伸展盆地，但这种盆地的根本起因是下伏板块的板片窗、板片撕裂形成过程，而不是上覆板块的走滑伸展作用。这种背景下复杂的地幔楔对流样式，不仅能导致上覆板块出现局部盆地构造的特殊性，还能导致上覆板块出现微板块。

地球系统科学思想指导下的沉积盆地研究，可突破板块构造体系下的沉积盆地成因机制研究的约束，不仅将地幔对流这类超越岩石圈尺度的变形机制引入盆地成因分析，如动力地形控制的克拉通盆地成因［克拉通盆地一般以垂向运动为主，但随着动力地形的控制因素（力学过程、成分变化、温度升降等）在深部软流圈内或以下的地幔空间迁移，地表垂向运动的空间范围也会发生迁移，进而导致克拉通盆地受侧向水平运动控制的假象］，而且关注一些非岩石圈板块动力控制的盆地成因，如冰川消融后地壳弹性回跳控制的成盆机制、陨石撞击成因的盆地等。尽管如此，这些盆地的成因分析尚需进一步深入。

在微板块构造体制下的沉积盆地研究渴望更具有突破性，其进一步的盆地分类也可能更契合单个盆地分析、不同时期盆地演化，当然，也适用于板块构造体系下和地表系统过程控制的盆地成因分析。例如，在克拉通岩石圈之下的微幔块，可以是俯冲拆沉过程中微幔块动态运移到克拉通岩石圈之下，也可能是上覆克拉通岩石圈水平运移到这个静止的微幔块之上。这种微幔块可以在与上覆克拉通岩石圈无接触的情况下影响克拉通盆地的形成和其内部沉积沉降中心的迁移，这是岩石圈尺度板块构造动力成盆机制难以解释的。

再如，现今欧亚板块内部一系列同期断陷盆地和挤压盆地，以华北克拉通内部中新生代盆地为例，如果将华北克拉通视为一个刚性块体，则难以解释其东部裂解、西部挠曲的同期成盆差异，也难以解释东部渤海湾盆地裂解与合肥盆地挠曲的同时性成盆差异。因而，该区盆地分析必须考虑到华北克拉通克拉通化之后、盆地形成前形成的一系列切割岩石圈的先存断裂，这些先存断裂已经将华北克拉通分割为一系列的断块或微板块，不同的断块或微板块上的盆地成因可能是周边大板块作用的响应，也可能是微板块下部深部动力机制所引起，如拆沉、底侵、地幔成分置换等。此外，微板块研究也可以合理解释太古代早期花岗-绿岩带的盆地成因，而这类复杂形态的盆地是传统板块构造理论难以解释的，因为那时板块构造体制可能还不存在。总之，盆地构造研究可在微板块构造理论的启发下取得新的思想突破。

C. 丰富大洋板内构造研究内涵

现今大洋内部结构实际非常复杂，洋底内部不是纯粹且简单的伸展构造或转换断层、破碎带，洋底构造格局也不是简单的被洋中脊划分的几个刚性板块，实际上大洋岩石圈内部像打了“补丁”的衣服，镶嵌着很多类型的布丁状微洋块（图6-14）、微幔块或微陆块，也存在复杂的挤压逆冲、走滑拉分、旋转等构造。层析成像也揭示，大洋岩石圈之下的深部地幔还保存了大量中新生代不同时期形成的微幔块。这些保存在洋底的微洋块、微幔块、微陆块或深部地幔中的微幔块记录了极其丰富的洋内演化事件和陆缘过程，如萌芽、生长、跃迁、转向、旋转、漂移、俯冲、拼合、碰撞、消亡、遥相关等，甚至这些行为与其现今所在大板块的稳定或刚性行为完全不同。但以往研究常将这些复杂过程简单地处理为所在大板块的边界演化。实际上，这不仅没有简化大板块的演化历史，反而将大洋内部各种变动导致的复杂性事件武断地添加到了某个毫不相干的大板块陆缘或板缘，而事实上这个大板块可能根本没参与这些事件。据此，不建议在板块重建中总去调整大板块的几何形态，而是保持其某个时期的整体基本形态，因而定义离散型板块边界不是一条简单的洋中脊，而是个复杂宽阔地带。这个地带内可以存在来源于相邻大板块的不同微洋块，这些微洋块的归属甚至可以由于某种构造过程来回在这两个或三个相邻大板块间不断变换。因此，研究陆缘过程和洋底内部复杂演化不仅可以弥补2010年前几乎所有板块重建模式中消亡洋壳的空白，而且还找到了一条将消亡洋壳演化与大陆边缘精细演化相结合的途径。

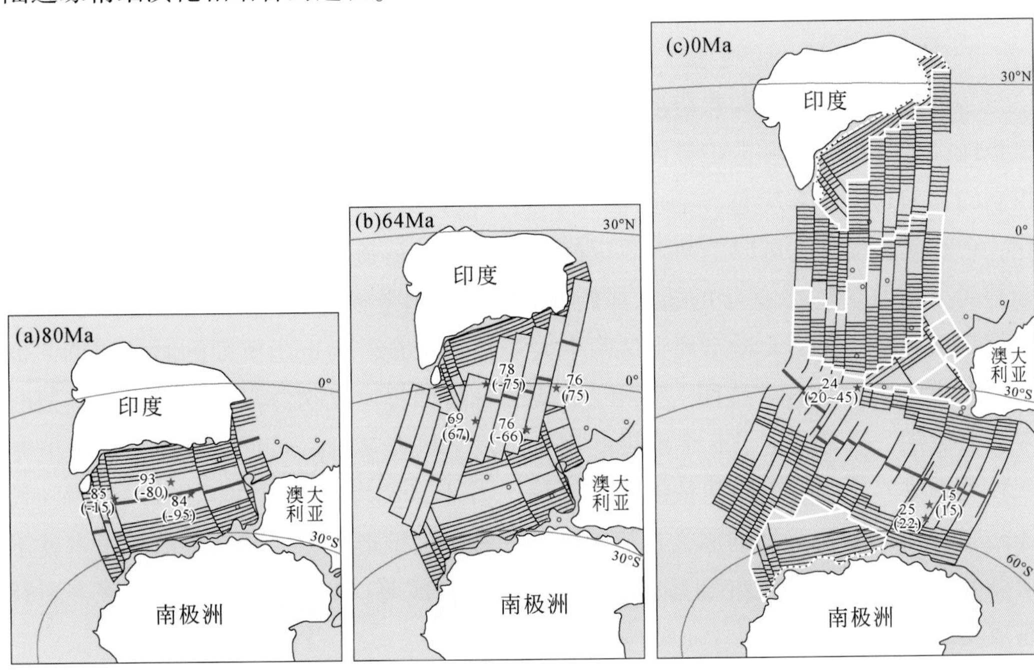

图6-14　印度板块重建说明板块边界的复杂性和微板块划分的必要性（底图据 Veevers，1977）
微洋块应当约束在具有相同运动学和动力学历史的块体范畴，如此便可将洋底一次又一次的事件划分清楚，板块重建才可能更精细，并与地质资料完美耦合

D. 丰富前板块构造体制研究，弥合长久地学论争

早前寒武纪地质演化记录绝大多数都包含在克拉通中。克拉通以形态小、数量多、稳定化时代差异大为特征。原则上，一个克拉通就是长期稳定的一个微板块或多个微板块的复合体。最老的克拉通形成于38亿年，因而微板块起始最晚时间可在距今38亿年前，甚至更早。微板块也可以形成于各种环境，地球上存在瑞利–泰勒不稳定的地方均可能出现微板块。地球总体状态越不稳定，就越容易诞生大量微板块。比如，早期研究认为，太古宙微板块数量至少有35个，这实际主要是通过现今克拉通统计的，既没考虑一个克拉通内还可划分出多个微板块，也没有考虑古大洋中可能消失的早期微洋块、微陆块，因而这个数据也经不起理论论证和实践检验。

微板块可按照不同基本原则进行命名，比如按照成因、初始生成环境、成熟度等进行附加命名。太古代初始形成的可叫太古代微地块，元古代初始形成的可叫元古代微地块；当其具备板块特性时直接称为微板块，当其现今以地体形式保存时也可叫地体，当其不具备板块和地体定义时，它也可称微地块。因此，微板块构造理论概念的灵活性，可以突破传统板块构造理论、地体学说约束，延拓应用到早前寒武纪除短暂的岩浆海阶段的大多数时期，因而没有必要去追问板块构造体制于何时启动这个问题，因为不同地方的板块构造体制完全可以起源于差异很大的时期，不同（微）板块启动的时间也不同，即这个问题原本就不存在唯一解。

E. 建立跨圈层、跨相态、跨时空、全地史、跨行星的统一构造理论

一些微板块可以萌芽在离散型板缘，死亡于生长壮大的板内，也可消亡于汇聚型板缘，还可以保存在造山带内部。因而，它从生长到死亡的过程中，相关微板块控制的盆地可以具有完整Wilson演化旋回，也可以经历不完整的非Wilson旋回演化；在时间尺度上，可以是前人界定的2亿年Wilson旋回，也可以是7亿年的超大陆旋回，还可以是15亿年的超大洋旋回。现有造山带或缝合线研究结果表明，从两个大陆型大板块间的大洋出现到这两个大陆板块聚合，为造山旋回的时间跨度，也很少是2亿年的Wilson旋回。实际上，Wilson旋回提出之初并没有限定这个旋回时限为2亿年，只是限定了6个理想的演化阶段。尽管Wilson旋回这6个阶段可能是一种人为拼凑，就某个微板块或板块而言，并不真实存在，但在讨论这个问题时，还是应回归Wilson旋回的原义。特别是，一些裂陷型造山带、陆内造山带根本就不遵循Wilson旋回（葛肖虹和马文璞，2014；车自成等，2016），这取决于这个裂解是成功的还是失败的。

此外，微幔块的提出也打破了传统板块构造理论只适用于岩石圈的界限，可有效构架微板块的跨圈层相互作用模式。同一个微板块，在地史不同热演化阶段或不同圈层中，表现为刚性、塑性、流变性等，是跨相态的，因而，微板块构造理论在很多方面是超越板块构造理论的，具有一定的理论优越性。在地球上，微板块可能

自岩浆海之后就贯穿此后的地球演化历史，因而微板块构造理论是全地史的理论。一个微板块的演化可能是跨时空的，不仅在地球上发育，其他行星或天然卫星上也可能存在，因而微板块构造理论也可以是跨行星的构造理论。

（2）几何边界

传统板块构造理论中，活动板块边界只有三种：俯冲带、活动或死亡的洋中脊、转换断层，若将碰撞带或缝合线作为一类活动板块边界，也只有4种板块边界类型。当然，也可以将转换断层再细分为大陆型转换断层（如新西兰阿尔派恩断裂、圣安德烈斯断裂）、大洋型转换断层（如克利珀顿破碎带），乃至陆缘型转换断层。但是，微板块边界类型极其复杂多样，包括活动或死亡的裂谷中心、活动或死亡的拆离断层、大洋或大陆俯冲带、活动或死亡的洋中脊、大陆型或大洋型转换断层、破碎带、假断层、切割岩石圈的走滑型断裂、洋内汇聚带、叠接扩张中心、非叠接扩张中心、洋脊断错（offset）、残留弧、碰撞带、缝合线、地幔内部包绕微幔块的应变不连续面等有20种以上（Li S Z et al.，2018a），其成因极其复杂，不只是俯冲、扩张、碰撞和转换4类过程。正是因为微板块构造理论体系中边界类型在20种以上，所以三个微板块之间的三节点类型也比传统板块构造体制下三类板块边界组合的三节点类型多，这意味着地质过程更复杂。目前，关于这些三节点的稳定性尚待深入研究。

此外，传统板块构造理论中，板块边界只能是直立或高角度的，平板俯冲情况下才会出现因挤压作用产生的板块间垂向叠置关系。但在微板块构造理论框架下，还存在另外两类伸展环境下的板块垂向叠置关系。一是，被动陆缘的伸展拆离断层也是微板块边界，大陆型伸展拆离断层会使得一些微陆块上覆于异地的大板块之上，并随着伸展强度增加或伸展裂解中心跃迁而进入大洋内部。这些大洋内部微陆块也是很多人早期反对板块构造理论的铁证，但现今可以清晰地说明微陆块进入大洋的多种构造途径。这种情况下，微板块之间的关系是垂向叠置关系，形成洋陆转换带（Ocean-Continent Transition Zone），而不是洋陆过渡带（Ocean-Continent Connection Zone）。这个洋陆转换带位于传统板块构造理论的被动陆缘（传统理论归为板内环境），但在微板块构造框架下属于微板块边界。需要注意的是，传统板块构造理论中定义的板块边界必须是活动的，被动陆缘曾经是活动的，但现在不活动了，因此得名。然而，被动陆缘并非严格的构造不活动，这要区分是哪类构造运动不活动，所以微板块构造理论不限定微板块边界必须是活动的，也可以是死亡的。二是，洋中脊的伸展拆离断层也是微板块边界，这里形成海洋核杂岩，也存在微洋块与微幔块的垂向叠置关系。

（3）运动方式

微板块构造理论框架下，微板块的运动除了传统板块构造理论体系中的板块水平运动外，还表现为整体上升和沉降作用，特别是可以表现为围绕自身旋转轴（旋转轴在微板块内部）的水平旋转运动。这里应注意区分板块自旋、板片随地幔环向流（toroidal）的被动旋转或板块随地幔极向流（poloidal）的被动旋转之间的差别。这种原地自旋显然不同于传统板块构造体制下板块围绕欧拉极的水平旋转（旋转轴多在大板块外部）。围绕欧拉极的板块水平旋转，实际不是板块绕自身旋转轴的旋转，该板块并没有在软流圈上发生自我旋转。特别是，对于太平洋板块这样的大板块而言，因为其黏滞力巨大，是不可能发生这种自我旋转的，更不可能是热点轨迹转向所指示的1～2Myr“瞬间”发生大角度自我旋转。

除上述差别之外，微板块构造体制下，微板块可以跨圈层运动，大型岩石圈板块可以在俯冲带发生分段差异性俯冲，如指裂式俯冲板片；最终脱离俯冲板块母体，破碎为一系列孤立于地幔深处的微幔块。微幔块在地幔风的作用下，在地幔流中可定向迁移深入到大陆内部克拉通的下方，引起克拉通盆地垂向运动或挠曲沉降（Liu，2015）。这是一种独特的非大陆板块自身内部机制引起的陆内变形机制。

（4）动力机制

微板块构造理论不限定微板块的驱动力机制是唯一的或固定的，不同地史时期，地球的热状态具有显著差异，微板块的动力学机制是随着地球热演化而变化的（李三忠等，2019b，2019c）。比如，早期地球因坠离（drip-off）或拗沉（sagduction）所致的位于地幔中的微幔块，其成因与板块体制下俯冲产生的微幔块成因不仅在机制上差异巨大，而且两种体制下形成的微幔块组分也很可能差异显著。早期地球的微幔块可能包括较多基性下地壳的相变产物，晚期板块俯冲产生的微幔块则主要由超基性的洋幔组成，而克拉通岩石圈地幔拆沉产生的微幔块则由超基性的陆幔组成（图6-15）。

总之，微板块驱动机制比板块驱动力机制在类型上更具多样性。如果说非得给出一个终极驱动力，在任何地质历史时期，微板块构造驱动力的最终机制都可归结为瑞利-泰勒不稳定性，但多数微板块起源机制可能是被动的，甚至可起因于陨石的大轰击作用。在传统板块构造理论中，板块运动的终极驱动力机制是主动性地幔对流（Conrad and Lithgow-Bertelloni，2002），但现今主流观点正在否定地幔对流驱动的主动性（自下而上的控制论），进而强调俯冲板片的相变驱动（自上而下的决定论）（Forsyth and Uyeda，1975；Anderson，2007），或强调地球特定状态下超大陆（极端的大板块）裂解的地幔柱驱动（Zhong，2007）。

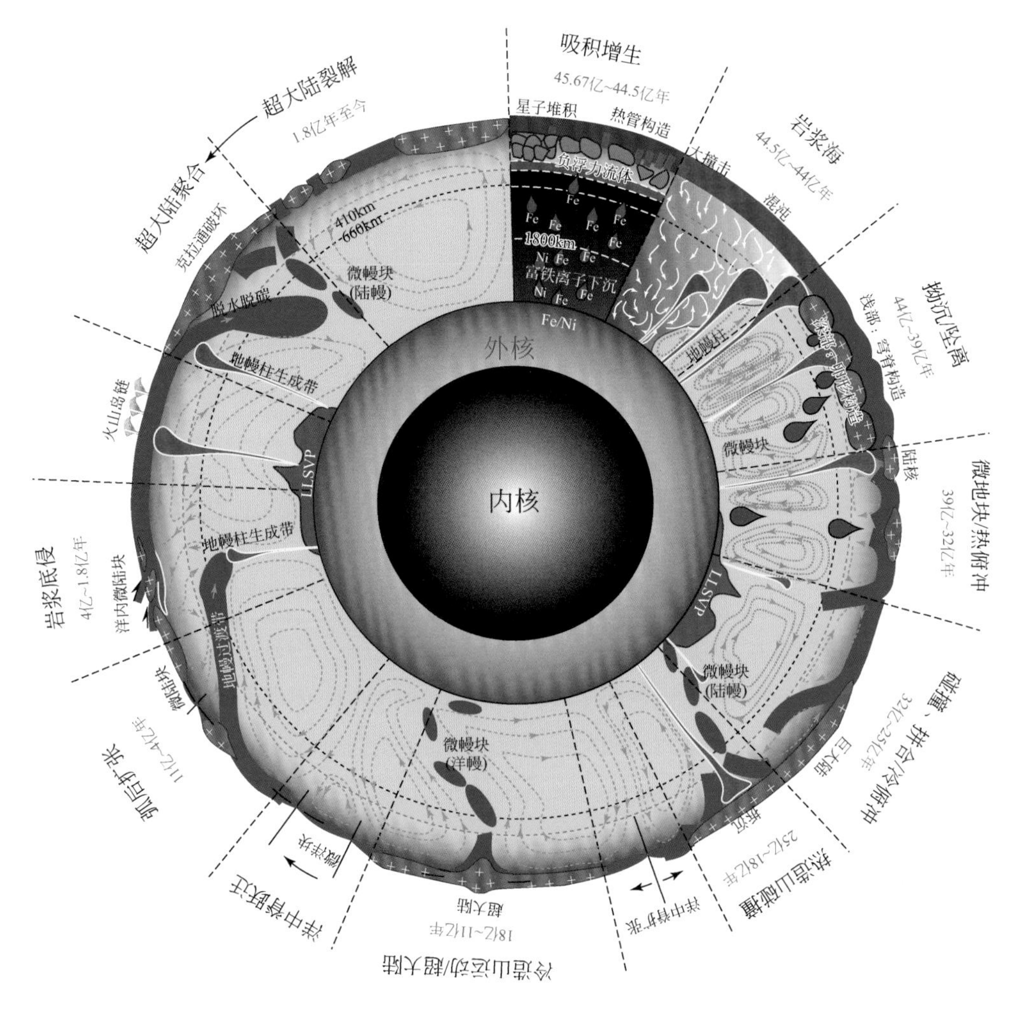

图 6-15　地球构造体制进化历程与三类微幔块成因机制及演化序列（李三忠等，2022）

（5）理论的适用范围

通过对洋内的微板块（可以是微洋块，也可以是微陆块，海洋核杂岩处还发育微幔块）初步分析可以发现，发展板块构造理论需从内涵到外延不断拓展其研究的时空领域，弥补板块构造理论内在的理论缺憾，特别是，需要解决板块构造理论目前面临的三大难题：板块起源、板内变形、板块动力。此外，统一各种理论差异，还在于理念突破和概念创新。因此，微板块构造理论，可拓展构造研究的高度、广度、精度和深度，第一，可推进包括深海大洋构造领域在内的精细研究，可以丰富造山带构造研究内涵，如特提斯造山带、中亚造山带内的微陆块（Xiao et al., 2015），对造山带内残留的蛇绿岩套或微洋块、微幔块也要进行更加细致的研究，不能只停留在发现蛇绿岩套并据此划定一条缝合线的工作层面，而是要深入分析蛇绿岩套内部组成、年龄、结构差异；第二，可以丰富盆地构造研究内涵，微板块构造体制下的沉积盆地研究前景广阔，其进一步的盆地分类也可能更切合单个盆地分析、不同时期盆地差异演化分析，当然，也适用于板块构造体系下和地表系统过程控制的盆地成因分析；第三，丰富大洋板块内部构造研究内涵，解释层析成像揭示的大洋岩石圈之下的深部地幔还保存有大量中—新生代不同时期的微幔块；第四，丰富前板块构造体制研究，弥合长久地学论争；第五，助力建立跨圈层、跨相态、跨时空、全地史、跨行星的统一构造理论。

（6）理论基础与出发点

传统板块构造理论立足解决单一圈层机制，即固体岩石圈板块的水平运动问题，不仅早期槽台学说中垂直运动的合理性被完全忽视或遗弃，而且俯冲板块进入软流圈后的行为也没有得到充分研究。

自微板块构造理论提出以来，其理论基础的主体虽然是传统板块构造理论，但却以地球系统科学理念为出发点，围绕多圈层相互作用而构建，重在解决跨圈层过程，不仅重视水平运动，也关注垂直运动，注意到不同地史时期或构造部位垂直运动的成因机制差异很大，并将传统板块构造理论拓展到探索太古代及其以前的前板块构造体制，试图构建统一的深时地球系统的全球构造理论。

（7）理论假设与预测

在传统板块构造理论中，菲律宾海板块是一个中板块。按照该理论，中板块也应当具有统一的运动学行为。但实际仔细考察菲律宾海板块内部构造单元，可以九州–帕劳海脊（实际为残留弧）为界划分为西部的西菲律宾海盆，东部的四国–帕里西维拉海盆、马里亚纳海槽和马里亚纳岛弧。

但实际这种划分无法让人全面理解菲律宾海板块的运动特性，如菲律宾海板块整体旋转的同时，作为菲律宾海板块一部分的四国–帕里西维拉海盆在扩张，而且四国–帕里西维拉洋中脊两侧的运动是相反的，也就是说，简单地将菲律宾海板块划分为单一单元，无法解释大板块整体旋转的同时所伴随的内部扩张过程，特别是其内部的反向运动行为。

板块构造理论框架下，菲律宾海板块的形成和演变涉及 55 ~ 34Ma，向南运动的西南菲律宾海微洋块和向北运动的东北菲律宾海微洋块，以及 34 ~ 17Ma 向西南运动的西四国–帕里西维拉微洋块和向东北运动的东四国–帕里西维拉微洋块，还与 8Ma 以来向西运动的西马里亚纳微洋块和向东运动的马里亚纳微洋块有关。其中，东四国–帕里西维拉微洋块与向西运动的西马里亚纳微洋块之间的马里亚纳残留弧为微板块边界（图 2-42）。图 2-42 中微洋块的划分完全符合板块构造理论中的板块定义，因此是可行的；进一步的划分可以依此类推，比如，雅浦海脊两侧分别为向西运动的西雅浦微洋块、向东运动的东雅浦微洋块（与加罗林微板块相邻）。实际上，依据更高精度的多波束海底地形资料，对东北菲律宾海板块的内部还可以细分出一些更微细的微板块，它们的形成与斜向俯冲过程有关。菲律宾海板块内部次级构造单元的划分界定，有利于描述菲律宾海板块内部构造特征的精细描述和差异分析。据此精细划分，也可以对传统板块构造理论框架下划分的整体“菲律宾海板块”内部变形过程，如俯冲东撤、洋中脊跃迁、死亡或石化、旋转、斜向俯冲等做出精细预测。

此外，微板块构造理论也可以解释传统板块构造理论难以解释的岩浆、变质、成矿、成盆、地震等灾害过程。例如，三江地区大量微板块聚合使得矿床分布复杂而有规律（Deng et al.，2014）；在微板块构造框架下，青藏高原一些主要断裂、龙门山断裂、郯庐断裂等也属于微板块边界（吴晓娲等，2021），在外力作用下，欧亚板块内部的活动性会改变，因此沿此边界也可以发生 8.0 级汶川大地震，两侧块体之间 GPS 速度场也差异显著（图 2-49）；四川克拉通盆地、鄂尔多斯克拉通盆地中生代晚期的挠曲成盆，可能与北美西部深浅部耦合过程导致克拉通盆地沉积沉降中心迁移类似（图 6-8）（Braun，2010；Liu S F et al.，2011；Liu L J，2015），其深部也可能存在微幔块的西向迁移（Peng et al.，2021），这似乎也得到了浅表盆地中心西向迁移的验证。

6.3 微地块构造范式与前板块构造、微板块起源

地球大约在 45.4 亿年前诞生，自地球诞生到 5.42 亿年前的这段时间被称为前寒武纪。板块构造机制起源于前寒武纪已为大家接受（李三忠等，2015a，2015b，2015c）。但是，板块构造启动的时间、地点和机制迄今仍然分歧较大的原因，主要是早期板块构造的定义尚不清楚，是地球热起源开始的大量微（小）板块，逐渐随着地球冷却而演化或进化出大板块？还是地球冷起源开始就是一个完整的全球单一板块，即最早为大板块起源，之后分裂为一系列中（小）板块，再演化出微板块？这是两种完全相反的板块启始和进化途径，不同的进化途径，微板块的驱动力机制差异巨大。特别是，这个问题还涉及前板块构造体制问题，也与地球起源过程密切相关。

对于早前寒武纪这种构造体制的探索，目前地质证据较少，多数研究还可以通过比较行星地质学、计算地学模拟、人工智能技术等进行。例如，火星直径仅为地球的一半，在早期演化过程中，火星可能冷却较快，或者星子堆积增生过程中，根本就没加热到使火星表壳出现岩浆海，因而火星最早可能是冷起源。有学者（Yin，2012a，2012b）依据火星表面卫星遥感图像的构造解译，推测认为奥林匹斯

(Olympus)山一线的3个火山锥是线性岛弧的标志，表明火星发生过初始的俯冲启动，而触发俯冲启动的可能机制是天外大型陨石斜向撞击，诱发了微板块运动及俯冲回卷过程。这个俯冲启动过程灾难性地打破了火星全球单一板块的构造格局，开启了火星全球微板块形成与演化的新阶段（图6-10）。总之，这是一种灾变性微板块成因机制，并不像Ernst（2007）提出的缓慢或渐变式微板块起源机制（图6-9）。然而，火星上这个微板块构造演化过程，因为没有足够的能量维持，很快便夭折或终结了。

数值模拟实验结果则表明，在星子吸积增生阶段，地球硅酸盐可能会熔化，随着冷却进行，较重的硅酸盐会下坠，在不同构造层次形成拗沉构造、穹脊构造、卵形构造、滴坠构造、地幔柱构造（Maruyama et al.，2018）、地幔柱-停滞盖构造(Fischer et al.，2021）等，形成这些构造样式时运动的物质不一定是熔融的岩浆，还可能是深变质的固流体，表现为很多组成卵形构造的叶理并不是岩浆流动构造，而是针状角闪石或链状石榴石构成的线理、黑云母定向排列的变质面理。在这一时期，地球表层可能出现相对较冷的微地块（因为这时不一定出现板块构造体制，因此这些微板块也可叫微地块)，但这些微地块已然具备微板块的一切属性。由此可见，在这种前板块构造体制下，其微板块驱动力可能纯粹是重力作用，也可能是热管构造、地幔柱构造的热力作用所致，无论动力来源是重力还是热力，最终都可归结为瑞利-泰勒不稳定性，是前板块构造体制下微板块的终极驱动力。具体到分析某个微板块时，其形成和演化的驱动力可能各不相同，有的是滴坠、有的是拗沉、有的是地幔柱、有的是洋中脊-地幔柱相互作用所致（Madrigal et al.，2016），等等。

总之，微板块构造范式与板块构造范式的不同在于对早前寒武纪构造体制和深地幔构造体制的创新开拓，前者是除地幔之外的地球固体圈层的深时运行模式，后者在研究初期只是岩石圈层次的全球构造运行模式。

6.4 进化中的微板块与陆壳起源、现代板块体制起源

大板块不是一蹴而就的，任何板块都存在一个由小长大的过程。早期地球地幔较热，岩石圈较薄，其前板块构造体制可以是地幔柱（mantle plume）构造体制、热管（hot-pipe）构造体制，也可以是滴坠（drip-off）构造体制、拗沉（sagduction）构造体制、底侵（magma underplating）构造体制、拆沉（delamination）构造体制(Liu et al.，2022）等（图6-15)，且早期俯冲可能是热俯冲，随着岩石圈冷却，晚期逐渐转变为冷俯冲（Zheng and Zhao，2020)。随着地球冷却，板块厚度和面积都增大，早期非板块体制下的微地块，逐渐转变为初始板块体制下的微板块（俯冲带热结构可能对称)，最终变成现今板块体制下的大板块（俯冲带热结构主要为不对

称）。现代板块构造体制的标志，就是热不对称的俯冲体制出现，这不同于地幔柱构造体制下，围绕地幔柱柱头热对称的俯冲体制（图6-15）（Gerya et al.，2015）。

这里要强调的是，比照生物进化理论，微地块也具有进化特征。前板块构造体制下，微地块在非线性系统中通过自组织、自生长等方式（钟世杰，2021）进化为板块体制下的微板块，这是一个自然选择过程（Sawada et al.，2018）。陆壳型微板块（微陆块）是长期缓慢的“密度选择”的结果，其密度决定了其早期陆壳的保存机制，这是陆壳起源的根本。而微地块或微陆块向微板块的转变是“刚性选择”的结果，其刚性程度决定了初始板块构造体制启动的必要条件。随后，微板块不对称俯冲或对流型式的转变是“热力选择”的结果，其热不对称性也是现代板块构造体制启动的必要条件。

微板块处于板块构造体制下，有时是大板块的前身，因此微板块起源、生长、夭折、消亡和残留过程的研究，不仅对认知某个板块演化历史具有指示性，更有助于揭示板块构造体制随时间的演进规律具有普适性。现今板块体制下，洋脊增生系统、俯冲消减系统、深海板内系统、伸展裂解系统、碰撞造山系统5种构造环境下都广泛发育微板块，若建立某个洋盆（不是板块）类似威尔逊旋回的演化模式，可以根据微板块成因，微板块演化途径或序列可能依次为：裂生型微板块、拆离型微板块、转换型微板块、延生型微板块、跃生型微板块、残生型微板块、增生型微板块、碰生型微板块和拆沉型微幔块（Li S Z et al.，2018a）。这个过程也体现了微陆块、微洋块和微幔块之间的复杂关系（李三忠等，2018a）。

通过传统板块构造理论与微板块构造理论的对比，本书认为：

1）微板块构造理论，是传统大板块构造理论的发展，可以有效解决板块构造出现之前的地球运行模式，在术语上称为微地块构造理论即可。

2）随着地球演化，前板块构造体制也在不断进化，微地块构造体制也经过初始的微板块构造演化阶段逐渐形成现今成熟的板块构造体制。微板块是进化着的，是随着地球热演化而不断自然选择的结果。前板块构造体制下，微地块在非线性系统中通过自组织、自生长等进化为板块体制下的微板块，这是一个自然选择的过程；陆壳型微地块是密度选择的结果，其密度决定了其保存机制，这是陆壳起源和保存的根本；微地块向微板块的转变是刚性选择的结果，其刚性程度决定了初始板块构造体制启动的必要条件；微板块不对称俯冲或对流型式的转变是热选择的结果，其热不对称性决定了现代板块构造体制启动的必要条件。

3）微板块的划分可以精细刻画区域构造演化过程，而以大板块划分则难以实现区域构造的精细描述。微板块的提出，为早前寒武纪古板块重建提供了理论支撑，必将推动微小块体的未来重建工作越来越深入。

微板块构造的研究成果，虽然自板块构造理论建立以来就陆续有报道，但始终没有建立系统性、综合性的理论体系。在当今板块构造理论向更深地球圈层、向更小尺度板块、向更早期地球推广应用的过程中，有必要加大力度给予经费支持，并在全球展开相关工作，围绕微板块构造开展国际多学科综合、交叉与对比研究，建议成立“全球微板块”研究大科学计划，最终实现全球大地构造研究范式的新突破，面向全球天然氢气藏勘探必将大有用武之地。

第7章 微洋块与洋底动力过程

微洋块的识别手段较多，可根据海底地形、海洋重力测量、震源分布、磁异常条带、地震剖面、层析成像进行构造解析。

1）海底地形：海底地貌基本为构造地貌。微洋块的边界一般是死亡或活动的洋中脊、俯冲带、破碎带或转换断层（破碎带），这些典型的边界在地形上具有显著特征，并可以被清晰地观测到。测深仪是获得海底这些边界地形特征的有效手段，经历了从传统单波束测深仪到组合测深仪再到多波束测深仪的发展过程。多波束测深系统是现今国际航道测量组织推荐使用的新型海洋测量设备，可以解决传统测量方式不足的问题，满足精密水下测量的要求，全面、准确、动态地掌握水底细微变化，极大地提高了测量效率，真正实现了全覆盖、无遗漏精密扫测（王闰成和卫国兵，2003）。其测量精度可达亚米级，为揭示海底微洋块构造地貌提供了有力支撑。多波束测深和侧扫声呐在观测及预测微板块相对运动中正发挥作用（Bandy et al.，2008），如假断层常表现为海槽微地貌。

2）海洋重力测量：微洋块年龄不同，其密度也不同；形成时的岩浆供给不同，厚度也不同。海洋重力测量是地球重力测量学研究的重要组成部分，可用来研究地下物质的密度分布，从而了解与推断地球的结构构造、岩石圈和软流圈的性质及行为，开展矿产资源勘探、微洋块识别等（Cochran and Talwani，1979）。微洋块物质组成或厚度可表现出显著的重力异常，与周围构造单元之间存在明显差异，如洋中脊通常表现为显著的重力高，而俯冲带表现为显著的重力低，转换断层处直线型线性重力异常明显。

3）震源分布：通过震源分布可以探明负地形边界是否为俯冲带，或是否存在显著断距的走滑断层。若陆缘向陆一侧地下分布有平行边界的地震活动，则可以判断为俯冲带。微洋块的边界受力状态存在显著差异，因而在地震机制上差异显著，如洋中脊地震通常震级较小，表现为张性；俯冲带地震震级较大，表现为以挤压、压扭为主；活动的转换断层震级也较小，以张扭或压扭为主，而死亡的转换断层（破碎带）一般无地震发生。此外，地震波各向异性还可探明洋壳下的非均匀地幔流（Bodmer et al.，2015）。

4）磁异常条带：地磁学研究的最终目的是确定地磁场成因和由其引起的各种

地磁现象的起因（梁开龙，1996）。海洋地磁测量主要目的是为了获取海域地磁场参数及其分布特征（秦清亮，2015）。海洋磁力勘探不仅可以获得洋底精细的磁条带异常几何结构特征，通过处理和分析，还可以识别海底年龄结构，从而揭示微洋块的构造运动历史（Raff and Mason，1961）；磁条带走向变化或组合模式也可用来区分或识别微洋块。

5）地震剖面、层析成像等的构造解析：地震技术包括人工源激发的反射/折射和天然震源的层析成像等技术是获取地壳/上地幔深部结构、物质分布或热状态的核心技术，在认识地球深部结构、构造过程中，扮演着不可或缺的角色。许多重大地质认识和理论的诞生都离不开地震技术的贡献（吕庆田等，2010）。反射地震是深部探测的核心技术，其应用于大陆地壳结构探测和油气勘探已经有近百年的历史。近年来，高分辨率海洋反射地震勘探技术在第四系分层、地质调查、油气勘探工程应用和砂矿等沉积结构以及物源分析研究等领域，得到了广泛的应用（万芃等，2010；朱俊江和李三忠，2017），也是划分微洋块的重要方法，例如南海海盆中洋中脊跃迁形成的“锅底状”反射结构，可作为微洋块划分的标志。此外，较长的深反射地震剖面、较深的精细层析成像，在揭示微洋块及其边界的深部结构、构造方面，也取得了一些重大突破。例如，Chen 等（2015）利用层析成像研究了卡斯凯迪亚俯冲带的洋壳厚度和速度结构。这些成果为微洋块的研究提供了宝贵资料。

7.1 全球微洋块类型

Müller 等（2017）揭示的微洋块是指大陆或大洋中具有洋壳性质的微小且独立运动的刚性块体，其形成于两板块或三节点之间的扩张中心，包括裂谷轴部断裂、大洋洋中脊、弧后盆地洋中脊、洋陆转换带，因洋中脊等扩张、增生至先存的洋壳并捕获洋壳碎片而形成。微洋块的活动周期往往在几个百万年到十个百万年之内，相对于漫长地史，具有“瞬时”特征。虽然微洋块在全球板块生消过程中发挥着微乎其微的作用，却响应着大洋板块的扩张中心重组和岩石圈增生方式，在板块演化的精细研究中不可忽视。板块重组、热点活动、陆缘俯冲、快速扩张以及三节点迁移，都可能驱动微洋块形成（Hey，2004）。根据不同的成因机制，可以划分为 8 种地质过程。这些过程形成差异性构造特征的微洋块。

7.1.1 拆离型微洋块

拆离型微洋块是指大洋盆地中拆离断层之上的独立洋壳块体。在其他文献中，也有人称之为骑行地块（rider block）(Karson et al.，2006；Choi and Buck，2012）或者筏移地块（rafted block）（Smith et al., 2008；Whitney et al., 2012），广泛出现在慢速、超慢速洋中脊部位（图 7-1）。其边界之一必为大洋拆离断层，其他边界可能是拆离断层，也可能是洋中脊、转换断层以及大型的正断层。

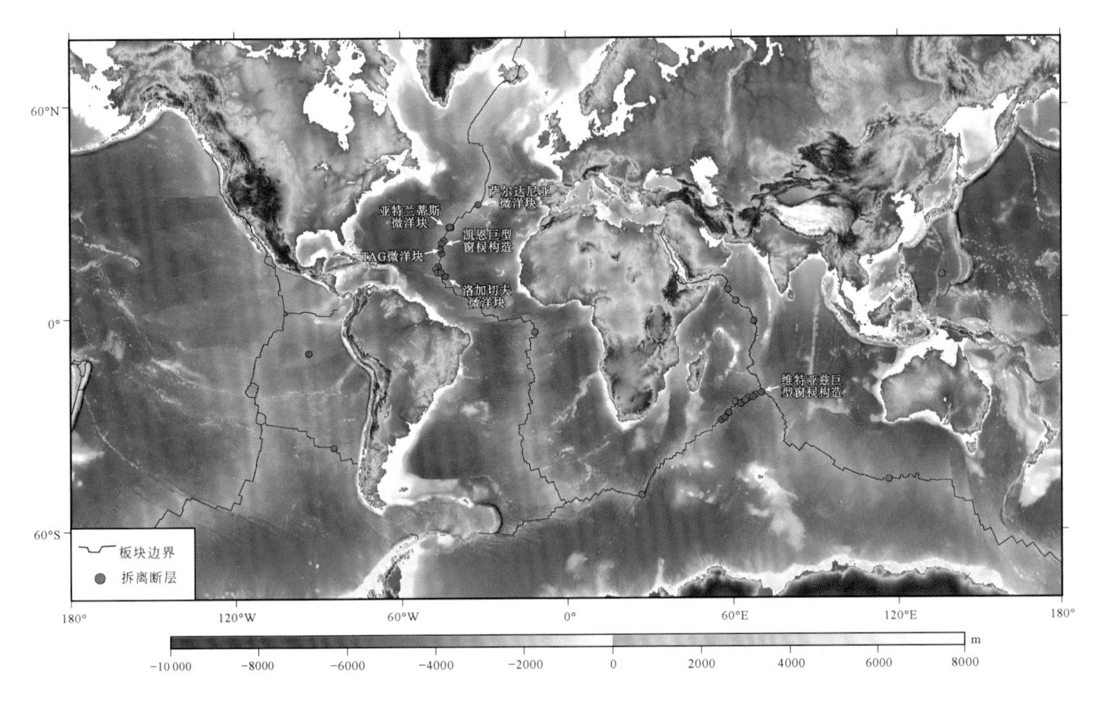

图 7-1　全球主要的海洋核杂岩中大洋拆离断层和拆离型微洋块分布（据 Yu et al., 2013）

大洋拆离断层是发育在洋中脊段末端长时间活动（1～3Myr）的、大断距的（>10km）、低角度（15°～30°）的正断层。拆离型微洋块伴随着大洋拆离断层主导的海底扩张发育，区别于伴生的海洋核杂岩（属于微幔块）。在传统的洋中脊扩张模型中，洋中脊处岩浆的充分供给和地堑式的高角度正断层，控制了新生大洋岩石圈的形成；而在大洋拆离断层附近，岩浆补给不足，在洋壳深部和上地幔物质的出露过程中，去顶、抬升作用占主导，使得洋壳中的辉长岩和蛇纹石化地幔岩在海底大面积出露。区别于标准洋壳结构，拆离断层附近洋壳的明显特征是受构造变形影响大，结构构造很不均一，发育巨型窗棂构造，并在海底整体呈现为穹状的构造单元。

拆离型微洋块的浅部几何学特征，可以根据精细的海底地形观测等获取，其下面是具有较低倾角的大洋拆离断层（Smith et al., 2006）。洋内微洋块的范围介于拆离起点和洋中脊之间（图 7-2），出露洋壳或者大洋地幔的宽度可达数十千米，甚至上百千米，是长期的拆离、去顶、抬升作用的结果（活动的时限 1～3Myr）。在洋中脊附近海底表面，拆离型微洋块会形成众多明显的地貌特征，这些特征地貌在多波束资料中，可以很好地反映（于志腾等，2014），如拆离断层表面常呈穹隆状和波瓦状构造或巨型窗棂构造（Cannat et al., 2009）。沿洋壳的扩张方向，典型微洋块由远轴向近轴方向可依次形成凹陷盆地、线形海脊、脊前凹陷等地貌单元，这些地貌特征是拆离型微洋块的重要识别标志，同时，也是研究下伏大洋拆离断层几何学、运动学以及形成演化过程的重要依据。

总之，拆离型微洋块在区域构造上有如下特征（图 7-2）：①主要发育在慢速-超慢速扩张洋中脊的内侧角位置；② 伴生微幔块（海洋核杂岩），其剥露地幔规模总体不大，数十到数百平方千米，相关拆离型微洋块大小也与之近似；③边界不仅包括大型长期活动的拆离断层，还可能包括洋中脊扩张轴和转换断层等；④主要物质组成为年轻洋壳（距扩张轴较近），同时可能会在浅表面充填一些同裂解沉积；⑤与下盘剥露出的具有波瓦状海底表面的海洋核杂岩共生，海洋核杂岩的核部物质组成主要是下地壳辉长岩和部分上地幔橄榄岩。

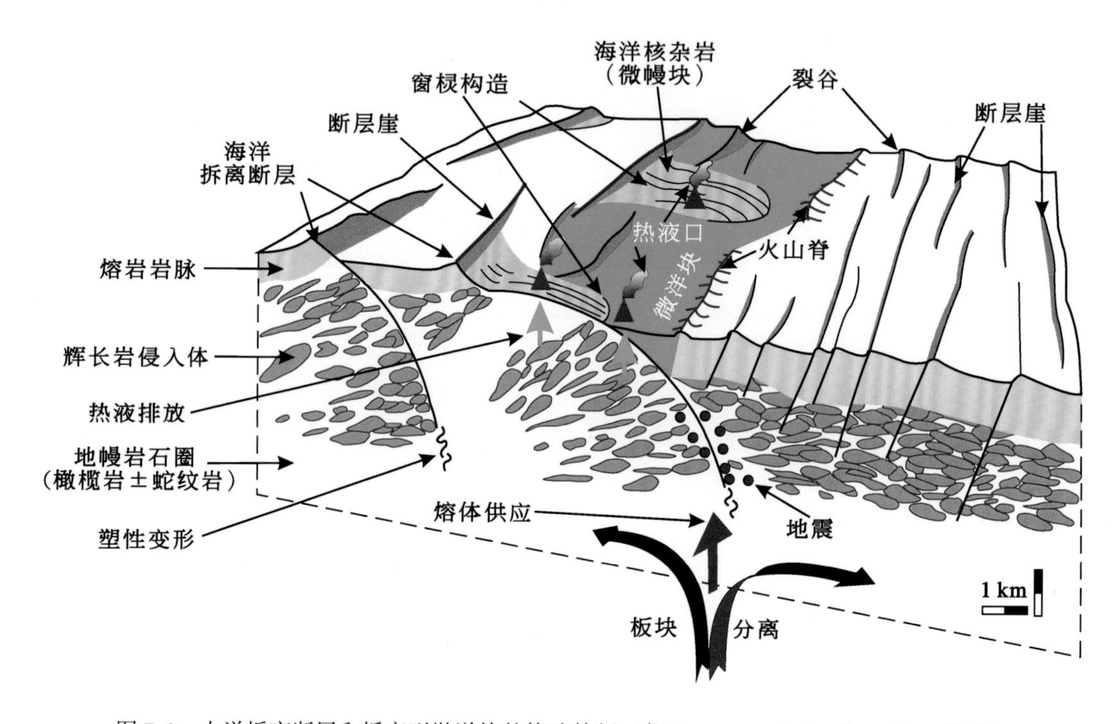

图 7-2 大洋拆离断层和拆离型微洋块的构造特征（据 Escartín and Canales，2011 修改）

7.1.2 裂生型微洋块

由弧后裂谷作用、洋中脊跃迁作用（图 7-3）以及扩张作用导致洋内岛弧裂解、被动陆缘裂解生成的、主体具有大洋岩石圈属性的刚性块体，即为裂生型微洋块（back-arc-rifting derived oceanic microplate），其形成与大洋板块的俯冲消减和弧后裂解、扩张作用息息相关，常见于俯冲系统的上盘（图 7-4）。裂生型微洋块，因自身独特的重磁异常特征和相对独立运动等构造演化历史，而与周围板块相区别。围限裂生型微洋块的边界必有一侧为离散型边界，也就是弧后死亡或活动的洋中脊、洋陆转换带等，其余的边界则复杂多样。裂生型微洋块的生长常常伴随着运动学上不对称的差异扩张、不稳定的扩张中心迁移以及相对周缘板块的旋转运动，这些都导致了裂生型微洋块构造演化的独特性和复杂性。

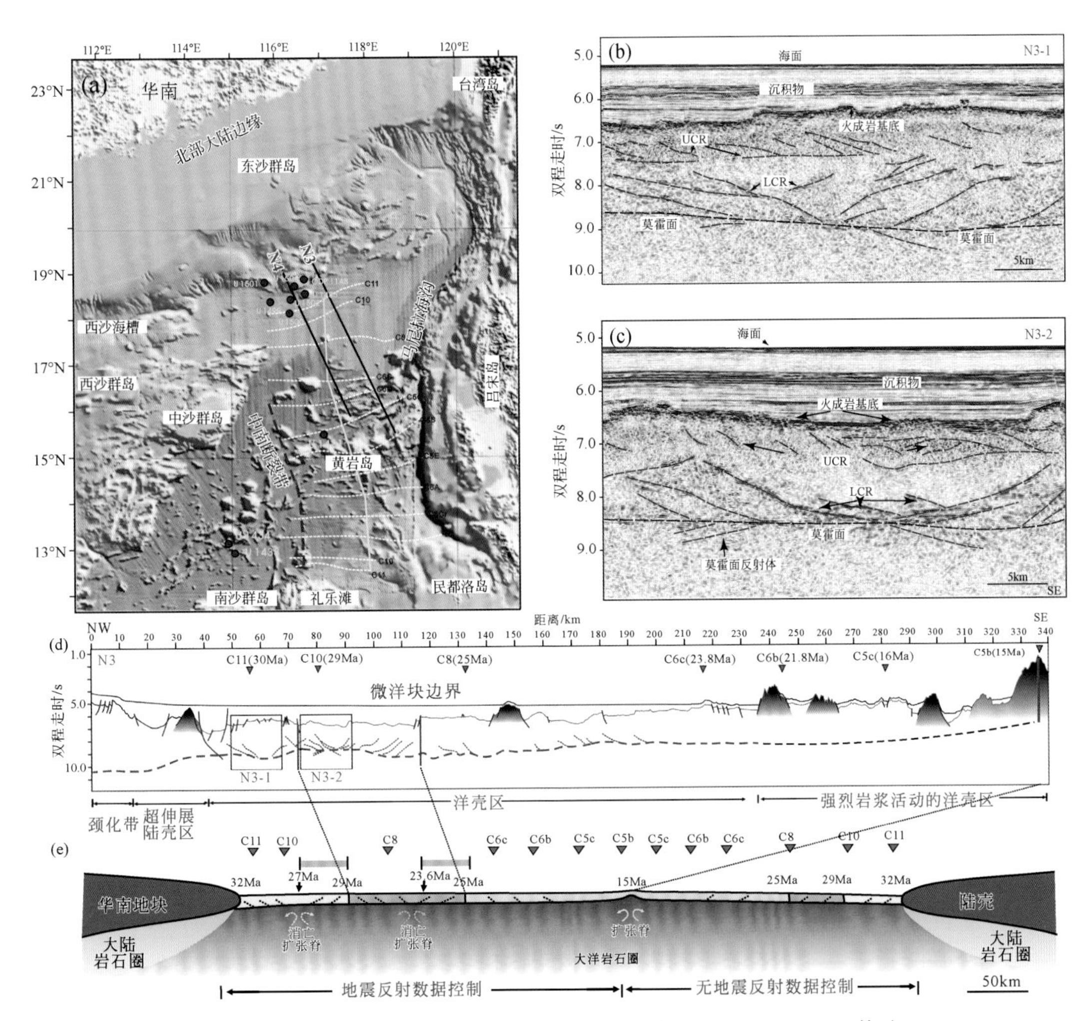

图 7-3　南海多次洋中脊跃迁形成的微洋块（据 Ding et al., 2018 修改）

以往识别微洋块或废弃的洋中脊都是据多波束地形和磁条带等资料进行识别，但对于海底沉积覆盖区，这种方法难以奏效，对此，深反射地震可以通过识别“锅底状”反射波组来确定死亡微洋块的边界位置

裂生微洋块的动力学模式可总结为两类：一是与深部地幔主动上涌相关的主动裂解型；二是与岩石圈拉伸、海沟后撤相关的被动裂解型；三是俯冲板片拖曳力使得后缘洋中脊跃迁，在新、老洋中脊之间圈闭出微洋块，其总体受洋中脊裂解控制，也可归属裂生型微洋块，当然此类可归为跃生型微洋块。裂生型微洋块的演化往往是板块三节点不稳定和深部地幔动力不稳定综合作用的结果。裂生型微洋块的发展和演化具有一定的不确定性，可能因周缘板块约束或扩张作用停止而夭折，也

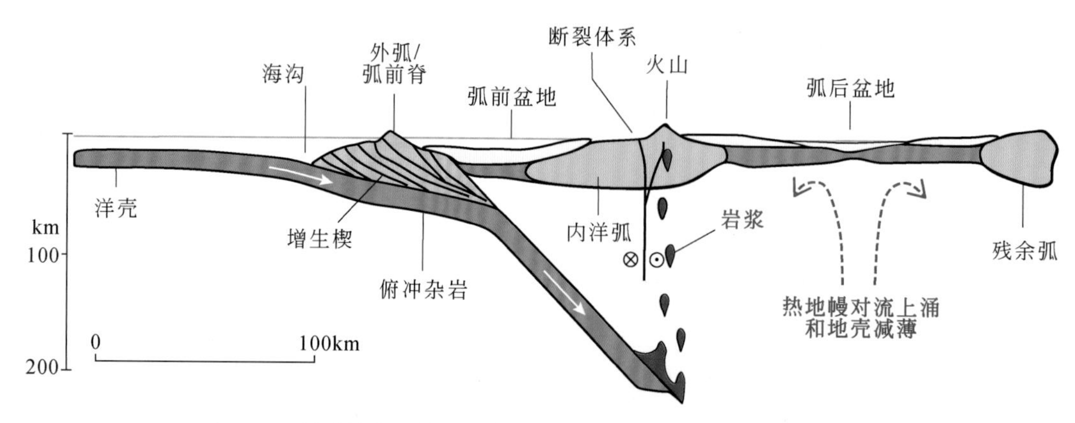

图 7-4　弧后扩张与裂生型微洋块（据 Jiang H et al.，2017 修改）

可能拼贴于大板块而形成统一体，或者呈独立板块状态不断生长壮大下去。对裂生型微洋块的划分和特征归纳，可使得微板块领域的研究更加条理化，也可推动洋-陆俯冲带、造山带的研究更加精细化，同时也可以丰富微板块发展演化的内容，使其得到补充和完善。

7.1.3　转换型微洋块

转换型微洋块是指主要受大洋转换断层（或破碎带）控制和围限形成的独立大洋岩石圈块体，部分边界也可能是洋中脊或者假断层。转换型微洋块位于大洋内部，是洋中脊-转换断层系统中转换断层（或破碎带）转折部位发生张裂，洋壳在其内部（对称）增生而形成的新生大洋岩石圈块体，一般成对出现。单侧微洋块的内侧边界呈阶梯状，由新生转换断层与洋中脊连接而成，外侧边界则为破碎带、假断层或转换断层。空间上，转换型微洋块多两两镜像出现于新生洋中脊两侧，整体表现为平行四边形形态（图 7-5）。转换型微洋块的形成是板块边界受力变化的被动响应。导致板块边界受力变化的因素既可能是周边大板块运动方向的改变（Atwater et al.，1993；Schouten et al.，1993；Bird and Naar，1994），也可能受热点等因素的影响（Hey et al.，1985；Bird and Naar，1994；Sager，2005）。

转换型微洋块通常发育于活化的破碎带、活动的转换断层部位。按其发育程度，可分为渗漏型和常规型两种转换系统（图 7-5）。其中，渗漏型转换系统是破碎带或转换断层遭受持续调整，其转折部位释压（releasing）不断张开，因深部地幔减压熔融形成的岩浆充足且持续向上渗漏而形成的一类新生洋壳增生系统。在该系统中，转换型微洋块数量较多，且洋中脊整体走向与平行四边形长边近于平行，以太平洋板块和南极洲板块之间的麦夸里（Macquarie）三节点（MTJ）渗漏型转换体系最为典型（Croon et al.，2008）［图 7-5（a）］。而常规型转换系统则是主洋中脊扩张方向诱发转换断层遭受单次或多次不连续调整，其转折部位发生一次或多次张裂，洋壳在其内部（对称）生长的结果。相比而言，其内部微洋块数量较少，且洋中脊整体走向与平行四边形长边近于垂直或斜交［图7-5（b）］。

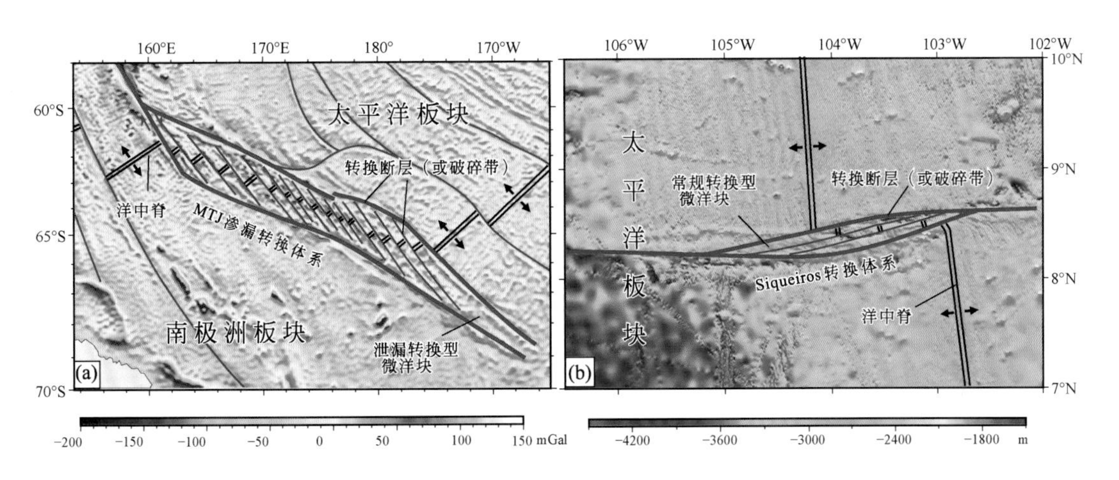

图7-5　释压的渗漏转换型微洋块和受抑的常规转换型微洋块特征

常规转换型微洋块发育于洋中脊-转换断层系统中转换断层（或破碎带）的转折部位，是该部位遭受一次或多次单独或两端同时受抑制（restraining）调整发生岩浆供给不足、老洋壳在其内部（对称）残存的结果，镜像保存在新生洋中脊两侧。常规转换型微洋块发育中间宽、两侧窄以及中间窄、两侧宽两种构造。磁条带和破碎带偏转的方向上看，中间宽、两侧窄的平行四边形构造皆位于洋中脊左阶（left step）排列且向左偏转的部位，如莫洛凯（Molokai）破碎带西侧的平行四边形构造［图7-6（a）］，或洋中脊左阶排列且转换断层向右运动的部位，如Galapagos、Marquesas和Austral破碎带东部的平行四边形构造。

事实上，类似太平洋和印度洋内的转换断层（或破碎带）的转折部位这种中间宽、两侧窄的构造非常普遍，如太平洋内部的Blanco、Eltanin、Heezen、Garrett、Marquesas、Menard、Mendocino、Molokai、Murray、Quebrada、Raitt、Udintsev和Wikes破碎带等（Lonsdale，1994；Mccarthy et al.，1996；Pockalny et al.，1997；Géli et al.，1997；Briais et al.，2002；Gregg et al.，2007）、西南印度洋的安德鲁·拜恩（Andrew Bain）转换断层体系［图7-6（a）］（Ryan et al.，2009）和中大西洋内部圣保罗破碎带等［图7-6（b）］（Maia，2019）。不仅如此，中间窄、两侧宽的蝴蝶结状构造，在转换断层（或破碎带）的转折部位也很发育，基于磁条带和转换断层运动方向分析可知，它们或位于老洋中脊右阶排列且向左运动，或位于老洋中脊左阶排列且向右运动的部位，这与走滑-拉分机制完全相反。

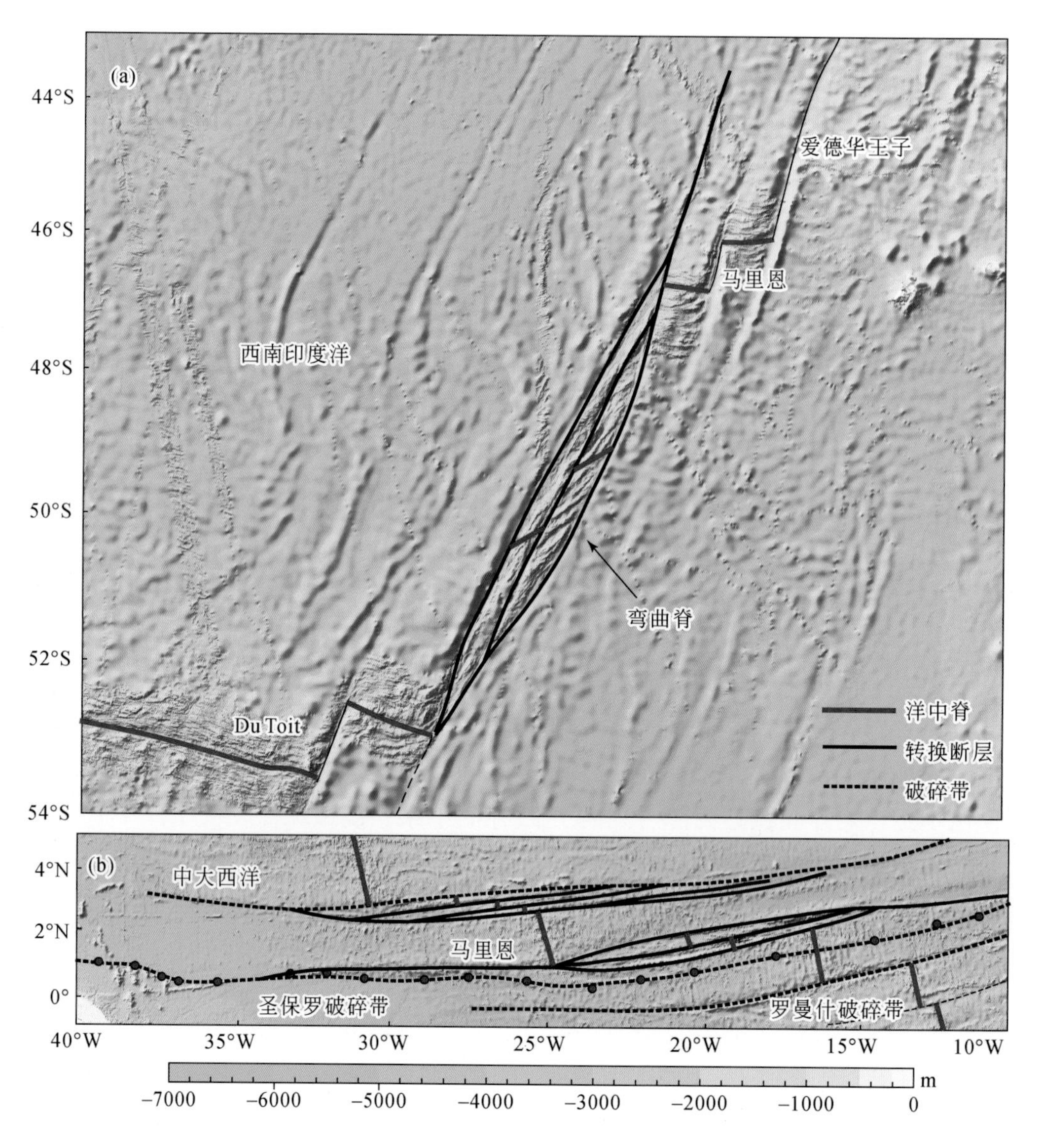

图 7-6　西南印度洋（a）和中大西洋（b）内常规型微洋块

内部既有老洋壳保存，也可有新洋壳增生

由上可知，洋中脊–转换断层系统响应板块相对运动方向改变的机制，与走滑断层类似。当老洋中脊排列方式与转换断层运动方向相同时（即右阶左行或左阶右行），两段洋中脊之间会派生拉张应力，从而使其内部的转换断层张开，形成新的洋中脊–转换断层系统，即中部宽、两侧窄的平行四边形构造；否则会派生挤压应力导致原始洋中脊–转换断层系统受到抑制（restraining）而缩减（而非消减），形成中部窄、两侧宽的蝴蝶结状构造（Tucholke et al.，1988；Fornari et al.，1989；Atwater et al.，1993；Bird and Naar，1994；Lonsdale，1994；Kuykendall et al.，1994；

Kelsey et al., 1995; Mccarthy et al., 1996; Géli et al., 1997; Pockalny et al., 1997; Briais et al., 2002; Lebrun et al., 2003; Cande and Stock, 2004; Manea et al., 2005; Gregg et al., 2007; Mosher andMassell, 2008; Hebert and Montési, 2011)。

图 2-25 展示了由多条紧邻的转换断层组成的洋中脊-转换断层系统中，中间宽、两侧窄的平行四边形构造和中间窄、两侧宽的蝴蝶结构造的形成过程。事实上，这个过程对于间距较宽的洋中脊-转换系统也近似适用。在未受外界干扰的情况下，由于洋中脊及与其垂直的转换断层组成的 RFF 型三节点一直保持稳定，故阶段 1 到 3 为洋中脊的稳定扩张阶段，扩张过程中形成的转换断层（洋中脊之间活动段）或破碎带（洋中脊两侧非活动段）为直线［图 2-25（a）~（c）］。阶段 3 末期，受板块相对运动方向改变影响，洋中脊扩张方向发生了逆时针偏转［图 2-25（c）］。洋中脊方向的偏转，导致老的 RFF 型三节点不再稳定，为适应新的扩张方向，新生的转换断层必须与洋中脊垂直以使新的 RFF 三节点重新稳定。这是阶段 4 中新生转换断层与两侧的破碎带相比，走向发生逆时针旋转的原因［图 2-25（d）］。由于拉张应力的存在，左阶排列的洋中脊间的转换断层内部会产生新的生长空间，从而形成中间宽、两侧窄的平行四边形洋中脊-转换断层体系［图 2-25（d）中 A 转换断层带］；而右阶排列的洋中脊之间，则会派生挤压应力，导致洋中脊缩短，形成蝴蝶结状洋中脊-转换断层体系［图 2-25（d）中 B 转换断层带］。之后，偏转后的洋中脊与新生转换断层也是相互垂直的，新的 RFF 型三节点也为稳定的三节点，整个系统再次稳定发育［图 2-25（e）］，直至洋中脊扩张方向再一次调整。

渗漏转换型微洋块是一种特殊的转换型微洋块，为板块运动方向持续调整的结果。板块运动方向的持续调整不仅可能导致转换断层转折部位地壳不断张裂，深部地幔持续上涌，形成渗漏转换型断层体系，如 Macquarie 三节点东侧南极洲板块和太平洋板块之间的 MTJ 渗漏型转换断层系统（Meckel，2003；Croon et al.，2008）；也可能使早期离散型洋中脊-转换断层系统，转变为汇聚型洋内俯冲转换系统（图 7-7），如 Macquarie 三节点（图 7-7 插图）北侧，太平洋板块与印度-澳大利亚板块之间的麦夸里海脊杂岩（MRC）俯冲转换体系（Massell et al.，2000；Daczko et al.，2003；Lebrun et al.，2003；Meckel，2003；Mosher and Massell，2008；Hayes，2009；Conway，2011）。

Lebrun 等（2003）开展了麦夸里海脊杂岩的结构构造，以及新西兰南部太平洋-澳大利亚板块边界自始新世以来运动学演化的古构造重建（图 7-8），然后，确定了俯冲开始之前的地球动力学条件，进而确定了 Puysegur 俯冲带初始俯冲的地壳性质和结构。该综合研究揭示了 Puysegur 区域的俯冲起始模型。伴随着阿尔派恩（Alpine）断层形成（约 23Ma），沿着 Puysegur 浅滩继承性构造发育了一条 150km 宽的转换挤压中继带，从而实现了挤压变形的局部化。中继带的右旋运动使洋壳和

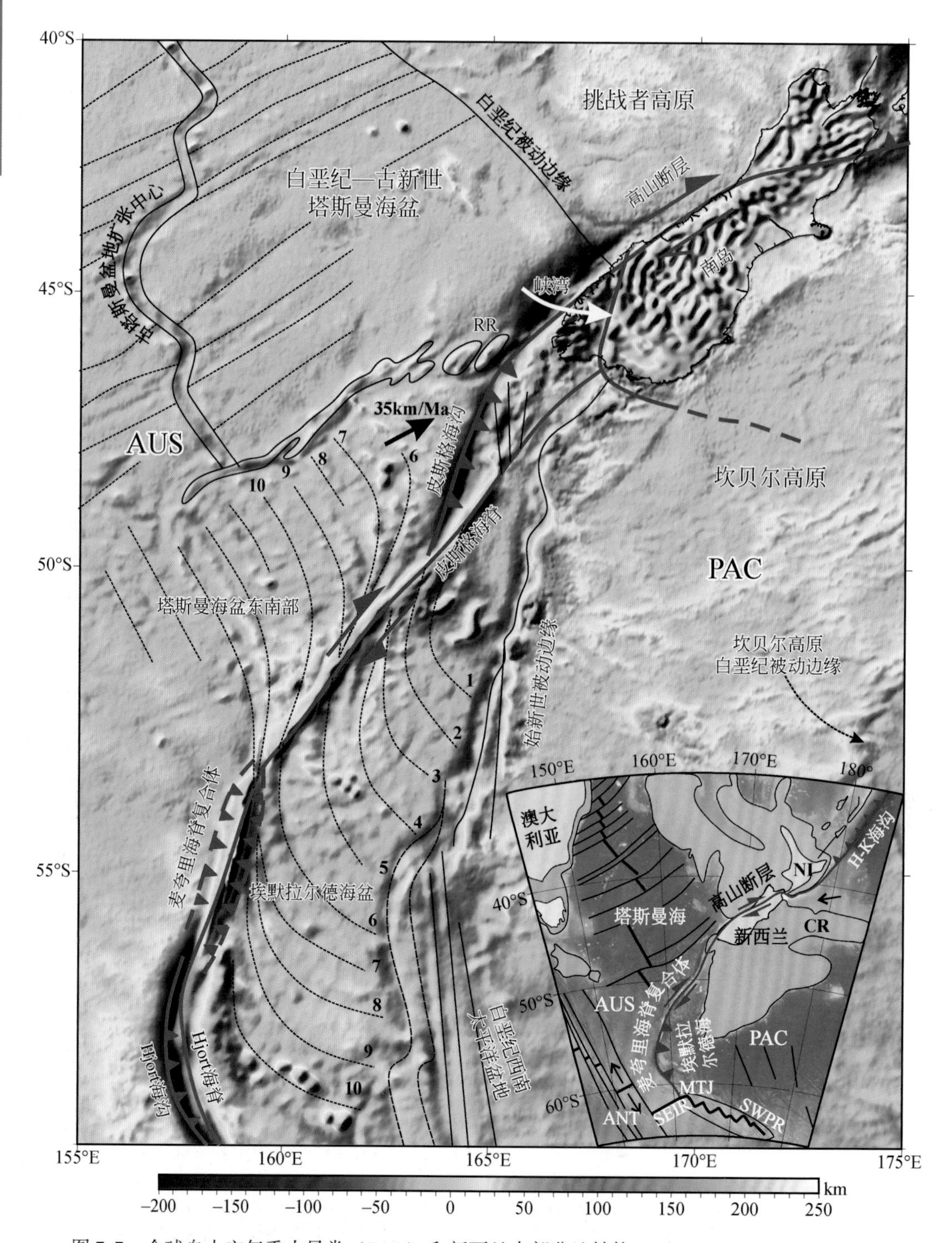

图 7-7 全球自由空气重力异常（FAA）和新西兰南部盆地结构（Smith and Sandwell，1997）

破碎带上的数字辅助于识别板块边界两侧的共轭破碎带。Solander 海槽对应于南部受 Te Awa 破碎带限制、北部受 Tauru 断层限制的盆地。粗黑线代表太平洋–澳大利亚板块边界。黑线表示其他活动构造。粗连续线和灰色虚线分别代表敦山（Dun）蛇绿岩带和近海相关磁异常。细线表示非活动或次级构造。细点虚线表示 SETEB 裂谷之前的 RRS 位置。DMOB-敦山蛇绿岩带；MFS-Moonlight 断裂系统；RR-Resolution 海脊；SB-Solander 海盆；Sol. V.-Solander 火山（岛屿大小未按比例，以便更好地识别）；TF-金牛座（Tauru）断层。图为墨卡托投影，插图为研究区位置图。标有“Aus/Pac”的大圆点代表相对于太平洋板块固定旋转极的 Nuvel 1A 澳大利亚（DeMets et al.，1994）在 1.1°/Myr处顺时针旋转。海底陆地呈灰色阴影。粗线代表板块边界，细线代表主要破碎带，标示了 2000m 等深线。ANT-南极板块；AUS-澳大利亚板块；CR-Chatham 海隆；H-K-希库朗伊–克马德克（Hikurangi-Kermadec）海沟；NI-北岛；PAC-太平洋板块；MTJ-澳大利亚–太平洋–南极洲板块之间的麦夸里三节点；SEIR-东南印度洋洋中脊；SWPR-西南太平洋洋中脊陆壳并置，促进了俯冲起始，并控制了俯冲汇聚。随后，Puysegur 俯冲带开始于约 20Ma 的转换挤压中继带。上、下板块继承性构造引导和促进了新近纪俯冲带的拓展延长。麦夸里海脊杂岩的四个独立分段代表了早期俯冲的不同演化阶段，其发展取决于局部地球动力学条件和岩石圈非均质性。麦夸里海脊杂岩的例子表明，俯冲作用也可以从洋盆扩张中心开始，在 10～15Myr 时间范围内板块运动学发生渐进演化（Lebrun et al.，2003）。麦夸里海脊杂岩演化的结果是，在 MacDougall 海脊或断层西北侧海底形成了至少三个微洋块，由两个走向的两条废弃洋中脊分割，只是现今还没有得到揭示或细致划分（图 7-8）。如果 MacDougall 断层也视为大洋型转换断层（实际为破碎带），那么附近这些微洋块也应当属于转换型微洋块（图 7-9）。

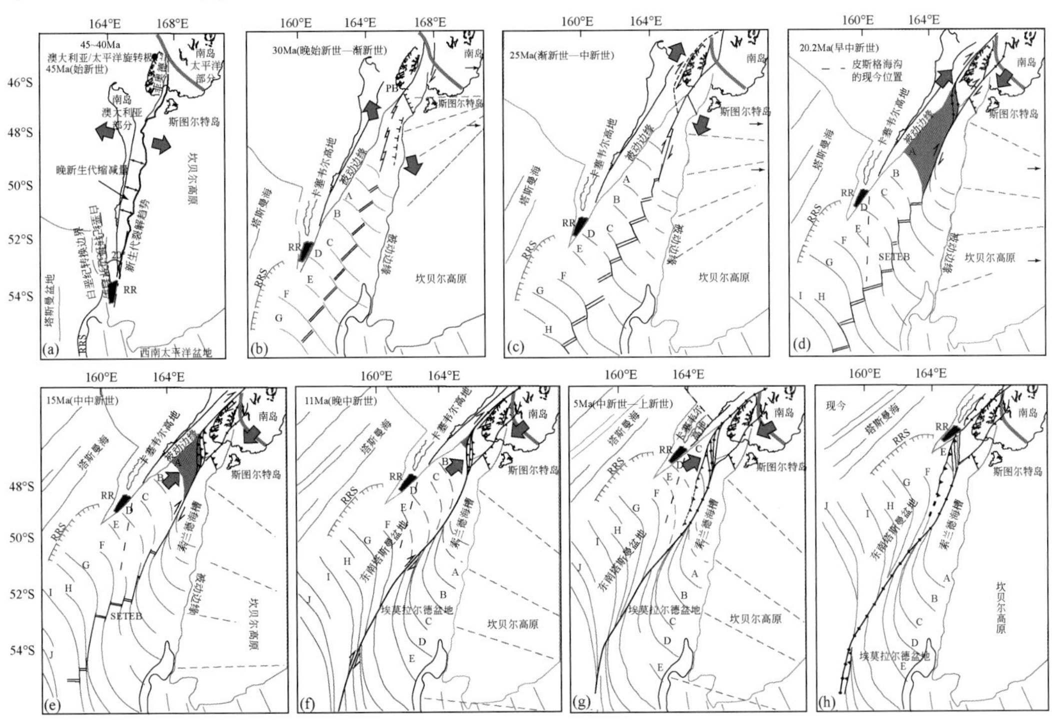

图 7-8　南太平洋-澳大利亚板块边界 45Ma 以来的运动学重建（Smith and Sandwell，1997）

重建以约 5Myr 的步长进行。这个重建中，SETEB 中的扩张中心（双黑线）位于相邻破碎带之间，大约位于盆地边缘的中间。扩张中心指向该重建前 5Myr 内的旋转极（如，30Ma 的重建用 35～30Ma 瞬时旋转极）和重建后 5Myr 旋转极（如，30～25Ma 旋转极用于 30Ma 的重建）。细虚线指向此位置。红色大箭头显示重建后 5Myr 内板块相对运动的总方向，它们垂直指向该时期瞬时旋转极的大圆。除最佳拟合重建外，旋转极点绘制于图形框架的东南侧。它们的纬度用箭头表示，用一个符号给出它们的确切位置。粗黑线表示重建时的活动构造（板块边界）。灰线表示继承性构造（非活动）。短齿线代表正断层，锯齿线代表逆断层，带菱形的线是压扭性断层。Solander 海槽中带有问号的结构是假设的。非常粗的灰色线显示了敦山（Dun）蛇绿岩带的形状。SETEB 中标记为“A”至“E”的灰色粗虚线是计算出的流线，代表太平洋板块一侧所见破碎带的澳大利亚板块对应部分。粗的黑色虚线代表了澳大利亚板块上 Puysegur 海沟的现今行迹。PB-Puysegur 浅滩；BF-巴勒尼（Balleny）断层；F-Fiordlan 断层；MFS-Moonlight 断层系统；RRS-Resolution 海脊系统；SV-Solander 火山；TF-金牛座（Tauru）断层。（a）45Ma（始新世）运动学重建。粗点黑虚线表示白垩纪转换边缘和始新世裂谷方向之间的角度。两侧箭头表示自中新世晚期以来南阿尔卑斯（Alps）下俯冲的地壳数量。标有黑点的是太平洋-澳大利亚 45～40Ma 瞬时旋转极；（b）30Ma 运动学重建（晚始新世—渐新世）；（c）25Ma 时运动学重建（渐新世—中新世转换）；（d）20.2Ma（早中新世）运动学重建，深色阴影区域表示未展开的无震俯冲地壳，粗虚线显示了今天的 Puysegur 海沟位置；（e）15Ma（中新世中期）运动学重建；（f）11Ma（晚中新世）运动学重建；（g）5Ma 时运动学重建（中上新世转换）；（h）现今情况

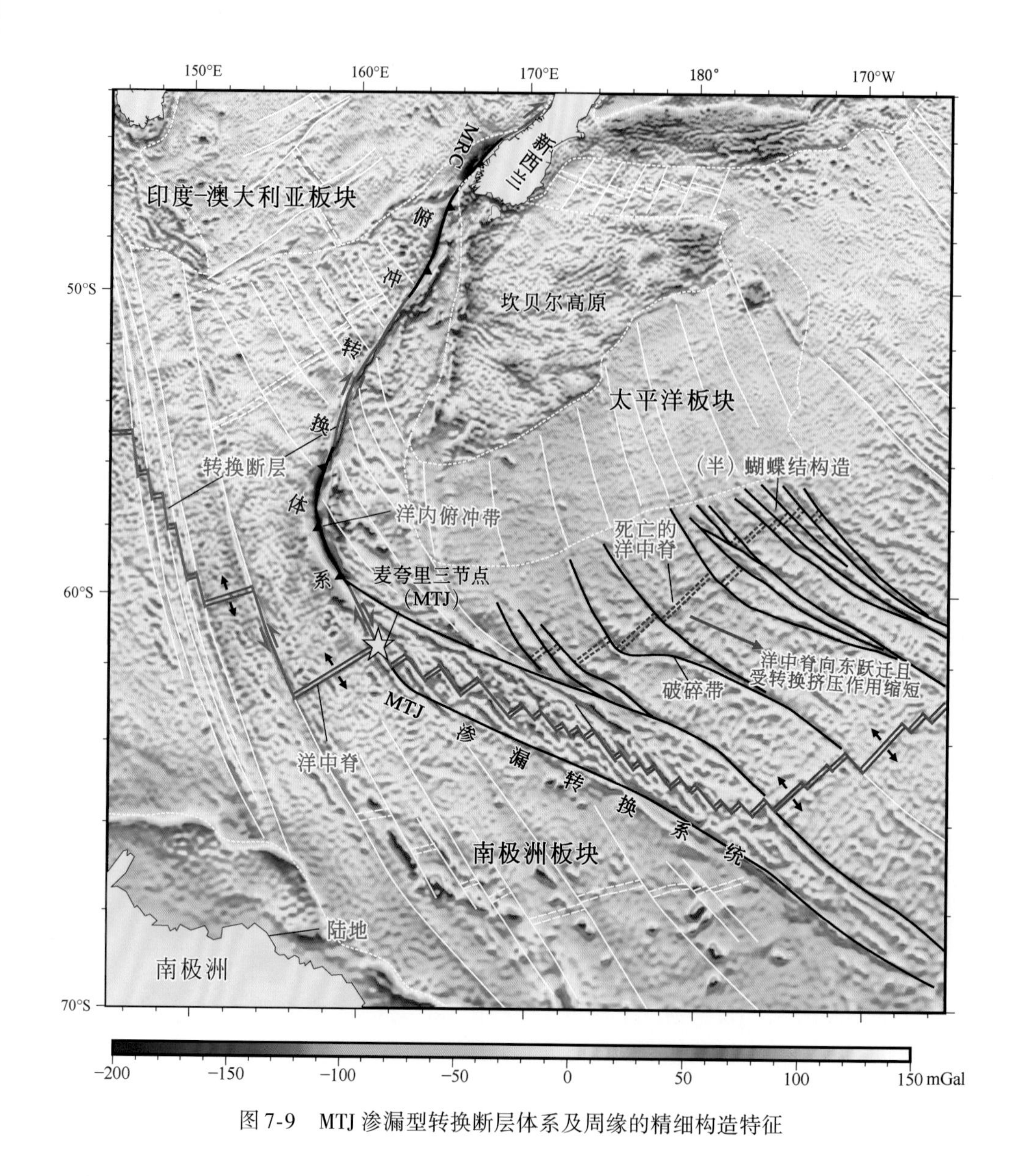

图 7-9　MTJ 渗漏型转换断层体系及周缘的精细构造特征

自由重力异常显示，麦夸里三节点（MTJ）渗漏型转换断层系统，与其周围构造特征差异明显，是独立的洋中脊–转换断层体系，整体形态为平行四边形；而麦夸里海脊杂岩俯冲转换体系则是由洋内俯冲带和转换断层组成的俯冲转换体系，其两侧破碎带走向发生了明显弯曲，指示曾经历过长距离右旋走滑（图 7-9）。此外，受 MTJ 渗漏型转换体系逐渐扩张的影响，坎贝尔高原南侧的早期洋中脊（图 7-9 黑色虚线）遭受挤压，逐渐死亡并向南东跃迁，形成更短的新洋中脊。新、老洋中脊之间的长度差与渗漏型转换体系增加的宽度基本一致，这说明长度守恒。以上长度的转换使坎贝尔高原东南侧太平洋板块内的转换断层或破碎带由张性变为压性，构成了蝴蝶结状转换构造（图 7-9）。

7.1.4 延生型微洋块

狭义的延生型（propagation）微洋块通常指长宽 100 ~ 500km 的洋壳板块，一般自发或诱发形成于洋脊增生系统的中心，并相对邻近大板块显著发生过旋转。延生型微洋块常位于洋内两个叠接扩张中心交接部位。延生型微洋块是在早期形成的大板块洋中脊一侧，通过两条洋中脊不断相向拓展（propagation），逐步将其所围限的地块从相邻大板块之上剥离。在拓展过程中，以捕获来自大板块的“碎片”或地块为核心，持续的海底扩张进一步使得该地块不断生长（Searle et al.，1993；Eakins and Lonsdale，2003）。因而，延生型微洋块应该由捕获自大板块的“碎片”和后期增生的新洋壳两部分组成。此“碎片”的物质组成与其“母体”板块相同，后期增生物质主要由新生洋中脊玄武岩组成。当微洋块周围有热点或地幔柱活动时，则可能深自下地幔源的物质混合。随着延生型微洋块的演化，其边界也逐渐变复杂，可以是活动或死亡洋中脊、转换断层、破碎带、假断层等（图 2-28）。由于微洋块在形成过程中发生旋转，其内部结构复杂，地貌上呈多个马尾状组合，与周边大洋板块的总体海底地貌有明显差异。

根据延生型微洋块的活动状态，将正在扩张轴形成的称为在轴（on-axis）延生型微洋块，例如费尔南德斯（Fernandez）微洋块（图 7-10）；已脱离扩张轴并逐渐

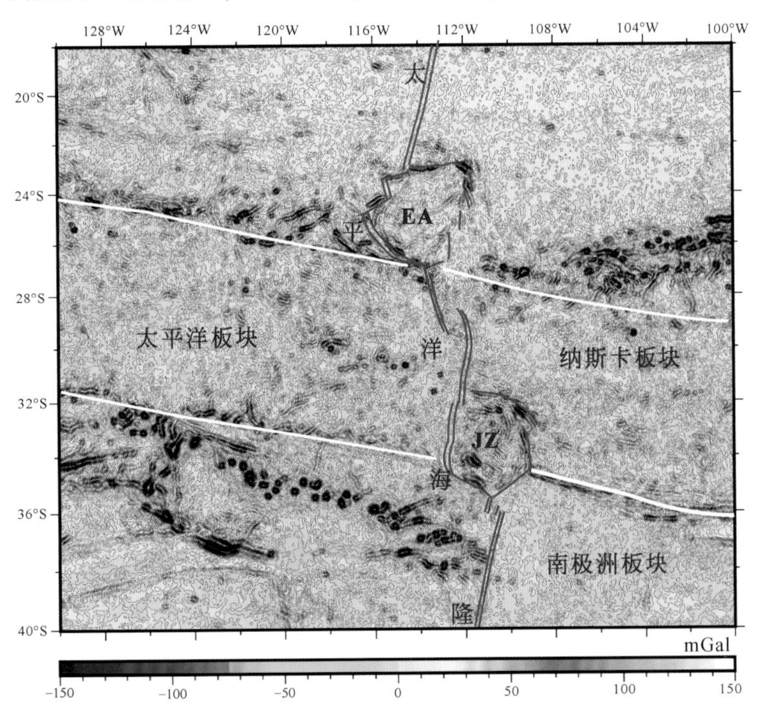

图 7-10　复活节（EA）和胡安·费尔南德斯（JZ）在轴延生型微洋块自由空气重力异常（据赵林涛等，2019）

融入相邻大板块内的，称为离轴（off-axis）延生型微洋块（图 7-11）。前人根据海底多波速测深、磁条带特征、震源机制解、重力勘探等方法，确定微洋块周边的边界分布（图 7-10 和图 7-11），如死亡洋中脊、破碎带、假断层。延生微洋块是洋中脊拓展和非转换错断共同作用形成的，因而洋中脊的拓展延伸（propagating）和叠接扩张（overlapping）是延生型微洋块形成的两种方式。

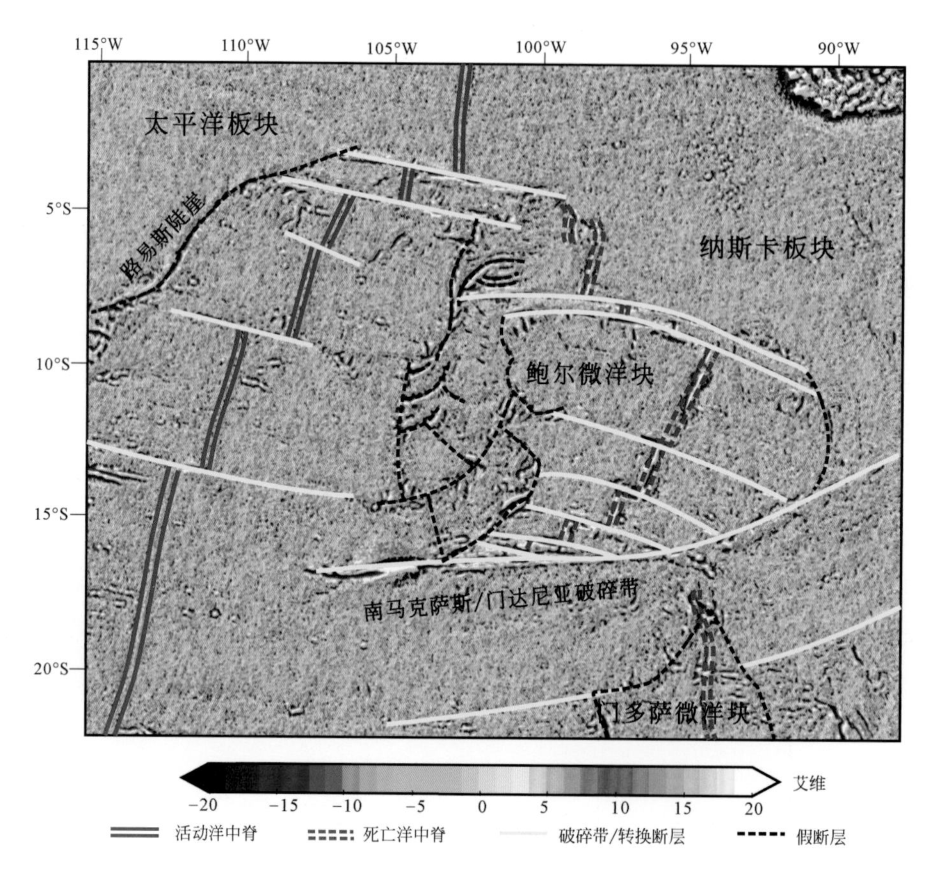

图 7-11　鲍尔离轴延生型微洋块重力垂直梯度异常（据赵林涛等，2019）

（1）洋中脊拓展延伸

Hey（1977，1980）在研究加拉帕戈斯脊与胡安·德富卡洋脊时，提出“拓展性裂谷”（propagating rift）概念，其存在已得到多道地震、超大型旁侧扫描声呐和深海拖曳探测仪等测量仪器所获资料的证实。拓展性裂谷由转换断层一侧扩张轴与另一侧扩张轴扩张和拓展延伸形成，其拓展速率高达 1000km/Ma，通常与局部的海底扩张速率相近（Hey，2001）。拓展性扩张轴不断向前拓展延伸，而另一支先前存在的扩张轴不断萎缩后退，最终拓展性扩张轴取代了先存扩张轴，使得先存洋中脊发生跃迁，并在其尾部留下一支死亡的裂谷。

拓展性扩张轴是板块边界的一种，其形成多数是由于海底扩张方向发生变化。

海底扩张方向的变化使得拓展性扩张轴以更有利的角度突破坚硬的岩石圈板块。拓展性扩张轴与衰退性扩张轴之间的叠接区域普遍存在剪切变形。在这一区域内，刚性的岩石圈板块发生破碎，当叠接区的尺度或岩石圈强度足够大时，叠接区变形停止，开始沿叠接区边部发生剪切，在两条扩张轴内，岩石圈碎片作为一个独立的块体发生旋转。直到其中一侧扩张轴停止活动，微洋块被“遗弃”并融入相邻板块（Hey，2001）。

据此，Hey 等（1980）总结了前人得出的拓展性裂谷几何形状的三种模式：不连续拓展、连续拓展和宽阔的转换断层带（图 2-26）内大洋拓展/衰退性裂谷模型。不连续拓展模型［图 7-12（b）］显示扩张轴瞬间拓展延伸小段距离，然后对称扩张一段时间；接着，再瞬间拓展延伸一段距离，扩张周期与瞬时拓展周期交替变化，交替变化过程中产生了阶梯状或雁列式夭折裂谷片段（*en echelon* failed rift segment）、死亡转换断层（fossil transform fault）、破碎带（fracture zone），逐渐冷凝形成新的岩石圈（Hey，1977）。连续拓展模型［图 7-12（a）］显示，拓展、夭折裂谷、岩石圈转移，都是在连续的情况下所产生的模式，导致转换断层和拓展性裂谷尖端不断迁移，从而形成了假断层，而不是破碎带（Hey et al.，1980），这种理想化的几何模型，假设岩石圈转移是在瞬间完成的（Hey，1986）。对宽阔的转换带内大洋拓展/衰退性裂谷模型（图 2-26），Hey 等（1980）提出了一个更为理想的连续拓展模型。在这个模型中，拓展持续进行；在一定时间和距离内，拓展性裂谷拓展速率逐渐由零增加

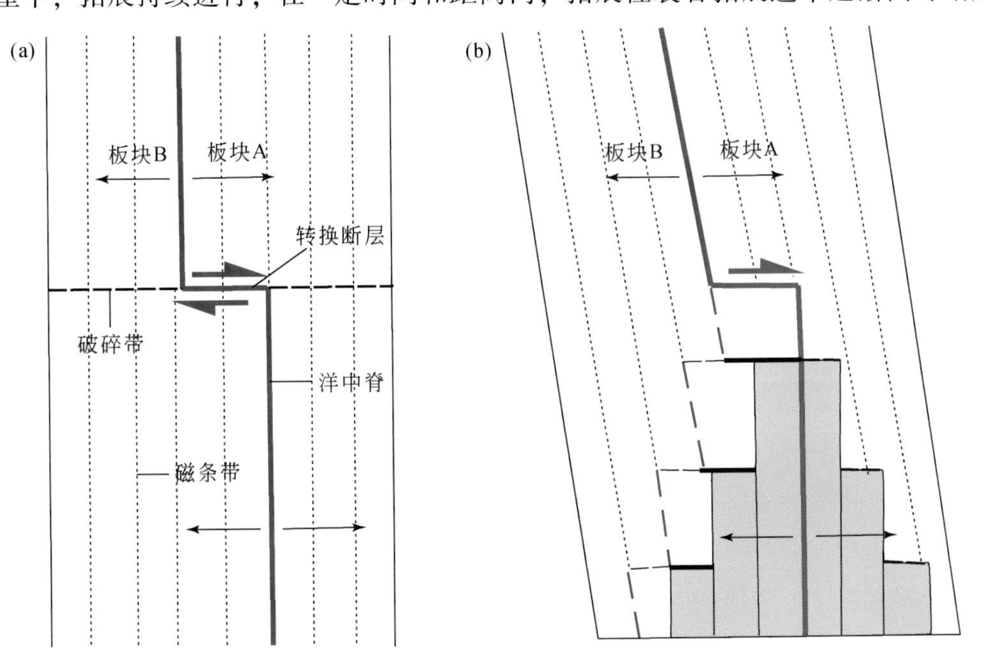

图 7-12　拓展性裂谷形成的几何模型

到全速，同时，衰退性裂谷的拓展速率则逐渐降低到零，拓展性裂谷与衰退性裂谷之间的广阔剪切带代替了连续迁移的转换断层。

（2）洋中脊叠接扩张

叠接性扩张轴（overlapping spreading centers），是20世纪70年代以来发现的一种海底扩张构造，也有人称之为“雁列式超覆扩张轴”，是沿中速、快速扩张中心出现的一种洋中脊轴向不连续的现象。两条扩张轴叠接分布，即两段洋中脊轴带的端部相互错开，其间没有转换断层连接，两支扩张轴彼此相向弯曲，并列在一起（Antrim et al.，1988）。一般而言，叠接性扩张轴的宽度为1～15km，叠接部分长度为3～35km。由于叠接性扩张轴的影响，而导致扩张轴的分叉现象，分叉量相当于1～15km。叠接性扩张轴的长宽比大致固定，一般为3∶1（Sempere and Macdonald，1986）。Macdonald和Sempere（1986）在沿东太平洋海隆（EPR）观察到的大多数叠接性扩张轴的长宽比基本上也是3∶1。在叠接性扩张轴的两支扩张轴之间往往发育有深洞（deep hole）。

调查表明，叠接性扩张轴广泛分布于东太平洋海隆、加拉帕戈斯和胡安·德富卡洋中脊的区域内。实际资料表明，叠接性扩张轴似乎普遍见于扩张速率超过3cm/a的洋中脊，这可能是因为在快速扩张情况下，岩石圈厚度还不足以使转换断层将洋中脊的微小分叉错开（Searle et al.，1993）。在东太平洋海隆观测到的叠接性扩张轴的最大分叉距离为18～20km，其岩石圈的年龄约为0.25Ma。岩石圈在这个年龄不能保持板块的刚体性质，故基于岩石圈板块刚体性质的转换断层无法发育。在大西洋，与此年龄（0.25Ma）相当的岩石圈，位于中轴裂谷内，也许这里存在着相当于叠接性扩张轴的构造，但尚未被发现。

冰岛发现有叠接性扩张轴，是大西洋洋中脊的一个例外情况，其原因可能与热点作用有关。冰岛是一个热点，地幔物质和热量供应都很充足，与大西洋洋中脊其他部分相比，其岩石圈冷却得慢，与快速扩张脊的情况类似，所以，在冰岛等有热点的脊段，也可以产生叠接性扩张轴。Searle等（1993）认为，快速扩张洋中脊会产生热而薄的、强度弱的岩石圈，如此薄的岩石圈倾向于产生应力集中和破裂拓展。Püthe和Gerya（2014）通过三维热力学数值模拟，对洋中脊从成核到稳定状态的演变过程，进行了广泛的扩张速率模拟。结果表明，在快速扩张洋中脊，洋中脊扩张速率更快，岩石圈更薄，岩浆房的横截面积更大，有利于洋中脊重新定向、定位，形成叠接性扩张轴，进而导致延生型微洋块的形成。

Macdonald和Fox（1983）最早做了冻蜡模型试验，对叠接性扩张轴的演化进行了分析。首先，在冻蜡模型上，平行地切割两条缝隙，将其作为初始扩张轴，将扩张速率设置为>20mm/s（图3-20）。当蜡板沿垂直扩张轴（割痕）拉张时，扩张轴沿走向发生拓展延伸［图 3-20（b）］。持续拓展，直至两条洋中脊发生叠接，叠接区域持续发生剪切和旋转变形［图 3-20（c）］。随着拓展延伸，洋中脊继续沿走向拓展并相互弯曲，直到其中一条扩张轴尖端拓展延伸到另外一条扩张轴，形成了一条连续的扩张轴［图 3-20（d）］。连续的扩张轴逐渐占据优势，被连接的扩张轴逐渐停止活动，随着扩张活动的继续，停止活动的扩张轴和叠接区域被扩张“遗弃”［图 3-20（e）］。将叠接性扩张轴演化模型（图 3-20）与拓展性裂谷几何模型（图 7-9）相对比，发现二者具有一定的重合，都涉及扩张轴的相向拓展活动。但拓展性裂谷发育于快速扩张脊，它是对扩张轴扩张方向发生变化的响应。如果发生应力的区域性重新定向和扩张轴扩张方向改变，叠接扩张轴则可能成为大规模裂谷拓展的成核点（Macdonald and Fox，1983）。

Hieronymus（2004）通过应力诱发和应变引起的岩石圈弱化进行了海底扩张控制几何形状的二维力学研究，开发了一个动态二维扩张模型，其在一个伸展的弹性板中，设置两条具有独立标量的断裂。结果显示了大洋岩石圈与 Oldenburg 和 Brune（1975）模拟的冻蜡模型所获得的转换断层自发成核过程（图 7-13），且错距较小的叠接扩张中心将产生延生型微洋块。这个二维模型相对简单，不需要考虑到下部的黏性地幔，但缺点也很突出，即未考虑扩张速率变化和岩石圈增厚的影响。

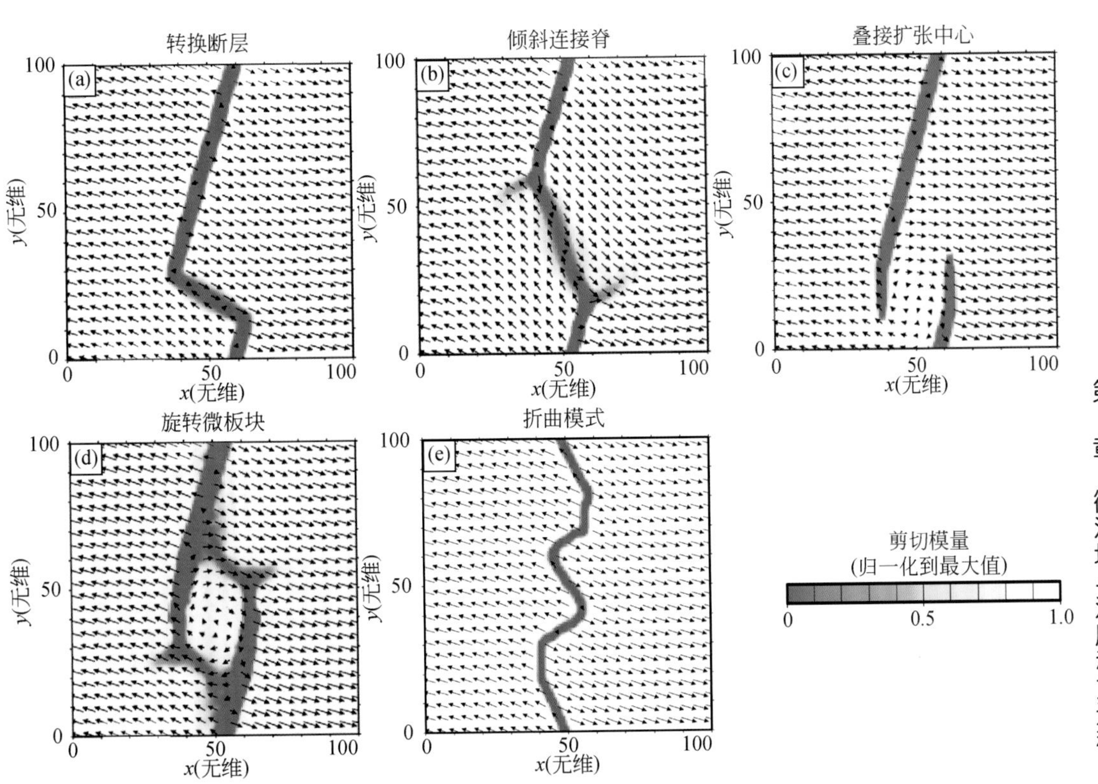

图 7-13　预设洋中脊错距的微洋块碎裂模式的数值模拟结果（Hieronymus，2004）

Choi 等（2008）提出了第一个3D数值热力学模型，使用显式拉格朗日3D有限差分方法对延生型微洋块形成进行了研究。模型上部为自由表面，并且考虑了由年轻洋壳冷却引起的热应力和两侧边界施加的伸展运动学边界条件引起的拉伸应力。据此确定了两种模式：洋中脊部分彼此叠接并弯曲的叠接模式，以及两条洋中脊部分通过斜向转换断层连接的连接模式。斜向连接、正交连接和叠接模式分别类似于在超慢速、中速和快速扩张中心观察到的洋中脊-转换断层组合或相交样式。但 Choi 等（2008）的研究时间尺度仅为短短数万年，而延生型微洋块的生长周期为数百万年，因此数万年后延生型微洋块的生长和发展演化及其稳定性便无法得知。在这个时期，研究人员仅将洋中脊的拓展视作一种发生在地壳层次的现象（Hieronymus，2004；Choi et al.，2008），并未考虑到结合深部的地幔对流进行建模。

来自地震层析成像和数值模拟的证据（Beutel et al.，2010；Dunn et al.，2005）大力支持了三维地幔上涌的动力学驱动洋中脊分段的观点，因此，洋中脊之间的相互作用必然涉及地幔上涌的动力。而早期的二维模型并未考虑来自深部地幔的作用，仅聚焦于洋中脊的初始配置对其拓展行为的影响（Shouten and White，1980；Hieronymus，2004）。之后发展的三维模型侧重于研究洋中脊处的应力-应变分布，也进行了一些对地形影响的调查（Allken et al.，2011，2012；Choi et al.，2008）。但以前的数值模拟中所获得的应变太小，以至于不能观测延生型微洋块长期的演化发展过程，后期虽发展为大应变数值试验，但仍未能解决延生型微洋块是如何启动的及其长期的演化发展过程。

随着数值建模进一步发展，科学家们开始考虑地幔过程。Gerya（2013）采用高分辨率的三维热力学数值模型对初始海底扩张进行研究，研究洋中脊扩张的成核模式与长期演化。具有内部自由表面的欧拉-拉格朗日黏塑性模型，考虑了大应变，允许通过岩浆增加，产生大应变和洋壳的自发生长，并且通过热传导和热液循环来解释板块冷却。所采用的数值模拟技术基于均匀间隔交错有限差分网格，组合应用了有限差分法与标记单元技术。根据数值模拟实验，海底扩张模式强烈依赖于扩张中心的初始错距和断裂复原率的大小。在初始错距为60km的模型中，获得了具有延生型微洋块的叠接扩张中心的洋中脊拓展模式（图7-14）。他们发现，海底转换断层的特征展布中，平行取向是热力学唯一的稳态取向，形态上呈现马尾状。

Püthe 和 Gerya（2014）进一步的研究沿用了 Gerya（2013）的程序代码和模型设置，其初始热结构根据半无限半空间的冷却剖面来限定，与以前的自发微洋块碎裂数值模拟模型相似（Hieronymus，2004；Choi et al.，2008；Allken et al.，2011，2012），在岩石圈底部，施加了两个可变错距的热扰动地幔。在这个特定模型中，一个小型旋转延生型微洋块发育在年轻的扩张中心之间，之后它很快地连接到其中一个主板块上，并从洋中脊轴脱离。同时，他们也发现，当前三维热力学中洋中脊模型的局限性，即快速扩张脊的显著特征无法做到数字化的再现。

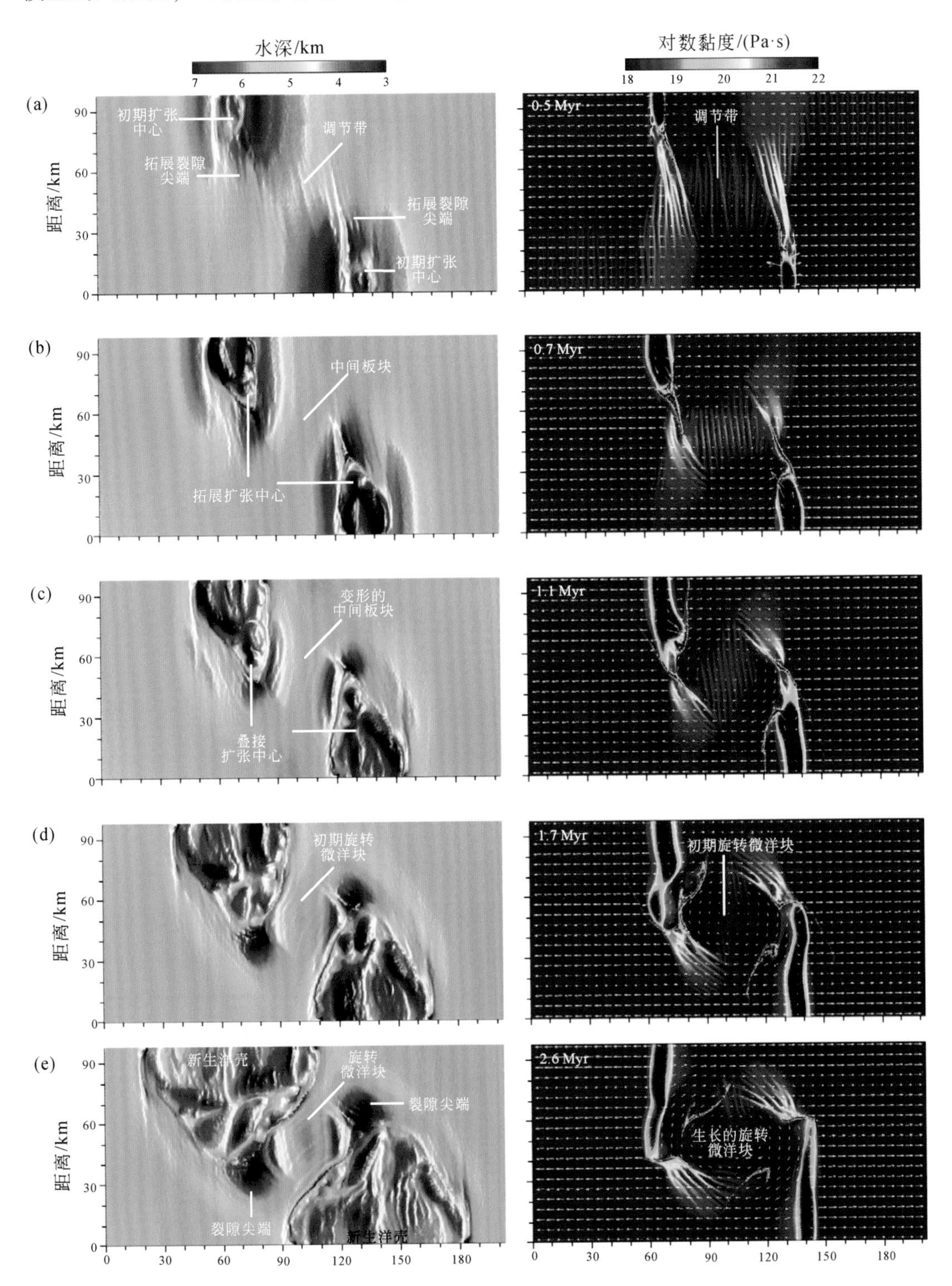

图 7-14　初始洋中脊错距为 60km 的模型中增生的延生型微洋块旋转与叠接扩张中心演化过程（Gerya，2013）

之前的一系列研究，从未建立过复杂的三维热力学地幔自发上涌的模型。Sarkar 等（2014）开发了一种基于流体的三维热力学模型来模拟自发岩浆过程，他们使用线性同余随机数生成方法，探索了大规模洋中脊几何形态的演化模式。该模型涉及更深（28km）层次的热扰动，其数学上定义了一个随机因子以驱动耦合的凝固-熔化过程，并形成岩浆上涌模式。结果表明，随机热扰动可能是全球范围内洋中脊和岩浆分段的潜在机制。该模型综合考虑了洋中脊错距与岩浆分段机制，发现在叠接扩张中心处洋中脊分段的典型长度为 50 ~ 300km。该研究虽未直接探讨延生型微洋块的形成机制，但其研发的创新性模型对之后开展延生型微洋块的相关模拟具有一定的启发意义。

目前，与延生型微洋块相关的数值模拟还比较少见，主要是因为深部地幔流变学性质的复杂性，在进行数值模拟时，难以进行抽象和简化。相较于物理模拟实验，数值模拟更侧重于研究瞬时应力状态和热扰动，未来新的数值模型正向着大应变和具有深部地幔动力过程的方向发展，并综合考虑更加复杂的海底扩张条件，以获得更加精细可靠的模型，来模拟洋中脊拓展的长期行为和演化发展过程。

7.1.5 跃生型微洋块

跃生型微洋块（ridge jumping-derived oceanic microplate）是指洋中脊远距离跃迁或洋中脊重定位而产生的微洋块（李三忠等，2018）。在洋中脊不断跃迁的过程中，原本构成跃生型微洋块的洋中脊逐渐远离，最终使微洋块停止活动。跃生型微洋块往往由假断层或洋陆转换边界（COBs）、破碎带和死亡的洋中脊等已经不具有明显活动性的边界所围限，故而大多已失去了活动性，成为镶嵌在大洋板块内部的残存地块，例如，沙茨基微洋块（Shatsky oceanic microplate）、特立尼达微洋块（Trinidad oceanic microplate）、塞舌尔微陆块（Seychelles continental microplate）等，其部分边界也几乎没有地震发生（Tarr et al.，2010）。但也有在无洋中脊跃迁背景下从微洋块一直扩张成为大洋型大板块的例子，如太平洋板块就是从依泽奈崎-法拉隆-菲尼克斯三节点部位形成的（Nakanishi et al.，1992；Seton et al.，2012；Boschman and van Hinsbergen，2016）。根据现有的研究资料，洋中脊中央裂谷拓展和跃迁是跃生型微洋块的主要形成方式（Mammerickx et al.，1988；Sager et al.，1988；Tamaki and Larson，1988；Müller et al.，2001；Blais et al.，2002；Eakins and Lonsdale，2003；Gaina et al.，2003）。

（1）洋中脊拓展与跃迁

裂谷拓展（rift propagation）一般指洋中脊或大陆裂谷沿轴向的伸展、延长，可分为大陆裂谷拓展和洋中脊中央裂谷拓展。其中，洋中脊中央裂谷拓展即大洋裂谷拓展。拓展裂谷（propagating rift）是切穿岩石圈板块而生长的扩张轴，是裂谷拓展的结果，在大洋中，它会形成新的洋中脊并重组老洋中脊的分布形态。洋中脊中央裂谷拓展的范围，从只有几千米的叠接扩张中心，到 10～100km 的拓展洋中脊，再到微洋块构造尺度上几百千米的偏移。在地质历史上，洋中脊拓展非常快速（Hey, 2004），在大洋拓展裂谷不断增长时，拓展洋中脊的两侧会留下一个“V”或“W”形的尾迹，这个尾迹实际上是前进扩张中心和衰退扩张中心分别产生的洋壳之间的分界现象，这一构造特征被称为假断层（pseudofault）。在演化过程中，衰退扩张中心会留下一个死亡的洋中脊（extinct ridge）。洋中脊的拓展定量地解释了几类海底构造的存在，包括假断层、死亡裂谷和破碎带。这些海底构造与洋中脊和转换断层斜交，因此，似乎与传统板块构造理论不相容，但实际是一种微洋块边界。

洋中脊拓展会导致部分岩石圈从一个大板块转移到另一个大板块，伴随扩张中心序列发生促使转换断层跃迁，岩石圈发生不对称增生（图 7-15），这就改变了经

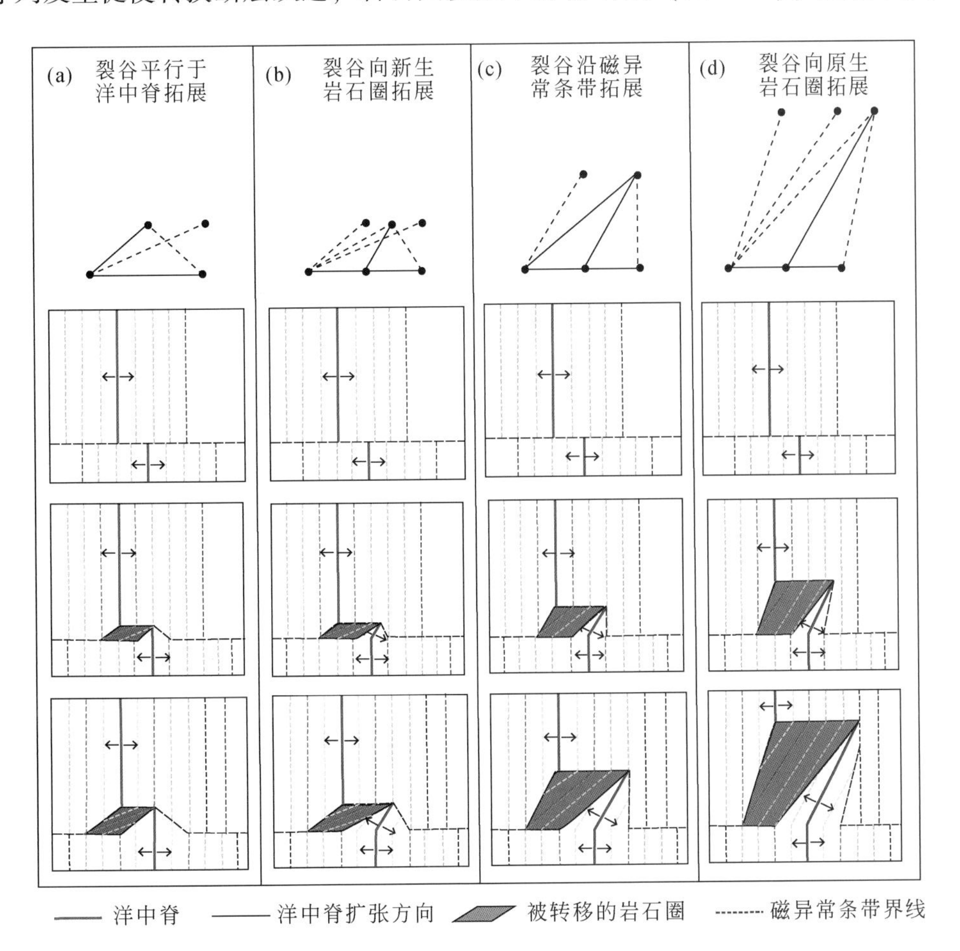

图 7-15　不同扩张速率的洋中脊中央裂谷拓展导致转换断层跃迁形成跃生型微洋块（据 Engeln et al., 1988）

典板块构造理论预测的洋中脊两侧对称的几何学特征。活动拓展的洋中脊、转换断层与死亡的洋中脊、转换断层或破碎带之间的叠接扩张中心存在着普遍的剪切形变，但当叠接区域的规模或岩石圈强度变得足够大时，它就不再变形，而是开始在叠接扩张中心之间作为一个单独的微洋块发生整体旋转。在各种海底构造环境和洋中脊扩张速率下，洋中脊拓展现象普遍存在。前人认为，它作为一种离散型板块边界，自发调整板块运动形式的有效机制；但现今多数研究揭示，洋中脊的调整是一个被动过程，是响应两侧大板块其他边界变动或深部动力因素的产物，因而并非自发过程。

洋中脊跃迁（ridge jumping），即洋中脊部分段落发生跳跃式横向位移的过程，从而形成新的洋中脊，原先位置的洋中脊可能被废弃，但也可能和新的洋中脊共存。与中央裂谷拓展类似，洋中脊跃迁可以发生在正常的洋底环境中，不仅仅是对地幔柱的响应。事实上，大多数洋中脊跃迁是裂谷拓展的结果（Hey et al.，2010）。结合其他地区微洋块演化过程分析（Sager et al.，1988；Blais et al.，2002；Eakins and Lonsdale，2003），如果在较短的时间尺度内观察洋中脊生长和重定向，那么洋中脊迁移形式主要表现为中央裂谷拓展；如果在较长的时间尺度内观察，则主要表现为跃迁。故而洋中脊跃迁和中央裂谷拓展，是同一种离散板块边界变换方式的不同时间尺度内的差异表现。

一般来说，扩张中心（包括洋中脊、裂谷轴、弧后盆地扩张脊，这里指洋中脊）的“跃迁”是指当一个新的拓展裂谷撕裂母板块一部分，在新的洋中脊和原洋中脊之间形成一个微洋块，而原洋中脊失去活性而死亡，洋中脊就发生了跃迁，微洋块也已经从原板块或母板块转移到另一个板块上。但是也有一种洋中脊不跃迁而是连续拓展或衰退，进而导致转换断层发生了跃迁，从而使原微洋块中转移裂离出一个微洋块的情形（图 7-16）。根据边缘驱动模型（Schouten et al.，1993），如果其中一条洋中脊跨过转换断层拓展到相对峙板块中形成新的扩张边界，部分微洋块就可能停止转动，另一条洋中脊将会死亡或衰退，板块边界的扩张将继续发生在两条洋中脊上，而跃生型微洋块也会死亡，并与邻近的大板块结合在一起，随着沿新洋中脊后续扩张而进入大板块内部。胡安·费尔南德斯微洋块旋转速度的持续降低以及太平洋–南极洲扩张脊相对于微洋块的西移表明，该微洋块的“死亡”过程可能已经开始。Bird 等（1998）推测，胡安·费尔南德斯微洋块可能会在接下来的一百万年内结合到南极洲板块中。实际上，洋中脊拓展导致转换断层跃迁模型产生的跃生型微洋块，就是不再被活动板块边界所围限而死亡的延生型微洋块（李三忠等，2018a）。

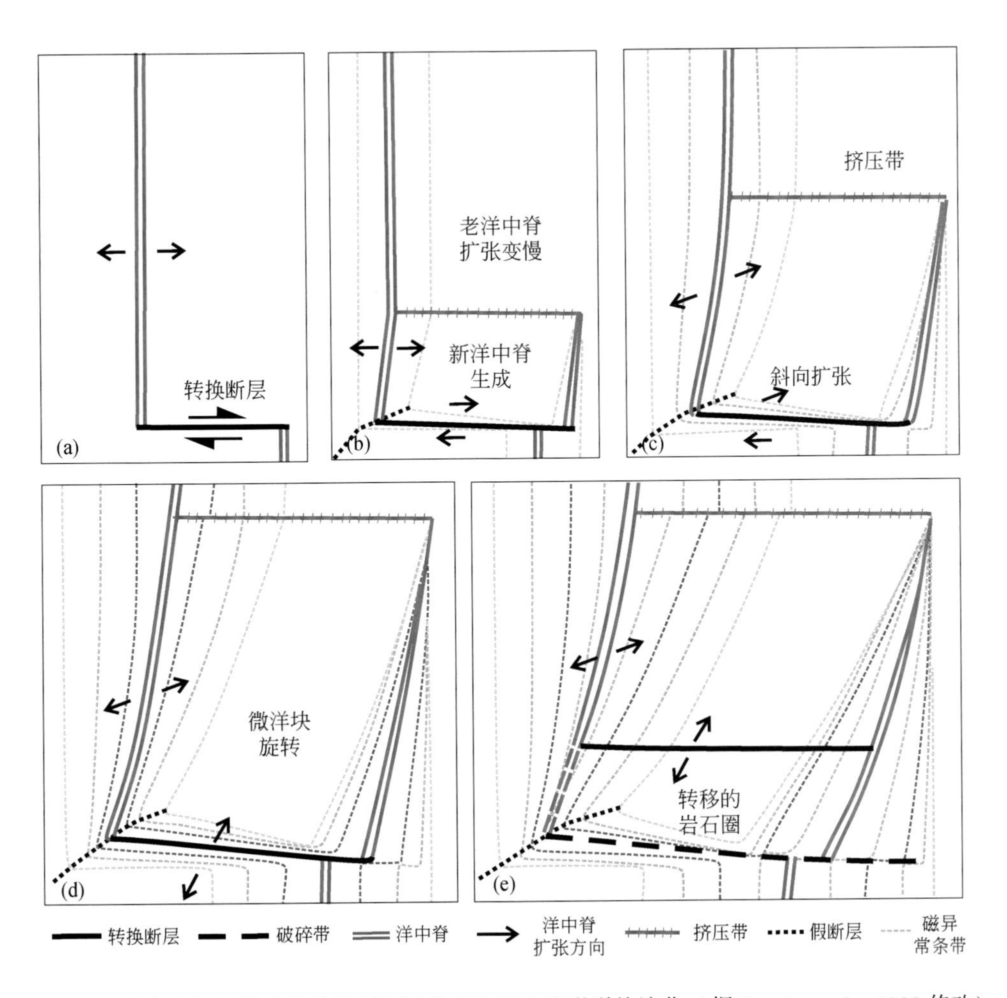

图 7-16 洋中脊拓展导致转换断层跃迁模型的跃生型微洋块演化（据 Engeln et al.，1988 修改）

（2）洋中脊拓展和跃迁的动力机制：洋中脊-热点相互作用

洋中脊和热点是地球表面散热的主要场所，其丰富的火山活动就证明了这一点。然而，洋中脊和热点在起源上可能有很大差异（Morgan，1971；Clouard and Bonneville，2001；Courtillot et al.，2003）。但无论其具体的起源深度如何，当热点位于离洋中脊足够近的地方时，这两个岩浆系统就会发生相互作用，这一过程产生的现象多种多样，包括地壳厚度增大、地球化学异常以及洋中脊的叠接、拓展或跃迁等。假定热点区与异常热软流圈源重叠，可以促发洋中脊跃迁的机制包括浮力和软流圈引起的岩石圈伸展，地幔柱横向上对岩石圈的热侵蚀和机械侵蚀，以及岩浆对岩石圈的底侵和加热。这会使得形成的微洋块增厚。Mittelstaedt 等（2008，2011）模拟了地幔二维黏性流动、岩石圈弹塑性变形以及热点附近的洋中脊内部热流运动。结果表明，启动洋中脊跃迁所需的岩浆加热速率的最小值随板块年龄和扩张速率的增加而增大，完成洋中脊跃迁所需的时间随着岩浆加热速率的增大、板块年龄的年轻化和扩张速度的增加而减小。洋中脊-热点相互作用表现出多种样式，具体取决于热点的活动性、洋中脊的几何形状和扩张速率、洋中脊与热点的距离、两个岩浆系统之间的相对运动特征以及大型断裂带（如转换断层和破碎带）的存在等，这些因素共同限定了热点影响的洋中脊范围。以洋中脊-热点之间距离为参数，其相互作用可分为以下三大类。

1）热点上方洋中脊的在轴相互作用

对于位于热点上方的洋中脊，地幔物质直接供给，导致岩石圈热异常，生成大量的岩浆，有时形成洋底高原或海山、较厚的微洋块。热点物质的地球化学特征，往往沿着远离热点方向逐渐减弱。冰岛是这一类中最典型的例子（图 7-17）。地震层析图像显示，冰岛下方地幔柱的根部或柱尾相对较细（Wolfe et al.，1997）。从冰岛被抬升起到海平面以上以及冰岛南北两侧洋中脊深度逐渐加深到 1000 多米（Searle et al.，1993），就可以清楚地看到热点对正上方洋中脊的影响。

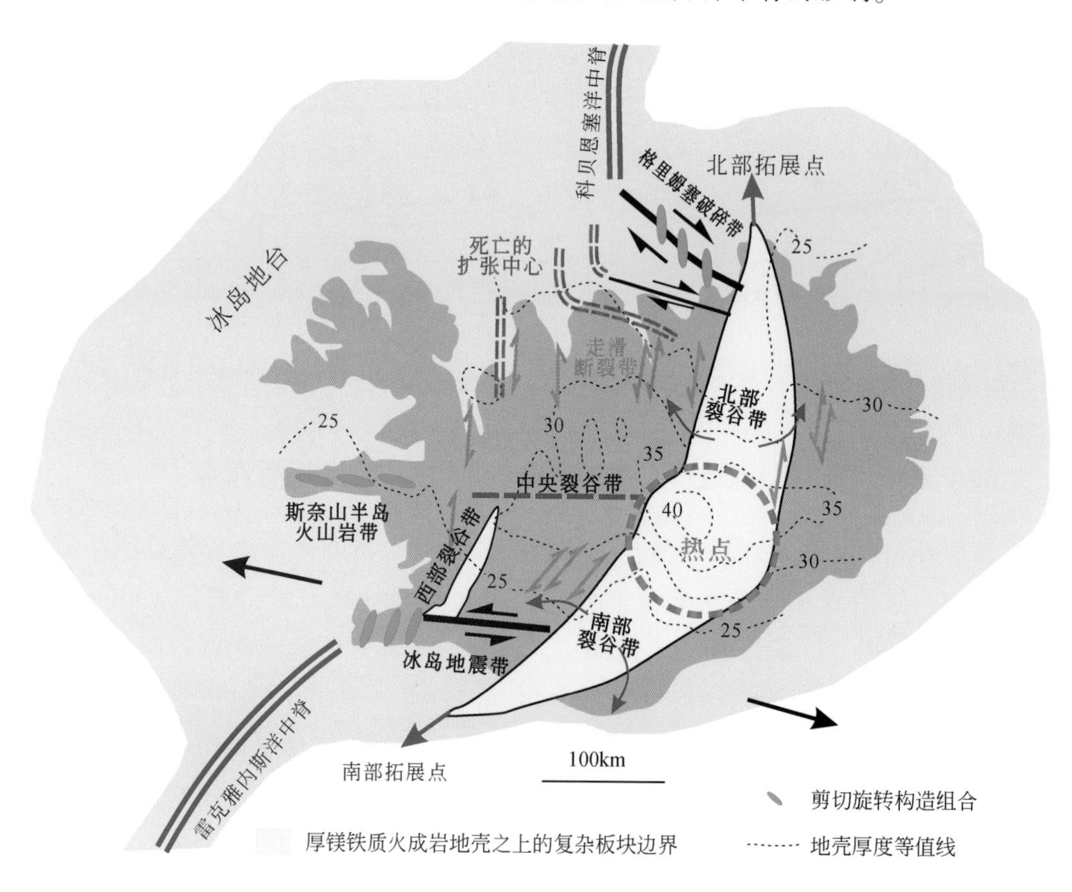

图 7-17　热点上方洋中脊-热点相互作用的系统演化（Karson，2016）

2）近热点洋中脊的近轴相互作用

对于靠近热点的洋中脊，由于脊吸力（ridge suction），一部分热地幔物质（Schilling，1991）或熔体（Braun and Sohn，2003）可能沿软流圈的底部向洋中脊迁移（图7-18），并与正常地幔熔体混合。一些被捕获的热点物质，可能通过上覆的大洋岩石圈渗漏，有时在洋中脊和热点之间会形成火山链。现今大洋中有大量靠近洋中脊的热点例子，包括加拉帕戈斯（Lonsdale，1988；Villagómez et al.，2011）、亚速尔群岛（Gente et al.，2003）等。加拉帕戈斯扩张中心在~10Ma时位于热点附近，洋中脊系统相对于热点的向北运动，导致了科科斯（Cocos）海岭、卡内基海岭等复杂地形的形成。

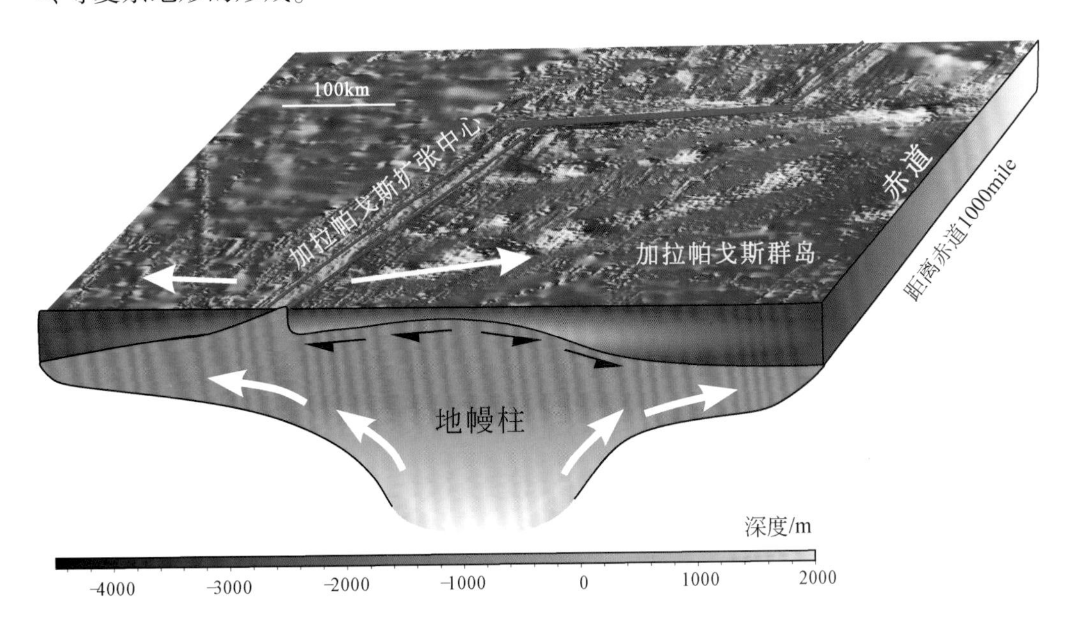

图7-18　近热点洋中脊-热点相互作用的系统演化

1mile=1.609 344km，白色箭头为板块或地幔流运动方向

3）远热点洋中脊的离轴相互作用

对于离热点较远但仍受热点影响的洋中脊，必须事先位于热点迁移轨迹附近。这种相互作用可以在留尼汪热点和中印度洋洋中脊之间的区域观察到。虽然目前留尼汪热点距离中印度洋洋中脊1000km左右，但仍可对中印度洋洋中脊产生远距离影响（图7-19）。微洋块的洋中脊跃迁模型和三节点重组模型还解释了许多洋底扩张系统的大规模板块边界重组，包括许多拓展裂谷的起始和终止，以及一些短周期的微洋块的形成。

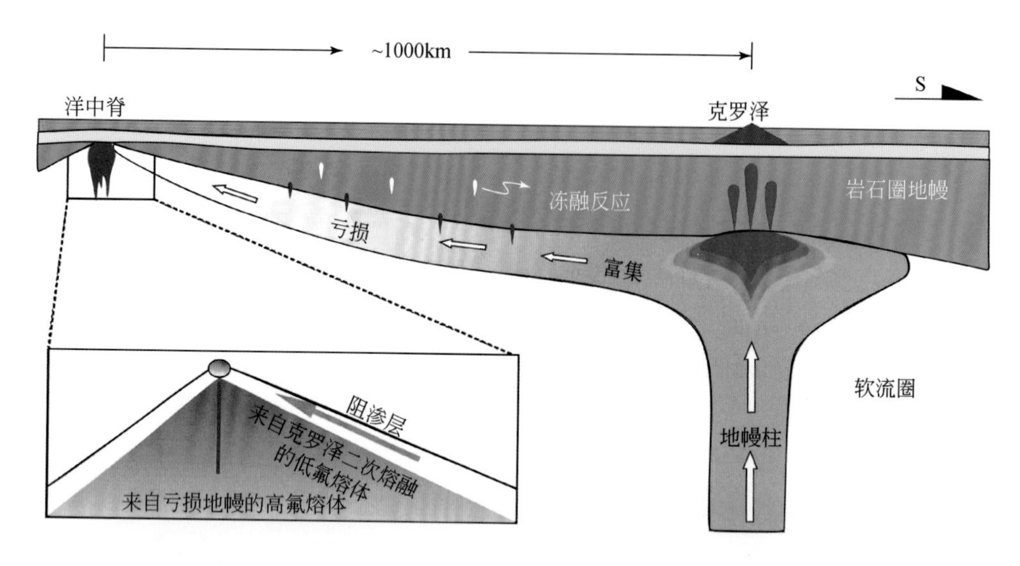

图 7-19　西南印度洋远离热点洋中脊-热点相互作用的系统演化（Yang et al., 2017）

7.1.6　残生型微洋块

残生型微洋块是与俯冲作用相关的、具有统一运动学行为的微小洋内块体，其主体是正在俯冲消减的或俯冲停滞的原始大洋型大板块在现今海底的微小残余，位于俯冲消减系统的俯冲盘，一般被活动或死亡的洋中脊活动或死亡的俯冲带及转换断层所围限。但也存在例外，偶尔会出现挤压型的微洋块边界，如里韦拉（Rivera）微洋块与科科斯板块的边界。值得注意的是，并不是所有残留于大洋内部的微洋块都是残生型微洋块。

胡安·德富卡和里韦拉微洋块是典型的残生微洋块。以里韦拉微洋块为例（图 2-31），其位于东太平洋海隆（太平洋-里韦拉海隆）东侧、里韦拉转换断层北侧、中美海沟西南侧。尽管里韦拉微洋块的南部在 7.2 ~ 2.2Ma 于洋内的科科斯造山带发生了变形，但目前该微洋块的南部边界是里韦拉转换断层。然而，里韦拉微洋块的最北部在 3.6 ~ 1.5Ma 发生了转变，并沿图 2-31 的黑色虚线，与北美洲板块紧密联系在一起，使得现今活动的里韦拉-北美洲板块边界变为如图 2-31 所示的大洋汇聚边界（粉色实线）；在东部，里韦拉-科科斯板块边界很清楚是左行的，但其准确位置还不确定。

7.1.7　增生型微洋块

增生型微洋块是俯冲增生作用（subduction accretion）过程中形成的相对独立的

微洋块，通常为大火成岩省（部分可能为地幔柱柱头）、其他类型微洋块等运移到俯冲带或堵塞海沟，并可使得新俯冲带形成于大火成岩省或增生型微洋块后缘或靠海一侧。增生型微洋块的边界有一侧是新或老俯冲带，其余边界可以是转换断层、破碎带、深大走滑断层等，常见于俯冲消减系统的俯冲盘。增生型微洋块的发育可能导致海沟发生变形和弯折，例如，马里亚纳俯冲带北部的小笠原高原、中美洲俯冲带的科伊瓦微洋块、翁通爪哇洋底高原微洋块、希库朗伊洋底高原微洋块等，均对应了海沟的转折地带。增生型微洋块的俯冲过程可能造成洋中脊偏移、海沟堵塞、弧前地壳变形等特殊构造事件。洋中脊偏移使得微洋块的扩张历史变得更加复杂，偏移段洋中脊两侧磁条带的宽度不对称分布。海沟堵塞导致海沟下伏的深部地幔动力分布不均一、不对称，进而使得两侧俯冲参数、沟-弧-盆体系均存在差异，也可能造成地幔中局部热-化学条件的改变，进而对上覆微洋块的物理化学特征进行改造。堵塞海沟还可能诱发俯冲板片撕裂及板片窗形成，在某种统一的动力背景下，堵塞的岛弧地体往往不随着整体海沟发生后撤或前进，而是在堵塞体后缘形成新俯冲带。此外，海沟堵塞导致的构造应力积累会使前弧微洋块发生缩短增厚和线性变形，形成新的增厚洋壳。但在俯冲带闭锁时期，也可能导致脱水，流体释放使得俯冲带发生润滑而构造应力释放。这个过程可能具有周期性，从而触发海沟千里之外的陆内发生弹性板块的震颤效应，甚至触发地震等灾害。由于俯冲参数发生突变，增生型微洋块在俯冲过程中其边界往往会与海沟构成一组非稳定性三节点，这些三节点的运动和迁移又将控制增生型微洋块的演化（图 2-32），使其进一步增厚、洋底高原及附近盆地内的角度不整合、沉积沉降中心等发生迁移等。

7.1.8 碰生型微洋块

碰生型微洋块是指受大陆碰撞造山触发的洋内相对独立的微小洋壳板块或地块，可以通过洋底精细的多波束资料反映的构造组构来揭示。这类微洋块的形成也是构架大陆构造与洋底构造的桥梁和纽带之一（李三忠等，2018a）。其边界很复杂，涵盖了地体边界与板块边界的全部类型，可以是汇聚型边界（切割岩石圈的俯冲带、切割莫霍面的逆冲推覆带、大洋汇聚边界等）、离散型边界（洋中脊、拆离断层、切割岩石圈的正断层等）和剪切型边界（转换断层、深大走滑断裂、假断层、洋中脊断错等），也可以是破碎带、非转换间断（non-transform offset）、叠接扩张中心（overlapping spreading center）等。

碰生型微洋块是碰撞作用的次级产物，其形成与碰撞事件密不可分，形成时间和碰撞时间相同或相近，分布一般与特定碰撞造山带相关，多位于板块聚合、拼贴部位及其周围，也可以远离动力起因的碰撞带。按碰撞对象分类可以分为：陆-陆

（含大型洋底高原）碰生型微洋块，如阿拉伯板块与欧亚板块碰撞形成的阿曼（Oman）、新几内亚-所罗门群岛附近的俾斯麦（Bismarck）、亚德里亚（Adria）、印度洋的马默里克等微洋块；弧-陆碰生型微洋块，如巴拿马微洋块；弧-弧碰生型微洋块，如马鲁古海微洋块。

7.2 早期地壳与微洋块起源

在解释早期地壳形成和演化问题的过程中，一些学者从更大时空尺度探索了太阳系类地行星（planetoids）及地球历史中动力体制的演变过程和特点。2015 年，人类经过 50 多年的努力，利用太阳系“类地行星”的图像，推断了它们的构造活动状态。

根据“麦哲伦号”金星探测器的雷达图像，在金星表面共识别出 116 个放射性裂缝系统，绝大多数半径超过 200km。金星的变形比火星和水星的更为丰富。依据未被改造的大量冲击坑的均匀分布估计，金星的构造活跃期一直持续到 500Ma。关键问题是：金星活动性衰减的原因是什么，金星是如何释放热量的，潮汐耗散（tidal dissipation）过程如何，在 Io 卫星上有何表现，塑造和重置（resurfacing）金星表面的动力是什么，为什么金星和地球的演化如此不同。

金星表面最具特征的构造就是环状断裂或环状脊，它们都被解释为热地幔上涌所致，共有 360 个，直径大小从 100km 到 2600km 不等，多数在 200～400km。金星与地球的不同之处，是岩石圈和地幔之间耦合性非常强，主要是金星的岩石圈下面缺乏与水相关的低速带。由此可知，水是导致金星和地球构造样式完全不同的原因。上升流和下降流强烈耦合机制，也可能是导致俯冲作用启动的驱动力。地球太古宙时期脱水的上地幔和热的岩石圈之间强烈的耦合作用，就与这种情况类似。因此，金星的构造可能是地球早期的构造特征。金星表壳显著的自然地貌是台地和火山隆起，两者都形成于地幔柱之上。前者是薄的岩石圈下大规模地幔柱熔融所致，而表壳台地上古老的构造特征就是丝带状的槽型构造（ribbon-like troughs），是早期抬升过程中张裂伸展的产物。这些槽型构造较浅表明当时金星表面温度较高，刚性不足而难以支撑高地形。广泛的火山平原是内部热地幔广泛循环上涌的结果，是表壳台地形成期间连续喷发的产物；而不连续的火山隆起比表壳台地年轻，形成于较厚岩石圈之上，其原因可能是很少有地幔的部分熔融。这种转变显然只有一种情况，就是岩石圈的快速增厚。通过冲击坑计数定年法，得出金星表面平原的平均年龄是 750Ma，可分为两部分：老的平均年龄为 950±50Ma，年轻的平均年龄为 675±50Ma。因此，岩石圈的快速增厚和地幔对流型式的明显变化时间也在 700Ma 左右。

火星上的塔尔西斯（Tharsis）巨型盾状火山（图 6-10）高达 14～18km、直径约 5000km，伴随 16 个岩墙群，形成年龄为 3.8 ~ 3.7Ga 或 3.5 ~ 3.1Ga。几何结构上，这些放射状岩墙群非常类似于地球上已经确定的与地幔柱有关的巨型放射状岩脉群。火星表面可见高达 26km 的火山锥，是这个星球没有板块构造运行的主要证据，是对比行星学中“将地论星”的新对象；反之，“将地论星”也有助于人们认识地球板块构造出现之前的前板块构造体制。穹形构造是火星的重要特征。火星经历了 Noachian、Hesperian 和 Amazonian 三个时代的演化，火星表面也发育逆冲断层，其形态上表现为舌状断崖（lobate scarps），以及断层相关褶皱，褶皱形态上为褶纹状脊（wrinkle ridge）。此外，其他构造还有一些走滑断层、地堑、冲击坑等。它们之间保存着清晰的交切关系，形成时序清晰（图 6-10）。走滑断层活动是多期多幕式发展的，地堑也是同样，目前有人识别出 5 个阶段的地堑活动，这些都说明火星多幕冷却过程中多幕垂向荷载作用的阶段性。从其残存形迹看，即使火星上可能曾经发生过板块构造，这种板块构造也绝对和地球的板块构造存在巨大差异。

通常认为，由于金星和火星上没有板块构造运动，也没有经历明显的后期地质作用改造。这表明现今观测到的岩墙群的几何学特征、分布和规模基本上保持其原始状态，有人推测，其成因类似于地球上与地幔柱有关的大火成岩省和岩墙群。如果这个解释正确，那么类地行星早期应该存在地幔柱，即板块深俯冲不是形成地幔柱的必要前提，地幔柱可以独立于板块构造体制运行，并有可能触发了地球早期的板块构造（Gerya et al., 2015）。

地质学、岩石学、地球化学工作尽管仍存在着一定的多解性，但相较前期明显增加的地质证据暗示着，至少局部的板块构造过程可能在 3.2Ga 之前已在地球上启动。但是，板块构造模式目前还未在太阳系中的类地行星中观察到，这驱使人们去思考：是否有其他构造模式来解释早期地球动力学过程。热管构造模式最初由 O'Reilly和 Davies（1981）用来解释木卫一（Io）内部大量热量释放和表层巨厚岩石圈的形成过程。Moore 和 Webb（2013）采用“热管模型”（heat-pipe mode），通过数值模拟和对比，认为早期地球具有与现在的木卫一类似的动力学过程，表现为新生深源熔体通过狭窄管道上升喷出、岩石圈向下对流，完成地球内外圈层之间热和物质的传输。之后，从“热管模型”过渡到“单一板块模型”，全球岩石圈可视为一个单一的板块，如同现在的火星。Tang 等（2020）模拟了地球岩石圈单板块的破裂过程，假设早期地球的岩浆海在冷却过程中形成了坚硬岩石圈，阻碍了地球内部热能的有效释放，结果引起地球回暖膨胀，最终导致岩石圈快速破裂成大量微板块（图 7-20）。由于早期地球原始地壳主体可能为基性乃至超基性的，因此，这些微板块最可能为微洋块和微幔块。

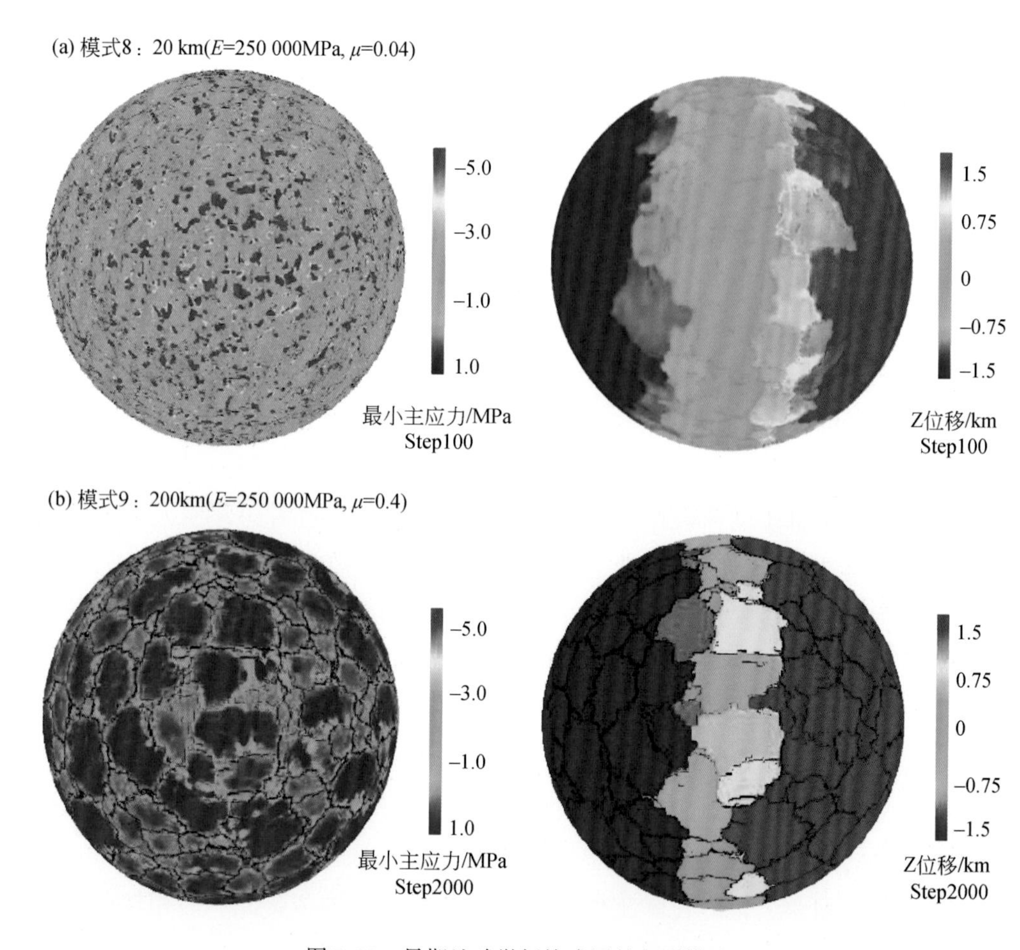

图 7-20　早期地球微板块成因的龟裂模式

早期地球可能从岩浆海冷却为单一薄壳板块，之后随着冷却继续，岩石圈厚度逐渐加厚。其实验中的模式 8（两上图）可能代表早期阶段 20km 厚岩石圈的破裂模式，其模式 9（两下图）为 200km 厚岩石圈的破裂模式。无论厚薄何种模式，早期地球岩石圈首先都是形成一系列微板块（Tang et al., 2020）

阿波罗登月计划后，类比 39 亿年前的月球状况，人们认为，增生过程中的早期地球也曾不断受到陨石的冲击（impact），至少有 100 个 100km 的小行星撞击过地球，使得地球表面逐渐升温变热。但是，月球有大量陨石坑而未能变热，因而对比之下，陨石和小行星撞击不应是导致地球升温的直接热来源。但有人依然考虑，陨石和小行星撞击未能导致地球升温形成岩浆海，原因在于陨石和小行星撞击还不够大；进而提出，形成岩浆海的直接热来源是最后一次晚期大轰击事件。然而，这次灾变性突变事件发生时间还存在争论，一派认为是 4450Ma，另一派认为是 3800Ma，两者都显然太晚。现今同位素地球化学证据更支持在 4520Ma 左右，火星大小的行星与原始地球发生了大撞击，这次大撞击导致了原始地幔全熔而形成了岩浆海。此外，还有一种渐变论观点认为，地球增生聚合过程中的重力压缩和初生地球内部放射性产热元素的衰变，也可导致地球内部发生部分熔融，进而形成早期地球的岩浆海。

对于岩浆海的冷却过程，有人认为其可持续200万年；但也有研究认为，其只能持续1000年。不管持续多久，这意味着相对地球历史而言，岩浆海的迅速冷却形成了地球表层的单一板块或停滞盖。随后，重力作用和原子量差异使得铁以滴状形式向地球内部下坠，聚集成新的地核，下沉的铁滴会释放巨大的重力能，并通过摩擦产生更多的热量。至此，地球内部的幔-核分层结构形成。这个过程就是密度分层作用（density stratification）或重力分异作用，持续了约1亿年，此阶段应当是铁滴"微幔块"形成阶段。

同样，核幔分离后，浅表冷却的初始地幔因密度大而下沉，理论上，这个过程会形成冷的初始地幔组成的微幔块。然后，初始地幔的分异作用可能同时形成了原始地壳及其下部的原始地幔（primitive mantle），原始地壳从初始地幔中分离后，也必然导致初始地幔发生分异。岩浆抽提后的原始地幔上部经冷却形成了原始地幔组成的微幔块。这期间，原始地幔进一步发生上地幔和下地幔的分异演化，此时可能出现地幔柱构造，浅表可能出现类似现今洋底高原的地壳组成。与此同时，轻的硅、镁、铝氧化物等硅酸盐以岩浆形式向地表运移，形成早期地壳，至此，地球内部的壳-幔-核分层结构形成，时间可能在距今44.5亿年左右，甚至有人认为早到45.2亿年。早期地壳也可能无陆壳和洋壳之分，依据地球最老锆石为44亿年而最老酸性地壳（陆壳）为40亿年，因而地球44亿~40亿年前的原始岩石圈也可能没有大洋岩石圈和大陆岩石圈之分，但原始岩石圈地幔组成的微幔块可能出现在40亿~44亿年前，而大陆和大洋岩石圈地幔组成的微幔块必然出现在距今40亿年以来。现今陆壳与大陆岩石圈地幔（SCLM）在微量元素上正好互补，证实类似微幔块形成过程曾经且依然在发生。

关于早期地壳岩石性质，人们目前只能通过比较行星地质学得到一些启发。已知，陆月海是陨石坑中撞击导致月幔部分熔融形成的玄武质洋壳，月球的陆壳（月陆）是斜长岩，斜长岩高地早于月海形成，因此月球是月陆先形成，但组成是斜长岩，既不是现今地球洋壳的玄武岩，也不是地球陆壳的花岗岩。与此不同，火星早期地壳性质现今还处于争论中，如果火星已经过度冷却，并因为某种原因使得原有的大气圈、海洋（水）圈逃逸或完全破坏，那么进一步的研究需要解决：据火星表层沙尘的物质组成能否区分出火星的大洋区和大陆区，以及火星的大陆区是否是以花岗岩为主、平均成分是否是安山质岩石。地球上首先出现的是陆壳还是洋壳，同样争论不休。地球至今所发现的最古老岩石是富钠的花岗岩系列岩石（TTG）。由于太古宙绿岩中科马提岩的形成温度（~1600℃）和拉斑玄武岩的形成温度（1200~1400℃），分别与来自核-幔边界D″层地幔柱尾部和头部的温度相近，而且在某些特定的微量元素比值上也可对比（Hofmann and White，1982），所以Campbell等（1989）提出，太古宙绿岩带中科马提质岩浆来自地幔柱柱尾通道的熔融，而玄武质岩浆则是地幔柱巨大球状顶冠（柱头）在原始岩石圈底部发生减压熔融后喷发于地表并冷凝成玄武岩。最早的TTG质岩石或者初始古陆核的形成可以通过科马提质岩浆高度分异实现（Jordan，1978），但是借由此模式来形成大规模的TTG陆壳依然是困难的：在地球上尚未发现对应于如此巨量TTG岩石的岩浆堆晶成因的基性-超基性岩，也未在地幔中找到它们拆沉返回并对地幔成分明显改造的记录。因此，传统板块构造理论不能解释为什么TTG岩套占太古宙陆壳总面积的60%～70%（郑永飞，2024）。

重力分异作用是地球内部最重要的垂向构造作用，4.45Ga岩浆海的冷却固结导致原始地壳的形成。受重力分异控制的物质运动使原始地球产生全球性的分异，进而演化形成具有近似现今成分分层的地球，即中心炽热的铁质地核和外部相对冷的薄层原始地壳，中间为原始地幔。薄层地球外壳的冷缩作用可能使其发生“龟裂”，并在“龟裂”处减压熔融，特别是“龟裂”缝相交的三节点部位减压最显著，分异出熔点相对低的低密度物质，可堆积得很厚，甚至比洋底高原还厚。由于当时地表的水平运动有限，增厚的“洋底高原”熔融分异，形成最原始的地壳核（部分带有长英质产物的可能为陆核），地壳核随着地球冷却进一步增生、扩大形成较大规模的原始地壳。

原始地壳与原始地核之间为原始地幔，这个原始地壳不同于现在的陆壳和洋壳。现今地质上，陆壳指的是中酸性的硅铝壳，洋壳指的是基性的硅镁壳。如果非要区分，原始地壳成分上可近似认为是现今洋壳，或称初始洋壳，更可能是科马堤岩、洋底高原玄武岩，毕竟原始地幔初次分熔发生在早期地球高温状态，原始地壳不可能为现今陆壳。研究认为，初始洋壳（4.5Ga）早于初始陆壳（4.35Ga）形成，Hf同位素证明最早的基性洋壳形成于4520Ma月球形成后不久，但可能因对流循环的破坏而只残存于现今的深部地幔中。

总之，一般认为洋壳形成早于陆壳、洋幔形成早于陆幔。地球历经45.4亿年演化，4.45Ga左右的晚期大轰击事件（与大撞击不是同一事件）后的很短时期内地球整体熔化，4.54～4.45Ga浅表可能不存在微洋块，浅表和深部都可能以地幔组成、冷热不均的微幔块为主；但4.45Ga后在重力分异作用的持续影响下形成原始地壳、原始地幔和地核的内部圈层结构。随着地球表层的快速冷却，其表层冷的固结层“龟裂”，进而出现大量微地块，微板块个数取决于其冷却固体层厚度的力学特性。此时浅表新出现的微地块组成可能主要是分异程度较低的基性-超基性原始地结壳，其边界断裂切割层次较浅，不存在俯冲与碰撞增厚，因而很少有中酸性岩浆岩，可称为初始微洋块。微地块随着地球整体冷却及固体圈层增厚而加厚，随着冷却而长大，活动的微地块数量也越来越少，冷却具有不均一性，导致微地块大小和厚度出现差异。当距今40.3亿年陆壳开始形成后，微地块可分为微陆块（陆核或克拉通)、微洋块和微幔块，全球物质循环类似现今地球，微板块构造体制初步建立。大概在距今32亿年，地球整体演变为出现刚性岩石圈板块，小、中板块数量逐渐增多，并最终演变为有限的几个活动大板块，小、中、大板块的边界断裂也可能更加深入地壳或岩石圈地幔（冷却固体圈层），使微板块厚度达到形成大板块的前提条件。

Ernst（2007）提出，地球的板块构造可能经历了4个渐变过程（图7-21），在这4个过程中，软流圈–岩石圈相互作用的尺度和深度使得行星外壳随着时间而变大变厚。

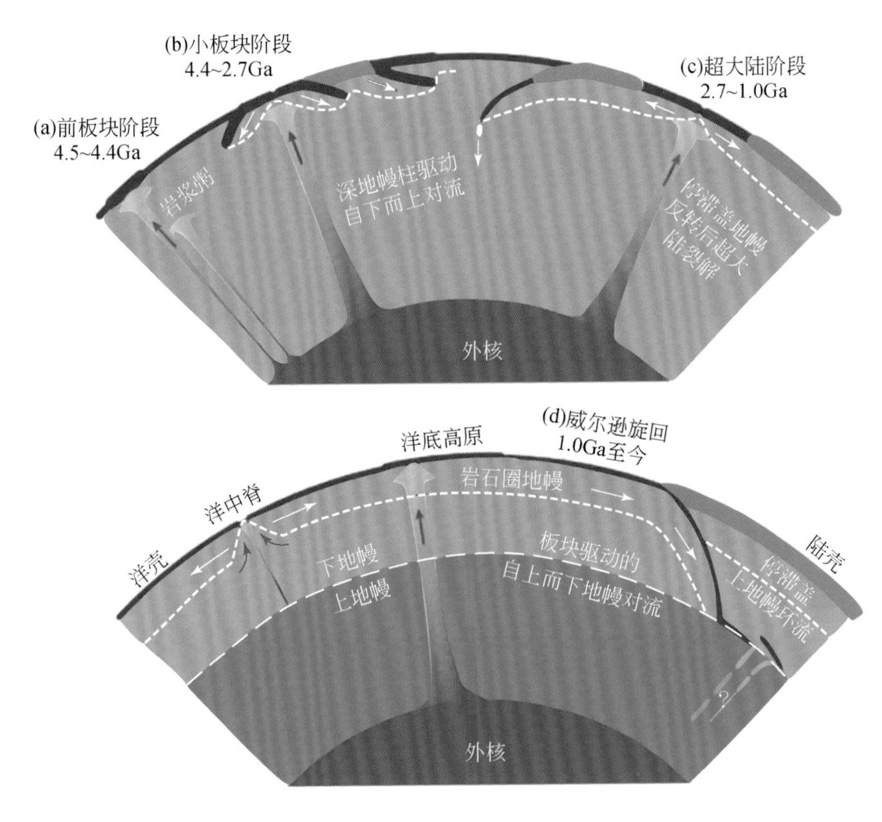

图7-21　地球壳幔系统过渡阶段演化的示意（据Ernst，2017）

1）冥古宙初始岩石圈阶段。近地表以岩浆海的固结作用为特征，这个阶段早期处于黏滞盖或停滞盖构造阶段，但不排除地幔内部激烈的过程，因地表温度降到橄榄岩和玄武岩的固相线以下，一个薄而连续的浮渣状岩石地表形成，黏性拖曳、混乱的紊流和激烈的地幔翻转（mantle overturn）使得脆弱并可能水化或蛇纹石化的“岩石圈”（微幔块）回返到热地幔中；而地球浅表层于距今44亿~32亿年因岩浆海快速冷却可能出现了弥散性的岛弧俯冲与增生（Sawada et al.，2018），花岗质陆壳（primodal continent）大概在4.3Ga也已经存在（Zhong et al.，2023），但这个弥散性的岛弧俯冲过程在此时极端热状态下可能完全消除了早于40.3亿年的岩石记录。

2）太古宙陆壳增生期间，地球表层被热的、塑性的可俯冲初始微洋块覆盖（图7-21中称为小板块），但早期这种俯冲作用可能因对称的地幔对流过程而处于固定位置，微洋块水平运动有限。这种地幔对流明显不同于现今板块体制下的不对称对流，然而地质记录表明，距今39亿～38亿年，早期这种俯冲作用依然产生了大量陆壳，只是早期俯冲侵蚀也较强，进而导致其保存较少；而距今32亿～18亿年，减弱的活动陆缘俯冲再循环抑制了陆壳的净增长，且30亿年前地幔内金刚石包体的出现说明一些浅表物质发生了深俯冲循环，但在此期间新生成的陆壳基本被保存至今（Sawada et al.，2018）。其中，距今29亿～27亿年，在非现今板块构造体制的对称型深俯冲作用辅助下，地幔分异由量变到质变，依然强劲的热上升软流圈和大量深部地幔柱的减压熔融诱发形成了巨厚的玄武质地壳（Sleep，1979）。此时，微洋块可能因年龄足够长、长得足够大而可能发生深俯冲，伴随浅表俯冲、地壳缝合过程和部分熔融，爆发式形成了广泛的花岗-绿岩带和TTG（英云闪长质-奥长花岗质-花岗闪长质）杂岩。这些岩石单元的逐步分凝和积累导致岛弧和微陆块的集结，开始形成了早期陆壳（embryonic continent）和后续18亿年后第二代陆壳（stable continent）（Sawada et al.，2018）。

3）硅铝质陆壳（微陆块）的连续生长与聚合期间，该过程逐渐导致太古宙—元古宙的超级克拉通或肯诺兰超大陆形成，广泛出现大陆台地相表壳沉积与陆内缝合带耦合的火山-沉积相分异的发生。

4）岩石圈刚性化和微板块侧向增生与连续扩大阶段，古、中元古代时期不对称软流圈对流胞也随之增大、加深，出现全地幔对流，初始板块构造体制全球运行；至新元古代—显生宙，现代板块构造体制及洋盆的威尔逊旋回演化开始出现，一系列与现代洋壳可对比的蛇绿岩套形成，蓝片岩等标志性冷俯冲的变质产物出现。随着线性外侧高压俯冲杂岩和内侧高温火山-侵入的钙碱性岛弧岩石的形成，陆壳进入长期改造-增生并存的演化阶段。

综上，早前寒武纪构造体制基本经历了一个无水平运动的微板块构造体制，经板内垂向构造体制到大板块水平构造体制的一个连续转变历程（Goodwin，1981）。直到早前寒武纪末期，热流值的降低产生了一种规模和组成与现代很类似的岩石圈。现代板块构造体制出现后，也可能出现地幔深部板片的垮塌（slab avalanche）过程，这个过程在太古宙的高瑞利数地幔对流背景下不可能发生，因为高瑞利数会导致660km处的钙钛矿转换面发生硬化，进而阻碍全地幔对流，因此太古宙更可能出现双层地幔对流（Condie，2011），太古宙以后才可能出现全地幔对流。

然而，最新的地球化学研究发现，现代深部地幔保留了地球形成早期的稀有气体或短半衰期放射性核素的同位素记录，这意味着下地幔存在原始物质的储库。然而，以往地震层析成像结果发现，俯冲板片可进入下地幔，这意味着现今上、下地幔存在大量的物质交换，现有交换速率下地球早期形成的储库应难以在漫长地质历史中得到保留，与地球化学研究所得结论相对立。但这也并非绝对。数值模拟表明，地幔要通过对流循环实现完全均一化，达到消除早期原始物质记录，至少需要180亿年（Davies，2011）。Ti稳定同位素是用来示踪壳-幔物质交换的良好手段，Ti作为一个难熔元素在变质和水岩作用过程中不易发生迁移，因此Ti稳定同位素研究可以得到地球形成以来相对完整的壳-幔物质交换记录，为长期争论的地幔内部物质交换问题带来了新的思路。Ti同位素示踪表明，全硅酸盐地球的Ti稳定同位素组成和现今的上地幔存在明显差别；全球不同地质年代的幔源火成岩对比研究发现，上述差别主要出现在距今35亿～27亿年，而来源更深的现代洋岛玄武岩具有更接近全硅酸盐地球的同位素组成。结合已有陆壳生长模型，该变化很可能反映了太古宙时期地球上、下地幔的物质交换处于受限的状态；但地球上、下地幔的这种格局在现代已被打破，进而现代洋岛玄武岩的记录反映了现代地球内部原始地幔储库仍存在，但这个原始地幔储库在逐步瓦解。这个研究表明，早期分层地幔对流向全地幔对流转变最晚发生在太古宙末期。总之，这些研究意味着，地球早期的微幔块物质组成依然保存在下地幔深处。

正如前文所言，全地幔对流的热源并非完全来自核-幔边界，因为那样会导致洋中脊位置固定不动，因此对流的热应来自对流环内部（Davies，2011）。板片垮塌构造形成微幔块的过程可能是晚期地幔柱（部分“热点”的深部表达）启动的原因之一。群发性地幔柱可能影响地幔全局对流，将深部热传送到地表（Condie，2011），也影响到全球碳循环等物质循环。而群发性地幔柱事件的确定主要依据近同时的巨型基性岩墙群、科马提岩、溢流玄武岩、层状基性侵入体来判别。群发性地幔柱上涌可能导致放射状巨型基性岩墙群、大火成岩省（LIPs，可对比理解为“热斑”，为地幔柱的地表响应之一）形成。大火成岩省事件在地球历史期间表现出旋回性，如距今28亿～27亿年、24.5亿年、22亿～21亿年、14亿～12亿年和7亿～6亿年及近2亿年以来，且与超大陆的裂解密切相关。超大陆裂解形成新的狭窄洋盆，从而制约海洋循环对流和扩张中心热液活动，使得早期海洋的深海缺氧。

早期地球凝聚过程中难以保存在固体圈层的C-O-H挥发份，形成了巨厚且高度还原的原始大气。快速翻转且结构紊乱的地幔单元会使表层岩石圈外壳相互碰撞（图7-22）而翻转到这些地幔单元下方，此时，以小岩石圈-软流圈之间密度倒置为特征，在更热、快速对流的地幔破坏其完整性之前可能不会发生深俯冲。早前寒武纪较高的热状态导致除最年轻的元古代地体（微板块）外的所有地体中均缺乏高压蓝片岩和低温榴辉岩。

在显生宙威尔逊旋回的俯冲带中，厚的岩石圈板块将相对较冷的微陆块带到深处，导致陆壳岩石深俯冲产生高压-超高压变质作用，因而大量低 T/P（<335℃/GPa，即地温梯度<10℃/km）阿尔卑斯式相系（蓝片岩相到榴辉岩相高压-超高压变质岩）发育。与此形成鲜明对比的是，太古宙地幔下降流携带着温暖的微板块（图 7-22），这些微板块被迅速加热到高温，形成了低压/高温变质地体，因而大量高 T/P（>835～1175℃/GPa，即地温梯度>25～35℃/km）巴肯式相系（缺乏蓝晶石的角闪岩-麻粒岩相高温-超高温变质岩）发育（郑永飞，2024）。现代碱性镁铁质火成岩，如洋岛玄武岩，是通过亏损上地幔极少量的部分熔融形成的，但由于地球早期的地温梯度太高，太古宙地壳中不存在这个过程。相反，由于太古宙地幔温度升高，相对富集的地幔在较浅深度下的较高程度部分熔融产生了大量难熔的科马提质熔岩。

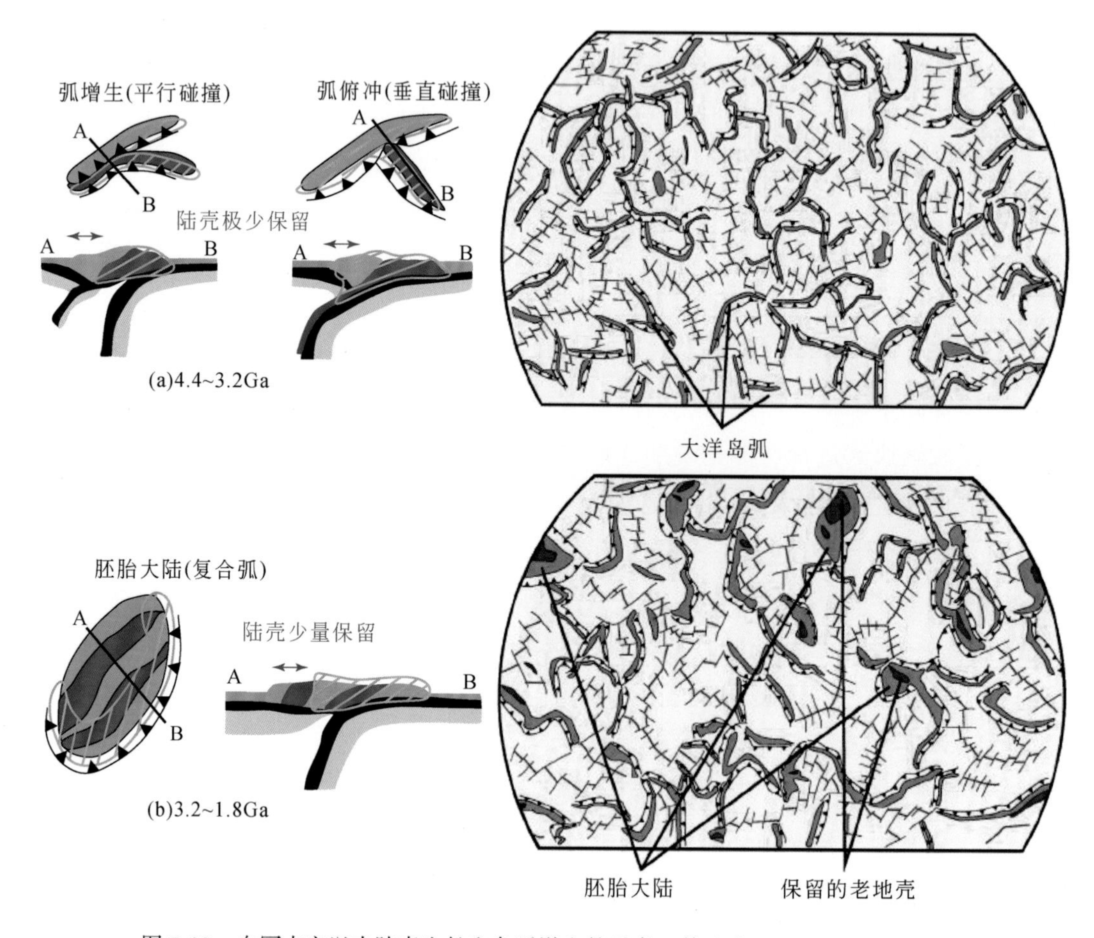

图 7-22　自冥古宙以来陆壳生长和岛弧增生的示意（修改自 Sawada et al.，2018）

(a) 4.4～3.2Ga 形成较多岛弧（右图），岛弧的增生/俯冲经常发生，水平运动有限。在两个岛弧平行碰撞的情况下（左图），它们很容易合并成较小的微陆块（弧增生）。相反，在一个弧与另一个弧垂直碰撞的情况下，碰撞弧的地壳很可能平稳地俯冲到地幔中（弧俯冲，中间图）。此外，俯冲侵蚀也会发生，进而破坏原有的岛弧地壳。因此，早期陆壳保存下来的可能性很小。(b) 3.2～1.8Ga 一些碰撞复合弧（左图）作为大陆块体的雏形出现，它们比单个岛弧大，比现代大陆块体小，没有大量的老陆壳（右图）。减弱的活动陆缘（左图、中图）俯冲再循环抑制了陆壳的净增长由于大部分地幔几乎未经历充分的大规模部分熔融，因此一些古老洋壳部分可能相对较厚，覆盖在薄的岩石圈地幔上。

岩浆海在>4.4Ga 发生固结后即可能形成原始地壳，但是至今未发现相关的地质记录，可能是与 4.4Ga 之后的距今 41 亿～38 亿年晚期陨石重轰击事件（Late Heavy Bombardment Event）相关。传统观点倾向于认为原始地壳的成分为科马提质或玄武质，也有科学家参照月球的陆壳提出原始地壳可能由斜长岩组成。但具体的情况并不清楚。随着地球表面的温度逐渐降低，Sawada 等（2018）认为，微板块俯冲会在太古宙早期甚至可能是冥古宙便开始启动（图 7-22）。此时的地球表面初始陆壳较少或几乎没有，应该覆盖着大量的微洋块［图 7-23，曾被称为小型洋壳板块（small oceanic plates）］，并伴随发育具有洋内弧的大量初始俯冲带。这一阶段，岛弧地壳（其地球化学特征不一定与现今岛弧的完全相同）并不会形成独立的大尺寸块体，但是弥散状俯冲相关的洋内弧会产生大量弥散状分布的花岗质岩石，这些花岗质岩石可能在早期岩石圈地幔刚性化不强且激烈而广泛的俯冲侵蚀作用下而未能保存。

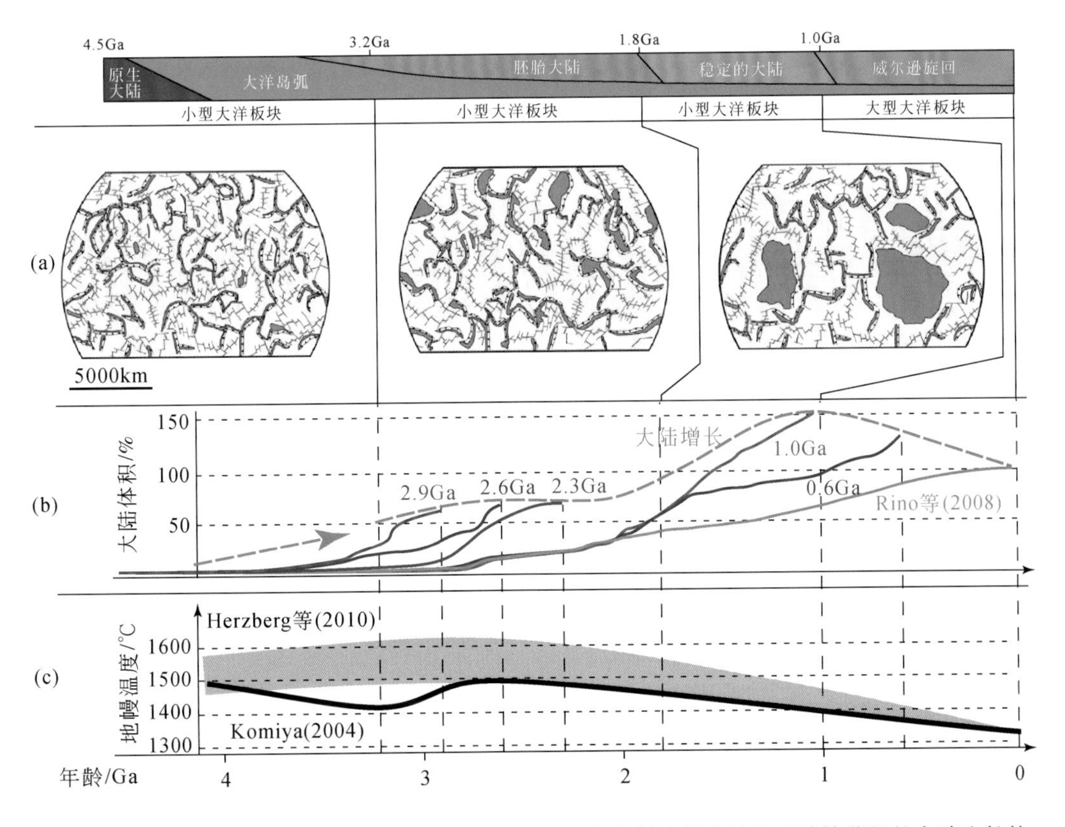

图 7-23　根据 6 个时间箱的碎屑锆石年龄累积曲线和假定的地幔位势温度计算获得的大陆生长的长期变化（修改自 Sawada et al.，2018）

（a）全球陆壳分布的三个时间间隔，即4.5～3.2Ga、3.2～1.8Ga 和1.8～1.0Ga。（b）推测的陆壳生长史。（c）假定的地幔位温（也有人称为潜热温度）的长期变化（Komiya，2004；Herzberg et al.，2010）。值得注意的是，陆壳模式随时间的变化与地球总体的冷却趋势是一致的，在碎屑锆石的年龄模式中亦有体现地球历史上，大洋板块俯冲作用的启动时间一直备受争议。前人对于太古代克拉通的地质调查表明，板块俯冲启动应该是在太古代，或者至少在中太古代。一些学者在加拿大的格陵兰岛和拉布拉多地区发现了 3.9～3.8Ga 的增生杂岩体，因此，提出板块俯冲启动的时间可能是在始太古代。通过识别与洋壳俯冲相关的特殊构造［大洋板块地层学（OPS）和复合体］与现代大洋板块俯冲相似的洋壳俯冲过程，已经在太古代早期启动。冥古宙锆石的发现及其地化特征表明，花岗质陆壳大概在 4.3Ga 已经存在（Zhong et al.，2023）。对于 3.0Ga 之前的（微）板块构造机制，最大的争议就是太古代玄武质地壳厚度的估算，相对于地幔岩石来说，其密度太低，受浮力影响可能无法俯冲。

此外，假设的太古代极端热地幔也意味着洋壳无法俯冲到深部地幔，但这些观点中忽略了板片熔融和深部地幔中的矿物相变及相关拆沉作用；最新的地球物理模型反而表明，在始太古代，甚至是冥古宙时期，板片俯冲已经启动。岩石学分析表明，早期的地幔温度比现今高出 100～200℃，这可能会造成一种特殊的构造机制。例如，微洋块的混沌俯冲（无规律俯冲）（Yanagisawa and Yamagishi，2005；Sizova et al.，2010；Ogawa，2014；Fischer and Gerya，2016）。众多微洋块无规律的俯冲，可以很好地解释现今观测到太古代的地块多呈狭长形，据此，很多地质学家推测太古代陆壳生长基本发生在洋内弧的多次平行碰撞过程中（图 7-22）。

另外，岛弧与岛弧之间的垂向碰撞一般是以碰撞弧的平板俯冲结束，相对于平行碰撞，这种碰撞对陆壳的生长贡献较小（图 7-23）。由于平行碰撞一般较少发生，因此，冥古宙—太古代的陆壳可能被俯冲循环到地幔中，从而不会在地表留下太多遗迹。早期初始陆壳可能是通过多条狭长岛弧之间平行碰撞/拼合而形成的。中太古代陆源碎屑岩的出现说明了地球上保存的相对较大陆壳块体首次出现在 3.2Ga 前后。

Gerya 等（2015）对太古代地球的俯冲启动过程进行了详细的数值模拟，模拟中假设离散的、独立成群的 100km 大小的微板块由扩张脊、转换断层和单侧的俯冲带所包围，且位于地幔柱之上（图 7-24）。这个微小模型之外的区域具有停滞盖构造特征。在这种情况下，虽然没有原始陆壳出现，但大洋岩石圈的俯冲会在上覆块体中形成弧状的原始陆核，或者是直接位于地幔柱柱头之上的微板块底部发生熔融，并开始分异形成类似 TTG 的岩浆。尽管这种状况下的俯冲是局部的，但太古代地球上的地幔柱数量比现今更多。所以，如果两个或两个以上的微板块群在近距离形成，地幔柱迁移或者是俯冲带局部有限推进，都会导致其中的一个小单元与另一个合并在一起，与显生宙时期的碰撞造山作用类似，两个或两个以上的微陆块可能会汇聚拼合在一起。这种碰撞的特征是至少两个离散的微陆块沿着缝合带融合，在现代碰撞带中也观察到相关的岩石学和构造特征。因此，在大多区域处于停滞盖构造体制下的早期地球表层有可能产生小规模的类似板块构造的特征，这更符合微板块构造特征。

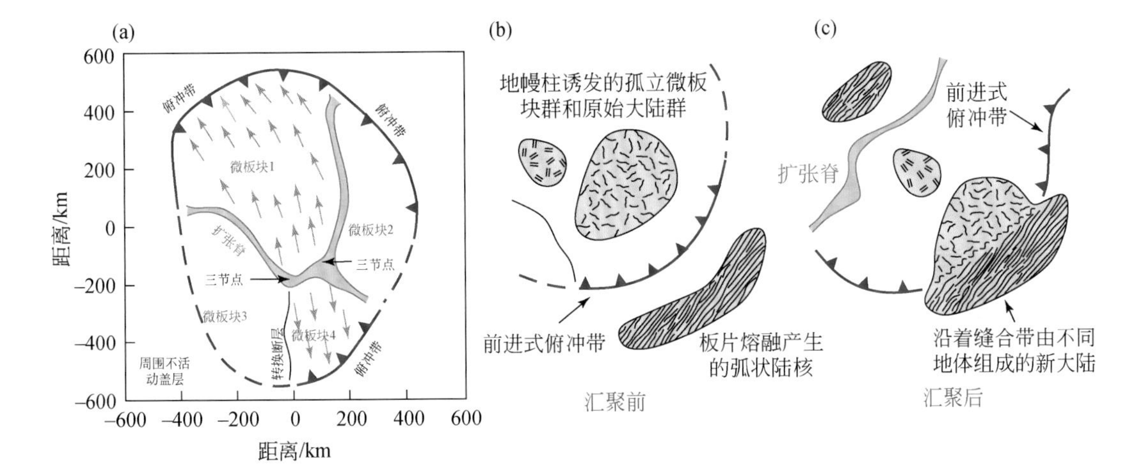

图 7-24　太古宙俯冲启动及停滞盖构造向早期板块构造的转换（修改自 Palin et al., 2020）

(a) 停滞盖构造阶段地幔柱之上微板块的平面演化，由 Gerya 等（2015）的三维数值模拟证实。微板块由扩张脊和转换断层分隔。灰色箭头表示计算的 20km 深处二次应变速率不变量的大小，因此表示微板块运动的总体速度矢量。微板块边界以外的岩石圈都处于停滞盖构造状态。(b) 和 (c) 表示两个或两个以上地幔柱产生的小规模地质体单元汇聚导致的微陆块碰撞和相关缝合带

7.3　微洋块生消机制

近 30 年来，海洋核杂岩和洋陆转换带的发现表明，大洋板块内部并非完全刚性，存在很多镶嵌式微洋块。这些微洋块如何镶嵌成大板块的？其生消的动力机制是什么？揭示这些微洋块如何镶嵌为大洋型大板块，探讨其生消动力机制，有助于深化研究大洋岩石圈流变学。

针对这一前沿科学问题，李三忠等（2012，2018，2023）、Li S Z 等（2019）、Suo 等（2020）、Liu 等（2023）等对太平洋、印度洋、大西洋、南海、四国-帕里西维拉洋盆等洋底的微洋块开展了广泛研究，提出了俯冲带远程区域应力场主动调整与洋中脊被动扩张和拓展、洋中脊-地幔柱相互作用等，可致微洋块生成或绕自身轴被动旋转的新机制；构建了两种微洋块发育模式，即热地幔柱-洋中脊相互作用可导致微洋块增厚，冷地幔异常-洋中脊相互作用可导致微洋块减薄；揭示了两种微洋块消亡新机制，即洋中脊跃迁过程中微洋块镶嵌到大板块内，俯冲过程中镶嵌有微洋块的大板块再次碎片化并沉没到深地幔中。这三方面系统揭示了洋底微洋块生成、发育、消亡全过程，发现了微洋块被动起源和演化过程不遵循经典的威尔逊旋回模式，重建了多种非威尔逊旋回的微洋块生消过程，可以为深时洋盆构造-复杂地貌-深层洋流相互作用研究提供新途径。下面选择几个例子说明微洋块生消机制的复杂性和多样性。

（1）扩张-俯冲耦合体系下微洋块镶嵌式生长

海底的众多微洋块研究发现，太平洋、印度洋、大西洋、南海等存在主动俯冲诱发洋中脊被动扩张和拓展、洋中脊-地幔柱相互作用的两种微洋块生成机制。这里以南海海盆为例，说明主动俯冲诱发洋中脊被动扩张和拓展形成微洋块的过程。

55～45Ma 太平洋-依泽奈崎洋中脊，开始近平行海沟俯冲到 NE 走向的东亚安第斯型陆缘，使得该陆缘弱化，因此，东亚陆缘所有新生代盆地大体都经历了一个短暂的 NW—SE 向伸展阶段，形成了宽阔的 NE 向弥散性宽裂谷。45～25Ma，因为古南海南部俯冲带向正南俯冲，俯冲板片南向拖曳作用的远程效应（图 7-25、图 7-26）

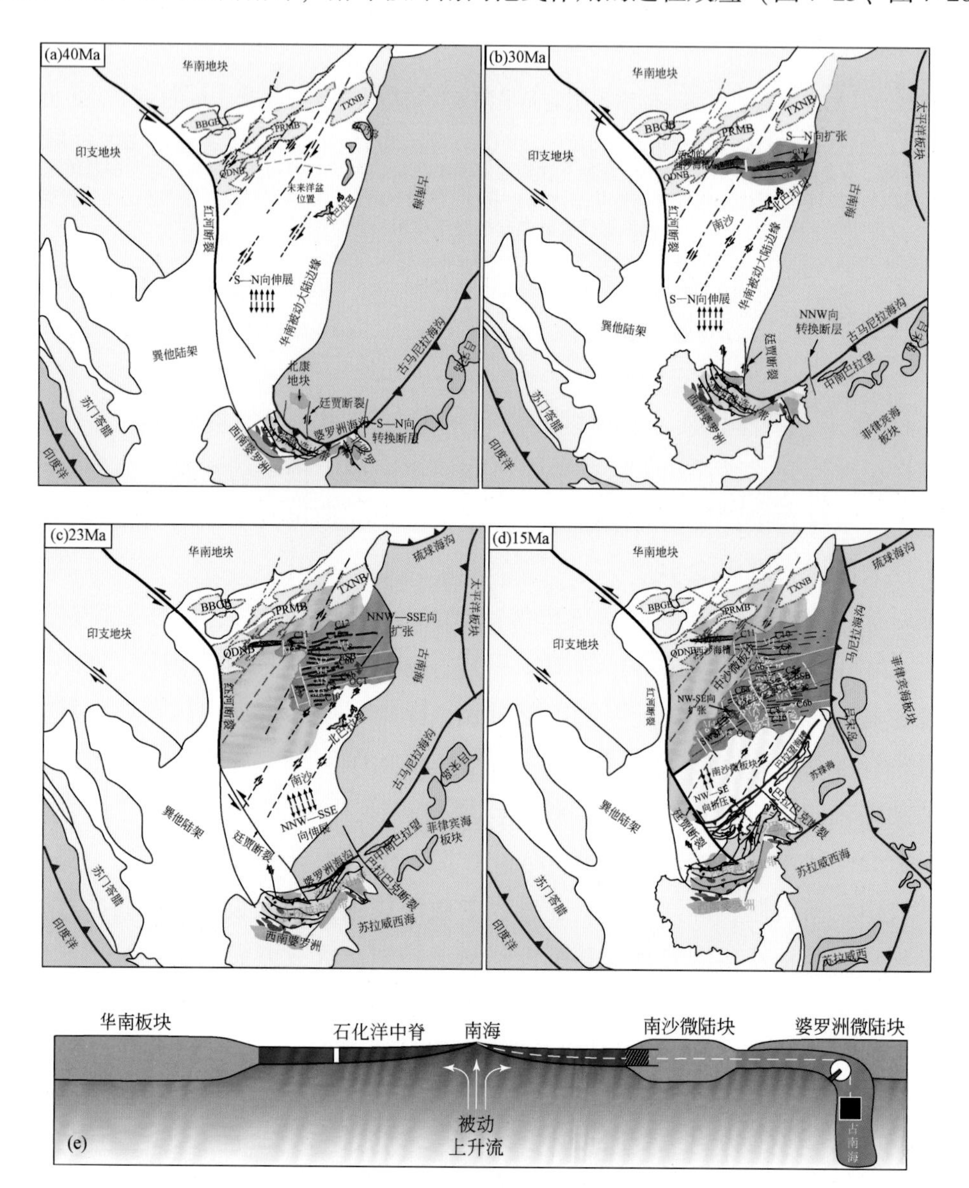

图 7-25　古南海俯冲与南海海盆打开的动力学耦合模型（Mazur et al.，2012；Wang P C et al.，2016）

BBGB-北部湾盆地，PRMB-珠江口盆地，TXNB-台西南盆地，QDNB-琼东南盆地，NWSB-西北次海盆

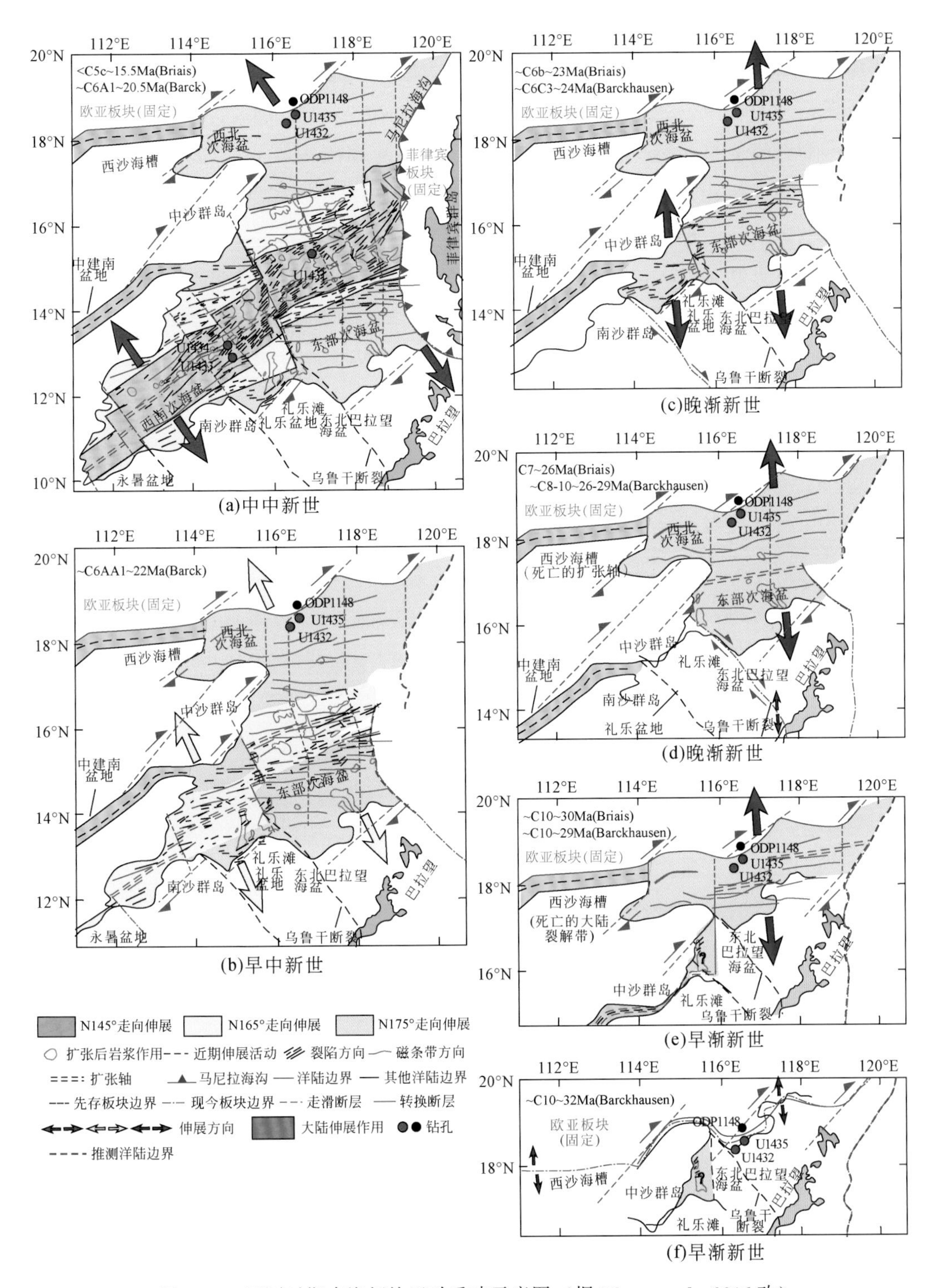

图 7-26　不同时期南海板块运动重建示意图（据 Sibuet et al., 2016 改）

不同时期重建时间参考了 Briais 等（1993）和 Barckhausen 等（2014）磁条带年龄结果。大的箭头指示从老到新年龄的板块伸展方向；（欧亚和南海之间）蓝色线板块边界条件设定作用于整个板块由老到新重建过程中；而东部次海盆的东部界限为马尼拉海沟；黑色虚线表示在南海形成过程中欧亚和南中国南海的板块边界，上述图中的这些重要的特征很好地解释了南海在大的地质背景下的打开和扩张过程。浅蓝色区域指示阶段为早中新世末期前，即晚渐新世-早中新世 Nido 灰岩俯冲下插形成中-南巴拉望岛时期导致这个弱化的东亚陆缘南段发生南北向拉张。珠江口盆地处于南北向伸展作用下，直到出现右行右阶走滑拉分成盆，一些凹陷出现了类似变质核杂岩的结构，如白云凹陷、开平凹陷。当出现超强伸展时，陆壳破裂，局部出现洋陆转换带，部分大陆岩石圈地幔直接出露海底，而更强烈的地段开始出现洋壳，因而其南侧紧邻的南海海盆中磁条带为东西走向。在此期间 28Ma 左右，南海海盆还可能经历了一次向南的洋中脊跃迁，形成了一些微洋块（图 7-26）。

在菲律宾大断裂 25Ma 左右的左行走滑拖拽着婆罗洲微陆块发生了逆时针旋转，使得 40 ~ 25Ma 近东西走向的古南海向南的俯冲带，变成了 NE 走向的俯冲带（图 7-25），因而 25Ma 之后，古南海板片沿该 NE 俯冲带，开始向婆罗洲微陆块下俯冲，导致南海 25Ma 之后的磁条带走向变成了 NE 向。

这些南海周边的运动学研究揭示，南海海盆打开的关键动力是古南海板片的俯冲拖曳，南海洋中脊扩张方向变化是俯冲带转向的被动响应。因此，洋中脊扩张是被动过程，而古南海俯冲过程才是其主动的驱动力。其关键证据在于：①微洋块磁条带转向与俯冲带转向同步、同向；②俯冲受阻时间与洋中脊消亡时间相同。南海海盆的扩张增生与古南海的俯冲消亡构成了扩张-俯冲耦合体系。在这个体系演变过程中形成了一些微洋块，镶嵌式生长并残存于现今南海海盆中。

（2）地幔柱-俯冲增生耦合体系中微洋块发育方式

微洋块发育也有两种不同模式，即热地幔柱-洋中脊相互作用导致微洋块增厚、异常冷地幔-洋中脊相互作用导致微洋块减薄。这里以印度洋地幔柱和青藏高原耦合为例，说明这两类微洋块的发育模式。

青藏高原是增生型微洋块发育的地区，青藏高原中的很多缝合线保存了微洋块增生记录。这些微洋块增生驱动力来自这些不同时期北向俯冲的俯冲板片拉力，其俯冲历史也在印度板块后缘的印度洋地幔深部有着系统记录，其中，一些回卷并拆沉的俯冲板片转变为脱离母体的微幔块，一些微幔块残留在印度次大陆岩石圈之下。但是，东南印度洋洋中脊之下的微幔块不是特提斯洋俯冲板片脱离母体形成的，而是俯冲的太平洋板片或菲尼克斯板片脱离母体板块所致，这个微幔块的冷却效应会削弱东南印度洋洋中脊的岩浆供应量，因而导致在 AAD 处出现海洋核杂岩，形成的洋壳厚度较薄（图 7-27）。与此相反，在东南印度洋洋中脊偏西侧，在新特提斯洋板片向北俯冲拖曳时，其南侧发育凯尔盖朗地幔柱。这些地幔柱提供超量的岩浆给洋中脊，因而这个段落的洋中脊厚度较厚（图 7-27）。这些微洋块差异发育程度的关键证据主要有三点：①岩浆计算揭示同一条洋中脊两侧厚度不对称；②重磁计算揭示洋中脊离地幔柱近的区域洋壳较厚；③层析成像揭示洋中脊下方有微幔块的区域洋壳较薄。

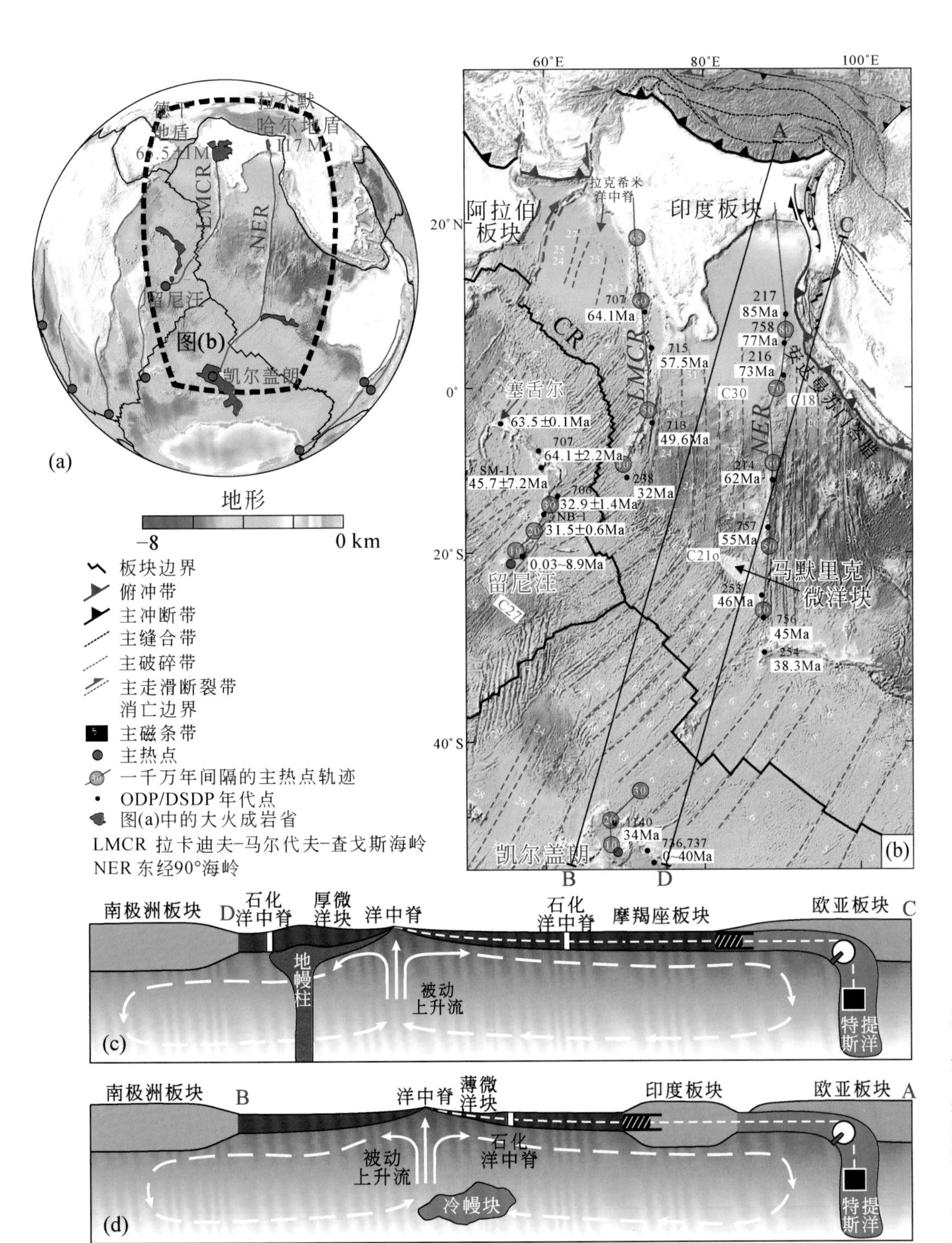

图 7-27　印度洋两条海山链不同阶段岩浆量与后缘热幔柱及洋中脊下部微幔块关系

（据 Suo et al., 2020 修改）

以上这个例子表明，地幔柱-俯冲增生耦合体系中，地幔柱和俯冲带之间“前拉后推”的耦合作用导致地幔柱和俯冲带之间的大洋板块发生破裂、堵塞、增生、俯冲、拆沉等过程，使得微洋块发育方式多样，在此期间，深部微幔块还介入了这个板块循环过程，使得微洋块出现厚薄不同的差异。

以上青藏高原-印度洋的例子主要是地幔柱-俯冲增生耦合体系中，洋中脊被动响应导致的微洋块发育差异。但地幔柱-俯冲增生耦合体系中俯冲带或碰撞带的微洋块发育方式与此不同，可能主要体现在大小变化上，有的甚至会从浅部彻底消失而转换为深部的微幔块。这些微洋块可以是增生型微洋块或残留于造山带中的残生型微洋块。

增生型微洋块是在俯冲增生作用过程中下盘内相对独立的块体增生或拼合到上盘俯冲板块边缘而形成的微板块，通常为大火成岩省构成的洋底高原、火山弧等运移到俯冲带或堵塞海沟所致，特别是，在低角度俯冲过程中，一般发育增生楔，并可能在运动方向后缘形成新俯冲带。这个过程类似前文中南秦岭微陆块拼贴到华北板块，勉略洋在南秦岭微板块后缘俯冲启动的过程。但与残生型微陆块不同的是，增生型微洋块后缘尚未发生或不会发生碰撞造山作用，即其前缘必定是新或老俯冲带（死亡的海沟），其后缘边界除缝合线/逆冲推覆带外，还可能是转换断层、深大走滑断裂等。

东亚陆缘最典型的增生型微洋块为北吕宋微洋块（属于东菲律宾微洋块一部分），其西北部构成了台湾造山带的主体。中中新世（约15Ma）期间，南海洋壳开始沿马尼拉海沟向菲律宾海板块之下俯冲，使北吕宋岛弧在14Ma形成。此时，菲律宾海板块与欧亚板块之间为海沟后撤式的洋-洋俯冲；晚中新世（约6Ma）以来，北吕宋岛弧和华南板块东南缘发生弧-陆斜向碰撞，形成台湾造山带，在此过程中，形成了厚达15km的增生楔（部分研究认为增生楔的一部分来自沙巴增生楔，由菲律宾海板块的NW向运动携带而来），且洋壳缩短了近400km仰冲到陆壳之上，北吕宋微洋块就此形成，在菲律宾海板块向NWW向楔入到欧亚板块之下的同时，南海海盆发生SW向的逃逸挤出，吕宋海槽出现走滑拉分盆地（图7-28）。因为其垂向结构的特殊性，不能将其片面地划为“微洋块”或“微陆块”。其北侧的构造活动为晚渐新世以来的菲律宾海板块沿着琉球海沟向欧亚板块之下的持续俯冲，两个板块持续汇聚，故北吕宋微洋块的碰撞增生仍在继续。

其次，在菲律宾群岛微板块群的汇聚拼合过程中，25Ma左右棉兰老微陆块向东与菲律宾微洋块拼贴的过程可能也是增生型微板块形成的过程因为在此期间的左行压扭带的位置曾是向两侧俯冲的塞皮克（Sepik）海盆。现在棉兰老微陆块的边界，西侧为的内格罗斯-哥打巴托海沟及内格罗斯海沟向岛弧内延伸的塔布拉斯右行走滑断裂，东侧为菲律宾大断裂，北侧为菲律宾大断裂分支——锡布延海断裂。

(a) 大背景：挤出-逃逸模式

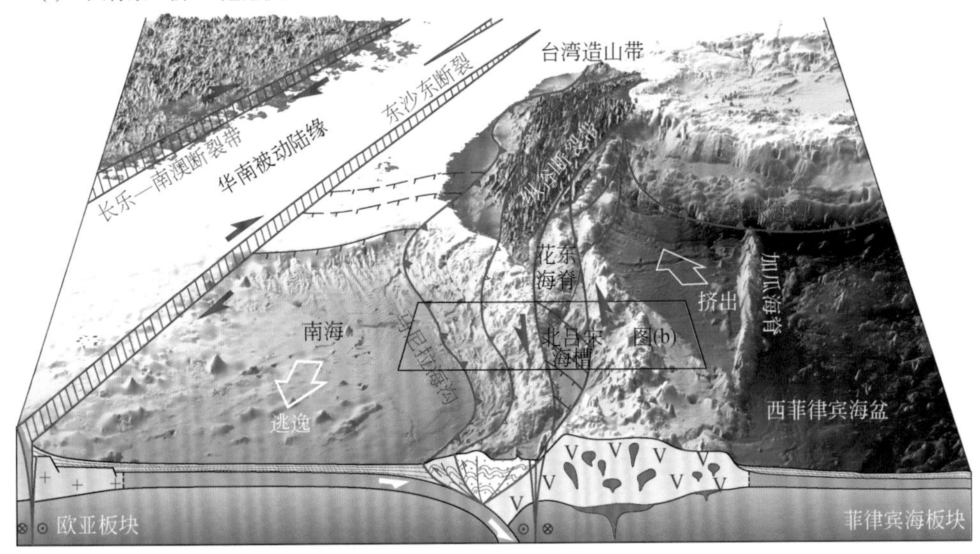

(b) 小背景：走滑-拉分模型

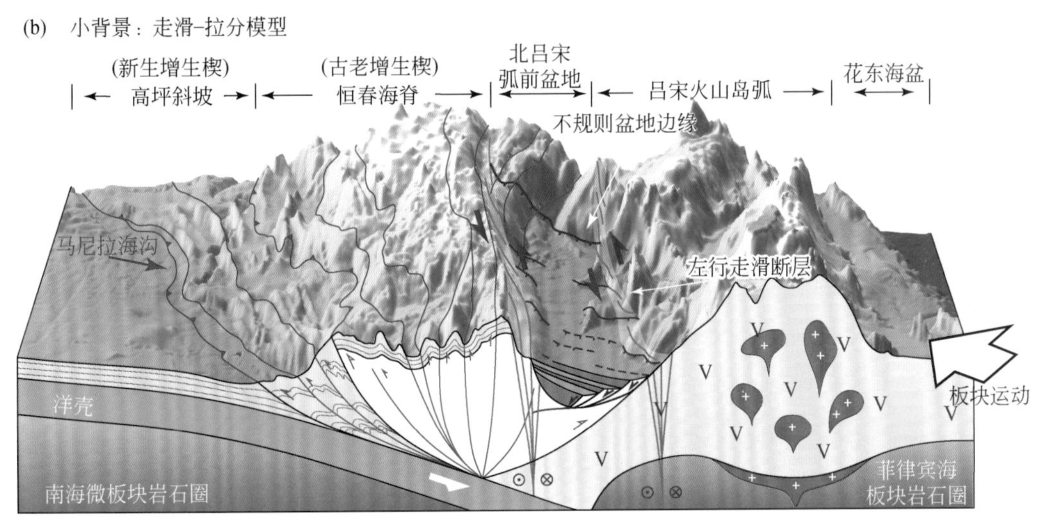

图 7-28　台湾造山带弧陆碰撞触发微板块挤出逃逸模式（据 Zhang et al.，2022）

北吕宋、三描礼士、东菲律宾、哈马黑拉等微板块，在早古新世时期位于刚刚开始扩张的西菲律宾海盆南侧，自西向东呈线性排列，属于菲律宾海板块的北吕宋微洋块，它和西菲律宾海盆之间的加瓜海脊可能曾是一条转换断层（图 5-8）。具有陆壳基底的棉兰老微陆块此时位于印度-澳大利亚板块和菲律宾海板块之间的塞皮克海内部。该微陆块随着塞皮克海南侧的弧后扩张和东北部的俯冲消减向北运动，逐渐靠近东菲律宾群岛。棉兰老微陆块后侧是包含现今马鲁古海微洋块/马鲁古海的中生代洋盆，它们组成了原马鲁古海的主体。

25Ma 是菲律宾群岛微板块群相互作用的关键时间节点（图 5-8）。原马鲁古海开始向西侧的苏拉威西海盆之下沿着桑义赫海沟俯冲（Jaffe et al.，2004），而棉兰老微陆块与原马鲁古海微洋块解耦，开始拼贴到东菲律宾微板块上。棉兰老微陆块此时与东菲律宾微板块之间，是一条左行压扭走滑带，也是现今菲律宾大断裂的主断裂位置。15Ma 左右，棉兰老微陆块的左行走滑运动停止，原马鲁古海东侧也开始向哈马黑拉微板块之下俯冲，表现出双向俯冲的特征（图 5-8）。这一俯冲过程持续至今，原马鲁古海的残余便是现在的马鲁古海微洋块，其内部发育中—新生代基性火成岩、蛇绿岩、岛弧火成岩和陆相沉积岩等（Hall，2002）。马鲁古海微洋块是已知的唯一一个正在进行双向俯冲的微洋块（Zhang et al.，2017）。

由于南海洋壳和北吕宋岛弧之间的斜向会聚，左行走滑的菲律宾大断裂北段在约 10Ma 时被激活（Aurelio，2000）。随着菲律宾海板块的 NW 向运动，菲律宾大断层中南段，在 ~4Ma 时再次活化（Aurelio，2000），棉兰老微陆块继续相对于东菲律宾微板块向南运动。其在棉兰老岛东侧的滑动速度为 19 ~ 25mm/a（Aurelio，2000；Barrier et al.，1991），因此到目前为止，其断层总位移约为 100km。GPS 观测显示，现今菲律宾大断层仍以 24 ~ 40mm/a 的高速发生错动（Yu et al.，2013）。长期高速的走滑运动，在马尼拉海沟和菲律宾海沟之间的弧前和弧间形成了一系列拉分盆地（Pubellier et al.，2004）。

此外，西缅微陆块和棉兰老微陆块也具有增生型微陆块的特征。西缅微陆块在中生代从冈瓦纳古陆裂解并持续向北运动，现已拼贴到东南亚西部陆缘孟加拉湾北部，其东侧原是俯冲增生带，现已转变为右行走滑的实皆（Sagaing）断层，西侧是同样具有右行走滑特征的卡包（Kabaw）断层。

这些例子表明，一些地幔柱–俯冲增生耦合体系中的微洋块或微陆块在俯冲堵塞海沟过程中大小发生了巨大变化，要么俯冲导致其缩小，要么被大量切割岩石圈的走滑断层分割为更多微板块。

（3）岩石圈–软流圈耦合体系中微洋块消亡方式

微洋块消亡机制也有两种常见途径：洋中脊跃迁导致微洋块嵌入大板块、嵌有微洋块的大板块俯冲碎片化沉没到深地幔（图 7-29）。洋中脊跃迁导致微洋块嵌入大板块的关键证据在于：①磁条带揭示单向突然变年轻的多条洋中脊分割的多个微洋块之间的边界为死亡的洋中脊，沿着这些死亡洋中脊没有俯冲消亡，没有持续增生，且这些死亡洋中脊年龄递变，显然是洋中脊不断跳跃导致早期洋中脊死亡进而使得相邻微洋块空间上彼此紧靠［图 7-29（a）］；②磁条带年龄揭示，古老微洋块比年轻微洋块离最新的活动洋中脊更远而镶嵌到大洋型大板块内部［图 7-29（a）］。嵌有微洋块的大板块俯冲碎片化沉没到深地幔的关键证据在于：层析成像揭示，与大洋型大板块俯冲相连的板片断离或撕裂成为深地幔内部孤立的微幔块。例如，新特提斯洋和太平洋板块中都镶嵌有大量微洋块，这些微洋块随着所在的大洋型大板块俯冲到东亚大陆之下的过程中会发生香肠化、指裂、拆沉等过程，在地幔过渡带滞留了大量微幔块［图 7-29（b）］。

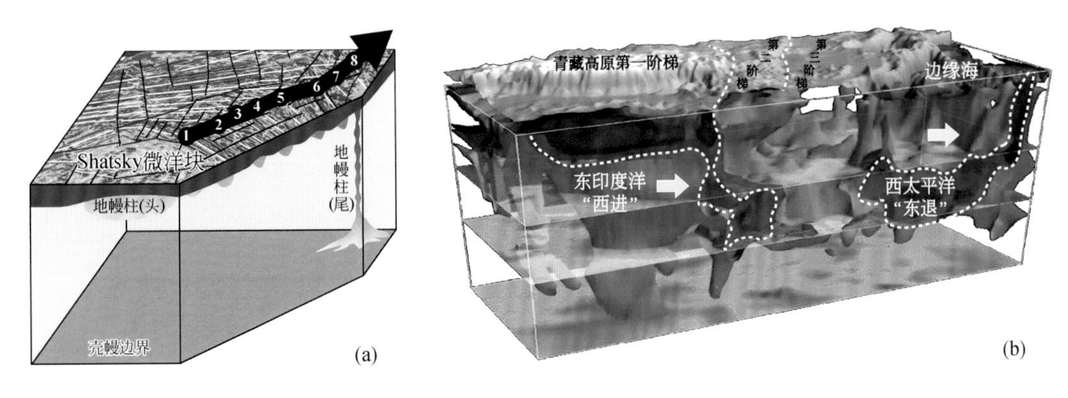

图 7-29　微洋块跃迁镶嵌到大洋型大板块的死亡方式（a）和镶嵌有微洋块的大洋型大板块俯冲破碎并消亡到深部地幔中形成微幔块的死亡方式（b）

7.4　大板块碎片化与微洋块生成

（1）残生型微洋块：俯冲消减系统下盘的复杂演化

根据构造环境和组成，残生型微板块可分为残生型微洋块（subduction-derived oceanic microplate）和残生型微陆块（subduction-derived continental microplate）。

残生型微洋块是指俯冲消减作用过程中或之后残留下来的微洋块，位于俯冲系统或造山系统的下盘，通常由转换断层、洋中脊、俯冲带、缝合线等边界复杂组合围限成的大中型板块在俯冲过程中被分解、残存形成的多个微洋块。例如，东北太平洋-北美洲西海岸区域的胡安·德富卡、里韦拉、戈达微洋块等。或者，残生型微洋块，指俯冲消减作用末期因陆-陆碰撞而卷入造山带中并保存下来的、与相邻大型地块演化历史不同的微洋块，可以是大洋岩石圈碎片和洋壳碎片，常见于碰撞造山系统，例如阿曼特罗多斯，其边界类型多样，经历了复杂的运动学调整过程。对俯冲消减系统而言，其边界原型一般是俯冲带、洋中脊、转换断层等，也可能有是洋内压扭带；而对于碰撞增生系统，边界原型也可以是不同时期形成的多条缝合线或周边俯冲带、后期深大走滑断裂、强烈弯曲的弧形或弯山构造，如所罗门微洋块。

残生型微洋块是洋内的小型块体，是大洋俯冲的残余部分，具有与俯冲相关的统一运动学行为。典型的残生型微洋块包括法拉隆板块的残余（胡安·德富卡、探险家、蒙特雷、瓜达卢佩、马格达莱纳和里韦拉微洋块）和菲尼克斯板块的残余（菲尼克斯微洋块）。残生型微洋块也可以是指大洋板块消减带俯冲事件后，大陆碰撞造山带中的大洋岩石圈碎片（Li S Z et al.，2018a；李三忠等，2018a；刘金平等，2019）。

法拉隆板块和菲尼克斯板块的残余块体研究揭示了海底扩张与俯冲消减耦合系统中对偶过程相互作用下形成残生型微洋块的典型演化模式：洋中脊和俯冲带相对运动，使其间整体或局部洋壳的面积随着下盘洋壳的不断俯冲消减而缩小，当洋壳面积减少到10 万 km^2 以下时，或者当俯冲过程中转换断层的出现和延伸导致洋壳破碎成几个较小的“碎片”时，原先大洋板块的一个或多个残余碎片形成残生型微洋块。其形成的动力学机制是地幔对流系统的海底扩张、相邻板块作用、俯冲板片拖曳等。与碰撞造山带残生型微陆块相似，残生型微洋块内年轻且密度较小的新生洋壳也会阻碍板块俯冲，并抑制洋中脊扩张。例如，太平洋胡安·德富卡海脊的扩张速率远低于东太平洋海隆（EPR，East Pacific Rise）的。可见，浅表板块动力过程主导了深部地幔对流过程。

（2）碰生型微洋块：板块对碰撞作用的响应

碰生型微洋块（collision-derived oceanic microplate）是指受碰撞造山作用所触发的洋内相对独立的微小洋壳块体，它包括由远程或近场陆-陆碰撞、弧-陆碰撞、弧-弧碰撞引起的独立运动的洋内微洋块（Li S Z et al.，2018a；李三忠等，2018a；周洁等，2019），如北黎凡特（Northern Levant）微洋块、北俾斯麦（North Bismarck）微洋块、马默里克微洋块（Li S Z et al.，2018a）等。这类微洋块的形成在时空上都与碰撞事件紧密相关，可以产生于板块-微洋块汇聚、拼贴的部位及周围，也可以出现在远离碰撞造山带的洋中脊部位或洋盆内。马默里克微洋块是远场碰撞产物最好的例子，是印度板块与欧亚板块碰撞形成青藏高原的洋内远场效应的结果；而近场陆-陆碰撞导致微洋块形成的典型例子是新西兰东南海域坎贝尔微陆块与南新西兰微陆块碰撞触发的 Endeavour 滑移体，其东侧表现为磁异常条带缺失，其西侧表现为 Endeavour 隆起内海底的皱起（rucking up）或磁条带弯曲（Li S Z et al.，2018a），该模式可称为微洋块成因的碰撞逃逸模式。碰生型微洋块的边界可能涵盖地体边界与板块边界的全部类型，可以是转换断层、假断层、逆冲推覆带、大洋汇聚边界、洋中脊、拆离断层等。

东亚陆缘中生代以来特征最为明显、最独特的碰生型微洋块便是马鲁古海微洋块，它是原马鲁古海盆的残余，具有洋壳基底，内部发育俯冲杂岩和岛弧火成岩，其东西两侧分别是哈马黑拉海沟和桑义赫海沟，俯冲分别启动于距今约 25Ma 和约 15Ma 并一直持续至今，但马鲁古海微洋块的形成以上新世的弧-弧碰撞事件为标志。这里的弧-弧碰撞是指马鲁古海洋壳两侧的桑义赫岛弧和哈马黑拉岛弧的碰撞。此次碰撞起始于马鲁古海北部，并逐渐向南拓展。新近纪末期，马鲁古海微洋块的洋壳逐渐消减于两侧的岛弧之下，东西两侧岛弧在马鲁古海洋壳之上的相对位置关系为桑义赫岛弧完全压覆于哈马黑拉岛弧之上（周洁等，2019）。故现今的马鲁古海微洋块实际上表现为俯冲上盘岛弧和俯冲下盘洋壳自上而下叠置的二元结构。

远离碰撞造山带洋中脊部位形成的微洋块也见于亚丁湾。近20年来，人们利用阿拉伯、印度和索马里板块之间的亚丁-欧文-卡尔斯伯格（AOC）三节点（图7-30）的地球物理资料与亚丁湾磁学数据相结合，确定了阿拉伯-索马里板块的详细运动学特征。Fournier 等（2010）重建了亚丁湾打开的历史，包括 Sheba 海脊向非洲大陆的楔入，以及三节点自形成以来的演变。磁数据表明，洋中脊从东向西延伸拓展分三个阶段。约20Ma，海底沿着欧文破碎带以西200km长的洋中脊段开始扩张。第二条500km长的洋中脊段在 Chron 5D（17.5Ma）之前向西拓展至 Alula-

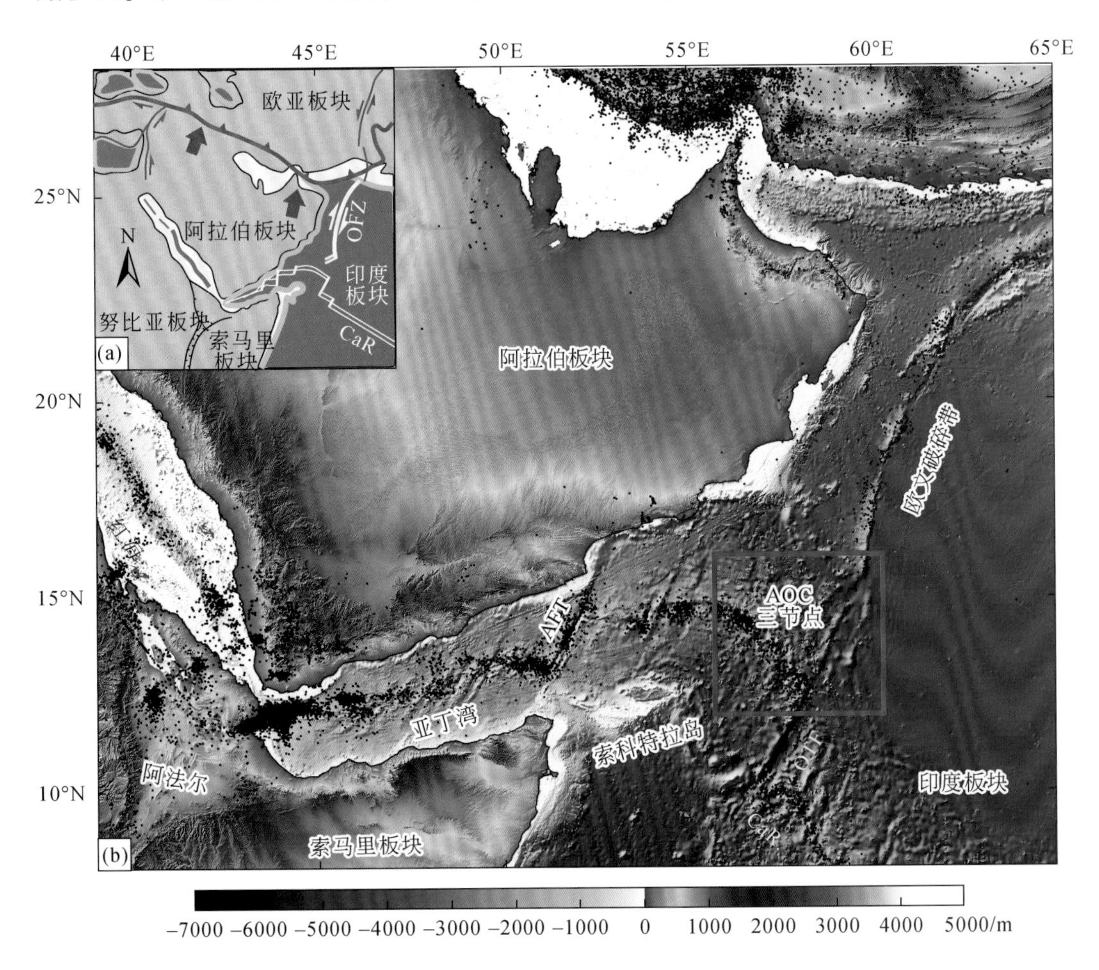

图7-30　阿法尔热点和亚丁-欧文-卡尔斯伯格（AOC）三节点之间亚丁湾地球动力学框架（Fournier et al.，2010）

自1973年以来的浅层地震活动（震源深度<50km；震级>2）采用了 Sandwell 和 Smith（1997）的卫星测高数据以及美国地质调查局/NEIC 数据库。插图显示了板块构造格架。AFT-Alula-Fartak 变换断层；CaR-卡尔斯伯格海岭；OFZ-欧文破碎带；OTF-欧文转换断层

Fartak 转换断层。在 Chron 5C（16.0Ma）之前，第三条 700km 长的洋中脊段位于 Alula-Fartak 转换断层和亚丁湾西端（45°E）之间。20 ~ 16Ma，Sheba 洋中脊以 35cm/a 的极快平均速率拓展了 1400km 的距离。洋中脊拓展是阿拉伯-索马里刚性板块围绕稳定旋转极旋转所致。从时间 5C（16.0Ma）开始 Sheba 海脊的扩张速率先迅速下降直到 10Ma，然后更缓慢（图 7-31）。AOC 三节点的演化以 10Ma 左右的形态变化为标志，形成了新的阿拉伯-印度板块边界（图 7-32）。阿拉伯板块的一部分随后转移到印度板块。这个微洋块的形成最可能是阿拉伯板块与欧亚板块碰撞的远程效应。

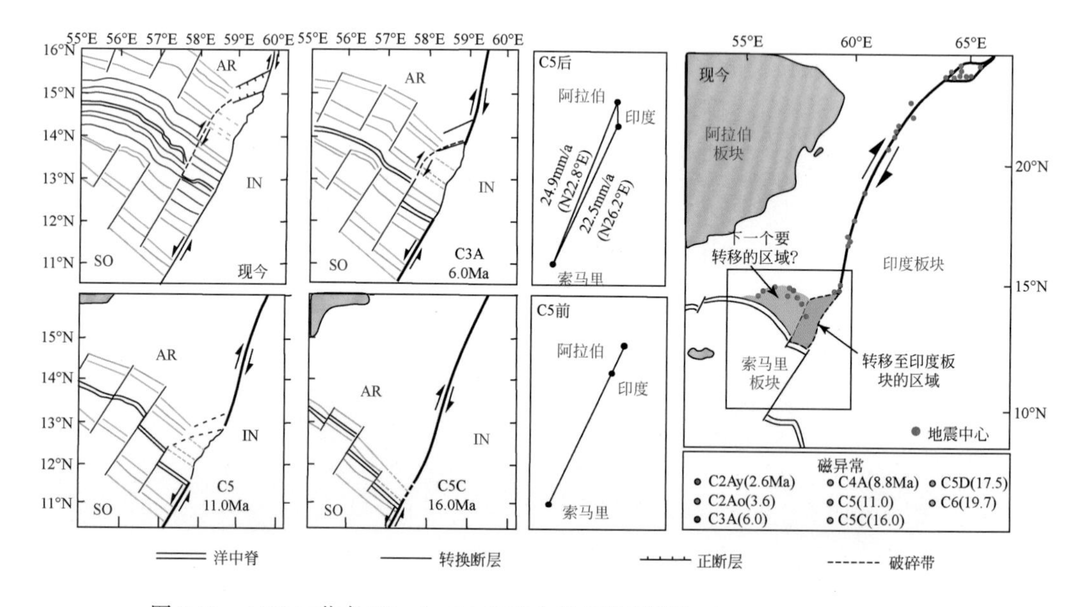

图 7-31 AOC 三节点 5C、5、3A 和现今的四阶段演化（Fournier et al., 2010）

阿拉伯-印度板块边界几何学变化前后的交汇点形态如相应的速度空间图所示。构造变化是由 10Ma 前的区域运动学重组（Chron 5）引起的，该重组启动了 Beautems-Beaupré 盆地（B^3）的形成。地震活动性数据表明，目前，Beautems-Beaupré 盆地西部正在形成一条新的板块边界。不久的将来，更大面积的阿拉伯板块可能转移到印度板块中。AR-阿拉伯板块，IN-印度板块，SO-索马里板块

图 7-33 为近场碰撞或俯冲导致微洋块成因的另一种模式，可称为碰撞谷模式，与微洋块成因的碰撞逃逸模式不同。门达尼亚（Mendana）破碎带沿特鲁希略（Trujillo）海槽垂直南美洲板块板缘俯冲，使得门达尼亚破碎带活化，形成新的扩张洋中脊。这条新的洋中脊将正俯冲的老板块开始分裂为两个新的次级微洋块，老板块中的磁条带不仅老于新生微洋块中的磁条带，而且两者几何上为垂直关系，这说明两者具有不同的运动和演化历史。

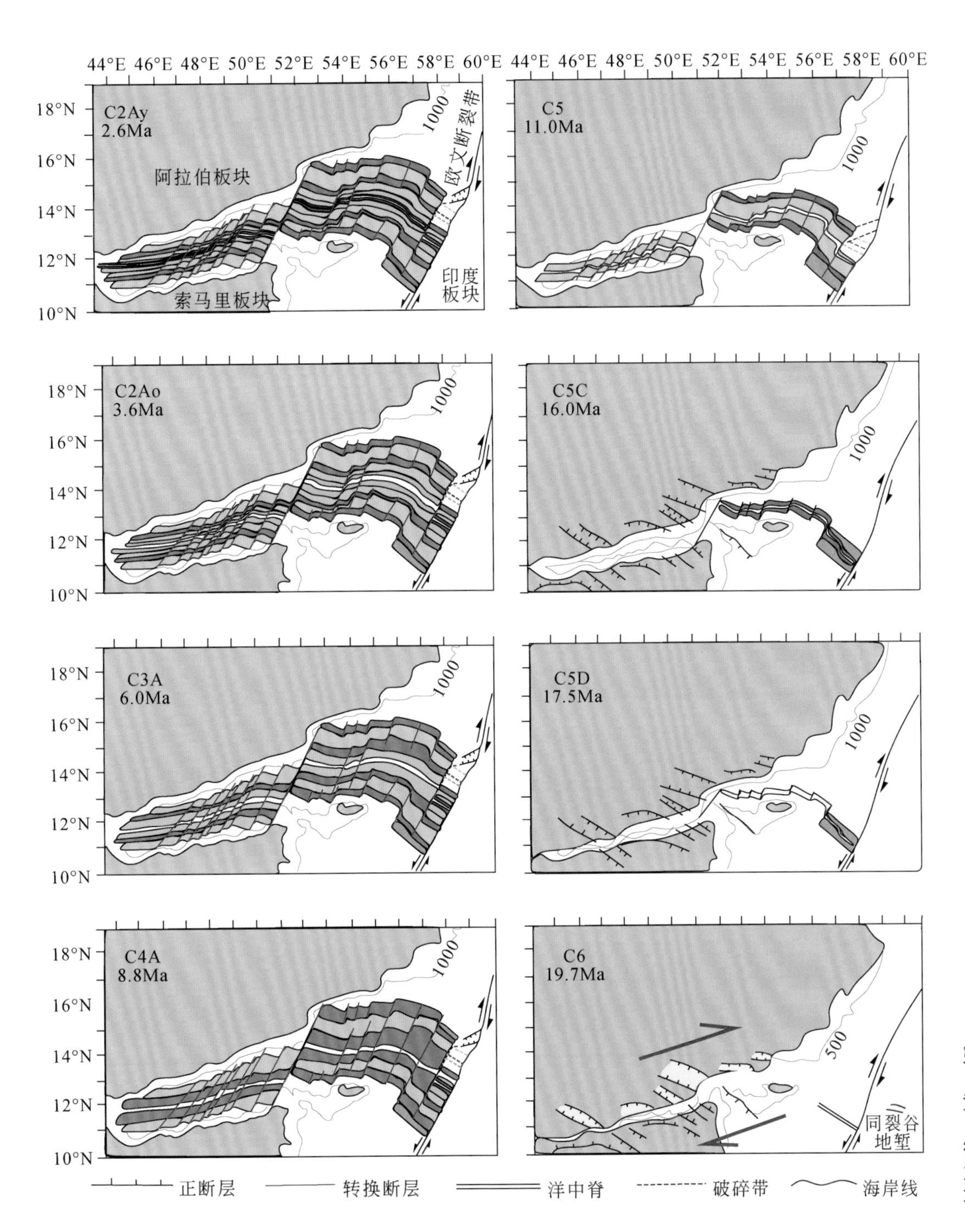

图 7-32 每条磁异常形成时期的亚丁湾打开过程重建（Fournier et al., 2010）

图中说明了 Sheba 海脊向西朝阿法尔地幔柱拓展和轴向分段演化。阿拉伯板块和索马里板块之间的海底扩张开始于 ~20Myr 之前，在磁异常 6（19.7Ma）之前不久，这是亚丁湾发现的最老磁异常。同裂谷构造显示洋中脊拓展的三个阶段（磁异常 6、5D 和 5C）。亚丁湾大部分地区的洋中脊拓展完成于 5C（16.0Ma）。洋中脊以 350km/Myr 的平均速率极快地拓展。洋中脊分段的数量随时间而变化，在磁异常 4A 和 3A 之间，东 Sheba 洋中脊的几何结构发生了重大变化

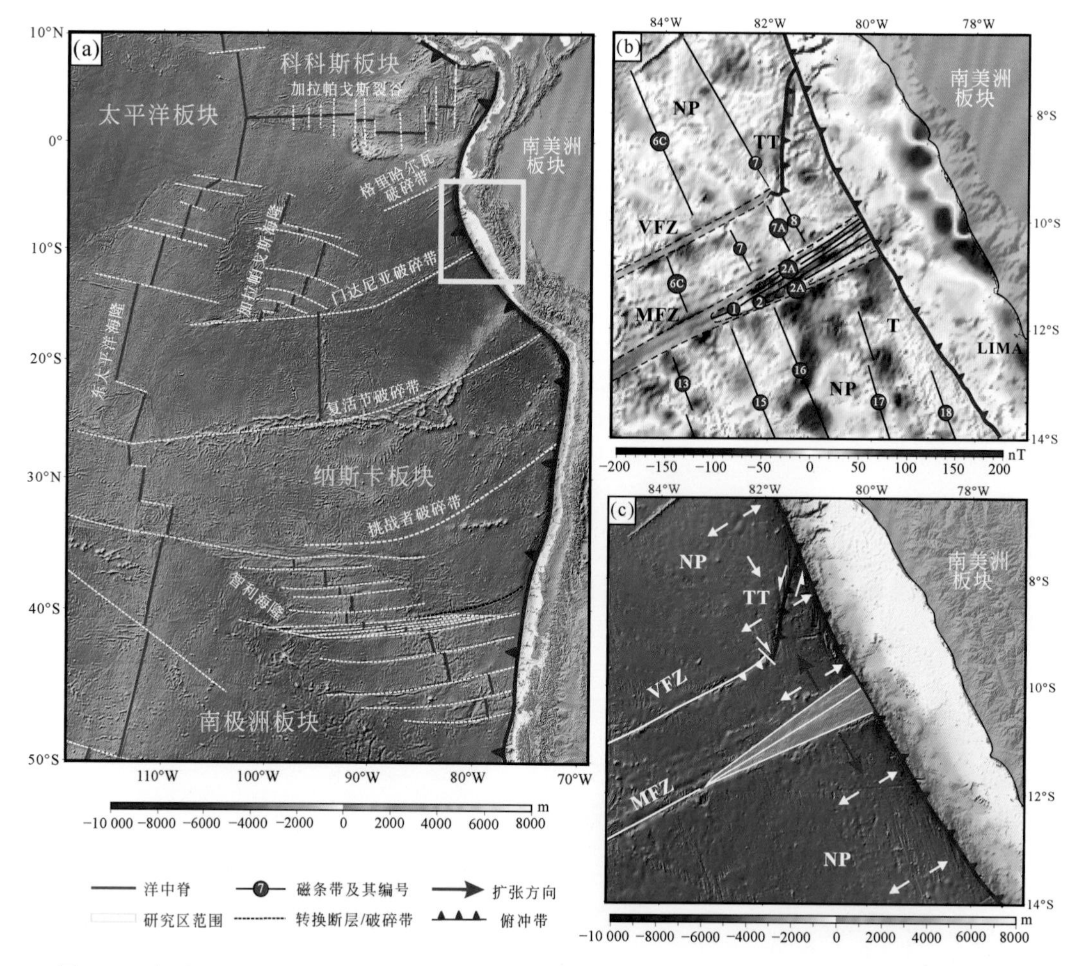

图 7-33 门达尼亚（Mendana）破碎带–特鲁希略（Trujillo）海槽的区域简图以及确定的磁线理（Hussong et al.，1984；Huchon and Bourgois，1990）

等深线深度单位为米。虚线区域：MFZ-门达尼亚破碎带；NP-纳斯卡板块；T-秘鲁海沟；TT-特鲁希略海槽；VFZ-比鲁（Viru）破碎带

7.5 微洋块愈合与大板块形成

微洋块转变为大板块有多种方式，其中，最为普遍的一种是随着洋中脊失活，微洋块愈合到相邻板块上，它和相邻板块之间并无增生和消减、碰撞等过程，只是之间洋中脊的扩张作用不再活动，这个过程称为愈合或兼并（annexation）。洋中脊扩张失活取决于大范围的板块重组诱发的洋中脊重定向、重定位或迁移以及三节点的演化，这些过程实际都是被动的过程。与这类微洋块相关的洋盆生消并不遵循经典的威尔逊旋回，且不受深部地幔对流的控制，其多数变动来自周边板块的俯冲或深部地幔柱活动。举两个经典例子说明如下。

（1）特立尼达微洋块和麦哲伦微洋块演化

卫星重力数据显示，中太平洋海盆存在多条死亡洋中脊，后来的海底测深数据和磁异常资料也能证实这一点。Nakanishi 和 Winterer（1998）认为，磁异常M21～M14（149～139Ma）是太平洋板块和某个微洋块的板块边界，并将这一板块命名为“特立尼达微板块”（Trinidad Microplate）。历史上，其面积曾达 7.3×10^5 km^2（Nakanishi and Winterer，1998）（图 7-34）。

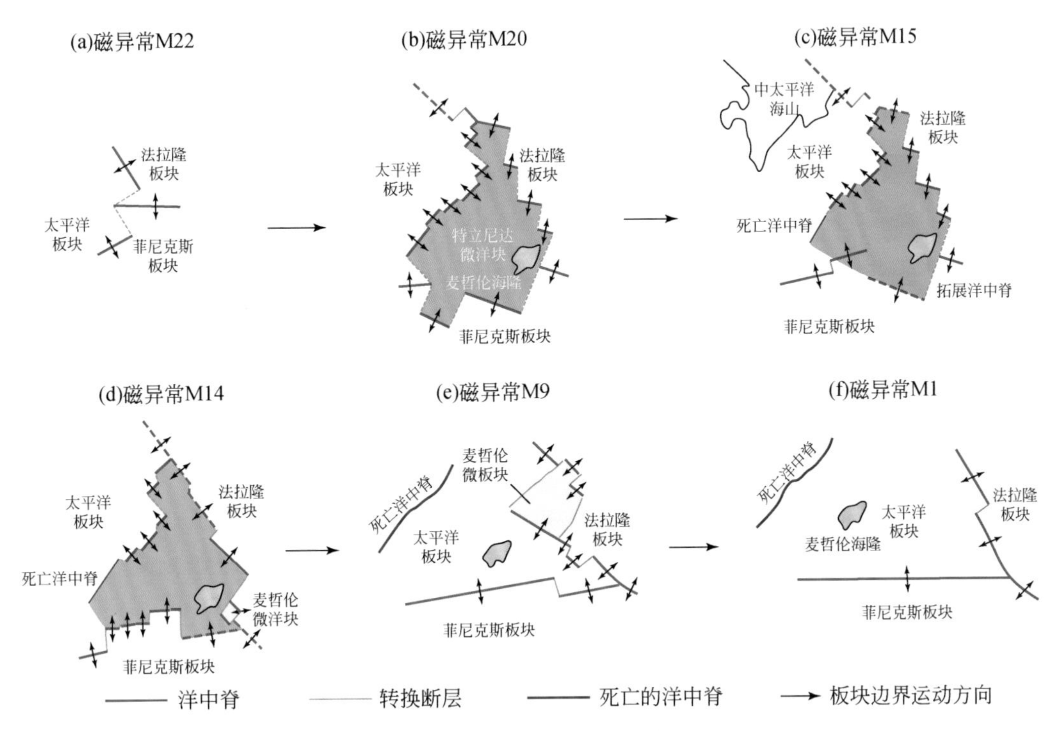

图 7-34　特立尼达微洋块和麦哲伦微洋块的形成演化（据 Nakanishi and Winterer，1998）

橘黄色为麦哲伦海隆，绿色区域特立尼达微洋块（为法拉隆和菲尼克斯板块转换为太平洋板块的部分），亮黄色为麦哲伦微洋块

特立尼达微洋块是在 M22～M21（151～149Ma）（图 7-34），由于太平洋-菲尼克斯洋中脊的重定向而诞生于太平洋-法拉隆-菲尼克斯三节点，该三节点在太平洋板块诞生之后，其运动学性质一直是 FFR 型（Larson，1976）。M20（～147Ma）时期，太平洋-法拉隆-特立尼达三节点和太平洋-特立尼达-菲尼克斯三节点的运动学性质分别是 RRR 和 FFR（Nakanishi and Winterer，1998）。M15（～140Ma）时，太平洋-菲尼克斯洋中脊向东拓展，进入特立尼达微洋块。M15（～140Ma）之后，太平洋-特立尼达洋中脊从西南端开始逐渐停止扩张，成为死亡的洋中脊。这一时期，麦哲伦海槽从太平洋-菲尼克斯洋中脊开始拓展，裂解了太平洋板块，并导致麦哲伦微洋块诞生。在约 M14（～139Ma）时，特立尼达微洋块失去活力，拼合到太平洋板块

内部（Nakanishi and Winterer，1998）。在经过这一系列事件之后，太平洋-法拉隆-菲尼克斯三节点的性质转变为 RRR 型（Nakanishi and Winterer，1998）。Nakanishi 和 Winterer（1998）、Ribeiro 和 Mateus（2002）都认为，特立尼达微洋块形成于三节点附近的这一特征与麦哲伦微洋块、复活节岛微洋块和胡安·费尔南德斯微洋块相近，但它们的起源不尽相同。麦哲伦、复活节岛和胡安·费尔南德斯微洋块都是中央裂谷拓展性扩张或者叠接性扩张的结果，而特立尼达微洋块可能是通过在不稳定的 FFR 型三节点的破碎带上拓展而产生的，并将三节点转化为稳定的 RRR 型结构。如此，在特立尼达微洋块的形成过程中，裂谷拓展和叠接扩张都不是一个重要的过程。

菲尼克斯磁异常线显示，该区域的洋中脊在 M14（~139Ma）和 M10（~134Ma）之间经历了一次重新调整，将麦哲伦海隆从菲尼克斯板块转移到太平洋板块，并形成了两个新的三节点来代替老的三节点（Larson，1976）。Tamaki 和 Larson（1988）发现了中太平洋磁异常条带的扇状分布特征，这些现象揭示了麦哲伦微洋块（Magellan oceanic microplate）死亡洋中脊的存在，侧面证明了麦哲伦微洋块的形成（图 7-34）。在磁异常 M14（~139Ma）时期，麦哲伦裂谷从菲尼克斯-法拉隆洋中脊拓展，切穿太平洋板块，形成麦哲伦微洋块。最终，当该微洋块在磁异常 M9（~133.5Ma）时，再次回归拼合到太平洋板块内。该微洋块便因失活而死亡，其最大面积为 $4.2\times10^5km^2$（Tamaki and Larson，1988）。

（2）鲍尔微洋块演化

Eakins 和 Lonsdale（2003）通过声呐探测微洋块边界形态，结合测深数据和重新解释的磁异常数据，揭示了鲍尔微洋块的构造演化史。鲍尔微洋块是由一部分活动较久的（~11Myr）高速旋转的块体和一部分拼贴在其北部的活动较短的（1~2Myr）太平洋板块碎片组成。其演化过程中经历了形成（formation）、滚动轴承旋转（roller-bearing rotation）、凸轮旋转（cam rotation）、兼并（annexation）和捕获（capture）五个阶段（图 7-35）。

1）形成：法拉隆板块的裂解引发太平洋板块后缘增生板块边界的大规模重组，同时，扩张轴重新定向，在门多萨微洋块北部边界以及更北边形成一系列右阶断错［图 7-35（a）］。在 17~15Ma，加拉帕戈斯海隆（GR）和过渡性的东太平洋海隆（iEPR）分别向南和向北发生双向拓展延伸，形成叠接性扩张轴，促使鲍尔微洋块的形成［图 7-35（b）］。微洋块的生长主要依靠洋中脊扩张和岩石圈转移。

2）滚动轴承旋转：从 15Ma 开始，鲍尔微洋块经历了长时间的地壳增生，沿微洋块北部和南部边缘发生剪切拓展的过渡性东太平洋海隆和加拉帕戈斯海隆的运动方向，分别与太平洋板块、纳斯卡板块运动方向平行，同时，在扩张轴末端形成裂谷深渊（深洞）。微洋块开始围绕其中心，在太平洋板块与纳斯卡板块之间发生顺

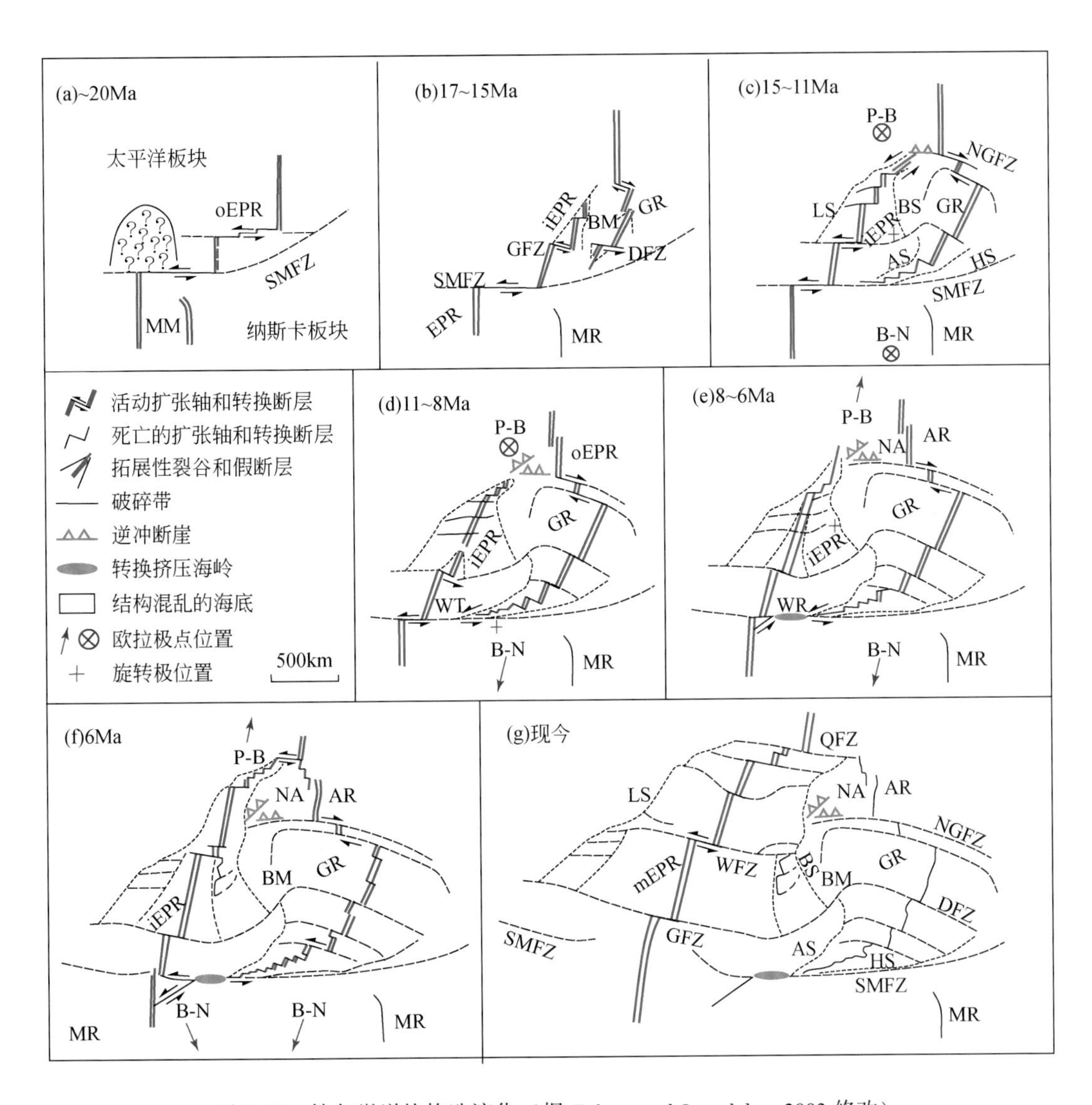

图 7-35　鲍尔微洋块构造演化（据 Eakins and Lonsdale，2003 修改）

P-B-太平洋-鲍尔欧拉极；B-N-鲍尔-纳斯卡欧拉极；oEPR-初始东太平洋海隆；iEPR-过渡性东太平洋海隆；mEPR-现今东太平洋海隆；GR-加拉帕戈斯海隆；BM-鲍尔微洋块；MM-门多萨微洋块；MR-门多萨海隆；SMFZ-南马克萨斯/门达尼亚破碎带；GFZ-加勒特破碎带；DFZ-达纳破碎带；NGFZ-北加莱戈破碎带；WFZ-威尔克斯破碎带；QFZ-克夫拉达破碎带；LS-路易斯陡崖；BS-鲍尔陡崖；AS-阿塔瓦尔帕陡崖；HS-瓦斯卡尔陡崖；NA-北部兼并区；AR-安奈克斯海隆；WT-沃斯转换断层；WR-沃斯海岭

时针旋转［图 7-35（c）］。

3）凸轮旋转：11Ma，在微洋块南部边界形成了沃斯转换断层，将太平洋-鲍尔扩张轴和鲍尔-纳斯卡扩张轴连接起来，在过渡性的东太平洋海隆南端形成了一个 RFF（过渡性东太平洋海隆-沃斯转换断层-南南马克萨斯/门达尼亚破碎带）三节点。同时，鲍尔-纳斯卡欧拉极向南迁移到微洋块南部 150km 处［图 7-35（d）］。

4）兼并：至 8Ma，过渡性的东太平洋海隆迅速向北拓展延伸，并将其捕获的太平洋-纳斯卡板块岩石圈碎片兼并到鲍尔微洋块北部边界上，实现了岩石圈的转移，使微洋块迅速增生长大［图7-35（e）］。

5）捕获：至6.5Ma，加拉帕戈斯海隆轴部到过渡性东太平洋海隆轴部，扩张速率发生了明显变化，过渡性东太平洋海隆持续向北拓展延伸，在5.8Ma时，与叠接的安奈克斯（Annex）海隆扩张轴相交，两者之间形成转换断层，从而将鲍尔微洋块自太平洋板块剥离，被纳斯卡板块捕获，标志着鲍尔微洋块从在轴延生型微洋块到离轴延生型微洋块的转变［图7-35（f）］。

7.6 经典微洋块演化

本节将从微洋块的成因角度来分析其演化过程，即从直接控制其形成的构造机制类型角度出发剖析其演化特征。微板块诞生环境则可以复杂多样，至少自板块构造体制诞生以来，微板块的生长和地壳的生长一样，主要发生在5类环境中：俯冲消减系统（包括俯冲带和弧盆系统）、洋脊增生系统、拆离断层系统、转换走滑系统（包括走滑带和转换断层）和碰撞造山系统。微板块的消亡也落叶归根式地相应发生在这5种环境中。

微洋块成因包括洋中脊跃迁模型、洋中脊拓展模型、洋底高原裂解模型、超大陆裂解模型（实际多数为微陆块，但这些微陆块整体位于大洋内）、铲形伸展拆离模型、弧后裂解模型、俯冲增生模型、远程碰撞触发模型、拆沉断离模型、转换走滑模型、地体拼贴模型等不同模型（李三忠等，2018a；Li S Z et al.，2018a）。因此，根据这些微洋块的形成机制和成因分类，将微洋块划分为拆离型微洋块、裂生型微洋块、转换型微洋块、延生型微洋块、跃生型微洋块、残生型微洋块、增生型微洋块、碰生型微洋块等。这些不同类型的微洋块之间还可以互相转换。所有这些微洋块最根本起因可能是地球不同热状态或某种动力学背景下浅部三节点的非稳定性，或深部地幔动力不对称性和热-化学成分扰动。所有类型微洋块的形成与演化都遵循以上一种或者两种构造模型，但每一种类型的微洋块之间又具有不同的演化特征。

7.6.1 拆离型微洋块

拆离型微洋块是上述微洋块类型中非常重要的一类，在慢速-超慢速洋中脊和洋陆转换带中广泛分布。围限这类微洋块的边界主要是切割岩石圈的拆离断层，将其脱离母板块而成为独立演化的微洋块。拆离型微洋块是洋内拆离断层作用的结果，这些块体多被拆离断层围限，有的也被拆离断层、洋中脊、转换断层以及大型的正断层所围限，统称为拆离型微洋块。识别这些拆离微洋块对于精细刻画大洋内部构造演化、分析大洋岩石圈流变学特征意义重大，也是寻找海洋核杂岩及识别相关热液硫化物矿床、海底氢能的最有效途径。此外，研究拆离型微洋块形成和拆离断层或海洋核杂岩发育过程对于丰富和发展传统板块构造理论具有重要科学价值。

（1）拆离型微洋块的形成及特征

拆离型微洋块的形成发育主要具有以下特征：①主要发育在慢速-超慢速扩张洋中脊的内侧角位置；②剥露地幔规模总体不大，约数十到数百平方千米，相关拆离型微洋块大小也与之近似；③其边界不仅包括大型长期活动的拆离断层，还可能包括洋中脊扩张轴和转换断层等；④主要物质组成为年轻洋壳（距扩张轴较近），同时，可能会在浅表面充填一些同裂解沉积［图7-36（c）］；⑤与下盘剥露出的具有波瓦状海底表面的海洋核杂岩（即出露海底的微幔块）共生，海洋核杂岩的核部物质组成主要是下地壳辉长岩和部分蛇纹石化的上地幔橄榄岩。

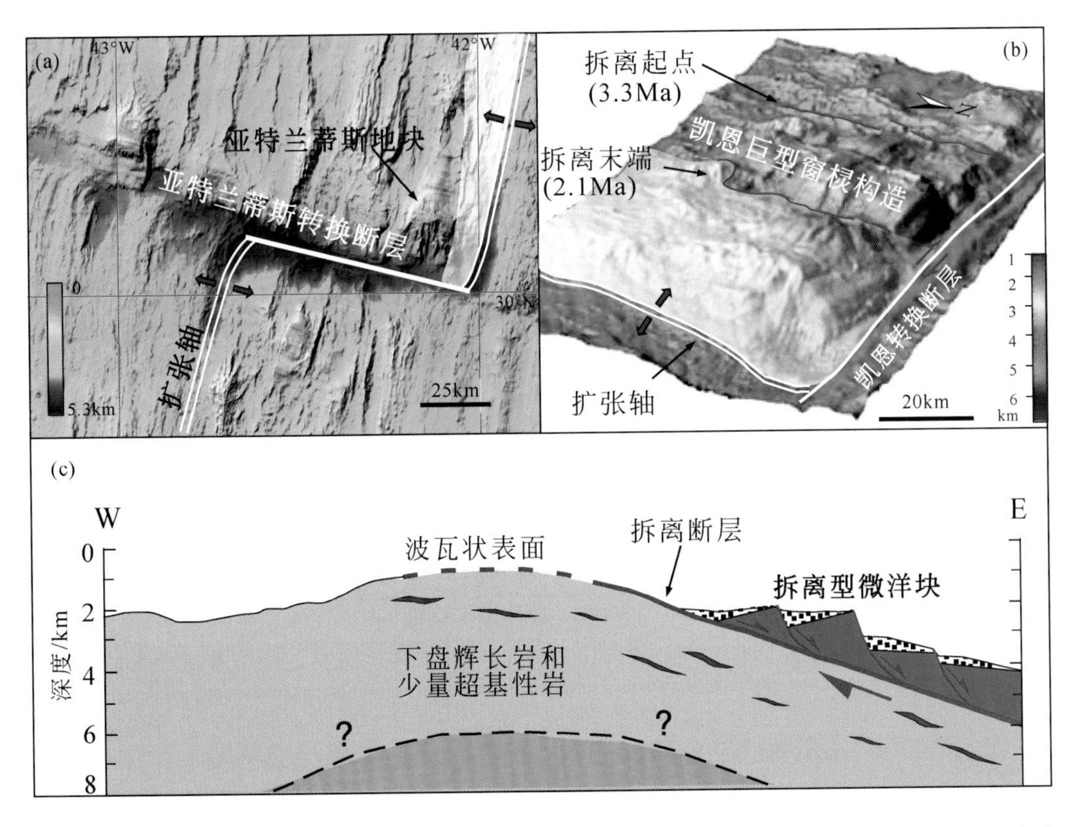

图7-36　大西洋中典型的海洋核杂岩和拆离微洋块（据 Karson et al.，2006；Tucholke et al.，2008 修改）

（a）亚特兰蒂斯地块；（b）凯恩巨型窗棂构造；（c）跨亚特兰蒂斯地块的剖面。（a）和（b）中阴影部分为拆离型微洋块

此外，还需要特别指出的是，拆离型微洋块可能越过洋中脊（扩张中心），从一个板块分离出去，拼贴或者增生到另一个共轭板块上，这与传统板块构造理论下

认识的板块拼合增生模式（如俯冲、碰撞等）完全不同。拆离型微洋块的跃迁也说明，某段时期内，它可能与母板块以及现今所在大板块有着截然不同的构造演化历史。因此，研究拆离断层或海洋核杂岩的发育过程，对理解拆离型微洋块至关重要。

（2）拆离断层或海洋核杂岩发育过程

在现今全球已经识别出的众多海洋核杂岩中，研究程度最高的有大西洋中的亚特兰蒂斯地块（Atlantis Massif）（Canales et al.，2004；Karson et al.，2006）、凯恩巨型窗棂构造（Kane Megamullion）（Dick et al.，2008；Tucholke et al.，2008，2013），以及印度洋中的亚特兰蒂斯浅滩（Atlantis Bank）（Baines et al.，2003，2008）[图 7-36（a）（b）] 等。在自由空气重力异常图和重力 y 方向导数图上，大西洋亚特兰蒂斯转换断层的边界非常清楚（图 7-37），拆离型微洋块显示为重力正异常。可见，重磁等地球物理方法是微洋块识别的有效途径。

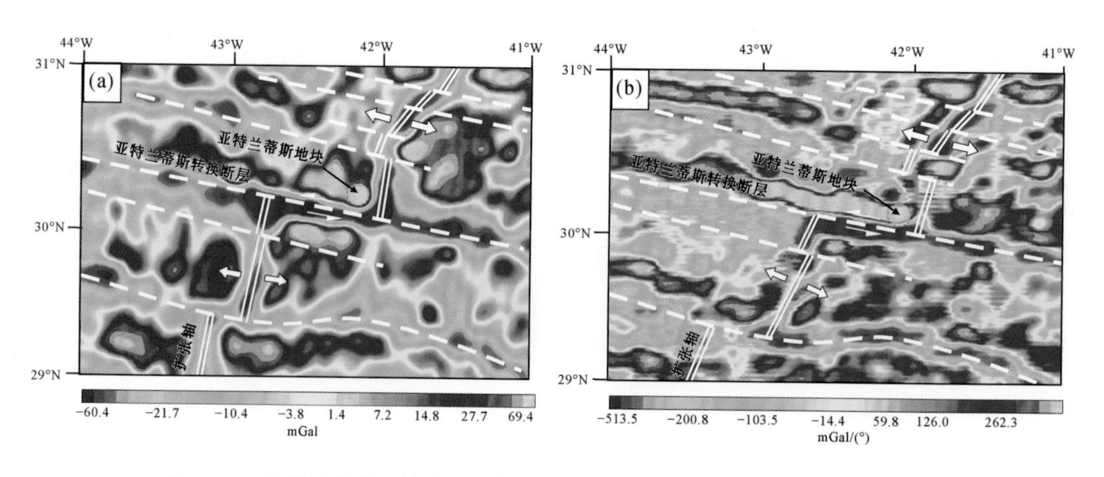

图 7-37　亚特兰蒂斯区域自由空气重力异常图（a）及重力 y 方向导数（b）

一条完整的拆离断层或一个海洋核杂岩的发育过程可划分为：发育初期、发展期、成熟期、衰亡期和新发育期等阶段，每个阶段都对应了拆离断层作用不同的活动性。以大洋拆离断层为例，其具体的演化过程如下（MacLeod et al.，2009；李洪林等，2014）。

1）拆离断层未发育的初始阶段：在洋中脊扩张的伸展构造环境下，洋中脊两侧发育一系列平行于扩张轴的高角度正断层系。这些正断层是拆离断层发育的先存断层 [图 7-38（a）]。

2）拆离断层发展期：随着伸展作用的持续进行以及岩浆活动的降低，可能因远程板块边界方向或受力变化或深部地幔柱吸引等因素，洋中脊两侧正断层不再对称发展。未变动板块（下盘）一侧的正断层进一步发展成为应变量较大的拆离断层，并导致其下盘下地壳和上地幔的岩石开始剥露出海底表面 [图 7-38（b）]，拆

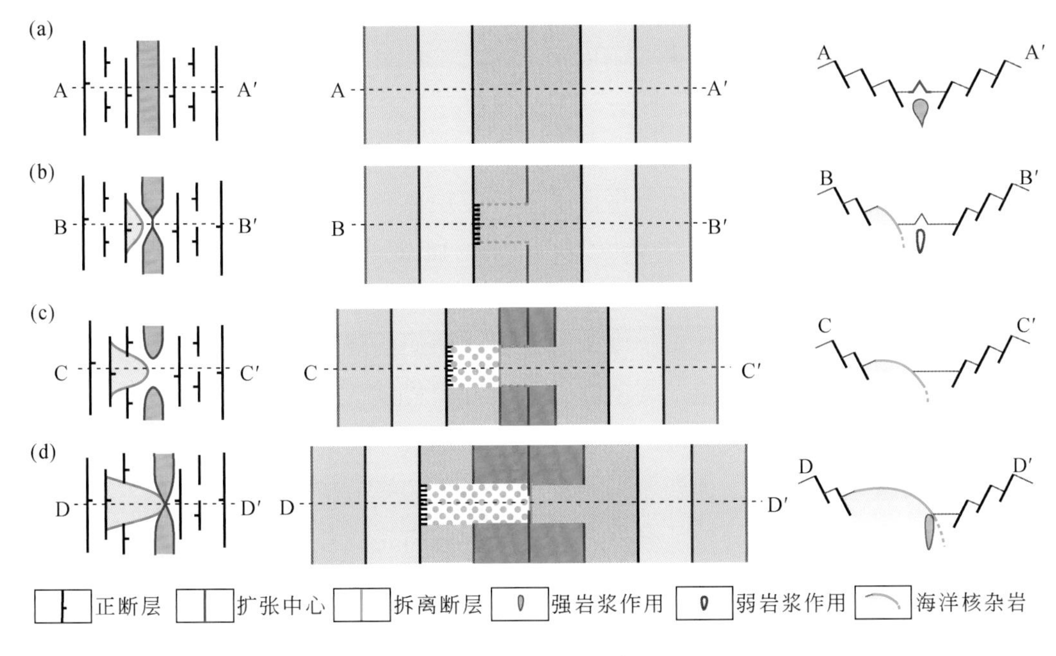

图 7-38　拆离断层的发育机制和过程（据 MacLeod et al.，2009）

（a）初始状态，洋中脊以对称方式增生，扩张轴平直、连续；（b）中间段岩浆增生衰弱，拆离断层开始发育导致不对称海底扩张，而南北段两侧依然为岩浆作用导致的对称增生；（c）拆离断层发展成熟期，海洋核杂岩发育位置板块的分离完全依靠拆离断层作用（无岩浆作用），并且板块边界的位置向西侧迁移至拆离断层位置，将左边板块的拆离微洋块部分增生到右边的共轭板块上；（d）末期，岩浆补给重新增强，拆离断层活动停止，板块的边界重新回到初始阶段扩张中心位置

离断层发育过程中的刮擦作用，使得下盘岩石表面形成波瓦状表面线状构造，而上盘则形成了拆离型微洋块。

3）成熟期：当拆离断层发展到一定规模时，下地壳和部分上地幔岩石大规模抬升剥露，拆离断层下盘岩石表面上凸形成穹隆状构造，拆离断层浅部断面逐渐由陡倾角变为缓倾角［图 7-38（c）］。在此过程中，上盘微洋块的拆离导致重力均衡反弹起到非常关键的作用。值得注意的是，因之前扩张中心岩浆作用停止，拆离型微洋块已经从之前的母板块拆离并增生到与之共轭的板块上。

4）衰亡期：后期由于岩浆补给的加强，扩张中心会迁移到上盘（运动改变的板块），形成新生洋壳［图 7-38（d）］，拆离断层停止作用，而且下盘海洋核杂岩表面发育的后期正断层会切穿或破坏拆离断层下盘表面，促进拆离断层衰亡。

5）新发育期：前期海洋核杂岩和拆离断层活动衰亡之后，靠近扩张轴的正断层会在适当的条件下（依然是远程板块边界方向或受力变化，或深部地幔柱吸引等因素）重新发育成为新的拆离断层，并进一步形成新的海洋核杂岩。这个过程如果始终在一段洋中脊旋回式出现，可能会在该洋中脊附近形成一系列并列的拆离型微洋块，甚至微幔块。

7.6.2 裂生型微洋块

裂生型微洋块有多种成因类型，其中，由裂谷系统、被动陆缘、弧后扩张作用导致陆块或岛弧发生裂解过程中所生成的新洋壳块体统称为裂生型微洋块。其边界必有一侧为离散型边界，其余边界可复杂多样，如俯冲带、转换断层、走滑断层、深大断裂等，可以是已经死亡的构造，也可以是正在活动的构造。裂生型微洋块常见于伸展裂解系统、俯冲消减系统中。裂生型微洋块的成因模式可总结为两类：一类是与深部地幔上涌相关的主动裂解型，如板片窗模式、地幔柱模式；另一类是与岩石圈拉伸、海沟后撤相关的被动裂解型。裂生型微洋块的演化往往是多种裂解机制下综合作用的产物，常常伴随着不对称、不稳定的弧后扩张过程，以及相对于周缘微板块的旋转，这些都导致了裂生型微洋块构造演化的独特性和复杂性。对裂生型微洋块的研究，使得洋-陆俯冲带、造山带的研究更加精细化，同时，也可以丰富地块、板块发展演化的内涵。

（1）马里亚纳微洋块演化

马里亚纳微洋块位于马里亚纳海沟和马里亚纳海槽之间［图 7-39（a）］，伊豆火山弧西侧的早期扩张脊（25°N 以北）现今仍以较低速率在活动。弧后扩张被限制在太平洋板块上的两条海山链或海脊（加罗林海脊和小笠原海台）与马里亚纳海沟的交点所在的纬度之间。弧后扩张开始于晚中新世，可能由于太平洋板块俯冲角度变陡和俯冲后撤导致古马里亚纳岛弧裂解，从而形成马里亚纳海槽，并将古岛弧分隔成现今西侧的西马里亚纳海岭（残余弧）和东侧的马里亚纳岛弧（Hussong and Fryer，1982）。马里亚纳海槽南北两端扩张速度不同，洋中脊扩张也具有东慢西快的特点，不对称的扩张导致马里亚纳微洋块相对菲律宾海板块逆时针旋转（Yamazaki et al.，2003；Deschamps and Fujiwara，2013；石学法和鄢全树，2013）。

通过自由空气重力异常图［图 7-39（b）］可以很好地识别马里亚纳微洋块边界位置。其西侧边界为马里亚纳海槽的扩张中心，东侧及南侧是正在活动的马里亚纳海沟或俯冲带，Martinez 等（2000）将马里亚纳海槽划分出来，但是北侧边界并未确定。Bird（2003）根据现今地震分布推测北边界为 24°N 附近（弧后盆地结束的位置）的 NE 向走滑断裂，它垂直切过岛弧，并在马里亚纳海沟处连接到太平洋板块上。这一区域广布的浅源地震也很好地指示了这个边界的存在（Kong et al.，2018）。在马里亚纳微洋块西部可能还存在一个与弧后裂解相关的微洋块，称为“西马里亚纳微洋块”。死亡的帕里西维拉洋中脊、活动的马里亚纳海槽扩张中心以及南部的马里亚纳海沟（挑战者深渊）是其明显的边界，只是北部的边界性质尚不明确。渐新世—中新世伊豆-小笠原海沟的差异后撤导致古伊豆-小笠原-马里亚纳岛弧的裂解，以及四国-帕里西维拉海盆的差异扩张，特别是，帕里西维拉海盆扩张方向由前期 E—W 向转变为 NE—SW 向，被认为与 20Ma 左右菲律宾海板块的顺时针旋转有关（Sdrolias et al.，2004）。但据其内部磁条带分析，更可能是伊豆-小笠原海沟北东向后撤所致，后期因海山阻挡俯冲带而导致俯冲后撤减弱，进而晚中新世开始发育的马里亚纳海槽的南段扩张强于北段，使得西马里亚纳微洋块最终裂离为独立的微洋块。

此外，磁异常资料显示，与开放大洋盆地相比，边缘海盆的磁异常条带强度偏低［图 7-39（c）］，磁异常条带对称性相对较差（Weissel et al.，1981），这可能由陆缘不对称的动力因素较多所致，但在一定程度上，对裂生型微洋块的边界识别仍发挥着重要作用。此外，微洋块的地壳厚度和速度结构差异也非常显著，主动源地震波速度剖面揭示，马里亚纳俯冲系统中岛弧地区的地壳结构大致呈哑铃状（图 7-40），为典型的微洋块结构特征。在马里亚纳弧前和岛弧地区及西侧的西马里亚纳海岭处莫霍面较深，地壳厚约 20km，而在马里亚纳海槽处莫霍面较浅，地壳厚约 10km。上地壳 P 波速度介于 4 ~ 5km/s，中地壳 P 波速度约 6km/s。下地壳 P 波速度约 7km/s，并具有较明显的横向变化，在岛弧火山前线和马里亚纳海槽（弧后）扩张中心之下速度较低（6.7 ~ 6.9km/s），而在马里亚纳岛弧与马里亚纳海槽之间以及西马里亚纳海岭与帕里西维拉海盆之间速度较高（7.2 ~ 7.4km/s）。最顶部地幔 P 波速度相对正常地幔较低，小于 8km/s（图 7-40）（刘鑫等，2017）。

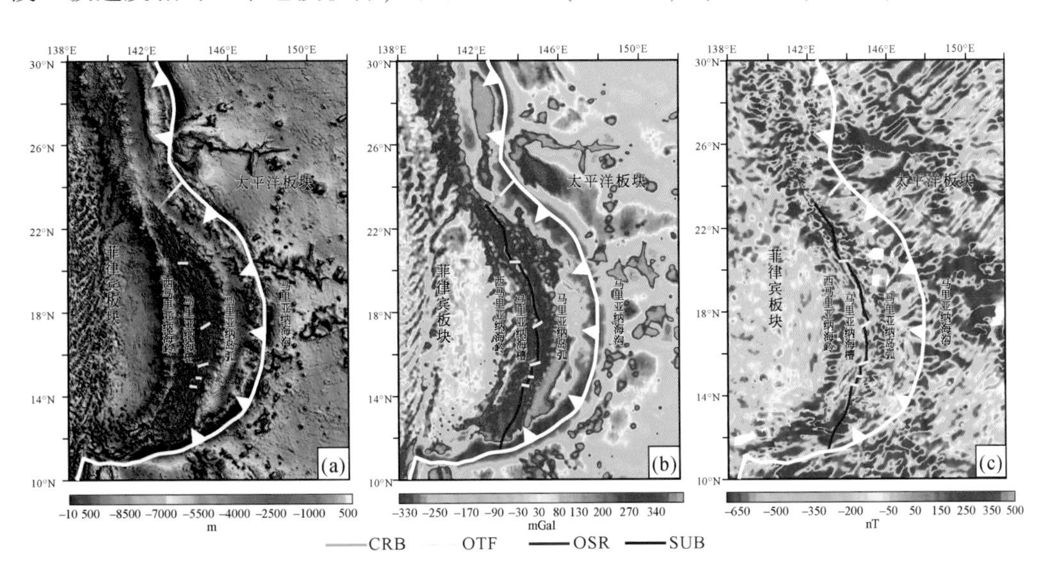

图 7-39　马里亚纳微洋块水深地形（a）、自由空气重力异常（b）及磁异常分布（c）

CRB-大陆裂解边界；OTF-大洋转换断层；SUB-俯冲带；OSR-大洋扩张脊

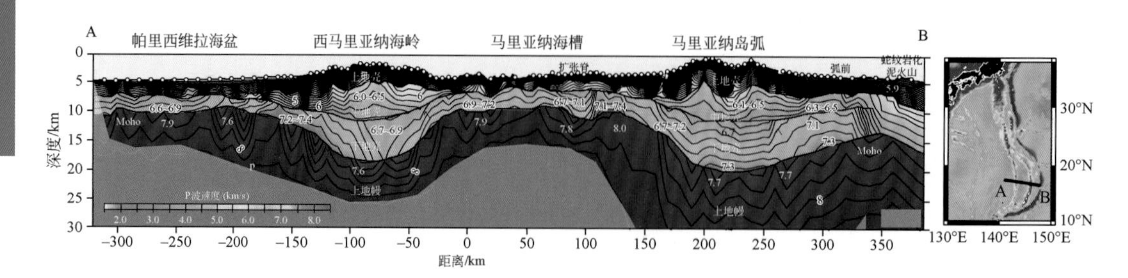

图 7-40　马里亚纳岛弧及周边地区主动源 P 波速度剖面（据 Takahashi et al.，2007）

（2）马努斯微洋块演化

3Ma 以前，由于洋中脊的跃迁和南俾斯麦微洋块的顺时针旋转，形成了马努斯弧后小洋盆（Tregoning et al.，1998；Weiler and Coe，2000；Holm et al.，2016）。俾斯麦海盆内部发育的扩张中心和转换断层、Ramu-Markham 断裂以及马努斯海沟和新不列颠海沟，将俾斯麦微洋块分隔成多个次级微洋块，即北俾斯麦微洋块、南俾斯麦微洋块和马努斯微洋块（MNB）。

前人基于俾斯麦地区震源机制解反演的应力场结果（Heidbach et al.，2010；崔华伟等，2017）揭示，新不列颠岛北部以及新爱尔兰岛南部的交汇区域，即马努斯微洋块区域，发育有逆冲型机制的地震。构造应力场存在平移和挤压两种机制，是澳大利亚板块北向运动、太平洋板块西向运动与新不列颠海沟俯冲效应等综合作用的结果。

马努斯微洋块位于俾斯麦海东部的马努斯海盆，是在新不列颠沟-弧体系下快速打开的弧后盆地，它的发育导致南、北俾斯麦微洋块的最终裂离（Soustelle et al.，2013）。洋中脊特征的条带状磁异常发育于马努斯扩张中心附近，并且能够与地磁极性反转年表相对应，最老的洋壳对应布伦期（Brunhes）之初，据此推断，海底扩张开始的时间约为 0.78Ma（Taylor，1979），故马努斯盆地是新打开的弧后盆地。根据 Martinez 和 Taylor（1996）的运动学模型［图 7-41（a）］，南、北俾斯麦微洋块之间先存洋中脊的跃迁导致初始边界的改变和重组，由初始的 Willaumez 转换断层（WIT）和西部扩张中心（WSC）转换为伸展转换带（ETZ）、马努斯扩张中心（MSC）、南部裂谷带（SR）、Djaul 转换断层（DT）、Weitin 转换断层（WT），以及两转换断层之间的东南裂谷带（SER）。

太平洋板块与俾斯麦微洋块之间沿转换断层的相对运动使得“幼板块核”旋转，沿边界产生了挤压区和伸展区，两者被南部的“支点”分割［图 7-41（b）］。马努斯微洋块的持续旋转使南部支点相对于板块边界向北迁移，导致初始挤压区向伸展区逐渐转换［图 7-41（c）］。随着扩张量的不断增大和马努斯微洋块的旋转，最终马努斯微洋块脱离南俾斯麦微洋块形成独立的微洋块［图7-41（d）］。微洋块的演化可能会一直持续到扩张轴垂直于转换断层，达到一个稳定状态而停止。在其东部，Djaul 转换断层与 Weitin 转换断层之间的东南伸展区形成了一个拉分盆地（SER），使得新爱尔兰弧地壳逐渐伸展和扩张，向洋中脊扩张方向发展演化（牟墩玲等，2019）。

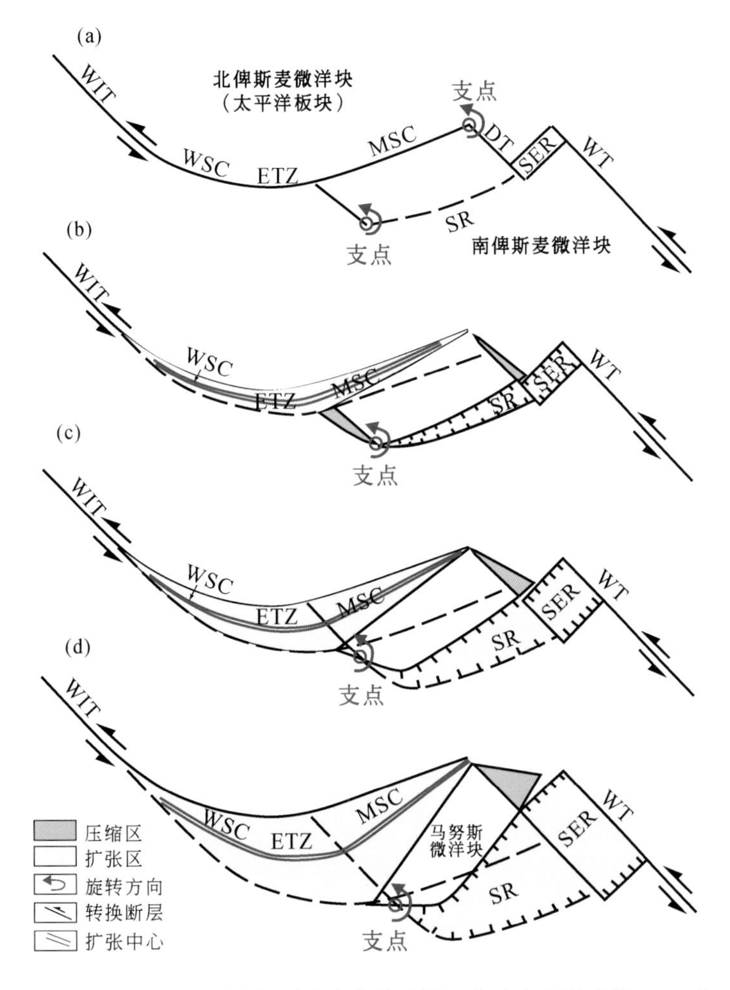

图7-41　马努斯微洋块的形成演化模式图（修改自牟墩玲等，2019）

WIT-Willaumez 转换断层，WSC-西部扩张中心，ETZ-伸展转换带，MSC-马努斯扩张中心，SR-南部裂谷带，DT-Djaul 转换断层，WT-Weitin 转换断层，SER-东南裂谷带

7.6.3　转换型微洋块

转换型微洋块位于洋盆内部，是洋中脊-转换断层系统中转换断层（或破碎带）转折部位发生张裂，新洋壳在其内部（对称）生长而形成的新生岩石圈微小块体。

其边界主要为大洋型转换断层，也可能现今这些控制性边界已经成为破碎带、假断层或走滑断层。这些微洋块常镜像出现于新的洋中脊两侧，整体呈平行四边形形态。转换型微洋块研究表明，转换断层（或破碎带）并非简单的板块转换边界，而是具有一定结构特征的板块生消地带，对其开展研究不仅有利于完善板块生消、旋回、裂解和增生拼贴机理，明确板块发育演化历史，为板块准确重建提供约束，也有助于确定洋中脊-转换断层体系对板块运动方向改变的响应机理，推测未知大洋内的转换断层组合、结构特征及其演化历史，为开拓深海大洋精细化构造研究方向提供理论依据。

正常转换型微洋块是大洋中最常见的微板块，发育于洋中脊-转换断层系统中转换断层（或破碎带）的转折部位。该处遭受一次或多次单独调整而发生张裂，新洋壳在其内部（对称）生长。空间上，镜像出现于洋中脊两侧，整体表现为平行四边形形态，如太平洋内一系列破碎带走向发生偏转的部位大都有类似的构造发育（图 7-42）。从磁条带和破碎带的偏转方向上看，这些平行四边形构造皆位于洋中脊左阶（left step）排列且转换断层运动右旋的部位，如 Molokai 破碎带上的平行四边形构造［图 7-42（a）］，或洋中脊右阶排列且向左偏转的部位，如 Galapagos、Marquesas 和 Austral 破碎带东部的平行四边形构造［图 7-42（b）］。事实上，如太平洋和印度洋内的转换断层（或破碎带）的转折部位这种中间宽、两侧窄的构造非常普遍，例如布兰科（Blanco）、Eltanin、Heezen、加勒特（Garrett）、马克萨斯（Marquesas）、默纳德（Menard）、门多西诺（Mendocino）、Mokokai、默里（Murray）、克拉夫达（Quebrada）、Raitt、Udintsev 和威尔克斯（Wikes）破碎带等（Lonsdale，1994；Mccarthy et al.，1996；Pockalny et al.，1997；Géli et al.，1997；Briais et al.，2001；Gregg et al.，2007），以及 Andrew Bain 破碎带等（Sclater et al.，2005）。不仅如此，中间窄、两侧宽的蝴蝶结状构造在转换断层（或破碎带）的转折部位也十分发育。基于磁条带和破碎带偏转方向分析可知，蝴蝶结状构造皆位于洋中脊右阶排列且转换断层运动左旋或洋中脊左阶排列且转换断层运动右旋的部位，如太平洋内部的默里、克拉里恩（Clarion）和克利珀顿（Clipperton）破碎带就发育此类构造［图 7-42（a）］。

综上可知，洋中脊-转换断层系统响应板块相对运动方向改变的机制跟走滑断层相反，洋中脊排列方式与转换断层运动方向不同时（即右阶左行或左阶右行），两段洋中脊之间会派生拉张应力，从而使其内部的转换断层张开，形成新的洋中脊-转换断层系统，即中部宽、两侧窄的平行四边形构造［图 7-42（a）］；相反，则会派生挤压应力导致原始洋中脊-转换断层系统收缩（实际是洋壳生长消失，而不是洋壳消亡）形成中部窄、两侧宽的蝴蝶结状构造［图 7-42（b）］，（Tucholke et al.，1988；Fornari et al.，1989；Atwater et al.，1993；Bird and Naar，1994；Lonsdale，1994；Kuykendall et al.，1994；Kelsey et al.，1995；Mccarthy et al.，1996；

Géli et al., 1997; Pockalny et al., 1997; Briais et al., 2002; Lebrun et al., 2003; Cande and Stock, 2004; Manea et al., 2005; Gregg et al., 2007; Mosher and Massell, 2008; Hebert and Montési, 2011)(图 7-40)。蝴蝶结状构造收缩的面积基本等同于平行四边形构造增生的面积，以确保地球表面积保持守恒。因此，虽然平行四边形构造表现为伸展构造，但蝴蝶结状构造绝对不是挤压构造，这两种构造常成对相邻出现。

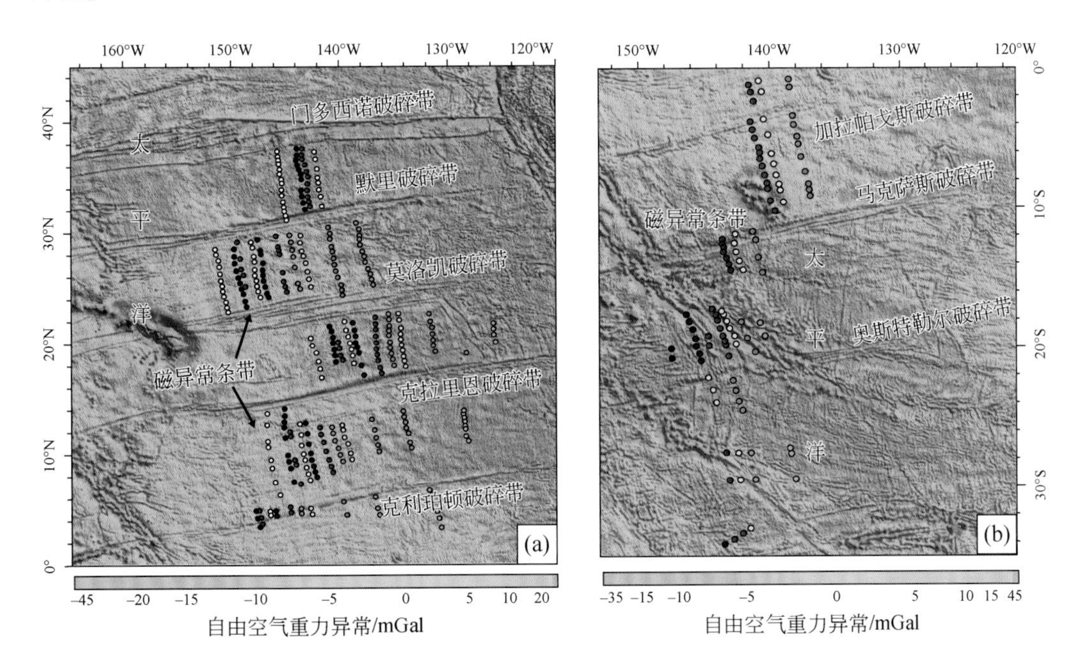

图 7-42　北太平洋(a)和南太平洋(b)内破碎带转折部位成对发育的平行四边形或蝴蝶结构造特征(据 Seton et al., 2015 修改)

就某一条大洋型转换断层而言，它并不是传统意义上的守恒型板块边界，而是不守恒的。但是，大洋型转换断层可以出现挤压、伸展(图 7-43)，因此，可以分为一系列平行-亚平行的亚段。这些亚段之间通过断阶、伸展盆地或者转换断层内部扩张中心进行横向偏移。大洋型转换断层的分段性是对周缘板块运动方向主动变化的被动构造响应，这种变化也使得大洋型转换断层不断延伸，是研究主动板缘消亡事件的关键，也可以检验俯冲系统事件解析结果。在中-快速滑移的大洋型转换断层上，岩石圈热而薄，导致伸展形成裂隙，熔体向上挤出(图 7-44 左侧)，形成所谓的“渗漏型”转换断层，最终形成拉分盆地；在慢速滑移的大洋型转换断层上，岩石圈厚而冷，伸展形成正断层，形成转换断层内部扩张中心，转换断层带深部甚至发生水化(图 7-44 右侧)。由此可见，转换型微洋块的形成实际是个被动过程。

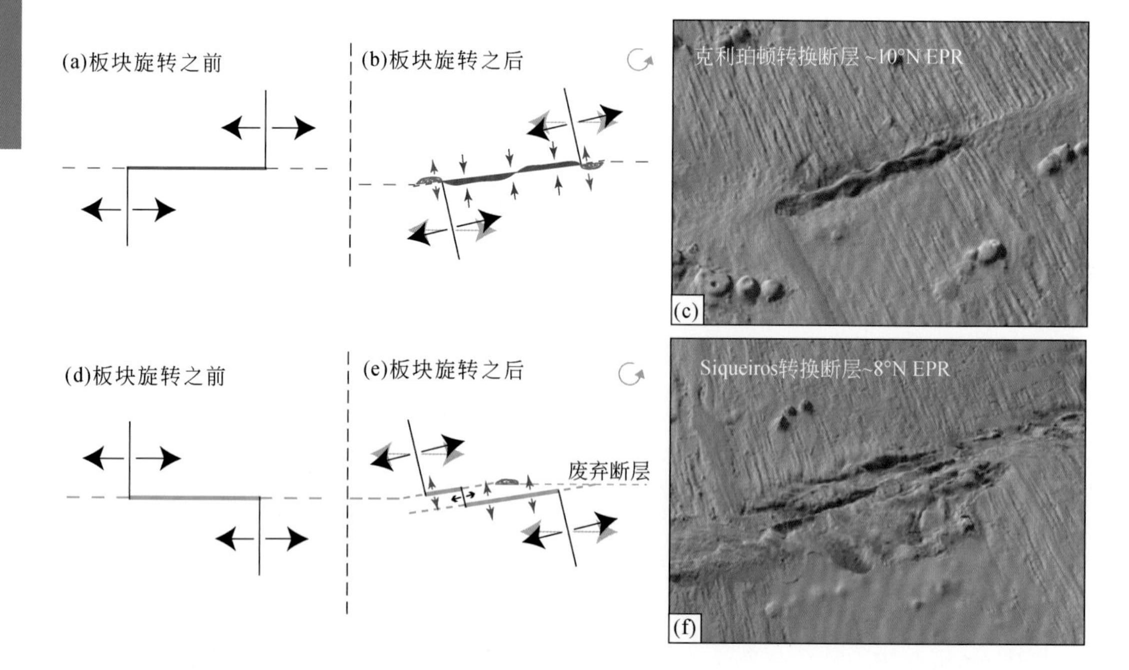

图 7-43　板块运动变化对大洋转换断层的影响（Pockalny et al.，1997；Wolfson-Schwehr and Boettche，2019）

EPR，东太平洋海隆

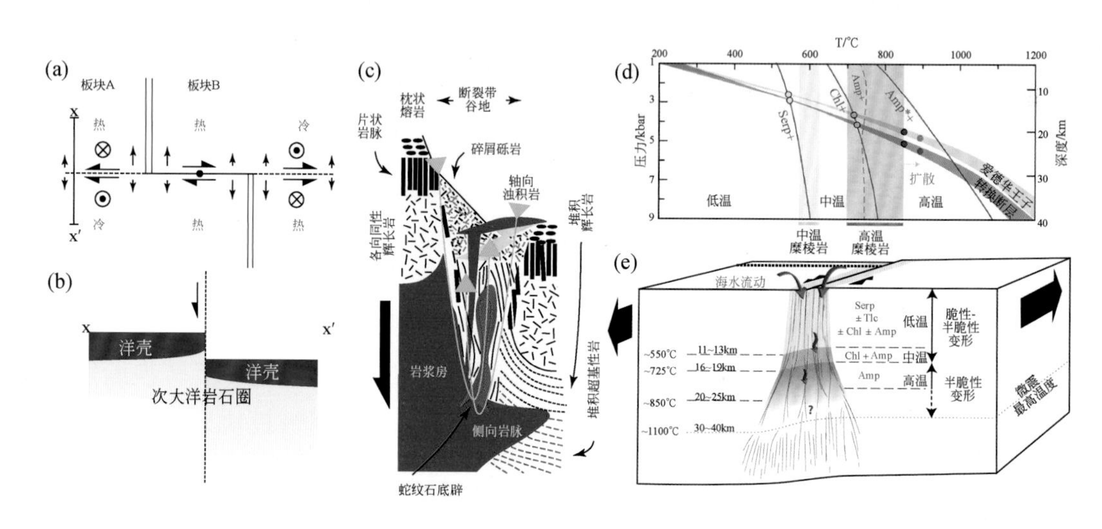

图 7-44　大洋转换断层上的热液渗流、流体-岩石相互作用和糜棱岩形成（Prigent et al.，2020）

左图为转换断层受力分析（a）、剖面结构（b）及岩浆-流体相互作用模式（c）；右图（d）低温、中温和高温变形的温压范围。Shaka 大洋型转换断层的地热（深灰色）来自三维黏塑性热机械模型（见正文），而爱德华王子大洋型转换断层的地质温度（浅灰色）是根据 Wolfson-Schwehr 等（2017）的方程（7）中地震标度关系计算的，使用 $2900kg/m^3$ 的密度将压力转换为深度。（e）Shaka 和爱德华王子大洋型转换断层的变形和流体-地幔相互作用的观测结果。大洋型转换断层上记录的微震最高温度来自 Roland 等（2012）。Amp-角闪石；Chl-绿泥石；Serp-蛇纹石；Tlc-滑石

7.6.4 洋脊增生系统的延生型微洋块

在洋脊增生系统中心，由叠接性洋中脊拓展过程中形成的微洋块，称为延生型微洋块。根据其活动状态以及与洋中脊的相对位置，又可划分为在轴（on-axis）延生型微洋块和离轴（off-axis）延生型微洋块。延生型微洋块位于两条洋中脊交汇处或洋中脊与转换断层、破碎带的交汇处，由捕获自周围大洋型大板块的“碎片”、以“碎片”为核心不断增生新的洋底物质以及裂谷拓展过程中转移的岩石圈碎片组成。其边界类型有洋中脊或死亡洋中脊、转换断层、大洋汇聚边界、假断层等。延生型微洋块的成因与洋中脊叠接扩张、拓展延伸息息相关，洋中脊的扩张速率决定了微洋块的生长速率。扩张速率增大或持续扩张，会促使微洋块朝大板块演变；扩张停止，微洋块脱离扩张轴，成为离轴延生型微洋块，并逐渐融入周围大板块，镶嵌成为大板块的一部分。

延生型微洋块主要集中于东太平洋海隆及周边区域［图7-45（a）］，典型的有复活节微洋块（Herron，1972；Forsyth，1972；Engeln and Stein，1984；Franchetea at al.，1988；Naar and Hey，1991；Bird，2003；李三忠等，2018a）、胡安·费尔南德斯微洋块（Herron，1972；Forsyth，1972；Craig et al.，1983；Anderson-Fontana et al.，

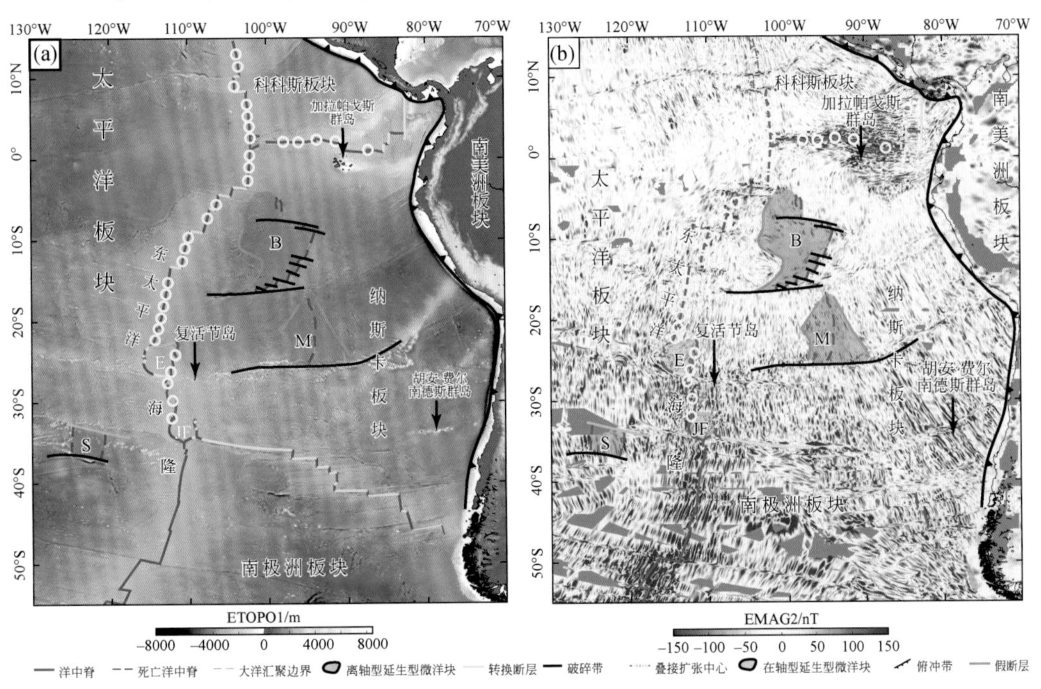

图7-45 东太平洋延生型微洋块分布（a）及磁异常分布（b）

B-鲍尔微洋块；E-复活节微洋块；JF-胡安·费尔南德斯微洋块；
S-塞尔柯克微洋块；M-门多萨微洋块

1986；Larson et al.，1992；Bird，2003；李三忠等，2004，2018a）、鲍尔微洋块（Goff and Cochran，1996；Liu，1996）、塞尔柯克微洋块（Blais et al.，2002）和门多萨微洋块（Liu，1996；Wilder，2003）。根据延生型微洋块的活动状态，将正在扩张轴形成的称为在轴延生型微洋块，如复活节（Easter）、胡安·费尔南德斯（Juan Fernandez）；已脱离扩张轴并逐渐融入相邻大板块内的称为离轴延生型微洋块，如鲍尔（Bauer）、塞尔柯克（Selkirk）、门多萨（Mendoza）等［图7-45（b）］。

7.6.5 洋中脊跃生型微洋块

跃生型微洋块是由洋中脊发生远距离的突然跃迁所致，现今多数不再活动，常残存于深海板内系统。大多数跃生型微洋块是由于洋中脊-热点相互作用导致的，地幔柱对跃生型微洋块的形成具有显著控制作用。跃生型微洋块是洋底深浅部构造耦合研究的关键。跃生型微洋块可以由延生型微洋块、残生型微洋块等转化而来，也可能在板块运动过程中转化为增生型微洋块或碰生型微洋块等。

（1）微洋块的洋中脊或转换断层跃迁模型

通常，扩张中心（包括洋中脊、裂谷轴、弧后盆地扩张脊，这里指洋中脊）的“跃迁”是指当一个新的拓展裂谷撕裂母板块的一部分，在新的洋中脊和原洋中脊之间形成一个微板块，而原洋中脊或转换断层失去活性而死亡，洋中脊或转换断层就发生了跃迁，微板块也从原板块转移到另一个板块上（图7-16）。根据边缘驱动模型（Schouten et al.，1993），如果其中一条洋中脊拓展到相对的扩张边界，微板块就可能停止转动，一条洋中脊将会死亡，板块边界的扩张将继续发生在另一条洋中脊上，而微板块也会死亡并与邻近的（大）板块结合在一起。胡安·费尔南德斯微洋块旋转速度的持续降低以及太平洋-南极洲扩张脊相对于微洋块的西移表明，该微洋块“死亡”的过程可能已经开始。Bird等（1998）推测胡安·费尔南德斯微洋块，可能会在接下来的一百万年内，结合到南极洲板块中。实际上，洋中脊或转换断层跃迁模型产生的跃生型微洋块就是不再被活动板块边界所围限而死亡的延生型微洋块（李三忠等，2018a）。

（2）远程板块边界重组诱发的跃生型微洋块

沙茨基微洋块（Shatsky oceanic microplate）位于沙茨基海隆西南部（32°N～35°N，148°E～155°E）。其东西两侧围限边界均为破碎带，其余两条边界性质不明。沙茨基微洋块是在依泽奈崎-法拉隆-太平洋三节点跃迁过程中形成（图7-46），现今已经不再活动的死亡型微洋块（Sager et al.，1988；Nakanishi et al.，1989，2015）。从磁异常条带分布（图7-46）可以看出，沙茨基海隆附近M22～M21（151～149Ma）磁异常条带的曲线交角似乎消失了，这表明岩石圈可能发生过破裂。在M21时期，三节点板块边界重组，依泽奈崎-太平洋洋中脊发生30°顺时针旋转，同时三节点向东跃迁近800km，形成了沙茨基微洋块（Sager，2005），实际上后期三节点多次跃迁，形成了更多微洋块（图2-28）。

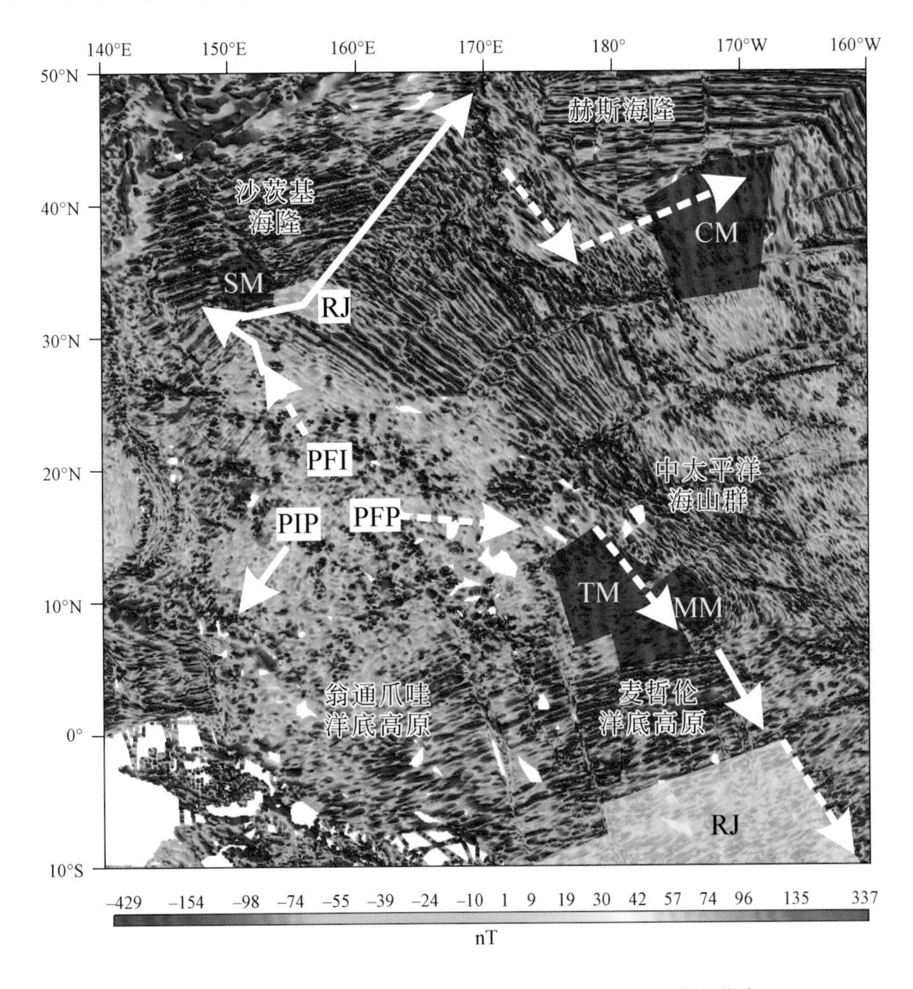

图7-46　西北太平洋三节点跃迁轨迹及跃生型微洋块分布

SM-沙茨基微洋块；CM-切努克微洋块；TM-特立尼达微洋块；MM-麦哲伦微洋块。P-太平洋板块；F-法拉隆板块；I-依泽奈崎板块。RJ-洋中脊跃迁。沙茨基微洋块和切努克微洋块在PFI三节点迁移轨迹附近形成，特立尼达微洋块和麦哲伦微洋块在PFP三节点迁移轨迹附近形成（Sager，2005）。绿色阴影代表微洋块，黄色阴影代表洋中脊跃迁。底图为磁条带异常

起初Nakanishi等（1989，1999）提出三节点的跃迁与沙茨基海隆开始形成是同步的，都是受地幔柱直接控制。但是，Nakanishi等（2015）后来认为，这是不合理的，因为太平洋-法拉隆洋中脊的重组和裂谷拓展发生在塔穆地块（Tamu Massif）形成的几百万年之前。虽然这种理论可能不支持洋中脊-地幔柱相互作用在微洋块

形成过程中的主体地位，但也不能排除地幔柱影响的可能性。为此，虽然 Nakanishi 等（2015）针对三节点运动学不稳定性导致板块边界重组形成微洋块的可能性做出了推测，但他们可能颠倒了因果关系。实际可能是板块边界重组导致了三节点运动学不稳定，而这个板块重组可能是沙茨基海隆早期坐落在依泽奈崎–太平洋洋中脊上，后来因为法拉隆板块的运动变化，使得沙茨基海隆后期坐落在法拉隆–太平洋洋中脊上，因此，其多次洋中脊跃迁实际是受同期法拉隆板块俯冲拖曳力的远程控制。

Sun 等（2007）根据沙茨基海隆 145 ~ 125Ma 的热点轨迹推测此时古太平洋板块（依泽奈崎板块）向 SW 运动。实际上，沙茨基海隆 145 ~ 125Ma 位于太平洋–法拉隆洋中脊上，其热点轨迹指示的是依法拉隆–太平洋洋中脊或三节点向北东的跃迁轨迹，是法拉隆板块向 NNE 向俯冲的远程效应，并不是太平洋板块的绝对运动方向。板块重建表明，太平洋板块此时虽然向 SWW 运动（Seton et al.，2012）。即便如此，此时太平洋板块与华南板块也没有接触关系，更没有动力学关联，更与华南陆内成矿无关；沙茨基海隆 145 ~ 125Ma 热点轨迹也不是依泽奈崎板块的绝对运动方向（图 3-1，其 200Ma 以来始终向北西运动）（索艳慧等，2017）。

（3）地幔柱–洋中脊相互作用诱发的跃生型微洋块

东亚陆缘南段或东南亚陆缘的翁通爪哇、马尼希基、希库朗伊三个洋底高原（微洋块）原本一体，翁通爪哇地幔柱导致菲尼克斯板块于 120Ma 左右分裂为 4 个微洋块（Torsvik et al.，2019），翁通爪哇、马尼希基之间的埃利斯（Ellice）海盆于 127 ~ 84Ma 打开（Taylor，2006），古太平洋中埃利斯海盆中转换断层走向先为 NWW、后为 NW，与此时太平洋板块上的热点轨迹走向一致。虽然不能说明古太平洋板块也在发生 NWW 向俯冲（索艳慧等，2017），但这与古太平洋板块沿东亚陆缘由低角度平板俯冲向高角度加速俯冲转变存在相关性（Li S Z et al.，2012；Liu L J et al.，2021）；而汤加俯冲带东侧的奥斯本（Onbourn）洋中脊位于太平洋板块南侧，于112 ~ 86Ma 打开（图 7-47）（Worthington et al.，2006），84Ma 之后其转换断层走向与皇帝海岭轨迹走向一致。这可能与太平洋板块北侧的阿留申俯冲带或 Kronotsky 洋内俯冲起始于 83Ma（Hu J S et al.，2022）的远程效应有关。再依据 Mortimer 等（2019）的精细研究，表明 115 ~ 95Ma 奥斯本洋中脊 NNW 向扩张，虽然希库朗伊于 86Ma 与冈瓦纳北缘拼贴（Worthington et al.，2006），希库朗伊堵塞海沟，特别是 84Ma 之前的洋壳出现在查塔姆（Chatham）海隆的东端，99 ~ 78Ma 的板内熔岩喷发跨越了齐兰迪亚（Zealandia）大陆、希库朗伊海台和洋壳，说明这三者已结合为一体，直到奥斯本洋中脊死亡于 79Ma，故 110 ~ 84Ma 奥斯本洋中脊的扩张必然是其南部菲尼克斯板块向 SSW 俯冲所致。

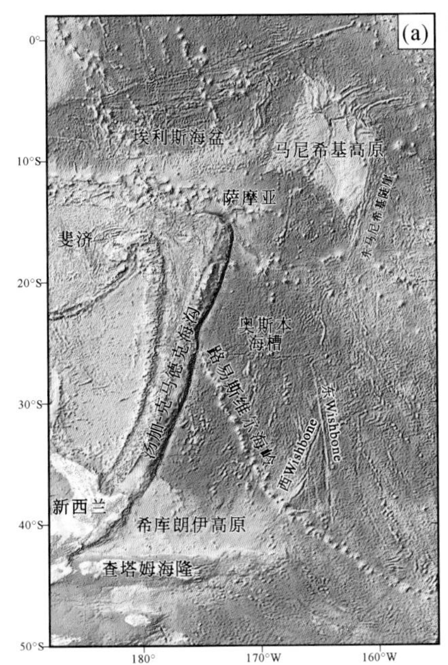

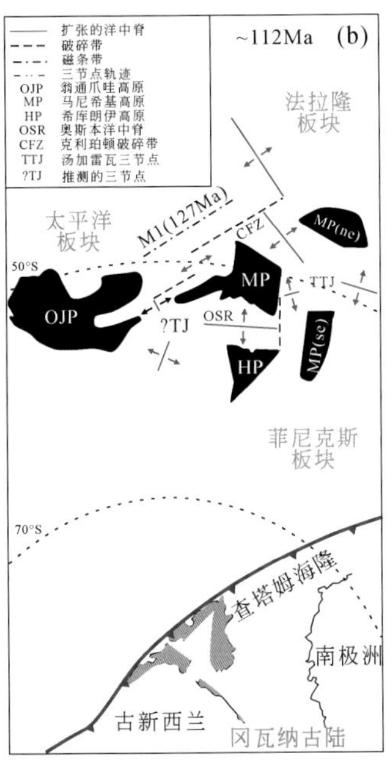

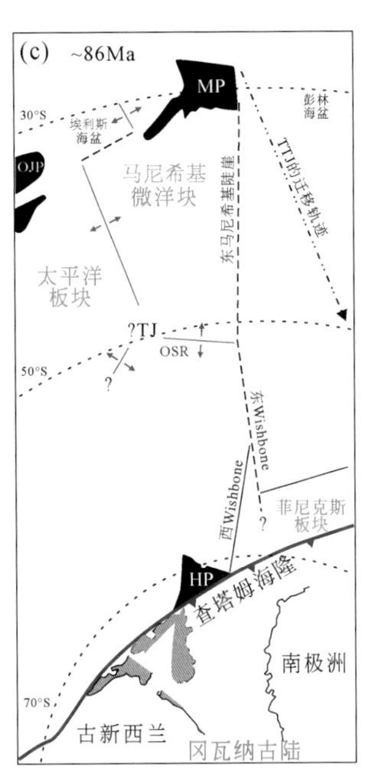

图 7-47　汤加-克马德克海沟以东太平洋海底的主要特征（a）及澳大利亚古地磁参考系中南太平洋约 112Ma 和约 86Ma 的构造重建（b）（c）（Worthington et al.，2006）

图版（b）：太平洋-菲尼克斯-法拉隆扩张中心的重组（M1 线理显示为 127Ma）是在前毗邻翁通爪哇-马尼希基-希库朗伊洋底高原于 ~120Ma 侵位之后发生的。汤加雷瓦三节点（TTJ）将马尼希基高原裂解分为三个碎片（微洋块），奥斯本洋中脊（OSR）是 TTJ 西支的延伸，被东马尼希基转换断层所错断，并分裂出希库朗伊高原，埃利斯海盆的扩张将马尼希基和翁通爪哇洋底高原分隔开。图版（c）：希库朗伊洋底高原进入并隔断了查塔姆（Chatham）隆起附近沿冈瓦纳古陆陆缘发育的俯冲系统。OSR（以及埃利斯海盆?）的扩张即将停止，此时马尼希基微洋块增生到太平洋板块上

参考李三忠等（2019a）的重建结果，144 ~ 125Ma 沙茨基海隆位于法拉隆-太平洋洋中脊上，其 NE 向轨迹反映了法拉隆板块 NE 向俯冲到北美洲板块之下的事件，法拉隆-太平洋洋中脊 NE 向跃迁，导致 125Ma 之后沙茨基海隆变为了太平洋板块内部一部分。可见，144 ~ 125Ma 热点轨迹并不是太平洋板块运动方向。125 ~ 100Ma 太平洋板块西南侧因部分菲尼克斯板块并入太平洋板块（Zahirovic et al.，2014），导致 SWW 向俯冲带启动，使得已经在太平洋板块内部的热点轨迹为 SWW 向。Onbourn 洋中脊在 100 ~ 84Ma 扩张的动力不应来自南部，据此时 NW 向的热点轨迹可以推断，太平洋板块 NW 侧可能沿 NE 走向的东亚陆缘启动了一条 NE 向俯冲带（Yang，2013），相关俯冲带记录可能保存在日本增生楔外带或 Shimanto、Hidaka、Nemuro 和锡霍特-阿林地体中（Boschman et al.，2021）。但 Zahirovic 等（2014）的重建中显示，该过程是太平洋板块在其西侧斜向俯冲到其方案中太平洋板块的唯一俯冲带，即南北走向的菲律宾岛弧之下的结果。由此推断，84 ~ 50Ma 的太平洋板块内部热点轨迹应该是太平洋板块北缘的 Kronotsky 洋内俯冲启动所致（Hu J S et al.，2022）。

总之，热地幔柱-洋中脊相互作用可产生较多的微洋块，也是地史期间常见的一种微洋块形成模式（图7-48）（Hochmuth et al., 2015）。这些分裂的微洋块形成后，有着各自的运动轨迹，甚至各自独立自旋运动（图7-49、图7-50）。围限这些微洋块的边界类型也非常丰富（图7-51）。

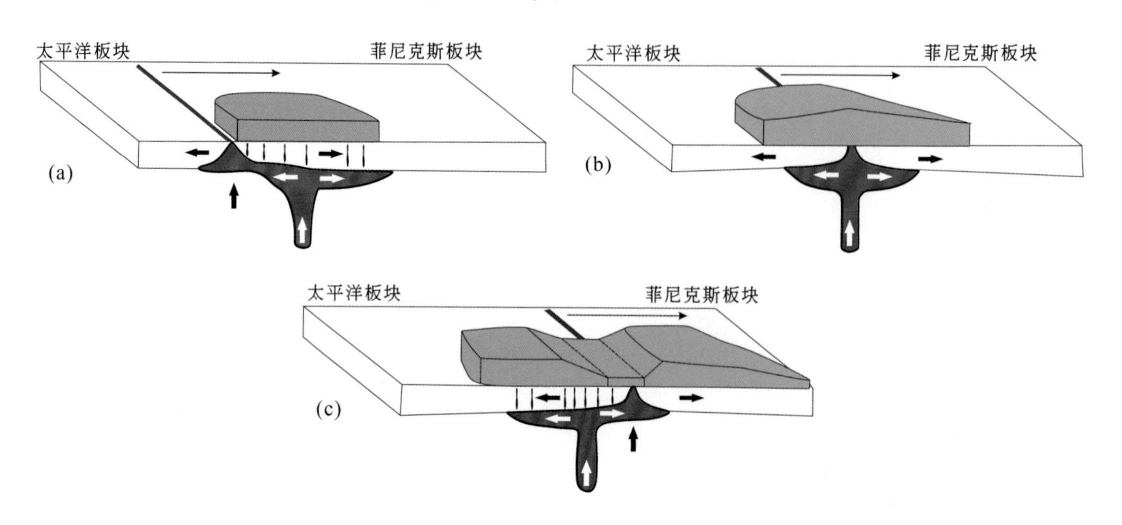

图7-48 太平洋内菲尼克斯洋中脊可能的地幔柱-洋中脊相互作用示意（Hochmuch et al., 2015）

顶部为菲尼克斯-太平洋洋中脊接近地幔柱头（红色为地幔柱头，橘黄色为大火成岩省）；中部为洋中脊处的在轴地幔柱柱头形成了一个更厚的洋底高原；底部为洋中脊移动并远离地幔柱柱头后造成厚的先存洋底高原发生裂谷作用，并在先前侵位的洋底高原发生分离和减薄，形成两个洋底高原型微洋块

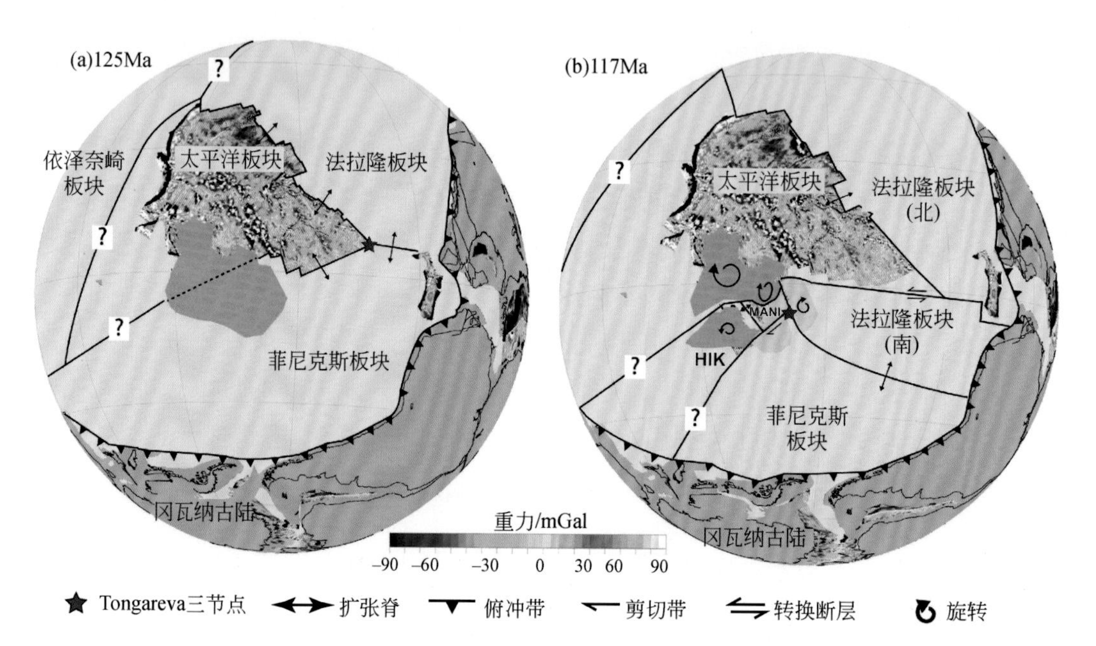

图7-49 125～117Ma时期西太平洋的构造演化（Hochmuch et al., 2015）

该模型显示了Seton等（2012）的板块运动学模型以及西太平洋地区更新的旋转极点，太平洋板块固定，重力异常取自Sandwell等（2014）；黑线标记板块边界（与重建相关），深灰色为大陆碎片，黑色表示现今海岸线，以便更好地定位；浅灰色区域为已俯冲消失的海底；马尼希基高原的翁通爪哇联合体相关大火成岩省标记为橙色和黄色；红星表示通加列瓦（Tongareva）三节点的位置；MANI-马尼希基微洋块，HIK-希库朗伊微洋块（a）125Ma和（b）117Ma

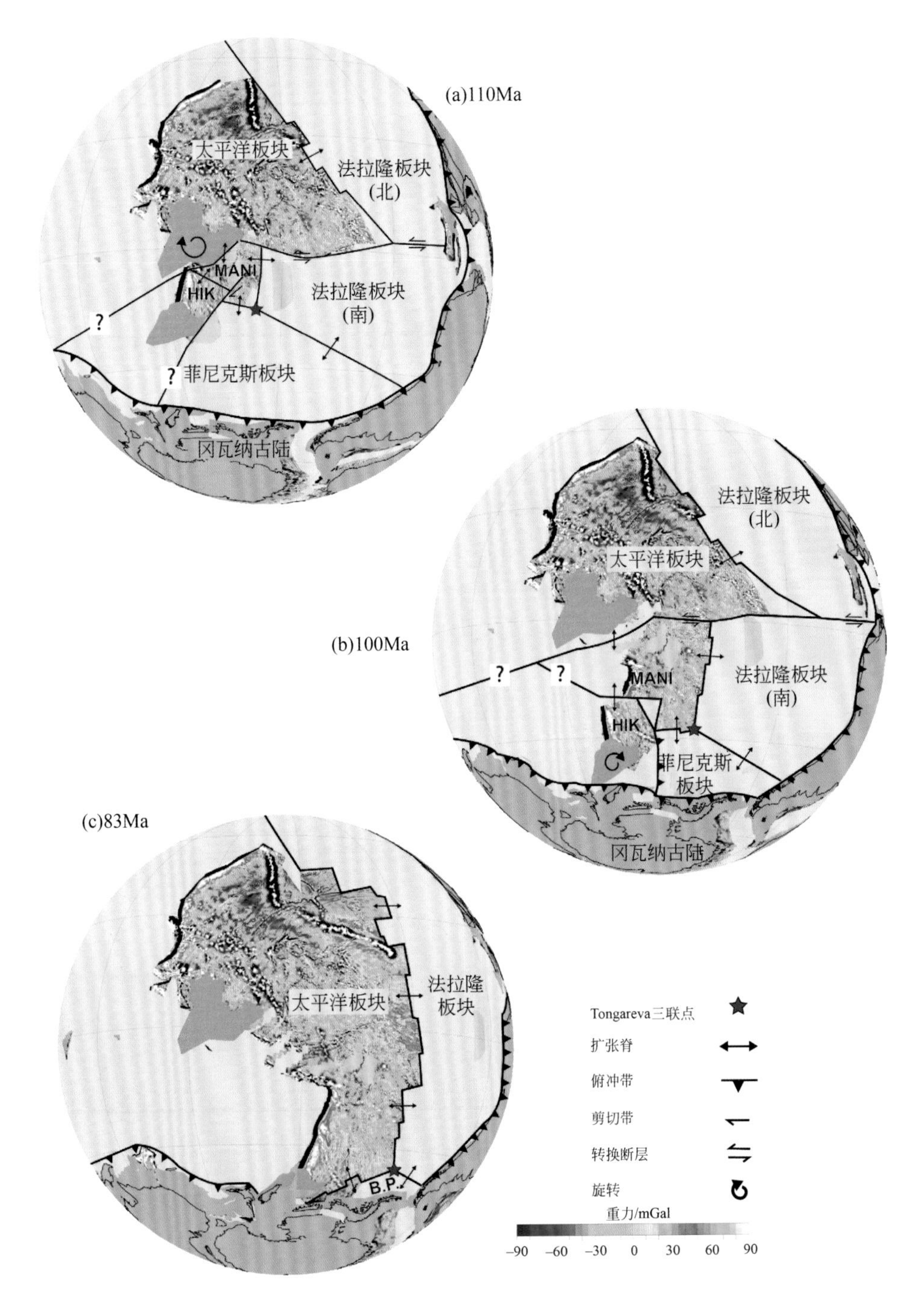

图 7-50　110～83Ma 时期西太平洋的构造演化（Hochmuch et al.，2015）

该模型显示了 Seton 等（2012）的板块运动学模型以及西太平洋地区更新的旋转极点，太平洋板块固定，重力异常取自 Sandwell 等（2014）；黑线标记板块边界（与重建相关），深灰色为大陆碎片，黑色表示现今海岸线，以便更好地定位；浅灰色区域为已被俯冲的海底；马尼希基高原的翁通爪哇联合体相关大火成岩省标记为橙色和黄色；红星表示通加列瓦（Tongareva）三节点的位置；MANI-马尼希基微洋块，HIK-希库朗基微洋块，B. P. -别岭高森（Bellingshausen）微洋块（a）110Ma，（b）100Ma 和（c）83Ma

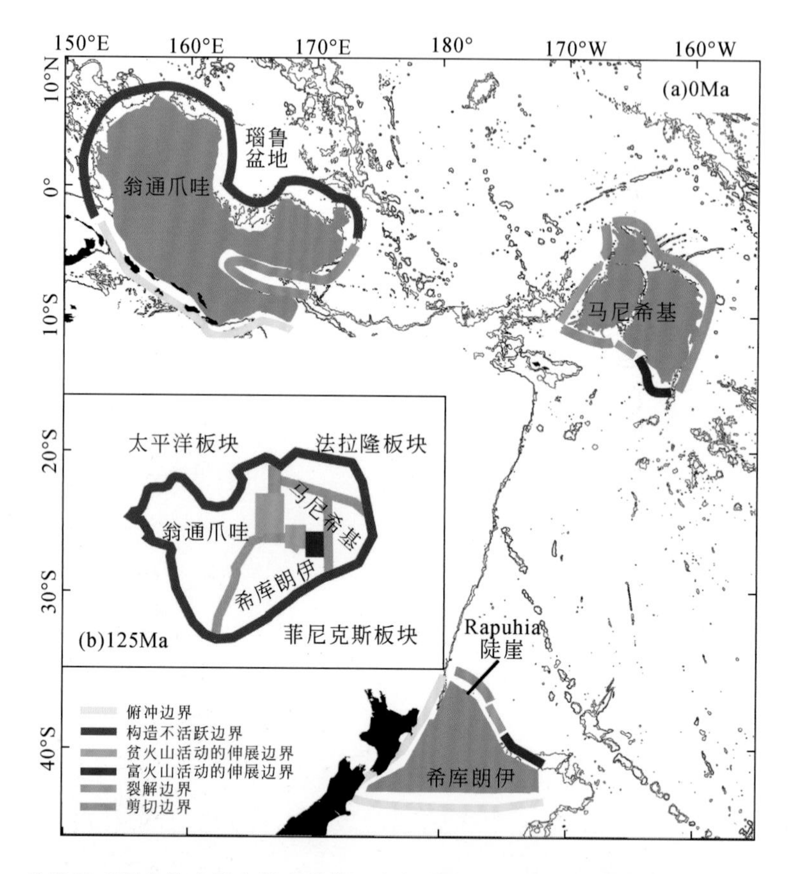

图 7-51　翁通爪哇联合体边界在其当前位置中的分类（主图）和其就位期间的分类（插图）（Hochmuch et al., 2015）

7.6.6　增生型微洋块

增生型微洋块是指在俯冲带消亡过程中，大-中型洋壳板块内部较厚洋底高原、大火成岩省、外来微洋块增生拼贴到陆缘而残留形成的微洋块。增生杂岩可以是增生型微洋块的残留部分，通常位于板块的汇聚地带，主要发育于环太平洋俯冲系统（图 7-52）。其成因是由于俯冲板块上的洋壳高原、海山、岛弧或陆壳到达俯冲带后因浮力效应增大，使得该微洋块的俯冲作用明显地受到阻碍，进而拼贴“停靠”到上覆板块上。例如，西菲律宾海沟的宾汉（Bohem）海隆和马里亚纳海沟北部的小笠原高原都对俯冲作用产生了极大的阻碍作用，并使俯冲作用近乎停止，这两个高原也得以“停靠”就位在上覆板块边缘。位于中美洲的科伊瓦微板块（Coiba microplate）则由于巴拿马三节点的作用，逐渐与周缘的科科斯板块、纳斯卡板块分离而独立出来，并因其西侧右旋转换型边界和南侧左旋转换型边界的俯冲终止，稳定地“停靠”在中美洲陆缘。

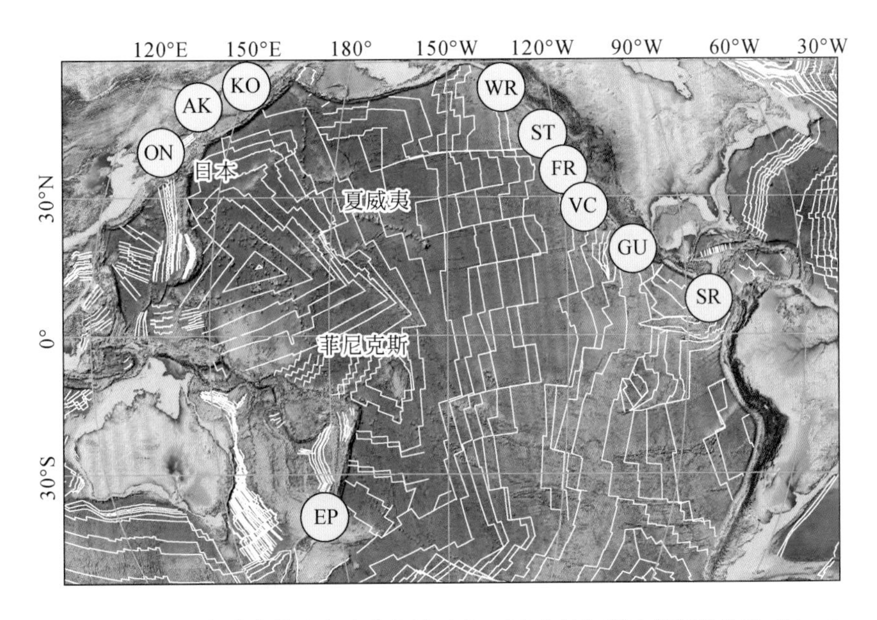

图 7-52　增生的泛大洋内俯冲杂岩分布及日本、夏威夷和菲尼克斯磁线理（Boschman and van Hinsbergen，2016）

KO-Kolyma-Omolon；AK-Anadyr-Koryak；ON-Oky-Niikappu；EP-新西兰东部；WR-Wrangellia；ST-Stikinia；FR-Franciscan 增生杂岩；VC-下加利福尼亚 Vizcaino-Cedros 区；GU-Guerrero；SR-Santa Rosa 增生杂岩

总体来说，增生型微洋块的边界肯定有一条边为死亡的或活动的俯冲带，其他边界可以是转换型、俯冲型、离散型。转换型边界的实例如菲律宾岛弧带和中美洲的科伊瓦微板块等；俯冲型边界的实例如台湾东部拼贴的北吕宋岛弧；离散型边界的实例主要分布在东南亚-澳大利亚板块之间的俯冲系统内。这一地区发育了一系列弧后盆地，这些弧后盆地边缘又包含超强伸展而裂离的陆壳残块（即洋内的微陆块）。这一陆壳性质复杂的区域主要是以弧后盆地的扩张中心（离散型边界）和俯冲带作为边界，因而，弧后盆地的俯冲消亡很可能会导致新的增生型微洋块。其典型的例子有鄂霍次克微地块和尼科亚（Nicoya）微洋块。

（1）东太平洋俯冲系统的俯冲增生作用—科伊瓦微洋块

对于一些微洋块而言，其区域内小型海岭本不足以完全堵塞海沟，但却由于受到周围大板块的影响而停止俯冲和向陆缘拼贴增生，纳斯卡板块北部的科伊瓦微洋块（Coiba Microplate）就是一个典型区域。其边界为大型转换/走滑边界，转换型边界的俯冲，在浅部形成非稳定性三节点，使科伊瓦微洋块相对独立于相邻洋壳板块。区域内最重要的构造要素为科伊瓦海岭和四条板块边界。

科伊瓦海岭内布格重力异常为明显的相对低值区（图 7-53），异常值在 300 ~

350mGal，反映该地区地壳厚度较大，浮力较大。东部深海盆地内为高异常区，大部分地区异常值超过300mGal，说明地壳厚度较薄。在79°W左右，有一条狭长的近南北向的低异常带，这条低异常带在现今的海底地形上几乎没有反映，但在布格异常中却十分清晰。据此推测，可能为一条已经不活动的转换断层。另外，科伊瓦微洋块的边界特征明显（图7-53），可以直观地观察到其东、西边界分别呈NW走向、近南北走向分布，南、北边界则呈近东西走向分布。这四条边界对科伊瓦微洋块的俯冲增生过程起到了重要的控制作用。

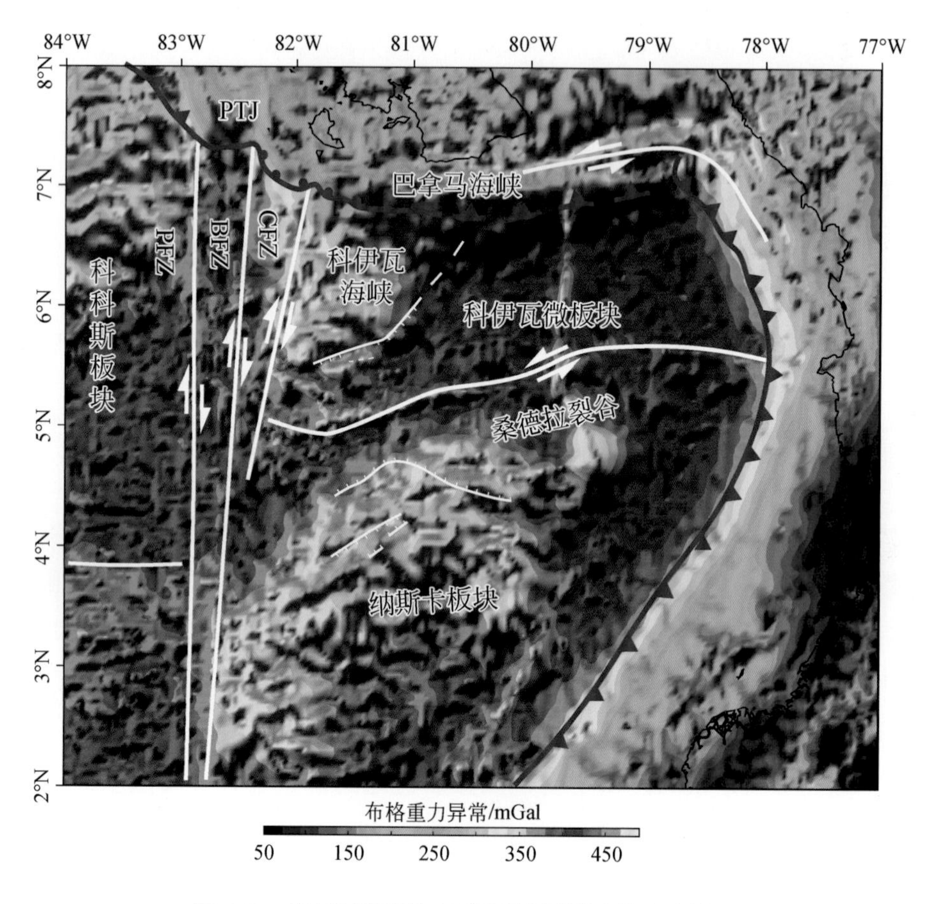

图7-53　科伊瓦微洋块主要边界断裂的布格重力异常

基于古地磁资料，对科科斯–纳斯卡板块6Ma以来的构造演化重建（图7-54），有助于理解科伊瓦微洋块的形成演化过程。自23Ma法拉隆板块的最后一次分裂事件后，科科斯板块与纳斯卡板块一分为二（Lonsdale，2005）。此后，科科斯与纳斯卡小板块作为两个独立的大洋板块进行演化，纳斯卡板块内开始独立海底扩张，科伊瓦微洋块就形成于这一构造背景之中。

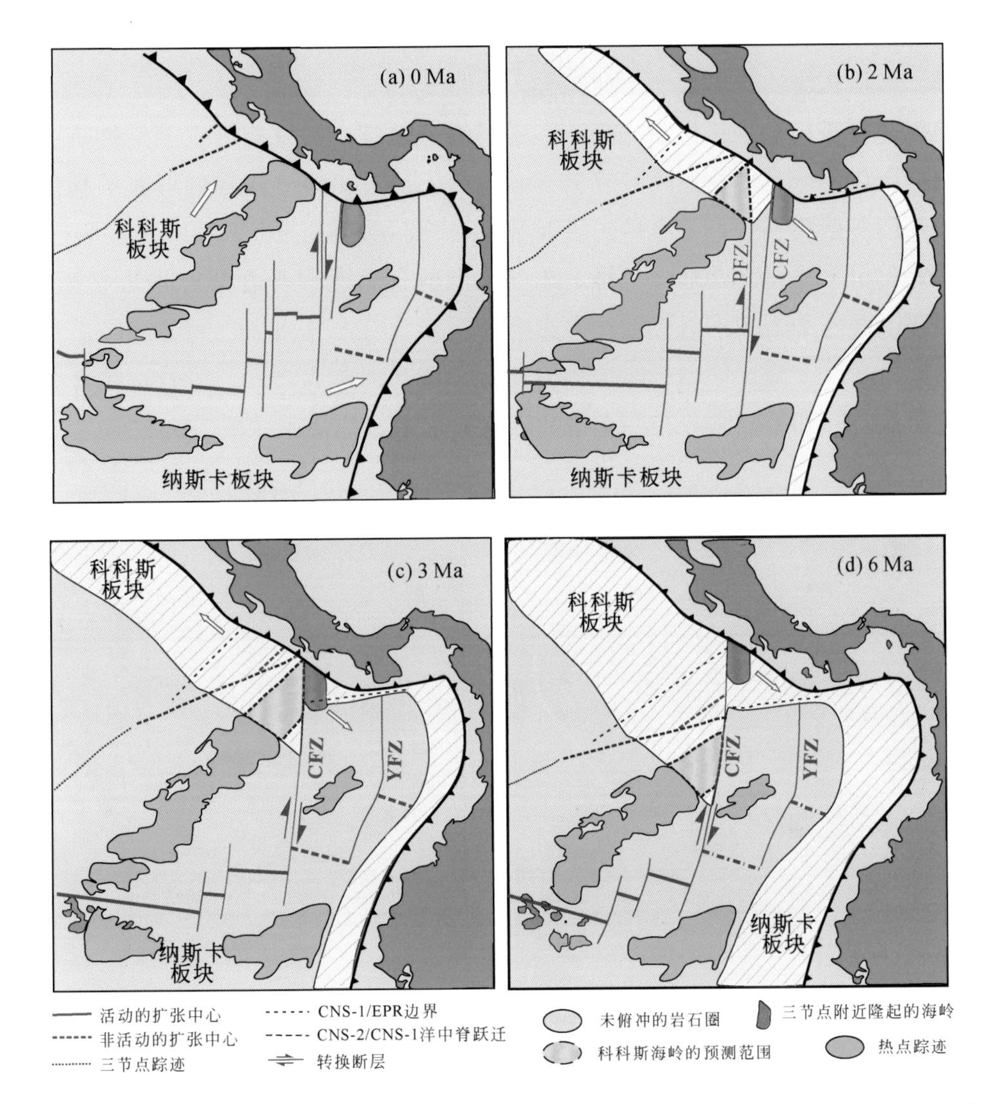

图 7-54　纳斯卡-科科斯板块相对于加勒比板块 6Ma 以来的板块重建（据 MacMillan et al., 2004 修改）

CFZ-科伊瓦破碎带；CNS-1-科科斯-纳斯卡板块之间一条 NE 向古扩张中心；CNS-2-科科斯-纳斯卡板块之间跃迁的另一条 NEE 向古扩张中心；EPR-东太平海隆；PFZ-巴拿马破碎带；YFZ-亚奎纳（Yaquina）破碎带

古地磁年龄显示，科伊瓦微洋块最老洋壳年龄为 13Ma，由北向南逐渐变新，至桑德拉裂谷处，其洋壳年龄为 ~9Ma（Lonsdale，2005；Morell et al.，2008），这说明科伊瓦微洋块主体基本形成于 9Ma，并与纳斯卡板块的海底扩张相关，而在转换断层 CFZ 与 BFZ 之间发现的年龄为 1 ~ 2Ma 的年轻洋壳（Morell et al.，2008），应该与科科斯板块的海底扩张作用相关。6 ~ 2Ma，CFZ 为科伊瓦微洋块的西边界；~2Ma时，科科斯板块东部以 PFZ、BFZ 和 CFZ 为转换断层发生海底扩张，同时，PFZ 开始俯冲，成为新的西边界。巴拿马三节点（PTJ）也自 CFZ 跳跃至 PFZ 处。为了达到稳定，PTJ 需要以 55mm/a 的速度沿中美洲俯冲带向东南方向迁移（Bird，

2003；Schellart et al.，2007；Coltice et al.，2017），迁移产生的挤压应力会使洋壳缩短增厚。科伊瓦海岭的形成便与此相关。

地磁异常资料显示，科伊瓦海岭不属于热点轨迹，而可能形成于科科斯板块东南向的挤压作用造成的构造隆升（MacMillan et al.，2004）。同样的形成机制，也被用于推断门多西诺三节点部海岭的隆起（Lonsdale and Kligord，1978；Godfrey et al.，1998；MacMillan et al.，2004）。而 PTJ 三节点的迁移不仅会在浅部造成挤压应力，还会对深部地幔动力的不对称性产生影响。例如，CFZ 与 PFZ 之间的海底扩张作用会伴随地幔岩浆上涌，这也可能是科伊瓦海岭隆升的原因之一。另外，在自由空气重力异常分布图和磁异常分布图上也清晰地显示了这些特征（图 7-55）。

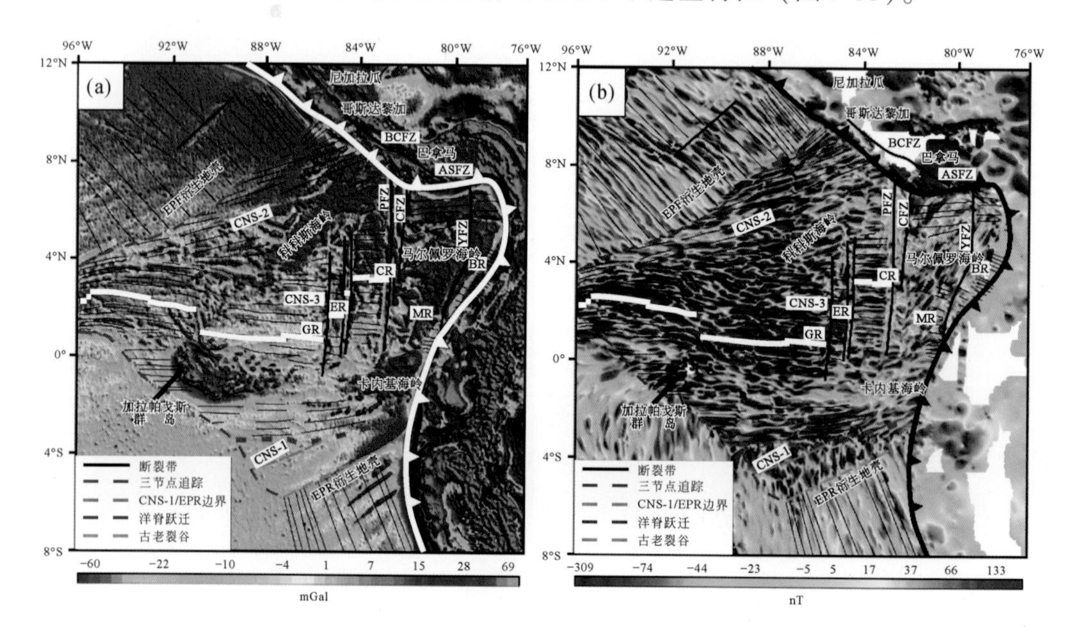

图 7-55　中美洲区域自由空气重力异常分布（a）及磁异常分布（b）

CoR-科伊瓦海脊，BR-布埃纳文图拉裂谷，CR-哥斯达黎加裂谷，ER-厄瓜多尔裂谷，GR-加拉帕戈斯裂谷，MR-马尔佩洛裂谷。ASFZ、BCFZ、CFZ、PFZ、YFZ 分别为阿祖罗-索纳、鲸鱼-塞尔米拉、科伊瓦、巴拿马、亚奎纳破碎带

（2）西太平洋俯冲系统的俯冲增生作用—日本地体群

西太平洋广泛发育有热点，这些热点可能起源于地幔柱。地幔柱柱头形成的洋底高原如今依然保存在太平洋板块中的有沙茨基、翁通爪哇、马尼希基、希库朗伊等，都形成于 144 ~ 120Ma。其热点轨迹统计（图 7-56）表明，所有热点轨迹都基本一致，个别长短有别是与微板块调整导致的内部局地相对运动有关，尽管某洋中脊两侧板块的绝对运动方向不同（索艳慧等，2017），当陆缘俯冲起始或方向调整后，同一板块内部热点轨迹也会同时调整。当纵向排列的“热点舰队”发生转向

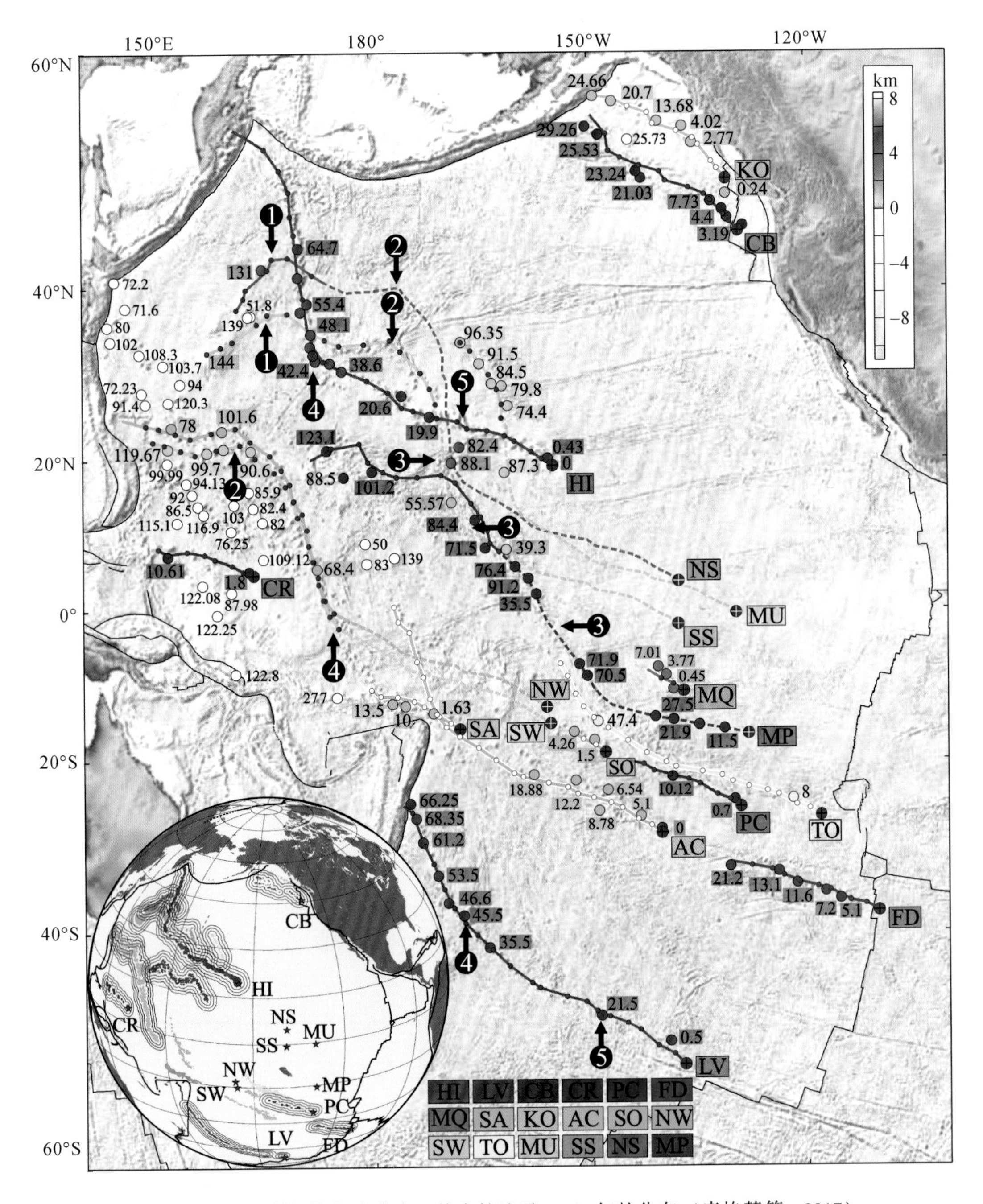

图 7-56　太平洋板块海山分布、热点轨迹及 K-Ar 年龄分布（索艳慧等，2017）

红色十字圆圈代表活动的热点或地幔柱：AC-Austral-COOK；CB-Cobb；CR-Caroline；FD-Fundation；HI-Hawaii；KO-Kodiak；LV-Louisville；MQ-Marquesas；PC-Pilcairn；SA-Samoa；SO-Society Islands；TO-Tuamotu。蓝色十字圆圈代表不活动的热点或地幔柱：MP-Mid-Pacific Mountains；MU-Musicians；NS-Northern Shatsky；NW-Northern Wake；SW-Southern Wake；SS-Southern Shatsky。彩色实线代表各热点或地幔柱的活动轨迹，彩色虚线代表推测的活动轨迹，黑色实线表示板块边界。数字代表 K-Ar 年龄（单位 Ma）。黑色箭头及数字编号代表太平洋板块运动方向或速率发生明显改变的主要事件顺序

时，“热点舰队”变为横向齐头并进，多次转换后，必然导致太平洋板块中一些海底区域的热点年龄及其轨迹出现交错混乱（图7-57）（Wei et al.，2022），但“热点

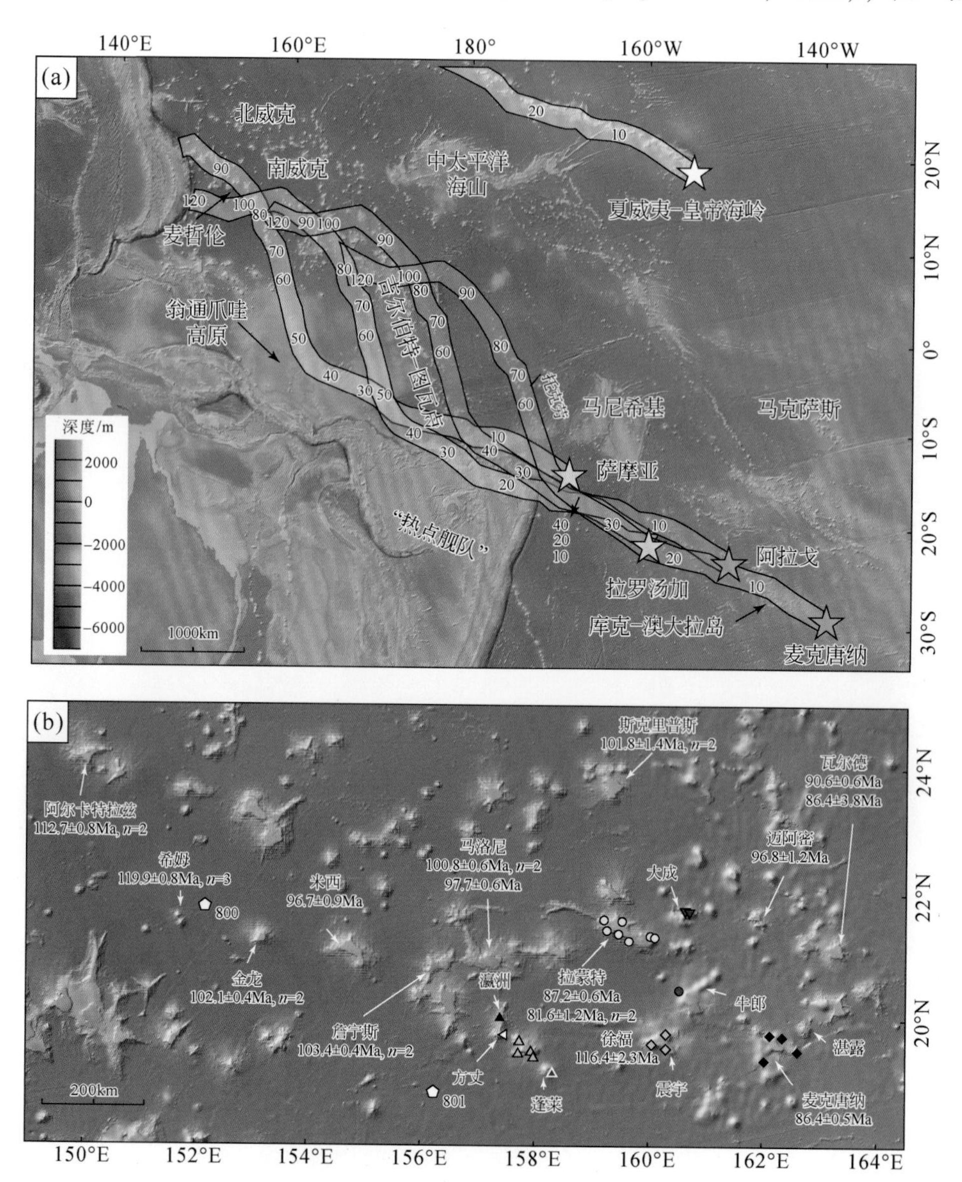

图7-57　西太平洋海山省内的威克（Wake）海山群位置及年龄（Wei et al.，2022）

（a）西太平洋区域地图显示西南太平洋的“热点公路”（Jackson et al.，2010）和夏威夷–皇帝热点轨迹。宽线是根据Wessel和Kroenke（2008）的绝对板块运动模型预测的夏威夷、萨摩亚和库克–澳斯特勒尔（Cook-Austral）三个热点［麦克唐纳（Macdonald）、阿勒戈（Arago）、拉罗汤加（Rarotonga）］的热点轨迹。最近活跃的热点火山的位置用星星标记。（b）威克海山区域地图显示了多个地点［如米西（Missy）、马洛尼（Maloney）和迈阿密海山（Miami Seamounts）］复杂的年龄分布和近同步发生的火山活动。海山名称来自Heezen等（1973）、Smoot（1991）、Koppers等（2003b）和中国大洋协会（2017）。海山的$^{40}Ar/^{39}Ar$年龄来自Ozima等（1977）、Winter等（1993）、Koppers等（2003b）和Yan等（2021）。大洋钻探计划（ODP）第129段800和801号钻孔的洋壳样品的$^{40}Ar/^{39}Ar$年龄分别为~126Ma和168-157Ma（Pringle，1992；Koppers et al.，2003a）

舰队”中每条“热点舰”的轨迹依然可以得到恢复。索艳慧等（2017）揭示，125～100Ma，热点轨迹都指示板块是向 NWW 运动的，这证明古太平洋板块是向 NWW 消亡的，太平洋板块也伴随发生同向运动；太平洋板块上 100～50Ma 热点、50Ma 以来热点的轨迹分别表明太平洋板块是 NNW 向、NWW 向运动的。这种洋内板块运动方向的突然转折，不是热点所在的大洋板块自身发生了旋转，而是陆缘俯冲带受到洋底高原阻碍，或一条新的陆缘或洋内俯冲带启动俯冲所致。这个过程中，洋中脊走向突变可能是远程或近程构造过程的被动响应，相应的磁条带方向变化也是被动形成的。如此，洋底高原增生在陆缘也可以改变大洋板块的演化轨迹。反之，根据太平洋板块记录的构造事件，可以反推古太平洋板块的构造演化历史。

西太平洋陆缘和热点轨迹记录可以揭示古太平洋板块俯冲过程，Boschman 和 van Hinsbergen（2016）利用东北亚、北美西部、加勒比、汤加等现今环太平洋陆缘的洋底高原增生记录，通过板块重建恢复了古太平洋板块的样貌。其中，日本的例子最为典型（图 7-58）。

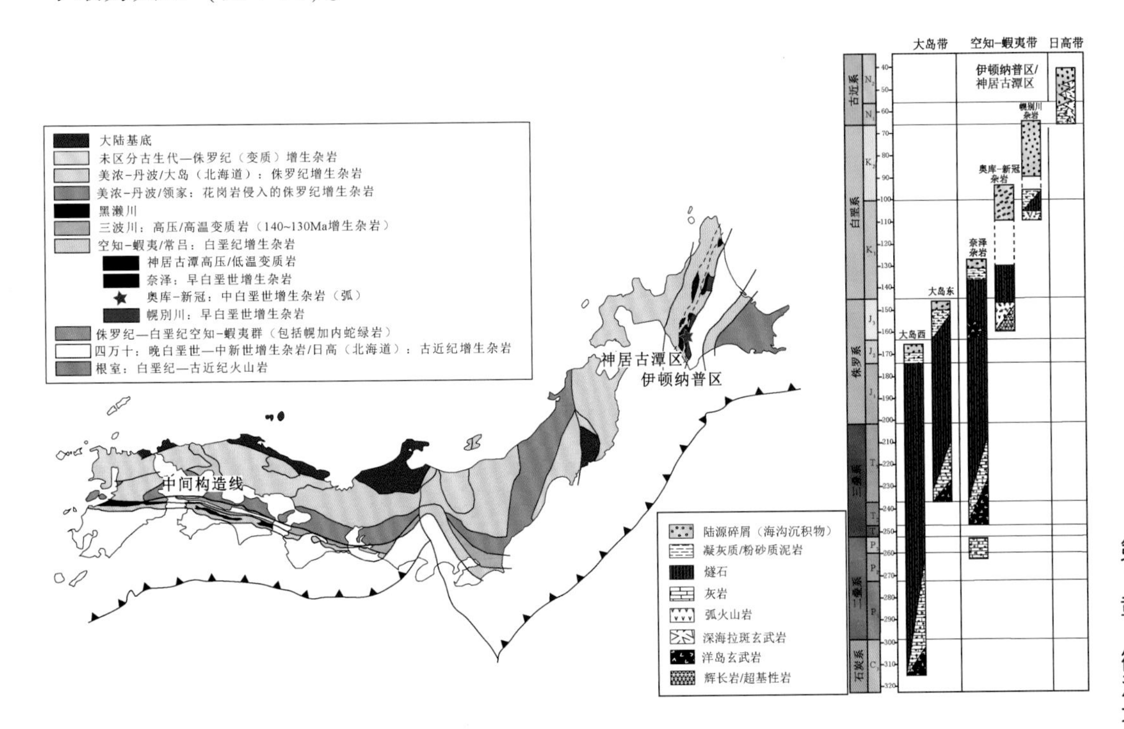

图 7-58　日本构造纲要图及增生型微洋块的大洋板块地层（OPS）柱状图（Boshcman et al.，2021）

尽管三波川（Sanbagawa）带以粉红色显示，以强调其高压高温（榴辉岩）变质作用，但其原岩是 140～130Ma 的增生杂岩，时间上相当于北海道的奈泽（Naizawa）杂岩

东亚陆缘北段的日本地体增生带、堪察加岛弧等可能保存有古太平洋板块中的洋底高原。日本地体增生带形成较早，Pb-Nd-Hf 同位素揭示，已消亡依泽奈崎-太平洋洋中脊增生的太平洋板块西半部洋壳玄武岩（165～130Ma）和增生并保存在日

本增生楔中洋底玄武岩（~80~70Ma）的地幔源区，分别来自太平洋（180~80Ma）和印度洋（~80~70Ma）地幔。这不仅意味着自白垩纪以来印度洋-太平洋地幔边界静止位于西太平洋（Miyazaki et al.，2015），似乎也指示前人重建的库拉板块横跨了太平洋和印度洋或新特提斯洋（Hilde et al.，1976；Miyazaki et al.，2015），这有着一定的地球化学证据支撑。

Wakita 和 Metcalfe（2005）对东亚和东南亚增生的大洋板块地层研究表明，日本北侧 Chugoku 地体是二叠纪增生杂岩，包括中晚二叠世海沟充填沉积物、中二叠世深海硅质岩和增生的石炭纪—二叠纪的海山，还有可能包括大华南与华北板块碰撞形成的飞弹地体中 220Ma 的榴辉岩。但是，日本南侧 Chichibu-Tamba-Mino-北 Kitakami 地体，为早侏罗世—早白垩世的增生杂岩，可延伸对比到菲律宾的北巴拉望地体中同年代的增生杂岩；Shimanto 地体为白垩纪—古近纪增生杂岩。

然而，日本东北侧的北海道分布有 5 个构造地层地体，分别是 Oshima、Sorachi-Yezo、Hidaka、Tokoro、Nemuro，其中，西部的 Oshima 向南与本州（Honshu）的相连，侏罗纪—古近纪的 Oshima、Sorachi-Yezo、Hidaka 地体向北都延伸到了俄罗斯的萨哈林。侏罗纪—早白垩世的增生杂岩也分布于俄罗斯锡霍特-阿林地区、中国东北那丹哈达地区。特别是，锡霍特-阿林地区的 Samarka 地体中一些灰岩包括晚泥盆世到三叠纪的放射虫和牙形石、石炭纪到二叠纪的纺锤蜓；而 Khabarovsk 地体的灰岩中出现了晚石炭世有孔虫和二叠纪珊瑚、牙形石及晚三叠世牙形石等；在硅质岩中，有三叠纪牙形石和放射虫等；硅质页岩和浊积岩中，有中晚侏罗世放射虫。那丹哈达地体的硅质岩和硅质页岩中含有中晚三叠世放射虫和晚三叠世—早侏罗世放射虫（图 7-58 右侧）。这些古生物证据表明，古太平洋板块可能确实老到泥盆纪就存在，但不在北半球高纬度（Matthews et al.，2016），而是最早起源于南半球低纬度海区（Wakita and Metcalfe，2005）。Yang（2013）提出，Okhotomorsk 洋底高原就是随依泽奈崎板块自晚三叠世开始从低纬度向北运移，并于 79~77Ma 堵塞在现今鄂霍次克海，100~90Ma 或 80Ma 还在东海东部短暂停滞，导致东亚陆缘此时缺乏岩浆事件。此时，太平洋板块在南侧也与欧亚板块接触，并启动了俯冲。

与此相反，Sun 等（2007）根据沙茨基海隆 145~125Ma 的热点轨迹，推测古太平洋板块向 SW 运动。实际上，沙茨基海隆 145~125Ma 热点轨迹指示的是依泽奈崎-太平洋洋中脊或三节点向北东的跃迁轨迹，并非太平洋板块的绝对运动方向［实际向 SWW 运动（Seton et al.，2012），即便如此，此时太平洋板块与华南板块没接触关系，也没有动力学关联，更与华南成矿无关］，也不是依泽奈崎板块的绝对运动方向（其 200Ma 以来始终向北西运动）（索艳慧等，2017）。

Boschman 等（2021）通过板块重建发现 Oku-Niikappu 地体实际是一个消失的洋内弧记录，这个地体在泛大洋中保存了约 45Myr，于~100Ma 拼贴增生到北海道。

它起源于远离大陆的洋内，即 Telkhinia 板片之上。该岛弧的消亡与泛大洋西北部洋中脊扩张方向发生约 30°变化有关，而且日本外带增生地体的演化历史显著不同于日本岛弧内带的弧后盆地演化史。这个研究明确建立了洋内大洋板块地层与陆缘构造的联系，可以用来重建消失大洋的板块格局或样式。

7.6.7 残生型微洋块

残生型微洋块一般被活动或死亡的洋中脊、海沟及转换断层所围限，成分为洋壳。现存的残生型微洋块可划分为活动型和死亡型两类，前者仍在俯冲消减，包括探险家、胡安·德富卡和里韦拉微洋块；后者已停止活动，包括蒙特利、瓜达卢佩、马格达莱纳和菲尼克斯微洋块。残生型微洋块产生的必要条件为：洋中脊与俯冲带的相对位移使围限的大洋板块面积不断减小，当整块洋壳面积减小到 10 万 km^2 以下时，即成为残生型微洋块；转换断层的出现及俯冲，使古洋壳板块或已形成的残生型微洋块几何学上“破裂”或“破碎”（并非真实的破裂或破碎）成为数个更小的微洋块。

残生型微洋块形成的动力机制为俯冲拖曳和地幔对流联合驱动下的海底扩张、相邻板块作用、新生洋壳浮力等。残生型微洋块的形成和演化与洋中脊、俯冲系统、板片窗形成及三节点的转化密不可分，研究其成因模式可为传统板块构造理论三大难题中的“板块动力”提供参考。在板块俯冲过程中，可能产生大洋汇聚边界，并以此作为微洋块新的边界（如里韦拉-科科斯边界），可观察到地形上的隆起，可与陆内变形带类比。残生型微洋块一般是古大洋板块“碎裂”的产物，其成因模式和对古板块分裂“谱系”的整理，对板块重建有一定的参考意义，研究其成因模式可为探索板块动力提供参考。

（1）残生型微洋块与裂生型微洋块及增生型微洋块的区别

值得注意的是，并不是所有残留于大洋内部的微洋块都是残生型微洋块，要区分这些微洋块是在上覆板块还是下盘俯冲板块上。例如，自西向东，以西侧残留弧、不活动的洋中脊和东侧马里亚纳海槽的洋中脊为界，两个微洋块分别从四国-帕里西维拉海盆被分割出来（含洋内弧建造）。这两个微洋块虽然残留于现今洋壳基底的弧后盆地内部，但是从成因角度上看，它们起源于裂解作用，故这里将其划分为与岛弧的裂解相关、位于俯冲消减系统仰冲盘的裂生型微洋块。

另外，残生型微洋块与增生型微洋块也存在相似之处，但前者发生于俯冲系统的下盘，后者多发育于俯冲系统的上盘，尽管两者形成过程都包括洋内块体的俯冲。二者的边界也类似，如科伊瓦微洋块的边界为科伊巴海岭、巴拿马海沟、哥伦比亚海沟与桑德拉（Sandra）裂谷。但增生型微洋块是在俯冲增生作用（subduction accretion）过程中形成，表现为俯冲盘的前缘拼贴并入到大陆内部，并在靠海一侧形成新的俯冲带。

已确认的现存残生型微洋块有法拉隆板块的残余胡安·德富卡、探险家、蒙特利、瓜达卢佩、马格达莱纳（Magdalena）和里韦拉等微洋块（图 7-59），以及菲尼克斯板块的残余（统称为菲尼克斯微洋块）。在法拉隆板块残余俯冲的地质过程中，还曾存在莫罗（Morro）微洋块和阿圭罗（Arguello）微洋块。

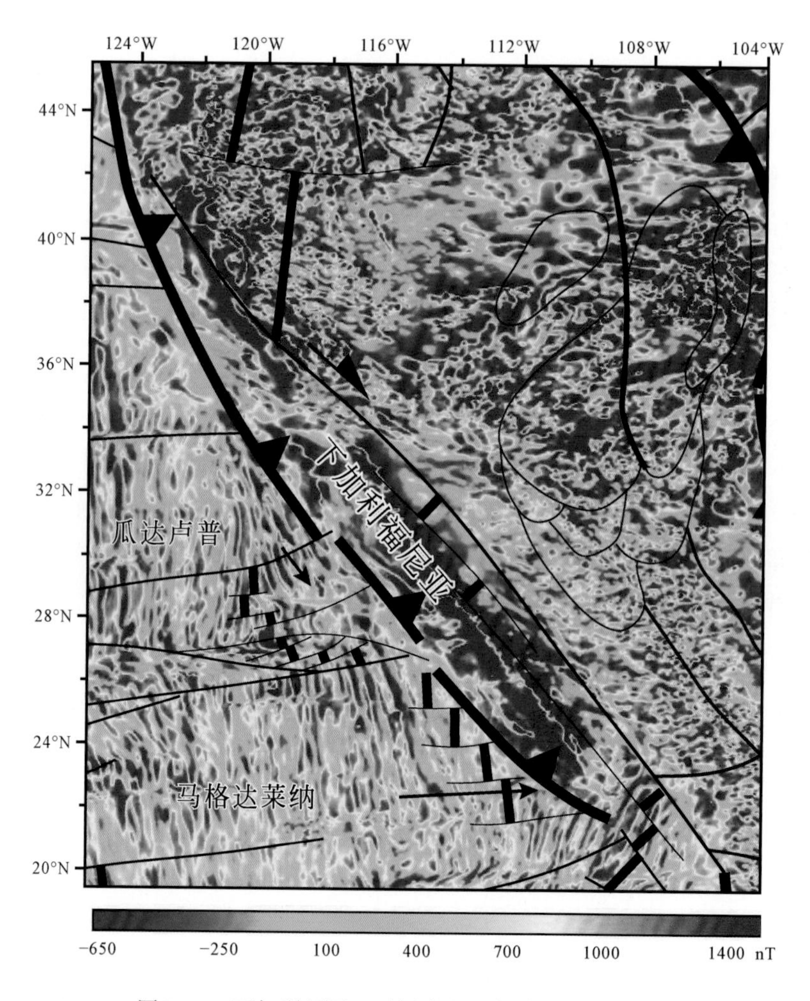

图 7-59　下加利福尼亚西侧残生型微洋块磁异常分布

(2) 蒙特利、莫罗和阿圭罗微等微洋块演化

蒙特利微洋块边界，由北部的死亡洋中脊、南部的蒙特利破碎带和东部的海沟组成。与其相连的俯冲板片延深超过 200km 而未拆沉（Wang et al., 2013）。莫罗微洋块在 20Ma 之前以莫罗转换断层为界，从瓜达卢佩微洋块分离，消失于约 18Ma

（图 7-60）。阿圭罗微洋块也在 20～18Ma 以阿圭罗转换断层为界，从瓜达卢佩微洋块分离（图 7-60）。18.8～17.3Ma 的磁异常指示，此时蒙特利和阿圭罗微洋块处于停滞状态。两者在扩张和俯冲停滞时相对于北美洲板块做转换运动，阿圭罗微洋块在 16Ma 之前消失（Stock and Lee，1994）。不同于莫罗和阿圭罗微洋块，蒙特利微洋块得以存在至今的原因类似于瓜达卢佩微洋块，即俯冲带和洋中脊近乎同步停止活动，微洋块并入圣安德烈斯断层的一盘。据此可推测，阿圭罗微洋块，在 17.3～16Ma，再次进入活动的俯冲带中。

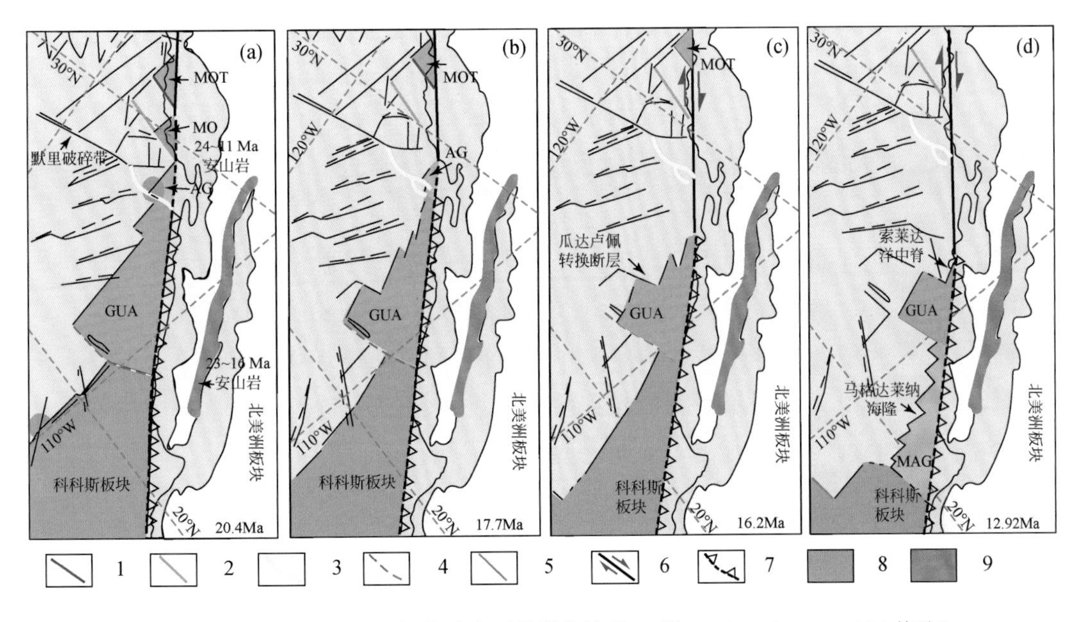

图 7-60　下加利福尼亚西侧的残生型微洋块演化（据 Stock and Lee，1994 修改）

1-蒙特利转换断层；2-莫罗转换断层/破碎带；3-阿圭罗转换断层/破碎带；4-雪莉转换断层；5-克拉里昂（Clarion）转换断层；6-平移断层；7-俯冲带；8-可确定与北美洲板块存在联系的区域；9-安山岩带。MOT-蒙特利微洋块；MO-莫罗微洋块；AG-阿圭罗微洋块；GUA-瓜达卢佩微洋块；MAG-马格达莱纳微洋块

7.6.8　碰生型微洋块

碰生型微洋块是指受大陆碰撞造山所触发的洋内相对独立的微板块或地块，其边界可以是转换断层、假断层等，在大洋内触发了洋中脊拓展式、跃迁式生长，形成独立微洋块。这类微洋块的形成也是构架大陆构造与海底构造的桥梁。

（1）马默里克微洋块形成机制

马默里克微洋块形成之前，位于凯尔盖朗地幔柱之上的印度洋-南极洲洋中脊已经快速扩张了几十个百万年（李三忠等，2018a；Li S Z et al.，2018a），巨大的凯尔盖朗高原也早已存在。传统的热点-快速洋中脊相互作用貌似不能触发马默里克微洋块的形成，但其对洋底复杂的地貌形态有重要影响。这里就其形成过程来探讨形成机制。

印度洋-南极洲洋中脊形成的微洋块北界为死亡的洋中脊，南界为假断层，其共轭的部分位于凯尔盖朗海台北部。多波束资料揭示的不对称假断层和旋转的深海丘陵组构表明，其发生过独立旋转。磁异常捡取和据已知扩张速率的年龄估计表明，其发生在磁条带 C21(n)o 时期（即约 47.3Ma）。板块重组可以触发洋中脊拓展和微洋块形成。现在认为，印度与欧亚板块的碰撞可划分为初始的软碰撞和之后的硬碰撞（Matthews et al.，2016）两个阶段。马默里克微洋块的形成记录了印度-欧亚板块的初始碰撞，所以，虽然是两个大陆板块之间的碰撞，实际并不是正面直接碰撞，而是初始的局部点接触。严格意义上来说，马默里克微洋块实为陆-陆软碰撞阶段形成的。

Matthews 等（2011，2016）认为，马默里克微洋块的形成与印度-欧亚板块的初始软碰撞相关，这次碰撞导致了印度洋-南极洲洋中脊的应力场变化，随后形成的新转换断层导致洋中脊分段性和拓展作用的改变。在微洋块形成前的印度洋-南极洲快速扩张洋中脊和凯尔盖朗地幔柱活动，可以通过薄而弱的岩石圈诞生而促使洋中脊拓展。但这两种情形在印度洋已经运行了几十个百万年，因此，不太可能触发这次短暂的事件。马默里克微洋块形成于印度洋-南极洲洋中脊，其北界为死亡的洋中脊，南界为假断层，其共轭的部分位于凯尔盖朗海台北部。在印度-欧亚板块碰撞前，快速扩张作用和地幔柱活动的联合作用形成了该微洋块北侧广大海域的波状海底和“W”形假断层。“W”形假断层说明当时洋中脊发生了向前和向后的拓展和衰退过程。马默里克微洋块的形成提供了一个精确的方法来限定印度-欧亚大陆初始碰撞时间。碰生型微洋块的洋内形成记录了大陆碰撞事件的起始时间，这一结果的获得完全独立于大陆地质研究，也是对基于大陆地质研究而确定的碰撞时间的重要补充。

VGG 数据图和自由空气异常图有助于识别磁异常条带和马默里克微洋块（图 7-61），自由空气异常图表现为低异常，同时转换断层的边界也很清楚。VGG 数据图揭示了许多海底独特的构造线理，与自由空气重力相比，VGG 数据能够更好地解析断裂带等细微结构，如洋底扩张形成的断裂带，洋中脊与地幔对流之间相互作用导致的块体运移而形成的“V”字形轮廓，以及各种生长型洋中脊、衰退型洋中脊、死亡洋中脊等。所有这些洋底特征均与板块移动相关，故通过重力数据识别出这些洋底地质要素，进而可推测板块运移、演化规律。

在马默里克微洋块北部，东西向构造如同类似的死亡扩张脊，并呈一个阶梯状的样式，具有负 VGG 特征［图 7-61（a）］。另外，在死亡的洋中脊状构造东南部可

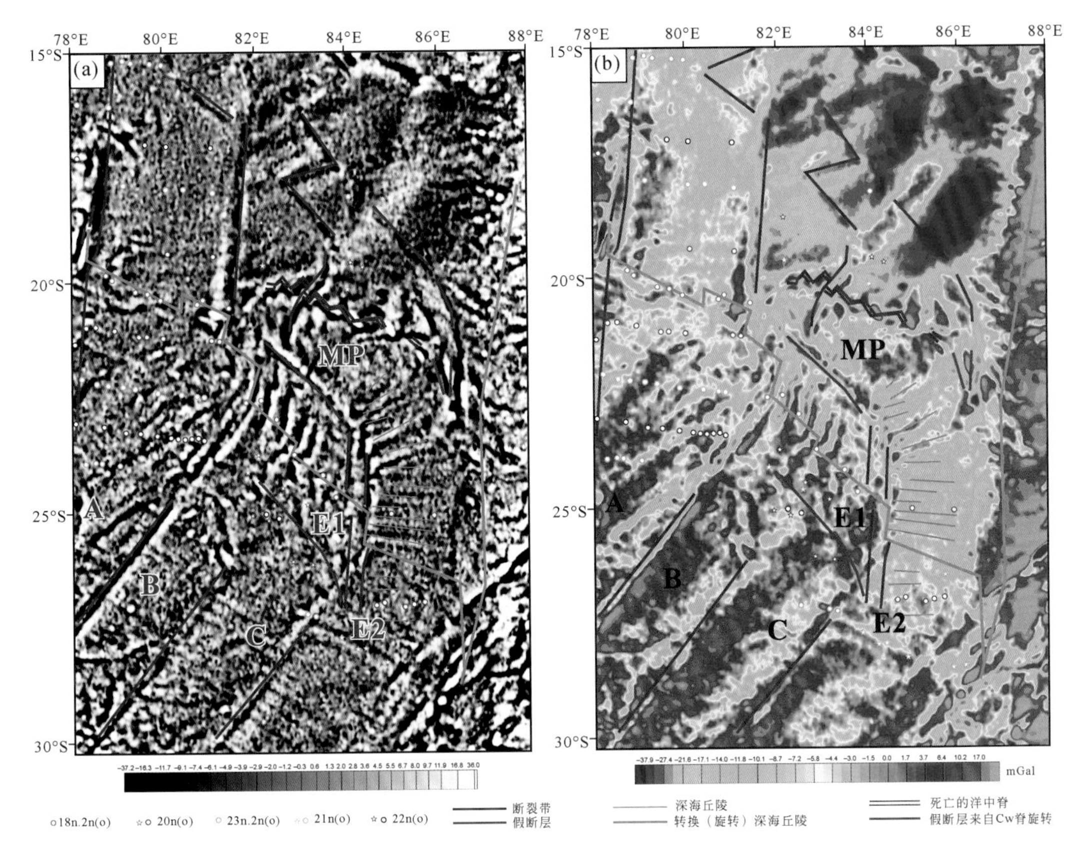

图 7-61　马默里克微洋块区域 VGG 数据特征（a）及区域自由空气重力异常响应（b）

MP 是马默里克微洋块，A、B、C、E1、E2 是破碎带代号

以看到海山结构。在其东端，它们与破碎带 E1-2 的位置相同，破碎带 E1-2 继续存在于较年轻的地壳中，可以追溯到今天的扩张脊。这些构造也是一条分水岭，介于高度分段性密集破碎带（较年轻地壳）的扩张系统和宽间距破碎带与非转换脊断错（较老地壳）迁移所致的“W”形线理的扩张系统之间。

在死亡洋中脊以北的印度板块上，独特的“W”形线理（与扩张方向斜交）记录了扩张脊的不断迁移，与 Morgan 和 Sandwell（1994）沿东南印度洋洋中脊描述的类似，表明扩张脊曾来回迁移。这些特征表明，扩张脊没有相对稳定的转换断层。在破碎带 B 和 C 以及破碎带 C 和 E 之间的板块上也可以看到这种海底结构。

（2）南俾斯麦微洋块演化

翁通爪哇洋底高原与澳大利亚大陆碰撞，使巴布亚新几内亚和所罗门群岛地区的壳–幔相互作用，形成大量微洋块，并使构造演化复杂化。俾斯麦洋盆形成之初为新不列颠岛的弧后盆地，发生弧–陆碰撞之后形成微洋块（图 7-62）。根据板块重建及地质剖面等资料，可以大致还原俾斯麦微洋块运动及形成过程（Robert et al., 2016；周洁等，2019）。

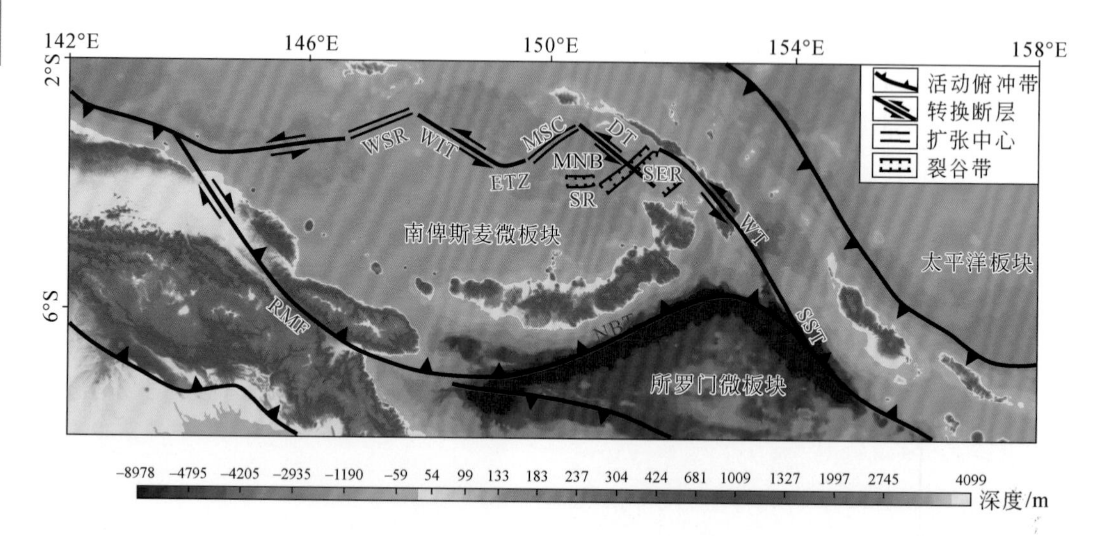

图 7-62　南俾斯麦微洋块区域地形图

DT-Djaul 转换断层，ETZ-伸展转换带，MSC-马努斯扩张中心，MNB-马努斯微洋块，RMF-拉穆–马卡汉姆（Ramu-Markham）断裂带，SER-东南裂谷带，SR-南部裂谷带，SST-南所罗门海沟，WIT-Willaumez 转换断层，WSR-西部扩张中心，WT-Weitin 转换断层

大约 6Ma 以前，Finisterre-Adelbert 地体与新大不列颠西部之间碰撞、缝合，导致了新不列颠海沟的向西拓展，以及 Finisterre-Adelbert 地体从加罗林板块的最初裂解，形成了南俾斯麦（South Bismarck）微洋块的初始形态［图 7-63（b）］。

约 5Ma，新不列颠的俯冲后撤诱发了俾斯麦海盆的扩张及所罗门海微洋块相对于澳大利亚板块的逆时针旋转（Govers and Wortel，2005；Stegman et al.，2006；Doglioni et al.，2007）；所罗门海微洋块的旋转导致了 Trobriand 海槽的形成及伍德拉克盆地的初始裂解，所罗门岛与翁通爪哇洋底高原沿北所罗门海沟汇聚，导致所罗门岛与北俾斯麦微洋块之间的不同板块运动以及 Feni 深渊的初始打开［图 7-63（c）］。

约 4Ma，弧–陆碰撞导致 Finisterre-Adelbert 地体进入新不列颠陆缘，之间形成了拉穆–马卡汉姆断裂。该次碰撞导致了南俾斯麦微洋块沿俾斯麦海断裂和西俾斯麦断裂的裂解、加罗林板块和西俾斯麦海向西不列颠海沟的俯冲、所罗门板块的旋转一直在持续，并伴随着在 Trobriand 海槽、新不列颠海沟及 San Cristobal 海沟处的俯冲，伍德拉克盆地及 Feni 深渊持续扩张［图 7-63（d）］。

到 3Ma，Finisterre-Adelbert 地体在 Ramu-Markham 断裂处，持续进行弧–陆碰撞；南俾斯麦微洋块的顺时针旋转导致了东俾斯麦海的扩张，形成了马努斯海盆，伍德拉克海盆持续扩张［图 7-63（e）］。

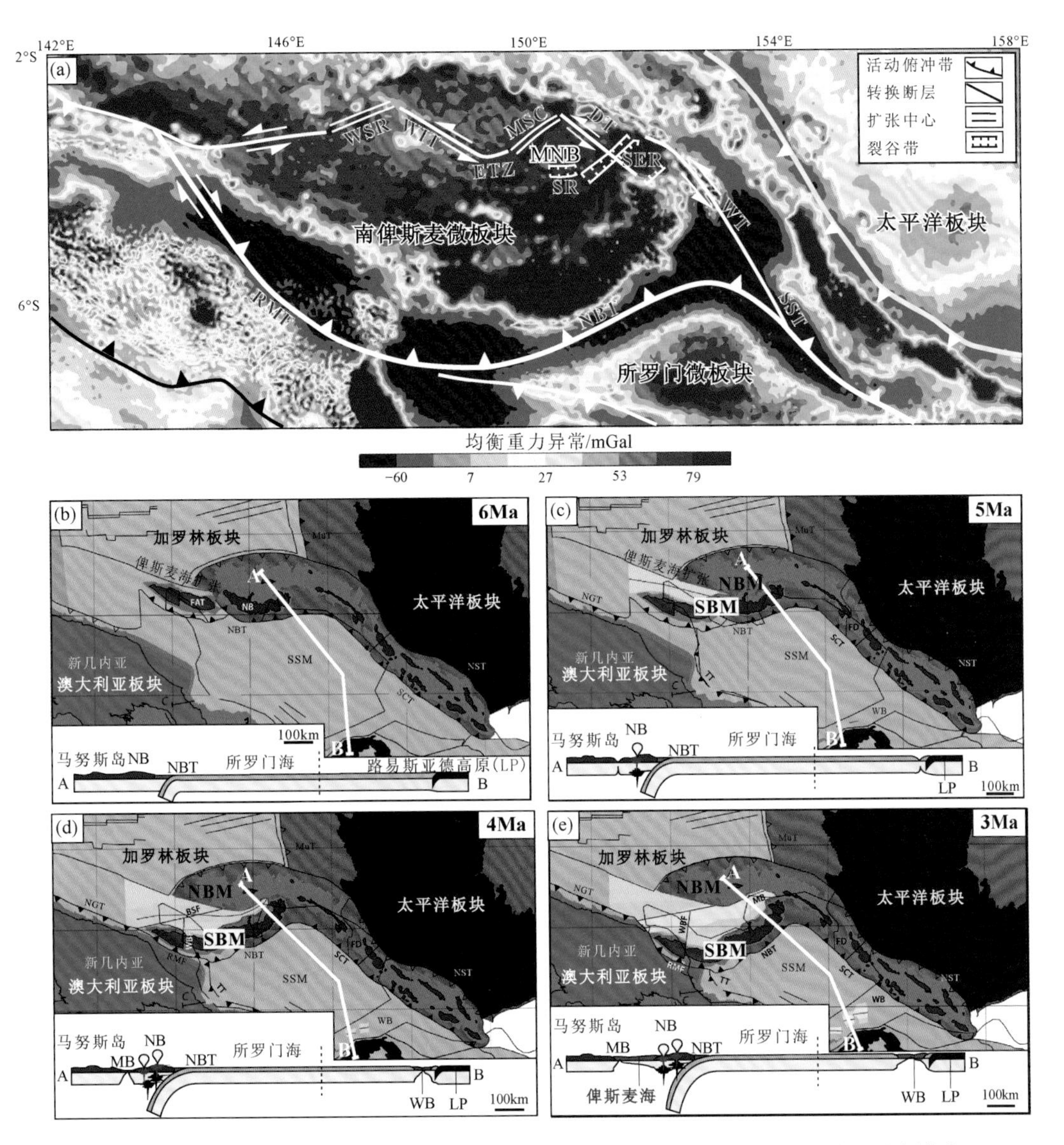

图 7-63　(a) 南俾斯麦微洋块均衡重力异常；(b)～(e) 南俾斯麦微洋块形成模式

(改自周洁等，2019)

WSR-西部扩张中心，WIT-Willaumez 转换断层，ETZ-伸展转换带，MSC-马努斯扩张中心，NBT-新不列颠海沟，SR-南部裂谷带，WB-伍德拉克盆地，DT-Djaul 转换断层，SER-东南裂谷带，WT-Weitin 转换断层，NST-北所罗门海沟，NGT-新几内亚海沟，SBM-南俾斯麦微洋块，NBM-北俾斯麦微洋块，SSM-所罗门海微洋块，SCT-San Cristobal 海沟，FAT-Finisterre-Adelbert 地体，RMF-拉穆–马卡汉姆 (Ramu-Markham) 断裂带，FD-Feni 深渊，TT-Trobriand 海槽，MuT-Mushau 海槽

就新不列颠岛弧而言，俾斯麦海是弧后盆地。它被俾斯麦海地震活动带、左旋转换断层带和扩张段划分为北俾斯麦（NBS）和南俾斯麦（SBS）微洋块，马努斯海沟（主要适应左旋平移）确定了北俾斯麦微洋块和加罗林/太平洋板块之间的边界。南俾斯麦微洋块现今的边界可以通过重磁很好地识别出来［图 7-63（a）］，在俯冲带附近，有明显的重磁负异常，该微洋块内部整体呈现较高的重磁正异常。南

俾斯麦微洋块包括新不列颠岛弧，其南部边界为新不列颠海沟，北部边界为俾斯麦海地震带（Taylor，1979；Gaina and Muller，2007）。南俾斯麦微洋块与澳大利亚板块的西南边界为 Ramu-Markham 断层，形成在中新世晚期 Finistere 岛弧与新几内亚北部碰撞时（Abbott et al.，1995；Hill and Raza，1999）。南俾斯麦微洋块顺时针快速旋转（9°/Ma），可能是弧-陆碰撞的结果，而北俾斯麦微洋块正缓慢地逆时针旋转（0.3～1.25°/Ma）（Wallace et al. 2004，2005）。

总之，对于碰生型微洋块，其形成同其他微洋块一样，由洋中脊生长拓展所驱动；不同的是，碰生型微洋块的形成是由于碰撞导致了原先的非转换断层断错并生长为转换断层，触发了洋中脊拓展性生长。所以，碰生型微洋块形成的根本动力就是碰撞的远程效应（印度-欧亚板块碰撞）或近场效应（洋底高原-岛弧碰撞）。

第 8 章 微陆块与大陆动力过程

微板块按照物质组成性质或岩石圈归属，可以划分为微陆块、微洋块和微幔块。其中，微陆块即岩石圈内组成归属为陆壳、陆缘弧壳或大陆岩石圈的微小块体。根据微板块的形成机制，可将微板块划分为拆离型微板块、裂生型微板块、转换型微板块、延生型微板块、跃生型微板块、残生型微板块、增生型微板块、碰生型微板块和拆沉型微板块八大类（李三忠等，2018a）。如果加上早期地球可能的滴坠型微幔块、撞击型微板块、龟裂型微板块，成因类型将超过 10 种，当然，还可能有其他类型尚不知晓。同样，依据微陆块成因机制，可将其划分为拆离型微陆块、裂生型微陆块、转换型微陆块、跃生型微陆块、残生型微陆块、增生型微陆块、碰生型微陆块七大类。尽管 Foulger 等（2019）提出了一个微陆块新类型，称为渐进式裂谷拓展型微陆块，但本书认为这个类型只属于裂生型微陆块的次级类型。此外，与整体的微板块类型划分相比，微陆块类型缺失拆沉型，这是因为大陆岩石圈发生拆沉形成的多数是陆幔型微幔块（见第 9 章）。

8.1 全球微陆块类型

8.1.1 拆离型微陆块

拆离型微陆块（detachment-derived continental microplate）主要是以切割大陆岩石圈的拆离断层所围限的微小大陆块体。拆离型微陆块形成的关键在于：大陆板块沿着岩石圈尺度的铲形拆离断层（detachment fault）伸展裂解，直到陆壳断块与大陆母体板块发生断离（breakoff）或远距离移置所致，有的残存细小陆块，可孤立出现在深海盆地中，对此也有人称之为伸展外来体（extensional allochthon）。

拆离型微陆块是具有陆壳属性的微板块，通常发育在洋内的洋陆转换带内，也有一些古拆离型微陆块保存在现今造山带内（图 8-1、图 8-2）。在一些文献中，也称为微大陆（micro-continent）、大陆碎片（continental fragment）、大陆板条（continental ribbon）、大陆板条（continental sliver）、H-型地块（H-block）以及伸展型外来体等

（Manatschal，2004；Peron-Pinvidic and Manatschal，2010）。洋陆转换带或大洋内部的微陆块多数是不对称的拆离型微陆块，起始于不对称的裂谷作用或拆离断层作用，主要分布在大西洋两侧陆缘、印度大陆西缘和东缘、南极洲的印度洋陆缘、南海海盆南北两侧、澳大利亚西北陆缘或洋内等。与此不同的是，裂生型微陆块则主要是对称裂谷作用和裂谷中心或扩张中心跃迁的联合作用所致，多数分布在活动陆缘附近，如东亚陆缘、西南太平洋陆缘、澳大利亚东北陆缘、西地中海等。

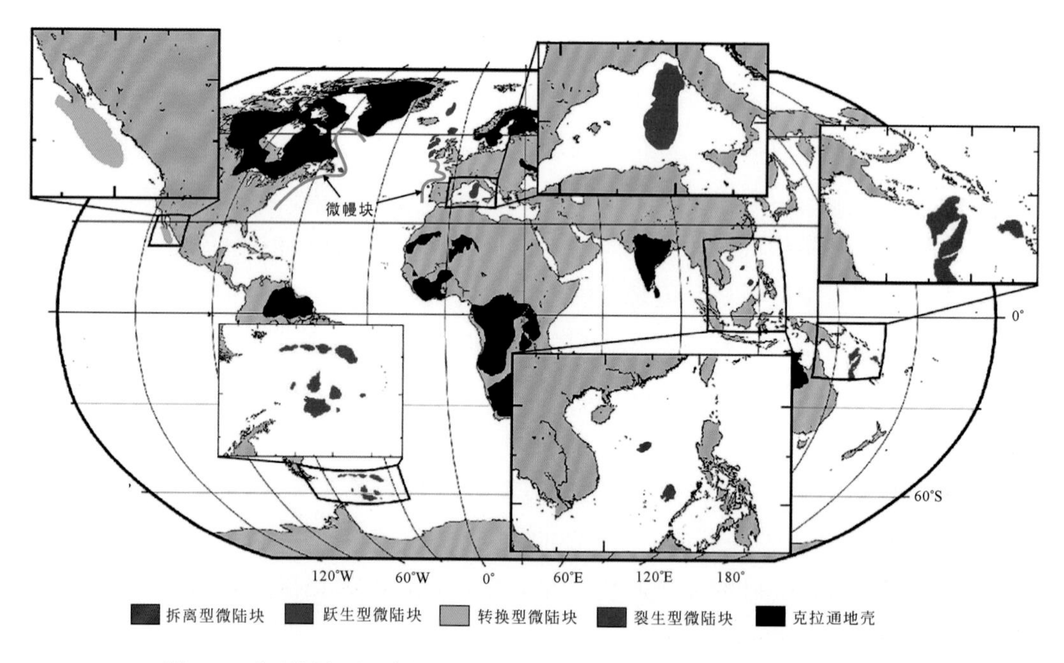

图 8-1　典型拆离型（据 Peron-Pinvidic and Manatschal，2010）和裂生型（据 van den Broek 和 Gaina，2020）洋内微陆块的全球分布

拆离型微陆块的典型代表之一为挪威-格陵兰海中的扬马延岛，它是一个完全脱离了母体大陆板块并被洋壳所包围的具有陆壳属性的岛屿（Kodaira et al.，1998）。此外，北大西洋南部伊比利亚-纽芬兰裂解系统中的罗科尔浅滩、哈顿浅滩、弗莱米什海角以及加利西亚浅滩，也都是由拆离作用形成的微陆块（Peron-Pinvidic and Manatschal，2010）（图 8-2）。Müller 等（2001）提出这些孤立微陆块的形成可能与地幔柱活动有关，是地幔柱作用导致了整个区域岩石圈的弱化，而后发生了裂谷作用，最终导致陆壳的一部分发生拆离。地震反射剖面也揭示出，这些微陆块大多被大型地壳尺度构造（拆离断层和相关高角度正断层）所围限。根据广角地震折射剖面可推测，扬马延岛、罗科尔浅滩、哈顿浅滩、弗莱米什海角以及加利西亚浅滩的陆壳厚度分别为 15km、30km、20km、30km 和 21km，因此，洋内微陆块比周边洋壳地壳厚度更厚，通常大于 15km，这在重磁异常上都有显著体现。其地震波速度从顶部的 6. 0km/s 到底部的 6. 9km/s，说明它们保存了裂解前的地壳结构。

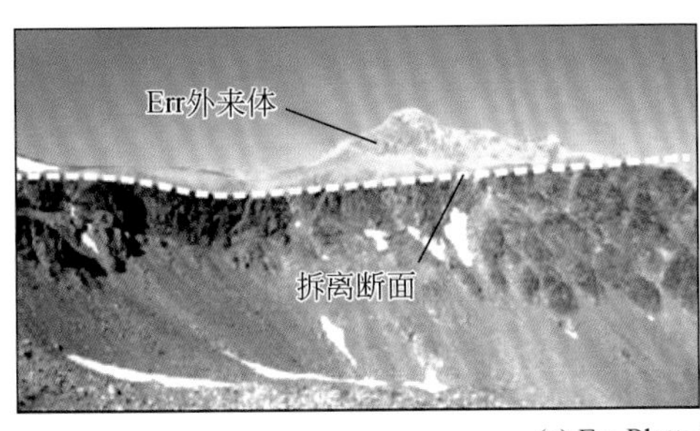

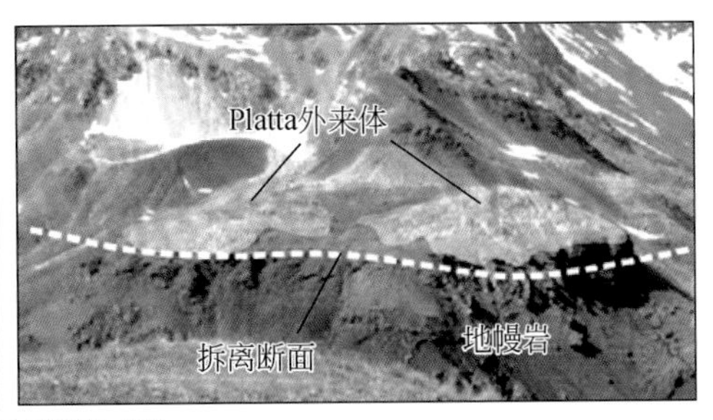

(a) Err-Platta伸展型外来体

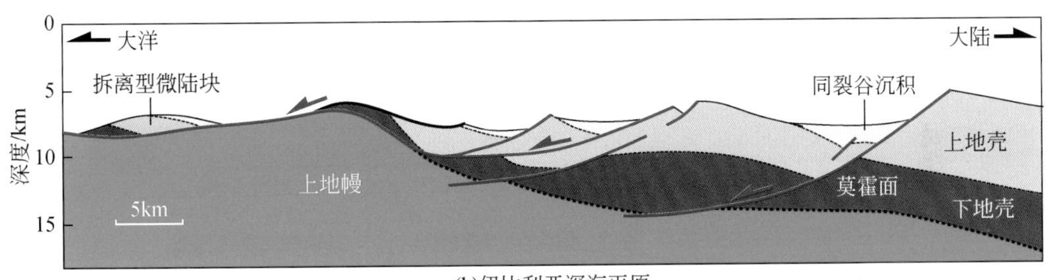

(b)伊比利亚深海平原

图 8-2　伊比利亚洋陆转换带和阿尔卑斯中发育的拆离型微陆块（据 Manatschal，2004）

H-型地块也是洋陆转换带中较为常见的拆离型微陆块，代表了未变形的、具有上地壳性质的上盘块体，通常也会保存裂解前的沉积盖层（Peron-Pinvidic and Manatschal，2010）。不同的伸展速率、大陆岩石圈热结构和流变学结构等，会导致H-型地块的形态、大小以及厚度各异。在纽芬兰陆缘中，残余的H-型地块总体呈现小而薄的特征（5～10km厚的陆壳），而在奥芬盆地（Orphan Basin）中的初始H-型地块却完全不同，厚度达到了～20km。总的来说，奥芬盆地中发育的初始H-型地块是拆离型微陆块演化的早期阶段，而伊比利亚–纽芬兰裂解系统中的H-型地块则代表了经历过伸展作用的拆离型微陆块更高级阶段的产物，是在后来的剥露过程中发生滑脱而变薄导致的。H-型地块也主要以大型低角度拆离断层围限，尽管有的地壳厚度较薄（可能低于5km），并且可能沿着拆离断层发生高度的肢解而变小，但它总体表现出与母板块完全不同的特殊构造演化，因此，需要单独考虑分析其额外的形成和演化过程。

伸展型外来体也是一种常见的拆离型微陆块，其概念起源于初始高度伸展区域（如变质核杂岩）剥露地壳或者地幔之上的微陆块（Lister and Davis，1989），这种微陆块可以称为拆离系统中无根的残块。最具代表性的伸展型外来体是阿尔卑斯中的Err-Platta伸展外来体［图8-2（a）］（Manatschal，2004）。其出露好、规模较大，以拆离断层面与下伏剥露出来的地幔岩呈构造不整合接触。值得注意的是，很多拆离外来体很容易被误认为是推覆体。在现今的被动陆缘，因地震图像分辨率等原因，只有规模较大的伸展型外来体才可能被观察到。例如，在伊比利亚深海平原中，通过深海钻探揭示出一个宽20km、厚2km的伸展型外来体［图8-2（b）］，大规模低角度的拆离断层作用将其从母体大陆完全拆离，其主体还保存了裂解之前的上、下地壳双层结构，以及同裂解期的沉积记录（图8-3），并且同样与下伏已经抬升剥露的上地幔岩石呈构造接触关系。

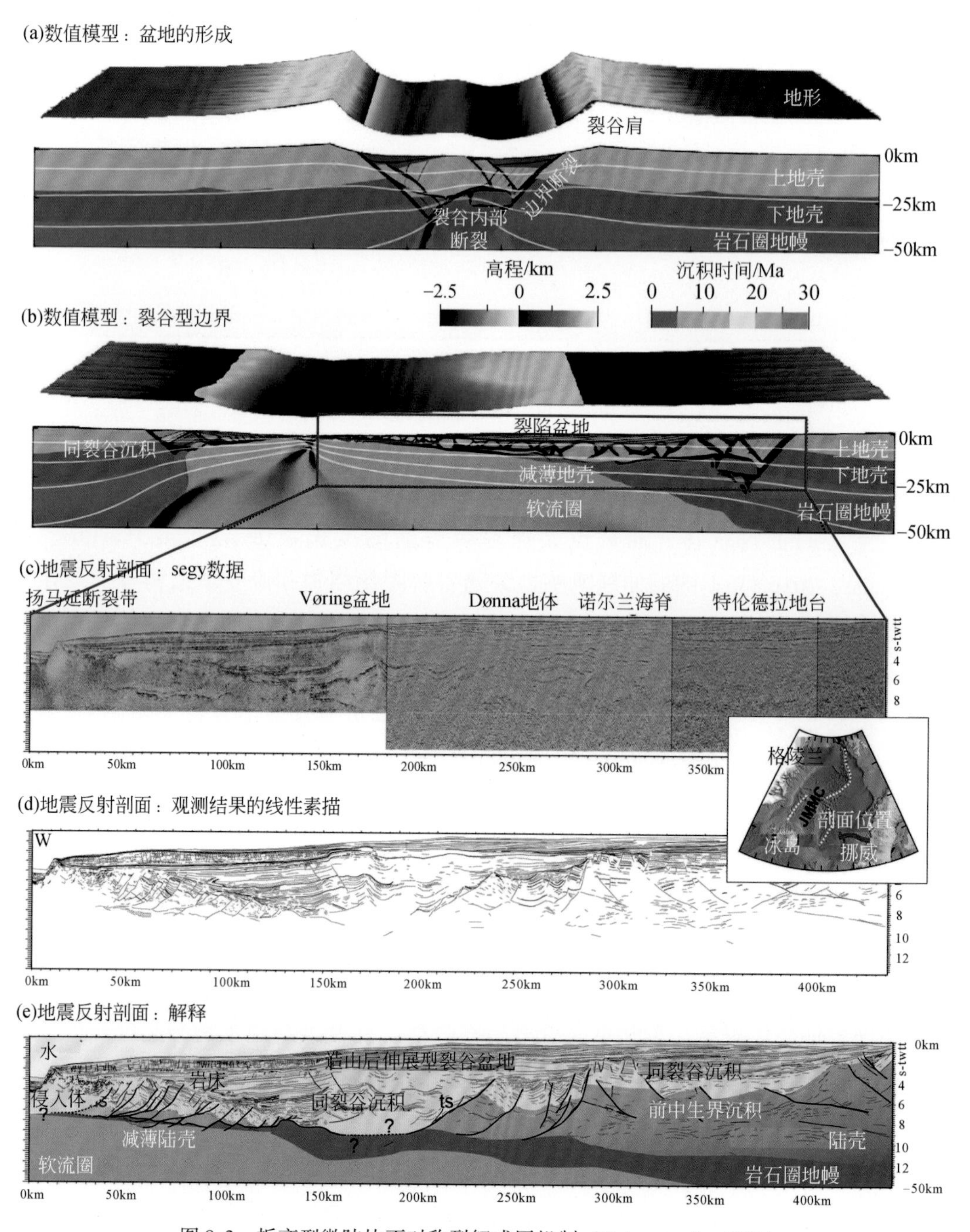

图8-3 拆离型微陆块不对称裂解成因机制（Buiter et al., 2023）

拆离型微陆块，不仅包括现今可直接观察到的微陆块，还包括地史时期曾经出现过的并可能已经死亡或卷入到其他造山带经强烈叠加改造的微陆块。也就是说，拆离型微陆块的构造旋回同样包括了形成、生长、死亡等演化过程，这个过程可能类似盆地演化，遵循威尔逊旋回，也可能不遵循经典的威尔逊旋回。例如，在中国中央造山带，前人的研究已经表明，晚古生代期间勉略洋的打开导致了南秦岭微陆块从古华南板块北缘拆离出去（张国伟等，2001）。在此之前，南秦岭微陆块所处的位置可能相当于现今的大西洋被动陆缘（实际是微板块边界，不属于传统板块构造理论中的板内环境）。因此可以推测，勉略洋打开、扩张之前，势必会在被动陆缘裂解过程中形成众多类似现今同等构造环境下观察到的大型低角度拆离断层，这可能体现在大巴山强烈不对称逆冲推覆的反转构造上（图 8-4）。因此，在地史时期，秦岭造山带内可能包含有大量的拆离型微陆块，而且，从某种程度上，南秦岭微陆块的前身也可能是大型拆离型微陆块。

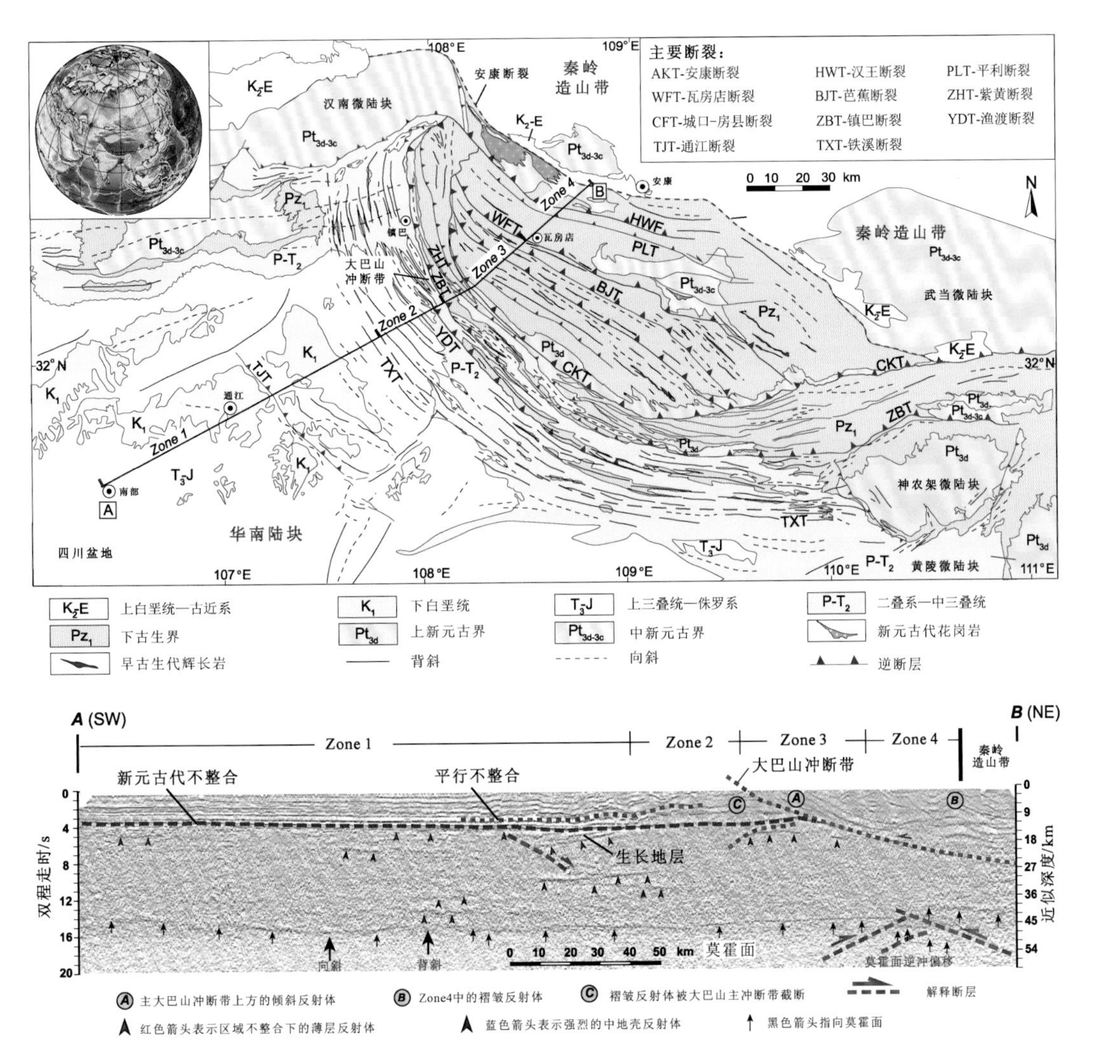

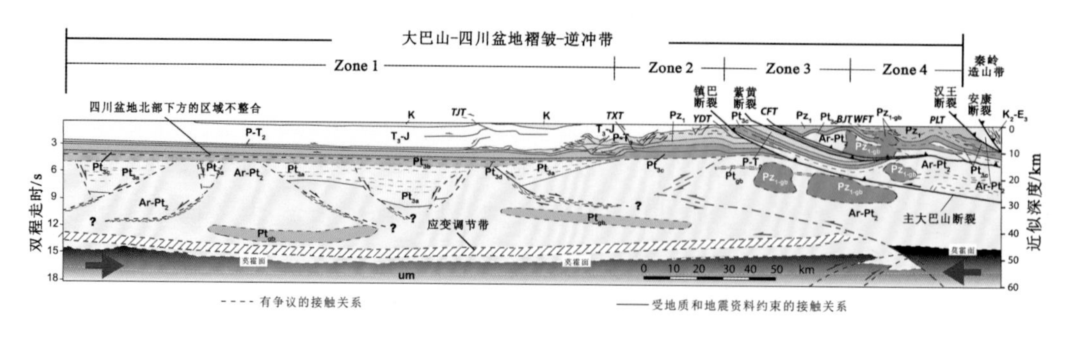

图 8-4　秦岭造山带南缘大巴山逆冲推覆构造带深反射地震及解释剖面（Dong et al.，2013）

8.1.2　裂生型微陆块

裂生型微陆块（rifting-derived continental microplate）是指因弧后扩张导致大陆岛弧裂解、漂移所新生成的微陆块，或因陆内裂谷拓展导致从大型大陆板块孤立出来的微陆块，常见于俯冲消减系统的上盘，如琉球微陆块；也可见于陆内，如非洲大陆板块内部的维多利亚微陆块；少数见于洋中脊，如冰岛扬马延微陆块。弧后盆地的地壳可以分为洋壳型、减薄的陆壳型以及岛弧地壳。地壳性质的差异反映了其形成于不同的构造环境或不同的弧后扩张演化阶段之中。其基底地壳属性为陆壳（含陆缘弧）的可称为裂生型微陆块。裂生型微陆块一般代表弧后扩张的初始阶段。

位于西菲律宾海板块西北侧的冲绳海槽是在大陆弧基底上因弧后扩张形成的，现今尚处于初始发育阶段（Shinjo et al.，1999；Xu et al.，2014；Liu B et al.，2016）。琉球微陆块西界因冲绳海槽的南北扩张程度不均衡而有所不同，海槽北部仍处于陆壳拉伸阶段，其边界可能为深大走滑断裂；中部处于裂谷阶段，其边界可能为裂谷；而南部已进入初始海底扩张阶段，很可能已出现新生洋壳，其边界应为弧后盆地洋中脊（Sibuet et al.，1987；李巍然和王永吉，1997；Park et al.，1998；梁瑞才等，2001；梁瑞才和王述功，2001；Yan and Shi，2014）。无论冲绳海槽不同段落处于哪个演化阶段，其中央裂谷或洋中脊都是微板块的边界，只是分段边界性质发生了变化。据此，微板块构造的边界厘定，对海洋国土划界具有重要的现实意义。

8.1.3　转换型微陆块

转换型微陆块（transform-derived continental microplate）主要受大陆型或大洋型转换断层（图 2-26）控制形成。现今这些控制性边界也可能成为破碎带或走滑断层。根据其分布的空间位置，可分为陆缘转换型微陆块和洋内转换型微陆块两种，其基底地壳属性皆为陆壳。

陆缘转换型微陆块多发育于俯冲带附近，是通过走滑型构造边界，如大陆型转换断层、洋-陆转换边界、洋中脊-转换断层系统以及大型走滑断层等，从陆缘脱离出去的大陆岩石圈块体。空间上，常与残生型微洋块相伴生。按其成因和边界性质，又可分为张扭型、压扭型和洋-陆转换型三个次级类型的陆缘转换型微陆块（图 8-5）。

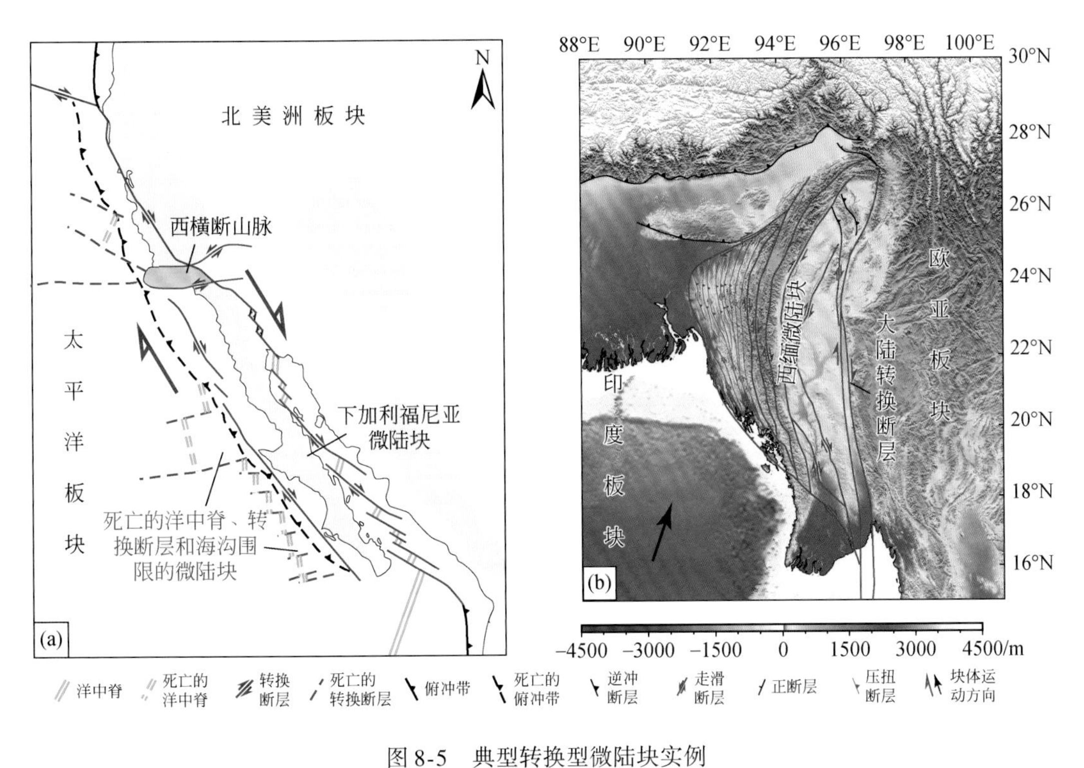

图 8-5　典型转换型微陆块实例

（a）下加利福尼亚微陆块和西横断山脉，（b）西缅微陆块（据 Rangin，2016 修改）

张扭陆缘转换型微陆块，其后缘通常为张扭性裂谷边界，或洋中脊-转换断层系统，如位于北美洲板块西缘的下加利福尼亚（Baja California）微陆块（Plattner et al.，2007）［图 8-5（a）］。下加利福尼亚微陆块西侧为太平洋板块，东侧以加利福尼亚湾、圣安德烈斯大陆型转换断层或走滑断裂与北美洲板块相接［图 8-5（a）］，其形成与太平洋板块和法拉隆板块之间的洋中脊-转换断层系统向北美洲板块斜向俯冲有关（Nicholson et al.，1994；Bennett et al.，2013；Fletcher et al.，2007；Plattner et al.，2007）；而压扭陆缘转换型微陆块的边界则为大陆型转换断层、大型压扭性走滑断层、逆断层和俯冲带等，如欧亚大陆西南缘的西缅微陆块（Rangin，2016）［图 8-5（b）］；洋-陆转换型微陆块边界为大陆型转换断层和走滑断层，其形成过程中常发生大角度旋转，如北美西海岸的西横断山脉（Western Transverse Ranges）（Nicholson et al.，1994）[图 8-5（a）]。

（1）陆缘张扭转换型微陆块

陆缘张扭转换型微陆块的前缘通常为洋-陆转换边界或斜向俯冲带，而陆缘后缘则由张扭性裂谷边界、以转换断层为主体的弧后洋中脊-转换断层系统或大陆型转换断层等组成。这些边界的位置和性质可通过震源机制解、垂向重力梯度和多波束等数据或手段快速检测出来（Gregg，2008；Goff et al.，1987；Matthews et al.，2016；Sclater et al.，2005）。前人研究表明，陆缘张扭转换型微陆块的发育和演化与大洋板块向大陆板块斜向俯冲过程中陆缘遭受前缘走滑转换和陆缘后缘张扭裂解有关。北美洲板块、南美洲板块和巽他板块西侧陆缘都发育该成因的微陆块（Bennett et al.，2013；Rangin，2016；Weber et al.，2015）。其中，下加利福尼亚微陆块最为典型[图 8-3（a）]。从成因上，陆缘张扭转换型微陆块与裂生型微陆块有些类似，但两者边界类型存在很大区别，裂生型微陆块前缘为俯冲带，陆缘后缘是以洋中脊为主体的正向离散型洋中脊-转换断层系统（Bird，2003；李三忠等，2018a）。

下加利福尼亚微陆块西侧为太平洋板块，东侧以加利福尼亚湾、圣安德烈斯大陆型转换断层或走滑断裂与北美洲板块相接（Plattner et al.，2007）。该微陆块现在已成为太平洋板块东缘组成。其形成与太平洋板块和法拉隆板块之间的洋中脊-转换断层系统，向北美洲板块斜向俯冲有关（Nicholson et al.，1994；Martín et al.，2000；Fletcher et al.，2007；Plattner et al.，2007；Bennett et al.，2013）。

28Ma 之前，两板块间的洋中脊-转换断层系统尚未与北美洲板块接触，北美洲板块西缘仍为正常的俯冲带[图 8-6（a）]。随着洋中脊-转换断层系统与俯冲带的接触，洋中脊-转换断层系统中原始稳定的洋中脊-洋中脊-转换断层（即 RRF）型三节点迅速向转换断层-转换断层-俯冲带（即 FFT）型三节点和洋中脊-俯冲带-转换断层（即 RTF）型三节点转变。由于新形成的洋陆转换边界与俯冲带共线，所以两者也为稳定的三节点（Mckenzie and Morgan，1969）。其中，北侧的 FFT 型三节点对应于图 8-6（b）中的 MDTJ（Mendocino triple junction），而南侧的 RTF 型三节点则对应于 RTJ（Rivera triple junction）。MDTJ 一直保持稳定的 FFT 型三节点形态，并逐渐向北迁移；而南部的 RTJ 则主要以 RTF 型三节点的形式随洋中脊的逐渐消耗而向南迁移。但由于洋中脊间小型转换断层的存在，RTJ 南迁的过程会不时被 FFT 型三节点的北迁短暂打断（Mckenzie and Morgan，1969），而其南迁的趋势并未改变，于 12.5Ma 左右迁移至下加利福尼亚高原的南端（Bennett et al.，2013）[图 8-6（c）]。这种 FFT 型和 RTF 型三节点分别向北和向南迁移的过程，使早期的俯冲带逐渐转变为右旋的洋-陆转换边界（Nicholson et al.，1994），形成了下加利福尼亚微陆块的西侧边界［图 8-6（b）（c）］。

Fletcher 等（2007）认为，16Ma 左右，下加利福尼亚半岛西侧的洋中脊在向海沟汇聚过程中，深部上涌的地幔向北美洲板块下方迁移，并在加利福尼亚湾底部的板片窗处上涌，导致 12.5Ma 左右加利福尼亚湾处大陆地壳的初始裂解［图 8-6（f）~（h）］。在这种深部背景下，太平洋板块的斜向俯冲使加利福尼亚湾地区发生强烈右旋张扭活动，形成大量右阶排列的右行走滑断层［图 8-6（c）］。这种排列的走滑断层使加利福尼亚深部地壳进一步拉分裂解［图 8-6（d）］。6Ma 之后，RTJ 继续南迁，并与早期的拉分体系相接。早期拉分最强烈的部位开始出现洋中脊，而先存的右行走滑断层则转变为大洋型或陆缘型转换断层并向陆内扩展，进而将部分岛弧从北美洲板块上剥离出来，形成下加利福尼亚微陆块（Bennett et al.，2013）［图 8-6（e）］。

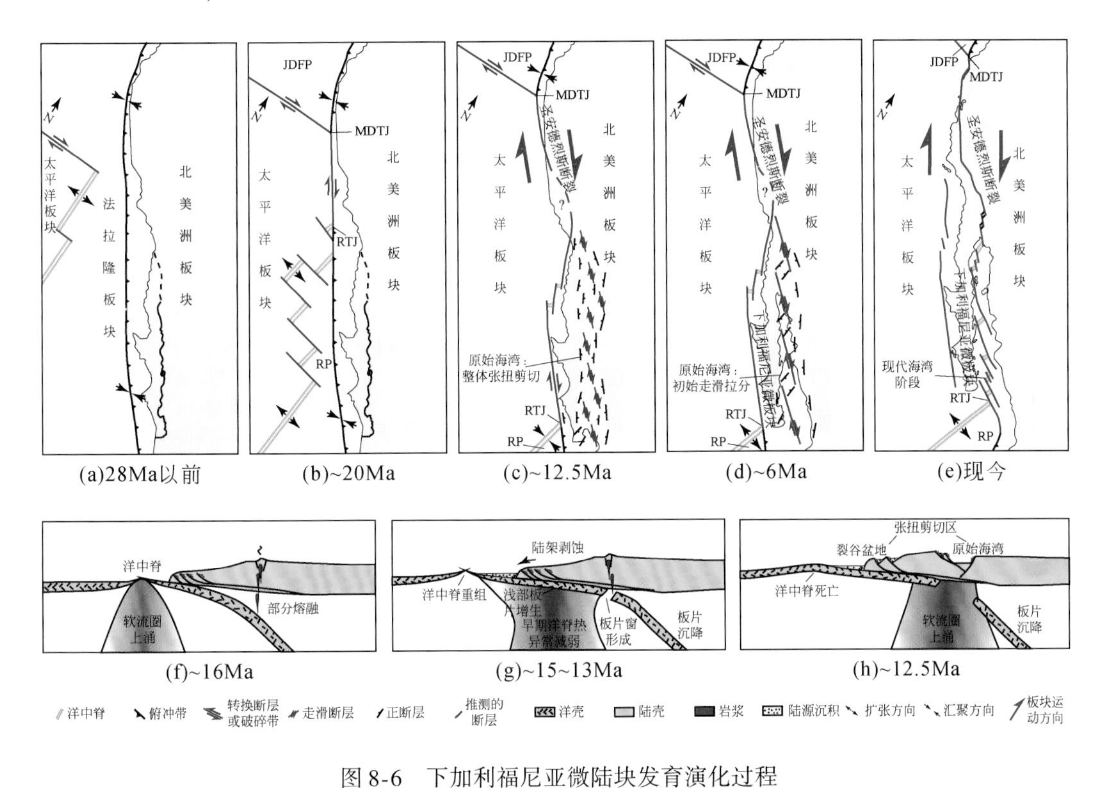

图 8-6　下加利福尼亚微陆块发育演化过程

（a）~（c）据 Bennett 等（2013）；（f）~（h）据 Fletcher 等（2007）。MDTJ-Mendocino 三节点，RTJ-Rivera 三节点，JDFP-胡安·德富卡微洋块，RP-里韦拉微洋块

（2）陆缘压扭转换型微陆块

与陆缘张扭转换型微陆块不同，陆缘压扭转换型微陆块的边界为大陆型转换断层、大型压扭性走滑断层或俯冲带。其形成虽然也是大洋板块向大陆板块斜向俯冲导致的，但整体为压扭性构造环境，如发育于巽他板块西北缘的西缅微陆块

（Rangin，2016）［图 8-3（b）］和加勒比板块北缘未命名的微陆块（暂定为乔蒂斯微陆块）（Pindell et al.，2005；Weber et al.，2015）。下面以乔蒂斯微陆块为例对其发育演化机理进行阐述。

乔蒂斯微陆块现今位于加勒比板块的东北缘（图 8-7），是加勒比板块和库拉板块向北美洲板块斜向俯冲过程中从北美洲板块剥离，并最终拼贴到加勒比板块东北缘的微陆块（Pindell et al.，2005；Weber et al.，2015）。该区发育大量的微陆块，其精细的构造演化场景可参见 Pindell 和 Kennan（2009）的研究。119Ma 左右，加勒比板块向北美洲板块的斜向俯冲导致早期的俯冲带转变为左旋的洋-陆转换边界，而北美洲板块与库拉板块之间则是近正向俯冲，仍然表现为俯冲带［图 8-8（a）］。随着加勒比板块俯冲方向向北东东偏转和持续楔入，洋-陆转换边界后缘的北美洲板块陆缘在 100Ma 左右撕裂，形成压扭型走滑双重构造［图 8-8（b）］。与此同时，库拉板块的俯冲方向也发生了偏转，由正向俯冲变为斜向俯冲，并在 84Ma 左右，形成了一条北西走向的走滑断裂或转换型板块边界。这条断裂与双重构造后缘北西西走向的大陆型转换断层相交，使乔蒂斯微陆块从北美洲

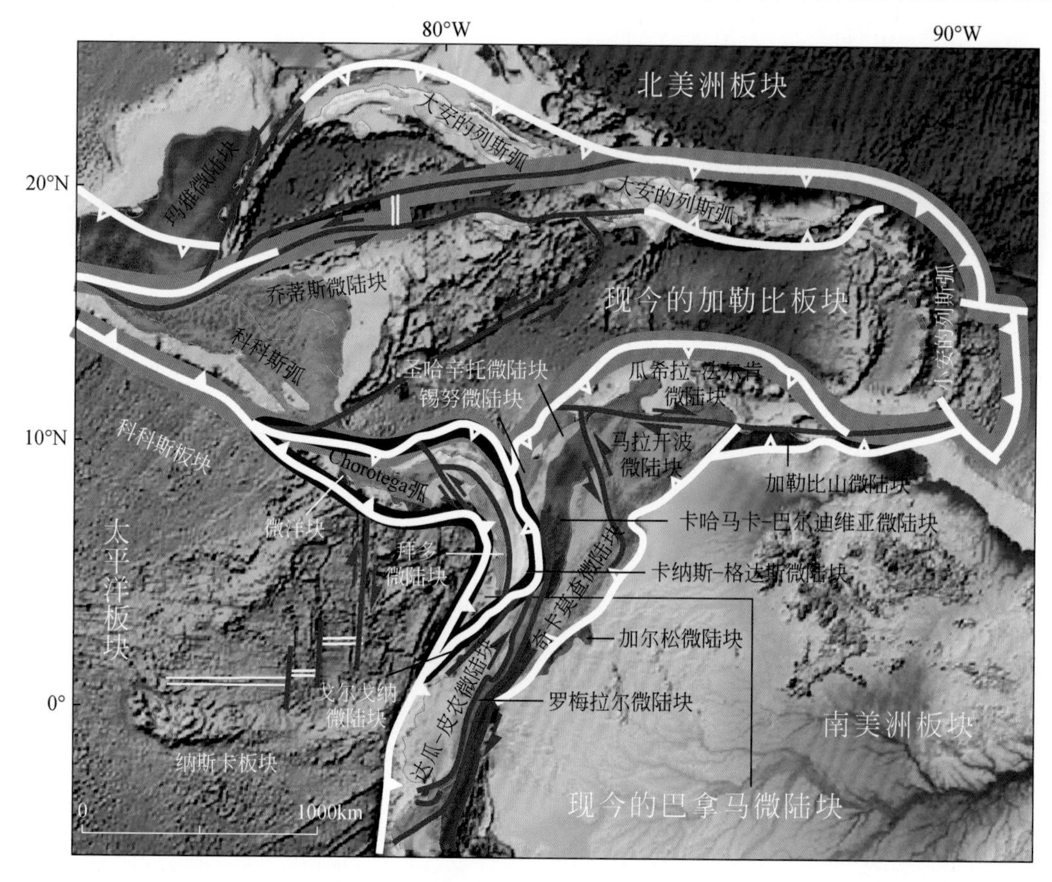

图 8-7　加勒比地区及周边微陆块分布

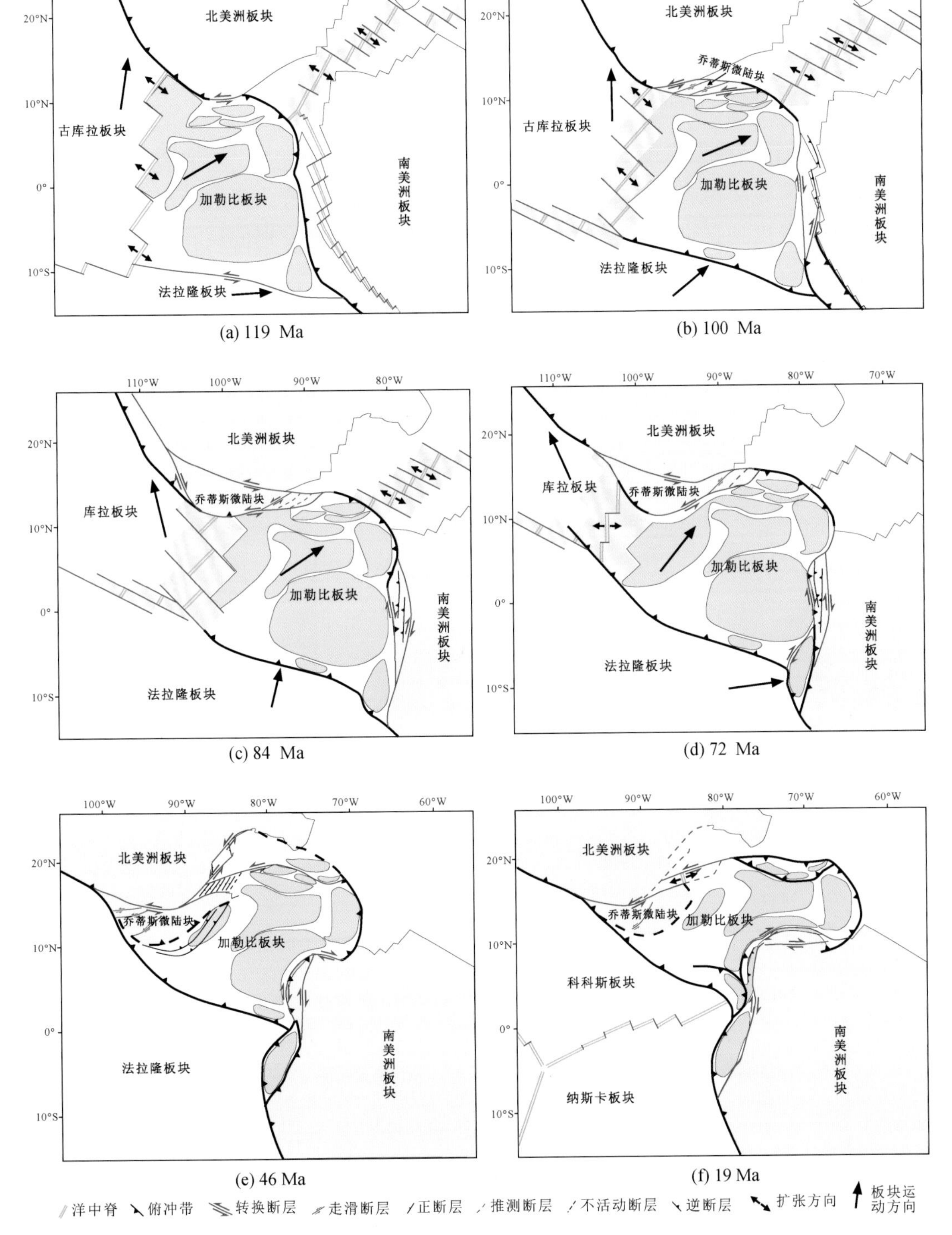

图8-8　乔蒂斯（Chortis）微陆块发育演化过程和机理（据 Pindell et al., 2005 修改）

板块主体剥离出来［图 8-8（c）］。随着加勒比板块俯冲方向向北东偏转，72Ma 左右早期的洋-陆转换边界受到挤压，转变为压扭性俯冲带［图 8-8（d）］。随着俯冲带的失活，最终乔蒂斯微陆块拼贴到加勒比板块之上［图 8-8（e）（f）］。

（3）洋-陆压扭转换型微陆块

洋-陆压扭转换型微陆块是一类非常特殊的微陆块，是大洋板块捕获俯冲微陆块，使其上覆板块构造环境发生改变的结果。由于其四周皆为走滑断层，这种微陆块常发生大角度独立旋转。这种微陆块的实例很少，现已发现的只有北美西海岸的西横断山脉（Nicholson et al.，1994；Bohannon and Geist，1998）［图 8-9（a）］。西横断山脉位于北美洲板块的西缘，下加利福尼亚微陆块的北侧。其构造特征和断裂局部滑动矢量与该处广泛发育的北西向区域性构造，如圣安德烈斯右旋剪切带具有很大差异。大量地质、古地磁、大地测量学以及地震数据都显示，早中新世以来，西横断山脉发生了大角度顺时针旋转，且现今仍处于旋转当中（Hall and Clarence，1981；Nicholson et al.，1994）。

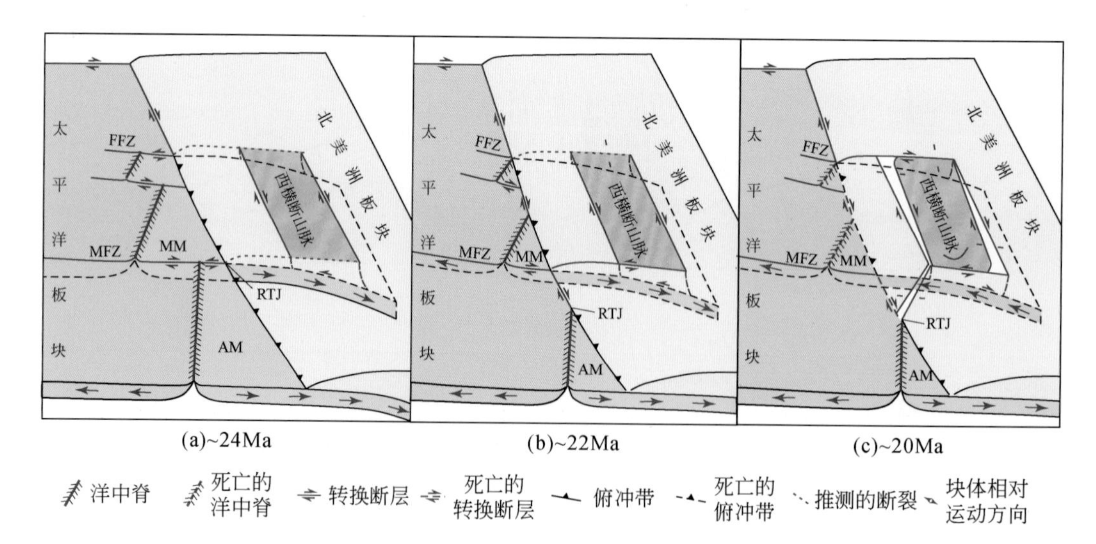

图 8-9　西横断山脉微陆块发育演化过程和机理

（据 Nicholson et al.，1994 和 Bohannon and Geist，1998 修改）

MM-Monterey 微洋块；AM-Arguello 微洋块；FFZ-法拉隆破碎带；MFZ-Morro 破碎带

30Ma 左右，随着北美洲板块向太平洋板块趋近，位于其间的法拉隆板块北端分裂为蒙特雷（Monterey）和阿圭洛（Arguello）两个微洋块（Atwater，1989）。向北美洲板块俯冲的过程中（24 ~ 22Ma），北侧的蒙特雷微洋块（MM）与太平洋板块之间的扩张速率急剧减小，而南侧的阿圭洛微洋块（AM）与太平洋板块之间则正常扩张，且俯冲过程中 RFF 型三节点转变为 RTF 型三节点（即 RTJ），并逐渐向南迁移（图8-9）。以上两个微洋块间扩张速率的差异，不仅导致俯冲板片（蒙特雷）南侧的莫鲁（Morro）破碎带（MFZ）复活发生左旋走滑，也影响了两个俯冲板片与上覆北美洲板块的耦合程度。MFZ的活动以及蒙特雷微洋块与上覆北美洲板块耦合程度的增强，使蒙特雷俯冲板片上覆北美洲板块发生破裂，形成一系列走滑断层，构成了西横断脊的雏形（Nicholson et al.，1994）。

20Ma左右，随着太平洋板块与蒙特雷微洋块之间扩张脊的闭合，蒙特雷微洋块被太平洋板块完全捕获，并与之一起沿南北两侧的MFZ和法拉隆破碎带（FFZ）向北西向运动。蒙特雷俯冲板片的北西向运动对上覆北美洲板块基底施加的北西向拖曳应力（Bohanon and Geist，1998）以及两者之间的强耦合作用，不仅使蒙特雷微洋块向北美洲板块的俯冲停止，也使得上覆北美洲板块内部早期形成的走滑断层转变为张扭性转换断层（Nicholson et al.，1994）。通过应变分解可知，这种构造体制的转换会导致走滑断层围限的西横断山脉发生顺时针旋转，从而形成现今的形态（图8-9）。

（4）洋-陆张扭转换型微陆块

深海大洋有许多异常台地，如邻近大陆分离的淹没大陆碎片（如扬马延海岭）、古老岛弧（如阿维斯海岭）、热点和扩张中心形成的玄武岩建造（如冰岛、科科斯海岭），大多数板内洋底高原都与热点活动有关（如凯尔盖朗、布罗肯海脊、翁通爪哇）。反之，许多洋底台地位于大陆到海洋的过渡地带，形成50～1000km长的岬角，其性质和起源与大陆裂解有关，尽管没有严格定义，但“陆缘台地”（marginal plateau）一词在文献中经常被用来描述这些靠近大陆的海底隆起特征。

“陆缘台地”概念首次出现在Ewing等（1971）的一份出版物中，用于描述福克兰-马尔维纳斯群岛陆缘附近的福克兰海底台地。后来，Veevers和Cotterill（1978）使用了相同的术语描述北斯科特、埃克斯茅斯、博物学家（Naturaliste）和沃勒比（Wallaby）台地，它们看起来像澳大利亚近海的大陆延伸。1979年，丁格尔和斯克鲁顿将爱尔兰西南部的戈班支线定义为陆缘台地，他们将其描述为“从凯尔特（Celtic）陆缘的西南缘向海洋突出的矩形直立地质块体”。Eldholm等（2002）也使用了相同的术语来描述Vøring台地，该台地以扬马延断裂带为界，是断裂活动期间发生重大火山事件的地点，并描写道：在挪威中部，斜坡被1000～1500m水深的大型Vøring陆缘台地中断。“陆缘台地”一词在国际水文图中也能找到。在国际IHO（International Hydrographic Organization）联合报告中，它们被定义为“相当平坦或几乎平坦的地形，在一侧或多侧突然下降”（International Hydrographic Organization，2008）。

这些“陆缘台地”的地壳性质及其与裂解的关系存在争议，一些学者认为是变薄的陆壳区域，如 Demerara 台地（Greenroyd et al., 2007, 2008）；另一派学者提出可能对应于增厚的洋壳构造域，如福克兰-马尔维纳斯台地（Schimschal and Jokat, 2018）；还有学者建议为被岩浆底侵和侵位的陆壳，如 Vøring 台地（Berndt et al., 2001）。

Mercier de Lépinay 等（2016）对全球转换型陆缘的观察表明，异常海底台地至少占转换型陆缘的四分之一。这是首次用自然地理和构造标准定义了这类特定的台地。这些“陆缘台地”具有矩形或三角形形状，并由其一侧的变换构造系统界定。Mercier de Lépinay 等（2016）的研究还表明，许多陆缘台地都位于具有不同破裂年龄和/或开裂方向的大型海盆交汇处，进而提出陆缘台地可能由陆壳碎片组成，这些碎片通过几次连续的裂谷作用和变形转变而变薄且独自演化。

Loncke 等（2020）遵循 Mercier de Lépinay 等（2016）提出的陆缘台地定义，将其重命名为“转换型陆缘台地”（TMP），以便更准确地区分与转换型陆缘无关的台地。Loncke 等（2020）认为，这些陆缘台地中许多不仅是转换型的，而且还是火山型陆缘的，如 Demarara、Vøring、Exmouth、Rockall 陆缘台地。最后，他们将转换型陆缘台地定义为：位于稳定地台和下陆坡之间的水深较深、平面状和近水平台地，其一侧以转换型陆缘为界。转换型陆缘台地的性质、地球动力学意义、与大型火成岩省的关系以及相关沉积记录的确定是非常重要的。因为转换型陆缘台地是转换型板块边界，可能形成分离的大陆板块之间的最后接触点，因而，在古海洋学研究中具有重要意义，对古地理和海洋环流产生影响，其中一些可能是动物迁徙的陆桥。

总之，洋陆过渡带的许多海底台地形成了高耸的水深高点。由于靠近大陆，它们经常被贴上“陆缘台地”的标签，但这个术语既没有明确的定义，也没有与特定地质或地球动力学过程联系起来。到目前为止，这些高海拔地形还被解释为从大陆分离出来被淹没的变薄大陆碎片、热点、火山型陆缘或洋底高原形成的玄武岩建造。但是，其中的许多台地，形成于连接不同时代海盆的转换型陆缘，对此，Loncke 等（2020）首次定义和确定了这类与特定构造环境相关的陆缘台地为“转换型陆缘台地”，并基于世界各地 20 个转换型陆缘台地的汇编（图 8-10）发现，大多数台地具有多阶段的演化历史，并且经历了至少一个主要的火山活动阶段。这突出表明，热点、火山活动和转换型陆缘台地之间存在密切联系。转换型陆缘台地是与周围裂谷垂直或斜交的转换型板块边界，由于具有多阶段演化历史，因而可能包含几个长期连续的盆地沉积记录。其中，许多转换型陆缘台地在大陆破裂过程中接近最后接触点，可能在大陆板块之间形成了陆桥或水深高点，因此涉及洋流起源和变化、古生物多样性增长、生物连通性和谱系进化等更广泛的科学问题。

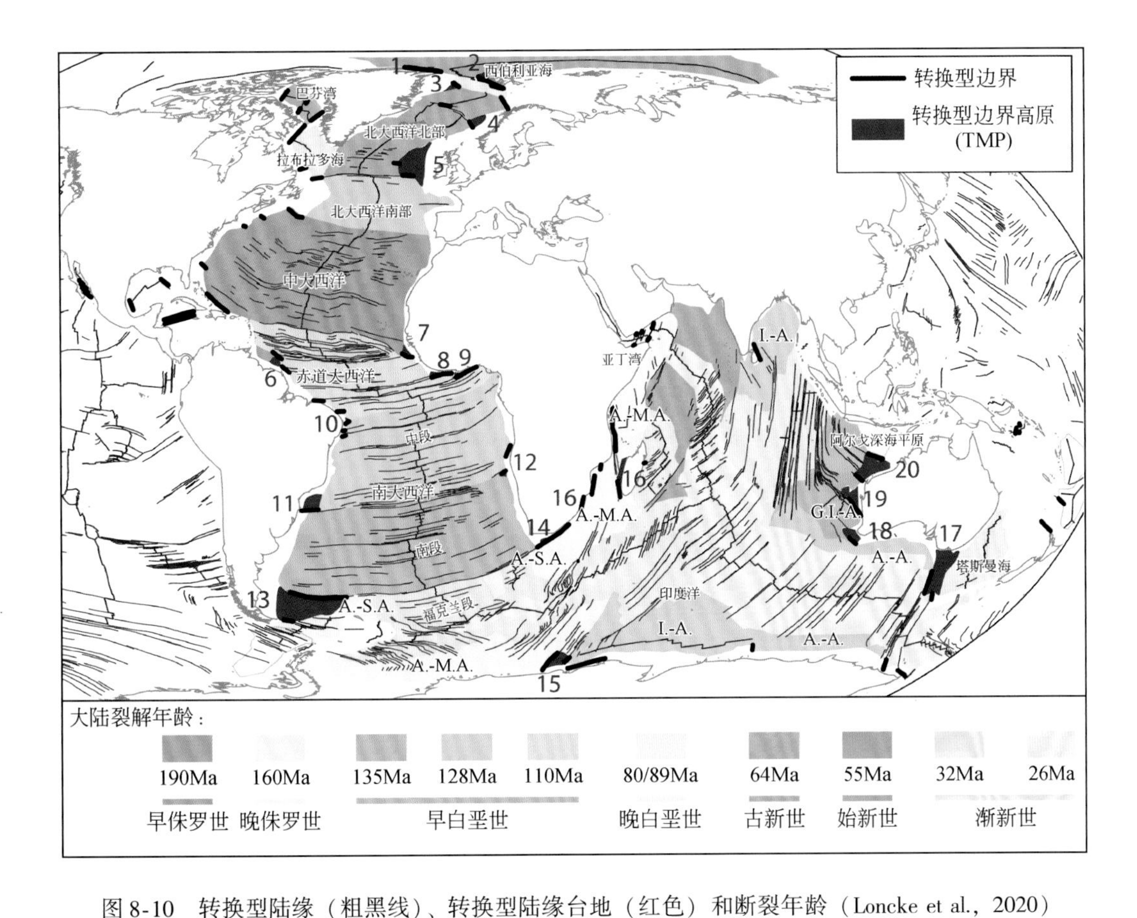

图 8-10　转换型陆缘（粗黑线）、转换型陆缘台地（红色）和断裂年龄（Loncke et al., 2020）

大多数破裂带年龄都是根据 Müller 等（2008）推断的。印度–马达加斯加–南极洲分离域来自 Marks 和 Tikku（2001），印度–澳大利亚–南极洲分离年龄来自 Gibbons 等（2013）。中大西洋破裂年龄来自 Labails 等（2010）以及 Davison 和 Dailly（2010）。蓝色大洋破碎带据 Matthews 等（2011）。1-莫里斯·杰塞普（Morris Jesup）海隆；2-Yermarck台地；3-NZ Greenland 台地；4-Vøring 台地；5-Faroe-Rockall 台地；6-Demerara 台地；7-几内亚（Guinea）台地；8-Liberia；9-Côte d'Ivoire-Ghana；10-Potiguar 台地；11-Sao Paulo 台地；12-沃尔维斯（Walvis）台地；13-福克兰–马尔维纳斯（Falklands-Malvinas）台地；14-厄加勒斯（Agulhas）台地；15-Gunnerus海脊；16-Morondava 台地；17-塔斯曼（Tasman）台地；18-Naturaliste 台地；19-Wallaby-Cuvier 台地；20-Exmouth 台地。构造域缩写：A.-S. A-非洲–南美洲；A.-M. A.-非洲–马达加斯加–南极洲；I.-A.-印度–南极洲；A.-A.-澳大利亚–南极洲；G. I.-A.-大印度–澳大利亚；T. Sea-塔斯曼海

8.1.4　跃生型微陆块

跃生型微陆块（ridge jumping-derived continental microplate）是由死亡的陆缘裂谷、洋中脊、陆缘型转换断层、变换断层或走滑断层所围限，主要通过裂谷中心、洋中脊发生远距离的向陆或向海跃迁而形成。跃生型微陆块常是被大洋岩石圈包围或至少一侧为大洋岩石圈的大陆碎片，典型例子是南海南沙微陆块以及西北印度洋内的一系列微陆块。

Vink 等（1984）认为，如果裂谷发生在陆壳和洋壳之间的边界附近，由于陆壳的流变性质更弱，裂谷将优先发育于陆壳。地幔柱与大陆岩石圈的相互作用（Richards et al.，1989）或地幔柱与新生洋中脊的相互作用会触发裂谷拓展扩张，这是引发微陆块形成的两个主要机制（Müller et al.，2002；Gaina et al.，2003）。其中，活动热点（地幔柱）附近的大陆裂谷跃迁模型成功解释了多个微陆块的多幕连续形成，如扬马延微陆块、塞舌尔微陆块等（Müller et al.，2002；Gaina et al.，2003）。

跃生型微陆块通常产生于年轻的大陆岩石圈边缘，形成裂谷时（Borissova et al.，2003）原有的扩张中心被抛弃，在附近的大陆内部形成一个新的扩张中心，导致大陆板块的一小块（跃生型微陆块）从大陆板块上裂离［图 8-11（a）］。跃生型微陆块离轴死亡后，被大洋板块夹带着运动，最终会以微陆块增生的形式到达另一侧板块的汇聚陆缘（Vink et al.，1984），以地体拼接（碰生型微陆块）或地体增生（增生型微陆块）的形式残留或保存在非母体的大板块内部或边界（李三忠等，2018a）；也可能因为岛弧向裂解大陆板块边缘的汇聚导致裂解作用终止、裂谷闭合，一些微陆块再次拼合，如北美洲板块东岸古生代的情形［图 8-11（b）~（f）］。

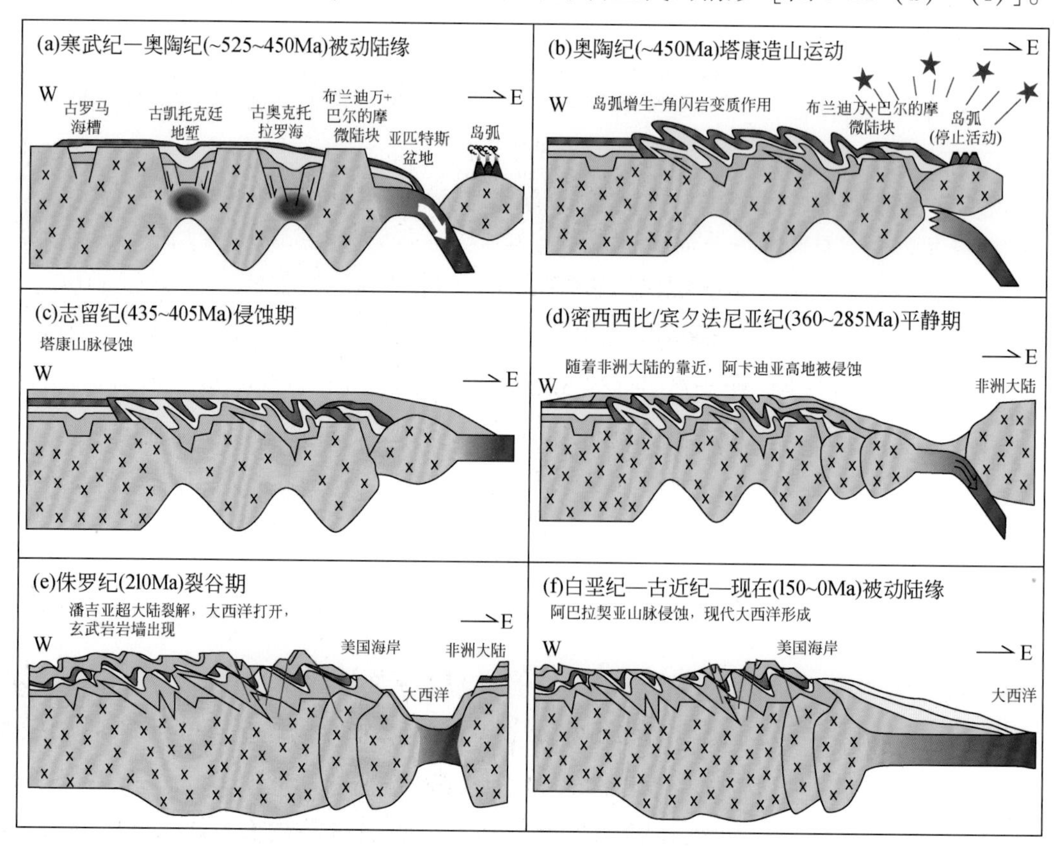

图 8-11　北美东部宾夕法尼亚被动陆缘的裂谷开合式微陆块聚散模式（Friehauf，2000）

Friehauf（2000）提出的北美大陆古生代构造演化模式，不仅再现了塔康造山运动（Taconic Orogeny）之前微陆块连续裂解进入洋盆的过程，而且揭示了加里东期亚匹特斯洋闭合时一系列微陆块通过弧-陆碰撞的增生过程，还描绘了潘吉亚超大陆聚合期间一系列微陆块的持续聚合，也阐明了大西洋洋盆最终裂开过程中宾夕法尼亚被动陆缘形成历史（图 8-11）。

8.1.5　残生型微陆块

残生型微陆块（subduction-derived continental microplate）指俯冲消减作用末期因陆-陆碰撞而卷入造山带中并保存下来的、与相邻大地块演化历史不同的微陆块（大陆岩石圈碎片），常见于碰撞造山系统。其本质成因过程还是先存微陆块通过与另一个大陆板块之间发生的俯冲、碰撞、增生和造山作用，始于俯冲作用，而不是碰撞作用。据此，可区分残生型微陆块与碰生型微陆块，但碰生型微陆块成因上是直接由碰撞作用而新生的微陆块，形成环境还是陆内。

残生型微陆块在中国大地构造格局中非常常见（图 8-12）（潘桂棠等，2016）。例如，青藏高原的一系列微陆块都残留保存在高原内部，包括北羌塘、南羌塘、中拉萨等微陆块（图 8-13）。再如，中国中央造山带中北秦岭、中祁连、中阿尔金、柴达木、欧龙布鲁克、南秦岭等微陆块（图 8-14）（李三忠等，2018a）。有的经历了大陆深俯冲和随后的板片折返过程，形成高压-超高压地体，如苏鲁-大别微陆块（图 8-15）（Li S Z et al.，2010）。

印度-亚洲碰撞是新生代地球上最为壮观的重大地质事件。碰撞期及碰撞后，青藏高原的广大地域发生了与碰撞前截然不同的变形作用，地貌、环境及其深部结构都发生了深刻的变化。根据青藏高原形成、周缘造山带崛起，以及大量物质侧向挤出逃逸的基本格局，许志琴等（2011）从大陆动力学视角出发，将“印度-亚洲碰撞大地构造”与“前碰撞大地构造”区别开来进行研究，将印度-亚洲碰撞的大地构造单元划分为青藏中央高原、冈底斯-喜马拉雅主俯冲/碰撞造山带、青藏高原周缘挤压转换造山带和侧向挤出地体群（即本书的碰生型微陆块）等。其中，“青藏中央高原”即青藏腹地，“冈底斯-喜马拉雅主俯冲/碰撞造山带”包括冈底斯“安第斯山型”俯冲造山带和“喜马拉雅山型”主碰撞造山带，“青藏高原周缘挤压转换造山带”包括北缘“西昆仑-阿尔金-祁连”挤压转换造山带、东缘“龙门山-锦屏山”挤压转换造山带、东南缘“中缅”伊洛瓦底挤压转换造山带和西南缘“印-巴-阿”阿莱曼挤压转换造山带，“侧向挤出地体群”包括青藏高原东构造结东南部以大型走滑断裂（鲜水河-小江、哀牢山-红河、澜沧江、嘉黎-高黎贡、那邦和实皆断裂）为边界的南松甘、兰坪、保山、腾冲等挤出地体群，以及青藏高原西

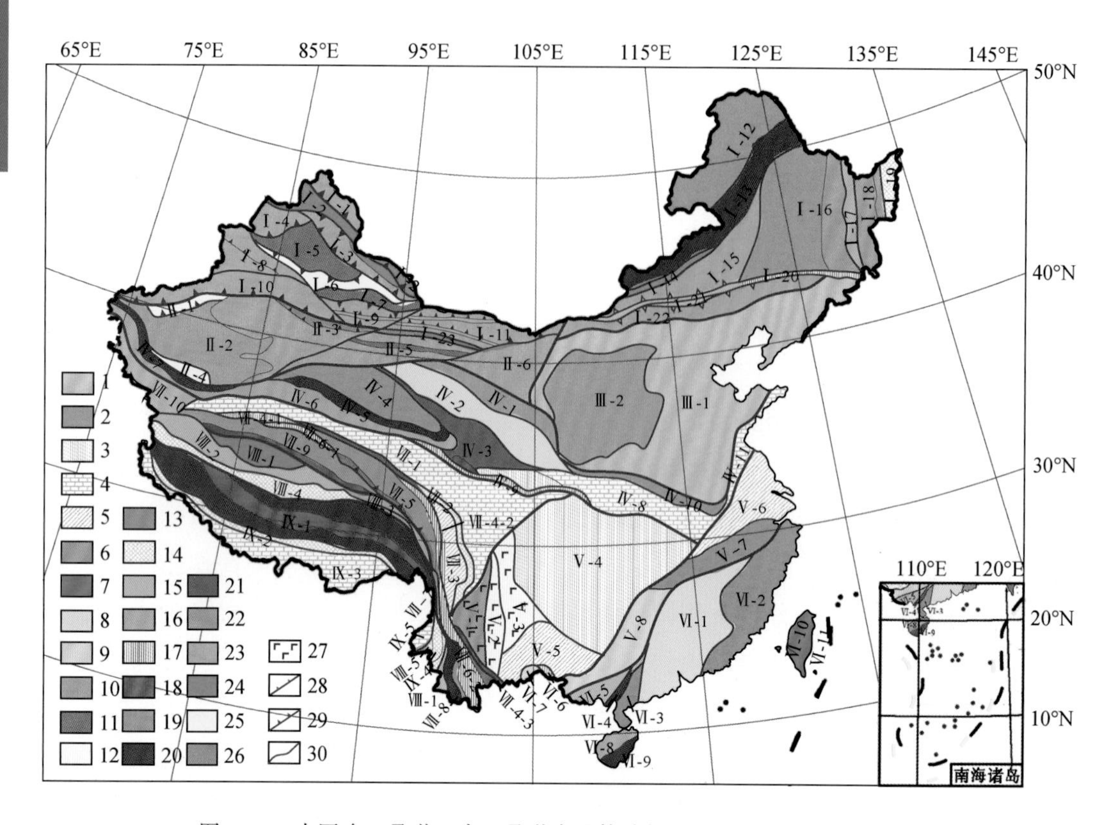

图 8-12 中国晚二叠世—中三叠世大地构造纲要图（潘桂棠等，2016）

1-克拉通隆起；2-前陆隆起/隆起；3-碳酸盐岩台地；4-被动陆缘盆地；5-陆缘裂陷盆地；6-陆缘裂谷盆地；7-边缘海盆地；8-陆表海盆地；9-压陷盆地；10-坳陷盆地；11-前陆/弧后前陆盆地；12-陆内裂谷/台缘裂谷；13-大洋盆地（对接带）；14-洋盆；15-残余盆地；16-俯冲增生杂岩带/超高压变质带；17-蛇绿混杂岩带（结合带）；18-岛弧；19-弧前盆地；20-陆缘岩浆弧（火山弧）；21-弧后盆地；22-弧后裂谷盆地；23-弧盆系冲断带（逆推带）；24-增生楔逆推带（蛇绿混杂岩冲断带）；25-前陆冲断带（逆推带）；26-基底逆推带；27-峨眉山玄武岩（P3）；28-俯冲消减带；29-大型逆冲断层；30-构造界线。Ⅰ-天山-兴蒙造山系：Ⅰ-1-阿尔泰陆缘弧冲断带，Ⅰ-2-额尔齐斯增生楔逆推带，Ⅰ-3-北准噶尔弧盆系逆推带，Ⅰ-4-西准噶尔弧盆系逆推带，Ⅰ-5-准噶尔前陆盆地，Ⅰ-6-博格达前陆逆冲带，Ⅰ-7-吐哈前陆盆地，Ⅰ-8-博罗科努弧盆系逆冲带，Ⅰ-9-东天山弧盆系逆冲带，Ⅰ-10-天山弧盆系冲断带，Ⅰ-11-北山弧盆系冲断带，Ⅰ-12-额尔古纳隆起，Ⅰ-13-东乌珠穆沁-多宝山陆缘火山弧，Ⅰ-14-贺根山增生杂岩冲断带，Ⅰ-15-锡林浩特弧盆系逆推带，Ⅰ-16-小兴安岭松辽隆起，Ⅰ-17-牡丹江俯冲增生杂岩带，Ⅰ-18-佳木斯弧盆系，Ⅰ-19-完达山洋盆，Ⅰ-20-索伦山-西拉木伦结合带，Ⅰ-21-林西残余盆地，Ⅰ-22-包尔汉图-呼兰弧盆系逆推带，Ⅰ-23-洗肠井-恩格尔乌苏增生楔冲断带；Ⅱ-塔里木陆块区：Ⅱ-1-柯坪-库车前陆逆冲带，Ⅱ-2-塔里木坳陷盆地，Ⅱ-3-库鲁克塔格基底逆推带，Ⅱ-4-塔西南前陆逆推带，Ⅱ-5-阿尔金-敦煌陆块，Ⅱ-6-阿拉善陆块；Ⅲ-华北陆块区：Ⅲ-1-华北克拉通隆起，Ⅲ-2-鄂尔多斯坳陷盆地；Ⅳ-秦祁昆造山系：Ⅳ-1-河西走廊坳陷盆地，Ⅳ-2-祁连陆表海盆地，Ⅳ-3-西秦岭弧盆系，Ⅳ-4-柴达木隆起，Ⅳ-5-东昆仑陆缘岩浆弧，Ⅳ-6-南昆仑-布青山俯冲增生杂岩带，Ⅳ-7-西昆仑陆缘岩浆弧，Ⅳ-8-南秦岭被动陆缘盆地，Ⅳ-9-玛多-勉略蛇绿混杂岩带，Ⅳ-10-北秦岭隆起，Ⅳ-11-苏鲁陆缘盆地；Ⅴ-扬子陆块区：Ⅴ-1-盐源-楚雄陆缘裂谷盆地，Ⅴ-2-攀西-滇中裂谷，Ⅴ-3-峨眉-黔西台缘裂谷盆地，Ⅴ-4-上扬子陆架碳酸盐岩台地，Ⅴ-5-右江陆缘裂陷盆地，Ⅴ-6-下扬子裂陷盆地，Ⅴ-7-九岭隆起，Ⅴ-8-湘桂陆内裂陷盆地；Ⅵ-武夷-云开造山系：Ⅵ-1-赣粤陆表海盆地，Ⅵ-2-华夏-武夷隆起，Ⅵ-3-云开隆起，Ⅵ-4-六万大山-大容山岩浆弧，Ⅵ-5-钦防残余盆地，Ⅵ-6-八布-斋江蛇绿混杂岩带，Ⅵ-7-越北陆表海盆地，Ⅵ-8-琼北俯冲增生杂岩带，Ⅵ-9-五指山岩浆弧，Ⅵ-10-台湾边缘海盆地，Ⅵ-11-古西太平洋（?）；Ⅶ-羌塘-三江多岛弧盆系：Ⅶ-1-可可西里-巴颜喀拉被动边缘盆地，Ⅶ-2-甘孜-理塘洋盆，Ⅶ-3-义敦-中甸陆缘裂陷盆地，Ⅶ-4-西金乌兰湖-金沙江-哀牢山结合带，Ⅶ-5-昌都-兰坪地块，Ⅶ-6-乌兰乌拉湖-澜沧江结合带，Ⅶ-7-碧罗雪山-崇山岩浆弧，Ⅶ-8-临沧岩浆弧，Ⅶ-9-北羌塘弧盆系（?），Ⅶ-10-甜水海地块；Ⅷ-班公湖-双湖-昌宁-孟连对接带：Ⅷ-1-龙木错-双湖-昌宁-孟连俯冲增生楔，Ⅷ-2-南羌塘残余洋盆，Ⅷ-3-唐古拉-左贡俯冲增生楔，Ⅷ-4-班公湖-怒江洋盆，Ⅷ-5-潞西洋盆；Ⅸ-喜马拉雅-冈底斯陆缘转换构造区：Ⅸ-1-念青唐古拉弧盆系，Ⅸ-2-雅鲁藏布江弧后洋盆，Ⅸ-3-喜马拉雅被动陆缘盆地，Ⅸ-4-保山地块，Ⅸ-5-高黎贡陆构造结两侧的“甜水海”、“兴都库什”、“喀布尔”和“阿富汗”侧向挤出地体群(图8-13)。这些各构造单元形成的主要制约因素都不同。例如，楔形印度板块与欧亚板块的碰撞以及印度大陆东西拐角的构造作用，主碰撞和斜向碰撞的影响，大型走滑与侧向挤出地体或地块、陆块的形成关系，挤压与走滑并重的挤压转换机制对整个青藏高原和周缘造山带形成的制约，碰撞大地构造单元的特性以及与前碰撞大地构造的区别和叠置或改造的关系，等等。

超大陆一般是由大量微陆块镶嵌而成（图8-16），在超大陆裂解期间，这些连

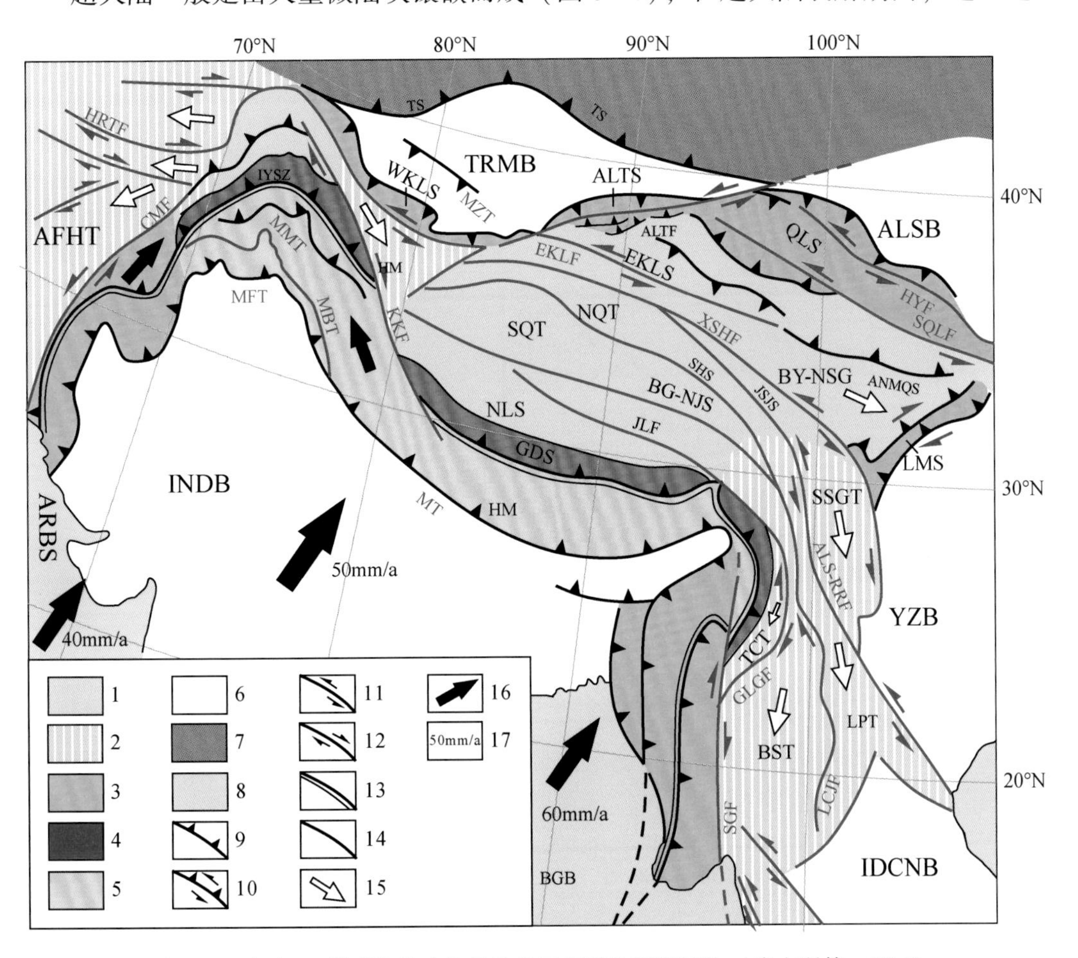

图8-13 印度-亚洲碰撞的大地构造单元及残生型微陆块（许志琴等，2011）

YZB-扬子陆块；ALSB-阿拉善陆块；IDCNB-印支陆块；INDB-印度陆块；TRMB-塔里木陆块；CTP-青藏中央高原；EKLS-东昆仑山；BY-NSG-巴颜喀拉-北松甘地体；NQT-北羌塘地体；SQT-南羌塘地体；NLS-北拉萨地体；WKLS-西昆仑山挤压转换带；ALTS-阿尔金山挤压转换带；QLS-祁连山挤压转换带；LMS-龙门山挤压转换带；YLWD-伊洛瓦底挤压转换带；ALM-阿拉曼挤压转换带；GDS-冈底斯主俯冲增生造山带；HM-喜马拉雅主碰撞造山带；SSGT-南松甘挤出地体；LPT-兰坪挤出地体；BST-保山挤出地体；TCT-腾冲挤出地体；TSHT-甜水海挤出地体；XDKST-兴都库什地体；KBRT-喀布尔地体；AFHT-阿富汗挤出地体；ANMQS-阿尼玛卿缝合带；JSJS-金沙江缝合带；SHS-双湖缝合带；BG-NJS-班公湖-怒江缝合带；IYSZ-印度斯-雅鲁藏布江缝合带；HYF-海源断裂；SQLF-南祁连断裂；ANMQ-阿尼玛卿断裂；EKLF-东昆仑断裂；XSHF-鲜水河断裂；ALS-RRF-哀牢山-红河断裂；LCJF-澜沧江断裂；JLF-嘉黎断裂；GLGF-高丽贡断裂；KKF-喀喇昆仑断裂；ALTF-阿尔金断裂；SGF-沙盖断裂；CMF-恰曼断裂；MMT-主幔冲断裂；MBT-主边界冲断裂；MFT-主前锋冲断裂；1-青藏中央高原；2-侧向挤出地块；3-周缘挤出转换造山带；4-冈底斯主俯冲造山带；5-喜马拉雅主碰撞造山带；6-周缘克拉通；7-古亚洲造山带；8-海域；9-逆冲断层；10-逆冲兼走滑断层；11-右行走滑断层；12-左行走滑断层；13-缝合带；14-断层；15-侧向挤出方向；16-板块运动方向；17-板块运动速度

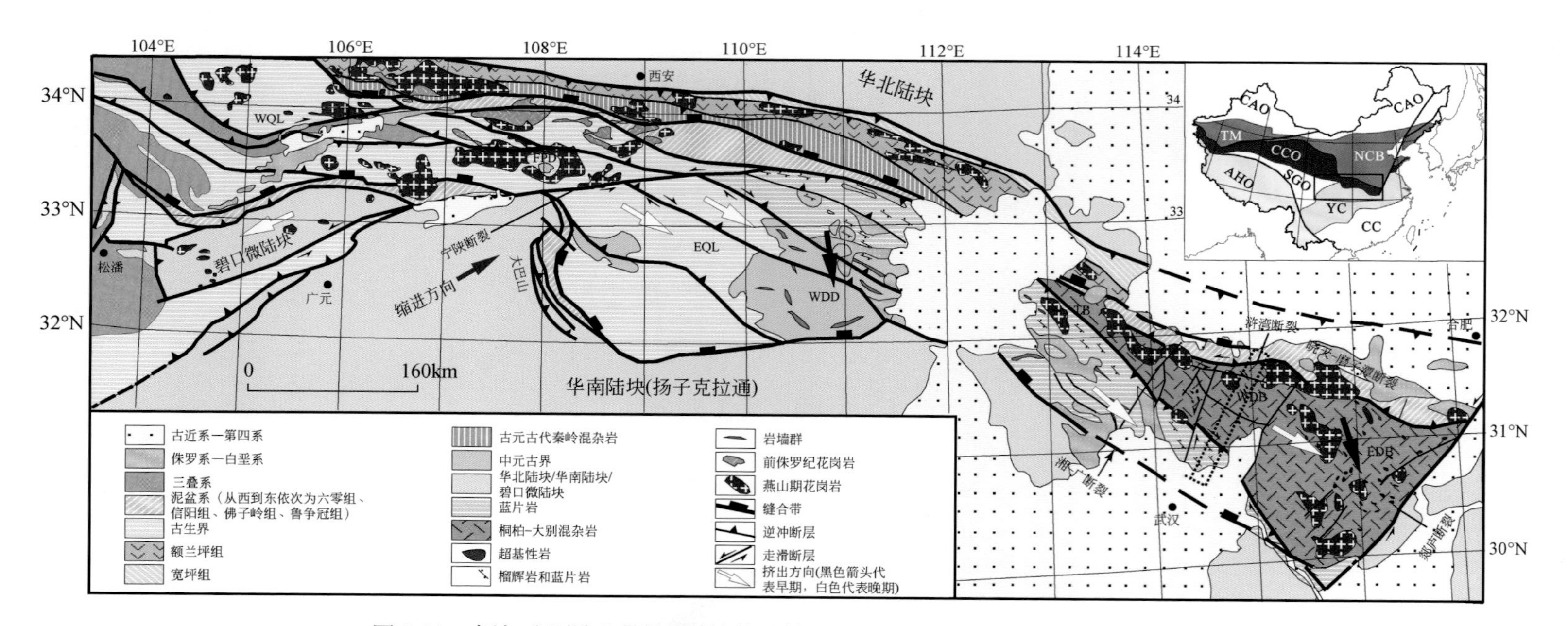

图 8-14　秦岭–大别造山带勉略缝合线及其周围单元的构造简图(Li S Z et al., 2011)

缩略符号：CAO-中亚造山带；TM=塔里木克拉通；NCB-华北陆块；CCO-中国中央造山带；WQL-西秦岭造山带；EQL-东秦岭造山带；TB-桐柏造山带；WDB-西大别造山带(或红安地块)；ED-东大别造山带；YC-扬子克拉通；CC-华夏克拉通；SGO-松潘–甘孜造山带；AHO-阿尔卑斯–喜马拉雅造山带；WDD-武当穹隆；FPD-佛坪穹隆

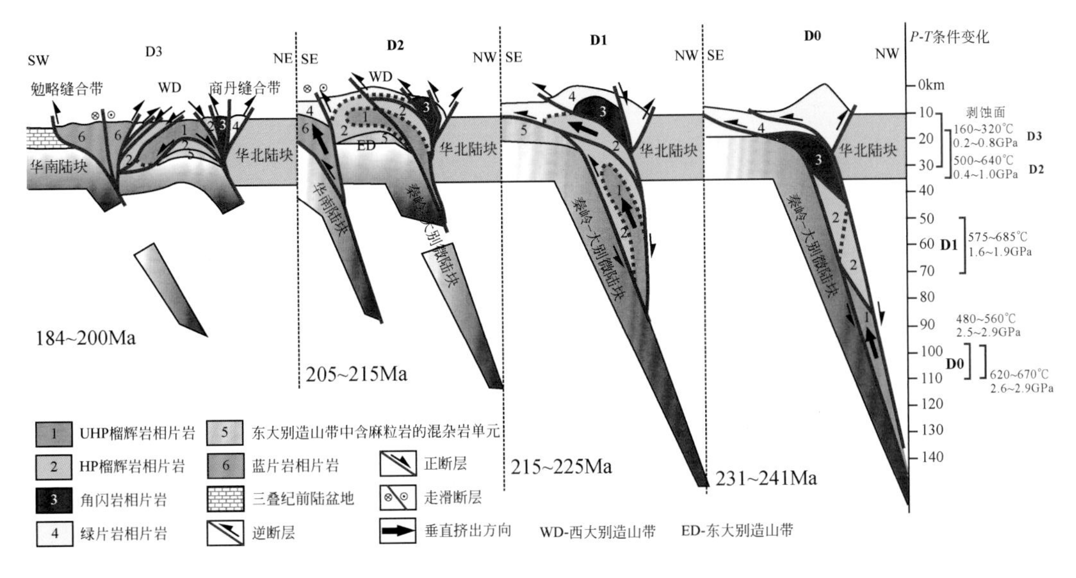

图 8-15　西大别造山带微陆块深俯冲不同变形阶段岩片折返的韧性剪切带运动学和 P-T 条件变化（Li S Z et al.，2011）

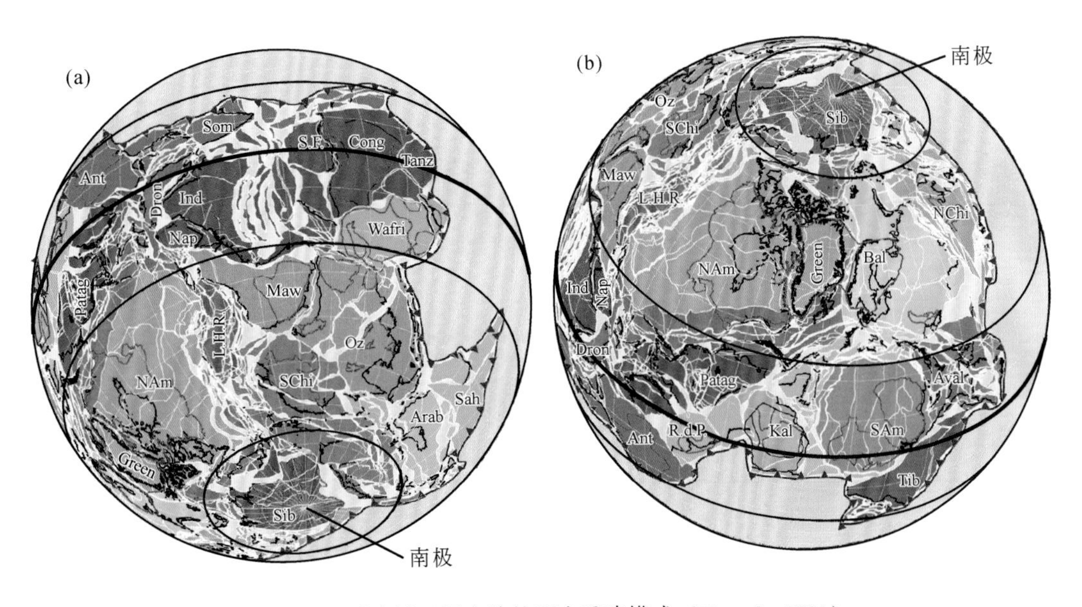

图 8-16　罗迪尼亚超大陆的两个重建模式（Vérard，2021）

图示各罗迪尼亚超大陆期间，大陆型大板块内部实际由很多先存残生型微陆块构成。颜色是随机的，只是为了区分不同构造域（Ant-南极洲；NAm-北美洲；SAm-南美洲；Wafri-西非；Cong-刚果和中非；Arab-阿拉伯；Aval-阿瓦隆尼亚（Avalonia）；Oz-澳大利亚；Bal-波罗的（Baltica）；NChi-华北；SChi-华南；Dron-毛德皇后地（Dronning Maud）；Green-格陵兰；Ind-印度；Kal-卡拉哈里（Kalahari）；L. H. R.-豪勋爵（Lord Howe）海隆；Maw-莫森（Mawson）；Nap-内皮尔（Napier）；Patag-巴塔哥尼亚（Patagonia）；R. d. P.-拉普拉塔（Río de la Plata）；S. F.-圣弗朗西斯科（São Fancisco）；Sah-撒哈拉（Sahara）；Sib-西伯利亚（Siberia）；Som-索马里（Somalia）；Tanz-坦桑尼亚（Tanzania）；Tib-青藏高原。图中不同颜色区分的现今大陆型大板块都是不同时期残生型微陆块（白色线为微陆块之间的边界）的复合体接微陆块的薄弱构造带在各种可能远场、近场或深部的动力因素驱动下，发生弱化、活化，最终导致超大陆解体，大量微陆块从边缘或内部再度分离。原特提斯洋始于罗迪尼亚超大陆解体，其中的一些微陆块被统称为东亚微陆块群。它们曾分散于特提斯洋中（图 8-17），随着洋盆的演化而运动，具有小而多、多期拼合与离散的复杂特征。这些陆块/微陆块之间，发育了一系列蛇绿岩带和高压–超高压变质带，它们是古生代多期构造事件的产物。

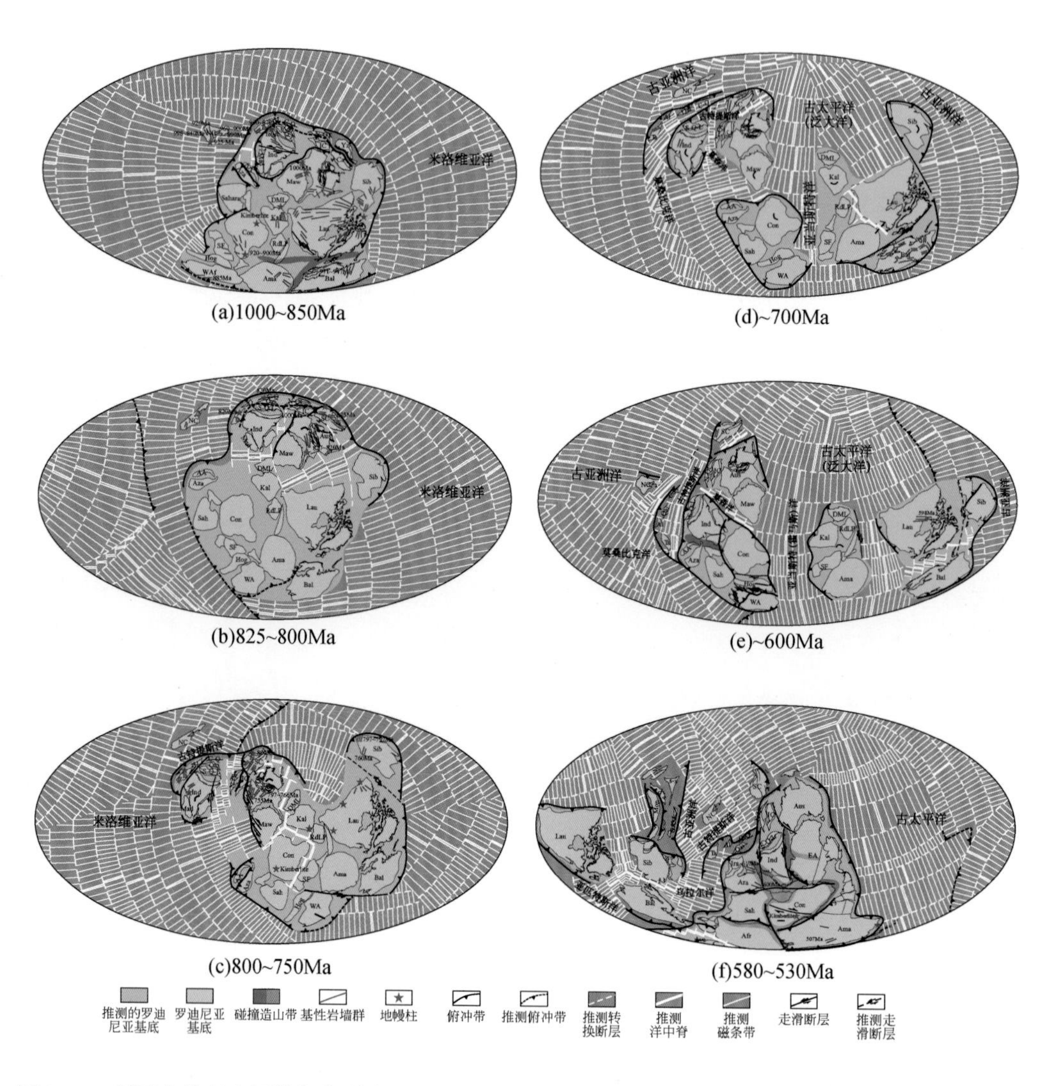

图 8-17　新元古代以来原特提斯洋中微陆块的分布位置（据李三忠等，2019d；Li S Z et al.，2019a）

Lau-劳伦，Bal-波罗的，Con-刚果，Aus-澳大利亚，Maw-莫森，RdLP-拉普拉塔，DML-毛德皇后地，Ind-印度，Mad-马达加斯加，Sib-西伯利亚，SF-圣弗朗西斯科，Kal-卡拉哈里，Ama-亚马孙，WA-西非，Afr-非洲，Sah-撒哈拉，Ara-阿拉伯，Ta-塔里木，Al-阿拉善，CQ-中祁连，Qai-柴达木，S-Q-L-南秦岭，N-Qt-北羌塘，Mon-蒙古，IC-印支，EA-东南极，NC-华北，SC-华南，X'a-兴安地块（额尔古纳），s-x-松辽–锡林浩特地块，GAM-大阿穆尔–蒙古，Aza-阿扎尼亚，Hog-霍加尔印支期古特提斯洋闭合与造山过程形成了众多残生微陆块，或者说，先存洋内微陆块最终发展成为了残生型微陆块，如柴达木、昆仑、南秦岭、苏鲁等微陆块。这里以最为典型的南秦岭微陆块为例分析残生微陆块的形成过程。

南秦岭微陆块，又称祁连–秦岭–大别微陆块，是古特提斯洋北支的残余。一些研究认为，南秦岭微陆块包含前寒武纪基底杂岩和新元古代中–基性火成岩（Li S Z et al.，2018b；Nie et al.，2016）。结合野外地质观测和地球化学和数据，所含玄武岩被解释为源自于俯冲相关弧后盆地环境（Dong et al.，2017）。据此认为，南秦岭微陆块早期是一个具有古老基底的陆缘岛弧。

中晚二叠世，柴达木、昆仑、南秦岭、苏鲁等具有陆壳基底的微陆块均位于古特提斯洋北支，其北侧是尚未彻底关闭的商丹洋，南侧是新打开的勉略洋（Li S Z et al.，2018b）。在这段时期，东亚古特提斯洋北支向华北板块持续俯冲，直至约250Ma南秦岭微陆块与北秦岭微陆块（已拼贴到华北板块南缘）先碰撞，形成印支期造山带（Li S Z et al.，2018b）。同时，俯冲带跃迁至南秦岭微板块南部，勉略洋开始发生俯冲消减，苏鲁–大别微陆块就是在前缘商丹洋俯冲板片拖曳力的拉动和后缘勉略洋的俯冲驱动的推力下，即在“前拉后推”的动力学背景下发生了陆壳深俯冲和超高压变质变形作用。约200Ma，勉略洋关闭，中央造山带完全形成。

通过上述过程的分析可知，残生微陆块最初是一个具有陆壳基底的洋内微小块体或古老岛弧，其与周围洋壳或所在大板块保持几乎相对静止地同步运动。当洋–陆俯冲发生时，该微陆块也不断接近俯冲上盘的大陆板块。当俯冲消减系统下盘前缘的洋壳被消耗殆尽时，俯冲极性经常反转，使得最终俯冲极性朝微陆块或岛弧下方俯冲，如台湾造山带，这个洋内微陆块便与大陆板块发生陆–陆或弧–陆碰撞，形成造山带，随后发生强烈的隆升和变形。随后，原洋内微陆块的前缘不断受到挤压，变形逐渐达到极限，而后缘的洋–陆过渡带相对薄弱，容易发生刚性断裂，便在此形成了一条新的俯冲带，即大洋板块在拼贴后的微陆块靠海一侧启动新的俯冲，在俯冲盘的其他微陆块，继续向大陆板块移动。如果大洋中还有其他具有陆壳基底的块体，这一过程将重复进行（图8-11）。残生型微陆块的两侧边界最终必须都处于碰撞造山系统中，否则将与增生型微陆块混淆。为适应俯冲带的走向，残生型微陆块的形状通常呈与造山带平行的带状。中国中央造山带和南特提斯造山系统/喜马拉雅造山系统中的许多微陆块具有相似的形态。

在古老造山带中，有时从几何学上很难将残生型微陆块与碰生型微陆块区分开来。但地质上，它们是可区分的，这主要取决于它们边界的形成或活动年代。碰生型微陆块一般是活动微陆块，多数边界也可能是古老边界的继承，但现今依然控制陆内地震活动。从边界的断裂性质和演化上，碰生型微陆块通常发生在造山后，通过逆冲推覆已经难以调和或吸收应变量，因而碰生型微陆块边界以切割岩石圈的压扭型走滑断裂占多数。由此，在古老造山带中，常见先存增生型等微陆块与碰生型微陆块在空间上的叠加态。例如，中亚造山带和古亚洲洋中的大多数微陆块都是增生型和碰生型复合性质的微陆块。残生型微陆块是在邻近洋壳完全消耗之后洋内微陆块的连续碰撞造山运动的结果。由于塑性压缩和隆起，这个地带地壳的面积将减少。然而，碰生型微陆块也可以是由陆-陆碰撞引起的新生陆内或陆间微陆块，是相对完整且刚性的原始微陆块再破碎和再分裂的结果。

李三忠等（2016b）采用区域地质对比、古地磁、GPlates 软件等技术，在综合前人对这些构造带研究和微陆块成果基础上，确定了原特提斯洋内西昆仑、昆中、北祁连、中祁连、柴达木、扬子、华夏、印支等微陆块在潘吉亚超大陆聚合演化中的早期位置（图 8-18），并基于碎屑锆石年龄频谱、构造要素解析等研究成果，揭示潘吉亚超大陆主体聚合之前东亚陆块/微陆块在早古生代末实际向南俯冲，早古生代早期除华北陆块不具有亲冈瓦纳古陆的特征外，扬子、华夏、塔里木、柴达木、阿拉善、北秦岭-中祁连-中阿尔金、欧龙布鲁克、北羌塘、南羌塘、拉萨、兰坪-思茅、印支等陆块/微陆块，都与冈瓦纳古陆具有很好的亲缘性，在早古生代晚期，它们应拼合到了冈瓦纳古陆北缘（李三忠等，2016a，2016b，2016c，2016d；Zhang et al.，2015），而不是从早古生代之初就开始裂离冈瓦纳古陆北缘（图 8-19）（Cocks and Torsvik，2021）。通过对构造带特征和两侧地层组成的系统对比，李三忠等（2016a，2016b，2016c，2016d）还揭示出古洛南-栾川断裂带和北祁连、北阿尔金构造带的第一幕变形特征指示南向俯冲，随后，该带在碰撞后期常见的压扭作用下发生弯曲，转为延伸到南阿尔金、柴北缘构造带，此段的俯冲为北向俯冲，经瓦洪山一带回转到柴达木南缘断裂向南俯冲，进而向西延展到向南俯冲的西昆仑构造带。综上，这条构造带表现为一个巨型弯山构造，在恢复这种弯山作用后，展示了早期整体向南俯冲的特征。因此，北秦岭微陆块是与中祁连、中阿尔金、欧龙布鲁克、东昆中微陆块相连的（Zhang et al.，2015）。

尽管该构造带不同地段存在不同级别的变质作用，经历变质作用时限也有先后次序的差异，但变形变质作用等地质事件发生的时代和整体变质岩石组合的相似性皆不能说明当时存在多岛洋间隔的多个微陆块先后与大陆板块碰撞拼贴的复杂事件，反而可能是一个统一大洋盆地中单一微陆块群与大陆板块之间发生了简单拼贴事件。岩石学和变质作用研究结果也揭示，阿拉善、敦煌、塔里木、柴达木地块，在中奥陶世原来可能是一个带状微陆块群，属于匈奴微陆块群，位于与托恩基斯特洋（Tornquist）相通的原特提斯洋南部，先于华北大陆板块增生到冈瓦纳古陆北缘，随后该洋北侧的华北大陆板块向南与冈瓦纳古陆北缘拼接（Xu et al.，2015；李三忠等，2016a，2016b，2016c，2016d；Zhao et al.，2015；Yu et al.，2015；Zhang et al.，

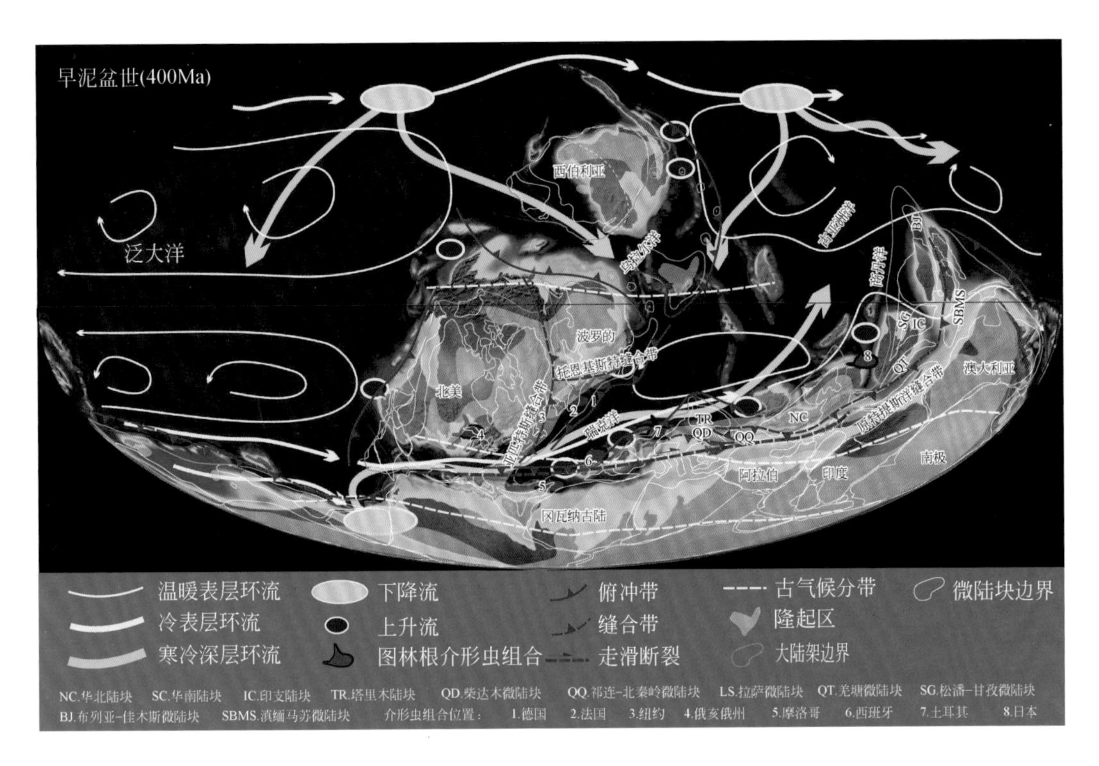

图 8-18　晚泥盆世全球微陆块聚合及古地理、古环流格局（据 Boucot et al.，2009；Crasquin and Horne，2018；Li S Z et al.，2018b）

2015)，即在 450～400Ma，南部原特提斯洋封闭（图 8-18），这些微陆块群连同大华南陆块、印支地块（这里沿用前人术语，这里的陆块、地块实际是本书的大陆型大板块或中板块）等，拼接到了冈瓦纳古陆北缘（图 8-17、图 8-18）（李三忠等，2016a，2016b，2016c，2016d；Zhao et al.，2015；Yu et al.，2015；Zhang et al.，2015)，原特提斯洋关闭后形成了原潘吉亚（Proto-Pangea）超大陆（图 8-17、图 8-18）。这次南向俯冲碰撞导致西方学者所称的瑞克洋（对应其东部的古特提斯洋）从南部打开，包括阿瓦隆尼亚微陆块群及土耳其、伊朗、阿拉善、敦煌、塔里木、柴达木、华北等在内的东亚匈奴地体群（Veevers，2004）裂离冈瓦纳古陆北缘，即原潘吉亚超大陆于 380Ma 以后裂离出塔里木-华北陆块和大华南陆块，南侧分别出现古特提斯洋北支的勉略洋和南支的班公湖-怒江-昌宁-孟连洋。直到 240～220Ma，微陆块群随着古特提斯洋向北俯冲而逐步向北聚合到劳俄古陆南缘。古特提斯洋南侧的冈瓦纳古陆北缘再次裂解出包括拉萨微陆块等在内的基梅里微陆块群。这些微陆块群因其南侧新特提斯洋打开而从冈瓦纳古陆分裂，并经长距离向北漂移之后，集结到了早期欧亚板块的南缘。最后（180Ma），冈瓦纳古陆主体破裂，印度板块因南侧印度洋打开而向北漂移，并与现今的欧亚板块碰撞。直到 60Ma 左右，新特提斯洋消亡形成了现今的构造格局。至此，一些亲冈瓦纳古陆的微陆块已经和欧亚板块拥有

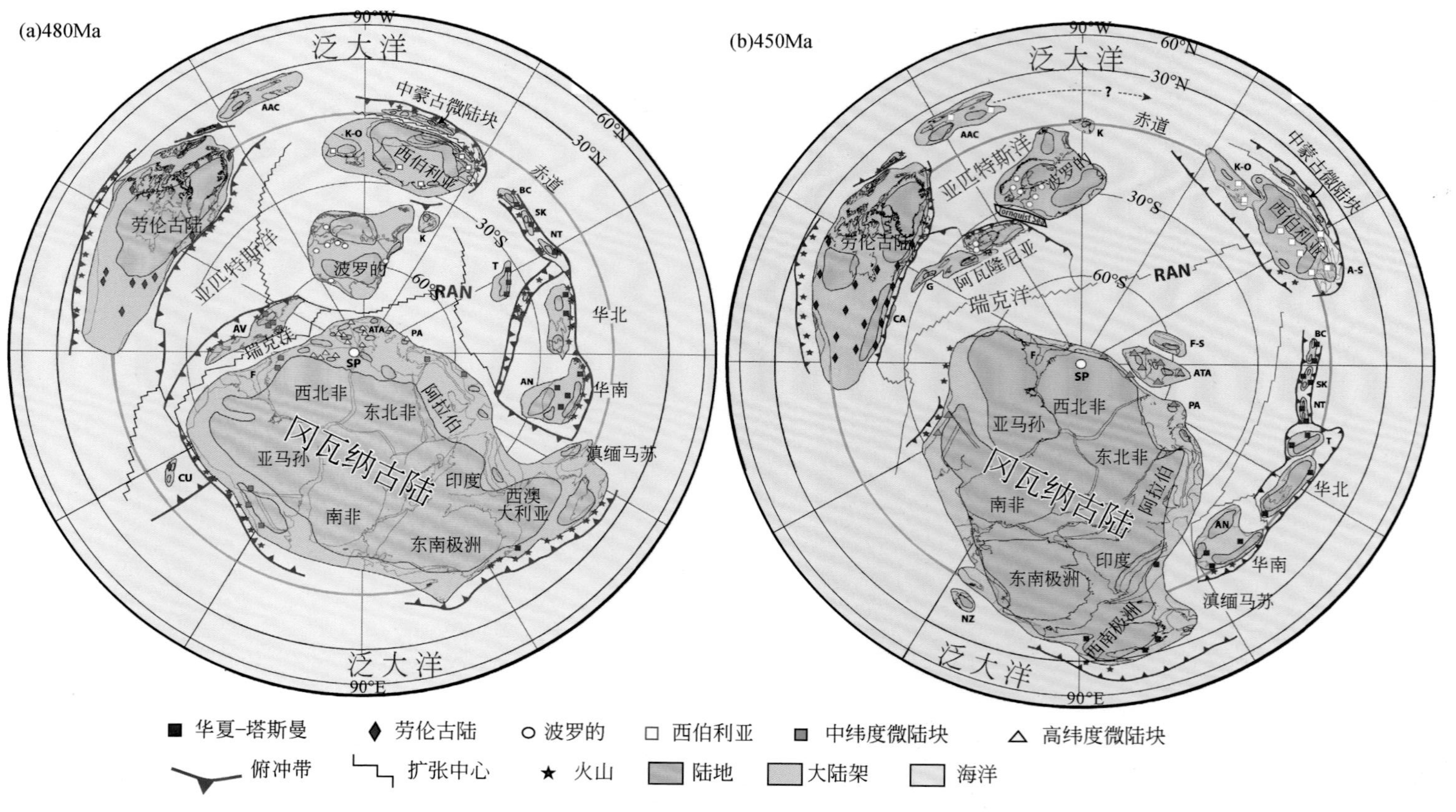

图8-19　左图为早奥陶世（晚Tremadocian阶）约480Ma的海陆格局及右图为晚奥陶世（Katian）约450Ma的海陆格局（CocksandTorsvik，2021）

图中标注了各种腕足类生物群落的代表性遗址，以南极为中心的兰伯特方位角等面积投影。从AAC东端延伸的虚线表示该微陆块的不确定位置。AAC-北极-阿拉斯加楚科奇（Arctic-Alaska Chukotka）；AN-安娜米亚（Annamia）；ATA-阿摩里卡（Armorican）微陆块群；AV-阿瓦隆尼亚（Avalonia）；BC-博斯切库尔-成吉思（Boshchekul-Chingiz）；CU-Cuyania；F-佛罗里达；K-卡拉（Kara）；K-O-科雷马-奥莫隆（Kolyma-Omolon）；NT-北天山（包括伊犁）；PA-古亚得里亚海（Adria）；SK-Stepnyak、Seleti和Kokchetav；SP-南极；T-塔里木。A-S-萨彦阿尔泰（Altai-Sayan）；CA-加利福尼亚；F-S-Franconia-Saxothuringia；G-Ganderia；NZ-新西兰；RAN-相当于古亚洲洋。图中展示了华北板块因早古生代微陆块的不断拼合增生而长大，但与此重建模式不同的是，Li S Z等（2018b）认为这些增生到华北板块的微陆块实际是华北板块与冈瓦纳古陆北缘碰撞时夹持在两个大陆板块之间的残生型微陆块（图8-18），之后古特提斯洋打开后，塔里木、柴达木、阿拉善、北秦岭-中祁连-中阿尔金、欧龙布鲁克这些微陆块群（相当于匈奴地体群）依附在华北板块南缘一起再次向北漂移了共同的演化历史，但运动学上有的还处于相依或独立状态，尚未融入欧亚板块的整体演化历程中。

古特提斯-新特提斯洋的关闭在时间上具有连续性，也同样形成了近东西走向的造山系统，使得这些匈奴微陆块群、基梅里微陆块群聚合在青藏高原并得以残存(图8-12、图8-13)。然而，向北移动的印度次大陆南部却没有像南秦岭微陆块等一样出现俯冲带，这可能是由于印度洋洋中脊的活动性减弱不足以打破印度半岛和印度洋之间的刚性地壳或岩石圈连接。根据 Müller 等（2019）全球板块重建模型，北印度洋洋中脊和东南印度洋洋中脊的扩张速度在 51Ma 后急剧下降，这可能反映了印度板块和欧亚板块之间古新世的碰撞事件（Aitchison et al.，2007；Hafkenscheid et al.，2006；Sehsah et al.，2022；Zahirovic et al.，2012），这次碰撞事件影响了印度洋洋中脊的扩张。

若假设所有洋中脊单位时间内的地幔上涌物质量相同，那么由快速扩张脊（全扩张速率>90mm/a）形成的洋壳，应比由超慢速扩张脊（全扩散速率≤10mm/a）形成的洋壳薄得多。然而，现实情况恰好与此相反，快速、慢速和超慢速扩张脊的平均正常洋壳厚度分别为 6.4km、7.2km 和 5.3km（李龑等，2020），即扩张速度越快，岩浆通量越大。通过简单计算可以得出，快速扩张脊单位时间内涌出的岩浆体积几乎是超慢速扩张脊的 5 倍，只有这样，快速扩张脊的洋壳才能保持如此厚度。因此，印度洋洋中脊在印度-欧亚板块碰撞后活动性减弱，应当表现在扩张速度急剧下降和岩浆供应大幅减少两个方面。随着新特提斯洋（雅鲁藏布江洋）的关闭，印度次大陆北缘的俯冲带被造山带取代，印度板块向北的运动受到巨大阻力。同时，富集型洋中脊玄武岩（E-MORB，Enriched Mid-Ocean-Ridge Basalt）的地球化学特征也证实，东南印度洋洋中脊与凯尔盖朗（Kerguelen）地幔柱（70°N，50°S 附近）的解耦导致该处地幔物质的参与也减少（Sehsah et al.，2022）。

8.1.6 增生型微陆块

增生型微陆块（accretion-derived continental microplate）是指大火成岩省、洋内微陆块等堵塞海沟或洋-陆俯冲带所形成的、相对独立的微陆块，其边界有一侧必须是新或老俯冲带（缝合带），其余边界类型可能多种多样。增生型微陆块的成分复杂，既可以是刚性的微陆块或具有 E-MORB、OIB 性质的微洋块，也可以是裂离、减薄的微陆块或海洋核杂岩中蛇纹石化剥露的洋幔或洋陆转换带剥露的陆幔（即微幔块）。不同构造起源的微陆块可以因为多种深部动力学机制而发生洋内复合和最终拼合。它可以与其他类型的微板块发生相互转换。例如，台湾-菲律宾活动带（Philippine Mobile Belt）是由于弧-陆碰撞或弧-弧碰撞作用导致岛弧微陆块与陆缘微陆块之间的碰撞、拼贴与增生；吕宋岛弧和欧亚大陆东南缘沿着台湾纵谷断裂发生斜向碰撞（弧-陆碰撞）形成了台湾岛弧（Sibuet and Hsu，2004；耿威，2013）；菲律宾海板块与其西侧的欧亚板块在台湾岛弧两侧发生相向俯冲，且目前欧亚板块的俯冲深度大于菲律宾海俯冲板片的，因此，菲律宾海板块的西向俯冲受到抑制，其俯冲板片叠覆在欧亚板块俯冲板片之上，同时其斜向分量增强，北吕宋岛弧型微陆块在台湾岛弧东缘发生左行走滑拼贴与增生作用（图 7-27）。

8.1.7 碰生型微陆块

碰生型微陆块（collision-derived continental microplate）是指大陆型大板块之间碰撞造山所触发而新生的陆内或陆缘相对独立运动的微陆块，伴随逃逸、挤出等构造现象。其边界可以是大陆型转换断层、走滑断层等，可以切割老的微陆块边界，因而，新的微陆块边缘可出现走滑拉分盆地等。新的微陆块可以继承老的微陆块的几何形态，这主要取决于老的微陆块与相互碰撞的大陆型大板块之间的耦合性。

大陆碰撞就是大陆型大板块在持续的板块汇聚力作用下的接触及随后的挤压过程（薛锋，1993），其表现出的大陆碰撞效应实质是，把由汇聚力做功产生的主要动能，在一个具有相当大外延的大陆岩石圈空间里转化为应变能和碰撞高原隆升的势能，陆内所见的碰撞构造实则是在大陆碰撞过程中形成的所有应变和旋转的总和。碰撞构造历来为各国地质学家所重视，先后出现了多种模式。其中，较为著名的两种分别为：Tapponnier 等（1982，1986）的多期构造逃逸模式和 England 和 Molnar（1990）的单剪-旋转模式。

由于碰撞作用导致陆内应力发生改变，产生一系列深大断裂，并将大陆板块内部或陆缘分割成多个独立运动的小块体，且因应力失稳而沿深大压扭性或张扭性走滑断裂发生较大位移或独立旋转。这些处于大陆内部由碰撞触发的可独立运动的小块体即可称为碰生型微陆块。所以，碰生型微陆块的形成均与两个大陆型大板块之间的碰接，以及其间各地体（微陆块）的再拼贴及其后继挤出、逃逸效应有关。碰撞时会发生以岩石圈消减量来抵消洋中脊增生量的空间互补现象，这种俯冲消减通过褶皱作用和压缩作用使岩石圈变成狭窄线状活动带的方式来实现，以便为后缘洋中脊扩张作用留下新洋壳增生所需的空间。在板块碰撞情况下，沉积在板块边缘的沉积地层都被压缩成一系列紧密的褶皱带和逆冲推覆构造带或逆掩带，洋壳碎片也可以被推挤到相邻的陆壳上形成蛇绿岩带。

碰撞作用可引发微陆块一系列的陆内地质效应，主要有：

1）块体之间滑动：两个大板块碰撞导致各微陆块或地体间及其他小块体间发生相对滑动，块体间滑动通常表现为深大走滑断裂，切割或不切割先存块体、微陆块或者两个大板块间的区域，形成可独立运动的新生微陆块，如青藏高原东部三江地区及伊比利亚北部等的逃逸块体都是如此。

2）构造-热事件：沿碰撞拼贴构造带发育规模大小不等的重熔型花岗质岩浆岩并使地壳增厚，以拼贴带为中心的热膨胀还会导致地体或微陆块大幅度不均匀隆起及推挤逆冲，使得高原隆升模式复杂化，亦可形成独立的新生微陆块。

3）叠缩作用：大板块间的碰接和地体、微陆块的拼贴使聚敛作用转化为叠缩作用，可表现为地体或微陆块之间叠覆、层叠及地体内和板块内侧广泛发育同斜紧闭褶皱、逆冲和逆掩断裂以及某些层间滑动，例如伊比利亚南部、中国秦岭-大别造山带等（图 8-14、图 8-15）。

8.2 微陆块生消方式

传统研究主要关注微陆块通过拼贴、增生、碰撞长大为大板块和超大陆，很少研究关注古今海洋中微陆块如何形成并进入海洋的。这与微陆块的生消过程密切相关，微陆块的生长和消亡主要发生在 5 类环境中：俯冲消减系统（包括俯冲带和弧盆系统）、洋脊增生系统、拆离断层系统、转换走滑系统（包括走滑带和转换断层）和碰撞造山系统。下面分别就其微陆块生长、消亡的演化模式做简要介绍。

8.2.1 裂谷轴或洋中脊跃迁形成的微陆块

洋内型微陆块是被大洋岩石圈包围的大陆型大板块的碎片，最初应起源于大陆型大板块陆缘或超大陆裂解。Vink 等（1984）认为，如果裂谷发生在陆壳和洋壳的边界附近，由于陆壳的流变性弱，裂谷优先发育于流变学上相对薄弱的镶嵌式大陆型大板块的边缘；另一种场景是地幔柱与大陆岩石圈的相互作用，可导致大陆型大板块内部发生裂解（Richards et al.，1989），特别是，非洲板块周边为伸展边界总体处于拉张背景，当热的 Afar 地幔柱自下而上由 SE 向 NW 侵入陆内时，就像一把尖刀顶着拉紧的塑料布，塑料布最易破裂一样（Gerya，2016），这就导致了非洲板块内部破裂。当然，地幔柱与新生洋中脊的相互作用与此不同，但也会触发中央裂谷的拓展扩张。总之，它们是引发微陆块形成的两个主要机制（Müller et al.，2001；Gaina et al.，2003）。

跃生型微陆块通常产生在年轻大陆岩石圈边缘形成裂谷时（Borissova et al., 2003），原有的扩张中心被抛弃，在附近陆内形成一个新的扩张中心，导致陆壳的一小块（跃生型微陆块）从大陆块上裂离（图 8-20）。Müller 等（2002）总结了微陆块形成的事件序列：①在地幔柱柱头上方形成一个大火成岩省，发生裂谷拓展，导致两个大板块之间的海底扩张；②活动洋中脊从扩张中心向年轻大陆岩石圈边缘拓展或跃迁，产生新裂谷；③原裂谷或原洋中脊火山活动强度减弱，发生热衰减而死亡；④微陆块伴随海底扩张和母体大陆块分离；⑤继与长期的不对称海底扩张，在母体板块的“被动陆缘”也可以形成一些转换断层及多类裂解角度不整合（图 8-21）（Basile，2015），这些角度不整合记录了附近微陆块形成的历史。Basile（2015）区分了内侧角（裂后）和外侧角（裂后、转换后）角度不整合发育差异（图 8-22），也区分了陆内转换断层、裂谷变换断层（transfer fault）与洋内活动转换边界、被动转换边界。注意，这里的内侧角与外侧角与洋中脊海洋核杂岩的完全相反。

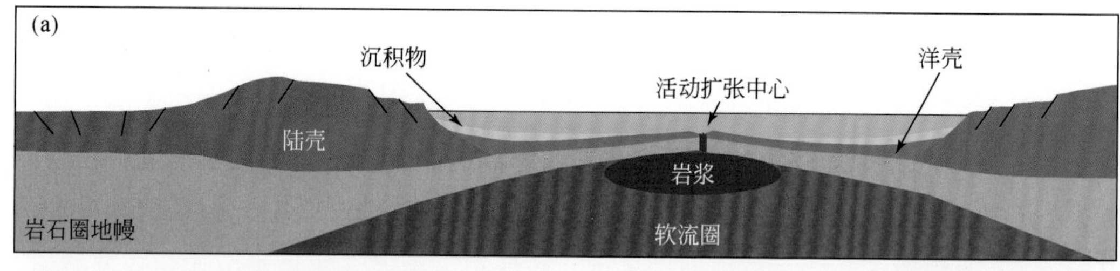

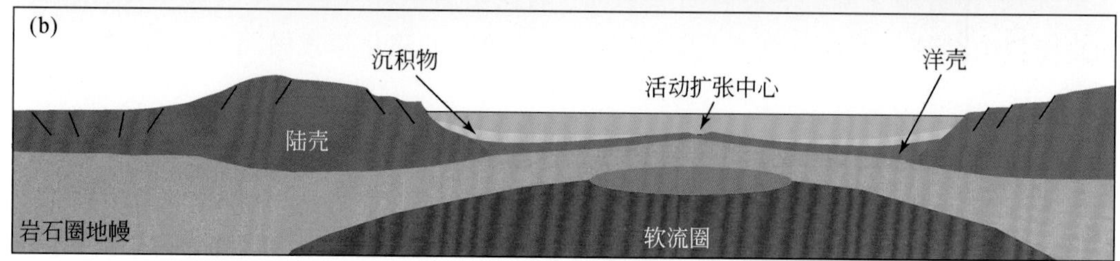

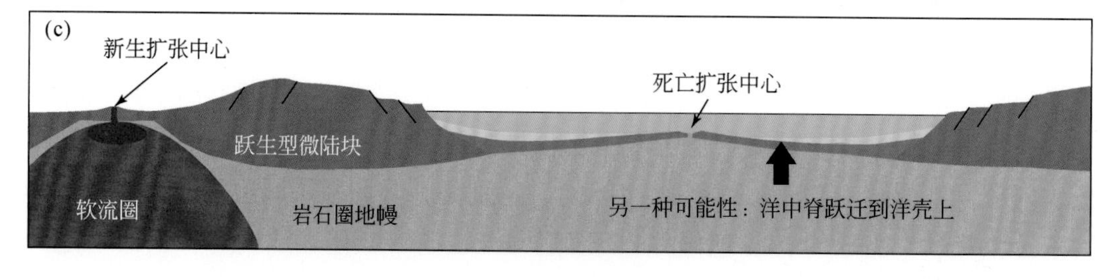

图 8-20　微陆块形成的洋中脊跃迁模型（据 Abera et al., 2016）

（a）大陆解体后，岩浆上涌补偿海底扩张，紧随其后，当岩浆供应减少时，形成的洋壳很薄；最终，在海底扩张阶段（b），板块扩张受伸展构造调节，板块边界增强，需要更大的力来维持张裂作用。此时进入（c）阶段，中央裂谷位置可能跳跃到薄弱的裂陷边缘，形成一个微陆块，或者在大洋岩石圈内的另一个位置（黑色的粗箭头）形成一个不对称的洋盆

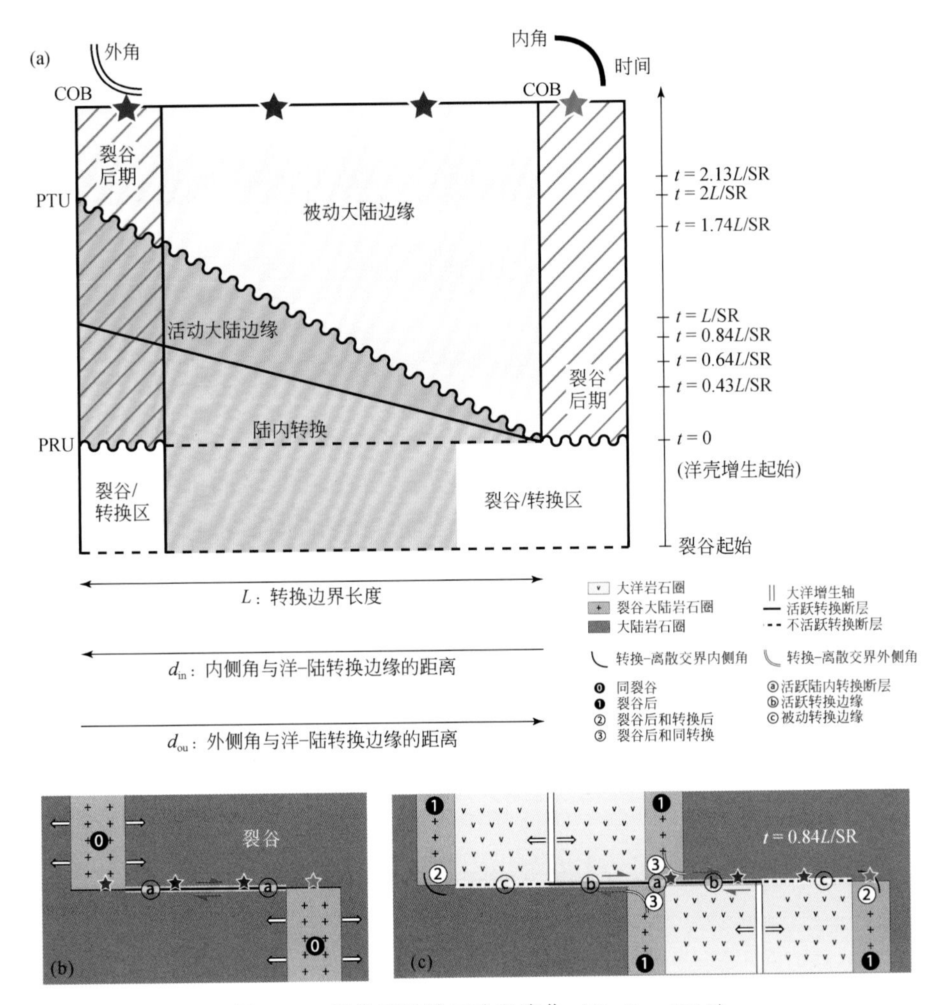

图 8-21　转换型陆缘三阶段演化（Basile，2015）

红色、蓝色、紫色、绿色星号分别位于沿着转换型陆缘走向分布，SR-扩张速率，PRU-裂后不整合，PTU-转换后不整合，COB-洋陆转换边界。$t=L/SR$ 为两侧大陆最后接触时间

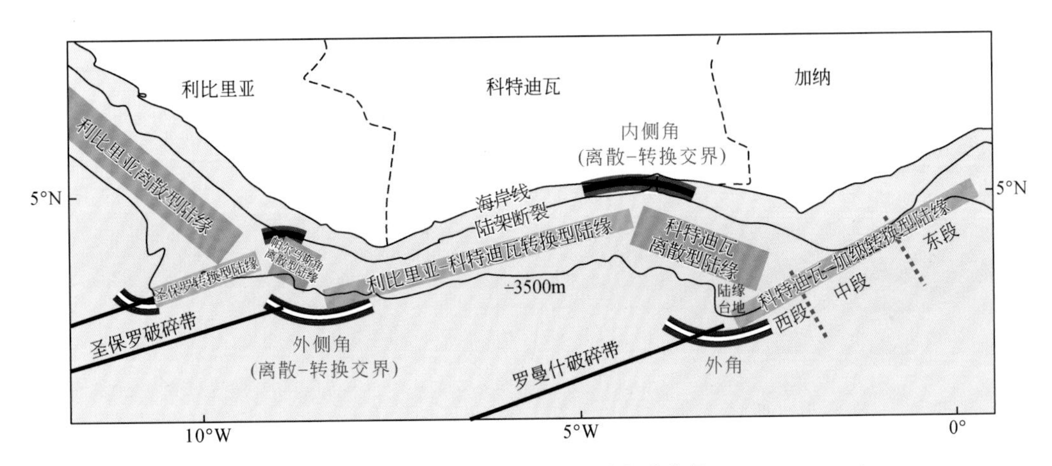

图 8-22　几内亚（Guinea）湾北侧地球动力学背景（Basile，2015）

陆缘趋势线仅依据水深勾勒，不反映洋陆边界

8.2.2 大陆裂谷作用形成的微陆块

十多年来，人们通过重构18亿年以来全球古老海洋中微陆块聚散过程与海陆格局，如华北东部地块裂解（图8-23）、哥伦比亚超大陆裂解（图8-24）和罗迪尼亚超大陆（图8-16、图8-17）裂解、特提斯洋打开（图8-13、图8-17）等，揭示了特提斯洋盆中微陆块聚散过程。结果表明，古今海洋中微陆块由大陆型大板块裂解、进入洋盆、单向汇聚是一种普遍现象（图8-25）。微陆块裂解的形成机制也是一种常见的被动机制，表现出全球超大陆裂解背景下微陆块多幕连续裂解过程。例如，大量东南亚微陆块都始源于冈瓦纳古陆（图8-26）北缘的不断连续单向裂解-汇聚。这些现象也体现在现今西太平洋内微陆块聚散的构造过程，如南海的中沙、南沙微陆块从华夏陆块裂离，就是在古南海俯冲板片南向拉力下导致的被动撕裂（图8-27）（Wang P C et al.，2016），这也揭示出新生代微陆块为陆缘裂解作用相关的拆离型微陆块。总之，从构造解析角度来看，微陆块聚散的裂谷开合机制是一种全新机制。

微陆块裂解后可能原地愈合，一般是在其他触发因素下发生聚合，这包括向陆俯冲后撤、热量衰减、俯冲受阻、碰撞挤压等多种裂谷闭合机制。微陆块之间的裂谷也可以通过增生作用发生闭合。实际上，传统的碰撞式、增生式微陆块聚合为大

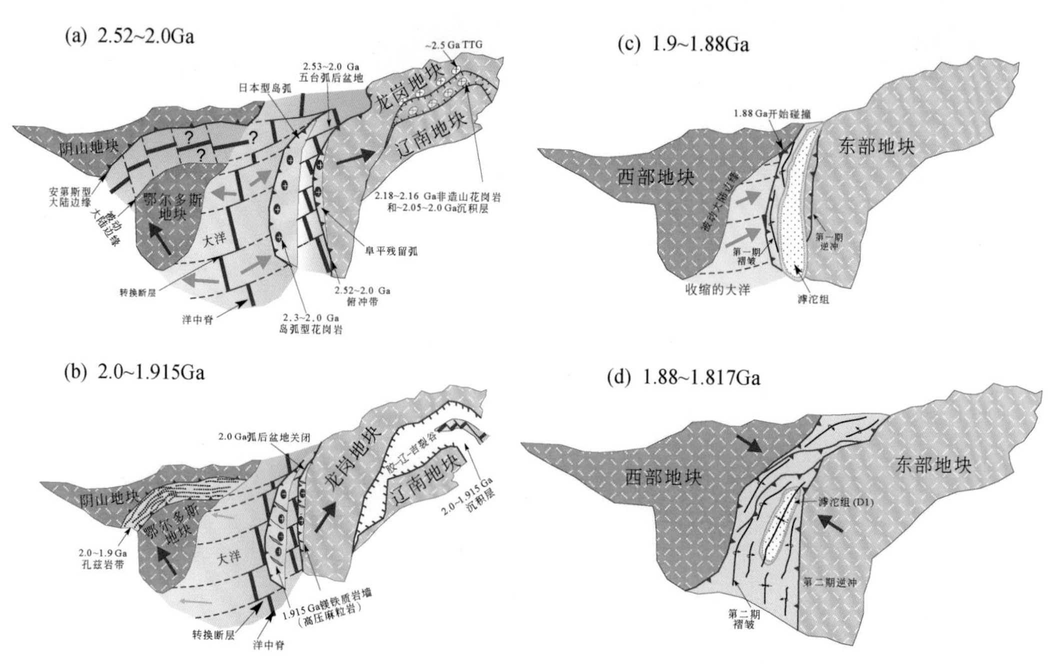

图8-23 华北克拉通东部、西部地块碰撞时中部带弧后裂谷与胶辽吉裂谷闭合（Li et al.，2011）

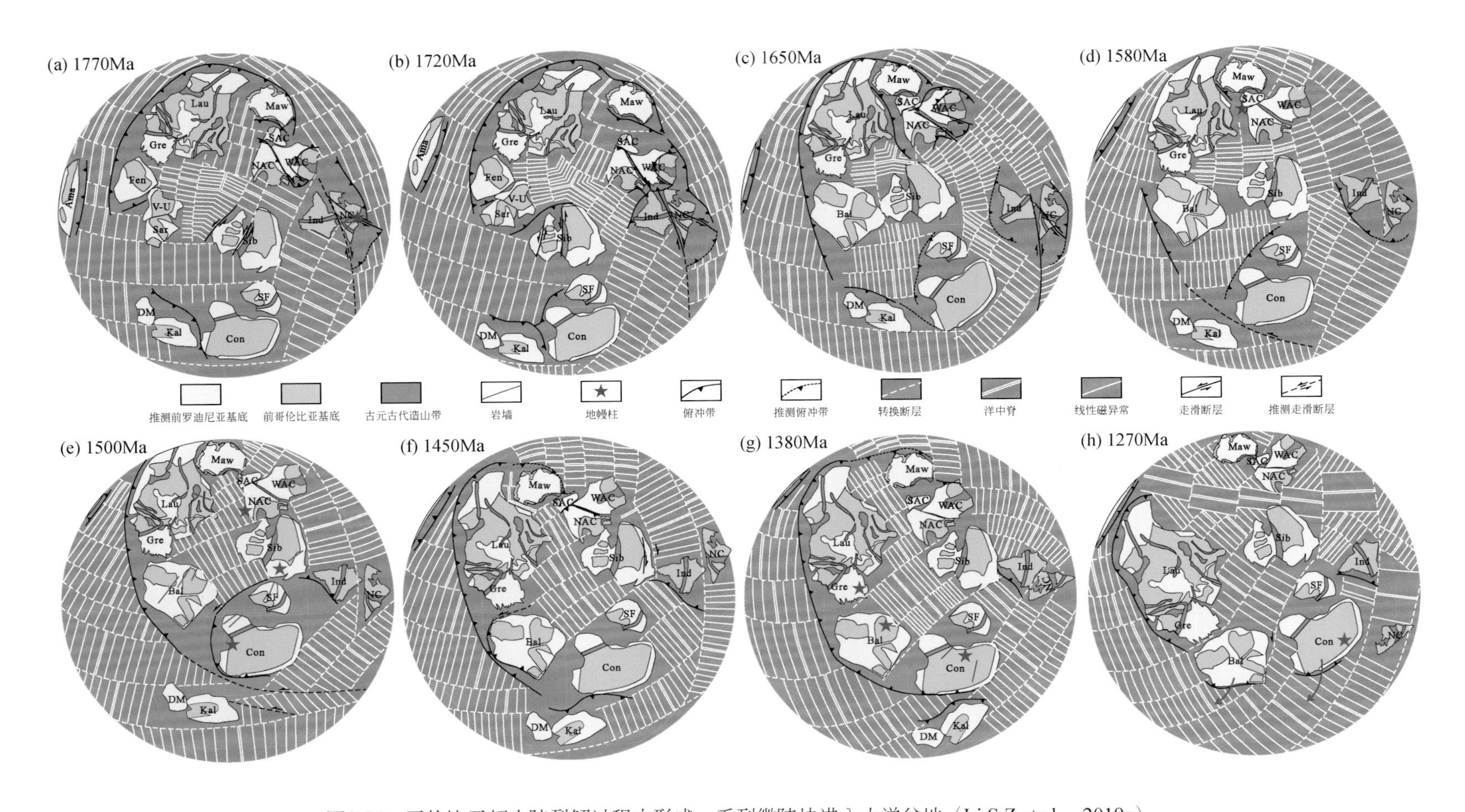

图8-24　哥伦比亚超大陆裂解过程中形成一系列微陆块进入大洋盆地（Li S Z et al.，2019a）

图中缩写见图8-17

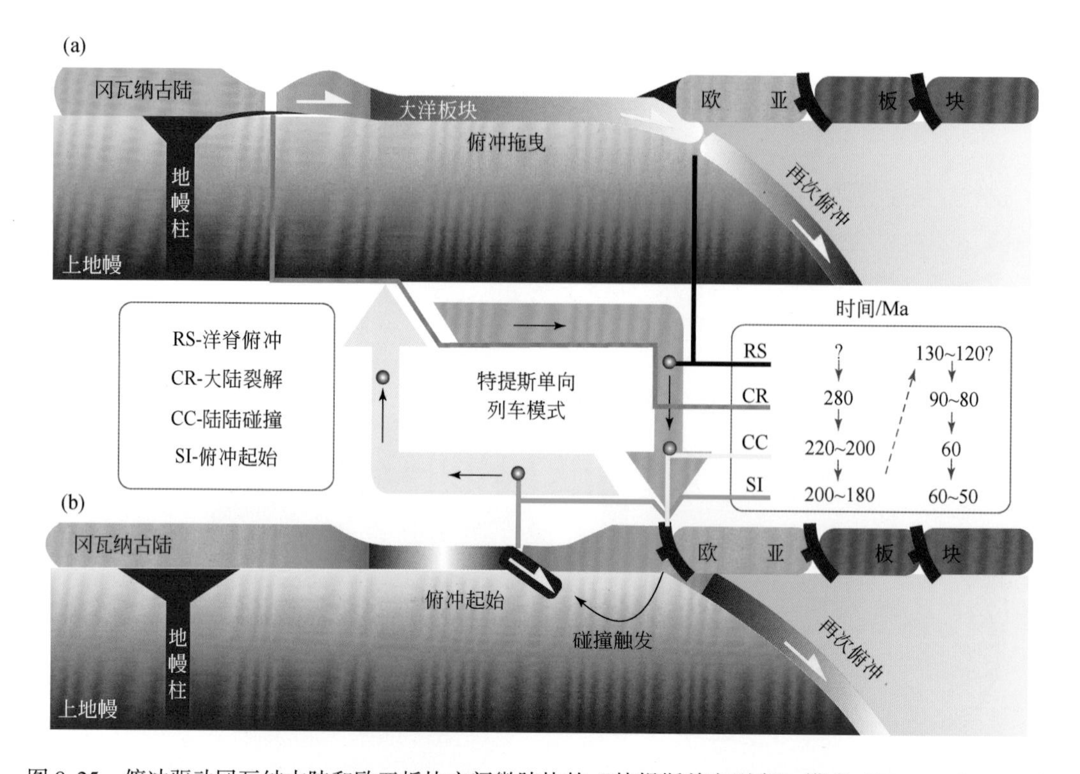

图 8-25 俯冲驱动冈瓦纳古陆和欧亚板块之间微陆块的“特提斯单向列车”模式（Wan et al.，2019）

（a）洋中脊消亡后，俯冲拖曳作用导致后缘大陆型大板块的裂解；（b）从大陆型大板块拆离的微陆块（群）发生漂移并受俯冲作用引导，最终与对侧大陆型大板块碰撞，然后陆-陆或陆-弧碰撞触发后缘洋盆发生新的俯冲启动。新的大洋俯冲启动后洋中脊将向俯冲方向迁移并消亡，然后重复（a）的过程。从亮到暗色带代表了从年轻到年老的洋壳

板块的方式很少是主动的，多数是被动的。因此，裂谷开合式、碰撞式、增生式三种微陆块聚合为大板块的被动方式是前人没有认识到的。这些认识揭示了古今海洋中微陆块聚散机制，包括跃生型、拆离型两种裂谷打开形成微陆块的机制，为深入理解洋盆中微陆块成因问题提供了新模式，这有助于深时地球系统中海陆格局的精细重建和构造-地貌-洋流-气候多圈层系统相互作用的研究。

（1）裂谷被动开合机制形成的微陆块

裂谷多数是被动打开的，很少有主动裂开的。裂谷先打开、后闭合形成的微陆块位置基本原地不动或保持原地空间关系。识别这类相邻微陆块之间或微陆块与大板块之间存在的裂谷被动开合机制，应注意在相邻两个微陆块或微陆块与大板块之间的构造带中寻找以下关键证据：①具有裂谷典型的双层结构；②发育双峰式火山岩，一般来说，主动裂谷中火山作用在前、沉积作用在后，被动裂谷中则相反；③有海相沉积建造，或有海相生物化石；④无蛇绿岩套；⑤无岛弧型岩浆建造；⑥有强烈的多幕挤压变形；⑦同时具有逆时针和顺时针的变质作用 P-T-t 轨迹；⑧发育高

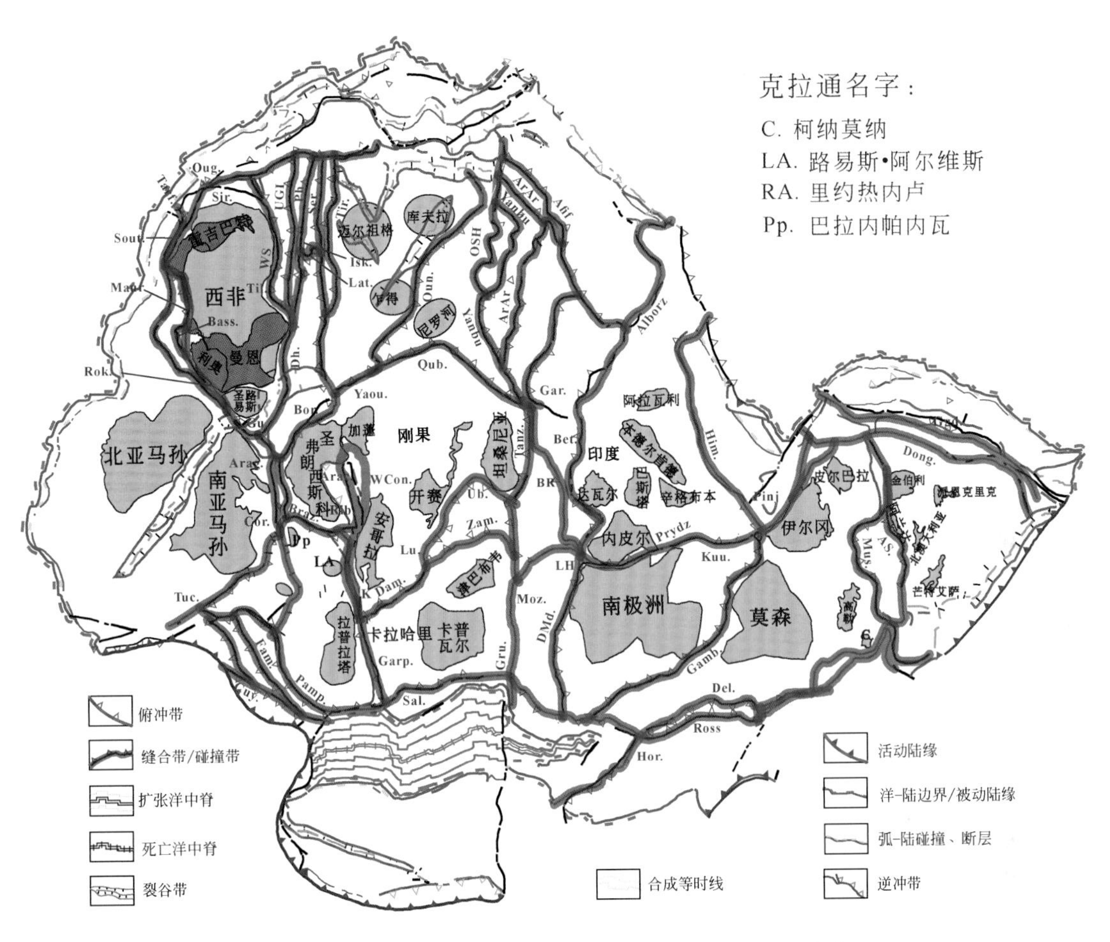

图 8-26　冈瓦纳古陆（克拉通为棕色）444Ma 主要缝合线

（蓝色，Stampfli et al.，2013；Vérard，2021）

缝合线名称：1. Afif-ArRika-Nabitah-Ruwah；2. Alborz-厄尔布尔士；3. Arac-Aracuai；4. Arag-阿拉瓜亚；5. ArAr-Ar-Ar；6. AS-艾丽斯泉；7. Bass-Bassarides；8. Bet-Betsimisaraka；9. Bor-博尔博雷马；10. BR-Bongolava Ranotsara；11. Braz-巴西利亚；12. Cor-科伦巴；13. Cuy-Cuyania；14. Dam-达马拉；15. Del-Delamerian；16. DF-唐费利西亚努；17. Dh-Dahomeyides；18. DMd-毛德皇后；19. Dong-Dongson；20. Fam-法马蒂纳；21. Gamb-甘布尔泽夫；22. Gar-加里萨；23. Garp-夏利普；24. Ggd-冈底斯；25. Gru-格鲁内霍格纳；26. Gu-古鲁皮；27. Him-喜马拉雅；28. Hor-霍利克；29. Isk-伊斯克雷；30. K-卡奥科；31. Kuu-Kuunga；32. Lat-Latea；33. LH-Lutzow-Holmbukta；34. Lu-卢弗里安；35. Maur-毛里塔尼亚；36. Moz-莫桑比克；37. Mus-马斯格雷夫；38. OSH-俄立所罗哈迈德；39. Oub-Oubanguides；40. Oug-瓦加尔塔；41. Oun-乌尼昂加；42. Pamp-Pampia；43. PG-巴尔卡德-高韦里；44. Ph-Pharusides；45. Pinj-平贾拉；46. Prydz-普里兹；47. Rib-里贝拉；48. Rok-Rokelides；49. Ross-罗斯；50. Sal-萨尔达尼亚；51. Ser-塞尔维努特；52. Sir-Sirwa/Siroua；53. Sout-Souttoufides；54. Shackleton-沙克尔顿山脉；55. Tanz-坦桑尼亚；56. Tarf-塔里夫；57. Til-提莱姆西；58. Tir-提里林；59. Tuc-图卡瓦卡；60. Ub-迪(Ubendian)；61. UGI-尤尼特-Granulitique-伊尔福拉斯；62. WCon-西刚果；63. WS-西部缝合带；64. Yaou-雅温德；65. Yanbu-廷布；66. Zam-赞比西

压麻粒岩，特别是高压泥质麻粒岩；⑨两侧陆壳结晶基底具有共同的演化史。

裂谷打开可能有两种力学端元模式：①纯剪模式，古老洋盆中微陆块形成于陆缘裂解过程中裂解中心的主动跃迁（图 2-18）；②单剪模式，现代洋盆中微陆块形成于陆缘拆离滑脱过程的被动撕裂（图 2-20）。

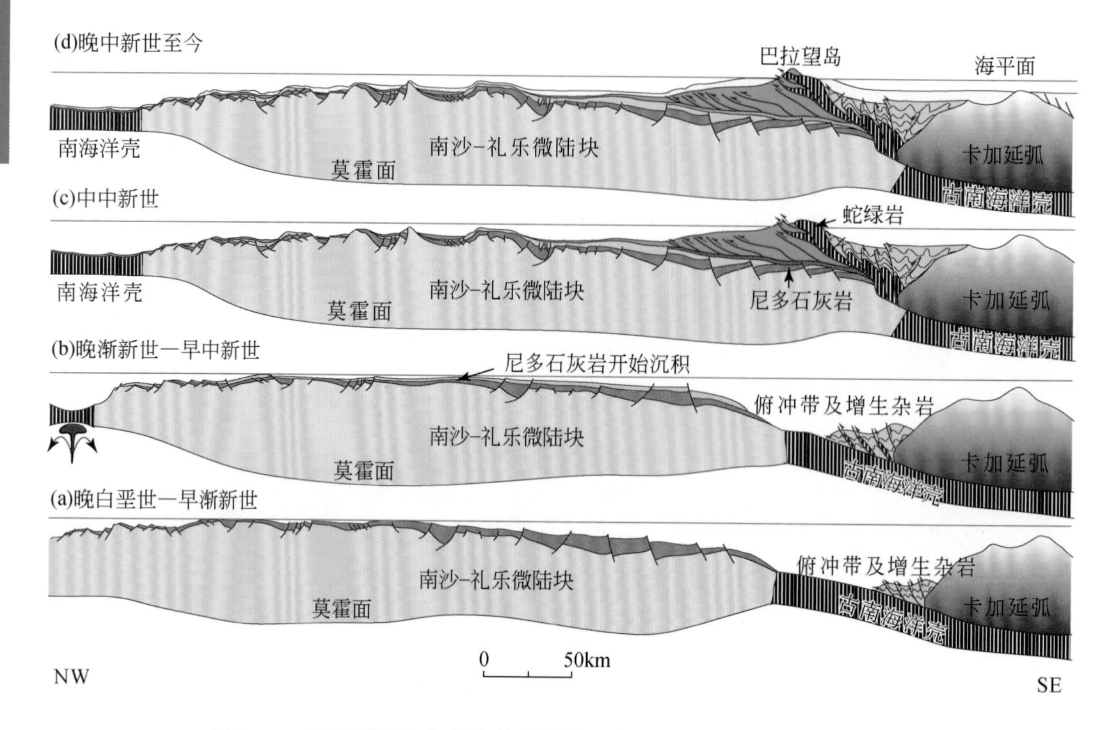

图 8-27 晚白垩世以来南海东南缘构造演化情景（Tong et al., 2019）

（a）南沙微陆块经历了白垩纪晚期和渐新世早期的陆内裂谷作用。古南海洋壳自始新世开始向南俯冲，至早渐新世末卡加延弧形成。（b）南海西南次海盆在晚渐新世早期开始打开（~28.4Ma）导致南沙微陆块从华南板块断离。裂谷作用结束后，由于水深较浅，尼多（Nido）碳酸盐岩台地在微陆块中广泛发育。（c）南海海底扩张停止、南沙微陆块与卡加延弧的碰撞导致造山带抬升和随后的蛇绿岩侵位。巴拉望海槽挠曲为前渊。（d）自中新世中期以来，在相对稳定的构造体制背景下，深水碎屑岩和浅水碳酸盐岩堆积物沿着埋没的半地堑形成或分布

裂谷闭合也可能有多种力学端元机制：①近端一些弧后盆地启动向岛弧的俯冲，岛弧型微陆块会使得俯冲带向陆后撤，进而导致微陆块拼合到大板块边缘。此外，裂谷中心跃迁后使得原裂谷中心的热量衰减也可以使得陆架裂谷盆地死亡、构造反转，最终闭合，例如东海陆架盆地西部坳陷带，在东部坳陷带进入裂解阶段时，同步出现的反转构造就是标志（图 8-28）；②远端俯冲受阻或大尺度碰撞挤压背景下的被动闭合，例如，华北克拉通中部带的弧后裂谷盆地闭合，即胶-辽-吉裂谷带闭合，就是西部陆块与东部陆块聚合背景下的被动闭合（图 8-29）。

这类裂谷被动开合机制［图 8-29（c）和（d）］不同于前人提出的微陆块聚合为大板块的主动增生机制［图 8-29（a）］和主动碰撞机制［图 8-29（b）］。裂谷被动开合机制被认为是陆内造山带形成的本质过程。

大陆块裂解为微陆块，但这些微陆块之间尚未演化出洋壳，依然为裂谷间隔，这些微陆块之间的裂谷可以再次聚合形成陆内造山带，是因大陆裂谷内部因应变局部化而引发，机制上与大陆碰撞造山和大洋俯冲造山不同，主要受控于先存裂谷结构、裂谷持续时间、裂谷冷却和汇聚速度等参数影响。裂谷封闭造山形成的陆内造

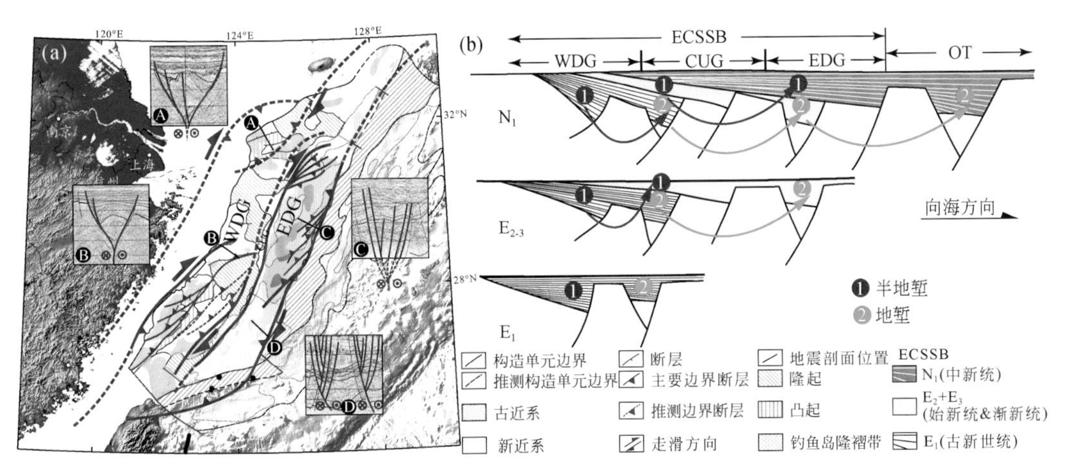

图 8-28　东海陆架盆地西部坳陷因裂谷中心向东迁移而热衰减导致裂谷闭合（Suo et al., 2015）

ECSSB-东海陆架盆地；OT-冲绳浪槽；WDG-西部坳陷带；CUG-中部隆起带；EDG-东部坳陷带

图 8-29　微陆块聚合为大板块的裂谷被动开合机制与增生和碰撞机制对比（张国伟等，2013）

山带结构也具有多样性（图 8-30），造山带结构与裂谷反转前和反转期的条件没有一一对应关系。但反转前的裂谷演化历史对造山带结构成型至关重要。裂谷封闭造山带的结构样式形成机制有三种端元样式（Vasey et al., 2024）：不对称底垫作用（asymmetric underthrusting）、弥散性或分布式增厚作用（distributed thickening）和局部极性反转作用（lacalized polarity flip）。窄裂谷封闭常形成不对称底垫结构和局部极性反转结构，宽裂谷封闭则多见分布式增厚造山结构。总之，不对称底垫作用常发生在窄裂谷和冷却后的裂谷中，局部化变形集中；分布式增厚作用通常发生在宽裂谷和未完全冷却的裂谷中，变形弥散性分布在广泛的区带；局部极性翻转作用类似不对称逆冲，但反转方向不同，也常见于窄裂谷及冷却后的裂谷中。这种裂谷封闭造山模式最早由 Li S Z 等（2005）提出，是早前寒武纪微陆块聚合的常见方式，如今竟成为研究热点，0ravecz 等（2024）也对这种反转裂谷盆地中的沉降收缩异常从内部地壳收缩、热继承性与外部地壳过程两个方面作了深入讨论，为板内造山这个传统板块构造理论难题的解决提供了新途径。

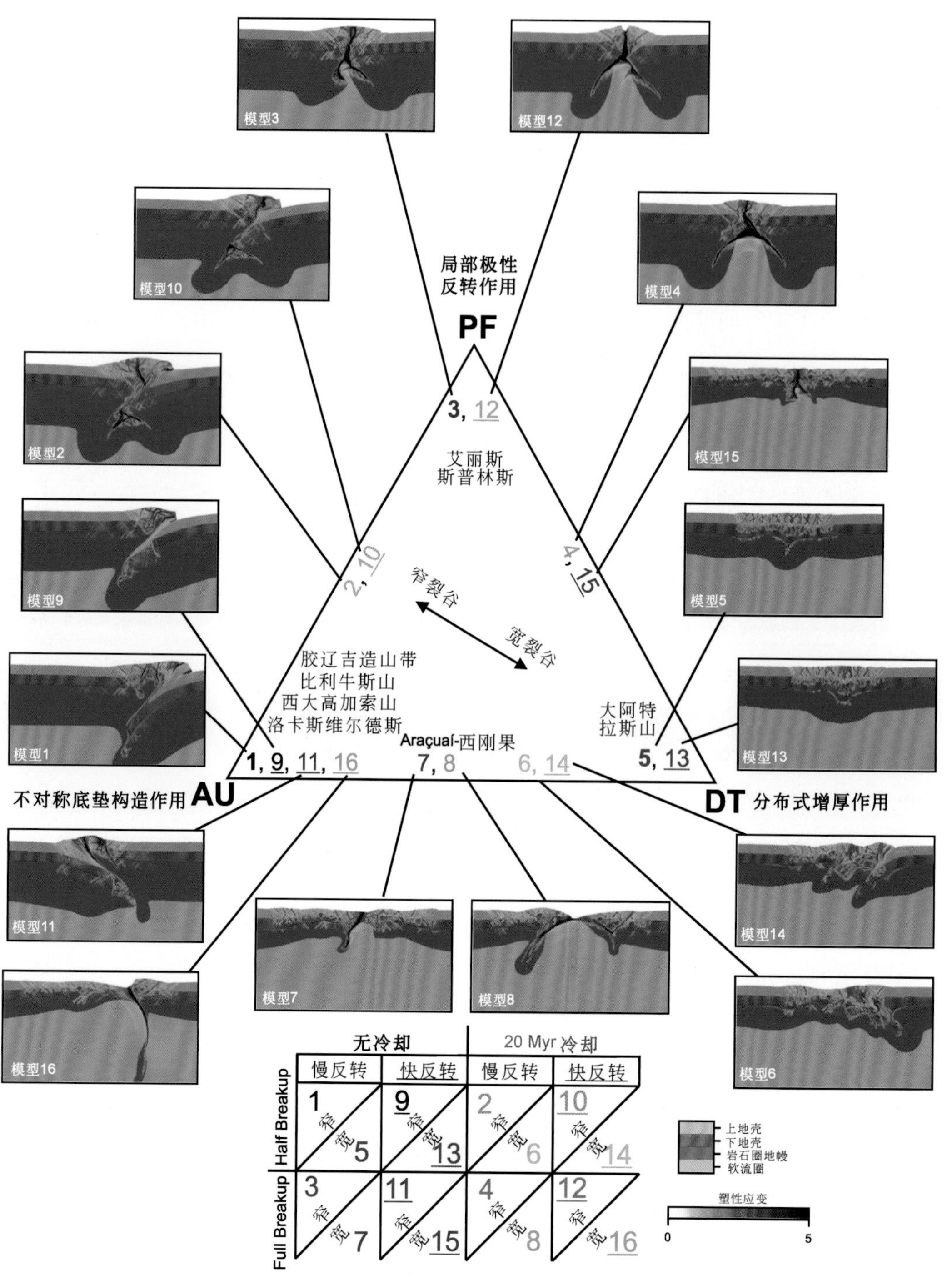

图 8-30 陆内造山带结构样式的三角分类（Vasey et al., 2024）

双箭头表示对裂谷结构控制的主导因素，图中相应位置表示了自然界中的裂谷封闭造山带的实例及结构样式分布。模型编号颜色和参数空间中的下划线样式，请参见原文

（2）裂谷渐进拓展形成的微陆块

挪威格陵兰海的扬马延微陆块（Jan Mayen continental microplate）是在扬马延岛和欧亚大陆之间海底扩张时形成的。大约在磁异常 C7（~24Ma）时，格陵兰岛和扬马延岛之间形成了一个新的扩张中心（Talwani and Eldholm，1977；Nunns et al.，1982；Müller et al.，2002）。地震折射资料表明，扬马延微陆块存在厚约 15km 的陆壳（Müller et al.，2002）。Müller 等（2002）认为，沿格陵兰岛边缘的新裂谷形成于磁异常 C18~C13（40~34Ma），这是由冰岛地幔柱触发的裂谷拓展活动。在这一时期，冰岛地幔柱主干部位与裂谷内缘的位置相吻合（Lawver and Müller，1994）。这一事件导致了裂谷向北的拓展并逐渐形成 500km 长的裂谷，将扬马延微陆块与格陵兰岛分离开来。从扬马延与格陵兰岛之间的扩张初期到磁异常 C6（~20Ma）期间，洋中脊在冰岛热点附近反复渐进拓展和跃迁，孤立出了扬马延微陆块，之后又将小部分洋壳从格陵兰转移到了扬马延微陆块上（Müller et al.，2002；Gaina et al.，2003）。

狭义的延生型微陆块通常指长宽 100~500km 的微陆块，并相对邻近板块做独立的水平或旋转运动。由于这些微陆块是陆内裂谷拓展延长作用形成。陆内两条切割岩石圈的断裂带相向拓展围限出的微陆块，最典型的莫过于东非裂谷系中的维多利亚微陆块［图 8-31（a）］，以及东非裂谷系西部分支与阿尔伯丁裂谷系中被断层围限的鲁文佐里（Rwenzori，RW）微陆块［图 8-31（b）］（Calais et al.，2006）。

根据 Bahat 和 Mohr（1987）的研究，东非大裂谷内部包含大约 12 个大型火山盾形结构，其中，最高的是位于东非大裂谷西部分支内的鲁文佐里微陆块，从 3°N 延伸到 10°S［图 8-31（b）］。鲁文佐里微陆块是阿尔伯丁（Albertine）裂谷系统的一部分［图 8-31（b）］，位于跨越刚果和乌干达边界的爱德华湖、乔治湖和阿尔伯特湖之间（图 8-32）。同时，鲁文佐里山脉是非洲最高的非火山山峰，海拔超过 5000m，山顶上有冰川。该山脉主要被裂谷包围（图 8-32），由元古代和太古代的岩石组成，这表明其具有古老陆壳结晶基底。

鲁文佐里山脉除东北角外均被裂谷围绕（图 8-32）。阿尔伯丁裂谷从北拓展而来，在鲁文佐里山脉西侧经过，然后急转向东，与爱德华湖裂谷汇合。爱德华湖裂谷从南拓展而来，围限鲁文佐里山脉东侧，最后在鲁文佐里微陆块与维多利亚微陆块直接相连的地方终止。阿尔伯丁裂谷的东部小分支也自北向南经过鲁文佐里山脉东侧，因此，鲁文佐里微陆块的北端位于阿尔伯丁裂谷内。

有学者对东非裂谷进行了一些模拟研究（Koehn et al.，2008；Zwaan and Schreurs，2017）。Koehn 等（2008）以东非裂谷系统为研究对象，模拟了裂谷的成核动力学和拓展裂谷段的相互作用，基于一种二维黏弹塑性弹簧模型解释复杂的断层模式，以及导致在拓展裂谷系统内捕获陆内延生型微陆块的动态过程。模拟结果

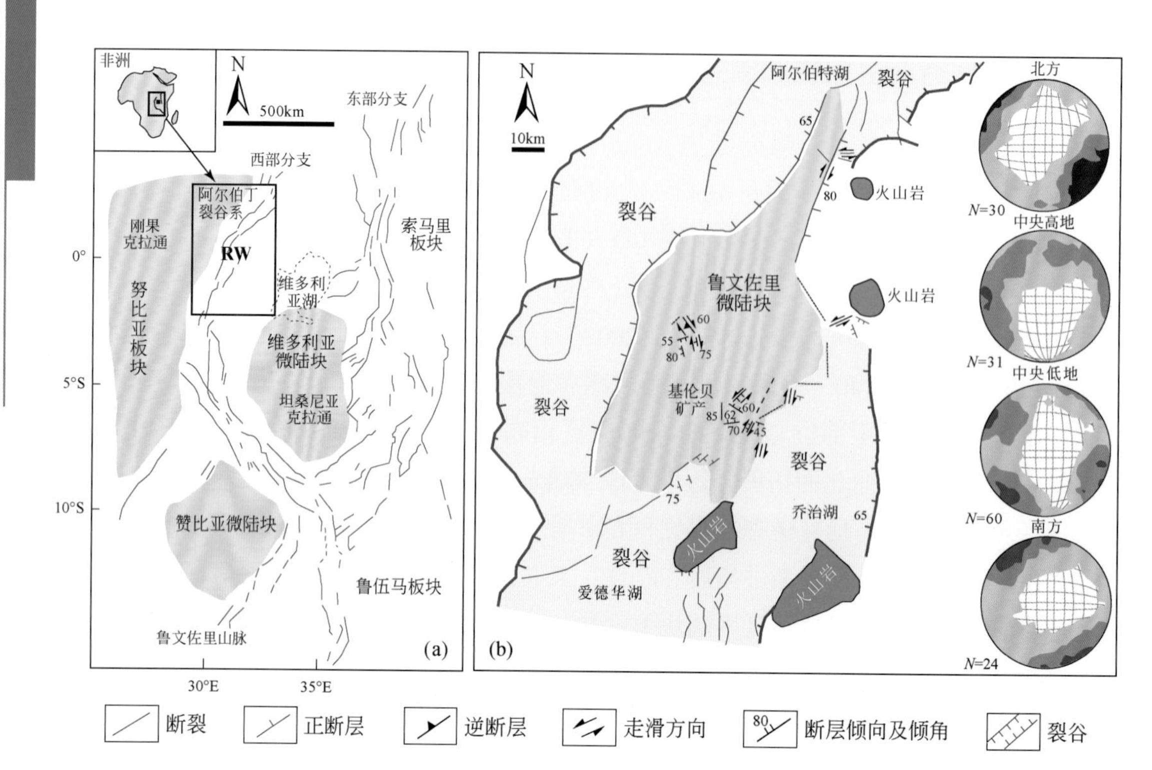

图 8-31　东非大裂谷中的微陆块

（a）东非大裂谷三叉裂谷构造单元（据 Calais et al.，2006），（b）东非阿尔伯丁裂谷和鲁文佐里山脉的几何形状（据 Calais et al.，2006）

显示，由于裂谷段拓展方向的不同，会影响延生型微陆块的旋转方向。微陆块发生旋转时，裂谷段末端的局部应力场被扰动，使得裂谷转向 70° ~ 90°并朝向彼此拓展，导致完全捕获延生型微陆块。在裂谷系统内，捕获各种尺寸的微陆块是一种常见现象，并且微陆块旋转导致局部应力场的强烈扰动，由此产生穿过延生型微陆块的走滑断层和一系列局部反向断层。

在伸展作用下，鲁文佐里微陆块东西两侧均发育有正断层，西侧北部发育界限明显的 Bwamba-Semliki 断层，该断层向西北倾斜 65°，东侧则发育倾角近乎于 80°的 Rwimi-Wasa 断层，类似于图 8-32（b）中所模拟的裂谷扩展状态。两侧断层的滑移线均显示出右旋转换的特征，阿尔伯丁裂谷系左侧发育超覆。这一系列地质证据表明，鲁文佐里微陆块发生了顺时针旋转［图 8-32（b）（c）］。同时，鲁文佐里微陆块的中部，比北部和南部都更宽，这表明鲁文佐里微陆块旋转过程中应力集中在东西两侧断层的尖端部位。这种旋转使得鲁文佐里微陆块从先前相连的板块（维多利亚微陆块和努比亚板块）上脱离为独立的微陆块，但鲁文佐里微陆块的末端仍然与这两个（微）板块末端相连［图 8-32（a）］。

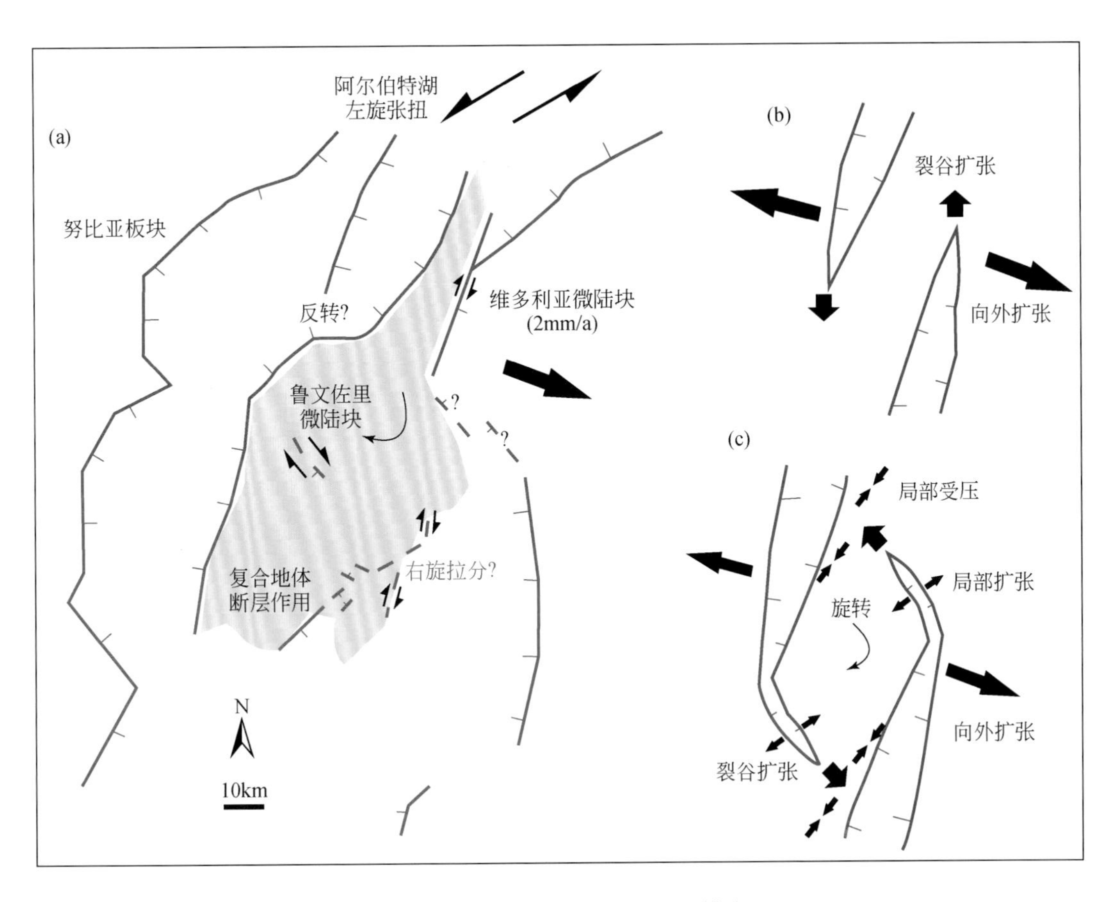

图 8-32　阿尔伯丁裂谷系统中鲁文佐里微陆块的成因模式（Koehn et al., 2008）

（3）俯冲后撤机制的裂生型微陆块

裂生型微陆块的形成也与大洋板块的俯冲消减和弧后扩张作用息息相关，常见于俯冲系统的上盘。弧后盆地的地壳可以分为洋壳型、陆壳型以及弧壳型，地壳性质的差异反映其处于不同的大地构造环境或不同的弧后扩张演化阶段。位于西菲律宾海盆西北侧的冲绳海槽与琉球海沟、琉球岛弧一起构成了典型的“沟-弧-盆”系统，其扩张与菲律宾海板块阶段性俯冲息息相关（Shinjo et al., 1999; Xu et al., 2014; Liu B et al., 2016）。琉球微陆块是弧后扩张导致陆壳基底裂离母体大陆形成的，因此可以认为是个典型的裂生型微陆块（图 8-33）。

冲绳海槽是西太平洋正在活动的典型活动盆地，位于琉球岛弧和东海陆架之间（图 8-33），从台湾北部的宜兰平原延伸至日本九州西南部的海域，西濒宽阔平坦的东海陆架，东邻琉球岛弧，在形状上，呈 SE 向凸出的弧形，水深北浅南深，与琉球海沟、琉球岛弧组成一个完整的沟-弧-盆体系（彭娜娜和曾志刚，2016）。利用地球物理资料对冲绳海槽地壳厚度的估算结果表明，该海槽的地壳厚度从北向南逐

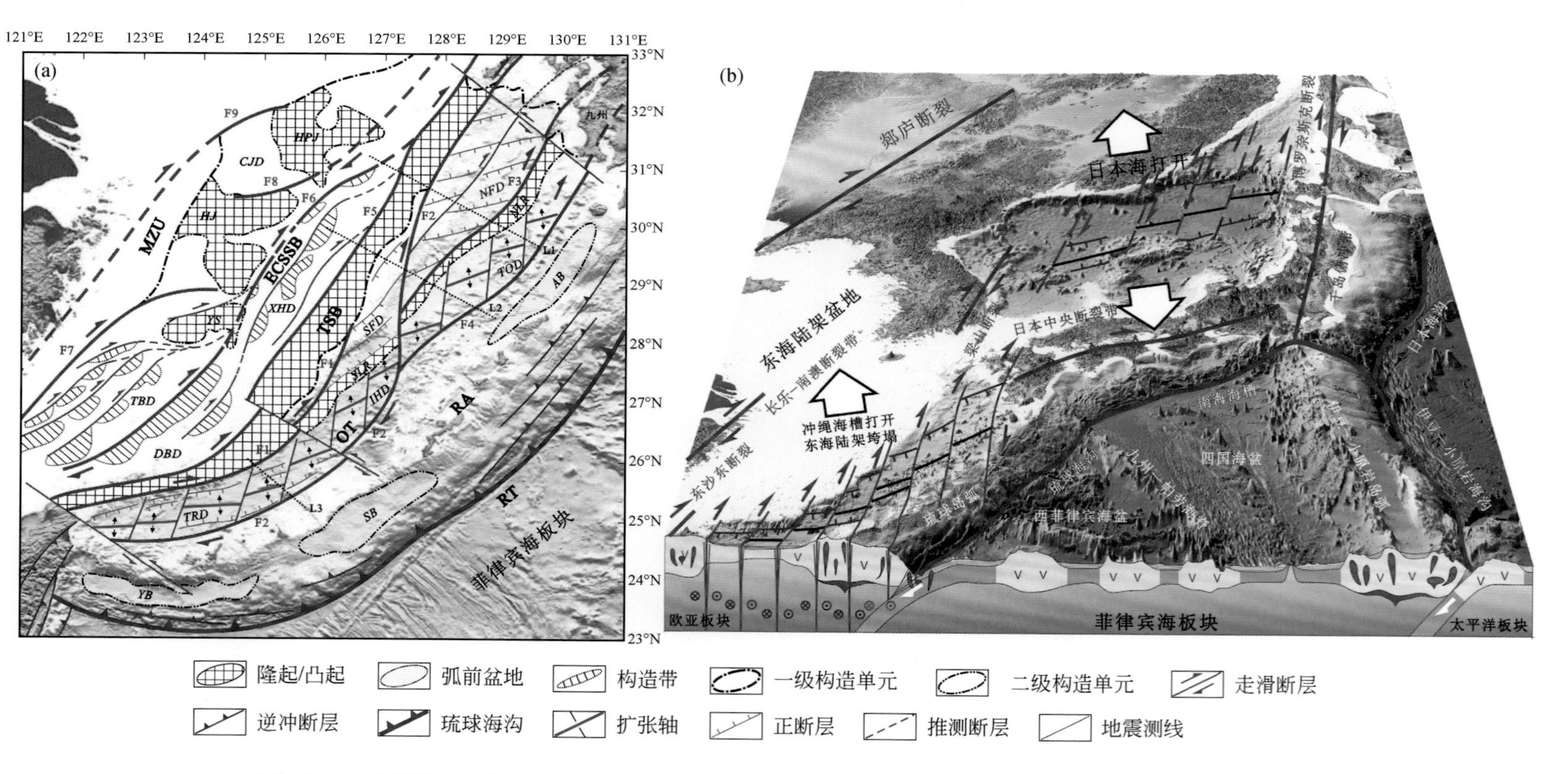

图8-33　琉球微陆块及邻区构造格架和立体图解（左图据Liu B et al.，2016；右图据Zhang et al.，2023）

MZU-闽浙隆起；ECSSB-东海陆架盆地；TSB-台湾造山带；OT-冲绳海槽；RA-琉球岛弧；HPJ-虎皮礁隆起；HJ-海礁隆起；YS-鱼山隆起；NFD-北部陆架前缘坳陷；SFD-陆架前缘坳陷；NLR-北龙王脊；SLR-南龙王脊；TOD-吐噶喇（Tokara）坳陷；IHD-Iheya坳陷；TRD-海槽坳陷；AB-Amami盆地；SB-Shimajiri盆地；YB-Yaeyama盆地。其他请参见原文渐变薄，北部为21～28km，中部为16～21km，南部为13～20km，与东海陆架（26～30km）和琉球岛弧（20～30km）的地壳厚度相比，冲绳海槽中部和南部的地壳已经发生了明显的减薄（张训华和尚鲁宁，2014；Liu B et al.，2016），这与广角反射/折射地震探测揭示的冲绳海槽地壳速度结构表现出的南北差异一致。冲绳海槽岩石圈厚度约为40km（朱介寿等，2003），重力异常南高北低。以上证据表明，目前冲绳海槽盆地地壳结构仍属于陆壳裂解过程中的产物。由于其地壳厚度仅在15～24km，说明盆地的演化已经处于陆壳张裂的最高阶段（周祖翼等，2001）。总之，依据该区构造地质特征，人们一般以宫古断裂带和吐噶喇断裂带为界，将冲绳海槽分为南（SOT）、中（MOT）、北（NOT）三段。在构造和地球物理特征上，冲绳海槽也呈现出明显的南北分异，从北向南的地壳厚度减薄。特别是，其南段重力异常变化大，发育磁异常条带，是典型的洋壳特征，而中部以最高的热流值为特征。

冲绳海槽的扩张与菲律宾海板块的斜向俯冲有关（Lee et al.，1980；Kimura，1985），斜向俯冲作用下，弧后发生走滑拉分（图8-33）（Liu B et al.，2016），导致不同段落演化出现差异，其扩张可分为三个阶段（Sibuet et al.，1995，1998）。第一阶段，裂谷作用发生于中中新世至晚中新世，表现为琉球非火山活动带和台湾-新畿褶皱带的抬升，之后发生构造沉降，发育正断层（Letouzey and Kimura，1986）。在该扩张阶段，冲绳海槽北部的扩张距离约为50km，南部的扩张距离约为75km（Sibuet et al.，1995）。第一阶段扩张之后，冲绳海槽经历了一段5Myr左右的构造稳定期（Kimura，1985）。菲律宾海板块的俯冲在晚中新世可能发生中断（Uto，1995），并在晚中新世的末期（约6Ma）重新俯冲（Seno and Maruyama，1984），俯冲方向由北北西变为北西（Nakamura et al.，1985；Nakada and Kamata，1991），板块的俯冲速率也可能由4～5cm/a变为6～8cm/a（Seno et al.，1993）。

第二阶段，裂谷作用开始于上新世—更新世之交，同裂解的断层切割晚上新世—早更新世的沉积地层形成掀斜式正断层，且断层走向沿海槽逐渐发生改变。该阶段冲绳海槽北部的扩张宽度约为25km，南部的扩张宽度约为6km。此时，冲绳海槽基本成型（Sibuet et al.，1995）。

第三阶段开始于晚更新世，并持续至今（Furukawa et al.，1991）。小规模正断层切割晚更新世地层，海槽北部的扩张宽度约为6km，南部的扩张宽度约为5km（Sibuet et al.，1995），海槽南部可能已经发生海底扩张（Sibuet et al.，1987；Park et al.，1998；Li X H et al.，2024）。

总体来讲，冲绳海槽仍处于裂谷演化的最后阶段、弧后扩张的早期阶段，但是根据冲绳海槽的岩浆岩特征，冲绳海槽内部从南到北扩张程度并不均衡（Sibuet et al.，1998），海槽北部仍处于陆壳拉伸阶段，中部处于裂谷阶段，而南部已进入初始海底扩张阶段很可能已出现新生洋壳（Sibuet et al.，1987；李巍然和王永吉，

1997；Park et al.，1998；Yan and Shi，2014）。冲绳海槽的南北差异扩张很可能是受到了菲律宾海板块俯冲方向和速率改变的影响，不同控制作用的叠加造就了冲绳海槽地壳结构、扩张阶段、构造特征、地球物理特征、岩浆活动等方面的区域性差异。这正是西太平洋弧后盆地体系构造演化复杂性的一个缩影（彭娜娜和曾志刚等，2016）。

（4）多幕连续裂解形成的跃生型微陆块

正如前文所述，跃生型微陆块是被大洋岩石圈包围的大陆碎片。Vink 等（1984）认为，如果裂谷发生在陆壳和洋壳之间的边界附近，由于陆壳的流变性质更弱，裂谷将优先发育于陆壳。在年轻大陆岩石圈边缘裂解时，原有的扩张中心被抛弃，在附近的大陆内部形成一个新的扩张中心（Borissova et al.，2003），导致跃生型微陆块从母体大陆型大板块上裂离（图 8-11）。跃生型微陆块被大洋板块夹带着被动运动，最终会以大陆增生的形式到达汇聚陆缘（Vink et al.，1984），以碰生型微陆块或增生型微陆块的形式残留或保存在大板块内部或边界（李三忠等，2018）。活动热点附近的洋中脊跃迁模型成功解释了几个微陆块的形成，如扬马延微陆块、塞舌尔微陆块等（图 8-34）（Müller et al.，2002；Gaina et al.，2003）。主要代表性实例有以下三个经典微陆块。

A. 西北印度洋的塞舌尔和拉克希米海岭等微陆块

Cande 和 Patriat（2015）研究表明，印度洋的塞舌尔微陆块（Seychelles continental microplate）裂离起始年龄相当于磁异常 C23o（~51.9Ma），其终止时间早于磁异常 C25y（~57Ma），比 Cande 等（2010）建议的年龄大 7Myr，与 Eagles 和 Hoang（2013）建议的年龄（~61Ma）基本一致。留尼汪地幔柱引发裂谷拓展，使得塞舌尔微陆块与印度板块分离。海底扩张沿北卡尔斯贝格洋中脊（Carlsberg Ridge）位置，在磁异常 C27（~62Ma）时，开始形成马斯克林盆地（Mascarene Basin），并随后停止拓展（图 8-34）（Masson，1984；Müller et al.，2002）。海底磁异常条带记录了塞舌尔微陆块和印度板块之间巨大的不对称洋壳增生。从 Hammond 等（2013）对阿米兰提斯北部陆壳识别结果可以看出，随着塞舌尔-马达加斯加与印度大陆分裂，可能有更多的大陆碎片裂离印度大陆。这可能是由于马斯克林盆地逆时针旋转开裂（83.5~62Ma）期间的一系列洋中脊跃迁所致（Torsvik et al.，2013）（图 8-34）。此外，将塞舌尔与印度大陆割裂开来的裂谷，很可能与留尼汪地幔柱在约 65Ma 时的喷发（Collier et al.，2009）有关。总之，这个例子说明，地幔柱与洋中脊相互作用常导致洋中脊多次跃迁，使得微陆块不断幕式连续裂解进入大洋盆地。

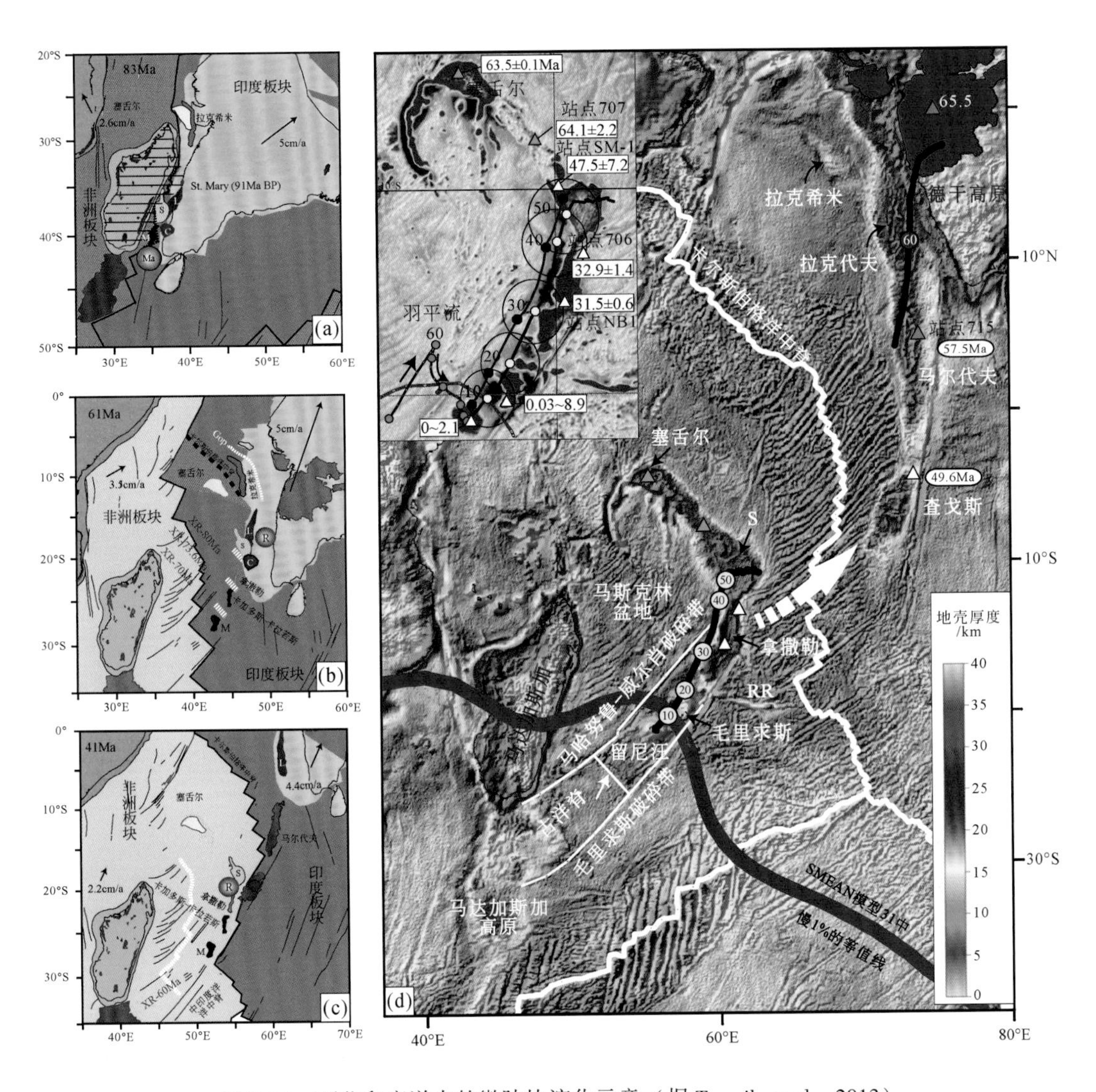

图 8-34　西北印度洋内的微陆块演化示意（据 Torsvik et al., 2013）

左图为晚白垩世至始新世板块重建，基于留尼汪（R-Réunion）和马里昂（Ma-Marion）热点位置为地幔参考系，计算了印度（IND）板块和非洲（AFR）板块的平均运动速度。(a) 在马斯克林（Mascarene）盆地打开期间（83.5～70Ma），毛里求斯（M-Mauritius）和毛里求斯部分地区附属于马达加斯加（Madagascar）微陆块，但通过三次西南方向拓展的洋中脊跃迁（白色虚线死亡洋中脊，XR）迁移到印度板块。(b) 在 61Ma，留尼汪地幔柱推动了洋中脊向北东的跃迁，新洋中脊（Carlsberg，卡尔斯伯格）将查戈斯微陆块（C-Chagos）与印度板块隔开。(c) 在 41Ma，一次向西南方向的洋中脊跃迁将查戈斯微陆块带回了印度板块。SM-Saya de Malha；L-拉克代夫（Lacadives）。(d) 为基于重力反演和留尼汪海山链的地壳厚度。带圆圈的数字表示留尼汪地幔柱在印度（红圈）或非洲板块下方或附近的时间（Ma）。三角形表示年代确定的地点（参见插图中的年龄）。红线是 SMEAN 模型中慢 1% 的等值线，近似于核幔边界的地幔柱生成区。RR-罗德里格斯（Rodriguez）洋中脊。插图地图显示了自由空气重力、主图中预测的留尼汪轨迹，但有 95% 的置信椭圆和计算的表面热点运动（带绿色圆圈的黑线）。第二条轨迹（带黑圈的栗色线）是通过计算全球地幔参考系时排除留尼汪轨迹来计算的

B. 扬马延微陆块

挪威-格陵兰海中的扬马延微陆块早期可能是拆离型微陆块，但晚期也可视为跃生型微陆块的典型代表（图 8-35），它是一个完全脱离了大陆并被洋壳所包围的

具有陆壳属性的岛屿（Kodaira et al.，1998）。地震折射资料表明，扬马延微陆块存在厚约15km的陆壳（Müller et al.，2002）。Müller等（2002）认为，沿格陵兰岛边缘的新裂谷形成于磁异常C18到C13之间（分别对应40Ma和34Ma，图8-36），这是由冰岛地幔柱触发的裂谷拓展活动。在这一时期，冰岛地幔柱主干部位与裂谷内

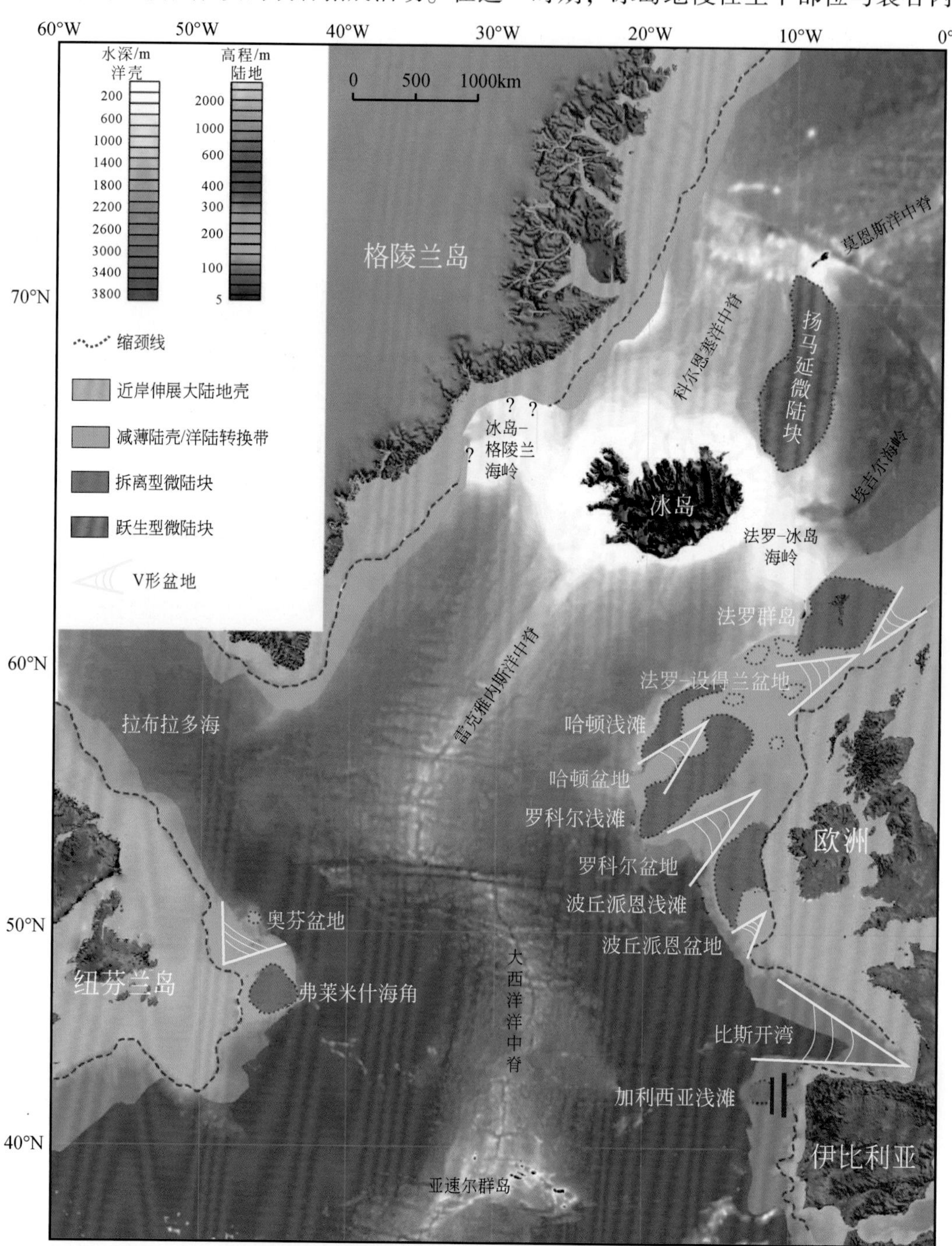

图8-35 北大西洋南部跃生型微陆块分布（据Peron-Pinvidic and Manatschal，2010）

缘的位置相吻合（Lawver and Müller，1994）。这一事件导致向北的裂谷拓展，逐渐形成500km长的裂谷，将扬马延微陆块与格陵兰岛分离开来。大约在磁异常C7（24.8Ma）附近，格陵兰岛和扬马延岛之间形成了一个新的扩张中心（Talwani and Eldholm，1977；Nunns et al.，1982；Müller et al.，2002）。扬马延与格陵兰岛之间的扩张最终持续到磁异常C6（~21Ma），洋中脊在冰岛热点附近反复拓展和跃迁，孤立出了扬马延微陆块，随后又有少部分将洋壳从格陵兰转移到扬马延微陆块上（Müller et al.，2002；Gaina et al.，2003）。

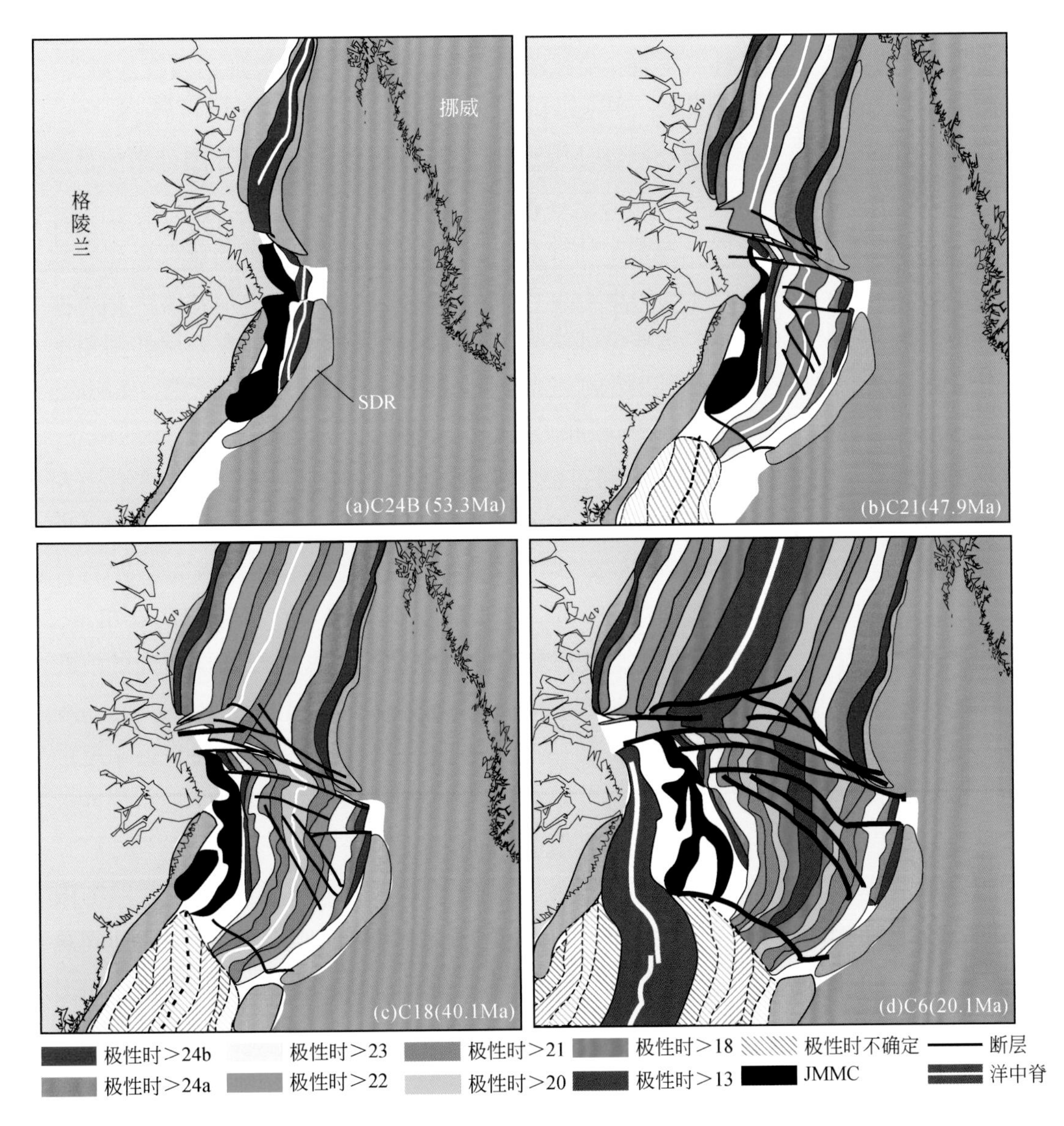

图8-36　扬马延微陆块（JMMC）的构造演化轨迹（据Gernigon et al.，2015）

(5) 大陆超强伸展形成的拆离型微陆块

A. 北大西洋共轭被动陆缘：伊比利亚-纽芬兰微陆块

拆离型微陆块具有陆壳属性，常见于洋陆转换带内，曾被称为大陆板条（continental ribbon）、H-型地块（H-block）以及伸展型外来体（extensional allochthon）等（Manatschal，2004；Peron-Pinvidic and Manatschal，2010），这些别称也被当作差异伸展程度下的递变类型。目前，最著名的拆离型微陆块出露地是北大西洋南部伊比利亚-纽芬兰共轭被动陆缘的裂解系统，其内部发育了大量的拆离型微陆块（图8-35），如罗科尔浅滩、哈顿浅滩、弗莱米什海角以及加利西亚浅滩等，也都是由拆离作用形成的微陆块（Peron-Pinvidic and Manatschal，2010）（图8-35）。纽芬兰一侧被动陆缘残余的H-型地块以及伊比利亚深海平原中的伸展型外来体是白垩世早期北美和伊比利亚板块之间的裂谷和大陆分裂的结果。

罗科尔浅滩、哈顿浅滩、弗莱米什海角以及加利西亚浅滩等微陆块，以相对独立的“V”字形块体存在于深度小于2km的浅水处，彼此之间被未抬升的沉积盆地相隔开。地震反射剖面揭示，这些微陆块大多被大型地壳尺度的拆离断层和高角度正断层所围限。同时，这些微陆块的底部及边缘也未见到有岩浆侵入（Kodaira et al.，1998）。这表明，它们均未与相邻大陆完全分离，但完全符合微陆块的概念。根据广角地震折射剖面（图8-37）可推测，罗科尔浅滩、哈顿浅滩、弗莱米什海角以及加利西亚浅滩的陆壳厚度分别为30km（Shannon et al.，1999）、20km（White et al.，2008）、30km（Funck et al.，2003）和21km（Pérez-Gussinyé et al.，2003）。可见，这几个微陆块均具有较大的陆壳厚度。同时，地震波速度从顶部的6.0km/s到底部的6.9km/s，说明它们保存了其裂解前的地壳结构。这些微陆块之间的沉积盆地则呈现出不同的地壳减薄量，为5～8km（Shannon et al.，1999；Pérez-Gussinyé et al.，2003；O'Reilly et al.，2006）。以上特征表明，这些拆离微陆块通常以主要的地壳结构为界，应力由滑脱作用传递至相邻盆地中的拆离断层和高角度正断层或远端边缘（图8-37）（Péron-Pinvidic and Manatschal，2009）。

纽芬兰被动陆缘最边缘的残余H(r)-型地块也被大型低角度拆离正断层围限（图8-37），是一块相对未变形的上地壳，保留了其裂谷前的地层覆盖状态，地壳总体呈现小而薄的特征（5～10km厚）。其北侧奥芬盆地（Orphan Basin）中的初始H(i)-型地块却完全不同（图8-37），陆壳厚度达到了约20km。在图8-37中，H-型地块的底部均以拆离正断层为界（图8-37中的蓝色断层），呈现出由底部的低角度递变为顶部的高角度。这些拆离断层可以将顶部岩石以及H-型地块两侧的中地壳层位岩石剥露出海底，并将地壳厚度减薄至15km以下，因此，也称为“减薄断层”（Peron-Pinvidic and Manatschal，2010）。在拆离作用的更晚期，H-型地块的地壳变

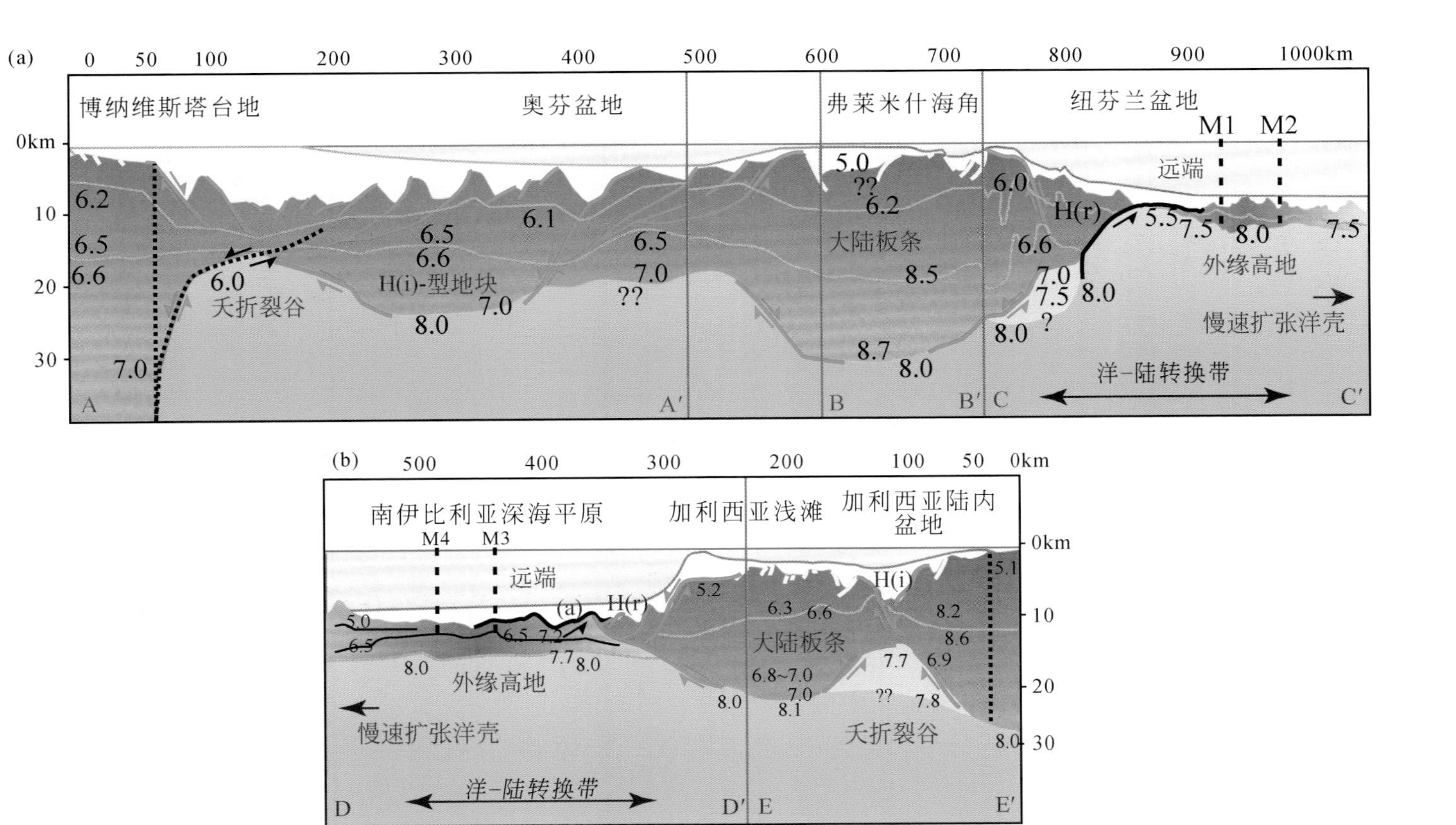

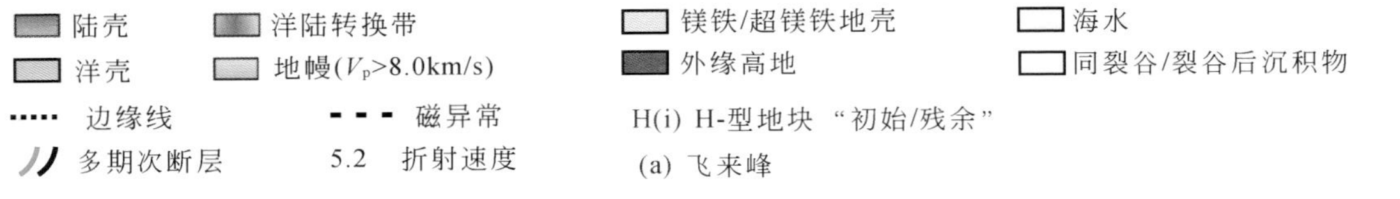

图8-37 伊比利亚–纽芬兰共轭被动陆缘系列裂生型微陆块的横断面（据Peron-Pinvidic and Manatschal, 2010）

得更薄，韧性更强，岩层往往变得更加脆弱，断层可以穿透地壳到达地幔，同时将底部的地幔岩石剥露至海底，这种断层被称为“剥露断层”（图 8-37 中的黑色断层）（Peron-Pinvidic and Manatschal，2010）。Pérez-Gussinyé 和 Reston（2001）研究表明，伊比利亚-纽芬兰裂谷系中的地壳破裂减薄到 10km 以下，而奥芬盆地中的地壳组成更古老、厚度更大，其地壳可能尚未达到破裂的阶段。因此，以上证据均表明，奥芬盆地中发育的微陆块可能是裂谷发育早期阶段的初始 H(i)-型地块，而伊比利亚-纽芬兰裂解系统中的 H(r)-型地块则代表了伸展作用更强烈阶段的产物，应该是后来的拆离断层底部剥露过程中 H-型地块发生了拆离滑脱而变薄导致的。

伸展型外来体也是一种常见的拆离型微陆块，为拆离系统中无根的残块，其概念起源于超强伸展区域（如变质核杂岩）剥露地壳或者地幔之上的微陆块（Lister and Davis，1989）。最具代表性的伸展型外来体是阿尔卑斯造山带中的 Err-Platta 伸展外来体（图 8-38 中的 8）（Manatschal，2004），其特点是出露好、规模较大，与下伏剥露出来的地幔岩石之间以拆离断层面呈构造接触。值得注意的是，很多拆离外来体很容易被误认为是推覆体。伊比利亚深海平原中深海钻探（ODP 1069 钻孔）（Manatschal et al.，2001）揭示，其内部存在一个宽 20km、厚 2km 的伸展型外来体（图 8-38、图 8-39），其以大规模低角度的拆离断层作用从母体大陆完全拆离，主体还保存了裂解之前的上、下地壳双层结构以及同裂解期的沉积记录，并且同样与下伏已经抬升剥露的上地幔岩石呈构造接触关系。同时，该伸展外来体向海呈倾斜状出露，其地壳渐变向北减薄，代表了一种向海的连续横向变化（Péron-Pinvidic et al.，2007）。

岩石圈伸展可以导致不同类型的陆壳块体形成，这可能与特定的裂谷模式有关。为了更好地重现整个北大西洋裂谷，从裂陷作用到洋壳增生的构造演化过程，Lavier 和 Manatschal（2006）对北大西洋南部伊比利亚-纽芬兰共轭被动陆缘的裂解系统进行了伸展（如纯剪切）和剥露（如简单剪切）综合模式的数值模拟，在该模拟中，未考虑“岩浆侵入”和“洋中脊拓展”因素的影响。根据 Lavier 和 Manatschal（2006）的研究，该裂谷形成模式共分为 4 个演化阶段。

1）拉伸阶段：第一个使拉伸变形增强的应力来自于纯剪切变形，导致大陆岩石圈伸展形成宽裂谷。拉伸断裂（stretching fault）具体表现为高角度断层深切脆性层，并延伸到韧性层中剥离或滑脱断层，导致上盘一系列正断层的形成，开始初步围限出裂谷盆地（图 8-39）。这些裂谷盆地在一个很广阔的区域和一个很长的时间跨度内是各自独立发育的。在具有各向异性的岩石圈基底之上，变形程度受控于原始地壳结构，变形更容易集中在应力较弱的地壳区。这种类似菌株式的分裂方式决定了裂谷演化的过程和不同类型微陆块的形成。

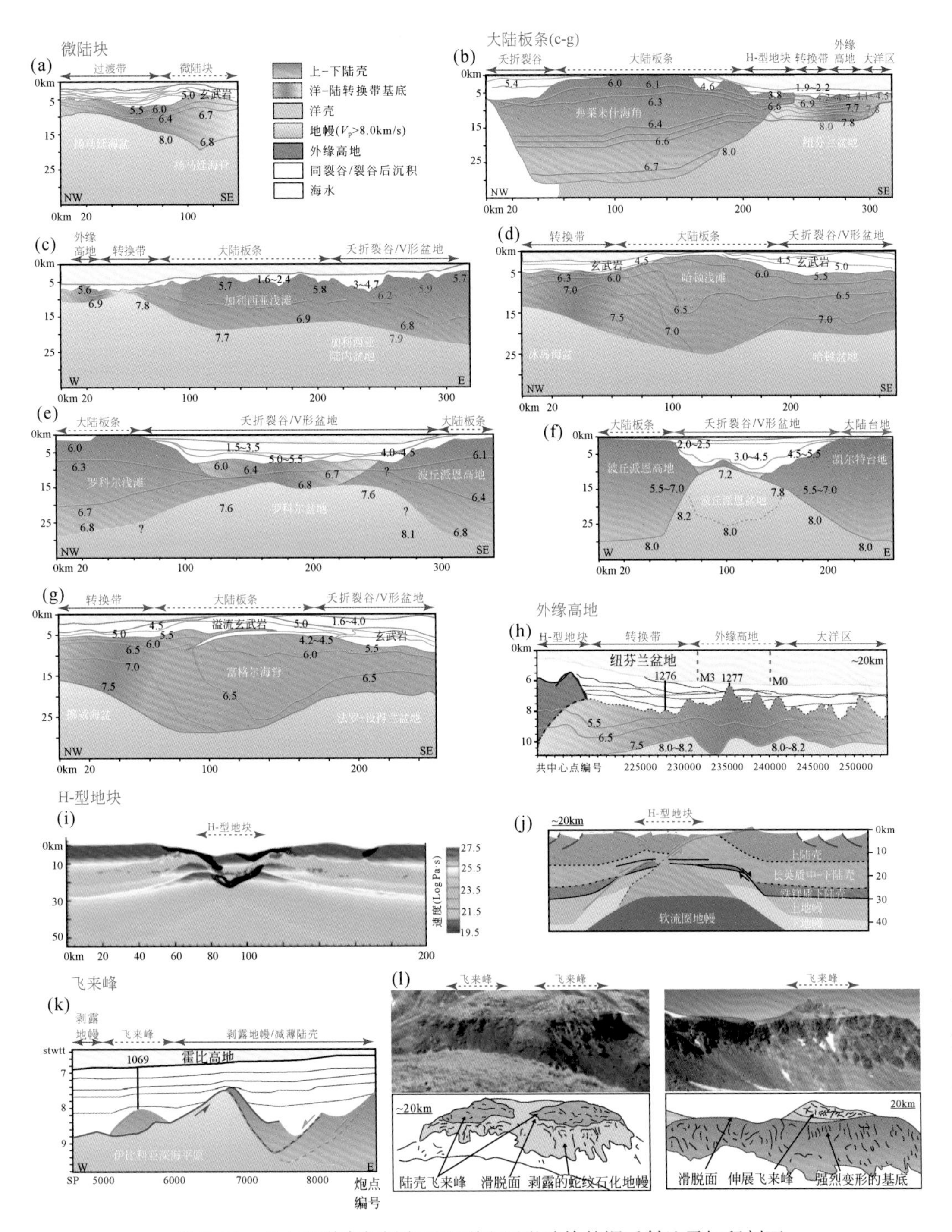

图 8-38　北大西洋南部拆离型和裂生型微陆块的深反射地震解释剖面

（据 Peron-Pinvidic and Manatschal，2010）

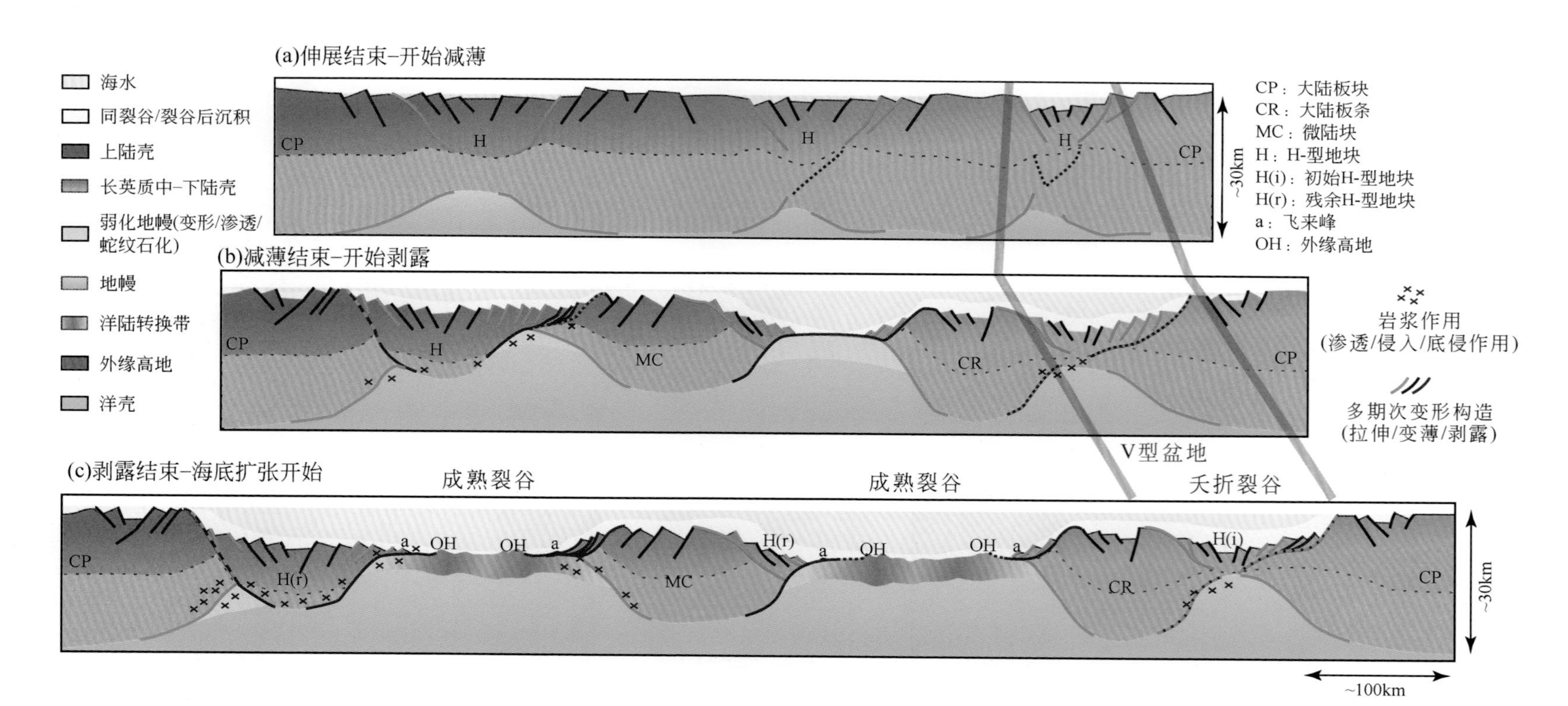

图8-39　序列类型微陆块形成的裂谷模式（据Peron-Pinvidic and Manatschal，2010）

2）减薄阶段：随着拉伸作用的持续，脆性层开始被主断层［也称减薄断层，thinning fault，图 8-39（a）中的绿色断层］横切，沿着主断层的局部开始发生变形，特别是局限于强干的陆壳边缘，勾勒出未来将发育的不同微陆块和 H-型地块的边界。这是裂谷边缘演化的关键阶段，决定了裂谷系统的一级结构。在这个阶段，一组共轭拉张的减薄断层将强度"更大"的大陆岩石圈块体分隔在断层下盘，而断层上盘则形成微陆块或 H-型地块。以各向异性为特征的大陆岩石圈具有很强的应力继承性，这使得这些断层的整体几何结构更为复杂。H-型地块可能会受弥散性变形的影响，从而不再保持对称伸展［图 8-39（b）］。

减薄作用可以发生在未来陆缘的不同位置，比如，北大西洋南部陆缘（图 8-35）。这里的几处区域都发生了减薄，从而形成了多个"V"字形微陆块和相邻的H-型地块（图 8-35 和图 8-39）。这个过程是三维的，不同的伸展速率、岩石圈热结构和流变学性质等会导致微陆块和 H-型地块的形态、大小以及厚度各异（van Avendonk et al.，2009）。华力西期造山事件和苏格兰造山事件是北大西洋南部裂谷边缘结构和组成的主控因素之一，其造山带方向正好控制了各种 V 形块体的走向，而伊比利亚–纽芬兰地区的演化还受到了另一个重要因素，即大陆岩石圈地幔组成的制约。该地区的大陆岩石圈地幔组成，不仅控制区域变形的流变性，还控制了伸展减薄过程中的微陆块分布。

3）剥露阶段：当陆壳伸展减薄至不再有连续的韧性层时，脆性层开始发生脱耦，并可能形成大规模的滑脱断层，这些被剥露断层（exhumation fault）将 H(i)-型地块孤立于一侧，并导致下地壳和地幔岩石的剥露。这些断层还可以使 H(i)-型地块分层，即伸展双冲构造，同时进一步剥露地块下方的地壳或大陆岩石圈地幔，这里是寻找海底氢能的良好目标。这一过程使得以 H(i) -型地块为原型的伸展外来体形成，即 H(i)-型地块被分离到了本盘（断裂上盘）的共轭盘（断裂下盘），并导致 H(r)-型地块的残存于本盘（断裂上盘）。同时，伸展外来体和前期 H-型地块的性质与剥露过程有关。基于对 ODP 1069、1068、900 和 1067 号钻孔的岩性和年龄研究显示（Manatschal et al.，2001），纽芬兰陆缘的 H-型地块形成于 145Ma，而伊比利亚伸展外来体的就位发生于 137Ma。因此，Peron- Pinvidic 和 Manatschal（2010）认为，伊比利亚深海平原的伸展外来体来源于纽芬兰陆缘的 H-型地块。

4）大陆破裂和海底扩张开始：在北大西洋南部，大陆破裂后的演化与之前的裂谷扩张作用无关，破裂状态横穿先前形成的"V"字形盆地。这表明，大陆板块的最终破坏与深部贫岩浆裂谷边缘的减薄和剥露无关。例如，罗科尔盆地作为拆离断层系统中陆壳高度减薄的区域，其西南部的大陆岩石圈地幔剥露（Reston et al.，2004；O'Reilly et al.，2006），但也未在此处形成大西洋洋中脊。而相邻的伊比利亚–纽芬兰对称裂谷作用则使得二者之间的陆壳强烈破坏，海底扩张得以实现。

以上研究表明，在北大西洋的伸展裂解系统中，大陆板块沿着岩石圈尺度的拆离断层伸展裂解，一些小型陆壳断块（微陆块）与母体大陆板块发生断离并孤立地出现在深海盆地中，形成残存的细小陆块（伸展型外来体）（Manatschal，2004）。由于被动陆缘的高度或超强伸展（hyper-extension），拆离型微地块在其深部以拆离断层为分割面，可能以伸展型“飞来峰”的形式，构造漂移在母体大陆岩石圈地幔之上，也可能脱离大陆岩石圈地幔，直接水平运移到大洋岩石圈地幔之上，还可能继续停留在极度减薄的异地大陆岩石圈地幔之上。大位移低角度拆离断层作用记录了该裂解系统内多幕连续裂解作用到海底扩张的最重要的转换阶段，将不同的陆壳单元分离，剥露出下地壳和上地幔岩石，并调节了裂谷作用晚期阶段的扩张分量。

B. 印度洋南北两侧洋陆过渡带：埃兰浅滩微陆块

埃兰浅滩微陆块（Elan Bank continental microplate）是凯尔盖朗洋底高原（Kerguelen Plateau）西部的一个大型突起部位，是位于印度板块和南极洲板块之间的一块拆离型微陆块（图 8-40）（Nicolaysen et al.，2001）。来自海洋钻探计划 ODP 183 航次 1137 站点的最新地质和地球化学资料表明，印度洋中的埃兰浅滩地块具有陆壳组分（Frey et al.，2000；Weis et al.，2001）。因此，众多学者认为，它是一个微陆块（Coffin et al.，2000；Frey et al.，2000；Nicolaysen et al.，2001；Weis et al.，2001；Frey et al.，2003）。广角地震探测资料揭示，埃兰浅滩微陆块的陆壳至少有 15～16km 厚，大约是正常洋壳厚度的两倍（Borissova et al.，2003）。区域板块构造重建（Seton et al.，2012）表明，冈瓦纳古陆解体期间，埃兰浅滩微陆块和印度板块最初一起与南极洲板块分离，随后通过一次或几次向北的洋中脊跃迁而从印度板块中裂离出来，在印度次大陆东侧和南极洲的印度洋一侧陆缘都发育与埃兰浅滩微陆块剥离相关的拆离断层，伴生洋陆转换带（OCT）的微幔块。Gaina 等（2003）发现，南极恩德比盆地（Enderby Basin）M 层序异常，这表明埃兰-钱塘微陆块与印度板块的分离时间不早于 124Ma。洋中脊向凯尔盖朗地幔柱的跃迁使得该微陆块处于孤立状态，这意味着引发埃兰浅滩微陆块裂离的地幔热异常是由凯尔盖朗地幔柱产生。

埃兰浅滩微陆块现今位于南极洲陆缘以北约 900km 的恩德比盆地中东部，出露面积约为 140 000km^2，处于 1000～3500m 水深。从凯尔盖朗洋底高原中段向西延伸，形状不对称，南坡陡，北坡平坦。恩德比盆地的磁异常（Gaina et al.，2003）表明，印度板块和南极洲板块在白垩纪早期（～130Ma）分裂（Gradstein et al.，1994），大约在与凯尔盖朗热点相关的大规模岩浆活动开始前的 1000 万年。分裂之前，埃兰浅滩微陆块最初位于印度板块和南极洲板块之间，属于印度板块最南部［图 8-40（b）］（Kent et al.，2002；Gaina et al.，2003）。在冈瓦纳古陆解体期间，埃兰浅滩微陆块随印度板块一起与南极洲板块分离。在埃兰浅滩微陆块以南，存在

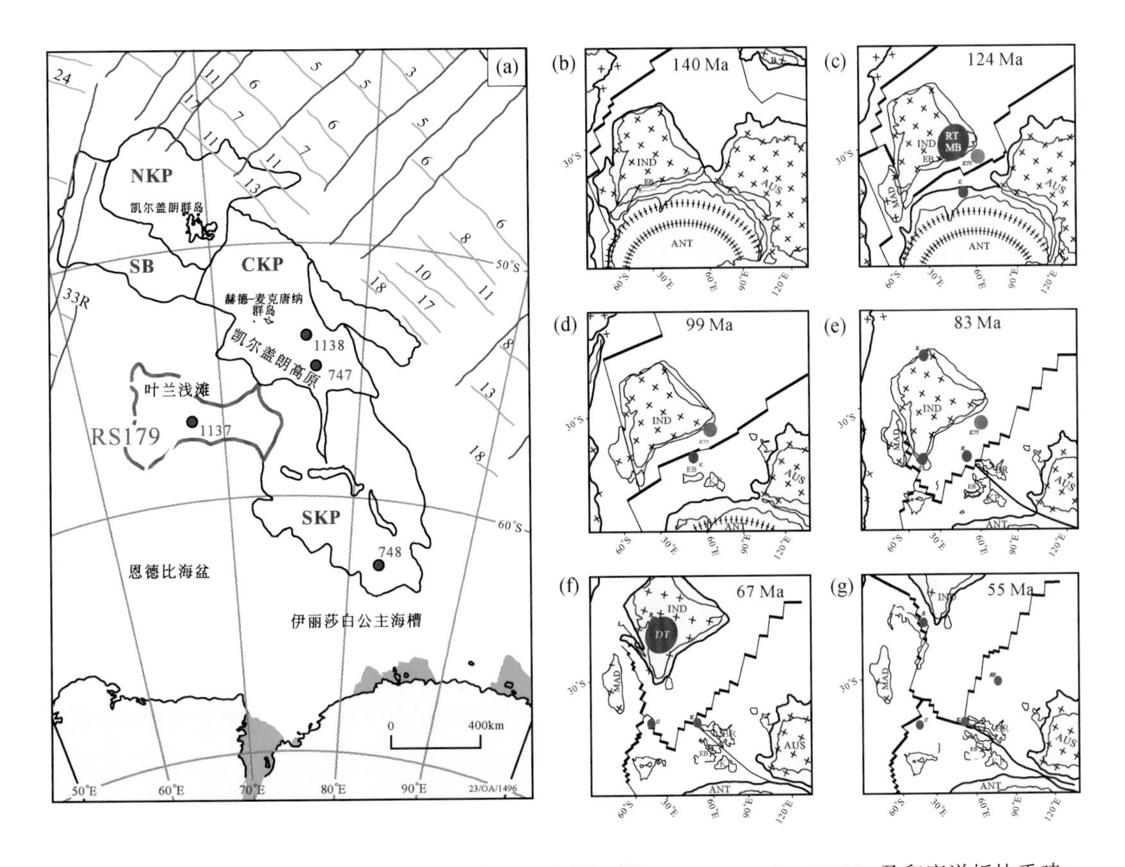

图 8-40 埃兰浅滩微陆块在印度洋中的位置（左图，据 Borissova et al., 2003）及印度洋板块重建和埃兰浅滩微陆块形成示意（右图，据 Gaina et al., 2003）

左图表示了 MCS 覆盖范围（RS179，粉红色线）和 ODP 站点 1137；右图中：ANT-南极洲板块；AUS-澳大利亚板块；B-西缅微陆块；EB-埃兰浅滩微陆块；KP-凯尔盖朗洋底高原；BR-布罗肯海岭；MAD-马达加斯加；RT/MB-拉贾玛尔圈闭和默哈讷迪盆地；K-凯尔盖朗热点；K75-凯尔盖朗热点 75Ma 时的位置；C-克罗泽热点；R-留尼汪热点

一个可能的洋陆转换带，其下方是高度伸展或超强伸展的陆壳，沉积层序覆盖着玄武岩流和玄武岩及火山碎屑岩的交互层，这可能代表了印度板块/埃兰浅滩微陆块与南极洲板块分离初始阶段形成的复杂结构和洋壳物质，即印度板块与南极洲板块早白垩世的分裂，导致了埃兰浅滩微陆块南缘的形成。大约在 M9n(~130Ma)，印度板块/埃兰浅滩微陆块和南极洲板块彻底分开，同时，恩德比盆地边缘的其余地区包括埃兰浅滩微陆块正南的边缘，均未显示出富岩浆的裂谷边缘特征。

M 层序列异常表明，在 M2 时间（~124Ma）［图 8-40（c）］，恩德比盆地的扩张停止（Gaina et al., 2003）。此时，埃兰浅滩微陆块尚未从印度板块分离。然而，随后的一次向北的洋中脊跃迁使得埃兰浅滩微陆块从印度板块中裂离出来。此时，凯尔盖朗地幔柱/热点正处于强烈的活动期，与其相关的火山作用于~119Ma 从南部的凯尔盖朗洋底高原上开始，大规模的火山活动掩盖了埃兰浅滩微陆块南部的洋陆转换带，堆积了大量火山碎屑物质和熔岩流，覆盖了初始的基底断层。因此，此时的洋中脊跃迁，很可能与凯尔盖朗地幔柱/热点活动相关，并使得埃兰浅滩微陆块相对于凯尔盖朗地幔柱/热点向东南移动（图 8-40 右图）（Coffin et al., 2002；Kent et al., 2002；Gaina et al., 2003），最终从印度板块裂离。到了 109 ~ 99Ma，埃兰浅滩微陆块已经被转移到了南极洲板块的一侧［图 8-40（d）］，埃兰浅滩微陆块 738 站位玄武岩的同位素组成与南极洲板块东部陆缘古老岩石圈地幔具有亲缘性，这一岩石地球化学证据进一步验证了以上观点。随后，埃兰浅滩微陆块与凯尔盖朗高原保持相对一致的运动状态［图 8-40（e）~（g）］。

8.2.3 岛弧增生模型

增生型微陆块主要指弧后裂解所致大陆板块裂离的、具有陆壳基底的岛弧块体，在随后的俯冲作用过程中与周围大陆板块再次增生或拼合的微陆块。增生型微陆块的形成，反映了俯冲增生过程中从大陆板块脱离的微陆块通过增生（accretion）、拼贴（soft collision）、停靠（docking）、堵塞（clogged）等方式，而成为周围大板块边缘一部分的过程。代表性实例有以下几个经典地区。

（1）台湾弧-陆走滑拼贴增生模式

台湾-菲律宾活动带是由于弧-陆或弧-弧碰撞作用导致的岛弧微板块与陆缘微板块之间的碰撞、拼贴与增生。

吕宋岛弧和欧亚大陆东南缘沿纵谷断裂，发生斜向碰撞（弧-陆碰撞），形成了台湾岛弧（图 8-41）（Sibuet and Hsu, 2004；耿威，2013）。菲律宾海板块与欧亚大陆在台湾岛弧两侧发生相向俯冲，且欧亚大陆的俯冲深度大于菲律宾海板片。因此，菲律宾海板块的西向俯冲受到抑制，俯冲板片叠覆在欧亚板块的俯冲板片之上，其斜向分量增强，在台湾岛弧东南缘北吕宋岛弧发生左行走滑拼贴与增生作用。

晚中新世以来，台湾东部陆缘的弧-陆碰撞主要包括四个地球动力学过程（图 1-19）：洋-洋俯冲、初始弧-陆碰撞、成熟弧-陆碰撞和岛弧微板块的垮塌或俯冲。这些过程现今仍然同时发生在其不同构造段落（图 8-41）（Chen et al., 2015；Huang et al., 2000）。

1）洋-洋俯冲的动力学过程：发生在 21°20′N 以南，以南海海盆沿马尼拉海沟向菲律宾海板块之下俯冲为背景，自马尼拉海沟向东依次发育了恒春海岭、北吕宋海槽和吕宋岛弧（图 8-41）。恒春海岭的构造性质为碰撞前增生楔，北吕宋海槽是一个前弧盆地。

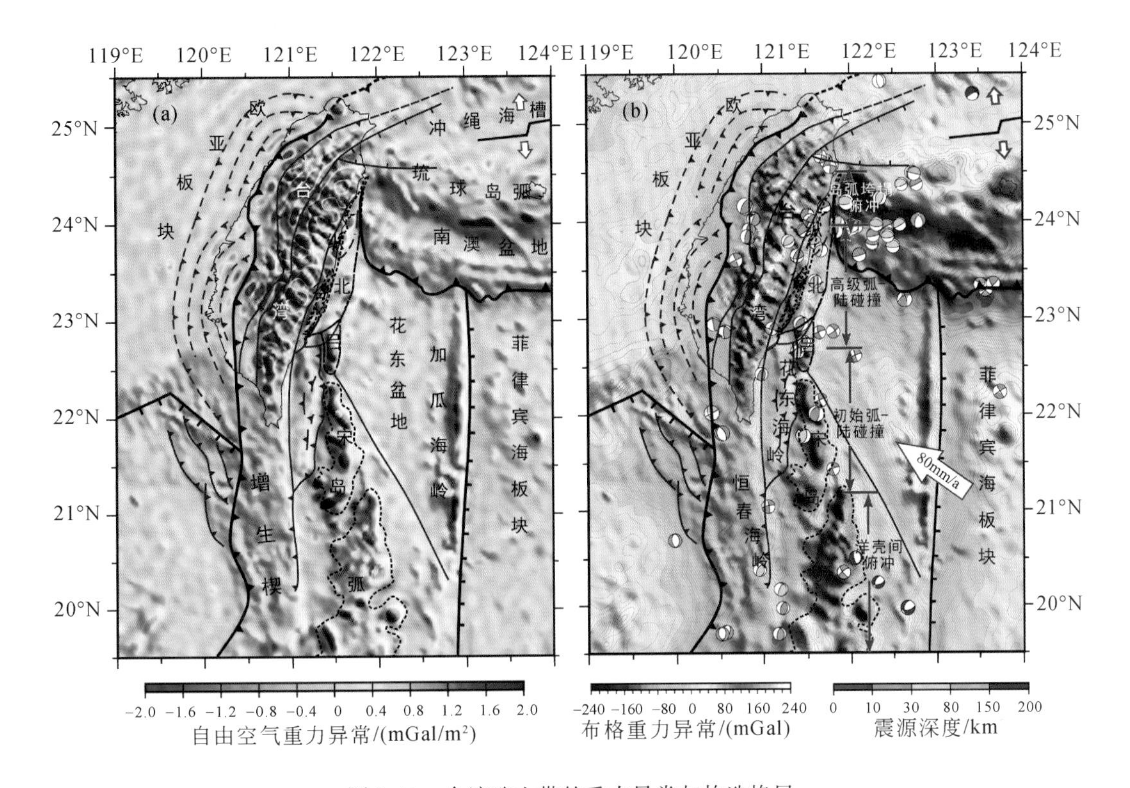

图 8-41　台湾造山带的重力异常与构造格局

（a）重力异常垂向二阶导数揭示台湾岛弧西侧增生楔弧形构造；（b）叠覆在海底地形之上自由空气重力异常及震源机制解与断裂分布特征（修改自 Huang et al.，2000）

2）初始弧–陆碰撞动力学过程：发生在 21°20′N ~ 22°40′N，自马尼拉海沟向东依次发育了高屏斜坡、恒春海岭、南纵谷海槽、花东海岭、北吕宋海槽、台东海槽以及火山成因的兰屿和绿岛，主要构造特征表现为由高屏斜坡和恒春海岭组成的增生楔向北不断变宽，并且增生楔与东部火山弧地体（微洋块）之间由一条边界断裂隔开。

3）成熟弧–陆碰撞过程：主要发生在 22°40′N ~ 24°N，这一地球动力学过程形成了台湾东部的海岸山脉，即增生的吕宋岛弧和前弧地体，基本确立了台湾岛弧现今的构造格局。

4）岛弧垮塌或俯冲过程：主要发生在台湾岛弧东北部 24°N ~ 24°30′N，此处俯冲极性发生了反转，菲律宾海板块沿琉球海沟开始向北朝欧亚大陆之下俯冲，自北向南依次发育了弧后扩张形成的冲绳海槽南段、琉球岛弧、南澳前弧盆地以及具有增生楔性质的八重山（Yaeyama）–新城（Hsincheng）海岭（图 8-33），岛弧垮塌的主要构造特征表现为海岸山脉和纵谷断裂的发育在此戛然而止，同时还有断层崖的发育（Huang et al.，2000）。

这四个地球动力学过程对于微陆块的增生过程具有很强的指示意义。对比分析发现，澳大利亚西北部的帝汶（Timor）岛弧应处于初始弧-陆碰撞阶段，而班达弯山构造中弧-陆碰撞则处于成熟弧-陆碰撞阶段。台湾岛弧的增生过程具有典型的增生型微陆块的特征，记录了大洋岩石圈向大陆边缘的拼贴增生过程，前弧发育有典型的增生楔，洋壳发生了缩短增厚，洋壳岩石圈叠覆到大陆岩石圈之上。

（2）菲律宾弧-弧碰撞增生模式

菲律宾岛弧带也被称为菲律宾活动带，发生在菲律宾海板块向北与欧亚大陆发生斜向楔入式汇聚的背景下，是洋壳板块向陆缘增生的典型地带。菲律宾岛弧东侧为菲律宾海板块，沿菲律宾海沟俯冲，西侧自北向南依次有南海、苏禄海、苏拉威西海海盆，分别沿马尼拉海沟、内格罗斯海沟（Negros Trench）和哥打巴托海沟（Cotabato Trench）向东俯冲。在这种双向俯冲汇聚的背景下，菲律宾岛弧由一系列相对独立的微板块（前人也称为地块）拼贴、增生而成，东部主要为微洋块，大多由来自古菲律宾海板块的中生代和古新世的洋内弧地体组成，而西部微板块则由来自欧亚板块陆缘裂离的微陆块组成。在这个古老微板块格局基础上，菲律宾岛弧被纵贯岛弧中部的左行走滑的菲律宾大断裂和两侧一系列 NW 走向切割岩石圈的左行走滑断裂切割为新的微板块构造格局（图 8-42），一系列走滑断裂及其控制的拉分盆地的裂解中心为这些活动微板块的边界。

自由空气重力异常（图 8-42）显示，菲律宾岛弧带为地壳物质汇聚增生地带，区域性重力高，被走向明显的深大断裂分割，岛弧带内地震频发。岛弧中央发育一条南北走向的左旋走滑断裂带——菲律宾大断裂，分叉出一系列 NW 向近平行展布的左旋走滑断层，自北向南在该断层的东西两侧相间发育拉分盆地，将菲律宾大断层与两侧俯冲带连接，使菲律宾岛弧被进一步切割为更小的活动微板块（Rangin，2016）。这些走滑断层的形成与菲律宾海板块的斜向俯冲分量有关，在斜向俯冲作用下，岛弧内各微板块沿其边界各自进行独立的刚性旋转运动。其发生的更宏观构造背景是太平洋板块向西的楔入式俯冲作用。

1）快速弧-弧碰撞-增生-拼合过程：GPS 测定的板块相对运动速度显示，菲律宾岛弧与巽他地块间的 NNE 向汇聚速度达到 96～98mm/a，为相对快速的俯冲汇聚过程（Michel et al.，2000；Simons et al.，1999）。菲律宾岛弧东部地壳内发育有早—晚白垩世的蛇绿岩套和蛇绿混杂岩，指示消亡的古俯冲带。晚白垩世早期的中部萨马（Samar）蛇绿岩套构成现今东部构造带的一部分（Guotana et al.，2017）。萨马岛南部新生代沉积地层中发现有晚渐新统—中中新统的硅质岩、火山碎屑物沉积；在上新统层序内发现有超基性岩石，这说明存在古洋壳岛弧地体的隆升剥蚀（Pacle et al.，2017）。这些证据表明，菲律宾岛弧东部地壳应为增生的洋内弧型微板块，即微洋块，并且在岛弧形成过程中发生过俯冲带死亡和跃迁。

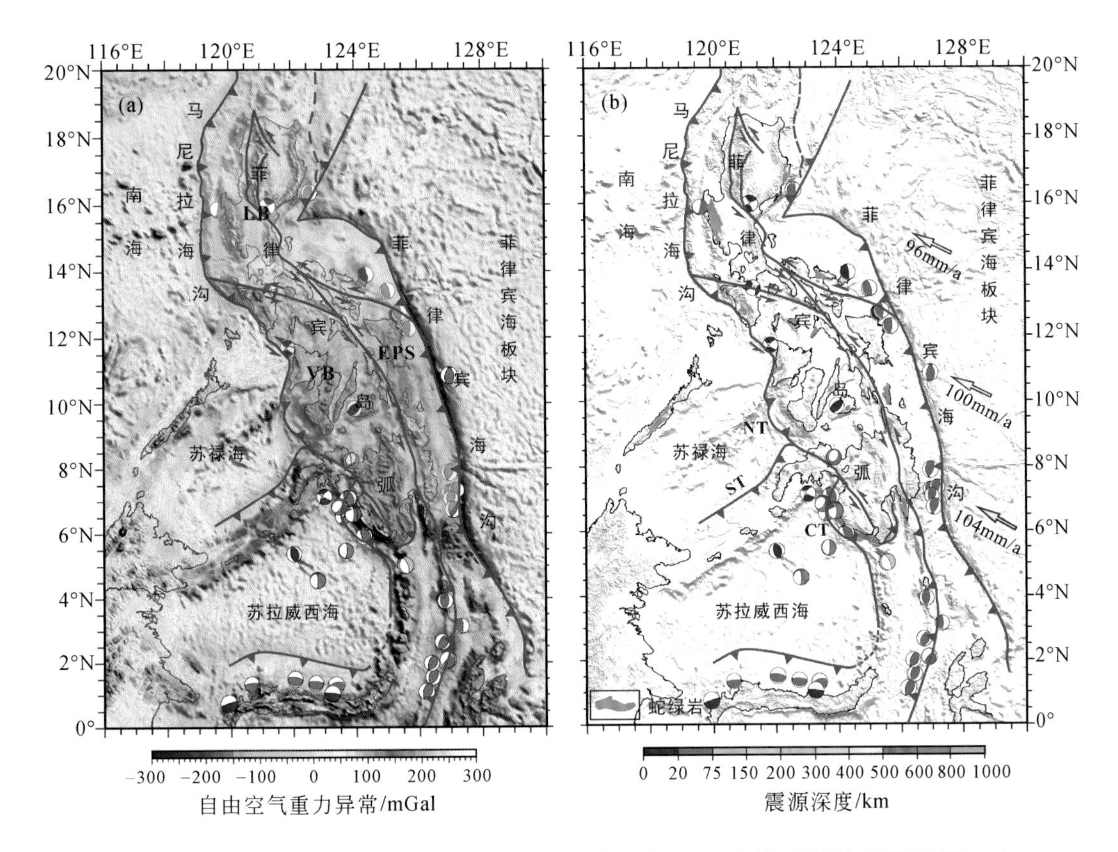

图 8-42 菲律宾岛弧内微板块组成与自由空气重力异常（a）及断裂格局与震源机制解（b）（Guotana et al.，2017）

（a）中 EPS 为东菲律宾板条（East Philippine Sliver）；LB-吕宋地块（Luzon Block）；VB-米沙鄢地块（Visayas Block），（b）NT-内格罗斯海沟（Negros Trench）；ST-苏禄海沟（Sulu Trench）；CT-哥打巴托海沟（Cotabato Trench），黄色箭头表示相对板块运动速度，单位为 mm/a，绿色区域为蛇绿岩套

2）俯冲带跃迁：俯冲带跃迁意味着古俯冲带的消亡和新俯冲带的形成，通常伴随着前弧和岛弧型微洋块的拼贴增生、洋壳板片叠覆到陆壳板片之上、岩浆活动和火山作用的发育以及岛弧地体的抬升剥蚀等（图 8-43）。蛇绿混杂岩带的空间分布特征可以较好地约束古俯冲带的位置。

Rangin 等（1999）认为，菲律宾岛弧由韧性走滑带控制的、发生刚性旋转的一系列微板块组成，而这些韧性走滑带的活动性与现今菲律宾海板块的斜向俯冲分量有关，可能形成于俯冲带跃迁的过程中。俯冲带的跃迁形成新的板块边界，并使得构造变形向陆内传播，形成一系列左旋走滑断层，参与到岛弧型微板块的增生演化过程中。

对于岩石圈而言，沿新海沟的俯冲作用使增生型微洋块的岩石圈地幔与地壳发生脱离、解耦，异常地幔岩浆侵入到增生型微洋块之下，导致其快速隆升和剥蚀，同时岩浆作用强烈，在微洋块基底中形成侵入体，有些沿断裂带继续上涌，

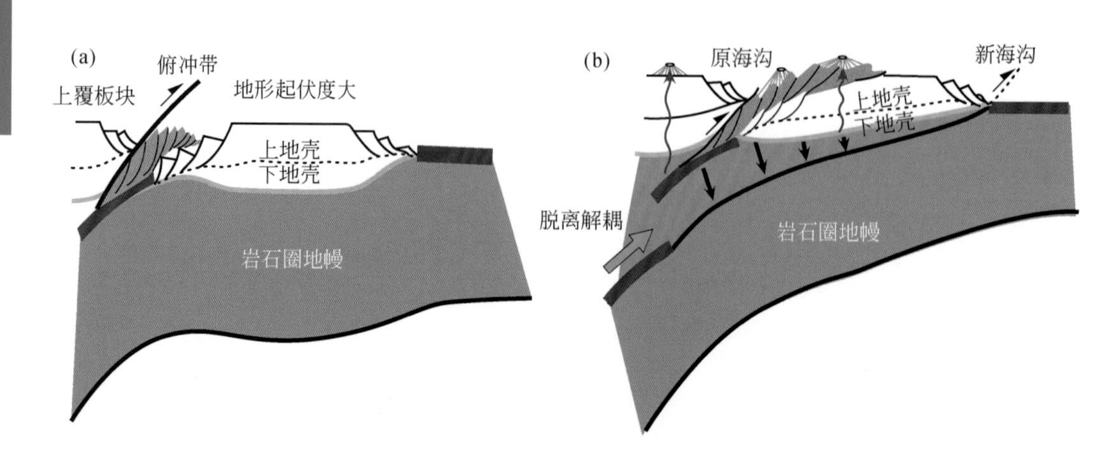

图 8-43 菲律宾岛弧俯冲后撤模式（Pubellier and Meresse，2013）

在原基底之上形成火山。古俯冲带也发生抬升而逐渐剥蚀，使得一些蛇绿混杂岩带逐渐剥露出地表。这些增生型微洋块的基底，在新俯冲带斜向俯冲的背景下受左旋走滑断裂的控制和约束，继续通过刚性地块旋转和走滑运动进行调节、融合与拼贴。

（3）弧-陆碰撞增生作用——班达弯山构造模式

弧后盆地背景下相对复杂的局部动力学机制（图 8-44）也会导致微陆块发生增生作用。微陆块增生过程，主要发生在下述的第二、三阶段（见 8.2.4 节），在第二阶段主要表现为俯冲带跃迁。萨武前弧到松巴-帝汶岛弧微陆块增生到俯冲板块，整体拼贴到俯冲盘的陆缘（图 8-45）。岛弧快速缩短变形，在原俯冲带处形成陡峭的洋-陆边界，新的俯冲带开始在弧后地区形成（Harris，2011；Pubellier and Meresse，2013）。虽然原海沟水深更深，但 GPS 速度场显示，该海沟逐渐被“废弃”，汇聚作用已经转移到岛弧后方的新海沟（Genrich et al.，1996；Bock et al.，2003；Nugroho et al.，2009）。这说明，原本与欧亚大陆具有亲缘性的陆壳已经拼贴增生到澳大利亚板块陆缘。因此，以往人们常清晰划分的几个“大板块”，从地史时间尺度来看是值得商榷的。因为“大板块”之间也在不断地通过微板块发生交流和混合，直到“你中有我、我中有你”这种现象极为普遍，任意两个紧邻大板块之间都在发生。

在第三阶段，构造变形向“俯冲系统”内部传播。挤压应力传到苏拉威西海和望加锡微陆块，先叠覆在俯冲的陆壳之上发生构造抬升，松巴-帝汶（Sumba-Timor）前弧微陆块受到强烈挤压缩短向俯冲盘拼贴增生。同时，俯冲带则跃迁到前弧微陆块后方的弧内，导致其上的残余陆壳拉伸弯曲，而扩张洋壳发生缩短增厚。

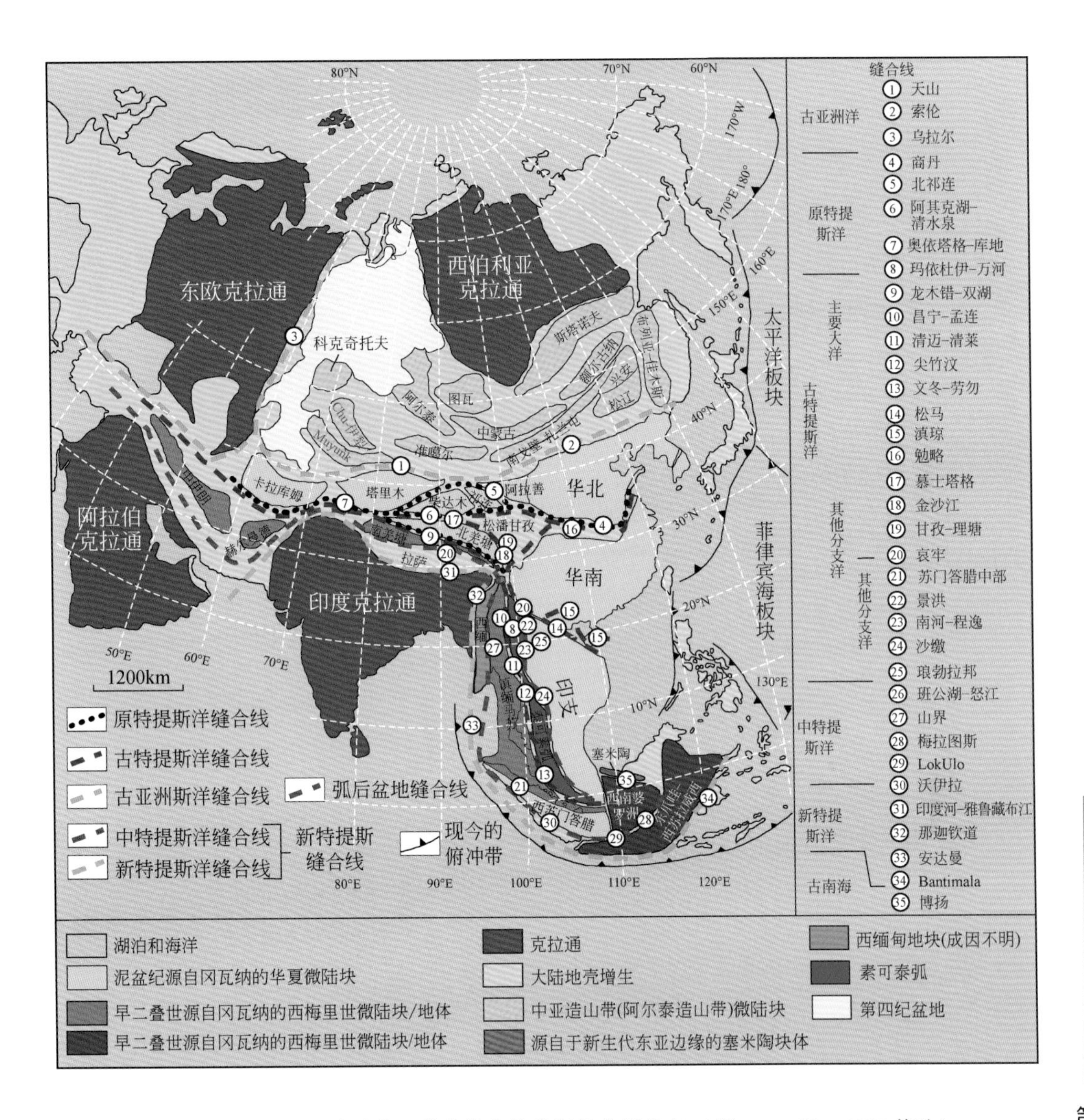

图 8-44　东亚主要大陆块、微陆块和特提斯缝合线分布（据 Metacalfe，2021 修改）

地层学资料显示，渐新世末期，东苏拉威西陆块便开始向中苏拉威西拼贴，导致中苏拉威西发生缩短增厚。中中新统的不整合面记录了这次碰撞拼贴事件（Kunding，1956）。上新世以来，与澳大利亚板块具有亲缘性的苏拉微陆块（Sula Microplate），与苏拉威西微陆块发生碰撞，收缩作用又重新开始。最终，残余微陆块之间发生重新拼合堆垛，弧后盆地也开始收缩和俯冲。苏拉威西海盆俯冲形成了较厚的增生楔和洋壳相结合的残留体。此外，在其北部陆壳中发现的始新世蛇绿岩套可能是洋盆南侧洋壳向其边缘仰冲形成的（Pubellier and Meresse，2013）。

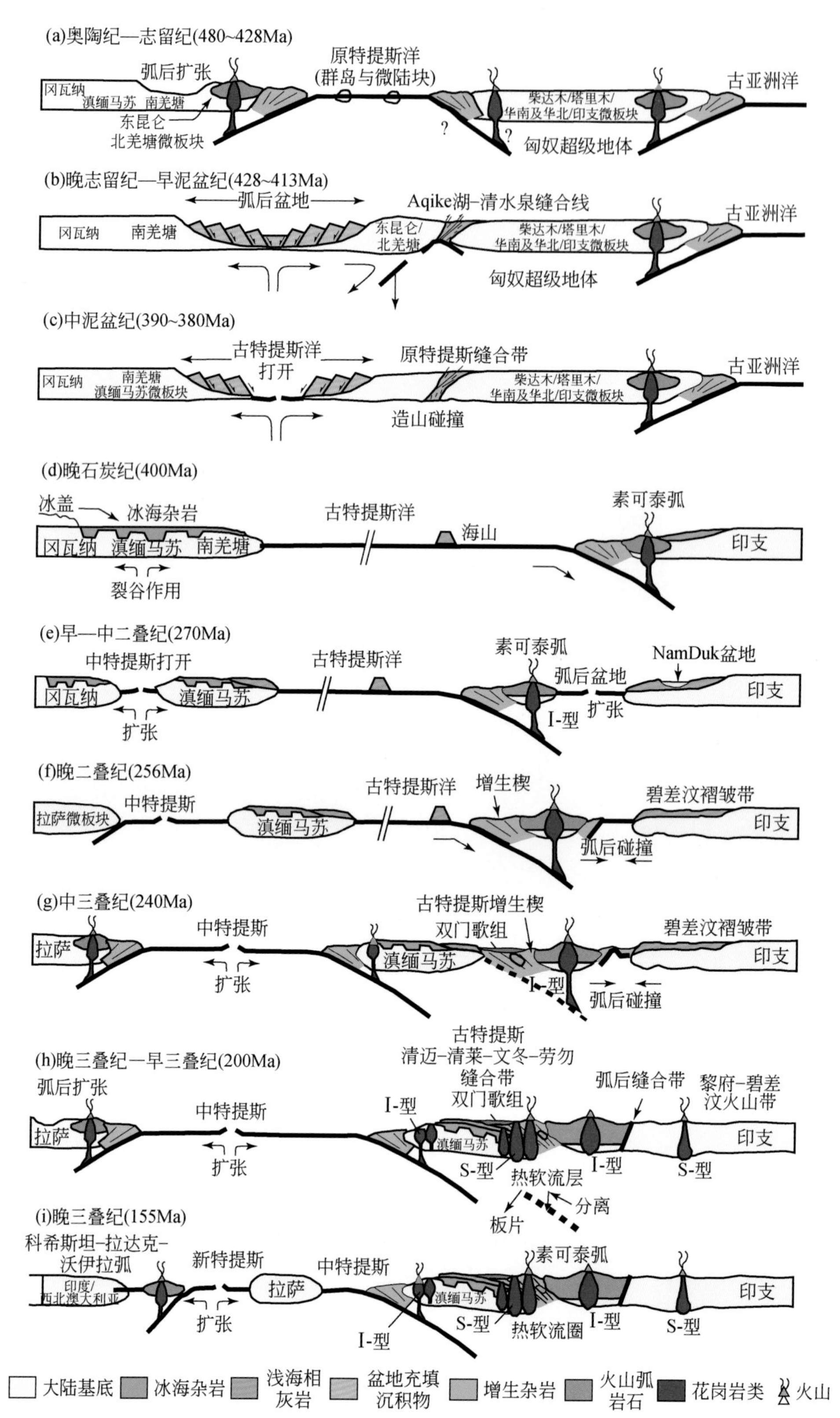

图 8-45　冈瓦纳古陆北缘微陆块连续裂离向北漂移到亚洲聚合过程中的原特提斯、古特提斯、新特提斯（包括西方学者从空间上划分的中特提斯）洋盆构造演化剖面（Metcalfe，2021）

8.2.4 陆–陆碰撞增生模式

陆–陆、弧–陆、弧–弧碰撞增生作用是班达弯山构造、哈萨克斯坦弯山构造、蒙古–图瓦弯山构造及中国东北弯山构造的成因机制（Xiao et al., 2019；Liu Y J et al., 2021）（图 8-44）。弧后盆地背景下，相对复杂的局部动力学机制也可导致一系列微陆块发生拼贴、增生、碰撞作用（图 8-45）。以东南亚的俯冲系统为例，由于弧后盆地的打开，上覆板块边缘发生裂解，从而分离出巴拉望、苏禄和北苏拉威西微陆块等（图 8-46）。这些残余的陆壳与扩张的洋壳相连，分别以俯冲带和弧后

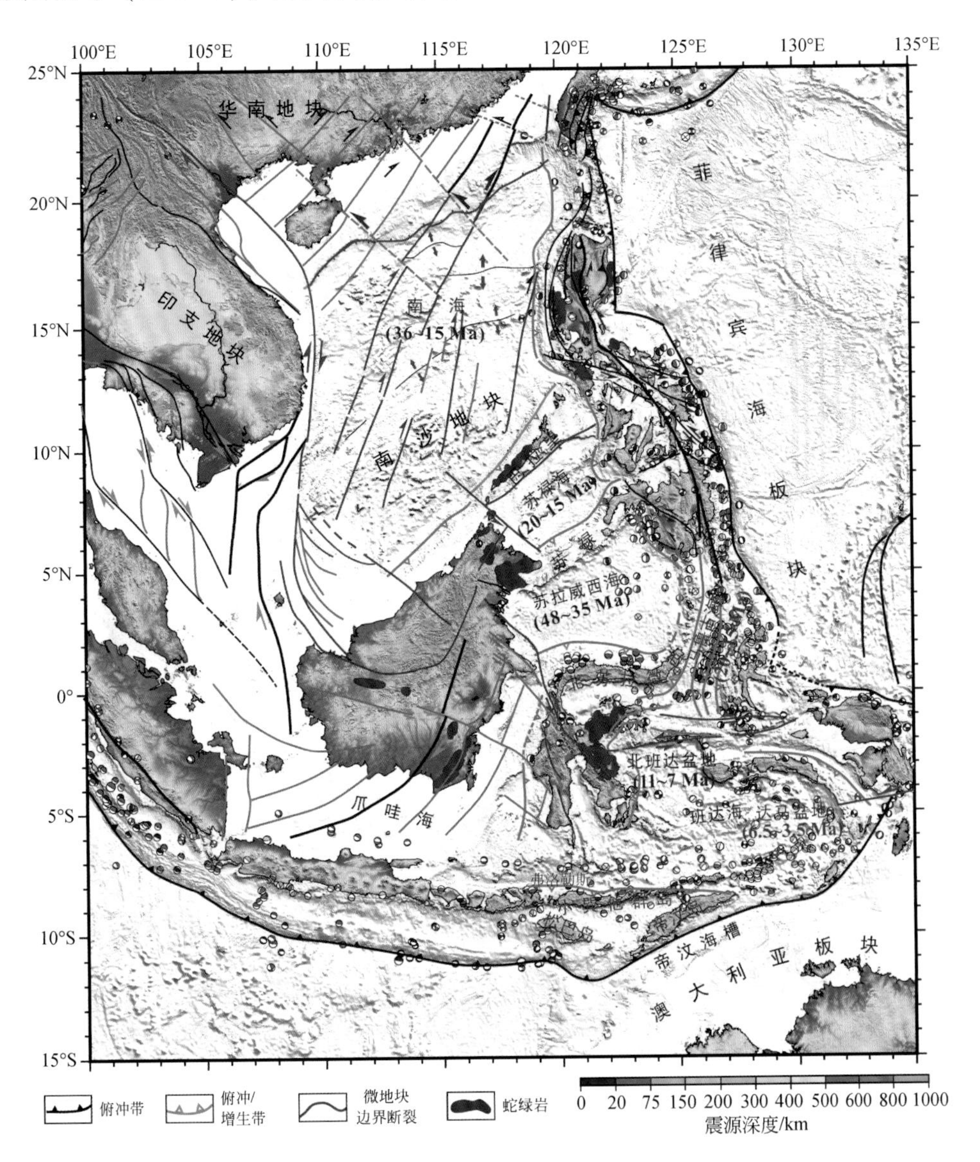

图 8-46 东南亚微板块及弧后盆地扩张时间（据 Wang et al., 2016）

盆地的扩张中心为边界，形成独立的微陆块。澳大利亚西北部陆缘到达俯冲带后堵塞海沟，东南亚的弧后盆地开始逐一关闭，陆缘岛弧发生构造变形，扩张洋壳发生俯冲消减。部分陆缘岛弧首先向俯冲板块发生拼贴增生，如松巴岛弧，部分洋壳发生仰冲而叠覆增生到岛弧之上，如萨武岛等。

东南亚的俯冲系统是发育这类增生型微陆块的天然载体，是研究弧后微陆块增生的天然实验室。“俯冲工厂”中微陆块的增生，主要表现为岛弧和残余陆块的缩短增厚与俯冲增生。弧后盆地关闭的过程可划分出 5 个阶段（图 8-47）（Pubellier and Meresse，2013）。

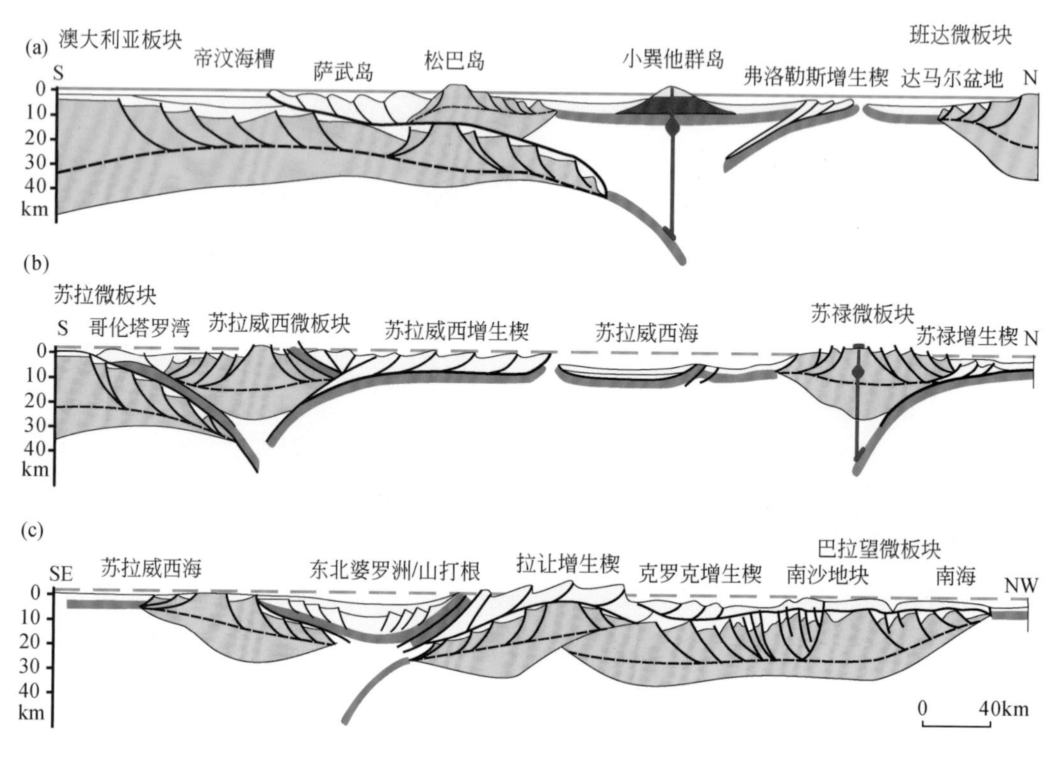

图 8-47　“俯冲工厂”弧后盆地关闭和弧后微板块增生模式（据 Pubellier and Meresse，2013）

1）收缩前阶段：俯冲系统形成之初尚未发生收缩。弧后盆地打开形成苏禄海、苏拉威西海、班达海、萨武海等，东南亚陆缘被划分为一系列微板块。

2）俯冲带跃迁和收缩开始阶段：澳大利亚陆缘地壳到达俯冲带后堵塞海沟，萨武海盆的洋壳首先叠覆在俯冲的陆壳之上发生构造抬升，松巴-帝汶（Sumba-Timor）前弧地块受到强烈挤压缩短向俯冲盘拼贴增生。同时，俯冲带跃迁到前弧微板块后方的弧后区域内。

3）构造变形向上覆板块内部转移及弧后盆地俯冲阶段：随着俯冲带向后跃迁，弧后盆地开始俯冲，岛弧和残余微陆块发生构造变形。挤压应力持续向内部传播，导致在望加锡（Makassar）弧后盆地发生俯冲，望加锡盆地和苏拉威西海盆之间的岛弧发生构造变形。

4）弧后盆地的关闭阶段：古南海板块的弧后盆地已经完全关闭，其扩张增生的洋壳已经完全俯冲消减到地幔之中。

5）新几内亚阶段：班达岛弧处于这一最高级演化阶段，西巴布亚南部与马鲁古岛弧发生碰撞，形成班达弯山构造。随着弧后盆地关闭，裂解的残余微陆块与岛弧发生碰撞、变质、抬升与折返。

8.2.5 构造逃逸模式

碰生型微陆块是指受大陆碰撞造山作用所触发的、陆内相对独立的微小板块或地块，其边界可以是大陆型转换断层、深大走滑断层、古缝合线等。Tapponnier 等（1982，1986）通过滑线场理论，将喜马拉雅碰撞系统中分散的、似乎毫不相关的现象，如红河断裂、阿尔金断裂、安达曼海和南海盆地等巧妙地联系起来，进行了统一的动力学解释，提出了碰撞构造的多期构造逃逸模式（tectonic escape），又称为构造挤出模式（tectonic extrusion）。该模式得到广泛响应和认同，从北美的阿帕拉契亚山（Vauchez and Nicolas，1991）和科迪勒拉山（Wernicke and Klepacki，1988）、土耳其的安纳托利亚（Burke and Sengor，1982）到欧洲海西带（Matte，1986），陆续报导了大陆逃逸构造的存在。

构造逃逸模型的二维模拟实验检验了当一个刚性体被恒速推挤入塑性体时后者的变形情形。实验结果显示多阶段的变形：第一阶段，当刚性体挤入几毫米后，右旋断层 K_1I_1 从挤入体右端，向塑性材料内部扩展。随后，另一条左旋断层 F_1 从刚体左端向自由边迅速扩展，切割了右旋断层 K_1I_1 并使其停止活动，同时，切割出三角形块体 B_1。紧接着，在挤入体前端，K_1 和 T_1 开始运动，导致 B_1 迅速向自由边挤出逃逸和转动。随着 F_1 上位移的累积（2～3cm），楔形空隙 S_1 在其末端出现［图 8-48（a）］。第二阶段，新的右旋断层 K_2I_2 形成，把 F_1 错开而使之停止左旋走滑。随后，F_2 产生，分隔出新的逃逸体 B_2。随着 B_2 的挤出逃逸和转动，在 F_2 靠近自由边的末端又产生新的开裂 S_2［图 8-48（b）］。其中，B_1、B_2、S_1、S_2 都是由碰撞所形成的碰生型微陆块或微洋块。

根据该实验，Tapponnier 等（1982，1986）对亚洲东部的古近纪构造演化提出了一个多期构造逃逸或构造挤出模式［图 8-48（c）（d）］：①刚性印度板块向北推挤欧亚板块东南部，使得巽他地块（滇南、马来半岛、苏门答腊、婆罗洲西南部和印支，相当于 B_1 块体）在最初碰撞的 20～30Myr 向东南方向逃逸。左旋的红河断裂起到了 F_1 的作用，沿该断裂的位移可达 80～100km（Tapponnier et al.，1990）。同

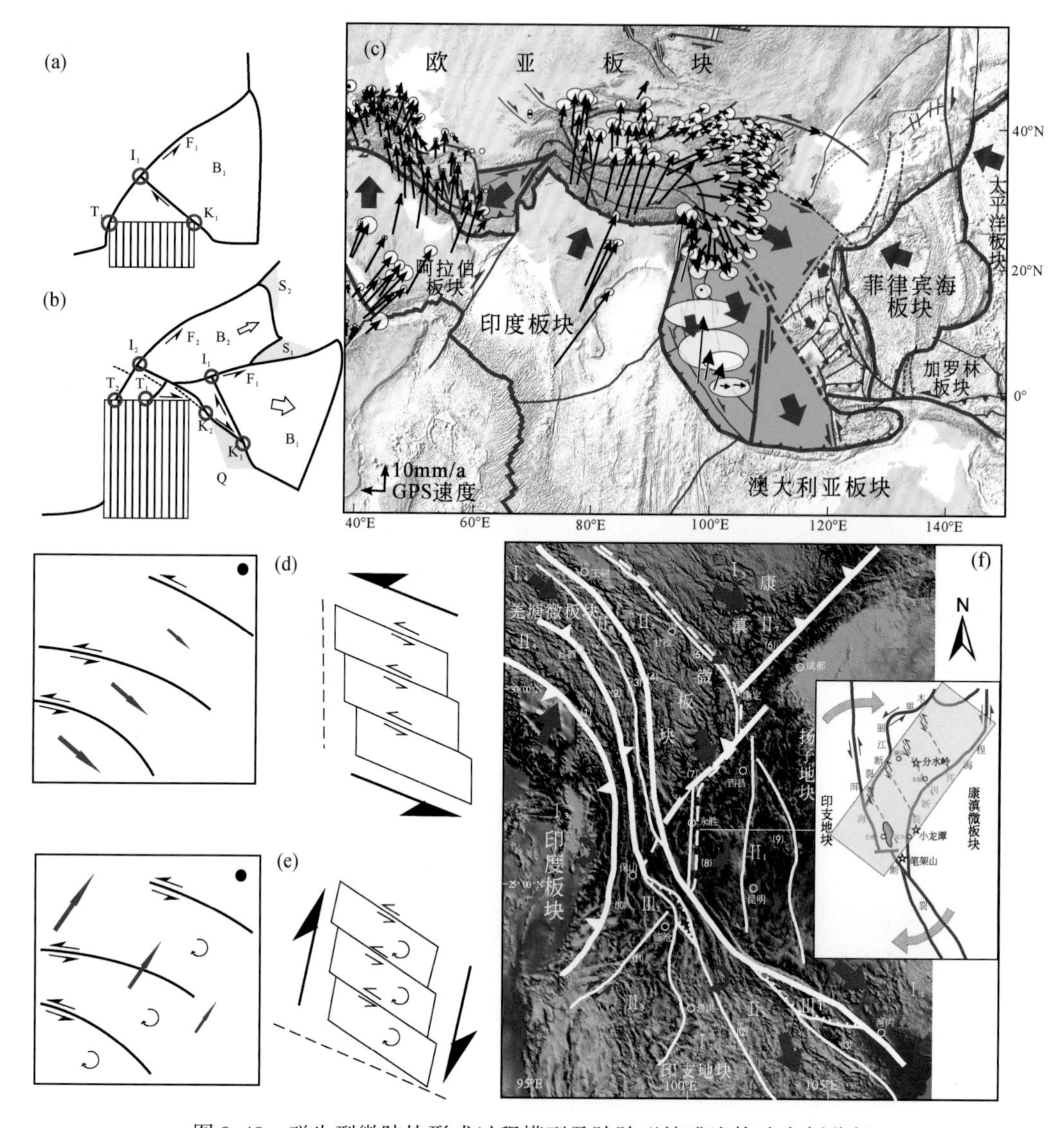

图 8-48 碰生型微陆块形成过程模型及陆陆碰撞逃逸构造实例分析

（a）（b）塑性材料楔入实验（Tapponnier，1986）；（c）亚洲东部新生代构造逃逸（Tapponnier，1986）；（d）（e）亚洲东部两种碰撞模式示意，右为简化模式，左为推测的速度场，（d）为构造逃逸模式，（e）为单剪-旋转模式（England and Molnar，1990）；（f）青藏高原东南缘三江地区新生代微板块组成及运动特征（据段建中，2001；廖宗廷，2003 改）

时，在渐新世和早中新世，巽他陆块可能顺时针旋转了 20°～25°，使南海海盆以类似于图 8-48（b）中 S_1的方式拉开。②中新世晚期，类似于 F_2的新的左旋走滑断层系在更北部的中国中央造山带内一些刚性块体周边的古老构造带活化，使得欧亚大陆内部被切割为一系列具有不同运动学特征的微板块，青藏和华南地区一些先存陆内微陆块差异性向东运动数百千米；安达曼海、丹老（Mergui）盆地和缅南低地可能相当于实验中的刚性体和 B_1之间拉开的空隙 Q［图 8-48（b）］。该模式在地质上也得到了很好地验证（钟大赉等，1998；Tapponnier et al.，1990）。

Tapponnier的构造逃逸模式假定分隔微陆块的断层本身并未发生旋转，England和Molnar（1990）认为这脱离实际，并提出了单剪-旋转模式。该模式认为，藏东一带总体上呈南北向的右旋单剪构造带，带内微陆块各自围绕自己的直立轴旋转，各微陆块之间的边界断层在随着微陆块或地块旋转的同时也发生左旋走滑位移，近似于一个巨型的多米诺骨牌构造，形成独立运动的微陆块［图8-48（e）］。按照这一模式，微陆块或地块沿左旋走滑断层的向东逃逸并不存在，只是地壳单剪-旋转的假象（England and Molnar，1990）。他们的模式在实际中也得到了佐证：该模式所描述的构造在有限元分析和材料实验中都是可行的，实际巨型剪切带两侧确实存在运动速率差。例如，印度板块相对于西伯利亚的北移速率为50～60mm/a，而它向北下冲至藏南之下的速率为10～25mm/a，所以，藏南相对于西伯利亚以25～50mm/a的速率北移；另外，扬子地块对于西伯利亚的北移速率不大于10mm/a，由此，剪切带两侧的速率差至少为15～40mm/a（图8-49）。根据这一速率差计算出的

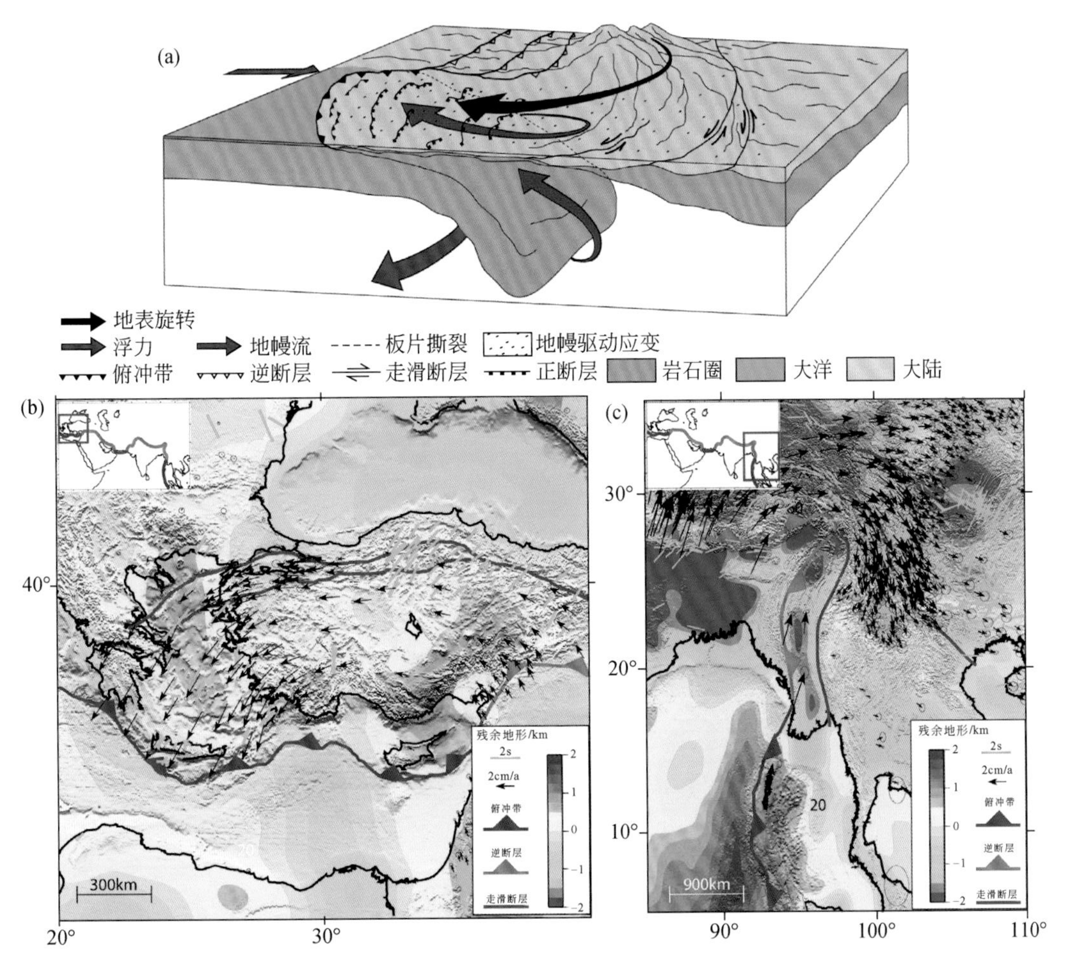

图8-49　（a）大陆碰撞、大洋消减、地幔流和地表形变之间的动力相互作用模式，（b和c）微陆块挤出相关的残余地形与两类GPS速度场（Sternai，2023）

微陆块旋转速率为1°~2°/Myr（England and Molnar，1990）。此外，由模式推算出的沿各左旋走滑断层的运动速率与GPS实测值也一致（10~20mm/a）（图8-49）。但是，微陆块挤出逃逸的速度场在安纳托利亚微陆块和印支微陆块之间还存在差异（图8-49）。前者是碰撞区速度降低而向爱琴海俯冲带的速度增加，这表明该微陆块的逃逸挤出实际不是阿拉伯板块与欧亚板块之间碰撞作用主动驱动的，爱琴海俯冲带的俯冲后撤才是其根本动力所在。后者则与此相反，印度板块强烈碰撞欧亚板块，微陆块是被动挤出的，因而在运动前方速度逐渐减弱。

除了印度板块与欧亚板块的碰撞效应在中国及东南亚地区的响应，伊比利亚半岛的西南部也为碰生型微陆块的形成机制提供了一个较为清晰的理解［图8-50（a）］。

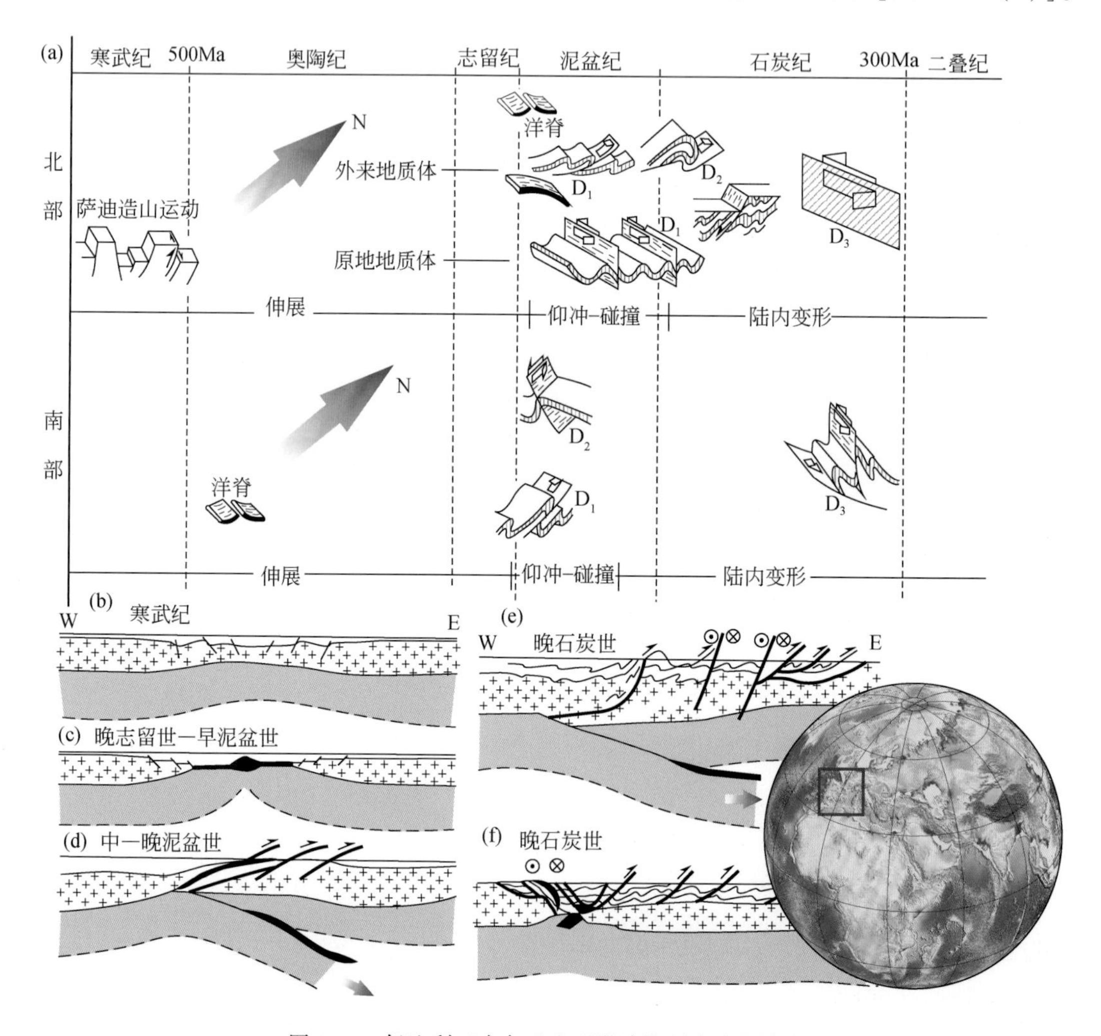

图8-50　伊比利亚半岛碰生型微陆块形成演化模式

（a）伊比利亚半岛主要变形事件的时间节点（Dias and Ribeiro，1995）；（b）~（e）华力西期北伊比利亚半岛动力学演化过程（Iglésias et al.，1983）；（f）晚石炭世南伊比利亚半岛动力学演化（Fonseca and Ribeiro，1993）

寒武纪期间，伊比利亚半岛是冈瓦纳古陆的一部分，随着寒武纪基底开始伸展，在伊比利亚中部地区出现了一个陆内的地堑，其持续下沉，沉积了一套厚的类复理石沉积物。同时，伊比利亚北部和南部仍处于台地环境［图 8-50（b）］。具体过程如下：奥陶纪—志留纪，寒武纪基底仍处于伸展环境，其持续下沉，产生了典型板内环境下的双峰式火山岩。志留纪末—早泥盆世，克拉通裂解，最终形成了一条洋中脊［图 8-50（c）］。实际上，这条洋中脊存在时间非常短暂。晚泥盆纪，坎塔布连山微陆块向北移动，与莱茵洋南部发生斜向碰撞，并在欧洲中部近垂向闭合。伊比利亚半岛的这条洋中脊也由于碰撞效应围限的微陆块发生仰冲而闭合［图 8-50（d）］。石炭纪，由于它与劳亚古陆不规则陆缘发生碰撞，导致坎塔布连山微陆块发生旋转并在伊比利亚发生陆内变形，北部表现为右行压扭，南部表现为逆冲推覆［图 8-50（e）（f）］。这次碰撞产生的深大转换断层或者逆冲推覆构造，将利比亚半岛分割成若干相对运动的微陆块，这些微陆块即为碰生型微陆块。

综上所述，不论哪种碰撞模式，其结果都是由于碰撞作用导致了陆内应力分布发生改变，新产生了一系列深大断裂，同时，也可以激活部分老的微陆块边界，并将镶嵌式大陆型大板块或尚未克拉通化的微陆块群分割成多个独立新生微陆块。由于应力失稳，这些新生微陆块沿深大断裂，发生较大位移或独立旋转，处于大陆内部由碰撞触发新形成的、独立运动的碰生型微陆块均与两个大板块的碰接和其间各地体的再拼贴、再分割及其后继效应有关。碰撞时会发生空间上以岩石圈俯冲消减量抵消洋中脊扩张增生量的互补现象，这种俯冲消减通过褶皱作用和压缩作用实现，也可通过应变吸收使岩石圈变成狭窄的线状活动带的方式来实现。在大板块之间碰撞的情况下，其边缘的沉积地层都可能被压缩成一系列紧密的褶皱带和逆掩带，洋壳碎片可以被推挤到相邻大陆板块的陆壳上形成蛇绿岩带。

8.2.6 汇聚俯冲背景下的裂解模型

微陆块与其母体大陆的分离通常归因于从洋中脊到相邻陆缘的集中式伸展，即应变局部化过程诱发的突然重新定位（图 8-51）。大量数值模拟研究表明，在被动陆缘演化的伸展背景下，地幔热流上升在被动陆缘岩石圈的力学弱化中起着关键作用，被动陆缘岩石圈会启动洋中脊跃迁；反过来，导致大陆板块进一步分裂和随后形成系列的孤立微陆块。同样，大板块汇聚也不是一个简单过程，存在大规模汇聚过程中的一些局部裂解事件（图 8-51、图 8-52）。然而，地幔柱如何影响已经卷入俯冲的活动岩石圈板块底部，仍然没有定量化研究。为此，Gün 等（2021）开展了三维热力学模拟，结果表明，即使在诱导板块运动（挤压性边界条件）的情况下，地幔柱对于维持连续汇聚和裂解是必要的，侵位于俯冲板块大陆底部的地幔柱热效

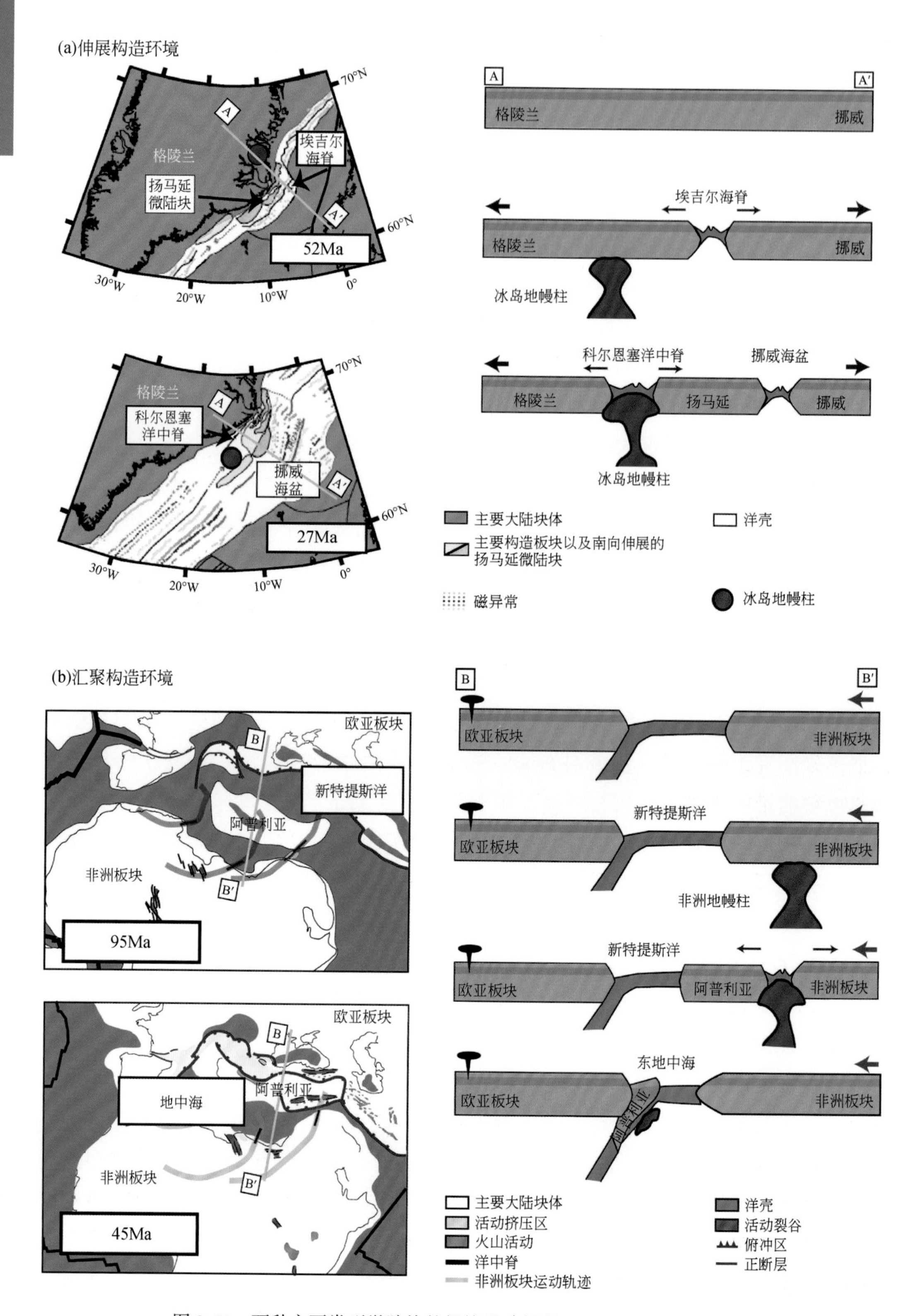

图 8-51　两种主要类型微陆块的板块重建场景（Torsvik et al., 2015）

（a）在纯伸展构造环境中形成的微陆块：北大西洋地区扬马延微陆块脱离东格陵兰；（b）在板块不断汇聚的背景下形成的微陆块：非洲和新特提斯洋中阿普利亚（Apulian）微陆块脱离非洲，然后在新特提斯洋岩石圈持续俯冲期间增生到欧亚大陆

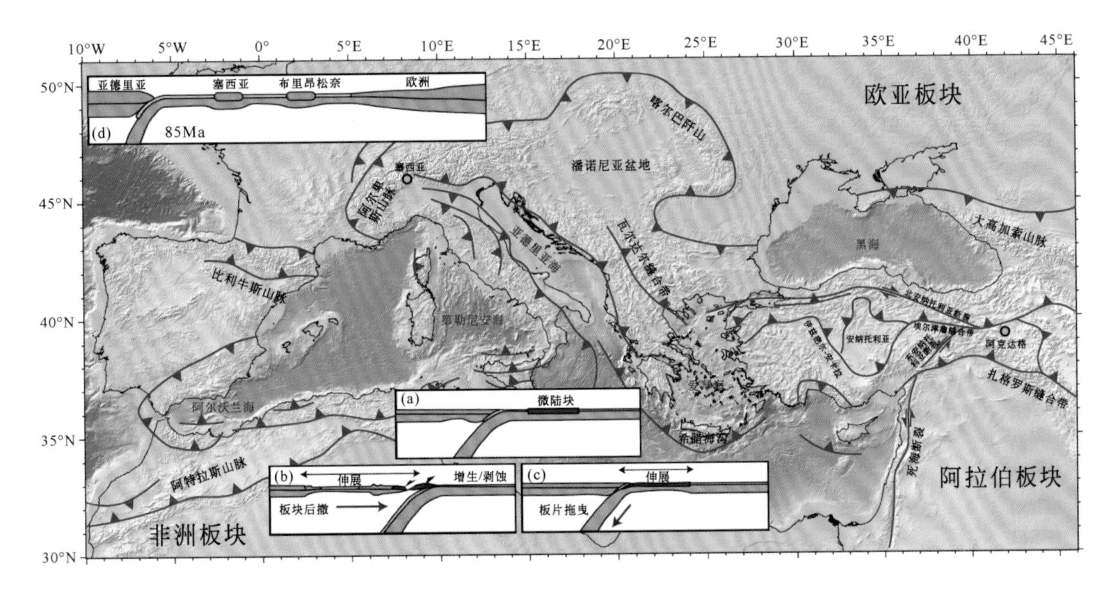

图 8-52　阿尔卑斯–地中海地区主要造山带的分布（Gün et al.，2021）

绿色圈点表示碰撞前伸展变形的微陆块位置（主图）。(a) 微陆块接近俯冲海沟的构造场景。(b) 由于俯冲板块后撤，上覆板块发生弧后伸展（据 Brun and Faccenna，2008 修改）。(c) 解释了原板块（pro-plate）上一个微陆块（陆壳块体）发生的伸展构造。(d) Rosenbaum 和 Lister（2005）对西阿尔卑斯山的古构造解释，包括塞西亚（Sesia）地块在内的几个微陆块发生增生前的位置。底图是使用 GeoMapApp（www.geomapap.org）制作的。EAF-东安纳托利亚断层

应和浮力效应足以引发大陆板块破裂和随后新洋盆的打开，从而将微陆块与大陆板块主体分开（图 8-51）。这些模型表明，连续俯冲的情况下，汇聚环境中形成微陆块在物理上是可能的。

此外，复杂汇聚俯冲背景下，深部构造过程也极其复杂，会出现板片窗、板片撕裂、拆沉型微幔块形成等现象，如西地中海深部［图 8-53（a）］。同时，复杂的深部动力学过程也会影响浅表造山过程，如相关挤出构造、成盆过程、碰生型微陆块形成等［图 8-53（b）］。

微陆块的裂离可用被动陆缘的扩张中心或洋中脊跳跃来解释（图 8-39），这可能是地幔柱引起的流变学弱化作用的结果［图 8-51（a）］，最终导致被动陆缘破裂，然后洋壳沿着新的扩张中心增生。与这种纯剪切伸展的情况相反，持续向北俯冲到欧亚大陆下的微陆块最初如何裂离非洲板块主体仍然知之甚少，其最终归宿也了解不多［图 8-51（b）、图 8-52、图 8-53］。Gün 等（2021）的数值模拟实验表明，正俯冲板块的大陆底部受地幔柱热效应和浮力效应诱导，足以导致孤立的微陆块从正俯冲的主体大陆上裂离［图 8-51（b）］，即使对于连续的大洋和大陆俯冲板块运动的诱导也是必需的（图 8-52）。随后，因上地壳推覆体与新生的俯冲微陆块之间脱耦而发生大陆增生，这种情形与东地中海晚白垩世—始新世的演化过程相一致。

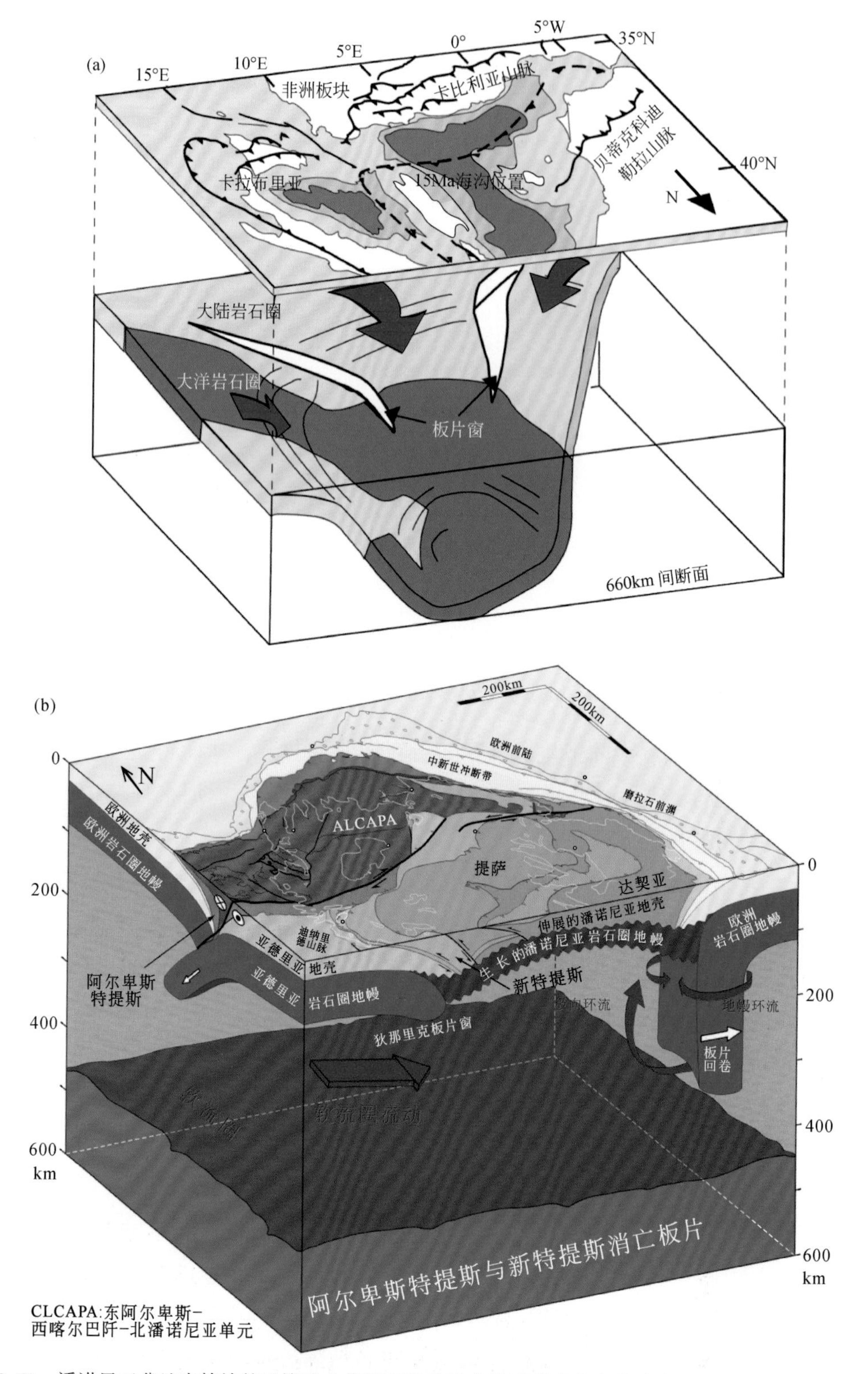

图 8-53　潘诺尼亚盆地在持续的碰撞造山作用下发生陆内分裂形成多个微陆块（Horvath et al.，2015）以及西地中海俯冲板片和西西里通道和 Oranie-Melilla 板片窗（slab window）（Faccenna et al.，2004）

ALCAPA-东阿尔卑斯-西喀尔巴阡-北潘诺尼亚单元

地体增生是一个普遍存在的板块构造过程，它将难俯冲的岩石圈微陆块或洋底高原碎片运送到俯冲带，导致微陆块或洋底高原停靠、微陆块集结和发生造山作用等事件。大量研究表明，微陆块碰撞后形成地体，这些地体在碰撞后伸展作用下，又经历重力垮塌和/或俯冲后撤的构造过程。Gün 等（2021）提出，由于俯冲板片在俯冲过程中发生相变变成密度较大的物质，对俯冲板块产生指向海沟的拉力，即海沟吸力（trench sunction）。俯冲板块上的微陆块在与上覆板块碰撞之前，也可能经历强烈伸展，分裂为更多微陆块。这解释了某些大陆型大板块经历多幕连续裂解事件（successive rifting）（图 8-53），但事件之间没有收缩造山事件发生的原因。地球动力学数值实验表明，这种碰撞前的伸展作用可能持久地发生在朝俯冲带漂移的微陆块上（图 8-54），且这种微陆块的运动和伸展都是被动的过程。这不同于上覆

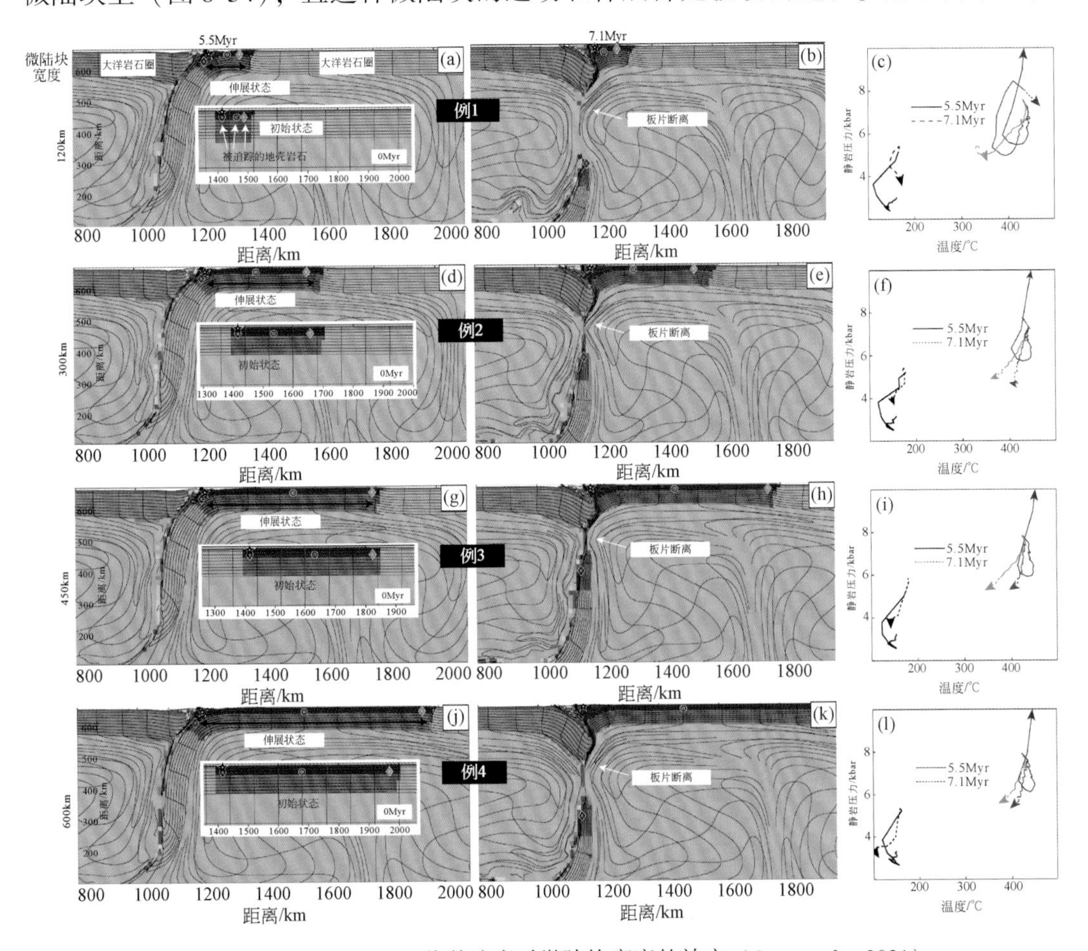

图 8-54　在强加 10cm/a 收敛速度时微陆块宽度的效应（Gün et al., 2021）

从上到下的剖面显示了 120km、300km、450km 和 600km 的微陆块宽度。左侧的剖面显示了微陆块到达俯冲带时 5.5Myr 的时刻。插图显示了模型中选定点的初始状态，和用于 *P-T-t* 轨迹示踪岩石的初始深度为 7km（黑色线）、28km（紫色线、品红色线和青色线）。图中间的剖面显示了当板片断离已经发生或即将发生时模型 7.1Myr 的状态。右图显示了 0～7.1Myr 示踪岩石的 *P-T-t* 轨迹，采样间隔为 0.16Myr。线条颜色与左栏和中栏剖面中示踪岩石的颜色相同。实线表示 0～5.5Myr，虚线表示 5.5～7.1Myr 之间的相位。1Kbar=0.1GPa

板块碰撞后再发生伸展变形的传统假设。结果表明，碰撞前伸展强度与微陆块大小和施加的汇聚速度成反比。Gün 等（2021）发现，特提斯构造带沿线的位置，即塞西亚（Sesia）带和安纳托利亚东部均是这种碰撞前伸展的典型，因为这种机制与地球热力学数据和运动学分析相一致。这种俯冲拖曳机制的研究表明，漂移的岩石圈板块可能在到达和参与正常的板块边界过程之前已经历过一系列重大构造事件。

对于两个未来将碰撞的大板块而言，当俯冲板块俯冲到上覆板块下方时，俯冲板块薄弱边界处首先遭受破坏。如果俯冲板块带有结构上不稳定的大陆型大板块，俯冲板块上大陆型大板块朝运动方向一侧边缘结合较弱的陆壳部分会率先形成陆壳碎片，即微陆块。这些微陆块从主体或母体大陆型大板块上破裂，形成了洋盆中陆壳组成的不同岛屿，这些岛屿通常距离其起源地几百千米。随后，微陆块随着俯冲的大板块运动进入俯冲带，其俯冲部分相变产生的额外重量，拉动带有微陆块的俯冲板块潜入到上覆板块之下。这种机制也称为“俯冲滑车”（图 8-55）。与此类似，

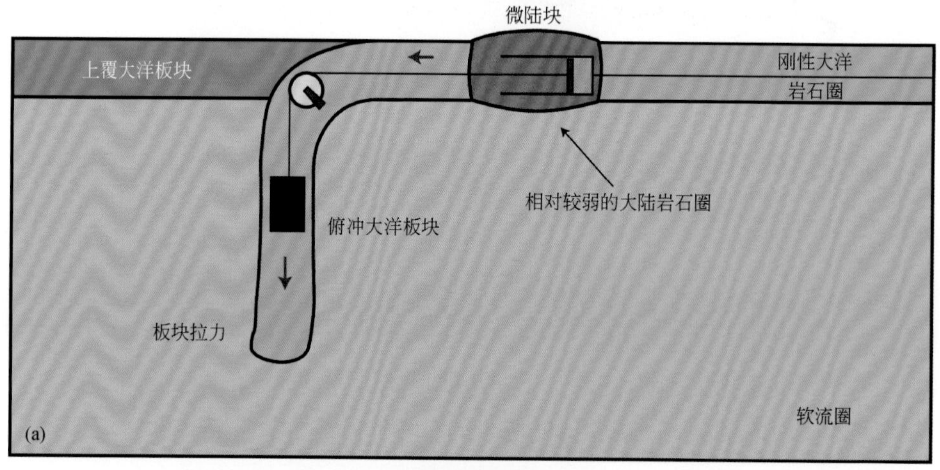

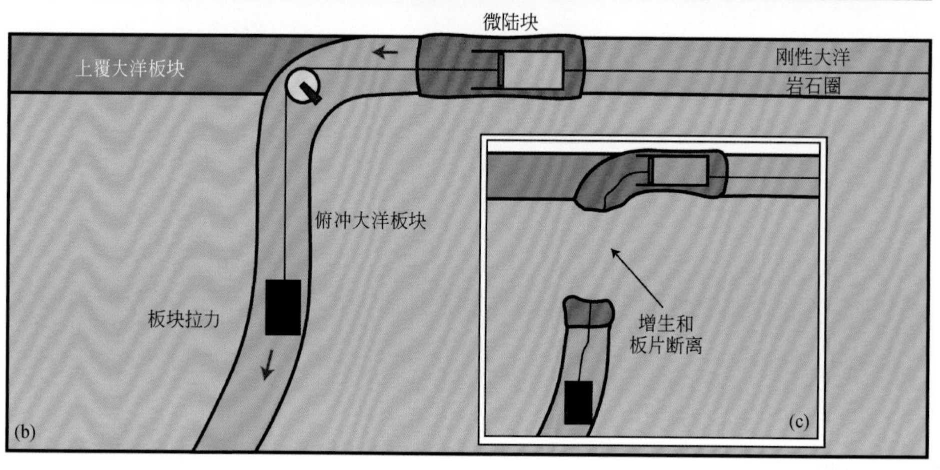

图 8-55　力学模拟揭示的构造系统基本动力学模式（Gün et al.，2021）

这个模型由一个质量块、滑轮、缓冲器和将这些组件相互连接的绳子组成。这些类比要素分别代表板块重量（板块拉力）、海沟、相对较弱的微陆块和刚性大洋岩石圈。(a) 微陆块向俯冲带漂移的初始状态。(b) 由于板块拉力（质量）在俯冲带（滑轮）上施加的拉力，微陆块（缓冲器）向海沟运动。(c) 增生和板块断离往往发生在较弱的微陆块中

意大利和土耳其的一些微陆块到达目前位置并导致碰撞造山之前，就已经受到了严重破坏。微陆块随大洋板块运动的传送带现象是被动的过程，也是全球地史期间普遍的现象，被誉为“单程列车”模式（万博等，2019）。与此相反，欧亚大陆作为前缘阻碍，微陆块“列车”与其碰撞会导致后缘“车厢”（每个微陆块）发生多幕连续碰撞（图 8-56）。

图 8-56　印度-亚洲碰撞卡通图（据许志琴等，2011）也可以说明微陆块群聚合过程

8.3　微陆块起源与陆壳起源

8.3.1　陆壳起源

以往，关于大陆或陆壳起源的普遍说法是，地球上物质分异产生了陆壳。20 世纪初诞生的大陆漂移说也未能阐明大陆最初是怎样形成的，只是证明了地史期间大陆可以在地球表面发生水平漂移运动。陆壳起源问题不但与地球的起源、演化有着极为密切的关系，同时也是研究地壳运动不可回避的基本问题。特别是，后来人们将陆壳起源与板块起源等同为一个问题，但陆壳起源与板块起源完全可能是两个独立问题或独立事件，这导致了更多的论证。

目前发现的地球最早的矿物记录是由锆石的年龄记录的 44 亿年，残存在西澳伊尔冈克拉通中（Mt. Narryer 和 Jack Hill 地区）。但是，越来越多的44 亿~40 亿年前的锆石在全球被发现，为揭示早期地球或冥古宙的地球演化提供了大量关键信息（万渝生等，2023）。最早的陆壳岩石记录也较少，目前可靠的最早陆壳岩石为40 亿年（加拿大的北美克拉通 Akasta 片麻岩），更多的为38 亿年（如中国鞍山、格陵兰的 Isua）。

众所周知，在太阳系类地行星（如水星、金星、地球、火星）中，地球是唯一一个既发育板块构造，又具有长英质陆壳的星球（Rudnick，1995；Sleep，2000；Taylor et al.，2009；Hawkesworth et al.，2020）。地球上的板块构造和长英质陆壳之间可能存在着必然联系（Tang M et al.，2016）。截至2023 年，多个研究小组提出板块构造起源于距今42 亿年。对于陆壳起源，学界普遍认为以 TTG 为主要成分的长英质古老陆壳应该起源于镁铁质地壳的部分熔融。地球上最早的原始镁铁质地壳可能由44. 5 亿年前地球表面的岩浆海冷却固结而成，在原始地壳形成之后和长英质陆壳出现之前，以初始洋壳形式存在，而长英质陆壳就是在这个初始洋壳基础上分异而来的。现代的大洋环境包括大洋盆地、洋中脊、岛弧和洋底高原（大洋岛），而大洋盆地和洋中脊只有5~10km 厚度的洋壳，不可能成为长英质陆壳起源的场所。因此，长英质陆壳只能起源于类似于板块构造体制下的岛弧或地幔柱体制下的洋底高原。

长期稳定的陆壳（或大陆岩石圈）也称为克拉通（craton）。图 8-57 展示了全球主要克拉通陆块的现今空间分布，这些克拉通绝大多数是在古元古代克拉通化形成的。古老大陆克拉通核部常为地盾，地盾内长英质岩石除少量形成于冥古宙（40 亿年前，加拿大 Acasta 长英质片麻岩）外，大规模的长英质陆壳主要形成于太古宙

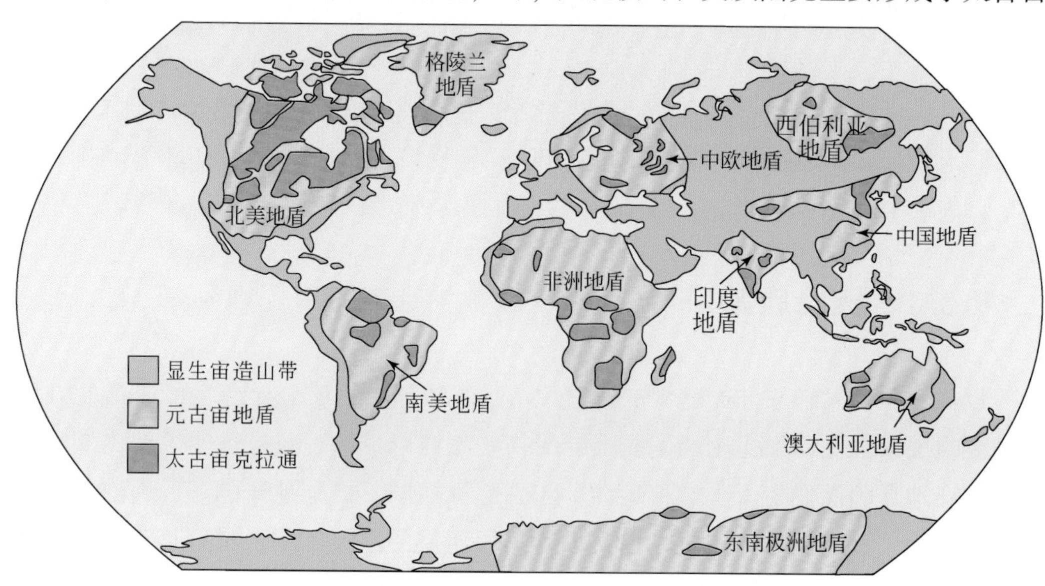

图 8-57　全球太古宙克拉通、元古宙地盾、显生宙造山带分布

（修改自 Kusky and Polat，1999；Furnes et al.，2015）

（距今38亿~25亿年）。北美、格陵兰、南非、澳大利亚等古老陆壳中，一些太古宙岩石的全岩Nd同位素和锆石Hf-O同位素研究结果显示，地球在冥古宙阶段可能已经形成一定规模的初始陆壳（Wilde et al.，2001；Harrison，2009；Arndt，2013；Reimink et al.，2014；O'Neil and Carlson，2017），也称为原始陆壳（proto-continental crust）。由于晚期重轰击事件（Late Heavy Bombardment Event）或者后来板块构造的强烈改造，原始陆壳物质在地球上很少保留下来。

古老陆壳究竟是在板块构造体制下的岛弧或洋底高原基础上发展起来的，还是形成于前板块构造（如地幔柱）体制，主要看哪种构造体制能更合理地解释太古宙克拉通岩石组合及其地球化学特征、基底构造样式和变质作用的*P-T*演化。

（1）陆壳起源于岛弧的证据

支持古老大陆起源于板块构造体制下岛弧的主要证据包括以下几个方面（赵国春和张国伟，2021）。

1）尽管显生宙岛弧通常含有更多的闪长岩和石英闪长岩（陆壳的平均成分），但许多显生宙岛弧的根部带深成岩岩石组合与太古宙克拉通陆壳的变质深成岩原岩岩石组合相似，都是由富硅和富钠的长英质TTG岩套组成。

2）从地球化学上看，显生宙俯冲带成因的埃达克岩（adakites）与太古宙高压型TTG非常相似，而显生宙岛弧上其他钙碱性花岗质岩石与太古宙低压型TTG相似。一般认为，俯冲带成因的埃达克岩是大洋俯冲板片部分熔融的产物，而俯冲带上其他钙碱性花岗质岩石是俯冲板片脱水交代上覆地幔楔部分熔融形成的低钾镁铁质岩石二次熔融的产物。这样，板块构造体制下的岛弧俯冲带模式能够圆满地解释太古宙高压型和低压型TTG的成因。

3）地球化学和实验岩石学资料都表明，形成太古宙TTG（尤其是高压和中压型）的源区岩石是富含石榴子石和/或金红石的斜长角闪岩或榴辉岩，而这些岩石是俯冲带的特征变质岩石。然而，古老大陆克拉通中几乎没有发现太古宙榴辉岩。之前曾报道过的太古宙榴辉岩都被后来的精确变质定年结果证实为古元古代榴辉岩（Li X L et al.，2017）。

4）尽管太古宙克拉通变形样式以垂向构造运动的片麻岩弯窿（dome structure）为主，但片麻岩穹隆之间绿岩带的变形样式则为一些脊状线性构造带（keel structure）。脊状线性构造带内岩石经历强烈挤压性变形，与显生宙板块构造体制下的造山带构造样式相似。正如前文所说，这些都是地壳层次的构造样式，尚难以否定岩石圈层次存在同时的水平构造运动，但依然被广泛用来约束太古宙构造的全球体制。

5）尽管太古宙克拉通中缺少高压和超高压岩石，但中-高压变质岩，尤其是含夕线石的泥质片麻岩或泥质麻粒岩在太古宙地体中非常普遍，其变质压力一般达到

7～8kPa。由于这些泥质变质岩的原岩是地表环境下形成的，如没有板块构造体制下的俯冲作用，很难解释这些地表岩石是如何进入20km之下的地壳深处经历高级变质作用的。

6）尽管绝大多数太古宙克拉通陆块经历的太古宙变质作用，以具有等压冷却（IBC）型逆时针 P-T-t 轨迹为特征，但是，具有等温减压（ITD）顺时针轨迹的太古宙变质岩石在一些克拉通上也有所报道（Holtta et al.，2000；Valli et al.，2004；Taylor et al.，2010），而具有等温减压顺时针 P-T 轨迹的变质作用一般发生在板块俯冲或相互碰撞的构造环境中。

7）若古老陆壳起源于板块构造体制下的岛弧俯冲带，其一个最重要的证据是，低钾镁铁质岩石（拉斑玄武质）的部分熔融形成太古宙TTG，这个过程必须要在含水的环境下发生，在干的环境中玄武质岩石的部分熔融很难进行，而只有俯冲带能够提供这样的含水环境，地幔柱则不具备这种富水环境（Arnd，2013；Martin et al.，2014）。

（2）陆壳起源于岛弧的模式

按照俯冲板片的属性，发育在俯冲带之上的岩浆弧或火山弧可以划分为三种类型：第一种类型是洋-洋俯冲形成的岛弧，也称之为马里亚纳型岛弧（Mariana-type arc）；第二类是洋-陆俯冲形成的大陆边缘弧（即大陆弧），也称之为安第斯型岛弧（Andean-type arc）；第三类是介于二者之间的日本型岛弧（Japanese-type arc），该类型岛弧早期为安第斯型大陆弧，后来由于弧后盆地进一步扩张形成边缘海，导致大陆弧与主体大陆块体的分离。由于长期的俯冲岩浆同化混染，陆壳物质不断消失殆尽，使岛弧的性质逐渐趋近于马里亚纳型岛弧，就像当今的日本岛弧一样。显然，第二类大陆弧和第三类日本型岛弧都是在陆缘上发展起来的，需要假定陆壳形成在先，因而不适合用来讨论陆壳起源的问题。只有洋-洋俯冲的岛弧才可能作为古老陆壳的发源地。

岛弧通常经历由不成熟岛弧至成熟岛弧的发展过程。不成熟岛弧形成于洋-洋俯冲的初期，大洋俯冲板片脱水，导致上覆地幔楔发生部分熔融，形成玄武质岩浆。由于洋壳较薄，岩浆会全部穿过洋壳而喷发于地表。岩浆成分和洋壳都是基性的，因此，岩浆在其上升过程中不会发生太大改变，形成的火山岩大都是玄武岩，不会形成大量的中-酸性火山岩（如安山岩、英安岩、流纹岩等），所以除了少量有俯冲洋壳熔融形成的埃达克岩外，不成熟岛弧主要以玄武质岩石为主，不可能有大量的长英质陆壳形成。

随着岛弧岩浆作用的不断进行，所形成的玄武岩层越积越厚，导致火山弧玄武质地壳的根部在下伏地幔岩浆加热条件下再次发生部分熔融，可形成中-酸性熔浆。中-酸性熔浆喷出于地表，将形成安山岩或英安岩，而没有喷出地表的中-酸性熔浆将在地下侵位形成闪长岩-石英闪长岩-英云闪长岩-奥长花岗岩-花岗闪长岩岩套，相当于太古宙低压型 TTG 岩套。部分俯冲的大洋板片本身也可能发生部分熔融，形成埃达克质岩石，相当于太古宙高压型 TTG 岩套，从而导致大洋岛弧从玄武质向长英质（安山质）的转变［图 8-58（a）］。这些长英质岛弧随着俯冲导致的洋盆关闭会发生相互碰撞，形成具有一定规模长英质陆核的弧地体，即微陆块［图 8-58（b）］。具有长英质陆核的弧地体的拼合就形成了大陆克拉通［图 8-58（c）］。这就是板块构造体制下陆壳起源模式（图 8-58）。

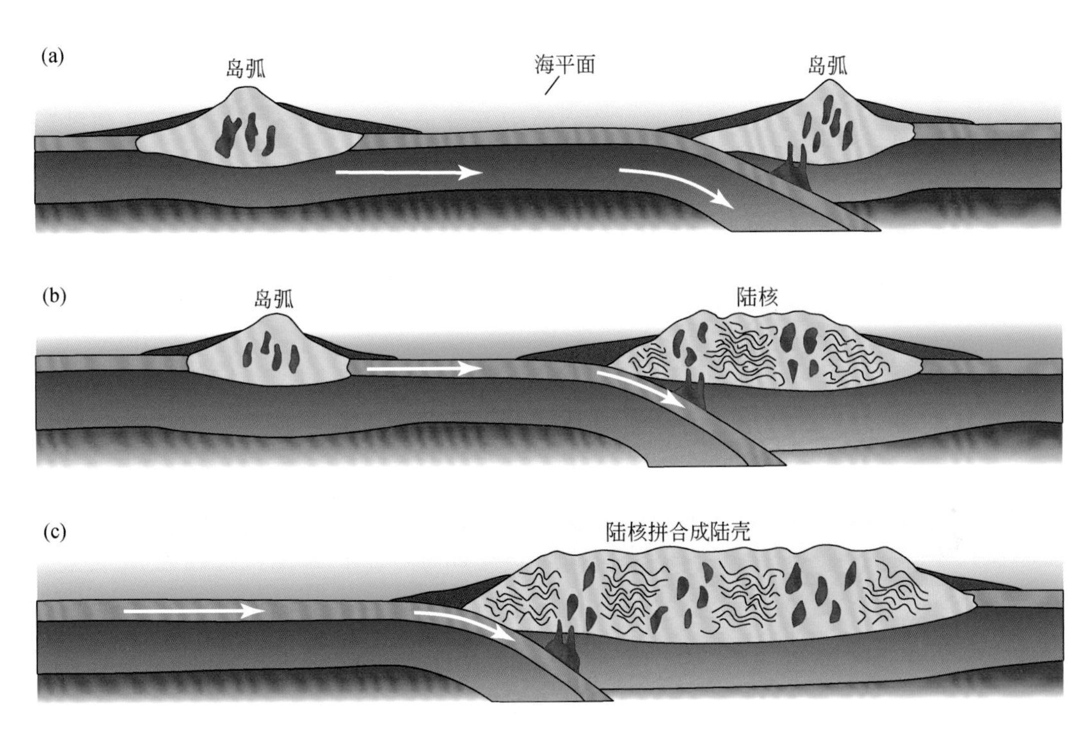

图 8-58　陆壳起源于洋内弧的构造模式（Wicander and Monroe，2016）

（a）大洋岩石圈的俯冲和玄武质洋壳的部分熔融形成长英质岛弧，（b）阶段（a）形成的长英质岛弧与先前形成的长英质岛弧碰撞形成陆核，（c）具有陆核的岛弧随着洋盆的关闭而相互碰撞形成一定规模的微陆块

虽然上述岛弧模式似乎能够圆满地解释太古宙高压型和低压型 TTG 的形成环境，但在现今岛弧上，并没有发现典型的高压或中压型 TTG 岩系，基本上都是钙碱性花岗质岩石（Condie，2014）。另外，还有许多其他地质事实也不支持太古宙陆壳起源于岛弧这一构造模式。

早期 TTG 岩石记录的抹除可能与早期构造体制有关，特别是与早期板块构造体制起源相关。地球早期不一定有微陆块，早期板块构造体制或前板块构造体制整体可能都是微洋块与微洋块之间的相互作用，因此，洋内弧的起源才可能等同于前板块构造体制或早期板块构造体制起始，但微陆块起源或陆壳起源与早期板块构造体制起源可能无必然关联。十多年来，地学界研究的热点尽管一直是板块俯冲启动的动力学过程和机制，甚至仅局限于板块构造体制之下，但这些研究依然具有启发性。研究表明，板块构造体制之下板块俯冲启动可能发生在两个场所：一是被动陆缘（大洋和大陆的过渡带）；二是大洋内部的薄弱带（洋中脊、转换断层、破碎带等）。在典型的被动陆缘（如现今的大西洋两侧），由于岩石圈流变强度较大，很难发生俯冲启动。对于洋内俯冲，不管是诱发俯冲还是自发俯冲，普遍认为是密度大的年老大洋板块俯冲到密度小的年轻板块之下。然而，这些俯冲启动机制很难解释年轻板块为何会俯冲到年老板块之下。还有一种普遍认识是，俯冲型（SSZ）蛇绿岩记录了古老洋壳的初始俯冲，SSZ 型蛇绿岩的地幔端元研究普遍发现地壳物质（锆石等）和超高压矿物（金刚石），但现有的初始俯冲机制对这些外来物质的来源并未给出很好的解释。现今地球上，洋内弧中发现很多古老锆石（所罗门岛和吕宋岛弧），这暗示洋内弧中存在微陆块（Zhu et al., 2023），而今这些微陆块都被俯冲侵蚀殆尽。即使不是如此，而是地幔循环将其他地方俯冲的陆壳循环至此，那也肯定了俯冲过程的存在。但这种模式的前提是已有陆壳，故解决不了陆壳起源问题。因此，只能推断，早期这种微洋块-微洋块相互作用的洋内弧俯冲环境下也有可能形成过陆壳 TTG，但因被消除而未保存下来。

地体构造理论对微陆块研究主要聚焦已有微陆块的形成演化和微陆块向陆缘的碰撞增生过程，但是未曾探索微陆块能否诱发初始俯冲和保存机制如何。Zhu 等（2023）根据微陆块形成机制设计了三种基础模型。模拟结果表明，相对于现今被动陆缘（即裂解型微陆块边缘），微陆块边缘更容易产生初始俯冲，而且相对于年老大洋板块，年轻大洋板块更易发生初始俯冲。年轻大洋板块的俯冲更可能符合早期地球的状态，因为当时地幔极端热状态下，洋壳很少能充分冷却为年老大洋板块。年轻大洋板块的初始俯冲过程中有明显的软流圈上涌（未来的 SSZ 型蛇绿岩），而先存微陆块会被肢解破坏，且大部分被俯冲侵蚀而消除，即被俯冲的年轻大洋板片可带到地球深部。另外，Zhu 等（2023）还系统测试了微陆块热梯度、流变学性质、地壳厚度、微陆块两侧大洋板片的年龄、板块汇聚速率和微陆块大小等因素，对微陆块诱导初始俯冲的影响。研究证实，微陆块在地球的初始俯冲过程中具有重要作用，提出的模型能很好地解释地球上年轻大洋板块向年老大洋板块下的俯冲过程。微陆块诱导初始俯冲之所以在前人研究中被忽视，主要是因为微陆块在俯冲起始的过程中被破坏带到了地球深部，这给早期地球微陆块保存或破坏机制带来新认知。微陆块诱导初始俯冲模型也很好地解释了 SSZ 型蛇绿岩中的陆壳物质（尤其是前寒武纪锆石）、超高压矿物和大陆岩石圈地幔组分，它们均来源于微陆块。这个地球上初始俯冲起始模式的前提是陆壳起源应早于板块俯冲起始，而且现今洋-洋俯冲型微板块边界也未必是地史时期纯粹的洋-洋俯冲型微板块边界，而可能曾经是洋内微陆块与大洋型大板块之间或微洋块之间相互作用的边界，这些边界类型之间会发生转换。尽管这些发现揭示了早期产生的微陆块可能完全或绝大多数早已被消除而未得到保存，但依然给最初始的微陆块识别和陆壳起源留下了一定困难。

(3) 太古宙绿岩中基性和超基性火山岩形成的地幔柱模式

有大量地幔岩浆上涌的伸展环境主要包括陆内裂谷（intracontinental rift）、弧后盆地（back-arc basins）和地幔柱（mantle plumes）/热点（hotspots）。古老大陆克拉通（图 8-57）中太古宙绿岩带最初总体以面状围绕 TTG 片麻岩穹隆分布而非局限在线性构造带中，并且缺乏大陆裂谷型沉积。这些基本上排除了太古宙绿岩的原岩形成于大陆线性裂谷带的可能性。弧后盆地是在岛弧基础上发展起来的，有弧后盆地必然有与之相伴的岛弧，有岛弧必然有俯冲带。但太古宙克拉通除了有与岛弧相似的深成岩浆岩（如 TTG）组合外，缺少显生宙俯冲带许多其他特征，如高压或超高压蓝片岩或榴辉岩、蛇绿岩套、双变质带（paired metamorphic belts）等。Brown（2006）认为，双变质带是确定俯冲带存在的标志，但目前还没有发现太古宙的双变质带（Brown et al., 2020a, 2020b）。因此，太古宙绿岩带中玄武岩和科马提岩形成于弧后盆地环境的可能性也非常低，而这些基性和超基性火山岩最可能的构造环境是地幔柱（Campbell et al., 1989; Larson, 1991; Hill et al., 1992; Kent et al., 1996）。

地幔柱最早是由 William John Morgan 于 1971 年基于夏威夷热点（Wilson, 1963）的现象结合流体力学模型提出来的概念（Morgan, 1971, 1972a, 1972b），是指地球深部核-幔边界（CMB）附近的高温低黏度层（D″层）熔融产生的呈柱状上升的巨量地幔熔浆。地幔柱通常由一个细长的柱尾和一个巨大的柱头组成［图 8-59（a）］。细长柱尾下端连至地幔底部，而柱头则呈球状并随上升挟带到周围的软流圈物质而膨胀。当地幔柱球状柱头抵达相对冷的岩石圈底部就会开始摊平呈蘑菇头状［图 8-59（b）］，并因减压发生大规模熔融形成玄武质岩浆。这些岩浆可能会于短时间内大量喷发至地表（短于一百万年）：于大陆地表形成由溢流玄武岩（flood basalt）构成的大火成岩省；于洋底喷发则形成直径 1000 ~ 2000km 的玄武质洋底高原（oceanic plateau）（Abbott, 1996）或大洋岛（ocean island）［图 8-59（b）］。洋底高原和大洋岛玄武岩（OIB）多数远离现今洋中脊和俯冲带分布，分布形态等轴状，产出规模几百万立方千米，形成温度较高，富含大离子不相容元素和轻稀土元素，具有较高的 Sr^{87}/Sr^{86}、Nd^{143}/Nd^{144}、Pb^{207}/Pb^{204}、He^{3}/He^{4} 同位素比值（Farley et al., 1992; Hart et al., 1992），这些都明显区别于现今洋中脊玄武岩（MORB）和俯冲带附近的岛弧玄武岩。越来越多的学者认为，洋底高原的形成与演化能够很好地解释太古宙克拉通以绿岩为代表的火山岩和以 TTG 为代表的侵入岩的成因（Campbell et al., 1989, 1990; Campbell and Griffiths, 1992; Larson, 1991; Hill et al., 1992; Hill, 1993; Kent et al., 1996）。

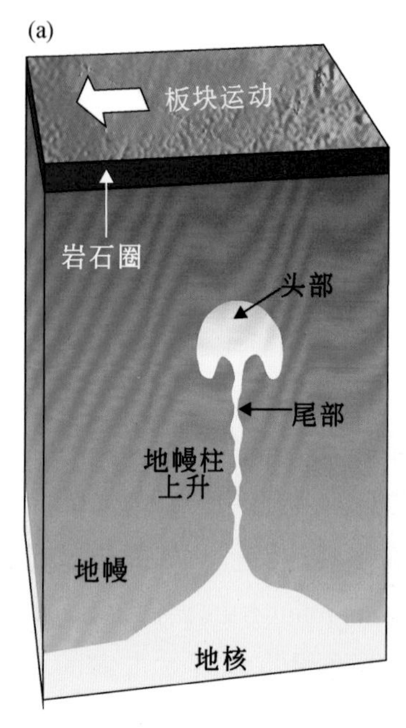

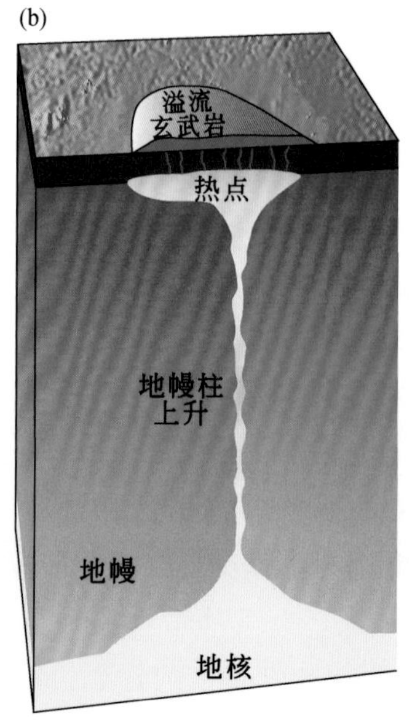

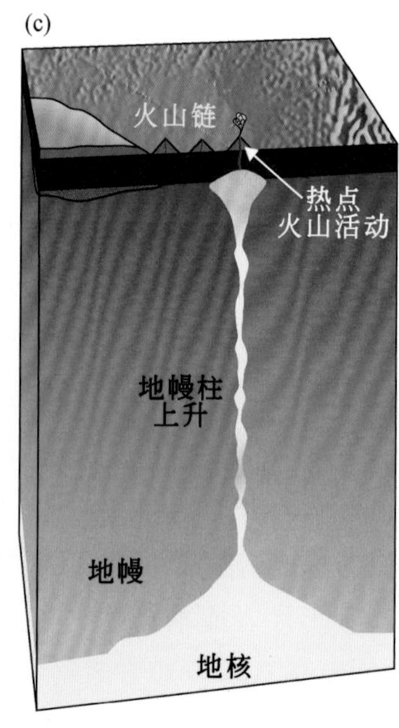

图 8-59　地幔柱上涌形成洋底高原（Niu et al.，2017）

（a）地幔柱通常是由一个细长的柱尾和一个巨大的柱头组成，（b）当大量快速岩浆活动的地幔柱柱头抵达相对冷的岩石圈底部就会开始摊平呈蘑菇头状，并因减压而熔融形成玄武岩浆于洋底喷发则形成洋底高原。（c）少量岩浆活动的地幔柱柱尾形成火山岩

太古宙绿岩中火山岩的主体岩石是基性的拉斑玄武岩和超基性的科马提岩。一些学者曾认为科马提岩是与之伴生的拉斑玄武岩母岩浆的早期堆晶体，并根据科马提岩高 Mg 的地化特征推测太古宙地幔温度至少高出现今地幔温度 200 ~ 300℃（Sleep and Windley，1982；Mackenzie，1984）。但后来的研究表明，太古宙地幔温度与现今地幔温度并没有那么大的差异，过去 35 亿年以来地幔温度最多只降低了 97℃（Galer，1991；Abbott et al.，1995），科马提岩也不可能是玄武质岩浆的早期堆晶体：①所有科马提岩中的 MgO 含量均超过 18%，而太古宙绿岩中拉斑玄武岩 MgO 一般低于 14%，二者存在明显的成分间断；②绿岩带中的拉斑玄武岩与科马提岩具有不同的同位素组成特征（Abbott，1996；Tomlinson et al.，2001）；③绿岩中拉斑玄武质岩浆不可能发生大量的橄榄石等矿物的早期分离（Drummond，1988）；④科马提岩的形成温度一般在 1600℃以上，远远高于拉斑玄武岩 1200 ~ 1400℃的形成温度。由于太古宙绿岩中科马提岩的形成温度和拉斑玄武岩的形成温度分别与起源于核-幔边界（CMB）处 D″层地幔柱柱尾和柱头的温度相近，而且地球化学成分也相似，这导致 Campbell 等（1989）提出太古宙绿岩带中科马提岩来自地幔柱柱尾通道的熔融物［图 8-59（c）］，而玄武质岩石则是地幔柱巨大球状顶冠在岩石圈底部发生减压熔融后喷出地表的产物。其实，早在 20 世纪 70 年代，Condie 就提出了太

古宙绿岩带的地幔柱成因（Condie，1975），只是当时他没有具体建立起太古宙绿岩中拉斑玄武岩和科马提岩分别与地幔柱柱头和柱尾对应的成因联系。尽管现今还有少数学者坚持洋岛玄武岩的板块张裂模式（图 8-60），太古宙绿岩带中科马提岩和拉斑玄武岩的地幔柱成因解释已得到越来越多学者们的接受（Hill et al.，1992；Desrochers et al.，1993；Hill，1993；Condie，1994，1997；Campbell，1998；Tomlinson et al.，2001；Abbott，1996；Rey et al.，2003；Bédard，2006；Brown et al.，2020a，2020b）。

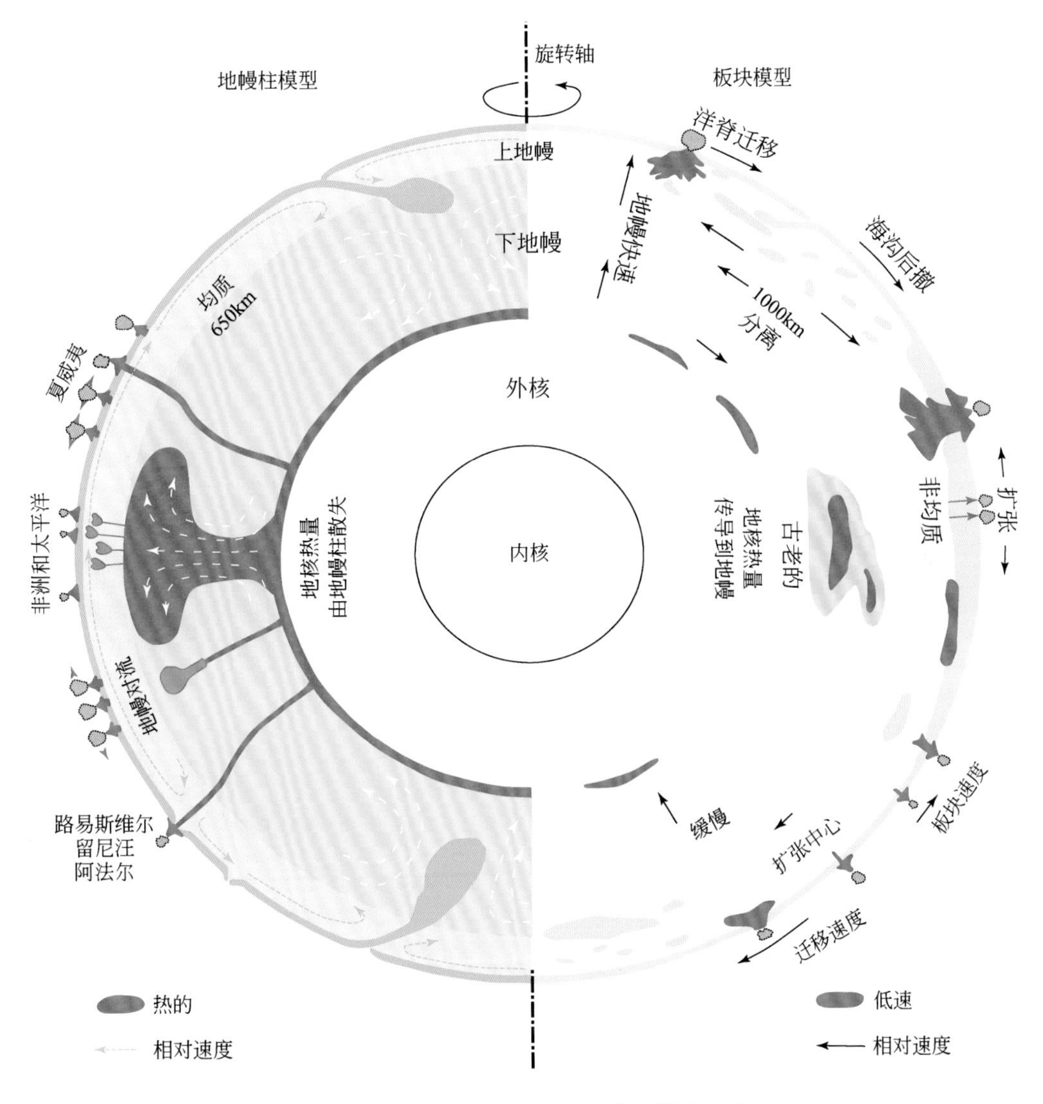

图 8-60　洋岛玄武岩的板块成因模式与地幔柱成因模式对比（Foulger，2010）

（4）陆壳起源的地幔柱洋底高原模式

地幔柱模式仅解决了太古宙绿岩带母岩（基性拉斑玄武岩和超基性科马提岩）的成因问题，并不足以说明它能解释古老陆壳起源，因为绿岩本身并不一定代表太古宙陆壳，更可能代表太古宙玄武质洋壳。真正代表古老陆壳的组成是占整个太古宙克拉通出露面积60%～70%的TTG（Abbott，1996；Arndt，2013）。因此，地幔柱模式能否解释古老陆壳起源的关键在于它能否合理地解释太古宙TTG的形成过程。

地球化学和实验岩石学资料都证实，与其他钙碱性花岗质岩石一样，TTG来源于玄武质基性岩在含水条件下的部分熔融。因此，太古宙TTG岩石的形成过程包括两个方面的主要问题：一是形成太古宙TTG的原岩——玄武质地壳于何处及以何种机制从地幔中抽取出来；二是地幔来源的玄武质地壳如何转变成太古宙TTG。考虑到太古宙TTG占克拉通大陆60%～70%的巨大体量及其与显生宙钙碱性花岗质岩石的地球化学差异，本书认为将玄武质地壳转换成太古宙TTG长英质陆壳必须满足以下三个条件。

1）必须有至少三倍于TTG体量的玄武质原岩（如大火成岩省）的存在，因为实验岩石学资料证明，在含水条件下，玄武质岩石部分熔融形成太古宙贫重稀土（即高La/Yb比值）的TTG，其部分熔融程度必须低于30%，否则石榴子石就会进入熔体相，从而导致TTG熔体的重稀土含量的升高和La/Yb比值的降低。如果熔融程度不高于30%，意味着每一份TTG岩石需要至少三份玄武质原岩的存在。

2）必须有足够厚的玄武质地壳存在，以保证产生TTG的玄武质岩石的部分熔融发生在石榴子石稳定域，其原因在本节前文已叙述。

3）TTG源区的玄武质岩石曾经历过水化（hydrated）作用，即玄武质岩石部分熔融体系里必须含有一定量的水，在干的环境中，玄武质岩石的部分熔融很难进行。

对于前两个条件，可以参考现今洋底高原的产出规模及厚度来分析说明。如图8-61所示，全球许多洋底高原都在洋底出露面积巨大（Kronenke，1974；Coffin

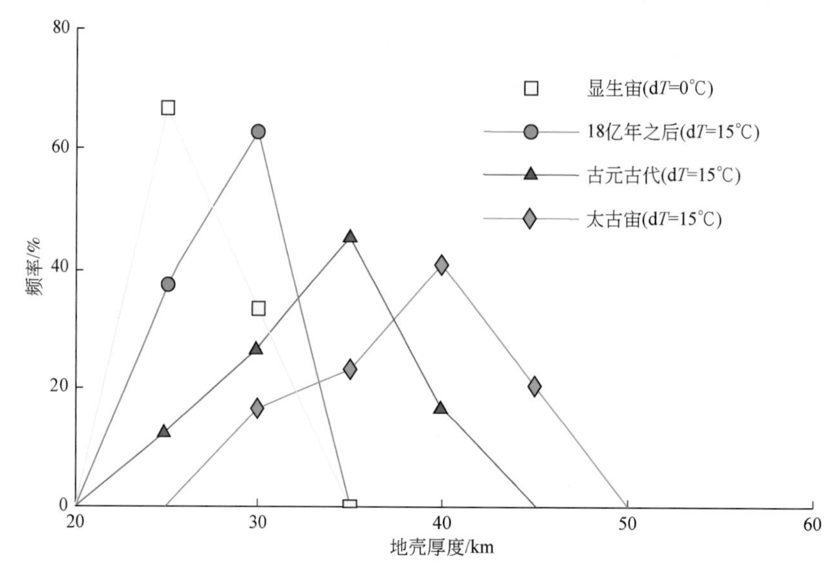

图8-61　太古宙以来洋底高原地壳厚度模拟（Abbot et al.，1995）

et al., 1994; Ernst, 2014)。例如，现今的翁通爪哇（Ontong-Java）洋底高原宽约500km，长约3000km，覆盖面积近1 900 000km^2；冰岛（Iceland）和凯尔盖朗（Kerguelen）洋底高原覆盖面积也达1 500 000km^2（Coffin et al., 1994; Abbott, 1996）。如此巨量的玄武质洋底高原足以满足上述第一个条件的要求。

上述第二个条件取决于洋底高原的厚度。根据地震波速和岩石密度估算，尽管翁通爪哇洋底高原地壳厚度为35～42km（Funrmoto, 1976），但大多数现代洋底高原的地壳厚度在20～30km（Abbott et al., 1995），这样的地壳厚度无法满足上述第二个条件，即玄武质岩石在这样的深度环境下发生部分熔融，石榴子石将不会在残留相中出现，因而现代洋底高原环境不会形成太古宙中压型或高压型TTG。由于太古宙地幔温度高于现今地幔温度，太古宙洋壳也应该比现今洋壳厚（Abbott et al., 1995）。Abbott等（1995）通过模拟计算证明，太古宙地幔温度比现今地幔温度至少高出93℃。在此基础上结合地震波速和岩石密度，Abbott等（1995）估算太古宙洋底高原地壳厚度大多在40km左右（图8-61）。后来，Kent等（1996）利用1600℃条件下McKenzie和Bickle（1988）绝热部分熔融模式估算，太古宙洋底高原地壳厚度可达43km。这样的地壳厚度已非常接近形成高压型TTG熔体的形成深度。另外，Kent等（1996）的模拟结果还显示，太古宙洋底高原玄武质地壳MgO含量约为19%，属于科马提质。在原岩相对富镁的条件下，石榴子石在7～8kPa的中压变质条件下就可以出现（Johnson et al., 2017; Brown et al., 2020a, 2020b），这也与太古宙高级地体中普遍存在含石榴子石+斜方辉石+单斜辉石+斜长石矿物组合的中压镁铁质麻粒岩相吻合，而以石榴子石+单斜辉石+斜长石+石英矿物组合为特征的高压镁铁质麻粒岩或以石榴子石+单斜辉石（绿辉石）矿物组合为特征的榴辉岩，在太古宙地体中很少出现或根本不出现。Zellmer等（2012）研究也证实，石榴子石的稳定域可以向上延伸到下地壳范围，镁铁质下地壳在加热条件下也能形成埃达克质或高压型或高铝型的TTG。此外，Qian和Hermann（2013）的熔融实验结果表明，镁铁质下地壳部分熔融形成埃达克质岩石或TTG岩石的最佳深度是30～40km，而大于45～50km的深度反而不利于镁铁质下地壳部分熔融形成埃达克质岩石或TTG岩石。Smithies等（2019）的研究也证实，没有证据显示太古宙镁铁质地壳经历过高压部分熔融形成TTG等花岗质岩石。综合以上讨论，本书认为太古宙洋底高原环境基本上能够满足上述第二个条件。

地幔柱成因的洋底高原环境似乎无法满足上述的第三个条件。太古宙TTG锆石氧同位素组成研究结果表明，其$\delta^{18}O$大多分布在5.5‰～6.5‰，个别地区（如北美苏必利尔克拉通）的$\delta^{18}O$为7‰～9‰（Whalen et al., 2002; Bindeman et al., 2005），远高于地幔$\delta^{18}O$值（5.3‰）。这表明形成太古宙TTG的源区玄武质岩石在部分熔融前受到了地表水的作用（Condie, 2014）。也就是说，发生部分熔融的玄武质岩石层一定位于上部与海水接触的那部分。这一现象用大洋俯冲板片部分熔融很容易解释，但很难用洋底高原来解释，因为洋底高原部分熔融一定是发生在洋底高原的底部。Arndt（2013）认为，这是古老陆壳起源于地幔柱洋底高原模式的致命缺陷。尽管如此，与陆壳起源的岛弧模式相比，地幔柱洋底高原模式周边在地球早期也可以启动俯冲（Gerya，2014），因而该模式还是得到更多学者们的接受，被广泛地用来解释全球各个克拉通大陆花岗-绿岩带地体的成因（Condie，1975，1994，1997，2014；Campbell and Hill，1988；Campbell et al.，1989，1990；Campell and Griffithes，1992；Abbott et al.，1995；Abbott，1996；Tomlinson et al.，2001；Whalen et al.，2002；van Kranendonk et al.，2004，2007a，2007b，2014；Bédard，2006，2018；Smithies et al.，2009；Moyen，2011；van Kranendonk，2010，2011；Johnson et al.，2017；Moyen and Laurent，2018；Sanislav et al.，2018；Brown et al.，2020a，2020b）。特别是，在一些现今洋底高原上发现了 TTG 和相关的长英质岩石，这是对古老陆壳起源于洋底高原模式的有力支持（White et al.，1999；Willbold et al.，2009；Hastie et al.，2010；Ponthus et al.，2020）。

图 8-62 展示了 van Kranendonk 等（2007a）应用地幔柱形成洋底高原的模型解释西澳东皮尔巴拉（East Pilbara）克拉通内古太古代 3.6～3.2Ga 花岗-绿岩带地体的成因。在该模型中，巨大的地幔柱柱头抵达岩石圈底部发生减压部分熔融，熔体喷发于洋底，形成巨厚的玄武质洋底高原；地幔柱柱尾部分熔融形成科马提

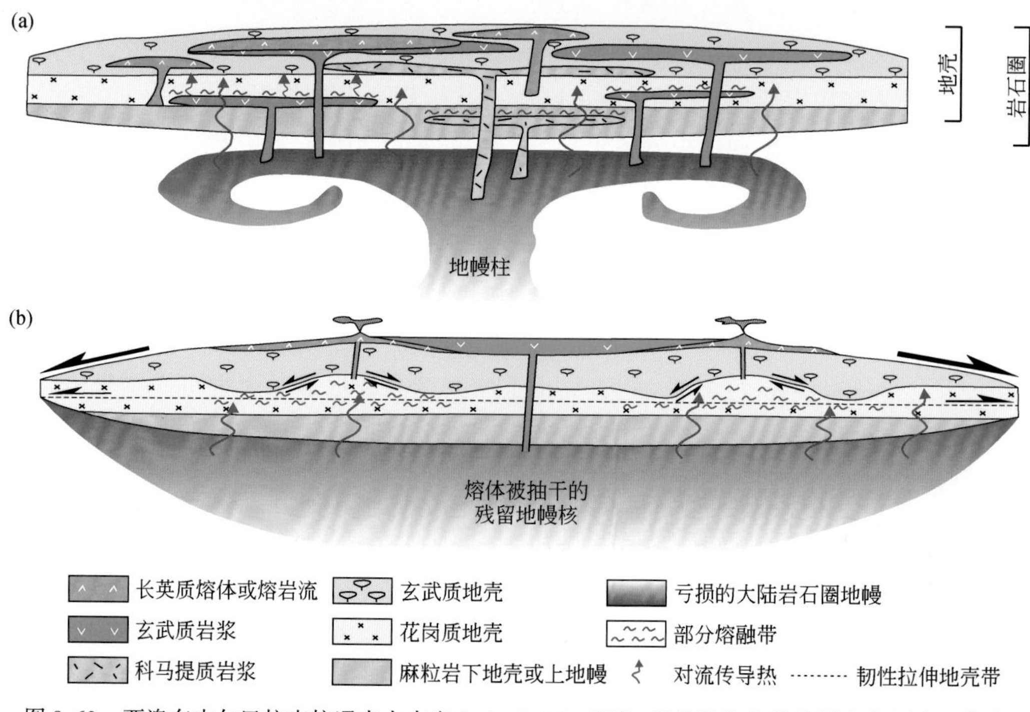

图 8-62　西澳东皮尔巴拉克拉通古太古宙 3.6～3.2Ga 花岗-绿岩带的地幔柱洋底高原成因模式（van Kranendonk et al.，2007a；van Kranendonk，2010）

质玄武岩，较高的温度导致先前存在的铁镁质地壳和新形成的洋底高原下部玄武质地壳发生多期次部分熔融，形成3.53～3.24Ga的TTG岩体，导致长英质大陆克拉通的形成［图8-62（a）］，在大陆岩石圈之下留下了一个熔体被抽干的残留地幔［图8-62（b）］。

（5）陆壳起源的拆沉模式

在地幔柱洋底高原模式基础上，针对TTG成因机制，Bédard（2006）提出了一个更为详细的激发式拆沉驱动地幔柱模式。如图8-63所示，地幔柱提供热量以促使玄武质地壳发生部分熔融，进而形成英云闪长岩质岩浆和榴辉岩残留物［图8-63（a）］。后者突发式拆沉到地幔中，导致地幔底辟上升并喷发至地表，同时使玄武质地壳再次发生部分熔融，形成英云闪长岩质熔浆和榴辉岩残留物［图8-63（b）（c）］。新生成的榴辉岩残留物继续拆沉，诱发新的地幔柱熔浆底辟，导致新形成的底侵玄武质地壳部分熔融，最终形成TTG熔浆［图8-63（d）］。随后，Smithies等（2009）也提出了类似的拆沉驱动地幔柱模式。

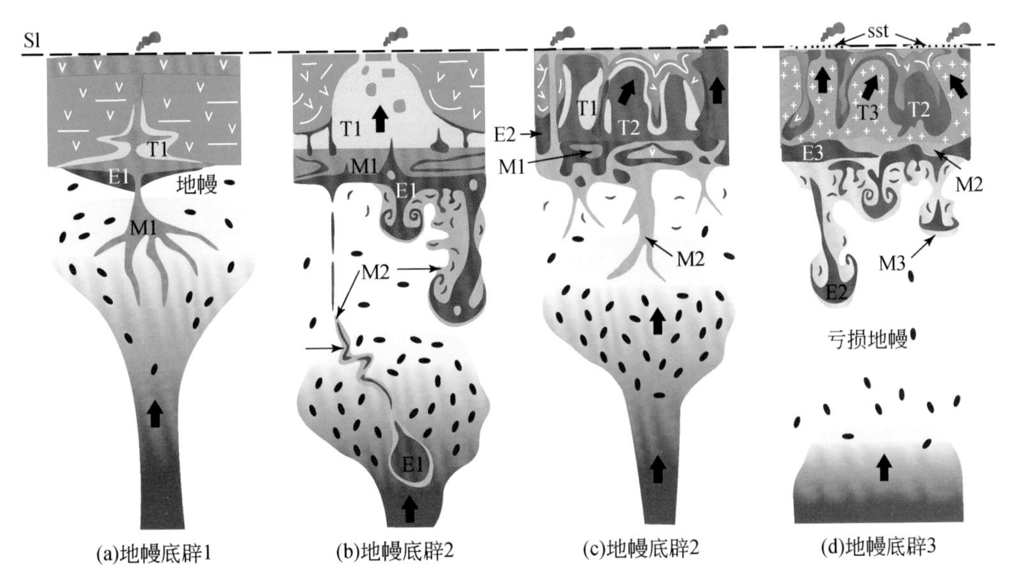

图8-63　触发式拆沉或滴坠驱动的构造-岩浆过程、壳-幔相互作用与初始陆壳成因模式（Bédard，2006）

M-地幔熔体；T-英云闪长质熔体；E-榴辉岩残留体

此外，板块构造体制下的岛弧模式（图8-64，类似微板块模式）和地幔柱成因的洋底高原模式（图8-64）一样，也可以解释以TTG深成岩和绿岩（玄武岩和科马提岩）为代表的太古宙大陆组成的某些地质特征。但也正如前文分析，都存在一定的问题。例如，板块构造体制下的岛弧模式不能合理地解释太古宙大陆克拉通的以下特征。

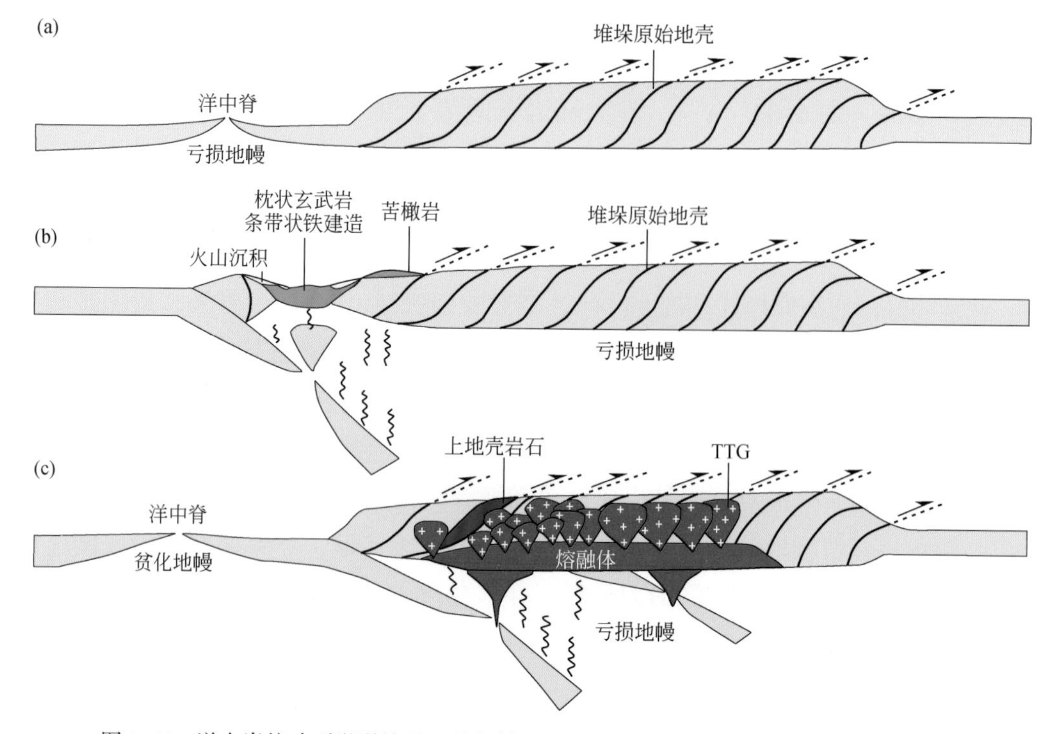

图 8-64 洋中脊俯冲到微洋块叠瓦堆垛体下形成依苏阿玻安质与苦橄质枕状玄武岩、BIF 和太古宙早期陆壳（TTG 岩套）的成因模式（Polat and Kerrich，2005；Kerrich and Polat，2006）

1）在太古宙陆壳的绿岩组合中，常见的火山岩组合是由超基性的苦橄岩（科马提岩）、基性的玄武岩和酸性的英安岩、流纹质英安岩及流纹岩构成的双峰式火山岩组合，缺少现代岩浆弧的安山岩组合。

2）科马提岩是太古宙绿岩的重要组成部分，其岩浆形成温度高达 1600℃，这样高温的地幔岩浆很难形成在板块俯冲环境。

3）许多太古宙克拉通 70% ~80% 出露基底为英云闪长岩-奥长花岗岩-花岗闪长岩（TTG）侵入体，这些深成侵入体在形成时间上显示无任何系统变化，难以用现代岩浆弧增生模式加以解释，并且在许多太古宙克拉通陆块上广泛分布的 TTG 岩套是在很短的时间内几乎同时侵入。

4）许多研究表明，岛弧平均地壳地球化学成分决定它不可能再产生像太古宙克拉通那样富 Si、Ni、Cr 和高 La/Y 比值的陆壳（Taylor and McLennan，1985；Abbot et al.，1995）。

5）与显生宙大陆边缘弧或岛弧根部带 TTG 岩石相比，太古宙 TTG 具有极高的 La/Yb 比值（即极富轻稀土），而岛弧花岗质岩石具有非常低的 La/Yb（<5）和 Sr/Y（<10）比值和非常低的 Sr 与轻稀土含量，这与太古宙 TTG 形成鲜明的对比（Condie，2014）。虽然显生宙岛弧可以通过俯冲板片部分熔融形成少量高 La/Yb 比

值的埃达克岩，但大多为喷出岩，这与太古宙大陆克拉通大规模出露的高 La/Yb 比值的 TTG 岩石形成鲜明对比。

6）尽管岛弧俯冲板片榴辉岩和石榴石斜长角闪岩部分熔融，可以形成类似太古宙 TTG La/Yb 比值的岩石，但熔融程度不能超高 30%，否则所形成的岩石不会具有高的 La/Yb 比值。这意味着，形成一份的 TTG 需要至少三份的榴辉岩和石榴石/金红石斜长角闪岩。如果考虑大部分太古宙克拉通 60% ~70% 出露的结晶基底为 TTG 侵入体，而且这些深成侵入体在形成时间或年龄上不显示任何系统变化或递变特征，太古宙 TTG 就不可能形成于俯冲带环境，因为俯冲带不可能同时提供如此巨量的榴辉岩和石榴石斜长角闪岩源岩。

7）太古宙克拉通一般缺少以大规模褶皱逆冲带和构造混杂岩带等显生宙板块水平运动构造标志；太古宙克拉通的构造样式以反映花岗–绿岩带的垂向穹脊构造（dome-and-keel structures）为特征。

8）太古宙克拉通缺少蛇绿岩、高压–超高压蓝片岩和榴辉岩、高压泥质麻粒岩等现代板块构造标志的岩石组合。

9）太古宙克拉通地体一般不出现反映俯冲带环境的双变质带。如前所述，Brown（2006）认为，双变质带是确定俯冲带存在的重要标志，但目前还没有发现典型的太古宙双变质带。

10）在变质作用特征方面，绝大多数太古宙克拉通地体以具有等压冷却逆时针 P-T-t 轨迹演化为特征，缺少反映俯冲和陆–陆碰撞环境的等温降压顺时针 P-T-t 轨迹演化。

上述这些事实说明太古宙陆壳可能并非起源于板块构造体制下的岛弧俯冲环境（Jolinson et al.，2017），而是通过某种非板块构造机制在前板块构造阶段形成的。

目前，对于太古宙陆壳究竟形成在什么样的非板块构造体系中，国内外学者还众说纷纭，但大家的一致看法是，太古宙陆壳组成主体的 TTG，应该来自于含水加厚镁铁质地壳的部分熔融（Rapp，1991；Smithies et al.，2009）。在非板块或前板块的构造体制下，最可能的加厚镁铁质地壳发生部分熔融的构造环境应该是洋底高原的根部（Bédard，2006；Condie，2014；Abbott et al.，1995；Abbott，1996；Ernst，2014）。因此，地幔柱成因的洋底高原应该是前板块构造体制阶段陆壳起源的潜在场所。Gerya（2014）数值模拟表明，地幔柱周缘也可以启动俯冲，导致水进入洋底高原的根部。这可能是微板块构造模式的一种陆壳起源模式，特别是，板块构造起源不一定要早于陆壳起源，但微板块构造起源一定早于陆壳起源。与岛弧模式相比，洋底高原模式能够很好地解释太古宙大陆克拉通以下一些主要特征。

1）地幔柱洋底高原模式，能够合理地解释太古宙绿岩地体中科马提岩和拉斑玄武岩的成因，即太古宙科马提岩来源于地幔柱核部热的、低黏度物质的部分熔融，而构成绿岩中的玄武岩来源于地幔柱相对冷的柱头物质的部分熔融。

2）地幔柱洋底高原模式，不仅能够合理地解释太古宙绿岩地体中科马提岩和拉斑玄武岩的成因，也能够解释太古宙绿岩双峰式火山岩组合的岩石成因，即超基性的科马提岩和基性的拉斑玄武岩可以直接来源于地幔柱物质的部分熔融，而酸性的英安岩、流纹质英安岩和流纹岩是地幔柱热异常导致的早期地壳底部物质发生部分熔融的产物。

3）如前所述，尽管岛弧模式和洋底高原模式都能够很好地解释太古宙克拉通TTG深成岩的成因，但只有后者能够合理地解释太古宙TTG能够在短时间内巨量产出，并在形成时间上没有任何系统变化的原因。

4）地幔柱上升及其导致玄武质下地壳部分熔融触发TTG岩浆的垂向底辟作用，能更合理地解释太古宙克拉通壳内的穹脊构造（dome-and-keel structure）样式特征。

5）地幔柱洋底高原模式能够很好地解释绝大多数太古宙高级区变质作用所呈现的近等压冷却型（IBC）逆时针 P-T 演化路径。

6）地幔柱洋底高原模式能够解释太古宙克拉通缺少蓝片岩和双变质带等典型岛弧俯冲带标志的原因。

综上所述，基于陆壳起源于地幔柱洋底高原的模式，国内外学者们已经提出各种不同的模型。这些模型大多都假设：以太古宙绿岩为代表的基性-超基性火山岩与以TTG为代表的长英质深成岩是同一期地幔柱作用的产物（Campbell et al., 1989；Tomlinson et al., 2001；van Kranendonk et al., 2007a；Smithies et al., 2009）。但一些太古宙TTG岩石的Nd同位素和锆石Hf同位素数据表明，TTG的母岩（玄武质岩石）从地幔中抽取的时间比TTG岩石的形成时间要早几亿年。这说明以太古宙绿岩为代表的洋底高原和以TTG为代表的长英质陆壳可能是两个（或多个）地幔柱事件的产物。例如，在华北克拉通东部地块，含有科马提岩的鲁西绿岩带火山岩和少量TTG岩石形成于距今27.5亿~26.5亿年，而遍布整个华北东部地块的TTG岩石和其他花岗质岩石普遍形成于距今25.5亿~25.0亿年。因此，二者可能不是同一个地幔柱事件的产物。为此，提出了陆壳起源于洋底高原的二阶段模型。

1）第一阶段：洋底高原的形成［图8-65（a）（b）］。位于核幔边界附近的D″层由于富含大量放射性产热元素而不断积累大量的衰变能以及地核本身释放的热量。这些热量积累达到某一个临界值时，会诱发地幔柱的产生。温度高但密度轻的地幔柱在上升穿过整个地幔过程中，其顶部不断吸收地幔物质而膨胀形成一个巨大的柱头和一个狭长的柱尾［图8-65（a）］。当巨大的柱头抵达岩石圈底部，由于受到刚性固体岩石圈的阻碍而摊开变得扁平［图8-65（b）］。同时，由于压力降低触发减压熔融，形成巨量玄武质熔浆。玄武质熔浆或底侵到地壳底部使地壳厚度增加，或喷发于地表（洋底），形成巨厚的洋底高原［图8-65（b）］。在此阶段晚期，来自地幔柱狭长的柱尾抵达岩石圈底部，其熔浆喷发于地表形成超基性的科马提质岩石。同时，地幔柱柱尾高温熔浆也可以导致部分镁铁质地壳（洋壳）发生部分熔融，形成少量 TTG。如华北克拉通东部陆块鲁西花岗绿岩带中距今 27.5 亿～26.5 亿年的 TTG 就是这种成因。这一阶段以地幔柱岩浆耗尽、停止上升而终结。

2）第二阶段：TTG 长英质陆壳的形成［图 8-65（c）］。另一个新的地幔柱当其到达已形成的洋底高原的底部，会导致洋底高原发生广泛的区域变质作用和深熔作用，使得洋底高原地壳的上部转变成绿岩地体，而中下部转变成中-高压石榴斜长角闪岩和石榴石麻粒岩。地幔柱柱尾的高温会使这些岩石发生大规模部分熔融形成 TTG 熔浆。密度差异诱发的拗沉作用导致密度较大的绿岩地体垂直下沉，而密度较轻的 TTG 底辟上升，形成了太古宙壳内的穹脊构造（dome-and-keel），即 TTG 片麻岩穹隆背形与拗沉的绿岩向形相间排布［图 8-65（c）］。当地幔柱岩浆再次耗尽，加热作用停止，变质地壳在厚度几乎不变的情况下冷却，即发生太古宙地体常见的具有等压冷却（isobaric cooling）逆时针 *P-T* 演化轨迹的变质作用。

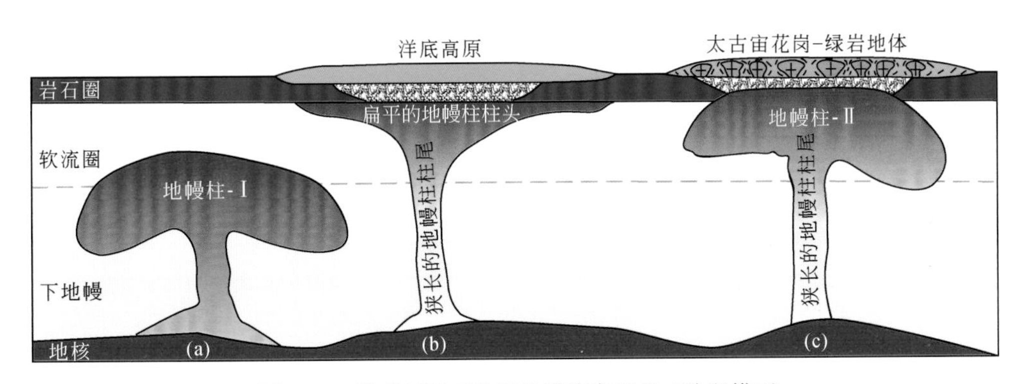

图 8-65　陆壳起源于地幔柱洋底高原的二阶段模型

由此可见，陆壳起源于洋底高原的二阶段模型，不仅能解释太古宙克拉通大陆的岩石组合的形成，也能解释其构造变形样式和变质作用特征。

8.3.2　微陆块的起源与生长

尽管没有可靠的数据支持古元古代之前存在超大陆，但有证据表明，几个主要超克拉通（异常大的克拉通）形成于太古代晚期（2.7～2.5Ga）（Bleeker，2003）。现今地球大约有 35 个太古代克拉通（图 8-57），大部分以微陆块的裂解碎片得以分散保存。Bleeker（2003）认为，这些克拉通可以根据其相似程度划分为至少四群（clan）。每群似乎都来自不同的超级克拉通：瓦尔巴拉［即 2.9Ga 的 Vaalbara，以据称相连的卡普瓦尔（Kaapvaal）和皮尔巴拉（Pilbara）克拉通命名］、Superia 或 Kenorland（图 8-66）（2.7Ga，取名于 Superior 克拉通）、Sclavia［2.6Ga，源自大奴

(Slave) 克拉通], 以及更不确定的 Zimgarn (2.4Ga, 来自津巴布韦和伊尔冈克拉通, 图 8-67)。Pehrsson 等 (2013) 提出了第五个克拉通群, 该群与广泛的 2.5 ~ 2.3Ga 造

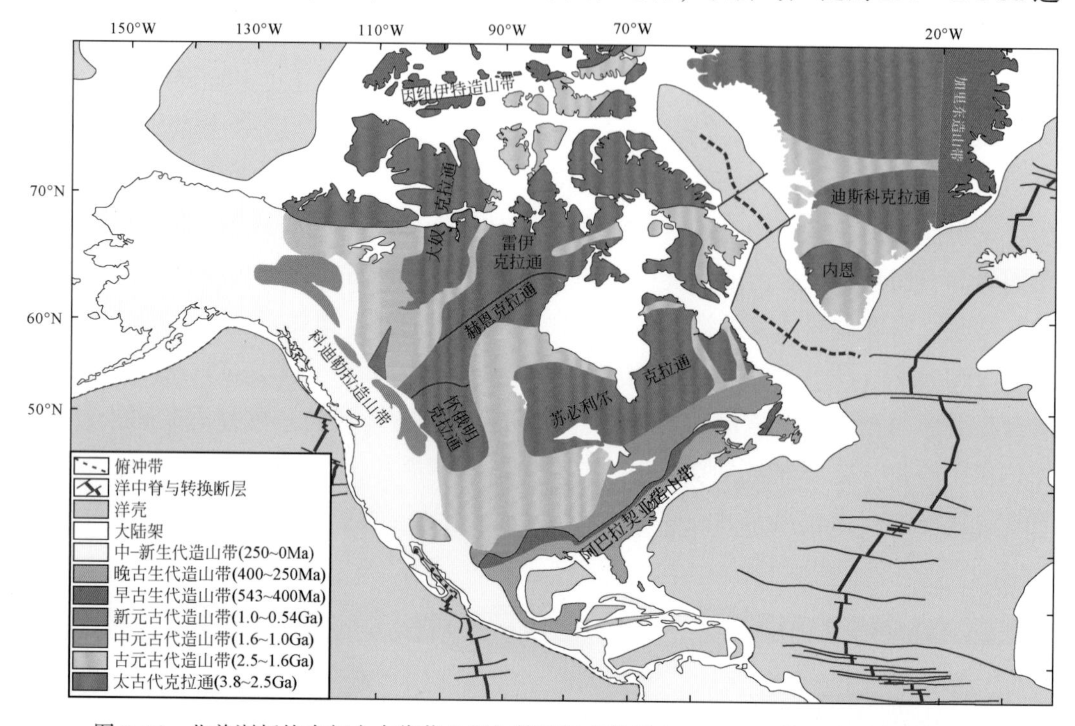

图 8-66 北美洲板块内新太古代苏必利尔等超级克拉通 (Superia) 由一系列微陆块组成 (Aspler and Chiarenzelli, 1998; Bleeker and Ernst, 2006)

苏必利尔克拉通南部和赫恩 (Hearne) 克拉通之间有三个事件 (~2500Ma、~2446Ma 和 ~2110Ma) 是吻合的。在苏必利尔克拉通和卡累利阿 (Karelia) 克拉通之间, 现在可以实现严格匹配的关键事件不少于四个。这些克拉通的破裂必定发生在 2100Ma 之后, 但在 1980Ma 之前, 这是卡累利阿发生的一次重要岩浆事件的时间, 该事件在苏必利尔克拉通南部无法对比。这意味着苏必利尔和卡累利阿克拉通的盖层序列形成于克拉通内裂谷和伸展盆地中, 年代为 2400 ~ 2300Ma, 这并不代表沿着克拉通裂解边缘的真正被动陆缘序列。这些克拉通实际就是微陆块或微陆块群

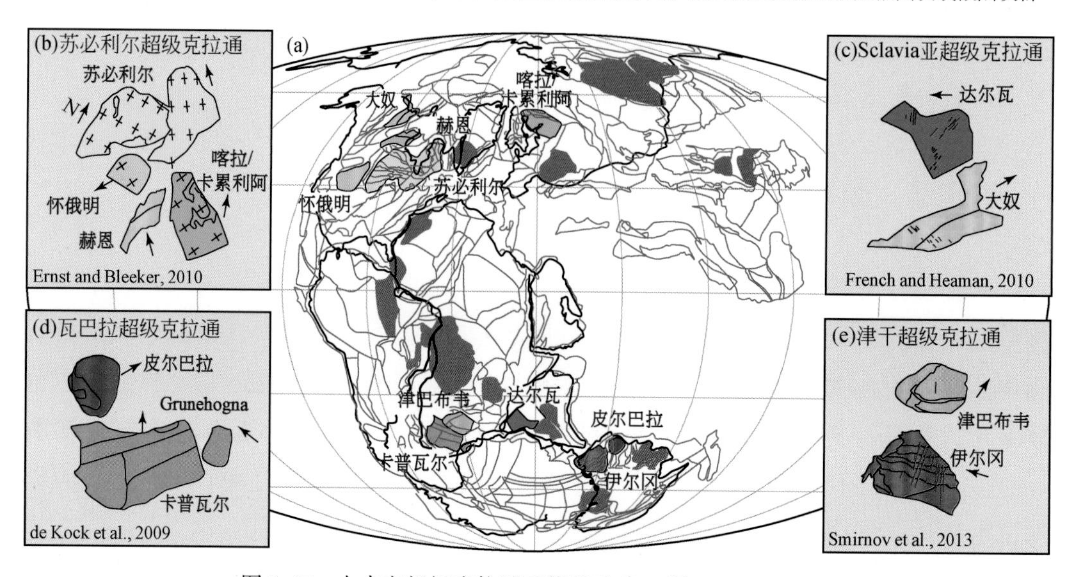

图 8-67 太古宙超级克拉通可能的重建 (据 Evans, 2013)

箭头指示每个克拉通现今向北的方向, 红色和蓝色线是主要的岩墙群

山运动有关［努纳武蒂亚（Nunavutia）取名于加拿大北部雷（Rae）克拉通］。其中，一些超级克拉通的建议性组合利用了从假定的地幔柱中心呈放射性分布的岩墙群（Evans，2013）。一些微陆块因后期裂解起源于这些古老克拉通边缘，如哥伦比亚超大陆裂解时期，一些地幔柱活动驱动微陆块裂离北美克拉通（图8-68）。

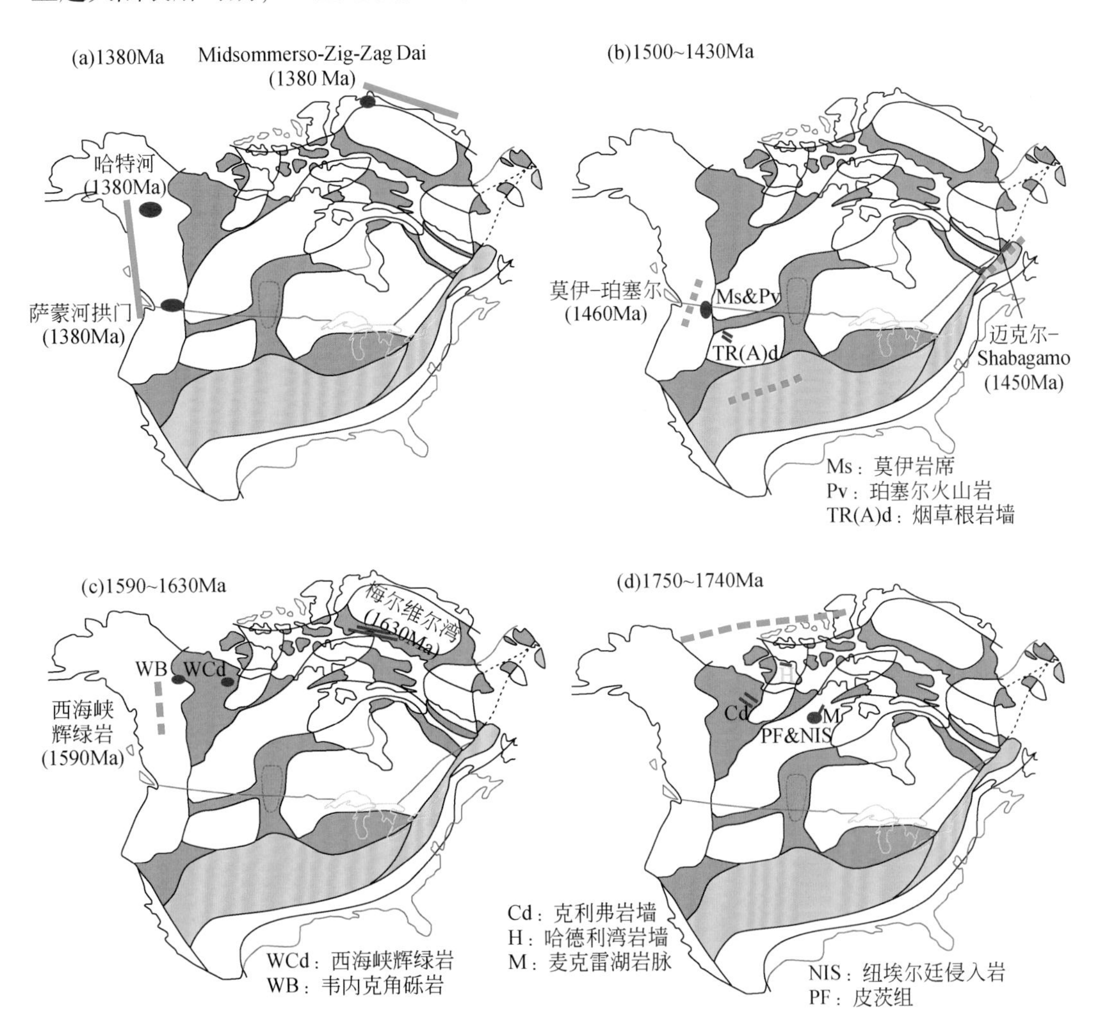

图8-68　哥伦比亚超大陆裂解期间北美克拉通相关大火成岩省分布

重建是依据短期大火成岩省事件和沉积盖层层序关联性（Bleeker and Ernst，2006；Ernst and Bleeker，2010）

超级克拉通的形成需要大量的陆壳碎片，这些碎片即微陆块，它们可通过再循环返回到地幔中。在新太古代之前，高地幔温度和推断出的高地幔对流速率可能导致微陆块快速循环，这可能发生在陆壳碎片有充分时间碰撞形成超级克拉通之前（Armstrong，1991；Bowring and Housh，1995）。新太古代第一个超级克拉通（图8-69）形成的原因，一种可能性是板块构造的大范围启动或全球联动，导致在相对较短时间内产生了大量陆壳（100Myr）。如果是这样，第一个超级克拉通可能就是第一次大范围或全球性俯冲事件的响应。对新太古代超级克拉通的生长作出贡献的还有较厚的太古代大陆岩石圈地幔，该岩石圈相对具有浮力（Griffin et al.，1998），从而在后期板块碰撞过程中阻止陆壳俯冲而得以保存。

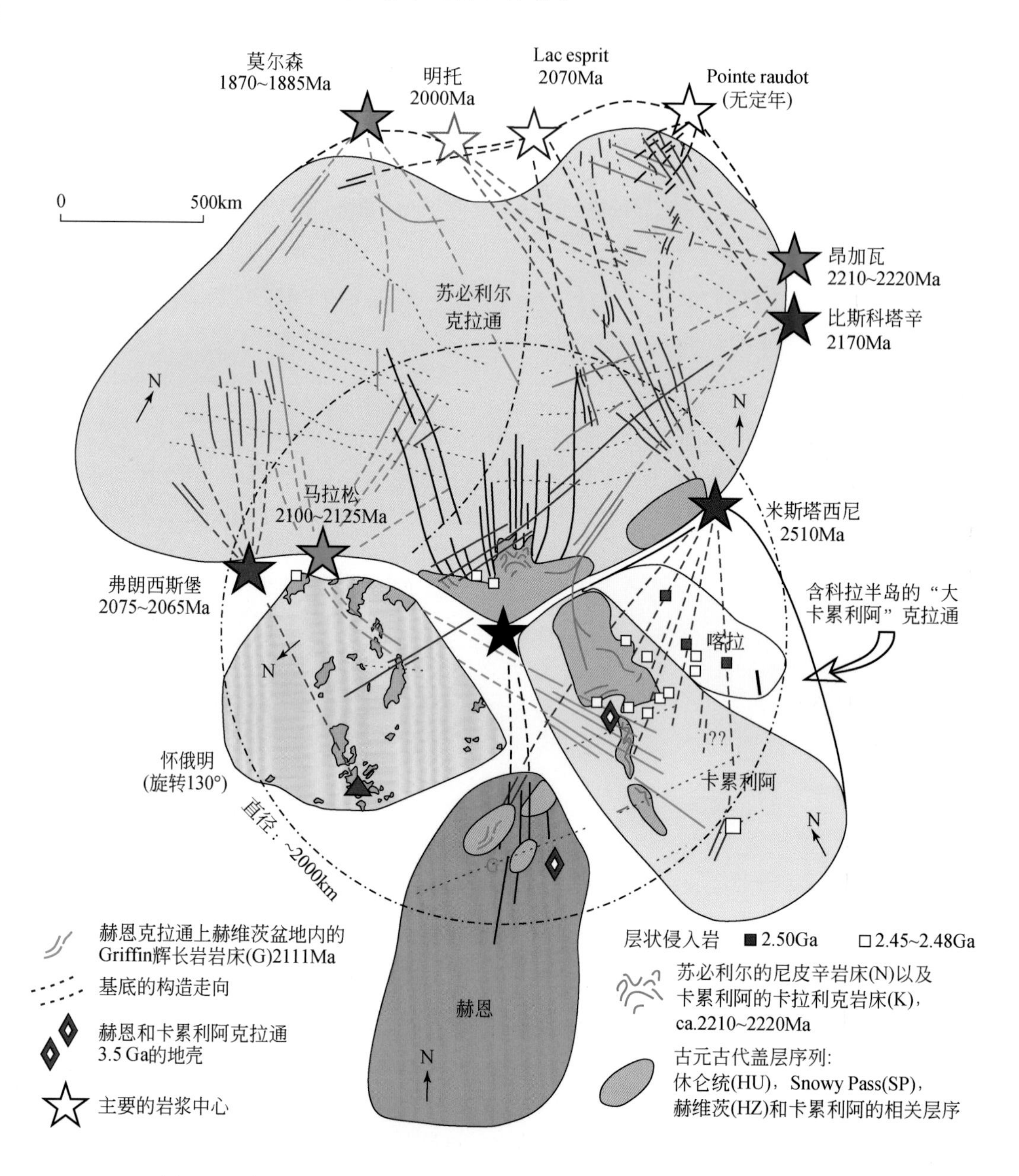

图 8-69 新太古宙晚期 Superia 超级克拉通或 Kenoland 超大陆的可能图像

重建是依据短期大火成岩省事件和沉积盖层层序关联性（Bleeker and Ernst，2006；Ernst and Bleeker，2010）

所谓的超级克拉通，从大小上分析，也就是相对刚性化的、克拉通化的微陆块。

8.4 微陆块聚合与克拉通化过程

迄今为止，虽然地球上最老的物质或岩石记录都是来自陆壳岩石，但多数研究者仍然认为地幔难以直接熔融出陆壳岩石（平均成分），地球早期无疑原始洋壳是绝大多数，但至今保存极少。这个地球原始地壳性质的确定具有巨大的不确定性。岩浆海模式假设首先通过岩浆分异或二次熔融形成陆核，而后经过巨量陆壳增生，之后形成了微陆块或小陆块。早期形成并且长期未经构造活动（变形）具有一定规模的地壳部分称为克拉通。大多数克拉通都是在太古宙形成的（Windley，1978；Goodwin，1991；赵宗溥等，1993；翟明国，2011）。这些克拉通在太古宙末一个特定的地质时期，即~25亿年前，形成全球规模的超级克拉通（微陆块群）（Rogers and Santosh，2003；Kusky et al.，2007；翟明国，2008），才有了与现今相类似的洋陆格局。

克拉通化就是形成克拉通的过程，包括固体圈层中的岩石、地球化学、构造地质、地球物理场等的诸多演化和剧变。翟明国（2011）在经典定义的基础上将克拉通化概括为：形成稳定的上下陆壳圈层并使其与地幔耦合的地质过程。可见，克拉通化是地球、特别是陆壳发展历史上最重要的地质事件之一。全球大多数古陆的克拉通化完成在太古宙末的一个特定时期，即2.65~2.5Ga，少数完成于古元古代末的~2.0~1.9Ga（Windley，1978；赵宗溥等，1993；Zhao et al.，2005），并在以后的地质演化中极少见到重复。克拉通化的结果是在地球上形成与现今规模相似的稳定大陆。克拉通的标志即是陆壳克拉通化的地质表现和必然结果，它们主要是：①没有造山带活动，有稳定的台地型盖层沉积；②岩墙群广泛侵入（图8-69）；③大量的壳熔花岗岩；④地幔岩与地壳中火成岩在时代上以及物质成分上的一致性和对偶性，后者体现了深部与浅部的关系。

、距今25亿年前后全球克拉通化的意义可以简单地归纳为三点：①在地球上形成了与现今规模大致相当（>80%~90%）的陆壳；②假设世界上的克拉通聚合成超级克拉通（微陆块群）；③上下地壳分层、壳幔圈层耦合，支持有大陆岩石圈形成，并与古大气圈和古水圈达到平衡（翟明国，2008，2011）。

根据已有的地质资料，陆壳的80%~90%是在早寒武纪形成的，绝大多数形成在中—新太古代（Brown，1979；Dewey and Windley，1981；Mclennan and Taylor，1982，1983；Rogers，1996；Condie et al.，2001）。全球陆壳的巨量增生在2.7~2.8Ga，主要的岩石类型是富钠的长英质片麻岩（TTG），其次是镁铁质-超镁铁质火山岩（Jahn and Zhang，1984；Jahn，1990；吴福元等，2005）。大多数学者推测，此次陆壳增生与地幔柱事件相关（Windley，1995；Condie and Kroner，2008）。一般认为，太古宙的陆壳增生是围绕着古老陆核形成微陆块（翟明国，2011）。继2.7~

2.8Ga 巨量陆壳增生后，现今的各大陆块一般经历了微陆块拼合和随后以变质作用、壳熔花岗岩和盖层沉积为标志的克拉通化。

8.4.1　早期微陆块拼合与增生

太古宙的陆壳增生，围绕着古老陆核形成了众多微陆块。新太古代发生较多的火山作用与沉积作用，形成了太古代绿岩带，同时，大量的壳熔花岗岩和 TTG 片麻岩形成，引起广泛的麻粒岩相-角闪岩相变质作用，伴随镁铁质岩墙群和花岗岩脉侵入。作为脊状线性褶皱带围绕古老的陆核分布，绿岩带焊接了微陆块。之后可能有钾质花岗岩侵入到绿岩带和相邻的不同微陆块，并有部分花岗岩经历了变质作用，这表明微陆块已拼合成一体，基本形成现今规模的克拉通陆块（翟明国，2011）。

以华北克拉通为例，新太古代晚期（2.5～2.6Ga）是华北陆块演化最重要的时期。～2.5Ga，新太古代绿岩带大量形成，代表性的有红透山、东五分子、登封和五台山绿岩带，另有少量～2.6～2.7Ga 的绿岩带，如雁翎关绿岩带。雁翎关绿岩带有明确的～2.5Ga 的变质事件以及大量的～2.5Ga 花岗岩体和岩席，表明该绿岩带在～2.5Ga 仍有剧烈的构造-岩浆活动（张福勤等，1998；Wan et al.，2011）。图 8-70

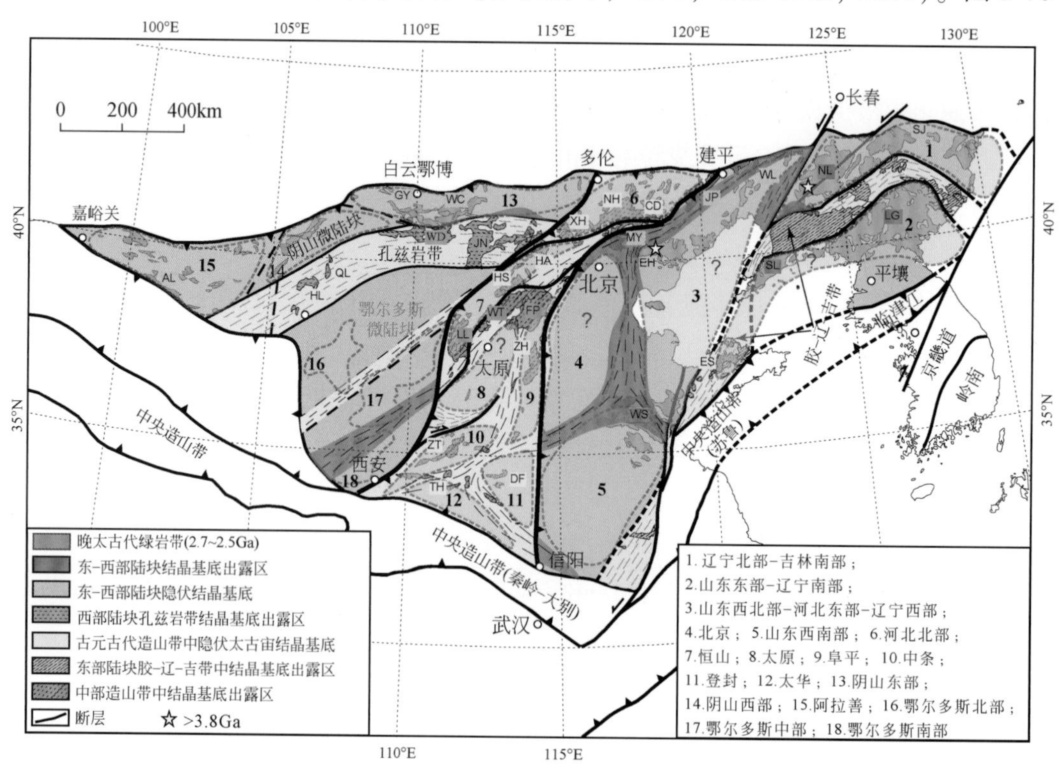

图 8-70　华北克拉通古太古代末—古元古代微陆块划分（据 Li S Z et al.，2003 修改）

是华北太古宙末期的微陆块与绿岩带的分布，绿岩带作为脊状线性褶皱带，围绕古老的微陆块分布，像世界上其他克拉通一样，很像是有绿岩带焊接了微陆块。已经有不同的模式描述新太古代末（2.53～2.6Ga）绿岩带围绕高级区的克拉通构造格局和机制（白谨等，1993；伍家善等，1998）。2.52～2.50Ga 的晚期钾质花岗岩侵入到绿岩带和相邻的不同微陆块并经历变质作用，形成现今规模的华北克拉通大陆块（翟明国，2011），或其东、西部地块（Zhao et al.，2005）。

8.4.2 克拉通化过程

以往多数研究认为，华北克拉通经历了两期或更多期的克拉通化，在～2.5Ga 新太古代末，华北已经形成现今规模的古陆（Winkley，1995；Zhai，2004；吴福元等，2005；Condie and Kroner，2008）。大量研究（Geng et al.，2006；Jahn et al.，2008；杨恩秀等，2008；第五春荣等，2008；Liu et al.，2009；Wang et al.，2009；周艳艳等，2009；Jiang et al.，2010；耿元生等，2010）提供了更多与克拉通化有关的～2.5Ga 变质作用和壳内熔融岩浆事件的证据。主要包括：太古宙的岩石经历了～2.6Ga 和 2.52～2.50Ga 两期变质作用；各微陆块有大量的基底岩石的部分熔融和混合岩化；壳熔的花岗质岩包括由中基性岩和沉积岩部分熔融形成的正长花岗岩-二长花岗岩-花岗闪长岩，以及基性岩部分熔融形成的 TTG 岩石，它们以岩体、岩株和岩席方式侵入到古老的岩石中并切穿不同微陆块以及绿岩带和高级区地体的界限；距今 25 亿年的基性岩墙以及碱性超镁铁质岩墙侵入到古老的岩石以及新太古代末的花岗质岩石中。

大量的壳熔花岗岩是克拉通化过程中达到上下地壳稳定分层的重要标志。这个过程导致上地壳总体成分更趋于长英质，而含有熔融残留物质的下地壳及底侵的辉长岩加入，使其更趋于镁铁质。上下地壳的变质程度也有很大的差别，上地壳层位以绿片岩相、未变质相为主；而下地壳层的变质相从下而上分别是麻粒岩相、混合岩化麻粒岩相、混合岩化角砾岩相、角闪岩相（Weaver and Tarney，1983）。这种物质成分与变质相级别的分层，使得初始陆壳的密度增大和在其他物理化学状态变得稳定。地幔为地壳的分层提供能量，并随着适量的物质加入，软流圈地幔经过岩浆萃取后形成岩石圈地幔。因此，稳定的陆壳分层也导致壳幔达到耦合。陆壳与大陆岩石圈地幔的耦合标志着大陆岩石圈的形成，并与大气圈和水圈达到新的平衡。微陆块的拼合暗示：在新太古代末，早期主导性的垂向构造体制已经开始向水平构造体制转化，进而表现出洋-陆相互作用，但有限且小规模的弧-陆或陆-陆的热俯冲与弥散性碰撞，与现今板块构造体制仍有较大差别（Zhai et al.，2010）。

新太古代末的全球克拉通化之后，地球的演化历史上出现了长达 0.15～0.2Gyr

的静寂期。在这期间没有火山活动和构造运动（Condie et al., 2001），使得 2.5Ga 作为太古宙与元古宙的分界年龄具有划时代的意义。

8.4.3 超大陆、微陆块与克拉通化周期

超大陆似乎是具有板块构造的行星所独有，可能没有其他地质现象能够比超大陆周期在地球历史上留下更多的记录。在一个或多个新太古代超级克拉通于 2.2～2.1Ga 聚合后，第一个真正意义上的超大陆——哥伦比亚超大陆在 1800～1600Ma 集结形成。这需要大量陆壳和板块，板块是克拉通相互碰撞并成长为超大陆的重要原因。在哥伦比亚超大陆集结之前，1900～1800Ma 的小型克拉通可能发生了多次微陆块碰撞，随后 1700～1600Ma 的大型复合克拉通发生的碰撞频率逐渐降低。尽管目前的大多数克拉通似乎都成为哥伦比亚超大陆的一部分，但一些克拉通，如刚果和塔里木，可能从未增生到哥伦比亚超大陆上。在过去的 1000Myr 里，两个不同的超大陆，即罗迪尼亚超大陆和原潘吉亚超大陆，继续重复着这些历程。大约 1100Ma，罗迪尼亚超大陆由哥伦比亚超大陆分裂产生的板块碰撞形成。此后不久，罗迪尼亚超大陆裂解，至 750Ma 彻底裂解；而原潘吉亚超大陆与冈瓦纳古陆主要在 750～400Ma 集结。如今，冈瓦纳-潘吉亚超大陆正在裂解，一个新的亚美超大陆正开始以亚洲大陆为核心形成。这些过程具有大约 7 亿年的周期。

8.5 微陆块聚散的主动与被动机制

前文已述，大陆型大板块离散裂解过程导致被动陆缘的拆离型微陆块分布。但受俯冲岩石圈的影响，汇聚板块边界的大陆型大板块破碎过程也会形成大量裂生型微陆块。从局部应力学角度分析，它们分别对应被动和主动裂解机制。

数值模拟表明，下伏地幔施加的力可以驱动微陆块的形成。沿大陆型大板块和大洋型大板块的交界处的俯冲带，致密的大洋岩石圈俯冲进入浮力较大的大陆岩石圈之下。大板块之间的相互作用产生了复杂的力学相互作用，这些力可以驱动边缘海盆地的形成和微陆块的伸展脱离（detachment），微陆块成为大陆型大板块的碎片（fragments）。人们普遍认为，这些力是由大洋岩石圈的俯冲行为和矿物学变化引起的。Rey 和 Müller（2010）指出，上覆大陆型大板块下方的水化地幔所施加的浮力可能足以产生显著的构造漂移，导致大陆型大板块边缘发生破碎，形成微陆块。

围绕今天的澳大利亚、新西兰和南极洲组成的古生代超大陆——东冈瓦纳古陆，在 1.7 亿～1.0 亿年前曾存在过一条俯冲带。然而，115～90Ma，大洋型大板块（太平洋板块）的俯冲开始减弱。在大陆型大板块上，来自地壳深处的高温变质岩

被迅速带到地表，伴随着大量富硅熔岩的爆发。最终，塔斯曼海和罗斯海的巨大边缘海盆地形成，新西兰和玛丽伯德地（Marie Byrd Land）等微陆块从大陆型大板块的活动陆缘分离。Rey 和 Müller（2010）使用二维数值建模研究了控制类似大规模过程的动力学，评估了俯冲带周围的汇聚速度和地幔密度。研究表明，由于水的输入和岩石的熔融作用，俯冲带上覆地幔楔的浮力增加导致地幔物质上升，并在大陆型大板块下方侧向扩展。这在上地幔和岩石圈之间的界面上产生了阻力，被称为牵引力。这种牵引力导致大陆型大板块的侧向伸展拉伸，最终可能导致了边缘海盆地的打开和大陆型大板块边缘陆壳的大片切除。

模拟的大陆碎片代表了微陆块，它们向海漂移，并施加与俯冲相反的侧向力。这些模型表明，侧向力足以使海沟发生俯冲后撤，并导致大洋型大板块被动后撤。这个发现挑战了传统观点。因为传统观点认为大陆伸展是由主动的板片回卷（rollback）引起的，而不是大陆伸展驱动板片回卷。此外，这些模型还预测了汇聚系统中上覆大陆型大板块的一系列构造和岩浆事件。

Rey 和 Müller（2010）将模拟的事件序列与东冈瓦纳古陆活动陆缘的地质记录进行了比较。~115Ma，该大陆经历了大规模挤压和伸展，伴随着复杂的火山活动。根据模拟，Rey 和 Müller（2010）预测，地幔和地壳中大量热的黏性物质向上运动会产生大范围变形和热异常（图 8-71）。该模型提供了地壳过程的地球动力学背景，这些地壳过程可能已将冈瓦纳古陆的造山高原迅速转变为微陆块围限的宽裂谷带。

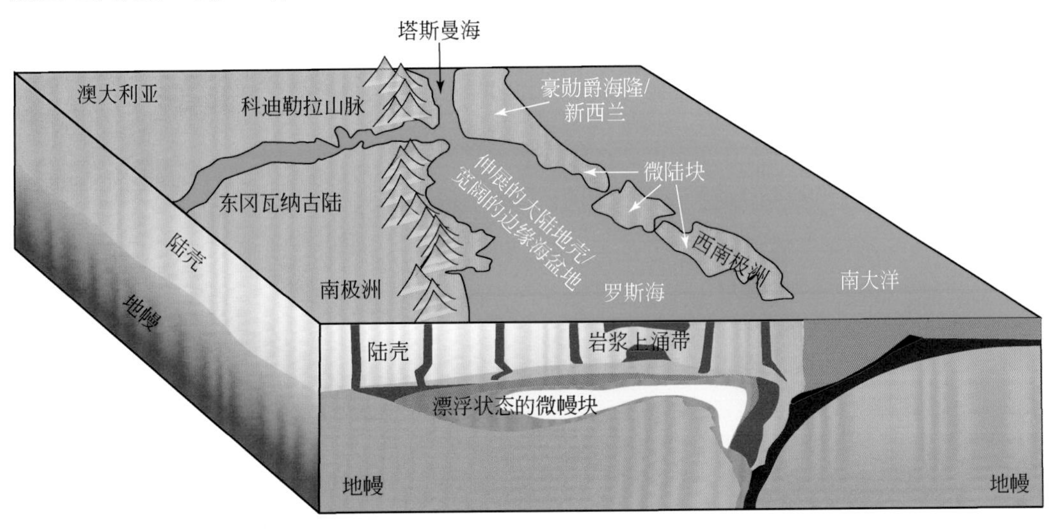

图 8-71　东冈瓦纳古陆边缘微陆块的形成（Siddoway，2010）

大约 1 亿年前，宽阔的边缘海盆地形成，西南极洲、新西兰和豪勋爵隆起（被淹没）等微陆块从陆缘裂离。Rey 和 Müller（2010）将这些事件归因于大陆前缘（棕色）下方地幔的浮力上升和横向扩展（虚线区）。这种物质引入了热量，弱化了上覆大陆板块的地壳，因为它产生的侧向力足以推动大洋板片（黑色）并使陆缘伸展。Rey 和 Müller（2010）的数值模型表明，这一过程可以从大陆板块中剥离出大片陆壳——微陆块并在全球板块边界系统上运动根据随后板块运动的速率和方向，微陆块可能保留在汇聚边缘系统内，或转移到另一个构造板块上。例如，新西兰微陆块现今正在横跨在太平洋-澳大利亚板块边界上。如果这些板块持续分离，部分微陆块未来也可能裂离，并在各自的构造板块上遵循不同的运动路径。这个结果阐明了微陆块及其相关陆壳在全球范围内的运动方式（Siddoway，2010）。

事实上，几十年来，对于被称为“外来”地体的“流浪”微陆块，其起源一直困扰着地质学家（图 8-72 和图 8-73）。特提斯洋构造系统产生了涉及阿尔卑斯碰撞带、北美洲 Cache Creek 地体和克拉马斯（Klamath）山脉的微陆块，而瑞克洋产生

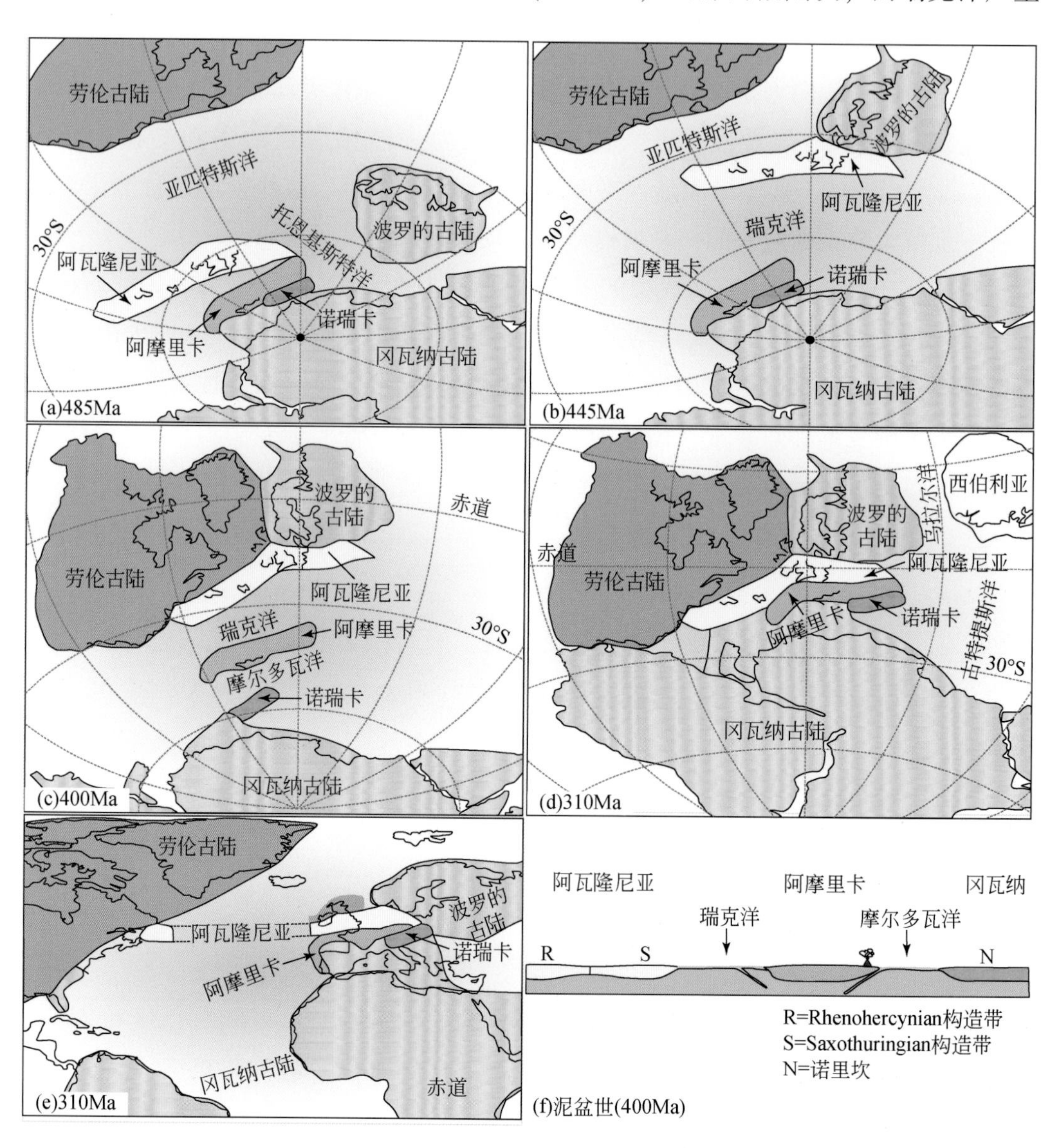

图 8-72　古生代喀里多尼亚、阿巴拉契亚和华力西山脉微陆块群的构造演化（Tait et al.，1997）

图中显示了早奥陶纪和晚奥陶世（485～445Ma）、早泥盆世（400Ma）、晚石炭世（310Ma）和现今环境（Frisch et al.，2011）

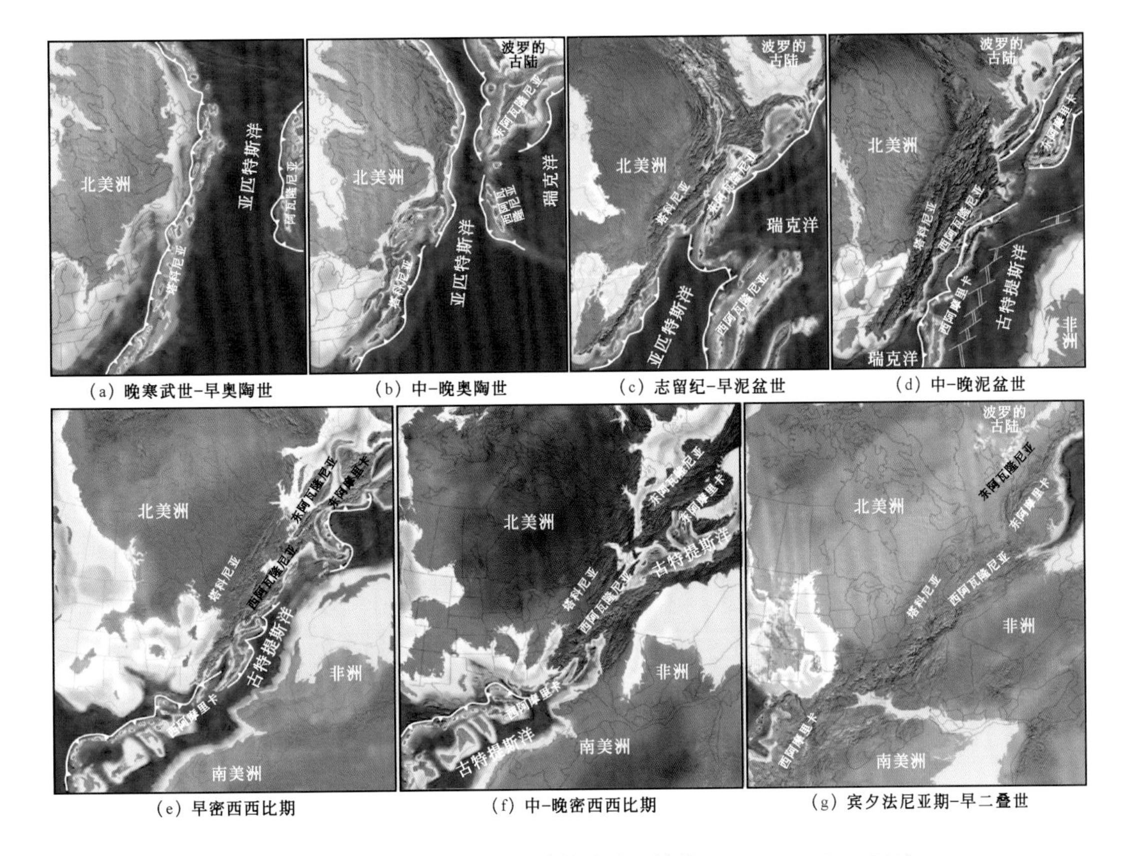

(a) 晚寒武世-早奥陶世　(b) 中-晚奥陶世　(c) 志留纪-早泥盆世　(d) 中-晚泥盆世

(e) 早密西西比期　(f) 中-晚密西西比期　(g) 宾夕法尼亚期-早二叠世

图 8-73　古生代阿巴拉契亚山脉的古地理演化（Frisch et al., 2011）

图中的古特提斯对应于摩尔多瓦（Moldanubian）洋

了现在构成中美洲主要的微陆块（图 8-72）。恢复这两个构造系统可以采用 Rey 和 Müller（2010）的方法。然而，要恢复冈瓦纳古陆边缘等复杂系统，只有通过三维建模才能完全解决，因为一些物质很可能流入和流出模拟模型的空间范围（Siddoway, 2010）。

通过研究地幔浮力的作用，Rey 和 Müller（2010）对复杂大陆的动力学，进行了创新性的探索，并为一些板块边缘的快速造山演化提供了合理的解释。其模拟揭示的模式，不仅可以用于识别东冈瓦纳古陆边缘的微陆块并解释其成因，而且可以用于全球各地（Siddoway, 2010）。

以此可见，微陆块是被大洋岩石圈包围的陆壳碎片。尽管微陆块常与被动陆缘形成有关，但一些微陆块和大陆碎片也与俯冲系统有关。它们位于珊瑚海、南海、地中海中部和斯科舍海地区，以及加利福尼亚湾的“原微陆块”。每个地区的各种地球物理数据可解释其构造历史，能够确定在俯冲环境中微陆块和大陆碎片形成的控制因素。所有这些构造块体都经历了漫长而复杂的构造历史，也保留了很多继承构造的重要信息。微陆块和大陆碎片倾向于在弧后位置形成，并通过斜向或旋转运动学与母体大陆板块分离。分离的微陆块和相关边缘海盆地通常较小，且形成速度很快（<50Myr）。在大陆型大板块附近形成的微陆块和大陆碎片的形成速度往往比在大洋型大板块边界系统中形成的要快。它们如何形成于一个相同的触发机制下还很难确定，但似乎与复杂俯冲动力学的快速变化有关。在现今原地发现的所有微陆块和大陆碎片年龄的普遍年轻化表明，这些大地构造环境中的微陆块和大陆碎片寿命很短。尽管目前与俯冲相关的原位微陆块数量很少（面积和体积分别占全球非克拉通陆壳面积和地壳体积的0.56%和0.28%），但随着时间的推移，微陆块会以地体形式拼合，形成更大规模的大陆块（van den Broek and Gaina，2020）。

在地质记录中，大陆破裂和随后的海底扩张有时会导致较小的微陆块被切割并被带离母体陆缘。板块边界的变化和其他构造事件，将这些微陆块迁移回更大的大陆块及其不断变化的边缘。因此，微陆块演化是大陆岩石圈重组及大陆岩石圈地幔不均一性成因的重要机制，关于它的更多信息可以揭示影响陆缘的各种演化过程。此外，结合洋盆中稀少的测深资料分析，微陆块也可以用于恢复古地理、古环流和生物地理（图8-18和图8-73）（van den Broek and Gaina，2020）。

总之，微陆块和大陆碎片的形成通常与被动陆缘形成和伴随的不同构造环境有关（图8-73）。然而，几个现代的微陆块和大陆碎片形成于活动陆缘。将这些微陆块和大陆碎片的形成和演化置于更大的板块构造背景中可进一步阐明其演变，特别是活动陆缘微陆块和大陆碎片的多样性和复杂性更为引人关注（van den Broek and Gaina，2020）。

微陆块为相对某个大陆块体发生水平位移而来的微陆块，常被洋壳围绕，面积上比母体大陆或/附近最小的大陆块体都小（Scrutton，1976）。经典的例子包括东北大西洋中间的扬马延微陆块（Gaina et al.，2009；Peron-Pinvidic et al.，2012a，2012b）和印度洋的塞舌尔微陆块（Gaina et al.，2013；Ganerød et al.，2011；Torsvik et al.，2013）。大陆碎片的定义与微陆块类似，只是没有与母体大陆完全分离（Lister et al.，1986），如北大西洋的Rockall和Porcupine浅滩以及加利西亚浅滩（Péron-Pinvidic and Manatschal，2010）。但在本书中，大陆碎片实际也多数被认定为微陆块，微陆块并非必须完全脱离母体大陆，如非洲的维多利亚微陆块。

有很多机制可用来解释上述微陆块和大陆碎片的形成。一派学者认为，微陆块的形成是由地幔非均质性导致板块边界发生重新定位（如洋中脊跳跃）而引起（Abera et al.，2016）；其他学者则强调继承性结构的构造作用，以及在导致一小块陆壳裂离的破碎过程中走滑或旋转分量的必要性（Molnar et al.，2018；Nemčok et al.，2016；Péron-Pinvidic and Manatschal，2010；van den Broek et al.，2020）。

活动陆缘附近存在大量微陆块。例如，与澳大利亚东北部珊瑚海接壤的各种微陆块（Gaina et al.，1999）、南海的礼乐浅滩南沙微陆块（Cullen et al.，2010；Pichot et al.，2014）、地中海中部的科西嘉岛–撒丁岛（Corsica-Sardinia）微陆块（Advokat et al.，2014；Faccenna et al.，2001），以及斯科舍海的各种碎片（Carter et al.，2014；Trouw et al.，1997），都是在活动陆缘和相关俯冲系统附近形成的（图8-1）。此外，加利福尼亚湾的裂解和走滑拉分的张扭性扩张作用，正将下加利福尼亚（Baja California）微陆块与北美大陆分离而并入太平洋板块（Sutherland et al.，2012；Umhoefer，2011）。这一过程与法拉隆板块俯冲到北美洲板块下方有关。

在汇聚和/或俯冲系统中，微陆块和大陆碎片的形成是活动陆缘演化中被忽视的一个方面。为了解决这一不足，有人提出了一个与汇聚陆缘有关的微陆块和大陆碎片的全球目录。van den Broek 等（2020）回顾了这些微陆块的整体构造背景和演化历史，根据现有的地质和地球物理数据，重新评估了它们当前的结构。通过研究其裂谷边缘形态的模式，寻找揭示控制其形成的潜在机制和/或参数的线索，试图将俯冲系统中微陆块的形成置于更大的地球动力学背景中，并评估其对全球非克拉通陆壳演化的影响。

为了简单起见，van den Broek 等（2020）也将与俯冲有关的微陆块和大陆碎片分组，并将它们统称为微陆块，将“原微陆块”定义为：未来可能（部分）与母体大陆分离的大陆岩石圈。van den Broek 等（2020）调查了以下地点受俯冲影响的微陆块：①珊瑚海；②中国南海；③地中海中部；④斯科舍海；⑤加利福尼亚湾（图8-1），以追溯每个地区的构造演化，重点关注相关的海盆和微陆块。为了重点突出陆缘形态，van den Broek 等（2020）通过从全球水深数据中减去总沉积物厚度估计值来创建“无沉积物”水深数据，但他们没有做沉积地层的回剥，而是简单粗暴地去除沉积物厚度，也未做补偿深度调整。对于水深，可使用 ETOPO1 全球地形模型（Amante and Eakins，2009）。地中海地区的沉积物厚度来自 EP 地壳模型（Molinari and Morelli，2011），而对于所有其他地区可使用 Straume 等（2019）的 GlobSed 模型。一级陆地上的地质省边界来自第三版世界地质图（Bouysse，2014），以提供有关陆地上地质的基本信息，与海洋中“无沉积物水深”图和构造重建图一起显示。运动学重建和洋底年龄网格有助于深入了解一个地区的构造演化。相关板块重建可使用开源软件 GPlates 进行（http://www. gplates. org）。

第9章 微幔块与地幔动力过程

传统板块构造理论是20世纪最具革命性的自然科学理论之一，是随后50多年固体地球科学发展的主导核心理论，但充其量只是一个关于岩石圈板块的运动学理论（Le Pichon，2019），还没有发展成一个解决整个地球系统所有固体圈层的动力学理论（郑永飞，2024）。伴随传统板块构造理论的发展，地球系统科学理念在地球科学的各分支学科也渗透了近40年。传统板块构造理论如何融入现代地球系统科学发展思潮，一直是固体地球科学家和地球系统学家关注的焦点问题。

与现代地球系统研究不同，深时地球系统研究不仅关注深时地球表层系统的变化规律、全球涌现性、长期效应，如雪球地球、冰期旋回、气候变迁、海平面变化、沉积源汇、地貌变迁、大氧化事件、火山喷发、生命演替等，而且还重视深时地球深部动力系统的长期演化、循环和旋回，如壳幔耦合、地幔循环、板块运动、超大陆聚散、盆地演化、碰撞造山、俯冲增生、成岩成矿、成藏成灾等。更为重要的是，要突破传统板块构造理论束缚，构建深部与浅部过程耦合一体的动力学机制，是深时地球系统研究的前沿和关键。这类研究必然涉及固体地球动力系统，其中，板块动力系统是地球系统长期多圈层相互作用的核心，不仅涉及深浅耦合、海陆耦合、流固耦合、古今耦合、多尺度耦合等复杂过程，而且是必须通过层析技术和板块重建技术结合才可有效揭示的深时动态系统。层析大地构造学（tomotectonics）是将板块重建与层析成像结合的新兴学科，是多学科交叉定量研究地幔结构、过程与动力学机制的核心手段，是定量建立深部动力学机制与浅部构造过程关联的有力手段，是构建深时固体地球系统运行模式的关键而有力的工具，也是通过层析技术和板块重建技术融合，解决地球整体固体圈层动力学机制及大地构造演化（不仅指地表板块构造演化，也包括地幔构造演化）为目标的前沿领域。

层析成像发展早期受传统板块构造理论的约束，人们认为是“自下而上”的动力学机制驱动了地球板块运动，因而关注对地震波低速异常体的探索。后来从地球系统理念出发，人们意识到，岩石圈板块作为冷的热边界层，属于地幔对流系统的一部分，而且与地幔内部热的热边界层相比，可能是动力学上更重要的环节。因此，“自上而下”的动力机制驱动地球板块运动的认识引起了更多关注，对地震波高速异常体的认知也从此得到快速发展。虽然这些低速异常体和高速异常体构成的现今复杂地幔结构早已被揭示，但长期令人迷惑，对这些结构的解释历来争论较多。层析成像中高速异常体的年龄结构、物质组成、演化过程、成因机制都存在不同认识。本章以微幔块为切入点，逐步揭示层析成像中高速异常体的本质及地幔动力学机制。

微幔块（mantle microplate）在前人文献中曾被称为斑点（blob）、斑块（patch）、夹带或裹挟体（entrainment）(Anderson，2007)、沉降板片（sinking slab）、已俯冲的板片（subducted slab）或正俯冲的板片（subducting slab）、冷的覆盖层（cold blanket，Eide and Torsvik，1996；即后来的 LLSVP，Burke et al.，2008)、冷幔柱（Cold Spots，Eide and Torsvik，1996；Suo et al.，2021；或 Cold plume，Maruyama et al.，2007)，这里将其定义为：位于岩石圈以下的地幔中，或剥露于海底的海洋核杂岩（oceanic core complex）或洋陆转换带（ocean-continent transition）构造部位，孤立且微小的地幔块体。按照其物质组成，可分为陆幔型微幔块、洋幔型微幔块。微幔块成因机制多种多样，如陆幔型微幔块多数是大陆岩石圈地幔拆沉（delamination）所致，洋幔型微幔块多数是大洋岩石圈地幔俯冲断离（break-off）所致，而海洋核杂岩处洋幔型微幔块是拆离（detachment）剥露所致，洋-陆转换带处陆幔型微幔块也是拆离剥露所致，而早前寒武纪的微幔块成因更为丰富多彩。

9.1 全球微幔块类型

1968 年，板块构造理论将地球表层地质学的许多方面结合了起来，但无法建立岩石圈与深部下地幔的联系。今天，多数学者将板块视为地幔对流系统中冷而硬的顶部边界层，但该对流系统到达核-幔边界的深部结构，30 多年前是无法预见的。深达 1000km 的纵波和横波速度宏观结构和其化学组成，不仅与周围地幔和较浅层次的地幔不同，而且其分布也与地表地幔柱位置和 200 ~ 100Ma 大陆位置等相关。这些相关性表明了下地幔和地壳之间的地球动力学联系。地球物理流体力学实验得出的标度定律表明，化学上不同的区域可能是地球最早形成的遗迹，但如果不是，它们在地质时间尺度上也应发展缓慢。然而，同时出现的下地幔图像也更加强调了 ~1000（±100）km 深度处的边界，该边界可能界定了岩石圈板片冷沉降的屏障。一些化学性质与大部分地幔不同的孤立热物质或地幔柱穿过了 1000km 深处的界面，但似乎该界面可能将地幔对流分离为上下两个独立对流环，正如 50 多年前的板块构造理论早期创建时所认为的那样。自 20 世纪 90 年代以来，660km 深度的不连续性被认为是两个独立对流层的分隔面。如果对流是分层的，而不是将整个地幔作为一层，那么关于板块构造驱动机制的旧观点似乎得到了重新验证，即洋中脊处的高静岩压力可将板块推开，冷而致密的下沉板片将其向下拖曳，软流圈上方的阻力将阻碍板块运动。

1）大陆岩石圈地幔拆沉型微幔块。地震层析资料揭示了加利福尼亚州内华达山脉南部下方致密的岩基根部不断被移除期间壳-幔相互作用的图像。移除过程似乎始于 10 ~ 3Ma 前的瑞利-泰勒不稳定性，但明显以不对称的地幔下降流（滴落）形式流入相邻科罗拉多大峡谷的下方。近水平剪切带调和了与其花岗质岩基脱离的超镁铁质根部。随着流动持续，形成了地幔滴坠体（mantle drip），剩余 35km 厚地壳底部的黏滞阻力使盆岭省西侧下方狭长地带的地壳增厚了 7km。在滴坠体附近和顶部，一个“V”形的地壳圆锥体被向下拖曳了数十千米，进入地幔滴坠体的核心部位，导致莫霍面在地震图像中消失（图 9-1）。因此，壳幔之间的黏性耦合显然也是现今地表沉降的

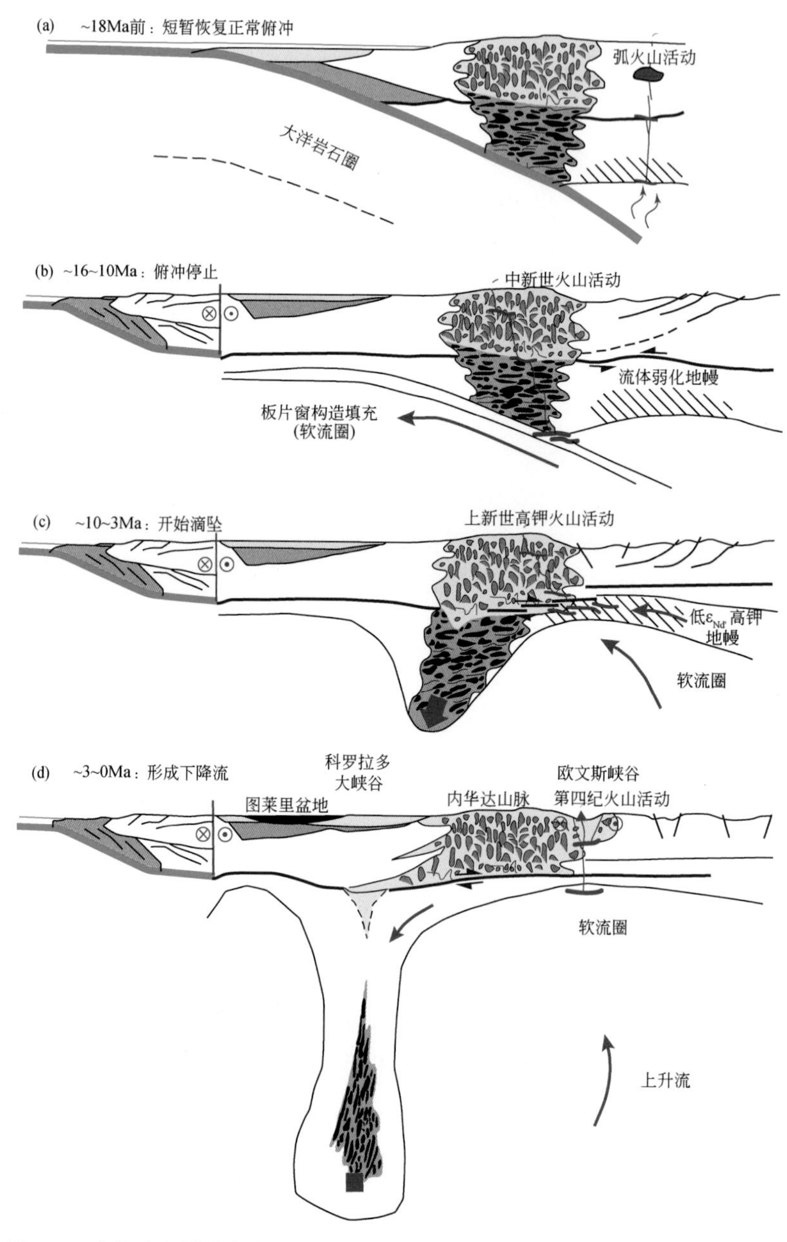

图 9-1　内华达山脉南部岩基超镁铁质根部连续沉没历史（Zandt et al., 2004）

驱动力（Zandt et al., 2004）。这是现今地球上的大陆岩石圈下部正在通过滴坠（mantle dripping 或 foundering）或拆沉（delamination）形成微幔块的过程。这个滴坠过程可能导致浅表科罗拉多大峡谷相对周边低洼而汇水、侵蚀、深切地表形成峡谷地貌。

2）大洋岩石圈地幔拆沉型微幔块。很多学者构建了全球P波和S波层析成像模型。目前，全球P波层析成像模型主要有MIT-P08（Li et al., 2008a, 2008b）、LLNL-G3Dv3（Simmons et al., 2012）、GAP_P4（Obayashi et al., 2013）、DETOX-P2/P3（Hosseini et al., 2020）等；全球S波层析成像模型有S40RTS（Ritsema et al., 2011）和SP12RTS（Koelemeijer et al., 2016）等。依据层析成像的模型结果，可以绘制不同深度的层析成像切面或层析成像剖面，从而详细分析地幔内部物质的波速异常变化，通过全球尺度、区域尺度和局部模型结果与一维地球参考模型PREM或ak135进行比较，可获取不同区域的地幔P波和S波的波速异常变化。地幔波速异常主要反映地幔物质正、负异常的空间分布。正异常分布区主要与广泛分布的古俯冲带（古俯冲板片，图9-2）、岩石圈根部高速异常、克拉通盆地底部的高速异常有关，因此依据地幔波速异常、地表大地构造单元关联性和空间位置可以将全球微幔块划分为四类：古俯冲带（古俯冲板片）、大陆或克拉通盆地岩石圈底部高速异常体、地幔过渡带高速异常体和下地幔内高速异常体。

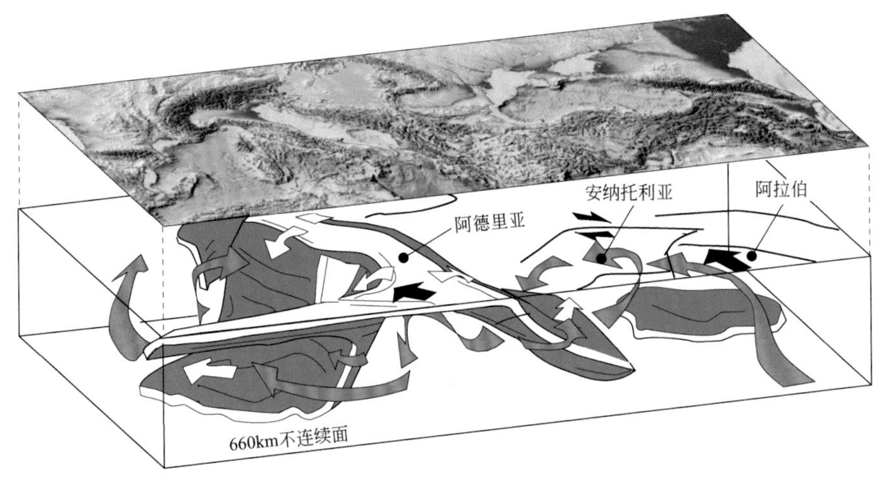

图9-2　地中海地区俯冲带、板片、微幔块及地幔对流结构样式（Faccenna and Becker, 2010）
强烈的地幔对流（橘黄色箭头）主要局限于上地幔顶部，并与非洲-欧亚大陆交汇处的俯冲（白箭头）有关（黑色箭头）。注意中东地区下方的大规模环向流（toroidal flow）

（1）古俯冲带或古俯冲板片

A. 特提斯洋古俯冲带

沿古俯冲带深地幔内部的微幔块主要是古大洋俯冲的结果，尽管已经在地表乃至岩石圈完全消失，但仍可以通过层析成像约束古俯冲板片或微幔块的几何形态，进而提供古俯冲带的深部依据。例如，古特提斯洋和新特提斯洋俯冲带是典型的古俯冲带，目前已经俯冲消失在欧亚等板块之下（图9-3）。

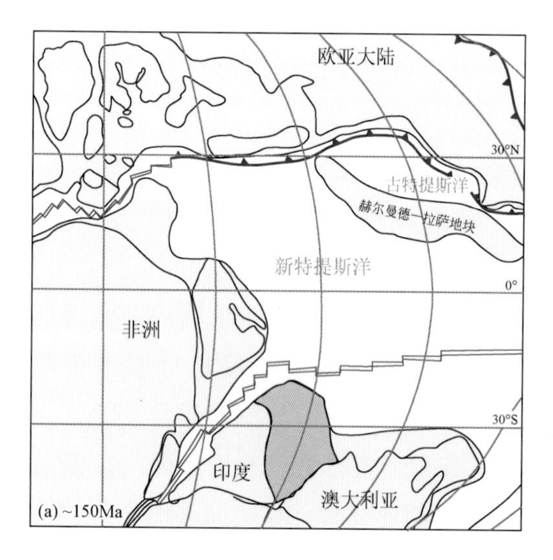

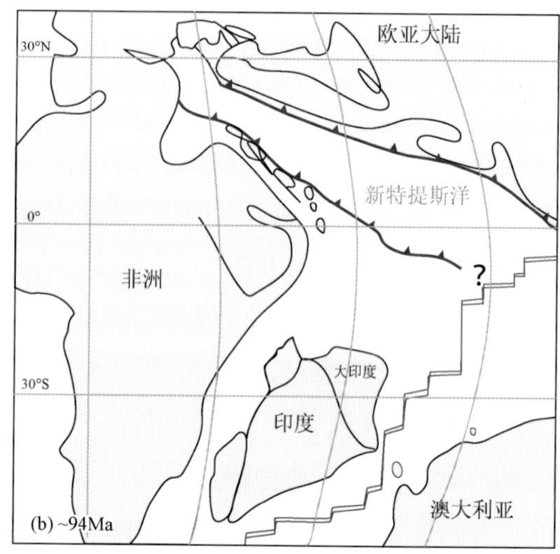

图9-3　晚侏罗世（~150Ma）和晚白垩世（~94Ma）特提斯洋古地理重建

（据 van der Voo et al.，1999）

前人认为，土耳其、伊朗、羌塘、塔里木、柴达木、华北、大华南和印支等作为匈奴微陆块群，因古特提斯洋北支打开先于基梅里微陆块群裂离冈瓦纳古陆北缘。伊朗高原赫尔曼德、青藏高原拉萨等微陆块，则是基梅里（Cimmerian）微陆块群的一部分，该微陆块群因古特提斯洋南支打开，而从冈瓦纳古陆北缘分离，在中生代前期持续经历了北向伸展、裂解。这些微陆块分别在三叠纪和晚侏罗世—早白垩世拼贴到了不断增长的欧亚大陆上（Sengör，1984）。其北侧较老的古特提斯洋南支的岩石圈向北俯冲消失，其南部近于同步打开了新特提斯洋。到晚侏罗世时，仍然存在古特提斯洋的少量残留（西方学者称中特提斯洋，图9-3），新特提斯洋因扩张而范围增大，同时，印度大陆南侧的印度洋逐步打开。尽管对于古特提斯洋的早期历史不同的学者仍存在争议，但是普遍支持该大洋是在早白垩世关闭的。白垩纪之前，印度板块仍然是冈瓦纳古陆的一部分，新特提斯洋打开后，其南界始于印度板块北部的被动陆缘，其北界则为西藏南部的亚洲陆缘（图9-3）。在白垩纪，新特提斯板片因向北俯冲而逐渐消失（图9-3），印度洋快速扩张，导致古近纪早期印度板块向北漂移并最终与欧亚板块发生了碰撞（Sengör，1984）。

古地理重建（图9-3）显示，新特提斯洋的两条北向俯冲带都活动于中—晚白垩世期间。北部俯冲带位于当时欧亚大陆南缘，南部俯冲带位于非洲-阿拉伯板块北界，导致阿曼蛇绿岩向南的仰冲（Sengör，1984；van der Voo et al.，1999）。层析成像结果显示，在印度次大陆下深度大于1000km且通常小于2300km的地方，即1200～2000km深处，存在几个P波高速异常体（图9-4），显示为斑块状，且明显与1000km以浅地幔中类似的高速异常分离，而且横向上也彼此分离（图9-4）。这些高速异常体被解释为消失的古特提斯洋俯冲板片（van der Voo et al.，1999），即微幔块。

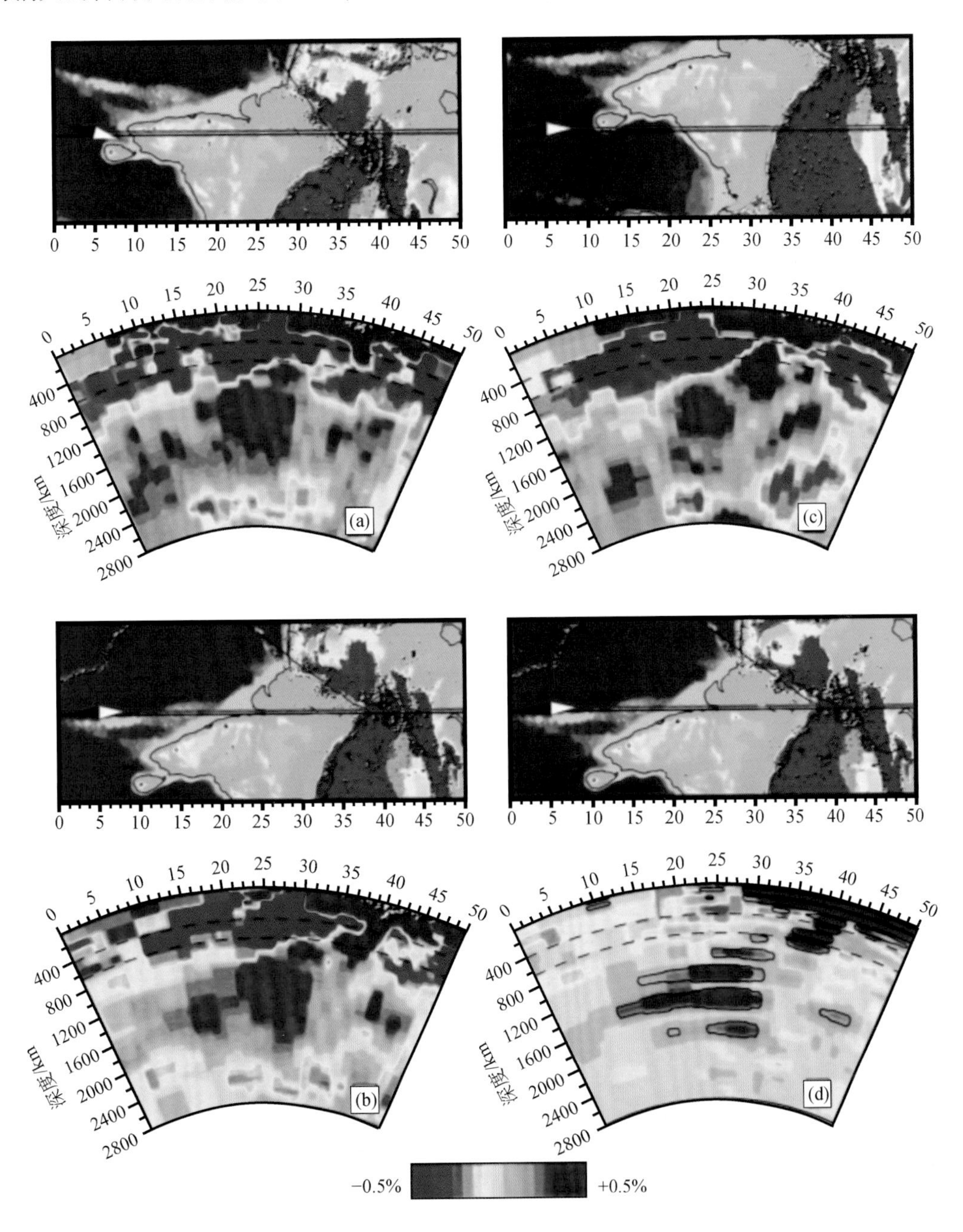

图9-4　跨新特提斯构造带的三条层析成像剖面（van der Voo et al.，1999）

显示了印度和邻近地区的地幔P波速度异常。该速度异常（微幔块）以相对于模型ak135（Kennett et al.，1995）深度处地幔平均P波速度的百分比显示；请注意-0.5%至+0.5%的比例，该比例适用于平均下地幔结构的振幅。在上地幔中，高达5%的异常振幅可很好成像，但却不能很好地用这种等值线显示。白点是地震事件，图中的细红线是板块边界。右下图（d）给出了检测板测试（layer-cake test）后的层析切片，表明模拟输入的整个地幔分层模型在反演分析中得到了部分到完全的再现（Bijwaard et al.，1998）

B. 蒙古-鄂霍次克海古俯冲带

蒙古-鄂霍次克海也是已经在地球表面消失的大洋，主要存在于古生代（542～251Ma）（Gradstein et al., 2004）和中生代时期（251～66Ma），位于北部的西伯利亚板块和南部的阿穆尔板块(蒙古)和华北板块之间（图9-5）。关于蒙古-鄂霍次克海的关闭，目前主要有两种模式：一种依据 Seton 等（2012）的板块重建模式，俯冲方向主要是朝西侧的欧亚古陆下俯冲；另一种是 Fritzell 等（2016）的重建模式，主要是朝南侧的阿穆尔(蒙古)板块俯冲。两个模式都认为俯冲消亡在欧亚古陆和阿

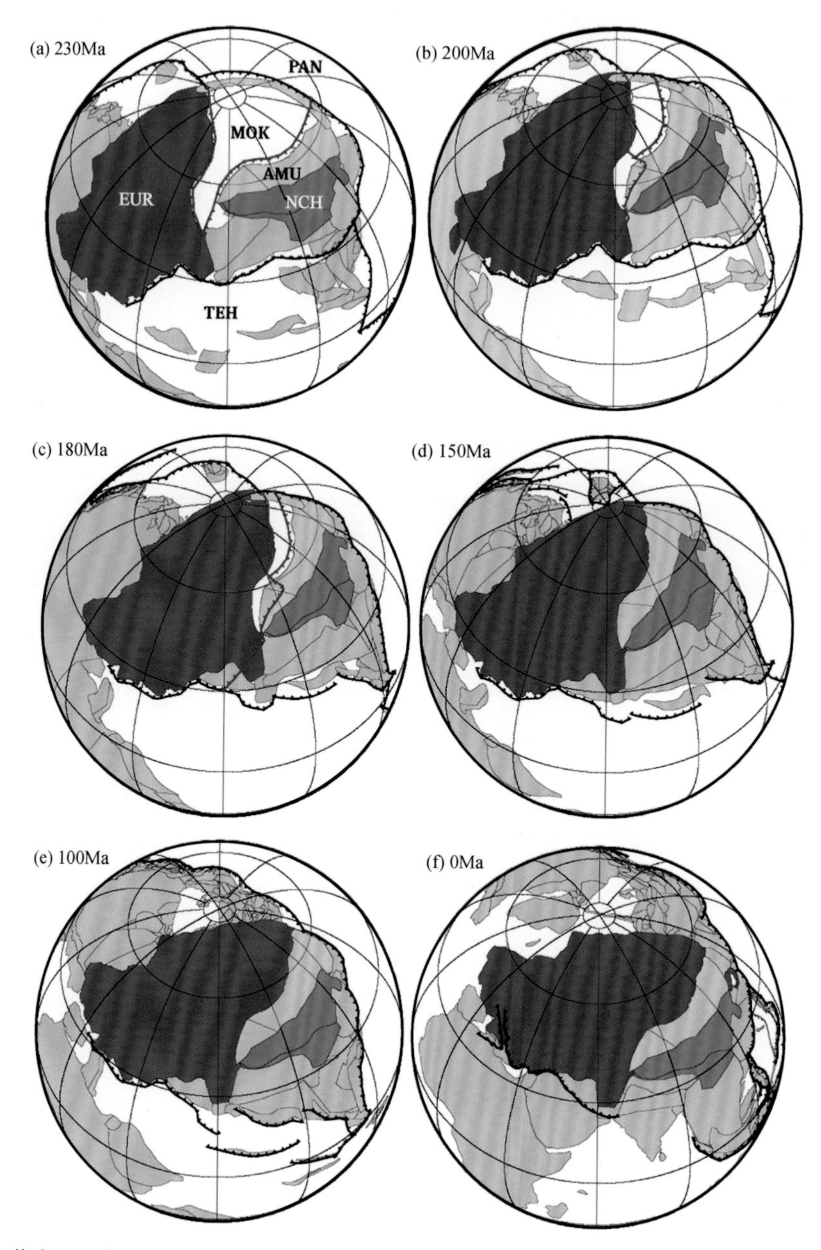

图9-5　蒙古-鄂霍次克海（Mongol-Okhotsk Ocean）两种俯冲关闭方式（据 Fritzell et al., 2016）

紫色区域为欧亚古陆，黄色区域为阿穆尔古陆，绿色区域为华北古陆，灰色为其他的大陆块体。红线为依据 Seton 等（2012）板块重建的蒙古-鄂霍次克海俯冲带，蓝线为 Fritzell 等（2016）板块重建的蒙古-鄂霍次克海俯冲带

穆尔(蒙古)板块之间（图9-5）。

在深度1500～2700km的层析成像切面中，蒙古-鄂霍次克海俯冲板片清晰可见(Fritzell et al., 2016)，在下地幔中显示为高速异常，被解释为M异常，周边的彼尔姆(Perm)低速异常标记为P异常（图9-6）。蒙古-鄂霍次克海俯冲历史从大约

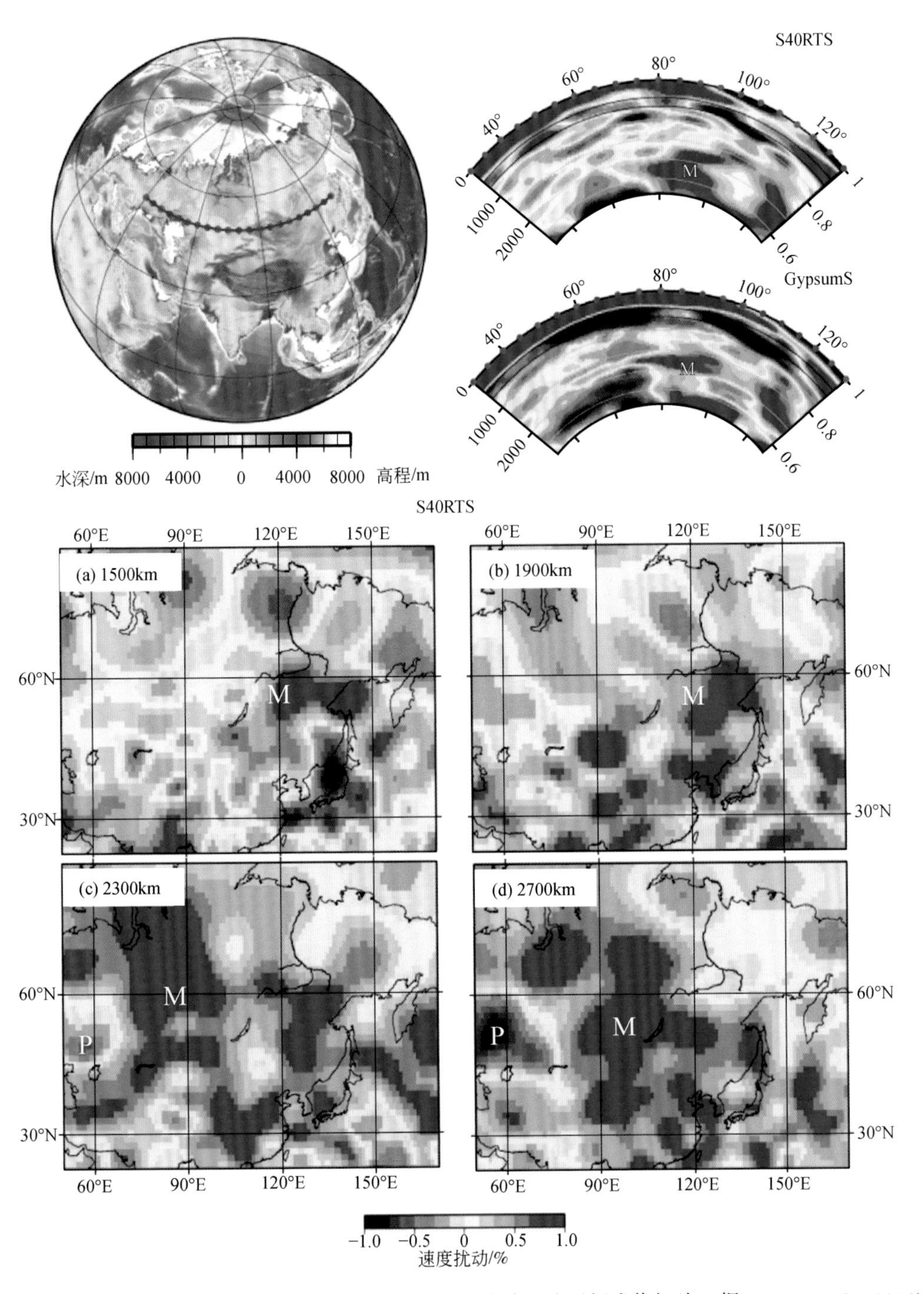

图9-6 蒙古-鄂霍次克海（Mongol-Okhotsk Ocean）俯冲板片层析成像切片（据Fritzell et al., 2016）

层析成像深度切面中的M代表蒙古-鄂霍次克海俯冲板片，P代表彼尔姆（Perm）低速异常

230Ma 开始，俯冲结束于约 150Ma［图 9-5（d）］。但是，地幔中其起始的板片深度可能需要进一步确定（Fritzell et al.，2016）。

（2）大陆或克拉通盆地岩石圈底部高速异常体

上地幔内部也常常可见高速异常体分布，主要分布在岩石圈底部，或者在克拉通盆地下部（Li and van der Hilst，2010）。盆地和克拉通单元之下的高速异常体或者快波异常体，在欧亚大陆内部的下方非常普遍，主要在松辽盆地、鄂尔多斯盆地、华北盆地、四川盆地等，即目前的华北克拉通和华南(扬子)克拉通之下（Li and van der Hilst，2010）。在鄂尔多斯盆地的上地幔显示高速异常，一直延伸到约 300km 深处（图 9-7）。随着深度增加，高速异常明显向南偏移，P 波层析成像的结果，与接收函数和面波成像的结果基本一致。四川盆地之下的上地幔 P 波高速异常，也延伸到了 300km 深处，与东部克拉通的相连接（Li and van der Hilst，2010）。这些 P 波高速异常体可能是岩石圈根（不属于微幔块），但也可能是刮垫（relamination）来的异地微幔块再次增生（图 2-36、图 2-39、图 2-40）或新生的底侵体增生于破坏的克拉通之下所致。

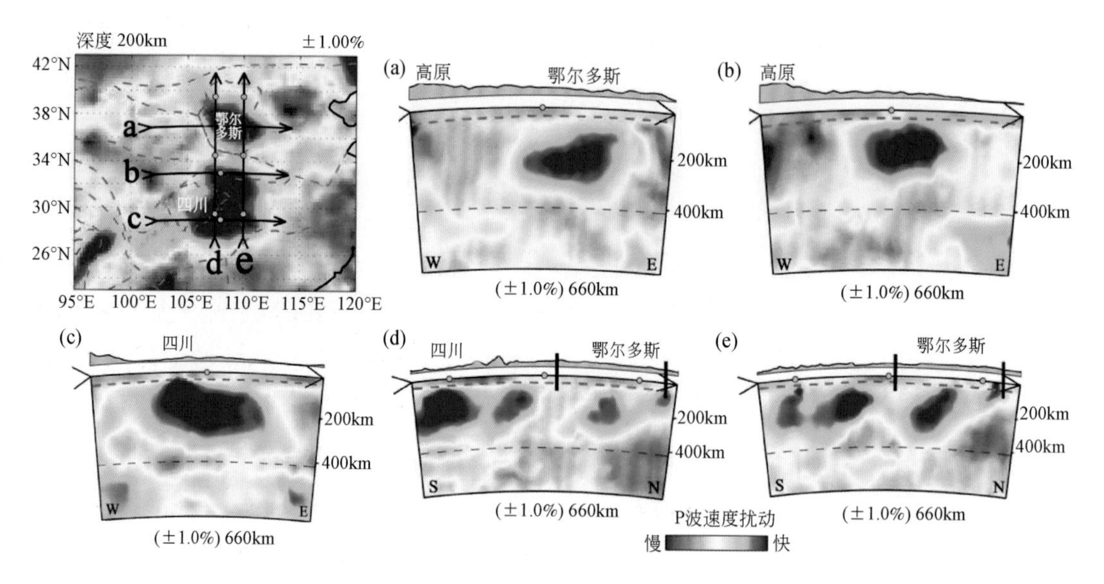

图 9-7　鄂尔多斯和四川盆地之下的上地幔高速异常体（据 Li and van der Hilst，2010）

（3）地幔过渡带高速异常体

大量层析成像揭示，地幔过渡带滞留有大量的 P 波高速异常体，主要分布在 410～660km。大多数 P 波高速异常体已经脱离其母体俯冲板片，一部分滞留在地幔过渡带，一部分可以直接俯冲到更深的下地幔（Li and van der Hilst，2010；

Obayashi et al., 2013; van der Meer et al., 2018)。在华南克拉通的地幔过渡带之下，也零星存在几个P波高速异常体（TZ1、TZ2和TZ3），这些高速异常体主要沿着北东向展布（图9-8）。部分高速异常体也与太平洋俯冲板片相连，如TZ1异常体（Li and van der Hilst, 2010），这些异常体现今仍滞留在地幔过渡带（图9-9），但似乎来源并不相同。在全球其他地方，如加罗林洋中脊底部（图9-10）和喀尔巴阡（Carpathians）的地幔过渡带，都存在滞留的P波高速异常体（van der Meer et al., 2018）。加罗林洋中脊深部的P波高速异常体分布在475～750km，依据固定俯冲速率（12mm/a）计算和解释，俯冲板片工作年龄范围在5～25Ma（van der Meer et al., 2018）。

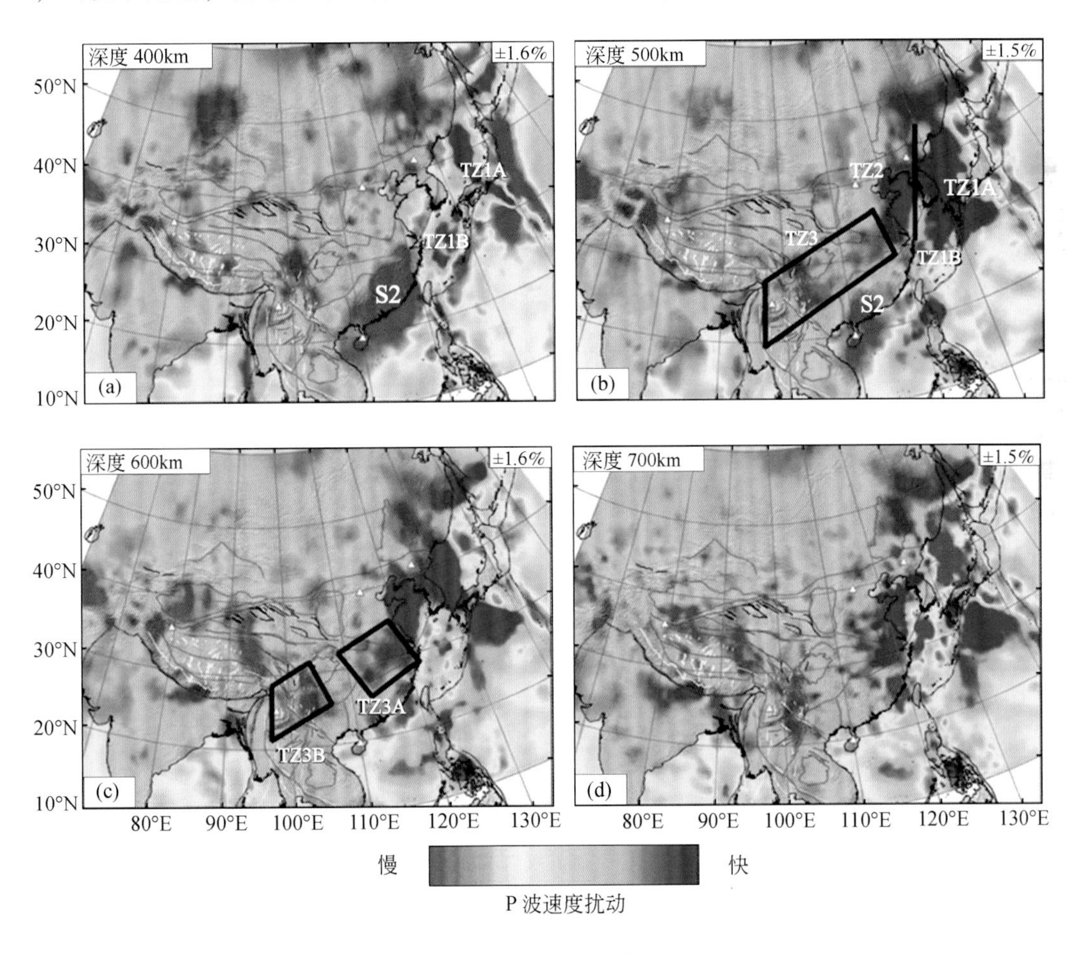

图9-8　东亚地幔过渡带层析成像水平切片（据 Li and van der Hilst, 2010）

目前，这些P波高速异常体是大洋岩石圈地幔俯冲断离所致还是大陆岩石圈地幔拆沉所致，尚难以分辨。但从层析水平切片分析其与现今板块俯冲带的关系，可以大体区分为俯冲板片断离形成的微幔块。此外，地幔过渡带的滞留板片厚度可达250km，是正常大洋岩石圈厚度80km的近三倍。由此可见，以往常说的“滞留板片”可能是经过堆垛或折叠而增厚的微幔块群。

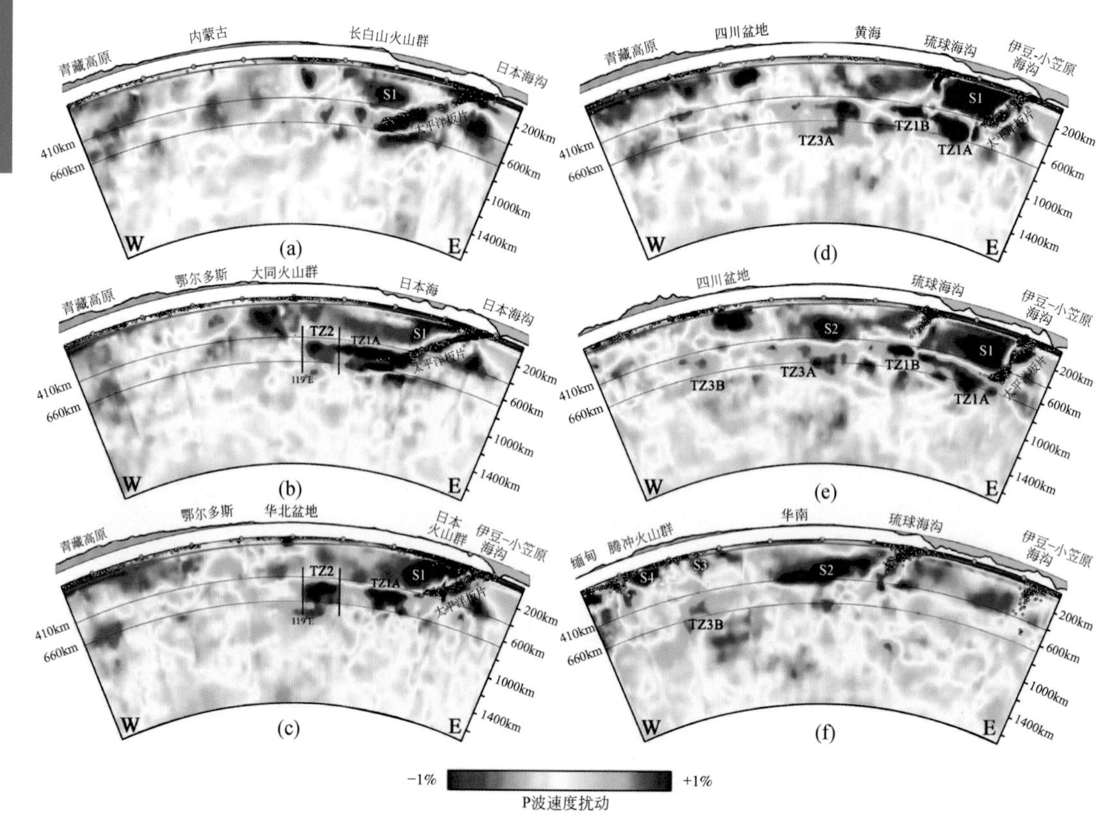

图 9-9　俯冲板片层析成像剖面（据 Li and van der Hilst，2010）

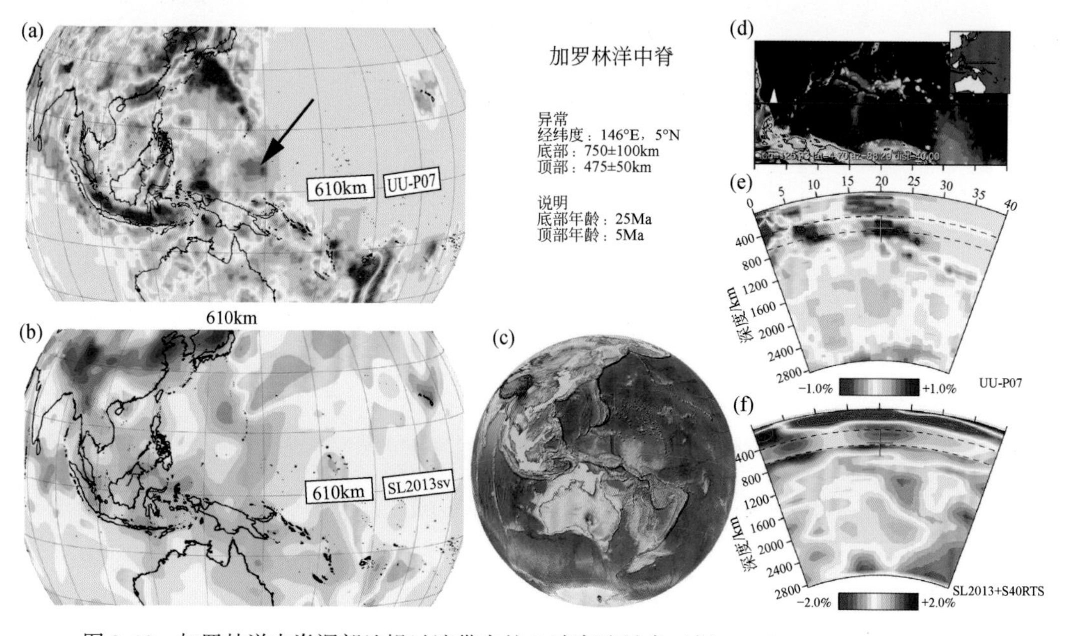

图 9-10　加罗林洋中脊深部地幔过渡带内的 P 波高速异常（据 van der Meer et al.，2018）

(4) 下地幔内高速异常体

全球层析成像结果表明，许多高速异常体发育在下地幔，一些展示了俯冲板片在下地幔的 P 波高速异常特征，如北美克拉通东部之下的下地幔 1000 ~ 1500km 深处法拉隆俯冲板片的高速异常体（图 9-11），或者地幔 1500 ~ 2100km 深处一些其他古老大洋的俯冲板片（图 9-12 和图 9-13）。这些高速异常体暗示着古大洋俯冲板片断离后在地幔中的长期残留（van der Meer et al.，2010，2012，2018）。阿尔及利亚的下地幔中也发现了 P 波高速异常体，其深度主要在 1400 ~ 2400km（图 9-14）。根

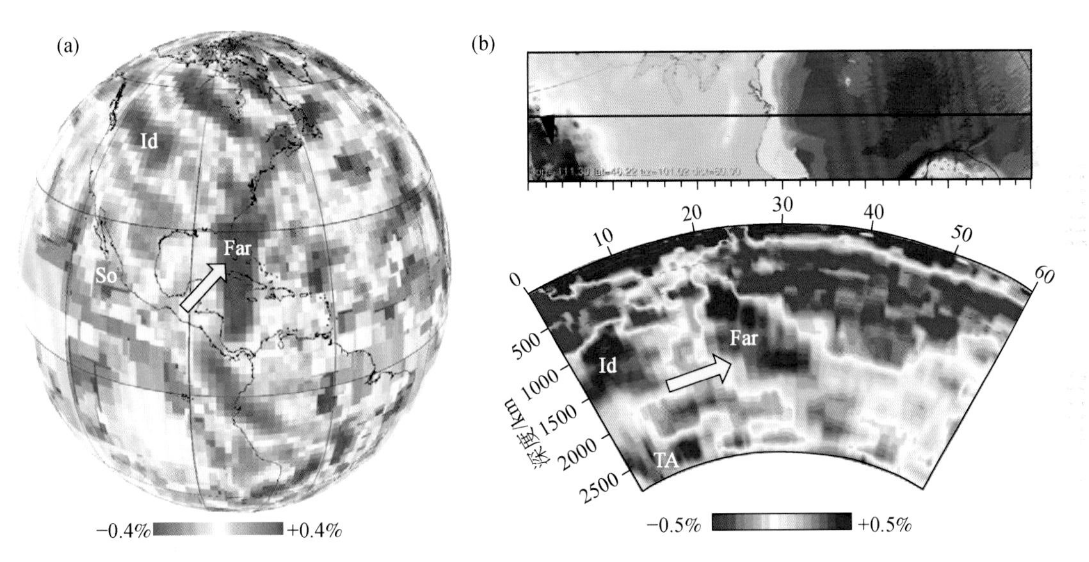

图 9-11　法拉隆微幔块群在下地幔 1000 ~ 1500km 的 P 波高速异常体（据 van der Meer et al.，2010）

Far-法拉隆；Id-爱达荷；So-索科罗；TA-中美洲

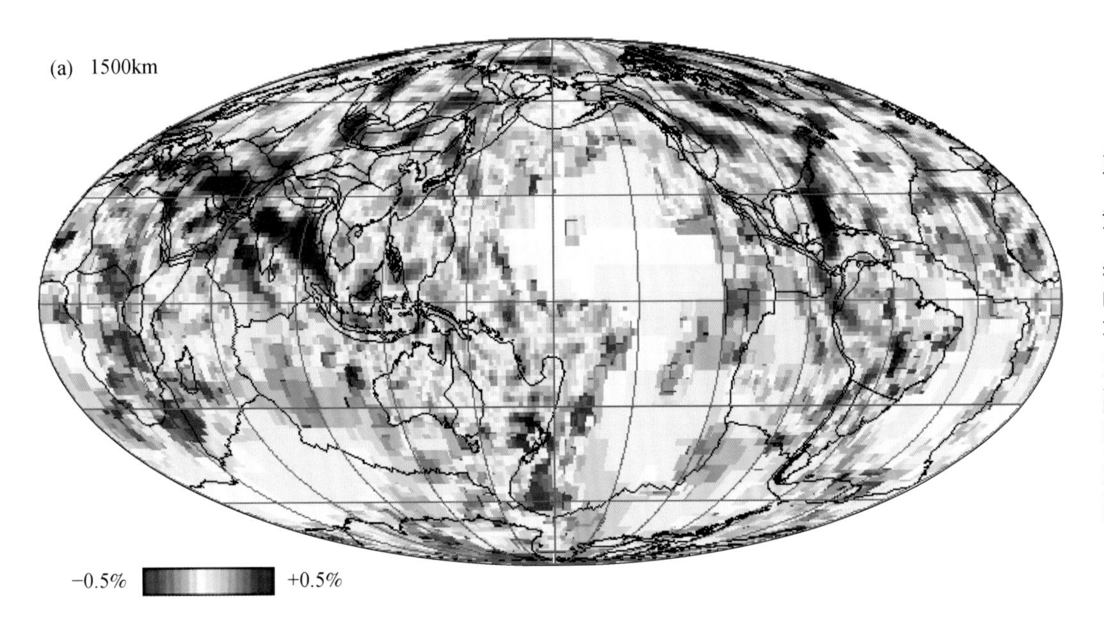

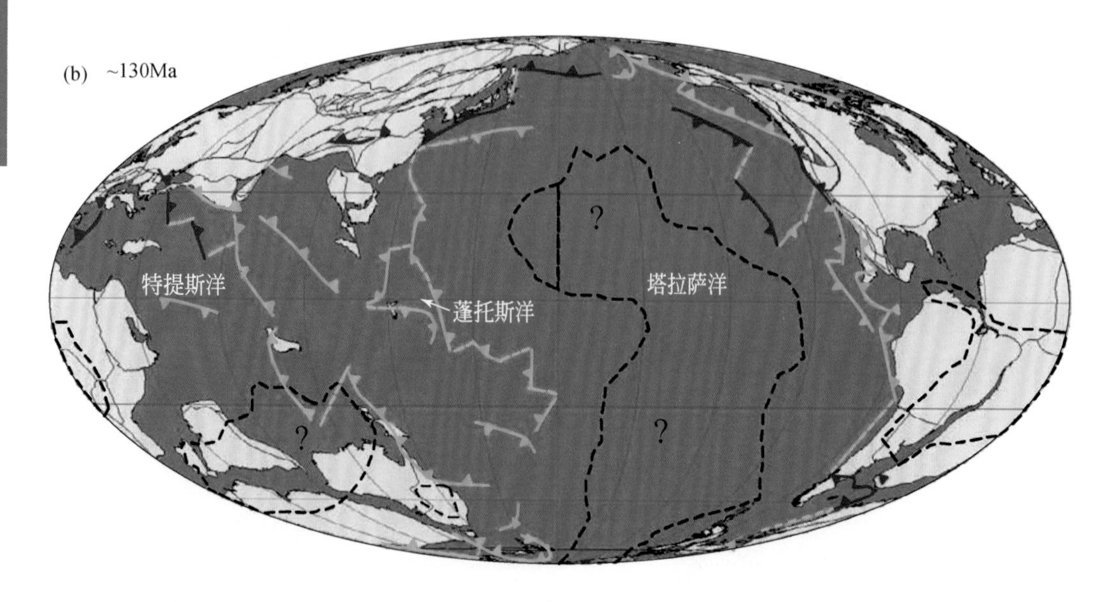

图 9-12　下地幔 1500km 层析成像水平切片（a）恢复的古大洋俯冲带位置（b）

（据 van der Meer et al., 2012）

这里古俯冲带位置的恢复是基于一个假设，即俯冲板片断离之后，只是在断离部位做垂向下沉。这并不一定科学，因为一些断离的俯冲板片会随着地幔对流发生长距离的水平漂移。这也是本书命名这些 P 波异常高速体为微幔块的原因。下图理由相同

据层析成像结果分析，这些俯冲板片的工作年龄更老，介于 180 ~ 120Ma（van der Meer et al., 2018）。这里所说的"俯冲板片"已经完全脱离了其初始俯冲板块母体孤立于下地幔内部。此外，正常的俯冲板片一般依然与母体俯冲板块相连，即俯冲板块俯冲到地幔内部的部分才是称谓的正常俯冲板片。因此，为了区别，前述下地幔孤立的"俯冲板片"在本书中称为微幔块。

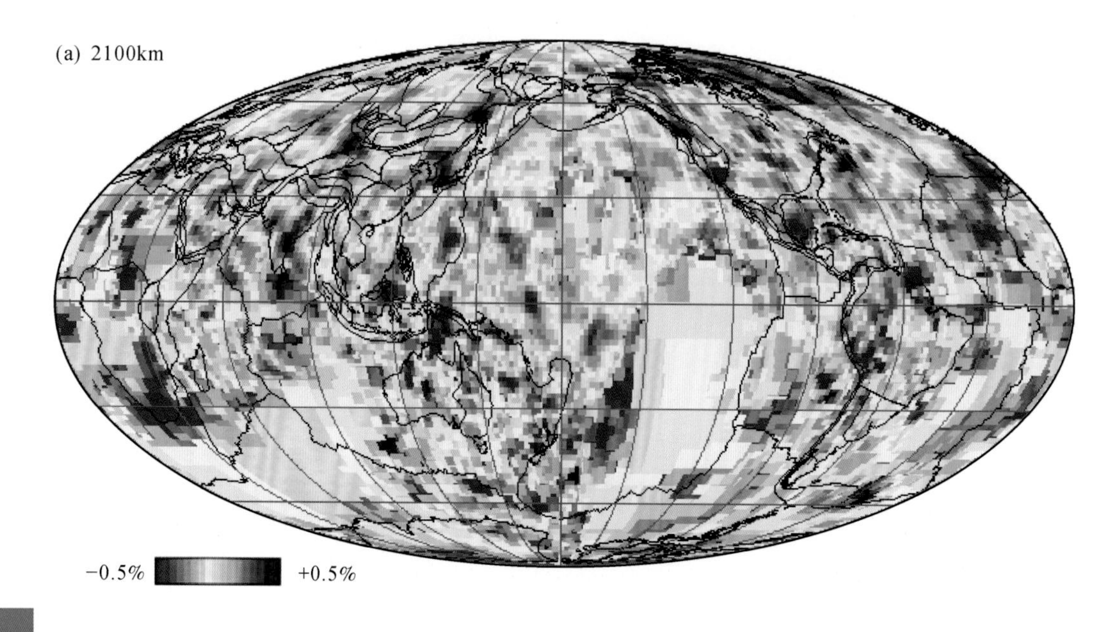

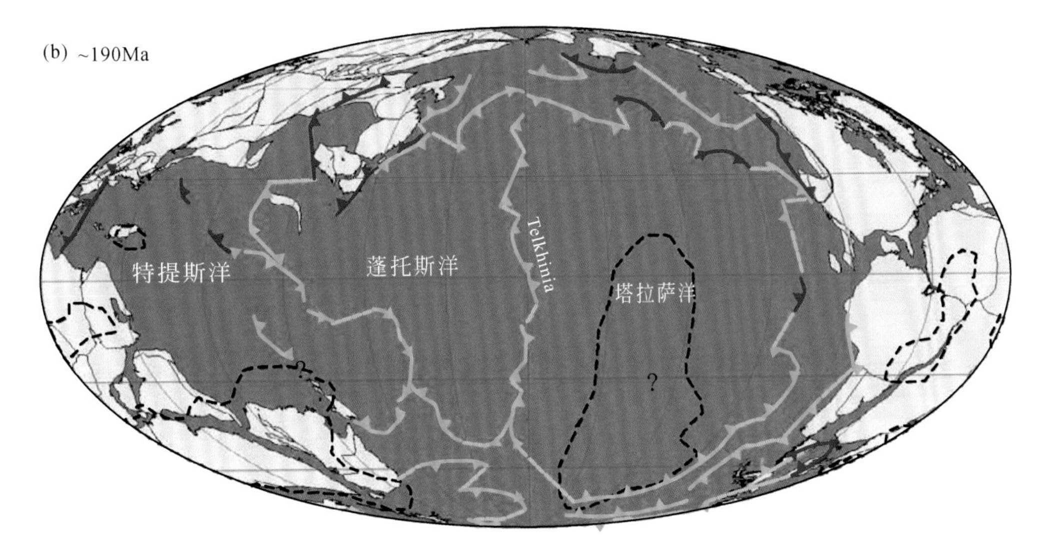

图 9-13　下地幔 2100km 层析成像水平切片（a）恢复的古大洋俯冲带位置（b）
（据 van der Meer et al.，2012）

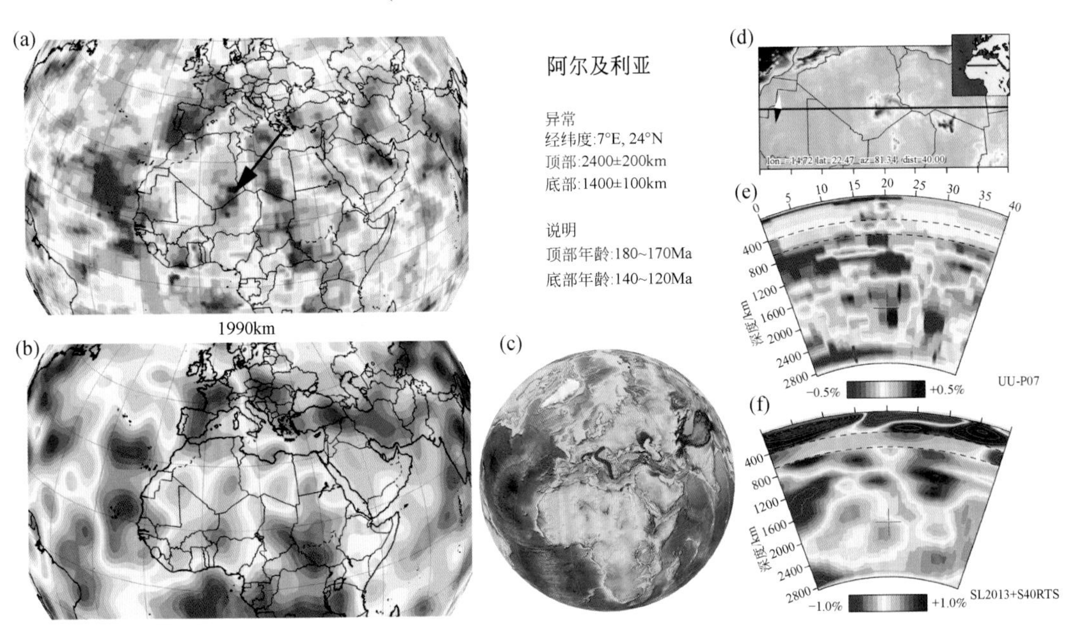

图 9-14　阿尔及利亚的下地幔 P 波高速异常体层析成像（据 van der Meer et al.，2018）

9.2　微幔块生消机制

(1) 行星早期非板块构造体制下的微幔块起源

A. 行星早期重力分异作用、地幔翻转与微幔块起源

行星的快速生长、主量元素的短周期放射性同位素（如^{26}Al）的存在，加上地

核形成过程中释放的重力势能，提供了驱动行星生长和大范围熔融的能量。因此，天体行星快速形成的可能结果是一颗大面积熔融的行星，其表层存在一个广泛的岩浆海。岩浆海最早用来解释月球上以斜长岩为主体的月球陆壳。火星的岩浆海分异也被认为是 ~4.5Ga 之前产生大范围火星陨石源成分的主要原因。相比之下，地球上类似的早期全球性分异证据要少得多，主要受地核形成影响的元素丰度模式以及早期地幔分异和大气圈脱气的同位素组成证据影响。

判断岩浆海是否会导致行星广泛的化学分异，一个潜在的重要变量是行星大小。由铁陨石可知，在太阳系形成后的一百万年或更短时间内，即使是在小星子上也可以快速分离出密度相差很大的不混溶液体，如铁与硅酸盐熔体。由于其较低的内部压力，人们对地球的卫星等相对较小的星球物体上硅酸盐岩浆海的结晶序列有着合理的理解。月球的层状镁铁质侵入体与许多天体的一样，密度相对较大的富镁和富铁硅酸盐与较低密度的富钙和富铝斜长石矿物，在重力作用的驱动下发生了分离。在月球上，这种分离足够有效，可产生主要由斜长岩组成的较厚漂浮月壳。然而，地球更大的内部压力，使其岩浆海与月球岩浆海的演化存在许多差异。迄今，人们理解天体岩浆海演化过程尚存在以下几个基本难题：①天体岩浆海的结晶是从深层自下而上发生的，还是从中间向上、向下发生的？②深层熔体与岩浆海冷却结晶出来的矿物相比哪个密度更大？③岩浆海中晶体形成的顺序是什么？④岩浆海中晶体的密度与周围液体相比足够高还是足够低从而导致其分异？⑤岩浆海结晶是创造了一个浮力稳定的内部，还是注定会发生重大翻转（overturn）而随后才发生分异？

要回答这些问题，可能需要结合地球动力学研究。这些研究需要更好地理解地球深部，特别是需要了解地幔底部熔体岩石学特征和获取地幔非均质性的地震层析成像证据。天体岩浆海具有截然不同的演化路径，例如，在地幔一定深度下，可能存在液固密度交替，从而导致地幔底部形成岩浆海（图 9-15）。

深地幔中熔体的向下分离产生了许多有趣的现象，从可探测的核-幔边界结构到深部富含不相容元素组成皆表明，深部地幔中熔体主要是富含放热性产热元素 U、Th 和 K 的“现今陆壳”的类似物质。地幔底层具有内部产生高热量的元素，可以在多个方面极大地促进固体地球动力学过程，如带走地核释放的热量，使上覆地幔对流样式由底部而非内部加热驱动。另一方面，这个问题也涉及岩浆海结晶产物的稳定性。在接近月球和火星岩浆海的压力下，岩浆海冷却和结晶会产生残余岩浆，从而形成富含铁和钛的晚期堆晶岩。与早期结晶相相比，这些富含铁的堆晶岩相当致密。在一堆未受干扰的堆晶岩中，岩浆海最终结晶产生的致密层位于早期结晶的低密度堆晶岩之上，这是一个重力不稳定的结构。这样的囊状体因瑞利-泰勒不稳定性将触发地幔翻转（图 9-16），形成一系列微幔块。这些微幔块调节地幔深部的热状态以形成重力稳定的分层结构，阻碍地幔发生进一步的对流翻转，直到地温梯

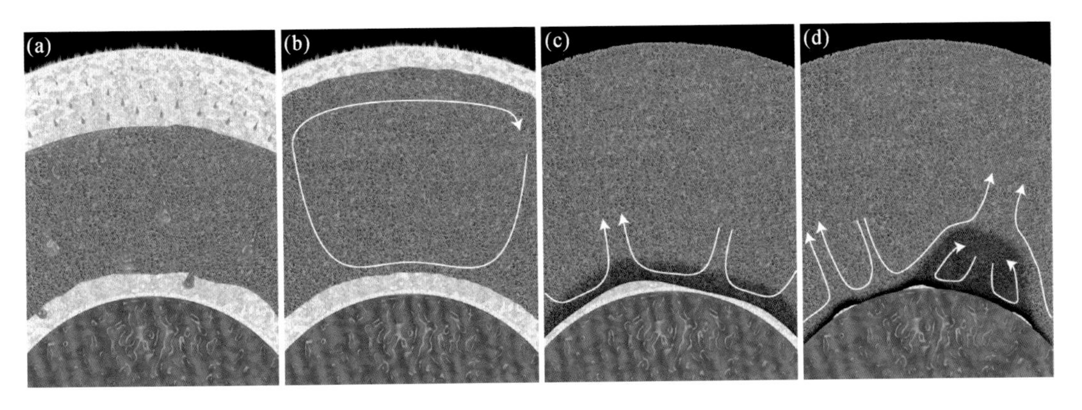

图 9-15　地球硅酸盐地幔分异前的表层和底部岩浆海（黄色）初始生长与事件性结晶作用的演化（Labrosse et al., 2007）

模型假设深部地幔熔体和固体之间存在密度交替，这可导致上地幔熔体向上分离。相反，下地幔的熔体向下迁移。因为地幔底部浮力稳定熔体层来源的热，最初会通过热传导方式而不是对流方式移除。这样，一个熔体层，就可能在大部分地史时期内保持熔融状态。地幔底部存在熔体的证据表现在地幔底部 D″层的某些区域可见到的横波超低速体（Lay et al., 2004）。地球岩浆海的最后一个演化阶段是出现一个原始硅酸盐地幔（无地壳组成）。因此，在早期地球这个演化过程中，最早出现的微板块可能是微幔块

度恢复以补偿这些分层中化学组成上的密度差。现有证据表明，地球上 3.5Ga 前地壳岩石的同位素变化程度可以有效保存这个古老的地幔化学不均一性（形成于 4.5Ga 前）。然而，这种同位素不均一性在 3.9～3.5Ga 被抹除了，这表明此后的地幔发生了强烈的初始分异，然后地幔结构才进入了一段静止稳定期。

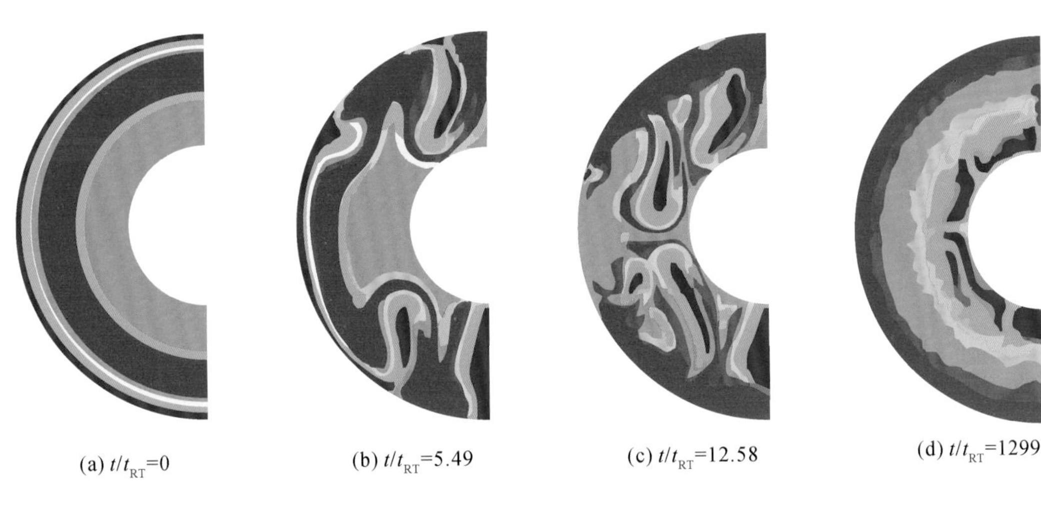

图 9-16　岩浆海结晶过程中堆晶矿物的一个浮力不稳定层翻转（overturn）的地球动力学模拟结果（Elkins-Tanton et al., 2005）

色标表示成分诱导的密度差异，冷色调为高密度物质，也指示地幔翻转期间形成的微幔块

然而，这类模型尚需要解决几个基本问题，如天体岩浆海中是否会形成密度分

层？或者岩浆海中的湍流是否会阻碍分离结晶作用？等等。火星和月球的例子表明，行星活动终结时导致了显著不同的内部结构。地球内部持续的动态活动可能模糊了其早期分异的信息，但早期同位素分异证据到深地幔地震层析成像结构表明，这些结构可能是早期形成的不同化学分层的遗迹。这都表明早期分异的遗迹如今仍然可以在下地幔深部探测到，并可能对地球化学结构和内部动态演化的认识产生重大影响。

B. 行星早期微幔块起源的地球化学证据

陆壳萃取过程中，地幔熔融形成的洋壳部分留下了明显的化学印记，这表现为洋壳亏损的元素为陆壳中特别富集的元素，两者互补（图 9-17）。尽管随着时间的推移，陆壳生长速率仍存在相当大的争论，但几乎没有人认为陆壳生长这一过程贯穿整个地球历史。与水星、火星和月球不同，地球的现今地壳几乎都是地球内部长期热-动力学过程的产物，但地壳，至少现今存在的地壳，并非岩浆海分异的产物。地壳的产生和再循环改变地幔成分结构的机制，是近 40 年来大量地幔对流地球动力学模型关注的主题。

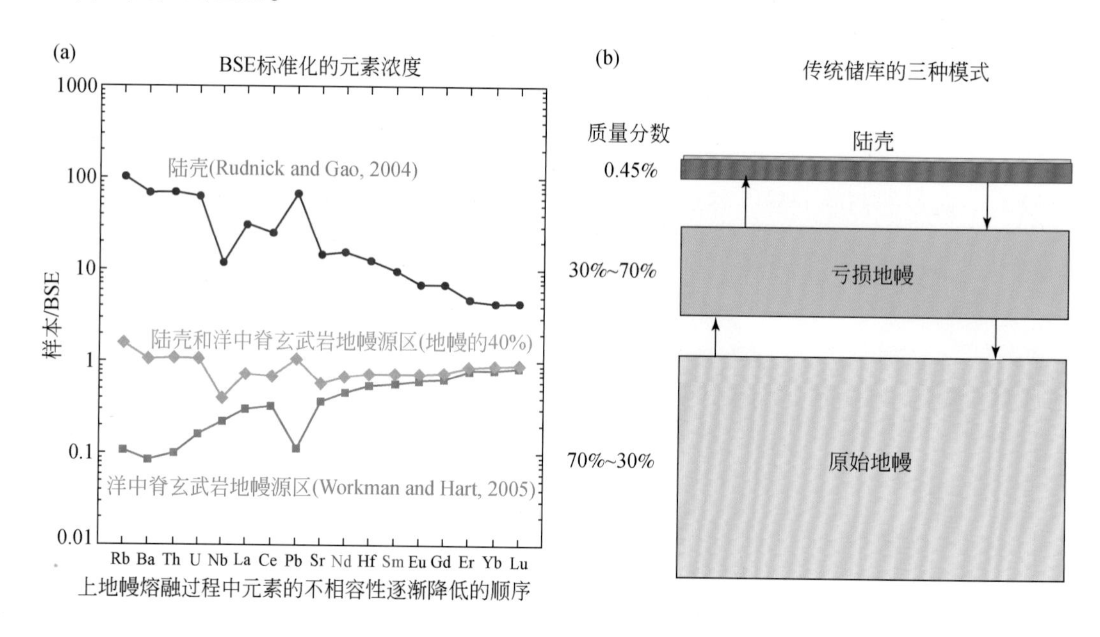

图 9-17　陆壳和洋中脊玄武岩（MORB）地幔源区的化学互补性

平均成分的陆壳（Rudnick and Gao，2003）高度富集不相容元素和 Pb，而洋中脊玄武岩地幔源区（Workman and Hart，2005）亏损这些元素。这种关系和差异基于如下假设，即原始地幔（primitive mantle）的不相容元素和 Pb 与球粒陨石的相同（Palme and O'Neill，2003）。基于这个假设还可以对地球内部这些化学储库的相对大小进行计算。BSE-硅酸盐地球（Allegre，1982；Hoffmann et al.，1986；Jacobsen and Wasserburg，1979）

一个愈发重要的问题是，陆壳形成和随后的地幔分异过程是否会影响地幔，该地幔最初是一种接近行星平均成分（减去地核）的均质混合物。自 20 世纪 80 年代以来，许多地幔分异模型都隐含了这一假设。有证据表明，“起始地幔”（starting mantle）是早期地球核幔分异事件的残余（图 9-18）。地球大气层和地幔之间 Xe 同位素丰度的变化表明，当半衰期短的放射性同位素^{129}I 和^{244}Pu 仍然存在时，即在 4.4Ga 之前，地幔中的挥发分丰度发生了变化，所以地幔气体的^{4}He/^{3}He 比值高于大气的^{4}He/^{3}He 比值。这表明，地球内部存在相对未脱气的储库。有几项研究表明，尽管最初^{4}He/^{3}He 比值与“原始未分异地幔”有关，但与对原始地幔的任何估计相比，低^{4}He/^{3}He 地幔中的不相容元素都是亏损的。再者，迄今为止测得的所有天体岩石的^{142}Nd/^{144}Nd 比值都高于球粒陨石的，因为由 103Myr 半衰期的^{146}Sm 衰变导致了^{142}Nd/^{144}Nd 的升高。这证明，当^{146}Sm 仍然存在时，即在地球形成之初的数亿年内，产生了高 Sm/Nd 比的不相容元素亏损的地幔储库。

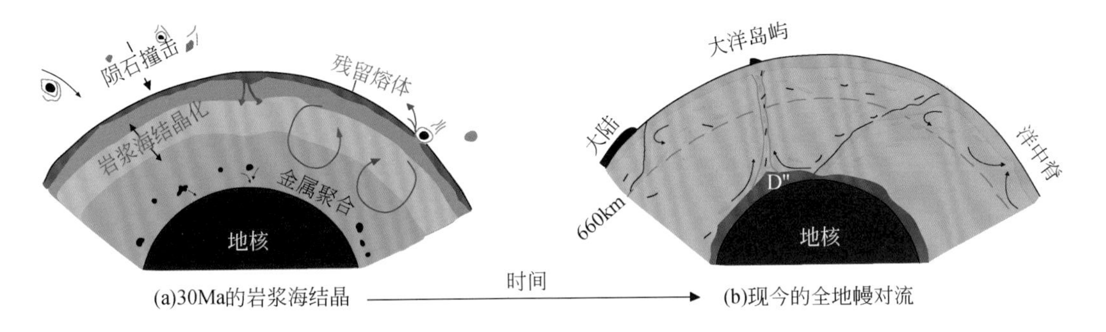

图 9-18　地球内部初始岩浆海分异模式向现今全地幔对流模式的转变

早期地壳（红色）俯冲形成了核幔边界处的一个成分层。然后，陆壳和洋壳连续形成和部分地壳通过板块构造发生再循环，在经早期地壳分异后的地幔上，叠加了另外一次化学分异。这个模式是基于观测得到的，即与原始陨石相比，迄今所有检测过的地球岩石都有不同的^{142}Nd/^{144}Nd 比值（Boyet and Carlson，2005）。^{142}Nd 源于半衰期为 103Myr 的^{146}Sm 放射性衰变。由于^{146}Sm 半衰期短，^{142}Nd/^{146}Sm 比值可用来探讨一些分异事件，这些事件发生在地球早期最初的几百万年期间（Carlson and Boyet，2008）。早期地幔分异的证据支持人们早期的判断，即半衰期短的^{129}I 和^{244}Pu 产生的 Xe 同位素变化，揭示出早期地幔发生了脱气事件（Pepin and Porcelli，2006）

所有这些观测结果都否定了这样一个基本假设，即地球内部的分异主要是通过地球历史上的板块构造和大陆构造的运作来完成的。事实可能是，早期地球还不存在板块构造体制时，微幔块等微板块构造的运行可能更好地协调了地球不同阶段演化特点。然而，至关重要的是，地球历史早期形成的化学分异地幔可能与“原始未分异地幔”具有截然不同的物理和化学性质，这种差异将导致截然不同的动力学行为。早期一些地幔分异模型预测，大部分地幔中放射性产热元素的丰度几乎是先前对“富集”地幔（即“原始未分异地幔”）的估计的一半（图 9-19）。这可能是由于水在地幔熔融过程中的地球化学行为类似于不相容元素的，因此“未脱气”或低^{4}He/^{3}He 的不相容元素亏损地幔可能意味着亏损水，而在富水地幔中更富集不相容元素。重要的是，几十年来假设地球内部未分异，而上述早期地球地幔重力分异的新认识可能使得在模拟地球内部动态演化时，地幔物理参数会大不相同，因为早期重力分异可能使地幔的物理性质发生巨大变化。

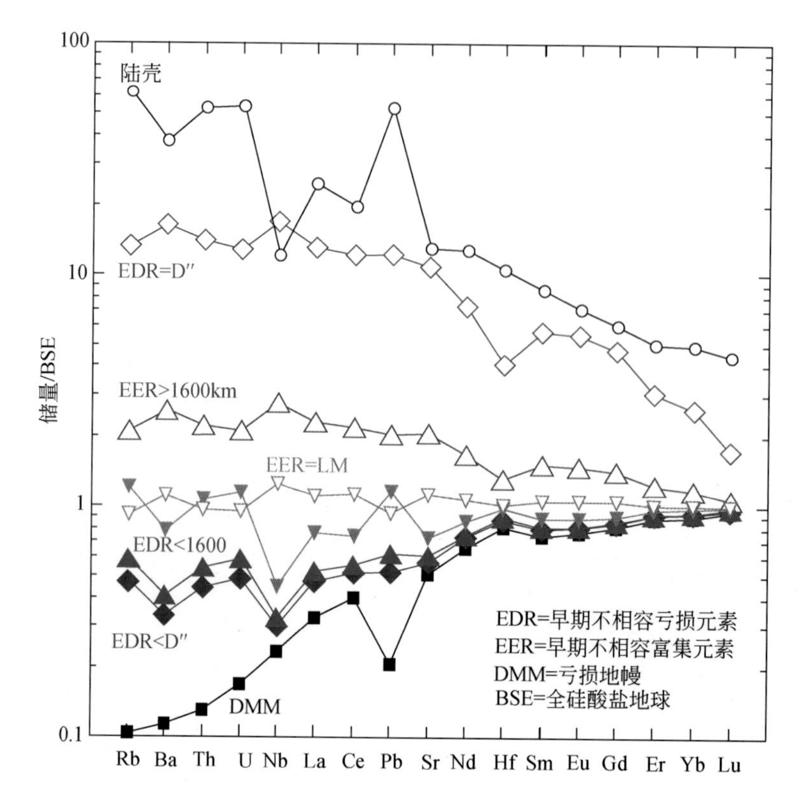

图 9-19 采用全硅酸盐地球（BSE，McDonough and Sun，1995）成分估值标准化后的亏损地幔不相容元素丰度

亏损地幔（DMM，Workman and Hart，2005）是洋中脊玄武岩的源区平均成分陆壳（Rudnicj and Gao，2003）和早期不相容元素亏损（EDR）和富集（EER）的不同模式。EDR 和 EER 丰度型式是这些尚未约束的储库大小的函数，所以这些富集储库大小的范围可从 D″层到 1600km 深度以下的整体地幔，或到 660km 深度以下的整个下地幔（Boyet and Carlson，2005）

早期地幔分异的另一个重要后果是，深部地幔中可能仍然存在与亏损地幔（图 9-19所示的 EDR）互补的富集地幔（图 9-19 中所示的 EER）。尽管这是推测性的地球化学证据（图 9-18），但矿物物理学关于下地幔熔体-固体密度交替的认识（Mosenfelder et al.，2007；Stixrude et al.，2009）、D″层熔体的观测以及底部地幔的地震层析探测，都表明地幔中应存在不同成分的物质。所有这些都表明，底部地幔以上可能是均质地幔。底部地幔的 D″层是一堆大洋俯冲板片（即微幔块群，类似现今的两个 LLSVP），也是地核和地幔之间的化学相互作用区，还是早期重力分异作用的残余。这是一个越来越被关注的话题，无论答案是什么，地球建模时，将其深层设置为整体地球化学属性均匀的介质，对于地震复杂性仅次于地壳的这个深部层位来说，确实是过于简单化了。因此，深部地幔包含早期重力分异产物的预测，为参数化地球动力学模型中内部产热、成分密度和矿物属性留下了巨大的创新空间。这个地球动力学研究领域很有前景，有助于回答地球最初重力分异如何影响其长期

动力学行为。

(2) 行星现代板块俯冲机制下的微幔块起源

依据现今地幔内部的高速异常体分布，特别是在传统板块构造理论的框架下，从大洋俯冲板片消失于地幔中或构造剥露自俯冲隧道中的过程来看，微幔块生消机制可能是俯冲过程中的板片折返（exhumation）、板片拆离（detachment）和俯冲板片的拆沉（delamination）或断离（breakoff）等机制。

大洋岩石圈板块通过俯冲过程逐渐消亡而非消失在地幔内部。层析成像结果揭示，新特提斯洋的关闭过程中（图9-20），在印度次大陆下方的下地幔内部，形成了几个P波高速异常碎片Ⅰ、Ⅱ、Ⅲ和Ⅳ（图9-21）。这些P波高速异常体可能反映

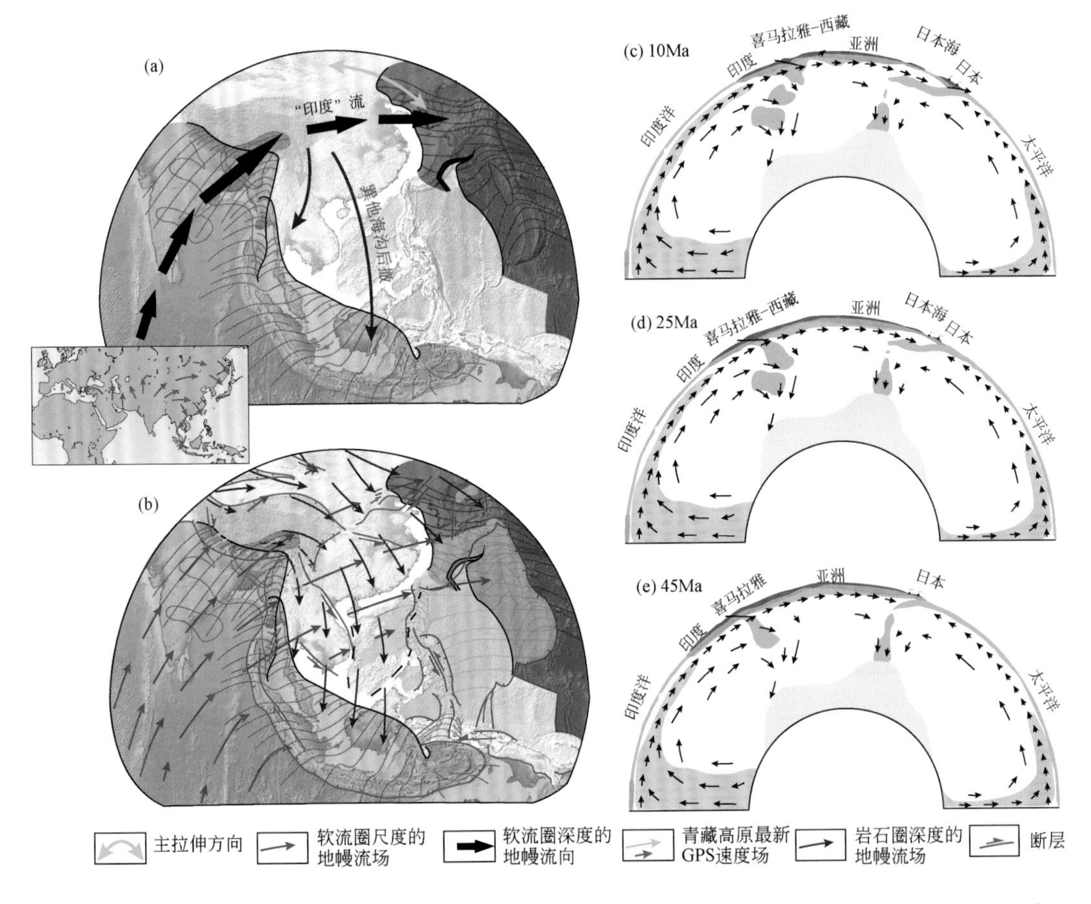

图9-20　亚洲大陆下的印度地幔流（上图的黑色箭头，下图的蓝色箭头）驱动青藏高原至西太平洋地区的岩石圈和俯冲板片（即微幔块）发生位移与形变并通过侧向挤出的东亚岩石圈黏滞拖曳作用诱发东亚岩石圈下的地幔流向南流动（上图和下图中的灰色箭头，注意其流动方向垂直于印度地幔流的方向，右图绿色块体为微幔块）（Jolivet et al.，2018）

了新特提斯洋板片拆沉和断离形成的微幔块群。这些微幔块可能发生形态扭曲，也可能会随软流圈流动或地幔风而侧向漂移等，最终滞留在下地幔内部（van der Voo et al.，1999）。由此可见，俯冲板片的拆沉或断离等机制，可以解释地幔内部许多碎片化的微幔块，同时，印度板块也可能沿喜马拉雅造山带走向发生横向差异化撕裂或指裂（图9-22）。

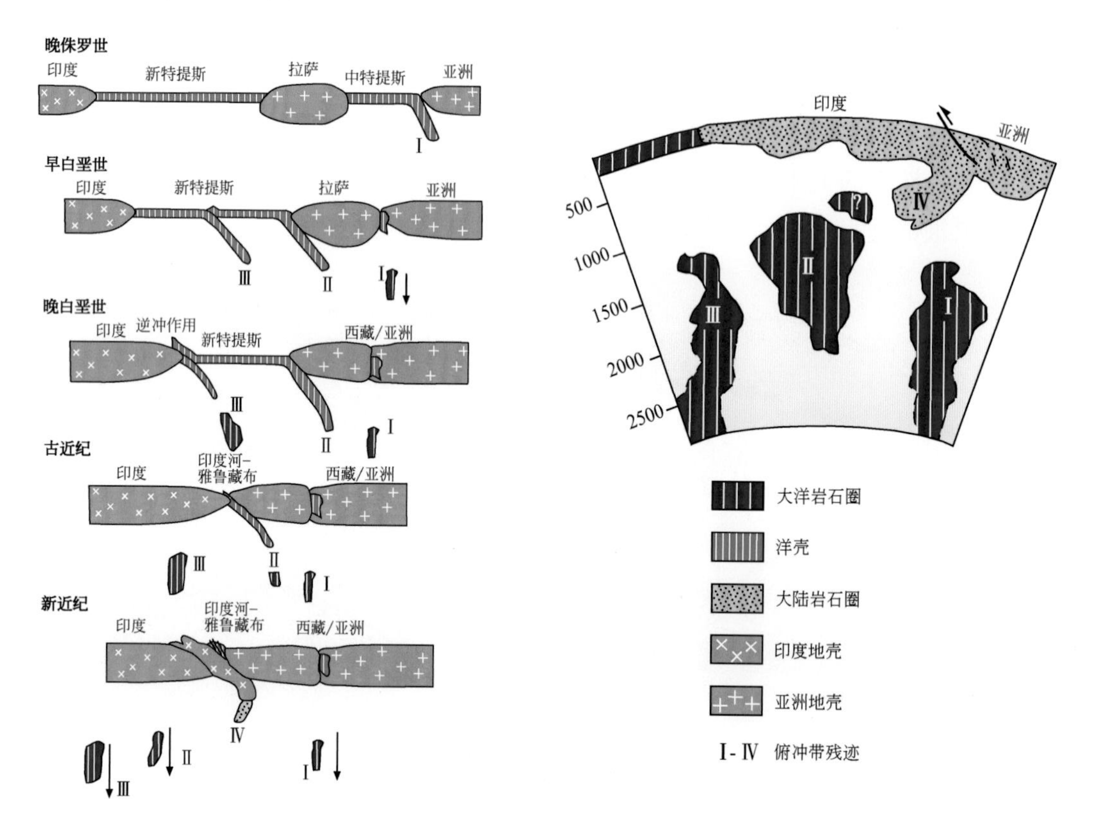

图9-21 中生代特提斯洋俯冲板片（Ⅰ、Ⅱ和Ⅲ）的演化以及印度-欧亚碰撞和南北向持续汇聚期间岩石圈（Ⅳ）断离过程（van der Voo et al.，1999）

右图为层析成像结果解释［基于图9-4（a）和（b）的组合，虚线表示不太确定的深地幔异常］。晚白垩世俯冲板片Ⅲ的存在是根据中—晚白垩世期间洋内俯冲和蛇绿岩仰冲到阿拉伯和印度板块北缘的证据推断的（Besse and Courtillot，1988）

西地中海地区的构造演化阶段可能是青藏高原陆-陆碰撞构造的前生，很多现象更令人费解。在麦西尼安（Messinian）盐度危机之前，摩洛哥海峡通道关闭的原因、摩洛哥 Rif 持续缩短的原因以及跨阿尔沃兰（Alboran）地震剪切带的成因和东部贝蒂克斯（Betics）伸展的起源，都尚不清楚。这些令人费解的构造特征，难以完全用区域相对板块运动框架下东倾直布罗陀板片的俯冲来解释。Spakman 等（2018）结合地质和大地测量数据，开展了俯冲作用的三维数值模拟。结果表明，这些不寻常的构造特征可能是非洲板块绝对运动导致直布罗陀板片向北至东北拖曳

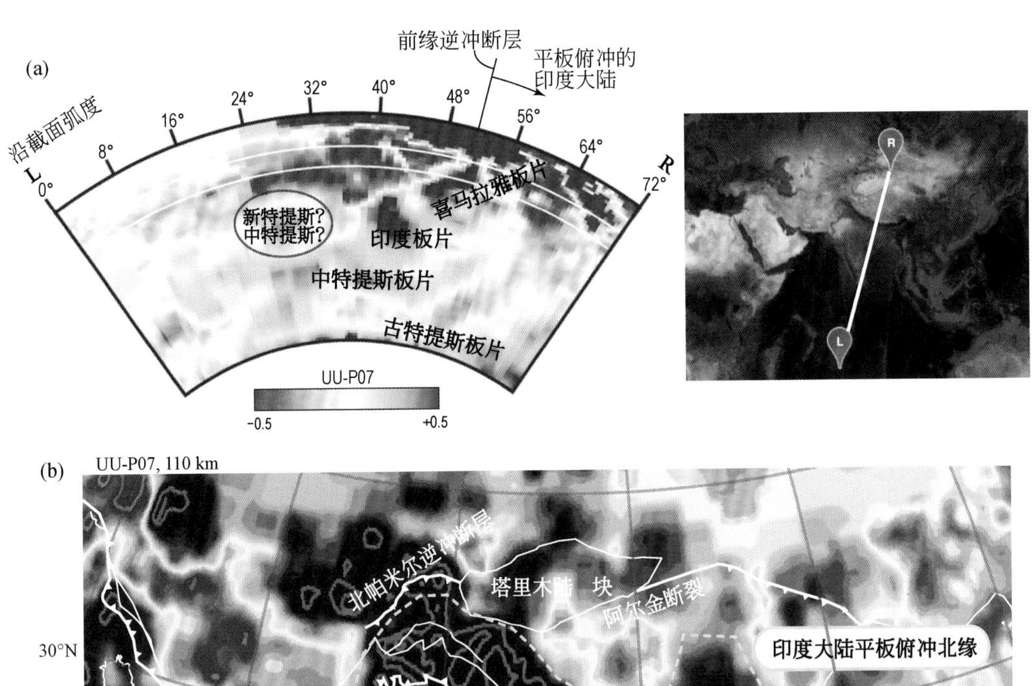

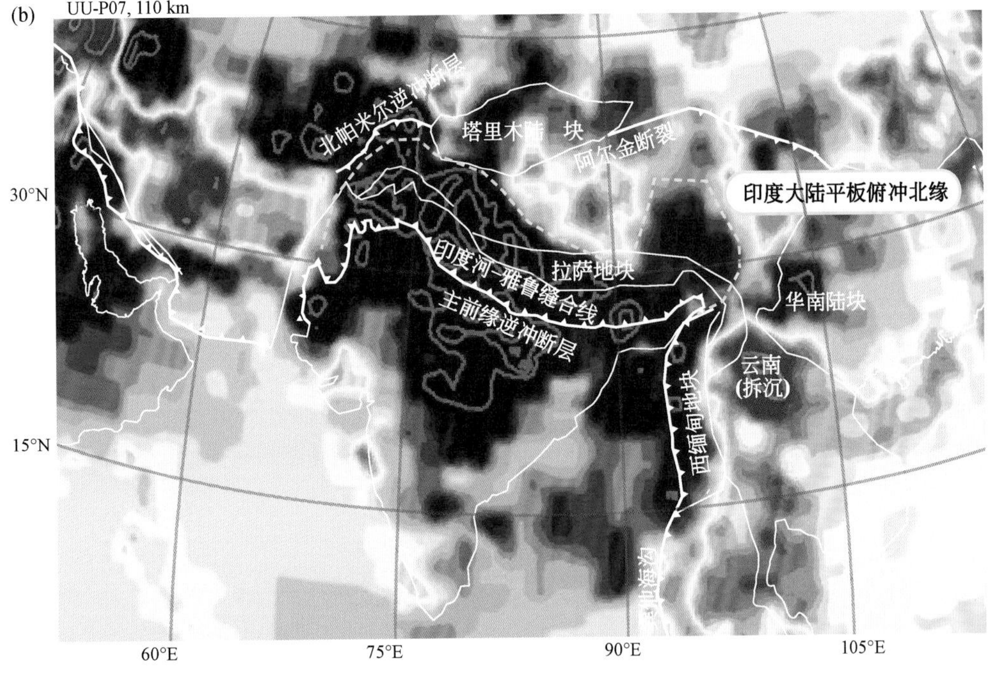

图 9-22　青藏高原及邻区 110km 深处地震层析图像（van Hinsbergen，2022）

（a）从印度洋到中亚的层析成像剖面。深部平坦板片可能与青藏高原微陆块群拼合过程中中生代古特提斯洋和中特提斯洋的俯冲有关。印度板片包含拉萨微陆块下方北向俯冲的大部分新特提斯洋岩石圈，而北向俯冲但回卷的喜马拉雅板片包含俯冲的大印度板块岩石圈。水平底冲的印度大陆岩石圈，从主前锋逆冲断层，向北楔入了 400 ~ 800km，沿走向还存在一些变化，如板片指裂。（b）为现代地质和地理轮廓叠覆于 UU-P07 层析模型 110km 深处的水平切面上。黄色虚线标绘了青藏高原下方水平底冲在印度大陆北缘的轮廓，在喜马拉雅构造结（syntax）以北，楔入了约 800km，而向约 90°E 方向减少到了约 400km

的结果（图 9-23）。将 Spakman 等（2018）的模型结果与受地质和大地测量数据约束的西地中海变形模式进行比较，证实板片拖曳为观测到的变形提供了一种合理的机制（图 9-23）。Spakman 等（2018）的结果表明，板块绝对运动对俯冲的影响可以从地壳观测中识别出来。在其他地方识别这些特征可能有助于改进地幔参照系，并可提供俯冲演化和相关浅表地壳变形的认识（图 9-24）。但是，也有些微幔块与俯冲带无关，至少现今空间分布上与现今俯冲带离得较远的，或处于克拉通或被动陆缘下部（图9-25）的微幔块，则可能与克拉通岩石圈地幔的拆沉作用，或地幔柱的破坏作用相关（图9-26）。

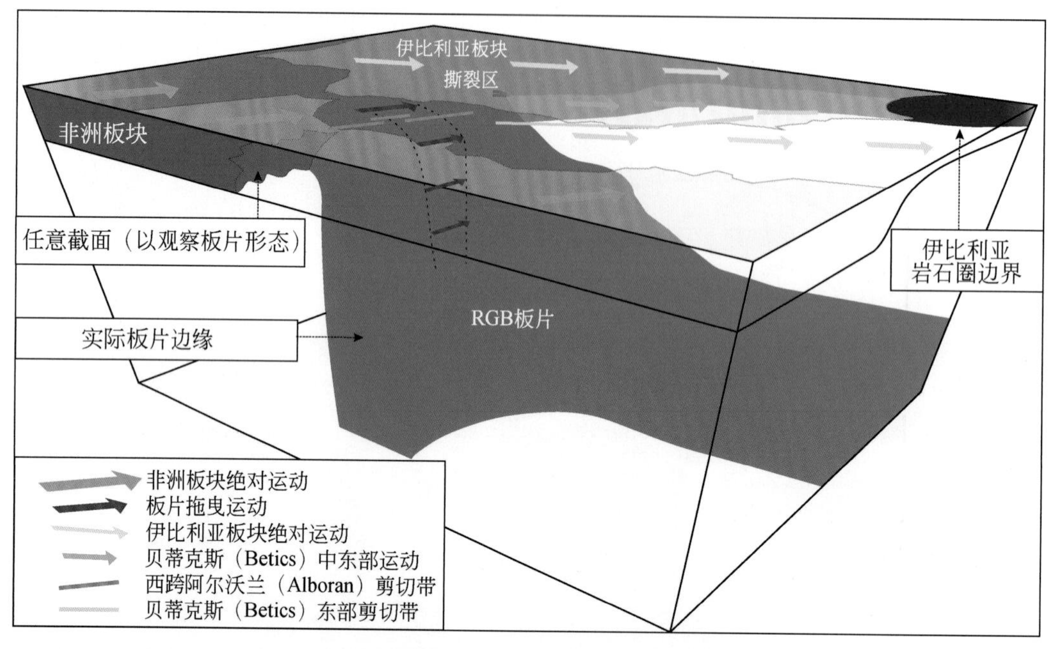

图9-23　直布罗陀板片（RGB）及其与非洲和伊比利亚岩石圈的连通性（Spakman et al.，2018）

上地幔直布罗陀板片形态的解释模型。矢量箭头显示了非洲板块和伊比利亚微板块的绝对板块运动以及较慢的贝蒂克斯中东部的运动。非洲板块的绝对运动产生了北向或NNE向的板片拖曳运动。立体图底部深度为660km

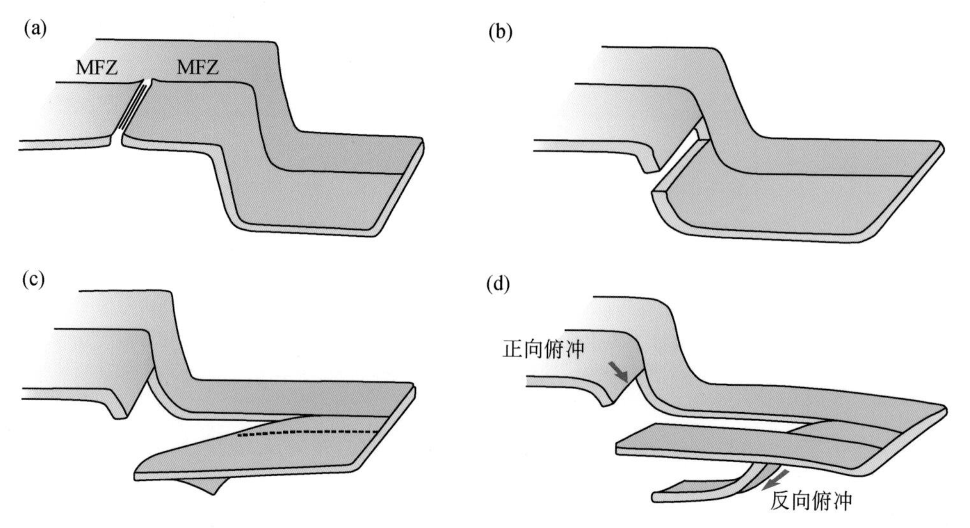

图9-24　美国西部不同俯冲阶段形成微幔块的撕裂模式（Zhou，2018）

（a）>30Ma时滞留板片俯冲，MFZ-门多西诺破碎带。（b）～25Ma时洋中脊俯冲和板片断离。（c）～16Ma的反向俯冲（俯冲极性反转）。（d）现今板片几何形状：门多西诺（Mendocino）和先锋（Pioneer）破碎带之间的板片撕裂（tearing）。为了简单起见，先锋破碎带没有在（a）和（b）中显示，而是在（c）中用虚线表示

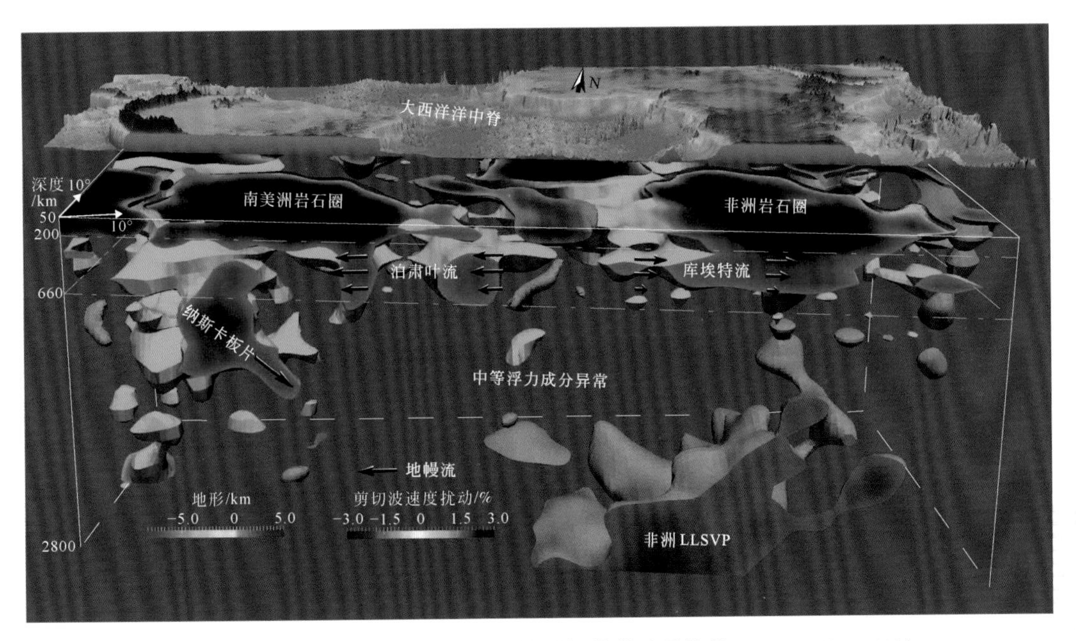

图 9-25 南大西洋及邻区岩石圈下伏微幔块的地震结构（Hu et al.，2018）

3D 可视化基于 S40RTS 层析成像模型，高速体体积用大于周边异常 0.8% 来显示，低速体体积用小于周边异常-1.0% 来显示。顶部色标突出了地形对比度。黑色箭头指示了新生代地幔流动方向，用基于地震各向异性的地球动力学建模，可推断解释各种高速地幔结构。注意：由纳斯卡板片俯冲驱动的南美洲板块下方的上地幔整体西向漂移。LLSVP 为大型横波低速异常区

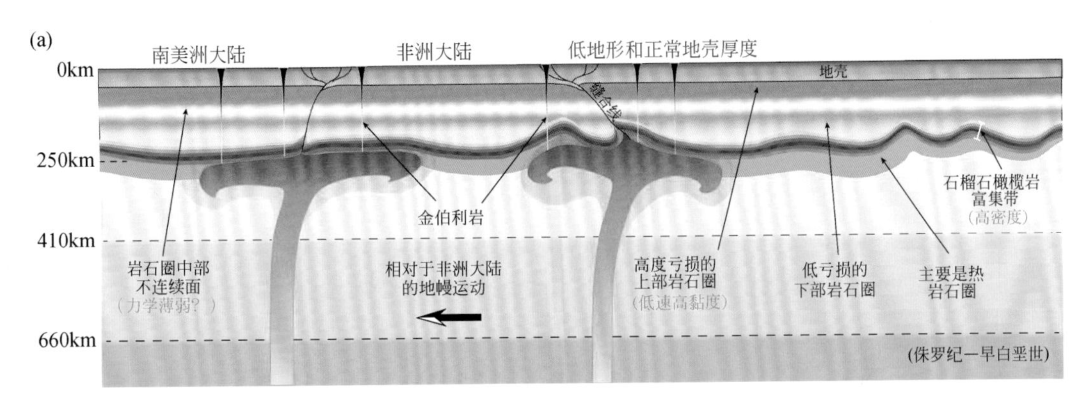

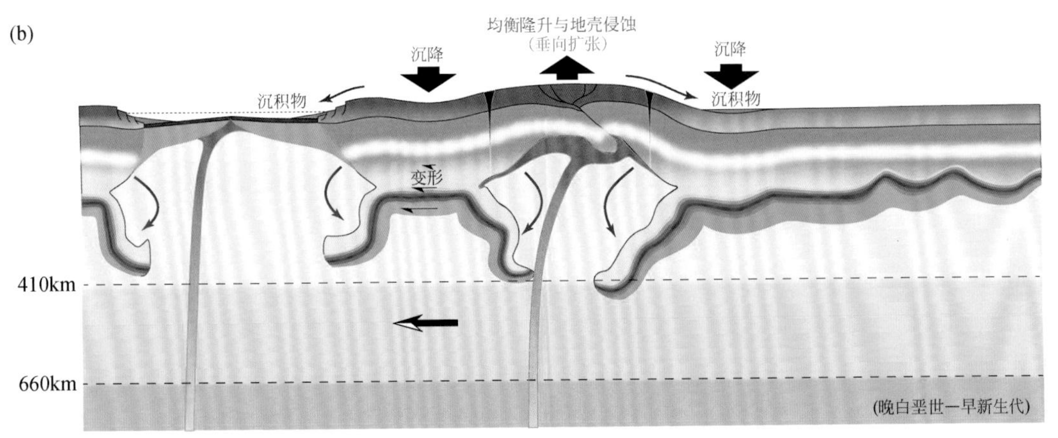

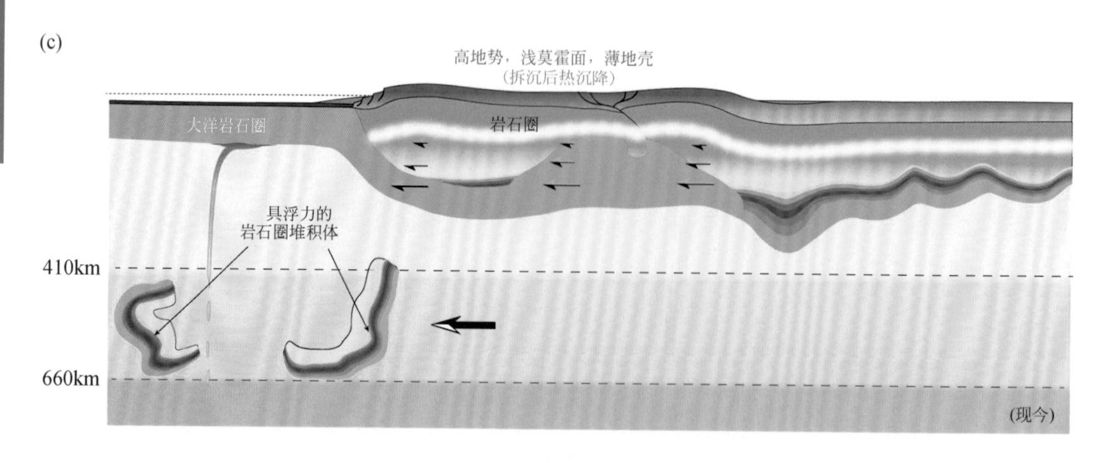

图 9-26　白垩纪以来南美洲-非洲克拉通岩石圈地幔演化（Hu et al., 2018）

（a）持续的地幔柱活动，通过加热和变质作用弱化了完整的克拉通岩石圈，形成了金伯利岩。（b）深部岩石圈地幔被移除，包括石榴石橄榄岩层和一些方辉橄榄岩岩石圈。地表和莫霍面均衡隆起，侵蚀作用导致地壳变薄。（c）岩石圈中部不连续面下方岩石圈的内部剪切和拆沉区域，形成新的热边界层，这些都记录了具有地震各向异性的最新地幔变形。下沉的岩石圈（foundered lithosphere）段落或微幔块，由于其整体中性浮力而停滞在下地幔上方。高地形和浅莫霍面都反映：新的热岩石圈与完整岩石圈相比，密度较低

（3）行星现代板块伸展机制下的微幔块起源

全球洋壳占地球表面约 2/3，形成于洋脊（MOR）增生系统，洋中脊长达 6.5 万 km，是一条地震和火山活动边界，其相邻两侧构造板块做离散运动，导致下伏地幔发生上涌和部分熔融。软流圈上升到洋中脊轴部以下仅几千米处，带来特定的潜热。热传导作用和热液循环，将这些热量通过一个薄的海底边界层传递到海水中，洋壳随着冷却作用而增厚，最终成为新的大洋岩石圈顶部。全球对流活动，通过将热的、还原性地幔带到冷的、氧化性海水附近，使洋中脊有效地成为地球深部和水圈之间至关重要的热化学交换窗口。例如，通过最近的（<10Ma）洋底增生，海底释放的热量约为 10TW，相当于地球总热量损失（～42TW）的四分之一。当地幔上升流从垂直运动转变为水平运动时，热传导作用和热液循环不断冷却上涌的岩石。较冷的岩石则能够承受板块分离所产生的巨大应力，直到它们产生裂缝和断层。与此同时，在脊轴下方 10km 处产生岩浆上升，并在海底下方几千米处侵位，形成洋壳，洋壳也会冷却和破裂。总的来说，构造、岩浆和热液过程之间的微妙平衡形成了新的大洋岩石圈。每个过程的相对贡献取决于大规模地幔和岩石圈动力学。例如，到达轴部的岩浆通量受到局部板块扩张速率的调节，这反映了全球范围内地幔对流的自组织性。岩浆供应还反映了地幔的局部变化，如位温、富集性和非均质性。这些特性最终记录在洋壳/岩石圈的组成和结构中以及上覆海底结构中。

新岩石圈随后偏离脊轴，继续冷却，大部分不再变形。因此，它在很大程度上继承保留了洋中脊上的特征，使海底保存了 2 亿多年洋中脊活动的记录，可用于推

断上地幔的瞬态热化学状态、大洋岩石圈的力学性质和板块运动历史。当然，这需要对构造、岩浆和热液过程如何相互作用来塑造海底地貌和大洋岩石圈，以及它们如何响应地幔动力学和相关熔体变化有一个可靠的理解和认知。

下文旨在简要概述洋中脊记录的大洋岩石圈动力学总体机制，对岩浆扩张到无岩浆扩张的海底扩张模式，试图通过简单的比例关系和分析模型，阐明地幔动力学如何控制洋中脊下的岩浆生成，以及热液冷却如何调节轴部大洋岩石圈的强度，进而将海底扩张的型式与岩石圈强度和洋中脊岩浆供应联系起来，为定量理解海底构造和地貌，特别是海洋核杂岩（微幔块）等提供支撑。

在洋中脊轴部，地幔上升流从地球内部带来热量，导致海底附近的温度升高（T_M ~1300 ~1400℃）。当一块新的大洋岩石圈以绝对速度 U（接近洋中脊扩张速率的一半）离轴移动时，热量通过垂直传导转移到冷的底层海水中（T_0 ~4℃）。大洋岩石圈的热扩散率 κ ~ 10^{-6} m^2/s。这意味着，在一段时间 t 之后，岩石圈移动了一个水平距离 $dx=U\tau$，并冷却了一个特征垂直距离 $dz=\sqrt{\kappa t}$。其热结构 T（x，z）可由半空间冷却模型描述为

$$T(x,z)=T_0+(T_M-T_0)\,\mathrm{erf}\left(\frac{z^*}{2\sqrt{x^*}}\right) \tag{9-1}$$

式中，$x*$ 和 $z*$ 分别表示距洋中脊轴的距离和由对流-扩散特征长度归一化的深度：$L=\kappa/U$，T_M 为地幔温度。随着岩石圈冷却，其平均密度增加，海底必然沉降，并沿着弱软流圈深处的水平补偿面，以使垂向应力保持恒定。这个简单的普拉特（Pratt）均衡模型解释了观测到的海底面加深趋势 Δd，即到脊轴的距离（或海底年龄）的平方根

$$\Delta d(x^*)=L\frac{\rho_m\alpha(T_M-T_0)}{(\rho_m-\rho_w)}\frac{2}{\pi}\sqrt{x^*} \tag{9-2}$$

式中，ρ_m 和 ρ_w 分别是地幔的参考密度和海水的密度；α 是地幔的热膨胀系数（~10^{-5}/K）。该热模型也与脊轴附近和远离脊轴的热流测量结果一致，比 50Ma 年轻的海底，水深增加量归因于浅层热液释放的热量；而比 70Ma 老的海底，水深增加量归因于老的大洋岩石圈下方地幔对流提供的热量（即板块热模型）。值得注意的是，虽然洋中脊的相对高程是由使热地幔接近地表的对流维持的，但它不能称为“动力地形”，其地壳均衡模式很好地平衡和解释了这一点。

聚焦到洋中脊轴周围几十千米的范围内，可以看到海底形态（图 9-27）及洋壳和岩石圈结构的系统变化趋势，也可以理解随着扩张速率变化洋中脊的不同构造样式。首先，在这个尺度上，海底结构主体是平行脊轴规则间隔排列的地形高点。这些深海丘陵的形态特征可以与洋中脊的形态直接相关。

地幔比固相线更热（T（z）$>T_S$（z））的近脊轴区域，称为熔融区，通常呈三

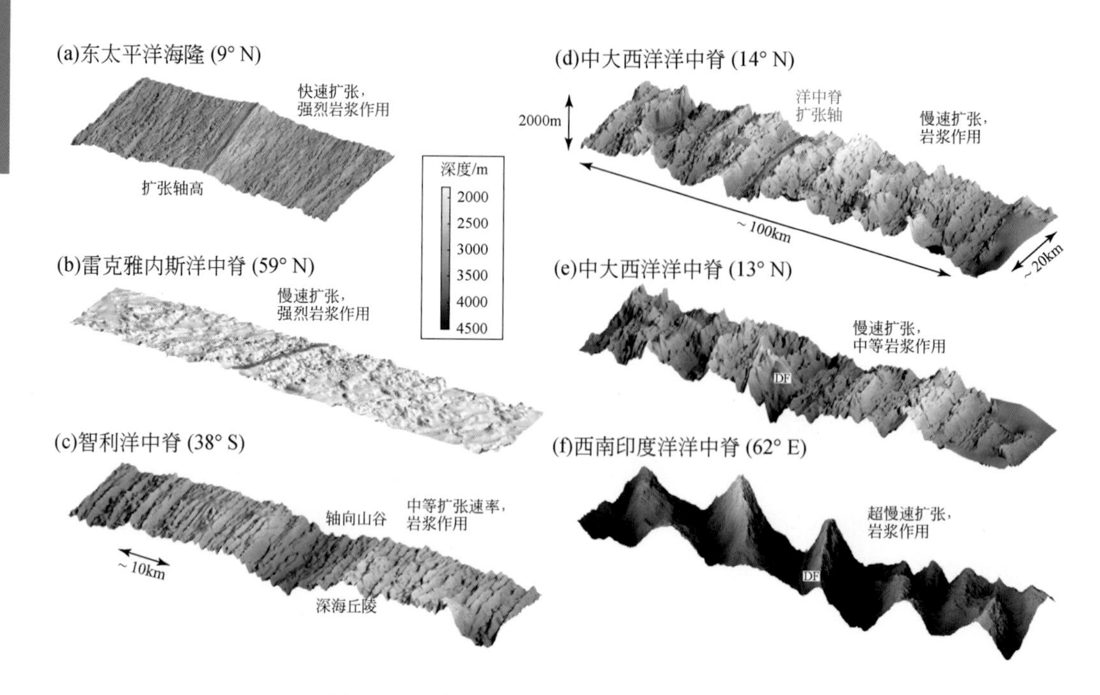

图 9-27　不同洋中脊轴部形态（Olive，2023）

所有图板均按比例缩放。DF-拆离断层。(a)~(f) 大致按岩浆供应量的降序排列。水深数据采用了 GMRT 合成（见 https：//www. gmrt. org/index. php）

角形（因为等温线离轴加深），在 Z_M 处的底部变得平坦。假设熔融潜热为 $L_M\sim4\times10^5$J/kg，通过平衡地幔的比热（超过固体）和驱动部分熔融所需的潜热就可以对三角形内的熔体比例系数 $F(z)$ 作出一阶估计。由此得出（Crowley et al.，2015）

$$F(z)=\frac{C_p}{L}\left(\gamma\rho_{\mathrm{m}}g-\frac{agT_{\mathrm{M}}}{c_p}\right)(z_{\mathrm{M}}-z) \tag{9-3}$$

式中，对于任何给定的深度 z，C_P 表示地幔的热容（~1000J/kg）；g 表示重力；T_M 是地幔的位温，即地幔包裹体如果能够绝热上升到地表将保持的温度；γ 为 Clausius-Clapeyron 斜率（~6×10^{-8}K/Pa）；产生第一批熔体的横向深度为 z_M。其中，洋中脊以下的 F 值常介于 0~20%。

排泄区海水的垂直流动，可合理地模拟为由热流体浮力驱动的达西流，因此，流体的上升流速度为

$$v_{\mathrm{f}}=\frac{k_{\mathrm{d}}}{v_{\mathrm{f}}}\alpha_{\mathrm{f}}(T_{\mathrm{H}}-T_0)g \tag{9-4}$$

式中，k_d 是上升流区带的渗透率；v_f 和 α_f 是热液流体的运动黏度（~10^{-7}m²/s）和热膨胀系数（~10^{-3}/K）；T_H 是热液系统底部流体的温度；T_0 是底层海水的温度。假设流体流动速度足够快，不会通过传导方式到达上地壳，那么在上升过程中，它们可以保持接近 T_H 的温度。引入流体的参考密度和热容 ρ_f（~1000kg/m³）和 C_{Pf}［约

几千 J/（kg・K）]，与流体上行相关的对流热通量 q_H可写为

$$q_H=\rho_f C_{pf}(T_H-T_0)v_f=\frac{k_d a_f \rho_f C_{pf} g}{v_f}(T_H-T_0)^2 \tag{9-5}$$

使用所列所有参数的特征值，可发现通量 q_H约为 1 平方米几千瓦需要上流区的渗透率为 $10^{-14}\sim10^{-13}m^2$量级。这些值与依赖于热液系统孔隙-弹性对潮汐响应的渗透率估计值一致。然而，这种渗透率应该被理解为整个排泄区的平均有效值。因为众所周知，洋壳的渗透率可以跨越多个数量级，这取决于深度、岩性、破裂程度、矿物沉淀以及许多其他因素。

洋中脊轴部岩石圈内的应力状态反映了岩石静压力（部分由孔隙流体产生）和水平张力的一个分量，因此，主应力 σ_1（最大压应力，即最大负应力）和 σ_3分别为垂向和水平应力。当岩石圈中的差应力（$\Delta\sigma=\sigma_3-\sigma_1$）超过摩擦（如莫尔-库仑）阈值时形成正断层

$$\Delta\sigma^{破裂}=2\frac{C+\mu\rho g(1-\lambda)z}{\mu+\sqrt{1+\mu^2}} \tag{9-6}$$

式中，C 和 μ 表示未破坏岩石圈的内聚力和摩擦系数；ρ 是其平均密度；z 是海底以下的深度；λ 是孔隙流体压力与岩石静压力的比值。对于硅酸盐岩石的典型摩擦系数（0.6～0.85），正断层的最优倾角接近 60°。将式（9-6）在脆性岩石圈厚度 H 上进行积分，得出岩石圈破裂形成最优定向断层所需的力为

$$F_{破裂}=\frac{2CH+\mu\rho g(1-\lambda)H^2}{\mu+\sqrt{1+\mu^2}} \tag{9-7}$$

一旦正断层积累了一些有限的断距，许多过程就会共同作用，以降低维持断层滑动所需的力。一方面，断层局部化相当于内聚力的损失，并且含层状硅酸盐的断层泥可以减小断层摩擦 $\mu_F<\mu$。断层泥可能含有黏土、绿泥石（$\mu_F\sim0.4$）、蛇纹石（$\mu_F=0.3\sim0.45$）或滑石（$\mu_F\sim0.1$）。然而，后者需要富含二氧化硅的流体，如由辉长岩体蚀变提供的流体。另一方面，正断层上下的累积断距使其下盘和上盘断块分别弯曲超过 H 控制的特征距离。挠曲作用会反过来使断层以与 H 成反比的速率（即每单位断距增量的旋转度）向缓倾侧旋转。因此，通过积分可获得断层上维持滑动所需的力，该断层已发生水平偏移 h，并已向下旋转为倾角 $\theta_{(h)}$（Behn and Ito，2008）

$$F_F(h)=\frac{\mu_F\rho g(1-\lambda_F)H_{(h)}^2}{\cos\theta_{(h)}\sin\theta_{(h)}+\mu_F\sin^2\theta_{(h)}} \tag{9-8}$$

$H_{(h)}$项解释了这样一个事实，即随着断层生长，它可能会离轴迁移，并遇到增厚的岩石圈。下盘和上盘断块的弯曲以及相关地形的形成，就会阻止正断层断距的积累。这些效应可以参数化为维持断层滑动所需的附加力 $F_B(h)$。Buck（1993）将该力量化为储存在断块中的应变能相对于 h 的导数。

如果可以建立扩张速率和 M（即洋中脊轴部岩墙侵入速率占全扩张速率的最大比值）之间的对应关系，这个非常简化的模型就很好地解释了在慢速到快速扩张速率下观察到的深海丘陵间距和高度（与断层最大断距有关）的趋势。它主要适用于阶梯状断层发育且以中央裂谷对称的洋中脊环境（图 9-28），如许多中速扩张洋中脊（M~0.7~0.9）和对称的慢速扩张洋中脊（M~0.6~0.8）的情况。在那里，轴部岩石圈很薄（<10km），这意味着如果断层能够固定在脊轴上，它们将形成无限长的断距。M 值逐渐减小到接近 0.6，会导致洋中脊较低时出现较宽间距（5km 以上）、高（几百米）的山丘。另外，M 越大，断层越快被推离脊轴，并穿过较厚的岩石圈并失活。随着 M 在快速扩张洋中脊下接近 1，相应的断层间距急剧减小到接近恒定的低值（1~3km）。

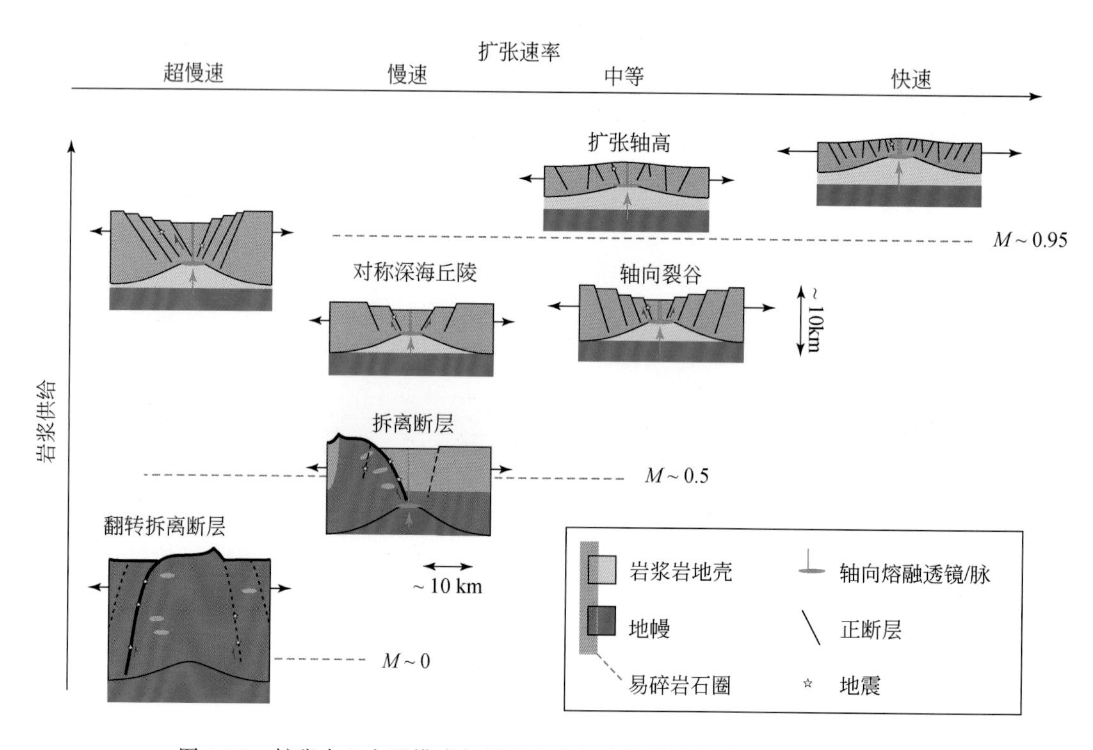

图 9-28　扩张中心主要模式与扩张速率与岩浆供给的关系（Olive，2023）

拆离断层是一种低角度正断层，其累积断距与它们切割的脆性洋壳厚度相当（~10km）。在海底环境中，它们的下盘没有受到明显的侵蚀，因此经历了大幅度的旋转，并在穹形的核杂岩中出露海底的下地壳和地幔岩石（图 9-29），即出露微幔块。如果局部 M 值接近 0.5，为 0.3~0.6，则可以在上述简单模型中理解这些结构的成因。如前所述，M 的这个范围最大限度地降低了离轴断层的迁移速率，这意味着断层可以在薄的轴向岩石圈中无限地生长，并发生滑脱（detachment）。这种观点类似于 Goldilocks 山区的滑脱（图 9-28），岩浆供给既不需要太多也不能太少。Olive

等（2010）修正了这一观点，表明只有脆性岩石圈中的岩浆侵位速率对断层的形成有利。换句话说，只要在脆性岩石圈中岩浆量适中，而大量岩浆侵入下伏软流圈，就不会破坏拆离断层的生长。这些岩浆最终以辉长岩体的形式暴露在核杂岩中。

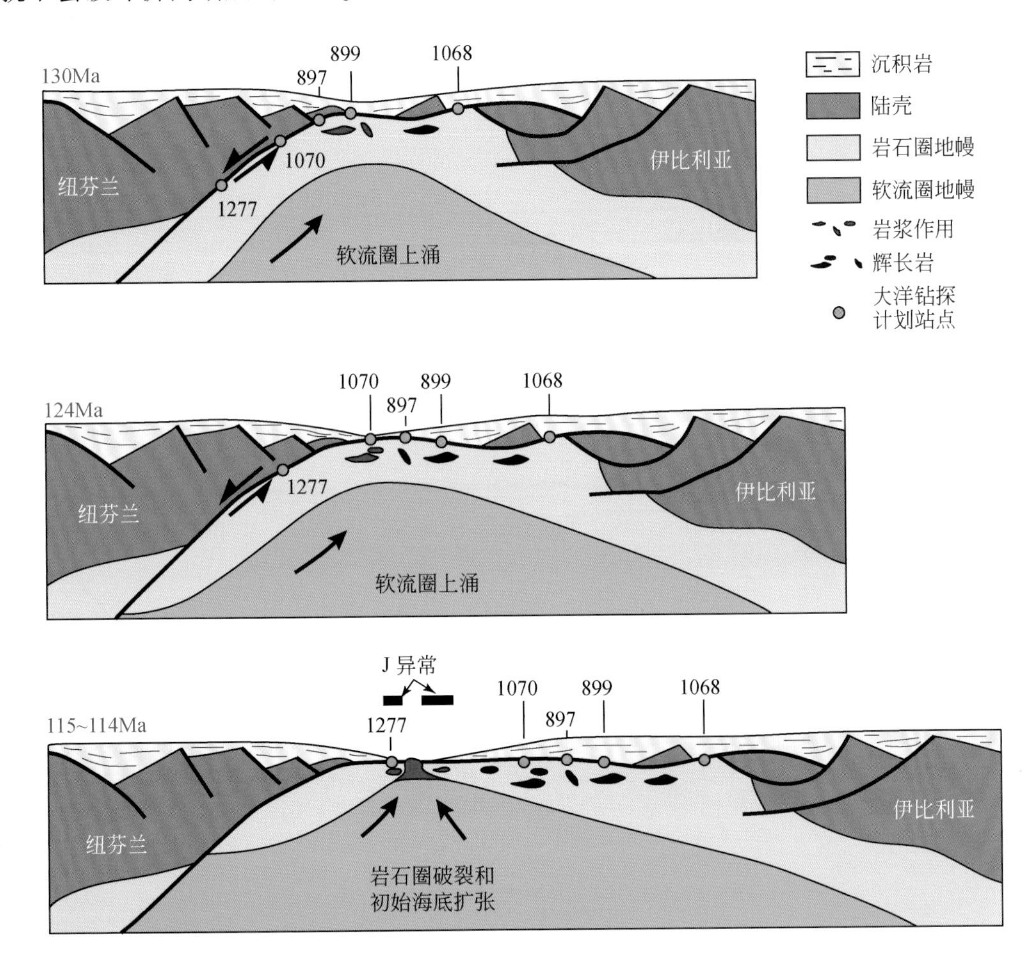

图 9-29　板块破裂和海底初始扩张前沿岩石圈尺度拆离断层的地幔剥露模式（Eddy et al.，2017）

与伊比利亚陆缘相比，该模型可解释狭窄的纽芬兰陆缘剥露地幔区岩浆作用和地幔剥露从东到西渐新

然而，这里的标准模型受到超慢速扩张洋中脊的近于无岩浆剖面的强烈挑战［图 9-27（f）］，其中，“光滑”海底是由断距约 10km 的断层形成的，这些断层倾向脊轴和远离脊轴，并穿过至少 15km 厚的脆性层（图 9-28）。缺乏固定、稳定的岩浆注入区，意味着上述标准洋壳模型不适用。此外，冷的热力学机制和缺乏岩浆，意味着岩石圈在温度介于 600～1200℃之间的深处（如 15～20km）存在一个强韧性层。这与上述标准环境非常不同，在上述环境中，强大的岩浆侵位在 600℃ 和 1200℃ 等温线之间保持了一个薄的（～100m）边界层，导致岩石圈基本上是脆性的。具有厚而脆性的岩层和强韧性基底的岩石圈不利于拆离断层的长期生长，因为强烈的挠曲应力和黏性流会使变形分散到多条较小断距的断层上。在这种情况下，

解释拆离断层的跳跃（flip-flopping）增长必然涉及某种形式的流变弱化（rheological weakening），形成一系列并列排布的微幔块（图 9-30）。通过流变学弱的沉淀矿物来降低断层摩擦，是一个很现实的解决方案，前提是这些矿物确实存在于真实的断层带中。此外，在远离主断层的岩石圈中，透入性蚀变和/或破坏以及在韧性岩石圈中剪切带通过矿物粒度减小而局部化，也可起到一定作用。

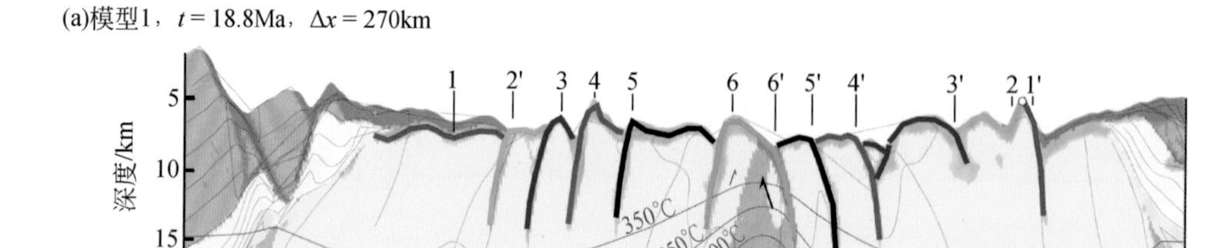

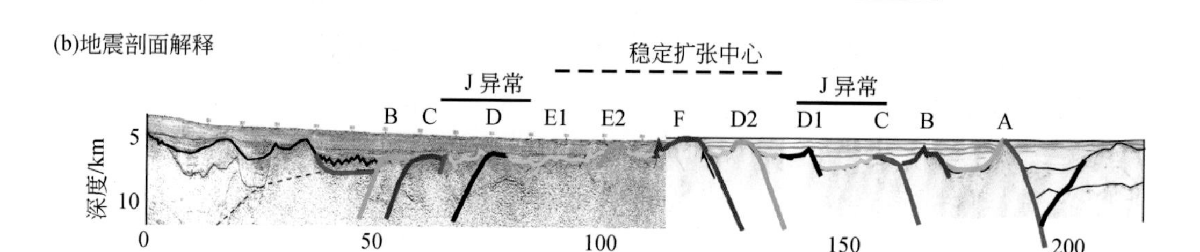

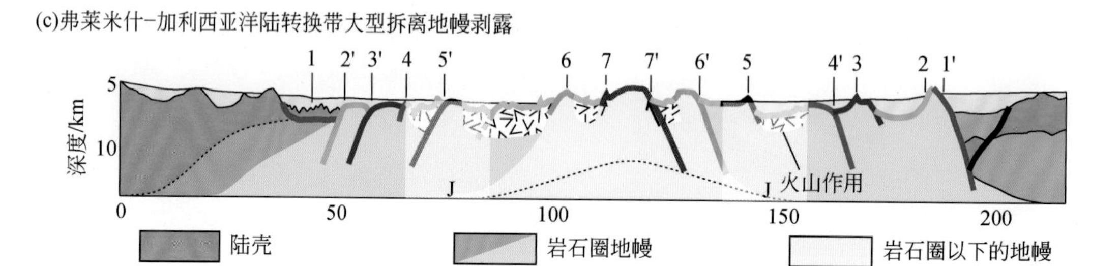

图 9-30　剥露地幔的正演模型预测与弗莱米什–加利西亚共轭陆缘过渡域的观察及其拆离断层成因顺序解释（Theunissen and Huismans，2022）

（a）模拟年龄为 18.8Ma 的模型图像。大型错移断层按形成顺序编号，连接断层破裂周围的下盘陡崖（无撇编号）及其拆离断层根带（带撇编号）。（b）为根据共轭下盘陡崖及其拆离断层根带（彩色）和岩浆添加（绿色），对地震剖面顶部的贫岩浆过渡区进行的解释。在 E2 穹隆以西，存在 2km 长的连续洋壳。高点 C 和 E2 之间的区域呈现出粗糙的高频低幅的顶部基底地形，解释为与火山活动相关的小断距高角度断层。加利西亚一侧具有类似特征的顶部基底形态，也解释为岩浆添加。J 异常的位置位于从早期火山活动到稳定扩张中心的过渡处。（c）为根据共轭下盘陡崖（无撇编号）及其拆离断层根带（有撇编号）和过渡带的性质对过渡贫岩浆域进行相同解释。早期火山活动始于 4 号拆离断层作用之后。请注意，对弗莱米什侧 1 号拆离带顶部的远端小地块解释为陆壳残余（即微陆块）

至此，对海底形态、洋壳结构和大洋岩石圈的热力学结构如何反映板块扩张速率和局部岩浆供应有了总体了解。虽然扩张速率是由整个地幔对流系统尺度的动态平衡决定的，但岩浆供应反映了上地幔的局部热化学状态，这种状态可能随着时间的推移而变化在海底留下了明显的特征。

在一系列时间尺度上，几乎所有的扩张中心都记录了海底扩张的时间变异性。Christeson 等（2020）沿着一条远离南大西洋洋中脊的板块流线进行了一次断面调查，断面进入了南美洲板块。结合测深、磁力、重力和地震学观测他们发现，从约60Ma 开始，在约 30Myr 的时间尺度上，洋壳厚度增加了约 3km。这些变化与扩张速率，从慢速（全扩张速率约 3cm/a）增加了 60%，同时，深海丘陵的特征高度降低了 50%。这种变化与全球趋势一致。60～30Ma，南大西洋洋中脊扩张作用加速，促使岩浆供给更多，洋壳更厚，岩浆侵位到岩石圈的速率更高（M 增加），这导致断距更短、间隔更近的断层形成了更小的深海丘陵。在这个简单模型内，这可能发生在近恒定的地幔位温下，但由于洋中脊下部热结构的变化，导致出现了一个较高的熔融三角区，产生了更厚的洋壳。

在扩张速率无显著变化的情况下，也可以发生类似的变化。Bonatti 等（2003）利用沿韦马（Vema）转换断层的重力测量，发现该地区洋壳厚度逐渐增加，在过去20Myr 内增厚了 1km。他们将这一趋势归因于地幔变暖（T_M增加），这可能反映了上地幔对流机制的逐渐变化。他们还发现，洋壳厚度在约 3Myr 内振荡变化，叠加在这一长期趋势上，沿转换谷壁也发现了深海橄榄岩（图 9-31）。这些橄榄岩是地幔熔融的残留物，这一点在阿尔卑斯蛇绿岩中也得到了识别。因此，在过去 20Myr 里，为韦马海区地壳提供岩浆的熔融程度既增加了，也出现了振荡。这种振荡被归因于熔体萃取，但可能多解。例如，地幔不均匀性表现为几十千米宽的或多或少可熔的

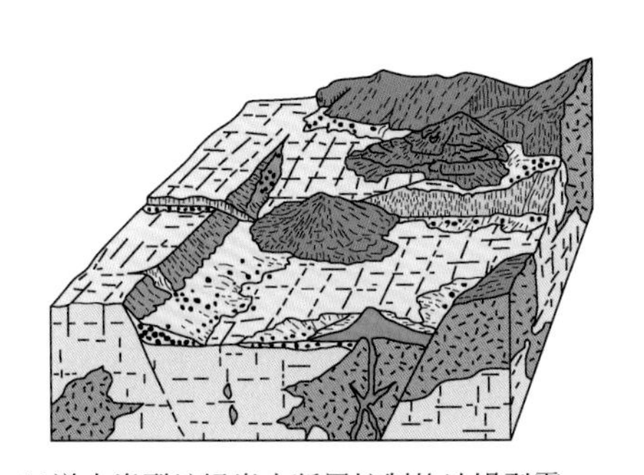

(a)洋中脊型蛇绿岩中断层控制的地幔剥露

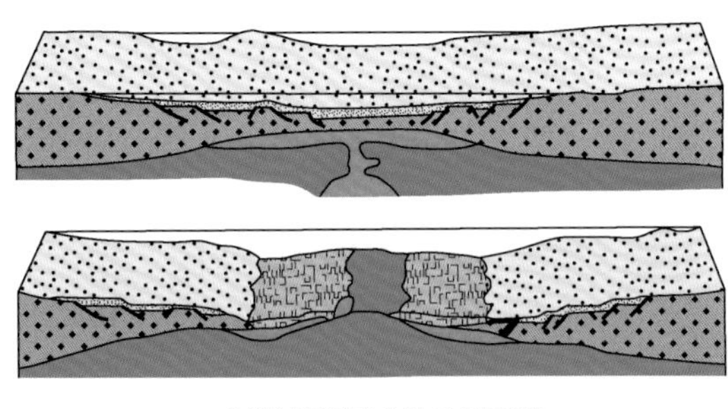

(b)陆缘环境中的地幔剥露

(c)转换断层中的地幔剥露

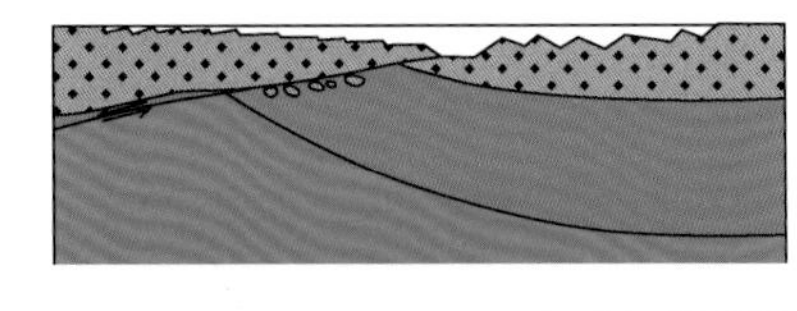

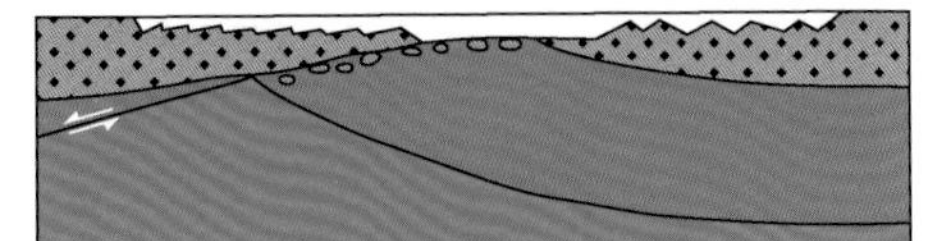

(d)拆离构造中的地幔剥露

图 9-31　阿尔卑斯蛇绿岩中剥露地幔的四种经典解释模型（Manatschal and Müntener，2009）

斑块（fusible patches），如果它们以 1cm/a 的速率上升，就可能导致几百万年尺度内岩浆产率的振荡变化。这种变化可能会在海底结构、洋壳厚度和喷发玄武岩的地球化学特征中留下可检测的信息。在较短时间尺度上，在 0.01 ~ 1Myr，甚至在 <0.01Myr 的更短时间尺度上，岩浆产率的可变性也有体现。这些通常归因于岩浆上升和聚集机制的变化，例如，在东南印度洋洋中脊，孔隙度的发展约每 0.04Myr 将大量岩浆带到脊轴上。非常快速的振荡甚至可归因于米兰科维奇（Milankovich）旋回的海平面变化，该旋回可诱导 10% 左右岩浆量的变化。尽管这些不太可能在海底留下清晰的记录，但它们可能表现为洋壳厚度的微弱振荡，尤其是在快速扩张脊上。

总的来说，需要新的数值模拟来理解和探索海底洋中脊下部地幔热-化学状态的记录。结合全球海底制图和水深分析人工智能及自动化技术的进步，这一新兴研究领域可能会为固体地球的瞬态动力学研究提供新约束，并为全球对流模型提供信息。特别有趣的是，围绕非洲的海洋核杂岩为代表的微幔块，其拆离断层的滑脱指向都指向非洲大陆，这似乎表达了全球对流模型的一个侧面，即特提斯洋关闭使得俯冲板片拖曳力通过非洲板块传递到非洲板块后缘的南大西洋和西南印度洋洋中脊。由此可见，从更大尺度分析，这些海洋核杂岩成因都是被动的（图 9-32）。类似地，西北和东南印度洋洋中脊的海洋核杂岩表现出印度板块向北俯冲的远程拖曳效果（图 9-32）。

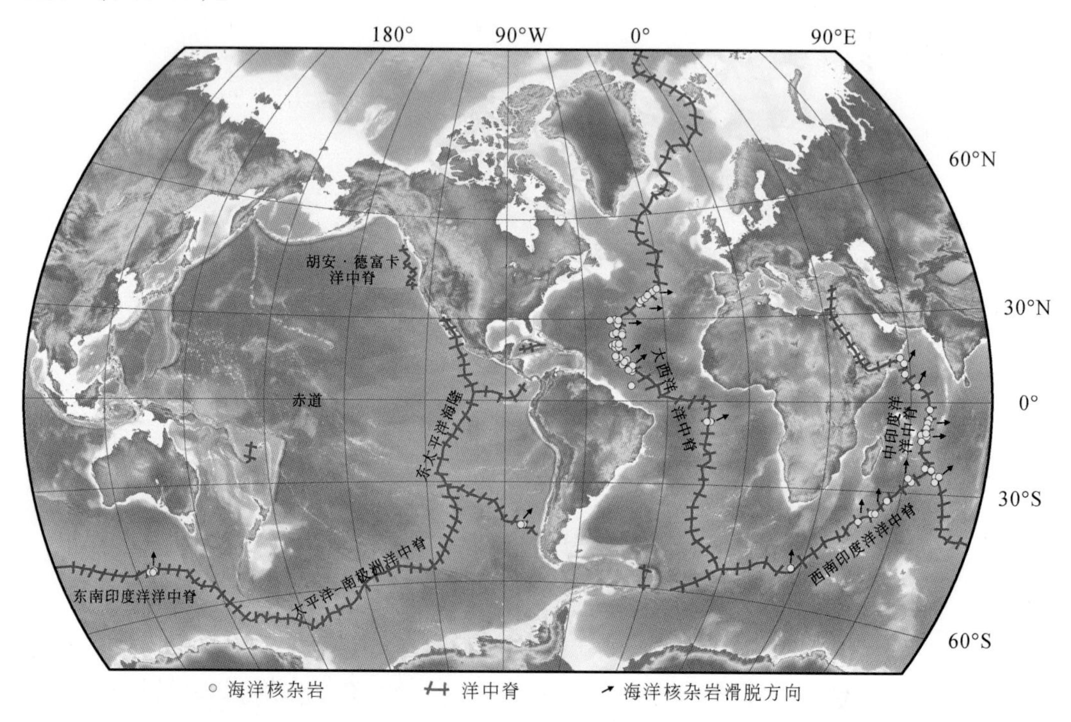

图 9-32　全球海洋核杂岩或微幔块分布（据 Ciazela et al.，2015 补充）指示非洲板块和印度板块被俯冲拖曳而主动向北的运动及其后缘拆离滑脱运动方向（箭头）

9.3 大板块俯冲撕裂与微幔块形成

微板块构造理论提出了拆沉型微幔块概念（Li et al.，2018a；李三忠等，2018），以解释观察到的岩石圈地幔之下大量的不规则微小块体。近年来的层析成像模型揭示，岩石圈下的深部地幔中存在大量微小的 P 波高速异常体。P 波高速异常体被周边热地幔的低速体包绕，其几何不规则性既可能源自拆沉板片从岩石圈到软流圈地幔-下地幔的过程中所经历的复杂塑性变形，也可能继承自原始板片拆沉或撕裂边界的不规则性。因此，这些不规则 P 波高速异常体，一般被解释为拆沉作用产生的微小地幔块体，即微幔块。微幔块主体组成通常为超基性地幔岩或高压-超高压变质榴辉岩，与大陆造山带山根的拆沉、被破坏的克拉通岩石圈地幔拆沉或沿俯冲带的大洋岩石圈的断离关系密切，因而统称为拆沉型微幔块。传统板块构造理论认为俯冲作用的过程是连续的帘状板片俯冲，而拆沉型微幔块的研究跳出了这一桎梏，可对造山带深部动力过程和大洋俯冲带的分段性差异作出合理解释和判断，也可以进一步推广到地球早期深部地幔拗沉（sagduction）或滴坠（dripping）阶段的强烈垂向运动场景（Li et al.，2018a；李三忠等，2018）。

地震层析成像模型（MIT-P08）显示，南海下方 410 ~ 660km 深处有一高速体，被解释为上地幔中的滞留板片，即拆沉型微幔块，但其起源尚不清楚（Sun et al.，2019）。之前的地幔对流模型提出了 30Ma 时南海下部的古南海北西向俯冲拆沉模式，在不考虑欧亚板块绝对运动的前提下，根据水平位置的一致性，将该板片（即微幔块）解释为古南海的北向俯冲部分（Lin et al.，2020；Wu and Suppe，2018；Wu et al.，2016）。然而，30Ma 时南海位于其现在位置以西 6°经度处，当时其下方并没有板片的俯冲（Müller et al.，2019）。另一种替代性解释是，滞留板片来自更早的古太平洋板块或太平洋板块俯冲。根据前人的地幔概念模型和动力学分析（Sun et al.，2019；Liu et al.，2020），在约 55Ma 时，南海东南部依泽奈崎板片 NW 向俯冲的碎片在 24°N 左右被撕裂，并滞留在上地幔中，之间的板片窗成为后来岩浆上升的通道（图 9-33）。该滞留板片断离的周缘分别在南海洋中脊段两侧位置产生了板片窗和古老的依泽奈崎-太平洋转换断层，并可以从层析成像模型中识别出其北部一个大而连续的依泽奈崎-太平洋板片。在周围俯冲带和周边板块运动的影响下，太平洋板块和古南海之间的边界，逐渐转变为左行走滑的转换边界。因此，如在 17°N 地震层析成像剖面所示［图 9-34（c）］，该滞留板片，在东西方向上，没有与之相连且连续俯冲的其他俯冲板片。因此，结合南海海盆打开模式，可以推断，印度-澳大利亚板块的俯冲为南海海盆打开提供了物质来源，板片窗的形成和拆沉型微幔块的形成提供了岩浆通道。

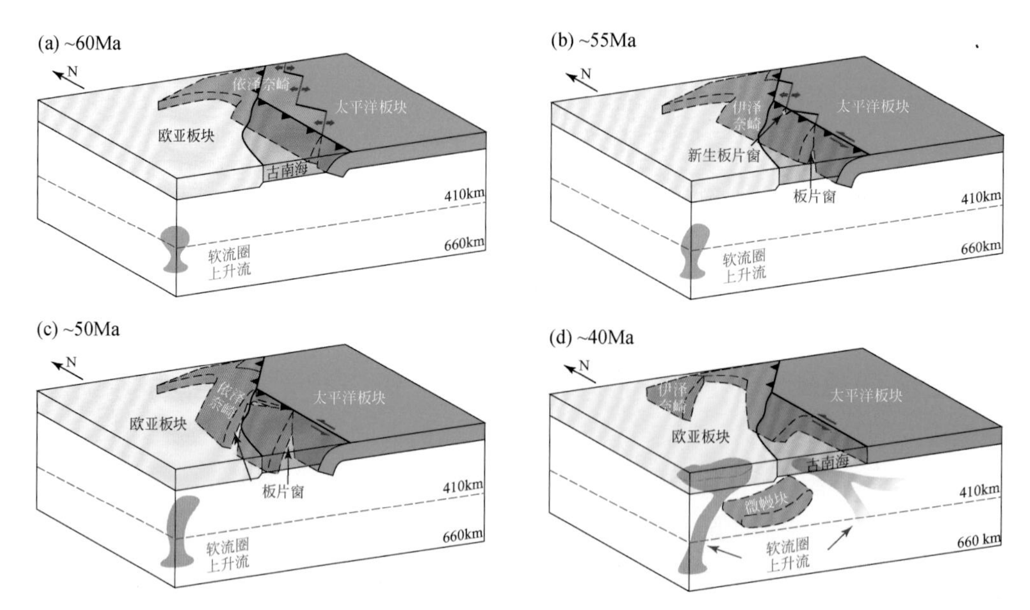

图 9-33　南海微幔块的依泽奈崎拆沉模式（刘金平，2023）

该模式假设古太平洋-太平洋板块向西俯冲开始于白垩纪晚期，结束于始新世早期

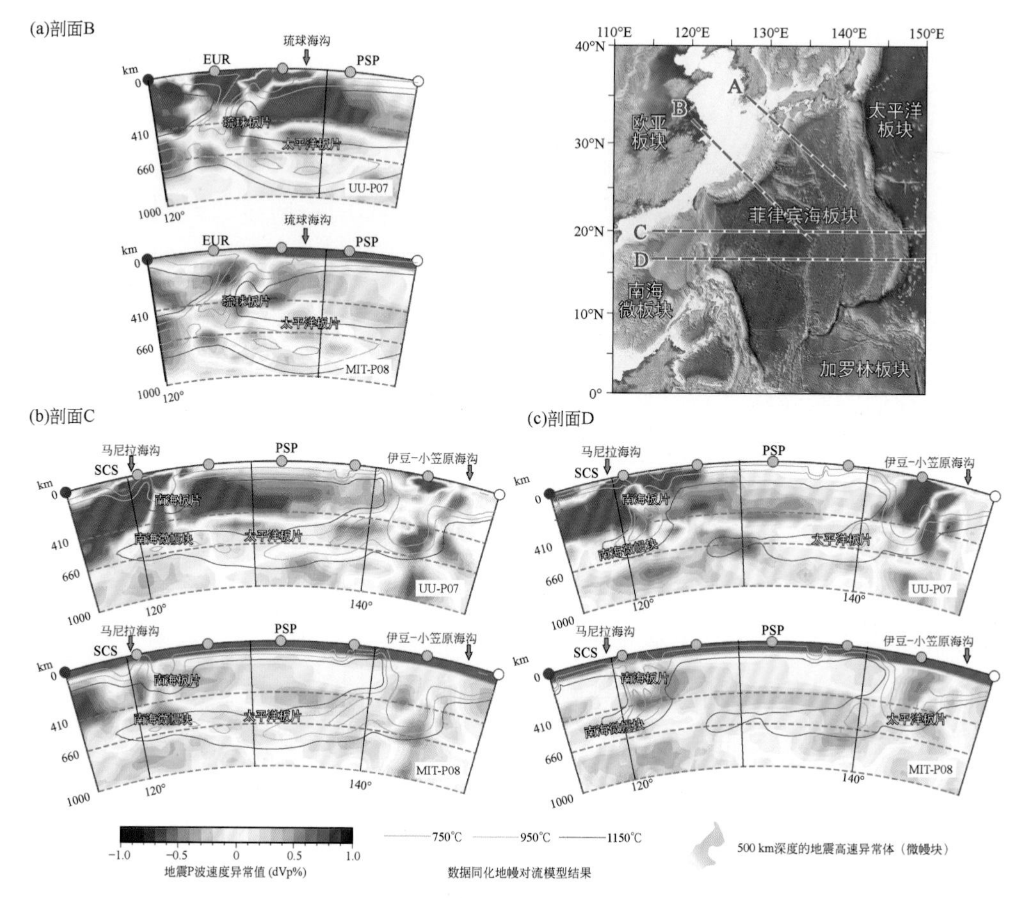

图 9-34　地球动力学模型与层析成像剖面对比（刘金平，2023）

数值模型中，将比周围地幔温度（设定为约 1250℃）低 10% 的区域定义为俯冲板片。

PSP-菲律宾海板块（Philippine Sea Plate）；SCS-南海（South China Sea）

为进一步检验南海下方拆沉型微幔块的起源，刘金平（2023）使用数值模拟软件 CitcomS（Hu et al.，2018；Liu and Stegman，2011；Zhong et al.，2008）建立了一个三维数据同化地球动力学区域模型，该区域模型以 GPlates 数字化重建模型中板块运动、海底年龄和俯冲带拓扑结构的数据为输入条件。该模型启动于 55Ma，成功再现了南海海盆下方的微幔块［图 9-34（c）（d）和图 9-35］。这一结果提供了一个

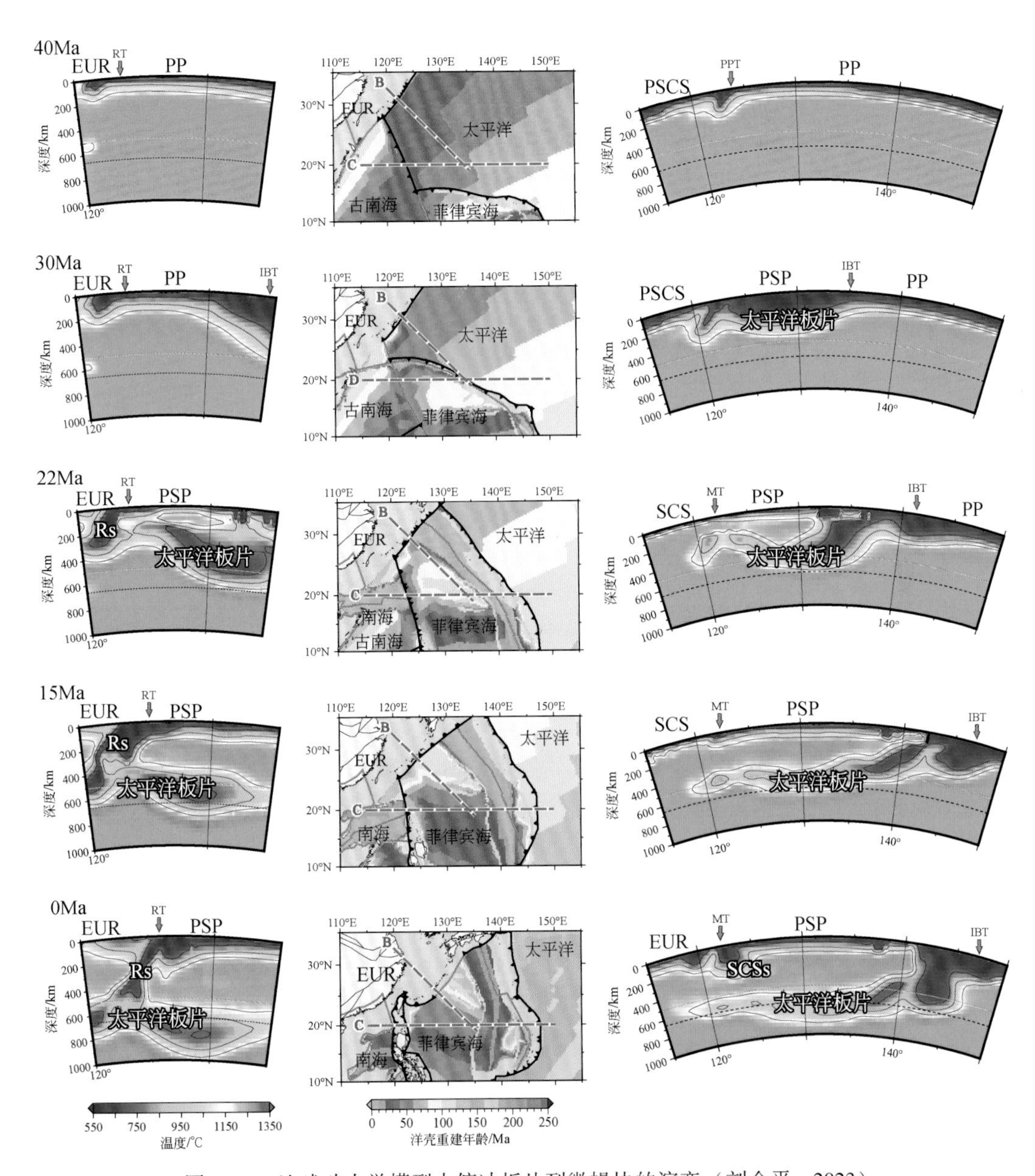

图 9-35　地球动力学模型中俯冲板片到微幔块的演变（刘金平，2023）

左列对应图 9-34 的剖面 B，右列对应图 9-34 的剖面 C。EUR-欧亚板块（Eurasian Plate）；PP-太平洋板块（Pacific Plate）；PSCS-古南海（Proto-South China Sea）；PSP-菲律宾海板块（Philippine Sea Plate）；SCS-南海海盆（South China Sea）。IBT-伊豆–小笠原海沟（Izu-Bonin Trench）；MT-马尼拉海沟（Manila Trench）；RT-琉球海沟（Ryukyu Trench）；SCSs-南海板片（South China Sea slab）；Rs-琉球板片（Ryukyu slab）

新的假设，即它是连续西向俯冲的太平洋板片一部分。在 Liu J P 等（2023）的 OUC2022 版板块重建模型中，太平洋板片在古南海下的重新俯冲开始于 47Ma，因此，该微幔块可能曾是此时太平洋板片 NW 向平板俯冲的前缘，并在 30Ma 左右受到南海海盆打开的影响而被部分撕裂，最终表现为当前的形态，即在 17°N 剖面中，该微幔块在东西方向上相对独立；但在 20°N 剖面中，其与东侧太平洋俯冲板片小范围相连。这在 500～600km 深度的层析成像水平切片中也可以看到，这一微幔块并非如前人 EW 走向或 NW—SE 走向的剖面上展示的那样是完全独立的块体，而是在 SW—NE 方向上与其他较大的微幔块或俯冲板片存在局部的连接。

这些结果表明，转换断层或破碎带广泛发育在大洋型大板块内，随着俯冲板块发生俯冲时，会再次在地幔中活化。由于其两侧年龄不同，流变学行为存在差异，进而发生俯冲角度不同的撕裂，就像不在手掌面上的 5 个指头，因而称为俯冲板片的指裂作用。大板块俯冲指裂行为是微幔块形成的初始阶段，也是很多陆-陆碰撞带或洋-陆俯冲带中常见的现象，是大板块向微幔块转变的一种方式，也是大洋型大板块内镶嵌的微板块的一种死亡方式。

9.4 微幔块游移与地幔对流

微幔块进入软流圈或下地幔后，会随着全地幔大尺度对流循环在岩石圈以下的地幔中发生水平漂移，但其移动极其缓慢。尽管如此，中生代以来同一条俯冲带或碰撞造山带下方的微幔块，总体还是成群地展现出空间相关性，空间上和成因上相关的一群或一带微幔块总称为微幔块群。全球层析成像揭示了 11 个/条这样的微幔块群或微幔块分带（图 9-36）（李三忠等，2023b），分别命名为：亚匹特斯洋微幔块群、原特提斯洋微幔块群、瑞克洋微幔块群、古亚洲洋微幔块群、古特提斯洋微幔块群、新特提斯洋微幔块群、古太平洋微幔块群、西太平洋微幔块群、东太平洋微幔块群、东北太平洋微幔块群、南太平洋微幔块群。但是，不排除一些与哥伦比亚超大陆、罗迪尼亚超大陆聚散相关微幔块的局部存在。因为现在的识别技术，只能简单通过微幔块垂直沉降速率计算获得其工作或沉降年龄，所得结果最老也不超过 300Ma。然而，实际上，一些微幔块可能在地幔内部水平漂移很长时间，或者长期滞留于 410～660km 地幔过渡带或 1000～1200km 深度等界面。

这些不同时期的微幔块群分别与加里东期、华力西期、印支期、燕山期、阿尔卑斯-喜马拉雅造山事件密切相关，但不排除吕梁期或哥伦比亚期、格林威尔期或晋宁期微幔块的局部保存。这些事件起始时间差异以及微幔块下沉速率差异悬殊，使得微幔块在岩石圈以下的地幔不同深度层次的工作年龄（即俯冲或下沉开始到俯

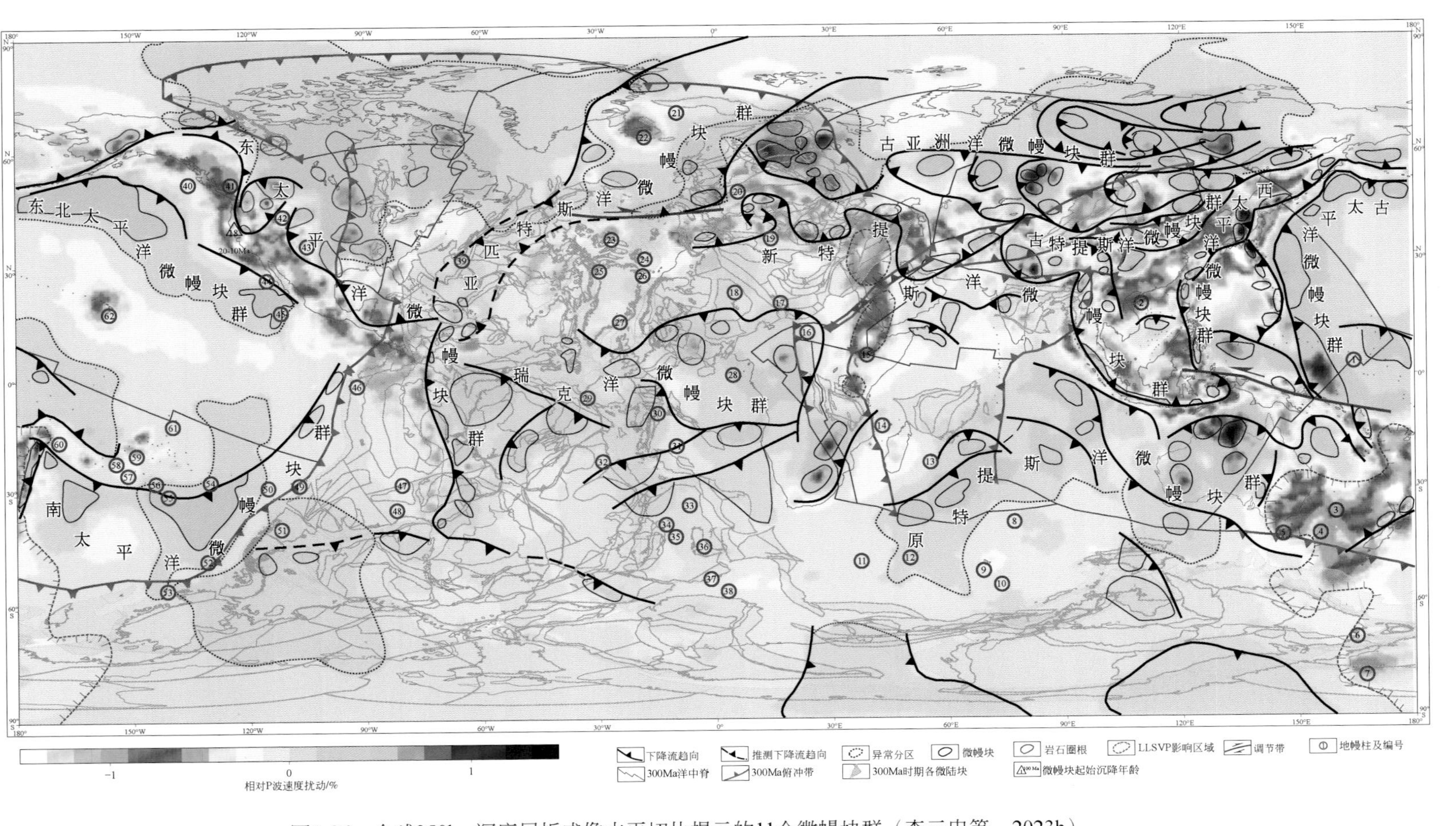

图9-36 全球350km深度层析成像水平切片揭示的11个微幔块群（李三忠等，2023b）

红色圈为地幔柱编号（表9-1）

表 9-1 全球现今地幔柱或热点列表

地幔柱编号	英文名称	年龄/Ma	地幔柱编号	英文名称	年龄/Ma
1	Caroline	19. 26 ~ <1	32	Trindade	85 ~ <0. 25
2	Hainan	30 ~ 现今	33	Vema	18 ~ 15
3	Lord Howe	27 ~ 4. 5	34	Tristan	135 ~ 现今
4	Tasmanid	50 ~ 6. 5	35	Gough	~ 130 ~ ?
5	East Australia	34 ~ 6	36	Discovery	40 ~ 23
6	Balleny	45 ~ 现今	37	Shona	92 ~ 26
7	Erebus	85 ~ 现今	38	Bouvet	140 ~ 现今
8	Amsterdam	38 ~ <0. 4	39	Bermuda	47 ~ ?
9	Kerguelen	147 ~ 现今	40	Bowie	24 ~ 0. 7
10	Heard	22 ~ 现今	41	Anahim	24 ~ ?
11	Marion	90 ~ 现今	42	Yellowstone	62 ~ 现今
12	Crozet	9 ~ 0. 1	43	Raton	10 ~ 现今
13	Réunion	73. 4 ~ 现今	44	Guadalupe	?
14	Comoros	<10 ~ 现今	45	Socorro	0. 54 ~ 现今
15	Afar	75 ~ 现今	46	Galapagos	5 ~ 现今
16	JebelMarra/Darfur	36 ~ 现今	47	San Felix	22 ~ 0. 4
17	Tibesti	12 ~ 现今	48	Juan Fernández	4 ~ 现今
18	Hoggar	35 ~ 现今	49	Easter	7. 5 ~ 0. 13
19	Mount Etna	0. 6 ~ 现今	50	Crough	11 ~ 现今
20	Eifel	0. 7 ~ 现今	51	Foundation	17 ~ 现今
21	JanMayen	60 ~ 现今	52	Cobb	8 ~ 现今
22	Iceland	64 ~ 现今	53	Louisville	90 ~ 现今
23	Azores	90 ~ 现今	54	Pitcairn	25 ~ 现今
24	Madeira	145 ~ 现今	55	Macdonald	30 ~ <2
25	New England	170 ~ ?	56	North Austral	20 ~ 现今
26	Canary	142 ~ <0. 2	57	Arago	100 ~ 现今
27	Cape Verde	>19 ~ <0. 1	58	Maria	?
28	Cameroon	31 ~ <0. 1	59	Society	5 ~ 现今
29	Fernando	30 ~ 1	60	Samoa	24 ~ 现今
30	Ascension	90 ~ 60	61	Marquesas	6 ~ 1
31	St. Helena	81 ~ 2. 6	62	Hawaii	80 ~ 现今

注：70%的地幔柱与750km以下的低速异常区吻合度较高，尽管地幔柱也可能以5 ~ 10cm/a的速度移动（Jiang Z X et al., 2021），但这里仍将其位置的长期稳定性作为深部构造的一个约束。此外，老于2亿年的地幔柱有待未来补充，其现今地质记录所在位置因多期板块重组，早已脱离其地幔柱根部，因此对探测现今深部地幔年龄结构的指示意义不大。例如，本节没有列举起源于120Ma的Ontong Java地幔柱和144Ma的Shatsky洋底高原，因为其地幔柱柱尾位置与其现今洋底高原的位置差别太大而难以对应。特别注意，对本章节与地幔柱生成带吻合的那些地幔柱，其最大年龄不等于LLSVP就是2亿年以来才形成的

冲或下沉结束的年龄，分别对应下述的底部年龄和顶部年龄）结构和组成年龄（即微幔块组成岩石的真实年龄）结构复杂多端。尽管如此，微幔块工作年龄结构的总体格架是，在上地幔下部的工作年龄结构相对年轻，在下地幔的工作年龄结构总体形成较早。尽管对于微幔块从大洋岩石圈俯冲板片断离或从大陆岩石圈拆沉后的下沉速率，不同学者的观点差异很大，例如，1～2cm/a（Steinberger et al., 2012），660km 以上为 1.0～2.4cm/a、1700km 以下为 1.2cm/a，核幔边界为 0cm/a（van der Meer et al., 2018）、1～4cm/a（Peng and Liu, 2022）（图 9-37）、4mm/a（van der Meer et al., 2018）、1～2mm/a（Morgan and Vannucchi, 2021），但总体上，微幔块下沉速率，比板块运动速率慢一个数量级。需要特别注意的是，从上地幔下部到地幔过渡带，微幔块可能会经历一段时间的滞留后才继续往深部下地幔下坠，这些过程都需要时间，因此，人们可能极大地低估了目前已知的微幔块工作年龄（van der Meer et al., 2018），现阶段的这些估计都仅供参考。

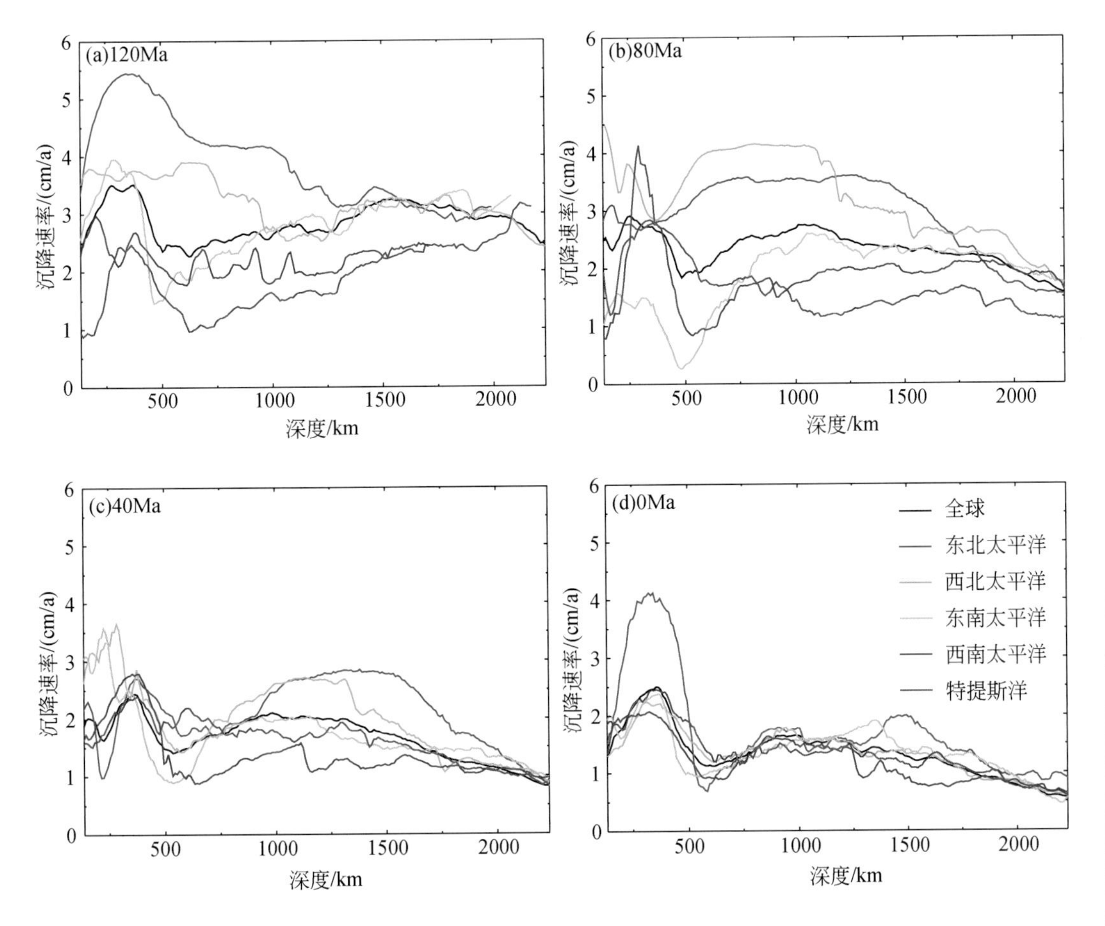

图 9-37　板片或微幔块沉降速率随深度变化的分布（Peng and Liu, 2022）

每根曲线代表全球或某俯冲带的平均沉降速率，每个平均沉降速率值是依据某深度范围（10km 范围）计算的。从该图统计趋势也大体可知，新生代以来，2500km 深处以下微幔块垂向沉降的最小速率应当小于 5mm/a，与 Cao 等（2021）计算的 LLSVP 水平迁移平均速率相当，直到核幔边界为 0

以 1～2mm/a 的最慢下沉速率计算，沿简单的垂向等速下沉路径，甚至也需要 2000Myr 以上，微幔块才能从软流圈地幔深入到核-幔边界。依据同样的理论计算，如果以 2cm/a 的等速垂直下沉，从地表开始，微幔块最快在 1Myr 内可以下沉 20km，约 150Myr 就可以触及核-幔边界（图 9-38）。但是，事实并非如此简单，因为在 410～660km 地幔过渡带或 1000～1200km 界面，一些微幔块的滞留时间在 100Myr 以上，表现在图 9-37 中这个深度的下沉速率陡然降低，特别是 410～660km 深度范围内密度、S 波和 P 波地震波速也表现为陡然增加；而年轻的高角度快速俯冲板片发生拆沉形成的一些微幔块，又可以快速下沉到 1000～1200km 处滞留一段时间。在这个途中，一些微幔块因为尺寸较小或较年轻，容易被相对快速的水平地幔流（或地幔风）裹挟着或携带着发生相对较快但也是绝对缓慢的水平漂移。特别是，2000～2500km 深度范围正是 D″层（厚 200～350km）顶面以上 500km 内（图 9-38），似乎是同一流

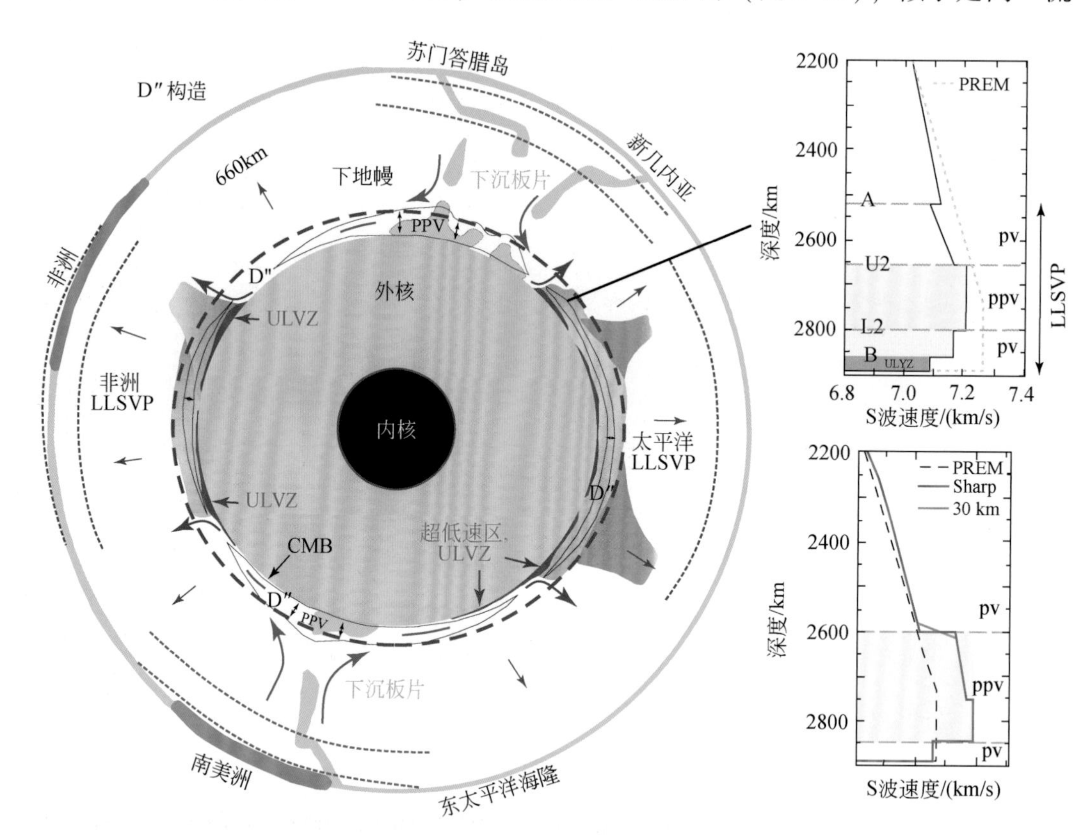

图 9-38　核幔边界（CMB）上方 D″区域（红虚线以下）大型构造的地球横截面

（改编自 Trønnes，2010）

左图指示了非洲和太平洋下面的两个大型横波低速异常区（LLSVP）在其基部和边缘有薄的超低速带（ULVZ）。地幔上升流温暖区域围绕并覆盖在 LLSVP 之上。相对较冷的地幔下降流区域下方是具有后钙钛矿（ppv）产状的 D″物质。右图显示了 LLSVP 边缘上升流和下降流区域的详细地震横波速度模型，其中，D″速度间断见于 2600～2650km 深处。这两个区域以深，都有速度衰减，这可能代表 CMB 上方 2891km 深度的陡峭地热梯度上后钙钛矿（ppv）转换回钙钛矿（pv）的过程

系的收敛下降流与发散下降流发生转换的瓶颈区段，很多微幔块堵塞在这个地段（图 9-39），要突破这个瓶颈，也需要大量滞留时间，且钙钛矿相变为后钙钛矿也需要时间。

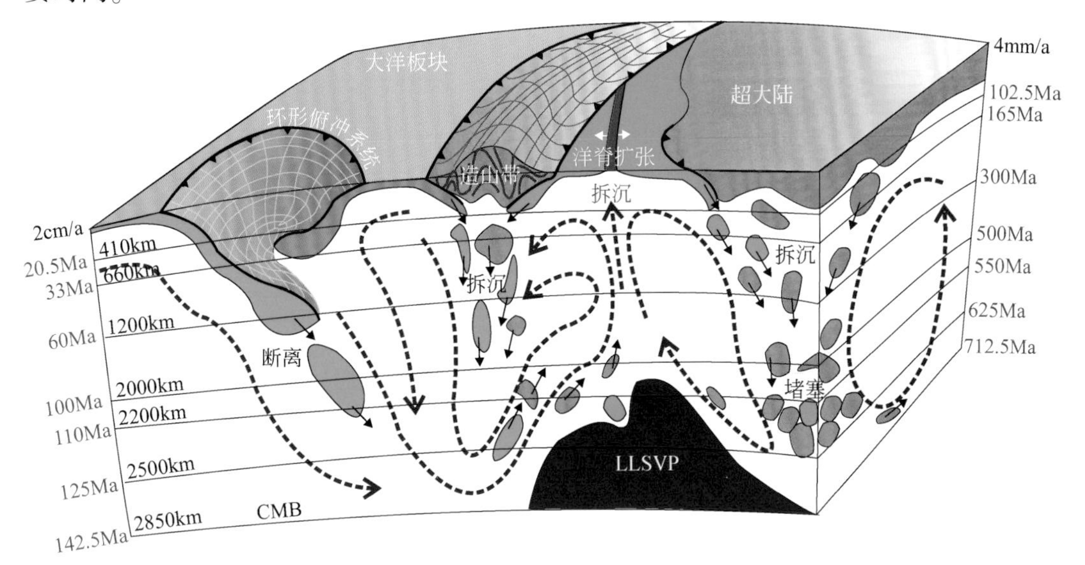

图 9-39　确定微幔块工作年龄的简单模式图解

微幔块在前人文献中曾被称为斑点、斑块、夹带或裹挟体、沉降板片、已俯冲板片、冷幔柱等。以垂向等速的最低下沉速率（4mm/a）或垂向等速的平均下沉速率（2cm/a）计算，微幔块的垂向下沉年龄分别对应右侧和左侧两个年龄柱（红色字），到达核幔边界的年龄分别约为 712.5Ma 和 142.5Ma；若微幔块在地幔中水平漂移的平均速率按照 2cm/a 计算，水平跨越 2000km 则需要 100Myr，水平跨越 5000km 则需要 250Myr

微幔块组成的年龄结构，即不同深度或同一深度微幔块之间的岩石年龄格架更是复杂无比。一些古老大陆岩石圈发生拆沉的工作年龄可以很年轻，但其自身组成年龄却很老，比如华北克拉通破坏拆沉的陆幔型微幔块，其工作年龄可以是中生代，而其岩石组成年龄可以是太古代的。然而，一些中、新生代大洋岩石圈发生板片断离、拆沉的工作年龄可以很年轻，因此其组成年龄和工作年龄都是中、新生代。由此可见，微幔块之间的物质组成差异、组成年龄差异、工作年龄差异、形成机制差异、运动路径不同等，最终都会导致现今地幔组成年龄和工作年龄的结构极其复杂（图 9-39）。但这些信息的揭示，都应是地幔动力学数值模拟的有效约束，极具价值。

从 11 个微幔块群的时空分布格局和板块重建分析，这里不排除南极洲、北美洲、欧洲、亚洲地区的下地幔中可能存在相应时期微幔块的可能。这里依据板块重建推测，哥伦比亚超大陆汇聚应以南极洲为中心，关键时间为 1800Ma，假如中元古代地幔比现在热，微幔块不容易下沉，且按照 4mm/a 计算，则到达核-幔边界的可能时刻在 1100Ma。此时，组成哥伦比亚超大陆的岩石圈板块可能早已漂移离开了哥伦比亚超大陆汇聚中心，到达了一个完全对跖的地表或经纬度间隔大体 90°的区域，据此推断，罗迪尼亚超大陆汇聚应以北美洲为中心，关键时间正是1100Ma。若按照4mm/a计算，罗迪尼亚超大陆汇聚期间的微幔块到达核-幔边界的时刻应在400Ma左右。由此可见，即使以最慢速度下沉，哥伦比亚超大陆和罗迪尼亚超大陆聚合期间的微幔块都可能依然保存在核-幔边界附近，但两者在核幔边界的空间位置完全对跖或空间互补。原潘吉亚超大陆汇聚应以欧洲为中心，关键时间为400Ma，同样按照4mm/a计算，则相关微幔块现今最深到达了1600km深处；潘吉亚超大陆汇聚应以亚洲西部为中心，关键时间为250Ma，按照4mm/a类似计算，则相关微幔块现今最深到达了1000km深处；若以平均的最快下沉速率2cm/a计算，原潘吉亚超大陆和潘吉亚超大陆汇聚期间的微幔块现今也可到达核-幔边界；按照2cm/a这个速率，新生代以来的微幔块也可达1200km深处。因此，下地幔的微幔块工作年龄结构也是非常复杂的，甚至上下地幔微幔块的工作年龄可能存在交错。未来亚美超大陆汇聚应仍以亚洲东部为中心，关键时间为未来的300Ma。

多数超大陆汇聚中心之间的经纬度间隔大体都为90°。所有超大陆汇聚中心大体皆位于两个LLSVP之间对应的上部空间范围，而不是像前人认为的在其中一个LLSVP的正上方（Torsvik et al.，2008a，2008b）。地质上，与罗迪尼亚超大陆形成相关的格林威尔事件峰期在1100～900Ma（但现今多认为在900～750Ma，Li Z X et al.，2023），主要发生在北美克拉通、西伯利亚克拉通、亚马孙克拉通和东南极克拉通之间；与原潘吉亚超大陆相关的加里东事件峰期年龄在420～400Ma，主要发生在北美克拉通、波罗的克拉通和冈瓦纳古陆之间；与潘吉亚超大陆相关的印支事件峰期在270～250Ma，主要发生在西伯利亚克拉通、波罗的克拉通和亚洲一些古陆之间。但从上述的简单计算可知，目前多数微幔块的工作年龄不超过300Myr，这与前人认识的LLSVP稳定存在于750～1000Ma（Maruyama et al.，2007）、甚至早到2500Ma（Burke et al.，2008）的认识差距较大。Li Z X等（2023）最新的板块重建方案中，某种程度上也隐含着两个LLSVP自2000Ma以来一直存在。尽管LLSVP也会极其缓慢地（水平迁移速率不超过1cm/a）发生水平漂移（Cao et al.，2021a，2021b），但因上部超大陆汇聚中心变化远快于下地幔LLSVP迁移，两个LLSVP位置因此偏移（最大不超过90°）后，也会因为下一个超大陆汇聚中心变迁而得到快速水平方向回调，其长期效应是两个LLSVP的位置基本未动。

现今两个完整的LLSVP（太平洋下部的JASON及非洲下部的TUZO）在下地幔的高度大约为1000km，但考虑到TUZO在1450～1850km其形态初具一体化趋势，故这里认为LLSVP总体处于深度1450～2850km。LLSVP的形成实际是一个漫长的过程，低速异常的空间分布，基本受上部俯冲板片或微幔块的空间分布制约，特别是在下地幔基本受微幔块的重力下坠空间制约。这犹如石头掉入平静湖水或海水中，石头是湖水产生涟漪和湖底或海底水草摆动的动因。类似地，微幔块从软流圈下坠到较热的下地幔，使 LLSVP 上部摆动，同时也塑造其根部形态，因此，LLSVP 是微幔块长期塑造的结果，即地幔对流机制是自上而下（Top-down）机制。不过，微幔块在地幔中的行为比石头入水要复杂得多（图 9-40），但由此依然可知，地幔

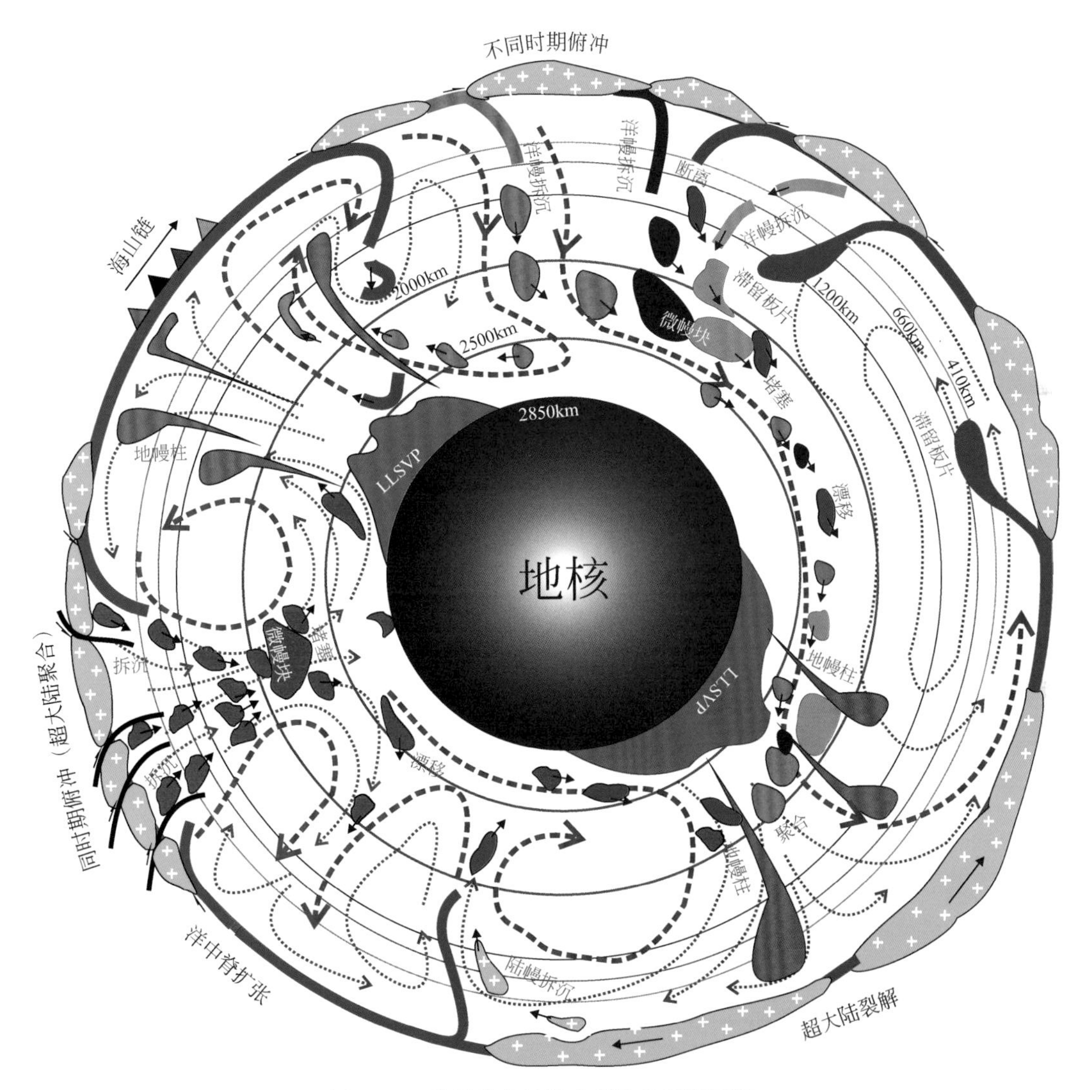

图 9-40 微幔块在地幔中行为的假设图解

图中大陆岩石圈用草绿色带十字架的色块表示，大洋岩石圈用暗绿色色板表示；品红色为地幔柱，紫蓝色为两个 LLSVP；不同颜色微幔块具有不同的工作年龄和工作方式（滴坠、俯冲、断离或拆沉等）；蓝色粗或细的断线箭头指示对流运行方向，地幔内黑色实线短箭头代表微幔块移动方向；地表灰三角为死亡火山，品红色三角为活火山，黑色实线长箭头代表热点或海山链移动方向。所有微幔块到达核幔边界速率视为 0。多数大洋板块俯冲后，板片可深达 1200km，部分在 410 ~ 660km 深度的地幔过渡带滞留很长时间（如华北克拉通下可能可达 1.2 亿年）。在超大陆汇聚同期各造山带拆沉的陆幔型微幔块和同期俯冲断离的洋幔型微幔块（全部用红色显示）同时向地幔深部下沉，在 2000 ~ 2500km 处融合或堵塞，个别微幔块一旦突破这个瓶颈，在 2500km 左右会向两侧分流，遇到 LLSVP 的坡面，会随着上升流向上运移。因而同一深度的微幔块不一定具有相同的工作年龄，不同时期俯冲断离的洋幔型微幔块也可能在 2000 ~ 2500km 深处汇聚、融合、堵塞。同样，个别微幔块一旦突破这个瓶颈，在 2500km 左右会向两侧分流，遇到 LLSVP 的坡面，会随着上升流向上运移，也可能沿着某个深度发生长距离的水平漂移，直到其他部位与其他来源的微幔块聚合，但向上可能同样难以突破 2500km 界面，从而使得 LLSVP 长大，或在没有 LLSVP 的核幔边界形成新的 LLSVP

对流并非以前传统板块构造理论中的自下而上（Bottom-up）地幔对流机制。按照自上而下（Top-down）的板块运动机制，长期俯冲可驱动超大陆聚合，而俯冲（subduction）、滴坠（dripping）、拆沉（delamination）或断离（break-off）是微幔块形成的根本原因，其根本是瑞利-泰勒不稳定性，即重力驱动，故超大陆汇聚伴随大量微幔块的形成，微幔块下坠可塑造LLSVP形态和运动状态，空间上，超大陆对应于LLSVP上部还是两个LLSVP之间的位置没有选择性，一旦该超大陆正好运移到或形成于LLSVP之上时，LLSVP周边的地幔柱生成带形成的地幔柱上涌，以及超大陆的盖子隔热效应，都可导致该超大陆裂解。若该超大陆不在LLSVP之上，超大陆仅靠盖子隔热效应，也可以导致超大陆裂解（Gurnis，1988）。因此，微幔块垂向运动与超级克拉通、超大陆或巨大陆水平聚散也存在关联。

Zhu等（2020）结合地震层析成像和板块运动历史的结果，研究了美洲下地幔中的岩石圈俯冲板片。他们利用宽带波形互相关检测了从阿拉斯加到南美洲的一条宽廊带上的37 000次差分P和S走时及2000次PcP-P和ScS-S走时。同时，反转数据以获得P波和S波速度模型。通过对比他们的V_S层析图像（图9-41），重建从120Ma到今天的板块运动，解释了板片结构，并揭示了俯冲历史（图9-42）。他们还使用了：太平洋和印度-大西洋热点参考系及通过南极洲的板块路径，计算了太平洋相对于美洲的汇聚。在800km深度左右，四个明显的快速异常分别与南美洲、中美洲和北美洲下方的纳斯卡、科科斯和胡安·德富卡板块以及阿留申岛弧下方太平洋板块的俯冲有关。在S波模型中，最下部地幔中的大型快速异常最为明显，可能与法拉隆板块晚白垩世俯冲到美洲板块下方有关。在2000km深度附近，这些图像记录了原法拉隆板块在80Ma后分裂为北部的库拉板块和东北部的法拉隆板块。Zhu等（2020）推断，在1000km深度附近，分离的快速异常体可解释为库拉-太平洋、胡安·德富卡和法拉隆板片。该解释与地震层析成像和板块历史重建估计的板片体积和长度一致。这些结果表明，这些微幔块向东漂移到了现今的北美洲大陆中部。实际上，也不能排除一些微幔块及其携带的陆壳熔融后，一些古老锆石继续随地幔流向东迁移，并被洋中脊玄武岩捕获。若此，这个模式可以很好地解释大西洋洋中脊玄武岩中发现的大量古老锆石成因（Yano et al.，2009；任纪舜等，2015）。

微幔块的运动也可以通过剪切波分裂来识别，微幔块可能随着地幔对流向前漂移或随着地幔回流而回卷，也可能直接垂直下坠，还可能在环向流作用下旋转、塑性扭曲。有几个假设已经用来解释西北太平洋有趣的圆形剪切波分裂型式，即二维夹带流（entrained flows）或三维回流（return flows）。Zhu等（2020）提出了一些迄今尚未确定的、与深度相关的各向异性特征以协调不同的概念模型。在深度小于200km的地方，落基山脉西部地震波的快速传播方向与胡安·德富卡和戈达

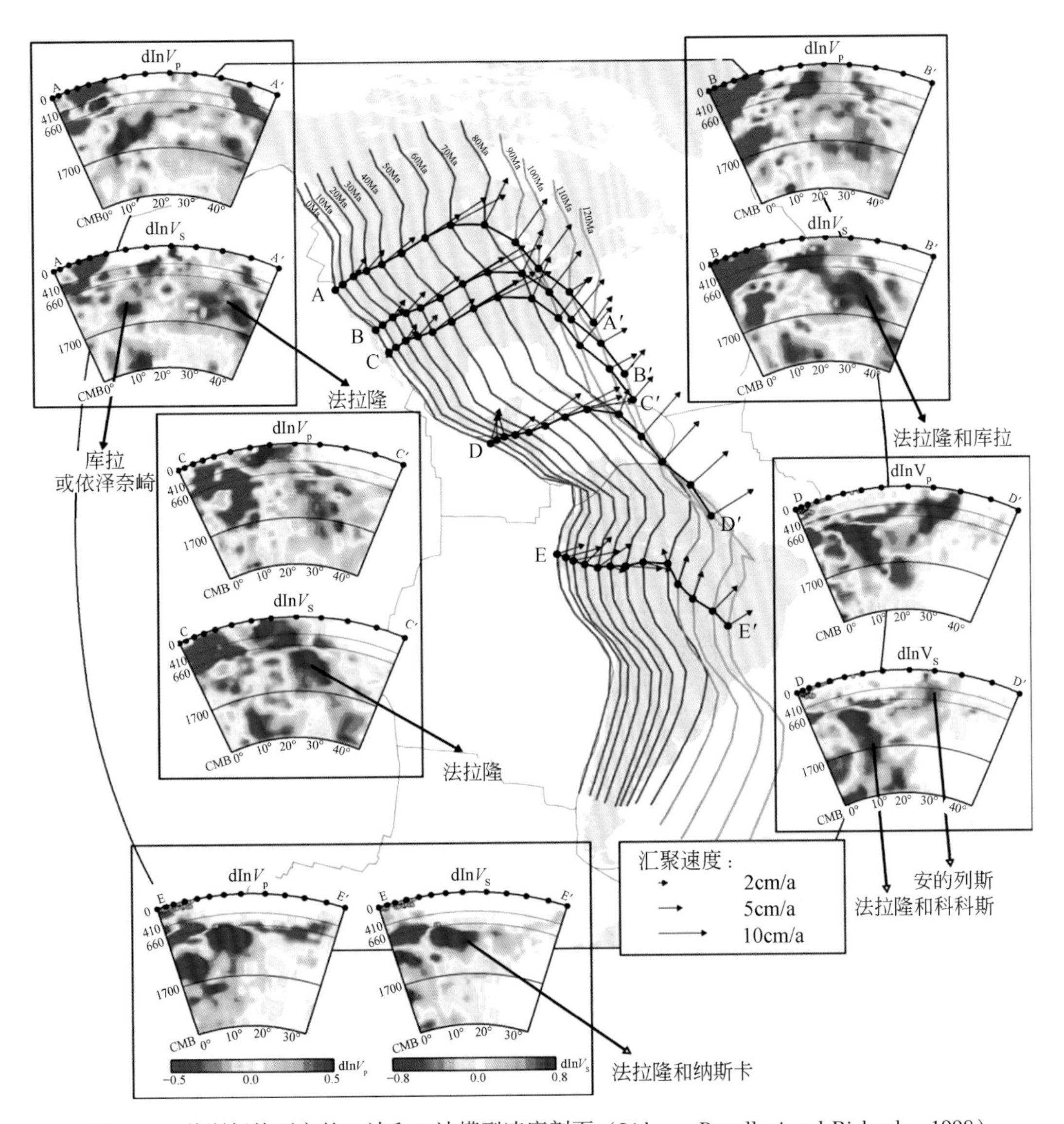

图 9-41 美洲板块下方的 P 波和 S 波模型速度剖面（Lithgow-Bertelloni and Richards，1998）

红线和绿线表示自 120Myr 以来太平洋海底和美洲大陆之间过去的边界位置（根据热点参考系中旋转极数据的当前边界位置计算获得）。黑线代表 Lithgow-Bertelloni 和 Richards（1998）的 V_P 和 V_S 模型中的不同剖面；沿线的不同点代表当前给定点在 120Myr 和 0Myr 之间的过去陆缘位置，这显著指示东太平洋俯冲带的西向后撤和美洲板块的西漂过程。箭头表示在“热点”参照系中计算的不同年龄的汇聚速度和方向

（Gorda）板块的俯冲方向呈近平行排列。该模式与先前的陆上/海上剪切波分裂测量结果一致，表明二维夹带流在较浅深度占主导地位。从 300 ~ 500km 发现了两个大规模回流，一个环绕在内华达州和科罗拉多州，另一个在下降的胡安 · 德富卡板片边缘流动。这些观察结果表明，狭窄、破碎的胡安 · 德富卡和戈达板片的快速回卷推动了地幔环向流的发展（图 9-43）。

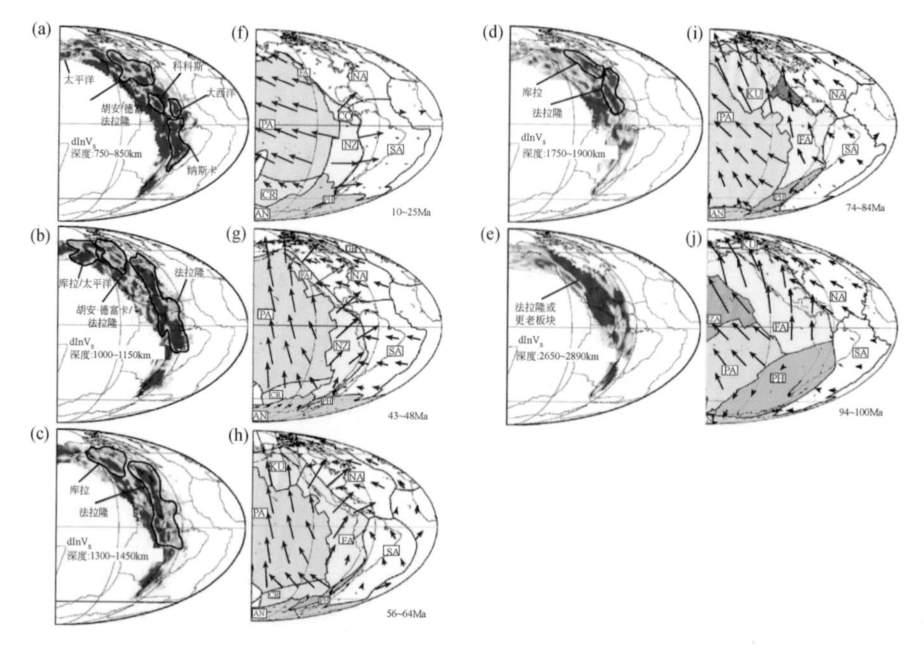

图 9-42　750 ~ 850km、1000 ~ 1150km、1300 ~ 1450km、1750 ~ 1900km 和 2650 ~ 2890km 各层 ak135 参考模型的 S 波速扰动［(a)(b)(c)(d)(e)］和不同年龄板片位置和汇聚位置［(f)(g)(h)(i)(j)］(Zhu et al., 2020)

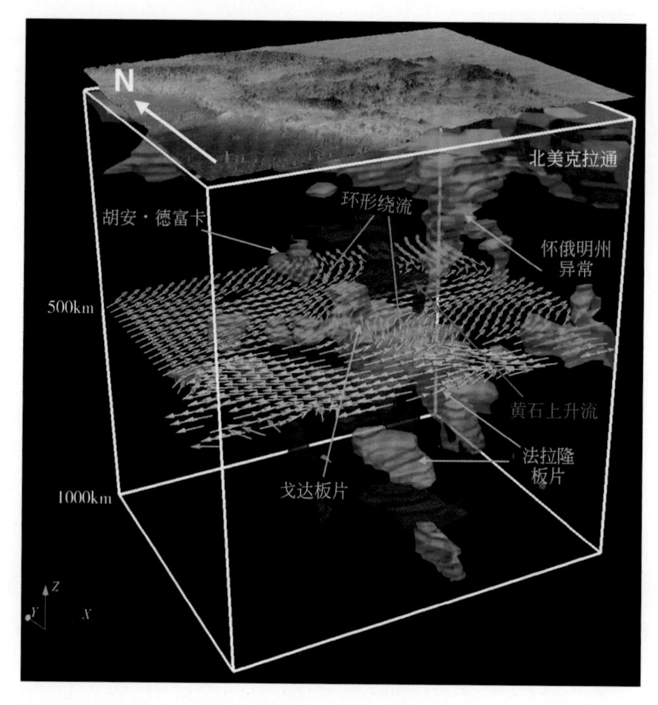

图 9-43　地震波速异常大于周边地幔的+1%（绿色体）和小于周边地幔的 0.8%（红色体）的三维等值面分割出微幔块和热物质以及 US32 型中 500km 深度处的速度场（黄箭头）

地表地形叠加在三维等值面圈定的几何体顶部，可用来探讨深浅部耦合现象。青色箭头用于突出并显示微幔块特征，而橙色箭头指示了地幔环向流位置总之，从1906年发现地核到20世纪60年代，地球物理学、地质学和矿物物理学的研究揭示了地球内部具有物理化学性质截然不同的复杂结构（虽然以往简单的地幔剖面探测揭示为层圈结构，但这可能只是一级的近似结构特征），并根据全球地震波速度和密度的变化建立了初始参考地球模型。自此，地球的内部圈层结构被广泛接受，但对跨圈层的过程仍然认识模糊。1967年提出的板块构造理论假定刚性的岩石圈板块在塑性的软流圈之上发生水平运动，洋中脊不断增生的洋壳逐渐在海沟俯冲消亡。由于板块是刚性的，变形将主要集中在板块边界附近。从此，岩石圈板块可以在地球表面做水平运动成为常识，彻底改变了固定论的地球只做垂向运动的认知。板块构造理论成功地解释了大洋岩石圈的形成和消亡对偶过程、火山和地震活动带的时空分布以及全球构造和洋陆格局变迁，带来了一场地球科学革命。

但是，经典的板块构造理论尚未解决板块运动的起源和驱动力、大陆岩石圈的弥散性变形、大陆深俯冲和折返机制等问题，因此，大陆动力学被认定为对板块构造理论的重要补充（许志琴等，2018），特别是，大陆流变学得到高度重视。近40年来的研究表明，在板块汇聚边界，大洋岩石圈可以俯冲至地幔过渡带、下地幔，乃至核-幔边界；而大陆岩石圈可以俯冲至150～300km深度，相对低密度的陆壳物质在依附的大洋板片断离后，由于失去了拖曳力，在密度驱动的浮力作用下快速折返，形成剥露地表的含柯石英和微粒金刚石的超高压变质带。这些大陆动力学的新认识推动了跨圈层的板块循环和物质循环的认知，特别是，地幔柱活动是俯冲板块再循环的产物，不仅可以形成大火成岩省和洋岛玄武岩，还可以把俯冲到地幔过渡带的物质带回浅表。例如，蛇绿岩中保留了高压-超高压下形成的金刚石和深地幔矿物（图9-44），因此，这些蛇绿岩或绿岩带中可能存在一些微幔块物质的出露（图9-45），是微幔块参与全球地幔循环的重要物质依据。这些过程的研究，使得垂

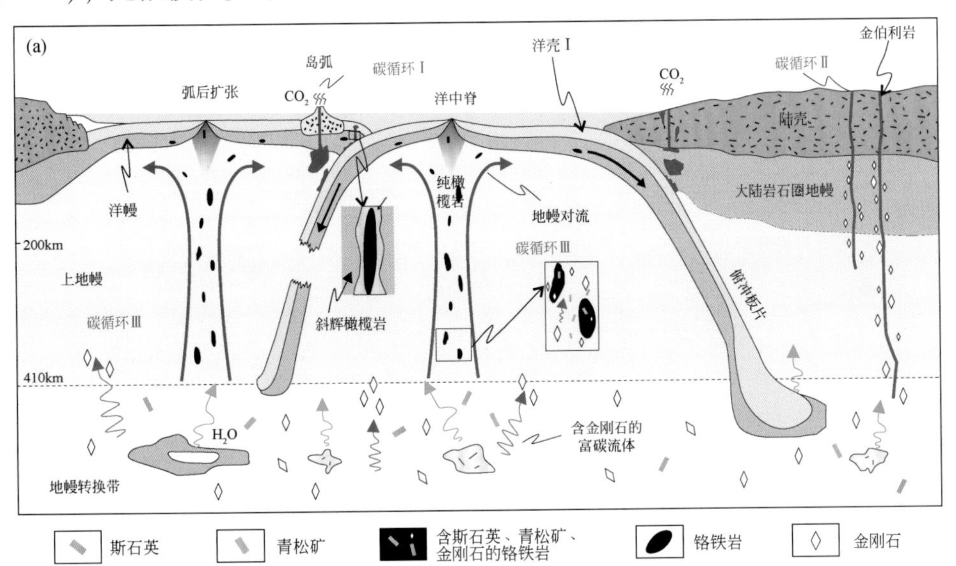

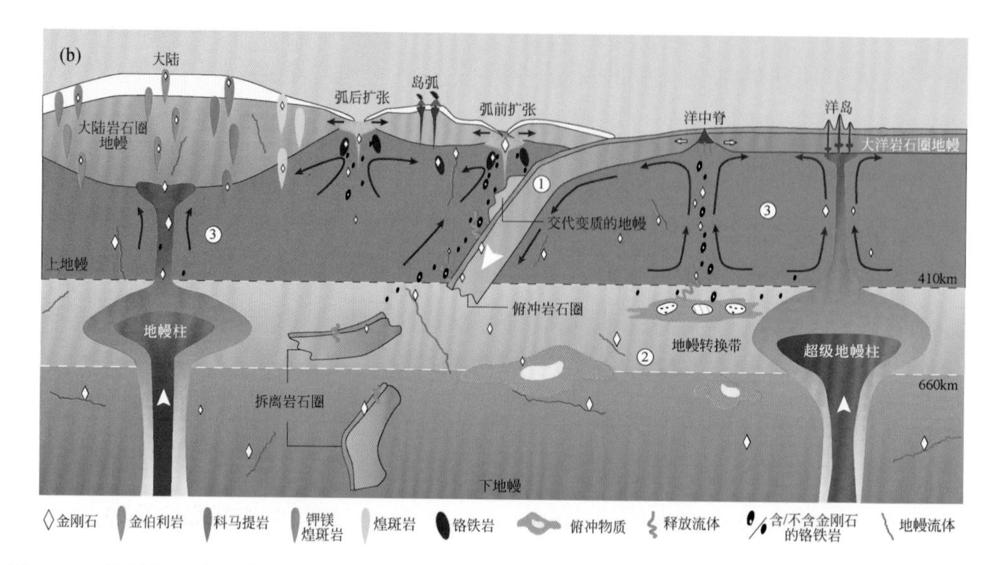

图 9-44　微幔块与全球物质循环（a）及超基性岩中金刚石成因模式（b）（Yang J S et al., 2021）

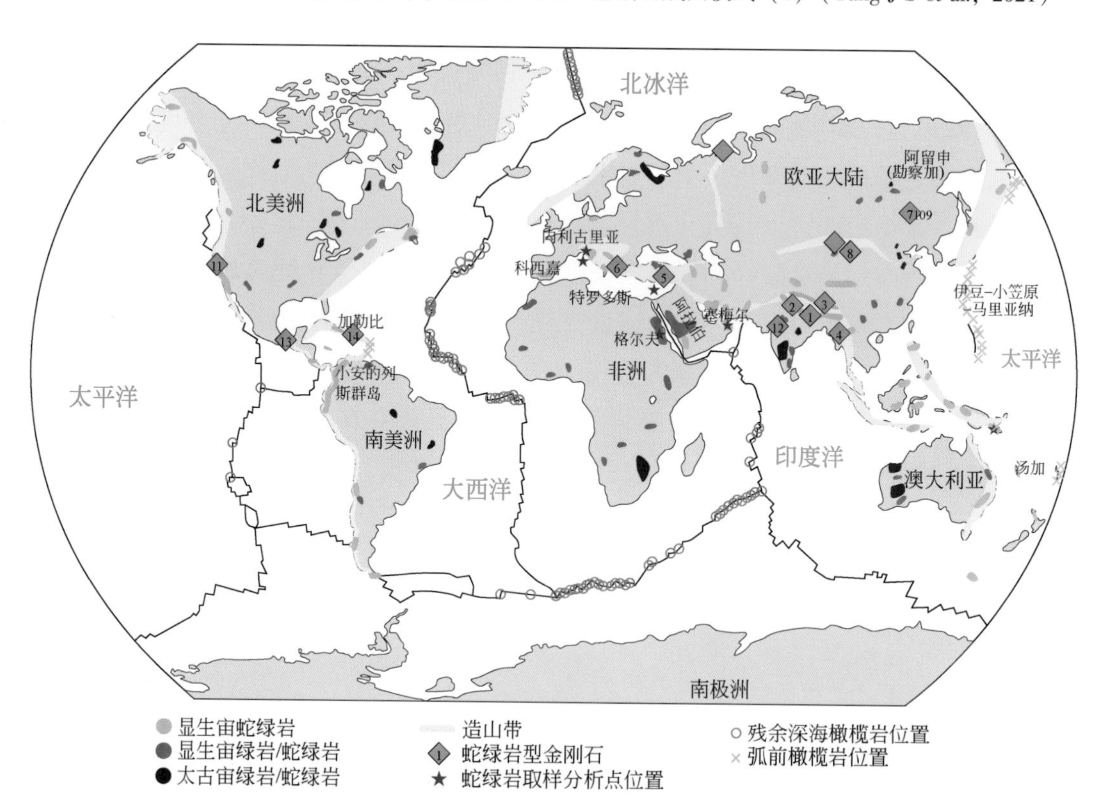

图 9-45　蛇绿岩带和含金刚石蛇绿岩的全球分布（Yang J S et al., 2021）

含金刚石蛇绿岩通常位于造山带附近。图中展示了太古宙（4 ~ 2.5Ga）和元古代（2.5 ~ 0.54Ga）绿岩带、显生宙（<0.54Ga）蛇绿岩和造山带的位置，这些蛇绿岩和绿岩带空间上的弥散性分布，可能表明微幔块全球性的复杂折返途径和方式。已知含金刚石蛇绿岩的位置：罗布莎、泽当和日喀则（Xigaze）蛇绿岩（1）；普朗、东伯、当琼（Purang，Dongbo，Dangqiong）蛇绿岩（2）；丁青蛇绿岩（3）；密支那（Myitkyina）蛇绿岩（4）；Pozanti-Karsanti 蛇绿岩（5）；米尔迪塔（Mirdita）蛇绿岩（6）；贺根山蛇绿岩（7）；祁连蛇绿岩（8）；萨尔托海（Sartohay）蛇绿岩（9）；雷伊兹（Ray-Iz）蛇绿岩（10）；约瑟芬（Josephine）蛇绿岩（11）；尼达尔（Nidar）蛇绿岩（12）；特惠津戈（Tehuitzingo）蛇绿岩（13）；Moa Baracoa 蛇绿岩（14）。红星为重要的蛇绿岩位置。绿色空圆圈显示了残余深海橄榄岩的位置。黄色十字显示弧前橄榄岩的位置

向运动与水平运动应得到同等重视。因此，俯冲带和地幔柱不仅提供了穿越层圈的物质和能量交换的通道，也驱动了对地球宜居性至关重要的水循环和碳循环，是研究地球物质组成和动力学演化的重要窗口（许志琴等，2018）。特别是，微幔块作为冷幔柱，其运动方式和热力学效应的多样性，可有效桥接俯冲带、热地幔柱、地幔对流之间的动力学缺失环节。

9.5 微幔块与深部 LLSVP 遥相关

地球浅表岩石圈主要演化特征是：大小不同的板块在下伏软流圈之上做水平为主的运动。除了熟知的几个大板块（如欧亚板块、太平洋板块等）以外，还存在一些较小（长宽一般小于1000km）的板块，称为微板块（Li S Z et al.，2018b）。除了面积大小不同，微板块与大板块在运动学和动力学演化等方面也存在一些显著差异。例如，微板块运动更容易受周边板块和下伏地幔流影响而被动运动。地质和地球物理研究表明，岩石圈经历了多次的超大陆聚合和裂解（Hoffman，1991；Li S Z et al.，2019a，2019c；Nance and Murphy，2019；Zhao et al.，2004）。研究程度较高的超大陆依次包括潘吉亚（320～200Ma）、罗迪尼亚（900～700Ma）和哥伦比亚（1800～1400Ma），以及一个被否定的超大陆 Pannotia（620～600Ma）（Nance and Murphy，2019）。超大陆构造旋回主导着地球浅表的长周期宏观演化，如海平面升降（Young et al.，2022）、古气候变化（Liu et al.，2020）、大气和海水组成变化，乃至生命起源和生物进化（图9-46）等。类似地，大量微陆块聚散也会引起地球表

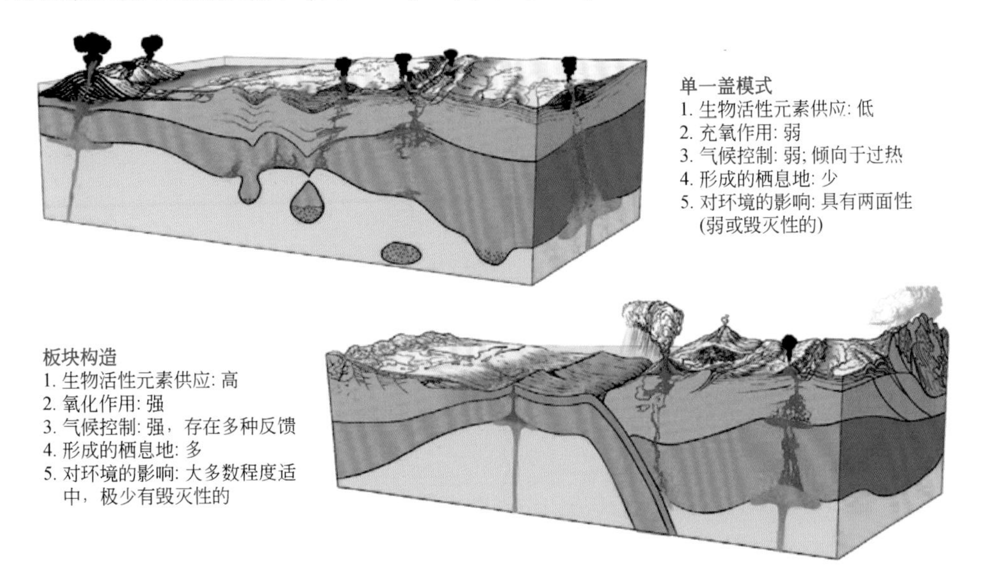

图9-46　地球单一盖模式延缓了生命进化与板块体制激发了生命进化（Stern and Gerya，2023）

层系统从海陆格局、环流格局、大气循环、地形地貌、生态系统等一系列演变。例如，澳大利亚板块与欧亚板块东南亚部分的汇聚会导致海峡通道关闭（图 9-47），

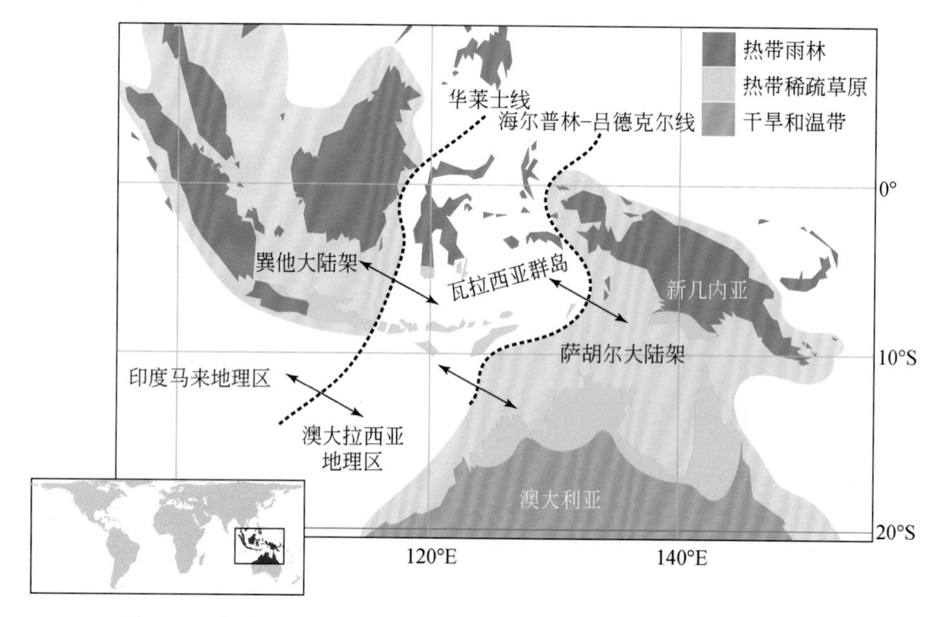

图 9-47　印度–澳大利亚群岛现今的气候和地理（Skeels et al.，2023）

巽他大陆架是印度尼西亚动物（Indomalayan）地理区系的一部分，与澳大拉西亚动物（Australasian）地理区系被华莱士线（Wallace's Line）隔开。瓦拉西亚（Wallacea）群岛位于巽他大陆架和萨胡尔（Sahul）大陆架之间，包括澳大利亚大陆和新几内亚在内的萨胡尔大陆架与瓦拉西亚大陆架，由海尔普林–吕德克尔线（Heilprin-Lydekker Line）分隔。巽他岛、瓦拉西亚岛和新几内亚以 Köppen-Geiger 气候带热带雨林为主，爪哇岛东部、巴厘岛、南苏拉威西岛、小巽他群岛（Lesser Sunda isles）和新几内亚南部以干燥的热带稀树草原气候带为主，澳大利亚大陆以热带稀树草原（savanna）、干旱和温带气候带为主

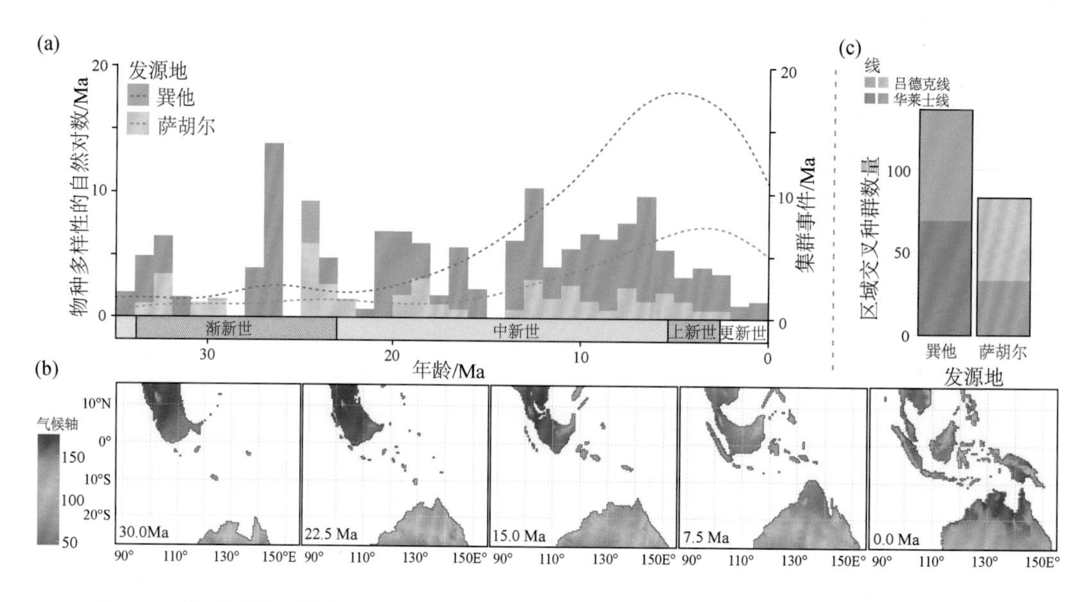

图 9-48　陆生脊椎动物的定居和印度–澳大利亚的地理气候动态变化（Skeels et al.，2023）

（a）条形图显示了从巽他到瓦拉西亚的华莱士线（蓝色）或相反方向（黄色）的独立地方化事件产生的物种数量的对数转换。虚线显示了随着时间地方化集群事件的数量。（b）过去 30Ma 印度–澳大利亚群岛的古地理和古气候。（c）跨越两个不同生物地理边界的区域间种群数量。对古温度和古降水量进行了主成分分析，以分解单个气候轴（ClimPC1），解释了 88% 的气候变化，其中相似的颜色代表相似的气候。温暖潮湿的条件显示为红色，寒冷干燥的条件用蓝色表示

太平洋与印度洋海水隔离与交换，印尼贯穿流形成，及热带暖池、年代际尺度南方涛动（厄尔尼诺为其冷相位、拉尼娜为其暖相位）等极端气候，不同生物群落也不断发生融合（图 9-48、图 9-49），生态系统发生剧变，等等，多圈层发生激烈相互作用。特别是在全球变暖背景下，多年拉尼娜事件会给全球气候、渔业生态及人类经济社会带来持续性和叠加性的破坏影响，并显著提高极端天气灾害发生的风险。现今一些激烈的地表过程，实际是地球系统长期多圈层相互作用的产物和现今表征（图 9-50），因此，构建地球系统跨圈层深浅部耦合关系是地球系统科学研究的前沿。

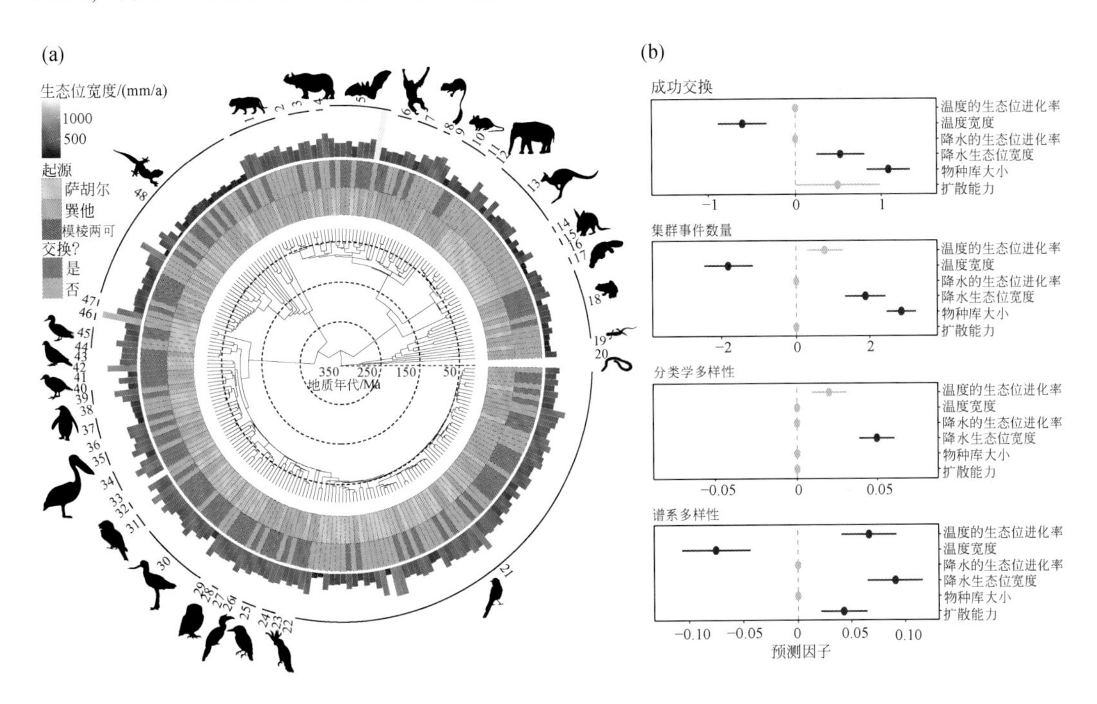

图 9-49 陆生脊椎动物在种群级系统发育树上的交换动力学和降水生态位宽度以及交换预测因子的影响大小（Skeeels et al.，2023）

（a）中心的圆圈显示了基于生物地理学估计模型重建的每个种群起源不确定性（模棱两可的支持），如巽他、萨胡尔。中间彩色环显示了种群是否同时出现在巽他和萨胡尔，并重建为通过华莱士线的交换。在彩色外环中，条形颜色和高度代表了该种群的平均降水生态位宽度。生态位宽度的测定依据每个物种分布的年平均降雨量（以 mm/a 为单位）。周边编号线表示分类目的数量，代表性分类群突出显示为剪影形象。1-食肉动物（Carnivora）；2-石竹（Pholidota）；3-鲸偶蹄目（Cetartiodactyla）；4-Perrissodactyla 目；5-翼手目（Chiroptera）；6-Eulipotyphla 目；7-灵长目（Primates）；8-树鼩目（Scandentia）；9-皮翼目（Dermoptera）；10-啮齿目（Rodentia）；11-兔形目（Lagomorpha）；12-益生菌目（Probosoidea）；13-袋鼠目（Diprotodontia）；14-达苏罗莫属（Dasyuromorphia）；15-袋狸目（Peramelemorphia）；16-Notoryctemopha 目；17-单孔目（Monotremata）；18-阿努拉目（Anura）；19-蝾螈目（Caudata）；20-蚓螈目（Gymnophiona）；21-雀形目（Passeriformes）；22-鹦形目（Psittaciformes）；23-隼形目（Falconiformes）；24-啄木鸟目（Piciformes）；25-翠形目（Coraciiformes）；26-蟾蜍形目（Bucerotiformes）；27-咬鹃目（Trogoniformes）；28-鸱鸮目（Strigiformes）；29-鹰形目（Accipitriformes）；30-轮藻形目（Charadriformes）；31-雨燕目（Apodiformes）；32-夜鹰目（Caprimulgiformes）；33-Eurypygiformes 目；34-苏形目（Suliformes）；35-Pelecauniformes 目；36-蝉形目（Ciconiiformes）；37-信天翁目（Procellariiformes）；38-企鹅目（Sphenisciformes）；39-Gruides 目；40-鹃形目（Cuculiformes）；41-耳甲目（Otidiformes）；42-Phaethontiformes 目；43-足形目（Podicipediformes）；44-鸽形目（Columbiformes）；45-鸡形目（Galliformes）；46-雁形目（Anseriformes）；47-鹤鸵目（Casuariiformes）；48-有鳞目（Squamata）。（b）四个交换指标下系统发育线性模型的系数，包括平均温度和降水生态位宽度、温度和降水的生态位进化率、扩散能力和物种库大小。粗体为基于系统发育线性模型的统计性预测因子，灰色为非显著预测因子

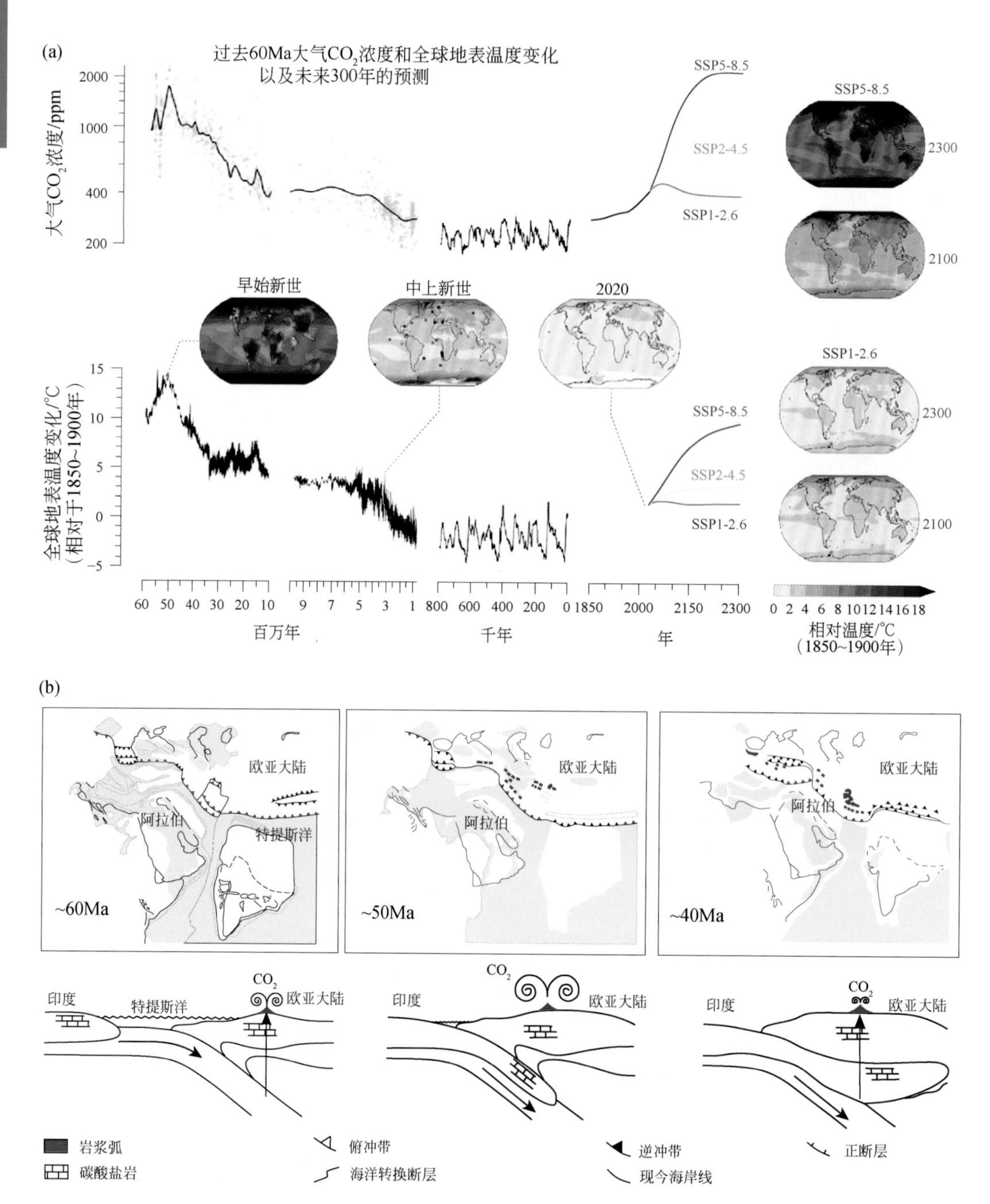

图 9-50　地球地表气候系统与地球深部动力系统控制的海陆格局关联性

（a）整个新生代和未来 300 年大气 CO_2 浓度和全球表面温度变化（相对于 1850 ~ 1900 年）。

（b）古近纪新特提斯洋陆缘的古构造平面和剖面演化（Sternai，2023）

海洋和陆地生命以千万年的时间尺度急剧演替，衡量生命演化速度变化的一个指标是生物多样性波动。化石是揭示生物多样性的直观记录。显生宙化石记录资料揭示了各种机制引起的五次重大生物大灭绝事件或生物危机，在这些危机发生后，生物多样性锐减，但随后又发现生物大辐射。因而，在地质时期内，生物多样性呈现出准周期性的波动。然而，这种准周期性循环的潜在驱动机制仍不清楚，是否与地球内部或外部某种过程的周期性变化相关，也不清楚。针对这类问题，Boulila 等(2023）关联了与生物多样性、沉积岩面积、海平面和板块动力学相关的多个地质数据集中普遍存在的周期循环，首先尝试对整个显生宙（542Ma 以来）进行了分析，重点评估了中新生代的生物多样性。这是由于 250Ma 以来板块构造模型具有更加良好的约束。Boulila 等（2023）研究发现，各种北美海洋沉积物面积和古生物学数据库（PBDB）生物多样性数据集的频谱分析，均显示了 28 ~ 29Myr 和 36 ~ 37Myr 两个普遍存在的周期。此外，板块动力学数据集中的全球俯冲速率、洋壳生长速率、海沟迁移速率、洋中脊长度、海平面变化等，也显示出 ~26Myr 和 35 ~ 37Myr 两个周期，且频谱信号强度表明 35 ~ 37Myr 的周期占据主导地位。在化石数据、俯冲模型多参数以及海平面数据集中，也发现了共同的、相关的 36±1Myr 的旋回周期。这些关联性过程表明，生物多样性周期性循环很可能是由地球动力学驱动的全球海平面循环导致的。巧合的是，Boulila 等（2023）的结论与本书作者 2022 年在中欧科学家论坛上提出的观点是一致的，即“海岸海洋”海平面变化是导致早期 4 次生物大灭绝的元凶。因为海平面的变化与微板块和超大陆旋回密切相关，周期性俯冲的（微）板块和对流地幔之间的相互作用，推动了地幔-岩石圈水循环和碳循环，控制着长期海平面的旋回。海平面的周期性变化导致大陆的周期性淹没，收缩和扩张大陆架及陆表海的生态位，进而导致生物多样性的变化。

此外，微板块的聚散也是一些关键海峡通道开闭的根本原因，微板块的聚散也可以导致不同生态系统发生交融或孤立并地方化。例如，印度-澳大利亚跨越华莱士线的动物群更替是生物地理学中最容易识别的模式之一（图 9-47），并由此引发了关于进化和古地理、古气候在生物交换中所起作用的争论。Skeels 等（2023）利用古气候（geoclimate）和生物多样性模型对 20 000 多种脊椎动物进行的分析表明，宽泛的降水耐受性和扩散能力是跨越该区深时降水梯度进行交换的关键（图 9-49）。巽他（东南亚）谱系在类似于瓦拉西亚（Wallacea）潮湿带作为“垫脚石”的气候中进化，促进了萨胡尔（Sahulian，澳大利亚）大陆架的地方化。相反，萨胡尔谱系主要在干燥的条件下进化，阻碍了其在巽他岛的立足，并形成了该动物群的独特性。Skeels 等（2023）展示了适应过去环境条件的历史如何塑造不对称的地方化过程和全球生物地理结构。

以上可见，地球浅表系统，从根本上或者宏观上不断塑造深部地球动力系统产生的海陆格局，但控制浅表海陆格局的（微）板块运动又深刻控制着深部地球动力过程。超大陆形成是大量微板块最终聚集为一个大板块的过程，超大陆裂解是超大陆分裂出大量微板块的过程。浅表各级板块的演化，皆与其下伏地幔流密切相关

（Coltice et al.，2019），因而导致深部地球系统同样发生着巨变。例如，板块运动被认为是地幔对流的浅表表现形式，或者相反，地幔对流被认为是板块运动的深部表达。板块（尤其微板块中的微幔块）与深部地幔具体关联的研究目前仍然存在争论，相关研究也较少。

反馈的概念在气候科学、地表系统科学和地球生物圈研究中很常见。反馈分析也应当作为研究地幔动力学和板块构造的常用工具，也可为地球系统科学多圈层相互作用研究提供了全新视角。当一个原因引发一系列事件，最终导致对最初原因本身产生影响时就会出现反馈。如果原因被增强，则该循环是正反馈，也称为放大反馈。如果启动循环的原因被抑制，则它是负反馈，也称为缓冲和/或调节反馈。对反馈的研究贯穿人类历史，但现代的研究始于工程学（Maxwell，1868）。反馈成为控制论和一般系统理论的基础概念（von Bertalanffy，1968；Wiener，1948）。当前，系统理论、系统科学和系统方法扩展到了广泛的领域。Steffen 等（2020）则对系统理论如何扩展到地球科学并与之交叉，进行了历史概述。

系统可以用不同的方式定义。一般的定义是，“系统是一组相互作用的单元或元素，它们形成了一个执行某些功能的综合整体”（Skyttner，1996）。链接和交互导致秩序、模式及结构动态地维护自己，并产生任何单个元素都不固有的功能，通常表现为整体大于其各部分的总和和/或“越多越好”（more is different）的想法。更精确的定义来自 Ackoff（1981），他将系统定义为满足以下条件的一组元素：①每个元素的行为对整体行为有影响；②单个元素的行为及其对整体影响是相互依存的；③元素的子群是形成的，它们都对整体的行为有影响，但没有一个对其有独立的影响。所有的定义都暗示反馈对于区分系统和元素的集合至关重要。反馈可以产生系统元素中不固有的集体系统属性，这也将反馈与自组织和涌现现象（emergent phenomena）的研究联系起来。

地球系统科学在 20 世纪 80 年代崭露头角，它建立在对自然世界反馈的理解之上。硅酸盐风化反馈就是一个例子，它为地球调节大气温室气体浓度提供了一种手段，这种反馈与碳循环有关（图 9-50）。地球内部被概念化为进入大气层、水圈和生物圈反馈的物质来源与汇点。地球系统文献通常将地幔概念化为一个箭头，指向地幔本身之外的反馈回路（图 9-51）。对地球行星内部系统反馈的理解，还没有达到揭示地表系统反馈的程度。一些历史上的偶然发现对固体行星反馈的低估，令人困惑。Lovelock 和 Margulis（1974）对可以调节行星表面温度的反馈进行了评估；Tozer（1972）发表论文讨论了可以调节行星内部温度的反馈。前者被视为自然世界反馈和地球科学系统方法兴起的基础（Steffen et al.，2020），后者虽然不太被认可是将反馈思维应用于自然系统的一步，但它为讨论固体行星反馈提供了一个很好的起点。

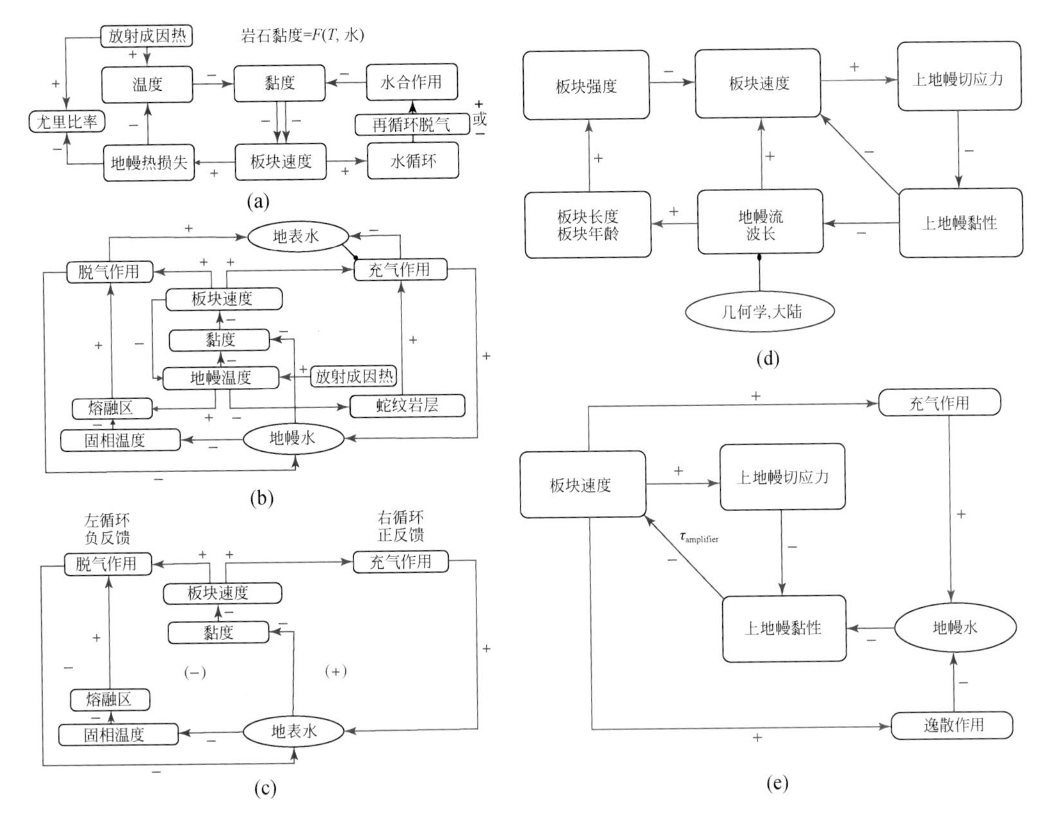

图 9-51 地球固体圈层中深水循环耦合热循环的途径

(a) 一个简化的反馈回路，强调了耦合的热循环和深水循环如何影响地幔冷却和地幔的尤里（Urey）比。(b) 热循环和深水循环耦合系统的全反馈回路。出现在地表水和充气（regassing）箱之间的新符号是一个限制器（limiter）。如果限制器底部的元素值降至零，则限制器符号顶部的元素（在实心圆处）将无法工作。(c) 隔离全热和深水循环系统的水循环组件的回路图。两个反馈回路的存在，使得地幔充气与脱气的比率随着系统演化而变化，这导致了地幔的尤里比（a）的演化。(d) 连接构造板块速度、深度可变地幔黏度和地幔流波长的非牛顿上地幔黏度反馈过程的反馈回路图。右边的两个环都是正反馈，可以将地幔流波长增加到极高极限，该极限由地幔的几何范围和/或大陆分布决定。左回路是一个负反馈，可以通过板块速度的反馈来限制地幔流的波长。(e) 回路图显示了非牛顿上地幔黏度反馈如何作为地幔中水循环反馈的放大器（Lenardic and Seales，2023）

从那时起，其他反馈在地幔动力学和板块构造的运作中发挥作用的研究也得到重视，其中特别重要的是深部碳循环和深部水循环（图 9-51 ~ 图 9-53）。微板块在地球系统不同圈层间的反馈作用是不容忽视的，微板块聚散改变海陆格局，进而影响海洋环流、大气环流格局；反之，海洋大气过程又通过风化侵蚀等外力地质作用，重塑地球面貌、物质源汇等，经过海水和大气搬运的物质，可通过俯冲作用（图 9-53）、微幔块拆沉作用等携带水和碳等关键物质进入地幔，从而影响地幔黏度变化。因此，微幔块的数值模拟工作，不只是固体圈层运作机制问题，而是要将地表系统影响通过一些参数化物理量，设计在固体圈层模型中，才能全面把握地球系统过程中微板块的贡献。这不仅可以用来深入理解地球跨圈层物质循环过程、长期气候变化、生物演替的地表环境变迁，还可以用来开展数字勘探，推动关键金属矿产勘探的范式变革。

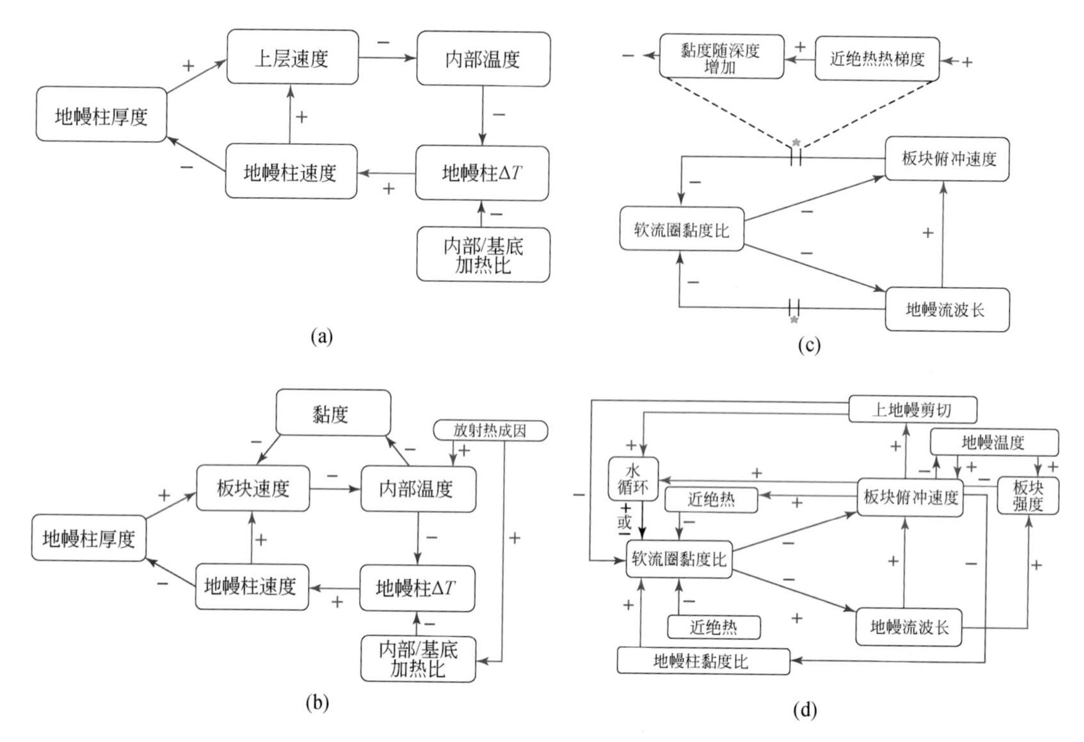

图 9-52 地球板块系统与地幔对流系统耦合的途径

（a）由地幔内部和底部加热驱动的对流层中边界层相互作用的反馈回路。（b）地幔柱和构造板块相互作用的反馈回路。（c）将板块俯冲、近绝热地幔、随深度增加的地幔黏度和地幔流波长联系起来的反馈回路。（d）因果循环图，链接以上讨论的所有反馈（Lenardic and Seales，2023）

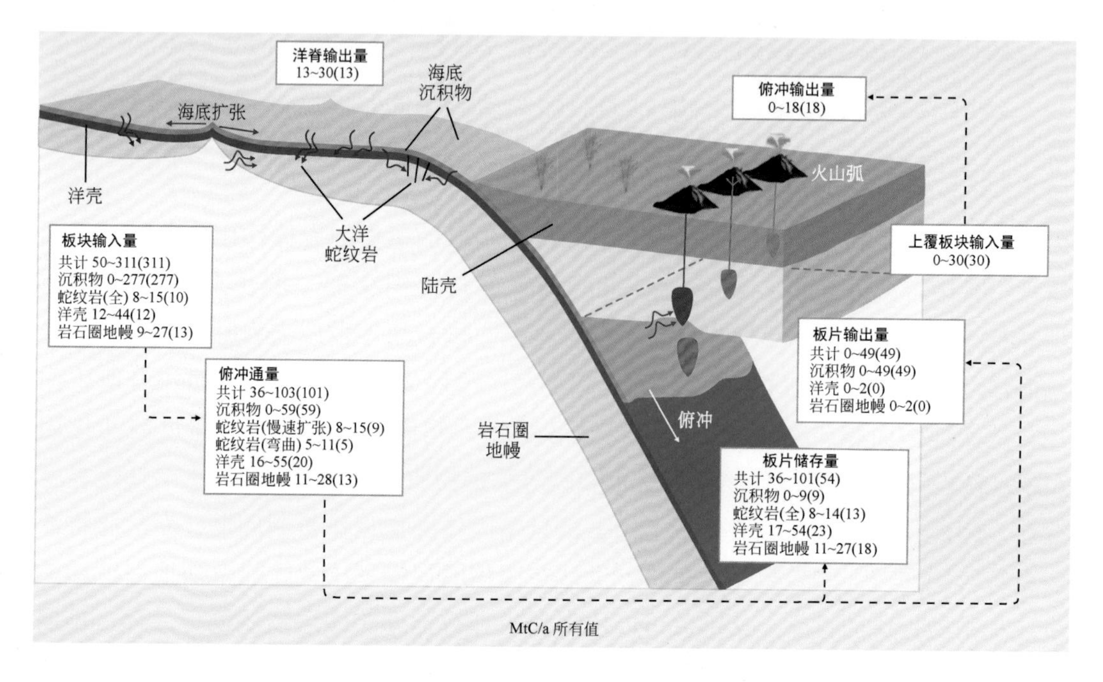

图 9-53 俯冲带深碳循环中各单元碳通量（Müller et al.，2022b）

层析成像研究揭示，地幔底部发育两个几乎以地心对称的 LLSVP（Large Low Shear Velocity Provinces）（图 9-54），分别位于非洲（主体位于南大西洋和西南印度洋之下）和太平洋之下。它们被一圈地震波快速异常区分隔，分别称为 TUZO 和 JASON。随着地震数据的积累和反演方法的改善，LLSVP 的成像越来越清晰（Cottaar and Lekic，2016）。太平洋 LLSVP 位于太平洋中间，东西向较长、南北较短；非洲 LLSVP 为狭长形，从北大西洋向东南延伸到西南印度洋。LLSVP 共覆盖了核幔边界 20% ~30% 的区域（Burke et al.，2008；Garnero et al.，2016）。Hernlund 和 Houser（2008）发现地幔底部横波速度呈双峰分布，波速较低的峰可能与不同的物质成分有关（可能为 LLSVP），该物质延伸到核-幔边界上方 700km，占地幔体积的约 2% 。Burke 等（2008）通过将-1% 横波速度异常轮廓作为 LLSVP 边界，发现太平洋和非洲 LLSVP 在核-幔边界上方的高度分别约为 1384km 和 1814km，合计占地幔体积的 1.6% 。波形模拟研究显示，非洲 LLSVP 在非洲南部下方宽约 1000km，高 1200 ~ 1300km（Ni and Helmberger，2003；Wang and Wen，2007），太平洋 LLSVP 在西部和东部高 340 ~ 650km（He and Wen，2009）。尽管不同的观测结果有所不同，但多数观测都表明，非洲 LLSVP 略高于太平洋 LLSVP。LLSVP 的边缘表现出不同的坡度（Frost and Rost，2014），其中一些边缘比较陡峭，速度异常梯度较大［图 9-55（d）］。例如，非洲 LLSVP 东缘（Ni et al.，2002）和太平洋 LLSVP 南部边缘（To

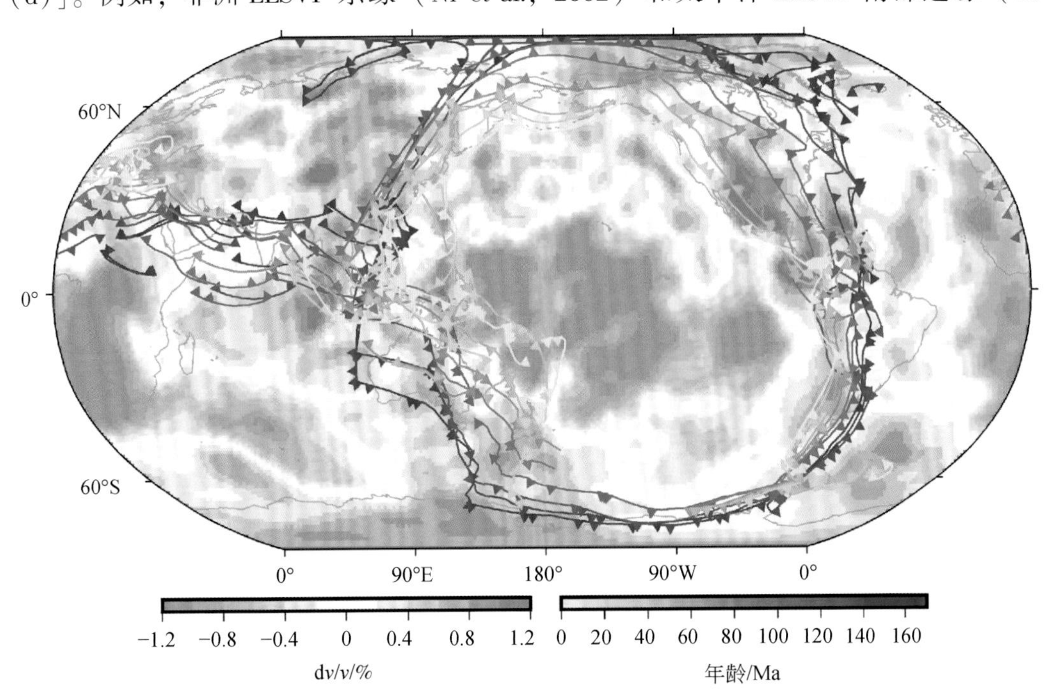

图 9-54　160 ~ 0Ma 的俯冲带分布（Cao et al.，2022）与 2700km 深度的层析成像横波速度结构叠合图（Ritsema et al.，2011）

et al., 2005)。这种波速快速变化用单纯的热异常难以解释，通常被认为是化学成分边界（Ni et al., 2002）。横波和纵波波速异常之间的负相关关系（Su and Dziewonski, 1997）也表明，LLSVP 与周围地幔相比存在化学成分异常。可见，有关 LLSVP 的成因仍然存在疑问，目前存在两种主流解释：LLSVP 可能是地球早期历史分异过程中积累的原始物质（Labrosse et al., 2007），或者包含来自俯冲洋壳的榴辉岩质物质的堆积体（Christensen and Hofmann, 1994；Huang et al., 2020；Jones et al., 2020）。

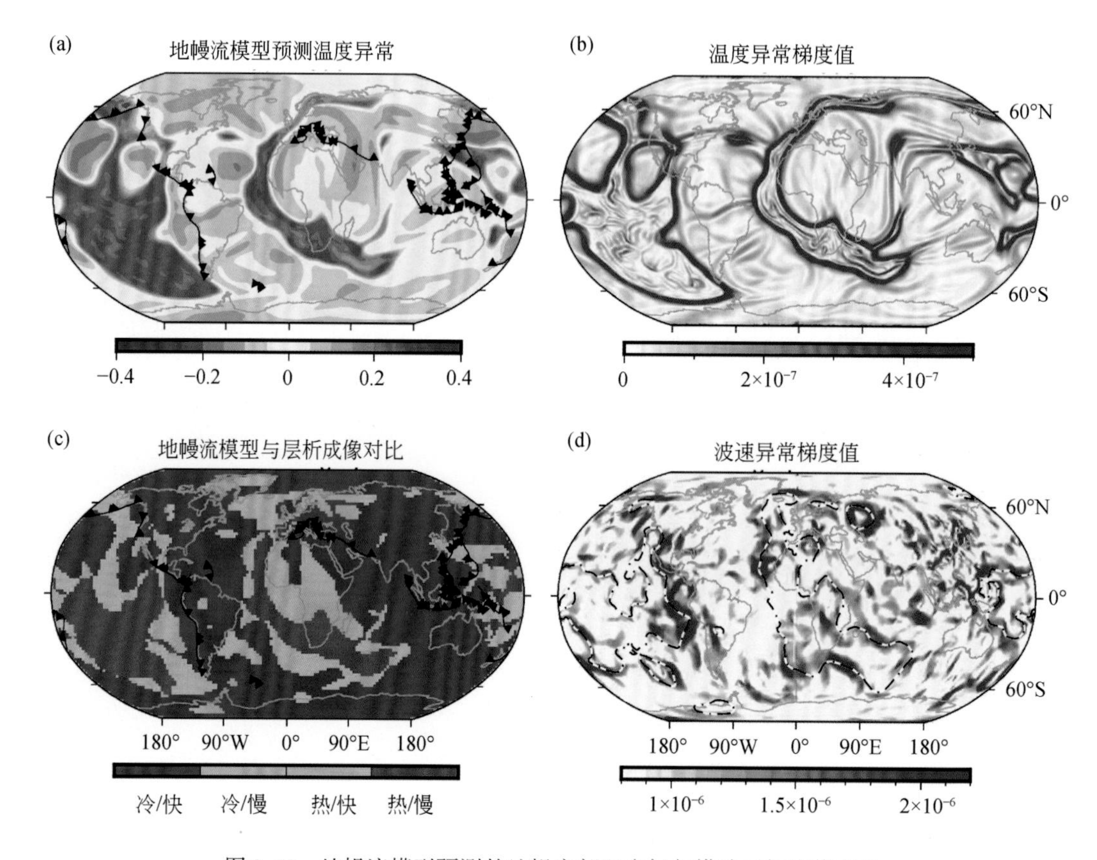

图 9-55 地幔流模型预测的地幔底部温度场与横波层析成像对比

（a）地幔流模型 2677km 深度的温度场；（b）温度场梯度值；（c）模拟的温度场与层析成像（Auer et al., 2014）对比，其中，深蓝色区域代表地幔流模型中为冷异常/层析成像中为高速异常，浅蓝色代表地幔流模型中冷异常/层析成像中为低速异常，浅红色代表地幔流模型中为热异常/层析成像中为高速异常，深红色代表地幔流模型中为热异常/层析成像中为低速异常；（d）层析成像 2800km 深度的波速异常梯度值，虚线为−1% 波速异常等值线

一个重要的地球动力学问题是浅表微板块运动和深部 LLSVP 演化的关联（李三忠等，2019；钟时杰，2021）。LLSVP 虽位于地幔底部，但与浅表岩石圈演化密切相关。例如，它可以是洋岛玄武岩的富集组分来源（White, 2015a, 2015b），也可能影响长波长（如二阶）大地水准面（Hager et al., 1985），以及板块的运动速度（Langemeyer et al., 2020）等。层析成像揭示了俯冲的大洋岩石圈可从浅表一直延

伸到下地幔（van der Hilst et al., 1997），以及潘吉亚超大陆之后的俯冲带位置与现今核-幔边界之上高速异常体之间的空间匹配（图 9-54）。这表明，浅表构造格局演化与地幔底部结构存在联系。由于对板块运动的地质约束，随时代变老而变少，深部地幔的时空演化更难以得知。因此，各级板块运动与 LLSVP 关系问题，长期未能得到满意回答。最近十年来，随着数值计算能力和计算方法的提升和全球板块重建模型的完善，相关研究已经取得了一些重要新进展。本节通过分析含运动学边界条件的地幔对流模型，简要探讨该问题。

9.5.1 微板块绝对运动特征与 LLSVP 的稳定性

与大板块类似，侏罗纪晚期以来的部分微板块相对运动历史可以通过海底磁异常条带和转换断层、假断层等的计算而得到恢复，更早期的部分可由古地磁记录进行定量限定，并通过岩浆、构造、沉积等地质记录进行定性-半定量约束。微板块的绝对运动历史则相对更加难以确定，主要原因是缺少合理的参考系。对于白垩纪晚期以来的板块绝对运动，通常运用热点参考系，即假设热点固定或者移动非常缓慢，基于已确定年龄的火山链将大小板块恢复到其古位置。而白垩纪之前，由于热点记录较少，导致热点参考系也缺乏可靠性。另外一个中生代以来板块运动的参考系是俯冲带参考系。该参考系假设层析成像揭示的断离型俯冲板片（或微幔块，Li et al., 2018）在地幔中垂直沉降，并通过假设的沉降速率，得到板片深度-俯冲年龄关系，再重建过去俯冲带（及相应板块）的位置（van der Meer et al., 2010）。通过对比不同的层析成像模型，Domeier 等（2016）的研究结果显示，俯冲带参考系方法可用于 130Ma 到现今的板块重建。俯冲带参考系与热点参考系之间存在明显差异（Butterworth et al., 2014）。值得注意的是，数值模拟表明，地幔柱以及俯冲板片并非竖直上升或沉降，也涉及水平移动（Arnould et al., 2020），通常水平运动速率较小，因此，这两种参考系仍然有重要意义。而对于白垩纪以前的板块重建，常用的参考系为古地磁参考系，但是古地磁数据的主要缺陷是只能约束古纬度，无法确定古经度。为了得到潘吉亚超大陆拼合以来连续的参考系，前人通过连接热点参考系（新生代部分）和古地磁参考系建立了 320 ~ 0Ma 连续的“混合”参考系（Torsvik et al., 2008a, 2008b）。

基于 320Ma 以来的大火成岩省和金伯利岩重建后的位置和主要热点位于现今 LLSVP 的边缘上，前人提出了“地幔柱生成带”（plume generation zone）的概念（Burke et al., 2008；Burke and Torsvik, 2004；Torsvik et al., 2010a, 2010b），即 320Ma 以来的地幔柱都生成于现今 LLSVP 的边缘。“地幔柱生成带”概念随后被应用于约束板块的古位置，如果某个板块在某一时刻存在地幔柱相关岩浆活动，那么该板块此时一定处于某个 LLSVP 的边缘上。该方法对于大小板块皆适用。由于古地磁数据无法约束板块古经度，若该假设正确，该方法对于约束古板块的绝对位置具有重要意义。这个概念也意味着 LLSVP 的位置和形状随时间没有变化，即它们对浅表板块运动变化无响应，游离于板块运动–地幔对流这个动态系统之外。但 Conrad 等（2013）发现，太平洋和非洲两个 LLSVP 上方为现今板块速度的二阶离散中心，这揭示了当今板块离散与地幔上升流之间存在直接联系。根据地表离散中心在过去 250Myr 中没有显著变化，Conrad 等（2013）支持 LLSVP 随着时间保持稳定的假设。然而，与地幔柱相关岩浆岩的统计分析表明，无法辨别地幔柱在空间上是与 LLSVP 整体还是与 LLSVP 边缘相关联（Austermann et al., 2014；Davies et al., 2015）。

基于一些假设，如热点轨迹、地幔中高速异常体分布以及被洋中脊环绕的非洲比较稳定等，可以大致确定潘吉亚超大陆的位置，而更早超大陆的地理位置（尤其是经度）几乎无法确定。Zhong 等（2007）通过 3D 地幔对流模型揭示，在超大陆拼合阶段，仅在超大洋下方存在一个 LLSVP；当超大陆形成后，地幔底部会形成两个 LLSVP，分别位于超大陆下方和超大洋下方，这表明了超大陆与 LLSVP 的关系。含运动学边界条件的地幔流模型（Zhang et al., 2010）也证实了该关系。如果 LLSVP 和超大陆存在匹配关系，LLSVP 稳定论的假设意味着，只有两个区域可以形成超大陆（即在两个 LLSVP 之上）。相比之下，Mitchell 等（2012）使用基于古地磁数据，提出了“正则洋关闭”（orthoversion）模型：新超大陆在距离前一个超大陆约 90°的俯冲环上聚合形成，这暗示着 LLSVP 的位置在该过程中同样应旋转 90°。

若地幔对流驱动岩石圈运动在横向黏度均匀的情况下，不会在岩石圈板块上产生净扭矩，岩石圈应该无净旋转（Solomon and Sleep, 1974）（这里的旋转指的是绕欧拉极的旋转）。实际观测表明，岩石圈运动存在一定的净旋转，这是由于上地幔存在横向黏度变化，导致岩石圈与下伏地幔之间的不同黏性耦合引起的（Rudolph and Zhong, 2014）。净旋转的速度一般非常小（$<0.2° \sim 0.3°/\mathrm{Myr}$）(Conrad and Behn, 2010)，因此，过去的研究为了方便，常用“无岩石圈净旋转”参考系。中生代以来，板块运动具有一些规律，例如：①陆块运动速度大部分在 10cm/a 以下，含有克拉通的陆块一般移动较慢（Zahirovic et al., 2015），微板块运动速度一般比大板块的大；②全球的俯冲带基本都发生后撤，较少存在前进俯冲（Williams et al., 2015）。基于上述规律，并通过最小化岩石圈净旋转，以及拟合 80～0Ma 的热点轨迹，Müller 等（2022a）创建了“最优化”参考系。

上述研究表明，各级板块的绝对运动目前还存在较大不确定性，尤其是白垩纪以前的部分；板块运动是地幔对流的浅表呈现，板块运动模型也常被作为边界约束，建立地幔对流模型，用以分析大小板块与深部地幔的相互作用等。基于不同的板块运动模型建立的地幔对流模型会有不同。

9.5.2 地球深浅部动力学耦合的共演化

含运动学边界条件的地幔对流模型揭示，俯冲后下沉至地幔底部的冷且硬的微幔块，会推动地幔底部物质变形，并随后聚集形成形态与层析成像揭示的 LLSVP 相似的热化学结构，且该热化学结构持续地移动和变形（McNamara and Zhong，2005；Flament et al.，2022）。随着大数据逐渐被应用于约束各级板块古位置，板块重建模型变得越来越合理，而以板块重建模型作为边界约束的地幔对流模型预测的热化学结构与 LLSVP 的吻合度也不断提高（图 9-55 和图 9-56）。地幔流模型表明，LLSVP 是持续演变的，但是因为俯冲带的位置与其基本不相交（图 9-54），所以潘吉亚以来 LLSVP 的变化相对较小（图 9-56）。然而，更老的俯冲带与现今 LLSVP 的位置很可能相交，如潘吉亚超大陆聚合末期导致瑞克洋闭合的俯冲带在现今非洲 LLSVP 之上（Domeier，2016），这意味着非洲 LLSVP 当时不存在，或者形态与现今不同。此外，最新的研究表明，移动且形变的 LLSVP 仍然与地幔柱岩浆记录在空间上是匹配的（Flament et al.，2022）。因此，LLSVP 保持稳定的观点受到越来越多的挑战。

板块运动速度可以分为与水平聚散运动（如海底扩张和俯冲消减，可用速度场的散度反映）相关的极向流分量，以及与水平剪切运动（如沿着转换断层）相关的环向流分量（Lithgow-Bertelloni et al.，1993）。对比浅表板块运动和地幔底部演化特征（如速度、温度等），可以分析浅表和地幔底部演化的关系。以“无岩石圈净旋转”以及“正则洋闭合”两个端元重建模型为边界约束的地幔流模拟揭示，地表速度场的散度和下地幔径向速度场的功率谱随时间显示出非常相似的模式（图 9-57）。例如，在 120Ma 附近，二阶贡献幅度几乎同时减小，这表明了地表速度场对下地幔的直接影响。地表散度二阶贡献在 120Ma 大幅度减小，可能是由于冈瓦纳古陆的解体、菲尼克斯板块的碎裂化，以及伴随的较短扩张脊形成，导致短波长结构贡献变大。下地幔温度场在 1 ~ 3 阶功率谱与地表散度和下地幔径向速度场（尤其二阶贡献）相似，但曲线相对平滑得多，反映温度场相对速度场变化较慢。

地表散度、下地幔径向速度和下地幔温度三个场的二阶结构基本占据主导（图 9-55）。散度场的二阶结构代表地表的长波长离散特征，在以太平洋和非洲为中心的两个半球各自存在一个二阶最大值，即极值，而这两个最大值代表长波长离散中心。下地幔径向速度的二阶最大值代表下地幔长波长地幔上涌中心，下地幔温度场二阶最大值代表长波长高温中心，基本反映热化学结构的中心。以太平洋半球为例，三个场二阶最大值的时空轨迹具有明显相似性（图 9-58），这表明深部地幔结构的演化，跟随浅表构造格局演化。其中“正则洋闭合”模型中，由于相邻超大陆距离 90°，三个场的长波长结构都经历约 90°的迁移。现今的板块速度散度场二阶最大值位

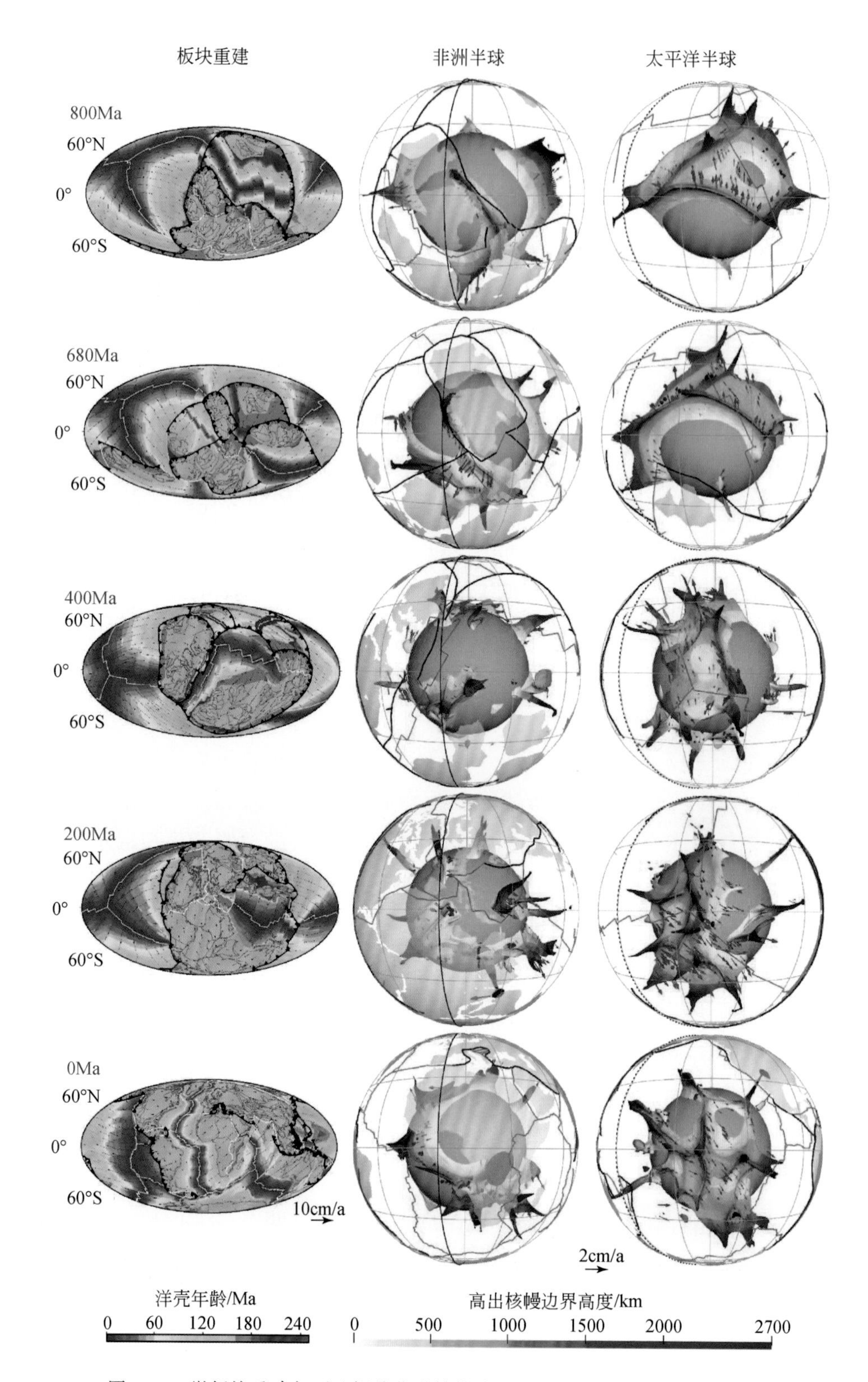

图 9-56　微板块重建与下地幔热化学结构演化（Cao et al.，2021a，2021b）

于马达加斯加北部和东太平洋，当前温度场的二阶贡献最大值出现在非洲和太平洋下方。地幔底部温度场二阶最大值平均运动速率约为 0.16°/Myr（Cao et al., 2021b），该速度基本反映了热化学异常的移动速率。另外，地幔温度场演化通常滞后于地表散度场，滞后时间可达 160～240Myr（Cao et al., 2021b）。引起这种滞后的原因包括：①俯冲的冷异常（微幔块）下沉至地幔底部，可能需要 150～200Myr（图 9-59），当在地幔过渡带中发生滞留时时间一般较长；②俯冲板片或微幔块有时将底部热化学结构切碎分割，这些破碎的热化学结构重新聚集成为大型结构时也需要时间。

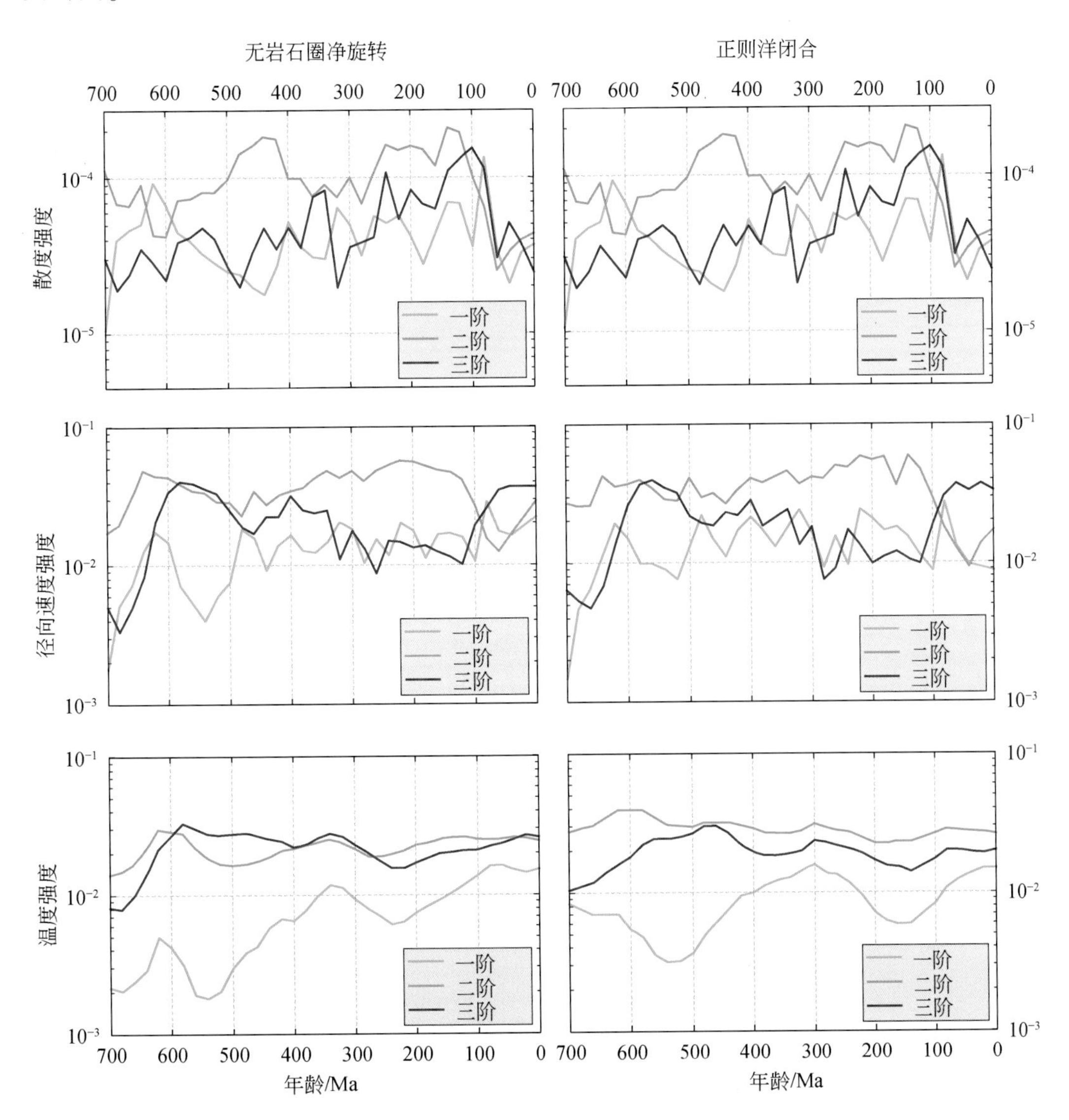

图 9-57　微板块散度场（上）、下地幔径向速度（中）以及下地幔温度场（下）的一阶、二阶、三阶贡献值随时间的变化

左侧为“无岩石圈净旋转”微板块重建端元模型，右侧为“正则洋闭合”微板块重建端元模型。两者都考虑了“内侧洋闭合”（Murphy and Nance，2003），即超大陆裂解后新形成的年轻的大洋关闭形成下一个超大陆

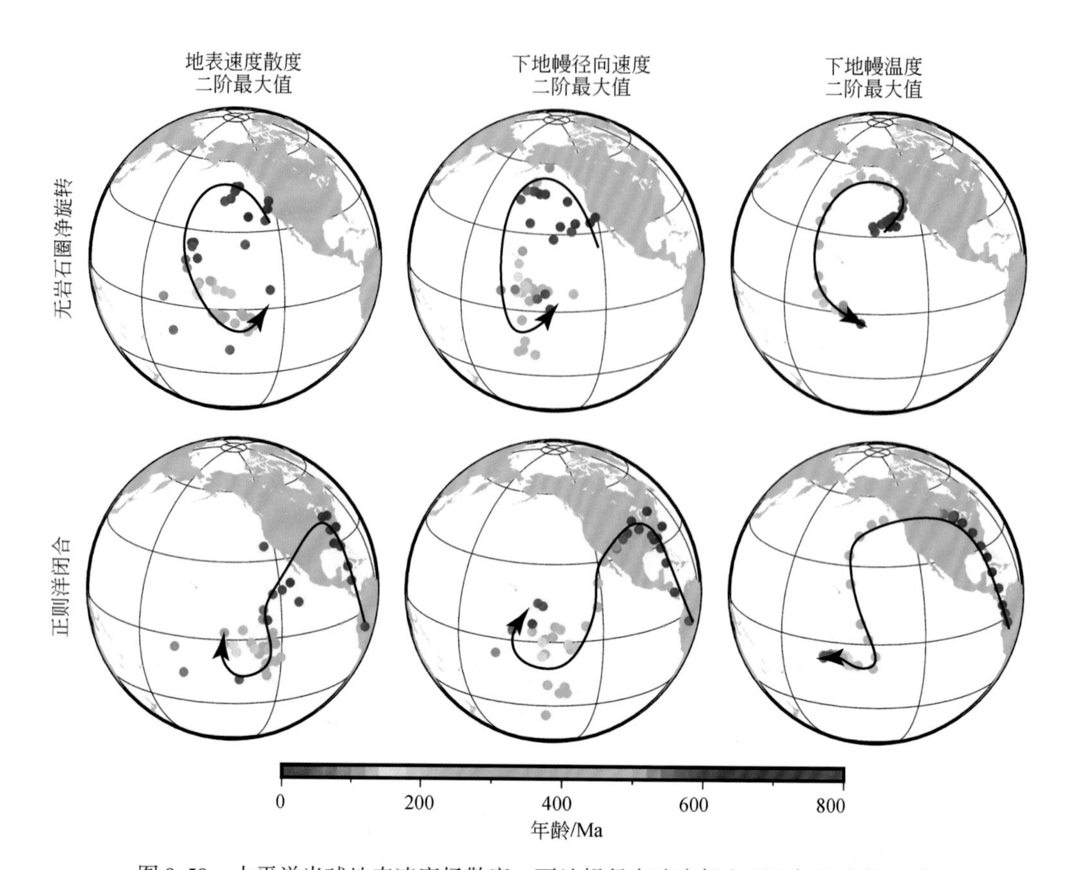

图 9-58　太平洋半球地表速度场散度、下地幔径向速度场和下地幔温度场二阶最大值位置随时间的演化

上面为“无岩石圈净旋转”微板块重建端元模型，下面为“正则洋闭合”微板块重建端元模型（相邻超大陆相隔 90°）（Cao et al.，2021b）

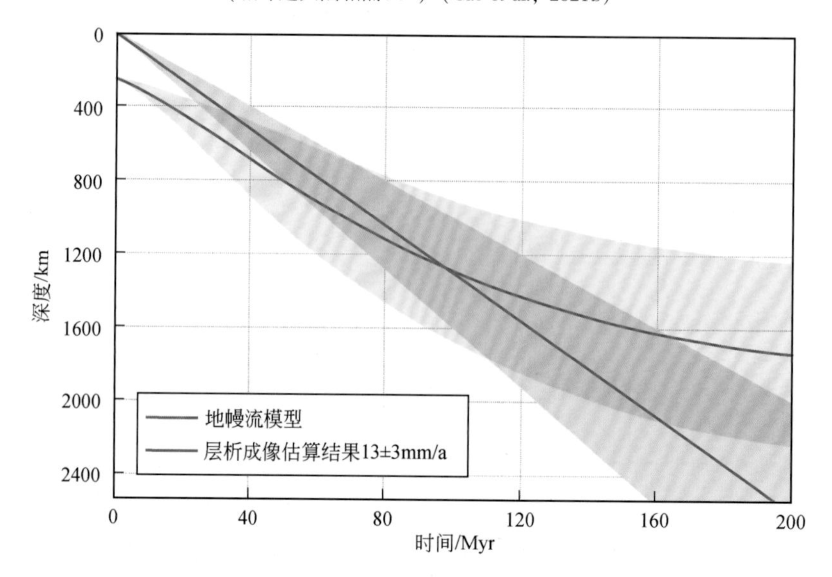

图 9-59　俯冲板片（或微幔块）随时间沉降曲线

红线为模拟结果，黑线为根据层析成像估算结果（Butterworth et al.，2014），半透明区域表示标准差

9.5.3 微板块与 LLSVP 遥相关的动力学机制

微板块与大板块密切关联，部分微板块是大板块的俯冲残留（如胡安·德富卡微板块）或裂解而成，而大板块一般由微板块生长（如太平洋板块）或者镶嵌式拼合形成。超大陆聚合过程中，一般由微板块逐渐拼合为大板块，并最终形成超大陆，此过程在深部地幔可能表现为一阶结构（Zhong et al., 2007）。例如，哥伦比亚超大陆是由大量小型块体先拼合成较大块体（如华北、劳伦等）之后，由大块体之间拼合而最终形成。哥伦比亚超大陆裂解又可形成大量微板块，并随后再度拼合形成罗迪尼亚超大陆。地史期间，微板块整体数量随着时间有减少趋势，现今的板块在面积占比上以大板块为主，但是在俯冲带和洋中脊附近以及陆内仍存在大量活动微板块。地质记录以及 GPS 观测揭示大量的陆内差异变形，给传统板块构造理论的“内部刚性”假设带来挑战，例如，欧亚板块内部不同地区的速度场存在较大差异。但可以将大型大陆板块划分为较多内部相对刚性、运动特征基本一致的小型微块体，即微陆块，这些微陆块之间边界虽然长期稳定，但在外部作用力足够大时，依然可以活化。可见，在外部作用力适当的条件下，某个大板块内部原本融合为一体的微陆块群，彼此间依然可以活化而发生相互作用，它们之间的边界上也依然可以产生地震等活动。

与大板块类似，微板块与地球深部过程也密切相关。地幔柱倾向形成于热化学结构的边缘（图 9-56），当地幔柱到达浅表岩石圈时，会通过热侵蚀等方式弱化岩石圈，并形成薄弱带（Davies, 1994），原有板块边界（如洋中脊）会发生跃迁，以迎合下伏的地幔柱生成带位置，导致浅表岩石圈薄弱带附近发生碎裂化，形成微板块，如在洋中脊薄弱带附近的微洋块。例如，现今菲律宾海微板块可能也起源于马努斯（Manus）地幔柱（Wu et al., 2016）。

与此过程相反，微洋块随着大板块也能俯冲并沉降至深部地幔形成孤立的微幔块，进而塑造 LLSVP 的形貌，使得地幔柱发生偏移。数值模拟结果表明，冷且硬的俯冲大洋岩石圈到达外缘隆起带会发生断裂、水化，进而导致进入俯冲带后的俯冲板片，发生香肠化、分段化，拆沉形成微幔块；微幔块拆沉并下坠到地幔底部后，会侧向流动到上升流区，并推动地幔底部热化学结构变化，且导致在 LLSVP 边缘形成地幔柱（Bower et al., 2013；Cao et al., 2021a）。随后，微幔块受热后密度和黏度逐渐变小，会向热化学结构上方爬升，并推动热化学结构边缘的地幔柱向其内部迁移（图 9-60）。这与太平洋 LLSVP（即 JASON）内部存在的热点位置是一致的（Davies et al., 2015）。西太平洋地区的沙茨基和翁通爪哇大火成岩省，分别形成于 144Ma、120Ma 时的古太平洋中部（图 9-60），附近都发育大量微洋块，这与模型预测的 144Ma、120Ma 地幔柱分布基本一致。当然，也有人通过板块重建认为沙茨基和翁通爪哇等大火成岩省都起始于 140Ma，那时，它们的位置正处于作为薄弱带的古洋中脊位置，洋中脊和地幔柱两者之间处于耦合状态（Madrigal et al., 2016）；随三条洋中脊的不断扩张，太平洋板块不断增大，从而使得浅表洋中脊扩张与地幔柱上升流之间发生脱耦。至 120Ma，地幔柱位置处于太平洋板块内部，这一方面说明太平洋 LLSVP 运动速度比浅表板块运动速度慢，另一方面说明洋中脊跃迁不断导致

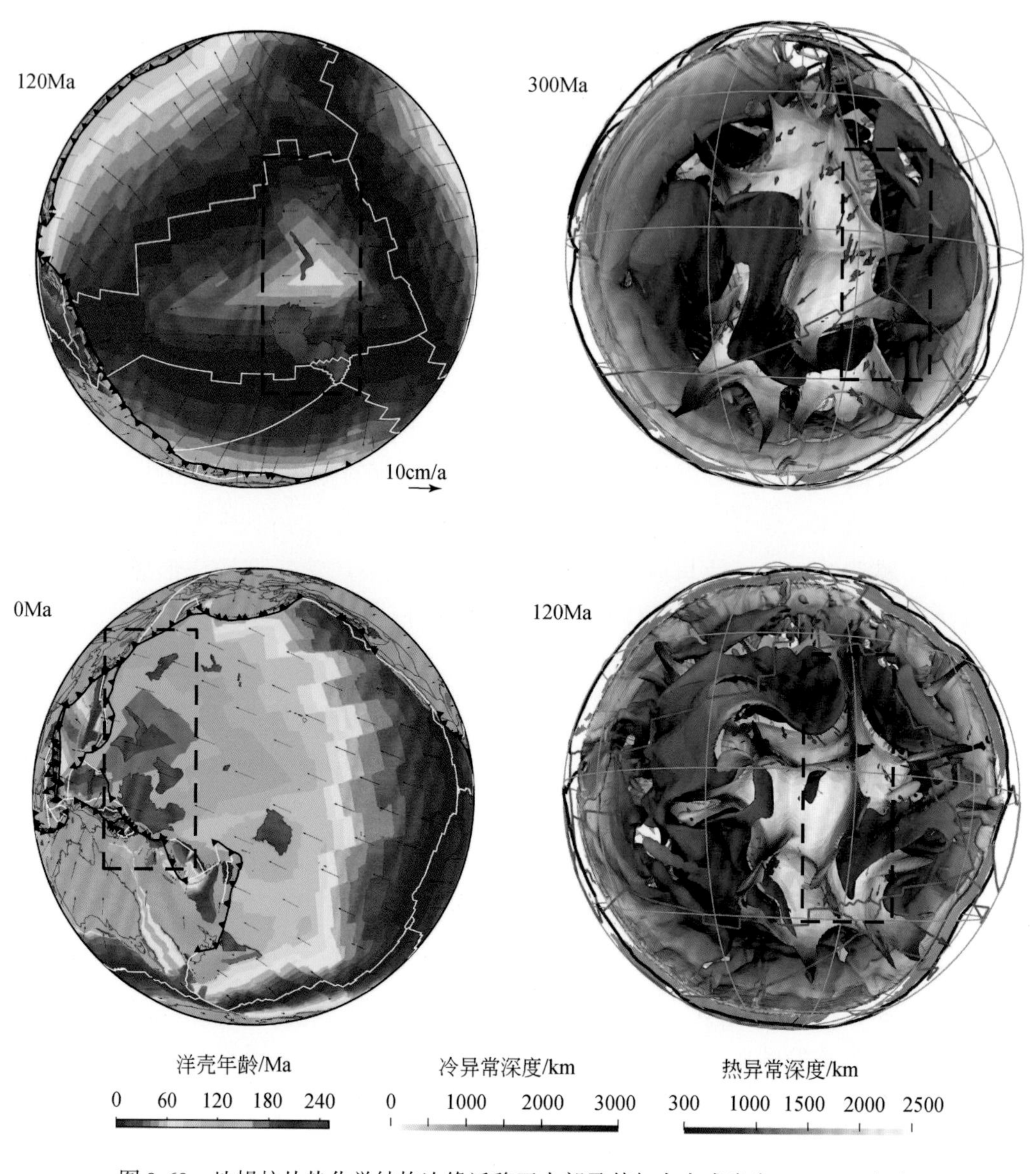

图 9-60 地幔柱从热化学结构边缘迁移至内部及其与大火成岩省（120Ma 左右）和微板块形成的关联

左侧图中红色区域为大火成岩省，右侧图中黑色虚线框中的地幔柱，从热化学结构东侧边缘逐渐被推至其内部，并与西侧的两个地幔柱（淡黄色椭圆形虚线）合并

微洋块形成（Sager et al.，2019），洋中脊的生长行为此时与瓦因-马修斯-莫雷的洋中脊扩张模型并不相同。

上述讨论表明，微板块与深部地幔演化密切相关，有些是两者之间的相互作用不存在空间上的接触，是通过热力、重力或应力传递而发生关联，称为遥相关关系。现今浅表微板块的离散运动由大板块主导，岩石圈微板块的这种离散中心基本反映了地幔底部 LLSVP 的边缘位置。微幔块下沉至地幔底部后，会与 LLSVP 相互作用形成地幔柱；地幔柱上升至浅部后，会侵蚀岩石圈并促进微板块的生成。这种深浅部耦合的关系（包括遥相关）目前主要由数值模型揭示，而模型都存在不确定性。基于统计学稳态数值模型，Zhong 等（2007）提出地幔结构是一阶（超大陆聚集时）和二阶（超大陆聚集后）循环转换的 1-2-1 模式。Cao 等（2021b）基于简化的"内侧洋闭合"端元微板块重建模型约束的地幔流模型表明，地幔底部长期由二阶结构主导。而最近发表的且更符合地质记录的 10 亿年以来微板块重建约束的地幔流模型（Müller et al.，2022）表明，在潘吉亚超大陆拼合时，地幔底部存在较短暂的一阶结构。因此，地幔底部结构的周期性演化特征还需要进一步研究。LLSVP 同周围地幔相比是否存在成分异常也仍存在争议（Davies et al.，2012；Koelemeijer et al.，2017；Lau et al.，2017；Ni et al.，2002）。主流观点支持成分异常的存在，例如，潮汐层析成像（Lau et al.，2017）和波形模拟（He and Wen，2009；Wang and Wen，2007），都表明 LLSVP 相对周围地幔密度较大。若在模型的地幔底部加入高密度物质，模拟得到的热化学异常体呈大型山脉状覆盖核-幔边界（图 9-56）（Flament et al.，2022；Li et al.，2014），与层析成像结果相似［图 9-55（c）］。在前人的纯热模型（LLSVP 无成分异常）中，俯冲的大洋岩石圈同样推动地幔底部热物质在太平洋和非洲下形成狭窄的线状或者网格状热异常体（Davies et al.，2012），经过地震滤波处理后也可得到山脉状的结构，与地震层析成像中的 LLSVP 大致吻合。但无论 LLSVP 密度如何，它都应随着浅表岩石圈运动而耦合演化，并影响着微板块的形成。

基于海洋地质地球物理观测建立的传统板块构造理论意味着板块和浅部地幔共同演化，然而，地幔底部，尤其是大型横波低速异常区（LLSVP）与板块（尤其是微板块）运动和演化之间是否存在关联仍有争议。一些研究认为，LLSVP 长期保持稳定，而另一些模型则认为它与各级板块存在相互作用。通过总结前人成果并基于已有板块重建和地幔对流模型进行进一步分析，这里初步探讨了微板块运动和 LLSVP 的演化关系。模拟结果表明，微板块与大板块类似，俯冲后通常会下沉至核-幔边界。俯冲板片（或微幔块）会推动地幔底部热的物质聚集并形成大的热化学结构。该热化学结构与层析成像揭示的 LLSVP 基本吻合。下地幔径向流速场和温度场的二阶结构与地表速度场散度的二阶结构随时间的移动轨迹相似，这表明深浅部圈层的耦合演化，但是下地幔结构演化一般会滞后于浅表。在俯冲板片推挤之下，地幔柱优先沿着地幔底部热化学结构的边缘形成，且有时会被推至热化学结构的内部。地幔柱上升至浅部后能够导致岩石圈弱化甚至裂解，或板块边界跃迁形成微板块。因此，地幔底部的 LLSVP 不是稳定或静止的，而是与微板块运动协同演化，并通过地幔柱与浅表板块边界发生遥相关关系，从而控制微板块生成场所。综上所述，浅表微板块运动和深部地幔演化有以下耦合特征。

1）地幔对流模拟揭示，地幔底部结构（LLSVP）随着微板块（如下坠的微幔块）格局的变化而演化，且热化学结构的移动轨迹与地表长波长离散中心的移动轨迹基本一致。这表明整个地幔和岩石圈是一个动态系统，热化学结构是该演化系统的一部分，而非独立存在。

2）由于俯冲板片（微幔块）下沉至下地幔需要时间，且有时在地幔过渡带停滞，此外热化学结构也可能会重组，导致地表与深部地幔的变化之间会存在长160～240Myr 的时间差。

3）地幔柱优先沿热化学结构边缘生成，随后由于周围下坠的俯冲板片或微幔块的推动倾向于向热化学结构内部迁移。

4）地球浅表岩石圈尺度微板块发育的空间位置，与深部地幔 LLSVP 之间的动态演变存在遥相关关系。

9.6 微幔块过程与地幔不均一性

地震各向异性测量（地震波速的方向相关变化）提供了有关地球变形方位的有用信息。有人利用格陵兰台站记录的经外核折射的剪切波测量了地震各向异性。研究表明，双层各向异性模型可解释剪切波快速振动方向为它们接近每个台站角度的函数。格陵兰大陆岩石圈经历了复杂的板块碰撞历史，其上层反映了格陵兰大陆岩石圈中的连续变形，而下层反映了软流圈地幔中由板块上方运动或岩石圈各向异性第二层引起的变形。

通过地震各向异性，可洞察过去岩石圈变形事件和下伏软流圈应变方向。格陵兰地幔承载了丰富的构造演化历史，包括多期造山运动和地幔柱-岩石圈相互作用。SKS 分裂检测揭示了格陵兰岛上一致的快速极化方向上的强烈变化和后方位角。将观测到的快波极化方向与具有橄榄石-斜方辉石各向异性的两层模型的预测进行比较后，在 95% 置信度下，得出了可接受的适配模型系列。结果表明，上层橄榄石 a 轴方位角为 222°～236°，下层橄榄石 a 轴方位角为 114°～130°，且 a 轴倾伏角不为零。这些模型中，上层岩石圈各向异性与元古代和太古代造山带结构一致（图 9-61）；下层各向异性要么对应于大致平行于板块绝对运动方向的软流圈地幔流，要么由于岩石圈地形或由多期古汇聚事件产生的倾斜岩石圈结构而表现为倾伏状态。

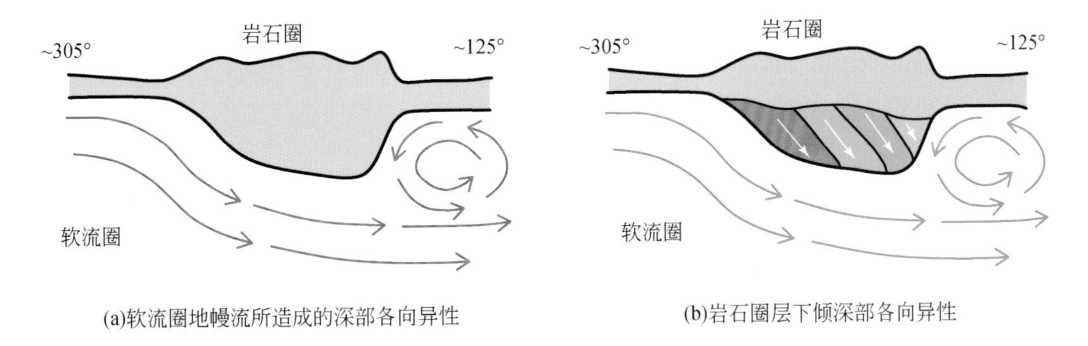

图 9-61 岩石圈与软流圈相互作用的两种模式

(a) 端元情况为各向异性下层中倾伏 a 轴是由绕厚克拉通岩石圈底面的软流圈地幔流造成的，该剖面中克拉通岩石圈的形状引自 Mordret（2018），纬度为 70°N。(b) 端元情况为各向异性下层中倾伏 a 轴是岩石圈的，并起因于岩石圈碰撞增生相关的倾斜层状体

这些研究表明，地幔不均一性不仅仅是前文所说的地球化学组成不均一性，还存在地幔结构的不均一性。这种地幔结构的不均一性可以很好地利用微幔块过程来解释。甚至与格陵兰岩石圈地幔俯冲堆垛结构不一样的是，一些岩石圈地幔的不均一性是刮垫（图 2-38）过程所致。

9.7 经典微幔块演化

近 30 年来，层析成像被广泛用于全球很多经典构造带或造山带深部地幔的区域构造分析。本节介绍特提斯碰撞造山系统、中亚增生造山系统和太平洋俯冲消减系统相关的微幔块群。

9.7.1 特提斯碰撞造山系统相关的微幔块群

青藏、印度和邻近印度洋之下的地幔层析成像，揭示了不同深度具有相对较高 P 波速度的多个区带。在阿富汗东北部和塔吉克斯坦南部的兴都库什地区下方，整个地幔上部 600km 处都可以看到区域性北向倾斜的板片，其显然仍连接在印度板块的岩石圈上。在巴基斯坦北部的下方，同一板片显示出一个回卷结构，其较深的部分翻卷并向南倾斜，这也可以从地震震源的分布中看出。在更远的南东东部（如尼泊尔附近），深于 450km 的一个高速异常体与兴都库什山脉下方的板片相连，但似乎与 350km 以上的岩石圈分离。这些上地幔异常被解释为大印度（Greater India）板块 ~45Ma 之后继续向北与亚洲汇合时拆离的印度次大陆岩石圈的残余物。印度次大陆之下较深的高速异常区与较浅区的高速异常区明显分离，并被推断为沉入下地幔并随后成为印度板块所覆的大洋岩石圈板片残余物，即微幔块。它们发生在1000~2300km深处，偶尔会下降到核-幔边界。这些异常形成了三条平行的NWW—SEE走向的微幔块群分带（图9-62）。

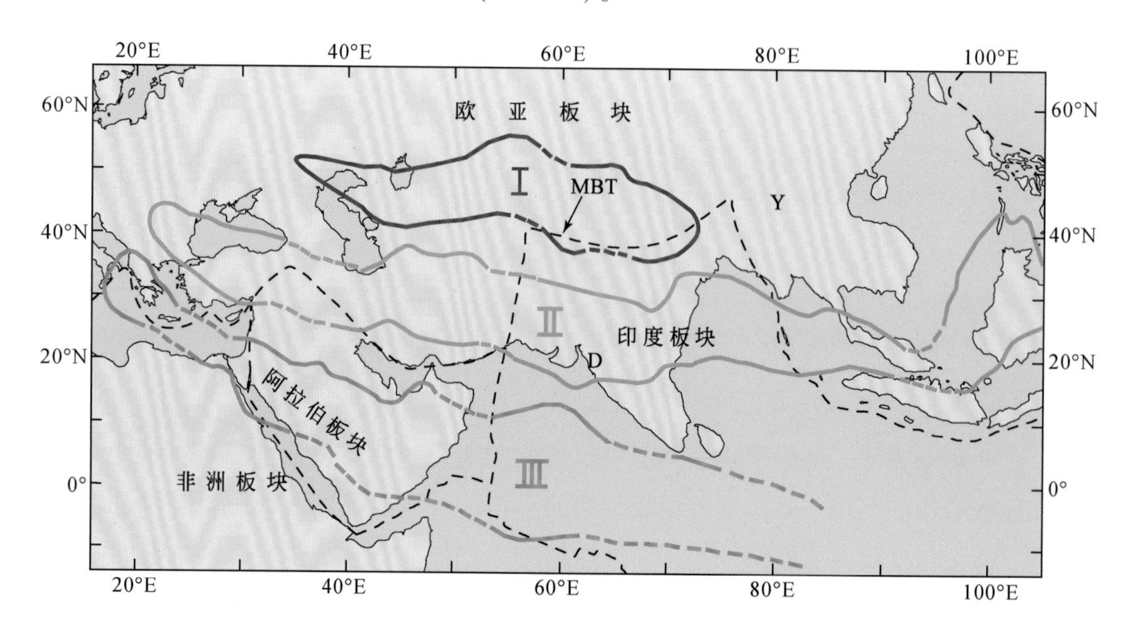

图9-62　地理位置和三个近平行的深地幔高P波速度异常（I、II和III）位置（van der Voo et al.，1999）

该图对应于相同比例的图9-63（c）~（h）的层析成像水平切片。两个点（实心点）处界定了纬度-经度框架（10°间隔）。高速带I、II和III的等高线取自1325km深度的层析成像结果［图9-63（e）］，实线是异常明显的地方，虚线是异常不那么明显的地方。D-印度西部的德干玄武岩；MBT-喜马拉雅山脉的主边界逆冲断层，它发生在喜马拉雅山脉板块边界（虚线）的南部；Y-云南构造结；细虚线为板块边界

van der Voo等（1999）将这两条南部区带解释为大洋岩石圈的残片，在白垩纪和早古近纪，当新特提斯洋在印度和青藏之间闭合时，这些岩石圈被俯冲下去。阿富汗北部、喜马拉雅山脉和西藏南部拉萨微陆块之下的北部深地幔带可能代表了古特提斯洋的最后俯冲残余。中间带继续向东南延伸，表现为一个朝向苏门答腊的相当直立的高速带，其在苏门答腊处转为向南凸出，并平行于巽他弧下的俯冲带。将印度附近的这条直立的中间带与较浅的（上部600~1000km）北部带进行比较，北部带在喜马拉雅山脉东部的云南构造结附近显示出类似尖顶的形状。这支持了较浅的北部带比更深的中间带俯冲时间更晚的观点。这些特征支持了印度板块在古近纪期间发生逆时针旋转（>20°）的观点。印度及邻近地区深部板片的现今纬度5°N~35°N，大体对应于白垩纪俯冲带的古纬度。因此，中地幔中的板片残余物（微幔块）发生在它们开始向下俯冲的古位置附近，这意味着更深部地幔的水平横向运动并不显著。

（1）1000km 以浅的 P 波速度异常

图 9-4 和图 9-63 显示了印度及其邻区不同地幔深度的横截面和平面视图。这些

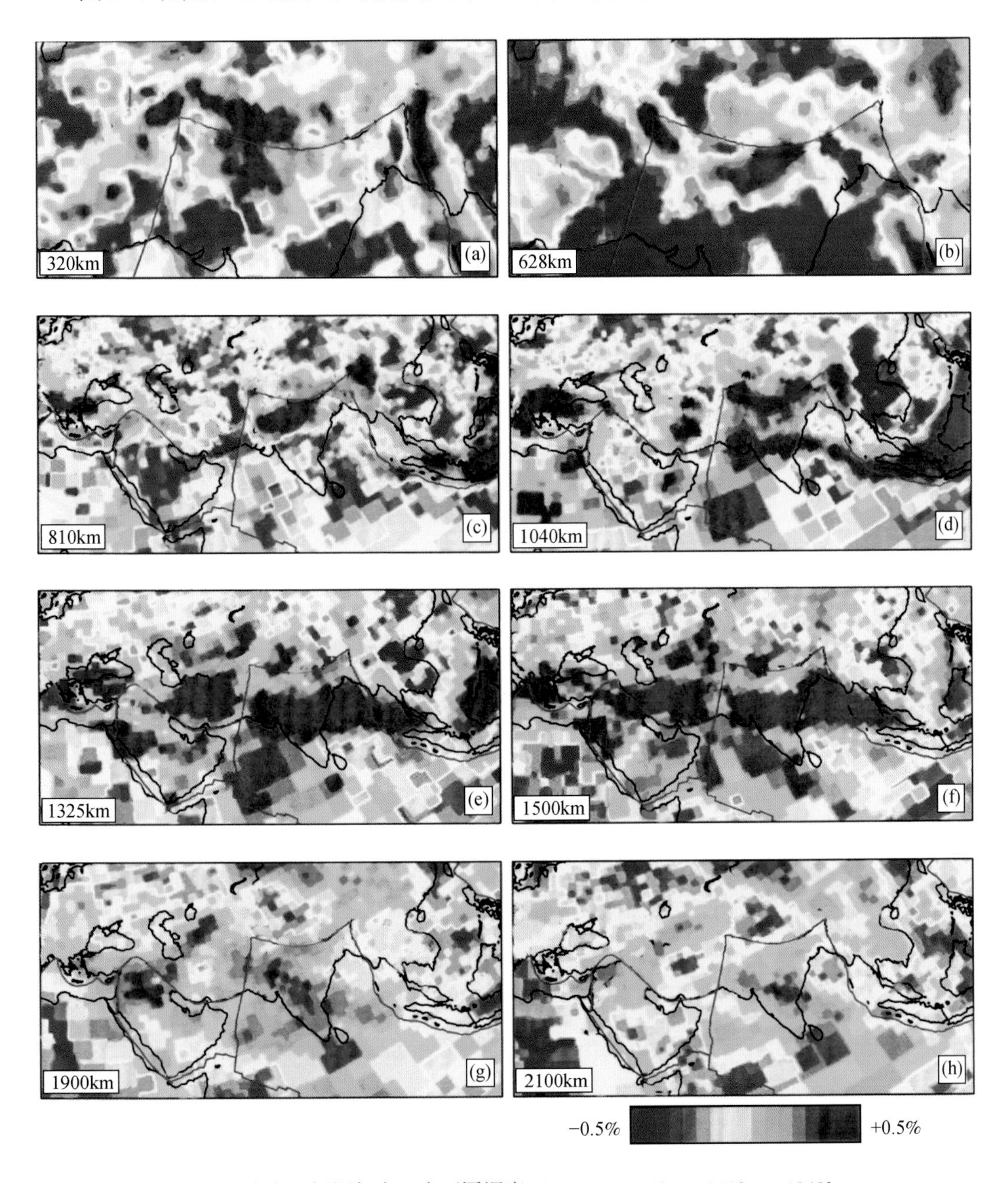

图 9-63　印度地幔深部在 8 个不同深度（320km、628km、810km、1040km、1325km、1500km、1900km 和 2100km）的 P 波速度异常层析水平切片（van der Voo et al.，1999）

速度异常以相对于模型 ak135（Kennett et al.，1995）深度处平均 P 波速度的百分比显示。下方 6 幅［（c）~（h）］区域对应于图 9-62 的地理图，而顶部两幅［（a）和（b）］区域被放大以说明喜马拉雅下方的上地幔异常细节。细紫线是板块边界，对应于图 9-62 的细虚线

图中的紫色细线可以与图9-62中的细虚线（板块边界）进行比较。1000km以上的上地幔P波异常与1000km以下的深部地幔P波异常具有明显的垂向分离。

印度和西藏岩石圈绝大部分区域表现为地壳和地幔顶部的P波高速异常，但德干玄武岩下的区域（图9-62中的D）在上部600km处以低速为主。在阿富汗北部，岩石圈较高的P波速度与向北倾的板片相连，该板片继续延伸，在兴都库什地区达到约600km深度处［图9-4（a）］。在巴基斯坦下方［图9-4（b）］，一块类似的板片似乎发生了回卷，因此其较深的部分似乎被翻转并在印度板块下方向南倾斜。帕米尔高原以南的震源位置也证明了该地区板片的陡倾角到翻转特征（Pegler and Das，1998）。再往东，在尼泊尔下方［图9-4（c）］，最上部岩石圈地幔的P波高速异常，与400～1000km深度之间高速异常的联系不太确定。可以推测，这里下沉板片的较陡（翻转?）部分，已经完全拆离，并被印度板块完全覆盖。尼泊尔南部500～1000km深处的异常［图9-4（c）］与早先提到的巴基斯坦北部400～800km深处异常［图9-62（b）］之间的明确联系也支持这种解释。

（2）1000～2800km深度的P波速度异常

在大于1000km且通常小于2300km的深度处发现了多个P波高速区，在图9-4的剖面中，被视为斑块（微幔块），其明显与地幔上部1000km的类似异常区拆离，彼此之间在横向上也是分离的。这些更深的异常也很容易在图9-63中看到，在这些图中可以识别它们的横向范围。P波高速异常形成了三条平行的NWW—SEE走向的廊带，中间的一条碰撞带连接到印度尼西亚群岛下的一块深部板片上。在图9-62中，这三条异常带被标记为I、II和III。向下，这三条板片在1500km处仍可识别，但在1900～2100km深度逐渐消失（图9-4和图9-63）。

与前述上部1000km的异常相反，主要的特提斯俯冲带（1040km处的II区及其以下）在云南和缅甸下方，没有显示出一个尖顶（cusp），而是几乎直接从印度中西部经孟加拉湾延伸到了苏门答腊南部（图9-63）。该带在900～2100km深处与三条更深地幔带（III区）的最南端平行，这些更深的地幔带从沙特阿拉伯下方延伸到印度大陆南端以南的位置。在那里，分辨率太差而难以辨认。在Vasco和Johnson（1998）的层析成像研究中，一条类似但更长的正异常带几乎持续到澳大利亚之下1470～1870km深处（P波结果）。他们看到更大范围异常的原因之一，可能是他们使用了更多不同类型的地震波相位到时，而不仅仅是P波和pP波。

I区和III区深部地幔异常是否持续到2300km以下（未在平面图上显示，但在图9-4中有所呈现）尚不清楚，但II区肯定终止于约2200km的深度。对于I区，例如，里海和咸海以东，有一种观点［图9-4（a）］认为，P波高速异常延续到了核-幔边界。一个高速异常也出现在印度东部和中北部下方的核-幔边界附近［图9-4

(c)]，并且与其北部和东部的中国区域内相同深度的一个非常宽 P 波高速区域在横向上分离，两者中间为一个约 400km 宽、NW—SE 走向的 P 波低速异常带(Bijwaard et al.，1998)。

毫无疑问，地中海–喜马拉雅–印度尼西亚的特提斯碰撞造山系统之下，地幔深部 P 波高速异常的总趋势（图 9-62）代表了晚侏罗世—早古近纪俯冲的特提斯洋岩石圈板片残余。这些特征是 van der Hilst 等（1997）提出的“特提斯异常”的一部分。但有趣的是，这种总趋势似乎可细分为三个区域（I、II 和 III），这些区域显然彼此分开。下文将提供一种方案来解释为什么观察到三条独立且平行的更深部分带(deeper zones)。

将更深部分带解释为古老的特提斯洋板片或微幔块，结合其位于印度次大陆和邻近的印度洋之下的位置，表明印度大陆在这些板片下沉到更深的地幔中之后向北发生了显著移动。这很容易解释为，印度大陆在早古近纪与青藏高原发生初始碰撞后，经历了持续向北部西伯利亚方向的汇聚。但当印度大陆继续与青藏高原汇聚时，其经历了逆时针旋转，且在古近纪期间继续向北运动距离大约有 2000km 或更远。巴基斯坦下方［图 9-4（b）］上地幔板片的回卷结构，以及尼泊尔下方 400 ~ 1000km 深度处明显的岩石圈拆离板片，都暗示了这些关系。印度大陆似乎被“固定”在兴都库什山脉附近，而随着印度大陆逆时针旋转，大印度板块更偏东的俯冲分量表明其经历了相当大规模的大陆俯冲。

楔入（indentation）作用期间，印度板块的旋转也可以通过图 9-62 中与喜马拉雅山脉平行的上地幔高速带所形成的尖顶（cusp）推断出来。该上地幔高速带表现为朝向云南以及缅甸和马来西亚之下的近似南北带。这个尖顶出现在深度小于 900km 的异常中，而印度大陆中部和苏门答腊之间深度大于 1000km 的更深中间带（II）是直立的。较浅部的喜马拉雅走向与较深部的Ⅱ带方向的夹角约为 30°，这与古地磁确定的印度板块古近纪逆时针旋转角度相当。不同的位置表明，印度大陆东北部地区，例如，西隆高原和孟加拉国东北部［图 9-61 中的（b）］，后期向北的楔入发生在侏罗纪—白垩纪期间新特提斯洋岩石圈的早期俯冲之后。这再次与印度板块在古近纪与青藏高原长期碰撞期间的逆时针旋转观点一致。这也表明，由于印度次大陆楔入和旋转发生于晚古近纪，较浅部的北部板片残余物比更深的中间带（II）的物质要年轻得多，或者更准确地说，前者比后者俯冲的时间更晚。这反过来又意味着，60 ~ 50Ma，大印度板块与青藏高原的初始碰撞之后，北部浅板片沉入到上地幔中。虽然不可能从层析成像中推断出板片残余物的年龄或古老的地质背景，但可推测，在喜马拉雅山下发现的上地幔板片是由拆离的印度次大陆岩石圈地幔组成。这些地幔，从现今位于青藏高原岩石圈内某处与俯冲的大印度地壳发生脱耦拆离(Zhao and Morgan，1987；Nelson et al.，1996)。俯冲岩石圈–地幔物质的南北范围可以从剖面（图 9-4）中估计，大约为 1000km。这与大印度板块大陆岩石圈缺失部分的估计范围一致。

古地磁数据表明，新特提斯洋的青藏陆缘，在白垩纪和早古近纪期间的古纬度，介于 0°至 25°N 之间（Besse and Courtillot，1988；Patzelt et al.，1996）。这些古纬度平均值的现今位置位于印度大陆中部所在纬度的中深地幔板片（II 区）以南。考虑到其俯冲带可能向北倾，这可能指示了 II 带板片残余物，在它下沉到地幔过渡带下方的大约古位置。这意味着，它们在更深部地幔的水平运动距离并不大，板片或多或少地以垂直方式下沉到了更深部地幔。

van der Voo 等（1999）对较深区域 I 和 III 的解释，援引了另外两条中生代俯冲带。他们提出的三条大致平行的俯冲带的演化如图 9-21 所示。中地幔中，较深的北部带（I）位于塔吉克斯坦、阿富汗北部、青藏高原之下，深度为 1000 ~ 1900km，局部可至核-幔边界。它在兴都库什山脉和帕米尔高原下似乎是直立的，并在尼泊尔和邻近青藏高原下向南倾斜［图 9-4（c）］。如上所述，如果 II 区是新特提斯洋岩石圈的主要残余物，随后被印度次大陆所掩覆，那么这个北部更深的高速异常（I）可归因于拉萨微陆块以北的俯冲带。在晚侏罗世至早白垩世期间，在拉萨微陆块和亚洲大陆的羌塘微陆块边缘之间消失的海洋应是古特提斯洋的最后残余。西方学者也将该时期古特提斯洋称为中特提斯洋（图 9-64，中国学者不采用“中特提斯

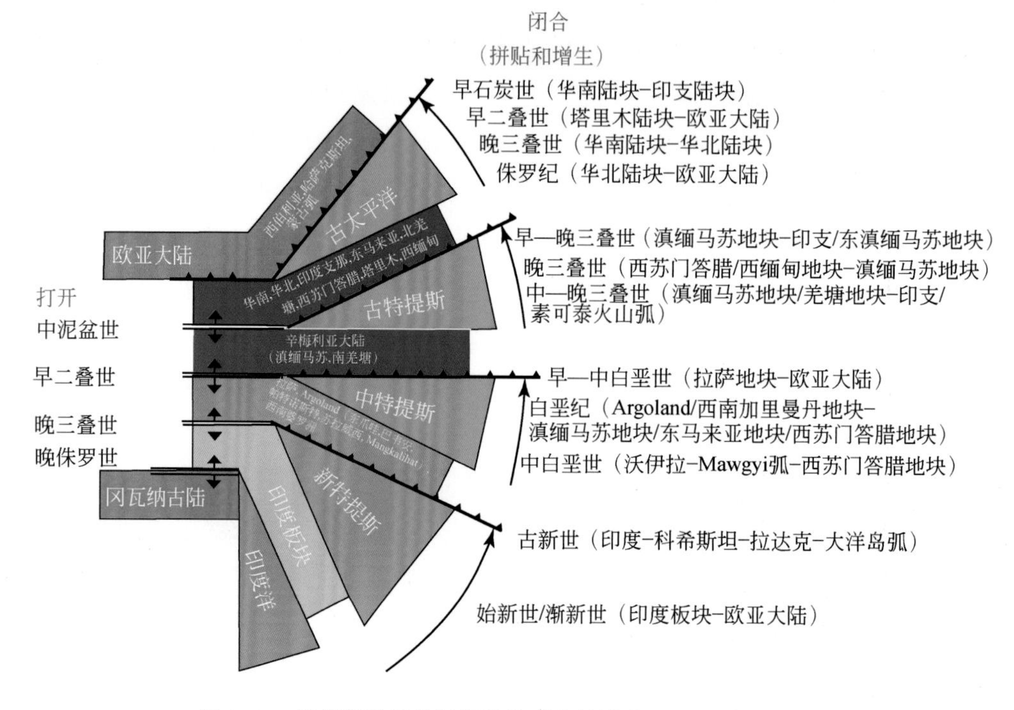

图 9-64　特提斯洋及其间微陆块群简单模式（Metcalfe，2013）

洋”概念，因为中文语境下，无法区分时、空的“中”）。中地幔速度异常（图9-62中的I区）的东西向范围，包括阿富汗赫尔曼德微陆块以北的部分，估计其侏罗纪南北向宽度大致与中地幔内北部高速异常的水平和垂向范围相匹配。

还有条高速异常深地幔带是最南部的一条（图9-62和图9-21中的III区），位于地中海东部，过沙特阿拉伯并一直延伸到印度大陆南端以南下方的地幔。van der Voo等（1999）认为，对该区带的解释是所有异常解释中最具推测性的，因为没有证据能表明微幔块的年龄及其它们在特提斯构造带中的先前位置。然而，如果阿拉伯北部和印度大陆确实存在向北的特提斯洋洋内俯冲，那么，这种洋内俯冲很可能是造成深部地幔异常带III的原因（图9-21）。该异常带的深度和位置也符合预测的其俯冲时间（中—晚白垩世）及古纬度（近赤道）。因此，可以从II区和III区的位置，以及亚洲下部其他异常区（如西伯利亚）的位置来推断，自侏罗纪以来，欧亚大陆相对于深部地幔的移动距离很有限。

9.7.2 中亚增生造山系统相关的微幔块群

地震层析成像为研究全球范围内上下地幔中地震速度相对较高的微幔块提供了观测约束。亚洲地幔中的微幔块也不例外，从千岛群岛、日本和其更南部的西太平洋俯冲带，以及亚洲古特提斯洋陆缘下方，人们均观察到了P波高速异常微幔块及俯冲板片。van der Voo等（1999）提供了侏罗纪时代微幔块存在的证据，当西伯利亚陆块、蒙古-华北板块和奥莫隆（Omolon）微陆块之间的蒙古-鄂霍次克洋和库拉-尼拉（Kular-Nera）洋闭合时，大洋岩石圈地幔发生了俯冲消减。在贝加尔湖以西的下地幔中，确定了这些微幔块的存在，其深度至少达2500km，在那里，它们汇聚到了地幔底部俯冲岩石圈的“墓地”（graveyard），即地幔过渡带。这意味着，地幔中的微幔块在俯冲消亡了约150Myr或更长时间后，仍然可以被识别，并且这种层析结构可能有助于将地球动力学与地表板块构造过程联系起来。

毫无疑问，欧亚大陆是下一个正在形成的超大陆中心，因为澳大利亚甚至美洲板块等正在稳步接近它，并且似乎注定会在未来加入它。然而，亚洲大陆的增长在很久以前就开始了，当时通过陆-陆碰撞和微陆块的增生，西伯利亚核心开始显著增加。蒙古与华北和华南陆块在二叠纪—三叠纪（或可能晚于侏罗纪）拼合，在侏罗纪晚期或早白垩世拼合到西伯利亚陆块上。西伯利亚和蒙古之间的古大洋称为蒙古-鄂霍次克洋。晚侏罗世，西伯利亚陆块最东北部的奥莫隆微陆块增生到亚洲大陆，使库拉-尼拉（Kular-Nera）洋关闭。

图9-65显示了西伯利亚陆块之下不同地幔深处的平面图和剖面图。蒙古-鄂霍次克缝合线和维尔霍扬斯克（Verkhoyansk）造山带以地壳和地幔最上部（未显示）

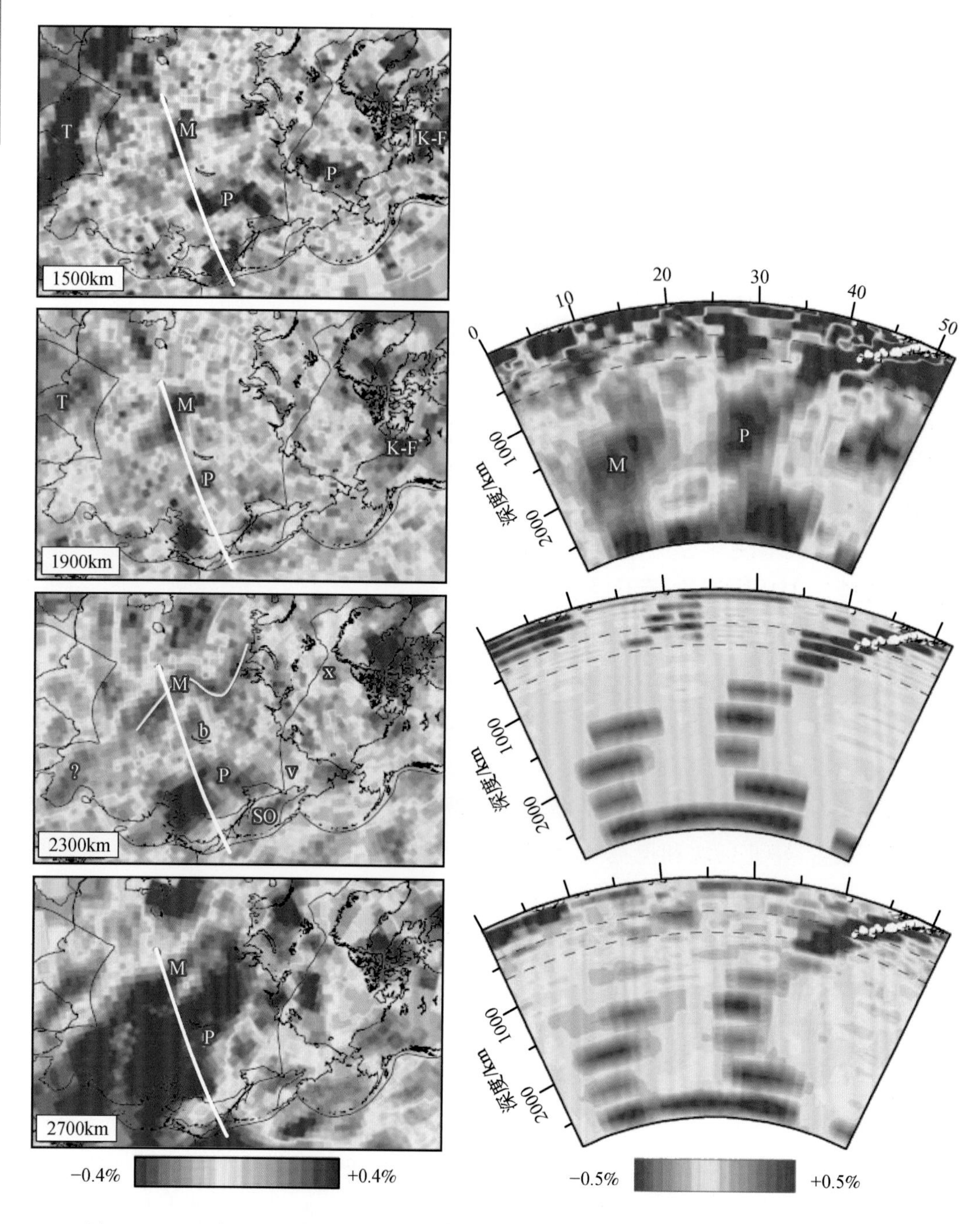

图 9-65　左图为亚洲大陆地幔深部 1500～2700km 的四个不同深度 P 波高速异常层析成像水平切片及右图为层析成像剖面（van der Voo et al., 1999）

右侧顶图层析成像结果显示沿图 9-21 所示直线的垂直剖面揭示出日本下方的太平洋板块（P）俯冲带（右）和推断的蒙古-鄂霍次克板片（M）（左）平行排列。白点表示西太平洋贝尼奥夫带的地震分布。中图是同一剖面的整个地幔层饼模型的模拟输入，其在下图反演分析中，得到解决和部分或完全再现。图中白线所指示剖面的速度异常，以相对于模型 ak135（Kennett et al., 1995）深度处平均 P 波速度的百分比显示。大写字母代表对所有四个水平切片中的大洋岩石圈板片的解释，蒙古-鄂霍次克洋（M）、太平洋（P）、特提斯洋（T）和库拉-法拉隆洋（K-F）；2300km 水平切片中的小写字母代表地理特征：b-贝加尔湖，so-鄂霍次克海，v-维尔霍扬斯克缝合线，x-现今的北极。问号表示不确定来源的“微幔块”

的P波速度对比为标志，在大于1200km深处，在垂直剖面和水平切片上，都可以看到明显的异常（图9-65）；在地壳中，蒙古-鄂霍次克-维尔霍扬斯克缝合线从贝加尔湖北岸附近延伸到鄂霍次克海（图9-65），然后从那里向北延伸到维尔霍扬斯克山脉下；在大于1500km深度，高速异常也很明显。在1500km深度，异常形成一个“钩子”（hook），首先从蒙古向北西西方向移动，然后向北到达西伯利亚的北极海岸；在1900～2300km深度，高速异常逐渐向西偏移；在2300km深度，呈现整体“Z”形特征（图9-65黄色曲线）；在2500km深度及以下，高速异常与地幔底部广阔的东亚高速区合并（图9-65）。

在剖面图（图9-65右侧顶部）中，高速异常特征（M）与日本北部当前活跃的俯冲带（P）平行排列。在1400km深度以下，蒙古西北部“钩子”的南段一直向下延伸到核-幔边界。图9-65右侧下面两个图还说明了在反演中对于同一剖面如何解析层饼模型的模拟输入。从图中可以看出，在1500km以下的深度，M和P异常都得到了很好的解决。西伯利亚陆块深部地幔中，P波高速异常的整体振幅和空间特征与在太平洋和地中海-喜马拉雅-印度尼西亚的特提斯构造带下观察到的相似，并可以给出类似的解释：其为俯冲板片的残余，即微幔块。一些高速异常，成像在400km到1200km深度之间，但这些高速异常在空间上是分散的、低振幅的，并且没有得到解决。例如，图9-65（顶部）上地幔和中地幔（>1200km）之间异常的“联系”是相当局部的，尚未解决。

在平面图和剖面图中，确定太平洋和特提斯洋俯冲带相当简单，因此，可以确信在西伯利亚陆块下方识别出的高速异常带与新生代板块俯冲无关。然而，要排除亚洲大陆下方的其他中生代俯冲带作为西伯利亚陆块深部地幔部分的候选者更为困难。这是因为亚洲大陆岩石圈，可能相对于之前位于其下方的更深部地幔发生了显著漂移。越来越多的证据表明，热点彼此之间发生了显著移动，因此，它们不能提供合适的框架来评估这个漂移量。然而，西太平洋和东太平洋俯冲带及其深层板片提供了另一种方法。西太平洋俯冲板片向西倾斜，然后，在下地幔中垂直下沉，与预期的位置没有明显的大位移（图9-65）。相比之下，中生代晚期—古近纪晚期，北美洲板块之下东太平洋俯冲产生的微幔块可以长距离漂移到五大湖地区及其以东的下方，甚至远至新英格兰地区，依然可识别出来。就这些微幔块而言，北美洲岩石圈板块显然已经向西移动了很远距离。van der Voo等（1999）依据这两个板片相对于它们开始向下运动的当前岩石圈位置所发生的相对位移，以及大西洋扩张期间大陆的位移，推断出西伯利亚陆块岩石圈在东西方向上相对于微幔块的移动距离很小，且北大西洋主要是通过北美洲板块向西漂移而扩张的，北美洲板块已经覆盖了其下方约3500km或更深的微幔块。此外，由于特提斯洋俯冲，欧亚大陆下方的其他微幔块没有发生东西向的漂移。因此，van der Voo等（1999）推断，在西伯利亚陆块下方识别的微幔块与蒙古-鄂霍次克洋和库拉-尼拉洋的俯冲无关。

图 9-66 表明，微幔块随深度发生偏移，将其与蒙古-鄂霍次克-维尔霍扬斯克缝合线随时间古纬度位置的变化进行比较可以发现，现今地表缝合线走向与岩石圈内的高速异常平行，深度至少为 95km。在 1200km 深度或以下，高速异常的地表走向逆时针旋转。然而，古地理恢复表明，它们古近纪早期和更早时期的位置对应于西伯利亚陆块的东部和南部陆缘位置，但偏西，这可能是由于晚侏罗世总体西倾俯冲的角度所致（图 9-66）。2000km 以深的“Z”形板片，可能为库拉-尼拉洋和蒙古-鄂霍次克洋的表面类似“Z”形俯冲模式的结果（图 9-65），后者不仅存在于西伯利亚陆块之下，还存在于西伯利亚陆块的侏罗纪东北部和东南部陆缘之下，以及蒙古北部陆缘之下。

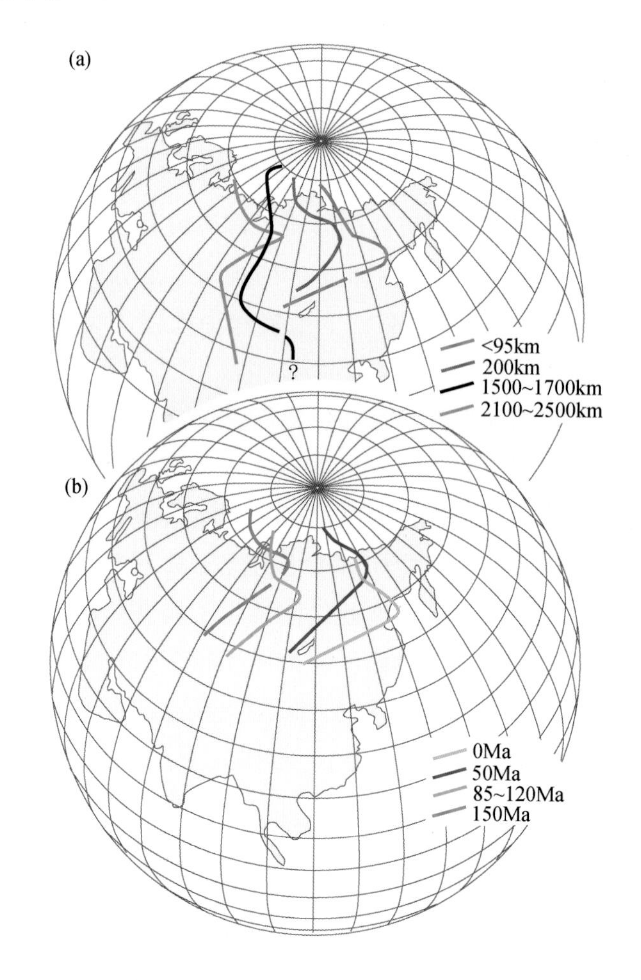

图 9-66　层析成像高速异常位置与西伯利亚活动陆缘预测古位置的比较（van der Voo et al.，1999）

（a）根据层析成像结果确定的岩石圈缝合线和大洋岩石圈残余板片（微幔块）主轴的位置随深度的变化。（b）现今和古地理重建的蒙古-鄂霍次克-维尔霍扬斯克缝合线的位置随时间的变化（经度是任意的），这里使用了 Zhao 等（1996）确定的西伯利亚古地磁极（50Ma 时使用 81°N、158. 6°E；85 ~ 120Ma 使用 73. 8°N、202. 4°E；150Ma 时使用 70. 1°N、184. 3°E）

鉴于蒙古-鄂霍次克洋俯冲停止于约150Ma前，西伯利亚陆块下方微幔块的顶部约在1500km深度，这意味着自侏罗纪以来，其平均下沉速度为1cm/a。当微幔块开始进入更高黏度的更深地幔时，其俯冲速率可能降低至原来的1/4。1cm/a的下沉速度意味着4cm/a的地表板块汇聚速率。即使仅在蒙古-鄂霍次克洋的一侧（如向西伯利亚陆块）发生俯冲，在200Ma时，这片海洋宽度也可能至少有2000km，这与板块重建结果相匹配。

van der Voo等（1999）认为，西伯利亚陆块下方的高速异常在逻辑上，可能为早白垩世之前俯冲的大洋岩石圈残余（即微幔块），因此，即使俯冲在大约150Ma前停止之后，侏罗纪俯冲的大洋岩石圈进入下地幔后仍能被识别。这种可识别性，是温度、成分、压力以及它们相组合的结果，是一个悬而未决的问题，但显然，蒙古-鄂霍次克洋俯冲的大洋岩石圈物质，一直是亚洲大陆之下板片“墓地”的来源。van der Voo等（1999）的结果还表明，显著的下降流，是数百个百万年以来不断增长的超大陆的一个特征，即使不是全部，那也是大多数更深地幔中的显著高速异常，与过去的俯冲有关。这使得层析成像成为古地理重建的重要工具。

9.7.3 太平洋俯冲消减系统相关的微幔块群

现今太平洋板块依然在扩张增生过程中，其板缘也在不断俯冲、消亡。利用地震层析成像技术，人们可以观察到现今俯冲到大陆之下的板片形态，并估算地幔过渡带俯冲板片不同分段的工作年龄和组成年龄。以西太平洋陆缘的日本地区为例，地震层析成像揭示出太平洋板块向西俯冲到东亚大陆之下，并向东亚大陆腹地延伸超过了2300km。Liu等（2017）将全球板块重建与地震层析成像相结合，揭示了出位于东亚大陆之下的俯冲板块工作和组成年龄分布。在靠近日本海沟处，俯冲板块的组成年龄相对较老，约130Ma。俯冲板块的组成年龄向西逐渐变新，在其最西缘组成年龄约90Ma（图9-67）。这一结果表明，现今滞留在东亚大陆之下地幔过渡带中的俯冲板片主体是俯冲的太平洋板片，而不是俯冲的依泽奈崎板片。但Liu等（2017）推断由现今滞留板片构成的地幔过渡带结构形成于30Ma以后，即微幔块的工作年龄小于30Ma。而实际上，这个现今滞留板片的工作年龄确实可能达120Ma（李三忠等，2023b）。俯冲的依泽奈崎板片，大部分应该已经掉落到下地幔中了，甚至可见分成多段，具有不连续性，因此，现今滞留板片可能由多个微幔块堆砌组成。在地幔过渡带中，呈水平状的太平洋板片滞留时间确实可能不超过10~20Myr。这一时间远远小于东亚大陆之下大地幔楔存在的时间，因此，大地幔楔中的一些微幔块可能残留有部分依泽奈崎微幔块，也可能是上覆板块大陆岩石圈地幔的拆沉所致，这些微幔块可能不具备大洋岩石圈地幔的属性。太平洋板块的俯冲促进了新生代东亚大陆岩石圈的进一步破坏或活化，表现为一系列的板内火山活动和弧后扩张作用；而依泽奈崎板片的俯冲，则与早白垩世华北克拉通的破坏密切相关，但相关的依泽奈崎板片的微幔块可能下沉到了下地幔，相关研究还有待深入。

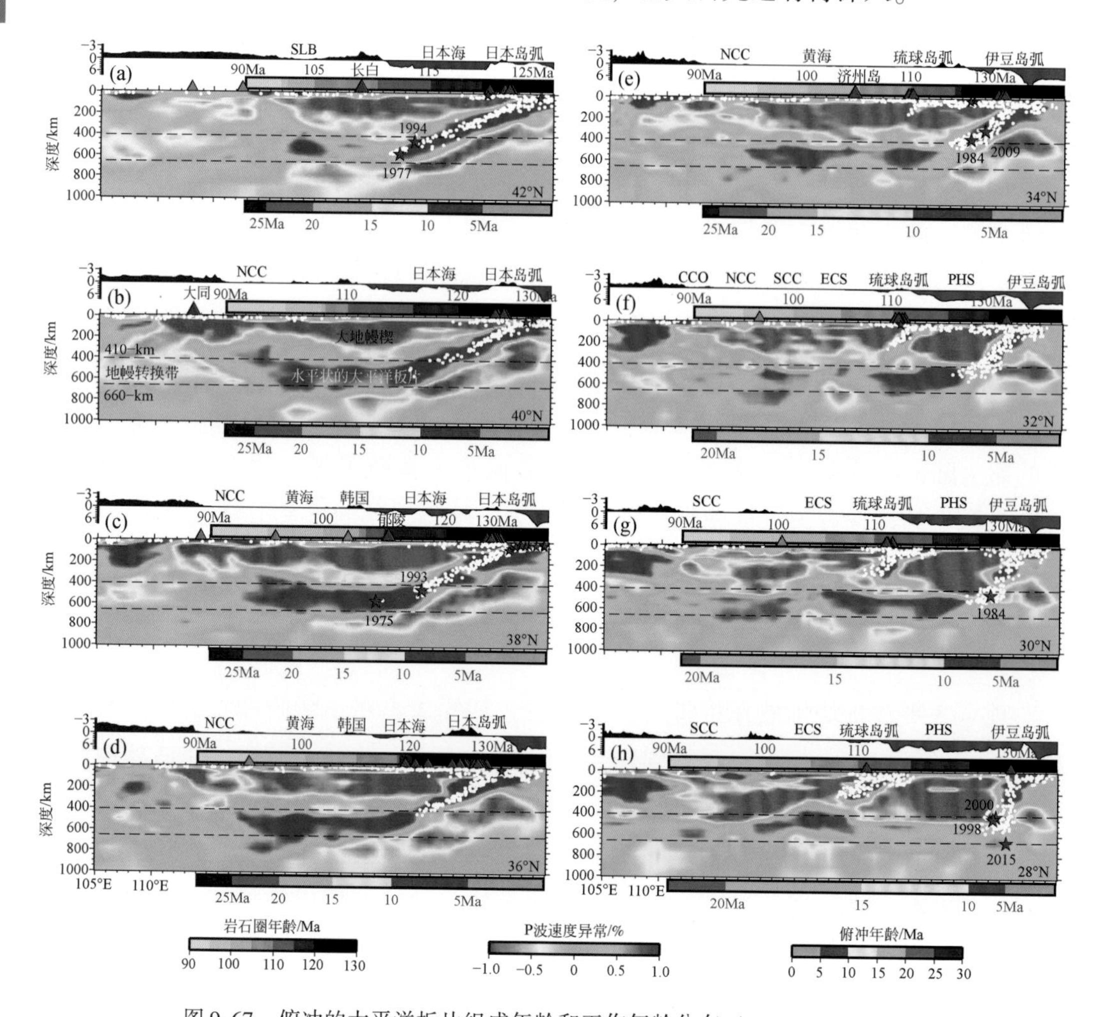

图 9-67　俯冲的太平洋板片组成年龄和工作年龄分布（Liu et al., 2017）

红色和蓝色分别指示低速和高速扰动。每条剖面上部标有蓝色数字的色标，指示俯冲的太平洋岩石圈从西（中国东部）到东（海沟轴附近）的组成年龄。每条剖面的地形显示在岩石圈年龄色标之上。每条剖面下部标有红色数字的色标，指示了太平洋板片的俯冲年龄或工作年龄。每条层析剖面之上的红色和粉色三角，分别指示了活火山和新生代玄武岩的位置。背景层析成像中的地震和大地震（$M \geqslant 7.0$），分别以白色圆圈和红色五角星表示。两条黑色虚线指示 410km 和 660km 地幔不连续面。CCO-中国中央造山带；NCC-华北克拉通；SCC-华南克拉通；ECS-东海陆架盆地

此外，层析成像成果还揭示了古太平洋板块于中生代向南俯冲到地幔的板片，可能现今滞留在澳大利亚板块和南极洲板块之下的地幔中，其中，印度洋 AAD 是澳大利亚和南极板块的离散板块边缘，该海域正好介于全球两个下地幔横波低速异常区 LLSVP（传统被认为是地幔上涌区，实际是成分异常导致的 *V*s 低值异常区）之间，因而，被认为是一个全球地幔下降流区域，与东亚超级汇聚的下降流有无关联

尚不明确。层析成像揭示，该区的地幔深部存在高速体（图9-68），该高速体被认为是俯冲的古老洋壳板片（Simmons et al.，2015）。但本书不认为是洋壳板片，而是大洋岩石圈地幔断离形成的微幔块，且这个古老的微幔块存在深、浅部耦合效应，使得该区表现为水深最浅、重力值最高、洋壳最薄等特征。因为这些地幔滞留板片比较分散，可能相对较小、比较集中，因而本书称之为微幔块，成因是洋内俯冲还是洋-陆俯冲、俯冲时间如何、滞留板片与新特提斯洋或古太平洋消亡的关系等都不清楚。特别是，该区还可能发育海洋核杂岩（即洋底出露的微幔块），那么一个地幔冷点区域，海洋核杂岩形成机制又是什么？是否存在下地幔与岩石圈的遥相关关系？与古太平洋板块俯冲有何关系？这些问题都值得今后深入研究。但微幔块无

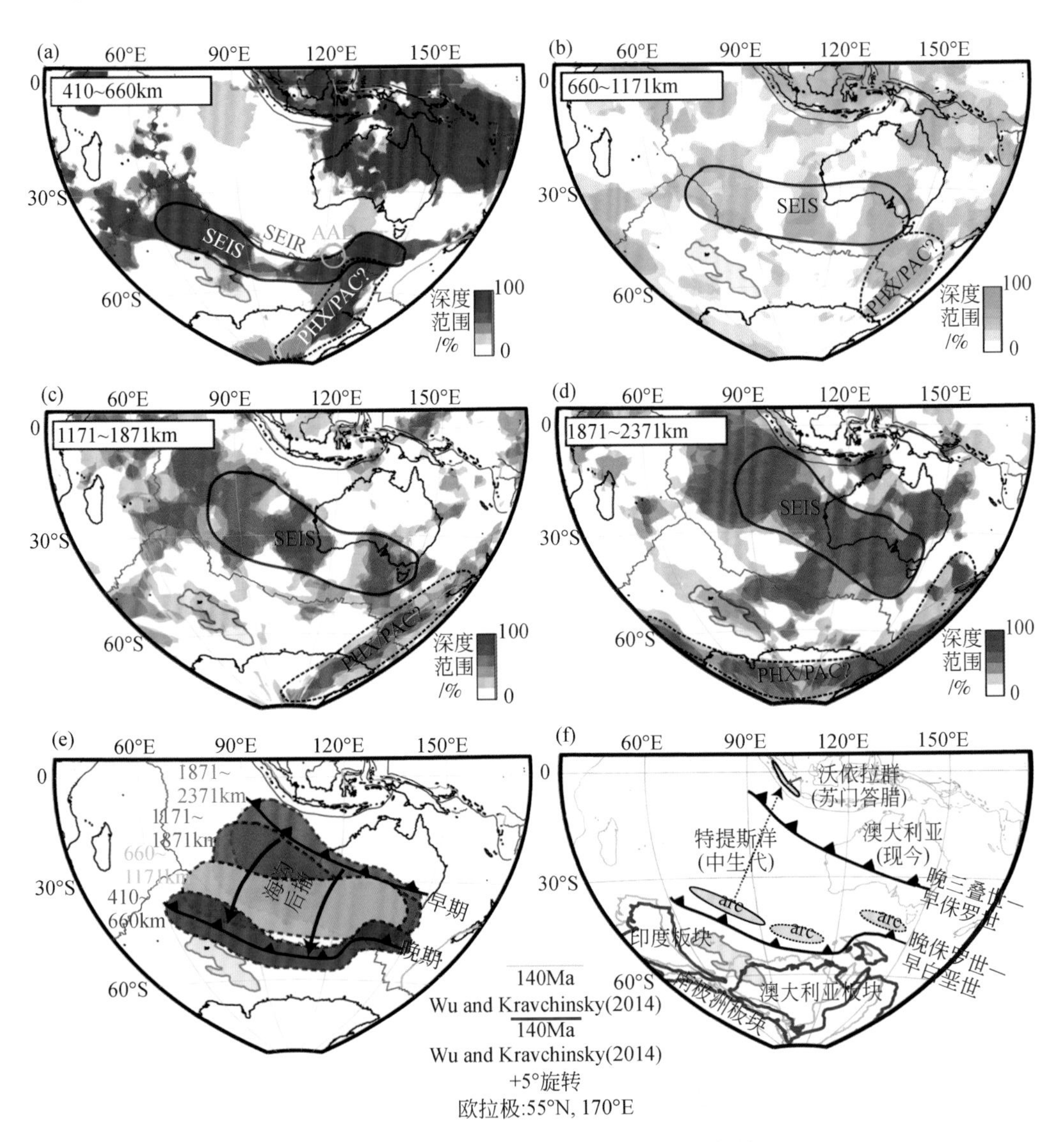

图9-68　层析成像揭示的印度洋下部滞留的古老俯冲板片或微幔块（Simmons et al.，2015）

SEIS-东南印度洋滞留板片；AAD-澳大利亚-南极洲不连续带；PHX/PAC-菲尼克斯/太平洋板块

疑是一个解决方案，微幔块的冷却效应可导致AAD洋中脊部位岩浆供应不足，从而导致此处作为一类特殊成因的海洋核杂岩。

van der Meer等（2018）将整个地幔中的94个P波高速异常体解释为俯冲的岩石圈（即本书的微幔块），并将这些微幔块与相应地表地质记录联系起来。他们将这些微幔块的层析结构看作地下世界地图集（Atlas of the Underworld），其成因涉及过去约300Myr期间活跃的俯冲系统。已识别出的最长活跃俯冲微幔块可达约2500km深，一些微幔块已经到达地幔最深处的大型横波低速异常区（Large Low Shear Velocity Province，即LLSVP）。在受地幔柱上升长期影响的区域，一些微幔块发生异常快速下沉。van der Meer等（2018）认为，微幔块最终可从上地幔下沉到核-幔边界。下面选取三个典型区域给予介绍。

（1）伊豆-小笠原异常

伊豆-小笠原异常（图9-69）代表了俯冲到菲律宾海板块之下的太平洋岩石圈，在van der Hilst等（1991）的地震层析成像模型中，得到了很好的成像，并从现在的伊豆-小笠原-马里亚纳海沟延伸到上地幔底部，在那里，它水平覆盖了660km的地幔不连续面。伊豆-小笠原板片，与地幔上部300～400km处的马里亚纳板片相连，但更深处的垂直板片撕裂而与其断开使马里亚纳板片陡峭地穿透到了下地幔中。

（2）巽他异常

巽他异常（图9-70）最早由Fukao等（1992）成像发现。它是澳大利亚和印度板块岩石圈沿着苏门答腊和爪哇海沟向北俯冲到巽他下方的板片。在西北部，它通过安达曼群岛下方的板片窗与缅甸板片断开；在东部，它连接到班达板片上；在西部，层析成像显示巽他板片到达上地幔底部，但没有与更深的异常相连；在东部，巽他板片与SW—NE走向的加里曼丹异常合并，这些板片可能是连续的。然而，加里曼丹板片与巽他板片的不同方向表明，这些板片是由单独的俯冲事件造成的。

对于加里曼丹异常，结合Hall（2012）的运动学恢复及Hall和Spakman（2015）对地幔结构的解释，结果表明，从白垩纪晚期到始新世中期，苏拉威西西部下方发生了北西向俯冲事件。同样的重建表明，在晚白垩世到古新世期间，巽他海沟是一条转换边界；在50～45Ma，澳大利亚和欧亚大陆之间的汇聚开始，俯冲的印度-澳大利亚洋壳朝北东方向运动。van der Hilst（1991）采用这个年龄作为巽他板片底部的工作年龄。对于巽他板片的东部部分，这些重建方案之间存在分歧。这种俯冲，要么继续作为印度-澳大利亚板块的大洋岩石圈向北俯冲，被右行转换断层带偏离（Hall and Spakman，2015）；要么作为东亚海西部（Wu et al.，2016）的大洋岩石圈向南俯冲。

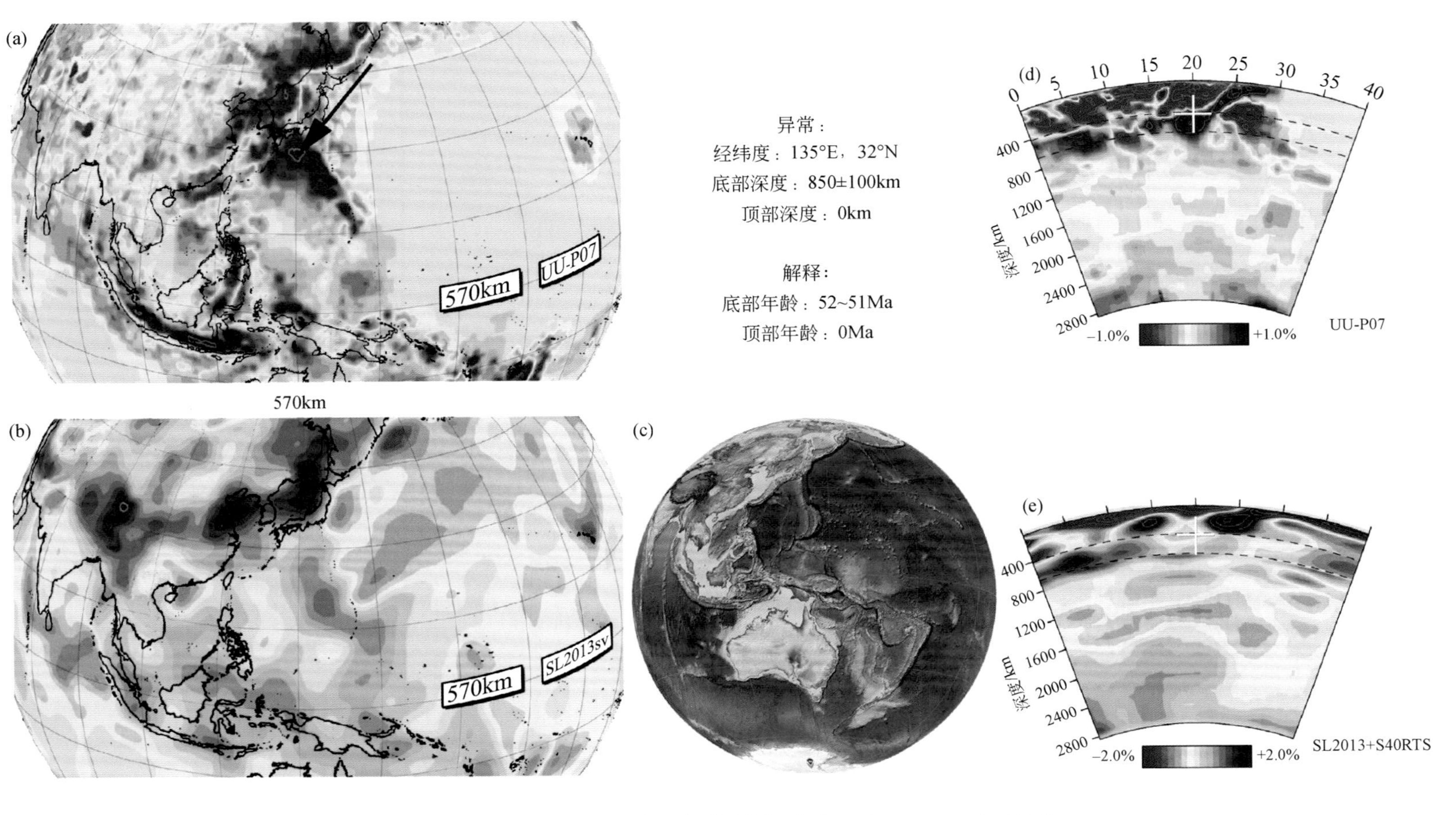

图9-69　伊豆–小笠原高速异常与俯冲板片撕裂（van der Meer et al., 2018）

（a）UU-P07 P波层析成像模型水平切片及其剖面（e）。（b）SL2013 和 S40RTS S波层析成像模型组合的水平切片及其剖面（f）。（c）红线标志着板块俯冲过程中现代地质记录的位置。（d）剖面 e 和 f 的位置。该板片在 UU-P07 模型中成像良好，并显示出明显的倾斜趋势。不同模型之间的相对振幅强度、横向范围和垂向范围显著不同

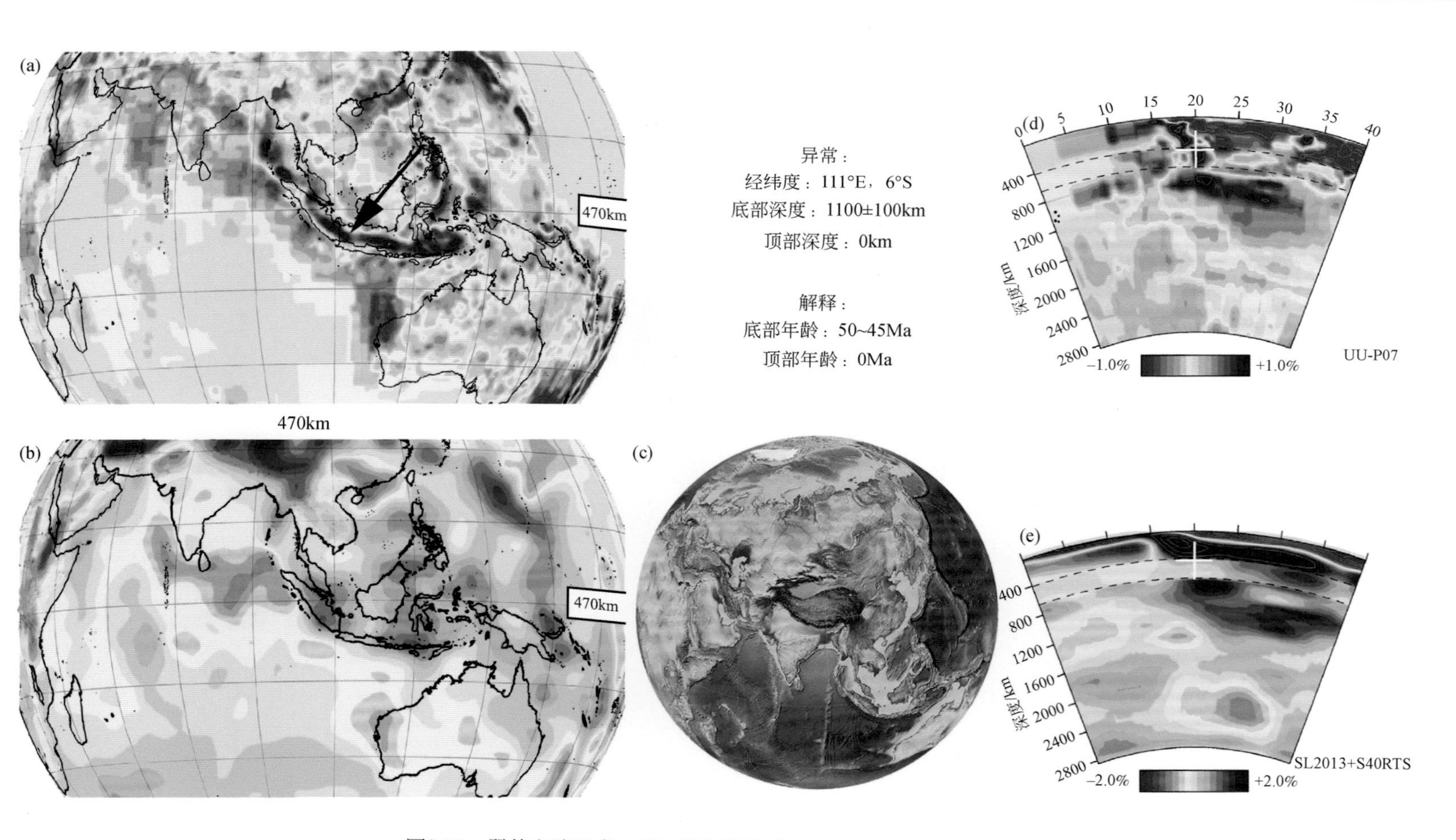

图9-70　巽他高速异常与俯冲板片撕裂（van der Meer et al., 2018）

图例与图 9-69相同。在下地幔的 UU-P07 和 S40RTS 层析成像模型中，在同一位置发现了该高速异常；但在 UU-P07 和 SL2013 模型之间，在上地幔中，存在显著差异。在下地幔中，横向、垂向范围和相对振幅相似。板片向东北倾斜，下部平躺

（3）马尔佩洛异常

马尔佩洛异常（图9-71）位于巴拿马盆地西部和南美洲西北部的中地幔内。它呈北西—南西走向，长度超过1175km，靠近东面的委内瑞拉板片、北面的科科斯板片和南面的巴西利亚板片。这里定义为马尔佩洛板片的异常，先前由Taboada等（2000）解释，代表俯冲的法拉隆板块岩石圈，位于巴拿马-哥斯达黎加弧和南美洲西北部的Choco微陆块之下。Meschede和Frisch（1998）提出，该俯冲带向北延伸，并与现今位于洪都拉斯、危地马拉和墨西哥的Guerrero微陆块和Chortis微陆块下方的俯冲带相连。因为马尔佩洛板片似乎有一个轻微的西向倾斜，van der Meer等（2010）将该板片解释为Mezcalera洋岩石圈向西俯冲的结果，随后，在白垩纪晚期，马尔佩洛板块与北美洲板块陆缘发生碰撞，并且其俯冲极性转换，导致法拉隆岩石圈向东俯冲到约1040km深度。

然而，马尔佩洛板片向南延伸到委内瑞拉板片的正西位置，深度与委内瑞拉板片相似。该板片被解释为加勒比板块下方原始加勒比海岩石圈向西俯冲的结果（van der Meer et al.，2010）。将Boschman等（2014）的运动学重建置于van der Meer等（2010）的板片拟合地幔参考系中，使得加勒比板块的东缘置于委内瑞拉板片之上，而西加勒比板块的边缘置于马尔佩洛板片之上：马尔佩洛板片以东几乎没有向西俯冲的大洋空间，因此，马尔佩洛板片更有可能起源于加勒比板块以西发生了东向俯冲。

中美洲最古老的俯冲证据是只有约75Ma的岛弧火山岩，而Pindell等（2012）研究表明，东加勒比地区下方的现代俯冲带，可能开始于90～85Ma。然而，当马尔佩洛板片断离时，这个俯冲带仍然活跃。van der Meer等（2018）认为，当前俯冲阶段，更有可能在马尔佩洛板片上方和稍偏东处产生板片。该板片在900～1000km的狭窄深度区间内可见，在该板片上方存在明显的板片间隙，该间隙与科科斯-纳斯卡洋中脊的位置重合，可能是由科科斯-纳斯卡洋中脊的俯冲所引起的。鉴于它的范围很窄，其不能被定义为一个单独的板片。

综上所述，一些微幔块可以运移到洋中脊下方，这会降低洋中脊的岩浆供应，从而导致不同洋中脊扩张速率的差异。洋中脊分段差异的扩张速率早已被人发现，但每段洋中脊扩张速率不同的原因，人们并没有给出答案，甚至缺乏思考。为此，从深部微幔块角度进行系统分析，有可能是一个新的研究方向。特别是，如果是陆幔型微幔块，它还可能携带一些古老的锆石，通过微幔块的横向漂移运聚到洋中脊下方，因洋中脊的张裂作用，这个微幔块发生减压熔融，从而携带这些难熔的古老锆石进入洋中脊辉长岩中，其最好的例子就是在西南印度洋洋中脊发现的非洲太古宙锆石（Liu C Z et al.，2022）。

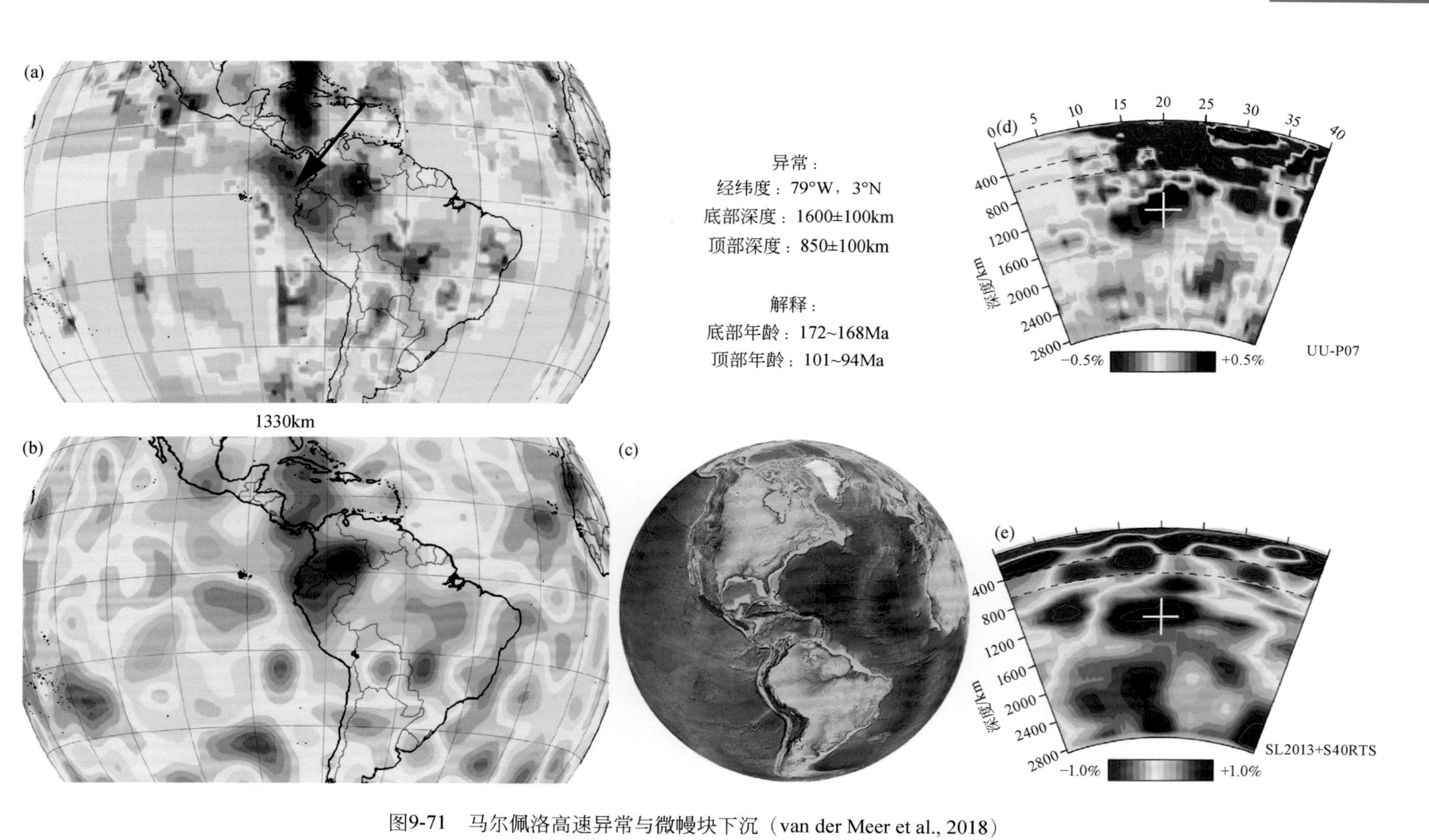

图9-71　马尔佩洛高速异常与微幔块下沉（van der Meer et al., 2018）

图例与图 9-69相同。在两个具有相似的相对幅度和垂向范围的层析成像模型中，在相同位置均识别出该高速异常。横向范围因层析成像模型不同而有所差异。在UU-P07中，板块似乎向南西倾斜

第 10 章　微板块进化与旋回

迄今，地质、地球化学和地球物理综合资料表明，2.7Ga 前的地球很难有一个地区出现所有现代板块体制下的产物，包括蛇绿岩套、蓝片岩、残留于克拉通岩石圈内部的俯冲带结构、被动陆缘沉积以及安山岩等岛弧型火山岩建造等。2.7Ga 后地球的岩石圈尺度水平运动逐渐占主导，那么 2.7Ga 前的前板块构造体制及其演变过程如何？对此，尽管前人提出了多种认识，但研究结果至少表明，2.7Ga 前的岩石圈尺度构造运动主要以垂向运动占主导。因此，探索前板块构造体制，有助于协调微板块构造理论与传统板块构造理论。

10.1　微板块与前板块构造体制

前板块构造体制、早期板块构造体制是地球科学领域的重大科学问题之一。前寒武纪占地球历史的 88% 以上，如此长的地史阶段为现代板块构造体制的诞生创造了什么条件？不同类型的微板块构造形成与进化以及早前寒武纪对流循环和俯冲方式的转变与演化是解决这一问题的关键。

地球在最初形成时并无板块构造，岩浆海均匀地向太空释放能量最可能导致地球表层形成单一盖构造。这个阶段类似其他类地行星现今的表壳状态。地球上（微）板块构造何时起始、如何演化以及现代样式的板块构造体系是何时形成的，仍然是现今乃至未来一个世纪内地球科学最具挑战的前沿科学问题之一。现今观测表明，大洋板块在其自身负浮力的作用下发生俯冲，而俯冲板片的拖曳力和吸力对地表的板块运动起了决定性作用，贡献了绝大部分的驱动力（Forsyth and Uyeda，1975；Conrads and Lithgow-Bertelloni，2002）。这也是将板块构造称为“俯冲构造”的原因，表明现今板块构造以“自上而下”构造为主导的特征。

然而，地球系统经历了 45.4 亿年的演化，从冥古宙、太古代、元古代、显生宙到现今浅表和深部结构与性质都发生了天翻地覆的改变，（微）板块构造自形成以来也随时间经历了显著演变，包括超大陆–超级地幔柱的周期性特征变化（Maruyama，1994；Li and Zhong，2009；Li Z X et al.，2019）。那么，现今的“自上而下”构造体制，是否能解释过去地球长期的演化历史，尤其是（微）板块构造的时间变化特征？另外，作为地球系统两大构造范式之一，“自下而上”构造（近似为地幔柱构造）与“自上而下”（板块构造）构造之间，究竟有怎样的相互关系和相互作用？

地球的前板块构造体制，指的是板块构造出现之前的地球演化早期构造体制。迄今，这个构造体制尚无明确清晰的理论框架，但前板块构造体制可能在其他行星早期演化史中同样发生过。对此，比较行星地质学研究可以提供一些线索，但毕竟行星大小、组成和热结构千差万别，因此，随着行星观测与数值模拟技术的进步和地球研究的深层信息的发现与挖掘，迄今，学者们提出了以下在不同阶段起主导作用的6种可能的地球早前寒武纪动力学体制。大体按照在早前寒武纪期间先后起主导机制的可能顺序阐述如下。

（1）类地行星浅部动力学——冲击构造（impact tectonics）

一个完整的地球热演化史，首先应当确定演化的初始时间。这个初始时间指的是地球完成其核-幔分离，且地幔固化到了亚固相线以下发生动力循环的时间。在达到这个时间点之前，不同的动力学体制可能早就在不断发生，如星云吸积、星子增生、地核形成和岩浆海结晶作用。星云吸积、星子增生会释放大量重力势能，并转化为动能，冲击也释放热。如果无热量耗散到宇宙空间，那么温差可达3.75×10^5K，这足以熔化或气化整个地球。但实际上，这个冲击体如果很小，冲击热会很快散发到外层空间，何况早期地球没有现今这么大。

如果存在类似月球或火星大小的轰击体，其冲击作用可使得地球增温到7000K。相对来说吸积增生只能使地球增温70K，是非常小的。但是，地核分异过程及其效应与此不同，并可能是冥古宙地球上重要的构造机制。D″层和深部地球与大气圈稀有气体起源可能与冲击作用有关。起先，大撞击导致形成一个冲击加热区域，该区通常含有大体等同几个冲击体物质的某种物质；撞击后的过程，在加热区内或之上发生目标区和撞击体物质的喷发、熔融及部分气化，强烈的循环与壳和幔脱气，大气组分的散失与分馏，金属分异和几乎所有亲铁元素从金属中的分离，除铁、镍之外的金属从地核中的移离。

特别强调的是，撞击之后的寂静期表现为早期玄武质地壳上部的“行星巨石体”的集聚，地幔对流循环，相对致密、太阳风辐照的陨石质巨石体，会随着沉降的冷却外壳或原始地壳发生滴坠、拗沉和移离，在液态地核（外核）顶部形成比硅酸盐地幔致密的一个转换层。由此可见，从冲击构造角度，“行星巨石体”或陨石质巨石体在核幔分离过程中进入地球内部的行为非常类似微幔块，因此，可称之为起源于冲击构造的“冲击型微幔块”。

所有这些过程都是当前早期地球的地球动力学数值模拟很少涉及的，早期地球这些复杂性导致的地球初始组成和结构状态，也是太古宙地球动力学数值模拟没有考虑的。太古宙地球动力学数值模拟的初始模型多数设定为从核-幔分离之后开始，即使有人开展早期地球冲击构造的数值模拟，也没有和核-幔分离之后的地球动力学数值模拟紧密一体化模拟。

（2）类地行星深部动力学——重力构造（gravitational tectonics）

从早期吸积阶段的均一化地球到层状核幔分异的地球，与大轰击阶段相比，该过程中动能不重要，重力能对增温起关键作用，通过铁和硅酸盐相分离的黏滞加热，可使地球温度增加约1700K（Flaser and Birch，1973）。由此可见，轰击作用和核幔分离过程产生的温度，都足以将硅酸盐地球熔化为岩浆海，使得原始地幔无分层结构。从无分层的原始地球到分层的早期地球，首先面对的就是原始核幔的分离，随后是岩浆海冷却。

地核分离有3种机制：泪滴状铁聚合体穿过岩浆海、流变界面上瑞利-泰勒不稳定产生底辟、可渗透固体基质间的间质流动。它们可能在不同时期起了不同作用。其中，泪滴状铁聚合体，即铁滴体，可视为微小的“原始微幔块”，因此，最早的微幔块可能起源于壳幔尚未分离的非地幔环境，重力分异后期导致核幔分离，“微幔块”才在真正的原始地幔环境演化和运行。原始地核有均匀吸积成核和非均匀吸积成核两种模式。这两种模式中，重力分异作用都是地球内部最重要的作用。对早期地球而言，重力分异作用是地球内部最重要的垂向构造作用，伴随滴坠（铁滴体）、热管、地幔翻转等各种垂向构造过程。受重力分异控制的物质运动，使原始地球产生全球性的分异，进而演化形成具有成分分层的双层结构地球：原始地幔和原始地核，即外部岩浆海或全硅酸盐地幔（原始地幔）和中心炽热的铁质地核。从内因角度看，核幔分离的极端结果就是岩浆海形成。

4.45Ga的岩浆海开始冷却固结，其冷却和结晶机制可能包括向大气圈的热传导（可能随纬度不同而不同）、对流、旋转和晶体-熔体分离过程，并在结晶作用晚期，全硅酸盐地幔（原始地幔）进一步分异，最终导致原始地壳的形成。成分分异进一步演化出新的圈层，演化出三层结构地球：原始地壳、初始地幔和地核。

但是，地球上最早的薄层外壳不一定是成分上的原始地壳，而更可能是冷却的原始地幔。地球这个薄层外壳的冷缩作用，可能使其发生弥散性“龟裂”，并在“龟裂”处减压熔融，分异出熔点相对低的较轻物质（玄武质？科马提质？），形成最原始的地壳核。弥散性分布的地壳核，随着地球冷却迅速增生、扩大，导致地球形成单一盖的原始地壳。原始地壳与原始地核之间为初始地幔，原位且对称的地幔对流作用出现，可能维持了原始地壳于全球表面分布的弥散性。

这个原始地壳不同于现在的陆壳和洋壳。地质上，陆壳是指硅铝壳（酸性），洋壳指的是硅镁壳（基性）。原始地壳成分上可近似认为是洋壳。一般认为，初始洋壳（4.5Ga）早于初始陆壳（4.35Ga）形成。Hf 同位素证明，最早的基性初始洋壳起始于 4520Ma 月球形成后不久，但可能因对流循环而只残存于现今的深部地幔中。因而，普遍认为洋壳形成早于陆壳、洋幔形成早于陆幔。正如现今洋中脊发生的熔融一样，在水抽吸之后地幔发生干化和固化，形成大洋岩石圈地幔。因此，洋壳和洋幔应该是同时形成的。

（3）类地行星深部动力学——地幔翻转构造（mantle overturn）

地幔翻转是太古宙深部地幔中的一种独特构造过程。有人认为，南太平洋和非洲下部存在的两个前人称为“超级地幔柱”（即本书始终强调的 LLSVP）的异常，也可能是 7 亿年以来残存的地幔翻转记录，而不是超级地幔柱。

早期地球由于作用在流体上的压力效应使得结晶作用往往从下部开始，熔体的低黏度和地球的大小决定了高度紊流循环和快速冷却，故岩浆海的下部可以在几千年或百万年内固化，其间可能出现两次流变学转换（rheological transition），即从纯粹流体的岩浆到泥状岩浆，再从泥状到粥状岩浆（即粥状盖构造，plutonic-squishy lid），进而改变对流机制和冷却速率。

从超热的岩浆海（温度高于液相线）开始，初始阶段有一个完全熔化的上部层，上部层随着冷却而变得越来越薄（热胀冷缩），当整个熔融层消失时，就发生了第一次流变学转换。在此期间，地球由一个部分结晶的岩浆海和下部已经完全固化的地幔组成。热辐射线与固相线相交（比等熵线陡），将导致固体层发生循环翻转（convective overturn），而上部层的动力学取决于冷却速率。这些翻转的固体层一般较小，故也可视为微幔块。

第二次流变学转换期间，几乎都是通过熔体-固体分离和从底向顶的固化作用进行热传导。岩浆海底部的固化层快速增厚，事件性地变得不稳定。由于岩浆海的冷却，循环翻转减慢，导致降压熔融和表层次生岩浆海形成。这个岩浆海的冷却和固化过程不断循环往复。直到结晶相占 60% 时，浅部岩浆海达到流体和固体的流变学阈值（极限），这个机制才终止。此时，浅部部分结晶层与下部固态层强烈耦合，冷却作用进入整体循环对流冷却阶段。整个第二次转换需要 1000 万年，且对干地幔岩来说，这个流变学转变的温度为 1800±100K（现今干地幔岩的地幔温度为 1600K）。

（4）盖子构造（lid tectonics）

盖子构造包括多种类型，有粥状盖构造、活动盖构造（并非板块构造）、幕式盖构造、停滞盖构造（含热管构造）。停滞盖构造提出之初，Piper（2013）主要基于迄今的可靠古地磁资料，认为行星地球至少在距今 28 亿 ~ 5.43 亿年出现了一个统一的大陆盖，也称单一盖构造，至少由现今60%的大陆区域构成，覆盖了整个半球，且大陆盖稳定存在20亿年的寿命。大陆盖有时表现为稳定静态（如2.7~2.2Ga、1.5~1.3Ga和0.75~0.6Ga），但之间是活动的。活动期间，火山和构造作用增强，22亿年前的地幔和大陆盖重组对应大氧化事件，非常类似金星的地表重塑现象，尽管金星以地幔柱构造为主。盖子构造向板块体制转变是渐变的，Piper（2013）认为，一些地质记录可确定板块构造起始于11亿年后的一期造山事件，随后是大陆盖（Paleopangea）在大约6亿年前的破裂。

一些学者从更大空间和时间尺度探索了太阳系类地行星（planetoids）及地球历史中动力体制的演变过程和特点。至2015年，人类经过50多年的努力，利用太阳系"类地行星"的卫星图像推断了它们的构造活动状态。根据这些卫星图像资料分析，硅酸盐质行星体在其生命期内，由于冷却和岩石圈增厚，似乎会经历几种盖子构造体制（Stern et al.，2018），包括岩浆海、多种类型停滞盖（图10-1）以及板块构造（Tackley，2023）。

由于早期地球强烈的吸积增生、重力分异、星子撞击和元素放射性，硅酸盐质行星开始变热，随着时间的推移，炽热的年轻行星慢慢冷却，这种缓慢冷却反映在岩石圈缓慢增厚。岩石圈厚度由1200~1300℃等温线的深度决定，而等温线会随着地球的冷却而加深。在其下软流圈中发育热且弱的橄榄岩。作为冷却和渐进的岩石圈增厚的结果，硅酸盐质行星可能会经历几种岩浆-构造体制，而板块构造仅是其中之一。图10-1所示的行星构造体制序列（Stern，2016）与来自其他星球，如月球、木卫一、金星及地球现在的构造体制相一致。当然，一颗刚增生的行星，可能只有非常短暂时期存在岩浆海（Elkins-Tanton，2008）。

岩浆海阶段之后，硅酸盐质星球可能有两种构造模型：停滞盖构造和板块构造。停滞盖构造（O'Neill and Debaille，2014；Stern et al.，2018）是一个围绕全球的单一板块，星体基本完全是岩石圈，或者它是热且软弱的，像现代的金星岩石圈。图10-1中也包括停滞盖构造体制下的深部过程，如热管（heat-pipe）、滴坠及地幔柱（drips and plumes）、拆沉及上涌流（delamination and upwelling）。

停滞盖构造依然是地球表层固体圈层构造体制，从不稳定到稳定都可能存在，它们的序列对应于增厚的岩石圈，厚度大致随时间而增加。非常不稳定的停滞盖形成于冥古宙岩浆海之后，直至原始地壳的出现。硅酸盐质类行星由于吸积增生、重力分异、星子撞击和元素放射性活动（图10-2），使星体变热，产生熔融，形成"岩浆海"。足够大的硅酸盐质星体很可能有过寿命很短的岩浆海，岩浆海可能仅仅存在于岩浆海大部分凝固前的几百万年，冷却凝固的部分形成了固态原始地壳的行星表面或冷却外壳（Abe，1997；Solomatov，2007；Elkins-Tanton，2012）。

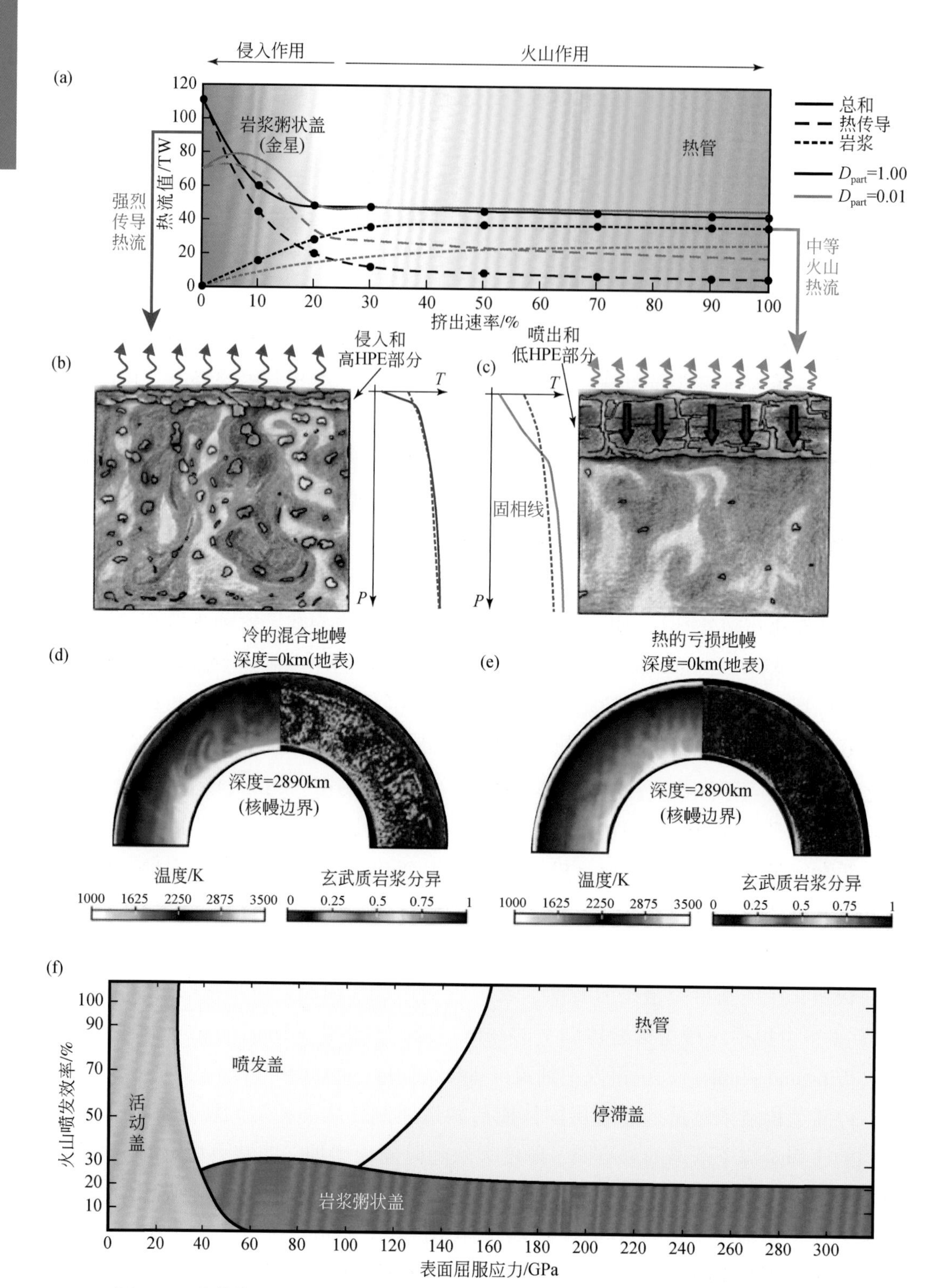

图 10-1　岩浆作用相关的构造-对流模式［（b）+（d）］和岩浆粥状盖及热管构造［（c）+（e）］关系（据 Tackley，2023）

图中展示了对流循环［（d）+（e）］和示意地温梯度［（b）+（c）］解释，（a）中热通量影响：因地壳或岩石圈越薄，岩浆粥状盖模式中热通量越高迄今，对于地球地壳层次的太古宙卵形构造成因有 8 种模式之多：底辟构造、中下地壳流动构造、水平渠道流、多期褶皱叠加构造、变形分解构造、龟裂-拗沉构造、卵形构造的多层 top-down 流变构造、岩基侵入-挠曲分解构造等，它们皆可出现在挤压、伸展、走滑构造背景下。这些构造在地球 25 亿年前的克拉通高级变质区内广泛存在，至少说明太古宙地球的地壳层次总体以垂向构造机制主导，之后才广泛出现线性裂谷和造山带等水平运动占主导的构造样式。一般而言，浅部构造体制与深部构造体制通常是耦合的，因此，某种程度上，太古宙壳层卵形垂向构造可能也意味着深层同样受垂向构造体制控制。由此，25 亿年前的微板块构造体制也可能以垂向构造体制为主，其水平运动距离也可能是有限的。结合前文对传统板块构造理论的回顾可知，无论地球是处于微板块构造演化还是板块构造演化阶段，全球构造过程似乎都是 top-down 机制（李三忠等，2015b，2015c），其终极动力是受自然界强力、弱力、电磁力、重力四大根本作用力之一的重力驱动，即瑞利-泰勒不稳定性驱动。

大多数研究人员认为，自 4.567Ga 地球诞生以来，一直被海洋和大气覆盖。然而，近几年的研究则对此有了新的认识，Maruyama 和 Ebisuzaki（2017）将发生在冥古宙晚期的重轰击事件（LHB：Late Heavy Bombardment）重新定义为生命元素巨变撞击事件（ABEL Bombardment：The Advent of Bio-Element Bombardment），并提出这是早期地球进化为生命行星的最重要事件（图 10-2）。冥古宙早期地球岩浆海炙热，使得硅酸盐云主导了当时原始大气圈，地球表面可能以干燥的岩质行星为特征，没有现代海洋和大气。这一时期出现还原性行星非常重要，当还原性物质和氧化性物质混合时即可出现新陈代谢作用，可导致生命的出现。整个地史早期，由木星、土星和另外一个已经消失的气体巨行星对小行星带的引力扰动，引起碳质球粒陨石撞击地球。自这次最重要的 ABEL 撞击事件开始，生命元素出现在地球上。然而，这只是胚种论的一种新说法，未必是对的。

随着岩浆海冷却，原始大气圈中的水分冷凝，并通过地球上水组分的积累，第一次出现了原始海洋。有人认为，没有水就没有板块构造，因此，有人认为水循环出现后，地球上就启动了板块构造。然而，Maruyama 和 Ebisuzaki（2017）认为，地球进入冥古宙晚期，生命元素巨变撞击可能是板块构造活动的触发器，即板块构造体制始于 42 亿年前。随后，板块构造驱动全球物质循环，也驱动着混沌状态下前生命分子引擎的不断组装，后者也可能启动了生命出现时的新陈代谢作用，进而演化并诞生了生命。在重新定义这一重大事件的基础上，Maruyama 等（2017，2018）将冥古宙划分为 3 个时期，即早期（4.567 ~ 4.37Ga），从干地球形成时代到生命元素巨变撞击事件；中期（4.37 ~ 4.20Ga），即 ABEL 撞击时期；后期（4.20 ~ 4.0Ga），ABEL 撞击后的生命出现时期。Maruyama 和 Ebisuzaki（2017）还讨论了早期地球形成的两阶段模型（图 10-2）：4567Ma 时的干地球阶段，没有大气圈和大洋；随后为

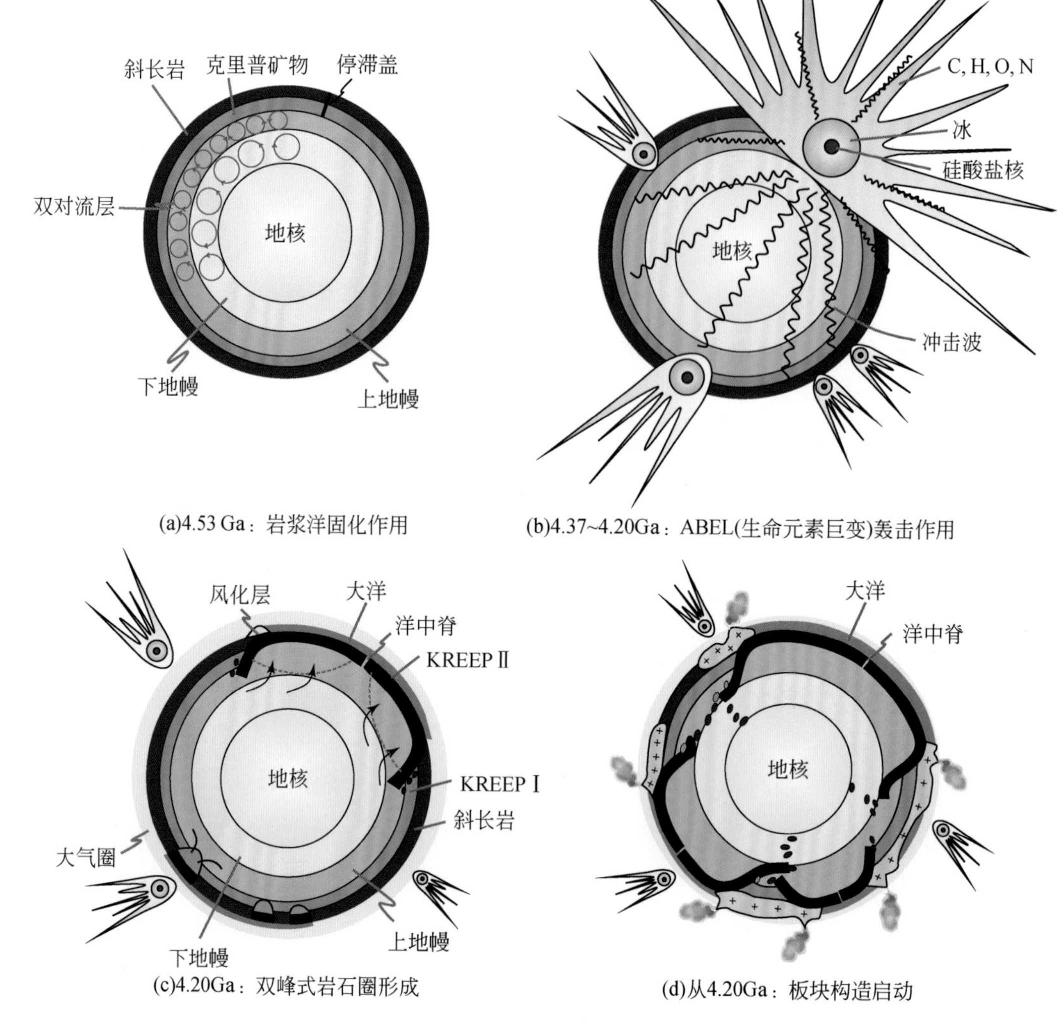

(a)4.53 Ga：岩浆洋固化作用

(b)4.37~4.20Ga：ABEL(生命元素巨变)轰击作用

(c)4.20Ga：双峰式岩石圈形成

(d)从4.20Ga：板块构造启动

图 10-2　地史期间停滞盖构造转换为板块构造的演变模型（Maruyama and Ebisuzaki，2017）

（a）4. 567Ga 诞生的地球，其圈层构造在重力分异作用下逐步形成，于 4. 53Ga 岩浆海固化后，具停滞盖构造特征，直到 4. 37Ga 的 ABEL 撞击事件；（b）4. 37Ga 由于 ABEL 撞击形成的初始撞击构造延续至 4. 20Ga，大规模小行星产生了惊人冲击波、刚化的原始陆壳破裂和微板块形成、3000 ~ 10 000km 直径的撞击坑；（c）ABEL 撞击导致大洋岩石圈的形成，出现大陆和大洋岩石圈分异，地幔分为上下地幔，榴辉岩化导致 4. 2Ga 固体浅表层的（微）板块构造或活动盖构造的启动；（d）从停滞盖构造过渡到板块构造，最终 ABEL 撞击导致了板块构造的形成

4370 ~ 4200Ma 生命元素巨变撞击事件阶段，C、H、O、N 等生命元素大量形成。这种两阶段的早期地球模型称为生命元素巨变模型（ABEL Model）。

几乎同时，Ernst（2017）也认为，板块运动启动于冥古宙时期，并将地史演化过程中地球动力学划分为 4 阶段：前板块阶段（4. 5 ~ 4. 4Ga）、幼板块阶段（4. 4 ~ 2. 7Ga）、超大陆阶段（2. 7 ~ 1. 0Ga，原板块）和威尔逊旋回的现代板块演化阶段（1. 0Ga 至今）。他认为，微陆块的汇聚形成和拼合使得早期大陆碎片因发生浅俯冲而彻底消失，而这些早期大陆碎片（微陆块）至少保存了4.0Ga原始陆壳信息。但是，太古宙残留洋壳和钙碱性岛弧以及硅铝质微陆块的碰撞-增生与保存，似乎支持4.2Ga微板块构造体制已经在地球上运行（Zhong S H et al., 2023）（图10-2）。他还认为，显生宙板块构造体制，如阿尔卑斯碰撞造山带和太平洋俯冲带，是早期地球花岗-绿岩带和英云闪长质片麻岩地体形成的相似环境。根据这些地质关系和翻转地幔的热演化，他甚至认为，原始板块构造作用或微板块构造体制，可能起始更早，从约4.4Ga岩浆海的冷凝阶段就已经开始参与地球的演化。然而，从微板块构造理论角度，微幔块构造可以出现在岩浆海演化阶段末期，甚至早期地球的重力分异阶段，这可以有效解决板块构造体制起始的难题，是非板块构造体制向板块构造体制转换的纽带，这里尤为重要的是微幔块的纽带作用。

迄今为止，地质、地球化学和地球物理综合资料表明，2.7Ga前，很难有一个地区出现所有现代板块体制下的所有特征产物，此时变形以垂向构造运动占主导；而2.7Ga后，水平构造运动逐渐占主导。微板块构造理论可以解释传统板块构造理论难以解释的不同构造层次垂向构造运动，因而，可以拓展应用于前板块构造体制，而不是前人认为的40亿年前无板块构造过程（图10-3）。重力分异作用背景下

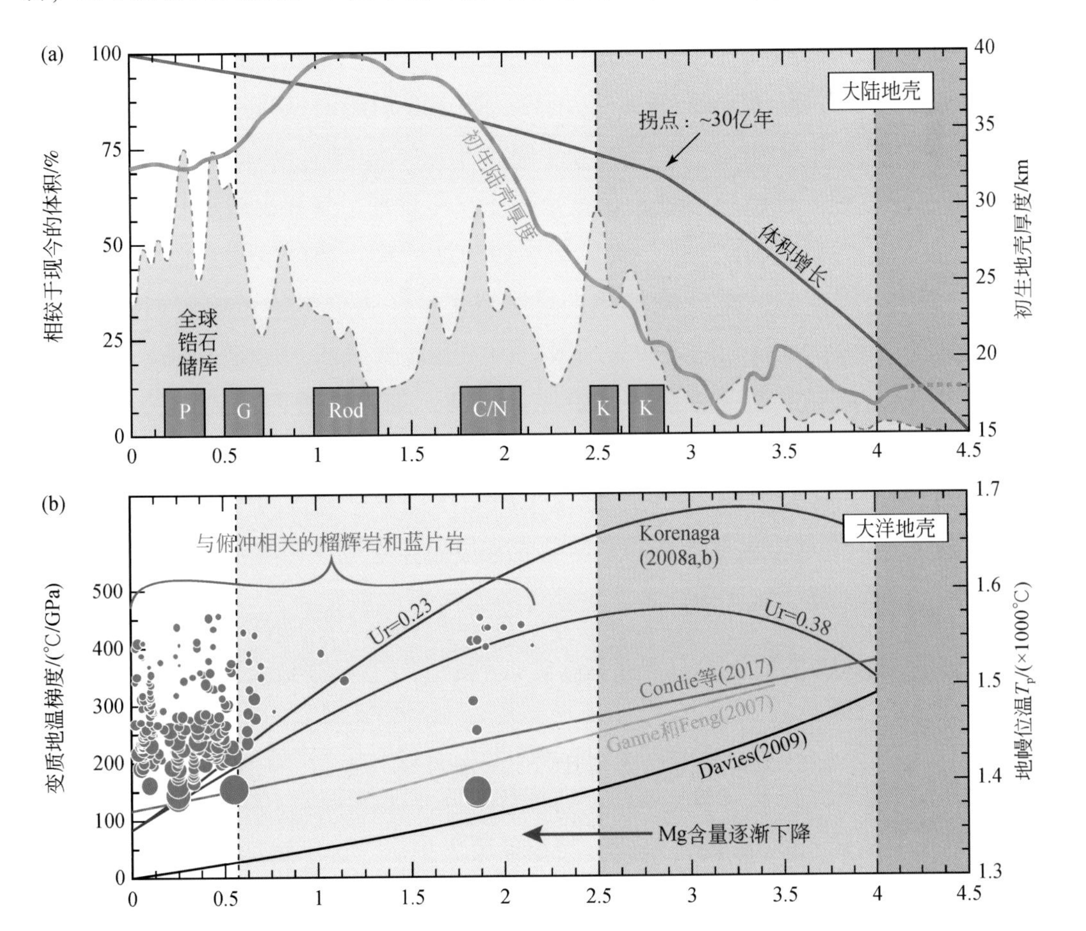

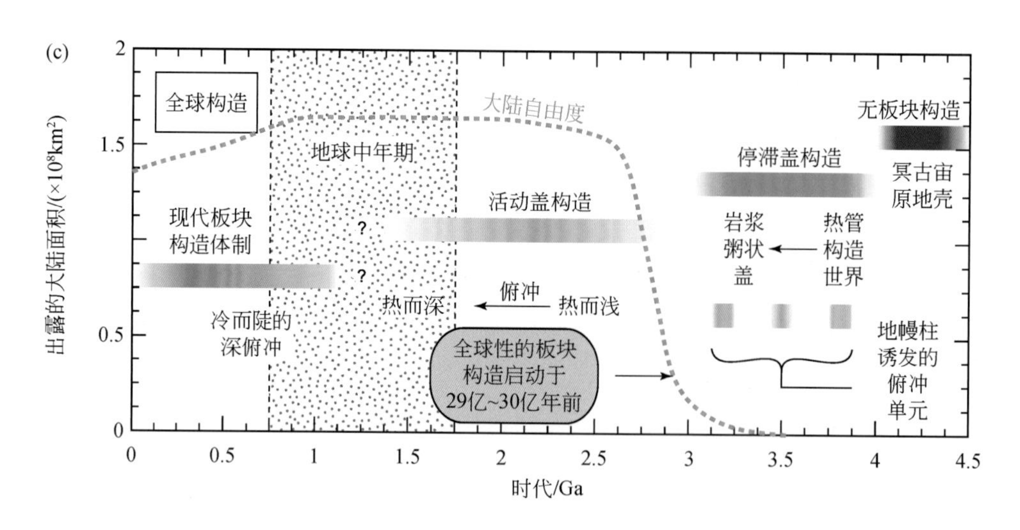

图 10-3　陆壳（a）、洋壳（b）、全球动力学（c）长期演化

曲线表示计算的陆壳初始厚度（Dhuime et al.，2015）、陆壳生长（Dhuime et al.，2012）、大陆自由度（Bada and Korenaga，2018）和全球锆石数据曲线（Roberts and Spencer，2015）。K-肯诺兰超大陆，C/N-哥伦比亚/努纳超大陆，Rod-罗迪尼亚超大陆，G-冈瓦纳古陆，P-潘吉亚超大陆

的微幔块下坠，是早期地球内部最重要的垂向构造机制，4.4Ga 岩浆海的冷却固结进而导致原始地壳的形成。受重力分异控制的物质运动，导致原始地球产生全球性的分异，进而形成具有成分分层的圈层地球，即中心炽热的铁质地核和外部相对冷的薄层外壳。薄层地球外壳冷缩作用可能使其发生“龟裂”，形成地球表层的微板块，并诱发“龟裂”处减压熔融，在此处往往发育热管，分异出熔点相对低的较轻物质。这些较轻物质沿热管上涌，形成最原始的地壳核。地壳核随着地球冷却进一步增生、扩大，形成较大的初始地壳，原始地壳可能类似绿岩带原岩的基性玄武岩。原始地壳与原始地核之间为初始地幔，因为有证据表明，地球 4.4Ga 开始有水出现，而此时，地球深部又很热，原始地壳较薄，难以出现起伏较大的地形。因而，海水可能广泛覆盖了这个原始地壳。若仅考虑基性岩被海水覆盖，那这个原始地壳也可称为原始洋壳（图 10-3），但这个原始洋壳不完全等同于现在的洋壳。但是，正如图 10-3 所示，也有人认为原始陆壳和原始洋壳近乎同时出现，只是与现今陆壳厚度相比原始陆壳非常薄而少，主要以原始洋壳占主导。

(5) 地幔柱构造 (mantle plume)

本书称超级地幔柱事件（superplume events）为同时性地幔柱群发事件，与单个地幔柱活动时期短促到 1～2Myr 相比，它持续时间小于或等于 100Myr，由一个或多个地幔上涌（mantle upwelling）形成。与地球历史相比，这依然是短期的地质事件，且地幔柱（mantle plume）占主导的这些地幔上涌，通常从下部冲击岩石圈。一次同时性地幔柱群发事件主要集中发生在一个或几个地幔上涌区（或许受类似 LLSVP 的区域控制），空间上也具有群发性。

同时性地幔柱群上涌可能影响地幔全局对流，将深部热传送到地表（Condie，2011），也影响到全球碳循环、水循环、元素循环等物质循环。而同时性地幔柱群事件的确定，主要依据巨型基性岩墙群、科马提岩、规模性溢流玄武岩、层状基性侵入体来判别，因为同时性地幔柱群上涌常导致放射状巨型基性岩墙群、大火成岩省（LIPs，可对比理解为“热斑”，为地幔柱的地表表达之一）或地幔柱形成。

人们认为，类同金星，地球早期地幔温度也极端，地幔柱构造可能占主导，是一种重要的垂向构造体制。地幔温度随着时间演化是逐渐降低的，当太古宙地幔与现今地幔温度差维持在 100～300℃时，相应的地幔柱或热点数目也降低。所以，在现今板块构造体制占主导的背景下，地幔柱构造依然发育。

地球当前处于板块构造和地幔柱构造两种体制并行阶段，而且板块构造与地幔柱构造之间存在一定的耦合联动机制。这体现在：地质历史期间，距今 28 亿～27 亿年、24.5 亿年、22 亿～21 亿年、14 亿～12 亿年、7 亿～6 亿年及小于 2 亿年（Condie，2011）的大火成岩省事件旋回与超大陆裂解旋回的同步性和耦合性。超大陆裂解会同步形成大量微陆块，这些微陆块常将海洋分割为大量狭窄洋盆，从而制约洋中脊扩张中心的热液活动，也使得海洋环流尺度局限，进而容易导致深海缺氧。可见，微板块构造过程是地球内外圈层相互作用的纽带。

超大陆裂解形成大量裂谷，新的大陆裂谷肩部是活跃而高陡的侵蚀地形，有利于沉积物搬运，通过河流水系迁移到三角洲和海洋中，并与海平面协同控制而堆积一些进积层序，增加稳定大陆架上有机碳和碳酸盐碳的埋藏。而浅表碳酸盐沉积取决于海洋水体中的氧化-还原环境，缺氧的深海水体对大陆架的侵蚀，可使得深海黑色页岩和陆坡天然气水合物形成。随着洋中脊增长，地幔脱气作用增强，二氧化碳增加和海平面上升推动气候变暖，进而增加风化速率，提升海水层化过程的势能，深水变得缺氧，从而增加了有机碳中 ^{13}C 的分馏而保存在海水中。

（6）幼板块构造（platelets）

Ernst（2007）提出，地球的板块构造可能经历了以下 4 个渐变过程（图 1-34），在这 4 个过程中，软流圈-岩石圈相互作用的尺度和深度，使得其外壳刚性块体随着时间而变大、增厚（Kröner，1981；Goodwin，1981；Condie，2011）。

1）冥古宙初始岩石圈阶段，以近地表岩浆海的固结作用为特征。因地表温度降到橄榄岩和玄武岩的固相线以下，一个薄而连续的浮渣状岩石地表形成，黏性拖曳、混乱的紊流和激烈的对流翻转使得脆弱的岩石圈容易碎裂而回返到热地幔中。这个过程可能完全消除了早于 40.3 亿年的岩石记录（地球上迄今发现的最老陆壳

Acasta 片麻岩，但 2024 年也有人报道发现了 42 亿年的陆壳）。

2）冥古宙—太古宙，地球表层虽然较冷而“龟裂”为大量微板块（Tang et al., 2021），但相比于现今地壳刚性强度，依然是被相对热且软的可俯冲初始微板块覆盖。此时微板块水平运动有限，以热俯冲为主，且俯冲位置可能因对称的地幔对流过程而处于锁定或固定位置，其对流环小而浅。这种地幔对流样式与现今板块构造体制下的不对称地幔对流显著不同，其构造变形以垂向塑性流变构造体制为主。在此期间，热的上升软流圈和大量深部地幔柱伴随降压熔融，产生的岩浆也近乎原地喷发和溢流，并长期垂向堆积增厚，形成了巨厚的玄武质初始地壳（Sleep，1979），而浅俯冲和热俯冲、地壳层次的块体缝合过程及极端热地幔背景下的部分熔融，综合产生了浅变质带的花岗-绿岩带和高级变质区的富钠 TTG 片麻岩杂岩体。这些岩石单元的逐步分凝和积累，导致岛弧和微陆块集结形成了原始陆壳。

3）硅铝质陆壳的连续生长使得太古宙—元古宙过渡期的超级克拉通形成。太古宙之前，随着上覆微陆块聚合为克拉通，小而分散的地幔对流环也逐渐长大。随后，大型克拉通的盖子效应或热屏蔽效应又使得地球表层热状态出现不对称，长大的地幔对流环也出现不对称性，进而可能出现不对称冷俯冲，克拉通边缘分异出活动陆缘和被动陆缘。其中，被动陆缘广泛出现大陆台地相沉积，以及与陆内缝合带相耦合的沉积相分异。

4）古元古代以来，伴随地球地幔持续冷却，岩石圈进一步增厚和刚性化，各大陆广泛出现线性裂谷。现代意义上的板块因侧向不对称俯冲、增生而连续扩大，不对称软流圈对流胞也随之增大、加深。至新元古代—显生宙阶段，现代的大板块构造体制出现，一系列与现代洋壳可对比的蛇绿岩套形成，蓝片岩等标志性冷俯冲的变质矿物组合出现。随着线性外侧高压俯冲杂岩和内侧高温火山-侵入的钙碱性岛弧岩石的形成，陆壳进入长期缓慢的改造—增生阶段（Ernst，2007）。

总之，前寒武纪基本经历了一个微板块构造、板内垂向构造到大板块水平构造的连续演变历程。直到前寒武纪末期，地表热流的降低产生了一种规模和组成与现代很类似的岩石圈（Goodwin，1981）。板块构造体制出现后，也可能出现地幔深部板片的垮塌构造（slab avalanche）过程，这个过程在太古代的地幔高瑞利数背景下不可能出现。因为高瑞利数会导致 660km 处的钙钛矿相变面发生硬化，而成为全地幔对流的障碍，故太古代可能出现双层地幔对流（Condie，2011）。

太古代以后才可能出现全地幔对流，且这种对流热源还难以完全来自核-幔边界，因为那样会导致洋中脊固定不动。因此，对流的热应来自对流环内部（Davies, 2011）。此时，板片垮塌构造形成的微幔块可能是第二代微幔块，其形成的过程可能是晚期地幔柱构造（部分“热点”的深部表达，与早期地幔柱成因可能还不同，很少有科马提岩）启动的原因之一。

（7）微板块构造（microplate）

Tackley（2023）基于等化学系统的数值模拟认为，早期地球构造体制之间的转换取决于岩石圈的屈服应力、软流圈-岩石圈的黏度差（图 10-4），而这正是与地球热演化状态相关的关键参数。Solomatov（1995）、Solomatof 和 Moresi（1997）基于扩散-蠕变流动或位错-蠕变流动分别为软流圈-岩石圈的黏度差和瑞利数的线性或幂律函数关系建立了新的对流模式，将微观变形机制与宏观构造体制结合了起来。

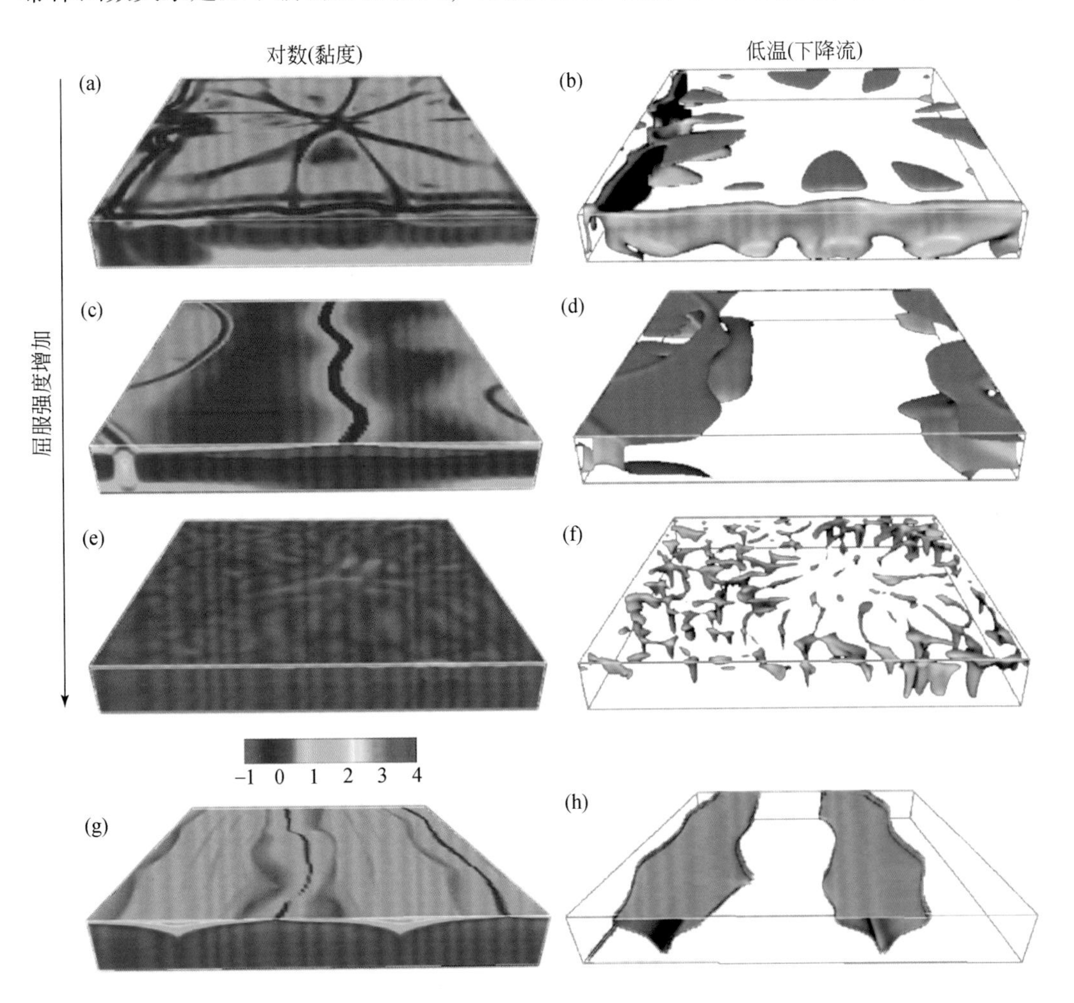

图 10-4　等化学系统的构造-对流机制（Tackley，2023）

（a）~（f）显示了屈服应力增加的影响，随着屈服应力增加，从（a+b）分布式或弥散性变形体制，经（c+d）活动盖模式，再向（e+f）停滞盖模式转变。（g+h）显示了“局部脊”模式，这是在摩擦系数值刚好低于停滞盖转换的纯脆性屈服应力下获得的。左列显示 lg（黏度），而右列显示冷的等温面。（a）~（f）据 Tackley（2000a），（g）和（h）据 Tackley（2000b）。实际上，所有这些体制下微板块都可以形成和发育

1）低黏度差（low-viscosity contrast）模式。在软流圈-岩石圈的黏度差小于约

两个数量级的情况下，盖子（lid）仍然是可移动的，并且该系统基本上表现为恒定黏度的系统。

2）停滞盖（stagnant-lid）模式［图10-4（e）和（f）］。当软流圈–岩石圈的黏度差在4～5个数量级或以上时，岩石圈不再参与对流，对流仅发生在岩石圈下方，这导致较小范围的纵横比，即对流环小而浅。

3）缓慢盖（sluggish-lid）模式。在软流圈–岩石圈的黏度差中等时，盖子仍然变形，但变形缓慢。这种模式导致较宽范围纵横比的对流。虽然上面估计的黏度差表明，这种机制与类地行星无关，但岩石圈的有效黏度显然低于这个估计值。因此，从更广泛的意义上讲，这种机制可能是与类地行星相关的。

其他模式则需要局部化机制，例如塑性屈服。实验室岩石变形实验表明，岩石强度是围压的函数，因此，塑性屈服强度可合理参数化为压力相关的屈服应力。在低围压下，脆性破裂出现，会导致有效强度（屈服应力）随围压线性增加。随着压力增加，失效机制转变为半脆性（即微破裂和晶质塑性），然后是韧性，即屈服应力对压力的依赖性要弱得多。这些观测结果表明，岩石圈强度包络面上强度最初随压力线性增加（“脆性”部分），然后到达临界转换点（“半脆性、半韧性”），一旦温度高到足以使黏性蠕变占主导地位，强度就会下降。因此，额外的其他机制将导致以下构造体制。

4）活动盖（mobile-lid）模式［图10-4（c）和（d）］。地表被划分为被薄弱带（或强变形带）分隔的强干区（或弱变形域）。这很像板块构造，只是“俯冲”通常是双向的，而不是像现今地球上那样是单向的，而且这个模式中很少观察到转换断层。尽管如此，表层环向流与极向流的比率等全球特征与地球的相似。低黏度软流圈（相当于地幔温度较高）使得地表趋向于具有“板块特性”（Tackley，2000b）。在较低的屈服应力下，会发生更均匀的变形［图10-4（a）和（b）］，全球涌现弥散性微板块。这可能与岩浆海晚期地表微板块格局很类似。

5）幕式盖（episodic-lid）模式。停滞盖和活动盖模式交替出现，其特点是板块构造短暂爆发，中间穿插着较长时间的停滞盖构造阶段。短暂的表面活动也可能是局部的，不一定是全局同步的。这短暂的表面活动与现代板块构造体制下的板块全球联动也完全不同。

6）局部脊（ridge-only）模式［图10-4（g）和（h）］。应变局部化形成了扩张中心（洋中脊），但汇聚带不是局部化的，即可以理解为不是俯冲式的汇聚，应变吸收是弥散性分布的，类似于缓慢盖模式。因此，局部脊模式可以看作缓慢盖和活动盖的混合模式。这种模式往往发生在活动盖模式和停滞盖模式过渡的临界附近，并且其“脆性”屈服应力随深度成比例变化，即没有“韧性”屈服应力。

上述地球动力学数值模拟结果是微板块构造理论的物理学基础。可见，不论上述何种地球热状态、岩石圈屈服应力强度如何、上下圈层间黏度差多大，微板块都可以形成，要么可变形的，要么刚性化的，甚至全球涌现。即使微陆块、微洋块还没有出现，微幔块也可以形成。因此，微板块是可以解释全球全地史的构造体制演变，而不像现代板块构造体制的涌现需要很多苛刻条件。此外，值得注意的是，上述各模式依然描述的是岩石圈层次的构造体制，并没有涉及深部地幔相应的构造运行模式。实际上，微板块构造体制不仅包括这些浅部层次构造过程，还应包括其相应的深部联动过程。例如，停滞盖构造体制下，浅表可以出现大量停滞（指空间位置不动，但不等于微板块不运动或不变形）的或水平运动有限的微陆块或微洋块，其深部下降流部位还可能同等发育大量微幔块。

10.2 早期俯冲启动与微板块进化

传统板块构造理论认为，地球表面岩石圈分裂成大小相似的七个大板块和一群面积遵循分形分布的中板块、小板块、微板块，它们有组织地拼合在一起。过去2亿年全球板块构造的重建表明，这种板块规模的大小分布可能是地球的一个长期特征，但支配它的机制尚不清楚。以前，这些研究主要基于板块面积大小分布的统计特性，无法解决板块面积大小是如何由岩石圈和下伏地幔对流特性决定的。

但是一些模拟表明，在早期地球较热的地幔背景下原始地壳较薄，屈服应力较低，常发育众多的活动微板块［图 10-5（a）］。随着地幔冷却，地壳增厚，其屈服应力增强，活动的微板块数量会减少［图 10-5（b）~（d）］。Mallard 等（2016）证明，地球（微）板块格局由地幔对流和岩石圈强度之间的动态反馈决定。他们利用地幔对流的三维球形模型自洽地生成了地球观测到的板块面积大小-频率分布规律。这表明，俯冲几何学驱动的构造碎片化作用产生了微板块。微板块之间的间距变化控制着大板块的布局，海沟处弹性挠曲作用产生的应力将大板块破碎或碎裂成更小的碎片。这些结果解释了弧后微板块的快速演化能反映重大板块重组期间大板块运动显著变化的原因。Mallard 等（2016）的研究开辟了一条新途径，利用对流模拟和板块状行为来揭示全球构造和地幔对流是如何动态联系在一起或联动的。

现今地球的外壳是由 52 个（Bird，2003）岩石圈构造板块互锁组成的镶嵌体。在这些板块中，可以区分出两组：一组由 7 个面积相近的大板块组成，占据地球面积的 94%；另一组为较小的中、小、微板块，其面积遵循分形分布。以往认为，统计上大小不同的两组板块反映了两种不同的演化规律：大板块与地幔流有关，而小、微板块则与岩石圈动力学特性有关。相反，其他研究认为，因为大板块也可能符合分形分布，所以这种各级板块面积大小分布只是由表面过程产生的。但是也应当看到，统计工具的缺陷制约了解决这一争议的可能，因为统计工具不能提供板块体系组织背后的潜在力量和物理原理。

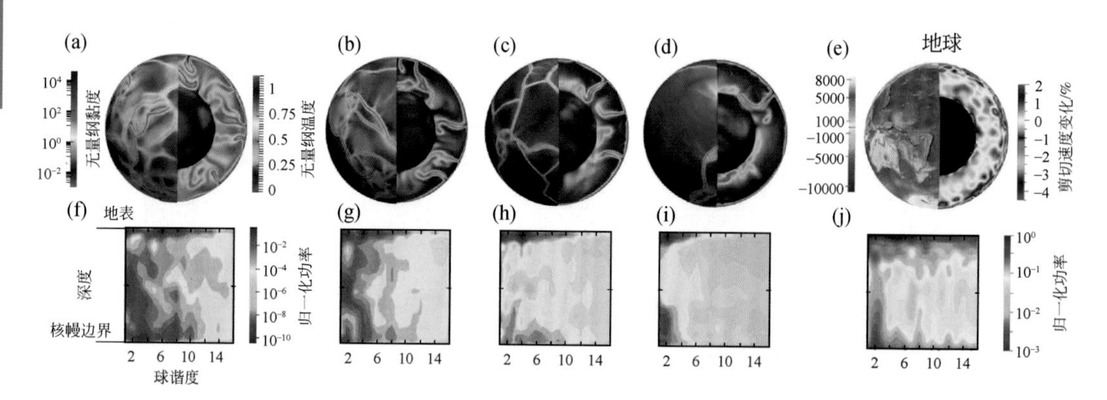

图 10-5　计算的地幔对流场景及温度场和地震速度场的相关非均匀度（Mallard et al., 2016）

非均匀度通过最高功率值进行了归一化。(a) 屈服应力为 100MPa 的对流解包含大量微板块边界，在浅表边界层中，相应的球谐图以 6 阶为主（f）。(b) 屈服应力为 150MPa 的对流解具有较少的微板块边界和数量，相应的球谐图在曲面上以 4 阶为主（g）。(c) 屈服应力为 200MPa 的对流解具有更少的板块边界，相应的球谐图在曲面上以 4 阶为主（h）。(d) 屈服应力为 250MPa 的对流解的地球表面几乎没有变形，相应的球谐图为蓝色，主要为 2 阶（i）。(e) ETOPO129 全球地形模型和 S 波层析模型 SEMUCB-WM130 的横截面组成，层析成像模型的相应球谐图在表面上由 4～5 阶控制（j）。CMB 为核幔边界

10.2.1　微陆块演化模式

地球是已知太阳系中唯一一颗宜居的行星。地表宜居环境的形成与地球的大陆息息相关。大部分大陆位于海平面以上，是所有陆地物种的家园，但是大陆对地球的意义不仅于此，因为地球宜居性不只是针对陆地生命，还包括海洋生物。因此，地球的宜居性不能仅从人类自身舒适度来判断，而应从生命出现的环境适宜度或各种生命的适应度来探讨。

如果地球没有形成陆壳，地球的演化轨迹将会截然不同，高等生命或许永远也不会在地球上出现。因此，陆壳起源与微陆块演化是地球科学和生命科学领域的核心科学问题之一，对理解地球早期的壳幔分异过程、地球动力学体制乃至生命起源与演化均具有至关重要的科学价值。近年来，随着锆石原位 U-Pb 定年与 Hf-O 同位素分析技术的发展，以及地球动力学和热力学模拟技术手段的进步，人们对陆壳形成的时间和机制取得了一系列新认识，但目前关于太古宙陆壳的生长方式、演化过程以及地球动力学机制还存在重大争议。

在冥古宙的“黑暗时代”，Acasta 片麻岩与杰克山（Jack Hills）锆石的记录研究表明，冥古宙至少在局部地区已经产生了长英质陆壳（Iizuka et al., 2006）。但是在地球形成早期，大量的陨石撞击可能将这些脆弱的陆壳再次破坏。鉴于月球遭受的强烈陨石撞击直到～3.9Ga 才逐渐减弱（Ryder et al., 2000），地球所遭受的强烈

陨石撞击应该也会持续到~3.9Ga。特别是，Acasta片麻杂岩的研究识别出了撞击成因的Idiwhaa片麻岩（Johnson et al., 2018），这一研究成果说明，地球从无到有形成早期陆壳的演化过程可能与陨石撞击息息相关。

然而，以英云闪长岩-奥长花岗岩-花岗闪长岩（TTG）为代表的酸性陆壳至太古代才普遍出现在全球各大克拉通。例如，3.8Ga前后，以TTG片麻岩为代表的岩石记录在华北克拉通（刘敦一等，1992）、皮尔巴拉（Pilbara）克拉通（Kemp et al., 2015）、伊尔冈（Yilgarn）克拉通（Nebel-Jacobsen et al., 2010），以及西南格陵兰等地区零星出露（Nutman and Hiess, 2009）；在中太古代之后，全球克拉通广泛出现了~2.7Ga的TTG片麻岩（Heilimo et al., 2011；Manikyamba and Kerrich, 2011；Laurent et al., 2013, 2014）。这些太古宙TTG片麻岩出露范围之广，难以单纯通过陨石撞击来解释，需要引入其他合理的陆壳生长机制。

变质水化玄武质岩石高温-高压试验研究表明，在900℃、12kbar条件下，部分熔融可以产生低镁和中等La/Yb、Sr/Y比值的TTG岩浆（Foley, 2002；Rapp et al., 2003；Johnson et al., 2014；Sizova et al., 2015）。因此，只要存在合适的源区，且达到相应的温压条件即可以产生大量的TTG岩浆。长期以来，人们基于岩石记录反映的地球早期较高地幔位温（mantle potential temperature，简称T_p）和长英质岩浆源于玄武质母岩的实验岩石学结果，结合地质观测、分析数据和数值模拟实验，提出了各种各样的太古宙壳幔动力学体制模型以探索陆壳起源。其代表性模型包括：①停滞盖模型（stagnant-lid）；②地幔柱模型（mantle plume）；③重力拗沉模型（sagduction tectonics）；④滴坠构造模型（dripping tectonics）；⑤热俯冲构造模型（hot-subduction tectonics）。下面将依次介绍每一种太古宙壳幔动力学体制模型的定义、特征、地质学证据以及数值模拟结果。

（1）停滞盖模型（stagnant-lid）

在地球形成早期的较高地幔温度条件下，壳幔动力学机制可能以停滞盖模型为主。停滞盖，又称固态盖，就是一个相对静止、绝热的并且与下部地幔对流完全解耦的岩石圈壳层，其下伏地幔发育有不稳定的对流单元。在该模型中，漂移的太古代陆壳前缘与其他陆块发生汇聚时，以不可俯冲的大洋岩石圈的地体加积、堆叠、消减和深熔为特征（Bédard, 2018）。在固态盖火山重塑率（volcanic resurfacing rate）非常高的情况下，即岩浆作用十分强烈的时候，绝热的固态盖会受到影响（图10-6），大量的熔体通过类似裂谷的环境到达固态盖表面；而冷的下地壳物质会拆沉并掉入地幔中（van Thienen et al., 2004a；Bédard, 2018）。在一个不稳定/转换阶段的固态盖机制中，热点或热管作用是主要的散热机制（Ernst et al., 2001）。频繁的固态盖重塑事件会埋藏、活化和循环很多先存原始地壳（van Thienen et al.,

2004a，2004b；Hansen，2007）。

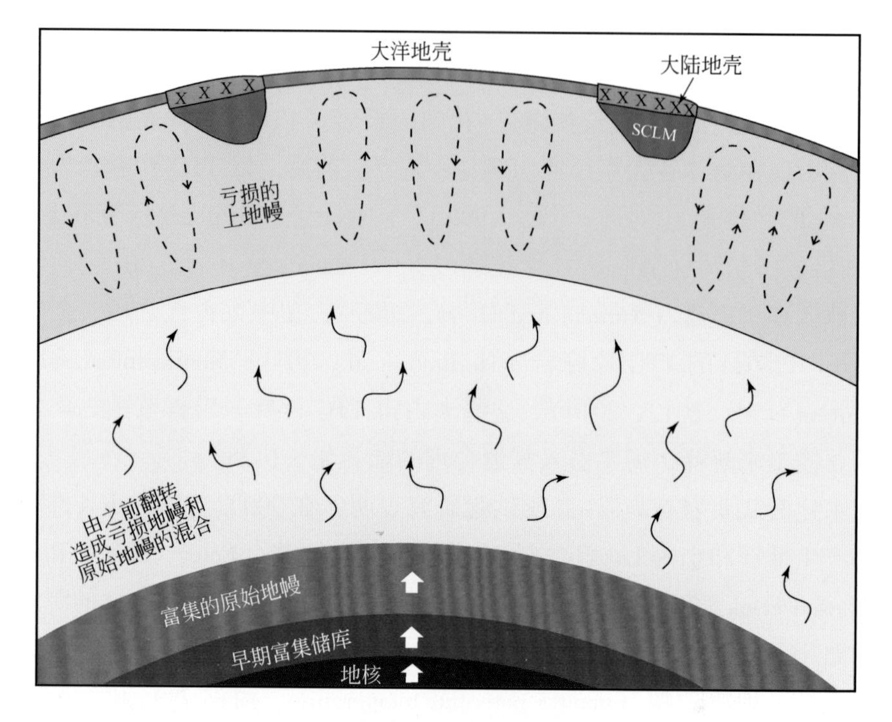

图 10-6　固态盖模型示意（引自 Bédard，2018）

由于地球上地质证据的缺乏，目前研究人员主要通过类比其他硅酸盐质行星的演化历史来认识、了解早期地球的形成与演化。吸积增生、重力分异、撞击和放射性导致了早期地球强烈的加热，硅酸盐质行星开始变热，行星上广泛发生的熔融形成了岩浆海。随着行星温度的逐渐降低，岩浆海基本固结，从而形成了一个固态的行星表面（Abe，1997；Elkins-Tanton，2011），产生一系列的固态盖构造。目前，在硅酸盐质类地行球中都发育有广泛的与固态盖机制近似的活动，且固态盖模型随着星球年龄、温度以及岩石圈地幔厚度而有所不同。比如，木卫一、金星、火星上发生了活跃的热管、滴坠、地幔柱、拆沉和上涌，而水星和月球则以超厚且稳定的岩石圈为特点的最终固态盖（图 10-7）（Stern et al.，2018）。

格陵兰岛西南部最古老陆壳岩石的研究表明，其 ~3.8Ga 的陆壳岩石具有正的 ^{142}Nd/^{144}Nd 比值，指示它们的原始物质来源于亏损地幔，而就位于古老陆壳岩石中 ~3.4Ga 的铁镁质岩墙显示其幔源岩浆起源于富集地幔源区。这与直接源自地幔物质的 Sm-Nd 年代学定年结果相一致，进而揭示出：地球形成最早的几亿年内，硅酸盐地球发生了分异事件（Blichert-Toft et al.，2010；Rizo et al.，2013）。Kemp 等（2010）综合运用 Pb-Hf 同位素，发现杰克山地区的锆石 ε_{Hf} 随时间的变化［图 10-7（b）］与源自原始地幔的镁铁质岩石在 4.4 ~ 4.5Ga 时壳内活化的演化趋势相一致。

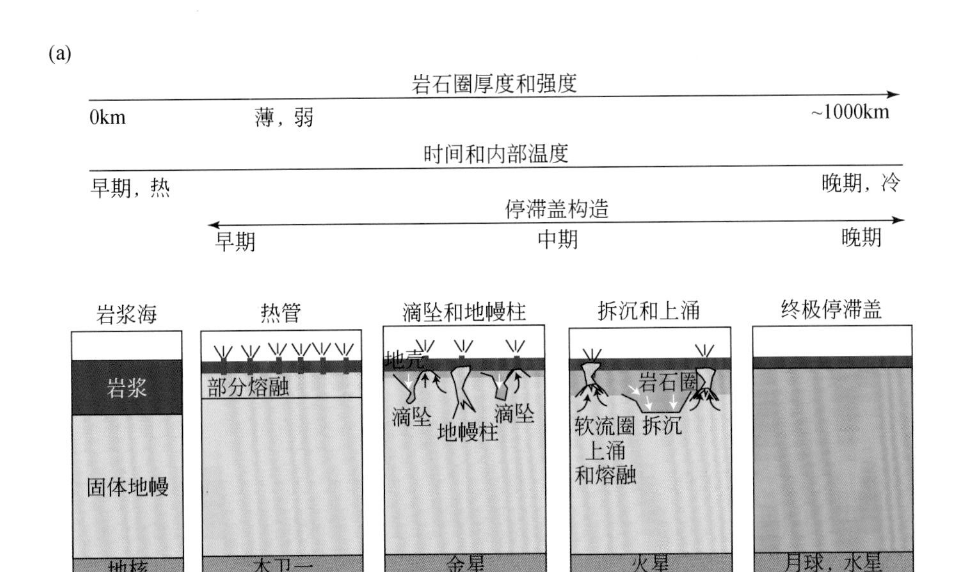

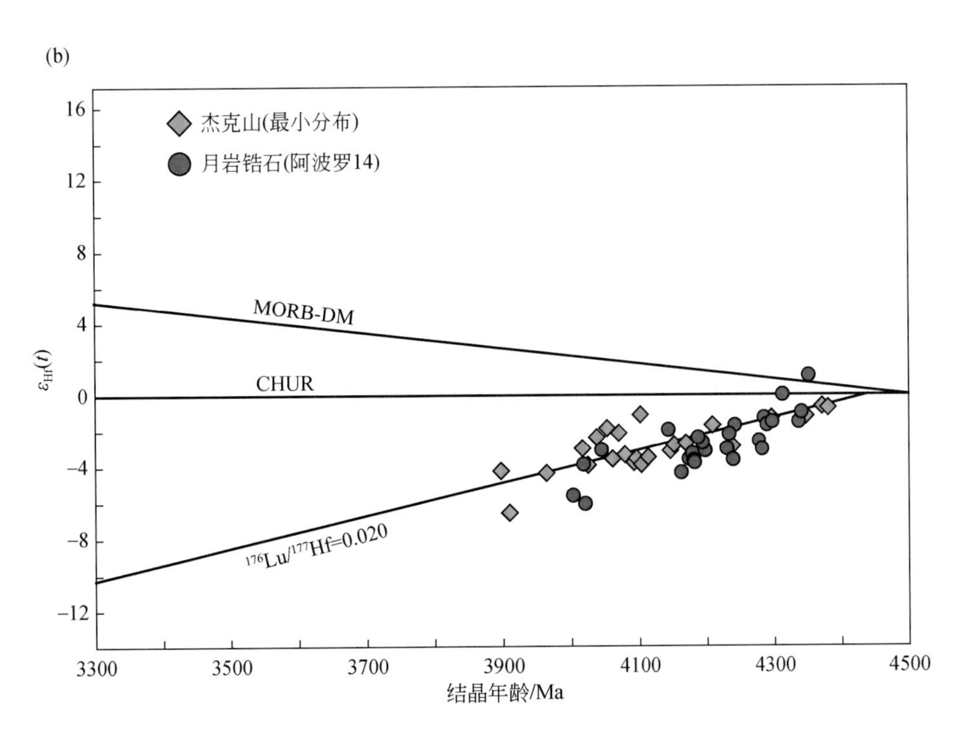

图 10-7　(a) 类地行球中岩浆-构造模式的可能演化（Bédard，2018）；(b) 杰克山与月岩锆石中 ε_{Hf}与时间的演化关系（Kemp et al.，2010）

因而，这个时期可能是形成岩浆海的固结时期。他们认为，固结的镁铁质外壳通过与地表水圈发生相互作用而蚀变水化；地幔熔融产生的玄武质-科马提质岩浆上涌并形成火山建造，将水化的薄壳层埋藏；水化薄壳层在自身放射性产热和高压埋藏的情况下会发生熔融，进而产生长英质岩浆。该原始地壳的不断形成和生长，在全球就构成了一个固态盖或停滞盖，固态盖之下的地幔对流循环导致含有少量长英质成分的原始地壳返回地幔。这反映在杰克山地区锆石中 ε_{Hf} 随时间的变化与月岩中的锆石（图 10-7）（Taylor et al.，2009）具有相似的演化特征［图 10-7（b）］。此外，现代月球和火星都覆盖着与早期地球镁铁质壳层一致的薄壳。这些都说明，早期地球应该和现代月球和火星具有相似的构造体制，即固态盖模型（Harris and Bédard，2015；Stern et al.，2018）。

（2）滴坠构造模型（dripping tectonics）

滴坠构造是指在一种非板块的、岩石圈盖的环境中（Lenardic，2018；Rozel et al.，2017），岩石圈底部因相变而加重，在自身重力作用下发生近似液滴状（drip-like）下坠的构造过程（Johnson et al.，2014），并偶然产生与俯冲近似的行为（Sizova et al.，2015；van Hunen and van den Berg，2008），且伴随着偶然性的大规模翻转事件（O'Neill et al.，2007），导致岩石圈下沉和熔融，从而发生岩石圈迭代形成和循环（图 10-8）。

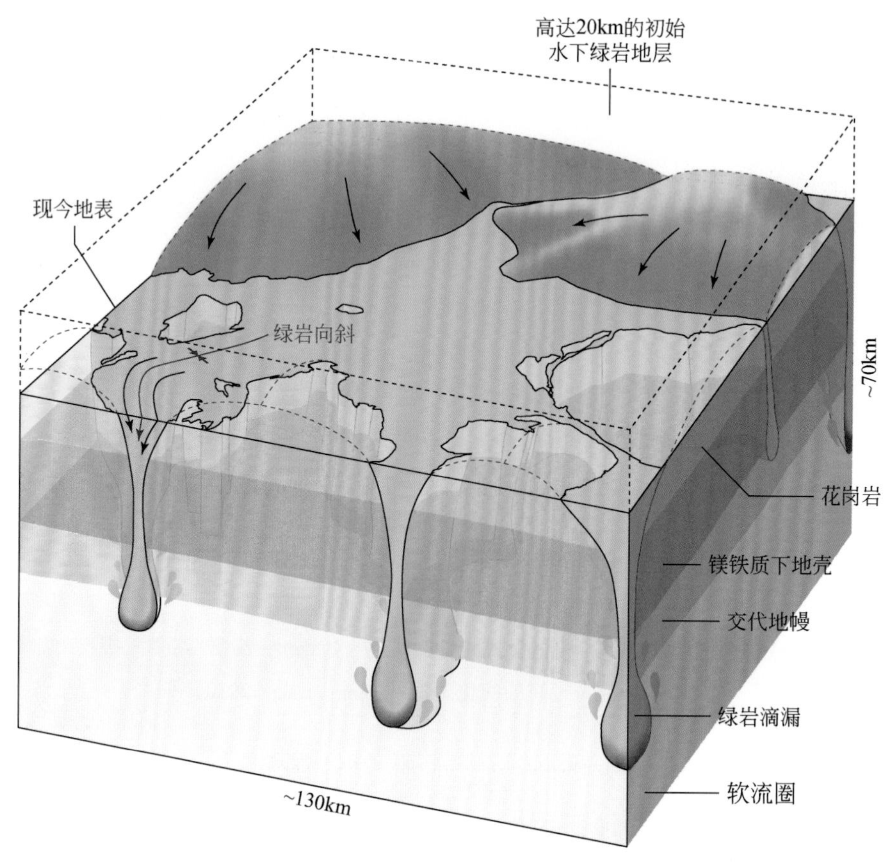

图 10-8 产生 TTG 的滴坠构造模式（Nebel et al.，2018）

滴坠构造模型的提出主要是基于数值模拟结果。在 Nebel 等（2018）之前很多的文献中，尽管都采用了“Drip”一词来描述壳幔循环的部分过程，但其形容的是地幔柱构造（Nebel et al.，2014）或者重力拗沉构造（van Kranendonk，2011）。

目前普遍认为，太古宙时期广泛存在的 TTG 成因要求太古代地壳熔融发生在石榴石稳定域内。据此，Nebel 等（2018）提出了滴坠构造模型来解释驱动下沉的机制。该模型认为，上地幔对流引发了地壳沉降，导致不同岩石圈之间出现厚度差异。当对流的软流圈与岩石圈地幔相互作用，弥散的滴坠体（含有地壳组成）就出现了［图 10-9（a)］。该模式是一个有效途径，可以将地壳岩石（包括水化岩石）带入到地幔深度，并使它们在更高温压条件下发生部分熔融。随着温度升高，“滴坠体”内含水玄武岩部分熔融产生的熔体侵入到上覆地壳就形成了 TTG；而过渡阶段，即第二阶段以更高钾质含量的 TTG 为标志，它由更老的 TTG 的拗沉后再熔融的富钾质熔体和新 TTG 熔体而形成。

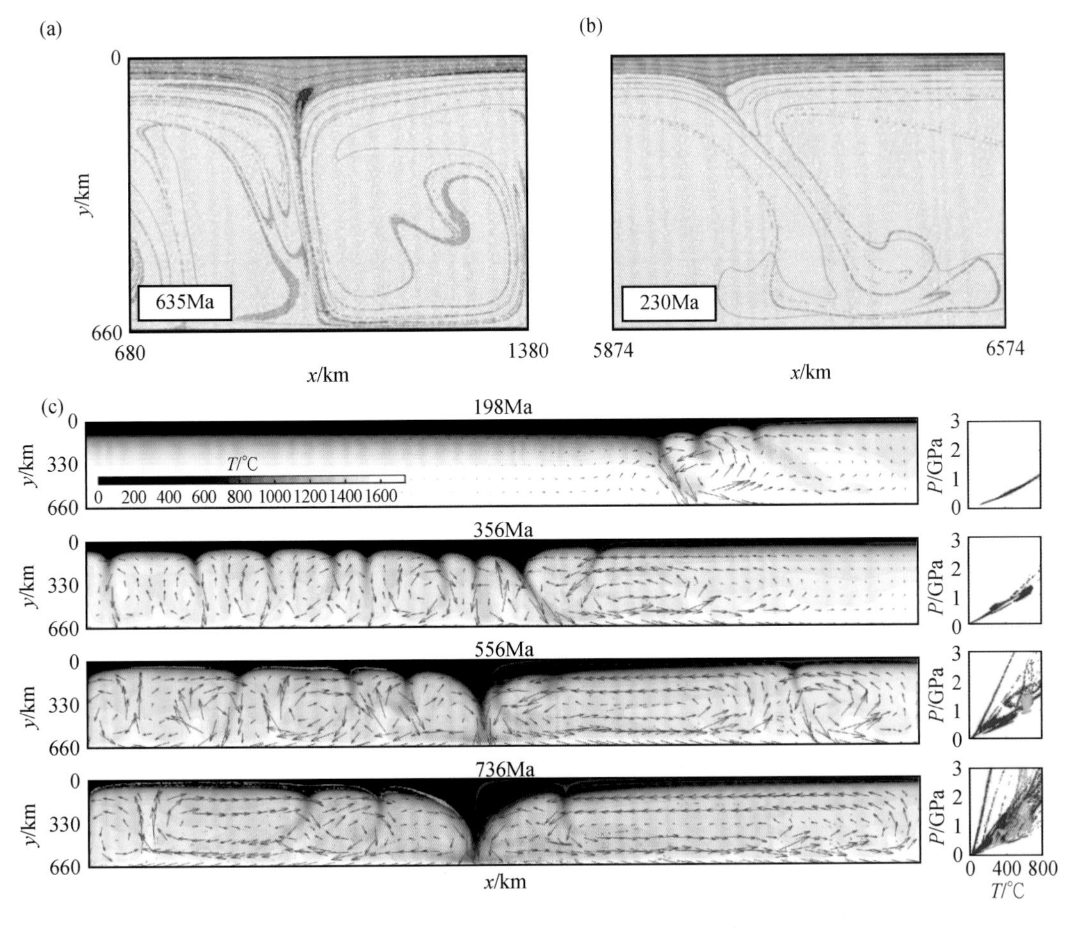

图 10-9　滴坠构造数值模拟模型细节和结果

（a）固态盖下的垂向滴坠，深就位的熔体循环进入到地幔中，（b）岩石圈移动使“滴坠体”发生不对称的下降（Nebel et al.，2018）；（c）模拟的地幔对流和温度压力状况（Capitanio et al.，2019a）

Capitanio等（2019a）进一步模拟了太古代地幔温度下地幔对流和熔融模式。开始阶段，边界层逐渐增厚，直到地幔对流启动，此时，熔体逐渐产生。侧向运移使残余岩石镶嵌到岩石圈中，在近地表条件下发生固结形成了扩大的刚性微板块。在该区域，地幔对流会拖拽着岩石圈边缘进入到地幔中，形成滴坠构造［图10-9（b）］。滴坠构造主要发育在迁移的微板块前端，在内部发育程度较低。在该体系中，高地温梯度的动力学机制（可达1.5GPa和800℃）和低地温梯度的“冷”机制（可达3GPa和800℃）可以同时存在，但冷机制由于需要缓慢地向深部迁移，所以出现较晚。由于两种机制长期且在大范围深度内共存，它们可能会相互重叠、相互影响。该模拟显示，在全球单一的热状态下，不同构造模式是可以共存甚至在时空上是相互联系的。在局部的垂向滴坠点岩石圈产生并发生循环，且地幔与刚性岩石圈的耦合会形成原始板块（微板块），从而导致横向水平运动和微板块沿对流环倾斜面循环进入到地幔中。这个微板块构造区域包括稳定的汇聚和离散区域，具有板块构造的较多特征，在循环的岩石圈下降区内部长期存在钙碱性岩浆活动。但是，该微板块构造区域并不能等同于具备了成熟的现代板块构造体制，因为其未能形成刚性板块边缘和系统的转换断层，也并不是一个全球的连锁或联动系统（Cawood et al.，2018）。

（3）地幔柱模型（mantle plume）

地幔柱构造是指异常热地幔物质通过狭窄通道上涌的过程，这些热物质起源于静止的核幔边界（Montelli et al.，2004），或者是移动的上下地幔边界（Zhao，2001）。当地幔柱物质达到较浅深度时，地幔柱柱头会发生熔融，且随着岩石圈板块掩盖通过位置固定的地幔柱时，运动的岩石圈板块表面就留下了该地幔柱的一系列热点，这些热点形成了火山岛链或热点轨迹（Morgan，1971）。

地幔柱模型的提出主要是为了解释太古宙科马提岩和相关玄武岩成因（Arndt，2003；Dostal and Mueller，2013）。这类岩石最早发现于南非的巴比顿（Barberton）绿岩带（Viljoen and Viljoen，1969），随后在澳大利亚伊尔冈克拉通、加拿大苏必利尔（Superior）省、印度达瓦尔（Dharwar）克拉通和中国的华北克拉通、鲁西的苏家沟等地区都陆续有报道，并且在各个绿岩带层序的底部保留了绿岩带形成的最早期岩石记录（Kerrich and Xie，2002；Polat et al.，2006；Mole et al.，2014；Chaudhuri et al.，2015；Verma et al.，2017）。在这些绿岩带中，科马提岩与拉斑玄武岩一起组成了千米级的地层序列，但科马提岩通常只占该序列很少一部分（Sproule et al.，2002）。

根据最早的定义，科马提岩是指MgO含量大于18%的一套超镁铁质火山岩（Arndt and Nisbet，1982），主要含有橄榄石、辉石的斑晶（或骸晶）和少量铬尖晶石以及玻璃基质，其典型结构特征是橄榄石（或辉石）平行分布的鬣刺结构［spinifex textures，图 10-10（a）］（Arndt，2003）。后来，Nesbitt 和 Sun（1976）根据地球化学特征的不同，将科马提岩划分为两种主要类型：①Barberton 型或 Al 亏损型，这类岩石含有相对低的 Al 含量（低 Al_2O_3/TiO_2 比值），中等高的不相容元素

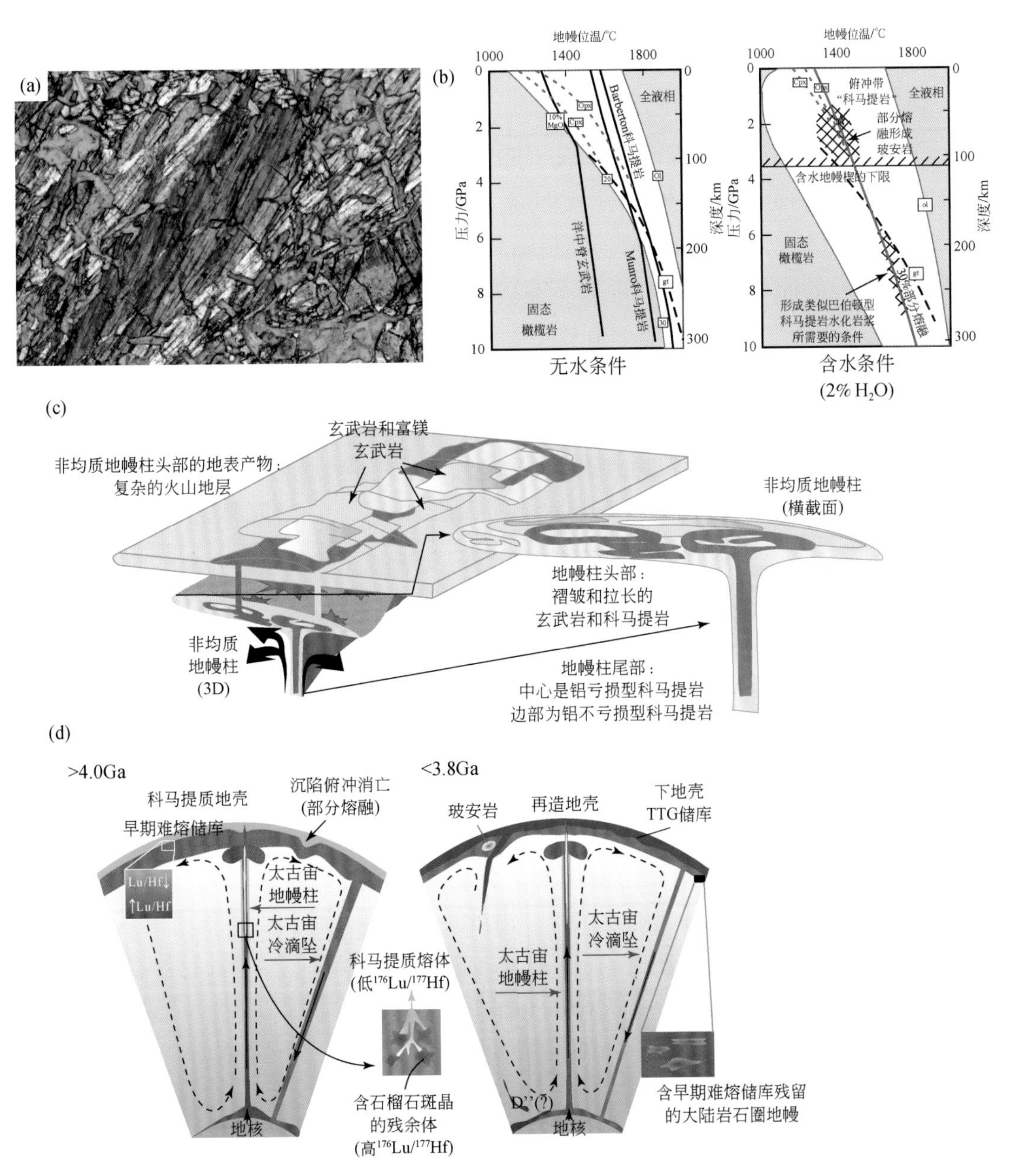

图 10-10 地幔柱构造的岩石标志、地质环境和产生条件

（a）Gorgona 科马提岩的鬣刺结构（Kerr and Arndt，2001）；（b）地幔橄榄岩熔融相图。无水（左）和含水（右）条件下超镁铁质岩浆产生的条件（Arndt，2003）；（c）Abitibi 绿岩带的古地理环境（Dostal and Müller，2013）；（d）地球形成初期壳幔动力学体制（Nebel et al.，2014）

含量，且亏损重稀土元素［$(Gd/Yb)_N>1$］，常见于~3.5Ga的绿岩带中；②Munro-type或Al不亏损型，这类岩石含有更高的Al_2O_3/TiO_2比值，更低的不相容元素含量，其球粒陨石标准化稀土元素模式仅显示轻稀土的略微亏损，这类岩石常见于2.7Ga及更年轻的绿岩带中。后来，Jahn等（1982）补充了第三种类型：铝富集型，其具有相对高的Al含量（高Al_2O_3/TiO_2比值）和不亏损重稀土元素［$(Gd/Yb)_N<1$］的特点。

岩石成因研究显示，科马提岩是基本不含水的地幔源区在极深条件（6~9GPa，200~270km）下高度部分熔融（20%~30%，部分可达到50%）的产物，其喷发温度可达1400~1600℃。所以，人们认为其与异常热的地幔柱岩浆作用有关［图10-10（b）］（Arndt，2003）。随后，对角闪石和橄榄石中含水包裹体的研究发现，科马提岩的原始岩浆中水含量不等（Shimizu et al.，1997；Stone et al.，1997；Asafov et al.，2018）。因此，有学者提出了一个替代性的观点，即科马提岩可能形成于浅部受俯冲流体交代的含水亏损地幔的部分熔融，并提出其应该形成于俯冲带构造环境（Parman et al.，2001）。但是，Asafov等（2018）通过研究Belingwe绿岩带中科马提岩的熔体包裹体发现，其原始岩浆需要极高的部分熔融程度（~60%）和很深的熔融深度，该深度远超含水地幔过渡带（410~660km，>13GPa）深度。因此，科马提岩母岩浆中的高水和Cl含量更可能是来自于地幔柱上升过程中与含水地幔过渡带之间的相互作用。这进一步支持了科马提岩与地幔柱岩浆活动之间的成因联系。

根据野外观察、地球化学和数值模拟，Dostal和Müller（2013）还原了阿伯蒂比（Abitibi）绿岩带的古地理，提出地幔柱岩浆房内成分不均一性导致地幔柱柱头内具有科马提岩和伴生拉斑玄武岩组分的岩浆［图10-10（c）］。Nebel等（2014）研究了始太古代科马提岩的Hf-Fe同位素，揭示出始太古宙或者更早时期就存在比同期亏损地幔演化线更亏损的同位素特征。这证明，冥古宙已经存在超亏损的地幔储库，它们是深部地幔柱熔融的残留物。随后，原始岩石圈被破坏沉降到核幔边界，相关组分又回到上升的热地幔柱中。由此可见，地幔柱构造可能是冥古宙地幔对流的主导性动力学体制［图10-10（d）］。迄今，关于科马提岩的研究人们主要从地幔柱角度展开思考，微幔块必然起着关键作用，但相关证据值得进一步研究。

（4）重力拗沉模型（sagduction）

重力拗沉作用最初的定义是指绿岩带重力荷载形成的狭窄盆地和长英质陆壳的深成花岗质穹隆的成对耦合过程（Macgregor，1951），这可以很好地解释许多太古代克拉通内片麻岩穹隆与脊状盆地的成对构造现象［图10-11(a)(b)］。这种模型的物理原理主要是基于密度较大的基性火山岩和下伏密度较小的硅铝质物质引起的密度反转，即瑞利-泰勒不稳定性，地质上表现为花岗质岩石的正浮力上升和绿岩带的下沉（Collins et al., 1989；van Kranendonk et al., 2004）。在太古代，重力拗沉过程会驱动地壳发生一定程度的挠曲变形，包括深埋和剥露（François et al., 2014）。

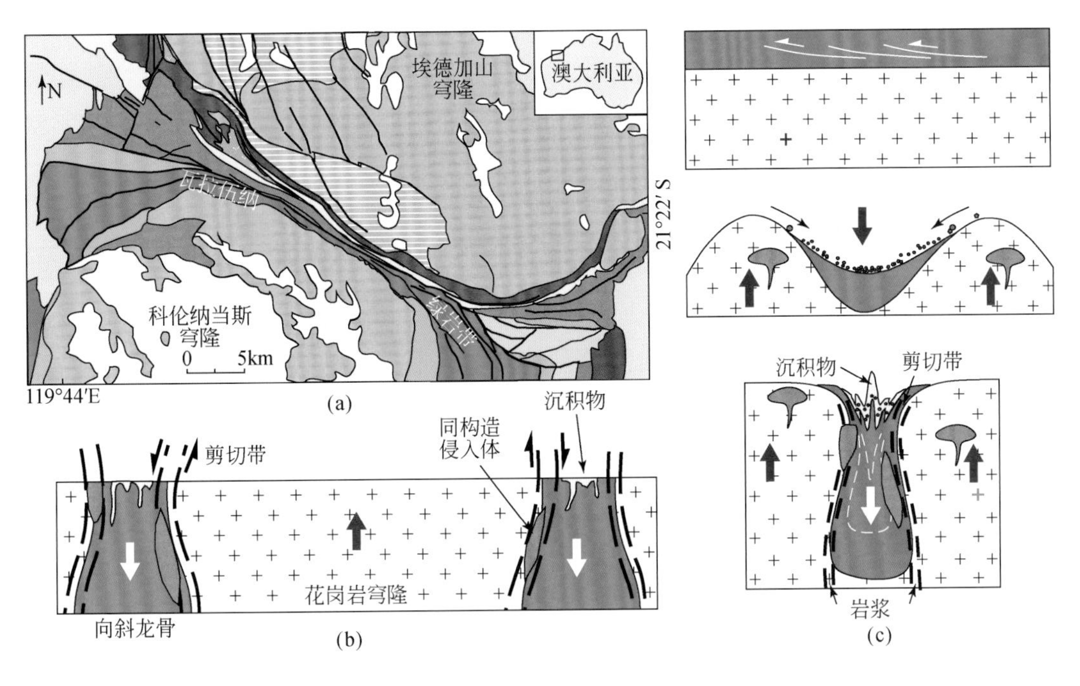

图 10-11　重力拗沉构造的平剖面特征及演化过程

（a）东皮尔巴拉省埃德加山区域花岗-绿岩带地质单元（François et al., 2014）；（b）加拿大苏必利尔克拉通的花岗-绿岩带剖面（Lin and Beakhouse, 2013）；（c）苏必利尔克拉通的花岗-绿岩带重力拗沉模型（Lin and Beakhouse, 2013）

Collins（1989）研究太古代 Edgar 山岩基和周围的绿岩带时[图 10-11（a）]发现，该岩基和边缘的岩石都经历了同样的变形事件，包括岩基逐步底辟抬升。根据褶皱样式、方向和组构的发育，变形事件主要分为三期：早期的平卧至斜卧褶皱构造（D_1）被近直立平行褶皱（D_2）所改造；深就位的线性变形区域（D_3）主要发育于岩基内部，没有影响到表壳岩；最后发育平行于岩基边缘的正断剪切变形（D_4），该期变形事件导致了岩基抬升到现在的位置。除此以外，岩基中发育有同构造的花岗岩侵入、角闪岩相变质作用和混合岩化，岩基中广泛发育的角闪岩相变质作用靠近花岗-绿岩带的接触带，即使是绿岩带的最底部变质作用也只达到了绿片岩相。构造研究发现，D_1～D_2事件对应于早期块状花岗岩的产生和侵位形成了一个穹隆形侵入体，绿岩带的早期平卧褶皱和逆冲推覆也与该期事件一致。最晚期的底辟作用过程中一套片麻岩杂岩的原岩进入到岩基，并抬升到了绿片岩最下层层序的同样位置。这证明了富硅铝质的物质在底辟作用开始之前是呈面状分布于绿岩带的下部，有力地证实了太古代重力拗沉模型的存在。

同样，在苏必利尔克拉通西北部发育有狭窄的向形绿岩带，其被大量花岗质岩石包围和侵入[图10-11(b)]。这些花岗质侵入体大多呈开阔的、近圆形的穹隆形态。区域性剪切带产状与这些绿岩带相一致。研究显示，该区域发育有两期主要的变形事件。早期以平卧褶皱和逆冲作用为主，可能与地体的增生与碰撞有关；晚期则以直立褶皱和剪切作用为主，与穹脊（dome-and-keel）构造变形和区域性剪切带有关。该剪切带记录了由绿岩带向下倾滑/花岗岩向上右旋走滑组成的斜滑证据（Thurston et al.，1991）。这种穹脊构造和剪切带中的倾滑特征与太古代Edgar山岩基和周围的绿岩带特征相一致，也是重力拗沉机制的结果[图10-11(c)]（Lin and Beakhouse，2013）。

除了构造研究，François等（2014）进一步采取构造地质学、岩石学、地球化学、地质年代学和数值模拟的综合方法研究了太古代Edgar山区域的穹脊构造。在脊状区域的含石榴石变质沉积岩和变质玄武岩经历了更高压力但较低温度（9~11 kbar和450~550℃）的变形变质，而穹隆区采得的包体显示其高温低压的变质特征（6~7kbar和650~750℃）。根据矿物包裹体得到的*P-T-t*轨迹显示了重力快速驱动的构造过程，这与重力拗沉模型的热力学模拟结果一致（François et al.，2014；Thébaud and Rey，2013），也指示了重力拗沉过程中可能会引起大范围明显的地热梯度变化。

综上所述，花岗-绿岩带的现今网络状构造总面貌说明其形成初期所在区域表层也应当是网络状的几何样式。这显然表明，地表绿岩带主体构成的玄武岩原岩也被网格化分裂为一系列微板块。每个微板块最厚部位可能是其组成的玄武质岩浆早期溢流堆积中心，这必然导致这个最厚部位底部发生相变，加上上覆差异的荷载重力，同时高地热梯度导致这些以基性玄武岩为主体构成的微板块是可变形的，所以这些过程的综合效应必然诱发微板块挠曲并受到指向自身中心的向下拉力作用。进而，这些微板块的边界原本就是减压地带，微板块在向自身中心的向下拉力作用下，其边界部位则持续减压，触发穹隆区花岗质岩浆沿此就位，使得穹隆区成为壳内持续上涌区域，而热物质上涌必然产生穹形形态，这个正反馈过程必然推动穹隆区上覆基性玄武岩为主的微板块从两侧向中心滑覆，在原本微板块的中心地带挤压形成脊状构造。沿着脊状下拗的物质下沉到该区地壳底部，导致该深度塑性流变的片麻岩向穹隆区移动并隆起。野外构造关系还表明，绿岩带原岩，即大规模面状分布的玄武岩最初可能是将包括穹隆区在内对地表进行全覆盖的。这似乎表明这些玄武岩可能是大陆溢流玄武岩，而不是现代洋底的洋壳那样的产物，因为其浅变质特征和穹隆区深变质特征形成鲜明对比，故这些玄武岩（上地壳）下覆的是长英质地壳（下地壳）。若如此，穹脊构造的原型构造应当是基性上地壳、酸性下地壳组成的微板块构造。与穹脊构造相关的这种微板块构造体制必然是陆壳出现后且具有上下陆壳分层后才出现的，不应当是地球最早的微板块构造体制。穹脊构造相关的微板块构造应当广泛发育在酸性地壳和基性地壳产量大体等量的地质时代，即2.9～2.5Ga（图10-3）。可见，穹脊构造相关的微板块构造体制也可能是地球早期微板块构造体制向现代板块构造体制转换的关键过渡类型，可以看作一种变体的活动盖构造。这里，地球早期微板块构造体制和穹脊构造相关的微板块构造体制都属于前板块构造体制范畴。对于这种基于穹脊构造推断来的下地壳为长英质岩石、上地壳为基性岩的陆壳结构成因，可能有赖于下节讨论的热俯冲构造模式来解决。

（5）热俯冲构造模型（hot subduction）

正如穹脊构造分析结果，长英质岩石（TTG）为代表的陆壳原始产生位置不应当是地表或浅表，而应当是20～40km深处，且TTG形成时其上部覆盖的应当是基性岩。这种情况只能出现在类似现今洋-洋平板热俯冲的环境，一个洋壳微板块叠覆在另一个洋壳微板块之上，使得底垫在上覆洋壳微板块之下的洋壳微板块发生深熔而涌现出大量TTG。这种环境在现今地球上只有一处，即新西兰南部海域的索兰德（Solander）海槽（图7-8），这里的洋中脊因板块旋转极变化（这里隐含了转换断层的存在）直接转换为了俯冲带，沿此一个年轻洋壳板块俯冲到另一个年轻洋壳板块之下，但其俯冲规模非常小。但如果中、新太古代期间这种现象是普遍的，那么图8-63所示的洋洋俯冲堆垛的构造机制（未必需要出现现代板块构造体制下才有的转换断层）可能会大规模产生TTG。为了证实这个机制的可行性，下面有必要深入讨论一下热俯冲构造模式。

Condie和Kröner（2013）指出，太古宙时期洋内弧增生是主要的地壳生长方式，而太古宙后的地壳生长主要发生在大陆弧区域。可见，太古宙板块构造的作用机制明显不同于现代板块构造过程。由于太古宙早期地幔位温较高，且大洋岩石圈厚度较大、强度较弱，因此太古宙的板块俯冲机制与现代板块俯冲的过程有明显差异，为板块热俯冲体制。这种热的板块俯冲体制下，高地幔位温使板块俯冲速度快、板块规模小，形成大量岛弧新生地壳，并伴有频繁的板块俯冲和板片断离作用过程，导致类似于现代板块俯冲过程的周期性再现。类似的大量岛弧型初生陆壳形成、演化和相互碰撞，形成了克拉通范围内广泛出露的TTG岩石。但是，因为太古宙微板块尺度小，单一边缘俯冲产生的岩浆岩即使具有现代板块俯冲体制下的分带性，也会因为多个边界活动的不确性或随机性且都可波及整个该微板块内部，最终导致该克拉通或陆核的TTG无时空分带性。

大量证据表明，在陆壳生长过程中，太古宙侧向增生体制不可忽视。岛弧特征的变质火山岩岩石组合在各大克拉通内皆有发育，类似显生宙的岛弧拉斑玄武岩-富铌玄武岩-玻安岩-埃达克岩-赞岐岩等发育在侧向增生的板块构造体制下（Komiya et al.，1999；Furnes et al.，2009；Nutman et al.，2015；Turner et al.，2014）。

在西南格陵兰地区，3.75Ga 的 MORB-OIB 型玄武岩与岛弧玄武岩特征的岩石组合在一起，被认为是仰冲到岛弧之上的大洋残片（Jenner et al.，2013）。在华北克拉通北缘，Wang 等（2015）发现有一系列具有 MORB、岛弧拉斑玄武岩、钙碱性玄武岩、高镁安山岩和埃达克岩特征的变质火山岩，这些新太古代的火山岩组合也可能形成于岛弧环境。侧向增生的地壳生长机制通过弧-弧拼贴、弧-陆碰撞的形式完成陆壳的快速增生（Arndt，2013）。弧-弧拼贴、弧-陆拼贴时，俯冲板片容易发生断离而形成增生造山带，板片断离之后，新的俯冲带发育，继续源源不断地使得陆-陆拼贴增生，陆壳面积迅速增加。

地球化学研究发现，单纯的弧-弧碰撞可能不易形成陆壳，只有在大陆弧或者造山带背景下陆壳才更加容易形成（Farner and Lee，2017；Tang et al.，2019）。TTG 岩石有时包括高 Mg#的花岗质岩石，其形成过程中一定经历了地幔物质的混染作用（Martin，2005）。其中，地幔组分可能来源于俯冲带之上的地幔楔，尤其是俯冲板片熔体与地幔楔物质的混染作用形成的 TTG 岩浆。在侧向增生动力学体制下，要形成广泛的 TTG 岩浆大概需要两个步骤。首先，洋壳物质俯冲，携带大量流体，并将其释放到地幔楔而产生岛弧钙碱性火山岩；另外，形成的岛弧岩浆可以通过岩浆的结晶分异（Castillo et al.，1999；Jagoutz et al.，2013；Smithies et al.，2009）、岛弧下地壳玄武质岩石的再熔融或者多种岩浆端元的岩浆混合作用转变为 TTG 岩浆（Martin，2005；Watkins et al.，2007；Qian and Hermann，2013；Ma et al.，2015；Hoffmann et al.，2016）。

van Hunen 和 van Berg（2008）首次模拟了比现代地幔位温高 100℃/200℃/300℃的条件下（对应于更热的太古宙时期）板片俯冲的可行性。根据图 10-12（a）可以看出，当地幔位温比现代高 100℃时，历经 10～20Myr 的演化，板片俯冲的几何学特征与现代俯冲板片的类似，但是俯冲板片反转过程在约 150km 深度就已经出现。当地幔位温比现代高 200℃时，经历 2.5Myr 的演化，大约在 100km 深度俯冲板片转为向下直立俯冲；到了 5.0Myr，板片在 200km 深度发生断离。当地幔位温比现代高 300℃时，无法形成板片俯冲，而表现为微幔块的滴坠或拆沉构造。

此外，Sizova 等（2010）基于不同的地幔位温和地壳放射性产热量，进行了大量的数值模拟实验，发现地幔位温差也就是模型中莫霍面温度与现代莫霍面温度的差值 ΔT，在构造机制的转化过程中起着关键性的作用。他们明确了从“无俯冲”（no-subduction）构造体系到“前俯冲”（pre-subduction）构造体系，再到现代俯冲（modern-subduction）形式之间的过渡转变阶段。第一次转变是渐进式的，发生在地幔位温高于现代值 250～200℃；而第二次转变较为突然，发生在地幔位温高于现代值 175～160℃［图 10-12（c）］。

在前俯冲构造体系中，下覆热的岩石圈地幔不断地产生熔体。这种熔体渗透到板块，增强了板块的流变性，所以早期板块（几乎都为微板块）在内部是可变形的。碰撞导致大洋板块浅俯冲到大陆板块之下，且大洋板块可以俯冲到大陆板块下相当远的地方，即横向水平距离可达200km，取代或者使大陆岩石圈发生折叠。由于熔体的强烈萃取，大洋玄武岩厚度可增厚三倍。与现在板块俯冲体制不同的是，该构造体系中没有地幔楔和弧后盆地的形成。板块速度和以前认为的“很高”不同，板块速度反而很低，所以在俯冲过程中会发生明显升温，这导致大洋和大陆下地壳锋面区域发生熔融，从而在地表形成了火山岩［图10-12（b）］。而当上地幔温度进一步升高（无俯冲阶段），高地幔温度极大地软化了上覆微板块，可变形的微板块通过内部应变阻止了自身发生水平运动，即使在强大的汇聚作用下，也不发生逆冲推覆。而当地幔位温较低时（现代板块俯冲形式，<175℃），熔体产生程度更少，（微）板块刚性程度增加，流变性减弱，使现代形式的板块俯冲能够得以进行。

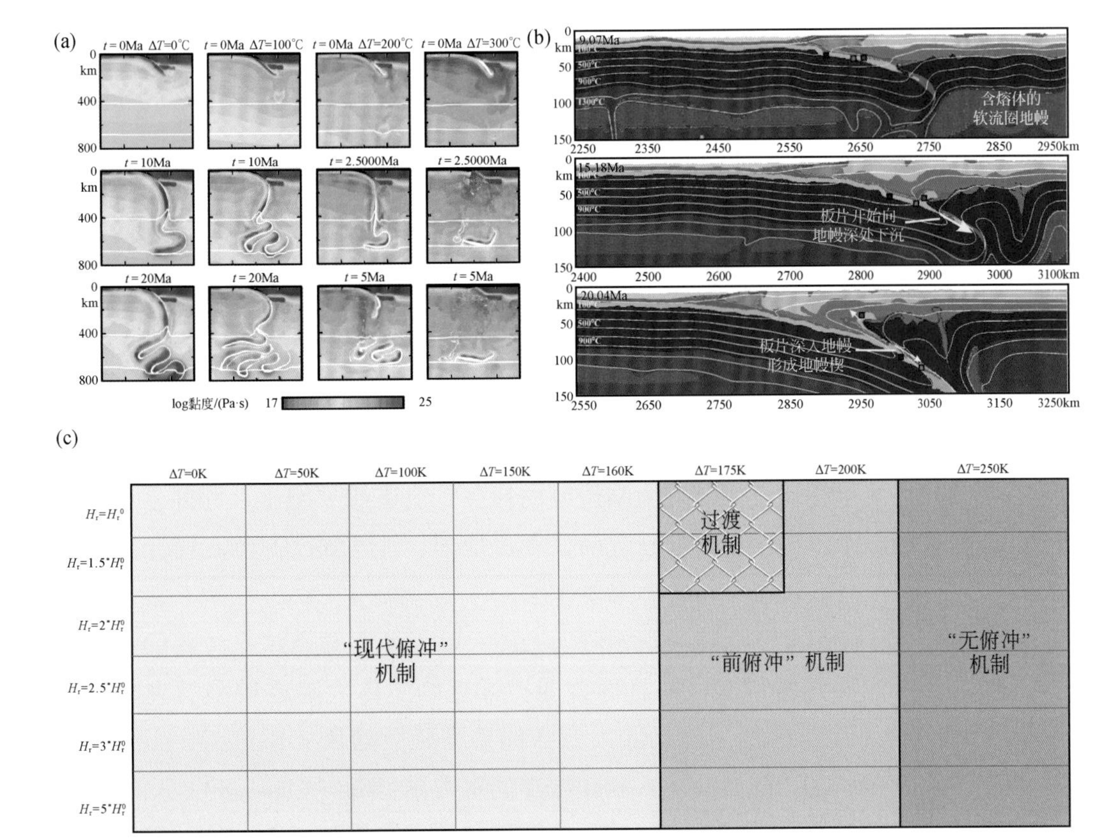

图10-12　太古宙热俯冲构造的数值模拟

（a）不同地幔温度下板块俯冲的构造特征（van Hunen and van Berg，2008）；（b）不同上地幔温度下俯冲作用的数值模拟（Sizova et al.，2010）；（c）不同地幔位温和地壳放射性产热量下的不同构造机制（Sizova et al.，2010）

近年来的研究表明，至少前三种模式可能从冥古宙经始太古代、古太古代到中太古代都存在。不同的动力学体制在不同演化阶段可能都起过主导作用。不同阶段都存在多种方式的动力学体制的联合作用，从地球早期地幔柱、停滞盖与拗沉构造联合动力学体制，到中太古代停滞盖或者地幔柱和板块俯冲联合动力学体制，逐渐演化过渡为新太古代以板块热俯冲的动力学体制为主（Cawood et al.，2018；Nebel et al.，2018；Capitanio et al.，2019a，2019b；Hawkesworth et al.，2019）。

总之，不论多少种体制，微板块的热俯冲、低角度或平板俯冲可能是新太古代构造或 TTG 集中爆发式形成时期的一种常态，尽管这些微板块的水平运动距离有限。此外，即使冥古宙、太古宙的某些时期不存在微陆块、微洋块，微幔块构造也应该是比较常见的过程，而热地幔柱可能只是微幔块过程的副产品。随着微幔块主导的地球内部冷却机制不断发展，地幔温度逐渐冷却，进而微板块化学组成和物理性质都在发生变化。

10.2.2 微板块的差异进化

微板块包括微陆块、微洋块和微幔块三种组成类型。微幔块成熟度最低，其次为微洋块，微陆块成熟度最高；微幔块中，陆幔型微幔块比洋幔型微幔块成熟度高。这里，从微陆块入手，探讨微板块初始演化差异；之后，在下节探讨早前寒武纪的微陆块进化历程。

在漫长的地质记录中，大陆裂解和海底扩张会导致较小的微陆块从母体大陆的边缘脱离出来。板块边界的变化和其他构造活动，又促使这些微陆块拼贴到更大的陆块之上，并持续改变大陆边缘的形态。因此，微陆块的起源和演化，对于理解大陆岩石圈的时空演化特征（尤其是大陆边缘的形态）具有重要意义。此外，当与海洋中其他分散的等深线特征结合在一起时，在古地理、古气候、古环流和（古）生物地理学研究中，微陆块也可以发挥重要作用。

现今板块构造体制下，微陆块是相对于主体大陆发生了显著水平位移的一块陆壳碎片，它通常被洋壳所包围，并且面积要比邻近的主体大陆或最小的大陆要小（Scrutton，1976）。经典的例子包括北大西洋的扬马延微陆块（Gaina et al.，2009；Peron-Pinvidic et al.，2012a，2012b）和印度洋的塞舌尔群岛（Ganerød et al.，2011；Gaina et al.，2013；Torsvik et al.，2013）。大陆碎片的定义类似于微陆块，只是没有从母大陆完全分离（Lister et al.，1986）。例如，北大西洋的罗科尔（Rockall）、波丘派恩（Porcupine）和加利西亚（Galicia）浅滩（Péron-Pinvidic and Manatschal，2010）。关于微陆块和大陆碎片的形成机理，人们提出了两种不同的解释：一些研究者认为，微陆块的形成是地幔非均质性引起的微板块弱化边界的局部化和脊跳

（ridge jump）所致（Müller et al.，2001；Abera et al.，2016）。另一部分学者则强调继承性结构构造的作用，尤其是大陆破裂过程中，走滑或旋转的分量导致小块大陆碎片从主体大陆分离（Péron- Pinvidic and Manatschal，2010；Nemčok et al.，2016；Molnar et al.，2018）。

（1）微板块弱化边界局部化模式（ridge jump）

与典型洋壳厚度（约 7km）相比，墨西哥加利福尼亚湾 Tamayo 浅滩东南的洋壳相对较薄（约 5km）。这表明，该洋中脊在被遗弃前的岩浆供应量可能有限。同样，在挪威盆地的扬马延微陆块以东也发现了较薄的洋壳（Greenhalgh and Kuszir，2007）。在这里，已经消失的 Aegir 海脊产生了洋壳，一般厚度小于 4km，局部只有 2km（Greenhalgh and Kuszir，2007）。相比之下，扬马延微陆块西部则是由 Kolbeinsey 洋中脊组成，洋壳厚度正常（7～10km）（Greenhalgh and Kuszir，2007）。当岩浆供应量较低时，扩张脊（如现在的 Gakkel 洋中脊）可以通过构造变形实现微板块分离（Cannat et al.，2006）。扩张脊上的岩浆侵入是微板块弱化的主要原因（Buck et al.，2005；Canat et al.，2006），因此，在岩浆供应有限时，扩张脊可能会显著增强，而此时侵入体可能比较稀少。在年轻的大洋岩石圈（<～4～3Ma）中，最强的强干层位于地壳内（Bohanno and Parsons，1995），类似的强度分布同样适用于贫岩浆的扩张脊。当洋中脊下方的岩浆供应被中断时，洋壳和洋中脊的强度随着侵入体的冷却而迅速增加（Buck et al.，2005），并且随着时间演化，岩石圈地幔逐渐冷却、增厚、强度增加（Bohannon and Parsons，1995）。

当中央裂谷作用无岩浆辅助时，岩石圈伸展所需的力要大一个数量级（Buck，2004），而且可能需要更多的外力来继续打开贫岩浆的洋中脊，而不是裂谷附近相对薄弱的微板块边缘。此时，扩张的洋中脊可能相对容易跳跃到一个新的位置，进而通过这个脊跳过程形成一个微板块（Steckler and ten Brink，1986）。地幔柱柱头的到达，将进一步削弱微板块边缘岩石圈的强度，使洋中脊发生跳跃的可能性更大（Gaina et al.，2003）。但在该模型中，这不是必要条件，而且在加利福尼亚湾似乎不太可能发生。另外，洋中脊也可能在洋壳内部跳跃（Mittelstaedt et al.，2008），这将形成一个不对称的洋盆［图 8-20（c）］或微洋块。在年轻大洋岩石圈内，这种扩张的洋中脊跳跃很常见（Mittelstaedt et al.，2008）。概括起来，微板块（包括微陆块或微洋块）的形成模型主要包括以下三个阶段（图 8-20）。

1）在第一阶段，大陆或早期地壳解体后，出现海底扩张。年轻的裂谷边缘逐渐冷却，且强度增加。洋中脊的岩浆供应量充足，离散的微板块边界容纳了微板块扩张。

2）随着洋中脊岩浆供应量的减少，微板块边界逐渐增强，直至其强度与相邻的裂谷边缘相当或更大。在这个阶段，这条洋中脊可能被遗弃，而构造伸展开始在年轻的裂谷边缘发育［图 8-20（c）］，或者在新的洋中脊开始形成时继续扩张［黑色粗箭头，图 8-20（c）］。

3）最终古老的洋中脊消失了，海底扩张开始迁移到别处。如果洋中脊在大洋岩石圈内跳跃，则会形成一个不对称的洋盆；如果洋中脊跳跃至裂谷边缘，则会形成微洋块或微陆块（图 8-20）。扩张脊的岩浆供应减少，可能是由于海岭沿着走向冷却造成的。短的洋中脊扩张段被长变形带分隔的地方，如加利福尼亚湾和其他剪切转换型陆缘，扩张脊的岩浆供应减少的过程可能显得尤为重要。Tamayo 海槽可能曾经是一个短暂（~1Myr）（Lonsdale，1989）存在的洋中脊玛丽亚马格达莱纳［（Maria Magdalena）隆起］的冷端，那里岩浆供应量减少。Greenhalgh 和 Kuszir（2007）提出，较冷的岩石圈下地幔可能导致了挪威盆地 Aegir 洋中脊岩浆供应量的减少。地幔富集程度的下降和岩浆活动的枯竭，如较早的火山活动，可能是导致岩浆供给减缓的另一个因素。

（2）早期微陆块裂解模式（microcontinental break-up）

微陆块常见于伸展的被动陆缘外侧，并搁浅在大洋盆地中。大陆裂谷的三维模拟实验表明，被动陆缘微陆块的形成需要岩石圈原有的线性薄弱带和张扭作用的结合。Molnar 等（2018）的研究结果表明，微陆块与被动陆缘的分离发生在大陆裂解的最后阶段，即海底扩张开始之前；先前存在的岩石圈薄弱带，是微陆块形成的一级控制因素。这些发现表明，微陆块的形成可能局限于被动陆缘的局部区域，而这些区域与岩石圈软弱带有关。

位于红海南部的达纳基勒（Danakil）微陆块，是地球陆地上唯一已知的正在形成微陆块的地方（Eagles et al.，2002）。红海-亚丁湾裂谷体系的运动学演化特征得到了良好的约束，在 15~13Ma，阿拉伯板块相对于努比亚板块一直以恒定的速度做逆时针旋转（Bosworth et al.，2005）。地球物理资料表明，一条与阿法尔（Afar）地幔柱北窜相关的 NNE 向温暖上地幔窄带（Ebinger and Sleep，1998；Chang et al.，2011），可能已经造成了一种大致线性的、热、薄、弱的岩石圈尺度不均一性。在 3D 模拟实验中，早期变形的特征是：在弱岩石圈边界附近形成了两条近平行的裂谷带，这两条裂谷带分隔了裂谷内一个无变形的微陆块。这些构造类似于分隔红海南部达纳基勒微陆块的两支裂谷（图 10-13）。施加的旋转边界条件会触发沿着裂谷内微陆块形成一个位移梯度，这个位移梯度阻止早期裂谷向微陆块的北部拓展，从而形成独立旋转的裂谷内微陆块（图 10-13）。

在实验的后期，一条向北拓展的破裂带在断块的南端连接着两个伸展区域。在实验条件和自然条件下，独立块体出现时间的差异可能归因于红海多阶段的裂谷历史。也就是说，实验中没有再现当前旋转运动学开始之前的正交和斜交裂谷阶段

(Bosworth et al., 2005)。尽管等温实验很简单，但模式的总体演化趋势与达纳基勒微陆块的重建方案非常相似（Collet et al., 2000; McClusky et al., 2010）；在定量上，两者也具有一定的相似之处，即实验中裂谷内块体形成和旋转的持续时间约为11.6Myr，计算出的旋转速率为1.8°/Myr，这与达纳基勒微陆块的形成年龄（9±4Ma）和GPS观测到的旋转速率（1.9°/Myr）基本一致（图10-13）(McClusky et al., 2010)。基于建模结果可以推测，Danakil微陆块的形成是由于北西向拓展的裂谷和阿法尔地幔柱通道导致的北向拓展线性地幔薄弱带之间的相互作用，两者均与阿拉伯板块的逆时针旋转有关（Bosworth et al., 2005; Chang et al., 2011）。

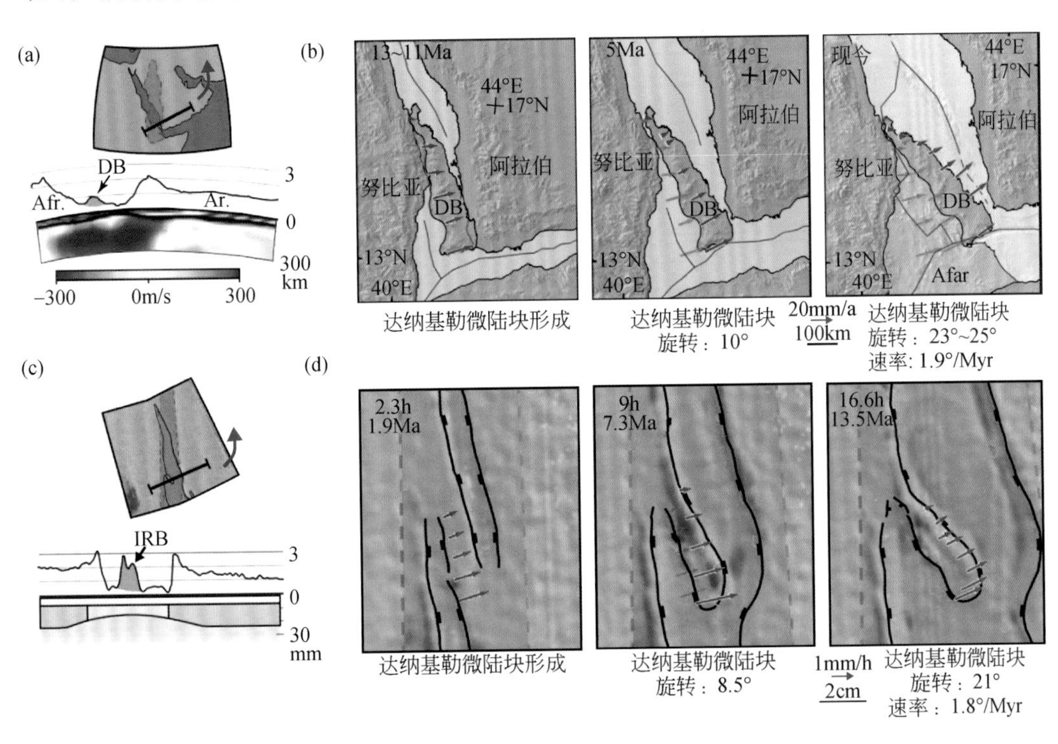

图10-13　Danakil微陆块演化及其与模拟模型的比较

（a）10倍垂直放大的水深和地形和横波速度剖面（Chang et al., 2011），显示红海南部以下速度扰动的位置及其与达纳基勒微陆块位置的关系（DB-Danakil Block; Afr.-Africa; Ar.-Arabia）。（b）达纳基勒微陆块的旋转模型和重建（Collet et al., 2000; McClusky et al., 2010）。红色箭头表示推断的运动向量（左边和中间的插图）和现今的GPS矢量（右边的插图）。图中显示重建阶段的时间和估计的达纳基勒微陆块旋转量（McClusky et al., 2010）。（c）10倍垂直放大的高程和岩石圈地幔流变性薄弱的位置及其与裂谷内微陆块位置的关系。（d）数字高程模型和构造演化。速度矢量用红色箭头表示，岩石圈地幔薄弱点用橙色阴影表示

10.2.3　早期微陆块的拼合与克拉通刚性化与长大

华北克拉通位于欧亚大陆的东部，北邻晚古生代中亚造山带，西接早古生代祁连造山带，南部和东部以中生代秦岭-大别-苏鲁造山带为界，占地面积约150万

km^2（大体相当于1.5～2倍的正常微陆块面积），主要由太古宙—古元古代结晶基底和中元古代—新生代未变质沉积盖层组成，是中国最大且最古老的克拉通，也是全球少数保存超过3.8Ga岩石记录的太古宙克拉通，有时依然称为华北地台，是国际前寒武纪地质研究的热点地区之一（图10-14）（Liu et al.，1992；Liu S W et al.，2004，2011；Zhao et al.，2005，2010；Wilde et al.，2008；Zhai and Santosh，2011，2013；Santosh et al.，2013）。

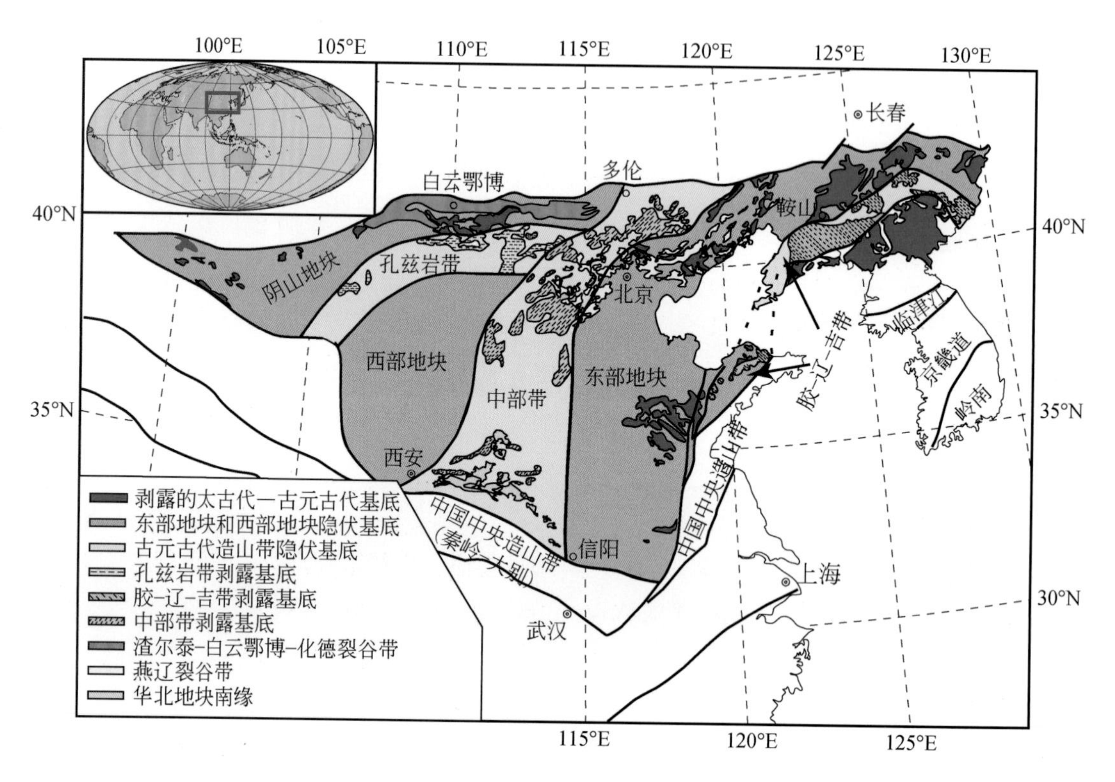

图10-14　华北克拉通前寒武纪变质基底构造单元（据Zhao et al.，2005修改）

30多年来的研究表明，华北克拉通结晶基底是由多个太古宙微陆块多期碰撞拼合而成，但是对于微陆块的数量、碰撞拼合的时间和方式还存在很大的争议（伍家善等，1998；Zhao et al.，1998，2005，2012；Kusky，2011；Zhai and Santosh，2011，2013）。华北克拉通具有代表性的结晶基底构造格局，其内部构造单元划分方案主要有以下几种。

1）伍家善等（1998）将华北克拉通结晶基底划分为迁怀、胶辽、豫皖、晋冀和蒙陕5个微陆块。其中，迁怀和胶辽微陆块在～2.5Ga碰撞拼合，随后陆续与其他三个微陆块碰撞拼合并在～1.8Ga完成最终克拉通化。

2）Zhai和Santosh（2011，2013）将华北克拉通结晶基底划分为胶辽、迁怀、集宁、许昌、鄂尔多斯、徐淮和阿拉善7个微陆块，认为这些微陆块在太古宙末就已经通过弧陆碰撞镶嵌为统一的华北克拉通基底。

3）Kusky 和 Li（2003）将华北克拉通三分，并认为东部地块和西部地块在太古宙末期沿中部造山带向西俯冲碰撞拼合。

4）Zhao 等（1998，2005，2012）也将华北克拉通三分，将华北克拉通结晶基底划分为东部地块、西部地块和中部造山带。其中，西部地块由阴山微陆块和鄂尔多斯微陆块在 ~1.9Ga 沿集宁-千里山孔兹岩带向北俯冲-碰撞拼合而成。东部地块在 2.1 ~1.9Ga 通过裂谷作用形成由胶-辽-吉带分隔的狼林微陆块和龙岗微陆块，之后又经裂谷闭合拼合形成统一的东部地块（Li S Z et al.，2005）。最终，西部地块在 ~1.85Ga 沿中部带向东俯冲，与东部地块碰撞，拼合形成统一的华北克拉通结晶基底［图 10-14（b）］。该划分方案得到了大量地质年代学、高压麻粒岩和变质作用 *P-T-t* 轨迹、变形作用特征等诸多证据的支持，现今为研究者们所广泛接受（Guo et al.，2002，2005；Liu S W et al.，2002，2004，2011；Kröner et al.，2005；Wilde et al.，2005，2008）。目前，华北克拉通三个构造单元内部的进一步划分是早前寒武纪地质研究的热点。

但是，不可否认的是，中部带也存在一些太古宙微陆块或大陆碎片，是一些可能来自东部地块边缘的大陆碎片卷入古元古代变形的结果。上营构造变质杂岩带是规模巨大的遵化-青龙构造变质杂岩带的一小部分（图 10-15），遵化-青龙构造变质杂岩带西起跑马场、马兰峪，向东经上营、金厂峪至王厂、青龙，延长超过百余千米，最宽可达几十千米，其南北两侧被中新元古代盖层覆盖（张秋生等，1991）。该构造带实际还是华北克拉通中部带的一部分（Zhao et al.，2005），是一条十分重要的金矿、铁矿成矿带。其组成上，40% 为英云闪长质-奥长花岗质片麻岩，40% 为紫苏花岗闪长质片麻岩和遭受退变质作用的岩石，10% 为条带状斜长角闪岩，其余为磁铁石英岩、石榴二辉麻粒岩等各类包体。构造上（图 10-15），这些紫苏花岗闪长质片麻岩区十分发育角闪岩相退变的韧性剪切带，而英云闪长质-奥长花岗质片麻岩区则主要发育间隔性的角闪岩相退变的韧性剪切带。以上各类岩石分布区还发育后期狭窄的绿片岩相糜棱岩和片糜岩带。可见，这条遵化-青龙构造变质杂岩带是多期多相叠加的韧性变形带（张秋生等，1991）。这些韧性变形带交织为网状，之间为相对弱变形的透镜状构造域，是古元古代碰撞造山背景下强烈变形分解（deformation partitioning）的产物。

崔杖子片麻岩区北起虎斗-王厂一带，以韧性剪切带与上营构造带相邻，南部和西部为中新元古代盖层覆盖，面积约 400km²。其 90% 以上面积为高角闪岩相变质的 TTG（英云闪长质-奥长花岗质-花岗闪长质）片麻岩及为数不多的包体，包体岩石类型有斜长角闪岩、磁铁石英岩、二辉麻粒岩、紫苏花岗质片麻岩、角闪岩和滑石岩等。构造上（图 10-15），崔杖子片麻岩区为一个不完整的卵形构造，主要由片麻理、包体长轴的分布形态表现出来。总体上由中心向边缘，片麻理由弱变强。包体数量由少变多，包体变形由弱变强。这些特征似乎表明，该卵形构造为岩浆底辟侵位作用所致（张秋生等，1991），内部很少见到后期韧性剪切带等构造改造。

太平寨片麻岩与之明显不同，它是由一套富钠贫钾的紫苏花岗岩系的岩石，经过了麻粒岩相变质变形作用，内部还不均匀分布有经过麻粒岩相变质和变形的表壳岩或镁铁质、超镁铁质岩石包体。这些包体的内部组构大部分与太平寨片麻岩组构近似或完全平行，宏观上由片麻理、条带状构造及包体的形态长轴共同构成卵形构造群。这是没有经过古元古代构造改造的太古代卵形构造（图 10-15）。该卵形构造不是岩浆侵位的叶理构造体现，因为切割卵形构造的太平寨基性岩墙也经历了麻粒岩相变质作用，因此，这个卵形构造是太古代地壳高温状态下至少两期塑性流变的变质变形产物（张秋生等，1991）。

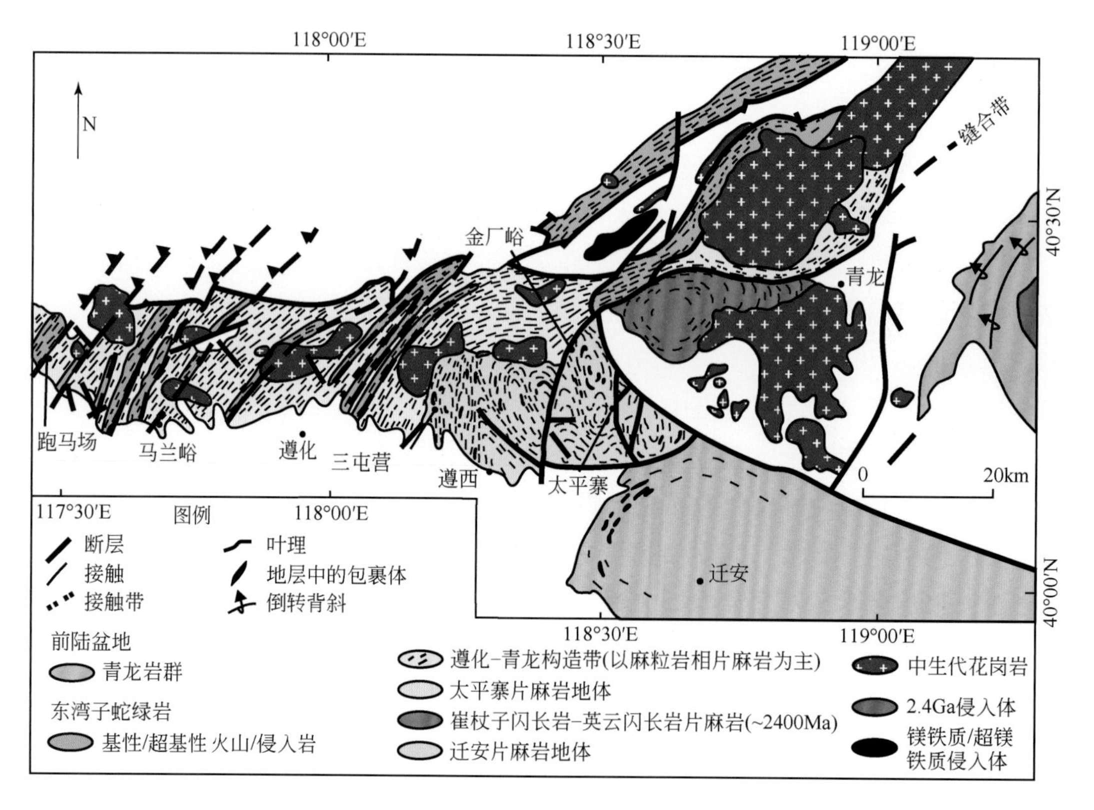

图 10-15　华北克拉通冀东地区构造纲要图（张秋生等，1991；Kusky et al.，2016）

注意上营蛇绿岩片、东湾子蛇绿岩西北带和遵化蛇绿混杂岩的位置。东湾子蛇绿岩西北带与上营蛇绿岩之间的镁铁质/超镁铁质侵入体为古生代侵入体，下伏基底为筏状构造。东部地块和中部带之间的缝合线从三屯营延伸到青龙，并被较年轻的脆性断层局部错断

从微板块构造角度出发，这些片麻岩单元岩石组成、形成年代、变质程度、变形样式、演化序列都存在显著差异，之间多为韧性剪切带分割。它们可能属于不同

的微陆块，可能是太古宙热而宽的造山带内具有不同成因的构造单元，也可能是不同构造层次组成单元在后期构造作用下的并置。无论如何，在中新元古代之前，这些微陆块整体上就相互拼贴并已经完成克拉通化、刚性化，并被中新元古代燕辽裂谷盆地的沉积盖层所覆盖。

对于华北克拉通内部太古宙微陆块的划分存在上述一定的复杂性，但印度南部的达瓦尔克拉通则显得比较清晰，一系列微陆块被缝合线分割（图 10-16）。这些微

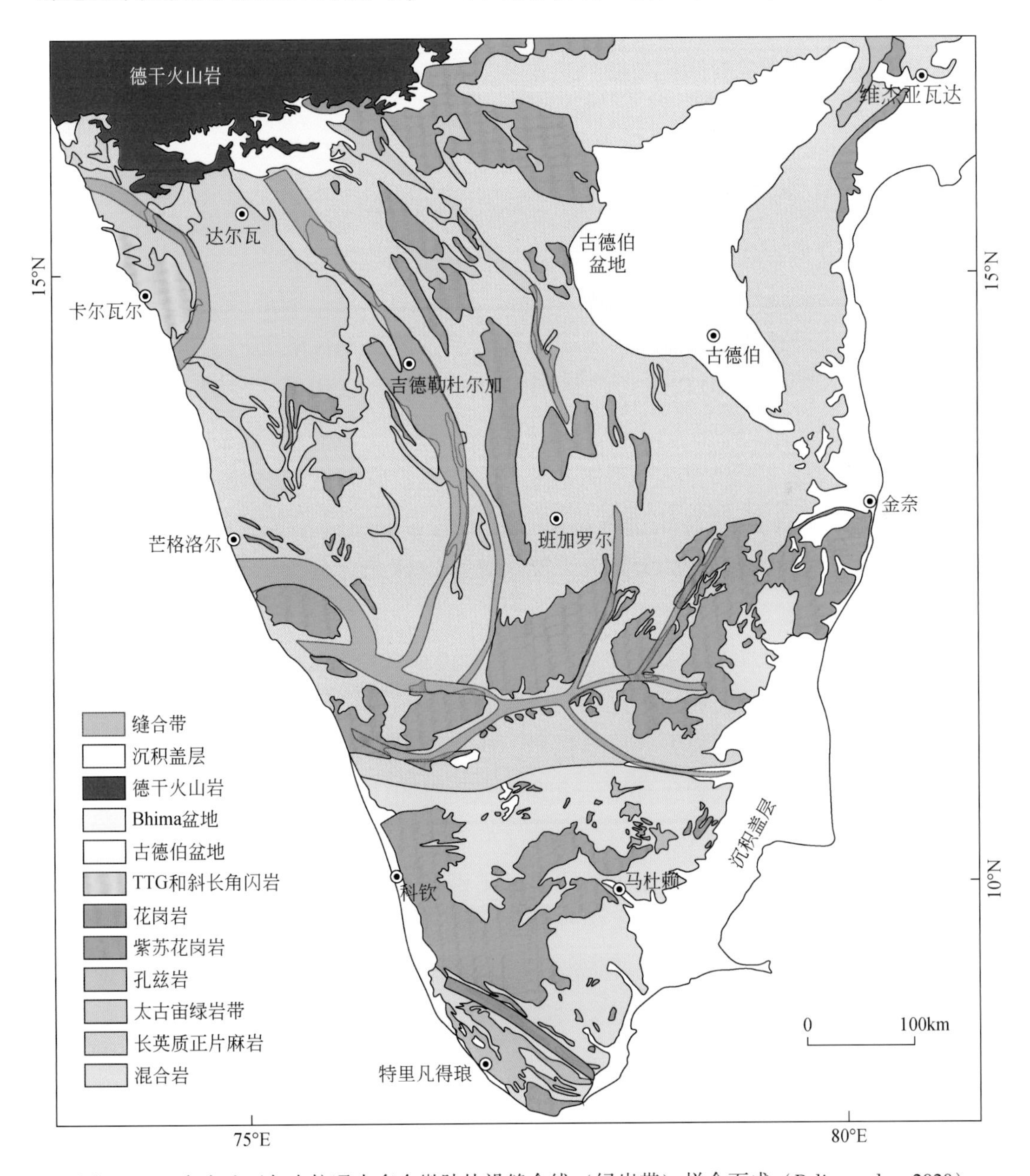

图 10-16　印度达瓦尔克拉通内多个微陆块沿缝合线（绿岩带）拼合而成（Palin et al.，2020）

陆块组成各具特色，有的主要由紫苏花岗岩组成，有的以绿片岩组成的绿岩带占主导，有的以混合岩为主，有的以泥质沉积岩深变质而来的孔兹岩为主。构造上，它们多数表现出卵形构造特征。与华北克拉通东部地块的太古宙构造样式类似，印度南部的达瓦尔克拉通中，这些微陆块整体上在中新元古代之前也已经完成克拉通化、刚性化，被古德伯（Cuddapah）中—新元古代裂谷盆地的强变形沉积盖层角度不整合覆盖。为此，这里有必要深入探讨一下太古宙微陆块起源和演化过程，但需要注意的是陆壳起源和板块起源是两个独立的问题，而陆壳起源与微陆块起源必然是同一个问题，因为凡有陆壳组成的微板块就称为微陆块，而不管该微陆块组成中的陆壳占比。

（1）太古代地壳的性质

尽管大部分太古代地壳已被较年轻造山带改造或掩埋在较年轻的盖层下，但其碎片仍保存在克拉通中，受到其固有浮力和坚硬的大陆岩石圈地幔的保护。大部分保存下来的克拉通地壳由花岗岩-绿岩地形组成，没有现代陆壳的类似物。它们下伏古老大陆岩石圈地幔（SCLM），与显生宙地幔不同，这表明大陆岩石圈地幔是通过太古代地幔翻转或特有而巨大的地幔柱等地球动力学机制形成的。然而，克拉通地壳和地幔组成部分的起源迄今没有达成共识，也没有就它们是如何联系在一起的达成一致。克拉通地幔的大部分样品来自金伯利岩捕虏体中克拉通边缘的低速物质，因而对克拉通陆核下方的大陆岩石圈地幔高速体知之甚少。消失的非克拉通太古宙“洋壳”和地幔的性质就更不为人所知，而且大多是根据地球化学或地球物理论据推断出来的。

太古代最常见的表壳岩是水化的拉斑玄武岩，其以厚（<20km）的堆积体形式出现，并含有地幔柱尾部相关的科马提岩。这类熔岩在地球化学组成上最接近的现代类似物是洋底高原玄武岩、苦橄岩和科马提岩（但极少见）。这种太古宙常见的拉斑玄武岩在上、科马提岩在下的结构特征可能也是太古宙水平构造运动有限的反映，在现今板块构造体制下，洋底高原很难见到这种完整的上下分层结构，因为板块的水平运动常常导致地幔柱柱头产物和柱尾产物发生空间上的脱耦。这些太古宙镁铁质-超镁铁质序列以3～30m的间隔被钙碱性火山岩（英安岩、流纹岩和少量安山岩）的薄层（通常<1km）分隔开。这些火山岩具有Nb-Ta-Ti的负异常，并显示LILE富集。这些钙碱性岩石通常被解释为岛弧序列，但Bédard（2006）和Bédard等（2013）认为，其大多数是改造的较老TTG和拉斑玄武岩，安山岩代表在复杂岩浆通道系统中形成的混合岩。钙碱性岩石序列通常与燧石、BIF（条带状磁铁石英岩）和火山成因的浊积岩伴生，这些浊积岩通常缺乏陆源成分，即与洋底高原环境一致。

不整合面可能出现于沉积组合的底部或顶部。表壳岩通常出现在网状向形的核心部位，这些向形包裹着10～50km宽的穹形花岗岩侵入体（图10-17）。向形可能很窄，构造历史通常很复杂，有各种较老的组构由于后期较年轻的叠加作用而难以解释。但在大多数情况下，运动学标志显示，与下沉的绿岩相比，花岗岩类是上升的。接触面和变形组构通常在边缘剪切带内强烈褶皱，并可能被零星的岩脉侵入。地层在较低级别的向形核部中更容易辨认。地层模式表明，年轻的镁铁质玄武岩熔岩一直在这个不稳定的"海底"地形上喷发。

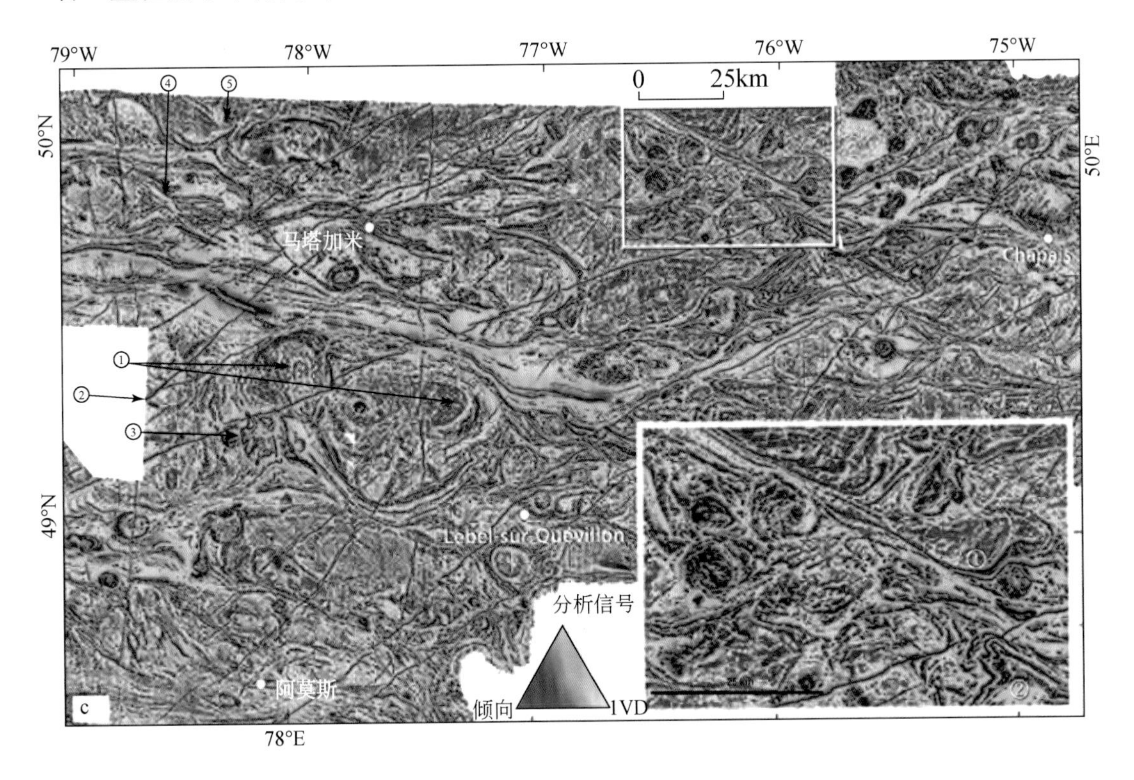

图10-17　阿伯蒂比亚省中北部的高分辨率航磁数据（加拿大航磁数据库，2012）清晰显示了透入性韧性剪切构造特征（Harris and Bédard，2014）

中下部三角图结合了水平和垂直磁异常梯度，突出了由绿岩序列中的标志层（主要是蓝色和黑色）和原始分层性（位置1）体现的褶皱和剪切带，以及同火山TTG深成岩体（主要是黄色和橙色）中的裂缝。较小的圆形红黑色异常对应于绘制的"火山后"或"同构造"深成岩体，但最明显的是在区域韧性剪切作用之前的侵入体。切割图像的较长线性特征（如位置2）是元古代闪长岩脉。花岗岩类之间存在复杂的多重褶皱（如位置3）。位置4和5显示了花岗岩体边缘被"拖入"到剪切带的韧性变形。放大的插图显示了绿岩和花岗岩（如位置1）中的岩性分层被右旋韧性剪切带"拖拽"。岩层倾斜构成了NW走向轴面的褶皱（如位置2）

这些地体中花岗质岩石的成分主要是TTG，富钾花岗岩随着时间的推移变得越来越多且种类愈加丰富。通常，这些地形经历了多次幕式长英质深成侵入作用，这些幕式侵入作用可能发生在变形前、同变形和变形后。在地球化学上，大多数长英质火山岩与深成岩体相似，并且可能是同时代的。这表明，其中一种侵入岩可能与火山喷出岩相当，源区相近，尽管在某些情况下，存在细微的地球化学差异，表明存在非独特的演化路径。地壳中深成岩的比例向下增加，因此，在中地壳和深地壳

（10～40km）中，表壳岩仅以强烈变形和变质的碎屑岩形式出现。强韧性的高温组构将这些 TTG 表壳岩包体转化为构造层次最深的片麻岩。地壳浅层构造往往陡倾，而地壳深层构造则比较平坦（Bédard et al.，2013）。

（2）太古代微陆块（地体）的起源

关于这些太古代地体的起源和演变，存在许多学派。严格的板块构造范式将 TTG 解释为大陆弧或洋内弧的根部，这与俯冲驱动的造山期洋底高原增生模式不同。较大的克拉通地块是由对比鲜明的深成、火山和沉积作用的较小地块复合而成，这导致了克拉通通过侧面地体增生生长的模式。它们之间的分带性在细节上不完美，某些情况下甚至是错误的，如苏必利尔东北部，因为许多外侧块体的继承和结晶锆石年龄与内侧块体的继承和结晶年龄重叠，并且较老的块体可能与更多年轻的发生交错，如苏必利尔西部。尽管存在这些复杂性，但来自苏必利尔西部的地层关系和年龄数据揭示了从北到南的地体增生顺序，碰撞造山运动间隔为 10～20Myr。大多数太古宙克拉通显示出强烈的叠加收缩和剪切组构，在许多情况下，大量缩短作用导致较老的穹盆结构收紧和压扁。

这种地体增生和区域“挤压”变形的结合，使许多人将其解释为显生宙现代型式板块构造和造山作用。然而，太古代克拉通的其他基本特征，似乎与这一解释不一致。死亡的缝合线很难或不可能界定，因为很少有代表现代汇聚板块边缘的岩石组合，如蓝片岩、增生混杂岩、蛇绿岩、双变质带以及褶皱-逆冲带。大量的镁铁质火山活动，尤其是高温科马提岩，很难纳入岛弧模式，更常见的是与上升的深地幔柱或喷流有关。

科马提质火山岩的地球化学特征，似乎与俯冲模式不相容。太古代中性火山岩（安山岩）是绿岩带中最不常见的岩石，与安山岩是显生宙汇聚边缘最常见的火山岩形成鲜明对比。在对太古宙克拉通岩石的统一解释中，紧密而长期的岛弧和地幔柱活动产出的岩浆组合是板块构造面临的一个严峻挑战（Bédard，2006；Bédard et al.，2013），因为热地幔柱不断上升和连续冲击，产生了科马提岩和相关拉斑玄武岩，这会抹除任何先前存在的俯冲板片记录。这些间歇性“岛弧”事件短暂的时间间隔（3～20Myr）要求一段洋壳反复变得不稳定，这难以在很短的时间内下降到必要的 100～150km 深度。

尽管太古代长英质火成岩与显生宙钙碱性岩石有一些相似之处，但 TTG 的地球化学与大多数显生宙岛弧相关花岗岩的地球化学并不十分相似。例如，太古宙 TTG 的强分馏 REE 模式意味着在 40～60km 深处与石榴辉石岩残余几乎普遍存在平衡。相比之下，显生宙岛弧相关岩基的钾平均含量要高得多，并且大多具有更平坦的 REE 模式，意味着其熔融程度较低。一些含堇青石的岩基确实显示出这样的深度熔融特征，这被解释为反映了构造或岩浆增厚的上覆板块变基性岩地壳的熔融，这一背景类似于增生的太古宙微洋块（Bédard et al.，2013）。总体而言，太古宙火山岩显示出缺乏代表岛弧岩套的源区交代微量元素特征。当考虑太古代玄武岩地壳不可能俯冲的模拟结果时，太古代、显生宙或现代俯冲似乎没有可比性。

太古代和显生宙岩套存在这些差异的另一种板块构造解释是，太古代岛弧在某种程度上不同，因此，俯冲的洋壳或在遇到更热的太古代地幔楔时发生了熔化（埃达克岩模型），或未能俯冲并刮擦到克拉通边缘，只会在以后熔化（刮擦模型，subcretion model）。有人认为，显生宙地球上罕见的埃达克质岩浆代表俯冲过程中形成的玄武岩板片熔体。由于埃达克岩具有与 TTG 非常相似的地球化学特征，因此，TTG 的“埃达克岩”模型变得流行起来。然而，这一假设未能通过简单的质量平衡测试，因为基本上不可能在有限时间内使足够的玄武岩板片熔体穿过假定的俯冲带以产生必要体量的 TTG（Bédard，2006；Bédard et al.，2013），并且很难解释假设的俯冲带宽度超过数百千米的侵入体的同时侵位，如印度南部的达瓦尔和澳大利亚的伊尔冈克拉通。尽管没有任何俯冲的确凿证据，这一假设还要求俯冲平稳而持续地进行。此外，玄武岩地壳预测的 P-T 轨迹与玄武岩相图的比较表明，很少有板片会产生熔体。自板片熔融方案提出以来，许多研究认为，大多数显生宙埃达克岩实际上不是由俯冲玄武岩地壳的深熔，而是由来自非常厚的上覆板块底部的熔体形成的。这个方案难以支持太古代 TTG 成因的埃达克岩模型。

俯冲模型（图 10-18）并不新鲜，但迄今为止，太古宙海底扩张形成的大洋岩石圈一直被认为难以俯冲。而“均变论”的刮擦模型也存在以下根本问题，即如果俯冲板片由于浮力而在深处失速并堆垛叠瓦，那么它们为何还会启动俯冲？由于没有板拉力作用于这一系列的任何一个板片，又是什么导致下一个板片发生这一系列的俯冲，进而形成具有浮力的太古宙岩石圈？Bédard 等（2013）提出，响应底部牵引力的克拉通漂移可以为大洋岩石圈板片前缘叠瓦和洋底高原型地壳的构造增厚提供驱动力，从而避免了这一问题（图 10-18）。如果刮擦的物质以太古宙富集型拉斑玄武岩为主（具有孤立夹层的长英质层），那么这将为大量 TTG 侵入提供理想的源区。

新的刮擦模型（图 10-18）像顶朝下的推土机，产生的地球化学产物与埃达克岩模型的非常相似。然而，与埃达克岩模型不同的是，俯冲大洋板片中刮擦玄武岩的熔融不是由上方对流地幔楔传递来的扩散热导致的；相反，是因放射性加热和来自下方及相邻对流地幔的热扩散/平流而诱发的。类似的 TTG 类岩浆也形成于一些显生宙深成岩区带，但在这些情况下，大陆漂移（由于地幔牵引力?）导致了增厚玄武岩层的高压熔融，因此，与“正常”俯冲相关的岩浆相比，更像太古宙环境。对图 10-18 中所示刮擦模型的修订解释，包括以下要素。

1）一个较老的克拉通具有一个古老的脊状大陆岩石圈地幔（SCLM）龙骨，该

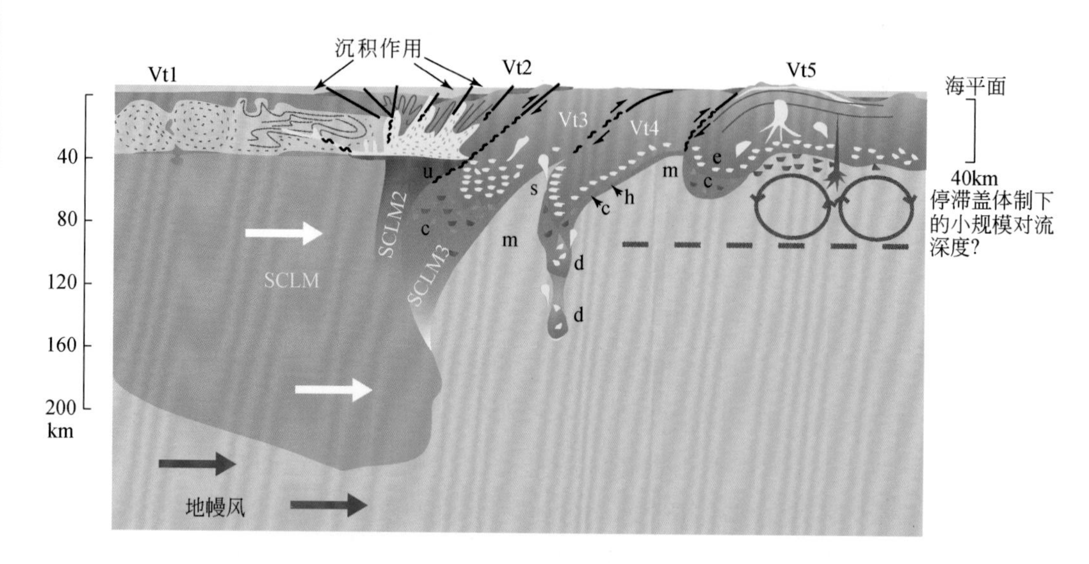

图 10-18　克拉通活动带形成模型（Harris and Bédard，2014）

该图强调克拉通（犹如一个倒置的推土机）是迁移的，其前缘刮擦的玄武岩碎片依次顺序形成：一个较老的克拉通具有一个较老的脊状大陆岩石圈地幔（SCLM），这个较老的脊状大陆岩石圈地幔受地幔牵引力影响向图中右侧移动，其上地壳由玄武岩为主的熔岩序列（绿色 Vt1－火山地体 1）组成，这些熔岩序列部分沉入柔软的花岗质下地壳（粉红色），形成穹脊构造。虚线突出了克拉通中地壳的垂直质量转移与下地壳的扁平叶理。克拉通前缘是一个构造挤压区，中下地壳大面积扁平化，远端韧性下地壳水平平移。构造抬升和侵蚀产生复理石盆地（橙色）。火山地体 Vt2～Vt5（即微洋块）标志着远端基本上未变形的洋底高原型地壳（Vt5）渐变为强烈变形的地壳（Vt2），该地壳（Vt2）现在焊接在克拉通前缘，该前缘植根于大陆岩石圈地幔（SCLM2）较年轻的地带。Vt3 和 Vt4 是两片“刮擦”（subcreted）玄武岩地壳，局部被片状地幔（m）隔开。Vt5 显示了一个大致稳定的洋底高原型地壳，新生玄武岩（红色）的底侵和喷发形成了一个较厚的高原。克拉通下地壳深熔形成了年轻的 TTG 岩浆（黄色），而致密的下地壳残体和堆晶体（深绿色）的拆沉使地壳变薄。下方的对流地幔熔化形成正常的太古宙拉斑玄武岩（红色斑点）。玄武岩高原地壳（e）的向下翘曲边缘在高温下熔化（黄色斑点），而石榴辉石岩残留体掉入到下地幔中，这可能会产生额外的玄武岩增量（c）。Vt4 显示了一段地壳残片的更进一步刮擦阶段，该地壳起源类似于 Vt5。由于地幔（h）的热传导和内部放射性加热，熔融集中在下冲物质的边缘。萃取的 TTG 熔体可能与地幔岩（m）的夹层发生反应。热软化作用可能会使玄武岩楔的末端（d）滴落（drip off）到地幔中，形成微幔块，在那里它可能会经历更强的熔融，使长英质熔体穿过地幔岩石并与之反应（黄色气泡逸出 d）。对于 Vt5，下冲的玄武岩下方地幔（c）将是榴辉岩混染和第二阶段地幔熔融的区域。Vt3 显示了一个更进一步的演化阶段，在这个阶段，下冲玄武岩的熔化要早得多。大量 TTG 熔体主体已经分离，而残余榴辉岩经广泛混染了下地幔，使得第二阶段玄武岩熔体得以提取，并形成了一个强烈亏损的地幔域，这将导致 SCLM 向外生长（SCLM3）。Vt2 代表已完全整合到克拉通中的高原玄武岩地体（微洋块）。所有深冲玄武岩都已熔化并分异。深熔 TTG 与下地幔进行了均衡再调整，形成了平坦的莫霍面。拆沉的石榴石辉石岩残留体与下方的对流地幔反应，形成了一条强烈亏损的 SCLM 带（SCLM2）

龙骨（keel）受到地幔牵引力的影响，并向图 10-18 右侧移动。上地壳被玄武岩为主的熔岩序列覆盖，这些熔岩序列部分沉入软的花岗质下地壳。最靠近克拉通前缘的陆壳处于构造挤压区，中下地壳广泛变平，远端韧性下地壳水平平移。短暂的构造抬升和侵蚀产生了局部复理石盆地。火山地体 Vt2 至 Vt5 标志着远端基本上未变形的洋底高原型地壳（Vt5）渐变为强烈变形的地壳，该地壳现在焊接在克拉通前缘，该前缘植根于较年轻的岩石圈地幔带（SCLM2）。Vt3 和 Vt4 是两片“刮擦”玄武岩地壳，局部被片状地幔（m）隔开。

2）Vt5 显示了大致稳定的洋底高原型地壳，新生玄武岩的底侵和喷发形成了一个较厚的高原。这种停滞盖下面是小尺度对流单元，并且因为底部地壳会像喷发产生新地壳一样迅速地再循环，所以不会表现出系统的分异。缺乏稳定的岩石圈地幔将导致下地壳受到热侵蚀。底部地壳的深熔会产生年轻的 TTG 岩浆，这些岩浆会形成早期的穹脊构造，而致密的下地壳的拆沉会使地壳变薄。下方的对流地幔熔融形成“正常”的太古宙拉斑玄武岩。玄武岩高原地壳（e）的下卷边缘，将优先受到周围地幔的加热并经历更强烈的熔融。拆沉的石榴辉石岩残体会混染下地幔，这可能会产生少量额外的玄武岩熔体增量（c）。

3）Vt4 本质上与 Vt5 相似，为地壳更进一步刮擦阶段。由于地幔（h）热传导和内部放射性加热，熔融作用集中在下冲物质边缘。分凝的 TTG 熔体可能上升，并可能与地幔岩的夹层发生局部反应（m）。热软化可能会使玄武岩楔的末端滴坠进入地幔（d），在那里它可能会经历更强的熔融作用，使长英质熔体穿过地幔岩石并与之反应。对于 Vt5，下冲玄武岩（c）下方的地幔将是榴辉岩混染和第二阶段地幔熔融的区域。

4）Vt3 显示了一个更高级的演化阶段。下冲玄武岩的熔融更强烈，并且 TTG 熔体大量分离。大部分深部逆冲地壳已经软化，残余榴辉岩广泛混染了下地幔，从而萃取出第二阶段玄武岩熔体，并形成了一个强烈亏损的地幔区域，这可能导致大陆岩石圈地幔（SCLM3）向外生长。最下部物质拆沉后的重力不稳定性，可能导致下冲物质的折返，这解释了南非 Barberton 地体中极为罕见的高压组合。

5）Vt2 代表已完全集结到克拉通中的高原玄武岩地体。所有深部逆冲的玄武岩都已熔融并分异。深熔 TTG 与下地幔进行了均衡再调整，形成了平坦的莫霍面。拆沉的石榴辉石岩残留体与下方的对流地幔反应，形成了一条强烈亏损的大陆岩石圈地幔带（SCLM2）。太古代克拉通的内部结构似乎与显生宙造山期间的预期不一致。几乎无一例外，克拉通的古老部分以花岗岩-绿岩的穹脊构造为特征，这种特征在显生宙造山带中缺失。在许多太古宙 TTG 地体中，广泛的陡倾叶理和近垂直拉伸线理，以及在地壳深部韧性流动期间发育的增厚、折叠和转换剪切，与显生宙阿尔卑斯式增生构造不一致。在那里，逆冲-褶皱带和厚皮构造随处可见，这些构造剥露出深部地壳和地幔岩石，或在造山后垮塌期间因地壳伸展而形成变质穹隆。相反，广泛的垂直和水平拉伸以及伴生的岩浆作用表明，太古代地壳和/或大陆岩石圈地幔非常塑性。穹脊构造通常为部分对流翻转的结果，在塑性的具浮力的 TTG 地壳上方喷发的、致密玄武岩的厚层堆积体会变得不稳定，并因瑞利-泰勒不稳定性而下沉。在叠加改造较弱的地方，垂直运动所伴随的结构和构造是清晰的，通常是向形盆地下沉，而长英质地壳上升，导致地表被侵蚀为相邻的向形构造槽。

Harris 等（2012）提出，喷出通道内流动过程中，早期形成的规则向形重新定向，是新太古代地体中形成穹脊构造的另一种机制。造山带前缘侵蚀引起的渠道流也可以解释花岗-绿岩带和高级片麻岩地体的并置关系。由于显生宙式俯冲、海底扩张和造山作用的证据基本上不存在，而反对这些过程的证据却很充分，因此，需要替代的非均变机制来生成克拉通地壳和岩石圈地幔，并形成挤压收缩构造、区域性剪切带和地体（或微板块）增生。一些新太古代绿岩带是太古代地球非克拉通地壳的样本。金星上的变形与之相似，在非板块构造体制下，形成了类似于太古代地体的构造。板块构造难以说明产生绿岩带的组成岩性，也难以解释太古宙花岗岩-绿岩地体的区域变形。

（3）克拉通地壳的起源

太古宙 TTG 微量元素地球化学特征表明，它们最终起源于残余石榴石和钛酸盐矿物（titanate）稳定域的 40～60km 深度下玄武岩的深熔作用。太古宙长英质深成岩体中钾含量的长期增加，反映了地壳硅铝质成分的反复深熔过程中钾等不相容元素的富集。同位素和继承锆石数据还表明，在频繁重熔的 TTG 地壳中，需要反复添加新生镁铁质岩浆。如果没有俯冲作用带来的集中热量和物质，那么还有什么机制能产生如此厚的玄武岩堆垛体并将其大量熔融？下面有三个主要假设。

1）侧向碰撞。这表明一个大型碰撞体产生了大量熔体和互补的残余地幔。然而，这与大量的第一波岩浆侵入不符合，也不能解释大多数克拉通岩套的岩浆旋回性，还不能解释火山旋回式的渐变发展。

2）表壳岩的构造增厚。这可能发生在双侧瑞利-泰勒不稳定性之上。在这种情况下，岩石圈确实变得不稳定，但与显生宙的单侧对流不同，两侧“板块”一起下沉，在汇聚带上方留下表壳岩的堆积，进而驱动“俯冲”的致密岩石圈地幔坠入更深的地幔。这些重力驱动的过程可能导致上地壳在下沉带上方堆积时发生挤压收缩。然而，该模型预测了造山带核部周围向外，边缘逆冲断层逐渐变年轻的发展模式，这种模式与太古宙克拉通拼贴体不同。该模型还假设存在洋壳和大洋岩石圈，它们有能力以有组织的方式进入下地幔，但这与热力学模型不一致。取而代之的模型是玄武岩高原型地壳，可能移动到太古宙克拉通前缘（图 10-18），或者在韧性地壳和大陆岩石圈地幔流动期间，通过脆性地壳的“下冲式逆冲”（pop-down thrusting）导致构造增厚。

3）在主要地幔上升流区带上方形成异常厚（>40km）的构造火山堆，导致基底地壳深熔，可能引发了 Bédard（2006）所建议的自催化分化循环的启动。翁通爪哇玄武岩洋底高原有大约 35km 厚的地壳（最高达 38km），故可以合理地假设，更热的太古宙地球可能形成了明显更厚的玄武岩堆积，从而导致在石榴石稳定域域内发生基底深熔。Bédard 等（2013）的计算表明，类似于夏威夷的岩浆通量可能在不到 20Myr 的时间内形成了 60km 厚的地壳。这种情况还解释了陆壳和地幔的同时性、岩浆旋回性、TTG 的长期富钠以及榴辉岩拆沉。或者，灾难性的层流破坏，或上层玄武岩板片向下地幔的崩落，是异常大量的熔体供给的原因。

集中式长周期地幔上升流上方的反复熔融事件代表了早期克拉通陆核形成的最可能机制［上述假设3)］。Bédard等（2003）、Bédard（2006）认为，TTG中所见的再循环可能是同时代玄武岩和科马提质岩浆对硅铝质地壳反复的板底和板内作用，再加上放射性元素的热屏蔽的结果。这个成熟克拉通顶部喷发的玄武岩反复下沉到下面的TTG的过程将产生早期的穹脊构造模式（图8-63）。在成熟克拉通中，反复再循环事件会消除原始原岩，因此剩下的只是由较老的TTG重熔产生的年轻TTG和花岗岩，以及具有强烈地壳混染特征的年轻玄武岩组成的超成熟组合。地壳残留体在地幔中的坠落（foundering）可能催化了自上而下的大陆岩石圈地幔的形成。这些早期事件将产生一个深而硬的脊状克拉通微陆块。

（4）蛇绿岩、洋底高原和绿岩带

Dilek和Furnes（2011）将蛇绿岩解释为：上地幔和洋壳岩石的异地碎片，由于板块汇聚，其形成的原始火成岩在构造上发生了漂移。其标准剖面包括一套从下到上的橄榄岩、超镁铁质到长英质地壳侵入岩和火山岩（有或无席状岩墙），在地质年代和岩石成因上，这些岩石可能具有相关性；在不完整的蛇绿岩中，其中一些岩石单元可能缺失。然而，现今海底调查发现，很少有标准的蛇绿岩序列存在。这涉及在不同扩张速率下不同的洋底增生模式（图10-19），地史时期洋中脊扩张速率也可能是变化的，因此，不同地质时代的蛇绿岩可能也具有不同的岩石组合序列。

海底扩张形成太古宙蛇绿岩的最典型例子就是伊苏阿（约3.8Ga）杂岩。它之所以受到如此多的关注，是因为其具有席状岩墙杂岩。这是海底扩张的有力论据，而海底扩张又意味着板块构造的作用，但也未必。依苏阿席状岩墙高度变形，约3510Ma的Ameralik岩墙侵位在先存变形的较老变质火山岩序列中，并且深成岩体、岩墙或火山岩组分之间几乎没有联系。Friend和Nutman（2010）将镶嵌在变火山片岩中的小型难熔（Fo牌号92～96）橄榄岩团块解释为地幔岩，可能只是次火山岩床中形成的富橄榄石堆积体。因此，必然得出这样的结论：依苏阿不是典型的蛇绿岩。

Dilek和Furnes（2011）认为，洋底高原的碎片也可能与大陆相连/增生，并提出将其称为“地幔柱蛇绿岩”。他们指出，与地幔柱相关的蛇绿岩，通常具有枕状玄武岩的块状熔岩流、苦橄质玄武岩和少量沉积矿床，所有这些都被辉长岩深成岩体和岩床侵入，局部被超镁铁质岩床侵入。许多绿岩带组合都符合这一描述，并可比作洋底高原型地壳。洋底高原是最接近现代的类似于以玄武岩和科马提岩为主的硅镁质表壳岩序列，并且像阿伯蒂比和许多其他绿岩带一样，缺乏陆源输入。

问题是，在明显为硅铝壳的环境中也形成了非常相似的组合，因此，在构造破坏的绿岩带中，任何厚的玄武岩堆垛体都可能被误认为是地幔柱型蛇绿岩。另一个

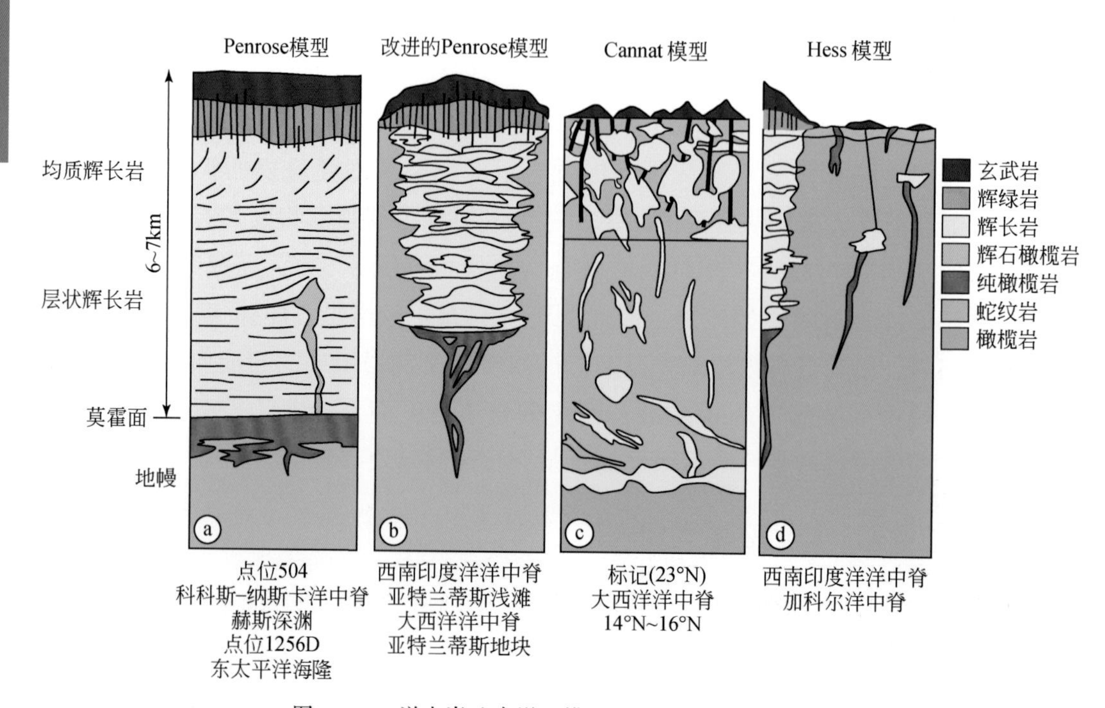

图 10-19 洋中脊地壳增生模型（Dick et al., 2006）

(a) 根据阿曼蛇绿岩对快速扩张洋中脊的彭罗斯（Penrose）经典解释模型；(b) 彭罗斯模型，根据集中式熔体流动模型，解释了橄榄岩丰度和转换断层中辉长岩的频繁缺失，并对慢速扩张洋中脊进行了修改；(c) 大西洋洋中脊 14°N～16°N 异常区域的模式；(d) 超慢速扩张洋中脊处岩浆和非岩浆增生段的模型

问题是“常见的”太古宙拉斑玄武岩的性质，其中，许多拉斑玄武岩与长英质岩浆互层，具有 Nb-Ta 负异常，并显示出 LILE 和 LREE 轻微富集。虽然许多人将这些拉斑玄武岩的地球化学特征作为它们形成于岛弧的证据，但其元素趋势的系统研究，其不同于显生宙岛弧的，而可更好地解释为地壳物质同化混染的结果。

很显然，许多太古宙克拉通代表了构造拼贴体，但地体增生发生在移动的克拉通陆核前缘（图 10-18），而不是沿板块传送带俯冲到克拉通下方而增生。根据 Dilek 和 Furnes（2011）的定义，这些增生的玄武岩高原型地壳块体可以被视为地幔柱型蛇绿岩，但将这种分类应用于太古宙拼贴体是非常主观的。此外，将“蛇绿岩”一词用于新生的硅镁质玄武岩高原地壳会给人一种不合理的印象，即均变论的板块构造过程是活跃的。

（5）缺水情况下大量长英质岩浆的产生

在现今汇聚边缘大量长英质岩浆生成的过程中，水化洋壳的俯冲起着重要作用。水和其他成分的流体释放被认为会触发地幔熔融并产生大量含水（2%～8%）的玄武岩、玻安岩和安山岩。在这些分馏产物中，含水量可更高。岛弧相关岩浆岩的深熔作用产生了同样富含水的第二阶段熔体（花岗岩、花岗闪长岩）。太古代存在俯冲的支持者应用这一实际模型来解释太古代地体中大量长英质岩浆的存在，但这一解释尚存争议。

尽管许多大量太古代之后的长英质深成岩体和火山岩套及岛弧有关，但也有大量的无水长英质岩浆存在的地区，在许多情况下与活动陆缘没有关联，其最终为地幔柱起源。例如，大量热（800～1000℃）的流纹质熔岩与斯内克（Snake）河平原和黄石公园地幔柱系统有关。含水量少的长英质熔体共存与干熔体混合，被认为代表围岩的重熔，或与水圈相互作用的较老亲缘侵入体的改造。在这些情况下，大量长英质熔体的产生或由于广泛的分离结晶，或由于无水环境下的深熔作用。无论哪种方式，大量的干热长英质岩浆都需要相应的较大玄武岩通量来提供必要的热能。

另一种大量出现的干花岗质岩浆是所谓的元古代 AMCG 岩套（斜长岩-纹长岩-紫苏花岗岩/辉长岩，anorthosite-mangerite-charnockite-granite/gabbro）。巨大的斜长岩体通常被辉石花岗岩的鞘/盖所包围。在某些情况下，辉石花岗岩是玄武质岩浆广泛分馏（或 AFC）的残留体。地幔柱是否参与了一些 AMCG 套岩的生成仍不确定，造山后垮塌期间元古代 AMCG 地块的形成，表明其也参与了对流减薄或拆沉起源。很明显，许多长英质岩石是（至少）两阶段的结果，涉及较老岩石的下地壳深熔，而许多相关的辉长岩深成岩体相当于大陆溢流玄武岩的深成岩体。这意味着，与黄石公园等流纹岩一样，AMCG 岩套的大量辉石花岗岩需要将大量玄武质岩浆侵位到中下地壳中。

还有一种大量的热、干辉石花岗岩是太古宙辉石英云闪长岩（enderbite）-紫苏花岗岩深成岩套。最好的例子为苏必利尔东北部（图 10-20），该区约 25% 的出露地壳为辉石英云闪长岩，含少量紫苏花岗岩，主要侵位于 2.74～2.72Ga。地质温度计算表明，侵位温度为 900～1100℃（Bédard et al., 2003），而 Percival 和 Mortensen（2002）推断 H_2O 含量较低。辉石英云闪长岩套与同量的 TTG 岩浆（约 850℃侵位温度）同步侵位，TTG 中含角闪石和黑云母。Bédard（2010）认为，苏必利尔东北部辉石英云闪长岩代表了较老 TTG 的大量重熔，由原始玄武质到科马提质岩浆的大规模板下和板内过程触发。这里的关键在于原始地幔起源的熔体通量要大。

总之，无论是印度达瓦尔克拉通，还是华北克拉通、苏必利尔克拉通，一些主要单元在新太古代都经历了一系列微陆块的集结过程，且在古元古代最终实现克拉通化和刚性化，太古代壳内构造以卵形构造为主（图 10-17），其边缘不断被微洋块增生而长大（图 10-18）。之后，克拉通化的太古宙地壳才出现线性裂谷，反复经过几轮微陆块的聚散（图 10-20），最终克拉通化后被中新元古代未变质沉积盖层覆盖。这种克拉通化现象在全球具有普适性，类似的场景也曾发生在澳大利亚东部的古生代拉克伦（Lachlan）造山带（图 10-21～图 10-23）。因此，早前寒武纪微板块研究具有广泛的前景，也必将是未来一段时期前寒武纪地质学的前沿研究领域。

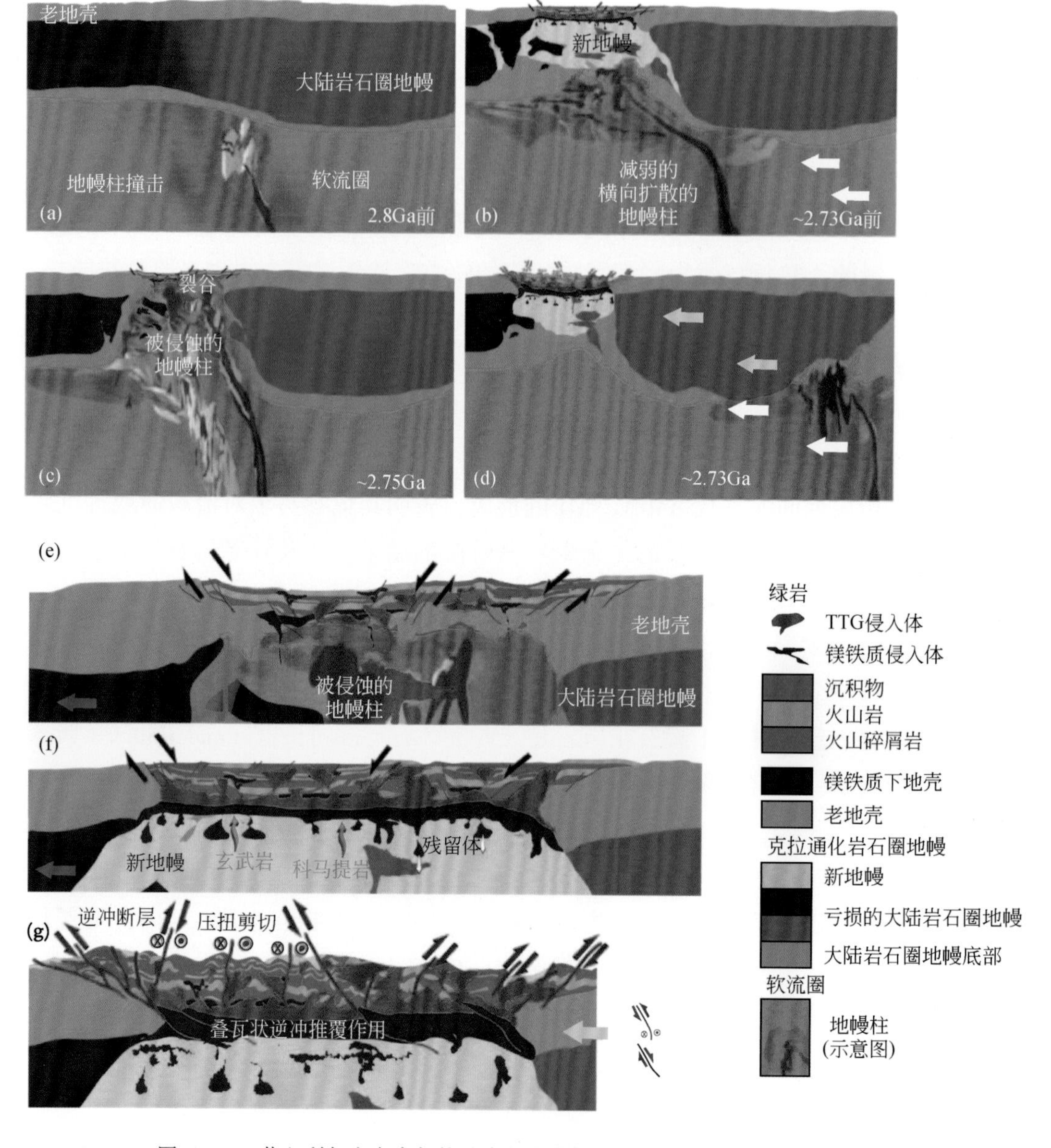

图 10-20　苏必利尔省东南部构造事件演化序列（Harris and Bédard，2014）

(a）约 2.78Ga 前的初始构造。(b）大约 2.75Ga 地幔柱的撞击导致了裂谷作用，在裂谷作用中形成了 Wawa Abitibi Opatica 小区的绿岩序列（实际地层关系远比描述的复杂）。绿岩被镁铁质和 TTG 深成岩侵入。地幔柱柱头上方发生了古地壳和 SCLM 的碎片化（fragmentation）、侵蚀和广泛破坏。(c）地壳的持续裂解作用和新形成的 SCLM，地幔柱强度减弱，以及由于区域地幔流作用于苏必利尔微陆块北部触发约 2.73Ga 的脊状下沉并导致苏必利尔微陆块发生迁移，裂谷/热坳陷盆地中火山岩、火山碎屑岩和沉积序列进一步沉积，TTG 持续入侵。(d）在苏必利尔北部通过区域地幔流向南迁移和拗陷期间，Abitibi 裂谷水平缩短和反转，约 2.7Ga 苏必利尔北部下方的地幔柱横向拓展，逆冲和右旋剪切作用、同构造深成岩体的侵入作用更为显著。(e）~(g）为（b）至（d）分别放大的图

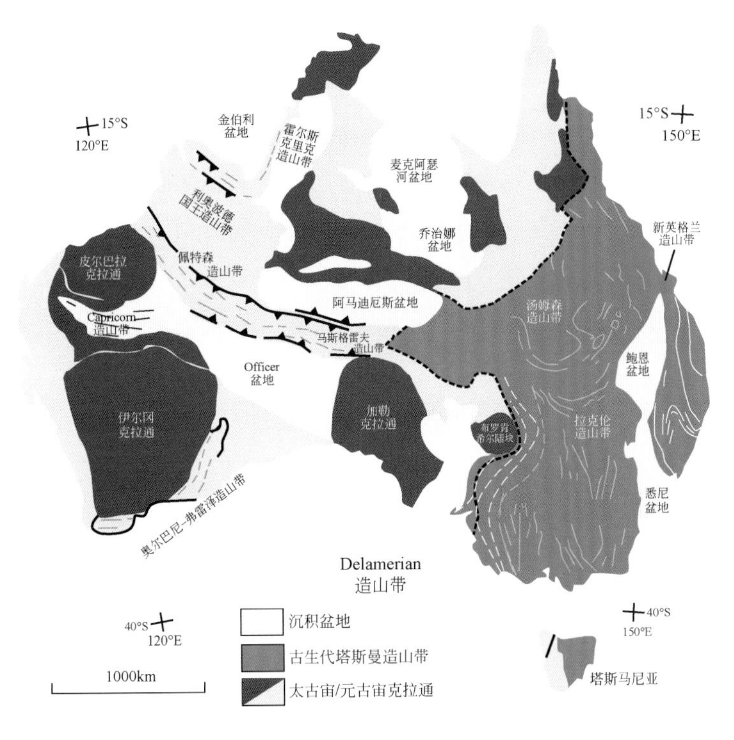

图 10-21 澳大利亚东部构造分区和主要构造单元划分（Foster et al.，2014）

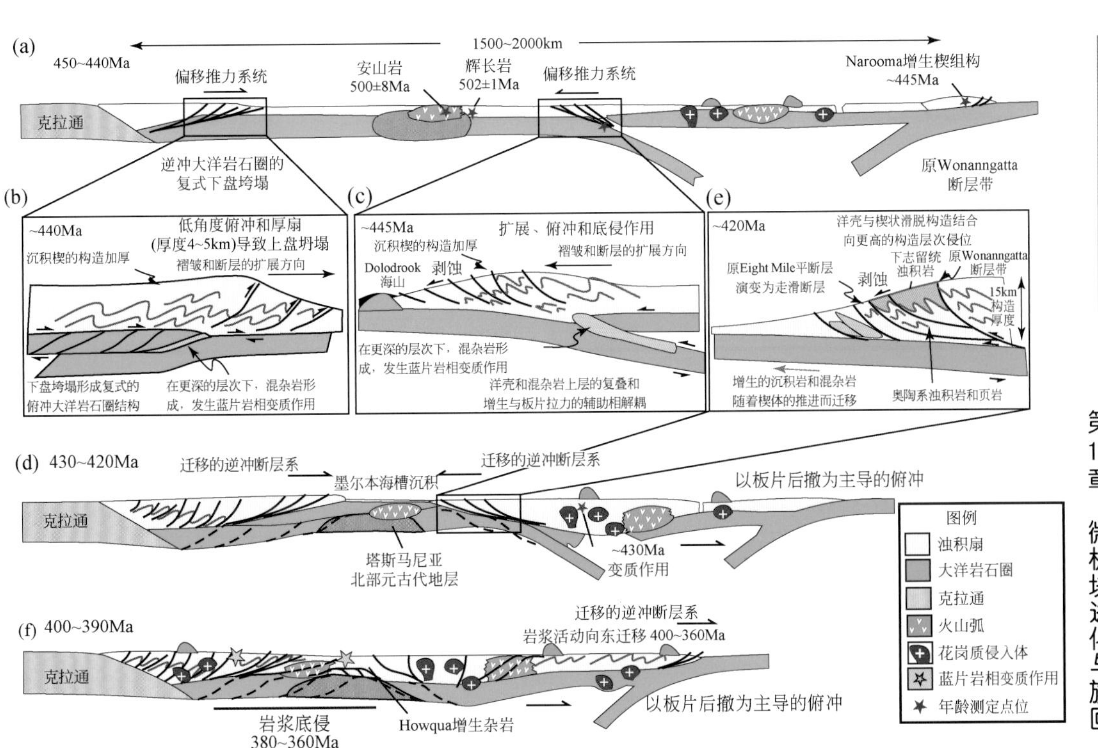

图 10-22 拉克伦造山带地壳生长序列及构造演化（Foster et al.，2014）

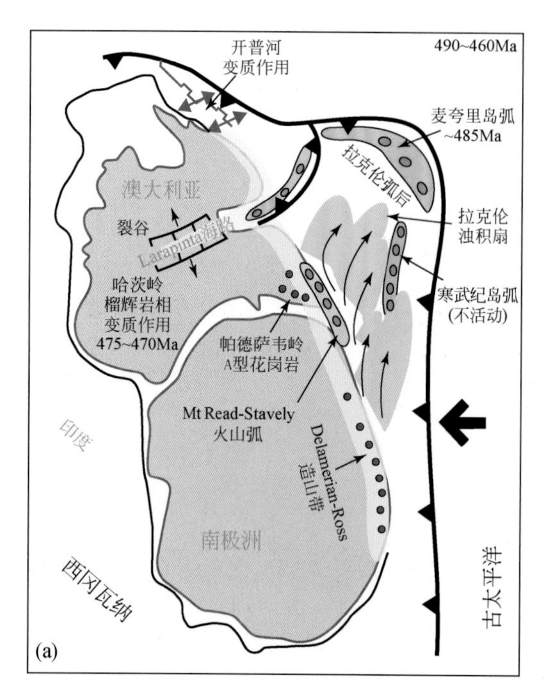

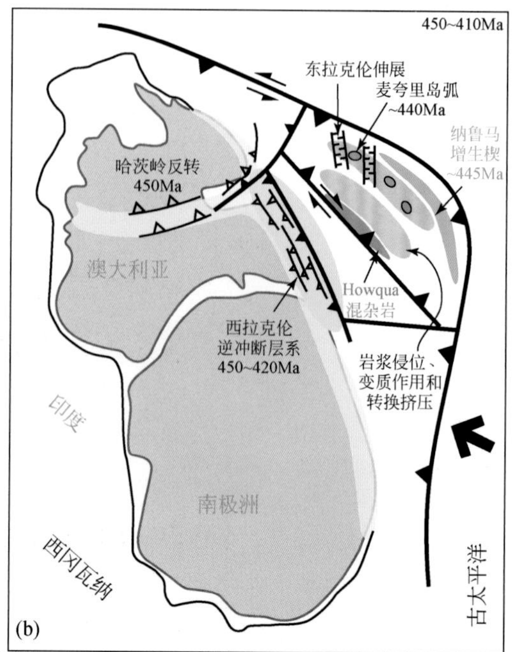

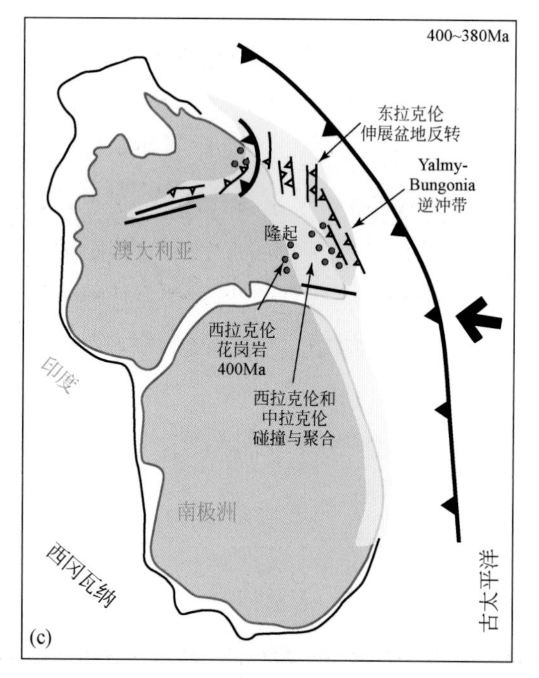

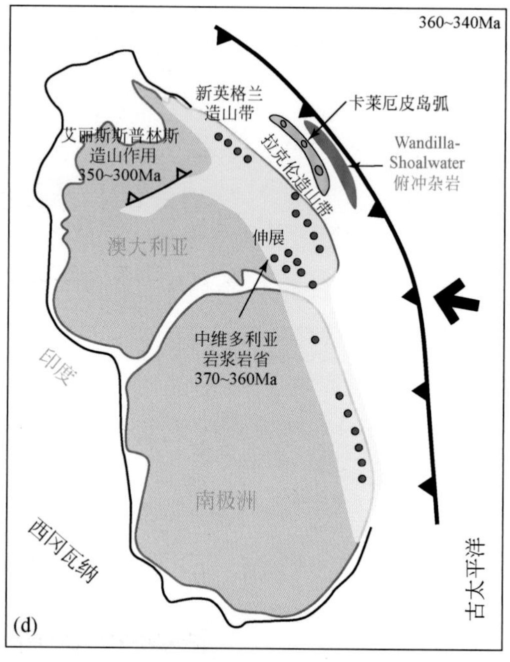

图 10-23　拉克伦弧后盆地形成的板块构造背景和拉克伦造山带增生事件（Foster et al.，2014）

10.3　微板块、大板块与超大陆聚散旋回

地球是目前已知的唯一具有表层液态海洋、生命、板块、大陆和超大陆全球涌

现性的行星。迄今提出的超大陆有3.2Ga的Ur、2.5Ga的肯诺兰（Kenorland）、1.8Ga的哥伦比亚、1.1Ga的罗迪尼亚、400Ma的原潘吉亚、250Ma的潘吉亚及未来+300Ma的亚美（Amasia）超大陆。限于地质记录证据，当前得到公认的超大陆只有哥伦比亚、罗迪尼亚和潘吉亚3个，因此，近50年来也主要侧重在这三个超大陆的板块重建。但是，仅仅依据这3个超大陆去建立超大陆旋回数量上还是不足的。

在对这3个超大陆重建过程中涌现了大量各种修正版本的板块重建模型，其中，哥伦比亚超大陆重建以Zhao等（2002）以及Rongers和Santosh（2002）的重建影响最为广泛；罗迪尼亚超大陆的重建中Li Z X等（2008，2023）的重建影响较大，但也争论最多，此前还提出了SWEAT假说（Moores，1991）、Missing-Link模式（Li et al.，1995）、AUSWUS（Brookfield，1993）和AUSMEX（Burrett and Berry，2000）关联模式、西伯利亚-劳伦古陆关联（Sears and Price，2000）；潘吉亚超大陆的重建相对成熟，Scotese（1992）的重建被广泛引用，进入21世纪，基于更为先进技术的Müller等（2008a，2008b）板块重建方案最为完善，后来Zhao G C等（2018）对东亚地区做了修正。然而，当人们回想为什么会出现如此众多的板块重建方案时，最为关键的在于：相对全球性大板块重建的意见相对统一来说，各种方案的差异就在于对大量局部微板块重建的千差万别。这里，关键在于微板块是联系区域大地构造与全球构造的中间环节，各个地区的构造演化存在大量不同认知，其原因有二：首先，一些研究全球构造的学者也往往难以全面把握全球每个局部地区微板块的演化细节；其次，一些超大陆裂解期间形成大量微板块也是现实，微板块与超大陆同样存在周期性旋回，但少有研究探讨微板块的周期性旋回及其与超大陆周期性旋回的关系。

超大陆、微板块聚散现象是地球系统整体涌现性的一个具体体现，这些超大陆、微板块聚散过程和周期性旋回的重建对于超大陆、微板块聚散机制和地球系统运行机制的探讨具有重要的约束作用。特别是，需要分别探讨在地史不同时期，微幔块、微洋块和微陆块旋回规律的差异及其长短期的成矿、成藏、成灾或环境、生态效应。

10.3.1 微板块-超大陆聚散旋回机制

超大陆聚散机制有上百年的研究历史，也有不断演变更新的观点，它一直都是前沿科学问题。随着科学技术不断进步，超大陆聚散机制研究涉及面越来越广泛、内涵越来越丰富。从早期Wegenar（1992a，1992b）的地球自转作用机制，到Holmes（1931）的地幔对流驱动机制，再到后来的海底扩张驮载大陆漂移的机制，及1968年之后的板块构造体制下的浅地幔、深地幔、全地幔、双层地幔等地幔对流驱动机制，直到20世纪90年代以前，这些机制的讨论都是概念模型。

随着计算技术快速发展，超大陆聚散机制研究进入计算模拟新时代。Gurnis（1988）率先进行了超大陆集结机制的二维数值模拟，结果表明：大陆在地幔下降流之上碰撞集结形成超大陆，随后由于其热屏蔽效应，超大陆之下会形成地幔上升流。这个超级地幔上升流又导致超大陆离散，且这个周期大约为2亿年。这也可能是后人将威尔逊旋回强加了一个2亿年周期的根源之一。实际上，地质记录揭示不同地质事件周期长短不一。不论如何，Gurnis(1988）模拟的超大陆裂解往往是从超大陆中部开始分裂的，然而大量地质事实表明，超大陆裂解多数是从超大陆边缘起始的，即从超大陆边缘不断连续裂离出一系列微陆块开始，直到这个超大陆彻底裂解。如此可以推断，幕次裂离的微板块聚散周期，不一定等同于超大陆聚散周期，一般比超大陆的旋回要短暂。

进入21世纪，Zhong等（2007）的三维数值模拟结果表明，太古宙地幔对流受一阶模式控制，即一个半球为上升流，另一个半球为下降流。正是这个一阶地幔对流格局使得上升流推动、下降流拉动大陆块体集结碰撞，形成地球上第一个超大陆，即肯诺兰超大陆。模拟还显示，超大陆形成后，其下部会形成另一个上升流，这与Gurnis（1988）的模拟结论一致，并使得地幔对流格局由一阶对流模式转变为二阶对流格局，后者即为两个反对称的上升流。上升流导致超大陆离散和火山活动、裂解作用等，进而超大陆裂解为多个大陆板块后，这些碎片化的大陆板块多数是微陆块，会向构造赤道运移，地幔对流格局再次回到一阶对流型式。

因此，地幔内部这个一阶对流型式与二阶对流型式的反复过程可导致另外一个超大陆的形成和超大陆旋回，而且正是大陆板块的调制，导致地幔循环在一阶和二阶对流格局之间来回摆动。然而，这个二阶对流模式中，两个反对称的上升流之间总是呈180°（图10-24），这与超大陆重建结果不符。因为基于地质重建的先后两个超大陆之间在地球表面的转换交角多数是90°。为此，Mitchell等（2012）在*Nature*撰文提出了三种聚散机制，分别称为Extroversion（外侧洋闭合模型）、Introversion（内侧洋闭合模型）和Orthoversion（正则洋或正交洋闭合模型）（图10-25）。

一般认为，超大陆、微陆块聚散主要通过Extroversion和Introversion两种端元方式完成（Murphy and Nance，2013），其中，Extroversion是指围绕先前超大陆的外侧洋优先俯冲闭合形成新超大陆的过程，如罗迪尼亚超大陆的外侧洋莫桑比克洋沿东非造山带闭合使东、西冈瓦纳陆块聚合，形成了统一的冈瓦纳古陆；Introversion则是指先前超大陆裂解时形成的内侧洋闭合形成新超大陆的过程，如沿阿巴拉契亚-加里东-华力西造山带亚匹特斯和瑞克洋闭合形成了潘吉亚超大陆。超大陆聚合的第三种方式可能是Orthoversion，即新的超大陆形成在垂直于原超大陆中心的环形俯冲带上（图10-25和图10-26）（Mitchell et al.，2012）。

超大陆、微陆块旋回的动力学模型预测，据Introversion（内侧）模型，发育于

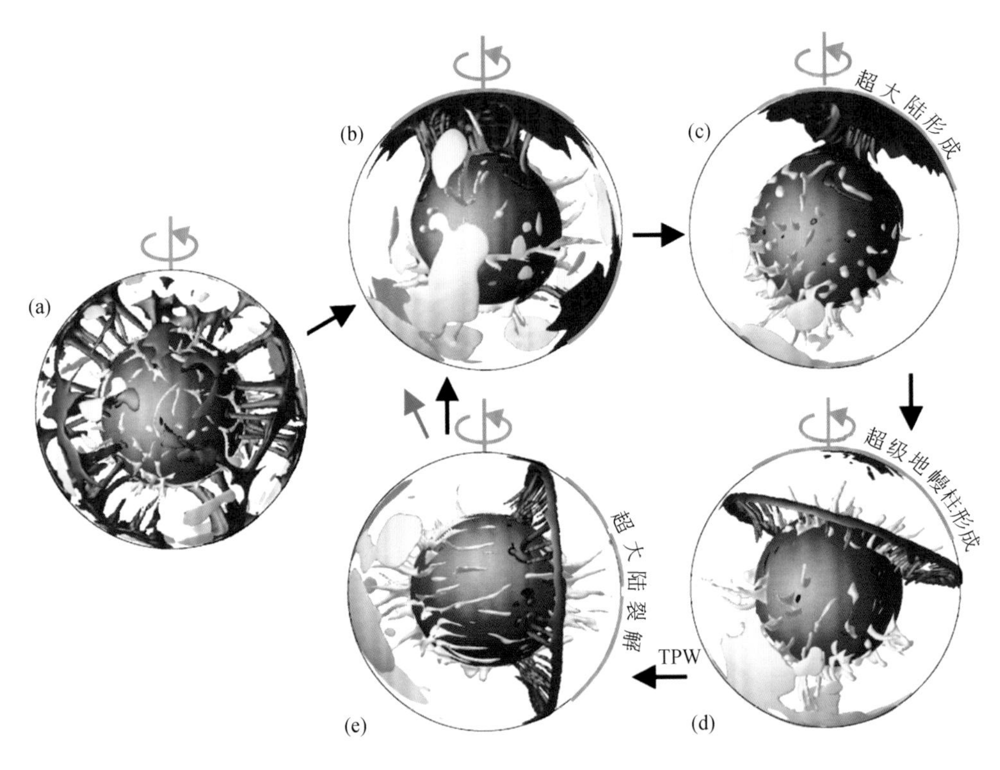

图 10-24　超大陆-微陆块裂解和聚合动力学机制的数值模拟结果（Li and Zhong，2009）

（a）25 亿年前的自由、小尺度地幔对流；（b）小尺度对流最终转变为一阶地幔对流；（c）超级俯冲（下降流或冷幔柱）导致超大陆集结，形成第一个肯诺兰超大陆；（d）超大陆的热屏蔽效应使得其下部热聚集，出现二阶地幔对流，热驱散超大陆裂解，因环超大陆的俯冲带的存在，最终导致聚合到超大陆主体的陆块最先裂离，直到整个超大陆裂解为一系列微陆块，并单向向构造赤道运移聚集；（e）超大陆裂解的碎片最终彻底移离原始位置，且这个单向裂解与单向汇聚过程导致下一个超大陆将于对跖极聚合，地球可能发生真极移（TPW），并进入下一个超大陆旋回聚合阶段（b）。蓝色为冷地幔，黄色为热地幔，红色为地核

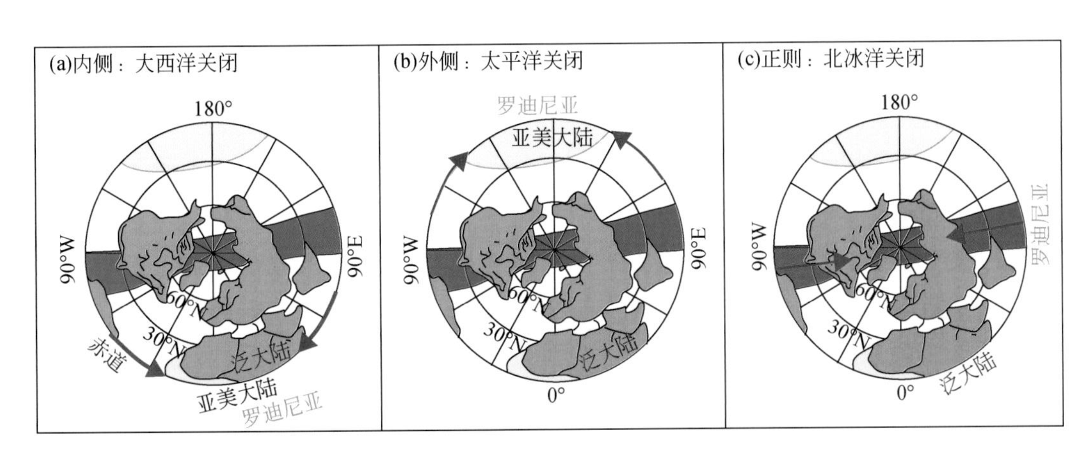

图 10-25　超大陆三种聚合机制的俯视图（Mitchell et al.，2012）

超大陆内部的相对年轻的内部洋盆停止扩张并关闭，导致后期超大陆形成于前期超大陆位置，未来亚美超大陆将形成于潘吉亚超大陆裂解的地方，但近年来的预测则

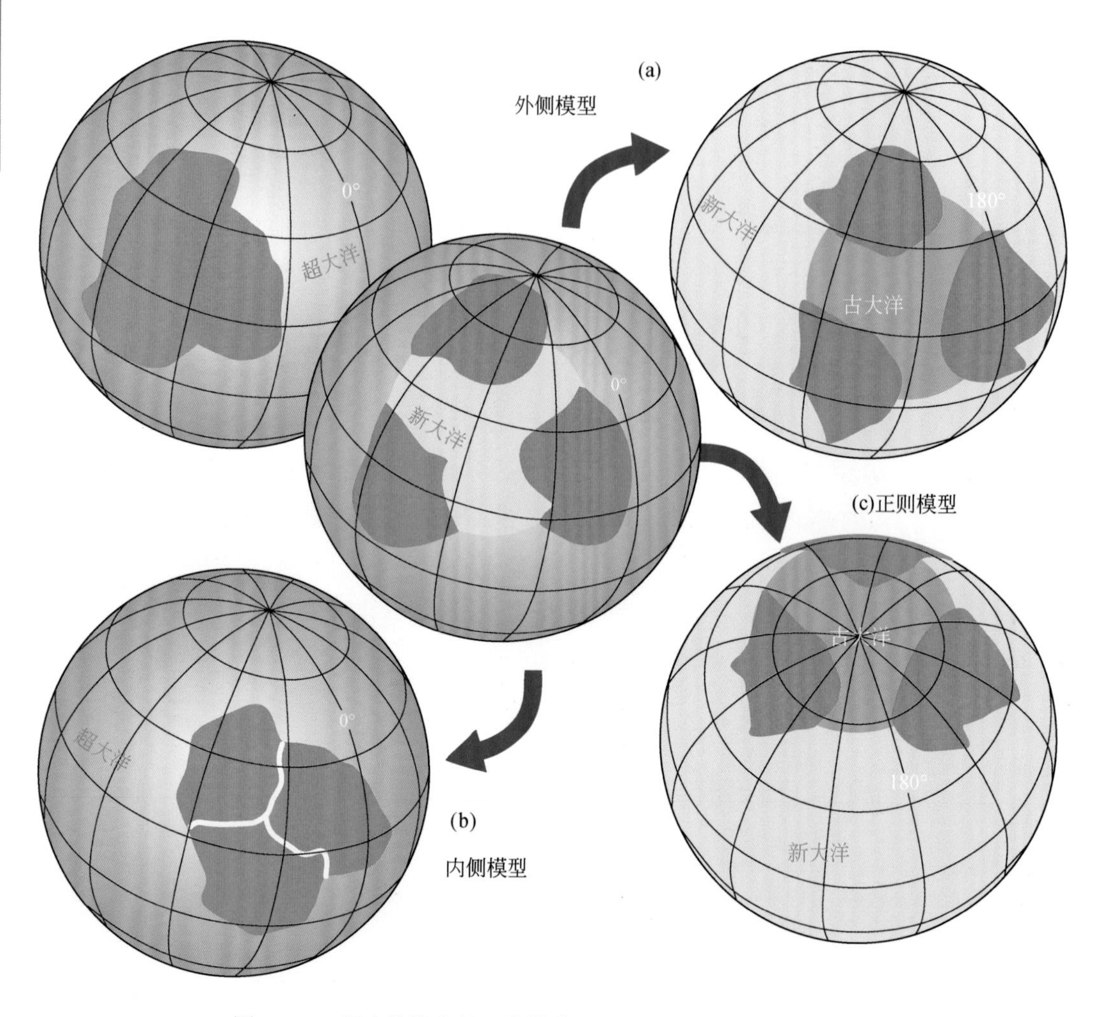

图 10-26 超大陆聚合的三种模式（Pastor-Galán et al.，2018）

（a）外侧洋关闭：超大陆通过超大洋的闭合形成（超大陆由内而外形成）。（b）内侧洋关闭：超大陆的形成是由于前一个超大陆的解体而导致大洋盆地的闭合。（c）正则洋关闭：超大陆沿着与其前身中心成 90°的俯冲环带成核

与此相反（图 2-51～图 2-53）。据 Extroversion（外侧）模型，相对老的外侧洋盆完全关闭，以致后期超大陆形成在前期超大陆相反的半球，未来亚美超大陆将形成于地球的相反一侧，即太平洋关闭（图 2-51～图 2-53）。据 Orthoversion（正交）模型，未来亚美超大陆作为后期超大陆形成于与前期超大陆质心垂直的俯冲下降流大圆环上。但正如前文分析，微陆块聚散周期不一定等同于超大陆聚散周期，例如，50Myr 一个周期的微陆块裂离事件一般经过 7 期微陆块裂离事件，累积 3.5 亿年，长期多幕连续裂离事件才会导致一个超大陆彻底裂解，这些裂离事件对应地质上全球性基性岩墙群事件、大火成岩省事件等（图 5-2）（Li S Z et al.，2019a，2019b；Li Z X et al.，2023）。这与 Zhang N 等（2009）对超大陆裂解时限的数值模拟结果也非常吻合。

实际上，微陆块聚合也是幕式进行的，而非一蹴而就的。微陆块之间两两结合，最后不断长大，更多的微陆块与大陆型大板块结合为更大的大板块，经过多幕的拼贴生长，最终才形成一个超大陆。这充分表现在造山带的周期性旋回上，一般造山事件的时限也大约为 50Myr。但是，微陆块的拼贴过程可能相对复杂，给微陆块旋回研究带来更多的困难，因为有可能微陆块从裂解到最终聚合到某个大陆型大板块之间可能发生过两两拼贴。对此，可采用两两地体拼贴时间的方法来确定微陆块之间的聚合历史：①将两个或更多个地体焊接到一起的深成岩只是拼接的最小时间；②叠覆在两个地体之上共有沉积盆地的时代；③源于一个地体的碎屑堆积在相邻地体之上的时间；④两个地体拥有彼此碎屑锆石来源的时间。

据 Orthoversion 模型，一个未来超大陆将沿包围前期超大陆俯冲带的大圆环，在 90°之外形成。一个超大陆集结于地幔下降流之上，随后影响全球地幔对流，并在大陆之下形成一个上升流。因为非静水地球的扩张形态视极移位置常发生振荡，Mitchell 等（2012）计算了其最小惯性动量，通过每个超大陆的视极移所在大圆环的确定就可以计算连续的超大陆中心（最小惯性动量的轴）之间的弧线距离：哥伦比亚到罗迪尼亚为 86°，罗迪尼亚到潘吉亚为 87°。超大陆中心可回溯到前寒武纪，从而提供计算 10 亿年时间尺度的绝对古经度的固定点。有额外古经度约束的古地理重建将增加古板块运动和古地理亲缘性的准确度。

上述每个假定模型都可预测相对深部地幔参考系下潘吉亚超大陆的位置，亚美超大陆是以亚洲为中心的，美洲与亚洲链接，包括非洲、澳大利亚和南极洲前展外插的可能北向运动。按照 Introversion 模型，相对年轻的大西洋将关闭，亚美超大陆将以潘吉亚中心过去所在的位置附近为中心（图 2-51 ~ 图 2-53）。根据 Extroversion 模型，相对较老的太平洋将关闭，亚美超大陆将以潘吉亚所在位置的后半球为中心。据 Orthoversion 模式，美洲将保持在潘吉亚超大陆的太平洋俯冲大圆环带上，加入 Orthoversion 模式后表明，超大陆重建不仅能够宏观预测亚美超大陆在哪里形成和如何形成，而且还可外插古地理，包括确定以往不考虑的古经度。利用 Orthoversion 模型，潘吉亚超大陆从罗迪尼亚超大陆正则化而来，罗迪尼亚超大陆从哥伦比亚超大陆正则化而来，外插这个模型到未来阶段，亚美超大陆应当以潘吉亚超大陆的俯冲大圆环为中心（Davies et al.，2018）。正则化聚合指的是新超大陆聚合运动方向与前超大陆聚合运动方向垂直。

假如超大陆诱导的二元地幔拓扑结构，以 Orthoversion 模型驱动了超大陆循环，那么超大陆转换期间的板块运动是否可以预测呢？一般来说，Orthoversion 模型不应当指望完全分离一个超大陆以形成全新的超大陆，因为这个新的超大陆质心仅仅离半个半球距离（正好与 Extroversion 模型相反）。因而，它也不可能预测前期超大陆周围的哪个新裂解大陆能成为随后超大陆的中心和成核点。Orthoversion 模型可能最大限度地逼近了现今潘吉亚超大陆向亚美超大陆的构造转换点。在这个转换过程中，冈瓦纳古陆的碎片（微陆块）正集结到欧亚大陆上，最近为印度次大陆和阿拉伯陆块，其次为非洲板块，较远的为澳大利亚板块，可能的为南极洲板块。特别是，澳大利亚板块在转向正北并加速向亚洲运动前正好是向东部的环潘吉亚超大陆的俯冲大圆环前进。由此可见，潘吉亚超大陆不应当是一个全新的超大陆，而是“原潘吉亚”超大陆向亚美超大陆演化的一个中间环节。超大陆循环 Orthoversion 模型的以下两个相关方面的意义，都与地幔对流有关（图 10-27）。

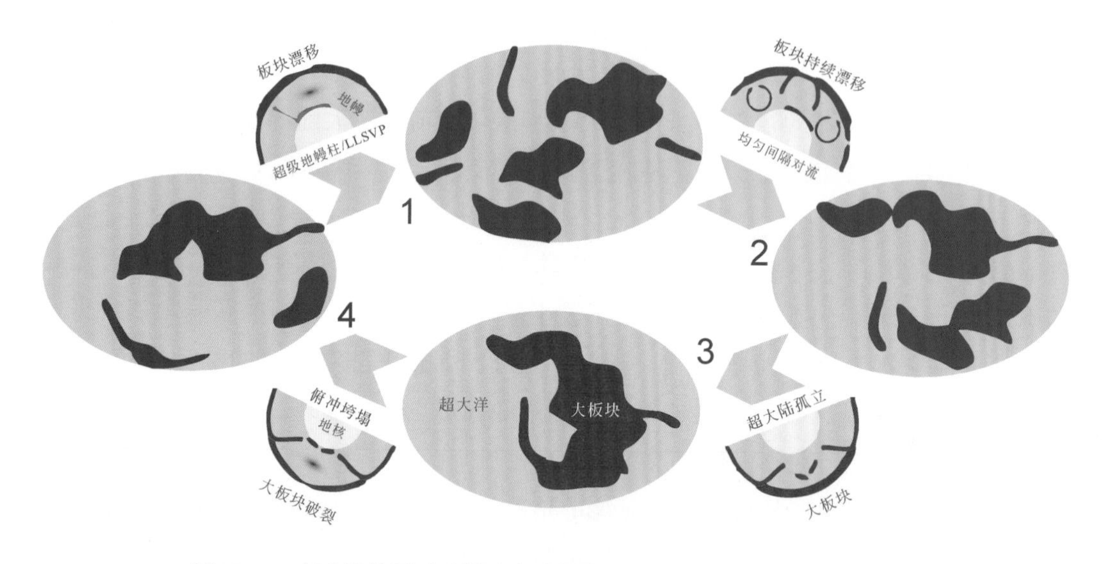

图 10-27　超大陆旋回对地幔动力学的影响（Pastor-Galán et al., 2018）

1. 现今阶段：板块分散在地球表面。2. 超大陆前阶段：板块开始合并，形成更大的大陆，最终合并为一个超大陆。3. 超大陆维持阶段：超大陆形成导致地幔上升流和地幔温度升高。4. 超大陆破裂阶段：超大陆以下的温度升高会引发超大陆破裂

第一，Orthoversion 模型提供了解释早古生代瑞克－亚匹特斯（Rheic-Iapetus）洋神秘封闭时缺失的动力学模式，因而解决了潘吉亚超大陆（Pangaea）聚合“难题”：瑞克－亚匹特斯洋壳特性起源于 90°外的罗迪尼亚超大陆质心，因而陆－陆碰撞注定在潘吉亚超大陆的中心位置而不用管其年轻的年龄。人们常认为，印度洋可看作现今类似瑞克－亚匹特斯洋的年轻大洋系统（内侧洋），打开和封闭都在一个半球范围内，因为环绕正裂解的超大陆的俯冲环阻止了印度洋进一步拓宽。被裂解的微陆块群，如瑞克－亚匹特斯大洋系统中的阿瓦隆尼亚（Avalonia）和“原潘吉亚”（Proto-Pangea）以及特提斯－印度洋系统中的印度与其他许多欧亚大陆上的微陆块，它们横跨年轻的洋盆系统，只是要再集结到宽大的俯冲环去，这个俯冲环继承自潘吉亚超大陆的二元对流。

第二，Orthoversion 模型也预示了现今非洲大陆下部和太平洋板块下部反相的上升流。有人认为，这只可能形成于潘吉亚超大陆形成以来，不会太早。但每 3 亿年

或3.5亿年仅90°的全球地幔对流重组是一个深部组构缓慢演变的过程，因此可以用长周期的同位素地球化学示踪标志，还可区分地幔起源的玄武岩各自独立的储库，也对应观测到的非洲和太平洋的大型横波低速异常省（LLSVP，图10-28）的大小，以及几亿年内全地幔循环正常速率引起的合理量值。

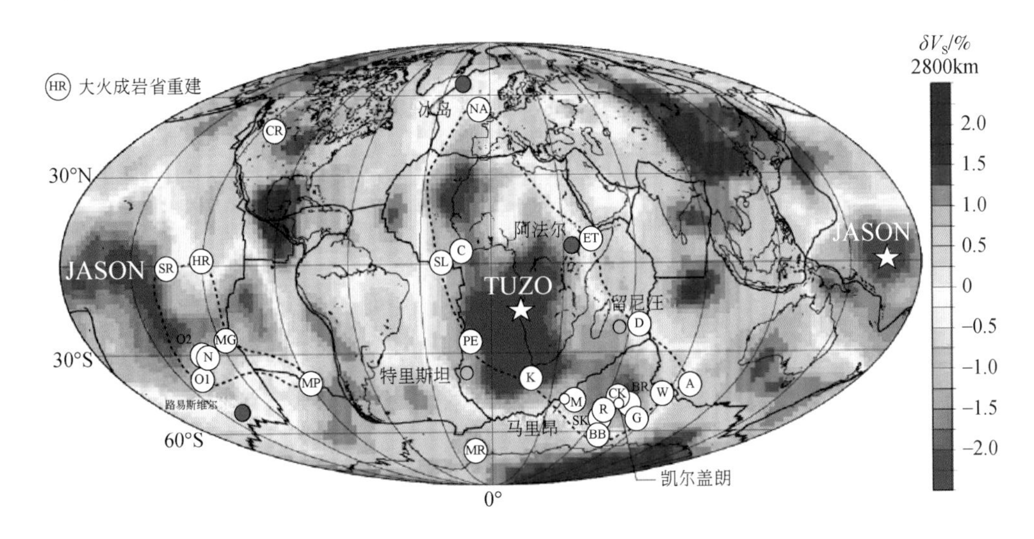

图10-28　核-幔边界两个LLSVP剪切波或横波差异常（Becker and Boschi，2002）

图示了现今非洲（TUZO）和太平洋（JASON）“超级地幔柱”位置和侧向变化。白色圈为201～15Ma的大火成岩省位置，大火成岩省名称字母缩略如下：C-CAMP（中大西洋火成岩省）；K-Karroo（卡鲁）；A-Argo Margin（阿尔戈边缘）；SR-Shatsky Rise（沙茨基海隆）；MG-Magellan Rise（麦哲伦海隆）；G-Gascoyne（加斯科涅）；PE-Parana-Etendeka（巴拉那-埃滕德卡）；BB-Banbury Baslats（班伯里玄武岩）；MP-Manihiki Plateau（马尼希基洋底高原）；O1-Ontong Java 1（翁通爪哇洋底高原1）；R-Rajmahal Traps（拉治马哈）；SK-Southern Kerguelen（凯尔盖朗南部）；N-Nauru（瑙鲁）；CK-Central 凯尔盖朗（克尔格伦中部）；HR-Hess Rise（赫斯海隆）；W-Wallaby Plateau（沃勒比洋底高原）；BR-Broken Ridge（布罗肯海岭）；O2-Ontong Java 2（翁通爪哇洋底高原2）；M-Madagascar（马达加斯加）；SL-S. Leone Rise（圣·利昂海隆）；MR-Maud Rise（毛德海隆）；D-Deccan Traps（德干高原）；NA-North Atlantic（北大西洋火成岩省）；ET-Ethiopia（埃塞俄比亚）；CR-Columbia River（哥伦比亚河）。红色点为文献（Courtillot et al.，2003）认定的深起源热点

但是，超大陆聚散机制研究是一个涉及面极广的工作，例如，涉及陆壳起源、板块构造体制起源、超大陆旋回、微陆块旋回等。从超大陆旋回的发生机制上，Zhong等（2007）及Zhang N等（2009）先后开展的超大陆聚合和裂解过程的全球动力学数值模拟还发现，超大陆聚合和裂解过程各自分别需要350Myr。据此，超大陆聚散的一个周期需要7亿年。就华北克拉通地质记录而言，25亿年前的肯诺兰、18亿年前的哥伦比亚、11亿年前的罗迪尼亚、4亿年前的原潘吉亚（Li SZ et al.，2018a）、未来3亿年的亚美超大陆（Davies et al.，2018）之间时间间隔正好皆为7亿年（李三忠等，2016e）。

如果以7亿年为周期，再往早前寒武纪乃至早期地球演化推测，距今32亿年是全球地幔变化急变时期，开始出现含金刚石榴辉岩的地幔；距今39亿年是很多克拉通陆壳岩石记录的最老年龄，例如，华北克拉通的辽北鞍山和河北曹庄。总之，尽

管超大陆旋回还存在2.5亿年、5亿年、6亿年和7亿年之争，但7亿年超大陆旋回机制主要受瑞利-泰勒不稳定性所控制。数值模拟揭示，一种早期地球自由对流的最终结果是：弥散性分布的太古宙克拉通会通过一阶球谐函数（degree-1）模式，在地球2.5Ga的时候聚合形成统一的超大陆；进而，弥散性的地幔自由对流格局，转变为第一个一阶地幔对流格局。2.5Ga之后，一阶球谐函数（degree-1）与二阶球谐函数（degree-2）模式反复转换（图10-24），这两个模式下，超大陆和微陆块分别以长短不同的周期旋回性地实现着超大陆和微陆块的聚散和转换。

这又引出另外一个重大科学问题：板块构造起源的时间问题。迄今为止讨论的超大陆聚散机制实际还是在板块体制下的。对于第一个超大陆的出现是否是现代板块构造体制的产物，尚模糊不清。Zhong等（2007）提出是一阶地幔对流机制所致，这个对流机制不被认为是板块构造体制。因此，对于前板块构造体制下的超大陆或微陆块，如何打破位置固定不动的垂向构造体制，转向水平运动主导的板块构造体制下的聚合问题，依然是前沿科学问题。

超大陆和微陆块聚散机制与现代板块构造体制何时启动的问题耦合在一起，尚无定论，不同的研究得出的现代板块构造体制启动时间变化范围很大，从冥古宙一直持续到700Ma（Hoskin，2005；Harrison，2009；Hawkesworth et al.，2020）。对早期地球微板块起源，特别是冥古宙时期地球结构和热状态下微板块构造的深入研究，显然是回答这一问题的突破口。

然而，地球上罕见冥古宙年龄的岩石记录，对冥古宙历史的研究目前主要依靠来自西澳杰克山地区古老的碎屑锆石（Kemp et al.，2010；Turner et al.，2020），这些碎屑锆石年龄为4.4～3.3Ga。陆壳的起源被广泛认为与板块构造活动关联，但正如前文所述，这是不对的。花岗岩类是陆壳最主要的组成部分，也是碎屑锆石最重要的来源。对杰克山锆石的年代学、Hf同位素以及O同位素的研究证实，它们形成于花岗质岩浆（Harrison，2009；Bell and Harrison，2013），这一认识也被越来越多的证据佐证。一些学者发现，这些冥古宙锆石与来自显生宙大陆俯冲环境的锆石具有类似的微量元素特征（Harrison，2020；Turner et al.，2020；Zhong S H et al.，2023）。他们据此提出，板块构造在冥古宙已经启动。最近，硼同位素证据也指示，形成这些锆石的熔体，也与来自俯冲环境的花岗质熔体类似，进而Chowdhury等（2020）提出，冥古宙碎屑锆石形成于与现今板块构造体制类似的汇聚边缘环境。

与此同时，随着对TTG研究的深入和数值模拟手段的发展，持早期地球处于非板块构造体制观点的研究也在蓬勃发展。这一学派的依据为：①早期地球的地幔温度很高，而在这种高地热梯度下难以产生现今的板块构造体制（Capitanio et al.，2020）；②冥古宙时期的俯冲仅在局部产生且持续时间可能很短，而现今板块构造体制下的俯冲广泛存在且持续时间较长（Cawood et al.，2018），因此，即便报道的冥古宙锆石的确形成于俯冲环境，也不能代表板块构造体制在冥古宙已经启动。此外，对该时期具体的非板块构造样式目前也存在很大争议（王孝磊等，2020；翟明国等，2020）。主流观点认为，冥古宙时期地球处于全球为单个板块的构造体制下，具有停滞盖构造属性（Debaille et al.，2013；Piper，2013）；随后在太古代，停滞盖构造体制转变为活动盖构造体制（Bauer et al.，2020），而活动盖构造体制已与现今板块构造体制十分接近。但是，停滞盖构造体制无法解释冥古宙锆石和数值模型所揭示的汇聚特征，因此，一些研究认为，与现今板块构造体制类似的活动盖构造体制在冥古宙已经出现（Capitanio et al.，2019a，2019b）。然而，冥古宙时期地球是否真具有很高的地温梯度？目前，对这一问题也存在不同观点。一些研究指出，冥古宙地温梯度已经与现今无明显差异，因此冥古宙处于非板块构造体制假说的前提也存在一定问题（Valley et al.，2002；Shields and Kasting，2007）。

为了解决前板块构造体制下超级克拉通、超大陆和微陆块的聚散问题，前人也做了大量探索。对此，笔者做了系统总结（李三忠等，2015a，2015b）。地球在最初形成时并无板块构造，地球上板块构造何时启动、如何演化以及现代样式的板块构造体制是何时形成的，仍然是地球科学最具挑战的一个前沿科学问题。现今观测表明，大洋板块在其自身负浮力的作用下发生自发式俯冲，而俯冲板片的拖曳力和吸力，对地表的板块运动起了决定性作用，贡献了绝大部分的驱动力（Forsyth and Uyeda，1975；Conrad and Lithgow-Bertelloni，2002；Stadler et al.，2010）。这也是将板块构造称为“俯冲构造”的原因，表明现今以“自上而下”构造为主导的特征。

然而，地球系统经历了45.67亿年的演化，从太古代早期到现今浅表和深部结构与性质都发生了深刻变化，即使板块构造自地球诞生以来就出现，其经历了如此长期的放射性产热元素衰减后，也会有显著的时间演变，包括超大陆-超级地幔柱-微陆块的周期性特征，也可能会变化（Maruyama，1994；Li and Zhong，2009；Li Z X et al.，2019）。那么，现今的“自上而下”构造体制，是否能解释过去地球长期的演化历史，尤其是微板块构造体制的时间变化特征如何？另外，作为地球系统两大构造体系之一，“自下而上”（近似为地幔柱构造）与“自上而下”板块构造之间，究竟有怎样的相互关系和相互作用？

前板块体制指的是板块构造出现之前的构造体制。这个构造体制可能在其他行星早期演化史中同样发生过。因而，比较行星地质学研究可以提供一些线索，但毕竟不同行星的组成和热结构是不同的。因此，随着观测与数值模拟技术的进步和地球深层信息的发现与挖掘，迄今，学者们提出了9种可能的早前寒武纪动力学体制，它们在不同地史阶段曾起着主导作用。大体按照在早前寒武纪期间先后起主导机制的顺序为：①类行星深部动力学——重力构造（gravitational tectonics），首先导致地球内部出现重力分层结构，冷却分异可能形成最早的微幔块；②类行星浅部动力学——冲击构造（impact tectonics），岩浆海快速冷却后，形成单一薄壳的地球，接受不同大小陨石的撞击，可能广泛发育冲击型微板块；③“热管模型”（heat-pipe mode）（Moore and Webb，2013），地球浅表表现为新生深源熔体通过狭窄管道上升喷出、岩石圈增厚形成并向下对流，完成地球内外圈层之间热和物质的传输，之后从“热管模型”过渡到“单一板块模型”，此时，全球岩石圈形成并可视为一个单一板块，如同现在的火星，但地球与其不同之处是，热管产生位置可能受单一板块内镶嵌式的微板块间大量三节点的控制；④类行星深部动力学——地幔翻转构造（mantle overturns），此时，地球深部依然较现今地幔高出300℃以上，密度倒置导致地幔整体翻转，微幔块应当广泛发育；⑤拗沉构造（sagduction tectonics）或滴坠构造（drip tectonics）（François et al.，2014），可能是绿岩带广泛形成的浅深部机制，浅表微陆块、微洋块发育，而深部微幔块发育；⑥地幔柱构造（mantle plume）或“超级地幔柱”构造（Smithies et al.，2005），在太古宙可能比较普遍；⑦停滞盖构造（stagnant lid tectonics）和活动盖构造（mobile lid tectonics）（Debaille et al.，2013；Piper，2013；Bauer et al.，2020），可能是冥古宙及始太古代浅表圈层的主要构造体制；⑧微板块构造体制（Sawada et al.，2018；Li S Z et al.，2018b），Tang 等（2020）模拟了地球岩石圈的破裂过程，假设早期地球的岩浆海在冷却过程中形成坚硬而较薄的单板岩石圈，阻碍了地球内部热能的有效释放，结果引起地球回暖膨胀，最终导致岩石圈快速破裂成众多微板块，而地幔深处发育微幔块；⑨幼板块构造理论（platelets），Stern（2018）认为板块运动启动于冥古时期，将地史演化过程中地球动力学划分为4阶段（图6-9），即前板块阶段（4.5~4.4Ga）、幼板块阶段（约4.4~2.7Ga）、超大陆阶段（2.7~1.0Ga，原板块）和威尔逊旋回式现代板块演化阶段（1.0Ga至现今）（Ernst，2007，2017）。

可见，前板块构造体制尚处于探讨之中，没有完整统一的理论指导，第一个超大陆（乌尔或肯诺兰）的聚合机制也不明确。但可以肯定的是，现代板块构造机制不能解释早前寒武纪的大部分构造变形型式，然而，如上所述，微板块构造以其丰富的类型和机制可以贯穿出现在地球整个历史，微板块构造理论是一个候选的全球全史的固体地球科学理论，有助于链接目前解释不同地球演化阶段的种种构造理论。国际上，现在一种趋势认为，太古宙造山带热而宽，不同于现今造山带冷而窄，因而人们将卵形构造样式对比为现今造山带的根部样式。但实际上，古生代也具有宽阔的造山带，如中亚造山带，但其热状态可能较太古宙偏冷，这是因为大量拆沉的板片滞留在该造山带之下。因此，尚需深入对比前寒武纪构造和古生代以来的构造样式。

总而言之，人们正走在创建新的全球全史地球构造理论的大道上，处于固体地球科学新理论突破的前夜，处于固体地球科学二次革命的关键时刻，国际上称这个新理论为“板块构造 2.0”(Duarte, 2023), 郑永飞(2023)称之为21世纪板块构造理论。在前人已有构造体制探讨的基础上，探讨一种贯通地史时期的全球全史地球构造新理论是当务之急，也是未来一段时间探索的终极地学目标。中国应当抓住华北克拉通早前寒武纪构造体制和机制研究，在国际相关领域学术竞争中，获得话语权和占有一席之地。例如，华北克拉通的辽北、冀东等地区宏观构造样式表现为卵形构造，但从华北克拉通鲁西地区太古宙片麻岩中的线理多数近水平分析，华北克拉通化过程可能还难以用单一的卵形构造、垂向运动来解释，具有其复杂性和多样性，这必然表明华北克拉通早前寒武纪的壳幔相互作用和地壳生长方式的复杂性。因此，以华北克拉通太古宙构造为突破点，基于新的太古宙构造研究思路，开展系统构造变形的野外地质调查和室内综合模拟研究，必将进一步认识华北克拉通不同微板块古元古代集结之前的构造过程，对认识早期地球演化，突破传统板块构造理论的长期桎梏，具有重要意义。

以上研究虽然也涉及超大陆裂解和微陆块裂离问题，多数是裂解过程的重建(Li Z X et al., 2019)，但超大陆裂解机制也存在巨大争论，前文已经述及一些裂解机制，但可能不同地史时期机制还有所不同。新太古代以来，全球主要大陆经历了多次微板块聚合形成超大陆、随后超大陆裂解成多个大陆块/微陆块，构成了地球历史最大时空尺度的“超大陆旋回”“微陆块旋回”周期性变化。超大陆和微陆块聚合，主要是通过全球性板块/微陆块汇聚和造山运动而形成，这已成为共识，但导致超大陆和微陆块裂解的动力学机制则是学术界广泛关注和争论的重要科学问题，特别是，新特提斯洋表现出来的单向碎片化微陆块或超级地体群的裂离，更是让人迷惑。对此，主要存在地幔柱上升(Bottom-up)、板块深俯冲(Top-down)和海底“三极”模式(李三忠等，2020)三个主要学派。

(1)地幔柱学派

在上地幔浅部，地幔柱达到岩石圈底部后与上覆板块发生相互作用。这一过程涉及大陆型大板块/超大陆裂解与聚合、大洋盆地扩张与关闭、微陆块聚散等基本循环过程，以及大陆型大板块的改造与破坏等重大地质问题，是板块构造和大陆动力学的重要研究内容。自板块构造理论建立之初，就有学者将大陆型大板块/超大陆裂解与大规模地幔上涌相联系，但对于是构造作用产生裂解、形成地幔柱上升通道，还是地幔柱对裂解起决定性作用，亦或两者兼有，仍存在很大争论。在多数情况下，大陆型大板块或超大陆裂解与大火成岩省具有时空相关性(图10-29)。对其分析表明，即使在构造作用(如板块俯冲)主控情况下，地幔柱也至少对大陆裂解起了促进和加速作用。

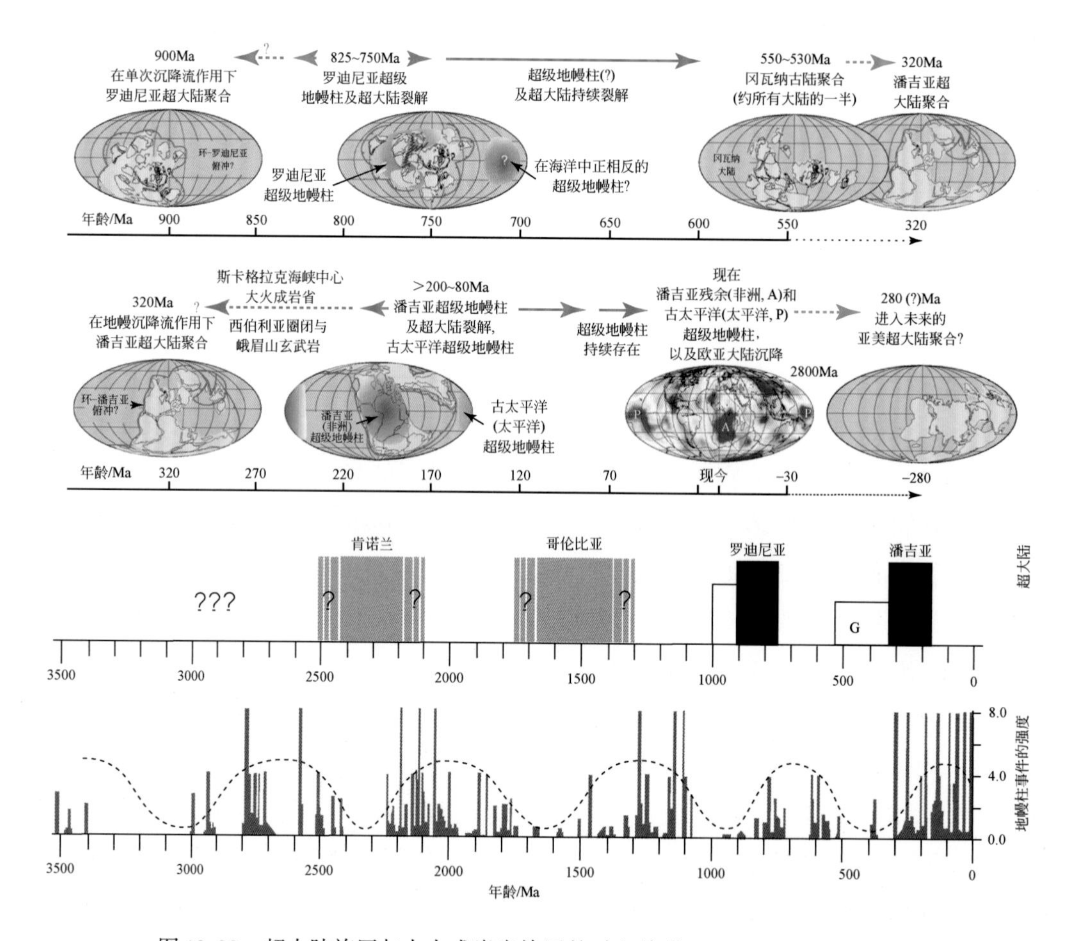

图 10-29　超大陆旋回与大火成岩省旋回的时空关联（Li and Zhong，2009）

Morgan（1971）最早提出了地幔柱的概念，认为起源于核-幔边界的地幔柱是板块运动的驱动力，地幔柱上涌导致大陆隆起、破裂并最终裂解。在古地理重建的基础上，Anderson（1982，1994）发现，现今的大西洋-非洲高大地水准面（Atlantic African geoid high，即全球二阶球谐重力异常）位于潘吉亚超大陆的中心，而全球绝大多数的“热点”均位于该高大地水准面和赤道太平洋高大地水准面上，并伴随持续100Myr的大范围高温岩浆活动。超大陆的隔热作用使得下伏地幔产生热膨胀和水平温度梯度，导致使大陆发生隆起和破裂。Anderson（2007）认为，“热点”形成于软流圈上地幔，而不是核幔边界。虽然学术界对地幔柱是否起源于核幔边界仍存在争议，但大多数学者普遍认同地幔柱是热点、溢流玄武岩和大火成岩省（LIP）形成的主要机制。

Storey（1995）系统总结了冈瓦纳古陆裂解的过程，并分析了地幔柱活动在冈瓦纳古陆裂解中的作用。冈瓦纳古陆是潘吉亚超大陆南边的半个超大陆，其裂解可以分为三个阶段：第一阶段为早侏罗世（~180Ma）的初始裂解期，在西冈瓦纳

（非洲–南美洲）和东冈瓦纳（南极洲–澳大利亚–印度–新西兰）之间，形成海峡通道，~156Ma 在索马里、莫桑比克和威德尔海盆，出现海底扩张；第二阶段为早白垩世（~130Ma），南美洲大陆与非洲–印度次大陆分离，后者与南极洲大陆分离；第三阶段为晚白垩世（~100~90Ma），澳大利亚–新西兰与南极洲大陆分离，随后，印度次大陆与非洲–南极洲大陆分离，并快速向北漂移，马达加斯加、塞舌尔等微陆块与印度次大陆分离。在冈瓦纳古陆裂解的三阶段过程中均有相关的地幔柱活动，包括~180Ma 的 Bouvet/Karoo 地幔柱、~130Ma 的 Tristan 地幔柱、~110Ma 的 St Helena 地幔柱、~100Ma 的 Marie Byrd Land 大火成岩省、~88Ma 的 Marion 地幔柱和~66Ma 的 Reunion/Deccan 地幔柱。其中，第二和第三阶段的大陆板块分离与地幔柱活动有很好的时空相关性，这表明地幔柱对大陆板块裂解有重要的作用。但是，Bouvet/Karoo 地幔柱活动与冈瓦纳古陆第一阶段裂解形成的最早洋盆记录相差了约 26Myr。潘吉亚超大陆北部劳亚古陆的初始裂解也有类似的情况。

罗迪尼亚超大陆在大约 9 亿年前最终聚合之后遭受了多期地幔柱活动，其地质记录包括~825Ma 扬子克拉通南缘益阳科马提质玄武岩、基性岩脉、金川超基性岩和澳大利亚中南部同时代的 Gairdner 基性岩墙群–Willouran 基性岩省、~800Ma 的扬子克拉通西缘或西北缘苦橄岩–大陆溢流玄武岩、阿德莱德基性岩省、~780Ma 北美西部岩墙群和扬子克拉通康定岩墙群、~755Ma 的西澳 Mundine Well 基性岩墙群和扬子克拉通西缘基性岩墙群，以及~720Ma 的 Franklin 基性岩墙群，等等。据此，一些学者提出，以华南大陆为中心的 825~725Ma“超级地幔柱”活动导致了罗迪尼亚超大陆在 750~720Ma 最终裂解。Li 和 Zhong（2009）统计发现，超大陆聚合过程中，地幔柱活动频率很低（图 10-29），超级地幔柱一般在超大陆形成之后的一段时间形成。但新太古代以来的几次超大陆旋回与超级地幔柱活动有很好的耦合关系，指示两者的内在联系。

Li 和 Zhong（2009）的地球动力学数值模拟研究结果显示：具有活动板块的地幔对流会交替存在两种模式：①超大陆形成时期，一个半球以下降流为主，而另一个半球则以上升流为主，即一阶球谐结构为主的模式。此时，地球表面的微陆块朝下降流为主的半球汇聚，显示超大陆的聚合过程。②超大陆形成之后，在超大陆边缘形成围绕超大陆的环形深俯冲，由此产生的横向隔热效应会导致超大陆下方也产生上升流。这样，在两个半球存在对跖的上升流，使得全球地幔对流模式发生改变，即二阶球谐结构为主的模式。此时，超大陆下方的“超级地幔柱”会通过抬升运动、火山活动等破坏超大陆，最终导致超大陆的裂解。这种模式下虽然存在环形俯冲，但导致超大陆裂解的主要驱动力依然是“超级地幔柱”。Zhang 等（2018）的模拟结果却显示，在超大陆内部地幔柱上涌产生的推力比俯冲后撤产生的应力大三倍，地幔柱产生 50K 的异常高温就可以产生足够的推力导致大陆裂解，不需要“超级地幔柱”辅助，超大陆即可裂解。而俯冲后撤产生的拉张力，只能影响到距大陆型大板块边缘约600km，常连续多幕形成大量微陆块裂离（图10-30）。

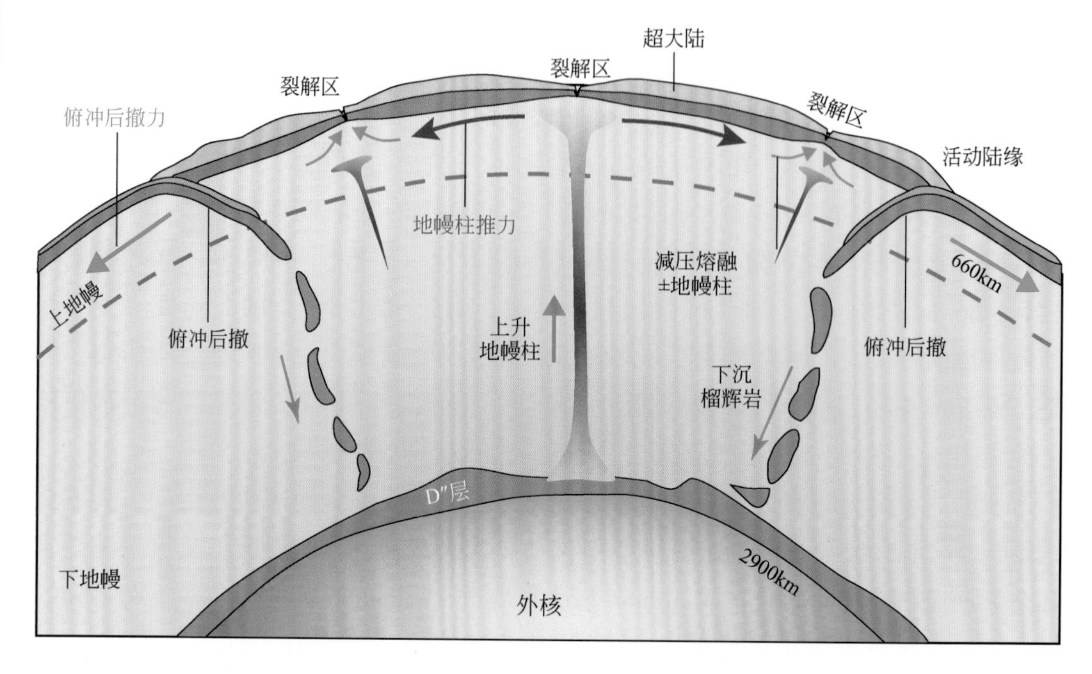

图10-30　超大陆-微陆块裂解的两种可能驱动力示意（李献华，2021）

（2）俯冲学派

另一些学者用俯冲模式解释了潘吉亚超大陆的裂解机制。Keppie（2015，2016）重新评估了全球中生代板块漂移的数据资料，认为大西洋打开与特提斯洋俯冲消亡密切相关，即通过地中海地区的转换断层特提斯洋俯冲板片下沉产生的拖曳力导致了潘吉亚超大陆的早期裂解和大西洋扩张；晚古生代以来，特提斯洋板片向欧亚大陆持续俯冲，产生的板片拖曳力导致大洋另一侧冈瓦纳古陆被动陆缘不断发生裂解。

Cawood等（2016）总结了中元古代末—新元古代环绕罗迪尼亚超大陆聚合与俯冲作用相关的增生造山带地质记录，包括劳伦古陆东北缘1025～730Ma的Valballa增生造山带、北极阿拉斯加-楚科奇半岛的新元古代早中期增生造山带、西伯利亚大陆西缘叶尼塞（Yenisei）海脊、西南缘Dariv-Shishkhid-Gargan带和南部的Baikal-Muya带的新元古代早期增生造山带、波罗的大陆东北部新元古代中晚期增生造山带，以及南美-西非的新元古代中晚期Avalonia-Cadomia岩浆弧。根据这些罗迪尼亚超大陆外缘新元古代增生造山作用与超大陆内部岩石圈伸展-裂解作用在时间上的耦合，他们提出罗迪尼亚超大陆裂解与环超大陆的俯冲相关，即环绕超大陆外缘的巨型环形俯冲带的后撤引发了超大陆内部发生裂解（李献华等，2021）。环形俯冲作用可以导致超大陆下的软流圈地幔孤立于外部地幔，进而引发热点、地幔柱和大陆裂谷作用，但后者不是超大陆裂解的必要条件。俯冲后撤模式可以合理解释早古生代末期冈瓦纳古陆北缘的逐步裂解，如晚寒武世原特提斯洋向冈瓦纳古陆北缘俯冲，一系列微陆块发生增生碰撞，最终华北板块与这个冈瓦纳古陆北缘碰撞，导致原特提斯洋–托恩基斯特洋闭合形成原潘吉亚超大陆。但晚志留世，瑞克洋北侧向冈瓦纳古陆北缘的俯冲，略有先后地打开了古特提斯洋、瑞克洋，导致匈奴微陆块群（包括华北、华南、印支、塔里木等大陆块/微陆块）、阿瓦隆尼亚（Avalonia）微陆块群先后发生裂解并北漂。然而，这个模式是否可以解释超大陆内部的裂解仍有待进一步的研究。

如果自上而下（Top-down）的机制是超大陆裂解的主要机制，这种机制似乎比较适用于罗迪尼亚和潘吉亚超大陆的裂解，但是否适合更古老的哥伦比亚超大陆裂解还缺乏相应的“冷俯冲”记录，仍需要继续研究（图 10-30）（李献华，2021）。另外，新太古代是否有超大陆仍是一个非常有争议的问题，如 Williams 等(1991)认为存在新太古代—古元古代早期的肯诺兰超大陆，而 Bleeker（2003）则倾向于新太古代存在 Slave、Superior 和 Kaapvaal 三个超级克拉通。

俯冲后撤模型的基本前提是，环绕超大陆存在一个规模巨大的后撤型深俯冲带及与此相关的活动陆缘岩浆弧。已有研究显示，在罗迪尼亚超大陆的东缘（图 8-16、图 8-17），存在与新元古代莫桑比克洋俯冲有关的活动陆缘岩浆弧与增生造山带（Cawood et al.，2016），但对罗迪尼亚超大陆西北缘新元古代岩浆岩形成的构造背景还存在不同意见。罗迪尼亚超大陆西北缘新元古代岩浆岩包括马达加斯加 Imorona-Itsindro 岩套、西北印度默拉尼（Malani）酸性大火成岩省和塞舌尔群岛花岗岩及其中少量基性岩脉等。一些研究人员认为，扬子陆块、印支陆块以及拉萨微陆块也位于罗迪尼亚超大陆的西北缘，构成了罗迪尼亚超大陆西北缘与莫桑比克洋俯冲有关的安第斯型岩浆弧（图 8-16、图 8-17）（Li S Z et al.，2018b）。但另一些研究人员则有完全不同的解释，例如，Malani 酸性大火成岩省（全球第三大酸性大火成岩省）发育有大量的高温 A 型花岗岩/流纹岩，传统上被认为是陆内裂谷/非造山或与“热点”有关的岩浆作用。马达加斯加 Imorona-Itsindro 岩套主体上呈双峰式特征，其中，酸性岩类似于 A 型花岗质，被认为是与裂谷有关的岩浆岩，不支持罗迪尼亚超大陆西北缘存在一个长期的新元古代活动大陆边缘。而扬子北缘新元古代中期岩浆岩形成的构造背景一直是地学界长期争议的问题。因此，进一步深入研究罗迪尼亚超大陆的古地理重建，特别是华南等东亚陆块在罗迪尼亚超大陆的古地理位置，以及印度西北部、马达加斯加、塞舌尔以及扬子陆块新元古代岩浆岩的成因、构造环境和时空演变，将有助于检验俯冲后撤模型。

Dal Zilio 等（2018）采用热力学数值模拟方法模拟了板块俯冲及引发的地幔流

对大陆裂解的影响，以及由俯冲引起的地幔流沿大陆板块基底所发生的拖曳力，并比较了俯冲大洋岩石圈板片滞留在上-下地幔边界和俯冲板片进入到下地幔的两种模型。当大洋岩石圈板片俯冲局限在上地幔时，大陆裂解发生的距离与有效上地幔厚度相当（距海沟约 500km），从而形成边缘海盆地扩张；当俯冲板片进入下地幔时，引发的地幔流范围将更大，所引发的张性应力可以从海沟延伸至内陆约 3000km。Dal Zilio 等（2018）认为，超大陆边缘的大洋岩石圈俯冲过程引起的地幔流是导致超大陆裂解的主要驱动力，裂解的空间尺度主要受俯冲方式的影响。而 Yang 等（2018）的动力学模拟结果显示，古老俯冲洋壳在上地幔底部的水平运动也能够引起几千千米外的地幔上涌和陆内裂谷。由此可见，微幔块对陆内或板内构造的影响还需要加强研究。

“自上而下”微板块构造与“自下而上”地幔柱构造的相互作用充斥着地球演化的不同时间尺度和空间范围，地球系统的整体演化受二者共同调控。即便是在微板块/板块俯冲构造主导、俯冲板片为（微）板块运动提供 90% 以上驱动力的现今，地幔柱也显著影响着从浅部到核-幔边界甚至地核的地球整体行为和动力学运行过程。现今微板块空间分布与核-幔边界 LLSVP 对应的地幔柱生成带空间分布之间的良好耦合性，也表明地幔柱与微板块之间存在遥相关关系（曹现志等，2023）。在地质历史时期，不同的演化阶段或不同的空间范围，（微）板块构造与地幔柱构造作用的相对强弱可能发生改变，对板块运动提供的驱动力、在整个地球系统中扮演的角色也会相应变化。前人在这一方面已经做了很多探索研究，提出了不同的认识。除了上述超大陆-超大洋-超级地幔柱-微板块的多周期耦合演化模式（Li Z X et al.，2019）外，还包括将俯冲构造（主要指下地幔冷幔柱，cold plume）与热地幔柱构造结合的广义地幔柱构造（Maruyama，1994）及其他各种模型。对这些模式、模型的深入理解、准确评估和判断，就成为从四维时空角度，认识板块/微板块构造驱动力、（微）板块构造与地幔柱构造相互关系和作用的重要步骤。

（3）海底“三极”模式

超大陆聚散可能与主体位于海底的两个核-幔边界 LLSVP 和类似东南亚的环形俯冲系统相关，即可能与这个海底“三极”密切相关。海底“三极”至少是驱动 5 亿年或 3 亿年来地球固体圈层的板块运动的根本所在，也是最近一个超大陆裂解的驱动机制，对地球表层系统中南极、北极和青藏高原的地表“三极”的形成与演化具有决定性作用（李三忠等，2019b，2020）。

目前，对早期地球和超大陆、微陆块聚散机制的认识还很不全面，对早期地球微板块和超大陆聚散机制的构造体制还存在很大争议。造成这种争议的原因主要有以下几点。

1）关于早期地球的岩石和构造记录很少，目前报道的冥古宙锆石也有限，这些锆石所指示的构造环境能否代表同期整个地球还有待于深入研究。

2）越来越多的地质证据表明，在地球上，板块构造不可能在某个时间节点突然出现，而更可能是逐渐由非板块构造体制转变为板块构造体制。这也能够解释为何来自不同地区的样品揭示的板块构造启动时间和构造体制具有很大差异。

为解决以上问题，未来的研究应注重以下几个方向。

1）早期大陆地壳特征。大陆地壳是认识早期地球环境的窗口，通过陆壳的特征，可以示踪早期地球动力学背景，限定板块构造启动时间。如在显生宙，板块构造体制不断在重塑地球的陆壳成分、厚度、规模等。大陆地壳的岩石成分，不但可以反映地球深部地幔的组成，同时也记录了岩石圈与生物圈、水圈和大气圈之间的相互作用。因此，对与陆壳形成有关的古老地质样品的详细解剖仍然是当前揭示早期地球演化的最直接的手段。

2）太古代 TTG 形成的构造背景。太古代 TTG 被认为是太古代陆壳的主要组成部分，在全球广泛分布。TTG 与显生宙埃达克质岩石具有类似的地球化学组成，对两者开展进一步对比研究，将为认识早期地球构造体制提供约束条件。

3）岩石圈强度和地温梯度研究。借助数值模拟手段，查明与地球早期岩石、构造记录能够吻合的岩石圈强度和地温梯度，将为认识早期地球构造体制提供新的证据。

4）未来研究还需要进行岩石圈的非线性变形机制甚至长波长地幔对流型式下多个大陆块或微陆块参与的动态相互作用、长波长地幔对流型式的物理机制，包括地幔黏度结构对长波长地幔对流型式的推动作用，以及对对称和不对称一阶地幔下降流生长的控制。

10.3.2 微板块–大板块的非威尔逊旋回

1999 年之前，人们常将造山带分为俯冲型、碰撞型造山带两类，这源于 Suess（1885）的陆缘、陆间造山带的划分。葛肖虹（1990）研究燕山造山带时首次提出“陆内造山带”一词；同年，李三忠（1994）在研究古元古代辽河群时首次提出裂谷闭合形成的陆内造山带类型，但陆内裂谷闭合造山的机制在 2005 年之前由于不符合老威尔逊旋回而难以回答。Li S Z 等（2005）首次陈述了这个陆内裂谷可闭合的造山带类型，但并没有回答裂谷闭合机制。2005 年以后，法国一批地质学家与中国合作者，也逐渐使用 intracontinental orogen 来表述这种陆内造山带，此后被国际广泛接受，但对裂谷为何会闭合这个问题，依然没有给出答案；直到 2024 年 Geology 连续发表了 Vasey 等（2024）和 Oravecz 等（2024）两篇论文，这个裂谷封闭机制才得以初步解决。

实际上大量油气勘探实践早就发现，陆内常见裂谷盆地，如中国的松辽盆地、渤海湾盆地、东海陆架盆地等，这些盆地中常见反转构造。反转构造的研究也是在20 世纪 90 年代才开始得到重视，盆地研究人员与造山带研究人员之间也存在领域界限，造山带和盆地研究人员都没有将盆地反转构造与裂谷闭合的造山带联系起来。直到车自成等（2016）明确将造山带分为陆缘、陆间和陆内造山带，人们才真正意识到陆内裂谷盆地环境下可以发生造山，但要注意其“裂陷型造山带”还是归属陆间盆地闭合的一种特殊类型造山带，如他们称为的莫克兰裂陷型造山带、北亚裂陷型造山带、华南裂陷型造山带、松潘-甘孜裂陷型造山带等，与其陆内造山带还不同。陆内造山带也不同于德国学者定义的陆内褶皱带（intracontinental fold belts)，后者实际为陆间造山带，如西欧海西造山带。这个认知直到 2010 年前后，才被业界认识和接受。郑永飞（2023a）提出了“张裂型造山带”这个新类型，其涵义实质在于：很多造山带在进入造山后阶段会出现伸展构造，在这种张裂背景下也伴生退变质、造山后岩浆作用、变质核杂岩等构造的综合改造，而且其范畴不仅仅约束在陆-陆碰撞后的陆内环境下的陆内造山带，超越“陆内”还涵盖了洋内环境下的洋中脊，即洋中脊作为一个造山带类型，高地形、退变质、海洋核杂岩、裂谷作用、玄武质岩浆侵入等岩浆、变质、构造、沉积的综合改造过程，都符合造山带的传统概念，唯一不同的是洋中脊通常不会经受收缩挤压，但新西兰南部洋中脊直接转换为俯冲带的实例也有发生。与车自成等（2016）的定义不同的是，郑永飞（2023）的定义摆脱了大板块构造认知下的造山带形成后进入“陆内”环境的认知。这个传统意义的“陆内”环境的张裂型造山带还不同于裂谷闭合的陆内造山带，其区别在于前者是伸展造山，后者是挤压造山。郑永飞（2023）的张裂型造山带确实适用于洋内造山带，Bird（2013）在划分洋内微洋块边界时提出的洋内碰撞带概念基本描述的就是洋中脊死亡过程，实际还是一种洋中脊跃迁导致的“张裂型造山带”，但并无实质挤压变形过程，而是一种“失活”过程。以上关于陆内造山带研究历史的回顾中可见，板块间相互作用的“标准”或经典威尔逊旋回并不是放之四海而皆准的真理。这里最为核心的本质内容需要从微板块构造角度才可系统揭示。

特别是，地体构造理论（Powell，1988）提出后的大量实践表明，单一洋盆两侧板块之间的旋回式或单一俯冲型或碰撞型造山带在现实中很罕见。典型的俯冲造山带曾经都存在不同时期地体的碰撞归并，例如，日本岛弧造山带、科迪勒拉造山带等；碰撞造山带也是先经历了俯冲到最后才碰撞的过程（车自成等，2016）。李继亮等（1999）根据造山带中“大地构造相”的分类，将造山带分为陆-陆碰撞型、陆-前弧碰撞型、陆-残留弧碰撞型、陆-增生弧碰撞型、弧-弧碰撞型和陆-弧-陆碰撞型（侯泉林，2021）。张原庆等（2002）根据大陆块、微陆块与活动岛弧三者之间的组合关系，将其分为陆-陆碰撞型、碰撞增生型、弧-陆碰撞型和无大陆碰撞型（岛弧或地体之间碰撞）。这些分类无疑表明，传统意义上的“大板块”板内环境，如被动陆缘，实际是“微板块”的边界，即板缘；再如东非大裂谷三个分支现今被广泛认同是微板块的边界，但确实是非洲大板块的板内或陆内。可见，微板块的研究有助于深入认识非威尔逊旋回。

正如李继亮等（1999）认为的，从世界各地的碰撞造山带来看，陆-陆碰撞型造山带是少见的，也就是说，威尔逊旋回不论在现代还是地质历史时期，都是罕有发生的，而大多数碰撞型造山带都是非威尔逊旋回型的，即多数不遵循“大陆（克拉通）裂解—裂谷出现—小洋形成—大洋扩张—大洋俯冲、消减、收缩—大陆碰撞—克拉通化”一过程（车自成等，2016）。为此，这里从微板块视角，以西太平洋洋内、东太平洋陆缘、两个大洋之间的加勒比海构造域、两个大陆型大板块之间的特提斯构造域为例，深化、拓展这个非威尔逊旋回的认识，以揭示微板块-大板块之间复杂的非威尔逊旋回演化过程。

(1) 西太平洋微板块演化的非威尔逊旋回

西太平洋或东亚洋陆过渡带的华北克拉通中生代破坏是近20年来地球科学领域的研究热点（朱日祥等，2020）。诸多研究得出一个重大结论，华北克拉通破坏的根本原因在于古太平洋板块的俯冲所致。古太平洋板块包括依泽奈崎板块、库拉板块等，其演化与太平洋板块密切相关，但古太平洋板块已经完全消失，需要给予板块重建才能恢复。不过，通过古/太平洋板块的研究，有助于解决东亚洋陆过渡带与古太平洋板块、太平洋板块之间的相互作用，更有助于理解西太平洋一系列弧后盆地或边缘海成因，以及相关微板块成因、微板块与大板块关系（李三忠等，2019a，2019b）。

太平洋板块是当今地球上最大的“大洋”型大板块，其西部边界为总体西向的高角度俯冲系统，其中段发育同向或对向的双俯冲带，北段和南段则为单向俯冲带。这不同于太平洋东部陆缘总体东向的低角度俯冲系统。太平洋板块的东部边界除圣安德烈斯大陆型转换断层边界之外，总体为快速洋脊增生系统。现今海洋内最古老的洋壳保存在偏西太平洋的一侧，最老可达190Ma，呈三角形分布于马里亚纳海沟东侧（图10-31）。

尽管太平洋板块始于大洋盆地中央，但其内部结构并不整一，组成也并非单一的洋壳或大洋岩石圈，而是存在很多镶嵌的微板块（包括微洋块、微陆块、微幔块），也存在很多海山链和孤立海山、洋底高原，这些洋底高原与地幔柱相关，使得太平洋板块内部现今微洋块较为发育，导致太平洋板块演化过程和扩张历史的复

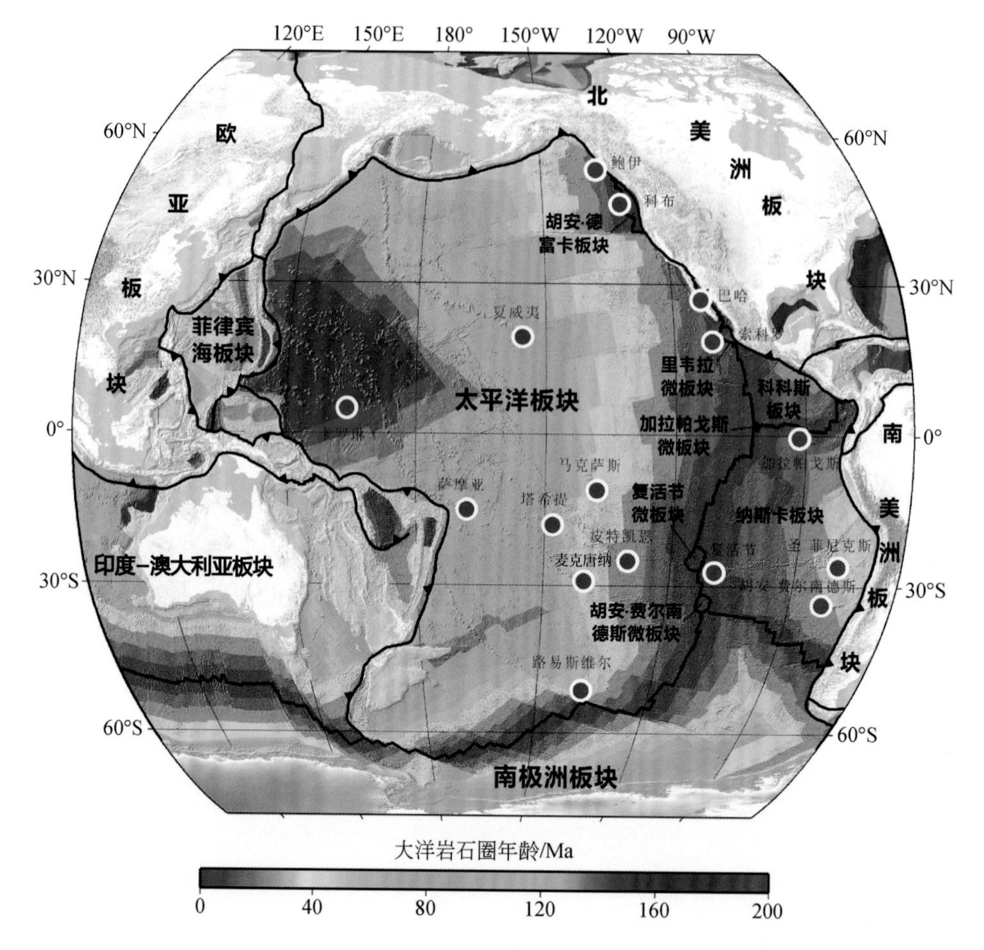

图 10-31　太平洋板块年龄及热点分布（李三忠等，2019a）

红色点为热点位置

杂性。太平洋板块的边界性质和俯冲极性，在其演化过程中，也不完全与现今的相同，乃至相反。为此，本节基于笔者最新的中—新生代全球板块重建结果，侧重介绍（古）太平洋板块的中—新生代构造演化历史，探索太平洋板块内部微板块的生消旋回、微板块与大板块关系及微板块与地幔柱关联。

以往板块重建表明，太平洋板块起源于古太平洋洋内的依泽奈崎–法拉隆–菲尼克斯三节点。目前，地球上最老的洋壳不老于 190Ma，代表了现今太平洋板块形成的起始时间。Boschman 和 van Hinsbergen（2016）认为，三角形的太平洋板块自 190Ma 左右开始从古太平洋（泛大洋）中央形成演化至现今的残存状态。太平洋最老洋壳位于马里亚纳海沟的东部（图 10-31），具有特征的三组磁异常（图 10-32）：北东走向的日本磁条带、北西走向的夏威夷磁条带和近东西走向的菲尼克斯磁条带。由这三组磁条带所形成的三角形太平洋板块几何形态说明，它产生于洋内的洋中脊-洋中脊-洋中脊（RRR）三节点扩张。因三节点的扩张，古太平洋洋盆内分裂为三个大洋型大板块，即已消失的西北部的依泽奈崎板块、东北部的法拉隆板块和南部的菲尼克斯板块（图 10-32）。除法拉隆板块现今在北美西侧的大洋中还有一些残余，其他两个板块都几乎俯冲殆尽，恢复这些完全消失的古老大洋型大板块的样貌是当前国际研究前沿和热点。

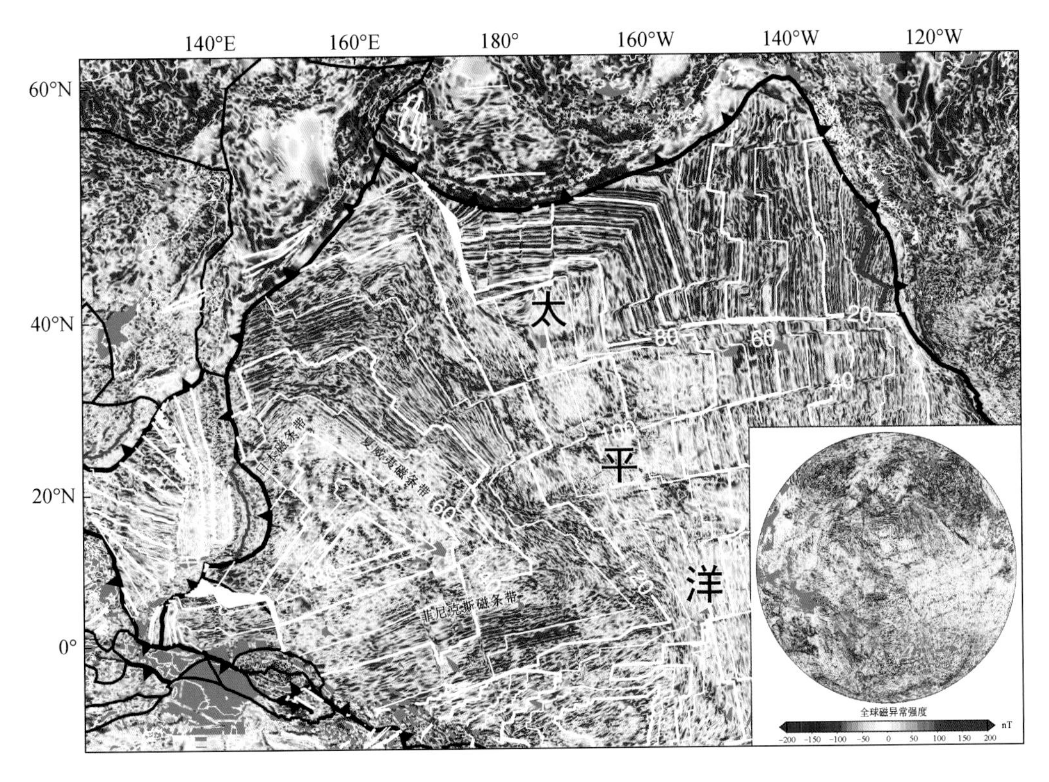

图 10-32　太平洋板块核心区三角形磁条带展布（李三忠等，2019b）

传统观点认为，太平洋板块始于依泽奈崎、法拉隆和菲尼克斯板块之间的 RRR 三节点本来是稳定的，但因为三个板块俯冲边缘运动过程的不一致性或不协调性，导致 190Ma 后分离成三个新的 RRR 三节点，太平洋微洋块开始形成，从小不断壮大。太平洋三角形磁异常条带的走向（图 10-32）可以用来重建依泽奈崎-太平洋、法拉隆-太平洋和菲尼克斯-太平洋板块间的相对运动，也可以间接重建依泽奈崎-法拉隆-菲尼克斯三个板块间的相对运动。其相对运动速度重建（图 10-33）表明，自 190Ma 以来，依泽奈崎-法拉隆、法拉隆-菲尼克斯和菲尼克斯-依泽奈崎之间的板块运动是洋内彼此分离的。因此，它们两两之间的板块边界以及太平洋板块诞生的三节点一定是由洋中脊或转换断层组成的（图 10-33）。

这些洋中脊和转换断层的方向可以通过相对运动速度图推测出来（图 10-33），由于洋中脊-洋中脊-洋中脊（RRR）、洋中脊-洋中脊-转换断层（RRF）和洋中

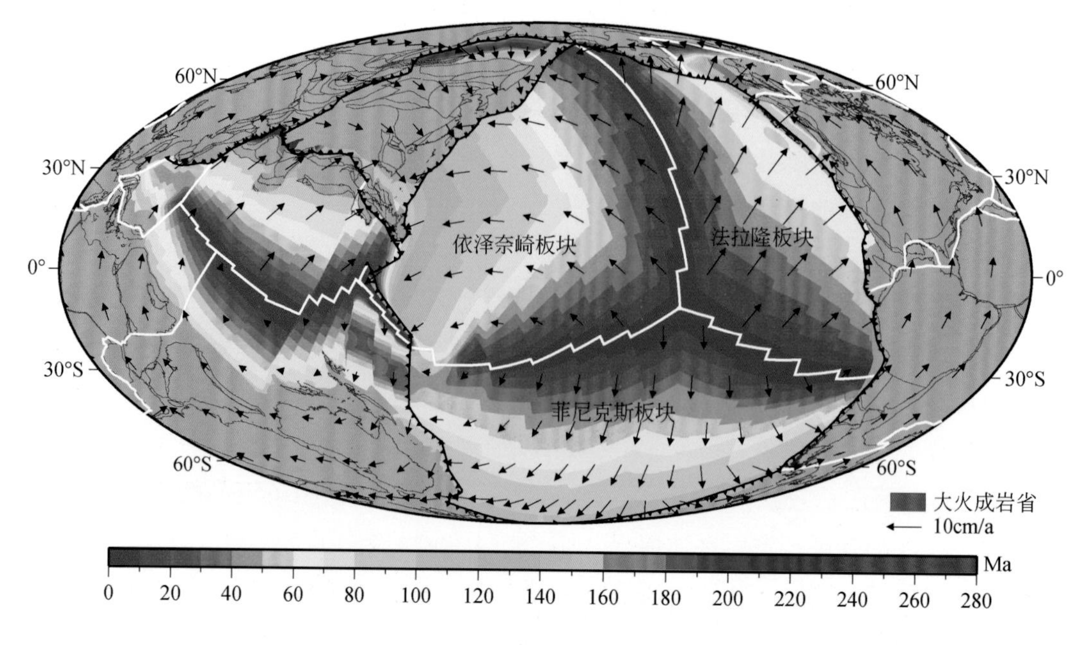

图 10-33　190Ma 古太平洋的板块构造格局重建（李三忠等，2019a）

脊-转换断层-转换断层（RFF）三节点都是相对稳定的，且这三种三节点可随着时间互相转化，但不会由一个 RRR 型三节点直接演变出与三角形太平洋板块相关的三个 RRR 型三节点。但是，统一的东亚活动陆缘俯冲启动可能是依泽奈崎-太平洋洋中脊产生的原因。正是这种外界因素触发了洋内稳定的 RRR 型三节点进入不稳定状态。

此外，为了解决这个难题，有人还从理论上提出了三节点由一个变三个的新方案。力学上，三个板块互相作用时，各自运动方向因其两条洋中脊扩张产生的合力，不会像两个板块相对运动那样平行两者之间的转换断层走向，而是与其两条洋中脊边界斜交，在三个板块运动速率不同时，RRR 型三节点会变得不稳定。例如，转换断层-转换断层-转换断层（FFF）三节点是最不稳定的［图 10-34（a）（b）］。根据三节点稳定性分析，一个不稳定的三节点只会暂时作为一个过渡性板块边界组合而存在于一个稳定情况和下一个稳定情况之间。据此，在太平洋板块诞生之前，依泽奈崎-法拉隆-菲尼克斯三节点的演化可通过板块构造的基本法则来重建，前提是假设在太平洋板块诞生前后，依泽奈崎-法拉隆-菲尼克斯板块系统的相对运动没有变化。不稳定的 FFF 三节点总体会向稳定的三节点转换，不一定转换为一个稳定的三节点，而可能分裂为几个不稳定或稳定的三节点，而且这里两条板块边界走向一定是保持不变的转换断层，第三条板块边界一定会发生偏折［图 10-34（a）］。这里发生偏折的依泽奈崎-太平洋洋中脊东北边界为转换断层边界，而其东南段则转变为一条斜向俯冲带，所形成的转换断层-转换断层-海沟（TFF）三节点也是不稳定的，因而该三节点会沿着其东南段俯冲带向弯折部位迁移［图 10-34（a）中红色箭头指示的向南东向迁移］。在三节点迁移过程中，俯冲带一段的长度会减小。当三节点到达弯折部位时，不稳定的 FFF 三节点就形成了［图 10-34（b）］，随着三个大板块的差异运动，这个三节点或分裂为三个，进而出现一个三角形空隙，沿着这个空隙岩浆上涌、洋壳形成，就可以出现一个三角形的新板块。这时，纯粹由洋壳组成的太平洋微洋块就开始逐渐壮大，不断兼容并蓄，甚至卷入一些微陆块，最终形成现在复杂镶嵌结构的太平洋板块。

不过，以太平洋三角形区域的海底磁异常数据为基础，无法确定三条中的哪条板块边界存在上述模式中的俯冲段，也难以确定哪个大板块是仰冲板块，这需要详细调查现今太平洋板块核心区的构造样式或 190Ma 左右三条俯冲带的力学变化规律（图 10-33）。因此，在获得这些详细资料前，可以推断，这三条不同的但形态上相似的板块边界都有可能发生上述情况。图 10-34（a）展示了其中法拉隆-依泽奈崎洋中脊的这种变化情况，并认为法拉隆板块北东向俯冲到依泽奈崎板块之下，导致俯冲段走向为北北西—南南东向，而弯折段为北西西—南东东向，这次转折和俯冲启动使得早期 FFF 型三节点转变为 TFF 型三节点。这个 TFF 型三节点也不稳定，进而演化为新的（后期）FFF 型三节点［图 10-34（b）］，随着后期 FFF 三节点形成，很可能会在 FFF 三节点形成之后马上在中心打开一个三角形的“空缺”［图 10-34（c）左上］。因此，三条交于一个三节点的洋中脊组合形态变成了三条洋中脊和三个三节点构成的三角形组合形态，且新的三条洋中脊同时形成，沿此三角形三边的洋中脊同时扩张并产生新洋壳，充填了这个“空缺”部分［图 10-34（c）左下］。一个三角形的新板块就在现在的三个稳定 RRF 型三节点之间诞生［图 10-34（c）右图］，进而太平洋板块的三角形形态得到稳定增长。理论上太平洋微洋块最初是静止不动的，这也是目前板块重建中太平洋微洋块静止不动的原因。以上所述的板块演变预测了洋中脊系统及它们的几何形态，导致了现今海底观测到的太平洋板块三角形的侏罗纪磁异常。

A. 太平洋板内大火成岩省

太平洋板块的最显著特征之一是广泛发育海山链、海山群或孤立海山，几乎都为岩浆成因，其中，一些为规模较大的大火成岩省地形上表现为洋底高原。这些大火成岩省往往与微板块形成及运动密切相关。源于深部的岩浆是揭示太平洋板块本身运动特征及其板下过程的重要对象。太平洋板块的海底点缀着大量线形展布的海山链、成群排列的海山群或孤立存在的海山，占全球海山的 50% 以上（Wessel and Kroenke，1998）。海山链常表现为几个间隔很小的孤立火山呈链状展布，也称为火山海岭或无震海岭。夏威夷-皇帝海山链就是一条典型的大洋板内海山链（图 10-35），其最老部分已俯冲消亡。海山也会成群出现，如中太平洋海山群。此外，孤立海山

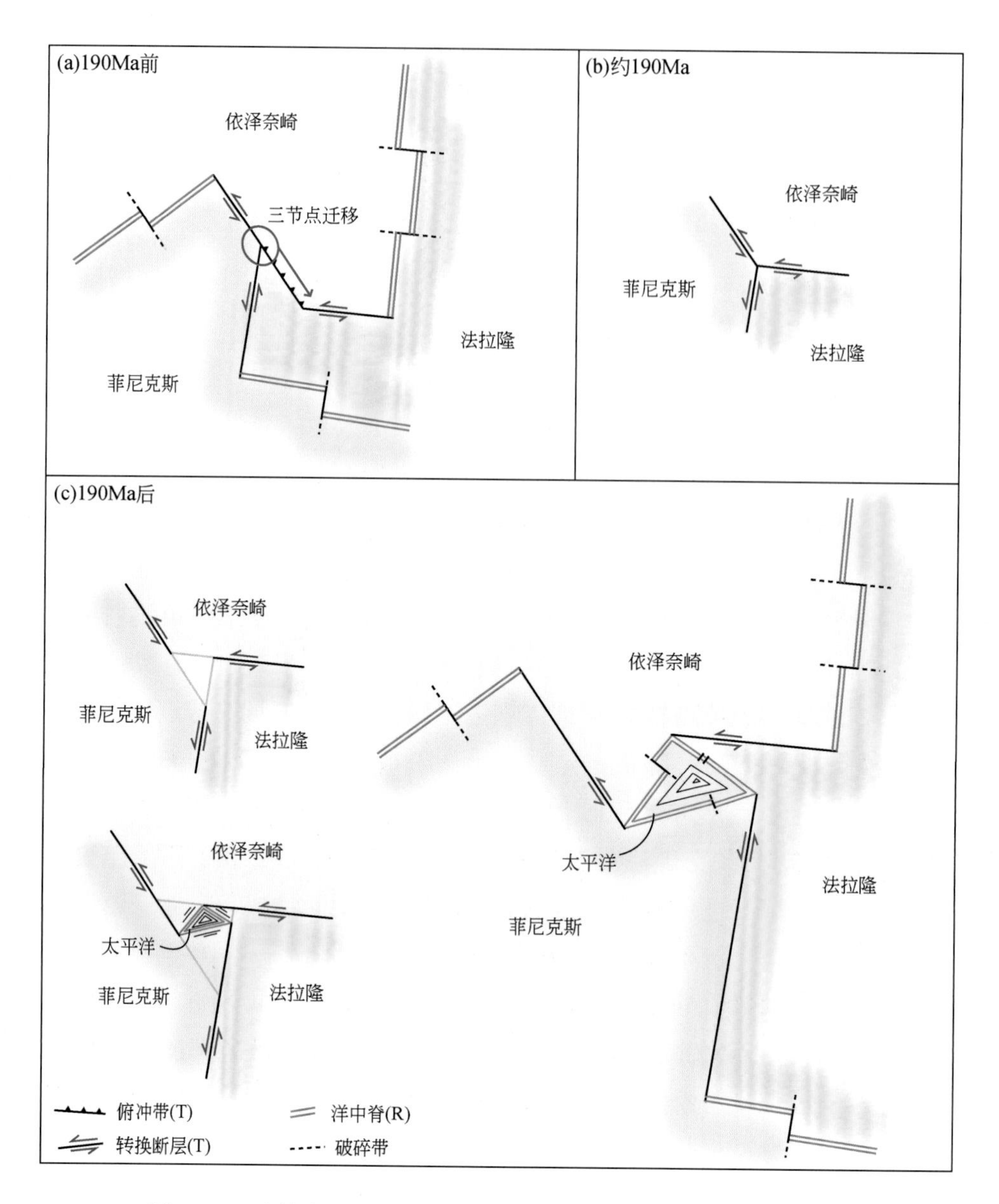

图 10-34　法拉隆-菲尼克斯-依泽奈崎板块系统及太平洋板块诞生的三阶段演化过程（Boschman and van Hinsbergen，2016）

则常出现于快速扩张的洋中脊处，大量小海山（小于 1km 高）则随机地出现在海底。

目前被普遍接受的板内海山起源假说是，它们形成于地幔柱的固定热点之上，如夏威夷、路易斯威尔、科布、鲍伊和加罗林热点等。热点海山链的走向和年龄演化记录了绝对板块运动矢量。然而，随着年代学数据增多，人们发现许多板内海山链没有表现出热点模型所预测的简单线性递增年龄序列。例如，莱恩（Line）群岛不具有正常的年龄递变规律。近期古地磁研究（Harrison et al.，2017）揭示，皇帝

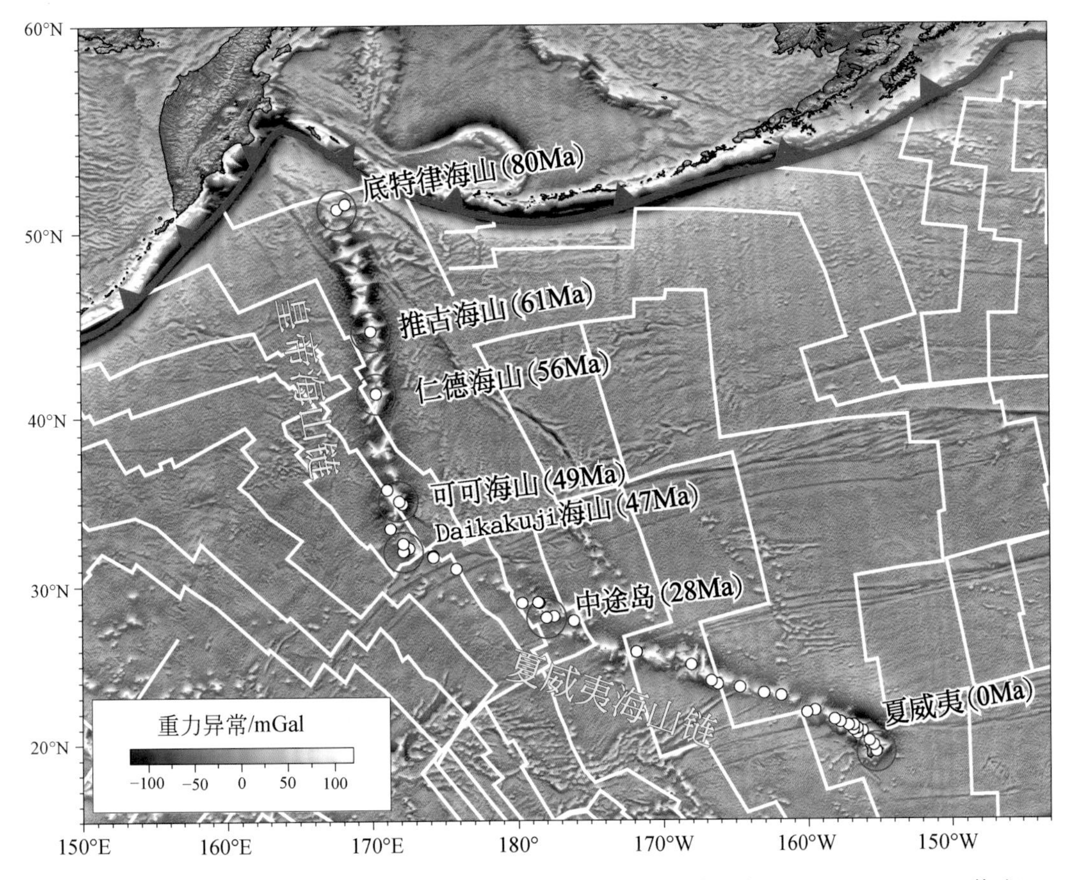

图 10-35　夏威夷-皇帝海山链地区重力异常特征与火山年龄分布（据 Torsvik et al.，2017 修改）

海山的热点源，在 43Ma 达到稳定之前，以约 30mm/a 的速度向南漂移，皇帝海山链形成在现今热点位置偏北的地方，故此夏威夷热点在晚白垩世发生了快速的向南运动。太平洋其他几个海山链在 43Ma 附近方向也发生了变化［甘比尔（Gambier）-土阿莫土、吉尔伯特-马绍尔和复活节海山链］，因此有人认为，热点也并非固定不动。很多海山链起源于洋中脊，最大的海山链与洋中脊岩浆通量高的位置有关。例如，胡安·德富卡洋中脊上的轴部（Axial）海山就是过量岩浆形成科布-艾肯伯格（Cobb-Eikelberg）海山链的位置。海山链的高度集中区临近超快速扩张的东太平洋海隆南部的最浅区域（图 10-36）。破碎带处也能发现少量的海山链，但与在洋中脊段发现的海山相比，它们规模更小的、岩浆通量更低。与热点形成的海山链不同，大多数靠近洋中脊的海山链的走向介于绝对板块运动和相对板块运动方向之间，大多数海山链与洋中脊一翼下部浅层软流圈流动方向平行。这些海山是在轴地幔柱或热点或浅部岩浆房与洋中脊复杂相互作用的产物，必然会产生一些微洋块。对这些海山周边海底地形进行深入精细的调查、分析，应当能发现一些微洋块，进而解释海山附近复杂的洋底构造演化历程。但是，迄今依然存在洋底大火成岩省到底是形成于地幔柱还是洋中脊之争。

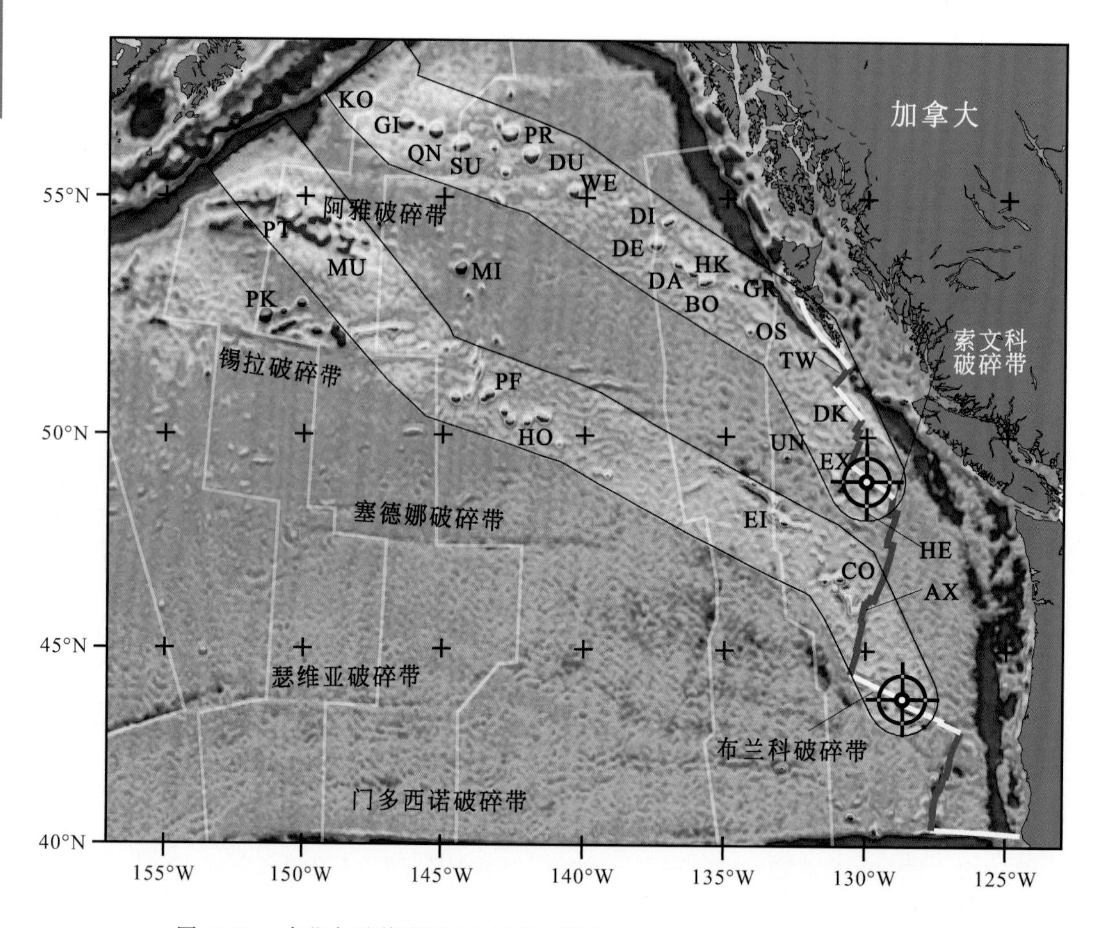

图 10-36 东北太平洋卫星重力异常与海山链（Wessel and Kroener，1998）

靶形十字线指示了科布和鲍伊热点的位置，推测的区域（宽为250km）以浅色阴影表示，白色细线为洋中脊、转换断层或俯冲带。海山名称：AX-洋中脊轴部海山；BO-Bowie（鲍伊）；CO-Cobb（科布）；DA-Davidson（戴维森）；DE-Denson（登森）；DI-Dickens（狄更斯）；DK-Dellwood Knolls（德尔伍德海丘）；EI-Eickelberg（艾肯伯格）；EX-Explorer（探险者）；GI-Giacomini（贾科米尼）；GR-Graham（格雷厄姆）；HE-Heckle（赫克勒）；HK-Hodgkins（霍奇金）；HO-Horton（霍顿）；KO-Kodiak（科迪亚克）；MI-Miller（米勒）；MU-Murray（默里）；OS-Oshawa（奥沙瓦）；PF-Pathfinder（帕斯芬德）；PK-Parker（帕克）；PT-Patton（帕顿）；PR-Pratt（普拉特）；QN-Quinn（奎恩）；Su-Surveyor（勘测者）；TW-Tuzo Wilson（图佐威尔逊）；UN-Union（尤宁）；WE-Welker（韦尔克）

（A）科布热点与脊-柱相互作用

科布海山（图10-36）位于洋中脊轴部东南260km处，以布兰科（Blanco）转换断层（128°40′W，43°48′N）为中心。这个位置说明向西迁移的胡安·德富卡洋中脊，在约2Ma与科布地幔柱相遇。尽管在布兰科转换断层的北边发现了多个海山，但没有证据表明胡安·德富卡板块上发生过大规模岩浆活动。因此，地幔柱物质或从约2Ma开始已经运移到了胡安·德富卡洋中脊处，这解释了现今轴部海山处的在轴火山作用，或者热点处于衰退阶段而不能穿透胡安·德富卡微板块的岩石圈。然而，布兰科转换断层具有转换断层内扩张的证据及相似的火山活动，新鲜枕状玄武岩样品显示出异常，大部分微量元素浓度和比值（如 La/Sm）相对于预测的模型来说过于富集。

（B）鲍伊热点与脊-柱相互作用

鲍伊热点（图 10-36）以 Sovanco 转换断层（130°0′W，49°30′N）为中心，比德尔伍德海山（225km）、图佐威尔逊海山（310km），尤其是鲍伊海山（600km）更靠南。实际上，鲍伊热点靠近赫克勒（Heckle）熔融异常处，这处异常被认为是赫克（Heck）、赫克勒和斯普林菲尔德（Springfield）海山的成因。这些特征（包括开拓者海山）实际上都与鲍伊热点有关。鲍伊热点似乎在近期板块运动方向改变（约 3Ma）后不再形成海山。这也许是因为加速的板块运动速率阻止了处于衰减阶段的鲍伊地幔柱穿透岩石圈，直到移动的洋中脊夹带着地幔有利于海山在洋中脊和破碎带环境下形成。探索者海山和赫克勒海山就是形成于这样的背景下。

（C）夏威夷热点与板内地幔柱

夏威夷-皇帝（Hawaii-Emperor）海山链是太平洋地区最为著名的火山链，主要由一系列的海山组成（图 10-35）。夏威夷-皇帝海山链的火山岩形成年龄具有单向递变规律。但是板块构造理论认为，板内是刚性的，这很难解释板内岩浆活动。因此，Wilson（1963）最初假设夏威夷-皇帝海山链不是由岩石圈破裂引起的，而是由热点熔融“烧透”岩石圈导致岩浆上涌喷发所形成的系列火山锥。有趣的是，其单向年龄递变方向与太平洋板块向北或西北的运动方向一致。根据夏威夷-皇帝海山链的这些特征，Morgan（1968）最早提出静态地幔柱假说，即热点是深部上涌的地幔柱在海底表层的表现形式。

一般认为，夏威夷-皇帝海山链成因与热点活动有关（Courtillot et al.，2003）。运动的太平洋板块在其下部固定的热点（地幔柱）上漂移滑过，热点（地幔柱）在热积累足够后，隔段时间就刺穿上部运动的板块。在一次穿透作用之后，热点（地幔柱）的热量衰减，进而热点（地幔柱）进入寂静期的热量积累。此时，上部运动的板块就不被刺穿，因而没有海山形成。如此穿刺期与寂静期交替的热点（地幔柱）活动就形成了一系列间隔的海山，且这些海山构成年龄递变的海山链。这个模型物理学上很合理，被广泛接受。然而，从地质上考虑，现今对该区下部是否有深成热点/地幔柱存在仍有争议（Montelli et al.，2004），又是什么深部因素导致该区深部存在如此长期的热异常或地幔柱也不清楚。另外的疑惑是，如果是地幔柱与大板块相互作用，为何海山链周边很难见到像翁通爪哇洋底高原周边那种大量微洋块形成？地幔柱柱头是否俯冲消亡了？由此可见，海山或洋底高原形成的环境还是存在差异的，可能确实是板内、板缘差异所致。

夏威夷-皇帝海山链主体是水下火山链，由 100 多个火山机构组成，延伸近 6000km，火山活动持续时间超过 80Myr。夏威夷-皇帝海山链一般被分为三个部分。

第一段是西北段最老的皇帝海山链，主要形成于85~39Ma，火山受到后期严重侵蚀，皇帝海山链上年龄最老的海山为81Ma的底特律（Detroit）海山。这段海山岛链一直延伸到西太平洋，在千岛-勘察加（Kuril-Kamchatka）海沟停止。第二段是夏威夷群岛的北西西段落夏威夷海岭，形成年龄主要在27.7~7.2Ma。这一地带多发生强烈的侵蚀作用，主要形成一系列的环礁、环礁岛、死火山。第三段是夏威夷群岛部分，被认为是最接近热点的地区，同时，整个岛链最年轻的火山岩也发育在这个地带，主体年龄在5.10~0.40Ma。夏威夷地区现今仍存在三个活火山［基拉韦厄（Kilauea）、冒纳罗亚（Mauna Loa）、霍阿拉莱（Hualalai）］。

夏威夷群岛的火山主体都是盾形火山，火山作用时期分为四个阶段：盾形火山活动前期、盾形火山活动期、盾形火山活动后期以及侵蚀期。第二阶段是盾形火山形成阶段，火山活动的主要时期，占夏威夷火山的95%~98%。其岩浆岩主体是拉斑玄武岩，而在第一、第三阶段岩浆岩则主要以碱性玄武岩为主（Frey et al., 1991）。夏威夷群岛火山岩根据地球化学特征大体分为两类（Hauri, 1996）：第一类为Loa系列，第二类是Kea系列。Loa系列玄武岩的主量元素和同位素显示良好的相关关系，其中，科奥劳（Koolau）火山的玄武岩显示了高的SiO_2含量和低的$^{143}Nd/^{144}Nd$比值；而Loihi海山玄武岩具有低的SiO_2含量和高的$^{143}Nd/^{144}Nd$比值；Kea系列则相对分散，并且部分具有向洋中脊玄武岩特征的演化趋势（Hauri, 1996）。在此基础上，一般认为Loihi、Koolau和Kea三个火山分别代表三个端元，可用于模拟超过95%的夏威夷地区火山岩的地球化学成分（Hauri, 1996）。Loihi和Kea火山熔岩可能起源于地幔橄榄岩的部分熔融，而Koolau火山熔体的组成可能来自一个镁铁质源区的部分熔融。火山岩地球化学特征研究显示，夏威夷地幔柱包含有地壳组分。Hauri（1996）根据不同的火山岩的分布和成分差异，勾勒出夏威夷地幔柱的分带性：Loa系列火山岩下部可能曾经处于夏威夷地幔柱的中心部位，并且石英榴辉岩成分可能主要集中在此，榴辉岩分布也不均一；而Kea系列火山岩的源区主要是环绕地幔柱外围的软流圈地幔。这些深部地球化学不一致的岩浆供给，是否并非源区成分本应均一的地幔柱成因，而是成分复杂的游移微幔块介入所致，还需要深入研究。

夏威夷-皇帝海山链作为典型的热点活动轨迹可能受到地幔柱影响。现今仍在活动的夏威夷群岛地区深部存在一个约1000km宽的深部隆起，被认为是仍在活动的深部地幔柱（Ribe and Christensen, 1999）。夏威夷深部地幔存在地幔柱可以直接从观测中获知，夏威夷地区OBS的研究也显示，其深部下地幔存在一个低地震波速异常带（Wolfe et al., 2009），但相关层析成像结果因为技术问题依然处于质疑之中，地幔柱是否存在依然没有确证。夏威夷火山链中活动的火山作用限定在仅几十千米范围的“点”上（故称作“火山热点”）。火山岛出现在大约1km高和1000km

宽的海底隆起上，向西北方向延伸。从地震剖面上得知，该隆起不是地壳加厚造成的，如此大的宽度也不可能是由岩石圈的挤压造成的。最可能的解释是，该隆起是板块下低密度物质的浮力所引起。因此，该隆起和当地活动的火山作用表明火山中心下面有上升的低密度物质组成的狭窄通道，即地幔柱存在（Davies，2005）。正如Wilson最初指出的，持续的年龄递变趋势说明熔融源区在地幔的深度足够深才能不随太平洋板块的运动而运动（Davies，2005）。因此，地幔柱延伸的深度大于其本身的直径。持续的火山作用也说明存在一个稳定并不断更新的源区。

尽管多数人认为，夏威夷-皇帝海山链地区受到地幔柱活动的影响，但夏威夷-皇帝海山链地区是否就是一个大火成岩省，仍然存在争议。Coffin 和 Eldholm（1994）认为，其可能为一个由海山群组成的大火成岩省。Sheth（2007）将夏威夷-皇帝海山链地区和印度洋东经九十度海岭一同定义为洋岛-海山链型大火成岩省。按照 Bryan 和 Ernst（2008）的定义，夏威夷-皇帝海山链地区虽然符合大火成岩省的其他定义，但是其长期（>80Myr）持续活动时间与大火成岩省常见的短周期活动不符合。如果将夏威夷-皇帝海山链地区的夏威夷海岭地区拿出来单独考虑，夏威夷海岭地区可能符合大火成岩省的多数特征。夏威夷海岭地区形成时间小于50Myr，每个火山独立形成时间小于5Myr（Sharp and Clague，2006）。夏威夷海岭主要由拉斑玄武岩和碱性火山岩组成，与夏威夷群岛火山岩相类似。

皇帝海山链是夏威夷-皇帝海山链地区的古老部分，其最老的部分是北部的明治（Meiji）和底特律（Detroit）海山（>81Ma）。皇帝海山链地区保存有大量的夏威夷热点在白垩纪期间活动的记录。明治和底特律海山地区的拉斑玄武岩与碱性火山岩相对于夏威夷群岛火山岩多数亏损不相容元素。底特律海山岩浆岩组分显示了 MORB 和 OIB 熔体混合的特征。而皇帝海山链中年轻的 Suiko 和 Daikakuji 海山（65～42Ma）地球化学特征与年轻的夏威夷群岛火山岩相类似（Shafer et al.，2005）。

皇帝海岭呈北北西-南南东走向，而在其东南部为较年轻的北西西-南东东走向的夏威夷群岛。火山链的年龄总体由北西西向南东东方向逐渐变年轻。两者之间存在一个明显的转折，这个大拐弯叫作夏威夷-皇帝海岭大拐弯（Emperor-Hawaiian Bend），海山链走向上发生了近60°的转变。一般认为，这与始新世（47～43Ma）时期太平洋板块的“旋转”有关，但如此大型的太平洋板块短时间内发生自旋在物理学上是行不通的，因为板块底部黏滞力巨大，因而，合理的解释是太平洋板块的运动方向从向北北西短时间内转变为北西西方向（Torsvik and Cocks，2017）。笔者曾提出，这种大板块运动方向的转变，是其板块边缘驱动力的转变所致。同时，一些古地磁研究（Tarduno et al.，2003）也认为，夏威夷热点在转弯形成之前（80～47Ma）向南发生了4°～9°的快速移动。Sharp 和 Clague（2006）研究认为，这一转变发生在50Ma。此前，也有研究认为，其与热点本身运动有一定关系（Norton，

1995)，或与太平洋板块变形导致的伸展背景有关（O'Connor et al., 2015）。持板块驱动观点的研究者提出，这些海山链大拐弯的动力学背景也可能和太平洋板块的重组密切相关。澳大利亚和南极洲板块重建发现，50～53Ma发生了一次重大的板块重组事件，并且该板块—地幔柱系统重组可能是50Ma左右皇帝-夏威夷海岭发生大拐弯构造的原因（O'Connor et al., 2015）。Torsvik等（2017）模拟了夏威夷-皇帝海山链和夏威夷热点活动，并认为相对于夏威夷热点向南的快速移动，太平洋板块移动方向的变化是夏威夷-皇帝海岭大拐弯形成的必要条件。事实上，这个大拐弯期间，现今太平洋板块的内部（当时可能为板缘）也形成了大量微洋块，某种意义上佐证了板块-地幔柱系统重组是大拐弯产生的原因，而太平洋内板块-地幔柱系统重组又是响应太平洋板块俯冲一侧边界重组或俯冲方向突变的结果。

50Ma以来，热点轨迹揭示太平洋板块做NWW向运动，似乎也难以用Scholl（2007）揭示的Olyutorsky洋底高原于74Ma沿Koryak-Kamchatka陆缘向北增生堵塞阿留申海沟来解释，但垂直阿留申海沟的正向俯冲转为平行海沟的NWW向斜向俯冲发生在50Ma（Scholl, 2007; Avdeiko et al., 2007）似乎可以给予解释。此外，50Ma之后的热点轨迹揭示太平洋板块做NWW向运动，也难以用垂直现今汤加俯冲带或马里亚纳海沟的NWW向俯冲板片拉力来解释（Reagan et al., 2019; Sutherland et al., 2020）。因为板块重建表明，50Ma左右，汤加俯冲带或马里亚纳海沟并非现今的NNE走向，而是NWW走向（Honza and Fujioka, 2004; Worthington et al., 2006）。这两条海沟在50Ma左右的走向与夏威夷热点轨迹平行，因此，太平洋板块当时是向南斜向俯冲到印度板块或新特提斯洋-印度洋之下的（Honza and Fujioka, 2004; Seton et al., 2012）。正是这个斜向俯冲导致菲律宾海盆NW向扩张（扩张中心是NE轴向）而打开，也就是说，菲律宾海海盆的打开机制类似现今的俾斯麦海盆（Mann and Taira, 2004; Holm et al., 2016）。可见，太平洋板块南、北两个陆缘都是高度斜向俯冲的约束性边界，不具有推动太平洋板块NWW向运动的动力。

如前所述，洋中脊基本都是被动响应其他俯冲动力学过程，不是主动推动板块运动的机制，故太平洋板块东部边界的洋中脊扩张，也不是其NWW向运动的动力源。最后原因只有可能是：太平洋板块西侧的古太平洋-太平洋洋中脊在55Ma左右俯冲后，太平洋板块开始沿NNE走向的东亚陆缘俯冲消减（Müller et al., 2008a; Seton et al., 2012）。这个俯冲消减的太平洋板片年龄自西向东由新变老，越来越冷的老板片相变产生的板片拉力越来越大，进而使得太平洋板块向NWW向运动。这个动力也体现在太平洋板块东侧磁线理24（53Ma）是西太平洋一侧动力的响应。因此，无论古太平洋当时的运动方向如何，50Ma热点轨迹整体转向都标志着古太平洋板块消亡，东亚陆缘俯冲由低角度热板片向高角度冷板片俯冲的转变过程中发生俯冲后撤所致。其中，20Ma的事件与新几内亚海沟向北主动后撤并与翁通爪哇洋底高原接触相关（Mann and Taira，2004）。这个岛弧-洋底高原软碰撞是一个常见的基本方式，说明洋底高原并不会主动俯冲，而是被动增生到陆缘，且常对海沟后撤起阻碍作用，进而导致新俯冲带形成和俯冲极性反转。该俯冲带后撤导致其自身由NWW走向的直线形态变成了直角拐弯的形态，并切断了俯冲盘上的一些热点轨迹（Mann and Taira，2004）。

（D）翁通爪哇热点与脊-柱相互作用

西南太平洋地区存在着一系列巨大的洋底高原，包括翁通爪哇、马尼希基、希库朗伊组成的大洋玄武岩高原（Ontong Java-Manihiki-Hikurangi Plateau），形成于122～120Ma（图10-37）。这三者具有相似的形成年龄结构和化学成分特征，几何边界也互补匹配，所以通常认为它们原本应为一个完整的大火成岩省，主要形成于白垩纪时期，因后期扩张作用而被洋盆分割。在东北部的瑙鲁（Nauru）海盆和北部的东马里亚纳（East Mariana）海盆内玄武岩均呈现与翁通爪哇洋底高原内玄武岩相似的喷发年龄和组成特征，说明翁通爪哇大火成岩省形成时的岩浆分布要远大于现今所呈现的范围（Taylor，2006）。通常认为，翁通爪哇-马尼希基-希库朗伊玄武岩洋底高原形成时期覆盖了地球表面约1%的面积，体积有$8\times10^7km^3$。

翁通爪哇洋底高原是世界上最大的洋底高原，主体由巨厚的玄武质岩浆岩组成。它的西北边界为利拉（Lyra）海盆，北部边界为东马里亚纳海盆，东北边界为瑙鲁海盆，东南边界为Ellice海盆。现今的翁通爪哇洋底高原覆盖面积为$1.5\times10^6km^2$，最高处距离海平面1700m，平均深度在2～3km，洋壳厚度估计至少为25km，但是局部可能达到36km，现今的体积在$5\times10^6km^3$（Condie，2001a，2001b）。

翁通爪哇洋底高原的岩浆岩主要形成于大约122Ma，另有一小部分形成于90Ma。翁通爪哇最初于1991年被发现，代表了过去200Ma以来地球上最大规模的海底火山事件，岩浆侵位速率为$22km^3/a$。玄武岩洋底高原上经常出现一定数量的海山，其中，翁通爪哇环礁是世界上最大的环礁。翁通爪哇洋底高原与所罗门群岛岛弧相碰撞，现今位于不活动的勇士号（Vitiaz）海沟，这条海沟目前是太平洋板块和澳大利亚板块的边界。研究认为，有大约80%的翁通爪哇大火成岩省物质被俯冲到所罗门群岛之下，只有最上部几千米厚的物质保留在澳大利亚板块。所罗门群岛的马莱塔（Malaita）岛（微洋块）是25Ma翁通爪哇洋底高原与所罗门岛弧碰撞时残留的翁通爪哇洋底高原仰冲碎片。这个岛上保留了唯一被发现的约4km长的翁通爪哇洋底高原剖面。这条剖面中岩浆岩的$^{40}Ar/^{39}Ar$同位素年龄为122Ma，并且具有单一序列的枕状拉斑玄武岩及相关的岩席和岩墙（Petterson et al.，1997）。

希库朗伊和马尼希基两个洋底高原与翁通爪哇具有相似的年龄及地球化学组成，被白垩纪洋盆所分割。希库朗伊洋底高原厚度为10～15km，是现今所知的少数几个已经与其他板块发生碰撞的洋底高原，现今俯冲到希库朗伊海沟，主要由一系

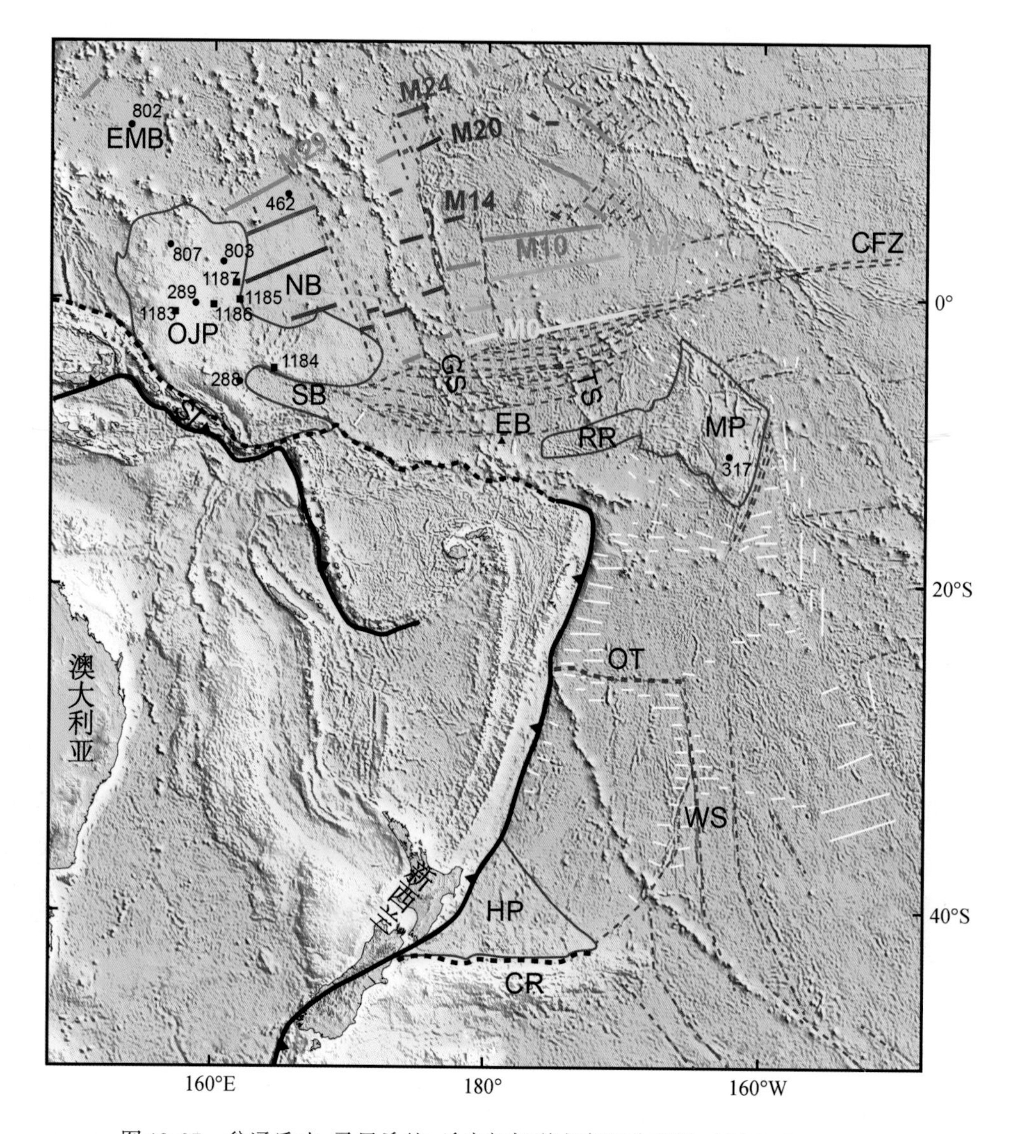

图 10-37 翁通爪哇-马尼希基-希库朗伊洋底高原分布图（据 Taylor，2006）

红线区域为翁通爪哇-马尼希基-希库朗伊洋底高原范围；白线表示磁条带；蓝色虚线表示破碎带；绿色虚线表示三节点轨迹；红色虚线表示裂谷边界；黑色虚线表示海沟；黑色实线表示俯冲缝合带；小黑点和数字表示大洋钻探井位（圆形 DSDP；正方形 ODP）；M0～M29 表示海底磁异常条带；图中简写：OJP. 翁通爪哇洋底高原（Ontong Java Plateau），MP. 马尼希基洋底高原（Manihiki Plateau），HP. 希库朗伊洋底高原（Hikurangi Plateau），RR. 罗比海岭（Robbie Ridge），CR. 查塔姆海隆（Chatham Rise），CFZ. 克利珀顿破碎带（Clipperton Fracture Zone），EB. 埃利斯海盆（Ellice Basin），EMB. 东马里亚纳海盆（East Mariana Basin），GS. 吉尔伯特海山（Gilbert Seamounts），NB. 瑙鲁海盆（Nauru Basin），OT. 奥斯本海沟（Osbourn Trough），SI. 所罗门群岛（Solomon Islands），SB. 斯图尔特海盆（Stewart Basin），TS. 托克劳海山（Tokelau Seamounts），WS. 许愿骨海崖（Wishbone Scarp）

列 80Ma 的玄武岩组成。其南部边界是查塔姆（Chatham）海隆，具有陆壳性质，是冈瓦纳古陆裂解时的陆壳碎片（微陆块），如今属于太平洋板块的一部分。这个洋底高原现今太平洋-澳大利亚板块汇聚速率在 5cm/a，在过去 20Myr 期间，150～200km 宽的高原物质俯冲到新西兰的北岛地区以下（Condie，2001a，2001b）。

从板块重建角度看，洋底高原似乎多数是被动俯冲，主动的因素是俯冲带后撤或俯冲板片相变产生的拖曳力使得海沟越来越接近洋底高原。这从斐济型洋底构造组合，即活动俯冲带-大洋型转换断层-活动洋中脊组合［图 10-38（a）］的演化就可以发现。这种最终组合实际也演化自其他不同类型的组合。斐济地区 20Ma 以来［图 10-38（c）］因太平洋板块向 NWW 斜向俯冲，导致垂直俯冲方向的汤加-克马德克海沟快速向 NEE 正向后撤，而斜向俯冲的北美拉尼西亚海沟斜向朝 NEE 向后撤相对缓慢，但因 10Ma 左右翁通爪哇洋底高原与该海沟中段相遇阻止了海沟后撤，伴随相应段落俯冲带死亡；同时，发生洋底高原与岛弧软碰撞过程中常见的俯冲极性反转，新的反向俯冲带形成［图 10-38（d）］。该新俯冲带与汤加俯冲带俯冲方向相反，两者反向后撤，因而必然出现一条调节两者的转换断层。该构造组合始于 8Ma，表现为活动俯冲带-大洋型转换断层-活动俯冲带组合［图 10-38（e）］。直到 1Ma 左右［图 10-38（f）］，因斐济对开门式弧后海盆和俾斯麦拉分式弧后海盆打开，东段和西段都分别出现了俯冲带-大洋型转换断层-活动洋中脊构造组合，但成因机制局部还有所不同。尽管如此，两者最终的动力起因都是太平洋板块主动俯冲后撤。海沟后撤是俯冲角度变陡所致，俯冲角度变陡是俯冲板片发生相变导致其密度加大产生了向下的俯冲拉力（即垂直向下的重力），可见相关转换断层也是被动成因。斐济转换断层是 Wilson（1965）列举的 6 类典型转换断层之一，但若按照后来一些教科书中的解读，从地震分布角度，转换断层与走滑断层的差别之一就是地震只会发生在转换断层段，破碎带段不会有地震。若此，有地震的转换断层是活动的；但若是走滑断层，地震会沿其全段发生。然而，上述这两种说法都不对，因为沿斐济转换断层没有地震发生［图 10-38（b）］，地震绝大多数发生在两端俯冲带。由此可见，这条转换断层实际上是不活动的，该转换断层两侧的板块也无相对运动，不存在相对位移，而是其两端俯冲带在后撤。如此，Wilson（1965）的转换断层原始定义是不完备的，尽管他没有探讨转换断层如何控制地震生成问题。总之，洋底高原或相关海沟附近一些微洋块的形成只可能与俯冲驱动力有关。

但是，也不能排除地幔柱可以“主动”触发一些微洋块形成，地幔柱“主动”触发一些微洋块形成的前提条件是地幔柱-洋中脊相互作用，像夏威夷地幔柱那样在板内就很少诱发微洋块，是因为地幔柱真的很少能“烧透”大洋岩石圈，地幔柱要形成大规模的洋底高原只能在大洋型大板块的薄弱板缘，而洋中脊作为张裂型板缘，减压效应最有利于诱发地幔柱上涌导致岩浆大规模溢流，因而，地幔柱上涌实际也是被动的过程。翁通爪哇大火成岩省起源的一个模型，就是基于地幔柱-洋中脊相互作用而提出（图 10-39）（Condie，2001a，2001b）。在 122Ma 之前，一条洋中脊迁移到翁通爪哇地幔柱柱头的上部［图 10-39（a）］；125～122Ma，地幔柱柱头的部分组分开始混合进入洋中脊扩张中心，导致洋底高原的组分开始沿着洋中脊的裂隙喷出

[图 10-39（b）]。此时，形成的岩浆具有地幔柱和洋中脊源区混合的特征。

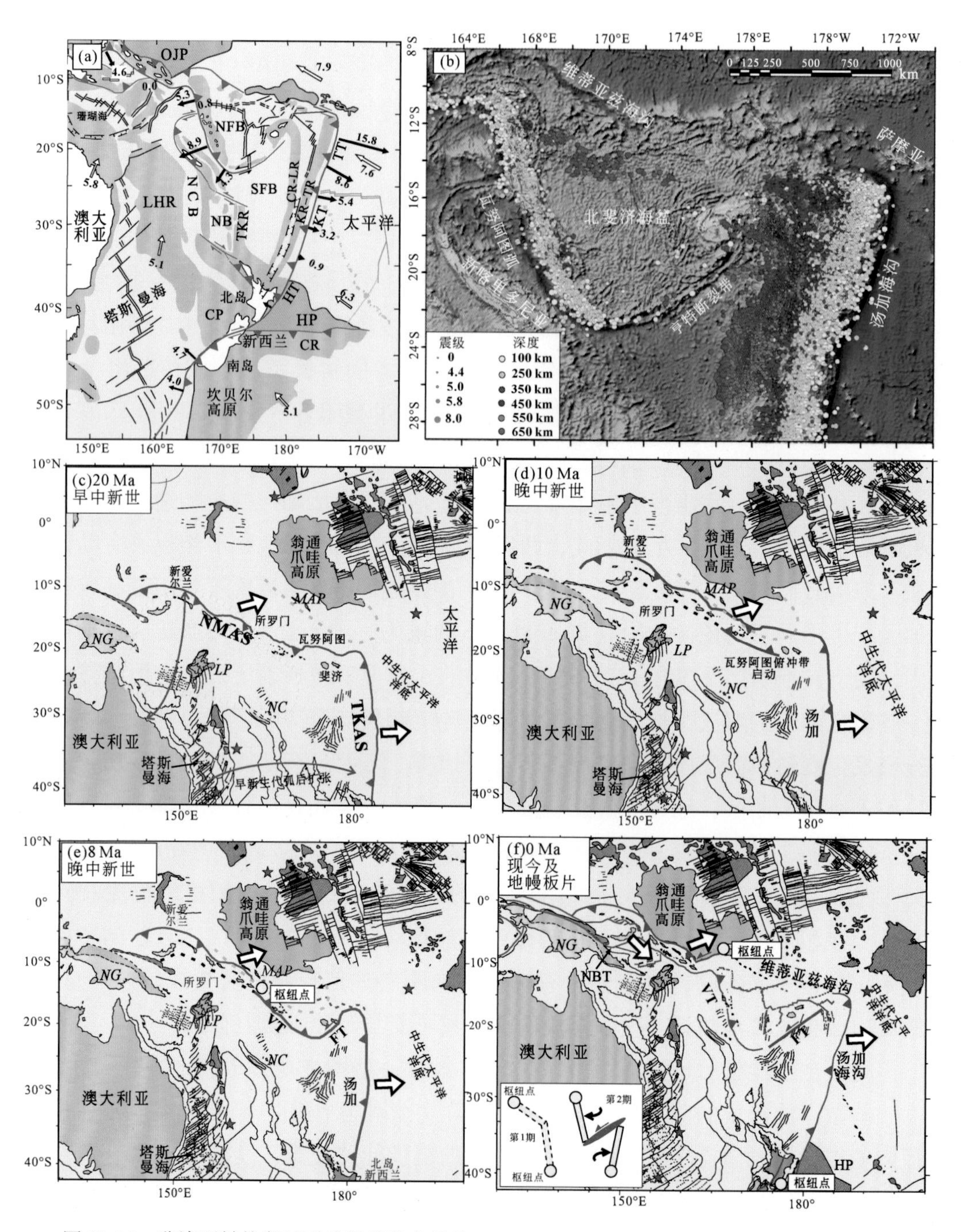

图 10-38　斐济型转换断层系统及其伴生构造（Mann and Taira，2004；Schellart and Spakman，2012；Patriat et al.，2015）

OJP-翁通爪哇高原；NFB-北斐济海盆；SFB-南斐济海盆；LHR-豪勋爵海隆；NCB-新喀里多海盆；NB-诺福克海盆；TKR-三王海脊；CP-挑战者高原；CR-查塔姆海隆；HP-希库朗基高原；HT-希库朗伊海沟；KT-克马德克海沟；TT-汤加海沟；CR-LR-科尔维尔-劳海脊；KR-TR-克尔纳德克-汤加海脊；NG-新几内亚；LP-路易西亚德高原；NC-新喀里多尼亚；MAP-马莱塔增生楔；NMAS-北美拉尼西亚弧系；TKAS-汤加-克马德克弧系；VT-勇士号海沟；FT-斐济转换带；NBT-新不列颠海沟

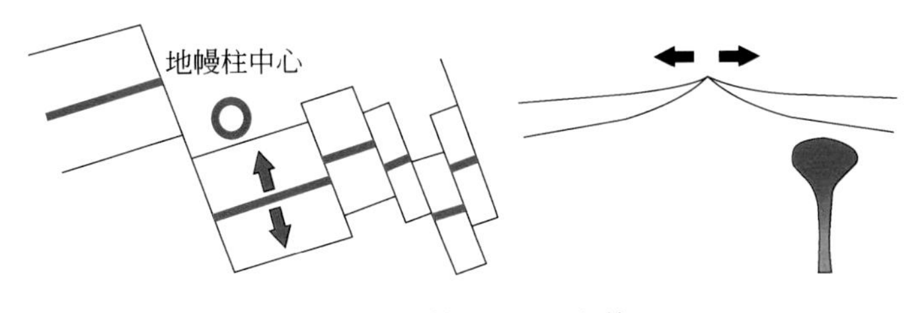

(a)靠近地幔柱，122Ma之前

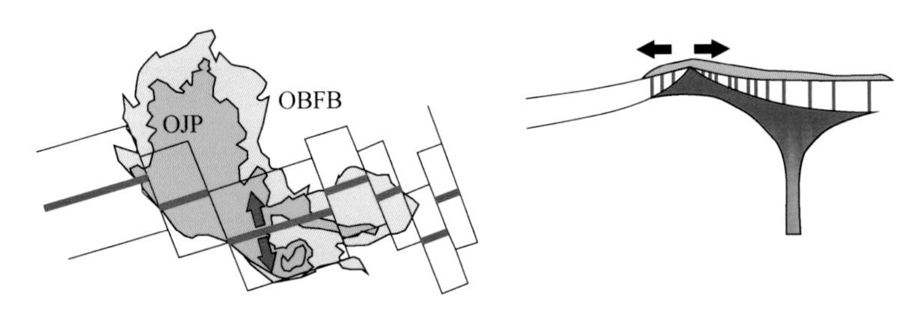

(b)翁通爪哇洋底高原主要侵入时期，125~122Ma

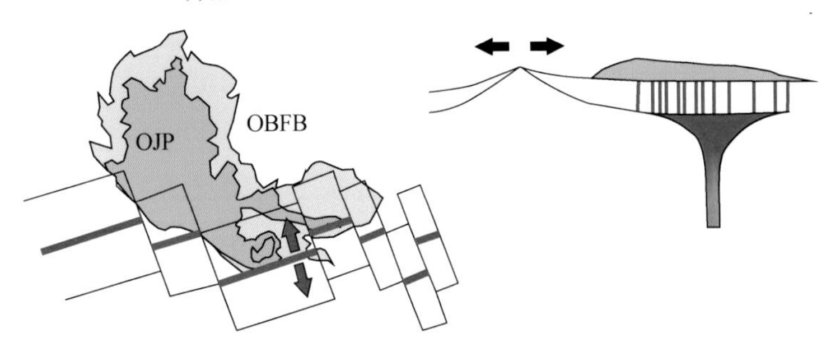

(c)翁通爪哇洋底高原第二次侵入时期，~90Ma

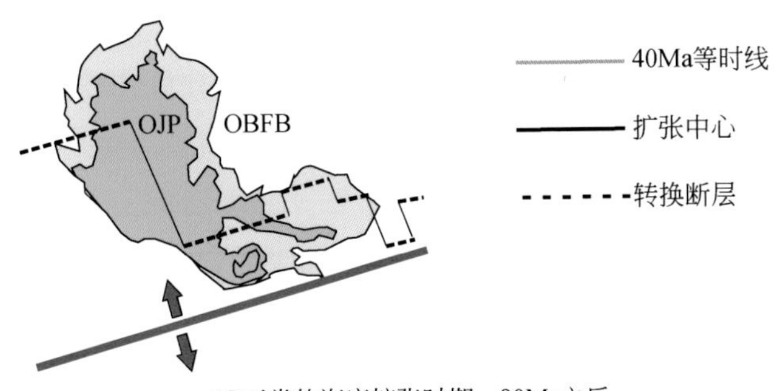

(d)正常的海底扩张时期，90Ma之后

图 10-39　翁通爪哇–马尼希基–希库朗伊洋底高原洋中脊–地幔柱相互作用（125 ~ 90Ma）（Gladczenko et al.，1997）

OJP-翁通爪哇洋底高原；OBFB-洋盆溢流玄武岩

随着大洋型大板块漂移，在洋底高原演化后期，地幔柱上部覆盖了厚的古老大洋岩石圈，但是岩浆喷发作用一直持续了约40Myr。与此同时，沿着岩石圈裂隙也贯入了一定量的岩席和岩墙（Castillo et al.，1994）。翁通爪哇大火成岩省的快速喷发也与全球性的早阿普第期大洋缺氧事件有关（125～124Ma），这期事件导致了124～122Ma全球黑色页岩的沉积作用。随着地幔柱岩浆活动在120Ma开始衰弱，洋中脊跃迁到翁通爪哇南部的地区，大洋扩张也在新的地区持续，并且这也被洋底高原的东部磁异常条带所证实［图10-39（c）］。在约90Ma，早期活动的地幔柱经历了一期再活跃的事件，或者一个新的地幔柱柱头开始发育，导致了翁通爪哇地区第二期的岩浆事件。但是，这一期岩浆活动要弱于第一期岩浆活动。翁通爪哇大火成岩省在2～3Myr的短时间内形成，一般认为，其形成与洋中脊快速经过一个地幔柱柱头有关，而随后这个地幔柱的柱尾可能也形成了30Ma左右的路易斯维尔（Louisville）热点地区岩浆岩，路易斯维尔海岭地区海山，其扩张开始于大约70Ma，并且有不同的同位素组成。

板块重建表明，太平洋-菲尼克斯洋中脊被动迁移应当是太平洋板块西南侧俯冲带俯冲动力的远程效应，因此，太平洋-菲尼克斯洋中脊被动迁移到翁通爪哇洋底高原位置才导致了翁通爪哇地幔柱与洋中脊相互作用，主动驱动这个过程的是俯冲驱动力。东亚陆缘南段或东南亚陆缘的翁通爪哇、马尼希基、希库朗伊三个洋底高原原本为一体，翁通爪哇地幔柱导致菲尼克斯板块于120Ma左右分裂为4个微洋块（Torsvik et al.，2019），翁通爪哇、马尼希基之间的Ellice盆地于127～84Ma打开（Taylor，2006），古太平洋中Ellice盆地中转换断层走向先为NWW，后为NW，与此时太平洋板块上的热点轨迹走向基本一致。这虽不能说明古太平洋板块也在向NWW向俯冲（索艳慧等，2017），但这与古太平洋板块沿东亚陆缘由低角度平板俯冲向高角度加速俯冲转变存在相关性（Li S Z et al.，2012；Liu L J et al.，2021）；而汤加俯冲带东侧的Onbourn洋中脊位于太平洋板块南侧，打开于112～86Ma（Worthington et al.，2006），84Ma之后Onbourn海区的转换断层走向与皇帝海岭轨迹走向一致。这可能与太平洋板块北侧的阿留申俯冲带或Kronotsky洋内的北向俯冲起始于83Ma（Hu J S et al.，2022）的远程效应有关。再依据Mortimer等（2019）的精细研究，表明115～95Ma Onbourn洋中脊NNW向扩张，虽然希库朗伊与冈瓦纳古陆北缘拼贴也在86Ma（Worthington et al.，2006），但希库朗伊堵塞海沟，特别是，84Ma之前的洋壳出现在Chatham海隆的东端，99～78Ma的板内熔岩喷发跨越了西兰迪亚（Zealandia）大陆、希库朗伊海台和洋壳，说明这三者已结合一体，直到Onbourn洋中脊死亡于79Ma。故110～84Ma Onbourn洋中脊的扩张动力，必然是其南部菲尼克斯板块向SW俯冲所致；84Ma之后Onbourn海区的转换断层转向必然与这条动力消失的俯冲带无关。

参考李三忠等（2019a）的重建，144～125Ma，沙茨基海隆位于法拉隆-太平洋洋中脊上，其NE向三节点轨迹反映了法拉隆板块NE向俯冲到北美洲板块之下的事件，法拉隆-太平洋洋中脊NE向跃迁导致125Ma之后沙茨基海隆变为了太平洋板块内部一部分，可见 144～125Ma 三节点轨迹并不是太平洋板块运动方向。125～100Ma 太平洋板块西南侧因部分菲尼克斯板块并入太平洋板块（Zahirovic et al.，2014），导致其 SWW 向俯冲带启动俯冲，使得已经在太平洋板块内部的热点轨迹为 SWW 向。随后，Onbourn 洋中脊在 100～84Ma 扩张的动力不应来自南部，据此时 NW 向的热点轨迹可以推断太平洋板块 NW 侧可能启动了一条 NE 走向的俯冲带（Yang，2013），相关俯冲带记录可能保存在日本增生楔外带或 Shimanto、Hidaka、Nemuro 和锡霍特-阿林地体中（Boschman et al.，2021）。但 Zahirovic 等（2014）的重建中显示，该过程是太平洋板块在西侧斜向俯冲到其方案中太平洋板块的唯一俯冲带，即南北走向的菲律宾岛弧之下的结果。84～50Ma 的太平洋板块内部热点轨迹是太平洋板块北缘的 Kronotsky 洋内俯冲起始所致（Hu J S et al.，2022）。

（E）路易斯维尔热点与脊-柱相互作用

路易斯维尔海山链（Louisville Seamount Trail，66～0.5Ma）被认为是一条热点活动轨迹，与翁通爪哇大火成岩省东部（～125Ma）有成因联系（Courtillot et al.，2003）。路易斯维尔海山链与夏威夷-皇帝火山链类似，常被用来确定在热点框架下 66～12.5Ma 太平洋板块的绝对运动状态。现今热点位置可能位于路易斯维尔群岛 0.5Ma 海山之下（Geli et al.，1998）。路易斯维尔海山链形成在 66Ma 之前，早期部分（>66Ma）可能已经俯冲进入克马德克海沟之下，实际是海沟主动后撤掩盖了该热点轨迹。在 125Ma 前后，路易斯维尔热点轨迹最初靠近翁通爪哇大火成岩省的东南部分，同位素研究也揭示，翁通爪哇大火成岩省的岩浆岩具有地幔柱组分（Mahoney and Spencer，1991）。

（F）沙茨基热点与脊-柱相互作用

西北太平洋有很多隆起，诸如赫斯海隆、夏威夷-皇帝海山、马尼希基海台、翁通爪哇海台、麦哲伦海隆、沙茨基海隆洋底高原等，附近也广泛发育微洋块。其中，沙茨基海隆（Shatsky Rise，145～110Ma）位于西北太平洋，在日本东侧约 1500km，临近夏威夷-皇帝海山链的西侧。一般认为，它是白垩纪时期太平洋内形成的一个大火成岩省，也是世界上第三大的洋底高原（仅次于翁通爪哇和凯尔盖朗洋底高原）（Geldmacher et al.，2014）。其形成时代与赫斯海隆、麦哲伦海隆和翁通爪哇-马尼希基-希库朗伊洋底高原相近。沙茨基海隆高出周边西北太平洋洋盆2～3km，宽约 500km，西南方向延伸约 1500km，覆盖的面积估计有 48 万 km^2，体积约 430 万 km^3，其下部的莫霍面深度为 17～20km，其洋壳厚度是普通洋壳的两倍左右（Sager et al.，2005）。沙茨基海隆粗略划分包括火山成因的三个主要微洋块：南部的塔穆（Tamu）微洋块、中部梧里（Ori）微洋块、北部希尔绍夫（Shirshov）微洋块。此外，也包括狭长的 Papanin 脊、Onjin 海山等几十个海山（Sager et al.，2005）。其中，塔穆微洋块被认为是现今世界上发现的最大巨型盾状海底单体火山，只有一个火山口，圆形穹顶最大宽度达650km，活动时间在145Ma（Sager et al.，2013）。另外，海隆深度和熔岩地球化学性质显示，沙茨基海隆和赫斯海隆可能是同一个起源。

沙茨基海隆还具有以下显著特征：

1）塔穆微洋块发育磁条带，钻孔得到的玄武岩测年为144Ma，和周围的磁条带计算得到的年龄一致。由于早于白垩纪是没有磁异常记录的沉寂期，但沙茨基海隆的磁条带记录了从西南部的M21（147Ma）到北部的M1（124Ma）（Sager et al.，2005），这与形成于磁静期的其他多数洋底高原不同。

2）年龄随着离塔穆微洋块距离加大明显减小，井位1213处的基底年龄是144Ma，与磁异常M19接近，表明塔穆微洋块主体的年龄为144Ma。梧里微洋块和希尔绍夫微洋块、Papanin脊的年龄比塔穆微洋块要小，梧里微洋块和希尔绍夫微洋块下最年轻的磁异常为M14（140Ma），Papanin脊形成于磁异常M10和M1（134～125Ma）之间。

3）磁异常M21～M3时期，三节点的9次跃迁导致大规模岩浆喷出作用，三节点在白垩纪时期（140～100Ma）漂移了约2000km的距离，并且岩浆岩的体积也随着三节点的演化轨迹而缩减。

4）非跃迁时期，洋中脊火山作用形成各微洋块之间的低海拔海山。

5）沙茨基海隆下岩石圈厚度为80～90km，与邻近大洋板块的岩石圈厚度接近。

6）在磁异常M21时，太平洋-依泽奈崎洋中脊旋转30°后重新定位。

7）沙茨基海隆是现今发现的洋底高原中，唯一形成于有磁极倒转时期、有磁条带记录的大型洋底高原（图10-32），当时的磁线理存在于高原的内部和周围，显示它形成于一个洋中脊-洋中脊-洋中脊（RRR）的三节点处，即晚侏罗世到早白垩世时期，沙茨基海隆形成于太平洋-法拉隆-依泽奈崎三节点区域，与洋中脊构造密切相关。

8）地球化学上，沙茨基海隆所取得的样品中还具有一些地幔柱特点（Mahoney et al.，2005），但也有MORB型玄武岩的同位素特征。

9）沙茨基海隆形成与三节点区域洋底高原的厚度及其耦合的熔体深度和密度，以及普通的洋中脊玄武岩有很大的不同，并且其源区可能存在俯冲再循环的物质，岩浆的体积也随着时间而逐渐缩减的趋势也与地幔柱活动的特征相类似（Heydolph et al.，2014）。

10）IODP 324钻井得到的有孔虫和浅海沉积物说明，在沙茨基海隆形成初期，火山作用的顶点在海平面或海平面之上，也就是说，当时太平洋还是一片浅水区（Sager et al.，2011）。

11）IODP钻井揭示，局部可见逆断层分布，迄今难以解释，可能与局部大洋汇聚带或微洋块拼合相关。

沙茨基海隆形成于磁性反转期，位于西北太平洋两组磁条带位置的汇合区，两组磁条带分别为：北东走向的日本磁条带（磁线理）和北西走向的夏威夷磁条带（磁线理）。传统观点认为，沙茨基海隆磁条带这样的展布格局，表明洋底高原形成于 RRR 型太平洋–法拉隆–依泽奈崎三节点处。但现今认为，它也可能形成于 RRF 型三节点处（图 10-34）。因此，沙茨基海隆可能代表了一系列与洋中脊旋转作用相关的高原，并且地震地层学和均衡补偿都表明该隆起的年龄和邻近的洋壳年龄相近，暗示三节点和隆起形成是有联系的。但是沙茨基海隆成因还有其他多种假说，分别涉及地幔柱、洋中脊、陨星撞击、降压熔融等。

根据板块重建，沙茨基海隆与翁通爪哇洋底高原、马尼希基–希库朗伊洋底高原、麦哲伦海隆可能都起源于南太平洋的同一个三节点（Sager et al.，2011）。沙茨基海隆火山作用的体积和年龄与三节点轨迹吻合很好。三节点的稳定性取决于相邻板块的运动方向和速率稳定性，RRR 型三节点无论洋中脊的方向如何都是最稳定的，这是因为速度线是速度向量三角形的垂直平分线，这些线交于一点。通过沙茨基海隆磁条带的分布情况可以看出，在磁异常 M22 之前，几何学上稳定 RRR 型或 RRF 型的三节点北西向移动。在磁异常 M21 时期，太平洋–依泽奈崎洋中脊的磁条带等时线顺时针旋转了 30°，RRR 型或 RRF 型三节点的稳定性受到破坏，导致沙茨基微板块形成及三节点东向跃迁 800km 到现今塔穆地块位置。有研究认为，地幔柱柱头、岩石圈拉力或脊–柱相互作用是三节点处等时线顺时针旋转及东向跃迁 800km 的潜在原因。地幔柱柱头假说同样也适用于太平洋–法拉隆–依泽奈崎三节点运动的解释。当洋中脊靠近地幔柱时，洋中脊–地幔柱之间物质通过软流圈相互作用，洋中脊跃迁到地幔柱中心位置引起岩浆喷发，形成大规模的火山岩。喷发过程中引起三节点稳定性破坏，三节点进而跃迁。三节点和地幔柱位置始终耦合在一起，地幔柱的间歇性喷发引起三节点的不断跃迁。直到磁异常 M3（126Ma），沙茨基海隆沿着三节点运动轨迹形成。

然而，沙茨基海隆形成之初磁异常 M21 时期的洋中脊重组迄今还不能确定是何种作用引起的。一种可能是，各大板块的运动速度发生变化，原先的大板块间的动力平衡态被打破，进而导致洋中脊重组。如果考虑大板块运动速度的变化由地幔柱柱头引起，那么地幔柱柱头如何通过作用于洋中脊处的大板块边界引起大板块速度改变的尚不清楚。此外，小规模的地幔柱也难以改变大型大板块的运动。还有一个问题是洋中脊重组的发生时间恰好是沙茨基海隆的形成时间，刚好在磁异常 M21 后，且沙茨基海隆爆发伊始，太平洋–依泽奈崎洋中脊还发生了 30°的顺时针旋转（Sager et al.，1988）。此外，西太平洋水深和磁条带还显示了其他类似的地幔柱和洋中脊相遇的这种巧合，有一些高原的形成沿着或接近三节点迁移路径，如太平洋–法拉隆–依泽奈崎三节点迁移路径，以及太平洋–法拉隆–菲尼克斯三节点迁移路径。

除此之外，这些高原的大部分都接近预测会发生洋中脊重组的地方。沙茨基海隆、赫斯海隆能够形成于靠近太平洋-法拉隆-依泽奈崎三节点的地方是由于三节点的东跳。类似地，麦哲伦洋底高原、中太平洋海山群最古老的部分，还有马尼希基洋底高原的形成，都接近太平洋-法拉隆-菲尼克斯三节点。可见，以单独的地幔柱柱头解释海底高原形成，就要求洋中脊动力学中许多低概率事件的重复发生。为了使解释更加合理，地幔柱柱头假说必须假设地幔柱柱头与洋中脊三节点因某种原因相互吸引。

地球化学方面，火成岩的地球化学及同位素数据对了解洋底高原的形成很重要，它们能提供地幔源区和岩浆形成环境的关键信息。喷出岩的来源可能有两个：一是核-幔边界处的超临界层强烈活动及地幔中的某些因素激发，都能打破原有的平衡和稳定状态，在岩石圈薄弱处加厚，最终演化成膨胀式的热地幔柱刺穿岩石圈而喷发；二是来自上下地幔边界处的熔融物质也能通过火山喷发导致玄武岩聚集。沙茨基海隆的熔岩流主要是枕状和块状玄武岩，其间夹杂一些火山碎屑沉积物。根据岩芯取得的数据，塔穆地块 U1347 和梧里地块的 U1350 样品类似于洋岛玄武岩（OIB），而洋岛玄武岩相比 N-MORB 更富集的不相容元素及放射性同位素；希尔绍夫微洋块 U1346、塔穆微洋块 U1348、梧里微洋块 U1349 都是拉斑玄武岩，位于塔穆和梧里高地之间的低海拔海山。IODP 324 航次之前获得的样品中，玄武岩 Sr-Nd-Pb 同位素比例相差很大，但却更趋近于 MORB 型。因此，鉴于数据的不充分性，沙茨基海隆样品中 MORB 及 OIB 型玄武岩均有产出，喷出岩的岩浆来源迄今不明确，也就不能确定是否为地幔柱柱头成因。

此外，很多重要的观察数据也不能简单地用地幔柱柱头模型来解释。地幔柱是地表热及主动上升流的主要来源，可能很容易捕获附近的洋中脊。假定地幔柱在塔穆微洋块处，距离形成之前的三节点 800km，地幔柱如何在这么远的距离处捕获洋中脊，引起三节点的重新定位？即使有其他作用力引起了三节点的跃迁，但地幔柱活动和三节点的板块运动相对独立，很少耦合在一起，因此，洋中脊被地幔柱捕获然后重组是偶发性事件，有很大的巧合性；另外，假定地幔柱随机形成，三节点周围 800km 范围内地幔柱柱头明显隆起的可能性只有 0.4%。因此，地幔柱柱头找到三节点的概率极低。除此之外，西太平洋水深和磁条带也说明，类似的地幔柱捕获洋中脊是巧合发生的。但事实是，现今太平洋洋底的很多洋底高原确实都形成于洋中脊重组附近。沙茨基海隆形成以后，Papanian 脊呈北北东向展布，在 43°N 大拐弯近 90°变成 170°E 的皇帝海山链走向。大拐弯的西部，Papanian 脊的走向和赫斯海隆西部的西北脊重合（Sager，2005）。因此，赫斯海隆可能是在太平洋-法拉隆-依泽奈崎三节点东向跃迁经过此处的地幔柱柱头时喷发形成的。还有麦哲伦高原-中太平洋海山中最老的部分以及马尼希基海台，是沿着太平洋-法拉隆-菲尼克斯三节点轨迹形成的。

对于洋底高原形成的洋中脊假说，三节点可能是关键。西北太平洋海隆的形成，与板块运动速度改变、洋中脊/三节点跃迁重组有关。西北太平洋的热流值和其他地球物理资料的分析表明，沙茨基海隆为一个形成于扩张轴（洋中脊）附近的废弃构造，实际多次三节点或洋中脊跃迁导致了10多个微洋块形成（Sager et al., 2019）。运动学计算显示，沙茨基海隆形成于板块三节点附近。对于沙茨基海隆，通过综合磁条带、钻孔岩芯等地球物理和地球化学方面的已有数据，以及IODP 324航次FMS测井得到的节理及火成岩接触的倾向玫瑰花图，从构造角度分析其形成历史时期内发生的构造过程和机制，结果表明，组成沙茨基海隆的三大地块中，塔穆微洋块和希尔绍夫微洋块是三节点跃迁过程中洋中脊之间相互作用形成，梧里微洋块很可能是地幔柱柱尾成因，但不排除洋中脊和地幔柱相互作用的过程。虽然陨石碰撞导致岩石圈裂开，继而下伏地幔的大规模减压熔融，岩浆喷发可以产生MORB型的洋壳，但陨石碰撞不能解释在异常M21时太平洋-依泽奈崎洋中脊顺时针旋转30°后的重新定位，对冲击区周围预期产生的大范围的海底破坏也缺乏证据，因此，这种模式可以不予考虑。

在沙茨基海隆形成的中生代时期，古太平洋板块和法拉隆板块在俯冲方向、速度、角度等动力学要素上，随时间是不断变化的。沙茨基海隆的形成明显与板块速度改变及洋中脊三节点重组有关。太平洋中的很多隆起可以用板块边界处和异常熔融地幔上涌的岩石圈应力变化引起的火山作用解释，而不需要三节点和地幔柱的始终耦合。晚侏罗世—早白垩世，太平洋-依泽奈崎洋中脊顺时针旋转30°及东向跃迁800km与古太平洋板块运动的方向和速度改变有关，这种旋转必然导致太平洋-依泽奈崎洋中脊东侧发生剪刀式快速和宽阔的撕裂，并使得三节点突然跃迁，相应的降压作用也易于诱导深部地幔柱柱头就位于这个剪刀式张裂的宽阔降压部位。因此，这可能是沙茨基海隆洋中脊-地幔柱相互作用的方式。

（G）海山群与小尺度对流

尽管地幔柱理论成功预测了一些海山链的诸多观测，但还不足以解释所有的大洋板内火山作用。地幔柱作为一个固定热点的地球动力学解释，阐明了年龄-距离线性关系显著、寿命较长、化学成分主体为OIB型的海山链成因。然而，许多平行的线性海山或海脊不仅寿命短（约为30Myr），缺乏年龄-距离线性关系，且与同地幔柱相关的海底高原无关联，其化学成分也不是OIB型，而是分散在HIMU和EMI端元之间，其成因迄今尚不清楚，但很可能与太平洋的LLSVP有关。

太平洋板块上的其他海山链，如Cook-Australs、马歇尔（Marshalls）、吉尔伯特（Gilberts）和莱恩（Line）群岛都有强烈的火山作用。尽管有学者提出太平洋海山链是一个“超级地幔柱”顶部弥散性的次级小地幔柱（plumelets）（Davaille, 1999），但其化学成分又不支持其与地幔柱存在相关性。因此，这些海山链不可能是由太平洋板块在一系列静态地幔柱之上运动时形成的。

有学者试图提出另一种机制以解释这种非热点型火山脊（non- hotspot volcanic ridge），称为岩石圈破裂作用（lithospheric cracking），破裂是由火山机构荷载下或热收缩的张应力诱导的，破裂控制了火山作用发生的地点和时间（Natland，1980）。然而，这个机制并没有对岩浆自身形成机制做出解释。破裂假说假定了一个广泛的先存部分熔融的熔体储库，这些熔体被汲取到这个储库中，软流圈中这个部分熔融的熔体层，原本是用来解释地震波低速异常的。然而，有研究揭示，没有必要用部分熔融来解释地震观测结果（Faul and Jackson，2005；Stixrude and Lithgow-Bertlloni，2005）。相反，软流圈中部分熔融作用由于残留体脱水地震波速反而会增加（Karato and Jung，1998），由于软流圈中部分熔体储库，与地球物理观测不一致，所以岩石圈破裂假说可以不予考虑。

另外一种可能的机制称为岩石圈底部小尺度对流（Ballmer et al.，2007），它可以很好地解释无年龄-距离线性关系的板内火山作用。岩石圈底部小尺度对流，不管岩石圈下冷的热边界层（TBL）是否超过厚度极限，依然可自发地形成于成熟大洋岩石圈底部，因为对流比传导是一个更有效的热传递机制。因此，长条状的熔融异常（热线，hotline）可以随着板块运动而迁移，岩石圈底部小尺度对流便会平行板块运动方向自发以 200 ~ 300km 的间隔排列，并卷成筒状，同时平行上涌（图 10-40）。这个过程也会导致原本一体的大洋型大板块近原地撕裂为多个条带状的微洋块。当小尺度对流停止时，这些微洋块也近原地死亡，并重新愈合为一个镶嵌式的大板块，因而不会破坏原来磁条带的空间格局。这些微洋块的生消过程或其产生的洋内

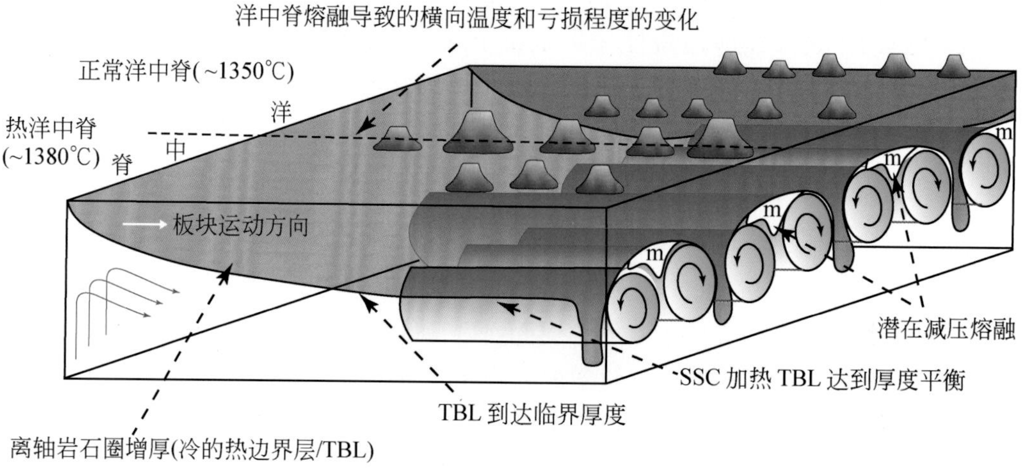

图 10-40　岩石圈底部小尺度对流模型（Ballmer et al.，2007）

当热边界层超过临界厚度时，岩石圈底部小尺度对流形成卷筒，并平行板块运动方向排列。其启动早于侧向密度不均一性，对较大的 T_m 或 η_{eff}（有效黏度），其启动则晚于侧向密度不均一性。m 表示熔体；SSC- 小尺度对流；TBL- 热边界层

相关盆地演化完全不遵循经典的威尔逊旋回路径。这里的微洋块类型也可称为小尺度对流型微洋块，未在第七章所列类型之中。

岩石圈底部小尺度对流的熔融作用是否发生、产生多少熔体，取决于岩石圈底部小尺度对流的启动年龄（onset age）。这个启动年龄对以下两个参数比较敏感：软流圈的有效黏度（η_{eff}）和先存岩石圈侧向密度不均一程度。低黏度和岩石圈侧向密度不均一性，两者都可触发年轻洋壳下的岩石圈底部小尺度对流。如果岩石圈底部小尺度对流在相对老和厚的岩石圈下启动，相对小的热异常（相对地幔柱）就不可能产生显著的熔融作用，因此，对于启动年龄较老的岩石圈底部小尺度对流，需要更高的地幔温度才可使较厚的岩石圈下部发生部分熔融。

岩石圈底部小尺度对流，通过破坏地幔顶部的热分层和成分分层而触发熔融作用。岩石圈底部小尺度对流上涌部位的热异常起源于软流圈地幔沿绝热线的平流，这种热异常依然不足以触发在洋中脊已经发生过熔融的亏损型方辉橄榄岩层的再次熔融。然而，一旦熔融启动，岩石圈底部小尺度对流就将移离其下行的席状亏损地幔层，进而下部新鲜的地幔将替换这个亏损地幔层，随后就触发熔融。但是，在洋中脊经历了更高程度熔融的亏损地幔层，具有浮力且更厚，即使当 T_m 值较大时，小尺度对流移离也显得很难。因此，洋中脊岩石圈底部小尺度对流形成较晚，且熔融作用可能会更深。另有一种观点认为，这些“热物质”实际可能是随着上覆板块运动诱导下漂移而来，或许是岩石圈底部小尺度对流的一种成因。

岩石圈底部小尺度对流诱发的火山作用持续时间受软流圈的次级冷却作用控制，熔融作用在方辉橄榄岩层移离后缓慢启动，部分熔融橄榄岩的密度，本质上会促进降压和熔融作用。因此，熔体产出和萃取作用（即岩浆分异作用），在它们启动后的 4Myr 内会持续增强，而岩石圈底部小尺度对流本身却可降低软流圈的温度，并不断将冷的热边界层卷入软流圈中，因此，在长约 1500km（对快速扩张的太平洋板块而言）的板块内，下伏熔融作用异常的火山作用持续时间基本就约束在 8Myr 内，故沿一条相关火山链的年龄不可能是渐变的。另外，因为熔融作用异常被拉长，火山分布不是点状的，其年龄关系就不可能是简单的递进规律，而更加复杂。这种熔融作用行为可以很好地解释太平洋一些令人迷惑的火山链无序年龄的观测结果，然而这也可能是多条年龄有序火山链轨迹沿走向重叠导致了貌似年龄无序的复杂性。

正如所预测的，一个板块运动在岩石圈底部小尺度对流引起的“热线”上发生的火山作用，绝大多数样品分别落在 1500km 和 1000km 的一个有限区带内。对于南太平洋“超级地幔柱”（实际为大型横波低速异常区——太平洋 LLSVP）海区的 Cook-Austral 海山链，以往认为是至少 3 个（Bonneville et al., 2006）或更多个小地幔柱所致（McNutt, 1998）。然而，另外一个解释是，由两幕不同的岩石圈底部小尺度对流相关的火山作用所致（Ballmer et al., 2010）。以往，McNutt（1998）认为，最年轻的火山作用可能在老的海底被南太平洋 LLSVP 引起的活化，例如，Cook-Austral 岛链（Pukapuka 脊）至少一幕岩石圈底部小尺度对流相关的火山作用有年龄递进规律，与绝对板块运动无对应关系。一些可以用地质演化过程中系统变化（T_m的系统降低）的岩石圈底部小尺度对流的启动年龄来解释。对于 Cook-Austral 和 Marshall 岛链而言，各自（平行）的次级火山链的侧向间隔与岩石圈底部小尺度对流的典型波长一致。然而，火山作用活动时期的更老洋底（如 100 ~ 50Ma）和比 T_m≤1410℃时岩石圈底部都可以用小尺度对流的简单预测模型，解释为易熔岩石（如富集型橄榄岩和辉石岩）的少量分馏所致的不均一地幔源区，因此，这些结果可以很好地一致起来（Ballmer et al.，2010）。位于达尔文（Darwin）隆起西缘的莱恩（Line）岛链也可以用岩石圈底部小尺度对流合理解释。莱恩火山显示了几乎同时的两幕火山作用事件，它们相隔约 2000km 侧向喷发在 55 ~ 30Ma 的海底（Davis et al.，2002）。这个海底年龄范围与岩石圈底部小尺度对流模型 T_m为 1380 ~ 1410℃的结果一致。莱恩岛链下软流圈中的侧向不均一性可假设为：在两次差异明显的事件期间，局部触发了岩石圈底部小尺度对流，因为远离不均一性的岩石圈底部小尺度对流邻域形成较晚，火山作用正如莱恩岛链所见，沿着单一线性演化，局部或幕式岩石圈底部小尺度对流意味着更缓慢的软流圈冷却，因此可以解释更长距离的熔融作用异常（约 2000km）。

岩石圈底部小尺度对流的火山作用需要软流圈或者为略低于平均值的 η_{eff}，或者为略高于平均值的 T_m。如果没有异常大的 T_m，对于岩石圈底部小尺度对流以及年轻海底上的火山作用的早期启动，略低于平均值的 η_{eff}（或侧向密度不均一性）则是必要的。对于在中等年龄海底上的火山链，如 Marshalls 和 Cook-Austral，略高于平均值 50℃的额外温度也足以导致大量的火山作用。然而，由热点或岩石圈破裂机制引起的更大的温度异常（远远大于 100℃），能诱发更显著的火山作用，巨量的熔体因为热和成分分层的翻转可出现并形成于洋中脊的地幔顶部，几个年龄约束较差的火山脊也可能起源于岩石圈底部小尺度对流。

B. 太平洋板块的微洋块

传统观点认为，太平洋板块是地球上洋内沿三支洋中脊逐渐增生壮大的、最大的大洋板块。前文也介绍了 FFF 型三节点处新生而来的新观点。实质上，太平洋板块是一个复合板块，否则难以解释新西兰东侧海底的坎贝尔（Campbell）、下加利福尼亚等微陆块如何进入现今的太平洋板块中（图 10-31、图 10-37 和图 10-38 中下部）。太平洋板块的新生代部分形成于东太平洋海隆和太平洋-南极洲洋中脊处，沿北美边缘发生走滑，在其他地方均是俯冲。现今太平洋板块的年龄在西北太平洋处最老，可达 190Ma；在东太平洋海隆和太平洋-南极洲洋中脊处最为年轻，至今仍在生成新的洋壳，这些活动段落热液喷口也相对发育（图 10-31）。此外，太平洋内还存在大量海山和16个热点（图10-31）。热点包括位于大洋板内的加罗林、夏威夷、马克萨斯、麦克唐纳、塔希提、皮特凯恩、萨摩亚、胡安·费尔南德斯和圣·菲尼克斯热点，位于板块边界的巴贾（Baja，“下”之意）、鲍伊和科布热点，位于洋中脊附近的复活节、加拉帕戈斯、路易斯维尔和索科罗热点（图10-31）。上述特征意味着太平洋板块内部复杂的演化可能与深部过程、大陆裂解有关。

地球深部最为重要的和最大的圈层是地幔，地幔是固体地球或岩石圈板块驱动力的核心圈层，但也可能相反。人们认识固体地球驱动力，必须认知覆盖地球表面积三分之二的海底大洋岩石圈地幔，只认识占地球表面三分之一的陆地或大陆岩石圈地幔是不全面的。地幔过程在海底的表现就显得极为重要。现今海底也存在三个动力学意义上而不是简单地形意义上的极端环境，即太平洋LLSVP（简称JASON）、非洲LLSVP（简称TUZO）和东亚环形俯冲系统（图10-28，也称俯冲黑洞）。它们实质是海底三个极端的地幔区域，控制了全球固体圈层的地球动力学演化，但也可能是前文第9章所述的微幔块塑造了这三个地幔区域。

（A）太平洋LLSVP与微板块生消的非威尔逊旋回

现今太平洋海隆发育的一些微洋块正是发育于太平洋LLSVP东段边界向上投影到太平洋海隆的节点部位。这似乎表明太平洋板块边缘部位的微板块形成与深部动力学具有某种耦合或遥相关关系。

IODP 324航次研究表明，塔穆微洋块可能形成于洋中脊环境，并且与地幔柱柱头存在相互作用，而梧里（Ori）微洋块形成于轴外环境，可能与地幔柱柱尾作用有关，结合FMS测井得到的节理倾向在梧里微洋块具放射状分布的特点，这表明异常热的产生可能意味着梧里微洋块下为地幔柱柱尾所在（Li S Z et al.，2016）。基于锶（Sr）同位素地球化学及微脉体的展布格局分析，结合FMS测井资料及已有研究进展可知，适合沙茨基海隆的成因方式可能为脊-柱相互作用+地幔柱柱尾方式（Li S Z et al.，2016）。Madrigal等（2016）通过板块重建还发现，下地幔横波低速异常区（LLSVP）的边界与洋中脊的交点处往往是洋底高原的形成位置（图5-4），这进一步证实，深部地幔柱与浅部洋中脊之间的相互作用在洋底大火成岩省形成过程中是重要的，这个脊-柱相互作用机制也是太平洋板块中众多微洋块形成的原因。当这些关系不再存在时，这些微洋块的活动性会立即消失，这些微洋块所在的洋盆历史就不为粗略而传统的威尔逊旋回所包括。

（B）洋中脊跃迁与跃生型微洋块形成

目前，地球深部的核-幔边界附近存在TUZO和JASON两个下地幔横波低速异常区（LLSVP，图10-28），在大地水准面上表现为异常高，这意味着深部的核幔边界附近存在上穹，正是这个上穹导致其上覆板块在微弱的重力作用下长期向周边下倾滑动，向低势能位运动。实际上，这两个大地水准面异常高早在20世纪70～80

年代就已经被发现（Anderson，2007），却始终不知道其地球动力学意义。大火成岩省作为深部地幔过程的地表表达，对认识地球行星演化至关重要。Madrigal 等（2016）分析了太平洋所有大火成岩省、增生到陆缘的相关地体的地球化学特征和年龄，重建了中侏罗世-早白垩世地幔柱上涌的脉动历史，以及它们与深部地幔柱生成带（JASON 的边缘）等之间的关系。通过岩石学模拟和地球化学大数据揭示，要生成现今依然保存的大体量洋底高原，这些深部上涌和洋中脊之间需以 10 ~ 20Myr 的时间间隔发生相互作用（图 5-4）。这个脉动也释放大量二氧化碳，进而冲击海洋生物圈，导致海洋幕式缺氧和海洋生物群体灭绝事件。同时，洋中脊与地幔柱的脊-柱相互作用过程会产生大量微洋块。

在沙茨基海隆实施的 3 口钻井火成岩脉体 Sr 同位素比值测试结果表明（Li S Z et al.，2016），脉体形成年龄为 100Ma 左右，比围岩的年龄晚 30 ~ 40Myr，这与岩浆喷发后热流值降低速率、相对正常洋壳冷却速率较慢有关，可能是由于深部异常额外热的加入，使得脉体沉淀结晶持续时间变长。这也表明洋中脊扩张可能受到地幔柱的影响，并受此影响而发生规律性跃迁。对沙茨基海隆两口井位火成岩脉体进行岩相学观察发现，脉体的生长方式主要有 3 种形式，分别为中间线向两侧脉壁的对称生长，一侧脉壁向另一脉壁的单向-侧向-增生生长及不规则填充生长。对于单向-侧向-增生生长情况，出现了生长线随时间迁移现象。梧里微洋块的 U1350 井脉体有比较显著的多期次生长特征，也就是说，经历了不同时期的结晶历程；希尔绍夫微洋块的 U1346 井脉体充填物质成分单一，生长方向也不好确定；U1350 井位脉体随深度增加展布宽度及排列方向都有变化。但总体来说，各脉体形成时所处的裂隙类型或为张节理，或为剪节理。在地球最长时间的反极性期形成海隆的太平洋-法拉隆-依泽奈崎三节点，被地幔柱柱头俘获，东向跃迁 800km 及顺时针旋转 30°，是形成南部塔穆微洋块形成的主要因素；而中部的梧里微洋块是地幔柱柱尾俘获迁移到附近的三节点，诱发岩浆喷发形成；塔穆微洋块北部、希尔绍夫微洋块、Papanin 脊、Onjin 海山则是三节点跃迁历程的产物（图 2-29 左图）。经测年及磁条带分析，沙茨基海隆形成时间为晚侏罗世到早白垩世，处于全球构造格局发生显著变化的时期，这为探讨中生代以来洋底高原的形成和全球的洋底构造演化提供了很好的证据。

对沙茨基海隆来说，鉴于 IODP 324 航次 U1349 井中脉体与火成岩接触倾向玫瑰花图及玄武岩样品显示 OIB 的地化特征，梧里微洋块可能与地幔柱柱尾成因有关。这说明在形成塔穆微洋块之后，三节点北东向跃迁运动过程中可能会和梧里处的地幔柱接近，一些地幔物质沿岩石圈底部运动到洋中脊进入扩张中心，地幔柱与洋中脊之间的岩石圈充分受热并软化，扩张中心阶段性移向地幔柱时也就是洋中脊和地幔柱柱尾重合时，引起岩浆物质喷发，形成了梧里微洋块。喷出作用提供了洋中脊跃迁的动力，之后三节点继续北东向跃迁，直至形成现今的沙茨基海隆众多微洋块的构造格局。因此，沙茨基海隆塔穆微洋块的形成比较符合洋中脊扩张学说，而对梧里微洋块的应力场分析，则显示梧里微洋块的形成较符合地幔柱柱尾假说。

Sager 等（2019）对沙茨基海隆详细的磁条带解析表明，沙茨基海隆可能与多中心分布式岩浆喷发有关，这种喷发不同于传统的集中式大火成岩省形成机制，是一种新机制。正如上文其他资料证明，沙茨基海隆的成因依然难以排除地幔柱-洋中脊相互作用的可能，特别是相关洋中脊的 9 次跃迁机制（图 10-41）是全球板块格局调整的局部响应，还是地幔柱-洋中脊相互作用所致，依然值得再甄别。但最可能的一点是，多次洋中脊跃迁事件不只导致了沙茨基微洋块的形成，沙茨基海隆以下或附近可能还存在 10 多个微洋块（图 10-41）。

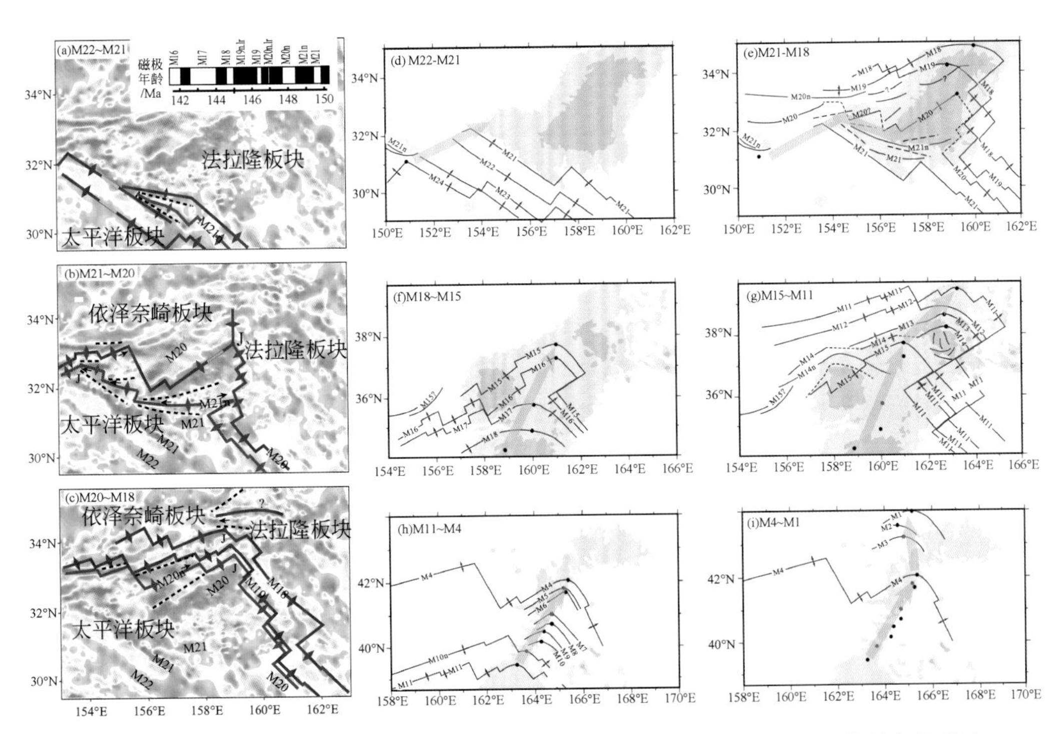

图 10-41　塔穆微洋块（实际为复合的微洋块）内的磁异常条带重建及多幕洋中脊跃迁

（左图据 Sager et al.，2019，右图据 Huang et al.，2021）

左图底图为磁异常分布，上图为 M21n 时期，洋中脊拓展而分裂的 M21 磁异常形成过程，黑色条形码插图为晚侏罗世—早白垩世地磁极性年表；中图为 M21n 和 M20 期间，洋中脊段发生了旋转；下图为塔穆微洋块北侧 M19 ~ M18 磁异常大拐弯的形成；蓝色（红色）线条为负（正）磁化异常。双箭头线代表洋中脊扩张方向。虚线为楔形异常包络线为假断层，指示洋中脊拓展方向，小的黑色箭头也标示拓展方向。红色和蓝色圆点（标注字母 J）为三节点位置。右图为沙茨基海隆形成期间的扩张脊和三节点演化，表示了 6 个阶段：分别为 M22 ~ M21、M21 ~ M18、M18 ~ M15、M15 ~ M11、M11 ~ M4、M4 ~ M1；蓝色线为磁等时线（负的磁等时线为正的极性磁化），箭头指示扩张方向，黑色点为太平洋-法拉隆-依泽奈崎三节点位置，绿色箭头表示该三节点迁移路径

另外，对太平洋海山和洋岛研究显示，马克萨斯（Marquesas）群岛（5.8 ~ 0.5Ma）可能与热点活动有关，而与此热点轨迹相关的海山和洋岛年龄在 74 ~

0.5Ma。但年轻的马克萨斯热点活动最初可能与沙茨基海隆（145～125Ma）和赫斯海隆（～100Ma）相关的后续热点活动有关（Clouard and Bonneville，2002）。

从这些例子分析表明，洋内跃迁型微洋块相关的洋盆演化并不遵循威尔逊旋回，这些微洋块演化没有经历俯冲消减，更没有经历碰撞造山运动，而是一种洋中脊扩张-跃迁-生长-失活过程，因此，相关局地洋盆的演化也只是威尔逊旋回的大洋盆地持续扩张阶段的一个精细补充。

（C）弧后裂解与微洋块增生拼合模式

西南太平洋在20Ma期间存在一条单一的半连续岛弧系统，北支为北美拉尼西亚岛弧，东支为汤加-克马德克岛弧。过去的20Myr内，弧后盆地拉分打开、弧后对开门裂解、洋底高原增生、大规模块体旋转、横切岛弧的走滑、俯冲带跃迁或俯冲极性反转等作用，使得斐济海盆中形成的大量（至少5个）微洋块并入了现今太平洋板块南部（图10-42）。在该区，太平洋板块南界本应当是向南俯冲的所罗门俯冲带或勇士号（Vitiaz）俯冲带，然而，8Ma以来，俯冲带转变为现今向北俯冲的瓦努阿图俯冲带（图10-42）。

这个地区的弧后盆地演化历史也不遵循威尔逊旋回，其起始虽然也是裂解作用，但这个裂解作用是俯冲所致，而不像威尔逊旋回中裂谷起始阶段的陆内裂解，后者触发因素也可能是地幔柱，如东非裂谷。其扩张过程在单支弧后洋中脊部位虽然是对称的，但也有些是走滑拉分控制的，如南、北俾斯麦微板块之间。其死亡也不是老威尔逊旋回中陆陆碰撞，而可能是俯冲后撤因板片断离、洋底高原堵塞阻断所导致。

特别是该区西部相邻的南海海盆的演化，也不符合老威尔逊旋回演化历程。其在南沙微陆块与华夏地块之间的打开过程是古南海板片俯冲拖曳力导致华夏地块南缘撕裂所致，是一种被动裂解机制，而非老威尔逊旋回中的裂谷演化阶段是主动裂解机制。其死亡更不符合老威尔逊旋回中裂开的原本两个大陆型大板块之间的碰撞，南海海盆关闭也不是南海海盆南北两侧的南沙微陆块与华夏地块碰撞所致，而是与菲律宾岛弧作为第三者、印支地块作为第四者介入有关。据此可以预测，未来南海海盆的关闭不是以原本分离出南海海盆的南沙微陆块与华夏地块之间旋回式回归碰撞，而是以与南海打开无关的且与南海海盆轴向垂直的菲律宾岛弧与印支地块的碰撞告终。

（D）微洋块拼贴与太平洋板块的异常快速增生

以太平洋板块85Ma（图10-43）为例，由于120Ma时期翁通爪哇和希库朗伊地幔柱与洋中脊的相互作用，导致太平洋-菲尼克斯洋中脊中段裂解增生出新的微洋块，类似太平洋板块诞生之初出现多个RRR型三节点。这些新生成的微洋块不断壮大，但因为深部地幔原因（可能是洋中脊移离地幔柱柱头所致），导致其85Ma突然

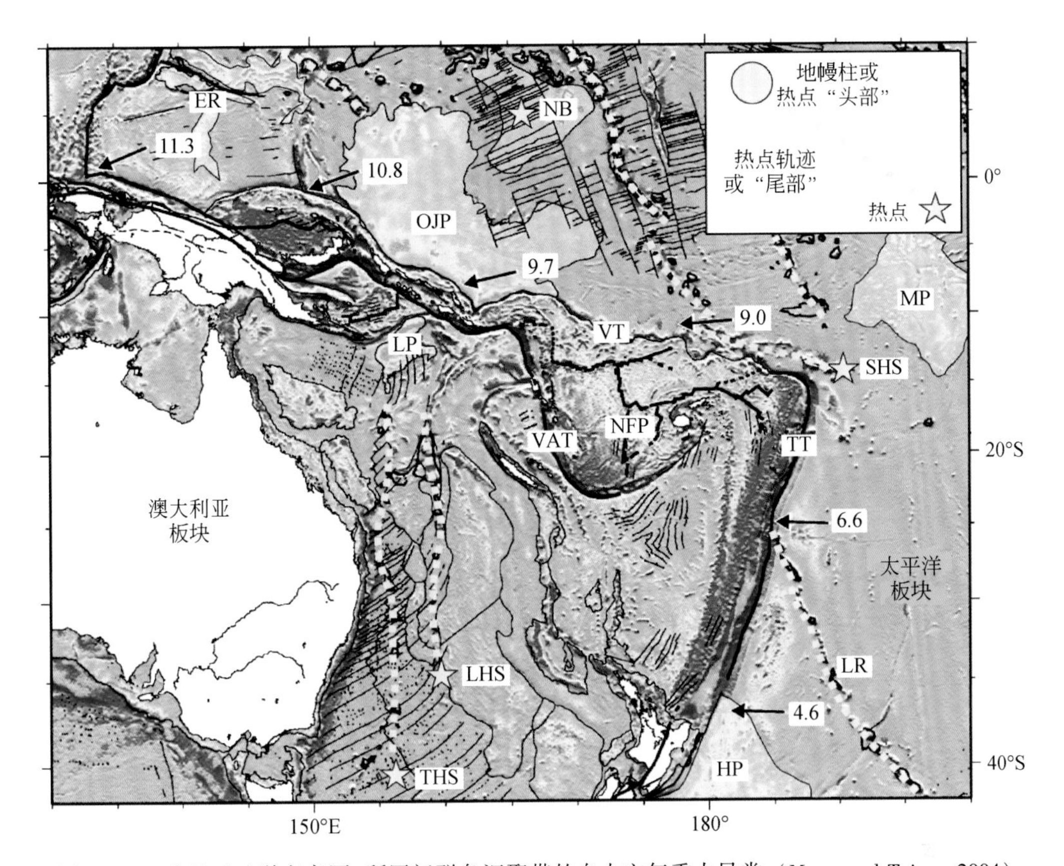

图 10-42 翁通爪哇洋底高原-所罗门群岛汇聚带的自由空气重力异常（Mann and Taira，2004）

箭头指示太平洋板块相对于邻近板块的运动方向和速率。大面积黄色区域是已知的或推测的洋底高原，黄色虚线指示热点轨迹或“尾端”。NB-瑙鲁盆地；ER-欧里皮克（Eauripik）隆起；LP-路易西亚德（Louisiade）高原；OJP-所罗门岛-翁通爪哇高原；VAT-瓦努阿图（Vanuatu）海沟；VT-勇士号（Vitiaz）海沟；NFP-北斐济洋底高原；MP-马尼希基洋底高原；SHS-萨摩亚热点；TT-汤加海沟；LR-路易斯维尔海脊；HP-希库朗伊洋底高原；THS-塔斯马尼亚（Tasmania）热点；LHS-豪勋爵热点

死亡，一些洋中脊废弃，快速合并进入太平洋板块南缘，使得太平洋板块表面积骤然增大。这个微洋块及其相关局地洋盆的消亡过程，显然主要受深部地幔因素控制，而老威尔逊旋回的出发点始终是岩石圈尺度的洋盆旋回，没有考虑深部地幔因素。此外，老的太平洋板块所在洋盆的生长方式体现为新的太平洋板块所在洋盆表现出突发性，这也不符合老威尔逊旋回中洋盆的渐进扩张方式，即并非洋中脊两侧对称而渐进的扩大方式。

特别是，太平洋板块、马尼希基微洋块、希库朗伊微洋块、Catequil 微洋块和 Chasca 微洋块之间的洋中脊，可能因为板块运动使得这些洋中脊扩张中心逐渐远离深部太平洋 LLSVP，导致对洋中脊的岩浆供应不足，其扩张作用进而终止，故都突然死亡而废弃，马尼希基微洋块、希库朗伊微洋块并入太平洋板块，仅残留希库朗伊-Catequil 洋中脊消亡。可见，太平洋板块生长过程不完全是沿着依泽奈崎、法拉隆、菲尼克斯、太平洋四个大板块之间三支洋中脊，通过简单的瓦因-马修斯-莫雷

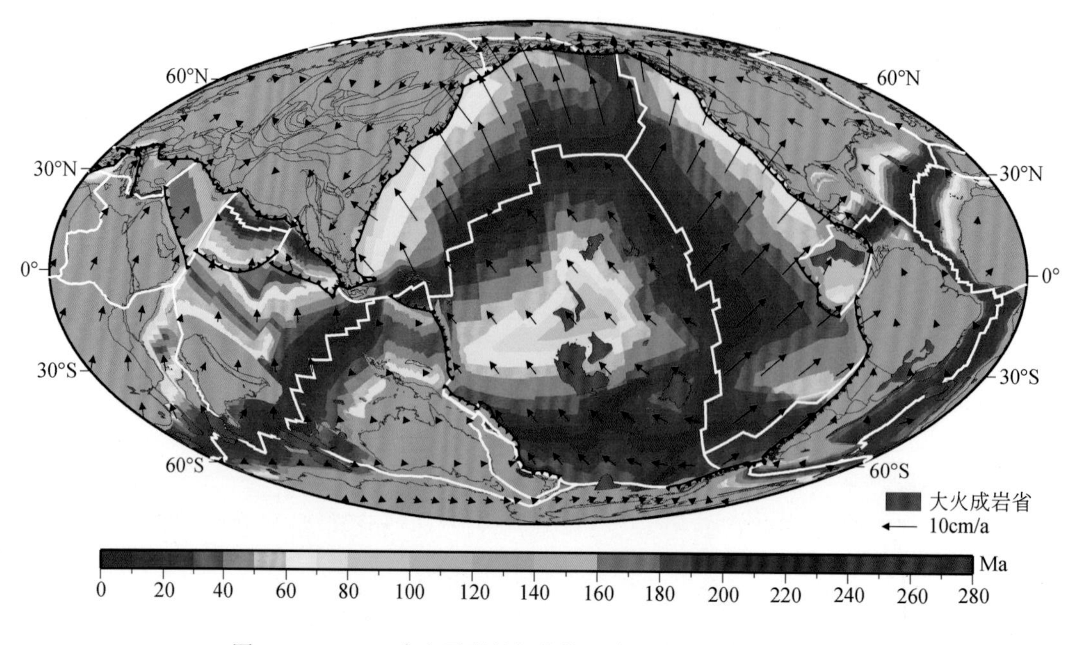

图 10-43 85Ma 古太平洋的板块构造建（李三忠等，2019a）

海底扩张模式逐渐生长而成，其生长行为表现为突然的壮大（图 10-43），使得一些大火成岩省和微洋块也变成了太平洋板块内部组成。正因为这个突变行为，导致现今太平洋板块表现为镶嵌式结构，而不是完整无损且统一的大洋型大板块。

C. 西太平洋洋陆过渡带微陆块

太平洋板块不是纯粹的大洋板块，在其边缘也发育一些微陆块。例如，新西兰东侧海底的坎贝尔洋底高原被认为是由冈瓦纳古陆 80Ma 裂离的微陆块，包括新西兰岛南部部分陆壳并入太平洋板块南部边缘的；再如，现今位于加利福尼亚湾西侧的下加利福尼亚岛弧型陆壳，则是在 10～5Ma 通过一系列复杂过程并入太平洋板块的（Atwater and Stock，1998），现位于圣安德烈斯断裂和加利福尼亚湾洋中脊与转换断层以西［图 10-44（d）］。在圣安德烈斯断层形成的 20Myr 前，整个加利福尼亚海岸是一条统一的俯冲带。这条俯冲带将北美洲板块与一个现今已经破碎而不完整存在的法拉隆板块分隔开。法拉隆板块当时沿着北美海岸向北美洲板块之下发生向东的斜向俯冲，太平洋板块通过一条离散型板块边界（洋中脊）与法拉隆板块分隔开，而这条洋中脊又被破碎带或转换断层分隔成几段［图 10-44（a）］，具体过程如下。

29～27Ma 时，分隔太平洋板块和法拉隆板块的太平洋–法拉隆洋中脊本身也发生了俯冲，导致太平洋板块直接与北美洲板块接触，而原先的法拉隆板块则分裂成两个次级残留小板块或微板块，即胡安・德富卡微洋块和科科斯小板块［图 10-44（b）］。由于太平洋板块相对于北美洲板块以较高的速率北向运动，在这两个板块之间的接触区域演化成了一条圣安德烈斯大陆型转换（走滑）断层［图 10-44（b）］。

约 27Ma 之前的这条最初的转换型边界很可能是俯冲带海沟的位置，如今为北美洲板块掩盖。

自 27Ma 前开始，圣安德烈斯断层系统向东跃迁过几次，且伴随法拉隆板块的俯冲，其长度向北和向南都发生了延伸拓展。这说明门多西诺和里韦拉三节点已经分别向北和向南发生了迁移，因此导致了圣安德烈斯断层系统的拓展延长［图 10-44（b）（c）］。因此，圣安德烈斯断层在靠近中段的位置最老，且位移最大，朝三节点方向逐渐变年轻。圣安德烈斯断层的向东迁移，说明原本为北美洲板块的一部分转变成了太平洋板块的一部分。这体现在现今太平洋板块东侧内部的几条断层，这几条断层可能标志了太平洋板块和北美洲板块之间的古边界。

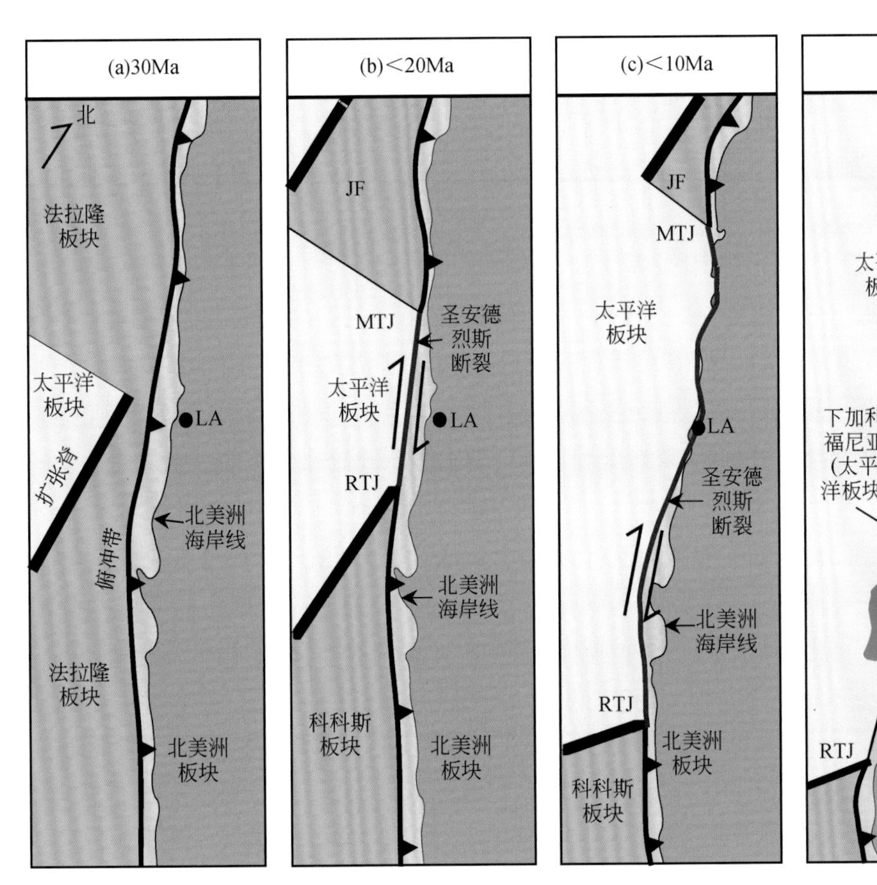

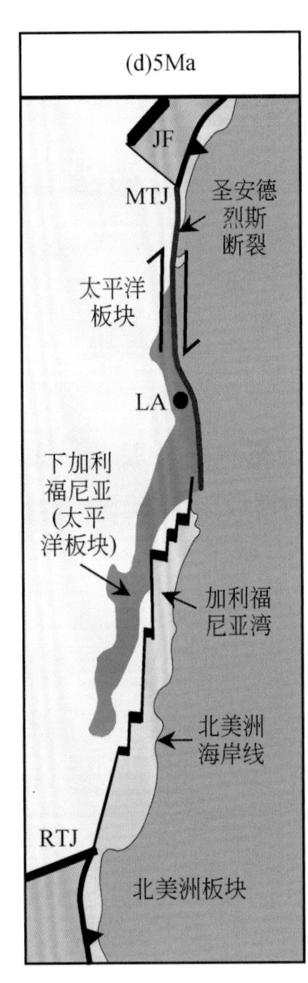

图 10-44　圣安德烈斯断层的演化（Atwater and Stock，1998）

MTJ-门多西诺三节点，RTJ-里韦拉三节点，JF-胡安·德富卡板块；LA-洛杉矶

圣安德烈斯断层南段一次主要的向东跃迁事件大约发生在 5Ma 之前，导致断层的缩短［图 10-44(d)］。自那时起，下加利福尼亚（Baja California）已经自墨西哥主大陆以 5cm/a 速度向北运移了约 241km。这次向东的跃迁形成了圣安德烈斯断层的大拐弯（Big Bend）。现今，法拉隆板块的残余体，仍以胡安·德富卡微洋块的形

式存在于门多西诺三节点的北部，以科科斯小板块的形式存在于里韦拉三节点的南部。随着两个三节点分别向北和向南的迁移，这两个微小板块也都会继续缩小。

此外，85Ma期间，可能是因为太平洋板块南部洋中脊俯冲具有阻碍作用，太平洋板块运动方向由110Ma的西向运动转变为85Ma的北北西向运动（图10-43）。这不仅加速了依泽奈崎和法拉隆板块继承原俯冲方向的俯冲，而且使得新特提斯洋-太平洋之间的洋-洋俯冲极性发生反转，使得新特提斯洋东段向太平洋板块之下俯冲，新特提斯洋东段俯冲系统向东拓展，并使得原本属于新特提斯洋的微陆块成为太平洋板块的西缘组成部分。在澳大利亚板块北缘（图10-43），一些微陆块曾经变成了太平洋板块一部分，而后期又因为俯冲极性反转回到并归属于澳大利亚板块。可见，在洋陆过渡带，板块边界在不同演化阶段是不断变迁的。在这些变化过程中，太平洋板块不再是纯粹的大洋型大板块，而是带有一些外来的微陆块（Li S Z et al., 2018a；李三忠等，2019a）。所有这些过程虽然都是老威尔逊旋回中的细节补充，但很多演化阶段是中断的，就此终结的，这些演化阶段就不符合老威尔逊旋回的洋盆演化历史了。

E. 太平洋板块消减与板下微幔块

太平洋板块正在消亡，是威尔逊旋回中洋盆衰亡阶段的典型实例。现今太平洋板块边缘在不断俯冲、消亡，但在消亡过程中，太平洋海隆也在不断生长扩张过程中，因此，太平洋洋盆不一定处于缩小阶段。通过地震层析成像技术，可以观察到现今俯冲到大陆下的板片形态和消减量，并估算地幔过渡带俯冲板片不同分段的年龄。

以西太平洋陆缘的日本地区为例，地震层析成像揭示出，太平洋板块向西俯冲到东亚大陆之下，并向东亚大陆腹地延伸超过2300km。通过将全球板块重建与地震层析成像相结合，揭示出了位于东亚大陆之下俯冲板片年龄分布（Liu X et al., 2017）。在靠近日本海沟处，俯冲板片的年龄相对较老，约130Ma。俯冲板片的年龄向西逐渐变年轻，在其最西缘，年龄约90Ma（图9-67）。这一结果表明，现今滞留在东亚大陆之下地幔过渡带中的俯冲板片是俯冲的太平洋板片，而不是俯冲的依泽奈崎板片，且现今滞留板片构成的地幔过渡带结构形成于30Ma以来（Liu X et al., 2017），但最可能形成于120Ma（李三忠等，2023a）。俯冲的依泽奈崎板片应该已经掉落到下地幔中了，甚至可见分成多段，具有不连续性，可能由多个微幔块组成。在地幔过渡带中呈水平状的太平洋板片最厚可达250km，其滞留时间在10～20Myr。这一时间被认为远远小于东亚之下大地幔楔存在的时间（Li S Z et al., 2019a），因此，现今大地幔楔中的一些微幔块可能是大陆岩石圈地幔拆沉所致，这些微幔块可能为不具有大洋岩石圈地幔属性的陆幔型微幔块。太平洋板片的俯冲促进了新生代东亚大陆岩石圈的进一步破坏或活化，表现为一系列的板内火山活动和弧后扩张作用；而依泽奈崎板片的俯冲则与早白垩世华北克拉通的破坏密切相关，但相关的依泽奈崎板片的微幔块可能下沉到了下地幔，相关研究还有待深入。

此外，层析成像成果揭示，古太平洋板块中生代向南俯冲到地幔的板片，可能现今滞留在澳大利亚板块和南极洲板块之下，其中，AAD 是澳大利亚和南极洲板块的离散板块边缘，该海域正好介于全球两个下地幔横波低速异常区 LLSVP（传统被认为是地幔上涌区，实际是成分异常导致的 V_s 低值异常区）之间，因而被认为是一个全球地幔下降流区域，与亚洲超级汇聚的下降流有无关联尚不明确。层析成像揭示，该区的地幔深部存在高速体（图 9-68），该高速体被认为是俯冲的古老大洋板片（Simmons et al., 2015），且古老的俯冲板片存在深、浅部耦合效应，使得该区表现为水深最深、重力值最高、洋壳最薄等特征。这些地幔滞留板片比较分散，且相对较小，但可能在地幔汇聚下降流作用下发生了聚合而比较集中，因此称为微幔块。其成因是洋内俯冲还是洋陆俯冲、俯冲时间如何、滞留板片与新特提斯洋或古太平洋消亡的关系等都不清楚。特别是，该区还可能发育海洋核杂岩，那么一个地幔冷点区域，海洋核杂岩形成机制又是什么？是否存在微幔块与岩石圈的遥相关作用？与古太平洋板块俯冲有何关系？这些问题都值得今后深入研究。

在现今太平洋板块的下方，层析成像也揭示出一些高速体的存在，这些高速体被解释为古太平洋洋内俯冲构造格局所致，并非现今很多板块重建中的古太平洋洋内为简单的三支洋中脊分割的依泽奈崎、法拉隆和菲尼克斯三大板块。可见，中新生代期间，在古太平洋内可能还存在一些古老洋内俯冲带，构造格局可能更加复杂多变。只是因为这三大古大洋板块几乎消失殆尽而难以完整重建，但残存于洋陆过渡带的岩石记录保存了相关过程的蛛丝马迹，例如，晚三叠世—早侏罗世（~200Ma），本都（Pontus）洋可能沿洋内 Telkhinia 俯冲带向东俯冲到古太平洋或塔拉萨洋（Thalassa）中依泽奈崎板块的 Okhotomorsk 和南 Kitakami 微洋块之下，如今，这些俯冲的大洋岩石圈板片可能正位于现今的太平洋板块下 2300km 地幔深处（Yang Y T, 2013；van der Meer et al., 2012）。

van der Meer 等（2012）依据现今太平洋之下地幔层析结构，推断古太平洋内板块由三部分组成：西侧为一个分别向西部陆缘和向东洋内俯冲的大洋板块，中部为本都洋内的大洋板块并向东侧依泽奈崎板块俯冲，东侧为塔拉萨洋内的依泽奈崎板块。塔拉萨洋内除依泽奈崎板块外，还有法拉隆、菲尼克斯板块，以及其他一些微洋块，因而，古太平洋内存在较多大洋板块组成的多板块格局，而不是前人认识的古太平洋板块为单一依泽奈崎板块（图 10-45 左下）。与此不同的是，Boschman 等（2021）认为，东侧依泽奈崎板块向西侧的本都洋内的大洋板块俯冲。此外，在 Domeier 等（2017）针对古太平洋北部的板块重建方案中，依泽奈崎板块与库拉板块之间增加了 Kronos 板块和一个未命名的可能板块，Kronos 板块与库拉板块之间为一条西向俯冲带，未命名的可能板块与西侧依泽奈崎板块、东侧 Kronos 板块之间皆为转换断层。Vaes 等（2019）将古太平洋内的板块格局划分为更多板块，包括依泽奈崎板块、欧亚板块、Kronotsky 板块和库拉板块。

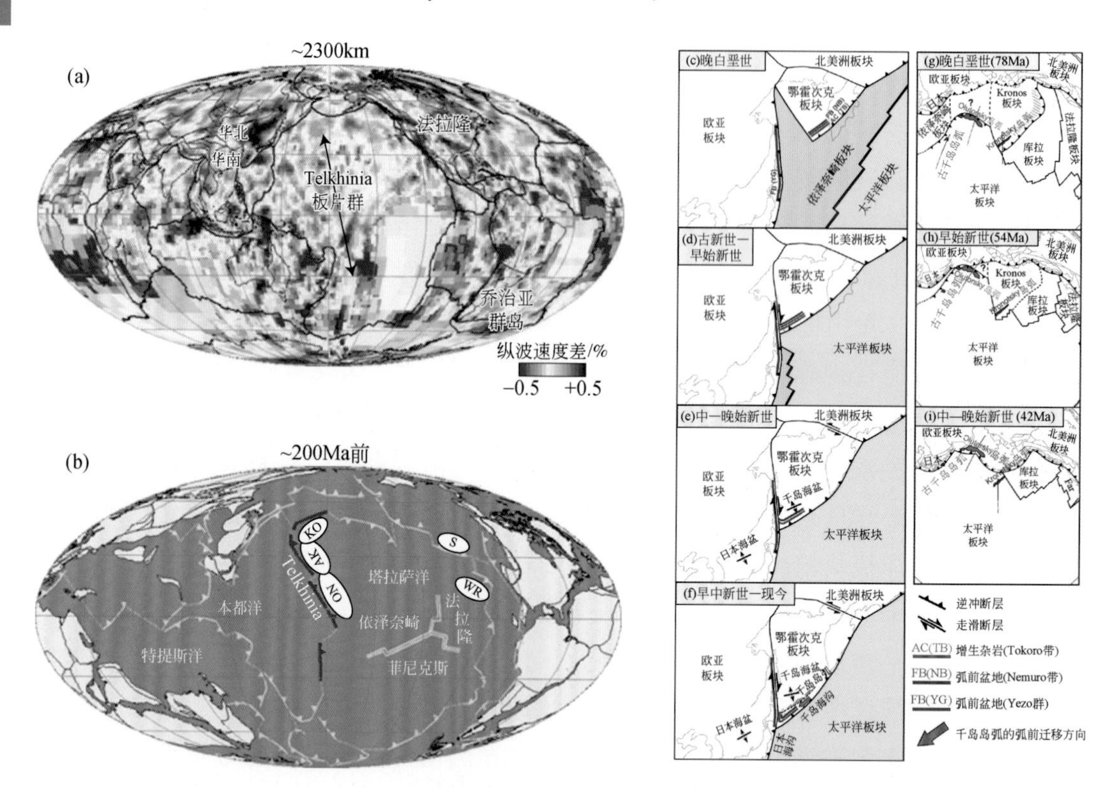

图 10-45　层析成像揭示的古太平洋内俯冲系统及多板块构造格局

（van der Meer et al.，2012；Domeier et al.，2017；Zhao P et al.，2018；Harisma et al.，2022）

Far-法拉隆；KO-科雷马-奥莫隆；AK-阿纳德尔-科里亚克；ON-奥库-新冠；S-斯蒂基尼亚；WR-兰格利亚

此外，Wu 等（2016）提出了一个新的西太平洋的板块重建方案（图 10-46）。图 10-46 中这些恢复的东亚海板片和古南海板片，是否古太平洋板块还未可知，有可能是太平洋板块俯冲新形成的不属于古太平洋板块的部分，但肯定不属于太平洋板块，更不可能是新特提斯洋的部分，因为多数学者认为，新特提斯洋此时已经关闭（Ding et al.，2005；Hou and Cook，2009；Xiao，2015；Suo et al.，2020）。但在 Zahirovic 等（2014）的重建方案中，古南海显然是依泽奈崎板块俯冲到 65Ma 诱发的弧后盆地，该弧后扩张将巴拉望微陆块从华南陆缘撕裂出去，并拼贴到现今位置。

不同的多板块模式哪个更符合地质、地球物理事实，可通过设定不同的边界条件和初始条件，开展地幔动力学模拟实验进行检验。例如，太平洋-泛大洋板块格局是地球科学的一个挑战性难题，因为早侏罗世太平洋与劳亚古陆之间存在大于 9000km 宽已经消失的板片。为此，Lin 等（2022）针对 4 种泛大洋全球板块重建模

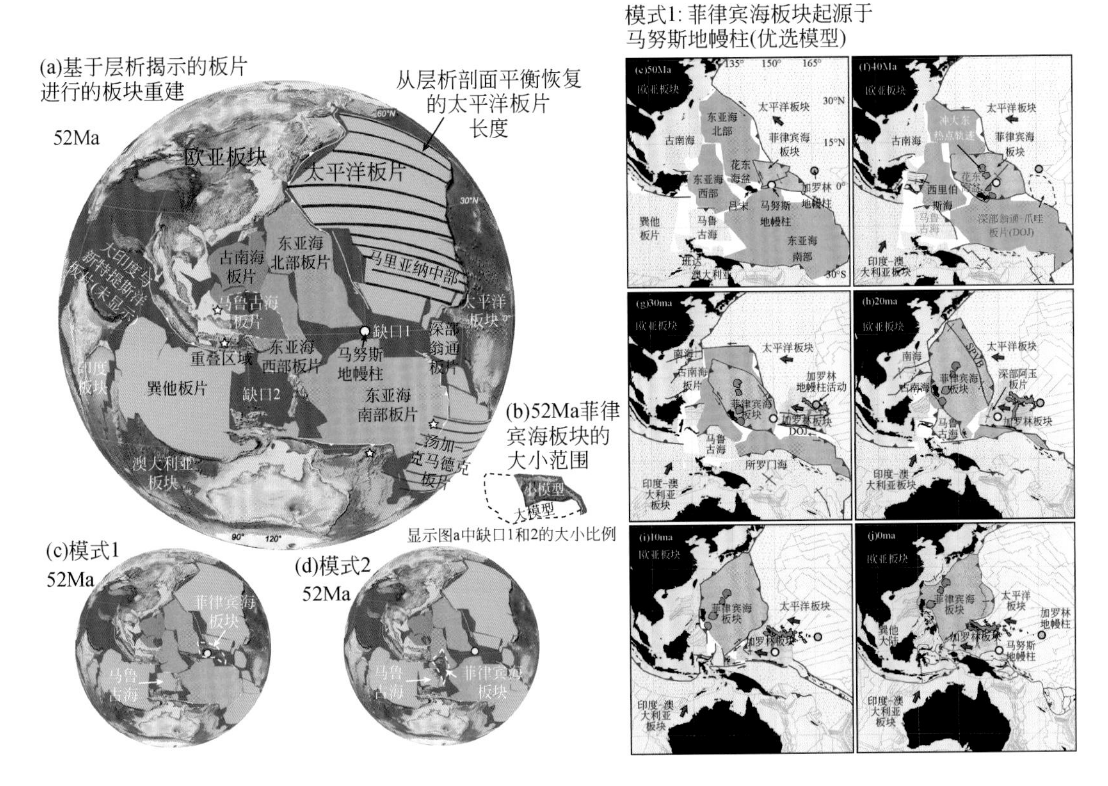

图 10-46　西太平洋 50Ma 以来的多板块重建方案（Wu et al.，2016）

型中洋内俯冲模式，同化其速度场，通过对比预测地幔结构和层析成像结果，进行了数值模拟实验检验（图 10-47）。研究结果表明，现今太平洋之下地幔中的高速体可能为依泽奈崎板片（或微幔块），模型与洋内俯冲模型更吻合层析成像、大地测量及残余地形观测。这不仅挑战了传统的东亚安第斯型陆缘模式，而且依泽奈崎板块向西俯冲后发生 SE 向的侧向板片回卷，并自中生代以来垂向下沉到了约 2500km 地幔深度。这些模拟结果再现了层析揭示的现今地幔结构特征，进而还确定了当时洋内俯冲带的位置不是 van der Meer 等（2012）直接解释的依泽奈崎板块向东俯冲所致。

如今，对（古）太平洋板块的认识取得了长足进步，但（古）太平洋板块重建还是非常粗略的，对其成因认知也存在巨大差异，因而，由此引出的全球地幔动力学模拟成果几乎都是粗略的，需要开展新一轮数值模拟。随着板块重建的约束越来越精细，古太平洋内的板块格局恢复必然越来越准确。

然而，Wu 等（2022）最新研究成果，虽然也没有依据约束古太平洋–太平洋洋中脊为轴的对跖部分之外古太平洋板块的构造格局，但对消失的古太平洋板块对跖部分取得一些较好的约束，揭示出包括太平洋板块西半部分对应的消失的（古）太平洋板片可达 2230 ~ 5000km 宽。该板片在白垩纪俯冲消减于华北、堪察加和马里

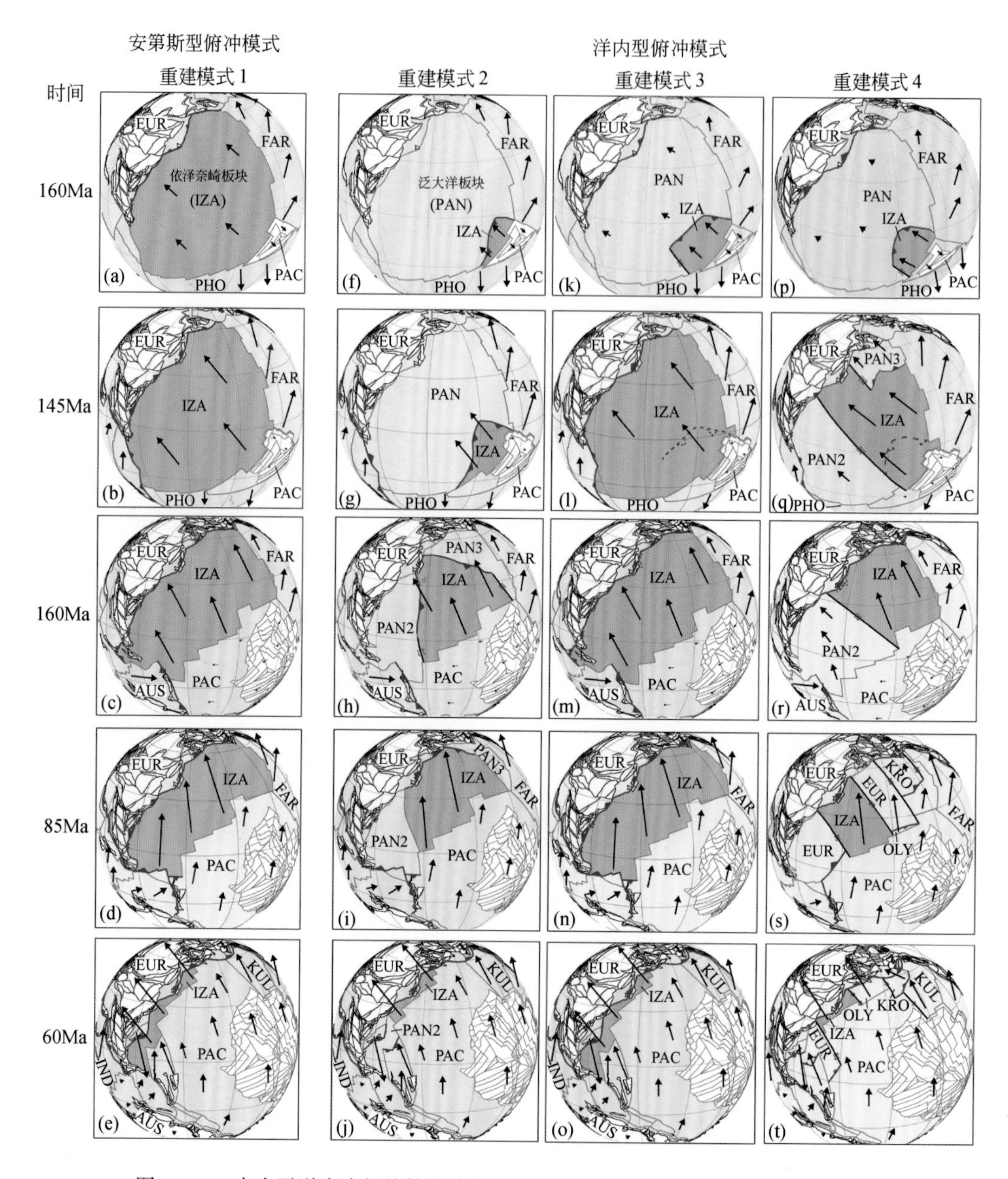

图 10-47　古太平洋内多板块构造演化的不同板块重建模式（Lin et al.，2022）

(a)~(e) 为安第斯型俯冲的重建模式 1（据 Matthews et al.，2016），(f) ~ (t) 为补充有西太平洋洋内不同俯冲复杂度的重建模式2、3、4。(f)~(j) 重建模式 2 补充了一个尺度有限的依泽奈崎板块（IZA），它上覆在相对欧亚大陆（EUR）静止的泛大洋板块（Panthalassa Plate）之上。(k)~(o) 为重建模式 3，补充了依泽奈崎板块于 180~145Ma 的洋内俯冲和东亚陆缘的同期俯冲，其汇聚速率比重建模式 1 中的慢，145Ma 之后为安第斯型俯冲。(p)~(t) 为重建模式 4，是基于重建模式 3 建立的，但依据 Vaes 等（2019）的重建，沿东亚的俯冲作用被多个板块分段化。红色断线为消失的俯冲带，PAC-太平洋板块，FAR-法拉隆板块，PHO-菲尼克斯板块，IND-印度板块，AUS-澳大利亚板块，PAN-泛大洋板块，KUL-库拉板块，KRO-Kronotsky 板块，OLY-Olyutorsky 板块，PAN2-泛大洋板块 2，PAN3-泛大洋板块 3。目前，这四个板块重建方案没有一个能全面正确反映东北亚–东亚–东南亚的陆缘地质记录，多多少少都存在缺陷，特别是后三种都是狭义的依泽奈崎板块，歪曲了原来依泽纳崎板块的定义亚纳之间。此时依泽奈崎板块南侧为一条 NW—SE 走向的左行转换断层，该转换断层与欧亚板块交切点为青岛，故而命名为青岛转换断层。依泽奈崎-太平洋洋中脊于 50Ma 左右俯冲到了渤海湾-黄海及俄罗斯北部地区。50Ma 左右，太平洋板块运动的变化诱导青岛转换断层启动俯冲，形成了伊豆-小笠原-马里亚纳俯冲带和岛弧。结合层析成像结果和地球动力学模拟，Wu 等（2022）在现今萨哈林北部和中国中部之间的 1000±250km 深处发现了一条 4000km 长且侧向连续发育慢地震的 NE—SW 走向“板片空白带”，这个间隙被认为是俯冲的依泽奈崎-太平洋洋中脊的层析反映。沿该带还缺乏 56~46Ma 的岩浆作用，该间隙以北 ~110Ma 的岩浆岩具有富集型同位素特征，该间隙以南的中国东南部 80~70Ma 的岩浆作用也终止于青岛转换断层。可见，从四维演化角度，要寻找消失的依泽奈崎板片（微幔块）必须分析 1000km 以下的层析成像中的高速体分布。与之前的重建模式不同的还有，依泽奈崎板块与法拉隆板块之间为转换断层（图 10-48），而不是以往的是洋中脊。

总之，四维板块重建是当前国际板块重建趋势，是多学科综合交叉的前沿，是深浅部耦合解决地球系统动力学的有力工具，是地球大数据、人工智能等有效结合的关键。通过设定不同的模型，进行模式与模式之间对比，或模式与地质观测、地球化学数据和地球物理资料的对比，可以有效将固体地球动力学问题定量化，也有利于开拓矿产数字勘探、油气精准预测、灾害智能感知等新领域，具有广阔的运用前景。

E. 太平洋板块重建与关键构造事件

（A）145Ma 沙茨基海隆：地幔柱-洋中脊相互作用

Engebretson 等（1985）根据古地磁数据提出中侏罗世（180Ma）东亚大陆东部的依泽奈崎板块低速正向俯冲于东亚大陆之下（图 10-31），但本书认为 NE 轴向太平洋-依泽奈崎洋中脊的 190Ma 扩张启动，可能对应 NE 走向东亚活动陆缘 190Ma 的俯冲启动；到早白垩世初期（140Ma），由于某种力的作用，依泽奈崎板块突然改变了运动方向和速度，以 30cm/a 的高速度向正北方向斜向俯冲于东亚大陆之下。太平洋-依泽奈崎洋中脊产生的北东向日本磁线理和太平洋-法拉隆洋中脊产生的北西向夏威夷磁线理在沙茨基海隆处相交。这个交叉点表明，沙茨基海隆形成于三节点处。三节点处洋中脊是强烈上升流集中的位置。这个假说侧重软流圈的地幔底辟结构比今天洋中脊系统下的软流圈熔融点更低。晚侏罗世到早白垩世，尚较小的太平洋板块大部分位于软流圈异常热的区域上，促进了三节点异常可熔地幔的过度熔融，在三节点洋中脊处，经火山喷出作用形成沙茨基海隆。磁线理的对称分布表明，三节点沿着沙茨基隆起和 Papanian 脊移动，各磁条带的年龄沿北东向逐渐减小，符合洋中脊喷发岩浆的特征：先喷发的岩浆老，后喷发的岩浆新。沙茨基海隆形成过程中，依泽奈崎-法拉隆-太平洋板块洋中脊不断调整自己的位置，以期达到

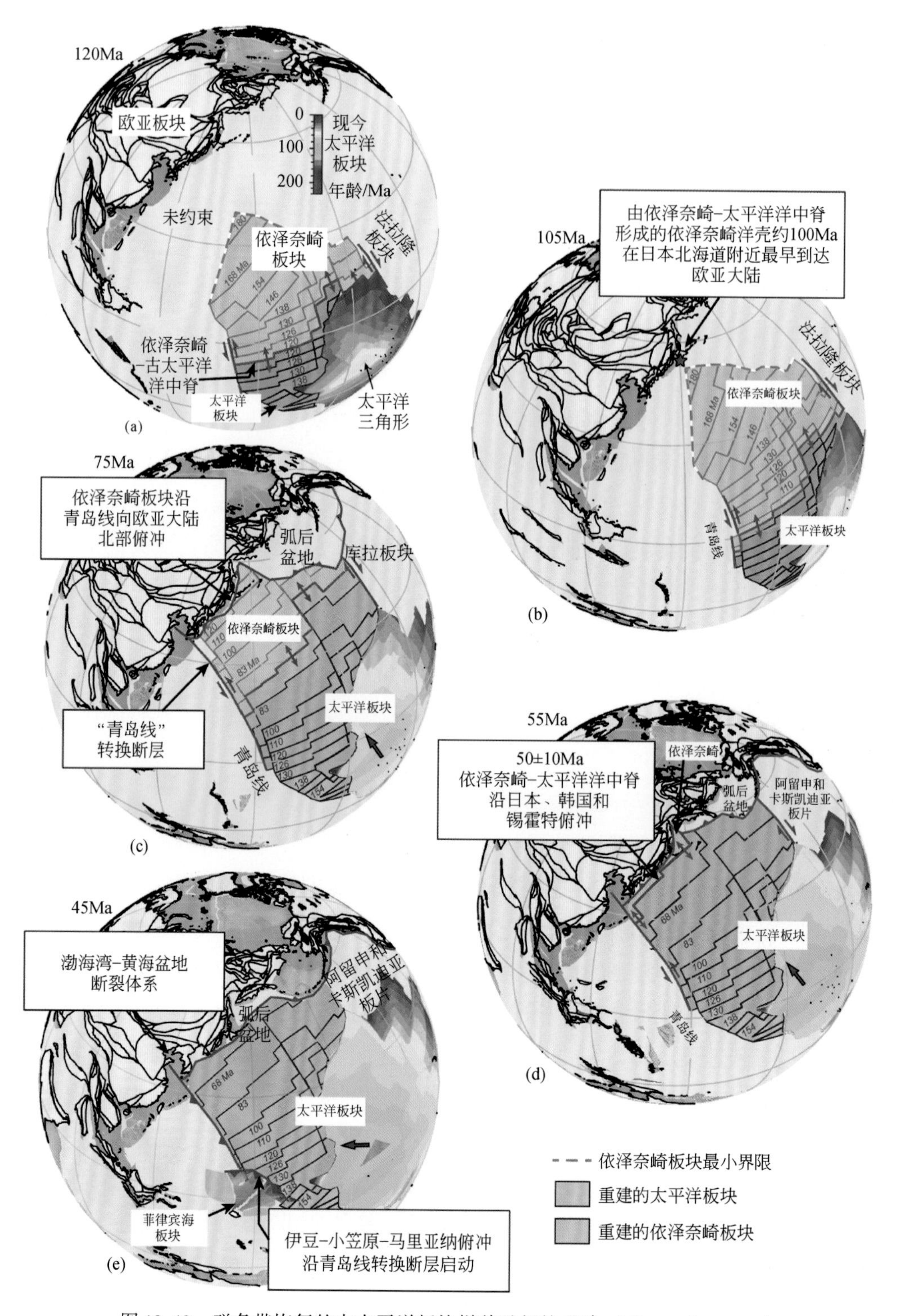

图 10-48　磁条带恢复的古太平洋板块样貌及板块重建（Wu et al.，2022）

该重建实质只恢复了依泽奈崎-太平洋洋中脊处生成的依泽奈崎板块部分，之前生成于法拉隆-菲尼克斯-太平洋三节点处的依泽奈崎板块并没有得到完整约束。本书认为，该重建中一些未约束的部分应是依泽奈崎板块更古老部分。尽管知道这个未约束部分（包括未约束的依泽奈崎板块其他部分）的板块归属，但 Torsvik 等（2019）指出，144Ma 之前约 65% 全球洋壳面积的绝对运动还是难以有效约束平衡稳定状态，这引起了三节点的不断跃迁（图2-29，图10-41），其跃迁方向表现为三节点轨迹总体为NE向，这是因为沙茨基海隆主体实际位于法拉隆-太平洋洋中脊上，因而这个轨迹反映了法拉隆板块的俯冲方向（图10-49），而不是依泽奈崎板块的俯冲方向，更不是太平洋板块的运动方向。

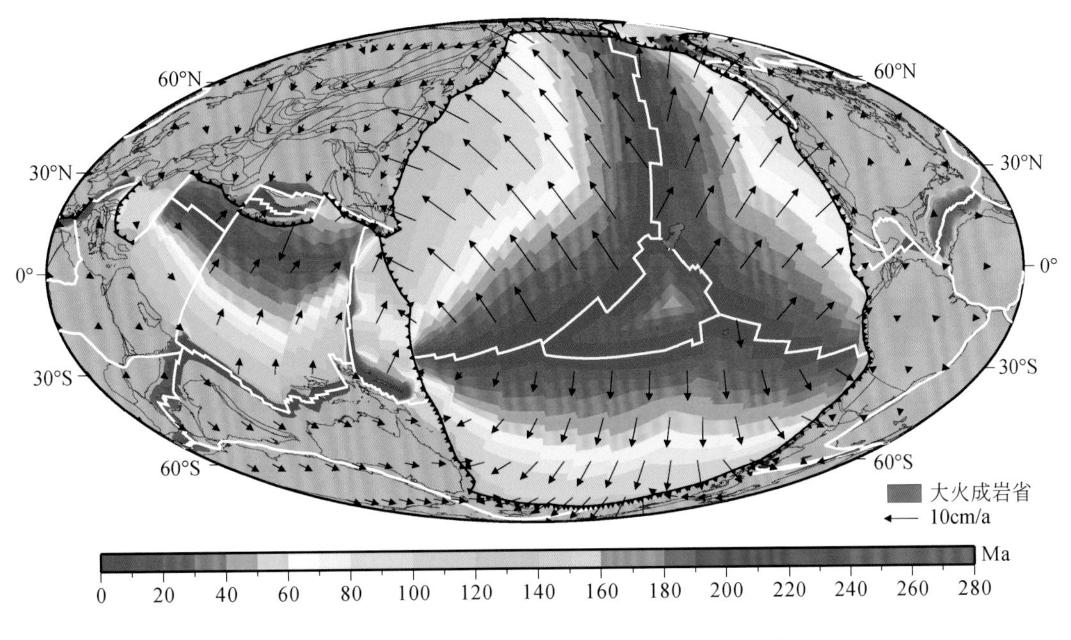

图10-49　145Ma古太平洋的板块构造格局重建（李三忠等，2019a）

传统观点认为，太平洋板块自190Ma在古太平洋洋内一个RRR型三节点诞生以来（图10-34）不断沿着三支洋中脊增生扩张，呈三角形不断增长，原来的一个RRR型三节点转变为三个RRR型三节点。但正如上文所述，现今最好的解释是，依泽奈崎、法拉隆、菲尼克斯三个板块相交，演变成的一个不稳定FFF型三节点持续演变为三个稳定RRF型三节点期间，导致了太平洋板块的诞生。至145Ma（图10-49），沙茨基海隆开始于北部的RRF型三节点形成（图10-33），发生地幔柱-洋中脊相互作用（Li S Z et al.，2016）。板块重建结果揭示，这种相互作用的深部背景是太平洋LLSVP北缘的地幔柱生成带，与该段洋中脊正好在垂向上发生隔离或无接触的遥相关（Boschman and van Hinsbergen，2016）。由于洋中脊是张性扩张的减压地带，进而诱发了深部地幔柱生成带的岩浆上升就位于此。沙茨基海隆塔穆微洋块的大规模岩浆溢流或地幔柱吸引力，容易导致三节点发生东向800km的跃迁，后方遗留而形成了沙茨基微板块（微洋块）（Li S Z et al.，2019a，2019b）。因为地球现今的两个LLSVP至少自300Ma以来是相对固定的（Burke et al.，2008），但洋中脊可以在地球表面相对自由移动，因此，该处的深、浅部相互作用过程类似板块运动的“割草机”模式（Anderson，2007）。此时，古太平洋内边缘三大板块分别垂直太平洋板块相应的三条洋中脊段做运动，即依泽奈崎板块向北西运动和俯冲，使东亚陆缘总体依然处于安第斯型活动陆缘；法拉隆板块向北东运动，俯冲到北美洲板块西侧之下；菲尼克斯板块向南运动，俯冲到冈瓦纳古陆北缘东段之下。但由于合力大体均衡抵消，太平洋板块此时相对古太平洋内的其他三个大板块静止不动。

同时，在新特提斯洋和古太平洋交接地带为一条洋-洋俯冲带，其南北段的俯冲极性可能相反，北段向北东俯冲，可能是新特提斯洋俯冲系统的东延；而南段向西俯冲，可能是古太平洋板块俯冲系统的持续。南段依泽奈崎-菲尼克斯洋中脊的西向俯冲，可能导致弧后板片窗构造，且出现垂直该俯冲带的弧后小洋盆，弧后裂解使得一些微陆块从印度-澳大利亚板块北缘（或冈瓦纳古陆北缘）垂直该俯冲带裂离母体板块，并向北运动，一些微陆块进入东部新特提斯洋。

（B）122Ma 翁通爪哇地幔柱事件与菲尼克斯板块碎片化

至 120Ma 左右（图 10-50），太平洋 LLSVP 南缘的地幔柱生成带（GPZ）与该段洋中脊正好垂向上发生遥相关（Boschman and Hinsbergen，2016），洋中脊是张性扩张的减压地带，进而触发了翁通爪哇深部地幔柱生成。同时，地幔柱上涌导致太平洋-菲尼克斯洋中脊中段分裂出两个三节点，并垂直拓展形成了洋中脊，沿这两个三节点形成了垂直太平洋-菲尼克斯洋中脊的两段新洋中脊链接为一个微板块——马尼希基微洋块。菲尼克斯板块分裂出三个微板块，即希库朗伊微洋块、Catequil 微洋块和 Chasca 微洋块（图 10-50）。由于依泽奈崎、法拉隆、菲尼克斯三个大板块早期俯冲带持续而强大的俯冲牵引作用，此时，依泽奈崎、法拉隆、希库朗伊微洋块、Catequil 微洋块和 Chasca 微洋块的运动方向，相比 145Ma 期间并无显

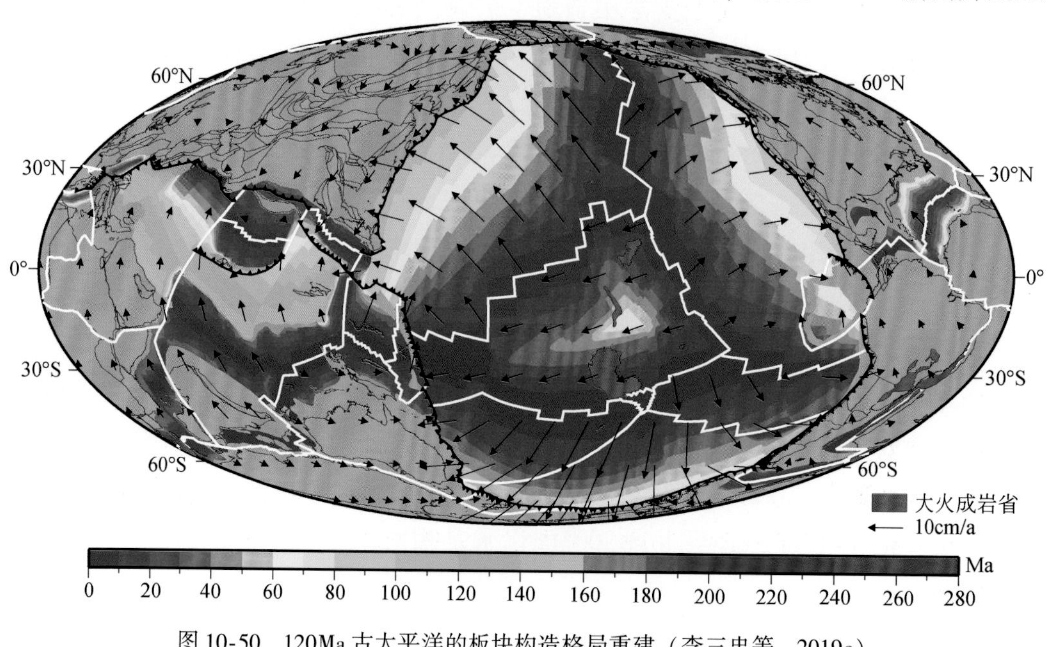

图 10-50　120Ma 古太平洋的板块构造格局重建（李三忠等，2019a）

著改变，只是加勒比地区俯冲极性反转为向洋俯冲，法拉隆板块运动方向变得略偏东。同时，由于古太平洋的南部板块重组，洋中脊合力导致太平洋板块受力变化而西向运动并俯冲，导致新特提斯洋东侧出现洋内弧后盆地（类似马里亚纳弧后盆地），且三节点的俯冲可能导致弧后新的三叉洋中脊（类似斐济海盆）形成，出现双洋中脊俯冲现象。与此同时，统一的印度-澳大利亚板块开始分裂为两个中板块，即印度板块和澳大利亚板块，新特提斯洋东段分裂为多个带微陆块的微板块。

在太平洋板块北部，因为法拉隆-太平洋洋中脊的生长，沙茨基海隆并入太平洋板块内部，沙茨基微洋块也愈合到太平洋板块内部。该微洋块并未经历完整的威尔逊旋回，以非威尔逊旋回方式死亡而非消亡或消失，最终变成了太平洋板块的组成部分。

此外，应注意印度板块、澳大利亚板块的差异北向运动始于120Ma，这与新几内亚北部一个洋盆打开导致澳大利亚板块北移减缓有关，一直持续到40Ma，随后印度板块和澳大利亚板块再次愈合为一个统一板块。因此，在应用印度板块、澳大利亚板块、印度-澳大利亚板块这三个术语时，采用哪个术语，应当准确说明其时期，否则不能反映全球板块格局的真实状态。

（C）110Ma 地幔柱产生的洋底高原解体

在太平洋板块南侧，由于122Ma 沿着两个三节点形成了垂直太平洋-菲尼克斯洋中脊的两段新洋中脊，这两个三节点为 RRR 型稳定的三节点，因而马尼希基微洋块会逐渐长大。类似太平洋板块早期，此处的太平洋 LLSVP 的地幔柱生成带处因上部出现的新洋中脊而减压熔融，深部岩浆上涌，翁通爪哇洋底高原解体为多块，分别随着几个（微）板块一起运动，希库朗伊微洋块和 Catequil 微洋块分离，使得希库朗伊、马尼希基大火成岩省也发生解体（图 10-51）。这些岩浆活动或其他因素改变了 Chasca 微洋块的运动方向，使其由向南俯冲变为向东俯冲。

在太平洋板块西侧，由于依泽奈崎-太平洋洋中脊俯冲，弧后可能出现板片窗，古俯冲带死亡或废弃，新的洋中脊使得东部新特提斯洋内的个别微板块并入依泽奈崎板块中，实现了微板块从一个大板块向另外一个大板块的转移。但这些微小变化不足以改变依泽奈崎板块强大的俯冲决定的板块运动指向。NE 轴向的沃顿（Wharton）洋中脊形成，成为印度板块和澳大利亚板块之间的离散型板块分界。

110Ma 以后，非洲 LLSVP 的活动性似乎比太平洋 LLSVP 的活动性更强，导致冈瓦纳古陆开始显著裂解。这两个 LLSVP 先后的强烈活动导致微陆块依次从南半球裂解、在北半球聚合。这两个 LLSVP 不仅是冈瓦纳古陆北缘，不断裂离的微陆块单向裂离、北向聚合的聚散根源，也是现今南半球主体为洋、北半球主体为陆的深部动力学原因。

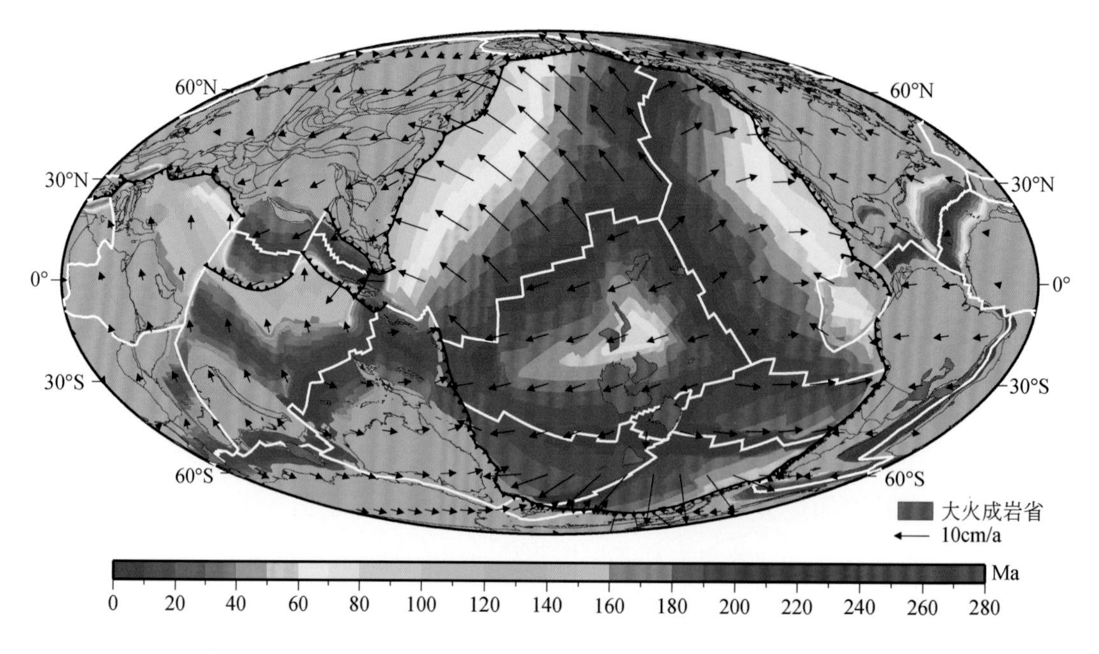

图 10-51　110Ma 古太平洋的板块构造格局重建（李三忠等，2019b）

（D）85～83Ma 太平洋板块扩大与缩小、洋中脊跃迁

如上所述，85Ma 的太平洋板块（图 10-43）突然增大，但太平洋板块也存在突然缩小的过程。至 83Ma（图 10-52），因为依泽奈崎板块和法拉隆板块的运动方向和速率差别不大，导致依泽奈崎-法拉隆洋中脊部分活动性减弱，进而与太平洋-依泽奈崎洋中脊垂直的某条破碎带活化，形成转换型板块边界；与太平洋-法拉隆洋中脊垂直的某条转换断层转换为离散型板块边界——库拉-法拉隆洋中脊，使得太平洋-依泽奈崎-法拉隆三节点分裂进入一个新的板块——库拉板块内。太平洋板块的东北角从原太平洋板块中分裂出去，成为新的库拉板块中的一个先存微洋块。可见，库拉板块一开始由三部分微洋块组成，分别来源于依泽奈崎板块、太平洋板块和法拉隆板块，库拉板块也是多个微洋块复合而成的。因此，一些大洋内部的大洋板块并不是简单地逐渐长大的，而是突然由几个大板块各自贡献其微小的一部分镶嵌而成。这完全不同于经典威尔逊旋回初始阶段的板块生长方式。如此，太平洋板块的总面积又发生了缩减。当然，现今也有人提出，此时太平洋北部出现了一条东西走向、北倾的洋内俯冲带，其俯冲一直持续到 50Ma（Hu J S et al.，2022）。若此，太平洋板块的面积同样会缩小。

太平洋板块的缩小还发生在新特提洋与太平洋板块相互作用的地带，由于新特提斯洋向太平洋板块之下俯冲，作为上盘的太平洋板块斜向朝北北西向运动，导致太平洋板块洋内弧后的一条破碎带转变为转换型板块边界。因而，原本属于新特提斯洋的微陆块，在并入太平洋板块之后再度与太平洋板块分离，成为一个既不属于

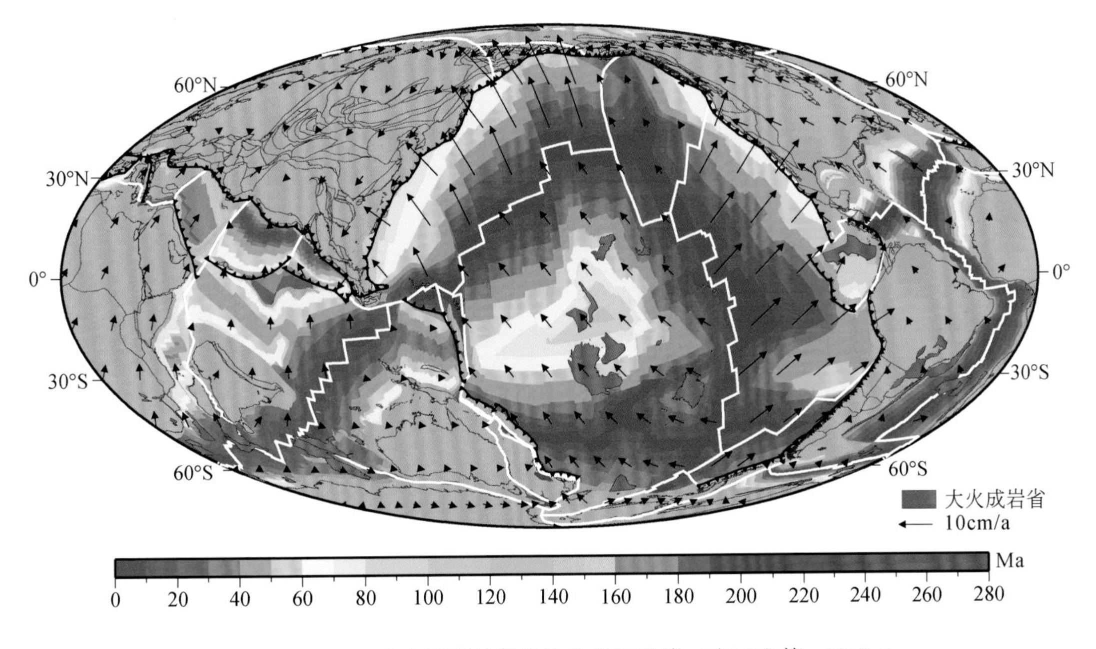

图 10-52 83Ma 古太平洋的板块构造格局重建（李三忠等，2019a）

新特提斯洋的板块系统、也不属于太平洋板块系统的一个独立微陆块。但是，太平洋板块并未重归一个纯粹的大洋板块。此外，在其南部，由于太平洋-希库朗伊洋中脊消亡于东冈瓦纳古陆陆缘，使得坎贝尔微陆块裂离南极洲板块，变成了太平洋板块的一部分。

（E）75Ma 东冈瓦纳古陆裂解

至 75Ma（图 10-53），太平洋板块南部坎贝尔微陆块向北的裂离运动可能是太平洋板块向北运动的远程响应，与皇帝海岭记录的运动方向基本一致，这也对应了库拉板块向北的较大运动速率可能是北向俯冲驱动所致。由于太平洋板块向北运动，使得其西南部、澳大利亚北部的南倾俯冲系统发生北向后撤。该俯冲系统的弧后发生裂解，进而巴布亚新几内亚微陆块裂离澳大利亚板块，成为一个独立的长条形微陆块或大陆板条。同时，西兰大陆板块也从原澳大利亚板块裂离，其间也开始出现新的弧后洋中脊。

在东南亚，一些属于新特提斯洋的微陆块与欧亚板块碰撞拼合。而处于婆罗洲-巴布亚新几内亚之间的菲律宾海板块西部海盆逐渐形成，这在帕劳盆地内残存有相关的石化洋中脊。此时，介于依泽奈崎-太平洋洋中脊和东亚陆缘之间的东南亚海域，可能就是大家常称为的古南海，实际上是即将消亡的依泽奈崎板块相关的古太平洋西部海域。但对于古南海成因也存在不同认识和重建模式。

尽管 Metcalfe（2011a）在其模式中并没有指出东亚陆缘东侧是太平洋板块还是古太平洋板块，而且其模式中 30Ma 印度大陆南侧大洋依然是新特提斯洋（图 10-54），

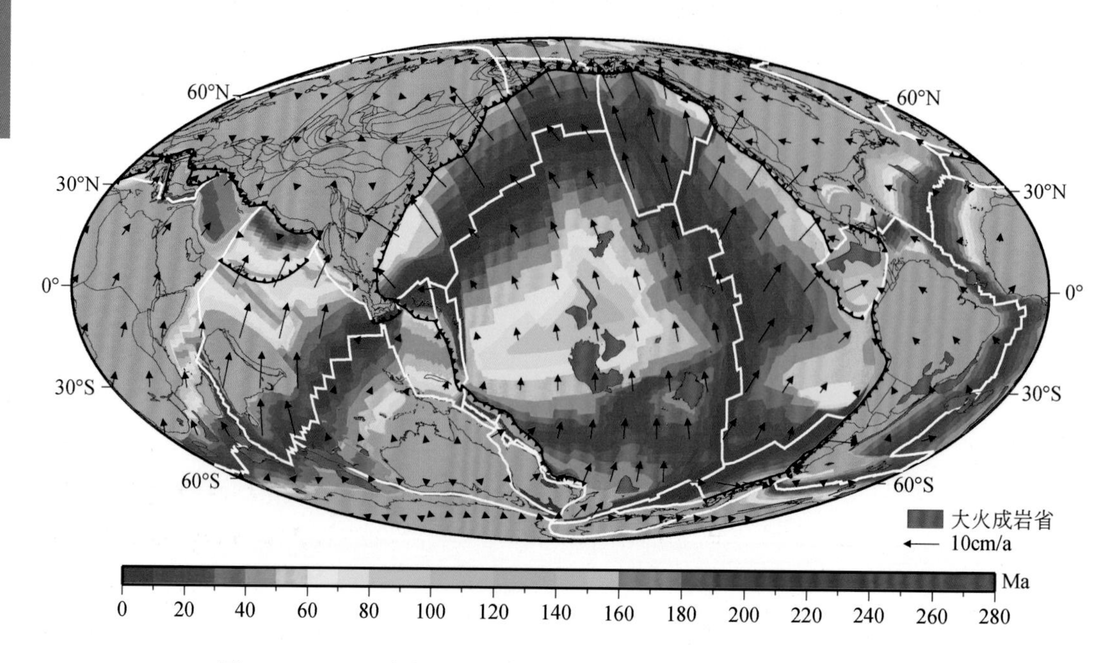

图 10-53　75Ma 古太平洋的板块构造格局重建（李三忠等，2019a）

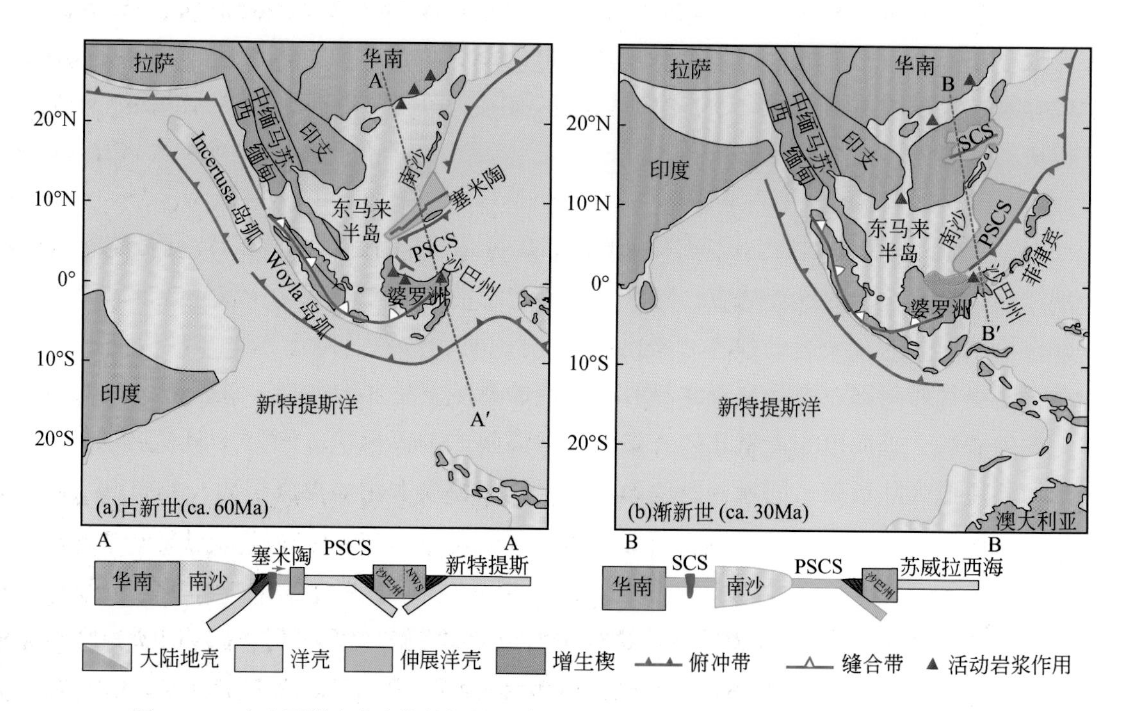

图 10-54　古太平洋内古南海的板块重建方案（Zahirovic et al.，2014；Hennig et al.，2017；Tian et al.，2021）

SCS-南海；PSCS-古南海；NWS-西北苏威拉西

但他提出古南海可能是东亚陆缘东侧古大洋板块俯冲的产物，大体始于 70Ma 的弧后盆地打开（图 10-54），同时形成了塞米陶微陆块。Metcalfe（2011a，2011b）和 Wang 等（2016，2020）都提出 34Ma 古南海朝南向婆罗洲之下俯冲拖曳，导致南海海盆南北向打开，Wang 等（2016，2020）同时指出，后期由于婆罗洲的逆时针旋转，使得俯冲带走向为 NE，俯冲拖曳力转变为 NW—SE 向，因而 23.6 ~ 15Ma 之后的洋中脊响应这个方向的拖曳力而转变为 NE 向扩张（Sibuet et al.，2016）。在此期间，在 23.6Ma 发生过一次洋中脊向南的跃迁（Ding et al.，2018）。

Lallemand（2016）、Liu 等（2023）继承了 Metcalfe（2011a）古南海形成的部分模式，重建了依泽奈崎俯冲产生古南海，此时，依泽奈崎-太平洋洋中脊还未消亡（Seton et al.，2012）。其模式中，原菲律宾岛弧 60Ma 是近南北向的，为西侧中生代洋盆向原菲律宾海板块下俯冲的产物（图 10-55）。但是，与此不同的是，Wu 等（2016）提出，菲律宾海板块是 55Ma NE 侧的太平洋板块向 SW 俯冲到其东亚海板块之下的结果，Wakita 和 Metcalfe（2005）重建的原菲律宾岛弧 80Ma 是近东西向的。与 Lee 和 Lawver（1995）以及 Hall 和 Blundell（1996）提出的菲律宾海板块起源于（古）太平洋中部的机制不同，Lallemand（2016）、Honza 和 Fujioka（2004）、Wakita 和 Metcalfe（2005）还提出，菲律宾海板块两侧俯冲不是同时而是先后出现，大体都是西侧于 85Ma（Honza and Fujioka，2004）或南侧于 80Ma（Wakita and Metcalfe，2005）、50Ma（Deschamps and Lallemand，2002）启动俯冲；东侧于 52Ma（Honza and Fujioka，2004）、42Ma（Hilde et al.，1977）或北侧于 50Ma（Deschamps and Lallemand，2002）、45Ma（Wakita and Metcalfe，2005）俯冲。Lallemand（2016）还吸纳了 Uyeda 和 Ben Avraham（1972）的菲律宾海板块东侧为转换断层的方案，60 ~ 40Ma，这条转换边界变成了原伊豆-小笠原-马里亚纳俯冲带。值得一提的是，Lallemand（2016）还考虑了花东海盆的中生代年龄，但是其属于依泽奈崎板块的残余还是新特提斯洋残余（Huang，2012）尚不清晰。此外，Lallemand（2016）考虑加瓜海脊为一条向西的俯冲带，这也不同于郑彦鹏等（2005）揭示的加瓜海脊的地垒式结构。总体上，其古南海打开的模式值得采纳，并被 Liu 等（2023）的最新重建方案所采纳。

（F）65Ma 东亚陆缘裂解

关于古南海成因，还有另外一种可能。太平洋板块演化到 65Ma（图 10-56），其主要变化在太平洋西部。东亚陆缘因为热的依泽奈崎-太平洋洋中脊俯冲持续进行，俯冲带角度可能变小，向陆一侧可能因平板俯冲出现推挤、逆冲反转构造，而靠近陆缘的局部可能出现弧后裂解，这可能导致与华南陆块具有亲缘性的巴拉望微陆块向南裂离华南陆块之间出现古南海海盆（图 10-56）。

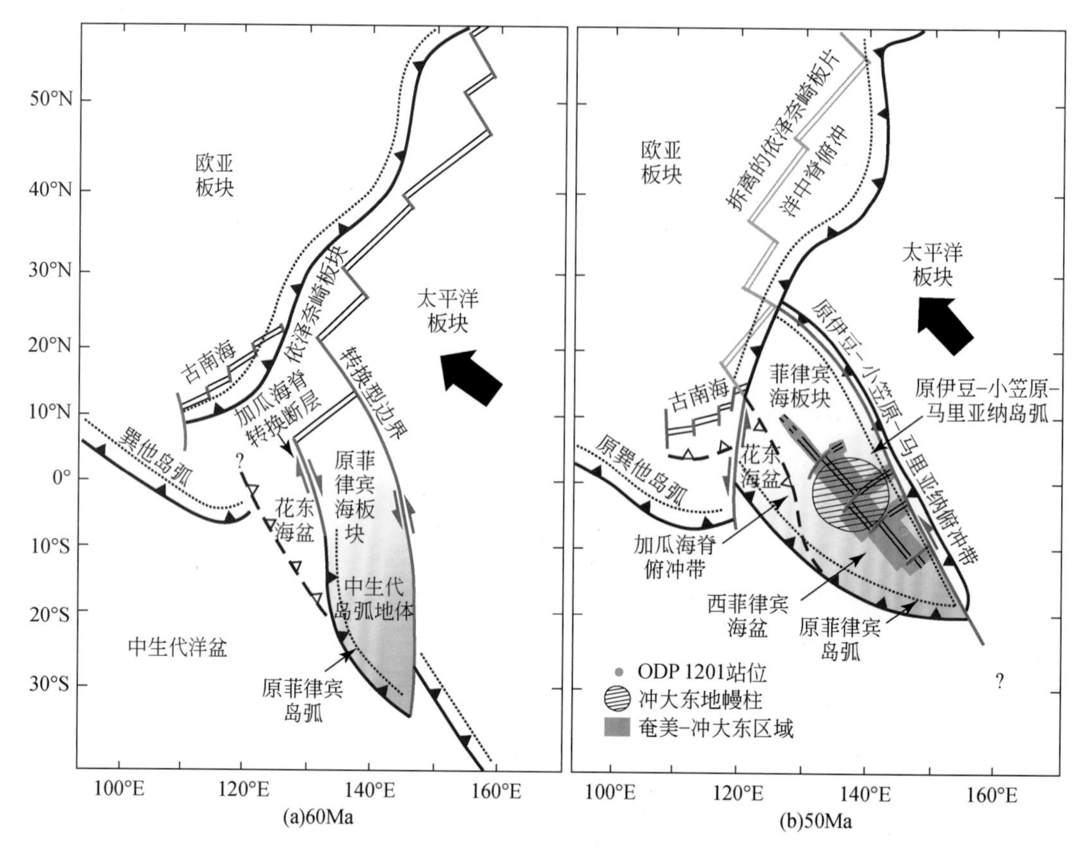

图 10-55　60Ma 原菲律宾海板块、50Ma 菲律宾海板块及古南海打开模式的重建方案（Lallemand，2016）

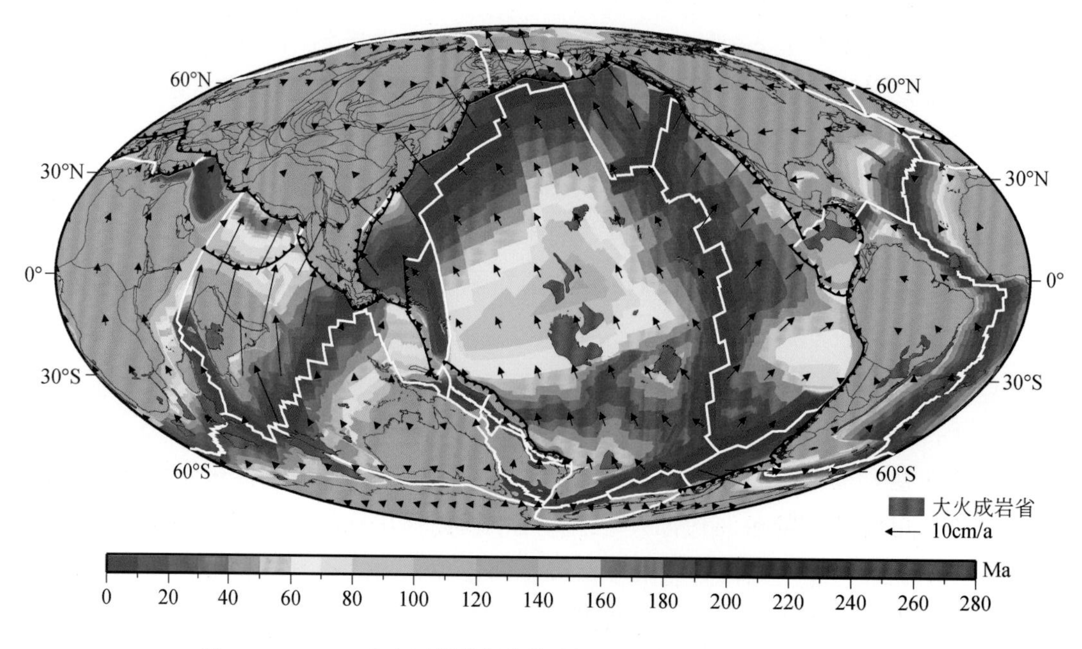

图 10-56　65Ma 古太平洋的板块构造格局重建（李三忠等，2019b）

菲律宾海板块西侧的转换型板块边界可能因新特提斯洋俯冲系统的向北迁移而向北拓展，并因斜向俯冲而逐渐转变为东向俯冲的俯冲系统，进而形成古依泽奈崎洋分别向西、向东俯冲的背向俯冲系统。由此可见，菲律宾海板块也是由不同来源的微洋块组成，部分来自新生洋壳板块、部分来自太平洋板块、部分来自特提斯洋微洋块或微陆块，太平洋板块西部被割离一部分而缩小。而处于新特提斯洋或印度洋内的沃顿（Wharton）洋中脊此时不再与依泽奈崎-太平洋洋中脊相连，并开始沿巽他海沟俯冲到东南亚陆块（属欧亚板块）之下，局部出现板片窗。

（G）55Ma 依泽奈崎-太平洋洋中脊俯冲、东亚陆缘裂解

55Ma 太平洋板块南部持续裂解（图 10-57），这与地球深部两个 LLSVP 的活跃有关。此时，太平洋板块依然向北持续俯冲。这个过程拉动依泽奈崎-太平洋洋中脊斜向俯冲到东亚陆缘之下，其安第斯型陆缘开始转换为西太平洋型活动陆缘，太平洋板块真正开始发生俯冲，古太平洋（依泽奈崎）板块俯冲殆尽。巴拉望微陆块显著移离华南陆块南缘，古南海海盆变宽。菲律宾海板块东侧的转换型板块边界转变为俯冲带，弧后扩张导致现今菲律宾海板块北西轴向的洋中脊开始扩张。

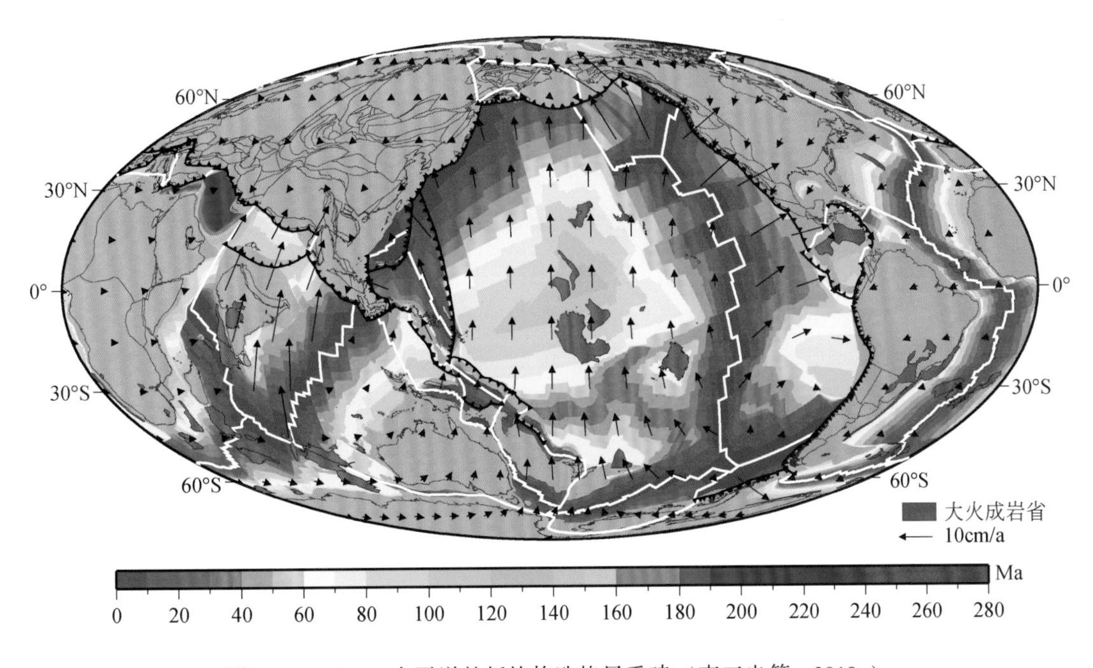

图 10-57　55Ma 太平洋的板块构造格局重建（李三忠等，2019a）

最为显著的变化是东亚陆缘在 55Ma 左右经历了北西—南东向的短暂伸展作用，开启了东亚陆缘或洋陆过渡带的广泛伸展和盆地群的裂解，古太平洋-太平洋洋中脊俯冲导致弧后热流上升，进而使东亚陆缘可能出现新生代早期北西—南东向的广泛伸展，在珠江口盆地区出现弥散性裂谷或宽裂谷作用。这些同裂谷期的地堑式裂陷-沉积-沉降中心大体呈现共轭的北东向左阶雁列、北西西向的右阶雁列展布，东

亚陆缘东部地形大规模反转而降低。与此同时，沿太平洋板块南缘一些俯冲带发生极性反转，使得部分微陆块并入并成为太平洋板块的一部分。

（H）47Ma 太平洋板块运动转向

可能是由于太平洋-法拉隆（实际已分裂为多个小板块）洋中脊接近东太平洋俯冲带，同样，由于热俯冲可能转为低角度俯冲，板块运动受阻，导致太平洋板块转向，进而向北西西向运动。这与夏威夷海山链记录的运动方向一致。而东南侧太平洋内的其他板块因俯冲拖曳力导致向东俯冲，这与太平洋板块向北运动几乎垂直，进而容易导致一些转换断层变为张扭型转换断层，出现一些特异的菱形构造。相邻两个板块的垂直运动导致一些洋中脊段因叠接扩张中心的单向拓展作用可能新生形成一些微洋块，微洋块发生旋转运动。这个微洋块旋转运动甚至导致其下部软流圈被动发生环向流动。由此可见，一些地幔对流犹如海洋水体中的涡流，或称“地幔涡”（环向流），并非传统板块构造理论所言是地幔极向流主动驱动板块运动。

注意，这里若根据垂直太平洋-法拉隆洋中脊的转换断层走向来判断，太平洋板块运动方向应当是向南西运动，但传统板块构造原理中的这种判断原则是用于判断某条洋中脊两侧两个板块之间相对运动的，在实际的全球板块运动背景下，一个板块的运动取决于周边很多板块运动的合力。因而，人们不能认为传统板块构造理论中的运动学原理是错误的，这也是板块重建图件中板块运动方向和转换断层走向总是有些夹角的原因。但是，这种运动是决定哪些转换断层是张裂的、哪些是挤压的根本原因，是转换断层之间合并与分裂的主因。实际上，太平洋板块内部破碎带后期重新活动，并在太平洋板块内部衍生出新的微洋块，也正是这个因素决定的。然而，当前的 GPlates 板块重建软件尚不能做到再现或重构如此精细的微板块过程（李阳等，2019；刘金平等，2019；孟繁等，2019；牟墩玲等，2019；汪刚等，2019；王光增等，2019；赵林涛等，2019；甄立冰等，2019；周洁等，2019）或板内过程，特别是，对带有未封闭边界板块的演化，如叠接扩张中心为边界的延生型微板块（李三忠等，2018a）的重建，GPlates 几乎难以实现，而不得不人工干预。

47Ma 时，太平洋板块的运动转向（图 10-58）在西太平洋具有显著的影响，促使双俯冲系统进一步形成，热的洋中脊对东亚陆缘依然影响强烈，陆缘持续伸展裂解。大量磷灰石裂变径迹成果揭示，东亚陆缘一些盆地周缘山脉显著隆升。东南亚一系列边缘海裂解出现，一系列微陆块形成。与此同时，伴随西太平洋俯冲系统的北东向后撤或跃迁。菲律宾海板块的北西西轴向洋中脊形成，并快速扩张长大（Honza and Fujioka，2004）。

同样不可忽视的是，大多数学者认为，印度板块与欧亚板块之间强烈的陆-陆碰撞开始于 47Ma，导致东亚地区处于两大俯冲系统之间，东亚陆缘包括渤海湾盆地区、黄海海域、东海陆架、南海北部陆缘及相邻陆地区域，一同进入右行右阶拉分盆

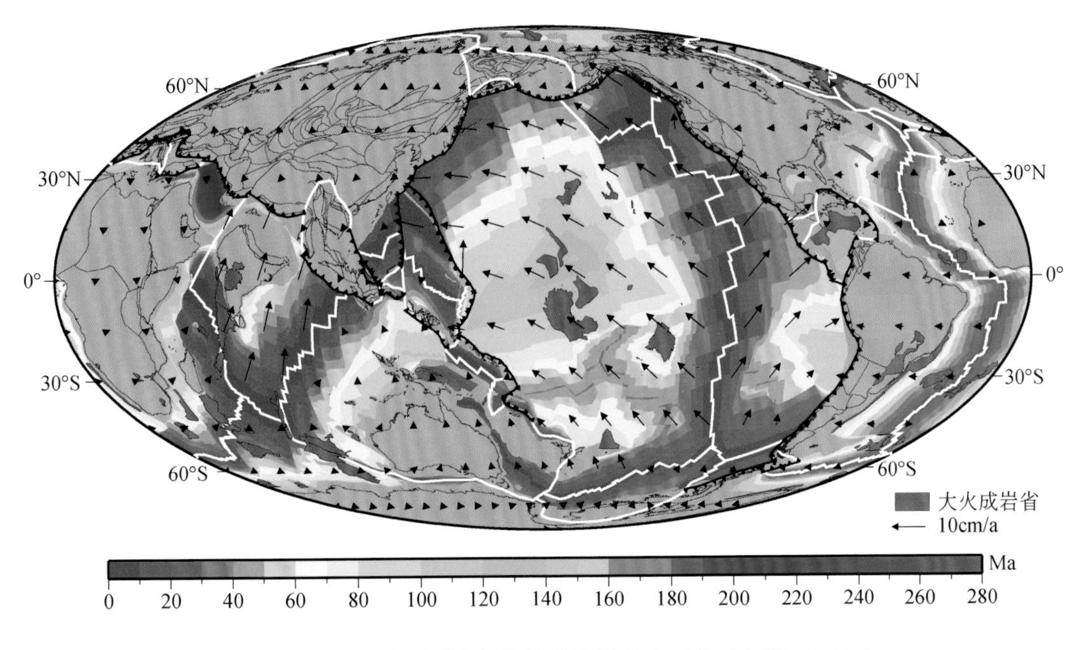

图 10-58　47Ma 太平洋的板块构造格局重建（李三忠等，2019a）

地广泛形成的阶段（Suo et al.，2015；Li S Z et al.，2019a，2019b），珠江口盆地区前期一些北东东轴向裂陷中心因右行右阶拉分盆地叠合，一些早期控制箕状断陷的铲形断层因后期主控铲形断层的活动处于缓坡带，并因后期缓坡带块体掀斜，早期铲形断层产状反而变得更平缓，甚至被后期陡坡带反向断层切割，在右行拉分期间，持续伸展演化为了类似变质核杂岩的构造样式，如开平凹陷；或演化出基性岩浆底侵作用，如白云凹陷。而在印度洋内，则出现一些碰生型微洋块。由于非洲 LLSVP 活跃，东南印度洋地幔柱活动活跃，洋中脊开始快速裂解扩张，澳大利亚板块开始快速北移。

（I）40Ma 库拉板块并入太平洋板块

40Ma 最大的变化是，库拉板块再度并入太平洋板块（图 10-59），导致残存东北太平洋洋内所见的大磁弯保存在太平洋板块内部。在西太平洋一侧，俯冲的太平洋板片年龄越来越大，由低角度逐渐转变为高角度俯冲。当然，也不能排除印度-欧亚碰撞导致东亚地幔挤出，使得低角度俯冲转变为高角度俯冲的效应（Flower et al.，1998；Jolivet et al.，2018）。进而，小笠原-马里亚纳海沟向东后撤并发生顺时针旋转，北部出现四国海盆扩张，南段出现加罗林海盆扩张。近东西向的古南海俯冲带后撤并跃迁到巴拉望微陆块以北。在洋陆过渡带的珠江口盆地区，前期 NE—NNE 向走滑控盆断裂得到进一步强化，右行右阶拉分盆地范围扩大，这些右行右阶拉分盆地的轴近东西轴向。

在印度洋一侧，沃顿洋中脊死亡，印度板块和澳大利亚板块之间的差异活动结束，两者重新合并为印度-澳大利亚板块。因此，当称谓“印度-澳大利亚板块”

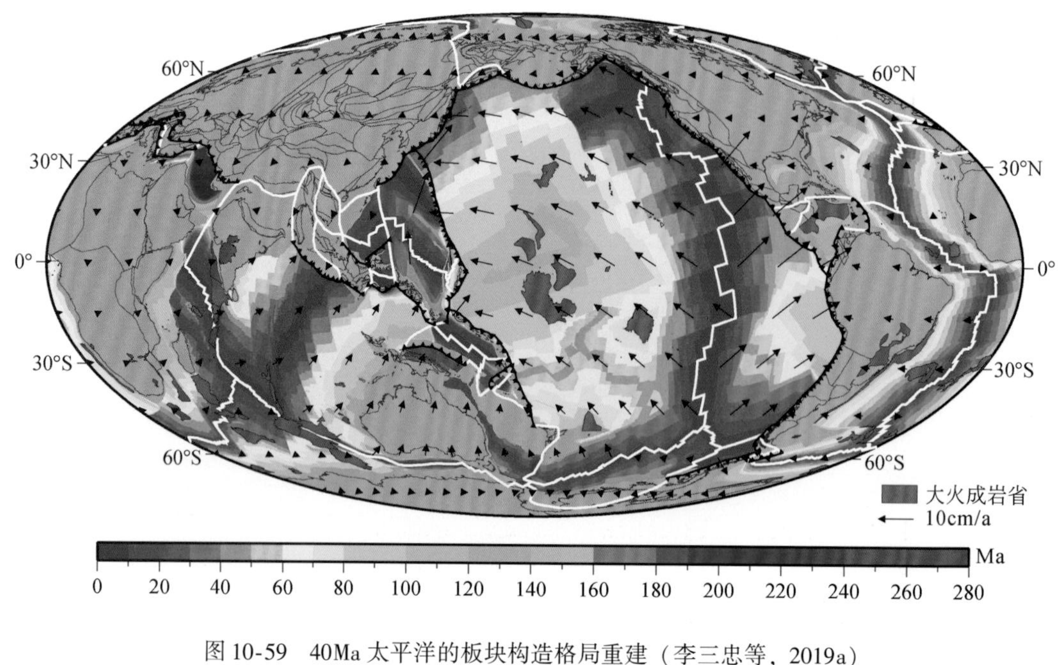

图 10-59　40Ma 太平洋的板块构造格局重建（李三忠等，2019a）

时，一定要指明具体哪个时期的印度-澳大利亚板块。

（J）34Ma 南海海盆打开

在太平洋板块西部，因弧后扩张，加罗林等洋中脊形成，出现大量微板块，太平洋板块再度碎片化。因古南海板片沿东西向俯冲带俯冲，对南海北部陆缘产生了向南的拉力，因而南海北部陆缘继承东亚陆缘南北向区域引张引力场背景下的右行右阶拉分盆地格局基础上，可能因印度-欧亚碰撞导致印支地块向南东挤出，北西西向断裂开始强化活动，表现为左行走滑，在左行左阶地段拉分成盆，叠加在早期右行右阶拉分断陷格局之上。所有这些都表明，南海北部陆缘整体在南北向拉张应力场下发生了二次拆离作用。这期拆离断层继承了部分第一期拆离断层面，使得南海北部陆缘地壳结构复杂化，进一步在珠江口盆地南侧伸展局部化。部分陆块如南沙微陆块，裂离原华南大陆，最终南海海盆打开（图 10-60）。34Ma 后，南海海盆开始形成洋壳，东部中央次海盆洋中脊表现为近东西走向，因为洋中脊岩浆作用是区域应力场的被动响应，故南海海盆中早期磁条带的垂直方向就是区域伸展作用方向。这个南北向扩张一直持续到 25Ma。34～25Ma，洋壳生长遵循洋中脊扩张行为，将南沙微陆块向南拆离，并与华南陆块南北向持续分离。南沙微陆块南侧为古南海，古南海海盆此时向南俯冲消减的拖曳力、南海东部次海盆扩张洋中脊推力，联合推动南沙微陆块向南运动，直到古南海海盆沿南沙海槽消亡。同时，加罗林海盆持续扩张并顺时针旋转。小笠原-马里亚纳海沟分裂为两段，其间为转换断层链接。

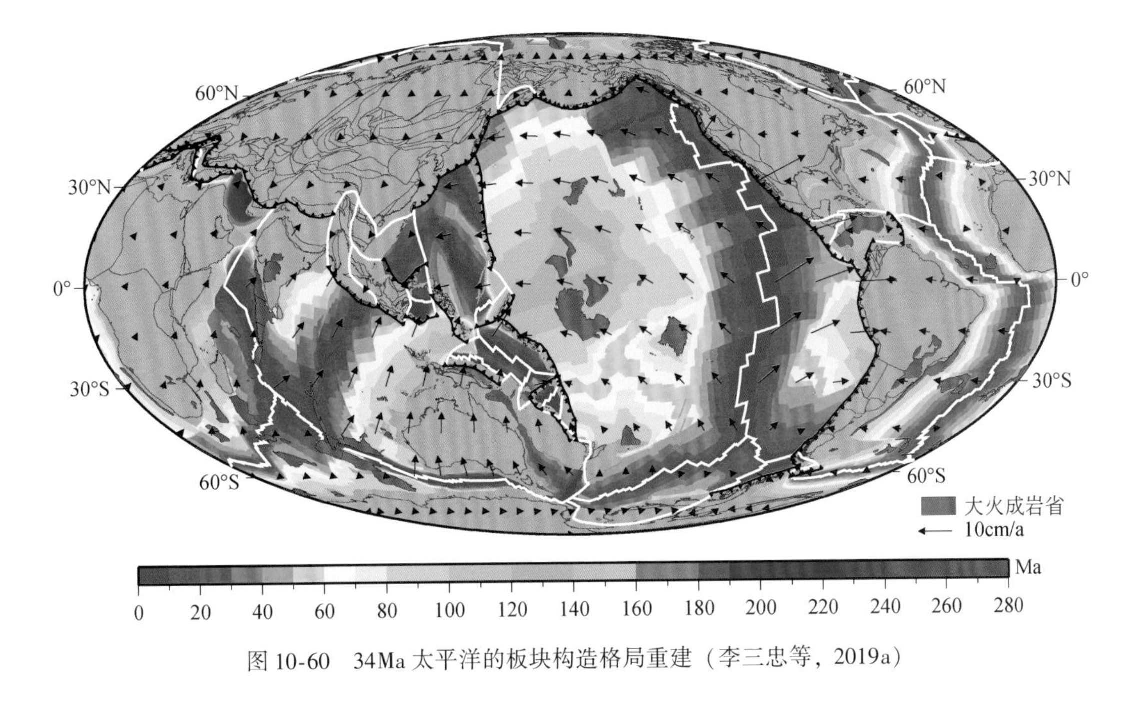

图 10-60　34Ma 太平洋的板块构造格局重建（李三忠等，2019a）

（K）25Ma 南海海盆扩张转向

翁通爪哇高原南部边缘马莱塔（Malaita）部分形成，其形成时可能与现今的所罗门群岛相距数千千米（Petterson et al.，1997）。始新世，太平洋板块开始向澳大利亚板块下方俯冲，所罗门岛弧在此时形成于俯冲带之上。在 25～20Ma（图 10-61），翁通爪哇洋底高原随着俯冲的进行和俯冲带向北后撤而接近所罗门岛弧，但是马莱塔的岩石没有遭受变形，这表明这是一个“软对接”。因此，翁通爪哇洋底高原开

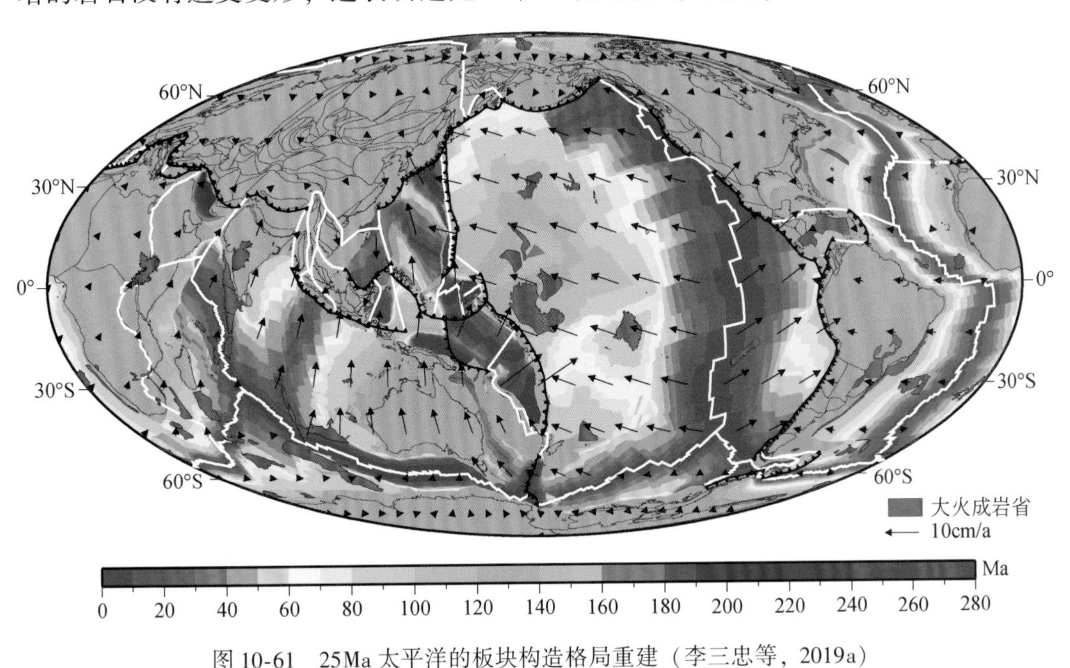

图 10-61　25Ma 太平洋的板块构造格局重建（李三忠等，2019a）

始堵塞俯冲带，实际是俯冲带后撤遇到了翁通爪哇洋底高原，所以这种海沟堵塞作用是被动的过程，这使得俯冲作用在 15～10Ma 停止了，火山岛弧活动停止（Taylor，2006）。

原本北西向的新特提斯洋俯冲系统东段，因为太平洋板块向西俯冲、楔入、TTT 型三节点西迁而逐渐发生弯曲，出现班达弯山构造。同时，这种楔入活动使得南海东部次海盆洋中脊发生向南跃迁，同时带动婆罗洲微陆块发生逆时针旋转。这个旋转作用导致婆罗洲微陆块西缘俯冲带走向调整为 NE 向，因而古南海板片的俯冲方向也变为南东向。这个古南海板片南东向的俯冲拉力使得南海海盆的扩张脊变为 NE 轴向扩张，直到 16Ma 南沙微陆块与婆罗洲微陆块的碰撞，南海海盆扩张终止。

小笠原-马里亚纳俯冲带向南拓展，导致南段帕里西维拉海盆打开。加罗林海盆持续扩张，并顺时针旋转，洋中脊为近东西走向。

在此阶段，可能由于印度-欧亚板块碰撞到达鼎盛时期，向北挤压导致东亚的右行走滑作用减弱，进而青藏高原以隆升的垂直运动为主，以吸收印度-欧亚板块持续碰撞产生的收缩应变，伴随东亚区域应力场发生逆时针旋转，进而促进了南海海盆在北西—南东向伸展背景下持续扩张，并向西南次海盆拓展，直到 16Ma 为止。但印支地块在 25～16Ma，可能依然持续向东南挤出，在中国东部一些北西西向走滑断裂带，依然活跃，并控制了相关岩浆活动，这在珠江口盆地中的一统—暗沙断裂带最为明显，在华北，切割郯庐断裂的北西西向断裂也控制了 14Ma 左右的玄武岩分布。

（L）16Ma 澳大利亚-欧亚斜向碰撞、太平洋板块快速俯冲

翁通爪哇洋底高原，随着太平洋板块向西运移到澳大利亚北部；25Ma 开始，就停靠在巴布亚新几内亚俯冲带，堵塞海沟（图 10-62），阻止了澳大利亚板块北上；15～10Ma，翁通爪哇洋底高原俯冲中断并导致 10Ma 后的俯冲极性反转。澳大利亚板块也于东南亚南侧与欧亚板块（实际是一系列微陆块）开始发生碰撞，进而这可能进一步阻止或中断了南海海盆的扩张。其地表效应是使得印尼海峡通道关闭，进而该海域洋流系统发生巨大变化，西太平洋暖池开始逐渐出现。

四国海盆、帕里西维拉海盆链接成统一海盆，其洋中脊以西称为西菲律宾海板块，而东部分裂出更多个微板块，但以往统称为东菲律宾海板块。其南北向洋中脊使得西菲律宾海板块向西运动，并促使其西缘转换型板块边界转变为向西俯冲的俯冲带。

（M）10～5Ma 台湾造山、现代构造格局初步形成

在大约 10Ma，作为对澳大利亚板块向太平洋板块俯冲开始的响应（图 10-63），岛弧岩浆活动再次开始。而在 8Ma 左右，马里亚纳岛弧裂解，形成马里亚纳海槽。6～3Ma 是台湾造山运动的主造山期，台湾岛南、北两侧北西西向、北西向断裂活跃，南侧的左行、北侧的右行，表明台湾楔入推挤作用强烈，在珠江口盆地的东沙

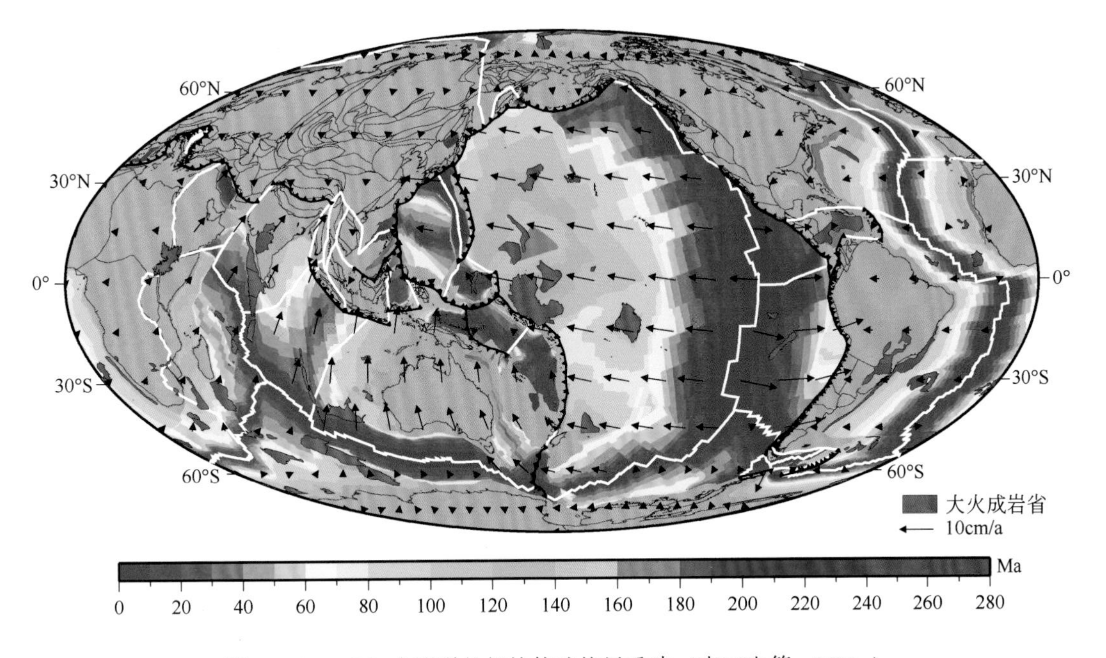

图 10-62 16Ma 太平洋的板块构造格局重建（李三忠等，2019a）

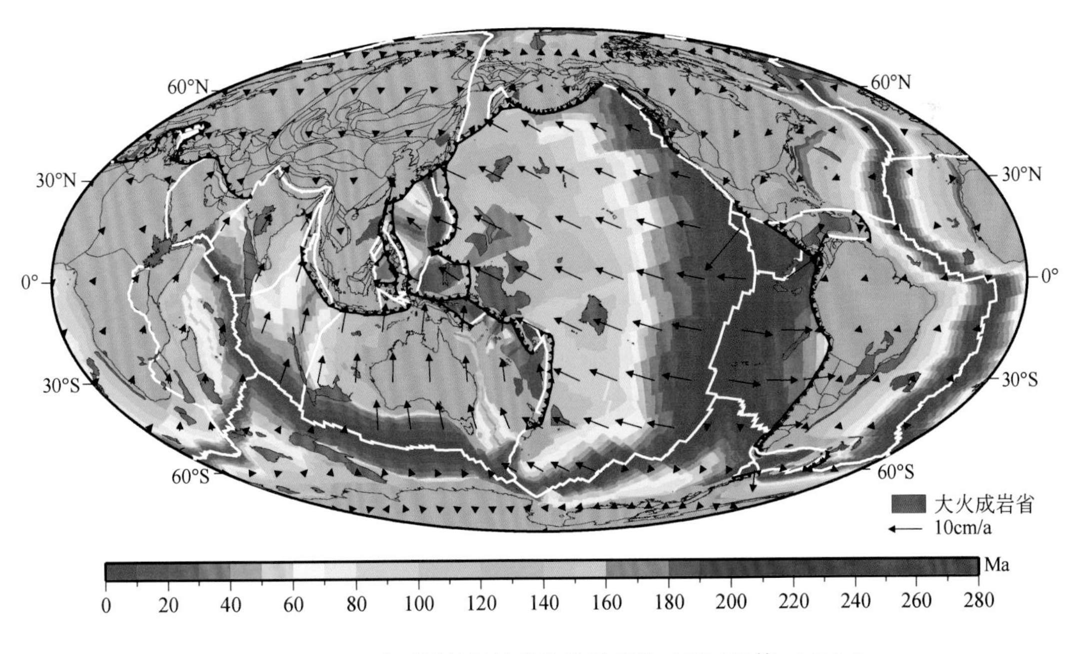

图 10-63 5Ma 太平洋的板块构造格局重建（李三忠等，2019a）

地区表现出抬升剥蚀，称为东沙运动。2Ma 之后，冲绳海槽在右行右阶拉分背景下打开（Liu B et al.，2016），现今黑潮暖流路径初步稳定。

在所罗门岛弧和翁通爪哇高原之间，4Ma 开始，其耦合作用增加，导致洋底高原前缘变形加剧。这导致了翁通爪哇洋底高原上部的组分仰冲到古老的所罗门岛弧上部。最后一个阶段（4～2Ma），仰冲作用导致了仰冲在所罗门微板块上部的物质在5～10km深度发生拆离作用。在此期间，马莱塔的岩石被压缩、朝北东向大角度逆冲，仰冲作用一直持续至今，并不断使马莱塔的岩石抬升并出露到海平面以上。

翁通爪哇大火成岩省未来的演化一直存在争议。它是否一直存在于太平洋板块内部，还是未来会在某一时刻拼贴到大陆边缘？或者它会于一个大陆俯冲碰撞期间，俯冲到某个板块下部？洋底高原通常厚于30km，很难发生俯冲作用，这暗示翁通爪哇洋底高原将会在某一时期与一个大陆发生碰撞，或者拼贴到其边部（Condie，2001a，2001b）。

在印度洋，中印度洋洋内出现切割莫霍面的逆冲断裂系统形成于8Ma以来，可能与印度-欧亚碰撞到达极限，大陆难以再收缩吸收应变有关，因而，在中印度洋内形成了垂直南北走向破碎带的东西走向新俯冲带，以协调不断向北运动的板块施加的作用力。同时，在该海域的洋内，还出现了罕见的洋内8级大地震（Royer and Sandwell，1989；Bull and Scrutton，1990，1992；Chamot-Rooke et al.，1993；van Orman et al.，1995；Delescluse et al.，2008；Replumaz et al.，2014；Gibbons et al.，2015；Zahirovic et al.，2015），所有这些都是全球洋内极其罕见的“大板块”的板内现象。传统板块构造理论暗示大洋内部只有张性断裂构造，但这个发现对于深入探索洋内未知具有巨大的鼓舞性，“海底大发现”也是2013～2023年实施的大洋发现计划（IODP）的宗旨。

根据以上各阶段演化特征可以发现，无论是古老大洋还是现代海洋内部，海底一些微洋块的形成其根本动力在俯冲带，洋中脊过程基本是其远程的被动响应。俯冲带与洋中脊之间动力学耦合关联的纽带就是热点轨迹。50Ma以来，太平洋板块上的热点轨迹揭示了太平洋板块NWW向运动，似乎也难以用Scholl（2007）揭示的Olyutorsky洋底高原沿Koryak-Kamchatka陆缘74Ma向北增生堵塞阿留申海沟来解释，但垂直阿留申海沟的正向俯冲转为平行海沟的NWW向斜向俯冲发生在50Ma（Scholl，2007；Avdeiko et al.，2007）。此外，50Ma之后的热点轨迹揭示，太平洋板块NWW向运动也难以用垂直现今汤加俯冲带或马里亚纳海沟的NWW向俯冲板片拉力来解释（Reagan et al.，2019；Sutherland et al.，2020）。因为板块重建表明，50Ma左右，汤加俯冲带或马里亚纳海沟并非现今的NNE走向而是NWW走向（Honza and Fujioka，2004；Worthington et al.，2006），而是与夏威夷热点轨迹平行，故太平洋板块向南斜向俯冲到印度板块或新特提斯洋-印度洋之下（Honza and Fujioka，2004；Seton et al.，2012），导致菲律宾海盆NW向扩张打开，菲律宾海海盆的打开机制类似现今的俾斯麦海盆（Mann and Taira，2004；Holm et al.，2016）。可见，太平洋板块南北陆缘都是高角度斜向俯冲的约束性边界，不具有推动太平洋板块NWW向运动的能力。

如前所述，洋中脊基本都是被动响应其他俯冲动力学过程，不是主导推动板块运动的机制，故太平洋板块东部边界的洋中脊扩张也不是其 NWW 向运动的动力来源。最后，只有太平洋板块西侧的古太平洋-太平洋洋中脊在 50Ma 左右开始平行东亚陆缘俯冲消减（Müller et al.，2008；Seton et al.，2012），俯冲消减的太平洋板片年龄由新变老，越来越冷的老板片相变产生的板片拖曳力越来越大，进而使得太平洋板块 NWW 向运动。这个动力也体现在太平洋板块东侧磁线理 24（53Ma）是西太平洋一侧动力的响应。因此，无论古太平洋板块当时的运动方向如何，50Ma 热点轨迹整体转向都标志着古太平洋板块消亡，东亚陆缘俯冲由低角度向高角度俯冲后撤的转变。其中，20Ma 的事件与新几内亚海沟向北主动后撤，并与翁通爪哇洋底高原接触相关（Mann and Taira，2004），这个岛弧-洋底高原软碰撞是一个基本方式，说明洋底高原并不会主动俯冲，而是被动增生到陆缘，且常对海沟后撤起阻碍作用，并导致新俯冲带形成、俯冲极性反转。该俯冲带后撤导致海沟由 NWW 向直线变成了直角拐弯的形态，并掩盖切断了俯冲盘上的一些热点轨迹（Mann and Taira，2004）。

总之，仔细对比太平洋板块各热点轨迹（索艳慧等，2017）发现，太平洋板块内部热点轨迹不都是太平洋板块运动的结果，其中，144～125Ma 热点轨迹实际是法拉隆板块的运动轨迹，是法拉隆-太平洋洋中脊后撤的结果（图 10-49，李三忠等，2019a）。而 125Ma 之后各热点都表现出统一行为是太平洋板块运动的真实反映，所以仅仅夏威夷热点向南发生过漂移也令人费解，各自独立的热点整体发生向南漂移就更难以理喻。因此，也没必要去强迫某个热点移动以解释个别热点轨迹拐弯问题（Jiang et al.，2021；Hu J S et al.，2022），各热点统一的拐弯行为就是其所在这个单一板块所受合力方向的系列统一变化。关键在于太平洋板块运动的动力学机制不是洋中脊驱动，而是太平洋周边某一侧俯冲带所驱动，太平洋板块三边洋中脊形成的磁条带方向变化，都是对应一侧俯冲带俯冲方向变化的被动响应。

太平洋板块内部或周边的局地事件年龄虽然有些差异，但在年龄误差范围内却很相关，主要表现出以下 10 个事件，部分被一些研究模糊或合并：～190～146.6Ma（Boschman et al.，2021）、145～135Ma（或 146.6～137.9Ma，Boschman et al.，2021）、135～125Ma、125～110Ma、110～95Ma（或 137.9～100Ma，Boschman et al.，2021）、95～84Ma、84～74Ma、74～50Ma、50～20Ma、20Ma 至今。其中，古太平洋板块 50Ma 之前的事件都与太平洋板块内部洋底高原与陆缘软碰撞或洋内俯冲启动、太平洋板块接触陆缘并启动俯冲的多幕地质过程相关；反之，古太平洋板块 50Ma 消亡之后的事件就可直接反映太平洋板块消亡的动力机制。例如，切割日本磁线理的破碎带的方位指示～190～146.6Ma，依泽奈崎-太平洋洋中脊的 NW 向扩张事件，随后，146.6～137.9Ma 该洋中脊变为 NNW 向扩张。这完全是洋中脊扩张方向的突然重组（Boschman et al.，2021），这两幕事件在夏威夷和菲尼克斯磁线理中完全没有反映。

但夏威夷磁线理揭示出137.9～100Ma太平洋-法拉隆扩张脊的连续旋转，而非板块运动的突然变化；菲尼克斯磁线理则记录了菲尼克斯-太平洋扩张方向为SWW—NEE向，也没有反映早白垩世的这个变化（Boschman et al.，2021）。可见，日本磁线理只是反映了泛大洋西北部的板块重组过程，这个过程甚至没有影响太平洋板块相对于菲尼克斯板块和法拉隆板块的运动，是一个局地事件，也是一个被动过程。因此，太平洋很多微板块的生消都是一个被动过程，随大板块运动的变动而生消，但具体某个微板块的生消旋回并不维系在某个特定大板块的运动变化上，而是取决于周边多个大板块的变化，甚至某个阶段受深部热幔柱、冷幔柱、LLSVP的控制，其生消旋回也不遵循洋盆的威尔逊旋回，而是在单一洋盆内就可以完成其生消旋回。

太平洋板块演化过程极其复杂，上述只是基于全球板块重建轮廓性地描述了一些相关的重大事件，落实到具体的区域构造解析还会有更多的细节。例如，东海陆架盆地在34～16Ma还存在多幕盆地反转构造事件（索艳慧等，2012，2017；李三忠等，2013；Suo et al.，2014，2015），这里不再论述，相关内容参考读者所在研究区域的前人成果，进一步细化相关认识。

总之，在新时代背景下，向深海大洋进军的号角已经吹响，围绕“21世纪海上丝绸之路经济带”建设和海底氢能革命（李三忠等，2024；索艳慧等2024；姜兆霞等，2024），重新审视深海大洋构造（张国伟和李三忠，2017），以西太平洋为突破口（秦蕴珊和尹宏，2011）或“两洋一带”为切入点，中国在深海进入、深海探索、深海开发方面，海洋地质研究必将有所斩获。

（2）东太平洋微板块演化的非威尔逊旋回

东太平洋东缘的北美科迪勒拉造山带记录了一系列微板块的演化历史，该造山带从美国西南部起始，向北一直延伸到北冰洋，长达5000千米，是由陆壳碎片、岛弧、大洋残片等不同成因、不同性质、不同时代的微板块（其演化结果为地体）在古生代—新生代期间不断向北美克拉通西部陆缘汇聚而成的巨型增生型造山带（Dickinson，2004；Colpron and Nelson，2009，2011；Nelson et al.，2013；Beranek et al.，2016）。这些组成北美科迪勒拉造山带的微板块可以划分为5类（图1-38）（Colpron and Nelson，2011，2021）：

1）准原地陆缘地体，包括劳伦古陆台地、大陆架和边缘盆地的沉积地层，主要由浅海碳酸盐岩、硅质碎屑岩、页岩组成，局部含有少量火山岩。

2）劳伦古陆起源的山间地体群，与劳伦古陆的动物群具有亲缘性，但是古生代—早中生代的地质记录与劳伦古陆不同，包括斯莱德山（Slide Mountain）地体、育空-塔那那（Yukon-Tanana）地体、奎斯内利亚（Quesnellia）地体、斯蒂基尼亚

(Stikinia) 地体、麦克劳德 (McCloud) 地体、奇利瓦克 (Chilliwack) 地体等。

3) 北极区地体群，早古生代或者前寒武纪起源于西伯利亚克拉通、波罗的古陆、劳伦古陆的东北地区，包括北极阿拉斯加 (Arctic Alaska) 地体、苏厄德 (Seward) 地体、费尔韦尔 (Farewell) 地体、亚历山大 (Alexander) 地体、怀里卡 (Yreka) 地体、奥卡诺根 (Okanagan) 地体等。

4) 大洋板块起源的地体群，主要为洋壳碎片，如安加尤查姆 (Angayucham) 地体、托齐特纳 (Tozitna) 地体、卡什克里克 (Cache Creek) 地体等。

5) 晚中生代—新生代增生地体，由法拉隆板块、库拉板块、太平洋板块等俯冲过程中形成的增生杂岩组成。

北美克拉通 (North American Craton) 具有稳定的前寒武纪结晶基底和古生代盖层，是由形成于 2.0 ~ 1.8Ga 的劳伦古陆 (Laurentia) 经历了漫长的演化而来 (Cocks and Torsvik, 2011a, 2011b)。北美克拉通西部边缘分布了大量的地体与微板块，主要位于墨西哥和中美地区以及北美科迪勒拉造山带内 (图 10-64)。这些地体

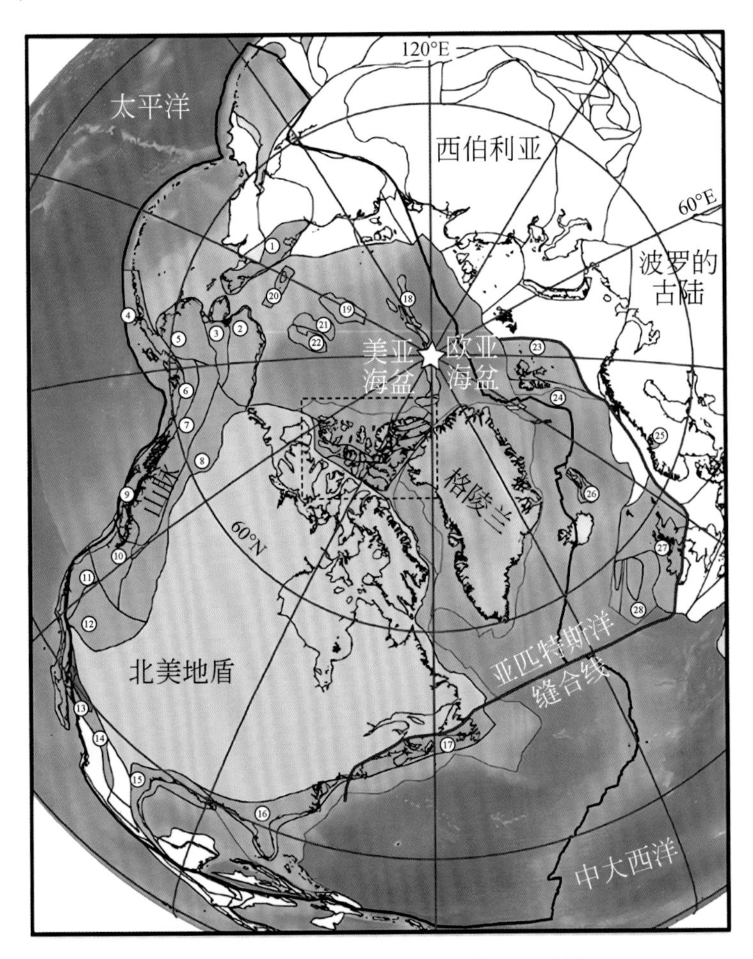

图 10-64 环北美克拉通地区的主要微板块划分 (据 Cocks and Torsvik, 2011a)

群经历了复杂的构造演化最终拼贴于北美克拉通的西缘，卡什克里克（Cache Creek）地体以含特提斯动物群化石为特征，为位于克拉马斯-谢拉弧以西的外来混杂体。

这些地体在中白垩世—早古近纪的拉勒米运动期间，因地壳巨大的缩短和增厚作用，沿中下地壳层次薄弱面产生逆冲型基底拆离推覆。应力松弛后，标志地壳大规模伸展的变质核杂岩从始新世到中新世在腹陆侧自北向南依次生成。著名的盆岭构造是斜叠在较早期逆冲型拆离断层杂岩之上距今16Ma以后产生的较年轻和较陡的正断层系统。前者与中性-长英质岩浆活动共生，后者和玄武质及双峰式火山活动共生。美国西部新生代从挤压变为板内拉张滑脱，是与法拉隆板块消减作用从拉勒米期的缓倾俯冲向后来的陡倾俯冲转换和洋中脊消减、板片窗打开相关（图10-65）。下面以北美西部法拉隆板块等俯冲和微板块增生为例，说明法拉隆板块等俯冲过程中的微板块形成和消亡过程。

北美科迪勒拉山脉的起源可追溯到新元古代罗迪尼亚超大陆的裂解和寒武纪期间劳伦古陆西缘大陆架和大陆坡的建立（Colpron and Nelson，2021）。晚寒武世—中泥盆世，劳伦古陆西缘以被动陆缘沉积为特征［图10-66（a）］。北极阿拉斯加和费尔韦尔地体的岩浆岩、地层学和动物化石证据显示，在新元古代—早古生代期间，这两个地体处于与西伯利亚板块连接，并靠近劳伦古陆的位置（Blodgett et al. 2002；Macdonald et al.，2009）。来自亚历山大、怀里卡和谢拉地体的早古生代动物群也表明，这些地体之间有共同的特征，并与劳伦古陆北部、西伯利亚板块、波罗的古陆、哈萨克斯坦、苏格兰、澳大利亚和中国的陆块有亲缘关系（Lindsley-Griffin et al.，2008）。一些特有的物种，特别是志留纪海绵，是上述两类地体共有的。这些地质证据均揭示了洋内的构造环境，这两类地体可能形成于古北冰洋的洋内洋岛与微陆块，位于劳伦古陆北部、西伯利亚板块和波罗的古陆之间［图10-66（a）］（Colpron and Nelson，2011）。

Colpron和Nelson（2009）提出，由于古生代早期亚匹特斯（Iapetus）和瑞克（Rheic）洋的不断收缩，其下伏上地幔软流圈不断逃逸流出，导致在劳伦古陆和西伯利亚古陆之间打开了一个“门户”。这个“门户”被称为西北通道，类似形成于现今南美洲板块和南极洲板块之间斯科舍海（Scotia Sea）。在古生代中期，初始的裂谷和狭窄俯冲带的快速西移，导致曾经位于波罗的古陆、西伯利亚古陆和劳伦古陆东北部之间的北极微陆块群（结果表现为现今的地体群）的离散（Schellart et al.，2007）。晚志留世—早泥盆世，西北通道的南缘形成了一条左旋压扭断裂带，左行走滑和斯科舍海型俯冲作用驱使这些北极地体群沿着劳伦古陆北部向西迁移［图10-66（a）（b）］。位于布鲁克斯山脉南部的早泥盆世钙碱性岩浆弧反映了向北极阿拉斯加地体下的俯冲作用；早泥盆世晚期，北极阿拉斯加地体拼贴到了劳伦古

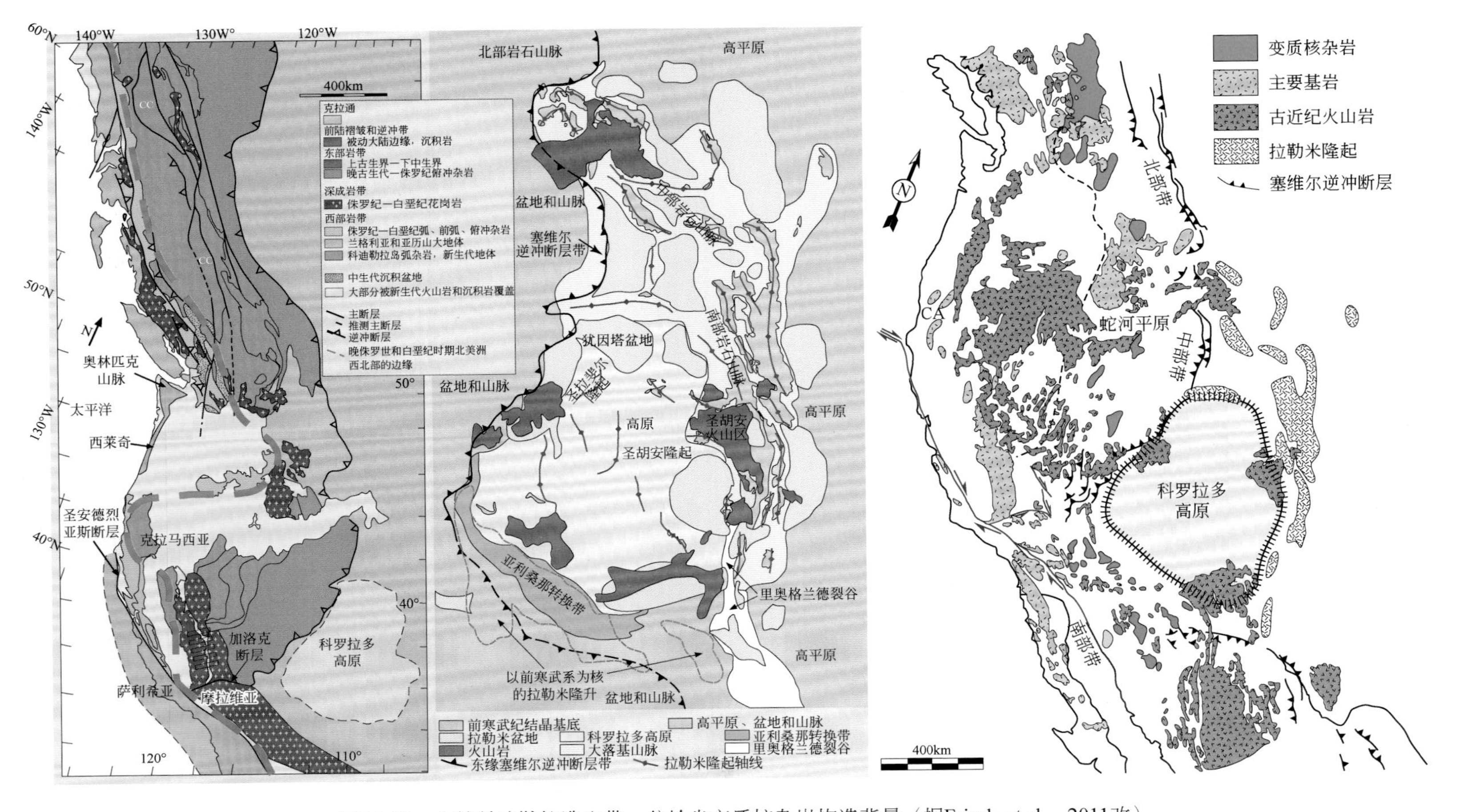

图10-65　北美科迪勒拉造山带、盆岭省变质核杂岩构造背景（据Frisch et al.，2011改）

陆的西北缘［图 10-66（b）］（Moore et al.，2007）。东克拉马斯（Eastern Klamath）和 Shoo Fly Complex 都含有来自于劳伦古陆西北缘的硅质碎屑岩单元，这些硅质碎屑岩与加里东造山带岩石在早泥盆世混杂在一起，表明这两个地体组成了一个联合地体（复合型微板块）。随后，在中泥盆世，沿着劳伦古陆西缘的左行走滑断层向南迁移［图 10-66（c）］（Wallin et al.，2000）。

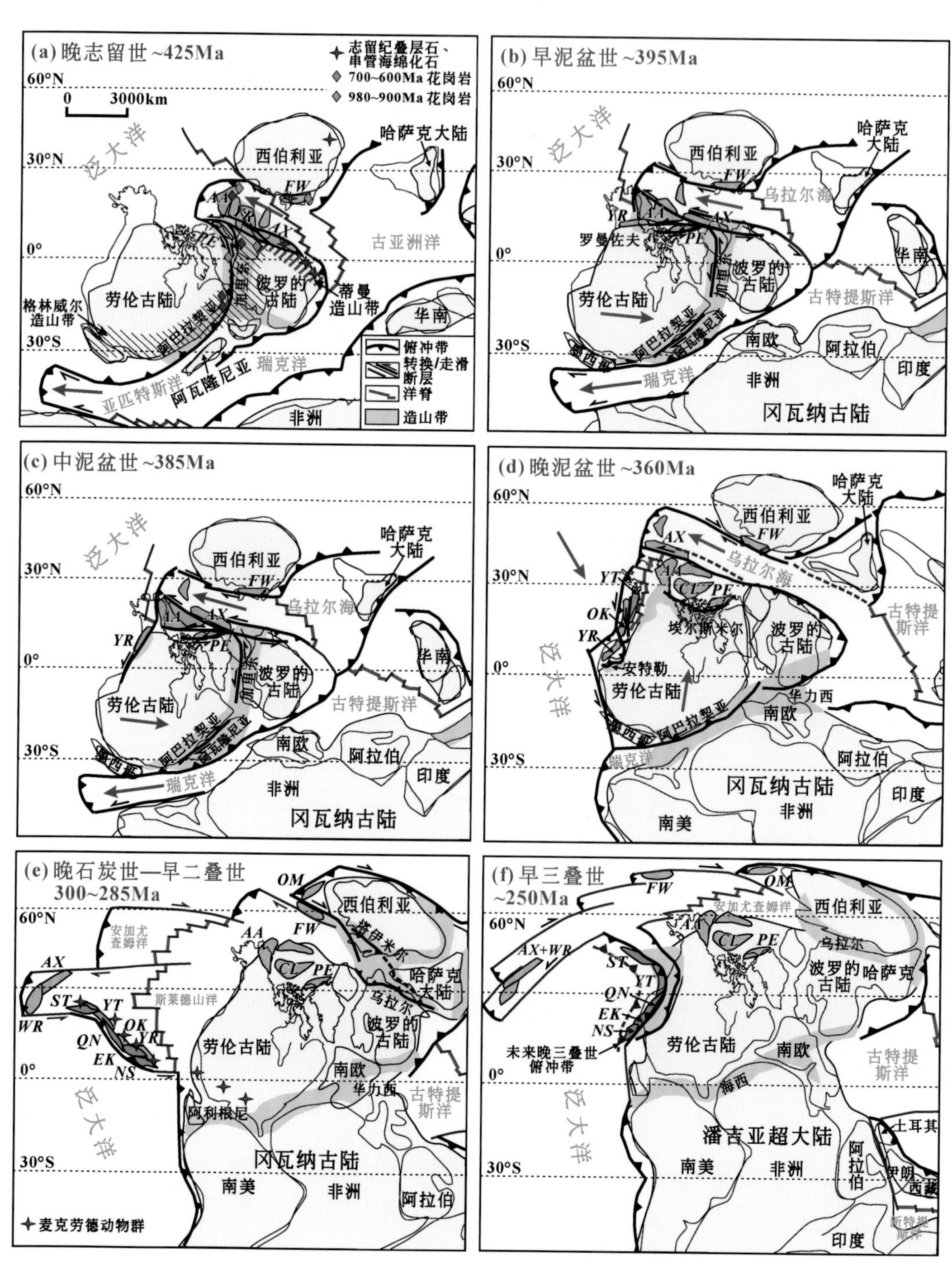

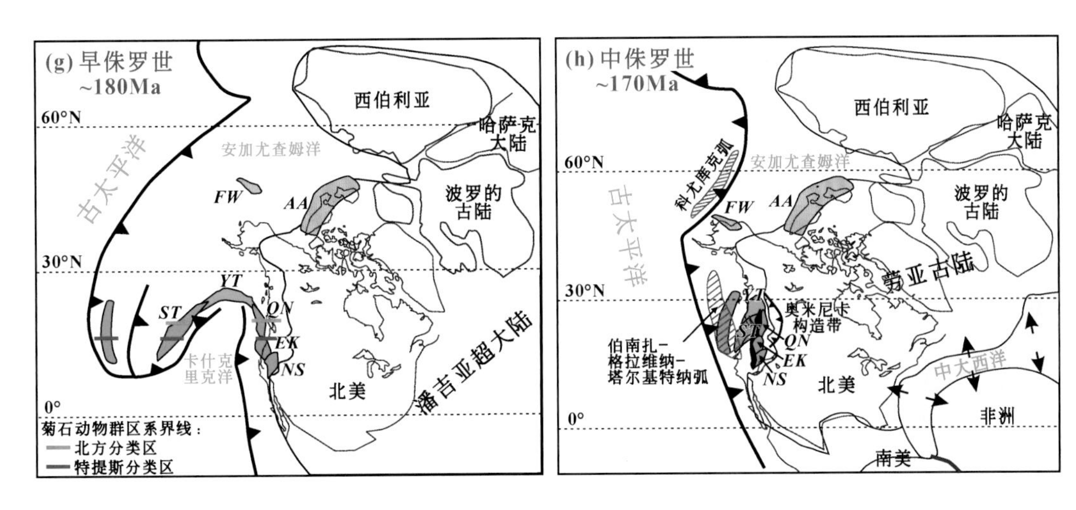

图 10-66　北美科迪勒拉造山带古生代—早中生代构造演化（据 Nelson and Colpron，2007；Colpron and Nelson，2011）

AA-Arctic Alaska（北极阿拉斯加）；AX-Alexander（亚历山大）；CL-Crockerland（克罗克兰）；EK-Eastern Klamath（东克拉马斯）；FW-Farewell（费尔韦尔）；NS-Northern Sierra（北谢拉）；OK-Okanagan（奥卡诺根）；OM-Omulevka（莫莱弗卡）；PE-Pearya（皮尔亚）；QN-Quesnellia（奎斯内利亚）；ST-Stikinia（斯蒂基尼亚）；WR-Wrangellia（兰格利亚）；YR-Yreka（怀里卡）；YT-Yukon-Tanana（育空-塔那那）

晚泥盆世，奥卡诺根地体就已侵位在库特内（Kootenay）地体的西部，此时，加里东造山带也沿着劳伦古陆的西部边缘向南迁移，并成为活动陆缘的一部分［图 10-66（d）］(Colpron and Nelson，2009)。中泥盆世，在西北通道形成的左行走滑断层沿着劳伦古陆西缘逐渐向南拓展，并作为大洋岩石圈下沉和俯冲的薄弱带（Colpron and Nelson，2011）。在北极阿拉斯加地体、育空-塔那那地体和阿拉斯加育空地区劳伦古陆的准原地陆缘，分别发生了 400 ~ 380Ma、390 ~ 380Ma 和 370 ~ 360Ma 的岩浆活动，而 360Ma 的岩浆活动遍及整个劳伦古陆西部边缘。这表明，在晚泥盆纪，劳伦古陆整个西部陆缘已完成了向活动陆缘的转变［图 10-66（d）］（Monger and Price，2002；Nelson et al.，2013）。由于瑞克洋的闭合，劳伦古陆南部与冈瓦纳古陆碰撞，导致整个劳伦古陆向北移动［图 10-66（d）］。劳伦古陆北部与克罗克兰地体（Crockerland）碰撞，导致了晚泥盆世—早石炭世埃尔斯米尔（Ellesmerian）造山运动。

在泛大洋向劳伦古陆西缘下俯冲开始后不久，俯冲板片开始回卷，并引起了陆缘弧的弧后伸展，导致部分陆缘微陆块从劳伦古陆上裂解下来，并组成了劳伦古陆起源的山间地体群的基底，如科迪勒拉造山带北部的育空-塔那那地体、奎斯内利亚地体、斯蒂基尼亚地体和美国东南部的东克拉马斯地体、北谢拉地体［图 10-66（d）］（Colpron and Nelson，2011）。弧后裂谷的持续扩张、裂解的陆缘弧向远离大陆的方向迁移，在早石炭世早期形成了斯莱德山洋盆［图 10-66（d）（e）］。

育空-塔那那地体和劳伦古陆西缘同时记录了晚泥盆世—早石炭世的岩浆活动(370~355Ma)，但是更年轻的石炭纪—二叠纪岛弧岩浆作用只存在于育空-塔那那地体内，这说明斯莱德山洋盆在早二叠世期间扩张到了它的最大宽度［图10-66(e)］(Nelson et al., 2006)，可能为2000~3000km（Belasky et al., 2002)。育空-塔那那地体西缘发育中—晚二叠世岩浆弧，而其东缘则发育同时代的蓝片岩和榴辉岩带。这些地质记录表明，中二叠世期间其俯冲极性发生了转变，斯莱德山洋壳向育空-塔那那地体等劳伦古陆起源地体群下俯冲（Nelson et al., 2006)。到三叠纪时，斯莱德山洋盆关闭，晚古生代从劳伦古陆裂离下来的岛弧性质的地体群重新拼贴到劳伦古陆的西缘，在索诺马造山期（Sonoma Orogeny）成为潘吉亚超大陆的一部分［图10-66（f)］。覆盖在育空-塔那那地体、斯莱德山地体和劳伦古陆西缘上的三叠纪碎屑岩和育空-塔那那地体经历的角闪岩相变质作用记录了这次索诺马造山事件(Berman et al., 2007)。

与东克拉马斯地体和北谢拉地体不同，亚历山大地体在中侏罗世与阿拉斯加东南部的育空-塔那那地体聚合之前，并没有证据表明它曾与劳伦古陆西缘或劳伦古陆周围的地体发生了直接相互作用（Gehrels, 2002)。亚历山大地体中晚泥盆世—早石炭世的珊瑚与劳伦古陆西部的珊瑚相似，这表明该地体在那时已经迁移到泛大洋内［图10-66（d)］（Colpron and Nelson, 2011)。晚石炭世，~309Ma的岛弧岩浆作用同时侵入亚历山大和兰格利亚（Wrangellia）地体，这表明这两个地体在石炭纪—侏罗纪便焊接在一起了，处于洋内岛弧的构造环境［图10-66（f)］。费尔韦尔地体起源于西北通道北缘，作为西伯利亚板块的一部分，一直演化到二叠纪早期(Bradley et al., 2003)。费尔韦尔地体在乌拉尔构造期离开西伯利亚板块进入泛大洋中［图10-66（d）(f)］，有关其中生代的演化历史目前研究较少。

奎斯内利亚地体和斯蒂基尼亚地体上最老的中生代侵入岩和火山岩为中三叠世，但是大量弧相关的岩浆活动开始于晚三叠世（Anderson, 1991)，分布于卡什克里克地体的两侧（图10-64)。这些晚三叠世火山岩具有相似的野外、地球化学和同位素特征。卡什克里克地体的两侧同样发育早侏罗世火山岩和侵入岩，火山岩序列以平行不整合或者角度不整合的接触关系覆盖在三叠纪或者更老的地层上。奎斯内利亚地体和育空-塔那那地体的侏罗纪岩浆岩带发育200~185Ma的侵入岩，呈现由西向东逐步迁移的趋势，展现了卡什克里克洋的东向俯冲极性。斯蒂基尼亚地体上广泛发育早侏罗世火山岩，被认为是西侧被古太平洋内的板块俯冲而东侧被卡什克里克洋俯冲的产物［图10-66（g)］（Nelson et al., 2006)。卡什克里克地体东侧发育三叠纪蓝片岩带，斯蒂基尼亚地体东侧发育早侏罗世弧前增生杂岩，这同样表明，卡什克里克洋在早侏罗世发生过双向俯冲，且有形成弯山构造山趋势［图10-66（g)］(Nelson and Colpron, 2007)。中侏罗世期间，由于古太平洋内板块的东向俯冲，卡什克里克洋闭合，斯蒂基尼亚地体与劳伦古陆西缘的奎斯内利亚地体发生碰撞，在碰撞带中残留了卡什克里克增生楔［图 10-66（h）］。在最后的碰撞阶段，卡什克里克地体仰冲到斯蒂基尼亚地体之上，这期造山事件被 ~172Ma 的变质作用和 ~175Ma 岩浆作用所记录（Mihalynuk et al.，2004）。

近年来，层析大地构造学的快速发展使得地表观测、板块重建与深部层析成像紧密结合起来，一些传统的地质观点受到了冲击和挑战。Sigloch 和 Mihalynuk（2013）利用 P 波层析成像技术将晚中生代向北美克拉通下俯冲的、古太平洋内的板块细分成安加尤查姆（Angayucham，ANG）、默卡勒拉（Mezcalera，MEZ）和法拉隆（Farallon）三个组成部分（图 10-67）。随着这些（微）板块在白垩纪至新生代期间不断向北美克拉通下俯冲，一些山间地体逆冲到克拉通内部，科迪勒拉造山带逐渐开始隆升（Monger and Gibson，2019）。早白垩世早期默卡勒拉微板块向北美克拉通下俯冲，北美克拉通西缘产生了挤压变形、磨拉石建造和活动陆缘弧［图 10-67（a）(b）］。早白垩世晚期，默卡勒拉微板块持续的俯冲挤压使科迪勒拉山脉开始垂向变形隆升［图 10-67（c）（d）］（Ernst，2011）。晚白垩世，法拉隆板块向北美克拉通下俯冲，形成大量的中-基性火山活动，安加尤查姆微板块的残留体增生于科迪勒拉造山带上，最终形成地体［图 10-67（e）（f）］。新生代早期，法拉隆板块的残留体拼贴于科迪勒拉造山带上［图 10-67（g）（h）］，同时造山带内发育走滑断裂，部分区域发生区域性伸展作用（Colpron and Nelson，2021）。

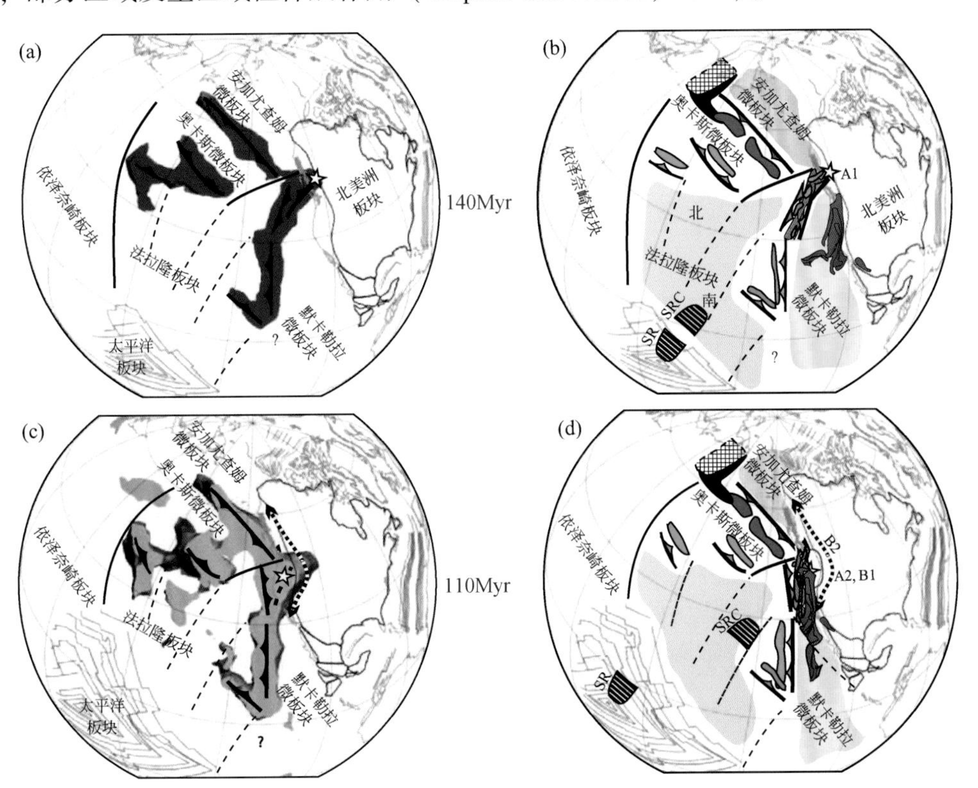

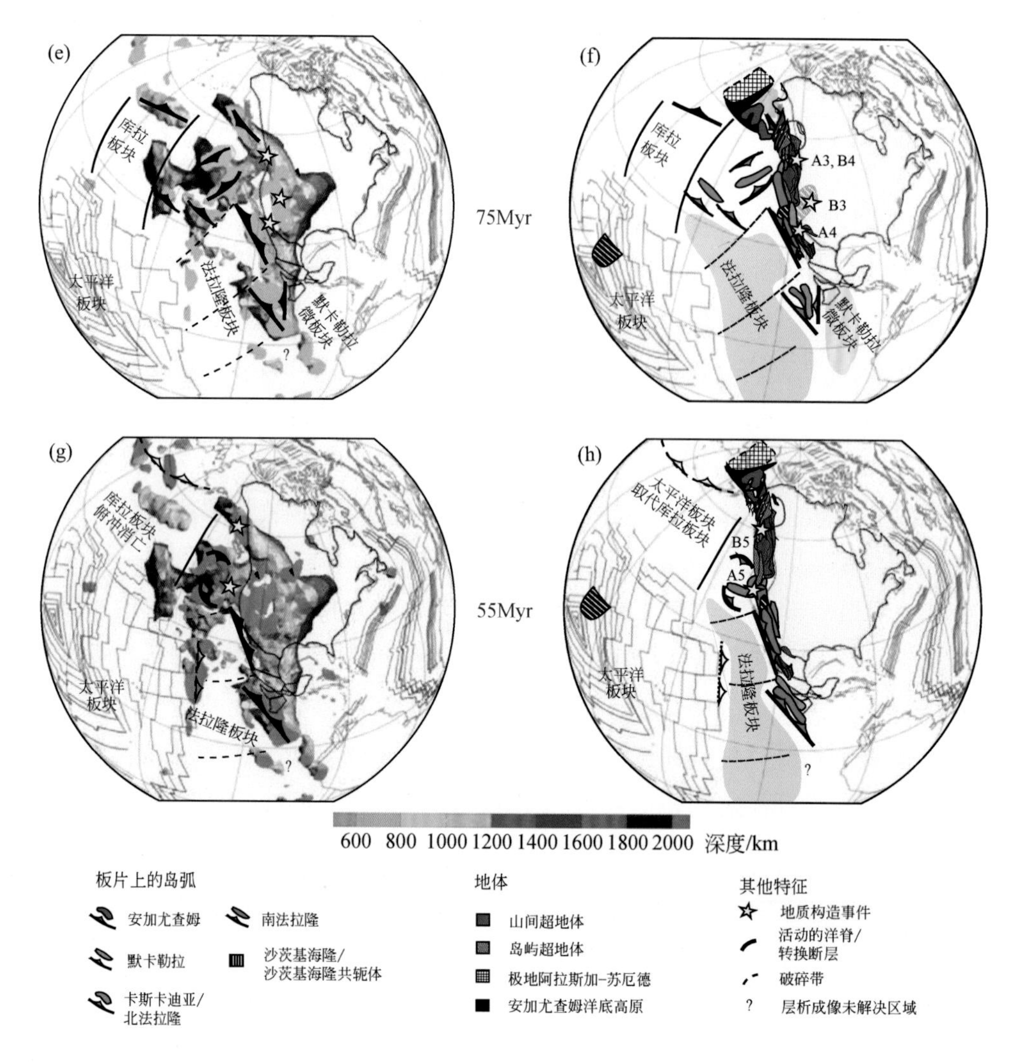

图 10-67 白垩纪—新生代微幔块层析成像（左图）和地体增生过程（右图）

（据 Sigloch and Mihalynuk，2013）

缩写代码见后文表 10-1

北美西部陆缘由大量增生地体，即过去 200Ma 增加的地壳块体组成，但其原因尚不清楚。被广泛接受的解释假设是，法拉隆板块充当了传送带角色，将地体源源不断地拼贴到陆缘，同时部分俯冲到陆缘之下。但是，Sigloch 和 Mihalynuk（2013）研究发现，这依然无法解释大量地体之间的复杂性，也与新的下地幔板片层析成像图像以及它们相对于板块重建的位置不一致（图 10-67）。为此，他们以碰撞事件为抓手，重建了北美西部陆缘的古地理格局，并对其进行了定量检验，因为碰撞事件可清晰反映为板片或板块的几何形状，并可用来校准重建的时间，且有助于使古地理格局重建与板块重建和地表地质记录相一致。其古地理格局重建表明，白垩纪北美洲海域以西一定是类似于现今的西太平洋海陆格局，由成串的岛弧组成。该海区古太平洋内的所有板块最初都沿几乎静止的洋内海沟发生俯冲，并在其地幔深部“增生”堆垛为巨大而直立的“板片墙”（slab walls），对应地在板片上方长期发育火山群岛和俯冲混杂岩的增生。当北美克拉通逆掩到这一系列群岛之上时，科迪勒拉山脉进入主演化阶段，发生了大量地壳增生事件。北美古陆犹如巨大的推土机向西推动，将这些分散的微板块铲入铲斗中。

北美大陆通过其陆缘的俯冲增生杂岩和岛弧与其他仰冲地壳碎片的碰撞、增生而成。这种碰撞-增生事件具有广泛的科学意义，因为它们会引起快速的地理格局变化（图 10-68），并影响气候、海洋环流、生物群以及关键金属矿产的形成。北美洲板块西北缘在 200～50Ma 发生了一系列大规模的地体碰撞，从而形成了美国西部的科迪勒拉山脉。

事实证明，要调和陆地与大洋盆地的地质记录极其困难，但海底磁条带是所有板块构造定量重建的基础，保存了完好的大西洋扩张记录。对海底磁条带研究表明，自潘吉亚超大陆裂解以来（约 185Ma 前），北美洲板块一直持续向西运动，远离非洲和欧洲。相比之下，超过一半的古太平洋（泛大洋）海底扩张记录缺失。太平洋板块记录了至少自 180Ma 以来的演化历史，但在其东北部存在的另一个主要大洋板块，即法拉隆板块，其洋盆记录多数缺失。通常假设法拉隆板块已经填满了泛大洋或古太平洋东部洋盆，并延伸到了北美克拉通西缘，但俯冲到了其下方。自侏

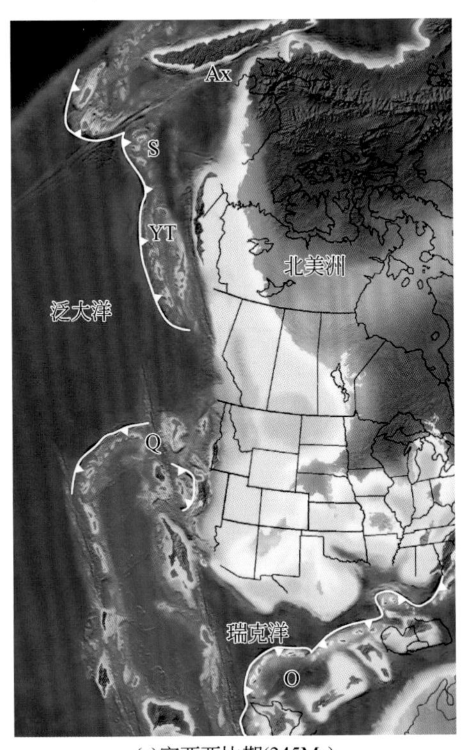

(a)密西西比期(345Ma)

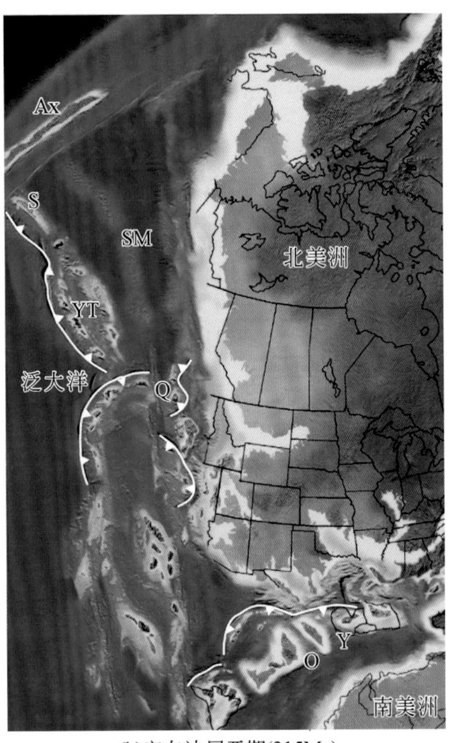

(b)宾夕法尼亚期(315Ma)

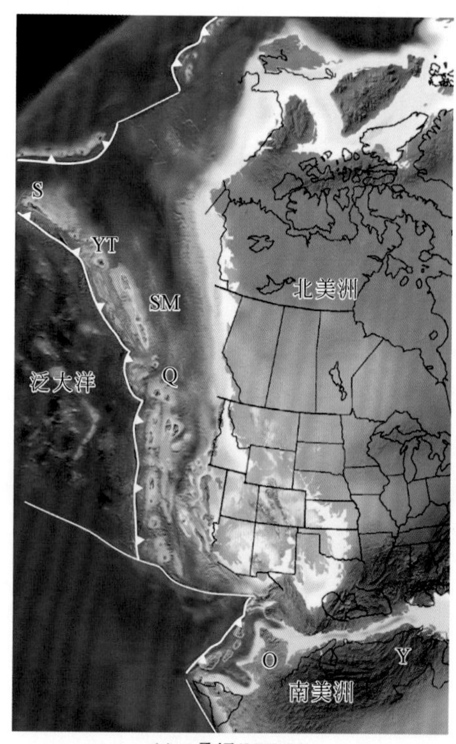

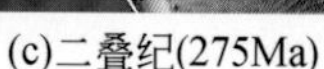
(c)二叠纪(275Ma)

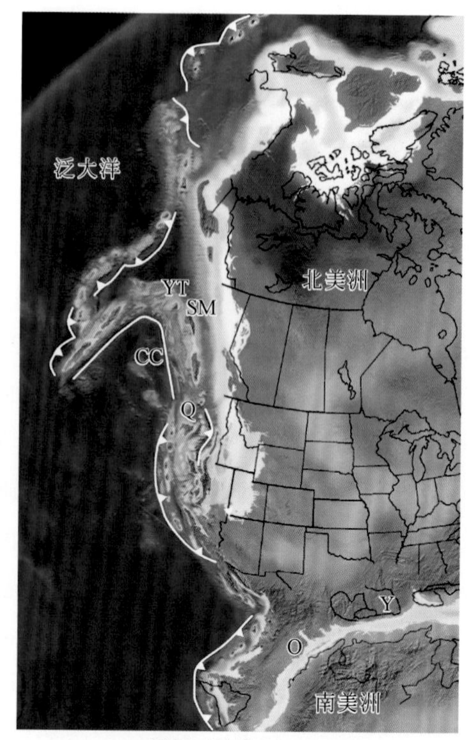

(d)早三叠世(345Ma)

图 10-68　北美洲部分地区及周边一系列古地理复原（Frisch et al.，2011）

图中显示了地体增生的复杂性。缩写与图 1-38 中的缩写相同，并添加了以下几个内容。(a) 早石炭世密西西比阶和 (b) 晚石炭世宾夕法尼亚阶，山间地体的要素广泛分布在科迪勒拉陆缘，瓦哈卡（Oaxaca，O）、尤卡坦（Yucatan，Y）和邻近的未标记地体随着瑞克洋的关闭而增生到北美洲南部，一些模型将这些地体显示为南美洲的一部分，而不是如图所示的带状大陆，亚历山大（Alexander，Ax）可能是从波罗的或西伯利亚裂解而来，随后向北进入泛大洋。(c) 二叠纪，涉及一个或多个弧的复杂聚合，斯蒂基尼亚（Stikinia or Stiline，S）、育空-塔那那（Yukon-Tanana，YT）、奎斯内利亚（Quesnellia or Quesnel，Q）通过弧后扩张和斯莱德山（Slide Mountain，SM）弧后盆地的形成与北美分离，潘吉亚超大陆大部分位于图的东部，形成于二叠纪，瓦哈卡和尤卡坦增生到了北美洲板块，带有二叠纪特提斯 *fusuliids* 的地体漂移到科迪勒拉地区。(d) 早三叠世，斯蒂基尼亚朝奎斯内利亚弯曲形成弯山构造，关闭了两者之间的卡什克里克（Cache Creek，CC）洋，但一些模型显示这是一条转换断层系统，而不是弯山式褶皱；斯莱德山弧后盆地此时正在关闭

罗纪晚期，法拉隆板块作为几乎所有主要陆地地质事件的起因，也应该会携带大量地体运移增生到了北美克拉通西缘，从而这些地体保存了法拉隆板块的演化历史，因此，尽管法拉隆板块所在的古太平洋东部洋盆消失了，依据这些地体记录依然可以恢复古太平洋东部到北美克拉通西缘的古地理面貌。

然而，自 200Ma 以来，已有数十个地体增生到北美克拉通西缘之上，但没有增生到南美洲的安第斯陆缘，而二者构造背景是非常类似的。这些地体大多是三叠纪到白垩纪的岛弧—俯冲碎片，包括另外三个外来的超级地体：山间（Intermontane，IMS）、岛屿（Insular，INS）和格雷罗（Guerrero，GUE），它们本质上主体是微陆块。它们的确切起源仍未知，但从古地磁观测和化石动物群推断，这些地体形成于

不同的地理纬度和地质时代。这意味着在古太平洋东北部曾短暂存在过其他的大洋板块，而这些板块在定量板块重建中是缺失的。

深部地幔结构以俯冲板片的形式保留了古板块俯冲组构的记录，俯冲板片表现为层析 P 波速度比周边平均地震波速度更快的地幔区域。在北美克拉通下方，这些板片遗迹较多，几乎是直立的墙壁状，可称为“板片墙”，深度从 800km 延伸到 2000km，通常宽 400 ~ 600km（图 10-69、图 10-70）。最长的“板片墙”从加拿大西北部延伸到美国东部，再延伸到中美洲，被称为法拉隆板片，这是全球层析图像中最显著的特征之一。但是，Sigloch 和 Mihalynuk（2013）认为，这堵“板片墙”的主体不是法拉隆板片，并将其细分为安加尤查姆、默卡勒拉和南法拉隆（Southern Farallon，SF）三部分［图 10-69（b）］。重新做这种解释是基于当时最新的层析成像模型（Sigloch，2011），该模型除了使用全球网格数据外，还利用密集的 USArray 数据（Pavlis et al.，2012），使用了前沿的波形反演方法，即多频 P 波层析成像（Sigloch，2011）。

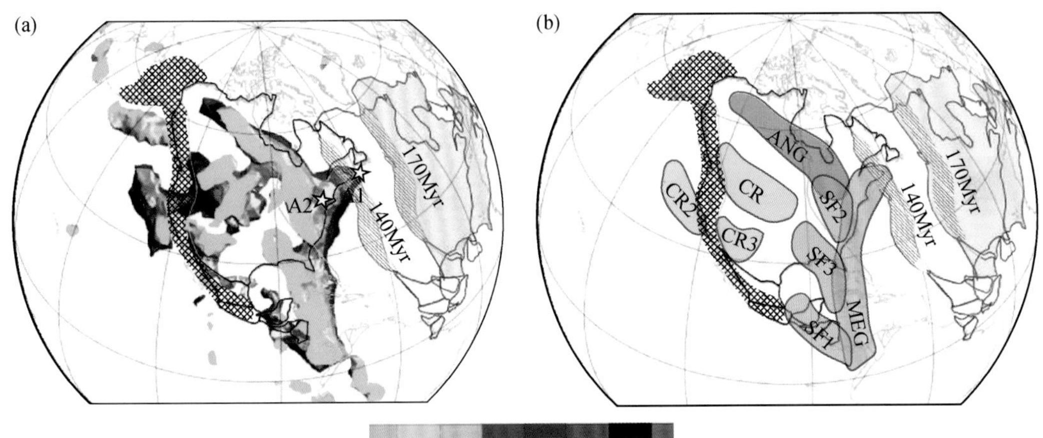

图 10-69　北美洲板块之下的板片随时间的变化（Sigloch and Mihalynuk，2013）

（a）深度为 900km 及以下的俯冲板片。P 波层析成像模型（Sigloch，2011）呈现为三维（3D）等值面轮廓，其包含比平均值更快的结构（阈值 $dV_P/V_P=0.25\%$，其中 V_P 是 P 波速度）。颜色表示深度，每 200km 变换一个颜色。按照约 10mm/a 的下沉速率，这组板片应该沉降于 200 ~ 90Ma。重建的 140Ma 前大陆位置显示在热点参考系中，170Ma 前的显示在热点/古地磁混合参考系中。阴影区域表示侏罗纪/白垩纪时期陆缘位置的不确定范围；交叉阴影区域显示了在白垩纪和古近纪早期增生的陆地。（b）为地质解释。板片墙分为四组：向东俯冲的卡斯凯迪亚/北法拉隆板片（蓝色）、南法拉隆板片（绿色）和向西俯冲的安加尤查姆（ANG，红色）和默卡勒拉（MEZ，橙色）板片。在 140Ma 之前，相当大的洋盆将北美克拉通与安加尤查姆/默卡勒拉海沟分开。CR 为卡斯凯迪亚根（Cascadia Root）

图 10-69 中的时间指弧陆碰撞时间，其运动以下地幔为参照系。根据该层析图像揭示：①碰撞前，海沟和岛弧都是活动的，板片弯曲是由于大约 670km 处的黏度差所致，但部分延伸进入到下地幔。②同其碰撞及大约 10Myr 之后，北美大陆掩覆海沟并增生了相关岛弧地体，而板片则发生了断离。③碰撞后，“板片墙”继续下

沉，一条新的安第斯型俯冲带新生于向海一侧，“板片墙”锚定在下地幔中，所有三块板片都以约 10mm/a 的稳定速率垂直下沉。

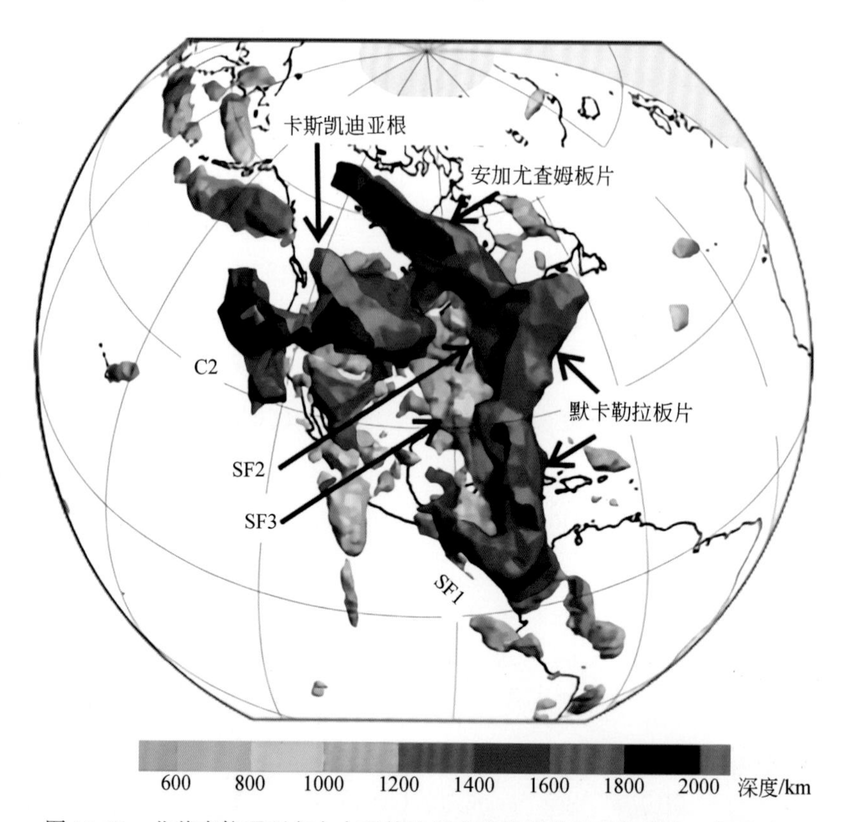

图 10-70 北美克拉通下方由内而外地震高速体结构揭示的直立“板片墙”

（Sigloch and Mihalynuk，2013）

这种 3D 渲染在 Sigloch（2011）的 P 速度层析成像模型中描绘了高速异常结构，其等值面阈值 $dV_p/V_p=0.25\%$ 与图 10-69 相同。这是由“内而外”的视图，它将最深部的结构移动到前部（1800～2000km 处为粉红色/紫色阴影），将最浅部的结构移动到背景深处（蓝色，600～400km）。这个视角对应于一个虚构的观察者位于地球中心向上看。此图没有渲染 400km 以浅的结构，因为它可能代表高速异常的克拉通岩石圈，而不是俯冲的板片。这幅视图最清楚地显示了约 800km 深度之下的深部板片墙几乎垂直的几何形状、默卡勒拉和安加尤查姆墙之间的分割，以及它们与新月形的卡斯凯迪亚根和更西部的板片 C2 之间的清晰空间分离。相比之下，地幔过渡带中的物质被横向涂抹（黄色、绿色、蓝色阴影）。垂直的板片墙具有洋内海沟的几何特征，这些海沟可以并且确实在很长一段时间内保持固定，而较浅的板片则由迁移的大陆拖曳，沉降在海沟中

除了将已知的东部“板片墙”放在更清晰的焦点上之外，Sigloch 和 Mihalynuk（2013）还发现更偏西侧的另一堵“板片墙”——卡斯凯迪亚根（Cascadia Root）[图 10-69（b）中的 CR，深度 700～1800km]，其连续向上延伸到现今的卡斯凯迪亚海沟，法拉隆板块的最后残余（胡安・德富卡微板块）正沿此俯冲与该“板片墙”相连。这使得卡斯凯迪亚根可确定为法拉隆板片，也有助于重新评估安加尤查姆、默卡勒拉和南法拉隆地体是否真的属于俯冲的法拉隆板片。

板块重建的关键问题是这些下地幔板片墙是否以及如何发生了横向漂移，因为它们位于相应的火山弧下方（绝对参考系中过去与现在的 $x-y$ 位置）。为此，

Sigloch 和 Mihalynuk（2013）首先假设并检验了它们没有明显移动，即板片只有垂直下沉，不确定性是水平位移仅有几百千米，这种位移的产生主要基于成像板片几何形状，鉴于新生代俯冲过程的记录，其中，海沟绝对运动平均速度仅占板块总汇聚速度的 10% ~30%（Sdrolias and Müller，2006），所以这种假设似乎也是合理的。

图 10-71（a）和（b）的数值模拟结果显示了陡峭的加宽板片墙如何在长期存在且固定的海沟和火山弧下方近乎垂直下沉并堆垛起来的过程。但是，随着大西洋的扩张，北美克拉通不断向西移动，安第斯型北美西海岸的海沟不可能是固定的。在北美大陆到来之前，通过西向洋内俯冲来解决这一矛盾，然后俯冲极性才转换为当前向东的运动，进入陆缘海沟［图 10-71（c）］。这意味着，层析成像中的安加尤查姆、默卡勒拉和南法拉隆下地幔板片在时代上形成于侏罗纪到白垩纪，最后在俯冲带与北美克拉通相遇，并导致白垩纪的地体增生。

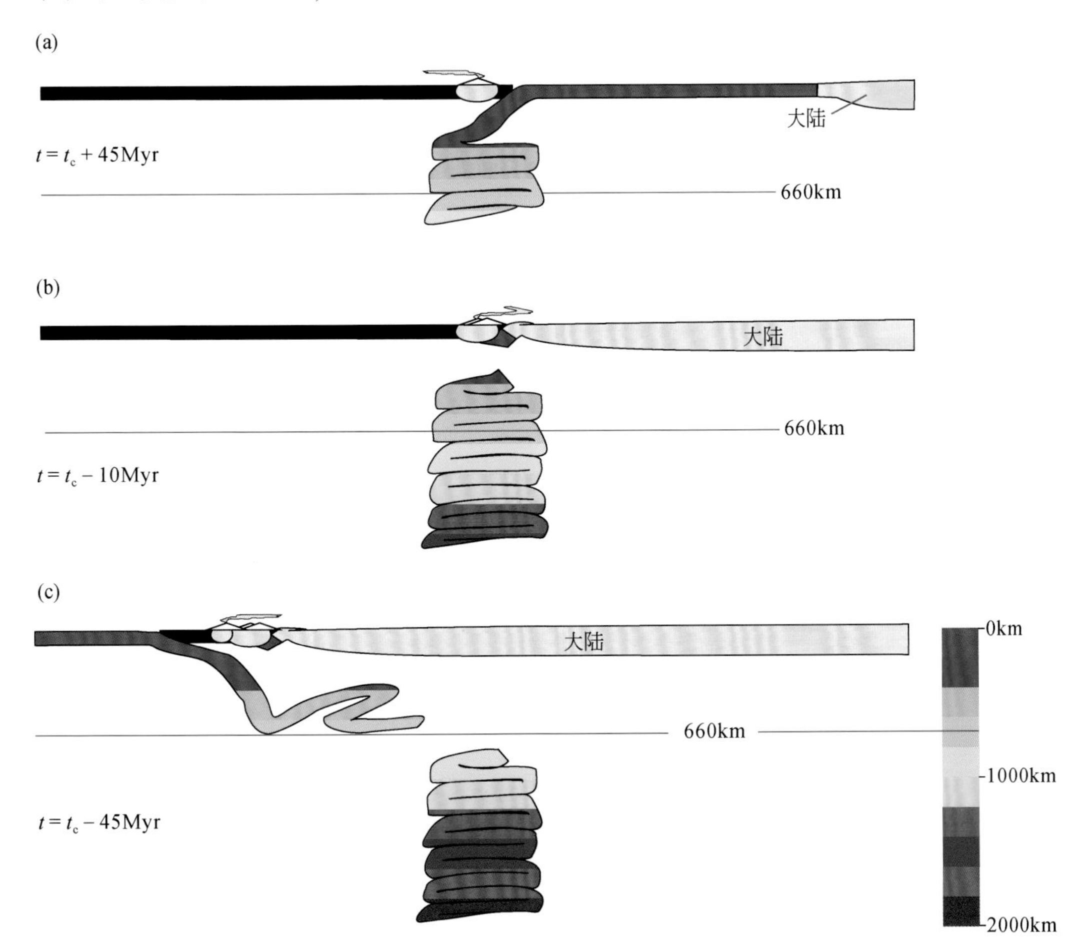

图 10-71　地体（微幔块）的剖面演化示意（Sigloch and Mihalynuk，2013）

基于板片垂直下沉，它们记录了古岛弧和海沟的绝对位置。因此，板片垂直下沉允许在层析成像和绝对板块重建相结合时，可定量预测大陆-海沟碰撞的位置和时间。这些预测可以根据大陆地质学推断的岛弧地体拼接时间进行检验。板片墙的突然向上截切，在层析成像上得到了很好的解决，对应于上覆海沟—岛弧系统的关闭，因此对应于拼接时间如果海沟保持固定不动，则在其下方沉降的板片垂直堆垛。如果海沟迁移（但每个板片垂直下沉），假设下降速率没有显著的横向变化，则层析成像中的板片将向较老的海沟位置倾斜。观测到的下地幔板片墙横向会加宽至400~600km，即大洋岩石圈厚度的4~6倍。这不是人为的模糊，而是其在层析成像中显著可见的真正原因。板片加厚可能是在660km的黏度跃层（viscosity jump）上板片褶叠所致，与垂直下降存在的偏差主要是由于褶叠过程本身（图10-71）。在对流模型中，板片褶叠优先发生在此处假设的固定海沟下方（Ribe et al., 2007）。像这样显著增厚的板片可以预见不是"地幔风"驱动的，也就是说，如果有任何物质垂直下降，它必然是这些板片。

这样的板片墙表明，它们上方的海沟长时间保持在相同的绝对位置，岛弧和增生混杂岩的增生位于这些位置上方。Sigloch和Mihalynuk（2013）对大量板片墙观察后认为，它们相关的洋内海沟是"地体集散地"（terrane stations），在那里，新的地壳物质不断集中以等待运移到大陆边缘。安加尤查姆和默卡勒拉（MEZ）上方的地体"集散地"没有向东输送到法拉隆海沟；相反，是北美克拉通向西迁移，安加尤查姆和默卡勒拉（MEZ）碰撞并增生到了地体"集散地"。因此，板片墙将现在分散的地体与横向上不变的地表下方结构联系起来，这约束了一亿多年前海沟的绝对位置和大洋消亡的时间演变。

图10-69展示了重建的北美克拉通西缘及层析成像中下地幔板片墙的轮廓。北美克拉通的相对向西运动得到了大西洋扩张记录的良好约束，独立于任何绝对参考系之外。安加尤查姆和默卡勒拉的基本几何形状对比表明，这两个板片没有俯冲到大陆边缘以下：①板片在800~2000km深处保持垂直，指示了一条固定的海沟，而陆缘则连续向西移动。②安加尤查姆和默卡勒拉的轮廓，特别是默卡勒拉向东突出的岬角形态与大陆边缘的轮廓不吻合（图10-70）。如果大陆俯冲控制了板片沉降，那么板片弯曲应该反映了大陆的弯曲。③在安加尤查姆/默卡勒拉以西，正如沿海沟移动的大陆拖曳可以预测的那样，板片在上部800km处横向拖曳（图10-71），直接观测证据也表明，在北美克拉通掩盖海沟后，俯冲模式发生了转变，从固定的大洋转变成迁移的大陆。

图10-69和图10-67中的大陆运动与绝对热点参考系相关联，并用GPlates软件（Gurnis et al., 2012）进行了重建。与垂直下降的板片墙一样，垂直上升的地幔柱与最下部的地幔相比没有发生明显的横向运动（较小的偏差可做校正），因此，热地幔柱和冷板片墙参考系是等效的（没有相对运动）。在这个混合参考系中，重建的北美克拉通西缘横向覆盖了板片墙，相当于预测了海沟被覆盖和地体增生的时空分布。

例如，图10-67（a）显示了在140Ma之前的某个时间，可能是在150Ma之前，北美陆缘覆盖点（overriding point）A1和默卡勒拉岛弧的东部岬角。可以推测出板片下沉速度：A1 下方的默卡勒拉浅端已下沉到约 1500km 的深度，这意味着平均下沉速率为 10mm/a。默卡勒拉岬角向西南方向逐渐变浅，这与沿海沟的俯冲极性无关（板片没有向东北方向倾斜），而是反映了不同的下沉时间（A1 处的俯冲比 A2 处的俯冲，更早被阻塞）。板片下沉速率可以从板片墙向上阻塞的任何分辨良好的点进行估计，但 Sigloch 和 Mihalynuk（2013）选择有大陆地质学支持证据的相关五个点 A1～A5（表 10-1 和图 10-67）进行对比。预测的海沟被掩盖的年龄是侏罗纪至白垩纪（146～55Ma），向西逐渐年轻，并且如预期的那样向西阻塞深度较浅。下沉速率估计值在 9～12mm/a，与全球 12±3mm/a 的结果一致。

因为法拉隆（胡安·德富卡）板块现今仍在俯冲到地幔中，所以卡斯凯迪亚根必定是法拉隆板片。太平洋海底记录表明，自大约 180Ma 以来，法拉隆板块持续扩张，因此，在下沉速率为 10mm/a 时，超过 1800km 深的卡斯凯迪亚根对应于（北部）法拉隆板块的整个生命周期。这块卡斯凯迪亚板片的存在意味着向东同样深度和增厚的安加尤查姆板片不能代表法拉隆岩石圈。相反，安加尤查姆板片必定倾向相反（向西南），以便从位于东北方向的大洋盆地中补充足够的板块物质，其俯冲部分吸纳了北美克拉通的西向漂移。

表 10-1　地体增生顺序

事件	几何学/动力学事件	吻合的地质事件	重建时间/Ma	板片深度/km	板片下沉速率/（mm/a）
A1	默卡勒拉（MEZ）岬角开始增生。增生段被初期的南法拉隆海沟 SF2 所取代	落基山变形开始，由同源碎屑楔记录（160～155Ma）。Franciscan 俯冲杂岩/南法拉隆的起始（165～155Ma）	14±24	1500±100	10±2
B1	北美（太平洋西北地区）逐渐逆掩默卡勒拉岬角	太平洋西北地区的 Omenica 岩浆带（124～90Ma）	—	—	—
A2	默卡勒拉岬角（板片墙最浅部）的末端增生	—	111±8	1050±50	9±1
B2	北美陆缘与群岛的加宽碰撞（默卡勒拉/安加尤查姆/法拉隆南部岛弧）	陆缘范围的强变形：塞维尔和加拿大落基山脉（自约 125Ma 前以来）	—	—	—
A3	安加尤查姆岛弧的增生，之后形成了板片窗	由于板片窗（72～69Ma）而导致的 Carmacks 火山事件	74±7	850±50	12±1
A4	在沙茨基海隆共轭的高原增生之后，法拉隆南段海沟向西延伸	由于板片窗而导致的 Sonora 火山活动；塔拉乌马拉火成岩省（85±5Ma）	88±3	800±50	9±1

续表

事件	几何学/动力学事件	吻合的地质事件	重建时间/Ma	板片深度/km	板片下沉速率/（mm/a）
B3	法拉隆板块与沙茨基海隆碰撞，超级地体发生压扭性强耦合	拉勒米（Laramide）造山运动，超过1000km的内陆（85～55Ma前）基底隆起	—	—	—
B4	共轭俯冲	岛屿、山间和安加尤查姆地体沿边缘向北移动（85～55Ma前）	—	—	—
A5	美国西北太平洋地区卡斯凯迪亚根（CR）岛弧的增生	最后的陆地增生：Siletzia，环太平洋（55～50Ma）	55±7	600±30	12±2
B5	安加尤查姆最西端的最终增生	海岸山脉岛弧爆发式火山作用结束（55～50Ma）	—	—	—

注：第二列根据几何学预测的板片-陆缘相互作用来描述构造事件。第三列描述了陆地地质记录中的匹配事件。基于局部记录完整的事件（A1～A5），也可从层析成像和板块重建模型中估计板片深度、自上次俯冲以来的时间（陆缘增生）和板片下沉速率。因为地质事件的作用是验证几何推断的结果，所以地质时间不参与计算。事件B1～B5表示依据掩覆群岛场景解释的其他一级构造事件（这些事件在时空上不够具体，无法估计板片深度、时间和板片下沉速度）。

资料来源：Sigloch and Mihalynuk，2013

另一种方案就是将北美克拉通从前潘吉亚超大陆中挪出去的方案，即法拉隆海沟向西回撤。因此，Sigloch和Mihalynuk（2013）推断的海沟/板块演化，与普遍接受的默卡勒拉/安加尤查姆作为大陆下东倾的法拉隆板块俯冲产物有所不同，而是安加尤查姆和默卡勒拉（MEZ）板块向西俯冲，并可能开始于侏罗纪早期，消减了其西部与北美克拉通之间的大洋盆地，即图10-67中的安加尤查姆和默卡勒拉盆地。这两个盆地都以拉链般的方式消亡：默卡勒拉洋盆自北到南关闭，安加尤查姆洋盆自南到北关闭，因为北美克拉通在150～50Ma逐渐超越并掩盖了安加尤查姆/默卡勒拉岛弧，再往西，早期的法拉隆洋俯冲成两个东西向的卡斯凯迪亚板片（卡斯凯迪亚根/卡斯凯迪亚根2）（CR/CR2）；但在147Ma以前，顺时针旋转后额外增生了法拉隆南部1（SF1）/和法拉隆南部2（SF2）板片。因此，在北纬地区，两个极性相反的长期存在地体集散地以安加尤查姆和卡斯凯迪亚共存。在它们被超越后，向东倾斜的法拉隆海沟开始伴随北美克拉通一起回撤。太平洋-法拉隆洋中脊扩张记录的这种复杂性可能反映了单条海沟段从洋内向安第斯山脉的过渡。

Sigloch和Mihalynuk（2013）使用海沟/岛弧系统的地体集散地属性来检验层析成像和板块重建预测的掩覆岛弧，即北美克拉通与具有浮力的岛弧地壳碰撞，应与观察到的变形和加速事件相吻合。图10-67（b）显示了推断的增生前地体位置：每个活动的海沟/岛弧系统可能包括俯冲混杂岩或外来碎片（exotic fragments）。利用科迪勒拉山脉中现今的地质关系，Sigloch和Mihalynuk（2013）将大多数假设的地体与实际的地貌相匹配，安加尤查姆地体（红色）位于现今阿拉斯加的内部，与安加尤查姆和相关蛇绿岩为断层接触，该断层指示西南向俯冲。A1 以西的绿色地体代表了现今加利福尼亚的弗朗西斯俯冲杂岩。在群岛增生开始之前，早期俯冲的两个超级地体最接近大陆的山间和南部的格雷罗地体已经松散地增生到北美克拉通，而岛屿超级地体俯冲可能形成了默卡勒拉岛弧的核部。

为了进行独立检验，Sigloch 和 Mihalynuk（2013）从时间和空间上明确的构造事件中选择了下沉速率的校准点（表 10-1 中的 A1 ~ A5）。事件 B1 ~ B5 与 A1 ~ A5 事件相互交织，代表了广泛的科迪勒拉造山和增生事件，这些事件波及面广泛。四个增生阶段区分如下。

第一阶段［图 10-67（a）（b）］东缘默卡勒拉岬角开始增生。变形最初局限于太平洋西北地区，正如 Sigloch 和 Mihalynuk（2013）模型所预测的那样。腹地的初期变形产生了磨拉石，大约在 157Ma 之前在 45°N 至 55°N 之间覆盖了大陆台地。大约在 165Ma 之前的俯冲方向反转反映为原弗朗西斯地层［如红蚂蚁地层（Dickinson，2008），在图 10-67（b）中显示为 A1 西南的橙色地体］到弗朗西斯地层（绿色）的过渡，标志着从默卡勒拉到南法拉隆 2（SF2）板块的早期俯冲极性转换。

第二阶段［图 10-67（c）（d）］发生了北美克拉通与越来越宽的默卡勒拉/法拉隆南部相撞时的陆缘造山运动。这导致了自 125Ma 以来塞维尔和加拿大落基山脉的造山作用。山间地体（IMS）的内部形成在加利福尼亚南部稳定的北美地壳之上，并且在 110Ma 前已经垮塌，越来越多的锆石搬运到了稳定的北美克拉通盆地，反之亦然。而山间地体（IMS）和活动的内华达山脉岛弧的锆石搬运到了弗朗西斯海沟［法拉隆南部 2（SF2）］中。奥梅尼卡（Omenica）岩浆带持续向东侵入山间地体（IMS）北部，相邻的北美地层（B1，124 ~ 90Ma 前）可归因于默卡勒拉岬角长期被覆盖。

第三阶段［图 10-67（e）（f）］是北美克拉通进入法拉隆板块半球的时间。当安加尤查姆地体斜向碰撞时，它的地体（红色，现在的阿拉斯加之间）沿着加拿大陆缘增生。A3 的覆盖伴随着中性至玄武质火山岩的强烈喷发，Carmacks 地层形成于 72 ~ 69Ma 前。

南法拉隆海沟与北美克拉通一起向西迁移，弗朗西斯地层仍在形成。在 A4 周围，板片几何形状指示从法拉隆南部 2（SF2）到法拉隆南部 3（SF3）外侧呈阶梯状。因为南加利福尼亚/索诺拉（Sonora）陆缘横切间歇性的板片间隙，所以这与 90Ma 前强烈的火山活动区域相吻合。

这条海沟后撤的位置和时间，与推断的法拉隆洋底高原（沙茨基海隆的共轭体）到达北美陆缘的完全吻合（图 10-67）。洋底高原碰撞是一种假设机制（Liu et al.，2010），用于解释俯冲停滞及 85 ~ 55Ma 前拉勒米造山期的基底隆起（B3）。

Sigloch 和 Mihalynuk（2013）认为，这一事件解释了科迪勒拉的另一个一级观测（B4）：在 85～55Ma 前，岛屿、山间和安加尤查姆地体群，但不是弗朗西斯和格雷罗地体群，沿陆缘迅速向北移动几百千米到超过 2000km。法拉隆板块的汇聚矢量在当时确实具有较大的北向分量，但地体运移还需要与法拉隆板块发生强耦合，与北美克拉通解耦。具有浮力的法拉隆洋底高原被岛屿/山间地体挤压而无法俯冲，这种耦合可能发生，且可在更西部形成新的海沟。

第四阶段［图 10-67（g）（h）］是群岛或多岛洋增生的结束。在 55±7Ma 之前，北美克拉通越过了 A5 点，这与太平洋西北地区最后观察到的地体增生非常一致。随着地体增生，海沟向西跃迁（A5 处明显的向上中断），洋内卡斯凯迪亚根（Cascadia Root）转变为今天的大陆卡斯凯迪亚俯冲。同样，因为不列颠哥伦比亚的海岸山弧强烈的火山活动发生在 55～50Ma 前，标志着安加尤查姆地体的最终增生（B5）。

此时，上地幔板片的复杂性与现今的西太平洋相媲美，这与大量的板块重组事件有关，因为所有的板片下沉速率估计值都是在板片墙上校准的，所以，图 10-71 所建议的简单深度-年龄关系不适用于新生代平板俯冲的板片或更深部的孤立板片（即微幔块），如库拉或卡斯凯迪亚（CR3）。长期固定的海沟解释了以前被认为是无关的两个观测结果：北美克拉通下方超级板片的近直立几何形状（不需要特定的地幔流变或临时变换绝对参考系），以及白垩纪时期的一系列岛弧地体增生。

以前曾根据陆地地质学调查，提出了北美陆缘中生代近海的群岛或多岛洋模式，但缺乏地震层析成像和垂直下沉/地体集散地的绝对空间约束。现今移位的地体可以与其地震成像的原始海沟位置相关联，也可以与绝对参考系中重建的大陆位置相关联，从而大陆板块与地体碰撞导致科迪勒拉山脉形成的不同事件获得验证。150Ma 之前，北美克拉通显然位于很远的东部，即使将绝对参考系的经度不确定性考虑在内时（图 10-69），默卡勒拉（MEZ）/安加尤查姆（ANG）地体也无法到达陆缘海沟。假设法拉隆板块俯冲到北美克拉通下方，可明显发现直立“板片墙”的几何形状和位置明显“错误”，为此提出了两种解决方案。全球岩石圈相对于下地幔的经向移动，特别是白垩纪随着大西洋的打开时，向西的挤出逐渐减弱，可能使北美克拉通逆掩在默卡勒拉/安加尤查姆地体上。或者，通过西海岸海沟横向水平迁移，上地幔板片在过渡到下地幔时，一定程度上必须变得陡峭，这需要超过 1000km 的巨大板片发生横向水平位移，一些地幔对流模拟再现了这个过程（Liu et al., 2008）。然而，另一些学者则认为，板片基本上是垂直下沉（Steinberger et al., 2012），观测结果也是如此（Ribe et al., 2007；Sigloch, 2011）。Sigloch 和 Mihalynuk（2013）的研究表明，在观测不确定性范围内，预测和观测到的地质事件是一致的。这验证了简单的垂直下沉，似乎解释了所有北美观测，包括增生的地体，但与自 175Ma 或更早之前以来被广泛接受的法拉隆海沟不吻合。Sigloch 和

Mihalynuk（2013）的论点不需要观察到的板片深度和自覆盖以来的时间（所有三堵板片墙的一致下沉速率）之间的比例，但更增加了对其正确性的信心。

总之，相比任意可移动的板片，垂直下沉的板片可以更严格而有效地约束古地理重建。这里的例子是很好的深浅构造耦合分析的例子，是对地幔深部构造解析的新实践，超越了传统板块构造理论的研究范畴，也丰富了板块构造理论中简单的地幔对流描绘。这种方案遵循奥卡姆剃刀的简约原则，因此，未来古地理研究应该从这个原则出发，并需要对偏离这个原则的情形作出观测。垂直下沉期间所示的热地幔柱和冷“板片墙”绝对参考系的等效性也很重要，因为板片轨迹在时间上比热点轨迹可追溯更久远的历史。此处，冷“板片墙”和热地幔柱绝对参考系可分别对应200Ma之前或更早、大约130Ma之前，并且它们可以约束绝对古经度，这是古地磁数据无法做到的。然而，为了定量化建立一个全球俯冲参考系，有必要区分陆缘海沟还是洋内海沟。

上述介绍的主要结果是北美西部和太平洋东部的数字化板块重建，以1Myr的时间间隔演变。Clennett等（2020）总结了该区构造历史，划分成几个阶段，展示了板块图像的变化（图10-72～图10-81），并讨论了重建过程中的关键约束、考虑因素和选择。这五个阶段分别是170～147Ma、147～115Ma、115～83Ma、83～55Ma和55～0Ma的时段。

Clennett等（2020）开发了一个北美科迪勒拉地体四维板块重建模型，不仅重新进行了板块数字化，还将旋转作用分配到了68个地体中。这些地体可进一步划分为109个次级地体，以适应地质演化时期形状和大小的变化；阿拉斯加和加拿大的地体依据Colpron和Nelson（2011）的成果做了改进，而美国西部和墨西哥的地体采用了Dickinson（2008）和Silberling等（1992）的几何形状。另外依据其他来源，改编了三个地体：Alisitos地体（Johnson et al.，1999）、克罗诺斯基（Kronotsky）地体和奥柳托尔斯基（Olyutorsky）地体（Domeier et al.，2017）。为了满足更大范围的构造解释，Clennett等（2020）将这些地体进一步归纳为安加尤查姆、岛屿、山间和格雷罗四个超级地体（superterrane）。根据其成因推断，剩下的其他地体分别隶属于北美洲板块、法拉隆板块或库拉板块（图10-72）。

Clennett等（2020）用于重建的主要层析成像约束是Sigloch_NAME_2011北美区域模型（Sigloch，2011）、DETOX-P1（Mohammadzaheri，2019；Hosseini et al.，2020）和DETOX-P3（Hosseni et al.，2018）全球尺度模型中俯冲岩石圈的几何形状。

图10-73为Sigloch_NAME_2011，是一个适用于北美的区域P波层析成像模型。与全球模型不同的是，作为USArray实验的一部分，Sigloch_Nam_2011覆盖的区域布设有高密度台站。因此，解析的线性板片或微幔块更能代表当今的海沟。Clennett等（2020）不是依据全球模型，而是倾向于将该模型作为解释北美克拉通下方地幔

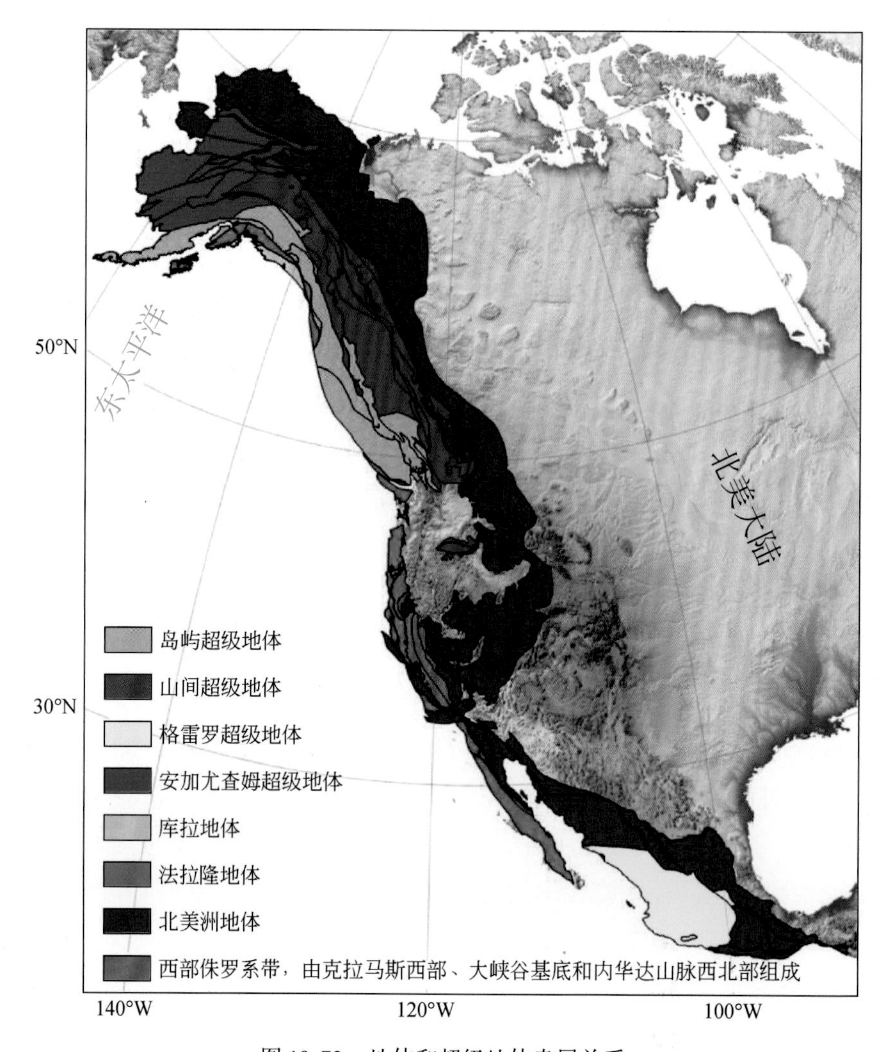

图 10-72　地体和超级地体隶属关系

结构的基础。此外，Sigloch_NAME_2011 模型只包含了 2008 年之前的数据，并没有系统地包括美国以外的所有地震台站，因此，该模型在一些区域，特别是在墨西哥和阿拉斯加下方分辨率较低，且不确定性较高。Clennett 等（2020）使用 DETOX-P1 和 DETOX-P3 全球 P 波模型作为主要数据集，用于约束远离美国下方的板片或微幔块。DETOX-P3 不仅包括 P 和 PP 数据，还包括地核衍射 P 波（Hosseini and Sigloch, 2015），这使得下地幔得到了更完整的揭示。因此，Clennett 等（2020）在约束最深板片或微幔块的形状和位置时依赖于 DETOX- P3 模型，但这约束了 Clennett 等（2020）模型中的最早板块边界。为了将板片或微幔块的深度与它在地球表面的时间联系起来，假设位于相同深度的板片或微幔块在同一时间进入地幔（尽管这一假设是不完全符合事实）。具体是，假设位于下地幔中的板片以 10mm/a 的平均速度下沉穿过地幔，即 1Myr 内下沉 10km。这符合 Sigloch 和 Mihalynuk（2013）确定的 10±

2mm/a 速率的平均值。

他们的估计量化了观察结果，即图 10-73（b）中大块“板片墙”（slab wall）的一段越向东，其向上截止的层位就越深。向上截止处就是板片沉降的末端位置，在垂向下沉的框架下，该位置会逐渐靠近大陆边缘。因此，图 10-73（b）中东部板片表现为西向上扬的斜坡，从红色到黄色再到绿色，可以与北美向西漂移的轨迹进行定量化关联，即通过大西洋扩张完整保存的磁条带及下地幔的热点年龄标定。根据科迪勒拉碰撞过程中的关键事件（表 10-1）（Sigloch and Mihalynuk，2013），这种相关性产生了板片墙（或微幔块群）所有部分约 10mm/a 的板片下沉速率。因此，Clennett 等（2020）将层析成像深度切片作为时间相关栅格化图片导入 GPlates 时，采用了这种下沉速率，也就是说，每增加 1Myr 的时间，就会在 3D 渲染中“添加”10km 的板片［图 10-73（b）］。

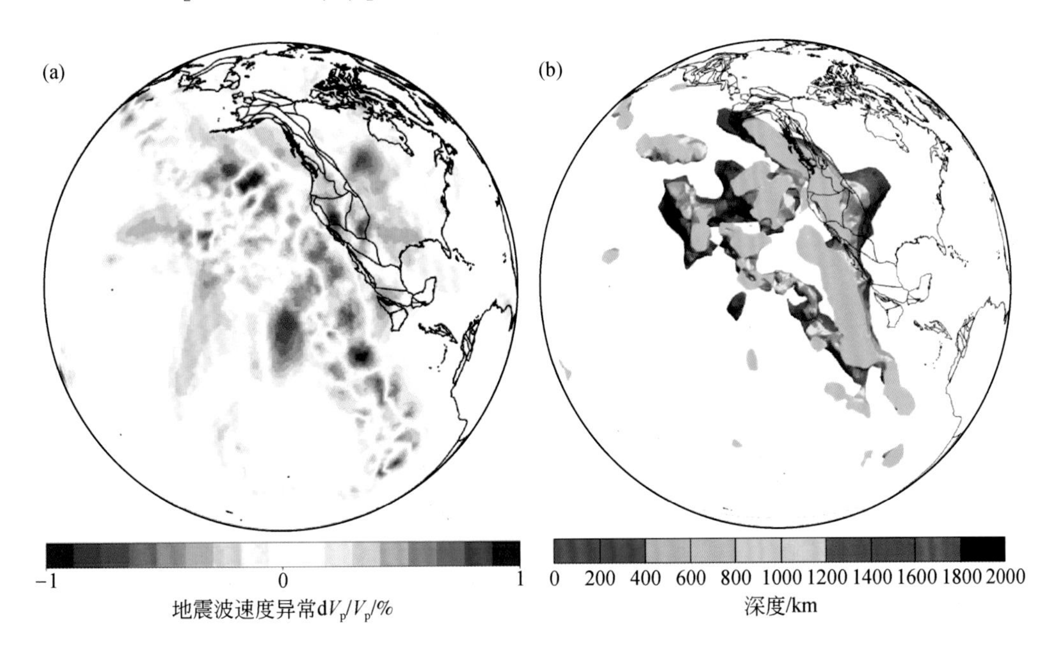

图 10-73　北美西部与东太平洋 900km 深度层析切片及立体结构

（a）900km 深度的单张层析切片显示了异常高速（蓝色）和低速（红色）地震速度异常区域（Sigloch，2011）。在岩石圈深度以下，高速异常被解释为以前大洋岩石圈的俯冲板片。极低速异常通常与地幔上升流有关。层析切片渲染使用了 SubMachine 模型（Hosseini et al.，2018）。（b 为 900km 深度及以下所有高速异常（dVp/Vp>+0.2%）的 3D 等值面（Sigloch，2011）。每个深度都有颜色编码，每 200km 变化一次。按照 10mm/a 的板片下沉速度，北美大陆 90Ma 的位置相当于黑色覆盖区。这种地表和地下结构的叠加对应于 10mm/a 的下沉速率，即 90Myr 下沉降 900km。因此，浅绿色的线形面给出了 90Ma 时的活动海沟（板片下沉线）。北美克拉通此时可看作覆盖了两条长的、NNW 走向的海沟，但还没有形成一组更破碎的、向西的海沟。黄色板片的俯冲可能发生在 100～120Ma，橙色板片的俯冲可能发生在 120～140Ma

Clennett 等（2020）重建海沟时，首选下地幔中巨大的、线性的、壁状或帘状的默卡勒拉和安加尤查姆板片，它们沿南北向和北西—南东向连续延伸超过 10000km（图 10-74 和图 10-75）。这些板片墙是地幔中质量最大、成像最稳健的板

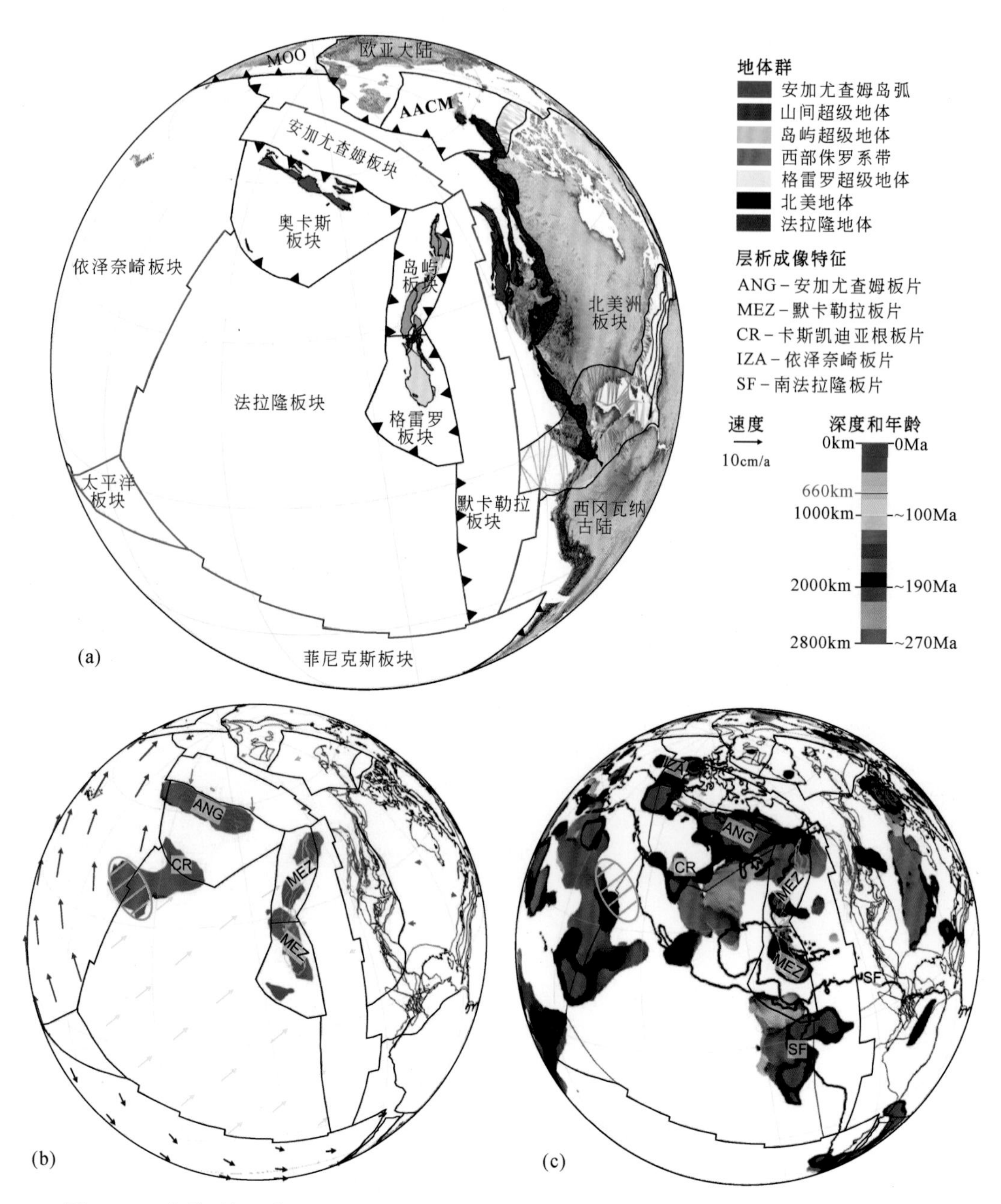

图 10-74 北美西部及邻区的 170Ma 板块重建及相关微幔块层析成像（Clennett et al.，2020）

(a) Clennett 等（2020）依据 Müller 等（2019）的参考系，以 25°N、90°W 为中心所做的 170Ma 板块重建。大部分科迪勒拉地体位于三个板块上：奥卡斯（Orcas）板块、岛屿板块和格雷罗板块。与传统板块重建相比，这里的法拉隆板块缩短了，沿洋内海沟发生俯冲，而不是沿北美陆缘俯冲。具体而言，法拉隆板块北部沿卡斯凯迪亚根岛弧俯冲到奥卡斯板块下方，对应在面板（b）和（c）中构建的一个标记为 CR 的稳健成像板片。法拉隆板块南部俯冲到格雷罗和默卡勒拉板块之下。北美洲板块和西冈瓦纳古陆向西延伸到与默卡勒拉大洋板块相邻的推断洋中脊。默卡勒拉板块向西俯冲到岛屿（橙色）和格雷罗（黄色）微陆块下方。安加尤查姆大洋板块是默卡勒拉大洋的北延部分，向西南俯冲到奥卡斯板块下方，形成了未来阿拉斯加中部的安加尤查姆岛弧（红色）。MOO，蒙古-鄂霍次克洋微板块；AACM，北极阿拉斯加-楚可塔微板块。(b 和 c）的板块重建以两个层析成像模型为基础，显示为彩色带状 3D 图。(b）Sigloch_Nam_2011（Sigloch，2011）的层析成像模型约束与 Clennett 等（2020）的板块路径，叠加了 GPlates 生成的板块速度矢量。(c）Hosseini 等（2020）DETOX-P3 模型中的板片约束，显示了现代大陆轮廓供参考。Clennett 等（2020）没有在西部 CR 异常（阴影区）上方设置海沟，因为这种异常可能是一些更深部结构向上模糊化的结果，图（c）中的 DETOX-P3 模型更好地解析了下地幔，发现在这些深度没有检测到板片

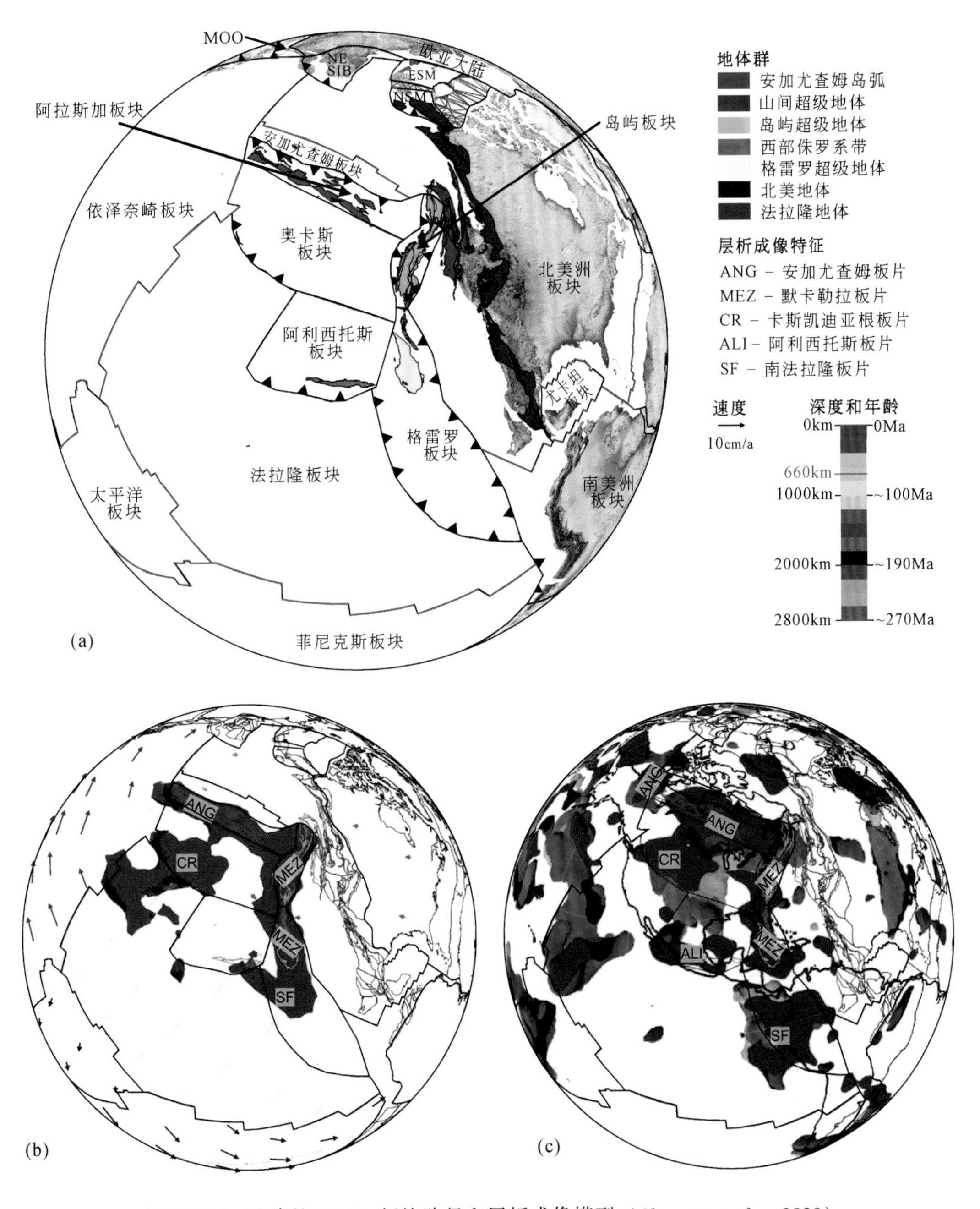

图 10-75　重建的 140Ma 板块路径和层析成像模型（Clennett et al.，2020）

(a) 北美洲已经开始覆盖该多岛洋，导致其向东俯冲到岛屿地体之下。法拉隆板块也开始沿阿利西托斯（Alisitos）海沟俯冲，将其后面的洋壳圈闭在阿利西托斯板块上。原加勒比地壳被圈闭在法拉隆/泛大洋和默卡勒拉洋之间，尽管目前它是格雷罗板块的一部分。MOO-蒙古-鄂霍次克洋微板块；NE SIB-东北西伯利亚微板块；ESM-东西伯利亚微板块；NSM-北坡（North Slope）微板块。(b) 区域层析成像模型与 170Ma（1700km）的板块重建相比基本保持一致，表明俯冲带保持静止。然而，在（c）中，全球层析成像模型显示，当今墨西哥下方存在一个巨大的东西走向阿利西托斯板片，这里将其与阿利西托斯岛弧地体相关联。在 DETOX-P3 模型中，南部法拉隆板块覆盖了很宽的区域，这里将其解释为两条海沟的结果，很像现在的加勒比海

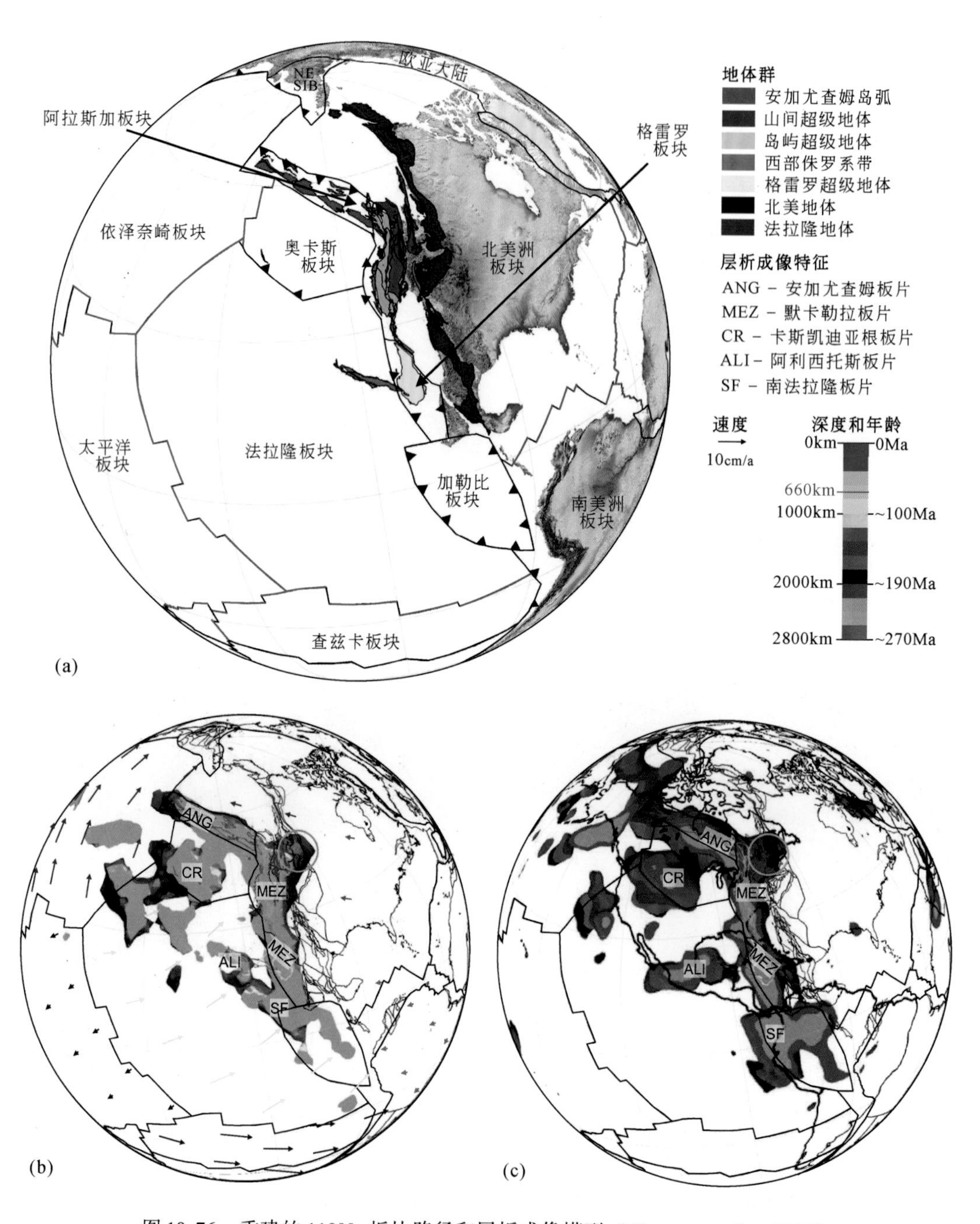

图 10-76 重建的 110Ma 板块路径和层析成像模型（Clennett et al.，2020）

(a) 沿默卡勒拉板片北部的岛屿超级地体已增生到北美大陆。在南部，默卡勒拉洋几乎关闭，格雷罗超级地体增生到了北美大陆。阿利西托斯海沟死亡后，阿利西托斯地体正增生到格雷罗超级地体。NE SIB-东北西伯利亚微板块。(b) 活动的俯冲带对应于橙色的板片表面。默卡勒拉北部海沟的覆盖反映在红色水平的默卡勒拉板片东北部的向上截止（圆圈处）。(c) DETOX-P1 模型还显示了阿利西托斯板片在该深度的向上截止，代表阿利西托斯岛弧的死亡

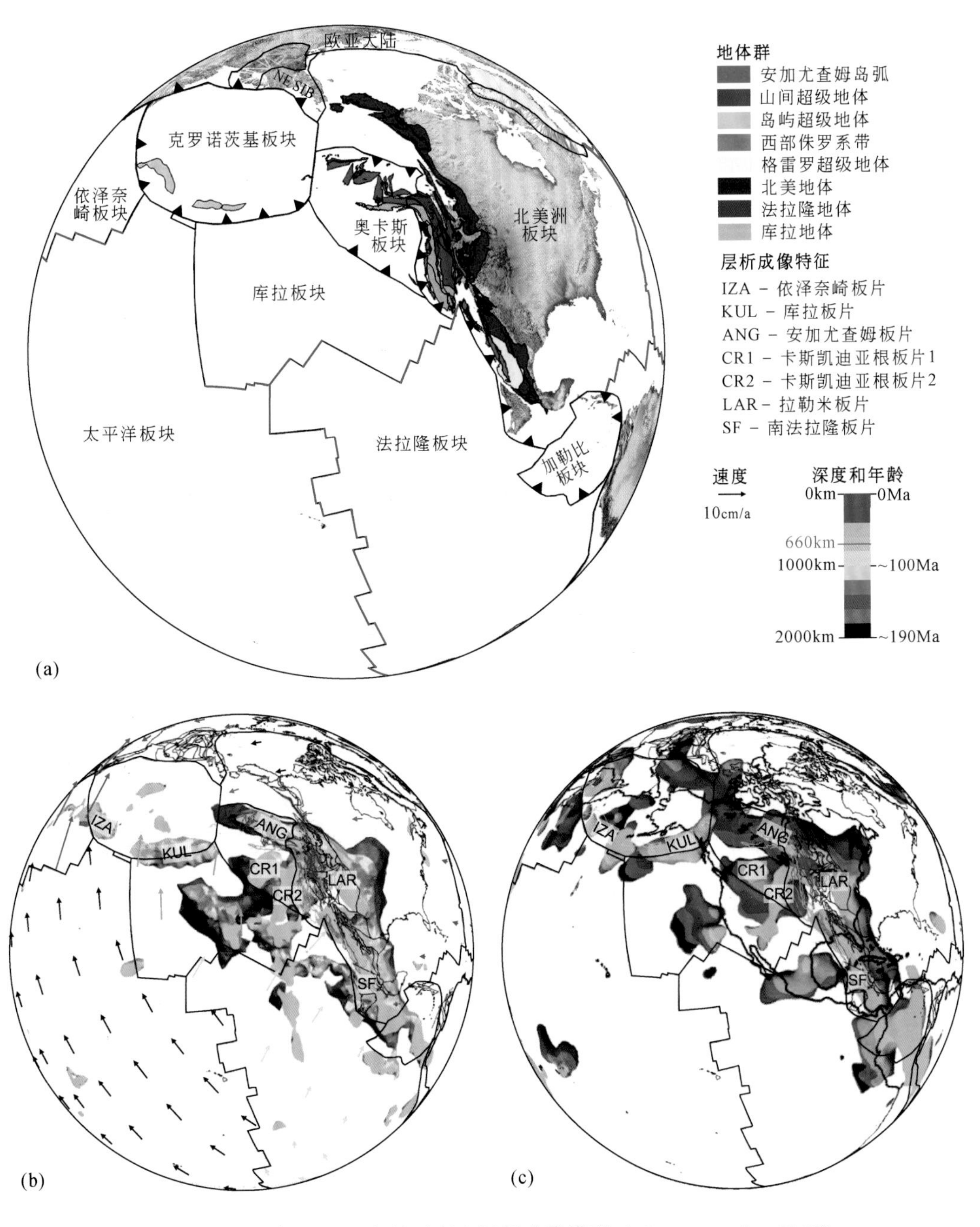

图 10-77　重建的 80Ma 板块路径和层析成像模型（Clennett et al., 2020）

除了投影现在以 30°N、120°W 为中心外，绘图风格同图 10-76。(a) 安加尤查姆洋的斜向闭合仍在继续，导致安加尤查岛弧的挠曲加剧。库拉板块已经因太平洋板块、法拉隆板块和依泽奈崎板块破裂而形成。它主要向北俯冲在奥卡斯板块之下，形成卡斯凯迪亚根板片（CR1，CR2），并在包含克罗诺斯基岛弧和奥柳托尔斯基岛弧的克罗诺斯基板块下俯冲。NE SIB-东北西伯利亚微板块。(b 和 c) 活动的俯冲带对应于绿色板片表面。库拉（KUL）和卡斯凯迪亚根（CR1）两个板片此时约束了库拉板块的俯冲带，库拉板块俯冲带向西延伸到依泽奈崎板块（依泽奈崎板片）的海沟中。默卡勒拉板片被完全覆盖；它的持续增长得益于法拉隆板块和库拉板块的向东俯冲。板块沉降的位置现在随着大陆向西回卷，与在静止的洋内默卡勒拉海沟下生长的帘状板片形成对比

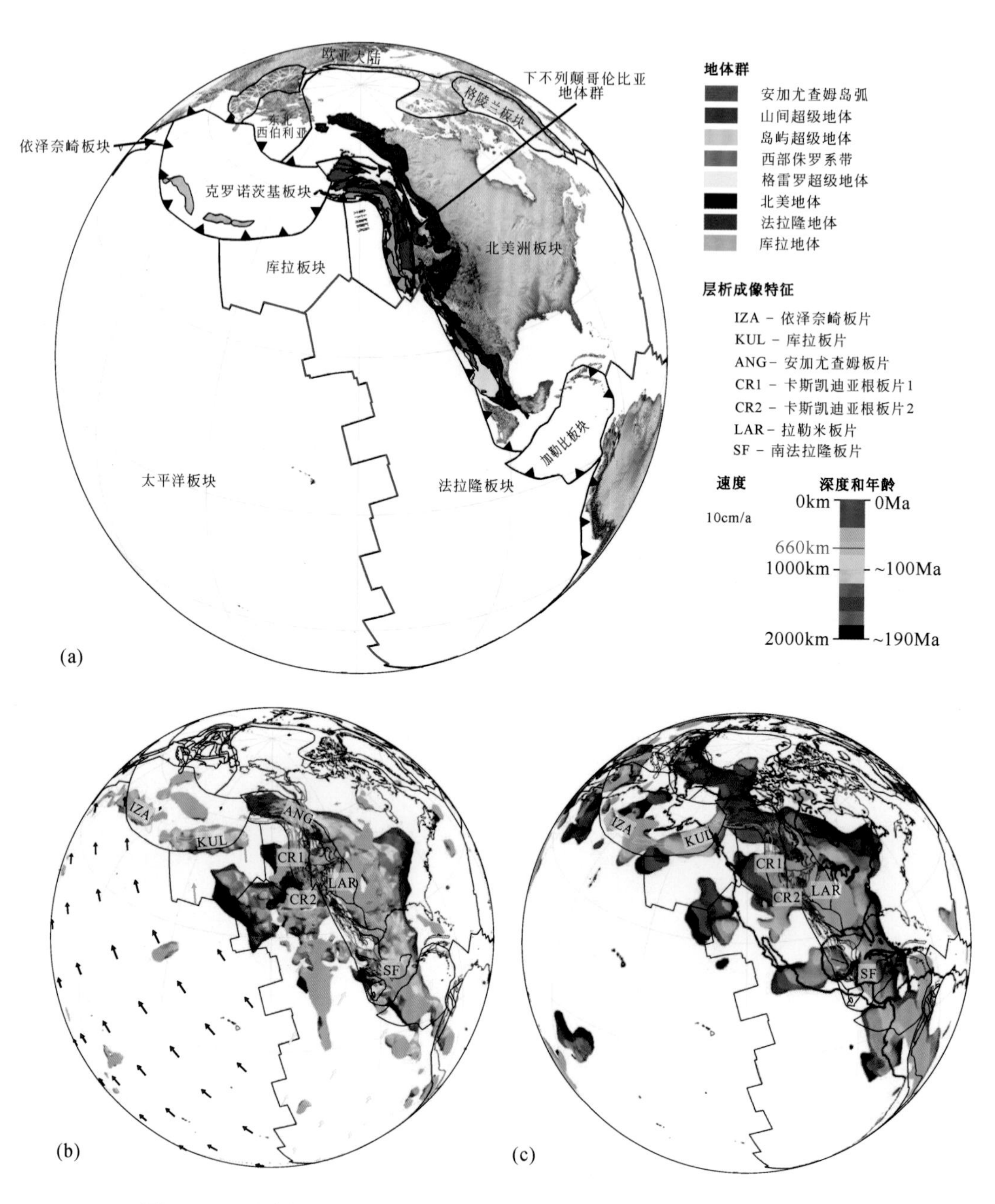

图 10-78　重建的60Ma板块路径和层析成像模型（Clennett et al.，2020）

（a）库拉板块和奥卡斯板块以及法拉隆板块之间的扩张作用，向北推动科迪勒拉“下加利福尼亚”地体群。这导致了未来阿拉斯加中部地体群的进一步挠曲，它们位于安加尤查姆海沟后侧，安加尤查姆洋的最后残存沿该海沟消亡。在北美洲经过加勒比板块的推动下，墨西哥发生逆时针旋转。（b）活动的俯冲带对应于绿松石颜色的板片表面。沉降在“安第斯式”向西迁移的法拉隆海沟下的板片被向西移动。板片成像的一个显著差异涉及CR2正南的南北走向板片，该板片存在于区域模型（b）中，而不存在于全球模型（c）中。Clennett等（2020）没有解释这种快速异常，因为它位于区域模型的边缘，在扩张脊的正上方重构板片，在地球动力学上是不可行的。它可能代表了区域反转的假象

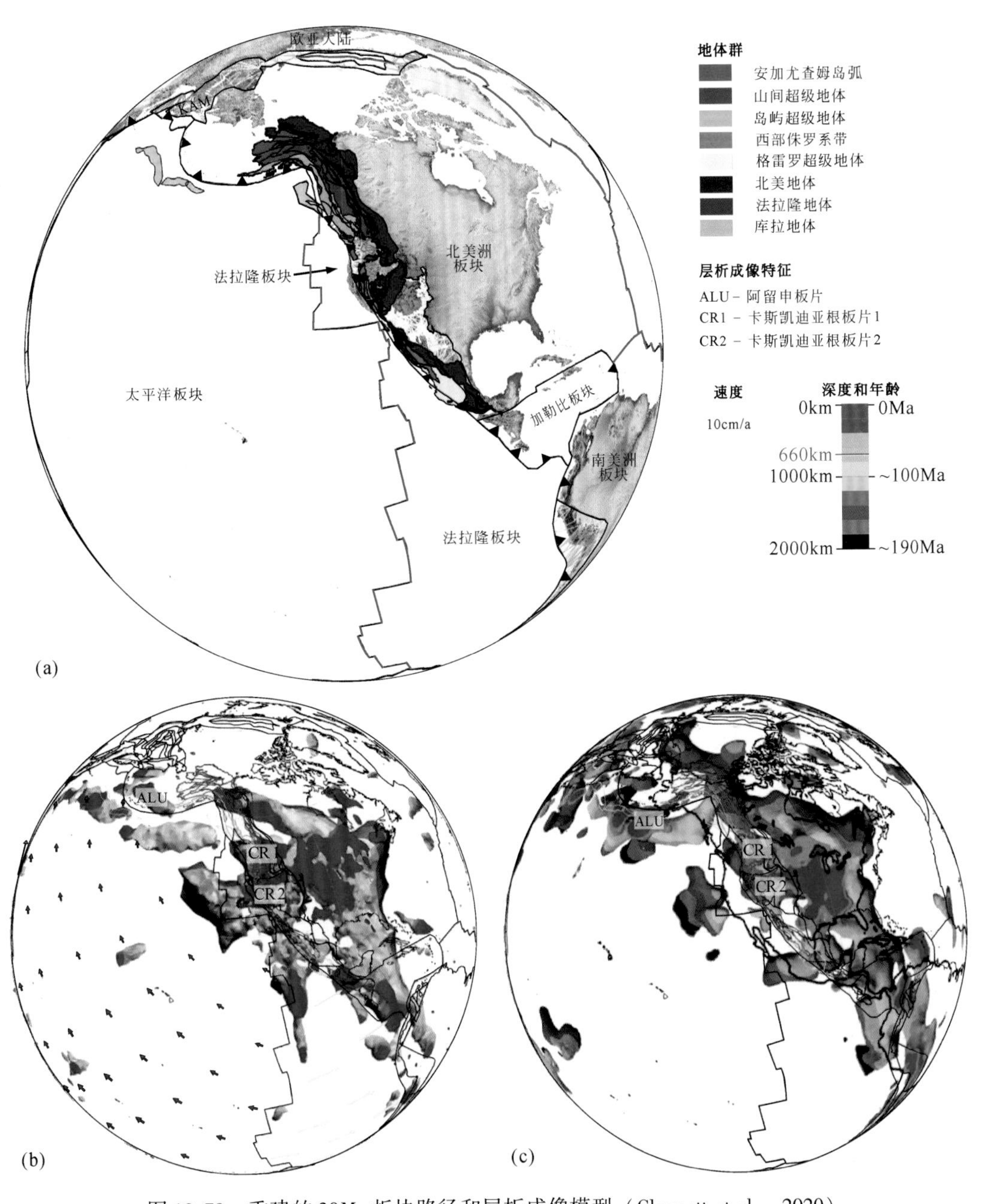

图 10-79　重建的 30Ma 板块路径和层析成像模型（Clennett et al.，2020）

(a) 北美地体群已经增生到该大陆，墨西哥此时也到达了目前相对于北美的位置。克罗诺斯基板块已经关闭，因此，克罗诺斯基和奥柳托尔斯基地体依附在太平洋板块上向堪察加半岛（KAM）迁移。(b) 活动俯冲带对应于深蓝色的板片表面。北太平洋的俯冲现在进入了阿留申海沟，以新的阿留申板片为标志。卡斯凯迪亚边缘下向东倾的 CR1 和 CR2 板片的持续增长记录了法拉隆板块北部碎片的持续俯冲（温哥华、胡安·德富卡）。墨西哥近海的东太平洋海隆下方的快速异常不应解释为俯冲的产物；它们在 DETOX-P1 模型中不存在。(c) 全球层析成像补充了上地幔中新生代相对狭窄板片的少量细节

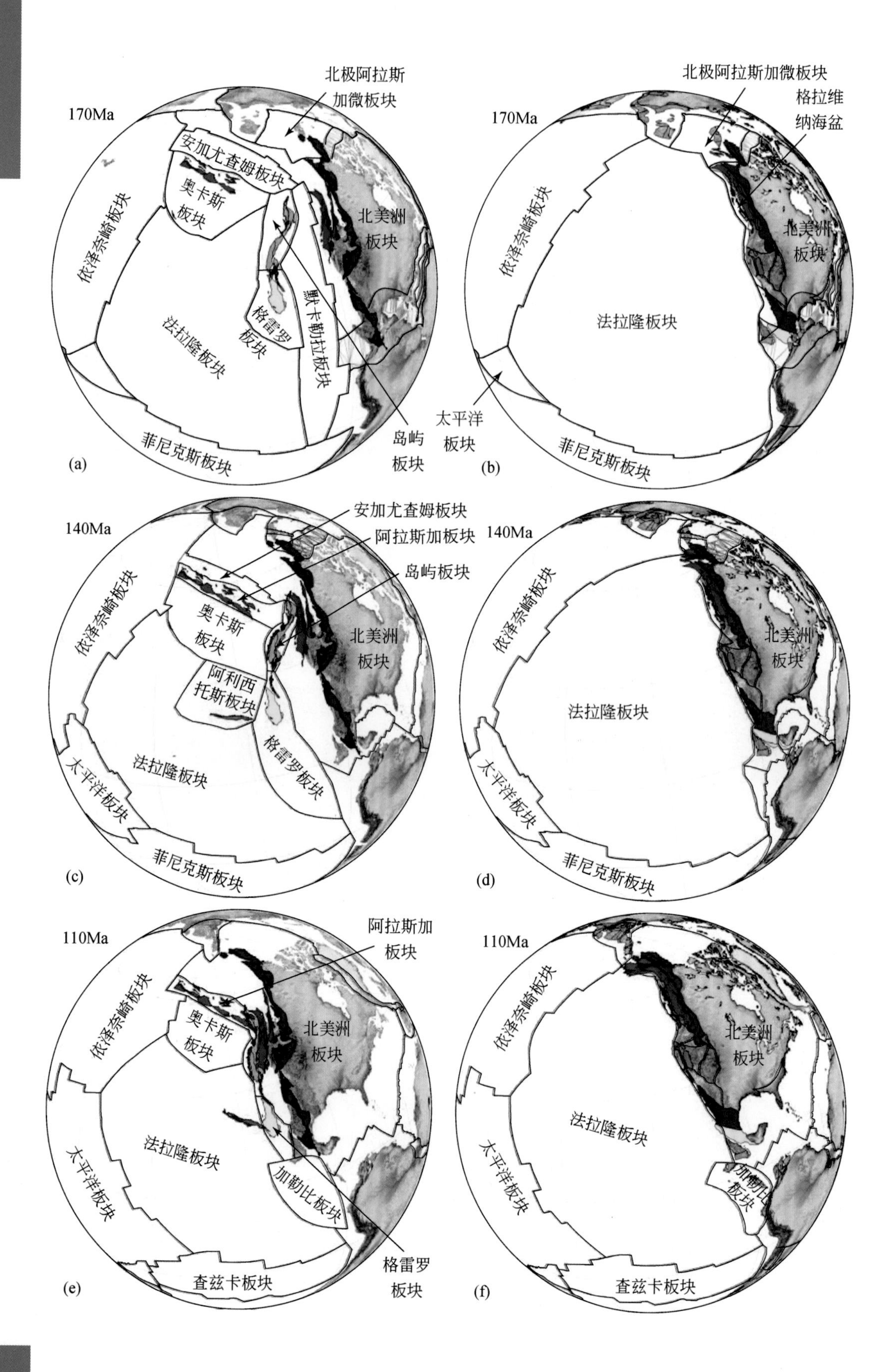
170Ma
北极阿拉斯加微板块
安加尤查姆板块
奥卡斯板块
依泽奈崎板块
北美洲板块
默卡勒拉板块
格雷罗板块
法拉隆板块
岛屿板块
菲尼克斯板块
(a)
170Ma
北极阿拉斯加微板块
格拉维纳海盆
依泽奈崎板块
北美洲板块
法拉隆板块
太平洋板块
菲尼克斯板块
(b)
140Ma
安加尤查姆板块
阿拉斯加板块
岛屿板块
依泽奈崎板块
奥卡斯板块
北美洲板块
阿利西托斯板块
法拉隆板块
格雷罗板块
太平洋板块
菲尼克斯板块
(c)
140Ma
依泽奈崎板块
北美洲板块
法拉隆板块
太平洋板块
菲尼克斯板块
(d)
110Ma
阿拉斯加板块
依泽奈崎板块
奥卡斯板块
北美洲板块
法拉隆板块
太平洋板块
加勒比板块
格雷罗板块
查兹卡板块
(e)
110Ma
依泽奈崎板块
北美洲板块
法拉隆板块
太平洋板块
加勒比板块
查兹卡板块
(f)

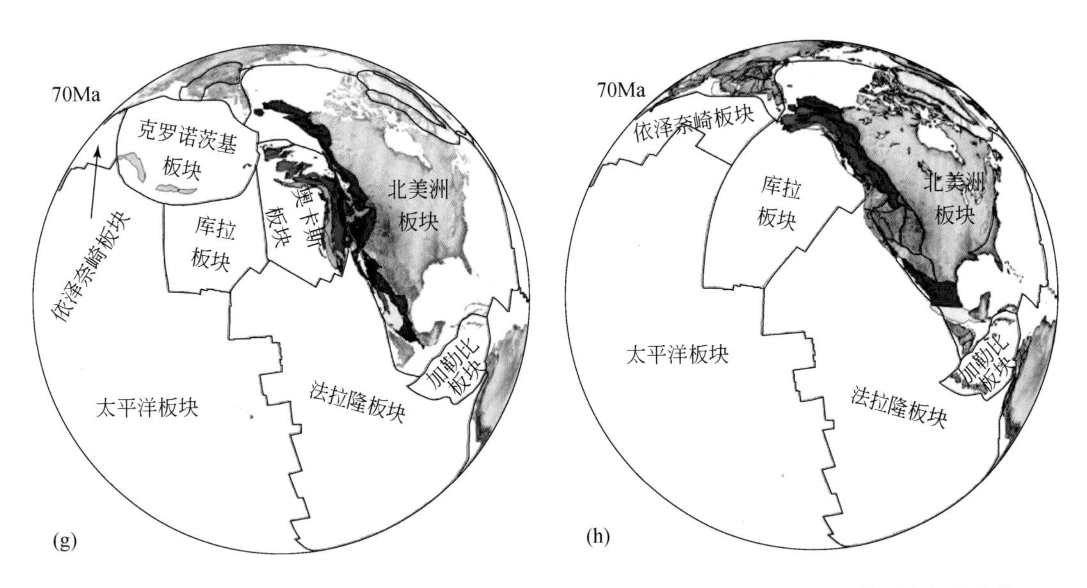

图 10-80　Clennett 等（2020）的重建（左列）和 Müller 等（2019）（右列）模型之间的比较

（a）~（f）以 25°N 和 90°W 为中心。（g）、（h）以 30°N 和 120°W 为中心。Clennett 等（2020）的模型以更多的洋内板块为特征，取代了 Müller 等（2019）模型中单一的西部法拉隆板块。沿着这些微板块的俯冲带突出的是大量的岛弧链甚至是微陆块。在 Müller 等（2019）的模型中，同样的岛弧线沿着安第斯式的北美边缘生长，其中包括阿拉斯加中部的岛弧（红色）、格雷罗微陆块（黄色）和岛屿微陆块（橙色）。Clennett 等（2020）的模型还实现了数千千米平行陆缘（大部分向北）的地体在增生期和增生后的重组，这与 Müller 等（2019）模型不同

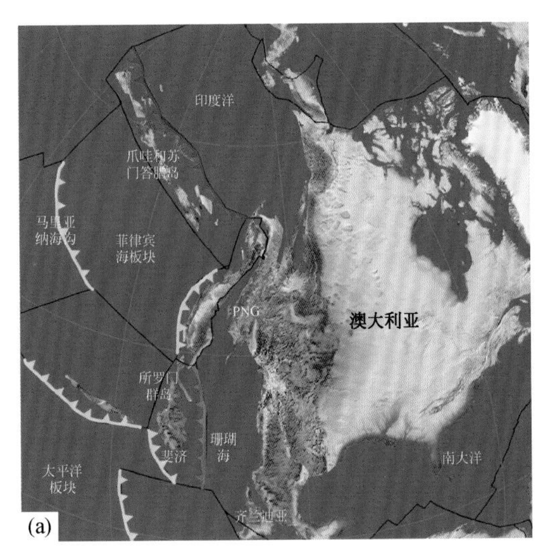

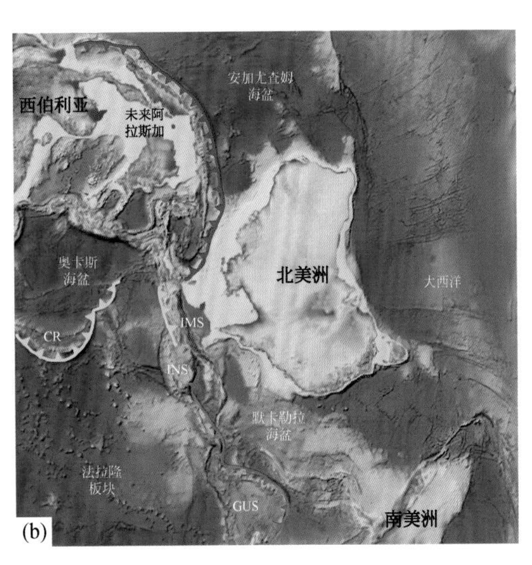

图 10-81　（a）125Ma 的北美古地理重建，标注了今天西南太平洋类似构造单元的名称。（b）今天的西南太平洋，标有科迪勒拉群岛中类似元素的名称（据 Sigloch 和 Mihalynuk，2017 命名），澳大利亚逆时针旋转 90°，并垂直镜像

俯冲带的拓扑结构非常相似，由此产生的地质过程也是如此。这两个大陆被拉成了一条巨大的红橙色弧线，这条岛弧线以前是完整的，但现在开始增生（当时的岛屿岛弧与今天的巴布亚新几内亚北部岛弧），迫使俯冲发生跳跃（变为浅绿色）。主洋盆区正从对侧发生俯冲（浅绿色海沟：当时的法拉隆洋与今天的太平洋）。PNG-巴布亚新几内亚；CR-卡斯凯迪亚根；IMS-山间超级地体；INS-岛屿超级地体；GUS：格雷罗超级地体

片之一。自 Grand（1994）的早期层析成像以来，人们普遍认为它们代表了法拉隆岩石圈。至关重要的是，根据所有地幔参考系，这些板片位于北美洲侏罗纪位置以西数千千米处，但这些地幔参考系对北美洲西部的俯冲历史并没有开展先验假设（Doubrovine et al., 2012；Müller et al., 1993, 2019；Seton et al., 2012；Torsvik et al., 2008a, 2008b, 2012, 2019）。这个将安第斯式的俯冲框架用于法拉隆板块的俯冲（van der Meer et al., 2010）的试图并没有取得成功，而且还与热点轨迹（Williams et al., 2015）和全球下地幔结构（Butterworth et al., 2014；Shephard et al., 2012）存在矛盾。

因此，Sigloch 和 Mihalynuk（2013，2017）认为，这些板片墙的下部是由两个不同洋盆（即默卡勒拉洋盆和安加尤查姆洋盆）的俯冲形成的，且向西俯冲，而北美大陆仍位于板片墙的东部。随着北美大陆逐渐被拖入到这些海沟，它会越过海沟并使海沟相应的岛弧增生到北美大陆，且继续向西漂移到多岛洋和法拉隆俯冲的构造域。因此，俯冲逐渐被迫发生俯冲极性反转，转向东向倾斜，使得俯冲现在位于北美陆缘之下（“安第斯型”）。该过程耗时约 100Myr 才结束。

综上所述，北美地体增生的例子表明，北美陆缘在中生代晚期的古地理格局类似西太平洋现今大陆边缘的地理格局，都是活动陆缘一系列原地或外来微陆块的复杂聚散过程形成的。然而，老威尔逊旋回（图 1-26）是基于北美克拉通和波罗的克拉通之间加里东造山带打开大西洋得出的旋回（Wilson，1966），很不适合北美西部陆缘和西太平洋陆缘的演化。因为北美克拉通和波罗的克拉通之间亚匹特斯洋闭合可能类似现今安第斯型陆缘简单的闭合过程，安第斯型陆缘不像西太平洋型陆缘具有复杂的历史。可见，老威尔逊旋回中大洋收缩闭合阶段是高度理想化、简单化的模式，难以概括西伯利亚克拉通与塔里木-华北克拉通之间的古亚洲洋闭合形成中亚造山带（含有大量微陆块）的大洋收缩闭合模式。即使是新威尔逊旋回（图 1-27），对这个阶段也没有做出新的修订，而是继承了老威尔逊旋回对这个阶段的模式，由此可见，新威尔逊旋回只是补充陆陆碰撞后的陆内演化阶段也是不完备的。

北美大陆西缘增生造山带的过程在老威尔逊旋回（图 1-26）中，只是笼统概括在其大洋收缩闭合阶段。实际上，在这个阶段中，有一系列微陆块增生、微洋块消亡、深部微幔块（板片）形成，它们都有着各自生命旋回历史，但总体具有一定的周期性。如果说超大陆旋回包括多个大洋闭合旋回，那么就包括多个威尔逊旋回，因此，超大陆旋回过程中也存在更多周期不等的次级微板块旋回。

（3）中美洲微板块演化的非威尔逊旋回

墨西哥与其毗邻的中美地区位于北美洲板块的西南部，主要由一系列不同时期、不同起源的地体或微板块构成（图 10-82 和图 10-83）（Cocks and Torsvik，2011a）。这些微板块的起源与演化复杂，是劳伦古陆、冈瓦纳古陆和古太平洋中的板块残片在显生宙期间长期相互作用的结果（Campa and Coney，1983；Sedlock et al.，1993；Dickinson and Lawton，2001）。

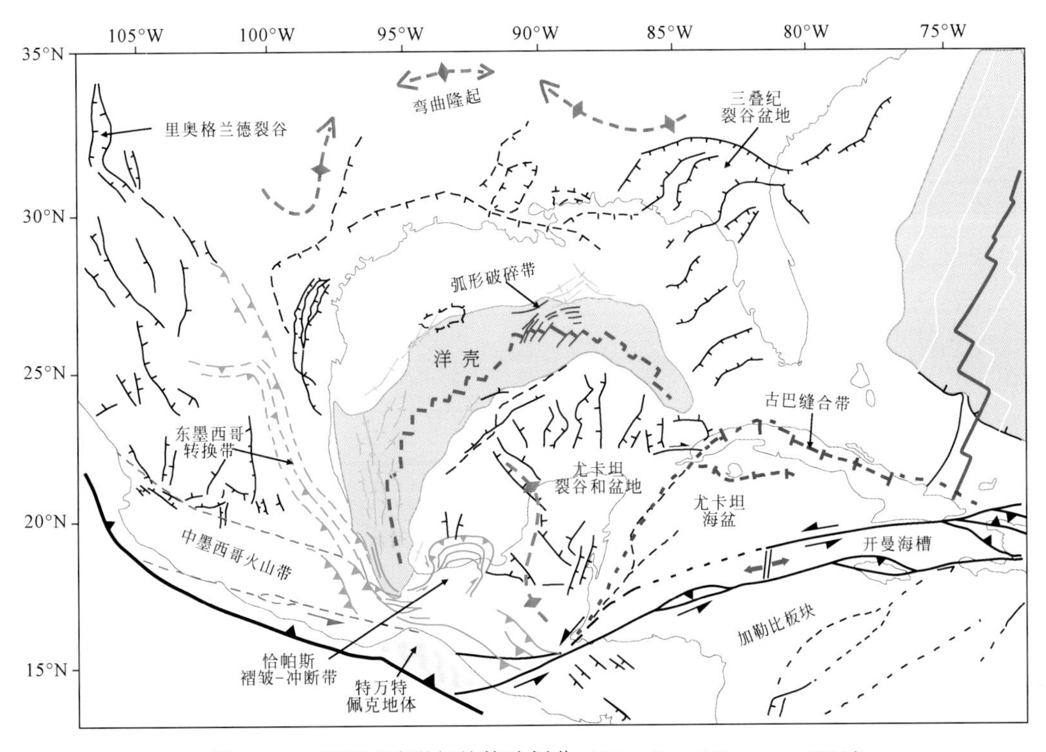

图 10-82　墨西哥湾微板块构造划分（Pindell and Kennan，2009）

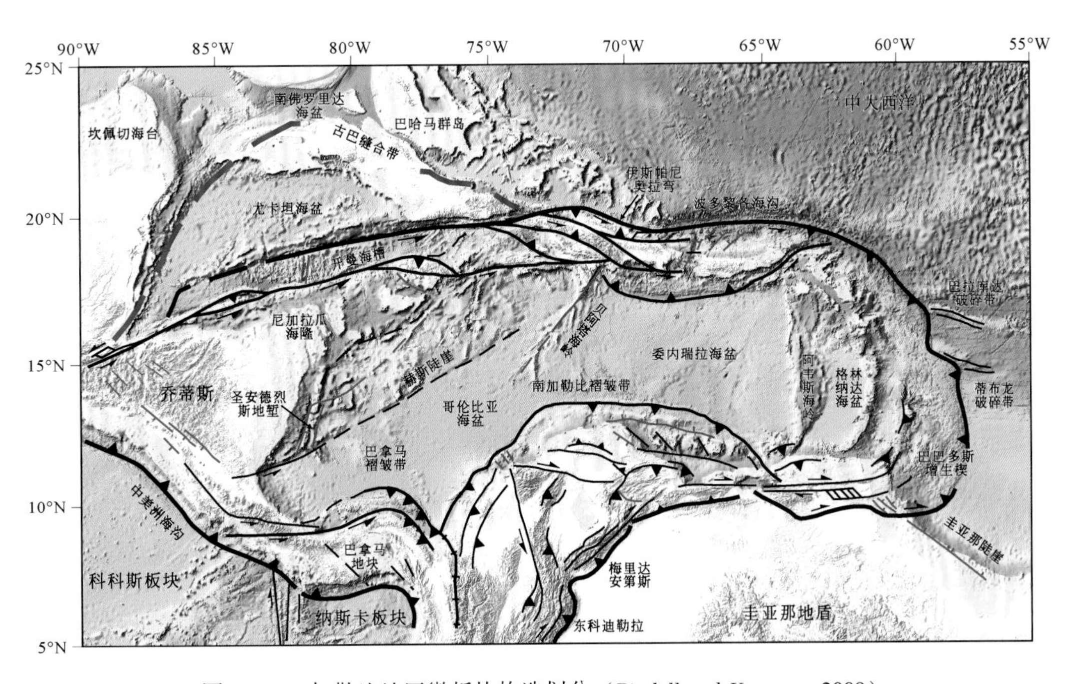

图 10-83　加勒比地区微板块构造划分（Pindell and Kennan，2009）

Keppie 等（2004）和 Centeno-García（2017）对这些微板块进行了系统的梳理，根据其不同的起源分成了三类：①北美洲板块起源的科特斯地体（Cortez terrane）；②冈瓦纳古陆起源的密斯特克地体（Mixteca terrane）、瓦哈基亚地体（Oaxaquia terrane）、马德雷山地体（Sierra Madre terrane）、塔拉乌马拉地体（Tarahumara terrane）和科阿韦拉地体（Coahuila terrane）、乔蒂斯地体（Chortis terrane）、玛雅地体（Maya terrane）、华雷斯地体（Juarez terrane）和莫塔瓜地体（Motagua terrane）；③太平洋板块起源的格雷罗复合地体（Guerrero composite terrane）以及下加利福尼亚地体（Baja California terrane）（图 10-84）。

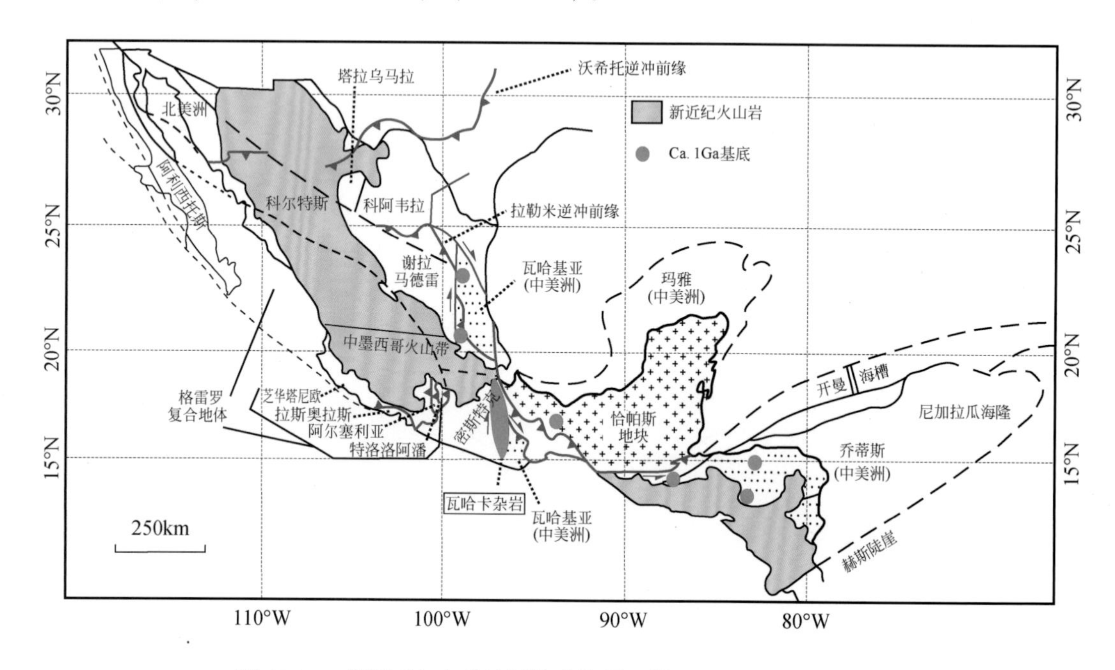

图 10-84　墨西哥与中美地区构造简图（据 Keppie et al.，2004）

位于墨西哥东南冈瓦纳古陆起源的瓦哈基亚地体、乔蒂斯地体和玛雅地体内普遍发育 ~1.0Ga 的麻粒岩相变质基底（图 10-84），以及一套含有冈瓦纳古陆动物群化石的晚寒武纪—奥陶纪的沉积岩。在中—新元代元古代，它们是一个统一的微陆块，被称为“瓦哈基亚微大陆”（Ortega-Gutiérrez et al.，1995；Keppie et al.，2004；Weber et al.，2018）。中元古代早期，随着哥伦比亚超大陆的裂解，大洋板块的俯冲作用使亚马孙古陆东南方的位置产生大量的基性岩浆作用，并形成了洋内弧。这些大洋岛弧构成了瓦哈基亚微大陆的前身［图 10-85（a）］（Weber et al.，2018）。在 1.2Ga 左右，亚马孙古陆与劳伦古陆的东部发生碰撞，并沿着格林威尔带发生了左旋走滑运动（Tohver et al.，2006）。与此同时，持续的俯冲作用使瓦哈基亚岛弧漂移到亚马孙古陆的前缘形成了边缘弧体系，并伴随大量俯冲相关的钙碱性岩浆岩发育［图 10-85（b）］（Ibanez-Mejia et al.，2011）。随后，瓦哈基亚微大陆向亚马孙古陆碰撞拼贴［图10-85（c）］，在瓦哈基亚微大陆记录了混合岩化作用，此次造山事件被称为奥尔梅克造山（Solari et al.，2003）。到了1010Ma，俯冲洋壳的断离使瓦哈基亚微大陆进入了相对短暂的伸展构造环境（Weber et al.，2010），形成了瓦哈基亚微大陆典型的非造山岩石组合：斜长岩-纹长二长岩-紫苏花岗岩-花岗岩系列。随着亚马孙古陆持续左旋走滑运动，在～1.0Ga时，与波罗的大陆碰撞拼贴，瓦哈基亚微大陆位于二者的碰撞带内，发生了强烈的变形与麻粒岩相变质作用，此时，罗迪尼亚超大陆完成了聚合［图10-85（d）］。

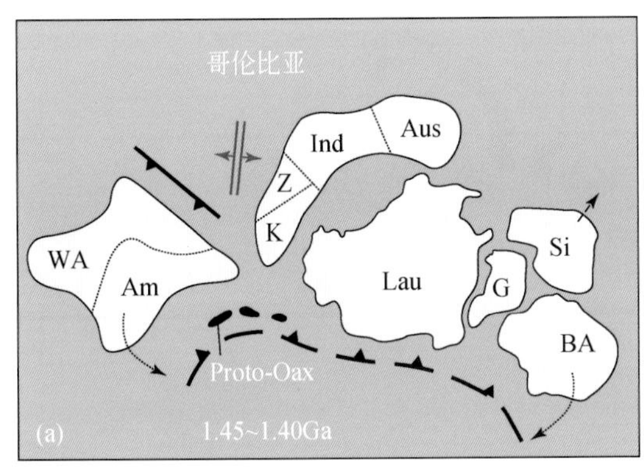

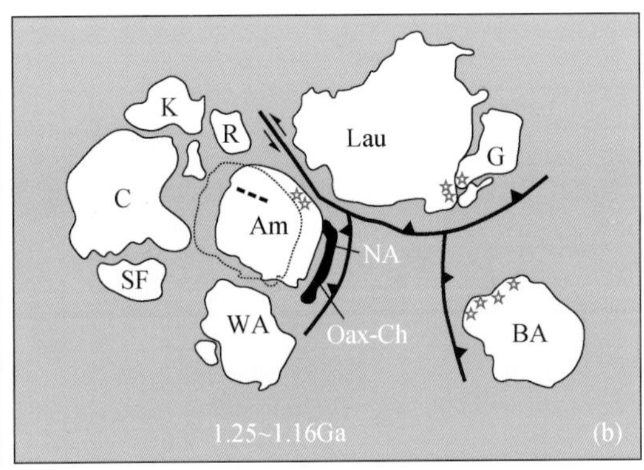

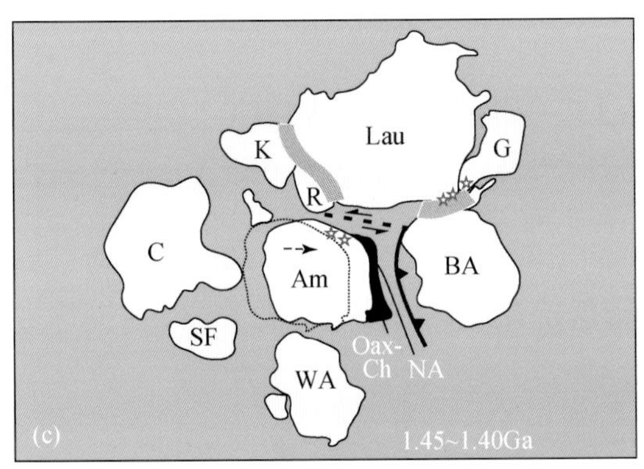

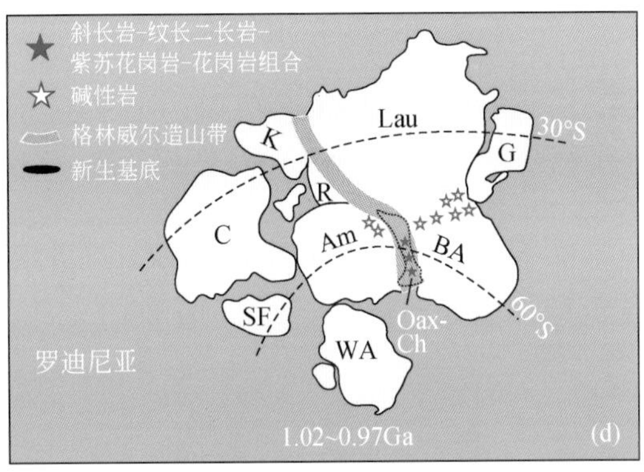

图10-85　中元古代瓦哈基亚微陆块构造演化（据Ortega-Gutiérrez et al.，2018）

Lau-劳伦，Aus-澳大利亚，G-格陵兰，Si-西伯利亚，Ind-印度，Am-亚马孙，WA-西非，Oax-Ch-瓦哈基亚-乔蒂斯，NA-北安第斯，BA-波罗的，K-阿卡拉哈里，Z-津巴布韦，R-拉普拉塔，C-刚果，SF-圣弗朗西斯科，Proto-Oax-原瓦哈基亚

新元古代中晚期罗迪尼亚超大陆开始裂解，到埃迪卡拉纪时亚匹特斯洋（Iapetus Ocean）打开，波罗的大陆与亚马孙古陆（瓦哈基亚微大陆）分离。泛非造山运动后，冈瓦纳古陆完成聚合，瓦哈基亚微大陆与亚马孙古陆漂移并拼贴到了冈瓦纳古陆的西北缘（Pisarevsky et al.，2008；Weber et al.，2018）。早古生代期间，冈瓦纳古陆西北缘处于伸展的构造环境，佛罗里达地体和尤卡坦地体从冈瓦纳古陆上裂离。瓦哈基亚微大陆的基底和边缘盆地沉积了寒武纪—奥陶纪地层，密斯特克

地体出现了大量的奥陶世—早志留世双峰式火山岩组合，代表了瑞克洋（Rheic Ocean）打开的初始裂谷阶段［图 10-86（a）］（Weber et al.，2012）。晚古生代早期，冈瓦纳古陆西北缘转换为活动陆缘，发育一系列的钙碱性岩浆作用；瓦哈基亚微大陆北部发育右旋走滑断层，使南玛雅地体与其分离并向东运动。晚泥盆世之前，南玛雅地体和尤卡坦地体碰撞，拼贴成一个统一的玛雅地体［图 10-86（b）］（Centeno-García et al.，2012）。

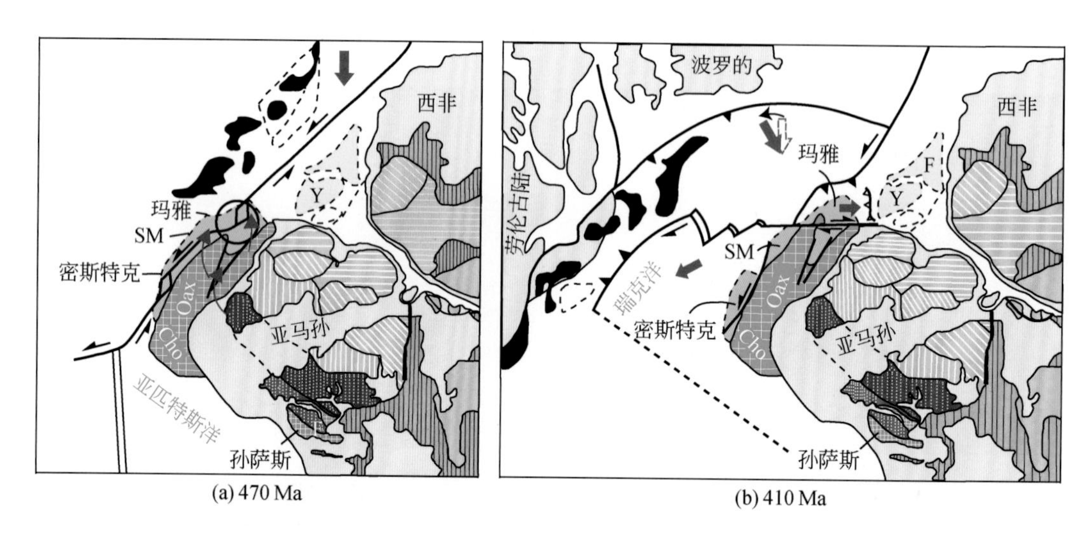

图 10-86　冈瓦纳古陆西北缘早古生代—晚古生代早期演化过程（Weber et al.，2012）

Oax-瓦哈基亚，Cho-乔蒂斯，SM-谢拉马德雷，Y-尤卡坦，F-佛罗里达

石炭纪时期，北美地体群与墨西哥地体群之间的动物群存在交流，这表明二者之间的瑞克洋即将闭合［图 10-87（a）］，密斯特克地体内记录了蓝片岩相-榴辉岩

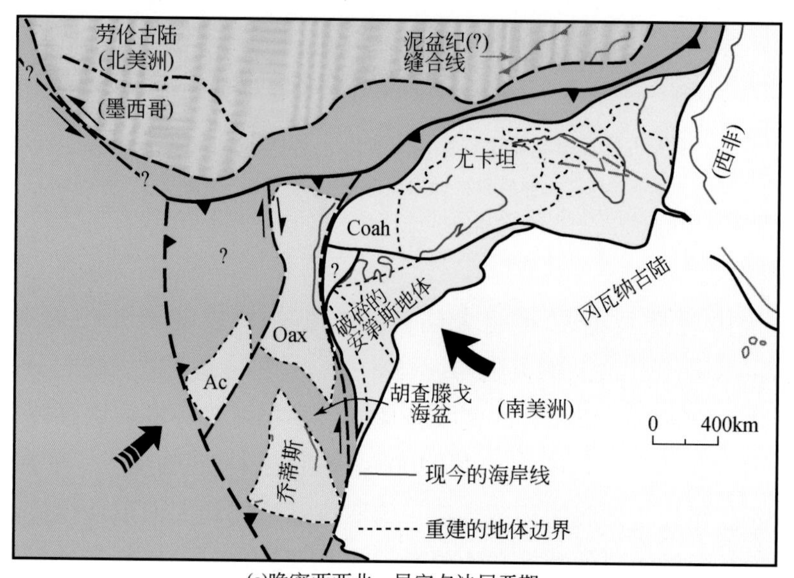

(a)晚密西西北—早宾夕法尼亚期

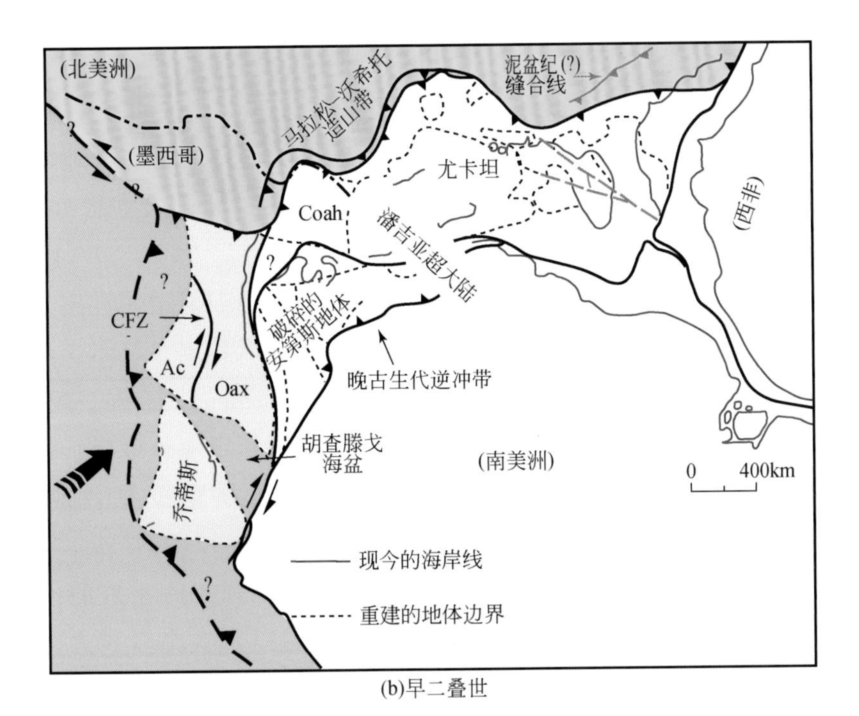

(b)早二叠世

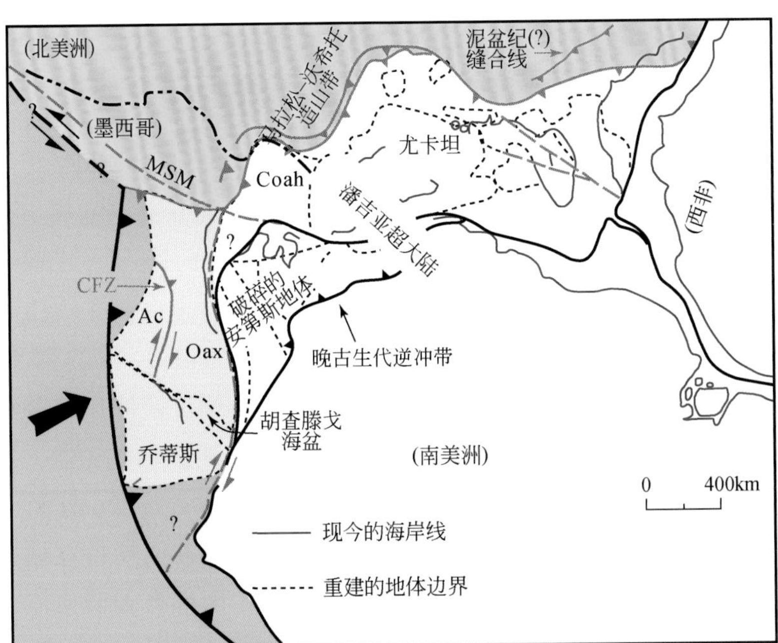

(c)晚二叠世—早三叠世

图 10-87　潘吉亚超大陆中部西缘晚古生代古地理重建（Ortega-Gutiérrez et al.，2018）

Oax-瓦哈基亚地体，Ac-阿卡特兰地体，Coah-科阿韦拉地体，MSM-莫哈韦-索诺拉大型剪切带，CFZ-Caltepec 断裂带

相的高压变质作用和多期变形作用，并伴随着弧岩浆侵入，这可能代表陆-陆碰撞作用（Nance et al.，2010）。二叠纪—早三叠世，冈瓦纳古陆与劳伦古陆碰撞拼贴，

形成潘吉亚超大陆，佛罗里达地体拼贴到北美克拉通上；同时，由于古太平洋板块的俯冲作用，冈瓦纳古陆起源的瓦哈基亚地体、密斯特克地体、玛雅地体、乔蒂斯地体，拼贴于潘吉亚超大陆西缘中部［图 10-87(b)(c)］，并在这些地体和南美洲板块内形成了平行于俯冲带的二叠纪岩浆弧（Helbig et al.，2012；Martini and Ortega-Gutiérrez，2018）。

中—晚三叠世，古太平洋板块表现为平板俯冲，在墨西哥地体群内，岩浆和火山作用不活跃，沿着地体群的西侧边缘发育大型的海底沉积扇，扇体主要是由石英砂岩、泥岩和少量的硅质岩组成的巨厚浊积岩体系（Centeno-García，2017）。三叠纪末期—侏罗纪早期，古太平洋板块持续俯冲将海底沉积扇向东推覆，在俯冲板块的边缘形成了宽大的增生楔，这些增生杂岩组成了格雷罗复合地体的基底（Centeno-García，2008）。

早—中侏罗世，在墨西哥地体群内发育北西向火山弧和一系列的伸展断陷盆地，盆地内主要沉积了厚层高二氧化硅含量的碎屑岩以及火山岩和火山碎屑岩夹层。Fitz-Díaz 等（2018）认为，这期伸展事件主要与古太平洋俯冲板块回卷导致弧后伸展有关。晚侏罗世，墨西哥地体群的东南部广泛发育具有板内地球化学属性的基性侵入岩以及流纹岩和红层，形成了双峰式岩浆岩组合，与潘吉亚超大陆裂解、墨西哥湾打开形成的伸展构造环境相关（Helbig et al.，2013；Centeno-García，2017），玛雅地体开始向南移动；同时，华雷斯地体和莫塔瓜地体也从地体群中裂离出来（Keppie，2004）。另外，在下加利福尼亚半岛中部发育含有铜、金成分的晚侏罗世花岗岩，代表了西部的岩浆弧（图 10-88）（Fitz-Díaz et al.，2018）。

白垩纪时期，仍然是该区火山活动广泛发育的时期，由西向东火山岩显示了俯冲—过渡—裂谷的地球化学属性，这是由于早白垩世同时拉开的两个洋盆导致（图 10-88）（Centeno-García，2017）。由于古太平洋的板块俯冲，格雷罗火山弧记录了俯冲相关的流纹质、安山质火山岩，Arperos 弧后盆地扩展成洋盆，发育洋中脊型和洋岛型玄武岩，并沉积了深海浊积岩（Martini and Ortega-Gutiérrez，2018）。与此同时，由于墨西哥湾的持续伸展作用，在瓦哈基亚地体和密斯特克地体也表现为裂谷相关的火山活动，玛雅地体持续向南迁移。另外，南部乔蒂斯地体在此期间与南美洲板块分离。

早白垩世末期（~110Ma），Arperos 弧后盆地关闭，格雷罗复合地体与代表墨西哥主体大陆的瓦哈基亚等地体拼合，格雷罗地体发生了强烈地缩短变形（Centeno-García，2017）。晚白垩世早期开始进进入造山期，马德雷山地体内发育大量的褶皱构造和逆冲断裂，$^{40}Ar/^{39}Ar$ 同位素年龄显示本次造山作用从~100Ma 开始一直持续到~60Ma，墨西哥大陆由西向东逐步迁移，呈现出变形时代由老到新的趋势（Cuéllar-Cárdenas et al.，2012）。另外，弧前盆地同构造沉积的碎屑岩也显示了

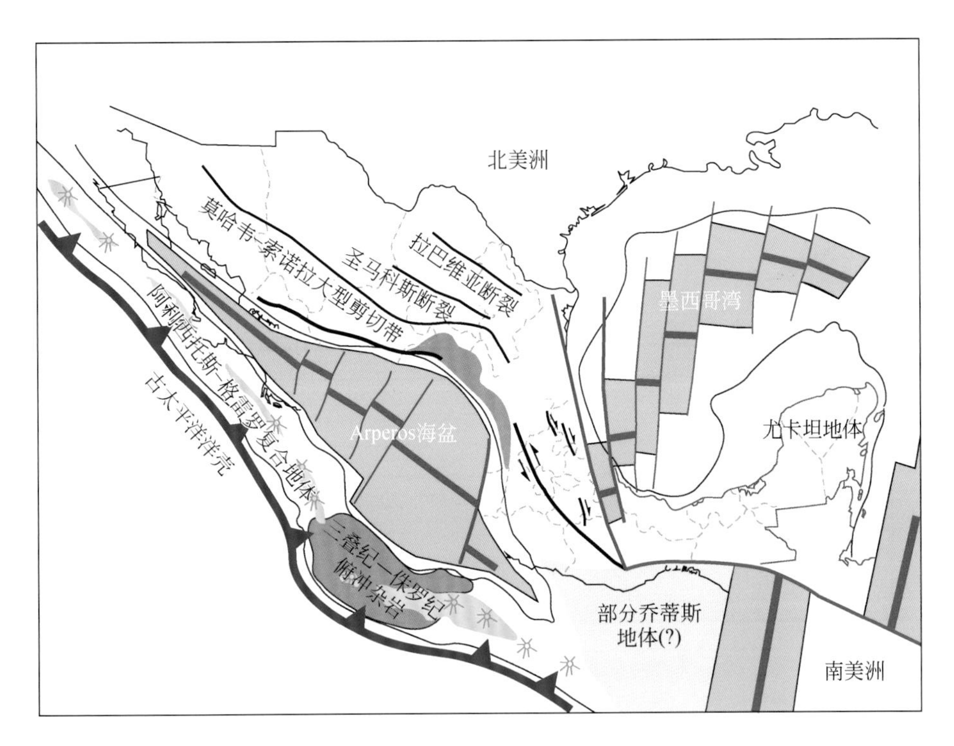

图 10-88 墨西哥及中美地区早白垩世板块重建（据 Centeno-García，2017）

~90Ma 到 ~40Ma 由西向东逐步变新的年龄趋势（Martini and Ferrari，2011）。在此期间，瑞兹地体和莫塔瓜地体向东仰冲到了玛雅地体上。

新生代期间，由于法拉隆板块东向俯冲，乔蒂斯地体向东漂移至玛雅地体的东南部，并形成了恰帕斯褶皱带（Keppie，2004）。16Ma 左右，下加利福尼亚半岛西侧的太平洋板块和法拉隆板块之间的洋中脊在向海沟汇聚过程中，深部上涌的地幔会向北美洲板块下方迁移，并在加利福尼亚湾底部的板片窗处上涌，导致 12.5Ma 左右加利福尼亚湾处大陆地壳的初始裂解（Fletcher et al.，2007）。在这种深部背景下，太平洋板块的斜向俯冲，使加利福尼亚湾地区发生强烈右旋张扭活动，形成大量右阶排列的右行走滑断层。这种排列的走滑断层使加利福尼亚深部地壳进一步拉分裂解。6Ma 之后，里韦拉三节点（RTJ）继续南迁，并与早期的拉分体系相接。早期拉分最强烈的部位开始出现洋中脊，而先存的右行走滑断层则转变为大洋转换断层并向陆内扩展，进而将部分加利福尼亚岛弧从北美洲板块上剥离出来，形成现今的下加利福尼亚微陆块（Bennett et al.，2013）。

板块重建表明，图 10-89 中，环大西洋的大陆位置是明确的，但太平洋板块相对于南北美洲的运动需要假设太平洋和印度-大西洋热点之间的固定性。尤卡坦在这一同裂谷阶段的位置应通过墨西哥湾中部和东部几何结构闭合性及随后晚侏罗世旋转洋壳组构的约束。由于需要避免与安第斯山脉西北部重叠，因而墨西哥南部的

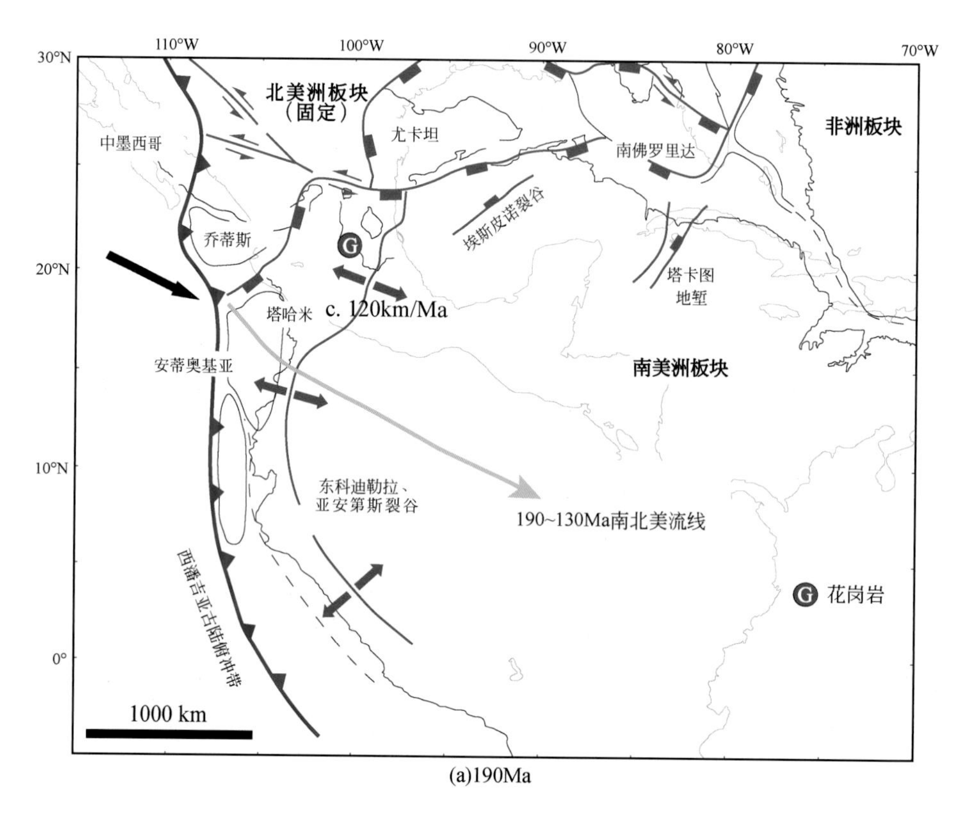

(a)190Ma

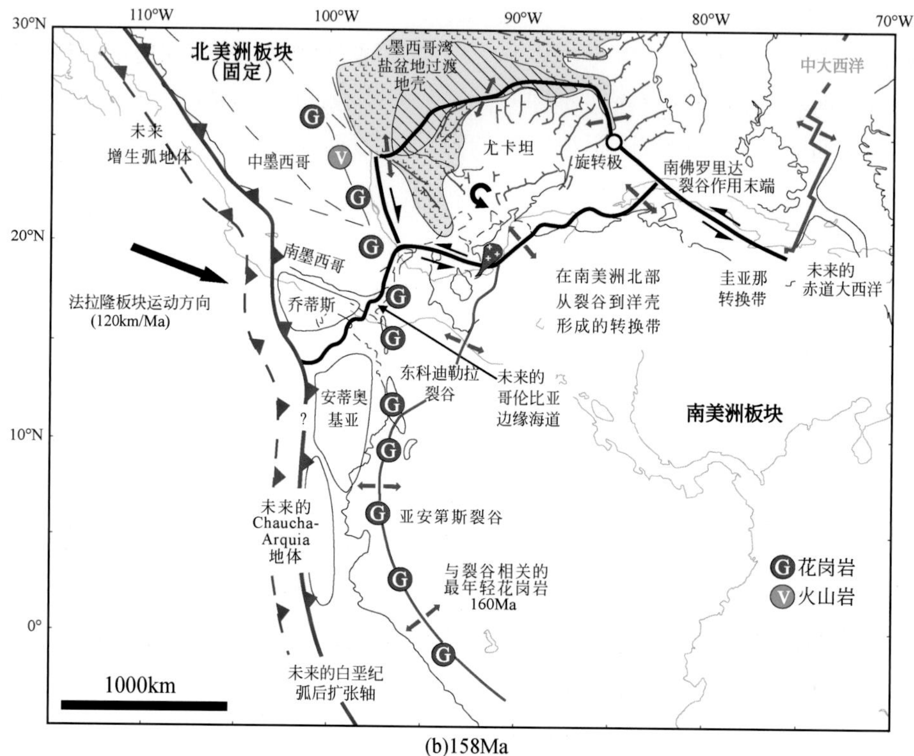

(b)158Ma

图 10-89　环墨西哥湾地区进行 190Ma 和 158Ma 的重建（Pindell and Flower，2009）

固定北美参考系，结合了 Le Pichon 和 Fox（1971）大西洋闭合和 Pindell 等（2006）赤道大西洋闭合的重建位置就可以得到限定。早—中侏罗世时期，墨西哥有一条或多条北西—东南向的张性断层系统活跃，使墨西哥微陆块群相对于北美其他地区向东南移动。图 10-89 显示了“Antioquia Tahami”微陆块作为乔蒂斯（Chortís）微陆块的共轭陆缘，并粗略地恢复了随后向北平移量和垂直走向的缩短量。所显示的位置与哥伦比亚安第斯山脉中恢复的右旋走滑和缩短量估计一致，并表明麦德林（Medellín）闪长岩可能与下加利福尼亚前弧组成类似。在阿尔基亚（Arquia）和可能的 Chaucha 微陆块中发现的陆壳，被推断起源于安蒂奥基亚（Antioquia）西南部，与今天的厄瓜多尔配对。158Ma 环墨西哥湾地区的重建中，大西洋古位置是在 Pindell 等（1988）的 Blake Spur 磁异常拟合和 Roest 等（1992）的 M25 之间插值推断的。潘吉亚超大陆的解体，导致在墨西哥湾、尤卡坦和委内瑞拉之间的原加勒比海峡通道，以及哥伦比亚和乔蒂斯之间形成了早期的洋壳。同时，裂谷作用活跃，在距离跨美洲海沟约 500km 处有一条连续的花岗岩带，其中，一些与裂谷作用或岛弧伸展构造有关。乔蒂斯和安蒂奥基亚微陆块位于这些花岗岩和相关的侏罗纪火山岩的弧前位置。

环墨西哥湾地区的 148Ma（M21 异常）和 130Ma 重建（图 10-90）标明了 Müller 等（1999）或 Roest 等（1992）的北美洲和南美洲的相对古位置。148Ma 时，在奇瓦瓦（Chihuahua）海槽伸展快结束时，墨西哥南部已接近其最终位置。一条约 1000km 的海峡通道（尚未完全连接到原加勒比海）分隔了哥伦比亚与乔蒂斯。不连续的火山弧在哥伦比亚、厄瓜多尔和秘鲁等局部地区弧后伸展相关的火山活动仍在继续。在墨西哥近海，海沟可能通过南向前弧迁移和地体增生，相对于北美向西推进。跨美洲的海沟连接了乔蒂斯西部和安第斯陆缘的哥伦比亚南部。厄瓜多尔和哥伦比亚中部伊瓦格（Ibagué）最年轻的花岗岩可能与该海沟的俯冲有关。在运动学上，安第斯俯冲带不可能延伸到伊瓦格以北，那里的陆缘或多或少是被动陆缘，是乔蒂斯微陆块的共轭陆缘。与墨西哥相比，北美洲板块和南美洲板块的分离导致法拉隆板块俯冲到南美洲下方的速率减半。

环墨西哥湾和加勒比地区 130Ma 的重建［图 10-90（b）］揭示，此时墨西哥湾旋转的洋壳生长停止了，尤卡坦不再向北美迁移。据推测，弧后洋盆将哥伦比亚南部和厄瓜多尔跨美洲岛弧分隔开，并且是许多 140～130Ma 超镁铁质和镁铁质岩石的来源地。这些岩石将哥伦比亚的 Arquia 和 Quebradagrande 地体与中科迪勒拉的其余部分分隔开。岛弧南端在今天的秘鲁–厄瓜多尔边境附近的塞利卡（Celica）岛弧附近与南美洲板块汇合。在该弧后盆地以东的哥伦比亚，没有与俯冲相关的岛弧活动，也没有证据表明沿哥伦比亚陆缘的东北部存在俯冲带。部分南北美洲的分离是通过东科迪勒拉持续的裂谷作用和伴生的少量镁铁质岩浆作用调节。跨南北美洲板块边界因沿墨西哥/乔蒂斯的岛弧和弧前地体的内部伸展及向南迁移而延长，法拉隆板块向北美洲下方的斜向俯冲也起到了辅助作用。

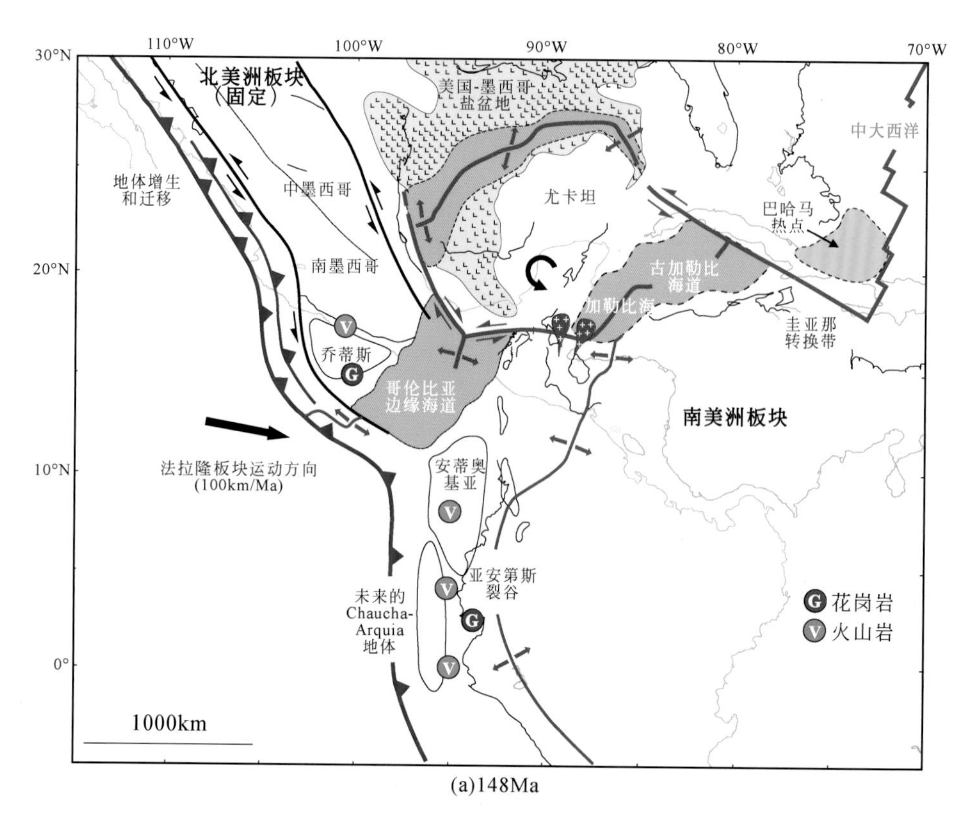

(a)148Ma

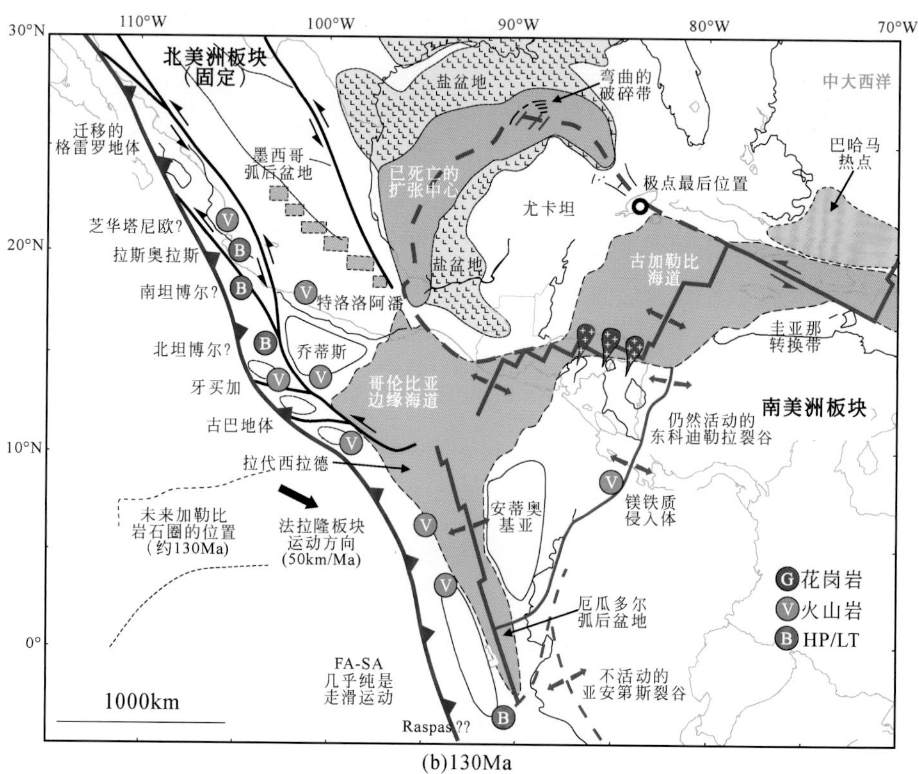

(b)130Ma

图 10-90　环墨西哥湾地区的 148Ma（M21 异常）和 130Ma 重建（Pindell and Flower，2009）

墨西哥南部外侧，古尼加拉瓜海隆和古巴地体群的位置与南北美洲板块的俯冲、走滑和分离速度相一致。法拉隆板块向南美洲板块下方的俯冲可能较慢（约25mm/a），在厄瓜多尔西部平行海沟走滑的南段是变化的。未来加勒比地壳（假设早白垩纪基底）指示的古位置与计算出的法拉隆板块相对于美洲板块的运动速率一致（Engebretson et al.，1985），但由于太平洋板块和印度-大西洋热点的相对运动在约84Ma之前无法约束，因此存在相当大的误差。El Tambor高压低温变质岩约130Ma的可能古位置，介于未来的尼加拉瓜隆起和墨西哥南部Las Ollas蓝片岩以南的Siuna地体之间。El Tambor高压低温变质岩南部非常低的地热梯度，可能表明其起源于冷而快速的长寿命俯冲带，如北美的法拉隆板块俯冲带，而不是乔蒂斯和墨西哥南部之间的狭窄、短暂的俯冲带。墨西哥南部这些地体可能在白垩纪晚期就位到尤卡坦微陆块之前，其走滑错移导致剥露地表。厄瓜多尔南部的Raspas蓝片岩（Arculus et al.，1999；Bosch et al.，2002）也可能起源于西倾的海沟。

墨西哥湾和加勒比地区125Ma的板块重建［图10-91（a）］揭示了一条跨南北美洲的岛弧，标志西倾的俯冲起始、加勒比弧火山活动发生于下墨西哥阿利西托斯（Alisitos）岛弧发育之前。墨西哥的Sonora、Sinaloa、Zihuatanejo和Teloloapan岛弧位于法拉隆-墨西哥俯冲带内侧200～500km处，可能位于之前增生的洋壳和无陆壳基底的大陆沉积物上，它们具有洋岛岛弧特征。后来Aptian Albian时期，Zihuatanejo地体向南迁移导致墨西哥西南部出现明显的双弧。南北美洲板块仍在分离，转换断层继续牵引着乔蒂斯东南部的休纳（Siuna）、尼加拉瓜海隆/牙买加（Jamaica）和古巴地体。未来加勒比海沟的位置［图10-91（a）的虚线］处于北部转换型陆缘和南

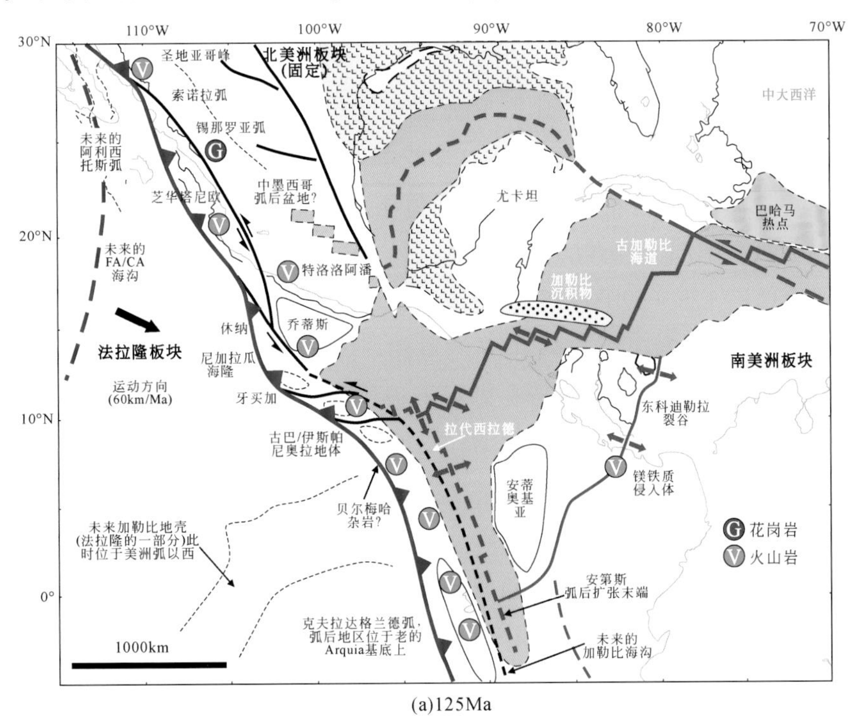

(a)125Ma

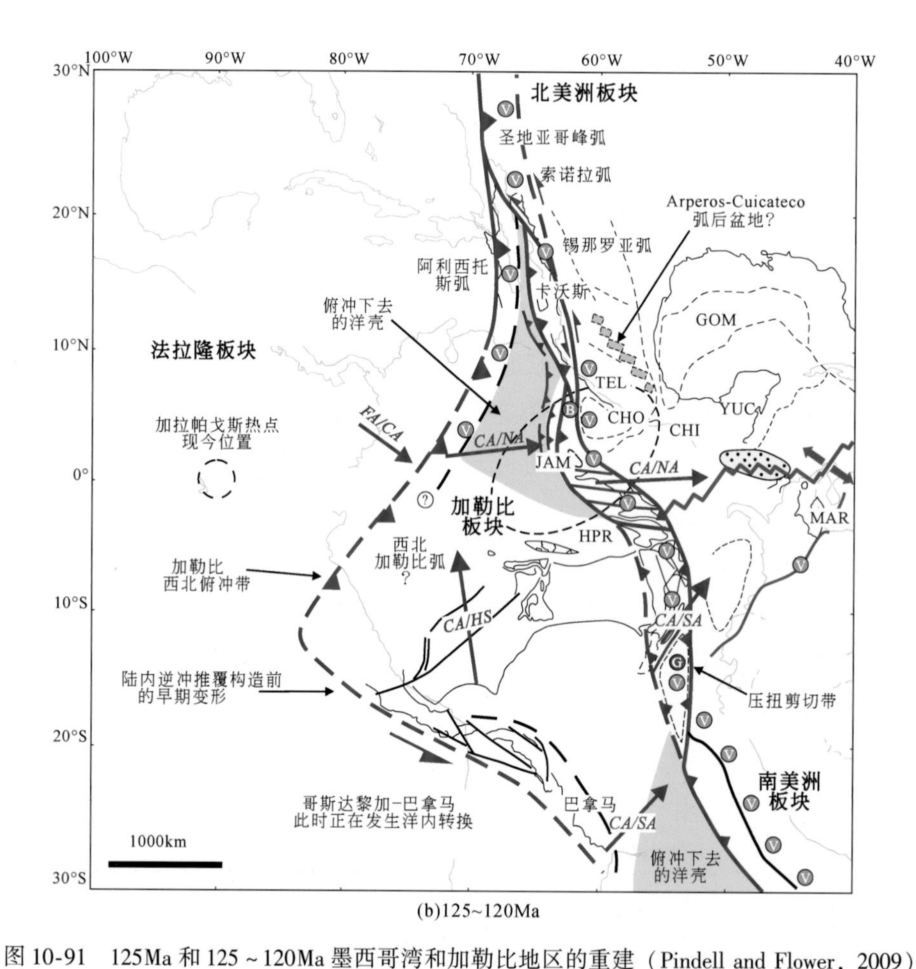

(b)125~120Ma

图 10-91　125Ma 和 125～120Ma 墨西哥湾和加勒比地区的重建（Pindell and Flower，2009）

TEL-Teloloapan，CHO-乔蒂斯（Chortís），CHI-Chiapas，YUC-尤卡坦（Yucatán），GOM-墨西哥湾（Gulf of Mexico），MAR-Maracaibo，HPR-Hispaniola Puerto Rico，JAM-牙买加（Jamaica）。El Tambor 蓝片岩的初始位置显示为 B，紧挨着乔蒂斯微陆块的西部。圆圈 V 表示此时弧火山活动的大致位置，圆圈 G 表示花岗岩类侵入的大致位置

部安第斯弧后盆地内，但安第斯山脉后弧的宽度难以约束。格雷罗岛弧属于原地的解释中，“阿佩罗斯洋”（Arperos）为一个或多个狭窄的弧内或弧后盆地，这些盆地可能通过 Cuicateco 地体与原加勒比海峡通道相连，而不是将面向东部的格雷罗岛弧与乔蒂斯和墨西哥中部分隔开的广阔洋盆。

环加勒比地区 125～120Ma 的重建［图 10-91（a）］类似 Müller 等（1993）的印度-大西洋热点参考系下所有较年轻的重建。该图显示了加勒比海岛弧下西南倾俯冲起始后的板块边界。黑色粗箭头显示了板块的相对运动。墨西哥西部地体的年代、背景和重建是推测性的，且仍有争议。这里，格雷罗岛弧反映了墨西哥下方加勒比海地壳的俯冲，在增生洋壳和大陆沉积物组成的、迁移的早期弧前地体上，形成了一个岛弧。在格雷罗岛弧外侧，一条新的法拉隆-加勒比板块边界形成。在南美洲东南部，南向或西向的斜向俯冲导致安第斯弧后盆地闭合。加勒比海弧西北部先存转换边界处的俯冲起始过程如下：在先存转换断层处，汇聚作用始于阿普特

阶，随着较弱的一侧弯曲和叠瓦，俯冲极性向西南倾。新俯冲的混杂岩包括 MORB 玄武岩、墨西哥西部/乔尔蒂斯的高压低温变质岩和岛弧碎片。因此，加勒比岛弧开始绕乔蒂斯微陆块（未来的 Siuna 地体）遭受压扭作用。与此同时，加勒比地壳从西部和南部向乔蒂斯微陆块俯冲，同时增生形成梅斯基托（Mesquito）地体。

125～84Ma，法拉隆板块在太平洋热点参考系中向东移动，而地质资料约束表明，加勒比板块相对于印度-大西洋参考系向北移动。因此，这需要一条法拉隆-加勒比板块边界协调，除非太平洋热点相对于印度-大西洋热点向西北方向迁移的速度超过 75～100km/Myr，但这是不可能的。在西北部，该边界可能是南倾俯冲的地点，这可解释下加利福尼亚阿利西托斯岛弧中 Aptian-Albian 时期岛弧岩浆作用的起始，在 Sonora-Sinaloa 岛弧和 Zihuatanejo 岛弧的外侧展示了这一点，法拉隆板块绕加勒比地壳在这里继续俯冲。沿着哥斯达黎加到巴拿马的这一新边界向南，法拉隆-加勒比海的运动本可以通过大洋转换断层来调节，在大约 84Ma 法拉隆-美洲的运动发生突变时该大洋转换断层成为东倾的俯冲带。俯冲作用和转换断层运动的速度估计为 25～50km/Myr。由于加勒比地壳在 Zihuatenejo 岛弧下的俯冲，沿墨西哥边界的岛弧部分（即 Alisitos 岛弧）在约 110Ma 开始隆起，并向南变年轻。

环加勒比地区 100Ma 重建（图 10-92）揭示，加勒比板块相对于热点向北运动，

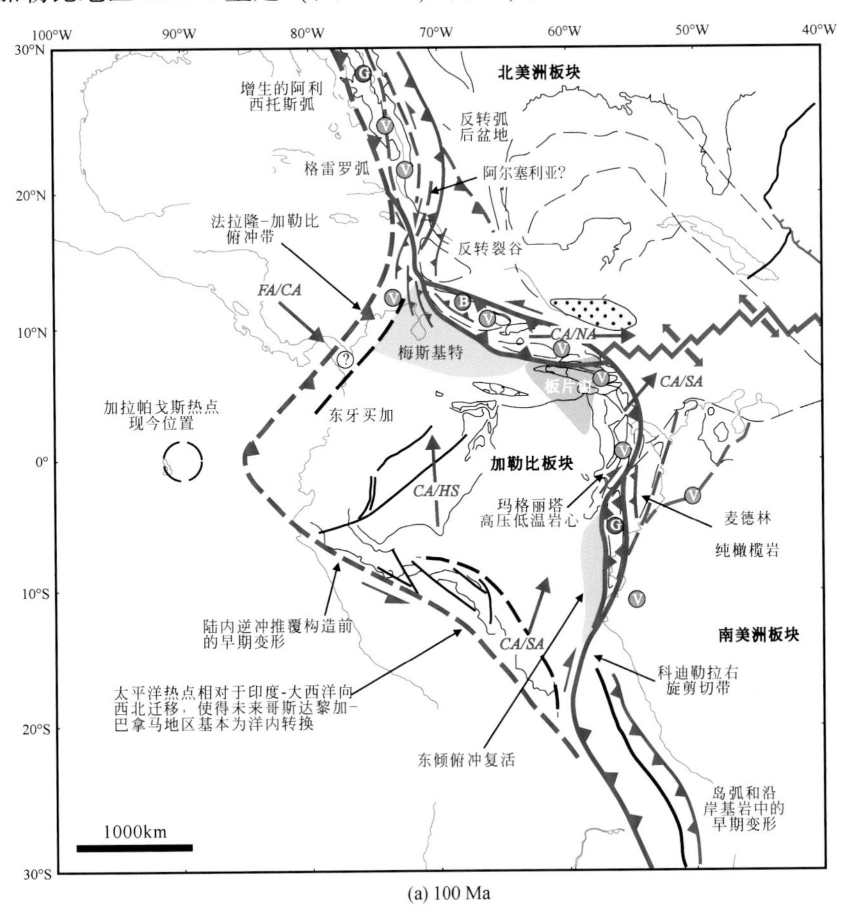

(a) 100 Ma

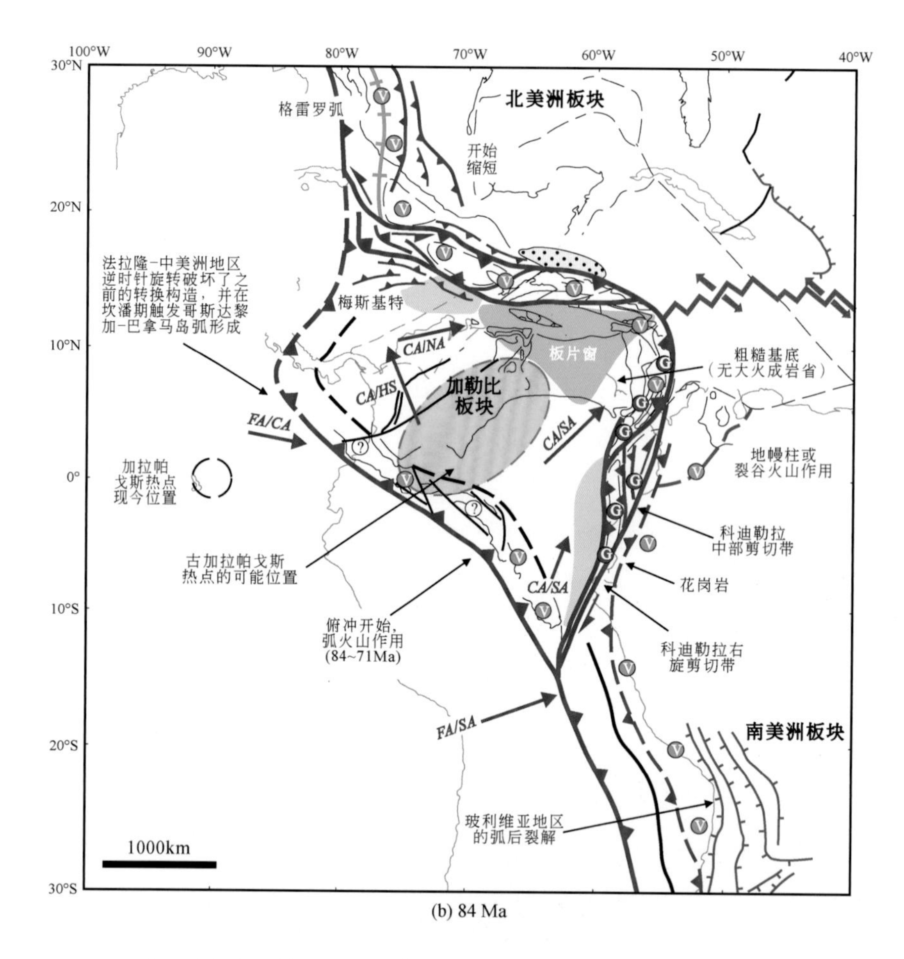

图 10-92　环加勒比地区 100Ma 和 84Ma 的重建（Pindell and Flower，2009）

相对于北美洲板块则向东运动。原加勒比海持续的扩张作用导致了安第斯山脉北部和加勒比板块之间几乎纯粹的右旋运动。此时，安第斯后弧已经闭合，大部分环加勒比海高压低温变质杂岩已经形成，加勒比海南北两侧微陆块正在发生向东的压扭迁移。沿着南美洲陆缘，STEP 断层的俯冲起始过程导致正延长的传统科迪勒拉-中央科迪勒拉右旋板块边界（可能包括 Pujili、Altavista、Antioquia、Aruba、Salado 花岗岩）处的英云闪长质/奥长花岗质岩浆作用。墨西哥内弧和外弧之间的洋盆关闭，向南一直到乔蒂斯微陆块。加勒比海地区相对于北美洲板块的东向运动，将尼加拉瓜海隆/牙买加和古巴微陆块拖到了乔蒂斯微陆块东南部。图 10-92（b）中显示了加勒比海东部下方，原加勒比板块中的板块空缺范围（阴影为浅蓝色），大约三分之二的加勒比板块将俯冲到了北美洲或南美洲板块下方，其中大部分可以在地震层析图像中看到。墨西哥的阿利西托斯和 Zihuatanejo 岛弧地体或多或少已就位。据图 10-92 推测，Arcelia 地区的 Albian 海底枕状玄武岩可能沉积在一个小型拉分盆地中，该盆地控盆断层链接了乔蒂斯附近向南迁移的 Zihuatanejo 和 Siuna 尼加拉瓜隆起地体。古加拉帕戈斯热点发生在加勒比海大火成岩省的火山爆发前不久。

环加勒比地区84Ma的重建［图10-92（b）］揭示，法拉隆板块和加勒比板块之间的相对运动发生了旋转，导致哥斯达黎加-巴拿马前转换断层处开始斜向俯冲。原加勒比板块的间隙延伸到大约贝阿塔（Beata）海脊处，可能是深部地幔柱诱发的熔体进入加勒比地区的关键。加勒比板块向北迁移了足够远的距离，从而在北安第斯的板块边界地带夹带了安蒂奥基亚微洋块。

71Ma环加勒比地区的板块重建［图10-93（a）］揭示，北美洲和南美洲板块之间的分离停止了，导致加勒比地区在安第斯山脉北部发生正向俯冲及巴拿马与安第斯山脉之间向北锯齿状闭合。沿着乔蒂斯-尤卡坦陆缘的加勒比海弧缝合过程几乎完成，并导致下尼加拉瓜海隆出现逆冲和进一步汇聚。乔蒂斯微陆块在这个时候离开北美洲板块，由于与下面的加勒比地壳的部分耦合，开始作为一个独立的微陆块沿着墨西哥向东移动，就像今天的马拉开波微陆块在加勒比海和稳定的南美洲板块之间移动一样。注意，法拉隆板块相对于美洲板块的运动表明，朝哥斯达黎加-巴拿马岛弧下的俯冲速度从东南到西北增加了两倍。

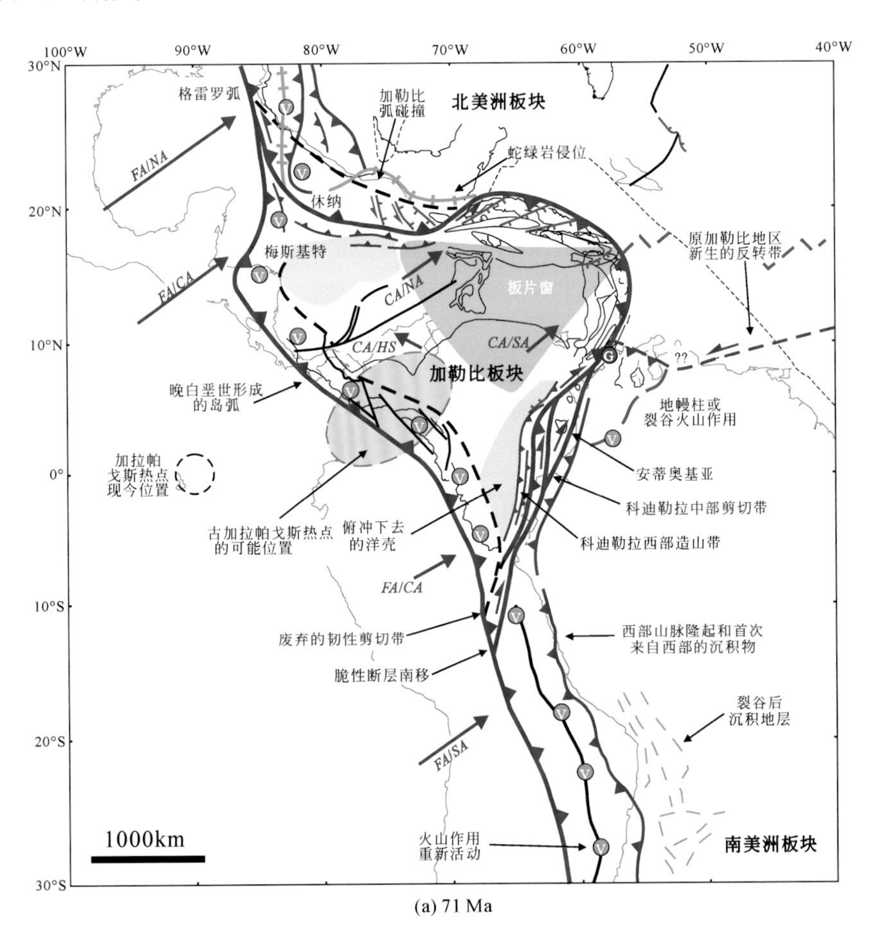

(a) 71 Ma

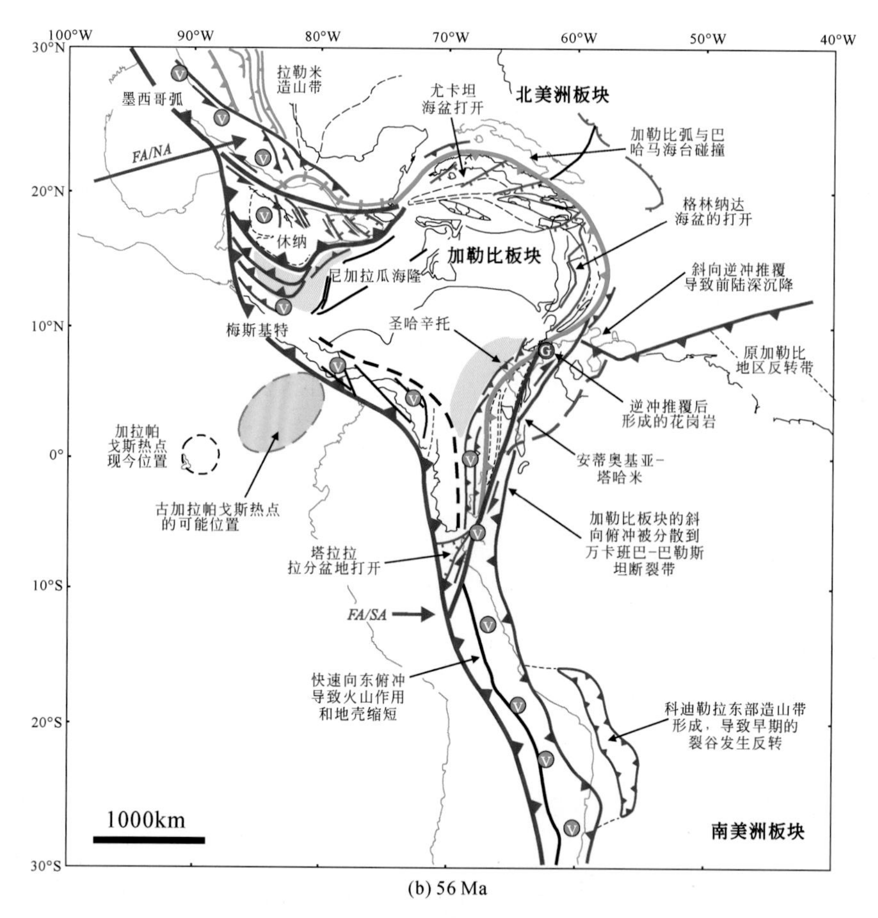

(b) 56 Ma

图 10-93 环加勒比地区的 71Ma 和 56Ma 板块重建（印度-大西洋热点参考系，Pindell and Flower，2009）

环加勒比地区 56Ma 的重建［图 10-93（b）］显示，随着加勒比地区拓展进入开阔的原加勒比海峡通道，这个通道连通佛罗里达-巴哈马地台（尤卡坦弧内盆地）和南美洲［格林纳达（Grenada）］后盆地，斜向弧内盆地也打开了。加勒比地壳朝乔蒂斯-牙买加岛弧的俯冲也几乎结束，继续增生复合到梅斯基特（Mesquite）增生型微陆块。哥伦比亚西科迪勒拉外侧的巴拿马岛弧继续向北剪刀式闭合。加勒比地壳向哥伦比亚下的俯冲，逐渐变为正向俯冲。此时，北美洲和南美洲板块正在缓慢靠近，其缩短作用很可能被南美洲板块北部的原加勒比俯冲带吸收，尽管尚不清楚这种构造是沿着其整个地带发生，还是朝加勒比板块逐渐向东拓展。

环加勒比地区的 46Ma 重建［图 10-94（a）］揭示，加勒比海向北漂移（热点区域）已经停止。古巴与巴哈马地台的碰撞终止了尤卡坦（Yucatán）盆地的打开，并导致沿开曼海槽持续的加勒比-北美洲板块相对运动。乔蒂斯和尼加拉瓜（Nicaragua）海隆下方俯冲结束，导致它们被并入加勒比板块。加勒比板块东南部沿着马拉开波（Maracaibo）湖东北部的劳拉（Lara）变换带向东南方向推进，接近向委内瑞拉中部陆缘。巴拿马弧的南部正在汇入厄瓜多尔前弧。加勒比-南美洲板块运动几乎垂直 Huancabanba Palestina 断层带旋转，减缓了安第斯山脉北部微陆块向北迁移的速度。

环加勒比地区的 33Ma 重建［图 10-94（b）］揭示，北美洲-加勒比板块边界正以现今边界系统的形式出现。南美洲-加勒比板块运动是 SEE 向的，导致加勒比陆块群向委内瑞拉中部和东部逆掩。在南加勒比褶皱带西部，东南向斜向俯冲到安第斯山脉北部，并向东拓展到马拉开波地块北部。随着斜向碰撞沿着委内瑞拉的推进，持续的汇聚必然会转变为向东拓展的南倾南加勒比褶皱带。

图 10-95 显示的微陆块迁移，是由委内瑞拉中部陆缘碰撞阻塞海沟之前加勒比岛弧绕 Guajíra 角俯冲带回卷驱动的。盆地打开的南北向分量使加勒比地体前缘，沿着委内瑞拉西部陆缘向东南方向压扭移动，而加勒比板块的其余部分则相对南美洲板块向东移动。因此，马斯特里赫特阶（Maastrichtian）的重建中，加勒比地壳的东南陆缘为一条相当直的陆缘，这是沿着马斯特里赫特阶 Guajíra 凸起的西北侧迁移的结果，沿着哥伦比亚的西翼可能会有加勒比弧前物质剥离。

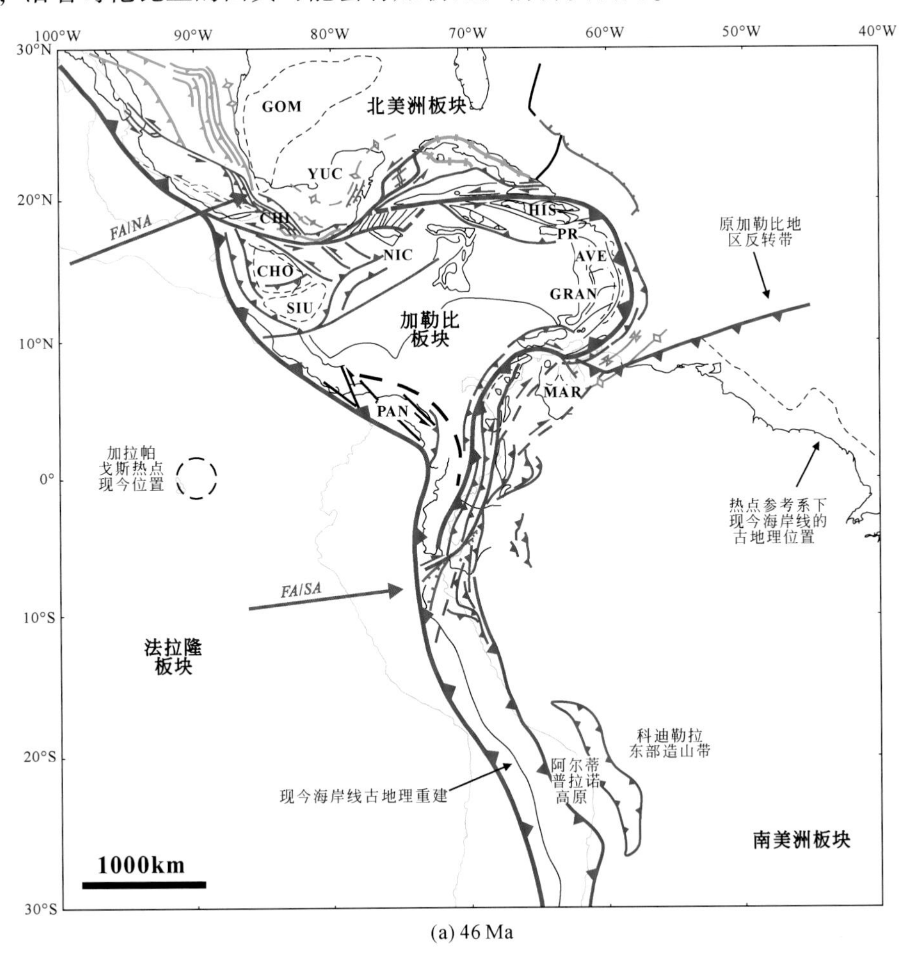

(a) 46 Ma

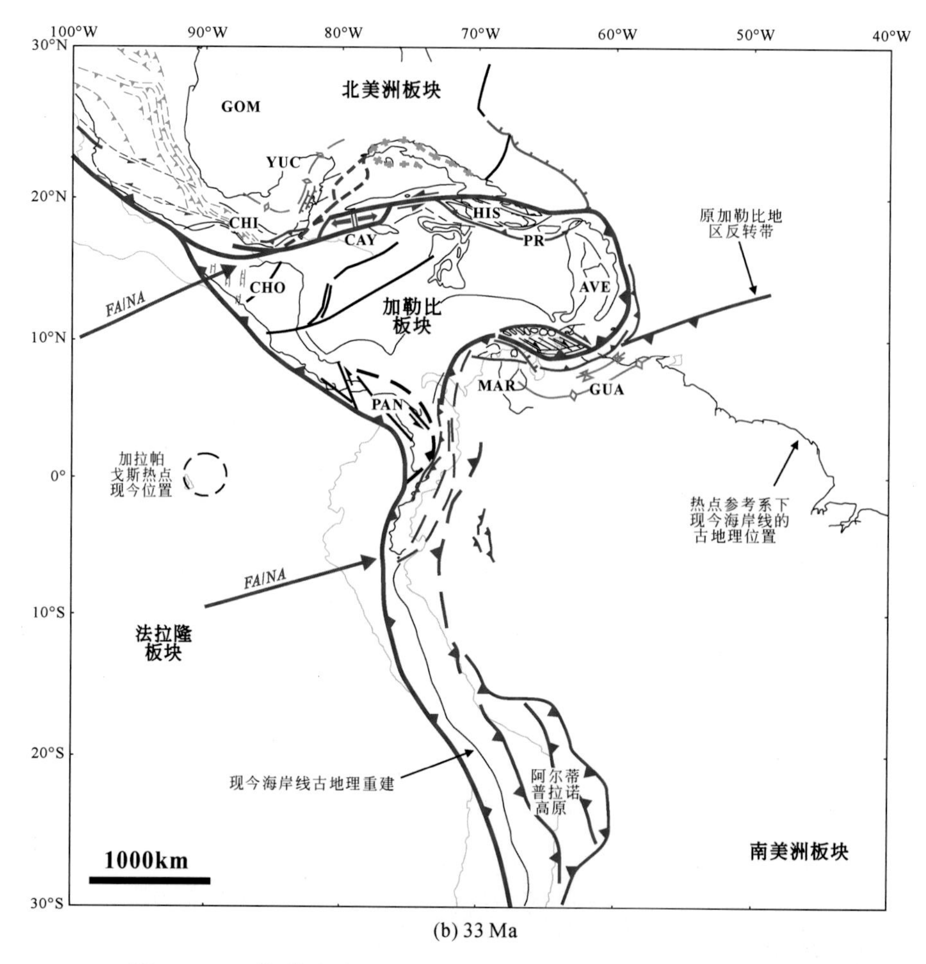

(b) 33 Ma

图 10-94 环加勒比地区 46Ma 和 33Ma 的重建（印度-大西洋热点参考系，Pindell and Flower，2009）

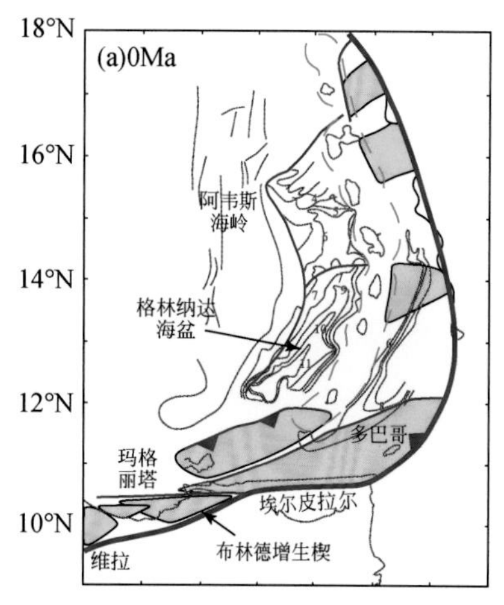

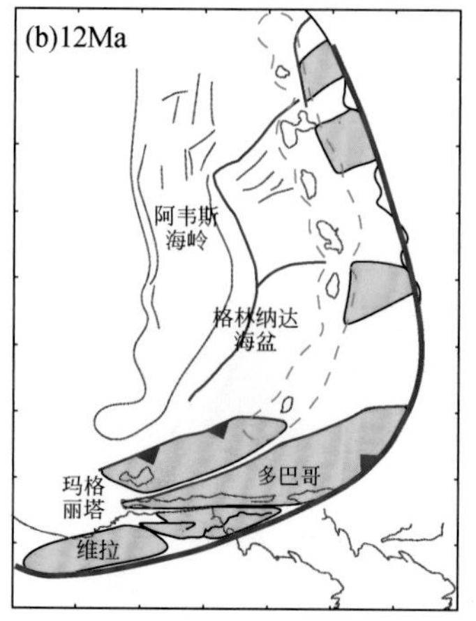

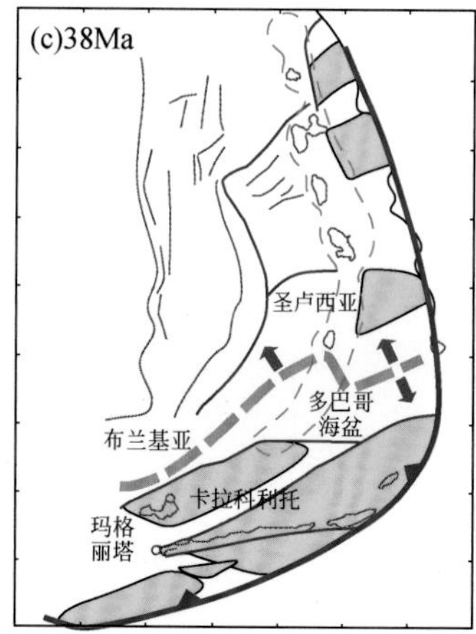

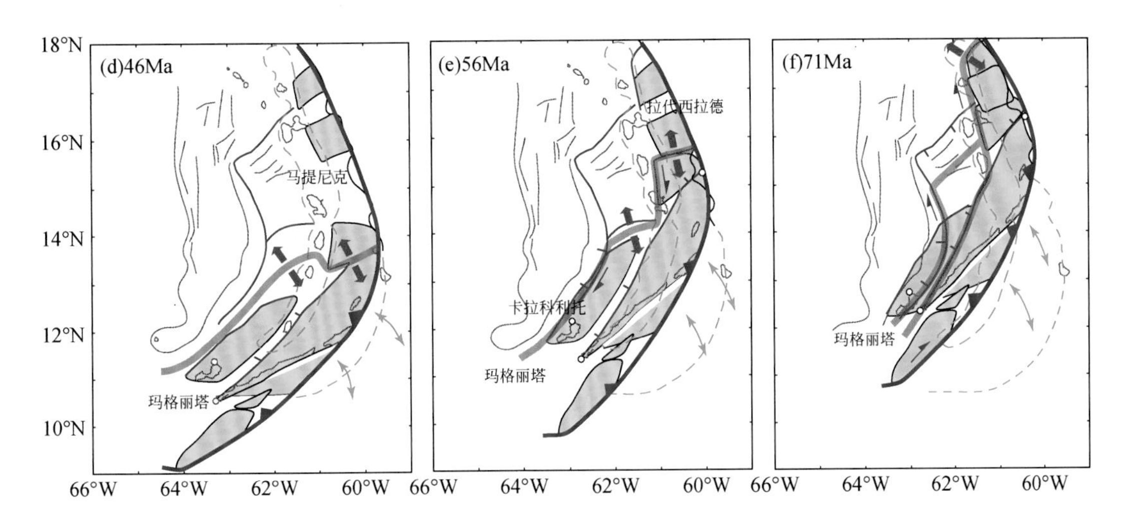

图 10-95　古近纪弧内格林纳达和多巴哥盆地的扇形打开/闭合模型以及多巴哥、玛格丽塔和维拉（Villa de Cura）地体从阿韦斯（Aves）洋中脊的迁移（Pindell and Kennan，2009）

19Ma 环加勒比地区的重建［图 10-96（a）］揭示，此时乔蒂斯的尾部已经向东

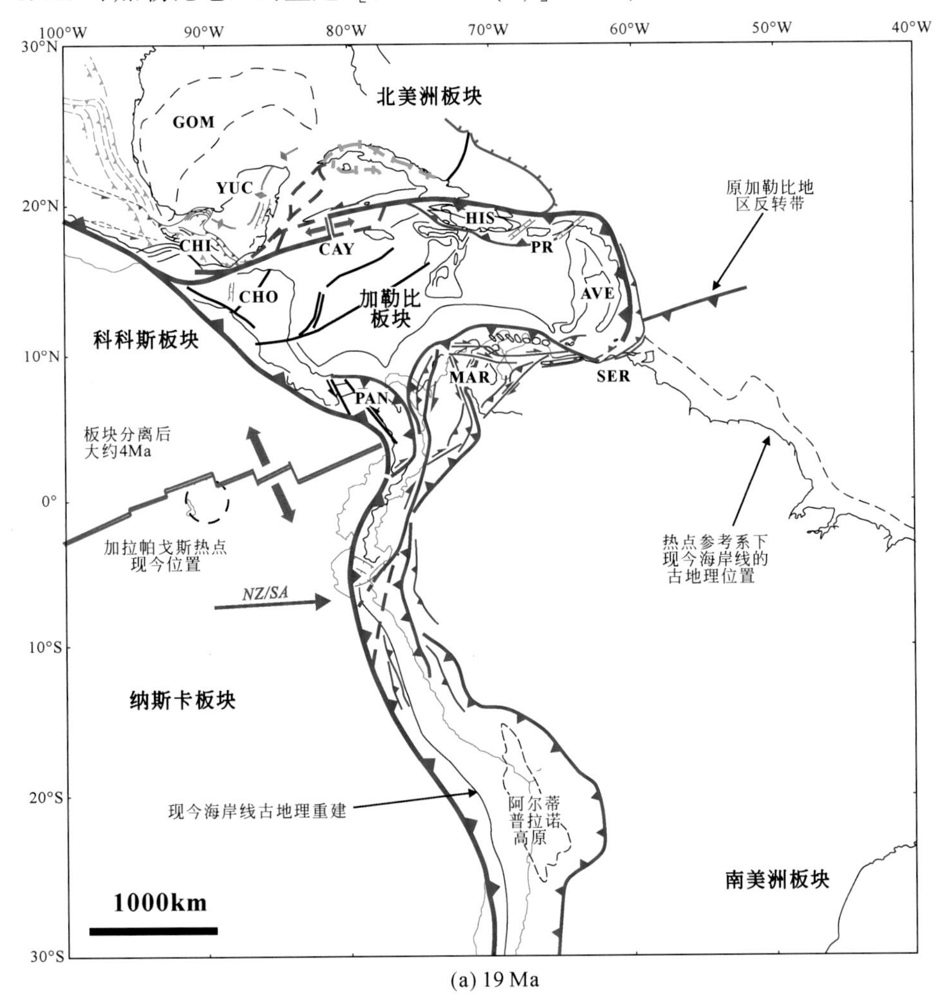

(a) 19 Ma

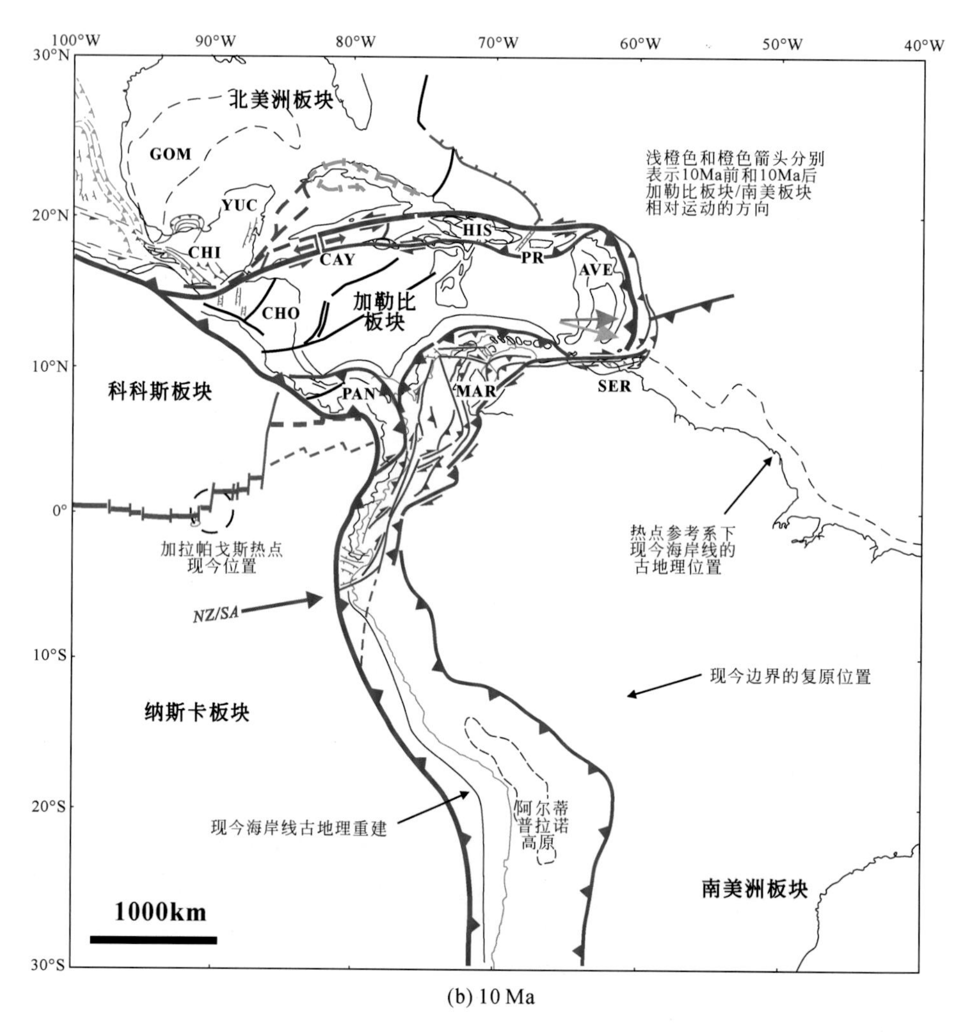

(b) 10 Ma

图 10-96　19Ma 和 10Ma 环加勒比地区的重建（印度-大西洋热点参考系，Pindell and Flower，2009）

移动了足够远，不需要任何南北向左旋剪切，但东西向伸展仍在继续。沿着南美洲板块的斜向碰撞已经开始涵盖委内瑞拉和特立尼达的 Serranía Oriental，南加勒比褶皱带现在占据了向西部持续汇聚的大部分。玛格丽塔（或 Roques Canyon）变换断层正在进入 Urica 变换带，从而使缩短可以在 Serranía Oriental 进行。巴拿马（PAN）弧阻塞了西科迪勒拉-锡努（Sinú）海沟并开始向西北方向逃逸，相对于加勒比海，以北西走向的左旋断层为界，并在北巴拿马褶皱带西部推动西北方向的逆冲。哥伦比亚东部科迪勒拉的缩短和马拉开波（Maracaibo）地块的东北迁移正在进行，这反过来又增强了南加勒比褶皱带的缩短。此时，加拉帕戈斯洋中脊在巴拿马或哥伦比亚陆缘的某个地方发生俯冲。

10Ma 环加勒比地区的重建［图 10-96（b）］揭示，10Ma 时加勒比板块的运动相对于美洲板块发生根本性转变，导致 85°指向的右旋剪切作用主体发生在加勒比东南部，70°指向横压作用主体发生在加勒比北部。科科斯-纳斯卡板块边界此时跃迁到了巴拿马断裂带。巴拿马微陆块部分与纳斯卡板块结合，导致巴拿马-哥伦比亚碰撞，目前其速度几乎是加勒比-南美洲板块相对运动的两倍。因此，巴拿马微陆块北西向的逃亡已经停止。

总之，加勒比地区的微板块演化是120Ma以来始于太平洋东部纳斯卡-科科斯板块自西向东递进拓展（图10-97）并楔入到南美、北美洲板块之间的过程。加勒比海盆地介于太平洋洋盆、大西洋洋盆之间，不存在威尔逊旋回的所有演化阶段，更不是威尔逊旋回的单一盆地演化历史。特别是，介于北美、南美大陆型大板块之间，这两个大陆型大板块之间的加勒比海盆地不是这两个大陆型大板块先裂解之后进入小洋盆阶段再继续演化而来，自一开始就不是威尔逊旋回。从微板块演化角度，相关微洋块、微陆块都没有经历完整的威尔逊旋回。

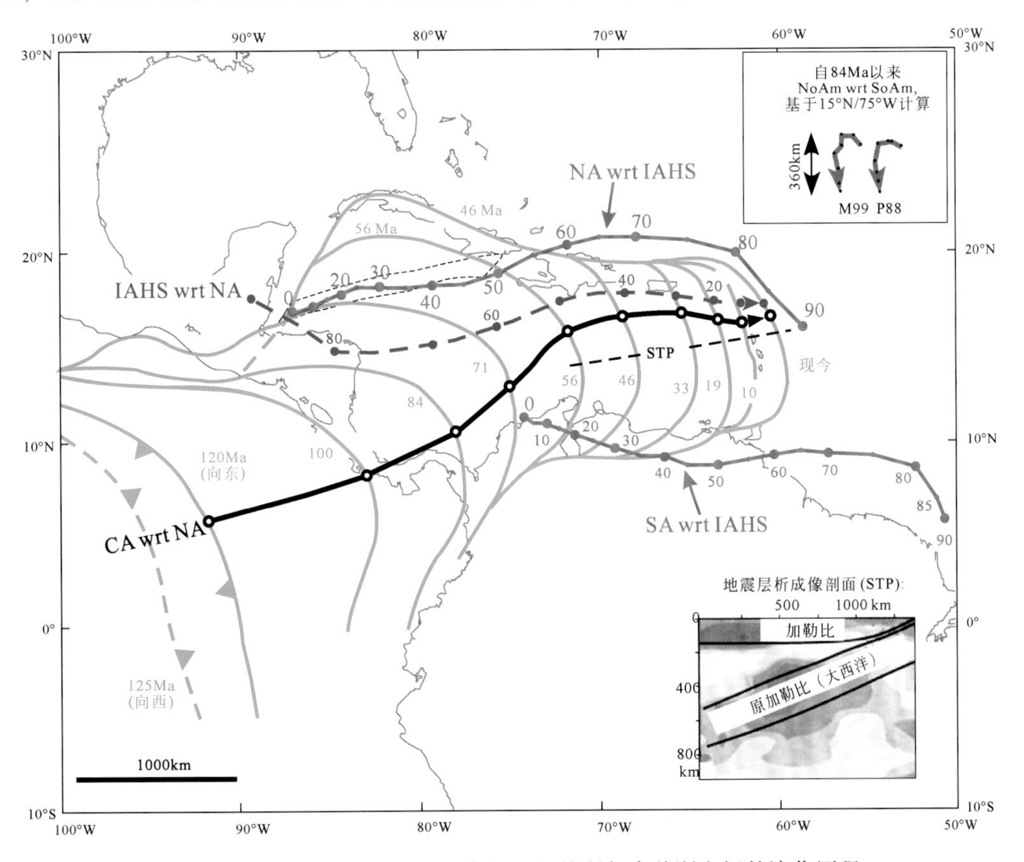

图10-97　加勒比板块自西向东楔入北美洲与南美洲之间的演化历程

北美洲（NA）和南美洲（SA）相对于Müller等（1993）参考系（橘色线；NA-wrt-IAHS和SA-wrt-IHAS）及印度-大西洋热点（IAHS）的运动历史；根据加勒比海海沟之前相对位置（蓝色线）总结的热点相对于北美（红色虚线；IAHS wrt NA）、加勒比海相对于北美（黑线；Car wrt NA）位置。图中亮黄色轮廓显示开曼海槽，右上插图为美洲之间的新生代汇聚（P88=Pindell et al.，1988；M99=Müller et al.，1999）；右下插图为van der Hilst（1990）的地震断层剖面（Pindell and Kennan，2009）

(4)欧洲新特提斯域微板块演化的非威尔逊旋回

A. 新特提斯洋微板块构造演化

新特提斯洋主要存在于中生代，是位于劳亚古陆与冈瓦纳古陆之间的一个向东开口的海湾状大洋。实际上，从二叠纪起，多个微陆块从冈瓦纳古陆北缘裂解，初始新特提斯洋开始形成。随着微陆块群的北向漂移，新特提斯洋逐步扩张，达到最大化。微陆块群在晚三叠世开始与欧亚大陆南缘碰撞拼合，之后新特提斯洋开始总体上向北俯冲到新形成的欧亚大陆南缘之下。

随着冈瓦纳古陆的进一步裂解，非洲-阿拉伯板块、印度板块和澳大利亚板块以不同速度向北漂移。到新生代，这些板块与欧亚大陆碰撞，新特提斯洋消失，形成全球最为显著的阿尔卑斯-扎格罗斯-喜马拉雅造山带，遗留了一系列缝合线（图 10-98）。

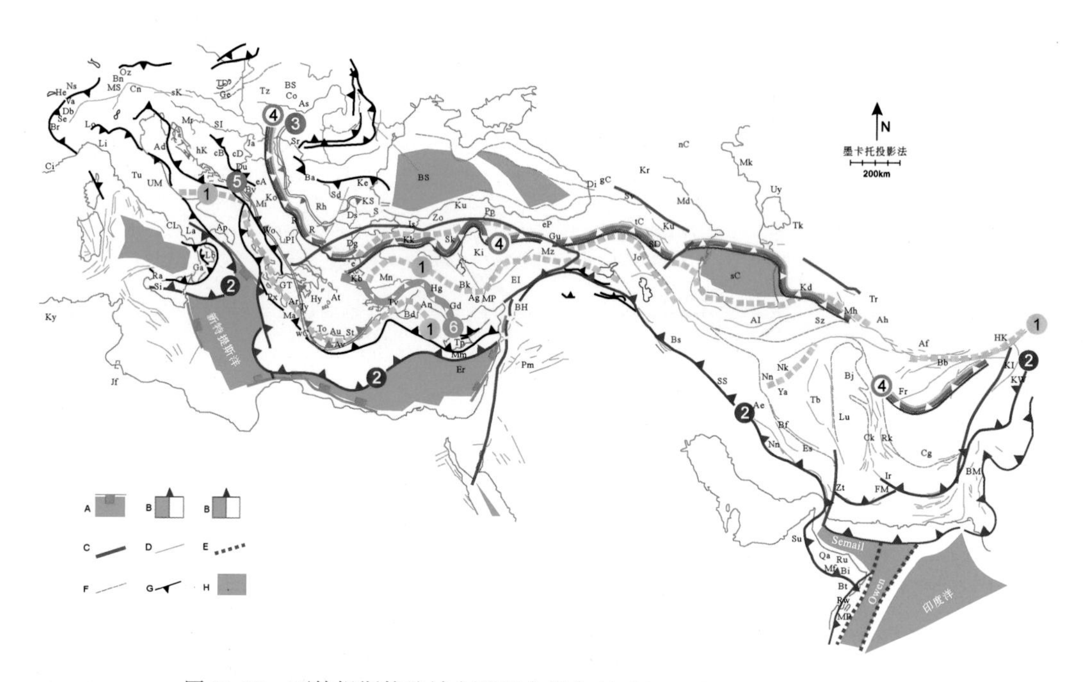

图 10-98　西特提斯构造域主要缝合线分布（Stampfli and Kozur，2006）

1-古特提斯；2-新特提斯（东段包括新特提斯洋洋内弧后盆地的缝合线）；3-巴尔干（Balkan）缝合线；4-伊兹梅尔-安卡拉（包括 Lycian）缝合线、Vardar 缝合线、Sevan 缝合线、南 Caspian 缝合线；5-Pindos 推覆体前锋；6-Pamphylian（Antalya-Cycladic）缝合线；A-新特提斯被动陆缘；B-俯冲带；C-主要活动断裂；D-次级断层；E-前转换断层；F-微陆块边界；G-主要逆冲断层；H-洋壳。关键地点缩写：AA-Austro-Alpine；Ab-Alboran；Ad-Adria s. s.；Ae-Abadeh；Af-Northern-Afghanistan，Band-e-Turkestan；Ag-Aladag-Bolkardag；Ah-Agh-Darband；Aj-Ajat；Al-Alborz；Am-Armorica；An-Antalya，下部推覆体；Ap-Apulia s. s.；Aq-Aquitaine；AP-Aspromonte，Peloritani；Ar-Arna 增生杂岩；As-Apuseni 南部蛇绿岩；At-Attika；Au-Asterousia；Av-Arvi；Ay-Antalya 上部推覆体；Ba-Balkanides，external；Bb-Band e Bayan；Bc-Biscay，Gascogne；Bd-Bey Daglar；Be-Betic；Bf-Baft 蛇绿岩；BH-Baer-Bassitand Hatay 蛇绿岩；Bh-Bihar；Bi-Ba'id；Bj-Birjan 蛇绿岩；Bk-Bozdag-Konya 前弧；Bl-Bitlis 地块；BM-Bela，Muslim-bagh 蛇绿岩；Bn-Bernina；Bo-Bolkardag；Br-Brianconnais；Bs-Bisitoun 海山；BS-Bator-Szarvasko 蛇绿岩；Bt-Batain；Bu-Bucovinian；

Bu-Bukk；Bv-Budva；BV-Bruno-Vistulian；By-Beysehir；Bz-Beykoz 盆地；Ca-Calabria autochthon；cA-中阿富汗 Hazarajat；cB-中 Bosnia；cD-中 Dinarides 蛇绿岩；Ce-Cetic；Cg-Chagai 岛弧；Ch-Channel；cI-中 Iberia；Ci-Ciotat 复理石；Ck-Chehel Kureh 蛇绿岩；CL-Campania-Lucania；Co-Codru；Cn-Carnic-Julian；CP-Calabria-Peloritani；cR-环 Rhodope；Ct-Cantabria-Asturia；Cv-Canavese；Da-Dacides；Db-Dent Blanche；DD-Dniepr-Donetz 裂谷；Dg-Denizgoren 蛇绿岩；DH-Dinarides-Hellenides；Di-Dizi 增生杂岩；Dm-Domar；Do-Dobrogea；Dr-Drina-Ivanjica；Ds-Drimos-Samothrace 蛇绿岩；Du-Durmitor；Dy-Derekoy 盆地；eA-东 Albanian 蛇绿岩；Ec-Eric 蛇绿岩；El-Elazig-Guleman 蛇绿岩弧；eP-东 Pontides；Er-Eratosthenes 海山；Es-Esfandareh 蛇绿岩；Fa-Fatric；Fc-Flemish cap；FM-Fanuj-Maskutan 蛇绿岩；Fr-Farah 盆地；GB-大浅滩；gC-大高加索（Caucasus）；Gd-Geydag-Anamas-Akseki；Gi-Giessen；Ge-Gemeric；GS-Gory-Sovie；GT-Gavrovo-Tripolitza；Gt-Getic；Gu-Gumushane-Kelkit；hA-高阿特拉斯（High Atlas）；Ha-Hadim；He-Helvetic 边缘盆地；Hg-Huglu-Boyalitepe；HK-Hindu-Kush；hK-high karst；HM-Huglu-Mersin；Hr-Hronicum；Hy-Hydra；Hz-Harz；IA-伊兹梅尔－安卡拉（Izmir-Ankara）洋；iA-内阿尔卑斯地体；Ib-伊比利亚（Iberia）-NW allochthon；Ig-Igal 海槽；Io-Ionian；Ir-Iranshar 蛇绿岩；Is-Istanbul；Ja-Jadar；Jf-Jeffara 裂谷；Jo-Jolfa；Jv-Juvavic；Ka-Kalnic；Kb-Karaburun；Kd-Kopet-Dagh；Ke-Kotel 复理石；Kg-Karabogaz Gol；Ki-Kirsehir；Kk-Karakaya 前弧；Kl-Kabul 地块；Ko-Korab；KQ-Kunlun-Qaidam；Kr-Kermanshah；KS-Kotel-Stranja 裂谷；KT-Karakum-Turan；Ku-Kura；Kü-Küre 洋；KW-Khost-Waziristan 蛇绿岩；Ky-Kabylies；La-Lagonegro；lA-下 Austroalpine；Lb-Longobucco；Le-Lesbos 蛇绿岩；Lg-Ligerian；Li-Ligurian；LM-Lysogory-Malopolska；Lo-Lombardian；Ls-Lusitanian；LT-Lut-Tabas-Yazd；Lu-Lut；Ly-Lycian 蛇绿混杂岩；Lz-Lizard 蛇绿混杂岩；mA-中阿特拉斯；Ma-Mani；Mb-Magnitogorsk 弧后；Mc-Maliac 裂谷或洋盆；MD-Moldanubian；Me-Meliata 裂谷或洋盆；Mf-Misfah 海山；Mg-Magura；Mh-Mugodzhar 洋盆；Mi-Mirdita autochthon；Mk-Mangyshlak 裂谷；Ml-Meglenitsa 蛇绿岩；Mm-Mamonia 增生杂岩；MM-Meguma-Meseta；Mn-Menderes；Mo-Moesia；MP-Mersin-Pozanti 蛇绿岩；Mr-Mrzlevodice 前弧；MR-Masirah-Ras Madrekah 蛇绿岩；Ms-Meseta；MS-Margna-Sella；Mt-Monte Amiata 前弧；Mz-Munzur Dag-Keban；nC-北 Caspian；Ni-Nilufer 海山；Nk-Nakhlak；Nr-Neyriz 海山；Nn-Nain 蛇绿岩；Ns-Niesen 复理石；nT-藏北；Nt-Nish-Troyan 海槽；Ny-Neyriz 海山；OM-Ossa-Morena；Or-Ordenes 蛇绿岩；Ot-Othrys-Evia-Argolis 蛇绿岩；Oz-Otztal-Silvretta；Pa-Panormides；Pd-Pindos 裂谷或洋盆；Pe-Penninic；Pi-Piemontais；Pj-Panjao-Waser 洋；Pk-Paikon 洋内弧；Pl-Pelagonia；Pm-Palmyra 裂谷；Pn-Pienniny 裂谷；Pp-Paphlagonian 洋；Px-攀西；Py-Pyrenean 裂谷；Qa-Qamar；Rf-外 Rif；Rh-Rhodope；RH-Rheno-Hercynian 洋；Ri-内 Rif；Rk-Ratuk 蛇绿岩；Ru-Rustaq 海山；Rw-Ruwaydah 海山；Sa-Salum；sA-南阿尔卑斯；sB-sub-Betic 边缘盆地；Sc-Scythian 台地；sC-南 Caspian 盆地；Sd-Srednogorie 裂解弧；Se-Sesia；Sh-Shemshak 磨拉石盆地；Si-Sicanian；Sj-Strandja；Sk-Sakarya；sK-南 Karawanken 前弧；Sl-Slavonia；Sm-Silicicum；SM-Serbo-Macedonian；sM-蒙古南部；Sn-Sevan 蛇绿岩；sP-南 Portuguese；Sr-Severin 蛇绿岩；SS-Sanandaj Sirjan；St-Sitia；Su-Sumeini；Sv-Svanetia 裂谷；Sx-Saxo-Thuringian；Sz-Sabzevar 蛇绿岩；Ta-Taurus-s. l.；Tb-Tabas；TB-Tirolic-Bavaric；tC-Transcaucasus；TD-Trans-Danubian；Tg-Tuzgolubasin；Th-Thrace 盆地；Tk-Tuarkyr；Tm-塔里木；To-Talea Ori；Tp-特罗多斯（Troodos）蛇绿岩；Tr-Turan；Tt-Tatric；Tu-Tuscan；Tv-Tavas fl Tavas 海山；Ty-Tyros 前弧；Tz-Tizia；uJ-上 Juvavic；UM-Umbria-Marches；Uy-Ust-Yurt；Va-Valais 海槽；Ve-Veporic；Vo-Vourinos（Pindos）-Mirdita 蛇绿岩；wC-西 Crete（Phyl-Qrtz）增生杂岩；Ya-Yazd；Zl-Zlatibar 蛇绿岩；Zo-Zonguldak；Zt-Bande Ziarat 蛇绿岩

新特提斯洋由西向东表现出不同的大地构造演化特征：地中海地区以多洋盆扩张–双向俯冲和微陆块碰撞为特征，中东地区表现为北向俯冲和沿扎格罗斯缝合带的穿时碰撞，青藏高原南部和东南亚地区以多微陆块逐渐裂解和多阶段碰撞为特点。朱日祥等（2021）提出，新特提斯洋岩石圈板块北向漂移的主要驱动力是俯冲板片拖曳力，深部地幔对流与非自由边界条件下，冈瓦纳古陆主体围绕欧拉极（西非）的逆时针旋转也是影响特提斯洋演化的重要因素。

板块重建也再现了这个总体过程：二叠纪开始，多个微陆块（基梅里微陆块群）从冈瓦纳古陆北缘裂解，新特提斯洋开始形成。随着微陆块群的北向漂移，新特提斯洋逐步扩张并达到最大化。晚三叠世微陆块群与欧亚大陆南缘碰撞拼合，古特提斯洋闭合（图 10-99）。随着冈瓦纳古陆的裂解，非洲–阿拉伯板块和印度板块以不同速度向北漂移，新生代与欧亚大陆发生碰撞，新特提斯洋闭合，形成全球最为显著的阿尔卑斯–扎格罗斯–喜马拉雅造山带。详细过程如下。

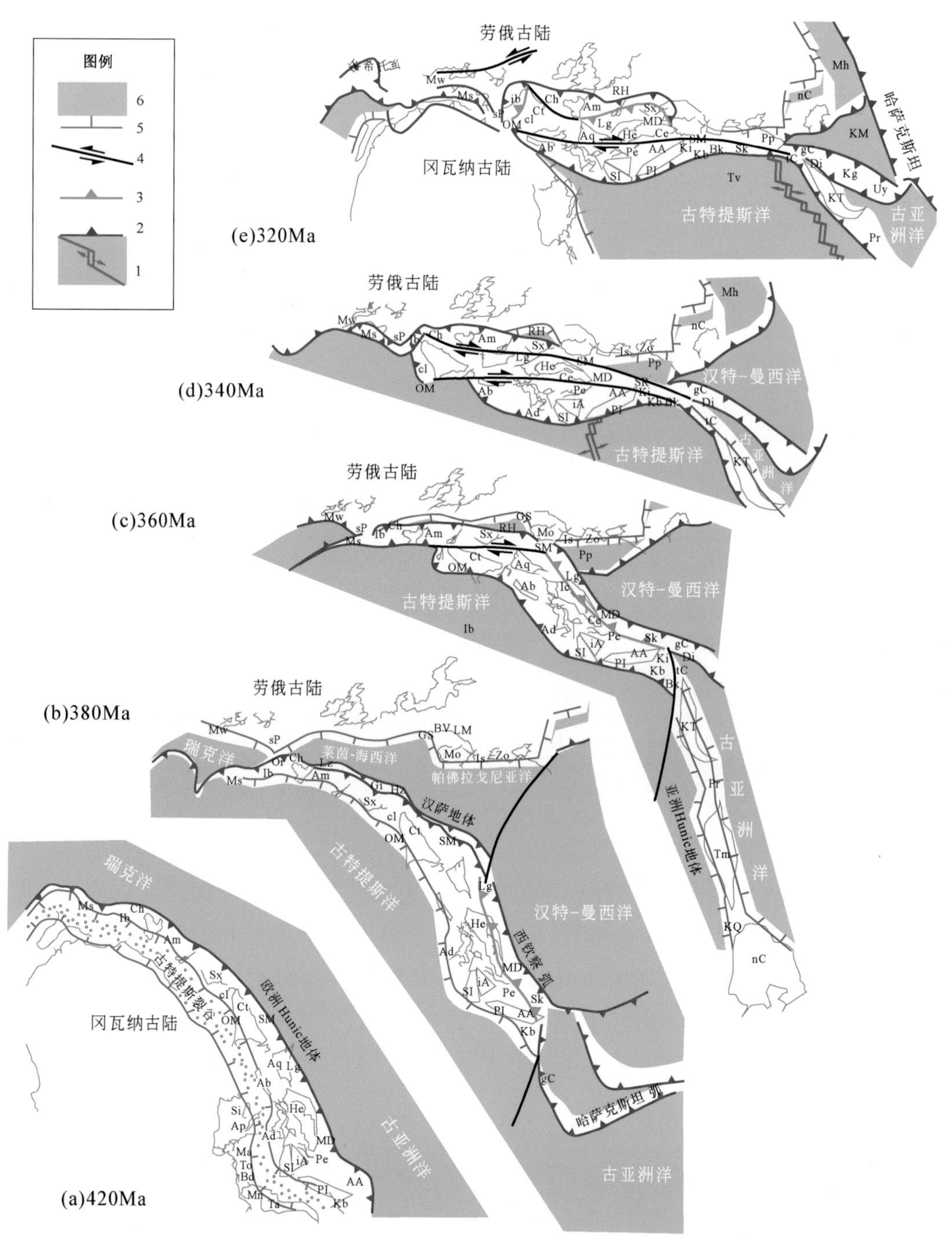

图 10-99 晚志留世—晚石炭世亲冈瓦纳古陆的微陆块漂移历史（修改自 Stampfli and Borel，2004；Stampfli and Kozur，2006）

1-洋壳和洋中脊；2-俯冲带；3-缝合线；4-走滑断层；5-被动陆缘；6-洋壳。关键地点缩写同图 10-98

(A) 阿尔卑斯-地中海地区

在地中海地区，新特提斯洋经历了多期次大陆张裂、洋底扩张和俯冲作用(Critelli，2018)。在中二叠世，伴随古特提斯洋俯冲至欧亚大陆南缘以及新特提斯洋的打开，欧洲大陆东南部形成多个小洋盆，例如 Meliata-Maliac、Pindos 等（van Hinsbergen et al.，2020)。对这些洋盆的形成机制，存在古特提斯洋北向俯冲导致的弧后扩张、单一裂谷盆地和多个平行裂谷盆地等不同认识（Dercourt et al.，1986；Stampfli and Borel，2002；Papanikolaou，2013；Robertson et al.，2013)。洋盆打开导致多个微陆块，从欧亚大陆南缘裂解出来，如 Anatolide 和 Korabi-Pelagonian 微陆块。与此同时，新特提斯洋的打开，导致 Tauride 和 Adria 等微陆块，从冈瓦纳古陆北缘裂解（图 10-100 左图)。

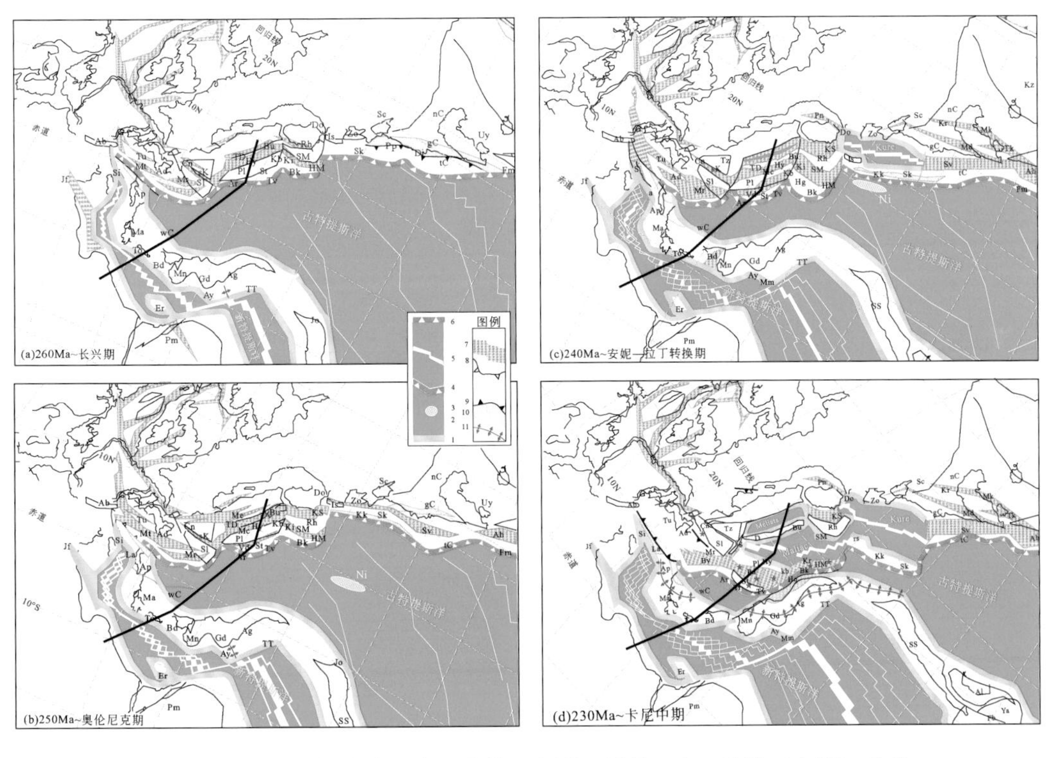

图 10-100　西特提斯中—晚二叠世（左图）及早—中三叠世（右图）重建

（修改自 Stampfli and Borel，2004；Stampfli and Kozur，2006）

1-被动陆缘；2-磁异常或综合异常；3-海山；4-洋内俯冲-岛弧杂岩；5-洋中脊；6-俯冲带；7-裂谷；8-缝合线；9-活动逆冲断层；10-前陆盆地；11-挠曲隆起；a-浅海海湾；b-陆相盆地。关键地点缩写同图 10-98

至晚三叠世，欧洲大陆南部形成的微陆块分隔出多个洋盆的古地理格局。洋盆的数量、位置以及各个洋盆的演化历史一直是该地区特提斯洋演化研究的重点，但目前对这些洋盆的认识仍存在很大争议。欧洲大陆南缘 Meliata-Maliac 洋盆的打开在中三叠世达到顶峰，古大洋板片的俯冲作用开始于晚三叠世，早侏罗世被 Vardar 洋取代，分隔欧亚大陆和南部 Korabi-Pelagonian 微陆块。Pindos 洋位于 Korabi-Pelagonian 微陆块南部，其洋壳扩张开始于早三叠世，并贯穿整个三叠纪，其西南部为 Adria 陆块（图 10-100 右图）。

在中侏罗世（~170Ma），中大西洋的逐渐打开，导致北美大陆和非洲大陆分离，并影响到地中海地区洋盆的演化。中大西洋向东扩展至欧亚大陆南缘，引发欧洲大陆南部阿尔卑斯新特提斯洋（又称 Ligurian-Piemont 洋）的打开（图 10-101）。到早白垩世晚期，阿尔卑斯新特提斯洋北侧裂开形成新的 Valais 洋盆，该洋盆向西扩展至与中大西洋相连，导致 Iberia-Brianconnais 微陆块从欧亚大陆南缘裂解，在早白垩世末，于西阿尔卑斯地区形成 Iberia-Brianconnais 微陆块，分隔了阿尔卑斯新特提斯洋和 Valais 洋。与此同时，新特提斯洋逐步扩张，Adria 陆块向北移动。北部阿尔卑斯新特提斯洋和南部新特提斯洋的扩张，导致中间 Vardar 和 Pindos 洋盆处于挤压环境，并触发 Vardar 洋和 Pindos 洋分别于晚侏罗世和早白垩世开始向北俯冲（图 10-102）。

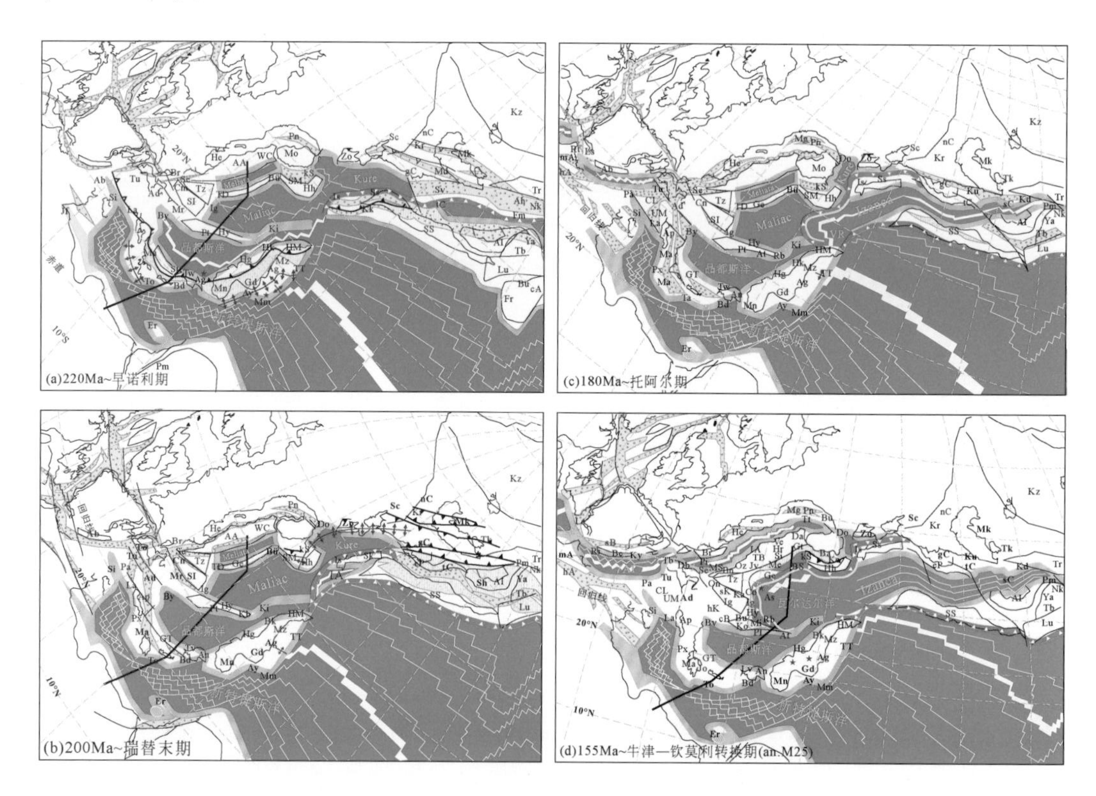

图 10-101　西特提斯晚三叠世—早侏罗世（左图）和中—晚侏罗世（右图）重建

（修改自 Stampfli and Borel，2004；Stampfli and Kozur，2006）

AT-阿尔卑斯特提斯洋；VR-瓦尔达尔泽。其他关键地点缩写同图 10-98

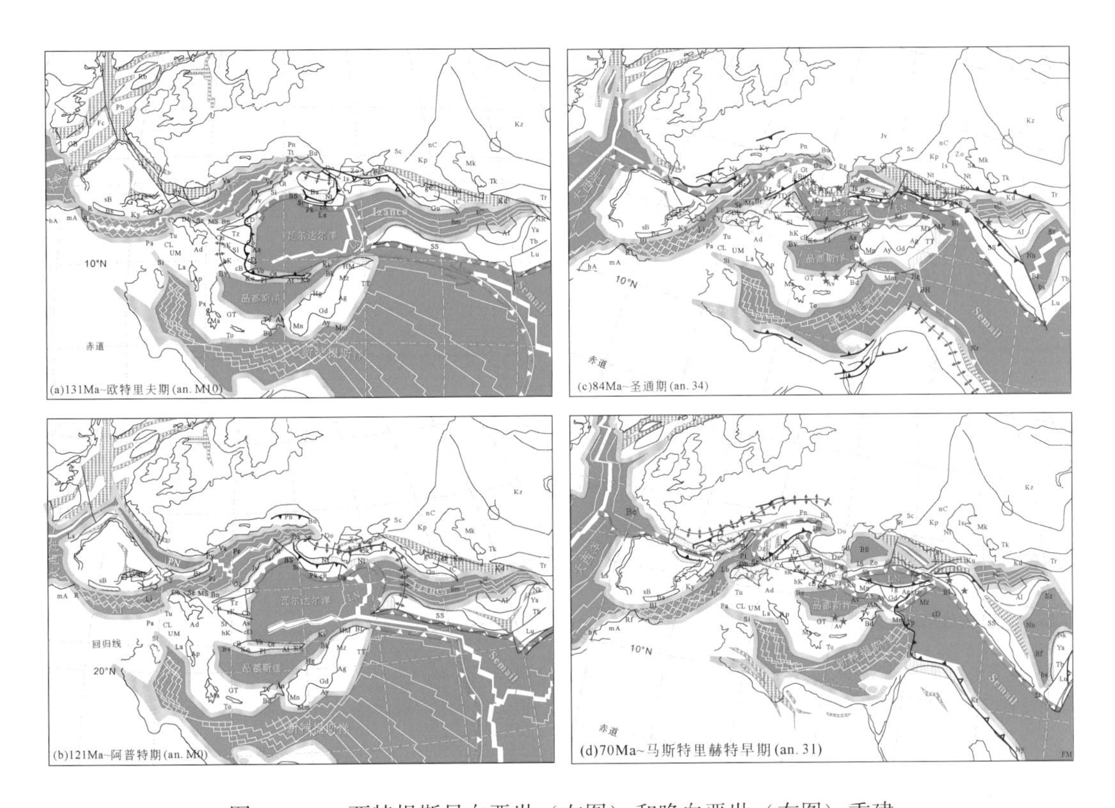

图 10-102　西特提斯早白垩世（左图）和晚白垩世（右图）重建

（修改自 Stampfli and Borel，2004；Stampfli and Kozur，2006）

AT-阿尔卑斯特提斯洋；LN（Lycian）-利西亚洋；PN-比利中斯违山带。其他关键地点缩写同图 10-98

地中海地区新特提斯洋的闭合过程可概括为：双向俯冲汇聚导致多阶段洋盆闭合。西北段以 Ligurian-Piemont 洋为主体的阿尔卑斯新特提斯洋向南俯冲，并于晚白垩世—早中新世逐渐闭合；东南部 Pindos 和 Vardar 等洋盆向北/西北俯冲，于晚古新世—早中新世闭合。而对于阿尔卑斯新特提斯洋的闭合过程，Handy 等（2010，2015）认为，可分为三个时段：早白垩世（131 ~ 84Ma）东段开始向东俯冲，导致阿尔卑斯东部的 Eo-alpine 造山作用；晚白垩世—始新世（84 ~ 45Ma），向东南方向俯冲至 Adria 陆块之下；中始新世（45Ma）开始，Adria 陆块与欧亚大陆发生碰撞，形成阿尔卑斯-喀尔巴阡造山带，同时伴随着俯冲的新特提斯板片回撤（图 10-103）。

（B）中东地区

在晚奥陶世—早石炭世，伊朗陆块与冈瓦纳古陆具有一致的古地磁极（Wensink et al.，1978；van der Voo，1993；Muttoni et al.，2009），说明伊朗陆块当时位于西冈瓦纳古陆的边缘。虽然伊朗陆块缺乏晚石炭世—早二叠世古地磁结果，但伊朗陆块北部 Alborz 地区中—晚二叠世 Ruteh 组火山岩的古地磁结果显示，中—

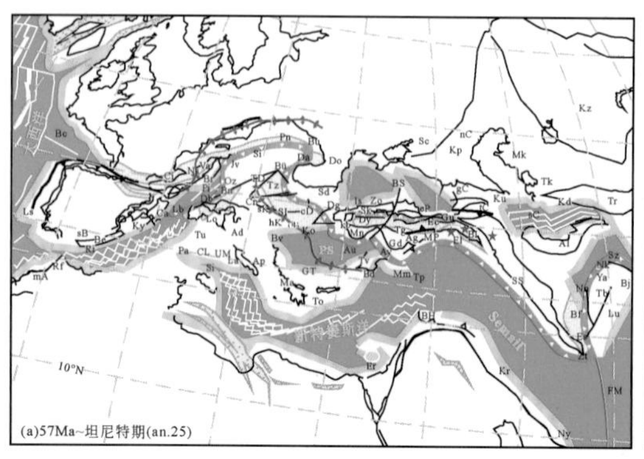
(a)57Ma~坦尼特期(an.25)

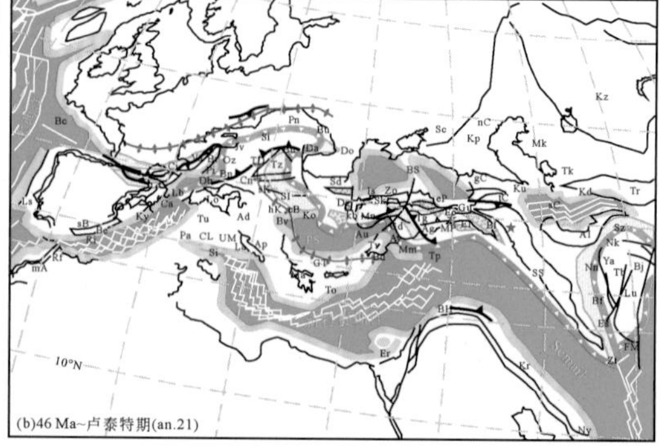
(b)46 Ma~卢泰特期(an.21)

图 10-103　西特提斯古近纪重建（修改自 Stampfli and Borel，2004；Stampfli and Kozur，2006）

PS-品都斯洋。其他关键地点缩写同图 10-100

晚二叠世伊朗陆块古纬度为 12°±2°S，位于阿拉伯陆块北部，已与阿拉伯陆块分离。阿拉伯陆块北缘发育的早二叠世双峰式火山岩，被认为是大陆裂谷事件和新特提斯洋初始形成的标志。此外，对阿拉伯陆块北缘二叠纪沉积岩的研究显示，下二叠统地层超覆于下伏不同时代地层之上，这反映了一次显著的海侵事件，代表“特提斯洋”初始扩张。中二叠世海侵范围进一步增大，代表一次显著的构造-海平面变化事件，被认为与新特提斯洋扩张导致的快速热沉降有关（Angiolini et al.，2003）。综合以上结果，早二叠世早期的大陆张裂事件可能并未造成伊朗陆块从冈瓦纳古陆的裂解，新特提斯洋的形成和伊朗陆块的裂解最终发生于早—中二叠世。

阿富汗陆块古地磁研究相对较少，但一般认为其与伊朗陆块具有相似的运动特征，在早—中二叠世由冈瓦纳北缘裂解。虽然阿富汗陆块晚石炭世—早二叠世初具有与冈瓦纳古陆一致的冷水型动物，不同于同时代伊朗陆块之上的暖水型动物，但这种古生物的不同与冈瓦纳北缘的展布方向有关：在二叠纪，位于南半球的冈瓦纳古陆北缘呈北西—南东向展布，伊朗陆块位于阿富汗陆块西北方向，具有更低的古纬度，因而出现了暖水型动物。

自晚二叠世至早三叠世，新特提斯洋快速扩张，洋中脊扩张速率可达 100 ~ 140km/Myr，导致伊朗陆块和阿富汗陆块快速北移（Besse et al.，1998；Muttoni et al.，2009；Torsvik and Cocks，2016）。至早三叠世，两个陆块已向北漂移至赤道附近（图 4-8）。在早—中三叠世，伊朗和阿富汗陆块继续向北快速移动，并于晚三叠世早期与欧亚大陆南缘发生碰撞，导致古特提斯洋中段闭合（图 4-8）。

新特提斯洋沿扎格罗斯缝合带的闭合过程记录了非洲-阿拉伯陆块与伊朗陆块之间的汇聚历史（Agard et al.，2011）。扎格罗斯段作为新特提斯洋地中海段的东延部分，其演化过程与地中海段密切相关，且受到大西洋扩张的影响。根据大西洋海底磁异常条带的分布特征，中侏罗世以来，非洲-阿拉伯陆块的运动轨迹可划分为三个阶段（Dewey et al.，1989）：第一阶段（175～92Ma），中大西洋和南大西洋的逐步打开导致非洲-阿拉伯陆块和美洲陆块分裂，非洲-阿拉伯陆块相对欧亚大陆以左行走滑运动为主；第二阶段（92～60Ma），非洲-阿拉伯陆块以非洲西北部为欧拉极发生逆时针旋转并朝东北方向快速漂移，导致新特提斯洋宽度迅速缩小；第三阶段（60Ma 至今），非洲-阿拉伯陆块继续逆时针旋转，在 56～20Ma 逆时针旋转了～25°，但其向东北方向漂移的速度大幅减小，大约向北运动了 10°。

（C）东特提斯

滇缅马苏、印支、羌塘和拉萨微陆块在早古生代均属于冈瓦纳古陆（Metcalfe，2013）。直到石炭纪—早二叠世，滇缅马苏微陆块以冰海相杂砾岩为主，仍具有亲冈瓦纳的冷水生物群，位于冈瓦纳古陆北缘南半球较高纬度地区。但是，至二叠纪中期，滇缅马苏微陆块已经漂移到 13. 0°S（Zhao et al.，2020），表明新特提斯洋东段（班公-怒洋的东延）从二叠纪早期就开始扩张。中晚三叠世，滇缅马苏微陆块位于 15°N～20°N，已与印支陆块发生碰撞，指示古特提斯主洋盆昌宁-孟连段在晚三叠世已经关闭。

印支地块与北羌塘微陆块，二叠纪早期就已从冈瓦纳古陆裂解，并漂移到南半球低纬度地区。印支地块在 280Ma 位于 21. 2°±5. 7°S，北羌塘微陆块在 297Ma 位于 21. 9°±4. 7°S。印支地块晚三叠世位于 30°N 附近，已与欧亚大陆南缘发生碰撞拼合。北羌塘微陆块晚三叠世漂移至 31. 7±3. 0°N，与欧亚大陆南缘沿金沙江缝合带发生碰撞，标志着该段古特提斯洋的闭合。据此，有人认为，古特提斯洋在青藏高原的最北侧缝合位置，应为北羌塘微陆块北侧的西金乌兰-金沙江缝合带，而非南、北羌塘微陆块之间的龙木错-双湖缝合带。

Metcalfe（2011a，2011b）基于南羌塘微陆块晚石炭—早二叠世以冰海相沉积物为主并含有与冈瓦纳古陆相似的冷水动物群的事实，提出南羌塘微陆块至少在早二叠世仍靠近冈瓦纳古陆；而上二叠统以含华夏动物群的浅海沉积物为主，表明此时南羌塘微陆块已经与冈瓦纳古陆分离，向北漂移并逐渐靠近华南、印支等地块。在羌塘中部，上三叠统不整合覆盖在龙木错-双湖蛇绿混杂岩之上。这一地质证据以及南羌塘微陆块古地磁数据表明，南羌塘微陆块于晚三叠世漂移至欧亚大陆南缘，并与北羌塘微陆块沿龙木错-双湖缝合带发生碰撞。

古地磁研究显示，拉萨微陆块早二叠世也已经从冈瓦纳古陆北缘裂开。拉萨微陆块在整个三叠纪均位于 17°S～20°S，在 180Ma 时向北漂移到赤道附近，到白垩纪早期已经到达～15°N 并与羌塘微陆块发生碰撞，导致班怒洋关闭。此时，新特提斯洋达到其最大宽度～7000km（图 4-8）。拉萨微陆块和羌塘微陆块之间的班公-怒江洋可能是由东向西穿时闭合的，西段于早白垩世早期开始闭合，东段可能持续至早白垩世晚期。

新特提斯洋东段分支班怒洋的俯冲起始、俯冲极性以及消亡存在很大争议。一部分学者认为，班怒洋一直向北俯冲至北羌塘微陆块之下；另一部分学者认为，班怒洋是向南北双向俯冲的，同时向北俯冲至北羌塘微陆块之下并向南俯冲于拉萨微陆块之下。

班怒洋南部的雅江洋的俯冲时代也是存在争议的。拉萨微陆块南部冈底斯岩浆带最老弧岩浆岩的年龄为中晚三叠世，因其更靠近雅鲁藏布缝合带而被认为是新特提斯分支雅江洋开始向北俯冲至拉萨微陆块之下的标志。基于冈底斯带叶巴组和桑日群火山岩的时代及地球化学特征，以及日喀则弧前盆地和雅江缝合带增生楔的研究显示，雅江洋的俯冲始于早侏罗世（~195Ma）。由此，万博等（2019）认为，南北羌塘微陆块的碰撞诱发了雅江洋的俯冲起始；而 Zhu 等（2011，2013）则认为，雅江洋的初始俯冲始于早白垩世早期，由拉萨–羌塘微陆块碰撞所触发，拉萨微陆块三叠纪到侏罗纪岩浆岩是班怒洋南向俯冲的产物。

导致雅江洋消亡和青藏高原南部隆升的印度–欧亚大陆碰撞时间与方式也一直是地学界争论的热点：碰撞时间从 70Ma 到 15Ma 不等，碰撞方式包含单阶段碰撞和多阶段碰撞等多种模型。单阶段碰撞主要指大印度模型，包括自西向东剪刀式闭合，以及中间先碰撞、然后向东西两侧穿时性碰撞等方式；多阶段碰撞包括弧–陆+陆–陆碰撞以及两阶段陆–陆碰撞等方式。

B. 新特提斯洋形成与消亡的动力学机制

（A）俯冲板片拖曳力是新特提斯洋扩张和消亡的主要动力

自板块构造理论提出以来，板块运动的驱动力一直是地球科学研究的重点。目前，多数学者认为，板块俯冲驱动力以板片拖曳力“自上而下”为主，以深部地幔对流产生的热物质上涌“自下而上”为辅。在古特提斯洋岩石圈俯冲拖曳力作用下，基梅里微陆块群由冈瓦纳古陆北缘裂离，并逐渐向北漂移，导致新特提斯洋的打开。万博等（2019）认为，随着古特提斯洋的关闭，基梅里微陆块群与欧亚大陆板块南缘碰撞，俯冲带跃迁至微陆块的南侧，新特提斯洋岩石圈沿着基梅里微陆块群南侧开始新的俯冲过程，使得整个特提斯构造系统显示出向北单向俯冲汇聚的格局。一系列基于特提斯不同区段的地球动力学数值模拟显示，不同属性的外来块体（如微陆块或洋底高原）与欧亚板块碰撞，均需要通过俯冲带跃迁，以协调整体的板块汇聚（Zhong and Li，2020；Yan et al.，2021）。同时，在新特提斯洋岩石圈向北俯冲的整体背景下，可能存在局部的南向俯冲，但不影响特提斯岩石圈整体向北俯冲的宏观格局，如同现今太平洋板块整体向西俯冲背景下存在局部（如南海马尼拉海沟）向东的俯冲一样。

（B）非自由边界条件下微陆块旋转控制特提斯洋的演化过程

在全球统一板块构造框架下，每条板块的边界都受到其他板块的制约，板块之间相互作用的边界为非自由边界。在这种情况下，板块运动行为受板片拖曳力、深部地幔对流以及板块空间位置等多种因素的控制。Gurnis（1988）通过对潘吉亚超大陆裂解过程的研究提出，超大陆会抑制俯冲作用和地幔冷却，使超大陆之下地幔温度升高、密度降低，最终导致热的地幔上涌，促使超大陆裂解。Zhong 等（2007）通过三维模拟计算，将地幔流划分为一阶（degree-1）和二阶（degree-2）两种模式。一阶模式对应于不存在超大陆的情况，其特征是在两个半球内独立完成上下地幔的大尺度对流；而当超大陆存在时，演化为二阶模式［即 Torsvik 等（2016）为突出 Kelvin Burke（1929 ~ 2018）贡献命名的“Burkian Earth”，即“degree- two planet”二阶行星模式］，其主要特征是存在两个对跖的向上地幔流。

Zhong 等（2007）推测，由于超大陆的调节作用，一阶和二阶模式在地幔中交替存在，导致了超大陆的聚合和裂解。这种地幔循环可以很好地解释超大陆聚合和裂解过程与旋回，现今分别位于非洲板块和太平洋板块之下的 TUZO 和 JASON 两个横波低速异常区（LLSVP）则被认为是潘吉亚超大陆时期在地球内部形成的两个“超级地幔柱”（实际不是一个巨大地幔柱，地幔柱只是在其边缘产生，单个地幔柱存在时间短暂，而 LLSVP 周边的地幔柱生成带不同分段的活动时间较长），对应于三维数值模拟中两个对称分布的地幔上升流。Torsvik 等（2014）依据两个 LLSVP 的位置，重建了早古生代以来的板块运动形式，非洲大陆之下 TUZO 地幔柱上涌带，可能是导致特提斯构造域裂谷伸展的促发因素之一，并作用于整个特提斯洋构造演化过程。

在晚古生代时期，古特提斯洋为西窄东宽的三角形海湾，其南侧的基梅里微陆块群基本同时于早二叠世从冈瓦纳古陆北缘裂解，并基本同时于晚三叠世与欧亚大陆板块南缘发生碰撞。基梅里微陆块群的这种运动形式需要微陆块群内不同大陆板块以基本相同的角速度但不同的线速度向北漂移，即位于东部的微陆块（如滇缅马苏）相对西部微陆块（如伊朗）以更快的线速度向北漂移。这种运动形式可以简化为上述微陆块以古特提斯洋西端为欧拉极的逆时针旋转，并以不同线速度向北漂移。新特提斯洋继承了古特提斯洋向东开口的海湾状，随着南大西洋和印度洋在早白垩世的打开，非洲-阿拉伯大陆板块和印度大陆板块脱离冈瓦纳古陆的束缚开始向北漂移。其在向北漂移过程中，由于受到北部欧亚板块的阻挡，表现为以西非为欧拉极的逆时针旋转，从而导致地中海地区和扎格罗斯地区新特提斯洋由西向东逐渐闭合。

印度大陆板块从冈瓦纳古陆裂解之后，其北部为广阔的新特提斯洋，印度板块快速向北漂移并伴随逆时针旋转，最终于古新世中期至始新世早期与欧亚板块之间发生陆-陆碰撞。虽然非洲-阿拉伯板块和印度板块与欧亚板块之间的碰撞时间存在差别，但是两个大陆板块在向北漂移过程中均呈现以新特提斯构造域西段的西非为欧拉极的逆时针旋转，且旋转角速度基本一致，因而整体表现为非洲-阿拉伯板块和印度板块以基本一致的角速度围绕欧拉极的旋转，最终导致新特提斯洋的闭合。这一过程同时伴随着太平洋板块岩石圈的西向俯冲，以及大西洋和印度洋的扩张，大洋岩石圈的俯冲和海底扩张导致全球板块的相互作用，为上述非自由边界条件提供外部约束。综合上述分析，将古特提斯洋和新特提斯洋的这一相似特征总结为，由冈瓦纳古陆裂解的微陆块在非自由边界条件下，围绕欧拉极（西非）的逆时针旋转，引发古/新特提斯洋的闭合。

新特提斯洋闭合后，非洲-阿拉伯陆块和印度陆块持续向北汇聚，在非自由边界条件下，挤压应力引发微陆块的侧向挤出和旋转。GPS 测量数据显示，非洲-阿拉伯板块向欧亚板块的汇聚及爱琴海俯冲带南向后撤，导致安纳托利亚微陆块向西的逃逸，印度板块与欧亚板块之间的持续汇聚，则引发青藏高原东缘微陆块向东的挤出，从而导致新特提斯构造域在非自由边界条件下的东、西侧向双挤出构造。

非洲-阿拉伯板块和印度板块与欧亚板块之间碰撞之后很可能均发生了俯冲板片的断离，并导致拖曳力的消失。有研究推测，现今非洲板块仍以 1 ~ 2cm/a 的速率向北汇聚，印度-欧亚板块汇聚速率可达 3. 4 ~ 5. 8cm/a，导致印度板块持续俯冲至欧亚板块之下。然而，这种持续的陆壳俯冲很难用大洋俯冲板片的拖曳力解释。特别是，非洲板块与南极洲板块之间的洋中脊属于超慢速扩张脊，而印度-澳大利亚板块与南极洲板块之间的扩张脊为快速扩张洋中脊。洋壳扩张速率与两个板块向北汇聚速率有很好的对应关系，快速扩张脊和超慢速扩张脊的同时存在，与全球板块的运动方向也具有很好的相关性。在南大西洋近东西向扩张的影响下，非洲板块和印度-澳大利亚板块均北东向运动，该方向与非洲板块和南极洲板块之间近北东轴向延伸的洋中脊近乎平行，与非洲和印度-澳大利亚板块之间的洋中脊斜交，而与印度-澳大利亚和南极洲板块之间的洋中脊垂直。这种方向的差异可能是导致非洲板块与南极洲板块之间为超慢速扩张脊，非洲板块与印度-澳大利亚板块之间为慢速扩张脊，而印度-澳大利亚板块与南极洲之间为快速扩张脊的主要原因。对比洋中脊两侧转换断层的方向，非洲板块与南极洲板块之间的超慢速扩张脊两侧转换断层方向与洋中脊大角度斜交（而非正交），类似右行走滑断裂的形式，指示由板块运动方向导致的走滑挤压可能影响了超慢速扩张脊的行为。

由此可见，虽然在大洋岩石圈俯冲阶段，相比于板片俯冲拖曳力，海底扩张的推力属于板块运动的二级驱动力。但在某些特定条件下，例如，板块碰撞和俯冲板片断离之后俯冲拖曳力消失的情况下，地幔风、地幔对流和洋中脊推力有可能对板块运动起主导作用，尤其是前者。随着古特提斯洋的关闭，俯冲板片的拖曳力已不复存在，而原本只有俯冲板片拖曳力十分之一的洋中脊推力可能成为触发新特提斯洋岩石圈俯冲起始的最初驱动力。板块俯冲启动之后，俯冲板片产生的拖曳力又成为主要驱动力。

总之，特提斯构造域微陆块之间的聚散过程可能比较符合老威尔逊旋回模式，但不是大陆型大板块之间的聚散旋回，而是缩微的微陆块之间的聚散旋回，或微陆块-大陆块之间的聚散旋回。虽然如此，但不能否认微陆块之间多岛洋格局的复杂性具有多幕次聚散特征。

综合以上四个地区的各种非威尔逊旋回事实，也不能完全否认存在一些类型的威尔逊旋回，如果 Wilson（1966）最早确定的亚匹特斯洋闭合前两侧就分别是北美古陆和波罗的古陆，那么大西洋从加里东造山带再次打开确实是一个标准的威尔逊旋回，所以标准的威尔逊旋回就专指两个大陆型大板块之间开合旋回，可称为陆-陆型威尔逊旋回或单幕次威尔逊旋回。

但从前述特提斯洋打开和闭合机制来看，古特提斯洋、新特提斯洋的开闭过程也分别是同一个洋盆打开到消亡的过程，但不是原来两个大陆型大板块之间再次聚合，而是从南方大陆——冈瓦纳古陆裂离的多个微陆块群，即匈奴微陆块群、基梅里微陆块群依次向北漂移聚合到北方大陆——欧亚大陆。这种岛弧与曾为一体大陆型大板块之间裂解-闭合方式的威尔逊旋回，可称为弧-陆型威尔逊旋回或多幕次威尔逊旋回。

第三种“威尔逊旋回”就可能例外了，是由新生洋壳的第三者介入导致两个原本一体的大陆型大板块发生分离，之间出现新生洋盆不是这两个原本一体的大陆型大板块分离所致，而是相邻俯冲板块所致。例如，斯科舍海是东太平洋向南美洲-南极洲大陆俯冲所致，而不是南美洲大陆板块与南极洲大陆板块之间主动分离所致。如果斯科舍海未来闭合，南美洲大陆板块与南极洲大陆板块可能再度拼合碰撞，这两个大陆型大板块之间也确实是一个洋盆（斯科舍海）的开合旋回，但本质上这不是标准的威尔逊旋回，可称为弧后盆地楔入式开合威尔逊旋回，实际是非威尔逊旋回。

第四种“威尔逊旋回”也很例外，是无新生洋壳的第三者介入，如加勒比海是一些微陆块楔入北美洲大陆板块和南美洲大陆板块之间，导致两个原本一体的大陆型大板块发生分离，之间不出现或少量出现新生洋盆。这依然不是这两个原本一体的大陆型大板块主动分离所致，而是相邻微陆块介入所致。如果加勒比海未来闭合，南美洲大陆板块与北美洲大陆板块可能再度拼合碰撞，这两个大陆型大板块之间也确实不曾出现一个大洋盆地的开合旋回，这也不是标准的威尔逊旋回，可称为微陆块楔入式非威尔逊旋回。

第五种“威尔逊旋回”可能就是岛弧分裂后又闭合的过程，这可能是很多洋内过程，不容易识别。这种威尔逊旋回可称为弧-弧型威尔逊旋回，具有单幕次威尔逊旋回特点。之间若出现大洋后再拼合可以称为标准的威尔逊旋回，但若只是出现狭窄的弧间盆地就闭合，那也不是标准的威尔逊旋回，可称为夭折的威尔逊旋回。

第六种虽然貌似威尔逊旋回，但本质过程上完全不同，只经历了威尔逊旋回的一两个阶段。例如，洋中脊跃迁，将一个微洋块并入到某一侧大洋型大板块上。这个过程只发生在一个未消亡的大洋盆地内，只是活动的洋中脊在另外一个地方开始新的洋中脊扩张活动，导致原来的洋中脊死亡。微洋块与相邻大洋型大板块之间也没有碰撞挤压造山等事件发生，如太平洋中很多微洋块并入了太平洋板块内部。这个微洋块确实失去活性，其作为独立块体的演化历史结束了。这种只能称为非威尔逊旋回。

非威尔逊旋回种类繁多，例如裂谷开合旋回，这里就不再延伸了，未来工作可根据微板块之间或微板块-大板块之间复杂的相互作用类型提出多种多样的非威尔逊旋回。非威尔逊旋回可能不是单一洋盆的旋回，而可能是多（微）板块之间的多盆地错综复杂的构造旋回，微板块演化存在多种多样的路径，因而严格意义上不存在周期，即使存在周期，其时长也是多变的。

参考文献

敖松坚，肖文交，杨磊，等 . 2017. 造山带中古洋壳核杂岩的识别与地质意义 . 中国科学：地球科学，47（1）：1-22.

白瑾，黄学光，戴凤岩，等 . 1993. 中国早前寒武纪地壳演化 . 北京：地质出版社 .

卞爽，于志泉，龚俊峰，等 . 2021. 青藏高原近南北向裂谷的时空分布特征及动力学机制 . 地质力学学报，27（2）：178-194.

曹现志，李三忠，索艳慧，等 . 2023. 微板块与深部地幔 LLSVP 的遥相关作用 . 岩石学报，39（3）：659-669.

车自成，罗金海，刘良 . 2016. 中国及邻区区域大地构造学 . 北京：科学出版社 .

陈方正 . 2022. 继承与叛逆——现代科学为何出现于西方 . 北京：生活 · 读书 · 新知三联书社 .

陈建林，许继峰，王保弟，等 . 2010. 青藏高原拉萨地块新生代超钾质岩与南北向地堑成因关系 . 岩石矿物学杂志，29：341-354.

崔华伟，万永革，黄骥超，等 . 2017. 2015 年 3 月新不列颠 Ms7. 4 地震震源及邻区构造应力场特征 . 地球物理学报，60（3）：985-998.

第五春荣，孙勇，袁洪林，等 . 2008. 河南登封地区嵩山石英岩碎屑锆石 U-Pb 年代学、Hf 同位素组成及其地质意义 . 科学通报，53：1923-1934.

《地球科学大辞典》编委会 . 2006. 地球科学大辞典 . 北京：地质出版社 .

段建中，薛顺荣，钱祥贵 . 2001. 滇西“三江”地区新生代地质构造格局及其演化 . 云南地质，3：243-252.

范庆凯，李江海，刘持恒，等 . 2018. 洋中脊拆离断层与洋底核杂岩的发育对扩张中心迁移的影响研究 . 地质学报，92（10）：2040-2050.

葛肖虹 . 1990. 吉林省东部的大地构造环境与构造演化轮廓 . 现代地质，（1）：107-113.

葛肖虹，马文璞 . 2014. 中国区域大地构造学教程 . 北京：地质出版社 .

耿威 . 2013. 台湾海岸山脉岩石地球化学特征及其构造意义 . 青岛：中国科学院海洋研究所博士学位论文 .

耿元生，沈其韩，任留东 . 2010. 华北克拉通晚太古代末——古元古代初的岩浆事件及构造热体制 . 岩石学报，26（7）：1945-1966.

郭慧丽，徐佩芬，张福勤 . 2014. 华北克拉通及东邻西太平洋活动大陆边缘地区的 P 波速度结构：对岩石圈减薄动力学过程的探讨 . 地球物理学报，57：2352-2361.

郭令智，施央申，马瑞士，等 . 1984. 论地体构造——板块构造理论研究的最新问题 . 中国地质科学院院报，10：27-34.

郭令智，舒良树，卢华复，等 . 2000. 中国地体构造研究进展综述 . 南京大学学报（自然科学），36（1）：1-17.

国家自然科学基金委，中国科学院 . 2017. 中国学科发展战略：板块构造与大陆动力学 . 北京：科学出版社 .

侯泉林 . 2021. 高等构造地质学第四卷 知识综合与运用 . 北京：科学出版社 .

侯增谦，赵志丹，高永丰，等 . 2006. 印度大陆板片前缘撕裂与分段俯冲：来自冈底斯新生代火山——岩浆作用证据 . 岩石学报，22（4）：761-774.

黄玺瑛，魏东平 . 2004. 全球板块边界附近应力场短波分量分析 . 中国科学院研究生院学报，2：318.

姜烨，刘琼，张英德 . 2021. 扬马延微陆块构造特征及火山型被动陆缘远端带构造演化模 . 地质科技通报，40（5）：112-122.

姜兆霞，李三忠，索艳慧，等 . 2024. 海底氢能探测与开采技术展望 . 地学前缘，31（4）：183-190.

金振民，姚玉鹏 . 2004. 超越板块构造——我国构造地质学要做些什么？地球科学，29（6）：644-650.

卡罗琳 · 弗赖伊 . 2022. 航海的故事——图解海洋探索和海底探秘 . 秦悦，译 . 武汉：华中科技大学出版社 .

李不白 . 2022. 透过地理看历史：大航海时代 . 北京：人民日报出版社 .

李洪林，李江海，王洪浩，等 . 2014. 海洋核杂岩形成机制及其热液硫化物成矿意义 . 海洋地质与第四纪地质，34（2）：53-59.

李继亮，孙枢，郝杰，等 . 1999. 论碰撞造山带的分类 . 地质科学，34（2）：129-138.

李明春 . 2018. 简明中国海洋读本：“一带一路”的海洋思考 . 北京：中译出版社 .
李乃胜 . 2016. 经略海洋 . 北京：海洋出版社 .
李三忠 . 1994. 营口地区辽河群盖县岩组的构造样式 . 长春地质学院学报，(4)：390-396.
李三忠，刘建忠，赵国春，等 . 2004. 华北克拉通东部地块中生代变形的关键时限及其对构造的制约——以胶辽地区为例 . 岩石学报，20（3）：633-646.
李三忠，金宠，戴黎明，等 . 2009. 洋底动力学——国际海底相关观测网络与探测系统的进展与展望 . 海洋地质与第四纪地质，29（5）：131-143.
李三忠，张国伟，刘保华，等 . 2010. 新世纪构造地质学的纵深发展：深海、深部、深空、深时四领域成就及关键技术 . 地学前缘，17（3）：27-43.
李三忠，赵淑娟，余珊，等 . 2013. 东亚大陆边缘的板块重建与构造转换 . 海洋地质与第四纪地质，33（3）：65-94.
李三忠，赵淑娟，刘鑫，等 . 2014. 洋-陆转换与耦合过程 . 中国海洋大学学报（自然科学版），44（10）：113-133.
李三忠，李玺瑶，戴黎明，等 . 2015a. 前寒武纪地球动力学（Ⅵ）：华北克拉通形成 . 地学前缘，22（6）：77-96.
李三忠，张臻，孙文军，等 . 2015b. 前寒武纪地球动力学（Ⅰ）：从宇宙环境到原始地球 . 地学前缘，22（6）：1-9.
李三忠，戴黎明，张臻，等 . 2015c. 前寒武纪地球动力学（Ⅳ）：前板块体制 . 地学前缘，22（6）：46-64.
李三忠，李玺瑶，赵淑娟，等 . 2016a. 全球早古生代造山带（Ⅲ）：华南陆内造山 . 吉林大学学报（地球科学版），46（4）：1005-1025.
李三忠，杨朝，赵淑娟，等 . 2016b. 全球早古生代造山带（Ⅰ）：碰撞型造山 . 吉林大学学报（地球科学版），46（4）：945-967.
李三忠，杨朝，赵淑娟，等 . 2016c. 全球早古生代造山带（Ⅱ）：俯冲—增生型造山 . 吉林大学学报（地球科学版），46（4）：968-1004.
李三忠，杨朝，赵淑娟，等 . 2016d. 全球早古生代造山带（Ⅳ）：板块重建与 Carolina 超大陆 . 吉林大学学报（地球科学版），46（4）：1026-1041.
李三忠，赵国春，孙敏 . 2016e. 华北克拉通早元古代拼合与 Columbia 超大陆形成研究进展 . 科学通报，61（9）：919-925.
李三忠，索艳慧，刘博，等 . 2018a. 微板块构造理论：全球洋内与陆缘微地块研究的启示 . 地学前缘，25（5）：324-355.
李三忠，索艳慧，刘博 . 2018b. 海底构造系统（上、下）. 北京：科学出版社 .
李三忠，曹现志，王光增，等 . 2019a. 太平洋板块中—新生代构造演化及板块重建 . 地质力学学报，25（5）：642-677.
李三忠，索艳慧，王光增，等 . 2019b. 海底“三极”与地表“三极”：动力学关联 . 海洋地质与第四纪地质，39：1-22.
李三忠，赵淑娟，索艳慧，等 . 2019c. 区域海底构造（上、中、下）. 北京：科学出版社 .
李三忠，王光增，索艳慧，等 . 2019d. 板块驱动力：问题本源与本质 . 大地构造与成矿学，43（4）：605-643.
李三忠，郭玲莉，曹现志，等 . 2020. 洋底动力学（动力篇）. 北京：科学出版社 .
李三忠，索艳慧，周洁，等 . 2022. 微板块与大板块：基本原理与范式转换 . 地质学报，96（10）：3541-3558.
李三忠，刘丽军，索艳慧，等 . 2023a. 碳构造：一个地球系统科学新范式 . 科学通报，68（4）：309-338.
李三忠，朱俊江，曹现志，等 . 2023b. 全球微幔块层析图集 . 科学出版社 .
李三忠，索艳慧，姜兆霞，等 . 2024. 氢构造与海底氢能系统 . 科学通报，在线优先出版，DOI：10. 1360/TB-2024-0368.
李树菁，Александров С М. 1986. 岩石圈板块边界构造活动性的地貌标志 . 地震地质译丛，(2)：27-33.
李舜贤，曾佐勋，饶扬誉，等 . 2019. 马杏垣先生开合构造思想的提出、形成及最新进展 . 地球科学，44（5）：1562-1569.
李巍然，王永吉 . 1997. 冲绳海槽火山岩岩石化学特征及其地质意义 . 岩石学报，13（4）：1703-1712.
李献华 . 2021. 超大陆裂解的主要驱动力——地幔柱或深俯冲？地质学报，95（1）：20-31.
李学伦 . 1997. 海洋地质学 . 青岛：青岛海洋大学出版社 .
李龑，牛雄伟，阮爱国，等 . 2020. 洋中脊扩张速率对洋壳速度结构的约束 . 地球物理学报，63（5）：1913-1926.
李阳，李三忠，郭玲莉，等 . 2019. 拆离型微地块：洋陆转换带和洋中脊变形机制 . 大地构造与成矿学，43（4）：779 -794.
梁开龙 . 1996. 海洋重力测量与磁力测量 . 北京：测绘出版社 .
梁瑞才，王述功 . 2001. 冲绳海槽中段地球物理场及对其新生洋壳的认识 . 海洋地质与第四纪地质，21（1）：57-64.

梁瑞才，吴金龙，刘保华，王勇. 2001. 冲绳海槽中段线性磁条带异常及其构造发育. 海洋学报，23（2）：69-78.
廖宗廷，陈跃昆，魏志红. 2003. 滇西晚古生代以来的构造演化. 同济大学学报（自然科学版），31（9）：1029-1033.
刘敦一，Nutman A P，Williams I S，等. 1992. 中国鞍山和冀东地区老于3.8 Ga地质记录的发现. 北京：中国地质科学院地质研究所文集.
刘和甫，夏义平，殷进垠，等. 1999. 走滑造山带与盆地耦合机制. 地学前缘，3：121-132.
刘金平. 2023. 中生代以来东亚陆缘微板块数字化重建. 青岛：中国海洋大学博士学位论文.
刘金平，李三忠，索艳慧，等. 2019. 残生微洋块：俯冲消减系统下盘的复杂演化. 大地构造与成矿学，43（4）：762-778.
刘鑫，李三忠，赵淑娟，等. 2017. 马里亚纳俯冲系统的构造特征. 地学前缘，24（4）：329-340.
吕庆田，廉玉广，赵金花. 2010. 反射地震技术在成矿地质背景与深部矿产勘查中的应用：现状与前景. 地质学报，84（6）：771-787.
马宗晋，李存梯，高祥林. 1998. 全球洋底增生构造及其演化. 中国科学，28（2）：157-165.
孟繁，李三忠，索艳慧，等. 2019. 跃生型微地块：离散型板块边界的复杂演化. 大地构造与成矿学，43（4）：644-664.
牟墩玲，李三忠，索艳慧，等. 2019. 裂生微地块构造特征及成因模式：来自西太平洋弧后扩张作用的启示. 大地构造与成矿学，43（4）：665-677.
牛耀龄. 2013. 全球构造与地球动力学的岩石学方法——以大洋玄武岩研究为例. 北京：科学出版社.
潘桂棠，陆松年，肖庆辉，等. 2016. 中国大地构造阶段划分和演化. 地学前缘，23（6）：1-23.
庞雄，郑金云，梅廉夫，等. 2021. 先存俯冲陆缘背景下南海北部陆缘断陷特征及成因. 石油勘探与开发，48（5）：1069-1080.
彭娜娜，曾志刚. 2016. 冲绳海槽中部17000a以来沉积物中微量元素的组成特征及其对古环境的指示. 海洋科学，40（4）：126-139.
漆家福，王德仁，陈书平，等. 2006. 兰聊断层的几何学、运动学特征对东濮凹陷构造样式的影响. 石油与天然气地质，4：451-459.
钱旭红. 2023. 老子思维. 厦门：厦门大学出版社.
秦清亮. 2015. 海洋磁力测量技术设计关键技术研究. 北京：中国地质大学（北京）硕士学位论文.
秦蕴珊，尹宏. 2011. 西太平洋——我国深海科学研究的优先战略选区. 地球科学进展，26（3）：245-248.
任纪舜，徐芹芹，赵磊，等. 2015. 寻找消失的大陆. 地质论评，61（5）：969-989.
任纪舜，牛宝贵，赵磊，等. 2019. 地球系统多圈层构造观的基本内涵. 地质力学学报，25（5）：607-612.
任纪舜，牛宝贵，徐芹芹，等. 2022. 地球系统多圈层构造观. 地质学报，96（1）：50-64.
任建业，庞雄，雷超，等. 2015. 被动陆缘洋陆转换带和岩石圈伸展破裂过程分析及其对南海陆缘深水盆地研究的启示. 地学前缘，22（1）：102-114.
石学法，鄢全树. 2013. 西太平洋典型边缘海盆的岩浆活动. 地球科学进展，28（7）：737-750.
索艳慧，李三忠，曹现志，等. 2017. 中国东部中新生代反转构造及其记录的大洋板块俯冲过程. 地学前缘，24（4）：249-267.
索艳慧，李三忠，戴黎明，等. 2012. 东亚及其大陆边缘新生代构造迁移与盆地演化. 岩石学报，28（8）：2602-2618.
索艳慧，姜兆霞，李三忠，等. 2024. 海底氢气成藏模式与全球分布. 地学前缘，31（4）：175-182.
唐户俊一郎，著. 2005. 流变与地球动力学. 何昌荣，齐庆新，乔春生，译. 北京：地震出版社，.
万博，吴福元，陈凌，等. 2019. 重力驱动的特提斯单向裂解—聚合动力学. 中国科学：地球科学，49：2004-2017.
万芃，吴衡，王劲松，等. 2010. 海洋高分辨反射地震勘探震源的技术特征. 地质装备，11（3）：21-23，28.
万渝生，颉颃强，董春艳，等. 2023. 最古老陆壳物质：综述. 科学通报，68（18）：2296-2311.
汪刚，李三忠，姜素华，等. 2019. 增生型微地块的特征及成因模式：来自洋壳高原俯冲和转换边界的启示. 大地构造与成矿学，43（4）：745-761.
王光增，李三忠，索艳慧，等. 2019. 转换型微板块类型、成因及其大地构造启示. 大地构造与成矿学，43（4）：700-714.
王闰成，卫国兵. 2003. 多波束探测技术的应用. 海洋测绘，5：20-23.
王孝磊，刘福来，李军勇，等. 2020. 前寒武纪俯冲和板块构造的渐进式演变. 中国科学：地球科学，50：1947-1968.
吴凤鸣. 2011. 吴凤鸣文集：地质学史 · 地学哲学 · 科技术语学（第2集）. 北京：石油工业出版社.

吴福元，杨进辉，柳小明，等 . 2005. 冀东 3. 8 Ga 锆石 Hf 同位素特征与华北克拉通早期地壳时代 . 科学通报，50：1996-2003.
吴福元，徐义刚，朱日祥，等 . 2014. 克拉通岩石圈减薄与破坏 . 中国科学：地球科学，44：2358-2372.
吴福元，万博，赵亮，等 . 2020. 特提斯地球动力学 . 岩石学报，36：1627-1674.
吴晓娲，秦四清，薛雷，等 . 2021. 孕震构造块体与相应地震区划分方法 . 地质论评，67（2）：325-338.
伍家善，耿元生，沈其韩，等 . 1998. 中朝古大陆太古宙地质特征及构造演化 . 北京：地质出版社 .
肖文交，敖松坚，杨磊，等 . 2017. 喜马拉雅汇聚带结构—属性解剖及印度—欧亚大陆最终拼贴格局 . 中国科学：地球科学，47（6）：631-656.
许志琴，杨经绥，李海兵，等 . 2011. 印度—亚洲碰撞大地构造 . 地质学报，85（1）：1-33.
许志琴，王勤，孙卫东，等 . 2018. 地球的层圈结构与穿越层圈构造 . 地质论评，64（2）：261-282.
杨恩秀，陶有兵，张新平，等 . 2008. 鲁西地区新太古界雁翎关组中花岗质“砾石”SHRIMP 锆石 U-Pb 定年及地质意义 . 地球化学，（5）：481-487.
杨巍然，王杰，梁晓 . 2012. 亚洲大地构造基本特征和演化规律 . 地学前缘，19（5）：1-17.
杨巍然，姜春发，张抗，等 . 2016. 开合构造：新全球构造观探索 . 地学前缘，23（6）：42-62.
杨巍然，姜春发，张抗，等 . 2018. 开合旋构造体系及其形成机制探讨：兼论板块构造的动力学机制 . 地学前缘，26（1）：337-355.
杨巍然，姜春发，张抗，等 . 2020. 运用开合旋构造观探究地球内部是如何运行的 . 地学前缘，27（1）：204-210.
于志腾，李家彪，丁巍伟，等 . 2014. 大洋核杂岩与拆离断层研究进展 . 海洋科学进展，32（3）：415-426.
曾普胜，李睿哲，刘斯文，等 . 2021. 中国东部燕山期大火成岩省：岩浆-构造-资源-环境效应 . 地球学报，42（6）：721-748.
翟明国 . 2008. 华北克拉通中生代破坏前的岩石圈地幔与下地壳 . 岩石学报，24（10）：2185-2204.
翟明国 . 2011. 克拉通化与华北陆块的形成 . 中国科学：地球科学，41（8）：1037-1046.
翟明国，赵磊，祝禧 . 2020. 早期大陆与板块构造启动——前沿热点介绍与展望 . 岩石学报，36：2249-2275.
张翠梅，孙珍，赵明辉，等 . 2022. 南海北部陆缘结构及构造-岩浆演化 . 地球科学，47（7）：2337-2353.
张福勤，刘建忠，欧阳自远 . 1998. 华北克拉通基底绿岩的岩石大地构造学研究 . 地球物理学报，（S1）：99-107.
张国伟，李三忠 . 2017. 西太平洋—北印度洋及其洋陆过渡带：古今演变与论争 . 海洋地质与第四纪地质，37（4）：1-17.
张国伟，张本仁，袁学诚，肖庆辉 . 2001. 秦岭造山带与大陆动力学 . 北京：科学出版社 .
张国伟，郭安林，王岳军，等 . 2013. 中国华南大陆构造与问题 . 中国科学：地球科学，43（10）：1553-1582.
张秋生，杨振升，高德玉，等 . 1991. 冀东金厂峪地区高级变质区地质与金矿床 . 北京：地质出版社 .
张炜 . 2021. 海洋变局 5000 年 . 北京：北京大学出版社 .
张训华，尚鲁宁 . 2014. 冲绳海槽地壳结构与性质研究进展和新认识 . 中国海洋大学学报（自然科学版），44（6）：72-80.
张原庆，钱祥麟，李江海 . 2002. 造山作用概念和分类 . 地质论评，48（2）：193-197.
章清文，刘耘 . 2020. 早期地球的热管构造：来自木卫一的启示 . 岩石学报，36（12）：3853-3870.
赵国春，张国伟 . 2021. 大陆的起源 . 地质学报，95（1）：1-19.
赵林涛，李三忠，索艳慧，等 . 2019. 延生微地块：洋脊增生系统的复杂过程 . 大地构造与成矿学，43（4）：715-729.
赵淑娟，李三忠，余珊，等 . 2016. 东亚原特提斯洋（Ⅲ）：北秦岭韧性剪切带构造特征 . 岩石学报，32（9），2645-2655.
赵宗溥，等 . 1993. 中朝准地台前寒武纪地壳演化 . 北京：科学出版社 .
甄立冰，李三忠，郭玲莉，等 . 2019. 延生型微板块成因机制模拟研究进展 . 大地构造与成矿学，43（4）：730-744.
郑彦鹏，刘保华，吴金龙，等 . 2005. 台湾岛以东海域加瓜“楔形”带对冲绳海槽南段的构造控制 . 中国科学：地球科学，35（1）：88-95.
郑永飞 . 2023. 21 世纪板块构造 . 中国科学：地球科学，53（1）：1-40.
郑永飞 . 2024. 太古宙地质与板块构造：观察与解释 . 中国科学：地球科学，53（1）：1-30.
郑永飞，滕方振 . 2021. 地球化学的初心和使命 . 矿物岩石地球化学通报，40（2）：499-501.
郑永飞，陈伊翔，戴立群，等 . 2015. 发展板块构造理论：从洋壳俯冲带到碰撞造山带 . 中国科学：地球科学，45（6）：711-735.
中国地质科学院，武汉地质学院 . 1985. 中国古地理图集 . 北京：地图出版社 .
钟大赉，Tapponnoer P，吴海威，等 . 1989. 大型走滑断层——碰撞后陆内变形的重要形式 . 科学通报，（7）：

526-529.
钟时杰 . 2021. 大尺度地幔动力学研究的现状和展望 . 地球物理学报，64（10）：3478-3502.
周洁，李三忠，索艳慧，等 . 2019. 碰生型微地块的分类及其形成机制 . 大地构造与成矿学，43（4）：795-823.
周艳艳，赵太平，薛良伟，等 . 2009. 河南嵩山地区新太古代 TTG 质片麻岩的成因及其地质意义：来自岩石学、地球化学及同位素年代学的制约 . 岩石学报，25（2）：331-347.
周祖翼，廖宗廷，金性春，等 . 2001. 冲绳海槽——弧后背景下大陆张裂的最高阶段 . 海洋地质与第四纪地质，1：51-55.
朱介寿，曹家敏，蔡学林，等 . 2003. 中国及邻近陆域海域地球内部三维结构及动力学研究 . 地球科学进展，4：497-503.
朱俊江，李三忠 . 2017. 高分辨率三维海洋反射地震 P-cable 系统应用进展 . 海洋地质与第四纪地质，37（4）：221-228.
朱日祥，周忠和，孟庆任 . 2020. 华北克拉通破坏对地表地质与陆地生物的影响 . 科学通报，65：2954-2965.
朱日祥，陈凌，吴福元，等 . 2021. 华北克拉通破坏的时间、范围与机制 . 中国科学：地球科学，41（5）：583-592.
朱日祥，赵盼，赵亮 . 2022. 新特提斯洋演化与动力过程 . 中国科学：地球科学，52（1）：1-25.
Davies G F. 2005. 地幔柱存在的依据 . 科学通报，50（17）：1801-1813.
AbbottD. 1995. Neogene tectonic reconstruction of the Adelbert- Finisterre- New Britain collision, northern Papua New Guinea. Journal of Southeast Asian Earth Science, 11: 33-51.
Abbott D, Burgess L, Longhi J, et al. 1994. An empirical thermal history of the Earth's upper mantle. Journal of Geophysical Research, 99: 13835-13850.
Abbott H. 1996. Plumes and hotspots as sources of greenstone belts. Lithos, 37 (2-3): 113-127.
Abbott L D, Silver E A, Galewsky J. 1994. Structural evolution of a modern arc-continent collision in Papua New Guinea. Tectonics, 13: 1007-1034.
Abe Y. 1997. Thermal and chemical evolution of the terrestrial magma ocean. Physics of the Earth and Planetary Interiors, 100 (1-4): 27-39.
Abera R, van Wijk J, Axen G. 2016. Formation of continental fragments: The Tamayo Bank, Gulf of California, Mexico. Geology, 44 (8): 595-598.
Abouin J. 1965. Geosynclines. Amsterdam: Elsevier.
Ackoff R. 1981. Creating the Corporate Future. New York: John Wiley and Sons.
Advokaat E L, van Hinsbergen D J J, Maffione M, et al. 2014. Eocene rotation of Sardinia, and the paleogeography of the western Mediterranean region. Earth and Planetary Science Letters, 401: 183-195.
Agard P, Omrani J, Jolivet L, et al. 2011. Zagros orogeny: A subduction- dominated process. Geological Magazine, 148: 692-725.
Ahrens T J, Syono Y. 1967. Calculated mineral reactions in the earth's mantle. Journal of Geophysical Research, 72 (16): 4181-4188.
Aitchison J C, Badengzhu, Davis A M, et al. 2000. Remnants of a cretaceous intra- oceanic subduction system within the Yarlung-Zangbo suture (southern Tibet). Earthand Planetary Science Letters, 183 (1-2): 231-244.
Aitchison J C, Ali J R, Davis A M, et al. 2007. When and where did India and Asia collide? Journal of Geophysical Research: Solid Earth, 112 (B5): B05423.
Allègre C J. 1982. Chemical geodynamics. Tectonophysics, 81: 109-132.
Allken V, Huismans R S, Thieulot C. 2011. Three dimensional numerical modeling of upper crustal extensional systems. Journal of Geophysical Research, 116 (B10): 1-15.
Allken V, Huismans RS, Thieulot C. 2012. Factors controlling the mode of rift interaction in brittle-ductile coupled systems: A 3D numerical study. Geochemistry, Geophysics, Geosystems, 13 (5): Q05010.
Amante C, Eakins B W. 2009. ETOPO1 arc- minute global relief model: Procedures, data sources and analysis. NOAA Technical Memorandum NESDIS NGDC, 24.
Anderson D. 1994. Superplumes or supercontinents. Geology, 22: 39-42.
Anderson D L. 1967. The anelasticity of the mantle. Geophysical Journal International, 14 (1-4), 135-163.
Anderson D L. 1982. Hotspots, polar wander, Mesozoic convection and the geoid. Nature, 297 (5865): 391-393.
Anderson D L. 2000. The thermal state of the upper mantle: No role for mantle plumes. Geophysical Tesearch Letters. 27 (22): 3623-3626.

Anderson D L. 2007. New Theory of the Earth. Cambridge: Cambridge University Press.
Anderson D L, Natland J H. 2014. Mantle updrafts and mechanisms of oceanic volcanism. PNAS, 111: E4298-E4304.
Anderson R G. 1991. AMesozoic stratigraphic framework for northwestern Stikinia (Iskut River area), northwestern British Columbia, Canada//Dunne G, McDugall K. Mesozoic Paleogeography of the Western United States II: Pacific Section. Society of Economic Paleontologists and Mineralogists, 71: 477-494.
Anderson-Fontana S, Engeln J F, Lundgren P, et al. 1986. Tectonics and evolution of the Juan Fernandez microplate at the Pacific-Nazca-Antarctic plate junction. Journal of Geophysical Research: Solid Earth, 91: 2005-2018.
Angiolini L, Balini M, Garzanti E, et al. 2003. Permian climatic and paleogeographic changes in Northern Gondwana: The Khuff Formation of Interior Oman. Palaeogeogr Palaeoclimatol Palaeoecol, 191: 269-300.
Antrim L, Sempere J C, Macdonald K C, et al. 1988. Fine scale study of a small overlapping spreading center system at 12° 54′N on the east pacific rise. Marine Geophysical Researches, 9 (2): 115-130.
Arculus R J, Lapierre H, Jaillard E. 1999. Ageochemical window into subduction- accretion processes: the Raspas Metamorphic Complex, Ecuador. Geology, 27: 547-550.
Arevalo R, McDonough W F, Luong M. 2009. The K/U ratio of the silicate Earth: Insights into mantle composition, structure and thermal evolution. Earthand Planetary Science Letters, 278: 361-369.
Armstrong R L. 1991. The persistent myth of crustal growth. Australian Journal of Earth Sciences, 38 (5): 613-630.
Arndt N T. 2003. Komatiites, kimberlites, and boninites. Journal of Geophysical Research-Solid Earth, 108 (B6): 2293.
Arndt N T. 2013. Formation and evolution of the continental crust. Geochemical Perspectives, 2: 405-533.
Arndt N T, Nisbet E G. 1982. What is a komatiite? //Arndt N T, Nisbet E G. Komatiites. London: George Allen and Unwin LTD, 19-28.
Arnould M, Coltice N, Flament N, et al. 2020. Plate tectonics and mantle controls on plume dynamics. Earth and Planetary Science Letters, 547: 116439.
Artemeva I M. 2011. Lithosphere: An Interdisciplinary Approach. Cambridge: Cambridge University Press.
Asafov E V, Sobolev A V, Gurenko A A, et al. 2018. Belingwe komatiites (2.7 Ga) originate from a plume with moderate water content, as inferred from inclusions in olivine. Chemical Geology, 478: 39-59.
Aspler L B, Chiarenzelli J R. 1998. Two Neoarchean supercontinents? evidence from the Paleoproterozoic. Sedimentary Geology, 120 (1-4): 75-104.
Athanasius K. 1664. Mundus Subterraneus. Amsterdam: Janssonium Joannem.
Attarzadeh P, Karimi M, Yazdi M, et al. 2017. Geochemistry of Chromitites in Eastern Part of Neyriz Ophiolite Complex (Southern Iran). Open Journal of Geology, 7: 213-233.
Atwater T. 1989. Plate tectonic history of the northeast Pacific and western North America//Winterer E L, Hussong D M, Decker R W. The Eastern Pacific Ocean and Hawaii. Boulder: Geology of North America, 21-72.
Atwater T, Stock J. 1998. Pacific- North America plate tectonics of the Neogene southwestern United States: An updage. International Geology Review, 40: 375-402.
Atwater T, Sclater J, Sandwell D, et al. 1985. Fracture Zone Traces Across the North Pacific Cretaceous Quiet Zone and Their Tectonic Implications//Pringle M S, Sager W W, Sliter W V, et al. The Mesozoic Pacific: Geology, Tectonics, and Volcanism-A Volume in Memory of Sy Schlanger. American Geophysical Union, Geophysical Monograph, 77: 137-155.
Atwater T, Sclater J, Sandwell D, et al. 1993. Fracture zone traces across the north Pacific Cretaceous quiet zone and their tectonic implications. American Geophysical Union Geophysical Monograph Series, 137-154.
Auer L, Boschi L, Becker T, et al. 2014. Savani: A variable resolution whole- mantle model of anisotropic shear velocity variations based on multiple data sets. Journal of GeophysicalResearch: Solid Earth, 119: 3006-3034.
Aurelio M A. 2000. Shear partitioning in the Philippines: Constraints from Philippine Fault and global positioning system data. Island Arc, 9 (4): 584-597.
Austermann J, Kaye B T, Mitrovica J X, et al. 2014. A statistical analysis of the correlation between large igneous provinces and lower mantle seismic structure. Geophysical Journal International, 197: 1-9.
Avdeiko G P, Savelyev D P, Palueva A A, et al. 2007. Evolution of the Kurile-Kamchatkan Volcanic Arcs and Dynamics of the Kamchatka- Aleutian Junction//Eichelberger J, Gordeev E, Izbekov P, et al. Volcanism and Subduction: The Kamchatka Region (Geophysical monograph; 172). Washington: American Geophysical Union, 37-56.
Backus G, Park J, Garbasz D. 1981. On the relative importance of the driving forces of plate motion. Geophysical Journal International, 67 (2): 415-435.
Bada J L, Korenaga J. 2018. Exposed areas above sea level on Earth > 3.5 Gyr ago: Implications for prebiotic and primitive

biotic chemistry. Life, 8 (4): 55.
Bahat D, Paul M. 1987. Horst faulting in continental rifts. Tectonophysics, 141 (1-3): 61-73.
Baines A G, Cheadle M J, Dick H J B, et al. 2003. Mechanism for generating the anomalous uplift of oceanic core complexes: Atlantis Bank, southwest Indian Ridge. Geology, 31 (12): 1105-1108.
Baines A G, Cheadle M J, John B E, et al. 2008. The rate of oceanic detachment faulting at Atlantis Bank, sw indian ridge. Earthand Planetary Science Letters, 273 (1-2): 105-114.
Baker E T, Walker S L, Massoth G J, et al. 2019. The NE Lau Basin: Widespread and abundant hydrothermal venting in the back-arc region behind a superfast subduction zone. Frontiers in Marine Science, 6: 382.
Ballmer M D, van Hunen J, Ito G, et al. 2007. Non-hotspot volcano chains originating from small-scale sublithospheric convection. Geophysical Research Letters, 34 (23): L23310.
Ballmer M D, Ito G, van Hunen J, et al. 2010. Small-scale sublithospheric convection reconciles geochemistry and geochronology of 'Superplume' volcanism in the western and south Pacific. Earth and Planetary Science Letters, 290: 224-232.
Bandy W L, Michaud F, Dyment J, et al. 2008. Multibeam bathymetry and sidescan imaging of the Rivera Transform-Moctezuma Spreading Segment junction, northern East Pacific Rise: New constraints on Rivera- Pacific relative plate motion. Tectonophysics, 454 (1-4): 70-85.
Baranov B V, Seliverstov N I, Murav'ev A V, et al. 1991. The Komandorsky Basin as a product of spreading behind a transform plate boundary. Tectonophysics, 199 (2-4): 237-269.
Barckhausen U, Engels M, Franke D, et al. 2014. Evolution of the South China Sea: Revised ages for breakup and seafloor spreading. Marine and Petroleum Geology, 58: 599-611.
Barrier E, Huchon P, Aurelio M. 1991. Philippine fault: A key for Philippine kinematics. Geology, 19 (1): 32-35.
Basile C. 2015. Transformcontinental margins-part 1: Concepts and models. Tectonophysics, 661: 1-10.
Bauer A B, Reimink J R, Chacko T, et al. 2020. Hafnium isotopes in zircons document the gradual onset of mobile-lid tectonics. Geochemical Perspectives Letters, 14: 1-6.
Baxter A T, Hannington M D, Stewart M S, et al. 2020. Shallow seismicity and the classification of structures in the Lau back-arc basin. Geochemistry, Geophysics, Geosystems, 21: e2020GC008924.
Becker T W, O'Connell R J. 2001. Predicting plate velocities with mantle circulation models. Geochemistry, Geophysics, Geosystems, 2 (12): 2001GC000171.
Becker T W, Boschi L. 2002. A comparison of tomographic and geodynamic mantle models. Geochemistry, Geophysics, Geosystems, 3: 2001GC000168.
Bédard J H. 2006. A catalytic delamination-driven model for coupled genesis of Archaean crust and sub-continental lithospheric mantle. Geochimica et Cosmochimica Acta, 70: 1188-1214.
Bédard J H. 2010. Parental magmas of grenville province massif- type anorthosites, and conjectures about why massif anorthosites are restricted to the proterozoic. Transactions of the Royal Society of Edinburgh. Earth Sciences, 100 (1a2): 77-103.
Bédard J H. 2018. Stagnant lids and mantle overturns: Implications for Archaean tectonics, magmagenesis, crustal growth, mantle evolution, and the start of plate tectonics. Geoscience Frontiers, 9: 19-49.
Bédard J H, Brouillette P, Madore L, et al. 2003. Archaean cratonization and deformation in the northern Superior Province, Canada: An evaluation of plate tectonic versus vertical tectonic models. Precambrian Research, 127 (1-3): 61-87.
Bédard J H, Harris L B, Thurston P. 2013. The hunting of the snArc. Precambrian Research, 229: 20-48.
Behn M D, Ito G. 2008. Magmatic and tectonic extension at mid-ocean ridges: 1. Controls on fault characteristics. Geochemistry, Geophysics, Geosystems, 9: Q08O10.
Belasky P, Stevens C H, Hanger R A. 2002. Early Permian location of western North American terranes based on brachiopod, fusulinid and coral biogeography. Palaeogeography, Palaeoclimatology, Palaeoecology, 179: 245-266.
Bell E A, Harrison T M. 2013. Post- Hadean transitions in Jack Hills zircon provenance: A signal of the Late Heavy Bombardment? Earth and Planetary Science Letters, 364: 1-11.
Bell D. 2019. Empire, Race and Global Justice. Cambridge: Cambridge University Press.
Beniest A, Koptev A, Leroy S, et al. 2017. Two-branch break-up systems by a single mantle plume: Insights from numerical modeling. Geophysical Research Letters, 44 (19): 9589-9597.
Benioff H. 1949. Report of the Committee on Infiltration, 1947- 1948. Eos, Transactions American Geophysical Union, 30 (4): 598-598.

Benioff H. 1954. Orogenesis and deep crustal structure-additional evidence from seismology. Geological Society of America Bulletin, 65 (5): 385-400.

Bennett S E K, Oskin M E, Iriondo A. 2013. Transtensional rifting in the proto-Gulf of California near Bahía Kino, Sonora, México. Geological Society of America Bulletin, 125 (11/12): 1752-1782.

Beranek L P, Link P K, Fanning C M. 2016. Detrital zircon record of mid-Paleozoic convergent margin activity in the northern U. S. Rocky Mountains: Implications for the Antler orogeny and early evolution of the North American Cordillera. Lithosphere, 8 (5): 533-550.

Bercovici D, Karato S I. 2003. Whole-mantle convection and the transition-zone water filter. Nature, 425 (6953): 39-44.

Bercovici D, Ricard Y. 2012. Mechanisms for the generation of plate tectonics by two-phase grain-damage and pinning. Physics of Earth and Planetary International, 202-203: 27-55.

Bercovici D, Ricard Y. 2013. Generation of plate tectonics with two-phase grain-damage and pinning: Source-sink model and toroidal flow. Earth and Planetary Science Letters, 365: 275-288.

Bercovici D, Richard Y. 2014. Plate tectonics, damage and inheritance. Nature, 208 (7497): 513-516.

Bercovici D, Ricard Y. 2016. Grain-damage hysteresis and plate-tectonic states. Physics of Earth and Planetary International, 253: 31-47.

Bercovici D, Mulyukova E. 2021. Evolution and demise of passive margins through grain mixing and damage. Proceeding of National Academy of Science, 118 (4): e2011247118.

Bercovici D, Mulyukova E, Long M D. 2019. A simple toy model for coupled retreat and detachment of subducting slabs. Journal of Geodynamics, 129: 275-289.

Berman R G, Ryan J J, Gordey S P, et al. 2007. Permian to Cretaceous polymetamorphic evolution of the Stewart River region, Yukon-Tanana terrane, Yukon, Canada: P-T evolution linked with in situ SHRIMP monazite geochronology. Journal of Metamorphic Geology, 25: 803-827.

Berndt C, Mjelde R, Planke S, et al. 2001. Controls on the tectono-magmatic evolution of a volcanic transform margin: the Vøring Transform margin, NE Atlantic. Marine Geophysical Research, 22: 133-152.

Besse J, Courtillot V. 1988. Paleogeographic maps of the continents bordering the Indian Ocean since the Early Jurassic. Journal of Geophysical Research, 93: 11791-11808.

Besse J, Torcq F, Gallet Y, et al. 1998. Late Permian to Late Triassic palaeomagnetic data from Iran: Constraints on the migration of the Iranian Block through the Tethyan Ocean and initial destruction of Pangaea. Geophysical Journal International, 135: 77-92.

Beutel E, van Wijk J, Ebinger C, et al. 2010. Formation and stability of magmatic segments in the Main Ethiopian and Afar rifts. Earth and Planetary Science Letters, 293 (3): 225-235.

Bijwaard H, Spakman W, Engdahl E R. 1998. Closing the gap between regional and global travel time tomography. Journal of Geophysical Research, 103: 30055-30078.

Bindeman I N, Vinogradov V I, Valley J W, et al. 2002. Archean protolith and accretion of crust in Kamchatka: SHRIMP dating of zircons from Sredinny and Ganal Massifs. The Journal of Geology, 110 (3): 271-289.

Bird P. 2003. An updated digital model of plate boundaries. Geochemistry, Geophysics, Geosystems, 4 (3): 1027.

Bird R T, Naar D F. 1994. Intratransform origins of mid-ocean ridge microplates. Geology, 22 (11): 987-990.

Bird R T, Naar D F, Larson R L, et al. 1998. Plate tectonic reconstructions of the Juan Fernandez microplate: Transformation from internal shear to rigid rotation. Journal of Geophysical Research: Solid Earth, 103 (B4): 7049-7067.

Blais A, Gente P, Maia M, et al. 2002. A history of the Selkirk paleomicroplate. Tectonophysics, 359 (1-2): 157-169.

Bleeker B. 2003. The late Archean record: a puzzle in ca. 35 pieces. Lithos, 71: 99-134.

Bleeker W, Ernst R. 2006. Short-lived mantle generated magmatic events and their dyke swarms: the key unlocking Earth's paleogeographic record back to 2. 6 Ga//Hanski E, Mertanen S, Rämö T, et al. Dyke swarms- time markers of crustal evolution. London: CRC Press.

Blewitt G, Kreemer C, Hammond W C, et al. 2016. MIDAS robust trend estimator for accurate GPS station velocities without step detection. Journal of Geophysical Research: Solid Earth, 121 (3): 2054-2068.

Blichert-Toft J, Puchtel I S. 2010. Depleted mantle sources through time: Evidence from Lu-Hf and Sm-Nd isotope systematics of Archean komatiites. Earth and Planetary Science Letters, 297: 598-606.

Blodgett R B, Rohr D M, Boucot A J. 2002. Paleozoic links among some Alaskan accreted terranes and Siberia based on megafossils//Miller E L, Grantz A, Klemperer S. Tectonic Evolution of the Bering Shelf-Chukchi Sea-Arctic Margin and Adjacent Land Masses. Boulder: Geological Society of America, Special Papers, 360: 273-290.

Bock Y, Prawirodirdjo L, Genrich J F, et al. 2003. Crustal motion in Indonesia from Global Positioning System measurements. Journal of Geophysical Research: Solid Earth, 108 (B8): 2367.

Bodmer M, Toomey D, Hooft E, et al. 2015. Seismic anisotropy beneath the Juan de Fuca plate system: Evidence for heterogeneous mantle flow. Geology, 43: 1095-1098.

Bohannon R G, Parsons T. 1995. Tectonic implications of post-30 Ma Pacific and North American relative plate motions. Geological Society of America Bulletin, 107: 937-959.

Bohannon R G, Geist E. 1998. Upper crustal structure and Neogene tectonic development of the California continental borderland. Geological Society of America Bulletin, 110 (6): 779-800.

Boillot G, Recq M, Winterer E L, et al. 1987. Tectonic denudation of the upper mantle along passive margins: a model based on drilling results (ODP leg 103, western Galicia margin, Spain). Tectonophysics, 132 (4): 335-342.

Bonatti E, Ligi M, Brunelli D, et al. 2003. Mantle thermal pulses below the Mid-Atlantic Ridge and temporal variations in the formation of oceanic lithosphere. Nature, 423: 499-505.

Bonneville A, Dosso L, Hildenbrand A. 2006. Temporal evolution and geochemical variability of the South Pacific superplume activity. Earth and Planetary Science Letters, 244: 251-269.

Borissova I, Moore A, Sayers J, et al. 2002. Geological framework of the Kerguelen Plateau and adjacent ocean basins. Canberra: Geoscience Australia Record.

Borissova I, Coffin M F, Charvis P. 2003. Structure and development of a microcontinent: Elan Bank in the southern Indian Ocean. Geochemistry, Geophysics, Geosystems, 4 (9): 2003GC000535.

Bosch D, Gabriele P, Lapierre H, et al. 2002. Geodynamic significance of the Raspas metamorphic complex (SW Ecuador): Geochemical and isotopic contraints. Tectonophysics, 345: 83-102.

Boschman L M, van Hinsbergen D J J. 2016. On the enigmatic birth of the Pacific plate within the Panthalassa Ocean. Science Advance, 2: e1600022.

Boschman L M, van Hinsbergen D J J, Torsvik T H, et al. 2014. Kinematic reconstruction of the Caribbean region since the Early Jurassic. Earth-Science Reviews, 138: 102-136.

Boschman L M, van Hinsbergen D J J, Spakman W. 2021. Reconstructing Jurassic- Cretaceous intra- oceanic subduction evolution in the northwestern Panthalassa Ocean using Ocean Plate Stratigraphy from Hokkaido, Japan. Tectonics, 40: e2019TC005673.

Bosworth W, Huchon P, McClay K. 2005. The Red Sea and Gulf of Aden Basins. Journal of African Earth Sciences, 43: 334-378.

Bott M H. 1982. Stress based tectonic mechanisms at passive continental margins. Dynamics of Passive Margins, 6: 147-153.

Boucot A J, Poole F G, Amaya-Martinez R, et al. 2008. Devonian brachiopods of southwesternmost Laurentia: Biogeographic affinities and tectonic significance. GSA Special Papers, 442: 77-97.

Boulila S, Peters S E, Müller R D, et al. 2023. Earth's interior dynamics drive marine fossil diversity cycles of tens of millions of years. Proceedings of the National Academy of Sciences, 120: e2221149120.

Bouysse P. 2014. Geological Map of the World at1: 35 000 000 (3rd ed.). Paris: CCGM.

Bower D J, Gurnis M, Seton M. 2013. Lower mantle structure from paleogeographically constrained dynamic Earth models. Geochemistry, Geophysics, Geosystems, 14: 44-63.

Bowler J C, Harry D L. 2001. Geodynamic models of continental extension and the formation of non-volcanic rifted continental margins//Wilson R C L, Whitmarsh R B. Non-Volcanic Rifting of Continental Margins: A Comparison of Evidence from Land and Sea. Geological Society of London, Special Publications, 187: 511-536.

Bowring S A, Housh T. 1995. The Earth's early evolution. Science, 269 (5230): 1535-1540.

Boyet M, Carlson R W. 2005. 142Nd evidence for early (> 4.53 Ga) global differentiation of the silicate Earth. Science, 309 (5734): 576-581.

Bradley D C. 2008. Passive margins through earth history. Earth-Science Reviews, 91 (1-4): 1-26.

Bradley D C, Dumoulin J, Layer P, et al. 2003. Late Paleozoic orogeny in Alaska's Farewell terrane. Tectonophysics, 372: 23-40.

Braun J. 2010. The many surface expressions of mantle dynamics. Nature Geoscience, 3: 825-833.

Braun M G, Sohn R A. 2003. Melt migration in plume ridge systems. Earth and Planetary Science Letters, 213 (3-4): 417-430.

Briais A, Patriat P, Tapponnier P. 1993. Updated interpretation of magnetic anomalies and seafloor spreading stages in the South China Sea: Implications for the Tertiary tectonics of Southeast Asia. Journal of Geophysical Research: Solid Earth, 98

(B4): 6299-6328.
Briais A, Aslanian D, Géli L, et al. 2002. Analysis of propagators along the Pacific-Antarctic Ridge: Evidence for triggering by kinematic changes. Earth and Planetary Science Letters, 199 (3): 415-428.
Brookfield M E. 1993. Neoproterozoic Laurentia-Australia fit. Geology, 21: 683-686.
Brown G C. 1979. The changing pattern of batholith emplacement during earth history//Atherton M P, Tarney J. Origin of Granite Batholiths. Natwich: Siva, 106-115.
Brown M. 2006. Duality of thermal regimes is the distinctive characteristic of plate tectonics since the Neoarchean. Geology, 34 (11): 961-964.
Brown M, White R W. 2008. Processes in granulite metamorphism. Journal of Metamorphic Geology, 26 (2): 121-124.
Brown M, Johnson T, Gardiner N J. 2020a. Plate tectonics and the Archean Earth. Annual Review of Earth and Planetary Sciences. 48: 291-320.
Brown M, Kirkland C L, Johnson T E. 2020b. Evolution of geodynamics since the Archean: Significant change at the dawn of the Phanerozoic. Geology, 48 (5): 488-492.
Brun J P, Faccenna C. 2008. Exhumation of high-pressure rocks driven by slab rollback. Earth and Planetary Science Letters, 272: 1-7.
Brun F, Wagnon P, Berthier E, et al. 2018. Ice cliff contribution to the tongue-wide ablation of Changri Nup Glacier, Nepal, central Himalaya. The Cryosphere, 12 (11): 3439-3457.
Brune S, Heine C, Perez-Gussinye M, et al. 2014. Rift migration explains continental margin asymmetry and crustal hyper-extension. Nature Communications, 5: 4014.
Bryan S E, Ernst R E. 2008. Revised definition of Large Igneous Provinces (LIPs). Earth-Science Reviews, 86 (1): 175-202.
Buck W R. 1993. Effect of lithospheric thickness on the formation of high- and low-angle normal faults. Geology, 21 (10): 933-936.
Buck W R. 2004. Consequences of asthenospheric variability on continental rifting//Karner G D, Taylor B, Driscoll N W, et al. Rheology and Deformation of the Lithosphere at Continental Margins. New York: Columbia University Press, 1-30.
Buck W R, Lavier L L, Poliakov A N B. 2005. Modes of faulting at midocean ridges. Nature, 434: 719-723.
Buiter S J H, Brune S, Keir D, et al. 2023. Rifting continents//Duarte J. Dynamics of Plate Tectonics and Mantle Convection. Netherlands: Elsevier, 459-481.
Bull J M, Scrutton R A. 1990. Fault reactivation in the central Indian Ocean and the rheology of oceanic lithosphere. Nature, 344: 855-858.
Bull J M, Scrutton R A. 1992. Seismic reflection images of intraplate deformation, central Indian Ocean, an their tectonic significance. Journal of the Geological Society, London, 149: 955-966.
Bullard E C. 1965. Historical Introduction to Terrestrial Heat Flow//Lee W H K. Terrestrial Heat Flow. Washington: American Geophysical Union, 8: 1-6.
Bullard E C. 1975. The emergence of plate tectonics: A personal view. Annual Review of Earth and Planetary Sciences, 3 (1): 1-31.
Bullen K E. 1947. An introduction to the theory of seismology. Cambridge: Cambridge university press.
Bullen K E. 1963. Anintroduction to the theory of seismology (third ed.). Cambridge: Cambridge University Press.
Burke K, Dewey J F. 1975. The Wilson Cycle. Geological Society of America, Northeastern Section, 10th Annual Meeting (Vol. 48), Manchester.
Burke K, Sengor C. 1982. Tectonic escape of the continental crust. American Geophysical Union Publisher, 14: 41-53.
Burke K, Torsvik T H. 2004. Derivation of Large Igneous Provinces of the past 200 million years from long-term heterogeneities in the deep mantle. Earth and Planetary Science Letters, 227 (3-4): 0-538.
Burke K, Steinberger B, Torsvik T H, et al. 2008. Plume generation zones at the margins of large low shear velocity provinces on the core-mantle boundary. Earth and Planetary Science Letters, 265 (1-2): 49-60.
Burov E, Gerya T. 2014. Asymmetric three-dimensional topography over mantle plumes. Nature, 513: 85-89.
Burov E B. 2010. The equivalent elastic thickness (Te), seismicity and the long-term rheology of continental lithosphere: time to burn-out "crème brûlée"? insights from large-scale geodynamic modeling. Tectonophysics, 484 (1-4): 4-26.
Burrett C, Berry R. 2000. Proterozoic Australia Western United States (AUSWUS) fit between Laurentia and Australia. Geology, 28 (2): 103-106.
Butterworth N P, Talsma A S, Müller R D, et al. 2014. Geological, tomographic, kinematic and geodynamic constraints on

the dynamics of sinking slabs. Journal of Geodynamics, 73: 1-13.
Byerlee J. 1978. Friction of rocks. Pure Application of Geophysics, 116: 615-626.
Byerlee J D, Wyss M. 1978. Rock Friction and Earthquake Prediction. Reprinted from Pure and Applied Geophysics (PAGEOPH), 116: 4-5.
Calais E, Ebinger C, Hartnady C, et al. 2006. Kinematics of the East African Rift from GPS and earthquake slip vector data. Geological Society of London, Special Publications, 259 (1): 9-22.
Campa M F, Coney P J. 1983. Tectono-stratigraphic terranes and mineral resource distributions in Mexico. Canadian Journal of Earth Science, 20: 1040-1051.
Campbell I H, Hill R I. 1988. A two-stage model for the formation of the granite-greenstone terrains of the Kalgoorlie-Norseman area, Western Australia. Earth and Planetary Science Letters, 90 (1): 11-25.
Campbell I H, Griffiths R W. 1990. Implications of mantle plume structure for the evolution of flood basalts. Earth and Planetary Science Letters, 99: 79-93.
Campbell I H, Griffiths R W. 1992. The changing nature of mantle hotspots through time: Implications for the chemical evolution of the mantle. The Journal of Geology, 100 (5): 497-523.
Campbell I H, Griffiths R W, Hill R I. 1989. Melting in an Archaean mantle plume: Heads it's basalts, tails it's komatiites. Nature, 339: 697-699.
Cande S C, Stock J M. 2004. Pacific-Antarctic-Australia motion and the formation of the Macquarie Plate. Geophysical Journal of the Royal Astronomical Society, 157 (1): 399-414.
Cande S C, Patriat P. 2015. The anticorrelated velocities of Africa and India in the Late Cretaceous and early Cenozoic. Geophysical Journal International, 200 (1): 227-243.
Cande S C, Patriat P, Dyment J. 2010. Motion between the Indian, Antarctic and African plates in the early Cenozoic. Geophysical Journal International, 183 (1): 127-149.
Cannat M, Sauter D, Mendel V, et al. 2006. Modes of seafloor generation at a melt-poor ultraslowspreading ridge. Geology, 34: 605-608.
Cannat M, Sauter D, Escartín J, et al. 2009. Oceanic corrugated surfaces and the strength of the axial lithosphere at slow spreading ridges. Earth and Planetary Science Letters, 288 (1-2): 174-183.
Cao X, Flament N, Bodur O, et al. 2021a. The evolution of basal mantle structure in response to supercontinent aggregation and dispersal. Scientific Reports, 11: 22967.
Cao X, Flament N, Müller R D. 2021b. Coupled Evolution of Plate Tectonics and Basal Mantle Structure. Geochemistry, Geophysics, Geosystems, 22: e2020GC009244.
Cao X, Zahirovic S, Li S, etal. 2022. A deforming plate tectonic model of the South China Block since the Jurassic. Gondwana Research, 102: 3-16.
Capitanio F A, Nebel O, Cawood P A, et al. 2019a. Reconciling thermal regimes and tectonics of the early Earth. Geology, 47: 923-927.
Capitanio F A, Nebel O, Cawood P A, et al. 2019b. Lithosphere differentiation in the early Earth controls Archean tectonics. Earth and Planetary Science Letters, 525: 115755.
Capitanio F A, Nebel O, Cawood P A. 2020. Thermochemical lithosphere differentiation and the origin of cratonic mantle. Nature, 588: 89-94.
Carlson R L, Hilde T W C, Uyeda S. 1983. The driving mechanism of plate tectonics: Relation to age of the lithosphere at trenches. Geophysical Research Letters, 10 (4): 297-300.
Carlson R W, Boyet M. 2008. Composition of the Earth's interior: The importance of early events. Philosophical Transactions of the Royal Society A: Mathematical, Physical and Engineering Sciences, 366 (1883): 4077-4103.
Carter A, Curtis M, Schwanethal J. 2014. Cenozoic tectonic history of the South Georgia microcontinentand potential as a barrier to Pacific-Atlantic through flow. Geology, 42 (4): 299-302.
Castillo P R, Pringle M S, Carlson R W. 1994. East Mariana Basin tholeiites: Cretaceous intraplate basalts or rift basalts related to the Ontong Java plume? Earth and Planetary Science Letters, 123 (1-4): 139-154.
Castillo P R, Janney P E, Solidum R U. 1999. Petrology and geochemistry of Camiguin Island, southern Philippines: Insights to the source of adakites and other lavas in a complex arc setting. Contributions to Mineralogy and Petrology, 134: 33-51.
Cawood P A, Wang Y, Xu Y, et al. 2013. Locating South China in Rodinia and Gondwana: A fragment of greater India lithosphere? Geology, 41 (8): 903-906.
Cawood P A, Strachan R A, Pisarevsky S A, et al. 2016. Linking collisional and accretionary orogens during Rodinia

assembly and breakup: Implications for models of supercontinent cycles. Earth and Planetary Science Letters, 449: 118-126.

Cawood P A, Hawkesworth C J, Pisarevsky S A, et al. 2018. Geological archive of the onset of plate tectonics. Philosophical Transactions of the Royal Society A: Mathematical Physical and Engineering Sciences, 376: 21-32.

Centeno-García E. 2017. Mesozoictectono-magmatic evolution of Mexico: An overview. Ore Geology Reviews, 81: 1035-1052.

Centeno-García E, Guerrero-Suastegui M, Talavera-Mendonza O. 2008. The Guerrero composite terrane of western Mexico: Collision and subsequent rifting in a supra-subduction zone. Geological Society of America, Special Paper, 436: 279-308.

Chamot-Rooke N, Jestin F, de Voogd B, et al. 1993. Intraplate shortening in the central Indian Ocean determined from a 2100-km-long north-south deep seismic reflection profile. Geology, 21: 1043-1046.

Chang S J, Merino M, van der Lee S, et al. 2011. Mantle flow beneath Arabia offset from the opening Red Sea. Geophysical Research Letters, 38: L04301.

Chapple W M, Tullis T E. 1977. Evaluation of the forces that drive the plates. Journal of geophysical research, 82 (14): 1967-1984.

Chaudhuri T, Mazumder R, Arima M. 2015. Petrography and geochemistry of Mesoarchaean komatiites from the eastern Iron Ore belt, Singhbhum craton, India, and its similar with 'Barberton type komatiite'. Journal of African Earth Sciences, 101: 135-147.

Cheadle M J, John B E, German C R, et al. 2012. The Death throes of ocean core complexes: examples from the Mid-Cayman Spreading Centre. Abstract OS11E-01 presented at 2012 Fall Meeting, AGU, San Francisco.

Chen J, Huang B, Sun L. 2010. New constraints to the onset of the India-Asia collision: Paleomagnetic reconnaissance on the Linzizong Group in the Lhasa Block, China. Tectonophysics, 489 (1-4): 189-209.

Chen N H C, Zhao G C, Jahn B M, et al. 2017. Geochemistry and geochronology of the Delinggou Intrusion: Implications for the subduction of the Paleo-Asian Ocean beneath the North China Craton. Gondwana Research, 43: 178-192.

Chen W H, Huang C Y, Lin Y J, et al. 2015. Depleted deep South China Sea $\delta^{13}C$ paleoceanographic events in response to tectonic evolution in Taiwan-Luzon Strait since Middle Miocene. Deep-Sea Research Part II, 122: 195-225.

Chen Y, Li W, Yuan X H, et al. 2015. Tearing of the Indian lithospheric slab beneath southern Tibet revealed by SKS-wave splitting measurements. Earth and Planetary Science Letters, 413: 13-24.

Chen Y W, Wu J, Suppe J. 2019. Southward propagation of Nazca subduction along the Andes. Nature, 565: 441-447.

Choi E, Buck W R. 2012. Constraints on the strength of faults from the geometry of rider blocks in continental and oceanic core complexes. Journal Geophysical Research, 117: B04410.

Choi E, Lavier L, Gurnis M. 2008. Thermomechanics of mid-ocean ridge segmentation. Physics of the Earth and Planetary Interiors, 171 (1): 374-386.

Chorowicz J. 2005. The East African rift system. Journal of African Earth Sciences, 43 (1-3): 379-410.

Chowdhury W, Trail D, Bell E. 2020. Boron partitioning between zircon and melt: Insights into Hadean, modern arc, and pegmatitic settings. Chemical Geology, 551: 119763.

Christensen U R, Yuen D A. 1985. Layered convection induced by phase transitions. Journal of Geophysical Research: Solid Earth, 90 (B12): 10291-10300.

Christensen U R, HofmannA W. 1994. Segregation of subducted oceanic crust in the convecting mantle. Journal of Geophysical Research: Solid Earth, 99: 19867-19884.

Christeson G L, Reece R S, Kardell D A, et al. 2020. South Atlantic transect: variations in oceanic crustal structure at 31°S. Geochemistry, Geophysics, Geosystems, 21: e2020GC009017.

Christie-Blick N, Biddle K T. 1985. Deformation and basin formation along strike-slip faults//Biddle K T, Christie-Blick N. Strike-slip deformation, basin formation, and sedimentation. Society of Economic Paleontologists and Mineralogists, Special Publications, 37: 1-34.

Ciazela J, Koepke J, Dick H J B, et al. 2015. Mantle rock exposures at oceanic core complexes along mid-ocean ridges. Geologos, 21 (4): 207-231.

Civiero C, Custódio S, Duarte J C, et al. 2020. Dynamics of the Gibraltar arc system: A complex interaction between plate convergence, slab pull, and mantle flow. Journal of Geophysical Research: Solid Earth, 125: e2019JB018873.

Clennett E J, Sigloch K, Mihalynuk M G, et al. 2020. A quantitative tomotectonic plate reconstruction of western North America and the eastern Pacific basin. Geochemistry, Geophysics, Geosystems, 20: e2020GC009117.

Clouard V, Bonneville A. 2002. How many Pacific hotspots are fed by deep-mantle plumes? Geology, 29 (8): 695-698.

Coblentz D D, Richardson R M. 1995. Statistical trends in the intraplate stress field. Journal of Geophysical Research: Solid

Earth, 100 (B10): 20245-20255.

Coblentz D D, Sandiford M, Richardson R M, et al. 1995. The origins of the intraplate stress field in continental Australia. Earth and Planetary Science Letters, 133 (3-4): 299-309.

Cochran J R, Talwani M. 1979. Marine gravimetry. Reviews of Geophysics, 17 (6): 1387-1397.

Cocks L R M, Torsvik T H. 2011a. The Palaeozoic geography of Laurentia and western Laurussia: A stable craton with mobile margins. Earth-Science Reviews, 106: 1-51.

Cocks L R M, Torsvik T H. 2011b. Ordovician palaeogeography and climate change. Gondwana Research, 100: 53-72.

Coffin M F, Eldholm O. 1994. Large igneous provinces: Crustal structure, dimensions, and external consequences. Reviews of Geophysics, 32: 1-36.

Coffin M F, Pringle M S, Duncan R A, et al. 2002. Kerguelen Hotspot Magma Output since 130 Ma. Journal of Petrology, 43: 1121-1139.

Collet B, Taud H, Parrot J F, et al. 2000. A new kinematic approach for the Danakil block using a digital elevation model representation. Tectonophysics, 316: 343-357.

Collier J S, Minshull T A, Hammond J O, et al. 2009. Factors influencing magmatism during continental breakup: New insights from a wide- angle seismic experiment across the conjugate Seychelles- Indian margins. Journal of Geophysical Research: Solid Earth, 114 (B3): B03101.

Collins W J. 1989. Polydiapirism of the Archean mount edgar batholith, Pilbara Block, WesternAustralia. Precambrian Research, 43: 41-62.

Colpron M, Nelson J L. 2009. A Palaeozoic Northwest Passage: Incursion of Caledonian, Baltican and Siberian terranes into eastern Panthalassa, and the early evolution of the North American Cordillera. Geological Society of London, Special Publications, 318 (1): 273-307.

Colpron M, Nelson J L. 2011. A Palaeozoic NW Passage and the Timanian, Caledonian and Uralian connections of some exotic terranes in the North American Cordillera//Spencer A M, Embry A F, Gautier D L, et al. Arctic Petroleum Geology. Geological Society of London, Memoirs, 35: 463-484.

Colpron M, Nelson J L. 2021. Northern Cordillera: Canada and Alaska. Encyclopedia of Geology (Second Edition), 93-106.

Colpron M, Crowley J, Gehrels G, et al. 2015. Birth of the northern Cordilleran orogen, as recorded by detrital zircons in Jurassic synorogenic strata and regional exhumation in Yukon. Lithosphere, 7 (5): 541-562.

Coltice N. 2023. Tectonics is a hologram//Duarte J. Dynamics of Plate Tectonics and Mantle Convection. Netherland: Elsevier, 1-594.

Coltice N, Grault M, Ulvrov M. 2017. A mantle convection perspective on global tectonics. Earth- Science Reviews, 165: 120-150.

Coltice N, Husson L, Faccenna C, et al. 2019. What drives tectonic plates? Science Advance, 5: eaax4295

Conder J A, Wiens D A. 2011. Shallow seismicity and tectonics of the central and northern Lau Basin. Earth and Planetary Science Letters, 304 (3-4): 538-546.

Condie K C. 1975. Mantle-plume model for the origin of Archaean greenstone belts based on trace element distributions. Nature, 258 (5534): 413-414.

Condie K C. 1994. Greenstones through time//Condie K C. Archean Crustal Evolution. Amsterdam: Elsevier, 85-120.

Condie K C. 1997. Contrasting sources for upper and lower continental crust: The greenstone connection. The Journal of Geology, 105 (6): 729-736.

Condie K C. 2001a. Mantle plume and their reord in earth history. Cambridge: Cambridge University Press.

Condie K C. 2001b. Large Igneous Provinces. Cambridge: Cambridge University Press.

Condie K C. 2011. Earth as an evolving planetary system (second edition). Amsterdam: Academic Press.

Condie K C. 2014. How to Make a Continent: Thirty-five Years of TTG Research//Dilek Y, Furnes H. Evolution of Archean Crust and Early Life. . Dordrecht: Springer, 179-193.

Condie K C. 2018. Aplanet in transition: The onset of plate tectonics on Earth between 3 and 2 Ga? Geoscience Frontiers, 9: 51-60.

Condie K C, Kröner A. 2008. When did plate tectonics begin? Evidence from the geologic record. Geological Society of America, Special Papers, 440: 281-294.

Condie K C, Kröner A. 2013. The building blocks of continental crust: evidence for a major change in the tectonic setting of continental growth at the end of the Archean. Gondwana Research, 23 (2): 394-402.

Condie K C, Des Marais D J, Abbot D. 2001. Precambrian superplumes and supercontinents: A record in black shales, carbon isotopes and paleoclimates. Precambrian Research, 106: 239-260.

Conrad C P, Lithgow-Bertelloni C. 2002. How mantle slabs drive plate tectonics. Science, 298 (5591): 207-209.

Conrad C P, Lithgow-Bertelloni C. 2004. The temporal evolution of plate driving forces: Importance of "slab suction" versus "slab pull" during the Cenozoic. Journal of Geophysical Research: Solid Earth, 109 (B10): B10407.

Conrad C P, Behn M D. 2010. Constraints on lithosphere net rotation and asthenospheric viscosity from global mantle flow models and seismic anisotropy. Geochemistry, Geophysics, Geosystems, 11: Q05W05.

Conrad C P, Steinberger B, Torsvik T H. 2013. Stability of active mantle upwelling revealed by net characteristics of plate tectonics. Nature, 498: 479-482.

Conway C E. 2011. The Volcano-Tectonic Evolution of the Macquarie Ridge Complex, Australia-Pacific Plate Boundary South of New Zealand. Victoria University of Wellington, Master Dissertation.

Cook D B, Fujita K, Mcmullen C A. 1986. Present-day plate interactions in northeast Asia: North America, Eurasian, and Okhotsk plates. Journal of Geodynamics, 6: 33-51.

Cooper C M, Lenardic A, Moresi L. 2006. Effects of continental insulation and the partitioning of heat producing elements on the Earth's heat loss. Geophysical Research Letters, 33 (13): L13313.

Cottaar S, Lekic V. 2016. Morphology of seismically slow lower- mantle structures. Geophysical Journal International, 207: 1122-1136.

Courtillot V, Davaille A, Besse J, et al. 2003. Three distinct types of hotspots in the earth's mantle. Earth and Planetary Science Letters, 205: 295-308.

Craig H, Kim K R, Franchetau J. 1983. Active ridge crest mapping on the Juan Fernandez micro-plate: The use of Sea Beam-controlled hydrothermal plume surveys. EOS Transactions American Geophysical Union, 64: 45.

Crasquin S, Horne D J. 2018. The palaeopsychrosphere in the Devonian. Lethaia, 51: 547-563.

Craven J A, Skulski T, White D W. 2004. October. Lateral and vertical growth of cratons: Seismic and magnetotelluric evidence from the western Superior transect. In Lithoprobe Celebratory Conference, Ontario Science Centre, Toronto, 12-15.

Critelli S. 2018. Provenance of Mesozoic to Cenozoic circum- Mediterranean sandstones in relation to tectonic setting. Earth-Science Reviews, 185: 624-648.

Croon M B, Cande S C, Stock J M. 2008. Revised Pacific-Antarctic plate motions and geophysics of the Menard Fracture Zone. Geochemistry, Geophysics, Geosystems, 9 (7): 9.

Crowley J W, Katz R F, Huybers P, et al. 2015. Glacial cycles drive variations in the production of oceanic crust. Science, 347 (6227): 1237-1240.

Cuéllar- Cárdenas M A, Nieto- Samamniego A F, Levresse G, et al. 2012. Límites temporales de la deformación por acortamiento Laramide en el centro de México. Revista Mexicana De Ciencias Geologicas, 29: 179-203.

Cullen A, Reemst P, Henstra G, et al. 2010. Rifting of the South China Sea: New perspectives. Petroleum Geoscience, 16 (3): 273-282.

Daczko N R, Wertz K L, Mosher S, et al. 2003. Extension along the Australian- Pacific transpressional transform plate boundary near Macquarie Island. Geochemistry, Geophysics, Geosystems, 4: 1080.

Dal Zilio L, Faccenda M, Capitanio F. 2018. The role of deep subduction in supercontinent tbreakup. Tectonophysics, 746: 312-324.

Das A, Mallik J, Shajahan R. 2021. Geodynamics related to late-stage Deccan volcanism: Insights from paleomagnetic syudies on Dhule-Nandurbar (DND) dyke swarm. The Journal of Indian Geophysical Union, 25 (6): 28-44.

Davaille A. 1999. Simultaneous generation of hotspots and superswells by convection in a heterogeneous planetary mantle. Nature, 402: 756-760.

Davis A S, Gray L B, Clague D A, et al. 2002. The Line Islands revisited: New $^{40}Ar/^{39}Ar$ geochronologic evidence for episodes of volcanism due to lithospheric extension. Geochemistry, Geophysics, Geosystems, 3 (3): 10. 1029/2001GC000190.

Davies D R, Goes S, Davies J H, et al. 2012. Reconciling dynamic and seismic models of Earth's lower mantle: The dominant role of thermal heterogeneity. Earth and Planetary Science Letters, 353-354: 253-269.

Davies D R, Goes S, Sambridge M. 2015. On the relationship between volcanic hotspot locations, the reconstructed eruption sites of large igneous provinces and deep mantle seismic structure. Earth and Planetary Science Letters, 411: 121-130.

Davies D R, Valentine A P, Kramer S C, et al. 2019. Earth's multiscale topographic response to global mantle flow. Nature Geoscience, 12: 845-850.

Davies G F. 1994. Thermomechanical erosion of the lithosphere by mantle plumes. Journal of GeophysicalResearch: Solid

Earth, 99: 15709-15722.
Davies G F. 1999. Dynamic Earth: Plates Plumes and Mantle Convection. Cambridge University Press, Cambridge.
Davies G F. 2011a. Mantle Convection for Geologists. Cambridge: Cambridge University Press.
Davies G F. 2011b. Dynamical geochemistry of the mantle. Journal of Geophysical Research, 2: 159-189.
Davies H S, Mattias Green J A, Duarte J C. 2018. Back to the future: Testing differentscenarios for the next supercontinent gathering. Global and Planetary Change, 169: 133-144.
Davison I, Dailly P. 2010. Salt tectonics in the Cap Boujdour Area, Aaiun Basin, NW Africa. Marine and Petroleum Geology, 27: 435-441.
Davison I, Faull T, Greenhalgh J, et al. 2016. Transpressional structures and hydrocarbon potential along the Romanche Fracture Zone: a review. Geological Society of London, Special Publications, 431 (1): 235-248.
Debaille V, O'Neill C, Brandon A D, et al. 2013. Stagnant-lid tectonics in early Earth revealed by 142Nd variations in late Archean rocks. Earth and Planetary Science Letters, 373: 83-92.
Delescluse M, Montesi L G J, Chamot- Rooke N. 2008. Fault reactivation and selective abandonment in the oceanic lithosphere. Geophysical Research Letters, 35 (16): 134-143.
Delvaux D, Kervyn F, Macheyeki A S, et al. 2012. Geodynamic significance of the TRM segment in the East African Rift (W-Tanzania): Active tectonics and paleostress in the Ufipa plateau and Rukwa basin. Journal of Structural Geology, 37: 161-180.
DeMets C, Gordon R G, Argus F, et al. 1990. Current plate motions. Geophysical Journal International, 101 (2): 425-478.
DeMets C, Gordon R G, Argus D F, et al. 1994. Effect of recent revisions to the geomagnetic reversal time scale on estimates of current plate motions. Geophysical Research Letters, 21 (20): 2191-2194.
Deng J, Wang Q F, Li G J, et al. 2014. Cenozoic tectono-magmatic and metallogenic processes in the Sanjiang region, southwestern China. Earth-Science Reviews, 138: 268-299.
Dercourt J, Zonenshain L P, Ricou L E, et al. 1986. Geological evolution of the Tethys Belt from the Atlantic to the Pamirs since the LIAS. Tectonophysics, 123: 241-315.
Deschamps A, Lallemand S. 2002. The West Philippine Basin: An Eocene to early Oligocene back arc basin opened between two opposed subduction zones. Journal of Geophysical Research, 107 (B12): 2322.
Deschamps A, Fujiwara T. 2013. Asymmetric accretion along the slow-spreading Mariana Ridge. Geochemistry, Geophysics, Geosystems, 4 (10): 8622.
Desrochers J P, Hubert C, Ludden J N, et al. 1993. Accretion of Archaean oceanic plateau fragments in the Abitibi greenstone belt, Canada. Geology, 21: 451-454.
Dewey J F. 1969. Continental margins: A model for conversion of Atlantic type to Andean type. Earth and Planetary Science Letters, 6 (3): 189-197.
Dewey J F, Bird J M. 1970. Mountain belts and the new global tectonics. Journal of geophysical Research, 75 (14): 2625-2647.
Dewey J F, Windley B F. 1981. Growth and differentiation of the continental crust. Philosophical Transactions Royal Society of London, A301: 189-206.
Dewey J F, Helman M L, Knott SD, et al. 1989. Kinematics of the western Mediterranean. Geological Society of London, Specical Publications, 45: 265-283.
Dhuime B, Hawkesworth C J, Cawood P A, et al. 2012. A change in the geodynamics of continental growth 3 billion years ago. Science, 335 (6074): 1334-1336.
Dhuime B, Wuestefeld A, Hawkesworth C J. 2015. Emergence of modern continental crust about 3 billion years ago. Nature Geoscience, 8 (7): 552-555.
Dias A, Ribeiro D A. 1995. The Ibero-Armorican Arc: A collision effect against an irregular continent. Tectonophysics, 246: 113-128.
Dick H J B, Natland J H, Ildefonse B. 2006. Past and future impact of deep drilling in the oceanic crust and mantle. Oceanography, 19: 72-80.
Dick H J B, Tivey M A, Tucholke B E. 2008. Plutonic foundation of a slow spreading ridge segment: Oceanic core complex at Kane Megamullion, 23°30′N, 45°20′W. Geochemistry, Geophysics, Geosystems, 9: Q05014.
Dickinson W R. 2004. Evolution of the North American Cordillera. Annual Review of Earth and Planetary Sciences, 32: 13-45.

Dickinson W R. 2008. Accretionary Mesozoic- Cenozoic expansion of the Cordilleran continental margin in California and adjacent Oregon. Geosphere, 4: 329-353.

Dickinson W R, Lawton T F. 2001. Carboniferousto Cretaceous assembly and fragmentation of Mexico. Geological Society of America Bulletin, 113: 1142-1160.

Dietz R S. 1961. Continent and ocean basin evolution by spreading of the sea floor. Nature, 190 (4779): 854-857.

Dilek Y, Flower M F J. 2003. Arc- Trench Rollback and Forearc Accretion: A Model Template for Ophiolites in Albania, Cyprus, and Oman. Geological Society of London Special Publications, 218: 43-68.

Dilek Y, Furnes H. 2011. Ophiolite genesis and global tectonics: Geochemical and tectonic fingerprinting of ancient oceanic lithosphere. Bulletin, 123 (3-4): 387-411.

Ding L, Kapp P, Wan X. 2005. Paleocene-Eocene record of ophiolite obduction and initial India-Asia collision, south central Tibet. Tectonics, 24: TC3001.

Ding L, Qasim M, Jadoon I A K, et al. 2016. The India- Asia collision in north Pakistan: Insight from the U- Pb detrital zircon provenance of Cenozoic foreland basin. Earth and Planetary Science Letters, 455: 49-61.

Ding W W, Sun Z, Dadd K, et al. 2018. Structures within the oceanic crust of the central South China Sea basin and their implications for oceanic accretionary processes. Earth and Planetary Science Letters, 488: 115-125.

Doglioni C, Carminati E, Cuffaro M, et al. 2007. Subduction kinematics and dynamic constraints. Earth- Science Reviews, 83: 125-175.

Domeier M. 2016. A plate tectonic scenario for the Iapetus and Rheic oceans. Gondwana Research, 36: 275-295.

Domeier M, Doubrovine P V, Torsvik TH, et al. 2016. Global correlation of lower mantle structure and past subduction. Geophys Research Letters, 43: 4945-4953.

Domeier M, Shephard G E, Jakob J, et al. 2017. Intraoceanic subduction spanned the Pacific in the Late Cretaceous- Paleocene. Science Advances, 3 (11): eaao2303.

Domokos G, Kun F, Sipos A A, et al. 2015. Universality of fragment shapes. Scientific Reports, 5: 9147.

Domokos G, Jerolmack D J, Kun F, et al. 2020. Plato's cube and the natural geometry of fragmentation. Proceedings of the National Academy of Sciences, 117 (31): 18178-18185.

Dong S W, Gao R, Yin A, et al. 2013. What drove continued continent- continent convergence after ocean closure? Insights from high- resolution seismic- reflection profi ling across the Daba Shan in central China. Geology, 41 (6): 671-674.

Dong Y P, Sun S S, Yang Z, et al. 2017. Neoproterozoic subduction- accretionary tectonics of the South Qinling Belt, China. Precambrian Research, 293: 73-90.

Doubrovine P V, Steinberger B, Torsvik T H. 2012. Absolute plate motions in a reference frame defined by moving hot spots in the Pacific, Atlantic, and Indian oceans. Journal of Geophysical Research: Solid Earth, 117 (9): B09101.

Drummond B J. 1988. A review of crust/upper mantle structure in the precambrian areas of australia and implications for precambrian crustal evolution. Precambrian Research, 40: 101-116.

Duarte J. 2023. Dynamics of Plate Tectonics and Mantle Convection. Amsterdam: Elsevier.

Duarte J C, Rosas F M, Terrinha P, et al. 2013. Are subduction zones invading the Atlantic? Evidence from the southwest Iberia margin. Geology, 41 (8): 839-842.

Duncan R A, Richards M A. 1991. Hotspots, mantle plumes, flood basalts, and polar wander. Reviews of Geophysics, 29: 31-50.

Dunn R A, Lekić V, Detrick R S, et al. 2005. Three- dimensional seismic structure of the Mid- Atlantic Ridge (35°N): Evidence for focused melt supply and lower crustal dike injection. Journal of Geophysical Research: Solid Earth, 110 (B9): 1-17.

Eagles G, Hoang H H. 2014. Cretaceous to present kinematics of the Indian, African and Seychelles plates. Geophysical Journal International, 196 (1): 1-14.

Eagles G, Gloaguen R, Ebinger C. 2002. Kinematics of the Danakil microplate. Earth and Planetary Science Letters, 203: 607-620.

Eakins B W. 2002. Structure and Development of Oceanic Rifted Margins, Earth Sciences. San Diego: University of California.

Eakins B W, Lonsdale P F. 2003. Structural patterns and tectonic history of the Bauer microplate, Eastern Tropical Pacific. Marine Geophysical Researches, 24 (3-4): 171-205.

Eberhart-Phillips D, Christensen D H, Brocher T M, et al. 2006. Imaging the transition from Aleutian subduction to Yakutat collision in central Alaska, with local earthquakes and active source data. Journal of Geophysical Research: Solid Earth, 111 (B11): B11303.

Ebinger C J, Sleep N H. 1998. Cenozoic magmatism throughout East Africa resulting from impact of a single plume. Nature, 395: 788-791.

Echevarria G. 2018. Genesis and Behaviour of Ultramafic Soils and Consequences for Nickel Biogeochemistry//van der Ent A, Echevarria G, Baker A J M, et al. Agromining: Farming for Metals. Cham: Springer International Publishing AG, 135-156.

Eddy M P, Jagoutz O, Ibañez-Mejia M. 2017. Timing of initial seafloor spreading in the Newfoundland-Iberia rift. Geology, 45 (6): 527-530.

Eguchi T. 1984. Seismotectonics of the Fiji Plateau and Lau Basin. Tectonophysics, 102: 17-32.

Eichelberger J, Gordeev E, Izbekov P, et al. 2007. Volcanism and Subduction: The Kamchatka Region. American Geophysical Union Geophysical Monograph Series, 172: 1-2.

Elasasser W M. 1969. Convection and stress propagation in the upper mantle. Meeting: The application of modern physics to the Earth and planetary interiors, Wiley-Interscience, Newcastle-Upon-Tyne, 223-246.

Eldholm O, Tsikalas F, Faleide J I. 2002. Continental margin off Norway 62-75° N: Palaeogene tectono-magmatic segmentation and sedimentation. Geological Society of London, Special Publications, 197 (1): 39-68.

Elkins-Tanton L T. 2008. Linked magma ocean solidification and atmospheric growth for Earth and Mars. Earth and Planetary Science Letters, 271 (1-4): 181-191.

Elkins-Tanton L T. 2011. Formation of early water oceans on rocky planets. Astrophysics and Space Science, 332: 359-364.

Elkins-Tanton L T. 2012. Magma oceans in the inner solar system. Annual Review of Earth and Planetary Sciences, 40: 113-139.

Elkins-Tanton L T. 2018. Planetary Science: Rapid formation of Mars. Nature, 558 (Jun): 522-523.

Elkins-Tanton L T, Zaranek S E, Parmentier E M, et al. 2005. Early magnetic field and magmatic activity on Mars from magma ocean cumulate overturn. Earth and Planetary Science Letters, 236 (1-2): 1-12.

Engdahl E R, Flinn E A. 1969. Seismic waves reflected from discontinuities within Earth's upper mantle. Science, 163 (3863): 177-179.

Engebretson D C, Cox A, Gorden R G. 1985. Relative motions between oceanic and continental plates in the Pacific basin. The Geological Society of America, Special Paper, 206: 1-59.

Engeln J F, Stein S. 1984. Tectonics of the Easter plate. Earth and Planetary Science Letters, 68: 259-270.

Engeln J F, Stein S, Werner J, et al. 1988. Microplate and shear zone models for oceanic spreading center reorganizations. Journal of Geophysical Research: Solid Earth, 93 (B4): 2839-2856.

England P, Molnar P. 1990. Right-lateral shear and rotation as the explanation for strike-slip faulting in eastern Tibet. Nature, 344: 140-142.

Ernst R, Bleeker W. 2010. Large igneous provinces (LIPs), giant dyke swarms, and mantle plumes: Significance for breakup events within Canada and adjacent regions from 2.5 Ga to the Present. Canadian Journal of Earth Sciences, 47 (5): 695-739.

Ernst R E. 2014. Large igneous provinces. Cambridge: Cambridge University Press.

Ernst R E, Grosfils E B, Mege D. 2001. Giant dike swarms: Earth, Venus, and Mars. Annual Review of Earth and Planetary Sciences, 29: 489-534.

Ernst W G. 2007. Speculations on evolution of the terrestrial lithosphere-asthenosphere system: Plumes and plates. Gondwana Research, 11: 38-49.

Ernst WG. 2011. Accretion of the Franciscan Complex attending Jurassic-Cretaceous geotectonic development of northern and central California. Geological Society of America Bulletin, 123: 1667-1678.

Ernst W G. 2017. Earth's thermal evolution, mantle convection, and Hadean onset of plate tectonics. Journal of Asian Earth Sciences, 145: 334-348.

Ernst W G, Snow C A, Scherer H H. 2008. Mesozoic transpression, transtension, subduction and metallogenesis in northern and central California. Terra Nova, 20 (5): 394-413.

Escalona A, Mann P. 2006. Tectonic controls of the right-lateral Burro Negro tear fault on Paleogene structure and stratigraphy, northeastern Maracaibo Basin. AAPG Bulletin, 90 (4): 479-504.

Escartín J, Canales J P. 2011. Detachments in oceanic lithosphere: Deformation, magmatism, fluid flow, and ecosystems. Eos, Transactions American Geophysical Union, 92 (4): 31.

Escartín J, Smith D K, Cann J, et al. 2008. Central role of detachment faults in accretion of slow-spreading oceanic lithosphere. Nature, 455 (7214): 790-794.

Evans B, Renner J, Hirth G. 2001. A few remarks on the kinetics of static grain growth in rocks. International Journal of Earth Sciences, 90: 80e103.

Evans D A. 2013. Reconstructing pre-Pangean supercontinents. Bulletin, 125 (11-12): 1735-1751.

Ewing J I, Ludwig W J, Ewing M. 1971. Structure of the Scotia sea and Falkland plateau. Journal of Geophysical Research, 76 (29): 7118-7137.

Faccenna C, Becker T W. 2010. Shaping mobile belts by small-scale convection. Nature, 465: 602-605.

FaccennaC, Funiciello F, Giardini D, et al. 2001. Episodic back-arc extension during restricted mantle convection in the central Mediterranean. Earth and Planetary Science Letters, 187 (1-2): 105-116.

Faccenna C, Piromallo C, Crespo-Blanc A, et al. 2004. Lateral slab deformation and the origin of the western Mediterranean arcs. Tectonics, 23: TC1012.

Faccenna C, Becker T W, Lallemand S, et al. 2012. On the role of slab pull in the Cenozoic motion of the Pacific plate. Geophysical Research Letters, 39 (3): L03305.

Faccenna C, Becker T W, Conrad C P, et al. 2013. Mountain building and mantle dynamics. Tectonics, 32: 80-93.

Faccenna C, Becker T W, Auer L, et al. 2014. Mantle dynamics in the Mediterranean. Reviews of Geophysics, 52 (3): 283-332.

Faccenna C, Oncken O, Holt A F, et al. 2017. Initiation of the Andean orogeny by lower mantle subduction. Earth and Planetary Science Letters, 463: 189-201.

Farley K, Natland J, Craig H. 1992. Binary mixing of enriched and undegassed (primitive?) mantle components (He, Sr, Nd, Pb) in Samoan lavas. Earth and Planetary Science Letters, 111: 183-199.

Farner M J, Lee C T A. 2017. Effects of crustal thickness on magmatic differentiation in subduction zone volcanism: A global study. Earth and Planetary Science Letters, 470: 96-107.

Faul U H, Jackson I. 2005, The seismological signature of temperature and grain size variations in the upper mantle. Earth and Planetary Science Letters, 234 (1-2): 119-134.

Fei V L. 2004. Developing an integrative multi-semiotic model//O'Halloran K L. Multimodal discourse analysis: Systemic functional perspectives. London: Continuum International Publishing Group, 220-246.

Festa A, Barbero E, Remitti F, et al. 2022. Mélanges and chaotic rock units: Implications for exhumed subduction complexes and orogenic belts. Geosystems and Geoenvironment, 1 (1): 100030.

Fischer R, Gerya T. 2016. Early Earth plume-lid tectonics: A high-resolution 3D numerical modelling approach. Journal of Geodynamics, 100: 198-214.

Fischer R, Rüpke L, Gerya T. 2021. Cyclic tectono- magmatic evolution of TTG source regions in plume- lid tectonics. Gondwana Research, 99: 93-109.

Fitz-Díaz E, Lawton T F, Juárez-Arriaga E, et al. 2018. The Cretaceous-Paleogene Mexican orogen: Structure, basin development, magmatism and tectonics. Earth-Science Reviews, 183: 56-84.

Flament N, Bodur O F, Williams S E, et al. 2022. Assembly of the basal mantle structure beneath Africa. Nature, 603: 846-851.

Flaser F M, Birch F. 1973. Energetics of core formation: A correction. Journal of Geophysical Research, 78: 6101-6103.

Fletcher J, Grove M, Kimbrough D, et al. 2007. Ridge-trench interactions and the Neogene tectonic evolution of the Magdalena Shelf and southern Gulf of California: Insights from detrital zircon U-Pb ages from the Magdalena Fan and adjacent areas. Geological Society of America Bulletin, 119: 1313-1336.

Flower M, Tamaki K, Hoang N. 1998. Mantle estrusion: a model for dispersed volcanism and DUPAL-like asthenosphere in east Asia and the western Pacific//Flower M F J, Chung S L, Ho C H, et al. Mantle Dynamics and Plate Interactions in East Asia. Washington: American Geophysica Union, 67-86.

Foley N T. 2002. Growth of early continental crust controlled by melting of amphibolite in subduction zones. Nature, 417: 835-837.

Fonseca P, Ribeiro A. 1993. Tectonics of the Beja-Ace buches ophiolite: A major suture in the Iberian Variscan Fold-belt. Geologische Rundschau, 82: 440-447.

Fornari D J, Gallo D G, Edwards M H, et al. 1989. Structure and topography of the Siqueiros transform fault system: Evidence for the development of intra-transform spreading centers. Marine Geophysical Researches, 11 (4): 263-299.

Fossen H. 2016. Structural Geology. Cambridge: Cambridge University Press.

Foster D A, Mueller P A, Goscombe B D, et al. 2014. Accreted turbidite fans and remnant ocean basins in Phanerozoic orogens: A template for a significant Precambrian crustal growth and recycling process//Dilek Y, Furnes H. Evolution of

Archean crust and early life. Dordrecht: Springer Netherlands, 293-331.
Forsyth D, Uyeda S. 1975. On the relative importance of the driving forces of plate motion. Geophysical Journal International, 43: 163-200.
Forsyth D W. 1972. Mechansims of earthquakes and plate motions in the East Pacific. Earth and Planetary Science Letters, 17: 189-193.
Foulger G R. 2007. The "plate" model for the genesis of melting anomalies//Foulger G R, Jurdy D M. Plates, Plumes, and Planetary Processes. Boulder: Geological Society of America, 1-28.
Foulger G R. 2010. Plates vs Plumes: A Geological Controversy. Oxford: John Wiley and Sons.
Foulger G R, Schiffer C, Peace A L. 2019. A new paradigm for the North Atlantic Realm. Earth- Science Reviews, 206: 103038.
Foulger G R, Elias S, Alderton, D. 2021. The plate theory for volcanism. Encyclopedia of geology, 3: 879-890.
Fournier M, Jolivet L, Goffe B. 1991. Alpine Corsica Metamorphic Core Complex. Tectonics, 10 (6): 1173-1186.
Fournier M, Chamot-Rooke N, Petit C, et al. 2010. Arabia-Somalia plate kinematics, evolution of the Aden-Owen-Carlsberg triple junction, and opening of the Gulf of Aden. Journal of Geophysical Research, 115: B04102.
Francheteau J, Patriat P, Segoufin J, et al. 1988. Pito and Orongo fracture zones: The northern and southern boundaries of the Easter microplate (Southeast Pacific). Earth and Planetary Science Letters, 89 (3): 363-374.
François C, Philippot P, Rey P, et al. 2014. Burial and exhumation during Archean sagduction in the East Pilbara granite-greenstone terrane. Earth and Planetary Science Letters, 396: 235-251.
François T, Burov E, Agard P, et al. 2014. Buildup of a dynamically supported orogenic plateau: Numerical modeling of the Zagros/Central Iran case study. Geochemistry, Geophysics, Geosystems, 15 (6): 2632-2654.
Frank F C. 1972. Plate tectonics, the analogy with glacier flow, and isostasy. Geophysical Monograph Series, 16: 285-292.
Franke D. 2013. Rifting, lithosphere breakup and volcanism: Comparison of magma- poor and volcanic rifted margins. Marine and Petroleum Geology, 43: 63-87.
Frey F A, Garcia M O, Wise W S, et al. 1991. The evolution of Mauna Kea Volcano, Hawaii: Petrogenesis of tholeiitic and alkalic basalts. Journal of Geophysical Research Solid Earth, 96 (B9): 14347-14375.
Frey F A, Coffin M F, Wallace P J, et al. 2000. Origin and evolution of a submarine large igneous province: The Kerguelen Plateau and Broken Ridge, southern Indian Ocean. Earth and Planetary Science Letters, 176: 73-89.
Frey F A, Coffin M F, Wallace P J, et al. 2003. Leg 183 synthesis: Kerguelen Plateau-Broken Ridge: A large igneous province. Proceedings of the Ocean Drilling Program, Scientific Results, 183: 1-48.
Friend C R, Nutman A P. 2010. Eoarchean ophiolites? New evidence for the debate on the Isua supracrustal belt, southern West Greenland. American Journal of Science, 310 (9): 826-861.
Frisch W, Meschede M, Blakey R C. 2011. Plate movements and their geometric relationships//Frisch W, Meschede M, Blakey R C. Plate Tectonics: Continental Drift and Mountain Building. Heidelberg: Springer Berlin, 15-26.
Fritzell E H, Bull A L, Shephard G E. 2016. Closure of the Mongol- Okhotsk Ocean: Insights from seismic tomography and numerical modelling. Earth and Planetary Science Letters, 445: 1-12.
Frost D A, Rost S. 2014. The P- wave boundary of the Large-Low Shear Velocity Province beneath the Pacific. Earth and Planetary Science Letters, 403: 380-392.
Fukao Y, Obayashi M. 2013. Subducted slabs stagnant above, penetrating through, and trapped below the 660 km discontinuity. Journal of Geophysical Research: Solid Earth, 118: 5920-5938.
Fukao Y, Obayashi M, Inoue H, et al. 1992. Subducting slabs stagnant in the mantle transition zone. Journal of Geophysical Research, 97: 4809-4822.
Funck T, Hopper J R, Larsen H C, et al. 2003. Crustal structure of the ocean-continent transition at Flemish Cap: Seismic refraction results. Journal of Geophysical Research: Solid Earth, 108 (B11): 2531.
Furnes H, Rosing M, Dilek Y, et al. 2009. Isua supracrustal belt (Greenland)-A vestige of a 3. 8 Ga suprasubduction zone ophiolite, and the implications for Archean geology. Lithos, 113: 115-132.
Furnes H, Dilek Y, de Wit M. 2015. Precambrian greenstone sequences represent different ophiolite types. Gondwana Research, 27 (2): 649-685.
Furukawa M, Tokuyama H, Abe S, et al. 1991. Report on DELP 1988 cruises in the Okinawa Trough Part 2: Seismic reflection studies in the southwestern part of the Okinawa Trough. Bulletin of the Earthquake Research Institute University of Tokyo, 66 (1): 17-36.
Furumoto A S, Webb J P, Odegard M E, et al. 1976. Seismic studies on the Ontong Java plateau, 1970. Tectonophysics, 34

(1-2): 71-90.

Gaina C, Müller R D. 2007. Cenozoic tectonic and depth/age evolution of the Indonesian gateway and associated back-arc basins, Earth-Science Reviews, 83: 177-203.

Gaina C, Müller R D, Royer J, et al. 1999. Evolution of the Louisiade triple junction. Journal of Geophysical Research, 104 (B6): 12927.

Gaina C, Müller R D, Brown B J, et al. 2003. Microcontinent formation around Australia. Special Paper of the Geological Society of America, 372: 405-416.

Gaina C, GernigonL, Ball P. 2009. Palaeocene-Recent plate boundaries in the NE Atlantic and the formation of the Jan Mayen microcontinent. Journal of the Geological Society, 166 (4): 601-616.

Gaina C, Torsvik T H, van Hinsbergen D J J, et al. 2013. The African plate: A history of oceanic crust accretion and subduction since the Jurassic. Tectonophysics, 604: 4-25.

Galer S J G. 1991. Interrelationships between continental freeboard, tectonics and mantle temperature. Earth and Planetary Science Letters, 105 (1-3): 214-228.

Ganerød M, Torsvik T H, van Hinsbergen D J J, et al. 2011. Palaeoposition of the Seychelles microcontinent in relation to the Deccan Traps and the Plume Generation Zone in late Cretaceous-early Palaeogene time. Geological Society of London, Special Publications, 357 (1): 229-252.

Garnero E J, McNamara A K, Shim S H. 2016. Continent-sized anomalous zones with low seismic velocity at the base of Earth's mantle. Nature Geoscience, 9: 481-489.

Garrison T, Ellis R. 2014. Oceanology: An Invitation to Marine Science. Michigan: Cengage Learning.

Gehrels G E. 2002. Detrital zircon geochronology of the Taku terrane, southeast Alaska, Canadian. Journal of Earth Sciences, 39: 921-931.

GeldmacherJ, Bogaard P V D, Heydolph K, et al. 2014. The age of Earth's largest volcano: Tamu Massif on Shatsky Rise (northwest Pacific Ocean). International Journal of Earth Sciences, 103 (8): 2351-2357.

Géli L, Bougault H, Aslanian D, et al. 1997. Evolution of the Pacific-Antarctic Ridge South of the Udintsev Fracture Zone. Science, 278 (5341): 1281-1284.

Géli L, Aslanian D, Olivet J L, et al. 1998. Location of Louisville hotspot and origin of Hollister Ridge: Geophysical constraints. Earth and Planetary Science Letters, 164 (1-2): 31-40.

Geng Y S, Liu F L, Yang C H. 2006. Magmatic event at the end of the Archean in eastern Hebei Province and its geological implication. Acta Geologica Sinica-English Edition, 80: 819-833.

Genrich J F, Bock Y, McCaffrey R, et al. 1996. Accretion of the southern Banda arc to the Australian plate margin determined by Global Positioning System measurements. Tectonics, 15 (2): 288-295.

Gente P, Dyment J, Maia M, et al. 2003. Interaction between the Mid-Atlantic Ridge and the Azores hotspot during the last 85 Myr: Emplacement and rifting of the hot spot-derived plateaus. Geochemistry, Geophysics, Geosystems, 4: 8514.

Geoffroy L. 2005. Volcanic passive margins. Comptes Rendus Geoscience, 337 (16): 1395-1408.

Gernigon L, Blischke A, NasutiA, et al. 2015. Conjugate volcanic rifted margins, seafloor spreading, and microcontinent: Insights from new high-resolution aeromagnetic surveys in the Norway Basin. Tectonics, 34 (5): 907-933.

Gerya T V. 2013. Three-dimensional thermomechanical modeling of oceanic spreading initiation and evolution. Physics of the Earth and Planetary Interiors, 214: 35-52.

Gerya T V. 2014. Precambrian geodynamics: Concepts and models. Gondwana Research, 25: 442-463.

Gerya T V. 2016. Origin, evolution, seismicity, and models of oceanic and continental transform boundaries//Duarte J C, Schellart W P. Plate Boundaries and Natural Hazards. Washington: American Geophysical Union, New Jersey: John Wiley and Son Inc. , 39-76.

Gerya T V, Stern R J, Baes M, et al. 2015. Plate tectonics on the Earth triggered by plume-induced subduction initiation. Nature, 527: 221-225.

Gerya T V, Bercovici D, Becker T W. 2021. Dynamic slab segmentation due to brittle-ductile damage in the outer rise. Nature, 599 (7884): 245-250.

Gibbons A D, Whittaker J M, Müller R D. 2013. The breakup of East Gondwana: assimilating constraints from cretaceous ocean basins around India into a best-fit tectonic model. Journal of Geophysical Research: Solid Earth, 118: 808-822.

Gibbons A D, Zahirovic S, Müller R D, et al. 2015. A tectonic model reconciling evidence for the collisions between India, Eurasia and intra-oceanic arcs of the central-eastern Tethys. Gondwana Research, 28: 451-492.

Gill J E. 1935. Flaws and tear faults. American Journal of Science, 30 (180): 553-554.

Gladczenko T P, Coffin M F, Eldholm O. 1997. Crustal structure of the Ontong Java Plateau: Modeling of new gravity and existing seismic data. Journal of Geophysical Research: Solid Earth, 102 (B10): 22711-22729.

Glerum A, Brune S, Stamps D S, et al. 2020. Victoria continental microplate dynamics controlled by the lithospheric strength distribution of the East African Rift. Nature communications, 11 (1): 2881.

Godfrey N J, Meltzer A S, Klemperer S L, et al. 1998. Evolution of the Gorda Escarpment, San Andreas fault and Mendocino triple junction from multichannel seismic data collected across the northern Vizcaino block, offshore northern California. Journal of Geophysical Research: Solid Earth, 103 (B10): 23813-23825.

Goff J A, Cochran J R. 1996. The bauer scarp ridge jump: A complex tectonic sequence revealed in satellite altimetry. Earth and Planetary Science Letters, 141 (1-4): 21-33.

Goff J A, Bergman E A, Solomon S C. 1987. Earthquake source mechanisms and transform fault tectonics in the Gulf of California. Journal of Geophysical Research: Solid Earth, 92 (B10): 10485-10510.

Golynsky A V, Alyavdin S V, Masolov V N, et al. 2002. The composite magnetic anomaly map of the East Antarctic. Tectonophysics, 347 (1-3): 109-120.

Goodwin A. 1991. Precambrian Geology. London: Academic Press Limited.

Goodwin A M. 1981. Precambrian perspectives. Science, 213 (4503): 55-61.

Govers R, Wortel M J R. 2005. Lithospheretearing at STEP faults: Response to edges of subduction zones. Earth and Planetary Science Letters, 236: 505-523.

Gradstein F M, Agterberg F P, Ogg J G, et al. 1994. A Mesozoic time scale. Journal of Geophysical Research, 99: 24051-24074.

Gradstein F M, Ogg J G, Smith A G, et al. 2004. A new geologic time scale, with special reference to Precambrian and Neogene. Episodes Journal of International Geoscience, 27 (2): 83-100.

Greenhalgh E E, Kusznir N J. 2007. Evidence for thin oceanic crust on the extinct Aegir Ridge, Norwegian Basin, NE Atlantic, derived from satellite gravity inversion. Geophysical Research Letters, 34: L06305.

Greenroyd C J, Peirce C, Rodger M, et al. 2007. Crustal structure of the French Guiana margin, West Equatorial Atlantic. Geophysical Journal International, 169: 964-987.

Greenroyd C J, Peirce C, Rodger M, et al. 2008. Demerara Plateau-the structure and evolution of a transform passive margin. Geophysical Journal International, 172: 549-564.

Gregg P M, Lin J, Behn M D, Montési L G J. 2007. Spreading rate dependence of gravity anomalies along oceanic transform faults. Nature, 448 (7150): 183-187.

Gregg P M M. 2008. The dynamics of oceanic transform faults: Constraints from geophysical, geochemical, and geodynamical modeling. Massachusetts Institute of Technology Doctoral Dissertation, 1-133.

Griffin B, Andi Z, O'Reilly S, et al. 1998. Phanerozoic evolution of the lithosphere beneath the Sino-Korean Craton//Flower M F J, Chung S L, Lo C H, et al. Mantle dynamics and plate interactions in East Asia. Washington: American Geophysical Union, 107-126.

Grimes C B, Cheadle M J, John B E, et al. 2011. Cooling rates and the depth of detachment faultingat oceanic core complexes: evidence from zircon Pb/U and (U-Th) /He ages. Geochemsitry, Geophysics, Geosystems, 12: Q0AG01.

Gün E, Pysklywec R N, Göğüş O H, et al. 2021. Pre-collisional extension of microcontinental terranes by a subduction pulley. Nature Geoscience, 14: 443-450.

Guo J H, O'Brien P J, Zhai M G. 2002. High-pressure granulites in the Sanggan area, North China craton: metamorphic evolution, P-T paths and geotectonic significance. Journal of Metamorphic Geology, 20: 741-756.

Guo J H, Sun M, Chen F K, et al. 2005. Sm-Nd and SHRIMP U-Pb zircon geochronology of high-pressure granulites in the Sanggan area, North China Craton: Ttiming of Paleoproterozoic continental collision. Journal of Asian Earth Sciences, 24: 629-642.

Guotana J M R, Payot B D, Dimalanta C B, et al. 2017. Arc and backarc geochemical signatures of the proto-Philippine Sea Plate: Insights from the petrography and geochemistry of the Samar Ophiolite volcanic section. Journal of Asian Earth Sciences, 142: 77-92.

Gurnis M. 1988. Large-scale mantle convection and the aggregation and dispersal of supercontinents. Nature, 332: 695-699.

Gurnis M, Turner M, Zahirovic S, et al. 2012. Plate tectonic reconstructions with continuously closing plates. Computers and Geosciences, 38: 35-42.

Gutenberg B, Richter C F. 1954. Seismicity of the Earth and Associated Phenomena. New Jersey: Princeton University Press.

Hafkenscheid E, Wortel M J R, Spakman W. 2006. Subduction history of the Tethyan region derived from seismic tomography and tectonic reconstructions. Journal of Geophysical Research: Solid Earth, 111 (B8): B08401.

Hager B H, O'Connell R J. 1981. A simple global model of plate dynamics and mantle convection. Journal of Geophysical Research: Solid Earth, 86 (B6): 4843-4867.

Hager B H, Clayton R W, Richards M A, et al. 1985. Lower mantle heterogeneity, dynamic topography and the geoid. Nature, 313: 541-545

Hall Jr, Clarence A. 1981. San Luis Obispo transform fault and middle Miocene rotation of the western Transverse Ranges, California. Journal of Geophysical Research: Solid Earth, 86 (B2): 1015-1031.

Hall R. 2002. Cenozoic geological and plate tectonic evolution of SE Asia and the SW Pacific: Computer based reconstructions, model and animations. Journal of Asian Earth Sciences, 20: 353-431.

Hall R. 2012. Late Jurassic-Cenozoic reconstructions of the Indonesian region and the Indian Ocean. Tectonophysics, 570-571: 1-41.

Hall R, Blundell D J. 1996. Tectonic evolution of Southeast Asia. London: The Geological Society.

Hall R, Spakman W. 2015. Mantle structure and tectonic history of SE Asia. Tectonophysics, 658: 14-45.

Halliday A, Wood B. 2007. 9. 02-the composition and major reservoirs of the earth around the time of the moon-forming giant impact//Stevenson D. Treatise on Geophysics: Evolution of the Earth. Los Angeles: Elsevier, 13-50.

Hammond W C, Blewitt G, Kreemer C. 2016. GPS Imaging of vertical land motion in California and Nevada: Implications for Sierra Nevada uplift. Journal of Geophysical Research: Solid Earth, 121: 7681-7703.

Handy M R, Schmid M S, Bousquet R, et al. 2010. Reconciling plate-tectonic reconstructions of Alpine Tethys with the geological-geophysical record of spreading and subduction in the Alps. Earth-Science Reviews, 102: 121-158.

Handy M R, Ustaszewski K, Kissling E. 2015. Reconstructing the Alps- Carpathians- Dinarides as a key to understanding switches in subduction polarity, slab gaps and surface motion. International Journal of Earth Sciences- Geological Rundsch, 104: 1-26.

Hansen V L. 2007. LIPS on Venus. Chemical Geology, 241: 354-374.

Harff J, Meschede M, Petersen S, et al. 2016. Encyclopedia of Marine Geosciences. Netherlands: Springer.

Harisma H, Naruse H, Asanuma H, et al. 2022. The origin of the Paleo-Kuril Arc, NE Japan: Sediment provenance change and its implications for plate configuration in the NW Pacific region since the Late Cretaceous. Tectonics, 41: e2022TC007299.

Harper J F. 1975. On the driving forces of plate tectonics. Geophysical Journal International, 40 (3): 465-474.

Harris L B, Bédard J H. 2014. Crustal Evolution and Deformation in a Non-Plate-Tectonic Archaean Earth: Comparisons with Venus//Dilek Y, Furnes H. Evolution of Archean Crust and Early Life. Dordrecht: Springer, 215-292.

Harris L B, Bedard J H. 2015. Interactions between continent- like drift, rifting and mantle flow on Venus: Gravity interpretations and Earth analogues. Journal of the Brazilian Chemical Society, 22 (3): 489-500.

Harris L B, Godin L, Yakymchuk C. 2012. Regional shortening followed by channel flow induced collapse: A new mechanism for "dome and keel" geometries in Neoarchaean granite-greenstone terrains. Precambrian Research, 212: 139-154.

Harris R. 2011. The nature of the Banda arc- continent collision in the Timor region//Brown D, Ryan P D. Arc- Continent Collision. Heidelberg: Springer Berlin, 163-211.

Harrison C G A. 2016. The present-day number of tectonic plates. Earth, Planets and Space, 68: 37.

Harrison L N, Weis D, Garcia M O. 2017. The link between Hawaiian mantle plume composition, magmatic flux, and deep mantle geodynamics. Earth and Planetary Science Letters, 463: 298-309.

Harrison T M. 2009. The Hadean Crust: Evidence from >4 Ga Zircons. Annual Review of Earth and Planetary Sciences, 37: 479-505.

Harrison T M. 2020. Hadean Earth. New York: Springer.

Hart S R, Hauri E H, Oschmann L A, et al. 1992. Mantle plumes and entrainment: Isotopic evidence. Science, 256 (5056): 517-520.

Haskell N A. 1935. The motion of a fluid under a surface load. Physics, 6: 265-269.

Hasterok D, Halpin, J A, Collins A S, et al. 2022. New maps of global geological provinces and tectonic plates. Earth-Science Reviews, 231: 104069.

Hauri E H. 1996. Major-element variability in the Hawaiian mantle plume. Nature, 382 (6590): 415-419.

Hawkesworth C, Cawood P A, Dhuime B. 2019. Rates of generation and growth of the continental crust. Geoscience Frontiers, 10 (1): 169-177.

Hawkesworth C, Cawood P A, Dhuime B. 2020. The evolution of the continental crust and the onset of plate tectonics. Frontiers for Earth Science (Lausanne), 8: 326.

Hayes G P, Furlong K P and Ammon C J. 2009. Intraplate deformation adjacent to the Macquarie Ridge south of New Zealand-The tectonic evolution of a complex plate boundary. Tectonophysics, 463 (1): 1-14.

He Y, Wen L. 2009. Structural features and shear- velocity structure of the "Pacific Anomaly" . Journal of Geophysical Research, 114: B02309.

Hebert L B, Montési L G J. 2011. Melt extraction pathways at segmented oceanic ridges: Application to the East Pacific Rise at the Siqueiros transform. Geophysical Research Letters, 38 (11): 2235-2239.

Heezen B C. 1960. The rift in the ocean floor. Scientific American, 203 (4): 98-114.

Heezen B C, Matthews J L, Catalano R, et al. 1973. Western Pacific Guyots//Bougault H, Cande S C. Initial Reports DSDP, 20. Washington: United States Government Printing Office, 653-723.

Heidbach O, Tingay M, Barth A, et al. 2010. Global crustal stress pattern based on the World Stress Map database release 2008. Tectonophysics, 482 (1): 3-15.

Heidbach O, Rajabi M, Reiter K, et al. 2016. World stress map database release 2016. GFZ Data Services, 10: 1.

Heilimo E, Halla J, Huhma H. 2011. Single-grain zircon U-Pb age constraints of the western and eastern sanukitoid zones in the Finnish part of the Karelian Province. Lithos, 121: 87-99.

Heirtzler J R, Le Pichon X, Baron J G. 1966. Magnetic anomalies over the Reykjanes Ridge. Deep- sea Resarch, 13: 427-444.

Helbig M, Keppie J D, Murphy J B, 2012. U- Pb geochronological constraints on the Triassic- Jurassic Ayu Complex, southern Mexico: Derivation from the western margin of Pangea-A. Gondwana Research, 22: 910-927.

Helbig M, Keppie J D, Murphy B, et al. 2013. Exotic rifted passive margin of a backarc basin off western Pangea: Geochemical evidence from the Early Mesozoic Ayú Complex, southern Mexico. International Geology Review, 55 (7): 863-881.

Hennig J, Breitfeld H T, Hall R, et al. 2017. The Mesozoic tectono-magmatic evolution at the Paleo-Pacific subduction zone in West Borneo. Gondwana Research, 48: 292-310.

Hernlund J W, Houser C. 2008. On the statistical distribution of seismic velocities in Earth's deep mantle. Earth and Planetary Science Letters, 265: 423-437

Herron E M. 1972. Two small crustal plates in the South Pacific near Easter Island. Nature, 240: 35-37.

Herzberg C, Condie K, Korenaga J. 2010. Thermal the Earth history and its petrological expression. Earth and Planetary Science Letters, 2921: 79-88.

Hess H H. 1962. History of Ocean Basins//Engel A E J, James H L, Leonard B F. Petrologic Studies: A volume in honor of A. F. Buddington. Washington: Geological Society of America, 599-620.

Hey J D, Chu C C, Brezinsek S, et al. 2001. Oxygen ion impurity in the TEXTOR-94 boundary plasma observed by Zee-manSpectroscopy. Journal of Physics B: Atomic, Molecular and Optical Physics, 35: 1525.

Hey R, Milholland P. 1979. Stability of quadruple junctions. Nature, 277: 201-202.

Hey R, Martinez F, Höskuldsson Á, et al. 2010. Propagating rift model for the V- shaped ridges south of Iceland. Geochemistry, Geophysics, Geosystems, 11: Q03011.

Hey R, Baker E, Lupton J, et al. 2001. Fine-Scale Volcano-Tectonic Patterns Along the Hotspot and Non-Hotspot Influenced Fastest Spreading Parts of the East Pacific Rise, and Their Relation to Hydrothermal Activity. In AGU Fall Meeting Abstracts, Washington, T42C-0954.

Hey R N. 1977. A new class of "pseudofaults" and their bearing on plate tectonics: A propagating rift model. Earth and Planetary Science Letters, 37: 321-325.

Hey R N. 2004. Propagating rifts and microplates at mid- ocean ridges//Selley R C, Cocks R, Plimer I. Encyclopedia of Geology. London: Academic Press, 396-405.

Hey R N, Wilson D S. 1982. Propagating rift explanation for the tectonic evolution of the Northeast Pacific- the pseudomovie. Earth and Planetary Science Letters, 58: 167-188.

Hey R N, Duennebier F K, Morgan W J. 1980. Propagating rifts on mid-ocean ridges. Journal of Geophysical Research: Solid Earth, 85 (B7): 3647-3658.

Hey R N, Naar D F, Kleinrock M C, et al. 1985. Microplate tectonics along a superfast seafloor spreading system near Easter Island. Nature, 317: 320-325.

Hey R N, Kleinrock M C, Miller S P, et al. 1986. Sea Beam/Deep-Tow investigation of an active oceanic propagating rift system. Journal of Geophysical Research, 91: 3369-3393.

Heydolph K, Murphy D T, Geldmacher J R, et al. 2014. Plume versus plate origin for the Shatsky Rise oceanic plateau (NW Pacific): Insights from Nd, Pb and Hf isotopes. Lithos, 200: 49-63.

Hieronymus C F. 2004. Control on seafloor spreading geometries by stress- and strain-induced lithospheric weakening. Earth and Planetary Science Letters, 222 (1): 177-189.

Hilde T W C, Isezaki N, Wageman J M. 1976. Mesozoic sea-floor spreading in the North Pacific//Sutton G H, Manghnani M H, Moberly R. The Geophysics of the Pacific Ocean Basin and Its Margin. Washington: American Geophysical Union, 19: 205-226.

Hilde T W C, Uyeda S, Kroenke L. 1977. Evolution of the western Pacific and its margin. Tectonophysics, 38: 145-165.

Hill K C, Raza A. 1999. Arc-continent collision in Papua Guinea: Constraints from fission track thermochronology. Tectonics, 18 (6): 950-966.

Hill R I. 1993. Mantle plumes and continental tectonics. Lithos, 30 (3-4): 193-206.

Hill R I, Campbell I H, Davies G F, et al. 1992. Mantle plumes and continental tectonics. Science, 256 (5054): 186-193.

Hirth G, Kohlstedt D. 2003. Rheology of the upper mantle and the mantle wedge: a view from the experimentalists//Eiler J. Subduction Factor Mongraph. Washington: American Geophysical Union, 138: 83-105.

Hochmuth K Gohl K, Uenzelmann-Neben G. 2015. Playing jigsaw with Large Igneous Provinces-A plate tectonic reconstruction of Ontong Java Nui, West Pacific. Geochemistry, Geophysics, Geosystems, 16: 3789-3807.

Hochstaedter A G, Kepezhinskas P K, Defant M J, et al. 1994. On the tectonic significance of arc volcanism in northern Kamchatka. The Journal of Geology, 102 (6): 639-654.

Hofmann A W, White W M. 1982. Mantle plumes from ancient oceanic crust. Earth and Planetary Science Letters, 57: 421-436.

Hofmann A W, Jochum K P, Seufert M, et al. 1986. Nb and Pb in oceanic basalts: New constraints on mantle evolution. Earth and Planetary Science Letters, 79 (1-2): 33-45.

Hoffmann J E, Kröner A, Hegner E, et al. 2016. Source composition, fractional crystallization and magma mixing processes in the 3. 48-3. 43Ga Tsawela tonalite suite (Ancient Gneiss Complex, Swaziland) -Implications for Palaeoarchaean geodynamics. Precambrian Research, 276: 43-66.

Hoffman P F. 1991. Did the breakout of Laurentia turn Gondwanaland inside-out? Science, 252: 1409-1412.

Holm R J, Rosenbaum G, Richards S W. 2016. Post 8 Ma reconstruction of Papua New Guinea and Solomon Islands: Microplate tectonics in a convergent plate boundary setting. Earth-Science Reviews, 156: 66-81.

Holmes A. 1929. Origin and physical constitution of the Earth. Geographical Journal, 71: 584-588.

Holmes A. 1931. The problem of the association of acid and basic rocks in central complexes. Geological Magzine, 68 (6): 241-255.

Holmes A. 1945. Principles of Physical Geology. New York: Ronald Press Co.

Holmiae. 1712. Actorum chymicorum Holmiensium parasceve. Acta et Tentamina Chymica, 16 (2): 153-204.

Hölttä P, Paavola J. 2000. P-T-t development of Archaean granulites in Varpaisjärvi, Central Finland: Effects of multiple metamorphism on the reaction history of mafic rocks. Lithos, 50 (1-3): 97-120.

Honza E, Fujioka K. 2004. Formation of arcs and back-arc basins inferred from the tectonic evolution of Southeast Asia since the Late Cretaceous. Tectonophysics, 384: 23-53.

Horvath F, Bada G, Szafián P, et al. 2006. Formation and deformation of the Pannonian Basin: Constraints from observational data. Geological Society London Memoirs, 32 (1): 191-206.

Horváth F, Musitz B, Balázs A, et al. 2015. Evolution of the Pannonian basin and its geothermal resources. Geothermics, 53: 328-352.

Hoskin P W O. 2005. Trace-element composition of hydrothermal zircon and the alteration of Hadean zircon from the Jack Hills, Australia. Geochimica et Cosmochimica Acta, 69: 637-648.

Hosseini K, Matthews K J, Sigloch K, et al. 2018. SubMachine: Web-based tools for exploring seismic tomography and other models of Earth's deep interior. Geochemistry, Geophysics, Geosystems, 19: 1464-1483.

Hosseini K, Sigloch K, Tsekhmistrenko M, et al. 2020. Global mantle structure from multifrequency tomography using P, PP and P-diffracted waves, Geophysical Journal International, 1: 96-141.

Hou Z Q, Cook N J. 2009. Metallogenesis of the Tibetan collisional orogen: A review and introduction to the special issue. Ore Geology Review, 36: 2-24.

Hou Z Q, Wang R, Zhang H J, et al. 2023. Formation of giant copper deposits in Tibet driven by tearing of the subducted

Indian Plate. Earth-Science Reviews, 243: 104482.
Hu J, Liu L, Faccenda M, et al. 2018. Modification of the Western Gondwana craton by plume-lithosphere interaction. Nature Geoscience, 11 (3): 203-210.
Hu J S, Gurnis M, Rudi J, et al. 2022. Dynamics of the abrupt change in Pacific Plate motion around 50 million years ago. Nature Geoscience, 15: 74-78.
Hu X, Garzanti E, Wang J, et al. 2016. The timing of India-Asia collision onset-Facts, theories, controversies. Earth-Science Reviews, 160: 264-299.
Huang C, Leng W, Wu Z. 2020. The Continually StableSubduction, Iron-Spin Transition, and the Formation of LLSVPs From Subducted Oceanic Crust. Journal of Geophysical Research: Solid Earth, 125: e2019JB018262.
Huang C, Li Z X, Zhang N. 2022. Will Earth's next supercontinent assemble through the closure of the Pacific Ocean? National Science Review, 9: nwac205.
Huang C Y. 2012. Geological Significance of the Huatung Basin East off Taiwan: A Relic Neo-Tethys Ocean between the Eurasian Plate and the Modern Pacific Plate? Acta Geoscientica Sinica, 33 (Supp. 1): 23.
Huang C Y, Yuan P B, Lin C W, et al. 2000. Geodynamic processes of Taiwan arc-continent collision and comparison with analogs in Timor, Papua New Guinea, Urals and Corsica. Tectonophysics, 325 (1): 1-21.
Huang Y, Sager W W, Zhang J, et al. 2021. Magnetic anomaly map of Shatsky Rise and its implications for oceanic plateau formation. Journal of Geophysical Research: Solid Earth, 126: e2019JB019116.
Huchon P, Bourgois J. 1990. Subduction-InducedFragmentation of the Nazca Plate off Peru: Mendana Fracture Zone and Trujillo Trough Revisited. Journal of Geophysical Research, 95 (B6), 8419-8436.
Hussong D M, Fryer P. 1982. Structure and tectonics of the Mariana arc and fore-arc drillsite selection surveys. Initial Reports of the Deep Sea Drilling Project, 60 (MAR): 33.
Hussong D M, Dang S P, Kulm L D, et al. 1984. Peru-Chile continental margin and adjacent ocean floor, in Ocean Margin Drilling Program. Marine Science International, Woods Hole.
Ibanez-Mejia M, Ruiz J, Valencia V A, et al. 2011. The Putumayo Orogen of Amazonia and its implications for Rodinia reconstructions: New U-Pb geochronological insights into the Proterozoic tectonic evolution of northwestern South America. Precambrian Research, 191: 58-77.
Iglésias M, Ribeiro M and Ribeiro A. 1983. La interpretacion aloctonista de la estrutura del Noroeste Peninsular. Revista De Arqueología Americana, 1: 459-467.
Iizuka T, Horie K, Komiya T, et al. 2006. 4. 2 Ga zircon xenocryst in an Acasta gneiss from northwesternCanada: Evidence for early continental crust. Geology, 34: 245-248.
Ildefonse B, Blackman D K, John B E, et al. 2007. Oceanic Core Complexes and Crustal Accretion at Slow-Spreading Ridges. Indications From IODP Expeditions 304-305 and Previous Ocean Drilling Results. Geology, 35 (7): 623-626.
Isacks B, Molnar P. 1969. Mantle earthquake mechanisms and the sinking of the lithosphere. Nature, 223 (5211): 1121-1124.
Isacks B, Molnar P. 1971. Distribution of stresses in the descending lithosphere from a global survey of focal-mechanism solutions of mantle earthquakes. Reviews of Geophysics, 9 (1): 103-174.
Isacks B, Oliver J, Sykes L R. 1968. Seismology and the new global tectonics. Journal of geophysical research, 73 (18): 5855-5899.
Isacks B, Sykes L R, Oliver J. 1969. Focal mechanisms of deep and shallow earthquakes in the Tonga-Kermadec region and the tectonics of island arcs. Geological Society of America Bulletin, 80 (8): 1443-1470.
Isozaki Y, Aoki K, Nakama T, et al. 2010. New insight into a subduction-related orogen: A reappraisal of the geotectonic framework and evolution of the Japanese Islands. Gondwana Research, 8: 82-105.
Jackson M G, Hart S R, Konter J G, et al. 2010. Samoan hot spot track on a "hot spot highway": Implications for mantle plumes and a deep Samoan mantle source. Geochemistry, Geophysics, Geosystems, 11: Q12009.
Jacobsen S B, Wasserburg G J J. 1979. The mean age of mantle and crustal reservoirs. Geophysical Research, 84: 7411-7427.
Jaffe L A, Hilton D R, Fischer T P, et al. 2004. Tracing magma sources in an arc-arc collision zone: Helium and carbon isotope and relative abundance systematics of the Sangihe Arc, Indonesia. Geochemistry, Geophysics, Geosystems, 5: Q04J10.
Jagoutz O, Schmidt M W, Enggist A, et al. 2013. TTG-type plutonic rocks formed in a modern arc batholith by hydrous fractionation in the lower arc crust. Contributions to Mineralogy and Petrology, 166: 1099-1118.

Jahn B M. 1990. Early Precambrian basic rocks of China//Hall R P, Hughes DJ. Early Precambrian Basic Magmatism. Glasgow: Blackie, 294-316.

Jahn B M, Zhang Z Q. 1984. Radiometric ages (Rb-Sr, Sm-Nd, U-Pb) and REE geochemistry of Archaean granulite gneisses from eastern Hebei province, China//Kröner A, Hanson G N, Goodwin A M. Archaean Geochemistry. Berlin/Heidelburg: Springer-Verlag, 183-204.

Jahn B M, Gruau G, Glikson A Y. 1982. Komatiites of the Onverwacht Group, South Africa: REE geochemistry, Sm/Nd age and mantle evolution. Contributions to Mineralogy and Petrology, 80: 25-40.

Jahn B M, Liu D Y, Wan Y S, et al. 2008. Archean crustal evolution of the Jiaodong peninsula, China, as revealed by zircon SHRIMP geochronology, elemental and Nd-isotope geochemistry. American Journal of Sciences, 308: 232-269.

Jenner F E, Bennett V C, Yaxley G, et al. 2013. Eoarchean within-plate basalts from southwest Greenland. Geology, 41: 327-330.

Jia L B. 2014. The Interaction Between Flexible Plates and Fluid in Two-dimensional Flow//Springer Theses: Recognzing Outstanding Ph. D. Research. Heidelberg: Springe Berlin.

Jiang H, Han J, Chen H, et al. 2017. Intra-continental back-arc basin inversion and Late Carboniferous magmatism in Eastern Tianshan, NW China: Constraints from the Shaquanzi magmatic suite. Geoscience Frontiers, 8 (6): 1447-1467.

Jiang N, Guo J H, Zhai M G, et al. 2010. ~2.7 Ga crust growth in the North China Craton. Precambrian Research, 139: 37-49.

Jiang Z X, Li S Z, Liu Q S, et al. 2021. The trials and tribulations of the Hawaii hotspot model. Earth-Science Reviews, 215: 103544.

John B E, Foster D A, Murphy J M, et al. 2004. Determining the cooling history of in situ lower oceanic crust-Atlantis Bank, SW Indian Ridge. Earth and Planetary Science Letters, 222 (1): 145-160.

Johnson S E, Tate M C, Fanning C M. 1999. New geologic mapping and SHRIMP U-Pb zircon data in the Peninsular Ranges-batholith, Baja California, Mexico: Evidence for a suture? Geology, 27 (8): 743-746.

Johnson T E, Brown M, Kaus B J P, et al. 2014. Delamination and recycling of Archaean crust caused by gravitational instabilities. Nature Geoscience, 7: 47-52.

Johnson T E, Brown M, Gardiner N J, et al. 2017. Earth's first stable continents did not form by subduction. Nature, 543 (7644): 239-242.

Johnson T E, Gardiner N J, Miljković K, et al. 2018. An impact melt origin for Earth's oldest known evolved rocks. Nature Geoscience, 11: 795-799.

Johnston T W. 1967. Atmospheric gravity wave instability? Journal of Geophysical Research, 72 (11): 2972-2974.

Jolivet L, Faccenna C, Agard P, et al. 2016. Neo-Tethys geodynamics and mantle convection: from extension to compression in Africa and a conceptual model for obduction. Canadian Journal of Earth Sciences, 53 (11): 1190-1204.

Jolivet L, Faccenna C, Becker T, et al. 2018. Mantle flow and deforming continents: From India-Asia convergence to Pacific Subduction. Tectonics, 37: 2887-2914.

Jones T D, Maguire R R, van Keken P E, et al. 2020. Subducted oceanic crust as the origin of seismically slow lower-mantle structures. Progress in Earth and Planetary Science, 7: 1-16.

Jordan T H. 1978. Composition and development of the continental tectosphere. Nature, 274 (5671): 544-548.

Kameyama M, Yuen D, Fujimoto H. 1997. The interaction of viscous heating with grain-size dependent rheology in the formation of localized slip zones. Geophysical Research Letter, 24: 2523-2526.

Kapp P, Decelles P G. 2019. Mesozoic-Cenozoic geological evolution of the Himalayan-Tibetan orogen and working tectonic hypotheses. American Journal of Sciences, 319 (3): 159-254.

Karato S. 1989. Grain growth kinetics in olivine aggregates. Tectonophysics, 168: 255-273.

Karato S I, Wu P. 1993. Rheology of the upper mantle: A synthesis. Science, 260 (5109): 771-778.

Karato S I, Jung H. 1998. Water, partial melting and the origin of the seismic low velocity and high attenuation zone in the upper mantle. Earth and Planetary Science Letters, 157 (3-4): 193-207.

Karson J A. 2016. Crustal accretion of thick mafic crust in Iceland: Implications for volcanic rifted margins. Canadian Journal of Earth Sciences, 53 (11): 1205-1215.

Karson J A, Früh-Green G L, Kelley D S, et al. 2006. Detachment shear zone of the Atlantis Massif core complex, Mid-Atlantic Ridge, 30°N. Geochemistry, Geophysics, Geosystems, 7: Q06016.

Karson J A, Kelley D S, Fornari D J, et al. 2015. Discovering the Deep: A Photographic Atlas Of The Seafloor And Ocean Crust. Cambridge: Cambridge University Press.

Katsura T, Yamada H, Nishikawa O, et al. 2004. Olivine-wadsleyite transition in the system (Mg, Fe) $2SiO_4$. Journal of Geophysical Research: Solid Earth, 109 (B2): B02209.

Kelsey A J, McNutt M K, Webb H F, et al. 1995. Why there are no earthquakes on the Marquesas Fracture Zone. Journal of Geophysical Research: Solid Earth, 100 (B12): 24431-24447.

Kemp A, Hickman A, Kirkland C, et al. 2015. Hf isotopes in detrital and inherited zircons of the Pilbara Craton provide no evidence for Hadean continents. Precambrian Research, 261: 112-126.

Kemp A I S, Wilde S A, Hawkesworth C J, et al. 2010. Hadean crustal evolution revisited: New constraints from Pb-Hf isotope systematics of the Jack Hills zircons. Earth and Planetary Science Letters, 296: 45-56.

Kennett B L N, Engdahl E R, Buland R. 1995. Constraints on seismic velocities in the earth from travel times. Geophysical Journal International, 122: 108-124.

Kent R W, Hardarson B S, Saunders A D, et al. 1996. Plateaux ancient and modern: geochemical and sedimentological perspectives on Archaean oceanic magmatism. Lithos, 37 (2-3): 129-142.

Kent R W, Pringle M S, Müller R D, et al. 2002. $^{40}Ar/^{39}Ar$ geochronology of the Rajmahal basalts, India, and their relationship to the Kerguelen Plateau. Journal of Petrology, 43: 1141-1153.

Keppie D F. 2014. The analysis of diffuse triple junction zones in plate tectonics and the pirate model of Western Caribbean tectonics. New York: Springer Science and Business Media.

Keppie D F. 2015. How the closure of pale-Tethys and Tethys oceans controlled the early breakup of Pangaea. Geology, 43: 335-338.

Keppie D F. 2016. How subduction broke up Pangaea with implications for the supercontinent cycle. Geological Society of London, Special Publications, 424: 265-288.

Keppie J D. 2004. Terranes of Mexico revisited: A 1. 3 billion year odyssey. International Geology Review, 46: 765-794.

Kerr A C, Arndt N T. 2001. A note on the IUGS reclassification of the high-Mg and picritic volcanic rocks. Journal of Petrology, 42: 2169-2171.

Kerrich R, Xie Q L. 2002. Compositional recycling structure of an Archean super-plume: Nb-Th-U-LREE systematics of Archean komatiites and basalts revisited. Contributions to Mineralogy and Petrology, 142: 476-484.

Kerrich R, Polat A. 2006. Archean greenstone-tonalite duality: Thermochemical mantle convection models or plate tectonics in the early Earth global dynamics? Tectonophysics, 415 (1-4): 141-165.

Key K, Constable S, Liu L J, et al. 2013. Electrical image of passive mantle upwelling beneath the northern East Pacific Rise. Nature, 495: 499-502.

Khorrami F, Vernant P, Masson F, et al. 2019. An up-to-date crustal deformation map of Iran using integrated campaign-mode and permanent GPS velocities. Geophysical Journal International, 217: 832-843.

Kiindig E. 1956. Geology and ophiolite problems of East Celebes//Verbeek R D. Verhandelingen van het Geologisch Mijnbouwkundig Genootschap voor Nederland en Koloniën. Mouton: Gravenhage, 210-235.

Kimura M. 1985. Back-arc rifting in the Okinawa Trough. Marine and Petroleum Geology, 2: 222-240.

King S D, Gable C W, Weinstein, S A. 1992. Models of convection-driven tectonic plates: A comparison of methods and results. Geophysical Journal International, 109 (3): 481-487.

Király Á, Faccenna C, Funiciello F. 2018. Subduction zones interaction around the Adria microplate and the origin of the Apenninic arc. Tectonics, 37: 3941-3953.

Kodaira S, Mjelde R, Gunnarsson K, et al. 1998. Structure of the Jan Mayen microcontinent and implications for its evolution. Geophysical Journal International, 132 (2): 383-400.

Koehn D, Aanyu K, Haines S, et al. 2008. Rift nucleation, rift propagation and the creation of basement micro-plates within active rifts. Tectonophysics, 458 (1): 105-116.

Koelemeijer P, Ritsema J, Deuss A, et al. 2016. SP12RTS: A degree-12 model of shear- and compressional-wave velocity for Earth's mantle. Geophysical Journal International, 204: 1024-1039.

Koelemeijer P, Deuss A, Ritsema J. 2017. Density structure of Earth's lowermost mantle from Stoneley mode splitting observations. Nature Communications, 8: 15241.

Komiya T. 2004. Material circulation model including chemical differentiation within the mantle and secular variation of temperature and composition of the mantle. Physics of the Earth and Planetary Interiors, 1461: 333-367.

Komiya T, Maruyama S. 2007. A very hydrous mantle under the western Pacific region: Implications for formation of marginal basins and style of Archean plate tectonics. Gondwana Research, 11 (1-2): 132-147

Komiya T, Maruyama S, Masuda T, et al. 1999. Plate Tectonics at 3. 8-3. 7 Ga: Field Evidence from the Isua Accretionary

Complex, Southern West Greenland. The Journal of Geology, 107: 515-554.

Kong X C, Li S Z, Wang Y M, et al. 2018. Causes of earthquake spatial distribution beneath the Izu- Bonin- Mariana arc. Journal of Asian Earth Sciences, 151: 90-100.

Konstantinovskaya E, Malavieille J. 2011. Thrust wedges with décollement levels and syntectonic erosion: A view from analog models. Tectonophysics, 502 (3-4): 336-350.

Konstantinovskaia E A. 2001. Arc-continent collision and subduction reversal in the Cenozoic evolution of the Northwest Pacific: An example from Kamchatka (NE Russia). Tectonophysics: 333 (1-2): 75-94.

Koppers A A P, Staudigel H, Duncan R A. 2003a. High-resolution $^{40}Ar/^{39}Ar$ dating of the oldest oceanic basement basalts in the western Pacific basin. Geochemistry, Geophysics Geosystems, 4 (11), 8914.

Koppers A A P, Staudigel H, Pringle M S, et al. 2003b. Short- lived and discontinuous intraplate volcanism in the South Pacific: Hot spots or extensional volcanism? Geochemistry, Geophysics, Geosystems, 4 (10): 1089.

Koptev A, Calais E, Burov E, et al. 2015. Dual continental rift systems generated by plume- lithosphere interaction. Nature Geoscience, 8 (5): 388-392.

Koptev A, Burov E, Calais E, et al. 2016. Contrasted continental rifting via plume-craton interaction: Applications to Central East African rift. Geoscience Frontiers, 7: 221-236.

Korsch R J, Wellman H W. 1988. The Geological Evolution of New Zealand and the New Zealand Region//Nairn A E M, Stehli F G, Uyeda S. The Ocean Basins And margins: The Pacific Ocean. New York: Springer Science+Business Media, 7B: 1-120.

Kreemer C, Blewitt G, Klein E C. 2014. A geodetic plate motion and Global Strain Rate Model. Geochemistry, Geophysics, Geosystems, 15 (10): 3849-3889.

Kroenke L W. 1974. Origin of continents through development and coalescence of oceanic flood basalt plateaus. Transactions- American Geophysical Union, 55 (4): 443.

Kröner A. 1981. Precambrian plate tectonics//Developments in Precambrian Geology. Amsterdam: Elsevier Presse, 57-90.

Kröner A, Wilde S A, Li J H, et al. 2005. Age and evolution of a late Archean to Paleoproterozoic upper to lower crustal section inthe Wutaishan/Hengshan/Fuping terrain of northern China. Journal of Asian Earth Sciences, 24: 577-595.

Kuhn T S. 1962. The Structure of Scientific Revolutions. Chicago: University of Chicago Press.

Kurt F. 2000. Brief outline of Pennsylvania's Geologic History. https://faculty. kutztown. edu/friehauf/Pennsylvania_history/0575_Pennsylvania_tectonic_history. html [2021-8-11] .

Kusky T, Windley B F, Polat A, et al. 2021. Archean dome-and-basin style structures form during growth and death of intraoceanic and continental margin arcs in accretionary orogens. Earth-Science Reviews, 220: 103725.

Kusky T M. 2011. Geophysical and geological tests of tectonic models of the North China Craton. Gondwana Research, 20: 26-35.

Kusky T M, Polat A. 1999. Growth of granite-greenstone teerances at convergent margins and stabilization of Archean cratons. Tectonophysics, 305 (1-3): 43-73.

Kusky T M, Li J H. 2003. Paleoproterozoic tectonic evolution of the North China Craton. Journal of Asian Earth Sciences, 22: 383-397.

Kusky T M, Windley B F, Zhai M G. 2007. Tectonic evolution of the North China Block: From orogen to craton to orogen// Zhai M G, Windley B F, Kusky T, et al. Mesozoic Sub-continental Thinning Beneath Eastern North China. London: Geological Society Special Publish, 280: 1-34.

Kusky T M, Polat A, Windley B F, et al. 2016. Insights into the tectonic evolution of the North China Craton through comparative tectonic analysis: A record of outward growth of Precambrian continents. Earth- Science Reviews, 162: 387-432.

Kuykendall M G, Kruse S E, Mcnutt M K. 1994. The effects of changes in plate motions on the shape of the Marquesas Fracture Zone. Geophysical Research Letters, 21 (25): 2845-2848.

Labails C, Olivet J L, Aslania D, et al. 2010. An alternative early opening scenario for the Central Atlantic Ocean. Earth and Planetary Science Letters, 297: 355-368.

Labrosse S, Hernlund J, Coltice N. 2007. A crystallizing dense magma ocean at the base of the Earth's mantle. Nature, 450: 866-869.

Lallemand S. 2016. Philippine Sea Plate inception, evolution, and consumption with special emphasis on the early stages of Izu- Bonin- Mariana subduction. Progress in Earth and Planetary Science, 3: 1-27.

Langemeyer S M, Lowman J P, Tackley P J. 2020. The dynamics and impact of compositionally originating provinces in a

mantle convection model featuring rheologically obtained plates. Geophysical Journal International, 220: 1700-1716.
Larson R L. 1976. Late Jurassic and Early Cretaceous evolution of the western central Pacific Ocean. Journal of Geomagnetism and Geoelectrisity, 28: 219-236.
Larson R L. 1991. Latest pulse of Earth: Evidence for a mid-Cretaceous superplume. Geology, 19 (6): 547-550.
Larson R L, Searle R C, Kleinrock M C, et al. 1992. Roller-bearing tectonic evolution of the Juan Fernandez microplate. Nature, 356 (6370): 571-576.
Laske G, Masters G, Ma Z, et al. 2013, April. Update on CRUST 1. 0-A 1-degree global model of Earth's crust. In EGU Geophysical research abstracts, Vienne, 15 (15): 2658.
Lau H C P, Mitrovica J X, Davis J L, et al. 2017. Tidal tomography constrans Earth's deep-mantle buoyancy. Nature, 551: 321-326.
Laurent O, Paquette J L, Martin H, et al. 2013. LA-ICP-MS dating of zircons from Meso- and Neoarchean granitoids of the Pietersburg block (South Africa): Crustal evolution at the northern margin of the Kaapvaal craton. Precambrian Research, 230: 209-226.
Laurent O, Martin H, Moyen J F, et al. 2014. The diversity and evolution of late-Archean granitoids: Evidence for the onset of "modern-style" plate tectonics between 3. 0 and 2. 5 Ga. Lithos, 205: 208-235.
Lavier L L, Manatschal G. 2006. A mechanism to thin the continental lithosphere at magma- poor margins. Nature, 440: 324-328.
Lawver L A, Müller R D. 1994. Iceland hotspot track. Geology, 22 (4): 311-314.
Lay T, Garnero E J, Williams Q. 2004. Partial melting in a thermo-chemical boundary layer at the base of the mantle. Physics of the Earth and Planetary Interiors, 146 (3-4): 441-467.
Le Pichon X. 1968. Sea floor spreading and continental drift. Journal of Geophysical Research, 73: 3661-3697.
Le Pichon X. 2019. Fifty years of plate tectonics: Afterthoughts of a witness. Tectonics, 38: 2919-2933.
Lebrun J F, Lamarche G, Collot J Y. 2003. Subduction initiation at a strike- slip plate boundary: The Cenozoic Pacific-Australian plate boundary, south of New Zealand. Journal of Geophysical Research: Solid Earth, 108 (B9): 1-18.
Lee C S, Shor G G Jr, Bibee L D, et al. 1980. Okinawa Trough: Origin of a back arc basin. Marine Geology, 35: 219-241.
Lee T Y, Lawver L A. 1995. Cenozoic plate reconstruction of Southeast Asia. Tectonophysics, 251: 85-138.
Lenardic A. 2018. The diversity of tectonic modes and thoughts about transitions between them. Philosophical Transactions of the Royal Society A: Mathematical Physical and Engineering Sciences, 376: 20170416.
Lenardic A, Seales J. 2023. Internal Planetary Feedbacks, Mantle Dynamics, and Plate Tectonics//Duarte J. Dynamics of Plate Tectonics and Mantle Convection. Amsterdam: Elsevier, 127-158.
Letouzey J, Kimura M. 1986. The Okinawa Trough: genesis of a back-arc basin developing along a continental margin. Tectonophysics, 125 (1-3): 209-230.
Li C, van der Hilst R D. 2010. Structure of the upper mantle and transition zone beneath Southeast Asia from traveltime tomography. Journal of Geophysical Research, 115: B07308.
Li C, van der Hilst R D, Engdahl E R, et al. 2008a. A new global model for 3-D variations of P-wave velocity in the Earth's mantle. Geochemistry, Geophysics, Geosystems, 9: Q05018.
Li C, van der Hilst R D, Meltzer A S, et al. 2008b. The subduction of Indian lithosphere beneath the Tibetan plateau and Burma. Earth and Planetary Science Letters, 274: 157-168.
Li J Y. 2006. Permian geodynamic setting of Northeast China and adjacent regions: Closure of the Paleo- Asian Ocean and subduction of the Paleo-Pacific Plate. Journal of Asian Earth Sciences, 26: 207-224.
Li S Z, Zhao G C, Sun M, et al. 2005. Deformation history of the Paleoproterozoic Liaohe assemblage in the eastern block of the North China Craton. Journal of Asian Earth Sciences, 24 (5): 659-674.
Li S Z, Zhao G C, Wilde S A, et al. 2010. Deformation history of the hengshan-wutai-fuping complexes: Implications for the evolution of the trans-north China orogen. Gondwana research, 18 (4): 611-631.
Li S Z, Kusky T M, Zhao G C, et al. 2011. Thermochronological constraints on two-stage extrusion of HP/UHP terranes in the Dabie-Sulu orogen, east-central China. Tectonophysics, 504 (1-4): 25-42.
Li S Z, Santosh M, Zhao G C, et al. 2012. Intracontinental deformation in a frontier of super-convergence: A perspective on the tectonic milieu of the South China Block. Journal of Asian Earth Sciences, 49: 313-329.
Li S Z, Yu S, Suo Y H, et al. 2016. Orientation of joints and arrangement of solid inclusions in fibrous veins in the Shatsky Rise, NW Pacific: Implications for crack-seal mechanisms and stress fields. Geological Journal, 51 (S1): 562-578.
Li S Z, Jahn B M, Zhao S J, et al. 2017a. Triassic southeastward subduction of North China Block to South China Block:

Insights from new geological, geophysical and geochemical data. Earth-Science Reviews, 166: 270-285.

Li S Z, Suo Y H, Yu S Y, et al. 2017b. Central China Orogen along the Silk Road (Part I): Tectono-thermal evolution and its links. Geological Journal, 52: 3-7.

Li S Z, Suo Y H, Li X Y, et al. 2018a. Microplate tectonics: New insights from micro- blocks in the global oceans, continental margins and deep mantle. Earth-Science Reviews, 185: 1029-1064.

Li S Z, Zhao S J, Liu X, et al. 2018b. Closure of the Proto- Tethys Ocean and Early Paleozoic amalgamation of microcontinental blocks in East Asia. Earth-Science Reviews, 186: 37-75.

Li S Z, Li X Y, Wang G Z, et al. 2019a. Global Meso-Neoproterozoic plate reconstruction and formation mechanism for Precambrian basins: Constraints from three cratons in China. Earth-Science Review, 198: 102946.

Li S Z, Suo Y H, Li X Y, et al. 2019b. Mesozoic tectono-magmatic response in the East Asian ocean-continent connection zone to subduction of the Paleo-Pacific Plate. Earth-Science Review, 192: 91-137.

Li S Z, Suo Y H, Liu L J, et al. 2024. Microplates Related to Diverse Strike-slip//Transform Faults in the Asian-Pacific Region. New York: Wiley-Blackwell.

Li X, Yu H, Zhang L, et al. 2017. 1. 9 Gaeclogite from the Archean-Paleoproterozoic Belomorian Province, Russia. Science Bulletin, 62 (4): 239-241.

Li X H, Guo K, Li S Z, et al. 2024. Arc magma heterogeneity induced by subslab mantle upwelling. Geology, https://doi. org/10. 1130/G52654. 1

Li Y, Deschamps F, Tackley P J. 2014. The stability and structure of primordial reservoirs in the lower mantle: Insights from models of thermochemical convection in three-dimensional spherical geometry. Geophysical Journal International, 199: 914-930.

Li Z X, ZhongS J. 2009. Supercontinent superplume coupling, true polar wander and plume mobility: Plate dominance in whole mantle tectonics. Physics of the Earth and Planetary Interiors, 176: 143-156.

Li Z X, Zhang L, Mca Powell C. 1995. South China in Rodinia: Part of the missing link between Australia East Antarctica and Laurentia? Geology, 23 (5): 407.

Li Z X, Bogdanova S V, Collins A S, et al. 2008. Assembly, configuration, and break-up history of Rodinia: A synthesis. Precambrian Research, 160 (1-2): 179-210.

Li Z X, Mitchell R N, Spencer C J, et al. 2019. Decoding Earth's rhythms: Modulation of supercontinent cycles by longer superocean episodes. Precambrian Research, 323: 1-5.

Li Z X, Liu Y B, Ernst R. 2023. A dynamic 2000- 540 Ma Earth history: From cratonicamalgamation to the age of supercontinent cycle. Earth-Science Reviews, 238: 104336.

Lin S, Beakhouse G P. 2013. Synchronous vertical and horizontal tectonism at late stages of Archean cratonization and genesis of Hemlo gold deposit, Superior craton, Ontario, Canada. Geology, 41: 359-362.

Lin Y A, Colli L, Wu J, et al. 2020. Where Are the Proto-South China Sea Slabs? SE Asian Plate Tectonics and Mantle Flow History From Global Mantle Convection Modeling. Journal of Geophysical Research: Solid Earth, 125: e2020JB01.

Lin Y A, Colli L, Wu J. 2022. NW Pacific-Panthalassa intra-oceanic subduction during Mesozoic times from mantle convection and geoid models. Geochemistry, Geophysics, Geosystems, 23: e2022GC010514.

Lindsley-Griffin N, Griffin J R, Farmer J D, et al. 2008. Ediacaran cyclomedusoids and the paleogeographic setting of the Neoproterozoic-early Paleozoic Yreka and Trinity terranes, eastern Klamath Mountains, California//Snoke A W, Barnes C G. Geological Studies in the Klamath Mountains Province, California and Oregon. Boulder: Geological Society of America, Special Papers, 410: 411-432.

Liou J, Tsujimori T. 2013. The fate of subducted continental crust: Evidence from recycled UHP-UHT minerals. Elements, 4: 248-250.

Lister G S, Davis G A. 1989. The origin of metamorphic core complexes and detachment faults formed during Tertiary continental extension in the northern Colorado River region, U. S. A. Journal of Structural Geology, 11: 65-94.

Lister G S, Etheridge M A, Symonds P A. 1986. Detachment faulting and the evolution of passive continental margins. Geology, 14 (3): 246-250.

Lithgow-Bertelloni C, Richards M A. 1998. The dynamics of Cenozoic and Mesozoic plate motions. Reviews of Geophysics, 36 (1): 27-78.

Lithgow-Bertelloni C, Richards M A, O'Connell R J, et al. 1993. Toroidal-poloidal partitioning of plate motions since 120 Ma. Geophysical Research Letters, 20: 375-378.

Liu B, Li S Z, Suo Y H, et al. 2016. The geological nature and geodynamics of the Okinawa Trough, Western

Pacific. Geological Journal, 51 (S1): 416-428.
Liu C Z, Dick H J B, Mitchell R N, et al. 2022. Archean cratonic mantle recycled at a mid-ocean ridge. Science Advances, 8: eabn6749.
Liu D Y, Nutman A P, Compston W, et al. 1992. Remnants of ≥ 3800 Ma crust in the Chinese part of the Sino-Korean craton. Geology, 20 (4): 339-342.
Liu F, Guo J H, Lu X P, et al. 2009. Crustal growth at ~2.5 Ga in the North China Craton: Evidence from whole-rock Nd and zircon Hf isotopes in the Huai'an gneiss terrene. Chinese Science Bulletin, 54: 4704-4713.
Liu J P, Li S Z, Cao X Z, et al. 2023. Back-arc tectonics and plate reconstruction of the Philippine Sea-South China Sea region since the Eocene. Geophysical Research Letters, 50: e2022GL102154.
Liu K, Zhang J, Xiao W, et al. 2020. A review of magmatism and deformation history along the NE Asian margin from ca. 95 to 30 Ma: Transition from the Izanagi to Pacific plate subduction in the early Cenozoic. Earth-Science Reviews, 209: 103317.
Liu L, Stegman D R. 2011. Segmentation of the Farallon slab. Earth and Planetary Science Letters, 311 (1-2): 1-10.
Liu L, Gurnis M, Seton M, et al. 2010. The role of oceanic plateau subduction in the Laramide orogeny. Nature Geoscience, 3: 353-357.
Liu L J. 2014. Rejuvenation of Appalachian topography caused by subsidence-induced dierential erosion. Nature Geoscience, 7: 518-523.
Liu L J. 2015. The ups and downs of north America: Evaluating the role of mantle dynamic topography since the Mesozoic. Reviews of Geophysics, 53 (3): 1022-1049.
Liu L J, Hasterok D. 2016. High-resolution lithosphere viscosity and dynamics revealed by magnetotelluric imaging. Science, 353: 1515-1519.
Liu L J, Peng D D, Liu L, et al. 2021. East Asian lithospheric evolution dictated by multistage Mesozoic flat-slab subduction. Earth-Science Reviews, 217: 103621.
Liu P, Liu Y, Peng Y, et al. 2020. Large influence of dust on the Precambrian climate. Nature Communications, 11: 4427.
Liu S, Nummedal D, Liu L J. 2011, Tracking the Farallon plate migration through the Late Cretaceous Western U. S. Interior Basins. Geology, 39: 555-558.
Liu S F, Nummedal D, Liu L J. 2011. Migration of dynamic subsidence across the Late Cretaceous United States Western Interior Basin in response to Farallon plate subduction. Geology, 39 (6): 555-558.
Liu S W, Li J H, Pan Y M, et al. 2002. An Archean continental block in the Taihangshan and Hengshan regions: Constraints from geochronology and geochemistry. Progress in Natural Science, 12: 568-576.
Liu S W, Pan Y M, Xie Q L, et al. 2004. Archean geodynamics in the Central Zone, North China Craton: constraints from geochemistry of two contrasting series of granitoids in the Fuping and Wutai complexes. Precambrian Research, 130: 229-249.
Liu S W, Santosh M, Wang W, et al. 2011. Zircon U-Pb chronology of the Jianping Complex: Implications for the Precambrian crustal evolution history of the northern margin of North China Craton. Gondwana Research, 20: 48-63.
Liu X, Zhao D P, Li S Z, et al. 2017. Age of the subducting Pacific slab beneath East Asia and its geodynamic implications. Earth and Planetary Science Letters, 464: 166-174.
Liu Y J, Li W M, Ma Y F, et al. 2021. An orocline in the eastern Central Asian Orogenic Belt. Earth-Science Reviews, 221: 103808.
Liu Z G. 1996. The Origin and Evolution of the Easter Seamount Chain. Florida: University of South Florida Doctoral Dissertation.
Loncke L, Roest W R, Klingelhoefer F, et al. 2020. Transform Marginal Plateaus. Earth-Science Reviews, 203: 102940.
Lonsdale P. 1988. Structural pattern of the Galapagos microplate and evolution of the Galapagos triple junctions. Journal of Geophysocal Research, 93: 13551-13574.
Lonsdale P. 1989a. Segmentation of the Pacific-Nazca spreading center, 1°N-20°S. Journal of Geophysical Research: Solid Earth, 94 (B9): 12197-12225.
Lonsdale P. 1989b. Geology and tectonic history of the Gulf of California//Winterer E L, Hussong D M, Decker R W. The Eastern Pacific Ocean and Hawaii. Boulder: Geological Society of America, 11: 499-521.
Lonsdale P. 1994. Structural geomorphology of the Eltanin fault system and adjacent transform faults of the Pacific-Antarctic plate boundary. Marine Geophysical Researches, 16 (2): 105-143.
Lonsdale P. 2005. Creation of the Cocos and Nazca plates by fission of the Farallon plate. Tectonophysics, 404 (3-4): 237-264.

Lonsdale P, Klitgord K D. 1978. Structure and tectonic history of the eastern Panama Basin. Geological Society of America Bulletin, 89: 981-999.

Lonsdale P, Blum N, Puchelt H. 1992. The RRR triple junction at the southern end of the Pacific- Cocos East Pacific Rise. Earth and PlanetaryScience Letters, 109: 73-85.

Lourenco D L, Rozel A B. 2023. The Past and the Future of Plate Tectonics and Other Tectonic Regines//Duarte J. Dynamics of Plate Tectonics and Mantle Convection. Amsterdam: Elsevier, 181-196.

Lovelock J, Margulis L. 1974. Atmospheric homeostasis by and for the biosphere: The Gaia hypothesis. Tellus, 26: 2-10.

Lowrie W, Kent D V. 2004. Geomagnetic polarity timescales and reversal frequency regimes. Geophysical Monograph Series, 145: 117-129.

Lp Pichon X, Fox P J. 1971. Marginal offsets, fracture zones, and the early opening of the North Atlantic. Journal of Geophysical Research, 76: 6294-6308.

Lupton J, Rubin K H, Arculus R, et al. 2015. Helium isotope, He, and Ba-Nb-Ti signatures in the northern Lau Basin: Distinguishing arc, back-arc, and hotspot affinities: Helium and carbon in northern Lau Basin. Geochemistry, Geophysics, Geosystems, 16: 1133-1155.

Ma Q, Zheng J P, Xu Y G, et al. 2015. Are continental "adakites" derived from thickened or foundered lower crust? Earth and Planetary Science Letters, 419: 125-133.

Macdonald F A, McClelland W C, Schrag D P, et al. 2009. Neoproterozoic glaciation on a carbonate platform margin in Arctic Alaska and the origin of the North Slope suberrane. Geological Society of America Bulletin, 121: 448-473.

Macdonald K C, Fox P J. 1983. Overlapping spreading centres: New accretion geometry on the East Pacific Rise. Nature, 302 (5903): 55-58.

Macdonald K C, Sempere J C. 1986. Reply: The debate concerning overlapping spreading centers and mid-ocean ridge processes. Journal of Geophysical Research: Solid Earth, 91 (B10): 10501-10511.

Macgregor A M. 1951. Some milestones in the Precambrian of Southern Rhodesia. Proceedings of the Geological Society of South Africa, 54: 27-71.

MacLeod C J, Searle R C, Murton B J, et al. 2009. Life cycle of oceanic core complexes. Earth and Planetary Science Letters, 287 (3): 333-344.

MacMillan I, Gans P B, Alvarado G. 2004. Middle Miocene to present plate tectonic history of the southern Central American Volcanic Arc. Tectonophysics, 392: 325-348.

Madrigal P, Gazel E, Flores K E, et al. 2016. Record of massive upwellings from the Pacific large low shear velocity province. Nature Communications, 7: 13309.

Mahoney J J, Spencer K J. 1991. Isotopic evidence for the origin of the Manihiki and Ontong Java oceanic plateaus. Earth and Planetary Science Letters, 104 (2-4): 196-210.

Mahoney J J, Duncan R A, Tejada M L G, et al. 2005. Jurassic-Cretaceous boundary age and mid-ocean-ridge type mantle source for Shatsky Rise. Geology, 33 (3): 185.

Maia M. 2019. Topographic and morphologic evidences of deformation at oceanic transform faults: far-field and local-field stresses//Duarte J C. Transform plate boundaries and fracture zones. Amsterdam: Elsevier, 61-87.

Maillard A, Malod J, Thiébot E, et al. 2006. Imaging a lithospheric detachment at the continent-ocean crustal transition off Morocco. Earth and Planetary Science Letters, 241 (3-4): 686-698.

Mallard C, Coltice N, Seton M, et al. 2016. Subduction controls the distribution and fragmentation of Earth's tectonic plates. Nature, 535: 140-143.

Mammerickx J, Klitgord K D. 1982. Northern East Pacific Rise: evolution from 25 m. y. B. P. to the present. Journal of Geophysical Research, 87: 6751-6759.

Mammerickx J, Naar D F, Tyce R L. 1988. The mathematician paleoplate. Journal of Geophysical Research: Solid Earth, 93 (B4): 3025-3040.

Manatschal G. 2004. New models for evolution of magma poor rifted margins based on a review of data and concepts from West Iberia and the Alps. International Journal of Earth Sciences, 93 (3): 432-466.

Manatschal G, Müntener O. 2009. A type sequence across an ancient magma-poor ocean-continent transition: The example of the western Alpine Tethys ophiolites. Tectonophysics, 473 (1): 4-19.

Manatschal G, Froitzheim N, Turrin B, et al. 2001. The role of detachment faulting in the formation of an ocean-continent transition: insights from the Iberia abyssal plain//Wilson R C L, Whitmarsh R B, Taylor B. Non-volcanic Rifting of Continental Margins: A Comparison of Evidence from Land and Sea. Geological Society London, Special Publications, 187:

405-428.
Manea M, Manea V C, Ferrari L, et al. 2005. Tectonic Evolution of the Tehuantepec Ridge. Earth and Planetary Science Letters, 238 (1): 64-77.
Manikyamba C, Kerrich R. 2011. Geochemistry of alkaline basalts and associated high-Mg basalts from the 2. 7Ga Penakacherla Terrane, Dharwar craton, India: An Archean depleted mantle-OIB array. Precambrian Research, 188: 104-122.
Mann P, Taira A. 2004. Global tectonic significance of the Solomon Islands and Ontong Java Plateau convergent zone. Tectonophysics, 389: 137-190.
Mao W, Zhong S. 2021. Constraints on mantle viscosity from intermediate-wavelength geoid nomalies in mantle convection models with plate motion history. Journal of Geophysical Research: Solid Earth, 126: e2020JB021561.
Marks K M, Stock J M. 2001. Evolution of the Malvinas Plate south of Africa. Marine Geophysical Researches, 22 (4): 289-302.
Marks K M, Tikku A A. 2001. Cretaceous reconstructions of East Antarctica, Africa and Madagascar. Earth and Planetary of Science Letters, 186: 479-495.
Martin A K. 2006. Oppositely directed pairs of propagating rifts in back-arc basins: Double saloon door seafloor spreading during subduction rollback. Tectonics, 25: TC3008.
Martin A M. 2005. An overview of adakite, tonalite-trondhjemite-granodiorite (TTG) and sanukitoid: relationships and some implications for crustal evolution. Lithos, 79: 1-24.
Martin H, Moyen J F, Guitreau M, et al. 2014. Why Archaean TTG cannot be generated by MORB melting in subduction zones. Lithos, 198: 1-13.
Martin R E. 2018. Earth's Evolving Systems-The History of Planet Earth. Burlington: Jones and Bartlett Learning.
Martinez F, Taylor B. 1996. Backarc spreading, rifting, and microplate rotation, between transform faults in the Manus Basin. Marine Geophysical Research, 18 (2-4): 203-224.
Martinez F, Fryer P, Becker N. 2000. Geophysical characteristics of the southern Mariana Trough, 11°50′N-13°40′N. Journal of Geophysical Research: Solid Earth, 105 (B7): 16591-16607.
Martini M, Ferrari L. 2011. Style and chronology of the Late Cretaceous shortening in the Zihuatanejo area (southwestern Mexico): Implications for the timing of the Mexican Laramide deformation. Geosphere, 7 (6): 1469-1479.
Martini M, Ortega-Gutiérrez F. 2018. Tectono-stratigraphic evolution of eastern Mexico during the break-up of Pangea: A review. Earth-Science Reviews, 183: 38-55.
Maruyama S. 1994. Plume Tectonics. Journal of the Geological Society of Japan, 100: 24-49.
Maruyama S, Ebisuzaki T. 2017. Origin of the Earth: A proposal of new model called ABEL. Geoscience Frontiers, 8 (2): 253-274.
Maruyama S, Santosh M, Zhao D P. 2007. Superplume, supercontinent, and post perovskite: mantle dynamics and anti-plate tectonics on the core-mantle boundary. Gondwana Research, 11: 7-37.
Maruyama S, Santosh M, Azuma S. 2018. Initiation of plate tectonics in the Hadean: Eclogitization triggered by the ABEL Bombardment. Geoscience Frontiers, 9 (4): 1033-1048.
Massell C, Coffin M F, Mann P, et al. 2000. Neotectonics of the Macquarie Ridge Complex, Australia-Pacific plate boundary. Journal of Geophysical Research: Solid Earth, 105 (B6): 13457-13480.
Masson D G. 1984. Evolution of the Mascarene basin, western Indian Ocean, and the significance of the Amirante arc. Marine Geophysical Researches, 6 (4): 365-382.
Mattauer M. 1980. Reflexion sur la geometrie de la fracturation des zones daccretion. Bulletin De La Societe Geologique De France, S7-XXII (6): 975-979.
Matte P. 1986. Tectonics and plate tectonics for Variscan belt of Europe. Tectonophysics, 126: 329-374.
Matthews K J, Müller R D, Wessel P, et al. 2011. The tectonic fabric of the ocean basins. Journal of Geophysical Research, 116: B12109.
Matthews K J, Müller R D, Sandwell D T. 2016. Oceanic microplate formation records the onset of India-Eurasia collision. Earth and Planetary Science Letters, 433: 204-214.
Maxwell J C. 1868. I. On governors. Proceedings of Royal Society of London, 16: 270-283.
Mazur S, Green C, Stewart M G, et al. 2012. Displacement along the Red River Fault constrained by extension estimates and plate reconstructions. Tectonics, 31: TC5008.
Mccarthy M C, Kruse S E, Brudzinski M R, et al. 1996. Changes in plate motions and the shape of Pacific fracture zones. Journal of Geophysical Research: Solid Earth, 101 (B6): 13715-13730.

McClusky S, Reilinger R, Ogubazghi G, et al. 2010. Kinematics of the southern Red Sea- Afar Triple Junction and implications for plate dynamics. Geophysical Research Letters, 37 (5): L05301.

McDonough W F, Sun S S. 1995. The composition of the Earth. Chemical geology, 120 (3-4): 223-253.

McKenzie D P. 1969. Speculations on the consequences and causes of plate motions. Geophysical Journal International, 18 (1): 1-32.

McKenzie D P. 1972. Active tectonics of the Mediterranean region. Geophysical Journal International, 30 (2): 109-185.

McKenzie D P. 1984. The generation and compaction of partial melts. Journal of Petrology, 25: 713-765.

McKenzie D P, Parker R L. 1967. The North Pacific: An example of tectonics on a sphere. Nature, 216: 1276-1280.

McKenzie D P, Morgan W J. 1969. Evolution of triple junctions. Nature, 224 (5215): 125-133.

Mckenzie D A N, Bickle M J. 1988. The volume and composition of melt generated by extension of the lithosphere. Journal of Petrology, 29 (3): 625-679.

Mclennan S M, Taylor S R. 1982. Geochemical constraints on the growth of the continental crust. Journal of Geology, 90: 347-361.

Mclennan S M, Taylor S R. 1983. Continental freeboard sedimentation rates and growth of continental crust. Nature, 306: 169-172.

McNamara A K, Zhong S. 2005. Thermochemical structures beneath Africa and the Pacific Ocean. Nature, 437: 1136-1139.

McNutt M K. 1998. Superswells. Reviews of Geophysics, 36: 211-244.

Meckel T A. 2003. Tectonics of the Hjort region of the Macquarie Ridge Complex, southernmost Australian- Pacific plate boundary, southwest Pacific Ocean. Austin: University of Texas, Doctoral Dissertation.

Mei S, Suzuki A M, Kohlstedt D L, et al. 2010. Experimental constraints on the strength of the lithospheric mantle. Journal of Geophysical Research, 115 (B8): B08204.

Meijer P T, Wortel M J R. 1992. The dynamics of motion of the South American plate. Journal of Geophysical Research: Solid Earth, 97 (B8): 11915-11931.

Menard H W, Atwater T. 1968. Changes in direction of sea floor spreading. Nature, 219 (5153): 463-467.

Mendiguren JA. 1971. Focal mechanism of a shock in the middle of the Nazca plate. Journal of Geophysical Research, 76: 3861-3879.

Meng J, Gilder S A, Li Y, et al. 2020. Expanse of Greater India in the late cretaceous. Earth and Planetary Science Letters, 542: 116330.

Mercier de Lépinay M, Loncke L, Basile C, et al. 2016. Transform continental margins-part 2: A worldwide review. Tectonophysics, 693: 96-115.

Meschede M, Frisch W. 1998. A plate- tectonic model for the Mesozoic and Early Cenozoic history of the Caribbean plate. Tectonophysics, 296: 269-291.

Metcalfe I. 2011a. Palaeozoic- Mesozoic history of SE Asia//Hall R, Cottam M, Wilson M. The SE Asian Gateway: History and Tectonics of Australia- Asia Collision. Geological Society of London, Special Publications, 355: 7-35.

Metcalfe I. 2011b. Tectonic framework and Phanerozoic evolution of Sundaland. Gondwana Research, 19: 3-21.

Metcalfe I. 2013. Gondwana dispersion and Asian accretion: Tectonic and palaeogeographic evolution of eastern Tethys. Journal of Asian Earth Sciences, 66: 1-33.

Metcalfe I. 2017. Tectonic evolution of Sundaland. Bulletin of the Geological Society of Malaysia, 63: 27- 60.

Metcalfe I. 2021. Multiple Tethyan ocean basins and orogenic belts in Asia. Gondwana Research, 100: 87-130.

Meyerhoff A A, Taner I, Morris A E L, et al. 1996. Surge Tectonics: A New Hypothesis of Global Geodynamics. Dordrecht: Springer.

Miall A D. 1999. Principles of Sedimentary Basin Analysis. Heidelberg: Springer Berlin. .

Michel G W, Becker M, Angermann D, et al. 2000. Crustal motion in E- and SE-Asia from GPS measurements. Earth Planets and Space, 52 (10): 713-720.

Mihalynuk M G, Nelson J, Diakow L J. 1994. Cache Creek terrane entrapment: Oroclinal paradox within the Canadian Cordillera. Tectonics, 13: 575-595.

Mihalynuk M M, Erdmer P, Ghent E D, et al. 2004. Coherent French Range blueschist: Subduction to exhumation in <2. 5 m. y. ? Geological Society of America Bulletin, 116: 910-922.

Miller J G, Akiyama H, Kapadia S. 2017. Cultural variation in communal versus exchange norms: Implications for social support. Journal of Personality and Social Psychology, 113 (1): 81-94.

Mints M V, Glaznev V N, Konilov A N. 1996. The early Precambrian of the northeastern Baltic Shield: Paleogeodynamics,

crustal structure and evolutin. Moscow: Scientific World.
Mitchell R N, Kilian T M, Evans D A D. 2012. Supercontinent cycles and the calculation of absolute palaeolongitude in deep time. Nature, 482: 208-212.
Mittelstaedt E, Ito G, Behn M D. 2008. Mid- ocean ridge jumps associated with hotspot magmatism. Earth and Planetary Science Letters, 266: 256-270.
Mittelstaedt E, Ito G, van Hunen J. 2011. Repeat ridge jumps associated with plume- ridge interaction, melt transport and ridge migration. Journal of Geophysical Research: Solid Earth, 116: B01102.
Miyazaki T, Kimura J I, Senda R, et al. 2015. Missing western half of the Pacific Plate: Geochemical nature of the Izanagi-Pacific Ridge interaction with a stationary boundary between the Indian and Pacific mantles. Geochemisty, Geophysic, Geosystems, 16: 3309-3332.
Moeremans R E, Singh S C. 2015. Fore- arc basin deformation in the Andaman- Nicobar segment of the Sumatra- Andaman subduction zone: Insight from high-resolution seismic reflection data. Tectonics, 34 (8): 1736-1750.
Mohammadzaheri A. 2019. Mantle structures under South America using multi- frequency tomography. United Kingdom: University of Oxford, PhD thesis.
Mole D R, Fiorentini M L, Thebaud N, et al. 2014. Archean komatiite volcanism controlled by the evolution of early continents. Proceedings of the National Academy of Sciences of the United States of America, 111: 10083-10088.
Molinari I, Morelli A. 2011. EP crust: A reference crustal model for the European Plate. Geophysical Journal International, 185 (1): 352-364.
Molnar N E, Cruden A R, Betts P G. 2018. Unzipping continents and the birth of microcontinents. Geology, 46: 451-454.
Molnar P. 2019. Lower mantle dynamics perceived with 50 years of hindsight from plate tectonics. Geochemistry, Geophysics, Geosystems, 20: 5619-5649.
Molnar P, Tapponnier P. 1975. Cenozoic tectonics of Asia: Effects of a continental collision. Science, 189: 419-426.
Monger J W H, Price R A. 2002. The Canadian Cordillera: geology and tectonic evolution. Canadian Society of Exploration Geophysicists Recorder, 27: 17-36.
Monger J W H, Gibson H D. 2019. Mesozoic-Cenozoic deformation in the Canadian Cordillera: The record of a "continental bulldozer"? Tectonophysics, 757: 153-169.
Montelli R, Nolet G, Dahlen F A, et al. 2004. Finite- frequency tomography reveals a variety of plumes in the mantle. Science, 303: 338-343.
Mooney W D, Laske G, Masters T G. 1998. CRUST 5. 1: A global crustal model at 5× 5. Journal of Geophysical Research: Solid Earth, 103 (B1): 727-747.
Moore T E, Potter C J, O'Sullivan P B, et al. 2007. Evidence from detrital zircon U- Pb analysis for suturing of pre-Mississippian terranes in Arctic Alaska. AGU Fall Meeting Abstracts, San Francisco, T13D-1570.
Moore W B, Webb A A G. 2013. Heat-pipe Earth. Nature, 501: 501-505.
Moores E M. 1991. Southwest U. S. - East Antarctic (SWEAT) connection: A hypothesis. Geology, 19 (5): 425-428.
Mordret A. 2018. Uncovering the Iceland hot spot track beneath Greenland. Journal of Geophysical Research: Solid Earth, 123 (6): 4922-4941.
Morell K D, Fisher D M, Gardner T W. 2008. Inner forearc response to subduction of the Panama Fracture Zone, southern CentralAmerica. Earth and Planetary Science Letters, 265 (1): 82-95.
Moresi L, Solomatov V. 1998. Mantle convection with a brittle lithosphere: thoughts on the global tectonic styles of the Earth and Venus. Geophysical Journal International, 133: 669-682.
Morgan J P, Vannucchi P. 2021. Engergetics of the solid Earth: Implications for the structure of mantle convection//Duarte J C. Dynamics of Plate Tectonics and Mantle Convection. Amsterdam: Elsevier, 35-66.
Morgan P H J, Sandwell D T. 1994. Systematics of ridge propagation south of 30°S. Earth and Planetary Science Letters, 121: 245-258.
Morgan W J. 1968. Rises, trenches, great faults, and crustal blocks. Journal of Geophysical Research, 73: 1959-1982.
Morgan W J. 1971. Convection plumes in the lower mantle. Nature, 230 (5288): 42-43.
Morgan W J. 1972a. Deep mantle convection plumes and plate motions. AAPG Bulletin, 56 (2): 203-213.
Morgan W J. 1972b. Plate motions and deep mantle convection. Geological Society of Amercia Magazine, 132 (11): 7-22.
Morley C K. 2010. Stress re-orientation along zones of weak fabrics in rifts: An explanation for pure extension in "oblique" rift segments? Earth and Planetary Science Letters, 297 (3-4): 667-673.
Mortimer N, van den Bogaard P, Hoernle K, et al. 2019. Late Cretaceous oceanic plate reorganization and the breakup of

Zealandia and Gondwana. Gondwana Research, 65: 31-42.

Mosenfelder J L, Asimow P D, Ahrens T J. 2007. Thermodynamic properties of Mg_2SiO_4 liquid at ultra-high pressures from shock measurements to 200 GPa on forsterite and wadsleyite. Journal of Geophysical Research: Solid Earth, 112 (B6): B06208.

Mosher S, Massell S C. 2008. Ridge reorientation mechanisms: Macquarie Ridge Complex, Australia-Pacific plate boundary. Geology, 36 (2): 119-122.

Moyen J F. 2011. International symposium on Precambrian accretionary orogens and Field workshop in the Dharwar craton, India. Episodes Journal of International Geoscience, 34 (1): 61-65.

Moyen J F, Laurent O. 2018. Archaean tectonic systems: A view from igneous rocks. Lithos, 302: 99-125.

Müller K, Talling P. 1997. Geomorphic evidence for tear faults accommodating lateral propagation of an active fault-bend fold, Wheeler Ridge, California. Journal of Structural Geology, 19 (3-4): 397-411.

Müller R D, Royer J Y, Lawver L A, et al. 1993. Revised plate motions relative to the hotspots from combined Atlantic and Indian Ocean hotspot tracks. Geology, 21: 275-278.

Müller R D, Royer J Y, Cande S C, et al. 1999. New constraints on the Late Cretaceous/Tertiary plate tectonic evolution of the Caribbean//Mann P. Caribbean Basins: Sedimentary Basins of the World, 4. Amsterdam: Elsevier Science, 33-59.

Müller R D, Gaina C, Roest R W, et al. 2001. A recipe for microcontinent formation. Geology, 29 (3): 203-206.

Müller R D, Mihut D, Heine C, et al. 2002. Tectonic and volcanic history of the Carnarvon Terrace: Constraints from seismic interpretation and geodynamic modelling. The sedimentary basins of Western Australia, 3: 719-740.

Müller R D, Sdrolias M, Gaina C, et al. 2008a. Age, spreading rates, and spreading asymmetry of the world's ocean crust. Geochemistry, Geophysics, Geosystems, 9 (Q4): Q04006.

Müller R D, Sdrolias M, Gaina C, et al. 2008b. Long-term sea level fluctuations driven by ocean basin dynamics. Science, 319: 1357-1362.

Müller R D, Zahirovic S, Williams S E, et al. 2019. A global plate model including lithospheric deformation along major rifts and orogens since the Triassic. Tectonics, 38 (6): 1884-1907.

Müller R D, Flament N, Cannon J, et al. 2022a. A tectonic-rules-based mantle reference frame since1 billion years ago—Implications for supercontinent cycles and plate-mantle system evolution. Solid Earth, 13: 1127-1159

Müller R D, Mather B, Dutkiewicz A, et al. 2022b. Evolution of Earth's tectonic carbon conveyor belt. Nature, 605 (7911): 629-639.

Mulyukova E, Bercovici D. 2017. Formation of lithospheric shear zones: Effect of temperature on two-phase grain damage. Physics of Earth and Planetary International, 270: 195-212.

Mulyukova E, Bercovici D. 2019. A theoretical model for the evolution of microstructure in lithospheric shear zones. Geophysical Journal International, 216 (2): 803-819.

Mulyukova E, Bercovici D. 2022. On the co-evolution of dislocations and grains in deforming rocks. Physics of Earth and Planetary International, 328: 106874.

Mulyukova E, Bercovici D. 2023. The Physics and Origin of Plate Tectonics From Grains to Global Scales//Duarte J C. Dynamics of Plate Tectonics and Mantle Convection. Amsterdam: Elsevier.

Murphy J B, Nance R D. 2003. Do supercontinents introvert or extrovert? Sm-Nd isotope evidence. Geology, 31: 873-876.

Murphy J B, Nance R D. 2013. Speculations on the mechanisms for the formation and breakup of supercontinents. Geoscience Frontiers, 4: 185-194.

Muttoni G, Mattei M, Balini M, et al. 2009. The drift history of Iran from the Ordovician to the Triassic. Geological Society of London Special Publications, 312: 7-29.

Naar D F, Hey R N. 1991. Tectonic evolution of the Easter microplate. Journal of Geophysical Research: Solid Earth, 96 (B5): 7961-7993.

Nakada S, Kamata H. 1991. Temporal change in chemistry of magma source under Central Kyushu, Southwest Japan: Progressive contamination of mantle wedge. Bulletin of Volcanology, 53: 182-194.

Nakamura E, Campbell I H, Sun S S. 1985. The influence of subduction processes on the geochemistry of Japanese alkaline basalts. Nature, 316 (6023): 55-58.

Nakanishi M, Winterer E L. 1998. Tectonic history of the Pacific-Farallon-Phoenix triple junction from Late Jurassic to Earth Cretaceous: An abandoned Mesozoic spreading system in the Central Pacific Basin. Journal of Geophysical Research, 103: 12453-12468.

Nakanishi M, Tamaki K, Kobayashi K. 1989. Mesozoic magnetic anomaly lineations and seafloor spreading history of the northwestern Pacific. Journal of Geophysical Research, 94 (B11): 15437-15462.

Nakanishi M, Tamaki K, Kobayashi K. 1992. A new Mesozoic isochron chart of the northwestern Pacific Ocean: Paleomagnetic and tectonic implications. Geophysical Research Letters, 19 (7): 693-696.

Nakanishi M, Sager W W, Klaus A. 1999. Magnetic lineations within Shatsky Rise, northwest Pacific Ocean: Implications for hot spot- triple junction interaction and oceanic plateau formation. Journal of Geophysical Research: Solid Earth, 104 (B4): 7539-7556.

Nakanishi M, Sager W W, Korenaga J. 2015. Reorganization of the Pacific- Izanagi- Farallon triple junction in the Late Jurassic: Tectonic events before the formation of the Shatsky Rise. Geological Society of America Special Papers, 511: 85-101.

Nance R D, Murphy J B. 2019. Supercontinents and the case for Pannotia. Geological Societyof London Special Publications, 470: 65-86.

Nance R D, Gutiérrez-Alonso G, Keppie J D, et al. 2010. Evolution of the Rheic Ocean. Gondwana Research, 17: 194-222.

Nance R D, Murphy J B, Santosh M. 2014. The supercontinent cycle: A retrospective essay. Gondwana Research, 25: 4-29.

Natland J H. 1980. The progression of volcanism in the Samoan linear volcanic chain. American Journal of Science, 280A: 709-735.

Nebel O, Campbell I H, Sossi P A, et al. 2014. Hafnium and iron isotopes in early Archean komatiites record a plume-driven convection cycle in the Hadean Earth. Earth and Planetary Science Letters, 397: 111-120.

Nebel O, Capitanio F A, Moyen J F, et al. 2018. When crust comes of age: On the chemical evolution of Archaean, felsic continental crust by crustal drip tectonics. Philosophical Transactions of the Royal Society: Mathematical Physical and Engineering Sciences, 376: 20180103.

Nebel- Jacobsen Y, Münker C, Nebel O, et al. 2010. Reworking of Earth's first crust: Constraints from Hf isotopes in Archean zircons from Mt. Narryer, Australia. Precambrian Research, 182: 175-186.

Nelson J, Colpron M. 2007. Tectonics and metallogeny of the British Columbia, Yukon and Alaskan Cordillera, 1. 8 Ga to the present//Goodfellow W D. Mineral Deposits of Canada: A Synthesis of Major Deposit- Types, District Metallogeny, the Evolution of Geological Provinces, and Exploration Methods. Newfoundland: Geological Association of Canada, Special Publication, 5: 755-791.

Nelson J L, Colpron M, Piercey S J, et al. 2006. Paleozoic tectonic and metallogenic evolution of the pericratonic terranes in Yukon, northern British Columbia and eastern Alaska//Colpron M, Nelson J L. Paleozoic Evolution and Metallogeny of Pericratonic Terranes at the Ancient Pacific Margin of North America, Canadian and Alaskan Cordillera. Newfoundland: Geological Association of Canada, Special Papers, 45: 25-74.

Nelson J L, Colpron M, Israel S. 2013. The Cordillera of British Columbia, Yukon, and Alaska: Tectonics and metallogeny//Colpron M, Bissig T, Rusk B G, et al. Tectonics, metallogeny, and discovery: The North American Cordilleran and similar accretionary settings. Society of Economic Geologists Special Publication, 17: 59-109.

Nelson K O, Zhao W, Brown L D, et al. 1996. Partially molten middle crust beneath southern Tibet: Synthesis of project INDEPTH results. Science, 274: 1684-1687.

Nemčok M, Sinha S T, Doré A G, et al. 2016. Mechanisms of microcontinent release associated with wrenching-involved continental break-up: A review. Geological Society London, Special Publications, 431 (1): 323-359.

Nesbitt R W, Sun S S. 1976. Geochemistry of Archaean spinifex-textured peridotites and magnesian and low-magnesian tholeiites. Earth and Planetary Science Letters, 31: 433-453.

Neuharth D, Brune S, Glenrum A, et al. 2021. Formation of Continental Microplates Through Rift Linkage: Numerical Modeling and Its Application to the Flemish Cap and Sao Paulo Plateau. Geochemistry, Geophysics, Geosystems, 22 (4), e2020GC009615.

Ni S, Helmberger D V. 2003. Ridge-like lower mantle structure beneath South Africa. Journal of Geophysical Research: Solid Earth, 108: 2094.

Ni S, Tan E, Gurnis M, et al. 2002. Sharp sides to the African superplume. Science, 296: 1850-1852.

Nicholson C, Sorlien C C, Atwater T, et al. 1994. Microplate capture, rotation of the western Transverse Ranges, and initiation of the San Andreas transform as a low-angle fault system. Geology, 22 (6): 491-495.

Nicolaysen K, Bowring S, Frey F, et al. 2001. Provenance of Proterozoic garnet- biotite gneiss recovered from Elan Bank, Kerguelen Plateau, southern Indian Ocean. Geology, 29: 235-238.

Nie H, Yao J, Wan X, et al. 2016. Precambrian tectonothermal evolution of South Qinling and its affinity to the Yangtze Block: Evidence from zircon ages and Hf- Nd isotopic compositions of basement rocks. Precambrian Research, 286: 167-179.

Nikolaeva K, Gerya T V, Marques F O. 2010. Subduction initiation at passive margins: Numerical modeling. Journal of Geophysical Research: Solid Earth, 115 (B3): B033406.

Ning W B, Kusky T, Wang L, et al. 2022. Archean eclogite- facies oceanic crust indicates modern- style plate tectonics. PNAS, 119 (15): e2117529119.

Niu Y, Shi X, Li T, et al. 2017. Testing the mantle plume hypothesis: An IODP effort to drill into the Kamchatka- Okhotsk Sea system. Science Bulletin, 62 (21): 1464-1472..

Norton I O. 1995. Plate motions in the North Pacific: The 43 Ma nonevent. Tectonics, 14: 1080-1094.

Nugroho H, Harris R, Lestariya A W, et al. 2009. Plate boundary reorganization in the active Banda Arc-continent collision: Insights from new GPS measurements. Tectonophysics, 479 (1): 52-65.

Nunns A. 1982. The Structure and evolution of the Jan Mayen ridge and surrounding regions: Rifted margins: Field investigations of margin structure and stratigraphy//Watkins J S, Drake C L. Studies in Continental Margin Geology. Tulsa: AAPG, 193-208.

Nur A, Ben- Avraham Z. 1989. Oceanic plateaus and the Pacific Ocean margins//Ben- Avraham Z. The Evolution of the Pacific Ocean Margins, New York and Clarandon. Oxford: Oxford Press, 7-19.

Nutman A P, Hiess J. 2009. A granitic inclusion suite within igneous zircons from a 3. 81 Ga tonalite (W. Greenland): Restrictions for Hadean crustal evolution studies using detrital zircons. Chemical Geology, 261: 77-82.

Nutman A P, Bennett V C, Friend C R L. 2015. The emergence of the Eoarchaean proto-arc: Evolution of a ca. 3700 Ma convergent plate boundary at Isua, southern West Greenland. Geological Society London, Special Publications, 389: 113-133.

O'Connor J M, Hoernle K, Müller R D, et al. 2015. Deformation- related volcanism in the Pacific Ocean linked to the Hawaiian- Emperor bend. Nature Geoscience, 8 (5): 393-397.

O'Neill C, Debaille V. 2014. The evolution of Hadean- Eoarchaean geodynamics. Earth and Planetary Science Letters, 406: 49-58.

O'Neill C, Müller D, Steinberger B. 2005. On the uncertainties in hot spot reconstructions and the significance of moving hot spot reference frames. Geochemistry, Geophysics, Geosystems, 6 (4): 1-35.

O'Neill C, Jellinek A M, Lenardic A. 2007a. Conditions for the onset of plate tectonics on terrestrial planets and moons. Earth and Planetary Science letters, 261: 20-32.

O'Neill C, Lenardic A, Moresi L, et al. 2007b. Episodic precambrian subduction. Earth and Planetary Science Letters, 262 (3-4): 552-562.

O'Neil J, Carlson R W. 2017. Building Archean cratons from Hadean mafic crust. Science, 355: 1199-1202.

O'Reilly B M, Hauser F, Ravaut C, et al. 2006. Crustal thinning, mantle exhumation and serpentinization in the Porcupine Basin, offshore Ireland: Evidence from wide- angle seismic data. Journal of the Geological Society of London, 163: 775-787.

O'Reilly T C, Davies G. 1981. Magma transport of heat on Io: A mechanism allowing a thick lithosphere. Geophysical Research Letters, 8: 313-316.

Obayashi M, Yoshimitsu J, Nolet G, et al. 2013. Finite frequency whole mantle P wave tomography: Improvement of subducted slab images. Geophysical Research Letters, 40 (21): 5652-5657.

Ogawa M. 2014. Two- stage evolution ofthe Earth's mantle inferred from numerical simulation of coupled magmatism- mantle convection system with tectonic plates. Journal of Geophysical Research: Solid Earth, 1193: 2462e2486.

Oldenburg D W, Brune J N. 1975. An explanation for the orthogonality of ocean ridges and transform faults. Journal of Geophysical Research, 80 (17): 2575-2585.

Oliver J, Isacks B. 1967. Deep earthquake zones, anomalous structures in the upper mantle, and the lithosphere. Journal of Geophysical Research, 72 (16): 4259-4275.

Olive J A. 2023. Mid- Ocean Ridges: Geodynamics Written in the Seafloor//Duarte J. Dynamics of Plate Tectonics and Mantle Convection. Amsterdam: Elsevier, 484-510.

Olive J A, Behn M D, Tucholke B E. 2010. The structure of oceanic core complexes controlled by the depth- distribution of magma emplacement. Nature Geoscience, 3: 491-495.

OraveczE, Balázs A, Gerya T, et al. 2024. Competing effects of crustal shortening, thermal inheritance, and surface

processes explain subsidence anomalies in inverted rift basins. Geology, 52: 447-452.
Orowan E W. 1969. Convection and stress propagation in the upper mantle//Runcorn S K. The application of modern physics to the Earth and planetary interiors. London: Wiley-Interscience, 223-246.
Ortega-Gutiérrez F, Ruiz J, Centeno-García E. 1995. Oaxaquia, a Proterozoic microcontinent accreted to North America during the Paleozoic. Geology, 23: 1127-1130.
Ortega-Gutiérrez F, Elías-Herrera M, Morán-Zenteno D J, et al. 2018. The pre-Mesozoic metamorphic basement of Mexico, 1.5 billion years of crustal evolution. Earth Science Reviews, 183: 2-37.
Otsuki K. 1990. Westward migration of the Izu-Bonin Trench, northward motion of the Philippine Sea Plate, and their relationships to the Cenozoic tectonics of Japanese island arcs. Tectonophysics, 180: 351-367.
Ott B, Mann P. 2015. Late Miocene to recent formation of the Aure-Moresby fold-thrust belt and foreland basin as a consequence of Woodlark microplate rotation, Papua New Guinea. Geochemistry, Geophysics, Geosystems, 16 (6): 1988-2004.
Ozima M, Honda M, Saito K. 1977. ^{40}Ar-^{39}Ar ages of guyots in the western Pacific and discussion of their evolution. Geophysical Journal Royal Astronomical Society, 51: 475-485.
Pacle N A D, Dimalanta C B, Ramos N T, et al. 2017. Petrography and geochemistry of Cenozoic sedimentary sequences of the southern Samar Island, Philippines: Clues to the unroofing history of an ancient subduction zone. Journal of Asian Earth Sciences, 142: 3-19.
Palin R M, Santosh M, Cao W, et al. 2020. Secular change and the onset of plate tectonics on earth. Earth-Science Reviews, 207: 103172
Palme H, O'Neill H St C. 2003. Cosmo chemical estimates of mantle composition. Treatise on Geochemistry//Carlson R W. The Mantle and Core. Oxford: Elsevier-Pergamon, 2: 1-38.
PapanikolaouD. 2013. Tectonostratigraphic models of the alpine terranes and subduction history of the hellenides. Tectonophysics, 595-596: 1-24.
Park J O, Tokuyama H, Shinohara M, et al. 1998. Seismic record of tectonic evolution and back arc rifting in the southern Ryukyu island arc system. Tectonophysics, 294 (1-2): 21-42.
Park S H, Lee S M, Kamenov G D, et al. 2010. Tracing the origin of subduction components beneath the South East Rift in the Manus basin, Papua New Guinea. Chemical Geology, 269 (3-4): 339-349.
Parman S W, Grove T L, Dann J C. 2001. The production of Barberton komatiites in an Archean subduction zone. Geophysical Research Letters, 28: 2513-2516.
Pastor-Galán D, Nance R D, Murphy J B, et al. 2018. Supercontinents: myths, mysteries, and milestones//Wilson R W, Houseman G A, Mccaffrey K J W, et al. Fifty Years of the Wilson Cycle Concept in Plate Tectonics. Geological Society of London, Special Publications, 470: 36-64..
Patriat M, Collot J, Danyushevsky L, et al. 2015. Propagation of back-arc extension into the arc lithosphere in the southern New Hebrides volcanic arc. Geochemistry, Geophysics, Geosystems, 16: 3142-3159.
Patriat P, Achache J. 1984. India-Eurasia collision chronology has implications for crustal shortening and driving mechanism of plates. Nature, 311 (5987): 615-621.
Patzelt A, Li H, Wang J, et al. 1996. Paleomagnetism of Cretaceous to Tertiary sediments from Southern Tibet: evidence for the extent of the northern margin of India prior to the collision with Eurasia. Tectonophysics, 259: 259-284.
Pavlis G L, Sigloch K, Burdick S, et al. 2012. Unraveling the geometry of the Farallon plate: Synthesis of three-dimensional imaging results from USArray. Tectonophysics, 532: 82-102.
Pegler G, Das S. 1998. Anenhanced image of the Pamir-Hindu Kush seismic zone from relocated earthquake hypocenters, Geophysical Journal International, 134: 573-595.
Pehrsson S J, Berman R G, Davis W J. 2013. Paleoproterozoic orogenesis during Nuna aggregation: A case study of reworking of the Rae craton, Woodburn Lake, Nunavut. Precambrian Research, 232: 167-188.
Pelletier B, Lagabrielle Y, Benoit M, et al. 2001. Newly identified segments of the Pacific-Australia plate boundary along the North Fiji transform zone. Earth and Planetary Science Letters, 193: 347-358.
Peng D, Liu L J. 2022. Quantifying slab sinking rates using global geodynamic models with data-assimilation. Earth-Science Reviews, 230: 104039.
Peng D, Liu L, Hu J, et al. 2021. Formation of East Asian stagnant slabs due to a pressure-driven Cenozoic mantle wind following Mesozoic subduction. Geophysical Research Letters, 48 (18): e2021GL094638.
Pepin R O, Porcelli D. 2006. Xenon isotope systematics, giant impacts, and mantle degassing on the early earth. Earth and

Planetary Science Letters, 250 (3-4): 470-485.

Percival J A, Mortensen J K. 2002. Water-deficient calc-alkaline plutonic rocks of northeastern Superior Province, Canada: Significance of charnockitic magmatism. Journal of Petrology, 43: 1617-1650.

Percival J A, Sanborn-Barrie M, Skulski T, et al. 2006. Tectonic evolution of the western Superior Province from NATMAP and lithoprobe studies. Canadian Journal of Earth Science, 43: 1085-1117.

Percival J A, Skulski T, Sanborn-Barrie M, et al. 2012. Geology and tectonic evolution of the Superior Province, Canada//Percival J A, Cook F A, Clowes R M. Tectonic styles in Canada: The lithoprobe perspective. Geological Association of Canada, Special Paper, 49: 321-378.

Pérez-Gussinyé M, Reston T J. 2001. Rheological evolution during extension at nonvolcanic rifted margins: onset of serpentinization and development of detachments leading to continental breakup. Journal of Geophysical Research, 106 (B3): 3961-3975.

Pérez-Gussinyé M, Ranero C R, Reston T J, et al. 2003. Mechanisms of extension at nonvolcanic margins: Evidence from the Galicia interior basin, west of Iberia. Journal of Geophysical Research, 108 (B5), 2245.

Péron-Pinvidic G, Manatschal G. 2009. The final rifting evolution at deep magma-poor passive margins from Iberia-Newfoundland: A new point of view. International Journal of Earth Sciences, 98 (7): 1581-1597.

Péron-Pinvidic G, Manatschal G. 2010. From microcontinents to extensional allochthons: Witnesses of how continents rift and break apart? Petroleum Geoscience, 16 (3): 189-197.

Péron-Pinvidic G, Manatschal G, Minshull T A, et al. 2007. Tectonosedimentary evolution of the deep Iberia-Newfoundland margins: Evidence for a complex breakup history. Tectonics, 26: TC2011.

Peron-Pinvidic G, Gernigon L, Gaina C, et al. 2012a. Insights from the Jan Mayen system in the Norwegian-Greenland sea-I: Mapping of a microcontinent. Geophysical Journal International, 191: 385-412.

Peron-Pinvidic G, Gernigon L, Gaina C, et al. 2012b. Insights from the Jan Mayen system in the Norwegian-Greenland sea-II: Architecture of a microcontinent. Geophysical Journal International, 191: 413-435.

Petterson M G, Neal C R, Mahoney J J, et al. 1997. Structure and deformation of north and central Malaita, Solomon Islands: Tectonic implications for the Ontong Java Plateau-Solomon arc collision, and for the fate of oceanic plateaus. Tectonophysics, 283 (1): 1-33.

Phillips D A. 2003. Crustal motion studies in the Southwest Pacific: Geodetic measurements of plate convergence in Tonga, Vanuatu and the Solomon Islands. Hawaii: University of Hawaii at Mánoa, PhD thesis.

Pichot T, Delescluse M, Chamot-Rooke N, et al. 2014. Deep crustal structure of the conjugate margins of the SW South China Sea from wide-angle refraction seismic data. Marine and Petroleum Geology, 58 (PB): 627-643.

Pindell J, Maresch W V, Martens U, et al. 2012. The Greater Antillean Arc: Early Cretaceous origin and proposed relationship to Central American subduction mélanges: Implications for models of Caribbean evolution. International Geological Reviews, 54: 131-143.

Pindell J L, Kennan L. 2009. Tectonic evolution of the Gulf of Mexico, Caribbean and northern South America in the mantle reference frame: An update. Geological Society of London, Special Publications, 328 (1): 1-55.

Pindell J L, Cande S, Pitman W C, et al. 1988. A plate kinematic framework for models of Caribbean evolution. Tectonophysics, 155: 121-138.

Pindell J L, Kennan L, Maresch W V, et al. 2005. Plate-kinematics and crustal dynamics of circum-Caribbean arc-continent interactions, and tectonic controls on basin development in Proto-Caribbean margins//Avé-Lallemant H G, Sisson V B. Caribbean-South American Plate interactions, Venezuela. Geological Society of America, Special Paper, 394: 7-52.

Pindell J L, Kennan L, Stanek K P, et al. 2006. Foundations of Gulf of Mexico and Caribbean evolution: Eight controversies resolved. Geologica Acta, 4: 89-128.

Piper J D. 2013. A planetary perspective on Earth evolution: Lid tectonics before plate tectonics. Tectonophysics, 589: 44-56.

Piromallo C, Morelli A. 2003. P wave tomography of the mantle under the Alpine-Mediterranean area. Journal of Geophysical Research, 108 (B2): 2065.

Pisarevsky S A, Murphy J B, Cawood P A, et al. 2008. Late Neoproterozoic and Early Cambrian palaeogeography: Models and problems. Geological Society of London, Special Publication, 294: 9-31.

Pitman W C, Heirtzler J R. 1966. Magnetic anomalies over the Pacific-Antarctic Ridge. Science, 154: 1164-1171.

Plafker G. 1965. Tectonic deformation associated with the 1964 Alaska earthquake. Science, 148: 1675-1687.

Platt J D, Viesca R C, Garagash D I. 2015. Steadily propagating slippulses driven by thermal decomposition. Journal of Geophysical Research: Solid Earth, 120 (9): 6558-6591.

Plattner C, Malservisi R, Dixon T H, et al. 2007. New constraints on relative motion between the Pacific plate and Baja California microplate (Mexico) from GPS measurements. Geophysical Journal International, 170 (3): 1373-1380.

Plummer C C, Carlson D H, Hammersley L. 2016. Physical Geology, Fifteenth Edition. New York: McGraw-Hill Education.

Pockalny R A, Fox P J, Fornari D J, et al. 1997. Tectonic reconstruction of the Clipperton and Siqueiros Fracture Zones: Evidence and consequences of plate motion change for the last 3 Myr. Journal of Geophysical Research: Solid Earth, 102 (B2): 3167-3181.

Polat A, Kerrich R. 2005. Reading the geochemical finger prints of archean hot subduction volcanic rocks: evidence for accretion and crustal recycling in a mobile tectonic regime. AGU Geophysical Monograph Series on Archean Geodynamics and Environments, 164: 189-214.

Polat A, Li J, Fryer B, et al. 2006. Geochemical characteristics of the Neoarchean (2800-2700 Ma) Taishan greenstone belt, North China Craton: Evidence for plume-craton interaction. Chemical Geology, 230: 60-87.

Ponthus L, de Saint Blanquat M, Guillaume D, et al. 2020. Plutonic processes in transitional oceanic plateau crust: Structure, age and emplacement of the South Rallier du Baty laccolith, Kerguelen Islands. Terra Nova, 32 (6): 408-414.

Powell C McA, Roots S R, Veevers J J. 1988. Pre-breakup continental extension in East Gondwanaland and the early opening of the of the eastern Indian Ocean. Tectonophysics, 155: 261-283.

Pratt D. 2000. Plate tectonics: A paradigm under threat. Journal of Scientific Exploration, 14 (3): 307-352.

Prigent C, Warren J M, Kohli A H, et al. 2020. Fracture-mediated deep seawater flow and mantle hydration on oceanic transform faults. Earth and Planetary Science Letters, 532: 115988.

Pringle M S. 1992. Radiometric ages of basaltic basement recovered at sites 800, 801, and 802, Leg 129, Western Pacific Ocean//Larson R L, Lancelot Y. Proceedings of the Ocean Drilling Program, Scientific Results. Tex.: Ocean Drilling Program, 389-404.

Pubellier M, Meresse F. 2013. Phanerozoic growth of Asia: Geodynamic processes and evolution. Journal of Asian Earth Sciences, 72 (4): 118-128.

Pubellier M, Monnier C, Maury R C, et al. 2004. Plate kinematics, origin and tectonic emplacement of supra-subduction ophiolites in SE Asia. Tectonophysics, 392: 9e36.

Püthe C, Gerya T. 2014. Dependence of mid-ocean ridge morphology on spreading rate in numerical 3-d models. Gondwana Research, 25 (1): 270-283.

Qian Q, Hermann J. 2013. Partial melting of lower crust at 10-15 kbar: constraints on adakite and TTG formation. Contributions to Mineralogy and Petrology, 165: 1195-1224.

Raff A D, Mason R G. 1961. A magnetic survey off the west coast of North America, 40°N to 52°N. Geological Society of America Bulletin, 72: 1267-1270.

Ranalli G. 1995. Rheology of the Earth. London: Chapman and Hall Publishers.

Rangin C. 2016. Rigid and non-rigid micro-plates: Philippines and Myanmar-Andaman case studies. Comptes Rendus Geoscience, 348 (1): 33-41.

Rangin C, Le Pichon X, Mazzotti S, et al. 1999. Plate convergence measured by GPS across the Sundaland/Philippine Sea Plate deformed boundary: The Philippines and eastern Indonesia. Geophysical Journal International, 139 (2): 296-316.

Rao Y B, Kumar T V, Babu E V S S K. 2021. Plate Tectonics, Precambrian//Gupta H K. Encyclopedia of Solid Earth Geophysics. Cham: Springer, 1256-1267.

Rapp R P. 1991. Origin of Archean granitoids and continental evolution. EOS, Transactions American Geophysical Union, 72 (20): 225-229.

Rapp R P, Shimizu N, Norman M D. 2003. Growth of early continental crust by partial melting of eclogite. Nature, 425: 605-609.

Reagan M, Heaton D E, Schmitz M D, et al. 2019. Forearc ages reveal extensive short-lived and rapid seafloor spreading following subduction initiation. Earth and Planetary Science Letters, 506: 520-529.

Reimink J R, Chacko T, Stern R A, et al. 2014. Earth's earliest evolved crust generated in an Iceland-like setting. Nature Geoscience, 7: 529-533.

Replumaz A, Capitanio F A, Guillot S, et al. 2014. The coupling of Indian subduction and Asian continental tectonics. Gondwana Research, 26: 608-626.

Reston T J. 2009. The structure, evolution and symmetry of the magma-poor rifted margins of the North and Central Atlantic: a synthesis. Tectonophysics, 468 (1-4): 6-27.

Reston T J, Gaw V, Pennell J, et al. 2004. Extreme crustal 1152 thinning in the south Porcupine Basin and the nature of the

Porcupine Median High: Implications for the formation of non- volcanic rifted margins. Journal of Geological Society, London, 161: 783-798.

Rey P F, Müller R D. 2010. Fragmentation of active continental plate margins owing to the buoyancy of the mantle wedge. Nature Geoscience, 3: 257-261.

Rey P F, Philippot P, Thébaud N. 2003. Contribution of mantle plumes, crustal thickening and greenstone blanketing to the 2. 75-2. 65Ga global crisis. Precambrian Research, 127 (1-3): 43-60.

Ribe N M, Christensen U R. 1999. The dynamical origin of hawaiian volcanism. Earth and Planetary Science Letters, 171 (4): 517-531.

Ribe N M, Stutzmann E, Ren Y, et al. 2007. Buckling instabilities of subducted lithosphere beneath the transition zone. Earth and Planetary Science Letters, 254: 173-179.

Ribeiro A, Mateus A. 2002. Soft Plate and Impact Tectonics. New York: Springer.

Ribes C, Petri B, Ghienne J F, et al. 2019. Tectono-sedimentary evolution of a fossil ocean- continent transition: Tasna nappe, central Alps (SE Switzerland). Geological Society of America Bulletin, 132 (7-8): 1427-1446.

Ricard Y, Bercovici D. 2009. A continuum theory of grain size evolution and damage. Journal of Geophysical Research: Solid Earth, 114 (B1): B01204.

Richards M A, Duncan R A, Courtillot V E. 1989. Flood basalts and hot-spot tracks: Plume heads and tails. Science, 246 (4926): 103-107.

Richards P G. 1972. Seismic waves reflected from velocity gradient anomalies within the Earth's upper mantle. Geophysics, 38: 517-527.

Richardson R M. 1992. Ridge forces, absolute plate motions, and the intraplate stress field. Journal of Geophysical Research: Solid Earth, 97 (B8): 11739-11748.

Richter F M. 1973a. Convection and the large- scale circulation of the mantle. Journal of Geophysical Research, 78 (35): 8735-8745.

Richter F M. 1973b. Dynamical models for sea floor spreading. Reviews of Geophysics, 11 (2): 223-287.

Richter F M, Parsons B. 1975. On the interaction of two scales of convection in the mantle. Journal of Geophysical Research, 80 (17): 2529-2541.

Ritsema J, Deussa A, van Heijst H, et al. 2011. S40RTS: a degree-40 shear-velocity model for the mantle from new Rayleigh wave dispersion, teleseismic traveltime and normal-mode splitting function measurements. Geophysical Journal International, 184: 1223-1236.

Rizo H, Boyet M, Blichert-Toft J, et al. 2013. Early mantle dynamics inferred from Nd-142 variations in Archean rocks from southwest Greenland. Earth and Planetary Science Letters, 377: 324-335.

Robert C M. 2009. Global Sedimentary of the ocean-An interplay between geodynamics and paleoenvironment. Amsterdam: Elsevier.

Robert J, Holm R J, Rosenbaumc G, et al. 2016. Post 8 Ma reconstruction of Papua New Guinea and Solomon Islands: Microplate tectonics in a convergent plate boundary setting. Earth-Science Reviews, 156: 66-81.

Roberts N M, Spencer C J. 2015. The zircon archive of continent formation through time. London: The Geological Society of London.

Robertson A H F, Trivić B, Đerić N, et al. 2013. Tectonic development of the Vardar Ocean and its margins: Evidence from the Republic of Macedonia and Greek Macedonia. Tectonophysics, 595-596: 25-54.

Roest W R, Verhoef J, Pilkington M. 1992. Magnetic interpretation using 3-D analytic signal. Geophysics, 57: 116-125.

Rogers J J W. 1996. A history of continents in the past three billion years. Journal of Geology, 104: 91-107.

Rogers J J W, Santosh M. 2002. Configuration of Columbia, a Mesoproterozoic supercontinent. Gondwana Research, 5 (1): 5-22.

Rogers J J W, Santosh M. 2003. Supercontinents in Earth history. Gondwana Research, 6: 357-368.

Roland E, Lizarralde D, McGuire J J, et al. 2012. Seismic velocity con- straints on the materialproperties that control earthquake behavior at the Quebrada-Discovery-Gofar transform faults, East Pacific Rise. Journal of Geophysical Research: Solid Earth, 117: B11102.

Rolf T, Tackley P J. 2011. Focussing of stress by continents in 3D spherical mantle convection with self-consistent plate tectonics. Geophysical Research Letters, 38 (18): L18301.

Rosenbaum G, Lister G S. 2005. The Western Alps from the Jurassic to Oligocene: Spatio- temporal constraints and evolutionary reconstructions. Earth-Science Reviews, 69: 281-306.

Royer J Y, Sandwell D T. 1989. Evolution of the eastern Indian Ocean since the Late Cretaceous: Constraints from Geosat al-

timetry. Journal of Geophysical Research: Soild Earth, 94 (B10): 13755-13782.
Rozel A, Ricard Y, Bercovici D. 2011. A thermodynamically self-consistent damage equation for grain size evolution during dynamic recrystallization. Geophysical Journal International, 184 (2): 719-728.
Rozel A B, Golabek G J, Jain C, et al. 2017. Continental crust formation on early Earth controlled by intrusive magmatism. Nature, 545 (7654): 332-335.
Rudnick R, Gao S. 2003. Composition of the continental crust//Holland H D, Turekian K K. Treatise on Geochemistry. Oxford: Elsevier Pergamon, 3: 1-64.
Rudnick R L. 1995. Making continental crust. Nature, 378: 571-578.
Rudolph M L, Zhong S J. 2014. History and dynamics of net rotation of the mantle and lithosphere. Geochemistry, Geophysics, Geosystems, 15: 3645-3657
Rudwick M J S. 2014. Earth's deep history- how it was discovered and why it matters. London: The University of Chicago Press, Ltd.
Ryan P G, Moore C J, Van Franeker J A, et al. 2009. Monitoring the abundance of plastic debris in the marine environment. Philosophical Transactions of the Royal Society B: Biological Sciences, 364 (1526): 1999-2012.
Ryder G, Koeberl C, Mojzsis S J. 2000. Heavy Bombardment on the Earth at ~3.85 Ga: The Search for Petrographic and Geochemical Evidence. Origin of the Earth and Moon, 30: 475-492.
Saccani E. 2014. A new method of discriminating different types of post-Archean ophiolitic basalts and their tectonic significance using Th-Nb and Ce-Dy-Yb systematics. Geoscience Frontiers, 54 (4): 1-21.
Safonova I, Kotlyarov A, Krivonogov S, et al. 2017. Intra-oceanic arcs of the Paleo-Asian Ocean. Gondwana Research, 50: 167-194.
Sager W W. 2005. What built Shatsky Rise, a mantle plume or ridge tectonics? Geological Society of America Special Paper, 388: 721-733.
Sager W W, Handschumacher D W, Hilde W C, et al. 1988. Tectonic evolution of the northern Pacific plate and Pacific-Farallon-Izanagi tripple junction in the Late Jurassic and Early Cretaceous (M21-M10). Tectonophysic, 155: 345-364.
Sager W W, Sano T, Geldmacher J. 2011. IODP Expedition 324: Ocean Drilling at Shatsky Rise Gives Clues about Oceanic Plateau Formation. Scientific Drilling, 12 (September): 24-31.
Sager W W, Zhang J, Korenaga J, et al. 2013. An immense shield volcano within the Shatsky Rise oceanic plateau, northwest Pacific Ocean. Nature Geoscience, 6 (11): 976-981.
Sager W W, Sano T, Geldmacher J. 2016. Formation and evolution of Shatsky Rise oceanic plateau: Insights from IODP Expedition 324 and recent geophysical cruises. Earth-science reviews, 159: 306-336.
Sager W W, Huang Y, Tominaga M, et al. 2019. Oceanic plateau formation by seafloor spreading implied by Tamu Massif magnetic anomalies. Nature Geoscience, 12 (8): 61-666.
Sandiford M, Coblentz D, Richardson R M. 1995. Focusing ridge-torques during continental collision in the Indo-Australian plate. Geology, 23: 653-656.
Sandwell D T, Müller R D, Smith W H, et al. 2014. New global marine gravity model from CryoSat-2 and Jason-1 reveals buried tectonic structure. Science, 346 (6205): 65-67.
Sanislav I V, Blenkinsop T G, Dirks P H. 2018. Archaean crustal growth through successive partial melting events in an oceanic plateau-like setting in the Tanzania Craton. Terra Nova, 30 (3): 169-178.
Santosh M, Liu D Y, Shi Y R, et al. 2013. Paleoproterozoic accretionary orogenesis in the North China Craton: A SHRIMP zircon study. Precambrian Research, 227: 29-54.
Saria E, Calais E, Stamps D S, et al. 2014. Present-day kinematics of the East African Rift. Journal of Geophysical Research: Solid Earth, 119 (4): 3584-3600.
Sarkar S, Baruah A, Dutta U, et al. 2014. Role of random thermal perturbations in the magmatic segmentation of mid-oceanic ridges: Insights from numerical simulations. Tectonophysics, 636: 83-99.
Savostin L A, Verzhbitskaya A I, Baranov B V. 1982. Holocene plate tectonics of the Sea of Okhotsk region. Mosco: Acadmy of Science of USSR, Earth Science, 266: 62-65.
Savostin L A, Zonenshain L, Baranov B V. 1983. Geology and plate tectonics of the Sea of Okhotsk//Hilde T W C, Uyeda S. Geodynamics of the Western Pacific-Indonesian Region. Washington: American Geophysical Union, Boulder: Geological Socierty of America, 11: 189-221.
Sawada H, Isozaki Y, Sakata S, et al. 2018. Secular change in lifetime of granitic crust and the continental growth: A new view from detrital zircon ages of sandstones. Geoscience Frontiers, 9 (4): 1099-1115.

Schellart W P, Spakman W. 2012. Mantle constraints on the plate tectonic evolution of the Tonga-Kermadec-Hikurangi subduction zone and the South Fiji Basin region. Australian Journal of Earth Sciences, 59 (6): 933-952.

Schellart W P, Freeman J, Stegman D R, et al. 2007. Evolution and diversity of subduction zones controlled by slab width. Nature, 446: 308-311.

Schilling J G. 1991. Fluxes and excess temperatures of mantle plumes inferred from their interaction with migrating mid-ocean ridges. Nature, 352 (6334): 397.

Schimschal C M, Jokat W. 2018. The crustal structure of the continental margin east of the Falkland Islands. Tectonophysics, 724: 234-253.

Scholl D W. 2007. Viewing the Tectonic Evolution of the Kamchatka-Aleutian (KAT) Connection With an Alaska Crustal Extrusion Perspective//Eichelberger J, Gordeev E, Izbekov P, et al. Volcanism and Subduction: The Kamchatka Region. Washington: American Geophysical Union, 3-36.

Schouten H, Klitgord K D, Gallo D G. 1993. Edge-driven microplate kinematics. Journal of Geophysical Research, 98: 6689-6701.

Schubert G, Turcotte D L. 1972. One-dimensional model of shallow-mantle convection. Journal of Geophysical Research, 77 (5): 945-951.

Schubert G, Yuen D A, Turcotte D L. 1975. Role of phase transitions in a dynamic mantle. Geophysical Journal International, 42 (2): 705-735.

Sclater J G, Grindlay N R, Madsen J A, et al. 2005. Tectonic interpretation of the Andrew Bain transform fault: Southwest Indian Ocean. Geochemistry, Geophysics, Geosystems, 6: Q09K10.

Scotese C R. 1992. Phanerozoic paleogeographic, plate tectonic and paleoclimatic reconstructions. The Paleontological Society Special Publications, 6: 263.

Scrutton R A. 1976. Microcontinents and their significance//Drake C L. Geodynamics: Progress and Prospects. Washington: American Geophysical Union, 5: 177-189.

Sdrolias M, Müller R D. 2006. Controls on back-arc basin formation. Geochemistry, Geophysics, Geosystems, 7: Q04016.

Sdrolias M, Roest W R, Müller R D. 2004. An expression of Philippine Sea plate rotation: The Parece Vela and Shikoku Basins. Tectonophysics, 394: 69-86.

Searle R C. 2005. Plate Tectonics//Selley R C, Cocks R, Plimer I. Encyclopedia of Geology. Oxford: Elsevier, 343.

Searle RC, Bird R T, Rusby R I, et al. 1993. The development of two oceanic microplates: Easter and Juan Fernandez microplates, East Pacific Rise. Journal of the Geological Society, 150 (5): 965-976.

Sears J W, Price R A. 2000. New look at the Siberian connection: No SWEAT. Geology, 28 (5): 423.

Sedlock R L, Ortega-Gutiérrez F, Speed R C. 1993. Tectonostratigraphic terranes and tectonic evolution of Mexico. Geological Society of America Special Paper, 278: 1-153.

Sehsah H, Furnes H, Pham L T, et al. 2022. Plume-MOR decoupling and the timing of India-Eurasia collision. Scientific Reports, 12 (1): 13349.

Sen P K. 1968. Estimates of the regression coefficient based on Kendalls's tau. Journal of the American Statistical Association, 63 (324): 1379-1389.

Şengör A. 1984. The Cimmeride orogenic system and the tectonics of Eurasia. Geological Society of America Special Paper, 195: 88.

Şengör A M C. 2016. Transform faults//Harff J, Meschede M, Petersen S, et al. Encyclopedia of Marine Geosciences. Netherlands: Springer, 1-961.

Seno T, Maruyama S. 1984. Paleogeographicre construction and origin of the Philippine Sea. Tectonophysics, 102: 53-84.

Seno T, Stein S, Gripp A E. 1993. A model for the motion of the Philippine Sea plate consistent with NUVEL-1 and geological data. Journal of Geophysical Research: Solid Earth, 98 (B10): 17941-17948.

Serpelloni E, Faccenna C, Spada G, et al. 2013. Vertical GPS ground motion rates in the Euro-Mediterranean region: New evidence of velocity gradients at different spatial scales along the Nubia-Eurasia plate boundary. Journal of Geophysical Research: Solid Earth, 118: 6003-6024.

Seton M, Flament N, Whittaker J, et al. 2015. Ridge subduction sparked reorganization of the Pacific plate-mantle system 60-50 million years ago. Geophysical Research Letters, 42: 1732-1740.

Seton M, Müller R D, Zahirovic S, et al. 2012. Global continental and ocean basin reconstructions since 200 Ma. Earth-Science Reviews, 113: 212-270.

Seton M, Williams S E, Domeier M, et al. 2023. Deconstructing plate tectonic reconstructions. Nature Review Earth

Environme, 4 (3): 185-204.
Shafer J T, Neal C R, Regelous M. 2005. Petrogenesis of Hawaiian postshield lavas: Evidence from Nintoku Seamount, Emperor Seamount Chain. Geochemistry, Geophysics, Geosystems, 6 (5): 2701-2711.
Shannon P M, Jacob A W B, O'reilly B M, et al. 1999. Structural setting, geological development and basin modelling in the Rockall Trough. In Geological Society of London, Petroleum Geology Conference series, 5 (1): 421-431.
Sharp W D, Clague D A. 2006. 50Ma initiation of Hawaiian-Emperor Bend records major change in Pacific Plate motion. Science, 313 (5791): 1281-1284.
She L J, Zhang G B, Jiang G M, et al. 2023. Slab morphology around the Philippine Sea: New insights from P-wave mantle tomography. Journal of Geophysical Research: Solid Earth, 128: e2022JB024757.
Shephard G E, Bunge H P, Schuberth B S A, et al. 2012. Testing absolute plate reference frames and the implications for the generation of geodynamic mantle heterogeneity structure. Earth and Planetary Science Letters, 317-318: 204-217.
Sheth H C. 2007. ‘Large Igneous Provinces (LIPs)’: Definition, recommended terminology, and a hierarchical classification. Earth-Science Reviews, 85 (3): 117-124.
Shields G A, Kasting J F. 2007. Evidence for hot early oceans? Nature, 447: E1-E1.
Shimizu K T, Komiya S, Maruyama S, et al. 1997. Water content of melt inclusion in Cr- spinel of2. 7 Ga komatiite from Belingwe Greenstone Belt, Zimbabwe. Eos (Transactions, American Geophysical Union), 78: 750.
Shinjo R, Chung S L, Kato Y, et al. 1999. Geochemical and Sr-Nd isotopic characteristics of volcanic rocks from the Okinawa trough and Ryukyu arc: Implications for the evolution of a young, intracontinentalback arc basin. Journal of Geophysical Research: Solid Earth, 104 (B5): 10591-10608.
Shouten H, White R S. 1980. Zero offset fracture zones. Geology, 8 (8): 175-179.
Sibuet J C, Hsu S K. 2004. How was Taiwan created? Tectonophysics, 379 (1): 159-181.
Sibuet J C, Letouzey J, Barbier F, et al. 1987. Back arc extension in the Okinawa Trough. Journal of Geophysical Research, 92 (B13): 14041-14063.
Sibuet J C, Hsu S K, Shyu C T, et al. 1995. Structural and Kinematic Evolution of the Okinawa Trough Backarc Basin// Taylor B. Backarc Basins: Tectonics and Magmatism. New York: Plenum Press, 343-378.
Sibuet J C, Deffontaines B, Hsu S K, et al. 1998. Okinawa trough backarc basin: Early tectonic and magmatic evolution. Journal of Geophysical Research: Solid Earth, 103 (B12): 30245-30267.
Sibuet J C, Yeh Y C, Lee C S. 2016. Geodynamics of the South China Sea. Tectonophysics, 692 (B): 98-119.
Siddoway C. 2010. Microplate motion. Nature Geoscience, 3: 225-226.
Sigloch K. 2011. Mantle provinces under North America from multifrequency P wave tomography. Geochemistry, Geophysics, Geosystems, 12: Q02W08.
Sigloch K, Mihalynuk M G. 2013. Intra-oceanic subduction shaped the assembly of Cordilleran North America. Nature, 496: 7443-7450.
Sigloch K, Mihalynuk M G. 2017. Mantle and geological evidence for a Late Jurassic-Cretaceous suture spanning North America. GSA Bulletin, 129 (11-12): 1489-1520.
Silberling N J, Jones D L, Monger J W H, et al. 1992. Litho tectonic terrane map of the North American Cordillera. U. S. Geological Survey, Map I-2176.
Simmons N A, Myers S C, Johannesson G, et al. 2012. LLNL- G3Dv3: Global P wave tomography model for improved regional and teleseismic travel time prediction. Journal of Geophysical Research, 117: B10302.
Simmons N A, Myers S C, Johannesson G, et al. 2015. Evidence for long- lived subduction of an ancient tectonic plate beneath the southern Indian Ocean. Geophysical Research Letters, 42 (21): 9270-9278.
Simons W J F, Ambrosius B A C, Noomen R, et al. 1999. Observing plate motions in S. E. Asia: Geodetic results of the GEODYSSEA Project. Geophysical Research Letters, 26 (14): 2081-2084.
Sizova E, Gerya T, Brown M, et al, 2010. Subduction styles in the Precambrian: insight from numerical experiments. Lithos, 1163: 209-229.
Sizova E, Gerya T, Stüwe K, et al. 2015. Generation of felsic crust in the Archean: A geodynamic modeling perspective. Precambrian Research, 271: 198-224.
Skeels A, Boschman L M, McFadden I R, et al. 2023. Paleoenvironments shaped the exchange of terrestrial vertebrates across Wallace's Line. Science, 381: 86-92.
Skyttner L. 1996. General systems theory: origin and hallmarks. Kybernetes, 25 (6): 16-22.
Sleep H H. 1979. Thermal history and degasing of the Earth: Some simple calculations. Journal of Geology, 87: 671-686.

Sleep N H. 2000. Evolution of the mode of convection within terrestrial planets. Journal of Geophysical Research, 105: 17563-17578.

Sleep N H, Windley B F. 1982. Archean plate tectonics: constraints and inferences. Journal of Geology, 90: 363-379.

Sleeper J D, Martinez F. 2016. Geology and kinematics of the Niuafo'ou microplate in the northern Lau Basin. Journal of Geophysical Research: Solid Earth, 121: 4852-4875.

Smith D K, Cann J R, Escartín J. 2006. Widespread activedetachment faulting and core complex formation near 13°N on the Mid-Atlantic Ridge. Nature, 442 (7101): 440-443.

Smith D K, Escartín J, Schouten H, et al. 2008. Fault rotation and core complex formation: Significant processes in seafloor formation at slow-spreading mid-ocean ridges (Mid-Atlantic Ridge, 13°-15°N). Geochemistry, Geophysics, Geosystems, 9 (3): Q03003.

Smith W H, Sandwell D T. 1997. Global sea floor topography from satellite altimetry and ship depth soundings. Science, 277 (5334): 1956-1962.

Smithies R H, van Kranendonk M J, Champion D C. 2005. It started with a plume—Early Archaean basaltic proto-continental crust. Earth and Planetary Science Letters, 238: 284-297.

Smithies R H, Champion D C, van Kranendonk M J. 2009. Formation of Paleoarchean continental crust through infracrustal melting of enriched basalt. Earth and Planetary Science Letters, 281: 298-306.

Smithies R H, Lu Y, Johnson T E, et al. 2019. No evidence for high-pressure melting of Earth's crust in the Archean. Nature Communications, 10 (1): 5559.

Smoot N C. 1991. North Pacific Guyots. U. S. Naval Oceanographic Office, Technical Note 7N 01-91.

Solari L A, Keppie J D, Ortega- Gutiérrez E, et al. 2003. 990 Ma and 1100 Ma Grenvillian tectonothermal events in the northern Oaxacan Complex, Southern Mexico: Roots of an orogen. Tectonophysics, 356: 257-282.

Solomatov V. 2007. Magma oceans and primordial mantle differentiation//Schubert G. Treatise on Geophysics. Amsterdam: Elsevier, 91-119.

Solomatov V S. 1995. Scaling of temperature-dependent and stress-dependent viscosity convection. Physics of Fluids, 7 (2): 266-274.

Solomatov V S, Moresi L N. 1997. Three regimes of mantle convection with non-Newtonian viscosity and stagnant lid convection on the terrestrial planets. Geophysical Research Letters, 24 (15): 1907-1910.

Solomon S C, Sleep N H. 1974. Some simple physical models for absolute plate motions. Journal of Geophysical Research, 79: 2557-2567

Soustelle V, Tommasi A, Demouchy S and Franz L. 2013. Melt-rock interactions, deformation, hydration and seismic properties in the sub-arc lithospheric mantle inferred from xenoliths from seamounts near Lihir, Papua New Guinea. Tectonophysics, 608: 330-345.

Spakman W, Chertova M V, van den Berg A, et al. 2018. Puzzling features of western Mediterranean tectonics explained by slab dragging. Nature Geoscience, 11: 211-216.

Spasojevic S, Liu L, Gurnis M. 2009. Adjoint models of mantle convection with seismic, plate motion, and stratigraphic constraints: North America since the Late Cretaceous. Geochemistry, Geophysics, Geosystem, 10: Q05W02.

Spence W. 1987. Slab pull and the seismotectonics of subducting lithosphere. Reviews of Geophysics, 25 (1): 55-69.

Sproule R A, Lesher C M, Ayer J A, et al. 2002. Spatial and temporal variations in the geochemistry of komatiites and komatiitic basalts in the Abitibi greenstone belt. Precambrian Research, 115: 153-186.

Srivastava S P, Roest W R, Kovacs L C, et al. 1990. Motion of Iberia since the Late Jurassic: Results from detailed aeromagnetic measurements in the Newfoundland Basin. Tectonophysics, 184 (3-4): 229-260.

Stampfli G M, Borel G D. 2002. A plate tectonic model for the Paleozoic and Mesozoic constrained by dynamic plate boundaries and restored synthetic oceanic isochrons. Earth and Planet Science Letters, 196: 17-33.

Stampfli G M, Borel G D. 2004. The TRANSMED transects in space and time: constraints on the paleotectonic evolution of the mediterranean domain//Cavazza W, Roure F, Spakman W, et al. The TRANSMED Atlas: the Mediterranean Region from Crust to Mantle. Berlin: Springer, 53-80.

Stampfli G M, Kozur H W. 2006. Europe from the Variscan to the Alpine cycles//Gee D G, Stephenson R A. European Lithosphere Dynamics. London: Geological Society of London,, Memoirs, 32: 57-82.

Stampfli G M, Hochard C, Vérard C, et al. 2013. The formation of Pangea. Tectonophysics, 593: 1-19.

Steckler M S, ten Brink U S. 1986. Lithospheric strength variations as a control on new plate boundaries: Examples from the northern Red Sea region. Earth and Planetary Science Letters, 79: 120-132.

Steffen W, Richardson K, Rockstrom J, et al. 2020. The emergence and evolution of Earth system science. Nature Review Earth and Environment, 1: 54-63.

Stegman D R, Freeman J, Schellart W P, et al. 2006. Influence of trench width on subduction hinge retreat rates in 3-D models of slab rollback. Geochemistry, Geophysics, Geosystems, 7: Q03012.

Steinberger B, Torsvik T H, Becker T W. 2012. Subduction to the lower mantle- A comparison between geodynamic and tomographic models. Solid Earth, 3 (2): 415-432.

Steinmann G. 1927. Die ophiolitischen Zonen in den Mediterranean kettengebirgen, Rep. 14th International Geological Congress, 2: 637-667.

Stern R J. 2005. Evidence from ophiolites, blueschists, and ultrahigh-pressure metamorphic terranes that the modern episode of subduction tectonics began in Neoproterozoic time. Geology, 33: 557-560.

Stern R J. 2007. When and how did plate tectonics begin? Theoretical and empirical considerations. Chinese Science Bulletin, 52: 578-591.

Stern R J. 2008. Modern-style plate tectonics began in Neoproterozoic time: An alternative interpretation of Earth's tectonic history//Condie K C, Pease V. When Did Plate Tectonics Begin on Earth? Geological Society of America Special Paper, 440: 265-280.

Stern R J. 2016. Is plate tectonics needed to evolve technological species on exoplanets? Geoscience Frontiers, 7 (4): 573-580.

Stern R J. 2020. The Mesoproterozoic single lid tectonic episode: Preclude to plate tectonics. GSA Today, 30 (12): 4-10.

Stern R J, Gerya T V. 2023. Co-Evolution of Life and Plate Tectonics: The Biogeodynamic Perspective on the Mesoproterozoic-Neoproterozoic Transitions//Duarte J. Dynamics of Plate Tectonics and Mantle Convection. Amsterdam: Elsevier, 295-319.

Stern R J, Leybourne M I, Tsujimori T. 2016. Kimberlites and the start of plate tectonics. Geology, 44: 799-802.

Stern R J, Gerya T, Tackley P J. 2018. Stagnant lid tectonics: Perspectives from silicate planets, dwarf planets, large moons, and large asteroids. Geoscience Frontiers, 9 (1): 103-119.

Sternai P. 2023. Feedbacks Between Internal and External Earth Dynamics//Duarte J. Dynamics of Plate Tectonics and Mantle Convection. Amsterdam: Elsevier, 271-294.

Stixrude L, Lithgow- Bertelloni C. 2005. Mineralogy and elasticity of the oceanic upper mantle: Origin of the low- velocity zone. Journal of Geophysical Research, 110 (B3): B03204.

Stixrude L, de Koker N, Sun N, et al. 2009. Thermodynamics of silicate liquids in the deep Earth. Earth and Planetary Science Letters, 278 (3-4): 226-232.

Stock J M, Lee J. 1994. Do microplates in subduction zones leave a geological record? Tectonics, 13: 1472-1487.

Stoddard P R, Abbott D. 1996. Influence of the tectosphere upon plate motion. Journal of Geophysical Research, 101: 5425-5433.

StoneW E, Deloule E, Larson M S, et al. 1997. Evidence for hydrous high- MgO melts in the Precambrian. Geology, 25: 143-146.

Storey B C. 1995. The role of mantle plumes in continental breakup: Case histories from Gondwanaland. Nature, 377: 301-308.

StraumeE O, Gaina C, Medvedev S, et al. 2019. GlobSed: Updated total sediment thickness in the world's oceans. Geochemistry, Geophysics, Geosystems, 20 (4): 1756-1772.

Su W J, Dziewonski A M. 1997. Simultaneous inversion for 3-D variations in shear and bulk velocity in the mantle. Physics of the Earth and Planetary Interiors, 100: 135-156.

Subašić S, Prevolnik S, Herak D, et al. 2017. Observations of SKS splitting beneath the Central and Southern External Dinarides in the Adria-Eurasia convergence zone. Tectonophysics, 705: 93-100.

Suess E. 1885. Das Antlitz der Erde. Paris: Armand Colin.

Šumanovac F, Markušić S, Engelsfeld T, et al. 2017. Shallow and deep lithosphere slabs beneath the Dinarides from teleseismic tomography as the result of the Adriatic lithosphere downwelling. Tectonophysics, 712-713: 523-541.

Sun G Z, Liu S W, Cawood P A, et al. 2021. Thermal state and evolving geodynamic regimes of the Meso- to Neoarchean North China Craton. Nature Communications, 12: 3888.

Sun W, Ding X, Hu Y H, et al. 2007. The golden transformation of the Cretaceous plate subduction in the west Pacific. Earth and Planetary Science Letters, 262 (3-4): 533-542.

Sun Z, Jiang W, Li H, et al. 2010. New paleomagnetic results of Paleocene volcanic rocks from the Lhasa block: tectonic implications for the collision of India and Asia. Tectonophysics, 490 (3-4): 257-266.

Sun Z, Lin J, Qiu N, et al. 2019. The role of magmatism in the thinning and breakup of the South China Sea continental margin. National Science Review, 6 (5): 871-876.

Suo Y H, Li S Z, Zhao S J, et al. 2014. Cenozoic Tectonic Jumping of Pull-apart basins in East Asia and its Continental Margin: Implication to Hydrocarbon Accumulation. Journal of Asian Earth Sciences, 88 (1): 28-40.

Suo Y H, Li S Z, Zhao S J, et al. 2015. Continental Margin Basins in East Asia: Tectonic Implication of the Meso-Cenozoic East China Sea Pull-apart Basins. Geological Journal, 50: 139-156.

Suo Y H, Li S Z, Cao X Z, et al. 2020. Two-stage eastward diachronous model of India-Eurasia collision: Constraints from the intraplate tectonic records in Northeast Indian Ocean. Gondwana Research, 102: 372-384.

Supendi P, Nugraha A D, Widiyantoro S, et al. 2020. Fate of Forearc lithosphere at arc-continent collision zones: Evidence from local earth quake tomography of the Sunda- Banda Arc Transition, Indonesia. Geophysical Research Letters, 47: e2019GL086472.

Sutherland F H, Kent G M, Harding A J, et al. 2012. Middle Miocene to early Pliocene oblique extension in the southern Gulf of California. Geosphere, 8 (4): 752-770.

Sutherland R, Dickens G R, Blum P, et al. 2020. Continental scale of geographic change across Zealandia during subduction zone initiation. Geology, 48: 419-424.

Sutra E, Manatschal G. 2012. How does the continental crust thin in ahyperextended rifted margin? Insights from the Iberia margin. Geology, 40 (2): 139-142.

Sykes L R. 1967. Mechanism of earthquakes and nature of faulting on the mid-oceanic ridges. Journal of Geophysical Research, 72 (8): 2131-2153.

Sykes L R, Sbar M. 1973. Intraplate earthquakes, lithospheric stresses and the driving mechanism of plate tectonics. Nature, 245: 298-302.

Taboada A, Rivera L A, Fuenzalida A, et al. 2000. Geodynamics of the northern Andes: subductions and intracontinental deformation (Colombia). Tectonics, 19: 787-813.

Tackley P J. 2000a. Mantle convection and plate tectonics: Towards an integrated physical and chemical theory. Science, 288: 2002.

Tackley P J. 2000b. Self- consistent generation of tectonic plates in time- dependent, three- dimensional mantle convection simulations Part 1: Pseudo-plastic yielding. Geochemistry, Geophysics, Geosystems, 1: 8.

Tackley P J. 1998. Self- consistent generation of tectonic plates in three- dimensional mantle convection. Earth and Planetary Science Letters, 157 (1-2): 9-22.

Tackley P J. 2023. Tectono-convective modes on Earth and other terrestrial bodies//Duarte J. Dynamics of Plate Tectonics and Mantle Convection. Amsterdam: Elsevier, 159-180.

Tait J A, Bachtadse V, Franke W, et al. 1997. Geodynamic evolution of the European Variscan fold belt: Palaeomagnetic and geological constraints. Geologische Rundschau, 86 (3): 585-598.

Takahashi N, Kodaira S, Klemperer S, et al. 2007. Crustal structure and evolution of the Mariana intra- oceanic island arc. Geology, 35: 203-206.

Talwani M, Eldholm O. 1977. Evolution of the Norwegian-Greenland Sea. Geological Society of America Bulletin, 88 (7): 969-999.

Tamaki K, Larson R L. 1988. The Mesozoic tectonic history of the Magellan microplate in the western central Pacific. Journal of Geophysical Research: Solid Earth, 93 (B4): 2857-2874.

Tan X, Gilder S, Kodama K P, et al. 2010. New paleomagnetic results from the Lhasa block: Revised estimation of latitudinal shortening across Tibet and implications for dating the India-Asia collision. Earth and Planetary Science Letters, 293 (3-4): 396-404.

Tang C A, Webb A A G, Moore W B, et al. 2020. Breaking Earth's shell into a global plate network. Nat Communications, 11: 3621.

Tang M, Chen K, Rudnick R L. 2016. Archean upper crust transition from mafic to felsic marks the onset of plate tectonics. Science, 351 (6271): 372-375.

Tang M, Lee C A, Chen K, et al. 2019. Nb/Ta systematics in arc magma differentiation and the role of arclogites in continent formation. Nature Communications, 10: 235.

Tang M, Chu X, Hao J, et al. 2021. Orogenic quiescence in Earth's middle age. Science, 371 (6530): 728-731.

Tapponnier P, Peltzer G, Le Dain A Y, et al. 1982. Propagating extrusion tectonics in Asia: new insights from simple experiments with plasticine. Geology, 10: 611-616.

Tapponnier P, Peltzer G, Armijo R. 1986. On the mechanics of the collision between India and Asia. Geological Society of London, Special Publications, 19: 115-157.

Tapponnier P, Lacassin R, Leloup P H, et al. 1990. The Ailao Shan/Red River metamorphic belt: Tertiary left-lateral shear between Indochina and South China. Nature, 343: 431-437.

Tarduno J A, Duncan R A, Scholl D W. 2003. The Emperorseamounts: Southward motion of the Hawaiian Hotspot Plume'in Earth's mantle. Science, 301 (5636): 1064-9.

Tarr A C, Villaseñor A, Furlong K P, et al. 2010. Seismicity of the Earth 1900-2007. Reaton: US Geological Survey.

Taylor B. 1979. Bismarck sea: Evolution of a back-arc basin. Geology, 7 (4): 171-174.

Taylor B. 2006. The single largest oceanic plateau: Ontong Java-Manihiki-Hikurangi. Earth and Planetary Science Letters, 241: 372-380.

Taylor D J, McKeegan K D, Harrison T M. 2009. Lu-Hf zircon evidence for rapid lunar differentiation. Earth and Planetary Science Letters, 279: 157-164.

TaylorJ. 2009. Ancient lunar crust: Origin, composition, and implications. Elements, 5 (1): 17-22.

Taylor J, Stevens G, Armstrong R, et al. 2010. Granulite facies anatexis in the ancient gneiss complex, swaziland, at 2.73 Ga: Mid-crustal metamorphic evidence for mantle heating of the kaapvaal craton during ventersdorp magmatism. Precambrian Research, 177 (1-2): 88-102.

Taylor S R, McLennan S M. 1985. The Continental Crust: Its Composition and Evolution. New Jersey: Blackwell Scientific Publications.

Tebbens S F, Cande S C, Kovacs L, et al. 1997. The Chile ridge: A tectonic framework. Journal of Geophysical Research, 102: 12035-12059.

Teyssier C, Ferré E, Whitney D L, et al. 2005. Flow of partially molten crust and origin of detachments during collapse of the Cordilleran orogen//Bruhn D, Burlini L. High-Strain Zones: Structure and Physical Properties. Geological Society of London, Special Publication, 245: 39-64.

Thébaud N, Rey P F. 2013. Archean gravity-driven tectonics on hot and flooded continents: controls on long-lived mineralised hydrothermal systems away from continental margins. Precambrian Research, 229: 93-104.

Theil H. 1950. A rank-invariant method of linear and polynomial regression analysis. I, II, III. Nederlandse Akademie Wetenchappen Process, 53: 386-392, 521-525, 1397-1412.

Theunissen T, Huismans R. 2022. Mantle exhumation at magma-poor rifted margins controlled by frictional shear zones. Nature Communications, 13 (1): 1634.

Thurston P C, Osmani I A, Stone D. 1991. Northwestern Superior Province: Review and terrane analysis. Ontario Geological Survey, 4 (1): 81-142.

Tian Z W, Tang W, Wang P J, et al. 2021. Tectonic Evolution and Key Geological Issues of the Proto-South China Sea. Acta Geologica Sinica, 95 (1): 77-90.

Tirel C, Brun J P, Burov E. 2008. Dynamics and structural development of metamorphic core complexes. Journal of Geophysical Research, 113: B04403.

To A, Romanowicz B, Capdeville Y, et al. 2005. 3D effects of sharp boundaries at the borders of the African and Pacific Superplumes: Observation and modeling. Earth and Planetary Science Letters, 233: 137-153

Tohver E, Teixeira W, van der Pluijm, et al. 2006. Restored transect across the exhumed Grenville orogen of Laurentia and Amazonia, with implications for crustal architecture. Geology, 34: 669-672.

Tomlinson K Y, Condie K C. 2001. Archean mantle plumes: Evidence from greenstone belt geochemistry. Geological Society of America, Special Papers, 352: 341-358.

Tong D J, Ren J Y, Liao Y T, et al. 2019. Cenozoic tectonic events and their implications for constraining the structure and stratigraphic styles from rifting to collision at the southeastern margin of the South China Sea. Marine Geophysical Research, 40: 145-161.

Torsvik T H, Cocks L R. 2016. Earth History and Palaeogeography-8 Devonian. Cambridge: Cambridge University Press, 138-158.

Torsvik T H, Cocks L R M. 2017. Earth History and Palaeogeography. Cambridge: Cambridge University Press.

Torsvik T H, Müller R D, van der Voo R, et al. 2008a. Global plate motion frames: Toward a unified model. Reviews of Geophysics, 46 (3): 1-44.

Torsvik T H, Smethurst M A, Burke K, et al. 2008b. Long term stability in deep mantle structure: Evidence from the ~300 Skagerrak-Centered large igneous province (the SCLIP). Earth and Planetary Science Letters, 267: 444-452.

Torsvik T H, Smethurst M A, Burke K, et al. 2010a. Large igneousprovinces generated from the margins of the large low-velocity provinces in the deep mantle. Geophysical Journal International, 167: 1447-1460.

Torsvik T H, Burke K, Steinberger B, et al. 2010b. Diamonds sampled by plumes from the core-mantle boundary. Nature, 466: 352-355

Torsvik T H, van der Voo R, Preeden U, et al. 2012. Phanerozoic polar wander, paleogeography and dynamics. Earth-Science Reviews, 114 (3-4): 325-368.

Torsvik T H, Amundsen H, Hartz E H, et al. 2013. A Precambrian microcontinent in the Indian Ocean. Nature Geoscience, 6: 223-227.

Torsvik T H, van der Voo R, Doubrovine P V, et al. 2014. Deep mantle structure as a reference frame for movements in and on the Earth. Proceedings of the National Academy of Sciences, 111: 8735-8740.

Torsvik T H, Amundsen H E F, Trønnes R G, et al. 2015. Continental crust beneath southeast Iceland. Proceedings of the National Academy of Sciences, 112 (15): E1818-E1827.

Torsvik T H, Steinberger B, Ashwal L D, et al. 2016. Earth evolution and dynamics-a tribute to Kevin Burke. Canadian Journal of Earth Sciences, 53 (11): 1073-1087.

Torsvik T H, Doubrovine P V, Steinberger B, et al. 2017. Pacific plate motion change caused the Hawaiian-Emperor Bend. Nature Communications, 8 (1): 15660.

Torsvik T H, Steinberger B, Shephard G E, et al. 2019. Pacific-Panthalassic reconstructions: Overview, errata and the way forward. Geochemistry, Geophysics, Geosystems, 20: 3659-3689.

Tozer D C. 1972. The present thermal state of the terrestrial planets. Physics of Earth and Planetary International, 6: 182-197.

Tregoning P, Lambeck K, Stolz A, et al. 1998. Estimation of current plate motions in Papua New Guinea from Global Positioning System observations. Journal of Geophysical Research: Solid Earth, 1031 (B6): 12181-12204.

Trønnes R G. 2010. Structure, mineralogy and dynamics of the lowermost mantle. Mineralogy and Petrology, 99 (3): 243-261.

Trouw R A J, Passchier C W, Simoes L S A, et al. 1997. Mesozoic tectonic evolution of the South Orkney microcontinent, Scotia arc, Antarctica. Geological Magazine, 134 (3): 383-401.

Tucholke B E, Schouten H. 1988. Kane Fracture Zone. Marine Geophysical Researches, 10 (1-2): 1-39.

Tucholke B E, Lin J, Kleinrock M C. 1998. Megamullions and mullion structure defining oceanic metamorphic core complexes on the mid-Atlantic ridge. Journal of Geophysical Research: Solid Earth, 103: 9857-9866.

Tucholke B E, Behn M D, Buck W R, et al. 2008. Role of melt supply in oceanic detachment faulting and formation of megamullions. Geology, 36: 455-458.

Tucholke B E, Humphris S E, Dick H J B. 2013. Cemented mounds and hydrothermal sediments on the detachment surface at Kane Megamullion: A new manifestation of hydrothermal venting. Geochemistry, Geophysics, Geosystems, 14 (9): 3352-3378.

Tuckwell G W, Bull J M, Sanderson D J. 1999. Mechanical control of oceanic plate boundary geometry. Tectonophysics, 313: 265-270.

Turner S, Rushmer T, Reagan M, et al. 2014. Heading down early on? Start of subduction on Earth. Geology, 42: 139-142.

Turner S, Wilde S, Worner G, et al. 2020. An and esitic source for Jack Hills zircon supports onset of plate tectonics in the Hadean. Nature communications, 11: 1241.

Twiss R J, Moores E M. 1992. Structural Geology. New York: Freeman.

Ueda K, Gerya T V, Burg J P. 2012. Delamination in collisional origens: Thermomechanical modeling. Journal of Geophysical Research: Solid Earth, 117 (B8): B08202.

Umhoefer P J. 2011. Why did the southern Gulf of California rupture so rapidly? - Oblique divergence across hot, weak lithosphere along a tectonically active margin. GSA Today, 21 (11): 4-10.

Uto K. 1995. Volcanoes and age determination: Now and future of K-Ar and $^{40}Ar/^{39}Ar$ dating. Bulletin Volcanology Society Of Japan, S40: 27-46.

Utsu T. 1971. Seismological evidence for anomalous structure of island arcs with special reference to the Japanese region. Reviews of Geophysics, 9 (4): 839-890.

Uyeda S, Ben Avraham Z. 1972. Origin and development of the Philippine Sea. Nature, 240: 176-178.

Vaes B, van Hinsbergen D J J, Boschman L M. 2019. Reconstruction of subduction and back-arc spreading in the NW Pacific and Aleutian Basin: Clues to causes of Cretaceous and Eocene plate reorganizations. Tectonics, 38: 1367-1413.

Valley J W, Peck W H, King E M, et al. 2002. A cool early Earth. Geology, 30: 351-354.

Valli F, Guillot S, Kéiko H Hattori. 2004. Source and tectonic-metamorphic evolution of mafic and pelitic metasedimentary rocks from the central quetico metasedimentary belt, archean superior province of canada. Precambrian Research, 132 (1-2): 155-177.

Vallier T L, Karl H A, Prueher L M, et al. 1992. Deformation in the western Aleutian fore-arc region caused by impingement of Stalemate ridge on the trench inner wall. Geological society of America Abstracts with Programs, 24: 87.

Vallier T L, Mortera-Gutierrez C A, Karl H A, et al. 1996. Geology of the Kula paleo- plate, North Pacific Ocean. Cambridge: Cambridge University Press, 16: 333-354.

Van Avendonk H, Lavier L L, Shillington D J, et al. 2009. Extension of continental crust at the margin of the eastern Grand Banks, Newfoundland. Tectonophysics, 468 (1-4): 131-148.

van den Broek J M, Gaina C. 2020. Microcontinents and continental fragments associated with subduction systems. Tectonics, 39: e2020TC006063.

van den Broek J M, Magni V, Gaina C, et al. 2020. The formation of continental fragments in subduction settings: The importance of structural inheritance and subduction system dynamics. Journal of Geophysical Research: Solid Earth, 125: e2019JB018370.

van der Hilst R. 1990. Tomography with P, PP, pP delay- time data and the three dimensional mantle structure below the Caribbean region. Utrecht: University of Utrecht, PhD Thesis.

van der Hilst R, Engdahl R, Spakman W, et al. 1991. Tomographic imaging of subducted lithosphere below northwest Pacific island arcs. Nature, 353: 37-43.

van der Hilst R D, Widiyantoro S, Engdahl E R. 1997. Evidence for deep-mantle circulation from global tomography. Nature, 386: 578-584.

vander Meer D G, Spakman W, van Hinsbergen D J, et al. 2010. Towards absolute plate motions constrained by lower-mantle slab remnants. Nature Geoscience, 3: 36-40

van der Meer D G, Torsvik T H, Spakman W, et al. 2012. Intra-Panthalassa Ocean subduction zones revealed by fossil arcs and mantle structure. Nature Geoscience, 5: 215-219.

van der Meer D G, van Hinsbergen D J J, Spakman W. 2018. Atlas of the underworld: Slab remnants in the mantle, their sinking history, and a new outlook on lower mantle viscosity. Tectonophysics, 723: 309-448.

van der Voo R. 1993. Paleomagnetism of the Atlantic, Tethys and Iapetus Oceans. Cambridge: Cambridge University Press.

van der Voo R, Spakman W, Bijwaard H. 1999. Tethyan subducted slabs under India. Earth and Planetary Science Letters, 171: 7-20.

van Dijk J. 2023. The new global tectonic map—Analyses and implications. Terra Nova, 35: 343-369.

van Hinsbergen D J J. 2022. Indian plate paleogeography, subduction and horizontal underthrusting below Tibet: paradoxes, controversies and opportunities. National Science Review, 9: nwac074.

van Hinsbergen D J J, Lippert P C, Dupont-Nivet G, et al. 2012. Greater India Basin hypothesis and a two-stage Cenozoic collision between India and Asia. Proceedings of National Academy of Sciences of USA, 109 (20): 7659-7664.

van Hinsbergen D J J, Torsvik T H, Schmid S M, et al. 2020. Orogenic architecture of the Mediterranean region and kinematic reconstruction of its tectonic evolution since the Triassic. Gondwana Research, 81: 79-229.

van Hunen J, van den Berg A P. 2008. Plate tectonics on the early Earth: Limitations imposed by strength and buoyancy of subducted lithosphere. Lithos, 103: 217-235.

van Hunen J, Moyen J F. 2012. Archean subduction: Fact or fiction? Annual Review of Earth and Planetary Sciences, 40: 195-219.

Van Kranendonk M J. 2010. Two types of Archean continental crust: Plume and plate tectonics on early Earth. American Journal of Science, 310 (10): 1187-1209.

Van Kranendonk M J. 2011. Onset of Plate Tectonics. Science, 333: 413-414.

Van Kranendonk M J, Collins W J, Hickman A, et al. 2004. Critical tests of vertical vs. horizontal tectonic models for the Archaean East Pilbara Granite- Greenstone Terrane, Pilbara Craton, Western Australia. Precambrian Research, 131: 173-211.

Van Kranendonk M J, Smithies R H, Hickman A H, et al. 2007a. Secular tectonic evolution of Archean continental crust: interplay between horizontal and vertical processes in the formation of the Pilbara Craton, Australia. Terra Nova, 19 (1): 1-38.

Van Kranendonk M J, Smithies R H, Hickman A H, et al. 2007b. Paleoarchean development of a continental nucleus: The East Pilbara Terrane of the Pilbara Craton, Western Australia. Developments in Precambrian geology, 15: 307-337.

Van Kranendonk M J, Kröner A, Hoffmann J E, et al. 2014. Just another drip: Re-analysis of a proposed Mesoarchean suture from the Barberton Mountain Land, South Africa. Precambrian Research, 254: 19-35.

van Orman J, Cochran J R, Weissel J K, et al. 1995. Distribution of shortening between the Indian and Australian plates in the central Indian Ocean. Earth and PlanetaryScience Letters, 133: 35-46.

van Thienen P, van den Berg A P, Vlaar N J. 2004a. On the formation of continental silicic melts in thermochemical mantle convection models: Implications for early Earth. Tectonophysics, 394: 111-124.

van Thienen P, van den Berg A P, Vlaar N J. 2004b. Production and recycling of oceanic crust in the early Earth. Tectonophysics, 386: 41-65.

Vasco D W, Johnson L R. 1998. Whole Earth structure estimated from seismic arrival times. Journal of Geophysical Research, 103: 2633-2671.

Vasey D A, Naliboff J B, Cowgill E, et al. 2024. Impact of rift history on the structural style of intracontinental rift-inversion orogens. Geology, 52: 429-434.

Vauchez A, Nicolas A. 1991. Miuntain building: Strike parallel motion and mantle anistropy. Tectonophysics, 185: 183-201.

Vaughan A P M, Scarrow J H. 2003. Ophiolite obduction pulses as a proxy indicator of superplume events? Earth and Planetary Science Letters, 213: 407-416.

Veevers J J. 1977. Models of the evolution of the Eastern Indian Ocean//Heirtzler J R, Bolli H M, Davies T A, et al. Indian Ocean Geology and Biostratigraphy-studies following Deep-Sea Drilling Legs. Washington: American Geophysical Union, 151-163.

Veevers J J. 2004. Gondwanaland from 650-500 Ma assembly through 320 Ma merger in Pangea to 185-100Ma breakup: Supercontinental tectonics via stratigraphy and radiometric dating. Earth-Science Reviews, 68 (1): 1-132.

Veevers J J, Cotterill D. 1978. Western margin of Australia: Evolution of a rifted arch system. Geological Society of America Bulletin, 89: 337-355

Vérard C. 2021. 888-444 Ma Global Plate Tectonic Reconstruction With Emphasis on the Formation of Gondwana. Frontiers for Earth Science, 9: 666153.

Verma S K, Oliveira E P, Silva P M, et al. 2017. Geochemistry of komatiites and basalts from the Rio das Velhas and Pitangui greenstone belts, Sao Francisco Craton, Brazil: Implications for the origin, evolution, and tectonic setting. Lithos, 284: 560-577.

Vernant P. 2015. What can we learn from 20 years of interseismic GPS measurements across strike-slip faults? Tectonophysics, 644-645: 22-39.

Viljoen M J, Viljoen R P. 1969. The geology and geochemistry of the lower ultramafic unit of the Onverwacht Group and a proposed new class of igneous rocks. Geological Society of South Africa, Special Publication, 2: 55-85.

Villagómez D R, Toomey D R, Hooft E E, et al. 2011. Crustal structure beneath the Galápagos Archipelago from ambient noise tomography and its implications for plume-lithosphere interactions. Journal of Geophysical Research: Solid Earth, 116 (B4): B04310.

Vine F J. 1966. Ocean floor spreading: New evidence. Science, 154: 1405-1415.

Vine F J, Matthews D H. 1963. Magnetic anomalies over oceanic ridges. Nature, 199: 947-949.

Vink G E, Morgan W J, Zhao W L. 1984. Preferential rifting of continents: A source of displaced terranes. Journal of Geophysical Research: Solid Earth, 89 (B12): 10072-10076.

Viotte M, Dufourneaud O. 2022. Abysses. L'odyssée des hommes sous la mer. Paris: Peony Litterary Agency.

von Bertalanffy L. 1968. General System Theory: Foundations, Development, Applications. New York: George Braziller.

Wakita K, Metcalfe I. 2005. Ocean plate stratigraphy in East and Southeast Asia. Journal of Asian Earth Sciences, 24 (6): 679-702.

Wallace L M, Stevens C, Silver E, et al. 2004. GPS and seismological constraints on active tectonics and arc-continent collision in Papua New Guinea: Implications for mechanics of microplate rotations in a plate boundary zone. Journal of Geophysical Research, 109: B05404.

Wallace L M, McCaffrey R, Beavan J, et al. 2005. Rapid microplate rotations and backarc rifting at the transition between collision and subduction. Geology, 33 (11): 857-860.

Wallin E T, Noto R C, Gehrels G E. 2000. Provenance of the Antelope Mountain Quartzite, Yreka terrane, California: Evidence for large-scale late Paleozoic sinistral displacement along the North American Cordilleran margin and implications for the mid-Paleozoic fringing arc model//Soreghan M J, Gehrels G E. Paleozoic and Triassic Paleogeography and Tectonics of Western evada and Northern California. Geological Society of America, Special Papers, Boulder, 347: 119-132.

Wan B, Wu F, Chen L, et al. 2019. Cyclical one-way continental rupture-drift in the Tethyan evolution: Subduction-driven plate tectonics. Science China Earth Sciences, 62: 2005-2016.

Wan B, Yang X, Tian X, et al. 2020. Seismological evidence for the earliest global subduction network at 2 Ga ago. Science Advances, 6: eabc5491.

Wan Y, Liu D, Wang S, et al. 2011. 2. 7Ga juvenile crust formation in the North China Craton (Taishan-Xintai area, western Shandong Province): Further evidence of an understated event from U-Pb dating and hf isotopic composition of zircon. Precambrian Research, 186 (1-4): 169-180.

Wang E C, Meng K, Su Z, et al. 2014. Block rotation: Tectonic response of the Sichuan basin to the southeastward growth of the Tibetan Plateau along the Xianshuihe-Xiaojiang Fault. Tectonics, 33: 686-717.

WangP C, Li S Z, Guo L L, et al. 2016. Mesozoic and Cenozoic accretionary orogenic processes in Borneo and their mechanisms. Geological Journal, 51 (S1): 464-489.

Wang P C, Li S Z, Suo Y H, et al. 2020. Plate tectonic control on the formation and tectonic migration of Cenozoic basins in northern margin of the South China Sea. Geoscience Frontiers, 11 (4): 1231-1251.

Wang W, Liu S, Santosh M, et al. 2015. Neoarchean intra- oceanic arc system in the Western Liaoning Province: Implications for Early Precambrian crustal evolution in the Eastern Block of the North China Craton. Earth-Science Reviews, 150: 329-364.

Wang Y, Wen L. 2007. Geometry and P and S velocity structure of the "African Anomaly". Journal of Geophysical Research, 112: B05313.

Wang Y, Forsyth D W, Rau C J, et al. 2013. Fossil slabs attached to unsubducted fragments of the Farallon plate. Proceedings of the National Academy of Sciences of the United States of America, 110: 5342-5346.

Wang Y, Liu L, Zhou Q. 2022a. Geoid Reveals the Density Structure of Cratonic Lithosphere. Journal of Geophysical Research: Solid Earth, 127 (8): e2022JB024270.

Wang Y, Liu L, Zhou Q. 2022b. Topography and gravity reveal denser cratonic lithospheric mantle than previously thought. Geophysical Research Letters, 49 (1): e2021GL096844.

Wang Y, Cao Z, Peng L, et al. 2023. Secular craton evolution due to cyclic deformation of underlying dense mantle lithosphere. Nature Geoscience, 16 (7): 637-645.

Wang Y J, Zhang Y Z, Zhao G C, et al. 2009. Zircon U-Pb geochronological and geochemical constraints on the petrogenesis of the Taishan sanukitoids (Shandong): Implications for Neoarchean subduction in the Eastern Block, North China Craton. Precambrian Research, 174: 273-286.

Watkins J M, Clemens J D, Treloar P J. 2007. Archaean TTGs as sources of younger granitic magmas: Melting of sodic metatonalites at 0. 6-1. 2 GPa. Contributions to Mineralogy and Petrology, 154: 91-110.

Weaver B L, Tarney J. 1983. Elemental depletion in Archaean granulite facies rocks//Atherton M P, Gribble C D. Migmatite, Melting and Metamorphism. Nantwich: Shiva, 250-263.

Weber B, Scherer E E, Schulze C, et al. 2010. U-Pb and Lu-Hf isotope systematics of lower crust from central-southern Mexico-Geodynamic significance of Oaxaquia in a Rodinia Realm. Precambrian Research, 182: 149-162.

Weber B, Scherer E E, Martens U K, et al. 2012. Where did the lower Paleozoic rocks of Yucatan come from? A U-Pb, Lu-Hf, and Sm-Nd isotope study. Chemical Geology, 312-313: 1-17.

Weber B, González-Guzmán R, Manjarrez-Juárez R, et al. 2018. Late Mesoproterozoic to Early Paleozoic history of metamorphic basement from the southeastern Chiapas Massif Complex, Mexico, and implications for the evolution of NW Gondwana. Lithos, 300-301: 177-199.

Weber M, Gómez-Tapias J, Cardona A, etal. 2015. Geochemistry of the Santa Fé Batholith and Buriticá Tonalite in NW Colombia-Evidence of subduction initiation beneath the Colombian Caribbean Plateau. Journal of South American Earth Sciences, 62: 257-274.

Wegener A. 1912. The origins of continents. Geologische Rundschau, 3: 276-292.

Wei X, Shi X F, Xu Y G, et al. 2022. Mid-Cretaceous Wake seamounts in NW Pacific originate from secondary mantle plumes with Arago hotspot composition. Chemical Geology, 587: 120632.

Weiler P D, Coe R S. 2000. Rotations in the actively colliding Finisterre Arc Terrane: Paleomagnetic constraints on Plio-Pleistocene evolution of the South Bismarck microplate, northeastern Papua New Guinea. Tectonophysics, 316: 297-325.

Weis D S, Ingle D, Damasceno F A, et al. 2001. Origin of continental components in Indian Ocean basalts: Evidence from Elan Bank (Kerguelen Plateau-ODP Leg 183, Site 1137). Geology, 29: 147-150.

Weissel J K, Reading H G, Stegena L. 1981. Magnetic lineations in marginal basins of the western pacific [and discussion].

Philosophical Transactions of the Royal Society B: Biological Sciences, 300 (1454): 246-247.

Welford J K, Shannon P M, O'Relly B M, et al. 2012. Comparison of lithosphere structure across the Orphan Basin-Flemish Cap and Irish Atlantic conjugate continental margins from constrained 3D gravity inversions. Journal of the Geological Society, London, 169: 405-420.

Welford J K, Dehler S A, Funck T. 2020. Crustal velocity structure across the Orphan Basin and Orphan Knoll to the continent-ocean transition, offshore Newfoundland, Canada. Geophysical Journal International, 221 (1): 37-59.

Wells M L, Hoisch T D. 2008. The role of mantle delamination in widespread Late Cretaceous extension and magmatism in the Cordilleran orogen, western United States. GSA Bulletin, 120 (5/6): 515-530.

Wells R E, Heller P L. 1988. The relative contribution of accretion, shear, and extension to Cenozoic tectonic rotation in the Pacific Northwest. Geological Society of America, 100 (3): 325-338.

Wensink H, Zijderveld J D A, Varekamp J C. 1978. Paleomagnetism and ore mineralogy of some basalts of the geirud formation of Late Devonian-Early Carboniferous age from the Southern Alborz, Iran. Earth and Planetary Science Letters, 41: 441-450.

Wernicke B, Klepacki D W. 1988. Escape hypothesis for the Stikine block. Geology, 16: 461-464.

Wessel P, Kroenke L W. 1998. The geometric relationship between hot spots and seamounts: implications for Pacific hot spots. Earth and Planetary Science Letters, 158: 1-18.

Wessel P, Kroenke L W. 2008. Pacific absolute plate motion since 145 Ma: An assessment of the fixed hot spot hypothesis. Journal of Geophysical Research: Solid Earth, 113: B06101.

Whalen J B, Percival J A, McNicoll V J, et al. 2002. A mainly crustal origin for tonalitic granitoid rocks, Superior Province, Canada: Implications for late Archean tectonomagmatic processes. Journal of Petrology, 43 (8): 1551-1570.

Whitcomb J H, Anderson D L. 1970. Reflectionof PP seismic waves from discontinuities in the mantle. Journal of Geophysical Research, 75 (29): 5713-5728.

White W M. 2015a. Probing theEarth's deep interior through geochemistry. Geochemical Perspectives, 4 (2): 95-251.

White W M. 2015b. Isotopes, DUPAL, LLSVPs, and Anekantavada. Chemical Geology, 419: 10-28.

White R S, Minshull T A, Bickle M J, et al. 2001. Melt generation at very slow-spreading oceanic ridges: Constraints from geochemical and geophysical data. Journal of Petrology, 42: 1171-1196.

White R S, Smith L K, Roberts A W, et al. 2008. Lower-crustal intrusion on the North Atlantic continental margin. Nature, 452: 460-464.

Whitney D L, Teyssier C, Rey P, et al. 2013. Continental and oceanic core complex. GeologicalSociety of America Bulletin, 125 (3-4): 273-298.

Whitney N M, Robbins W D, Schultz JK, et al. 2012. Oceanic dispersal in a sedentary reef shark (Triaenodon obesus): Genetic evidence for extensive connectivity without a pelagic larval stage. Journal of Biogeography, 39 (6): 1144-1156.

Whittaker J M, Williams S E, Halpin J A, et al. 2016. Eastern Indian Ocean microcontinent formation driven by plate motion changes. Earth and Planetary Science Letters, 454: 203-212.

Wicander R, Monroe J S. 2016. Historical geology-evolution of earth and life through time. Cengage Learning, Boston.

Wiener N. 1948. Cybernetics or control and communication in the Animal and the machine (second ed). New York: John Wiley and Sons, Inc..

Wilde S A, Valley J W, Peck W H, et al. 2001. Evidence from detrital zircons for the existence of continental crust and oceans on the Earth 4. 4 Gyr ago. Nature, 409 (6817): 175-178.

Wilde S A, Cawood P A, Wang K, et al. 2005. Granitoid evolution in the Late Archean Wutai Complex, North China Craton. Journal of Asian Earth Sciences, 24: 597-613.

Wilde S A, Valley J W, Kita N T, et al. 2008. SHRIMP U-Pb and CAMECA 1280 oxygen isotope results from ancient detrital zircons in the Caozhuang quartzite, Eastern Hebei, North China Craton: Evidence for crustal reworking 3. 8Ga ago. American Journal of Science, 308: 185-199.

Wilder D T. 2003. Relative motion history of the Pacific-Nazca (Farallon) plates since 30 million years ago. Florida: University of South Florida, Master Dissertation.

Wilhem C, Windley B F, Stampfli G M. 2012. The Altaids of Central Asia: A tectonic and evolutionary innovative review. Earth-Science Reviews, 113 (3-4): 303-341.

Willbold M, Hegner E, Stracke A, et al. 2009. Continental geochemical signatures in dacites from Iceland and implications for models of early Archaean crust formation. Earth and Planetary Science Letters, 279 (1-2): 44-52.

Williams H, Hoffman P F, Lewry J F, et al. 1991. Anatomy of North America: Thematic geologic portrayals of the

continent. Tectonophysics, 187: 117-134.
Williams S, Flament N, Müller RD, et al. 2015. Absolute plate motions since 130 Ma constrained by subduction zone kinematics. Earth and Planetary Science Letters, 418: 66-77.
Wilson J T. 1963. Evidence from islands on the spreading of the ocean floor. Nature, 197: 536-538.
Wilson J T. 1965. A new class of faults and their bearing on continental drift. Nature, 207: 343-347.
Wilson J T. 1966. Did the Atlantic close and then re-open? Nature, 211 (5050): 676-681.
Wilson D S. 1993. Confidence intervals for motion and deformation of the Juan de Fuca plate. Journal of Geophysical Research, 98 (B9): 16053-16071.
Wilson R W, Houseman G A, Buiter S J H, et al. 2019. Fifty years of the Wilson Cycle concept in plate tectonics: an overview. Geological Society of London, Special Publications, 470 (1): 1-17.
Windley B F. 1978. The Evolving Continents. Chichester: John Willy and Sons, 330-340.
Windley B F. 1995. The Evolving Continents. Chichester: John Wiley and Sons.
Windley B F. 1997. The tectonic evolution of Asia. Geophysical Journal of the Royal Astronomical Society, 129 (1): 219.
Windley B F, Kusky T, Polat A. 2021. Onset of plate tectonics by the Eoarchean. Precambrian Research, 352: 105980.
Winterer E L, Natland J H, Waasbergen R J V, et al. 1993. Cretaceous Guyots in the Northwest Pacific: An overview of their geology and geophysics//Pringle M S, Sager W W, Sliter W V, et al. The Mesozoic Pacific: Geology, Tectonics, and Volcanism. Washington: AGU Geophysical Monograph Series, 307-334.
Wolf S G, Huismans R S, Braun J, et al. 2022. Topography of mountain belts controlled by rheology and surface processes. Nature, 606: 516-521.
Wolfe C J, Bjarnason I T, van Decar J C, et al. 1997. Seismic structure of the Iceland mantle plume. Nature, 385 (6613): 245.
Wolfe C J, Solomon S C, Laske G, et al. 2009. Mantle Shear-Wave Velocity Structure Beneath the Hawaiian Hot Spot. Science, 326 (5958): 1388-1390.
Wolfson-Schwehr M, Boettcher M S. 2019. Global Characteristics of Oceanic Transform Fault Structure and Seismicity//Duarte J C. Transform Plate Boundaries and Fracture Zones. Amsterdam: Elsevier, 2: 21-59.
Wolfson- Schwehr M, Boettcher M S, Behn M D. 2017. Thermal segmentation of mid- ocean ridge- transform faults. Geochemistry, Geophysics, Geosystems, 18: 3405-3418.
Workman R K, Hart S R. 2005. Major and trace element composition of the depleted MORB mantle (DMM). Earth and Planetary Science Letters, 231 (1-2): 53-72.
Wortel M J R, Spakman W. 2000. Subduction and slab detachment in the Mediterranean- Carpathian region. Science, 290 (5498): 1910-1917.
Worthington T J, Hekinian R, Stoffers P, et al. 2006. Osbourn Trough: Structure, geochemistry and implications of a mid-Cretaceous paleospreading ridge in the South Pacific. Earth and Planetary Science Letters, 245: 685-701.
Wright N M, Seton M, Williams S E, et al. 2016. The Late Cretaceous to recent tectonic history of the Pacific Ocean basin. Earth-Science Reviews, 154: 138-173.
Wu F Y, Yang J H, Liu X M, et al. 2005. Hf isotopic characteristics of 3. 8 Ga zircon and time of early crust of North China Craton. Chinese Science Bulletin, 50: 1996-2003.
Wu J, Suppe J. 2018. Proto-South China Sea Plate tectonics using subducted slab constraints from tomography. Journal of Earth Science, 29 (6): 1304-1318.
Wu J, Suppe J, Lu R, et al. 2016. Philippine Sea and East Asian plate tectonics since 52Ma constrained by new subducted slab reconstruction methods. Journal of Geophysical Research: Solid Earth, 121: 4670-4741.
Wu J, Lin Y A, Flament N, et al. 2022. Northwest Pacific-Izanagi plate tectonics since Cretaceous times from western Pacific mantle structure. Earth and Planetary Science Letters, 583: 117445.
Wu X, Zhu G, Yin H, et al. 2020. Origin of low-angle ductile/brittle detachments: Examples from the Cretaceous Linglong metamorphic core complex in eastern China. Tectonics, 39 (9): e2020TC006132.
Wyman D. 2018. Do cratons preserve evidence of stagnant lid tectonics? Geoscience Frontiers, 9: 3-17.
Xiao W J. 2015. New paleomagnetic data confirm a dual- collision process in the Himalayas. National Science Review, 2: 395-396.
Xiao W J, Windley B F, Sun S, et al. 2015. A Tale of Amalgamation of Three Permo- Triassic Collage Systems in Central Asia: Oroclines, Sutures, and Terminal Accretion. Annual Review of Earth and Planetary Sciences, 43 (1): 477-507.
Xiao W J, Ao S J, Yang L, et al. 2017. Anatomy of composition and nature of plate convergence: Insights for alternative

thoughts for terminal India-Eurasia collision. Science China (Earth Sciences), 60 (6): 1015-1039.

Xu J Y, Ben-Avraham Z, Kelty T, et al. 2014. Origin of marginal basins of the NW Pacific and their plate tectonic reconstructions. Earth-Science Reviews, 130 (3): 154-196.

Xu S M, Feng H W, Li S Z, et al. 2015. Closure time in the East Qilian Ocean and Early Paleozoic ocean-continent configuration in the Helan Mountains and adjacent regions, NW China. Journal of Asian Earth Sciences, 113 (Part 2): 575-588.

Yamazaki T, Seama N, Okino K, et al. 2003. Spreading process of the northern Mariana trough: Rifting-spreading transition at 22°N. Geochemistry, Geophysics, Geosystems, 4 (9): 1075.

Yan Q, Milan L, Saunders J E, et al. 2021. Petrogenesis of basaltic lavas from the West Pacific Seamount Province: Geochemical and Sr-Nd-Pb-Hf isotopic constraints. Journal of Geophysical Research: Solid Earth, 126: e2020JB032598.

Yan Q S, Shi X F. 2014. Petrologic perspectives on tectonic evolution of a nascent basin (Okinawa Trough) behind Ryukyu Arc: A review. Acta Oceanologica Sinica, 33 (4): 1-12.

Yan Z, Chen L, Xiong X, et al. 2021. Oceanic plateau and subduction zone jump: Two-dimensional thermo-mechanical modeling. Journal of Geophysical Research: Solid Earth, 126: e21855.

Yanagisawa T, Yamagishi Y. 2005. Rayleigh-Benard convection in spherical shell with infinite Prandtl number at high Rayleigh number. Journal of Earth Simulator, 4: 11-17.

Yang A Y, Zhao T P, Zhou MF, et al. 2017. Isotopically enriched N-MORB: A new geochemical signature of off-axis plume-ridge interaction-A case study at 50°28′ E, Southwest Indian Ridge. Journal of Geophysical Research: Solid Earth, 122 (1): 191-213.

Yang J S, Wu W W, Lian D Y, et al. 2021. Peridotites, chromitites and diamonds in ophiolites. Nature Reviews, 2: 198-212.

Yang T, Moresi L, Zhao D, et al. 2018. Cenozoic lithospheric deformation in Northeast Asia and the rapidly aging Pacific Plate. Earth and Planetary Science Letters, 492: 1-11.

Yang Y T. 2013. An unrecognized major collision of the Okhotomorsk Block with East Asia during the Late Cretaceous, constraints on the plate reorganization of the Northwest Pacific. Earth-Science Reviews, 126: 96-115.

Yano T, Choi D R, Govrilov A A, et al. 2009. Ancient and continental rocks in the Atlantic Ocean. New Concepts in Global Tectonics Newsletter, (53): 4-37.

Yin A. 2012a. An episodic slab rollback model for the origin of the Tharsis Rise on Mars: Implications for initiation of local plate subduction and final unification of a kinematically linked global plate tectonic network on Earth. Lithosphere, 4 (6): 553-593.

Yin A. 2012b. Structural analysis of the Valles Marineris fault zone: Possible evidence for large-scale strike-slip faulting on Mars. Lithosphere, 4 (4): 286-330.

Yin A, Harrison T M. 2000. Geologic evolution of the Himalayan-Tibetan orogen. Annual Review of Earth and Planetary Sciences, 28: 211-280.

Yogodzinski G M, Kay R W, Volynets O N, et al. 1995. Magnesian andesite in the western Aleutian Komandorsky region: implications for slab melting and processes in the mantle wedge. Geological Society of America Bulletin, 107 (5): 505-519.

Yogodzinski G M, Lees J M, Churikova T G, et al. 2001. Geochemical evidence for the melting of subducting oceanic lithosphere at plate edges. Nature, 409 (6819): 500-504.

Young A, Flament N, Williams S E, et al. 2022. Long-term Phanerozoic sea level change from solid Earth processes. Earth and Planetary Science Letters, 584: 117451.

Yu S, Li S Z, Zhao S J, et al. 2015. Long history of a Grenville orogen relic-The North Qinling terrane: Evolution of the Qinling orogenic belt from Rodinia to Gondwana. Precambrian Research, 271: 98-117.

Yu S B, Hsu Y J, Bacolcol T, et al. 2013. Present-day crustal deformation along the Philippine Fault in Luzon, Philippines. Journal of Asian Earth Sciences, 65: 64-74.

Yu Z, Li J, Liang Y, et al. 2013. Distribution of large-scale detachment faults on mid-ocean ridges in relation to spreading rates. Acta Oceanologica Sinica, 32: 109-117.

Yuan J, Yang Z, Deng C, et al. 2021. Rapid drift of the Tethyan Himalaya terrane before two-stage India-Asia collision. National Science Review, 8: nwaa173.

Zahirovic S, Müller R D, Seton M, et al. 2012. Insights on the kinematics of the India-Eurasia collision from global geodynamic models. Geochemistry, Geophysics, Geosystems, 13 (4): Q04W11.

Zahirovic S, Seton M, Müller R D. 2014. The Cretaceous and Cenozoic tectonic evolution of Southeast Asia. Solid Earth, 5: 227-273.

Zahirovic S, Müller R D, Seton M, et al. 2015. Tectonic speed limits from plate kinematic reconstructions. Earth and Planetary Science Letters, 418: 40-52.

Zandt G, Gilbert H, Owens T J, et al. 2004. Active foundering of a continental arc root beneath the southern Sierra Nevada in California. Nature, 431: 41-46.

Zellmer G F, Iizuka Y, Miyoshi M, et al. 2012. Lower crustal H2O controls on the formation of adakitic melts. Geology, 40 (6): 487-490.

Zhai M G. 2004. Precambrian Geological Events in the North China Craton//Malpas J, Fletcher C J N, Ali J R, et al. Tectonic Evolution of China. Geological Society of London, Special Publications, 226: 57-72.

Zhai M G, Santosh M. 2011. The early Precambrian odyssey of the North China Craton: A synoptic overview. Gondwana Research, 20: 6-25.

Zhai M G, Santosh M. 2013. Metallogeny of the North China Craton: Link with secular changes in the evolving Earth. Gondwana Research, 24: 275-297.

Zhai M G, Li T S, Peng P, et al. 2010. Precambrian key tectonic events and evolution of the North China Craton//Kusky T, Zhai M G, Xiao W J. The Evolving Continents. Geological Society of London, Special Publications, 338: 235-262

Zhang L M, Wang C S, Cao K, et al. 2016. High elevation of Jiaolai Basin during the Late Cretaceous: Implication for the coastal mountains along the East Asian margin. Earth and Planetary Science Letters, 456: 112-123.

Zhang N, Zhong S, Mcnarmara A K. 2009. Supercontinent formation from stochastic collision and mantle convection models. Gondwana Research, 15 (3-4): 267-275.

Zhang N, Zhong S, Leng W, et al. 2010. A model for the evolution of the Earth's mantle structure since the Early Paleozoic. Journal of Geophysical Research, 115: B06401.

Zhang N, Dang Z, Huang C, et al. 2018. The dominant driving force for supercontinent breakup: Plume push or subduction retreat? Geoscience Frontiers, 9: 997-1007.

Zhang Q, Guo F, Zhao L, et al. 2017. Geodynamics of divergent double subduction: 3-D numerical modeling of a Cenozoic example in the Molucca Sea region, Indonesia. Journal of Geophysical Research: Solid Earth, 122 (5): 3977-3998.

Zhang R X, Li S Z, Suo Y H, et al. 2022. A forearc pull-apart basin under oblique arc-continent collision: Insights from the North Luzon Trough. Tectonophysics, 387: 229461.

Zhang S H, Li H, Jiang G Q, et al. 2015. New paleomagnetic results from the Ediacaran Doushantuo Formation in South China and their paleogeographic implications. Precambrian Research, 259 (4): 130-142.

Zhang Z J, Chen G X, Kusky T, et al. 2023. Lithospheric thickness records tectonic evolution by controlling metamorphic conditions. Science Advances, 9: eadi2134.

Zhao D. 2001. Seismic structure and origin of hotspots and mantle plumes. Earth and Planetary Science Letters, 192: 251-265.

Zhao G C. 2007. When did plate tectonics being on the North China Craton? Insights from metamorphism. Earth Science Fromtiers, 14 (1): 19-32.

Zhao G C, Cawood P A. 1999, Tectonothermal evolution of the Mayuan Assemblage in the Cathaysia Block; implications for Neoproterozoic collision-related assembly of the South China Craton. American Journal of Science, 299: 309-339.

Zhao G C, Wilde S A, Cawood P A, et al. 1998. Thermal Evolution of Archean Basement Rocks from the Eastern Part of the North China Craton and Its Bearing on Tectonic Setting. International Geology Review, 40: 706-721.

Zhao G C, Cawood P A, Wilde S A, et al. 2002. Review of global 2. 1-1. 8 Ga orogens: Implications for a pre-Rodinia supercontinent. Earth-Science Reviews, 59 (1): 125-162.

Zhao G C, Sun M, Wilde SA, et al. 2004. A Paleo-Mesoproterozoic supercontinent: assembly, growth and breakup. Earth-Science Reviews, 67: 91-123.

Zhao G C, Sun M, Wilde S A, et al. 2005. Late Archean to Paleoproterozoic evolution of the North China Craton: key issues revisited. Precambrian Research, 136: 177-202.

Zhao G C, Wilde S A, Guo J H, et al. 2010. Single zircon grains record two Paleoproterozoic collisional events in the North China Craton. Precambrian Research, 177: 266-276.

Zhao G C, Wang Y J, Huang B C, et al. 2018. Geological reconstructions of the East Asian blocks: From the breakup of Rodinia to the assembly of Pangea. Earth-Science Reviews, 186: 262-286.

Zhao L, Malusà M G, Yuan H, et al. 2020. Evidence for a serpentinized plate interface favouring continental subduction. Nature Communications, 11: 2171.

Zhao P, Alexandrov I, Jahn B M, et al. 2018. Timing of Okhotsk Sea Plate Collision with Eurasia plate: Zircon U-Pb age constraints from the Sakhalin Island, Russian Far East. Journal of Geophysical Research: Solid Earth, 123: 8279-8293.

Zhao W L, Morgan W J. 1987. Injection of Indian crust into Tibetan lower crust: A two-dimensional finite element model study. Tectonics, 6: 489-504.

Zhao X X, Coe R S, Gilder S A, et al. 1996. Palaeomagnetic constraints on palaeogeography of China: Implications for Gondwanaland. Australian Journal of Earth Science, 43: 643-672.

Zhao S J, Li S Z, Liu X, et al. 2015. The northern boundary of the Proto-Tethys Ocean: Constraints from structural analysis and U-Pb zircon geochronology of the North Qinling Terrane. Journal of Asia Earth Sciences, 113 (Part 2): 560-574.

Zheng Y F, Zhao G C. 2020. Two styles of plate tectonics in Earth's history. Science Bulletin, 65 (4): 329-334.

ZhongS, Gurnis M, Moresi L. 1998. Role of faults, nonlinear rheology, and viscosity structure in generating plates from instantaneous mantle flow models. Journal of Geophysical Research, 103 (B7): 15255-15268.

Zhong S, McNamara A, Tan E, et al. 2008. A benchmark study on mantle convection in a 3-D spherical shell usingCitcomS. Geochemistry, Geophysics, Geosystems, 9 (10): 1-32.

Zhong S H, Li S Z, Liu Y, et al. 2023. I-type and S-type granites in the Earth's earliest continental crust. Communications Earth and Environment, 4: 61.

Zhong S J, Zhang N, Li Z X, et al. 2007. Supercontinent cycles, true polar wander, and very long-wavelength mantle convection. Earth and Planetary Science Letters, 261 (3-4): 551-564.

Zhong X, Li Z H. 2020. Subduction initiation during collision-induced subduction transference: Numerical modeling and implications for the Tethyan evolution. Journal of Geophysical Research: Solid Earth, 125: e19288.

Zhou Y. 2018. Anomalous mantle transition zone beneath the Yellowstone hotspot track. Nature Geoscience, 11: 449-453.

Zhu D C, Zhao Z D, Niu Y, et al. 2011. Lhasa Terrane in Southern Tibet came from Australia. Geology, 39: 727-730.

Zhu D C, Zhao Z D, Niu Y, et al. 2013. The origin and pre-Cenozoic evolution of the Tibetan Plateau. Gondwana Research, 23: 1429-1454.

Zhu H, Li X, Yang J, et al. 2020. Poloidal-and toroidal-mode mantle flows underneath the Cascadia Subduction Zone. Geophysical Research Letters, 47: e2020GL087530.

Zhu M S, Tang Z Y, Pastor-Galán D, et al. 2023. Do microcontinents nucleate subduction initiation? Geology, 51 (7): 668-672.

Zhu D C, Wang Q, Zhao Z D, et al. 2015. Magmatic record of India-Asia collision. Scientific Reports, 5 (1): 1-9.

Ziegler P A. 1993a. Late Palaeozoic-Early Mesozoic plate reorganization: Evolution and demise of the Variscan Fold Belt// Raumer J F, Neubauer F. Pre-Mesozoic geology in the Alps. Heidelberg: Springer Berlin, 203-216.

Ziegler P A. 1993b. Plate-moving mechanisms: Their relative importance. Journal of the Geological Society, London, 150 (5): 927-940.

Zwaan F, Schreurs G. 2017. How oblique extension and structural inheritance influence rift segment interaction: Insights from 4D analog models. Interpretation, 5 (1): 119-138.

索　引

后　　记

几千年来，高度发达的农业文明，孕育了中华民族薪火相传、生生不息的基因，但落后的科技也让近代中国遭受了被列强肆意蹂躏的屈辱。究其根源，可归于外国列强的海权对中华大地陆权的强势挤压。海洋强国是每个崛起大国的鲜明印记。中华民族伟大复兴的中国梦，至宏至伟，其精其魄，亘古未有。夯实海洋强国梦、海洋命运共同体的厚重基石，从纵观全球的战略维度，进一步关心海洋、认识海洋、经略海洋，各位学人肩负时代使命、历史大任（李乃胜等，2015）。

21 世纪是“海洋世纪”。大海无言，溢彩流金。深海油气田、洋底多金属结核、热液硫化物矿床、海底可燃冰、海底氢能等，这些沉睡在国际公海海底的战略性资源，即将进入勘探开发阶段。

2012 年党的“十八大”高瞻远瞩地正式提出了建设“海洋强国”的宏伟构想。中华民族伟大复兴的“中国梦”和“海洋命运共同体”的提出，无一不彰显了海洋对中华民族生存与发展的重要性。建设海洋强国是实现中华民族伟大复兴的重要战略举措。

据考古学证据，人类在 300 万～1 万年前的旧石器时代，就已经向海洋文明踏出了第一步。到旧石器时代晚期，大约 4 万年到 1 万年前，人类在迁徙过程中沿着海岸带对海洋资源的开发与利用明显增加，人海关系更为紧密。人类最近一次跨海大迁徙发生在哥伦布发现新大陆后及奴隶贩卖时期，即公元 1500 年前后。当时，西方海洋文明显著的特点是还没出现明显的现代海洋霸权或现代海权意识（张炜，2021）。

如果说海战就是海权起始，那么，人类历史上第一次有记载的海战是公元前 1210 年发生在地中海的“塞浦路斯战役”。对于中国而言，最早的海战记载在春秋（公元前 770 年～公元前 476 年）末期，即大约 2500 年前吴国和齐国的黄海海战。西方记载的重要海战还有 2200 年前古罗马时代的海战。

2100 多年前，古罗马哲学家西塞罗就明确提出：谁控制了海洋，谁就控制了世界。19 世纪末，美国海洋军事学家马汉总结了哥伦布发现新大陆后的海洋强国发展史和兴替史，提出了海权论，其核心观点是：国家兴衰与海洋控制能力相关（李不白，2022）。

马汉是美国杰出的军事理论家，曾两度担任美国海军学院院长，1890～1905

年，他相继完成了三部海权相关论著，被后人称为马汉“海权论”三部曲。其“海权”的根本出发点是军事力量或霸权。这里注意与“海洋权益”概念区分，后者存在力图双赢、合作的意味。如何在新时代、新科技背景下，重新认识海权论提出的背景和发现维护海洋权益的新路径，是人们要思考的。

对比回顾古代中国和日本，中国长期国策“重陆轻海”，海权意识理念落后。

公元663年以后的1000多年间，日本臣服中国，中国具有海权优势。在这段时期日本的一些艺术品中能看到中华文化的影响。明朝郑和下西洋标志着中国短暂的航海辉煌。然而，郑和下西洋追求的是“海洋权益”，而不是“海权”。鸦片战争中，中国清朝落后的海洋装备和力量遭受了严酷的打击。

历史经验证明，要实现从海洋大国到海洋强国的转变，实现中华民族复兴与崛起，中国应当开辟“海洋权益”维护的新路径，促进世界和平发展，谋求构建海洋命运共同体。

中国几千年的历史长河中不乏重视海洋的先哲。面对辽阔无垠、水天相连、苍茫晦暝的海洋，他们提出了“四海说”；再联系到海洋的博大浩瀚，只有“天”才能与之相合，进而提出“浑天说”。“水”不仅承载了“地”，而且支撑着“天”，“天”与“地”都靠水的浮力而存在。可见先哲们对海洋的重视程度。

2500多年前老子《道德经》中至大无外、至小无内的系统理论，古今中外无人能超越；《山海经》也是一部重山复水、古国神州的系统性地理全书。按照现代地球科学理论，海洋约44亿年前起源于混沌，来源于一团“气”。初生地球连续不断受到陨石和其他坠落物冲击，冲击过程中形成一团“浑浊之气”，厚厚地覆盖在地球表层，通过“轻者上浮，浊者下沉”，形成原始大气。随着原始地球逐步达到现在规模，陨击次数逐步减少，地球表面温度逐步降低，出现薄层固结地壳。随着大气温度降低，湿度增加，水蒸气凝聚成雨水。倾盆大雨连续千年，在地球低洼处积聚成海洋。

从海洋物质构成角度，其内涵和本质应当包括三部分：海洋的基底是早期岩浆海的固结和循环再生，海洋水体是原始大气的凝聚，海洋上层次生大气是海洋的外散。因此，人们传统的海洋概念必须包括“固体海洋”和“流体海洋”（海水和大气），这才是完整概念的“海洋”。

现代海洋研究表明，海洋是气候调节器，是生命摇篮，是资源宝藏，是能源源泉，是军事重地，是负排放前沿，是圣贤之思、智者之乐。自21世纪始，国际海洋竞争日益加剧，依靠黄河、长江发展起来的中华两河文明，在陆地资源日益紧缺、人口爆发、物质需求剧增的社会压力推动下，必须加快发展中华海洋文明。未来，海洋和陆地一样，将成为中国乃至全人类物质需求的重要基地。

人类对海洋的认识和开发是随着科技进展不断发展的。

古老的先民没有现代科学理论指导，面对浩瀚海洋的神秘和威力，充满着幻想、迷信和期待。从巡海夜叉，到神秘美人鱼；从长生不老药，到丝瓷贸易……充满了对海洋的恐惧、向往、无奈和希望的复杂情感。

先人复杂的海洋意识觉醒是一个漫长的过程。殷人东渡，远洋瀚海，开万祖之业。吕尚重渔盐之利，舟楫之便；管仲唯官山海，煮水为盐；秦皇汉武，统九州，探三山，巡四海，寻万世之药。秦始皇五次巡东海，挂云帆，乘东风，破海浪，开漕运；齐人徐福，带三千童男女，越暗沙，趟浅滩，觅三神山；汉武帝七次巡海，扬国威，拓航路，造楼船，盼安澜伏波。唐高僧鉴真，东渡扶桑，开岛屿文化交流之先河。一代代先民，猎海鱼无数，啖食炙烤咸宜，乃用海之初；拾蚶贝，通财商，开钱币之先；识海兽万类，记巨兽（鲸），鼓浪喷沫，翻江倒海，知海洋之无垠。直到如今，人类自信地运用科学知识，不断拓展着海洋油气、天然气水合物、关键金属矿产、海底氢能等现代和未来的深海开发……

早在宋朝，人类就意识到海陆变迁。沈括（1031～1095）曾写道：百川沸腾，山冢崩催，太行山崖，岩嵌螺蚌；沧海桑田，变幻莫测。中国最早的海洋理论出现在秦汉时期，出现潮汐理论的萌芽，直至三国时期，出现系统的《潮汐论》专著。

中国已从近海走向深海的新航程。1917 年，陈葆刚等人创建山东省立水产试验场；1928 年，青岛观象台成立海洋科；1946 年，厦门大学成立海洋系，山东大学成立水产系，标志着规模化海洋科学教育和研究正式启动。

1950 年组建中国科学院水生生物研究所青岛海洋生物研究室，童第周和曾呈奎等担纲研究。1954 年改建制，成立新中国第一个专业海洋研究机构——中国科学院海洋生物研究室，标志着中国现代海洋科学全面、系统、规模化发展的开端。1959 年成立了综合性、海洋学科门类较全的山东海洋学院，标志着新中国综合性、现代海洋教育的开端。

1976～1986 年，中国海洋调查从近海走向大洋，调查研究范围不断扩大，调查技术力量也得到进一步加强。在此期间，全国海岸带和滩涂资源综合调查、大陆架海域渔业资源调查、南沙群岛及其邻近海域综合考察、热带西太平洋海气相互作用合作考察、黑潮调查、全国海岛资源综合调查、大洋多金属结核调查、南极科学考察等大规模海洋科学调查活动全面展开。

1986～1998 年，国家 863 计划和 973 计划先后启动，深海大洋勘探技术快速发展。1996 年国家颁布了《中国海洋 21 世纪议程》，提出了海洋可持续发展战略；1998 年，国务院发表《中国海洋事业的发展》白皮书，从战略高度制定了一系列新政策。

2000 年以后，广东海洋大学、浙江海洋大学、上海海洋大学、大连海洋大学先后改名扩建，北京大学地球与空间科学学院、吉林大学海洋地质学专业、清华大学地球系统科学研究中心、中国地质大学海洋学院、浙江大学海洋科学与工程学院等综合性大学纷纷成立相关学科，2023 年 6 月深圳海洋大学又获批建设，都体现了国家对海洋的高度重视，以及国家向海洋强国战略的转移。2004 年国家海洋科学研究中心开始筹建，2009 年“蛟龙”号海试，2013 年国家深海基地奠基，2017 年底“深海勇士”号载人潜水器正式交付使用，2019 年中国第一艘自主建造的极地科学考察破冰船“雪龙 2”号交付使用，2020 年中国万米级载人潜水器“奋斗者”号成功坐底马里亚纳海沟，2022 年海洋国家实验室（崂山实验室）入列挂牌，2023 年海底观测网开始研究组网，2024 年中国大洋钻探船“梦想”号即将启航，海洋新质生产力推动中国式现代化迈向新征程。中国走向深海大洋的步伐越来越快。

与此同频，中国固体地球科学真正走向深海大洋，特别是开启海底科学与技术研究，应当是始于 1998 年，以中国参与国际大洋钻探计划为标志。此时，基于海洋地质和地球物理研究而创立的传统板块构造理论刚好建立 30 周年。笔者也是 1998 年加盟中国海洋大学，开始教授《海洋地质学》。那时，不但相关教材匮乏，而且中国的海洋地质学研究基本局限在河口、大陆架海域。直到 11 年后，笔者受杨作升教授指点，有幸参与 2009 年 IODP（国际大洋钻探计划）的 324 航次海底钻探任务，才真正开启了对现今海底的构造研究。当时的侧重点在本书所述的“微洋块”成因探索。如今，已经过去 14 年了，此期间笔者不断地跟踪学习、消化吸收、研究积累和深化发展着全球海底构造研究成果，试图解决现今海洋中还存在的大量微陆块形成机制。得益于导师杨振升教授对笔者地质观察能力的训练和构造地质知识的启蒙，2009 年之前的二十多年中，笔者长期专注于对陆地上各种环境、各类构造和 40 亿年以来几乎各个地质时代的显微构造、区域构造、大地构造甚至全球构造开展广泛调查研究。考虑到中国没有系统的海底科学教材，笔者作为第一作者于 2017 年开始，陆续在科学出版社出版了《海底科学与技术丛书》的多部专著和《全球微板块重磁图集》《全球微幔块层析图集》，并计划 2025 ~ 2026 年出版《全球微陆块构造图集》《全球微洋块构造图集》《海洋大历史》，初心是服务教学为目的，但确实在写书的过程中也提升了自己的理论基础和知识水平。

基于这些地质知识总结、前人学术论争和个人研究体会，我们 2018 年提出构建微板块构造理论框架，首先在《地学前缘》发表了一篇中文综述，3 位审稿的资深老先生给予了建设性“指导”后，作者也觉得还是没有摆脱岩石圈的约束，因此，结合 20 世纪 90 年代快速积累起来的地幔层析成像成果，提出“微幔块”的想法，于同年在 *Earth-Science Reviews* 又发表了相对完备的 Microplate Tectonics 的综述，首次提出微板块的微陆块、微洋块和微幔块三分方案和 9 类成因机制。至 2022 年中国地质学会成立 100 周年，笔者受邀发稿，从全球视野，海陆兼顾，总结了微板块与大板块的不同，微板块构造理论应当具有强大生命力，或突破性解决传统板块构造理论遗留的三大难题。回顾自己 37 年来从事地球科学研究的成果，笔者借 2019 ~

2022年疫情之闲，集中精力划分地球板块新格局的同时，整理完成了这本《微板块构造》，也期待在地球科学实践中得到检验和不断完善。

著书立说并非易事，这还要感谢团队近50位教授、副教授的支持，也感谢笔者夫人鞠维哲女士的鼓励和理解，她陪伴我度过了难以述说的孤独和艰辛。这本《微板块构造》必然是历史途径中的一块小小垫脚石，渡己渡人，走向未来、走向未知。应当说，撰写《微板块构造》一书的灵感，还是来自海底科学研究。如传统板块构造理论的建立受惠于海洋地质和地球物理发现一样，海底科学新成就也是本书知识的源泉。

1972年之后，特别是1978年中国改革开放以来，中国构造地质学界主要学习国际先进大地构造和构造地质学理念，先后掀起了大规模的逆冲推覆构造、走滑构造、伸展构造、变质核杂岩的研究，持续至今，取得了大量优秀成果。但如今，中国由地学大国成长为地学强国，郑永飞（2023）提出中国要抢先构建“21世纪板块构造理论”，确实是新时代的呼唤。特别是，在年轻学者大量*Nature*、*Science*及其子刊文章不断涌现发表的背景下，笔者自觉不如。在国家呼吁中国学者应建立原创理论的当下，笔者只能发挥余热，著书立说，总结多年来“阅读”地球这本“地书”的心得，试图发现并呈现一个“新地球”，并以此奉献给感兴趣的广大同行和地球爱好者。

《微板块构造》试图多途径解决传统板块构造理论的三大难题，板块起源问题归结为微幔块—微洋块—微陆块系列演化过程，板内变形问题通过大板块内镶嵌的微陆块之间克拉通化程度、微幔块在地幔对流系统中的运动给予解决，板块动力问题通过“自上而下”的相变诱发的俯冲驱动新机制或终极的瑞利–泰勒不稳定给予解决。

展望未来，笔者还要立足古今海洋，面向宇宙天地，在地球系统科学思想指导下，探索“碳构造”“氢构造”“氧构造”理论，从宜居行星角度，认知并寻找40亿年来生命与地球协同发展的新途径；服务深海开发行动和海洋强国建设，采用人工智能、数据科学、超算等，开拓“元地球”技术体系构建，数字孪生构建一个“新海底”，实现智能感知、精准勘探、数字预测，给世人呈现一个“新海洋”，也探索星际行星构造理论，努力发现星际海洋，为人类祖孙后代永久发展积累新知。

地球是人类永久的家园和生活基地，随着人类人口不断增长，陆地自然资源越来越少，陆地空间资源也越来越挤，海洋无疑是未来开发的巨大空间资源。海洋潜力无穷，前景光明。现代海洋活动已远远超越远古的“捕鱼、盐业、海运”目的，进入了大规模开发“深蓝”牧场（海洋渔业）、“深蓝”能源（海洋石油、水合物和氢气藏资源）、“深蓝”生命（深海和海底生物）、“深蓝”矿产（海底矿物资源）、“深蓝”药库（海洋药物资源）阶段。同时，为了地球健康，开启实施“深蓝”碳汇（海洋负排放）、深海生境（海底生物群落生态保护）研究，牧海耕洋、深海开发时代已经来临。海洋已成为推动世界经济和社会进一步发展的重要资源后盾、发展空间，正改变着人类的一切。期待中国支持“微板块构造”国际大科学计划；期待《微板块构造》能为中国海底科学，乃至地球科学，在参与国际学术竞争中赢得一席之地；也期待《微板块构造》能切实服务国家深地、深海、深空开发计划，为中国造福，为人类造福。

2024 年 9 月 8 日于青岛